PASS

2024 한번에 끝내기

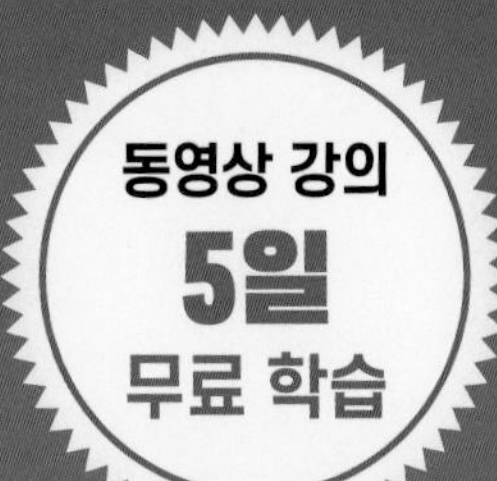

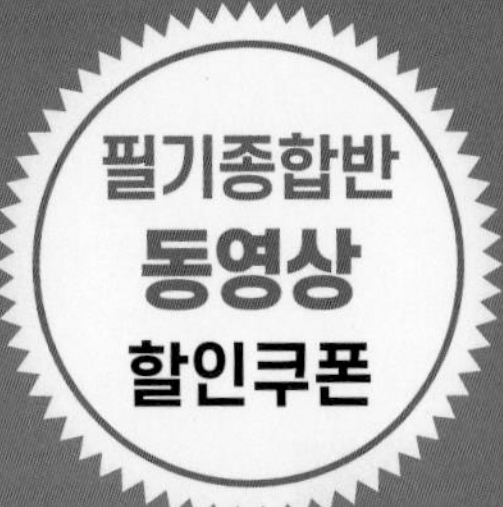

2024

조경기사 산업기사

5일 무료 동영상 강의

이 윤 진 저

필기

이론편+기출문제+핵심요약집

실제 시험양식에 맞춘 모범답안

핵심요약집 PDF 제공

CBT모의고사 제공

한솔아카데미

조경기사·산업기사 필기

본 도서를 구매하신 분께 드리는 혜택

1 조경 필기 종합반 5일 무료학습

- 100% 저자 직강
- 조경 필기 종합반 동영상 강의 5일무료학습

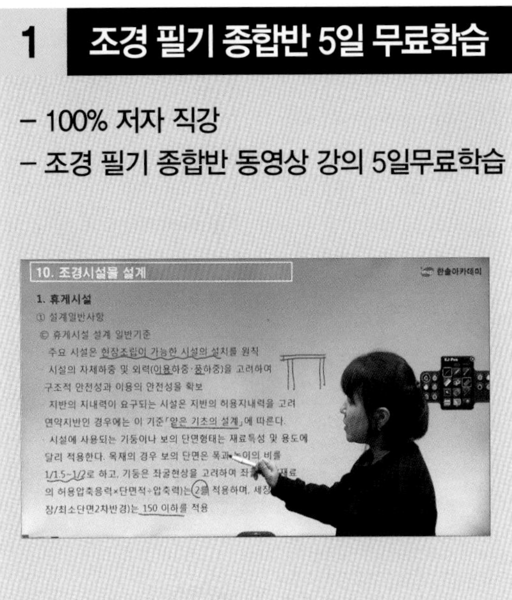

2 CBT 실전테스트

- 조경기사 6회 제공
- 조경산업기사 6회 제공

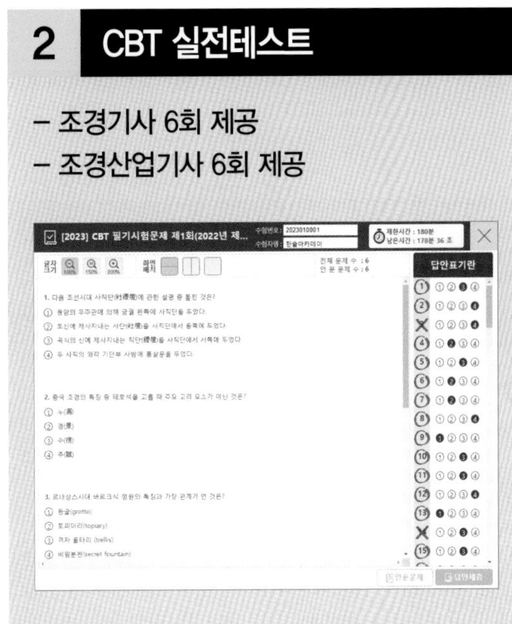

3 동영상 할인혜택

정규 종합반 3만원 할인쿠폰
(신청일로부터120일 동안)

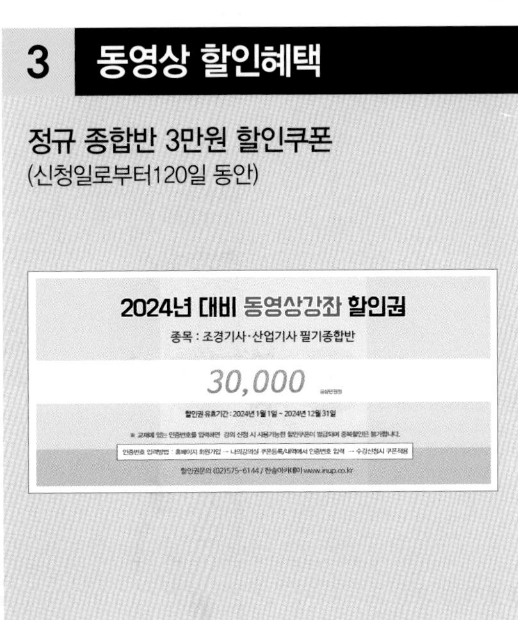

4 핵심요약집 PDF 제공

조경 필기 포켓북(동영상 강좌용)
교재 PDF 제공

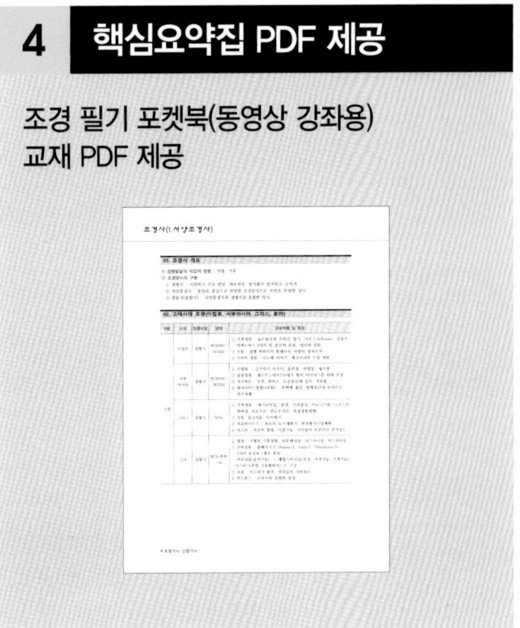

교재 인증번호 등록을 통한 학습관리 시스템

❶ 필기 종합반 동영상 5일 무료 학습 ❷ CBT 실전테스트
❸ 동영상 할인혜택 ❹ 핵심요약집 PDF 제공

무료쿠폰번호 6VFI-8GUT-5IMJ

01 사이트 접속

인터넷 주소창에 https://www.inup.co.kr 을 입력하여 한솔아카데미 홈페이지에 접속합니다.

02 회원가입 로그인

홈페이지 우측 상단에 있는 **회원가입** 또는 아이디로 **로그인**을 한 후, **조경** 사이트로 접속을 합니다.

03 나의 강의실

나의강의실로 접속하여 왼쪽 메뉴에 있는 **[쿠폰/포인트관리]-[쿠폰등록/내역]**을 클릭합니다.

04 쿠폰 등록

도서에 기입된 **인증번호 12자리** 입력(-표시 제외)이 완료되면 **[나의강의실]**에서 학습가이드 관련 응시가 가능합니다.

■ 모바일 동영상 수강방법 안내

❶ QR코드 이미지를 모바일로 촬영합니다.
❷ 회원가입 및 로그인 후, 쿠폰 인증번호를 입력합니다.
❸ 인증번호 입력이 완료되면 [나의강의실]에서 강의 수강이 가능합니다.

※ QR코드를 찍을 수 있는 앱을 다운받으신 후 진행하시길 바랍니다.

머 리 말

오늘날 산업화로 사회발전과 풍요로운 생활을 영유하고 있으나, 급속한 산업화와 도시화에 따른 환경의 파괴로 인하여 환경문제에 대한 관심과 그 중요성이 부각되고 있으며, 조경전문인력으로 하여금 생활공간을 아름답게 꾸미고 자연환경을 보호하고자 하는 필요성이 대두되기 시작하였습니다.

조경이란 경관을 조성하는 예술로서, 우리가 이용하는 옥외공간을 이용, 개발, 창조에 있어 보다 기능적·경제적이며 시각적인 환경을 조성함과 동시에 보전하는 생태적인 예술성을 띤 종합과학예술이라 할 수 있습니다. 우리나라의 조경시험 제도는 1974년 조경기사 1급과 조경기사 2급으로 신설되어, 1999년 3월에 조경기사와 조경산업기사로 변경되어 실시되고 있습니다. 조경 대상 업무는 도시계획과 토지이용 등을 고려하여 설계도면을 작성하고, 시공에 관한 공사비 적산과 공사공정계획을 수립하고, 공사업무를 관리하며, 각종 조경시설의 관리계획수립 및 관리업무 등 기술적인 업무 수행하게 됩니다. 장기적으로 생활수준이 향상되고 생활환경과 여가생활을 중시하는 경향이 강하게 나타나면서, 앞으로 조경기술자의 인력수요는 계속 증가할 것입니다.

본 수험서는 조경기사와 산업기사를 대비하는 수험생을 위한 책으로 조경분야의 전문가로서 위치를 굳히는데 도움이 됐으면 합니다. 과목 순서는 조경사, 조경계획, 조경설계, 조경식재, 조경시공구조학, 조경관리학의 순서로 각 과목은 단원별로 내용설명과 기출문제를 구성하였으며, 최근기출문제를 부록으로 수록하여 시험에 대비에 최선을 다하였습니다. 앞으로 부족하고 미흡한 점은 보완하고 다듬어 나갈 것을 약속드리겠습니다.

마지막으로 이 책의 출판을 도와주신 한솔아카데미 한병천사장님과 편집부 여러분께 감사드립니다.

필자 씀

자격종목 : 조경기사 필기

(적용기간 : 2021년 1월 1일 ~ 2024년 12월 31일)

시험과목	출제문제수	주요항목	세부항목	
조경사	20	1. 조경사 일반	1. 기원과 조경양식의 발달 2. 인간과 환경의 관계 변천사	
		2. 조경양식 변천사	1. 동서양 조경양식 변천	
		3. 서양의 조경	1. 고대 조경 3. 르네상스 조경 5. 19세기 조경	2. 중세 조경 4. 18세기 조경 6. 현대 조경
		4. 동양의 조경	1. 중국 조경	2. 일본 조경
		5. 한국 조경	1. 선사시대 조경 3. 중세 및 근세조경	2. 고대시대 조경 4. 근대 및 현대조경
조경계획	20	1. 조경일반	1. 조경의 정의 및 조경가의 역할 2. 조경 대상 및 타 분야와의 관계	
		2. 조경계획과정	1. 자연환경조사 분석 2. 인문·사회환경조사 분석 3. 행태·환경·심리기능의 조사 분석 4. 분석의 종합 및 평가 5. 기본구상 6. 기본계획	
		3. 대상지별 조경 계획	1. 주거공간 3. 교통시설 5. 학교 및 캠퍼스 6. 업무빌딩 및 상업시설 7. 특수 환경	2. 레크리에이션 4. 공장 및 산업단지
		4. 시설물의 조경 계획	1. 급배수시설 3. 유희시설 5. 수경시설 7. 안내표지시설	2. 휴게시설 4. 운동시설 6. 관리 및 편익시설 8. 경관조명시설
		5. 조경계획 관련 법규	1. 도시계획관련규정 3. 도시공원관련규정 5. 기타 조경관련 규정	2. 자연공원관련규정 4. 영향평가

시험과목	출제문제수	주요항목	세부항목
조경설계	20	1. 제도의 기초	1. 선 2. 치수선의 사용 3. 설계기호 및 표현기법 4. 기타 제도사항
		2. 설계과정	1. 기본설계 2. 실시설계 3. 설계설명서
		3. 경관분석	1. 경관분석의 분류 2. 경관의 표현 3. 경관분석방법 및 유형 4. 경관분석의 접근방식 5. 경관평가 수행기법
		4. 조경미학	1. 디자인 요소 2. 색채이론 3. 디자인원리 및 형태 구성 4. 환경미학
		5. 조경시설물의 설계	1. 운동시설 설계 2. 유희시설 설계 3. 휴게시설물 설계 4. 경관조명시설물 설계 5. 수경시설물 설계 6. 포장설계 7. 표지시설의 설계 8. 기타 시설물의 설계
조경식재	20	1. 식재일반	1. 식재의 효과 2. 배식원리 3. 식생과 토양
		2. 식재계획 및 설계	1. 식재환경 2. 기능식재 3. 경관조성식재 4. 특수지역식재 5. 실내식물환경조성 및 설계
		3. 조경식물재료	1. 조경식물의 학명 및 특성 분류 2. 조경식물의 이용상 분류 3. 조경식물의 형태 및 생리·생태적 특성 4. 조경식물의 기능적 특성 5. 조경식물의 내환경성 6. 실내 조경식물재료의 특성

시험과목	출제문제수	주요항목	세부항목
조경식재	20	4. 조경식물의 생태와 식재	1. 조경식물의 생태 2. 조경식물의 식재
		5. 식재공사	1. 이식계획 2. 수목식재 3. 지피류 및 초화류식재 4. 특수환경지의 식재 5. 식재 후 조치
조경시공 구조학	20	1. 시공의 개요	1. 조경시공재료 2. 시방서 3. 공사계약 및 시공방식 4. 공정표
		2. 조경시공일반	1. 공사준비 2. 토양 및 토질 3. 지형 및 시공측량 4. 정지 및 표토복원 5. 가설공사 6. 현장관리
		3. 공종별 공사	1. 조경재료 일반 2. 조경재료의 일반적 성질 3. 조경재료별 특성 4. 공종별 공사
		4. 조경적산	1. 수량산출 2. 표준품셈 3. 일위대가표 작성 4. 공사비 산출
		5. 기본구조역학	1. 구조설계의 개념과 과정 2. 힘과 모멘트 3. 구조물 4. 부재의 선택과 크기결정
조경 관리론	20	1. 운영 관리	1. 운영관리 개요 2. 운영관리 계획
		2. 조경식물관리	1. 조경식물의 유지관리 2. 병·충해관리
		3. 시설물관리	1. 시설물관리 개요 2. 기반시설물 관리 3. 조경시설물 관리
		4. 이용관리계획	1. 이용관리 개요 2. 이용관리 3. 공원이용 및 레크리에이션 시설 이용관리

제1편 조경사(2. 동양조경사)

조경계획

Contents

제3편 조경설계

Contents

제4편 조경식재

조경(산업)기사 하 권 목차

제5편 조경시공구조학

Contents

제6편 조경관리론

Contents

제7편 부 록

PART. 조경기사 과년도출제문제

PART. 조경산업기사 과년도출제문제

CBT대비 실전테스트

홈페이지(www.inup.co.kr)에서 온라인TEST 문제를 CBT 모의 TEST로 체험하실 수 있습니다.

- CBT 조경기사 제1회(2022년 제1회 과년도)
- CBT 조경기사 제2회(2022년 제2회 과년도)
- CBT 조경기사 제3회(2022년 제4회 과년도)
- CBT 조경기사 제4회(2023년 제1회 과년도)
- CBT 조경기사 제5회(2023년 제2회 과년도)
- CBT 조경기사 제6회(2023년 제4회 과년도)
- CBT 조경산업기사 제1회(2022년 제1회 과년도)
- CBT 조경산업기사 제2회(2022년 제2회 과년도)
- CBT 조경산업기사 제3회(2022년 제4회 과년도)
- CBT 조경산업기사 제4회(2023년 제1회 과년도)
- CBT 조경산업기사 제5회(2023년 제2회 과년도)
- CBT 조경산업기사 제6회(2023년 제4회 과년도)

Chapter 01

조경사(1. 서양조경사)

제1편

조경사 개요

1.1 핵심플러스

■ 정원발달의 직접적영향 : 지형, 기후

■ 세계 3대 정원양식 : 정형식, 자연풍경식, 절충식

■ 서양 정원양식의 발달순서
16C 이탈리아의 노단건축식 정원 → 17C 프랑스의 평면기하학식 정원 → 18C 영국의 자연풍경식 정원

1 조경의 발달 과정

그 나라의 기후, 지형, 식물 및 조경적 재료, 관습, 소유자의 취미, 그 나라의 국민성과 밀접한 관련을 가지고 있다. 특히 기후와 지형은 직접적 관련을 가진다.

2 조경 양식의 구분 ★★

구분	내용
정형식	• 특징 : 서양에서 주로 발달, 좌우대칭, 땅가름이 엄격하고 규칙적 • 유형 : 이탈리아의 노단건축식정원, 프랑스의 평면기하학식정원, 스페인의 중정식(파티오식)
자연풍경식	• 특징 : 동양을 중심으로 발달한 조경양식으로 자연을 모방한 양식 • 유형 – 동양(한국, 중국, 일본)의 정원으로 자연식 · 풍경식 · 축경식 · 전원식 정원 – 18세기 영국의 자연풍경식 – 한국정원 : 후원식 – 일본정원 : 회유임천식, 고산수식, 다정식, 축경식
절충식(혼합식)	자연풍경식과 정형식을 절충한 양식

3 각 나라의 국민들의 정원의 이용 ★

① 그리스인 – 옥외생활을 즐긴 그리스인들에게 정원은 사회, 정치, 학문 생활의 중심

② 이탈리아인 – 옥외미술관적 성격 즉, 부호·학자·예술가들이 수집한 예술품을 배열하고 감상하는 곳

③ 프랑스인 – 일종의 무대, 혹은 옥외 싸롱 구실, 군중을 빼고 보면 정원의 광활한 공간은 불완전한 공간

④ 스페인인 – 시에스타(낮잠풍습)와 그늘을 즐기고 분수에서 떨어지는 물로써 청량감을 즐기는 옥외실

⑤ 중국인 – 명상을 위한 곳

④ 영국인 – 영국의 18세기 정원은 앉아서 감상하거나 대화하는 곳보다는 푸른 잔디를 밟으며 양떼처럼 한유(閑遊)하거나 운동하는 곳으로 요구. 미적 측면만큼 경제적 측면도 중요시됨

■ 시대별 각 나라의 작품 및 특징정리 ★★★

구분	나라	정원수법	년대	대표작품 및 조경가
고대	이집트	정형식	BC3200~ BC525	① 주택정원 : 메리레정원, 아메노피스 3세의 한중신의 분묘 ② 신원 : 하셉수트여왕의 장제신전 ③ 사자의 정원 : 레크미라무덤벽화
	서부 아시아	정형식	BC3000~ BC333	① 수렵원 ② 공중정원 ③ 지구라트 ④ 파라다이스정원(4분원)
	그리스	정형식	BC5c	① 주택정원 : 메가론타입, 주랑식, 아도니스원 ② 성림, 짐나지움, 아카데미 ③ 아고라
	로마	정형식	BC5c후반 ~8c	① 주택정원 : 아트리움, 페릴스트리움, 지스터스로 구성 ② 별장: 라우렌티장, 터스카나장, 아드리아장 ③ 포룸
중세	서구유럽	정형식	5~14c	① 수도원정원: 전기 이탈리아를 중심, 클로이스트정원(회랑식 중정) ② 성관정원 : 후기 프랑스와 잉글랜드를 중심 공통점 : 폐쇄적정원, 자급자족적 성격을 지님
이슬람	이란	정형식	7~13c	물과 녹음수를 중시, 오아시스 도시 – 이스파한
	스페인	중정식 (정형식)	8~15c	① 알함브라 궁전 : 알베르카중정, 사자의중정, 다라하중정, 레하의 중정 ② 제네랄리페이궁 : 수로의중정, 사이프러스중정 특징 : 높은울담, 소량의 물, 녹음수를 사용
	무굴인도	정형식	16c~19c	① 캐시미르지방 : 피서용바그(별장)발달, 니샤트바그, 샬리마르바그 ② 아그라 · 델리 지방 : 묘지와 정원의 결합, 타지마할
르네상스	이탈리아	노단건축식 (정형식)	15c 터스카니	메디치장, 카스텔로장, 살비아티장
			16c 로마	벨베데레원 (노단건축식의 시작), 마다마장 3대별장 : 에스테장, 랑테장, 파르네즈장
			17c 바로크 양식	감베라이장, 알도브란디니장, 이솔라벨라, 가르조니장, 란셀롯티장
	프랑스	평면기하학식 (정형식)	17c 바로크 양식	노트르의 작품 – 보르비꽁트, 베르사유궁원
	영국	정형식	16~17c	햄프턴코트, 멜버른홀, 레벤스홀, 몬타큐트원
근세	영국	자연풍경식	18c	① 대표적 풍경식조경가 : 브리짓맨, 켄트, 브라운, 랩턴, 챔버 ② 작품 : 스토우가든, 스투어헤드, 루스햄, 블렌하임
	프랑스	자연풍경식	18c말~19c초	에름논빌, 모르퐁테느, 쁘띠뜨리아농, 몽소공원, 말메종, 바가텔르
	독일	풍경식	18c말	바이마르공원, 무스코성의 대림원
	미국 식민지 시대	절충식	17c~19c	윌리암스버그수도계획, 마운트버논, 몬티첼로
	영국의 공공공원	풍경식	19c	비큰히드파크, 켄싱턴파크, 리젠드파크
	미국	풍경식	1800~1950	조경가 : 앙드레파르망디에, 앤드류잭슨다우닝
			옴스테드	센트럴파크(보우와 옴스테드)–미국도시공원의 효시
			엘리엇	수도권공원계통수립
			시카고박람회	옴스테드(조경), 번함(건축)
현대	1900~세계 1차대전			도시미화운동(로빈슨과 번함) 전원도시론(하워드)
	영국의 주택정원	절충식		루우돈, 팩스턴, 베리경
	미국의 주택정원	캘리포니아스타일		토마스처치, 가렛에크보, 로렌스할프린, 터나드
	독일	주택정원: 구성식	19c	분구원, 볼크파크, 도시림

핵심기출문제

내친김에 문제까지 끝내보자!

1. 정원양식과 그 양식이 크게 발달한 시대가 서로 맞는 것은?

① 영국 튜더조의 정원양식 - 18세기 말
② 프랑스 평면 기하학식 - 17세기
③ 이탈리아 노단 건축식 - 19세기
④ 바로크 양식 - 16세기 초

2. 다음 중 연결이 잘못된 것은?

① 15C- 이탈리아의 플로렌스를 중심으로 발달
② 16C- 이탈리아의 로마를 중심으로 한 빌라
③ 17C- 프랑스의 베르사이유의 노단 건축식
④ 19C- 독일의 구성식 정원

3. 국민의 기질이 그 나라에 독특한 정원을 만든다고 한다면, 국가와 그 나라의 외부 공간 특징이 잘못 연결된 것은?

① 고대 그리스 – 사회 · 정치 · 학문 생활의 중심
② 르네상스 시대 이탈리아 – 옥외 미술관적 성격
③ 17세기 프랑스 – 일종의 무대, 즉 옥외 싸롱 역할을 한 옥외무대
④ 18세기 영국 – 앉아서 현란한 꽃의 감상과 대화

4. 고전 조경서(造景書)의 저자가 잘못된 것은?

① 장물지(長物誌) - 계성(計成)
② 낙양명원기 - 이격비(李格非)
③ 동양정원론(Dissertation on Oriental Gardening) - 윌리암챔버(William Chamber)
④ 정원예술(L'Art des Jardins) - 알판드(J. C. Alphand)

5. 서구(西歐)와 가장 관련이 적은 것은?

① 성곽 정원의 발달
② 로마네스크 양식의 교회건축
③ 봉건 장원제도
④ 비대칭 균형

정답 및 해설

해설 1

정원 양식의 변천
- 영국 튜더조의 정원양식 – 16세기(르네상스식)
- 이탈리아 노단식정원 – 16세기
- 바로크 양식 – 17세기

해설 2

- 17세기는 프랑스의 평면기하학식
- 16세기는 이탈리아의 노단건축식의 전성기(로마중심)

해설 3

바르게 고치면
18C 영국 – 정원을 한유하거나 운동하는 곳으로 활용

해설 4

- 원야 – 계성
- 장물지 – 문진향

해설 5

서양정원 – 대칭균형

정답 1. ② 2. ③ 3. ④ 4. ① 5. ④

정답 및 해설

6. 영국과 프랑스에 비해 이태리(Italy) 르네상스 시대의 정원양식이 널리 전파, 응용될 수 없었던 가장 중요한 이유는?

① 장식성(裝飾性) ② 식물(植物)
③ 지형(地形) ④ 실용성(實用性)

해설 6
이탈리아의 대표적 정원은 노단 건축식으로 경사진 곳에 가능하므로 전파가 용이하지는 못했다.

7. 근대 독일과 중국 정원의 중요한 차이점은?

① 자연과 인공의 조화미
② 과학적 설계의 유무
③ 수경 이용에 대한 적극성과 소극성
④ 모방성과 창조성

해설 7
독일의 정원은 자연과학, 생태학을 중심으로 과학적으로 접근하여 설계한다.

8. 다음 중에서 국명과 조경양식이 일치하지 않는 것은?

① 에스파니아 – 무어양식(Moorish style)
② 인도 – 무갈양식(Mughals style)
③ 프랑스 – 바로크식 별장 저택의 자연풍경 양식
④ 독일 – 구성식

해설 8
프랑스의 대표적 조경양식은 평면기하학 정원이다.

9. 정원의 윤곽선 처리에 있어서 자유곡선이 가장 많이 쓰이는 정원은?

① 스페인 이슬람
② 이탈리아 르네상스
③ 영국 튜더조
④ 일본 다정

해설 9
일본의 다정은 자연풍경식 유형으로 자유곡선이 많이 사용되었다.

10. 18세기 영국정원과 17세기 프랑스정원에 대한 설명 중 맞지 않는 것은?

① 전자는 자연주의, 후자는 절대주의
② 전자는 자연구릉을 살리고, 후자는 대지를 평탄하게 처리했다.
③ 전자는 기후적인 요인으로 화단이 발달되지 못했고, 후자는 보스코(bosco)와 경재화단이 있다.
④ 전자는 나무를 전정하지 않았고, 후자는 토피어리(topiary)가 발달하였다.

해설 10
- 17세기 프랑스정원 – 평면기하학식
- 18세기 영국정원 – 자연풍경식

정답 6. ③ 7. ② 8. ③ 9. ④ 10. ③

11. 현대어인 "Garden"이란 낱말을 히브리어(the Herbrew)로 분석했을 때 가장 옳게 표현된 것은?

① 고대 서부아시아에서 조성된 공중정원을 의미한다.
② 옛날 메소포타미아 지방의 왕들이 조영한 수렵지(Park)이다.
③ 정신적인 즐거움과 기쁨을 주기 위하여 울타리로 둘러 싼 토지를 의미한다.
④ 채소와 과일나무를 심은 실용적이면서도 관상 목적을 지닌 뜰이다.

12. 공원(Park)의 어원적 의미와 가장 관련이 깊은 조경공간은?

① 수도원 ② 과수원
③ 공중정원 ④ 수렵장

13. 다음 서양의 조경에 관한 설명 중 옳지 않은 것은?

① 영국의 풍경식 조경은 중국 조경양식이 일부 도입되었다.
② 분구원(分區園)은 제2차 세계대전 후 영국에서 시작되었다.
③ 프레드릭로 옴스테드는 미국 조경의 시조라 한다.
④ 전원도시(garden city)는 하워드(E. Howard)에 의해 주장되었다.

14. 이탈리아 르네상스 정원과 17C 프랑스 정원과의 차이점 이라고 볼 수 없는 것은?

① 물의 이용형식 ② 축선을 이용한 공간구성
③ 장식화단 (parterre) ④ 정원의 규모

15. 시대적으로 가장 늦게 발생한 정원 양식은?

① 독일의 구성식 정원
② 스페인의 중정식 정원
③ 영국의 사실주의 풍경식 정원
④ 이탈리아의 노단건축식 정원

정답 및 해설

해설 11

Garden은 울타리로 둘러싸인 토지로 즐거움과 기쁨을 느낄 수 있는 공간을 말한다.

해설 12

파크는 원래 사냥을 위해 동물들을 가둘 목적으로 왕실에 의해 부여된 일련의 토지였다.

해설 13

분구원은 19세기에 독일에서 시작되었다.

해설 14

이탈리아 르네상스(17세기) 노단건축식 정원과 17세기 프랑스의 평면기하학식 정원

- 공통적으로 축선을 이용해 공간을 구성하였다.
- 비교

	이탈리아 르네상스 정원	17C 프랑스 정원
양식	노단건축식 정원	평면기하학식 정원
수경관	캐스케이드, 분수, 물풍금 등의 다이나믹한 연출	수로·해자 등 잔잔하고 넓은 수면 연출
정원 규모	휴먼스케일 (human scale)	장엄 스케일 (Grand scale)
정원 주요소	정원주요소 총림·화단	이탈리아 정원보다 장식화단(파르테르)과 총림이 중요시 됨

해설 15

스페인의 중정식 정원(8~15세기) → 이탈리아의 노단건축식 정원(16세기)→ 영국의 사실주의 풍경식(18세기)→ 정원독일의 구성식 정원(19세기)

정답 11. ③ 12. ④ 13. ② 14. ② 15. ①

16. 동서양 정원에 있어서 문학작품, 전설, 신화 등의 영향에 관한 설명으로 옳지 않은 것은?

① 영국의 스투어 헤드(Stourhead)에서는 버어질(Virgil)의 서사시 「에이네이어스(Aeneid)」를 물리적으로 표현하였다.
② 이슬람 정원은 코란에 묘사된 파라다이스를 표현한 바, 이는 구약성경 「창세기」에 묘사된 에덴동산과 일맥상통하며 대체적으로 방형 정원에 십자형 수로를 가진다.
③ 고대 그리스의 아도니스 원(Adonis Garden)은 아도니스 신을 제사하기 위한 신원적 성격의 광장이다.
④ 영주, 봉래, 방장 등의 이름을 붙인 연못 속의 섬이나 석가산 등은 고대 중국에서 구전되어온 신선사상에서 유래한다.

17. 정원에 처음으로 도입된 것들과 밀접한 관계가 있는 조경가들의 연결이 잘못된 것은?

① 물 화단(parterres d' eau) : 르 노트르(Andre Le Notre)
② 수정궁(crystal palace) : 팩스턴(Samuel Paxton)
③ 큐 가든의 중국식 탑 : 챔버(Sir William Chambers)
④ 하-하(Ha-Ha) : 랩턴(Humphry Repton)

18. 다음 중 동양사상의 일반적인 특징으로 가장 거리가 먼 것은?

① 천지인의 조화를 꾀하였다.
② 자연과 인간이 융합적이다.
③ 분석적이며 물질 중심적이다.
④ 전체주의적이며 정신주의적이다.

해설 **16**

고대 그리스의 아도니스 원은 그리스신화에 바탕을 두었으며 주택정원의 유형에 속한다.

해설 **17**

바르게 고치면

• 하하 기법(Ha-Ha)-브릿지맨(Charles Bridgeman)스토우원에 최초로 도입

해설 **18**

서양사상 - 분석적, 물질 중심적, 인간중심적

정답 16. ③ 17. ④ 18. ③

이집트 조경

2.1 핵심플러스

- 서양에서 최초의 조경술을 가진 나라
- 정형식정원이 발달
- 정원의 유형

• 주택정원
기후의 영향으로 높은 울담을 둘러싸고 담안에 수목은 열식하였다. 정원요소에도 직사각형, T자형의 침상지(연못의 일종)가 배치되고 물가에 키오스크(Kiosk)를 설치하였다.

• 신원
현존하는 최고(最古)의 정원유적으로 델엘바하리의 하셉수트여왕의 장제신전이 세워졌다.

• 사자(死者)의 정원
무덤앞에 소정원 설치하여 내세를 추구하였다.

1 개관 ☆

① 아프리카 북동부에 위치, 나일강을 중심으로 국가를 형성
② 지형 : 패쇄적 지형, 사막기후로 무덥고 건조함
③ 신정정치, 관개농업이 큰 특징
④ 다신교, 태양신 라(Ra) 숭배(영혼불멸의 사후세계를 믿음)
⑤ 건축
㉠ 분묘건축(피라미드. 스핑크스, 마스타바), 신전건축(예배신전, 장제신전), 오벨리스크, 주택건축 4가지로 봄
㉡ 나일강을 중심으로 예배신전은 동쪽, 장제신전은 서쪽에 설치되었다.

2 주택정원

① 현존하는 것은 없으나 무덤의 벽화로 추측
② 탑문과 저택을 축으로 좌우 대칭적인 방형의 공간
③ 높은 울담과 수목을 열식, 키오스크(Kiosk), 침상지(Sunken pond), 관목이나 화훼류를 분에 심어 원로에 배치

④ 조경식물

㉠ 시카모어(Sycamore) : 이집트인들이 신성시 여겨 사자(死者)를 이 나무 그늘 아래 쉬게하는 풍습이 있음

㉡ 연꽃 : 상(上)이집트의 상징식물

㉢ 파피루스 : 하(下)이집트의 상징식물, 종이의 원료

㉣ 그밖의 식물 : 무화과, 포도, 석류, 대추야자

⑤ 유적

㉠ 테베에 있는 아메노피스 3세의 한 중신의 분묘

㉡ 델엘 아마르나에 있는 메리레의 정원

3 신원

① 델엘 바하리의 하셉수트 여왕의 장제신전

㉠ 현존하는 최고(最古)의 정원 유적

㉡ 건축가 센누트가 설계

㉢ 하셉수트 여왕이 Amen신을 모신 곳

㉣ 특징

- 열주랑 형태의 3개의 경사로(Terrace)로 계획
- 제2테라스 전면에 수목식재를 위한 구덩이 – 구배 이용, 순차적으로 물을 관수
- ★ PUNT의 보랑벽화 : 외국(현재: 소말리아)에서 수목(향목: insence tree을 옮겨오는 모습이 그려져 있다

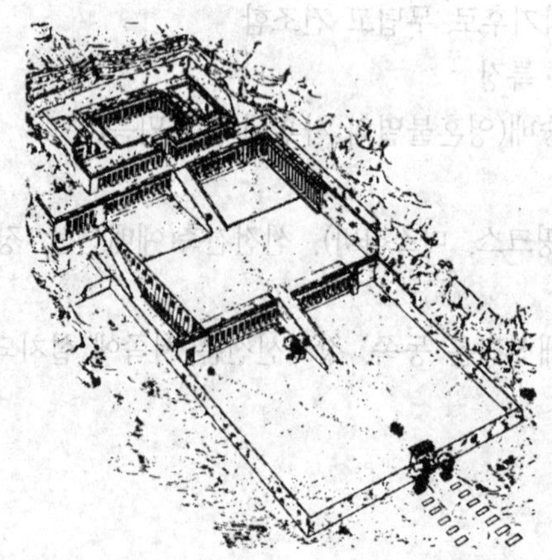

그림. 하셉수트 여왕의 장제신전

4 사자(死者)의 정원

① 무덤 앞에 소정원 설치, 내세의 이상향추구

② 시누헤 이야기 : 묘지정원을 전하는 이야기

☆ ③ 레크미라의 무덤 벽화

④ 마스타바, 피라밋 장세신전 : 미이라가 소생할 때까지의 시체 보관소

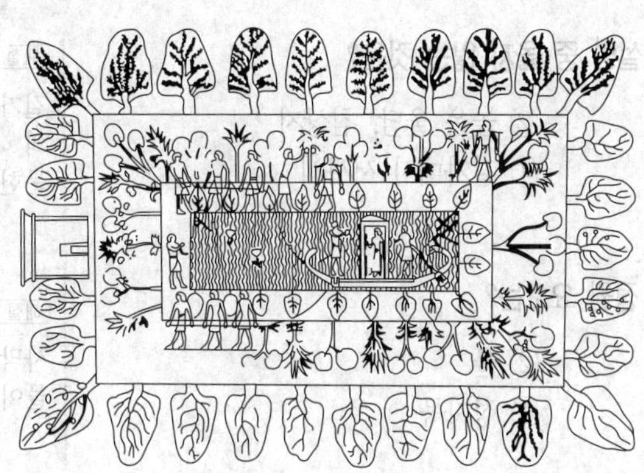

그림. 레크미라의 무덤벽화

■ 참고 : 레크미라 무덤벽화

중심에 직사각형(구형)의 연못이 있고, 연못사방에 3겹으로 수목이 열식되어 있으며 연못의 한편에 작은 키오스크(Kiosk)가 있다. 죽은 이는 배 속에 앉아 있고, 이 배는 연안의 나무에 묶어둔 두 개의 밧줄로 끌려지며, 노예들은 수목에 물을 주고 있다.

핵심기출문제

내친김에 문제까지 끝내보자!

1. 고대 이집트 정원에 대한 설명 중 옳지 않는 것은?

① 수분공급, 수목 열식 ② 높은 울담, 침상지
③ 대추, 야자, 시카모아 ④ 길가메시 서사시

2. 이집트 정원에서 주가 된 정원 요소는?

① 돌 ② 물
③ 수목 ④ 정자목

3. 고대 이집트 정원 연못가에 세워졌던 원정(園亭)의 명칭은?

① Kiosk ② shrine garden
③ quitsu ④ kiru

4. 다음 중 시대 순으로 가장 빠른 것은?

① 아도니스원 ② 데르엘 바하리
③ 주나라 유원 ④ 공중정원

5. 다음 설명은 기원전 약 2,500년경에 이집트의 테-베 지방에 만들어졌던 것으로 생각되는 고분벽화(Tomb painting)속의 어떤 권귀(權貴)의 주택정원에 관한 것이다. 잘못 설명된 것은?

① 네 개의 둥근 못(池)속에는 물고기와 오리가 길러지고 있다.
② 좌우 대칭적인 기하학식 정원이다.
③ 네모의 부지는 담으로 둘러싸여 있다.
④ 주요 조경식물은 포도나무, 대추야자, 무화과(Sycamore) 나무 등이다.

6. 이집트 정원이 특유한 형태로 발달하게 된 원인은?

① 나일강 ② 종교
③ 왕권 ④ 지형

정답 및 해설

해설 1
길가메시 서사시는 메소포타미아의 사냥터경관을 전하는 최고의 문헌이다.

해설 2
사막기후에서는 정원의 주요소는 물이다.

해설 3
키오스크(Kiosk)는 이집트의 연못가에 설치한 일종의 파고라
② - 그리스의 신원
*메소포타미아 수렵원
③ - 천연적인 산림(Quitsu)
④ - 수렵원 정원 (kiru)

해설 5
주택정원의 연못은 직사각형(방형)의 형태를 하고 있다.

해설 6
이집트 정원발달의 가장 큰 영향은 자연환경이며, 특유한 형태로 발달하게 된 원인은 종교이다.

정답 1. ④ 2. ② 3. ① 4. ② 5. ① 6. ②

7. 이집트의 하셉수트 여왕의 장제신전과 관계없는 것은?

① 최초의 조경유적
② 데르엘바하리
③ 펀트(Punt)보랑의 벽화
④ 지스터스

해설 7
지스터스 : 로마의 주택정원의 구성요소로 2개의 중정과 1개의 후원으로 구성된다.
(2개 중정 : 아트리움과 페릴스틸리움, 1개의 후원 : 지스터스)

8. Amenophis 3세때 종사한 신하의 묘 벽화에서 추상할 수 있는 고대 이집트 조경의 목적은?

① 미, 향락, 종교의식 ② 생산, 관상정원
③ 녹음, 관수, 화분 ④ 소일, 운동, 산책

9. 다음 이집트에 대한 설명에 해당하지 않는 것은?

① 유적으로 마스터바, 오베리스크, 장제신전 등이 있다.
② 최초의 조경유적은 하셉수트 여왕의 장제 신전이 있다.
③ 주택정원에서 키오스크와 T 자형의 침상지가 있다.
④ 사자의 정원은 묘지정원의 형태로 Punt의 보랑 벽화에서 그 유래를 알 수 있다.

해설 9
사자의 정원(묘지정원)은 레크미라의 벽화에서 볼 수 있다.
Punt의 보랑벽화는 신원에 있는 벽화로 수목을 옮겨오는 그림이 그려져 있다.

10. 사자의 정원으로 유명한 고대 이집트의 정원은?

① 레크미라의 무덤벽화
② 델 엘 바하리 신전의 벽화
③ 메리레 정원
④ 아메노피스 3세 충신의 분묘벽화

해설 10
② – 신원의 유적
③, ④ – 주택정원유적

11. 고대 이집트 'Punt보랑'에 새겨져 있는 그림은?

① 새가 나무위에 앉아 있는 그림
② 시커모아 나무열매에 제사를 지내는 그림
③ 나무에 물을 주는 그림
④ 외국으로부터 수목을 옮겨오는 그림

정답 7. ④ 8. ① 9. ④ 10. ① 11. ④

12. 고대 이집트 주택 정원의 중요 특징에 대한 설명 중 틀린 것은?

① 정원은 높은 울담으로 싸여있다.
② 정원내부에 사각형이나 T자형 침상지가 있다.
③ 수로에 의해 네 부분으로 나누어져 4분원을 형성한다.
④ 정원입구에는 탑문이 위치한다.

해설 12
파라다이스 가든(Pardise garden) : 방형의 공간, 수로가 교차하여 사분원(四分園)을 형성, 메소포타미아 지방의 정원

13. 테베에 있는 아메노피스 3세의 분묘의 벽화에서 보여준 이집트 정원의 구성요소가 아닌 것은?

① 높은 울타리와 탑문
② 포도나무 시렁
③ 침상지(sunken pond)
④ 동굴원(grotto garden)

해설 13
동굴원(그로토)는 르네상스시대 바로크식 정원에서 볼 수 있는 정원 구성요소이다.

14. 고대 이집트정원에 관한 다음 설명 중 옳지 않는 것은?

① 수분 공급 때문에 정원은 정형적인 형태를 취하고 수목은 열식(列植)하였다.
② 높은 울담으로 둘러싸고 사각형의 침상지(沈床池)를 정원 주요부에 배치하였다.
③ 대추야자, 시커모어, 무화과 등을 정원식물로 사용하였다.
④ 「길가메시 이야기」에 이집트 정원에 대한 자세한 기록이 나온다.

해설 14
「길가메시 이야기」는 메소포타미아의 사냥터 경관에 대한 기록

15. 고대 이집트 주택정원의 조성 내용으로 틀린 것은?

① 정원은 사각형의 공간에 높은 울담을 설치하였다.
② 입구에는 탑문(塔門, Pylon)을 세웠다.
③ 정원 요소요소에는 거형 또는 T자형의 침상지가 배치되고 물가에 키오스크를 설치하였다.
④ 정원 곳곳에 녹음수를 군식하였다.

해설 15
고대 이집트 주택정원에는 녹음수보다는 유실수를 식재하였다.

정답 12. ③ 13. ④ 14. ④ 15. ④

16. 이집트 사람들이 신성시한 나무로서, 죽은 자를 이 나무 그늘 아래서 쉬게 하는 풍습이 있었다. 이 나무의 이름은?

① 아카시아(Acasia nilotica)
② 파피루스(Cyperus papyrus)
③ 무화과(Sycamore fig)
④ 대추야자(Date palm)

해설 16
이집트인들은 무화과를 신성시여겨 죽은자를 이 나무아래서 쉬게 하였다.

17. 고대 이집트의 조경과 관련된 내용 중 옳지 않는 것은?

① 녹음을 신성시 하였다
② 수렵원이 발달하였다.
③ 원예가 발달하였다.
④ 관개 기술이 발달하였다.

해설 17
수렵원(Hunting garden)은 메소포타미아 조경에 관련한다.

18. 고대 이집트 조경양식에 가장 큰 영향을 미친 사항은?

① 무더운 기온과 사막의 바람
② 나일강의 불규칙한 범람
③ 태양신과 신전
④ 피라미드(Phyramid)와 마스터바(Mastaba)

해설 18
이집트 조경양식은 지형과 기후에 가장 큰 영향을 받았다.

19. 고대 이집트에서 나일강을 중심으로 예배신전과 장제신전(분묘)은 어디에 설치하였는가?

① 예배신전은 동쪽, 장제신전은 서쪽에 입지
② 예배신전은 서쪽, 장제신전은 동쪽에 입지
③ 예배신전과 장제신전 둘 다 동쪽에 입지
④ 예배신전과 장제신전은 나일강 방향에 나란하게 입지

해설 19
예배신전은 해가 떠오르는 동쪽, 장제신전은 해가지는 서쪽에 입지하고 있다.

20. 이집트의 현존하는 최고의 신원(Shrine Garden)에 대한 설명과 관계없는 것은?

① 핫셉수트 여왕의 장제신전이다.
② 데르 엘 바하리의 산속 절벽 밑에 입지하였다.
③ 연못가에 파피루스(Cyperus papyrus)를 식재하였다.
④ 3개의 경사로와 큰 중정을 지나 성소로 인도된다.

해설 20
연못가에 파피루스(Cyperus papyrus)를 식재는 주택정원과 관련된 설명이다.

정답 16. ③ 17. ② 18. ① 19. ① 20. ③

21. 이집트 피라미드에 대한 설명 중 가장 거리가 먼 것은?

① 분묘건축의 일종으로서 마스터바(Mastaba)도 여기 포함된다.
② 선(善)의 혼(Ka)을 통해 태양신(Ra)에게 접근하려는 탑이다.
③ 인간이 세운 가장 거대한 상징으로 볼 수 있다.
④ 신전은 강의 서쪽에 배치하고, 분묘는 강의 동쪽에 배치하였다.

22. 다음 중 이집트의 분묘건축에 속하는 것은?

① 지구라트(ziggurat) ② 지스터스(xystus)
③ 키오스크(kiosk) ④ 마스터바(mastaba)

해설 **21**

바르게 고치면
나일강을 중심으로 예배신전은 동쪽, 장제신전은 서쪽에 설치되었다.

해설 **22**

이집트의 분묘건축 : 피라미드, 스핑크스, 마스터바

정답 21. ④ 22. ④

서부아시아(메소포타미아지역) 조경

3.1 핵심플러스

- 메소포타미아는 '강의 사이'라는 의미로 반달모양의 티그리스강·유프라테스강 유역을 중심으로 번영한 고대문명이다.
- **대표적 조경** : 수렵원(Hunting garden), 공중정원(Hanging garden), 파라다이스가든(Paradise garden)
- 특히, 파라다이스 정원은 중세 이슬람정원의 기본양식으로 도입되었다.

1 개관

① 지형 및 기후 : 티그리스－유프라테스강을 배경으로 형성, 개방적 지형, 기후차가 극심하고 강우량이 적음

② 최초의 도시국가 : 우르·니프르·호르샤바드·니네베·바빌론 등 생성

③ 다신교(多神敎), 지방마다 지방신, 현세적인 삶을 추구

★④ 지구라트

㉠ 역할 : 신전 또는 천체관측소

㉡ 특징

- 각 지방의 신을 모시기 위한 신전조성(인공산)
  예) 바벨탑, 수메리안 사원
- 도시중심에 설치, 종교·경제·정치의 중심으로 지표물(landmark)역할
- 벽돌로 지어졌으며 좌우대칭의 형태로 방형의 기단이 조성되고 경사로에 의해 연결됨, 신성스런 나무숲과 최상단에는 사원이 있었음

⑤ 건축 : 구조는 낮고 수평적, 지붕은 평탄하여 옥상정원을 활용, 아치와 볼트가 발달하여 일명 공중정원이 가능하였다.

⑥ 종교 및 예술에 있어서 현세적인 삶을 중시하고 문화적으로 비관주의 특징이 강함 : 티그리스－유프라테스강의 잦은 범람은 재앙을 가져오고 개방적 지형은 끊임없는 외적의 침입을 받게 되었는데 원인이 있다.

⑦ 주택

㉠ 중정을 갖는 2층 형식의 주택

- 1층에는 객실, 부엌, 작업장 등 공용공간으로 2층은 침실위주의 사적공간으로 중정을 중심으로 배치

㉡ 두꺼운 벽으로 풍토성에 대응

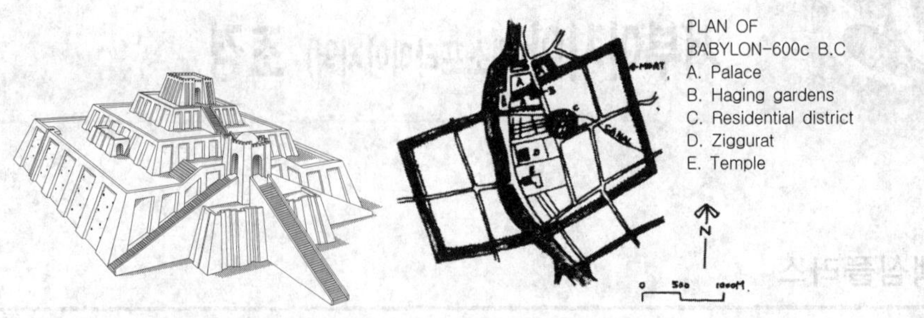

그림. 지구라트(신들의 거처)　　　　그림. 바빌론

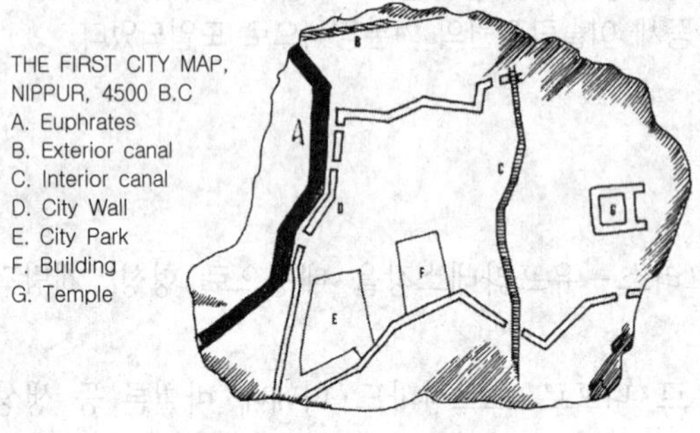

그림. 니프르

2 수렵원 (Hunting garden) ★

① 천연적인 산림(Quitsu), 수렵원 정원(kiru), 전시에 수목이 약탈 대상
② 용도 : 훈련장, 야영장, 제사장
③ 길가메시 서사시 : 사냥터 경관을 전하는 최고의 문헌
④ 호수와 언덕 조성하여 정상에 신전을 세우고 소나무, 사이프러스를 규칙적으로 식재하였으며 공원(park)의 시초로 보여진다.

그림. 수렵원

3 공중정원 [Hanging garden, 바빌론시(신바빌로니아수도) 부속] ★

① 세계7대 불가사의의 하나, 최초의 옥상정원
② Tel-Amran-ibn-Ali〈추장 알리의 언덕〉으로 추정
③ 네부카드네자르 2세가 왕비 Amiytis를 위해 조성
④ 테라스마다 수목을 식재하며, 유프라테스강에서 관수하였다.

그림. 공중 정원의 추정도

4 페르시아의 파라다이스 가든(Paradise garden)

① '카나드(Kanad)'라는 엄격한 상수체계 발달 : 정원에 물을 공급하는 역할
② 방형의 공간에 수로가 교차하는 사분원(四分園)을 형성
③ 여러 종류의 과수 재배, 페르시아의 양탄자의 반영
★④ 영향 : 중세 이슬람정원의 기본양식으로 도입됨

■ 참고 : 파라다이스 가든

파라다이스(Paradise)의 어원은 '페르시아어 Pairidaeza인 Pairi 둘러싸다(enclosure)+diz 형태로 만들다'에서 유래하였다. 즉 고대인이 지상에 재현한 낙원 개인정원은 담으로 둘러싸이고 맑은 물이 흐르며, 신선한 녹음과 풍성한 수목이 있는 곳이었다.

핵심기출문제

내친김에 문제까지 끝내보자!

1. 고대 서부 아시아에서 사냥터 경관을 전하는 최고의 문헌은?

① 레드북(Red Book) ② 시누헤 이야기
③ 길가메시 서사시 ④ 짐나지움

2. 행잉가든에 대한 설명 중 맞는 것은?

① 현대 공원의 시초가 되었다.
② 일종의 옥상정원 형태이다.
③ 귀족, 부호들의 개인정원이다.
④ 신전 주위에 위치한 정원이다.

3. 가공원(Hanging Garden)의 시대는?

① 고대 ② 중세
③ 르네상스 ④ 현대

4. 세계 7대 불가사의의 하나인 공중정원은 어느 왕에 의해 만들어 졌는가?

① 히포데이무스(Hippodamus)
② 네브카르네자르(Nebuchadnezzar)
③ 하체프스트(Hatshepsut)
④ 다리우스(Darius)

5. 다음 중 잘못 연결된 것은?

① 아테네 – 파르테논 신전
② 바빌론 – 데르엘바하리
③ 로마 – 포룸
④ 이집트 – 오벨리스크

정답 및 해설

해설 1
① 레드북 : 랩턴(영국 자연풍경식)의 스케치모음집
② 시누헤이야기 : 이집트의 사자의 정원을 전함
③ 장미이야기 : 중세시대 성관정원을 전함

해설 2
행잉가든은 옥상정원의 시초가 되었다.

해설 3
가공원은 메소포타미아의 공중정원이다.

해설 4
행잉가든은 네브카드네자르 2세가 왕비 아미티스를 위해 조성하였다.

해설 5
바르게 고치면
바빌론의 행잉가든, 이집트의 데르엘바하리

정답 1. ③ 2. ② 3. ① 4. ② 5. ②

정 답 및 해 설

6. Egypt 문명과 Mesopotamia 문명은 같은 연대이면서 대립적 조경문화를 생성하였다. 다음 중 Mesopotamia 조경은?

① 귀족원 ② 수렵원
③ 정형식 정원 ④ 실용원

해설 6
메소포타미아의 조경은 수렵원, 공중정원, 파라다이스 정원이 있다.

7. 다음 중 지구랏트(ziggurats)의 설명으로 가장 거리가 먼 것은?

① 옛 Sumerian Temple로서 피라밋보다 이전에 나타난 것이다.
② 직선적이고 대칭적 접근로가 그 특징으로 들 수 있다.
③ 신성스런 나무 숲과 맨 꼭대기에는 사원이 있었다.
④ 평원에 이집트의 피라밋에 비교될만한 인조산과 같은 높이로 단(壇)을 쌓아 올렸다.

해설 7
지구랏트의 접근로는 경사로로 연결되어 있다.

8. 고대 서부아시아 수렵원(Hunting Park)에 대한 내용과 관계가 없는 것은?

① 인공으로 호수와 언덕을 만들고, 물가에 신전을 세웠다.
② 언덕에 소나무, 사이프러스로 관개를 위해 규칙적으로 식재하였다.
③ 오늘날 공원(Park)의 시초가 된다.
④ 니네베(Nineveh)의 인공 언덕위에 세워진 궁전 사냥터가 유명하다.

해설 8
인공으로 언덕을 쌓아 만들고 그 정상에 신전을 세우고 산을 만들 때 생긴 저지(低地)는 인공호수로 하였고, 언덕에는 소나무, 사이프러스를 식재하였으며 식재방법은 관개의 편의상 규칙적으로 하였다.

9. 다음 고대의 조경유형(造景類型)에서 그 의의를 현대적인 개념으로 설명한 것 중 틀린 것은?

① 고대 바빌론의 공중정원은 현대 옥상정원에서 그 의의를 찾을 수 있다.
② 고대 그리스의 아도니스원은 포트 가든(Pot garden)이나 윈도우 박스로 발달했다.
③ 고대 로마의 포름은 현대 도시의 광장(plaza)으로 발달했다.
④ 고대 앗시리아 수렵원은 현대 골프장의 시초가 되었다.

해설 9
고대 앗시리아 수렵원은 현대 공원의 시초가 되었다.

10. 기원전 4500년경 유프라테스 강변에 위치한 도시로, 의도적으로 공원 등이 포함된 도시계획을 쐐기문자로 점토판에 새겨진 곳은?

① 니프르(Nippur) ② 기제(Gizeh)
③ 테베(Thebes) ④ 호르사바드(Khoreabad)

해설 10
니프르의 도시계획
최초의 도시계획. 쐐기문자로 새긴 점토판에 나타나며 요새화된 두터운 성벽 방어 기능이 있으며 도시를 통하여 흐르는 운하를 개설하였다.

정답 6. ② 7. ② 8. ① 9. ④ 10. ①

그리스 조경

4.1 핵심플러스

■ 그리스는 전형적인 지중해성 기후로 연간 온난하고 다습하여 주로 국민들은 옥외생활을 즐겼다.

■ 대표적 조경

주택정원	· 궁전정원, 귀족의 주택정원, 아도니스원 · 아도니스원 : 그리스신화에 바탕을 두고있으며 포트가든(pot garden), 윈도우가든(window garden), 옥상정원에 영향을 미쳤다.
공공조경	성림(聖林), 짐나지움(Gymrasiumm), 아카데미(Academy)
도시계획 · 도시조경	· 최초의 도시계획가인 히포데이무스가 밀레토스에 격자형가로망계획을 하였다. · 아고라 (서양 최초의 광장)

1 개관

① 위치 : 발칸반도 남단의 펠로폰네소스반도와 크레타섬(남쪽), 에게해의 여러 섬을 중심으로 발달한 산악국가

② 기후 : 여름은 고온건조, 겨울은 온난다습의 전형적인 지중해성 기후로 옥외 생활을 즐김

③ 건축·도시계획

㉠ 건축양식 발달 : 도리아식→이오니아식→코린트식

그림. 도리아식 이오니아식 코린트식

㉡ 도시계획

· 밀레토스 : 격자형가로망계획의 정형식 패턴

· 아테네 : 유기적이고 부정형적 패턴

④ 문화·예술

㉠ 이성을 중시 여김, 합리적인 질서를 추구, 서양철학의 기초가 됨

㉡ 자유로운 인간중심문화로 신도 사람처럼 생각함

⑤ 조경적 특징

㉠ 화려한 개인 주택정원보다 공공조경이 발달

㉡ 페르시아의 수렵원, 이집트의 농업기술의 영향을 받음

2 주택정원 (궁전정원, 귀족 주택정원, 아도니스원)

① Priene의 주택중정

㉠ 메가론(megalon) 타입으로 단순하며 중정을 중심으로 방배치

㉡ 가족중심의 장소/ 단순기능적/ 내부지향적(벽에 창이 없음)

㉢ 주랑식 중정은 돌포장, 방향성 식물, 조각과 대리석분수로 장식

■ 참고 : 메가론(megalon)

- 왕의 거실격으로 중정으로 형성되어가는 원형, 아트리움의 전신으로 보인다.
- 삼면이 벽으로 둘러있고 앞면에 기둥을 나란히 세운 현관이 있으며, 실내의 중앙에는 난로가 있는 건축 양식을 말한다.

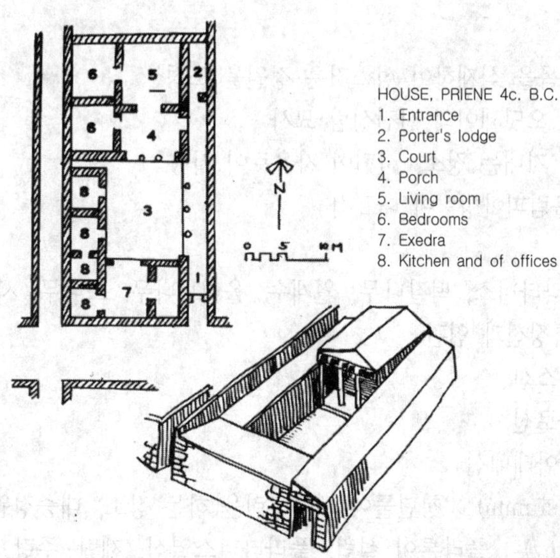

그림. Priene 주택

★★★ ② 아도니스원

㉠ 그리스신화에 바탕을 둔 아도니스정원이 유행

- 신이 인간을 짝사랑하고 그의 죽음에 대한 애절한 전설을 가지고 있음

· 아프로디테(미와 사랑의 여신)의 사랑을 받던 미소년 아도니스의 죽음을 기림
· 아도니스는 푸르름과 싱싱하게 성장함을 상징

㉡ 아도니스에 대한 경배는 바빌로니아, 앗시리아, 페니키아인에 의해 전하여 오던 것이 그리스로 이어짐

㉢ 부녀자들에 의해 가꾸어졌으며 속성(速成)성 식물(보리, 밀, 상치)을 분이나 바스켓에 식재

★★ ㉣ 영향 : 포트가든(pot garden), 윈도우가든(window garden), 옥상정원

그림. 아도니스원

3 공공조경 ★★

① 성림(聖林)

㉠ 신전주위에 수목을 식재하여 성스러운 정원을 조성

㉡ 최초의 기록은 오딧세이의 신전성림 묘사

㉢ 신들에게 제사 지내는 장소, 시민이 자유로이 사용

㉣ 델포이성림, 올림피아성림이 대표적

㉤ 식재수목

· 종려나무, 플라타너스, 떡갈나무, 월계수, 올리브나무, 소나무, 사이프러스 등
· 특정수목은 특정신과 연관

참나무 – 제우스신
월계수 – 아폴로신
올리브나무 – 아테네신

② 짐나지움(Gymrasiumm) : 청년들이 체육훈련을 하는 장소, 대중정원으로 발달

③ 아카데미(Academy) : 플라톤이 설립, 플라타너스열식, 제단·주랑·정자·벤치 등 배치

4 도시계획·도시조경

① 히포데이무스

㉠ 최초의 도시계획가

㉡ 밀레토스에 최초로 장방형 격자모양 도시계획을 히포다미안, 밀레지안 (Hippodamian, Milesian) 이라고 함

② 아고라(Agora) : 광장의 개념이 최초로 등장

㉠ 고대 그리스의 각 도시국가에 만들어진 광장

㉡ 시민들이 토론, 선거를 하는 장소, 시장의 기능을 갖는 광장

㉢ 정치·경제·행정의 중심지, 도시계획의 구심점

㉣ 공간의 특징

- 3면이 벽으로 둘러싸여 있으며 전면은 전주식의 방형공간
- 스토아(stoa)라는 회랑에 의해 경계 지워지며, 상점·공공기관 전시장으로 활용
- 플라타너스 녹음과 조각·분수가 설치

㉤ 아고라의 변천(서양광장의 변천)

명칭	시대	역 할
Agora	그리스	물물교환장소, 토론과 선거의 장소
Forum	로마	공공집회장소, 미술품 진열을 감상

③ 아크로폴리스와 파르테논 신전

㉠ 아크로폴리스 : 아크로(Acro)의 높다와 폴리스(Polis)도시국가의 합성어로 높은 곳에 위치한 도시국가를 의미

㉡ 파르테논신전

- 그리스 아테네 아크로폴리스에 있는 신전으로 페르시아 전쟁승리를 기념해 세워짐
- 그리스 건축의 최대 업적으로 평가(도리아식)

그림. 파르테논신전 – 그리스 아테네의 도리스식의 신전으로 기원전 450년경 익티노스 설계

핵심기출문제

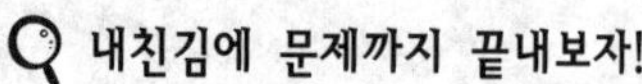

1. 고대 그리스의 공공조경과 관련이 없는 것은?

① 아카데미 ② 짐나지움
③ 성림 ④ 메가론

2. 그리스시대의 조경에 관한 것 중 틀린 것은?

① 나무를 신성시 했다.
② 짐나지움과 같은 대중적인 정원이 발달하였다.
③ 히포데이무스에 의해 도시계획에서 격자형이 채택되었다.
④ 서민들의 정원은 발달을 보지 못했으나 왕이나 귀족의 저택은 대규모이며 사치스런 정원을 가졌다.

3. 그리스 정원의 특징이 아닌 것은?

① 천국을 표시했다.
② 짐나지움이 발달했다.
③ 나무를 신성시하였다.
④ 도시계획에서 격자형이 채택되었다.

4. 중정을 완성되어 가는 공간의 원형이라 할 수 있는 것은?

① 페리스트리움
② 아트리움
③ 메가론
④ 클로이스트

5. 그리스 문명을 선도한 문명은 에게와 미케네 문명인데 그곳에서 공공조경은 어떤 형태로 이루어졌는가?

① 아도니스원 ② 신원
③ 아고라 ④ 성림

정 답 및 해 설

해설 **1**
메가론은 그리스주택정원이 중정으로 형성되어가는 원형을 의미한다.

해설 **2**
그리스시대 정원은 개인 주택정원보다 공공정원이 발달하였다.

해설 **3**
천국의 표현은 메소포타미아의 파라다이스 정원에서 볼 수 있다.

해설 **4**
메가론은 왕의 거실격으로 중정으로 형성되어가는 원형, 아트리움의 전신으로 보고 있다.

해설 **5**
그리스의 공공조경의 형태 : 성림, 짐나지움, 아카데미

정답 1. ④ 2. ④ 3. ① 4. ③ 5. ④

6. 아도니스원에 대한 설명 중 틀린 것은?

① 아도니스의 영혼을 위로하기 위한 제사로부터 유래되었다.
② 오늘날 지중해 연안지방의 포트 가든 이나 옥상정원의 기원이 되었다.
③ 로마주택 정원의 특수한 유형이다.
④ 푸르고 싱싱하게 생장하는 밀, 상치, 보리를 화분이나 바스켓에 심어 장식했다.

해설 6
아도니스원은 그리스시대주택 정원의 형태이다.

7. 아도니스 정원에 관한 설명 중 틀린 것은?

① 일종의 옥상정원 형태이다.
② 중세에 발달한 양식이다.
③ 부인들의 손에 의해 가꾸어졌다.
④ 주택의 지붕이나 창가에 설치하였다.

해설 7
아도니스원은 그리스시대의 주택 정원 형태이다.

8. 그리이스의 아도니스원에 대한 설명으로 적합한 것은?

① 신을 모신 정원으로 열식된 수목에 의해 위요된 공간
② 물이 가장 중요한 요소로서 등장
③ 후일의 옥상정원으로 발전(포트가든)
④ 식물의 도입은 화훼류 우선

해설 8
아도니스원은 옥상정원, 윈도우가든, 포트가든에 영향을 주었다.

9. 최초의 도시격자형 도로망을 계획한 사람은?

① 네브카드네자르 ② 센누트
③ 히포데이무스 ④ 아드리아누스

10. 장방형 격자모양의 도시를 계획하게 한 고대 그리스 사람은 누구인가?

① 하무라비 ② 디메트리우스
③ 히포다모스 ④ 피타고라스

공통해설 9, 10
히포데이무스는 최초의 도시계획가로 밀레토스에 장방형의 격자모양 도시계획을 하였다.

정답 6. ③ 7. ② 8. ③ 9. ③ 10. ③

정 답 및 해 설

11. 다음 그림이 묘사하는 것과 같이 부인들에 의해 경영된 정원은?

① 아도니스원
② 아카데미원
③ 올림피아원
④ 파티오원

12. 공공건물로 둘러 싸여 있으며, 때때로 수목도 심어졌던 그리스 도시민의 경제생활과 예술활동이 이루어졌던 공공용지는?

① 아크로폴리스(Acroplois)　② 아고라(Agora)
③ 알리(Allee)　④ 불루바드(Boulevard)

13. 고대 그리스에서 '도시광장(廣場)'이라 부르던 명칭은?

① 플레이스(place)　② 아고라(agora)
③ 포름(forum)　④ 프라자(plaza)

14. 고대 그리스 건축양식 중 중심 건물이 되는 파르테논신전의 기둥은 기초석이 없이 조망되어지는 수직성을 강조하는 형태로 조영되었다고 하는데, 어떤 기둥 양식인가?

① 도리아식　② 이오니아식
③ 코린트식　④ 파르테논식

15. 아도니스(Adonis)원에 대한 설명이 잘못된 것은?

① 아도니스에 대한 경배는 바빌로니아, 앗시리아, 페니키아인들에 의해 전하여 오던 것이 그리스로 이어졌다.
② 아도니스는 죽음과 사후의 영생을 상징한다.
③ 신이 인간을 짝사랑하고 그의 죽음에 대한 애절한 전설을 가지고 있다.
④ 후에 옥상정원, 건물 테라스원, Pot Garden 등에 영향을 미쳤다.

16. 메가론(Megaron)이라 불리는 중정 형태가 등장한 시대는?

① 고대 로마　② 고대 이집트
③ 고대 그리스　④ 고대 메소포타미아

해설 **11**
아도니스원은 부녀자들에 의해 가꾸어졌다.

해설 **12, 13**
고대 그리스시대에 도시국가에 광장의 개념이 최초로 등장하여 아고라라고 불리었으며, 정치 · 경제 · 행정의 중심지 역할을 하였다.

해설 **14**
그리스의 건축양식 중 도리아식은 간소한 장중미가 특징으로 기둥은 기반부가 없는 형상이며, 수직방향의 홈은 매우 얕고 모서리는 각을 이루고 있다. 아폴로(Apollo) · 파르테논(Parthenon) · 헤라(Hera) 신전 등이 도리아식으로 되어있다.

해설 **15**
아도니스는 푸르름과 싱싱하게 성장함을 상징한다.

해설 **16**
그리스 주택의 중정은 메가론(megalon) 타입으로 단순하며 중정을 중심으로 방배치가 되어 있다.

정답 11. ① 12. ② 13. ② 14. ① 15. ② 16. ③

고대 로마시대 조경

5.1 핵심플러스

■ 대표적 조경

주택정원	·그리스 시대보다 화려하게 발달하였다. ·로마시대 모든 정원을 통칭하여 호르투스라 부른다. ·폼베이시가 (Pansa 家, Vetti家, Tiburtinus家)에서 원형을 볼 수 있다. - 2개의 중정과 1개의 후원으로 구성 - 아트리움(제1중정) → 페릴스트리움(제2중정, 주정) → 지스터스(후원)
빌라(Villa)	·빌라는 주택건물과 정원 또는 경작지의 복합체를 말한다. ·대표적 작품 : 라우렌티장, 터스카나장, 아드리아장
광장	포룸

■ 고대 그리스와 로마문명의 비교

그리스	추상적 · 명상적 문화발달
로마	실용적 · 현실적 문화발달

1 개 관

① 지형 : 지중해를 향해 뻗어있는 이탈리아반도는 북쪽은 알프스산맥이 있고 반도 중심에는 아펜니노산맥이 있음

★② 기후 : 겨울에는 온화한 편이나 여름은 더워 구릉지에 빌라(Villa)가 발달하는 계기가 됨

③ 식물 : 감탕나무, 사이프러스, 스톤파인 등 상록활엽수가 풍부하게 자생

④ 구조물 보다 경관이 우세

⑤ 인문사회 환경 : 그리스 헬레니즘, 에투리아, 이집트 등의 문화를 흡수하여 문화의 폭과 깊이를 더함 (절충적 성격)

⑥ 건축·토목기술이 발달

㉠ 원형극장, 투기장, 목욕탕, 대도로, 고가수로

㉡ 응회암과 석회를 혼합하여 콘크리트를 고안함(대규모 건축물 조성이 가능)

㉢ 건축은 그리스의 것을 그대로 받아들임, 기하학적 균제적, 열주의 형태. 견고한 구조에 대규모적 화려하고 장식적

㉣ 상·하수 등 토목기술이 발달

2 호르투스(Hortus)

① 로마시대 정원의 총칭으로 과실과 채소를 재배하던 정원
② 개인주택 뿐만 아니라 공공공간이나 공공건물 주변에도 만들어짐

3 주택정원 ★★

① 폼베이 시가에서 공공건축, 주택가, 상점가의 3가구가 장방형으로 구획
② Pansa家, Vetti家, Tiburtinus家의 공간 구성에서 볼 수 있음

공간 구성	아트리움(Atrium)	페리스틸리움(peristylium)	지스터스(xystus)
	제 1중정	제 2중정(주정)	후원
	무열주중정	주랑식중정	
목적	공적장소(손님접대)	사적공간(가족용)	
특징	· 컴플루비움(compluvium, 천장(天窓)) : 채광을 위함 · 임플루비움(impluvium, 빗물받이 수반) : 가사 · 관수용 · 바닥은 돌포장 · 화분장식	· 1중정보다 넓고 포장하지 않음(식재가 가능) · 정형적으로 식재배치 · 시설물은 작게 조성하여 보다 넓게 보임 · 모자이크판석과 투시도로 색채보완	· 제1·2중정과 동일한 축선상에 배치 · 5점형 식재 · 과수원 · 채소밭으로 구성되거나 정원시설이 갖춰지기도 함 · 정원의 경우 수로를 중심으로 좌우에 원로와 화단이 배치됨

■ 참고 : 폼베이시

베수비우스 화산폭발로 용암과 화산재에 묻혀버렸으나 1748년부터 시작된 고고학자의 발굴에 의해 폼베이시가의 전모가 드러나기 시작하였다.

그림. 아트리움(제1중정)

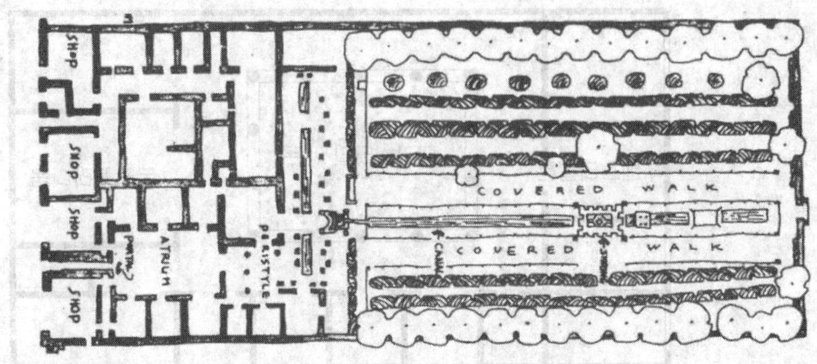

그림. Tiburtinus家의 평면

③ 주택과 정원의 발달과정

㉠ 초기 아트리움은 타블리니움(주인의 침실이나 공적인 응접실)→호르투스 구성

㉡ 페리스타일 정원의 도입으로 정원이 주택 내부로 도입되게 되며 주택의 면적이 넓어지게 됨

㉢ 로마인의 부와 허식을 나타내는 이상적인 장소로 자리 잡음

㉣ 페리스타일의 발달로 아트리움은 거의 사라지고 페리스타일이 주택의 중심이 되고 대신 베스티불룸(주택의 입구에 배치되어 손님을 접대하는 공간)이 만들어짐

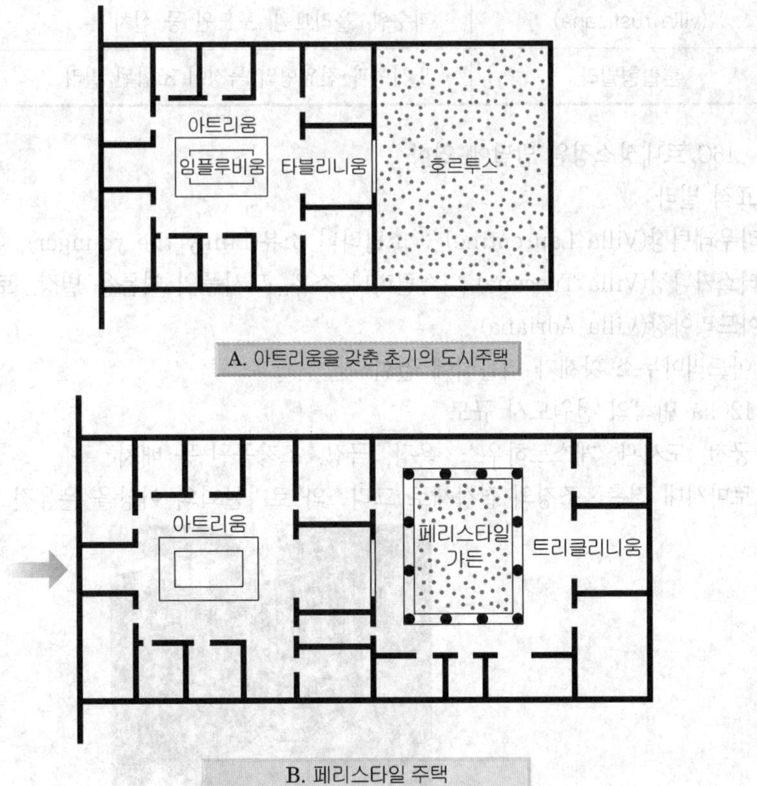

A. 아트리움을 갖춘 초기의 도시주택

B. 페리스타일 주택

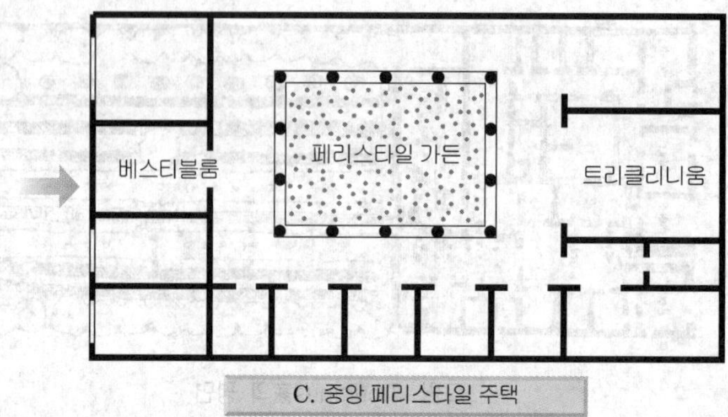

C. 중앙 페리스타일 주택

4 빌라 발달

★ ① 자연환경, 기후의 영향으로 구릉지 해안가에 입지함

② 빌라의 유형

유형	특징
도시형빌라 (villa urbana)	· 건물을 가운데에 두고 정원이 건물을 포위, 경사지에 위치 · 노단의 전개, 물의 수직적인 취급
전원형빌라 (villa rusticana)	· 농가구조로 마굿간, 창고 등이 부속된 농촌 부유층의 주택 겸 정원 · 과수원, 올리브원, 포도원 등 설치
혼합형빌라	· 도시형과 전원형의 특징이 조합된 빌라

③ 15 · 16C 르네상스정원 발달에 영향

★ ④ 대표적 빌라

㉠ 라우레틴장(Villa Laurentine) : 소필리니 소유(Piliny the younger), 혼합형

㉡ 터스카나장(Villa Tuscana) : 소필리니 소유, 도시풍의 여름용 별장, 토피아리 등장

㉢ 아드리아장(Villa Adriana)

- 아드리아누스 황제가 티볼리에 건설
- 120ha 면적의 전원도시 규모
- 궁전, 도서관, 게스트하우스, 욕장, 극장, 조각공원 등 배치
- 로마시대 건축 · 조경의 결정체로 그리스와 로마문화의 이상을 은유적으로 담고 있음

그림. 아드리아누스황제의 별장

5 공공시설 – 포룸(Forum)

① 공공건물과 주랑으로 둘러싸인 다목적 열린 공간으로 그리스의 아고라와 아크로폴리스를 질서 정연한 공간으로 바꿈

② 특징

㉠ 아고라에 비해 시장의 기능이 쇠퇴

㉡ 지배계급을 위한 상징적 공간으로 집회 · 휴식의 장소

㉢ 어떤 건물군에 싸여 있는지에 따라 일반광장(Forum civil), 시장광장(Forum venalia), 황제광장(Forum imperial)으로 구분

핵심기출문제

내친김에 문제까지 끝내보자!

1. 로마시대의 제2중정은 어느 것인가?

① 아트리움 ② 페리스틸리움
③ 지스터스 ④ 호르투스

2. 폼페이 정원에서 발견된 고대 로마 주택정원의 설명이 잘못된 것은?

① 아트리움에는 빗물받이인 임플루비움이 있다.
② 페리스틸리움에는 출입이 제한된 회랑에 의해 둘러싸여있다.
③ 뒤뜰은 지스터스라 한다.
④ 나무는 5점형 식재에 의해 식재하였다.

3. 고대 로마 중정의 벽면에 투시도 기법으로 분수, 퍼골라, 트렐리스 따위에 조류를 곁들인 정원화가 그려져 있는 공간은?

① 아트리움 ② 페리스틸리움
③ 지스터스 ④ 임풀루비움

4. 고대 로마주택의 외부공간인 페리스틸리움에 대한 설명 중 올바른 것은?

① 바닥은 돌로 포장되어있으며, 기능적으로 외부객을 위한 공적공간이다.
② 지붕 중앙에 천정이 있고 그 아래 빗물을 받기 위한 임플루비움이 설치되어 있다.
③ 수로가 주축을 이루고 수로 좌우에 원로와 화단이 대칭적으로 배치되어 있다.
④ 주랑으로 둘러싸여져 있고 기능상으로 가족의 사적 공간이다.

5. 폼페이에서 발견된 로마의 정원 양식 중 아트리움에 대한 설명으로 틀린 것은?

① 외부와 연결이 잘 되도록 설계되었다.
② 사각으로 되어있다.
③ 로마시대 주정의 일종이다.
④ 바닥은 돌로 포장되어있다.

정답 및 해설

해설 1
로마시대의 주택정원은 2개의 중정과 1개의 후원으로 구성되어있다. 제1중정은 아트리움, 제2중정은 페리스틸리움, 1개의 후원은 지스터스이다.

해설 2
페리스틸리움은 주랑식 중정으로 어디에서나 출입이 가능하다.

해설 3
페리스틸리움에는 모자이크 판석과 투시도 기법의 정원화가 그려져 있다.

해설 4
①, ② – 아트리움
③ –지스터스

해설 5
주정–페리스틸리움

정답 1. ② 2. ② 3. ② 4. ④ 5. ③

정답 및 해설

6. 고대 로마시대의 개인 주택정원에서 두 개의 중정과 하나의 후정의 순서를 바르게 연결한 것은?

① 아트리움 → 지스터스 → 페리스틸리움
② 지스터스 → 아트리움 → 페리스틸리움
③ 아트리움 → 페리스틸리움 → 지스터스
④ 페리스틸리움 → 지스터스 → 아트리움

해설 6
로마시대의 주택정원은 아트리움(제1중정) → 페릴스틸리움(제2중정) → 지스터스(후원)으로 구성되어 있다.

7. 토피아리(topiary)를 처음으로 정원에 사용하기 시작한 나라는?

① 고대 로마 ② 네덜란드
③ 영국 ④ 스페인

해설 7
터스카나장 (Villa Tuscana) : 소필리니 소유, 도시풍의 여름용 별장, 토피아리 처음 등장

8. 고대 로마의 포룸(Forum)의 기능이 아닌 것은?

① 교역을 위한 장소
② 공공의 집회장소
③ 미술품의 진열장
④ 일반의 출입을 금함

해설 8
포룸의 지배계급을 위한 상징적 공간으로 귀족들의 집회 · 휴식 장소로 사용되었다.

9. 고대 로마시대의 제왕을 위한 유구는?

① 풋지어야 카야노장
② 아드리아장
③ 메디치장
④ 카렛지오장

해설 9
아드리아누스황제 – 아드리아장

10. 로마시대의 전원풍 별장(Villa Rustica)에 대한 설명으로 적합하지 않는 것은?

① 농촌 부유층의 주택 겸 정원이다.
② 시장 정원, 부엌정원 등에서 발전된 것이다.
③ 장식용의 정원을 말한다.
④ 이것이 발전되어 도시풍 별장(Villa Urbana)이 되었다.

해설 10
전원형 별장은 실용적 정원을 말한다. 농가구조로 마굿간, 창고 등이 부속된 농촌 부유층의 주택 겸 정원으로 올리브원, 포도원 등 설치된다.

정답 6. ③ 7. ① 8. ① 9. ② 10. ③

정답 및 해설

11. 다음 중 호르트스(Hortus)의 형태가 나타났던 곳은?

① 이집트　　② 그리스
③ 프랑스　　④ 고대 로마

해설 11
호르트스는 고대 로마시대의 정원을 총칭하는 용어이다.

12. 다음 고대 로마의 주택정원에 대한 설명 중 틀린 것은?

① 주택은 열주와 개방된 정원 혹은 아트리움에 의해 연결된 거실을 가지고 있었으며 거리에 면하여 세워졌다.
② 주택의 배치는 축을 이루고 기하학적으로 되어 있으며, 수로에 의해 정원을 4개의 주요 정방형 공간으로 나누고 있다.
③ 정원은 태양, 바람, 먼지, 거리의 소음으로부터 은신처였으며, 그늘은 둘러싸여 있는 주랑에 의해 제공되어졌다.
④ 수목은 주로 화분이나 화단에 심어졌고, 돌로 된 물웅덩이와 대리석 탁상 그리고 작은 동상들이 마당을 아름답게 꾸미는 정원의 구성요소였다.

해설 12
정원의 경우 수로를 중심으로 좌우에 원로로 화단이 배치되었다.

13. 고대 로마시대의 폼페이 지방의 주택에서 3개의 정원공간이 나타나고 있다. 이에 해당되지 않는 공간은?

① 임플루빔(Impluvium)
② 아트리움(Atrium)
③ 지스터스(Xystus)
④ 페리스틸리움(Peristylium)

해설 13
로마시대 주택정원의 구성
아트리움(제1중정) →
페리스틸리움(제2중정) → 지스터스(후원)

14. 다음 중 베티가(家)(House of vetti)의 설명으로 맞지 않는 것은?

① 중세 로마에 있었던 별장이다.
② 아트리움(Atrium)과 페리스틸리움(Peristylium)을 갖추고 있다.
③ 실내공간과 실외공간이 거의 구분되어 있지 않다.
④ 실내공간이 거의 노천식 공간이었다.

해설 14
베티가는 로마의 주택정원이다.

15. 고대 로마주택의 중정(페리스틸리움)에 도입되었던 조경요소로 가장 부적합한 것은?

① 수반　　② 꽃
③ 동굴　　④ 탁자

해설 15
동굴은 바로크시대 정원의 조경요소이다.

정답 11. ④ 12. ② 13. ① 14. ① 15. ③

정답 및 해설

16. 고대 로마 개인주택에서 5점형 식재나 실용원이 꾸며진 장소는?

① 아트리움(Atrium)
② 지스터스(Xystus)
③ 페리스틸리움(Peristylium)
④ 클로이스터 가든(Cloister Garden)

17. 소(小) 플리니우스가 남긴 유명한 편지 속에 자세히 소개된 정원은?

① 로우렌티아나장, 토스카나장
② 메디치장, 카렛지오장
③ 아드리아나장, 카스텔로장
④ 이솔라벨라장, 카프아쥬올로장

해설 **16**

고대 로마 주택정원의 지스터스(xystus)

- 후원
- 제1·2중정과 동일한 축선상에 배치
- 5점형 식재
- 과수원·채소밭으로 구성되거나 정원시설이 갖춰지기도 함
- 정원의 경우 수로를 중심으로 좌우에 원로로 화단이 배치됨

해설 **17**

소 필리니(Piliny the younger)의 서한문집에 나타난 빌라의 상세한 묘사로 로마시대 빌라를 추측할 수 있으며, 소유 별장으로는 라우레틴장(Villa Laurentine), 터스카나장(Villa Tuscana) 등이 있다.

정답 16. ② 17. ①

중세 유럽 정원

6.1 핵심플러스

■ 정원은 내부지향적(폐쇄적정원), 한정된 공간에서의 자급자족적 성격을 지닌다.

■ 대표적 조경

구분	내용
전기	· 이탈리아를 중심으로 한 수도원정원이 발달 · 회랑식중정(클로이스트가든 → 장식적정원) + 실용적정원(→ 약초원, 초본원)
후기	· 성관정원, 프랑스와 잉글랜드를 중심으로 발달 · 미의 이야기에 기록됨

■ 목적, 특성에 따른 정원

· 초본원, 약초원, 과수원, 미원(Maze), 토피아리(Topiary : 형상은 없음)

· 매듭화단(knot) : 중세의 영국에서 발달, 주목과 회양목이용

1 개관

① 종교 중심의 신학과 기독교 건축이 주종을 이룸

② 고대~8세기 : 비잔틴 미술의 영향

③ 9세기~12세기 : 로마네스크식(엄숙, 장중)

④ 13세기~15세기 : 고딕양식(상승의 경쾌감)

⑤ 문화적으로 암흑기라고 함 : 신학과 종교의 비중에 비해 인간중심문화가 경시

■ 참고 : 중세시대

서로마제국멸망(476년) 한 이후 16세기까지 약 1000년을 말한다. 이시기는 교회의 권위에 압도되어 사람들의 사고의 폭이 위축되었으며 정원은 내부지향적으로 발달하였다.

2 목적, 특성에 따른 정원

① 초본원

㉠ 채소원, 약초원

㉡ 중세초기에는 실용위주로 식재되고 화훼의 아름다움이 경시됨, 특히 수도원내에는 실용위주로 식재되다 중세 말에 장식적화훼의 관심이 커짐

② 과수원과 유원(遊園)

㉠ 옥외생활에 중요한 위치를 차지함

㉡ 당시에는 여러 식물의 식재지를 의미하였으며 규모가 다양

㉢ 초기의 유원은 단순한 잔디와 수목이 우거져 경기나 운동을 하기도 했다고 전해짐, 점차 장식적으로 발달하여 분수, 벤치, 원정 등 배치하여 정원적으로 발달

★ ③ 매듭화단(Knot)

㉠ 중세에서 시작, 영국에서 크게 발달, 주목과 회양목 이용

㉡ 종류

- open knot : 문양을 만든 후 사이 공간을 색채흙을 넣거나 그대로 두는 방법
- close knot : 문양을 만든 후 사이공간을 화훼류로 채우는 방법

④ 미원(Maze)

㉠ 상록교목을 다듬어 수벽으로 이용

㉡ 미로속에서 길을 찾으며 즐기는 위락시설

⑤ 토피아리(Topiary) : 주목과 회양목 이용, 로마정원과는 달리 사람 · 동물의 생김새가 없음

⑥ 정원요소

㉠ turfseat : 지표면보다 높게 화단을 만들어 앉을 수 있는 벤치의 역할을 함

㉡ fountain : 분수

㉢ pergola : 그늘시렁

㉣ water fence : 수반

그림. turfseat

그림. water fence

3 전기 수도원 정원

① 발달지역 : 중세 전기, 이탈리아를 중심으로 발달

② 특징

㉠ 실용적 정원 : 채소원, 약초원 등

㉡ 장식적 정원 : 회랑식 중정(cloister garden)

③ 회랑식 중정의 특징

㉠ 주랑의 기둥사이로 흉벽이 만들어져 있어 일정한 통로 외에는 정원으로의 출입이 불가능한 폐쇄적인 중정

㉡ 2개의 원로에 의해 4분원이 된 교차점을 파라다이소라 하여 수반을 설치하거나 수목, 우물을 배치(물은 기독교적으로는 속죄의미)

㉢ 로마시대 폼페이시가의 페릴스틸리움과 유사하나 다른 점은 흉벽의 설치로 통행을 절제하고 빗물로부터 회랑의 벽화를 보호함, 회랑식 중정은 폐쇄적이며 페릴스틸리움은 개방식 중정임

㉣ 수도승의 명상과 대화의 장소

■ 참고

cloist garden의 어원은 cloist의 '둘러싸인 대지' 의미로 광의적으로는 속계(俗界)를 벗어난다는 의미와 협의적으로는 수도원 내의 건물들에 의해 둘러싸인 의미를 가진다.

④ 성 갈(St. Gall)수도원 평면도에 실용원, 장식원이 나타남

그림. 중세의 수도원 정원 - 회랑식 중정과 사분원, 가운데 파라다이소(원로의 교차점)가 보인다.

4 후기 – 성관정원

① 발달지역 : 프랑스, 잉글랜드를 중심으로 발달

② 성관정원의 특징

㉠ 장원의 규모가 커지면서 주위를 성곽으로 두르는 폐쇄적인 형태로 주위에는 방어목적의 해자를 둠

㉡ 한정된 공간에 화려한 꽃, 매듭화단, 미로정원을 조성

㉢ 자급자족적 성격이 강함(초본원, 약초원)

㉣ 기록 : 장미이야기(장편연애시로 귀부인과 기사의 사랑 내용)

핵심기출문제

내친김에 문제까지 끝내보자!

1. 사방이 회랑으로 둘러싸이고 각 회랑의 중앙에서 중정으로 출입구가 트여 원로를 구성하고 그 교차점인 중정 중앙에 수반 분수가 있는 정원은?

① 스페인의 파티오
② 스페인의 파라다이스 가든
③ 중세의 클로이스트 가든
④ 중세의 미로

2. 중세의 회랑식 중정의 특징이 아닌 것은?

① 흉벽이 있다.
② 정원의 구성은 직교하는 원로에 의해 네 개의 구획으로 나누어진다.
③ 원로에 의해 구획된 공간은 일반적으로 화훼류가 식재된다.
④ 원로의 교차점은 파라다이소라 하여 나무나 분천, 또는 우물이 설치된다.

3. 중세 수도원 정원에 대한 설명 중 틀린 것은?

① 장식적인 목적과 실용적인 목적을 함께 갖고 있었다.
② 회랑식 중정을 갖고 있었다.
③ 중세후기에 발달하였다.
④ 폐쇄된 정원이다.

4. 중세 성곽정원과 관련된 이야기는?

① 시누헤이야기
② 길가메시서사시
③ 장미이야기
④ 아도니스

정답 및 해설

해설 **1**

중세의 클로이스트 정원은 주랑의 기둥사이에 흉벽이 있으며, 2개의 원로에 의해 4분원이 된 교차점에는 수반이나 수목을 배치하였다.

해설 **2**

원로에 의해 구획된 공간은 일반적으로 잔디류가 식재된다.

해설 **3**

중세 전기 이탈리아를 중심으로 한 수도원 정원은 회랑식 중정으로 장식을 하며, 초본원·약초원으로 실용적 기능을 가지고 있다. 후기에는 프랑스나 잉글랜드를 중심으로 한 성관정원으로 두 정원의 공통점은 폐쇄적이며 자급자족적 성격을 지닌다.

해설 **4**

정원을 전하는 이야기
- 시누헤 이야기 : 이집트의 묘지 정원을 전하는 이야기
- 길가메시서사시 : 메소포타미아의 사냥터경관을 전하는 이야기
- 장미이야기 : 중세 성곽정원을 전하는 이야기

정답 1. ③ 2. ③ 3. ③ 4. ③

5. 중세정원과 관계없는 것은?

① 약초 ② 수도원
③ 성곽 ④ 하하(Ha-Ha) 수법

해설 5
하하 수법은 18세기 영국의 자연풍경식 정원에서 브릿지맨이 스토우원에 도입한 수법이다.

6. 중세 정원의 공통된 특징이 아닌 것은?

① 정원은 간단하고 보통 4각형이며, 그 안에 화단이 있다.
② 꽃은 별로 가꾸지 않았으나 다만 장미, 오랑캐꽃, 마리골드로 제한되었다.
③ 일반적으로 사이프러스, 감탕나무 등의 녹음수를 식재하였다.
④ 성벽으로 둘러싸인 폐쇄된 내부 장소, 즉 속세로부터 은신된 정원이다.

해설 6
중세정원은 실용적 목적의 초본원(채소, 약초원, 실용위주의 식재), 과수원, 유원 등이 있다.

7. 중세 유럽의 성곽정원에 나타난 것이 아닌 것은?

① 절충원 ② 과수원
③ 초본원 ④ 유원

해설 7
중세 유럽의 성관(성곽)정원에는 초본원, 약초원, 과수원의 나타난다.

8. Cloister Garden에 대한 설명이 아닌 것은?

① 회랑식 중정
② 예배당 건물의 남쪽에 위치한 네모난 공지
③ 두 개의 직교하는 원로에 의해 4분
④ 원로의 중심에는 로타르라는 연못 설치

해설 8
클로이스트 가든에서 원로의 중심에는 수반이나 수목을 배치하였다.

9. 중세 장원제도(feudal system)속에서 발달된 조경양식의 특징은 아래 중 어떤 것인가?

① 내부 공간 지향적 정원 수법
② 로마시대의 공지 형태 답습
③ 성벽을 의식한 장대한 외부 경관의 조성
④ 풍경식의 도입이 보임

해설 9
중세 후기에 프랑스와 잉글랜드를 중심으로 성관정원이 발달하였다. 폐쇄적 정원으로 자급자족적 성격을 지니며, 화려한 화훼 식재하였다. 성관정원에 기록이 장미이야기에 전해온다.

10. 암흑시대라 불리우는 중세(中世)의 초기(初期)에 정원이 발달한 곳은?

① 궁전 ② 왕이나 귀족의 별장
③ 수도원(修道院) ④ 민가(民家)

해설 10
중세 전기에는 이탈리아를 중심으로 수도원정원이 발달하였다.

정답 5. ④ 6. ③ 7. ① 8. ④ 9. ① 10. ③

11. 수도원 정원이 자세히 그려진 평면도가 발견된 중세 수도원은?

① San Lorenzo 수도원
② St. Gall 수도원
③ Canterbury 수도원
④ Santa Maria Grazie 수도원

12. 중세의 수도원(monastry)과 성관(castle) 정원에 대한 설명 중 옳은 것은?

① 수도원 정원은 프랑스를 중심으로 발달하였고, 성관 정원은 이탈리아를 중심으로 발달하였다.
② 수도원 정원은 화려한 식물을 심었고, 성관 정원은 실용적이고 장식적 정원을 형성하였다.
③ 수도원 정원 중정의 교차점에는 파라디소라하여 분천을 두거나 큰 나무를 식재하였다.
④ 수도원 정원의 주랑식 중정은 흉벽이 있고, 성관 정원의 회랑식 열주는 흉벽이 없다.

13. 다음 중 중세 수도원의 회랑식 중정(Cloister Garden)에 대한 설명으로 옳지 않은 것은?

① 4부분으로 구획되어진 중정이 있다.
② 분수는 중정의 중앙에 설치되어 있다.
③ 페리스틸리움(peristylium)의 구조와 동일하게 흉벽을 두지 않았다.
④ 수도원 내의 다른 건물들에 의하여 둘러싸여 있는 공간을 의미한다.

정답 및 해설

해설 11
성 갈(St. Gall) 수도원의 평면도에서 실용원과 장식원이 나타난다.

해설 12
바르게 고치면
① 수도원 정원은 이탈리아를 중심으로 발달하였고, 성관 정원은 프랑스와 잉글랜드를 중심으로 발달하였다.
② 수도원 정원은 실용적이고 장식적 정원이 발달하였고, 성관 정원은 화려한 식물을 심었다.
④ 수도원 정원의 회랑식 중정은 흉벽이 있다.

해설 13
바르게 고치면
회랑식 중정은 흉벽의 설치로 통행을 절제하고 빗물로부터 회랑의 벽화를 보호하고 있으며, 회랑식 중정은 폐쇄적이며 페릴스틸리움은 개방식 중정이다.

정답 11. ② 12. ③ 13. ③

이란·스페인·인도 정원(이슬람세계)

7.1 핵심플러스

■ 사라센이란 불리는 아랍민족은 이슬람교를 바탕으로 아라비아 반도에서 7C경 강대해져 비잔틴제국의 근동(近東) 및 아프리카 영토까지 진출하였다. 그 결과 서(西)로는 스페인 동(東)으로는 인더스강 유역에 이르는 사라센문명을 창조하였다. 이를 이슬람 문명이라 한다.

■ 대표적 조경

구분	내용
이란	· 정원은 북향 또는 동향에 위치 · 사막의 먼지, 모래, 바람을 피하고 외적방비를 위해 진흙이나 벽돌로 높은 울담을 두름, 물과 녹음수를 중시/ 정원의 핵심은 물 · 오아시스 도시 – 이스파한

스페인	· 파티오(Patio) 중심의 내향적 공간을 추구 : 중정(internal court)
	· 개종을 강요하지 않음 : 기독교와 이슬람의 양식이 절충되어 나타남
	· 대표작품
	– 알함브라 궁전의 중정(Patio)
	  알베르카 중정, 사자의 중정 → 이슬람적인 성격
	  다라하 중정, 레하 중정 → 기독교적인 색채
	– 제네랄리페이궁 : 수로의 중정/ 사이프러스 중정

무굴인도	· 피서용 바그(별장)발달 : 캐시미르지방(수원이 풍부하고 비옥한 산간지대) · 묘지와 정원의 결합 : 아그리와 델리(열대성기후의 대평원), 타지마할(대표작품) · 바그(bagh) : 정원과 건물의 하나의 복합체로 동시대의 이탈리아 빌라와 같은 개념이다.

1 개관

① 이슬람은 이슬람교와 그에 바탕을 둔 이슬람문명 및 이슬람 세계를 일컫는 말

② 단순한 신앙체계가 아니라 정치·경제·문화를 통합하는 신앙과 실천체계로 이 문명권을 사라센(sarasen)이라고 함

2 이란(페르시아의 사라센 스타일)

① 조경상의 특징

㉠ 정원은 주건물의 북향 또는 동향에 위치

㉡ 진흙이나 벽돌로 높은 울담을 두름 : 사막의 먼지, 모래, 바람을 피하고 외적 방비, 프라이버시 확보

㉢ 모든 정원의 핵심은 물

- Canad : 명거·암거의 수로로 정원의 연못·분수에 물을 공급
- 카나드의 형태에 따라 정원의 완성(대부분 수로에 의해 4분원을 나누어짐)
- 연못이 중심시설로 수심은 얕지만 색자갈(푸른색, 회색 조약돌)을 깔아 깊게 보임

㉣ 건물 전방에 배치하여 중심축선을 따름

- 산지정원 : 수압을 이용한 cascade, 분수 설치
- 평지정원 : 수로가 교차하는 4분원의 형식

㉤ 정원식물

- 녹음수와 식물이 필수적으로 도입
- 녹음수 : 세나르, 사이프러스, 대추야자
- 과수 : 오렌지, 석류, 무화과, 배, 살구, 복숭아 등
- 화훼류 : 방향성식물, 백합, 튤립, 쟈스민 등

② 이스파한 – 압바스(Abbas)1세가 수립

㉠ 대표적인 중부 사막지대에 위치한 오아시스 정원 도시

㉡ Chahar-Bagh

- 7km의 넓은 도로 중앙에 수로·연못·화단, 사이프러스와 플라타너스가 식재
- 도로공원의 원형

■ 참고 : 이란 양식의 특징

- 코란에 묘사된 낙원을 지상에 재현하였다.
- 높음담과 시원한 그늘, 차가운 샘물, 신선한 과일나무 등을 도입하였다.
- 이스파한 : 지상낙원의 정원원리를 적용하여 소정원이 연속적으로 이어나가 도시를 형성해 하나의 거대한 정원으로 전개하였다. 도시는 정원, 궁전 및 모스크의 광대한 복합체로 표현하였다.

㉢ 왕의 광장(Maidan, 380×140m) : 현재 남아있는 이스파한의 거대한 옥외 공간

㉣ 40주궁 : 왕의 광장과 Chahar-Bagh사이의 궁전구역, 감귤만 식재

㉤ 황제도로 : 이스파한과 시라즈와 연결하는 도로

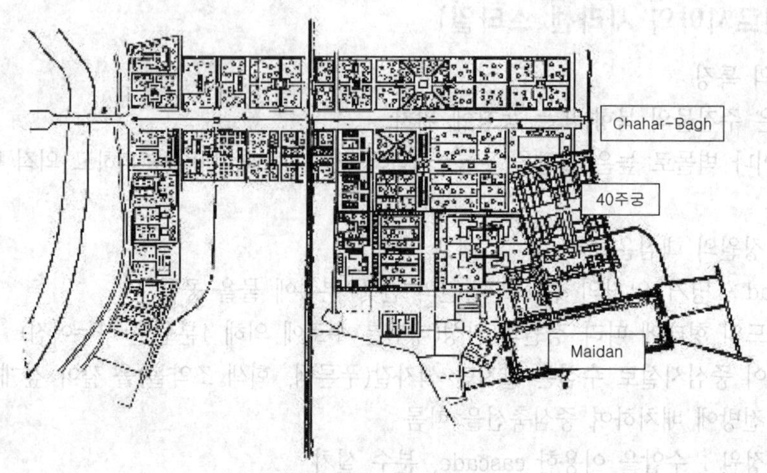

그림. 이스파한

3 스페인

① 개관

㉠ 개종을 강요하지 않음 : 기독교와 이슬람의 양식이 절충되어 나타남.

㉡ 파티오(Patio) 중심의 내향적 공간을 추구 : 중정(internal court)

㉢ 무어인(이슬람계인으로서 이베리아반도 북아메리카에서 살던 사람들)에 의해 스페인의 이슬람문명이 꽃피우게 됨

㉣ 정원은 그늘과 시에스타(siesta : 낮잠 풍습)을 즐기고 물로서 청량감을 즐기는 곳

② 조경

㉠ 세빌랴의 알카자르(Alcazar)

㉡ 코르도바의 大모스크 : 오렌지중정(전체면적의 1/3차지)

★★ ㉢ 그라나다의 알함브라 궁전

- 홍궁(붉은 벽돌)이라고도 함
- 이슬람의 마지막 보루, 세련의 극치, 수학적 비례, 인간적 규모, 다양한 색채, 소량의 물을 시적으로 사용했다는 평을 받음

ⓐ 알베르카(alberca)중정(도금양, 천인화의 중정)

- 입구의 중정이자 주정(主庭)으로 공적기능
- 종교적 욕지인 연못으로 투영미가 뛰어남
- 연못 양쪽에 도금양(천인화) 열식

ⓑ 사자의 중정 : 가장 화려한 정원

- 주랑식 중정
- 사자상 분수(유일한 생물의 상)와 네 개의 수로가 연결
- 물의 존귀성이 드러남

ⓒ 다라하 중정(린다라야 중정) : 여성적인 분위기의 정원

- 회양목으로 연취식재, 화단 사이는 맨흙의 원로
- 중심에 분수

ⓓ 레하의 중정(사이프러스 중정)

- 색자갈로 무늬, 네 귀퉁이에 사이프러스를 식재, 중앙의 분수

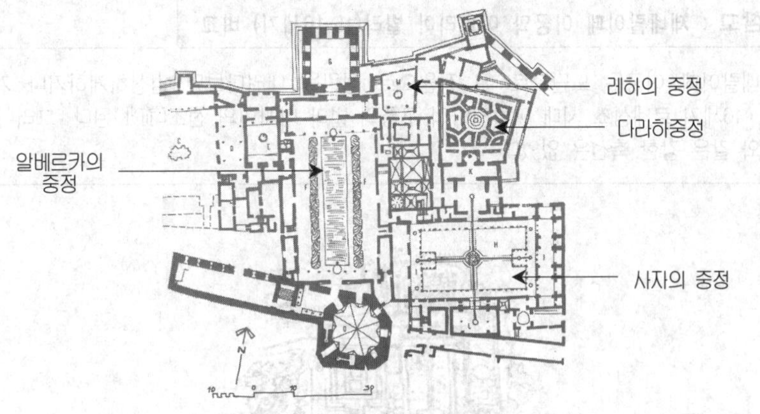

그림. 알함브라 궁원

그림. 알베르카중정

그림. 사자의 중정

그림. 다라하 중정

그림. 레하의 중정

㉣ 그라나다의 제네랄리페 이궁(건축가의 정원·높이 솟은 정원)

- 그라나다 왕들의 피서를 위한 은둔처
- 경사지에 계단식처리와 기하학적인 구조(노단건축식의 시초)
- 특징 : 물 계단, 노단식, 건축보다 정원이 주가 됨

ⓐ 수로의 중정 : 입구의 중정, 주정, 가장 아름다움, 연꽃모양의 수반과 회양목으로 구성한 무늬화단·장미원이 특징

ⓑ 사이프러스 중정 : 노단의 정상부 위치

■ 참고 : 제네랄이페 이궁와 이탈리아 빌라(15,16세기) 비교

제네랄이페 이궁은 노단으로 된 정원으로 정원을 내려다보면 감상하게하거나 계단, 물계단 등은 15 · 16세기 르네상스 시대 이탈리아의 구릉의 빌라 디자인의 전조(前兆)된다. 그러나 이탈리아 정원에서와 같은 강한 축선은 없었다.

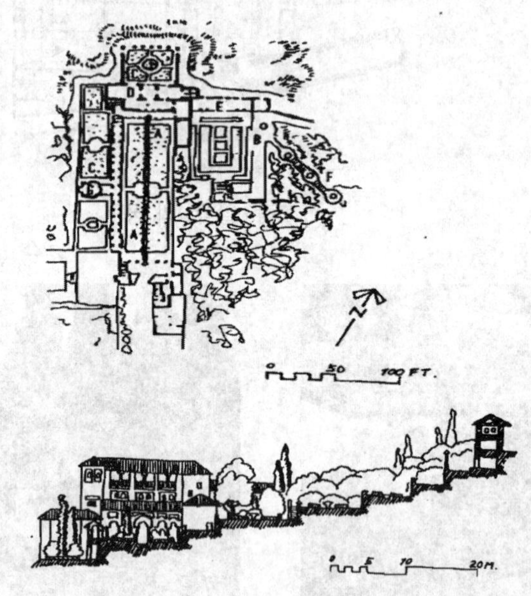

그림. 제네랄이페 이궁

그림. 수로의 중정

4 무굴인도

① 무굴(Mughal, Mogul)이란 몽고의 사투리로서 인도 북서부로부터의 침입자를 이르는 속어
② 왕조의 변천
바브르→후마윤→아쿠바르→자한기르→샤자한→우란지브

왕조	대표 정원 유적
바브르 시대	람바그(Ram : 휴식 Bagh : 정원)
후마윤 시대	후마윤의 묘 : 델리에 위치, 페르시아식과 인도식의 혼합양식, 묘를 중심으로 운하와 천수(泉水)로 구성
아쿠바르 시대	· 파티풀 시크리 유구 · 아쿠바르 묘 : 아그리와 델리근방에 위치 · 나심정원(Nasim: 아침의 미풍 Bagh) : 캐시미르지방에 처음 만들어진 산장
자한기르 시대	· 샤리마르 바그 : 캐시미르지방에 여름용 별장, 샤리마르(Shalimar)는 사랑의 거처라는 의미, 5단의 테라스로 조성, 상단에 정자주변에 대규모의 분수가 둘러쌈 · 니샤트 바그 : 니샤트(Nishat)는 유락의 의미, 무굴정원 중 가장 화려한 정원, 경사지를 이용한 12단의 테라스와 화단·식재·분수 캐스케이드 배치 · 아차발 바그 : 히말라야 산록에 접한 산장, 물의 약동을 상시적으로 즐길 수 있는곳 · 아티맛드–우드–다우라묘 : 아그라에 위치, 백대리석에 섬세한 상감을 처리
샤–자한 시대	· 타지마할 · 차스마–샤히 : 왕의 샘이라는 뜻으로 약효가 있다고 전해지는 샘이 나오는 물이 수로를 따라 정원 전체에 정교하게 배치 · 샤리마르–바그 : 델리와 라호르지방에도 이궁 조성

③ 인도정원의 요소
㉠ 물 : 가장 중요한 요소 장식, 관개, 목욕이 목적, 종교적 행사에 이용
㉡ 장식과 실용을 겸한 연못가의 원정(園亭)
· 실용적 목적 : 피서 및 쾌적한 정원생활의 안식처
· 장식적 목적 : 주인이 사망 후 묘소나 기념관으로 활용
㉢ 녹음수를 중시, 연못에는 연꽃을 식재
㉣ 높은 담 : 사생활의 보호와 안식, 장엄미 및 형식미를 위한 것
④ 장소별 정원의 유형
㉠ 캐시미르지방
· 경사지에 피서용 바그발달(노단식 정원 발달)
· 대표적 정원 : 니샤트바그, 살리마르바그, 아샤발바그, 디쿠샤바그
㉡ 아그라, 델리 지방
· 정원과 묘지를 결합한 형태로 평탄지에 궁전이나 능묘를 왕의 생존시에 미리 건설함

- 대표적 정원
  - 람바그 : 줌나강에 위치, 무굴 최대의 정원, 바브르 대제
  - 타즈마할(TAJ MAHAL)
    - 이슬람 건축의 백미라고 일컬음
    - 샤 자한이 왕비 뭄타즈 마할을 추념하기 위해 만듬
    - 높은 울담으로 둘러싸이고 흰 대리석 능묘와 대분천지
    - 수로에 의한 4분원 : 물의 반사성을 이용

그림. 타지마할

핵심기출문제

내친김에 문제까지 끝내보자!

1. 아라비아 지방의 초기 이슬람 정원의 특징 중 틀린 것은?

① 페르시아 지방의 전통적 정원문화 양식을 계승하고 있다.
② 정원은 높은 울담으로 둘러싸여 있다.
③ 녹음수와 과실수 등 정원 식물에 대한 관심이 많았다.
④ 물을 담고 있는 중정을 중심으로 동물형태의 조각물을 적극적으로 도입하였다.

2. 16세기 페르시아 압바스(Abbas)왕이 이스파한(Isfahan)에 만든 공원 광장은?

① 차하르 바그(Chahar-bagh)
② 마이단(Maidan)
③ 40주궁(Cheher Sutun)
④ 아샤발 바그(Achabal-bagh)

3. 알함브라 궁전의 파티오에 대한 설명 중 옳지 않은 것은?

① 사자의 중정은 중앙에 분수를 두고 +자형으로 수로가 흐르게 한 것으로서 사적(私的) 공간 기능이 강하다.
② 외국 사신을 맞는 공적(公的) 장소에 긴 연못 양편에서 분수가 솟아오르게 한 도금양의 중정이 있다.
③ 싸이프레스 중정 혹은 도금양의 중정이란 명칭은 그 중정에 식재된 주된 식물의 명칭에서 유래하였다.
④ 파티오에 사용된 물은 거울과 같은 반영미(反映美)를 피하거나 혹은 청각적인 효과를 도모하되 소량의 물로서 최대의 효과를 노렸다.

4. 페르시아 회교식 정원에서 필수적으로 이용하는 것은?

① 녹음수　　② 물
③ 원로　　④ 원정

정 답 및 해 설

해설 1

이슬람 세계는 우상숭배가 금지되어 있어 동물형태의 조각물이 만들어지지 못했다. 따라서 회화·조각의 발달이 미비했다.

해설 2

이스파한의 공원 광장은 왕의 광장으로 현재 남아있는 거대한 옥외 공간이다.

해설 3

입구중정인 알베르카 중정은 도금양의 중정이라고도 불리우며 공적 목적으로 설치되었다. 연못은 투영, 반영미가 뛰어나다.

해설 4

페르시아의 정원에서 핵심은 물이다.

정답 1. ④ 2. ② 3. ② 4. ②

5. 이슬람 양식의 정원이 전해 오는 곳은?

① 그라나다　② 아테네
③ 터스카니　④ 테베

6. 이슬람 세계와 서방(그리스도교)세계가 절충되어 나타난 정원은?

① 타지마할　② 베르사이유
③ 이졸라벨라　④ 알함브라궁

7. 스페인의 정원양식이 아닌 것은?

① 무어족의 발달
② 파티오의 정원
③ 기온이 높고 건조한 환경
④ 생태학과 식물지리학의 중요과제

8. 알함브라 궁원에 대한 설명 중 올바른 것은?

① 궁전의 주요공간과 정원이 새하얀 건물군으로 둘러싸여 있다.
② 왕가의 피서를 위한 여름 휴양지로 대지 전체가 정원인 이상적인 곳이다.
③ 건물 구성의 수학적 비례감과 인간적 규모, 그리고 다채롭고 미묘한 색채와 한적함 등이 주 테마를 이룬다.
④ 15~16C 이탈리아의 르네상스시대 빌라 공간구성에 크게 영향을 미쳤다.

9. 스페인의 알함브라 궁전 중 부인실에 예속되어 있는 중정은?

① 사자의 중정　② 천인화의 중정
③ 다라하의 중정　④ 레하의 중정

10. 무어 양식의 극치라고 일컬어지는 알함브라(Alhambra)궁은 여러 개의 중정(Patio)이 있다. 이 중 4개의 수로에 의해 4분되는 파라다이스 정원 개념을 잘 나타내고 있는 중정은?

① Alberca Patio(연못의 중정)
② Daraxa Patio(Lindaraja Patio)
③ Reja Patio(창격자 중정)
④ Lions Patio(사자의 중정)

정답 및 해설

해설 **5**

이슬람 양식이 전해오는 곳은 스페인의 그라나다의 알함브라 궁전 등에서 볼 수 있다.

해설 **6**

이슬람세계와 그리스도교의 세계가 절충되어 나타나는 정원은 스페인의 알함브라 궁전이다.

해설 **7**

스페인이 중정식(Patio)식이 발달하게 직접적인 원인은 고온 건조한 기후 때문이며 이는 무어족에 의해 발달하였다.

해설 **8**

알함브라 궁은 붉은 벽돌로 만들어져 홍궁이라 불린다. 건물의 구성이 인간적 규모이고 수학적 비례감과 다양한 색채로 구성되었다.
②, ④는 그라나다 왕의 휴양지인 제랄리페이궁에 대한 설명이다.

해설 **9**

스페인은 정원의 형식은 중정식(Patio)으로 알함브라 궁에는 4개의 중정이 있다.
① 알베르카의 중정은 연못 양쪽에 도금양(천인화)가 열식되어 있어 천인화의 중정이라고도 한다.
② 사자의 중정은 유일한 생물상으로 사자상의 분수가 있으며 화려한 정원이다.
③ 다라하의 중정은 린다라야의 중정이라고도 하며, 여성적인 분위기로 맨흙의 원로로 되어 있다.
④ 레하의 중정은 사이프러스나무가 식재되어 사이프러스 중정이라고도 한다.

정답 5. ① 6. ④ 7. ④ 8. ③ 9. ③ 10. ④

정답 및 해설

11. 라이온의 코트(Court of Lion)는 다음 중 어느 곳에 속해있는 정원인가?

① 알함브라(Alhambra) 궁원
② 알카자(Alcazar) 궁원
③ 빌라 아드리안(Villa Hadrian)
④ 빌라 마다마(Villa Madama)

해설 11
라이온 코트(사자의 중정)은 그라나다의 알함브라 궁전에 속해 있다.

12. 다음 설명에 적합한 파티오 가장 작은 규모이며 바닥은 자갈 및 무늬로 깔려 있고 구석진 자리에는 네 그루의 사이프러스 거목이 식재되어 있다. 또한 중앙부에는 사이프러스로 둘러싸인 분천과 좁지만 산뜻한 파티오는?

① 연못의 파티오 ② 레하의 파티오
③ 다라하의 파티오 ④ 사자의 파티오

해설 12
알함브라 궁전의 중정 중 레하의 중정은 색자갈로 무늬를 냈으며, 네 귀퉁이에 사이프러스 나무를 식재하였고 중앙에 분수를 설치하였다.

13. 연꽃의 분천으로 유명한 파티오는?

① 알함브라 ② 제랄리페
③ 알카자르 ④ 니샤트바그

해설 13
제랄리페 이궁의 왕의 휴식장소로 높은 솟은 정원을 의미한다. 노단과 기하학적 구성으로 노단건축식의 시초로 보여지기는 하나 이탈리아의 노단건축식에서 보여지는 뚜렷한 축선은 존재하지 않는다.
① 수로의 중정 : 입구의 중정, 주정, 연꽃의 분천이 있음
② 사이프러스 중정 : 노단의 정상부

14. 인도의 정원 구성에서 가장 중요시 취급되었던 것은?

① 물 ② 원로
③ 녹음수 ④ 정자

해설 14
인도의 정원구성에서 물은 장식·관개·목욕이 목적으로 종교적 행사에 이용되었다.

15. 인도 정원의 요소 중 적당하지 않는 것은?

① 연못 도입
② 장식과 실용의 원정
③ 더운 기후와 바람차단을 위해 높은 담을 두름
④ 원정 주변에 녹음식재를 하여 시원한 분위기를 형성

해설 15
인도의 정원의 주요 요소는 연못, 정자, 녹음수이며 정원주변에는 높은 담은 사생활보호가 주목적이다.

정답 11. ① 12. ② 13. ② 14. ① 15. ③

16. 타지마할에 대한 설명으로 맞는 것은?

① 스페인 양식이다.
② 노단형정원이다.
③ 평탄지에 세워진 영묘건축이다.
④ 샤자한을 위해 만들어진 영묘건축이다.

17. 타지마할에 관한 설명이다. 가장 옳지 않는 것은?

① 아그라 델리 지방 간지스강 지류인 줌나강가에 조성되어 있다.
② 아크바르 대제에 의하여 설치되었다.
③ 왕비인 뭄타즈마할을 추념하여 세운 것이다
④ 흰대리석의 능묘이며 중앙에는 대 분천지가 있다.

18. 인도정원양식의 특징은?

① 노단식　② 평면기하학식
③ 정형식　④ 자연풍경식

19. 인도정원에 대한 설명 중 맞는 것은?

① 아그라 델리 – 분묘　② 케시미르 – 별장
③ 알함브라 – 궁전　④ 제네랄리페 – 중정

20. 인도의 정원에 관한 설명 중 틀린 것은?

① 인도의 정원은 옥외실의 역할을 할 수 있게 꾸며졌다.
② 회교도들이 남부 스페인에 축조해 놓은 것과 유사한 모양을 갖고 있다.
③ 중국이나 일본, 한국과 같이 자연풍경식 정원으로 구성되어 있다.
④ 물과 녹음이 주요 정원 구성 요소이며, 짙은 색채를 가진 화훼류와 향기로운 과수가 많이 이용되었다.

21. 다음은 무굴인도의 정원이다. 노단식 정원에 속하지 않는 것은?

① 타지마할　② 살리마르 바그
③ 니샤트 바그　④ 이샤발 바그

정답 및 해설

해설 16

타지마할은 아그라와 델리의 평탄지에 만들어진 영묘건축으로 인도의 영묘건축이다. 샤자한 왕이 왕비의 죽음을 추모하기 위해 만들어진 건축물로 흰 대리석의 능묘이다.

해설 17

타지마할은 샤 자한 왕이 왕비 뭄타즈 마할의 죽음을 추념하기 위해 만들었다.

해설 18

인도의 정원은 정형식정원이다.

해설 19

인도는 지방에 따라
① 아그라와 델리에는 분묘 건축
② 케시미르에는 왕의 휴양의 목적으로 바그가 형성되었다.
③와 ④는 스페인의 정원이다.

해설 20

인도의 정원은 정형식 정원이다.

해설 21

타지마할은 평지에 위치한 묘지 정원이다.

정답 16. ③ 17. ② 18. ③ 19. ① 20. ③ 21. ①

22. 중세 인도의 정원이 아닌 것은?

① 살리마르 바그　② 타지마할
③ 니샤트 바그　④ 체하르 바그

23. 인도 무갈제국의 정원에 관한 설명 중 옳은 것은?

① 이슬람교가 동진하여 전파한 이슬람 정원이어서 힌두족의 전통은 나타나지 않는다.
② 기후, 식생 등 조건이 정원발달을 저해하여 자연히 페르시아 이슬람정원들보다 소규모의 정원이다.
③ 지역적으로 볼 때 아그라와 델리에는 아크바르대제의 능묘가, 캐시미르에는 살리마르 바그(Shalimar Bagh), 타지마할이 있다.
④ 무갈 정원의 유형은 별장을 중심으로 발달한 바그(Bagh)와 정원과 묘지를 결합한 형태의 것으로 나누어지고 산간 지방에는 노단식이, 평지에는 평탄원이 발달했다.

24. 무굴인도에서 발견되는 바그(bagh)란?

① 4개의 파티오(patio)로 구성된 궁전이다.
② 건물과 정원을 하나의 유니트로 하는 환경계획으로 동시대 이탈리아의 villa와 같은 개념이다.
③ 담장으로 둘러싸인 공간으로 이집트 스타일의 연못, 수로, 정자 등 시설이 있다.
④ 네모난 공간으로 공공용 건물이 둘러싸여 있는 중정이다.

25. 페르시아의 이스파한(Isfahan) 왕궁의 정원묘사에 해당하지 않는 것은?

① 마이단이라 부르는 380m×140m나 되는 장방형의 광장이 있다.
② 도로와 도로가 교차되는 지점에 분천이나 화단이 만들어졌다.
③ 체하르 바그(Tshehar Bagh)라고 불리는 7km의 넓은 도로가 있다.
④ 도로 중앙에 노단과 수로 및 연못이 있고 양가에 가로수가 심겨져 있다.

해설 **22**

체하르 바그는 이란의 사막지대에 위치한 오아시스로서 이스파한의 유적이다.

해설 **23**

바르게 고치면
① 인도 무갈제국 정원은 힌두족 전통도 나타난다.
② 건물과 정원이 복합된 대규모의 형태이다.
③ 타지마할은 아그리와 델리 지방에 위치하고 있다.

해설 **24**

바그는 건물과 정원의 복합체로 이탈리아의 빌라와 같은 개념이다.

해설 **25**

체하르 바그는 도로공원의 원형으로 7km의 넓은 도로, 도로 중앙에 수로와 연못이 있고 양쪽에 가로수가 심겨져 있다.

정답　22. ④　23. ④　24. ②　25. ②

정답 및 해설

26. 이슬람 정원에 관한 설명 중 옳지 않은 것은?

① 기후적 조건으로 중정이 발달했다.
② 풍부한 물을 이용, 케스케이드, 분수, 벽천 등이 크게 발달했다.
③ 국교인 회교와 관련된 파라다이스 개념이 정원내의 수로(水路) 등에 표현되었다.
④ 이슬람 세력의 동진(東進)으로 인도 무갈제국 정원발달에 기여했다.

해설 26
이슬람정원은 물이 귀하여 소량의 물을 시적으로 사용하였다.

27. 무굴왕조의 아크바르(Akbar)대제는 인도의 영토를 크게 확장하고 조경 및 토목사업에 치중하였다. 다음 중 아크바르 대제의 업적이 아닌 것은?

① 캐스미르 지방에 대단히 아름다운 정원인 니샤트 바그(Nishat Bagh) 축조
② 다알호수 주변에 대정원인 니심 바그(Nisim Bagh) 축조
③ 국내에 가로수 식재와 우거진 도로 개설
④ 캐스미르 지방에 Hari Pabat(녹색의 보루)를 개설

해설 27
니샤트 바그는 자한기르 시대에 축조되었다.

28. 스페인의 파티오식 정원의 창안주체와 그 시기는?

① 중세에 스페인 사람들에 의해
② 중세에 사라센 민족에 의해
③ 근세 초기에 게르만 민족에 의해
④ 알렉산더 대왕시대에 로마 사람들에 의해

해설 28
사라센이라 불리는 아랍민족은 이슬람교를 바탕으로 아라비아 반도에서 7C경 강대해져 비잔틴제국의 동 및 아프리카 영토까지 진출하였다. 그 결과 서(西)로는 스페인까지 동(東)으로는 인더스강 유역에 이르는 사라센문명을 창조하였다.

29. 이슬람 정원에 관한 설명 중 옳지 않은 것은?

① 물을 모스크(Mosque)안에서 의식용의 못이 되었다.
② 헤네랄리페 정원의 축선은 영국의 자연풍경식에 영향을 주었다.
③ 이슬람 세력의 동진(東進)으로 인도 무굴제국정원발달에 기여했다.
④ 이슬람교와 관련된 '파라다이스' 개념이 정원내의 수로(水路)등에 표현되었다.

해설 29
헤네랄이페 이궁은 노단으로 된 정원으로 정원을 내려다보면 감상하는 구조, 계단, 물계단 등은 15 · 16세기 르네상스 시대 이탈리아의 구릉의 빌라 디자인의 전조(前兆)된다. 그러나 이탈리아 정원과 같은 강한 축선은 없다.

정답 26. ② 27. ① 28. ② 29. ②

30. 다음 중 이슬람 정원의 특징이 아닌 것은?

① 정원은 주 건물의 북향이나 동향에 배치하였다.
② 차가운 물과 맑은 샘을 동경하여 분수 등을 설치하였다.
③ 정원의 각 요소마다 유명인들의 조각상을 배치하였다.
④ 연못형태는 규칙적인 4각형, 8각형, 원형이 대부분이다.

31. 그라나다에 소재한 헤네랄리페(Generalife) 정원에 관한 설명으로 틀린 것은?

① 수로의 중정(court of canal)이 있다.
② 정원 전체가 3개의 노단(Terrace)으로 이루어졌다.
③ 「ㅂ」자형(또는 U자형)의 연못이 조성된 사이프레스의 중정이 있다.
④ 알함브라의 내부지향적 구도와는 반대로 외부지향적인 구도로 언덕 위에 지어졌다.

32. 다음의 정원 중 정원양식상 종교적 성향이 다른 하나는?

① Alhambra의 정원 ② Taj Mahal의 정원
③ Alcazar의 정원 ④ Stowe의 정원

33. 인도 무굴왕조의 시대별 정원들 가운데 조성된 시기와의 연결이 맞는 것은?

① 샤자한시대 – 니샤트 바그
② 후마윤시대 – 차스마 샤히
③ 아쿠바르시대 – 나심바그
④ 자한기르시대 – 타지마할

34. 고대인도(무굴제국)의 정원요소가 아닌 것은?

① 물 ② 녹음수
③ 연꽃 ④ 마운딩

정답 및 해설

해설 30
이슬람 세계는 우상숭배가 금지되어 있어 동물형태의 조각물이 만들어지지 못했다. 따라서 일반적으로 정원에 조각물의 배치가 되지 못하였다.

해설 31
스페인의 헤네랄리페 정원은 그라나다 왕들의 피서를 위한 은둔처로 경사지에 계단식처리와 기하학적인 구조(노단건축식의 시초)이지만 정원 전체가 3개의 노단으로는 이루어지지 않았다.

해설 32
보기 문항의 ①②③은 이슬람정원이며, ④는 영국의 정원이다.

해설 33
- 나샤트 바그 – 자한기르시대
- 차스마 샤히 – 샤자한 시대
- 타지마할 – 샤자한 시대

해설 34
고대인도의 정원요소
- 물 : 가장 중요한 요소 장식, 관개, 목욕이 목적, 종교적 행사에 이용
- 장식과 실용을 겸한 연못가의 원정(園亭)
- 녹음수를 중시, 연못에는 연꽃을 식재
- 높은 담 : 사생활의 보호와 안식, 장엄미 및 형식미를 위함

정답 30. ③ 31. ② 32. ④ 33. ③ 34. ④

35. 스페인의 알함브라 궁전의 4개 중정 가운데 이슬람 양식을 부분적으로 보이면서도 기독교적인 색채가 강하게 가미되어 있는 중정은?

① 알베르카 중적(Patio de la Alberca), 사자의 중정(Patio de los Leons)
② 사자의 중정(Patio de los Leons), 다라하 중정(Patio de Daraxa)
③ 린다라야 중정(Lindaraja), 창격자 중정(Patio de la Reja)
④ 창격자 중정(Patio de la Reja), 알베르카 중정(Patio de la Alberca)

정답 및 해설

해설 **35**
알함브라 궁전의 중정

알베르카 중정, 사자의 중정	이슬람적인 성격
린다라야 중정, 창격자(레하) 중정	기독교적인 색채

정답 35. ③

이탈리아 정원(노단건축식정원)

8.1 핵심플러스

■ 정원발달배경

기독교와 봉건사상에 반발로 인본주의가 발달하였다. 이로서 자연경관을 객관적으로 바라보게 되었다. 부유한 서민층의 등장과 구릉지의 지형적 여건을 이용하여 노단건축식정원으로 발달하였으며, 주로 해안가의 경사지에 자리잡고 있다.

■ 시대별 주요작품의 특징

년대	대표작품 및 특징
15c	·터스카니 지방을 중심으로 메디치가문에 의해 가꾸어짐 ·카레기장(르네상스 최초의 빌라), 피에졸레, 카스텔로장 ·빌라의 특징 : 대부분 전원형, 전원 식물의 종류가 풍부해짐
16c – 고전주의	·로마와 로마 근교를 중심으로 발달 ·수목원적 정원을 건축적 구성으로 전환하는 계기 ·벨베데레원 : 브라망테가 설계, 노단건축식의 시작, 3단구성 ·빌라 마다마 : 라파엘로가 설계→상갈로에 의해 완성, 주건물과 옥외공간을 하나의 유니트로 설계하고 내부·외부공간을 결합 ·에스테장 : 리고리오설계, 수경 : 올리비에, 4개노단 (끝단에 카지노 위치), 수경처리가 가장 뛰어난 정원 ·랑테장 : 비뇰라설계, 카지노와 정원을 완벽하게 결합시킴, 제 2테라스사이에 쌍둥이 카지노위치, 정원축과 연못축이 일치 ·파르네제장 : 비뇰라설계, 2단 테라스
17c – 바로크양식	·바로크양식 : 미켈란젤로에 의해 시작, 고전주의 명쾌한 균제미에서 벗어나 화려하고 세부기교에 치중하며 물을 즐겨 사용함 ·감베라이아장, 알도브란디니장, 이솔라벨라(10층 테라스, 바로크 정원의 대표작품), 란셀로티장, 가르조니장

1 개관 ★

① 이탈리아는 고대 로마유산을 지닌곳

② 14c 이탈리아의 제노바, 베네치아 등 해안도시는 십자군 원정을 계기로 상업활동이 활발→도시민의 부 축적→봉건제도의 몰락→도시국가 내 강력한 시민사회형성

③ 중세시대 봉건제도, 종교억압에서 탈피하여 고전으로 회귀하고자함

④ 자연을 존중, 인간존중, 시민생활 안정, 정원이 옥외 미술관적 성격을 띔

⑤ 엄격한 고전적 비례 준수, 수학적 계산에 의해 구성

⑥ 주택은 정원과 자연 경관에 의해 외향적이 됨

⑦ 알베르티의 빌라부지 선정원리

㉠ 배수 잘 되는 견고한 부지

㉡ 부지 방향은 태양이 이루는 각도 고려

㉢ 풍향과 부지관계 고려할 것

㉣ 수원(水源)이 적절할 것, 지방산 재료가 풍부한 지역

2 이탈리아 정원의 일반적 특징

★★ ① 일반적 특징

㉠ 엄격한 고전적인 비례를 준수, 축을 설정하고 원근법 도입

㉡ 지형과 기후로 구릉과 경사지에 빌라가 발달

㉢ 흰 대리석과 암록색의 상록 활엽수가 강한 대조를 이룸

㉣ 조경가의 이름이 등장하고 시민 자본가가 등장

② 공간구성

정원경계 내의 빌라를 중심으로 전정, 후정과 정원경계 외에는 자연경관, 과수원, 수림대 등으로 이루어짐

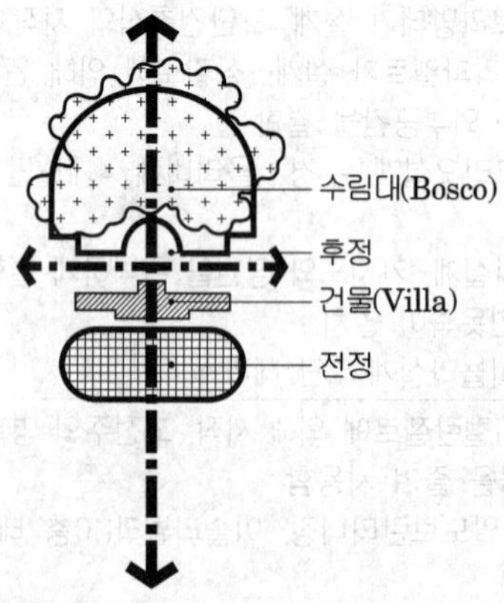

그림. 정원의 공간배치개념도

★ ③ 평면적 특징

㉠ 정형적 대칭형으로 주축선과 완전대칭

㉡ 정원의 축선은 건축의 중심선을 기준으로 함

직렬형	지형의 고저에 따른 강한 주축선을 설정한 형태 예) 랑테장
병렬형	등고선에 직각 방향으로 강한 축선을 설정하거나 평행하게 설정 예) 에스테장
직교형	등고선의 평행축과 경사축이 직교한 형태 예) 메디치장

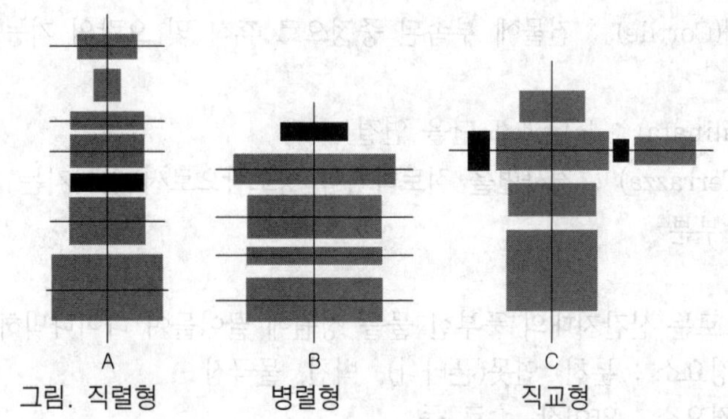

그림. 직렬형　　병렬형　　직교형

④ 입면적 특징

㉠ 주건물을 테라스 최상부에 배치하는 것이 일반적

㉡ 정원에 주구조물인 카지노의 위치에 따라 3가지로 나누어짐

- 일반적으로 카지노가 상단에 위치 : 에스테장
- 가운데 위치 : 알도브란디니장, 랑테장
- 하단에 위치 : 카스텔로장

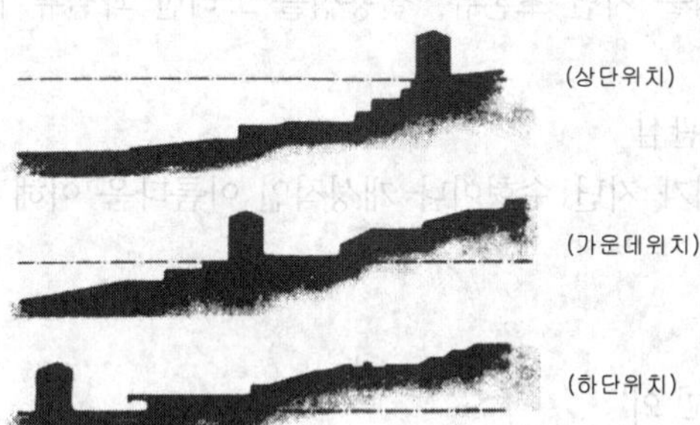

그림. 입면적 특징
(카지노의 위치에 따라)

⑤ 시각구성상 특징

㉠ 대비효과 : 빛과 그늘, 빌라와 주변전원 경관, 암록색 총림과 밝은 화단

㉡ 원근법을 정원 설계에 적용

⑥ 정원상세

㉠ 구조물

- 카지노(Casino) : 거주·휴식·오락의 기능을 수행하는 장소, 벨베데레원의 경우 미술품의 수집전람의 목적으로 조영됨
- 템피에토(Tempietto)·카펠라(Cappella) : 템피에토는 조영자 및 가족 등이 예배를 보던 장소로 규모가 크고 장식적이며 주로 정원밖에 위치, 카펠라의 경우 소규모 순박하고 단순하게 조영
- 닌페오(Ninfeo) : 닌파(Ninfa)라는 신에게 제사를 지내는 장소, 명상과 사색의 장소
- 그로토(Grotto) : 자연적·인공적 동굴로 신성한 종교적 장소로서 역할

· 코르틸레(Cortile) : 건물에 부속된 중정으로 휴식 및 오락의 기능을 수행, 야외 공연장으로 이용
· 계단(Scalinata) : 노단과 노단을 연결
· 테라스(Terrazza) : 경사면을 절토하거나 성토함으로써 얻어지는 계단상의 평탄지를 옹벽으로 받친 부분

㉡ 수경
· 일반적으로는 산간지대의 풍부한 물을 정원에 끌어들여 다이나믹하게 사용
· 동적 수경요소 : 분천, 연못(폰타나), 벽천, 물극장
· 정적 수경요소 : 양어장, 수로 등

㉢ 점경물 : 조각, 벽감(Nicchia), 정원문, 장식항아리, 화병, 전망대, 해시계 등

3 정원 식물

① 식물의 종류는 다양하며 수목에는 녹음수와 과실류가 주류를 이룸
② 월계수와 가시나무 등 녹음수를 밀식해 만든 보스코(Bosco : 숲, 총림)는 녹음제공과 자연재해를 막아주는 역할을 함
③ 밝은 색채의 꽃과 방향을 지닌 초본류, 실용성을 고려한 과실류가 주를 이룸
④ 시대에 따른 변화
㉠ 15C는 식물 수집에 관심
㉡ 16~17C는 식물 자체가 지닌 수형이나 개성적인 아름다움 이해

4 정원 발달과정

① 15C 터스카나 피렌체교 외
② 16C 로마와 근교 : 르네상스의 전성기
③ 17C 제노바, 베니스 : 알프스 산맥, 매너리즘과 바로크 양식

5 15세기 이탈리아 조경(터스카니 지방을 중심으로)

① 메디치가문에 의해 가꾸어짐
② 설계가이름이 정식으로 등장 : 인본주의 발달
③ 빌라의 특징 : 대부분 전원형, 전원 식물의 종류가 풍부해짐
④ 15C 빌라

㉠ 메디치장(Villa medici de Careggi) : 카레기장
· 르네상스 최초의 빌라, 미켈로지가 설계

㉡ 메디치장(Villa Medici at Fiesole) : 피에졸레
· 미켈로지에 의해 설계
· 경사지에 테라스 처리, 인공과 자연이 일체감을 이룸
· 건물의 축과 정원축이 직교하며 상·하단 테라스는 직접적으로 연결되지 않음

㉢ 카스텔로(Castello)장

6 16C 이탈리아 빌라(로마와 근교)

① 르네상스의 전성기(16C)

㉠ 시각적 효과 관심 : 축선에 따른 배치

㉡ 수목원적 정원을 건축적 구성으로 전환하는 계기

★ ㉢ 이탈리아 정원의 3대 원칙 : 총림, 테라스, 화단

② 16C 빌라

㉠ 벨베데레원

- 바티칸궁과 교황의 여름 거주지인 벨베데르 구릉에 빌라를 연결하여 설계
- 설계 : 브라망테(노단 건축식의 시작)
- 의의 : 노단건축식의 시작(테라스와 테라스의 연결), 축의 개념을 최초로 도입, 수목원적 빌라를 건축적 빌라로 전환시키는 계기
- 3개의 노단으로 구성, 제 3테라스에 카지노가 위치하며 반원형의 벽감을 도입

㉡ 빌라 마다마(Villa Madama)

- 라파엘로(Raffaello)가 설계하였으나 그의 사후 조수인 상갈로(Sangallo)에 의해 완성
- 노단식정원, 기하학적 곡선을 따라 광대한 식재원을 건물 주위에 배치
- 주건물과 옥외공간을 하나의 유니트로 설계하고 내부 · 외부공간을 결합

㉢ 에스테장(Villa d'Este) - 티볼리에 위치

- 설계 : 리고리오, 수경 : 올리비에
- 리고리오가 에스터 추기경을 추모하여 만듦
- 규모 : 15,000평, 250명을 동시수용, 4개 노단으로 구성
- 수경 처리가 가장 뛰어난 정원 : 100개의 분수, 경악분천, 용의 분수, 물풍금(water organ), 직교하는 작은 축으로 수경 설계
- 물의 풍부한 사용과 꽃과 수목을 대량으로 사용
- 제3노단 : 백 개의 분수의 테라스
- 최고 노단(제4노단) : 흰색 카지노가 위치하여 정원 감상

그림. 에스테장

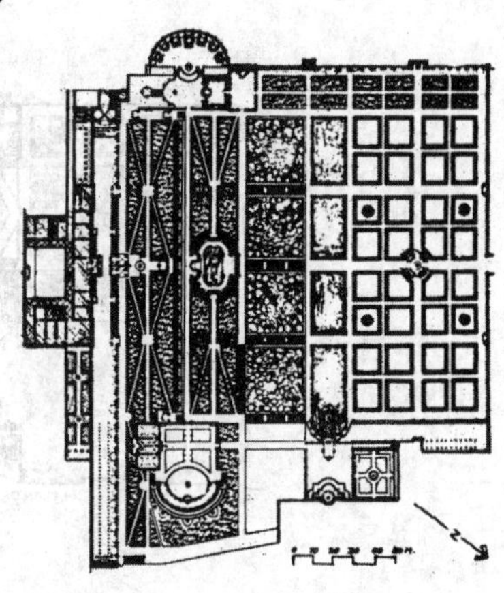
그림. 에스테장

㉣ 랑테장(Villa Lante)-바그나이아에 위치

- 설계 : 비놀라(Vignolia)의 대표작
- 규모 : 6,000평
- 특징
  - 카지노와 정원을 완벽하게 결합시킴
  - 정원구성의 3대원칙인 총림과 수평적이고 분명한 테라스, 잘 가꾸어진 화단이 조화를 이룸
  - 4개의 노단 구성, 제1 테라스의 정방형의 연못, 제2테라스와 사이에 쌍둥이 카지노가 정원의 클라이막스를 이룸
  - 추기경의 테이블(연회용 테이블), 거인의 분수, 돌고래의 분수
  - 정원축과 연못축의 일치된 배열, 수경축이 정원의 중심적 설계요소

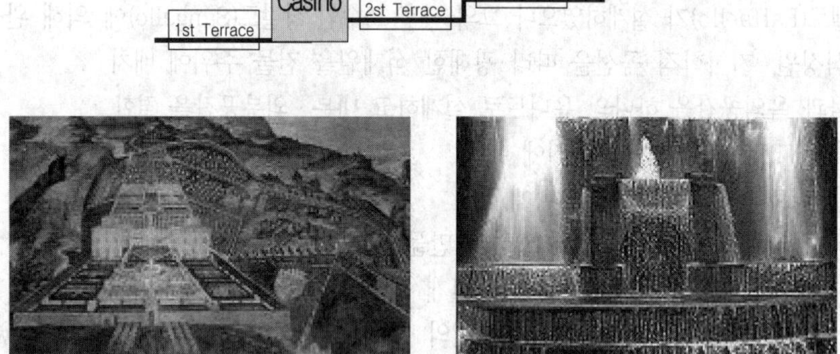

그림. 랑테장

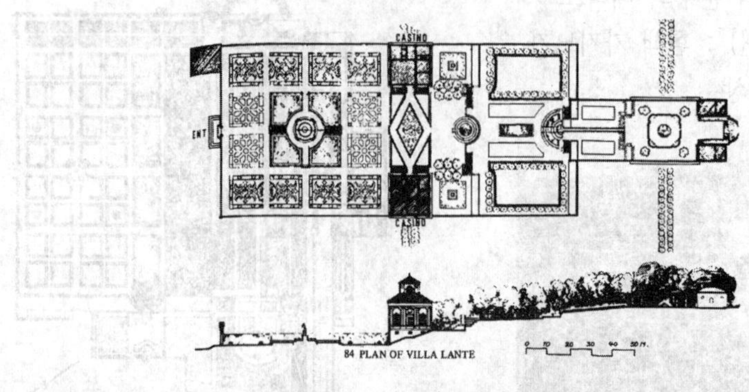

그림. 랑테장

㉤ 파르네제장(Villa Farnese)

- 설계 : 비놀라
- 2단의 테라스
- 주변에 울타리를 만들지 않고 주변 경관과 일치 유도

7 17C 이탈리아 빌라

① 매너리즘과 바로크 양식의 대두

㉠ 매너리즘 : 16세기 중반 고전주의에서 바로크 양식을 이행되는 과정에서 발생한 양식으로 주지주의적이고 과장되고 비현실적이며 타성적인 스타일

㉡ 바로크양식 : 1600~1750년의 예술 양식으로서 고전주의의 명쾌한 균제미로부터 벗어나 화려하고 세부 기교에 치중하며 물을 즐겨 사용, 미켈란젤로에 의해 시작

★② 17C 빌라

㉠ 감베라이아장(1610)

- 매너리즘의 대표작으로 단순한 처리로 계획
- 토피아리와 잔디의 과다 사용

㉡ 알도브란디니장(1598~1603)

- 물극장이 중심 시설
- 건물이 중간 노단에 위치

㉢ 이솔라 벨라(1630~1670)

- 바로크 정원의 대표 작품
- 큰 섬 위에 만든 정원으로 섬 전체가 바빌론의 공중정원 같음
- 10층의 테라스, 최고노단에 바로크적 특징이 강한 물극장 배치, 과다한 장식과 꽃의 대량 사용

㉣ 란셀로티장

㉤ 가르조니장(1652)

- 바로크 양식의 최고봉이며 건물과 정원이 분리되고 두개의 단으로 이루어진 테라스

그림. 이솔라벨라

그림. 가르조니장

■ 참고 : 시대사조의 변천

• 고전주의 → 매너리즘 → 바로크양식 → 로코코양식 → 신고전주의 → 낭만주의

고전주의	• 명확한 균형, 명석함을 추구, 고대 그리스 · 로마 예술에 대한 심취 • 인문주의 자연의 재발견, 개인의 창조성 등을 특징
매너리즘	• 형식을 중시 • 일정한 기법이나 형식 따위가 습관적으로 되풀이되어 독창성과 신선한 맛을 잃어버리는 등의 특징
바로크양식	• 지나치게 이성적이고 규칙적인 측면에 대한 반발, 이성이 아닌 감성에 호소 • 화려한 세부기교, 곡선사용, 극적이며 정열적이고 역동적 표현
로코코양식	• 바로크의 감성적 측면은 유지되며, 조금 더 부드럽고 섬세하고 함 • 여성 세력의 등장과 함께 여성의 시대에 우아하고 섬세한 특징
신고전주의	• 매너리즘과 바로크양식반발, 고전에 대한 새로운 관심, 이성추구 • 고대적인 모티브 사용과 고고학적 정확성 중시, 합리주의적 미학에 바탕
낭만주의	• 신고전주의 반발, 이성보다는 감성을 중시 • 인간 이성의 한계를 벗어난 초월적 숭고의 미 또는 중세적이고 이국적 주제를 표현

• 바로크시대 빌라와 정원설계

건축적 · 구조적 준수사항에 얽메이기보다 제한 없는 환상적 연출에 중점을 두었으며 정원부지선택이 자유로웠다.

8 바로크 정원의 특징 ★

① 정원의 크기와 식물을 강조하여 대량의 식물을 사용
대규모의 토피아리, 미원, 총림 등 조성
② 구조적 상세의 다양성
정원동굴(grotto), 비밀분천, 경악분천, 물극장, 물풍금 등이 다양하게 사용
③ 조각물을 기념적인 군집으로 삼아 물로 둘러쌈
④ 다양한 색채를 대량으로 사용

9 각국에의 영향(이탈리아의 영향으로 16세기에 시작)

① 프랑스
㉠ 이탈리아 양식으로 개조하거나 새로 만든 성관 정원
㉡ 16세기 초 : 블로와성, 샹보로, 퐁텐블로
㉢ 16세기 말 : 아네성, 샤를르발, 튈러리
㉣ 17세기 초 : 뤽상부르크, 베르사유, 리셜리외궁
② 독일(16C)
㉠ 1590년대 프랑스, 이탈리아 정원서가 독일어로 번역, 1597년에 페셰엘이 최초의 독일정원서 저술
㉡ 푸르텐바하 : 학교원
㉢ 새로운 식물의 재배, 식물학에 대한 연구, 16C부터 등장한 식물원
★ ③ 네덜란드
㉠ 정치적요인 때문에 이탈리아의 영향은 받았지만 지형상 테라스의 전개가 불가능. 따라서, 분수와 캐스케이드가 사용되지 않음
㉡ 운하식 정원 : 수로를 구성해 배수, 커뮤니케이션, 택지경계의 목적으로 이용
㉢ 한정된 공간에서 다양한 변화 추구 : 조각품, 화분, 토피아리, 원정, 서머하우스
㉣ 드브리스 : 최초로 이탈리아 정원을 도입

핵심기출문제

내친김에 문제까지 끝내보자!

1. 자연에 대한 인간의 역할을 다시 믿게 되고, 대칭 축 등의 수법이 쓰였던 시대는?

① 르네상스 ② 고대
③ 중세 ④ 근대

2. 르네상스 정원에 관한 사항이 아닌 것은?

① 노단 ② 차경이용
③ 노단상단에 건축 ④ 기독교적 요소

3. 르네상스 초기의 정원은 고대의 정원을 모방하였다. 그 양식은?

① 고대 로마 별장 ② 이집트의 정형식 정원
③ 바빌론의 가공원 ④ 페르시아의 회교식 정원

4. 르네상스 정원 중 가장 먼저 지어진 것은?

① 로렌티아장 ② 터스카나장
③ 아드리아나장 ④ 메디치장

5. 이탈리아 정원에 대한 설명으로 틀린 것은?

① 대리석을 이용하여 축조된 석조물
② 보스코의 화단에서 명암 대조미
③ 상록수가 많이 심어졌다.
④ 귀족들의 별장을 중심으로 발달한 바그(Bagh)정원이 발달

6. 르네상스 시대 이탈리아의 정원 수법은?

① 중심원(中心園) ② 단심원(端心園)
③ 편심원(偏心園) ④ 비정형원(非整形園)

정 답 및 해 설

해설 1
중세의 신 중심 사회에서 인간의 존엄성과 가치가 유린된 점을 비판하고 이를 극복하기 위해 고대의 문예를 다시 부흥시키려는 르네상스 시기의 새로운 사조이다.

공통해설 2, 3
인본주의는 기독교과 봉건제도의 반발로 인간주의·인문주의라고도 한다. 이시기는 고대 그리스·로마의 고전을 연구하고 이를 새롭게 재건하여, 이를 통해 '보다 인간다운(humanior)' 삶을 실현하고자 하는 교육운동에까지 이어졌다

해설 4
르네상스 초기 15세기 빌라는 메디치 가문에 의해 가꾸어졌다.

해설 5
④은 인도정원에 대한 설명이다.

해설 6
이탈리아의 노단건축은 노단 상단에 건축물이 위치하므로 정원의 중심이 끝에 있는 단심원구조이다.

정답	1. ① 2. ④ 3. ① 4. ④ 5. ④ 6. ②

7. 다음은 어느 별장에 도입된 정원 시설인가?

돌고래분천, 빛의 분천, 추기경의 테이블, 4개의 테라스가든, 거인의 분천

① 알도브란다니장(Villa Aldobrandini)
② 에스테장(Villa d'Este)
③ 감베라이아장(Villa Gamberaia)
④ 란테장(Villa Lante)

8. 이탈리아 르네상스 후기에 형성된 바로크 양식을 가진 정원이 아닌 것은?

① Villa Lancelotti(란셀로티)
② Villa Salviati(살비아티)
③ Villa Isola Bella(이졸라벨라)
④ Villa Aldobrandini(알도브란디니)

9. 다음 중 이탈리아 르네상스의 정원으로서 10개의 노단(Ten Terraces)으로 이루어진 바로크식 정원은?

① Villa Lante ② Villa Isola Bella
③ Villa Farnese ④ Villa Petraia

10. 이탈리아 르네상스식 정원 가운데 바로크식 특징이 나타난 정원이 아닌 것은?

① 메디치장(Villa Medici)
② 란셀로티장(Villa Lancelotti)
③ 이솔라벨라(Villa Isola bella)
④ 알도브란디니장(Villa Aldobrandini)

11. 르네상스 시대에 가장 많은 영향을 끼친 나라는?

① 스페인 ② 영국
③ 이탈리아 ④ 미국

정 답 및 해 설

해설 **7**
랑테장은 4개의 노단으로 구성되어 있으며, 정원축과 연못축이 일치된 배열로 수경축(거인의 분수, 돌고래의 분수)이 정원의 중심적 설계요소가 되었다.

해설 **8**
살비아티 – 르네상스 초기의 정원

해설 **9**
이솔라벨라
- 바로크정원의 대표작
- 10층의 테라스(공중정원과 유사)
- 물극장과 과다한 장식 꽃이 대량으로 사용

해설 **10**
바로크식 정원은 17세기의 작품을 말하며, 메디치장은 15세기 작품으로 바로크적 특징이 나타나지 않는다.

해설 **11**
이탈리아는 르네상스가 최초로 시작된, 고대 로마유산을 지닌 곳으로 중세시대 봉건제도, 종교억압에서 탈피하여 고전으로 회귀하고자 하였다.

정답 7. ④ 8. ② 9. ② 10. ① 11. ③

정답 및 해설

12. 로마의 16~17C의 건축적 양식에 뒤따라 일어난 정원 양식은?

① 로코코식 ② 바로크식
③ 자연풍경식 ④ 낭만파식

13. 바로크 양식의 특징은?

① 명쾌한 균제미 ② 간단, 명료한 양식
③ 온화, 단조로움 ④ 번잡하고 지나친 세부기교

14. 이탈리아의 Baroque 식 정원에 영향을 끼친 사람은?

① 미켈란젤로 ② 비뇰라
③ 브라망테 ④ 알베르티

공통해설 **12, 13, 14**
바로크 양식은 고전주의의 균형미에서 벗어난, 번잡·화려한 세부기교의 과잉, 곡선의 사용, 강렬한 명암의 대비 등을 들 수 있다. 미켈란젤로가 시작하여 베르니니에 의해 절정에 올랐다.

15. 바로크식 정원에 대해 설명한 것은?

① 명쾌한 균제미이다.
② 12개의 노단에 의해 구성되었다.
③ 조개껍질 모양의 복잡한 모양으로 이루어졌다.
④ 세부기교에 치우쳤다.

해설 **15**
바로크정원의 특징
정원의 크기와 식물을 특히 강조하여 대량의 식물 사용

16. 바로크정원의 특징 중 옳지 않는 것은?

① 정원 동굴 ② 물의 기교적 취급
③ 토피어리 ④ 자수화단(parterre)

해설 **16**
자수화단은 프랑스 노트르의 평면기하학식 정원의 특징이다.

17. Vignola에 의해 설계되고 두개의 층으로 된 테라스를 갖고 있으며 계단에는 cascade 수로를 형성하고 주변에는 울타리를 만들지 않고 주변 경관과 일치를 유도한 르네상스 시대의 이탈리아 별장은?

① Villa Lante ② Villa Medici
③ Villa Maclana ④ Villa Farnese

해설 **17**
빌라 파르네제는 16세기의 대표적 작품 중 하나로 비뇰라가 설계하였고, 2단의 테라스로 주변에 울타리를 만들지 않고 주변 경관과 일치를 유도하였다.

정답 12. ② 13. ④ 14. ① 15. ④ 16. ④ 17. ④

18. 이탈리아 산마르코 광장은 다음 중 무엇에 해당하는가?

① forum ② sqare
③ piazza ④ place

19. 이탈리아 노단건축양식의 특성에 관한 설명 중 틀린 것은?

① 주 건축물은 노단의 중간 단에 배치하는 것이 일반적이다.
② 시각구성상 강한 대비효과를 이용하였다.
③ 정원 주축선은 건축의 중심선을 기준으로 설명된다.
④ 정원 구조물은 테라스, 계단, 조각, 난간, 수경 등이었다.

20. 르네상스시대 이태리 총림(bosco)조림의 기능과 대표적인 수종이 맞는 것은?

① 기후 완화-월계수(*Quercus ilex*)
② 배경식재-유럽적송(*Pinus sylxestrice*)
③ 신수(神樹)-가중나무(*Ailanthus altissice*)
④ 방조림(防潮林)-느릅나무(*Ulmus sp*)

21. 네덜란드 정원을 설명한 것 중 틀린 것은?

① 수로로 각 지역을 분리하였다.
② 약초, 화초재배가 발달하였다.
③ 창살울타리로 구분하였다.
④ 벽돌, 돌로 만든 정자를 지었다.

22. Villa Madama의 설명 중 적당치 않은 것은?

① Raffaello가 설계하였으나 그의 사후 조수인 상갈로(Sangallo) 등에 의해 완성되었다.
② 최초의 노단 건축식 수법으로 이태리 조경의 전환기가 되었다.
③ 기하학적인 곡선을 따라서 광대한 식재원을 건물주위에 배치하였다.
④ 주건물과 옥외 외부공간을 하나의 유니트로 설계하여 시각적으로 완전히 결합시켰다.

23. 이탈리아-르네상스식 정원 가운데에서 바로크식 정원의 특징을 지닌 대표적인 정원이다. 옳지 않은 것은?

① 토스카나장 ② 이졸라 벨라장
③ 알도 브란디니장 ④ 란셀롯티장

정답 및 해설

해설 18

① forum : 로마의 광장
② squre : 영국의 광장
③ piazza : 이탈리아의 광장
④ place : 프랑스의 광장

해설 19

노단 건축식의 주 건축물(카지노)는 최상단에 배치하는 것이 일반적이다.

해설 20

이탈리아 총림의 기능은 배경식재로 대표적인 수종으로는 유럽적송이 식재되었다.

해설 21

네덜란드의 정원 : 운하식정원
① 수로가 배수와 부지경계, 커뮤니케이션의 역할
② 한정된 공간에서 다양한 변화 추구 : 조각품, 화분, 토피아리, 원정, 서머하우스, 창살울타리 등

해설 22

최초의 노단건축식은 벨베데리원이다.

해설 23

로마시대 – 토스카나장

정답	18. ③ 19. ① 20. ② 21. ④ 22. ② 23. ①

24. 이탈리아의 미켈란젤로에 의해 조성된 Piazza Campidoglio 광장이 바로크 양식의 시작이라고 하는데 바로크 양식의 특징과 거리가 먼 것은?

① 명쾌한 균제미
② 번잡하고 화려한 세부기교의 과잉
③ 강렬한 명암의 대비
④ 정열과 역동감에 찬 표현

25. 르네상스 말기 로마의 별장정원은 명쾌한 균제미로부터 복잡한 곡선을 장식한 건축양식의 뒤를 따라 정원도 이러한 양식으로 전환되었다. 그 양식은?

① 로코코식 ② 바로크식
③ 절충식 ④ 자연풍경식

26. 이탈리아 르네상스 정원의 특징으로 가장 부적합한 것은?

① 입면적 특징으로 카지노의 위치가 상단, 중단, 하단식의 3유형이 있다.
② 평면적 특징으로 카지노의 배치가 직교형, 직렬형, 병렬형이 있다.
③ 정원식물은 사이프러스나 스톤파인(stone pine)이 빈번하게 쓰였다.
④ 노단과 난간의 형태는 단순했고 직선형이 많았다.

27. 이탈리아 북부지방의 마지오레(Margiore)호수 내 섬에 조성된 대표적인 바로크 시대의 정원은?

① 이졸라 벨라(isola bella) ② 알도브란디니(Aldobrandini)
③ 감베라리아(Gamberaria) ④ 가르조니(Garzoni)

28. 다음 중 물 풍금(Water Organ) 이 있었던 것으로 유명한 로마 근교의 빌라는?

① 빌라 마다마(*Villa Madama*)
② 빌라 에스테(*Villa d'Esate*)
③ 빌라 랑테(*Villa Lante*)
④ 빌라 페트라이아(*Villa Petraia*)

정답 및 해설

공통해설 **24, 25**

바로크양식의 특징

- 바로크는 비뚤어진 모양을 한 '기묘한 진주(眞珠)'라는 뜻
- 16세기의 고전적 르네상스를 뒤이은 양식으로 화려·화사한 의식을 과시하여 장식하였다.
- 특징 : 화려하고 세부기교에 치중, 곡선사용, 강열함, 정열적 역동적으로 표현

해설 **26**

노단과 난간의 형태는 매우 다양하여 직선형, 반월형, 타원형 등이 있었다.

해설 **27**

이솔라 벨라(1630~1670)
바로크 정원의 대표 작품으로 큰 섬위에 만든 정원으로 10단의 테라스로 조성되어 섬 전체가 바빌론의 공중정원 같다.

해설 **28**

빌라 에스테는 리고리오가 설계하였으며, 수경 처리가 가장 뛰어난 정원으로 100개의 분수, 경악분천, 용의 분수, 물풍금(water organ) 등이 있다.

정답 24. ① 25. ② 26. ④ 27. ① 28. ②

정 답 및 해 설

29. 티볼리의 빌라 에스테 (Villa d 'Este of Tivoli)의 설명으로 가장 거리가 먼 것은?

① 성관(城館) 자체는 매우 간소하고 평범한 전원형 별장이다.
② 6개의 테라스 가든으로 만들었고 각 테라스는 화강석 계단으로 연결하였다.
③ 최저노단의 네 개의 연못들 뒤에는 짙푸른 감탕나무의 총림이 자리 잡아 다시 명암의 대비를 이룬다.
④ 리고리오(Pirro Ligorio)는 근본적으로 명확한 중심축선을 따른 일련의 테라스를 빌라의 기념적 매스(mass)에 이르게 하였다.

해설 **29**

빌라 에스테는 4개의 테라스로 구성되었으며 최고 노단(제4노단)에 흰색 카지노가 위치하여 정원을 감상할 수 있게 하였다.

30. 이탈리아 빌라에서 조영자 가족이나 방문객을 위한 거주 · 휴식의 기능을 하는 곳은?

① 카지노(Casino)
② 카펠라(Cappella)
③ 테라자(Terrazza)
④ 템피에트(Tempietto)

해설 **30**

- 카지노(Casino) : 거주·휴식·오락의 기능을 수행하는 장소로 활용되었다.
- 템피에토(Tempietto), 카펠라(Cappella) : 조영자 및 가족 등이 예배를 보던 장소로 규모가 크고 장식적이며 주로 정원 밖에 위치한다. 카펠라는 소규모로 순박하고 단순하게 조영되었다.
- 테라스(Terrazza) : 경사면을 절토하거나 성토함으로써 얻어지는 계단상의 평탄지를 옹벽으로 받친 부분을 말한다.

31. 다음 중 Pirro Ligorio가 참여한 설계 작품은?

① Villa d'Este
② Bersailles
③ Hampton Court
④ Alcazar Garden

해설 **31**

리고리오 – 에스테정원 설계

32. 르네상스 시대의 조경은 예술 양식과 더불어 발달되어 왔는데 시대순으로 올바른 것은?

① classicism → mannerism → baroque → rokoko
② mannerism → classicism → baroque → rokoko
③ baroque → rokoko → mannerism → classicism
④ mannerism → baroque → rokoko → classicism

해설 **32**

고전주의 → 매너리즘 → 바로크 → 로코코 → 신고전주의 → 낭만주의

정답 29. ② 30. ① 31. ① 32. ①

정답 및 해설

33. 이탈리아의 르네상스 시대 빌라로 평면적 구성은 병렬형이고, 정원의 주 구조물인 카지노가 테라스의 최상단에 위치하고 있는 것은?

① 랑테장(Villa Late)
② 에스테장(Villa d′ Este)
③ 벨베데레장(Villa Belvedere)
④ 알도브란디니장(Villa Aldobrandini)

34. 네덜란드의 정원은 무엇으로 구획 지어진 작은 섬의 형태를 이루고 서로 다리에 의해서 이어지는가?

① 커낼　② 캐스케이드
③ 폭포　④ 창살울타리

35. 이탈리아 르네상스의 정원에 있어서 건물과 정원의 배치방식에 해당되지 않는 것은?

① 직렬형　② 병렬형
③ 직렬·병렬 혼합형　④ 방사형

36. 다음 중 세부적 기교, 강렬한 대비효과, 호화로움 그리고 역동성 등의 특성이 나타난 조경 양식은?

① 로코코(rococo) 조경
② 바로크(baroque) 조경
③ 낭만주의(romanticism) 조경
④ 노단건축식(terrace-dominant architectural style) 조경

37. 제1노단의 정방형 못 가운데 몬탈토(Montalto) 분수가 있는 곳은?

① 란테장(Villa Lante)
② 데스테장(Villa d'Este)
③ 파르네제장(Villa Farnese)
④ 피렌체의 보볼리원(Giardino Boboli)

38. 16세기 이탈리아 빌라 정원의 주된 공간 배치요소가 아닌 것은?

① 수림대(Bosco)　② 후정
③ 빌라(Villa)　④ 중정

해설 33
- 랑테장, 알도브란디니장 : 카지노가 가운데 위치
- 벨베데레장: 카지노가 최상단에 위치하지만, 병렬형이 아님

해설 34
네덜란드의 농업과 정원형태에 가장 큰 영향을 끼치는 것은 배수용 수로이며 네덜란드의 모든 정원 형태는 이 수로(커낼)와 평행하였다.

해설 35
이탈리아 르네상스 정원의 배치방식
직렬형, 병렬형, 직교형(직렬·병렬혼합형)

해설 36
바로크양식
- 미켈란젤로에 의해 시작
- 고전주의 명쾌한 균제미에서 벗어나 화려하고 세부기교에 치중하며 물을 즐겨 사용함

해설 37
란테장
- 4개의 노단 구성
- 제1 테라스의 정방형의 연못(몬탈토 분수), 제2테라스와 사이에 쌍둥이 카지노가 있음
- 추기경의 테이블(연회용 테이블), 거인의 분수, 돌고래의 분수
- 정원축과 연못축의 일치된 배열, 수경축이 정원의 중심적 설계 요소

해설 38
정원경계 내의 빌라를 중심으로 전정, 후정과 정원경계 외에는 자연경관, 과수원, 수림대 등으로 이루어진다.

정답 33. ② 34. ① 35. ④ 36. ② 37. ① 38. ④

프랑스 정원(평면기하학식 정원)

9.1 핵심플러스

■ 17세기에 르 노트르에 의해 평면기하학식 정원이 만들어짐

■ 대표적인 작품 및 주변 국가의 영향

구분	내용
작품	· 보르비꽁트 : 소유자는 니콜라스 푸케로 정원은 르 노트르가 조경설계하였으며 그의 출세작품이다. · 베르사유궁원 : 루이14세(태양왕) 상징화한 궁원, 르 노트르가 설계, 300ha에 이르는 세계 최대 정형식 정원, 바로크 양식
영향	· 정원계획 : 주변 유럽각국에 영향, 중국(원명원) · 도시계획 : 러시아, 미국의 도시계획

■ 앙드레 르 노트르(1613~1700)

· 평면기하학식을 확립한 조경가

· 대표적 작품 : 퐁텐블로, 샹틸리, 보르비콩트, 베르사유궁원, 생졸루

1 개관 ★

① 자연환경

㉠ 지중해와 대서양 사이에 위치한 지리적 요충지

★ ㉡ 지형이 넓고 평탄하며 파리분지는 세느강과 르와르강의 자연적인 지리적 단위를 이뤄 생활과 역사의 초점이 됨.

㉡ 기후는 온난습윤하고 낙엽활엽수 산림형성에 적당하여 삼림이 풍부

② 문화

㉠ 데카르트(Rene Descartes)의 해석기하학 : 자연세계는 모든 수학적 원리를 통해 인식이 가능하다고 믿음

㉡ 이런 데카르트의 철학적 개념은 르 노트르 설계에서 기하학적 정형성으로 나타남 → 정확한 비례, 원근법 시각구성, 자수화단, 토피아리 등에서 찾아볼 수 있음

③ 인문환경

㉠ 17세기를 맞은 프랑스는 유럽 국가들과의 관계에서 우세한 위치

㉡ 루이14세의 절대주의(absolutism) 왕정 확립

㉢ 중상주의 정책으로 경제적으로 안정

2 시대별 조경

- 성과 외곽으로 둘러싸인 성관 생활
- 평탄한 저습지, 잔잔한 수면, 조작된 비스타 조성

① 15세기 말
샤를르8세가 나폴리 원정(1494-1495년)때 이탈리아의 영향을 받아 프랑스의 르네상스가 시작

② 16~17세기 초
㉠ 성곽과 정원을 이탈리아 양식으로 개조
㉡ 르네상스시대 3대 정원가 : 클로드 몰레, 브와소, 세르
㉢ 정원 : 퐁텐블로, 블로와성, 샹보르, 튈러리, 리셜리외궁

★③ 17세기 중엽
㉠ 앙드레 르 노트르가 평면기하학식 정원양식을 창조
㉡ 대표작 : 보르비 꽁트, 베르사이유 정원

3 대표적 작품

① 보르 비 콩트(Vaux-le-Vicomte)
㉠ 최초의 평면기하학식 정원(남북 1,200m, 동서 600m)
㉡ 건축은 루이 르 보, 장식은 샤를르 르 브렁, 조경은 르 노트르가 설계
㉢ 조경이 주요소이고 건물 2차적인 요소(건축이 조경에 종속적)
㉣ 특징 : 산책로(allee), 그로토(grotto, 정원동굴), 총림, 비스타, 자수화단
㉤ 의의 : 루이14세를 자극해 베르사유 궁원을 설계하는데 계기가 됨

그림. 보르비꽁트-최초평면기하학식

② 베르사이유(Versailles)궁원

㉠ 앙리 4세대부터 수렵지로 쓰던 소택지에 궁원과 정원을 조성.

㉡ '짐은 국가다'라고 말하며 베르사이유 궁전에 루이14세가 태양 왕으로서의 위세를 합당한 소우주 꾸밈

㉢ 건축가 루이 르 보, 장식은 샤를르 르 브렁, 조경은 앙드레 르 노트르가 설계

㉣ 궁원의 모든 구성이 중심 축선과 명확한 균형을 이루며 축선은 태양광선이 펼쳐지는 듯한 방사상으로 전개해 태양왕을 상징

- 주축선 : 거울의 방(왕의 집무실)→물화단→라토나분수→왕자의 가로→아폴로 분천→대수로

㉤ 특징

- 총림, 롱프윙 (사냥의 중심지), 미원(Maze), 연못, 야외극장 등 배치
- 대 트리아농 : 루이14세가 몽테스팡 부인을 위해 도기로 만든 작은 집을 일컬음. 당시에 유행한 로코코 취미의 하나로서 중국식 건물을 만들고 도자기를 진열 진기한 화초로 장식함.
- 강한 축과 보스케(bosquet)에 의한 비스타(vista) 형성

그림. 베르사이유궁원-평면기하학식 대표작

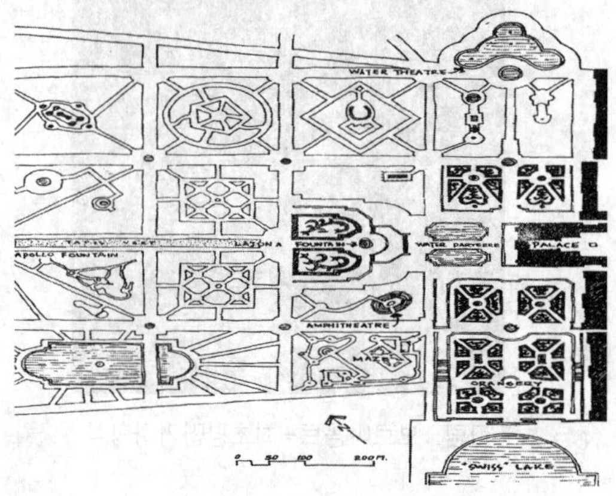

그림. 베르사유궁원 평면도

4 앙드레 르 노트르 정원의 특징 ★

① 장엄한 스케일(Grand style) : 정원은 광대한 면적의 대지 구성요소의 하나로 인간의 위엄과 권위를 고양시킴
② 정원이 주가 됨
③ 축에 기초를 둔 2차원적 기하학(평면 기하학식) 구성
④ 산울타리로 총림과 기타 공간을 명확하게 구분
⑤ 소로(allee)는 끝없이 외부로 확산하며, 롱프윙을 기점을 8방으로 뻗어난 수렵용 도로
⑥ 조각, 분수 등 예술작품을 공간구성에 있어 리듬, 강조 요소로 사용
⑦ 비스타(vista, 통경선)를 형성
⑧ 화려하고 장식적인 정원 : 자수화단, 대칭화단, 영국화단, 구획화단, 감귤화단, 물화단
⑨ 운하(Canal) : 르 노트르식을 특징 지우는 가장 중요한 시설(저습지의 배수를 위한 계획)

그림. 총림으로 비스타 형성

그림. 총림과 대운하

그림. 자수화단

5 르 노트르 양식의 영향 ★

① 네덜란드, 영국, 독일, 러시아 등으로 전파되었고 제주이트(jesuit)파 선교사에 의해 중국까지 전파

② 의의 : 정원이라는 단위공간이 조경계획까지 확대됨

정원	· 오스트리아 : 센부른 성, 벨베데레원 · 독일 : 포츠담, 헤렌하우젠, 님펜부르크 궁전 · 포르투갈 : 켈루츠성 · 이탈리아 : 카세르타성 · 영국 : 햄프턴코트 · 스웨덴 : 도로트닝홀름 · 덴마크 : 프레덴스보르크 · 중국 : 청조 때 원명원에 동양 최초 프랑스식 정원을 도입
도시계획	· 러시아 : 성 페테르스부르크, 니메 · 미국 : 워싱턴 계획의 도시계획(피에르 랑팡이 참여)

6 프랑스 조경과 이탈리아 조경의 비교 ★

	이탈리아	프랑스
양식	노단건축식정원(16C)	평면기하학식정원(17C)
지형	구릉과 산악을 중심으로 정원발달	평탄한 저습지에 정원 발달
주요경관	높은 곳에서 내려다보는 입체적 경관	소로(allee)를 이용한 비스타로 웅대하게 평면적경관 전개
수경관	캐스케이드, 분수, 물풍금 등의 다이나믹한 연출	수로·해자 등 잔잔하고 넓은 수면 연출
정원주요소	총림·화단	이탈리아 정원보다 화단(파르테르)과 총림이 중요시 됨

핵심기출문제

내친김에 문제까지 끝내보자!

1. 베르사이유 궁원에 관한 설명 중 틀린 것은?

① 설계 및 시공을 맡은 사람은 니콜라스 푸케이다.
② 원래는 왕의 수렵림이었다.
③ 남쪽 부분에 완성한 부분은 감귤원과 스위스 호수이다.
④ 정원의 주축상에는 십자형 커낼이 있다.

2. 프랑스의 17세기 정원에 대한 특징으로 맞지 않는 것은?

① Vista와 원로 발달
② 수직적 벽체로서의 총림과 바닥으로서의 파르테르
③ 롱프윙(rounds points)과 소로(allee)
④ 낭만주의에 속한다.

3. 프랑스 정원의 양식이 아닌 것은?

① 총림으로 비스타를 형성한다.
② 소로(allee)의 사용
③ Out door room
④ 휴먼스케일 사용

4. 브란그란이라는 총림의 공간이 있는 정원은?

① 카세르타　② 란셀롯티장
③ 베르사이유　④ 이졸라벨라

5. 평면기하학식 정원양식에 직접적으로 영향을 준 정원 양식은?

① 이집트 정원
② 중세 성곽 정원
③ 이탈리아 노단식 정원
④ 행잉가든

정답 및 해설

해설 1
베르사유궁원의 설계는 루이 14세 때 궁전조경가인 앙드레 르 노트르가 설계하였다. 그에 의해 평면기하학식이 창안되었다.

해설 2
17세기의 평면기하학식 정원은 바로크양식의 특징을 가진다.

해설 3
프랑스의 평면기하학식은 장엄스케일(grand style)로 인간의 위엄성을 고양시켰다.

해설 4
베르사유 궁원의 남쪽 부분에 감귤원과 스위스 호수가 있으며, 총림의 이름은 브란그란이다.

해설 5
16세기 이탈리아의 노단건축식 → 17세기 프랑스의 평면기하학식

정답 1. ① 2. ④ 3. ④ 4. ③ 5. ③

6. 프랑스의 보르비 꽁트와 베르사이유 궁원을 설계한 평면기하학식 정원의 대가는?

① 루소　② 보이소
③ 르 노트르　④ 루이 14세

7. 르 노트르가 축조하지 않는 것은?

① 베르사이유궁　② 퐁텐블루
③ 비큰히드　④ 생클로우

8. 프랑스 정원에 채용된 화단과 그 내용이 잘못 짝지어진 것은?

① 대칭화단-매듭무늬, 화훼의 집단
② 영국화단-바닥에 검은색 자갈 포장
③ 자수화단-회양목류 열식
④ 구획화단-회양목을 다듬어 마든 대칭형 무늬

9. 르 노트르가 만든 화단이 아닌 것은?

① 대칭화단
② 영국화단
③ 구획화단
④ 노단화단

10. 작품과 설계가 잘못 연결된 것은?

① Villa Lante-Vignola
② Vaux le Vicomte-Ligorio
③ Central park- Olmsted
④ Stour head-Henry Hore

11. 앙드레 르 노트르가 창안한 프랑스 고유의 정원 양식이라고 할 수 있는 평면기하학식 정원이 아닌 것은?

① 프랑스 쁘띠트라이농(Petit Trianon)의 정원
② 독일의 뉨펜버어그(Nymphenburg)의 정원
③ 오스트리아의 쉔브룬(Sch□nbrunn)성의 정원
④ 오스트리아의 벨베데레(Beovedere) 정원

정답 및 해설

해설 **6**

프랑스의 평면기하학식은 르 노트르에 의해 창안되었다.

해설 **7**

비큰히드 파크(Birkenhead Park)는 1843년에 조셉펙스턴(Joseph Paxton) 설계하였다. 의의는 선거법 개정안 통과(1843)로 실현된 최초의 시민의 힘으로 설립된 공원이다.

공통해설 **8, 9**

노트르의 화단

① 자수화단 : 마치 수를 놓은 듯 회양목이나 로즈마리 등으로 써 화단을 당초무늬 모양으로 만든 것
② 대칭화단 : 대칭적인 4부분에 의해 나선무늬, 매듭무늬 등을 이루는 것
③ 영국화단 : 단순히 잔디밭만 혹은 어떤 형태를 그려 넣은 잔디밭으로 이루어지는 화단으로 원로에 의해 둘러싸이고 원로 바깥쪽으로 꽃들을 심어 두는 화단
④ 감귤화단 : 영국화단과 비슷한 형태이되 잔디 대신 오렌지나무를 심은 화단
⑤ 물화단 : 분천지가 여러 개 조직되어 이루어진 화단

해설 **10**

보르비꽁트는 최초의 평면기하학식으로 르 노트르가 알려지게된 계기가 된 작품이다.

해설 **11**

①은 프랑스의 풍경식 정원이다.

정답	
	6. ③　7. ③　8. ②
	9. ④　10. ②　11. ①

12. 르네상스시대 프랑스와 이탈리아 조경의 차이점이 아닌 것은?

① 프랑스는 성관이 발달한데 반해 이탈리아는 빌라의 대발달을 보게 되었다.
② 프랑스는 중세의 방어요소인 호를 호수와 같은 장식적 수경으로 전환시킨 반면에 이탈리아는 캐스케이드, 분수, 물풍금 등의 다이나믹한 수경을 나타내고 있었다.
③ 프랑스 정원은 이탈리아 정원보다 파르테르를 중요시 하였다.
④ 프랑스 정원은 경사지에 옹벽에 의해서 지지된 테라스나 평탄한 지역들이 만들어졌으며, 다양한 형태의 계단 혹은 연속적인 계단 그리고 경사로로 연결되었다.

13. 다음 중 베르사유 궁원의 성립과 관련 없는 것은?

① 루이 13세 때는 수렵용 소성(小城)이 있다.
② 궁전건축 완료 후에 조경공사를 시작하였다.
③ 보와소(Jacquet Boyceau)가 설계한 16세기의 정원이 이었다.
④ 루이 르 보, 샤를르 르 브렁, 앙드레 르 노트르가 참여했다.

14. 다음 중 워싱턴, 파리 등의 도시계획 구조에 가장 큰 영향을 미친 것은?

① 프랑스의 베르사이유(versailles)궁전
② 중국의 원명원(圓明園)
③ 미국의 센트럴 파크(Central Park)
④ 이탈리아의 빌라 랑테(Villa Lante)

15. 클로드 몰레가 설계한 생제르맹앙레의 정원에서 최초로 사용한 정원 세부 수법은?

① 하하(Ha-ha)　　② 파르테르(parterre)
③ 토피아리(topiary)　　④ 물 풍금(water organ)

정 답 및 해 설

해설 **12**

④는 이탈리아정원에 대한 설명이다.

해설 **13**

베르사유는 원래 앙리4세부터 수렵원으로 쓰이던 소택지로서 루이 13세 때는 수렵용 소성과 보와소가 설계한 16세기의 정원이 있던 곳으로 루이 14세는 보 르 비꽁트를 맡아 설계한 팀인 루이 르 보, 샤를르 르 브렁, 앙드레 르 노트르 세 사람을 그대로 기용하였다. 공사는 궁전 건축보다 4.5년 전부터 조경 공사를 시작한 것으로 알려졌다.

해설 **14**

르 노트르 양식은 네덜란드, 영국, 독일, 러시아 등으로 전파되었고 제주이트(jesuit)파 선교사에 의해 중국까지 영향을 미쳤다. 또한 정원이라는 단위공간이 도시계획까지 영향을 주었다.

해설 **15**

클로드 몰레는 프랑스에서 자수구획화단(파르테르)을 최초로 사용하였다.

정답 12. ④ 13. ② 14. ① 15. ②

정 답 및 해 설

16. 다음 설명에 적합한 대상은?

> · 1661년에 조성되어 르 노트르(Le Notre)의 이름을 알리게 된 정원
> · 기하학, 원근법, 광학의 법칙이 적용
> · 중심축을 따라 정원으로부터 점차 멀리 수평선을 바라보게 처리

① 보볼리원 ② 벨베데레원
③ 보르 뷔 콩트 ④ 베르사이유 정원

17. '거울의 방 → 물 화단 → Latona분수 → 타피 베르 → 아폴로 분천'으로 이어지도록 조성된 공간 특성을 보이는 곳은?

① 데스테장(Villa d'Este)
② 알함브라(Alhambra)궁
③ 베르사이유(Versailles)궁
④ 폰텐블로우(Fontainebleau)성

해설 16

보르 뷔 콩트
- 최초의 평면기하학식 정원(남북 1,200m, 동서 600m)
- 루이14세를 자극해 베르사유 궁원을 설계하는데 계기가 됨

해설 17

프랑스의 베르사유 궁원은 모든 구성이 중심 축선과 명확한 균형을 이루며 축선은 태양광선이 펼쳐지는 듯한 방사상으로 전개해 태양왕을 상징한다.

정답 16. ③ 17. ③

영국 정원

10.1 핵심플러스

■ 영국의 르네상스

영국의 독특한 지형과 기후는 영국 나름의 개성을 가진 자연경관을 생성시켰으며 프랑스와 이탈리아와 비슷한 르네상스가 있었으나 영국정원에 남긴 시각적 특성은 프랑스 · 이탈리아의 것과 상이하였다

■ **특징** : 주도로인 곧은 길((forthright), 테라스설치, 축산(가산), 보울링 그린, 매듭화단(knot), 약초원

■ 대표적 작품

튜더왕조	중세와 르네상스의 과도기적 시기
스튜어트왕조	장원건축과 조경이 퇴보, 이탈리아, 프랑스, 네덜란드, 중국의 영향

- 멜베른 홀(Melbourne Hall)
  - 영국적인 성격에 프랑스 디자인 요소가 가미, 조지런던과 헨리와이즈(최초의 상업식 조경가)가 르 노트르식으로 개조
- 레벤스 홀(Levens Hall) : 네덜란드의 영향, 토피아리 집합 정원
- 햄프턴 코오트 : 여러 나라 영향을 가장 많이 받은 정원

1 개관

① 자연환경

㉠ 도버해협을 두고 유럽대륙과 접함

㉡ 대체로 온화, 다습한 해양성 기후이며 흐린날이 많아 안개가 자주낌

㉢ 완만한 기복을 이룬 구릉이 전개되고 강과 하천도 완만한 흐름을 나타냄

㉣ 다습한 흐린 날이 많아 잔디밭과 보울링 그린이 성행하고 강렬한 색채의 꽃과 원예에 관심이 높아짐

② 인문환경

㉠ 튜더 조 후기 영국의 르네상스가 절정

㉡ 스튜어트조때 청교도혁명와 명예혁명이 일어나고, 잉글랜드 공화국이 성립

2 튜더왕조(1485~1603)

① 중세와 르네상스의 과도기적 시기

② 장원 제도를 중심으로 한 비교적 소규모의 정원이 발달

③ 중세 성곽이 변화하면서 방어용 해자가 없어지고 정원이 확대됨
④ 강렬한 색채의 꽃과 원예에 관심
⑤ 대표적 정원
㉠ 리치먼드왕궁, 햄프턴코트궁 – 헨리8세
㉡ 몬타큐트원 – 엘리자베스여왕

3 스튜어트왕조(1603~1688)

① 장원건축과 조경이 퇴보하고 이탈리아, 프랑스, 네덜란드, 중국의 영향
㉠ 네덜란드적 영향
· 정원의 조밀한 공간구성
· 회양목, 주목 등 상록수를 조형적으로 다듬는 토피아리
· 대규모 튤립화단 조성
㉡ 프랑스적 영향
· 주축선, 방사형소로, 연못, 비스타, 전정한 생울타리 군식
② 멜버른 홀(Melbourne Hall)
㉠ 영국적인 성격에 프랑스 디자인 요소가 가미
㉡ 조지런던과 헨리와이즈가 르 노트르식으로 개조
③ 레벤스 홀(Levens Hall)
㉠ 네덜란드의 영향
㉡ 토피아리 집합 정원
㉢ 보울링그린, 채소원, 포장된 산책로 등 르네상스 정원의 특징
④ 햄프턴 코오트 : 여러 나라 영향을 가장 많이 받은 정원
㉠ 조지런던과 헨리와이즈의 설계작품
㉡ 소로, 중심축선(바로크풍)을 강조하여 프랑스 왕궁과 경쟁
⑤ 조지런던, 헨리와이즈
㉠ 최초의 상업식 조경가
㉡ 바로크 형태의 확장적 적용, 성숙된 바로크적 정원
㉢ 대표적 작품 : 햄프턴코트, 멜버런 홀, 채스워스

4 영국 정형식 정원의 특징 ★

① 테라스 설치
정방형 형태의 석재 난간으로 둘러싸 화분·조상으로 장식
② 주 도로인 곧은 길 (forthright)
㉠ 주택으로부터 곧게 뻗은 도로로 4사람 정도가 걸을 수 있는 길
㉡ 대개는 자갈을 깔거나 잔디로 포장하였고 후기에는 프랑스의 영향으로 타일이나 판석을 포장

③ 축산(mound)

㉠ 중세에는 방어와 감시탑의 기능으로 채용

㉡ 주변이나 정상에 원정, 연회당을 설치

④ 보올링 그린 : 실외경기장 예) 레벤스홀

⑤ 매듭화단(Knot, 노트)

낮게 깍은 회양목, 로즈마리, 데이지, 라벤더 등으로 화단 가장자리에 장식

예) 햄프턴코트

⑥ 약초원

⑦ 정원 구조물 : 석재 난간, 해시계, 철제 장식물, 분수, 문주, 미원

그림. 햄프턴 코트

그림. 레벤스홀의 토피아리

핵심기출문제

내친김에 문제까지 끝내보자!

1. 영국의 르네상스 정원을 구성하는데 중요한 역할을 하는 가장 두드러진 세가지 존재는?

① 매듭무늬 화단, 토피어리, 문주(門柱)
② 산울타리, 해시계, 화단
③ 분천, 캐스케이드(Cascade), 토피어리
④ 조각물, 격자 울타리, 매듭무늬

2. 영국 르네상스 정원을 구성하는 중요한 요소가 아닌 것은?

① 매듭화단 ② 문주
③ 채소원 ④ 토피아리

3. 튜더조 정원 중 특징적이며 독창적이라 할 수 있는 곳은?

① 가산 ② Ha-Ha
③ 회랑 ④ 원정

4. 다음 중 영국 Tudor왕조 때의 Contry House는?

① Stowe House ② Stourhead
③ Hampton Court ④ Levens Hall

5. 영국 르네상스 정원을 구성하는 구조물과 장식품이 아닌 것은?

① 토피아리(topiary) ② 총림(bosquet)
③ 문주(門柱) ④ 매듭화단

6. 튜우더 스튜어트왕조에 조성된 영국 정형식 정원이 아닌 곳은?

① 햄프턴코오트(Hampton court)
② 멜버른홀(Melborun Hall)
③ 레벤스홀(Levens Hall)
④ 에름농빌(Ermenonville)

정 답 및 해 설

공통해설 **1, 2, 3**

영국의 튜터왕조와 스튜어트 왕조 때 르네상스 정원 가장 큰 특징은 매듭무늬 화단, 토피아리, 축산, 보울링 그린, 문주이다.

해설 **4**

영국의 햄프턴 코트(Hampton Court)는 여러 시기에 걸쳐 정원의 모습이 변화해왔지만 아직도 영국의 단정한 정형식 정원의 전형을 유지하고 있다.

해설 **5**

총림의 프랑스 평면기하학식의 정원을 구성하는 요소이다.

해설 **6**

에름농빌은 프랑스의 풍경식 정원이다.

정답 1. ① 2. ③ 3. ① 4. ③ 5. ② 6. ④

7. 영국 튜더조의 정원 양식은?

① 정형식　② 자연풍경식
③ 노단식　④ 절충식

8. 르네상스시대 영국 정형식 정원의 특징이 아닌 것은?

① 미로(maze)　② 곧은길(forthright)
③ 노트(knot)　④ 롱프윙(round points)

9. 영국의 정원양식에 관한 사실이 올바르게 연결된 것은?

① 미로원(迷路園 : labyrinth) – 정자목(Topiary)
② 멜보른 홀(Melbourne Hall) – 침상원(Sunken Gaeden)
③ 르노트르(Le Notre) – 햄턴코트(Hampton Court)
④ 란셀로트 브라운(Lancelot Brown) – 은폐호(fosse)

10. 프랑스식 통경 정원(vista garden) 개념이 영국에 옮겨진 좋은 사례는?

① Trentham Hall
② Stourhead
③ Isola Bella
④ Hampton Court

11. 다음 중 프랑스의 영향을 받은 영국 내 조경 작품이 아닌 것은?

① 멜버른 홀(Melbourne Hall)
② 브라함 파크(Bramham Park)
③ 햄프턴 코트(Hampton Court)
④ 버컨헤드 공원(Birkenhead Park)

정 답 및 해 설

해설 **7**

영국의 튜더 왕조와 스튜어트 왕조의 정원은 정형식이다.

해설 **8**

롱프윙은 프랑스 평면기하학식 정원의 특징이다.

해설 **9**

영국의 정원의 특징은 매듭화단, 미로원, 축산, 보울링 그린, 토피아리, 축산 등이다.

해설 **10**

영국의 햄프턴코트는 여러 나라의 영향을 가장 많이 받은 정원으로 프랑스식 비스타정원이 설계되었다.

해설 **11**

비큰히드 파크(Birkenhead Park) 1843년에 조셉펙스턴(Joseph Paxton) 설계하였다. 의의는 선거법 개정안 통과(1843)로 실현된 최초의 시민의 힘으로 설립된 공원이다.

정답 7. ① 8. ④ 9. ① 10. ④ 11. ④

chapter 11 18C 영국의 자연풍경식 정원 (프랑스·독일·자연풍경식 포함)

11.1 핵심플러스

■ 영국의 낭만주의적 풍경식 정원 탄생에 영향을 준 요인
- 지형영향, 계몽사상, 회화에서 대두된 풍경화, 문학의 낭만주의
- 산업혁명으로 인한 경제 성장, 영국의 자연조건과 이탈리아·프랑스와의 차이점을 인식
- 순수한 영국식 정원에 대한 국민들의 심리적 욕구

■ 영국의 풍경식 특징
- 비대칭적 구성, 구불구불한 산책로, 자연형 호수, 군락의 나무들, 부드러운 잔디밭

■ 영국의 풍경식 조경가
- 스테판스위쳐 → 찰스브릿지맨 → 윌리암켄트 → 란셀로트 브라운 → 험브리랩턴
- 챔버, 나이트, 프라이스는 브라운파 정원을 비판하였다.

■ 각 국가별 자연풍경식 작품

영국	스토우가든(ha-ha기법 최초도입), 스투어헤드, 루스햄, 블렌하임
프랑스	에르메농빌르, 쁘띠 트리아농, 모르퐁테느, 말메종, 바가텔르, 몽소공원
독일	바이마르공원(괴테설계), 무스코성의 대림원

1 개관

① 사회 : 산업혁명과 민주주의의 발달
② 철학 : 계몽사상(근대 휴머니즘, 합리주의)
③ 표현 : 고전주의의 계속, 중국의 영향, 고전주의에 대항하는 영국의 자연주의 운동
★④ 낭만주의적 풍경식 정원 탄생에 영향을 준 요인
㉠ 지형적인 영향
㉡ 계몽주의 사상, 회화에서 대두된 풍경화, 문학의 낭만주의
㉢ 산업혁명으로 인한 경제 성장
㉣ 영국의 자연조건이 이탈리아, 프랑스와의 차이점을 인식
㉤ 영국 국민들의 심리적 욕구(순수한 영국식 정원의 창조에 대한 욕구)

2 정원예술과 관련된 문학작품가

① 에디슨 : 자연미를 동경하고 찬미한 전원시인
② 포프 : 토피아리를 비판한 글을 가디언(Gardian)지에 기고
③ 션스톤
㉠ 낭만주의적 조경방식 도입을 주장
㉡ 리소(Leasowes)정원설계 : 문학작품을 주제로 한 정원→시적정원 (Poetic garden)

3 픽쳐레스크(Picturesque)

① 18세기 전후에 등장한 개념으로 정원의 조영을 회화예술과 관련지어 생각하는 것
② 이태리어 'Pittoresco'에서 유래하며 어원상의미는 '화가의 작품을 따라서'임
③ 그림의 풍경을 실제 정원이나 경관속에다 실현, 화가가 캔버스에 그림을 그리는 것과 같이 원칙으로 정원을 구사

그림. 클로드 로랭의 풍경화(실제보다 더 상세하게 전원풍경을 그림)

4 영국 풍경식 정원가

① 조지 런던(Georgy London), 헨리와이즈(Henry Wise)
최초의 상업 조경가

② 스테판 스위쳐(Stephen Switzer,1682~1745)

㉠ 조지런던과 헨리와이즈의 제자, 최초의 풍경식 조경가

㉡ 정원의 울타리를 없애고, 정원의 범주를 주위 전원으로 확장시키려고 함

③ 브릿지맨(Charles Bridgeman,1680~1738)

㉠ 스토우원에 하하 기법(Ha-Ha) 최초로 도입

㉡ 작품 : 치즈윅하우스, 루스 햄, 스투어 헤드를 설계

★ ㉢ Ha-Ha Wall : 담을 설치할 때 능선에 위치함을 피하고 도랑이나 계곡 속에 설치하여 경관을 감상할 때 물리적 경계 없이 전원을 볼 수 있게 한 것으로 동양정원에서 차경수법과 유사함

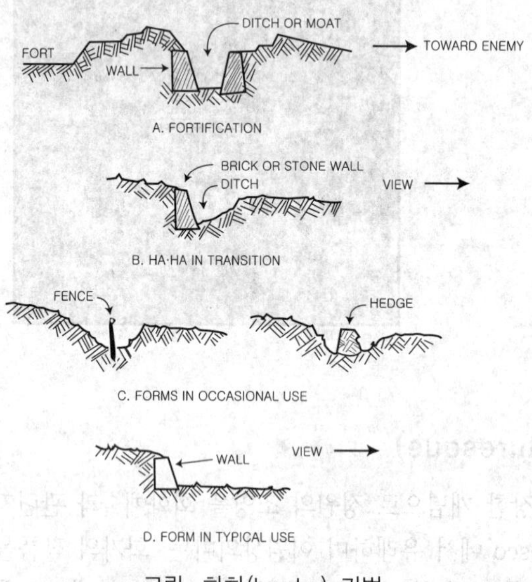

그림. 하하(ha-ha) 기법

④ 켄트(Willam Kent, 1684~1748)

㉠ 근대 조경의 아버지

㉡ "자연은 직선을 싫어한다." 영국의 전원풍경을 회화적으로 묘사

㉢ 부드럽고 불규칙적인 연못과 시냇물과 곡선의 원로 설계하고 캔싱텅 가든에는 고사목까지 심어 자연풍경을 실감 있게 묘사

㉣ 작품 : 캔싱턴가든, 치즈윅 하우스, 스토우원의 수정, 로샴 원, Wilton House등 계획

⑤ 브라운(Lancelot Brown, 1715~1783)

㉠ 많은 영국정원을 수정, 일명 'Capability Brown'

㉡ 설계의 특징

- 공간구획의 대범성 : 대규모 토목공사를 통한 지형의 삼차원적 변화를 즐겨 활용
- 부드러운 기복의 잔디밭, 거울같이 잔잔한 수면, 우거진 나무숲이나 덤불, 빛과 그늘의 대조

㉢ 한편, 경관에 과감한 정원개조는 역사적 중요성이나 경관미를 이해할 만한 예술적 수양과 교양이 없다는 점에서 비난받음

㉣ 스토우 원 등 많은 영국 정원 수정, 햄프턴 코트 설계, 블렌하임 개조

⑥ 험프리렙턴(Humphry Repton, 1752~1818)

㉠ 풍경식 정원의 완성

㉡ '경우에 따라서 미보다 기능이 더 중시되어야 한다. 주거지 근처는 회화적효과보다 편리함이 바람직하다'고 말함

㉢ 자연미를 추구하는 동시에 실용적이고 인공적인 특징을 잘 조화했다는 평을 받음

㉣ Landscape Gardener를 사용

㉤ Red book : 개조 전의 모습과 개조 후의 모습을 비교할 수 있는 스케치 모음집

그림. 렙턴의 레드북 – 설계전 그림

⇨

그림. 렙턴의 레드북 – 설계후 그림

■ 참고

■ 렙턴의 저서인 「Sketches and Hints on Landscape Gardening」에 다음의 4가지 법칙 제시하였다.

1. 정원은 자연미를 발휘하는 한편 자연의 결함을 은폐할 수 있어야 한다.
2. 정원의 경계를 가장하거나 은폐함으로 정원에 광활한 느낌과 자유로운 형태를 주어야한다.
3. 아무리 값비싼 것이라도 그것이 풍경을 개선하는 한편 전체적으로 자연적인 느낌을 주게되는 것 이외에는 의식적으로 은폐해 놓아야 한다.
4. 아무리 편리하고 쾌적한 것이라도 그것이 다소나마 장식이나 경관의 일부가 될 수 없는 것은 다른 곳으로 옮기거나 은폐해야 한다.

⑦ 윌리엄 챔버

㉠ 큐가든에 중국식 건물, 탑을 세움.

㉡ 브라운파의 정원을 비판

㉢ 동양정원론(A Dissertation on oriental Gardening)을 출판해 중국정원을 소개함

■ **참고**

■ 영국의 Landscape garden school 의 조경역사 기여에 의의

- 토베이(Tobay)는 인간의 손이 닿지 않는 것처럼 보이는 전원풍경을 만들고자 노력했고 이러한 과정에서 오늘날 영국의 평온하고 매력적인 전원풍경을 만들기 위한 바탕을 마련하였다.
- 둘째는 의식적은 아니나 후일에 의식적으로 개발될 수 있는 새로운 형태의 옥외공간형성에 기여하였다. 이는 그림과 같이 쾌적하게 보이는 방법으로 구조물을 배열하던 중 자연스럽게 공간관계가 수립되고 자연의 균형 잡힌 과정에 의해 완성될 수 있었다는 사실이다.
- 이러한 오픈스페이스는 독일의 퓌클러(Puchler)나 미국의 프레드릭 로 옴스테드에게 영향으로 주어 새로운 공간형태를 가져오게 한 것이다.

5 영국의 브라운파와 회화파

① 브라운파

㉠ 정원을 거닐며 많은 풍경을 감상

㉡ 스테판 스위처→찰스 브릿지맨→윌리암 캔트→란셀로트 브라운→험프리 랩턴

② 회화파

㉠ 챔버경, 나이트, 프라이스

㉡ 정원에서 경탄과 감흥을 나타내고자 시간적 공간적인 거리를 줌

㉢ 브라운파의 주저 않는 정원개조 비난(역사적 경관, 정서 무시)

㉣ 고전적인 조상, 시각적이며 골동품적인 유파, 작은 사당, 중국식 탑과 다리 정자 등을 배치

그림. 영국의 풍경식 조경

6 영국 풍경식 정원

① 스토우 가든

㉠ 브릿지맨 정원 설계→켄트와 브라운 공동 수정→브라운 개조

㉡ Ha-Ha 도입, 축선의 빗나간 각도

② 스투어 헤드(Stourhead)

㉠ 소유 : 헨리 호어, 정원설계 : 브릿지맨, 켄트

㉡ 자연을 배회하는 영웅의 인생항로를 노래한 버질(virgil)의 서사시 에이니드(Aeneid)에 의거하여 구성

㉢ 특징

- 신화속의 사건을 연상시키도록 구성하여 지적 의미를 가지고 있는 정원의 각 부분을 시와 신화의 기초위에서 감상
- 풍경화 법칙에 따라 구성
- 다리 – Flora신전 – grotto – 판테온신전 – Apolo신전
- 팔라디오풍의 저택과 저택에서 정원이 한눈에 드러나지 않게 하며 또한 저택과 정원 어디에서도 보이도록 오벨리스크를 설치하여 이둘을 연결함

③ 로스햄(Rousham)

㉠ 브리짓맨 설계→켄트가 개조

㉡ 켄트의 작품 중 가장 매력적이고 특징적인 정원

㉢ 폐허가 된 옛터를 두고 방앗간을 세우고 주택으로부터 파노라믹한 경관을 전개함

④ 블렌하임 궁원(Brenheim Palace)

㉠ 1705년 헨리와이즈와 건축가 반프로프에 의해 조성

㉡ 브라운개조 : 목가적 환경으로 재창조, 자연형의 잔디밭, 소로를 없애고, 2개의 연못을 합하여 아름답고 환상적인 다리로 연결

■ 참고 : 영국의 자연풍경식의 한계점

영국의 자연풍경식은 자연을 모방하되 자연을 왜곡한 오류가 있었다. 천연 그대로의 미관과 거주지가 연결된 지역에 있어서는 건축상의 필요조건을 구분하는데도 랩턴 이전에는 실패했다. 또한 션스톤과 랩턴이 쓰기 시작한 Landscape garden의 표현 또한 만족스럽지 못했다. 즉, Landscape가 경관 또는 풍경이 명사로 쓰이지 못하고 형용사로 쓰여 부드럽고 목가적 경관으로 구성되는 정원만을 나타내고 있는 점을 한계로 두고 있다.

7 각국의 자연풍경식 정원

① 프랑스의 풍경식 정원

㉠ 개관

- 18세기 말부터 19세기 초 걸쳐 영국의 자연풍경식 양식이 유행
- 중국 취미가 매우 깊게 반영되어 동양의 예술품이 크게 성행
- 루소는 인간의 진정한 행복은 〈자연으로 돌아갈 때〉 만 되찾을 수 있다고 하며, 자연적 정원을 지향하였다.

㉡ 대표적 정원

- 에르메농빌르
  - 대림원, 소임원, 벽지(경작되지 않은 토지, 모래땅, 암석 등)의 3부분으로 구성
  - 루소의 묘소가 세워짐
  - 대림원에는 마리앙뜨와네트 휴게소, 동굴, 폭포, 못, 강이 있고 연못의 중앙에는 '포플러 섬'이 있음
- 쁘띠 트리아농
  - 루이16세가 마리앙트와네뜨에게 주어 개조, 풍경식의 대표작
  - 농가구조물을 중심으로 한 자연풍경식 정원
  - 정형적부분 + 비정형적부분
- 모르퐁테느 : 야생적 정원으로 소박한 분위기
- 말메종 : 베르토가 설계, 나폴레옹1세 황후 조세핀의 만년의 거처
- 그밖의 정원 : 바가텔르, 몽소공원

■ 참고 : 프랑스 자연풍경식의 특징

- 프랑스의 자연풍경식은 영국처럼 수정, 개조하는 방법을 택한 것이 아니라 베르사유나 보르비 꽁트 같은 명원을 파괴하지 않고 보존해 가면서 쁘띠 트리아농이나 샹틸리에서와 같이 영국식풍의 정원이 옛 정원과 인접하여 세워졌다.
- 초기의 목가적 풍경과 후기의 챔버의 중국 취미를 동시에 받아들였다. 정형식 정원의 구조물은 실용 위주인 것에 반해 풍경식정원은 정원의 미를 높이고 여러 가지 경관을 높이고 경관효과를 돋구기 위한 첨경물이었다. 이런 풍경식정원은 낭만주의적 정원 혹은 감상주의적 정원이라고 한다.
- 이국적 정서 특히 중국적취미가 매우 깊게 반영되었는데 이를 앵글로 차이나 정원(Jardin anglo-chinois)이라고 한다. 이러한 중국취미 영향은 17세기 초부터 시작된 건축 · 실내 장식 등에서 성행하던 로코코 예술의 특징적 현상으로 동양의 예술품들은 18세기까지 성행하였다.

② 독일의 풍경식 정원

㉠ 개관

- 히르시펠트 : 산림미학자, 저서 「정원예술론」에서 풍경식 정원의 원리를 정립
- 괴테
  - 풍경식의 관심, 히르시펠트의 저서의 영향으로 바이마르 공원 설계
  - 「친화력」 소설에 특징을 묘사
- 칸트 : 철학자, 정원예술은 자연의 산물을 미적으로 배합하는 예술로 구분
- 쉴러 : 풍경식 정원의 비판자, 회화를 정원의 규범으로 삼는것은 큰 잘못이라고 지적함

★ ㉡ 과학적 기반위에 조성

㉢ 대표적 정원

- 바이마르 공원 : 괴테 설계
- 무스코성의 대림원(大林苑)
  - 퓌클러 무스코공(Prince pukler Muskan)이 조성
  - 낭만주의 풍경식, 회화적 원리 적용

- 수경시설 조성에 역점을 둠, 네이세(Neisse)강에서 인공적 지류를 마을과 성관사이에 흐르게 하고 해자모양을 자연형곡선으로 고쳐 섬을 에워싸게하고 다시 강으로 합류시켜 개조함
- 프레드릭 로 옴스테드의 센트럴 파크에 낭만주의적 풍경식을 옮기는 교량적 역할을 한 작품

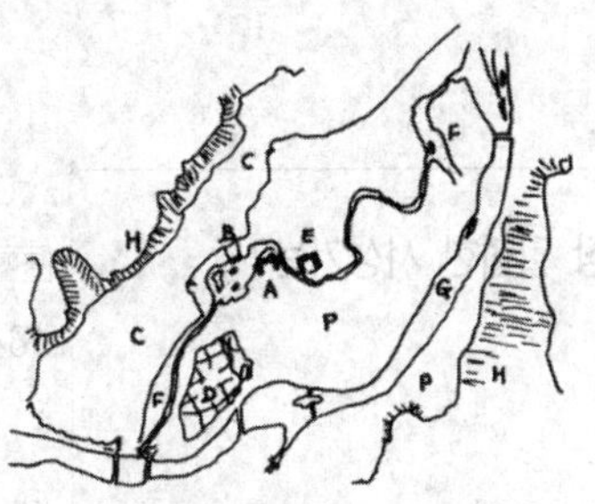

A. Castle
B. Town hall
C. Muskau town
D. Kitchen gardens, ect
E. Stanle
F. Artificial stream and lakes
G. River Neiss
H. Hill escarpment
I. Parkland

그림. 무스코성

8 영국식 정원양식과 프랑스 정원양식과의 비교 ★★

구분		영국(풍경식)	프랑스(평면기하학식)
배경	정치 경제	· 교황청과 대립으로 교회재산을 몰수하여 황실재산이 부유해짐 · 상류층은 시골거주를 선호함	· 중상정책으로 부를 축적 · 태양왕(절대군주)루이 14세
	사상 문화	· 자연을 동경(낭만주의) · 전원시인, 풍경화가(사실주의) · 중국의 정원양식 영향	· 르 노트르 양식(독자적양식) · 투시도 기법
	자연 환경	· 구릉 목가적 경관 · 습한공기, 일광부족	· 넓은 평원과 풍부한 산림
특징		· 자연수목이용(토피아리배척) · ha-ha수법 · 불규칙적 곡선사용 · 경제적측면도 중시 · 열식, 군식보다는 자연특성에 맞게 조성 · 실용적·인공적 특징을 예술적 목적과 조화시킴	(르노트르 양식) · 면적의 효과에 의해 우아, 장엄함 표현 · 넓은 수면, 장식적 수경으로 비스타조성 · 자수화단을 정원중심부에 이용 · 풍부한산림(보스케)으로로 수직 강조 · allee
영향		공원	도시경관 → 도시계획(파리, 워싱턴)

핵심기출문제

내친김에 문제까지 끝내보자!

1. 18세기 조경사에 새로운 변화를 주게 한 가장 밀접한 사상가는?

① 라이프니츠, 볼테에르, 루소
② 칸트, 라이프니츠, 루소
③ 루소, 휴움, 볼테에르
④ 라이프니츠, 칸트, 버어클리

2. 18세기 영국에 전원풍경식으로 조경양식의 일대전환이 이루어진 주요 이유로서 가장 타당치 않은 것은?

① 문학적 표현의 시각적 표현
② 중국 정원양식의 영향
③ 형상수에 대한 반동
④ 이태리 총림(bosquet)의 영향

3. 영국 자연풍경식 조경가인 브라운이 주로 사용했던 설계요소들이 아닌 것은?

① 부드러운 기복의 잔디밭
② 거울 같이 잔잔한 수면
③ 화려한 색채의 파르테르의 활용
④ 굽이치는 원로

4. 아래는 영국의 자연풍경식 정원수법을 완성시키는데 공이 컸던 사람들이다. 그 배열에 있어서 올바른 것은 어느 것인가?

① 브리지맨 - 윌리엄챔버 - 켄트 - 브라운
② 브라운 - 켄트 - 윌리엄챔버 - 브리지맨
③ 브리지맨 - 켄트 - 브라운 - 윌리엄챔버
④ 윌리엄챔버 - 브리지맨 - 브라운 - 켄트

정답 및 해설

공통해설 **1, 2**

18세기의 변화
① 새로운 변화를 주게 한 사상가 : 라이프니츠, 볼테에르, 루소
② 자연풍경식 탄생 이유
- 지형영향, 계몽사상, 풍경화, 낭만주의 등에 영향
- 문학적 표현의 시각적 표현, 중국정원의 영향, 형상수(토피아리)에 대한 반동

해설 **3**

파르테르(자수화단)의 활용은 프랑스 평면기하학식에서 주로 사용했던 요소이다.

해설 **4**

영국 자연풍경식 조경가 (브라운파)
찰스 브릿지맨 → 윌리암 켄트 → 란셀로트 브라운 → 험브리 렙턴

정답 1. ① 2. ④ 3. ③ 4. ③

5. 영국의 자연풍경식 조경가들에 대한 설명 중 올바른 것은?

① 브릿지맨- 레드북 슬라이드방법 고안
② 켄트-최초로 정원의 경계지에 ha-ha개념도입
③ 브라운- 19세기 초 영국 자연풍경식의 완성
④ 챔버- 중국 건물과 탑을 영국정원에 도입

6. 영국의 자연풍경식정원인 스투어 헤드에 대한 설명 중 틀린 것은?

① 정원설계는 랩튼이 하였다.
② 버이질의 에이네이드에 의거하여 정원을 구성하였다.
③ 신화속의 사건들이 연상되도록 하는 알레고리 수법을 활용하였다.
④ 18세기 중엽의 풍경식 정원에서 그 원형이 잘 보존된 정원이다.

7. 영국의 풍경식 정원에 관한 설명으로 틀린 것은?

① 험프리 랩턴 - 조경의 스케치와 힌트
② 란셀로티 브라운 - 이곳은 상당한 가능성이 있다.
③ 윌리엄 켄트 - 자연은 직선을 싫어한다.
④ 브릿지맨 - 레드북(Red Book)

8. 스토우원을 보다 자연스럽게 만든 사람은?

① 브릿지맨 ② 험프리 랩턴
③ 루소 ④ 켄트

9. Ha-Ha Wall의 창시자는?

① 브릿지맨 ② 켄트
③ 브라운 ④ 쳄버경

10. Ha-Ha Wall이란?

① 담장의 형태나 색채를 주변 자연과 조화되게 만든 것
② 담장의 높이를 낮게 하여 외부 경관을 차경으로 이용하는 수법
③ 담장을 설치할 때 능선에 위치함을 피하고 도랑 속이나 계곡 속에 설치하여 시각적 장애가 되지 않도록 한 것
④ 담장을 관목류의 생울타리로 조성하는 수법

해설 **5**
① 브릿지맨-정원의 경계에 Ha-Ha처음 사용
② 랩턴-레드북(Red Book)사용, 자연풍경식을 완성

해설 **6**
스투어헤드
① 정원설계는 켄트, 브릿지맨
② 자연을 배회하는 영웅의 인생항로 대한 신화를 테마

해설 **7**
랩턴
① 영국 자연풍경식 완성
② 스케치 모음집 레드북

해설 **8**
스토우정원
브릿지맨 정원 설계 → 켄트와 브라운 공동 수정 → 브라운 개조

공통해설 **9, 10, 11**
ha-ha기법
① 브릿지맨이 스토우원에 하하 기법(Ha-Ha) 최초로 도입
② 방법 : 담을 설치할 때 능선에 위치함을 피하고 도랑이나 계곡 속에 설치하여 경관을 감상할 때 물리적 경계 없이 전원을 볼 수 있게 함

정답 5. ④ 6. ① 7. ④ 8. ④ 9. ① 10. ③

11. 스토우 하우스의 정원을 설계한 사람은?

① 브릿지맨 ② 베이컨
③ 스위쳐 ④ 렙턴

12. 조경발달에 기여한 인물과 그 연결이 잘못된 것은?

① 큐가든에 중국식 탑 도입 – 챔버
② 자연은 직선을 싫어한다 – 켄트
③ 레드북 – 팩스턴
④ 하하식 – 브릿지맨

13. 조경가와 그의 대표작을 잘못 연결한 것은?

① 팩스턴– 수정궁
② 미켈로지– 메디치장
③ 옴스테스– 센트럴파크
④ 렙턴– 큐가든

14. 영국의 정원양식에 중국의 정원양식인 정자, 다리, 탑 등을 가미한 사람은?

① 란셀로티 브라운 ② 윌리암켄트
③ 험프리 렙턴 ④ 윌리암 챔버

15. 브라운을 비판한 회화파가 아닌 것은?

① 렙턴 ② 프라이스
③ 나이트 ④ 챔버

16. 사실주의 자연풍경식 정원이 발달된 나라?

① 미국 ② 영국
③ 독일 ④ 일본

정 답 및 해 설

해설 12

레드북 – 험브리 렙턴

공통해설 13, 14

윌리암 챔버
① 브라운파와 대립
② 중국 정원 관심
③ 큐가든 – 중국식 정자와 탑을 도입

해설 15

회화파 – 나이트, 프라이스, 챔버

해설 16

사실주의 자연풍경식 – 18세기의 영국

정답 11. ① 12. ③ 13. ④ 14. ④ 15. ① 16. ②

17. 낭만주의 양식이 가장 먼저 발달한 나라는?

① 영국 ② 미국
③ 이태리 ④ 프랑스

해설 17
낭만주의는 18세기 영국에서 발달하였다.

18. 다음 빈칸에 차례로 들어갈 조경가의 이름은?

> 중국식 탑을 최초로 유럽에 도입한 사람은 (A)이며, 설계 전·후를 그림으로 그려 비교를 한 레드북(red book)은 (B)가 한 것이다.

	(A)	(B)		(A)	(B)
①	랩턴	챔버	②	챔버	랩턴
③	랩턴	브라운	④	브라운	챔버

해설 18
중국식 탑 도입 → 윌리암 챔버, 레드 북 → 험브리 랩턴

19. 영국 풍경식 정원의 3대 거장(巨匠)에 속하지 않는 것은?

① William Kent ② Jean Jaeqe Rousseau
③ Lancelot Brown ④ Humphrey Repton

해설 19
18C 영국의 풍경식 조경가(브라운파)
브리짓맨 → 켄트 → 브라운 → 랩턴(풍경식 조경의 완성자)

20. 중국정원을 소개하고, 큐 가든(Kew Grarden)을 설계한 사람은?

① 크리스토퍼 터너드(Christopher Tunard)
② 윌리엄 챔버(William Chambers)
③ 찰스 브릿지맨(Charles Bridgeman)
④ 거트루드 재킬(Gertrude Jeckyll)

해설 20
윌리암 챔버는 중국정원을 소개하고 큐 가든을 설계하였다.

21. 다음 중 "정원술에서의 스케치와 힌트"라는 저서를 쓰고 영국 풍경식 조경을 완성시킨 조경가는?

① William Chanvers
② Humphrey Repton
③ Lancelot Brown
④ Charles Bridgeman

해설 21
험브리 랩턴의 저서인 「Sketches and Hints on Landscape Gardening」에서 풍경식정원의 4가지 법칙 제시하였다.

정답 17. ① 18. ② 19. ② 20. ② 21. ②

정 답 및 해 설

22. 영국의 남동쪽 지방에 있으며 버어질(Virgil)의 서사시 에이니드(Aeneid)에 의거하여 자연을 배회하는 영웅의 인생 항로를 테마로 정원동굴(grotto)이 구성된 풍경식정원은?

① 스토우원(Stowe garden)
② 스투어헤드원(Stourhead garden)
③ 트위컨햄원(Twickenham garden)
④ 블렌하임궁원(Blenheim palace garden)

해설 22

스투어 헤드
영국 자연풍경식의 대표적 작품으로 자연을 배회하는 영웅의 인생항로를 노래한 버질(virgil)의 서사시 에이니드(Aeneid)에 의거하여 구성하고 있다.

23. 센트럴파크에 낭만주의적 풍경식 정원수법을 옮기는 교량적 역할을 한 작품은?

① 스투어헤드(Stourhead)정원
② 몽소(Monceau)공원
③ 모르퐁테느(Morfontaine)정원
④ 무스코(Muskau)정원

해설 23

독일의 무스코성의 대림원(大林苑)은 퓌클러 무스코공(Prince pukler Muskan)이 조성하였다. 낭만주의 풍경식, 회화적 원리가 적용되어 있으며, 프레드릭 로 옴스테드의 센트럴 파크에 낭만주의적 풍경식을 옮기는 교량적 역할을 하였다.

24. 독일의 풍경식 정원과 관계없는 것은?

① 데시테르(Destedt)는 외래수종을 배제하여 조성한 풍경식 정원의 전형이다.
② 퓌클러 무스카우(Pückler-Muskau) 정원은 후기 독일의 풍경식 정원이다.
③ 독일의 풍경식 정원은 자연경관의 재생을 주요 과제로 삼고 있다.
④ 식물생태학과 식물지리학에 기초를 두고 있다.

해설 24

독일의 풍경식 정원
- 퓌클러 무스카우는 낭만적인 임원으로 개조한 풍경식 정원이다.
- 독일의 풍경식 정원은 자연경관과 재생을 주요과제로 하고 있으며, 식물생태학과 식물지리학에 기초를 두고 있다.

정답 22. ② 23. ④ 24. ①

19C 공공정원(공원)

12.1 핵심플러스

■ 공공공원의 발생배경
- 와트 증기기관 발명으로 산업혁명을 시작
- 기계공업으로 인한 대량 생산체제를 갖춤
- 인류문명 변혁, 역기능 초래 : 급속한 도시화, 인구증가, 환경문제, 사회문제(주택, 위생, 범죄, 노동)대두

■ 영국의 비큰히드파크
- 대중의 인식변화 · 사회적 요구에 따라 계획되었으며, 1843년에 조셉 팩스턴(Joseph Paxton)이 설계함
- 225에이커 대지에 100에이커를 분양해 분양대금으로 125 에이커에 공원을 조성하게 되었으며 (1에이커 =4046.23m²)이로 인해 재정적 · 사회적으로 성공을 이룸
- 이를 계기로 수많은 도시에서 도시공원의 설립되었고, 옴스테드가 Central Park 공원를 설계하는데 개념 형성에 영향을 줌

■ 각 나라별 조경의 발달

미국	1800~1950	· 풍경식조경가 : 앙드레파르망디에 / 앤드류잭슨다우닝
	옴스테드	· 센트럴파크 : 미국도시공원의 효시 · 리버사이드단지계획
	엘리옷	· 수도권공원계통수립
	시카고박람회	· 옴스테드(조경), 번함(건축), 맥킴(도시설계) · 영향 : 도시계획발달 / 도시미화운동 / 조경전문직에 대한 인식재고 / 로마에 아메리칸 아카데미설립
독일	19c	· 분구원, 볼크파크, 도시림

1 19C 영국의 공공정원(공원)

① 개관

㉠ 랩턴 사후 20여년 만에 사적(私的)조경에서 공적(公的)조경으로 전환

★ ㉡ 1830년대의 변화
- 왕가의 영역을 대중에게 개방
- 성 제임스공원, 그린파크, 하이드파크, 켄싱턴가든

㉢ 공업도시 형성→인구의 도시 유입→공업도시의 슬럼화→도시문제해결방안 모색

㉣ 빅토리아공원(Victoria Park)와 비큰히드 공원(Birkenhead Park)이 계획

② 공공공원

㉠ 레젠트파크(Regent park)

- 건축가 존 나쉬가 계획
- 일부는 공공공원, 일부는 주거용 택지, 비큰히든 공원에 영향

㉡ 세인트 제임스 공원(St. James Park)

㉢ 비큰히드 파크(Birkenhead Park) ★★

- 1843년에 조셉 팩스턴(Joseph Paxton)이 설계
- 공적 위락용과 사적 주택부지로 이분된 구성
- 의의
  - 1843년 선거법 개정안 통과로 실현된 최초의 시민의 힘으로 설립된 공원
  - 재정적, 사회적 성공은 영국 내 수많은 도시에서 도시공원의 설립에 자극적인 계기
  - 옴스테드의 Central Park 공원개념 형성에 영향을 줌

■ 참고 : 조셉팩스턴

- 젊은 시절부터 정원사로 활동했으며, 영국 최고의 원예가이자 생물학자이다.
- 대표적 작품으로는 수정궁(Crystal palace,1851년), 비큰히드 파크, 리버풀 Prince's Park 설계하였다.

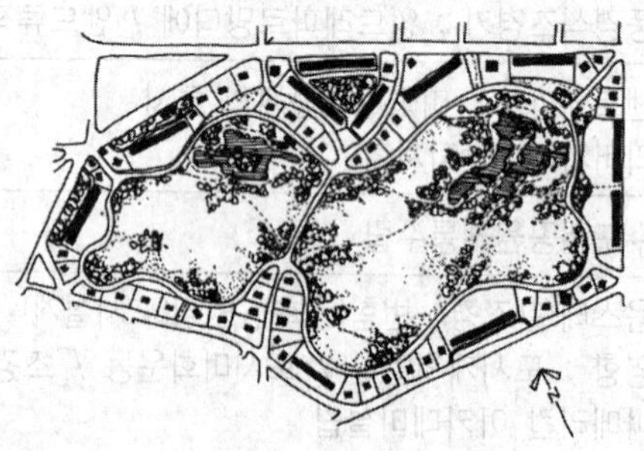

그림. 비큰히드 공원

2 미국 식민지시대

① 개관

㉠ 콜롬버스가 아메리카 신대륙 발견이래, 유럽국가들은 미 대륙 식민지를 개척

㉡ 본국에의 추억과 함께 정주하기 시작

㉢ 주택과 정원 또한 기후나 자연환경이 다름에도 불구하고 본국의 것을 고수함

㉣ 지명을 지을 때 본국의 지명에 연관지음

② 대표적 정원

㉠ 뉴잉글랜드지방 정원(영국식 정원 영향)

- 주택의 축선상에 forthright(짧고 곧은길) 배치

- 양떼 방목의 기억으로 방어를 겸한 나무 말뚝울타리
- 격장형 포도밭, 넓은 잔디밭, 회양목으로 만든 화단·원정 등 설치

ⓒ 윌리암스 버그(Williams Burg : 프랑스 정형식 정원 영향)

- 구성에 있어 주축은 베르사이유궁원을 모방하여 의사당과 메리대학을 동서종점에 배치

ⓒ 마운트 버논(Mount Vernon)

- 초기 미국대통령 조지워싱턴의 사유지
- 구성은 보울링그린, 굴곡진 도로에 축을 설정하고 정형식화단 배치
- 영국식과 프랑스정원의 혼합한 절충식

ⓡ 몬티첼로(Monticello)

- 식민지시대 대표적인 사유지 정원으로 토마스제퍼슨(미국 3대 대통령, 건축가이자 조경가)의 소유

■ 참고 : 토마스제퍼슨

- 「Garden Book」에서 정원의 성격을 위락적으로 보지 않고 농원의 역할을 하는 자연스러운 공간임을 강조하였다.
- 대표작품 : 버지니아 대학 캠퍼스, 리치먼드 수도 건설 프로젝트

3 19C 미국의 공공정원

① 개관

㉠ 남북전쟁 후 도시 거주자들이 지방에 별장을 지으면서 건축과 함께 조경도 발달

㉡ 세계 여러 나라로부터 이민으로 인구가 현저하게 증가하여 뉴욕시를 정리할 필요가 있음에 따라 중앙부에 344ha에 이르는 공원을 축조하는 시조례를 제정

㉢ 1845년 뉴욕에 옴스테드가 회화적 수법으로 공원 축조

② 풍경식 조경가

㉠ 앙드레 파르망티에

- 미국에 최초로 풍경식 정원을 설계
- 미국 정형식 정원에 대한 반발로 회화적 양식 찬양

★ ㉡ 다우닝(Andrew Jackson Downing) : 정원설계가, 건축가

- 브라운파의 영향을 받았으나 미국문화와 부지에 맞게 풍경식 정원 설계
- 허드슨 강변을 따라 옥외 지역 개발, 공공 조경의 필요성 주장
- 다우닝은 비큰히드 공원의 옹호자로 미국 공공공원의 부족과 필요성을 잡지에 기고
- 보우를 데려와 central park 계획에 참가하는데 기여함

③ 미국의 공공공원의 발달경로

㉠ 1851년 뉴욕시의 공원법 통과

㉡ 1858년 central park 조성

④ 공공공원이 세워지게 된 기본적 배경
㉠ 공중위생에 대한 관심의 고조
㉡ 각 국민의 도덕에 대한 관심
㉢ 낭만주의적, 미적관심의 발달
㉣ 경제적 성장

★★ ⑤ 옴스테드와 센트럴 파크(central park)
㉠ 현대 조경의 아버지
㉡ Landscape architect 명칭을 최초로 사용

★ ㉢ 보우와 옴스테드의 센트럴파크 설계안 그린스워드(greensword) 당선
- 344ha 장방형 슈퍼블럭으로 구성
- 설계도와 설계 개요 보고서 제출
- 대규모 공원지역의 정당화 시킨 뉴욕 인구의 증가, 공원 주변 건물의 고층화, 노동자의 공원 이용률 증대를 예측(도시문제점 예측)
- 특징
  - 입체적 동선체계/ 차음, 차폐를 위한 외주부 식재
  - 아름다운 자연경관의 view 및 vista 조성
  - 드라이브 코스, 전형적인 몰과 대로, 마차 드라이브 코스, 산책로,
  - 넓은 잔디밭, 동적 놀이를 위한 경기장, 보트와 스케이팅을 위한 넓은 호수, 교육을 위한 화단과 수목원

★ ㉣ 의의
- 미국 도시공원의 효시가 됨
- 국립공원 운동영향으로 요세미티국립공원(1890)이 지정됨

㉤ 보우와 옴스테드의 3대공원
- 센트럴파크(Central park)
- 프로스펙트파크(Prospect park)
- 프랭클린(Franklin park)
- 그밖의 작품 : 버클리대학 / 오클랜드묘지 / 금문교공원계획 / 리버사이드공원계획 / 사우스 파크

■ 참고 : 옴스테드 (F.L.Olmsted, 1822.4.26~1903.8.28)

현대조경의 아버지로 불리는 옴스테드는 기술자이자, 경험이 풍부한 농부 · 작가 · 훌륭한 경영인 등의 찬사를 받았다. 16세때는 예일대학의 측량사 청강생이 되었고, 그 후에는 항해사 청강생이 되었다. 그가 살던 고향에서는 모범적인 모델농장을 만들었고, 언론과 출판에도 성공하였다. 미국 남부 여러 주(州)를 돌면서 노예제도가 각 주의 사회·경제에 미치는 공과(功過)를 연구하고, 그 성과를 3권의 책에 정리하였다. 1856년 유럽을 여행하고 공원시설을 연구하였으며 1857년 뉴욕시의 센트럴파크 조성 때 감독이 되어 1861년 완성하였다.
그 후 미국 공중위생위원과 뉴욕시 공원위원 등을 역임하였고, 말년에는 보스턴에 살면서 조경계획에 종사하였다. 그가 관계한 공원은 미국 각지에 80개가 넘으며, 나이아가라의 자연경관보호의 기본설계도 하였다.

그림. 센트럴파크

ⓗ 옴스테드의 활동

- 워싱턴, 알바니, 하트포드 수도 개조작업 참여
- 디트로이트 벨 아일파크, 몬트리올의 마운틴 로열파크
- 나이아가라폭포와 뉴욕 아디론닥 산악지역 보존운동

⑥ 옴스테드의 리버사이드단지(River side estate) 계획(1869)

㉠ 1869년 시카고 근교에 통근자를 위한 최고 생활조건을 갖춘 단지 계획

㉡ 전원생활과 도시문화를 결합하려는 이상주의의 절정

㉢ 격자형 가로망을 벗어나고자 한 최초의 시도

⑦ 엘리옷(Eliot)(1859-1897)

㉠ 수도권 공원계통(metro politan park system)수립

㉡ 보스턴공원계통수립 : 실용적, 미적인 도시문제 해결책

㉢ 결과 1910년 미국 5개의 국립공원 지정

★★ ⑧ 시카고 만국 박람회(1893)(일명, 콜롬비아 박람회)

㉠ 미대륙 발견 400주년 기념하기 위해 시카고에서 만국박람회가 개최

㉡ 건축은 다니엘 번함과 룻스, 도시설계는 맥킴, 조경은 옴스테드

㉢ 박람회의 영향

- 도시계획에 대한 관심이 증대, 도시 계획이 발달하는 계기
- 도시미화운동 (City Beautiful Movement)이 일어남
- 로마에 아메리칸 아카데미(American academy)가 설립
- 조경전문직에 대한 일반인의 인식 재고
- 조경계획을 수립함에 있어서 건축·토목 등 공동작업의 계기를 마련

4 독일의 공공공원

① 분구원(Kleingarten)

㉠ 시레베르(schreber)가 시작(200m² 정도 소정원 지구)

㉡ 목적

- 도시민의 보건과 푸르름 제공의 역할
- 1차 대전 중 식량난을 완화하는 역할
- 현재 레크레이션을 위한 화훼 재배장으로 변화

■ 참고 : 분구원(Klein garten)

독일의 클라인가르텐은 작은 정원인 소정원이라는 뜻이며, 구획지어 나누어져 있어 분구원이라고도 하고, 주말에 많이 이용한다고 하여 주말농장이라고도 불리고 있다. 각국의 도시농업형태로는 일본의 체재형 시민농원, 영국의 얼랏먼트(allotment), 독일의 클라인 가르텐(Klein Garten), 캐나다의 커뮤니티 가든(Community Garden), 러시아의 다차, 쿠바의 도시농업 등이 있다. 우리나라의 도시농업은 주말농장, 공동체텃밭, 옥상텃밭 등 다양한 형태로 도시농업이 행해지고 있으며, 공원법 개정으로 도시농업공원이 제정되기도 하였다.

② 볼크 파크(Volk Park)

㉠ 루드비히 레서 제창

㉡ 인구 50만 이상의 도시의 백화점식 공원

㉢ 전국민의 공원, 남녀노소가 심신을 단련할 수 있고 휴식을 할 수 있는 녹지

㉣ 면적은 10ha 이상, 동적후생과 정적후생

③ 도시림 : 후생적 이용을 위한 목적으로 산림을 보호 육성

■ 참고 : 바우하우스

월터그리피우스가 1919년에 세운 기능주의 조형학교로 건축과 인간환경 창조에 목적을 두고 있다.

핵심기출문제

내친김에 문제까지 끝내보자!

1. 소정원 운동(영국)의 내용과 맞는 것은?

① Charles Barry에 의해 주도 되었다.
② Knot기법 등 기하학적 형태를 응용하였다.
③ 귀화식물의 사용을 배제하였다.
④ 풍경식 정원의 비합리성에 대한 지적에서 시작되었다.

2. 미국 컬럼비아 건축미술 박람회의 영향을 받아 조직된 단체는?

① 후생협회(N.R.A)
② 도시계획협의회(N.C.C.P)
③ 운동장협회(N.P.F.A)
④ 미국조경가협회(A.S.L.A)

3. 1893년 시카고에서 열린 세계 콜롬비아 박람회가 여러 방면에 미친 영향이라 볼 수 없는 것은?

① 도시미화운동이 활발해졌다.
② 로마에 아메리칸 아카데미를 설립하였다.
③ 박람회장 내 건축은 유럽고전주의 답습으로부터 완전히 탈피하였다.
④ 조경계획의 수립 시 타 분야와의 공동 작업이 활발해졌다.

4. 근대 조경의 아버지라고 불리는 옴스테드(F. L. Olmsted)의 작품 및 프로젝트가 아닌 것은?

① Greensward Plan
② Birkenhead Park
③ Back Bay Fens Plan
④ World's Columbian Exposition

정답 및 해설

해설 1

소정원운동
- 영국의 공업화, 인구의 도시집중으로 인해 도시주택의 소주택이 증가되고 도시는 오염되기 시작하였다.
- 대정원이나 광활한 공원에 어울리는 풍경식 정원은 소주택에 어울릴 수 없었다.
- 윌리엄 로빈슨과 재킬여사에 의해 주도하였으며, 영국의 자생식물이나 귀화식물로 야생정원을 조성하였다.

해설 2

미국 콜롬비아 건축미술 박람회의 영향으로 1897년 조경가 협회가 설립되었다.

해설 3

콜롬비아 박람회의 영향
- 도시계획의 발달에 기틀이 됨
- 도시미화운동이 일어남
- 조경전문직에 대한 인식재고
- 로마에 아메리칸 아카데미를 설립
- 조경계획 수립시 타분야와 공동 작업이 활발해짐

해설 4

Birkenhead Park – 1843년에 조셉 팩스턴(Joseph Paxton)이 설계함

정답 1. ④ 2. ④ 3. ③ 4. ②

정 답 및 해 설

5. 20세기 초 미국의 도시 미화 운동(City Beautiful Movement)과 관련이 없는 것은?

① 미국의 조경가 옴스테드(Frederick Law Olmsted)가 이론적 배경을 만들었다.
② 도시미술(civic art)을 통해 공공미술품의 도입을 추진하였다.
③ 전체 도시사회를 위한 단위로서 도시설계(civic design)를 추진하였다.
④ 도시개혁(civic reform)과 도시개량(civic improvement)을 추진하였다.

6. 장소는 미적(美的)이거나 회화적이어야 한다고 주장한 루엘린 파크의 설계자는?

① 가렛 에크보
② 제임스 로즈
③ 앤드루 잭슨 다우닝
④ 프레드릭 로우 옴스테드

해설 5

미국의 도시미화운동은 시카고 박람회의 영향으로 로빈슨과 번함에 의해 주도하였다.

해설 6

앤드루 잭슨 다우닝이 설계한 뉴저지주 웨스트오렌지에 있는 루엘린 파크는 근대식 교외정원의 표본이 되었다.

정답 5. ① 6. ③

20C 미국의 조경

13.1 핵심플러스

■ 도시미화운동
- 시카고 박람회의 영향으로 로빈슨과 번함에 의해 주도
- 아름다운 도시를 창조함으로써 공익을 확보할 수 있는 도시운동

■ 미국 뉴저지의 래드번계획
- 하워드의 전원도시이론 계승
- 라이트와 스타인이 소규모의 전원도시 창조

■ 광역조경계획
- T.V.A : 미시시피강과 테네스강 유역의 21개 댐건설
- 최초의 광역지방계획, 수자원개발효시, 설계과정에서 조경가, 토목·건축가 대거 참여

1 도시미화운동

① 이론적 배경
   ㉠ 도시가 지닌 구조적이고 형식적 역사적인 미학의 가치를 강조
   ㉡ 아름다운 도시를 창조함으로써 공익을 확보할 수 있는 도시운동
② 시카고 박람회의 영향으로 로빈슨(도시계획의 선구자)과 번함에 의해 주도
③ 도시미화운동의 요소
   ㉠ 건물을 포함하여 공공미술품을 도입하려는 도시미술(Civic art)
   ㉡ 전체 도시사회를 설계하려는 도시설계(Civic design)
   ㉢ 사회 및 정치적 개혁을 도모하는 도시개혁(Civic reform)
   ㉣ 도시 미관을 깨끗하게 정리 정돈하는 도시개량(Civic improvement)
④ 문제점
   ㉠ 도시 외견상 아름답게 갖추기 위해 중산층의 표준에 맞춰 일반화함
   ㉡ 유럽의 도시사례에 의존
   ㉢ 영향력이 있는 부유층의 주관에 좌우됨

■ 참고 : 도시미화운동의 특징 및 영향

- 미에 대한 인식의 오류 – 도시미화운동이 도시개선과 장식의 수단으로 사용된 잘못과 디자인에 있어서의 절충주의적 영향이 강하게 지배하게 되었다.
- 조경직과 도시계획직 분리로 조경의 도시계획 및 지역계획에 대한 영향은 감소하게 된다.

2 하워드의 전원도시(Garden city) : 영국에서 시작

① 인구의 도시집중과 도시의 무질서한 팽창 및 공업도시화의 문제 해결
② 낮은 인구밀도, 공원과 정원의 개발, 아름답고 기능적인 그린벨트, 위성적인 지역사회
③ 1902년 하워드의 'garden city of tomorrow' 발간
④ 최초의 전원도시(1903년) 레치워드, 웰윈(1920년)

3 미국 뉴저지의 래드번 도시계획 (1928)

① 하워드의 전원도시이론 계승
② 라이트와 스타인이 소규모의 전원도시 창조
★③ 이론개념
  ㉠ 인구 25,000명 수용
  ㉡ 슈퍼 블록 설정, 차도와 보도의 분리, 쿨데삭(cul-de-sac)으로 근린성을 높임
  ㉢ 위락 중심지, 학교, 타운센터, 쇼핑시설을 주거지에서부터 공원과 같은 보도로 연결

4 광역조경계획

① 경제공황과 세계 2차 대전, 태평양 전쟁으로 조경, 도시계획에 전환기를 맞이함
② 뉴딜정책이 중심내용
  ㉠ 농업조정법(A.A.A)
  ㉡ 산업부흥법(N.I.R.A)
  ㉢ T.V.A
★③ T.V.A(Tenessee Valley Authority, 테네시강 유역 개발)
  ㉠ 미시시피강과 테네스강 유역의 21개 댐건설
  ㉡ 하수를 통제함으로써 홍수를 조절하고 수력발전을 일으키며 공업도시 개발함과 아울러 농업 진흥을 꾀해 공업 인구의 유인을 도모
  ㉢ 거주자를 대상으로 후생 설비를 완비할 것과 공공위락시설을 갖추는 노리스댐과 더글라스댐을 완공
  ㉣ 수자원 개발의 효시
  ㉤ 지역개발의 효시
  ㉥ 설계과정에서 조경가, 토목·건축가 대거 참여

주택정원 및 기타

14.1 핵심플러스

■ 나라별 조경의 발달

영국의 정원	· 절충식 : 루우돈, 팩스턴, 베리경 · 소정원운동 : 브롬필드, 윌리암로빈슨, 재킬여사 · 올리버 힐 : 건축과 정원에서 모더니즘 운동
미국의 주택정원	· 모더니즘 조경 : 설리번(미국건축가, 형태는 기능을 따른다), 제임스로스, 토마스처치, 가렛에크보, 로렌스할프린 · 토마스처치 : 캘리포니아스타일, 대표작 : 도넬가든, 정원을 옥외실로 설계 · 건축의 기능주의와 동양의 정원의 영향이 두드러짐
중남미와 호주 조경	· 중남미 : 모더니즘 + 지역의 풍토반영/ 벌 막스(브라질작가) / 바라간(멕시코작가) · 호주 : 그리핀(켄베라 수도계획 당선)

1 영국

① 절충식 정원

㉠ 루우돈(John Charles Loudon)

- 정원은 회화에서 처럼 디자인 원리를 따라야 한다고 주장
- 정원은 반정형적·반자연적이며, 정원식물은 장식이 아니라 그 자체를 위해 심겨져야 한다고 주장
- 대표작 : 더비수목원(Derby Garden)

㉡ 팩스턴 : 챗워드 정원의 개조와 수정궁은 정형적부분 · 비정형적 부분이 혼합된 정원

㉢ 베리경 : 풍경원과 정형원의 절충된 반정형적 정원을 만듬

② 소정원 운동

㉠ 브롬 필드(Blomphild)

- 풍경식정원의 비합리성을 지적
- 1892년 '영국의 정형식 정원'에서 소주택정원은 건축적이어야 한다고 주장

㉡ 윌리암 로빈슨, 재킬여사

- 소정원 운동을 주도함
- 영국의 자생식물, 귀화식물로 야생정원을 최초로 조성
- 재킬여사는 소주택 정원에 어울리는 월가든(Wall garden), 워터가든(Water garden)을 고안

③ 영국정원의 변화

㉠ 힐(Oliver Hill)

- 영국에서 건축과 정원에서 모더니즘 운동의 패턴을 정착
- 재킬과 함께 설계한 우드하우스 콥스(Woodhouse Copse)에서 풀장이 있는 중정은 영국적 모더니즘 조경의 전이단계

㉡ 국제정원설계전시회(The International Exhibition of garden Design)

- 1928에 영국에서 열린 국제정원 설계전시회로 새로운 정원에 대한 실험적 발표장이 됨
- 소규모 정원을 실제 조성하고 전시, 새로운 주택에 대한 새로운 조경에 대한 탐구
- 홀름의 '제 10번 정원'(Garden Number 10)

㉢ 터나드(Christopher Tunnard)

- 캐나다출신의 조경가, 도시 및 지역계획가, 작가였으며 영국에서 원예학을 수학함
- 1930년대 모더니즘 정원양식을 추구하였으며, 모더니즘 조경은 모더니즘 건축의 정신과 기술의 발전으로부터 분리될 수 없다고 주장
- '성 안네의 언덕(St. Ann's Hill)의 정원설계를 통해 새로운 소재와 기법(판유리, 쉘터, 스크린벽)을 적용하였으며 이로서 모더니즘풍의 풍경화식 개념의 정원을 보여줌
- 새로운 주거형태를 도입한 해결책

㉣ 젤리코

- 조경가, 건축가이며 페이지와 더불어 조경의 근대적 운동을 개척
- 영국 경관정원의 전통은 19세기 재킬에 이어 젤리코로 이어짐
- 조경설계의 고전적 접근을 취함

2 미국

① 초기모더니즘의 정원

㉠ 특징

- 건축의 부속적인 위치에서 탈피하여 지형과 건물과 정원이 하나의 전체로 구성
- 조경을 통하여 예술적 의도를 표현

㉡ 플래트

- 건축가, 화가, 조경가이며 이탈리아 빌라를 답사하여 1894년에「이탈리아의 정원」을 출판
- 미국내 신고전주의 양식의 일환으로 절충주의 운동을 일으킴
- 대표작 : 포크너 저택(Faulker Farm)

㉢ 파란드

- 예일, 시카고 등 여러 대학 캠퍼스 조경에 참여
- 록펠러 정원(Abby Aldrich Rockefeller Garden)은 영국의 재킬과 로빈슨의 영향을 받은 작품
- 영국의 정형적 양식과 중국, 일본, 한국 등에서 수집한 양식을 함께 취함

★② 모더니즘 조경

㉠ 하버드 대학의 하버드혁명을 통해 제임스 로즈(James Rose), 가렛 에크보(Garett Eckbo), 카일리(Daniel Urban Kiley) 등 조경학교육의 개혁을 주장하며 모더니즘을 촉발

ⓛ 토마스 처치 – 서해안 캘리포니아 스타일

- 주로 소정원 설계로 대표작 도넬 가든(Donnel Garden)
- 대중을 위한 정원(Garden are for People)을 발간
- 건축의 기능주의와 동양의 정원(일본) 영향이 두드러짐
- 정원은 옥외실로서 가족들이 환담하며, 놀이터도 되고 휴식할 수 있는 사적 공간
- 단순한 형태, 비대칭적 선의 정원
- 주택정원의 형태를 정하는 3가지 원칙
  - 고객의 특성 즉, 인간의 욕구와 개인적인 요구
  - 부지의 조건에 따른 관리와 시공, 재료와 식재의 기술
  - 요구 조건을 만족시킬 수 없을 때는 순수예술의 영역에서 공간을 표현

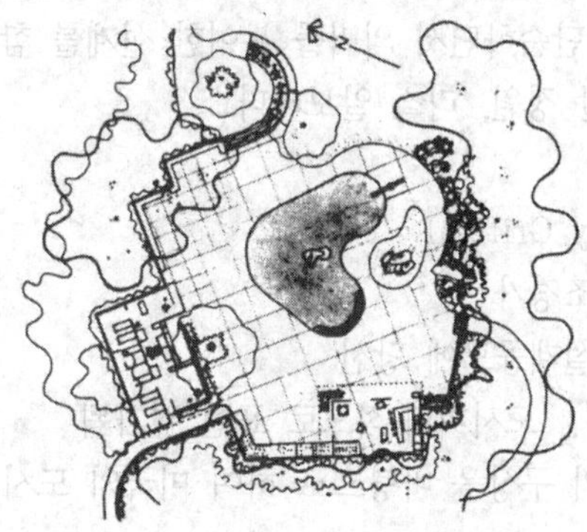

그림. 도넬가든

ⓒ 스틸(Fletcher Steele)

- 1920년대의 대표적 모더니스트
- 대표작 : 메사추세츠주의 '초아트 정원(Mabel Choate's Estate)'은 일명 '나움키그(Naumkeag)'라 불름
- 정형식과 비정형식을 함께 구성, 디자인의 기본적 가치를 위하여 현대적 관점에서 르네상스의 미를 재해석하고 도입
- 「소정원설계」 저서에서 가로에 면한 거실과 뒤뜰에 면한 부엌에 대한 종래의 관습을 타파

■ 참고

■ 미국의 주택정원 특징

- 조경과 건축은 절충주의와 결합하였으며 조경은 소수 부유층의 점유물화 되었다.
- 설계의 질을 높이고 개선시켰으며, 조경 전문직에 대한 일반대중의 의식이 높아졌다.
- 건축에서는 기능주의와 회화에서는 입체파(cubism) 추상적인 표현주의와 같은 예술의 영향으로 새로운 정원이 캘리포니아 지방과 동부 지방에서 나타나기 시작했다.

■ 설리번(Louis Sullivan)

- 미국의 건축가 · "형태는 기능을 따른다." (Fom follows function)라고 주창하면서, 장식을 배제하고 합리성을 추구한 기능주의 건축을 제시하였다(→20C 모더니즘의 중심사상)

3 중남미와 호주의 조경

① 중남미의 조경

㉠ 모더니즘을 추구하면서 지역의 고유한 풍토를 반영한 독특한 조경양식이 형성

㉡ 대표적 조경가

★ · 벌 막스(브라질 작가)

- 남미의 향토식물을 적극적으로 조경수로 활용, 풍부한 색채구성, 지피류와 포장·물의 구성을 통한 패턴의 창작 등 자유로운 구성을 함
- 대표작 : 코파카바나 해변 프로메나드 설계, 오디트 몬테로 정원

· 바라간

- 멕시코의 풍토와 자연에 대비되는 명확한 채색벽면을 적극 활용하고, 말구유 등 전통적 요소를 응용하여 단순하면서 의미를 부여한 설계를 함
- 대표작 : 페드레갈 정원, 라스 알보레다스

② 호주의 조경

㉠ 그리핀(Walter Burley Griffin)

· 미국의 건축가이자 조경가

· 켄베라 신수도 국제설계공모에 당선

- '20세기의 바로크', '도시미화'적으로 표현 평가됨
- 하워드 전원도시의 구상을 바탕으로 하여 미국의 도시미화운동의 아이디어를 추가

핵심기출문제

내친김에 문제까지 끝내보자!

1. 버큰헤드 파크 (Birkehead Park)에 대한 설명 중 틀린 것은?

① 최초의 시민의 힘으로 이루어진 공원
② 그린스워드(Greensward) 안으로 만들어진 공원
③ 사적 주택단지와 공적 위락용으로 이분화된 공원
④ 조셉 팩스턴이 설계한 공원

2. Birkenhead Park에 관련된 내용이 아닌 것은?

① James Pennethorne가 설계
② 공원 경계부에 별장터를 만들어 공원건설의 재정지원
③ F.L.Olmsted의 공원개념에 큰 영향
④ 도시공원설립의 계기

3. 19C 자연풍경식 정원을 미국에 처음 소개한 책을 쓴 사람은?

① 앙드레 파르망디에
② 앙드레 잭슨 다우닝
③ 토마스 제퍼슨
④ 조지워싱턴

4. 그린스워드(Greensward)안으로 만들어진 공원은?

① 비큰히드 파크 ② 빅토리아 파크
③ 프로스펙트 파크 ④ 센트럴파크

5. 미국 최초의 도시공원과 국립공원이 맞게 연결된 것은?

① 비큰히드 파크- 옐로스톤
② 그린힐- 요세미티
③ 센트럴 파크- 옐로스톤
④ 센트럴파크-요세미티

정 답 및 해 설

해설 1

옴스테드와 보우의 그린스워드(Greensward)안에 의해 센트럴파크가 설계되었다.

해설 2

비큰히드 공원은 조셉 펙스턴이 설계하였다.

해설 3

미국에 영국의 자연풍경식을 소개한 사람은 앙드레 파르망디에, 가장 미국적인 형태로 완성한 사람은 앙드레 잭슨 다우닝

해설 4

센트럴파크는 옴스테드와 보우의 그린스워드(Green-sward)안에 의해 설계되었다.

해설 5

① 미국 최초의 도시공원-센트럴파크(1858)
② 미국 최초의 국립공원-옐로스톤(1872)

정답 1. ② 2. ① 3. ① 4. ④ 5. ③

정답 및 해설

6. 옴스테드의 설명에 관한 사항 중 맞지 않는 것은?

① 비큰히드의 영향을 많이 받았다.
② 도시공원의 원로에 곡선을 도입
③ 센트럴파크는 도시공원의 효시가 됨
④ 수도권 공원계통을 수립함

해설 6

엘리옷이 수도권 공원계통을 수립하였다.

7. New York Central Park에 대한 설명 중 틀린 것은?

① Greensward Plan에 의해 이루어짐
② Olmsted의 단독계획에 의해 이루어짐
③ 뉴욕 중심가에 푸르름을 제공하는데 의의가 있다.
④ 1858년에 현상설계에 의해 채택되었다.

해설 7

센트럴파크는 옴스테드와 건축가 보우가 함께 설계하였다.

8. 옴스테드의 설계 작품이 아닌 것은?

① 뉴욕의 센트럴 파크　② 시카고의 사우드 파크
③ 스탠포드 대학 정원　④ 버지니아 대학정원

해설 8

버지니아 대학정원설계 – 토마스 제퍼슨

9. 미국 최초의 국립공원은?

① Central Park　② Yosemite Park
③ Yellow Park　④ Boston Park

10. 미국의 옐로스톤(Yellow Stone) 국립공원의 설립연대는?

① 1899년　② 1864년
③ 1872년　④ 1935년

공통해설 9, 10

최초의 국립공원 – 1872년의 옐로스톤

11. 미국의 조경발달에 획기적인 영향을 끼친 시카고박람회의 영향이 가장 적은 것은?

① 도시미화운동
② 도시계획의 발달
③ 조경계획의 타 전문분야와 공동작업
④ 신도시계획

해설 11

시카고박람회의 영향
① 수도워싱턴·시카고 도시계획에 영향
② 도시미화운동에 영향
③ 로마에 아메리칸 아카데미 설립
④ 일반인의 조경직에 대한 인식이 높아짐
⑤ 건축·토목 전문가와 공동작업

정답 6. ④　7. ②　8. ④　9. ③　10. ③　11. ④

12. 미국에서 도시미화운동(都市美化運動, city beautiful movement)의 계기가 된 최초의 것은?

① 옐로우스톤(yellow stone)국립공원
② 전원도시 운동
③ 콜럼비아 박람회
④ 위성도시의 성립

13. 18세기 영국의 낭만적 이상주의(Romantic Idealism)가 미국에 옮겨져 이룩된 낭만적 교외(Romantic Suburb)는?

① Radburn ② Riverside
③ Reston ④ Davis

14. 도시와 정원의 결합을 지향하여 전원도시계획을 제창한 사람은?

① Unwin ② Howard
③ Taylor ④ Olmsted

15. 하워드의 전원도시론에 영향을 받아 하워드와 함께 레치워드를 만든 사람은?

① 네빌 ② 루소
③ 번함 ④ 랩턴

16. 민주적 감각이 깃든 공원의 시초가 되는 것은

① 센트럴 파크 ② 보아트브로뉴다
③ 룩셈부르크 공원 ④ 하이드파크

17. 다음 설명 중 옳지 못한 것은?

① 미국에서 전원도시(田園都市)운동은 20C 초에 시작되었다.
② 래드번(Radburn)은 쿨-데-삭(cul-de-sac)의 원리를 정원에 적용했다.
③ 뉴욕(New York)의 센트럴파크(Central Park)는 죠셉팩스톤(Joseph Paxton)과 옴스테드(Olmsted)의 공동 작품이다.
④ 레츠워츠(Letchworth)와 웰윈(Welwyn)은 영국의 전원도시이다.

정답 및 해설

해설 12

도시미화운동은 콜럼비아 박람회(시카고만국 박람회)영향을 받았다.

해설 13

옴스테드의 리버사이드단지(River side estate) 계획(1869)
① 1869년 시카고 근교에 통근자를 위한 최고 생활조건을 갖춘 단지 계획
② 전원생활과 도시문화를 결합하려는 낭만적 이상주의의 절정

해설 14

도시(City)와 정원(garden)의 결합은 전원도시론(garden city)으로 하워드가 제창하였다.

해설 15

하워드에 영향으로 레치워드를 함께 만든 사람은 네빌이다.

해설 16

민주적 감각이 깃든 공원의 시초는 최초의 도시공원인 센트럴 파크이다.

해설 17

센트럴파크는 옴스테드와 건축가 보우의 공동 작품이다.

정답 12. ③ 13. ② 14. ② 15. ① 16. ① 17. ③

18. T.V.A에 대한 설명 가운데 적당한 것이 아닌 것은?

① 미국 최초의 광역지방계획
② 수자원개발의 효시이자 지역개발의 효시
③ 최초의 광역공원계통
④ 계획·설계 과정에 조경가들이 대거 참여

19. 「Garden City of Tomorrow」의 저자는?

① Unwin ② Howard
③ Taylor ④ Olmsted

20. E. Howard의 전원도시론을 최초로 실현한 도시와 연대가 맞는 것은?

① 웰윈 – 1893
② 레치워스 – 1893
③ 웰윈 – 1920
④ 레치워스 – 1903

21. 1930년대 미국의 토마스 처치는 주택정원의 형태를 정하는데 세가지 원칙을 이론화하였는데, 그 원칙에 해당되지 않는 사항은 무엇인가?

① 고객의 특성, 즉 인간의 욕구와 개인적인 요구
② 부지의 조건에 따른 관리와 시공, 재료와 식재의 기술
③ 요구 조건을 만족시킬 수 없을 때는 순수예술의 영역에서 공간을 표현
④ 부지 주변의 적합한 생태적인 조건에 순응되게 표현

22. 20C Muthesius(독)가 건물과 정원의 관계를 주장하였는데 맞는 것은?

① 정원과 건물의 이질성을 강조하였다.
② 건물과 정원은 서로 조화를 이루어야 한다.
③ 건물과 정원은 각각 독립적 기능을 지녀야한다.
④ 정원은 건축 구조적 기능을 공간에 충분히 나타내어야 한다.

23. 영국의 절충식 정원에 영향을 미친 선구자는 누구인가?

① 션스톡 ② 브릿지맨
③ 베이컨 ④ 랩턴

정답 및 해설

해설 18

최초의 광역공원
① 엘리옷이 수립
② 수도권 공원계통(metro politan park system)수립
③ 보스턴공원계통수립 : 실용적, 미적인 도시문제 해결책

해설 20

전원도시
1903년 레치워드(최초)
1920년 웰윈에 건설됨

해설 21

주택정원의 형태를 정하는 3가지 원칙
① 고객의 특성 즉, 인간의 욕구와 개인적인 요구
② 부지의 조건에 따른 관리와 시공, 재료와 식재의 기술
③ 요구 조건을 만족시킬 수 없을 때는 순수예술의 영역에서 공간을 표현

해설 22

무테시우스
건축과 정원에 대해
① 인공과 자연이 분리된 공간이 아니라 하나의 방으로 간주
② 건축의 연장선으로 통합
③ 옥외실(out-door-room) 명칭이 등장

해설 23

랩턴
• 자연미를 중시하면서 실용면도 강조
• 미(美)보다 기능이 더 중시되어야 한다고 말함
• 건물주위에는 테라스와 기타의 건축수법을 가했으며 이를 19C 절충식수법으로 본다.

정답 18. ③ 19. ② 20. ④ 21. ④ 22. ② 23. ④

24. 미국 뉴욕의 센트럴 파크 조성을 위하여 옴스테드와 캘버트 보가 제시한 그린스워드 플랜(Green sward Plan)의 특징이 아닌 것은?

① 입체적 동선체계
② 장식화단 배치
③ 공원 주변의 차음 · 차폐를 위한 완충녹지 조성
④ 보트 타기와 스케이팅을 할 수 있는 넓은 호수

해설 **24**

장식화단은 르 노트르 양식의 특징이다.

25. 영국에서 일반 대중을 위한 최초의 공원을 설계한 사람은?

① 팩스톤(Paxton)
② 다우닝(Downing)
③ 옴스테드(Olmsted)
④ 엘리옷(Eliot)

해설 **25**

조셉팩스톤 – 비큰히드공원(Birkenhead Park)설계

- 1843년에 선거법개정안 통과로 실현된 최초의 시민의 힘으로 설립된 공원
- 옴스테드의 센트럴파크개념 형성에 영향을 준 작품

26. Frederick Law Olmsted의 '공원관'에 강한 영향을 미친 19세기 영국의 공원은?

① Pince's Park
② Victoria Park
③ Hyde Park
④ Birkenhead Park

해설 **26**

비큰히든 공원(Birkenhead Park)

- 1843년 역사상 최초로 시민의 힘에 의해 조성된 공원
- 조셉펙스턴설계
- 옴스테드의 센트럴파크(Central Park)설계에 영향을 미침

27. 그린스워드 계획(Greensward plan)의 특색이라고 볼 수 없는 것은?

① 정형적인 몰(mall)과 대로
② 입체적인 체계를 갖는 동선
③ 외부 식재의 제거를 통한 차경
④ 넓고 쾌적한 마차 드라이브 코스

해설 **27**

바르게 고치면
차음, 차폐를 위한 외주부 식재

28. 브라질 조경가 벌 막스(Roberto Burle Marx)작품의 특징은?

① 향토식물의 적극 활용
② 20세기의 바로크 양식
③ 캘리포니아 양식
④ 기하학적 정원 양식

해설 **28**

벌 막스
브라질 조경가로 남미의 향토식물을 적극적으로 조경수로 활용하였다. 풍부한 색채구성, 지피류와 포장 물의 구성을 통한 패턴의 창작 등 자유로운 구성을 하였다.

정답 24. ② 25. ① 26. ④ 27. ③ 28. ①

29. 버컨헤드(Birkenhead) 파크의 설명 중 맞지 않는 것은?

① 넓은 부지를 작은 공간으로 분할하는 수법을 주로 사용하였다.
② 일반 대중의 사용을 위해 시민의 힘과 재정으로 설계된 공원이다.
③ 영국 내 수 많은 도시공원 조성의 경험이 집약되어 완성된 공원이다.
④ 미국의 프레드릭 로 옴스테드(Fredrick Law Olmsted)의 공원개념 형성에 큰 영향을 주었다.

해설 29
버켄헤드는 중앙의 중심점이 없고 전망은 임의적이고 설계 자체는 풍경식 정원의 전통적인 면이 살아있다.

30. 다음 중 자생식물로 야생정원을 조성해야 한다고 주장하여 근대 식재설계에 기여한 사람은?

① Lancelt Brown
② William Robinson
③ William Kent
④ Humphery Repton

해설 30
윌리엄 로빈슨은 영국의 자생식물이나 귀화식물로 야생정원(Wild Garden)을 만들었다.

31. 장소는 미적(美的)이거나 회화적이어야 한다고 주장한 루엘린 파크의 설계자는?

① 가렛 에크보
② 제임스 로즈
③ 앤드루 잭슨 다우닝
④ 프레드릭 로우 옴스테드

해설 31
앤드루 잭슨 다우닝이 설계한 뉴저지주 웨스트오렌지에 있는 루엘린 파크는 근대식 교외정원의 표본이 되었다.

정답 29. ① 30. ② 31. ③

Chapter 01

조경사(2. 동양조경사)

chapter 01 중국조경사 개요

1.1 핵심플러스

■ 중국 조경사는 시대별 대표적 작품과 조경관련문헌에 대한 이해가 중요하다.

■ 중국정원의 기원 : 후한시대 「설문해자」에 원(園), 포(圃), 유(囿)의 기록이 나온다.

시대	대표적작품	특징	조경관련문헌
은, 주	원(園), 유(囿), 포(圃), 영대	·정원의 기원 : 원, 유, 포 ·영대 : 낮에는 조망, 밤에는 은성명월을 즐김	-
진	아방궁	·난지 : 동서200리, 남북20리의 연못 봉래산조성	-
한	상림원 태액지원	·상림원 : 왕의 사냥터, 중국정원 중 가장 오래된 정원, 곤명호를 비롯한 6대호(신선사상) ·태액지원(봉래, 영주, 방장의 3개의 섬 → 신선사상)	-
삼국시대	화림원	-	-
진	현인궁	·왕희지 : 난정기에 정원운영기록, 곡수유상에 관한 기록(곡수수법을 사용) ·도연명 : 안빈낙도, 은둔생활	-
당	온천궁 (화청궁) 이덕유의 평천산장	① 온천궁 : 대표적이궁, 태종이 건립, 현종이 화청궁으로 개명 ② 민간정원 ·이덕유의 평천산장 : 신선사상, '평천산거 계자손기' 평천을 팔아넘기는 자는 내자손이 아니다. ·백락천(백거이) : 최초의 조원가, '백목단', '동파종화' 시에서 정원을 묘사, 원자(院子) 건축물사이에 자리잡은 공간, 초화류를 가꾸던 곳 ·왕유 : 망천별업	백락천의 장한가와 두보의 시에서 화청궁의 아름다움을 예찬
송	만세산 (석가산) 창랑정(소주)	·태호석을 본격적으로 사용(석가산수법) ·중심지가 북쪽에서 남쪽 즉, 소주·남경·으로 이동 ① 궁원 : 만세산원, 수산의 간악, 덕수궁의 어원 ② 민간정원 ·소주의 창랑정 : 소순흠, 돌과 수목으로 산림경관 조성	·이격비의 낙양명원기 ·구양수의 취옹정기 ·사마광의 독락원기 ·주돈이의 애련설: 연꽃을 군자에 비유, 불교,인용구–불염/향원익청,군자 ·주밀의 오흥원림기(남송) ·서목의 사문유취(남송)
금	현재 북해공원전신	·궁원 – 경화도	

원	사자림(소주)	·소주의 사자림 : 설계 주덕윤과 예운림, 태호석을 이용한 석가산, 좁은 원로와 축산으로 산악경관조성	
명	졸정원(소주) 유원(소주)	·조경활동이 남경과 소주 북경일대에 집중 관료들의 사가 정원 열기가 고조됨 ① 자금성 궁원 : 어화원, 서원 ② 민간정원 ·작원 : 미만종이 북경에 조영 ·소주의 졸정원 : 왕헌신조영, 중국 사가정원의 대표작품, 3/5이 수경중심의 구성, 원향당(주돈이 애련설), 여수동좌헌(부채꼴모양정자), 욕양선억, 홍루몽 ·소주의 유원 : 허(虛)와 실(實), 명(明)과 암(暗) 등으로 변화감 있는 공간처리, 다양한 양식의 건축과 다채로운 경관구역이 조화를 이루는 원림	·계성의 원야(3권) : 중국정원의 작정서, 일본에서 탈천공으로 발간, 차경수법 ·문진향의 장물지(조경배식에 관한 책, 12권) ·왕세정의 유금릉제원기 ·육조형의 경
청	·이궁 : 이화원, 원명원, 승덕피서산장 ·환수산장	① 특징 ·북경주변 이궁과 황실원림을 조성 ·강희 · 건륭시대에 원림도 최성기를 이룸 ·웅대한 규모로 자연경관과 인공경관이 결합해 산수원림재현 ·집금식배치와 원중원(園中園)방식 ·이궁의 역할과 행정, 정치의 중심공간 ② 이궁 ·이화원 : 북경위치, 청대의 대표작으로 대부분이 수원, 신선사상, 청대의 예술적성과 ·원명원 : 북경위치, 동양 최초로 서양식 기법을 도입(르노트르의 영향) ·승덕피서산장 : 북경위치, 궁궐구역 · 호수구역 · 산악구역으로 이루어진 집금식구성, 피서 · 휴식 · 수렵장소	

1 정원의 기원 ★

① 원(園) : 과수를 심는 곳

② 포(圃) : 채소를 심는 곳

③ 유(囿) : 금수를 키우는 곳, 왕의 사냥터, 후세의 이궁

2 중국 조경의 특징 ★★

① 사실주의보다는 상징적 축조가 주를 이루는 사의주의 자연풍경식

② 원시적인 공원과 같은 성격

자연경관을 즐기기 위해 수려한 경관을 가진 곳에 누각이나 정자를 지었다. 현재의 국립공원과 비길 수 있다.

③ 자연미와 인공미를 겸비한 정원
자연경관이 아름다운 곳을 골라 그 일부에 인위적으로 손을 가하여 암석을 배치하고 수목을 심어 심산유곡과 같은 느낌이 들도록 조성하였다.

④ 경관의 조화보다는 대비에 중점
㉠ 자연경관 속의 인공적 건물 (기하학적 무늬의 포지, 기암, 동굴)
㉡ 태호석을 사용한 석가산 수법

⑤ 직선과 곡선을 함께 사용

⑥ 중정은 전돌에 의해 포장, 포지에는 여러 무늬가 그려져 있어 조경구성의 요소가 됨

★ ⑦ 지방에 따라 성격이 나뉨

	북방황실원유	강남(소주)일대 원유
기후	춥고건조함	온난습윤
공간의 특징	규모가 크고 개방적 공간	좁고 폐쇄적 공간에 치밀하게 조영
소유주	봉건황제를 위한 원유	개인소유로 주인에 따라 원유의 모습이 다름
경관의 주요소	산을 중심으로한 경관 구성, 산경과 수경의 조화 태호석이나 황석 등의 기암을 이용한 배치 (석가산)가 주경관	

3 중국정원의 세부기법

① 화창 : 실내에서 건축물에 접해있는 정원을 보기위해 중앙에 무늬없이 유리를 끼워 시계를 확보하고 주택 방의 장식용으로 이용

② 누창 : 화창의 일종으로 유리가 없다. 정원에 면한 회랑이나 연못이 있는 건물에 주로 이용

③ 공창 : 정원을 보기위한 액자와 같은 역할을 하며 정원 회랑이나 누에 설치, 뇌문장식이나 유리가 없음

④ 포지 : 전돌을 이용하여 부채꼴모양 등 여러 문양으로 바닥을 포장하는 것

⑤ 동문 : 통로의 역할을 하는 정원 담의 문

⑥ 회랑 : 정원에서 건물을 연결하는 통로로 곡선형이 대부분

⑦ 곡교(曲橋)

■ 참고 : 동양의 베니스 : 소주

기온은 온난습윤하며, 토질이 좋아 자원이 풍부하고 교통 또한 매우 발달되어 있다.
소주지방의 4대명원으로는 졸정원, 사자림, 창랑정, 유원이 있다.

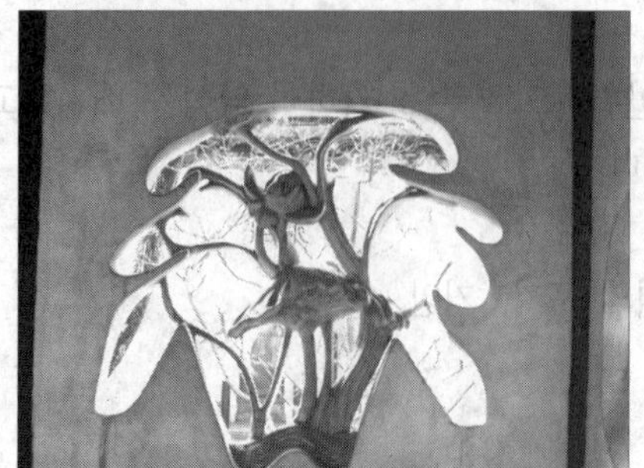
그림. 회랑의 누창

그림. 회랑의 공창

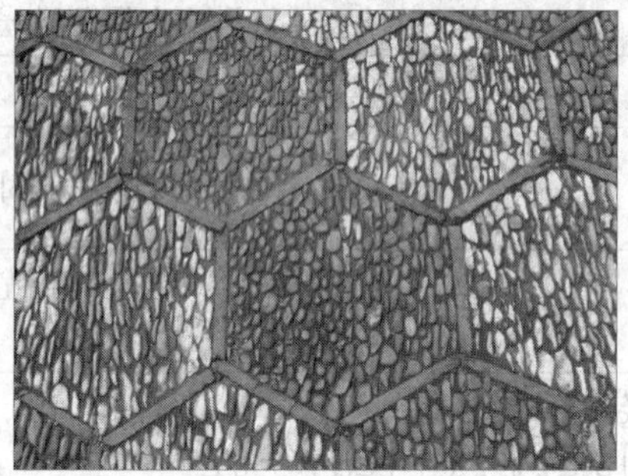
그림. 포지

그림. 곡교

그림. 동문 1

그림. 동문 2

그림. 회랑 1

그림. 회랑 2

핵심기출문제

내친김에 문제까지 끝내보자!

1. 동양식 정원과 관련이 적은 것은?

① 음양오행설 ② 자연숭배사상
③ 신선설 ④ 인문중심사상

2. 중국 조경은 다음 중 어디에 속하는가?

① 건축식 정원
② 규칙식 정원
③ 자연풍경축경식 정원
④ 기하학식 정원

3. 중국 정원의 특징은?

① 방사를 중시하였다.
② 변화와 대비를 강조하였다.
③ 조화를 염두해 두고 조성하였다.
④ 대칭을 중요시 여겼다.

4. 중국 조경의 특색을 설명한 것 중 틀린 것은?

① 풍수지리설의 영향을 받았다.
② 정원에 연못이 들어간다.
③ 풍경식 정원이 주종을 이루었다.
④ 북쪽과 남쪽은 기후의 차이에 의해 정원 수법도 달랐다.

5. 중국의 정원양식이 어떤 과정으로 발달되었는지 설명한 것 중 맞는 것은?

① 프랑스 정원에 영향을 주었다.
② 유교, 불교사상은 정원발달에 크게 영향을 미쳤다.
③ 신선사상을 배경으로 세계를 구성화한 정원의 발달
④ 이탈리아 산악 구릉국의 정원양식의 영향

정 답 및 해 설

해설 1

인문중심의 사상은 서양의 르네상스정원과 관련한다.

해설 2

중국조경 – 자연풍경식, 축경식, 풍경식 정원

해설 3

중국정원은 자연미와 인공미, 직선과 곡선의 사용 등 변화와 대비를 강조하였다.

해설 4

중국조경은 자연풍경식으로 주로 신선사상을 배경으로 한다.
풍수지리에 크게 영향을 받은 곳은 우리나라이다.

해설 5

중국 정원은 신선사상을 배경으로 한 이상적인 정원을 표현하고 있다.

정답 1. ④ 2. ③ 3. ② 4. ① 5. ③

정 답 및 해 설

6. 전통적인 중국조경의 특성에 해당하는 것은?

① 대비보다 조화에 중점을 두었다.
② 축경식으로 자연을 모방하여 일정한 비율로 균일하게 축조하였다.
③ 수려한 자연경관을 정원 내 사의적으로 묘사하였다.
④ 자연경관을 축소하지 않고 1:1 비율로 정원에 묘사하였다.

해설 6

중국조경의 특성
· 조화보다는 대비에 중점을 두었다.
· 사실주의보다는 상징적 축조가 주를 이루는 사의주의 자연풍경식

정답 6. ③

시대별 중국조경사

1 주(周)

① 영대 : 시경의 대아편
왕이 낮에는 조망, 밤에는 은성명월(銀星明月)을 즐기기 위해 높이 쌓아 올린 자리

② 포(圃)와 유(囿)의 존재 : 춘추좌씨전
주나라의 혜왕이 신하의 포를 징발하여 유로 삼았다는 기록

2 진시대

① 아방궁조영

② 난지(蘭池) : 물을 끌어다 동서 200리(약 78.5km), 남북 20리(약 7.8km)에 이르는 못을 만들고 봉래산을 조성, 돌을 다듬어 200길이나 되는 고래상을 만듦(신선사상 최초 도입)

3 한(漢)

① 궁원(금원)

㉠ 상림원(上林苑)
- 중국 정원 중 가장 오래된 정원으로 장안에 위치
- 곤명호, 곤영지, 서파지 등을 비롯하여 6대호를 조성
- 곤명호 동서 양안에 견우직녀 석상을 세워 은하수를 상징, 길이 7m의 돌고래 상
- 70개소의 이궁, 3000여종의 꽃나무, 금수를 길러 황제의 사냥터로 사용

㉡ 태액지원
- 궁궐에서 가까운 금원
- 못 속에 봉래, 방장, 영주의 세섬을 축조, 지반에는 조수(鳥獸)와 용어(龍魚)의 조각을 배치하여 신선사상을 반영

② 건축적 특징

㉠ 대, 관(제왕을 위해 축조)
- 대 : 상단을 작은 산모양으로 쌓아 올려 그 위에 높이 지은 건물
  (주 : 영대, 한 : 백량대, 통천대, 신명대)
- 관 : 높은 곳으로부터 경관을 바라보기 위한 곳

㉡ 한나라 때부터 중정으로 전돌로 포장하는 수법이 사용

4 삼국시대(위, 촉, 오) 시대

위와 오의 화림원 : 같은 이름으로 금원을 조영, 못을 중심으로 한 간단한 정원

5 진

★ ① 왕희지의 난정기(蘭亭) : 난정에서 벗을 모아 연석을 베풂은 광경을 문장으로 지음, 원정에 곡수수법을 사용(유상곡수연)

② 도연명의 안빈낙도 : 많은 시문이 자연과 전원 속에서 안빈낙도 생활을 찬양, 한국인들의 원림생활에 영향을 미침

③ 고개지의 회화

6 남북조시대

불교와 도교가 성행하여 건축과 정원에 영향

① 남조 : 화림원이라는 궁원 계승, 수림과 호수의 자연경관 조영

② 북조 : 양현지의 '낙양가람기'에 모습이 묘사

7 수(隋)

현인궁 : 각 지방의 진목, 기암, 금수를 가져다 놓음, 봉래·방장·영주의 삼선도 축조

8 당(唐)

자연 그 자체보다 인위적 정원을 중시하게 되었으며 중국 정원의 기본적 양식이 완성

① 궁원 – 장안의 3원 : 서내원, 동내원, 대흥원

② 이궁

㉠ 온천궁 : 온천에 행궁을 축조, 현종때 화청궁으로 개칭(현종과 양귀비의 환락의 장소로 사용) 백락천의 장한가, 두보의 시에서 화청궁의 아름다움을 예찬

㉡ 구성궁 : 산이 9개로 겹쳐보인다에서 유래

③ 민간 정원(당대의 시인이자 조경가)

㉠ 백거이(백락천)

- 최초의 조원가
- 「백목단」이나 「동파종화」와 같은 시에서 당 시대의 정원을 잘 묘사
- 「백목단」 : 백목단 즉, 모란을 안뜰에 심어 혼자 감상한다는 내용의 시, 원자(院子)기록이 나옴

- 원자 : 건축물 사이에 자리잡은 공간, 초화류를 가꾸던 곳, 강남에서는 천정(天井)이라하여 전돌을 깔아놓음

㉡ 이덕유의 평천산장
- 무산 12봉과 동정호의 9파 상징, 신선사상
- '평천산거 계자손기' (평천을 팔아 넘기는 자는 내 자손이 아니다.)는 유언을 남김

㉢ 왕유 : 망천별업이라는 정원 소유, 산수화풍의 정원

9 송(宋)

① 궁원

㉠ 4대원 : 경림원, 금명지, 의춘원, 옥진원

㉡ 만세산원(간산)
- 휘종이 세자를 얻기 위해서 경도에 가산을 쌓음
- 주면이 설계, 태호석 사용

㉢ 수산의 간악(艮嶽)
- 휘종은 강남 각지역의 돌을 수집하여 기이한 봉우리의 인공적 산수경관을 꾸밈
- 화석강(花石綱) : 꽃나무와 기이한 돌을(태호석)을 운반하는 배

㉣ 덕수궁의 어원(御苑)
- 고종은 덕수궁 속에 큰 못을 파고 물을 끌어 서호처럼 만들고 석가산을 쌓아 정상부를 비래봉과 흡사하게 만들어 놓음
- 자연 그대로의 산수 속에 태호석과 같은 기암을 배치하고 송림, 죽총, 매림, 도림, 연지, 목단대 등 초목을 곁들임

② 민간 정원

★ ㉠ 소주의 창랑정
- 조성 : 소순흠
- 특징 : 소주의 4대명원 중 하나로 돌과 수목으로 산림경관을 조성, 창문장식이 다양함

★★ ③ 관련문헌

㉠ 이격비의 「낙양명원기」
- 낙양지방의 명원 20곳을 소개
- 구성 : 동산, 지(池), 경(景), 루(樓), 화(花), 죽(竹), 목(木)

㉡ 구양수의 「취옹정기」
- 시골에서의 산수생활을 표현

㉢ 사마광의 「독락원기」
- 낙양에 독락원을 꾸미고 유유자적하며 은서생활을 표현

★ ㉣ 주돈이 「애련설」
- 주돈이가 연꽃을 군자에 비유하여 예찬한 글, 국화는 은일자, 모란은 부귀자로 비유하여 예찬한 글

- 사상적배경은 불교
- 인용되는 구절 : 불염 / 향원익청 / 군자

ⓜ 주밀의 「오흥원림기」(남송)

- 오흥은 태호의 남쪽도시로 태호석이 많이 사용되었으며, 이 곳의 명원 30여 곳을 소개함

ⓑ 시목의 「사문유취」(남송)

- 매화, 계수, 목서화, 난, 국화, 구기, 모란, 작약, 도화, 내금화, 행화 등 34종의 화훼에 관한 기록

④ 태호석의 구비조건

추(皺) : 주름 / 투(透) : 투명 / 누(漏) : 구멍 / 수(瘦) : 여림

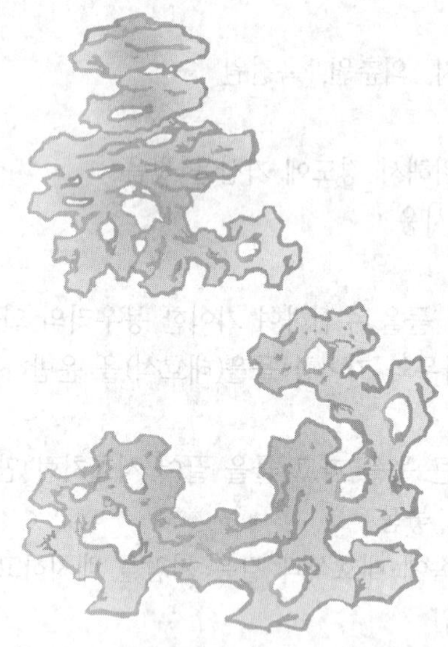

그림. 태호석

그림. 태호석으로 만든 석가산

10 금(金)

① 궁원

㉠ 경화도

· 여진족이 세운 금은 북경에 궁전을 조영하고 금원을 창시
· 태액지 조성하고 경화도를 쌓았는데 후에 원, 명, 청 삼대 왕조의 궁원구실을 함
· 현재 북해공원의 전신

11 원(元)

① 궁원

㉠ 경화도

· 석가산 수법으로 금원의 도처에 석가산이나 동굴을 만들었다.
· 경화도의 중앙에 만수산을 조성하고 정상에는 티베트식 라마탑을 세움

② 민간 정원

㉠ 북경의 만류당 : 수백그루의 버드나무 식재

★ ㉡ 소주의 사자림

· 원래는 스님을 기념하여 조영한 원림
· 설계 : 화가 주덕윤과 예운림
· 특징
  - 태호석을 이용한 석가산이 유명
  - 좁은 원로와 축산으로 산악경관조성
  - 청나라시대 강희제·건륭황제는 승덕의 피서산장에 사자림을 모방한 정원을 조영

12 명(明)

① 자금성의 궁원

㉠ 자금성

· 영락제는 북경에 남북 990m, 동서의 폭이 760m의 자금성을 축조
· 전조후침(前朝後寢)의 구조로 중심축선을 따라 태화전, 중화전, 보화전이 전조를 구성하며 건청궁, 교태전, 곤녕궁 등이 후침의 공간을 이룸

㉡ 궁원

· 어화원(御花園)
  - 황제의 휴식과 유락을 위해 정교하게 꾸며짐
  - 정원과 건축물이 모두 좌우 대칭적으로 배치, 석가산과 동굴 조성
· 서원
  - 자금성 서쪽에 위치한 황실의 원유로 태액지를 기본으로 발전
  - 원대에는 북해와 중해만 있었으나 명대에 남해를 조성하여 3개의 호수를 이룸, 이 중 북해에 인공섬인 경화도가 있음
  - 황제의 생활, 휴식, 정무 및 외교사신 접견 등의 연회공간으로 이용

② 민간 정원

㉠ 특징

· 북경(도성, 귀족관료들의 정원)과 남경(부흥도시, 사가정원)을 비롯하여 소주(농업발달, 경제적 부유)와 양주 일대를 중심으로 발달

· 원림은 문화와 예술 활동의 장이자 예술작품의 배경이 됨

· 원림의 설계와 배치는 회화와 비슷한 예술로 간주

㉡ 작원

· 조성 : 미만종이 북경에 조영

· 특징

– 태호석을 이용한 석가산이 유명, 물가에는 버드나무가 식재, 물속에는 백련을 식재

★★ ㉢ 졸정원

· 조성 : 왕헌신(1509년)

· 의의 : 소주에 조영되고 중국의 대표적인 사가 원림

· 특징

– 남쪽에 주택, 북쪽에 원림이 위치하며, 원림은 동원, 중원, 서원으로 구분됨

– 3/5이 지당을 중심으로 구성되고 건물이 아름다움

– 주경관은 중원 가운데 위치한 연못으로 연못 속에는 자유 곡선형의 두 개의 섬과 다리로 연결

– 중심되는 건물은 원향당(주돈이의 애련설에서 유래)으로 연못의 섬과 마주하며 사방으로 경치를 볼 수있게 배치

– '여수동좌헌'이라는 부채꼴모양의 정자가 있으며 창덕궁 후원의 '관람정'과 사자림의 '선자정'도 부채꼴 모양의 정자가 있음

– '욕양선억(慾揚先抑)', '억경(抑景)'이라고도 하는 것으로 원경을 한눈에 볼 수 없도록 한다음 갑자기 넓은 공간을 나타내고자 대소의 공간을 대비시킴, 중국고전문학 '홍루몽'의 대관의 경치를 닮을 정도로 명성이 높음

– 영롱관의 북동쪽에 있는 '해당춘오'는 해당화가 심어져 있으며, 중정의 느릅나무가 서로 붙어있음

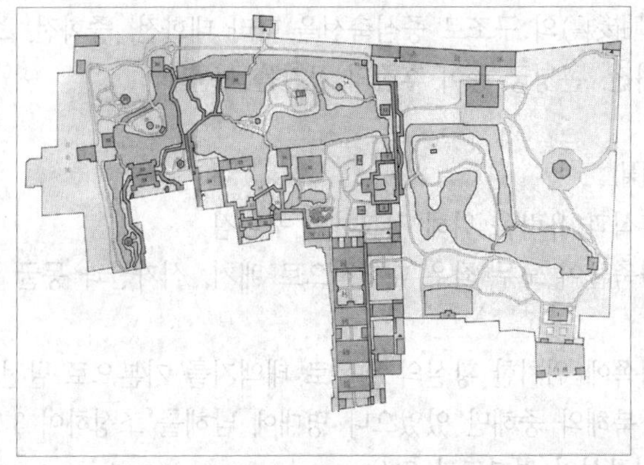

그림. 졸정원의 평면도 – 정원의 대부분이 수경으로 구성됨

㉣ 유원

- 조성
  - 서태시가 1522년 1566년 사이에 최초로 조영하여 동서에 원림을 만듦, '한벽산장', '유원'으로 칭했음
  - 원림은 명대에 조영된 후 청대에 두 번 큰 개수가 있었음
- 특징
  - 중, 동, 서, 북원의 4부분으로 구성
  - 중원은 연못, 동쪽은 건물, 북쪽은 전원풍경, 서쪽은 산림경관을 중심으로 함
  - 중원의 동쪽에는 오봉선관(五峯仙館), 학소(鶴所), 읍봉헌(揖峯軒), 환아독서처(環我讀書處) 등 크고 작은 건물들이 모여 있음, 오봉선관(五峯仙館)은 건물이나 실내장식품이 모두 녹나무로 만들어져 남목청(楠木廳)이라고도 불림, 이곳을 지나 더 동쪽으로 가면 임천기석지관(林泉耆碩之館), 관운대(冠雲臺), 관운루(冠雲樓) 등으로 구성된 정원이 있는데 임천기석지관은 독특한 구조와 장식으로 유원의 3대 건축의 하나로 꼽힘
  - 작은연못 옆의 관운봉은 높이가 6.5m, 무게가 6ton 정도로 소주에서 가장 큰 태호석
  - 허(虛)와 실(實), 명(明)과 암(暗) 등으로 변화감 있는 공간처리
  - 다양한 양식의 건축과 다채로운 경관구역이 조화를 이루는 원림

★★③ 관련 문헌

㉠ 계성의 '원야'(園冶)

- 중국 정원의 작정서(作庭書)
- 일본에서 탈천공이라는 제목으로 발간

■ 참고

이계성은 풍부한 조경경험을 갖추고 있을 뿐만 아니라, 또 비교적 높은 학문과 회화 소양을 갖추고 있었다. 원야라는 책에서 당시 조경 경험을 종합하였으며, 역대 중국에서 유일한 조경 전문가라 하겠다.

- 핵심이론
  - 주자(主者)에 관한 이론과 주자의 흥조(興造)의 행위에 관한 이론 → 인지(因地)와 차경(借景)에 대한 이론
  - 자연환경의 조건을 파악하여 그 질서에 부합되는 원림의 기반을 확보, 이는 인지와 차경을 통해 원림을 흥조하게 됨
- 원야의 구성
  - 3권으로 전체내용은 흥조론과 원설(園設)로 구성
  - 원설은 다시 상지(相地), 입기(立基), 옥우(屋宇), 장절(裝折), 문창(門窓), 장원(牆垣), 포지(鋪地), 철산(掇山), 선석(選石), 차경(借景)의 10절로 이루어짐
- 차경(借景)수법 강조
  - 원차 : 먼경관 / 인차 : 가까운경관 / 앙차 : 눈위에 전개되는 경관을 빌림 / 부차 : 눈아래 전개되는 경관 / 응시이차 : 계절에 따른 경관을 경물로 차용

㉡ 문진향의 '장물지' : 조경배식에 관한 유일한 책(12권)
㉢ 왕세정의 '유금릉제원기' : 남경의 36개 명원 소개
㉣ 유조형의 '경' : 산거생활을 수필로 적은 것

13 청(淸)

① 청대 원림의 특징

㉠ 이궁과 황가원림의 발달

- 북경주변에 이궁과 황실의 원림을 집중적으로 조성
- 청나라 최전성기인 강희 건륭시대는 원림건설에 있어서도 최전성기를 이룸
- 향산(香山) 정의원(靜宜園), 옥천산 정명원(靜明園), 만수산(萬壽山, 원래 이름은 옹산) 청의원(淸漪園)과 창춘원(暢春園), 원명원(圓明園)을 합하여 3산 5원이라 부르는데 이들 원림과 열하행궁은 모두 강희 황제의 계획으로 시작되어 건륭 황제에 이르러 완성됨
- 웅대한 규모를 바탕으로 자연경관과 인공경관이 결합된 산수원림을 재현
- 집금식(集錦式 : 각지에 이름난 정원은 명승지에 위치)의 배치와 구성을 추구하여 큰 원림 속에 작은 원림이 포함되는 원중원(園中園)방식
- 원림 속에 사(寺), 관(觀), 사묘(祠廟)를 비롯 종교건축이 도입되어 다채로운 풍경형성
- 이궁의 역할과 행정과 정치의 중심공간

표. 3산5원과 피서산장의 조성

	강희제 (1661-1722 재위)	옹정제 (1722-1735재위)	건륭제 (1735-1796 재위)	비 고
향산 정의원	1677(강희16) 행궁 조성		1745(건륭10) 확장	
옥천산 정명원	1680(강희19) 징심원 조성		1750(건륭15)-1759 확장	
만수산 청의원	1702(강희41) 행궁 조성		1749(건륭14)-1764 청의원 조성	1888(광서14) 이화원으로 개명
창춘원	1684(강희23) 조성		1760년대 개수	
원명원	1709(강희48) 조성	1725 (옹정3) 확충	1737(건륭2) 확장	
장춘원			1745(건륭10) 건설 1760(건륭25) 서양루 완공	
기춘원(만춘원)			1769(건륭34) 건설	
피서산장	1703(강희42) 공사시작		1790(건륭55) 확장	

■ **참고**

■ **강희제, 옹정제, 건륭제**

- 1680년대 초부터 1770년대 말까지, 즉 강희제(康熙帝,1661~1722 재위) 재위 후반부터 옹정제(雍正帝, 1722~1735재위)를 거쳐 건륭제(乾隆帝, 1735~1796) 중엽의 시기 동안 청은 전성기를 맞이하였다.
- 전례 없는 인구의 증가와 영토의 팽창, 도시화, 상업화 등의 변화가 일어났다. 중국 역사상 가장 위대한 군주로 평가받는 강희제는 순치제의 뒤를 이어 7세에 제위에 올라 61년간 중국을 다스렸다
- 강희제는 학문이 깊고 문교를 중시하였는데 「강희자전(康熙字典)」, 「고금도서집성(古今圖書集成) 」등 수천 권의 도서편찬을 후원하였다. 옹정제는 엄격한 원칙주의를 견지하여 외척과 관료들을 철저하게 견제하고 감시하며 군주제를 구축하였다.
  그는 붕당과 관료주의 폐단을 심각하게 인식하고 개혁정책을 펴나갔다. 옹정제의 넷째 아들인 건륭제는 훌륭한 황제이자 재능이 뛰어난 학자이기도 했다.

ⓛ 주택과 사가원림

- 일반적으로 1동의 건물은 3칸으로 구성되는데 중앙의 가장 넓은 간은 거실, 양 옆 간은 침실과 주방으로 이용됨. 이런 건물이 마당을 중심으로 모여 주택을 구성
- 주택은 담과 벽으로 둘러싸여 내향적이고 폐쇄적인 구조임, 마당은 여러 가지 무늬로 포장하거나 화목을 심기도 함
- 거대한 규모와 지형변화를 갖추며, 구역을 나눠 구성하고 상호 연계되면서 대비되는 효과를 가져와 내용과 의미를 풍부하게 함
- 과유량이 만든 환수산장은 청나라의 대표적 원림

★★ ② 이궁

★ ㉠ 이화원

- 위치 : 북경에 위치하는 3.4km² 규모의 황가 원림
- 조성 : 강희 41년 행궁건설 → 건륭 14~29년에 원림공사 완성
- 특징
  - 원명원과는 달리 물과 산이 어우러진 원림으로 원래 이곳에는 옹산과 저수지로 이용되던 서호(西湖)가 있었는데 강희 41년(1702) 행궁을 건설하면서 원림조성이 시작됨
  - 이화원은 크게 만수산공간과 곤명호를 중심으로 하는 공간으로 나뉘며 만수산 공간은 다시 만수산 동측의 궁궐 공간과 곤명호를 마주하는 만수산 남사면 지역, 그리고 만수산 북사면 공간으로 나뉨
  - 건축물의 배치는 전조후침(前朝後寢)의 형식이며 궁궐로서 격식을 갖추었으나 유리기와를 사용하지 않고 전체적으로 주택과 같은 분위기를 갖춤
  - 곤명호를 마주하는 만수산 남측 공간의 중심은 동일한 축선 상에 배치된 배운전(排雲殿)과 불향각(佛香閣) 건물군이며 이건물 중심으로 주요건물이 위치함, 호수에 면하여 동서 720m가 넘는 길이의 회랑은 곤명호 주변을 따라 산수풍경과 신화나 고사 등을 소재로 한 다양한 그림이 그려져 있어 운치를 더함
  - 만수산의 북쪽은 좁고 긴 호수와 울창한 수목이 그윽하고 심오한 경관을 이루었다. 이곳의 중심 건물은 종교건축인 사대부주(四大部洲) 건물군이며, 수계는 담을 따라 이어지는데 소주의 수로와 거리를 본뜬 300여m 길이의 공간을 조성하였으며 동쪽 끝에는 무석의 기창원(寄暢園)을 모방한 해취원(諧趣園)을 조성됨

그림. 이화원의 불향각

그림. 이화원의 곤명호

■ **참고**

■ 이화원 특징 요약

- 대가람인 불향각을 중심으로 한 수원(水苑)
- 호수를 중심에 만수산이 있으며 3/4이 수경으로 물과 산이 어우러진 원림
- 강남의 명승지를 재현
- 신선사상을 배경으로 조성
- 청대의 예술적 성과를 대표함

ⓛ 원명원이궁

- 위치 : 북경에 위치한 황가원림으로 350ha 면적으로 수면이 35%를 차지함
- 조성
  - 1709년 강희제가 넷째아들(옹정제)에게 지어준 별장으로 옹정제가 확장하여 이궁을 조성
  - 뒤를 이은 건륭제는 원명원 동쪽에 장충원, 남쪽에 기춘원(만춘원)을 조성
  - 원명원이라 함은 원명원, 장충원, 기춘원 세원림을 전부 아우르는 명칭
  - 원림의 남쪽으로 궁궐이 위치하고 그 뒤로 후원이 위치하며, 28ha 면적의 복해 한 가운데에는 신선이 산다는 봉래(蓬萊), 영주(瀛州), 방장(方丈)을 상징하는 작은 섬 3개를 조성하고 아름답게 꾸몄는데 가장 큰 중앙의 섬 위에는 신선의 누각을 상징하는 봉도요대(蓬島瑤臺)가 있음
  - 원명원 동쪽의 장춘원은 중앙의 큰 섬 위에 세워진 순화헌(淳化軒)이 중심을 이루며 넓은 호수와 섬들로 이루어짐. 특히 장춘원의 북쪽에는 4ha 크기의 서구식 정원공간을 갖추었는데, 서양루(西洋樓), 해안당(海晏堂), 해기취(諧奇趣) 등을 중심으로 한 이곳은 유럽풍으로 조성된 최초의 황가원림이었음
  - 서양식 정원과 분수에 관심이 컸던 황제는 이탈리아의 선교사이자 화가인 주세페 카스틸리오네(F. Giuseppe Castiglione, 중국명 郎世寧)에게 서양루 건물을, 그리고 프랑스인 미셀 브느와(Michel Benoist)에게 정원의 분수를 만들게 했는데, 이 계획은 1760년에 완성됨
  - 세 번째 원림인 기춘원은 북방원림의 전통에 남방 사가원림의 양식까지 보태어 조성, 원림에서 가장 중요한 것은 경관이었으며 각각의 경관은 보다 작은 경구(景區)로 이루어져 전형적인 원중유원(園中有園)의 형식을 갖춤
  - 제 2차 아편전쟁으로 영·불연합군에 의해 파괴

- 특징
  - 건륭제는 강남의 명원을 모방하여 원명원 곳곳에 경관 조성
  - 장춘원은 서양식 정원공간으로 유럽풍의 황가 원림(르 노트르의 영향)
  - 기춘원은 남방 사가원림의 양식을 조성
  - 강남의 유명한 정원과 풍경을 모방하고 서양의 바로크양식 까지 더해 원림 형식과 내용면에서 최고봉을 이룸

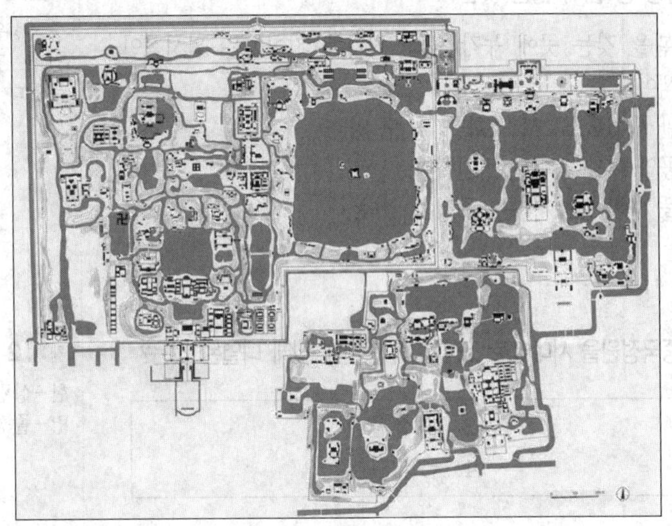

그림. 원명3원의 평면도

ㄷ 승덕피서산장

- 위치 : 북경에서 동북쪽으로 떨어진 하북성 승덕에 위치
- 조성 : 강희 42년에 시작하여 건륭기에 확장 1790년에 560ha 규모로 완성
- 특징
  - 서늘한 기후와 아름다운 경치, 풍부한 물로 피서, 휴식, 수렵을 위한 장소
  - 궁궐구역, 호수구역, 평원구역, 산악구역으로 이루어져 있는 집금식 구성
  - 궁궐구역은 정궁, 송학재(松鶴齋), 만학송풍(萬壑松風), 동궁(東宮) 등으로 이루어진 궁전 건축군으로 앞에는 궁궐이 있고 그뒤로 침전이 위치하는 전통적인 구성을 따름
  - 호수구역은 섬과 제방, 그리고 다리에 의해 몇 개의 수역으로 나뉘며 섬과 제방위에는 다양한 양식의 건물들이 자리 잡고, 수경과 축산, 식재와 건축은 강남지방의 유명한 원림을 많이 모방
  - 평원구역은 호수구역 위로는 삼각형 모양으로 동쪽의 만수원(萬樹園) 숲속에서는 사슴을 길렀고, 초지에서 건륭제는 몽고의 귀족들과 연회를 벌이거나 씨름, 기마술 등을 관람함
  - 산악구역은 평원구역 서편으로 위치, 소나무가 울창한 송운협(松雲峽)을 비롯하여 이수욕(梨樹峪), 진자욕(榛子峪), 서욕(西峪) 등의 빼어난 계곡이 주요 경관을 이룸
  - 피서산장 주위의 8곳에 사묘(寺廟)와 함께 소수민족의 종교건축형식을 도입함으로 다민족을 포용하는 정치적 군사적 상징성도 가지고 있음

핵심기출문제

내친김에 문제까지 끝내보자!

1. 중국정원의 특성 중 옳지 않는 것은?

① 수려한 경관을 갖는 곳에 누각 또는 정자를 지어놓은 원시적인 정원의 특색이다.
② 주요한 경관 구성요소로서 조화를 들 수 있다.
③ 자연과 인공의 미를 겸비한 정원이다.
④ 주택과 건물 사이에 포지라는 중정이 있다.

2. 다음 보기의 중국정원을 시대별로 조성할 때 순서에 맞게 나열된 것은?

1. 상림원	2. 졸정원
3. 원명원	4. 금정원

① 2, 1, 3, 4
② 1, 4, 2, 3
③ 2, 1, 4, 3
④ 4, 1, 2, 3

3. 중국의 대표적인 정원이 아닌 것은?

① 용안사 ② 원명원
③ 만수산이궁 ④ 졸정원

4. 태호석에 대한 기술 중 틀린 것은?

① 중국의 태호에서 많이 나오는 돌
② 중국의 소주의 사자림에서 볼 수 있는 유명한 돌
③ 중국의 석회암으로서 수침과 풍침을 받아 매우 복잡한 모양을 하고 있으며 구멍이 뚫린 것이 많다.
④ 중국에서도 가장 오래된 돌로서 화산의 영향을 받아 생성됨

정 답 및 해 설

해설 1
중국정원의 특징은 경관의 구성에 있어 조화보다는 대비에 중점을 두었다.

해설 2
한–상림원, 원–금정원, 명–졸정원, 청–원명원

해설 3
- 용안사 – 일본의 평정고산수수법으로 만들어진 정원
- 원명원, 만수산 이궁 – 중국 청대의 유명한 이궁
- 졸정원 – 중국 명대의 대표적 사가정원

해설 4
중국 정원의 대표적 수법은 석가산 수법으로 이때 사용된 재료가 태호석이다. 태호라는 호수에서 끌어올린 괴암의 태호석을 겹겹이 쌓아 가산을 만들어 정원을 장식하였다. 태호석의 수송에는 많은 비용과 노동력이 필요하여 부호가 아니면 축조가 힘들었다.

정답 1. ② 2. ② 3. ① 4. ④

5. 저자와 저서가 잘못 연결된 것은?

① 원야 – 문진향
② 이격비 – 낙양명원기
③ 왕희지 – 난정기
④ 백낙천 – 장한가

6. 역대 중국 정원은 지방에 따라 많은 명원을 볼 수 있다. 그 중 소주에는 (　　)이 있고 북경에는 (　　)이 있다. (　　)안에 들어갈 정원을 바르게 나열한 것은?

① 유원, 졸정원
② 자금성, 원명원이궁
③ 졸정원, 원명원이궁
④ 만수산이궁, 사자림

7. 중국의 남북원림의 차이점을 열거한 사항 중 적당하지 않는 것은?

① 북방의 원림은 폐쇄적이나 강남의 원림은 개방적이다.
② 북방의 황실원유는 봉건제왕을 위해 봉사는 것이고 강남일대의 원림은 사가소유로서 주인이 다르기 때문에 각자의 요구가 다르다.
③ 북방원림은 규모가 크고 면적이 광활하여 대체로 자연풍경이 양호한 위치에 자리 잡고 강남원림은 규모가 작고 대부분 시가에 자리 잡고 있다.
④ 북방은 기후가 춥고 건조하여 강남은 기후가 온화하고 다습하다.

8. 다음 중 소주에서 정원문화가 발달한 이유에 해당되지 않는 것은?

① 예로부터 강남문화의 중심적 도시이며 시인, 묵객이 무수히 배출되었다.
② 태호가 동쪽에 자리 잡고 있어 태호석의 애용이 편리했다.
③ 산수의 경관이 아름다운 환경조건을 가지고 있었다.
④ 청의, 강희, 건륭시대에는 염업과 조운의 중심으로 부유한 상인이 많았다.

정 답 및 해 설

해설 5

중국의 정원 관련 문헌
① 왕희지의 난정기에는 (진나라) 난정에서 주연을 베푸는 광경을 문장으로 지은 것이다.
② 백낙천의 장한가, 백목단, 동파종화에서서는 당대의 정원을 잘 묘사했다.
③ 이격비 낙양명원기에는 (송나라) 낙양지방의 유명한 정원을 기록하였다.
④ 계성의 원야는(명나라) 중국 정원의 작정서(作庭書)로 일본에서 탈천공이라는 제목으로 발간되었으며 총 3권으로 구성되었다.
⑤ 문진향의 장물지(명나라)의 지어진 저서로 조경배식에 관한 유일한 책(12권)이다.

해설 6

중국 강남의 원림은 시가에 발달한 정원으로 폐쇄적이며 개인소유의 정원이 많다. 기후는 온화하고 다습해 식물이 자라기 적합하고 수원이 풍부해 이용에 편리한 조건을 가지고 있다. 북방의 원림은 제왕을 위한 원유로 자연풍경이 수려한 곳에 위치하며 개방적인 공간을 형성한다. 기후는 춥고 건조하며 주로 강남의 원림을 재현하고자하는 성향을 보인다.

해설 7

강남의 원림은 좁은 시가에 발달하여 폐쇄적이다.

해설 8

④는 양주지방의 정원의 특색이다.

정답 5. ① 6. ③ 7. ① 8. ④

9. 중국정원에서 신선사상을 위한 자리로 쓰였던 양식은?

① 축경식　　② 중정식
③ 고산수식　　④ 중도식

10. 중국 정원에서 볼 수 있는 회랑이나 수경(水景)에 면해있는 벽면에 설치하는 시설로써 유리가 설치되지 않고, 일반적으로 흰색으로 칠해져 있는 창(窓)으로 설치된 벽(壁)의 내·외부에서 정원이 보여졌을 때 아름답다. 이 시설을 무엇이라 하는가?

① 화창(花窓)　　② 루창(漏窓)
③ 공창(空窓)　　④ 투창(透窓)

11. 전통적인 중국 원림은 천박하게 노출함을 피하고 의경(意境)의 심오함을 추구하고 암시 작용을 수행하기 위해 벽체나 태호석 등으로 정원 경관을 효과적으로 나타내기 위해 우선 가리는 수법을 사용하여 함축적이고 심장(深長)한 효과를 나타내려고 하는데 이 수법을 무엇이라 하는가?

① 욕현이은(欲顯而隱)　　② 욕로이장(欲露而藏)
③ 욕로이선장(欲露而先藏)　　④ 욕현이선은(欲顯而先隱)

12. 중국 정원에 대한 설명 중 틀리는 것은?

① 송대(宋代)에는 태호석에 의해 석가산을 축조하는 정원이 조성되었다.
② 후한시대에 포(圃)는 금수를 키우는 곳을 말한다.
③ 졸정원, 유원, 사자림 등은 소주(蘇州)의 정원이다.
④ 열하피서(熱河避暑)산장은 청대(淸代)의 이궁(離宮)에 속한다.

13. 중국 한나라 시대의 조경과 관계없는 것은?

① 신선사상　　② 곤명호
③ 상림원　　④ 만세산

14. 다음 중 중국의 대표적 정원에 해당하지 않는 것은?

① 서호(西湖)　　② 이화원(頤和園)
③ 북해공원　　④ 육의원(六義園)

해설 **9**

중도식은 연못에 섬을 두는 방식으로 상상의 섬인 봉래, 영주, 방장의 3개의 섬을 축조하여 신선사상을 표현하였다.

해설 **10**

중국정원의 세부적 기법
① 화창 : 실내에서 바깥을 보기 위해 중앙에 무늬없이 유리를 끼워 시계를 확보하는 주택 방의 장식용으로 이용한다.
② 누창 : 화창을 일종으로 유리가 없다. 정원에 면한 화랑이나 연못이 있는 건물에 주로 이용된다.
③ 공창 : 정원을 보기위한 액자와 같은 역할을 하며 정원 회랑이나 누에 설치한다. 뇌문장식이나 유리가 없다.

해설 **11**

정원을 한눈에 볼 수 없도록 벽이나 석가산으로 시야를 가린 다음 갑자기 넓은 공간을 나타내는 수법을 '욕현이선은' 억경(抑景)이라고 한다.

해설 **12**

포는 채소밭이다.

해설 **13**

만세산 – 송나라의 인공산

해설 **14**

육의원 – 일본 에도시대 정원작품

정답 9. ④　10. ②　11. ④　12. ②　13. ④　14. ④

정 답 및 해 설

15. 중국 송(宋)나라때의 유학자인 주돈이와 관련이 있는 것들로만 짝지어진 것은?

① 천축석(天竺石), 백련(白蓮), 비천(飛泉)
② 오류(五柳), 도화원기(桃花源記), 채국동리하(彩菊東籬下)
③ 여산(廬山), 광풍제월(光風霽月), 향원익청(香遠益淸)
④ 원목(園牧), 가산(假山), 차경(借景)

16. 중국 정원에서 원자(院子)에 관한 설명으로 가장 적당한 것은?

① 건물과 건물사이에 자리잡은 공간으로 화훼류를 가꾸었다.
② 정원을 다스리는 기구로써 송나라 시대부터 있었다.
③ 중국 명대의 정원에 관한 전문서적이다.
④ 송나라 시대의 사대부의 정원이다.

17. 난정기에 대한 설명 중 틀린 것은?

① 진나라 때 도연명이 난정에서 주연의 광경을 문장으로 지은 것이다.
② 후세 정원조영에 곡수를 돌리는 수법으로서 근세까지 계승되었다.
③ 진나라 때 원정에서 유상곡수연이 성행했다는 것을 알 수 있다.
④ 우리나라의 포석정도 이 시를 통해 그 기능을 유추해 볼 수 있다.

18. 진의 왕희지는 관직을 떠난 뒤 풍광이 명미한 난정에 벗을 모아 연회를 베풀었다. 난정기에 묘사된 정원기법은?

① 곡수법
② 자수법
③ 축산법
④ 원로법

19. 중국의 정원을 연구하는데 있어 중요한 문헌별 저자명이 옳지 않은 것은?

① 낙양명원기(洛陽名園記) – 이격비(李格非)
② 양주화방록(楊州畵舫錄) – 이두(李斗)
③ 원야(園冶) – 문진형(文震亨)
④ 유금능제원기(游金陵諸園記) – 왕세정(王世貞)

해설 15
주돈이
① 여산(廬山) 연화봉(蓮花峯) : 주돈이가 백성을 돌보는 일에 몸을 아끼지 않다가 병을 얻어 여산 아래에 집을 짓고 그곳을 염계(濂溪)라 부르며 은거한 장소
② 광풍제월(光風霽月) : 같은 시대의 시인 황정견은 그를 두고 마음이 깨끗하여 비온 뒤의 맑은 바람과 밝은 달빛 같았다고 일컫음
③ 향원익청(香遠益淸) : 연꽃의 향기는 멀리까지 풍기고 그 빛깔은 더욱 맑으니 군자의 덕행이 먼 곳까지 미치는 것과 같다는 의미로 주돈이가 연꽃을 군자에 비유한 애련설의 내용

해설 16
원자 : 한나라때 건축물 사이에 자리 잡은 공간으로 초화류를 가꾸던 곳으로 강남에서는 천정(天井)이라 하여 전돌을 깔아놓음

해설 17
진나라의 왕희지 난정기에 유상곡수연에 대해 기록이 되어있다.

해설 18
난정기
① 난정에서 벗을 모아 연석을 베풀은 광경을 문장으로 지음
② 원정에 곡수수법을 사용(유상곡수연)

해설 19
원야(園冶) – 계성

정답	15. ③ 16. ① 17. ① 18. ① 19. ③

정답 및 해설

20. 중국 원명원에 대한 견문기를 써서 친구에게 보낸 편지가 1752년 런던에서 발간된 바 있는데 이것은 원명원을 복원하는데 매우 중요한 자료가 되었다. 이 편지를 쓴 사람은?

① William Chambers
② William Temple
③ Harry Beaumont
④ Jean Denis Attiret

21. 다음 중 오늘날까지도 중국의 대표적 정원이라 불리는 정원은?

① 졸정원 ② 소지원
③ 유원 ④ 서참의원

22. 명나라 시대의 조경가로 짝지어진 것은?

① 계성, 미만종 ② 문진향, 두보
③ 백거이, 계성 ④ 왕희지, 미만종

23. 명나라 때 계성이 지은 조경관련 서적인 원야는 총 몇 권으로 되어 있는가?

① 1권 ② 2권
③ 3권 ④ 4권

24. 중국 명대(明代) 말에 저술된 원야(園冶)에 대한 설명 중 가장 거리가 먼 사항은?

① 원야의 저자는 문진향(文震享)이다.
② 원야의 원(園)은 원림(園林)을 가리키고, 야(冶)는 설계조성의 의미를 갖고 있다.
③ 원림의 조성에는 설계자의 역할이 전체 원림조성에 70%정도 중요하다고 흥조론(興造論)에 설명되어 있다.
④ 원림의 조성에는 사람, 지역과 환경, 공인 등의 조건이 다르기 때문에 일정한 법이 성립되기 어렵다고 적혀있다.

25. 명나라 시대에 유명한 정원은 어디에 많이 위치해 있는가?

① 북경 ② 남경
③ 소주 ④ 항주

해설 20
장 드니 아티레(Jean Denis Attiret) : 프랑스 선교사로 청나라(중국)에 들어와 궁정미술가로 활동하였다.

해설 21
졸정원-명나라, 소주위치, 중국의 대표적 사가정원

해설 22
① 명대 : 계성의 원야, 미만종은 작원설계, 문진향의 장물지
② 당대 : 백거이, 두보
③ 진대 : 왕희지

해설 23
계성-원야(총3권)

해설 24
원야의 저자는 계성이다.

해설 25
중국 소주
강남문화의 중심적 도시이며 시인, 묵객이 무수히 배출되었으며, 태호가 동쪽에 자리 잡고 있어 태호석의 애용이 편리했다. 산수의 경관이 아름다운 환경조건을 가지고 있어 유명한 정원이 많이 위치하고 있다.

정답 20. ④ 21. ① 22. ① 23. ③ 24. ① 25. ③

26. 명나라 강남 소주에 없는 것은?

① 졸정원
② 창랑정
③ 이화원
④ 사자림 정원

해설 **26**
이화원 – 청시대, 북경위치

27. 르노트르의 영향을 받아 생긴 중국의 정원은?

① 원명원
② 졸정원
③ 상림원
④ 사자림

해설 **27**
청시대 때 르 노트르의 영향을 받아 원명원에 동양 최초 프랑스식 정원을 도입되었다.

28. 중국에서 서양의 영향을 받아 만들어진 것은?

① 이화원
② 원명원 이궁
③ 졸정원
④ 자금성

해설 **28**
원명원 이궁은 르 노트르(프랑스)의 평면기하학식 영향을 받은 작품이다.

29. 중국 청나라 시대의 정원은?

① 이화원 ② 온천궁
③ 대선원 ④ 상림원

해설 **29**
온천궁–당, 상림원–한,
대선원–일본의 축산고산수 수법으로 만들어지진 정원

30. 청나라 때 축조된 정원 중 이궁의 정원이 아닌 것은?

① 열하피서산장
② 원명원 이궁
③ 이화원
④ 건륭화원

해설 **30**
건륭화원은 청시대의 금원이다.

31. 다음은 어느 시대에 이루어진 작품이가?

"열하의 피서산장, 이화원, 원명원, 소주의 유원"

① 진 ② 당
③ 명 ④ 청

해설 **31**
청시대 대표적 작품 : 피서산장, 이화원, 원명원 이궁, 유원

정답	26. ③ 27. ① 28. ② 29. ① 30. ④ 31. ④

정 답 및 해 설

32. 북경을 중심으로 청대에 조성된 명원이 아닌 것은?

① 사자림 ② 열하이궁
③ 북해공원 ④ 이화원

해설 32
사자림은 원나라때 소주지방에 조영된 정원이다.

33. 다음 중국 정원에 관한 설명 중 옳지 않은 것은?

① 중국정원의 특징은 항상 변화와 대비한다.
② 중국정원의 부지(敷地)는 전정(前廷), 중정(中庭), 후정(後庭)의 3가지로 나눈다.
③ 중국정원의 전성기(全盛期)는 청(淸)나라 시대이다.
④ 중국정원은 축경적(縮景的)이고, 낭만적이며, 공상적(空想的) 세계를 구상화(具象化)한 것이다.

해설 33
중국 정원의 전성기는 명나라이다.

34. 중국 낙양(洛陽)의 교외 평천(平泉)에 화려한 정원을 꾸며 놓고, "평천산거계자손기(平泉山居戒子孫記)에 먼 후세에라도 평천을 팔아 넘기는 자는 내자손이 아니다"라는 기록을 남긴 사람은?

① 당(唐)의 대종(代宗)
② 백낙천(白樂天)
③ 사마광(司馬光)
④ 이덕유(李)德裕)

해설 34
이덕유의 평천산장

35. 중국에서 신선사상(神仙思想)이 담겨진 정원이 최초로 꾸며진 시대는 어느 시대인가?

① 주나라 때
② 한나라 때
③ 당나라 때
④ 송나라 때

해설 35
한나라 때부터 신선사상의 배경으로 하는 정원이 조영되었다.

36. 중국의 북경에 있는 원명원(圓明園)에 관한 설명 중 옳은 것은?

① 강희(康熙) 황제가 꾸며 공주에게 넘겨준 것이다.
② 원명원의 동쪽에는 만춘원이 있고 남동쪽에는 장춘원이 있다.
③ 뜰(園) 안에는 대분천(噴泉)을 중심으로 프랑스식 정원이 꾸며져 있다.
④ 1860년에 일본군에 의하여 파괴되었다.

해설 36
원명원은 르 노트르의 영향으로 만들어진 최초의 서양식 정원으로 강희 황제가 왕자에게 넘겨준 정원이다. 동쪽에는 장충원, 남동쪽에는 만춘원이 있으며 제2차 아편 전쟁 때 영·프랑스 연합군에 의해 파괴되어 현재는 복원중이다.

정답 32. ① 33. ③ 34. ④ 35. ② 36. ③

37. 중국 정원의 특징을 적은 것으로 잘못된 것은?

① 디자인면에 있어서는 직선을 배제하고 자연곡선을 쓰며 조화를 기본으로 한다.
② 조경재료로서 괴석을 많이 도입하여 인공산을 만들고 또 동굴을 만든다.
③ 건축물로 둘러쌓인 안뜰은 소건축물, 괴석, 못 등으로 고밀도 공간을 형성한다.
④ 다리는 무지개다리(홍교)나 곡절(曲折)하는 직선적인 다리를 만든다.

해설 37
디자인면에서는 직선과 곡선의 함께 사용, 조화보다는 대비를 기본으로 한다.

38. 현재 "북해공원" 이라 불리우는 것은 다음 중 어느 곳과 관련이 있는가?

① 경림원 ② 원명원
③ 이화원 ④ 서원

해설 38
북해공원(北海公園) 북경의 중심에 있는 자금성 서측의 서원(西苑)을 말함

39. 중국의 사가정원 가운데 "해당화가 심겨져 있는 봄 언덕(해당춘오 : 海棠春塢)" 이라는 정원이 그림과 같이 꾸며진 곳은?

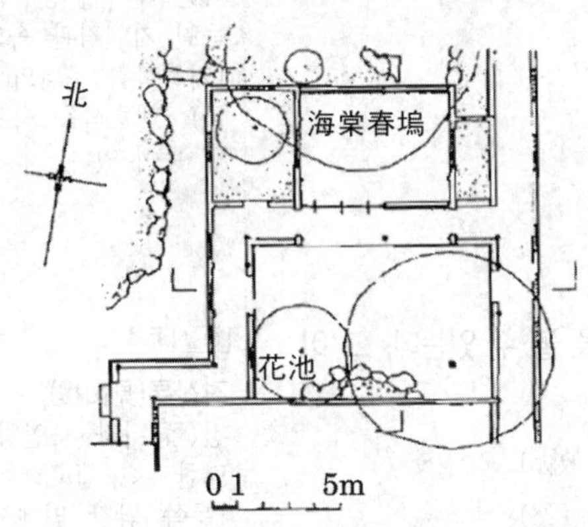

① 유원 ② 사자림
③ 창랑정 ④ 졸정원

해설 39
해당춘오
졸정원의 뜰로 해당나무(해당화)가 두그루 있는 격리 독립된 공간으로 조용하고 우아한 느낌의 정원이다.

40. 중국에서는 아래 그림과 같이 주름지고 구멍이 뚫려있으며, 야윈 것을 좋은 태호석이라고 한다. 이러한 조건을 갖춘 다음 그림의 태호석의 명칭은?

① 첩석봉(疊石峰)
② 태동봉(胎胴峰)
③ 설산봉(雪山峰)
④ 서운봉(瑞雲峰)

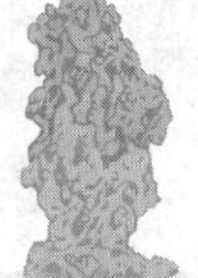

해설 40
서운봉
태호석의 4대 특징인 마름, 쭈글쭈글함, 구멍이 많음, 투명함을 두루 갖추고 있으며, 구름(雲) 속에 펼쳐진 봉우리(峰)를 뜻하는 이름으로 신선세계의 상징물로 느낄 수 있다.

정답 37. ① 38. ④ 39. ④ 40. ④

41. 다음 중 중국 명시대의 정원 유적은?

① 사자림(獅子林)
② 졸정원(拙正園)
③ 피서산장(避暑山莊)
④ 자금성(紫禁城)

해설 41
- 사자림(獅子林) – 원
- 졸정원(拙正園) – 명
- 피서산장(避暑山莊) – 청
- 자금성(紫禁城) – 명, 청시대의 궁

42. 다음 중 중국의 원림조성과 관련된 저서가 아닌 것은?

① 이어의 한정우기
② 계성의 원야
③ 문지형의 장물지
④ 박흥생의 촬요신서

해설 42
박흥생의 촬요신서 : 조선 전기의 문신 박흥생(朴興生)이 찬술한 가정지침서이다.

43. 중국 조경양식의 가장 대표적인 디자인 원칙은?

① 방사(放射)
② 선형(線形)
③ 대비(對比)
④ 조화(調和)

해설 43
중국 조경양식은 경관의 조화보다는 대비에 중점을 두었다. 예를 들면 자연경관 속의 인공적 건물(기하학적 무늬의 포지, 기암, 동굴), 태호석을 사용한 석가산 수법 등이 있다.

44. 중국의 사자림에는 「견산루(見山樓)」의 편액을 불 수 있는데, 그 이름은 아래 누구의 문장에서 나왔는가?

① 왕희지(王羲之) ② 주돈이(周敦頤)
③ 도연명(陶淵明) ④ 황정견(黃庭堅)

해설 44
견산루(見山樓)
진(晉)나라 도연명(陶淵明)의 유명한 <采菊東籬下 悠然見南山>(동쪽 담장 밑에서 국화를 따서 멍하니 남산을 바라본다)에서 따왔다.

45. 중국 청나라 시대에 조영된 북경의 북서부에 위치한 삼산오원(三山五園) 중 규모가 가장 큰 정원은?

① 명원 ② 정명원
③ 원명원 ④ 이화원

해설 45
이화원은 곤명호를 둘러싼 290헥타르의 공원 안에 조성된 전각과 탑, 정자, 누각 등의 복합 공간이다.

정답 41. ② 42. ④ 43. ③ 44. ③ 45. ④

46. 중국 시문을 모아 놓은 고문진보(古文眞寶) 후집(後集)에 실린 낙지론(樂志論)을 쓴 사람은?

① 중장통
② 왕희지
③ 이백
④ 백거이

47. 중국 청시대 이궁으로서 조성이 시작된 순서가 오래된 것부터 알맞게 나열된 것은?

① 정명원 → 피서산장 → 장춘원
② 피서산장 → 향산정의원 → 기춘원
③ 피서산장 → 장춘원 → 정명원
④ 향산정의원 → 원명원 → 정명원

48. 중국 평천산장(平泉山莊)에 관한 내용 중 옳은 것은?

① 이덕유가 조성한 정원이다.
② 연못은 태호를 상징하였다.
③ 송나라 때 축조된 정원이다.
④ 소주의 명원으로 유명하다.

49. 중국 진나라 도연명의 안빈낙도하는 원림생활과 관련된 것은?

① 난정서
② 독락원기
③ 귀거래사
④ 동파종화

50. 중국의 정원관련 고문헌 중 저자와 저서가 옳은 것은?

① 이격비의 오홍원림기
② 주밀의 낙양명원기
③ 이어의 장물지
④ 왕세정의 유금릉제원기

정답 및 해설

해설 **46**

고문진보(古文眞寶)
- 송나라 말기의 학자 황견(黃堅)이 편찬한 시문선집
- 주(周)나라 때부터 송나라 때에 이르는 고시(古詩)·고문(古文)의 주옥편(珠玉篇)을 모아 엮은 책이다. 전집(前集) 10권, 후집(後集) 10권으로 되어 있다.
- 낙지론(樂志論)
  - 중장통(仲長統)은 행복하게 사는 법을 논하고 있음
  - 낙지론에 의하면 '산을 등지고 냇물에 임하여 도랑과 연못이 이어있고 대나무가 둘러졌으며 앞에는 마당과 채소밭 뒤에는 과수원이 있네'(背山臨流 溝池環匝 竹木周布 場圃築前 果園樹後)하였다.) 안산 넘어 멀리 조산(朝山)을 조망하고 능역 주위는 노송의 깊은 숲을 이룬 가장 좋은 경관을 차지하고 있다. 이러한 지형을 신라 말부터 조선조에 이르는 시대에 길상지(吉祥地)라 하였다.

해설 **47**

정명원, 1680(강희19) → 피서산장, 1703(강희42) 건설시작 → 장춘원, 1745(건륭10) 건설시작

해설 **48**

당나라 때 이덕유가 조성한 정원이다.

해설 **49**

귀거래사(歸去來辭)
중국 동진·송의 시인인 도연명의 대표적 작품으로 405년(진나라 의희1) 그가 41세 때, 최후의 관직의 자리를 버리고 고향인 시골로 돌아오는 심경을 읊은 시로서 세속과의 결별을 진술한 선언문이기도 하다.

해설 **50**

바르게 고치면
- 이격비의 낙양명원기
- 문진향의 장물지
- 주밀의 오흥원림기

정답	46. ① 47. ① 48. ① 49. ③ 50. ④

51. "국가 - 저자 - 진술서"의 연결이 틀린 것은?

① 진 – 주밀 – 원림기　　② 당 – 백거이 – 동파종화
③ 송 – 이격비 – 낙양명원기　　④ 명 – 계성 – 원야

52. 중국 진시왕 31년에 새로이 왕궁을 축조하고, 그 안에 큰 연못을 조성한 후 그 속에 봉래산을 만들었다는 연못의 명칭은?

① 곤명호(昆明湖)　　② 태액지(太液池)
③ 난지(蘭池)　　④ 서호(西湖)

53. 정원에 많은 관심을 가졌던 백거이(白居易)와 관련 없는 것은?

① 유명한 장한가(長恨歌)를 지었다.
② 진나라 사람으로 유명한 시인이다.
③ 관사(官舍)에 화원을 만들고 동파종화(東坡種花)라는 시를 지었다.
④ 공무를 마치고 낙향할 때 천축석(天竺石)과 학(鶴)을 가지고 갔다.

54. 중국 유원(留園)의 설명 중 맞는 것은?

① 소주의 정원 중 가장 소박한 정원이다.
② 처음 조성은 정대 말기 관료의 정원으로서였다.
③ "홍루몽"의 대관원 경치를 묘사하였다.
④ 변화있는 공간 처리와 유기적 건축배치의 수법을 갖는다.

정답 및 해설

해설 51

바르게 고치면
송–주밀–오흥원림기

해설 52

난지궁과 난지
- 진시황31년 난지궁과 난지를 조영했으며 동서 200리, 남북 20리나 되는 연못을 만들고 그 속에 섬을 쌓아 봉래산을 삼고 돌을 다듬어 고래를 만들었다는 기록이 있음
- 신선사상의 영향

해설 53

백거이는 당나라의 시인이자 조경가이다.

해설 54

유원
- 허(虛)와 실(實), 명(明)과 암(暗) 등으로 변화감 있는 공간처리
- 다양한 양식의 건축과 다채로운 경관구역이 조화를 이루는 원림

정답 51. ① 52. ③ 53. ② 54. ④

일본조경사 개요

3.1 핵심플러스

■ 일본 조경사는 시대별 대표적 양식과 대표작품에 대한 이해와 암기가 요구된다.
또한 조경양식에 있어서는 전시대의 양식이 이어지고 새로운 양식이 발전되어감을 이해해야 한다.

■ **일본 정원의 변화과정**

· 자연재현 → 추상화 → 축경화

■ **시대별 대표적 양식**

· 아스카시대–임천식 · 평안시대–침전식 · 겸창시대–회유임천식 · 실정시대–고산수식 (축산→평정)
· 도산시대–다정식 · 강호시대–원주파임천식 · 명치시대–축경식

<table>
<tr><th colspan="2">시대</th><th colspan="3">특징 및 작품</th></tr>
<tr><td colspan="2">비조 (아즈카)
시대</td><td colspan="3">· 일본서기– 백제인 노자공이 612년에 궁남정에 수미산과 오교를 만들었다는 기록
· 수미산석, 귀형석조물 등</td></tr>
<tr><td rowspan="3">평안
(헤이안)
시대</td><td>초기</td><td colspan="3">· 신천원, 대각사 차아원
· 해안풍경묘사 : 하원원</td></tr>
<tr><td>중기</td><td colspan="3">· 침전조정원 : 동삼조전, 고양원</td></tr>
<tr><td>후기</td><td colspan="3">· 정토정원 : 평등원, 모월사
· 작정기 : 일본최초의 조원지침서 (침전조건물에 어울리는 조원법수록)</td></tr>
<tr><td colspan="2">겸창
시대</td><td colspan="3">· 침전조정원 : 수무뢰전 정원터, 귀산 이궁터
· 막부와 무사정원 : 칭명사, 영복사
· 선종정원 : 영보사, 건장사</td></tr>
<tr><td colspan="2" rowspan="6">실정
(무로마치)
시대</td><td colspan="3">· 초기서원조 정원 : 녹원사, 자조사</td></tr>
<tr><td rowspan="5">· 고산수정원</td><td colspan="2">① 전란의 영향으로 경제가 위축
② 고도의 상징성과 추상성
③ 식재는 상록활엽수, 화목류는 사용하지 않음
④ 의장의 영향 : 수묵산수화, 분재의 영향</td></tr>
<tr><td rowspan="2">축산고산수</td><td>대덕사 대선원</td></tr>
<tr><td>사용재료 : 나무, 바위, 왕모래</td></tr>
<tr><td rowspan="2">평정고산수</td><td>용안사 평정정원</td></tr>
<tr><td>사용재료 : 바위, 왕모래</td></tr>
<tr><td colspan="2" rowspan="2">도산
시대</td><td>· 서원조정원</td><td colspan="2">제보사 삼보원, 이조성의 이지환정원, 서본원사 대서원</td></tr>
<tr><td>· 다정원</td><td colspan="2">① 다도를 즐기기 위한 소정원
② 수수분, 석등, 마른소나무가지 등 사용
③ 천리휴의 불심암정원, 소굴원주의 고봉암정원</td></tr>
<tr><td colspan="2" rowspan="2">강호
시대</td><td colspan="3">회유임천식 + 다정양식의 혼합형, 다정양식은 계속 발전함</td></tr>
<tr><td colspan="3">· 회유식정원 : 계리궁, 수학원이궁,
· 대명정원 : 소석천 후락원, 빈이궁정원, 육의원, 율림공원, 수전사 성취원, 겸육원, 강산후락원
· 평정 : 서민주택으로 건물에 둘러싸여 형성된 작은 정원</td></tr>
<tr><td colspan="2">명치
시대</td><td colspan="3">· 문화개방으로 서양풍의 조경문화 도입
· 축경식정원
· 신숙어원, 적판이궁원, 히비야공원</td></tr>
</table>

1 일본정원의 특징 ★★

① 중국의 영향을 받아 사의주의 자연풍경식이 발달
② 자연의 사실적인 취급보다 자연풍경을 이상화하여 독특한 축경법으로 상징화된 모습을 표현 (자연재현→추상화→축경화로 발달)
③ 기교와 관상적 가치에만 치중하여 세부적 수법 발달

2 일본 정원의 양식 변천

① 임천식·회유 임천식 : 정원의 중심에 연못과 섬을 만들고 다리를 연결해 주변을 회유하며 감상할 수 있게 만드는 수법
② 축산 고산수식
㉠ 나무를 다듬어 산봉우리의 생김새를 나타나게 하고, 바위를 세워 폭포수를 상징시키며, 왕모래로 냇물이 흐르는 느낌을 얻을 수 있도록 하는 수법
㉡ 대표작품은 대덕사 대선원이며, 표현내용은 정토세계의 신선사상이다
③ 평정 고산수식
㉠ 왕모래와 바위만 사용하고 식물은 일체 쓰지 않았다.
㉡ 일본정원의 골격이라 할 수 있는 석축기법이 최고로 발달한 시대이다.
㉢ 대표작품은 용안사의 방장정원이며, 표현내용은 정토세계의 신선사상이다.

④ 다정 양식
㉠ 다실을 중심으로 하여 소박한 멋을 풍기는 양식
㉡ 좁은 공간을 효율적으로 처리하여 모든 시설 설치
㉢ 윤곽선 처리에 있어 곡선이 많이 쓰였다.
⑤ 원주파 임천형 : 임천양식과 다정양식을 결합하여 실용미를 더한 수법
⑥ 축경식 수법 : 자연경관을 정원에 옮기는 수법

핵심기출문제

내친김에 문제까지 끝내보자!

1. 작정기에 쓰여 진 "못(池)도 없고 유수(遺水)도 없는 곳에 돌(石)을 세우는 것"을 특징으로 하는 일본의 정원 수법은?

① 정토식　② 수미산식
③ 곡수식　④ 고산수식

2. 일본 용안사 석정과 관련이 없는 것은?

① 암석　② 장방형
③ 추상적 고산수　④ 침전조

3. 일본의 전통정원 오행석조방식에서 주석(主石)이 되는 바위의 명칭은?

① 기각석　② 심체석
③ 영상석　④ 체동석

4. 일본의 헤이안, 가마쿠라 시대 때 조영된 대상과 연못의 명칭 연결이 틀린 것은?

① 대각사 - 대택지　② 모월사 - 대천지
③ 금각사 - 황금지　④ 평등원 – 아(阿)자지

5. 이도헌추리(離島軒推理)의 축산정조전(築山庭造傳)에서 정원(庭園)의 종류로 구분한 것이 아닌 것은?

① 진(眞)　② 초(草)
③ 원(園)　④ 행(行)

정답 및 해설

해설 1

고산수식은 물이 없는 정원으로 돌과 모래를 사용하여 물을 상징적으로 표현한 정원으로, 극도로 추상적인 정원수법이다.

해설 2

용안사 석정
- 평정 고산수 수법이 적용
- 주지(住持)의 처소인 방장 앞의 토담에 둘러싸인 250m² (동서로 25m, 남북으로 10m)의 평지에 하얀 모래를 깔고, 그 위에 크고 작은 15개 경석을 5군(5,2,3,2,3)으로 정원석을 배치하였다.

해설 3
- 기각석 : 소가 누워있는 형상의 돌(와우석)로 안정감을 줌
- 심체석 : 일명 대초석이라 하며, 표면이 평평하게 된 돌로 안정감을 줌
- 영상석 : 입체감을 주고, 배석에 있어 안정감을 주며, 주석(主石)이 되는 돌
- 체동석 : 좌우전후 어디서나 바라볼 수 있는 모양의 돌로 입체감을 주고 관상효과가 좋음

해설 4
- 금각사 – 경호지
- 서방사 - 황금지

해설 5

축산정조전(築山庭造傳) 후편
- 이도헌추리(離島軒秋里)
- 상·중·하로 구성, 정원의 종류를 축산, 평정, 노지로 분류하고 이것을 다시 진(眞), 행(行) 초(草)로 나눈 후 각각을 상세히 그림으로 풀어 설명하고 있음

정답　1. ④　2. ④　3. ③　4. ③　5. ③

6. 다음 설명의 ( ) 안에 적합한 인물은?

> 다도의 창립자 촌전주광(村田珠光, 무라타 슈코)이 시작한 사첩반(四疊半)은 (   )에 의해 차다(侘茶, 와비차)에 적합한 건축공간으로 완성된다. 다다미 4장 반의 규모인 사첩반의 다실과 다실에 부속된 넓은 의미의 정원공간인 '평지내(評之內, 쯔보노우치)'는 협지평지내(陜之評之內)와 면평지내(面平之內)로 구성된다.

① 소굴원주(小堀遠州)　② 천리휴(千利休)
③ 고전직부(古田織部)　④ 무야소구(武野紹鷗)

7. 일본 정원에서 실용(實用)을 주목적으로 조성했던 정원은?

① 다정(茶庭)
② 축경식(縮景式)정원
③ 고산수식(故山水式)정원
④ 회유임천형(回遊林泉形)정원

정 답 및 해 설

해설 6
무야소구의 사첩반은 다도를 위한 실용적인 정원공간의 성립을 볼 수 있으며, 로지의 원형을 나타내는 형태라 할 수 있다.

해설 7
다정
· 다실을 중심으로 하여 소박한 멋을 풍기는 양식
· 좁은 공간을 효율적으로 처리하여 모든 시설 설치

정답 6. ④ 7. ①

시대별 일본조경사

1 상고(上古)시대(미생(彌生), 고분(古墳)시대)

① 개요

- 문화의 태동기, 불교와 유교의 전래와 조경문화가 싹틈

② 정원

㉠ 신지(神池) : 자연의 용수가 있는 못의 경관을 그대로 숭배의 대상으로 하여 신을 모심, 지천정원의 원류로 볼 수 있음

㉡ 암좌(岩座) : 거석문화의 한 형태로 산정의 돌을 조상신으로 숭배함, 석조(石組)라고 하여 돌의 배치하는 행위로 석조정원의 원류가 됨

2 비조(아즈카)시대

① 개요

㉠ 아스카시대는 여러 가지 문물과 함께 중국, 한반도로부터 정원 만드는 법, 정원을 이용하여 행하는 의식·연유(宴遊) 등 정원문화가 일본에 전해져서 정착한 시대

㉡ 정원유구의 특징

- 원지의 평면형이 방형이며 호안이 석적(石積)으로 되어 있고 연못 바닥(池底)에는 작은 자갈 또는 조약돌을 깔아 놓은 극히 인공적인 방지를 다수 볼 수 있으며, 이들 유구의 대부분이 비조지역이라는 한정된 지역에 집중하여 나타남

★② 노자공

㉠ 「일본서기」에서 구체적 정원기록을 볼 수 있음

㉡ 추고천황 20년(612) 백제로부터 귀화인 노자공(路子工=지기마려,芝耆摩呂)가 궁의 남정에 수미산형(須彌山形)과 오교(吳橋)를 만들었다고 일본서기에 기록됨

③ 수미산석

- 수미산은 불교에서 우주관의 중심에 위치한 산으로 수미산석은 불교적 우주관을 상징적으로 표현한 것임

④ 귀형석조물

- 화강암으로 만들어진 귀형석조물을 비롯한 일련의 석조물은 이들 석조물에 도수하기 위한 용수를 끌어오는 시설이 발견됨

그림. 수미산

3 나양(나라)시대(710~792)

① 개요

㉠ 최초의 궁성을 등원(藤原)궁으로 칭하며 나양시대 전기라 부름

㉡ 새롭게 만들어진 수도 평성경의 중핵인 궁전지구는 평성궁으로 평성궁원의 남원(南苑)에는 연못이 꾸며졌으며, 성무천황5년(728년) 도지(島池)에서 곡수연을 행했다는 기록이 있음

② 평성경

㉠ 원명천황은 등원경으로부터 평성경을 천도하였으며, 평성경은 동서 약 5.9km, 남북 약 4.8km의 규모로 나양분지 북쪽에 위치

㉡ 국가의 정치나 의식을 행하는 궁전이나 역소, 천황의 어재소 등이 있음

㉢ 정원유적

· 평성궁의 곡수유구

– 곡수연을 목적으로 조영된 것으로 남북으로 좁고 길게 사행하는 도수로와 같은 형태의 곡지가 발견

· 동원정원

– 전기 후기로 구별이 되는데 특히 후기의 원지는 기본적으로 전기의 원지를 메우고 그 위에 다시 만듦

4 평안(헤이안)시대

① 개요

㉠ 나양은 물이 풍부하지 못했지만 천도한 교토(京都)는 산자수명(山紫水明)의 땅으로 지형과 수맥이 정원발달에 절호조건을 구비

㉡ 긴세월동안 정치, 문화의 중심지 였던 교토의 중심으로 귀족계급의 안정을 이룸

② 평안시대 초기

㉠ 특징

· 나라조(奈良朝)에 이어서 당풍문화(唐風文化)가 유행하여 당의 광대한 원지를 갖는 정원이 만들어졌는데 대부분이 자연의 지형을 이용하여 대면적의 원지를 조성하고 선유(船遊)를 비롯한 연회를 개최함

㉡ 종류

· 신천원

– 공가(公家)의 저택건물을 침전조건물과 정원의 설비가 갖추어짐

· 대각사 차아원

– 대각사는 차아천황의 이궁이었던 곳이 사후 후에 절로된 것

– 차아대각사의 대택지(大澤池)와 명고회(名古會) 폭포터 등이 남아있음

– 대택지의 크기는 동서 약 265m, 남북 약 185m, 수심은 2.5m에 못미침

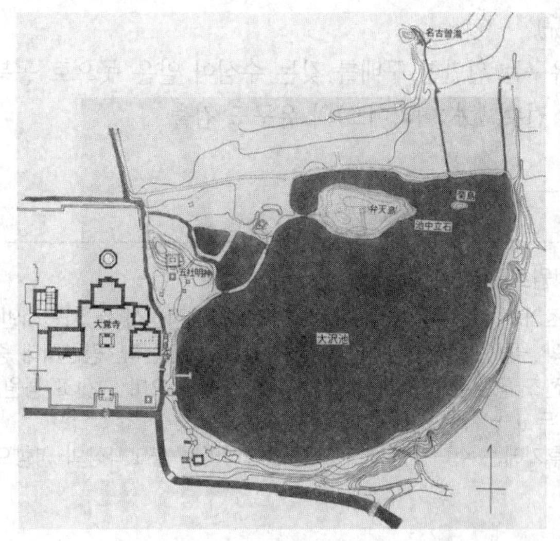

그림. 대각사 차아원

③ 평안시대 중기

★ ㉠ 침전조

- 평안시대 귀족의 주택형식을 침전조(寢殿造)라고 하며 주거에 해당하는 침전(寢殿)과 대옥(對屋)이라고 불리는 부속시설을 통로인 도랑(渡廊)으로 연결하여 중문과 조전(釣殿)을 설치하는 구조
- 조전은 여름의 시원한 바람과 가을의 밝은 달, 겨울의 흰 눈을 감상하며 낚시와 뱃놀이를 할 수 있는 건물
- 침전의 남면에는 연회나 행차를 위한 흰 모래(白砂)가 깔려있는데 주로 동북쪽에서 견수(遣水, 야리미즈)에 의해 물을 끌어들임

㉡ 정원

- 동삼조전
  - 당시의 실권을 가진 등원(藤原)씨 역대의 대저택이었던 「동삼조전(東三條殿)」을 들 수 있는데 현존하지 않기 때문에 복원도에 의해 당시의 모습을 알 수 있음
  - 부지넓이는 동서 약 100m, 남북 약 200m이고 침전의 전면에 정원이 전개, 연못에는 섬이 세 개 있으며 연못에는 동북쪽 모퉁이부터 견수가 흘러나옴, 서쪽 중문랑(中門廊) 끝에는 조전이 연못에 닿아 있음

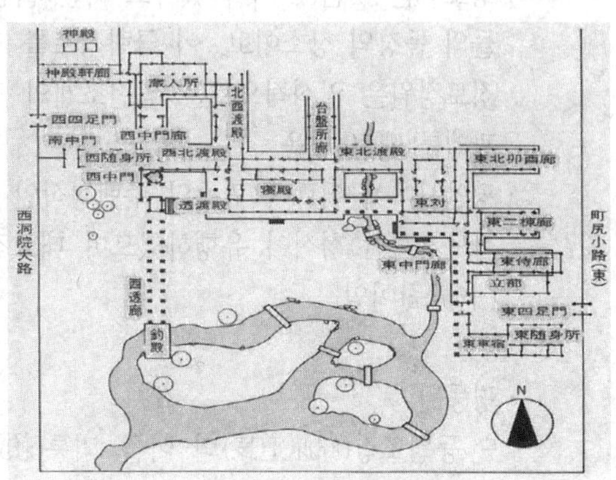

그림. 동삼조전 평면도

- 고양원(高陽院)
  - 원지(園池)의 물가에 만들어진 주먹 크기의 냇돌을 빈틈없이 깔아 점토로 다졌다. 수심은 약 40cm 정도

· 굴하원(堀河院)

- 원지의 유구는 완만한 구배를 갖는 수심이 얕은 못으로 동북쪽에서 남서쪽으로 흘러 못에 유입되는 견수(遣水:야리미즈)의 유구도 검출

■ 참고

■ 평안시대 정원흐름

- 평안시대 초기의 신천원은 연못과 섬, 여러 개의 정원석 등 자연적인 경관과 입석의 조화로 후기 침전형 정원의 원류인 주유지천식 정원의 특성을 나타낸다. 평안시대 중기 이후에는 침전조 건물이 완성되고 침전조 정원문화가 뿌리내리는 계기가 되었으며 침전조 정원은 겸창시대까지 이어지고 침전을 중앙에 두고 남쪽에 정원을 조영하였다.
- 평안시대 후기에는 수미산과 정토계를 구현하려는 불교사상의 영향으로 극락 정토풍의 정원이 조영되었다.

■ 침전조정원

- 첨전조정원의 모습은 「원씨물어(源氏物語)」, 「공수물어(空穗物語)」등의 소설의 무대로 될 정도로 당시 귀족들의 화려한 생활의 장이였다.
- 경도는 원래 여름이 무덥기 때문에 귀족들의 더위를 피하기 위한 방법을 취하게 되었는데 침전조의 특징의 하나인 조전(釣殿)도 그 예의 하나이다. 이는 물고기를 낚는 장소가 아니라 못으로 도랑(渡廊)를 길게 연장하여 그 끝에 더위를 피하고 연회를 위한 벽이 없이 바람이 통하는 건물을 마련하였다.

④ 평안시대 말기

㉠ 정토 사상

· 정토라는 것은 부처가 있다고 하는 맑은 사후의 세계로 극락(極樂)도 그중의 하나인데 사람들의 동경의 장소이고, 이 극락정토를 재현하려고 한 것이 소위 정토정원

· 정토정원은 양식적으로는 침전조계의 정원에 속하지만 조영의 목적이 신앙과 매우 밀접한 관계를 맺고 있음

· 평안시대에 이르러 귀족의 주택형식인 침전조에 정토정원의 불당을 세워 원지를 연지로 한 과도기적인 형식이 유행하였으며 대표적인 예가 1053년 등원뇌통(藤原賴通)에 의한 평등원(平等院)이임

㉡ 정원

· 평등원

- 등원도장(藤原道長)의 아들 뢰통(賴通)이 1052년 별장을 절로 하고 평등원으로 이름을 붙임
- 봉황새를 본 따서 중당(中堂)의 좌우에 대칭의 익랑(翼廊)을 전방으로 돌출시키고 후면에 미랑(尾廊)을 붙여 아미타당(봉황당)을 건립
- 서방정토를 의식하여 세워진 아미타당과 (西方淨土) 그 전방에 원지를 배치하고 이를 동쪽에서 바라보는 공간구성을 취하고 있음

· 정유리사

- 서쪽에 아미타당을 세우고 그 전면에는 원지를 중심으로 한 아담한 정원이 펼쳐져있어 극락정토의 모습을 보여줌
- 원지의 물은 남쪽의 산으로부터 용출하는 두 개의 계류를 모아 이용

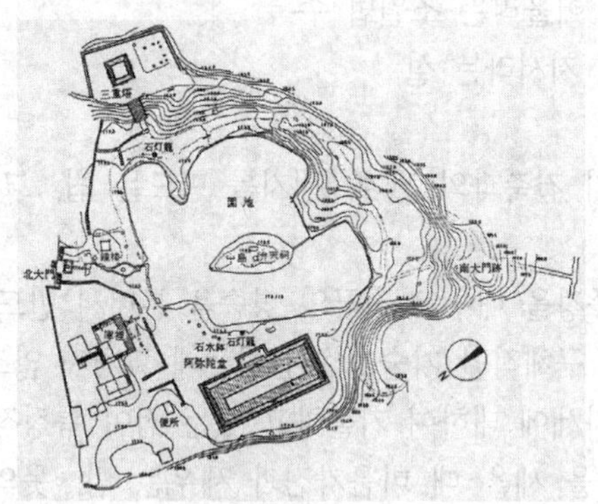

그림. 정유리사 평면도

■ 참고 : 정토정원

- 정토 : 부처가 있는 사후의 세계, 극락정토로 사람들의 동경의 장소
- 정토정원 : 극락정토를 재현하려는 정원, 양식적으로는 침전조계 정원에 속하지만 조영의 목적은 불교와 관련
- 조경기법 : 수미산 석조, 구산팔해, 야박석 등
- 기본 배치 수법 : 남대문→ 홍교 → 중도 → 평교 →금당으로 이어지는 직선 배치가 일반적

· 모월사

- 등원(藤原)씨의 명복을 비는 절로서 1117년 등원기형(藤原基衡)에 의해 세워졌음
- 모월사 정원은 순수한 정토식정원이 아니라 고산수식 석조, 침전조계 정원의 원지배치의 요소가 포함되어 있음
- 금당의 정면에는 동서로 180m, 남북으로 90m 대천지(大泉池)와 그 중앙에는 자갈을 깐 중도(中島)가 있으며 원지 주변은 모두 자갈이 깔려 있음

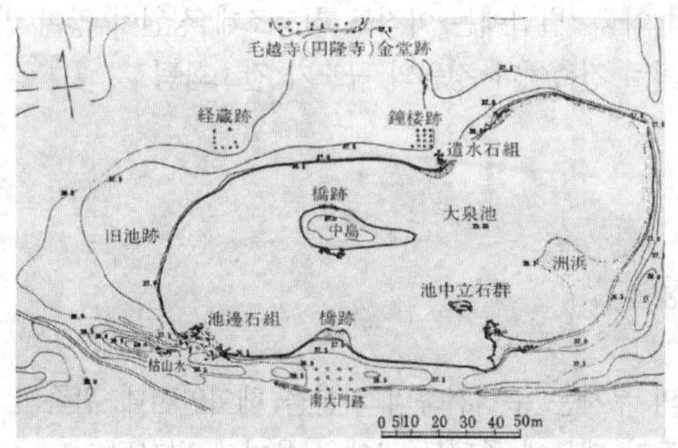

그림. 모월사정원 평면도

★★ ㉢ 작정기(作庭記)

- 의의
  - 일본 최초의 조원 지침서로 겸창(카마쿠라)시대에 「전재비초」로 불려진것이 강호(에도)시대 「작정기」라 불림
  - 침전조 건물에 어울리는 조원법 수록
- 저자 : 귤 준강의 저서라는 설
- 내용
  - 침전조계정원의 건축과의 관계, 원지를 만드는 법, 그 외의 지형의 취급방법, 입석의 의장 등이 기록
  - 자연이 있는 풍경을 배우고 전국의 명승을 본떠서 만드는 것을 기본방침으로 함
  - 정원 만들기의 구체적인 기술을 언급하는데 그치지 않고 '정원 만들기는 무엇인가'에 대하여 근원적인 자세에 대하여 기술하고 있는 점이 특징적임
  - 세부내용 : 돌을 세울 때 마음가짐과 세우는 법, 못의 형태, 섬의 형태, 야리미즈(견수, 도수법)에 관한 수법, 폭포 만드는 법

5 겸창시대

① 개요

㉠ 겸창시대는 상모국(相模國) 겸창에 막부(幕府)가 위치한 시대를 말하며, 국가의 지배자는 조정(朝廷)이었으며 무가(武家)는 그 아래에서 나라를 지키는 업무를 담당하고 있었다. 정치형태는 변하지 않았지만 가마쿠라 막부의 성립에 따라 무가의 지위가 안정되고 강화되었다.

㉡ 겸창(鎌倉)에 막부가 개설되어도 문화의 중심은 여전히 공가(公家)들이 있는 경도(京都)였으며, 고급스러운 저택은 역시 전시대로부터의 생활의 답습인 침전조(寢殿造)의 건축이 중심이 되었고 정원 의장도 또한 그 연장선상에 있었다.

㉢ 침전조의 정원은 침전의 남쪽에 있는 넓은 정원이 주정(主庭)이되고 이곳이 의식(儀式)의 장소로 이용되었다.

② 침전조정원

㉠ 특징

- 황실과 귀족의 이궁, 별업에는 아직도 침전조계 정원이 많이 만들어졌으며, 일반적으로는 공가 세력의 쇠퇴로 건축이나 정원의 규모가 간소화됨

㉡ 대표적정원

- 수무뢰전 정원터
- 귀산 이궁터

③ 막부와 무사의 정원

㉠ 특징

- 가마쿠라시대의 무사는 주택건축의 기본을 헤이안시대 귀족의 침전조에 두었으나 생활과 활동 공간이 다르기 때문에 주택도 그에 상응하게 변형됨

· 소규모의 가옥에 대응하여 정원공간도 적은 면적이며 중문의 전정이 침전조 정원의 넓은 정원 대신에 내정이 분화하여 감상본위로 변함
· 지방무사주택
- 당시의 무가가 지니는 두 가지측면을 나타낸 것으로 사회의 지배계급으로서의 공가의 생활양식을 지향하는 측면과 전투집단으로서의 측면임
- 지방의 무사들은 전투상의 필요가 있어서 정원은 평정으로 할 수 밖에 없었을 것이나 이러한 실용을 위한 공간구성을 바탕으로 하면서도 감상의 대상으로 정원을 배치하고 있음

㉡ 대표적정원
· 칭명사
· 영복사 : 원뢰조가 건립한 삼대 사원 중의 하나로 평안경의 왕조적 문화를 싫어한 뢰조였지만 평원의 불교문화와 정토적 장엄함에 상당히 마음을 움직인 것으로 보임

④ 선종사원의 정원
㉠ 특징
· 무사의 주택에서 정원의 발달을 촉진시킨 요인의 하나는 선종(禪宗)의 부흥
· 1191년 중국의 송으로부터 돌아온 영서(榮西)선사(禪師)에 의해 선종이 전해져 경도(京都)의 건인사, 겸창 수복사(壽福寺)가 건립
· 선종은 무사계급과 밀접한 관계를 맺었는데 그들의 세계관, 자연관은 정원의 표현에도 커다란 변화를 주었다. 이 변화에는 가마쿠라 말기 및 남북조시대에서 실정(室町:무로마치) 시대 초기에 걸쳐 활약한 몽창소석 국사(夢窓疎石國師)의 작정(作庭)활동이 큰 의미를 갖고 있음

㉡ 대표적정원
· 영보사 : 겸창시대 초기 선종사원으로 몽창국사 창건
· 건장사

6 실정시대

① 개요
㉠ 일본 정원사상 황금기를 이룬 시기로서, 겸창시대에 이은 몽창소석(夢窓漱石)의 정원조성을 비롯

★ ㉡ 초기서원조정원 형성
· 3대장군인 족리의만(足利義滿)의 북산전(北山殿), 8대장군 족리의정(足利義政)의 동산전(東山殿) 등이 대표적임
· 족리씨는 평안귀족에 대한 동경이 있었던 듯 그들의 저택은 침전조 양식을 답습한 경향을 보이며, 정원양식은 선대의 전통을 계승하는 지천(池泉)양식을 나타내고 있음
· 그러나 다른점은 연중행사 즉, 의식을 행하기 위한 공간으로서의 역할을 한 침전조 정원과는 달리 무로마치 시대의 정원은 원지형태가 복잡해지고, 경석(景石)을 다수 배치하는 등 감상 본위의 정원이 조성되었고 이는 침전조에서 초기서원조(初期書院造)양식으로 변화하는 건축양식과 관계되는 것으로, 초기 서원조정원의 형성을 들 수 있음

ⓒ 고산수정원 탄생

· 실정중기 이후, 몽창소석에 의한 선종(禪宗)의 영향은 선종사원에 고산수(枯山水)라고 하는 새로운 형식의 정원을 만들어냄

· 선종은 경전에 의하여 깨달음을 얻는 교종과는 달리 문자에 의지하거나 경전의 복잡한 교리에 의거하지 않고 오로지 심성(心性)을 닦는데 치중

② 몽창(夢窓)소석의 조경

㉠ 몽창국사의 조경사상의 영향

· 몽창소석 : 겸창, 실정시대에 활동한 선승(禪僧), 대표적 조경가, 선종정원의 창시자

· 사상

- 정토사상의 토대 위에 선종의 자연표현
- 정원조영은 선(禪) 사상을 깨닫기 위한 사유와 수행의 장으로 정원은 깨달음 그 자체라고 말함
- 참선 지침서인 「몽중문답(夢中問答)」에 '산수 즉, 정원에는 득실(得失)이 없고 득실은 오직 사람의 마음에 있다'라는 말을 남김

㉡ 서방사(西芳寺)

· 나라(奈良)시대에 행기(行基)가 건립한 49원(院)중의 하나로서 731년에 창립되었으며, 가마쿠라(鎌倉)시대에는 정토종의 사원으로, 무로마치시대에는 선종사원으로서의 역할을 함

· 몽창국사가 서방사라 개명하고, 「벽엄록(碧巖錄)」에 표현된 선종(禪宗)의 이상향을 구현함

· 기존의 정토식정원에 선(禪)정원의 요소를 더하고, 고산수를 축조

· 서방사는 아름다운 이끼가 가득한 곳으로 '태사(苔寺:고케데라)' 라고 부르기도 함

· 정원의 공간은 크게 상하 두 구역으로 분리되어 있는데, 상단은 고산수정원이고 하단은 심(心)자형 황금지(黃金池)를 중심으로 한 지천회유식(池泉廻遊式)정원을 이루고 있음

그림. 서방사의 황금지

㉢ 천룡사(天龍寺)

- 몽창국사 만년에 조성한 정원으로 기존의 정원과 다른 특색을 지님
  - 선정원(禪庭園)으로서 목적, 즉 엄한 수행을 행하는 장소로서의 역할 뿐만 아니라 경관을 즐기는 정원으로서의 역할도 강하게 표현
- 정원은 방장(方丈)의 서쪽에 못을 파서 조원지(曹源池)를 구성
  - 조원지의 명명은 몽창국사가 못을 팠을 때, 참된선을 의미하는 '曹源一適(조원일적)'이라는 문구가 기록된 돌이 발견된 것에서 연유함
- 구성은 못의 중심에 봉래산을 상징하는 섬 등을 배치하는 지금까지의 일본정원수법과는 달리 넓은 수면 그 자체를 연출하고 있으며, 못 주변의 원로에 산책로와 좌선석(坐禪石)을 배치하는 등 정원을 사유의 장소로서 조성한 것으로 선사상에서 유래함

③ 초기서원조정원

㉠ 형성배경과 특징

- 주택건축 양식인 서원조(書院造)건축에 대응하여 조영된 정원을 서원조 정원으로 실정 시대는 초기적단계이므로 초기 서원조정원이라 함
- 서원조 정원은 이러한 서원조 건축양식을 갖춘 서원의 자시키(座敷:좌부) 즉, 방 안에서 정원을 관상하는데 주안을 둔 정원으로, 지천(池泉)정원, 고산수정원 등 일정한 양식 없이 다양한 형태를 보임

■ 참고 : 서원조정원

서원조건축은 주전(主殿)이라 불리는 주옥(主屋)의 남반부로, 침전조정원에서는 의식의 공간으로 사용하였던 것과 달리, 접객과 대면(對面)의 장소로서 활용하였다. 건축의 내부공간구성에 다다미(畳)가 전면에 깔린 방인 좌부(座敷)가 성립되고, 이방에는 바닥(床)을 한단 높게 만들어 장식을 위한 공간으로 활용하는 상지간(床之間), 장식선반인 위상(違棚), 그리고 부서원(付書院) 등이 부설되었다.

㉡ 녹원사(금각사)

- 조성 : 족리의만(족리3대장군)의 별장으로 조영한 북산전(北山殿)을 그의 사후에 선사(禪寺)로 개조한 한 것
- 의의 : 북산문화의 대표적 유구
- 특징
  - 입지적 특성을 보면 북쪽은 평안시대부터 수렵, 제빙, 사원지로서 유명한 북산(北山)이 있는 곳으로, 이곳은 특히 설경이 유명한 경승지
  - 외국사절을 접대하거나 천황의 행행을 맞이하는 등 공식적인 행사에 이용
  - 족리의만의 북산제의 재건에는 사리전인 금각을 중심으로 한 공간에 중점을 둠
  - 금각은 3층 누건물로 3층은 사리전, 2층은 관음전, 1층은 침전조풍의 주택
  - 금각이 지원 북안에 배치, 못 주변에 야박석 배치, 정토세계 금각 전면의 못인 경호지(鏡湖池)는 극락정토의 칠보지(七寶池)로서 평등원(平等園)의 봉황당(鳳凰堂)과 못의 관계와 같이 불교세계에서 이르는 정토세계(淨土世界)를 의미

- 북산전을 서방극락(西方極樂)에 비유하고 있으며 금각 앞의 못 안에 '구산팔해석(九山八海石)'이라 명명된 돌이 배치되어 있음

㉢ 자조사(은각사) : 금각사 모방

- 조성 : 족리의정(족리8대장군)이 녹원사를 본보기로 조영한 동산전(東山殿)이 최초임
- 의의
  - 실정시대 중기의 문화를 이르는 동산문화(東山文化)의 대표적 유구
  - 족리의정이 축조한 동산산장(東山山莊)이 중심이 되어 무가, 귀족, 선승들의 문화가 융합되어 생겨난 것이라고 알려져있음
- 특징
  - 정원은 산록의 평지에 원지와 주요건물을 배치하고, 산정에 작은 건물들을 배치하는 구성
  - 은각(銀閣)은 조영 당초에 조영된 중층의 관음전으로, 1층은 주택풍이며, 2층은 일본의 전통적인 사원건축양식의 불당으로 구성되어 있으며, 일본풍의 주택양식이 도입된 건물로서, 동산문화를 대표하는 건축물 중의 하나임
  - 향월대 : 모래를 쌓아 후지산과 같은 형태로 조성
  - 은사탄 : 본당 앞의 넓은 바다를 연상시킴

그림. 자조사의 관음전인 은각

그림. 향월대와 은사탄

★★ ④ 고산수정원

㉠ 형성배경과 특징

- 실정 중기의 선종사원에 조영된 많은 정원은 고산수(枯山水 : 가래산수이)라고 하는 양식의 정원이 조성
- 고산수는 물을 사용하지 않고, 돌과 모래를 사용하여 물을 상징적으로 표현한 정원으로 극도로 추상적인 조영수법으로 암석은 폭포나 섬을 형상화하거나 동물의 움직임으로 나타냈고 모래무늬로 물의 흐름 또는 바다를 형상화함
- 기록은 평안시대의 정원서인 「작정기(作庭記)」에, '못(池)도 없고 야리미즈(遺水 : 유수)도 없는 곳에 돌(石)을 세우는 것' 이라고 고산수를 기록
- 의장(意匠)은 수묵산수화(水墨山水畵)의 영향과 분재의 영향을 받음
- 고산수라고 하는 소정원은 평안시대부터 발달 해온 대면적의 화려하고 색채가 풍부한 정원형식을 초월하여, 표면적인 화려함을 부정적으로 비판하는 무(無)의 미(美)를 구하는 소정(小庭)이다.

㉡ 발달

· 축산 고산수
  - 초기적 수법, 소량의 식물 사용
  - 나무를 다듬어 산봉우리의 생김새를 얻게 하고 바위를 세워 폭포를 상징시키며 왕모래를 깔아 냇물이 흐르는 느낌을 얻을 수 있게 하는 수법, 다듬은 수목으로 산봉우리나 먼 산을 상징

· 평정고산수정원
  - 발전된 단계로 초감각적인 경지를 표현
  - 식물은 일체 쓰지 않고 왕모래와 몇 개의 바위만 사용
  - 일본정원의 골격이라고 할 수 있는 석축 기교가 이 시대에 최고로 발달

㉢ 정원

· 대선원
  - 북송산수화의 풍경을 재현, 이 정원은 불사를 위한 사색의 공간을 구성하는 중요한 곳임
  - 대성국사가 심산유곡의 대풍경을 100㎡의 공간에 석조와 모래, 소나무로 원근감있게 표현, 폭포를 표현한 거대한 2개의 입석에 관음석, 부동석등의 명칭을 붙임
  - 하단부에는 보물선이라는 경석이 흰모래 가운데 있어 출범하는 모습을 연상하게 함
  - 폭포뒷면에 일군의 군식된 수목들은 전정하여 깊은 산속의 경치를 표현하고 있음
  - 그 밖에 이 정원에는 폭포에서 떨어진 물이 대하(大河), 상징하는 학과 거북(鶴龜)을 조합하여 나타내며 신선사상과 서방정토를 기초로 한 정원양식이 계승되고 있음을 보여주는 좋은 사례임

· 용안사
  - 주지(住持)의 처소인 방장 앞의 토담에 둘러싸인 250m² (동서로 25m, 남북으로 10m)의 평지에 하얀 모래를 깔고, 그 위에 크고 작은 15개 경석을 5군(5,2,3,2,3)으로 정원석을 배치
  - 흙을 쌓아 축조한 남쪽과 서쪽의 토담이 정원의 배경과 공간을 한정하는 틀을 이루며, 동쪽에는 중국 당나라풍의 현관이 있음
  - 이 정원에는 정원석 주위에 자연스럽게 생겨난 이끼가 조금 있을 뿐, 한그루의 나무도 화초도 없는 정원으로 간결한 표현법이 눈을 끄는 독창적인 고산수 정원이라 할 수 있음

그림. 대덕사 대선원정원의 북쪽정원

그림. 용안사 방장정원

■ 참고 : 고산수정원의 의장에 영향요소

- 수묵산수화 : 고산수정원은 추상적인 아름다움을 형성하고 있다. 고산수에 있어서의 하얀모래는 여백의 공간으로서 물을 의미한다. 이 물은 감상자의 생각에 따라 맑은 계류가 될 수도 있고, 해안 등이 될 수가 있다. 돌은 물소리를 들을 수 있는 폭포, 산속 등을 연상하게 한다.
- 분재의 영향 : 고산수는 선종과 함께 중국에서 일본으로 전래된 분재의 영향도 받음. 분재는 작은 화분 안에 대자연의 경치와 대우주의 세계를 구상하는 원예기술로서 선사상을 기초로 한 선종의자연관, 세계관이 표현된 것이다. 이러한 사상은 정원조영에 있어서도 적용되어 협소한 공간에 대자연의 경치를 축소하여 표현하는 작정기법을 발달시켜, 소정원을 꾸미게 하며, 이는 '석정(石庭)'과 '고산수(枯山水)'라고 하는 형식을 성립하였다.

7 도산시대

① 개요

㉠ 직전신장(織田信長, 오다노부나가)에서 시작하여 풍신수길(豊臣秀吉, 도요토미히데요시)이 천하를 통일하고 일본을 통치하던 시대

㉡ 자유롭고 활달한 인간중심의 문화가 전개

- 건축 : 웅대한 성곽과 사원의 조영이 성행
- 회화 : 건축내부를 장식하는 화려한 병풍화의 성립, 풍속화가 새로운 장르로 등장
- 정원 : 화려한 건축에 대응하는 화려한 지정(池庭)과 고산수가 조영되고, 서원조정원이 완성을 이루고, 다도가 유행하여 다정(茶庭)이 성립

② 서원조정원

㉠ 특징

- 서원의 주전(主殿)이라 불리는 주옥(主屋)의 남반부를 접객과 대면(對面)의 장소로서 활용함으로서 생겨난 정원으로 도산 시대에 완성됨
- 서원의 좌부(座敷)에 앉아서 정원을 조망하는 것에 주안을 두며 주빈의 시선이 가장 중요한 것으로 '관조본위(觀照本位)', 즉 제한된 공간을 감상하도록 하며, 그 시점이 고정되는 곳에 정원을 조성함
- 정원공간에 상하의 개념이 생기고, 전경(前景)과 원경(遠景)이 생기며 수목의 배치와 조경석의 배치에도 표리(表裏)를 명확하게 하게 됨

㉡ 대표작과 공통특징

- 소굴원주(小堀遠州)에 의해 조성된 '이조성(二條城)의 이지환(二之丸)정원'
- 풍신수길이 조영하기 시작한 '제호사(醍醐寺) 삼보원(三寶院)정원', '서본원사(西本願寺) 대서원(大書院)정원'이 있음
- 이들 정원은 지배자의 권력을 과시하고자 하는 목적을 가지고 조영된 것으로, 화려한 색채와 광택을 갖는 재료가 선택되며, 명석(名石)과 명목(名木)을 수집하여 전시하였으며, 종려와 소철과 같은 이국적인 식물을 사용하는 등 매우 화려한 모습을 보인다.
- 정원의 구성은 호화로운 서원조건축의 내부에서 감상하기위한 정원으로서의 기능만을 강조됨

ⓒ 정원사례

· 이조성의 이지환정원

- 서원조건축의 전형적인 유구로 이지환 어전(御殿)의 대광간(大廣間)과 흑서원(黑書院), 소광간(小廣間)의 서쪽과 남쪽에 조영된 정원
- 상위의 공간인 장군이 앉는 상단의 방에서의 시점에 주안을 두고 정원을 배치
- 정원에 사용한 정원석은 그 크기가 크고, 주름이 많아 눈에 띄며, 색채가 다양한 것을 다수 사용
- 장군과 그 밖의 대명(大名)이 대면하는 장소인 대광간의 큰 건물과 호화로운 실내장식이 어울리는 장식적인 정원을 조성하여 대명들을 압도하고자하는 조영의도가 포함되었다고 함

· 제호사 삼보원

- 풍신수길이 1598년에 개최한 '제호의 꽃구경(醍醐之花見)'으로 유명한 곳으로, 이 행사 이후 곧바로 풍신수길은 정원과 건물의 축조에 착수하였으나 정원의 완성을 보지 못하고 사망함, 그 후 서호사좌주의연준후(醍醐寺座主義演准后)의 지도아래 정원사 현정(賢庭)이 시공하여 1600년에 완성됨
- 정원은 하나의 못을 다수의 서원조 건물, 즉 본당인 호마당을 비롯하여 여러 건물(순정관, 표서원, 추초간 등) 에서 감상하도록 조성된 정원으로, 전체적으로 보면 정원의 경관이 분산되는 구성을 보이며 이러한 정원조영방법은 회유식정원의 성립에 영향을 미침
- 연못의 확장과 개·보수, 700여개의 정원석과 수천 그루의 식물이 과도하게 사용되어 자연에 순응하지 못한 디자인과잉이라는 평가를 받음

그림. 제호사 삼보원정원의 순정관 전면

· 서본원사 대서원

- 화려하고 장엄한 도산양식이 잘 반영된 서원조양식으로 대면소(對面所)의 동쪽에 고산수(枯山水) 형식의 정원이 조성되어 있으며 일명 '호계의 정원(虎渓之庭)'이라고 부름
- 호계정원의 연유는 중국의 강서성(江西省)의 로산(盧山)에 동림정사(東林精舍)를 짓고 은거한 혜원법사(慧遠法師)의 일화가 담긴 '호계삼소(虎渓三笑)'의 고사에서 연유한 것으로, 정사의 하부에 있는 계곡이름인 '호계(虎渓)'에서 따온 것임

- 험준한 산과 엄격한 폭포를 구성하는 부분이 주 경관을 이루며, 수면을 표현하는 흰모래 부석과 중도(中島)가 부경관이 되어 주경관을 강조하는 역할
- 경관에 주와 부가 명확히 표현되고 있다. 화려하고 강함을 표현하는 석조(石組)와 소철과 같은 수목을 식재함으로서 전체적으로 강한 힘을 느낄 수 있는 정원을 조성

★★ ③ 다정

㉠ 개요

- 다도(茶道)는 무로마치시대부터 귀족들을 중심으로 유행하기 시작하여 말기에 거의 체계가 수립
- 다정(茶庭)은 다실(茶室)과 함께 차노유(茶湯:다탕) 즉, 손님을 초대하여 말차(抹茶)를 마시며 즐기는 다도(茶道)를 구성하는 중요한 장소로서, 로지(露地)라고 불리움
- 도시에 있으면서 마치 산중에 있는 듯한 분위기를 조성하고 있어 '시중산거(市中山居)'라고 불리우며 로지는 다도를 행하는 장으로서, 그 작법과 배치에는 다도의 정신인 선종사상이 강하게 반영되어 있음
- 「호중로담(壺中爐談)」에는 '초암다실과 로지는 천연 자연 그대로의 모습으로 있어야 하며, 장식을 하는 장소가 되어서는 안 되고, 그곳에서는 존비와 상하도 없고 사람의 마음과 마음의 조화를 이루는 장이 되어야 한다.'라고 적고 있음

㉡ 특징

- 음지식물을 사용하고 화목류를 일체 사용하지 않았다.
- 다도를 즐기는데서 발달한 실용적인면 중요시되었다
- 좁은 공간을 이용하여 필요한 모든 시설 설치하였으며 윤곽선 처리에 곡선이 많이 쓰였다.

㉢ 로지 조경의 기본배치시설

- 로지는 차를 마시는데 필요한 실용적인 행위가 행해지는 장소로서의 역할도 해야 한다.
  - 준거(蹲踞:쯔쿠바이) : 다실로 들어가기 전에 심신을 정화시키는 장치
  - 석등 : 불교에서 무명장야(無明長夜)의 어두움을 밝히려 도입
  - 비석(飛石:도비이시) : 보행로로서의 포장석 배치
  - 식물재료도 다도의 와비와 사비를 느끼게 하는 상록수를 애용

그림. 비석

그림. 준거

㉣ 이념배경

- 와비 : 가난함과 부족함 속에서도 아름다움을 찾아내어 검소하고 한적하게 삶
- 사비 : 이끼 낀 정원석에서 고담(古談)과 한아(閑雅)를 느낌
- 다도를 즐기는 다실과 그곳에 이르는 길과 좁은 뜰에 꾸며진 다정은 자연의 단편을 취해 교묘하게 대자연의 운치를 연상시킴

㉤ 정원

- 천리휴의 대암의 로지 : 초암풍의 정원
  - 초암풍이란 가급적 자연에 가깝게 즐기려했던 것으로 이상주의적 혹은 상징주의적 취급이 아니라 자연 속의 한부분을 떼어 강조하여 전체를 표현하려함
  - 다실 옆에는 소나무와 삼나무를 심고 담쟁이덩굴을 올려 가을 단풍이나 활엽으로 산속의 분위기를 냄
  - 고도의 실용성에서 징검돌과 자갈, 쓰꾸바이, 석등, 세수통 등 다정원에 특이한 재료나 기법이 도입
  - 천리휴의 조영으로 전하는 실존하는 유일한 다실인 대암(待庵)은 2첩(二疊) 규모의 극도로 긴박한 실내공간을 갖는 다실과 다정으로 구성
- 소굴원주의 고봉암(孤蓬庵)정원
  - 대담한 직선, 인공적인 곡선과 곡면을 도입하여 정원을 조영
  - 일반적으로 통일감이 있고 외관은 곱고 매우 기교적이고 세련된 미의식을 보임
  - 고봉이라는 이름은 용광원(龍光院)의 남쪽에 있는 산이 한척의 봉선(작은배)으로 보였기 때문이며 방장 남쪽의 화백나무의 생울타리도 그 때문에 물결처럼 느껴짐
  - 창의적 디자인 중 하나는 바깥 문앞에 있는 도랑에 놓여진 돌다리와 현관까지 깔려 있는 기다란 부석로(자연석을 질서 있게 깔아 놓은 길)
  - 연석이나 이음돌의 기법이 매우 훌륭하며, 돌로 만든 세수통과 석등 등이 배치

그림. 불심암정원

그림. 고봉암정원

8 강호(에도) 시대

① 개요

㉠ 시대적흐름

- 도산시대의 호화롭고 화려한 정원수법이 이어지며 평정고산수식, 다정과 같은 간결하고 소박한 형태의 정원양식 확립, 의도적인 차경, 회유식정원의 완성 등 다양한 형태의 정원이 풍미
- 강호 전기에는 교토를 중심으로 정원문화가 발달, 중반이후부터는 막부가 지배권을 강화하려고 지방의 유력한 다이묘(大名:겸창시대 때 큰영토를 가진무사, 강호시대 때 1만석이상 농토를 가진 영주)들을 강호에 머물도록 하는 정책을 썼으며 강호로 간 다이묘들은 호화로운 정원을 꾸밈

㉡ 정원의 발달

- 지천회유식(地泉回遊式), 회유식정원과 다정양식정원 완성, 일본의 특징적 조경문화(자연축경식정원) 탄생
- 지천회유식정원을 독자적 경관형성하거나 건축에 종속되어 보조적인 역할을 함

회유식정원	– 소굴원주에 의해 확립되었으며 뜰에는 독립된 연못과 섬, 산을 만들고 다리와 원로를 통해 동선을 연결, 다정을 배치하여 몇 개의 로지가 연결되게 함 – 계리궁, 선동어소, 수학원이궁, 동본원사, 섭성원, 소석천 후락원, 강산의 후락원, 성취원, 현인궁이 대표적
건물에 종속된 형태의 정원	– 실내에서 관상하기 알맞게 회화식을 꾸몄으며 지천관상식, 평정원을 불림 – 평정원은 지천을 만들지 않고 평탄한 땅에 입석을 배치한 정원

- 다정이 정원에 중요하게 작용하였으며 차경이 발달하였으며, 다정은 관상위주의 고산수식, 지천회유식이나 국부처리에 변화를 주었다.

② 회유식정원

㉠ 계리궁(가쓰라이궁)

- 연못호안을 따라 조영된 축산, 수류(水流), 모래언덕, 석조와 신선도, 봄의 상화정, 여름의 소의원, 가을의 월파루, 겨울의 송금정 등 세부적인 의장이 돋보임
- 원로의 요소에 다실과 요괘(腰掛), 준거(蹲踞:쯔쿠바이) 등 다회에 필요한 로지의 시설을 배치하고 정원의 경치를 이루도록함
- 정원의 조영배경 : 백락천이 이상향을 이미지화하고 천황이 방문했던 명승과 「원씨물어(源氏物語)」에 등장하는 가침(歌枕)을 배경으로 함

㉡ 수학원 이궁

- 후수미(後水尾)천황이 조영한 이궁
- 자연지형을 충분히 활용한 특징적인 정원으로 산 밑으로부터 상, 중, 하의 다실을 독립적으로 구성하고 좁은 원로로 연결
- 자연지형을 충분히 활용한 특징적인 정원

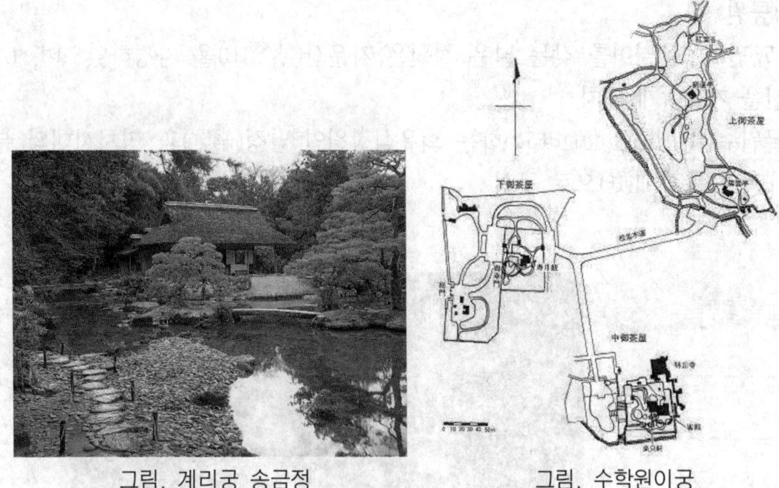

그림. 계리궁 송금정　　　　그림. 수학원이궁

③ 대명정원

- 대명들에게 토지를 분배하여 대명저택(大名屋敷)이 급속하게 증가하고, 그 넓은 저택에 대명정원이라 불리는 대정원이 조영

㉠ 소석천후락원(小石川後樂園)

- 신전(神田)상수를 수원으로 하는 큰 못을 중심으로 꾸며진 정원
- 임천회유식정원으로 중국적인 조경요소인 원월교(圓月橋), 소여산(小廬山) 그리고 서호제(西湖堤)가 만들어져 있는 곳
- 소석천후락원의 지수(池水)는 즐기는 정원으로서의 역할 뿐 만아니라 에도의 상수로서의 역할을 하였다는 점에 특징이 있음

㉡ 빈이궁(浜離宮)정원

- 도쿠가와 장군가(德川將軍家)의 별저인 빈어전(浜御殿)에 조성된 대명정원으로, 동경만의 간만의 차를 이용한 못(潮入池)과 오리수렵을 목적으로 조성한 두개의 압장(鴨場)으로 구성
- 현재의 정원의 모습은 명치시대에 황실의 이궁이 되어 빈이궁(濱離宮)라고 불리게됨
- 조입지(潮入池)는 바다에 면하는 특성을 이용하여 바닷물을 끌어들여 못을 이루고 그 바닷물의 조수간만에 의해 변화하는 풍정을 즐기는 정원이었으며 '중도의 어다옥(中島之御茶屋)' 즉 다실을 배치한 섬을 만들고, 다리로 연결하여 이용하도록 하였다. 섬 안의 다실은 장군을 비롯한 귀족들이 정원을 조망하고 휴게하는 시설로서 사용하였다.

㉢ 육의원

- 류택길보(柳沢吉保)가 조영한 곳으로 정원의 중앙에 못을 파고, 축산을 만들며, 천천상수(千川上水)에서 물을 끌어다 못을 채움
- 정원명이 된 '육의(六義)'는 중국의 한어집(漢語集)인 『모어(毛語)』에 기록된 육의(六義) 즉, 부(賦)·비(比)·흥(興)·풍(風)·아(雅)·송(頌)에서 유래한 것으로, 정원의 주제는 일본의 시가인 화가(和歌)의 세계이다.

㉣ 율림공원

- 약 75만m^2의 넓이를 갖는 넓은 정원은 자운산(紫雲山)을 차경하였으며, 6개의 못과 13개의 축산을 기묘하게 배치
- 소굴원주류(小堀遠州流)라고 하는 회유식정원인 남정(南庭)과 명치시대의 분위기를 나타내는 근대적인 북정(北庭)으로 구성

그림. 율림공원 남교의 안월교(偃月橋)

㉤ 수전사 성취원(水前寺 成趣園)

- 정원명인 '성취원(成趣園)'은 도연명의 시 귀거래사(帰去来辞)의 한구절인 '원일섭이성취(園日涉以成趣)'에서 취한 것이며 동쪽에 마장(馬場)이 있음
- 동서방향으로 못을 만들고, 못의 북부에 배치된 고금전수지간(古今伝授之間)에서 못을 사이에 두고 맞은편 남부에 조성된 축산을 조망할 수 있도록 조성됨

㉥ 겸육원(兼六園)

- 정원명은 송대의 시인 이격비(李格非)의 '낙양명원기'에서 유래
- 소립야대지(小立野台地)의 선단부에 위치하는 지형적인 특색을 이용하여 높은 곳에는 웅대한 하지를 배치하고, 지형의 고저차를 최대한 활용한 공간구성을 보이고 있음
- 하지는 중심적인 공간으로서 못 안에 신선도인 봉래도를 배치하고, 못을 팔 때 나온 흙을 이용하여 축산하여 영라산과 내교정(内橋亭), 미진석등(徽軫灯籠) 명승을 배치해 회유하면서 정원을 즐길 수 있게 함

㉦ 강산후락원(岡山 後樂園)

- 일본 3대공원 중 가장 오래됨
- 이 정원은 성을 방비하는 수단으로서 조영된 것으로, 객을 접대하는 건물인 연양정(延養亭)을 중심으로 한 임천회유식 정원
- 약 12 ha에 이르는 넓은 정원부지의 서쪽에 연양정(延養亭)을 배치하고, 그 전면에 유심산(唯心山)과 못을 중심으로 한 넓은 잔디밭을 조영
- 풍부한 물을 이용한 곡수(曲水)는 정원의 특징적인 요소로서, 정원의 북쪽에 있는 관기정(觀騎亭) 근처에서 지하수를 끌어올려 원내를 일주하게 함

④ 평정(坪庭)

㉠ 에도 중기 이후에 서민주택에서도 정원조영이 활발해짐

㉡ 평정

- 건물에 둘러싸여 형성된 작은정원
- 도시계획이 이루어지고 일본특유의 도시형주택인 정가(町家 : 마치야)라는 것이 형성되고, 상점과 주거동 사이공간에 채광과 통풍을 위한 기능적 공간인 평정정원이 조영되게 됨

⑤ 조원비전서(造園秘傳書)

㉠ 축산정조전(築山庭造傳) 전편

- 북촌수금제(北村授琴齊)가 1735년 작정기와 기타의 다른 문헌을 참고하여 자신의 조원경험을 토대로하여 꾸민 것으로 3권으로 구성

㉡ 축산정조전(築山庭造傳) 후편

- 이도헌추리(離島軒秋里)에 의하여 1828년 북촌수금제가 쓴 축산정조전과 같은 이름으로 부름
- 상·중·하로 구성, 정원의 종류를 축산, 평정, 노지로 분류하고 이것을 다시 진(眞), 행(行) 초(草)로 나눈 후 각각을 상세히 그림으로 풀어 설명하고 있음

㉢ 석조원생팔중환전(石組園生八重桓專)

- 이도헌추리(離島軒秋里)
- 상·하 두권으로 구성되었으며 각종 시설물에 대해 그림으로 설명하고 있음
- 석조법 : 돌을 형태에 따라 5종을 기본형으로 분류하고 이들을 각각 두 개, 세 개, 다섯 개씩 적절히 배석

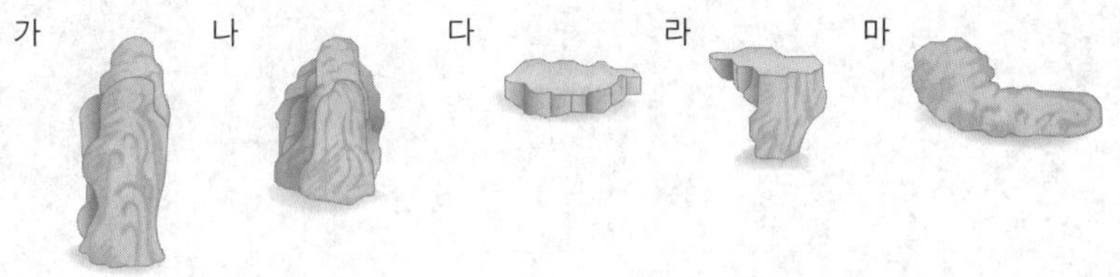

가. 체동석 : 좌우전후 어디서나 바라볼 수 있는 모양의 돌로 입체감을 주고 관상효과가 좋다.
나. 영상석 : 체동석과 같이 입체감을 주고, 배석에 있어 안정감을 준다.주석(主石)이 되는 돌
다. 심체석 : 일명 대초석이라 하며, 표면이 평평하게 된 돌로 안정감을 준다.
라. 지형석 : 나뭇가지가 뻗어 있는 모습 (직각 삼각형꼴)으로 동적미를 준다.
마. 기각석 : 소가 누워있는 형상의 돌이라 하여 와우석이라고도 한다. 안정감을 준다.

9 명치(메이지)시대 이후

① 개요

㉠ 메이지 유신 이후 문화개방으로 서양풍의 조경문화 도입

㉡ 서양정원의 영향 : 프랑스의 정형식정원, 영국의 풍경식정원 등

㉢ 소천치병위

- 일본근대조경양식을 확립한 조경가
- 대표작 : 무린암, 평안신궁신원, 원산공원, 대룡산장정원 등

② 축경식 정원

㉠ 자연풍경을 그대로 축소시켜 묘사

㉡ 규모가 작은 공간에 기암절벽, 폭포, 산, 연못, 절, 탑 등을 한눈에 감상

③ 대표정원

㉠ 신숙어원 : 앙리 마르티네 설계

㉡ 적판이궁원 : 프랑스 베르사유형식

㉢ 히비야공원 : 일본최초의 서양식공원

핵심기출문제

내친김에 문제까지 끝내보자!

1. 다음 중 일본에서 가장 먼저 발생한 정원 양식은?

① 고산수식
② 회유임천식
③ 다정식
④ 축경식

2. 전통적인 일본식 정원의 형태가 아닌 것은?

① 회유임천식
② 다정
③ 평정고산수식
④ 사실주의 풍경식

3. 일본의 조경문화에 있어 불교의 영향과 거리가 먼 것은?

① 삼존석
② 수미산상
③ 세수분
④ 구산팔해석

4. 일본의 역사적 정원 양식의 변천과정을 개략적으로 도식화한 것이다. 옳게 된 것은?

① 노지식-축산고산수식-임천식-원주파임천식
② 임천식-회유임천식-축산고산수식-원주파임천식
③ 회유임천식-축산고산수식-임천식-원주파임천식
④ 평정-축산고산수식-고산수식-임천식

5. 일본의 침전식 정원 기법에서 주요 구성요소는?

① 수목과 정원석 ② 화단과 잔디
③ 연못과 섬 ④ 돌과 모래

정답 및 해설

해설 1
발달순서
회유임천식 → 고산수식 → 다정식 → 축경식

해설 2
① 동양 3국(중국, 한국, 일본)은 사의주의 자연풍경식으로 일본에서는 회유임천식, 평정고산수식, 다정식이 예이다.
② 사실주의 자연풍경식은 영국의 18세기의 수법으로 자연을 그대로 묘사하려 하였다.

해설 3
① 삼존석, 수미산석, 구산팔해석 – 불교관련 정원요소
② 세수분 – 다정관련 정원요소

해설 4
일본정원의 양식변천
임천식-회유임천식-축산고산수식-평정고산수식-다정-원주파임천식

해설 5
침전 앞에 연못과 섬을 두고 다리를 연결하는 회유식정원

정답 1. ② 2. ④ 3. ③ 4. ② 5. ③

6. 회유식 임천형 정원의 특색이 아닌 것은?

① 중세이후에 시작해 에도시대에 정착하였다.
② 계리궁이 대표적인 정원이다.
③ 중국식 정원을 도입한 일본식 정원이었다.
④ 못 주변을 돌아다니면서 구경하기 때문에 다리를 놓지 않았다.

7. 일본에 고산수(枯山水) 정원양식의 발생 배경과 거리가 먼 것은?

① 정치와 경제적 영향
② 기본 재료인 흰모래(白砂) 구입의 용이성
③ 직설적인 표현의 만연
④ 불교의 선종(禪宗) 영향

8. 일본의 정원 중 고산수 수법이 발달된 대표적인 정원은?

① 용안사
② 계리궁
③ 금각사
④ 천룡사

9. 고산수식과 관련된 나라는?

① 중국
② 영국
③ 일본
④ 프랑스

10. 왕모래와 몇 개의 바위만이 정원재료로 쓰일 뿐 식물은 일체 쓰이지 않았던 조경수법은?

① 축산고산수 수법
② 평정고산수식 수법
③ 다정수법
④ 회유식수법

정답 및 해설

해설 6

회유 임천형의 정원 구성요소 : 연못, 섬, 다리(연못과 섬을 연결)

해설 7

고산수정원 발생 배경
① 선사상영향으로 고도의 상징성·추상성 표현
② 중국 수묵화의 영향
③ 잦은 전란으로 재정적인 여유가 없어져 정원면적이 축소, 새로운 조경 양식 요구

공통해설 8, 9

고산수정원
① 축산고산수-대덕사 대선원
② 평정고산수-용안사

해설 9

일본의 고산수식은 정원을 조영하는데 있어 물을 쓰지 않은 정원이다.

해설 10

정원재료
축산고산수 : 돌, 모래, 나무
평정고산수 : 돌, 모래

정답 6. ④ 7. ③ 8. ① 9. ③ 10. ②

11. 다음 중 축산고산수 수법으로 축조된 대표적 정원은?

① 대선원서원　② 삼보원
③ 용안사석정　④ 천용사

12. 물을 사용하지 않고 흰모래로 바닥을 깔고 돌을 사용한 일본식 정원은?

① 축산고산수식
② 회유임천식
③ 다정식
④ 회유식

13. 일본교토에 있는 용안사의 고산수 정원과 관련 있는 것은?

① 모래밭 학섬, 거북섬의 석조, 곰솔과 향나무의 배경식재
② 모래바다위에 5개, 2개, 3개 석조의 배치
③ 모래밭과 향월대
④ 모래밭과 입석, 무수폭포

14. 축산고산수 수법이 쓰인 곳은?

① 삼보원 정원
② 히비야공원
③ 대선원
④ 용안사

15. 다정(茶庭)에 속하지 않는 것은?

① 주로 평지에 노지형으로 형성 된다.
② 디딤돌, 석등, 세심석 등이 배치되어 있다.
③ 차나무를 식재하는 실용원이다.
④ 다도(茶道)와 함께 발달하였다.

16. 다정 양식의 정원 요소는?

① 비석, 준거, 수수분
② 암석원, 잔디, 화단
③ 연못, 신선도, 평교
④ 수미산, 홍교, 자연석

정 답 및 해 설

공통해설 **11, 12, 14**

- 일본의 고산수식 : 물을 쓰지 않은 정원으로 물의 흐름은 흰 모래로 나타내었다.
- 축산고산수- 대덕사 대선원

해설 **13**

용안사 정원은 모래바다위에 5개, 2개, 3개의 석조를 배치하였다.

해설 **15**

다정은 노지형으로 다도를 즐기기 위한 운치 있는 소정원이다. 다도의 마음가짐을 위한 세심석이나, 석등 등이 배치되어 있으며 차나무를 식재하는 실용원은 아니다.

공통해설 **16, 17, 18, 19, 20**

도산시대 다정양식 정원요소- 비석(포장석), 준거, 수수분, 석등이 도입

정답　11. ①　12. ①　13. ②　14. ③　15. ③　16. ①

17. 일본의 다정식 정원양식에 들어가는 정원시설 중 오늘날까지도 쓰여 지고 있는 것은?

① 석등, 삼존석
② 수미산, 삼존석
③ 석등, 세수분
④ 세수분, 수미산

18. 일본의 다정원에서 볼 수 있는 세 가지 주요 첨경요소는?

① 반교, 평교, 수미산(須彌山)
② 야박석, 칠보지, 구산팔해석(九山八海石)
③ 관수석, 인공폭포, 오행석조
④ 징검돌, 석등, 물그릇(쓰꾸바이)

19. 일본의 모모야마(桃山)시대에 발달한 다정의 시설물이 오늘날 일본 정원의 점경물로 널리 쓰이는 것은?

① 석등과 세심석
② 수수분과 석등
③ 삼존석과 석탑
④ 음양석과 석등

20. 모모야마(桃山)시대 싸리나무와 대나무 가지로 울타리를 두르고 소공간을 자연 그대로의 규모로 꾸민 정원 양식은?

① 정토정원
② 임천정원
③ 다정
④ 침전식정원

21. 일본 정원에 대한 것 중 틀린 것은?

① 헤이안시대에는 침전조정원이 발달하였다.
② 남북조시대에는 원주파 임천식이 발달하였다.
③ 무로마치대에는 고산수수법이 발달하였다.
④ 에도시대에는 다정이 크게 발달하였다.

해설 **21**

원주파임천식은 에도시대 전기에 발달하였다.

정답 17. ③ 18. ④ 19. ② 20. ③ 21. ②

22. 일본의 고산수식 정원에서 중심이 되는 것은?

① 배석, 땅가름의 장
② 연못, 원로
③ 정원시설물, 화단
④ 징검돌(飛石), 준거(樽踞), 배식(配植)

23. 일본에서 축경식 정원은 언제부터 만들어지기 시작했는가?

① 에도(江戶)시대 ② 모모야마(桃山)시대
③ 무로마치(室町)시대 ④ 가마꾸라(鎌倉)시대

24. 회유임천식 정원이란?

① 정원의 중심에 연못을 파고 섬을 만들어 다리를 놓고, 섬과 못의 주위를 돌아다니면서 노는 것이다.
② 침전앞에 연못을 파고 섬을 만들고 다리를 놓고, 침전밑을 통해서 작은 내를 못으로 이끌고 배를 타고 노는 것이다.
③ 동산과 연못을 만들어 연못의 주위를 돌면서 노는 것이다.
④ 중앙에 침전을 만들고 연못 안에 봉래섬을 만들며 주위에 나무를 심어 숲이 우거지게 한 것이다.

25. 일본 모모야마(桃山)시대의 다정원(茶庭園)은 '와비'와 '사비'의 개념으로 완성되었다는데 이 정원을 설명한 사항 중 가장 거리가 먼 것은?

① 인간생활의 부족함을 초월하여 정원에서 미를 찾으려고 하였다.
② 이끼가 끼어 있는 정원석에서 고담과 한적함을 느끼는 개념이다.
③ 상징주의적보다는 자연속에 한 부분으로 대자연 전체의 분위기를 느끼려는 개념이다.
④ 서원조 정원과 유사한 화려한 개념이다.

26. 일본의 축경식(縮景式)정원에 관한 특징을 기술한 것 중 옳지 않은 것은?

① 에도(江戶)시대 후기에 형성된 조경양식이다.
② 자연풍경미를 한눈에 볼 수 있도록 묘사해서 만든다.
③ 원근(遠近), 색채, 명암, 조화를 잘 활용해야 한다.
④ 항상 조화(harmony)보다는 대비(contrast)에 중점을 둔다.

정답 및 해설

공통해설 22, 23

고산수 정원
① 실정시대
② 정원요소 : 왕모래, 돌
③ 정원의 중심 : 배석, 땅가름의 장

해설 24

회유임천식
① 정원구성요소 : 연못, 섬, 다리
② 정원감상 : 섬과 못 주변을 돌아다니면서 노는 것

해설 25

도산시대 – 다정원
① 사상 : 와비, 사비
② 개념
· 인간생활의 부족함을 초원해 정원의 미를 찾으려함
· 정원석에서 고담과 한적함을 느낌
· 자연속에 한 부분으로 대자연 전체의 분위기를 느낌

해설 26

일본의 정원은 대비보다는 조화에 중점을 두고 있다.

정답 22. ① 23. ① 24. ① 25. ④ 26. ④

27. 일본 헤이안(平安)시대는 정토(淨土)신앙사상이 정원과 건축에 영향을 미쳤다. 이러한 사상을 나타낸 대표적인 것은?

① 천용사(天龍寺), 서방사(西芳寺)
② 금각사(金閣射), 은각사(銀閣寺)
③ 용안사(龍安寺), 대덕원(大德院)
④ 모월사(毛越寺), 무량광원(無量光院)

해설 27
①은 겸창시대, ②, ③은 실정시대 대표작이다.

28. 일본 정원양식 변천과정으로 볼 때 근·현대 문화에 가장 많은 영향을 끼친 시대는 언제인가?

① 헤이안(平安)시대
② 무로마치(室町)시대
③ 카마쿠라(鎌倉)시대
④ 에도(江戶)시대

해설 28
19세기 일본 에도시대
도산시대의 호화롭고 화려한 정원수법이 이어지며 평정고산수식, 다정과 같은 간결하고 소박한 형태의 정원양식 확립, 의도적인 차경, 회유식정원의 완성 등 다양한 형태의 정원이 풍미하였다.

29. 일본의 임천회유식정원으로 중국적인 조경요소인 원월교(圓月橋), 소여산(小廬山) 그리고 서호제(西湖堤)가 만들어져 있는 곳은?

① 가쓰라이궁(桂離宮)
② 겸육원(兼六園)
③ 소석천후락원(小石川後樂園)
④ 육의원(六義園)

해설 29
소석천후락원(小石川後樂園)
① 신전(神田)상수를 수원으로 하는 큰 못을 중심으로 꾸며진 정원
② 정원요소 : 회유임천식정원, 원월교, 소여산, 소호제

30. 돌(石)을 이용한 점경물(點景物)이 부가되어 일본정원의 면모를 크게 바꾼 모모야마(桃山)시대의 조경 기법은?

① 축산 임천식(築山林泉式)정원
② 고산수(枯山水)정원
③ 다정(茶庭)정원
④ 침전조(寢殿造)정원

해설 30
도산시대 – 다정원

31. 다음 일본의 작정기에 대한 설명으로 옳지 않은 것은?

① 정원 전체의 땅가름, 연못, 섬, 입석, 작천 등 정원에 관한 내용이다.
② 이론적인 것에서부터 시공면까지 상세하게 기록되어 있다.
③ 일본에서 정원 축조에 관한 가장 오랜 비전서이다.
④ 회유식 정원의 형태와 의장에 관한 것이다.

해설 31
작정기 – 침전식정원의 형태와 의장에 관한 것이 기록되어 있다.

정답 27. ④ 28. ④ 29. ③ 30. ③ 31. ④

32. 다음 중 작정기(作庭記)에 대한 설명 중 잘못된 것은?

① 일본에서 정원 축조에 관한 가장 오래된 비전서이다.
② 헤이안시대 등원뢰통의 아들 귤준망이 엮은 것으로 알려졌다.
③ 회유식 정원 형태의 의장에 관한 것으로 시공에 대해 상세히 기록하고 있다.
④ 정원을 꾸미는데 자연을 존중하고 자연에 순응하는 깊은 관찰을 강조하였다.

해설 32

작정기-침전조 건물에 어울리는 조원법을 기록

33. 일본의 조경문화 발달에 기여한 백제사람 노자공에 관련된 다음의 사항 중 옳은 것은?

① 고사기라는 문헌에 실려 있다.
② 추고천황 29년(서기 621년)의 기록이다.
③ 노자공은 '지기마려'라고도 불렀다.
④ 남쪽마당에 오교와 무산십이봉을 만들었다

해설 33

백제인 노자공은 '지기마려'라고도 불렸으며 일본으로 건너가 궁의 남쪽에 수미산과 오교로된 정원을 만들었다는(612년) 기록이 일본서기에 있다.

34. 일본의 침전조(寢殿造) 정원에 대한 설명으로 틀린 것은?

① 부지의 앞쪽에 침전이 위치하고 후원에는 조전(釣殿)이 있다.
② 침전 전면의 뜰은 남정(南庭)이라 하여 흰 모래를 깔고 연중행사 또는 의식의 공간으로 이용하였다.
③ 대표적인 정원으로 동삼조전(東三條殿)이 있다.
④ 주경은 연못이며, 면적이 커지면 대해의 형태로 바다의 경관이 연출되었다.

해설 34

남향하는 침전(건축물) 앞에 정원을 배치하였다.

35. 서방사경원(西芳寺景園) 못 속에 같은 크기와 모양의 암석을 배치하여 보물을 실어 나가거나, 싣고 들어오는 선박을 상징하는 것은?

① 쓰꾸바이　② 야리미즈
③ 비석　④ 야박석

해설 35

야박석은 정토정원의 조경기법으로 항구에 배가 정박해 있는 모습을 상징하고 있다.

36. 일본의 조경사에 나오는 석립승(石立僧)에 대한 설명이 옳은 것은?

① 연못에 놓여 진 입석군을 지칭한다.
② 가마쿠라시대 정원조영을 담당한 스님을 지칭한다.
③ 정치사적으로 무사계급 중 하나이다.
④ 정토사상과 같은 사상적 배경에 의해 헤이안(平安)시대부터 나온 정원시설의 일종이다.

해설 36

석립승은 돌을 세우는 승려라는 뜻으로 정원설계에서 조성까지를 담당한 스님을 지칭한다.

정답　32. ③　33. ③　34. ①　35. ④　36. ②

37. 노자공(路子工)에 의해 궁궐 남정(南庭)에 수미산(修彌山)과 오교(吳橋)가 조성된 시기는?

① 평성경시대(坪城京時代)
② 평안경시대(坪安京時代) 전기
③ 평안경시대(坪安京時代) 후기
④ 비조시대(飛鳥時代)

해설 **37**

비조(아스카)시대에 백제 귀화인 노자공이 궁의 남정에 수미산과 오교를 만들었다는 기록이 일본서기에 남아있다.

38. 일본 메이지(明治)시대 야마가타 아리토모(山縣有朋. 산현유붕)의 지휘 아래 오가와 오사무(植治, 식치)가 시공한 사실주의적으로 자연을 묘사한 정원은?

① 겸육원　　② 금각사
③ 고봉암　　④ 무린암

해설 **38**

무린암(無鄰庵)
일본 교토 남선사 부근에 있는 별장. 자연 풍경을 사실적으로 묘사한 정원으로 유명하다.

39. 일본 침전조 정원 양식과 관련된 저서는?

① 해유록　　② 송고집
③ 작정기　　④ 벽암록

40. 일본의 작정기(作庭記)가 쓰여진 연대에 일본에서 유행하던 정원양식은?

① 고산수정원　　② 임천식정원
③ 정토정원　　④ 침전조정원

공통해설 **39, 40**

작정기는 일본최초의 조원지침서로 침전조건물에 어울리는 조원법이 수록되어 있다.

41. 일본 정원에서 실용(實用)을 주목적으로 조성했던 정원은?

① 다정(茶庭)
② 축경식(縮景式)정원
③ 고산수식(故山水式)정원
④ 회유임천형(回遊林泉形)정원

해설 **41**

다정
- 다실을 중심으로 하여 소박한 멋을 풍기는 양식
- 좁은 공간을 효율적으로 처리하여 모든 시설 설치

정답 37. ④ 38. ④ 39. ③ 40. ④ 41. ①

한국조경사 개요

5.1 핵심플러스

■ 한국전통사상은 조경문화 이해의 근간이 되므로 매우 중요한 사항이다.

■ 한국의 전통사상

· 산수 토착적 신앙과 산악숭배사상
· 도교와 은일사상 → 은일사상, 무위(無爲), 자연에의 귀의
· 신선사상 → 중국 신선설로 불로장생이 목적, 동양의 유토피아로 봉래, 영주, 방장 삼신산(三神山)
· 음양오행사상 → 음양설 + 오행설
· 풍수지리사상 → 자연환경+사람+방위조합과 음양오행의 논리로 체계화됨, 가장 큰 영향을 미침
· 유교사상
· 불교사상

표. 사상과 조경적양상

사상	조경적 양상
산수 토착적신앙과 산악숭배사상	산을 신격화
도교와 은일사상	사대부의 별서, 누와 정
신선사상	- 정원내의 점경물, 정자의 명칭 - 정원내 원지에 삼신산을 의미하는 중도(中島)설치 - 상징화 시킬 수 있는 십장생(十長生)
음양오행사상	- 방지원도
풍수사상	- 국도 · 도읍 풍수 - 배산임수의 양택풍수 - 후원양식탄생 - 식재의 방위 및 수종선택
유교사상	- 향교와 서원의 공간배치와 정원의 독특한 양식 창출 - 궁궐배치나 민간주거공간의 배치(마당과 채의 구분) - 은둔적 사상의 별서정원 - 전통마을의 구성
불교사상	- 사찰 가람 배치 - 석등, 석탑, 석불, 석비 등 석조 미술품

■ 한국전통사상과 조경문화

1. 산수 토착적 신앙과 산악숭배사상
   ① 개념
   ㉠ 산을 인격화하며 신성한 장소로 보호신으로 여김
   ㉡ 산(山)의 정확한 뜻은 산천(山川)
2. 도교와 은일사상
   ① 개념
   ㉠ 은일사상 : 노장사상의 핵심인 도(道)와 무위(無爲) 무위자연은 자연주의 철학으로 초탈과 초피를 뜻함
   ㉡ 자연이란 인간은 물론 땅 · 하늘도 본받아야함
   ㉢ 무위 : 물세의 자연스러운 흐름에 준거하여 자연대로 살아감으로서 인간의 우환이 근본적으로 해결될 수 있다는 자연에의 귀의를 의미함
   ② 조경적 양상
   ㉠ 사대부의 별서
   ㉡ 누·정
3. 신선사상
   ① 개념
   ㉠ 중국의 신선설로 시작한 도교적 사상임
   ㉡ 불로장생을 주로 목적으로 현세의 이익을 추구하는 것이 특징
   ㉢ 중국의 신선설은 산악신앙과도 관련이 있어 신선이 산다는 해중의 봉래, 영주, 방장의 삼신산(三神山)은 사색과 감상의 대상이 될 뿐만 아니라 인간이 추구하는 환상적인 이상향, 즉 동양의 유토피아를 나타냄
   ② 조경적 양상
   ㉠ 정원내의 점경물, 정자의 명칭 : 윤선도의 부용동정원에 자연물에 신선사상을 나타내는 명칭이용, 광한루 정원의 정자명칭(삼신산)
   ㉡ 정원내 원지에 삼신산을 의미하는 중도(中島)설치 : 광한루정원, 경복궁의 경회루지
   ㉢ 상징화 시킬 수 있는 십장생 : 경복궁 자경전의 담장, 굴뚝에 그려진 십장생도, 원지내 중도에 십장생을 심음
4. 음양오행사상
   ① 개념 (음양설+오행설)
   ㉠ 중국의 역(易)사상에서 기원
   ㉡ 음양(陰陽)설 : 음양이기로 만물의 생성과 변화를 설명
   ㉢ 오행(五行)설 : 木, 火, 土, 金, 水 의 다섯 요소에 의해 자연의 상태나 심성을 상징하며 이러한 다섯 가지의 기(氣)가 순환하면서 형상이 생성 변화한다고 보고 있음
   ㉣ 삼재사상 : 하늘(天)은 ○ , 땅(地)은 □, 인(人)은 △으로 인간을 자연에 순응하는 존재로 인식

② 조경적 양상

㉠ 연못의 형태 : 방지원도

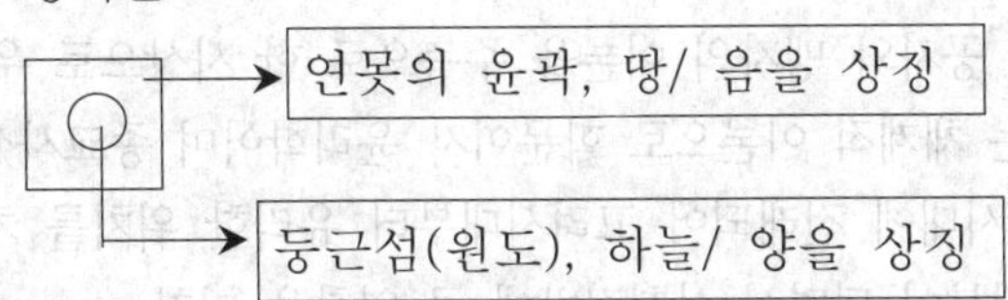

㉡ 전통주거 : 음양론적 해석, 수목배식에 있어 오행운행에 조화되게 배치

㉢ 궁궐 전각 배치에 있어 좌우대칭

5. 풍수지리사상

① 개념

㉠ 바람을 가두고(즉, 바람을 피하고) 물을 구하기 쉬운 곳이란 뜻

㉡ 풍수라는 말의 본적은 중국 동진(東晉) 사람 곽박(郭璞)이 쓴 "장경(葬經)"에 장풍득수(藏風得水)의 준말로 명당은 바람이 모이고 물이 흘러가는 모습을 볼 수 있는 곳이라야 하며, 뒤에는 주산(主山)이라 하여 높은 산이 있고 앞에는 안산(案山)이라 하여 낮은 산이 있어야 한다고 함

㉢ 자연환경과 사람의 길흉화복을 연관지어 땅이 생기를 접함으로 복을 얻고 화를 피함

㉣ 산(山), 수(水), 방위, 사람 조합과 음양오행의 논리로 체계화

㉤ 허점이 있으면 비보(허술한 환경을 북돋움), 염승(나쁜조건을 누름)의 장치로 보완

■ 참고 : 풍수지리

① 지모사상(地母思想)은 땅이 가진 산출력 및 번식력에 관련된 사상과 계절의 순환내용을 조화시켜 특수한 기술을 발전시킨 근원사상이다.

② 풍수지리는 물의 이용방법, 주거지의 설정, 경작지의 위치선정 등과 같은 환경의 적지선정에 관한 지리적 사고로 발전했으며, 이중에서 동양의 대표적 적지선정이론이다.

② 조경적양상

㉠ 양택풍수

- 궁궐, 관아, 서원, 향교 등 전통건축물의 자리를 정하는데 있어 유교적 지리관의 기본적 원리
- 배산임수로 가장 좋은 집터선정

㉡ 조경수목 위치 선정 : 수목상징성과 풍수지리사상과 결부

㉢ 후원양식발달 : 경사지를 활용한 화계

㉣ 연못조영

6. 유교사상

① 개념

㉠ 고대 중국사회에서 공자와 맹자의 이론을 주축으로 한 사상으로 우주와 인간과 정치, 사회적 실천을 관통하는 체계적 이론으로 학문이자 윤리학이며 종교사상임

㉡ 우리나라에는 삼국시대에 전래되어 고려시대부터 유리한 위치를 차지하여 조선시대 때 정치체제의 이론적 기본이 되면서 사회전반에 큰 영향을 미침

㉢ 유학을 가르치는 향교와 서원이 전국에 세워짐

② 조경적 양상

㉠ 향교와 서원의 공간배치와 정원의 독특한 양식 창출

㉡ 궁궐배치나 민간주거공간의 배치 : 남녀유별 · 신분상 위계에 따른 공간의 분할에 영향, 주거공간에서 마당과 채의 구분

㉢ 은둔적 사상의 별서정원 : 조선시대 사회적으로 혼란해지면서 유배나 은둔생활이 늘면서 도교의 은일관과 대비되는 은둔적 사상의 별서 조영

㉣ 전통마을의 구성 : 동족마을로 종가중심으로 양반층과 상민층의 거처가 차별화되는 배치구조

7. 불교사상

① 개념

㉠ 고구려 소수림왕 2년에 전파된 후 백제는 일본에 불교를 전파하였으며

㉡ 신라는 법흥왕 14년에 불교가 공인되고 많은 사찰이 건립됨

② 조경적양상

㉠ 사찰 가람 배치

㉡ 한국적 정토정원과 선원을 꾸밈에 있어 석등, 석탑, 석불, 석비 등 석조 미술품을 남김

표. 한국조경사 시대별 요약

<table>
<tr><th colspan="2">시대</th><th colspan="3">대표작품</th></tr>
<tr><td colspan="2">고조선</td><td colspan="3">노을왕이 유(囿)를 조성하여 짐승을 키웠다는 기록</td></tr>
<tr><td rowspan="3">삼국</td><td>고구려</td><td colspan="3">동명왕릉의 진주지, 안학궁 정원(못은 자연곡선으로 윤곽처리)</td></tr>
<tr><td>백제</td><td colspan="3">임류각(경관조망), 궁남지(무왕의 탄생설화), 석연지(정원첨경물)</td></tr>
<tr><td>신라</td><td colspan="3">황룡사 정전법(격자형가로망계획)</td></tr>
<tr><td colspan="2" rowspan="4">통일신라</td><td colspan="3">임해전지원(월지) – 신선사상을 배경으로 한 해안풍경을 묘사한 정원</td></tr>
<tr><td colspan="3">포석정의 곡수거 – 왕희지의 난정고사의 유상곡수연</td></tr>
<tr><td colspan="3">사절유택 – 귀족들의 별장</td></tr>
<tr><td colspan="3">최치원 은둔생활로 별서풍습시작</td></tr>
<tr><td colspan="2" rowspan="8">고 려</td><td rowspan="5">궁궐정원</td><td>구영각지원(동지)– 공적기능의 정원</td><td rowspan="8">① 강한 대비효과와 사치스러운 양식

② 시각적 쾌감을 부여하기위한 관상위주의 정원</td></tr>
<tr><td>격구장– 동적기능의 정원</td></tr>
<tr><td>화원</td></tr>
<tr><td>정자중심</td></tr>
<tr><td>석가산 정원(중국에서 도입)</td></tr>
<tr><td colspan="2">문수원남지</td></tr>
<tr><td>민간정원</td><td>이규보 이소원정원(사륜정)</td></tr>
<tr><td>객관정원</td><td>순천관</td></tr>
</table>

<table>
<tr><th>시대</th><th colspan="6">대표작품</th></tr>
<tr><td rowspan="17">조 선</td><td rowspan="13">궁궐정원</td><td rowspan="4">경복궁</td><td>경회루지원</td><td colspan="2">공적기능의 정원 (방지방도)</td><td rowspan="17">① 한국의 색채가 농후한 것으로 발달
② 풍수지리설의 영향으로 택지선정에 영향을 받아 후정이 발달</td></tr>
<tr><td>아미산원
(교태전후원)</td><td colspan="2">왕비의 사적정원 (계단식후원)</td></tr>
<tr><td>향원정지원</td><td colspan="2">방지원도</td></tr>
<tr><td>자경전의화문장</td><td colspan="2">화문장, 십장생 굴뚝</td></tr>
<tr><td rowspan="7">창덕궁</td><td rowspan="5">후원(비원)</td><td>부용정역</td><td>방지원도, 주돈이 애련설</td></tr>
<tr><td>애련정역</td><td>계단식화계</td></tr>
<tr><td>관람정역</td><td>관람지, 존덕지</td></tr>
<tr><td>옥류천역</td><td>후정의 가장 안쪽 위치</td></tr>
<tr><td>청심정역</td><td>곡수거와 인공폭포</td></tr>
<tr><td>낙선재후원</td><td colspan="2">계단식 후원</td></tr>
<tr><td>대조전후원</td><td colspan="2">화계</td></tr>
<tr><td>창경궁</td><td colspan="3">통명정원(불교용어 6신통 3명유래)</td></tr>
<tr><td>덕수궁</td><td colspan="3">석조전- 우리나라 최초의 서양식 건물
침상원- 우리나라 최초의 유럽식 정원</td></tr>
<tr><td rowspan="4">민간정원</td><td>주택정원</td><td colspan="3">유교사상에 영향, 남·녀를 엄격히 구분</td></tr>
<tr><td>별서정원</td><td colspan="3">양산보의 소쇄원
윤선도의 부용동 원림(세연정역: 방지방도)
서석지원, 하환정 국담원(방지방도), 백화정원, 다산 초당 원림</td></tr>
<tr><td>별업정원</td><td colspan="3">윤개보의 조석루원</td></tr>
<tr><td>누정원림</td><td colspan="3">광한루원림, 활래정지원(방지방도), 전신민의 독수정 원림</td></tr>
</table>

한국 고대시대 조경

6.1 핵심플러스

■ 고대시대 조경의 요약

시 대		관련내용
고조선		• 대동사강 제1권 단씨조선기에 정원에 관한 기록 • 노을왕이 유(囿)를 조성하여 짐승을 키웠다는 기록
삼국	고구려	① 안학궁과 궁원(평양시) • 안학궁 : 궁전 중심부는 대칭, 건물은 기하학적 배치 • 궁원 – 남서쪽사이의 정원 : 자연스러운 연못조성, 조산(동산), 정자터발견, 경석배치 – 북문정원 : 동산, 정자터, 괴석배치 – 동남쪽 : 연못에 뱃놀이가 행해짐 ② 동명왕릉의 진주지 : 묘지경관, 못안에 4개의 섬(봉래, 방장, 영주, 호량 : 신선사상)
	백제	① 임류각 : 동성왕 22년, 경관조망 ② 궁남지 : 무왕35년, 무왕의 탄생설화, ③ 석연지 : 의자왕, 정원첨경물
	신라	황룡사, 정전법(격자형가로망계획)
통일신라		① 임해전과 월지 • 삼국사기와 동사강목에 기록 • 신선사상을 배경으로 한 해안풍경을 묘사한 정원 • 기능 : 왕과 신하의 위락공간으로 공적기능정원 • 특징 : 남서쪽은 건물배치(직선형), 북동은 궁원배치(곡선형), 연못 안에 3개의 섬(신선사상), 무산십이봉(신선사상), 바닥은 강회로 처리 ② 포석정의 곡수거 – 왕희지의 난정고사의 유상곡수연 ③ 사절유택 – 귀족들의 4계절별장 ④ 최치원 은둔생활로 별서풍습시작 ⑤ 함양상림원 – 진성여왕때 최치원, 물길을 막기 위한 인공수림조성
발해		상경용천부궁궐정원 / 주작대로를 기본축으로 한 격자형 가로망

■ 참고 : 고구려, 백제, 신라 문화의 특징

· 고구려예술특징
강력한 국력, 발전된 생산력에 기초한 고구려예술은 진취적이며 패기와 정열이 넘치고, 규모가 크고 장엄하며, 정연하고 정형화된 유형을 하고 있다.

· 백제문화의 특징
온화하고 유려한 문화를 이룩하였으며 예술은 귀족적 성격이 강하고 우아하고 미의식이 세련되었으나 지방의 토착문화를 충분히 육성하지는 못했다. 동으로는 신라에 백제문화를 전수, 남으로는 일본에 전하여 일본문화 형성에 큰 역할을 하였다.

· 신라문화의 특징
귀족중심으로 발달, 예술은 이상과 현실을 조화를 이루며, 통일과 균형미를통해 불국토의 이상을 실현하려는 의도·신라말기에는 승려 도선이 중국에서 유형하던 풍수지리설을 받아들이며, 외부공간 입지에 중요한 역할을 하였다.

1 고조선시대

① 천신에게 제사를 지내거나 자연숭배의 일환으로 나타난 신산이나 대는 당시의 조경공간을 추정

② 대동사강(大東史綱) 제1권 단씨조선기(檀氏朝鮮紀)에 기록

㉠ 노을왕이 유(囿)를 조성하여 짐승을 키웠다는 기록(정원에 관한 최초의 기록)

㉡ 의양왕 원년에 청류각(淸流閣)을 후원에 세워 군신과 더불어 큰잔치를 열었다는 내용(누각과 후원이 존재했음을 추측함)

㉢ 제세왕 10년 경에 동지(冬至)로부터 수일이 지난 뒤 궁원에 복숭아꽃과 배꽃이 만발했다는 기록(정원수로 복숭아나무와 배나무식재)

2 삼국시대(기법도입의 시대)

① 고구려

㉠ 도성과 산성

· 6세기 중엽에 평양성을 쌓으면서 내성, 중성, 외성을 갖춘 완전한 도성으로 발전

· 국내성(國內城)과 환도산성 (서기3년, 유리왕 22년)

– 졸본에서 압록강 중류지역인 국내성(왕궁)으로 수도를 옮기고 그 서북쪽의 산성자산에 환도산성(부속된 위성)을 쌓음

– 석성으로 정방형에 가까운 동서방향이 약간 긴 장방형

· 안학궁성과 대성산성

– 427년(장수왕15년) 도읍을 평양으로 옮기고 궁궐인 안학궁을 둘러싼 내성으로 평양 근교 대성산 남쪽 기슭의 완만한 경사지에 위치

– 궁성은 한변이 620m가 되는 토성으로 성의 형태는 마름모꼴에 가까움

· 장안성

- 552년(양원왕 8년)부터 586년(평원왕 28년)까지 35년에 걸쳐 모란봉 남쪽 대동강과 보통강 사이에 장안성 또는 평양성을 건설하고 586년에 수도를 천도했다.
- 고구려 장안성의 전체길이는 약 23km이며, 성내부의 면적은 11.85km 정도의 규모
- 산성과 평지성의 장점을 종합해 축성
- 장안성은 4성으로 나누어지는데 북성은 궁성을 방어하기 위한 군사시설이 위치/ 내성은 궁, 중앙관청/ 중성은 주거지역/ 외성은 농토를 일정한 규모로 구획하고 있다.
- 평양성은 왕궁(내성에 위치), 산성, 서민들이 사는 곳이 모두 성안에 있는 최초의 성이었고, 이러한 도성의 모습은 고려시대와 조선시대까지 이어졌다.

ㄴ 안학궁과 궁원

· 안학궁 위치 : 평양시 대성구역 대성산 소문봉 남쪽
· 형태 : 궁전 중심부는 엄격히 대칭으로 배치, 주변 건물들은 기하학적으로 배치
· 왕궁의 배치는 사기의「천궁서」에 의한 오성좌위(五星座位)를 따라 배치되었을 것으로 추측되며 이는 불교 건축에도 영향을 미쳐 청암리사지의 배치가 생겨나게 됨
· 궁원

- 남쪽 궁전과 서문 사이의 정원 : 자연스러운 연못조성, 동산(조산)만들고 정자터를 발견, 경석을 배치
- 북문정원 : 동산(조산)을 만들고 정자터, 괴석배치
- 동남쪽에 연못(70×70m)에서 뱃놀이가 행해짐

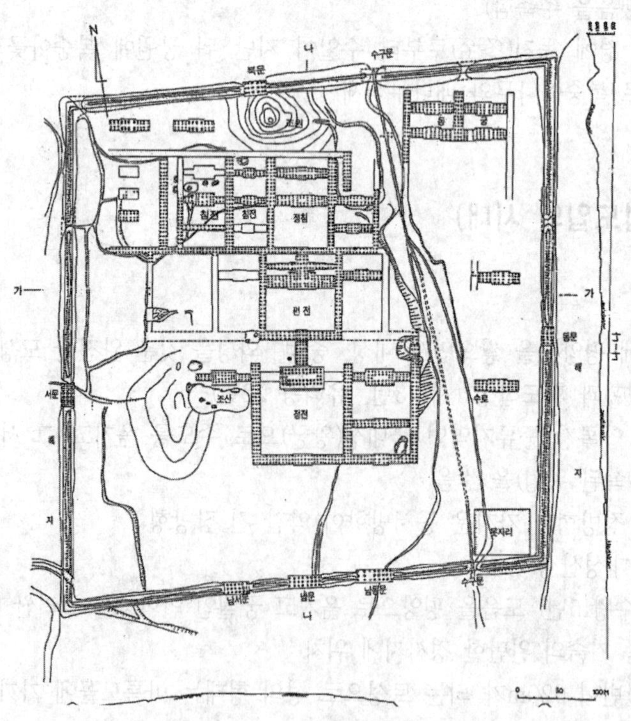

그림. 안학궁 평면도

ⓒ 묘지경관 : 동명왕릉의 진주지

- 못 안에 4개의 섬(봉래, 방장, 영주, 호량 : 신선사상이 배경)
- 한무제 태액지원의 영향

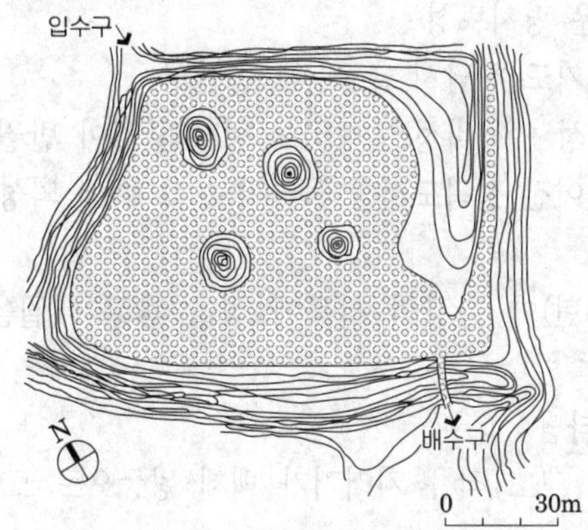

그림. 진주지 평면도

ⓔ 사찰

- 금강사지(金剛寺址)
  - 청암리사지로 알려져 있으며 현재 평양시 대성구역의 대동강 가까이 있는 청암동 토성의 중심부 평탄지대에 위치
  - 1탑 3금당 배치형식

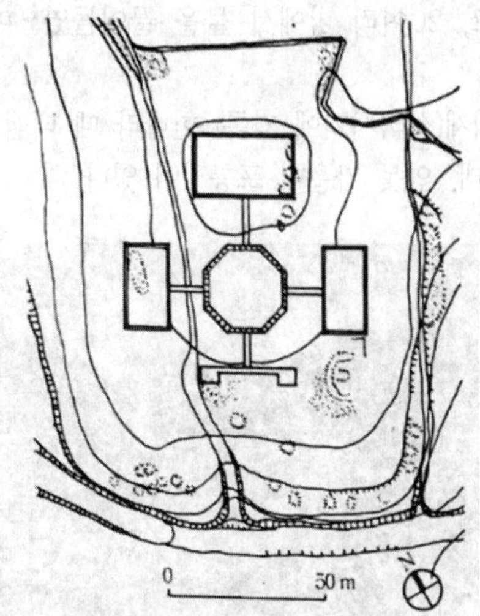

그림. 금강사지(청암리) 평면도

- 정릉사(定陵寺)
  - 고구려의 건국시조 동명왕의 능을 옮겨올때 명복을 빌기 위해 창건한 원찰
  - 공간구성은 남북중심축에 따라 좌우대칭으로 배치된 5개 구역으로 구분
  - 1탑 3금당배치형식

② 백제

㉠ 도성과 산성

- 풍납토성(서울 강동구 풍납동) : 비교적 웅대한 규모, 둘레가 4km, 남북 약 3km, 동서 약 1km의 타원형에 가까운 평지토성
- 몽촌토성/ 이성산성(경기도 하남시 춘궁동)/ 공산성
- 사비성(부여)과 부소산성 : 사비성은 형국이 반달과 같아 반월성이라고도 함, 자연지형(산과 하천)을 이용하여 만들어진 성곽도시를 둘러싸고 그 속에 외성·중성·내성을 만듦

㉡ 한산성

- 기원전 6년(온조왕 13년)에 한강의 서북에 성을 쌓고 대궐을 옮겼다는 기록(지금의 서울 지역)
- 궁원조성의 기록이 나타남
  - 온조왕 25년 9월에 크고 작은 기러기가 백제 왕궁으로 모여들었다는 기사(왕궁에 큰 연못이 있음을 추측)
  - 진사왕 7년에는 궁실을 중수하는 한편 못을 파 가산을 쌓고 진기한 물새를 키우고 기화요초를 가꾸어 즐겼다는 기록

㉢ 웅진궁의 임류각(동성왕 22년, 500년)

- 동성왕 때 궁원의 후원 구실
- 경관을 조망하기 위한 높은 누각(물가에 세워 수경, 원경을 즐김)

㉣ 사비궁성의 궁남지(무왕 35년, 634년)

- 무왕 때에 궁남지 조성, 삼국사기와 동사강목에 기록
- 궁 남쪽에 못을 파고, 20여리 밖에서 물을 끌어들였으며, 못 가운데 방장선산(方丈仙山)을 상징하는 섬을 조성
- 호안에 능수버들을 식재(삼국사기에 기록) 한나라 때 태액지에서 유래
- 인공연못으로 방지형태, 연못 가운데 포룡정이 있다.

그림. 궁남지

ⓜ 석연지(의자왕)

- 백제말기에 정원 장식 위한 정원용 첨경물
- 화강암질의 돌을 둥근 어항과 같은 생김새로 물을 담아 연꽃을 심어 즐기던 곳(지름 약 80cm, 높이 1m)
- 조선시대 세심석으로 발전

그림. 석연지

ⓑ 사찰

- 미륵사지(彌勒寺址) : 익산, 중문-탑-금당을 축선상으로 배치, 지당은 중앙통로를 사이에 두고 동서로 나뉘어 조성, 3탑 3금당 형식의 사찰
- 정림사지(定林寺址) : 부여, 중문-탑-금당-강당을 남북일직선 축선상에 배치, 1탑 1금당형 식의 사찰, 남문지 전면에 두 개의 방지(方池)

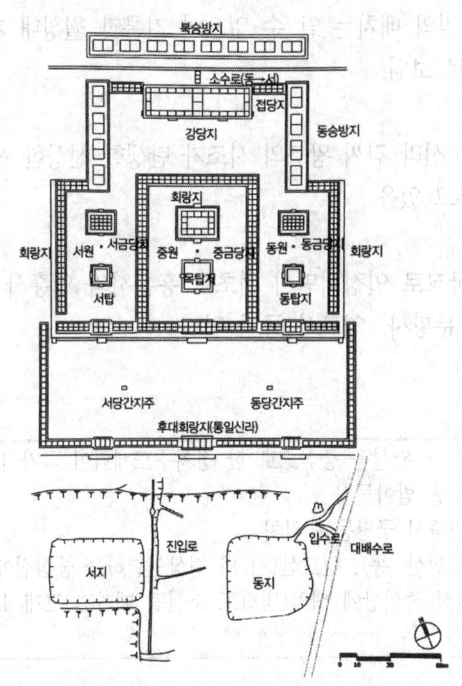

그림. 미륵사지 평면도

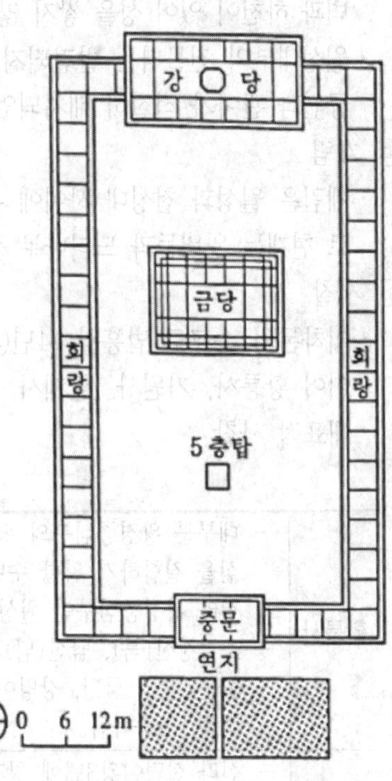

그림. 정림사지 평면도

■ 참고 : 부여 군수리 절터와 동남리 절터

- 부여 군수리 절터: 1탑 1금당
- 부여 동남리 절터: 탑이 없는 1금당형(금당중심식), 탑이 없는 대신 금당 앞 좌우에 축석으로된 석조가 둘이 있는 점이 특이함

③ 신라

㉠ 삼국중 문화발전이 가장 늦으며 신라의 소박한문화에 중국의 북조 영향을 받은 고구려문화 남조의 영향을 받은 백제문화를 동시에 받아들여 독특한 신라문화형성

㉡ 정전법의 도입으로 시가지 가로망을 격자형으로 구획하였음

㉢ 도성과 산성

- 평지성과 산정을 쌓아 도읍을 방어했으며 초기에는 도시둘레에 성이 없었으나 후대에 도성을 만들었다고 추측되며, 외성의 흔적은 찾아볼 수 없음
- 왕궁주위에 외성이 없는 대신 외곽의 동쪽에 명활산성이 도성방어관문구실, 남쪽에 남산성, 북쪽에 북형산성, 서쪽에 서형산성이 외성의 구실
- 고구려의 국내성이나 안학궁처럼 1도성1산성 시스템이 아니라 1도성 4산성의 특이한 시스템을 구축

㉣ 궁궐과 궁원

- 현재 남아있는 도성은 경주월성으로 남천 북안에 위치한 작은 구릉위에 있음
- 성의 형태가 반달모양이어서 반월성이라도 부르며, 동·서·북쪽에는 성을 쌓았으며 남쪽은 절벽과 하천이 있어 성을 쌓지 않았던 것으로 보임
- 월성내부의 건물터는 발견되지 않아 궁궐의 배치는 알 수 없으며 기록과 월성내 지형을 보아 궁전과 관아가 적절히 배치되었던 것으로 보임

㉤ 계림

- 계림은 월성과 첨성대 사이에 위치하며, 신라 김씨 왕조의 시조가 탄생한 신성한 신림(神林)으로 현재는 왕버들과 느티나무 숲을 이루고 있음

㉥ 사찰

- 이차돈의 순교로 법흥왕 14년(527년) 국교로 인정되면서 최초로 흥륜사와 영흥사 등이 창건, 이어 황룡사, 기원사, 실제사, 삼랑사, 분황사, 영묘사 등이 건립
- 대표적 사찰

황룡사	– 대부분 왕경중심부의 평지에 입지 → 왕실을 중심으로 한 정치주도세력이 국가의 안정과 민심을 결합하기 위한 수단으로 불교를 받아들임 – 신라 왕경중심부인 월성 동측부 경주시 구황동에 위치 – 소금강산(북), 남산(남), 명활산(토함산, 동), 선도산(서)의 정상연결하는 중심점에 입지 – 중문과 탑, 금당, 강당이 남북일직선 축선상에 배치(병화로 소실될 때까지 크게 4차례변화를 겪음), 9층목탑
분황사	– 신라 선덕여왕3년에 창건 – 입지성으로 보면 황룡사와 마찬가지로 경주를 둘러싸는 오악(동–토함산, 서–선도산, 남–남산, 북–소금강산, 중–낭산)과 공간구조적 상관성을 가짐 – 1탑 3금당형식으로 品자형의 형식을 모임

3 통일신라

★★① 임해전과 월지(동궁과 안압지)

㉠ 기록

- 삼국사기의 기록 : 문무왕 674년에 궁 안에 연못을 파고 산을 쌓아 화초를 심고 진귀한 새, 짐승을 길렀다. 679년에 궁궐을 조성
- 동사강목의 기록 : 궁내에 연못을 파고 돌을 쌓아 무산십이봉을 본뜬 산을 만들고 꽃을 심고, 진기한 새를 길렀다. 그 서쪽에 임해전이 있었으며, 지금 그 연못을 안압지라고 부름
- 당시 사상적으로는 어려운상황의 타개책으로 사상적으로는 불교의 아미타사상과 신라인의 동녘신앙이 구현될 수 있는 공간에 원유를 위치함으로써 이상적인 세계를 구현함

■ 참고 : 안압지의 명칭

안압지(雁鴨池)의 명칭은 조선시대의「동국여지승람(東國輿地勝覽)」(1486)에서 비롯되었다.
조선 초기 폐허(廢墟)가 되어버린 신라의 옛 터전에 화려했던 궁궐은 간 곳이 없고 쓸쓸하게 옛 모습을 간직하고 있는 못 위에 기러기(안 : 雁)와 오리(압 : 鴨)만 노닐고 있어 시인에 의하여 붙여진 이름으로 추측한다.

㉡ 조성에 대한 역사적배경, 사상적배경

- 문무왕은 흩어진 민심과 분열된 국론을 하나로 모으고 아미타부처의 힘으로 나당대전을 극복하기 위해 안압지를 조성한 것으로 봄
- 사상적배경에 있어서도 다양한 학설(신선사상을 배경으로 한 신라통일왕권을 과시하는 기념사업, 신선사상과 불교의 정토사상 등)이 주장됨

★ ㉢ 월지의 특징

- 신선사상을 배경으로 한 해안풍경을 묘사한 정원
- 서남쪽에 건물이 배치되고 동북쪽에 궁원이 배치
- 동서 약 200m, 남북 약 180m / 연못면적 약 15,650m^{2}으로 동쪽은 돌출하는 반도형, 북쪽은 굴곡 있는 해안형
- 남안과 서안은 지형상 동안과 북안보다 2.5m 가량 높아 건물에서 원지를 내려다 볼 수 있게 만들었음
- 연못 속의 3개의 섬(신선사상과 결부) : 북서쪽은 중간크기섬, 남동은 가장 큰섬, 가운데는 가장 작은섬, 세섬은 모두 호안석으로 쌓았으며 여러가지 경석이 얹혀있음
- 연못의 주위에는 호안석을 쌓았으며 바닷가 돌을 배치하여 바닷가의 경관을 조성
- 연못의 입수구는 연못 동남 구석에 있음 ㄱ 자형의 3번 꺽인 수로로 석조에 연결, 석조는 물놀이가 가능한 형태로 3단으로 되어있음, 출수구는 연못의 북안 서쪽에서 발견
- 바닥처리는 강회로 다져 놓고 바닷가 조약돌을 전면에 깔아 둠, 2M 내외의 井자형 나무틀에 연꽃을 식재(연꽃의 번식으로 인해 뱃놀이가 방해되는 것을 방지)
- 동향문화의 예(동쪽을 바라보는 안압지의 구조)

■ 참고 : 월지와 임해전 종합

- 월지와 임해전은 남북축선상으로 주요 건물을 배치하였다. 궁전의 기본건물들은 안압지를 끼고 배치해 인공적인 건축물과 자연적이 정원을 잘 조화시키고 있다.
- 자유롭게 굴곡진 연못, 연못에서 파낸 흙으로 만든 크고 작은섬, 진귀한 화초, 기이한 짐승 등의 중요 조경요소로 등장하며, 이는 고구려·백제·신라에 걸쳐 나타나는 산수풍경을 묘사하고 있다.

ⓓ 기능(삼국사기) : 왕과 신하의 정적위락공간, 동적인 선유공간(연회의 장소, 뱃놀이 장소)

그림. 안압지조감도

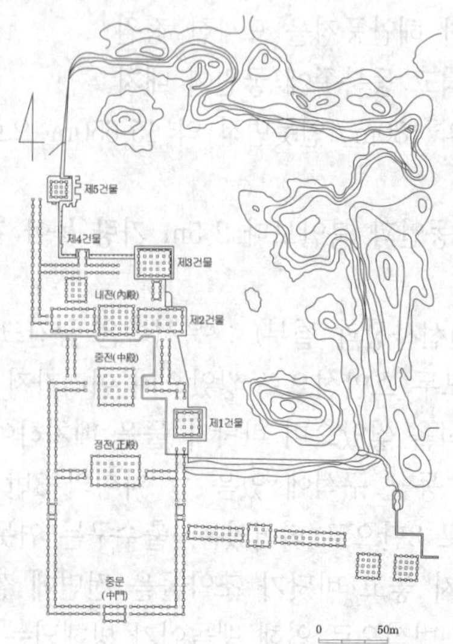

그림. 안압지평면도

② 포석정의 곡수거

㉠ 왕희지의 난정기에 영향을 받은 왕의 위락 공간

㉡ 유상곡수연을 즐김

㉢ 과거에는 포석정이라는 정자와 같이 있었다는 것을 추측할 수 있으며 현재는 곡수거만 남아 있음

㉣ 형태

- 타원형으로 안쪽이 12개, 바깥쪽이 24개의 다듬은 돌로 조립
- 수로의 폭은 31cm, 깊이 21~23cm이며 수로의 총길이는 22m

그림. 포석정

- 처음에는 물이 빠르게 흐르다가 타원형부분에 이르러서는 천천히 흐름(입수구 쪽 : 7~13°, 중간부분 : 1~2°, 출수구 쪽 : 1°)
- 수로의 폭의 변화와 경사로의 변화에 따라서 술잔이 불규칙적으로 흘러가도록 설계됨

■ 참고 : 유상곡수연

굴곡한 물도랑을 따라 흐르는 물에 잔을 띄워 그 잔이 자기 앞을 지나쳐 버리기 전에 한수를 지어 잔을 마셨다는 풍류놀이이다. 포석정과의 관련설화로는 삼국유사 처용랑 망해사조에 헌강왕(875년~885년)이 포석정에 행차했을 때 남산신이 나타나 춤을 추는 모습을 보고 왕이 따라 추었다고 하는 설화가 기록되어 있다. 이 춤을 어무산신무(御舞山神舞) 또는 어무상심무(御舞祥審舞)라 한다.

③ 사절유택

㉠ 계절에 따라 자리를 바꾸어 가며 놀이 즐김(귀족의 별장)

㉡ 봄 : 동야택, 여름 : 곡양택, 가을 : 구지택, 겨울 : 가이택

④ 최치원의 은서생활로 별서풍습 시작

㉠ 당에서 귀국 후 포부를 마음껏 펼쳐보지 못하는 자신의 불우함을 한탄하면서 관직에서 물러난 최치원은 경주 남산과 합천 청량사, 지리산 쌍계사, 영주의 빙산, 합포현(창원) 등이 그가 노닐던 곳

㉡ 최후로 집을 해인사로 옮겨 은서생활을 했으며 해인사 밑 계류 홍류동에 그 유적이 남아있음

■ 참고 : 함양의 상림원

신라 진성여왕(887~897)때 함양 태수로 부임한 최치원은 함양을 가로지르는 위천(渭川)이 장마 때마다 범람해 백성의 살림이 피폐해지자 이를 안타까워했으며, 물길을 막고자 인공수림을 조성하였다.

⑤ 사찰

㉠ 형식

쌍탑형 사찰형식	·통일신라 전기 조영사찰 ·사천왕사, 망덕사, 감은사, 감산사, 불국사 ·중문, 금당, 강당이 남북 일직선 축선상에 배치하여 규범성을 보임
산지형 사찰형식	·공간구성의 규범성이 뚜렷하게 나타나지 않음 ·정형적 형식에서 비정형적 형식으로 이행하는 과도기적 단계

㉡ 대표적 사찰

·불국사

- 동구(東區) : 높은 석단위의 석가세계를 나타냄, 백운교·청운교의 쌍교, 중문(자하문 : 紫霞門), 종루, 쌍탑, 대웅전, 강당(무설전 : 無說殿), 중문과 대웅전·강당을 연결하는 회랑
- 서구(西區) : 석가세계보다 한단 낮은 아미타불의 극락세계를 나타냄, 칠보교, 연화교의 쌍교, 극락전을 중심으로 석등, 좌우 승방, 중문(안양문 : 安養門)
- 구품연지(九品蓮池) : 청운백운교 정남방에서 발견, 지금은 매몰되고 없음

·부석사

- 봉황산 남쪽 기슭의 가파른 경사지에 위치, 화엄사찰
- 전체축은 서남향이나 안양루와 무량수전만은 방향을 바꾸어 남향으로 배치

4 발해

① 시대개관

㉠ 고구려 장군 대조영은 요동지방 고구려 유민들을 동쪽으로 옮겨 현재 중국의 길림성 돈화현 동모산을 중심으로 나라를 세움

㉡ 문화적 특징으로는 귀족문화가 발달, 상경은 만주 지역의 문화적 중심지가 됨, 문왕 때 당과 외교관계를 맺은 후 당 문화를 받아들여 문화를 더욱 발전시킴

㉢ 발해문화는 전통적인 고구려문화의 토대위에 당의 문화를 흡수하여 재구성하였으므로 고구려적인 색채가 뚜렷이 나타나고 있다.(특히 온돌, 미술양식, 봉토석실무덤구조)

㉣ 종교는 고구려의 불교를 계승하여 왕실이나 귀족들이 신봉, 정효공주 묘제에 불로장생사상이 나타나 있는 것으로 보아 도교도 성행했음을 알 수 있음

② 도성과 산성

㉠ 도성의 평면형태

·고구려 요동성과 같이 정방형, 장방형이나 성벽은 평지에 위치하였으므로 주로 흙으로 만들어짐

·발해도성은 크게 내성과 외성으로 이루어져 있으며, 내성에는 지배계층이, 외성에는 피지배층이 거주함

·도시들은 내성의 중심 남쪽대로(주작대로)를 기본 축으로 동서, 남북으로 곧은길이 나 있었으며 정전법에 의해 도로가 격자형으로 정연하게 형성되어 있음

㉡ 상경용천부 도성

· 도성은 크게 내성과 외성으로 구분되며 내성은 도시의 북쪽에 있으며 내성은 다시 궁성(북쪽 : 왕이 거처 궁전영역), 황성(남쪽)으로 나뉨

· 궁성의 남쪽중앙 성문에서 외성 남문까지(주작대로)큰길은 도시의 중심도로로 궁전의 중심축과 일치

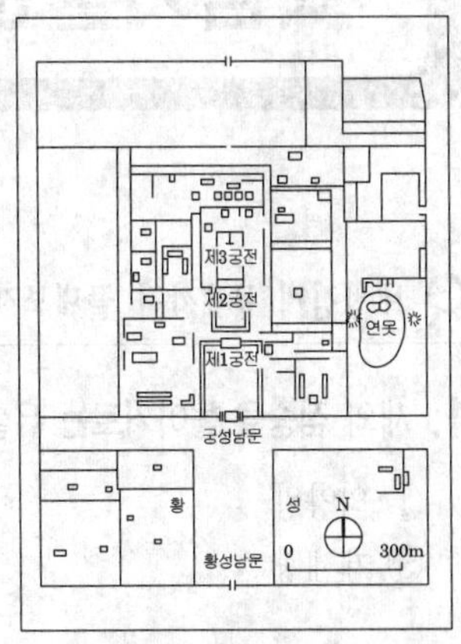

그림. 상경용천부 궁전 평면도

③ 궁궐과 궁원

㉠ 수도를 여러번 옮기면서 동모산, 상경용천부, 동경용원부에 왕궁을 건설

㉡ 상경용천부 왕궁

· 궁궐은 내성의 북쪽에 위치함 남북중심축의 끝에 해당되어 도시 전체 구성에서 위상이 강조

· 궁성 안 성벽은 4개 구역, 중심·동쪽·서쪽·북쪽으로 나뉘며, 중심구역에는 궁전건물이 있고 동·서·북쪽구역은 궁전의 부속구역이 있음

· 궁성의 동쪽구역에는 고구려 안학궁과 같은 궁중정원이 위치

· 정원은 북쪽으로부터 남쪽으로 점차 낮아지는 지형에 위치, 북쪽에는 담으로 막은 여러 개의 안뜰이 있으며 남쪽에는 큰 연못이 있음

· 연못은 인공적으로 만들었으며 못 안에는 거기서 파낸 흙으로 만들었다고 추측되는 2개의 섬이 있고 그 위에 8각 정자터가 발굴됨

핵심기출문제

내친김에 문제까지 끝내보자!

1. 새와 짐승을 놓아기르는 유를 최초로 만든 왕은?

① 의양왕 ② 수도왕
③ 제세왕 ④ 노을왕

2. 우리나라의 정원 중 문헌상 최초의 정원은 어느 것인가?

① 궁남지 ② 안압지
③ 임류각 ④ 포석정

3. 백제 무왕 때의 정원양식으로 옳지 않는 것은?

① 하천변에 버드나무 식재
② 음양석의 설치
③ 연못 안에 섬을 축조
④ 물을 끌어들이는 수법을 사용

4. 백제의 노자공에 의해 조경술이 일본에 전해진 시기는?

① 5C 말 ② 6C 중엽
③ 8C 말 ④ 7C 중엽

5. 임류각은 백제의 어느 왕 때 인가?

① 진사왕 ② 문주왕
③ 동성왕 ④ 무왕

6. 다음 정원 중 시대적인 배열이 맞게 된 것은?

① 임류각 → 궁남지 → 석연지 → 포석정
② 임류각 → 석연지 → 궁남지 → 포석정
③ 궁남지 → 임류각 → 석연지 → 포석정
④ 궁남지 → 석연지 → 임류각 → 포석정

정답 및 해설

해설 **1**

대동사강(大東史綱) 제1권 단씨조선기(檀氏朝鮮紀)에 노을왕이 유(囿)를 조성하여 짐승을 키웠다는 기록이 있다.

공통해설 **2, 5, 6**

임류각 – 백제 동성왕(500)
궁남지 – 백제 무왕(634),
안압지 – 통일신라시대 문무왕(674)
포석정 – 통일신라시대(927)

해설 **3**

백제의 무왕 때 궁남지는 무왕의 탄생설화와 관련하며 방지형 못에 섬을 축조하고, 20여리 밖에서 물을 끌어들어들이는 수법을 사용하였다. 주변에 버드나무를 식재였다.

해설 **4**

백제인 노자공은 612년 일본의 궁남정에 수미산과 오교를 지었다(일본서기에 기록)

정답 1. ④ 2. ③ 3. ② 4. ④ 5. ③ 6. ①

7. 궁의 바깥쪽에는 느티나무, 회화나무가 심겨져 있었는데 이것의 기원은 언제부터인가?

① 중국 주나라
② 삼한시대
③ 삼국시대
④ 고조선시대

해설 **7**
삼국시대부터 궁 바깥쪽에 느티나무와 회화나무가 식재되었다.

8. 고구려시대에 자주 쓰이던 나무 이름은?

① 목단 ② 석류나무
③ 느티나무 ④ 살구나무

해설 **8**
목단-모란의 옛 명칭

9. 고구려의 청암리사지의 공간구성은?

① 오성좌배치
② 풍수지리적 배치
③ 산지가람형
④ 자연조화형

해설 **9**
고구려의 왕궁 건축은 사기(史記)의 천궁서(天宮書)에 적혀있는 오성좌위(五星座位)에 따라 배치된 것으로 보인다.

10. 궁전 건물터와 조산 및 원지의 유적이 있는 고구려의 분지는?

① 안학궁지 ② 북원궁지
③ 남도원궁지 ④ 수창궁지

11. 원지의 형태가 자연곡선으로 이루어져 있는 것은?

① 백제의 무왕대에 만든 궁 남쪽의 방장지
② 부여의 정림사 남문터에 있는 쌍지
③ 고구려의 동명왕릉 서쪽에 있는 진주지
④ 고구려의 안학궁의 남궁 서쪽에 있는 못

공통해설 **10, 11**
안학궁 궁원(평양시)
① 남서쪽사이의 정원 : 자연스러운 연못조성, 조산(동산), 정자터발견, 경석배치
② 북문정원 : 동산, 정자터, 괴석배치
③ 동남쪽 : 연못(뱃놀이가 행해짐)

12. 신라 진평왕 때 처음 도입된 수종은?

① 모란 ② 은행
③ 매화 ④ 대나무

해설 **12**
신라 진평왕 때 모란이 처음 도입되었다.

정답	7. ③ 8. ① 9. ① 10. ① 11. ④ 12. ①

13. 안압지의 모양은?

① 한국의 지형 ② 남북의 성(聖)자형
③ 방지원도 ④ 중국의 태호와 비슷

14. 안압지의 3개의 섬은 어떤 사상에 영향을 받은 것인가?

① 불교 ② 신선사상
③ 인본주의 ④ 풍수지리사상

15. 안압지를 설명한 것 중 틀린 것은?

① 당나라 때의 금원을 본 따 가산을 쌓았는데 이는 중국의 무산 12봉을 본 딴 것이다.
② 안압지는 전체 면적의 약5,100평으로 마치 바다를 느낄 수 있도록 만들었다.
③ 3개의 인공섬을 축조되었으며 그 중 하나는 거북의 모양을 본 딴 것이다.
④ 문무왕 14년에 궁내에 못을 파고 석가산을 축조했다는 사실이 삼국유사에 있다.

16. 다음 중 직선과 곡선을 이용하여 만든 지당은?

① 안압지 ② 경회루
③ 부용정 ④ 향원정

17. 안압지에 대한 설명으로 맞는 것은?

① A.D 674년에 원지를 파고 679년에 동궁을 지었다.
② 좌우대칭의 기하학적인 구성으로 되어 있다.
③ 회유식 정원의 수법을 도입하여 적용했다.
④ 수련 등을 식재하기 위해 수심을 얕게 하고 해석(海石)을 군데군데 배치하여 바다를 묘사했다.

정답 및 해설

공통해설 13, 16

안압지의 모양은 남서쪽은 직선형 북동쪽은 곡선형을 이루고 있다. 대략적인 형태가 우리나라 반도지를 닮아 반도형이라고 한다.

해설 14

안압지는 신선사상을 배경으로 한 해안풍경을 묘사한 정원으로, 3개의 섬은 봉래, 영주, 방장의 섬이다.

해설 15

동사강목의 기록 : 궁내에 연못을 파고 돌을 쌓아 무산십이봉을 본뜬 산을 만들고 꽃을 심고, 진기한 새를 길렀다. 그 서쪽에 임해전이 있다.
석가산이 우리나라에 전해진 시대는 고려시대이다.

해설 17

안압지는 못의 형태에 곡선에 쓰이긴 했으나 정원을 배회하면 즐기는 회유식정원이 아니다. 임해전이 서쪽에 배치되어 서쪽에서 동쪽을 감상하는 정원이다. 정원에 관한 기록은 동사강목과 삼국사기에 기록되어 있다.

정답 13. ① 14. ② 15. ④ 16. ① 17. ①

18. 곡수연이 발달한 시기는?

① 고려 ② 조선
③ 통일신라 ④ 백제

19. 최치원의 당나라 유학 후와 관계있는 것은?

① 경주 남산의 독서당
② 해인사의 계류의 홍류동
③ 상림원
④ 경주 남산의 상서원

20. 우리나라 고대의 석연지(石蓮池)는?

① 가장자리를 돌로 보기좋게 단장한 연못
② 돌로 연꽃모양을 정교하게 조각하여 연못가운데에 놓은 것
③ 화강암을 이용하여 어항과 같이 만든 것으로 그 속에 연꽃을 심어 정원용 점경물로 사용하던 것
④ 연못 가장자리에 연꽃모양을 조각한 디딤돌을 잘 배치해 놓은 것

21. 발해 조경유적으로는 거대한 궁성지와 조산원지 및 원림터가 발굴되었는데, 다음 중 어느 곳인가?

① 중국 통구 국내성 유적지이다.
② 중국 대명궁 유적이다.
③ 중국 흑룡강성 영안현의 상경용천부 유적이다.
④ 중국 낙향의 원림유적이다.

22. 고구려 안학궁원의 정원 구성 요소로만 짝지어진 것은?

① 경석, 인공축산, 못
② 못, 인공축산, 경석, 삼신선도
③ 삼신선도, 경석, 계류, 못
④ 경석, 석가산, 계류, 못

정 답 및 해 설

해설 18

유상곡수연은 통일신라시대의 포석정에서 볼 수 있다.

해설 19

최치원에 의해 별서풍습이 시작되었다.

해설 20

백제말에 정원을 장식하기 위한 첨경물의 하나로 화강암을 물고기 모양으로 만들어 물을 담아 연꽃을 심어 즐겼다.
(백제 : 석연지 → 조선 : 세심석)

해설 21

발해유적지 – 중국 흑룡강성 영안현 상경용천부

해설 22

안학궁원의 정원 구성요소
연못조성, 조산(동산), 정자터발견, 경석 · 괴석배치

정답 18. ③ 19. ② 20. ③ 21. ③ 22. ①

23. 동사강목(東史綱目)에 "궁성의 남쪽에 연못을 파고 20여리에서 물을 이끌어 들이고 사방의 언덕에 버드나무를 심고, 못 속에 섬을 만들어 방장선산을 모방하였다"라고 궁남지(宮南池)에 대하여 기록하고 있는데 이는 어느 나라 어느 왕 때 조성한 것인가?

① 백제의 진사왕
② 백제의 무왕
③ 신라의 경덕왕
④ 신라의 문무왕

해설 23
백제 무왕의 궁남지는 동사강목에 기록이 남아있다.

24. 안압지에 대한 설명이다. 맞지 않은 것은?

① 삼국사기와 동사강목에서 기록을 볼 수 있다.
② 당나라 장안성의 금원을 모방하였으며, 삼신산을 축조하였다.
③ 북쪽호안과 석가산 앞에 해당되는 동쪽호안은 직선형 형태이다.
④ 바닥은 강회로 처리하였다.

해설 24
안압지는 북쪽과 동쪽은 곡선형태, 남쪽과 서쪽은 직선형을 이루고 있다.

25. 신라의 정원 유적인 안압지에서 건물지(建物址)가 아닌 곳의 하단 물가는 어떤 수법으로 굳혀 놓았는가?

① 자연석으로 자연스럽게 보이도록 굳혀 놓았다.
② 자연석과 거의 네모난 돌을 섞어 쌓아 굳혀 놓았다.
③ 거의 네모난 돌로 수직을 이루도록 쌓아 굳혀 놓았다.
④ 흙으로 자연 그대로의 완경사를 이루도록 해 놓았다.

해설 25
안압지는 네모난 돌을 수직으로 쌓아 굳혀 올렸다.

26. 고구려 안학궁의 특징이 아닌 것은?

① 한변이 약 622m에 이르는 방형이다.
② 남북 중심축선상에 문, 정전, 침전이 차례로 놓여있다.
③ 침전 뒤 가장 뒤쪽에 가산이 있으며 이곳에 연못이 있다.
④ 왕궁의 동남쪽에 한 변이 70m인 정방형의 못자리가 있다.

해설 26
③ 침전 뒤 가장 뒤쪽에 가산이 있으며 정자터와 괴석배치

27. 다음 중 백제의 정원 관련 서적과 관계없는 것은?

① 동사강목(東史綱目)
② 동국여지승람(東國輿地勝覽)
③ 대동사강(大東史綱)
④ 삼국사기(三國史記)

해설 27
동국여지승람 – 조선 성종, 각 도의 지리, 풍속, 인물 등을 자세하게 기록한 우리나라의 지리서

정답 23. ② 24. ③ 25. ③ 26. ③ 27. ②

28. 다음의 사찰 배치도는 1탑1금당식의 전형적인 배치를 보여주고 있다. 이 사찰의 배치는 연지가 있고 중문, 5층 석탑, 금당, 강당이 차례로 놓여 져있고 회랑으로 둘러져 있다. 이 사찰은?

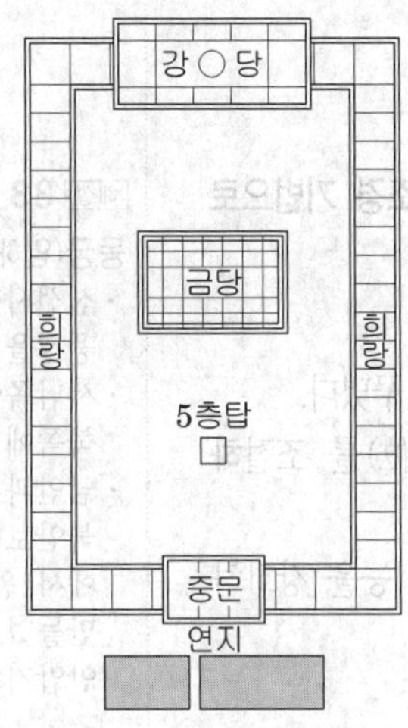

① 미륵사 ② 황룡사
③ 정릉사 ④ 정림사

29. 다음 신라시대의 사찰 가운데 입지의 지형적 특성이 다른 하나는?

① 홍륜사(洪輪寺) ② 황룡사(黃龍寺)
③ 불국사(佛國寺) ④ 분황사(芬皇寺)

30. 백제 정림사지(址)에 관한 설명 중 가장 관계가 먼 것은?

① 1탑 1금당식 ② 5층 석탑을 배치
③ 원내 방지의 도입 ④ 구릉지 남사면에 위치

31. 삼국사기에 나타난 정원수 중 궁중에 쓰였던 수종은?

① 느티나무와 은행나무 ② 복숭아나무와 남천
③ 향나무와 사시나무 ④ 복숭아나무와 배나무

해설 **28**

- 미륵사 : 전라북도 익산시 금마면 기양리에 있었던 절로 백제 무왕때 창건하였으며 3탑 3금당 형식으로 알려져 있다.
- 황룡사 : 경상북도 경주시 구황동에 있었던 절로 1탑 3금당 형식으로 전해진다.
- 정릉사 : 평양에 있는 고구려 시기의 절로 1탑 3금당 형식을 취하고 있다.

해설 **29**

불국사는 산지사찰이고
나머지 예제는 평지사찰이다.

해설 **30**

정림사지는 부여 시가지의 중심부에 평지에 위치한 백제시대의 대표적인 절터이다.

해설 **31**

대동사강(大東史綱) 제1권 단씨조선기에 기록
제세왕 10년 경에 동지(冬至)로부터 수일이 지난 뒤 궁원에 복숭아꽃과 배꽃이 만발했다는 기록으로 정원수로 복숭아나무와 배나무가 식재되었던 것을 알 수 있다.

정답 28. ④ 29. ③ 30. ④ 31. ④

32. 한국정원에 관한 옛 기록 대동사강에 나오는 고조선 시대 노을왕(魯乙王)과 관련된 내용은?

① 유(囿)
② 누대(樓臺)
③ 도리(桃李)
④ 신산(神山)

33. 발굴조사를 통해 밝혀진 경주 동궁과 월지(안압지)의 조경 기법으로 맞는 것은?

① 좌우대칭의 기하학적인 구성으로 되어 있다.
② 연못의 큰 섬에는 모래를 사용한 평정고산 수법으로 꾸몄다.
③ 넓은 바다를 연상할 수 있도록 조성하였고, 수위(水位)를 조절하였다.
④ 회유식(回遊式) 정원의 수법을 도입하여 산책로의 기능을 강화하였다.

34. 다음 중 사찰에 1탑 3금당식 유형이 나타나지 않는 것은?

① 신라 분황사
② 신라 황룡사지
③ 고구려 청암리 절터(금강사)
④ 백제 익산 미륵사지

정답 및 해설

해설 32

노을왕이 유(囿)를 조성하여 짐승을 키웠다는 기록이 대동사강 제1권 단씨조선기에 기록되어 있다.

해설 33

동궁(임해전)과 월지(안압지)

- 신선사상을 배경으로 한 해안 풍경을 묘사한 정원
- 서남쪽에 건물이 배치되고 동북쪽에 궁원이 배치
- 남안과 서안은 지형상 동안과 북안보다 2.5m 가량 높아 건물에서 원지를 내려다 볼 수 있게 만들었으며, 동쪽을 바라보는 안압지의 구조를 볼 수 있다.

해설 34

백제 익산 미륵사지 – 3탑 3금당식

정답 32. ① 33. ③ 34. ④

고려시대 조경

7.1 핵심플러스

■ 고려시대 정원의 특징

- 강한 대비 효과와 사치스러운 양식이 발달
- 시각적 쾌감을 부여하기 위한 관상위주의 정원
- 격구장 (동적기능)
- 괴석에 의한 석가산
- 휴식과 조망을 위한 정자가 정원시설의 일부로서의 기능

■ 고려시대 조경의 요약

<table>
<tr><th>시대</th><th colspan="3">관련내용</th></tr>
<tr><td rowspan="5">고 려</td><td rowspan="2">궁궐정원</td><td>만월대(풍수상 명당지세)와 궁원</td><td>· 동지(귀령각지원)- 공적기능의 정원
· 귀령각
· 청연각 - 예종, 궁중경연을 위한 학술기관
· 격구장(동적기능의 정원)
· 화원, 정자중심, 석가산 정원(중국에서 도입)
· 내원서 - 충렬왕 때 궁궐정원을 맡아보던 관청</td></tr>
<tr><td>수창궁원</td><td>북원 - 석가산, 격구장(동적기능), 만수정(정자)</td></tr>
<tr><td>이궁</td><td colspan="2">· 수덕궁원(의종) - 태평정, 신선대, 폭포수(비천)
· 장원정(문종) - 풍수상명당, 자연그대로이용
· 중미정(의종)
· 만춘정 - 인공호를 조성하여 수경과 유수를 주경관으로 함
· 연복정(의종)</td></tr>
<tr><td colspan="3">청평사 문수원남지 (이자현 조영) - 사다리꼴모양의 방지로 영지</td></tr>
<tr><td>민간정원</td><td colspan="2">이규보 이소원정원(사륜정)/ 기홍수 곡수지/ 겸렴정 별서/ 맹사성고택</td></tr>
</table>

1 궁궐정원

★① 만월대와 궁원

- 고려시대 정궁인 만월대는 왕궁의 터를 결정하는데 있어 풍수지리사상에 의해 명당지세인 송악 남쪽에 도읍을 정함
- 왕도의 건설에 있어서는 '주례고공기(周禮考工記)'의 좌묘우사·전조후시(左廟右社·前朝後市)의 원리를 적용하였지만 가변성을 띠고 있음

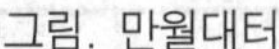

그림. 만월대터

그림. 만월대 복원모형

■ **참고** : 기로세련계도(耆老世聯契圖)

조선시대 후기화가 김홍도가 1804년 고려의 왕궁터인 만월대 아래에서 있었던 기로세련계회의 장면을 실사한 그림을 말한다.

㉠ 동지(東池, 귀령각지원)

- 기록에 의하면 궁궐 동쪽 중심 후원의 큰 연못이 있었으며 연못주위에 학, 거위, 산양 등 진금기수(珍禽奇獸)를 사육하고 누각이 물가에 있어 아름다운 경관을 감상
- 왕과 신하의 위락공간으로 주연을 베풀거나, 활쏘는 것을 구경하는 장소의 공적기능의 정원으로 보임

㉡ 귀령각

- 동지에 위치한 누각, 경관감상

㉢ 사루(紗樓)
- 궁궐내에 있으며 왕이 자주 왕래하였고 후세에 모란으로 명성이 높음
- 상춘정(賞春亭)
  - 문종(1070)에 만월대 후원 상춘정(賞春亭)에서 곡연(曲宴)을 행하였다는 기록과 상춘전 옆에 팔선전이 있어 아름답게 꾸민것
  - 상춘정은 화훼류로 이름이 높았으며 고려말에 이르기까지 연회를 위한 장소로 봄에는 모란, 작약의 화려한 꽃들을 감상, 가을에는 국화의 향기를 즐겼다고 함

㉣ 청연각
- 고려 예종이 궁중 경연을 위해 설립한 학술기관으로 연못과 석가산이 있었음

㉤ 화원
- 예종 때 궁 남서쪽 2곳에 화원설치
- 관상목적으로 송원으로부터 진기한 나무, 화초를 수입하여 화려하고 이국적인 분위기 조성

㉥ 목청전
- 의종 때 만월대 본궁 동북쪽에 세워진 전각, 화훼가 만발한 화려한 공간

㉦ 내원서 : 고려 충렬왕 때 모든 궁궐의 정원을 맡아보던 관청

② 수창궁원
- 현종 이전부터 별궁으로 사용되었다가 거란침입이후 본궐(만월대)소실 후 중수되기까지 임시 궁궐로 사용
- 위치 : 만월대의 남쪽 서소문안

㉠ 북원
- 석가산을 쌓고 그 주위에 만수정이란 정자를 지었음
- 넓은 격구장을 만들어 후원을 가꾸고 활용

2 이궁

많은 이궁이 만들어졌다 없어지기도 하였으며, 특히 18대 의종 때 사치스러운 이궁과 정원이 꾸며짐

① 수덕궁원 - 의종 11년

㉠ 태평정
- 민가 50여 채를 헐어 호화롭게 지은 정자와 주위에 명화이목(名花異木)식재, 화려한 장식물 배치
- 남쪽에 못을 파고 관란정을, 북쪽에 양이정(고려청자지붕으로 유명)을 지음, 양이정 남쪽에 양화정을 지어 종려나무껍질로 지붕을 이음
- 관희대와 미성대를 옥돌로 다듬어 쌓았으며, 기암괴석을 모아 신선대를 만듦(선산), 먼 곳에서 물을 끌어들여 폭포수(비천)을 만듦

㉡ 정원수식요소
- 못을 만들고 석가산을 쌓아 폭포를 흐르게 함
- 수경의 감상을 위해 정자를 짓고 점경물을 나열하고 대를 쌓음

② 장원정 - 문종 10년

㉠ 풍수상 명당에 의거하였으며 자연풍경상으로도 선택된 곳

㉡ 자연을 그대로를 이용하여 이궁을 설치

③ 중미정 - 의종 21년

㉠ 자연경관이 수려한 곳에 세운 이궁

㉡ 문헌에 의하면 조영한 못에 배를 띄워 노를 젓게하였다는 내용으로 보아 강호의 야취를 즐기는 정원으로 봄

④ 만춘정

㉠ 장단군과 개풍군 사이로 흐르는 판적천가의 판적요(板積窯)에 있었음 즉, 궁에 사용하는 기와를 굽던 곳을 별궁으로 삼은 곳

㉡ 판적천의 물을 막아 인공호를 조성하여 수경과 유수를 주 경관요소로 함

㉢ 의종(毅宗)이 이곳에 연흥전(延興殿) 등 정자를 짓고 화원을 가꾼 후 자주 행차하여 배를 띄우고 놀면서 며칠 씩 호화로운 연회를 즐겼음

⑤ 연복정 - 의종 21년

㉠ 개성의 동쪽 용연사 동쪽의 단애절벽과 울창한 수림을 배경으로 한 별궁

㉡ 연복정을 짓고 사방에 기화이목을 심었으며 물이 얕아 배를 띄울 수 없어 제방을 쌓아 호수를 만들었다고 함

3 사찰

① 불교의 융성과 사찰의 조영

㉠ 신라시대부터 계승된 불교는 고려시대에 와서 꽃피우기 시작함

㉡ 형식

평지형	주로 도성내에 입지하는 유형
산지형	- 풍수도참설에 의하여 입지하는 유형이 있음 - 지세와 지형에 따라 자유로운형식이나 공간에 내재하는 구조적질서는 존중 - 입지할 대지가 높아짐에 따라 중문이 누문형식으로 변함

㉢ 사찰의 변화

- 고려불교는 한국전래 민간신앙인 샤머니즘적인 특성이 형식화 되어가는 과정을 보임
- 칠성각, 응진전, 영산전, 진전, 산신각 등 전래 민간신앙에서 숭앙하는 하단신앙을 수용한 새로운 전각이 나타남
- 교학보다는 선종, 현교보다는 밀교적 요소가 전반적으로 성행하면서 공간구성의 형식은 종래의 규범성을 벗어나 점차 잡연한 형식으로 변함

② 청평사

㉠ 강원도 춘천시 북산면 청평리

㉡ 문수원남지

- 위치 : 강원도 춘천시 북산면 청평사 입구 계류가
- 조영 : 고려 초 이자현
- 청평사 남쪽에 남지가 있으며, 못에 부용봉이라는 산이 투영되어 영지라고 부름
- 못의 형태
  - 영지는 남북길이가 19.5m, 북쪽지안길이 16m, 남쪽지안길이 11.7m로 북쪽이 넓고 남쪽이 좁은 사다리꼴방지 (원근적·시각적 착시 교정)
  - 연못안에 몇 개의 자연석이 놓여지며 그 중 하나는 돌출석으로 못안의 자연석으로 이용됨
  - 지안의 석축높이는 1.4m 이고 수심은 70cm 정도
  - 위쪽 북쪽지안 위편 10.5m구역에는 50~80cm 두께의 자연석을 깔아 4단의 석단을 설치하여 토사의 유입을 막음
  - 북쪽에서 남쪽으로 약 40cm 경사가 있으며 동남쪽 모서리에는 연못의 물을 뺄 수 있는 물홈통이 있음

③ 송광사

㉠ 전남 순천시 송광면 조계산 기슭에 있는 승보사찰

㉡ 신라말 혜린이 창건했으며 현재는 보조국사 지눌의 중창불사를 원형으로 하고 있음

㉢ 공간구성

- 선종에 바탕을 둔 화엄사상에 근거하여 공간구성형식이 결정됨
- 대웅전을 중심으로 모든 건물이 모여 있으며 그 배치가 중심영역을 기준으로 직교축을 형성하면서 둘러싸는 형식으로 중심지향적, 동심원적구조로 설명됨
- 산지사찰이면서 평지사찰의 구조를 가짐
- 계담
  - 공간의 왼편에는 자연계를 막아 만든 계담이 있으며 전통사찰 중 가장 아름다운 수경관
  - 계담에는 우화각이라는 사상누각을 설치하여 속의 세계와 성의 세계를 연결
  - 중요한 기능으로는 영지의 역할을 담당

4 민가정원

① 개관

㉠ 거의 남아있지 않아 기록상의 형상을 추측해 볼 수 없음

㉡ 이규보의 동국이상국집에서는 귀족들의 정자와 누각을 답사한 소감을 남겨놓았기 때문에 고려시대 귀족들의 화려한 원림을 알 수 있음

㉢ 정원(庭園)이란 용어는 고려시대에 있어서 원(園), 가원(家園), 원림(園林), 별업(別業), 화오(花塢), 임천(林泉)이라는 용어로 등장하며 궁궐의 경우 화원(花園) 이란 용어가 쓰여짐

㉣ 정원조성은 신선사상에 영향을 받은 듯하며 연못의 형태는 곡지(曲池)를 조성하고, 봉래·방장, 삼신산이라 용어가 자주 등장

② 이규보의 이소원 정원 : 사륜정(6명이 탈 수 있는 이동식 정자)

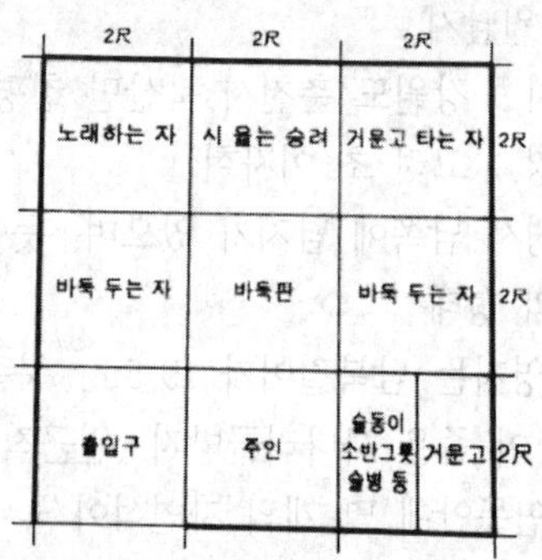

그림. 이규보의 사륜정 추정도

③ 기홍수의 곡수지 : 원림을 가꾸고 갖가지 애완동물을 길렀으며 곡수지를 만들어 연꽃을 심어 즐김

■ **참고** : 기홍수 원림

■ 기록

① 〈고려사〉 열전 차약송 조에 기홍수(奇洪壽)와 차약송(車若松)의 대화 → "공작이 잘 있는가?" 라고 묻자 "생선을 먹다가 죽었다." 모란(牧丹)을 기르는 기술을 물으니 차약성이 상세히 대답
: 원림조성과 화초를 가꾸고 새를 기르는 취미가 있었음을 알 수 있음

② 〈동국이상국집〉 제 2권 고율시, 기상서(奇尙書)에 퇴식재의 팔영에 대해 상세히 묘사
- 퇴식재(退食齋) : 자신의 거처를 퇴식재라 지음, 사교의 장소와 소요(逍遙)의 즐거움을 느끼는 장소
- 곡수연 : 맑은 날씨일 때는 소나무 숲 아래쪽에 흐르는 물에 둘러앉아 술잔을 띄워, 난정(蘭亭)의 수계(修禊)와 피서하던 옛 행위를 답습하였다. 기록에 세 송이 모란꽃, 아홉 송이 창포꽃이라 하여 정원식물 묘사

■ 퇴식재의 팔영(八詠)

1영: 퇴식재(退食齋) : 퇴청할 때 술을 싣고 와서 풍류를 즐기는 곳
2영: 영천동(靈泉洞) : 물줄기가 돌구멍사이로 흘러 그 밑에 샘으로 떨어지는 곳
3영: 척서정(滌暑亭) : 더위를 식히는 정자로 대나무를 심어 그늘을 만들고 샘물이 흐르는 곳에 정자 조성
4영: 독락원(獨樂園) : 고요함을 홀로 즐기는 곳으로 샘물을 조성
5영: 연묵당(燕默堂) : 거처지로 산을 끌어들이는 차경수법으로 경관을 감상하면서 명상을 취함
6영: 연의지(漣漪池) : 곡지의 형태로 조성해 연꽃을 심어 감상한 장소
7영: 녹균헌(綠筠軒) : 대나무를 심어 사시사철 식물을 감상
8영: 대호석(大湖石) : 석가산을 조성하듯 대호석으로 돌을 배치하여 중국의 형산와 여산에 비유

④ 경렴정 별서정원

㉠ 고려말 탁광무가 은퇴한 후 전라도 광주에 조영

㉡ 특징
- 연못은 방지형태로 중·소의 2개 섬이 꾸며졌으며 소나무가 식재
- 정자주위에는 매화와 그 밖의 화초류가 가꾸어졌으며, 뜰에는 채원이 조성

⑤ 맹사성의 고택(충남 아산 배방면 중리)

㉠ 고려말 최영장군이 지은 사저로 ㄷ 자형 맞배지붕의 건축양식

㉡ 자연구릉을 등진 자리에 지어진 주택으로 완만한 경사의 넓은 후정을 가지고 있어 조선시대 주택구조와 유사한 공간구조를 보이고 있음

⑥ 김치양의 원림 : 화려한 원을 조성하고 원내에 대(臺)와 지(池)를 조성

⑦ 김준의 원림 : 화려한 집과 원림조성, 기이한 재목을 사용하여 집을 지으며, 화원의 화초도 진기한 품종만 택해 심음

⑧ 이공승의 원림 : 원림에 모정을 짓고 연못을 팠으며 화원을 조성해 화초를 심음

⑨ 최치원의 원림 : 지세좋고 풍요롭고 호사스럽게 정자(모정)를 조성, 기이한 화초,나무, 과수를 심어 꽃나무를 감상할 수 있게 함

⑩ 최우의 원림 : 대루(大樓 : 1000명정도가 앉을 수 있는 크기)와 격구장 조성, 십자각과 원림

⑪ 그밖에 : 양생응재의 원림, 우공의 원림, 손비서의 냉천정 원림, 별업 사가재 등

5 객관 정원

- 순천관 : 문종이 창건한 내명궁이라는 별궁이었으나 송나라 사신이 왔을 때 순천관이라고 이름하고 영빈관으로 이용

6 정원의 구성요소 ★

구분	내용
모정(茅亭)	– 정자의 지붕을 띠(포아풀과 다년성 초본)로 이은 간소한 정원 건물 – 자연재료인 초류를 사용하여 주위경관과 조화를 이룸
원지(園池)	– 연못을 뜻하는 말로 주로 낮은 못에 연꽃을 심어 연지, 하지 등으로 지칭(연꽃은 불교의 상징정인 꽃으로 일반화됨) – 원지는 수경의 시각적 즐거움목적과 상징적형태(신선사상)의미를 내포하고 있음
석가산	– 중국에서 시작된 기법으로 지형의 변화를 얻기 위한 수단으로 고안 – 예종 11년에 처음 도입 – 의종은 수창궁 북원에 괴석을 쌓아 가산을 꾸미고 그 옆에 만수정을 세움
장리(牆籬)또는 울타리	– 장리는 울타리의 총칭으로 담은 정원에서 스케일을 한정하는 매개척도 – 원장(園牆)과 원리(園籬) 등이 사용 – 고려시대 정원에 꾸며졌던 원리를 가리키는 말로 근리(槿籬), 죽리(竹籬), 국리(菊籬), 극리(棘籬)로 구성재료로 쓰였던 명칭을 그대로 붙인 명칭
화오(花塢)	– 여러 가지 화목류를 심은 화단 – 자연적인 구릉 지형을 다시 정형화하기 위한 단상의 축조
격구장(구장)	– 말을 타고 공을 다투는 놀이 – 예종 때 성행, 의종은 직접 즐겼다고 함 – 궁궐뿐만 아니라 권신의 사가에도 설치됨 – 동적공간으로 격구놀이, 창무술, 활쏘기 경기 장소로 활용 – 행사(기우제, 연회개최) 등의 다양한 목적의 공간으로도 쓰임

■ 참고 : 관련용어

■ 객관 : 중국사신을 접대하는 장소

■ 지(池), 당(塘)

연못을 뜻하는 말로 지(池), 당(塘)이 있으며
・池 : 낮은 곳에 물이 고인 것
・塘 : 둑을 쌓아 물을 고이게 한 것

■ 장리(牆籬)

담장의 정원용어로 원장(園牆)과 원리(園籬) 등이 사용되었는데, 원장은 흙과 돌을 쌓아 올린 담장 을 원리는 식물성재료를 이용한 울타리를 말한다.

■ 화오

원래는 중국 궁궐 내 건물이나 담으로 둘러싸인 공간을 이용해서 꾸민 위요된 정원을 뜻함, 낮은 둔덕의 꽃밭을 가르킨다. 화단을 구성하는 식물재료에 따라 매오(梅塢), 도오(桃塢), 죽오(竹塢) 등으로 일컬어진다.

■ 석가산

괴이한 암석으로 산을 만들어 신선세계를 울타리 안에 묘사하려는 의도를 가진다.

■ 정자

・정원 건축으로 모정, 초당, 누대, 정사, 누각, 헌 등 여러 가지가 언급된다.
・여름 피서, 휴식, 산수경관을 관상하며 즐기기 위한 벽이 없는 건축물

7 고려시대 조경식물

① 조경식물에 관한 문헌 : 고려사, 동국이상국집(이규보)
② 낙엽활엽수가 많으며 특히 꽃과 열매를 감상하기 위한 것이 대부분
㉠ 상록수 : 소나무(松), 측백나무(栢), 대나무(竹)
㉡ 낙엽수 : 느티나무(槐, 본래 회화나무의미), 뽕나무(桑), 버드나무(柳)
㉢ 유실수 : 복숭아나무, 오얏나무, 석류, 배나무, 포도
㉣ 화목류 : 매화(梅), 무궁화(木槿花), 모란(牧丹), 동백나무(山茶)
㉤ 화훼류 : 작약, 국화, 연꽃, 원추리꽃
③ 고려시대 정원의 공간별 식재기준

정원내 장소	수종명
정원전반 또는 정원내부, 내정	버드나무 , 대나무, 뽕나무, 가래나무, 잣나무, 소나무, 배나무, 매화, 자두나무
정원 앞	젓나무, 대나무, 잣나무, 소나무, 석류
문앞, 문주위	버드나무, 복숭아나무, 자두나무, 목련, 단풍나무
후원	소나무, 버드나무
담, 담주위	버드나무, 대나무, 소나무, 밤나무
울타리(園繞,籬)	대추나무, 무궁화

8 임정 정책, 식물에 관한 정책

① 임정정책

산불방지법반포(981년) → 소나무 벌채금지법(1011년) → 봄철 나무 심은 뒤 벌채금지령(1031년) → 산림벌채 금지와 나무심기 장려(1035년) → 북침 방지를 위한 4개의 성 쌓기과 그에 따른 대량벌채(1108년) → 특정 수종의 나무심기를 장려하는 수양도감 설치(1118년) → 물 자원 확보를 위한 농무장 건설(1188년) → 농경장려에 따른 산림 대량 파괴(1271년) → 많은 사찰의 건설에 따른 산림파괴(1273년) → 목재부족으로 인한 배 만들기 금지(1293년)

② 식목에 관한 정책

㉠ 고려사 식화지

- 명종18년(1188년): 잣나무, 배나무, 대추나무 등을 심어 이윤을 구하라 했다는 기록
- 인종 : 잠업, 칠기, 제지의 원료로 쓰이는 수목들은 다른 과실수들과 함께 장려

㉡ 서긍의 「고려도경」 권 23 토산조

- 산간의 계단밭에는 밤, 복숭아, 오얏, 대추, 백(栢) 등을 심어 산세와 잡세의 대상으로 삼음

㉢ 「향약구급방」 (1236년)

- 밤, 잣, 배, 대추, 앵두, 개암, 비자, 능금, 오얏, 복숭아 감, 호두, 포도 등에 대한 기록이 나타남

핵심기출문제

내친김에 문제까지 끝내보자!

1. 고려시대 정원 양식의 특색이 아닌 것은?

① 격구장의 설치
② 사절유택이 발달
③ 호화스럽고 사치스런 양식
④ 강한 대비

2. 고려시대에 궁궐의 정원을 맡아보던 관서는?

① 내원서 ② 상림원
③ 장원서 ④ 원야

3. 고려시대에 정원에 대해 많은 관심을 기울였던 임금은?

① 순종과 헌종 ② 인종과 명종
③ 경종과 고종 ④ 예종과 의종

4. 고려 16대 예종이 만든 정원의 특색이 아닌 것은?

① 화려하다 ② 이국적이다.
③ 화초류만으로 되어있다. ④ 유희적이다.

5. 고려시대 정원의 조경작품이 아닌 것은?

① 화원 ② 격구장
③ 동지 ④ 안학궁

6. 고려 귀령각 지원의 기능 설명 중 적당하지 않는 것은?

① 아름다운 경관을 보는 주연의 자리
② 무사검열 혹은 활쏘기 구경
③ 새와 짐승을 사육
④ 연등놀이 장소

정답 및 해설

해설 1
사절유택은 통일신라시대의 귀족들이 계절에 따라 별장을 만들어 즐겼던 정원 유형이다.

해설 2
내원서 – 고려 충렬왕 때 궁궐정원을 맡아보던 관청

해설 3
고려시대에 정원의 발달 – 예종과 의종

해설 4
고려시대의 정원은 외국에서 수입된 화초로 꾸며져 화려하고 이국적이다.

해설 5
고구려 – 안학궁

해설 6
귀령각 지원(동지)는 왕과 신하의 위락장소로 공적기능의 정원이다.

정답 1. ② 2. ① 3. ④ 4. ④ 5. ④ 6. ④

정 답 및 해 설

7. '석가산'에 대한 설명 중 잘못된 것은?

① 고려시대부터 내려온 우리나라의 정원 양식이다.
② 괴석을 이용하여 자연의 기암절벽을 모방하는 것이다.
③ 축산기법과는 다른 양식이다.
④ 신선사상의 영향으로 도입하였다.

해설 7
석가산은 고려시대 중국에서 들여온 양식이다.

8. 문수원 정원은 어느 시대인가?

① 신라 ② 고려
③ 백제 ④ 조선

9. 고려초기의 조성한 강원도 춘천 청평사 문수원 입구의 남지에 대한 설명으로 알맞은 것은?

① 네모꼴로 섬이 하나 있다.
② 네모꼴로 섬은 없고 삼산석이 있다.
③ 사다리꼴로 섬이 하나 있다.
④ 사다리꼴로 섬은 없고 삼산석이 있다.

공통해설 8, 9
문수원정원은 고려시대 사원정원으로 춘천 청평사 계곡에 있다.

10. 고려시대 풍수설의 영향을 직접 받지 않은 정원공간은?

① 만월대 궁원 ② 장원정
③ 만춘정 ④ 최충헌의 남산리 별서

해설 10
만춘정
휴식과 경관조망을 위해 자연의 원림속에 세운 정자

11. 고려시대의 이궁 중 특히 풍수지리설의 영향으로 인해 자연풍경이 수려한 곳에 주위와 조화되도록 꾸며진 것은?

① 중미정 ② 장원정
③ 만춘정 ④ 연복정

해설 11
장원정(문종) – 풍수상명당으로 자연그대로 이용하여 정원을 조영하였다.

12. 고려시대의 정원과 관련된 용어가 아닌 것은?

① 북원 ② 원지
③ 화원 ④ 후원

해설 12
① 북원, 화원, 원지 – 고려시대 정원과 관련된 용어
② 후원 – 조선시대 정원을 부르던 용어

정답	7. ①	8. ②	9. ④
	10. ③	11. ②	12. ④

13. 고려 예종 때 객관정원으로 행궁유구, 연못과 조경시설이 발견된 곳은?

① 미륵사지 ② 산춘정지
③ 혜음원지 ④ 만춘정지

14. 석가산에 대한 설명으로 옳지 않은 것은?

① 지형의 변화를 얻기 위한 수법이다.
② 첩석성산은 석가산의 일종이다.
③ 주로 흙이나 돌로 쌓아 만들었다.
④ 고려시대부터 널리 사용되어 온 우리 고유의 정원기법이다.

15. 다음 중 고려 예종 때 궁 남서쪽 2곳에 설치한 것은?

> 고려사 예종 8년에 내시들이 다투어가며 사치하기 위해 왕에게 아첨하여 누대를 짓고 담장을 쌓았으며 민가의 화초를 거두어서 화원에 옮겨 심었으나 부족하여 송나라 상인들에게 사들였다.

① 화원(花園) ② 임해전(臨海殿)
③ 임류각(臨流閣) ④ 부용지(芙蓉池)

16. 고려시대 격구(擊逑)를 즐겨, 북원(北園)에 격구장(擊逑場)을 설치한 왕은?

① 예종 ② 의종
③ 인종 ④ 명종

17. 청평사 선원(문수원 정원)과 관련이 없는 것은?

① 이자현의 축조 ② 고려시대의 정원
③ 방지원도로 구성 ④ 은둔생활을 위한 정원

18. 고려 예종 때 창건된 국립 숙박시설로 왕의 행차에 대비한 별원이 있던 곳은?

① 순천관 ② 중미정
③ 만춘정 ④ 혜음원

정답 및 해설

해설 13

혜음원지(惠蔭院址)
- 경기도 파주시 광탄면에 있는 고려시대의 유적
- 혜음원은 남경(南京)과 개성 사이를 왕래하는 사람들을 보호하고 편의를 제공하기 위하여 1122년(고려 예종 17)에 건립된 국립숙박시설이다. 국왕의 행차를 위한 시설로 별원(別院:행궁)도 축조되었다고 전한다.

해설 14

석가산은 중국의 양식으로 고려시대 우리나라에 전해졌다.

해설 15

고려 예종때 관상목적의 화원이 궁의 남서쪽 2곳에 설치되었다.

해설 16

의종은 북원에 넓은 격구장을 만들어 후원을 가꾸고 활용하였다.

해설 17

문수원남지
- 위치 : 강원도 춘천시 북산면 청평사 입구 계류가
- 조영 : 고려 초 이자현
- 못의 형태 : 영지로 북쪽이 넓고 남쪽이 좁은 사다리꼴방지

해설 18

고려시대 혜음원
고려시대 왕이 수도 개경에서 부수도인 남경(南京. 지금의 서울)을 오갈 때 머물던 '왕립호텔' 격인 파주 혜음원(惠蔭院) 터가 발견되었는데 이는 왕궁 못지 않은 큰 규모였다.

정답 13. ③ 14. ④ 15. ① 16. ② 17. ③ 18. ④

19. 고려시대부터 많이 사용된 정원 용어인 화오(花塢)에 대한 설명과 거리가 먼 것은?

① 오늘날 화단과 같은 역할을 한 정원 수식 공간이다.
② 지형의 변화를 얻기 위해 인공의 구릉지를 만들었다.
③ 화초류나 화목류를 많이 군식 하였다.
④ 사용된 재료에 따라 매오(梅塢), 도오(桃塢), 죽오(竹塢) 등으로 불렀다.

20. 고려시대 궁궐 정원에 대한 내용이 처음 기록된 시기는?

① 태조 5년(942년)　② 경종 2년(977년)
③ 성종 12년(994년)　④ 문종 5년(1052년)

정답 및 해설

해설 19

화오(花塢)
- 여러 가지 화목류를 심은 화단, 낮은 둔덕의 꽃밭
- 화단을 구성하는 식물재료에 따라 매오(梅塢), 도오(桃塢), 죽오(竹塢) 등으로 일컬어짐

해설 20

고려시대 궁궐정원의 처음 기록
- 경종 2년(977)년 궁원에 큰 원지가 축조되었음을 알 수 있음
- 기록의 내용 : 동지(東池)의 누선(樓船)에 나아가 친히 진사(進士) 시험을 시행하고, 고응(高凝) 등 6인을 급제(及第)시켰다.

정답 19. ② 20. ②

chapter 08 조선시대 조경

8.1 핵심플러스

■ 한국 정원의 특징

- 풍수지리설에 의한 후원식, 화계도입
- 직선적인 디자인(화계, 방지)
- 수목의 인위적 처리를 회피
- 낙엽활엽수를 식재하여 계절감을 표현

■ 조선시대는 정원기법이 확립된 시대로 궁궐정원과 민가정원으로 나누어 유형별 특징에 대해 알아두도록 한다.

<table>
<tr><th colspan="5">궁궐정원 내용 요약</th></tr>
<tr><td rowspan="13">궁궐정원</td><td rowspan="4">경복궁
(태조3년에 창건)</td><td>경회루지원</td><td colspan="2">· 기능 : 궁중의 연회장소로 공적기능의 정원
· 사상 : 경회루 : 유교세계관/ 지원 : 방지와 3개의 방도, 신선사상</td></tr>
<tr><td>아미산원
(교태전후원)</td><td colspan="2">· 기능 : 왕비의 사적정원
· 인공적으로 아미산을 조영해 화계를 조성
· 단위에는 꽃나무와 소나무, 팽나무, 느티나무를 심음
· 점경물 : 괴석, 석지(함월지, 낙하담), 석연지, 굴뚝</td></tr>
<tr><td>향원정지원</td><td colspan="2">· 향원(香遠) : 주돈이 애련설에 나오는 향원익청에서 따옴
· 방지원도</td></tr>
<tr><td>자경전의
화문장과
십장생 굴뚝</td><td colspan="2">· 대비의 만수무강을 기원하는 상징물로 장식
· 화문장 : 내벽은 만수(萬壽)문자와 꽃무늬장식, 외벽은 거북문, 매화, 연꽃, 대나무, 천도복숭아 등
· 십장생 굴뚝 : 정면무늬는 십장생/ 둘레무늬는 학, 나티, 불가사리, 박쥐, 당초무늬/ 굴뚝상단은 용(왕상징), 양쪽은 학(신하상징)배치</td></tr>
<tr><td rowspan="4">창덕궁
(태종5년에 건립한 이궁) - 자연순리를 존중, 조화를 기본으로 함</td><td rowspan="4">후원</td><td>부용정역</td><td>부용정, 부용지(방지원도→음양오행사상)</td></tr>
<tr><td>애련정역</td><td>계단식화계, 주돈이 애련설, 방지무도</td></tr>
<tr><td>관람정역</td><td>· 상지에 존덕지 - 존덕정(6각겹지붕정자),
· 하지에 관람지 - 관람정(부채꼴모양의 정자)</td></tr>
<tr><td>옥류천역</td><td>· 후정의 가장 안쪽 위치
· C형의 곡수거와 인공폭포</td></tr>
<tr><td rowspan="3">창경궁(성종14년 건립한 이궁)</td><td>통명정원</td><td colspan="2">· 불교용어 6신통 3명유래
· 후원의 화계
· 석란지 - 정토사상, 중도형 장방지</td></tr>
<tr><td>낙선재후원</td><td colspan="2">계단식 후원</td></tr>
<tr><td>대조전후원</td><td colspan="2">화계</td></tr>
<tr><td>덕수궁</td><td colspan="3">· 석조전 - 우리나라 최초의 서양식 건물
· 침상원 - 우리나라 최초의 유럽식 정원</td></tr>
</table>

1 조선시대 정원의 특징 및 사상적 배경 ★

① 중국 조경 양식의 모방에서 벗어나 한국적 색채가 농후하게 발달
② 풍수지리설에 영향 : 택지선정으로 크게 제약을 받아 후원식, 화계식이 발달, 식재의 방위 및 수종 선택
③ 자연환경과 조화, 융합원칙에 근거
④ 유가사상(儒家思想) : 주택공간 조영에 영향(채와 마당), 별당과 별서
⑤ 신선사상 : 삼신산과 십장생의 불로장생, 연못내의 중도 설치
⑥ 음양오행사상 : 정원 연못의 형태(방지원도)

■ 참고 : 관련용어

- 방지원도

네모난연못(-)은 둥근 섬(+)을 나타내며 '하늘은 둥글고 땅은 네모났다' 라는 의미이다.

- 방지방도

네모난 연못에 네모난 섬

- 명당수(明堂水) : 풍수지리설에서 명당의 조건은 장풍득수를 위한 산맥과 물길로 명당주변에 흐르는 물길을 지칭한다.

2 궁궐 정원

① 조선왕궁의 궁제

㉠ 중국 고대의 주례고공기(周禮考工記)편의 원리와 풍수사상에 의한 배산임수 이론에 의거

- 좌묘우사(左廟右社) : 경복궁의 왼쪽에 종묘, 오른쪽에 사직단
- 전조후시(前朝後市) : 앞에는 관청, 뒤에는 시장(시가지)를 배치하나 우리나라의 풍수사상에 의해 시장이 없어지고 진산(鎭山)을 둠
- 3문3조(三門三朝)
  - 궁궐 전체를 3개의 독립된 구역으로 분할하여 각 구역을 담장이나 행랑으로 막고 문을 두어 연결시키는 폐쇄적인 공간 구성의 형식
  - 3문 : 고문, 응문, 노문 / 3조 : 외조, 치조, 연조

㉡ 기능

- 외조(外朝) : 신하들이 활동하는 관청 등이 있는 공간, 조원이 베풀어지지만 누각과 같은 건물배치는 하지 않음
- 치조(治朝) : 왕과 신하가 조회하는 정전과 정치를 논하는 편전의 구역, 조원하지 않음이 기본

· 연조(燕朝) : 치조의 후면에 있으며 왕과 왕비의 침전과 편안히 쉬는 시설 구역, 내원이 많이 베풀어짐

· 상원(上苑) : 침전 후원 북쪽에 있는 공간으로 휴식과 수학하는 조경공간

② 경복궁(태조 3년 창건, 조선시대 정궁(正宮))

· 조영 : 태조 3년에 창건 / 고종 7년에 중건

· 입지

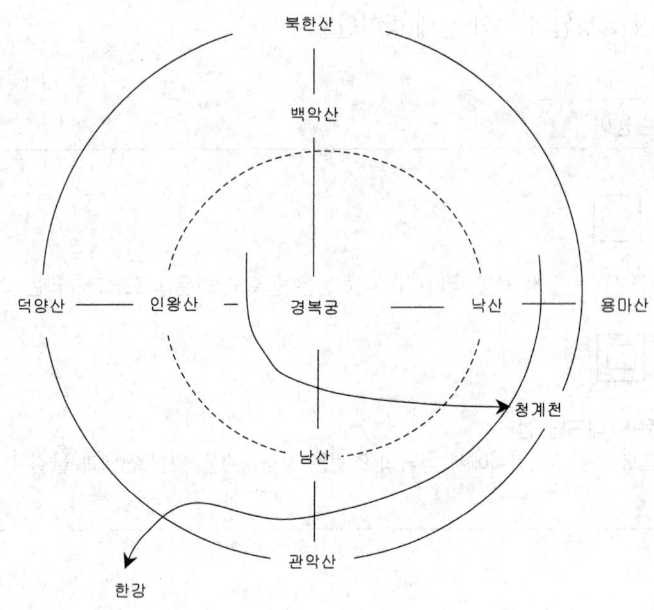

그림. 경복궁의 양택풍수

· 4대문 : 광화문(남-주작), 건춘문(동-청룡), 영추문(서-백호), 신무문(북-현무)

· 공간구성

구분	내용
외조	· 광화문에서 근정문사이, 영추문에서 건춘문사이 · 느티나무와 회화나무식재
치조	· 근정전과 사정전 및 행각내 공간 · 근정전, 사정전, 춘추전, 만춘전등
연조	· 사정전 행각의 향오문 북쪽 침전 지역 · 강령전, 교태전, 자경전 · 내원이 베풀어짐
상원	· 침전 후원 북쪽공간 · 향원정과 향원지 주변, 녹산

■ 참고 : 경복궁의 주요 건물

- 배치상 특징 : 조선시대 왕궁 중 남북축선상에 외조· 치조· 연조· 후원의 기본배치는 경복궁 밖에 없다. 정궁이므로 궁궐의 깊이와 조화와 장엄을 갖추게 하였다.

① 근정전(勤政殿)

- 경복궁의 정전(正殿), 왕이 신하들의 조하(朝賀:조회의식)를 받거나 공식적인 대례(大禮) 또는 사신을 맞이하던 곳이다.
- 궁궐 내에서도 가장 규모가 크고 격식을 갖춘 건물로 면적도 가장 넓게 차지하고 있으며, 중층으로 된 근정전 건물은 2단의 높은 월대(月臺) 위에 자리하고 있으며 전면에는 중요행사를 치룰 수 있는 넓은 마당이 있고, 그 둘레를 행각이 감싸고 있다.

② 사정전(思政殿)

- 편전(便殿)영역의 중심으로 왕이 평소에 정사를 보고 문신들과 함께 경전을 강론하는 곳이다. 또 종친, 대신들과 함께 주연을 즐기고, 왕이 직접 지켜보는 가운데 과거 시험을 치르기도 한 곳이다.

③ 강녕전(康寧殿), 교태전(交泰殿)

- 강녕전과 교태전은 침전으로 왕과 왕비가 일상생활을 하는 곳이며, 내외 종친을 불러 연회(내진연)를 하는 곳이기도 하다.
- 강녕전의 공간구성은 가운데 대청을 중심으로 좌우에 온돌방을 두고 전면에 넓은 월대를 꾸민 것이 특징이다. 이 월대는 의례를 행하는 공간으로 활용하였다.
- 왕비의 침전인 교태전도 강녕전과 같은 공간구성을 하고 있다. 다만 전면에 월대가 없는 것이다.

④ 자경전(慈慶殿)

- 자경전은 경복궁의 침전이며 대왕대비가 거처하였던 대비전이다.

⑤ 태원전(泰元殿)

- 조선을 건국한 태조 이성계의 초상화를 모시던 건물이다. 나중에는 빈전이나 혼전으로도 쓰였다. 이곳은 궁 안 외진 곳이어서 한적한 분위기를 자아내고 있다

⑤ 건천궁(乾淸宮)

- 경복궁이 중건되고 5년 후에 고종 10년(1873년)에 지어진 건물이다. 경복궁에서 가장 북쪽 한적한 곳에 위치한다. 왕과 왕비가 한가롭게 휴식을 취하면서 거처할 목적으로 지어졌다. 교태전후원의 아미산원은 중국선산(仙山)을 상징한 이름이다. 4개의 화계가 있으며, 이는 풍수지리설에 의해 조성되었다. 경복궁 북동쪽 후원의 원림의 동산으로 정자와 원림이 아름다웠다고 하나 정자는 사라졌다.

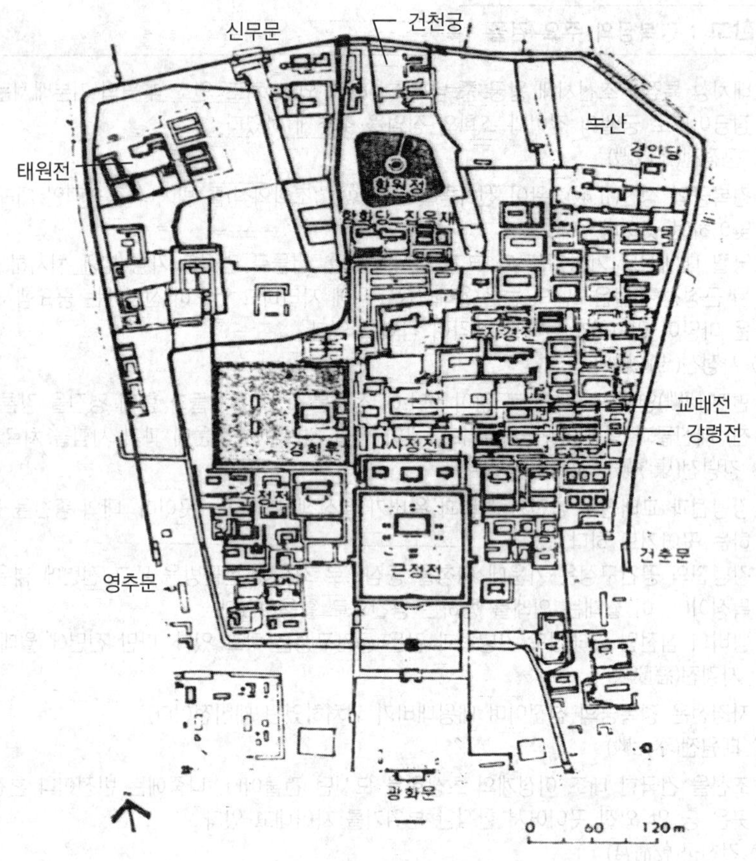

그림. 경복궁의 배치도

㉠ 경회루지원(태종 12년)

- 경회(慶會) : 임금과 신하의 합일
- 기능 : 외국사신 영접, 궁중의 연회장소로서의 기능, 주유의 기능(동적 기능과 정적 기능의 혼합)
- 경회루
  - 규모 : 정면7칸×측면5칸의 다락집, 35칸건물, 3단마루
  - 공간구성 및 요소 : 「주역」의 원리에 따라 경회루의 공간구성이 이루어짐
  - 외주(外柱)는 방주(方柱), 내주(內柱)는 원주(圓柱)인 48개의 석주로 구성
  - 위로 올라갈수록 좁아지는 형태
  - 지붕위에는 최다의 잡상 11개가 설치
  - 섬서쪽에 선착장이 있어 뱃놀이가 가능
- 지원의 규모
  - 남북113m×동서128m의 방지와 3개의 방도(방지방도)
  - 가장 큰 섬에 경회루가 건립, 나머지 두 섬엔 소나무가 식재
  - 3개의 석교를 통해 진입(남에서부터 해 · 달 · 별을 의미하고 남측의 석교가 어로)

· 배경사상
 - 경회루 : 우주적 질서를 조영원리로 주역의 원리, 유교의 세계관이 반영
 - 지원 : 신선사상

그림. 경회루전경

★ ㉡ 교태전 후원의 아미산원
 · 위치 : 경복궁의 중앙에 배치
 · 조영 : 경회루 방지 축조시 파낸 흙으로 아미산을 조영(→인공적)
 · 기능 : 교태전은 왕비를 위한 사적정원
 · 특징
  - 4단의 화계조성(풍수지리설에 의해 조성)
  - 단(段)위에는 매화, 모란, 앵두, 철쭉 등의 꽃나무와 소나무 팽나무 느티나무 등을 심어 원림을 이룸
  - 동산위에는 뽕나무, 돌배나무, 말채나무, 쉬나무 등이 식재
  - 첨경물로 석분에 심은 괴석, 석지(함월지 : 달이 잠긴 못, 낙하담: 노을이 잠긴 못), 석연지 굴뚝 등의 조형물을 배치
  - 아미산원의 굴뚝 : 4개의 굴뚝이 서 있는데 6각형으로 된 굴뚝 벽에는 덩굴무늬, 학, 박쥐, 봉황, 소나무, 매화, 국화, 불로초, 바위, 새, 사슴 등의 무늬를 조화롭게 배치함
  - 십장생, 사군자와 장수, 부귀를 상징하는 무늬와 화마와 악귀를 막는 상서로운 짐승들이 표현

그림. 교태전 계단식 후원(아미산)

㉢ 향원정과 향원지

- 향원(香遠) : 주돈이 「애련설」에 나오는 향원익청(향기는 멀수록 맑다)에서 따옴
- 지원의 형태 : 모가 둥글게 처리된 방지(方池)에 중앙에 원형의 섬이 있고 그 위에 정 6각의 향원정이 있음, 취향교 : 못과 중도를 연결하는 다리
- 수원(水原) : 북쪽 호안가에 '열상진원'이라는 각자가 새겨진 샘물
- 식재
  - 연못안 : 연꽃
  - 못가의 언덕 : 느티나무, 회화나무, 소나무, 산사나무, 버드나무 등
  - 섬 : 철쭉 등 관목류

그림. 향원정과 취향교

㉣ 자경전의 화문장과 십장생굴뚝

- 대비가 거처하는 침전
- 전각안의 담에는 화목을 심지 않기 때문에 담 자체가 조원의 경물과 같은 장식(대비의 만수무강을 기원하는 상징물로 장식)
- 화문담(꽃담)
  - 내벽 : 만수(萬壽)의 문자와 꽃무늬가 장식
  - 외벽엔 거북문, 매화, 연꽃, 대나무, 천도복숭아, 국화, 모란이 담벽에 배치
- 십장생 굴뚝(보물)
  - 너비 318cm, 높이 236cm, 폭 65cm의 벽면
  - 굴뚝과 담장의 복합형으로 지붕은 기와를 덮고 10개의 연가를 놓음
  - 정면무늬 : 십장생(해, 산, 구름, 바위, 소나무, 거북, 사슴, 학, 불로초, 물)과 바다, 포도, 연꽃, 대나무를 장식
  - 둘레무늬 : 박쥐, 당초무늬
  - 굴뚝상단 : 용(왕을 상징)을 중심으로 양쪽에 학(신하 상징)을 배치
  - 십장생은 장수기원, 포도는 자손의 번영, 나티 · 불가사리 등은 악귀를 막는 상서로운 짐승으로 상징

그림. 십장생으로 조각된 굴뚝

그림. 화문담(꽃담)

③ 창덕궁

· 조영

– 태종 5년에 건립한 이궁으로 경복궁의 동쪽에 있다고 하여 '동관대궐(東關大闕)', 동궐(東闕)이라함

· 입지

– 풍수사상에 의한 지세의 존중

– 지세에 따른 자연스러운 건물배치, 자연지형을 적절히 이용한 궁궐 안의 원림공간

■ 참고

■ **창덕궁 후원에 대한 부연설명**

· 지형 조건에 맞추어 자유로운 구성으로 자연의 순리를 존중, 자연과 조화를 기본으로 하는 한국문화의 특성이 나타난 정원이다.

· 유네스코의 세계문화유산으로 등록

· 후원의 역할은 제왕이 수학, 수신하고 소요하던 공간, 사냥, 무술 연마장소, 제단을 설치해 제사장 역할, 연회장소로 활용되었다.

■ **창덕궁의 중요건물**

① 인정전(仁政殿)
창덕궁의 정전(正殿)으로서 왕의 즉위식, 신하들의 하례, 외국 사신의 접견 등 중요한 국가적 의식을 치르던 곳이다.

② 선정전(宣政殿)
왕이 고위직 신하들과 함께 일상 업무를 보던 공식 집무실인 편전(便殿)으로, 지형에 맞추어 정전인 인정전 동쪽에 세워졌다.

③ 희정당(熙政堂)
침전에서 편전으로 바뀌어 사용된 곳, 인정전이 창덕궁의 상징적인 으뜸전각이라면 희정당은 왕이 가장 많이 머물렀던 실질적인 중심 건물이라고 할 수 있다

④ 대조전(大造殿)
궁중궁궐인 왕비의 침전, 대조전은 창덕궁의 정식 침전(寢殿)으로 왕비의 생활공간이다.

⑤ 구 선원전 일원
왕실의 제례를 거행하던 곳, 선원전은 역대 왕들의 초상화인 어진(御眞)을 모시고 다례를 지내는 신성한 곳이다

⑥ 낙선재(樂善齋)
조선 24대 임금인 헌종은 김재청의 딸을 경빈(慶嬪)으로 맞이하여 1847년(헌종13)에 낙선재를, 이듬해에 석복헌(錫福軒)을 지어 수강재(壽康齋)와 나란히 두었다.

· 공간구성
- 진입 : 돈화문으로 진입, 금천교(명당수)
- 대조전후원
- 창덕궁 후원 : 자연림을 바탕으로 형성된 정원

부용정역	부용지와 부용정, 주합루, 사정기비각, 서향각, 희우정 등
애련정역	애련지와 애련정, 연경당, 농수정
관람정역	관람정과 관람지, 존덕정과 존덕지, 승재정과 폄우사
옥류천역	취한정, 소요정, 농산정, 청의정, 태극정

㉠ 부용정역
· 후원 입구에서 가장 가까운 거리에 있는 정원
· 동쪽은 영화당, 서쪽은 사정기비각, 남쪽은 부용정, 북쪽은 주합루가 위치
· 부용지 : 방지원도(음양오행사상)
· 부용정 : 亞 자형 + 丁 자형

그림. 부용정역

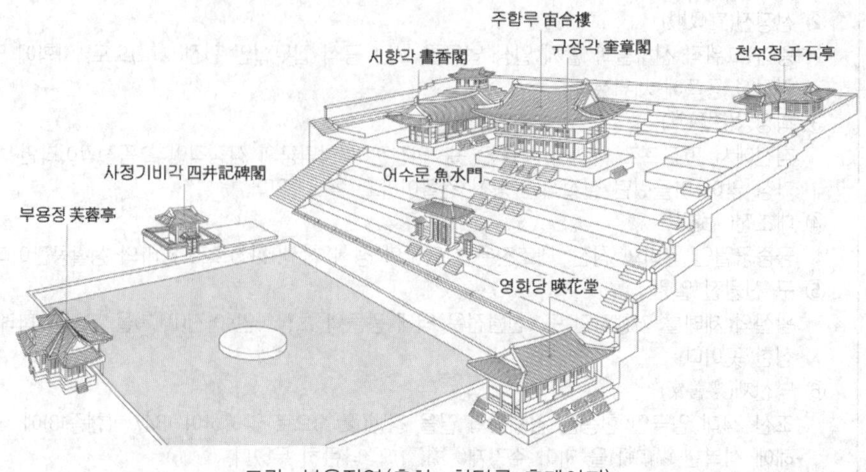

그림. 부용정역(출처 : 창덕궁 홈페이지)

㉡ 애련정역

- 애련지 : 송대 주돈이 애련설에서 유래, 방지무도
- 연경당 : 민가를 모방한 건축물, 단청하지 않음
- 계단식 화계로 철쭉류, 단풍, 소나무 식재, 돌계단위에 농수정이라는 정자 배치

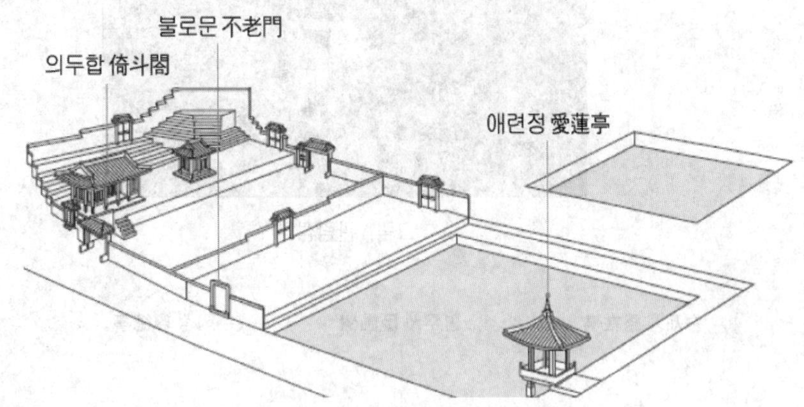

그림. 애련지(출처 : 창덕궁 홈페이지)

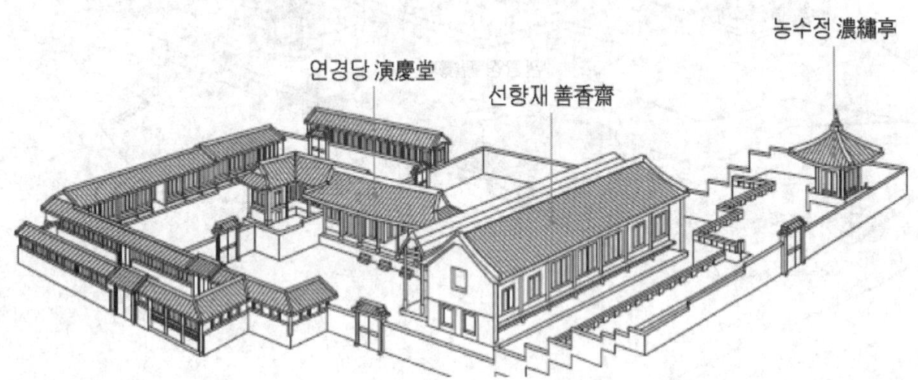

그림. 연경당(출처 : 창덕궁 홈페이지)

㉢ 관람정역

- 관람지 : 한말~일제강점기 초에 조성한 부정형 곡지
- 존덕지 : 관람지 위쪽 한단 높은곳에 위치
- 상지에 존덕정은 6각의 겹지붕 정자, 하지에 관람정은 부채꼴모양

그림. 관람정역

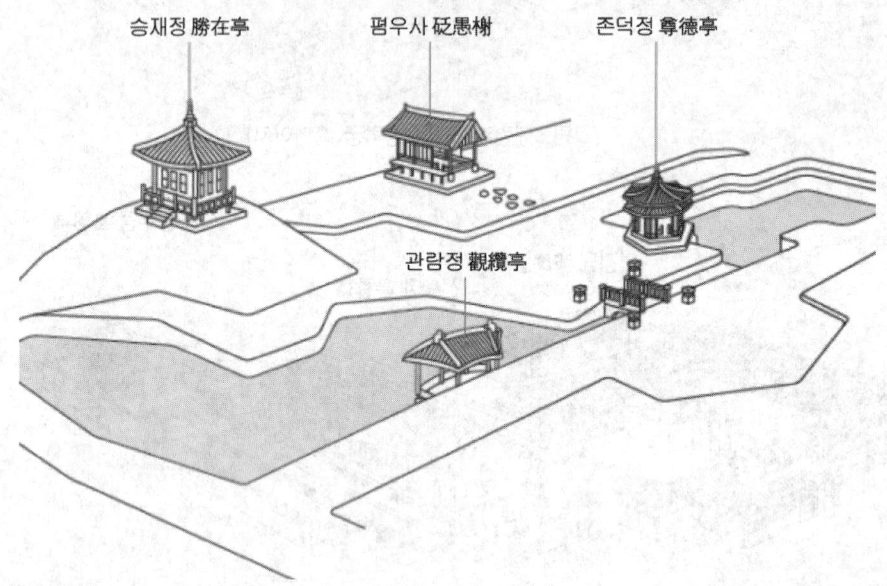

그림. 관람정역(출처 : 창덕궁 홈페이지)

★ ㉣ 옥류천역

- 후원의 가장 안쪽에 위치하는 유락 공간
- 계류가에 청의정, 소요정, 농산정, 취한정, 태극정이 배치
- 방지안의 청의정(궁궐 안의 유일한 모정)
- C자형 곡수거와 인공폭포가 있어 조화로운 계원을 이룸

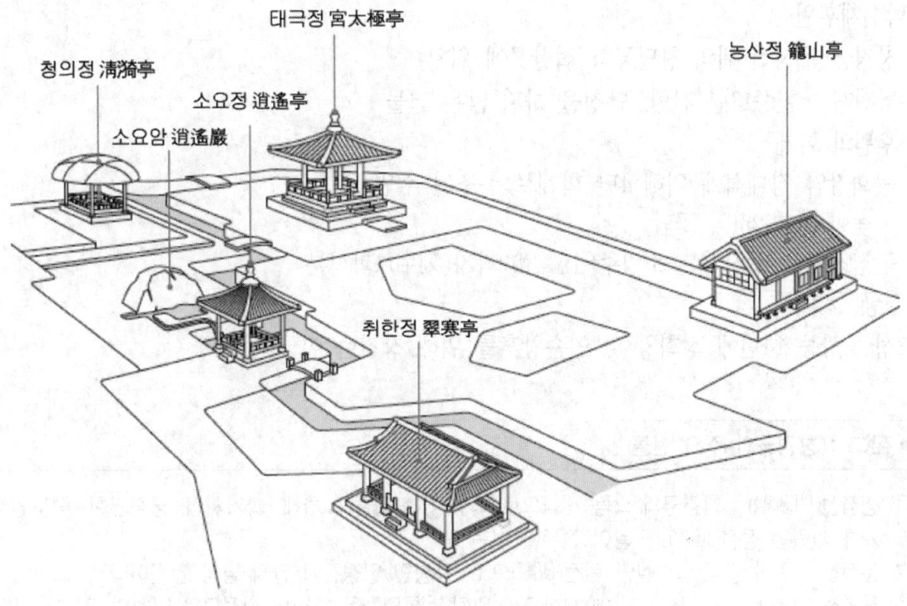

그림. 옥류천역(출처 : 창덕궁 홈페이지)

■ **참고**

■ 창덕궁에 천연기념물로 지정된 수목

- 제194호 향나무 : 선원전 근처
- 제251호 다래 : 대보단 터
- 제471호 뽕나무
- 제472호 회화나무군 : 돈화문입구 마당 근처

■ 창덕궁과 인조

- 1636년 옥류천 주위에 어정을 파고 소요정, 청의정, 태극정 조성했다.
- 1644년 존덕정
- 1645년 취향정 건립
- 1692년 애련지와 애련정조성
- 1704년 대보단 조성
- 청의정 : 궁궐안의 유일한 모정(초정)으로 소박한 지붕과는 달리 내부의 천장은 매우 화려한 무늬와 채색되어 있다.

그림. 청의정

그림. 옥류천역

㉤ 낙선재후원

- 창경궁 문정전 뒤의 창덕궁과 접한곳에 위치
- 낙선재 : 헌종13년 건립, 단청을 하지 않은 건물
- 후원의 화계
  - 화강암 장대석에 의해 4단 화계로 축조된 후원
  - 높이 1.5~2m의 꽃담
  - 삼신산을 상징하는 소영주(小瀛州) 각자(刻字) 괴석분

④ 창경궁

- 조성 : 성종 14년에 정희왕후, 인순왕후를 위해 창건한 이궁

■ 참고 : 창경궁의 주요 건물

① 명정전(明政殿) : 창경궁의 으뜸 전각으로 즉위식, 신하들의 하례, 과거시험, 궁중연회 등의 공식적 행사를 치렀던 정전(正殿), 국왕이 정무를 보던 곳

② 문정전 : 왕의 공식 집무실인 편전(便殿)으로, 동향인 명정전과 달리 남향 건물이다.

③ 통명전 : 내전 가장 깊숙한 곳에 남향으로 위치한 통명전은 왕비의 침전으로 내전의 으뜸 전각이다. 월대 위에 기단을 형성하고 그 위에 건물을 올렸으며, 연회나 의례를 열 수 있는 넓은 마당에는 얇고 넓적한 박석(薄石)을 깔았다.

- 공간구성

㉠ 옥천교 : 홍화문과 명정문 중간에 설치된 다리(명당수)

㉡ 통명정원

- 통명 : 불교의 육신통과 삼명을 의미
- 통명전 후원의 화계
- 석란지
  - 정토사상배경의 지당(중도형방장지)
  - 지당은 장방형으로 네벽을 장대석으로 쌓아올리고 석난간을 돌린 석지
  - 지당의 석교는 무지개형 곡선형태이며, 속에는 석분에 심은 괴석3개와 기물을 받혔던 앙련 받침대석이 있음
  - 수원의 북쪽 4.6m 거리에 지하수가 솟아나는 샘으로 이물은 직선의 석구(石溝)를 통해 지당 속 폭포로 떨어지게 됨

그림. 석란지

㉢ 춘당지 : 현재 두 개의 연못으로 나누어져 있는데, 뒤쪽의 작은 연못이 조선 왕조 때부터 있었던 본래의 춘당지이다. 면적이 넓은 앞쪽 연못은 원래 왕이 몸소농사를 행하던 11개의 논이었다. 이곳에서 임금이 친히 쟁기를 잡고 소를 몰며 논을 가는 시범을 보임으로써 풍년을 기원하였다.

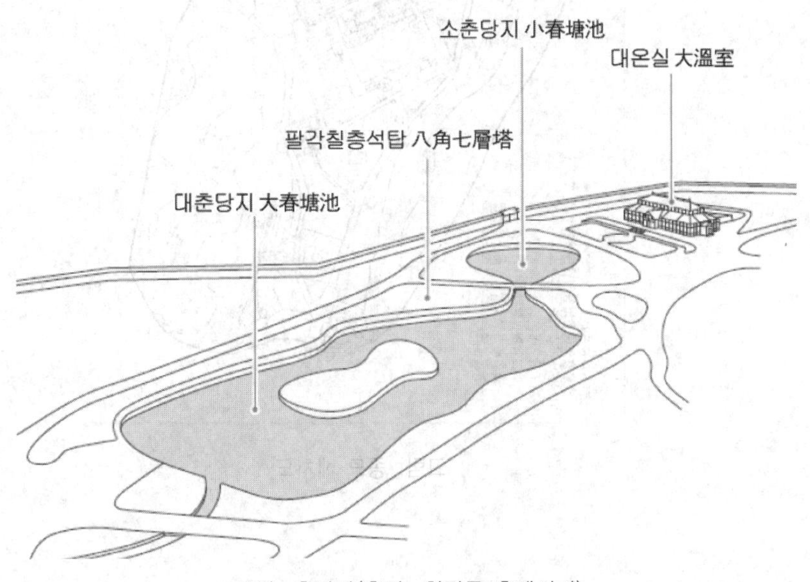

그림. 춘당지(출처 : 창경궁 홈페이지)

⑤ 덕수궁

- 조영 : 선조
- 공간구성

㉠ 석조전 : 우리나라 최초의 서양건물, 하딩이 설계

㉡ 침상원

- 우리나라 최초의 유럽식정원
- 분수와 연못을 중심으로 한 정형 정원

그림. 석조전

⑥ 종묘(宗廟)

- 조영 : 태조 이성계
- 기능 : 조선시대 역대 왕과 왕비의 신주를 모신 유교사당
- 입지 및 공간구성

㉠ 좌묘우사(左廟右社)의 원칙에 따라 경복궁의 좌측에 자리잡음

㉡ 정전 앞에는 명당수가 위치

㉢ 정전과 영녕전을 중심으로 제궁과 향대청을 배치

㉣ 주변에 울창한 원림 형성, 신궁(神宮)이므로 화계 · 정자 · 괴석 · 화목은 배치하지 않음

㉤ 망묘루 앞 장방형 연못의 섬에는 향나무가 식재, 수복방 마당에 방형 연못이 조영

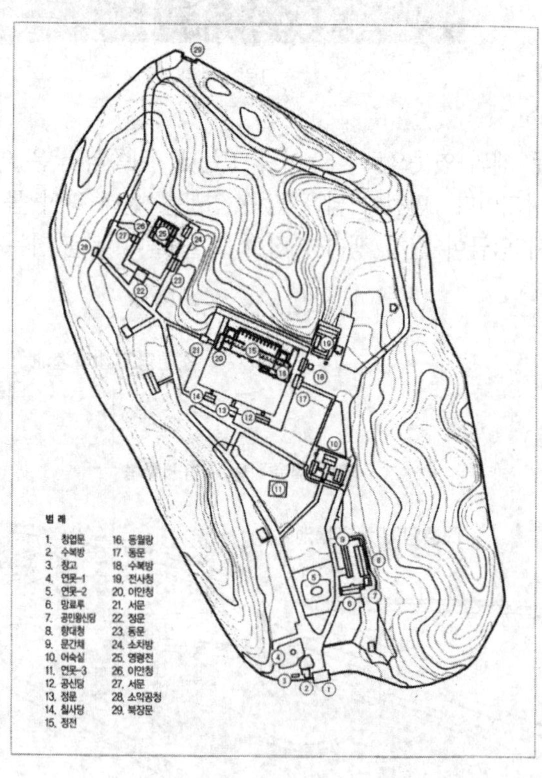

그림. 종묘 배치도

■ 참고 : 종묘의 공간구성

- 하마비(下馬碑) : 종묘 앞을 지나는 모든 사람은 신분의 고하(高下)를 막론하고 모두 말에서 내려지나가라 고 세운 비석
- 창엽문(蒼葉門) : 종묘의 정문
- 삼도(三道) : 종묘(宗廟)의 동선(動線)으로 정문→ 정전(正殿) → 영녕전(永寧殿)에 이르는 길, 길은 3개의 길이 합쳐져 1개의 길
- 어숙실(御宿室) : 제례가 시작되기 전 임금과 세자가 제사 준비를 하던 곳
- 전사청(典祀廳) : 제물, 제기, 운반구를 보관하고 제례에 쓰이는 제수(祭需)를 준비하는 공간
- 동월랑(東月廊) : 배례청(拜禮廳), 제례 때 제관들의 편의를 위해 전면이 개방된 구조
- 영녕전(永寧殿) : '영녕(永寧)' 이란 조종(祖宗)과 자손이 함께 편안히 있다는 의미, 16칸에 34위 모심
- 정전(正殿) : 조선왕조의 역대 왕과 왕비의 신주를 모신 유교사당, 19칸에 49위를 모심, 목조건물 중 가장 긴 건물

⑦ 사직단(社稷壇)

- 한양(漢陽)에 도읍을 정한 조선 태조 이성계(李成桂)는 고려의 제도를 따라 경복궁 궁궐왼쪽에 종묘를 두고 오른쪽에 사직을 두는 좌묘우사(左廟右社)의 원칙을 둔다.
- 토지를 주관하는 신인 사(社)와 오곡(五穀)을 주관하는 신인 직(稷)에게 제사를 지내는 제단이다.
- 사단(社壇)은 동쪽, 직단(稷壇)을 서쪽에 두었으며 이는 국토와 오곡은 국가와 민생의 근본이 되므로 국가와 민생의 안정을 기원하고 보호해주는 것에 대한 보답의 의미에서 사직을 설치하고 제사를 지냈다.

⑧ 왕릉

㉠ 개관

- 우리나라 능원가운데 조선시대 능원은 가장 완전한 형태를 갖추고 있는 고유의 문화유산임
- 조선시대 능원은 태조 이성계가 조선을 개국한 이래 500년 동안 지속적으로 조영한 무덤유산으로 27대에 이르는 왕과 왕비, 추존왕 등 44기의 능과 13기의 원이 있다.

㉡ 능역의 공간구성

- 능역을 구성하는 주산(主山)과 조산(朝山)의 대영역 속에 산과 하천에 의하여 중층성을 이루고 있음
- 인위적인 조성보다 자연지형을 활용하는 상징적 입지의 특성을 가짐
- 능역내에는 인위적인 조성기법을 볼 수 있으며 내 영역을 조성하는 주산과 혈, 내청룡, 내백호로 구성되는 공간의 끝자락이 만나는 지점에 비보차원의 연못을 조성하였으며 연못을 지나면 내영역이 됨
- 사상적 배경은 음양사상, 풍수지리설, 불교, 도교의 영향을 받고 있음

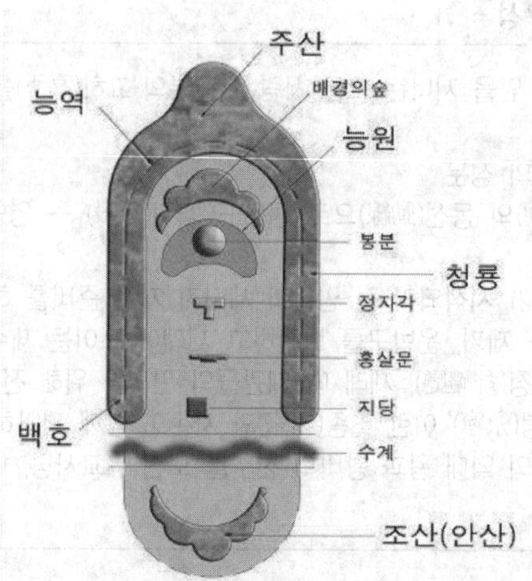

그림. 능역의 공간개념도

㉢ 왕릉의 역사와 발전

- 초기의 기록은 석기시대, 청동기시대의 지석묘(고인돌)→제도로 정립된 시기는 삼국시대임
- 고구려시대 초기는 석총(방형으로 쌓아 계단식으로 조성), 중기는 토총(왕궁에 버금가는 지하궁전조성)
- 백제시대는 석총, 일반 봉토분(봉토 속에 석실이나 토축, 벽돌 중 택하여 조성) 등장
- 신라시대에는 고유의 무덤형식으로 적석목곽분(지하에 무덤광을 파고 상자형 나무덧널을 넣은 뒤 그 주위와 위를 돌로 덮고 다시 바깥은 봉토로 씌운 능)이 만들어짐
- 통일신라시대는 봉분이 남쪽을 향하고 석물과 석인이 등장, 능침제도는 평지에서 산지로 변화, 석물배치 및 조각기술이 한층 더 정교해짐
- 고려시대왕릉은 풍수상 명당에 자리잡았으며 이런 택지 원칙은 조선시대에도 기본적으로 계승
- 고려시대와 조선시대 왕릉의 차이점은 고려시대는 단릉형식, 조선시대의 왕릉은 지형의 특성을 살려 단릉, 쌍릉, 합장릉, 동원이강릉, 동원상하릉, 삼연릉 등 여러형태를 볼 수 있음
- 조선시대의 왕릉제도는 원칙적으로 고려말 왕릉제도를 계승하고 있으나 시대적 자연관과 유교적세계관, 풍수사상 등에 의해 보다 특색 있는 모습으로 발전

표 . 조선왕릉의 발전과 특징

구분	능명	특징
1기	태조 건원릉	고려시대의 양식을 계승하며 장명등, 망주석, 배위석 등이 변화함
2기	문종 현릉	국가의 가례와 흉례를 다룬 「국조오례」의 제정에 따른 조선시대의 독특한 제례문화 정립, 독립된 양식을 반영함
3기	세조 광릉	세조의 능제 간결정책에 따른 간결화된 능침공간과 풍수사상의 발달(봉분의 병풍석을 난간석으로 하고 석실을 회벽실로 간결화)
4기	영조 원릉	실학사상을 근거로 한 「속국조오례의」 등 개편으로 능침의 위계 변화 및 석물의 현실화
5기	고종 홍릉	황제의 능으로 조성되어 능침의 상설체제가 변화, 석물을 배전 앞으로 배치하고 정자각을 정전의 형태로 함

㉣ 능역의 입지 및 경관구성

· 입지 : 관리와 참배가 용이한 궁궐 반경 십리(약 4km)밖 백리(40km) 이내에서 풍수지리적 지형을 갖춘 적지를 찾아 입지

표. 지역별 조선왕릉군

서부지역	· 파주의 삼릉 (공릉, 순릉, 영릉), 김포의 장릉, 고양의 효릉, 예릉, 희릉 · 고양의 서오릉 (경릉, 창릉, 홍릉, 익릉, 명릉) · 화성의 융릉, 건릉
중부지역(서울)	정릉, 의릉, 태릉, 강릉, 선릉, 정릉, 헌릉, 인릉
동부지역	· 구리 동구릉(건원릉, 현릉, 목릉, 휘릉, 숭릉, 혜릉, 원릉, 수릉, 경릉) · 남양주 광릉, 사릉, 홍릉, 유릉 · 여주 영릉, 영월 장릉
북한	· 후릉, 제릉

· 능원의 경관
- 배산임수의 지형을 갖춘 곳으로 주산을 뒤로 하고 그 중허리에 봉분을 이루며 좌우로는 청룡과 백호가 산세를 이루고 왕릉 앞쪽으로 물이 흐르고 가까이 앞에는 안산이 멀리는 조산이 보이는 겹겹이 중첩되고 위요된 경관을 풍수적 길지라 하여 선호
- 능역의 경우 그 혈장이 꽉 짜이게 입구가 좁아야 하는데 조선의 능들은 대부분 입구가 오므라진 산세를 하고 있는 곳이 일반적인 형국임, 입구가 오므라들지 않은 곳은 비보차원의 비보림(裨補林)과 연못(지당, 池塘)을 조성하기도 함

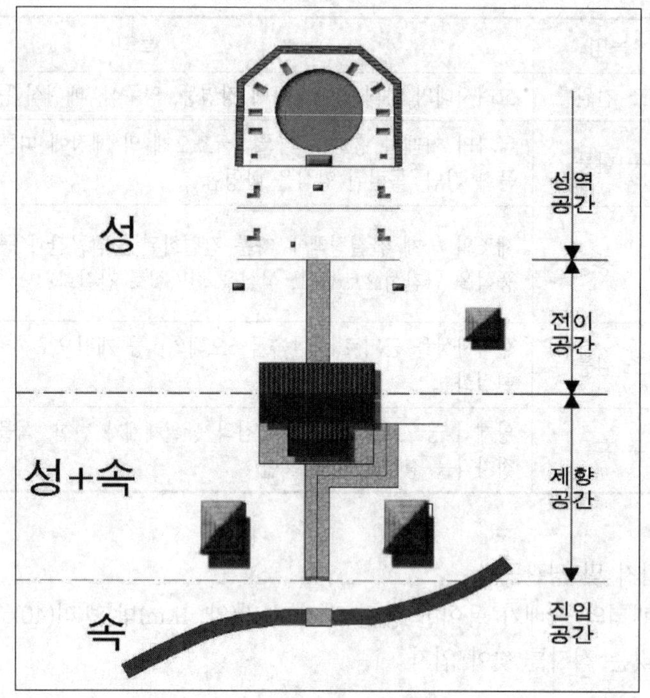

그림. 능원의 공간구성도

ⓜ 왕릉의 공간구성

- 조선 왕릉의 공간구성은 유교의 예법에 따라 진입공간 – 제향공간 – 전이공간 – 능침공간이라는 기본적인 공간 구조를 가짐
- 능역의 공간구성은 천원지방설(天圓地方設, 사물의 근원은 음양이다)의 영향으로 능상, 능하로 나누며, 봉분은 혈에 해당되어 세계의 축을 상징

능침공간	· 성역공간, 왕릉의 핵심, 봉분의 좌우 뒷면3면에 곡담이 둘러져 있으며 주변 소나무가 둘러싸 능의 위요성을 강조함 · 봉분은 원형이며 능침 중심으로 양석, 호석, 장명등, 망주석이 있음 · 3단구성: 상계(봉분),중계(문인공간, 문인석상, 말상), 하계(무인석상, 말)
제향공간	· 참배를 위한 주공간이며 사자와 생자가 제의식때 만나는 반속세공간
진입공간	· 외홍전무, 재실, 지당, 금천교로 이어지는 공간 · 참배로는 능원으로 진입하면서 명당수가 흐르는 개천을 따라 곡선을 이룸 · 구불거리는 능역이 쉽게 보이지 않도록 하여 능력의 신성함과 엄숙함 강조

· 조선왕릉의 공간구성표

구 분	능역의 주요시설	동선의 흐름	상징성
능침공간	봉분, 문무석인, 석양,석호, 장명등, 망주석, 곡장	↑	성의 공간
제향공간	정자각, 참도, 수복방,수라간, 홍전문, 판위	ㄱ	성과 속의 만남
진입공간	외홍전문, 지당, 재실, 금천교, 참배로, 화소	Z	속의 공간

ⓑ 공간구성요소

· 능원의 건축물

정자각	제사를 모시는 공간, 왕릉에서 중심건축물
비각	죽은 사람의 업적을 기록하여 세우는 것 능침의 좌하단 아래 정자각 동북측에 있음
수복방	능을 지키는 능지기(수복)가 사용하던 공간, 정자각의 좌측앞에 위치
홍전문	홍살문, 신성구역임을 알리기 위해 세워놓음

· 능원석조물

– 조선시대 왕릉의 석물은 능침공간에 주로 배치

혼유석과 고석	– 혼유석은 능침의 정면에 놓인 상석(床石)으로 영혼이 노는 곳이란 의미 – 고석(鼓石)은 혼유석을 받치고 있는 4-5개의 북 모양의 석물이다.
석호와 석양	– 능침공간에는 봉분을 중심으로 석양과 석호가 일반적으로 4쌍 배치 – 양은 신양(神羊)의 성격을 띠어 사악한 것을 피한다는 의미이며 호(虎)는 능을 수호한다는 의미로 해석
망주석 과 세호	– 상계의 앞면 좌우에 팔각의 촛대처럼 배치된 석물 – 능침이 신성구역임을 알리는 의미와 멀리서 바라볼 수 있도록 한 것으로 추정 – 망주석 기둥에는 세호라는 동물상이 조각
장명등	– 석등의 형태로 능침의 중간 중계에 배치 – 조선시대 초기에는 팔각의 형태이며 숙종의 명릉이후 사각의 장명등이 나타남
문무석인상과 석마	– 문석인상은 중계에 무석인상은 하계에 서로 마주하고 서 있다. – 문석인상이 능침 가까이 중계에 배치함은 봉건 계급제도로 보이며 – 조각의 크기는 조선초기에는 3m정도로 실물보다 크게 나타나나 숙종, 영조시대 실사구시의 영향으로 실제 사람의 규모로 되었다.

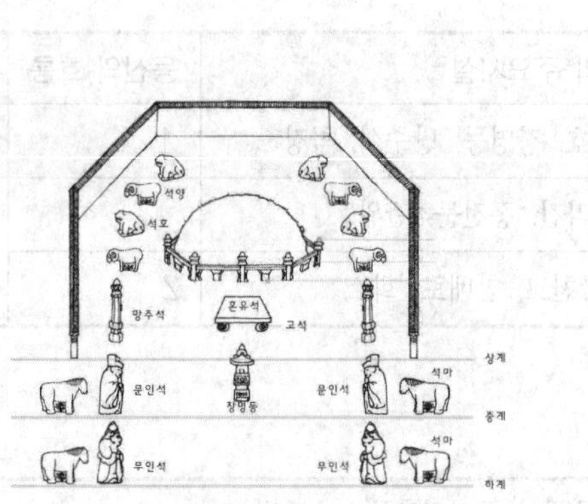

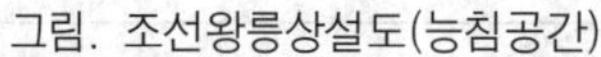

그림. 조선왕릉상설도(능침공간)

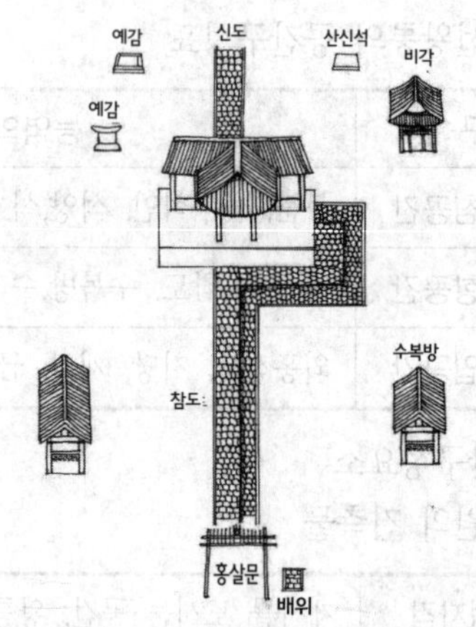

그림. 조선왕릉상설도(제향공간)

- 능역의 연못
  - 능원 진입공간의 주산에서 좌우 (池塘) 내려온 용맥의 능선이 서로 맞닿는 낮고 습한 곳으로 능역의 입구가 넓고 허한 경우에 공간구성상 풍수적 비보 차원에서 입지
  - 조선시대의 전통적인 지당 형태인 방지원도(方池圓島)가 대부분이며, 풍수적이론에 의해 원지도 있음(융릉의 坤神池) 조선시대 말기에는 원지원도형(圓池圓島形) 홍릉(洪陵)도 나타남

ⓢ 왕릉의 식생경관
  - 배경의 숲은 송림이 원형이며, 봉분을 중심으로 한 성역의 공간에는 소나무가 절대적 우세를 나타내며 갈참나무, 신갈나무, 전나무, 떡갈나무 등이 분포
  - 정자각을 중심으로 한 제향공간의 주변 식생은 소나무, 전나무, 신갈나무 등이 교목으로, 중교목으로는 때죽나무, 철쭉, 진달래 등
  - 능역의 소나무는 주시대 때부터 황제를 상징하고 십장생의 중의 하나 이다.
  - 떡갈나무, 신갈나무는 능원에서 화재대비에 많은 관심을 갖고 수피가 두껍기 때문에 산불에 강하고 줄기가 곧게 자라며 생장속도가 느린점을 고려한 실용적 수목이다.

■ 참고 : 모화관(慕華館)

능원의 지피식물인 들잔디와 왕실의 수목을 재배하여 보식하였던 곳으로 필요에 따라 7~8월에 잔디를 파종하였다.

3 이궁

① 왕, 왕족들이 위험을 피하기 위한 장소이며 휴양지 역할
② 3대 이궁 : 풍양궁(동), 연희궁(서), 낙천정(남)

4 객관

외국사신영접, 모화관, 태평관, 남별궁

5 민간 정원

① 용어정리 및 민간정원 요약

별장정원	경제적으로 부유한 사람들이 경승지나 전원지에 제2의 주택을 지어놓던 곳
별당정원	본채와 거리를 두고 건물을 지어 손님을 접대하거나 독서하던 곳
별서정원	문인들이 세속을 피해 은둔과 은일을 목적으로 자연에 회귀하고자 경승지나 전원지에 지어놓은 소박한 주거지
별업정원	부모에게 효도하기 위한 칩거실
누정원림	수려한 자연경관 속에 간단한 누·정을 세워 자연과 벗하기 위한 곳

표. 민간정원 요약

주택정원	① 사상 · 유교사상에 영향, 상 · 하 · 남 · 녀를 엄격히 구분 → 마당과 채 구분 · 풍수지리사상 → 후원, 화계 ② 사례 이내번의 선교장(활래정-방지방도), 유이주의 운조루(풍수상길지, 오미동가도), 윤증 고택, 정읍 김동수가옥(풍수상명당), 달성 박황가옥(삼가헌 고택), 함양 정여창 고택(함양 일두고택), 김조순 옥호정(옥호정도)
별서정원	① 사상 : 유교적 자연관 ② 사례 · 양산보의 소쇄원 : 자연계류를 중심으로 사면공간을 화계식으로 조성한 정원, 소쇄원도, 대봉대와 애양단공간 → 제월당과 화계공간 → 계류와 광풍각역 · 윤선도의 부용동 원림 : 세연정역(방지방도, 계담, 동대서대, 판석보설치, 자연에 동화되어 감상하고 유희하는 공간) → 낭음계역(낙서제와 곡수당주위 수학과 수신의 장소) → 동천석실역(더위를 피할 수 있는 정자, 암벽밑에 석실축조) · 정영방의 서석지원 : 중도가 없는 방지가 마당을 차지함 · 정약용의 다산초당원림 : 정석바위, 약천, 다조, 방지원도(섬안에 석가산), 비폭 · 송시열의 남간정사 · 주재성의 무기연당 : 국담(연못은 방지방도 지안을 2단조성), 하환정을 중심으로 함, 양심대(석가산) · 오희도의 명옥헌원 : 명옥헌은 무릉도원에 희구하여 자연에 귀의하고자 하는 의도의 뜻
누정원림	· 광한루 (삼신선도, 오작교 → 신선사상) · 활래정지원 : 선교장의 동남쪽 위치, 방지방도
서원	① 역할 : 유교사상바탕, 사림에 의한 학문연구, 선현제향, 지방도서관역할 ② 공간구성 : 전학후묘(前學後墓)형식/ 외삼문 → 누각 → 재실 → 강당 → 사당 ③ 사례 · 소수서원 : 최초의 사액서원 · 도산서원 : 이황, 정우당(방지로 연꽃식재), 몽천(샘), 절우사(매화, 대나무, 소나무, 국화식재) · 옥산서원 · 병산서원 : 풍수상명당, 만대루(휴식장소), 광영지

사찰	진입공간 → 중심공간 → 승화공간
마을	· 풍수지리설, 샤머니즘 음양오행설/ 하회마을, 양동마을, 외암리민속마을
읍성	· 지방행정중심지, 행정적 통제와 군사적방어기능, 계급분화, 도시사회적 특성을 보여줌 · 직경300~500m, 인구 300~1500명 거주 추정 · 낙안읍성, 해미읍성, 고창읍성

② 주택정원

★ ㉠ 주택 공간 조영에 배경요인

- 풍수지리사상 : 후원식, 화계식 발달
- 유교사상 : 상·하·남·녀의 구별이 엄격, 주택공간 배치에 영향(채와 마당으로 구분)

㉡ 공간구성(상류주택)

- 안마당
  - 안마당은 안채의 앞마당으로 주택 가장 안쪽에 자리하기 때문에 중심성과 폐쇄성을 동시에 지님
  - 중정모양으로 단정한 네모, 평평하고, 동선 연결은 물론 혼례의식을 거행하거나 곡물을 건조하는 장소로 활용
  - 건물과 담장에 둘러싸여 옥외실 같이 안락하고 위요감을 느낄 수 있는 공간
  - 공간이 크지 않아 큰 나무를 심지 않았고, 큰 나무를 심으면 일조와 통풍 등 환경이 나빠지므로 풍수설을 빌어 금기함
- ★ 사랑마당
  - 사랑마당은 사랑채의 앞마당으로 남자주인의 거처 및 접객공간으로 바깥마당 또는 행랑마당과 연결되어 개방감은 물론 비교적 넓게 잘 꾸며짐
  - 뜰에는 화오(낮은 둔덕의 꽃밭, 화단)에 석류, 모란 등을 도입하거나 식물의 품격과 가주의 취향에 따라 매화, 국화, 난초 등이 심어지고, 석연지를 두어 소규모의 수경(水景)을 꾸밈
  - 사랑채에서는 원경을 감상하거나 뜰에 가꾸어진 경물을 완상하게 되는데, 뜰이 넓을 때에는 가산(假山)을 만들거나 네모난 연못이 꾸며졌으며, 괴석을 도입하여 의경미를 완상함
- 사당마당
  - 조상의 위패를 모시고 제사를 지내는 사당은 앞마당으로 동북쪽에 위치하며 담장으로 둘러 독립된 영역이 된다. 화려한 수식을 피하였고 분향목적의 향나무와 절의를 상징하는 송, 죽, 매, 국 등을 가꿈
- 행랑마당
  - 하인들이 기거하거나 창고로 활용되는 행랑의 마당은 특별한 수식이 가해지지 않음
  - 다만 풍수설에서 중문 앞에 괴목이 있으면 3대에 걸쳐 부귀를 누릴 수 있다하여 중문가에 회화나무나 느티나무, 팽나무, 은행나무 등을 제한적으로 심음

· 별당마당
- 별당마당은 내별당(자녀나 노모의 거처)마당과 외별당(가장의 노년기 거처)마당으로 대별되는데, 내별당마당은 너른 마당으로 조성되는 반면, 외별당마당은 연못, 정자 등을 두어 자연을 감상하고 휴양을 도모하는 등 선경의 세계를 구현함

· 바깥마당
- 대문 밖의 바깥마당(농산물의 탈곡과 야적장이 되기도 함)은 넓게 트인 공지로 남기거나 작은 텃밭과 수로, 연못 등이 도입
- 풍수적으로 주작의 오지(汚地)에 해당하는 연못은 우수나 오수를 처리하는 배수기능과 실용성(화재예방 또는 양어, 농업용수), 관상, 미기후 조절 등을 겸하는 수경시설이 됨

· 뒷마당(후원)
- 안채 뒤에 위치한 뒷마당은 채원, 과원(果園), 약포(藥圃) 등 실용적인 뜰로 가꿈
- 비교적 경사가 심할 때는 화계가 만들어져 화목류(앵두, 살구, 철쭉, 진달래 등)를 심고 괴석과 세심석(洗心石), 장독대, 우물, 굴뚝 등을 설치
- 살림집 후원은 뒷동산 숲이 이어짐으로 자연의 원생분위기를 만날 수 있는 매개공간이 됨

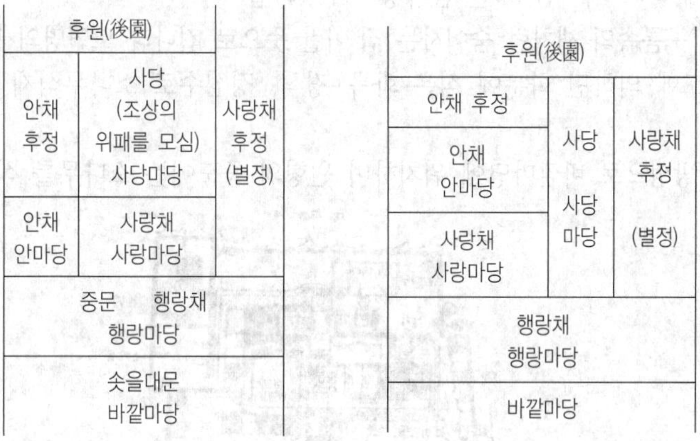

그림. 조선시대 상류주택 외부공간 배치

ⓒ 주택정원의 사례

ⓐ 이내번의 선교장(1816년)

· 소재지 : 강릉
· 열화당(사랑채) 후원의 화계에 배롱나무 식재
· 후원은 죽림, 송림, 감나무 등으로 원림조성
· 바깥마당에 채소밭
· 남향 주택과 동남쪽으로 활래정(외별당)과 방지방도 자리하고 멀리 방해정이 위치

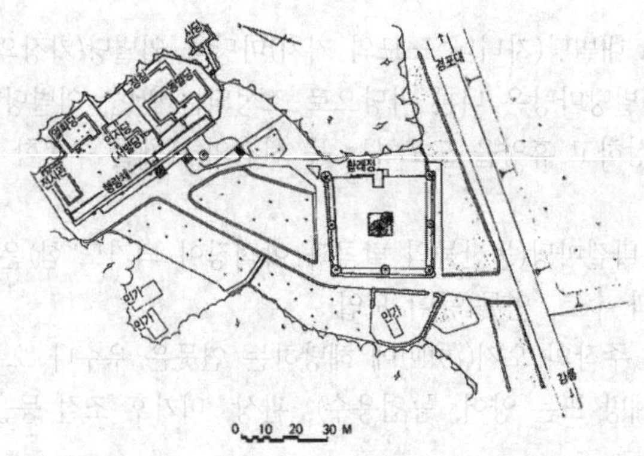

그림. 강릉 선교장

ⓑ 유이주의 운조루(1776년)

- 소재지 : 전남 구례
- 풍수지리상 길지에 입지
- 가사규제에 따라 지어진 99칸 품자형 (品字型)집
- 운조루는 '구름속의 새처럼 숨어사는 집'이란 뜻으로 진나라 도연명의 「귀거래사」에서 차용함
- 오미동가도에 의하면 화분에 심은 화목·경석, 정심수로 소나무식재, 프라이버시를 위해 차폐식재
- 지당 : 장방형으로 바깥마당에 위치하며 원형의 중도에는 소나무를 식재

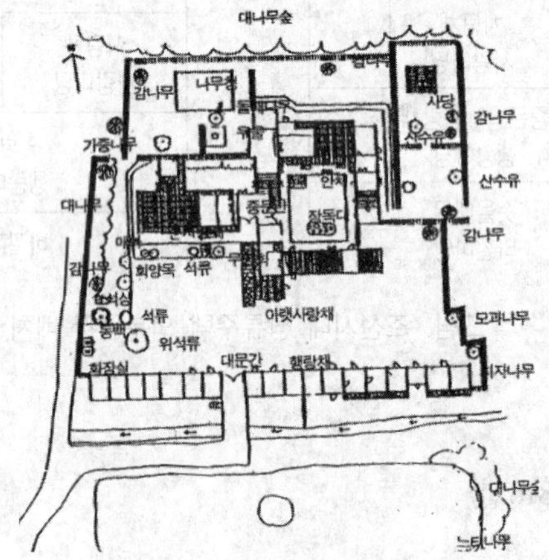

그림. 구례 운조루

ⓒ 논산 윤증 고택

- 사랑채는 높은 축대 위에 기단을 높게 하여 앉히고 주변 경관을 차경하게 함
- 사랑채 누마루 아래쪽에 화계에 30~50cm의 경석을 세워 축경형 석가산을 조성하고 소규모의 반달형 연못을 조성
- 바깥마당에는 방지원도형 연못이 있으며 동쪽 못가에는 배롱나무가 식재됨

ⓓ 정읍 김동수가옥

- 배산임수지형의 명당에 위치하며, 풍수적 비보요소를 곳곳에 설치함
- 사랑채에는 계산유거(溪山幽居), 죽선(竹仙)이란 현판을 달아 '신선이 사는 그윽한 집'이란 의미를 담음
- 바깥마당에는 지렁이 몸통형태의 연못이 조성되었으며, 주변에는 단풍나무와 느티나무 수림대를 이룸
- 후원에는 채원을 일구고 담장주변에는 과실수를 심어 실용성을 강조함

ⓔ 달성 박황가옥 (1769년)

- 하엽정(별당)앞 방지원도 섬에는 배롱나무가 식재
- 넓은 뒤뜰은 채원을 일구고 살구나무, 복숭아 나무를 심어 실용성을 강조

ⓕ 함양 정여창 고택

- 사랑채인 탁청재(濯淸齋)는 흐트러진 마음을 맑게 하는 집이란 뜻
- 사랑채에는 2단 화계, 소나무식재, 담 밑에 괴석을 쌓아 무산12봉을 상징함(신선사상)

ⓖ 김조순의 옥호정(19세기초)(별서정원으로 분류하기도 함)

- 조영 : 김조순이 서울 삼청동 계곡 비탈면 만듦
- ㅁ자형으로 주거중심으로 한 계단식 후원
- 직선적 공간 처리와 직선적 화계 전통적 조경 기법
- 옥호정도 : 정심수(회화나무), 취병(산울타리), 녹음수, 관상식물, 지천, 수반, 화분, 괴석, 덩굴, 시렁, 잔디마당을 적절히 배치

★★③ 별서정원

㉠ 개념

- 별서란
  - 저택에서 떨어져 인접한 경승지나 전원지에 은둔, 은일 또는 순수하게 자연을 즐기기 위해 조성한 별장형(別莊形)과 별업형(別業形)을 포함하는 제2의 주택임
  - 주택에서 떨어져 자연환경과 인문환경을 두루 섭렵하면서 승경과 우주의 삼라만상을 느낄 수 있는 별장 또는 은일을 위한 원유공간

표. 별장형별서, 별업형별서

구분	내용
별장형 별서	서울, 경기지역의 세도가가 조성한 곳으로 대개 살림채, 안채, 창고 등 기본적인살림을 갖추어 놓음, 은일·은둔의 별도서도 크게는 별장형 별서라 볼 수 있음, 살림집의 규모는 갖추기 않고 본제가 가까이 있어 자체적으로 간단한 취사와 기거를 할 수 있는 소박한 형태의 거처로 영호남지역과 충청지역에 조성한 별서가 여기에 해당
별업형 별서	부모님께 효도하기 위한 곳으로, 강진군 도암면 석문리 농소부락의 조석루원처럼 살림집을 겸하는 경우

- 별서의 기준
  - 정침(正寢)인 본제(本第)가 있어야하며 거리는 정침으로부터 대개 0.2~2km 정도 떨어져 위치한 곳으로 도보권에 있어야함

- 건물은 누와 정으로 대표되며 건물내부에 방이 있는 경우와 없는 경우가 있음
- 대부분 담장과 문이 없어 주변경관을 조망할 수 있게 개방된 상태, 자연그대로의 산수경치를 감상함

㉡ 조선시대 별서 형성배경

- 사화와 당쟁의 심화로 초세적 은일과 도피적 은둔의 풍조가 직접적인 배경이고, 유교와 도교의 발달로 인한 학문의 발전, 선비들의 풍류적 자연관이 간접적 영향
- 또 하나는 지형이 다양한 지리적 환경으로 경승지가 많기 때문에 저택에서 적절한 거리에 별서를 많이 조성

㉢ 공간구성

- 외부공간구조(3권역) : 담장 안의 내원, 담장밖의 가시권에 속하는 외원, 정원공간에 간접적으로 영향을 줄 수 있는 영향권원으로 외부공간을 포함함

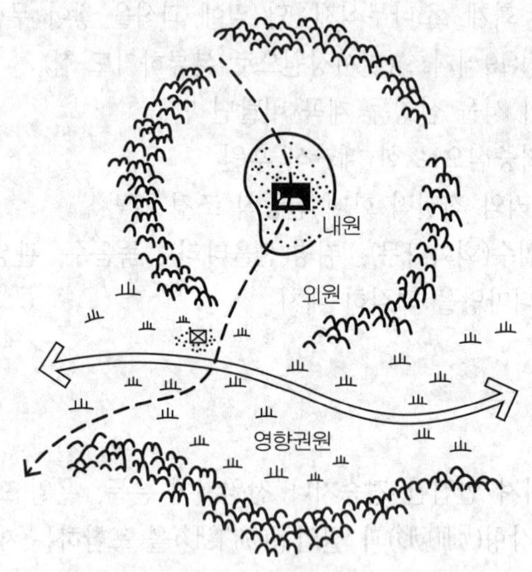

그림. 별서정원의 외부공간의 구조개념

- 정원의 경관유형 및 특성
  - 대단위 수공간의 가까이 정도에 따라 임수형과 내륙형으로 분류
  - 수공간이 정원에 인접해 있는지, 정원내 계류가 있고 멀리 떨어져 감상할 수 있는 지에 따라 구분됨

임수형	임수인접형	암서재, 임대정, 초간정
	임수계류인접형	다산초당, 부용동, 소한정, 거연정
내륙형	산지형	옥호정, 석파정, 부암정, 성락원, 옥류각, 소쇄원
	평지형	남간정사, 명옥헌, 서석지

· 내부공간구성과 경관기법

계류형	계류관류형	부지관류형	– 계류가 부지를 통과하는 형태
		건물관류형	– 계류가 건물 밑을 통과
	계류인접형	유수형(流水形)	– 자연계류를 그대로두어 계류의 맑은 물과 계류가 이루는 소(沼)와 암벽을 조망대상으로 잡음(계류폭이 넓고 수량이 풍부) – 암서재, 초간정, 서연정
		지수형(止水形)	– 계류를 끌어들여 인공적인 지당을 조성 – 임대정과 명옥헌

★ · 정자의 평면유형

- 원유생활의 중심으로 정자의 평면유형은 정면3칸×측면 2칸을 기본으로 함
- 방의 유무에 따라 유실형(有室形) 과 방이 없는 무실형(無室形)으로 1칸의 정자 이외에는 모두 유실형에 해당
- 유실형은 방의 위치에 따라 중심형, 편심형, 분리형, 배면형으로 나눔

표. 방의 위치에 따른 정자 유형 구분

유실형	중심형	– 방이 가운데 1칸을 차지 – 예) 광풍각, 임대정, 명옥헌, 세연정
	편심형	– 방이 정자의 좌우 한쪽에 몰려있는 경우 – 예) 남간정사, 옥류각, 암서재, 초간정, 제월당
	분리형	– 방이 정자 좌우로 분리되어 마루가 중심에 위치 – 예) 경정, 다산초당
	배면형	– 방이 정자의 배면 전체를 차지 – 예) 부암정, 거연정
무실형	1칸의 모정형태	

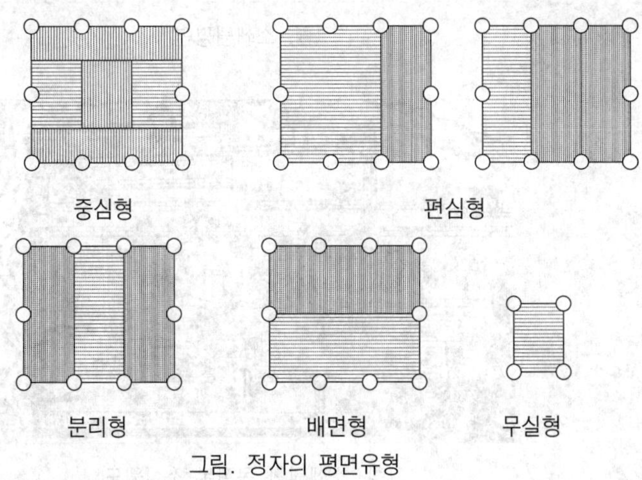

그림. 정자의 평면유형

㉣ 별서정원의 사례

ⓐ 양산보(1503~1557년)의 소쇄원

· 조영 : 양산보가 전남 담양에 조성한 별서
· 배경 : 스승인 조광조가 유배되고 끝내 사사되자(기묘사화) 낙향하여 원림을 꾸밈
· 자연계류를 중심으로 사면공간의 일부를 화계식으로 다듬어 정형식 요소를 가미
· 소쇄원도에 원형이 그대로 보존(시인묵객들의 시)
· 공간구성

- 진입공간 : 대나무숲을 조성해 어둡게 처리
- 대봉대와 애양단공간 : 접근로 지역으로 중앙에 상징적인 대봉대(태평성대를 희구 : 대나무, 벽오동나무)에 초정, 애양단은 볕이 따뜻하게 드는 곳으로 담장안에 동백나무(효상징) 1그루가 있음
- 제월당과 화계공간 : 주인이 기거하는 생활공간, 매대역, 오곡문, 원규투류(담장 밑으로 계류가 흐르는 형식)
- 계류와 광풍각역 : 산속의 정자, 별당이나 사랑방 역할, 신선사상을 배경으로 무릉도원 연출
- 담장은 토석담으로 기와를 얹었으며 내원을 구분 짓는 역할을 함
- 화계는 계류 서쪽 산비탈 담 밑에 조성

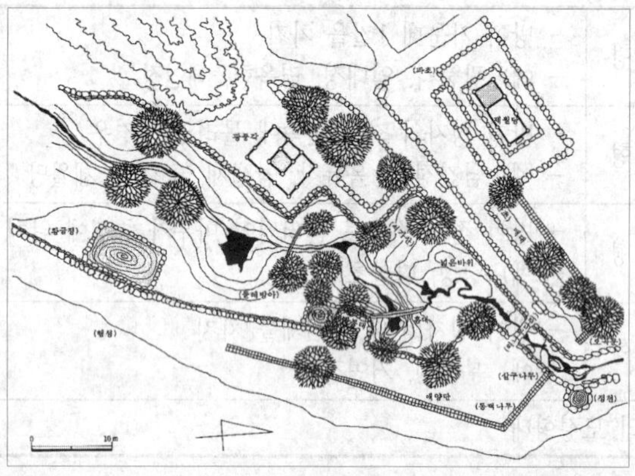

그림. 소쇄원평면

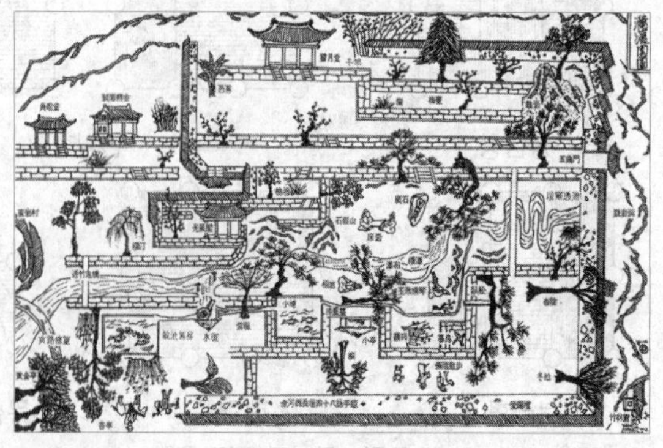

그림. 소쇄원의 목판본 소쇄원도

■ **참고**

■ '소쇄'라는 말은 제(齊)시대의 공치규(孔稚圭)의 북산이문(北山移文)에서 따온 말로, '씻은 듯이 맑고 깨끗하여 홍진을 뛰어넘는 기상이 있어야 한다'는 말에서 따온 것이다.

■ 양산보의 유언
중국 이덕유 평천고사(平泉古事)를 따라 유언을 남겼다. "어느 언덕이나 골짜기를 막론하고 나의 발길이 미치지 않은 곳이 없으니 이 동산을 남에게 팔거나 양도하지 말고 어리석은 후손에게 물려주지 말 것이며, 후손 어느 한 사람의 소유가 되지 않도록 하라."는 유훈을 남겼다.

■ 애양단(愛陽壇)
대봉대 곁의 담으로 한겨울에도 볕이 많이 든다고 해서 붙여진 이름이라고 하지만 효경(孝經)에 의하면 부모를 공경하는 마음을 마치 볕이 드는 양이라는 의미에서 효심을 잊지 않기 위하여 담을 쌓았던 것이다. 또한 그 곁에는 효를 상징하는 동백나무가 심어져 있다.

■ 소쇄원48영시
김인후가 소쇄원의 모습 시제로 지은 오언절구(五言絶句)의 시로 주요건물, 구조물, 지형, 식생, 동물 공간의 구성요소와 사용모습, 계절 · 밤낮의 변화를 묘사하고 있다.

■ 48영시의 식생
- 목본류 : 대나무, 느티나무, 매화, 은행나무, 복숭아나무, 오동나무, 버드나무, 배롱나무, 단풍나무 등
- 초본 : 국화, 부용, 순, 파초 및 이끼가 등장

ⓑ 윤선도의 보길도 부용동 원림(1637년)
- 조영 : 윤선도가 전남 완도 보길도에 조영한 별서
- 배경 : 병자호란을 계기로 은거를 결심하고 제주도로 향하던 중 보길도의 경관에 끌려 정착하여 만든 별서
- 공간구성
  - 세연정역 : 계담과 방지방도 세연정을 위주로 한 공간, 원림 중 가장 정성들여 꾸민 곳, 판석보(저수 및 교량의 기능), 동대와 서대(무대 역할), 자연 속에 동화되어 감상하고 유희를 즐기는 장소
  - 낭음계역 : 낙서재(거처지 생활중심지)와 곡수당 주위 공간, 곡수당지와 직선적인 방지 도입, 수학과 수신의 장소
  - 동천석실역 : 여름철에 더위를 피할 수 있는 정자, 은자가 사는 곳이라는 뜻, 암벽 위에 작은 집을 짓고 암벽 밑에 자연적이며 인공적인 수련지와 석실 축조, 속세를 떠난 선인이 자연과 벗하며 자연과 관조하기 위한 장소

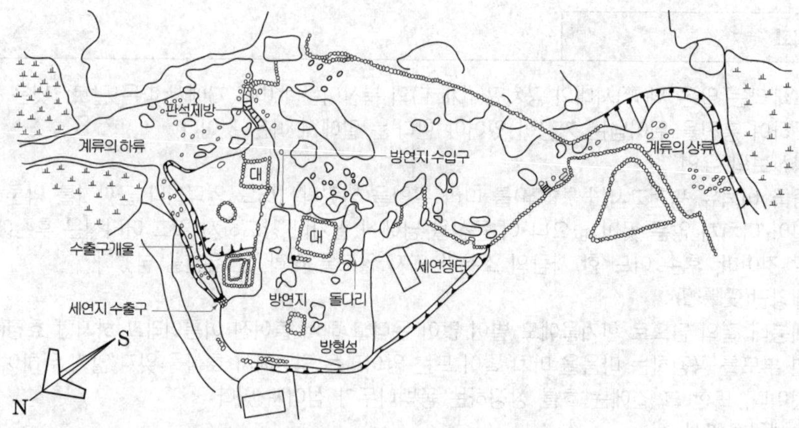

그림. 세연지

■ **참고**

■ **윤선도 부용동원림 배경**

병자호란이 일어나자 의병을 모집하여 왕자가 피신해있는 강화도로 향했으나 인조가 청나라에 항복했다는 소식을 듣게 된다. 윤선도는 세상과 결별하겠다는 결심으로 제주도로 향하던 중 보길도를 발견하고 그곳의 뛰어난 경치에 반해 부용동(芙蓉洞)이라 이름 짓고 정착하였고 『어부사시사』 등 주옥같은 한시가 이곳에서 창작되었다.

■ **부용동(芙蓉洞)의 기원**

지세가 반쯤 핀 연꽃 같은 지세를 형성하고 있어 이름 붙였다.

ⓒ 정영방의 서석지(瑞石池)(1610~1636년)

- 조영 : 정영방이 조성한 별서
- 자연관 : 자연의 힘을 바탕으로 도를 이루고 자연과 더불어 보람된 생을 영위
- 서석지원
  - 중도가 없는 방지가 마당을 차지하며 연못을 중심으로 북쪽에 주일재, 서쪽에 경정(정자)이 위치
  - 연못 바닥에 수많은 조각으로 분리된 석영맥이 발달해 굴절되어 물에 떠오를 때 아름다운 보석처럼 보인다 하여 서석지라 부름
- 공간구성요소 및 경관 연출
  - 외부는 산맥과 입암으로 둘러싸인 가운데 두줄기의 강물이 합수되고 가시권 내에 다양한 산수진경을 차경원으로 활용할 수 있으므로 좋은 입지경관을 이룸
  - 서석지를 조영할 당시 서석은 60개였던 것으로 서석을 중심으로 자연형상, 심경 등 축의적 소우주를 표현
  - 사우단에는 매, 송, 국, 죽 등으로 군자의 품위를 나타냈으며, 모퉁이에는 학자수인 은행나무로 전체를 위요함

- 지당 내 경석을 중심으로 기존 식생과 조화될 수 있는 자연풍의 야생식물을 많이 사용하고, 동양(東陽) 북음(北陰)의 원칙에 따라 식물의 생태적 특성에 맞는 배식을 하였으며, 배식방법은 교목류의 중점적인 단식과 자연스러운 산식법을 혼용하고 있으며, 관목류와 초화류는 군식법을 활용

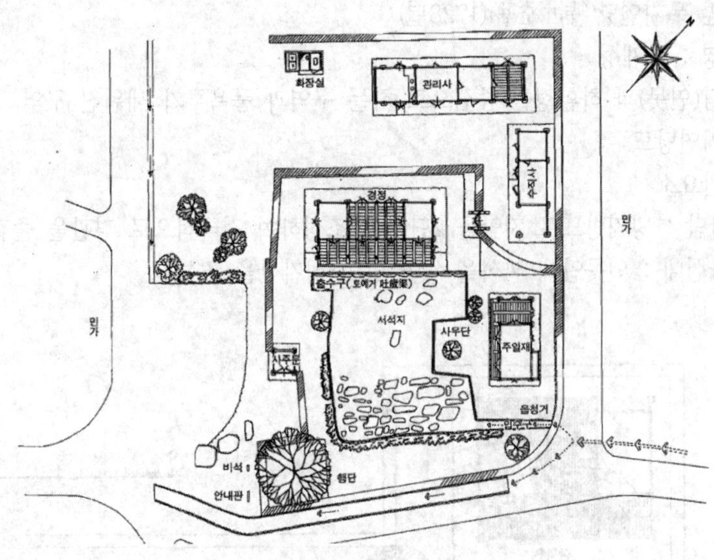

■ 참고

- 서석지 부연설명
  서석지의 총 면적은 1,530㎡로서, 연꽃이 심겨져 있는 방형의 지당(池塘)을 중심으로 'ㄷ' 양으로 돌출되어 수목이 식재된 사우단(四友壇)과 정영방이 기거하였던 주일재(主一齋) 및 경정(敬亭)이 배치되었고, 부지 안의 담장을 경계로 살림채인 자양재(紫陽齋)와 아래채, 장판각(藏板閣) 및 화장실이 경정 뒤편에 조성되었다. 특히 지당 안에는 60여개의 암석이 바닥에 박혀 수면 위로 떠올라 경석(景石)을 이루고 있는데, 서석지란 이름도 역시 이 암반에서 유래하였다.
- 중도 없는 방지는 동서가 남북보다 길어 1.2 : 1의 비례를 가짐

ⓓ 강진 다산초당(1801~1818년)

- 조영 : 정약용이 강진에서 유배생활을 할 때 만든 별서
- 정원 주변에 차나무를 심고 약천을 만들고 다조를 놓는 등 차를 끓이는 필요한 시설을 갖춤
- 다산초당도
- 경관요소
  - 정석(丁石)바위 : 다산초당 뒤쪽에 있는 바위인데 바위에 '정석(丁石)'이란 글씨가 새겨져 있음
  - 약천(藥泉) : 다산초당 건물 뒤에 있는 샘으로 직접 파서 만든 샘
  - 다조 : 초당 앞에 있는 널찍한 판석으로 돌을 부뚜막 삼아 불을 지펴 차를 끓여 마시던 곳

- 방지원도가 있고 섬 안에는 석가산을 만듦
- 대나무로 비폭을 만들어 못 안에 떨어지게 함

ⓔ 송시열의 남간정사(1683년)

· 송시열이 말년을 지내던 별서
· 둥근 섬의 곡지형의 못, 비탈면을 그대로 이용하여 전통적 계단식 후원을 조성

ⓕ 함안 무기연당(舞沂蓮塘)(1728년)

· 조영 : 주재성
· 국담(연못)과 하환정을 중심으로 하는 구역과 풍욕루가 세워진 구역
· 무기연당도
· 경관요소
- 국담 : 방지방도로 지안을 2단으로 조성하여 적극적으로 경관을 즐김
- 양심대 : 연못안에 괴석을 쌓아 방형 석가산을 조성

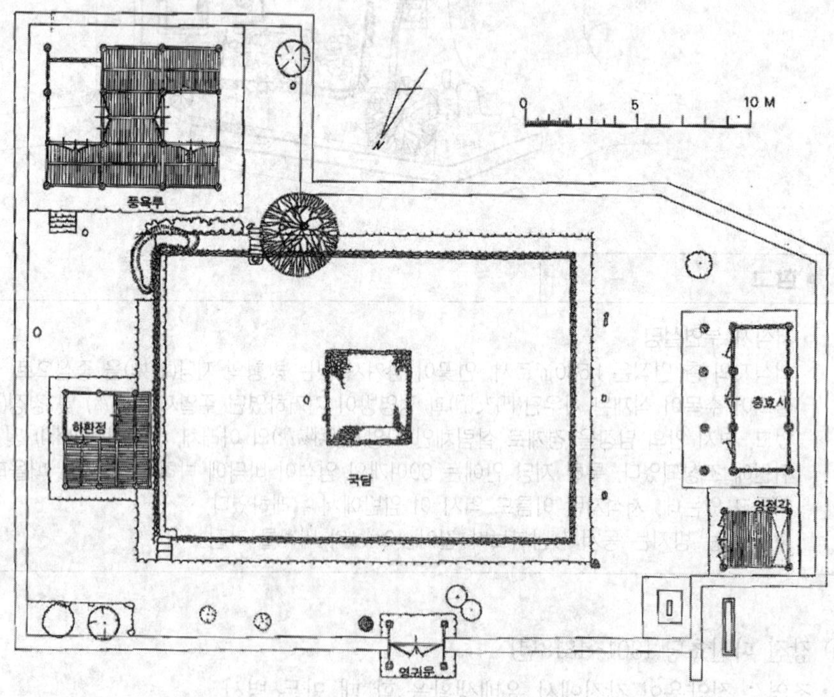

그림. 함안 무기연당

ⓖ 담양 명옥헌(鳴玉軒)(1619~1655년)

· 조영 : 오희도가 자연을 벗삼아 살던 곳으로 그의 아들 오이정이 명옥헌을 지음
· 명옥헌 : '물소리도 구슬이 부딪쳐 나는 소리와 같다'는 의미로 정자를 중심으로 무릉도원을 희구하여 자연에 귀의하고자 하는 의도가 보임

· 공간구성
- 진입공간, 하지(下池), 정자주변, 상지(上池)공간으로 나뉨
- 계류의 물을 이용해 지원을 조성하고 계류의 물소리를 들을 수 있게 함
- 하지(下池) : 사다리꼴 모양(동서 20m, 남북 40m)연못에 둥근 섬, 주변 언덕에 배롱나무 식재 바깥쪽에 소나무 식재
- 상지(上池) : 서쪽 비탈면에 방지조성, 못 안에 수중암도를 이룸

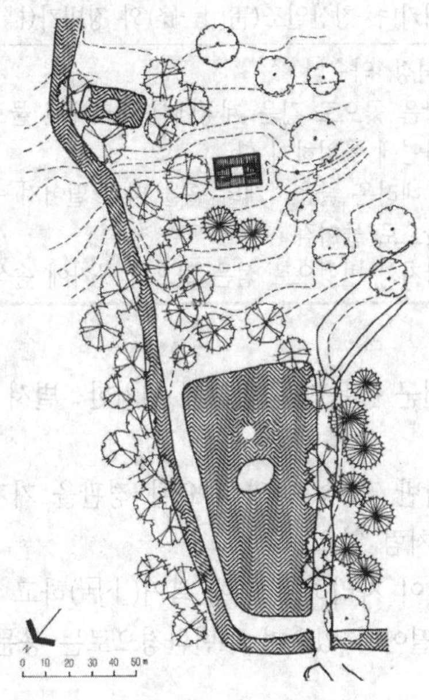

그림. 명옥헌원

ⓗ 성북동별서(성락원)
· 조영
순조(1800~1834년)때 황지사의 별장, 의친왕 이강공이 별궁으로 사용하기도 함
· 공간구성
- 북한산 아래 구준봉을 배경으로 한 혈자리로 기존 자연지형을 그대로 이용하여 각 공간을 몇 개의 단으로 구획함
- 정원은 크게 쌍류동천, 용두가산으로 이루어진 진입공간과 본제, 누각, 영벽의 본원, 송석지, 연지, 약수터로 이루어진 심원으로 구성
- 지형을 살리기 위해 노단처리를 했으며 아름다운계곡과 경관을 유지하기 위해 곡선위주의 동선체계를 갖추었음
- 연못도 자연형의 부정형 형태이며 물줄기도 곡선을 그리며 흐름

· 시각적 체험 연출기법

진입공간	- 쌍류동천, 용두가산 - 용두가산은 풍수지리에 의해 지형의 결함을 보충하기 위해 쌓은 것으로 본원을 진입공간과 분리시켜 사생활을 보호해주는 역할
본원	- 본제(本第), 영벽지, 마당 - 본원은 살림살이가 가능했던 건물, 의친왕이 기거하던 건물 - 영벽지는 정원의 진수를 보이는 곳으로 계류를 자연스럽게 암반위에 고이게 해 물과 돌의 조화시키며, 청산일조(靑山一條)와 장빙가(檣氷家)라는 암각이 있음
심원	- 지당, 송석정, 약수터 - 후원과 같은 곳으로 깊은 계곡에서 흘러내린 물로 연지를 만들고 가장자리에 정자를 건축하여 자연에 몰입하게 함 - 계곡에서 내려온 물은 4개의 홈을 따라 떨어져 송석(松石)이라는 암각이 새겨진 바위를 돌아 못안으로 들어감 - 지당은 방지의 변형으로 섬은 없으며 못가에 송석정이 위치

ⓘ 초간정(草澗亭)

· 조영 : 경상북도 예천군 용문면 죽림리에 위치한 별서

· 입지

- 전면부의 계류, 암반, 노송 등의 위요된 경관을 가지며, 시부령, 국사봉, 북두루미산이 정자 일원을 병풍처럼 위요
- 자연하천인 금곡천이 자리하는 터에 복거(卜居)하고 있으며, 본가가 있는 죽림동에서 서북쪽으로 약 5리 떨어져 있으며 주변환경으로는 용문사, 회룡포, 금곡서원, 병암정 등이 위치함

· 공간구성 및 경관연출

- 정자 및 살림집 계류 암반 등으로 구성되어있으며, 자연암반위에 건물을 조영하여 수경(修景)과 주변경관을 조망 할 수 있는 시각적 기능과 진입공간, 사랑마당 및 정자밖 자연요소인 계류에 절묘하게 의탁하여 조영된 방지(존재치않음) 등으로서 시각적, 청각적 효과를 얻음
- 초간정은 주변자연과 우주를 망라하여 대상으로 삼고 영역을 설정

★ 표. 조선시대의 별서조경 사례

지역	정원명	소재지	작정연대
서울 경기	옥호정	서울 중구 종로구 삼청동133	1815
	석파정	서울 중구 종로구 부암동	19세기초
	성락원	서울성북구 성북동 22	1800~1863
	부암정	서울 중구 종로구 부암동	1865~1946
충청	남간정사	대전시 가양동	1683
	옥류각	대전시 비래동 1-11	1639
	암서재	충북 괴산군 청천면 화양리	17세기 중반

영남	서석지	경북 영양군 입암면 연당동	1620~1636
	초간정	경북 예천군 용문면 죽림리	1582
	소한정	경남 양산군 물금면 화룡리	1900년경
	거연정	경북 청도군 운문면 공암리	1843
호남	부용동정원	전남 완도 노화면 부용리	1637
	다산초당	전남 강진군 도암면 만덕리	1801~1818
	임대정정원	전남 화순군 남편 사평리	1862
	명옥헌원	전남 담양군 고서면 산덕리 후산마을	1619~1655
	소쇄원	전남 담양군 남면 지곡리	1520~1577

④ 누정원림

누(樓)·정(亭)·대(臺)

㉠ 개관

- 대자연이 곧 대정원이며, 경관이 수려한 곳에 많은 누정을 건립하거나 특징 있는 바위에 00대(臺)라 이름붙여 의미를 부여해 장소의 이미지를 줌
- 한·중·일의 누정대의 차이점

한국	– 외부지향적으로 자연경관을 중시함 – 누는 자연을 느낄수 있도록 배치 – 정자의 경우 주택의 구릉진 후원, 마을 주변 동산에 자연경관을 받아들이기 쉽게 창호는 가능한 넓게 고정된 벽은 가능한 작게 만듦 – 대는 사방을 잘 둘러볼 수 있는 자연에 암반
중국	– 내·외부모두중시 – 누정 건물이 측면과 안에서 밖을 내다볼 때 어떻게 보이도록 만들 것인지 고려하므로 양면지향적 – 졸정원의 여수동좌헌은 밖에서 본모양도 부채꼴이며 건물 안에서 밖으로 보는 경관도 부채꼴이됨
일본	– 내부지향적 – 담장을 둘러 정원을 만들고 다실이라는 좁은 공간에서 자신을 돌아보듯 인위적으로 만들어진 담장 안에다 이것저것을 만들어 놓는 양식 – 은각사 정원의 향월대의 경우 인공적인 모래를 쌓아 만들어 사람이 올라서 달을 향할 수 있는 곳이 아님

그림. 대의 모습(한국)

㉡ 누(樓)와 정(亭)의 구분

	누의 양식	정의 양식
조영자	고을의 수령	다양한 계층
이용행태	정치, 행사, 연회 등의 공적 이용 공간	유상(시 짓기, 시 읊기, 관람), 사적 이용 공간
건물형태	2층으로 된 집 (마루를 높임) 방이 없는 경우가 대부분	높은 곳에 세운 집, 방이 있는 경우가 50%

■ 참고 : 누 · 정과 대(臺) 차이점

- 누정 : 건물
- 대 : 비건축물, 우리나라의 대는 외부지향적으로 자연에 있는 상부가 평탄한 바위나 절벽 같은 것을 의미함

㉢ 기능

- 자연을 즐기면서 정신을 수양하는 수심양성의 장소
- 후학을 가르치는 교육의장
- 문인들의 시문학의 산실

㉣ 경관처리기법

- 경관이 수려한 강, 계류 옆, 연못 주위, 강변 절벽 위는 경관 관찰점인 누정이 세워짐

허(虛: 비어있음) → 주된기법	–누정의 입지조건과 건물구조에 의해 허의 개념이 달성 –높은 곳에서 조망이 가능하며 방이 없거나 문을 들어올릴 수 있어야 함
원경(遠景)	멀리보이는 경관으로 원경을 봄으로써 답답함을 해소하고는 심리적인 효과도 줌
취경(聚景)	먼 곳의 경관을 한 점에 모아 즐김
다경(多景)	아름답고 다양한 경관
읍경	자연경관을 누정 속으로 끌어들임
환경(環景)	주변 아름다운 경관을 두루 즐김
팔경(八景)	–경(景)속에 인간이 함께하며 자연에 몰입되는 객관적인 관찰의 의미 –정자를 중심으로 주변의 특정 지역에 나타나는 경관 8가지를 즐기며 시인묵객의 풍류처가 되거나, 방문자들에게 정자주위의 경관을 알려주는 역할을 함

㉤ 누정의 사례

★ ⓐ 광한루(1444년)

- 광통루 개축(황희) → 광한루개칭(정인지) → 광한루 개축과 오작교 축조(장의국) → 호를 만들고 세 개의 섬을 축조(정철)
- 삼신선도(봉래·영주·방장), 오작교, 신선사상을 가장 구체적으로 표현한 정원

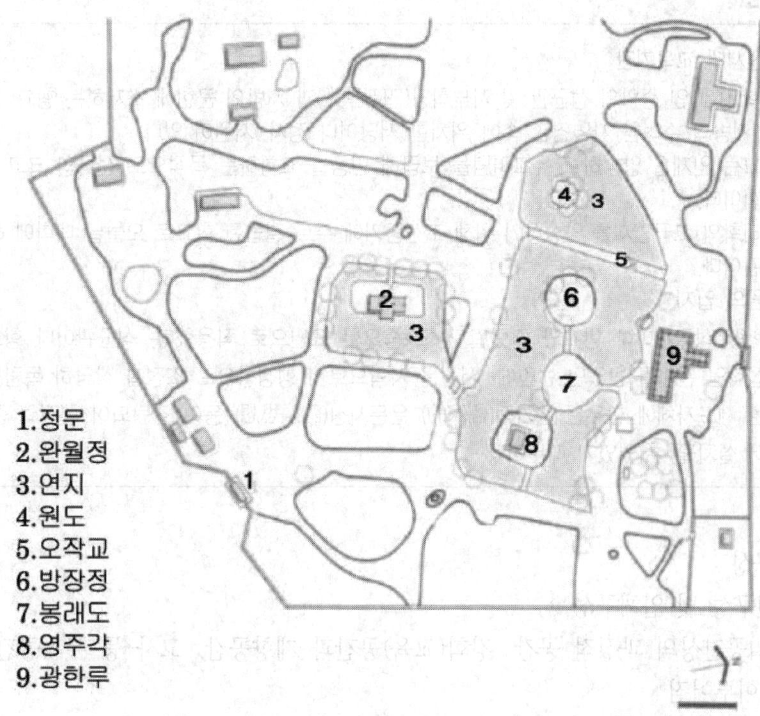

그림. 광한루지원

ⓑ 활래정 지원(1816년)
- 강릉 선교장의 동남쪽에 위치
- 방지방도 조성

6 서원조경

★① 역할

㉠ 유교사상을 바탕으로 조선시대 사림(士林)에 의해 설립된 학문연구, 유생들이 모여 강학하는 장소

㉡ 사우에 선현의 위패를 모시고 제향 드리는 기능

㉢ 지방 도서관의 역할

㉣ 향촌의 사회윤리를 보급하고 향촌질서를 재편성하여 지역공동체를 이끌어 간 정신적 지주

② 입지

㉠ 지방의 산수가 수려한 곳에 입지하며 주향자의 연고지를 중심으로 위치

㉡ 강학과 제향을 위해 건립된 서원은 주로 마을에서 떨어진 곳이나 골짜기가 그윽하고 깊숙하여 구름에 잠긴 아늑한 곳에 나아가 자리를 잡음

㉢ 향교의 입지가 읍으로부터 대략 10리(3.9km) 이내에 위치하였던데 반하여 서원은 읍으로부터 멀리 50리~130리(약 19.6~51km) 떨어진 곳에 자리잡고 있음

■ **참고**

■ 조선시대 교육기관
- 관학(官學)인 중앙의 성균관 및 사부학당(四部學堂)과 지방의 군현에 소재하는 항교가 있으며 사학으로는 지방의 수려한 자연경관 속에 위치한 서당이나 정사·서원이 있다.
- 향교는 인재를 양성하고 유교이념을 보급해 민중을 교화하는 목적으로 전국의 크고 작은 고을에 세운 관학이다.
- 성리학의 고급인재를 양성하기 위해 조선중기에 주로 설립된 학교로 오늘날 대학에 해당하는 고등교육기관이다.

■ 서원의 입지

관학인 성균관이나 향교와 달랐던 점도 중요한 요인으로 작용했다. 성균관이나 향교가 조정(朝廷)의 직접적인 관여를 받았던 반면에, 서원은 사학으로서 행정상으로 조정과 상당히 독립되어 있었고, 또한 서원 제도자체에 함유된 유가적(儒家的) 은둔사상(隱遁思想) 등이 결탁되어 행정의 중심지로부터 격리되어 설치될 수 있었기 때문이다.

③ 공간구성

㉠ 평면구성 및 입체구성
- 진입공간상의 과정적 공간, 강학(교육)공간과 제향공간, 고사 등 부속공간 등 4개의 영역으로 이루어짐
- 강학공간은 낮으며 제향공간은 점차 높아진다
- 외삼문→누각→재실(동재, 서재 : 학생들 기숙사)→강당(교육공간)→사당(제향공간)

㉡ 구성건물과 구성요소
- 강당(講堂)
  - 강학이 이루어지는 서원의 중심 건물로 규모도 가장 큼
  - 입교한 유생들은 자습과 독서로 스스로 실력을 쌓아가며, 보름정도 마다 강당대청에 올라 여러 명의 교수진 앞에 한 사람씩 불려 나와 그동안 공부한 내용을 보고하고 문답을 통해 학습의 정확성을 검증받는데 이것을 '강'이라고 함
- 재실(齋室)
  - 동재(東齋)와 서재(西齋), 유생들이 기숙하는 곳
  - 강당의 앞이나 뒤쪽 좌우에는 유생들의 기숙사에 해당하는 2개의 재실을 놓이며 강당에서 볼 때 왼쪽 것을 동재, 오른쪽 것을 서재라 칭함
  - 강당과 동서양재는 서로 직각으로 놓여 강당 마당을 형성하게 되어 서원의 가장 중요한 장소가 됨
- 누각(樓閣)
  - 휴양장소로 강당의 전면에 놓임
  - 성리학적 예법을 준수해야 하는 서원 생활은 매우 긴장된 생활이므로 긴장을 풀고 휴식을 취할 수 있는 공간이 필요하게 용도로 마련됨
  - 누각의 기능은 경치를 감상하기도 하고 시회를 열기도 하였으며, 내왕하는 손님들을 맞는 접객의 기능도 수행

· 장판각(藏板閣)과 장서각(藏書閣)
- 장판각은 책을 인쇄하기 위한 목판(木板)을 보관하는 곳, 장서각은 서적을 보관하는 곳
- 서적과 목판을 보관하는 장판각과 장서각은 무엇보다도 습기와 화재로부터 보호되는 형태와 장소에 위치하는 것이 중요

· 사당(祠堂)
- 선현 봉사의 중심건물로 선현의 신위를 모신 곳, 위치는 서원의 가장 뒤편 가장 높은 곳에 위치
- 보통은 한명의 신위를 모시는 것을 주향(主享)이라 하며 그 밖에 2~4명의 신위를 같이 봉안하는데 이를 배향(配享)이라 하며 주향은 사당의 가운데에 모시고 배향자들은 주향에 거리가 가까울수록, 그리고 좌측이 우측보다 상위가 됨

· 전사청(典祀廳)과 고직사(庫直舍)
- 전사청은 사당의 제사를 준비하고 마련하는 곳, 제사 전날 미리 제사상을 차려놓는 건물로 평소에는 제기(祭器)와 제례용구(祭禮用具)를 보관
- 따라서 사당 영역에 인접하여 자리잡고 제수를 마련하는 고직사와도 연락이 잘 되는 곳에 위치
- 서원의 노비들이 기거하면서 제수를 마련하는 고직사는 교직사(校直舍), 주소(廚所), 주사(廚舍) 등으로 불림

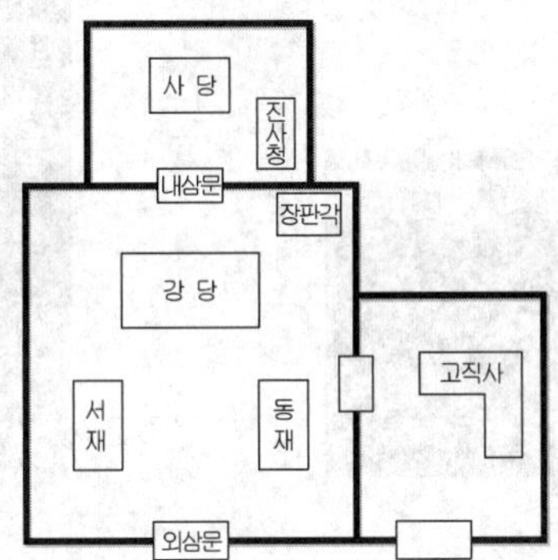

그림. 서원의 전형적 시설과 배치

④ 서원 조경

㉠ 조경식재
· 강학공간은 정숙한 분위기를 강조하기 위해 수식을 가하지 않음
· 소나무, 배롱나무, 은행나무, 향나무, 느티나무, 매화나무, 회화나무 등이 가장 많이 식재
· 수목 중 가장 대표적인 수목은 행단(杏亶)과 관련된 은행나무가 식재됨

㉡ 연못
· 수심양성을 도모하기 위해 조성, 방지 형태를 취함
· 서원에 지당을 조성함은 실용적인 측면에서는 집수지의 실용적기능과 도의(道義)를 기뻐하고 심성을 기르는 대상물로서의 역할
· 도산서당의 정우당, 남계사원의 쌍지, 병산서원의 광영지 등에 연못이 조영

㉢ 외부공간 구성요소

- 홍살문(홍전문, 紅箭門) : 서원영역표시, 선현의 위패를 봉안한 신성지역 임을 의미
- 제례관련시설
  - 성생단(省牲壇) : 제물로 쓸 희생물을 올려놓고 상태를 감정하는 시설
  - 관세대 : 제사초기에 제관들이 손을 씻기 위한 그릇을 올려놓는 석물
  - 망료위(望燎位) : 제사를 마친 뒤 제문을 쓴 종이를 태우기 위한 돌판
- 조명시설
  - 정료대 : 서원에 불을 밝히기 위한 시설로 강당 앞에 원형 또는 팔각 돌기둥에 돌받침대

그림. 병산서원 만대루

그림. 관세대

그림. 성생단

그림. 정료대

⑤ 대표적 서원

㉠ 소수서원(경북 영주)

- 주향자 : 안향
- 최초의 사액서원(편액과 서적, 토지, 노비 등을 국왕으로부터 하사받아 인정 받은 서원)
- 초기 서원의 형태로 중심축 없이 건물이 자유롭게 배치
  - 사당과 강당이 병렬배치, 동재와 서재가 미분화된 상태
  - 기존의 경사지를 그대로 활용한 가운데 배치가 이루어짐

- 경관요소
  - 죽계구곡형성
  - 1곡에 백운동 취한대 (소수서원과 마주보는 곳에 위치)
  - 경렴정 : 서원 입구에 주세붕이 건립한 정자로 죽계변에는 '경(敬)', '백운동(白雲洞)' 암각

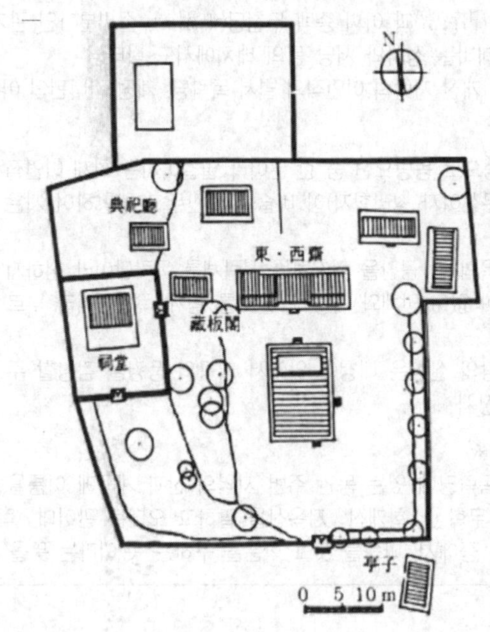

그림. 소수서원 평면도

㉡ 옥산서원(경북 경주)

- 주향자 : 이언적
- 전학후묘의 전형적인 서원배치
- 공간구성 : 역락문(외삼문) – 무변루(누각) – 구인당(강당) – 체인묘(사당)
- 경관요소
  - 계류(자계, 옥계) : 세심대(자연암반), 용추폭포
  - 인공수로 : 역락문과 무변루 사이에 위치, 명당수를 도입한 사례

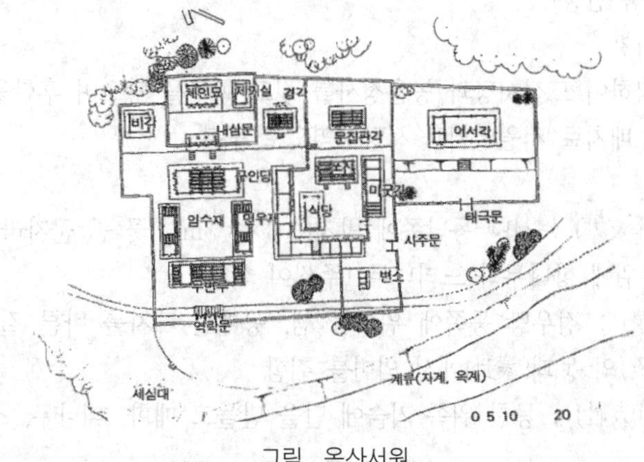

그림. 옥산서원

■ **참고 : 양동마을, 독락당, 사산오대, 옥산서원 (경북 경주)**

① 양동마을
- 월성 손씨와 희재 이언적 선생의 후손인 여강 이씨의 집성촌
- 풍수적 마을 형국은 물자형(勿字形)
- 손씨종택 서백당(書百當)과 이씨 종택 무첨당(無添當), 손씨분가인 관가정과 이씨 분가인 향단(香壇)을 두 가문의 공존과 대비는 정사와 서당 등의 배치에서도 나타남
- 안강 자옥산과 화개산 자락의 이언적의 별서 독락당, 계정 건너편의 이언적을 배향한 옥산서원이 자리잡음

② 독락당
- 퇴계 이황의 스승으로 동방오현 중 한 분이라 일컬어지는 회재 이언적(조선 중종 때 문신이자 성리학자)이 벼슬을 그만두고 낙향하여 지은 주택
- 계정과 함께 가옥의 한 공간을 차지하는 사랑채를 독락당이라 칭하지만 특별한 구분이 없이 안채와 사랑채, 별채를 함께 독락당이라 부르기도 함
- 살창 : 바깥 담장의 살창은 대청에 앉아서 계곡의 풍경을 감상할 수 있도록 해주는 장치

그림. 살창

③ 사산오대(四山五臺)
- 이언적 선생이 독락당에 있는 동안 주변 지역의 산과 계곡에 이름을 붙였는데, 이를 사산오대라고 함
- 사산은 도덕산 · 무학산 · 화개산 · 자옥산을 말하고 오대는 관어대 · 탁영대 · 세심대 · 징심대 · 영귀대
- 옥산서원은 오대 중에서 '마음을 씻고 학문을 구하는 곳'이라는 뜻을 가진 바로 세심대에 위치하고 있음

㉢ 병산서원(경북 안동)
- 주향자 : 유성룡
- 입지터는 풍수지리상 꽃(花)의 형국
- 공간구성 : 남북중심축상 일직선 배치, 복례문(외삼문) – 만대루(누각) – 입교당(강당)
- 경관요소
  - 만대루 : 유생들이 풍광을 보며 휴식했던 곳
  - 광영지 : 복례문과 만대루사이 진입공간에 작은 연못, 방형연당에 원형섬, 주변에 배롱나무와 대나무 식재

㉣ 도산서원(경북 안동)
- 주향자 : 이황
- 이황이 낙향하여 도산서당과 농운정사를 짓고 학문을 닦으며 후학을 양성
- 전학후묘의 배치로 서원영역과 서당영역으로 구분
- ★ 경관요소
  - 정우당(淨友塘) : 서당 동남쪽에 방지(3.3×3.3m), 꽃 중 군자라는 연꽃(주돈이 애련설)을 식재, 주위에 향나무와 느티나무 1주씩이 식재
  - 몽천(蒙泉) : 정우당 동쪽에 위치한 샘, 몽매한 제자를 바른 길로 이끌어 간다는 의미의 역경(易經)의 몽괘(蒙卦)에서 의미를 취함
  - 절우사(節友社) : 몽천 위쪽 기슭에 단을 만들고 매화, 대나무, 소나무, 국화 식재

- 도산서원 골짜기 양변에 암반으로 된 높은 곳을 대로 축조하여 오른쪽을 천광운영대, 왼쪽을 천연대, 천연대 아래의 물이 깊은 곳을 탁영담, 그 속에 반타석을 둠

ⓜ 무성서원(전북 정읍)

- 주향자 : 최치원
- 불우헌 정극인은 가사문학의 효시라고 일컫는 상춘곡을 지어 유명해짐
- 다른 서원과는 달리 재실과 전사청이 담밖에 세워짐(후세에 서원을 중건하는 과정에서 대지가 축소되어 나타난 현상임)
- 경관요소
  - 서원 전면 하천에 위치하는 유상대는 최지원이 태안 현감으로 재임시 계류상에 대를 조성해 유상곡수로 음풍영월하던 장소로 후세에 감운정이 건립됨

ⓗ 돈암서원(충남 논산)

- 주향자 : 김장생
- 서원의 명칭인 돈암은 양성당(강당) 서북방에 돈암이라는 큰 바위의 명칭을 따서 명명하였는데, 본래 은둔하는 곳이다라는 뜻의 둔암에서 온 말임(김장생이 은둔하며 학문과 후진 양성에 힘쓰고자 했던 마음이 담겨져 있음)
- 강당인 양성당·응도당·정회당, 재실인 정의재(서재)와 거경재(동재), 사당인 숭례사(예를 숭상하다)
- 산앙루, 장판각, 전사청 등이 있음

■ 참고 : 세계유산 한국의 서원

- 조선시대 서원 중 소수서원, 남계서원, 옥산서원, 도산서원, 필암서원, 도동서원, 병산서원, 무성서원, 돈암서원은 2019년 제43차 유네스코 세계유산위원회에서 '한국의 서원'이란 이름으로 세계문화유산목록에 등재되었다.
- 한국 서원을 이루는 9개의 서원

서원	내용
소수서원	1543년 최초로 건립, 건물 공간의 기본요소와 제향과 강학 관련 규정을 처음 수립하여 서원의 기준이 되었다.
남계서원	1552년 건립, 강학 공간의 뒤에 제향 공간을 배치하고 유식공간까지 완벽하게 갖춘 전학후묘의 공간배치를 처음 보여주었다.
옥산서원	1572년 건립, 서원이 교육과 출판·장서의 중심 기구로 기능하게 된 것을 보여주며 정문에 누마루 건축물을 처음 세운 서원이다.
도산서원	1574년 건립, 사화와 정치에 영향을 많이 미친 서원으로 서원이 학문과 학파의 중심으로 변화하는 과정을 보여준다.
필암서원	1590년 건립, 호남지역의 평탄한 지형에 맞추어 강당과 기숙사가 사당을 바라보도록 건물을 배치하여 예의를 표했다.
도동서원	·1605년 건립, 자연과 조화를 이룬 서원의 특징을 대표함 ·비탈진 지형을 이용해서 낙동강을 바라보게 건물을 세운 건축 배치가 탁월하다.
병산서원	·1613년에 건립, 만대루는 서원 누마루 건축 형태의 탁월한 사례 ·서원의 역할이 교육기관에서 여론 수렴지로 확대되었음을 보여준다.
무성서원	·1615년 건립, 지역의 학문 부흥과 성리학 전파에 힘쓴 서원이다. ·향악의 바탕이 되었으며 20세기 초 항일 의병의 근거지가 되었다.
돈암서원	·1634년 건립, 성리학의 실천 이론인 예학 논의의 산실 ·예학을 중심으로 표현한 강학당인 응도당이 탁월하다.

7 사찰

① 불교의 쇠퇴와 사찰의 조영

- 조선이 개국하면서 태조는 도첩제를 실시하여 승려가 증가하는 것을 방지하고 사찰을 함부로 짓는 것을 금지함

> **■ 참고 : 삼보사찰**
>
> 불교에서 귀하게 여기는 세가지 보물로 불보(佛寶) · 법보(法寶) · 승보(僧寶)를 가르킨다.
> - 승보는 부처의 교법을 배우고 수행하는 제자 집단
> - 불보는 석가모니 사리 위치
> - 법보는 교법으로 팔만대장경 위치
> - 3보 사찰 : 송광사(승보사찰), 통도사(불보사찰),해인사(법보사찰)

★ ② 원찰의 조영

㉠ 원찰이라 함은 국가나 개인이 서원한 바를 불력(佛力)을 통해 달성하고자 하는 목적으로 세워진 사찰을 말한다. 따라서 원찰은 불교의 전래와 더불어 우리나라에 도입되었다고 할 수 있음

㉡ 주로 왕실과 귀족계층을 중심으로 적극 수용된 것으로, 국왕이나 왕실에서는 불교에 대하여 비교적 호의적인 자세를 갖고 있음. 즉, 개인 신앙으로서의 불교의 위치는 크게 흔들리지 않았던 것으로 보임

㉢ 조선시대에 왕이나 왕비의 능근처에 세워져 능침을 수호하고 돌아가신 분의 명복을 비는 재를 지내기 위해 세워진 원찰은 흥천사(興天寺), 연경사(衍慶寺), 개경사(開慶寺), 흥교사(興教寺), 정인사(正因寺), 봉선사(奉先寺), 신륵사(神勒寺), 봉은사(奉恩寺), 봉능사(奉陵寺), 용주사(龍珠寺) 등이 있다.

③ 사찰의 형식

㉠ 입지

- 조선시대 사찰들의 거의 대부분 명산의 명당에 입지함
- 산지의 입지는 억불숭유정책에 따른 금창사사지법에 기인하며, 왕실에 의해 경영되었던 왕실의 원찰은 대부분 서울과 그 인근 지역에 자리잡고 있음

㉡ 공간구성

조선시대의 사찰에서 이루어지는 신앙형태는 3단 신앙의 형태를 갖추고 있음

상단(上壇)신앙	– 불보살을 신앙의 대상 – 가장 중요한 위치를 차지하는 중심적인 영역이 되며, 이곳에 나타나는 주요전각으로는 대웅전, 극락전(또는 미타전), 대적광전, 화엄전, 약사전, 미륵전, 관음전 등이 있음
중단(中壇)신앙	– 불법의 수호신을 모신 옹호신중각(擁護神衆閣)들이 위치 – 금강문, 인왕문, 사천왕문 등이 주로 자리잡음
하단(下壇)신앙	– 중단의 신들이 다시 분화되어 원래 모습을 불교적으로 전개하여 신앙의 대상이 됨 – 명부전, 칠성각, 산신각, 독성각 등 이 전각들은 한국불교의 토착화과정을 일러주는 좋은 증거라 할 수 있음 – 전각에 모셔지는 신앙의 대상은 불보살이 아닌 재래의 토착신

㉢ 수미산세계와 공간구성형식

- 조선시대 사찰의 공간구성형식은 일명 수미산구조(불교적 세계관형성)의 원형적 모습을 상당 부분 원용한 것으로 설명되어짐
- 조선시대 사찰의 공간구성형식에서 살펴볼 수 있는 계층적 공간질서의 원형으로서 작용되고 있음

	수미산 중심의 세계구조	사찰구조와의 관계	
	수미산 세계구성	사찰의 문	영역의 구분
무색계 4천의 세계		대웅전	대웅전 중심의 상층영역
색계 18천의 세계		<불이문>	불이문에서 대웅전 경계에 이르는 중층영역
욕계 6천의 세계	타화자재천 화락천 도솔천 야마천 도리천 사천왕천	<사천왕문>	사천왕문과 불이문 사이의 하층영역
	수미산 향수해와 7개의 산맥	<일주문>	전이영역
	섬부주	<산문>	사찰외곽

그림. 수미산세계 구조와 사찰의 공간구성

④ 공간구성기법

★ ㉠ 공간구성의 기본원칙

- 자연과의 조화
- 계층적질서의 추구 : 중심공간에 가까울수록 경관의 연속적변화와 지형의 상승
- 공간 간의 연계성제고 : 몇 개의 소단위공간의 결합으로 전체의 공간구성
- 인간적척도

㉡ 축의 설정

- 평지형사찰과 산지형사찰의 축의 형태

평지형 사찰	직선축의 형태
산지형 사찰	– 지형의 생김새에 건물의 배치를 맞추다보니 절선축의 형태 – 시각변환점이 많아져 진입과정에서 사람들이 경험하는 시각의 구조가 다양하게 변하게 다양한 경관 체험

- 사찰의 규모가 큰 대찰의 경우에는 축이 단일하지 않고 병렬축이나 직교축의 형태가 나타나며 공간간의 구조적 질서가 보다 복잡해짐, 해인사, 통도사, 범어사, 화엄사, 송광사 등 대찰의 경우는 대부분 이러한 축의 형태를 보이고 있음

ⓒ 외부공간의 규모

문·루 사이의 거리	– 산지사찰의 경우 진입과정에서 나타나는 문루 사이의 평균거리는 25~70m 정도(이는 25m를 한 모듈로 할 때, 2배 내지 3배에 해당하는 수치) 문루 사이의 거리가 25m를 넘어서면 25m를 기준으로 단을 주거나 주변에 점경물을 배치하여 거리감을 분명히 느낄 수 있도록 해줌 – 이는 Y. Ashihara가 외부공간설계에 있어서 20~25m 마다 반복되는 리듬감, 바닥의 레벨차를 설계하면 아무리 큰 공간이라도 그 단조로움이 없어지고 공간감이 극대화된다는 주장과 일치함
중심공간의 규모	– 짧은 변이 25m 내외이며, 큰 공간의 경우에는 긴 변이 25m 내외로 구성 – 중정의 가로변과 세로변의 비례관계는 대체적으로 1:1에 가까우며, 형태는 정방형에 가깝게 나타남
중심공간의 전이방식	– 중심공간에 도달하기 위해서는 일주문으로부터 누문에 이르는 선적 진입공간을 통과 – 진입공간으로부터 중심공간으로 이행되는 전이방식에는 누를 통과하는 누하진입(樓下進入)과 누의 측면을 좌측이나 우측 혹은 누 양측으로 돌아 나가도록 만든 측면진입방식이 있음

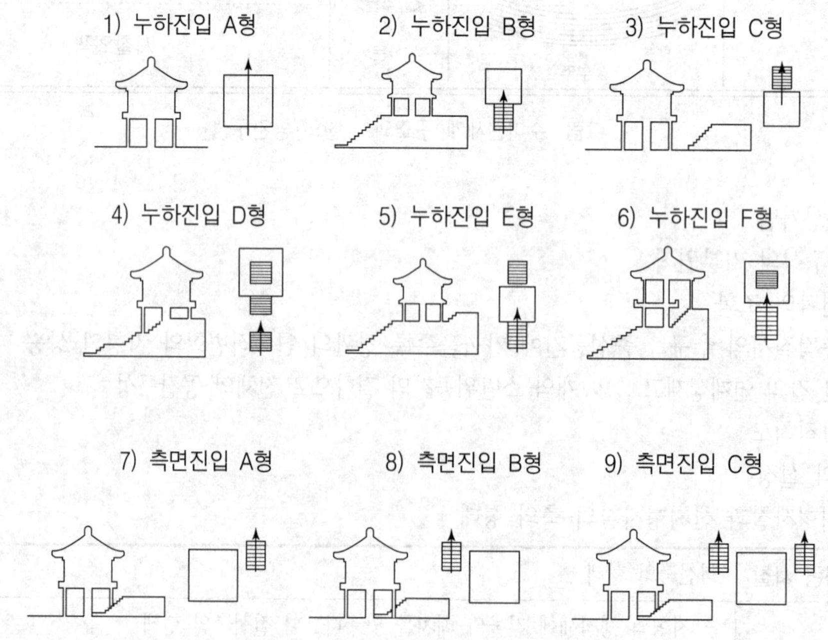

그림 3. 조선시대 사찰의 누문통과방식

표. 누를 통한 중심공간으로의 전이방식

사찰명	누명	전이방식
신륵사	구룡루(九龍樓)	양측면진입
선암사	종고루(鐘鼓樓)	양측면진입
화엄사	보제루(普濟樓)	양측면진입
쌍계사	팔영루(八泳樓)	양측면진입
해인사	구광루(九光樓)	양측면진입 원래 형식은 누하진입
범어사	보제루(普濟樓)	우측면진입
봉은사	법왕루(法王樓)	누하진입 C형
봉선사	청풍루(淸風樓)	누하진입 E형
용주사	천보루(天保樓)	누하진입 C형
용문사	해운루(海雲樓)	누하진입 E형
은해사	보화루(寶華樓)	누하진입 A형
송광사	종고루(鐘鼓樓)	누하진입 C형
대흥사	침계루(沈溪樓)	누하진입 A형
부석사	안양루(安養樓)	누하진입 F형
봉정사	만세루(萬歲樓)	누하진입 E형

⑤ 대표적 사찰

㉠ 통도사(불보사찰)

- 입지 : 경남 양산군 하북면 지산리 영취산(靈鷲山, 1050m) 기슭에 위치
- 공간구성
  - 금강계단을 공간의 중심으로 하여 남북일직선축을 통해 공간이 구성되는 탑중심형 사찰
  - 창건당시 사리탑을 중심으로 남북축을 이루며 형성되었던 공간구조는 대웅전이 시각종점이 되는 동서축으로 바뀌었으며, 조선시대 산지사찰의 전형적 형식인 산지중정형 사찰의 규범을 갖추고 있음
  - 통도사는 창건시 1단계 형식에서 조선시대 삼단구성이라는 특이한 공간구성형식을 취하게 됨

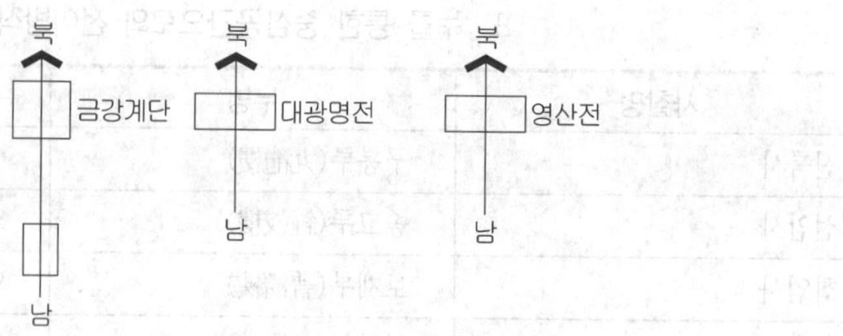

그림. 창건시 통도사 공간구조

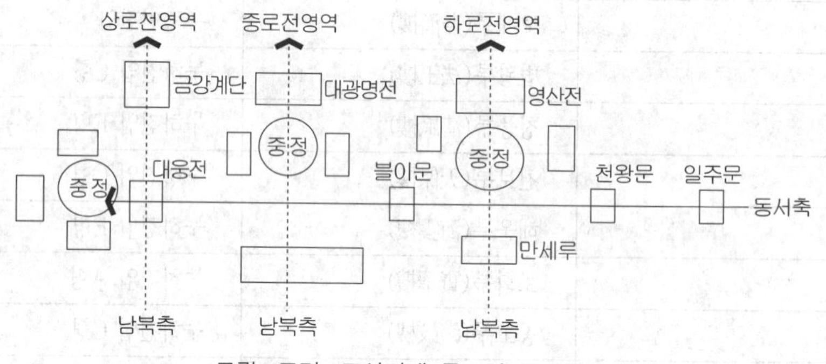

그림. 고려, 조선시대 통도사 공간구조

· 경관요소

금강계단	– 석가세존의 진신사리를 봉안한 곳으로 통도사의 정신적 중심이며, 창사의 가장 중요한 근거가 됨 – 대웅전 바로 뒤편의 약간 높은 곳에 위치하고 있으며 통도사 공간구성의 중심(창건이전에 원래는 연못이었으나 메우고 금강계단을 설치)
구룡지	– $15m^2$의 넓이, 깊이 또한 한 길도 채 안 되는 조그마한 타원형의 연못이지만 통도사의 창건연기를 보여주는 중요한 수경관 요소 (연못의 다리는 일제강점기에 부가한 것으로 보임)

그림. 통도사의 금강계단

그림. 구룡지

㉡ 해인사

- 입지 : 경남 합천군 가야면 치인리, 해발 1,430m의 가야산 서남쪽 중턱의 움푹하게 들어간 대지 위에 서남향 배치
- 공간구성
  - 해인사는 일주문을 경계로 하여 법보전에 이르기까지의 긴 종심형 공간
  - 해인사는 지형에 순응하여 건물들을 배치하는 등 자연환경과의 조화를 일차적으로 고려한 공간구성을 하고 있음(공간의 중심축이 절선축으로 되어 있음)
- 경관요소
  - 영지 : 해인사의 영지는 사역 옆으로 흐르는 계류의 끄트머리에 조성되어 있는데, 이곳은 일주문을 바라보면 우측편에 해당한다. 우두산(牛頭山 : 가야산의 옛이름)의 상봉(上峰)이 비친다고 전해짐
  - 화계 : 경사지를 정지하여 설치하여 공간과 공간사이에 단이 나타나는데 이 단을 화계로 조성하여 사찰의 경관성을 제고, 이 화계에는 키가 낮은 관목이나 초화류 등이 심어져 있는데, 그 대부분이 불교의 종교적 상징성을 구현하는데 도움이 됨

㉢ 봉선사

- 위치
  - 봉선사와 세조의 능침인 광릉은 직선거리로 약 800m 정도 밖에는 떨어져있지 않아 다른 원찰과 마찬가지로 능침과 원찰간의 지리적 상관성이 두드러지게 나타나고 있음
- 공간구성
  - 과거의 봉선사는 절 입구 정면에 솟을 대문이 있었으며, 대문 좌우편에는 행랑채가 길게 늘어서 있었으며 행랑 안에 외정이 있고, 누각(청풍루)을 통해 안으로 들어서면 다시 내중정을 갖는 구조, 다시 내중정 바닥과 단을 달리하여 단 위에 대웅전이 배치되었으며, 좌우에는 어실각과 향로전이 있었다. 그리고 내중정 좌우에는 승당과 선당이 'ㅁ'자형으로 자리잡고 있음(조선시대 원찰의 형식)
- 경관요소
  - 석단 : 조선시대 원찰에서 공통적으로 나타나는 장대석 석단을 사용하여 지형을 처리하고 있다. 이 석단은 갑석(甲石)까지 갖춘 것으로 매우 정교하게 축조
  - 화계 : 중요한 경관요소로 큰법당 뒤편에 설치한 화계가 있으며 이 화계는 3단으로 구성되어 있으며, 장대석을 이용하여 축조됨 (일반적사찰에서는 이와 같은 형식의 화계를 찾기가 쉽지 않으므로 가치가 있음)

그림. 봉선사의 화계

㉣ 용주사

· 현릉원(顯隆園)의 원찰로서 왕실과 직접적으로 관련된 국가적 사찰

· 용주사가 창건된 정조 14년(1790)은 성리학이 정치이념으로 자리 잡은 조선시대였음에도 불구하고, 정조는 아버지 사도세자의 넋을 위로하고 왕실의 안녕을 기리는 것을 불력에 의지하고자 함

· 삼문 앞에는 화마(火魔)를 물리친다는 석조 해태상 두 마리가 버티고 서 있으며, 대우석의 삼태극 무늬와 기단 상면은 전돌포장이 되어 있다.

8 마을숲 · 전통마을 · 읍성

① 조성원칙

㉠ 샤머니즘과 음양오행설에 근거하여 풍수지리설과 주례고공기의 도성제에서 찾음

㉡ 양기풍수로 기본적인 마을 형태는 배산임수의 지형으로 농촌마을은 산을 뒤에 등지고 남향으로 앉아서 앞에 경작지과 그에 필요한 경작용수인 하천을 마주하는 형태

② 마을숲

㉠ 개념

· 농촌이나 산촌, 어촌과 같은 시골마을에 조성된 숲, 대부분 고목으로 이루어져 있으며, 마을의 앞들·갯가·뒷동산 같은 곳에 위치하고 있음

· 당숲·성황림·서낭숲 등으로 불리며 토착신앙적 의미를 담고 있으며, 마을의 운명을 주관하는 성스러운 숲

· 또한 전통적 지리관인 풍수지리설과 깊은 관련이 있어 사람이 살기 좋은 장소와 환경을 선택해 조성

㉡ 기능

· 숲이 지니는 무성한 녹음을 통해 마을사람들에게 시원한 그늘제공

· 마을의 공동쉼터로 활용된 전통적 공원시설

· 동제(洞祭), 굿과 같은 마을제사를 지내는 제의 장소나 지신밟기, 씨름, 그네 등과 같은 다양한 전통놀이를 수용한 장소로 쓰임

· 마을숲은 마을에서 가장 경관상 돋보이는 위치로 연못과 정자 등의 공원시설을 설치

㉢ 마을숲 규모

· 대체로 0.1ha~3ha에 이르는 정도로 규모가 큰 숲일수록 공공소유의 형태이며, 운동시설, 놀이시설, 휴식시설 등을 다양하게 갖춤

· 대표적 수종으로는 소나무, 느티나무이며 그밖에 팽나무, 왕버들, 개서어나무, 곰솔, 오리나무, 대나무 등 다양한 수종으로 구성

· 정자나무의 역할을 하는 나무로는 느티나무과 팽나무이며 주로 토착신앙적 의미의 당산나무로 활용하는 수종임

㉣ 마을숲 문화

· 토착신앙

– 괴목(槐木 : 느티나무, 회화나무)는 토착신앙과 관련한 성수(聖樹)로 주로 느티나무가 식재

- 단군신화의 신단수는 토착신앙의 상징수목으로 신의 강림처이자 천상과 지상을 연결하는 수직적 매개체로의 역할을 하는 종교적으로 성스러운 신앙대상
- 숲에서 동제나 굿과 같은 제례적인 이용행태로 나타남

· 풍수
- 풍수적 배경을 갖는 마을숲으로 마을에서 보아 물이 흘러나가는 출구나 마을의 입구가 열려 있는 경우 이곳을 차폐하여 가로막는 인공의 숲을 조성
- 수구막이의 구체적 활용 형식으로는 비보림과 염승림이 있음

· 유교
- 마을숲은 조선시대 성리학적 유교문화의 자연관에 따라 거주지를 택하고 마을을 구성해 유교적 문화경관을 형성
- 조선중기 이후의 사화와 당쟁으로 노장사상에 기인한 은일사상에 심취하게 해 관직에서 멀리하고 향촌에 머무르며 자연 속에 유유자적하는 풍조를 만듦
- 마을숲과 관련한 유교문화는 시적감상이나 회화 등 양반계층의 상층문화로 표현되고 있으며 사류들의 시작 및 경관감상을 위해 마을숲에 정자, 누, 대 등의 건축물과 연못을 조영하기도 함

③ 전통마을

㉠ 마을의 입지와 경관조성의 원칙은 '산과 물', '중심과 주변', '높은 곳과 낮은 곳', '찬 곳과 빈 곳' 등 음양구조와 같은 대조적인 형식이 주가 됨

㉡ 마을잡기와 공간구성

· 마을의 토지이용과 환경계획, 삶터 가꾸기 과정은 주거환경의 질을 높이는 방식으로 실천되었는데, 이중환(1690~1752)은 「택리지」 '복거총론'에서 생리(生梨)가 좋아야하고 다음으로는 인심(人心), 아름다운산과 물(山水)로 기술되어 있음

· 토지의 이용

배후지	주거지를 둘러싼 후면의 산이 되는데, 방풍림과 풍치림 역할은 물론 묘 자리와 신앙영역이 되며 생활재료와 땔감의 제공, 물을 공급받는 실용공간
주거지	시야가 답답하지 않은 완경사지에 자리하여 여름에는 시원한 바람을 받아들이고 겨울에는 차가운 북풍을 제어하며 외부경관을 자연스럽게 조망하면서 다른 집들과의 사생활 보호를 고려
경작지	문전답과 바깥들로 구분되는데, 문전답에는 부식용 작물이 재배되며 바깥들에는 하천을 끼고 수용성 작물인 벼가 주로 재배

· 마을길
- 마을길은 물길과 어우러지고 완만한 상승감과 위계에 따라 바깥길, 어귀길, 안길, 샛길 등으로 분절

바깥길	외부로부터 마을 영역을 인식시켜주는 역할
어귀길	마을 어귀까지 진입하는 분절 영역이 되는데 마을숲, 장승, 솟대 등이 자리
안길	마을을 관류하는 중심시설이 되며 정자나 쉼터, 마을마당 등이 연계
샛길	샘이나 빨래터, 공동작업장 등이 접속되며 살림집들의 연결고리 역할

- 마을 공동체 시설
  - 신앙의례시설(마을신앙의 모태가 되는 삼신당과 성황당, 장승과 솟대, 비보 숲, 효자열녀비, 선정비, 묘지 등), 강학시설(향교, 서원, 서당 등), 휴양시설(정자, 연못 등), 생활편익시설(우물, 빨래터, 목욕터, 마을마당 등) 등이 자리

㉢ 대표적 민속마을(풍수지리적명당지)

- 하회마을 : 산태극 수태극의 형상, 연화부수형의 형상
- 양동마을 :산촌반가
- 외암리 민속마을 : 송화댁, 영암댁, 교수댁 이 대표적 정원

그림. 하회마을-연화부수형

④ 읍성

㉠ 기능

- 조선시대 지방행정의 중심지
- 성내에 관아와 민가가 함께 수용되고 배후지나 주변지역에 대해 행정적 통제와 군사적 방어기능을 복합적으로 담당한 통제사회의 생활중심권에 집중배치된 정주지

㉡ 규모

- 보통 직경이 300~500m로서 인구 800~1,500명이 살고 있었다고 추정
- 읍성의 내부에는 공간영역이 구분된 수개의 마을이 존재

㉢ 구조적 특성

- 토지소유권을 가진 관료, 양반의 지배계층과 피지배계층인 농민간의 계급분화
- 크고 작은 사회적 이질적인 정주지로 도시사회적 특성을 보여줌

㉣ 공간구성

- 대부분 풍수의 영향으로 북쪽의 산을 배경으로 남향으로 향하므로 북방의 성문을 내기 어려웠고 있더라도 거의 이용되지 않음
- 성곽 내부의 기본적인 땅 가름은 대부분 간선도로에 의해 이루어지며 주로 T자형이나 +자형임

· 주요시설

- 관아지구는 통치, 군사, 교육, 종교의 목적을 위한 동헌 및 그 부속기관과 객사, 향청, 옥사, 훈련청, 향교, 성황당, 사직단, 여단(제단일종)등이 집중적으로 분포하고 이를 중심으로 민가들이 자연부락을 이룸
- 읍성의 상징적 역할과 주축적 경관요소는 객사(중앙정부의 왕을 상징), 동헌(고을의 수령을 상징), 향청(고을의 향족을 상징)건물로 읍성경관의 구조의 핵을 형성하는 중심시설이 됨
- 사직단, 향교, 문묘 등은 종교와 교육시설이 있으며 좌묘우사(左廟右社)의 원칙에 따라 사직단은 성밖 서쪽에, 향교나 문묘는 동쪽에 배치하고 있음
- 보통 읍성 후면에 배치하는 성황단과 여단 등의 종교시설도 있으며 사직단과 문묘를 포함해 종교적용도의 시설을 3단1묘(三檀一廟)라 함

ⓑ 대표적인읍성

· 낙안읍성, 충남의 해미읍성, 전북의 고창읍성

그림. 낙안읍성

9 명승(名勝)

① 정의

㉠ 사전적 의미 : 경치가 좋아서 이름이 높은 곳

㉡ 문화재보호법에서의 정의

· 경승지로서 예술적, 경관적 가치가 큰 곳

· 지질 혹은 지형적으로 특별한 아름다움을 지닌 자연경관, 식물군락 및 동물서식지 등 특별한 생물에 의해 형성되는 생태경관 또는 문화적 의미와 인공적요소가 가미된 문화경관을 포함하는 개념

★② 지정기준

㉠ 자연경관이 뛰어난 산악·구릉·고원·평원·화산·하천·해안·하안·도서 등

㉡ 동·식물의 서식지로서 경관이 뛰어난 곳

· 아름다운 식물의 저명한 군락지

· 심미적 가치가 뛰어난 동물의 저명한 서식지

㉢ 저명한 경관의 전망 지점

- 일출·낙조 및 해안·산악·하천 등의 경관 조망 지점
- 정자·누(樓) 등의 조형물 또는 자연물로 이룩된 조망지로서 마을·도시·전통유적 등을 조망할 수 있는 저명한 장소

㉣ 역사문화경관적 가치가 뛰어난 명산·협곡·해협·곶·급류·심연·폭포·호소·사구, 하천의 발원지, 동천·대(臺), 바위, 동굴 등

㉤ 저명한 건물 또는 정원(庭苑) 및 중요한 전설지 등으로서 종교·교육·생활·위락 등과 관련된 경승지

- 정원·원림·연못, 저수지, 경작지, 제방, 포구, 옛 길 등
- 역사·문학·구전 등으로 전해지는 저명한 전설지

㉥「세계 문화 및 자연유산의 보호에 관한 협약」 규정에 의한 자연유산에 해당하는 곳 중에서 관상상 또는 자연의 미관상 현저한 가치를 갖는 것

■ 참고 : 우리나라 명승의 예

명주 청학동 소금강(명승1호), 거제 해금강, 완도 정도리 구계등, 진도 바닷길, 진안 마이산, 남해 가천마을 다랑이논, 부산 영도 태종대, 소매물도 등대섬, 영광법성진 숲쟁이, 부산 오륙도, 죽령옛길, 문경새재, 광한루원, 보길도 윤선도 원림, 문경새재, 성락원, 장성백양사 백학봉, 담양 소쇄원, 순천만, 담양 명옥헌원, 부여 구드래 일원, 지리산 화엄사일원, 서울 백악산 일원,춘천 청평사 고려선원, 태백 검룡소, 대관령 옛길 등

③ 명승과 문화

㉠ 구곡경관

- 명승과 관련한 문화는 대부분 조선시대의 정치적 이념인 유교문화와 가장 관련이 깊음
- 구곡경관 : 구곡은 주자의 무이구곡(武夷九曲)으로부터 유래된 유교문화경관의 대표적 사례
- 주자의 무이도가는 무이산 계곡 주변의 아름다운 경승지인 구곡(승진동, 옥녀봉, 선기암, 금계암 등)의 절승처 경관을 묘사하였으며 여기서 유래한 구곡은 조선조 유교문화의 융성과 함께 우리나라 산하에 경관에 부여된 문화요소
- 화양구곡, 선유구곡, 죽계구곡, 벽계구곡 등이 있음
- 구곡은 조선 유학자들이 명명했으며 절승의 장소로 하나하나의 경관점들이 연계되어 연계경관을 이루는 대표적 경승지임
- 경관을 보고 느낌 감상을 문자로 전하고 있는데, 암각으로 각자하거나, 경관시를 지어 편액과 고문헌 등으로 남김

㉡ 팔경

- 관동팔경, 단양팔경 등 팔경은 넓은 지역의 절경을 설정해 명명하였으며, 대표적 절승의 경관점이라 할 수 있음
- 경의 설정은 팔경, 십경, 십이경 등이 있으며 우리나라는 팔경이 가장 많으며 이는 팔방, 팔덕목 등 숫자의 상징적 의미에서 유래된 것임

그림. 순천만

그림. 영월한반도지형

그림. 포항 용계정과 덕동숲

그림. 명주 청학동 소금강

10 정원의 구성요소

인공적 수법이 발달하지 않고 자연주의적 사상에 깊이 관련하며 발달

① 수경시설 : 흐르고, 떨어지고, 고이는 특성으로 시각적, 청각적, 촉각적인 요소로 다양한 물리적 특성을 지님

의미	상징적 의미 : 풍수좌향론의 도입(물길), 천원지방설의 도입, 신선사상의 표현 청각적 의미 : 자연의 소리와 조화로 일체감을 나타냄 실용적 의미 : 원내의 물을 공급		
종류	지당(池塘)	정적, 반사, 반영	- 정원의 못과 용수지를 총칭, 방형, 원형 부정형 등 형태가 다양 - 관상가치, 물공급, 수심양성의 장(임원십육지) - 신선사상, 유교사상 - 연못내 연꽃식재, 연못가에는 버드나무, 배롱나무, 대나무식재, 중도에는 괴석, 소나무 대나무 배롱나무, 버드나무 식재
	폭포	떨어짐, 동적, 리듬, 음향효과	- 소규모폭포 - 대나무, 석재, 통나무를 파서 만든 홈통을 지당, 석연지, 돌확에 연결하여 비폭으로 애용
	수구	흐름, 리듬	- 물이 흐르는 속성을 이용 - 계류의 자연수를 정원 안으로 끌어오거나 모아두었다가 다시 정원 밖으로 내보냄 - 물을 끌어들이기 위해 나무를 파서 만든 홈통인 비구(飛溝)도 있음 - 창덕궁의 연경당, 구례의 운조루

② 석물

석가산	– 여러개의 경석, 괴석, 평석 등을 쌓아 산의 형태를 축소하고 재현한 점경물로 주로 화강암을 이용 – 중국에서 전래되었지만 중국의 것과 재질, 형상, 치석법에서 차이
괴석	– 관상가치가 있으면서 괴이하게 생긴 돌 – 사랑마당, 안마당, 후정의 화계, 연못주변에 설치하여 장석
석분	– 괴석을 세우기 위해 만든 분으로 석함이라고 함
석지와 돌확	– 석지는 석연지, 세심석이라도 함 – 물을 담아 연꽃을 심고 부엽식물을 키우기도 함 – 연지를 축소한 것으로 지당을 팔 수 없는 좁은 마당에서 물을 끌어들일 수 있는 축경형 수경이라 볼 수 있음 – 돌확은 둥근 생김새로 석지와 비슷한 용도이나 돌절구로 쓰이는 실용적 기능
석상과 석탑	– 석상(石床)은 평평한 돌 위에 걸터앉아 경물을 바라보면서 휴식을 취하거나 차를 마시고 바둑이나 장기를 즐길 수 있게 한 것으로 크고 넓적한 돌을 일정한 두께로 다듬어 네귀에 받침대를 괴어놓고 앉아 쉬게 함 – 석탑은 석상과 비슷한 용도를 가지나 규모가 작고 높은 돌의자를 지칭, 적당한 크기의 돌을 가공하거나 자연그대로 애용
기타	– 석등(石燈 : 야간조명을 위함), 하마석(下馬石 : 말이나 가마를 타고 내리던 돌), 디딤돌과 돌다리, 석주(石柱 : 시구와 장소명칭을 새기거나 해시계역할)

③ 포장

㉠ 마당의 포장재료는 박석, 전돌, 마사토, 강회 등

㉡ 특징

- 마사토 : 화강암이 오랫동안 풍화된 자연토양
- 박석 : 자연석을 평편하고 얇게 쪼갬
- 전돌 : 검정색으로 구워 만든 벽돌을 활용
- 강회다짐 : 석회석을 가열한 강회를 이용

④ 정자

㉠ 풍류를 즐기고 경치를 감상하면서 학문을 논하고 시를 읊거나 모임을 갖는 다락집을 말하며 사대부가의 살림집, 사랑마당, 별당마당, 후원 등에 도입

㉡ 재료 및 형태

- 목재로 엮은 지붕위에 지와나 풀을 활용하였고 바닥은 평편한 마루 또는 온돌을 병행
- 형태는 정방형이 많지만 장방형, 육각, 팔각, 원형, 십자형, 부채꼴 등 다양

㉢ 임원경제지의 기록

- 정자는 소박한 것이 좋고 농염한 것은 좋지 않고 정갈한 것이 좋고 화려한 것은 좋지 않다고 기술
- 산언덕을 등지고 물을 내려다보는 곳에 짓기도 하고 주춧돌 기둥 난간이 반쯤 물속에 잠기도록 하기도 한다고 적혀져 있음

★⑤ 수목

㉠ 수종

- 낙엽활엽수 위주로 화목과 과실수가 주종을 이룸
- 줄기가 곡간성으로 뒤틀린 것을 더 높이치며 수관도 타원형을 좋아함
- 소나무, 대나무, 버드나무, 느티나무, 회화나무, 배롱나무, 매화, 모란, 복숭아나무, 살구나무, 자두나무, 석류나무
- 중기 이후에 들면서 은행나무, 배나무, 대추나무, 감나무를 포함한 과실수의 비중이 높아짐

㉡ 재식법

- 전정을 하지 않고 계절변화감을 즐길수 있게 식재
- 비대칭식재, 군식(죽림, 송림), 점식(독립수로서 시각적 초점), 산식(화계, 화오식재), 열식(경계용 울타리)

★ ㉢ 상징성과 사상반영

- 상징성 : 꽃나무에 품격이나 운치를 부여하거나 벗이나 손님으로 호칭
- 화암수록(花菴隨錄) : 강희안의 「양화소록」의 부록으로 화목구등품(花木九等品)제
- 유박(1730~1787) : 영 · 정조시대 화훼전문가 · 백화암(百花菴)이라는 화원을 경영하였으며 이를 바탕으로 「화암수록」을 저술

품계	기 준	화 목
1	높은 풍치와 뛰어난 운치	매화, 국화, 연꽃, 대나무
2	부귀를 상징하는 화목	모란, 작약, 철쭉, 해류(海榴), 파초
3	운치있는 화목	치자, 동백, 사계화, 종려, 만년송
4	또한 운치있는 화목	화이(華利), 소철, 서향화, 포도, 유자
5	번화한 화목	석류, 복숭아, 해당화 , 장미, 수양버들
6	또한 번화한 화목	진달래, 살구, 백일홍, 감나무, 벽오동
7	장점이 있는 화목	배, 정향, 목련, 앵두, 단풍
8	또한 장점이 있는 화목	목근(무궁화), 석죽(패랭이꽃), 옥잠화, 봉선화, 사철나무
9	또한 장점이 있는 화목	해바라기, 전추라, 금전화, 석창포, 회양목

★ · 사상

유교사상	사절우(四節友)	소나무, 매화, 대나무, 국화
	군자	연꽃
	세한삼우(歲寒三友)	매화, 소나무, 대나무
	사군자(四君子)	매화, 난초, 국화, 대나무
안빈낙도사상	국화, 버드나무, 복숭아나무	
은둔사상	죽림	
태평성대 희구사상	대나무, 오동나무	
공자상징	살구나무, 은행나무	

· 고문서에 나타난 화목의 아칭(화암수록의 28우, 박세당의 화30객)

식물명		화암수록의 28우	박세당의 화30객
菊	국화	逸友(일우) 편안한 벗	壽客(수객) 장수할 객
蓮	연	淨友(정우) 맑은 벗	淨客(정객) 깨끗할 객
芍藥	작약	貴友(귀우) 귀한 벗	–
芭蕉	파초	仰友(앙우) 우러러볼 벗	–
蘭	난초	–	幽客(유객) 그윽할 객
石竹	패랭이꽃	芳友(방우) 꽃다울 벗	–
葵(규)	해바라기	–	忠客(충객) 충성스러운객
玉簪花	옥잠화	寒友(한우) 차가운벗	–
松	소나무	老友(노우) 늙은 벗	–
梔子	치자	禪友(선우) 실천하는 벗	–
竹	대나무	淸友(청우) 푸르른 벗	–
冬柏	동백	仙友(선우) 신선같은 벗	–
柚子	유자	焦友(초우)	–
春梅 (춘매)	매화	古友(고우) 오래된 벗	淸客(청객) 맑은 객
桃(도)	복숭아	妖友(요우) 요염한벗	妖客(요객) 요염한 객
杏(행)	살구	艶友(염우) 고운 벗	艶客(염객) 고운 객
梨(이)	배나무	雅友(아우) 맑은 벗	談客(담객) 담백한 객
木蓮	목련	淡友(담우) 담백한 벗	醉客(취객) 술친구 객
木犀(목서)	물푸레	–	岩客(암객) 듬직한 객
棣棠(체당)	죽도화	–	俗客(속객) 속세의 객

			계집같은 객
桂	계수나무	–	仙友(선우)
庭香	정향	幽友(유우) 그윽한 벗	情客(정객) 정이 있는 객
紫薇(자미)	배롱나무	俗友(속우) 속세의 친구	–
石榴	석류	嬌友(교우) 아리따운 벗	村客(촌객) 순박한 객
牧丹(목단)	모란	熱友(열우) 열정적인 벗	貴客(귀객) 귀한 객
木槿	무궁화	–	時客(시객) 때를 알리는 객
海棠	해당화	靜友(정우) 고요한 벗	蜀客(촉객)
薔薇	장미	佳友(가우) 아름다운 벗	–
杜鵑花 (두견화)	진달래	시우(時友) 때를 알리는 벗	–
躑躅 (척속)	철쭉	–	仙客(선객) 신선과 같은 객
繡毬花(수구화)	수국	–	仙客(선객)신선과 같은 객

㉣ 배식원리

- 장소와 방위에 따른 풍수설
- 식물생태의 과학적인 배식
- 음과 양의 조화
- 기능성을 고려

장소에 따른 식재(음양의 상화(相和))	방위에 따른 식재(풍수지리의 준용)
–거목, 괴목은 집안 배치금지 –집안의 음의 정도에 따라 안마당에 화초식재(음을 취함) –집주위에는 울창한 소나무, 대나무가 좋음 –집 앞에 큰 나무가 있으며 음기가 나가는 것과 양기가 들어오는 것을 방해	–택지선정시 지형조건 불량시 식재로 개선(풍수적 비보의 의도) –동 : 복숭아, 버드나무, 서 : 치자, 느릅나무, 남 : 매화, 대추나무, 북 : 살구, 벚나무 –수목의 생태적 특성 이해하고 기능을 고려한 식재

11 조경에 관한 문헌

① 강희안의 양화소록

㉠ 의의 : 우리나라 최초의 원예전문서

㉡ 강희맹의 「진산세고」 제4권에 수록되어 있음

㉢ "양화(養花)"의 의미는 화목에서 뜻을 찾고 수심양성에 두고 있음

㉣ 내용

- 정원식물의 특성과 번식법, 괴석의 배치법, 꽃을 분에 심는 법
- 최화법(崔花法), 꽃이 꺼리는 것, 꽃을 취하는 법과 기르는 법, 화분 놓는 법 관리법

② 유박의 화암수록 : 화훼전문서, 45종의 화목을 품격에 따라 9등급으로 분류

③ 홍만선의 산림경제

㉠ 농가생활에 필요한 백과사전

㉡ 양화편에서는 화목 특성과 재배법수록

④ 서유구의 임원경제지

㉠ 농업백과전서로 총 16지로 구성되어 있어 임원십육지로도 불림

㉡ 14지에 여가생활에 대한 내용으로 별서와 같은 정원에 대한 기록

㉢ 15지 '상택지'에는 주거지선택과 전국 주거환경과 지리에 대한 내용

㉣ 4지 '만학지'에는 식물에 대한 기록과 울타리조성에 대한 내용

⑤ 신경준의 순원 화훼 잡설

⑥ 이가환의 물보

⑦ 신속의 농가집성 : 우리나라 풍토에 맞는 농법을 모아 편찬한 책

⑧ 박세당의 색경 : 기본적인 농법 외에 곡식·과일·채소·꽃과 약재 등의 개별 작물에 대한 재배법

⑨ 박흥생의 촬요신서

⑩ 이중환의 택리지 : 인문지리지〈복거총론〉에 살기 좋은 곳 입지조건 4가지
즉, 지리·생리·인심·산수를 들음

■ 참고 : 강희안(姜希顔, 1417~1465)의 「양화소록(養花小錄)」

① 의의 : 조선시대 꽃과 나무의 특성을 정리한 우리나라 최초의 전문 원예로 강희안이 직접 꽃과 나무를 기르면서 알게 된 특성과 재배법, 품종 등을 자세히 기술하여 세상에 대한 경륜과 조화의 뜻을 담았다.

② 강희안의 동생 강희맹(姜希孟, 1424~1483)이 편찬한 『진산세고(晉山世稿)』 안에 함께 수록되어있다. 『진산세고(晉山世稿)』는 지금까지 알려진 조선시대 한 집안의 글을 모은 세고(世稿) 가운데 가장 빠른 시기의 책으로, 강희맹이 그의 할아버지, 아버지, 형의 글을 모아 편찬하였다.

12 조경관리부서 ★

① 고구려 : 궁원 - 유리왕
② 고려 : 내원서 - 충렬왕
③ 조선 : 상림원(태조) - 장원서(세조)
④ 동산바치 : 동산을 다스리는 사람, 조선시대 정원사

■ 참고 : 조선시대 조경관련 관제

① 산택사(山澤司) : 조선시대 산림 · 교량 · 땔감 등에 관한 일을 관장한 공조 소속의 관서
② 장원서(掌苑署)
- 원(園) · 유(囿) · 화초 · 과물 등의 관리를 관장하기 위해 설치된 관서
- 조선시대 명칭변화 : 동산색 → 상림원 → 장원서

③ 준천사(濬川司)
- 서울 성내의 치산치수(治山治水)를 위하여 설치한 관청(1760년, 영조 36)
- 주된 과업은 청계천준천

④ 사포서
- 원포(園圃)와 소채(蔬菜) 등에 관한 업무 (성종조에 공조에서 호조로 편입됨)

⑤ 심장고 : 장원서와 사포서를 함께 부르는 말
⑥ 영조사 : 궁실, 역지(域池), 관공서의 청사 등 주택관련업무, 토목공사
⑦ 공치사 : 백공(百工), 제작(製作), 선치(繕治), 도주(陶鑄) 등의 물건 만들고 수리하는 일

핵심기출문제

내친김에 문제까지 끝내보자!

1. 다음은 정원이 완성된 시대, 위치, 정원, 그 특징을 나타낸 것이다. 이 중 서로 맞지 않는 것은?

① 통일신라 – 경상북도 경주 – 포석정 – 곡수거
② 고려 – 전라북도 남원 – 광한루 – 연못과 누정
③ 조선 – 서울 – 아미산 – 굴뚝과 돈대
④ 현대 – 서울 – 덕수궁 석조전 전정 – 분수

2. 조선시대 선비들은 동쪽 울타리 아래에 국화를 심었고, 후원에 무릉도원을 조성했으며 문전에 오류(五柳)를 심었다. 이는 누구의 영향을 받았다고 볼 수 있는가?

① 왕희지 ② 구양순
③ 도연명 ④ 백낙천

3. 창덕궁 후원의 반도지에 있는 관람정은 부채꼴 모양의 정자이다. 이와 같은 유형의 정자는 중국의 어느 정원에서 찾을 수 있는가?

① 유원(留園)의 읍봉헌(揖峯軒)
② 졸정원(拙政園)의 여수동좌헌(與誰同坐軒)
③ 망사원(網獅園)의 월도풍래정(月到風來亭)
④ 사자림(獅子林)의 호심정(湖心亭)

4. 정원 중 조성 연대순으로 올바르게 나열된 것은? (단, 조영시기가 오래된 것부터 나열한다.)

① 청평사 문수원정원→윤선도의 부용동정원→양산보의 소쇄원 정원→정약용의 다산초당
② 청평사 문수원정원→양산보의 소쇄원 정원→윤선도의 부용동정원→정약용의 다산초당
③ 청평사 문수원정원→윤선도의 부용동 정원→정약용의 다산초당→양산보의 소쇄원 정원
④ 양산보의 소쇄원 정원→청평사 문수원정원→윤선도의 부용동 정원→정약용의 다산초당

정답 및 해설

해설 1
② 조선시대 – 전라북도 남원 – 광한루 – 연못과 누정

해설 2
도연명 : 진나라, 안빈낙도, 많은 시문이 자연과 전원속에서 안빈낙도 생활을 찬양, 한국인들의 원림생활에 영향을 미침

해설 3
중국의 부채꼴 모양의 정자 – 졸정원의 여수동좌헌, 사자림의 선자정

해설 4
청평사 문수원정원(고려, 1089~1125) → 양산보의 소쇄원 정원(조선 1520~1530) → 윤선도의 부용동정원(1637년) → 정약용의 다산초당(1808~1819)

정답 1. ② 2. ③ 3. ② 4. ②

5. 창덕궁 궁궐의 원림 속에 있으며, 옥류천의 북쪽에 자리 잡고 있는 삿갓 지붕형 단칸모정(茅亭)으로 방지방도로 된 유일한 것은?

① 소요정(逍遙亭) ② 관람정(觀纜亭)
③ 청심정(淸心亭) ④ 청의정(淸漪亭)

6. 조선 태조 3년에 국사단과 국직단을 축조하였으며, 이를 합쳐 사직단이라 한다. 다음 설명 중 틀린 것은?

① 동양의 우주관에 의해 궁궐 왼쪽에 사직단을 두었다.
② 토신에 제사지내는 사단(社壇)을 사직단에서 동쪽에 두었다.
③ 곡식의 신에 제사지내는 직단(稷壇)을 사직단에서 서쪽에 두었다.
④ 두 사직의 외각 기단부 사방에 홍살문을 두었다.

7. 조선시대 상류주택의 사랑마당에 관련된 사항이 아닌 것은?

① 괴석이나 경석을 도입
② 담장 및 화오에 초화류에 낙엽수를 식재
③ 석연지나 돌확 및 수구를 도입
④ 현세적 가치 기준에 따라 대나무 식재

8. 윤선도가 보길도에 조영한 부용동원림과 관련이 없는 것은?

① 낭음계, 동천석실, 세연정 ② 낙서재, 소은병, 귀암
③ 무민당, 곡수대, 정성암 ④ 애양단, 대봉대, 탑암

9. 창덕궁 내 천정(泉井)이 아닌 것은?

① 마니(摩尼) ② 파리(玻璃)
③ 몽천(蒙泉) ④ 옥정(玉井)

10. 서원에서 춘추제향시 제물로 쓰이는 짐승을 세워놓고 품평을 하기 위해 만든 곳은?

① 관세대(盥洗臺) ② 정료대(庭燎臺)
③ 사대(社臺) ④ 생단(牲壇)

11. 조선시대 궁궐의 지당 가운데 창덕궁 내에 위치한 우리나라 전통적 지당 형식인 방지원도인 연못은?

① 부용지 ② 경회루지
③ 반도지 ④ 춘당지

정답 및 해설

해설 **5**

창덕궁의 옥류천역 – 방지안의 청의정은 궁궐 안의 유일한 모정이다.

해설 **6**

사직단(社稷壇)
- 한양(漢陽)에 도읍을 정한 조선 태조 이성계(李成桂)는 고려의 제도를 따라 경복궁 궁궐왼쪽에 종묘를 두고 오른쪽에 사직을 두는 좌묘우사(左廟右社)의 원칙을 둔다.
- 토지를 주관하는 신인 사(社)와 오곡(五穀)을 주관하는 신인 직(稷)에게 제사를 지내는 제단이다.
- 사단(社壇)은 동쪽, 직단(稷壇)을 서쪽에 두었으며 이는 국토와 오곡은 국가와 민생의 근본이 되므로 국가와 민생의 안정을 기원하고 보호해주는 데 대한 보답의 의미에서 사직을 설치하고 제사를 지냈다.

해설 **8**

④는 양산보의 소쇄원에 대한 설명이다.

해설 **9**

몽천(蒙泉) : 도산서당 입구의 우물로 몽매한 제자를 바른 길로 이끌어 간다는 의미의 역경(易經)의 몽괘(蒙卦)에서 의미를 취하여 이름 지음

해설 **10**

서원관련시설
① 관세대 : 제사초기에 제관들이 손을 씻기 위한 그릇을 올려놓는 석물
② 정료대 : 서원에 불을 밝히기 위한 시설로 강당 앞에 원형 또는 팔각 돌기둥에 돌받침대
③ 성생단(省牲壇), 생단 : 제물로 쓸 희생물을 올려놓고 상태를 감정하는 시설

해설 **11**

창덕궁 후원의 부용정역 부용지는 방지원도로 음양오행사상을 나타내고 있다.

정답 5. ④ 6. ① 7. ④ 8. ④ 9. ③ 10. ④ 11. ①

12. 조선시대 후기의 궁궐 정원 담당관서는?

① 장원서 ② 내원서
③ 사선서 ④ 상림원

해설 12
조선시대 정원을 담당관서
① 전기 - 상림원(태조)
② 후기 - 장원서(세조)

13. 창덕궁의 정원에 관련된 다음의 설명 중 잘못된 것은?

① 낙선제 후원의 마당에는 소영주라 음각된 괴석대가 있다.
② 부용정의 북쪽 언덕위에 세워진 주합루의 출입문은 어수문이다.
③ 연경당 선향제의 후원에는 4방 1간의 정자인 농수정이 있다.
④ 옥류천 지역에는 방지안의 네모의 섬에 세워진 청심정이라는 모정이 있다.

해설 13
창덕궁 후원의 옥류천역
후정의 가장 안쪽 위치한 공간으로 C형의 곡수거와 인공폭포가 조영되었다.

14. 창덕궁 후원에 있는 부용정(芙蓉亭)정원의 형식과 유사한 정원은?

① 강릉 선교장의 활래정(活來亭)정원
② 달성 하엽정 정원
③ 담양 남면의 소쇄원(瀟灑園)정원
④ 보길도의 부용동(芙蓉洞) 세연정 정원

해설 14
창덕궁 후원의 부용정 정원은 방지원도의 형식이다.
①와 ④는 방지방도의 형식이다.

15. 조선시대 궁궐조경에 곡수거형태가 남아있는 곳은?

① 창덕궁 후원 옥류천 공간
② 경복궁 후원 향원정 공간
③ 창경궁 통명전 공간
④ 경복궁 교태전 후원 공간

해설 15
창덕궁 후원의 옥류천역
후정의 가장 안쪽 위치한 공간으로 C형의 곡수거와 인공폭포가 조영되었다.

16. 조선시대 근세 정원에 속하는 것은?

① 임류각 ② 안압지
③ 창덕궁 후원 ④ 포석정

해설 16
임류각-백제
안압지와 포석정-통일신라

17. 다음 중 자연식 정원이 아닌 것은?

① 덕수궁 석조전 ② 창덕궁 후원
③ 소쇄원 ④ 부용동 정원

해설 17
덕수궁 석조전은 우리나라 최초의 서양건물로 영국인 하딩이 설계하였다.

정답 12. ① 13. ④ 14. ② 15. ① 16. ③ 17. ①

18. 경복궁에 현존하고 있는 건물이 아닌 것은?

① 만춘전(萬春殿) ② 사정전(思政殿)
③ 함화당(咸和堂) ④ 강령전(康寧殿)

19. 다음 설명 중 틀린 것은?

① 조선시대 궁궐정원을 맡아보던 관서는 상림원과 장원서이다.
② 고려시대 궁궐의 정원을 맡아보던 관서는 내원서이다.
③ 통일신라시대 궁궐정원을 맡아보던 관서는 동원이다.
④ 동산바치는 조선시대의 정원사를 뜻하는 말이다.

20. 우리나라 궁궐정원의 특색이 아닌 것은?

① 사괴석과 수복무늬
② 방지와 원로
② 십장생과 화초당
④ 색모래와 점자수

21. 유럽의 영향을 받은 우리나라의 궁원은?

① 경복궁 ② 덕수궁
③ 창경궁 ④ 비원

22. 우리나라 최초의 프랑스식 정원은?

① 덕수궁 석조전의 분수와 연못
② 파고다 공원
③ 창경궁의 연못
④ 보라매 공원

23. 덕수궁 석조전 앞의 분수와 연못을 중심으로 한 정원의 양식은?

① 독일의 풍경식
② 프랑스의 정형식
③ 영국의 절충식
④ 이테리의 노단건축식

정답 및 해설

해설 **18**

강령전은 1920년 일제강점기에 일본인들에 의해 창경궁의 희정전으로 지어졌다.

해설 **19**

조경관리부서
① 고구려 : 궁원 – 유리왕
② 고려 : 내원서 – 충렬왕
③ 조선 : 상림원(태조) – 장원서(세조)
④ 동산바치 : 동산을 다스리는 사람, 조선시대 정원사

해설 **20**

우리나라 궁궐정원의 특색
방지원도, 십장생 · 화초당 · 사괴석 · 수복무늬 등

공통해설 **21, 22, 23, 24**

덕수궁 석조전 앞의 침상지는 프랑스의 평면기하학식으로 만들어진 궁원이다.

정답 18. ④ 19. ③ 20. ④ 21. ② 22. ① 23. ②

24. 우리나라 최초의 정형식 정원은?

① 파고다 공원
② 덕수궁 석조전 앞 정원
③ 구 중앙청 청사 앞 정원
④ 구 조선호텔 정원

25. 다음 정원의 조성 년대와 경영자가 맞지 않은 것은?

① 소쇄원, 양산보, 1520~1557년
② 석문임천정원(서석지), 정영방, 1610~1636년
③ 문수원선원, 이자현, 1090~1110년
④ 부용동정원, 윤선도, 1301~1327년

해설 **25**
윤선도의 부용동정원은 1637~1671에 조성되었다.

26. 다음 주 소쇄원(瀟灑園) 유적과 관련이 없는 것은?

① 오곡문(五曲門) ② 매대(梅臺), 난대(蘭臺)
③ 광풍각(光風閣) ④ 사우단(四友壇)

해설 **26**
사우단-정영방의 서석지와 관련

27. 연못 안에 편평한 돌을 배치해 놓고 그 위에서 여인들이 춤을 추게 한 다음 그것이 연못물에 비치는 것을 감상하였다. 어디를 설명한 것인가?

① 세연정 ② 동천석실
③ 소쇄원 ④ 낭음계

28. 별서 정원 중 판석을 이용하여 연못을 막고 물이 넘쳐흐를 때 독특한 효과를 내게 한 곳은?

① 소쇄원 ② 옥류원
③ 보길도 윤선도 유적 ④ 석류지

공통해설 **27, 28**
윤선도 보길도 세연정역
① 계담과 방지방도 세연정을 위주로 한 공간, 원림 중 가장 정성들여 꾸민 곳
② 판석보(저수 및 교량의 기능)
③ 동대와 서대(무대 역할)
④ 자연 속에 동화되어 감상하고 유희를 즐기는 장소

29. 조선시대에 만들어진 지당 중심의 정원들 중 신선사상을 배경으로 하는 정통정원양식과 거리가 가장 먼 것은?

① 경복궁의 경회루정원
② 창경궁 통명전정원
③ 강릉의 선교장 활래정
④ 남원의 광한루 정원

해설 **29**
창경궁의 통명정원은 불교사상을 배경으로 한다.

정답 24. ② 25. ④ 26. ④ 27. ① 28. ③ 29. ②

30. 옥호산정에 대한 설명 중 틀린 것은?

① 삼청동에 소재하고 있다.
② 19세기 말에 만들어 졌다.
③ 사가정원의 대표적인 것이다.
④ 후원이 없는 것이 특징이다.

31. 자미화란 무엇인가?

① 목백일홍 ② 목련
③ 장미 ④ 석류

32. 조선조 정원의 구성요소로 옳게 설명한 것은?

① 후원의 경사지를 처리하기 위해 장대석, 괴석, 자연석 등으로 만든 돈대를 화계에 식재하거나 장독대, 연가 등을 배치하는데, 특히 연가는 정원의 장식요소로 쓰였다.
② 돌확, 경석 등을 담은 석함, 석상 등 여러 가지 석물들을 마치 실내 가구를 배치하듯 정원의 요소요소에 배치한 것을 연경당, 낙선재 등에서 볼 수 있다.
③ 공간을 구획 짓는 요소로서 각종 담장이 사용되었으며 취병은 장식과 차폐를 위한 일종의 담이다.
④ 전정, 별정, 주정, 후원 등 마당에서 각기 정심수가 심겨져 정원의 포인트가 되었다.

33. 조선시대 정원에는 어떤 나무들을 주로 심었는가?

① 꽃나무류 ② 잡목류
③ 침엽수류 ④ 과일나무류

34. 조선시대에 가장 많은 사랑을 받아 왔다고 생각되는 조경식물은 어느 것인가?

① 복숭아나무, 잣나무, 향나무, 장미, 철쭉
② 소나무, 매화나무, 대나무, 국화, 연
③ 소나무, 향나무, 목련, 무궁화, 파초
④ 단풍나무, 벽오동, 사철나무, 석류, 월계화

해설 30
옥호산정은 서울 삼청동 소재의 조선시대 대표적인 사가정원이다. 전통적 조경수법인 계단식 후원과 직선적 공간 처리로 되어있다.

해설 31
자미화 – 목백일홍, 배롱나무

해설 32
마당의 한가운데 정심수는 심지 않았다.

해설 33
주로 꽃이 피고 계절 변화감을 볼 수 있는 수종을 즐겨 심었다.

해설 34
조선시대 주로 식재된 수종 – 소나무, 대나무, 매화, 국화, 연꽃

정답 30. ④ 31. ① 32. ① 33. ① 34. ②

35. 연못을 만들 때는 (   )을 고려하여 방지원도로 축조되었으며, 묘지를 정할 때는 (   )을 고려하여 좌청룡, 우백호로 했고, 택지 등은( )에 의해 입지를 선택했다.

① 신선설 - 음양오행설 - 풍수지리설
② 신선설 - 풍수지리설 - 음양오행설
③ 음양오행설 - 풍수지리설 - 풍수지리설
④ 불교 - 토테미즘 - 풍수지리설

36. 다음 중 조선시대의 방지원도 수법에 사용된 사상은?

① 신선사상 ② 풍수지리
③ 무속사상 ④ 음양오행설

37. 조선시대의 조경 유적이 아닌 것은?

① 부용동 ② 소쇄원
③ 청평사 정원 ④ 선교장

38. 조선시대 정원수에 대한 설명이 아닌 것은?

① 주로 활엽수를 심었다.
② 열매를 볼 수 있는 수종을 심었다.
③ 꽃을 볼 수 있는 수종을 심었다.
④ 주로 우리나라 고유의 수종을 심었다.

39. 한자로 된 식물명이 한글로 잘못 적어진 것은?

① 槐 : 회화나무 ② 紫薇 : 장미화
③ 檜 : 향나무 ④ 山茶 : 동백나무

40. 조선시대의 조경식물을 연구하는데 중요한 문헌들이다. 여기에서 강희안이 지은 양화소록(養花小錄)은 다음의 어느 책에서 찾을 수 있는가?

① 산림경제(山林經濟) ② 임원십육지(林園十六誌)
③ 지봉유설(芝峰類說) ④ 진산세고(晋山世稿)

정답 및 해설

해설 35

연못은 방지원도로 방지는 음을 상징하고, 원도는 양을 상징한다. 택지나 묘지를 정할 때는 풍수지리설에 의해 입지를 택하였다.

해설 36

방지원도 - 음양오행설

해설 37

청평사 문수원정원은 고려시대 조경 유적이다.

해설 38

조선시대 정원수 - 낙엽활엽수 식재하여 계절감을 즐김, 고유 수종 식재

해설 39

- 괴(槐) : 회화나무
- 자미(紫薇) : 배롱나무
- 회(檜) : 향나무
- 산다 (山茶) : 동백

해설 40

양화소록은 『진산세고(晋山世稿)』 속에서 찾을 수 있으며, 강희안의 꽃을 기르는 마음을 담은 글이다.

정답 35. ③ 36. ④ 37. ③ 38. ② 39. ② 40. ④

41. 우리나라 화목에 대해 기록한 '양화소록'의 저자는?

① 강희안 ② 서거정
③ 윤선도 ④ 양산보

42. 시대순이 맞는 것은?

① 양산보 소쇄원 – 윤선도 부용동 별서 – 다산 초당 원림 – 윤서유 농산별업
② 윤선도 부용동 별서 – 양산보 소쇄원 – 윤서유 농산별업 – 다산 초당원림
③ 양산보 소쇄원 – 윤선도 부용동 별서 – 윤서유 농산별업 – 다산 초당 원림
④ 윤서유 농산별업 – 양산보 소쇄원 – 다산 초당원림 – 윤선도 부용동 별서

43. 조선시대에 조영된 다음 보기의 지당정원 조영시대 순이 옳게 연결된 것은?

[보 기]	① 강릉의 활래정	② 남원의 광한루
	③ 보길도의 세연정	④ 창덕궁의 부용정

① ① – ② – ③ – ④ ② ④ – ③ – ② – ①
③ ② – ③ – ④ – ① ④ ③ – ④ – ① – ②

44. 다음 조경 유적지 중 신선사상의 영향을 받지 않은 것은?

① 경주 안압지 ② 부여 궁남지
③ 남원 광한루지 ④ 창덕궁 애련지

45. 송시대(宋詩代)의 유학자인 주렴계(주돈이)가 주창한 애련설(愛漣說)과 관련이 없는 명칭은?

① 경복궁 후원에 있는 향원정(香遠亭)과 취향교(醉香橋)
② 전라남도 화순군에 있는 임대정(臨對亭)
③ 경상북도 안동군에 있는 도산서당의 정우당(淨友塘)
④ 강원도 강릉에 있는 선교장의 활래정(活來亭)

정 답 및 해 설

해설 41
강희안의 양화소록에는 정원식물의 특성과 번식법, 괴석의 배치법, 꽃을 분에 심는 법, 꽃을 취하는 법과 기르는 법 등의 내용을 담고 있다.

해설 42
양산보 소쇄원(1520~1577) – 윤선도 부용동 별서(1637) – 윤서유 농산별업(1700년경) – 다산 초당 원림(1801~1818)

해설 43
① 강릉의 활래정 1816년
② 남원의 광한루 1444년
③ 보길도의 세연정 1637년
④ 창덕궁의 부용정 1776년

해설 44
창덕궁의 애련지의 애련이란 송대의 주돈이의 애련설에서 따온 것으로 연꽃은 군자를 상징한다.

해설 45
강릉의 선교장의 활래정은 방지방도의 누정으로 배경사상은 신선사상이다.

정답 41. ① 42. ③ 43. ③ 44. ④ 45. ④

정답 및 해설

46. 조선 시대 별서 정원 양식에 가장 큰 영향을 끼친 것은?

① 풍수도참사상 ② 유교사상
③ 신선사상 ④ 불교사상

해설 46
조선시대 별서 정원형성의 직접적 배경은 당쟁과 사화의 심화로 관직을 버리고 낙향하는 선비들의 은일과 도피의 풍조에서 생겨났다. 간접적 배경으로는 유교와 도교의 발달로 볼 수 있다.

47. 풍수설에서 말하는 주작의 오지에 해당하는 조선시대 주택공간은?

① 대문 밖의 바깥마당 ② 앞마당
③ 뒷마당 ④ 사랑마당

해설 47
남쪽을 지키는 신은 주작으로 낮고 넓은 땅에 해당하며 바깥마당에 해당한다.

48. 조선시대 주택공간에서 주작에 해당되어 남쪽에 주로 만들어진 정원 시설은?

① 연못 ② 정자
③ 탑 ④ 괴석

해설 48
낮은 땅의 배수를 위해 고안한 연못이다.

49. 조선시대의 침전이나 후정 뒤에 만드는 것은?

① 정자 ② 방지
③ 화계 ④ 채원

해설 49
조선시대는 풍수지리설의 영향으로 후원이 발달하였으며 경사지를 활용한 화계가 배치되기도 하였다.

50. 조선시대의 주택정원 공간에서 가장 중요시되었던 공간이라고 볼 수 있는 것은?

① 전정과 후정 ② 전정과 중정
③ 후정과 사랑마당 ④ 후정과 중정

해설 50
조선시대 주택정원의 주공간
– 후정, 사랑마당

51. 네모의 못 안에 네모의 섬이 있는 지원의 유형은?

① 강릉의 활래정 지원과 함안의 하환 정토 담원
② 경복궁의 경회루와 남원의 광한루
③ 창덕궁의 부용정과 강진의 다산초당
④ 창덕궁의 애련정과 영양의 경정 서석지

해설 51
활래정 지원과 하환정 정원은 방지방도의 지원이다.

정답	46. ② 47. ① 48. ① 49. ③ 50. ③ 51. ①

정 답 및 해 설

52. 전통마을 중 하회마을의 형태를 山太極水太極의 형태라고 한다면 이와 같은 사상의 기본은 어디에 연유한 것인가?

① 음양사상 ② 오행사상
③ 풍수사상 ④ 유교사상

해설 52
하회마을 : 풍수지리적 명당지, 산태극 수태극의 형상, 연화부수형의 형상

53. 한국정원의 올바른 감상법은?

① 시각적으로 감상한다.
② 청각적으로 감상한다.
③ 시청각적으로 감상한다.
④ 오감을 통해 감상한다.

해설 53
한국정원의 감상은 오감을 통해 감상한다.

54. 조선시대 사찰의 공간구성에 기본적으로 적용된 것으로 보이는 원칙이 아닌 것은?

① 계층적 질서의 추구
② 공간 상호간의 연계성 추구
③ 남북일직선 중심축의 설정
④ 인간 척도의 유지

해설 54
사찰 공간구성의 기본원칙
① 자연과의 조화
② 계층적질서의 추구 : 중심공간에 가까울수록 경관의 연속적 변화와 지형의 상승
③ 공간 간의 연계성제고 : 몇 개의 소단위공간의 결합으로 전체의 공간구성
④ 인간적척도

55. 우리나라 공원법이 최초로 제정된 연도는?

① 1963년 ② 1967년
③ 1970년 ④ 1972년

해설 55
우리나라 공원법 제정 – 1967년

56. 다음은 1910년 이후 일제강점기에 조성된 공원이다. 옳지 않은 것은?

① 탑골공원 ② 장충단공원
③ 사직공원 ④ 효창공원

해설 56
탑골공원(1897)
장충단공원(1919)
사직공원(1921)
효창공원(1929)

57. 우리나라에서 대중을 위해 처음 만들어진 정원은?

① 삼청공원 ② 장충단 공원
③ 남산공원 ④ 파고다 공원

해설 57
파고다공원(일명 탑골공원)은 1897년에 서울 종로구에 영국인 브라운(Brown)의 설계로 만들어졌으며 우리나라 최초의 공원이다.

정답
52. ③ 53. ④ 54. ③
55. ② 56. ① 57. ④

58. 1967년 12월 29일 우리나라 최초로 국립공원으로 지정된 곳은?

① 지리산　　② 한라산
④ 설악산　　④ 주왕산

해설 58
우리나라 최초의 국립공원 - 지리산(1967)

59. 다음 중 방지(方池) 방도(方島)형의 연못형태를 갖추고 있지 않은 것은?

① 선교장 활래정 연못　　② 부용동 세연지
③ 경회루 연못　　④ 청평사 문수원

해설 59
청평사 남쪽 중원에 속한 남지에는 청평사 뒤편에 있는 부용봉의 그림자가 연못에 투영되어 비치고 있어 산영지(山影池)이다. 못의 형태는 북쪽이 넓고 남쪽이 좁은 사다리꼴의 방지이다. 못 안에 있는 3개의 자연석 중 하나는 돌출석으로 연못 안에 있던 자연석을 그대로 이용한 것으로 보여진다.

60. 다음은 누각과 정자의 차이점에 대한 설명이다. 잘못된 것은?

① 누각은 공적으로 이용하던 공간이고 정자는 사적으로 이용하던 공간이다.
② 누각은 대부분 방이 있으며 폐쇄적인 반면에 정자는 방이 없으며 개방적이다.
③ 누각은 일반적으로 장방형이며 나타나는데 비해 정자는 다양한 형태로 나타난다.
④ 누각은 주로 지방의 수령들에 의해 조영되는 반면에 정자는 다양한 계층에 의해 조영되었다.

해설 60
누각은 고을의 수령의 공적 이용 장소이며 정치나 연회행사에 사용되었다. 대부분 방이 없으며 개방적이다. 정자는 다양한 계층에 의해 조영되며 유적 생활을 목적으로 하며 대부분 방이 있으며 폐쇄적이다.

61. 한국 조경사에는 석교(石橋), 목교(木橋), 징검다리, 외나무다리 등 다양한 다리가 설치되었는데 이 중에 외나무다리를 설치한 조경 유적은?

① 전남 담양의 소쇄원(瀟麗園)
② 경복궁 향원지(香遠池)
③ 경주 안압지(雁鴨池)
④ 남원 광한루지(廣寒樓池)

해설 61
양산보의 소쇄원에는 애양단과 제월당 공간을 연결하는 곳에 외나무다리가 설치되어 있다.

62. 한옥이 주택공간상 사랑채의 분리로 사랑마당 공간이 생겼는데. 이 사랑마당 공간의 분할에 가장 많은 영향을 미쳤다고 볼 수 있는 것은?

① 불교사상　　② 유교사상
③ 풍수지리설　　④ 도교사상

해설 62
조선시대 주택공간의 구분이 마당과 채로 구분 - 유교사상

정답 58. ① 59. ④ 60. ② 61. ① 62. ②

63. 조선시대 유교의 우주관에 의해 조성된 연못은?

① 강원도 강릉시 선교장의 활래정 지원
② 전남 보길도의 부용동 세연정 지원
③ 경남 함안군 무기리의 하환정 국담원
④ 서울 창덕궁의 부용정 지원

64. 다음 중 옥호정 정원의 설명으로 적합하지 않은 것은?

① 우리나라 사가(私家)정원의 대표적인 예이다.
② 김조순이 꾸며 즐기었던 별장이다.
③ 현재 삼청동에 위치해 있다.
④ 이 정원은 후원이 없는 것이 그 특색이다.

65. 조선시대 민가정원(民家庭園)에 대한 설명 중 틀린 것은?

① 안채 뒤에는 자그마한 동산이나 화계(花階)로 꾸며 놓고 외부와 격리시켰다.
② 정심수를 뜰 한가운데 심었다.
③ 택지안에 나무를 심을 때는 홍동백서의 이론을 적용시켰다.
④ 여유있는 집에서는 괴석이나 세심석 같은 점경물도 설치했다.

66. 조선시대 궁궐의 침전(寢殿) 후정(后庭)에서 볼 수 있는 대표적인 인공 시설물은?

① 조그만 크기의 방지(方池)
② 화담
③ 경사지를 이용해서 만든 계단식의 노단(露壇)
④ 정자(亭子)

67. 전통 정원에서 음양오행과 주역사상에 의한 장식을 외부 공간에 많이 사용하였는데 화마를 제압하는 능력의 벽사장식으로 생각할 수 있는 것은?

① 연경당 입구의 두꺼비
② 경복궁 근정전 남쪽 영제교에 해치 네 마리
③ 경복궁 아미산 굴뚝에 해치와 불가사리
④ 망새기와의 도깨비 문양

정답 및 해설

해설 63

창덕궁의 부용정 지원 – 방지원도, 음양오행설, 유교적 우주관

해설 64

옥호정원 19세기의 대표적 사가
① 정원
② ㅁ자형으로 주거중심으로 한 계단식 후원
③ 직선적 공간 처리와 직선적 화계 전통적 조경 기법
④ 옥호정도에 그 당시 모습을 찾아볼 수 있다.

해설 65

주택정원에 정심수(마당 한가운데 심겨지는 수목)를 심지 않았다.

해설 66

조선시대 침전, 후정의 대표적 시설 – 경사지를 이용한 화계

해설 67

해치(해태)와 불가사리
① 해치는 정의의 수호자나 최고권자의 권위를 상징하는 의미 외에 오랫동안 우리 문화에 전해져 오는 이야기 중의 하나는 '불을 눌러 이긴다.'는 방화신수(防火神獸)로 화재를 예방해 준다고 하여 그 의미는 화기(火氣)를 제압하는 영물(靈物)로 전해지고 있다.
② 불가사리는 쇠, 구리, 대나무 뿌리를 먹고 살며 악귀를 쫓는다는 전설 속의 동물로 생김새는 곰의 몸에 코끼리의 코, 코뿔소의 눈, 호랑이의 발, 쇠톱 같은 이빨, 황소의 꼬리를 가졌으며 온몸에는 바늘 같은 털이 나 있고 암컷에만 줄무늬가 나있어 이것으로 암수가 구별된다.
악몽을 물리치고 사기를 쫓는 능력, 불을 잡아먹는 짐승으로 전해지기도 한다.

정답 63. ④ 64. ④ 65. ② 66. ③ 67. ③

정 답 및 해 설

68. 조선시대 별서형의 임천정원이 생겨난 것은 다음 중 어느 사상의 영향인가?

① 신선사상
② 불가사상
③ 유가사상
④ 풍수사상

해설 68

조선시대 별서정원의 사상 – 유교(유가)사상

69. 다음 창덕궁 내에 있는 정자들로 이들 가운데에서 입지적(설치장소) 측면에서 성격이 다른 것은?

① 애련정
② 부용정
③ 농수정
④ 관람정

해설 69

① 애련정, 부용정, 관람정은 연못과 접한 곳의 정자
② 농수정 – 창덕궁 비원 연경당 건물의 하나인 선향재 뒤편의 돌계단 위에 위치한 정자

70. 조선시대 안채 뒤의 경사면을 계단식으로 다듬어 장대석(長坮石)으로 굳혀 놓은 곳에 운치 있는 생김새의 자연석을 앉혀 즐기는 풍습이 있었다. 그 당시 이 자연석을 무엇이라고 불렀는가?

① 괴석(怪石)
② 수석(水石)
③ 세심석(洗心石)
④ 치석(置石)

해설 70

조선시대 화계의 자연석 – 괴석

71. 조선시대에 가장 흔히 조성된 연못의 형태는?

① 둥근형
② 네모난형
③ 자연형
④ 복합형

해설 71

조선시대 연못의 주된 형태 – 방지(네모난 연못)

72. 다음 경복궁의 원유와 관련된 설명 중 틀린 것은?

① 교태전 후원의 아미산에는 사괴석으로 된 4단의 화계가 있으며, 그 정상부에는 정자가 배치되어있다.
② 향원(香遠)이란 주렴계의 애련설 구절인 "향원익청"에서 따온 것이다.
③ 자경전 후원에 있는 굴뚝의 벽면에는 소나무, 거북, 사슴, 학, 불로초 등 십장생과 포도, 연꽃, 대나무가 장식되어 있다.
④ 경회루와 방지는 조선시대 왕궁의 원지 가운데 가장 장엄한 규모로서 외국사신의 영접잔치나 궁중의 연회장소로 사용되었다.

해설 72

교태전 후원의 아미산
4단(段)의 화계가 있으며 매화, 모란, 앵두, 철쭉 등의 꽃나무가 식재되어 있으며 동산위에는 뽕나무, 돌배나무, 말채나무, 쉬나무 등이 배치되었다.

정답 68. ③ 69. ③ 70. ① 71. ② 72. ①

정 답 및 해 설

73. 우리나라 궁궐과 그 조경에 관한 설명 중 틀린 것은?

① 남북 축선상 외조-치조-연조-후원의 기본배치를 가진 궁궐은 경복궁이 유일하다.
② 근정전, 사정전, 회랑 등의 치조공간에는 일체의 수목을 배제하였다.
③ 경복궁의 원유에는 경회루 방지, 향원정과 향원지, 교태전 후원인 아미산 등이 현존한다.
④ 낙선재 후원 괴석 석분의 소영주(小瀛州)라는 명문에서는 유교사상을 엿볼 수 있다.

해설 73

낙선재 후원 괴석 석분의 소영주(小瀛州)각자(刻字)는 신선사상을 의미한다.

74. 다음 중 서원에 대한 설명으로 옳지 않은 것은?

① 연못은 대부분 방지형태를 취하였다.
② 초기에는 제향중심의 공간구성을 이루었다.
③ 서원에 식재되는 수목은 매우 한정적이었다.
④ 점경물은 완상적 효과보다는 기능성에 의해 도입되었다.

해설 74

서원은 초기에는 교육중심으로 공간구성을 이루었다.

75. 다음 중 정자의 평면 모양이 부채꼴인 것으로 짝지어진 것은?

① 경복궁의 향원정, 이화원의 곽여정
② 봉화의 청암정, 피서산장의 수심사
③ 소쇄원의 광풍각, 북해의 경청제
④ 창덕궁의 관람정, 졸정원의 여수동좌헌

해설 75

창덕궁의 관람정, 졸정원의 여수동좌헌은 부채꼴모양의 정자이다.

그림. 창덕궁의 관람정

76. 다음 다리 중 사용재료가 다른 하나는?

① 선암사 승선교　② 세연정 비홍교
③ 광한루 오작교　④ 향원정 취향교

해설 76

취향교는 조선시대 원지에 놓인 목교로는 가장 긴 다리(길이 32m,폭 165cm)이다. 나머지 예제는 석교이다.

77. 다음 중 정원의 공간구성을 알 수 있는 옛 그림이 존재하지 않는 곳은?

① 강진 다산초당　② 담양 소쇄원
③ 함안 무기연당　④ 담양 명옥헌

해설 77

① 강진 다산초당 - 다산초당도
② 담양 소쇄원 - 소쇄원도
③ 함안 무기연당 - 무기연당도

정답 73. ④ 74. ② 75. ④ 76. ④ 77. ④

78. 다음 중 전라북도 남원에 있는 '광한루원'에 관한 설명으로 옳지 않은 것은?

① 황희(黃喜)가 세운 광통루(廣通樓)가 그 전신이다.
② 광한루(廣寒樓)라는 이름은 전라감사 정철(鄭澈)이 지은 것이다.
③ 오작교는 장의국(張儀國)이 남원부사로 있을 때 만든 것이다.
④ 광한루 앞의 큰 못에는 3개의 섬이 있고 오작교 서쪽의 작은 못에는 1개의 섬이 있다.

79. 전통담장 조영에 있어 벽돌, 기와 등으로 구멍이 뚫어지게 쌓는 담은?

① 분장(粉牆)
② 곡장(曲墻)
③ 화문장(花紋牆)
④ 영롱장(玲瓏牆)

80. 다음 중 양화소록(養花小錄)에 관한 설명으로 옳지 않은 것은?

① 주로 초본식물에 대한 재배법을 다루고 있다.
② 이조 세종 때에 지어진 화훼원예에 관한 저술이다.
③ 괴석(怪石)에 대한 것과 꽃을 분에 심어 가꾸는 법에 대해서도 적고 있다.
④ 고려의 충숙왕이 원나라에 갔다 돌아올 때 각종 진기한 관상식물을 많이 가져 왔다는 기록도 있다.

81. 조선의 능(能)은 자연의 지세와 규모에 따라 봉분의 형태가 다른데 가장 관계가 먼 것은?

① 우왕좌비 ② 상왕하비
③ 국조의례의 ④ 향궐망배

정답 및 해설

해설 78

광한루(1444년)
광통루 개축(황희) → 광한루개칭(정인지) → 광한루 개축과 오작교 축조(장의국) → 호를 만들고 세 개의 섬을 축조(정철)

해설 79

- 곡장 : 능(陵)이나 원(園), 예장(禮葬)한 무덤 뒤의 주위로 쌓은 나지막한 담
- 화문장 : 담벽에 꽃이나 그밖에 여러 가지 장식무늬를 만든 담으로 '화문담(花文墻)'이라고도 한다. 무늬는 주로 길상문자(吉祥文字)로 수복(壽福)·강녕 등으로 새겨 놓는다.
- 분장 : 갖가지 색깔로 화려하게 꾸민 담
- 영롱담 : 벽돌이나 기와를 띄엄띄엄 쌓아 장식으로 문양을 만든 담이다. 중간에 벽돌을 빼내어 구멍이 나게 하거나 보통은 十자형이나 반달모양으로 구멍을 낸다.

해설 80

양화소록은 우리나라에서 가장 오래된 전문 원예서로, 조선 초기의 선비였던 강희안(1418 ~ 1465)이 꽃과 나무를 기르면서 작성한 작은 기록이다.

해설 81

향궐망배(向闕望拜)
읍성의 객사는 원래 외국의 사신이나 각 지방의 고을에 온 손님들을 맞이하였던 공간이지만, 이 외에도 지방의 수령이 객사에 안치된 궐패(闕牌)와 전패(殿牌)에 초하루와 보름, 한 달에 두 번씩, 또한 나라에 큰일이 있을 때 절하는 향궐망배의 의식을 하였다. 이를 통해 임금을 가까이 모시고 선정을 베풀어나가는 중요한 기능도 동시에 하고 있다.

정답 78. ② 79. ④ 80. ① 81. ④

82. 사찰에서 구도자가 제석천왕이 다스리는 도리천에 올라 마지막으로 해탈을 추구하는 것을 상징하는 최종적인 문의 이름은?

① 일주문 ② 사천왕문
③ 금강문 ④ 불이문

83. 다음 한국전통조경에 관한 설명 중 가장 거리가 먼 것은?

① 낭만적이거나 대륙적인 특성을 찾기 어렵다.
② 창덕궁에는 후원양식의 대표적인 정원이 있다.
③ 꽃을 감상하는 수목식재로 계절변화의 즐거움을 추구하였다.
④ 조선시대는 한국적 기후와 풍토에 적합한 자연풍경식 조경이 발달했다.

84. 다음 중 창덕궁에 속한 지당(池塘)의 형태가 나머지와 다른 것은?

① 빙옥지 ② 부용지
③ 존덕지 ④ 애련지

85. 정원유적은 시나 그림에 의해 유구 없이도 조영과 작정자의 의도를 어느 정도 파악해 볼 수 있다. 별서나 정자 등의 외부공간 연구를 위한 기초자료로 가장 적합한 것은?

① 기(奇) ② 경(景)
③ 유(遺) ④ 음(音)

86. 창덕궁 후원에 있는 연못과 정자가 짝지어진 것 중 맞지 않는 것은?

① 부용지 – 부용정 ② 애련지 – 애련정
③ 몽답지 – 몽심정 ④ 반도지 – 관람정

정답 및 해설

해설 82

- 일주문(一柱門) : 사찰의 첫 번째 통과하는 문으로 일심(一心)을 상징. 성(聖)과 속(俗)의 경계를 의미함, 세속의 번뇌와 흩어진 마음을 하나로 모아 진리의 세계로 들어간다는 문
- 금강문(金剛門) : 불법을 수호하는 금강역사인 '밀적 금강'과 '나라연 금강'을 모신 문
- 천왕문(天王門) : 불법을 수호하는 사천왕을 모신 건물의 문
- 불이문(不二門) : 이 문에 이르면 부처님의 세계이므로, 중생과 부처가 둘이 아니며, 번뇌와 보리, 생사와 열반, 공과 색, 너와 내가 둘이 아니라는 깊은 의미를 지님. 일명 '해탈문(解脫門)'이라고도 한다.

해설 83

고구려, 백제, 신라 시대의 조경을 보면 낭만적이거나 진취적이고 대륙적인 정원의 모습을 볼 수 있다.

해설 84

빙옥지(청심정역), 부용지(부용정역), 애련지(애련정역)의 지당은 방지의 형태를 하고 있으며 존덕지(관람정역) 반월지의 모습을 하고 있다.

해설 85

경치 경(景)자로서 아래로 경치를 내려다보는 정원을 의미한다.

해설 86

창덕궁의 몽답정
조선시대 영조때 지어진 정자로 창덕궁 북쪽 북영(北營)에 위치한다.

정답 82. ④ 83. ① 84. ③ 85. ② 86. ③

87. 보길도 윤선도 원림 낙서재에 위치한 지형지물로 고산의 시에 언급된 사령의 하나인 것은?

① 칠암 ② 월암
③ 석양 ④ 귀암

88. 조선시대 선비들이 정원 동쪽 울타리 밑에 국화를 심은 이유로 가장 적합한 것은?

① 주돈이의 애련설의 재현
② 음양오행의 원리를 적용한 상징성 확보
③ 왕희지의 난정고사에 의한 계획 모방
④ 도연명의 안빈낙도 전원생활에 대한 동경과 흠모

89. 조선시대 별서와 민가정원에 애용된 식물로 태평성대 희구의 상징적 표현과 관련 있는 것들로만 짝지어진 것은?

① 국화, 버드나무 ② 대나무, 오동나무
③ 작약, 모란 ④ 소나무, 매화

90. 조선시대 경영된 서원과 경관요소가 일치하는 것은?

① 옥산서원 – 유상대 ② 무성서원 – 취한대
③ 소수서원 – 사산오대 ④ 도산서원 – 천광운영대

91. 석재 점경물의 명칭과 용도가 옳지 않은 것은?

① 돌확 – 석연지나 물거울로 사용
② 석분 – 괴석을 받치는 데 사용
③ 석가산 – 인공석을 쌓고 다듬어 산을 표현
④ 대석 – 해시계, 화분 등의 다듬은 받침돌

92. 조선 왕릉의 공간은 능침, 제향, 진입공간으로 구성되어 있다. 다음 중 제향공간에 속하지 않는 것은?

① 곡장 ② 정자각
③ 수라간 ④ 수복방

정답 및 해설

해설 **87**

귀암
낙서재 지역에서 '귀암'(龜巖)으로 추정되는 바위는 거북 형상의 바위를 뜻한다. 윤위의 '보길도지'와 '고산유고'에 기록된 사령(四靈: 기린, 봉황, 용, 거북을 사령이라 해 신성하게 여김)의 하나며 달 구경의 장소로 기록돼 있다.

해설 **88**

중국의 전원시인 도연명(365–427)의 "술을 마시다(飮酒)"는 시에 "동쪽 울타리 밑에서 국화를 따다가 / 그윽이 눈을 들어 남산을 본다"는 유명한 구절이 있다. 타고난 본성과 맞지 않는 벼슬을 미련 없이 버리고 고향으로 돌아와 자연과 더불어 유유자적하게 사는 선비의 모습을 보여준다.

해설 **89**

태평성대를 희구의 식물 : 대나무, 벽오동나무

해설 **90**

바르게 고치면
· 소수서원 – 취한대
· 옥산서원 – 사산오대
· 무성서원 – 유상대

해설 **91**

석가산은 자연석을 쌓아 올려 산을 표현한 수법을 말한다.

해설 **92**

왕릉의 곡장은 능침공간의 시설로 능상을 보호하기 위해서 능 주위로 동, 서, 북 3면을 둘러 쌓은 담장을 말한다.

정답 87. ④ 88. ④ 89. ② 90. ④ 91. ③ 92. ①

93. 창덕궁 후원 조경의 특징은 17개소에 정자를 건립함으로써 공간을 특화하였다. 이 공간 가운데 연못의 이름과 정자(亭子)의 연결이 바르지 않은 것은?

① 존덕지 - 존덕정　② 반도지 - 취한정
③ 몽답지 - 몽답정　④ 빙옥지 - 청심정

94. 담양 소쇄원에 관한 설명 중 옳지 않은 것은?

① 소쇄원 48영시에는 목본 16종, 초본 5종의 식물이 나타난다.
② 광풍, 제월의 당호는 이덕유의 평천장고사에서 인용한 것이다.
③ 조담에서 떨어지는 물은 홈통을 통해 방지로 유입된다.
④ 매대라고 불리는 화계는 자연석을 2단으로 쌓아 만든 구조물이다.

95. 조선시대의 대표적 별서인 소쇄원(瀟灑圓)에 대한 설명으로 옳지 않은 것은?

① 계곡에 흘러내리는 임천이 주된 경관자원이다.
② 앞뜰, 안뜰, 뒤뜰과 같은 명확한 공간구분은 없다.
③ 소쇄원 경치를 읊은 48영시에는 동물도 표현되었다.
④ 명칭은 '구슬과 같은 물소리가 들리는 곳'이란 의미를 갖는다.

96. 조선시대에 조영된 별서정원 작정자의 연결이 틀린 것은?

① 옥호정 - 김조순　② 남간정사 - 송시열
③ 소쇄원 - 양산보　④ 명옥헌 - 정영방

97. 다음 중 계류가 건물 아래를 관류(貫流)하는 형태의 건물은?

① 대전 옥류각(玉溜閣)
② 괴산 암서재(巖棲齋)
③ 예천 초간정(草澗亭)
④ 영양 서석지(瑞石池)

정답 및 해설

해설 93

바르게 고치면
옥류천 - 취한정

해설 94

광풍, 제월의 당호
- 가슴에 품은 뜻의 맑고 밝음이 비 갠 뒤 해가 뜨며 부는 청량한 바람과 같고 비 그친 하늘의 상쾌한 달빛과도 같다.
- 제월당의 '제월(霽月)'과 광풍각의 '광풍(光風)'은 송나라의 황정견(黃庭堅)이 유학자 주돈이(周敦頤)의 사람됨을 평하여 '흉회쇄락여광풍제월(胸懷灑落如光風霽月)'이라고 한 데서 유래한 것이다.

해설 95

소쇄원의 명칭은 빗소리 물맑고 깊을 소(瀟), 물뿌릴 깨끗할 쇄(灑), 동산 원(園)으로 물이 맑고 깊은 깨끗한 동산이라는 뜻이다.

해설 96

바르게 고치면
명옥헌원 - 오희도, 서석지원 - 정영방

해설 97

옥류각
동춘당 송준길이 1639년에 세운 누각으로 계류가 건물의 마루 아래로 흘러 계류관류형을 이루고 있다.

그림. 옥류각

정답	93. ② 94. ② 95. ④ 96. ④ 97. ①

정답 및 해설

98. 김조순의 옥호정도(玉壺亭圖)에서 볼 수 없는 것은?

① 옥호동천 바위 글씨
② 별원의 유상곡수
③ 사랑마당의 분재
④ 사랑마당의 포도가(葡萄架)

해설 98

김조순의 옥호정도에는 옥호동천(玉壺洞天)이라 새긴 암벽위에 초정이 있으며, 사랑마당 입구에 취병 설치. 취병 안쪽에 정심수가 식재, 그밖에 관상식물, 지천, 수반, 화분, 괴석, 덩굴, 시렁 등을 볼 수 있다.

99. 조선시대 조경 관련 고문헌의 저자와 저술서가 일치하는 것은?

① 강희안 – 택리지
② 홍만선 – 유원총보
③ 신경준 – 순원화훼잡설
④ 이수광 – 임원경제지

해설 99

바르게 고치면
- 강희안 – 양화소록, 이중환 – 택리지
- 홍만선 – 산림경제, 김육 – 유원총보
- 이수광 – 지봉유설, 서유구 – 임원경제지

100. 임원경제지에 의하면 지당(地塘)은 수심양성(修心養性)의 장(場)이 되었음을 기록하고 있다. 다음의 설명 중 기록된 내용이 아닌 것은?

① 물놀이를 할 수 있다.
② 고기를 기르면서 감상할 수 있다.
③ 논밭에 물을 공급할 수 있다.
④ 사람의 마음을 깨끗하게 할 수 있다.

해설 100

서유구의 임원경제지에 의하면 연못은 고기를 기르면서 감상할 수 있고 논밭에 물을 공급할 수 있으며 사람의 마음을 깨끗하게 할 수 있다고 하였다.

101. 정절의 꽃이란 상징성과 서향(西向)하는 성질 때문에 동쪽 울타리 밑에 심어 '동리가색(東籬佳色)'이란 별칭을 얻은 정원 식물은?

① 매화 ② 국화
③ 작약 ④ 원추리꽃

해설 101

동리가색(東籬佳色)은 국화의 별칭으로 동쪽 울타리 밑에 핀 국화의 아름다운 빛깔을 의미한다.

102. 서원의 자연환경은 주로 전면에 계류를 끼고 구릉지에 위치하는 것이 많다. 다음의 사례 가운데 서원 전면에 계류가 없는 곳은?

① 도산서원 ② 돈암서원
③ 소수서원 ④ 옥산서원

해설 102

돈암서원
- 충청남도 논산시 연산면에 있는 서원으로 조선 인조(仁祖) 12년(1634)에 건립하였고, 효종(孝宗) 10년(1659)에 사액(賜額)을 받았다.
- 논산평야를 배경으로 들판에 일정한 중심축이 없이 강당과 사당, 재실 등이 배치되어 있다. 재실뒤로는 사당이 자리 잡고 있으며 사당의 담은 꽃담으로 잘 꾸며져 있다.

정답 98. ② 99. ③ 100. ① 101. ② 102. ②

103. 조선시대 옥산[교도소] 주변에 다섯줄의 녹음수를 심어 옥사의 환경개선을 도모한 왕은?

① 인조 ② 세조
③ 태조 ④ 세종

104. 조선 태종 때 도입된 후자(侯子)의 설명과 관련이 없는 것은?

① 경복궁 앞을 원표로 하였다.
② 10리마다 소후, 30리마다 대후를 두었다.
③ 이정표의 일종으로 흙을 쌓아올린 돈대이다.
④ 10리마다 정자를 세우고, 30리마다 느티나무를 식재하였다.

105. 조선 시대 읍성의 공간 구조적 구성 요소들 가운데 제례공간이 아닌 곳은?

① 여단 ② 향청
③ 사직단 ④ 성황사

정답 및 해설

해설 **103**

조선시대 옥사환경개선
- 조선왕조가 세워진 후 감옥제도는 세종 때 본격적으로 정비되었다.
- 세종은 표준적인 감옥 설계도이자 감옥 설비의 지침을 담은 옥도를 반포해 이에 의거해 옥을 짓거나 개수하도록 하였다.

해설 **104**

후자(侯子)
- 1414년(태종 14) 10월에 이르러 도로의 멀고 가까움이 일정하지 않아 사신의 파견이나 조세를 납부하는 기한을 정하는데 불편하므로 도로의 거리에 따라 후자(堠子)를 설치하였다.
- 10리마다 소후(小堠), 30리마다 대후(大堠)를 설치하여 1식(息)으로 삼는 이정표 제도가 확립되었다. 매 5리마다 정자를 짓거나 30리마다 버드나무를 식재하여 나그네들이 판단할 수 있게 하는 한편 휴식공간을 제공하였다.

해설 **105**

읍성
- 향청은 지방 향리를 규찰하고, 향풍을 바르게 하는 등 향촌교화 등을 담당하는 곳이다.
- 사직단은 성황사(城隍祠), 여단(厲壇)과 함께 3사라하여 고을의 평안을 기원하는 곳으로 마을의 풍년과 평화를 지켜주는 지방의 제사시설이다.

정답 103. ④ 104. ④ 105. ②

제2편

Chapter 02

조경계획

조경의 개념 및 영역

1.1 핵심플러스

■ 조경의 일반적 정의
- 외부공간을 취급하는 계획 및 설계전문분야
- 토지를 미적, 경제적으로 조성하는데 필요한 기술과 예술의 종합된 실천과학
- 인공적 환경의 미적특성을 다루는 전문분야
- 환경을 이해하고 보호하는데 관련된 전문분야

■ 조경가의 역할(M. Lauie) 조경계획 및 평가 → 단지계획 → 조경설계

■ 환경에 대한 인간태도의 변화(E. A. Gudkind)
- 1단계 : 원시시대 – 예측하지 못한 힘에 대한 경의심(I – Thou)
- 2단계 : 고대시대 – 자연에 순응, 신뢰감증가
- 3단계 : 현대산업사회 –자연을 착취의 대상으로 봄(I – It)
- 4단계 : 미래 – 자연에 대해 책임(I – Thou)

1 조경의 개념 ★

① 일반적 정의

㉠ 옴스테드(Frederick Law Olmsted) : 조경가(Landscape Architect)라는 말을 사용하며 세계적으로 보편화 시킴

㉡ 맥하그(Ian McHarg) : 조경의 분야에 생태학적 사고와 이론을 접목함

㉢ ASLA(미국조경가협회) : 토지를 계획, 설계, 관리하는 예술로서 자원보전과 관리를 고려하면서 문화적, 과학적 지식을 활용하여 자연요소와 인공요소를 구성함으로써 유용하고 쾌적한 환경을 조성하는 것

② 우리나라 법제도의 규정

㉠ 건설교통부(조경기준)
- 조경이라 함은 생태적, 기능적, 심미적으로 조경시설을 배치하고 수목을 식재하는 것
- 조경시설이라 함은 조경과 관련된 파고라, 벤치, 조각물, 정원석, 분수대, 휴게공간, 여가수경관리 및 기타 이와 유사한 것으로 설치되는 시설, 생태연못 및 하천, 동물 이동통로 및 먹이 공급시설 등 생물의 서식처 조성과 관련된 생태적 시설을 말한다.

㉡ 도시공원 및 녹지 등에 관한 법
- 공원시설의 유형 : 조경시설, 휴양시설, 유희시설, 운동시설, 교양시설, 편익시설, 공원관리시설, 기타시설
- 조경시설 : 관상용식수대, 잔디밭, 산울타리, 그늘시렁, 연못 및 폭포 등 공원경관을 아름답게 꾸미기 위한 시설

■ 참고 : 지배적 패러다임과 생태주의 패러다임

① 지배적 패러다임 (기계주의, 데카르트적 세계관)
- 데카르트는 '동물 기계론'을 제창하여, 동물체를 태엽을 감은 기계와 같이 생각하였다. 이후 라 메트리는 이를 발전시켜 '인간 기계론'을 주장함
- 생물학적으로는 생물체를 기계에 비유하고, 생명 현상을 물리·화학적 작용으로 보는 생명론이 기계론적 관점을 수용하고 있음
- 주체와 객체의 분리, 인간과 자연의 분리, 위계적 질서와 효율, 경쟁적인 삶, 자연의 가치를 경시

② 생태주의 패러다임(전체론적 패러다임)
- 자연에 대한 생물학적 생존권을 인정하고 자연에 대한 경외사상을 바탕으로 인간과 자연의 윤리적 관계를 회복하려는 일련의 환경 운동 이념
- 생태주의적 관점에서 모든 생물은 평등하고, 모든 생명체는 자연 안에서 동등한 권리를 가지고 있고, 어떠한 개체도 일방적으로 자연을 지배하거나 정복할 권리를 가지고 있지 않음을 의미함
- 개방과 참여, 공동체 강조, 협동적 삶, 자연에 높은 가치를 부여, 인간과 자연의 조화, 근대 자연관에 대한 반성에 초점이 맞춰짐

2 조경의 대상

① 정원 : 주택정원, 옥상정원, 실내정원, 중정
② 도시공원·녹지 : 소공원, 어린이공원, 근린공원, 체육공원, 묘지공원, 역사공원, 문화공원, 수변공원, 도시농업공원, 방재공원, 완충녹지, 경관녹지, 연결녹지
③ 자연공원 : 국립·도립·군립·지질공원, 문화유적지, 사찰경내, 천연기념물 보호구역 등 자연공원에 준하는 것
④ 관광 및 레크레이션 시설
　㉠ 육상시설 : 야영장, 경마장, 골프장, 스키장, 유원지
　㉡ 수상시설 : 해수욕장, 마리나 시설, 수상스키장
⑤ 시설조경 : 공업단지, 캠퍼스, 주택단지

3 타분야와의 관계

① 건축 : 환경 속에 실제로 나타난 건물의 계획이나 설계에 관련됨
② 토목 : 지표를 중심으로 밑바닥, 공학적 측면에 강조
③ 도시계획 : 대단위 지역의 사회적·물리적 계획에 관련, 토지이용과 도로이용에 이용
④ 도시설계 : 도시의 물리적 골격과 형태에 관심
⑤ 환경설계 : 환경전반에 걸친 설계, 인간의 형태와 물리적 환경사이의 상호관계에서 조경이 중요한 분야로 인식

4 조경가 역할 및 필요한 요소 (M. Laurie)

★① 조경가의 역할

㉠ 조경계획 및 평가	• 생태학과 자연과학을 기초 • 토지의 평가와 그에 대한 용도상의 적합도와 능력 판단 : 대규모 토지의 체계적 평가, 용도상의 적합도, 토지이용 배분 계획 등 광범위한 사업
㉡ 단지계획	• 대지분석과 종합, 이용자 분석 • 자연요소와 시설물을 기능적 관계나 대지의 특성에 맞춰 배치
㉢ 조경설계	식재, 포장, 계단 등 시공을 위한 세부적인 설계로 발전으로 조경의 고유작업 영역

② 필요한 요소 : 자연적요소, 사회적요소, 공학적지식, 설계방법론, 표현기법, 가치관

5 조경가의 세분

① 조경계획가 : 종합적 계획, 대규모 프로젝트 관여 종합적이 사고력이 필요, 제너럴리스트(generalist) 입장을 취함

② 조경설계가 : 전문가적 입장에서 기술적인지식과 예술적인감각으로 구체적 형태, 패턴을 구상, 설계

③ 조경기술자 : 시공업자, 공학적 측면의 지식을 토대로 한 시공 전문인

④ 조경원예가 : 수목생산, 공급, 관리하는 관상업자

핵심기출문제

내친김에 문제까지 끝내보자!

1. 조경의 근본 개념은?

① 옥내 경관의 위락적 창조
② 옥외공간의 개조
③ 자연의 보전 및 기능의 도입
④ 옥외공간에 대한 인공미의 창조

2. 조경의 개념에 대한 설명과 거리가 먼 것은?

① 외부공간을 취급하는 계획 및 설계
② 토지를 미적, 경제적으로 조성하는 기술
③ 환경을 이해하고 보호하는 전문분야
④ 수목을 육종하고 산림을 경영하는 전문분야

3. 앞으로의 조경학의 중심적 시도 분야가 될 것으로 추정되는 것은?

① 생태적 접근
② 토목, 건축 등의 기술 분야
③ 미학과 예술분야
④ 원예, 식물에 관한 재료의 접근

4. 대단위 주택단지나 신도시에서 광역조경계획시 가장 중요한 것은?

① 오픈 스페이스의 면적계획
② 녹지체계의 개념계획
③ 경관자원보전계획
④ 세부식재계획

5. 조경 전문가의 터득사항은?

① 자연의 질서 및 기능의 미　② 자연의 색채 및 질감
③ 자연의 형태 및 선　④ 계절에 따른 변화

정 답 및 해 설

공통해설 **1, 2, 3**

조경의 개념
① 외부공간을 취급하는 계획 및 설계
② 토지를 미적 · 경제적으로 조성하는 기술
③ 환경을 이해하고 보호하는 전문분야 – 조경학의 중심적 시도 분야
④ 자연에 보전과 기능의 도입

해설 **4**

대단위 주택단지, 신도시의 광역조경시 주안점 – 거시적 측면의 경관자원보전계획

해설 **5**

조경 전문가 터득사항 – 자연의 질서와 기능의 미를 파악해야 자연에 보전과 기능을 도입할 수 있다.

정답 1. ③ 2. ④ 3. ① 4. ③ 5. ①

정 답 및 해 설

6. 조경계획의 속성에 관한 설명 중 틀린 것은?

① 의사결정의 과정이다.
② 문제해결을 위한 합리적 과정이다.
③ 예술 창조의 활동이다.
④ 환경의 인공화 촉진과정이다.

해설 6

조경계획(설계)의 속성
① 의사결정과정
② 문제해결을 위한 합리적 과정
③ 예술 창조의 활동

7. 조경의 역할이라 볼 수 없는 것은?

① 경관의 유기적 구성
② 부지의 선정
③ 생태계 단순화의 촉진
④ 환경의 보존과 개발

해설 7

조경의 역할은 자연에 대한 이해를 통해 생태계의 흐름을 파악해야 한다.

8. 도심지의 조경대상이 되는 것은?

① 골프장
② 녹지대
③ 유원지
④ 묘지

해설 8

① 도심지의 조경대상 – 녹지대, 공원
② 교외지역 조경대상 – 관광 및 레크레이션시설(골프장, 유원지, 스키장, 경마장 등) 묘지

9. 조경분야와 건축분야가 가장 밀접하게 협력해야 할 공통 관심 분야인 것은?

① 실내장식
② 건물 주변공간(exterior space)의 설계
③ 모든 옥외공간(outdoor space)의 설계
④ 국립공원 등 자연공간의 설계

해설 9

조경과 건축분야와 공통관심분야 – 건물 주변공간의 설계

10. 합리적인 국토조경방향이라고 볼 수 없는 것은?

① 조경계획에 기반을 둔 개발사업을 추진해야 한다.
② 불가피한 개발사업으로 경관의 변화를 초래할 경우 변화 과정에서 통제를 가해야한다.
③ 개발사업은 개발 사업대로 추진하고 사후대책으로서 조경사업을 실시해야 한다.
④ 모든 개발사업은 전체 구상과정에서 조경계획이 감안되어 조화있는 개발이 이루어져야 한다.

해설 10

합리적인 국토조경방향
① 조경계획 기반을 둔 개발사업 추진
② 개발사업에 전반에 거쳐 조경계획이 감안되어 조화있는 개발이 이루어져야 함
③ 경관의 변화를 초래할 경우 변화과정에 통제를 가해야 함

정답 6. ④ 7. ③ 8. ② 9. ② 10. ③

정답 및 해설

11. 설계자와 행태과학자(심리학자, 사회학자)의 상대적 차이점을 가장 옳지 못하게 설명하고 있는 것은?

① 설계자는 종합하는 사람이며, 행태과학자는 분석을 주로 하는 사람이다.
② 설계자는 행태의 과정을 주로 다루며, 행태과학자는 장소를 중심적으로 다룬다.
③ 설계자는 문제 중심적이며, 행태과학자는 현장 중심적이다.
④ 설계자는 목표를 정하고 이를 효율적으로 성취하는데 최선을 다하며, 행태과학자는 인간과 환경의 관계성 규명을 위하여 노력한다.

해설 **11**

설계자(설계가)와 행태과학자(심리학자, 사회학자)의 차이점

설계자	행태과학자
· 목표를 정하고 효율적인 성취를 위해 노력 · 종합하는 사람 · 장소 중심적 · 문제 중심적	· 인간과 환경의 관계성을 규명 · 분석을 주로 하는 사람 · 행태 중심적 · 현장 중심적

12. 조경가와 예술가와의 사물의 형태를 창조해나가는 방법의 차이점은?

① 조경가는 합리적이고 예술가는 창조적이다.
② 조경가는 공간 구성에 있어서 예술가와 근본적으로 비슷하다.
③ 조경가는 이용자의 기회를 반영시키고 예술가는 자신의 생각을 표현한다.
④ 조경가는 시간에 제한을 두고 예술가는 그렇지 않다.

해설 **12**

조경가와 예술가의 차이점

구분	조경가	예술가
주된 사고 방식	합리적 사고	창조적 사고
창조방법	이용자의 기회를 반영	자신의 생각을 반영
시간적 제약	시간에 제한 둠	시간적 제약이 없음

13. 공해에 의해 가장 빠르게 파괴되고 가장 느리게 회복되는 생태계는?

① 산림생태계 ② 호수생태계
③ 초지생태계 ④ 도시생태계

해설 **13**

호수생태계는 공해에 의한 유해물질이 빠르게 모으게 되는 반면, 생태계의 회복에 오랜 시간이 소요된다.

14. 조경계획이 추진될 때 가장 고려해야 할 사항은?

① 현존환경과 조경이 끝난 후 형성될 장래 환경의 내용을 배려
② 현실의 인간 생활공간 기능 배치만 주력
③ 주변의 공간생활 확보에 주안을 두어, 비생물적이고 정적인 공간 구조에 배려
④ 거시적인 자연환경에 중심적인 배려

해설 **14**

계획시 항상 자연환경에 대한 배려가 먼저 이루어져야 한다.

15. 조경계획의 대상으로 성격상 레크레이션 공간이 아닌 것은?

① 도시공원 ② 자연공원
③ 명승고적 ④ 보행자공간

해설 **15**

보행자공간 – 커뮤니케이션 공간

정답 11. ② 12. ③ 13. ② 14. ④ 15. ④

16. **우리 고유의 전통조경계획 개념을 계승, 발전시키는 것이 우리나라 현대조경의 주요 과제라면 어떤 것이 그 대상이 되어야 하겠는가?**

① 외래도입 수종의 적극 보급
② 풍수지리사상에 의한 묘소 명당자리 찾기
③ 개발을 통한 자연정복을 추구하는 서양사상에 대비되는 자연과의 조화사상
④ 분석적, 과학적 접근보다는 직관적, 관습적 계획 접근 방법

해설 **16**

전통조경계획 – 자연과 조화사상의 측면에서 계승 · 발전시켜야 한다.

17. **조경이 갖는 특징을 건축, 토목, 도시계획, 도시설계와 비교하여 설명하였다. 잘못된 것은?**

① 건축은 내부공간을, 조경은 외부공간을 주된 대상으로 한다.
② 토목이나 도시계획에 비교하면 조경은 미적인 측면을 강조한다.
③ 도시설계에 비교하면 조경은 최종 모습이 존재하기 위한 틀을 제공한다.
④ 다른 분야와는 달리, 자연의 보전과 활용에 관심을 갖는다.

해설 **17**

조경과 건축 · 토목 · 도시설계 · 도시계획과 비교
① 조경–건축 : 조경은 외부공간, 건축은 내부공간을 주된 대상으로 함
② 조경–토목 · 도시계획 : 토목 · 도시계획은 실용적 · 기능적 측면 중시, 조경은 기능적 측면과 미적인 측면을 중시함
③ 자연의 보전과 활용에 관심을 가짐

18. **조경계획가의 일반적인 활동영역과 가장 거리가 먼 것은?**

① 관리계획
② 환경항목조사(Environmental Inventory)
③ 적지분석(Site Selection)
④ 환경영향예측

해설 **18**

조경계획가 주된 활동영역–환경항목조사와 분석, 적지분석, 환경영향예측

19. **조경의 개념을 가장 포괄적으로 적절히 설명한 것은?**

① 온 가족이 단란하고 즐겁게 생활할 수 있도록 환경을 아름답게 꾸미고 또 관리하는 일이다.
② 도시의 발달, 공장지대의 조성 등으로 파괴된 자연을 정돈, 개조, 보수하는 일이다.
③ 자연환경을 보다 아름답게 정비, 보전, 수식하여 인간들에게 제공하는 일이다.
④ 생활환경의 개선을 위하여 토지를 보다 아름답게 또 경제적으로 개발 조성하는데 필요한 기술과 예술이 종합된 실천과학이다.

해설 **19**

조경의 개념 – 토지를 미적 · 경제적으로 조성하는 기술을 요하는 실천과학이다.

정답 16. ③ 17. ③ 18. ① 19. ④

정답 및 해설

20. 미국조경가협회(ASLA, 1974)가 채택한 조경의 정의 중에 속하는 내용은?

① 경관의 조성과 관리
② 문화적 · 과학적 지식의 활용
③ 자원활용을 위한 토지의 개발
④ 단지의 효율적 계획과 설계

해설 **20**

미국조경가협회
토지를 계획, 설계, 관리하는 예술로서 자원보전과 관리를 고려하면서 문화적·과학적 지식을 활용하여 자연요소와 인공요소를 구성함으로써 유용하고 쾌적한 환경을 조성하는 것으로 정의

정답 20. ②

도시계획 및 도시설계와 조경

2.1 핵심플러스

■ 고대의 도시계획

· 그리스의 도시계획 / 히포데이무스(최초의 도시계획가)/ 밀레토스에 격자형 도시계획

■ 현대도시계획

소도시론	· 하워드-전원도시론 · 테일러-위성도시론 · 마타-선형도시론 · 페더-신도시론 · 어윈-경관도시계획론
대도시론	르꼬르뷰제-대도시론

■ 전원도시론, 근린주구이론, 라드번시스템

이 론	주창자 및 계획가	특 징
전원도시론 (Garden city)	하워드	· 대도시인구분산을 위한 소도시론이며 자족적 자립도시 · 도시의 편리함과 농촌의 쾌적함을 함께 지닌 도시건설 · 계획도시 : 레치워드(1903년, 최초전원도시), 월윈(1920년)
근린주구이론 (Neighborhood Unit)	페리	· 사회적 밀도 측면(초등학교인구규모)에서 설계 · 목적 : 근린주구에서 편리성, 쾌적성, 주민들간의 사회적 교류를 도모
라드번시스템 (Redburn system)	라이트와 스타인	· 하워드의 이론을 계승하여 미국에 전원도시 건설 · 계획내용 : 슈퍼블럭 / 통과교통배제 / 보·차도 분리 / 쿨데삭 / 오픈스페이스(지구면적의 30%확보)

1 고대의 도시계획

· 그리스의 도시계획

① 최초의 도시계획가 히포데이무스가 계획

② B.C 3C 중엽 밀레토스에 장방형의 격자형 도시계획

2 현대도시계획

① 전원도시론 - E. 하워드(Ebenezer Howard)가 제창

㉠ 내일의 전원도시 'Garden city of tomorrow' 에서 개념정립

ⓛ 목적
- 대도시 인구분산을 위한 소도시론이며 자족적 자립도시
- 도시 생활의 편리함과 농촌 생활의 이로움을 함께 지닌 도시건설

ⓒ 계획내용
- 인구규모는 3만 2천명수용
- 도시의 물리적 확장을 제한하기 위해 도시외곽에 넓은 농업용 토지를 배치하며, 토지는 모두 공유함
- 시민 경제 유지를 위한 공업지대 보유
- 상·하수도, 전기, 가스, 철도 등 공공 공급시설은 도시 자체에서 해결
- 대도시와는 대량 교통으로 연결

ⓔ 계획도시
- 도시와 농촌의 결합(A Marriage of Town and Country)에 기초한 신도시 모델
- 3개의 말굽자석(The Three Magnets) : Town, Country, Town-Country
- 레치워스(Letchworth, 1903년) : 최초의 전원도시로 설계자는 언윈(Raymond Unwin)과 파커(Barry Parker)이다.
- 웰윈(Welwyn, 1920년)

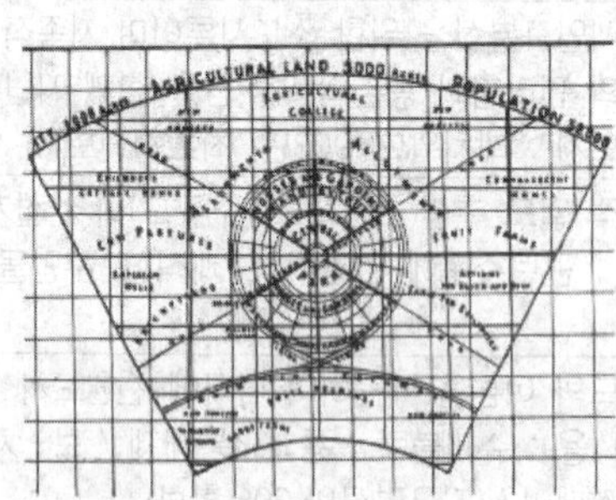

그림. 하워드의 다이어그램

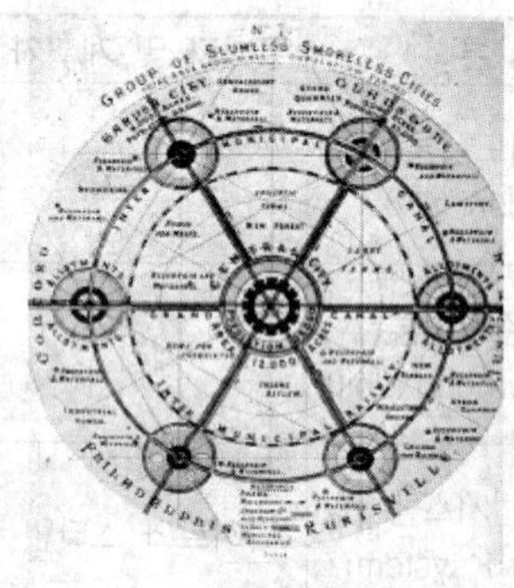

그림. 중심도시주변에 6개의 신도시건설

ⓜ 영향
- 근린주구이론 형성배경
- 신도시 개발의 기틀
- 미국 그린벨트(Green belt) 제도에 영향

② 위성도시론 - 테일러 (Robert Taylor) 제창

㉠ 그의 저서 위성도시 Satellite Town에서 제시

ⓛ 목적 : 대도시 인구분산을 위한 소도시론이면 자족적 자립도시

ⓒ 계획내용
- 도시에서 시급하지 않는 부분적 기능을 교외로 옮겨 신도시를 건설
- 모체도시에 의존하면서 신도시가 발전
- 인구규모 3만명 수용

③ 근린주구 이론(Neighborhood Unit) – 페리(C.A Perry)

㉠ 목적 : 근린주구에서 생활의 편리성·쾌적성, 주민들간의 사회적 교류를 도모

㉡ 물리적 환경 형성 6가지

- 규모 : 주거 단위는 한개의 초등학교 인구규모를 가져야함
- 경계 : 주구내 관통도로 방지, 차량이 우회할 수 있는 간선도로 계획
- 오픈 스페이스 : 주민의 일상생활 충족을 위한 소공원과 위락공간 계획
- 공공시설
- 주구내 상업시설 : 근린점포
- 주구내 가로체계 : 순환교통을 촉진하고 통과교통은 배제

■ 참고

■ 근린주구의 정의

주거활동의 초점으로서 초등학교와 필요한 모든 상업시설 및 레크레이션 시설을 가지고 있으며 간선도로에 의하여 구획되어지는 공동체의 한 영역

■ 페리가 제시하는 근린주구의 모델

규모는 하나의 초등학교 학생 1,000~2,000명에 해당하는 거주인구가 5,000~6,000명, 어린이들이 걸어서 통학할 수 있는 주구반경이 400m, 면적은 약 64ha로 한다. 소공원과 레크레이션 용지는 약 10% 확보하고 커뮤니티시설과 학교 등의 중심부에 상가는 1~2개소로 주구 외곽에만 배치한다. 그리고 단지의 내부의 교통체계는 쿨데삭(Cul-de-Sac)과 루프형 집분산도로, 주구의 외곽은 간선도로로 계획한다.

④ 래드번 시스템(Redburn system) – 라이트(Wright)와 스타인(Stein)의 계획

㉠ 하워드의 전원도시 개념을 적용하여 미국에 전원도시 건설

㉡ 계획 내용

- 뉴저지의 420ha 토지에 계획(인구팽창과 주거 환경 개선 대책)
- 인구 2만 5천명 수용
- 10~20ha의 Super Block(2~4개의 가구를 하나의 블록으로 구획)을 계획하여 보행자와 차량을 분리
- 주택단지 둘레에 간선도로가 나있고 주구 내는 쿨데삭(Cul-de-sac)으로 마무리 되어 통과교통을 방지하고 속도를 감소시켜 자동차의 위협으로부터 보호받을 수 있게 함
- 녹지체계는 주거 중앙에 지구면적의 30% 이상의 녹지를 확보하며 목적지까지 보행자가 블록내의 녹지만을 통과하여 도달

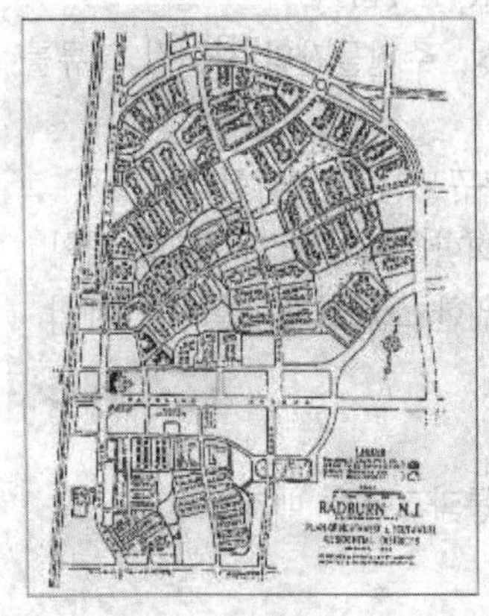

그림. 래드번 계획

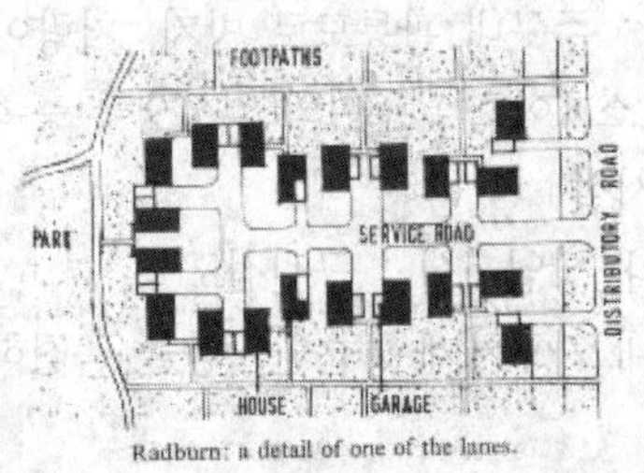

그림. Super Block

⑤ 선형도시론(Linear City) - Soria Y. Mata가 제창
  ㉠ 기존의 거점도시들을 연결하여 전체도시를 선형으로 구성
  ㉡ 도시생활과 전원생활을 동시 구현

⑥ 신도시론(New Town) - Gottfried Feder가 제창

⑦ 경관도시계획론 - Unwin가 제창
  · 고층건물의 배격, 시역확장 억제, 건축선의 후퇴로 도시경관의 변화를 도모

⑧ 대도시론 - Le Corbusier가 제창
  ㉠ 르 꼬르뷰제는 근대 건축운동의 선구자로 기능주의를 주장
  ㉡ 인구 300만명을 수용하는 거대도시계획
  ㉢ 중심부에는 초 고층빌딩, 외곽지에 녹지대 형성

■ 참고 : 뉴어바니즘(New Urbanism)

① 정의 : 도시적 생활요소들을 변형시켜 전통적 생활방식으로 회귀하고자 하는 신전통주의 운동
② 목적 : 도시의 무분별한 확산에 의한 도시문제(생태계파괴, 공동체의식약화, 보행환경약화, 인종과 소득 계층별 격리현상 등)를 극복하기 위한 대안.
③ 목표 : 전통적 근린개발(TND), 대중교통위주의 개발(TOD), 복합용도개발(MUD)로, 전통적 도시가 가지고 있던 도시 외부공간에서 삶의 질적 수준을 고려한 새로운 접근을 추구
④ 주요원리
  · 효율적이며 친환경적인 보행도로 조성하며, 차도 및 보행공간의 연결성 확보
  · 복합적이고 다양한 토지이용, 다양한 기능 및 형태의 주거단지 조성
  · 건축물 및 도시설계의 질적향상
  · 지역공동체를 위한 거점공간의 마련
  · 생태계를 토대로 한 지속가능성의 고려
  · 삶의 질적 향상 도모

핵심기출문제

내친김에 문제까지 끝내보자!

1. C.A Perry의 근린주구의 시스템을 설명한 것 중 틀린 것은?

① 욕구에 적합한 소공원 및 레크레이션 용지가 계획되어야 한다.
② 근린주구가 일반적으로 초등학교 1개소를 필요로 하는 인구가 적당하고, 면적은 인구밀도에 따라 변화한다.
③ 가로는 대체로 주거내의 교통량에 비례하고 거주 내 순환이 용이케 하며, 통과 교통에 가로가 이용되지 않게 한다.
④ 주구의 경계에 간선가로로 하고 통과 교통은 주구의 중심을 통과토록 한다.

2. 레드번의 계획에 관한 설명 중 틀린 것은?

① 주거구는 단지 총 면적의 15%이상 녹지 조성
② 주거구는 슈퍼블럭으로 하고 통과 교통의 허용 금지
③ 도로는 다목적 이용을 배제하고 목적별로 특정한 도로 설치
④ 보행자 도로와 자동차도로의 완전분리

3. 칼데삭(cul - de - sac)형 가구의 특징으로서 적당치 않은 것은?

① 보차도 분리에 의하여 보행자 전용 도로를 설치할 수 있다.
② 통과 교통을 금지하여 거주성과 프라이버시가 좋다
③ 쓰레기 처리 등 서비스 동선이 좋다.
④ 가로의 끝에는 차량이 회전할 수 있는 시설이 필요하다.

4. 다음 중 소도시론자에 속하지 않는 사람은?

① Ebenezer Howard(하워드)
② Le Corbusier(르 꼬르뷰제)
③ Gottfried Feder(페더)
④ Robert Taylor(테일러)

정답 및 해설

해설 1
근린주구의 통과교통을 배제시켜 안전성과 쾌적한 주거공간을 만든다.

해설 2
라이트와 스타인이 뉴저지주 라드번의 420ha의 토지를 계획하였다. 주요 개념으로는
① 슈퍼블럭 ② 보·차도의 분리
③ 주거단지의 30% 이상의 녹지를 조성하였다.

해설 3
칼데삭(쿨데삭) 장 · 단점
① 장점 : 통과 교통이 금지되어 거주성과 프라이버시 확보 유리함
② 단점 : 쓰레기 처리 등의 서비스 동선은 불편함

해설 4
① 하워드–전원도시론
② 르 꼬르뷰제–대도시론
③ 페더–신도시론
④ 테일러–위성도시론
따라서, ①, ③, ④는 일종의 소도시론이며, 도시 중심부 인구밀도를 낮추는데 목적이 있다.

정답 1. ④ 2. ① 3. ③ 4. ②

정 답 및 해 설

5. 히포데이무스가 최초로 사용한 도시계획안은?

① 격자형 가로망
② 방사형 가로망
③ 환상식 가로망
④ 평형식 가로망

해설 5
최초의 도시계획안 - 히포데이무스의 격자형 가로망 계획

6. 전원도시 이론에 대해 옳게 설명한 것은?

① 토지의 자유로운 개발을 위해 토지를 사유화한다.
② 도시 중심부의 밀도를 높여야한다.
③ 독립된 도시이다.
④ 도시인구의 제한은 2만명을 이상적으로 한다.

해설 6
하워드의 전원도시론은 인구 30,000의 소도시론으로 도시중심부의 밀도를 낮추기 위한 계획이다. 전원도시는 독립된 도시이며, 모든 토지는 공유한다.

7. 근린주구의 기초 이론은 제창한 사람은?

① C.A 페리
② 르 꼬르뷰제
③ 옴스테드
④ 켄트

해설 7
페리- 근린주구 이론 제창

8. C.A.Perry가 제안한 근린주구와 관련된 설명으로 옳지않은 것은?

① 통과교통의 주구내 관통 금지
② 반경 1.6km의 도보권을 일상생활권으로 간주
③ 초등학교 1개가 필요한 정도의 주민 유치
④ 요구에 적합한 소공원 및 레크레이션 용지의 확보

해설 8
페리의 근린주구의 규모는 하나의 초등학교 1개가 필요한 정도의 주민이 거주하고, 어린이들이 걸어서 통학할 수 있는 주구반경을 400m, 면적은 약 64ha로 한다.

9. 다음 중 페리(C.A Perry)가 주장한 근린주구(Neighborhood precinct)에 관한 설명으로 틀린 것은?

① 일반적으로 초등학교 및 근린상가를 포함한다.
② 근린주구의 구상은 스타인과 라이트 등에 의해 계획적으로 구현되었다.
③ 국토의 계획 및 이용에 관한 법률에 나타나는 지역지구제의 최소 단위를 말한다.
④ 개개의 근린주구의 요구에 부합되도록 계획된 소공원과 위락공간의 체계가 있다.

해설 9
근린주구는 주거활동의 초점으로서 초등학교와 필요한 모든 상업시설 및 레크레이션 시설을 가지고 있으며 간선도로에 의하여 구획되어지는 공동체의 한 영역을 말한다. 근린주구의 구상은 스타인과 라이트 등에 의해 라드번 계획(Redburn system)에서 구현되었다.

정답 5. ① 6. ③ 7. ① 8. ② 9. ③

정 답 및 해 설

10. 1980년대 도시문제를 해결하기 위한 수단으로 뉴어바니즘(New Urbanism)이 발생하였다. 이에 대한 설명으로 가장 거리가 먼 것은?

① 전통적인 근린주구 방식을 지향한다.
② 도시외곽은 고밀화 방식을 지향한다.
③ 환경친화적인 도시미화운동을 지향한다.
④ 걷고 싶은 보행환경 구축을 지향한다.

해설 **10**

도시 중심는 고밀화 방식, 도시외곽은 저밀화 방식을 지향한다.

11. 1989년 독일의 루르지역에 남겨진 뒤스 부르크-마이더리치 철강 공장이 폐기한 230헥타르의 공장부지의 잔재를 개선하고 버려진 땅의 잠재력을 재발견하여 도시와 지역발전이 될 수 있게 한 도시 공원으로 설계한 작품은?

① Downsview Park
② Parc de la Villette
③ IBA Emscher Landscape Park
④ Parque do Tejo e Trancao

해설 **11**

- Downsview Park : 캐나다 토론토에 1940년대 이래 자리 잡고 있던 공군기지가 다른 곳으로 이전해 가면서 발생한 도시 내 군부대 이전 적지의 대표적 공원화 사례이다.
- Parc de la Villette : 프랑스 파리의 라 빌레트 터는 도축장으로 쓰이던 곳으로 파리에서 가장 넓게 비어있던 장소였다. 파리 동북쪽에 위치한 35헥타르에 해당하는 이 대공원은 교외지역과 도심을 잇는 교량역할을 하고 있다.
- Parque do Tejo e Trancao : 포르투갈 리스본의 도시와 강 사이의 교란된 환경을 재생하고 도시 재생을 위한 계획이다.

정답 10. ② 11. ③

조경계획과정

3.1 핵심플러스

■ 조경계획의 목표
· 자연자원의 이해와 생활환경을 중시, 여가공간의 제공, 모든 용도의 토지의 합리적 사용, 환경전반에 걸친 문제의 해결

■ 조경계획의 접근방법과 주안점
· 토지이용 계획으로서의 조경계획 → 토지와 자연의 보존과 활용에 중점
· 레크레이션 계획으로서의 조경계획 → 이용자들의 레크레이션 계획을 강조
· S. Gold(1980)의 레크레이션 계획 접근방법 : 자원접근법, 활동접근법, 경제접근법, 행태접근법, 종합접근법

■ **조경계획과정 (목표 → 기준 및 방침모색 → 대안작성 및 평가 → 최종안 결정 및 시행)**

목표	자연환경분석	종합	기본구상 (다이어그램/ 대안)	기본계획(master plan)	기본설계	실시설계
	경관분석					
	인문환경분석					
계획(Planning, Programming)					설계(Design)	

■ **설계방법론 과정**
· 제1세대 : 체계적과정 → 제2세대 : 참여설계 → 제3세대 : 예측과 반박 → 제4세대 : 순환적과정

■ 사전검토, 영향평가

구분	내용
사전검토	· 전략환경영향평가 : 환경영향평가 · 도시관리계획 환경성 검토 : 국토의 계획 및 이용에 관한 법률 · 토지적성평가 : 국토의 계획 및 이용에 관한 법률
영향평가	· 환경영향평가 : 환경영향평가법(미리평가하여 환경영향을 최소화함) · 이용후평가 : 개선안을 마련함과 동시에 다음의 유사한 프로젝트에 기초자료로 이용하고자 함 (순환적 과정) 예) Robinowitz의 건물평가/ Friemann의 옥외공간의 평가

1 계획의 일반과정

목적과 목표의 설정
↓
기준 및 방침모색
↓
대안작성 및 평가
↓
최종안 결정 및 시행

계획과정상 문제가 생기거나 시행과정에서 당초의 목표와 어긋날 때는 다시 앞단계로 환류(feedback)하여 다시 수정·보완하여 결국 목표를 달성

■ 참고 : 목적과 목표

① 목적(goal) : 설계의도를 일반적인 서술형식으로 표기
② 목표(objectives)
- 계획·설계에 의해 이루어져야 할 생각과 아이디어를 제시함
- 목적에 비해 상대적으로 하위개념, 목적달성을 위한 하위수단으로 결정
- 목적을 보다 명백하게 해줌

2 조경계획의 접근방법

① 토지이용계획으로서의 조경계획

㉠ 정의

- D. Lovejoy : 토지의 가장 적절하고 효율적인 이용을 위한 계획이며, 최고 이용을 달성하는 방법론
- B. Hackett : 경관의 생리적 요소에 대한 기술적 지식과 경관의 형상에 대한 미적인 이해를 바탕으로 토지의 이용을 결합시켜 새로운 차원의 경관을 발전시킴

② 레크레이션 계획으로서의 조경계획

㉠ 정의 : 사람들이 여가시간에 행하는 레크레이션을 그에 적합한 공간 및 시설에 관련시키는 계획

★ ㉡ S. Gold(1980)의 레크레이션 계획 접근방법

자원 접근법	· 물리적 자원 혹은 자연자원이 레크레이션의 유형과 양을 결정하는 방법 (공급이 수요를 제한) · 활용 : 강변, 호수변, 풍치림, 자연공원 등 경관성이 뛰어난 지역의 조경계획에 유용
활동 접근법	· 과거의 레크레이션 활동의 참가사례가 레크레이션 기회를 결정하도록 계획하는 방법 (공급이 수요를 창출) · 활동유형, 참여율 등 사회적 인자가 중요 · 활용 : 대도시주변 계획에 적합 · 과거의 경험에만 의존하여 새로운 레크레이션 계획의 반영이 어려움
경제 접근법	· 지역사회의 경제적 기반이나 예산 규모가 레크레이션의 종류·입지를 결정하는 방법 · 토지, 시설, 프로그램 공급은 비용·편익분석(cost-benefit analysis)에 의해 방법 (경제적 인자가 우선) · 활용 : 민자유치사업
행태 접근법	· 이용자의 구체적인 행동 패턴에 맞춰 계획하는 방법 (미시적 접근방법) · 활동접근방법에 직접 나타내는 수요에 의한 계획방법 · 행태접근방법 : 잠재적인 수요까지 파악
종합 접근법	· 네 가지 접근법의 긍정적인 측면만 취하는 접근방법

3 조경계획추진절차

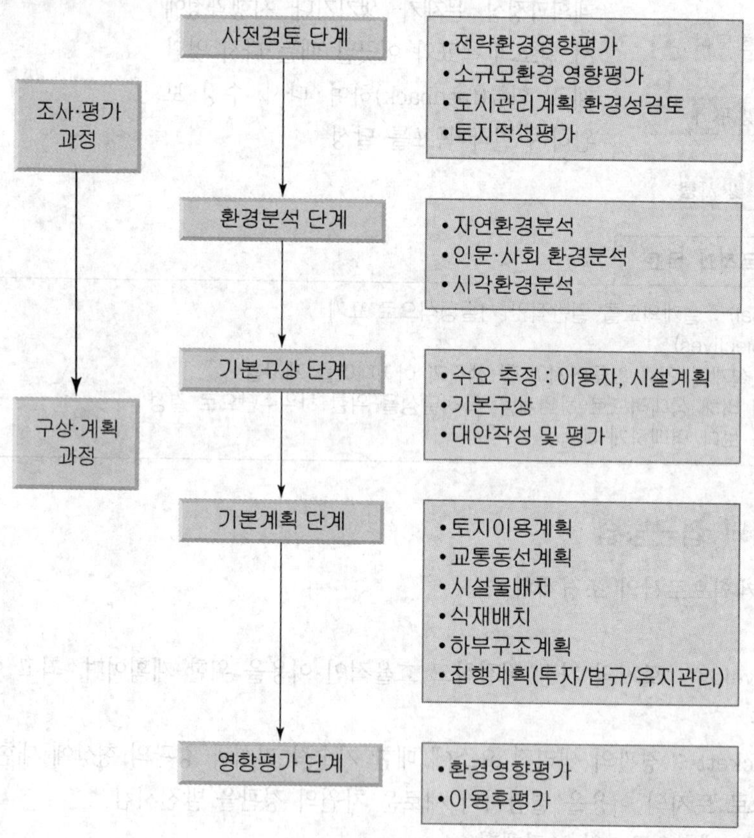

4 조경계획 수립과정 ★

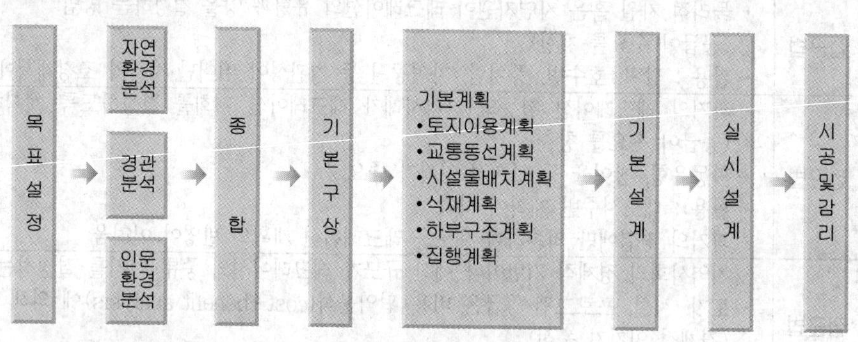

5 계획과 설계의 구분

구 분	계 획(Planning, Programming)	설 계(Design)
정 의	장래 행위에 대한 구상을 짜는 일→planner	제작 또는 시공을 목표로, 아이디어 도출하고 구체적으로 도면 또는 스케치 등의 형태로 표현→designer
요 구	합리적인 측면	표현적 창의성
구 분	목표설정→자료분석→기본계획	기본설계→실시설계 단계
일반적	· 문제의 발견과 분석에 관련 · 논리적, 객관적으로 문제에 접근 · 체계적이고 일반론이 존재 · 논리성과 능력은 교육에 의해 숙달 가능 · 지침서나 분석결과를 서술형식으로 표현	· 문제의 해결과 종합에 관련 · 주관적, 직관적, 창의성, 예술적 강조 · 일반성이 없고 방법론도 여러가지임 · 개인의 능력 체험, 미적 감각에 의존 · 주로 도면이나 그림, 스케치로 표현

6 설계과제의 특성

설계안의 단계 – 실현성 및 만족도에 따라 구분

구분	내용
규범적인 안 (normative solution)	· 이상적인안, 권위주의적인 안 · 현재의 여건을 고려하지 않고 찾아내는 안
최적의 안 (optimal solution)	· 현재의 주어진 여건 내에서 가장 적절한 안 · 모든 요구조건을 최대로 만족시킬 수 있는 안
만족스런 안 (satisficing solution)	· 주어진 시간 및 비용의 범위 내에서 얻을 수 있는 최선의 안 · 설계가의 능력에 따라 달려 있음
혁신적 안 (innovatiive solution)	· 창조적안(creative solution) · 기존의 가정된 여건 및 요구조건을 변경시키고 새로운 가정하에서 만든 새로운 안

■ 참고 : 설계과제특성 – 창조성과 합리성

· 내적 · 외적 의사결정
  – 내적 의사 결정: 설계자 자신 혹은 설계자 그룹 내부에서 결정하는 것
  – 외적 의사 결정: 설계자와 의뢰인의 상호대화를 통하여 결정하는 것
· 존슨(Jones): 설계행위의 세 가지 측면을 제시
  – 창조적 관점에서 설계자는 창조적 비약을 잉태하는 암상자
  – 합리적 관점에서 설계자는 합리적 과정을 수행하는 유리상자
  – 제어적 관점에서 설계자는 미지의 영역 내에서 지름길을 찾는 능력을 갖춘 자율적 체계
· 고든(Gordon)
  – 창조적 과정에서 감성이 지성보다 중요하며, 비합리성이 합리성 보다 중요하다고 주장하고 창조적 행위를 완전히 합리적으로 설명하기란 거의 불가능하다고 말함
  – 설계과정에서 창의성과 합리성은 상호보완적 관계를 가지며 전개되며, 자율적 제어는 설계과정이 전개되다가 다시 원점으로 되돌아가 결과를 분석 · 평가해 새로운 방향을 잡아간다. 여기서 평가는 내적 및 외적 의사 결정에 해당되고 원점으로 되돌리는 과정은 피드백 체계에 해당된다. 이와 같은 과정을 거치면 바람직한 최종안에 도달하게 됨

7 설계방법론 과정 ★

① 제1세대 방법론 : 체계적 과정
㉠ 설계행위를 분석적으로 봄
㉡ 설계과제를 작은 문제로 분할해 해답을 찾은 후 종합
㉢ 현행설계에서 목표설정- 자료수집-분석-종합-기본계획의 과정이 이시기에 확립됨

② 제2세대 방법론 : 참여설계
㉠ 이용자가 스스로 자신이 이용할 공간에 대해 결정내려야 한다고 생각
㉡ 설계자의 독단적 설계를 배제하고 이용자가 원하는 바를 설계안에 반영
㉢ 시민참여, 토론회, 공청회 등으로 이용자와 설계자가 토론 후 설계안을 마련
㉣ 비전문가에 전적으로 의지함으로 효율적인 설계안 작성이 어려움

③ 제3세대 방법론 : 예측과 반박
㉠ 설계자의 전문성 및 경험이 필요함을 다시 인정하게 됨
㉡ 설계안에 대한 예측(conjecture)을 먼저하고 이에 대한 반박(refutation)과정을 통해 최종안을 만듬
㉢ 설계자의 전문성과 창의성, 피드백과정을 통한 설계안의 수정·보완을 중시함
㉣ 설계자의 독단을 줄이고 효율적 설계과정을 진행

④ 제4세대 방법론 : 순환적 과정
㉠ 환경심리학 및 생태심리학에 대한 관심이 증대
㉡ 이용 후 평가(post occupancy evaluation)를 도입하여 수정·보완 및 차후설계에의 반영
㉢ 설계-시공-이용-평가-보완 및 차후설계에의 반영의 순환적인 과정

8 SWOT 분석

① 원래는 기업내부의 마케팅 전략을 수립하는 기법
② 조경계획의 조사 및 분석종합과정에서 유용하게 사용
㉠ 분석을 토대로 강점은 살리고 약점은 죽이고, 기회를 활용하고 위기는 억제함
㉡

SO 전략	강점, 기회전략	외부환경 및 여건의 기회를 활용하기 위해 대상지 강점 사용
ST 전략	강점, 위협전략	외부환경 및 여건의 위협을 회피하기 위해 강점을 사용
WO 전략	약점, 기회전략	약점을 극복함으로써 외부환경 및 여건의 기회활용
WT 전략	약점, 위협전략	외부환경 및 여건의 위협을 회피하고 약점을 최소화하는 방향 선택

■ SWOT분석

강점 Strength	약점 Weakness
기회 Opportunity	위협 Threat

9 조경계획 세부과정

① 프로그램(기본 전제)작성

- 정의 : 기술된 또는 숫자로 표현된 계획의 방향 및 내용으로 구체적으로 세분화 됨

㉠ 프로그램 작성

- 의뢰인에 의해 주어지는 경우 : 구체화, 체계화 능력이 부족
- 설계자가 직접 작성하는 경우 : 자료수집, 과거 경험으로 체계적, 세부적 프로그램 작성

㉡ 프로그램 개발순서

예비조사, 분석 → 개략적 골격 제시 → 본격적 자료분석 → 종합 → 기본계획안 작성

㉢ 프로그램의 구성요소

- 설계 목적과 목표
- 설계에 포함되어야 할 요소들의 목록 : 부지조사, 분석가 의뢰자 인터뷰를 요약하고 종합하는 역할, 대안을 비교하기 위한 점검목록 표로 사용됨
- 설계상의 특별한 요구사항

② 기본구상 및 대안작성

- 계획안에 대한 물리적, 공간적 윤곽이 드러나기 시작
- 프로그램에 제시된 문제 해결 위한 구체적 계획개념 도출
- 버블 다이어그램(diagram)으로 표현됨
- 대안작성(기본적인 측면에서 상이한 안을 만드는 것이 바람직)

★③ 기본계획안(최종작성안 : 마스터플랜(Master plan, Base map))

㉠ 토지이용계획(토지 본래의 잠재력, 이용행위의 관련성)

- 토지이용 분류 : 예상되는 토지이용의 종류 구분
- 적지분석 : 토지의 잠재력, 사회적 수요에 기초하여 각 용도별로 행해짐
- 종합배분 : 중복과 분산이 없도록 각 공간 수요를 고려하고, 타 용도와의 기능적 관계를 고려하여 최종안 작성

■ **참고 : 공간배분계획**

① 공간의 영역성과 공공성 차원에서 분류
② 공적공간 – 반공적공간 – 사적공간

유형	내용
공공성이 높은 공간	·전면공간에 큰 면적으로 배치 ·진입 공간, 운동 공간, 놀이 공간, 주차 공간 ·수목이나 시설물의 높이를 낮게 하여 시각적 개방성 제공
공공성이 낮은 공간	·배면이나 측면공간에 상대적으로 작은 면적으로 배치 ·휴게 공간, 산책 공간 ·위요된 정도를 높게 하여 개방성을 낮춤
완충 공간	·공간이 상충성이 예상되는 경우 ·격리하거나 사이에 완충 공간 설치

■ **참고 : 적지분석 개념과 과정**

① 개념 : 사회적 가치에 근거하여 토지가 지닌 잠재력을 분석하고 적합한 토지이용을 찾아내는 방법
② 과정
- (사회적) 가치 파악, 가치와 자연요소 관련성분석, 바람직한 자연요소를 추출하고 도면화하여 토지이용에 바람직한 인자를 가지는지 파악
- 토지이용에 나쁜 영향을 미치는 자연요소(홍수위험, 배수불량)등 제한성을 분석하고 추출함
- 기회성과 제한성을 종합

ⓛ 교통동선계획
- ·통행로 선정
  - 차량 동선은 짧은 직선 도로가 바람직
  - 보행인 : 다소 우회하더라도 좋은 전망, 그늘로 쾌적 분위기
  - 보행동선과 차량 동선이 만나는 곳 : 보행동선 우선(주거)
  - 통행의 안정, 쾌적, 자연 파괴를 최소화시킬 수 있는 장소
- ·교통동선 체계
  - 통행수단 : 자동차, 자전거, 보행 동선 등의 상호 연결과 분리가 적절하게 함
  - 같은 통행 수단이라 할지라도 기능, 속도, 성격에 따라 체계가 확립
  - 가능한 막힘이 없는 순환체계
  - 도로체계
    i) 격자형 : 균일 분포 가짐, 도심지와 고밀도 토지이용, 평지인 곳에 효율적
    ii) 위계형 : 주거단지·공원·유원지 등과 같이 모임과 분산의 체계적인 활동이 이루어지는 곳, 다양한 이용 행위 간에 질서를 부여, 구릉지인 곳에 효율적

ⓒ 시설물 배치계획
- ·여러 기능이 공존 할 때는 유사한 기능의 구조물을 모아 집단 배치
- ·관광지 및 공원의 집단 시설지구 설정 : 무질서한 분산 억제, 환경적 영향을 최소화 시키는 데 목적이 있음

㉣ 식재계획

- 수종 선택 : 계획 구역의 기후적 여건에서 생장이 가능한가의 가능성 여부 검토, 자생종 검토, 식재기능(방풍림, 풍치림 등)에 따른 수종 선택
- 배식 : 생태적 분포패턴을 연구하여 응용, 공간의 기능과 분위기에 따라 선택
- 녹지 체계 : 교통동선 체계와 적절히 연결, 녹지의 전체적 분포 및 패턴에 따라 식생의 보호, 관리, 이용 등에 관한 계획을 세워야 한다.

㉤ 하부구조계획(전기, 상하수도, 가스, 전화 등 공급처리 시설에 관한 계획)

- 가능한 지하로 매설하여 경관을 살림
- 지하에 매설시 공동구를 설치하여 안전성 높이고 보수가 용이하도록 함

㉥ 집행계획

- 투자계획 : 주어진 예산의 범위에서 계획
- 법규검토 : 법규와 관련된 사항 검토 후 계획과 설계를 실시
- 유지 관리계획 : 유지 관리의 효율성, 편의성, 경제성 고려

④ 기본설계

㉠ 기본계획의 각 부분을 더욱 구체적으로 발전(각 공간의 정확한 규모, 사용재료, 마감방법 등)

㉡ 입체적 공간의 창조 : 평면구성(2차원의 평면에 표현), 입면구성(공간의 수직적 변화의 표현을 설명), 스케치(공간의 구성을 일반인이 쉽게 이해하도록 입체감 있게 표현)

⑤ 실시설계

㉠ 실제 시공이 가능하도록 상세한 시공도면을 작성 하는 것

㉡ 평면상세도, 단면상세도, 시방서, 공사비 내역서 작성 포함

10 사전검토

① 전략환경영향평가, 소규모환경영향평가

㉠ 적용법 : 환경영향평가법

㉡ 목적

구분	목적
전략 환경영향평가	환경에 영향을 미치는 상위계획을 수립할 때에 환경보전계획과의 부합 여부 확인 및 대안의 설정·분석 등을 통하여 환경적 측면에서 해당 계획의 적정성 및 입지의 타당성 등을 검토하여 국토의 지속가능한 발전을 도모하는 것
소규모 환경영향평가	환경보전이 필요한 지역이나 난개발(亂開發)이 우려되어 계획적 개발이 필요한 지역에서 개발사업을 시행할 때에 입지의 타당성과 환경에 미치는 영향을 미리 조사·예측·평가하여 환경보전방안을 마련하는 것

㉢ 전략환경영향평가

· 정책계획

환경보전계획과의 부합성	· 국가 환경정책 · 국제환경 동향·협약·규범
계획의 연계성·일관성	· 상위 계획 및 관련 계획과의 연계성 · 계획목표와 내용과의 일관성
계획의 적정성·지속성	· 공간계획의 적정성 · 수요 공급 규모의 적정성 · 환경용량의 지속성

· 개발기본계획 ★

계획의 적정성	· 상위계획 및 관련 계획과의 연계성 · 대안 설정·분석의 적정성
입지의 타당성	· 자연환경의 보전 : 생물다양성·서식지 보전, 지형 및 생태축의 보전, 주변 자연경관에 미치는 영향, 수환경의 보전 · 생활환경의 안정성 : 환경기준 부합성, 환경기초시설의 적정성, 자원·에너지 순환의 효율성 · 사회·경제 환경과의 조화성 : 환경친화적 토지이용

㉣ 소규모 환경영향평가

사업개요 및 지역 환경현황	사업개요, 지역개황, 자연생태환경, 생활환경, 사회·경제환경
환경에 미치는 영향 예측·평가 및 환경보전방안	· 자연생태환경(동·식물상 등) · 대기질, 악취 · 수질(지표, 지하), 해양환경 · 토지이용, 토양, 지형·지질 · 친환경적 자원순환, 소음·진동 · 경관 · 전파장해, 일조장해 · 인구, 주거, 산업

② 도시관리계획 환경성 검토

㉠ 적용법 : 국토의 계획 및 이용에 관한 법률

㉡ 목적

- 환경적으로 지속가능하고 건전한 도시를 조성
- 도시관리계획의 결정 및 시행이 환경오염, 기후변화, 생태계 및 시민 생활에 미치는 영향을 사전에 예측 저감대책 마련

㉢ 검토대상

- 용도지역, 용도지구의 지정 또는 변경에 관한 계획
- 개발제한 구역, 도시자연공원구역, 시가화조정구역, 수산자원보호구역의 지정 또는 변경계획
- 기반시설의 설치 및 정비, 개량에 관한 계획
- 지구단위계획구역의 지정 또는 변경에 관한 계획과 지구단위계획

③ 토지적성평가

㉠ 적용법 : 국토의 계획 및 이용에 관한 법률

㉡ 목적

- 친환경적이고 지속가능한 개발을 보장
- 토지의 환경생태적·물리적·공간적 특성을 종합적으로 고려하여 토지가 갖는 환경적·사회적 가치를 과학적으로 평가하여 보전할 토지와 개발 가능한 토지를 체계적으로 판단하기 위함(선계획·후개발의 국토관리체계)

㉢ 적용범위

- 용도지역이나 용도지구를 지정 또는 변경하는 경우
- 지역, 지구 안에서 도시계획시설을 설치하기 위한 계획을 입안하고자 하는 경우
- 도시개발사업 및 정비사업에 관한 계획 또는 지구단위계획을 수립하는 경우

㉣ 평가지표

- 물리적특성 : 표고, 경사도
- 토지이용특성 : 도시용지비율, 자기수준, 농지정리비율, 농림지역 등
- 공간적입지성 : 개발지와의 거리, 도로와 거리등

㉤ 평가방법

- 도시관리계획의 입안권자
- 평가단위 : 필지단위(필지가 1만제곱미터 이상이고 두 가지 이상의 특성이 존재하는 경우 세분하여 평가)

㉥ 평가절차

평가체계 I	· 평가목적이 관리지역 세분(계획관리, 생산관리, 보전관리)을 위한 경우 · 제1등급~제5등급 : 5개 등급
평가체계 II	· 평가목적이 도시관리계획 입안을 위한 평가인 경우 · A등급(보전적성등급), B등급(중간적성등급), C등급(개발적성등급) : 3개 등급

11 환경설계영향평가

① 환경영향평가(사전평가)

㉠ 적용법 : 환경영향평가법

㉡ 목적 : 각종 개발계획을 수립·시행함에 있어 예상되는 환경파괴와 환경오염을 사전에 차단·방지하기 위한 정책수단으로서 환경적으로 건전하고 지속가능한 개발을 유도하여 쾌적한 환경을 조성하기 위함

㉢ 평가항목 : 대기환경, 수환경, 토지환경, 자연생태환경, 생활환경, 사회·경제분야로 구분

분야	항목
대기환경 분야	기상 / 대기질 / 악취 / 온실가스
수환경 분야	수질(지표·지하) / 수리·수문 / 해양환경
토지환경 분야	토지이용 / 토양 / 지형·지질
자연생태환경 분야	동·식물상 / 자연환경자산
생활환경 분야	친환경적 자원 순환 / 소음·진동 / 위락·경관 / 위생·공중보건 / 전파장해 / 일조장해
사회·경제 분야	인구 / 주거 / 산업

㉣ 대상사업 : 산업단지, 에너지개발, 항만건설, 도로건설, 수자원건설, 철도건설, 공항건설사업, 하천이용 및 개발사업, 관광단지 개발사업, 산지개발, 체육시설설치, 폐기물처리시설의 설치, 국방, 군사시설의 설치, 토석·모래·자갈, 광물 등의 채취사업

㉤ 기능 : 개발계획 영향 분석의 저감방안 강구

㉥ 협의시기 및 기관 : 계획 확정 후 실시 계획 승인전 / 개발사업 시행자

② 이용후평가(post occupancy evaluation : POE)

★ ㉠ 목적

이용자들의 실제 이용에 불편함을 없는지 평가 연구해 이 결과를 토대로 개선안을 마련함과 동시에 다음의 유사한 프로젝트에 기초자료로 이용하고자 함(순환적 과정)

㉡ 분석사항

계획·설계의 의도가 그대로 반영되고 있는지 이용자의 행태적 반응진단

㉢ 평가방법

물리적 흔적관찰, 인간행태관찰(비디오촬영, 사진), 인터뷰, 설문

㉣ 예시

· Robinowitz의 건물평가 : 기술적 측면, 기능적 측면, 행태적측면

★ · Friedman의 옥외공간의 평가

구분	내용
물리 사회적 환경	재료, 구조적요소, 공간 및 설계안, 환경의 질
이용자	이용자의 기호, 필요성, 태도, 개인적 특성
설계과정	설계참가자들의 역할, 시공 후 공간변경
주변환경	주변 환경의 질, 주변 토지이용, 지원시설

그림. 환경설계영향평가

핵심기출문제

내친김에 문제까지 끝내보자!

1. 다음의 설계과정을 설명한 것 중 맞는 것은?

① 대지의 조사분석 - 설계개념의 설정 - 기본설계 - 실시설계
② 설계개념의 설정 - 대지의 조사분석 - 기본설계 - 실시설계
③ 대지의 조사분석 - 기본설계 - 설계개념의 설정 - 실시설계
④ 대지의 조사분석 - 기본설계 - 실시설계 - 설계개념의 설정

2. 설계과정 중 시설의 배치계획 및 공사별 개략설계를 작성하여 사업실시에 관한 각종 판단에 도움을 주기 위한 작업으로서 선행된 작업 내용을 구체적으로 부지에 결합시켜 가는 단계와 관계되는 항목은?

① 계획설계(schematic design)
② 실시설계(detailed design)
③ 기본설계(preliminary design)
④ 기본계획(master plan)

3. 기본계획 수립과정이 바르게 된 것은?

① 기본전제 - 조사 - 분석 - 종합 - 기본구상 - 대안 - 기본계획
② 기본전제 - 분석 - 자료수집 - 기본구상 - 종합 - 대안 - 기본계획
③ 자료 - 종합 - 분석 - 기본구상 - 기본전제 - 대안 - 기본계획
④ 자료 - 분석 - 종합 - 기본전제 - 기본구상 - 대안 - 기본계획

4. 관광지 등의 토지이용계획 순서로 옳은 것은?

토지이용분류, 적지기준, 적지분석, 종합계획

① 토지이용분류 → 적지기준 → 적지분석 → 종합계획
② 적지기준 → 토지이용분류 → 적지분석 → 종합계획
③ 적지기준 → 적지분석 → 토지이용분류 → 종합계획
④ 적지기준 → 적지분석 → 종합계획 → 토지이용분류

정답 및 해설

해설 **5**
조경설계과정
대지(부지)조사분석 → 설계개념의 설정 → 기본설계 → 실시설계

해설 **2**
시설의 배치와 공사별 개략 설계 → 기본설계에 관련된 내용

해설 **3**
기본계획 수립과정
기본전제 → 조사 → 분석 → 종합 → 기본구상 → 대안작성 → 기본계획 → 기본설계 → 실시설계

해설 **4**
기본계획 안의 토지이용계획 순서
토지이용분류 → 적지기준 → 적지분석 → 종합계획(종합배분)

정답 1. ① 2. ③ 3. ① 4. ①

5. 조경 기본계획의 내용이 아닌 것은?

① 설계의 개략적인 방향을 정한다.
② 개발 과정에서 지켜야 할 필수적인 원칙을 정한다.
③ 기본 원칙과 광범위한 구상의 범위 내에서 탄력성이 있어야 한다.
④ 설계를 위한 구체적인 사항을 정한다.

6. 적지분석의 일반적인 과정에 포함되지 않는 것은?

① 가치와 자연요소의 관련성분석
② 바람직한 자연요소의 추출, 도면화
③ 인간의 요구와 자연요소간의 관련성분석
④ 제한성과 자연요소의 관련성분석

7. feed back에 대한 설명으로 옳은 것은?

① 공원 내 원활한 교통소통을 위해 일주 순환도로를 배치한다.
② 공원의 기본계획 작성 도중 자료의 미비점이 나타나 재차 현장답사를 실시한다.
③ 자원절약 차원에서 폐수를 정수하여 다시 사용하는 시설을 말한다.
④ 공원 정문 주변은 물론 후문 주변에서도 주차장을 설치한다.

8. 다음 설명 중 잘못된 것은?

① 계획과정에서 환류작용은 보다 완벽한 계획을 위해 반복될 수 있다.
② 기본 구상은 토지이용의 예정이나 경관구성의 시간적 공간적 골격을 구성하는 단계이다.
③ 조경계획은 전문가만의 의견을 전적으로 반영시켜 나가야 한다.
④ 부지조사는 그 부지의 내부와 주변관계까지 조사해야한다.

9. 대안 작성 시 옳은 것은?

① 기본계획을 세우고 대안을 만든다.
② 대안을 수립할 때 먼저 대안과 전혀 다른 대안을 세운다.
③ 기본구상 단계에서 프로그램이 확정되지 않는 경우 대안을 만든다.
④ 모든 대안에 대하여 각각의 기본계획안이 수립되고 세부적으로 부문별 계획이 작성된다.

정답 및 해설

해설 **5**
④는 실시설계의 내용이다.

해설 **6**
적지분석의 과정
① (사회적) 가치 파악, 가치와 자연요소 관련성분석, 바람직한 자연요소의 추출하고 도면화하여 토지이용에 바람직한 인자를 가지는지 파악
② 토지이용에 나쁜 영향을 미치는 자연요소(홍수위험, 배수불량)등 제한성을 분석하고 추출하여 도면화

해설 **7**
feed back은 환류작용으로 계획과정에서 미비점이 발생했을 때 재차 앞 단계로 돌아가는 조사함을 말한다.

해설 **8**
조경계획시 전문가는 이용자의 의견도 고려해야 한다.

해설 **9**
대안 작성시 서로 상이한 방향의 안을 세우는 것이 좋다.

정답 5. ④ 6. ③ 7. ② 8. ③ 9. ②

정 답 및 해 설

10. 조경 계획에 있어서 가장 고려해야 할 사항은?

① 상황인식　② 분석
③ 평가　④ 종합

해설 **10**
조경계획에 가장 고려할 사항은 자연환경 · 인문환경 · 경관 등의 분석사항이다.

11. 조경계획과 조경설계를 구분할 경우 조경계획에 관련된 사항은?

① 문제의 발견에 관련
② 주관적, 직관적, 창의성과 예술성이 크게 강조
③ 개인의 능력, 노력, 체험, 미적 감각에 의존
④ 창조적 구상이 요구

해설 **11**
조경계획은 문제의 발견에 관련하고, 조경설계는 문제의 해결과 종합과정이다.

12. 조경설계의 목적과 목표를 예를 들어 설명하고 있다. 광장입구를 대상으로 설계 작업을 진행하는 경우에 목적(goal)에 해당되는 것은?

① 스케일 상으로 공적(public)인 입구를 만든다.
② 광장으로 들어가는 입구는 뚜렷이 알아볼 수 있도록 한다.
③ 인식하기 쉽도록 입구의 바닥포장에 변화를 준다.
④ 입구로부터 광장으로의 시야는 어느 정도 트이도록 한다.

해설 **12**
조경계획의 목적(goal) : 설계의 도를 일반적인 서술형식으로 표기하며, 광장입구이므로 광장으로 들어가는 입구는 두렷이 알아볼 수 있도록 한다.

13. S.Gold는 레크레이션 접근방법을 5가지로 분류하여 그 특성을 설명했다. 다음 중 해당사항이 아닌 것은?

① 자원접근방법　② 활동접근방법
③ 토지이용방법　④ 경제이용방법

해설 **13**
S.Gold의 5가지 분류는
① 자원
② 활동
③ 행태
④ 경제
⑤ 종합접근법이다.

14. 조경계획의 접근방법 중 물리적 자원 또는 자연자원이 레크레이션의 유형과 양을 결정하는 접근방법은?

① 활동접근법　② 경제접근법
③ 자원접근법　④ 행태접근법

해설 **14**
물리적 자원과 자연자원이 레크레이션의 유형과 양을 결정하는 방법–자원접근법

15. 레크레이션 계획은 접근방법에 따라 서로 다른 결과를 낳을 수 있다. 자연공원에 대한 계획의 접근방법으로 가장 타당한 것은?

① 자원형　② 활동형
③ 경제형　④ 행태형

해설 **15**
자연공원의 계획 접근방법
국립 · 도립 · 군립공원 등으로 조경계획시 자원접근방법을 취한다.

정답	10. ②　11. ①　12. ② 13. ③　14. ③　15. ①

정답 및 해설

16. 다음 중 조경계획을 할 경우 등고선도를 갖고 파악되지 않는 것은?

① 자연배수로
② 경사도
③ 유역(流域)
④ 식생현황상태

해설 **16**
등고선을 통해 자연배수방향, 경사도, 유역(배수유역) 등을 파악한다.

17. 복합적인 오락지구(행락, 위락) 조경계획에서 각각의 행위에 관한 수량, 예상시기, 예상크기 등으로 세부계획 및 설계를 가능하게 하는 것은?

① program ② project
③ plan ④ design

해설 **17**
프로그램
① 기술된 또는 숫자로 표현된 계획의 방향 및 내용
② 계획 설계 시 필요한 요소와 요인들에 대한 목록과 표
· 부지조사, 분석가 의뢰자 인터뷰를 요약하고 종합하는 역할
· 대안을 비교하기 위한 점검목록 표로 사용됨

18. 건물을 지을 때 등고선과 건축물과의 관계 중 옳은 것은?

① 건축물의 장변을 등고선에 30° 배향시킨다.
② 건축물의 장변을 등고선에 45° 배향시킨다.
③ 건축물의 장변을 등고선에 평행하게 한다.
④ 건축물의 장변을 등고선에 수직으로 한다.

해설 **18**
건물을 지을 때 건축물의 장변(가장 긴 길이)을 등고선에 평행하게 해 절·성토량을 최소가 되게 한다.

19. 유원지나 국립공원 같은 대규모 프로젝트의 기본구상에서 가장 중요한 것은?

① 토지이용과 식재 ② 토지이용과 동선
③ 동선과 하부구조 ④ 하부구조와 토지

해설 **19**
대규모 프로젝트 기본구상에서 가장 중요한 사항 : 토지이용, 동선

20. 계획된 기능을 충분히 발휘시키기 위한 조건에 속하는 사항 중 옳지 못한 것은?

① 세부구성이 충분히 검토되어 있을 것이어야 한다.
② 쓰기 쉬운 상태로 항상 쉽게 유지할 수 있는 계획이어야 한다.
③ 재료에 대한 배려가 있어야 한다.
④ 만드는 방법에 대한 배려가 있어야하고 예산에 대한 배려는 없어도 된다.

해설 **20**
조경계획 시 예산에 대한 배려를 해야 한다.

정답 16. ④ 17. ① 18. ③ 19. ② 20. ④

정답 및 해설

21. 토지이용상에 있어 접근 용이성을 크게 하기 위해서는 다음 중 어느 것이 잘 계획되어야 하는가?

① 동선계획(動線計劃)
② 배수계획(排水計劃)
③ 정지계획(整地計劃)
④ 가로(街路)시설물 계획

해설 21
토지 이용상 접근 용이성 – 동선계획과 연계됨

22. 조경기본계획 작성 시 자료 분석 종합 후 대안 설정 기준으로서 일반적으로 가장 중요하게 고려되어야 할 사항은?

① 토지이용 및 동선계획
② 동선 및 식재
③ 식재 및 공급시설
④ 공급처리 및 구조물

해설 22
조경기본계획에서 중요한 고려사항 – 토지이용계획, 동선계획

23. 동선계획에서 고려되어야 할 내용과 거리가 먼 것은?

① 부지 내 전체적인 동선은 가능한 막힘이 없도록 계획한다.
② 주변 토지이용에서 이루어지는 행위의 특성 및 거리를 고려하여 적절하게 통행량을 배분한다.
③ 기본적인 동선체계로 균일한 분포를 갖는 격자형과 체계적 질서를 가지는 위계형으로 구분할 수 있다.
④ 도심지와 같이 고밀도의 토지이용이 이루어지는 곳은 위계형 동선이 효율적이다.

해설 23
- 격자형 : 도심지·고밀도 토지이용
- 위계형 : 이용행위간에 질서를 부여

24. 기본계획에 포함되지 않는 것은?

① 토지 이용계획
② 단면 상세도
③ 집행 및 관리계획
④ 교통 동선계획

해설 24
상세도는 실시설계에 포함한다.

정답 21. ① 22. ① 23. ④ 24. ②

25. 교통, 동선 계획 시 가장 올바르지 않은 것은?

① 유원지 등은 주 이용기에 많은 사람들이 몰리므로 주 이용기에 발생되는 최대의 통행량을 계획에 반영한다.
② 시설물 혹은 행위의 종류가 많고 복잡할수록 동선체계를 복잡하게 한다.
③ 통행로 선정시 가능한 짧은 거리로써 직선적 연결이 보통은 바람직하지만 지형적 여건으로 우회될 경우도 있다.
④ 보행동선과 차량동선이 만나는 부분에서는 보행자의 안전을 위하여 보행동선이 우선적으로 고려되어야 한다.

26. 기본계획안(Master plan)에 포함되지 않아도 되는 내용은?

① 토지이용계획 ② 교통동선계획
③ 시설물배치계획 ④ 정지계획

27. 다음 기본계획에 관한 설명 중 틀린 것은?

① 주로 도시계획 및 지방계획의 입장에서 계획한다.
② 토지이용 계획, 공공시설 기본 계획, 기본 구상 등을 그 내용으로 한다.
③ 작성되는 도면은 1/3,000~1/10,000 축척을 갖는다.
④ 세부 계획도는 기본계획에 포함된다.

28. 조경계획 과정 중 대안의 작성, 분석은 어느 단계인가?

① 종합단계 ② 기본구상
③ 기본설계 ④ 기본계획

29. 다음의 표는 조경계획의 일반과정을 나타낸 것으로 빈칸에 가장 알맞은 것은?

① 경관분석
② 이용 후 평가
③ 대안의 작성 및 평가
④ 설계서 작성

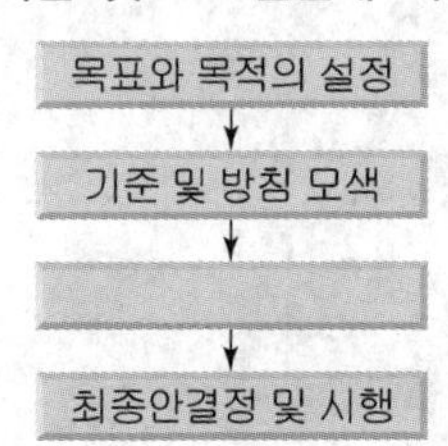

정답 및 해설

해설 25
- 시설물 혹은 행위의 종류가 많고 복잡할수록 동선체계는 단순하게 한다.
- 이용도가 높은 동선은 직선거리가 바람직하다.

해설 26
기본계획에는
① 토지이용계획
② 동선계획
③ 시설물배치계획
④ 식재계획
⑤ 하부구조계획
⑥ 집행계획이 포함된다.

해설 27
세부계획도는 실시설계에 해당한다.

해설 28
대안작성과 분석은 기본구상단계에 해당된다.

해설 29
목표와 목적의 설정 → 기준 및 방침 모색 → 대안의 작성 및 평가 → 최종안 결정 및 시행

정답 25. ② 26. ④ 27. ④ 28. ② 29. ③

정 답 및 해 설

30. 기본계획안에 포함되는 토지이용계획에 대한 설명으로 적합한 것은?

① 토지가 지닌 본래의 잠재력이 기본적 고려사항이다.
② 토지이용의 종류는 항상 일정하다.
③ 한 지역은 한 가지의 용도에만 적합하다,
④ 이용행위의 기능적 특성은 토지이용과는 무관하다.

해설 30
토지이용계획 - 토지가 지닌 본래의 잠재력을 파악, 이용행위의 관련성 고려

31. 지형의 형태 중 시각적으로 가장 단순하며, 가장 안정된 특성을 가지고 있으며, 집합적인 건물 군이나 주차장 등의 적지로써, 시선의 조망이 무한정 펼쳐지고, 추상적이고 기하학적인 선 등의 모듈 배치가 용이한 형태는?

① 능선 ② 볼록한 지형
③ 오목한 지형 ④ 평지

해설 31
평지의 모듈배치의 특징
① 시각적으로 단순
② 안정된 특성의 지형
③ 집합적인 건물, 주차장 등의 적지
③ 경관의 조망이 펼쳐짐

32. 계획 설계과정 중 다음은 어느 단계인가?

• 단지분석 • 법규검토 • 제한요소 검토 • 잠재요소 검토

① 용역발주 ② 조사
③ 분석 ④ 종합

해설 32
단지분석, 법규검토, 제한요소 검토, 잠재요소 검토는 분석단계에 해당된다.

33. 일정한 비용과 시간으로 가장 좋은 안을 만들 수 있는 것은?

① 만족스러운 안 ② 규범적인 안
③ 최적인 안 ④ 완벽한 안

해설 33
설현성과 만족도에 따른 설계안에서 주어진 시간과 비용의 범위내에서 얻을 수 있는 최선의 안– 만족스런 안

34. 계획과 설계를 비교한 다음 서술 중 잘못된 것은?

① 계획은 분석에 더욱 깊이 관련된다.
② 설계는 문제의 해결에 더욱 관련된다.
③ 계획은 프로젝트로부터 문제를 발견하고 해답을 찾는 과정에서 더욱 논리적이고 객관성 있게 접근한다.
④ 설계는 프로젝트의 제한성과 기호성을 더욱 확실하게 한다.

해설 34
설계는 도면이나 스케치로 표현한다.

35. 토지이용계획에 관한 서술 중 옳지 않은 것은?

① 계획구역내의 토지를 계획·설계의 기본목표 및 기본구상에 부합되도록 구분하고 용도를 지정하는 것이다.
② 토지가 지니고 있는 본래의 잠재력이 기본적 고려사항이 된다.
③ 이용행위의 기능적 특성을 고려한 행위 상호간의 관련성에 따라서 토지이용이 구분된다.
④ 적지분석은 토지의 잠재력과 사회적 수요에 기초하여 각 용도별로 행해지므로 동일지역이 몇 개의 용도에 적합한 경우는 없다.

해설 35
바르게 고치면
토지이용계획에서 적지분석은 토지의 잠재력과 사회적 수요에 기초해 용도별로 이루어지며, 동일지역이 몇 개의 용도에 적합한 경우도 발생한다.

정답 30. ① 31. ④ 32. ③ 33. ① 34. ④ 35. ④

36. 사회적 가치에 근거하여 토지가 지니고 있는 본래의 잠재력을 분석 평가한 토지의 최종평가는 다음 중 어느 것인가?

① 잠재력도
② 기회요소
③ 제한요소
④ 적합도

해설 36
적합도 – 사회적 가치에 근거하여 토지가 지닌 잠재력을 분석하고 적합한 토지이용을 최종평가

37. 조경계획의 한 과정인 기본구상의 설명 중 잘못된 것은?

① 자료의 종합분석을 기초로 하고 프로그램에서 제시된 계획방향에 의거하여 구체적인 계획안의 개념을 정립하는 과정이다.
② 추상적이며 계량적인 자료가 공간적 형태로 전이되는 중간 과정이다.
③ 자료분석 과정에서 제기된 프로젝트의 주요 문제점을 명확히 부각시키고 이에 대한 해결방안을 제시하는 과정이다.
④ 서술적 또는 다이아그램으로 표현하는 것은 의뢰인의 이해를 돕는데 바람직하지 않다.

해설 37
기본구상
① 계획안에 대한 물리적, 공간적 윤곽이 드러나기 시작
② 프로그램에 제시된 문제 해결 위한 구체적 계획개념 도출
③ 버블 다이어그램(diagram)으로 표현됨
③ 대안작성(기본적인 측면에서 상이한 안을 만드는 것이 바람직)

38. 프로그램이란 설계시 필요한 요소와 요인들에 대한 목록과 표를 말하는데, 이 프로그램의 구성은 세 가지로 이루어진다. 다음 중 구성 요소로 가장 보기 어려운 것은?

① 설계 목적과 목표
② 설계에 포함되어야 할 요소들의 목록
③ 설계상의 특별한 요구사항
④ 설계비용

해설 38
프로그램의 구성요소
① 설계 목적과 목표
② 설계에 포함되어야 할 요소들의 목록
③ 설계상의 특별한 요구사항

39. 계획과정에서의 "대중참여(Public Participation)를 확대해야 한다." 함은 무엇을 의미하는가?

① 이용자의 수요, 기호, 가치기준 등을 계획내용에 적극 반영하기 위함이다.
② 차후 발견될 수 있는 잘못된 계획내용에 대한 계획가의 책임을 면하기 위함이다.
③ 대중 참여도를 참고로 하여 장래 이용자 추계를 하고자 함이다.
④ 대중 참여를 유도하여 계획에 소요되는 경비를 절감하기 위함이다.

해설 39
조경계획에서 대중참여는 이용자의 수요, 기호, 가치기준 등을 계획내용에 반영하기 위함이다.

정답 36. ④ 37. ④ 38. ④ 39. ①

40. 조경계획의 과정에서 기초자료의 분석은 주로 자연환경과 인문사회환경의 분석으로 대별할 수 있다. 다음 사항 중 인문사회환경의 분석요소가 아닌 것은?

① 인구 ② 교통
③ 식생 ④ 토지이용

41. 실시설계 단계에서 포함되지 않는 것은?

① 시공비를 대략 산출한다.
② 시방서를 작성한다.
③ 디자인을 결정한다.
④ 공법, 크기, 구조 등을 정확히 결정한다.

42. 조경계획과정 중 실시설계에 포함되지 않는 것은?

① 평면설계 ② 식재설계
③ 배수설계 ④ 시설설계

43. 개발계획에 포함되어 있는 인간 활동을 분석하고, 기존 조건 위에서 이것이 어떤 효과와 영향을 갖는지 종합적으로 판단 평가하는 것은?

① 환경결정론
② 환경영향평가제도
③ 토지이용계획
④ 경관자원 분석

44. 환경영향을 평가하는 사항을 규정하고 있는 법규는?

① 도시계획법
② 자연공원법
③ 환경보전법
④ 환경영향평가법

45. 조경에 관련되는 학문 영역 중, 컴퓨터 그래픽스와 기호표시법 등 여러 기법과 관련이 있는 학문영역은?

① 자연적 요소 ② 사회적 요소
③ 공학적 지식 ④ 설계방법론

정 답 및 해 설

해설 40
식생-자연환경분석

해설 41
실시설계는 구체적인 시공법이나 디자인을 결정하고 시공비도 구체적으로 산출한다.

해설 42
실시설계
① 구체적인 세부적 · 상세한 설계
② 식재설계, 배수설계, 시설물설계 등

공통해설 43, 44
환경영향평가제도
① 개발계획시 환경에 영향을 미치는 계획 또는 사업을 수립·시행할 때에 해당 계획과 사업이 환경에 미치는 영향을 미리 예측·평가하고 환경보전방안 등을 마련하도록 하여 친환경적이고 지속가능한 발전과 건강하고 쾌적한 국민생활을 도모함을 목적으로 함
② 관련법 : 환경영향평가법

해설 45
컴퓨터 그래픽스, 기호표시법
– 설계방법론

정답 40. ③ 41. ① 42. ① 43. ② 44. ④ 45. ④

46. **동선에 대한 설명으로 가장 적당하지 않은 것은?**

① 축구경기장, 대형건물 입구, 주차장 등에서는 넓고 직선적인 처리가 효과적이다.
② 산책을 위해서는 길을 따라서 다양하고도 감각적인 경험을 할 수 있도록 한다.
③ 보행로의 설계는 장소성과 동일성, 변화성과 신비감 그리고 둘러싸임 같은 개념들을 포함해야 한다.
④ 대학 캠퍼스에서는 보행자 거리의 최단거리를 채택할 필요가 없다.

해설 **46**
대학 캠퍼스의 보행동선은 최단거리를 채택한다.

47. **Friedman이 제시한 옥외공간의 설계평가 항목이 아닌 것은?**

① 시공주
② 이용자
③ 설계관련행위
④ 물리, 사회적 환경

해설 **47**
Friedman의 옥외공간 설계평가 항목
물리 사회적 환경, 이용자, 설계과정, 주변환경

48. **조경 기본구상안의 발전단계에서 사용되는 부지상의 기능 다이어그램(Site-Related Functional Diagram)의 설명 중 옳지 않은 것은?**

① 기능/공간 상호간의 관련성을 포함하여야 한다.
② 개념계획(concept plan)보다 상세하게 표현하여야 한다.
③ 부지와 관련된 주요 기능/공간의 위치를 포함하여야 한다.
④ 부지분석 도면을 중첩하여 기능/공간의 적절성을 검토할 수 있다.

해설 **48**
다이어그램은 물리적, 공간적 윤곽이 드러나기 시작하는 단계이다.

49. **조경계획 과정에서 동선계획은 토지이용 상호간의 이동을 다루는 중요한 계획요소이다. 이에 대한 계획기준으로 적절한 것은?**

① 통행량이 많은 곳은 짧은 거리를 직선으로 연결하는 것이 바람직하다.
② 주거지와 공원 등에서는 격자형 패턴이 효과적이다.
③ 쿨데삭(Cul-de-sac)은 통과교통 구간에 적합하다.
④ 다양한 행위가 발생하는 곳은 복잡한 동선 체계로 한다.

해설 **49**
바르게 고치면
② 주거지와 공원 등에서는 위계형 패턴이 효과적이다.
③ 쿨데삭(Cul-de-sac)은 주거단지에 적합하다.
④ 다양한 행위가 발생하는 곳은 단순한 동선 체계로 한다.

정답 46. ④ 47. ① 48. ② 49. ①

정 답 및 해 설

50. 식재계획에 대한 설명으로 옳지 않은 것은?

① 식재계획은 구역 내 식생의 보호, 관리, 이용 및 배식에 관한 것을 포함한다.
② 계획구역의 기후적 여건에서 생장이 가능한지를 검토한 후 수종을 선택한다.
③ 생태적 측면뿐만 아니라 기능적 측면도 고려하여 수종을 선택한다.
④ 정형식 패턴은 기념성이 높은 장소에 부적합하다.

해설 50

정형식 패턴은 기념성이 높은 장소에 적합하다.

51. 이용 후 평가(post occupancy evaluation)에 대한 설명으로 틀린 것은?

① 이용자의 만족도를 제시한다.
② 시공 직후에 단기평가를 수행한다.
③ 설계과정을 일방향적 흐름으로부터 순환과정으로 바꾸었다.
④ 기존 환경의 개선 및 새로운 환경의 창조를 위한 자료를 제공한다.

해설 51

이용 후 평가 대상으로 선정된 지역의 조경설계에 포함하며, 별도로 정하지 않은 경우의 평가기간은 준공 후 5년간을 표준으로 한다.

정답 50. ④ 51. ②

자연환경조사

4.1 핵심플러스

■ 조사분석의 대상 : 지질, 지형, 토양, 기후, 야생동물, 식생, 수문

식생	조사법	쿼트라트법 / 접선법 / 포인트법 / 간격법
	녹지자연도	·1/50,000지도, 0~10등급(11등급) ·구분 : 0등급(수역) / 1~3등급(개발지)/4~7(개발가능지)/ 8등급~10등급(보전지역)
	생태자연도	·자연환경의 생태적 가치, 자연성, 경관적 가치 등을 구분 ·1/25,000지도1등급, 2등급, 3등급, 별도 관리지역
토양	토양도종류	·개략토양도 : 1:50,000 ·정밀토양도 : 1/25,000토양군, 토양통, 토양구, 토양상 (토성 + 경사 +침식도) ·간이산림토양도 : 1/25,000
	토양단면	0층(유기물층) → A층(표층, 용탈층) → B(집적층) → C(모재층)
	토성	토양의 물리적 성질로 모래, 점토, 미사의 함유비율에 따라 분류
	토양구조	·떼알구조, 입상구조 일 때 식물에게 유리함
	토양수분	결합수 → 흡습수 → 모관수(유효수분) → 중력수(지하수)
지형	거시적파악	계획단위이며 윤곽결정/ 자연조건의 개략조사 단계
	미시적파악	계획구역의 도면표시 / 산정과 계곡 능선의 흐름조사 / 등고선의 간격검토
	경사도분석	경사도(%)=수직거리(등고선간격) / 수평거리(등고선간의 평면거리) ×100
수문	우리나라의 경우 수지형으로 발달(동일지층인 경우)	
기후	지역기후	일조량, 강우량, 풍속 등
	미기후	·국부적인 장소에 나타나는 기후가 주변기후와 현저히 달리 나타날 때 (알베도, 쾌적기후, 일조, 안개와 서리)
원격 탐사	·항공기나 인공위성 등을 이용하여 땅위의 것을 탐사 ·단시간내 정보 수집/ 언제나 재현 가능/ 심층부의 정보는 간접적으로 얻음	

1 조사분석과정

① 기본도 준비와 답사

㉠ 1/50,000, 1/25,000, 1/5,000 등 지형도와 항공사진, 지적도, 임야도, 도시계획도, 토양도, 지질도 등 각종 도면 수집

㉡ 현지답사

② 측량

㉠ 등고선 측량 : 지형의 변화, 상세한 지형의 변화와 건축 토목 등 각종 구조물을 계획할 때 등고선 간격 1m 또는 50cm 간격으로 표시

㉡ 평면측량 : 토지의 이용 상태를 나타냄

③ 조사분석대상 : 지질, 지형, 토양, 기후, 야생동물, 식생, 수문

2 식생조사

① 계획대상지의 식물상을 파악하고, 새로 도입해야할 식물의 종류 결정

② 조사방법

- 전수조사 : 도시 구역내 인간의 간섭이 심해 빈약한 식물상을 이루고 있는 곳이나 좁은 면적으로 구성된 곳
- 표본조사 : 식물상이 자연상태의 군락을 이룬 경우, 군락구조의 해석

㉠ 쿼드라트법 : 정방형(또는 장방형, 원형)의 조사지역을 설정하고 식생조사를 함, 경지잡초군락 : 0.1~1m², 방목초원군락 : 5~10m², 산림군락 : 200~500m²

㉡ 접선법 : 군락내에 일정한 길이의 선을 긋고 그 선 안에 나타나는 식생을 조사하여 측정

㉢ 포인트법 : 높이가 낮은 군락에서만 사용가능

㉣ 간격법 : 두 식물간의 거리 또는 임의이 점과 개체간의 거리 측정, 교목, 아교목에 적용

표. 조사방법에 적용되는 군락

(○ : 적당, △ : 적용되나 적합하지 않음, × : 부적당)

		고목군락	저목군락	초본군락	이끼, 바위옷군락
쿼드라트법(방형구법)		○	○	○	○
접선법		△	△	○	○
포인트법		×	×	○	○
간격법	최단거리법	○	△	×	×
	인접개체법	○	△	×	×
	제외각법	○	△	×	×
	4분각법	○	△	×	×

㉤ 군락측도 : 군락의 여러 특질을 측정

- 빈도(frequency : 출현정도)= $\frac{\text{어떤 종의 출현 쿼드라트수}}{\text{조사한 총 쿼드라트수}} \times 100(\%)$
- 밀도(density : 단위넓이당 개체수)= $\frac{\text{어떠한 종의 개체수}}{\text{조사한 모든 개체수}} \times 100(\%)$

• 수도(abundance) 개체수 = $\frac{\text{어떤 종의 총 개체수}}{\text{어떤 종의 출현한 쿼드라트수}}$

또는 평균개체수 = $100 \times \frac{D(\text{밀도})}{F(\text{빈도})}$

• 피도(coverage : 지표면의 피복비율) = $\frac{\text{어떤 종의 피도}}{\text{모든종의 피복율}}$

• 우점도(dominance : 군락 내에 종간의 우열의 비율을 총합적으로 나타내는 측도

ⓑ 군집의 종 다양도

표. 군집의 종다양도를 표현하는 지표

지표	산출방법
중요도 important value, Ⅳ	(상대빈도+상대밀도+상대우점도)/3
Shannon의 다양도지수 (H')	$H' = -\sum P_i \log P$ P_i : 전체 종의 총개체수에 대한 한 종의 개체수의 비율
Simpson의 다양성지수 (D)	$D = \sum\left(\frac{N(N-1)}{n_i(n_{i-1})} \times 100\right)$ N : 전체 중요도 n_i : I종의 중요도 지수
균재도지수(J')	조사지 내의 구성종간의 개체수의 정도를 나타내는 지수 $J' = \frac{H'}{\log S}$ S : 구성종의 수
우점도 dominance, D	군집 내에서 특정 종의 우점의 정도 표시, 2에서 균제도 지수를 뺀 값으로 표시한다. $D = 1 - J$
군집의 유사성	두 개의 군집에서 임의의 한 개씩을 추출했을 때 그것이 동일 종인 확률 Sorenson 지수가 주로 이용됨 $S = 2 \times \frac{C}{A+B}$ A와 B는 각각의 조사구 A, B에 있는 종수를 일컬으며, C는 조사구 A, B의 공통종의 수를 말함.

③ 녹지자연도

㉠ 정의

• 일정토지의 자연성을 나타내는 지표로서 토지이용현황에 따라 녹지공간의 상태를 0등급부터 10등급까지 11등급으로 분류하고 있는 도면

• 1/50,000의 지형도상에 1km간격 정방형격자로 현지조사를 통하여 판정

㉡ 특징

• 특정지역의 자연성 혹은 식생의 천이상황을 알 수 있으며 개발지역과 보존지역을 찾아내는 데 필요한 자료임

- 식생을 단순한 사정등급에 의해 획일적으로 적용함으로써 생태적 가치에 대한 고려부족이라는 단점도 지님

ⓒ 자연녹지관리의 기본방향

구분	녹지자연도	대표지역	관리방침	국토대비
보전지역	8~10등급	장령산, 원시림 고산초원	보전위주관리	13.3%
완충지역	4~7등급	잔디, 갈대조림 등의 초원 조림지, 유령림	개발과 보전의 조화	53%
개발지역	1~3등급	시가지 농경지	개발이용	33.7%

표. 녹지자연도 구분과 내용(환경부기준)

등급	지역		명칭	내용
1	육지권	개발 지역	시가지	식생이 전혀 존재하지 않음
2			경작지	농경지
3			과수원	과수원, 묘포장, 외국산 수목 식재지
4		완충 지역 (반자연 지역)	이차초원(A)	잔디군락, 인공초지 등 키가 작은 초원지구
5			이차초원(B)	갈대, 조릿대 억새 등 키가 높은 초원지구
6			조림지	활엽수 침엽수의 산림지구 은수원 사시나무, 낙엽송, 소나무, 잣나무
7			이차림(A)	이차림으로 불리는 대상 식생지구(자연군락이 인간의 영향에 의해 성립되었거나 유지되고 있는 군락) 유령지로서 약 20년까지의 식생지구, 군락계층구조 불안정함. 서어나무, 상수리, 졸참나무 군락지
8		보존 지역 (자연 지역)	이차림(B)	이차림으로 불리는 대상 식생지구(자연식생이 교란 후에 2차천이에 의해 자연식생에 가까울 정도로 회복된 상태), 군락계층구조 안정 유령지로서 약 20~50년까지의 식생지구 신갈, 물참, 가시나무 군락지
9			자연림	다층식생사회를 형성하고 천이의 마지막단계의 극상림지구 고령림으로 약 50년생 이상 가문비, 전나무, 분비나무 군락 등의 임상지
10			고산초원	고산자연초원
0	수역	수역	수역	저수지, 하천, 식생이 전혀 존재하지 않는 지역

④ 생태자연도

㉠ 정의

- 자연환경을 생태적가치, 자연성, 경관적가치 등에 따라 등급화하여 1/25,000로 작성된 도면

㉡ 특징

- 환경부에서 생태적 중요성에 따라 4등급으로 분류하였으며 식생과 더불어 야생동물, 습지등을 고려

· 법적근거는 자연환경보전법으로 1등급, 2등급지는 개발보다는 보전에 중점을 두어 관리

㉢ 등급별 기준

등급	내용
1등급 지역	· 멸종위기 야생동·식물 또는 보호야생동·식물의 주된 서식지, 도래지 및 주요 이동 통로가 되는 지역 · 생태계가 특히 우수하거나 경관이 특히 수려한 지역 · 생물다양성이 풍부한 지역
2등급 지역	· 1등급에 준하고 장차 보전의 가치가 있는 지역 · 1등급 전역의 외부지역
3등급 지역	· 1등·2등급전역 및 별도 관리지역 · 개발 또는 이용의 대상이 되는 지역
별도 관리지역	· 역사적·문화적·경관적 가치가 있는 지역 · 도시의 녹지보전 등을 위하여 관리하고 있는 지역 (자연보호림, 자연공원, 천연기념물보호구역, 조수보호구역 등)

3 토양조사

① 토양 : 풍화된 암석의 표면부분

★② 토양도의 종류(토양도를 찾아 계획구역 내 토양에 대한 자료수집)

㉠ 개략토양도(농촌진흥청)

- 1 : 50,000 축척으로 제작
- 항공사진중심으로 현지조사를 통해 전국에 걸쳐 작성
- 광범위 지역의 농업계획과 도시, 도로 및 수자원 개발계획

㉡ 정밀토양도(농촌진흥청)

- 1 : 25,000 축척으로 제작
- 항공사진중심으로 현지조사, 국토의 일부분만 작성됨
- 토양분류

토양군 (soil association)	· 다른 토양통(soil series)이거나 전혀 다른 토양이 같은 장소에서 섞여서 함께 나타날 때
토양통 (soil series)	· 같은 모재로부터 형성된 토양으로 남양통, 예천통 등과 같이 지명에 따라 명명 · 토양통내에서 표토의 토성에 따라 구분
토양구 (soil type)	· 같은 토양통 내에서 같은 토성을 갖는 토양 · 명명은 토양통 및 토성을 합하여 부름 예) 남양 식양토
토양상(soil individual)	· 같은 토양통 및 토성 내에서 같은 침식도 및 경사를 갖는 토양

★ · 정밀토양도 판독

영문부호 $S_o C\,2$(송정 양토, 침식이 있는 7~15%경사)

S_o : 토양통 및 토성

C : 경사도(A~F)		2 : 침식정도 (1~4)	
A	0~2%	1	1 : 침식이 없거나 적음(보통은 생략함)
B	2~7%		
C	7~15%	2	2 : 침식이 있는
D	15~30%	3	3 : 침식이 심한
E	30~60%		
F	60~100%	4	4 : 침식이 매우심한

㉢ 간이산림토양도(산림자원조사연구소)

· 임지에 한해서 1 : 25,000 제작, 적지적수조림이 목적

· 잠재생산능력급수 1~5등급(암석지, 농경지, 조사불능지, 요사방지, 방목지)

③ 토양단면 (soil profile)

㉠ Ao층(유기물층) : 낙엽과 분해물질 등 유기물 토양 고유의 층, 유기물의 분해정도에 따라 L, F, H의 3층으로 분리

L층 (Litter layer)	낙엽이 대부분 분해되지 않고 원형 그대로 쌓여 있는 층
F층 (Formentation layer)	낙엽이 분해되지만 다소 원형을 유지하고 있어 식물의 조직을 육안으로 확인
H층 (Humus layer)	전부 부패된 유기물층이며 흙갈색

㉡ A층(표층, 용탈층) : 광물 토양의 최상층으로 외계와 접촉되어 그 영향을 받는 층, 흑갈색이며 식물에 필요한 양분이 풍부하여 식물의 뿌리가 왕성하게 활동하고 있는 층

㉢ B층(집적층) : 표층에 비해 부식 함량이 적고 모래의 풍화가 충분히 진행된 갈색토양

㉣ C층(모재층) : 광물질이 풍화된 층

Ao
A
B
C
모암

그림. 토양의 단면

④ 토성(soil texture)

㉠ 2mm 이하(직경) 토양입자의 크기에 따라(국제토양학회)

· 직경 2mm 이상 : 자갈(gravel)

· 직경 2~0.02mm : 모래(sand)

· 0.02~0.002mm : 미사(silt)

· 0.002mm 미만 : 점토(clay)

㉡ 모래, 미사, 점토 등의 함유비율에 의해 분류됨, 사토(대부분이 모래) → 사질양토(모래와 점토가 50%씩) → 식토(대부분이 점토)

⑤ 토양구조(soil structure)

㉠ 구조

- 단립구조(單粒構造) : 토양입자가 하나하나 떨어져 있는 것(홑알구조)
- 입단구조(粒團構造) : 각 입자가 서로 결합하여 떼를 이룬 것, 입체적인 배열상태를 이루고 있어 토양수의 이동, 보유 및 공기유통에 필요한 공극을 가지게 됨(떼알구조)

㉡ 형상에 따른 분류

- 입상(粒狀) : 외관이 구형이고 유기물이 많은 건조지역에서 발달, 식물에 좋은구조
- 괴상(塊狀) : 외관이 다면체 각형이고 밭토양과 삼림토양에서 발견
- 주상(柱狀) : 외관이 각주 혹은 원주상, 흙함량이 많은 염류토의 심토에서 발견
- 판상(板狀) : 입단이 얇은 판자상으로 논토양의 하층토에서 발견

⑥ 토양수분

- 결합수(화합수) : 어떤 성분과 화학적으로 결합되어 있는 물
- 흡습수 : 토양입자 표면에 피막처럼 흡착되어 있는 물
- 모관수 : 흡습수의 둘레에 싸고 있는 물, 토양공극 사이를 채우고 있는 수분으로 식물유효수분으로 pF(potential Force) 2.7~4.2범위
- 중력수 : 중력에 의하여 자유롭게 흐르는 물, 지하수

■ 참고 : 토양수분의 세부 : 물리적인 상태의 수분

① 수증기, 결합수, 흡습수, 모관수, 중력수 등으로 분류

② 수증기
- 토양공극내에 수증기의 형태로 존재하는 물을 말함
- 토양에 있는 수증기의 양은 상대습도에서 보통 90%로 포화증기압에 상당히 가까운 상태이며 온도의 상승하강에 따라 절대수증기와 액체수로 변화함
- 온도가 상승하면 수증기가 되어 지표 가까운 곳에서는 대기 중으로 확산되어 버리기 때문에 토양을 건조시키기도 하고, 온도가 하강하면 액체수가 되어 토양내의 물과 합쳐져 토양수를 증가시킴

② 결합수
- 수분이 토양구성물질과 화학적으로 결합하고 있는 상태를 말하며 또는 화합수라고도 함
- 이 수분은 110℃로 가열해도 증발이 되지 않기 때문에 식물에 이용될 수 없음 (pF 7이상)

③ 흡습수
- 토양입자 표면의 흡착력에 의하여 포화증기압 상태인 공기 중으로부터 토양입자 표면에 흡착된 수분을 흡착수라고 함
- 이 수분은 수증기로 되어 수분이 많은 습한 곳으로부터 건조한 곳으로 이동하게 하며, pF 4.5 이상으로 강하게 흡착되어 있어 식물이 흡수 이용할 수 없으나 100~110℃로 가열하면 쉽게 증발함

④ 모관수
- 흡습수보다도 바깥쪽에 토양입자 표면과 물 분자사이의 결합력으로 유지되는 수분
- 토양입자간의 공극이나 입자표면에 모관력에 의하여 유지되는 물이지만 토양내의 수의 pF는 1.8~4.2로 식물에 흡수이용되는 유효수분임
- 모관수의 이동은 모관력과 중력의 조합에 의하여 이루어지며, 물이 적으면 모관력 힘으로 상승하게 되고 물이 많으면 중력 힘으로 하강됨
- 모관수의 보유용량은 토성과 모관공극에 따라 결정됨

⑤ 중력수

- 비가 많이 오거나 대량관개를 했을 경우 지표에 공급되는 물은 투수성이 양호한 토양에서는 1~2일의 단기간에 배수되고 일정한 수분평형상태에 도달할 때를 중력수라고 함
- 밭토양에서는 빠르게 하층으로 침투되기도 하며 토양이 중력수를 최대 보유한 상태를 포화용수량이라고 함. 이 상태에서는 토양공극의 대부분이 물로 채워지게 됨

■ 참고 : 수분관련용어

① 위조계수 : 식물이 수분이 부족해 마름
- 초기위조점 – 소생가능 pF 3.8, 영구위조점– 소생불가능 pF 4.2

② 포장용수량 : 강우 후 중력수가 다 빠져 나간 다음 남은 량으로 식물생육에 최적
③ 최대용수량 : 강우 후 중력수가 빠져 나가지 않은 상태의 포장용수량 +중력수
④ 유효수분 : 포장용수량에서 일시위조점의 수분

4 지형조사

① 거시적 파악

㉠ 자연지역 보전계획, 지역휴양개발계획, 관광정비계획 등의 계획단위이며, 계획지역의 윤곽을 결정하고, 자연조건을 개략 조사하는 단계

㉡ 계획구역과 주변지역간이 물리적·사회적·경제적 연관성을 파악해 계획안을 반영

㉢ 지역성분석

주변지역	물리적·생태적 요소들에 관한 거시적 규모의 조사분석이 필요
지역연관성	주변도시의 세력권, 주변교통체계, 주변의 통근권 등 주변지역과 조화를 이루면서 만족시킬 수 있는 안을 마련
위치	계획구역의 위치 및 경계를 명확히 함

② 미시적 파악

㉠ 범위 : 토지이용 구분, 교통동선계획, 시설적지의 선정

㉡ 준비 : 지형도, 항공사진

㉢ 분석내용 : 계획구역의 도면표시, 산정과 계곡 능선의 흐름조사, 등고선의 간격검토 (급경사지, 완경사지, 평탄지),개천이나 하천 등 유수패턴 조사, 동선체계와 소로 및 등산로 확인, 경사방향확인

★ ③ 경사도 분석

G(%)= D/L × 100

- G : 경사도(%)
- L : 등고선의 직각인 두 등고선간의 평면거리(수평거리)
- D : 등고선간격(수직거리)

> **■ 참고 : 등고선 간격에 의한 법**
>
> 2개의 등고선 사이에서는 수직거리는 항상 일정하고 수평거리는 등고선 간격에 따라 달라지게 되며, 일정한 경사도는 일정한 수평거리를 갖게 된다.

④ 경사도에 따른 토지분석

- 1% 이하 : 완만, 배수가 불량
- 2~5% : 평탄, 운동장, 넓고 평탄지가 필요한 경우
- 5~10% : 약간 경사, 적은 대지의 활용이 가능, 경사도에 따라 선택 가능
- 15~25% : 경사지 중 아주 좁은 대지로 쓸 수 있는 상한선
- 25% : 대개 사용하기 힘들며, 침식으로 흙이 파괴
- 50~60% : 경관적 효과(수직적 요소)로서 가능한 분포
- 도로경사 : 고속도로 경사는 4% 이하, 진입로는 15%까지 허용, 도로경사는 10%

5 수문조사

① 하천조사

㉠ 방법

- 호수, 습지의 위치를 표시하고 하천의 패턴 하천번호를 조사
- 하천별 폭, 깊이, 바닥상태, 수질 등 현장에서 조사하여 기록

㉡ 유형

- 방사형 : 화산 등의 작용으로 형성된 원추형의 산에서 발달
- 수지형 : 동질적인 지질의 경우, 우리나라 하천의 경우 화강암질의 영향으로 수지형이 발달

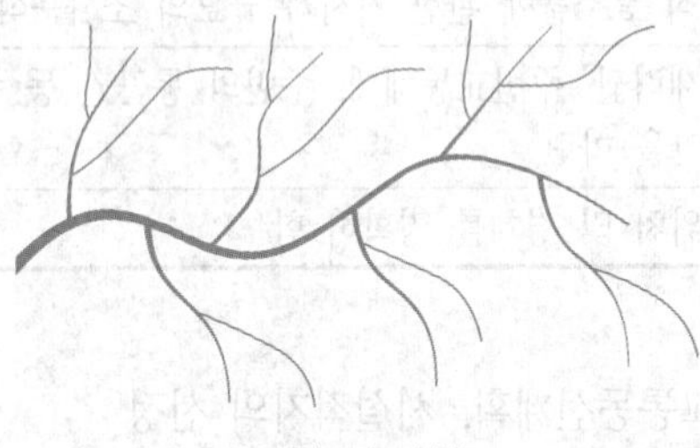

그림. 수지형

- 창살형 : 습곡, 단층 등의 지질학적 작용에 의해 발달

② 배수계획

㉠ 집수구역면적과 지표면의 상태조사 : 표면의 식생, 질감, 토양의 종류에 따라서 달라짐

㉡ 집수구역은 지형도에 의해서 능선에 따라 구역결정하며 면적은 계획부지 면적보다 같게 하거나 넓게 구획하여 유출량산정

6 기후조사

① 지역기후 : 강우량, 일조시간, 풍속, 풍향 등 조사

② 미기후

㉠ 국부적인 장소에 나타나는 기후가 주변 기후와 현저히 달리 나타날 때, 태양열, 공기유통, 안개, 서리피해 지역, 대기오염 자료 등 조사

- 미기후 요소는 대기요소와 동일하고 이외에 서리, 안개, 시정(視程), 세진(細塵), 자외선, SO_2, CO_2 량 등이 추가됨
- 미기후 인자는 지형(산, 계곡, 경사면의 방향), 수륙분포(해안, 하안, 호반)에 따른 안개의 발생, 지상피복(산림, 전답, 초지, 시가지) 및 특수열원(온천, 열을 발생하는 공장) 등을 포함

㉡ 알베도

- 표면에 닿은 복사열이 흡수되지 않고 반사되는 %
- 거울은 1이며, 잔디면이나 산림은 알베도가 낮아지며 0인 때는 열을 완전히 흡수됨을 의미
- 알베도가 낮고 전도율이 높으면 미기후가 온화하고 안정된다.

표. 지상피복조건에 따른 알베도의 값

마른 모래	0.25~0.45	산 림	0.10~0.20
젖은 모래	0.01~0.20	갓 내린 눈	0.80~0.95
검은 흙	0.05~0.15	오래된 눈	0.40~0.70
초 지	0.15~0.25	바 다	0.06~0.08

㉢ 쾌적기후 : 우리나라 온도 18~21°

㉣ 동결심도 : 겨울철 땅이 어는 깊이(서울 1m, 남부 40~50cm)

㉤ 일조 : 오전 9시~오후 3시 연속하여 2시간(동지기준)

㉥ 안개와 서리 : 지형이 낮고 배수가 불량한 지역에서 발생함

③ 도시기후

㉠ 도시열섬, 대기상승, 강우량증가, 일조량 감소, 고층건물 사이에서 풍동현상

㉡ 방지 : 나무심기, 차광시설로 복사광선 차단, 콘크리트 또는 아스팔트 억제, 수경 요소 도입, 기존식생보존, 서리끼는 지역, 환기가 안되는 지역, 돌풍지역 개선

7 원격탐사(Remote Sensing)에 의한 환경조사

① 항공기나 인공위성 등을 이용하여 땅위의 것을 탐사

② 장점 : 단시간에 광범위한 지역의 정보수집, 언제나 재현가능, 대상물에 직접 손대지 않고 정보 수집

③ 단점 : 내면 심층부의 정보는 간접적으로 얻을 수밖에 없고 고비용

④ 사진판독

㉠ 검정색 : 물(하천, 저수지, 강), 탄광지대, 침엽수림, 활엽수림

㉡ 회색 또는 회백색 : 도로

㉢ 백색 : 모래사장

핵심기출문제

내친김에 문제까지 끝내보자!

1. 조경계획 과정에서 거시적 분석인 지역성 분석 목적이 아닌 것은?

① 대규모 맥락에서 개발의 성격과 방향을 구체화
② 해당 부지의 자연 환경 조건 파악
③ 개발사업이 주변 지역에 미치는 파급효과 예측
④ 개발사업에 대한 주변 지역의 영향 검토

2. 자연환경 조사 중 토양 단면조사의 설명으로 틀린 것은?

① 토양단면조사는 식물의 생장에 가장 중요한 환경인자인 토양의 수직적 구성 및 형태를 분석한다.
② A층은 광물토양의 최상층으로 외부환경과 접촉되어 그 영향을 직접 받는 층이다.
③ B층은 대부분의 토양수를 보유하는 층으로 식물의 뿌리 발달에 가장 큰 영향을 미치는 층이다.
④ C층은 외부 환경으로부터 토양 생성 작용을 받지 못하고 단지 광물질이 풍화된 층이다.

3. 계획대상 지구의 현황을 분석하기 위한 다음 자료 중 인문환경 자료에 속하는 것이 아닌 것은?

① 인구, 산업, 경제권
② 지형, 지질, 기온
③ 거리, 교통수단
④ 문화, 역사적 경관

4. 다음 그림에서 두지점 A와 B사이는 몇 %의 경사지역인가?

① $1/\sqrt{3} \times 100(\%)$
② $\sqrt{3} \times 100(\%)$
③ $\sqrt{2} \times 100(\%)$
④ $1/\sqrt{2} \times 100$

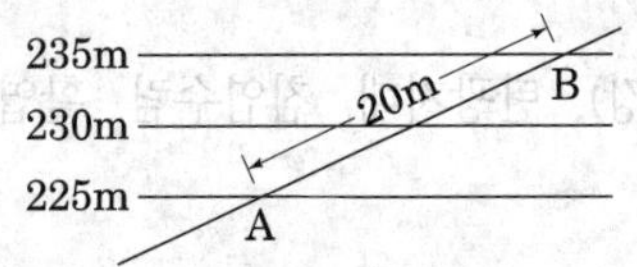

정 답 및 해 설

해설 1
②는 미시적 분석으로 계획의 대상지를 구체적으로 분석한다.

해설 2
- 식물의 뿌리발달에 영향을 미치는 층은 A층(표층, 용탈층)이다.
- B층은 집적층으로 부식함량이 적고 모래의 풍화가 진행된 상태의 토양

해설 3
지형, 지질, 기온 – 자연환경 자료

해설 4
경사도(%)

$$= \frac{\text{등고선간격}}{\text{등고선에 직각인 두 등고선간의 수평거리}} \times 100\%$$

① 등고선의 간격: 230−225
② 등고선에 직각인 두 등고선간의 수평거리:

$20^2 = \text{수평거리}^2 - 10^2$

$\text{수평거리} = 10\sqrt{3}$

$= \frac{10}{10\sqrt{3}} \times 100$

$= \frac{1}{\sqrt{3}} \times 100\%$

정답 1. ② 2. ③ 3. ② 4. ①

정 답 및 해 설

5. 조경계획의 조사분석 항목인자는 7가지로 구분되는데, 이 중 지권(地圈)과 관련성이 가장 없는 것은?

① 토양 ② 지하수
③ 지질 ④ 경사도

해설 5
자연환경조사분석인자
토양, 지형, 지질, 식생, 수문, 야생동물, 기후

6. 대상지 분석요소 중 물리적 요소가 아닌 것은?

① 기후, 수문 ② 수질, 기후, 야생동물
③ 기후, 기상 ④ 사회구조

해설 6
사회구조 – 인문적 요소

7. 토양분석을 위해 사용되는 정밀 토양도의 축척은?

① 1/5,000 ② 1/10,000
③ 1/25,000 ④ 1/50,000

해설 7
개략토양도의 축척 : 1/50,000

8. 토양도에 관한 설명 중 틀린 것은?

① 개략 토양도는 1 : 25,000 축척으로 제작되었다.
② 개략 토양도는 광범위한 지역에 대한 개발계획에 활용된다.
③ 간이 삼림토양도는 1 : 25,000 축척으로 제작되었다.
④ 간이 삼림토양도는 토양의 잠재 생산능력급수를 1급부터 5급까지 나누어 표시한다.

해설 8
개략토양도의 축척은 1 : 50,000으로 제작된다.

9. 지형 및 지질조사에 대한 설명 중 옳지 않은 것은?

① 토양구(soil type) 확인을 위해 이용할 수 있는 도면은 개략토양도이다.
② 간이산림토양도는 잠재생산 능력급수를 5등급으로 나누어 표현한다.
③ 경사분석도의 간격은 목적에 따라 구분하여 사용할 수 있다.
④ 지형도를 통해 분수선, 계곡선, 지세 등을 분석한다.

해설 9
바르게 고치면
토양구를 확인할 수 있는 도면은 정밀토양도이다.

10. 토양에 대한 설명으로 틀린 것은?

① 토성(soil texture)은 토양의 개략적인 성질을 나타내는 것이다.
② 직경이 0.05~0.002mm인 토양입자는 미사로 구분한다.
③ 토성분류는 자갈, 미사, 점토의 구성비로 나타낸다.
④ 토양단면은 유기물층, 용탈층, 집적층, 무기물층, 암반 등으로 구분한다.

해설 10
바르게 고치면
토성분류는 모래, 미사, 점토의 구성비로 나타낸다.

정답 5. ② 6. ④ 7. ③ 8. ① 9. ① 10. ③

11. 조경계획을 할 경우 지형도에서 파악이 곤란한 것은?

① 자연배수로 ② 경사도
③ 유역(流域) ④ 식생현황상태

해설 **11**
지형도 – 경사도, 유역, 고도, 자연 배수로

12. 녹지자연도 등급에 따른 설명이 옳지 않은 것은?

① 1등급 : 해안, 암석 나출지
② 2등급 : 과수원, 묘포장
③ 8등급 : 원시림, 2차림
④ 10등급 : 고산지대 초원지구

해설 **12**
바르게 고치면
· 2등급 : 농경지
· 3등급 : 과수원, 묘포장, 외국산 수목 식재지

13. 경사도별 지형 특성(시각적 느낌, 용도, 공사의 난이도 등)을 설명한 것으로 적합하지 않은 것은?

① 4% 이하 : 활발한 활동, 별도의 절 · 성토 없이 건물 배치 가능
② 4~10% : 평탄하고, 소극적인 행위와 활동, 절 · 성토 작업을 통한 건물과 도로의 배치 가능
③ 10~20% : 가파르고, 언덕을 이용한 운동과 놀이에 적극 이용, 편익시설 배치 곤란
④ 20~50% : 테라스 하우스, 새로운 형태의 건물과 도로의 배치 기법이 요구됨

해설 **13**
바르게 고치면
4~10% : 평탄하고, 적극적인 행위와 활동, 약간의 절·성토 작업을 통한 건물과 도로의 배치 가능

14. 리모트 센싱에 대한 설명 중 틀린 것은?

① 적외선 사진, 멀티밴드 사진
② 식피율 산정시, 논, 밭 등 식생 종류별로 양적인 산정이 가능하다.
③ 특정 지역의 환경특성을 광역 환경과는 비교분석할 수 있다.
④ 시간적 추이에 따르는 환경의 변화는 파악할 수 없다.

해설 **14**
원격탐사(리모트센싱)으로 시간적 추이에 따른 환경의 변화를 파악할 수 있다.

15. 다음 조경 대상지 현황 분석 시 자연적 요소 항목 중 중요시되지 않는 것은?

① 미기후
② 토양비옥도
③ 경사도
④ 기존식생

해설 **15**
조경현황 분석시 중요시되는 자연적 요소 – 미기후, 경사도, 기존식생

정답 11. ④ 12. ② 13. ② 14. ④ 15. ②

정 답 및 해 설

16. 다음의 지하 매설물 중 도시 내 가로의 차도 밑에 매설해야하는 것은?

① 전신, 전화
② 전등, 전력의 전람
③ 수도지관과 가스지관
④ 하수도, 상수도 본관 및 가스 본관

해설 16
①, ②, ③는 보도 밑에 매설한다.

17. 리모트 센싱(remote sensing)이란 무엇인가?

① 원격 측정
② 컴퓨터 설계
③ 정밀 설계
④ 환경 심리

해설 17
리모트 센싱 = 원격탐사
= 원격측정

18. 조경계획의 자연환경분석 중 항공사진 활동분석이 아닌 것은?

① 지질분석　② 지형분석
③ 식생분석　④ 경관분석

해설 18
항공사진 활동분석 – 지질분석, 지형분석, 식생분석

19. 자연경관 분석에 있어 미기후 분석 요인으로만 묶여진 항목은?

① 향 – 바람 노출도 – 강상기류 – 계곡사면의 난대
② 지형 – 토양 – 지피상태 – 물의 유무
③ 경사도 – 토양 – 강상기류 – 물의 유무
④ 한계고도 – 바람노출도 – 지하수위 – 경관

해설 19
미기후
① 소기후보다 더 작은 범위 대기의 물리적 상태
② 국부적인 장소에 나타나는 기후가 주변기후와 현저히 달리 나타날 때
③ 태양열, 공기유통(바람), 일조(향), 안개, 서리피해지역, 대기오염, 열섬현상 등 조사

20. 조경기본계획의 토지이용을 위한 적지분석의 기준이 될 수 없는 것은?

① 생태적 기준　② 인간적 기준
③ 경관적 기준　④ 사회적 기준

해설 20
적지분석의 기준내용
사회적 가치 파악, 가치와 자연요소(생태적, 경관적) 관련성분석, 바람직한 자연요소의 추출하고 도면화하여 토지이용에 바람직한 인자를 가지는지 파악한다.

21. Grading에 있어 절토와 성토를 위해 등고선을 변경하게 된다. 이때 기준이 되는 것은 다음 중 어느 것인가?

① 계획 지반고
② 구조물의 지반
③ 절토, 성토의 중립점
④ 어떤 것이라도 기준이 될 수 있다.

해설 21
grading 은 경사 완화, 땅 고르기로 계획 지반고를 기준으로 한다.

정답　16. ④　17. ①　18. ④　19. ①　20. ②　21. ①

22. 풍치 공원 부지의 식생 입지의 파악을 위해 필요한 조사사항이 아닌 것은?

① 토지이용현황과 군락의 조사
② 주변 자연식생조사
③ 토양단면 조사와 토양분석
④ 고사목과 잔존교목조사

23. 교호관계에 있는 입지조사 사항이 아닌 것은?

① 시각구조분석과 식생　② 토지소유권과 기후
③ 식생과 기후　④ 시각구조분석과 경사

24. 건물이 밀접한 곳에서 건물과 건물사이에 주위보다 바람이 세게 부는 현상이 일어날 때, 이를 무엇이라 하는가?

① 풍동　② 풍속
③ 풍곡　④ 풍압

25. 그림과 같이 수평거리 50m씩인 A, B, C, D의 정방형 대지상에서 A 표고(53.8m) D점 표고(52.4m) 일 때, AD의 경사도는?

① 3%
② 2%
③ 2.8%
④ 0.5%

A	50m	B
50m	53.8	53.2
	53.2	52.4
C		D

26. 항공사진 축척에서 사진에 찍힌 지형지물은 무엇의 크기에 따라 결정되는가?

① 비행고도　② 초점거리
③ 비행고도와 초점거리　④ 초점거리와 시거리

27. 옥외 휴양 행동을 좌우하는 지배인자로서 영향력이 가장 약한 기상 조사 항목은?

① 월평균 강우량
② 기온의 변동량(최고 최저 기온)
③ 강우 일수
④ 생물 기후의 각종 데이터(벚꽃의 개화일 등)

해설 22
식생 입지를 위한 조사사항 : 토지이용현황, 군락조사, 주변 자연식생조사, 토양조사 및 토양 분석

해설 23
교호관계(상호 연관된 관계)에 있는 입지조사
① 식생, 기후, 시각구조분석, 경사-자연환경조사사항
② 토지소유권-인문환경조사 사항

해설 24
풍동현상 – 건물이 밀집되어 바람이 빠져나가지 못해 건물사이에서 세게 부는 현상

해설 25
$$\frac{(D)\text{수직높이}}{(L)\text{수평거리}} \times 100 = \text{경사도}(\%)$$
$$\frac{53.8 - 52.4}{50\sqrt{2}} \times 100 = 2\%$$
(피타고라스정리 적용)

해설 26
항공사진의 찍힌 지형지물 – 촬영비행고도와 초점거리

해설 27
옥외 휴양 행동을 좌우하는 지배인자 – 기온 변동량, 강우일수, 생물 기후의 각종 데이터(개화시기) 등

정답　22. ④　23. ②　24. ①　25. ②　26. ③　27. ①

28. 동일한 모재(母材)로부터 형성된 토양이며 지명을 따라 명명한 토양 분류는?

① 토양군(soil association)
② 토양구(soil type)
③ 토양통(soil series)
④ 토양상(soil individual)

해설 **28**

① 토양군 : 다른 토양통이거나 전혀 다른 토양이 같은 장소에서 섞여서 나타남
② 토양구 : 같은 토양통내에서 같은 토성을 갖는 토양
③ 토양상 : 같은 토양통내에서 같은 침식도 및 경사를 갖는 토양

29. 지질도에서 다음 그림과 같이 나타났을 경우 암석층 A의 경사각은 얼마인가?

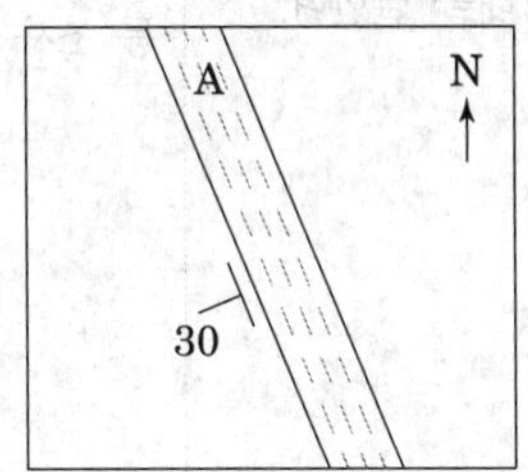

① 수평면으로부터 30° 기울어졌다
② 수직면으로부터 좌측으로 30° 기울어졌다.
③ 지표면으로부터 30° 기울어졌다.
④ 정북(北)으로부터 좌측으로 30° 기울어졌다.

해설 **29**

지층면과 수평면이 이루는 각으로 경사방향은 주향(같은 고도의 등고선과 지층 경계선이 만나는 두 점을 연결한 선의 방향)의 방향에 대해 직각으로 이루므로 그림에서 A의 수평면에 대해 30로 읽는다.

30. 다음 중 우리나라 중부지방에서 태양복사열을 가장 많이 받는 장소는?

① 동향 – 남동향 사이의 20% 경사면
② 남동향 – 남향 사이의 20% 경사면
③ 남향 – 남서향 사이의 40% 경사면
④ 서향 – 북향 사이의 40% 경사면

해설 **30**

태양복사열을 가장 많이 받는 장소 – 남향, 남서향과 남동향으로 경사가 급할수록 태양복사열을 많이 받는다.

31. 항공사진을 촬영할 때는 일정 높이에서 평행되게 왕복하며 촬영한다. 이때 인접한 두 사진 사이에 비행기 진행방향으로 겹쳐지는 비율은?

① 20%　　② 40%
③ 60%　　④ 80%

해설 **31**

항공촬영시 종중복은 60%, 횡중복은 30%로 한다.

정답 28. ③　29. ①　30. ③　31. ③

32. 대상지역의 기후에 관한 조사는 계획구역이 속한 지역의 전반적인 기후에 관한 조사와 계획구역 내에 국한된 미기후에 관한 조사로 나누어진다. 다음 중 『미기후』에 관한 조사 사항이 아닌 것은?

① 강우량 ② 태양열
③ 공기유통 ④ 안개 · 서리 피해지역

해설 **32**

기후조사
- 지역기후 : 강우량, 일조시간, 풍속, 풍향 등
- 미기후 : 태양열, 공기유통, 안개·서리 피해지역

33. 어느 일단의 대지에 있어서 미기후(micro climate)에 관한 사항 중 틀린 것은?

① 수목, 건물 등의 존재 여부에 영향을 받는다.
② 지형, 지표면의 재료 등에 영향을 받는다.
③ 지상에서 가까운 공기층에 국지적으로 일어나는 기후상태를 말한다.
④ 그 지방의 지역기후(regional cliamte)와 비슷하다.

해설 **33**

미기후
국부적인 장소에 나타나는 기후가 주변기후와 현저히 달리 나타날 때를 말하며, 태양열이나·공기유통, 안개, 서리피해 지역, 대기오염 자료 등 조사 한다.

정답 32. ① 33. ④

경관조사

5.1 핵심플러스

■ 경관요소

· 점·선·면적인 요소/ 수직·수평적 요소/ 닫혀진·열려진 공간/ 랜드마크/ 전망(view)/ 비스타(vista)/ 질감(texture)/색채/ 주요경사

■ 경관조사기법

기호화방법	기호를 이용해서 분석 도면작성/ Lynch분석
심미적요소계량화	Leopold의 스코틀랜드 계곡경관의 평가로 특이성값의 크기 계산
메쉬분석방법	일정한 간격으로 구획한 도상분석, 종합하여 경관의 질을 평가
시각회랑에 의한 방법	Litton의 산림경관분석 · 거시경관 : 파노라믹한 경관(전경관)/ 지형경관(천연미적경관)/위요경관/ 초점경관 · 세부경관 : 관개경관(터널적경관/캐노피경관)/세부경관/ 일시적 경관
	· 경관의 우세요소 : 형태/선/색채/질감 · 경관의 우세원칙 : 대조/연속성/ 축/집중/ 상대성/조형 · 변화요인 : 운동/빛/ 기후조건/계절/ 거리/ 관찰위치/ 규모
	· 시각회랑설정 / 경관관찰점설정(LCP:전경, 중경, 배경의 조망점선정)
사진에 의한 분석	사진으로 분석 / 쉐이퍼모델

■ 경관평가

척도유형	명목척 / 순서척/ 등간척(리커드, 어의구별척) / 비례척
측정방법	형용사목록법 / 카드분류법 / 어의구별척 / 리카드척도 / 순위조사 / SBE방법 / 쌍체비교법

1 경관

① 경관의 형식과 내용

㉠ 경관의 형식 - 물리적 형태와 위치

자연경관		해양, 산림, 평야경관
문화경관	도시경관	가로, 택지, 교외경관
	농촌경관	취락경관, 경작지경관

㉡ 경관의 내용

생태적 측면	·경관의 자연과학적, 생물학적 구성을 말함 ·경관의 생태적 경관성이 주가됨
미적 측면	·경관을 미적 대상으로 봄 ·미 구성원리 – 형식미학 ·심리적 느낌, 상징성, 의미전달 – 상징미학
철학적 측면	·경관으로부터 삶의 의미 파악 ·경관을 인간의 실존적 장으로 봄
경제적 측면	·경관의 효율을 화폐가치로 환산 ·경관을 하나의 소비재로 봄

② 경관의 요소

점·선·면적인 요소	·정자목, 집 : 점적요소 ·하천, 도로, 가로수 : 선적요소 ·초지, 전답, 운동장, 호수 : 면적요소
수직·수평적 요소	·수평적 요소 :저수지, 호수, 수면 ·수직적 요소 : 절벽, 전신주
닫혀진·열려진 공간	·닫혀진공간 : 계곡, 수림 ·열려진공간 : 들판초지
랜드마크	·식별성이 높은 지형·지질
전망(view), 비스타(vista)	·전망(view) : 일정지점에서 볼 때 파노라믹하게 펼쳐지는 공간 ·비스타(vista) : 좌우로의 시선이 제한되고 일정지점으로 시선이 모이도록 구성된 공간
질감(texture)	·지표상태에 따라 영향
색채	·인공적시설물의 주변과의 조화·대비되는 색 선택
주요경사	·급경사 훼손시 경관의 질을 크게 해치며 이를 위한 배려가 요구됨

2 경관의 유형

① 인간의 간섭 정도에 의한 경관 유형

㉠ 자연경관

- 자급 또는 자립적인 경관으로 인간에 의해 조절되는 에너지나 경제적 흐름 없이 작동되는 경관
- 태양광선이나 자연력(비, 바람, 물의 흐름)에 의존하는 경관
- 자립은 자연환경이 사용되지 않거나 인간의 활동에 영향을 받지 않는 것을 의미하지는 않으며, 이용 등이 발생하여도 재생할 수 있으면 자연경관으로 자격이 있다고 봄
- 낮은 혹은 중간 정도 복잡성, 부드러운 질감, 자연스러운 색채

㉡ 순치경관

- 농장과 같은 농경지, 경작식물 이나 가축이 지배적으로 많은 곳
- 생태학자들은 태양 및 보조에너지 동력계라고 부르기도 함
- 에너지는 태양이 공급하지만, 인간의 노동이나 기계와 비료 등과 같이 인간이 통제하는 일에 에너지가 보조가 됨
- 부드러운 질감, 색채도 자연스런 조화, 특성상 단종 재배에 의한 균질적인 면, 경계에 의해 통일성과 질서감은 자연경관에 비해 높음

㉢ 인조경관

- 도시와 공업단지, 도로와 철도, 공항을 포함하는 교통지역
- 전체 경관 중에 작은 부분을 차지함
- 에너지 사용이 집약적이므로 많은 폐열과 오염이 야기되어 자연경관과 순치경관에 영향을 발휘함
- 중간 혹은 높은 복잡성을 가짐, 인공물로 딱딱한 질감, 서로 조화롭지 못한 다양한 종류의 색채가 극단적인 대비를 보임

② 경관유형별 경관훼손 요인

	도시지역	자연지역
	반인공경관	순수한 자연경관
자연경관요소	· 도시지역에 형성되는 경관 · 인공적 요소를 배경으로 자연적 요소가 전경에 위치하는 경관 · 도시내의 위치한 구릉지, 녹지, 하천 · 도시개발에 의한 구조물 신축, 녹지 잠식 등이 주요 경관 훼손요인 · 자연적요소로의 시각적 접근성확보와 녹지잠식방지 등의 노력이 요구	· 자연지역에 형성되는 경관, 국립공원 등 순수한 자연지역이 속함 · 산불 · 홍수 등 자연재해 및 벌목 등에 의한 경관훼손
	인공경관	반자연경관
인공경관요소	· 도시지역에 형성되는 경관 · 대부분의 시가지 경관이 이에 속함 · 건물 및 구조물의 규모, 형태, 색채의 부조화 및 복잡성으로 인한 경관의 질 저하	· 자연적 요소를 인공적 요소가 침입하는 경관으로 자연지역 · 도로, 교량, 댐 등 대형 토목구조물 경관 등으로 자연성 훼손 및 경관미 저하

3 경관 분석의 여러 기법

① 기호화 방법 : 기호를 이용해서 분석 도면 작성(K. Lynch)

② 심미적 요소의 계량화 방법

㉠ 경관의 질적 요소를 계량화하는 방법으로서 경관 평가의 객관화 시도

㉡ 물리적 인자, 생태적 인자, 인간 이용과 흥미적 인자 등으로 구분

㉢ Leopold의 스코틀랜드 계곡경관의 평가로 특이성(uniqueness : 독특한 정도)값의 크기를 계산하여 상대적 경관가치를 계량화함

③ 메쉬 분석방법

㉠ 경관의 타입을 체계화하고 체계화된 각 요인을 일정한 간격의 구획한 도상에서 분석하고 이를 종합하여 경관의 질을 평가

㉡ 각 요인별로 등급을 나누고 이 단계별 등급을 각 그리드에 표시해 놓고 등급별 그리드수를 집계하여 경관의 특색을 도출해 내는 방법

④ 시각회랑(Visual Corridor)에 의한 방법 : Litton 산림경관분석

㉠ 산림경관의 유형

· 거시적경관

파노라믹한 경관	· 시야를 제한받지 않고 멀리 트인 경관, 경계의식이 뚜렷하지 않음 · 수평선, 지평선, 높은 곳에 내려다보는 경관 · 조감도적성격과 자연의 웅장함과 존경심
지형경관	· 독특한 형태와 큰규모의 지형지물이 지배적 · 주변 환경의 지표(landmark) · 자연의 큰 힘에 존경과 감탄
위요경관	· 수목, 경사면 등의 주위경관요소들에 의해 울타리처럼 둘러쌈 · 평탄한 중심공간에 숲이나 산이 둘러싸여있는 듯한 경관 · 안정감, 포근함으로 정적인 느낌과 중심 공간 경사도가 증가하면 동적느낌이 증가함
초점경관	· 관찰자의 시선이 경관 내의 어느 한 점으로 유도되도록 구성된 경관 · 초점을 중심으로 강한 시각적통일성을 지닌 안정적 구조(vista경관)

· 세부경관

관개경관 (터널적 경관)	· 교목의 수관아래서 형성되는 경관 · 숲속의 오솔길, 노폭이 좁고 가로수 수관이 큰 도로
세부경관	· 내부지향적, 낭만적 경관 · 사방으로 시야가 제한되고 협소한 공간규모 · 관찰자가 가까이 접근하여 나무의 모양, 잎, 열매 등을 상세히 보며 감상
일시적 경관	· 경관유형에 부수적으로 중복되어 나타남 · 기상변화, 계절감, 시간성의 다양한 모습을 경험

㉡ 경관의 우세요소, 우세원칙, 변화요인

우세요소	· 경관형성에 지배적인요소 · 형태, 선, 색채, 질감
우세원칙	· 우세요소를 더 미학적으로 부각시키고 주변대상과 비교될 수 있는 것 · 대조, 연속성, 축, 집중, 상대성, 조형
변화요인	· 경관을 변화시키는 요인 · 운동, 빛, 기후조건, 계절, 거리, 관찰위치, 규모, 시간

㉢ 경관조사방법

· 시각회랑설정 : 지형도를 가지고 답사를 통해 시각회랑을 구함, 등산로, 일상통로, 차량도로, 철도 등 중심노선에서 조망할 수 있는 관찰구역설정

· 경관관찰점설정(Landscape control point, LCP) : 전경, 중경, 배경을 살필 수 있는 고정적 조망점을 선정

· 가시경관 구역을 정하여 특징을 구분(1mile = 1.6km)

가시구역 / 특정적구역	전 경		중 경		배 경	
	근 경	원 경	근 경	원 경	근 경	원 경
거리(mile)	0~1/4	1/4~1/2	1/4~1/2	3~5	3~5	무한대
시각능력	세부경관요소		세부 및 전반적 요소		전반적 윤곽	
관찰목표	암석 위치		거치의 윤곽선		수관	
시각적 특성	개개의 식생 및 종류와 색채, 냄새, 동작구분		질감에 의한 식생구분		명암에 의한 형태구분	

· 시각적분석 : 경관조사노선에 설정된 LCP를 통하여 경관의 구도적분석과 경관의 우세요소 및 경관의 우세원칙, 경관의 변화요인 조사하여 종합분석함

■ 참고 : 조망점의 선정 장소

① 인구가 밀접된 지역이거나 이동이 많은 곳
② 주요 결절점 등 피조망 대상이 되는 경관자원으로서의 조망빈도와 조망량이 상대적으로 많은 지점을 조망점으로 선정함

⑤ 사진에 의한 분석방법

㉠ 항공사진이용하거나 대상물을 사진으로 촬영하여 분석

㉡ 쉐이퍼(Shafer)모델 : 자연경관에서 시각적 선호에 관한 계량적 모델
흑백사진을 이용하여 10개의 경관구역에 대하여 각각 경계선의 길이, 넓이를 계산하고 명암도 등 고려하여 변수를 설정하고 회귀분석결과 모델산출

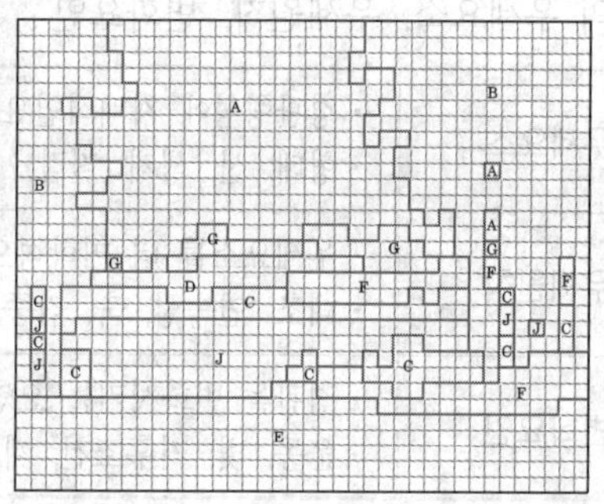

그림 사진에 의한 경관분석의 예

그림에서, A : 하늘과 구름　B : 근경식생지역　C : 중경식생지역
D : 원경식생구역　E : 근경식생외지역　F : 중경식생외지역
G : 원경식생외지역　H : 수경관지역　I : 폭포지역
J : 호수지역

참고용)

$$Y=184.8-0.5436\ X_1-0.09298\ X_2+0.002069(X_1 \cdot X_3) +0.0005538(X_1 \cdot X_4)-0.002596(X_3 \cdot X_6)+0.001634(X_2 \cdot X_6) -0.0084441(X_4 \cdot X_6)-0.0004131(X_4 \cdot X_6)+0.0006666X_1^2 +0.0001327X_6^2$$

X_1 : 근경식생지역의 경계선 길이　X_2 : 중경 비식생지역의 경계선의 길
X_3 : 원경 식생지역의 경계선의 길이　X_4 : 중경 식생지역의 면적
X_5 : 물과 관련된 모든 지역의 면적　X_6 : 원경 비식생지역의 면적
Y : 경관선호 예측값

4 경관평가 척도와 측정

★① 척도의 유형

㉠ 명목척(nominal scale) : 사물의 특성에 고유번호를 부여함, 크고 작음이 아닌 특성자체를 대표
예) 운동선수 유니폼

㉡ 순서척(ordinal scale) : 일정크기의 크고 작음을 비교함, 숫자를 보고 일정특성의 상대적 크기를 비교
예) 키 큰 순서 또는 성적순

㉢ 등간척(interval scale) : 일정특성의 상대적인 비교함, 설계연구에 이용되는 리커드척도 혹은 어의구별척 등이 해당됨

㉣ 비례척(ratio scale) : 등간척에서 불가능했던 직접적인 비례계산이 가능함, 보통 길이·무게·부피 등과 같이 물리적 사물의 특성에 대한 크기를 측정할 때 이용

★ ② 측정방법

㉠ 형용사목록법 : 경관의 특성을 이해하기 위한 것으로 경관의 성격을 나타내는 형용사를 선택

㉡ 카드분류법 : 경관의 특성을 이해하기 위한 것으로 문장의 내용과 대상 경관의 특성에 가까운 정도에 따라 분류

㉢ 어의구별척 : 경관에 대한 의미의 질 및 강도를 밝히기 위해 형용사의 양극사이를 7단계로 나누고 평가자가 느끼는 정도를 표시

㉣ 리커드척도 : 응답자의 태도나 가치를 측정하는 조사로 보통 5점척도가 사용됨

㉤ 순위조사 : 여러 경관의 상대적인 비교에 이용됨

㉥ SBE방법(scenic beauty estimation) : 개인적 기준의 차이로 인한 평가치 차이를 보정하기 위해 표준값 이용

㉦ 쌍체비교법 : 인자들을 두 개씩 쌍으로 비교하여 중요한 인자를 선택, 자극에 대한 심리적 반응의 상대적 크기를 계산

핵심기출문제

내친김에 문제까지 끝내보자!

1. 리튼(Litton)의 7가지 산림경관 유형 중 지형이 특징을 나타내고 있어 관찰자가 강한 인상을 받게 되고 경관의 지표가 되는 것은?

① feature landscape
② panoramic landscape
③ enclosed landscape
④ focal landscape

2. '광활한 바다나 끝없는 초원의 풍경' 과 같은 경관은?

① 전(panoramic) 경관
② 위요(enclosure) 경관
③ 초점(focal) 경관
④ 관개(canopied) 경관

3. 다음 중 일시적 경관 또는 순간적 경관에 대한 설명이 아닌 것은?

① 노루와 사슴이 물을 마시는 호숫가의 풍경
② 잔잔한 호수 면에 비추어진 구름
③ 잔디밭에 놓여 진 거대한 수석
④ 저녁노을이 붉게 물든 호숫가

4. 경관조사방법 중 경관의 특징, 주위경관의 유사성 변화 등을 밝혀내기 위한 경관의 우세요소가 아닌 것은?

① 형태(form) ② 색채(color)
③ 규모(scale) ④ 질감(texture)

5. 경관의 변화 요인(variable factors)에 해당하는 것은?

① 질감 ② 색채
③ 선 ④ 시간

정 답 및 해 설

해설 1
① 지형경관 – 지형·지물이 지배적, 관찰자가 강한 인상을 받음
② 파노라믹한 경관
③ 위요경관
④ 초점경관

해설 2
전경관 – 파노라믹한 경관, 시야를 제한받지 않고 멀리 트인 경관

해설 3
일시적 경관은 경관유형에 부수적으로 중복되어 나타나며, 기상변화·계절감·시간성의 다양한 모습을 경험하게 한다.

해설 4
경관의 우세요소 : 형태, 선, 색채, 질감

해설 5
경관의 변화 요인 : 운동, 빛, 기후조건, 계절, 거리, 관찰위치, 규모, 시간

정답 1. ① 2. ① 3. ③ 4. ③ 5. ④

정 답 및 해 설

6. 리커트 척도(likert scale)는 다음 중 어떤 척도 유형에 속하는가?

① 명목척(nominal scale)
② 순서척(ordinal scale)
③ 등간척(inerval scale)
④ 비례척(ratio scale)

7. 특이성비를 이용한 Leopold의 주된 접근방법은?

① 형이상학적 접근방법
② 경관자원적 접근방법
③ 인간행태적 접근방법
④ 경제학적 접근방법

8. 경관평가를 위한 척도의 유형 중 사물 혹은 특성에 고유번호를 부여하여 측정하는 척도는?

① 명목척 ② 순서척
③ 등간척 ④ 비례척

9. 다음 중 비스타(vista)의 설명으로 옳은 것은?

① 틀(frame)이 형성된 경관을 말한다.
② 교목의 수관 아래에 형성되는 경관을 말한다.
③ 수목 혹은 경사면 등의 주위 경관요소들로 둘러싸여 있는 경관을 말한다.
④ 종점 혹은 지배적인 요소로 향하여 모아지는 전망을 말한다.

10. 다음 중 경관분석의 방법이 아닌 것은?

① 간격법
② 기호화방법
③ 메쉬 분석방법
④ 심미적 요소의 계량화방법

해설 6

등간척(interval scale)
일정특성의 상대적인 비교함, 설계연구에 이용되는 리커드척도 혹은 어의구별척 등이 해당된다.

해설 7

레오폴드는 경관자원적 접근방법으로 스코틀랜드 계곡경관을 평가하였다.

해설 8

척도의 유형
- 순서척(ordinal scale) : 일정크기의 크고 작음을 비교함, 숫자를 보고 일정특성의 상대적 크기를 비교
- 등간척(interval scale) : 일정특성의 상대적인 비교함, 설계연구에 이용되는 리커드척도 혹은 어의구별척 등이 해당됨
- 비례척(ratio scale) : 등간척에서 불가능했던 직접적인 비례계산이 가능함

해설 9

비스타는 좌우로 시선이 제한되고 일정지점으로 시선이 모이도록 구성된 전망을 말한다.

해설 10

경관분석의 기법
- 기호화방법
- 심미적 요소의 계량화방법
- 메쉬 분석방법
- 시각회랑에 의한 방법
- 사진에 의한 분석

정답 6. ③ 7. ② 8. ① 9. ④ 10. ①

정답 및 해설

11. 다음 경관분석을 위한 기초자료 종합 시 가중치(加重値) 적용 방법 중 가장 객관적이라고 볼 수 있는 것은?

① 회귀분석법(回歸分析法)
② 도면결합법(圖面結合法)
③ 여러 명의 전문가 의견을 평균하는 방법
④ 모든 요소에 동일한 가중치를 적용하는 방법

12. LCP(Landscape Control Point)의 의미로 가장 적합한 것은?

① 시각 구역을 전망할 수 있는 경관 탐사용 고정 관찰점이다.
② 경관 탐사 시에 초점경관을 이루는 관찰 대상물을 가리킨다.
③ 불량 경관을 개선하기 위한 차폐 시설물의 설치 지점을 말한다.
④ 우수 경관을 선택적으로 조망할 수 있도록 만든 방향 표지판의 지점을 말한다.

13. 주거지역 주변의 경관에 대한 시각적 선호를 예측하는 것으로서 다음 [보기]의 가설과, 계량적 예측모델의 효시라고 볼 수 있는 것은?

> [보기]
> 기본적인 가설은 경관에 대한 시각적 선호의 정도는 선호에 영향을 미치는 각 인자(독립변수)들의 영향의 합으로서 나타내진다는 것이다.

① 프라이버시 모델　　② 쉐이퍼 모델
③ 중정 모델　　④ 피터슨 모델

해설 **11**

회귀분석법
- 둘 또는 그 이상의 변수 사이의 관계 특히 변수 사이의 인과관계를 분석하는 추측통계의 한 분야이다. 회귀분석은 특정 변수값의 변화와 다른 변수값의 변화가 가지는 수학적 선형의 함수식을 파악함으로써 상호관계를 추론하게 되는데 추정된 함수식을 회귀식이라고 함
- 경관분석시 정량적인 객관적 방법임

해설 **12**

경관관찰점설정(Landscape control point, LCP) : 전경, 중경, 배경을 살필 수 있는 고정적 조망점을 선정

해설 **13**

시각적 선호의 예측모델
- 피터슨 모델 : 주거지역 주변의 경관에 대한 시각적 선호를 예측
- 쉐이퍼 모델 : 자연경관지역에서 시각적 선호에 관한 계량적 예측
- 중정 모델 : 캠퍼스 중정에서의 시각적 선호에 관한 예측모델

정답　11. ①　12. ②　13. ④

인문 · 사회 환경조사

6.1 핵심플러스

■ 인문·사회환경조사내용

· 인구, 토지이용조사, 교통조사, 시설물조사, 역사적 유물조사, 인간행태

■ 수요량산정

시계열모델	예측연도가 단기간, 환경조건변화가 적은 경우
중력모델	대단지에 단기예측
요인분석모델	과거의 이용 추세로 추정
외삽법	선례가 없는 경우 비슷한 곳 대신조사

■ 공간의 수요량계획

수요인원산정	· 연간이용자수 × 최대일률 = 최대일이용자수 · 최대일이용자수 × 회전율 = 최대시이용자수

표준단위 규모

M = Y×C×S×R

여기서, M : 동시수용력

Y : 연간이용자수

C : 최대일률

R : 회전율

S : 서비스률 (경영효율상 최대일 이용자수의 60~80% 정도 수용 능력)

1 인문 · 사회 환경 조사

① 인구 : 계획부지를 포함 주변인구 조사, 이용하게 되는 이용자수의 분석

② 토지이용조사

㉠ 토지이용형태 : 인간과 자연의 상호작용 결과, 인간활동이 자연에 남긴 흔적

㉡ 분석내용 : 용도, 이용자 행위, 위치, 변화 추세, 타용도와의 상충성 등

③ 교통조사

④ 시설물조사

⑤ 역사적 유물 조사 : 문화, 천연기념물, 지역에 스며든 상징적 의미, 전설, 친근감, 깊이감, 이미지를 줄 수 있는 것을 문헌조사 및 주민과의 면담조사로 실시

⑥ 인간행태 유형 : 실제 이용자나 유사한 계층의 사람들을 대상으로 단순관찰, 면담, 질문, 설문지조사

2 공간 수요량 산정(장래예측방법)

① 목적 : 주어진 공간에 계획했을 때 어느 정도의 인원을 수용할 수 있을 것인지 산정하는 것으로 개발 방향과 규모의 중요 요인이 됨

★ ② 수요량 산출 모델

㉠ 시계열 모델 : 예측 연도가 단기간인 경우와 환경조건의 변화가 적고, 현재까지 추세가 장래에도 계속된다고 생각되는 경우에 효과적인 방법

㉡ 중력모델 : 대단지에서는 단기적으로 예측하는 데 사용

㉢ 요인분석모델 : 과거의 이용 추세로 추정하는 것이며, 흔히 사용

㉣ 외삽법 : 과거의 이용 선례가 없을 때 비슷한 곳을 대신 조사하여 추정

· 공간 수요량 계획은 위 몇 가지 예측방법을 혼합하여 사용함이 좋음

3 공간 수요량 계획 ★★

① 원수 : 연간 이용자수

② 일 이용자수 : 연간 관광객수에 대한 비율(최대일률, 최대일 집중률, 피크율)

㉠ 최대일률(집중률) : 최대일방문객의 연간방문객에 대한 비율로 계절형에 따라 차이가 남

㉡ 최대일률 = 최대일 이용자수 / 연간 이용자수

표. 최대일률

구분	1계절형	2계절형	3계절형	4계절형
최대일률1)	1/8	1/15	1/30	1/50
최대일률2)	1/8	1/40	1/60	1/50
최대일률3)	1/30	1/40	1/60	1/100

* 최대일률의 적용은 현재까지 실무적으로 2)와 3)의 최대일률을 적용하는 경우가 많음

1) 문화관광부(1997), 관광진흥 10개년 계획에서 재구성, 문화관광부 (2001), 제2차 관광개발기본계획

2) 한국관광레저연감(2004)

3) 조경공사(1976), 조경설계기준, 일본에서 적용하는 기준

㉢ 회전율 : 1일 중 가장 많은 이용자수 / 그날의 총 이용자수 비율

■ **참고** : 수요의 예측방법

① 정성적 예측
- 질적 방법, 전문가의 주관적인 관점을 주로 이용
- 델파이예측법, 전문가판단모형, 시나리오 설정법

② 정량적 예측법
- 양적 방법, 시계열 자료나 관련변수들의 인과관계를 통한 통계적 예측
- 인과모형, 공간상호작용모형(중력모형, 여행발생모형, 여행배분모형), 시계열분석법(과거 및 현재 추세의 비율을 이용하여 미래를 예측하는 방법)

표. 평균체재시간별 동시체재율

체재시간	1시간	2시간	3시간	4시간	5시간	6시간
동시체재율	0.16	0.31	0.47	0.62	0.77	0.92

- 1시간형 – 동굴관람형
- 2시간형 – 해안관람형, 문화유적관람형, 문화유적체험형, 단일공간관람형, 단일시설관람형
- 3시간형 – 산악관람형, 산악체험형, 내수면관람형, 내수면체험형
- 4시간형 – 단일공간체험형

③ 수요량산정

㉠ 연간 이용자수 × 최대일률 = 최대일 이용자수

㉡ 최대일 이용자수 × 회전율 = 최대시 이용자수

④ 표준단위 규모

M = Y×C×S×R

M : 동시 수용력　　　Y : 연간 이용자수

C : 최대일률　　　　R : 회전율

S : 서비스률 (경영효율상 최대일 이용자수의 60~80% 정도 수용 능력)

4 수용력산정과 수요 결정

① 생태적수용력

㉠ 개념 : 자연계 생태적 균형을 깨뜨리지 않는 범위 내에서 또는 대상지역 생태계가 어느 정도 훼손까지 흡수하여 회복할 수 있는 능력에 따라 이용자수 결정

㉡ 수용인원산정

- 토지용도별 적지 혹은 시설별 가용지를 찾아내고 이 면적에 비례하여 수용능력을 산정
- 최대동시수용인원 $= \dfrac{\text{시설가용면적}(m^2)}{\text{1인당소요면적}(m^2)}$

② 사회적 수용력(활동적수용력)

㉠ 개념 : 인간이 활동하는데 필요한 육체적, 정신적 필요공간량

㉡ 산정 : 원단위적용

예) 선적이용 –지나가면서 즐기는 거리 3m(폭)×5m(길이)=15㎡

③ 적정수용력

㉠ 개념 : 자원을 적절하게 보호함과 동시에 이용자를 만족하게 하면서 일정 기간 동안 자원이 감당할 수 있는 이용량

㉡ 수요결정

- 사회활동적수요 〈 생태적수요 → 사회적수요 선택
- 사회활동적수요 〉 생태적수요 → 생태적수요 선택

핵심기출문제

내친김에 문제까지 끝내보자!

1. 인문 사회적 조사 자료라 할 수 없는 것은?

① 인간의 의식구조
② 시각적 요소
③ 문화유산
④ 법규

2. 우리나라 공원, 유원지 등에 최대일률은 일반적으로 어느 것을 적용하는가?

① 1/30 ② 1/40
③ 1/60 ④ 1/100

3. 우리나라에서의 해수욕장은 몇 계절형인가?

① 1계절형
② 2계절형
③ 3계절형
④ 4계절형

4. 연간이용객이 36,000명, 최대일률 1/60일 때 최대일 이용객은?

① 300명 ② 600명
③ 1,200명 ④ 1,600명

5. 연간이용객 추정에서 최대일 이용자의 산출 공식으로 맞는 것은?

① 연간 이용자수 × 회전율 = 최대일 이용자수
② 최대시 이용자수 × 연간 이용자수 = 최대일 이용자수
③ 최대시 이용자수 × 최대일률 = 최대일 이용자수
④ 연간 이용자수 × 최대일률 = 최대일 이용자수

정 답 및 해 설

해설 **1**
시각적요소 – 경관조사

해설 **2**
공원, 유원지 – 3계절형으로 최대일률은 1/60을 적용한다.

해설 **3**
해수욕장, 스키장 – 1계절형

공통해설 **4, 5**
최대일 이용자수 = 연간이용자수 × 최대일률(계절형)
36,000 × (1/60) = 600명

정답 1. ② 2. ③ 3. ① 4. ② 5. ④

6. 다음은 시설 규모 산정에 필요한 회전율에 대한 설명이다. 적당한 것은?

① 한 이용자가 각 시설을 이용하는 비율을 말한다.
② (최대시 이용자수/최대일 이용자수)로 구한다.
③ 한 시설을 여러 명이 돌아가며 이용하는 횟수를 말한다.
④ (단독시설 이용자수/전체시설 이용자수)로 구한다.

7. 최대시 이용자수 2,000명, 주차장 이용률 90%, 차 1대당 수용인원 20명, 1대당 주차면적 $40m^2$일 때 필요한 주차면적은?

① $1,600m^2$ ② $2,400m^2$
③ $3,600m^2$ ④ $4,000m^2$

8. 연간 이용자수의 50,000명, 최대일률의 1/50, 회전율 1/10, 시설의 이용율이 0.2, 1인당 시설의 단위규모 $10m^2$일 때 시설의 규모는?

① $20m^2$ ② $200m^2$
③ $1,000m^2$ ④ $2,000m^2$

9. 관광, 레크리에이션 수요추정에 사용되는 경영효율에 대한 설명 중 적합하지 않은 사항은 어느 것인가?

① 관광 수요가 가장 극대점에 도달하는 계절에는 100%를 초과하여 수요추정을 한다.
② 시설의 경영상 수지분기점이 되는 지표이다.
③ 시설의 연중 평균이용율을 고려하여 설정한다.
④ 경영효율은 상한선보다 하한선 설정이 더 중요하다.

10. 연간이용객이 120,000인 3계절형의 관광대상지에 약 4시간 체제(회전율 약1/1.7)를 하는 시설 대상지의 최대시 이용자수는?

① 약 1,176명 ② 1,765명
③ 약 2,353명 ④ 706명

정 답 및 해 설

해설 6

최대시 이용자수 = 최대일 이용자수 × 회전율

$\therefore$ 회전율 = $\dfrac{\text{최대시 이용자수}}{\text{최대일 이용자수}}$

해설 7

시설의 규모산정이나 주차면적을 산정하기 위해서는 항상 최대시 이용자수가 필요하다.
필요한 주차면적
= 최대시 이용자수 × 주차장 이용율 ÷ 대당 승차인원 × 대당 소요면적
$= 2,000 \times 0.9 \div 20 \times 40$
$= 3,600m^2$

해설 8

시설의 규모
= 연간 이용자수 × 최대일율 × 회전율 × 시설의 이용율 × 1인당 시설의 단위규모
$= 50,000 \times \frac{1}{50} \times \frac{1}{10} \times 0.2 \times 10$
$= 200m^2$

해설 9

경영효율은 최대일 이용자수의 60~80%의 수용능력으로 추정한다.

해설 10

최대시 이용자수
= 연간 이용자수 × 최대일율 × 회전율
$= 120,000 \times \frac{1}{60} \times \frac{1}{1.7}$
= 1,176명

정답 6. ② 7. ③ 8. ② 9. ① 10 ①

정 답 및 해 설

11. 회전률(回轉率)에 대한 설명으로 옳지 않은 것은?

① 시간 집중률 또는 동시체재율 이라고도 한다.
② 최대일이용자 수에 대한 최대시이용자수의 비율이다.
③ 동시 수용력(수요량)의 예측을 위한 하나의 지표이다.
④ 회전율이 큰 경우에는 체류시간이 짧고, 작은 경우에는 체류시간이 길다.

해설 11
회전율이 큰 경우 체류시간이 길고, 작은 경우 체류시간이 짧다.

12. 다음 중 수요예측 기간이 단기간인 경우와 환경조건의 변화가 적고 현재까지의 추세가 장래에도 계속 된다고 판단되는 경우에 가장 효과적인 수요 예측 방법은?

① 중력 모델 ② 시계열 모델
③ 요인분석 모델 ④ 수용능력 모델

해설 12
시계열 모델 : 예측 연도가 단기간인 경우와 환경조건의 변화가 적고, 현재까지 추세가 장래에도 계속된다고 생각되는 경우에 효과적인 방법

13. 이용객 추정을 가장 바르게 설명한 것은?

① 일반적인 서비스율은 90% 수준에서 결정한다.
② 사회적 수요와 생태적 수요 중 적은 수치를 적용한다.
③ 최대시이용자수는 최대일이용자수에 최대일률을 곱하여 산출한다.
④ 최대동시수용인원은 전체면적을 1인당 연간이용면적으로 나누어 산출한다.

해설 13
이용객 추정
· 일반적인 서비스율은 60~80% 수준에서 결정한다.
· 최대일이용자수는 연간이용자수에 최대일률을 곱하여 산출한다.
· 최대동시수용인원은 시설가용면적을 1인당 소요면적으로 나누어 산출한다.

14. 레크레이션 계획 시 수용력을 산정하려고 할 때 틀린 것은?

① 서비스율이란 연평균 시설의 실제 이용률이라고 할 수 있다.
② 유희공간을 연간 30일 개장했고 30일 동안 고르게 방문객이 왔다면 최대일률은 1이다.
③ 연간방문객수는 기후요일을 감안한 경험치를 사용하여 일방문객수와 일수를 산정하여 계산한다.
④ 1일 중 가장 방문객이 많은 시점의 방문객수의 그날의 전체방문객에 대한 비율을 회전율이라 한다.

해설 14
바르게 고치면
예문②의 최대일률은 1/100이다.

15. 다음 중 종합분석 중 "규모분석"과 상관이 가장 먼 것은?

① 공간량 분석 ② 시간적 분석
③ 예산규모분석 ④ 구조 및 형태분석

해설 15
규모분석에 있어는 도입할 공간량 분석, 시간적 분석, 예산규모 분석이 요구된다.

정답 11. ④ 12. ② 13. ② 14. ② 15. ④

조경계획의 접근방법

7.1 핵심플러스

■ 조경계획의 접근방법은 조경계획시 분석의 이론적인 틀이 되는 부분이며 시험에도 빈번히 출제되는 단원이므로 철저한 학습하도록 한다.

■ **조경계획의 3가지 접근방법**
물리·생태적 접근법/시각·미학적 접근법 사회·행태적 접근법

1 물리·생태적 접근 방법 ★★

① 에너지의 순환
㉠ 환경 내의 모든 물질은 변화
㉡ 에너지의 순환 과정에서 손실 에너지(엔트로피)는 피할 수 없으나 효율적인계획과 설계를 통하여 낮은 엔트로피를 추구하여야 함

② 제한인자
㉠ 생태학자 오덤은 인내의 한계를 넘거나 이 한계에 가까운 모든 조건을 제한조건, 또는 제한인자라고 하며 이 제한인자는 물리적 인자와 생물학적 인자로 나눔
㉡ 물리적 인자 : 극한적인 환경에서는 물리적 인자가 제한 인자로 작용, 홍수, 가뭄, 온도, 빛, 양분 결핍
㉢ 생물학적 인자 : 보통 쾌적한 환경에서 제한인자가 되고, 같은 종내에서 혹은 다른 종 사이에서 발생되는 경쟁, 개체의 성장 혹은 개체수를 제한하는 역할을 함

★★ ③ McHarg : 생태적 결정론(ecological determinism)
㉠ 경제성에만 치우치기 쉬운 환경계획을 자연과학적 근거에서 인간의 환경 문제를 파악하고 새로운 환경의 창조에 기여
㉡ 자연과 인간, 자연과학과 인간 환경의 관계를 생태적 결정론으로 연결
㉢ 적지선정을 위해 도면 결합법(Overlay method) 제시

그림. McHarg의 생태적 결정론

■ **참고 : 맥하그의 분석 기법과 GIS**

① 맥하그 분석기법의 영향
- 다양한 생태정보를 중첩하여 개발 및 보전 적지를 분석하는 과정에 중심을 둔 분석기법은 현대의 GIS(Geographic Information System)분석의 기틀을 제공하게 됨

② GIS (지리정보체계/지형정보체계)
- 인간생활에 필요한 지리정보를 컴퓨터 데이터로 변환하여 효율적으로 활용하기 위한 정보시스템
- 공간데이터와 속성데이터로 구성

③ 공간데이터
- 지형요소에 대한 유형, 위치, 크기, 다른 지형요소와의 공간적 위상관계
- 벡터자료(vector data), 레스터자료(raster data)

벡터자료	• 위도, 경도 절대좌표값 등을 이용하여 점, 선, 면의 정보를 저장하는 방식 • 지도상의 한 점의 위도와 경도 값을 이용하여, point를 만들고, 그 point들이 모여 line을 만들고, line 들이 모여 polygon을 만든다.
레스터자료	• 이미지데이터, 항공사진데이터, 인공위성데이터 • 격자로 표현. 격자에 각종 정보가 들어있음

④ 속성데이터
- 지형요소의 속성에 대한 자료는 수학적 의미를 포함하는 정량적 자료와 지도명, 주기, 라벨 등 대상물 설명에 필요한 정성적 자료가 있음

2 시각 · 미학적 분석 ★★

- 기존 경관의 특성을 더 높이 살려주고자 하는 계획
- 미학 질서를 인간 환경 창조에 구현시키기 위해 이용자의 시각적 반응을 과학적 방법을 통하여 설계안에 반영
- 설계자의 판단에 의존하지 않고 이용자들의 시각적 반응을 분석한다는데 특징이 있음

① 시각적분석과정

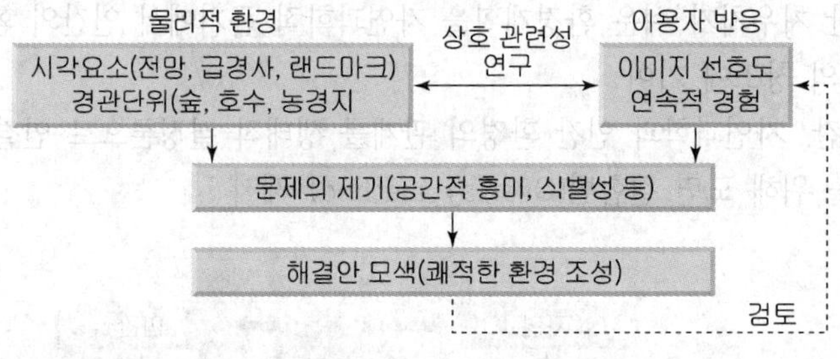

그림. 시각적 분석과정

② 미적반응

㉠ 환경미학

- 환경미학 : 전통적 미학에 바탕을 두면서, 보다 응용적이며 문제 중심적인 접근을 추구하는 미학의 한 분야, 인간 환경 전반에 관한 미적 경험 및 반응 연구
- 환경심리 : 전통심리학에 바탕을 두면서 환경지각 및 인지를 기초로 함
- 환경미학과 환경심리학은 환경지각과 인지를 기초로 하고 있음

㉡ 환경지각 및 인지

- 지각과 인지는 하나의 연속된 과정

지각(perception)	감각기관의 생리적 자극을 통해 외부의 자극을 받아들이는 과정(receive)
인지(cognition)	과거 및 현재의 외부적 환경과 미래의 인간행태를 연결시켜주는 앎(awareness) 혹은 지식(knowing)을 얻는 다양한 수단

★ ㉢ Berlyne의 미적반응과정 4단계

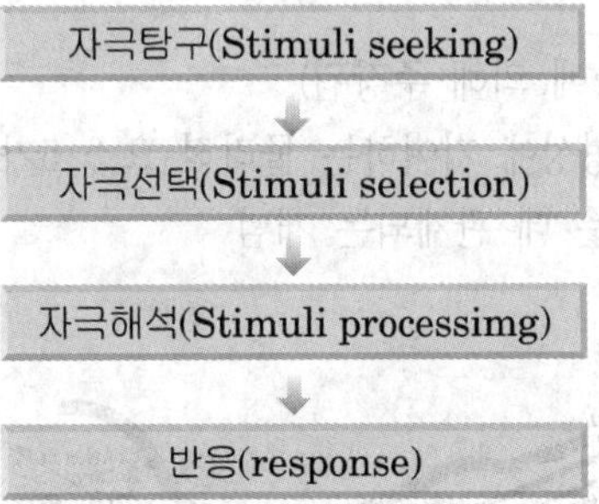

- 자극탐구 : 호기심이나 지루함 등의 다양한 동기에 의해서 이루어지며, 생물적 본능과 관계 없는 행위로 구분됨
- 자극선택 : 인간은 자극에 대해 동시에 반응할 수 없으며, 선택적 주의 집중(selective attention)을 하게 됨
- 자극해석 : 자극 요소의 상호관련성을 지각해 자극을 받아들임
- 반응 : 감정적(슬픔, 즐거움, 두려움) 마음상태로 표현, 행동적 반응(머리, 손의 움직임과 같은 근육운동 포함), 구술적(말로서 표현으로) 반응, 정신생리적(맥박이 뛰며, 손에 땀이 나는 등) 반응

★ ③ 시각적 효과분석의 측면

시각적 환경의 질의 향상을 목표로 한 접근방법들	・연속적경험(sequence experience)
	・이미지(imageability)
	・시각적복잡성(visual complexity)
	・시각적 영향(visual impact)
	・경관가치평가
	・시각적 선호(visual preference)

㉠ 연속적 경험 (Thiel, Halprin, Abernathy, Noe에 의해 주장됨)

계획가	연속적 경험의 접근
Thiel	· 연속적 경험을 기호로 표시 · 공간의 형태, 면, 인간의 움직임 등을 나타내는 기호로 구성 · 장소중심적 (폐쇄성이 높은 도심지 공간에 적용) · 외부공간의 분류 : 모호한 공간(vogues), 한정된 공간(space), 닫혀진 공간(volume)
Halprin	· Motation symbol이라는 인간행동의 움직임의 표시법을 고안 · 공간의 형태보다는 시계에 보이는 사물의 상대적 위치를 기록 · 진행중심적 · 비교적 폐쇄성이 낮은 공간(교외, 캠퍼스)에서활용
Abernathy, Noe	도시내에서 연속적 경험을 살릴 설계기법을 연구, 시간과 공간을 고려한 도시설계 방법의 중요성을 주장
공통점	시간적 흐름과 공간적 연결의 조화에 초점을 둠

㉡ 이미지(Lynch, Steinitz에 의해 주장됨)

· Lynch : 도시이미지 형성에 기여하는 물리적 요소 5가지 제시, 인간환경의 전체적인 패턴의 이해와 식별성을 높이는 데 관계되는 개념

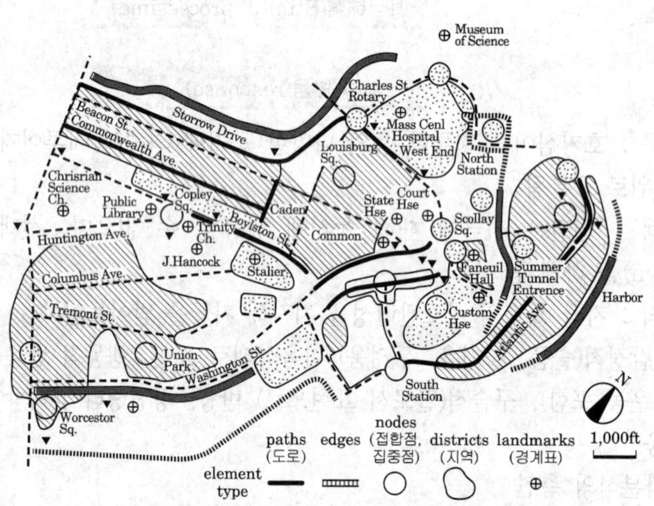

(도시의 imageability가 도시의 질을 좌우한다는 전제 하에 5개의 elemnts type을 조합하여 image map을 작성한다. Boston의 시각형태)

그림. 린치의 도시이미지의 기호화

표. Lynch의 물리적 요소 5가지

통로(paths)	연속성과 방향성을 줌 (길, 고속도로(승용차))
모서리(edges)	지역과 지역을 갈라놓거나 관찰자가 통행이 단절되는 부분 (관악산, 북한산, 고속도로(보행자), 강)
지역(district)	용도면에서 분류 (중심지역, 사대문안의 상업지역)
결절점(node)	도로의 접합점 (광장, 로타리)
랜드마크(landmark)	눈에 뚜렷이 인지되는 지표물 (시계탑, 63빌딩)

- Steinitz – Lynch의 이미지를 더욱 발전시켜 컴퓨터 그래픽 및 상관계수 분석을 통하여 도시환경에서의 형태(form)와 행위(activity)적 일치를 연구
  - 일치성의 3가지 유형
    - 타입(Type) 일치
    - 밀도(Intensity) 일치
    - 영향 일치

■ **참고**

■ 이미지(image)

- 도시환경에서 단순한 물리적 차원을 넘어서 시각적 형태가 지니는 이미지 및 의미(meaning)의 중요성을 강조
- Lynch와 Steinitz의 연구는 식별성이 높고 행위적의미를 함축하는 도시 환경의 구성이 목표

■ **Lynch와 Steinitz 연구의 차이점**

- Lynch : 물리적 형태의 시각적 이미지에 주안점
- Steinitz : 물리적 형태와 그 형태가 지닌 행위적 의미의 상호관련성에 주안점

★ ㉢ 시각적 복잡성

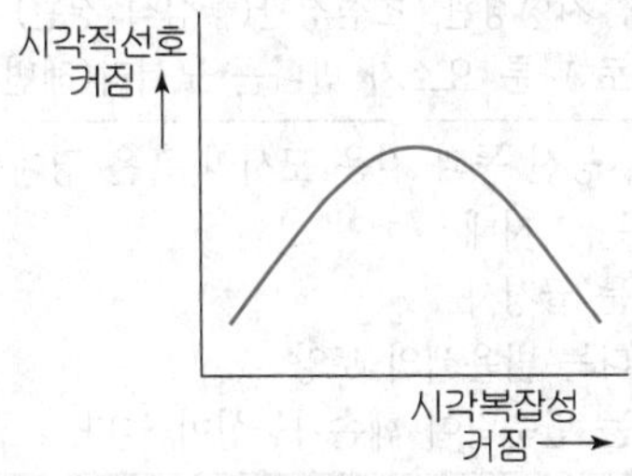

그림. 시각적 복잡성과 시각적 선호와의 관계

- 시각적 복잡성과 시각적 선호 : 중간정도의 복잡성에 대한 시각적 선호가 가장 높으며 복잡성이 아주 높거나 낮으면 시각적 선호가 낮아짐
- 설계에 응용 : 각 장소의 특성에 따라 시각적 복잡성이 적절한 수준을 정하고 이를 설계에 반영시켜 시각적 질을 높임

■ 참고 : 시각적 선호의 측정

① 행태측정(behavioral measures): 인간행위를 중심으로 측정, 대상물에 머무는 시간을 측정함으로써 이용자의 관찰시간을 잼, 전시된 두 개의 대상물 중 이용자의 선택을 관찰
② 정신생리측정(psychophysiological measures): 심리적 상태에서 나타나는 피부전기반사 또는 뇌파 등 생리적 현상 측정을 통해 선호도를 측정
③ 구두측정(verbal measures): 관찰자의 직접적인 구두 표현을 토대로 선호도를 측정
④ 직접적인 표현: 열거, 점수평가를 통해 기록

㉣ 시각적 영향 (visual impact)

★ · 토지 이용의 시각적 영향 – 제이콥스와 웨이(Jacobs & Way)

연구내용		'여러 형태의 경관이 토지 이용활동을 흡수할 수 있는 정도' '토지 이용이 시각적 환경에 미치는 영향'
관련 개념	시각적 투과성	식생의 밀집정도 및 지형적 위요정도
	시각적 복잡성	상호 구별될 수 있는 시각적 요소의 수
	→ 시각적 투과성이 높고 시각적 복잡성이 낮으면 시각적 흡수력이 낮게 되고, 시각적 영향이 큰 곳이 됨	
	시각적 흡수성	물리적 환경이 지닌 시각적 특성
	시각적 영향	토지 이용이 물리적 환경에 미치는 영향
	→ 시각적 흡수력이 낮은 곳은 개발에 따른 시각적 영향이 큰 곳이 됨	

★ · 경관의 훼손가능성- 리튼(Litton)

연구내용	– 자연경관에서의 '경관훼손의 가능성' – 도로의 개설 또는 벌목에 따른 자연경관의 민감성을 연구하여 계획, 설계, 관리시 고려
훼손가능성이 높은 경관	– 산림경관 중 지형경관, 초점경관(구심적 경관) – 두 개의 서로 다른 요소가 만나는 모서리(해변가, 경작지와 산림이 만나는 곳 등)
시각적 훼손가능성이 높은 지역	– 스카이라인, 능선 등과 같은 모서리 혹은 경계부분 – 저지대보다는 고지대 – 완경사보다는 급경사 – 어두운색보다는 밝은색의 토양 – 혼효림보다는 단순림이 훼손가능성이 높다.

· 고속도로 및 송전선의 시각적 영향

연구내용	고속도로 설치로 인한 경관적 영향분석, 주변의 경관관리, 송전선 위치선정을 위한 경관분석

ⓜ 경관가치평가

☆☆ · 하천주변 경관가치의 계량화함 - 레오폴드 (Leopold)

평가내용	- 하천을 낀 계곡의 경관가치를 평가함 - 12개의 대상지역을 선정하고 상대적 경관가치를 계량화함 - 46가지 관련인자를 고려하여 특이성(uniqueness)값의 크기를 계산하며 보통경관에 비해 독특한 정도를 나타냄

· 지각강도의 고려 - 아이버슨(Iverson)

평가내용	- 주요 조망점에서 보여지는 지각강도 및 관찰횟수를 고려하여 경관을 가치평가 - 주통행로상에 경관통제점(Landscape control point)을 선정하고 이점에서 보여지는 경관을 분석하였다. - 분석시 전체 지역을 동질적 경관성을 지닌 경관지역으로 구분하고 각 경관지역 내에 1개의 통제점을 선정한다. - 경관지역 내 통제점의 선정기준은 주통행로, 이용도가 높은 장소, 독특한 경관을 조망하는 장소, 다양한 전망기회를 제공하는 장소 등이 채택되었다.

☆ ⓑ 시각적선호(visual preference)

· 시각적 선호도가 높은 환경을 조성하고자 한다는 공통점

· 개인 또는 집단의 好-不好(like-dislike)로 환경지각 중 시각적 전달이 중요한 역할을 함

☆ · 관련변수

물리적 변수	식생·물·지형
추상적 변수	복잡성·조화성·새로움이 시각적 선호를 결정
상징적 변수	일정 환경에 함축된 상징적 의미
개인적 변수	개인의 연령·성별·학력·성격, 가장 어렵고도 중요한 변수

· 시각적선호 예측모델

의의	- 시각적 환경의 질을 높이는데 계량적 접근의 가능성을 제시함 - 예측모델로 중요변수를 파악가능
예측모델	- 피터슨(Peterson)모델, 쉐이퍼(Shafer)모델, 중정모델 등

3 사회행태적분석

- 생태계 질서와 인간의 사회적 가치체계의 조화를 이루는 것이 계획의 목표
- 사람에 대한 조사(행태, 선호도 연구)

① 행태적 분석과정

㉠ 행태적분석의 단계

필요성파악(needs) → 행태기준설정 → 대안연구 → 설계안의 발전

★ ㉡ 행태기준설정(4가지) – by Bell

분류	내용	예시
기능적측면	환경내 행위가 잘 이루어질 수 있도록 공간적 구성과 사물의 배치기준	휴게공간 : 파고라, 벤치, 전화박스
생리적측면	물리적 환경의 쾌적성과 안정성에 관련되는 온도, 소음 등의 기준	온도, 습도, 자연재해에 대한 안전, 구조물의 강도 등
지각적측면	지각기능, 자극정도로 환경적 자극이 행위수행에 적절한 범위 내에 유지되도록 함	환경에 맞는 복잡성과 다양성
사회적측면	개인적 공간, 영역성, 혼잡 등 사회적 행태가 원만하게 유지되는 기준	자연스러운 대화유도, 수목을 이용한 사생활보호의 유지

㉢ 행태적 분석모델

모델	내용
PEQI 모델 (Perceived environmental quality index)	–지각된 환경의 질(quality)의 지표 –환경의 질을 측정하기 위한 노력 크레이크와 쥬비에 의해 제시
순환 모델 (Design cycle model)	–프로젝트가 끝난 후 이용 상태에 대해 평가 –다음 프로젝트에서 보다 개선된 설계안을 만드는데 기여함
3원적 모델 (Three-dimensional design process model)	–설계과정을 하나의 차원으로 놓고 장소 및 환경적 현상을 두 개의 차원으로 놓고 상호비교함으로써 설계자와 행태과학자의 특성을 구분하여 동시에 설계과정을 설명

㉣ 환경설계가와 행태과학자의 차이점

환경설계가	행태과학자
장소지향적	행태지향적
일정단위의 장소에 초점 (주택, 근린주구, 도시)	일정한 사회적행태 (프라이버시, 영역 등)에 초점
단위에서 일어나는 사회적 행태 및 경제적 정치적, 기술적 문제를 다룸	일정한 행태가 여러 다양한 장소에서 어떻게 일어나는지 연구

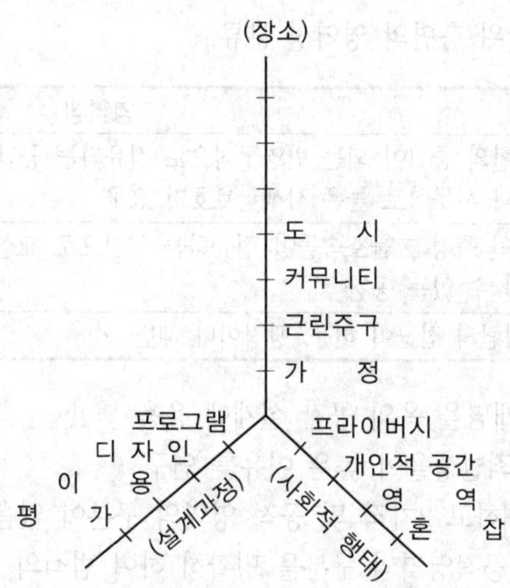

그림. 설계자와 행태과학자의 접근방법

② 사회적 환경과 행태

㉠ 환경심리학 : 물리적 환경과 인간 행태의 관계성을 연구하는 분야로 환경계획·설계에 관련되는 문제의 해결, 과학적으로 접근할 수 있는 토대 마련

★★ ㉡ 개인적 공간 (personal space)

· Hall : 대인 거리에 따른 의사소통의 유형으로 분류

거리구분	유지거리	유 형
친밀한 거리	0~1.5ft	아기를 안아주거나 이성간의 가까운 사람들, 스포츠(레슬링, 씨름 : 공격적 거리)시 유지되는 거리
개인적 거리	1.5~4ft	친한 사람간의 일상적 대화 유지거리
사회적 거리	4~12ft	업무상 대화에서 유지되는 거리
공적 거리	12ft 이상	연사, 배우 등의 개인과 청중 사이에 유지되는 거리

· 개인적 공간은 사람의 움직임에 따라 이동하며 보이지 않는 공간.

· 환경설계에 응용
  - 개인적 접촉이 이루어지는 공간설계에 응용
  - 거실, 사무실의자, 공원 벤치 등의 배치에 따라 개인적 접촉의 양과 질이 달라짐
  - 예를 들면, 버스승강장이나 지하철역에서 한쪽 방향으로 배치하여 최소한의 대화를 유도, 거실과 사무실은 90도 배치로 자연스러운 대화를 유도함

★★ ㉢ 영역성 (territoriality)

· 정의 : 집을 중심으로 고정되어 볼 수 있는 일정지역 또는 공간

· 역할 : 귀속감을 느끼게 함으로써 심리적 안정감, 외부와의 사회적 작용을 함에 있어 구심점 역할

★★ · Altman : 사회적 단위 측면의 영역성 분류

영역구분	영역성
1차적 영역	일상생활의 중심이 되는 반영구적으로 점유되는 공간 가정이나 사무실로 높은 사생활보호가 요구
2차적 영역	사회적인 특정 그룹소속들이 점유하는 공간으로 교실, 기숙사, 교회 등 어느 정도 개인화 시킬 수 있는 공간
공적 영역	모든 사람의 접근이 허용, 광장이나 해변

· Newman : 영역의 개념을 옥외 공간 설계에 응용

- 아파트 주변의 범죄발생율이 높은 이유를 연구
- 1차적 영역만 존재하고 2차적 및 공적 영역의 구분이 없음이 범죄발생의 원인임을 파악하고 2차적 영역과 공적영역의 구분을 명확히 하여 범죄의 발생을 줄임

→ 아파트 주변에 귀속감을 주기 위해 중정, 벽, 식재 등의 디자인 기법사용

■ 참고 : 옥외공간의 영역성의 예

· 담장 : 아파트단지의 경계담장은 단지 내 프라이버시 및 안전의 역할보다는 상징적인 경계표시
· 문주 : 영역의 입구 혹은 경계를 표시하는 상징적인 기능
· 셉테드(CPTED, crime prevention through environmental design)
- 환경설계를 통한 범죄예방 설계기법을 지칭하며, 도시시설의 설계 단계부터 범죄를 예방할 수 있는 환경으로 조성하는 기법 및 제도 등을 통칭함
- 예를 들면 아파트 단지 내에 놀이터를 조성 후 주변에 낮은 나무 위주로 심어 시야를 확보하고 CCTV와 가로등 등의 시설을 설치하는 것, 아파트나 다세대 주택 밖의 가스배관을 사람이 오를 수 없게 미끄러운 재질로 만들거나, 골목 등에 가로등을 설치하여 지하철 등 공공장소의 엘리베이터를 내부를 볼 수 있도록 투명유리로 설치하는 것 등이 대표적 사례다.
- 국토교통부는 도시의 공원 및 녹지 등의 조성 시 계획 단계부터 범죄예방계획을 수립하고 공원 범죄예방 안전기준을 의무화하는 '도시공원 및 녹지 등에 관한 법률 시행규칙'을 시행하고 있다.

㉣ 혼잡(crowding)

· 개념 : 혼잡은 밀도와 관련되는 개념으로 도시에서는 과밀로 인한 문제점이 늘어나고 있음
· 밀도의 유형

물리적 밀도	얼마나 많은 사람이 거주하는가
사회적 밀도	사람 수에 관계없이 얼마나 많은 사회적접촉이 일어나는가
지각된 밀도	- 물리적 밀도와 관련 없이 개인이 느끼는 혼잡의 정도 - 밀도가 높다고 반드시 혼잡하다고 느끼지는 않음 예) 축제 때 길거리, 상가

· 환경설계에의 응용

- 천장이 높은 곳 > 낮은 곳
- 장방형 > 정방형
- 외부로의 시야가 열린 방 > 시야가 닫혀진 방
- 행위가 방 한가운데 > 방구석
- 벽장식(사진, 포스터) > 장식이 없을 때

· 조경설계에 적용

- 도시의 높은 물리적 밀도와 낮은 사회적 밀도를 해결하기 위해 주민간 사회적 접촉기회를 늘려주는 설계
- 도심지소공원, 어린이 놀이터 등 공간설계시 적용가능하며 장식으로 조각물, 수벽이나 축대를 이용하여 혼잡을 완화시킴

ⓜ 장소와 공간

· 루커만(Lukermann)의 장소의 개념 : 지리학적 시각에서 6가지로 설명

⇒ 장소는 환경의 한 단위 / 장소는 위치와 방향성을 가짐 / 장소는 일정한 크기를 갖고 변화함 / 장소는 분리되지 않고 하나의 큰 맥락 속에 존재 / 장소는 인간활동과 물리적 형태가 결합 / 장소는 역사문화적 맥락에 따라 변화함

· 공간 : 외부 침입자로부터 방어되는 곳으로 추상적이고 장소의 배경을 제공한다.

· 장소

- 공간 + 시간 + 인간활동이 합쳐져 장소성(sence of place)을 가지며 설계가는 장소창조의 입장에서 설계하여야한다.
- 장소성의 본질은 내부성 즉, 내부적 경험에 있으며 이는 장소에의 소속감 혹은 일체감을 뜻한다.

ⓑ 사회적 행태의 이론적 모델

· 개인적 공간, 영역성, 혼잡 개념의 상호 연관성을 파악하여 일관성 있게 설명하고자 하는 이론적 모델

프라이버시 모델	- 공간적 행태를 프라이버시 조절작용으로 이해 - 개인적공간과 영역성은 적정 프라이버시를 성취하기 위한 행태이며 혼잡은 적정 프라이버시를 달성하지 못할 때 발생
스트레스 모델	- 공간적 행태를 스트레스적 상황극복 - 개인적 공간 및 영역성 확보는 스트레스를 막는 수단
정보과잉 모델	- 가까운 사람과 있으면 많은 정보와 소화를 강요 - 정보과다는 정보의 소화, 판단, 결정을 유도하여 혼돈과 스트레스를 초래함
2원적 모델	- 인간의 공간적 행태는 개인적 필요와 사회적 제약의 상호작용결과 - 개인적 감정·욕구 등은 보다 포괄적인 사회적 제한과 타협하는 구체적인 행태
기능적 모델	- 기능적 측면 접근하여 설명, 인간의 환경에의 적응

③ 감각적 환경과 인간행태

㉠ 개념 : 일정한 장소의 소음, 열, 추위, 대기오염, 바람 등의 인자는 장소의 쾌적함을 결정하며 인간의 심리적 상태와 행동에 변화를 가져옴

㉡ 소음

· 영향 : 원하지 않는 소리로 사람에 대한 친근감이 감소하고 공격적 행위가 증가되는 등 사회적 행태에 영향을 미침

· 환경설계 : 방음식재, 방음벽 등을 설치, 인공폭포의 도입

㉢ 열

· 영향 : 도시 열섬화현상이 발생

· 환경설계 : 수목식재를 통한 그늘조성, 연못도입, 잔디식재로 알베도를 낮춤

㉣ 추위

· 영향 : 인간의 외부활동에 영향

· 환경설계 : 건물·놀이터·광장 등의 향 결정, 방풍림 조성해 겨울바람차단

④ 척도와 인간행태

㉠ 개념 : 상이한 공간 및 사물의 규모는 상이한 인간행태를 유발하며 이를 위해 휴먼스케일이 기본적으로 고려되어야함

㉡ 인간적 척도의 유형

㉢ 환경설계

· 높이 고려 : 어린이 놀이시설, 의자, 탁자, 계단, 담장 등 크기고려

· 폭의 고려 : 사람 어깨 폭(42~49cm)을 기준으로 보도 폭(60cm)결정

· 면적 고려 : 1인당 적정 소요면적 적용

⑤ 인간행태분석(미시적분석방법)

㉠ 물리적흔적관찰

· 개요

- 인간의 주변환경, 행위의 결과로 남은 흔적을 체계적으로 조사
- 설계자의 의도대로 이용되고 있는지 만족하고 있는지 이용 후 평가로 쓰임

★ · 관찰대상

- 이용의부산물(이용에 의한 환경의 마모, 잔디마모를 관찰을 통한 지름길의 이용행태
- 이동식의자 관찰을 통한 공간이용패턴
- 쓰레기 관찰을 통한 공간이용행태

★ · 특성

- 프로젝트의 문제점 및 성격을 쉽게 파악

- 관찰자의 출현이 연구대상이 되는 행태에 영향을 미치지 않음
- 장시간 변형이 되지 않으므로 반복관찰이 가능
- 사진, 스케치 방법으로 효과적임
- 저비용으로 중요정보를 빨리 얻을 수 있음

ⓛ 인간행태의 관찰

- 개요 : 사람들이 자신의 환경을 어떻게 이용할 것인가 체계적으로 조사
- 관찰내용 : 행위자(이용자), 행위(무엇을), 물리적 배경(어느 장소)
- 기록방법
  - 사진, 비디오촬영, 지도 등이 이용
  - 시간차촬영(Time-Lapse-Camera)
- 특징
  - 이용자가 행태를 발생하는데 있어 영향을 미치는 주변 분위기 기록이 가능하고 연속적으로 살필 수 있음
  - 관찰자자신을 드러내는 정도에 따라 이용자의 행태에 변화를 초래할 수 있음
- 활용
  - 주거 단지 내 주민이용행태, 어린이 놀이행태, 광장의 공간이용행태 등 조사함
  - 해당 장소의 설계지침으로 활용

ⓒ 인터뷰 -개인, 그룹별(15인하)

ⓡ 설문지 -30분 이하 시간이 적당

- 자유응답(free response)설문
  - 응답자가 특정형식에 구애받지 않고 질문에 자유롭게 대답
  - 연구가설을 위한 예비조사
  - 주요변수, 선정 타당성을 뒷받침하기 위한 보조적인 조사

  설문)

  귀하가 공원이용에 있어 가장 불편하신 사항은 무엇입니까?

  ____

  귀하가 가장 좋아하는 스포츠는 무엇입니까? _______________

- 제한응답(precoded response)설문
  - 응답자의 응답범위를 표준화시켜 일정체계를 만들고 체계에 따라 응답하도록 하는 방법
  - 종류 : 단순응답

    태도조사 : 일정한 상황, 사람, 사물, 환경에 대한 응답자의 태도조사로 리커드척도가 이용

    순위조사 : 여러 관련 사항들간의 상대적 중요성을 조사

  설문) 귀하는 공원의 시설물 이용에 만족하십니까?(리커드척도의 예)

매우만족	만족	보통	불만족	매우불만족
□	□	□	□	□

- 시각적 응답
  - 지도그리기, 지도에 표시하기, 스케치, 사진선택, 게임

핵심기출문제

내친김에 문제까지 끝내보자!

1. 환경설계에 있어서 분석은 일반적으로 3가지 측면에서 이루어진다. 다음 중 잘못 된 것은?

① 물리, 생태적 분석
② 사회, 행태적 분석
③ 시각, 미학적 분석
④ 인문, 역사적 분석

2. Ian Mcharg의 주된 접근 방법은?

① 자원접근 ② 행위접근
③ 행태접근 ④ 경제접근

3. 입지 분석 중 생태학적 접근방법인 overlay method를 주창한 사람은?

① Kevin Lynch
② Lawrence Halprin
③ Ian McHarg
④ Garret Eckbo

4. 적지 선정을 위해 도면 결합법(Overlay Method)을 제시한 사람은?

① Hill ② McHarg
③ Lynch ④ Leopold

5. 다음 인문 생태적 조경이론(human Ecological Planning)을 설명한 것 중 틀리는 것은?

① 미국의 조경가 맥하그(Ian.McHarg)에 의해 주도되었다.
② 인문주의적 조경이론이다.
③ 모든 이용자들을 위해 가장 적합한 환경을 추구하고자 한다.
④ 물리, 생물, 문화적 시스템을 서로 연관지어 설명하고자 한다.

정답 및 해설

해설 1

분석방법 3가지 : 물리·생태적 분석, 시각·미학적 분석, 사회·행태적 분석

공통해설 2, 3, 4

Ian McHarg : 생태적 결정론 적지선정을 위해 도면결합법(overlay method)를 제시

해설 5

인문생태적조경이론
① 맥하그에 의해 주도
② 자연과학적 근거에서 인간의 환경 문제를 파악하고 새로운 환경의 창조하려함
③ 인간환경과 자연과학과 관계를 생태적 결정론으로 연결

정답 1. ④ 2. ① 3. ③ 4. ② 5. ②

6. 엔트로피(entropy)를 가장 적절하게 설명하고 있는 항목은?

① 에너지의 생성 요인
② 에너지 전이 과정에서 손실되는 에너지
③ 일정 에너지와 태양 에너지의 파장의 비례
④ 에너지의 이용 효율

해설 6
조경계획에 있어서도 효율적인 계획 및 설계를 통하여 낮은 엔트로피추구가 조경가의 중요한 의무가 된다.

7. 조경부지의 생태적 분석과정을 통해 토지이용 적지 분석 시 사용방법이 아닌 것은?

① 컴퓨터에 의한 방법
② 도면결합
③ 점수부과
④ 네트워크

해설 7
토지이용 적지분석시 사용방법
컴퓨터에 의한 방법(GIS), 도면결합법, 점수부과

8. 조경계획에서 환경심리학적 접근방법에 속하지 않는 것은?

① 공원 이용자의 수를 추정하여 이를 설계에 반영하는 연구
② 공원에 있어서 이용자의 프라이버시에 관한 연구
③ 도시경관의 환경 이미지를 찾는 연구
④ 주민의 사회문화적 특성을 계획에 반영하는 연구

해설 8
환경심리학적 접근은 환경과 인간행태의 유형을 조사하기 위함이다. ①는 공간의 수요량산정을 위한 방법이다.

9. 경계를 표시하는 상징적 요소인 담장이나 문주의 설치로 주민들에게 높은 소유의식을 부여하는 방법은 환경심리학의 어떤 연구 결과가 응용된 예인가?

① 개인적 공간(personal space)
② 영역성(territoriality)
③ 혼잡(crowding)
④ 반달리즘(vandalism)

해설 9
영역성
- 담장 : 아파트단지의 경계담장은 단지내 프라이버시 및 안전의 역할보다는 상징적인 경계 표시
- 문주 : 영역의 입구 혹은 경계를 표시하는 상징적인 기능

10. 환경심리학의 특성이라 할 수 없는 것은?

① 환경과 행태의 관계성을 하나의 종합된 단위로 연구하는 것이다.
② 환경이 행태에 미치는 영향을 연구하는 것이다.
③ 실제적인 문제를 해결하기 위한 이론을 연구하는 것이다.
④ 조경, 건축, 도시계획 등과 관련이 깊은 종합과학이다.

해설 10
환경심리학
환경계획과 설계에 관한 문제를 해결하기 위한 이론은 연구하는 분야이다.

정답 6. ② 7. ④ 8. ① 9. ② 10. ③

11. 개인적 공간에 대한 설명 중 틀린 것은?

① 개인의 주변에 보이지 않는 경계를 느낀다.
② 타인이 침해하면 불쾌감을 느낀다.
③ 모든 사람이 똑같지는 않다.
④ 개인적 구분은 사람의 변화에 따라 변하지 않는다.

12. 개인적 공간에 대한 인간행태를 연구한 사람은?

① Hall ② Lynch
③ Altman ④ Alexander

13. 다음 중 영역성에 대한 설명으로 부족한 것은?

① 집을 중심으로 한 고정된 일정 공간이다.
② 동물세계에서도 이 영역이 보인다.
③ 사람의 움직임에 따라 영역이 바뀐다.
④ 개인화된 공간이다.

14. 인간행태에 관한 개념 중 개인적 공간(personal space)을 가장 옳지 못하게 설명하고 있는 것은?

① 가족이 함께 사용하는 사적(私的)인 공간을 말한다.
② 개인의 주변에 형성되는 보이지 않는 경계를 가진 공간을 말하며 외부인이 침입하면 방어하는 공간을 말한다.
③ 개인적 공간의 크기는 내성적인 사람과 외향적인 사람사이에 차이가 있다.
④ 개인적 공간의 크기는 문화적 배경에 따라 차이가 있다.

15. 인간은 영역성을 갖는다. 가장 배타성을 갖는 영역은?

① 사적 영역 ② 반공적 영역
② 복합적 영역 ④ 공적 영역

정답 및 해설

공통해설 **11**

개인적공간 – 홀(Hall)
① 친밀한거리 : 아주 가까운 사람, 스포츠시, 유지되는 거리
② 개인적거리 : 일상적인 대화
③ 사회적거리 : 업무상의 대화
④ 공적거리 : 공적모임시 유지되는 거리

이런 개인적 공간은 사람이 움직임에 따라 이동하며 보이지 않는 공간이다.

해설 **13**

인간의 영역은 Altman에 의해 1차적 영역, 2차적 영역, 공적 영역으로 나뉘며, 집을 중심으로 고정되어 볼 수 있는 일정지역 또는 공간을 말한다.

해설 **14**

개인적 공간
① 사람의 움직임(변화)에 따라 이동하고 보이지 않는 공간이다.
② 개인적 공간의 크기는 내성적인 사람과 외향적인 사람에 따라 차이가 있으며, 문화적 배경에 따라도 차이가 있다.

해설 **15**

인간의 1차적 영역인 가정, 사무실을 귀속감을 느끼게 함으로써 심리적 안정감, 구심점 역할을 한다. 일상생활의 중심이 되는 공간으로 높은 사생활보호가 요구된다.

정답 11. ④ 12. ① 13. ③ 14. ① 15. ①

정 답 및 해 설

16. 리커드 척도의 설문지 조사방법에서 주민의 의사를 묻는 척도의 조사항목 수는 몇 가지가 되나?

① 3가지 ② 5가지
③ 7가지 ④ 9가지

해설 16
리커드 척도 조사항목 수 – 응답의 결과는 5단계의 척도로 구성

17. 다음 중 리커트 척도 (Likert scale)에 대한 설명이 잘못된 것은?

① 자유 응답 설문의 한 종류이다.
② 태도를 측정하는데 많이 쓰인다.
③ 동일한 사항에 대하여 몇 가지 질문을 한 후 이 결과를 종합한다.
④ 응답결과는 5단계의 척도로 구성되어진다.

해설 17
리커드 척도 – 제한응답

18. 이용자 행태의 현장 관찰 이점이 아닌 것은?

① 이용자의 행태를 연속적으로 살필 수 있다.
② 이용자가 행태를 발생하는데 있어서 영향을 미치는 주변 분위기를 기록할 수 있다.
③ 관찰자가 있음으로서 이용자의 행태에 변화가 생긴다.
④ 예기치 못한 행태를 도출해 낼 수 있다.

해설 18
이용자의 행태 분석시 관찰자가 있으므로 해서 이용자의 행태에 변화가 있으면 얻고자 하는 결과를 얻지 못한다.

19. 조경계획에 있어 분석과정시 우리는 인간 행태를 분석하게 된다. 이 때 ' 물리적 흔적 관찰 의 특성이 아닌 것은?

① 프로젝트의 연구방향 및 성격을 용이하게 판단할 수 있다.
② 대부분의 물리적 흔적은 용이하게 관찰할 수 있다.
③ 이 방법은 연구하고자 하는 인간의 행태에 영향을 미친다.
④ 일반적으로 비용이 적게 들고 중요한 정보를 빨리 얻을 수 있다.

해설 19
물리적 흔적 관찰 – 행위의 결과로 남은 흔적을 조사하므로 인간의 행태에 영향을 미치지 않는다.

20. 인간행태 관찰방법 중 시간차 촬영(Time-Lapse-Camera)에 이용될 수 있는 가장 적절한 조사 내용은?

① 광장 이용자의 하루 중 보행통로 및 머무는 장소 조사
② 국립공원의 보행패턴 및 이용장소 조사
③ 대규모 아파트단지의 자동차 통행패턴 조사
④ 초등학교 아동이 집에서부터 학교에 도달하는 보행통로 조사

해설 20
시간차 촬영은 인간의 행태를 일정한 시간 간격으로 촬영하여 관찰하는 방법이다.

정답 16. ② 17. ① 18. ③ 19. ③ 20. ①

21. 시각적 선호에 관한 계량적 모델이 Y = 3.3 + A + 0.3B + 0.1C + 0.8D와 같은 때 시각적 선호에 가장 큰 영향을 주는 변수는? (단, Y = 시각적 선호 값, A = 근경 식생구역의 경계선 길이, B = 중경 비식생구역의 경계선 길이, C = 중경 식생구역의 경계선 길이, D = 원경 식생구역의 경계선 길이)

① A　　② B
③ C　　④ D

22. 다음 중 버라인(Berlyne)이 주장한 인간의 미적반응 과정을 올바르게 연결시킨 것은?

① 자극탐구－자극해석－자극선택－반응
② 자극탐구－자극선택－자극해석－반응
③ 자극선택－자극탐구－반응－자극해석
④ 자극탐구－자극선택－반응－자극해석

23. 다음의 서술에 가장 부합되는 조경계획의 접근 방법은?

경제성에만 치우치기 쉬운 환경계획을 자연과학적 근거에서 인간의 환경적응의 문제를 파악하여 새로운 환경의 창조에 기여한다.

① 생태학적 접근　　② 형식미학적 접근
③ 기초학적 접근　　④ 현상학적 접근

24. 다음 중 외부공간을 모호한 공간, 한정된 공간, 닫혀진 공간으로 구분한 사람은?

① 틸(Thiel)
② 할프린(Halprin)
③ 린치(Lynch)
④ 아이버슨(Iverson)

25. 환경설계에서 속도 혹은 움직임의 중요성을 주장한 사람이 아닌 것은?

① 할프린(Halprin)
② 아버나티(Abernathy)
③ 노(Noe)
④ 스타이니츠(Steinitz)

해설 **21**
이 시각 모델에서 보면 시각적 선호의 영향이
A = 1.0, B = 0.3,
C = 0.1, D = 0.8 배이다.

해설 **22**
버라인의 미적 반응 － 자극탐구 → 자극선택 → 자극해석 → 반응

해설 **23**
물리 · 생태적 접근
① McHarg의 생태적 결정론(ecological determinism)
② 경제성에만 치우치기 쉬운 환경계획을 자연과학적 근거에서 인간의 환경 문제를 파악하고 새로운 환경의 창조를 기여
③ 자연과 인간, 자연과학과 인간 환경의 관계를 생태적 결정론으로 연결

해설 **24**
틸(Thiel)
① 시각환경질 향상이 목적, 연속적경험
② 장소중심적으로 폐쇄성이 높은 도심지 공간에 적용함
③ 외부공간의 분류 : 모호한 공간(vogues), 한정된 공간(space), 닫혀진 공간(volume)

공통해설 **25, 26**
Steinitz － Lynch의 이미지를 더욱 발전시켜 컴퓨터 그래픽 및 상관계수 분석을 통하여 도시환경에서의 형태(form)와 행위(activity)적 일치를 연구하였다.

정답　21. ①　22. ②　23. ①　24. ①　25. ④

26. 도시환경에 있어 형태(form)와 행위(activity)의 일치에 대한 연구를 하여 도시의 물리적 형태가 지닌 행위적 의미의 상호 연관성을 분석한 사람은 누구인가?

① 케빈 린치(Kevin Lynch)
② 칼 스타이니츠(Carl Steintz)
③ 로오렌스 할프린(Lawrence Halprin)
④ 아버나티와 노우(Abernathy and Noe)

27. 스타이니츠(Steinitz)는 도시 환경에서의 형태와 행위 사이의 일치성을 세가지 유형으로 분류하였다. 다음 중 거리가 먼 것은?

① 영향의 일치성
② 밀도의 일치성
③ 타입의 일치성
④ 강도의 일치성

28. 뉴먼(Newman)은 주거단지 계획에서 환경심리학적 연구를 응용하여 범죄 발생율을 줄이고자 하였다. 뉴먼이 적용한 가장 중요한 개념은 다음 어느 것인가?

① 영역성(territoriality)
② 개인적 공간(personal space)
③ 혼잡성(crowding)
④ 프라이버시(privacy)

29. 다음의 혼잡과 관련된 서술 중 잘못된 것은?

① 혼잡은 기본적으로 밀도에 관계되는 개념이다.
② 물리적 밀도가 높아도 사회적 밀도는 낮을 수 있다.
③ 사회적 밀도는 얼마나 많은 사회적 접촉이 일어나는가이다.
④ 고밀도에서는 저밀도에서 보다 타인에 대한 호감이 높아진다.

30. 인간 행태 관찰에 관한 기술로 가장 옳지 않는 것은?

① 행태가 일어나는 상황을 보다 절실하게 파악할 수 있다.
② 행태의 기록 방법으로서는 조사표를 사용하며, 사진, 비디오는 배제시킨다.
③ 시간의 흐름에 따라 변하는 연속적인 행태를 관찰할 수 있다.
④ 관찰자의 출현이 행위자들의 행위에 영향을 미치지 않도록 한다.

해설 **27**

스타이니츠의 일치성
- 타입(Type) 일치
- 밀도(Intensity) 일치
- 영향의 일치

해설 **28**

뉴먼
① 영역성에 관한 연구
② 아파트 주변의 범죄발생율이 높은 이유를 연구
③ 1차적 영역만 존재하고 2차적 및 공적 영역의 구분이 없음이 범죄발생의 원인임을 파악하고 2차적 영역과 공적영역의 구분을 명확히 하여 범죄의 발생을 줄임

해설 **29**

혼잡
- 혼잡은 밀도와 관련되는 개념으로 도시에서는 과밀로 인한 문제점이 늘어나고 있음
- 물리적밀도는 얼마나 많은 사람이 거주하는지 관계되는 개념
- 사회적 밀도는 사람수에 관계없이 얼마나 많은 사회적 접촉이 일어나는지에 관한 개념
- 고밀도에서는 저밀도보다 타인에 대한 호감이 낮아진다.

해설 **30**

인간 행태 관찰의 기록방법 – 사진, 비디오촬영, 지도 등이 이용, 시간차촬영(Time-Lapse-Camera)

정답 26. ② 27. ④ 28. ① 29. ④ 30. ②

31. 리튼(Litton)은 경관 유형별 시각적 훼손 가능성과 더불어 훼손 가능성과 관련된 일반적인 원칙을 제시한 바 있다. 리튼이 제시한 일반적 원칙에 위배되는 내용은?

① 완경사보다는 급경사 지역이 훼손 가능성이 높다.
② 스카이라인, 능선 등과 같은 모서리 혹은 경계 부분이 시각적 훼손 가능성이 높다.
③ 단순림보다 혼효림이 시각적 훼손 가능성이 높다.
④ 어두운 곳보다 밝은 곳이 시각적 훼손 가능성이 높다.

32. 시각적 선호에 대한 설명으로 옳지 않은 것은?

① 시각적 선호는 환경에 대한 미적 반응이다.
② 시각적 선호는 쾌락감의 일종으로 시각적 환경에 대한 호(好), 불호(不好)를 말하는 것이다.
③ 시각적 선호를 결정짓는 물리적 변수로는 지형 지물, 식생, 물, 색채, 질감 형태 등이다.
④ 시각적 선호의 측정은 절대적 선호도를 측정하여야 한다.

33. 다음 중 환경 지각 이론 중에서 지원성(affordance)의 지각을 내용으로 하는 이론은?

① 형태 심리학 ② 장(場)의 이론
③ 확률적 이론 ④ 생태적 이론

34. 인간의 공간적 행태는 개인적 필요와 사회적 제약의 상호작용의 결과로 초래된다고 주장하는 사회적 행태의 이론적 모델은?

① 프라이버시 모델 ② 스트레스 모델
③ 정보과잉 모델 ④ 2원적 모델

35. 설문조사를 할 경우 설문지 응답에 걸리는 시간이 너무 길면 지루하게 느껴져 응답의 성의가 떨어진다. 설문응답에 걸리는 시간은 최대 어느 정도가 가장 적절한가?

① 15분 이내 ② 30분 이내
③ 60분 이내 ④ 90분 이내

정 답 및 해 설

해설 31

리튼의 시각적 훼손 가능성
- 급경사 > 완경사
- 밝은 곳 > 어두운 곳
- 단순림 > 혼효림
- 스카이라인, 능선 등의 경계부분

해설 32

시각적 선호
① 시각적 선호도가 높은 환경을 조성하고자 한다는 공통점
② 개인 또는 집단의 好-不好(like-dislike)로 환경지각 중 시각적 전달이 중요한 역할을 한다.
③ 관련변수는 물리적 변수, 추상적 변수, 상징적 변수, 개인적 변수이다.

해설 33

'어포던스(affordance)'는 우리나라 말로 지원성, 행태 지원성, 행동유도성으로 번역되며 생태심리학의 중요 개념으로 깁슨(James J. Gibson)의 영향이다.

해설 34

- 프라이버시모델 – 개인적공간과 영역성은 적정 프라이버시를 성취하기 위한 행태이며 혼잡은 적정 프라이버시를 달성하지 못할 때 발생
- 스트레스모델 – 공간적 행태를 스트레스적 상황극복, 개인적 공간 및 영역성 확보는 스트레스를 막는 수단
- 정보과잉모델 – 가까운 사람과 있으면 많은 정보와 소화를 강요, 정보과다는 정보의 소화, 판단, 결정을 유도하여 혼돈과 스트레스를 초래함

해설 35

설문조사시 설문응답의 시간은 30분 이내로 한다.

정답 31. ③ 32 ④ 33. ④ 34. ④ 35. ②

36. 다음 중 모테이션 심벌(motation symbols)이라 불리는 인간행동의 움직임의 표시법을 고안하여 인간의 움직임을 기록하고 동시에 설계할 수 있도록 한 인물은?

① 린치(Lynch)
② 할프린(Halprin)
③ 스타이니츠(Steinitz)
④ 제이콥스와 웨이(Jacobs and Way)

해설 **36**
할프린
Move(움직임)과 notation(부호)의 합성어인 motation symbols으로 고안해냄

37. 제이콥스와 웨이(Jacobs and Way, 1968)는 광역적인 개발행위가 경관에 미치는 영향에 대하여 시각적 투과성, 흡수성에 따른 개발의 영향력으로 설명하고 있다. 이에 대한 바른 설명은?

① 시각적 투과성이 높은 곳은 시각적 흡수력이 높아진다.
② 시각적 복잡성이 낮은 곳은 시각적 흡수력이 높아진다.
③ 시각적 흡수력이 높은 곳은 개발에 따른 시각적 영향력이 큰 곳이 된다.
④ 시각적 흡수력이 낮은 곳은 개발에 따른 시각적 영향력이 큰 곳이 된다.

해설 **37**
토지이용의 시각적 영향에 있어 시각적 투과성이 높고 시각적 복잡성이 낮으면 시각적 흡수력이 낮게 되고, 시각적영향이 큰 곳이 된다.

38. 인간형태에 관한 개념 중 개인적 공간(personal space)에 대한 설명이 옳지 않은 것은?

① 가족이 함께 사용하는 사적(私的)인 공간을 말한다.
② 개인적 공간의 크기는 문화적 배경에 따라 차이가 있다.
③ 개인적 공간의 크기는 내성적인 사람과 외향적인 사람 사이에 차이가 있다.
④ 개인의 주변에 형성되는 보이지 않는 경계를 가진 공간을 말하며 외부인이 침입하면 방어하는 공간을 말한다.

해설 **38**
Hall의 개인적 공간(personal space)은 대인 거리에 따른 의사소통의 유형으로 분류한다.

39. 시각적 선호도 측정방법 중 정신생리 측정법에 대한 설명으로 옳은 것은?

① 심리적 상태에 따라 나타나는 생리적 현상을 측정하는 것이다.
② 여러 대상물을 2개씩 맞추어 서로 비교하는 방식을 사용한다.
③ 주로 오스굳(Osgood)의 어의구별 척도를 사용한다.
④ 이용자의 관찰시간 측정에 의한 주의집중 밀도 파악이 가능하다.

해설 **39**
정신생리측정
심리적 상태에서 나타나는 피부전기반사 또는 뇌파 등 생리적 현상 측정을 통해 선호도를 측정하는 방법을 말한다.

정답 36. ② 37. ④ 38. ① 39. ①

40. 맥하그(Ian McHarg)가 주장한 생태적 결정론(ecological determinism)을 가장 올바르게 설명한 것은?

① 인간형태는 생태적 질서의 지배를 받는다는 이론이다.
② 생태계의 원리는 조경설계의 대안결정을 지배해야 한다는 이론이다.
③ 인간 환경은 생태계의 원리로 구성되어 있으며, 따라서 인간사회는 생태적 진화를 이루어 왔다는 이론이다.
④ 자연계는 생태계의 원리에 의해 구성되어 있으며, 따라서 생태적 질서가 인간 환경의 물리적 형태를 지배한다는 이론이다.

해설 40

McHarg : 생태적 결정론(ecological determinism)
- 경제성에만 치우치기 쉬운 환경계획을 자연과학적 근거에서 인간의 환경 문제를 파악하고 새로운 환경의 창조를 기여
- 자연과 인간, 자연과학과 인간 환경의 관계를 생태적 결정론으로 연결

41. 조경가의 역할이 주어진 장소의 단순한 미화작업이 아니라 생존을 위한 설계, 지구의 파수꾼이라는 측면의 영역으로 확대한 생태적 계획 방법을 수립한 사람은?

① 에크보(G. Eckbo) ② 헬프린(L, Halprin)
③ 맥하그(I. McHarg) ④ 옴스테드(F. Olmsted)

해설 41

맥하그(Ian McHarg)는 조경의 분야에 생태학적 사고와 이론을 접목하였다.

42. '한가한 일요일 A씨는 무료하여 신문을 읽다가 원색으로 인쇄된 특정 광고가 눈에 띄었다. 그 광고를 읽어보니 B지역(레크리에이션을 위한 장소)에 관한 것이었다.' 이 설명 중 "광고가 눈에 띄었다." 라는 부분은 Berlyne이 제시한 미적 반응과정 중 개념적으로 어디에 속하는가?

① 자극탐구 ② 자극선택
③ 자극해석 ④ 자극에 대한 반응

해설 42

자극선택
인간은 자극에 대해 동시에 반응할 수 없으며, 선택적 주의 집중(selective attention)을 하게 됨

43. 휴게시설 중 벤치의 배치는 소시오 페탈(sociopetal) 한 형태를 취하여야 하는데, 그것은 다음 인간의 욕구 중 어디에 해당하는가?

① 개인적인 욕구 ② 사회적인 욕구
③ 안정에 대한 욕구 ④ 장식에 대한 욕구

해설 43

소시오 페탈
- '사람들 사이의 교류를 촉진한다.'의미의 형태, 사회적 욕구에 해당된다.
- 휴게공간의 벤치의 배치를 마주보거나 90도 각도로 가구 등을 배치하여 자연스럽게 대화가 이루어지게 한다.

44. 개인적 공간(personal space)의 기능과 가장 거리가 먼 것은?

① 방어(protection)
② 공공영역의 확보
③ 정보교환(communication)
④ 프라이버시(privacy) 조절

해설 44

개인적 공간은 개인영역의 확보, 방어, 정보교환, 프라이버시의 조절 기능과 관련한다.

정답 40. ④ 41. ③ 42. ② 43. ② 44. ②

45. 시각적 복잡성과 시각적 선호도와의 관계를 나타낸 설명 중 옳지 않은 것은?

① 일반적으로 중간 정도의 복잡성에 대한 시각적 선호도가 가장 높다.
② 복잡성이 아주 낮은 경우에 시각적 선호도가 낮아진다.
③ 시각적 복잡성이 아주 높은 경우에 시각적 선호도가 가장 높다.
④ 시장은 학교보다 훨씬 높은 정도의 복잡성이 요구된다.

46. 시각적 환경의 질을 표현하는 특성과 거리가 먼 것은?

① 친근성(familiarity) ② 복잡성(complexity)
③ 새로움(novelty) ④ 의미성(meaning)

47. 조경계획에서 사용되는 설문지 작성 시 주의사항을 설명한 것으로 틀린 것은?

① 설문을 배치할 때 긍정적인 질문과 부정적인 질문을 섞어서 나열하도록 한다.
② 자유응답설문보다 제한응답설문으로 구성하면 설문시간을 많이 줄일 수 있다.
③ 설문작성을 위해 인터뷰 혹은 현장방문을 통한 예비조사를 하는 것이 바람직하다.
④ 원활한 설문작성을 위해 세부적인 사항의 질문을 먼저 하고 그다음에 일반적인 사항으로 넘어가도록 한다.

정답 및 해설

해설 **45**

시각적 선호와 시각적 복잡성
중간정도의 복잡성에 대한 시각적 선호가 가장 높으며 복잡성이 아주 높거나 낮으면 시각적 선호가 낮아짐

해설 **46**

시각적 환경의 질을 표현하는 특성
조화성(congruence), 기대성(expectedness), 놀램(surprisigness), 새로움(novelty), 친근성(familiarity), 단순성(simplicity), 복잡성(complexity)

해설 **47**

설문 작성시 일반적인 사항을 먼저 하고 세부적인 사항을 질문하도록 한다.

정답 45. ③ 46. ④ 47. ④

정원 계획

8.1 핵심플러스

■ 정원의 유형별 중요사항

주택정원	공간분할 : 전정(전이공간·과정적공간) / 주정 / 후정(프라이버시 최대한 보장) / 작업정
	Eckbo의 정원분류 기하학적·구조적 (기하학적 요소가 주가 됨) / 기하학적·자연적 / 자연적·구조적(자연적인요소가 주가 됨) / 자연적정원
전정광장	차량·보행 동선 고려 / 건물성격부곽시킴 / 초점경관형성
옥상정원	하중고려 / 경량토사용 / 관목·지피식재
실내정원	아트리움

1 정원의 개념 및 분류

① 개념 : 자연을 소재로 인간이 만든 하나의 작품으로 주로 식물이 많이 자라고 있는 외부 공간, 담장 혹은 울타리로 둘러짐

② 분류

- 주택정원 : 단독주택 혹은 연립 주택 등 주거용 건물에 관련되는 정원
- 비주거용 건물의 정원 : 사무실·병원·병원 기타 업무용 건물에 관련되는 정원으로 정원이 설치되는 위치에 따라 전정광장, 옥외정원, 실내정원 등의 특수한 경우를 고려

2 주택 정원

★① 주택정원의 기능분할(zoning)

㉠ 전정 : 대문과 현관사이의 공간, 전이공간으로 주택의 첫인상 좌우, 입구로서의 단순성 강조, 차고 설치시 진입을 위한 회전반경에 유의

㉡ 주정 : 가장 중요한 공간, 한 가지 주제를 강조, 가장 특색 있게 꾸밀 수 있는 공간

㉢ 후정 : 조용하고 정숙한 분위기, 침실에서의 전망이나 동선을 살리되 외부에서의 시각적, 기능적 차단, 프라이버시가 최대한 보장

㉣ 작업정 : 주방, 세탁실, 다용도실, 저장고와 연결, 장독대, 빨래터, 건조장 등 전정이나 후정과는 시각적으로 어느 정도 차단하여 동선연결

② G. Eckbo(1978) 정원의 분류

㉠ 기하학적 구조적 정원 : 기하학적 골격이 주가 되고 식물재료는 부가적 요소가 되는 것

㉡ 기하학적 자연적 정원 : 구조적 골격이 지배적이지만 식물재료나 다른 자연적 요소가 중요한 역할 혹은 동등한 역할을 하는 것

㉢ 자연적 구조적 정원 : 식물재료, 바위, 물 혹은 지형이 지배적이지만 분명히 기하학적인 구성감이 있는 것

㉣ 자연적 정원 : 자연적 요소와 재료가 지배적이고 다른 인위적 형태나 골격이 명백히 드러나지 않는 것

3 비거주용 건물의 정원

① 전정광장(forecourt)

㉠ 의의

- 건축 앞 또는 주위의 오픈 스페이스로서 건물 입구의 성격
- 건물로 사람들의 동선을 유도하는 외부공간과 내부 공간 사이의 과정적 공간

㉡ 설계의 고려사항

- 진입차량의 주차와 보행인의 출입, 휴식 및 감상의 기능이 동시에 만족
- 차의 진입과 주차문제해결, 건물의 성격부각이 중요
- 분수나 환경조각 등으로 초점적 경관(focal landscape)을 형성
- 반드시 녹지로 덮히거나 수목을 심을 필요 없으며 바닥은 포장을 하고 포장면 위에 녹음수를 심어 녹지효과와 이용효과를 동시에 만족시킬 수 있도록 함
- 수목 대신 장식적 조명등을 설치하여 야경효과도 기대함

② 옥상정원(roof garden)

㉠ 옥상정원의 의미와 기능

- 의미 : 좁은 의미로는 건축물 옥상에 만드는 정원, 넓은 의미로는 자연지반과 분리된 인공지반 위에 설치되는 모든 정원을 포함
- 기능 : 토지이용의 효율성 증진, 주거공간의 미관증진, 여가공간의 확보, 지역사회의 환경개선에 일조, 도시녹지공간의 증대

㉡ 법적기준

- 총 조경면적의 최대 50% 이내에서만 조경면적으로 허용됨
- 옥상부분의 조경면적 2/3의 면적을 조경면적으로 산정함

㉢ 옥상정원 설계시 고려사항

- 하중고려, 옥상 바닥의 보호와 방수
- 식재 토양층의 깊이와 식생의 유지 관리
- 적절한 수종의 선택(관목, 지피 식재를 위주)
- 이용의 측면에서는 프라이버시를 지키기 위하여 측면은 담장이나 차폐식재를 하고 위로부터 보호를 위해서는 녹음수를 심거나 정자, 파고라 등을 설치할 필요가 있다.

③ 실내정원(indoor landscaping, living atrium)

㉠ 의미 : 호텔, 레스토랑, 아파트에 소규모로 설치되던 실내정원이 대규모 쇼핑센터, 미술관 등 일반대중에 많이 모이는 장소에 소위 아트리움이라는 대규모의 실내 오픈스페이스를 설정하고 이에 정원적 요소를 도입

㉡ 실내정원 설계시 고려사항

- 실내동선의 흐름, 이용패턴, 내부공간의 성격을 검토
- 식물에 필요한 광선유도와 필요한 습도의 제공 및 관수 고려
- 실내에서 잘 자랄 수 있는 식물 선택

④ 주제정원

㉠ 치료정원

어린이치료정원	장애아동을 치료하기위해 자연체험을 통하여 심신을 건강하게 하고, 놀이치료를 통하여 지적 호기심을 자극하고 창의력을 증진시키도록 하기 위해 만든 정원
요양원	노인들의 편안한 노후생활을 위해 생활, 문화, 건강, 의료서비스가 복합적으로 제공되는 공간
주안점	· 치료공간의 프로그램제공 · 환자나 장애인들이 독립적으로 정원 이용이 가능하도록 실내공간으로부터 정원의 연계에 베리어프리(barrier free)디자인이 되어야 함 · 오감을 통한 자연과의 접촉이 가능한 정원이 되도록 함

㉡ 조각공원

- 조각을 주제로 하여 다양한 예술적인 조각품을 설치하여 아름다운 자연경관과 조화를 이루도록 조성
- 조각과 정원이 서로 조화를 이루게 조성

㉢ 식물주제정원 : 허브정원, 야생화정원, 채소원, 암석원

핵심기출문제

내친김에 문제까지 끝내보자!

1. 주택정원에서 사생활을 위한 뜰과 가장 관계가 있는 곳은?

① 현관입구 ② 거실 앞
③ 침실 앞 ④ 주택 뒤

2. 전통 주택에서 볼 수 있는 중정(中庭)은 다음 어디에 해당된다고 보는 것이 가장 타당한가?

① 내부 공간 ② 외부 공간
③ 반내부, 반외부 공간 ④ 진입 공간

3. 주택정원의 기능을 분할할 때 프라이버시가 최대한 보장되어야 하는 공간은?

① 전정 ② 주정
③ 후정 ④ 작업정

4. 전이공간을 창출하는 방법이 아닌 것은 무엇인가?

① 지면의 높이 변화, 벽, 식물재료 등에 의해 전이공간을 형성시킬 수 있다.
② 건물의 처마벽 확장으로 전이공간을 형성시킬 수 있다.
③ 건물의 내부와 동일한 바닥재료를 사용하여 전이공간을 형성시킬 수 있다.
④ 건물의 질감을 다양하게 창출시키고, 많은 종류의 재료를 반복하여 전이공간을 형성시킬 수 있다.

5. 옥상정원을 조성할 때 구성 요건이 아닌 것은?

① 넓은 옥상에 온실을 만든다.
② 깊은 흙을 이용할 수 있다.
③ 정형식을 만들 수 있다.
④ 통풍이 잘 되고 광선을 많이 받을 수 있다.

정답 및 해설

해설 1
사생활을 위한 뜰-후정, 침실에서의 전망이나 동선과 관련된 곳

해설 2
중정-반내부, 반외부공간

해설 3
프라이버시 보호-침실에서의 전망과 연결되는 후정과 관련

해설 4
전이공간(과정적 공간) 창출방법
① 지면의 높이 변화, 벽, 식물재료 등에 의해 전이공간을 형성
② 건물의 처마벽 확장으로 전이공간을 형성
③ 건물의 내부와 동일한 바닥재료를 사용하여 전이공간을 형성

해설 5
옥상의 토양은 하중을 줄이기 위해 경량토(버뮤큘라이트, 펄라이트 등)를 사용한다.

정답 1. ③ 2. ③ 3. ③ 4. ④ 5. ②

6. 다음은 정원의 각 부분을 설명한 것으로 적당하지 않은 것은?

① 전정은 도로에서 현관까지의 뜰로서 도로에서의 조망을 고려하여 깊이가 있는 느낌을 주도록 한다.
② 주정은 거실·식당·침실에 면하고, 거실의 연장이라 할 수 있는 곳으로서 남쪽이나 동남쪽에 넓게 잡는 것이 좋다.
③ 후정은 부엌이나 욕실의 앞부분으로서 식재는 되도록 상록수를 많이 심어 차폐효과를 낼 수 있도록 한다.
④ 중정 또는 파티오는 주위가 건물로 둘러싸인 부분으로서 채광, 통풍, 배수 등에 유의하여 설계하여야 한다.

해설 6
후정은 침실 동선과 연결된 부분으로 사생활보호를 위해 차폐식재를 한다.

7. 다음 중 옥상정원 계획시 반드시 고려해야 할 사항이라고 볼 수 없는 것은?

① 지반의 구조 및 강도
② 지하수위
③ 구조체의 방수 및 배수계통
④ 미기후의 변화

해설 7
옥상정원 계획시 고려사항
- 하중, 지반의 구조 및 강도
- 구조체의 방수 및 배수
- 미기후의 변화(주야간의 온도차를 고려한 식재 요구)

8. 실내조경계획에 있어 실내식물의 중요한 환경적 고려요소가 아닌 것은?

① 광선의 도입
② 습도의 유지
③ 실내공간의 규모
④ 토양력의 유지

해설 8
실내조경 계획시 고려사항
- 실내동선의 흐름, 이용패턴, 내부공간의 성격을 검토
- 식물에 필요한 토양, 광선유도, 습도의 제공 및 관수 고려
- 실내에서 잘 자랄 수 있는 식물 선택

9. G. Eckbo는 새로운 정원 형태를 4가지로 분류하였는데 다음 중 이에 해당하지 않는 것은?

① 기하학적·구조적 정원(geometric-structural garden)
② 기하학적·자연적 정원(geometric-natural garden)
③ 자연적·구조적 정원(structural garden)
④ 정형식 정원(formal garden)

해설 9
G. Eckbo(1978) 정원의 분류(4가지)
① 기하학적 구조적 정원
② 기하학적 자연적 정원
③ 자연적 구조적 정원
④ 자연적 정원

정답 6. ③ 7. ② 8. ③ 9. ④

10. G.Ekbo(1978)는 주택정원의 내·외부공간을 관련시켜 매우 효율적으로 다음 4가지 주요 기능권으로 주택정원을 분할하였다. 이 중 특징이 잘못 설명된 것은?

① 전정(public access) – 수목, 초화류, 계단, 자연석, 분수 등으로 화려하게 치장하는게 좋다.
② 주정(general living) – 이용의 측면도 고려하여 중심부가 비어 있는 것이 바람직하며 파골라(pergola) 녹음수, 정자 등 해를 가려주는 장치가 필요하다.
③ 후정(private living) – 침실에서의 전망이나 동선을 살리되 외부에서는 가능한 시각적, 기능적 차단을 하여 프라이버시가 최대한 보장되어야 한다.
④ 작업정(Work space) – 전정이나 후정과는 시각적으로 어느 정도 차단하면서 동선은 연결될 필요가 있다.

11. 다음 중 주택정원의 주정(general living)에 대한 설명으로 적합한 것은?

① 대문과 현관사이에 끼어 있는 공간이다.
② 가족의 휴실과 단란이 이루어지는 곳으로 가장 특색 있게 꾸밀 수 있는 곳이다.
③ 대체로 실내공간과 침실과 같은 휴게공간과 연결되어 조용하고 정숙한 분위기를 갖는다.
④ 주방, 세탁실, 다용도실, 저장고와 연결되어 있으며, 텃밭, 집기보관 장소 등이 있다.

12. 주택정원의 기능 분할(zoning)은 크게 전정(前庭), 주정(主庭), 후정(後庭) 및 작업(作業) 공간으로 나눌 수 있다. 다음 중 후정을 설명하고 있는 것은?

① 가족의 휴식이 단란하게 이루어지는 곳이며, 가장 특생 있게 꾸밀 수 있는 장소이다.
② 장독대, 빨래터, 건조장, 채소밭, 가구집기, 수리 및 보관 장소 등이 포함될 수 있다.
③ 실내 공간의 침실과 같은 휴양공간과 연결되어 조용하고 정숙한 분위기를 갖는 공간이다.
④ 바깥의 공적(公的)인 분위기에서 주택이라는 사적(私的)인 분위기로 들어오는 전이공간이다.

정 답 및 해 설

해설 **10**
전정(public access)
· 대문과 현관사이의 공간, 전이공간으로 주택의 첫인상 좌우
· 입구로서의 단순성 강조, 차고 설치시 진입을 위한 회전반경에 유의

해설 **11**
①은 전정, ③은 후정, ④은 작업정에 대한 설명이다.

해설 **12**
①은 주정, ②은 작업정, ④은 전정에 관한 설명이다.

정답 10. ① 11. ② 12. ③

chapter 09 도시공원·녹지계획

9.1 핵심플러스

■ 오픈스페이스의 유형

<table>
<tr><td rowspan="11">오픈스페이스</td><td colspan="3">유 형</td></tr>
<tr><td rowspan="3">도시공원</td><td>국가도시공원</td><td>도시공원 중 국가가 지정하는 공원</td></tr>
<tr><td>생활권</td><td>소공원, 어린이 공원, 근린공원,</td></tr>
<tr><td>주제형</td><td>묘지공원, 체육공원, 수변공원, 역사공원, 문화공원, 도시농업공원, 방재공원, 지자체가 조례로 정하는 공원</td></tr>
<tr><td>녹지</td><td colspan="2">완충녹지, 경관녹지, 연결녹지</td></tr>
<tr><td rowspan="5">각종
도시계획시설</td><td colspan="2">· 유원지, 공공공지, 광장, 운동장, 공동묘지, 기타
· 광장</td></tr>
<tr><td>교통광장</td><td>교차점광장, 역전광장, 주요시설물광장</td></tr>
<tr><td>일반광장</td><td>중심대광장, 근린광장</td></tr>
<tr><td colspan="2">그밖에 경관광장, 지하광장, 건축물 부설광장</td></tr>
<tr><td colspan="2"></td></tr>
<tr><td>지역, 구역</td><td colspan="2">녹지지역, 개발제한 구역, 도시자연공원구역 등</td></tr>
</table>

■ **오픈스페이스의 개념** : 핵화, 위요, 결절, 중첩, 관통, 계기

■ **공원녹지의 양적수요 방식**

· 기능분배방식, 생태학적방식, 인구기준원단위적용, 공원이용율에 의한 방식, 생활권역분배방식

1 공원 · 녹지정의

① 공원의 정의

㉠ 도시계획시설

· 국토의 계획 및 이용에 관한 법률의 규정에 의해 설치되는 일종의 도시계획시설

· 지정과 조성은 도시관리계획에 의한 도시계획시설로 도시계획 절차에 따름

㉡ 환경적특성

· 일정한 경계

· 비건폐 상태의 땅

· 녹지와 공원시설

· 제한되나 지정되지 않은 쓰임새

② 녹지의 정의

㉠ 협의적

- 국토의 계획 및 이용에 관한 법률의 규정에 의해 설치되는 일종의 도시계획시설
- 지정과 조성은 도시관리계획에 의한 도시계획시설로 도시계획 절차에 따름

㉡ 광의적

- 공원, 하천, 산림, 농경지 까지 포함한 오픈스페이스 또는 녹지공간으로 해석

③ 공원녹지의 법률상의 정의

쾌적한 도시환경을 조성하고 시민의 휴식과 정서함양에 기여하는 다음 각목의 공간 또는 시설을 말한다.

- 도시공원·녹지·유원지·공공공지(公共空地) 및 저수지
- 나무·잔디·꽃·지피식물(地被植物) 등의 식생(이하 "식생"이라 한다)이 자라는 공간
- 그 밖에 쾌적한 도시환경을 조성하고 시민의 휴식과 정서함양에 기여하는 공간 또는 시설로서 국토교통부령이 정하는 공간 또는 시설

■ 참고

★① 도시계획의 구분

구분	내용
도시기본계획	생활권의 설정 및 인구의 배분과 녹지축, 생태계 등의 공원녹지에 관한 정책이 포함(5년마다 재검토)
도시관리계획	용도지역·지구·구역에 관한 계획, 기반시설계획, 도시개발 및 재개발 사업에 관한 계획, 지구단위계획을 대상(5년마다 재검토)

★② 도시계획시설

- 정의 : 도시기반시설 중 도시관리계획으로 결정된 시설(10년마다 수립, 5년마다 재검토)
- 종류

시설	내용
교통시설	도로, 철도, 항만, 공항, 주차장, 정류장, 터미널 등
공간시설	공원녹지, 광장, 유원지, 공공공지 등
유통공급시설	상수도, 전기, 가스, 시장 등
공공문화체육시설	학교, 운동장, 도서관, 청소년체육시설 등
방재시설	하천, 저수지 등
보건위생시설	화장장, 장례식장, 공동묘지, 납골시설 등
환경기초시설	하수도, 폐기물처리시설 등

③ 「도시·군계획시설의 결정·구조 및 설치기준에 관한 규칙」

- 「국토의 계획 및 이용에 관한 법률」에 의한 도시·군계획시설의 결정·구조 및 설치의 기준과 동법시행령 규정에 의한 기반시설의 세분 및 범위에 관한 사항을 규정함을 목적으로 한다.
- 유원지, 공공공지, 광장 등의 시설의 구조 및 설치는 위 규칙에 준한다.

2 오픈스페이스로서의 공원과 녹지

① 오픈 스페이스의 개념

- 의의 : 도시 내에 있어서 자연이 지배적인 상태에 있는 지역 또는 자연이 회복되고 있는 지역을 가리키며, 오락용지, 보전지, 풍경지 또는 도시개발을 조절하기 위한 토지

㉠ 형질로 본 오픈스페이스 : 개방지, 비건폐지, 위요공간, 자연환경

㉡ 기능으로 본 오픈스페이스 : 도시안의 다른 모든 땅처럼 적극적이고 뚜렷한 기능을 가진 땅

㉢ 행태로 본 오픈스페이스 : 시민들이 자유롭게 선택, 행동하며 스스로를 재창조하고 여가를 즐길 수 있는 개방된 장소

★② 오픈스페이스의 유형

	유 형		
오픈스페이스	도시공원	국가도시공원	
		생활권	소공원, 어린이 공원, 근린공원
		주제형	묘지공원, 체육공원, 수변공원, 역사공원, 문화공원, 도시농업공원, 방재공원, 지자체가 조례로 정하는 공원
	녹지	완충녹지, 경관녹지, 연결녹지	
	각종도시계획시설	유원지, 공공공지, 광장, 운동장, 공동묘지, 기타	
	지역, 구역	녹지지역, 개발제한 구역, 도시자연공원구역 등	

★③ 기능을 기준으로 한 분류

구분	내용
실용오픈스페이스(utility open space)	생산토지, 공급처리시설, 보전녹지
녹지(green open space)	도시공원, 자연공원, 레크레이션시설, 도시개발에 의한 녹지, 후생지, 보호구역
교통용지(corridor open space)	통행로, 주자장, 터미널, 교차시설, 경관녹지

★④ 도시공원 및 녹지 세분

㉠ 도시공원의 유형

- 국가도시공원 : 도시공원 중 국가가 지정하는 공원
- 생활권공원

유형		목적	이용권 /설치장소	면적	공원시설의 설치면적
소공원		도시민의 휴식과 정서생활함양	제한없음	제한없음	20% 이하
어린이공원		어린이 보건 및 정서생활함양	250m 이내 / 2~3분	1500m² 이상	60% 이하
근린공원	근린생활권 근린공원	근린 거주자의 보건·휴양과 정서생활함양	500m 이내 / 7~8분	10,000m² 이상	40% 이하

근린공원	도보권 근린공원	근린 거주자의 보건·휴양과 정서생활함양	1km 이내 / 15분	30,000m² 이상	40% 이하
	도시지역권 근린공원		기능을 충분히 발휘할 수 있는 장소	100,000m² 이상	
	광역권 근린공원		기능을 충분히 발휘할 수 있는 장소	1,000,000m² 이상	

· 주제형공원

유형	목적	설치기준	유치거리	면 적	공원시설의 설치면적
역사공원	유적지의 본존과 활용, 교육, 휴식	제한없음	제한없음	제한없음	제한없음
문화공원	문화자연 활용, 교육, 휴식	제한없음	제한없음	제한없음	제한없음
수변공원	수변공간을 활용하여 여가와 휴식	하천·호수 등의 수변과 접하는 친수공간	제한없음	제한없음	40%이하
묘지공원	묘지공원 이용자의 휴식	정숙한 장소, 자연녹지지역에 설치	제한없음	100,000m² 이상	20%이상
체육공원	체육활동 목적	공원기능 발휘장소	제한없음	10,000m² 이상	50%이하
도시농업공원	도시민의 정서순화 및 공동체의식함양	제한없음	제한없음	10,000m² 이상	40% 이하
방재공원	지진 등 재난발생 시 도시민 대피 및 구호 거점으로 활용	제한없음	제한없음	제한없음	제한없음
지자체가 조례로 정하는 공원	–	제한없음	제한없음	제한없음	제한없음

ⓛ 도시자연공원구역

· 국토의 계획 및 이용에 관한 법률에 의하여 도시자연공원구역으로 결정된 구역

목적	도시지역안의 자연환경 및 경관을 보호할 주목적으로 도시민에게 건전한 여가와 휴식공간제공 도시지역안 양호한 수림의 훼손을 유발하는 개발을 제한할 필요가 있는 지역에 설치
지정기준	· 양호한 자연환경의 보전 : 생태적으로 보전가치가 높은 지역 · 양호한 경관의 보호 : 경관미가 수려한 지역 · 도시민의 여가와 휴식공간 확보
판단	국토환경성평가결과, 녹지자연도 및 생태자연도 의 평가등급, 토지적성평가결과 등을 활용

㉢ 녹지

완충녹지	대기오염·소음·진동·악취 그 밖에 이에 준하는 공해와 각종 사고나 자연재해 그 밖에 이에 준하는 재해 등의 방지를 위하여 설치하는 녹지
경관녹지	도시의 자연적 환경을 보전하거나 이를 개선하고 이미 자연이 훼손된 지역을 복원·개선함으로써 도시경관을 향상시키기 위하여 설치하는 녹지
연결녹지	도시 안의 공원·하천·산지 등을 유기적으로 연결하고 도시민에게 산책공간의 역할을 하는 등 여가·휴식의 제공과 생태통로의 기능을 하는 선형(線型)의 녹지

⑤ 각종 도시계획시설(공원녹지와 유사한 도시계획시설)

㉠ 유원지

- 주민의 복지향상에 기여하기 위하여 설치하는 오락과 휴양을 위한 시설

★ · 유원지의 결정기준

1. 시·군내 공지의 적절한 활용, 여가공간의 확보, 도시환경의 미화, 자연환경의 보전 등의 효과를 높일 수 있도록 할 것
2. 숲·계곡·호수·하천·바다 등 자연환경이 아름답고 변화가 많은 곳에 설치할 것
3. 유원지의 소음권에 주거지·학교 등 평온을 요하는 지역이 포함되지 아니하도록 인근의 토지이용현황을 고려할 것
4. 준주거지역·일반상업지역·자연녹지지역 및 계획관리지역에 한하여 설치할 것. 다만, 유원지 면적의 50퍼센트 이상이 계획관리지역에 해당하면 나머지 면적이 생산관리지역이나 보전관리지역에 해당하는 경우에도 설치할 수 있다.
5. 이용자가 쉽게 접근할 수 있도록 교통시설을 연결할 것
6. 대규모 유원지의 경우에는 각 지역에서 쉽게 오고 갈 수 있도록 교통시설이 고속국도나 지역간 주간선도로에 쉽게 연결되도록 할 것
7. 전력과 용수를 쉽게 공급받을 수 있고 자연재해의 우려가 없는 지역에 설치할 것
8. 시냇가·강변·호반 또는 해변에 설치하는 유원지의 경우에는 다음 각목의 사항을 고려할 것
   - 시냇가·강변·호반 또는 해변이 차단되지 아니하고 완만하게 경사질 것
   - 깨끗하고 넓은 모래사장이 있을 것
   - 수영을 할 수 있는 경우에는 수질이 「환경정책기본법」 등 관계 법령에 규정된 수질기준에 적합할 것
   - 상수원의 오염을 유발시키지 아니하는 장소일 것
9. 유원지의 규모는 1만제곱미터 이상으로 당해 유원지의 성격과 기능에 따라 적정하게 할 것

- 유원지의 구조 및 설치기준
  - 각 계층의 이용자의 요구에 응할 수 있도록 다양한 시설을 설치할 것

– 연령과 성별의 구분없이 이용할 수 있는 시설을 포함할 것
– 휴양을 목적으로 하는 유원지를 제외하고는 토지이용의 효율화를 기할 수 있도록 일정지역에 시설을 집중시킬 것

· 유원지 시설 설치
유희시설은 어린이용 위주의 유희시설과 가족용 위주의 유희시설로 구분하여 설치

유희시설	밧데리카·스카이싸이클·미니스포츠카·밤바카 등 주행형시설, 다람쥐·바이킹·회전목마·회전비행기·번지점프 등 고정형시설, 거울집·영상모험관·환상의 집 등 관람형시설, 실내사격·미로·파도풀 등 놀이형시설, 그네·미끄럼틀·시소 등의 시설, 미니썰매장·미니스케이트장 등 여가활동과 운동을 함께 즐길 수 있는 시설 그 밖에 기계 등으로 조작하는 각종 유희시설
운동시설	육상장·정구장·골프연습장·실내야구연습장·탁구장·궁도장·체육도장·수영장·보트놀이장·부교·잔교·계류장·스키장(실내스키장을 포함)·골프장(9홀 이하인 경우)·승마장 등 각종 운동시설
휴양시설	휴게실·놀이동산·낚시터·숙박시설·야영장(자동차야영장을 포함)·야유회장·청소년수련시설·자연휴양림
특수시설	동물원·식물원·공연장·예식장·마권장외발매소·관람장·전시장·진열관·조각·야외음악당·야외극장·온실·수목원
위락시설	관광호텔에 부속된 시설로서 「관광진흥법」 제15조에 따른 사업계획승인을 받아 설치하는 위락시설
편익시설	전망대·매점·휴게음식점·일반음식점·음악감상실·일반목욕장·단란주점·노래연습장·사진관·약국·간이의료시설·금융업소
관리시설	도로·주차장·삭도·쓰레기처리장·관리사무소·화장실·안내표지·창고

ⓛ 공공공지

· 시·군내의 주요시설물 또는 환경의 보호, 경관의 유지, 재해대책, 보행자의 통행과 주민의 일시적 휴식공간의 확보를 위하여 설치하는 시설
· 공공공지의 결정기준 : 공공공지는 공공목적을 위하여 필요한 최소한의 규모로 설치하여야 한다.
· 공공공지의 구조 및 설치기준

1. 지역의 미관을 저해하지 아니하도록 할 것
2. 지역의 쾌적한 환경을 조성하기 위하여 필요한 경우 긴의자, 등나무·담쟁이 등의 시렁, 조형물, 옥외에 설치하는 생활체육시설(「체육시설의 설치·이용에 관한 법률」 제6조의 규정에 의한 생활체육시설 중 건축물의 건축 또는 공작물의 설치를 수반하지 아니하는 것을 말한다) 등 공중이 이용할 수 있는 시설을 설치할 것
3. 주민의 일상생활에 있어 쾌적성과 안전성을 확보할 것
4. 주변지역의 개발사업으로 인하여 증가하는 빗물에 혼입되어 있는 오염물질을 모아 두거나 땅속으로 스며들게 하는 저류지, 침투지, 침투도랑, 식생대 등의 시설을 설치할 것

■ 참고 : 공공공지와 공개공지

① 공공공지 : 『도시·군계획시설의 결정·구조 및 설치기준에 관한 규칙』에 의해 도시 내의 주요 시설물 또는 환경의 보호, 경관의 유지, 재해대책 및 보행자의 통행과 시민의 일시적 휴양을 위한 공간의 확보를 위해 설치하는 공지. 건축 시 대지면적의 일부에 대해 확보해야하는 공개공지와 달리 공공공지는 도시관리계획으로 결정된 도시계획시설의 하나이다.

② 공개공지 : 『건축법』은 일반주거지역, 준주거지역, 상업지역, 준공업지역 등의 지역에서는 그 환경을 쾌적하게 조성하기 위하여 소규모 휴식시설 등의 일정한 개방된 공간을 건축부지 내에 설치하도록 규정하고 있는 공간을 말한다.

★ ㉢ 광장

교통광장	교차점광장	도시내 주요도로의 교차점에 설치하는 광장
	역전광장	역전에서의 교통혼잡을 방지하고 이용자의 편리를 도모하기 위하여 철도역의 전면에 접속한 광장
	주요시설물광장	항만 또는 공항 등 일반교통의 혼잡요인이 있는 주요시설에 대한 원활한 교통처리를 위하여 당해 시설에 접속되는 부분에 결정
일반광장	중심대광장	다수시민의 집회·행사·사교 등을 위하여 필요한 경우 설치하는 광장
	근린광장	시민의 사교·오락·휴식 등을 위하여 필요한 경우에는 주구단위로 설치하는 광장
경관광장	주민의 휴식·오락 및 경관·환경의 보전을 위하여 필요한 경우에 하천, 호수, 사적지, 보존가치가 있는 산림이나 역사적·문화적·향토적 의의가 있는 장소에 설치하는 광장	
지하광장	지하도 또는 지하상가와 접속하여 원활한 교통처리를 도모하고 이용자에게 휴식을 제공하기 위하여 필요한 경우에 설치하는 광장	
건축물 부설광장	건축물의 이용효과를 높이고 광장의 기능을 고려하여 건축물의 내부 또는 주위에 설치하는 광장	

㉣ 운동장 : 국제 경기 종목으로 채택된 운동 종목의 운동장, 골프장 및 종합운동장
㉤ 공동묘지 : 공설묘지, 사설묘지, 묘지공원과 구별되는 도시계획시설
㉥ 기타 : 하천, 저수지, 유수지, 방풍설비, 방화설비, 방조설비 등

⑥ 지역과 지구 : 도시계획에 의해 도시계획구역 내에 지정되는 녹지지역, 풍치지구, 개발제한구역

3 오픈스페이스의 효용성

① 도시개발형태의 조절
㉠ 도시의 확산(도시가 무질서하게 퍼져나감)과 연담(여러 시가구역이 맞붙어버림)의 방지
㉡ 도시개발의 촉진

② 도시환경의 질 개선
㉠ 도시생태계의 기반 조성
㉡ 환경조절 : 화재와 공해 방지 또는 완화, 미기후 조절

③ 시민생활의 질 개선
  ㉠ 창조적 생활의 기틀 제공
  ㉡ 도시경관의 질 고양

4 체계화된 공원 녹지(오픈스페이스)의 조성목적

① 접근성과 개방성의 증대
  ㉠ 시민들이 일상생활 속에서 쉽게 접근하고 즐길 수 있는 개방성에 있어 적절한 위치가 중요함
  ㉡ 연속되고 중첩됨으로서 각 요소가 가지고 있는 효과가 상승하고, 시민들은 비슷한 용도를 가진 오픈 스페이스 요소에 대한 선택의 범위가 넓어짐
  ㉢ 체계화된 오픈 스페이스는 시민의 일상생활에 더 밀착할 수 있음
② 포괄성과 연속성의 증대
  ㉠ 시가화(市街化화)가 불가능한 토지들을 포괄하여 다른 오픈 스페이스를 연결함으로써 보존이 쉬어지고 개발 지구들을 바람직한 방향으로 유도
  ㉡ 오픈스페이스 자체뿐 아니라 개발지역까지도 그 효용을 확장할 수 있음
③ 상징성과 식별성의 증대
  ㉠ 역사적·문화적 요소들이 오픈 스페이스 체계 속에 보호되고 있으며 합리적 이용을 추구할 수 있음
  ㉡ 오픈스페이스 체계 속의 역사적·문화적 존재 등을 보존하고, 인공환경이 가지고 있는 획일성과 단조성을 깨뜨려주는 다양한 경관특성을 부여하여 도시내의 장소감각을 강화하고 환경의 식별성을 뚜렷하게 해줌

5 오픈스페이스의 주요 계획개념 ★★

개념	도식	내용
핵화 (focalization)		가장 크거나 활동이 활발하거나, 시각적으로 지배적 요소의 핵을 설정, 도시내의 산, 구릉, 문화재, 광장 등의 면적요소가 잠재력이 큼
위요 (encirclement)		주변의 핵의 범위를 뚜렷하게 해주면 핵을 감싸 성격을 부각시킴, 선의 형태(하천, 경관도로, 녹지대 등)가 잠재력이 큼
결절 (nodalization)		방향성이 다른 오픈스페이스 요소들을 서로 만나게 하여 결절점을 형성하고, 이곳에서 각 요소가 가진 특성요소를 복합적으로 활용하게 함, 결절점에 공원, 유원지, 광장의 활성화
중첩 (superimposition)		정연한 인공 환경의 질서위에 자유롭고 가연성이 큰 오픈스페이스체계를 중첩, 지나친 인공화, 정형성 완화, 접근성 좋은 오픈스페이스 형성
관통 (penetration)		강력한 대상(帶狀)의 오픈스페이스 요소가 인공 환경 속을 뚫어 중첩의 효과를 더 강하게 받고자 함, 인공성과 단조성이 강한 대조 효과(하천, 능선, 대상형의 광장)
계기 (sequence)		오픈스페이스 마다 독립, 완결되는 체험과 활동을 선형으로 연결하여 시간의 흐름에 따라 더 풍성하고 총체적 체험을 제공, 오픈스페이스 체계를 형성하는 설계개념 중에서 가장 중요한 개념

6 그린벨트에 의한 도시계획

① 목적 : 도시가 무질서하게 확대되는 것을 일정한 범위로 제한하는 것이 목적이며 인구 집중의 방지와 도시민의 생활환경 개선 등의 이점

② 녹지계통의 형식

분산식		녹지대가 여기저기 여러 가지 형태로 배치된 상태
환상식		도시를 중심으로 환상상태로 5~10km 폭으로 조성된 것으로 도시가 확대되는 것을 방지하는 데 큰 효과 예) 오스트리아 빈
방사식		도시의 중심에서 외부로 방사상 녹지대를 조성하는 것 예) 독일의 하노버, 비스바덴, 미국의 인디아나폴리스
방사환상식		방사식 녹지 형태와 환상식 녹지를 결합하여 양자의 장점을 이용한 것으로 이상적인 도시녹지대의 형식 예) 독일의 쾰른
위성식		대도시에만 적용되는 것으로서 대도시의 인구 분산을 위해 환상내부에 녹지대를 조성하고 녹지대 내에 소시가지를 위성적으로 배치하는 것 예) 독일의 프랑크푸르트
평행식		도시의 형태가 대상형일 때 띠모양으로 일정한 간격을 두고 평행하게 녹지대를 조성하는 것 예) 스페인의 마드리드, 러시아의 스탈린그라드

7 공원 녹지 계획의 새로운 접근방법

현재의 접근방법		새로운 접근방법
· 시설 위주의 계획	→	· 서비스제공
· 대형 위주의 계획	→	· 오픈스페이스 체계의 조성
· 공급 위주의 계획	→	· 이용자 중심의 계획
· 획일적인 계획	→	· 국지적인 특성을 살린 계획으로 조성

8 공원 계획의 과정

① 계획과제 정립

② 지표계획의 수립 : 공원 녹지의 기능, 성격, 역할 등 목표체계정립

③ 물적계획의 수립 : 지표계획에서 작성된 활동과 시설을 주어진 계획부지 안에 적절히 배치하고 조직하는 계획

④ 사업진행 계획의 수립 : 실제공사를 실시하여 공원녹지로 완성하기 위해 필요한 사업 지침 등을 제시하는 계획

⑤ 관리계획의 지침제시 : 조성된 공원을 시민에게 개방한 후 공원의 질적 수준을 유지하기 위해 각종 지침을 제시하는 계획

9 도시공원의 기본계획(10년 단위, 5년마다 타당성검토)

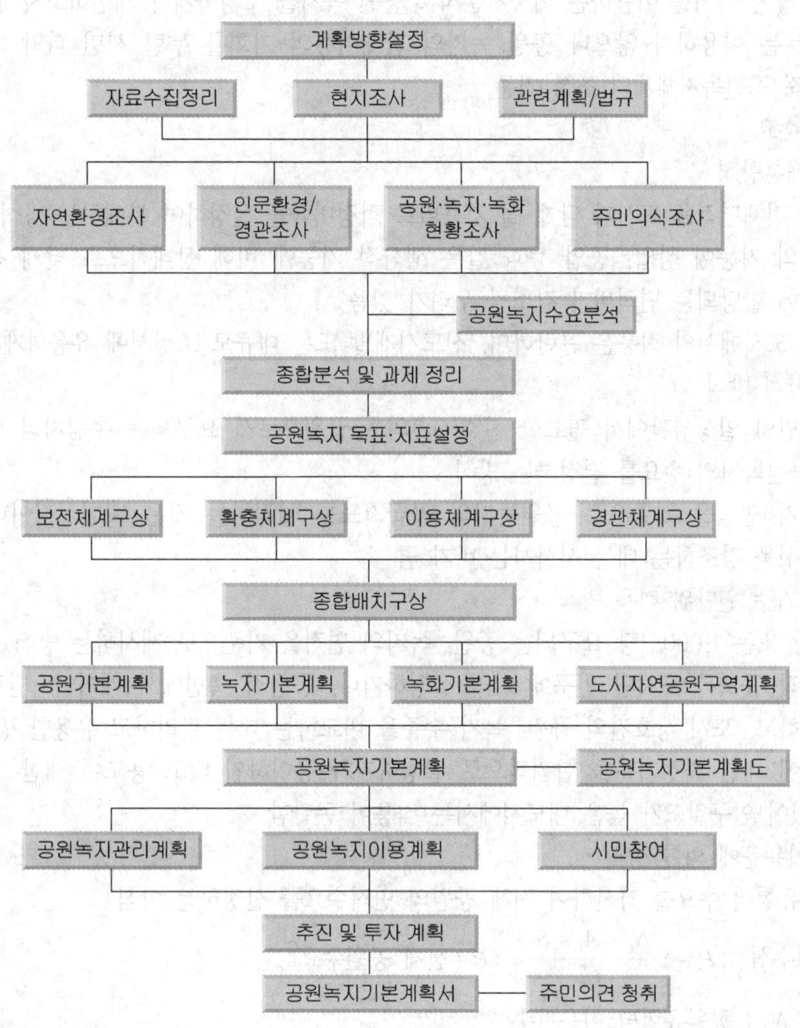

10 공원 녹지의 수요 분석

① 수요분석의 내용과 의의

공원 녹지가 제공하는 질적인 국면	공원 녹지가 제공하는 양적인 국면
· 체험의 기회 · 활동의 종류 · 서비스의 수준에 관한 이용자의 희망, 욕구	· 공원 녹지의 공간적인 크기

② 질적 수요와 이용자 분석

㉠ 이용자 행태와 의식을 파악함으로써 판단

㉡ 실제 공원 녹지를 이용하는 이용자분석 : 공원 녹지를 조성하거나 개선하고자 할 때 기준

㉢ 실제로는 이용하지 않으나 공원 녹지의 잠재이용의 기회를 누릴 시민 파악 : 도시 전체의 광역적 공원녹지체계의 조성 기준

★★③ 양적 수요

㉠ 기능배분방식

- 도시 전체면적을 도시가 담게 될 기능별로 적정비율을 설정하여 분배하는 방식
- 녹지의 기능이 상업, 공업 등과 같은 생산적 기능에 비해 상대적으로 낮게 책정되어 공원녹지에 할당되는 면적비가 감소될 우려가 있음
- 기존 도시에서의 적용은 곤란하며, 신도시개발 또는 대규모 조성시에 유용하게 사용됨

㉡ 생태학적 방식

- 도시민의 일상생활에서 필요한 산소(O_2)의 공급원으로서 요구되는 수림지의 면적을 산출하여 공원녹지의 수요를 결정하는 방식
- 수림지 면적을 기준으로 공원녹지의 공급지표를 설정하는 것은 비현실적이나 녹지공간의 중요성을 강조하는 데는 시사하는 바가 큼

㉢ 인구 기준 원단위 적용 방식

- 1인당 또는 1,000인당 요구되는 공원, 녹지의 면적을 기준으로 제시하는 방식
- 총량적 규모를 도시민 인구에 따라 설정하거나, 공급적 측면에서 계획연도별로 공급지표를 설정하고, 도시 상호간의 공원, 녹지 수준을 비교하는 데는 편리하고 유용한 방식
- 인구에 대한 적정기준을 합리적으로 설정하기가 용이하지 않고 용도에 대한 고려가 결여되어 있어 인구밀도가 높은 대도시에서는 적용이 곤란함

㉣ 공원이용율에 의한 방식

- 공원유형별 수요를 가산하여 전체 공원의 면적수요를 산정하는 방식
- 산정수식 : $P = \Sigma \dfrac{N_i \times A_i \times S_i}{C_i}$ (P=전체 공원수요)

  N_i : 공원유형별 이용자수

  A_i : 공원유형별 이용률,

  S_i : 공원이용자 1인당 활동면적

  C_i : 유효면적률

㉤ 생활권역 분배방식

- 생활권 위계별로 이에 상응하는 공원녹지를 분배하는 방식
- 전체 공원면적이 공원유형로 적절히 배분되어 도시민에 형평(衡平)된 공원 서비스를 제공할 수 있음

④ 수요분석 종합

총량적수요	공원유형별 수요
· 기능배분방식 · 생태학적방식	· 인구 기준 원단위적용방식 · 이용률에 의한 방식 · 생활권별 배분방식

11 주요 계획 기준

① 입지 선정 기준
㉠ 접근성 : 접근성 정도에 따라 오픈스페이스의 역할에 필수적인 개방성이 보장되어야 함
· 아동공원 : 보행 거리 내에 입지(유아는 150~250m, 유년 또는 소년은 400~500m)
· 근린공원 : 500~1,000m의 보행해서 왕래한다는 전제(소요시간기준은 30분 이내)
㉡ 안전성 : 아동공원에 특히 중요
· 공원을 오가는 노상에서 안전성 : 보행, 자전거 통행의 안전성 유지
· 공원 내 안전성 : 시설, 환경재해나 안전사고 범죄 예방
㉢ 쾌적성
· 자연환경 조건이 양호하여 부담 없이 즐길 수 있도록 조성
· 주거단지, 자연녹지, 학교, 종합시설 등의 내부 또는 인접지의 조건을 갖춘 곳
㉣ 편익성 : 일상 편익 시설의 이용의 이용권 또는 이용 경로와 긴밀함을 갖도록 배치
㉤ 시설 적지성 : 도입될 활동과 시설을 받아들일 수 있는 조건을 갖추어야함
② 면적의 결정
㉠ 가용지의 환경조건이 제시하는 수용능력
㉡ 잠재 이용자의 규모, 구성, 형태
㉢ 도입활동과 시설, 규모 등을 종합 후 산출
③ 공원의 일반적 기능 및 시설
㉠ 자연 - 자연감상
㉡ 인간 - 휴게공간, 운동공간, 레크레이션 공간
㉢ 사회 - 지역중심성, 공원의 역사성, 이용 편의성, 집회

핵심기출문제

내친김에 문제까지 끝내보자!

1. 1906년 영국에서 제정된 오픈스페이스법에 명시되어 있는 오픈스페이스의 개념은?

① 소유권 여하에 관계없이 자연 상태로 이용
② 황무지로 방치되어있지 않고 건폐부분이 1/20이하인 토지
③ 도시 내의 자연이 지배적이거나 자연이 회복되고 있는 지역
④ 토지, 대지, 물을 주체로 한다.

2. 공원계획의 단계적 과정에 해당되지 않는 것은?

① 계획과제의 정립
② 지표계획의 수립
③ 물적계획의 수립
④ 토지이용계획수립

3. 도시공원계획을 하는 경우 계획 작업의 중요부분에 포함되는 것은?

① 공원의 크기 결정
② 공원의 위치 결정
③ 공원의 전망 결정
④ 공원의 성격 결정

4. 전혀 관계없는 몇 조(組)의 전문가 그룹으로 하여금 유기적으로 체계화된 몇 개의 계획안을 만들게 하여금 가운데서 주민 또는 이용자가 가장 좋다고 생각하는 하나의 안(案)을 고르는 계획과정은?

① 단일형 과정　② 반복형 과정
③ 연환형 과정　④ 선택형 과정

5. 도시팽창을 막기 위한 도시 계획형은?

① 방사형　② 위성식
③ 평행식　④ 환상식

정답 및 해설

해설 1
1906년 영국에서 제정된 오픈스페이스법에서 오픈스페이스의 개념
- 도시 내의 자연이 지배적이거나 자연이 회복되고 있는 지역

해설 2
공원계획의 과정
- 계획과제 정립
  → 지표계획 수립
  → 물적계획 수립
  → 사업진행계획 수립
  → 관리계획 지칭제시

해설 3
도시공원계획시 계획시 중요한 부분 - 지표계획 수립시 공원의 성격 · 역할 결정

해설 4
녹지계획의 수립과정
1. 단일형 : 계획 입안책임자가 예측하여 계획 수립
2. 연환형 : 주제 결정 후 안에 따라 결정함(조직적 예측방법의 확립이 어려움)
3. 선택형

해설 5
환상식 - 도시가 확대되는 것을 방지하는데 큰 효과가 있다.

정답 1. ③ 2. ④ 3. ④ 4. ④ 5. ④

6. 방향성이 서로 다른 오픈 스페이스 요소들을 서로 만나게 하여 이곳에서 각 요소가 가진 특성과 용도를 복합적으로 활용할 수 있도록 하는 도시공원 녹지계획의 개념은?

① 위요(Encirclement)
② 결절화(Nodalization)
③ 중첩(Superimposition)
④ 계기(sequence)

7. 도시공원의 종류에 포함되지 않는 것은?

① 어린이 공원 ② 아동공원
③ 근린공원 ④ 체육공원

8. 다음 공원시설 중 교양시설로 적합하지 않는 것은?

① 야외음악당 ② 온실
③ 피크닉장 ④ 수족관

9. 도시공원시설이 아닌 것은?

① 조경시설 ② 휴양시설
③ 교양시설 ④ 문화시설

10. 대기오염, 소음, 진동, 악취 그 밖에 이에 준하는 공해와 각종 사고나 자연재해 그 밖에 이에 준하는 재해 등의 방지를 위하여 설치하는 도시공원 및 녹지 등에 관한 법률상의 오픈스페이스는?

① 근린공원 ② 연결녹지
③ 완충녹지 ④ 경관녹지

11. 공원의 종류 중에서 7~8분으로 500m 거리에 위치하며 면적 1ha 정도가 되는 공원은?

① 어린이 공원 ② 근린공원
③ 지구공원 ④ 운동공원

정 답 및 해 설

해설 **6**

- 위요 – 주변의 핵의 범위를 뚜렷하게 해주면 핵을 감싸 성격을 부각시킴, 선의 형태 (하천, 경관도로, 녹지대 등)가 잠재력이 큼
- 중첩 – 정연한 인공 환경의 질서위에 자유롭고 가연성이 큰 오픈스페이스체계를 중첩, 지나친 인공화, 정형성 완화, 접근성 좋은 오픈스페이스 형성
- 계기 – 오픈스페이스 마다 독립, 완결되는 체험과 활동을 선형으로 연결하여 시간의 흐름에 따라 더 풍성하고 총체적 체험을 제공, 오픈스페이스 체계를 형성하는 설계개념 중에서 가장 중요한 개념

해설 **7**

바르게 고치면
아동공원 → 어린이공원

해설 **8**

피크닉장은 휴양시설이다.

해설 **9**

도시공원시설의 종류
1. 도로 또는 광장
2. 휴양시설(휴게소, 장의자)
3. 유희시설(그네, 미끄럼틀, 모래사장등)
4. 운동시설(정구장, 수영장등)
5. 교양시설(식물원, 동물원, 수족관등)
6. 편익시설(주차장, 매점, 화장실 등)
7. 공원관리시설(관리사무소, 출입문, 담장등)
8. 조경시설(화단, 분수등)

해설 **10**

광장 종류 : 교통광장, 일반광장, 경관광장, 지하광장, 건출물부설광장

정답 6. ② 7. ② 8. ③ 9. ④ 10. ③ 11. ②

12. 국토의 계획 및 이용에 관한 법률상 광장의 종류에 해당하지 않는 것은?

① 보행광장 ② 교통광장
③ 경관광장 ④ 지하광장

13. 도시계획시설로 지정되는 광장이 아닌 것은?

① 교통광장 ② 경관광장
③ 지하광장 ④ 역전광장

14. 광장의 성격에 대한 설명이 잘못된 것은?

① 광장은 사회 지향적이다.
② 광장은 도시 지향적이다.
③ 광장은 지역 중심적이다.
④ 광장은 자연 지향적이다.

15. 주제 공원(Theme Park)에 대한 설명이다. 이중 적합하지 않는 것은?

① 조각 공원은 환경 조각이 하나의 주제로 놓고 다양한 형태를 표현하면서 시민 공원으로 활용되게 하는 형태이다.
② 모험공원은 어린이에게 모험심을 길러 주고 어린이 스스로 무엇이든지 할 수 있는 장소이다.
③ 안전공원(Safety Park)이란 소방훈련, 대피훈련을 하거나 관련분야의 전시를 통해 안전의식을 고취하고자 하는 공원이다.
④ 교통공원이란 교통 혼잡을 피하기 위해 교통량이 많은 곳에 설치한다.

16. 덴마크의 소렌슨 박사가 주장한 어린이들의 탐험심을 길러주기 위한 공원은?

① 근린공원
② 모험공원
③ 지구공원
④ 자연공원

공통해설 **12, 13**

국토의 계획 및 이용에 관한 법률상 광장의 종류
- 교통광장, 일반광장, 경관광장, 지하광장, 건축물부설광장

해설 **14**

광장의 성격
- 사회 지향적
- 도시 지향적
- 지역 중심적

공통해설 **15, 16**

주제공원
① 기원 : 1850년 덴마크 코펜하겐의 티볼디 공원이 시초
② 종류
- 모험공원 : 어린이에게 모험심을 길러줄 수 있는 장소의 공원으로 1943년 덴마크의 소렌슨이 시도
- 교통공원 : 교통시설을 마련하여 교통안전에 대한 교육실시
- 안전공원 : 소방, 대피훈련을 하거나 관련분야의 전시를 통해 안전의식 고취
- 조각공원 : 조각을 옥외에 전시하여 시민공원으로 활용

정답 12. ① 13. ④ 14. ④ 15. ④ 16. ②

17. 다음 중 어린이 공원의 기능이 아닌 것은?

① 운동 ② 놀이
③ 휴식 ④ 모임

18. 기능을 기준으로 한 오픈 스페이스의 분류 체계 중 실용 오픈 스페이스(utility open space)에 해당되지 않는 것은?

① 하천, 호수
② 농지, 산림
③ 쓰레기 매립장, 하수처리장
④ 도시공원, 자연공원

19. 녹지의 면적 표준을 결정짓는 방법으로 일반화 되지 않는 것은?

① 시가지 면적에 대한 비율로 정하는 방법
② 인구밀도와의 관계에 의하여 정하는 방법
③ 거주 인구 한 사람 당 소요면적으로 정하는 방법
④ 여가활동의 변화와 국민소득 증대의 비율로 정하는 방법

20. 다음 도시공원 중 관련 법상 설치할 수 있는 공원시설 부지면적의 비율이 공원 면적에 대하여 가장 높은 곳은?

① 어린이 공원
② 소공원
③ 근린공원(3만제곱미터 미만)
④ 체육공원(3만제곱미터 미만)

21. 도시민의 일상생활에서 필요한 산소(O_2)의 공급원으로서 요구되는 수림지 면적을 산출하여 공원녹지의 수요를 결정하는 방법은?

① 생활권별 배분방법
② 생태학적 방법
③ 기능배분 방법
④ 이용률에 대한 방법

정 답 및 해 설

해설 **17**

어린이공원의 기능 - 운동, 놀이, 휴식

해설 **18**

기능을 기준으로 한 분류
① 실용오픈스페이스(utility open space)
· 농지, 산림, 하천, 쓰레기매립장, 하수처리장, 보전녹지
② 녹지(green open space)
· 도시공원, 자연공원, 레크레이션 시설, 도시개발에 의한 녹지, 후생지, 보호구역
③ 교통용지 (corridor open space)
· 통행로, 주자장, 터미널, 교차 시설, 경관녹지

해설 **19**

녹지 면적 표준을 결정짓는 방식
· 기능배분 방식
· 생태학적 방식
· 인구 기준 원단위적용방식
· 이용률에 의한 방식
· 생활권별 배분방식

해설 **20**

공원시설의 부지면적
① 어린이 공원 - 60% 이하
② 소공원 - 20% 이하
③ 근린공원(3만제곱미터 미만) - 40% 이하
④ 체육공원(3만제곱미터 미만) - 50% 이하

해설 **21**

· 생활권역 분배방식 : 생활권 위계별로 이에 상응하는 공원녹지를 분배하는 방식
· 기능배분방식 : 도시 전체면적을 도시가 담게 될 기능별로 적정비율을 설정하여 분배하는 방식
· 공원이용율에 의한 방식 : 공원 유형별 수요를 가산하여 전체 공원의 면적수요를 산정하는 방식

정답 17. ④ 18. ④ 19. ④ 20. ① 21. ②

22. 도시녹지나 공원을 계획할 때 고려해야 할 사항 중 별로 관계가 없는 것은?

① 문화재나 사적지의 분포사항
② 녹지가 될 수 있는 자원의 부존 현황
③ 능률적인 녹지의 공급방법
④ 도시의 공급시설 분포상황

해설 22
도시녹지나 공원계획시 고려사항
① 문화재나 사적지의 분포사항
② 녹지가 될 수 있는 자원의 현황
③ 능률적인 녹지의 공급방법

23. 아동공원을 하나의 근린주구에 배치하고자 할 때 다음 중 어느 것이 가장 적합한가?

① 1개소 ② 2개소
③ 3개소 ④ 4개소

해설 23
근린주구의 공원 배치- 어린이공원(아동공원)4개소 당 근린공원 1개소

24. 아동 공원의 식재 수종으로 적당하지 않는 것은?

① 현사시 – 탱자나무
② 백목련 – 스트로브잣나무
③ 노간주나무 – 자귀나무
④ 배롱나무 – 느티나무

해설 24
아동공원에 수종은 가시가 있거나 독이 있는 식물은 심지 않는다.

25. 아동공원에 대한 내용이 아닌 것은?

① 접근성이 고려되어야 한다.
② 동적보다는 정적 이용이 많아야한다.
③ 시설물이 휴먼스케일이어야 한다.
④ 불쾌감이나 해가 되는 식재는 하지 않는다.

해설 25
아동공원 – 정적인 공간과 동적인 공간을 균형 있게 배치

26. 어린이 놀이터 계획 방법에 적합지 않는 것은?

① 창조적인 활동을 부여할 수 있는 기복이 있는 지형이 적합하다.
② 보호자와 함께 휴식을 취할 수 있는 정적공간을 확보
③ 시설물의 배치는 집단화 밀집시키는 것 보다 소규모 공간에 분산 배치한다.
④ 집단 활동이 가능한 운동장과 다용도 포장공간을 배치한다.

해설 26
어린이 놀이터 배치방법 – 평탄하거나 완만한 구릉지를 적지로 하되 위험한 급경사지는 정지하여 조성

정답 22. ④ 23. ④ 24. ① 25. ② 26. ①

27. 유아 놀이터 시설 배치시 유의 사항이 틀린 것은?

① 참여수를 제한하거나 순서를 기다리는 시설은 출입구 쪽에 둔다.
② 모래밭은 안전상 회전그네와 미끄럼틀과는 떨어지게 한다.
③ 물장구 센터는 음수대 근처에 둔다.
④ 잔디밭은 위요된 시설지역과 그 주위의 완충공간에 설치한다.

28. 유아 및 아동의 유희 시설 계획시 고려해야 할 제반조건으로 볼 수 없는 것은?

① 유지관리 및 수선이 용이한 구조로 하고 정기 점검하여 미연에 파손위험을 방지한다.
② 안전을 고려하여 광장, 원로, 기타 시설과의 경계는 울타리 등으로 분리한다.
③ 놀이 기구는 아동들에게 시각적 안정감을 주기 위해 가급적 색상을 단순하게 사용한다.
④ 좁은 장소에 많은 기구의 배치보다 일체화된 놀이기구에 의해 놀이의 연속성을 갖게 한다.

29. 공원의 주요 기능 중 하나는 지역중심을 갖는다. 다음 중 지역중심지구라 볼 수 없는 것은?

① 집회자리제공
② 어린이놀이, 스포츠제공
③ 지역성
④ 상징성

30. 근린공원의 기능설명은 자연-인간-사회의 연계성에서 출발하게 되는데 사회적 기능에 포함되지 않는 것은?

① 휴식
② 집회
③ 지역적 상징
④ 역사적 상징

정 답 및 해 설

해설 **27**

출입구 쪽에는 여럿이 함께할 수 있는 시설을 설치하며, 입구에서 먼 쪽에는 순서를 기다라는 시설을 설치한다.

해설 **28**

놀이 기구는 다양한 색상을 이용한다.

공통해설 **29, 30**

공원의 일반적 기능 및 시설
① 자연 – 자연감상
② 인간 – 휴게공간, 운동공간, 레크레이션 공간
③ 사회 – 지역중심성, 공원의 역사성, 이용 편의성, 집회

정답 27. ① 28. ③ 29. ② 30. ①

31. 근린공원의 설명 중 틀리는 것은?

① Perry가 근린주구의 개념 설정에 따라 형성된 공원이다.
② 우리나라의 도시공원법에서는 800m를 근린공원의 이용권으로 삼고 있다.
③ 현대에 와서는 주민들이 일상생활에서 행하는 여러 활동들이 중첩되어 형성되는 생활원에서 주로 이용되는 공원으로 해석하는 것이 옳다.
④ 당해 도시공원의 기능을 발휘할 수 있는 다양한 시설을 설치하기에 적합한 수준의 지형에 입지하는 것이 좋다.

32. 공원녹지 등의 계획시 산책로의 폭원으로 가장 많이 활용되며 적당한 것은?

① 1m ② 2m
③ 3m ④ 4m

33. 유원지를 설치하고 관리하는 상세한 내용을 규정하고 있는 것은?

① 국토기본법
② 자연공원법
③ 도시공원 및 녹지 등에 관한 법률
④ 도시·군계획시설의 결정·구조 및 설치기준에 관한 규칙

34. 다음 중 도시 공원녹지의 수요를 산정하는 방식이 아닌 것은?

① 기능 배분 방식
② 공간 배분 방식
③ 생활권별 배분 방식
④ 이용률에 의한 방식

35. 동선계획을 구체화하는 과정에서 공간의 경험과 체험이 연속적이 되도록 기능과 시설을 배치하고자 하는 것을 무엇이라고 하는가?

① Scale ② Sequence
③ Contrast ④ Context

정답 및 해설

해설 **31**
근린공원 이용권 500m (근린거주자)

해설 **32**
공원·녹지의 산책로 폭원 – 2m

해설 **33**
유원지 설치·관리를 규정하는 법
– 도시·군계획시설의 결정·구조 및 설치기준에 관한 규칙

해설 **34**
도시 공원 녹지의 수요 산정방식

총량적 수요	공원유형별 수요
• 기능분배 방식 • 생태학적 방식	• 인구기준원단위적용 방식 • 이용률에 의한 방식 • 생활권별 분배 방식

해설 **35**
계기(Sequence) – 오픈스페이스마다 독립, 완결되는 체험과 활동을 선형으로 연결하여 시간의 흐름에 따라 더 풍성하고 총체적 체험을 제공, 오픈스페이스 체계를 형성하는 설계개념 중에서 가장 중요한 개념

정답 31. ② 32. ② 33. ④ 34. ② 35. ②

정답 및 해설

36. 다음 중 공원계획의 수립에 필요한 과정이 아니라고 생각되는 것은?

① 마스터플랜 작성
② 계획의 프로그램 작성
③ 세부계획 작성
④ 도시계획의 수정 작성

해설 36
공원계획 수립은 도시계획의 수립 후 이루어지므로 도시계획의 수정 작성은 필요하지 않다.

37. 도시계획시설 가운데에서 도시공간시설이 아닌 것은?

① 광장　② 공원
③ 녹지　④ 운동장

해설 37
- 운동장 : 공공문화체육시설
- 그 밖의 공공문화체육시설
  : 학교, 운동장, 공공청사, 문화시설, 청소년수련시설
- 도시공간시설
  : 공원, 녹지, 광장, 유원지, 공공공지

38. 도시지역 안에서 자연경관의 보호와 시민의 건강, 휴양 및 정서생활의 향상에 기여하기 위하여 도시관리계획수립 절차에 의해 조성되는 공원의 유형이 아닌 것은?

① 어린이공원　② 근린공원
③ 자연공원　④ 묘지공원

해설 38
자연공원은 국립공원, 도립공원, 군립공원, 지질공원 등으로 도시 외 지역에 조성된다.

39. 도심지내 소녹지공간(mini park)의 입지설정 기준 중 가장 중요한 것은?

① 안전성　② 접근성
③ 쾌적성　④ 상징성

해설 39
도심지내 소녹지공간, 아동공원, 근린공원은 보행 거리 내에 입지해야 하므로 접근성이 중요하다.

40. 건폐율이란?

① 대지면적에 대한 1층 면적의 비이다.
② 대지면적에 대한 연면적의 비이다.
③ 대지면적에 대한 공지 면적의 비이다.
④ 대지면적에 대한 호수의 비이다.

해설 40
건폐율(%)
$= \frac{\text{건물 1층 면적}}{\text{대지 면적}} \times 100$
용적율
$= \frac{\text{건물 1층 면적} \times \text{층수}}{\text{대지 면적}} \times 100$

41. 어떤 주택단지 건물이 모두 5층 아파트이고 공지율이 83% 일 경우 주택단지의 용적율은?

① 65%　② 75%
③ 85%　④ 93%

해설 41
공지율이 83%이므로
건폐율은 17%
용적율은 건폐율 × 층수
$=17 \times 5 = 85\%$

정답 36. ④ 37. ④ 38. ③ 39. ② 40. ① 41. ③

정답 및 해설

42. 건폐율이 50%, 용적율이 650%일 때 평균층수는?

① 13층 ② 15층
③ 17층 ④ 19층

해설 42
평균층수=용적율(%)÷건폐율(%)
650 ÷ 50 = 13층

43. 대지 면적이 400m², 건폐율이 50%인 곳에 건폐율 전체를 1층 바닥면적으로 지어진 4층 건물이 위치하고 있다. 연상면적은 얼마인가?

① 400m² ② 800m²
③ 1,600m² ④ 3,200m²

해설 43
연상면적=건물1층면적×층수
* 건폐율이 50%이므로
대지면적×0.5=200m² (건물1층 면적) 200×4=800m²

44. 묘지공원 설계시 유의사항 중 적절하지 않은 것은?

① 명쾌하고 경관이 아름다운 분위기를 갖추도록 한다.
② 분묘의 규격은 4m², 6m², 12m², 16m² 등이 있으나, 이중 4m²와 6m²가 전체의 60%이상을 차지하도록 배치한다.
③ 개인묘의 경우 봉분의 높이는 1.5m 내외로 한다.
④ 수종은 목적과 기능에 적합하며 기후, 토질 등 지리적 조건에 맞는 수종을 선정한다.

해설 44
개인묘의 경우 봉분의 높이는 1.0m 내외로 한다.

45. 하천 고수 부지, 공공시설의 이전 적지, 기부 체납되는 공공용지, 개발제한구역 등은 어떤 유형의 공원 녹지 자원인가?

① 유사자원 ② 유보자원
③ 잠재자원 ④ 상충자원

해설 45
하천 고수보지, 공공시설의 이전 적지, 기부 체납되는 공공요지, 개발제한구역 – 도시에 내재하는 공원녹지 자원이다.

46. 도보권 근린공원에 대한 설명 중 맞는 것은?

① 이용자는 근린주구의 불특정 다수인이다.
② 설치할 수 있는 공원시설은 휴양시설, 유희시설, 운동시설, 교양시설, 편익시설, 조경시설 등이다.
③ 전체적으로 식재지 면적은 부지면적의 50%에 이른다.
④ 유치거리는 500m 이내가 적당하다.

해설 46
바르게 고치면
① 도보권 근린공원의 이용자는 특정한 다수이다.
③ 식재지 면적은 부지면적의 60%이다.
④ 도보권공원은 1,000m 이내가 적당하다.

정답 42. ① 43. ② 44. ③ 45. ③ 46. ②

47. 어린이공원의 내용으로 가장 잘못된 것은?

① 아이들의 감성적인 부분을 고려해 정적인 공간을 많이 두어야 한다.
② 기능은 운동, 놀이, 휴식 등이다.
③ 공원 내 놀이시설의 안전성이 고려되어야 한다.
④ 접근성을 고려해야 한다.

48. 근린공원계획 및 설계시 고려해야 할 사항으로 가장 잘못 설명된 것은?

① 근린공원은 놀이, 운동, 휴식, 모임, 교화, 환경 보전의 기능을 담을 수 있어야 한다.
② 운동공간에 인접하여 도서관이나 전시실, 야외극장 등 교양시설을 설치하지 않도록 한다.
③ 규모가 큰 근린공원일수록 각종 지역활동을 수용할 수 있는 다목적공간을 배치하는 것이 좋다.
④ 공원내 동선은 주동선, 보조동선, 관리동선으로 분리하도록 하고, 출입구는 관리적 측면에서 제한적으로 적게 한다.

49. 근린생활권의 근린공원(近隣公園)에서 반드시 구비하지 않아도 되는 것은?

① 운동시설 ② 주차장
③ 유희시설 ④ 편익시설

50. 다음 설명 중 가장 옳지 못한 것은?

① 도보권 근린공원은 도시지역권근린공원보다 휴양오락적인 측면이 강하여 이용면에서 정적(靜的)이다.
② 도시지역권근린공원은 정적(靜的)휴식 기능 및 체육공원의 기능도 겸한다.
③ 체육공원은 동적 휴식 활동을 위하여 운동시설의 면적이 전체면적의 60%이상 차지한다.
④ 광역권근린공원이라 함은 전 도시민이 다같이 이용하는 대공원으로 휴식, 관상, 운동 등의 목적을 가진다.

정 답 및 해 설

해설 **47**
어린이공원 – 정적인 공간과 동적인 공간을 균형 있게 배치

해설 **48**
공원내 동선은 주동선, 보조동선, 산책동선으로 분리하고 출입구는 이용객의 수를 감안하여 설정한다.

해설 **49**
근린생활권 근린공원은 일상에 이용하는 공원으로 주차장은 배치하지 않아도 된다.

해설 **50**
③ 체육공원의 운동시설의 면적은 공원시설 부지면적의 60% 이상일 것

정답 47. ① 48. ④ 49. ② 50. ③

51. 문화재 조경의 기능이라 볼 수 없는 것은?

① 보존기능
② 교학적기능
③ 휴식기능
④ 유희기능

해설 51
문화재 조경의 기능 – 도시의 역사적 장소나 시설물, 유적·유물 등을 활용하여 도시민의 휴식·교육을 목적을 가진다.

52. 자동차 타이어, 철도, 침목, 폐차 콘크리이트 파이프 등을 이용한 놀이 시설을 주로 한 아동 공원은?

① 교통 공원
② 어린이 나라
③ 모험 공원
④ 성벽 놀이터

해설 52
모험공원– 아이들에게 모험심을 길러줄 수 있는 공원으로 자동차 타이어, 철도, 침목 등을 이용한 놀이시설을 배치한다.

53. 오픈스페이스 주요 계획개념 중 계기(繼起(Sequence)에 해당하는 내용은?

① 격자형도시에서 가변성을 증가시킴
② 도시내에 흐르는 작은 하천 및 하천을 복개한 도로, 보행전용도로 등이 소재가 됨
③ 통일성이 결여된 여러 구성요소 중 가장 크거나 시각적으로 가장 지배적인 요소를 초점으로 설정함
④ 각 오픈스페이스마다 독립되고 완결되는 활동과 체험을 선형으로 연결해 총체적인 체험을 갖도록 함

해설 53
시간의 흐름에 따라 더 풍성하고 총체적 체험을 제공

① 중첩의 내용
② 관통의 내용
③ 핵화의 내용

54. 다음 내용 중 오픈스페이스의 체계를 구성함에 있어서 유용한 계획개념에 해당하지 않는 것은?

① 결절화　② 위요
③ 중첩　④ 다핵화

해설 54
오픈스페이스 계획 6가지 개념
① 핵화 ② 위요 ③ 결절
④ 중첩 ⑤ 관통 ⑥ 계기

55. 다음 중 오픈스페이스의 역할로 가장 부적절한 것은?

① 도시개발의 조절
② 도시환경의 질 개선
③ 시민생활의 질 개선
④ 문화생활의 촉진

해설 55
오픈스페이스 역할 – 도시개발의 조절, 도시환경의 질 개선, 시민생활의 질 개선

정답 51. ④ 52. ③ 53. ④ 54. ④ 55. ④

정 답 및 해 설

56. 다음 중 공원녹지계획시 가장 중요한 고려사항에 해당하는 것은?

① 시설 위주의 계획 ② 대형 위주의 계획
③ 공급 위주의 계획 ④ 접근성 위주의 계획

57. 다음 중 근린생활권근린공원(주로 인근에 거주하는 자의 이용에 제공할 것을 목적으로 하는 근린공원)의 유치거리 및 규모 기준으로 맞는 것은? (단, 도시공원 및 녹지 등에 관한 법률 시행규칙상의 기준을 따른다.)

① 유치거리 : 1km 이하, 규모 : 제한 없음
② 유치거리 : 250m 이하, 규모 : 30,000m^2 이상
③ 유치거리 : 500m 이하, 규모 : 10,000m^2 이상
④ 유치거리 : 1km 이하, 규모 : 1,500m^2 이상

58. 도시공원은 다음 중 어느 오픈스페이스에 속하는가?

① 사유 오픈스페이스 ② 준사유 오픈스페이스
③ 공공 오픈스페이스 ④ 준공공 오픈스페이스

59. 녹지계획 수립과정은 단일형, 선택형, 연환형으로 분류할 수 있다. 그 중 연환형(連環型)계획 수립과정의 장점이 아닌 것은?

① 어느 한 단계의 수정시 정당성 여부를 점검할 수 있다.
② 이용자가 가장 좋다고 생각되는 안(案)을 직접 선택할 수 있다.
③ 모든 단계의 시간적 계열의 짝지음이 수월해진다.
④ 도시계획의 다른 윤회(輪廻)와 결합시켜 전체적인 체계를 구성시킬 수 있다.

60. 다음 설명은 어떤 유형의 광장 결정 기준인가? (단, 도시 · 군계획시설의 결정 · 구조 및 설치기준에 관한 규칙을 적용한다.)

> – 주민의 휴식 · 오락 및 경관 · 환경의 보전을 위하여 필요한 경우에 하천, 호수, 사적지, 보존가치가 있는 산림이나 역사적 · 문화적 · 향토적 의의가 있는 장소에 설치할 것
> – 경관물에 대한 경관유지에 지장이 없도록 인근의 토지이용현황을 고려할 것
> – 주민이 쉽게 접근할 수 있도록 하기 위하여 도로와 연결시킬 것

① 교통광장 ② 일반광장
③ 경관광장 ④ 지하광장

해설 56

공원녹지계획시 중요한 고려사항 – 접근성

해설 57

유형		유치거리	면적
근린공원	근린생활권 근린공원	500m	10,000m^2 이상
	도보권 근린공원	1km	30,000m^2 이상
	도시계획 구역권 근린공원	제한 없음	100,000m^2 이상
	광역권 근린공원	제한 없음	1,000,000m^2 이상

해설 58

도시공원 – 도시민을 위한 공공 오픈스페이스

해설 59

연환형 녹지계획의 특징
① 주제 결정 후 안에 따라 결정함
② 단계별 수정시 정당성 여부를 점검함
③ 도시계획의 차례로 돌아가며 전체적인 체계를 구성함

해설 60

경관광장 – 주민의 휴식 · 오락 및 경관 · 환경의 보전을 위하여 필요한 경우에 하천, 호수, 사적지, 보존가치가 있는 산림이나 역사적 · 문화적 · 향토적 의의가 있는 장소에 설치하는 광장

정답 56. ④ 57. ③ 58. ③ 59. ② 60. ③

61. 도시공원의 계획과정이 순서대로 옳게 나열된 것은?

① 지표계획 수립 → 물적(物的)계획 수립 → 계획과제의 정립 → 사업집행계획 수립
② 지표계획 수립 → 계획과제의 정립 → 사업집행계획 수립 → 물적(物的)계획 수립
③ 계획과제의 정립 → 지표계획 수립 → 물적(物的)계획 수립 → 사업집행계획 수립
④ 계획과제의 정립 → 지표계획 수립 → 사업 집행계획 수립 → 물적(物的)계획 수립

62. 다음에 해당하는 공원·녹지체계 유형은?

> · 일정한 폭의 녹지가 직선적으로 길게 조성되었을 경우
> · 정형적으로 배치된 단지에서 볼 수 있음
> · 샹디가르(Chandigarh)에 적용된 유형

① 집중(集中)형　　② 분산(分散)
③ 대상(帶狀)형　　④ 격자(格子)형

정답 및 해설

해설 61
도시공원 계획과정
① 계획과제 정립
② 지표계획의 수립
③ 물적계획의 수립
④ 사업진행 계획의 수립
⑤ 관리계획의 지침제시

해설 62
샹디가르(찬디가르, Chandigarh)
· 인도 북부 하리아나 주와 펀자브 주의 공동 주도이자, 건축가 르 꼬르뷔제에 의해 계획설계된 도시
· 기하학적 질서로 배치 : 물리적·시간적 간격 조절
· 대지로부터 분리된 마천루와 공원화된 도시지면 : 차량이동을 위한 길은 행정지구 하부를 가로지르고 공원을 산책하는 사람에게는 차량이 보이지 않도록 함, 대상형의 녹지대로 풍부한 녹지공간 확보

정답 61. ③ 62. ③

자연공원 계획(법규 포함)

10.1 핵심플러스

■ 세계최초국립공원 : 옐로스톤(1872) / 우리나라 최초국립공원 : 지리산(1967)

■ 자연공원의 중요사항

분류	국립공원(환경부장관지정) / 도립공원(도지사·특별시장·광역시장이 지정) / 군립공원(군수·구청장이 지정) / 지질공원(환경부장관인증)
지정기준	자연생태계/ 자연경관/ 문화경관/지형보존/위치 및 이용편의
용도지구 계획	공원자연보존지구, 공원자연환경지구, 공원마을지구, 공원문화유산지구
공원시설계획	공공시설, 보호 및 안전시설, 휴양 및 편익시설, 문화시설, 교통·운수시설, 상업시설 , 숙박시설

1 자연공원의 개념

레크레이션에 이용될 소지를 지닌 자연풍경지를 실체적 내용으로 하는 공원

2 자연공원의 발생 ★

① 1872년 미국에서 국립공원 제도를 최초로 만들어 옐로스톤을 국립공원으로 지정

② 1967년 우리나라에 공원법이 제정되어 지리산을 국립공원으로 지정

③ 1980년 공원법이 개정되어 자연공원법과 도시공원법으로 나눔

④ 1998년 환경부 신설

⑤ 우리나라 국립공원 현황

지리산, 경주(사적형), 계룡산, 한려해상(해상형), 설악산, 속리산, 한라산, 내장산, 가야산, 덕유산, 오대산, 주왕산, 태안해안(해상형), 다도해 해상(해상형), 북한산, 치악산, 월악산, 소백산, 월출산, 변산반도(해상형), 무등산, 태백산, 팔공산(23개소)

3 자연공원법

1. 목적

자연공원의 지정·보전 및 관리에 관한 사항을 규정함으로써 자연생태계와 자연 및 문화경관 등을 보전하고 지속 가능한 이용을 도모함을 목적으로 한다.

2. 용어정의

☆1) 공원의 분류

자연공원	국립공원·도립공원·군립공원(郡立公園) 및 지질공원을 말한다.
국립공원	우리나라의 자연생태계나 자연 및 문화경관을 대표할 만한 지역으로서 지정된 공원을 말한다.
도립공원	· 특별시·광역시·도 및 특별자치도의 자연생태계나 경관을 대표할 만한 지역으로서 지정된 공원을 말한다. · 광역시립공원이란 특별시 · 광역시 · 특별자치시의 자연생태계나 경관을 대표할 만한 지역으로서 지정된 공원을 말한다.
군립공원	· 군의 자연생태계나 경관을 대표할 만한 지역으로서 지정된 공원 · 시립공원이란 시의 자연생태계나 경관을 대표할 만한 지역으로서 지정된 공원을 말한다. · 구립공원이란 자치구의 자연생태계나 경관을 대표할 만한 지역으로 지정된 공원을 말한다.
지질공원	지구과학적으로 중요하고 경관이 우수한 지역으로서 이를 보전하고 교육·관광 사업 등에 활용하기 위하여 환경부장관이 인증한 공원을 말한다.

2) 공원기본계획, 공원계획, 공원별 보전·관리계획

공원기본계획	자연공원을 보전·이용·관리하기 위하여 장기적인 발전방향을 제시하는 종합계획으로서 공원계획과 공원별 보전·관리계획의 지침이 되는 계획을 말한다.
공원계획	자연공원을 보전·관리하고 알맞게 이용하도록 하기 위한 용도지구의 결정, 공원시설의 설치, 건축물의 철거·이전, 그 밖의 행위 제한 및 토지 이용 등에 관한 계획을 말한다.
공원별 보전·관리계획	동식물 보호, 훼손지 복원, 탐방객 안전관리 및 환경오염 예방 등 공원계획 외의 자연공원을 보전 · 관리하기 위한 계획을 말한다.

3) 공원사업과 시설

공원사업	공원계획과 공원별 보전·관리계획에 따라 시행하는 사업을 말한다.
공원시설	자연공원을 보전·관리 또는 이용하기 위하여 공원계획과 공원별 보전·관리계획에 따라 자연공원에 설치하는 시설(공원계획에 따라 자연공원 밖에 설치하는 진입도로 또는 주차시설을 포함)로서 대통령령으로 정하는 시설을 말한다.

4) 공원시설의 구분 및 종류

구 분	종 류
공공시설	공원관리사무소 · 창고(공원관리 용도로 사용하는 것으로 한정) · 탐방안내소 · 매표소 · 우체국 · 경찰관파출소 · 마을회관 · 경로당 · 도서관 · 공설수목장림 · 환경기초시설 등 다만, 공설수목장림은 2011년 10월 5일 이전에 공원구역에 설치된 묘지를 이장하거나 공원구역에 거주하는 주민이 사망한 경우에 이용할 수 있도록 하기 위하여 공원관리청이 설치하는 경우로 한정
보호 및 안전시설	사방 · 호안 · 방책 · 방화시설 · 방재시설 및 대피소 등 공원자원을 보호하거나 탐방자의 안전을 도모하는 보호 및 안전시설, 공원의 야생생물 보호 및 멸종위기종 등의 증식 · 복원을 위한 시설
휴양 및 편의시설	체육시설(골프장, 골프연습장 및 스키장은 제외), 유선장(遊船場), 수상레저기구 계류시설, 광장, 야영장, 청소년수련시설, 유어장(遊漁場), 전망대, 야생동물 관찰대, 해중(海中) 관찰대, 휴게소, 공중화장실 등
문화시설	식물원 · 동물원 · 수족관 · 박물관 · 전시장 · 공연장 · 자연학습장 등
교통 · 운수시설	도로(탐방로를 포함), 주차장, 교량, 궤도, 무궤도열차, 소규모 공항(섬지역인 자연공원에 설치하는 활주로 1,200미터 이하의 공항), 수상경비행장 등
상업시설	기념품 판매점, 약국, 식품접객소(유흥주점은 제외), 미용업소, 목욕장 등
숙박시설	호텔 · 여관
부대시설	위 공원시설의 부대시설

3. 자연공원의 지정 · 보전 및 관리 시 기본원칙과 국립공원의 날

1) 기본원칙

① 자연공원은 모든 국민의 자산으로서 현재세대와 미래세대를 위하여 보전되어야 한다.

② 자연공원은 생태계의 건전성, 생태축(生態軸)의 보전·복원 및 기후변화 대응에 기여하도록 지정·관리되어야 한다.

③ 자연공원은 과학적 지식과 객관적 조사 결과를 기반으로 해당 공원의 특성에 따라 관리되어야 한다.

④ 자연공원은 지역사회와 협력적 관계에서 상호혜택을 창출할 수 있도록 관리되어야 한다.

⑤ 자연공원의 보전 및 지속가능한 이용을 위한 국제협력은 증진되어야 한다.

2) 국립공원의 날

국민의 관심과 이해를 높이기 위하여 매년 3월 3일을 국립공원의 날로 정함

4. 자연공원의 지정·지질공원의 인증 및 지정절차

1) 지정 및 인증

지정	국립공원	환경부장관이 지정·관리
	도립공원	특별시장·광역시장·도지사 또는 특별자치도지사가 지정·관리
	광역시립공원	특별시장·광역시장·특별자치시장이 각각 지정·관리
	군립공원	군수가 지정·관리
	시립공원	시장이 지정·관리
	구립공원	구청장이 각각 지정·관리
인증	지질공원	환경부장관이 인증

2) 자연공원의 지정(폐지, 구역변경)절차

㉠ 흐름도

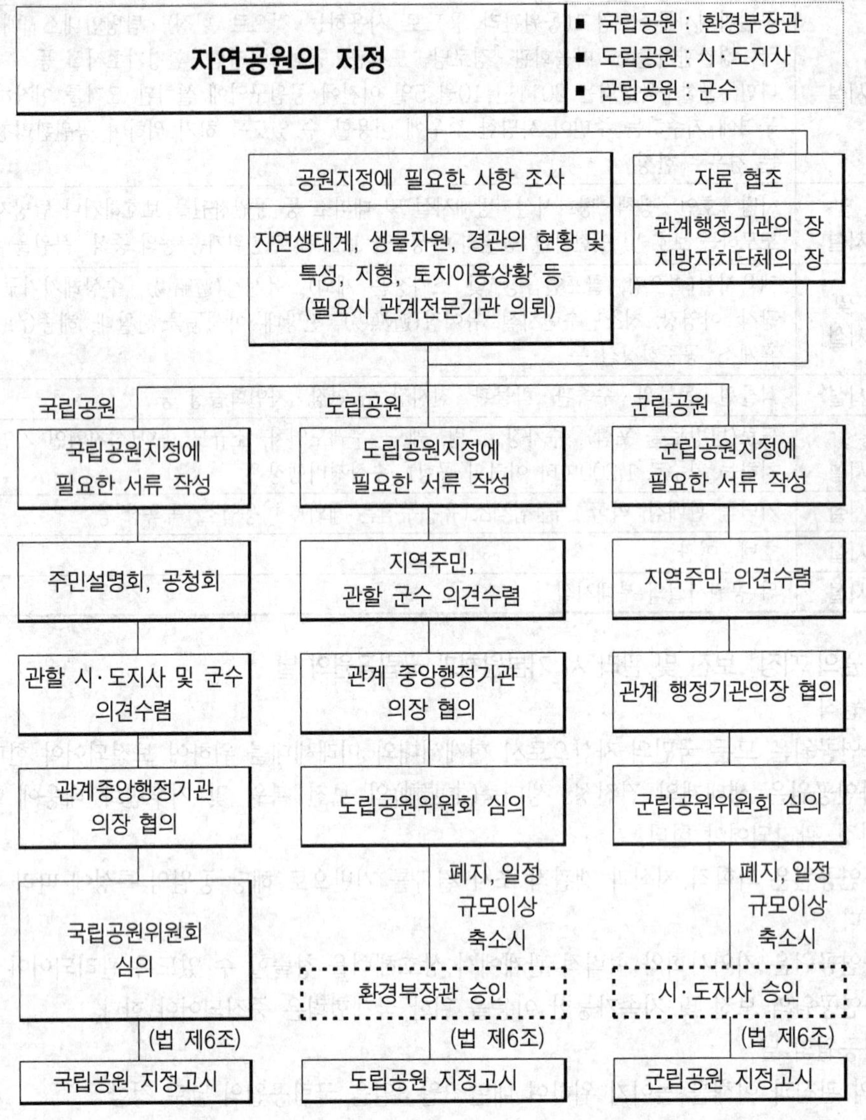

※ 도립·군립공원의 폐지, 일정규모 이상의 공원구역을 축소(도립 3만평, 군립 1만5천평)하는 경우에는 각각의 지정절차를 거친 후 도립공원은 환경부장관, 군립공원은 시·도지사의 승인을 얻어야 함

㉡ 행정절차

구분	국립공원	도립공원	군립공원
행정 절차	· 주민설명회 및 공청회의 개최 · 관할 시·도지사 및 군수의 의견 청취 · 관계중앙행정기관의 장과의 협의 · 국립공원위원회의 심의	· 해당 지역주민과 관할 군수의 의견 청취 · 관계중앙행정기관의 장과의 협의 · 도립공원위원회의 심의	· 해당 지역주민의 의견 청취 · 관계 행정기관의 장과의 협의 · 군립공원위원회의 심의

★ 3) 지정기준

구분	기준
자연생태계	자연생태계의 보전상태가 양호하거나 멸종위기야생동식물·천연기념물·보호 야생동식물 등이 서식할 것
자연경관	자연경관의 보전상태가 양호하여 훼손 또는 오염이 적으며 경관이 수려할 것
문화경관	문화재 또는 역사적 유물이 있으며, 자연경관과 조화되어 보전의 가치가 있을 것
지형보존	각종 산업개발로 경관이 파괴될 우려가 없을 것
위치 및 이용편의	국토의 보전·이용·관리측면에서 균형적인 자연공원의 배치가 될 수 있을 것

4) 국립공원의 지정에 필요한 서류

- 공원의 명칭 및 종류
- 공원지정의 목적 및 필요성
- 공원구역 예정지의 도면 및 행정구역별 면적
- 동·식물의 분포, 지형·지질, 수리·수문, 자연경관, 자연자원 등 자연환경현황
- 인구, 주거, 문화재 등 인문현황
- 토지의 이용현황 및 그 현황을 표시한 도면
- 토지의 소유구분(국유·공유 또는 사유로 구분하고 사유토지 중 사찰 소유의 토지는 따로 표시한다)
- 공원구역 예정지의 용도지구계획안 및 그 계획을 표시한 도면
- 도면은 「토지이용규제 기본법 시행령」에 따른 지형도면을 사용하여야 한다.

5. 공원위원회의 설치 및 구성과 공원위원회의 심의 사항

1) 공원위원회의 설치 및 구성

① 환경부에 국립공원위원회를 두고, 도에 도립공원위원회를, 광역시에 광역시립공원위원회를 각각 두며, 군에 군립공원위원회를, 시에 시립공원위원회를, 자치구에 구립공원위원회를 둠

② 각 공원위원회의 구성·운영과 그 밖에 필요한 사항은 국립공원위원회의 경우 대통령령으로 정하고, 도립공원위원회 또는 광역시립공원위원회 및 군립공원위원회·시립공원위원회 또는 구립공원위원회의 경우 대통령령으로 정하는 기준에 따라 그 지방자치단체의 조례로 정함

③ 각 공원위원회 위원의 과반수는 공무원이 아닌 위원으로 위촉하여야 함
④ 공원관리청은 자연공원으로 지정되는 것을 목적으로 대통령령으로 정하는 기준 이상의 토지를 기증한 자 또는 그 포괄승계인을 해당 공원위원회의 위원으로 위촉할 수 있다

2) 공원위원회의 심의 사항
① 자연공원의 지정·해제 및 구역 변경에 관한 사항
② 공원기본계획의 수립에 관한 사항(국립공원위원회만 해당한다)
③ 공원계획의 결정·변경에 관한 사항
④ 자연공원의 환경에 중대한 영향을 미치는 사업에 관한 사항
⑤ 그 밖에 자연공원의 보전·관리에 관한 중요 사항

6. 공원기본계획 및 공원계획

1) 공원기본계획의 수립
① 환경부장관은 10년마다 국립공원위원회의 심의를 거쳐 공원기본계획을 수립
② 공원기본계획은 지정·보전 및 관리 시 기본원칙에 부합하여야 하며, 그 내용에는 자연공원의 지정 현황, 자연생태계 현황, 자연공원의 관리전략 및 그 밖에 대통령령으로 정하는 사항이 포함되어야 함

2) 공원계획의 결정
① 국립공원계획의 결정 : 국립공원에 관한 공원계획은 환경부장관이 결정
② 도립공원계획의 결정 : 도립공원에 관한 공원계획은 시·도지사가 결정
③ 군립공원계획의 결정 : 군립공원에 관한 공원계획은 군수가 결정

3) 공원계획의 변경
① 공원관리청은 10년마다 지역주민, 전문가, 그 밖의 이해관계자의 의견을 수렴하여 공원계획의 타당성 유무(공원구역의 타당성 유무를 포함)를 검토하고 그 결과를 공원계획의 변경에 반영
★② 중요변경사항

구분	내용
국립공원	· 국립공원의 공원구역을 1백만 제곱미터 이상 확대 · 국립공원의 공원구역의 축소
도립공원	· 도립공원의 공원구역의 50만 제곱미터 이상 확대 · 도립공원의 공원구역의 축소 : 승인을 받아야 하는 도립공원의 축소 규모, 10만 제곱미터를 말한다.
군립공원	· 군립공원의 공원구역을 50만제곱미터 이상 확대 · 군립공원의 공원구역의 축소 5만제곱미터를 말한다.

③ 공원계획의 경미한 변경
· 공원마을지구를 공원자연보존지구 또는 공원자연환경지구로 변경하는 경우
· 공원시설의 부지면적을 5천제곱미터(공원자연보존지구는 2천제곱미터) 범위에서 변경하는 경우
· 이미 결정·고시된 공원시설계획을 축소 또는 폐지하거나 그 계획에 의한 공원시설의 부지면적을 100분의 20 이하로 확대하는 경우
· 동일한 부지에서 건축물을 증축하거나 위치를 변경하는 경우

4) 공원계획의 내용

① 공원계획에는 공원용도지구계획과 공원시설계획이 포함되어야 한다.

② 공원별 보전·관리계획의 수립

㉠ 공원관리청은 결정된 공원계획에 연계하여 10년마다 공원별 보전·관리계획을 수립하여야한다. (단, 자연환경보전 여건 변화 등으로 인하여 계획을 변경할 필요가 있다고 인정되는 경우에는 그 계획을 5년마다 변경)

㉡ 공원관리청은 공원별 보전·관리계획을 수립하려면 다음 각 호의 사항이 포함된 서류를 작성하여 지역주민, 관계 전문가, 지역단체 등의 의견을 들은 후 관할 군수 및 관계 행정기관의 장과 협의하여야 한다.

- 자연공원의 명칭 및 면적
- 용도지구의 종류 및 면적
- 자연생태계·자연자원·자연경관 등 자연환경 현황
- 토지 이용 상태 및 공원시설 현황
- 공원자원 등 공원환경보전·관리계획
- 용도지구별 보전·관리계획
- 자연공원의 지속 가능한 이용계획
- 지역사회 협력계획
- 그 밖에 공원의 보전·관리를 위하여 공원관리청이 필요하다고 인정하는 사항

③ 전통사찰의 의견수렴

- 공원관리청이 「전통사찰의 보존 및 지원에 관한 법률」에 따라 경내지를 대상으로 공원계획의 결정, 공원계획의 변경 또는 공원별 보전·관리계획을 수립하는 경우에는 미리 해당 전통사찰 주지의 의견을 수렴하여야 한다.

5) 공원기본계획의 수립

① 내용

㉠ 자연공원의 관리목표 설정에 관한 사항

㉡ 자연공원의 자원보전·이용 등 관리에 관한 사항

㉢ 그밖에 환경부장관이 자연공원의 관리를 위하여 필요하다고 인정하는 사항

② 공원계획 요구서

㉠ 공원계획에 관한 사항이 포함되어야 하며, 도면에 표시할 수 있는 경우에는 도면을 함께 제출하여야 한다. 이 경우 도면은 축척 5만분의 1이상의 지형도에 표시하되 법에 따른 공원시설계획의 경우에는 지적이 표시된 지형도에 공원시설계획사항을 명시한 도면을 함께 제출하여야 한다.

㉡ 내용

종류, 목적 및 사유, 내용과 규모, 사업비의 규모, 사업시행기간, 효과, 원상회복 또는 조경계획, 자연생태계에 미치는 영향에 대한 예측, 주요 야생동·식물의 보호대책 및 환경오염 방지대책

③ 공원계획에 대한 타당성 검토기준

㉠ 이용객의 탐방성향의 변동, 이용수요의 전망, 공원시설계획 등 공원계획의 적정성을 평가

㉡ 공원구역에 대한 타당성을 검토 지정기준

- 해당 공원구역의 위치·면적 및 이용편의
- 해당 공원구역의 자연·문화자원 및 지형의 보전적 가치
- 공원경계지역의 개발상황·환경보전상황 등
- 도로·하천 등 지형·지세를 고려한 공원경계선의 적정성
- 공원주변지역의 자연경관이나 자연생태계의 보호 필요성
- 공원관리의 효율성
- 공원구역변경이 공원전체에 미치는 영향

★★ ④ 용도지구

㉠ 공원관리청은 자연공원을 효과적으로 보전하고 이용할 수 있도록 하기 위하여 다음 각 호의 용도지구를 공원계획으로 결정한다.

공원자연보존지구	·특별히 보호할 필요가 있는 지역 ·생물다양성이 특히 풍부한 곳 ·자연생태계가 원시성을 지니고 있는 곳 ·특별히 보호할 가치가 높은 야생 동식물이 살고 있는 곳 ·경관이 특히 아름다운 곳
공원자연환경지구	·공원자연보존지구의 완충공간(緩衝空間)으로 보전할 필요가 있는 지역
공원마을지구	·마을이 형성된 지역으로서 주민생활을 유지하는 데에 필요한 지역
공원문화유산지구	·「문화재보호법」에 따른 지정문화재를 보유한 사찰과 「전통사찰의 보존 및 지원에 관한 법률」에 따른 전통사찰의 경내지 중 문화재의 보전에 필요하거나 불사에 필요한 시설을 설치하고자 하는 지역

★ ㉡ 용도지구에서 허용되는 행위의 기준

·공원자연보존지구

- 학술연구, 자연보호 또는 문화재의 보존·관리를 위하여 필요하다고 인정되는 최소한의 행위
- 대통령령으로 정하는 기준에 따른 최소한의 공원시설의 설치 및 공원사업
- 해당 지역이 아니면 설치할 수 없다고 인정되는 군사시설·통신시설·항로표지시설·수원보호시설·산불방지시설 등으로서 대통령령으로 정하는 기준에 따른 최소한의 시설의 설치
- 대통령령으로 정하는 고증 절차를 거친 사찰의 복원과 사찰경내지에서의 불사를 위한 시설 및 그 부대시설의 설치. 다만, 부대시설 중 찻집·매점 등 영업시설의 설치는 경내건조물이 정착되어 있는 토지 및 이에 연결되어 있는 그 부속 토지로 한정한다.
- 문화체육관광부장관이 종교법인으로 허가한 종교단체의 시설물 중 자연공원으로 지정되기 전의 기존 건축물에 대한 개축·재축, 대통령령으로 정하는 고증 절차를 거친 시설물의 복원 및 대통령령으로 정하는 규모 이하의 부대시설의 설치
- 「사방사업법」에 따른 사방사업으로서 자연 상태로 그냥 두면 자연이 심각하게 훼손될 우려가 있는 경우에 이를 막기 위하여 실시되는 최소한의 사업
- 공원자연환경지구에서 공원자연보존지구로 변경된 지역 중 대통령령으로 정하는 대상 지역 및 허용기준에 따라 공원관리청과 주민(공원구역에 거주하는 자로서 주민등록이 되어 있는 자를 말한다) 간에 자발적 협약을 체결하여 하는 임산물의 채취행위

· 공원자연보존지구에서 허용되는 최소한의 공원시설 및 공원사업

구 분		규 모
공공시설	관리사무소	부지면적 2,000제곱미터 이하
	매표소	부지면적 100제곱미터 이하
	탐방안내소	부지면적 4,000제곱미터 이하
보호 및 안전시설	대피소	부지면적 2,000제곱미터 이하
	대피소 외의 시설	별도의 규모 제한 없음
휴양 및 편익시설	야영장	부지면적 6,000제곱미터 이하
	휴게소	부지면적 1,000제곱미터 이하
	전망대	부지면적 200제곱미터 이하
	야생동물관찰대	부지면적 200제곱미터 이하
	공중화장실	부지면적 500제곱미터 이하
교통·운수 시설	도로	2차로 이하, 폭 12미터 이하(일방통행방식의지하차도 및 터널은 편도 2차로 이하, 폭 12미터 이하로 하며 구난·대피공간을 추가할 수 있음)
	탐방로	폭 3미터 이하, 차량 통과구간은 폭 5미터 이하
	교량	폭 12미터 이하
	궤도 (삭도는 제외한다)	2킬로미터 이하, 50명용 이하
	삭도	5킬로미터 이하, 50명용 이하
	선착장	부지면적 300제곱미터 이하
	헬기장	부지면적 400제곱미터 이하
공원사업		공원구역에서 기존시설의 이전·철거·개수

· 공원자연환경지구

- 공원자연보존지구에서 허용되는 행위
- 대통령령으로 정하는 기준에 따른 공원시설의 설치 및 공원사업
- 대통령령으로 정하는 허용기준 범위에서의 농지 또는 초지(草地) 조성행위 및 그 부대시설의 설치
- 농업·축산업 등 1차 산업행위 및 대통령령으로 정하는 기준에 따른 국민경제상 필요한 시설의 설치
- 임도(林道)의 설치(산불 진화 등 불가피한 경우로 한정한다), 조림, 육림, 벌채, 생태계 복원 및 사방사업법에 따른 사방사업
- 자연공원으로 지정되기 전의 기존 건축물에 대하여 주위 경관과 조화를 이루도록 하는 범위에서 대통령령으로 정하는 규모 이하의 증축·개축·재축 및 그 부대시설의 설치와 천재지변이나 공원사업으로 이전이 불가피한 건축물의 이축(移築)
- 자연공원을 보호하고 자연공원에 들어가는 자의 안전을 지키기 위한 사방·호안·방화·방책 및 보호시설 등의 설치
- 군사훈련 및 농로·제방의 설치 등 대통령령으로 정하는 기준에 따른 국방상·공익상 필요한 최소한의 행위 또는 시설의 설치
- 장사 등에 관한 법률에 따른 개인묘지의 설치(대통령령으로 정하는 섬지역에 거주하는 주민이 사망한 경우만 해당한다)

· 공원마을지구

- 공원자연환경지구에서 허용되는 행위
- 대통령령으로 정하는 규모 이하의 주거용 건축물의 설치 및 생활환경 기반시설의 설치
- 공원마을지구의 자체 기능상 필요한 시설로서 대통령령으로 정하는 시설의 설치
- 공원마을지구의 자체 기능상 필요한 행위로서 대통령령으로 정하는 행위
- 환경오염을 일으키지 아니하는 가내공업(家內工業)

· 공원문화유산지구

- 공원자연환경지구에서 허용되는 행위
- 불교의 의식(儀式), 승려의 수행 및 생활과 신도의 교화를 위하여 설치하는 시설 및 그 부대시설의 신축·증축·개축·재축 및 이축 행위
- 그 밖의 행위로서 사찰의 보전·관리를 위하여 대통령령으로 정하는 행위

⑤ 공원별 보전·관리계획의 수립기준

㉠ 자연생태, 지형·지질, 수리·수문, 자연경관, 자연자원, 인문 등 해당 공원의 특성이 공원별 보전·관리계획에 최대한 반영될 것

㉡ 공원별 보전·관리계획에 다음 각 목의 사항이 포함될 것

· 동·식물, 경관, 문화재 등 공원자원의 조사 및 자연환경의 보전에 관한 사항
· 토지매수, 훼손지복원, 오염예방 등 자연환경의 관리에 관한 사항
· 탐방자의 안전관리, 탐방자에 대한 편의제공 등 탐방문화의 개선, 출입금지, 자연공원특별보호구역 또는 임시출입통제구역, 탐방예약제, 공원시설의 유지관리 등 공원의 지속가능한 이용에 관한 사항
· 주민지원사업 등 지역사회와의 협력에 관한 사항
· 소요예산 및 재원확보계획에 관한 사항
· 그 밖에 공원관리청이 공원의 보전·관리를 위하여 필요하다고 인정하는 사항

7. 자연공원의 보전

★ 1) 행위허가

공원구역에서 공원사업 외에 다음 각 호의 어느 하나에 해당하는 행위를 하려는 자는 대통령령으로 정하는 바에 따라 공원관리청의 허가를 받아야 한다. 다만, 대통령령으로 정하는 경미한 행위는 대통령령으로 정하는 바에 따라 공원관리청에 신고하고 하거나 허가 또는 신고 없이 할 수 있다.

① 건축물이나 그 밖의 공작물을 신축·증축·개축·재축 또는 이축하는 행위
② 광물을 채굴하거나 흙·돌·모래·자갈을 채취하는 행위
③ 개간이나 그 밖의 토지의 형질 변경(지하 굴착 및 해저의 형질 변경을 포함한다)을 하는 행위
④ 수면을 매립하거나 간척하는 행위
⑤ 하천 또는 호소(湖沼)의 물높이나 수량을 늘거나 줄게 하는 행위

⑥ 야생동물(해중동물(海中動物)을 포함한다. 이하 같다)을 잡는 행위
⑦ 나무를 베거나 야생식물을 채취하는 행위
⑧ 가축을 놓아먹이는 행위
⑨ 물건을 쌓아 두거나 묶어 두는 행위
⑩ 경관을 해치거나 자연공원의 보전·관리에 지장을 줄 우려가 있는 건축물의 용도 변경과 그 밖의 행위로서 대통령령으로 정하는 행위

2) 생태축 우선의 원칙

도로·철도·궤도·전기통신설비 및 에너지 공급설비 등 대통령령으로 정하는 시설 또는 구조물은 자연공원 안의 생태축 및 생태통로를 단절하여 통과하지 못한다. 다만, 해당 행정기관의 장이 지역 여건상 설치가 불가피하다고 인정하는 최소한의 시설 또는 구조물에 관하여 그 불가피한 사유 및 증명자료를 공원관리청에 제출한 경우에는 그 생태축 및 생태통로를 단절하여 통과할 수 있다

3) 금지행위

① 대피소 등 대통령령으로 정하는 장소·시설
㉠ 대피소 및 그 부대시설
㉡ 탐방로, 산의 정상 지점 등 공원관리청이 안전사고 예방 등을 위하여 음주행위를 금지할 필요가 있다고 인정하여 지정하는 장소·시설
② 공원관리청은 장소·시설을 지정한 경우에는 안내판을 설치하는 등의 방법으로 그 사실을 공고하여야 한다.
③ 대통령령으로 정하는 행위
㉠ 공원생태계를 교란시킬 수 있는 외래동물을 자연공원에 놓아주는 행위
㉡ 공원생태계를 교란시킬 수 있는 외래식물을 자연공원 내 임야에 심는 행위
④ 자연공원에서의 금지행위
㉠ 자연공원의 형상을 해치거나 공원시설을 훼손하는 행위
㉡ 나무를 말라죽게 하는 행위
㉢ 야생동물을 잡기 위하여 화약류·덫·올무 또는 함정을 설치하거나 유독물·농약을 뿌리는 행위
㉣ 야생동물의 포획허가를 받지 아니하고 총 또는 석궁을 휴대하거나 그물을 설치하는 행위
㉤ 지정된 장소 밖에서의 상행위
㉥ 지정된 장소 밖에서의 야영행위
㉦ 지정된 장소 밖에서의 주차행위
㉧ 지정된 장소 밖에서의 취사행위
㉨ 지정된 장소 밖에서 흡연행위
㉩ 대피소 등 대통령령으로 정하는 장소·시설에서 음주행위
㉪ 오물이나 폐기물을 함부로 버리거나 심한 악취가 나게 하는 등 다른 사람에게 혐오감을 일으키게 하는 행위
㉫ 그 밖에 일반인의 자연공원 이용이나 자연공원의 보전에 현저하게 지장을 주는 행위로서 대통령령으로 정하는 행위

■ **참고 : 생태계 교란 야생동식물**

① 관련법

생물다양성 보전 및 이용에 관한 법률 : 생물다양성의 종합적·체계적인 보전과 생물자원의 지속가능한 이용을 도모하고 「생물다양성협약」의 이행에 관한 사항을 정함으로써 국민생활을 향상시키고 국제협력을 증진함을 목적으로 함

② 생태계 교란 야생동식물

구분	종명
포유류	뉴트리아
양서류 · 파충류	황소개구리, 붉은귀거북속 전종, 리버쿠터, 중국줄무늬목거북, 악어거북, 플로리다붉은배거북
갑각류	미국가재
어류	파랑볼우럭, 큰입배스, 브라운송어
곤충류	꽃매미, 붉은불개미, 등검은말벌, 갈색날개매미충, 미국선녀벌레, 아르헨티나개미, 긴다리비틀개미, 빗살무늬미주메뚜기
식물	돼지풀, 단풍잎돼지풀, 서양등골나물, 털물참새피, 물참새피, 도깨비가지, 애기수영, 가시박, 서양금혼초, 미국쑥부쟁이, 양미역취, 가시상추, 갯줄풀, 영국갯끈풀, 환삼덩굴, 마늘냉이

4) 출입금지

① 공원관리청은 다음에 해당하는 경우에는 공원구역 중 일정한 지역을 자연공원특별보호구역 또는 임시출입통제구역으로 지정하여 일정 기간 사람의 출입 또는 차량의 통행을 금지하거나 탐방객 수를 제한할 수 있다.

㉠ 자연생태계와 자연경관 등 자연공원의 보호를 위한 경우

㉡ 자연적 또는 인위적인 요인으로 훼손된 자연의 회복을 위한 경우

㉢ 자연공원에 들어가는 자의 안전을 위한 경우

㉣ 자연공원의 체계적인 보전관리를 위하여 필요한 경우

㉤ 그 밖에 공원관리청이 공익상 필요하다고 인정하는 경우

② 공원관리청은 제1항에 따라 지정한 자연공원특별보호구역에서 멸종위기종의 복원, 외래 동식물의 제거 등 필요한 조치를 할 수 있다.

③ 공원관리청은 제1항에 따라 사람의 출입 또는 차량의 통행을 금지하거나 탐방객 수를 제한하려는 경우에는 그 내용을 미리 인터넷 홈페이지에 게재하고, 안내판을 설치하는 등의 방법으로 공고하여야 한다.

8. 지질공원의 인증·운영

1) 지질공원의 인증

① 시·도지사는 지구과학적으로 중요하고 경관이 우수한 지역에 대하여 지역주민공청회와 관할 군수의 의견청취 절차를 거쳐 환경부장관에게 지질공원 인증을 신청할 수 있다.

② 환경부장관은 시·도지사가 제1항에 따라 지질공원 인증을 신청한 지역이 다음 각 호의 기준에 적합한 경우에는 관계 중앙행정기관의 장과의 협의를 거쳐 인증할 수 있다.

㉠ 특별한 지구과학적 중요성, 희귀한 자연적 특성 및 우수한 경관적 가치를 가진 지역일 것
㉡ 지질과 관련된 고고학적·생태적·문화적 요인이 우수하여 보전의 가치가 높을 것
㉢ 지질유산의 보호와 활용을 통하여 지역경제발전을 도모할 수 있을 것
㉣ 그 밖에 대통령령으로 정하는 기준에 적합할 것

③ 제2항에 따라 인증된 지질공원은 이 법에서 환경부장관의 업무로 정한 경우를 제외하고는 시·도지사가 해당 지방자치단체의 조례로 정하는 바에 따라 관리·운영한다.

④ 환경부장관은 제2항에 따라 지질공원을 인증한 때에는 환경부령으로 정하는 바에 따라 지질공원의 명칭, 구역, 면적, 인증 연월일 및 공원관리청과 그 밖에 필요한 사항을 고시하여야 한다.

2) 지질공원의 인증 취소

① 환경부장관은 인증된 지질공원에 대하여 4년마다 관리·운영 현황을 조사·점검하여야 한다. 이 경우 환경부장관은 지질공원의 관리·운영에 있어 각 호에 따른 인증기준에 적합하지 아니하게 된 때에는 시·도지사에게 대통령령으로 정하는 기간 내에 시정할 것을 요구할 수 있다.

② 환경부장관은 다음 각 호에 해당하는 경우에는 관계 중앙행정기관의 장과의 협의를 거쳐 인증을 취소할 수 있다.

㉠ 시정요구에도 불구하고 시·도지사가 그 기간 내에 요구사항을 이행하지 아니하는 경우
㉡ 인위적 훼손 또는 천재지변 등으로 지질공원이 심각하게 훼손되어 인증기준에 현저히 적합하지 아니한 경우

③ 지질공원에 대한 지원

환경부장관은 지질공원의 관리·운영을 효율적으로 지원하기 위하여 다음 각 호의 업무를 수행한다.

㉠ 지질유산의 조사
㉡ 지질공원 학술조사 및 연구
㉢ 지질공원 지식·정보의 보급
㉣ 지질공원 체험 및 교육 프로그램의 개발·보급
㉤ 지질공원 관련 국제협력
㉥ 그 밖에 환경부장관이 지질공원의 관리·운영에 필요하다고 인정하는 사항

④ 지질공원 인증절차

주민공청회(지자체) → 인증신청(지자체 → 환경부) → 관계 중앙행정기관 협의 → 지질공원 인증(환경부)

⑤ 지질공원해설사

환경부장관은 국민을 대상으로 지질공원에 대한 지식을 체계적으로 전달하고 지질공원해설·홍보·교육·탐방안내 등을 전문적으로 수행할 수 있는 지질공원해설사를 선발하여 활용할 수 있다.

9. 주민지원사업

1) 주민지원사업의 종류

① 생활환경개선사업 : 오수처리시설 등 환경기초시설의 설치에 관한 사업
② 복리증진사업 : 마을진입로, 교량, 어린이놀이터, 공중화장실 등 교통、편익시설의 설치에 관한 사업

③ 그 밖에 공원관리청이 지역주민의 생활환경개선 및 복리증진 등을 위하여 필요하다고 인정하는 사업

2) 공원관리청은 제1항의 규정에 의한 주민지원사업을 시행하고자 하는 때에는 다음 각 호의 사항이 포함된 주민지원사업계획을 수립하여야 한다.

① 사업목적
② 사업개요
③ 지원사업 대상지역의 인구
④ 재원확보계획
⑤ 사업별 추진계획 및 필요성
⑥ 그 밖에 주민지원사업의 추진에 필요한 사항

3) 자연공원체험사업의 범위와 종류

종 류	범 위
자연생태 체험사업	· 우수 경관지역, 식물군락지, 아고산대, 하천, 계곡, 내륙습지 등 육상생태계 관찰활동 · 공원 내 갯벌, 모래 언덕, 연안습지, 섬 등 해양생태계 관찰활동 · 자연공원특별보호구역 탐방 및 멸종위기 동식물의 보전·복원 현장 탐방
문화생태 체험사업	· 전통사찰, 역사적·학술적 가치가 큰 건조물, 절터, 성터, 옛무덤 등의 답사 · 지역을 대표하는 연극, 음악, 무용, 놀이, 전통생활양식 등의 체험
농어촌생태 체험사업	· 공원 내 농어촌 마을의 문화·생활 체험 · 공원 내 농어촌 마을에서 생산되는 농수산물 및 특산물을 활용한 생태체험
건강생태 체험사업	· 질병을 예방하고 건강을 증진시킬 수 있는 활동 · 건강한 생활습관의 실천방법
부대사업	· 전문가 양성 및 교육·홍보 · 대상지의 조사 및 모니터링 · 우수 프로그램의 개발·보급 · 자연공원체험사업을 위한 주민지원 · 그 밖에 자연공원체험사업에 필요한 사항

4 자연공원시설물계획

① 비지터 센터(visiter center)

자연공원 탐방객에게 공원이용정보제공, 공원의 자연이나 인문의 특징을 설명하는 시설

② 원지(園地)의 종류와 계획

㉠ 정의 : 원지는 이용자의 산책, 야유회, 경관감상과 시설주변의 수경 등에 의해 설치

㉡ 원지의 종류

원지명	계획상의 유의사항	설치할 시설
피크닉원지	· 운동·산책·휴게 등을 위한 시설을 설치한다. · 전망의 시선을 고려한다. · 이용자 1인당 15m² 이상	야외시설(테이블·벤치 등)·야외 바비큐장·공중화장실·휴게소·잔디광장·원로(園路)·식재
전망원지	· 지형상 높으며 전망이 좋은 곳에 설치한다. · 전망방향·피전망방향을 고려한다. · 이용자 1인당 5m² 이상	도달도로·주차장·전망대·방향지시판·해설판·전망광장·출입방지책
수경원지	자연환경의 융화를 꾀하기 위한 식재를 한다.	식재
보존원지	자연환경보전을 위한 원지이며 이용시설을 넣지 않는다.	출입방지책·안내판

③ 자연탐방로

㉠ 교육적 목적을 위하여 탐방표지를 설치하고, 안내서 등을 발행하여 안내원 없이 이용자의 독자적인 탐방이 가능하게 함

㉡ 길이 2~3km, 폭 1.5~2.0m 정도, 종단구배 10° 이하

④ 야영장

㉠ 정의 : 이용자가 자연을 주변 가까이 느끼고 활동하는 시설

㉡ 종류 : 야영지정지(취사장, 화장실설치), 고정 야영지(숙박시설중심), 오토(auto) 캠핑장(캠핑카이용, 테이블, 벤치, 급배수, 전기 등 설치)

⑤ 시설의 계량계획

표. 공공시설의 표준 단위규모와 이용률

시설명	단위	표준단위규모	이용률	
주차장(승용차)	1대	30~50m²	주차형에 따라 다르다(주차수·통로)	
주차장(버스)	1대	70~100m²	주차형에 따라 다르다(주차수·통로)	
원지	1인	15m²		
휴게소	1인	1.5m²	원지이용자의 13%를 예상	
공중화장실	1인	3.3m²	원지이용자의 0.0125%, 숙사수용력의 0.1~0.05%	
급수시설	1인	75~100l/일	숙박객은 1인당으로 하여 1일 이용자는 1/3로 한다.	
운동광장	1인	60m²		
야영장	1인	30~50m²	급수에 관해서는 위와 같이 한다.	
해수욕장	1인	15~30m²	해변 모래사장 면적	
스키장	1인	100~150m² 150~200m²	초·중급향상급향	이용률 7~35%
비지터센터	1인	1.5~2.0m² (렉춰홀)	이용률 30~50%, 평균체재시간 30분, 회전율 1/7~1/10	
원지내탐방로	폭원	2m	원지면적의 15%	
지구내차도	폭원	5~6m	지구면적의 1.5%	
지구내보도	폭원	2m	지구면적의 0.5%	

핵심기출문제

내친김에 문제까지 끝내보자!

1. 자연공원 내 피크닉 광장의 계획 시 적합한 시설규모로 구성된 것은?

① 원지 10m²/인, 원로 1m, 휴게 1.5m²/인
② 원지 10m²/인, 원로 2m, 휴게 2m²/인
③ 원지 15m²/인, 원로 2m, 휴게 1.5m²/인
④ 원지 15m²/인, 원로 1m, 휴게 2m²/인

2. 우리나라 국립공원이 아닌 것은?

① 지리산
② 설악산
③ 한려해상
④ 경포원

3. 다음 중 옳은 것은?

① 국립공원은 환경부 장관이 지정하고, 도지사가 관리한다.
② 국립공원은 환경부장관이 지정하고 관리한다.
③ 국립공원은 도지사가 지정 관리한다.
④ 국립공원은 건설교통부 장관이 지정하고 지방 관리청이 관리한다.

4. 다음은 자연공원법상 사용되는 용어의 설명이다. ( ) 안에 알맞은 것은?

> (　　)이란 자연공원을 보전·이용·관리하기 위하여 장기적인 발전방향을 제시하는 종합계획으로서 공원계획과 공원별 보전·관리 계획의 지침이 되는 계획을 말한다.

① 공원개발계획
② 공원기본계획
③ 공원보전계획
④ 공원보존계획

정 답 및 해 설

해설 1

피크닉 광장은 운동·산책·휴게 등을 위한 시설을 설치하며, 전망의 시선을 고려한다.
시설의 규모는 이용자 1인당 15m² 이상, 원로폭은 2m, 휴게는 1인당 1.5m² 이상으로 한다.

해설 2

경포원은 국립공원에 해당되지 않는다.

해설 3

국립공원은 환경부장관이 지정하고 관리한다.

해설 4

자연공원법은 자연공원의 지정·보전 및 관리에 관한 사항을 규정하는 법이다. 따라서 공원기본계획은 자연공원의 발전방향을 제시하는 종합계획으로서 공원의 보전과·관리에 지침이 되는 계획이다.

정답 1. ③ 2. ④ 3. ② 4. ②

정 답 및 해 설

5. 산악 국립공원 지역 내 입지한 고찰(古刹)지역을 관광지로 개발할 때 가장 중요시 하여야 할 사항은?

① 종교 및 문화재 보존과 관광 레크레이션 기능 사이에 완충지대 형성
② 등산로와 종교 참배 동선의 원활한 연결
③ 관광객의 원활한 활동을 위한 동선 및 시설배치
④ 관광 레크레이션 시설들의 집약화를 위한 집단시설 지구를 형성하여 종교 활동을 보호

해설 **5**
국립공원의 고찰은 문화유산지구로 종교 및 문화재 보존과 관광 레크레이션 기능 사이에 완충지대를 형성한다.

6. 자연공원법상 공원계획을 결정하거나 변경함에 있어 자연환경에 미치는 영향을 평가할 사항에 해당되지 않는 것은?

① 환경현황분석, 자연생태계 변화분석
② 대기 및 수질 변화분석, 폐기물 배출분석
③ 환경에의 악영향 감소방안
④ 토지이용현황분석

해설 **6**
자연환경에 미치는 영향을 평가할 사항
- 환경현황조사
- 자연생태계 변화분석
- 대기 및 수질 변화분석
- 소음 및 빛공해 발생분석
- 폐기물 배출분석
- 자연 및 문화 경관 영향분석
- 환경에의 악영향 감소방안

7. 우리나라 자연공원법에서 정하고 있는 자연공원의 공원시설로서 적합하지 않은 것은?

① 도로, 주차장, 궤도 등 교통, 운수시설
② 휴게소, 광장, 야영장 등 휴양 및 편익시설
③ 약국, 식품접객업소, 유기장 등 상업시설
④ 동식물원, 자연학습장, 공연장 등 교양시설

해설 **7**
자연공원 공원시설
1. 안전시설 및 보호시설
2. 휴양 및 편의시설
3. 교통, 운수시설
4. 문화시설(동·식물원, 박물관 등)
5. 상업시설
6. 상가시설 부대시설
7. 숙박시설

8. 다음 중 자연공원법상의 용도지구 분류로 틀린 것은?

① 공원자연보존지구
② 공원자연환경지구
③ 공원밀집마을지구
④ 공원문화유산지구

해설 **8**
자연공원법상 용도지구
: 공원자연보존지구, 공원자연환경지구, 공원마을지구, 공원문화유산지구

9. 자연공원의 공원성(公園性)을 판단하는 기준과 거리가 먼 것은?

① 교통의 편리 또는 이용객 수용능력
② 경관
③ 해발고도
④ 토지소유 관계

해설 **9**
자연공원의 공원성 판단기준
– 교통의 편리, 이용객의 수용능력, 자연환경(경관), 토지의 소유 구분

정답 5. ① 6. ④ 7. ④ 8. ③ 9. ③

10. 다음 자연공원법 시행령의 내용 중 대통령령으로 정하는 규모로 맞는 것은?

> 시도지사는 지정된 도립공원을 폐지하거나 대통령령으로 정하는 규모 이상을 축소하려는 경우에는 절차를 거친 후 환경부장관의 승인을 받아야 한다.

① 3만제곱미터 ② 5만제곱미터
③ 10만제곱미터 ④ 20만제곱미터

해설 10
환경부장관의 승인을 받아야 하는 규모
· 도립공원의 축소 – 10만 제곱미터
· 군립공원의 축소 – 5만 제곱미터

11. 자연공원 용도지구 계획 중 다음 지정 요건에 해당하는 지구는?

> – 생물다양성이 특히 풍부한 곳
> – 자연생태계가 원시성을 지니고 있는 곳
> – 특별히 보호할 가치가 높은 야생 동식물이 살고 있는 곳
> – 경관이 특히 아름다운 곳

① 공원자연환경지구 ② 공원자연보존지구
③ 공원마을지구 ④ 공원문화유산지구

해설 11
자연공원 – 자연보존지구
① 특별히 보호할 필요가 있는 지역
② 생물다양성이 특히 풍부한 곳
③ 자연생태계가 원시성을 지니고 있는 곳
④ 특별히 보호할 가치가 높은 야생 동식물이 살고 있는 곳
⑤ 경관이 특히 아름다운 곳

12. 다음 국립공원의 설명 중 ( ) 안에 적합한 것은?

> ( )은 국립공원을 지정하려는 경우 조사 결과를 토대로 국립공원 지정에 필요한 서류를 작성하여 주민설명회 및 공청회의 개최, 관할 시·도지사 및 군수의 의견청취, 관계중앙행정기관의 장과의 협의, 국립공원위원회의 심의의 절차를 차례대로 거쳐야 한다.

① 환경부장관 ② 산림청장
③ 국토해양부장관 ④ 농림수산식품부장관

해설 12
국립공원의 지정 절차 – 환경부장관
· 지정에 필요한 서류 작성
· 주민설명회 및 공청회의 개최
· 관할 시도지사 및 군수의 의견청취
· 관계 중앙행정기관의 장과의 협의
· 국립공원위원회의 심의를 거침

13. 자연공원법』 상의 공원용도지구 "공원자연보존지구의 완충공간(緩衝空間)으로 보전할 필요가 있는 지역"은?

① 공원집단시설지구
② 공원자연환경지구
③ 공원밀집취락지구
④ 공원문화유산지구

해설 13
『자연공원법』상의 공원용도지구
공원자연보존지구, 공원자연환경지구, 공원마을지구, 공원문화유산지구

정답 10. ③ 11. ② 12. ① 13. ②

14. 공원자연보존지구에 허용되는 최소한의 공원시설 및 공원사업에 별도의 제한규모가 없는 것은?(단, 자연공원법 시행령 적용)

① 야영장(휴양 및 편익시설)
② 조경시설
③ 탐방안내소(공공시설)
④ 안전시설

15. 다음 중 '자연공원'의 폐지나 그 구역의 축소사유에 해당하지 않는 것은?

① 천재지변으로 인해 자연공원으로 사용할 수 없게 된 경우
② 정부출연기관의 기술개발에 중요한 영향을 미치는 연구를 위하여 불가피한 경우
③ 군사상 또는 공익상 불가피한 경우로서 대통령령으로 정하는 경우
④ 공원구역의 타당성을 검토한 결과 자연공원의 지정기준에서 현저히 벗어나지 자연공원으로 존치시킬 필요가 없다고 인정되는 경우

16. 자연공원법령상 공원관리청이 공원구역에서 행위허가를 함에 있어 공원심의위원회의 심의를 거쳐야 하는 경우(기준)에 해당하지 않는 것은?

① 부지면적이 1천제곱미터 이상인 시설을 설치하는 경우
② 5천제곱미터 이상의 개간·매립·간척 그 밖의 토지형질변경을 하는 경우
③ 도로·철도·궤도 등의 교통·운수시설을 1킬로미터 이상 신설하거나 1킬로미터 이상 확장 또는 연장하는 경우
④ 만수면적이 10만제곱미터 이상이거나 총저수용량이 100만세제곱미터 이상이 되는 댐·하구언·저수지·보 등 수자원개발사업을 하는 경우

해설 공원관리청이 행위허가를 함에 있어서 공원위원회의 심의를 거쳐야 하는 경우
① 부지면적이 5천제곱미터(공원자연보존지구는 2천제곱미터) 이상인 시설을 설치하는 경우(군사시설의 경우에는 부대의 증설·창설 또는 이전을 위하여 시설을 설치하는 경우에 한한다)
② 도로·철도·궤도 등의 교통·운수시설을 1킬로미터 이상 신설하거나 1킬로미터 이상 확장 또는 연장하는 경우
③ 광물을 채굴(해저광물채굴을 포함한다)하는 경우 또는 채취면적이 1천제곱미터 이상이거나 채취량이 1만톤 이상인 흙·돌·모래 등을 채취하는 경우
④ 5천제곱미터 이상의 개간·매립·간척 그 밖의 토지형질변경을 하는 경우(군사시설의 경우에는 부대의 증설·창설 또는 이전을 위하여 시설을 설치하는 경우에 한한다)
⑤ 만수면적이 10만제곱미터 이상이거나 총저수용량이 100만세제곱미터 이상이 되는 댐·하구언·저수지·보 등 수자원개발사업을 하는 경우

해설 **14**

공원자연보존지구에서 허용되는 최소한의 공원시설 및 공원사업 제한 규모
- 야영장 부지면적 6,000제곱미터 이하
- 조경시설 부지면적 4,000제곱미터 이하
- 탐방로 폭 3미터 이하, 차량 통과구간은 폭 5미터 이하
- 안전시설 별도의 제한규모 없음

해설 **15**

자연공원의 폐지 또는 구역의 변경
- 군사상 또는 공익상 불가피한 경우로서 대통령령으로 정하는 경우
- 천재지변이나 그 밖의 사유로 자연공원으로 사용할 수 없게 된 경우
- 공원구역의 타당성을 검토한 결과 자연공원의 지정기준에서 현저히 벗어나서 자연공원으로 존치시킬 필요가 없다고 인정되는 경우

정답 14. ④ 15. ② 16. ①

정답 및 해설

17. 다음 ( ) 안에 들어갈 내용으로 바르게 연결된 것은?

> (A)은 환경부장관이 (B)년마다 국립공원위원회의 심의를 거쳐 수립하여야 하며, 도립공원에 관한 공원계획은 시·도지사가 결정한다.

① A : 공원기본계획, B : 10 ② A : 공원관리계획, B : 10
③ A : 공원기본계획, B : 5 ④ A : 공원관리계획, B : 5

18. 다음 중 국립공원 내 공원자연보존지구에서 할 수 있는 행위가 아닌 것은?

① 학술연구로서 필요하다고 인정되는 최소한의 행위
② 해당 지역이 아니면 설치할 수 없다고 인정되는 통신시설로서 대통령령으로 정하는 기준에 따른 최소한의 시설 설치
③ 산불진화 등 불가피한 경우의 임도 설치 사업
④ 사방사업법에 따른 사방사업으로서 자연 상태로 두면 심각하게 훼손될 우려가 있는 경우에 이를 막기 위하여 실시되는 최소한의 사업

19. 다음 「자연공원법 시행규칙」의 점용료 또는 사용료 요율기준으로 ( ) 안에 알맞은 것은?

> · 건축물 기타 공작물의 신축·증축·이축이나 물건의 야적 및 계류 : 인근 토지 임대료 추정액의 (㉠) 이상
> · 토지의 개간 : 수확예상액의 (㉡) 이상

① ㉠ 100분의 20, ㉡ 100분의 10
② ㉠ 100분의 20, ㉡ 100분의 50
③ ㉠ 100분의 50, ㉡ 100분의 25
④ ㉠ 100분의 50, ㉡ 100분의 50

해설 17
자연공원법
① 공원기본계획의 수립 : 환경부장관은 10년마다 국립공원위원회의 심의를 거쳐 공원기본계획을 수립
② 공원계획의 결정
· 국립공원계획의 결정 : 국립공원에 관한 공원계획은 환경부장관이 결정
· 도립공원계획의 결정 : 도립공원에 관한 공원계획은 시·도지사가 결정
· 군립공원계획의 결정 : 군립공원에 관한 공원계획은 군수가 결정

해설 18
임도(林道)의 설치(산불 진화 등 불가피한 경우로 한정한다), 조림(조림), 육림(육림), 벌채, 생태계 복원 및 사방사업법에 따른 사방사업은 공원자연환경지구부터 할 수 있는 행위이다.

해설 19
점용료 또는 사용료 요율기준
· 건축물 기타 공작물의 신축·증축·이축이나 물건의 야적 및 계류 : 인근 토지 임대료 추정액의 50% 이상
· 토지의 개간 : 수확예상액의 25% 이상

정답 17. ① 18. ③ 19. ③

20. 국립공원을 폐지하는 경우 관련 규정에 따른 조사 결과 등을 토대로 국립공원 지정에 필요한 서류를 작성하여 다음 4개의 절차를 차례대로 거쳐야 한다. 다음의 순서가 옳은 것은?

> A. 국립공원위원회의 심의
> B. 주민설명회 및 공청회의 개최
> C. 관할 시 · 도지사 및 군수의 의견 청취
> D. 관계 중앙행정기관의 장과의 협의

① A→B→C→D　② B→C→D→A
③ C→D→A→B　④ D→C→B→A

정 답 및 해 설

해설 **20**

- 국립공원의 지정을 해제하거나 구역 변경 등 대통령령으로 정하는 중요 사항을 변경하는 경우에도 동일함
- 지정·해제·변경 절차 : 주민설명회 및 공청회의 개최 → 관할 특별시장·광역시장·특별자치시장·도지사 또는 특별자치도지사 및 시장·군수 또는 자치구의 구청장의 의견 청취 → 관계 중앙행정기관의 장과의 협의 → 국립공원위원회의 심의

정답　20. ②

chapter 11 레크레이션 계획

11.1 핵심플러스

■ 레크레이션 욕구위계단계와 수요의 종류

욕구위계단계(매슬로우)	기초욕구 → 안전욕구 → 소속감 → 자아지위 → 자아실현
수요의 종류	잠재수요, 유도수요, 표출수요

■ 관광의 발생, 범위

관광의 발생과 욕구	발생요인	내적요인(욕구, 가치관) 외적요인(시간, 소득, 생활환경, 사회적에너지 등)
	욕구	지적, 심리적, 사회적, 생활적, 휴양적, 경제적
관광시장의 범위	유치권(1차시장), 행동권, 보완권(2차시장), 경합권(3차시장)	
여행형태	피스톤형, 스푼형, 안전핀형, 텀블링형	

1 레크레이션의 정의

① Driver 와 Tocher의 정의 : 인간행태의 관점에서의 정의
- ㉠ 레크레이션은 관여로부터 결과하는 하나의 경험
- ㉡ 레크레이션은 그것을 하는 사람의 개입요구
- ㉢ 레크레이션은 스스로의 보상 - 그 자체가 목적
- ㉣ 개인적이며 자유로운 선택이 되도록 요구
- ㉤ 의무가 없는 시간에 발생

② 사전상의 정의
- ㉠ Recreation : 노동 후의 정신과 육체를 새롭게 하는 것, 기분전환, 놀이 등
- ㉡ Leisure (여가) : 활동의 중지에 의해 얻어지는 자유나 남는 시간
- ㉢ Tourism (관광) : 레크레이션을 위한 관광여행
- ㉣ Park : 미관이나 공공의 레크레이션을 위한 장소로서 시가 유지하고 있는 일단의 땅

2 사회 계획으로서의 레크레이션의 개념(사회 · 심리적 측면)

① Driver의 동기 – 편익모델 : 행태가 "개인적인 만족과 이득을 위한 질서있는 움직임"

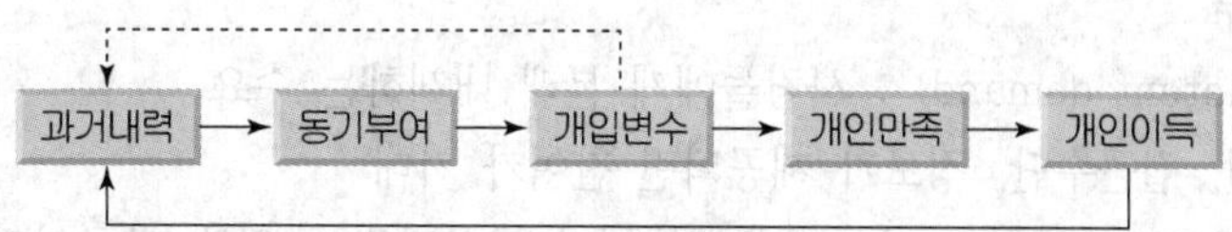

② Maslow 의 욕구 위계 단계 : 욕구가 인간행동에 일차적인 영향을 준다는 가설

㉠ 기초욕구 : 생리적·생존적 목표, 의(依)·식(食)·주(住)·성(性) 등의 요소 포함

㉡ 안전욕구 : 기초적 욕구가 충족될 때 안전의 욕구와 관련하여 긴장 경험, 안보·질서·보호의 규범, 위험의 감소 등

㉢ 소속감 : 안전의 욕구가 만족되면 대인관계가 형성되면서 욕구가 시작됨, 가족 및 친척관계, 친구관계 등

㉣ 자아지위 : 타인과의 관계에서 안전성을 확보한 후 그룹 내에서 특별한 지위를 차지하려는 욕구

㉤ 자아실현 : 4단계에서 만족을 얻은 후 자신의 내적 성장에 관심을 갖고 자신과의 도전에서 더 창조적이고, 많은 성취 요구

③ 레크레이션 한계수용능력 (recreation carrying capacity)

㉠ Wagar의 정의 : 어떤 지역에서 레크레이션의 질(質)을 유지하면서 지탱할 수 있는 레크레이션의 이용의 레벨을 말하며, 만약 질이 유지되려면 가치가 그들이 형성되는 것보다 빨리 고갈되어서는 안 된다는 점이 중요

㉡ 생태적·물리적 한계수용력 : 식생, 동물군, 토양, 물 등의 자연자원에 장기적인 영향을 주지 않고 레크레이션으로 이용되는 레벨 결정

㉢ 사회적·심리적 한계수용력 : 주어진 레크레이션의 경험의 종류와 질을 유지하면서 개인의 이득을 최대로 하는 레벨의 의미

㉣ Alan Jubenville 의 레크레이션 경험모형

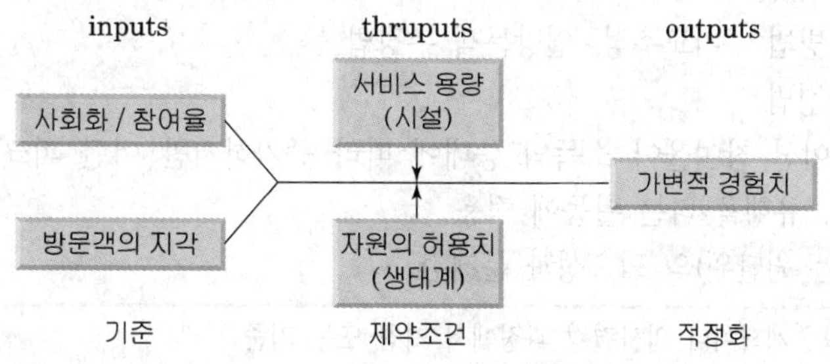

3 레크레이션 수요

① 수요의 정의 및 원칙

★★ ㉠ 수요의 종류

- 잠재수요(latent demand) : 사람들에게 본래 내재하는 수요
  적당한시설, 접근수단, 정보가 제공되면 참여가 기대
- 유도수요(induced demand) : 매스미디어나 교육과정에 의해 자극시켜 잠재수요를 개발하는 수요로 개인기업이나 공공부문에서 이용
- 표출수요(expressed demand) : 기존의 레크레이션 기회에 참여 또는 소비하고 있는 이용, 사람들의 기호도가 파악됨

★ ㉡ 수요를 결정짓는 변수

- 잠재적 이용자 : 인구수, 여가시간·습관, 경험의 수준
- 대상지 자체 : 매력도, 관리수준, 수용능력, 자연적 특성
- 거리 및 접근성 : 여행시간 · 거리, 여행수단

㉢ 수요패턴을 결정짓는 변수

- 계절적 분포 : 기후, 휴가기간, 관광시즌, 학교일정, 휴일이나 연휴
- 여가기간 : 일생주기, 생활양식, 결혼여부, 인종적 배경
- 지리적 분포 : 이용자와 자원과의 거리로 시간과의 거리가 의미 있는 변수

② 수요량측정방법

㉠ 수요량의 산정

- 표준치(standard)의 적용
  - 공원계획에서의 인구비, 면적비의 원단위사용
  - 관광계획에서 시설규모산정시 적용
  - 집중률(최대일률) : 최대일방문객의 연간방문객에 대한 비율, 계절형에 따라 다름
  - 가동률(service률) : 연평균 시설의 실제 이용율
  - 회전율 : 1일 중 가장 방문객이 많은 시점에 방문객의 그날의 전체 방문객에 대한 비율
- 시계별, 요인분석, 중력모델
- 기타 추정방법 : 비교추정, 연방문객 추정법 등
- 만족점 추정법
  - 레크레이션 참여율이 소득의 증대에 따라 증가하지만 어떤 피크점에서는 다시 떨어지기 시작함, 유행을 타는 활동에 적용

★ ㉡ 표준치(또는 원단위)의 필요성과 문제점

필요성	· 계획이나 의사결정 과정에서 지침 또는 기준 · 목표의 달성 정도를 평가하는데 도움 · 여가시설의 효과도를 판단하는데 도움
문제점	· 역사적 전래 · 전문가, 정치가의 악용 · 방법론의 애매성

4 관광의 권역과 형태

① 관광의 개념

㉠ 주유여행(周遊旅行), 즉 투어(tour)를 한다는 뜻으로, 정주지(定住地)에 다시 돌아오는 것을 전제로 함

㉡ WTO 정의 : 방문지내에서 보수를 받을 목적으로 활동하는 경우를 제외한 여가, 비즈니스 등 목적을 가지고 계획해서 1년 이상 머무르지 않으면서 자기가 주로 거주하는 환경 이외의 지역으로 여행을 하는 사람들의 활동

② 관광의 발생

㉠ 관광행동을 발생시키는 가장 근본적인 것은 사람이 가지고 있는 욕구이며, 관광욕구를 만족시키기 위하여 관광의 행동이 발생하는 것이다.

㉡ 관광발생요인

내적요인	욕구, 가치관
외적요인	시간, 소득, 생활환경, 사회적에너지 등

- 욕구 : 관광 또는 여행욕구는 인간에게 가장 중요한 욕구
- 가치관 : 인간은 가치관의 판단에 의해 욕구를 만족시키는 수단을 결정
- 시간 : 생존에 필요한 시간(수면, 식사), 구속시간(직장, 통근, 기타), 자유시간의 3가지로 나누며, 관광의 경우 휴일은 관광을 좌우하는 기본적인 요인임
- 소득 : 금전적인 가능성이 관광욕구의 실현에 요인이 됨
- 생활환경 : 주거환경의 획일화로 일시적 도피나 도시에서 자연 또는 농촌으로 도피, 동경이 생김
- 사회에너지 : 사회전체의 추세로 재해, 전쟁, 급속한 경제발전 등은 국민전체의 관광욕구를 자극함

㉢ 관광욕구의 분류

지적욕구	지방의 풍속을 앎, 견문을 넓힘, 상식을 늘림
심리적욕구	자연에 몰입, 기분전환, 해방감, 모험심, 호기심
사회적욕구	미지의 사람을 사귐, 우정을 나눔
생활적욕구	신체의 단련, 스포츠를 즐김
휴양적욕구	신체의 휴식, 휴양
경제적욕구	물건을 사는 것에 목적으로 함

③ 관광시장의 범위

유치권	관광지에 내방할 가능성이 있는 사람들이 거주하는 범위로 관광활동은 대상지로서 매력의 크기 정도에 따라 좌우, 1차시장
행동권	대상지의 매력과 행동욕구에서 규정된 행동범위, 유치권의 역개념
보완권	방문객이 상호 왕래하는 범위, 2차시장
경합권	경쟁대상이 되는 관광지가 존재하는 가장 큰 범위, 3차 시장

④ 관광코스를 중심으로 하는 여행형태

㉠ 피스톤형(Piston)

- 여행객이 목적지를 왕복하는데 동일한 코스를 이용, 업무시 이외에 다른 행동을 갖지 않고 직행하는 것
- 숙박비와 왕복직행하는 차내에서 판매상품서비를 구입하는 것 외에 별다른 관광소비지출이 이루어지지 않음

㉡ 스푼형(Spoon)

- 목적지까지 왕복은 직행이지만 목적지에서 업무이외에 시간적 여유가 있어 여가를 이용한 관광, 유람 등을 하는 것
- 목적지에서 관광 소비가 발생하며, 미지의 지역이므로 숙식, 관광시설을 포함한 개인서비스도 요청하게 됨

㉢ 안전핀형(Pin, 옷핀형)

- 자택에서 목적지까지는 직행이지만, 왕복코스가 각각 다른 형태
- 피스톤형, 스푼형보다는 관광소비가 많고 서비스의 수요와 내용도 많이 요청하게 됨

㉣ 텀블링형(Tumbling, 또는 탬버린형)

- 자택에서 여러 목적지를 계속 돌아오면서 안전핀형과 같이 회유를 반복하므로 숙식, 오락 등 관광보기 많음, 노선이 직행이 아니라 원형코스가 됨
- 순수관광이나 오락여행에서 볼 수 있으며 시간적, 정신적 여유가 많은 사람이 채택

핵심기출문제

내친김에 문제까지 끝내보자!

1. 메슬로(maslow)의 욕구 위계 중 일부를 열거한 것이다. 열거된 것 중에서 가장 성숙한 단계는?

① 안전 ② 기초
③ 소속 ④ 자아 - 지위

2. 생태적 수용능력(收容能力)이란 무엇을 의미하는가?

① 자연환경내에서의 생물의 포용 능력
② 생태계의 천이 과정
③ 자연생태계에 있어서의 먹이 연쇄의 균형
④ 생태계의 균형을 깨뜨리지 않는 범위 내에서의 이용자의 양(量)

3. 레크레이션 계획 모델 중 이용자- 자원 모델에 관한설명으로 적당하지 않은 내용은?

① 레크레이션 수요와 공급을 추정한다.
② 모든 토지와 수자원을 분석하여 자원형으로 구분한다.
③ 유사한 레크레이션 경험에 기초하여 이용자 집단을 구분한다.
④ 이용자와 자원은 각각 상이한 개념으로 직접 연관 지우지 않고 고려하려는 의도이다.

4. 기존의 레크레이션으로 기회에 참여 또는 소비하고 있는 수요를 무엇이라고 하는가?

① 잠재수요
② 유도수요
③ 유효수요
④ 표출수요

정답 및 해설

해설 1

메슬로 욕구위계 순서(미숙→성숙단계)
기초욕구(의·식·주) → 안전욕구 → 소속감 → 자아지위 → 자아실현

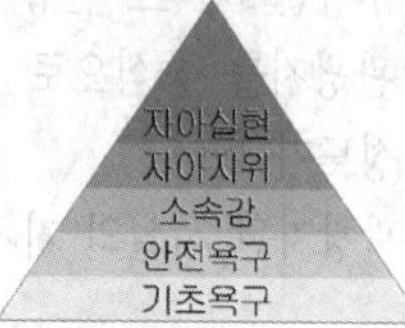

해설 2

생태적 수용능력 – 식생, 동물군, 토양, 물 등의 자연자원에 장기적인 영향을 주지 않고 레크레이션으로 이용되는 레벨 결정

해설 3

레크레이션의 이용자–자원 모델
① 방문객의 요구와 자원의 잠재력을 어떤 지역을 대상으로 해석을 내림
② 레크레이션 이용자와 자연과의 관계
· 모든 토지와 수자원의 분석
· 이용자 그룹의 설정은 유사한 레크레이션 경험과 자원조건에 기초함
③ 레크레이션의 수요와 공급을 추정
· 이용자 그룹의 요구 조건을 파악
· 잠재적 자원형 구분
⑤ 계획안의 제안
· 권역 또는 계획대상지

해설 4

수요의 종류
① 잠재수요(latent demand) – 사람들에게 본래 내재하는 수요, 적당한시설, 접근수단, 정보가 제공되면 참여가 기대
② 유도수요(induced demand) – 매스미디어나 교육과정에 의해 자극시켜 잠재수요를 개발하는 수요로 개인기업이나 공공부문에서 이용
③ 표출수요(expressed demand) – 기존의 레크레이션 기회에 참여 또는 소비하고 있는 이용, 사람들의 기호도가 파악됨

정답 1. ④ 2. ④ 3. ④ 4. ④

5. 레크리에이션 계획에서 사용되고 있는 표준치(standard)에 대한 설명 중 옳지 않은 것은?

① 넓게는 계획기준, 좁게는 원단위(原單位)라 한다.
② 계획이나 의사결정 과정에서 지침 또는 기준이 된다.
③ 명확한 방법론에 기초해 작성되었다.
④ 목표의 달성 정도를 평가하는데 도움이 된다.

해설 5
표준치는 방법론의 애매성이 있다.

6. 다음 관광지 계획에 대한 설명으로 틀린 것은?

① 관광지의 유치권은 대도시로부터의 거리에 따라서 영향을 받는다.
② 유치권이란 그 관광지에 사람이 모여들 수 있는 행동권을 말한다.
③ 관광지를 중심으로 보면 보완권은 경합권보다 면적이 거의 2배 정도가 된다.
④ 관광자원 시설의 가치, 지명도 등도 유치권에 영향을 미친다.

해설 6
바르게 고치면
관광지를 중심으로 보면 경합권이 보완권보다 면적이 거의 2배 정도가 된다.

7. 관광지 계획에서 설명하는 유치권이란?

① 관광지에 찾아올 가능성이 있는 사람이 거주하는 범위
② 관광지의 매력과 관광객의 욕구에 의해 결정되는 범위
③ 관광객을 서로 보내고 받는 보완관계가 성립하는 범위
④ 계획하는 관광지와 경합되는 관광지가 존재하는 범위

해설 7
②은 행동권, ③은 보완권, ④는 경합권

8. 행락계획에서 고려하는 생태적 수용력이 아닌 것은?

① 동물에 영향이 없는 정도의 행락이용 수준
② 식물에 영향이 없는 정도의 행락이용 수준
③ 토양 및 수질에 영향이 없는 정도의 행락이용수준
④ 행락경험의 질이 훼손되지 않는 정도의 행락이용 수준

해설 8
생태적 수용력은 자연 자원에 장기적인 영향을 주지 않을 정도의 행락수준을 말한다.

9. 레크리에이션 대상지의 수요를 크게 좌우하는 3요인은 이용자들의 변수, 대상지 자체의 변수, 접근성의 변수이다. 다음 중 접근성의 변수에 해당되지 않는 것은?

① 여행시간, 거리　　② 준비 비용
③ 정보　　④ 여가습관

해설 9
수요를 결정짓는 변수
- 잠재적 이용자 : 인구수, 여가시간, 여가습관, 경험의 수준
- 대상지 자체 : 매력도, 관리수준, 수용능력, 자연적 특성
- 거리 및 접근성 : 여행시간거리, 여행수단, 준비비용, 정보

정답 5. ③ 6. ③ 7. ① 8. ④ 9. ④

레크레이션 시설의 종류

12.1 핵심플러스

■ 레크레이션 시설의 종류별 면적기준, 입지조건, 계획방법, 관련용어 등에 대한 이해와 암기가 요구된다.

1 리조트(Resort)

① 정의
㉠ 일상생활권에서 일정거리 이상 떨어져 좋은 자연환경 속에 위치
㉡ 종래의 정적공간에 활동적 레크레이션이 더해진 형태
② 목적
㉠ 자연 속에서 개방감과 여유 있는 심리적 효과를 얻음
㉡ 정신적, 육체적, 스트레스의 해소, 건강의 회복과 증진 도모
③ 종류 : 스포츠 리조트(골프장, 스키장)·교양문화용 리조트(민속촌 등), 요양형 리조트 (온천, 산림 욕장), 종합형 리조트
④ 토지이용계획 : 원지 $\frac{1}{3}$, 숙박 및 서비스 $\frac{1}{3}$, 도로 및 완충녹지 $\frac{1}{3}$

2 요트장

① 어업권과의 문제가 없고 대형 정기선 항로나 산업지대 등 경합하는 시설이나 상황이 없는 곳으로 만에 둘러싸인 수역이 바람직함
② 풍향이나 풍속난을 일으키지 않는 지형이어야 하며, 육상시설을 위해 평탄한 지형이 좋음
③ 활동 시즌인 4~10월의 평균기온은 15° 이상으로 돌풍 등 변칙적인 바람이 일지 않아야 함
④ 자동차 이용자를 위해 가급적 간선도로와 연락이나 역과의 접속이 용이해야 함
⑤ 해상에서의 쾌적한 활동을 위해서는 요트의 경우 2.5~3.0 ha/척, 모터보트의 경우 8 ha/척의 면적을 필요로 함

3 해수욕장

① 입지조건
㉠ 기상조건 : 맑은 날이 많고, 기온 24℃ 이상, 수온 23~25℃, 풍속 5~10m/sec 이하
㉡ 모래벌의 조건 : 정선의 길이 500m 이상, 너비 200~400m, 경사 2~10%
② 외부시설 규모 : 1인당 10~20m²

4 스키장

■ 참고 : 스키장의 자연조건

- 북동향 사면의 취락에 접한 산록부나 굴곡 있는 완사면으로 중복부에서 약간 급하고 산정부에서 종복부에 걸쳐 급경사가 되며 산록 아래가 넓은 코니데형이 바람직함
- 기후는 동계기간에 강설량이 많고 적설기의 우천 일수가 적을수록 좋음
- 관련시설을 포함한 면적이 최소 10ha 이상이 되어야 바람직함

① 지형사면

㉠ 북동향의 사면이 가장 좋으며 동향 및 북향은 양호

㉡ 일조량은 남향이 좋지만, 설질(雪質)을 유지하기 위해 북사면이 바람직

② 슬로프의 면적

㉠ 15°의 경사면을 기준으로 1인당 150m² 필요, 최소 100m²

㉡ 경사도가 클수록 폭은 넓어짐 (10° 이하 10m 이상, 15°는 20m 이상, 30°는 40m 이상 필요)

③ 리프트

㉠ 경사는 30° 이하

㉡ 리프트의 폭은 5~7m

5 골프장

① 입지조건

㉠ 부지의 형태와 방향 : 부지는 남, 북으로 길고 약간 구형의 용지가 적합하고 적당한 기울기를 가지고 되도록 많이 이용할 수 있는 곳이 바람직하다.

㉡ 소요면적 : 평탄지는 18홀의 경우 60~70만m²
구릉지는 80~100만m²

㉢ 지형 : 산림, 연못, 하천 등이 있어 자연의 지형을 보유하고, 전망도 풍족한 것이 좋으며, 전 부지의 고저차는 50m 이내

② 골프장의 구성

㉠ 18홀의 경우 쇼트홀 4홀, 미들홀 10홀, 롱홀 4홀

㉡ 9홀의 경우 쇼트홀 2홀, 미들홀 5홀, 롱홀 2

★ ③ 홀의 계획

㉠ 티(Tee) : 출발지역 1~2% 경사, 면적은 400~500m²

㉡ 그린(Green) : 홀의 종점부분, 출발지역에서 보이는 곳에 설치, 면적은 600~900m², 경사는 2~5%, 벤트그래스 사용

㉢ 하자드(Hazard) : 연못, 하천, 계곡, 냇가 등의 장애구역

㉣ 벙커(Bunker) : 모래웅덩이, Tee에서 바라볼 수 있는 곳에 설계

㉤ 라프(Rough) : 풀을 깎지 않고 그대로 방치한 것, 모래웅덩이·그린·냇가·페어웨이 주위에 만듬

ⓑ 에이프런(Apron) : 그린주위에 일정한 폭으로 풀을 깍지 않고 그대로 둔 것

ⓢ 페어웨이 : 티와 그린 사이로 1.5~2cm 정도로 짧게 깍은 잔디로 이루어짐, 2~10% 경사, 25% 이상은 피함, 폭원최소 30m, 일반 50~60m

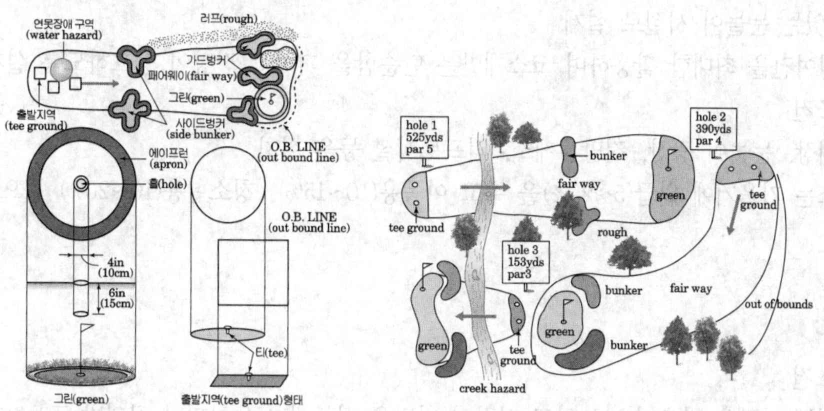

6 경마 · 승마장

① 입지조건 : 승마장은 가파른 언덕이 아닌 앞이 트이고 구릉이 약간 있을수록 좋고 큰 암석이나 장애물이 없어야 한다.

② 설계조건

㉠ 경마장의 길이는 1.6km 이상 그 주로의 폭은 20m 이상

㉡ 승마 코스의 폭은 3m 이상 필요하고 3.2km 이상 계속되어야 한다.

㉢ 마장에는 심판소, 검량소, 예시장, 승마장 발매소, 관람대를 두고, 내외에는 반드시 경계울타리를 두어야 한다.

7 수영장

- 수영장 규격은 길이 50m, 폭 25m, 10레인
- 수영장은 1급, 2급, 3급 공인경기장
- 수심 : 1급 공인경기장 1.8~2.0m

8 야외수영장

① 입지조건 : 태양광선을 충분히 받는 곳으로 수영장의 장축이 남·북 방향으로 자리잡을 수 있는 곳

② 설계조건

㉠ 25m의 수영장은 7코스, 50m의 수영장은 9코스제가 사용

㉡ 1코스의 폭은 2.0m 이상

㉢ 수온은 20℃ 정도가 적당하고 탈의실, 샤워장 등의 부대시설이 필요

㉣ 부대시설을 포함한 수영장의 면적은 수영객 1인당 최소 $2m^2$를 기준

9 눈썰매장

① 입지조건

㉠ 소규모의 부지로 완만한 자연 지형을 이용하여 특별한 장비나 기술 없이 남녀노소 함께 즐길 수 있는 눈놀이 시설로 설계

㉡ 지형여건을 최대한 활용하며 코스개발은 단순함을 피하고 전망이 양호하도록 설계함

② 설계조건

㉠ 썰매장, 눈놀이 광장, 전망휴게소, 리프트시설 등을 설치

㉡ 코스는 기울기에 완급(5~25%)을 주고 아동용(10~15%), 청소년용(10~20%) 등으로 구분

10 국궁장

① 설계조건

㉠ 방위는 사장을 남측면으로 하고 사장의 바닥은 판붙이기로 하거나 잔디밭 또는 마사토로 포장

㉡ 사정거리는 관저 중심에서 사대 중심까지 145m이어야하고 표적은 폭 2m, 높이 2.67m의 크기

11 청소년 수련시설

① 입지조건 : 산악 및 구릉지에 설치하는 것이 좋으며 계획대상지의 지형조건을 이용

② 설계조건

㉠ 단위시설은 연쇄적으로 이용되도록 배치하며 규모에 따라 10~20개의 단위시설을 배치

㉡ 단위시설의 사이 간격은 20~30m 정도가 적당

③ 시설별 면적기준

㉠ 단위시설 : 1개소당 100~200m^2

㉡ 실내집회장 : 150인까지 150m^2, 초과 1인당 0.8m^2

㉢ 야외집회장 : 150인까지 200m^2, 초과 1인당 0.7m^2

㉣ 강의실 : 1실당 50m^2 이상

㉤ 야영지 : 1인당 20m^2 이상

핵심기출문제

내친김에 문제까지 끝내보자!

1. 일상생활에서 벗어나 자연 속에 근접되어 있고 스트레스 휴양을 할 수 있는 공원은?

① 리조트 ② 도시자연공원
③ 유원지 ④ 근린공원

2. 리조트로 적합한 조건이 아닌 것은?

① 8월 평균 기온이 20~24°
② 1월 월평균 6℃ 이상으로 임해지역인 곳
③ 특색 있는 산림이 있는 지역으로 물이 있는 곳
④ 자연 경관이 수려하고 경사도가 40~45%인 곳

3. 리조트 조경계획에 기본적 요건이 아닌 것은?

① 교류나 교환의 기회 및 장소가 있어야 함
② 체제에 필요 흥미대상이 있어야 함
③ 일정수준이상의 쾌적한 생활 서비스 및 편리성이 확보되어야 함
④ 약 1~2시간 이내의 유치권을 지닌 도시가 주변에 있어야 함

4. 리조트의 토지 이용형태는 일반적으로 어느 정도로 산정하는가?

① 숙박시설, 서비스 시설 1/3, 원지 1/3, 완충녹지, 도로 1/3
② 숙박시설, 서비스 시설 1/4, 원지 1/2, 완충녹지, 도로 1/4
① 숙박시설, 서비스 시설 2/5, 원지 2/5, 완충녹지, 도로 1/5
① 숙박시설, 서비스 시설 1/5, 원지 2/5, 완충녹지, 도로 2/5

5. 일반 정규 골프장의 홀의 숫자의 총 길이는?

① 9홀, 3,000야드 ② 18홀, 6,500야드
③ 27홀, 10,000야드 ④ 36홀, 13,000야드

정 답 및 해 설

공통해설 **1, 2, 3**

공통해설 리조트
① 정의
- 일상생활권에서 일정거리 이상 떨어져 좋은 자연환경 속에 위치
- 종래의 정적공간에 활동적 레크레이션이 더해진 형태

② 적합한 조건
- 8월 평균 기온이 20~24℃
- 1월 월평균 6℃이상 임해지역인 곳
- 특색 있는 산림이 있는 지역으로 물이 있는 곳

해설 **4**

리조트 토지이용계획 - 원지 $\frac{1}{3}$, 숙박 및 서비스 $\frac{1}{3}$, 도로 및 완충녹지 $\frac{1}{3}$

해설 **5**

정규골프장 18홀, 6500야드
야드 : 1야드= 3피트

정답 1. ① 2. ④ 3. ④ 4. ① 5. ②

6. 스키장의 계획시 유의사항으로 적합지 않은 것은?

① 활강코스의 경사도는 15% 정도로 똑같이 균일해야 한다.
② 코스의 경사 방향은 북동향이 제일 좋다.
③ 스키장의 규모는 일정치 않으나 10ha이상 이어야 좋다.
④ 기후는 겨울의 강수량이 많으면서 적설기에 비오는 날이 적은 곳 이어야 한다.

7. 레크레이션 동선계획 기준으로 잘못된 것은?

① 보행동선과 차량동선이 교차할 때에는 원활한 소통을 위하여 차량동선을 우선적으로 고려한다.
② 통행량이 많을수록 긴밀한 관계를 갖는 것을 뜻하므로 주동선을 짧게 한다.
③ 보행자를 위한 동선을 다소 우회하더라도 좋은 전망 등 쾌적한 분위기를 줄 수 있도록 선정한다.
④ 도로를 따라 주택이 나란히 배치되는 형태가 일반적이다.

8. 해수욕장의 외부시설 규모를 선정할 때 적용해야 할 공간 단위는?

① 2~5m^2 /인
② 5~10m^2 /인
③ 10~20m^2 /인
④ 20~30m^2 /인

9. 해수욕장의 입지 선정에 대한 설명이다. 이 중 적합하지 않는 것은?

① 해안선의 연장은 500m 이상이어야 한다.
② 모래사장 가까운 곳에 건물 짓기가 용이한 곳일수록 좋다.
③ 기온 24℃ 이상으로서 날이 맑고, 바람은 고르게 부는 곳이 좋다.
④ 구배는 2~10% 정도가 좋으며, 서북쪽의 배후에 구릉이나 산이 있어야 좋다.

10. 시설물의 향 중 틀린 것은?

① 정구장의 장축은 남북방향으로 한다.
② 야구장의 포수의 향은 서남쪽을 향한다.
③ 다이빙 풀에서 장축은 동서방향이다.
④ 축구장은 상풍과 하풍을 직교시킨다.

정답 및 해설

해설 6
바르게 고치면
스키장의 슬로프는 15˚를 기준으로 한다.

해설 7
보행동선과 차량동선교차시
보행동선을 우선적으로 고려한다.

해설 8
해수욕장 외부시설 규모 – 1인당 10~20 m^2

해설 9
모래사장 가까운 곳에는 건물을 지을 수 없다.

해설 10
다이빙의 풀은 장축이 남북방향

정답 6. ① 7. ① 8. ③ 9. ② 10. ③

11. 리조트의 자리로서 기본요건이라 할 수 없는 것은?

① 일상생활과 인접한 곳
② 흥미대상이 있을 것
③ 프라이버시, 자유로움이 확대되어 있는 것
④ 공간에 풍부한 여유가 있는 것

해설 **11**
리조트의 정의 : 일상 생활권에서 일정거리이상 떨어져 좋은 자연에 위치

12. 다음은 리조트 구성에 대한 설명이다. 틀린 것은?

① 숙박, 레크레이션, 각종 서비스 기능이 통행권 내에 자리 잡는다.
② 일반적으로 리조트의 동시 숙박 수용능력은 ha당 30~50명 정도가 적합하다.
③ 토지 이용형태는 숙박과 서비스 시설을 가장 많이 하며 원지, 완충녹지와 도로의 순으로 한다.
④ 이용의 자유도가 높은 잔디 원지를 크게 잡는 것이 바람직하다.

해설 **12**
리조트 토지이용계획 - 원지 $\frac{1}{3}$, 숙박 및 서비스 $\frac{1}{3}$, 도로 및 완충녹지 $\frac{1}{3}$

13. 다음 중 유원지의 기능이 아닌 것은?

① 레크레이션 제공
② 민간 경제의 활성화
③ 지역사회 중심성
④ 자연자원 보존

해설 **13**
유원지의 기능
① 레크레이션 제공
② 지역사회 중심성
③ 자연자원 보존

14. 스키장의 입지기준에서 지형사면의 방향으로 가장 양호한 것은?

① 서북향 ② 서남향
③ 북동향 ④ 남동향

해설 **14**
스키장의 지형사면 방향은 북동향이 가장 적합하다.

15. 리조트(resort)지역의 계획수립 방법에 있어 적합지 않은 것은?

① 다양하고 복잡한 유희시설을 확보하여 이용자의 흥미를 유발시킨다.
② 옥외공간을 여유 있게 확보하며, 접근성이 양호하도록 단지를 배치한다.
③ 숙박, 상업시설 등 생활 서비스 시설을 편리한 지역에 설치한다.
④ 체재시 흥미를 유발시킬 수 있는 자연경관이 입지한 곳에 설치한다.

해설 **15**
리조트는 정신적, 육체적, 스트레스의 해소, 건강의 회복과 증진을 도모하도록 한다.

정답 11. ① 12. ③ 13. ② 14. ③ 15. ①

16. 골프장은 18홀(72Par)로 구성이 맞는 것은?

① Short 홀 6, Middle 홀 6, Long 홀 6
② Short 홀 4, Middle 홀 8, Long 홀 6
③ Short 홀 4, Middle 홀 6, Long 홀 8
④ Short 홀 4, Middle 홀 10, Long 홀 4

17. 티그라운드의 일반적인 넓이는?

① 600~800m^2
② 400~500m^2
③ 800~1000m^2
④ 1000~1200m^2

18. 골프장 그린에 대한 설명 중 가장 올바른 것은?

① 골프코스의 출발지점으로 약 400~500m^2 면적으로 조성한다.
② 골프코스의 중간 루트로서 잔디를 높게 또는 낮게 조성한 지역
③ 골프코스의 홀마다의 끝부분에 설치되는 600~900m^2 면적을 가지는 목표지역
④ 연못, 수렁, 단애, 마운드 등과 같은 장애물 지역

19. 골프코스 설계시 고려사항으로 틀리는 것은?

① 1번 홀과 10번 홀은 쉽고 즐거운 기분으로 스타트 할 수 있도록 한다.
② 일반적인 홀은 배분은 쇼트홀 4개, 미들홀 10개, 롱홀 4개, 파 72가 보통이다.
③ 1번과 10번 홀은 롱홀이 바람직하다.
④ 홀은 배분은 같은 거리의 것을 연속시키지 말고 변화를 주어야 한다.

20. 리조트의 기본적 요건과 가장 관련이 적은 항목은?

① 공간에 충분히 여유가 있을 것
② 프라이버시나 자유로움이 확보되어 있을 것
③ 사람들과의 만남과 사귐의 장소로 적당할 것
④ 도시에서 가까운 장소일 것

정답 및 해설

공통해설 16, 17, 18

골프장설계
① 소요면적 : 평탄지는 18홀의 경우 60~70만m^2 ,
구릉지는 80~ 100만m^2
② 골프장의 구성
- 18홀의 경우 쇼트홀 4홀, 미들홀 10홀, 롱홀 4홀
- 9홀의 경우 쇼트홀 2홀, 미들홀 5홀, 롱홀 2
③ 홀의 계획
- 티(Tee) : 출발지역 1~2% 경사, 면적은 400~500m^2
- 그린(Green) : 홀의 종점부분, 출발지역에서 보이는 곳에 설치, 면적은 600~900m^2 , 경사는 2~5%, 벤트그래스 사용
- 페어웨이 : 티와 그린 사이로 1.5~2cm 정도로 짧게 깍은 잔디로 이루어짐, 2~10% 경사, 25% 이상은 피함, 폭원최소 30m, 일반 50~60m
- 경기의 흥미를 부여하는 요소 : 하자드(Hazard), 벙커(Bunker), 라프(Rough)

해설 19

1번과 10번은 정체가 일어나지 않게 롱홀은 피하는 것이 바람직하다.

해설 20

리조트는 일상생활권에서 일정거리 이상 떨어져 좋은 자연환경 속에 위치하며 종래의 정적공간에 활동적 레크레이션이 더해진 형태로 한다. 자연 속에서 개방감과 여유 있는 심리적 효과를 얻도록 한다.

정답 16. ④ 17. ② 18. ③ 19. ③ 20. ④

정 답 및 해 설

21. 골프장 용지선정기준에 맞지 않는 것은?

① 교통이 편리하고 소요시간은 2시간 정도가 바람직
② 경치가 양호하고 주변에 관광위락시설이 있는 곳
③ 동남향 경사로서 남북으로 길게 나타나는 지형
④ 수원지가 될 수 있는 개울과 연못, 수림이 있는 곳

해설 **21**

교통이 편리하고 소요시간은 1~1.5 시간이 바람직하다.

22. 마리나에 대한 설명 중 틀린 것은?

① 선가(船架)시설을 갖춘다.
② 수리시설을 갖춘다.
③ 육상보관시설은 필요하나 육상이동 시설은 필요없다.
④ 방파제 및 부표를 설치한다.

해설 **22**

마리나 시설에는 육상보관시설과 이동시설이 필요하다.

23. 조경설계기준상 <보기>의 설명에 해당하는 체육 · 위락시설은?

> [보기]
> – 북동향 사면의 취락에 접한 산록부나 굴곡 있는 완사면으로 중복부에서 약간 급하고 산정부에서 중복부에 걸쳐 급경사가 되며, 산록 아래가 넓은 코니데형이 바람직하다.
> – 관련 시설을 포함한 면적이 최소 10ha 이상이어야 바람직하다.

① 골프장　　② 경마 · 승마장
③ 스키장　　④ 빙상장

해설 **23**

스키장은 북동향 사면의 취락에 접한 산록부나 굴곡 있는 완사면이 있어야 하며, 최소면적은 10ha이상이어야 한다.

정답 21. ① 22. ③ 23. ③

아파트 조경계획(주거단지계획)

13.1 핵심플러스

■ 주거단지계획과정

・적지선정 → 단지분석 → 구획과 토지이용계획 → 시설배치와 식재설계 → 실시설계

■ 주거단지 내 가로망 기본유형 : 격자형, 우회형, 대로형, 우회전진형

■ 주택건설기준 등에 관한 규정

구분	내용
소음기준	・공동주택 소음도 기준은 65dB ・공동주택・어린이놀이터・의료시설(약국을 제외)・유치원・어린이집 및 경로당은 위해 시설로부터 수평거리 50미터 이상 떨어진 곳에 배치
부대시설	・진입도로, 관리사무소, 조경시설, 안내표지판 등의 시설
주민공동시설 (복리시설)	・공동주택의 거주자가 공동으로 사용하거나 거주자의 생활을 지원하는 시설 ・종류 : 경로당, 어린이놀이터, 어린이집, 주민운동시설, 도서실, 주민교육시설, 청소년 수련시설, 주민휴게시설, 독서실, 입주자집회소, 공용취사장, 공용세탁실 등 ・100세대 이상의 주택을 건설하는 주택단지에는 다음 각 호에 따라 산정한 면적 이상의 주민공동시설을 설치 100세대 이상~1,000세대 미만 : 세대당 2.5제곱미터를 더한 면적 1,000세대 이상 : 500제곱미터에 세대당 2제곱미터를 더한 면적

1 아파트 단지의 특성

① 공간 구성요소 : 건축, 도로, 주차장, 녹지, 공공시설, 옥외시설물, 기타구조물 등 물리적 구성요소로 구성

② 구성 체계 : 근린생활권의 단계적 구성

③ 배치 : 건축과 도로에 의해 공간배치를 결정하며, 녹지의 확보와 형태가 단지의 특성을 표출

④ 형태 : 평면적인 변화보다 입면의 변화가 강하게 나타남

2 아파트 조성 계획의 과정

적지선정 → 단지분석 → 구획과 토지이용계획 → 시설배치와 식재설계 → 실시설계

① 적지선정 : 아파트 성격 결정, 계획 지표 추정, 대상지별 현황조사 분석, 대상지의 평가, 적지의 결정
② 계획지표결정 : 인구밀도, 용적율, 세대수, 공지율, 토지이용률 등을 기준으로 함
③ 단지분석
㉠ 건축 가용지 : 건축의 질을 결정하는 3가지 요소 지반의 견고성(토질), 배수의 양호(경사), 경관(식생)
㉡ 향 : 방위 (일조, 전망을 결정), 환기에도 영향
④ 도로의 접근성

표. 아파트 단지 내 도로기준

구분	기준	폭(m)
진입도로	300세대 미만 300 이상 ~ 500 세대 미만 500 이상 ~ 1,000 세대 미만 1,000 이상 ~ 2,000세대 미만 2,000세대 이상	6 8 12 15 20

3 구획과 토지이용계획

① 기본구상
㉠ 목표
- 공간구성의 효율성확보, 주변 및 각 시설물과 자연환경과의 미적조화, 공공시설물의 주민편익성제공, 주민의 환경의 질제고, 개인휴식과 프라이버시의 존중도모

㉡ 분야별 기본방향

가로망	· 계층적 구조확보, 보·차도분리의 동선체계구성, 단지내도로와 통로의 연속성유지, 단지내 토지이용상의 활동과 시설물 간의 연계성확보, 아파트건물과 녹지, 광장, 주차장 등의 공지와 효율성 보장
건물배치	· 일조·환기·조망·소음·방재 등을 고려한 건물향의 중시, 건축과 시설물·도로, 주차장, 녹지, 공지 등에 의한 미학적인 공간구성 · 테라스건축, 필로티, 건축선의 후퇴, 계단 분리 등의 자연지형 및 경관 존중방법의 도입, 건축물의 높이·용적·건폐 등의 규모 · 기반녹지·도로·주자장·광장 등의 공지와 건축영향선에 의한 공간조형미의 확립
공원·녹지	· 자연의 공급, 위락활동의 수용, 주민의 쾌적한 생활환경조성, 집회·상징·역사의 중심성부여, 산책·운동·교양·문화·오락 등의 활동공간 확보 · 방화·방음·차폐 등의 완충적 기능에 의한 부수효과 획득
공공시설	· 이용자의 도보권내 시설확보, 시설별 포착지역의 균형분배, 생활권 단위별 각종 공공시설 배치배분
설비계통	· 상하수도, 전기, 가스, 냉난방 등의 공동구설치로 효율적인 유지관리와 미관증진의 효과발생 · 자연지형을 활용한 급수, 배수체계의 확립 · 도로, 주자장, 공지 등의 공간을 활용한 토지이용의 제고,

생활편익시설	·이용계층별 시설의 확보(놀이터, 휴게소, 노인정 등) ·생활권 단위별 시설의 배치배분, 이용자계층별 이용권중심의 시설 균배, 건축물과 시설물간의 효율적인 배치
기타	·건물주변에 의해 구성된 경관의 창출, 동질성 있는 설계요소의 도입, 방재와 방음 등의 부가적인 기능확보, 단지내 공동공간구성에 따른 공동문화와 공동의식의 창출

㉢ 가로망과 구획

- 각 건물과 시설물에 접근성을 확보해주며 소방, 방설, 도로의 보수와 유지관리 등을 위한 출입을 가능하게 하면서 토지공간을 분할함
- 기본유형

☆ 표. 아파트 단지내 가로망의 기본유형별 특성

구 분	형 태	특 성
격자형		- 평지에서 가구형성, 건물배치가 용이 - 토지이용상 효율적이며, 평지에서는 정지작업이 용이함 - 경관이 단조로우며, 지형의 변화가 심한 곳에서는 급구배가 발생 - 복사면에서 일조상 불리하며, 접근로의 혼동이 오기 쉬우며 교차점이 빈번
우회형		- 통과교통이 상대적으로 적어 주거환경의 안전성이 확보 - 사람과 교통 동선의 교차가 증대됨 - 진입에 대체성이 있으나, 동선이 길어질 수 있음 - 불필요한 접근로가 발생되기 때문에 시공비가 증대됨
대로형		- 통과 교통이 없어서 주거환경의 안전성이 확보됨 - 각 건물에 접근하는데 불편함을 초래할 수 있음 - 건물에 의해 단순하게 처리되지만, 도로의 연계체계가 미확보 됨 - 공동공간이나 시설을 배치시킬 수 있으며 독특한 공간을 구성시킴
우회 전진형		- 격자형에서 발생되는 교차점을 감소시킬 수 있음 - 통과교통에 있어 불편함을 초래하고 보행자동선과 교차가 빈번함 - 운전시 급커브가 발생하며, 방향성을 상실하기 쉬움

4 주거단지계획

① 일조 등의 확보를 위한 건축물의 높이 제한 (건축법시행령)

㉠ 전용주거지역이나 일반주거지역에서 건축물을 건축하는 경우에는 건축물의 각 부분을 정북방향으로의 인접 대지경계선으로부터 건축조례로 정하는 거리 이상을 띄어 건축하여야 한다.

㉡ 다만, 건축물의 미관 향상을 위하여 너비 20미터 이상의 도로(자동차·보행자·자전거 전용도로를 포함한다)로서 건축조례로 정하는 도로에 접한 대지(도로와 대지 사이에 도시·군계획시설인 완충녹지가 있는 경우 그 대지를 포함한다) 상호간에 건축하는 건축물의 경우에는 그러하지 아니하다.

- 높이 9미터 이하인 부분 : 인접 대지경계선으로부터 1.5미터 이상
- 높이 9미터를 초과하는 부분 : 인접 대지경계선으로부터 해당 건축물 각 부분 높이의 2분의 1 이상

② 공동주택은 채광을 위한 창문 등이 있는 벽면에서 직각 방향으로 인접 대지경계선까지의 수평거리가 1미터 이상으로서 건축조례로 정하는 거리 이상인 다세대주택은 적용하지 아니한다.

㉠ 건축물(기숙사는 제외한다)의 각 부분의 높이는 그 부분으로부터 채광을 위한 창문 등이 있는 벽면에서 직각 방향으로 인접 대지경계선까지의 수평거리의 2배(근린상업지역 또는 준주거지역의 건축물은 4배) 이하로 할 것

㉡ 같은 대지에서 두 동(棟) 이상의 건축물이 서로 마주보고 있는 경우(한 동의 건축물 각 부분이 서로 마주보고 있는 경우를 포함한다)에 건축물 각 부분 사이의 거리는 다음 각 목의 거리 이상을 띄어 건축할 것. 다만, 그 대지의 모든 세대가 동지(冬至)를 기준으로 9시에서 15시 사이에 2시간 이상을 계속하여 일조(日照)를 확보할 수 있는 거리 이상으로 할 수 있다.

- 채광을 위한 창문 등이 있는 벽면으로부터 직각방향으로 건축물 각 부분 높이의 0.5배(도시형 생활주택의 경우에는 0.25배) 이상의 범위에서 건축조례로 정하는 거리 이상
- 서로 마주보는 건축물 중 남쪽 방향(마주보는 두 동의 축이 남동에서 남서 방향인 경우만 해당)의 건축물 높이가 낮고, 주된 개구부(거실과 주된 침실이 있는 부분의 개구부를 말함)의 방향이 남쪽을 향하는 경우에는 높은 건축물 각 부분의 높이의 0.4배(도시형 생활주택의 경우에는 0.2배) 이상의 범위에서 건축조례로 정하는 거리 이상이고 낮은 건축물 각 부분의 높이의 0.5배(도시형 생활주택의 경우에는 0.25배) 이상의 범위에서 건축조례로 정하는 거리 이상
- 건축물과 부대시설 또는 복리시설이 서로 마주보고 있는 경우에는 부대시설 또는 복리시설 각 부분 높이의 1배 이상
- 채광창(창넓이가 0.5제곱미터 이상인 창)이 없는 벽면과 측벽이 마주보는 경우에는 8미터 이상
- 측벽과 측벽이 마주보는 경우[마주보는 측벽 중 하나의 측벽에 채광을 위한 창문 등이 설치되어 있지 아니한 바닥면적 3제곱미터 이하의 발코니(출입을 위한 개구부를 포함)를 설치하는 경우를 포함한다]에는 4미터 이상

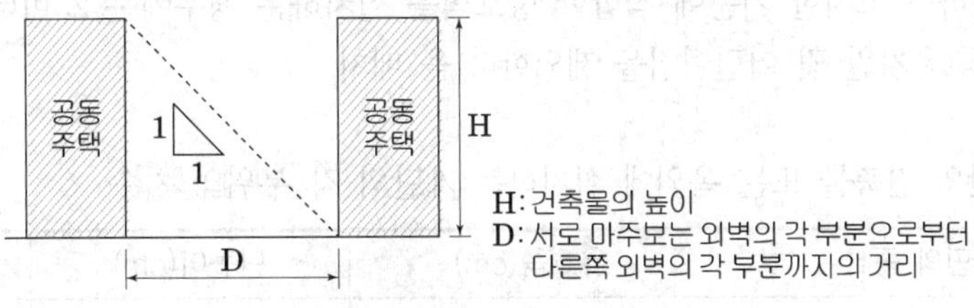

그림. 공동주택의 인동거리

② 입면적과 입면차폐도

㉠ 목적 : 공동주택 배치로 인해 위압감을 없애고 조망축을 확보하기 위함

㉡ 입면적 : 건축물 1개동의 입면상 가장면적 → 건물높이×건축물 벽면의 직선거리

㉢ 입면차폐도

- 대지 주위의 주요 조망축 방향에서 건축물 입면적이 차지하는 정도

· 입면차폐도 = 조망축 방향에서 건축물 입면적합계 ÷ 조망축 방향의 단지의 가장 긴 길이(L)

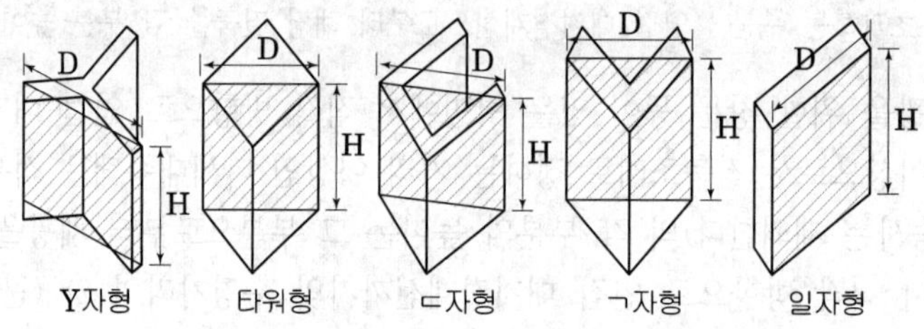

그림. 공동주택의 입면적

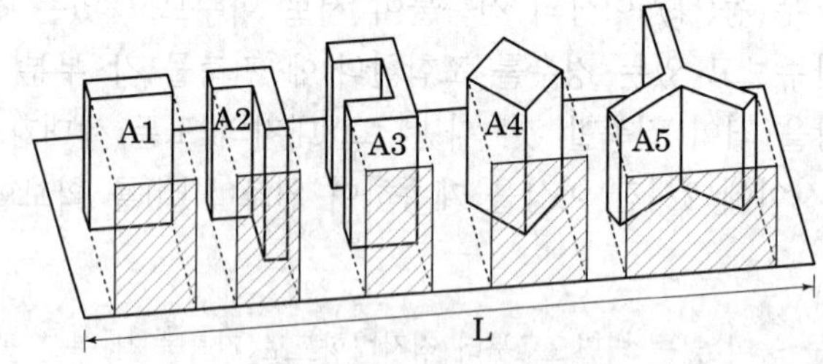

그림. 공동주택의 입면차폐도

③ 소음등으로부터의 보호(주택건설기준 등에 관한 규정)

㉠ 공동주택을 건설하는 지점의 소음도(실외소음도)가 65데시벨 이상인 경우에는 방음벽·수림대 등의 방음시설을 설치

㉡ 공동주택·어린이놀이터·의료시설(약국을 제외)·유치원·어린이집 및 경로당은 위해 시설로부터 수평거리 50미터 이상 떨어진 곳에 배치

· 다만, 위험물저장 및 처리시설중 주유소(석유판매취급소를 포함 또는 충전소)의 경우에는 당해 주유소로부터 25미터 이상 떨어진 곳에 배치

· 시내버스 차고지에 설치된 자동차용 천연가스 충전소(가스저장 압력용기 내용적의 총합이 20세제곱미터 이하인 경우)의 경우에는 자동차용 천연가스 충전소로부터 30미터(지식경제부장관이 정하여 고시한 기준에 적합한 방호벽을 설치하는 경우에는 25미터)이상 떨어진 곳에 공동주택등(유치원 및 어린이집을 제외한다)을 배치

④ 계단

★ ㉠ 주택단지안의 건축물 또는 옥외에 설치하는 계단의 각 부위의 치수

계단의 종류	유효폭(cm)	단높이(cm)	단너비(cm)
공동으로 사용하는 계단	120이상	18이하	26이상
세대내 계단 또는 건축물옥외계단	90이상(세대내 계단의 경우 75이상)	20이하	24이상

★ ㉡ 설치기준

- 계단참
  - 높이 2미터를 넘는 계단(세대내 계단을 제외)에는 2미터(기계실 또는 물탱크실의 계단의 경우에는 3미터) 이내마다 해당 계단의 유효폭 이상의 폭으로 너비 120센티미터 이상인 계단참을 설치할 것 다만, 각 동 출입구에 설치하는 계단은 1층에 한정하여 높이 2.5미터 이내마다 계단참을 설치할 수 있다.
- 공동으로 사용하는 계단의 층고(계단의 바닥 마감면부터 상부 구조체의 하부 마감면까지의 높이를 말한다)는 2.1미터 이상으로 하고 계단의 바닥은 미끄럼을 방지할 수 있는 구조로 할 것

⑤ 부대시설

㉠ 주택단지 안의 도로

- 공동주택을 건설하는 주택단지에는 폭 1.5미터 이상의 보도를 포함한 폭 7미터 이상의 도로(보행자전용도로, 자전거도로는 제외)를 설치하여야 한다.
- 제1항에도 불구하고 다음 각 호에 어느 하나에 해당하는 경우에는 도로의 폭을 4미터 이상으로 할 수 있다. 이 경우 해당 도로에는 보도를 설치하지 아니할 수 있다.

  - 해당 도로를 이용하는 공동주택의 세대수가 100세대 미만이고 해당 도로가 막다른 도로로서 그 길이가 35미터 미만인 경우
  - 그 밖에 주택단지 내의 막다른 도로 등 사업계획승인권자가 부득이하다고 인정하는 경우

- 주택단지 안의 도로는 유선형(流線型) 도로로 설계하거나 도로 노면의 요철(凹凸) 포장 또는 과속방지턱의 설치 등을 통하여 도로의 설계속도(도로설계의 기초가 되는 속도를 말한다)가 시속 20킬로미터 이하가 되도록 하여야 한다.
- 500세대 이상의 공동주택을 건설하는 주택단지 안의 도로에는 어린이 통학버스의 정차가 가능하도록 국토교통부령으로 정하는 기준에 적합한 어린이 안전보호구역을 1개소 이상 설치하여야 한다.

㉡ 관리사무소

- 50세대 이상의 공동주택을 건설하는 주택단지에는 10제곱미터에 50세대를 넘는 매 세대마다 500제곱센티미터를 더한 면적 이상의 관리사무소를 설치하여야 한다. 다만, 그 면적의 합계가 100제곱미터를 초과하는 경우에는 설치면적을 100제곱미터로 할 수 있다.
- 관리사무소는 관리업무의 효율성과 입주민의 접근성 등을 고려하여 배치하여야 한다.

㉢ 주차장

- 주택은 해당 호에서 정하는 기준(소수점 이하의 끝수는 이를 한 대로 본다) 이상의 주차장을 설치하여야 한다.
- 주택단지에는 주택의 전용면적의 합계를 기준으로 하여 다음 표에서 정하는 면적당 대수의 비율로 산정한 주차대수 이상의 주차장을 설치하되, 세대당 주차대수가 1대(세대당 전용면적이 60제곱미터 이하인 경우에는 0.7대)이상이 되도록 하여야 한다.

주택규모별 (전용면적:m^2)	주차장설치기준(대/m^2)			
	가. 특별시	나. 광역시·특별시자치시 및 수도권 내의 시지역	다. 가목 및 나목외의 시지역과 수도권 내의 군지역	그밖의 지역
85이하	1/75	1/85	1/95	1/110
85초과	1/65	1/70	1/75	1/85

㉣ 안내판

- 300세대 이상의 주택을 건설하는 주택단지와 그 주변에는 다음 각 호의 기준에 따라 안내표지판을 설치하여야 한다.
  - 단지의 진입도로변에 단지의 명칭을 표시한 단지입구표지판을 설치할 것
  - 단지의 주요출입구마다 단지안의 건축물·도로 기타 주요시설의 배치를 표시한 단지종합안내판을 설치할 것
- 주택단지에 2동 이상의 공동주택이 있는 경우에는 각동 외벽의 보기 쉬운 곳에 동번호를 표시하여야 한다.
- 관리사무소 또는 그 부근에는 거주자에게 공지사항을 알리기 위한 게시판을 설치하여야 한다.

★★ ⑥ 주민공동시설(복리시설)

■ 참고 : 주민공동시설

① 정의 : 공동주택의 거주자가 공동으로 사용하거나 거주자의 생활을 지원하는 시설
② 종류 : 경로당, 어린이놀이터, 어린이집, 주민운동시설, 도서실(작은도서관을 포함), 주민교육시설(영리를 목적으로 하지 아니하고 공동주택의 거주자를 위한 교육장소), 청소년 수련시설, 주민휴게시설, 독서실, 입주자집회소, 공용취사장, 공용세탁실 등

㉠ 100세대 이상의 주택을 건설하는 주택단지에는 다음 각 호에 따라 산정한 면적 이상의 주민공동시설을 설치하여야 한다. 다만, 지역 특성, 주택 유형 등을 고려하여 특별시·광역시·특별자치도·시 또는 군의 조례로 주민공동시설의 설치면적을 그 기준의 4분의 1 범위에서 강화하거나 완화하여 정할 수 있다.

- 100세대 이상~1,000세대 미만 : 세대당 2.5제곱미터를 더한 면적
- 1,000세대 이상 : 500제곱미터에 세대당 2제곱미터를 더한 면적

㉡ 주민공동시설의 면적은 각 시설별로 전용으로 사용되는 면적을 합한 면적으로 산정한다. 다만, 실외에 설치되는 시설의 경우에는 그 시설이 설치되는 부지 면적으로 한다.

㉢ 주민공동시설을 설치하는 경우 해당 주택단지에는 다음 각 호의 구분에 따른 시설이 포함되어야 한다. 다만, 해당 주택단지의 특성, 인근 지역의 시설설치 현황 등을 고려할 때 사업계획승인권자가 설치할 필요가 없다고 인정하는 시설은 설치하지 않을 수 있다.

- 150세대 이상 : 경로당, 어린이놀이터
- 300세대 이상 : 경로당, 어린이놀이터, 어린이집
- 500세대 이상 : 경로당, 어린이놀이터, 어린이집, 주민운동시설, 작은도서관

㉤ 주민공동시설은 다음 기준에 적합하게 설치한다.

- 경로당
  - 일조 및 채광이 양호한 위치에 설치할 것
  - 오락·취미활동·작업 등을 위한 공용의 다목적실과 남녀가 따로 사용할 수 있는 공간을 확보할 것
  - 급수시설·취사시설·화장실 및 부속정원을 설치할 것
- 어린이놀이터
  - 놀이기구 및 그 밖에 필요한 기구를 일조 및 채광이 양호한 곳에 설치하거나 주택단지의 녹지 안에 어우러지도록 설치할 것
  - 실내에 설치하는 경우 놀이기구 등에 사용되는 마감재 및 접착제, 그 밖의 내장재는 「환경기술 및 환경산업 지원법」에 따른 환경표지의 인증을 받거나 그에 준하는 기준에 적합한 친환경 자재를 사용할 것
  - 실외에 설치하는 경우 인접대지경계선(도로·광장·시설녹지, 그 밖에 건축이 허용되지 아니하는 공지에 접한 경우에는 그 반대편의 경계선을 말한다)과 주택단지 안의 도로 및 주차장으로부터 3미터 이상의 거리를 두고 설치할 것
- 어린이집
  - 「영유아보육법」의 기준에 적합하게 설치할 것
  - 해당 주택의 사용검사 시까지 설치할 것
- 주민운동시설
  - 시설물은 안전사고를 방지할 수 있도록 설치할 것
  - 「체육시설의 설치·이용에 관한 법률 시행령」 별표 1에서 정한 체육시설을 설치하는 경우 해당 종목별 경기규칙의 시설기준에 적합할 것
- 작은도서관은 「도서관법 시행령」 별표 1 제1호다목의 기준에 적합하게 설치할 것

5 주거밀도

① 개념

㉠ 주거밀도는 토지에 대한 인구, 토지에 대한 건물의 밀도로 나타내며, 토지에 대한 인구밀도가 높으면 과밀, 토지에 대한 건물의 고층화는 고밀도라 함

㉡ 단지환경의 질적 수준이나 각종 시설의 공간적 배분에 영향을 주는 요소

② 주거밀도를 나타내는 방법

구분	내용
인구밀도 (population density)	· 토지와 인구와의 관계 · 인구밀도 = $\frac{\text{주거인구}}{\text{토지면적}}$ = 호수밀도× 세대당 총인원수
순밀도(net density)	녹지나 교통용지를 제외한 순수주택건설용지에 대한 인구수
호수밀도	토지와 건축물량과 관계, 호수밀도(호/ha) = $\frac{\text{주택호수}}{\text{단위토지면적}}$
총밀도 (gross density)	총대지면적 또는 단지 총면적에 대한 밀도 총밀도 = 순밀도×주택건축용지율
건축밀도 (building density)	총대지면적에 대한 주택의 총연면적으로 용적율이라 함

핵심기출문제

내친김에 문제까지 끝내보자!

1. 아파트 단지내 조경설계의 주요 고려사항 중 일조, 통풍, 차광, 조망권 확보 등에 가장 밀접한 관계를 지니는 것은?

① 건축바닥 면적과 형태 ② 아파트 지구내 동선의 폭
③ 아파트 총 거주자수 ④ 아파트의 인동 간격

2. 우리나라 단지계획 설계시 에너지 절약을 위해 고려해야 할 사항으로 거리가 먼 것은?

① 태양열의 최대한 이용 ② 겨울바람의 차단
③ 여름바람의 차단 ④ 지열의 최대한 이용

3. 쿨데삭(Cul-de-Sac)형식에 대한 설명 중 올바르지 못한 것은?

① 마당과 같은 공간을 중심으로 둘러싸여 배치한다.
② 주민들과 사회적, 형태적 친밀도가 높을 수 있다.
③ 통과교통은 허용되지 않는다.
④ 도로를 따라 주택이 나란히 배치되는 형태이다.

4. 집합주택(공동주택)단지에서 동선의 설명이 잘못된 것은?

① 루프형은 우회로가 없는 것을 개량한 것이다.
② 루프형은 사람과 차량의 교차가 적다.
③ 집합주택단지 Cul-de-Sac형이 많이 이용된다.
④ 집합주택단지는 격자형이 많다.

5. 주거지 내에서 접근로 계획 시 흥미롭고 안전한 계획이 되기 위한 사항에 해당되지 않는 것은?

① 직선적인 형태의 도로
② 감속시설 및 커브시설
③ 가시거리를 확보하기 위해 자연지형을 이용
③ 가능한 범위 내에서 접근성 배제

정 답 및 해 설

해설 1

아파트의 동과 동간의 거리는 일조시간과 프라이버시를 위해 중요하다.

해설 2

여름바람은 최대한 이용한다.

해설 3

쿨데삭의 특징
- 주거공간의 안전성 확보
- 통과교통은 허용되지 않음
- 주민들간의 사회적·행태적 친밀도가 높아짐
- 마당과 같은 공간을 중심으로 둘러싸여짐

해설 4

집합주택단지는 주거공간의 안전성이 확보되어야 하므로 대로형(쿨데삭형), 우회형(루프형)이 많이 이용된다.

해설 5

주거지내 접근로 계획
- 유선형 도로, 도로노면에 요철 또는 과속방지턱 설치
- 가시거리 확보를 위한 자연지형 확보
- 가능한 범위 내 접근성 배제

정답 1. ④ 2. ③ 3. ④ 4. ④ 5. ①

정 답 및 해 설

6. 아파트 단지의 식재계획 내용이다. 옳지 않는 것은?

① 전체 경관을 변화 속에 통일감이 있도록 식재한다.
② 간선도로와 인접한 곳은 완충식재를 한다.
③ 보행자 공간에는 녹음수를 식재한다.
④ 요소요소에 방풍식재를 한다.

해설 6

아파트 단지의 식재계획
① 전체 경관을 변화 속에 통일감이 있도록 식재한다.
② 간선도로와 인접한 곳은 완충식재를 한다.
③ 보행자 공간에는 녹음수를 식재한다.

7. 우리나라 아파트 단지 계획시 주변의 소음도가 일정기준 초과시 방음벽 혹은 방음식재를 해야 한다. 이 소음도의 법령상 최소치는 얼마인가?

① 55데시벨 ② 60데시벨
③ 65데시벨 ④ 70데시벨

해설 7

공동주택을 건설하는 지점의 실외소음도가 65데시벨 이상인 경우에는 방음벽·수림대 등의 방음시설을 설치한다.

8. 주택법상 어린이놀이터는 어느 시설에 해당 되는가?

① 부대시설 ② 복리시설
③ 간선시설 ④ 환경조성시설

해설 8

어린이놀이터는 주민공동시설로 복리시설에 해당된다.

9. 주택단지 계획시 인동거리 확보에 가장 큰 영향을 주는 것은?

① 일조권 ② 프라이버시
③ 조경면적 ④ 경관

해설 9

주택단지 계획시 인동거리 확보에 가장 큰 영향은 일조이다.

10. 아파트 조경계획의 진행과정이 적합하게 연결된 것은?

① 적지선정 → 단지분석 → 시설배치와 식재계획 → 구획과 토지이용 계획 → 실시설계
② 단지분석 → 적지선정 → 시설배치와 식재계획 → 구획과 토지이용 계획 → 실시설계
③ 적지선정 → 단지분석 → 구획과 토지이용 계획 → 시설배치와 식재계획 → 실시설계
④ 단지분석 → 적지선정 → 구획과 토지이용 계획 → 시설배치와 식재계획 → 실시설계

해설 10

아파트 조경계획과정
적지선정 → 단지분석 → 구획과 토지이용 계획 → 시설배치와 식재계획 → 실시설계

정답 6. ④ 7. ③ 8. ② 9. ① 10. ③

정 답 및 해 설

11. 주택단지의 인구밀도를 검토할 때 주거목적의 획지 면적만을 기준으로 산출한 밀도는?

① 순밀도 ② 총밀도
③ 근린밀도 ④ 용지밀도

해설 11
순밀도(net dentisity)
녹지나 교통용지를 제외한 순수 주택건설용지에 대한 인구수

12. 주거단지계획시에 칼데삭(cul-de-sac)도로 이용의 장점을 가장 잘 설명하고 있는 것은?

① 단지내 보행동선을 가장 짧게 할 수 있다.
② 차량동선을 가장 짧게 할 수 있다.
③ 차량의 접근성을 높일 수 있다.
④ 차량으로 인한 위험이 없는 녹지를 단지내에 확보할 수 있다.

해설 12
쿨데삭의 장점은 통과교통이 없어 주거공간의 안전성이 확보된다.

13. 다음 중 주거 단지 내 가로망 기본유형별 특성 중 격자형가로망의 특징이 아닌 것은?

① 통과교통이 적어서 주거환경의 안전성이 확보됨.
② 토지이용상 효율적이며 평지에서 정지작업이 용이함.
③ 경관이 단조로우며 지형변화가 심한 곳에서는 급구배 발생
④ 일조(日照)상 불리하며 접근로에 혼동 유발

해설 13
①는 우회형의 특징이다.

14. 다음 중 도로와 각 가구를 연결하는 도로로 통과교통이 없어 주거환경의 안전성이 확보되지만 우회도로가 없어 방재 또는 방범 상에 단점이 있는 국지도로의 패턴은?

① 격자형 ② T자형
③ 루프형 ④ 쿨데삭형

해설 14
쿨데삭은 통과교통이 없어 주거공간의 안전성이 확보된다.

15. 아파트 단지 내 가로망 중 루프(loop)형의 특징에 대한 설명으로 옳지 않은 것은?

① 상대적 통과교통의 감소로 주거환경의 안정성확보
② 진입에 대체성이 있으나, 동선의 연장 길이가 증가
③ 상가 및 공동이용 공간의 시설배치가 용이
④ 격자형에 비해 사람과 차량동선의 교차가 많음

해설 15
루프(loop)형의 특징
- 통과교통이 상대적으로 적어 주거환경의 안전성이 확보
- 사람과 교통 동선의 교차가 증대됨 (격자형이 사람과 교통 동선의 교차가 더 많다.)
- 진입에 대체성이 있으나, 동선이 길어질 수 있음
- 불필요한 접근로가 발생되기 때문에 시공비가 증대됨

정답 11. ① 12. ④ 13. ① 14. ④ 15. ④

교통계 조경계획

14.1 핵심플러스

■ 도로의 구분

사용형태	일반도로, 자동차전용도로, 보행자전용도로, 보행자우선도로, 자전거전용도로, 고가도로, 지하도로
규모별 구분	광로, 대로, 중로, 소로
기능에 따른 분류	주간선도로, 보조간선도로, 집산도로, 국지도로

■ 주차장법상 분류되는 노상·노외주차장의 설치기준, 구조 및 설비기준 등은 시험의 출제빈도가 높은 부분이다.

■ 자전거도로(자전거이용활성화에 관한 법률/ 자전거 이용시설의 구조·시설 기준에 관한 규칙에 준한다.)

구분	자전거전용도로/자전거보행자겸용도로/자전거자동차 겸용도로/자전거 우선도로
설계속도	자전거전용도로 시속 30km 이상/ 겸용도로의 경우 20km 시속
도로의 폭	하나의 차로를 기준으로 1.5미터 이상으로 한다. (부득이한 경우 1.2m 이상)

■ 특수기능의 도로 : 몰(Mall), 계단설치기준, 경사로(Ramp, 장애인·노인 임산부 편의 증진에 관한 법률)의 구조와 설치기준

몰의 종류	full mall, transit mall, semi mall
계단	· 2h(높이)+b(너비)=60~65cm · 계단의 경사 : 30~35° · 계단참은 높이 2m 이상인 경우 설치
경사로	· 유효폭은 1.2m, 기울기 : 1/12~1/18 이하 · 교행구역 : 50m마다 1.5m×1.5m 이상 설치 · 수평참 : 30m마다 1.5m×1.5m 이상 설치

1 도로설계의 요소

① 종단구배

㉠ 노면 중심선상의 양지점간의 수평거리에 대한 차의 비

㉡ 최대 종단구배를 오르막 구배 4%로 제한, 2배 이상의 구배일 경우 제한장을 설치

㉢ 제한장 이내 마다 2.5%보다 완만한 구배를 50m 이상의 구간에 설치

㉣ 최소 구배 0.5%가 표준

② 횡단구배

㉠ 직선부에서는 배수를 위한 구배를 준다.

㉡ 곡선부에서는 편구배를 준다.

$$i = \frac{V^2}{127R} - f$$

i= 편구배 V=속도 R=곡선부의 반경 f=마찰계수

③ 시거(Sight Distance) : 자동차가 안전하게 주행하기 위해 앞을 볼 수 있는 거리

④ 선형(곡선부)

· 최소곡선장 : 곡선부의 교각이 작으면 곡선장이 짧아지고 운전자의 핸들조작이 불편함 또한 원심가속도가 증가하는 것을 막기 위해 최소 곡선의 길이를 규정해놓음

⑤ 완화구간장 : 자동차가 직선부에서 곡선부로 들어가면서 점차적으로 곡선에 적응할 수 있도록 하는 구간

2 도로폭의 요소

① 차도폭 : 1차선 3~3.75m, 2차선 6m 이상

② 보도폭 : 보행자 1인당 0.75m, 폭 1.5m 이상, 표준1m 이상, 도로폭 10m 이상에서 보도 설치, 가로수 식재는 18m 이상

③ 노견(길어깨) 설치목적

㉠ 규정된 차도 폭의 보전

㉡ 고장차의 대피공간

㉢ 자동차의 속도를 내기 위해 횡방향으로 여유 두기

㉣ 완속차와 사람의 대피

㉤ 도로표지 및 전주 등 노상시설 설치

㉥ 최소한 0.5m, 시가지에서 보도가 없을 때는 0.75m 이상

■ 참고 : 도로조경계획 선정시 고려사항

■ 경제적 측면
- 수송량을 되도록 많이 수송할 수 있는 노선
- 운수속도(運輸速度)는 빠르고 안전하게 설정된 노선
- 운수비(運輸費)를 적게 하는 노선
- 지가(地價)가 싼 노선
- 연도에 있는 각종 자원의 가치를 제고시킬 수 있는 노선

■ 기술적 측면
- 가장 완만한 균배를 얻도록 하는 노선
- 구릉 또는 산악지에서는 오르막구배가 너무 급한 것을 피하는 노선
- 되도록 직선인 노선
- 건조하기 쉽고 통풍이 잘 되는 노선
- 지하수 및 그 대책이 고려된 노선
- 절성토의 균형이 이루어지는 노선
- 철도, 도로 등 다른 교통과 교차점이 적은 노선
- 되도록 곡선반경이 큰 노선
- 교량이나 하천과는 직각으로 가설될 수 있는 노선
- 경관파괴가 최저로 발생되는 노선

3 도로의 구분 : (도시·군계획시설의 결정, 구조 및 설치기준에 관한 규칙)

① 사용 및 형태별

구분	내용
일반도로	폭 4미터 이상의 도로로서 통상의 교통소통을 위하여 설치되는 도로
자동차전용도로	특별시·광역시·특별자치시·시 또는 군내 주요지역간이나 시·군 상호간에 발생하는 대량교통량을 처리하기 위한 도로로서 자동차만 통행할 수 있도록 하기 위하여 설치하는 도로
보행자전용도로	폭 1.5미터 이상의 도로로서 보행자의 안전하고 편리한 통행을 위하여 설치하는 도로
보행자우선도로	폭 10미터 미만의 도로로서 보행자와 차량이 혼합하여 이용하되 보행자의 안전과 편의를 우선적으로 고려하여 설치하는 도로
자전거전용도로	하나의 차로를 기준으로 폭 1.5미터(지역 상황 등에 따라 부득이하다고 인정되는 경우에는 1.2미터) 이상의 도로로서 자전거의 통행을 위하여 설치하는 도로
고가도로	시·군내 주요지역을 연결하거나 시·군 상호간을 연결하는 도로로서 지상교통의 원활한 소통을 위하여 공중에 설치하는 도로
지하도로	시·군내 주요지역을 연결하거나 시·군 상호간을 연결하는 도로로서 지상교통의 원활한 소통을 위하여 지하에 설치하는 도로(도로·광장 등의 지하에 설치된 지하공공보도시설을 포함한다). 다만, 입체교차를 목적으로 지하에 도로를 설치하는 경우를 제외한다.

② 규모별 구분

구분	내용
광로	·1류 : 폭 70미터 이상인 도로 ·2류 : 폭 50미터 이상 70미터 미만인 도로 ·3류 : 폭 40미터 이상 50미터 미만인 도로
대로	·1류 : 폭 35미터 이상 40미터 미만인 도로 ·2류 : 폭 30미터 이상 35미터 미만인 도로 ·3류 : 폭 25미터 이상 30미터 미만인 도로
중로	·1류 : 폭 20미터 이상 25미터 미만인 도로 ·2류 : 폭 15미터 이상 20미터 미만인 도로 ·3류 : 폭 12미터 이상 15미터 미만인 도로
소로	·1류 : 폭 10미터 이상 12미터 미만인 도로 ·2류 : 폭 8미터 이상 10미터 미만인 도로 ·3류 : 폭 8미터 미만인 도로

★ ③ 기능별 구분

주간선도로	시·군내 주요지역을 연결하거나 시·군 상호간을 연결하여 대량통과교통을 처리하는 도로로서 시·군의 골격을 형성하는 도로
보조간선도로	주간선도로를 집산도로 또는 주요 교통발생원과 연결하여 시·군 교통의 집산기능을 하는 도로로서 근린주거구역의 외곽을 형성하는 도로
집산도로	근린주거구역의 교통을 보조간선도로에 연결하여 근린주거구역내 교통의 집산기능을 하는 도로로서 근린주거구역의 내부를 구획하는 도로
국지도로	가구(가구 : 도로로 둘러싸인 일단의 지역)를 구획하는 도로
특수도로	보행자전용도로·자전거전용도로 등 자동차 외의 교통에 전용되는 도로

④ 용도지역별 도로율

주거지역	15% 이상 ~ 30% 미만 이 경우 간선도로(주간선 도로와 보조간선도로)의 도로율은 8퍼센트 이상 15퍼센트 미만이어야 한다.
상업지역	25% 이상 ~ 35% 미만 이 경우 간선도로의 도로율은 25퍼센트 이상 35퍼센트 미만이어야 한다.
공업지역	8% 이상 ~ 20% 미만 이 경우 간선도로의 도로율은 4퍼센트 이상 10퍼센트 미만이어야 한다.

■ 참고

■ 도로의 배치간격

① 주간선도로와 주간선도로의 배치간격 : 1천m 내외
② 주간선도로와 보조간선도로의 배치간격 : 500m 내외
③ 보조간선도로와 집산도로의 배치간격 : 250m 내외
④ 국지도로간의 배치간격: 가구의 짧은변 사이의 배치간격은 90m 내지 150m내외, 가구의 긴변 사이의 배치간격은 25m 내지 60m 내외

■ 도로모퉁이의 길이

① 도로의 교차 지점에서의 교통을 원활히 하고 시야를 충분히 확보하기위하여 필요한 경우 도로모퉁이의 길이를 표준이상으로 함
② 도로모퉁이부분의 보도와 차도의 경계선은 원호(圓弧) 또는 복합곡선이 되도록 하고, 곡선반경은 기능별 분류에 따라 구분하며, 이 경우 교차하는 도로의 기능별 분류가 서로 다른 때에는 교차지점의 곡선반경은 곡선반경이 큰 도로의 기준을 적용한다.

주간선도로	15m 이상
보조간선도로	12m 이상
집산도로	10m 이상
국지도로	6m 이상

⑤ 보행자전용도로의 결정기준과 구조 및 설치기준

㉠ 결정기준

- 차량통행으로 인하여 보행자의 통행에 지장이 많을 것으로 예상되는 지역에 설치할 것
- 도심지역 · 부도심지역 · 주택지 · 학교 및 하천주변지역 등에서는 일반도로와 그 기능이 서로 보완관계가 유지되도록 할 것
- 보행의 쾌적성을 높이기 위하여 녹지체계와의 연관성을 고려할 것
- 보행자통행량의 주된 발생원과 버스정류장 · 지하철역 등 대중교통시설이 체계적으로 연결되도록 할 것
- 규모는 보행자통행량, 환경여건, 보행목적 등을 충분히 고려하여 정하고, 장래의 보행자통행량을 예측하여 보행형태, 지역의 사회적 특성, 토지이용밀도, 토지이용의 특성을 고려할 것
- 보행네트워크 형성을 위하여 공원 · 녹지 · 학교 · 공공청사 및 문화시설 등과 원활하게 연결되도록 할 것

㉡ 구조 및 설치기준

- 차도와 접하거나 해변 · 절벽 등 위험성이 있는 지역에 위치하는 경우에는 안전보호시설을 설치할 것
- 보행자전용도로의 위치, 폭, 통행량, 주변지역의 용도 등을 고려하여 주변의 경관과 조화를 이루도록 다양하게 설치할 것
- 적정한 위치에 화장실 · 공중전화 · 우편함 · 긴의자 · 차양시설 · 녹지 등 보행자의 다양한 욕구를 충족시킬 수 있는 시설을 설치하고, 그 미관이 주변지역과 조화를 이루도록 할 것
- 소규모광장 · 공연장 · 휴식공간 · 학교 · 공공청사 · 문화시설 등이 보행자전용도로와 연접된 경우에는 이들 공간과 보행자전용도로를 연계시켜 일체화된 보행공간이 조성되도록 할 것
- 보행의 안전성과 편리성을 확보하고 보행이 중단되지 아니하도록 하기 위하여 보행자전용도로와 주간선도로가 교차하는 곳에는 입체교차시설을 설치하고, 보행자우선구조로 할 것
- 필요시에는 보행자전용도로와 자전거도로를 함께 설치하여 보행과 자전거통행을 병행할 수 있도록 할 것
- 점자표시를 하거나 경사로를 설치하는 등 장애인 · 노인 · 임산부 · 어린이 등의 이용에 불편이 없도록 할 것
- 노면에서 유출되는 빗물을 최소화하도록 빗물이 땅에 잘 스며들 수 있는 구조로 하거나 식생도랑, 저류 · 침투조 등의 빗물관리시설을 설치하고, 나무나 화초를 심는 경우에는 그 식재면의 높이를 보행자전용도로의 바닥 높이보다 낮게 할 것
- 역사문화유적의 주변과 통로, 교차로부근, 조형물이 있는 광장 등에 설치하는 경우에는 포장형태 · 재료 또는 색상을 달리하거나 로고 · 문양 등을 설치하는 등 당해 지역의 특성을 잘 나타내도록 할 것
- 경사로는 「장애인 · 노인 · 임산부 등의 편의증진보장에 관한 법률 시행규칙」 별표 기준에 의할 것. 다만, 계단의 경우에는 그러하지 않는다.
- 차량의 진입 및 주정차를 억제하기 위하여 차단시설을 설치할 것

⑥ 보행자우선도로의 결정기준과 구조 및 설치기준

㉠ 결정기준

- 도시지역 내 간선도로의 이면도로로서 차량통행과 보행자의 통행을 구분하기 어려운 지역 중 보행자의 통행이 많은 지역에 설치할 것
- 보행자의 안전을 위하여 경사가 심한 곳에는 설치하지 아니할 것
- 차량속도, 차량통행량 및 보행자의 통행량을 고려한 사전검토계획을 수립하여 설치할 것. 이 경우 차량속도는 시속 30km 이하로 계획할 것
- 안전하고 쾌적한 보행을 위하여 보행자전용도로 및 녹지체계 등과 최단거리로 연결되도록 할 것

㉡ 구조 및 설치기준

- 보행자의 통행 안전성을 확보하기 위하여 보행자우선도로의 일부 구간 또는 전 구간에 보행 안전시설 및 차량속도저감시설 등을 설치할 것
- 차량 및 보행자의 원활한 통행을 위하여 보행자우선도로에 노상주차는 허용하지 아니할 것.
- 보행자의 통행 부분의 바닥은 블록이나 석재 등 보행자가 보행하는데 편안함을 느낄 수 있는 재질을 사용하고, 보행자우선도로가 일반도로의 보도와 교차할 경우 교차지점에는 보행자를 보호할 수 있는 구조로 바닥을 설치할 것
- 빗물로 차량과 보행자의 통행이 불편하지 아니하도록 배수시설을 갖출 것
- 보행자의 다양한 활동을 충족하면서 차량통행에 방해가 되지 아니하도록 적정한 위치에 보행자를 위한 편의시설을 설치할 것
- 노면에서 유출되는 빗물을 최소화하도록 빗물이 땅에 잘 스며들 수 있는 구조로 하거나 식생도랑, 저류·침투조 등의 빗물관리시설을 설치하고, 나무나 화초를 심는 경우에는 그 식재면의 높이를 보행자우선도로의 바닥 높이보다 낮게 할 것

4 동선패턴

① 격자형(grid pattern)

㉠ 넓고 평탄한 지역의 계획적 도로설계에 사용

㉡ 도로구획이 용이하고 이용이 편리, 시각적으로 단조롭고 자연지형을 적절히 고려하지 못하거나 불필요한 통과교통이 발생

② 방사형(radial pattern)

㉠ 오래된 서구의 도시나 근대도시계획에서 많이 사용된 도로패턴

㉡ 도시중심의 상징성, 방향성을 부여하나 교통서비스가 불편하고 지형을 고려하기 어려움

③ 고리형(ring pattern)

㉠ 동심원상 주요도로로 구성, 방사형과 조합되어 적용되는 경우가 많음

㉡ 단지나 소규모 지역의 교통서비스를 위해서 다소 불편하고 구획형태가 비효율적

④ 선형(linear pattern)

㉠ 인접한 지역의 작은 도로연결, 고속도로나 강변도로에 적용이 가능

㉡ 도로구간내에 교통이 원활하지만 중심성이 없고 교통서비스의 효율이 낮음

⑤ 부정형(tree pattern)

㉠ 자연적으로 발달한 지역이나 도시에서 나타나는 전통도로의 형태

㉡ 유기적구성이나 교통서비스의 효율이 낮고 차량통행이 불편

⑥ 루프형(loop pattern)

㉠ 국지도로나 소규모 지역의 도로설계에 적용

㉡ 블록단위별로 완결성을 가지며 보차분리가 가능하여 안정성과 교통흐름의 효율성을 높임

⑦ 막다른길(cul-de-sac)

㉠ 주거단지에 적용, 루프형과 결합되는 경우가 많음

㉡ 통과교통이 배제되어 안정성을 가지며, 막다른 곳에 차량의 회전을 위한 공간이 필요

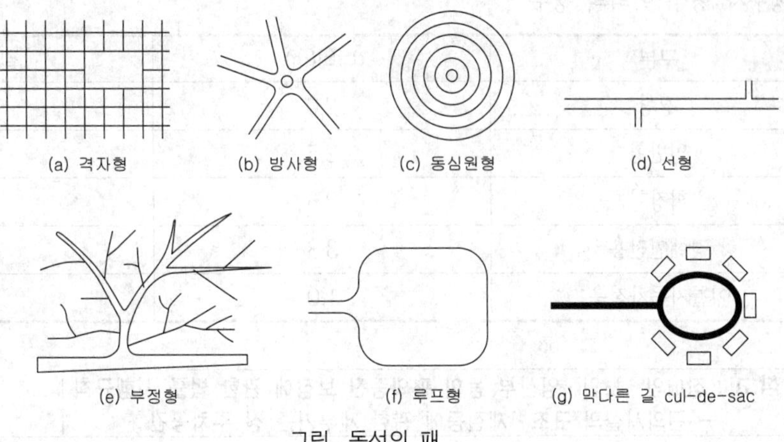

그림. 동선의 패

■ 참고 : 보차분리체계방식

① 보차혼용방식 : 보행자 통행에 대한 개념이 도입되지 않는 방식으로 보행자와 차량동선이 전혀 분리되지 않고 동일한 공간을 사용하기 때문에 보행자의 안전이 위협받을 수 있음

② 보차병행방식 : 보행자는 도로의 측면을 이용하도록 하고 차도 옆에 보도가 설치된 방식

③ 보차분리방식 : 보행자전통로를 일반 도로와 평면적으로 입체적으로 혹은 시간적으로 분리하여 별도의 공간에 설치하는 방식

④ 보차공존방식 : 차와 사람을 단순히 분리한다는 개념에서 한걸음 나아가 보행자의 안전을 확보하면서 차와 사람을 공존시킴으로 주택단지 내부도로를 단순한 교통시설이 아닌 주민생활의 중심장소로 만든다는 개념, 폭이 좁은 단지는 I자형(선형)을 폭이 넓은 단지는 Loop형 기본으로 하여 단지의 형상과 규모 등에 적합한 형태를 택하도록 함

5 주차장설치기준(주차장법) ★★

① 주차장의 구획 기준

㉠ 평행주차형식

구분	너비(m)	길이(m)
경형	1.7	4.5
일반형	2.0	6.0
보도와 차도의 구분이 없는 주거지역의 도로	2.0	5.0
이륜자동차전용	1.0	2.3

㉡ 평행주차 형식 이외의 경우

구분	너비(m)	길이(m)
경형	2.0	3.6
일반형	2.5	5.0
확장형	2.6	5.2
장애인전용	3.3	5.0
이륜자동차전용	1.0	2.3

■ **참고 : 장애인·노인·임산부 등의 편의증진 보장에 관한 법률 시행규칙 – 편의시설의 구조·재질등에 관한 세부기준 상 주차공간**

- 장애인전용 주차구역의 크기 : 주차대수 1대당 폭 3.3m 이상, 길이 5m 이상(다만, 평행주차형식 폭 2m, 길이 6m 이상)
- 주차공간의 바닥면은 장애인등의 승하차에 지장을 주는 높이 차이가 없어야 하며, 기울기는 50분의 1 이하로 할 수 있다.

★ ② 노상주차장(路上駐車場)

㉠ 정의

도로의 노면 또는 교통광장(교차점광장만 해당)의 일정한 구역에 설치된 주차장으로서 일반(一般)의 이용에 제공되는 것

㉡ 노상주차장의 구조·설비기준

- 노상주차장을 설치하려는 지역에서의 주차수요와 노외주차장 또는 그 밖에 자동차의 주차에 사용되는 시설 또는 장소와의 연관성을 고려하여 유기적으로 대응할 수 있도록 적정하게 분포되어야함
- 주간선도로에 설치하지 않으며 다만, 분리대나 그 밖에 도로의 부분으로서 도로교통에 크게 지장을 주지 아니하는 부분에 대해서는 설치가능
- 너비 6미터 미만의 도로에 설치하지 않으며 다만, 보행자의 통행이나 연도(沿道)의 이용에 지장이 없는 경우로서 해당 지방자치단체의 조례로 따로 정하는 경우에는 설치가능

- 종단경사도(자동차 진행방향의 기울기)가 4퍼센트를 초과하는 도로에 설치하지 않으며 다만, 종단경사도가 6퍼센트 이하인 도로로서 보도와 차도가 구별되어 있고, 그 차도의 너비가 13미터 이상인 도로에 설치하는 경우 설치 가능
- 고속도로, 자동차전용도로 또는 고가도로에 설치하여서는 아니 된다.
- 노상주차장에는 다음의 구분에 따라 장애인 전용주차구획을 설치하여야 한다.
  - 주차대수 규모가 20대 이상 50대 미만인 경우 : 한 면 이상
  - 주차대수 규모가 50대 이상인 경우 : 주차대수의 2퍼센트부터 4퍼센트까지의 범위에서 장애인의 주차수요를 고려하여 해당 지방자치단체의 조례로 정하는 비율 이상

★ ③ 노외주차장(路外駐車場)

㉠ 정의

도로의 노면 및 교통광장 외의 장소에 설치된 주차장으로서 일반의 이용에 제공되는 것

■ 참고 : 노외주차장의 설치에 대한 계획기준

① 노외주차장을 설치하려는 지역에서의 토지이용 현황, 노외주차장 이용자의 보행거리 및 보행자를 위한 도로 상황 등을 고려하여 이용자의 편의를 도모할 수 있도록 정한다.

② 설치하는 지역은 녹지지역이 아닌 지역이어야 한다. 다만, 자연녹지지역으로서 다음 각 목에 해당하는 지역의 경우에는 그러하지 아니하다.
- 하천구역 및 공유수면으로서 주차장이 설치되어도 해당 하천 및 공유수면의 관리에 지장을 주지 아니하는 지역
- 토지의 형질변경 없이 주차장 설치가 가능한 지역
- 주차장 설치를 목적으로 토지의 형질변경 허가를 받은 지역
- 특별시장·광역시장, 시장·군수 또는 구청장이 특히 주차장의 설치가 필요하다고 인정하는 지역

③ 출구 및 입구(노외주차장의 차로의 노면이 도로의 노면에 접하는 부분을 말함)는 다음 각목에 해당하는 장소에는 설치해서는 안된다.
- 횡단보도(육교 및 지하횡단보도를 포함)로부터 5미터 이내에 있는 도로의 부분
- 너비 4m 미만의 도로(주차대수 200대 이상인 경우에는 너비 10미터 미만의 도로)와 종단기울기가 10%를 초과하는 도로
- 유아원, 유치원, 초등학교, 특수학교, 노인복지시설, 장애인복지시설 및 아동전용시설 등의 출입구로부터 20미터 이내에 있는 도로의 부분

④ 주차대수 400대를 초과하는 규모의 노외주차장의 경우에는 노외주차장의 출구와 입구를 각각 따로 설치한다. 다만, 출입구의 너비의 합이 5.5미터 이상으로서 출구와 입구가 차선 등으로 분리되는 경우에는 함께 설치할 수 있다.

⑤ 특별시장·광역시장, 시장·군수 또는 구청장이 설치하는 노외주차장의 주차대수 규모가 50대 이상인 경우에는 주차대수의 2%부터 4%까지의 범위에서 장애인의 주차수요를 고려하여 지방자치단체의 조례로 정하는 비율 이상의 장애인 전용주차구획을 설치하여야 한다.

㉡ 노외주차장의 구조 및 설비기준

- 노외주차장의 출구와 입구에서 자동차의 회전을 쉽게 하기 위하여 필요한 경우에는 차로와 도로가 접하는 부분을 곡선형으로 하여야 한다.
- 노외주차장의 출구 부근의 구조는 해당 출구로부터 2미터(이륜자동차전용 출구의 경우에는 1.3미터)를 후퇴한 노외주차장의 차로의 중심선상 1.4미터의 높이에서 도로의 중심선에 직각으로 향한 왼쪽·오른쪽 각각 60도의 범위에서 해당 도로를 통행하는 자를 확인할 수 있도록 하여야 함
- 노외주차장에는 자동차의 안전하고 원활한 통행을 확보하기 위하여 정하는 바 차로를 설치한다.
  - 주차구획선의 긴 변과 짧은 변 중 한 변 이상이 차로에 접하여야 한다.
  - 차로의 너비는 주차형식 및 출입구(지하식 또는 건축물식 주차장의 출입구를 포함)의 개수에 따라 다음 구분에 따른 기준 이상으로 함
  - 이륜자동차전용 노외주차장

주차형식	차로의 너비(m)	
	출입구가 2개 이상인 경우	출입구가 1개인 경우
평행주차	2.25	3.5
직각주차	4.0	4.0
45도 대향주차	2.3	3.5

★★ - 이륜자동차전용 외의 노외주차장

주차형식	차로의 너비(m)	
	출입구가 2개 이상인 경우	출입구가 1개인 경우
평행주차	3.3	5.0
직각주차	6.0	6.0
60도 대향주차	4.5	5.5
45도 대향주차	3.5	5.0
교차주차	3.5	5.0

- 노외주차장의 출입구 너비는 3.5미터 이상으로 하여야 하며, 주차대수 규모가 50대 이상인 경우에는 출구와 입구를 분리하거나 너비 5.5미터 이상의 출입구를 설치하여 소통이 원활하도록 한다.
- 지하식 또는 건축물식 노외주차장의 차로는 다음 각 목에서 정하는 바에 따른다.
  - 높이는 주차바닥면으로부터 2.3미터 이상으로 한다.
  - 곡선 부분은 자동차가 6미터(같은 경사로를 이용하는 주차장의 총주차대수가 50대 이하인 경우에는 5미터, 이륜자동차전용 노외주차장의 경우에는 3미터) 이상의 내변반경으로 회전할 수 있도록 한다.
  - 경사로의 차로 너비는 직선형인 경우에는 3.3미터 이상(2차로의 경우에는 6미터 이상)으로 하고, 곡선형인 경우에는 3.6미터 이상(2차로의 경우에는 6.5미터 이상)으로 하며, 경사로의 양쪽 벽면으로부터 30센티미터 이상의 지점에 높이 10센티미터 이상 15센티미터 미만의 연석(沿石)을 설치한다. 이 경우 연석 부분은 차로의 너비에 포함되는 것으로 본다.

- 경사로의 종단경사도는 직선 부분에서는 17퍼센트를 초과하여서는 아니 되며, 곡선 부분에서는 14퍼센트를 초과하여서는 아니 된다.
- 경사로의 노면은 거친 면으로 한다.
- 주차대수 규모가 50대 이상인 경우의 경사로는 너비 6미터 이상인 2차로를 확보하거나 진입차로와 진출차로를 분리한다.

· 노외주차장에 설치할 수 있는 부대시설은 다음과 같으며, 설치하는 부대시설의 총면적은 주차장 총시설면적(주차장으로 사용되는 면적과 주차장 외의 용도로 사용되는 면적을 합한 면적)의 20퍼센트를 초과하여서는 안된다.
- 관리사무소, 휴게소 및 공중화장실
- 간이매점, 자동차 장식품 판매점 및 전기자동차 충전시설(특별시장·광역시장, 시장·군수 또는 구청장이 설치한 노외주차장만 해당)

· 노외주차장에서 주차에 사용되는 부분의 높이는 주차바닥면으로부터 2.1미터 이상으로 한다.

④ 부설주차장

㉠ 정의

· 건축물, 골프연습장, 그 밖에 주차수요를 유발하는 시설에 부대(附帶)하여 설치된 주차장으로서 해당 건축물·시설의 이용자 또는 일반의 이용에 제공되는 것

6 자전거도로(자전거이용활성화에 관한 법률)

① 자전거도로의 구분

구분	내용
자전거전용도로	자전거와 「도로교통법」에 따른 개인형 이동장치만 통행할 수 있도록 분리대, 경계석, 그 밖에 이와 유사한 시설물에 의하여 차도 및 보도와 구분하여 설치한 자전거도로
자전거보행자겸용도로	자전거 외에 보행자도 통행할 수 있도록 분리대·연석 기타 이와 유사한 시설물에 의하여 차도와 구분하거나 별도로 설치된 자전거도로
자전거전용차로 (자전거자동차겸용도로)	다른 차와 도로를 공유하면서 안전표지나 노면표시 등으로 자전거 통행구간을 구분한 차로
자전거 우선도로	자동차의 통행량이 대통령령으로 정하는 기준보다 적은 도로의 일부 구간 및 차로를 정하여 자전거와 다른 차가 상호 안전하게 통행할 수 있도록 도로에 노면표시로 설치한 자전거도로

■ 참고 : 법에서 자전거 정의

① 사람의 힘으로 페달이나 손페달을 사용하여 움직이는 구동장치와 조향장치 및 제동장치가 있는 바퀴가 둘 이상인 차로서 행정안전부령으로 정하는 크기와 구조를 갖춘 것을 말한다.

② 전기자전거란 자전거로서 사람의 힘을 보충하기 위하여 전동기를 장착하고 다음 항목의 요건을 모두 충족하는 것을 말함

· 페달(손페달을 포함)과 전동기의 동시 동력으로 움직이며, 전동기만으로는 움직이지 아니할 것
· 시속 25km 이상으로 움직일 경우 전동기가 작동하지 아니할 것
· 부착된 장치의 무게를 포함한 자전거의 전체 중량이 30kg 미만일 것

★ ② 자전거도로의 설계속도

다만, 지역 상황 등에 따라 부득이하다고 인정되는 경우에는 다음 각 호의 속도에서 10킬로미터를 뺀 속도 이상을 설계속도로 할 수 있다.

자전거전용도로	시속 30킬로미터 이상
자전거보행자겸용도로	시속 20킬로미터
자전거전용차로	시속 20킬로미터

★ ③ 자전거도로의 폭

하나의 차로를 기준으로 1.5미터 이상으로 한다. 다만, 지역 상황 등에 따라 부득이하다고 인정되는 경우에는 1.2미터 이상으로 할 수 있다.

④ 정지시거

자전거도로는 경사도와 설계속도를 고려하여 다음 각 호의 구분에 따른 거리 이상의 정지시거를 확보하여야 한다. 이 경우 양방향 자전거도로를 설치하는 경우의 정지시거는 하향경사를 기준으로 한다.

㉠ 하향경사의 경우 정지시거(단위 : m)

경사로(%)	설계속도 (km/hr)		
	10km 이상 20km 미만	20km 이상 30km 미만	30km 이상
2 미만	9	20	37
2 이상～3 미만	9	21	38
3 이상～5 미만	9	22	40
5 이상～8 미만	9	23	41
8 이상～10 미만	9	25	44

★ ⑤ 곡선반경 : 자전거도로의 곡선반경은 설계속도에 따라 다음 표의 거리 이상으로 하여야 한다.

설계속도(km/hr)	곡선반경(m)
30 이상	27
20 이상～30 미만	12
10 이상～20 미만	5

⑥ 곡선부의 편경사 : 자전거도로의 곡선부에는 설계속도나 눈이 쌓이는 정도 등을 고려하여 편경사를 두어야 한다. 다만, 곡선반경의 길이 또는 지형 상황 등으로 인하여 부득이하다고 인정되는 경우에는 편경사를 두지 않을 수 있다.

⑦ 종단경사 : 자전거도로의 종단경사에 따른 제한길이는 다음 표와 같다. 다만, 지형 상황 등으로 인하여 부득이 하다고 인정되는 경우에는 제한길이를 두지 않을 수 있다.

종단경사(%)	제한길이(m)
7 이상	120 이하
6 이상～7 미만	170 이하
5 이상～6 미만	220 이하
4 이상～5 미만	350 이하
3 이상～4 미만	470 이하

⑧ 시설한계 : 자전거의 원활한 주행을 위하여 폭은 1.5미터 이상으로 하고, 높이는 2.5미터 이상으로 한다. 다만, 지형 상황 등으로 인하여 부득이 하다고 인정되는 경우에는 시설한계 높이를 축소할 수 있다.

⑨ 육교·지하도의 자전거 경사로 설치

㉠ 육교나 지하도를 설치할 때에는 계단 양측 또는 중앙에 자전거를 끌고 올라가거나 내려갈 수 있도록 자전거 경사로를 설치

㉡ ㉠항에 따른 자전거 경사로의 폭은 0.15미터 이상으로 하고 울타리 또는 구조물로부터 0.35미터 이상 간격을 두고 설치해야 하며, 계단의 높이가 3미터 이상인 경우에는 3미터마다 1.2미터 이상의 평면구간을 둠

⑩ 도로와의 평면교차

㉠ 자전거도로가 일반도로(「도로법」에 따른 도로를 말하며, 고속도로는 제외한다.)와 평면교차하는 경우에는 교차각을 90도로 하고, 교차점으로부터 자전거도로 각 양측의 25미터 이상 구간은 시야에 장애가 없도록 함

㉡ ㉠항에 따라 교차점으로부터 25미터 이상 구간의 시야를 확보하지 못하거나 자전거도로의 종단경사가 3퍼센트 이상인 경우에는 교차가 시작되기 전 3미터 이상의 지점에 자전거 과속방지용 안전시설을 설치

㉢ 자동차의 횡단을 허용하는 자전거도로 구간에는 흰색 점선으로 표시

⑪ 철도와의 평면교차

㉠ 자전거도로가 철도와 평면교차하는 경우에는 교차각을 90도 이상으로 하고, 건널목 양측(철도받침대 끝을 말한다. 이하 같다)에서 각각 25미터 이내의 구간은 직선으로 하며, 그 구간의 종단경사는 3퍼센트 이하로 함

㉡ ㉠항에 따라 건널목 양측으로부터 25미터 구간을 직선으로 확보하지 못하거나 종단경사 3퍼센트 이상인 자전거도로가 철도와 교차하는 경우에는 교차가 시작되기 전 3미터 이상의 지점에 자전거 과속방지용 안전시설을 설치

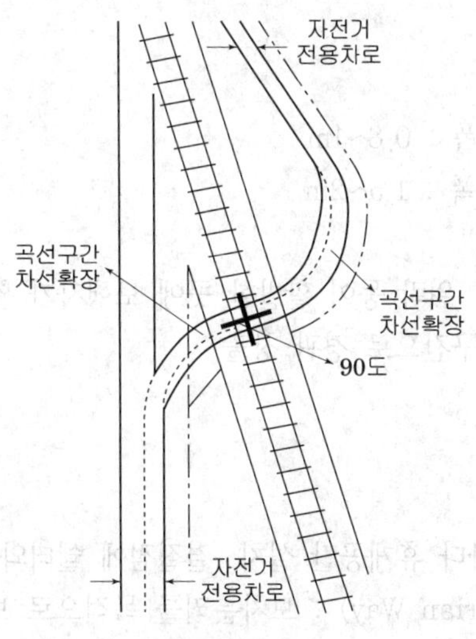

그림. 철도와의 평면교차

⑫ 포장 및 배수

㉠ 자전거도로의 색상은 별도의 색상 포장 없이 포장재 고유의 색상을 유지

㉡ 자전거 이용자의 안전을 확보하기 위하여 자전거도로의 시작지점과 끝지점, 일반도로와의 접속구간, 교차로 등 자전거도로와 만나는 지점은 짙은 붉은색으로 포장하여 눈에 띄게 함

㉢ 자전거도로의 차선은 중앙분리선은 노란색, 양 측면은 흰색으로 표시

㉣ 자전거도로의 포장면에는 물이 고이지 아니하도록 1.5퍼센트 이상 2.0퍼센트 이하의 횡단경사를 설치하여야 한다. 다만, 투수성(透水性) 자재를 사용하는 경우에는 그러하지 아니하다.

㉤ 자동차의 횡단을 허용하는 자전거도로의 포장구조는 자동차의 중량 등을 고려하여 결정

⑬ 안전시설

㉠ 급커브, 낭떠러지 등에는 자전거의 이탈이나 추락을 방지하기 위한 안전시설을 설치

㉡ 자전거전용차로에는 다음 표의 구분에 따른 분리공간을 두어야 하며, 「도로교통법」에 따른 자동차등의 최고속도가 시속 60킬로미터를 초과하는 도로에는 자전거전용차로를 설치하지 않음

도로의 자동차 등의 최고속도(km/hr)	분리공간폭(m)
50 초과 ~ 60 이하	0.5
50 이하	0.2

㉢ 자전거전용도로를 일반도로와 분리하여 설치하는 경우에는 다음 표의 구분에 따라 분리대를 설치하여야 한다.

도로의 자동차 등의 최고속도(km/hr)	분리대폭(m)
50 초과 ~ 60 이하	1.0
50 이하	0.5

7 특수기능 도로

① 원로

㉠ 보행자 1인 통행 원로폭 : 0.8~1m

㉡ 보행자 2인 통행 원로폭 : 1.5~2m

② 유보도

㉠ 도시 내 중심부, 상업, 위락 등이 활발한 곳에 보행자가 활보할 수 있는 거리

㉡ 흥미로운 선형과 노선구간으로 경관 창출

③ 산책로

㉠ 최소폭 : 1.2m

㉡ 종단최대구배 : 25%

㉢ 산책로 : 80~200m 마다 휴게공간 설치, 결절점에 쉘터와 벤치 설치

④ 보행자 전용도로(Pedestrian Way) : 보차분리를 목적으로 보도만을 위한 도로

⑤ 몰(Mall)

㉠ 정의 : 주로 도심부에서 철도역, 공원, 기념광장 등 중요지점을 상호연결하는 도로로 폭이 넓고 길이가 짧은 것이 특징

㉡ 종류(차량통제방법에 따라 분류)

full mall	- 차량통행을 완전히 차단 - 포장, 수목, 벤치, 조각, 분수대 등 설치
transit mall	- 공공교통수단 통과하며 기타 차량은 통행이 금지
semi mall	- 자동차의 출입도 허용하지만 통과교통의 접근과 속도를 제한

■ 참고 : 본엘프(Woonerf)

보차공존기법은 1971년 네덜란드의 본엘프(Woonerf)에서 출발하고 있다. 보행자의 안전성과 더불어 자동차의 편리성 확보에 대한 요구에도 대응하기 위하여 자동차의 양이나 속도를 억제한 기법이다.

그림. 네덜란드의 Woonerf

⑥ 녹도(Green Way)

㉠ 도시공원, 하천, 수림대 등의 녹지를 유기적으로 연결하여 녹지망(green network)을 형성하며, 보행자의 안전과 쾌적성을 확보하고 도시민에게 여가·휴식을 위한 산책공간을 제공하는 선형의 녹지

㉡ 녹도설치의 일반원칙

- 보행자의 안전, 쾌적성 확보 등을 위해 곡선형으로 설계하고, 자전거 통행을 고려하여 안전시거를 확보하며 지형과 조화를 고려
- 여유폭원을 확보하여 수목 등이 식재될 수 있는 양호한 식생공간을 계획하여 녹화밀도를 높여줌
- 보행 및 자전거 통행의 결절지에는 다양한 성격의 휴식공간 등을 설치
- 보행 중 휴식을 취할 수 있도록 휴식 및 편익시설을 설치
- 공간별로 특색 있는 수목과 연계된 시설물, 포장, 조명 등을 도입하여 다른 공간으로 자연스러운 흐름이 유발될 수 있도록 함

㉢ 녹도의 구조

- 보행녹도의 폭은 최소 6m 이상의 폭원을 확보하며 수목식재 및 휴게공간을 설치
- 가로수는 3열 식재
- 수목의 지하고는 2.5m 이상
- 보행로는 2인 통행을 기준으로 하여 최소한 1.5m 이상 확보하며 대체적으로 3m정도는 확보
- 녹도의 기울기는 종단기울기 8%, 횡단기울기 1~2%를 표준

⑦ 도로공원 : 도로를 주행 자체에 레크레이션 가치를 요구하며 계획되는 도로로서 드라이브, 산책, 레크레이션을 할 수 있는 공원

⑧ 가로공원 : 시가지나 도시부의 도로 여지에 도로나 주차장과 함께 조성하여 적극적인 유락활동을 유도

8 계단 ★★

① 경사가 18%를 초과하는 경우는 보행에 어려움이 발생되지 않도록 계단을 설치

② 단높이(h)와 디딤면 너비(b)의 관계

㉠ 2h+b=60~65cm가 표준

㉡ 단 높이는 15cm, 단 너비는 30~35cm를 표준으로 함

㉢ 경사가 심하거나 기타의 이유로 표준 높이와 너비를 적용하기 어려울 경우 높이와 너비를 조정하되, 단 높이는 12~18cm, 단 너비는 26cm 이상으로 함

③ 계단의 폭은 연결도로의 폭과 같거나 그 이상의 폭으로 함

④ 계단의 경사 : 수평면에서 35° 를 기준 (가능범위 30~35°)

⑤ 계단참 : 높이 2m를 넘는 계단에는 2m 이내마다 계단의 유효폭 이상의 폭으로 너비 120cm 이상의 참을 둠

⑥ 난간설치

㉠ 높이 1m를 초과하는 계단으로서 계단 양측에 벽 등 유사한 것이 없는 경우 난간을 둔다.

㉡ 계단의 폭이 3m를 초과하면 매 3m 이내마다 난간을 설치

⑦ 계단의 구조

㉠ 계단의 단수는 최소 2단 이상(이하일 경우 실족의 우려)

㉡ 계단 바닥은 미끄러움을 방지할 수 있는 구조로 설계

9 경사로(Ramp) ★★

① 배치 : 평지가 아닌 곳에 보행로를 설치할 경우 장애인·노인·임산부 등의 편의증진 보장에 관한 법률 등의 관련법규에 적합한 경사로를 설계

★ ② 장애인등의 통행이 가능한 접근로의 구조와 규격

㉠ 유효폭 및 활동공간

- 휠체어사용자가 통행할 수 있도록 접근로의 유효폭은 1.2미터 이상으로 하여야 한다.
- 휠체어사용자가 다른 휠체어 또는 유모차 등과 교행할 수 있도록 50미터마다 1.5미터×1.5미터 이상의 교행구역을 설치할 수 있다.
- 경사진 접근로가 연속될 경우에는 휠체어사용자가 휴식할 수 있도록 30미터마다 1.5미터×1.5미터 이상의 수평면으로 된 참을 설치할 수 있다.

★ ㉡ 기울기 등

- 접근로의 기울기는 18분의 1 이하로 하여야 한다. 다만, 지형상 곤란한 경우에는 12분의 1까지 완화할 수 있다
- 대지 내를 연결하는 주접근로에 단차가 있을 경우 그 높이 차이는 2센티미터 이하로 하여야 한다.

㉢ 경계

- 접근로와 차도의 경계부분에는 연석·울타리 기타 차도와 분리할 수 있는 공작물을 설치하여야 한다. 다만, 차도와 구별하기 위한 공작물을 설치하기 곤란한 경우에는 시각장애인이 감지할 수 있도록 바닥재의 질감을 달리하여야 한다.
- 연석의 높이는 6센티미터 이상 15센티미터 이하로 할 수 있으며, 색상은 접근로의 바닥재 색상과 달리 설치할 수 있다.

㉣ 재질과 마감

- 접근로의 바닥표면은 장애인 등이 넘어지지 아니하도록 잘 미끄러지지 아니하는 재질로 평탄하게 마감하여야 한다.
- 블록 등으로 접근로를 포장하는 경우에는 이음새의 틈이 벌어지지 아니하도록 하고, 면이 평탄하게 시공하여야 한다.
- 장애인 등이 빠질 위험이 있는 곳에는 덮개를 설치하되, 그 표면은 접근로와 동일한 높이가 되도록 하고 덮개에 격자구멍 또는 틈새가 있는 경우에는 그 간격이 2센티미터 이하가 되도록 하여야 한다.

㉤ 보행장애물

- 접근로에 가로등·전주·간판 등을 설치하는 경우에는 장애인 등의 통행에 지장을 주지 아니하도록 설치하여야 한다.
- 가로수는 지면에서 2.1미터까지 가지치기를 하여야 한다.

■ 참고

- 배리어 프리 디자인(barrier free design)'무장애디자인'으로 고령자나 장애를 가진 사람들의 생활환경을 고려한 디자인
- 유니버설디자인 (universal design)
  '모든 이를 위한 디자인'이라고도 하며 환경은 인간이 처할 수 있는 모든 조건하에 차별 없이 생활할 수 있도록 제공하여야한다는 개념·배리어 프리디자인을 넘어 많은 사람이 보다 평등하게 디자인혜택을 받으며 모든 연령 및 장애를 수용하는 디자인

그림. 경사로

■ 참고 : 장애인 등의 통행이 가능한 계단

* 장애인·노인·임산부 등의 편의증진 보장에 관한 법률 적용 내용

① 계단의 형태
- 계단은 직선 또는 꺾임형태로 설치할 수 있음
- 바닥면으로부터 높이 1.8m 이내마다 휴식을 할 수 있도록 수평면으로 된 참을 설치할 수 있음

② 유효폭

계단 및 참의 유효폭은 1.2m 이상 (다만, 건축물의 옥외피난계단은 0.9m 이상으로 할 수 있음)

③ 디딤판과 챌면
- 계단에는 챌면을 반드시 설치
- 디딤판의 너비는 0.28m 이상, 챌면의 높이는 0.18m 이하로 하되, 동일한 계단(참을 설치하는 경우에는 참까지의 계단)에서 디딤판의 너비와 챌면의 높이는 균일하게 함
- 디딤판의 끝부분에 아래의 그림과 같이 발끝이나 목발의 끝이 걸리지 아니하도록 챌면의 기울기는 디딤판의 수평면으로부터 60° 이상으로 하여야 하며, 계단코는 3cm 이상 돌출하여서는 안됨

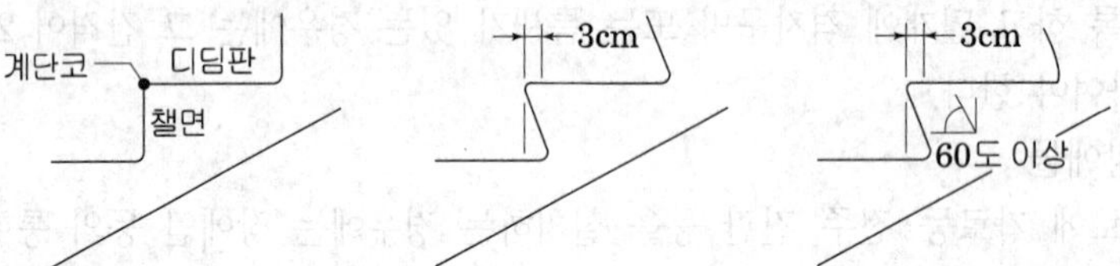

④ 손잡이 및 점자표지판
- 계단의 양측 면에는 손잡이를 연속하여 설치(다만, 방화문 등의 설치로 손잡이를 연속하여 설치할 수 없는 경우에는 방화문 등의 설치에 소요되는 부분에 한하여 손잡이를 설치하지 아니할 수 있다.)
- 경사면에 설치된 손잡이의 끝부분에는 0.3m 이상의 수평손잡이를 설치
- 손잡이의 양끝부분 및 굴절부분에는 층수·위치 등을 나타내는 점자표지판을 부착

⑤ 재질과 마감
- 계단의 바닥표면은 미끄러지지 아니하는 재질로 평탄하게 마감
- 계단코에는 줄눈 넣기를 하거나 경질 고무류 등의 미끄럼방지재로 마감
- 계단이 시작되는 지점과 끝나는 지점의 0.3m 전면에는 계단의 폭만큼 점형블록을 설치하거나 시각장애인이 감지할 수 있도록 바닥재의 질감 등을 달리함

⑥ 기타 설비
- 계단의 측면에 난간을 설치하는 경우에는 난간하부에 바닥면으로부터 높이 2cm 이상의 추락방지턱 설치
- 계단코의 색상은 계단의 바닥재색상과 달리할 수 있음

핵심기출문제

내친김에 문제까지 끝내보자!

1. 다음 중 기능적 위계가 큰 도로의 순서대로 바르게 나열한 것은?

① 주간선도로 – 보조간선도로 – 국지도로 – 집산도로
② 집산도로 – 주간선도로 – 국지도로 – 보조간선도로
③ 주간선도로 – 보조간선도로 – 집산도로 – 국지도로
④ 주간선도로 – 집산도로 – 보조간선도로 – 국지도로

2. 자전거도로에서 해당 자전거의 설계속도가 30(km/hr)일 경우 확보해야 할 최소 곡선반경(미터)기준은? (단, 자전거 이용시설의 구조 · 시설 기준에 관한 규칙을 적용한다.)

① 15　② 20
③ 27　④ 35

3. 주차장법시행규칙에 따른 주차장의 설계시 이용할 주차단위구획의 기준으로 틀린 것은?

① 평행주차형식의 일반형 : 2.0m 이상 × 6.0m 이상
② 평행주차형식의 보도와 차도의 구분이 없이 주거지역의 도로 : 2.0m 이상 × 5.0m 이상
③ 평행주차형식 외의 경우 확장형 : 2.6m 이상 × 5.2m 이상
④ 평행주차형식 외의 경우 장애인전용 : 2.8m 이상 × 6.0m 이상

4. 다음 중 계단의 조경 설계기준으로 틀린 것은?

① 높이 1m를 초과하는 계단으로서 계단 양측에 벽, 기타 이와 유사한 것이 없는 경우에는 난간을 두고, 계단의 폭이 3m를 초과하면 매 3m 이내마다 난간을 설치한다.
② 계단 폭은 연결도로의 폭과 같거나 그 이상의 폭으로, 단 높이는 18cm 이하, 단 너비는 26cm 이상으로 한다.
③ 높이 2m를 넘는 계단에서는 2m 이내마다 당해 계단의 유효폭 이상의 폭으로 너비 120cm 이상인 참을 둔다.
④ 옥외에 설치하는 계단 수는 최소 3단 이상으로 하며 재료는 콘크리트, 벽돌, 화강석이 일반적이며, 자연석이나 목재로 사용한다.

정답 및 해설

해설 1

도로의 기능적 위계 – 주간선도로, 보조간선도로, 집산도로, 국지도로

해설 2

곡선반경

설계속도(km/hr)	곡선반경(m)
30 이상	27
20 이상~30 미만	12
10 이상~20 미만	5

해설 3

① 평행주차형식

구분	너비(m)	길이(m)
경형	1.7	4.5
일반형	2.0	6.0
보도와 차도의 구분이 없는 주거지역의 도로	2.0	5.0

② 평행주차 형식 이외의 경우

구분	너비(m)	길이(m)
경형	2.0	3.6
일반형	2.5	5.0
확장형	2.6	5.2
장애인전용	3.3	5.0

해설 4

옥외에 설치하는 계단수는 최소 2단 이상으로 한다.

정답 1. ③ 2. ③ 3. ④ 4. ④

정답 및 해설

5. 다음 중 계단의 설계 설명으로 틀린 것은?

① 계단의 발판폭(tread)과 계단높이(rise)의 관계는 T+2R=60~63cm 정도가 되도록 한다.
② 계단참의 폭은 1.2m 이상이어야 한다.
③ 계단참은 5~6m 높이마다 설치하는 것이 좋다.
④ 옥외에 설치하는 계단은 최소2단 이상을 설치하여야 한다.

해설 5

바르게 고치면
계단참은 높이 2m를 넘는 계단에는 2m 이내마다 계단의 유효폭 이상의 폭으로 너비 120cm 이상의 참을 둔다.

6. 장애인 및 노약자들이 이용할 수 있는 경사로의 설계 기준 중 부적합 것은?

① 장애인 등의 통행이 가능한 경사로의 기울기는 1/18을 넘지 않아야 한다.
② 연속 경사로의 길이 20m마다 1.0m×1.0m 이상의 수평면으로 된 참을 설치할 수 있다.
③ 휠체어 사용자가 통행할 수 있도록 경사로의 유효폭은 120cm 이상으로 한다.
④ 바닥표면은 미끄럽지 않은 재료를 채용하고 평탄한 마감으로 한다.

해설 6

연속경사로의 길이 30m마다 1.5m×1.5m 이상의 수평면을 참으로 설치한다.

7. 노외 주차장의 주차형식에 따른 다음 차로의 너비 중 출입구가 2개일 때 내용으로 틀린 것은?

① 평행주차 – 3.3m 이상
② 45° 대향주차 – 3.0m 이상
③ 교차주차 – 3.5m 이상
④ 직각주차 – 6.0m 이상

해설 7

45° 대향주차 – 3.5m 이상

8. 노외주차장의 주차방식 중 출입구가 1개일 때 차로의 너비가 가장 큰 것은?

① 평행주차
② 60°
③ 45°
④ 직각주차

해설 8

출입구가 1개일 때

주차형식	차로의 너비(m)
평행주차	5.0
직각주차	6.0
60도 대향주차	5.5
45도 대향주차	5.0
교차주차	5.0

9. 다음 설명의 ( ) 안에 적합한 것은?

> 자전거도로의 시설한계는 자전거의 원활한 주행을 위하여 폭은 ( )미터 이상으로 하고, 높이는 2.5미터 이상으로 한다. 다만, 지형 상황 등으로 인하여 부득이하다고 인정되는 경우에는 시설한계 높이를 축소할 수 있다.

① 0.8
② 1.0
③ 1.5
④ 2.0

해설 9

자전거도로의 주행폭 – 1.5m

정답 5. ③ 6. ② 7. ② 8. ④ 9. ③

10. 도로를 기능별로 구분할 때 가구를 확정하고 택지와의 접근을 목적으로 하는 도로는?

① 집산도로
② 국지도로
③ 주간선도로
④ 보행자전용도로

11. 다음 설명의 ( )안에 적합한 것은? (단, 기본적인 원칙 이외의 예외 규정은 제외한다.)

> 주차장법상 종단경사도(자동차진행방향의 기울기를 말한다.)가 ( ) 퍼센트를 초과하는 도로에 노상 주차장을 설치하여서는 아니된다.

① 4　　② 6
③ 8　　④ 10

12. 다음 노외주차장의 설치에 대한 계획기준 중 ( ) 안에 적합한 것은?

> 주차대수 ( )대를 초과하는 규모의 노외주차장의 경우에는 노외주차장의 출구와 입구를 각각 따로 설치하여야 한다. 다만, 출입구의 너비의 합이 5.5미터 이상으로서 출구와 입구가 차선 등으로 분리되는 경우에는 함께 설치할 수 있다.

① 300대　　② 400대
③ 500대　　④ 600대

13. 노외주차장의 부대시설 설치와 관련된 설명 중 ( )안에 해당되는 것은?

> 노외주차장에 설치할 수 있는 부대시설(관리사무소, 휴게소 및공중화장실 등)의 총면적은 주차장 총시설면적(주차장으로 사용되는 면적과 주차장 외의 용도로 사용되는 면적을 합한 면적을 말한다.)의 ( )를 초과하여서는 아니된다.

① 5%　　② 10%
③ 15%　　④ 20%

정 답 및 해 설

해설 10

도로의 기능별 분류
① 주간선도로 : 도시내 주요지역을 연결, 도시의 골격을 형성하는 도로
② 보조간선도로 : 주간선도로와 집산도로를 연결 근린생활권 외곽을 형성하는 도로
③ 집산도로 : 근린생활권 교통을 보조간선도로에 연결하는 도로, 근린생활권 골격을 형성하는 도로
④ 국지도로 : 가구를 확정하고 택지접근목적으로 하는 도로
⑤ 특수도로 : 보행자전용도로, 자전거전용도로 등

해설 11

노상주차장의 종단경사도
자동차 진행방향의 기울기가 4퍼센트를 초과하는 도로에 설치하지 않으며 다만, 종단경사도가 6퍼센트 이하인 도로로서 보도와 차도가 구별되어 있고, 그 차도의 너비가 13미터 이상인 도로에 설치하는 경우 설치 가능

해설 12

노외주차장의 설치에 대한 계획기준
주차대수 400대를 초과하는 규모의 노외주차장의 경우에는 노외주차장의 출구와 입구를 각각 따로 설치한다. 다만, 출입구의 너비의 합이 5.5미터 이상으로서 출구와 입구가 차선 등으로 분리되는 경우에는 함께 설치할 수 있다.

해설 13

노외주차장의 설치할 수 있는 부대시설
설치하는 부대시설의 총면적은 주차장 총 시설면적(주차장으로 사용되는 면적과 주차장 외의 용도로 사용되는 면적을 합한 면적)의 20퍼센트를 초과하여서는 안 된다.

정답 10. ② 11. ① 12. ② 13. ④

14. 운전은 용이하나 토지이용 측면에서는 가장 비효율적인 주차방식은?

① 45° 주차
② 평행주차
③ 60° 주차
④ 90° 주차

15. 조경설계기준상 경사로 설계 내용으로 옳은 것은?

① 장애인 등의 통행이 가능한 경사로의 종단기울기는 1/18이하로 한다.(단, 지형조건이 합당한 경우)
② 연속경사로의 길이 60m마다 1.2m×3m 이상의 수평면으로 된 참을 설치하여야 한다.
③ 휠체어 사용자가 통행할 수 있는 경사로의 유효폭은 100cm가 적당하다.
④ 바닥 표면은 휠체어가 잘 미끄러질 재료를 채용하고, 울퉁불퉁하게 마감한다.

16. 다음 중 도시계획시설인 도로의 사용 및 형태별 구분에 따른 일반도로의 폭은 얼마 이상인가? (단, 도시 · 군계획시설의 결정 · 구조 및 설치기준에 관한 규칙을 적용한다.)

① 2m ② 4m
③ 6m ④ 8m

17. 주차장법 시행규칙상 주차형식별 차로의 너비에 관한 기준으로 옳은 것은? (단, 이륜자동차전용 노외주차장이 아니며, 출입구를 1개로 가정한다.)

① 평행주차 : 4.5m
② 직각주차 : 4.5m
③ 45° 대향주차 : 5.0m
④ 60° 대향주차 : 5.0m

정답 및 해설

해설 **14**

토지이용측면에서 가장 비효율적인 주차방식 – 45도 주차

해설 **15**

경사로 구조 및 규격
- 바닥표면은 미끄럽지 않은 재료를 채용하고 평탄한 마감으로 설계한다.
- 장애인 등의 통행이 가능한 경사로의 종단기울기는 1/18 이하로 한다. 다만, 지형조건이 합당하지 않을 경우에는 종단기울기를 1/12까지 완화할 수 있다.
- 휠체어 사용자가 통행할 수 있는 경사로의 유효폭은 120cm 이상으로 한다.
- 연속 경사로의 길이 30m마다 1.5m×1.5m 이상의 수평면으로 된 참을 설치할 수 있다.

해설 **16**

일반도로는 폭 4m 이상의 도로로서 통상의 교통소통을 위하여 설치되는 도로를 말한다.

해설 **17**

이륜자동차전용 외의 노외주차장

주차형식	차로의 너비(m)
	출입구가 1개인 경우
평행주차	5.0
직각주차	6.0
60도 대향주차	5.5
45도 대향주차	5.0
교차주차	5.0

정답 14. ① 15. ① 16. ② 17. ③

정 답 및 해 설

18. 주차장으로 사용되는 면적이 800m², 주차장외의 용도로 사용되는 면적이 200m²인 노외주차장에 관리사무소와 간이매점 및 화장실을 설치하려고 한다. 총 부대시설의 면적은 얼마까지 가능한가? (단, 조례 및 기타 중복 등의 사유는 적용하지 않는다.)

① 60m² ② 160m²
③ 200m² ④ 300m²

해설 18
노외주차장에 설치할 수 있는 부대시설의 총면적은 주차장 총시설면적(주차장으로 사용되는 면적과 주차장 외의 용도로 사용되는 면적을 합한 면적)의 20퍼센트를 초과하여서는 안 된다.
따라서 (800+200)×0.2=200m²

19. 장애인 등의 통행이 가능한 접근로를 설계하고자 할 때 기준으로 틀린 것은? (단, 장애인·노인·임산부 등의 편의증진 보장에 관한 법률 시행규칙을 적용한다.)

① 가로수는 지면에서 2.1미터까지 가지치기를 하여야 한다.
② 접근로의 기울기는 10분의 1이하로 하여야 한다.
③ 휠체어사용자가 통행할 수 있도록 접근로의 유효 폭은 1.2미터 이상으로 하여야 한다.
④ 접근로와 차도의 경계부분에는 연석 · 울타리 기타 차도와 분리할 수 있는 공작물을 설치하여야 한다.

해설 19
접근로의 기울기는 18분의 1이하로 하여야 한다. 다만, 지형상 곤란한 경우에는 12분의 1까지 완화할 수 있다.

20. 다음의 노외주차장의 설치에 대한 계획기준 내용 중 ( ) 안에 알맞은 것은?

> 특별시장 · 광역시장, 시장 · 군수 또는 구청장이 설치하는 노외주차장의 주차대수 규모가 ( )대 이상인 경우에는 주차대수의 2퍼센트부터 4퍼센트까지의 범위에서 장애인의 주차수요를 고려하여 지방자치단체의 조례로 정하는 비율 이상의 장애인 전용주차구획을 설치하여야 한다.

① 30 ② 50
③ 100 ④ 200

해설 20
노외주차장의 주차대수 규모가 50대 이상인 경우에는 주차대수의 2퍼센트부터 4퍼센트까지의 범위에서 장애인의 주차수요를 고려하여 지방자치단체의 조례로 정하는 비율 이상의 장애인 전용주차구획을 설치하여야 한다.

21. 다음 중 차량의 진입을 금지하고 수목, 벤치 등 설치하여 보행자만 자유롭게 다니게 하는 몰을 지칭하는 것은?

① 풀 몰(full mall)
② 녹도(green way)
③ 세미 몰(semi mall)
④ 트랜싯 몰(transit mall)

해설 21
① full mall : 차량통행을 완전히 차단하며, 포장수목, 벤치, 조각, 분수대 등 설치
② transit mall : 공공교통수단 통과하며 기타 차량은 통행이 금지
③ semi mall : 자동차의 출입도 허용하지만 통과교통의 접근과 속도를 제한

정답 18. ③ 19. ② 20. ② 21. ①

22. 「주차장법 시행규칙」상 "노상주차장의 구조·설비기준" 내용으로 ㉠~㉣에 들어간 수치가 틀린 것은?

> – 너비 (㉠ 6)미터 미만의 도로에 설치하여서는 아니 된다. 다만, 보행자의 통행이나 연도(沿道)의 이용에 지장이 없는 경우로서 해당 지방자치단체의 조례로 따로 정하는 경우에는 그러하지 아니하다.
> – 종단경사도가 (㉡ 4)퍼센트를 초과하는 도로에 설치하여서는 아니 된다. 다만, 다음 각 목의 경우에는 그러하지 아니하다.
> 가. 종단경사도가 6퍼센트 이하인 도로로서 보도와 차도가 구별되어 있고, 그 차도의 너비가 (㉢ 13) 이상인 도로에 설치하는 경우
> – 노상주차장에서 주차대수 규모가 (㉣ 30)대 이상 50대 미만인 경우에는 장애인 전용주차구획을 한 면 이상 설치하여야 한다.

① ㉠ ② ㉡
③ ㉢ ④ ㉣

23. 자전거도로에서 해당 자전거 설계속도가 시속 35km의 경우 최소 얼마 이상의 곡선반경(m)을 확보하여야 하는가? (단, 자전거 이용시설의 구조 · 시설 기준에 관한 규칙을 적용한다.)

① 12 ② 17
③ 27 ④ 35

24. 자전거 도로와 관련된 기준으로 틀린 것은?

① 종단경사가 있는 자전거도로의 경우 종단 경사도에 따라 연속적으로 이어지는 도로의 최소 길이를 "제한길이"라 한다.
② 자전거도로의 통행용량은 자전거의 주행속도 및 자전거 통행 장애 요소 등을 고려하여 산정한다.
③ 자전거전용도로의 설계속도는 시속 30킬로미터 이상으로 한다.
④ 자전거도로의 폭은 하나의 차로를 기준으로 1.5미터 이상으로 한다.

정답 및 해설

해설 22

노상주차장 장애인 전용주차구획
· 주차대수 규모가 20대 이상 50대 미만인 경우 : 한 면 이상
· 주차대수 규모가 50대 이상인 경우 : 주차대수의 2퍼센트부터 4퍼센트까지의 범위에서 장애인의 주차수요를 고려하여 해당 지방자치단체의 조례로 정하는 비율 이상

해설 23

자전거도로의 곡선반경

설계속도(km/hr)	곡선반경(m)
30 이상	27
20 이상~30 미만	12
10 이상~20 미만	5

해설 24

바르게 고치면
"제한길이"란 종단경사가 있는 자전거도로의 경우 종단경사도에 따라 연속적으로 이어지는 도로의 최대 길이를 말한다.

정답 22. ④ 23. ③ 24. ①

국토의 계획 및 이용에 관한 법률

15.1 핵심플러스

■ 국토의 이용·개발과 보전을 위한 계획의 수립 및 집행 등에 필요한 사항을 정한 법으로 광역도시계획, 도시·군기본계획, 도시·군관리계획으로 나누어진다.

■ 용도지역, 용도지구, 용도구역

구분				건폐율	용적율
용도지역	도시지역	주거지역	전용주거, 일반주거, 준주거지역	70% 이하	500% 이하
		상업지역	중심상업, 일반상업, 유통산업, 근린상업지역	90% 이하	1,500% 이하
		공업지역	전용공업, 일반공업, 준공업	70%이하	400% 이하
		녹지지역	보전녹지, 생산녹지, 자연녹지	20% 이하	100% 이하
	관리지역	보전관리		20% 이하	80% 이하
		생산관리		20% 이하	80% 이하
		계획관리	건폐율의 경우, 성장관리방안을 수립한 지역의 경우 해당 지방자치단체의 조례로 125퍼센트 이내에서 완화하여 적용가능	40% 이하	100% 이하
			용적율의 경우, 성장관리방안을 수립한 지역의 경우 해당 지방자치단체의 조례로 125퍼센트 이내에서 완화하여 적용가능		
	농림지역			20% 이하	80%이하
	자연환경보전지역			20% 이하	80% 이하
용도지구	경관지구, 고도지구, 방화지구, 방재지구, 보호지구, 취락지구, 개발진흥지구, 특정용도제한지구, 복합용도지구				
용도구역	개발제한구역, 도시자연공원구역, 시가화조정구역, 수산자원보호구역, 입지규제최소구역				

1 국토의 계획 및 이용에 관한 법률

1. 목적

1) 국토의 이용·개발과 보전을 위한 계획의 수립 및 집행 등에 필요한 사항을 정함

2) 공공복리를 증진시키고 국민의 삶의 질을 향상

2. 정의

1) 광역도시계획

광역계획권의 장기발전방향을 제시하는 계획

2) 도시·군계획

① 특별시·광역시·특별자치시·특별자치도·시 또는 군의 관할 구역에 대하여 수립하는 공간구조와 발전방향에 대한 계획

② 도시·군기본계획과 도시·군관리계획으로 구분

3) 도시·군기본계획

① 특별시·광역시·특별자치시·특별자치도·시 또는 군의 관할 구역에 대하여 기본적인 공간구조와 장기발전방향을 제시하는 종합계획

② 도시·군관리계획 수립의 지침이 되는 계획

4) 도시·군관리계획

① 특별시·광역시·특별자치시·특별자치도·시 또는 군의 개발·정비 및 보전을 위하여 수립

② 토지 이용, 교통, 환경, 경관, 안전, 산업, 정보통신, 보건, 복지, 안보, 문화 등에 관한 계획

- 용도지역·용도지구의 지정 또는 변경에 관한 계획
- 개발제한구역, 도시자연공원구역, 시가화조정구역, 수산자원보호구역의 지정 또는 변경에 관한 계획
- 기반시설의 설치·정비 또는 개량에 관한 계획
- 도시개발사업이나 정비사업에 관한 계획
- 지구단위계획구역의 지정 또는 변경에 관한 계획과 지구단위계획

★ 5) 지구단위계획

① 도시·군계획 수립 대상지역의 일부에 대하여

② 토지 이용을 합리화하고 그 기능을 증진시키며 미관을 개선하고 양호한 환경을 확보

③ 그 지역을 체계적·계획적으로 관리하기 위하여 수립하는 도시·군관리계획

④ 입지규제최소구역계획 : 토지의 이용 및 건축물의 용도 · 건폐율 · 용적률 · 높이 등의 제한에 관한 사항 등 입지규제최소구역의 관리에 필요한 사항을 정하기 위하여 수립하는 도시 · 군관리계획을 말함

⑤ 성장관리계획: 성장관리계획구역에서의 난개발을 방지하고 계획적인 개발을 유도하기 위하여 수립하는 계획을 말함

6) 기반시설

① 도로·철도·항만·공항·주차장 등 교통시설

② 광장·공원·녹지 등 공간시설

③ 유통업무설비, 수도·전기·가스공급설비, 방송·통신시설, 공동구 등 유통·공급시설

④ 학교·운동장·공공청사·문화시설·체육시설 등 공공·문화체육시설

⑤ 하천·유수지(遊水池)·방화설비 등 방재시설

⑥ 화장시설·공동묘지·봉안시설 등 보건위생시설

⑦ 하수도·폐기물처리시설 등 환경기초시설

★ · 기반시설의 세분

교통시설	도로·철도·항만·공항·주차장·자동차정류장·궤도·운하, 자동차 및 건설기계검사시설, 자동차 및 건설기계운전학원
공간시설	광장·공원·녹지·유원지·공공공지
유통·공급시설	유통업무설비, 수도·전기·가스·열공급설비, 방송·통신시설, 공동구·시장, 유류저장 및 송유설비
공공·문화체육 시설	학교·운동장·공공청사·문화시설·체육시설·도서관·연구시설·사회복지시설·공공직업훈련시설·청소년수련시설
방재시설	하천·유수지·저수지·방화설비·방풍설비·방수설비·사방설비·방조설비
보건위생시설	화장시설·공동묘지·봉안시설·자연장지·장례식장·도축장·종합의료시설
환경기초시설	하수도·폐기물처리시설·수질오염방지시설·폐차장

· 기반시설중 도로·자동차정류장 및 광장의 세분

구분	종류	비고
도로	일반도로, 자동차전용도로, 보행자전용도로, 자전거전용도로, 고가도로	
자동차정류장	여객자동차터미널, 화물터미널, 공영차고지, 공동차고지	
광장	교통광장, 일반광장, 경관광장, 지하광장, 건축물부설광장	공간시설

7) 도시·군계획시설 : 기반시설 중 도시·군관리계획으로 결정된 시설

8) 광역시설

기반시설 중 광역적인 정비체계가 필요한 시설로서 대통령령으로 정하는 시설

① 둘 이상의 특별시·광역시·특별자치시·특별자치도·시 또는 군의 관할 구역에 걸쳐 있는 시설

② 둘 이상의 특별시·광역시·특별자치시·특별자치도·시 또는 군이 공동으로 이용하는 시설

9) 공동구

전기·가스·수도 등의 공급설비, 통신시설, 하수도시설 등 지하매설물을 공동 수용함으로써 미관의 개선, 도로구조의 보전 및 교통의 원활한 소통을 위하여 지하에 설치하는 시설물

10) 도시·군계획시설사업 : 도시·군계획시설을 설치·정비 또는 개량하는 사업

11) 도시·군계획사업 : 도시·군관리계획을 시행하기 위한 사업

① 도시·군계획시설사업

② 「도시개발법」에 따른 도시개발사업

③ 「도시 및 주거환경정비법」에 따른 정비사업

12) 도시·군계획사업시행자 : 도시·군계획사업을 하는 자

13) 공공시설 : 도로·공원·철도·수도, 그 밖에 대통령령으로 정하는 공공용 시설

14) 국가계획

① 중앙행정기관이 법률에 따라 수립하거나 국가의 정책적인 목적을 이루기 위하여 수립하는 계획

② 도시·군관리계획으로 결정하여야 할 사항이 포함된 계획

15) 용도지역

① 토지의 이용 및 건축물의 용도, 건폐율, 용적률, 높이 등을 제한함

② 토지를 경제적·효율적으로 이용하고 공공복리의 증진을 도모하기 위하여 서로 중복되지 아니하게 도시·군관리계획으로 결정하는 지역

16) 용도지구

① 토지의 이용 및 건축물의 용도·건폐율·용적률·높이 등에 대한 용도지역의 제한을 강화하거나 완화하여 적용함

② 용도지역의 기능을 증진시키고 미관·경관·안전 등을 도모하기 위하여 도시·군관리계획으로 결정하는 지역

17) 용도구역

① 토지의 이용 및 건축물의 용도·건폐율·용적률·높이 등에 대한 용도지역 및 용도지구의 제한을 강화하거나 완화하여 정함

② 시가지의 무질서한 확산방지, 계획적이고 단계적인 토지이용의 도모, 토지이용의 종합적 조정·관리 등을 위하여 도시·군관리계획으로 결정하는 지역

★ 18) 개발밀도관리구역

개발로 인하여 기반시설이 부족할 것으로 예상되나 기반시설을 설치하기 곤란한 지역을 대상으로 건폐율이나 용적률을 강화하여 적용하기 위하여 지정하는 구역

★ 19) 기반시설부담구역

① 개발밀도관리구역 외의 지역으로서 개발로 인하여 도로, 공원, 녹지 등 대통령령으로 정하는 기반시설의 설치가 필요한 지역

② 기반시설을 설치하거나 그에 필요한 용지를 확보하게 하기 위하여 지정·고시하는 구역

20) 기반시설설치비용

단독주택 및 숙박시설 등 대통령령으로 정하는 시설의 신·증축 행위로 인하여 유발되는 기반시설을 설치하거나 그에 필요한 용지를 확보하기 위하여 부과·징수하는 금액

3. 국토의 용도 구분용도, 지역별 관리 의무

★ 1) 국토는 토지의 이용실태 및 특성, 장래의 토지 이용 방향 등을 고려하여 다음과 같은 용도지역으로 구분

도시지역	인구와 산업이 밀집되어 있거나 밀집이 예상되어 그 지역에 대하여 체계적인 개발·정비·관리·보전등이 필요한 지역
관리지역	도시지역의 인구와 산업을 수용하기 위하여 도시지역에 준하여 체계적으로 관리하거나 농림업의 진흥, 자연환경 또는 산림의 보전을 위하여 농림지역 또는 자연환경보전지역에 준하여 관리할 필요가 있는 지역

농림지역	도시지역에 속하지 아니하는 「농지법」에 따른 농업진흥지역 또는 「산지관리법」에 따른 보전산지등으로서 농림업을 진흥시키고 산림을 보전하기 위하여 필요한 지역
자연환경보전지역	자연환경·수자원·해안·생태계·상수원 및 문화재의 보전과 수산자원의 보호·육성 등을 위하여 필요한 지역

2) 용도지역의 효율적인 이용 및 관리를 위하여 다음 그 용도지역에 관한 개발·정비 및 보전에 필요한 조치를 마련

도시지역	그 지역이 체계적이고 효율적으로 개발·정비·보전될 수 있도록 미리 계획을 수립하고 그 계획을 시행
관리지역	필요한 보전조치를 취하고 개발이 필요한 지역에 대하여는 계획적인 이용과 개발을 도모
농림지역	농림업의 진흥과 산림의 보전·육성에 필요한 조사와 대책을 마련
자연환경보전지역	환경오염 방지, 자연환경·수질·수자원·해안·생태계 및 문화재의 보전과 수산자원의 보호·육성을 위하여 필요한 조사와 대책을 마련

4. 용도지역·용도지구 · 용도구역

1) 국토교통부장관, 시·도지사 또는 대도시 시장은 도시·군관리계획결정으로 주거지역·상업지역·공업지역 및 녹지지역을 세분함

★ ① 도시지역

㉠ 주거지역 : 거주의 안녕과 건전한 생활환경의 보호를 위하여 필요한 지역

전용주거지역	★ 양호한 주거환경을 보호하기 위하여 필요한 지역	
	제1종 전용주거지역	단독주택 중심의 양호한 주거환경을 보호하기 위하여 필요한 지역
	제2종 전용주거지역	공동주택 중심의 양호한 주거환경을 보호하기 위하여 필요한 지역
일반주거지역	편리한 주거환경을 조성하기 위하여 필요한 지역	
	제1종 일반주거지역	저층주택을 중심으로 편리한 주거환경을 조성하기 위하여 필요한 지역
	제2종 일반주거지역	중층주택을 중심으로 편리한 주거환경을 조성하기 위하여 필요한 지역
	제3종 일반주거지역	중고층주택을 중심으로 편리한 주거환경을 조성하기 위하여 필요한 지역
준주거지역	주거기능을 위주로 이를 지원하는 일부 상업기능 및 업무기능을 보완하기 위하여 필요한 지역	

★ ㉡ 상업지역 : 상업 그 밖의 업무의 편익증진을 위하여 필요한 지역

중심상업지역	도심·부도심의 상업기능 및 업무기능의 확충을 위하여 필요한 지역
일반상업지역	일반적인 상업기능 및 업무기능을 담당하게 하기 위하여 필요한 지역
근린상업지역	근린지역에서의 일용품 및 서비스의 공급을 위하여 필요한 지역
유통상업지역	도시내 및 지역간 유통기능의 증진을 위하여 필요한 지역

㉢ 공업지역 : 공업의 편익증진을 위하여 필요한 지역

전용공업지역	주로 중화학공업, 공해성 공업 등을 수용하기 위하여 필요한 지역
일반공업지역	환경을 저해하지 아니하는 공업의 배치를 위하여 필요한 지역
준공업지역	경공업 그 밖의 공업을 수용하되, 주거기능·상업기능 및 업무기능의 보완이 필요한 지역

★ ㉣ 녹지지역 : 자연환경·농지 및 산림의 보호, 보건위생, 보안과 도시의 무질서한 확산을 방지하기 위하여 녹지의 보전이 필요한 지역

보전녹지지역	도시의 자연환경·경관·산림 및 녹지공간을 보전할 필요가 있는 지역
생산녹지지역	주로 농업적 생산을 위하여 개발을 유보할 필요가 있는 지역
자연녹지지역	도시의 녹지공간의 확보, 도시확산의 방지, 장래 도시용지의 공급 등을 위하여 보전할 필요가 있는 지역으로서 불가피한 경우에 한하여 제한적인 개발이 허용되는 지역

★ ② 관리지역

보전관리지역	자연환경보호, 산림보호, 수질오염방지, 녹지공간 확보 및 생태계 보전 등을 위하여 보전이 필요하나, 주변의 용도지역과의 관계 등을 고려할 때 자연환경보전지역으로 지정하여 관리하기가 곤란한 지역
생산관리지역	농업·임업·어업생산 등을 위하여 관리가 필요하나, 주변의 용도지역과의 관계 등을 고려할 때 농림지역으로 지정하여 관리하기가 곤란한 지역
계획관리지역	도시지역으로의 편입이 예상되는 지역 또는 자연환경을 고려하여 제한적인 이용·개발을 하려는 지역으로서 계획적·체계적인 관리가 필요한 지역

③ 농림지역

④ 자연환경보전지역

★★ 2) 용도지구의 지정

구분	내용
경관지구	경관의 보전·관리 및 형성을 위하여 필요한 지구 ·자연경관지구 : 산지·구릉지 등 자연경관을 보호하거나 유지하기 위하여 필요한 지구 ·시가지경관지구 : 지역 내 주거지, 중심지 등 시가지의 경관을 보호 또는 유지하거나 형성하기 위하여 필요한 지구 ·특화경관지구 : 지역 내 주요 수계의 수변 또는 문화적 보존가치가 큰 건축물 주변의 경관 등 특별한 경관을 보호 또는 유지하거나 형성하기 위하여 필요한 지구
고도지구	쾌적한 환경 조성 및 토지의 효율적 이용을 위하여 건축물 높이의 최고한도를 규제할 필요가 있는 지구
방화지구	화재의 위험을 예방하기 위하여 필요한 지구
방재지구	풍수해, 산사태, 지반의 붕괴, 그 밖의 재해를 예방하기 위하여 필요한 지구 ·시가지방재지구: 건축물·인구가 밀집되어 있는 지역으로서 시설 개선 등을 통하여 재해 예방이 필요한 지구 ·자연방재지구: 토지의 이용도가 낮은 해안변, 하천변, 급경사지 주변 등의 지역으로서 건축 제한 등을 통하여 재해 예방이 필요한 지구
보호지구	문화재, 중요 시설물(항만, 공항 등 대통령령으로 정하는 시설물) 및 문화적·생태적으로 보존가치가 큰 지역의 보호와 보존을 위하여 필요한 지구 ·역사문화환경보호지구 : 문화재·전통사찰 등 역사·문화적으로 보존가치가 큰 시설 및 지역의 보호와 보존을 위하여 필요한 지구 ·중요시설물보호지구 : 중요시설물의 보호와 기능의 유지 및 증진 등을 위하여 필요한 지구 ·생태계보호지구 : 야생동식물서식처 등 생태적으로 보존가치가 큰 지역의 보호와 보존을 위하여 필요한 지구
취락지구	녹지지역·관리지역·농림지역·자연환경보전지역·개발제한구역 또는 도시자연공원구역의 취락을 정비하기 위한 지구 ·자연취락지구 : 녹지지역·관리지역·농림지역 또는 자연환경보전지역안의 취락을 정비하기 위하여 필요한 지구 ·집단취락지구 : 개발제한구역안의 취락을 정비하기 위하여 필요한 지구
개발진흥지구	주거기능·상업기능·공업기능·유통물류기능·관광기능·휴양기능 등을 집중적으로 개발·정비할 필요가 있는 지구 ·주거개발진흥지구 : 주거기능을 중심으로 개발·정비할 필요가 있는 지구 ·산업·유통개발진흥지구 : 공업기능 및 유통·물류기능을 중심으로 개발·정비할 필요가 있는 지구 ·관광·휴양개발진흥지구 : 관광·휴양기능을 중심으로 개발·정비할 필요가 있는 지구 ·복합개발진흥지구 : 주거기능, 공업기능, 유통·물류기능 및 관광·휴양기능 중 2 이상의 기능을 중심으로 개발·정비할 필요가 있는 지구 ·특정개발진흥지구 : 주거기능, 공업기능, 유통·물류기능 및 관광·휴양기능 외의 기능을 중심으로 특정한 목적을 위하여 개발·정비할 필요가 있는 지구
특정용도제한지구	주거 및 교육 환경 보호나 청소년 보호 등의 목적으로 오염물질 배출시설, 청소년 유해시설 등 특정시설의 입지를 제한할 필요가 있는 지구
복합용도지구	지역의 토지이용 상황, 개발 수요 및 주변 여건 등을 고려하여 효율적이고 복합적인 토지이용을 도모하기 위하여 특정시설의 입지를 완화할 필요가 있는 지구
그 밖에 대통령령으로 정하는 지구	

■ 참고 : 복합용도지구

① 시 · 도지사 또는 대도시 시장은 대통령령으로 정하는 주거지역 · 공업지역 · 관리지역 중 일반주거지역, 일반공업지역, 계획관리지역에 복합용도지구를 지정할 수 있다. 일반주거지역

② 복합용도지구를 지정하는 경우 다음 기준

- 용도지역의 변경 시 기반시설이 부족해지는 등의 문제가 우려되어 해당 용도지역의 건축제한만을 완화하는 것이 적합한 경우에 지정할 것
- 간선도로의 교차지(交叉地), 대중교통의 결절지(結節地) 등 토지이용 및 교통 여건의 변화가 큰 지역 또는 용도지역 간의 경계지역, 가로변 등 토지를 효율적으로 활용할 필요가 있는 지역에 지정할 것
- 용도지역의 지정목적이 크게 저해되지 아니하도록 해당 용도지역 전체 면적의 3분의 1 이하의 범위에서 지정할 것
- 그 밖에 해당 지역의 체계적 · 계획적인 개발 및 관리를 위하여 지정 대상지가 국토교통부장관이 정하여 고시하는 기준에 적합할 것

★ 3) 용도구역의 지정

구분	지정권자	지정목적	관련법
개발제한구역	국토교통부 장관	도시의 무질서한 확산을 방지하고 도시주변의 자연환경을 보전하여 도시민의 건전한 생활환경을 확보하기 위하여 도시의 개발을 제한할 필요가 있거나 국방부장관의 요청이 있어 보안상 도시의 개발을 제한할 필요가 있다고 인정되면 개발제한구역의 지정 또는 변경을 도시·군관리계획으로 결정	개발제한구역의 지정 및 관리에 관한 법률
도시자연공원구역	시·도지사 또는 대도시 시장	도시의 자연환경 및 경관을 보호하고 도시민에게 건전한 여가·휴식공간을 제공하기 위하여 도시지역 안에서 식생이 양호한 산지의 개발을 제한할 필요가 있다고 인정하면 도시자연공원구역의 지정 또는 변경을 도시·군관리계획으로 결정	도시공원 및 녹지등에 관한 법률
시가화 조정구역	시·도지사 (단, 국가계획과 연계된 경우 국토교통부 장관)	직접 또는 관계 행정기관의 장의 요청을 받아 도시지역과 그 주변지역의 무질서한 시가화를 방지하고 계획적·단계적인 개발을 도모하기 위하여 대통령령으로 정하는 기간 동안 시가화를 유보할 필요가 있다고 인정되면 시가화조정구역의 지정 또는 변경을 도시·군관리계획으로 결정	
수산자원 보호구역	해양수산부	직접 또는 관계 행정기관의 장의 요청을 받아 수산자원을 보호·육성하기 위하여 필요한 공유수면이나 그에 인접한 토지에 대한 수산자원보호구역의 지정 또는 변경을 도시·군관리계획으로 결정	
입지규제 최소구역	도시군관리계획 결정권자	도시지역에서 복합적인 토지이용을 증진시켜 도시 정비를 촉진하고 지역 거점을 육성할 필요가 있다고 인정되는 지역과 그 주변지역의 전부 또는 일부를 지정	

■ 참고 : 입지규제최소구역

도시군관리계획의 결정권자는 도시지역에서 복합적인 토지이용을 증진시켜 도시 정비를 촉진하고 지역 거점을 육성할 필요가 있다고 인정되면 다음에 해당하는 지역과 그 주변지역의 전부 또는 일부를 입지규제최소구역으로 지정할 수 있다.

- 도시 · 군기본계획에 따른 도심 · 부도심 또는 생활권의 중심지역
- 철도역사, 터미널, 항만, 공공청사, 문화시설 등의 기반시설 중 지역의 거점 역할을 수행하는 시설을 중심으로 주변지역을 집중적으로 정비할 필요가 있는 지역
- 세 개 이상의 노선이 교차하는 대중교통 결절지로부터 1킬로미터 이내에 위치한 지역
- 「도시 및 주거환경정비법」에 따른 노후 · 불량건축물이 밀집한 주거지역 또는 공업지역으로 정비가 시급한 지역
- 「도시재생 활성화 및 지원에 관한 특별법」에 따른 도시재생활성화지역 중 도시경제기반형 활성화계획을 수립하는 지역

5. 광역도시계획

1) 광역계획권의 지정

- 국토교통부장관 또는 도지사는 둘 이상의 특별시·광역시·특별자치시·특별자치도·시 또는 군의 공간구조 및 기능을 상호 연계시키고 환경을 보전하며 광역시설을 체계적으로 정비하기 위하여 필요한 경우에는 인접한 둘 이상의 특별시·광역시·특별자치시·특별자치도·시 또는 군의 관할 구역 전부 또는 일부를 대통령령으로 정하는 바에 따라 광역계획권으로 지정

① 국토교통부장관이 지정 : 광역계획권이 둘 이상의 특별시·광역시·특별자치시·도 또는 특별자치도의 관할 구역에 걸쳐 있는 경우

② 도지사가 지정 : 광역계획권이 도의 관할 구역에 속하여 있는 경우

2) 수립권자

① 광역계획권이 같은 도의 관할 구역에 속하여 있는 경우: 관할 시장 또는 군수가 공동으로 수립

② 광역계획권이 둘 이상의 시·도의 관할 구역에 걸쳐 있는 경우: 관할 시·도지사가 공동으로 수립

③ 광역계획권을 지정한 날부터 3년이 지날 때까지 관할 시장 또는 군수로부터 광역도시계획의 승인 신청이 없는 경우 : 관할 도지사가 수립

④ 국가계획과 관련된 광역도시계획의 수립이 필요한 경우나 광역계획권을 지정한 날부터 3년이 지날 때까지 시·도지사로부터 광역도시계획의 승인 신청이 없는 경우: 국토교통부장관이 수립

3) 광역도시계획의 내용

광역도시계획에는 그 광역계획권의 지정목적 대한 사항에 대한 정책 방향이 포함

① 광역계획권의 공간 구조와 기능 분담에 관한 사항

② 광역계획권의 녹지관리체계와 환경 보전에 관한 사항

③ 광역시설의 배치·규모·설치에 관한 사항

④ 경관계획에 관한 사항

⑤ 광역계획권에 속하는 특별시·광역시·특별자치시·특별자치도·시 또는 군 상호 간의 기능 연계에 관한 사항

3) 수립절차(요약)

공역도시계획입안 → 주민 등의 의견청취(공청회개최) → 신청 → 심의 및 확정(국토교통부장관) → 시·도지사 통보 → 열람, 공고

6. 도시·군기본계획

1) 수립권자와 대상구역

① 수립권자

특별시장·광역시장·특별자치시장·특별자치도지사·시장 또는 군수

② 대상구역

관할 구역에 대하여 도시·군기본계획을 수립

다만, 시 또는 군의 위치, 인구의 규모, 인구감소율 등을 고려하여 대통령령으로 정하는 시 또는 군은 도시·군기본계획을 수립하지 않을 수 있음

2) 도시·군기본계획의 내용

① 지역적 특성 및 계획의 방향·목표에 관한 사항
② 공간구조, 생활권의 설정 및 인구의 배분에 관한 사항
③ 토지의 이용 및 개발에 관한 사항
④ 토지의 용도별 수요 및 공급에 관한 사항
⑤ 환경의 보전 및 관리에 관한 사항
⑥ 기반시설에 관한 사항
⑦ 공원·녹지에 관한 사항
⑧ 경관에 관한 사항 : 기후변화 대응 및 에너지절약에 관한 사항, 방재·방범 및 안전에 관한 사항
⑨ 제 ②에서 ⑧까지 규정된 사항의 단계별 추진에 관한 사항
⑩ 그 밖에 대통령령으로 정하는 사항

3) 수립절차

기초조사(자연환경, 인문환경, 토지이용, 인구 등)→도시기본계획(초안)작성→공람·공고 및 공청회→관계기관(부서)협의→지방의회의견청취→지방도시계획위원회 자문→승인요청→관계중앙행정기관장 협의→중앙도시계획위원회심의→도시기본계획→도시기본계획승인

4) 도시·군관리계획도서 및 계획설명서의 작성기준

① 계획도는 축척 1/1000 또는 축척 1/5000(축척 1/1000~1/5000의 지형도가 간행되어 있지 아니한 경우에는 축척 1/25000)의 지형도(수치지형도를 포함)에 도시·군관리계획사항을 명시한 도면으로 작성하여야 한다. 다만, 지형도가 간행되어 있지 아니한 경우에는 해도·해저지형도 등의 도면으로 지형도에 갈음할 수 있음

② 계획도가 2매 이상인 경우에는 계획설명서에 도시·군관리계획총괄도(축척 1/50000 이상의 지형도에 주요 도시·군관리계획사항을 명시한 도면)를 포함시킬 수 있음

7. 도시·군 관리계획

1) 의의

특별시·광역시·시 또는 군의 개발·정비 및 보전을 위하여 수립하는 토지이용·교통·환경·안전·산업·정보통신·보건·후생·안보·문화 등에 관하여 포함된 계획

2) 지위와 성격

① 계획기간

- 목표년도는 기준년도로부터 장래의 10년을 기준(연도의 끝자리는 0년 또는 5년으로 함)
- 재검토 : 5년마다 재검토

② 도시·군 관리계획은 시·군의 제반기능이 조화를 이루고 주민이 편안하고 안전하게 생활할 수 있도록 하면서 당해 시·군의 지속가능한 발전을 도모하기 위하여 수립하는 법정계획

③ 광역도시계획 및 도시기본계획에서 제시된 시·군의 장기적인 발전방향을 공간에 구체화하고 실현시키는 중기계획

④ 용도지역·용도지구·용도구역에 관한 계획, 기반시설에 관한 계획, 도시개발사업 또는 정비사업에 관한 계획, 지구단위계획 등을 일관된 체계로 종합화하여 단계적으로 집행할 수 있도록 물적으로 표현하는 계획

3) 관련계획과의 관계

- 국토종합계획·수도권정비계획·광역도시계획·도시기본계획 등 상위계획의 내용을 구체화하여 실현이 가능하도록 계획을 수립

4) 도시·군 관리계획의 수립 절차

① 수립권자

- 특별시장·광역시장·특별자치시장·특별자치도지사·시장 또는 군수는 관할 구역에 대하여 도시·군기본계획을 수립

② 수립절차

기초조사 → 도시관리계획입안 → 공람·공고 → 관련실과 및 관계기관 협의 → 지방의회 의견청취 → 도시계획위원회자문 → 도시관리계획결정신청 → 관련실과 및 관계기관 협의 → 도시계획위원회심의 → 도시관리계획 결정 → 지형도면 고시

5) 지형도면의 작성고시

① 지적이 표시된 지형도에 도시·군관리계획사항을 명시한 도면을 작성할 때에는 축척 1/500 내지 1/ 1500 (녹지지역안의 임야, 관리지역, 농림지역 및 자연환경보전지역은 축척 1/3000 내지 1/6000)로 작성해야한다.

② 도면을 작성하는 경우 지적이 표시된 지형도의 데이터베이스가 구축되어 있는 경우에는 이를 사용할 수 있다.

③ 도면을 작성하는 경우 지형도가 간행되어 있지 아니한 경우에는 해도·해저지형도 등의 도면으로 지형도에 갈음할 수 있다

④ 다만, 고시하고자 하는 토지의 경계가 행정구역의 경계와 일치하는 경우와 도시·군계획사업·산업단지조성사업 또는 택지개발사업이 완료된 구역인 경우에는 지적도 사본에 도시·군관리계획사항을 명시한 도면으로 이에 갈음할 수 있음

⑤ 도시지역외의 지역에서 도시·군계획시설이 결정되지 아니한 토지에 대하여는 지적이 표시되지 아니한 축척 1/5000 (축척 1/5000 이상의 지형도가 간행되어 있지 아니한 경우에는 축척 2만5천분의 1 이상)의 지형도(해면부는 해도·해저지형도 등의 도면으로 지형도에 갈음할 수 있음)에 도시·군관리계획사항을 명시한 도면을 작성할 수 있음

⑥ 도면이 2매 이상인 경우에는 축척 1/5000 내지 1/50000 의 총괄도를 따로 첨부할 수 있음

★ 표 1) 도시계획의 비교

구분	도시기본계획	도시관리계획
계획목표	도시개발방향 및 미래상제시	구체적개발절차 및 지침제시
계획내용	물적·비물적 측면의 종합	물적측면
법적근거	국토계획및 이용에 관한법률	국토계획및 이용에 관한법률
계획기간	20년	10년
수립권자	특별시장·광역시장·특별자치시장·특별자치도지사·시장 또는 군수	특별시장·광역시장·특별자치시장·특별자치도지사·시장 또는 군수
계획범위	관할 행정구역	관할 행정구역
주민참여형태	공청회	공람·공고
계획의 연계	국토계획·도계획 지침수용 및 도시관리계획 지침제시	도시계획의 지침수용 및 사업집행계획 지침제시
표현방법	개념적, 계획적 표현	구체적표현

■ **참고** : 주민의견수렴방법

· 공청회 : 중요한 정책사안 등에 관해 해당 분야의 학식과 경험이 풍부한 전문가나 이해당사자 등의 의견을 듣기 위해 의회·행정기관·공공단체 등에서 개최하는 회의를 말한다. 공청회의 의견은 법적 구속력은 갖지 못하나, 정치적·도덕적 구속력을 갖는다고 할 수 있다

· 공람, 공고 : 도시·군관리계획처럼 주민들의 직접적인 재산권 행사 제한과 행동에 관계되는 경우나 이해 당사자 등에게 알려야 하는 안건에 대해 의견을 듣거나 공지하는 경우

8. 지구단위계획

1) 성격

① 도시·군계획 수립 대상지역의 일부에 대하여 토지 이용을 합리화하고 그 기능을 증진시키며 미관을 개선하고 양호한 환경을 확보하며, 그 지역을 체계적·계획적으로 관리하기 위하여 수립

② 도시·군관리계획으로 결정

③ 지구단위계획은 평면적 토지이용계획과 입체적 시설계획의 조화에 중점

④ 난개발 방지를 위하여 개별 개발수요를 집단화하고 기반시설을 충분히 설치함으로써 개발이 예상되는 지역을 체계적으로 개발·관리하기 위한 계획이다.
⑤ 지구단위계획을 통한 구역의 정비 및 기능 재정립 등의 개선효과가 지구단위계획구역 인근까지 미쳐 시·군 전체의 기능이나 미관 등의 개선에 도움을 주기 위한 계획
⑥ 인간과 자연이 공존하는 환경친화적 환경을 조성하고 지속가능한 개발 또는 관리가 가능하도록 하기 위한 계획
⑦ 향후 10년 내외에 걸쳐 나타날 시·군의 성장·발전 등의 여건변화와 향후 5년 내외에 개발이 예상되는 일단의 토지 또는 지역과 그 주변지역의 미래모습을 상정하여 수립하는 계획

2) 지구단위계획의 수립시 고려 사항
① 도시의 정비·관리·보전·개발 등 지구단위계획구역의 지정 목적
② 주거·산업·유통·관광휴양·복합 등 지구단위계획구역의 중심기능
③ 해당 용도지역의 특성
④ 그 밖에 대통령령으로 정하는 사항
· 지역 공동체의 활성화
· 안전하고 지속가능한 생활권의 조성
· 해당 지역 및 인근 지역의 토지 이용을 고려한 토지이용계획과 건축계획의 조화

3) 지구단위계획구역의 지정
① 국토교통부장관, 시·도지사, 시장 또는 군수는 다음 각 호의 어느 하나에 해당하는 지역의 전부 또는 일부에 대하여 지구단위계획구역을 지정할 수 있다.
· 용도지구(경관지구·고도지구·방화지구·방재지구·보호지구·취락지구·개발진흥지구·특정용도제한지구)
· 「도시개발법」에 따라 지정된 도시개발구역
· 「도시 및 주거환경정비법」에 따라 지정된 정비구역
· 「택지개발촉진법」에 따라 지정된 택지개발지구
· 「주택법」에 따른 대지조성사업지구
· 「산업입지 및 개발에 관한 법률」의 산업단지와 준산업단지
· 「관광진흥법」에 따라 지정된 관광단지와 관광특구
· 개발제한구역·도시자연공원구역·시가화조정구역 또는 공원에서 해제되는 구역, 녹지지역에서 주거·상업·공업지역으로 변경되는 구역과 새로 도시지역으로 편입되는 구역 중 계획적인 개발 또는 관리가 필요한 지역
② 도시지역 내 주거·상업·업무 등의 기능을 결합하는 등 복합적인 토지 이용을 증진시킬 필요가 있는 지역
· 준주거지역, 준공업지역 및 상업지역에서 낙후된 도심 기능을 회복하거나 도시균형발전을 위한 중심지 육성이 필요하여 도시·군기본계획에 반영된 다음 각 호의 어느 하나에 해당하는 지역

- 주요 역세권, 고속버스 및 시외버스 터미널, 간선도로의 교차지 등 양호한 기반시설을 갖추고 있어 대중교통 이용이 용이한 지역
- 역세권의 체계적 · 계획적 개발이 필요한 지역
- 세 개 이상의 노선이 교차하는 대중교통 결절지로부터 1킬로미터 이내에 위치한 지역
- 「역세권의 개발 및 이용에 관한 법률」에 따른 역세권개발구역, 「도시재정비 촉진을 위한 특별법」에 따른 고밀복합형 재정비촉진지구로 지정된 지역

- 도시지역내 5천제곱미터 이상으로서 도시 · 군계획조례로 정하는 면적 이상의 유휴토지 또는 교정시설, 군사시설 등 해당하는 시설의 이전부지

- 대규모 시설의 이전에 따라 도시기능의 재배치 및 정비가 필요한 지역
- 토지의 활용 잠재력이 높고 지역거점 육성이 필요한 지역
- 지역경제 활성화와 고용창출의 효과가 클 것으로 예상되는 지역

- 용도지구를 대체하기 위하여 지구단위계획수립이 필요한 지역
- 도시지역의 체계적 계획적 관리 또는 개발이 필요한 지역

★ 표. 도시지역에서 지구단위계획구역의 구분

기존시가지 정비	기존 시가지에서 도시기능을 상실하거나 낙후된 지역을 정비하는 등 도시재생을 추진하고자 하는 경우
기존시가지의 관리	도시성장 및 발전에 따라 그 기능을 재정립할 필요가 있는 곳으로서 도로 등 기반시설을 재정비하거나 기반시설과 건축계획을 연계시키고자 하는 경우
기존시가지 보전	도시형태와 기능을 현재의 상태로 유지 · 정비하는 것이 바람직한 곳으로 개발보다는 유지관리에 초점을 두고자 하는 경우
신시가지의 개발	도시안에서 상업 등 특정기능을 강화하거나 도시팽창에 따라 기존 도시의 기능을 흡수 · 보완하는 새로운 시가지를 개발하고자 하는 경우
복합용도개발	도시지역내 복합적인 토지이용의 증진을 목표로 공공의 목적에 부합하고, 낙후된 도심의 기능회복과 도시균형발전을 위해 중심지 육성이 필요한 지역으로 복합용도개발을 통한 거점적 역할을 수행하여 주변지역에 긍정적 파급효과를 미칠 수 있도록 하고자 하는 경우
유휴토지 및 이전적지개발	도시지역내 유휴토지 및 교정시설, 군사시설 등의 이전 · 재배치에 따른 도시기능의 쇠퇴를 방지하고 도시재생 등을 위해 기능의 재배치가 필요한 지역으로 유휴토지 및 이전부지의 체계적인 관리를 통하여 그 기능을 증진시키고자 하는 경우
비시가지 관리개발	녹지지역의 체계적 관리 및 개발(체육시설의 설치 등)을 통하여 그 기능을 증진시키고자 하는 경우
용도지구대체	기존 용도지구를 폐지하고 그 용도지구에서의 건축물이나 그 밖의 용도 · 종류 및 규모 등의 제한을 대체하고자 하는 경우
복합구역	지정목적 중 2 이상의 목적을 복합하여 달성하고자 하는 경우

③ 도시지역 외의 지역을 지구단위계획구역으로 지정
- 지구단위계획구역 면적의 50%이상이 계획관리지역이고, 나머지 용도지역은 생산관리지역 또는 보전관리지역일 것.
- 개발진흥지구로서 대통령령으로 정하는 요건에 해당하는 지역
  - 계획관리지역안에 지정된 개발진흥지구
  - 계획관리지역 · 생산관리지역 및 농림지역안에 지정된 산업유통개발진흥지구 및 복합개발진흥지구(주거기능이 포함되지 않은 경우에 한함)
  - 도시지역외의 지역안에 지정된 관광휴양개발진흥지구

4) 지구단위계획의 내용

① 용도지역이나 용도지구를 대통령령으로 정하는 범위에서 세분하거나 변경하는 사항
- 기존의 용도지구를 폐지하고 그 용도지구에서의 건축물이나 그 밖의 시설의 용도ㆍ종류 및 규모 등의 제한을 대체하는 사항
- 기반시설의 배치와 규모
- 도로로 둘러싸인 일단의 지역 또는 계획적인 개발 · 정비를 위하여 구획된 일단의 토지의 규모와 조성계획
- 건축물의 용도제한, 건축물의 건폐율 또는 용적률, 건축물 높이의 최고한도 또는 최저한도
- 건축물의 배치 · 형태 · 색채 또는 건축선에 관한 계획
- 환경관리계획 또는 경관계획
- 보행안전 등을 고려한 교통처리계획
- 그 밖에 토지 이용의 합리화, 도시나 농 · 산 · 어촌의 기능 증진 등에 필요한 사항으로서 대통령령으로 정하는 사항

② 지구단위계획은 도로, 상하수도 등 도시 · 군계획시설의 처리 · 공급 및 수용능력이 지구단위계획구역에 있는 건축물의 연면적, 수용인구 등 개발밀도와 적절한 조화를 이룰 수 있도록 함

5) 지구단위계획 수립기준

① 고려사항
- 도시의 정비 · 관리 · 보전 · 개발 등 지구단위계획구역의 지정목적
- 주거 · 산업유통 · 관광휴양 · 복합 등 지구단위계획구역의 중심기능
- 해당 용도지역의 특성
- 지역 공동체의 활성화
- 보행친화적인 안전하고 지속가능한 생활권의 조성
- 해당 지역 및 인근 지역의 토지 이용을 고려한 토지이용계획과 건축계획의 조화
- 아름답고 조화로운 경관 창출
- 다양한 용도의 혼합과 가로 중심의 장소성 확보

★ ② 지구단위계획에 포함하는 사항

기존시가지의 정비	·기반시설 ·교통처리 ·건축물의 용도·건폐율·용적률·높이 등 건축물의 규모 ·공동개발 및 맞벽건축, 건축물의 배치와 건축선 ·경관
기존시가지의 관리	·용도지역·용도지구 ·기반시설 ·교통처리 ·건축물의 용도·건폐율·용적률·높이 등 건축물의 규모 ·공동개발 및 맞벽건축 ·건축물의 배치와 건축선 ·경관
기존시가지의 보존	·건축물의 용도·건폐율·용적률·높이 등 건축물의 규모 ·건축물의 배치와 건축선 ·건축물의 형태와 색채 ·경관
신시가지의 개발	·용도지역·용도지구 ·환경관리 ·기반시설 ·교통처리 ·가구 및 획지 ·건축물의 용도·건폐율·용적률·높이 등 건축물의 규모 ·건축물의 배치와 건축선 ·건축물의 형태와 색채 ·경관
복합구역	목적별로 해당되는 계획사상을 포함하되, 나머지 사항은 지역특성에 맞게 필요한 사항을 선택

③ 지구단위계획 입안시 환경의 질적 향상을 위한 고려 사항

·지형·지세와 기후·장소성·문화적 경관·건축재료 등의 자연적인 요소와의 조화

·지방색·시장 등의 사회적인 요소의 반영

·미적 가치 등 역사·문화적인 가치를 가지고 있어 후대를 위하여 보존하여야 하는 시설물이나 시·군의 특성을 살릴 수 있는 요소의 보전

·원활한 교통흐름과 보행자의 접근성·이동성을 향상할 수 있는 교통계획

·공공공지의 보전

공원 및 녹지

④ 공원 및 녹지를 계획시 고려사항

- 생물서식공간이 있는 경우에는 이를 보호하고 조성하며 가급적 이들이 서로 연결되도록 하는 한편 구역내의 물과 공기가 순환되는 경로 등을 고려하여 자연친화적인 공원·녹지가 조성되도록 함
- 지구단위계획구역안에서는 가급적 녹지축이 끊기지 않고 이어지도록 하며 나무의 종류·크기 등이 서로 조화를 이루도록 함
- 공원 또는 녹지는 단지내에서 발생되는 비점오염 물질의 외부 유출을 저감할 수 있는 시설이 되도록 위치 및 규모를 고려하여 계획
- 지구단위계획구역에서 문화재보호법에 따른 보존조치가 필요한 경우 해당 구역을 녹지용지 면적에 포함하여 지구단위계획을 수립
  - 건축선 지정 등을 통하여 대지내 공지를 확보하는 경우에는 가구 및 획지간 동선체계 확립에 도움이 되도록 공공통로로 활용하거나 인근 근린공원에 이어지는 녹지축을 형성할 수 있도록 조경을 실시하는 방안 등을 적극 검토한다.
  - 순차개발을 하는 경우에 공원 및 녹지는 개발단계별로 입주하는 주거자수에 맞추어 각 개발단계에 적절하게 공급되도록 계획하여야 한다.

■ 참고 : 도시 및 주거환경정비법

- 정비사업: 도시기능을 회복하기 위하여 정비구역에서 정비기반시설을 정비하거나 주택 등 건축물을 개량 또는 건설하는 다음 각 목의 사업
- 주거환경개선사업: 도시저소득 주민이 집단거주하는 지역으로서 정비기반시설이 극히 열악하고 노후·불량건축물이 과도하게 밀집한 지역의 주거환경을 개선하거나 단독주택 및 다세대주택이 밀집한 지역에서 정비기반시설과 공동이용시설 확충을 통하여 주거환경을 보전·정비·개량하기 위한 사업
- 재개발사업: 정비기반시설이 열악하고 노후·불량건축물이 밀집한 지역에서 주거환경을 개선하거나 상업지역·공업지역 등에서 도시기능의 회복 및 상권활성화 등을 위하여 도시환경을 개선하기 위한 사업. 이 경우 시행하는 재개발사업을 "공공재개발사업"이라 함
- 재건축사업: 정비기반시설은 양호하나 노후·불량건축물에 해당하는 공동주택이 밀집한 지역에서 주거환경을 개선하기 위한 사업. 이 경우 시행하는 재건축사업을 "공공재건축사업"이라 함

참고1) 법률체계

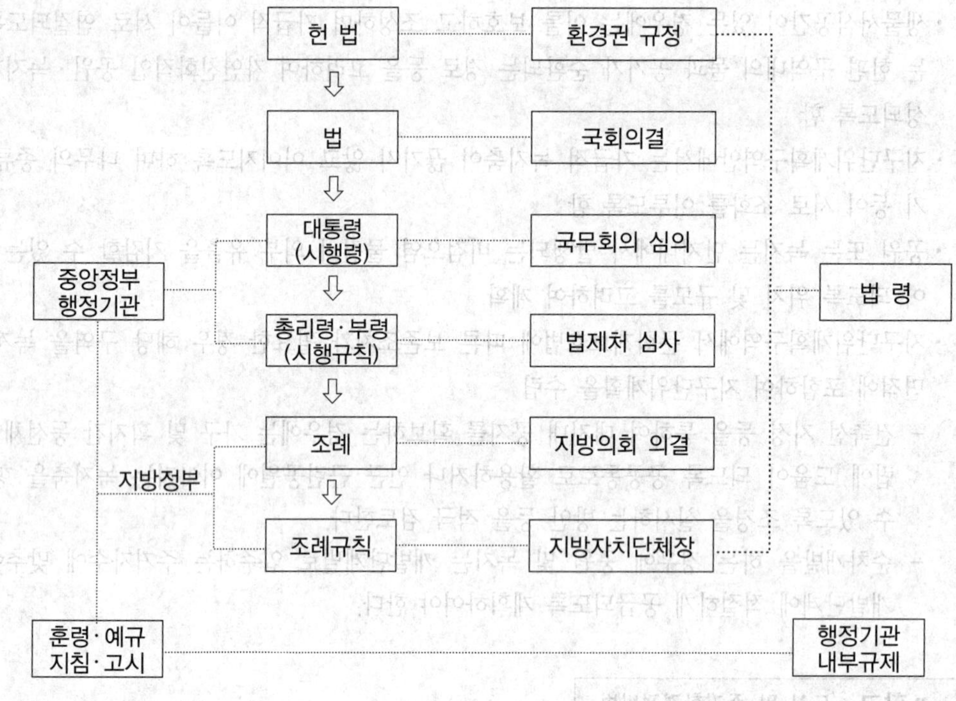
헌 법
환경권 규정
법
국회의결
대통령
(시행령)
국무회의 심의
중앙정부
행정기관
법 령
총리령·부령
(시행규칙)
법제처 심사
조례
지방의회 의결
지방정부
조례규칙
지방자치단체장
훈령·예규
지침·고시
행정기관
내부규제

참고2) 조경관련법체계

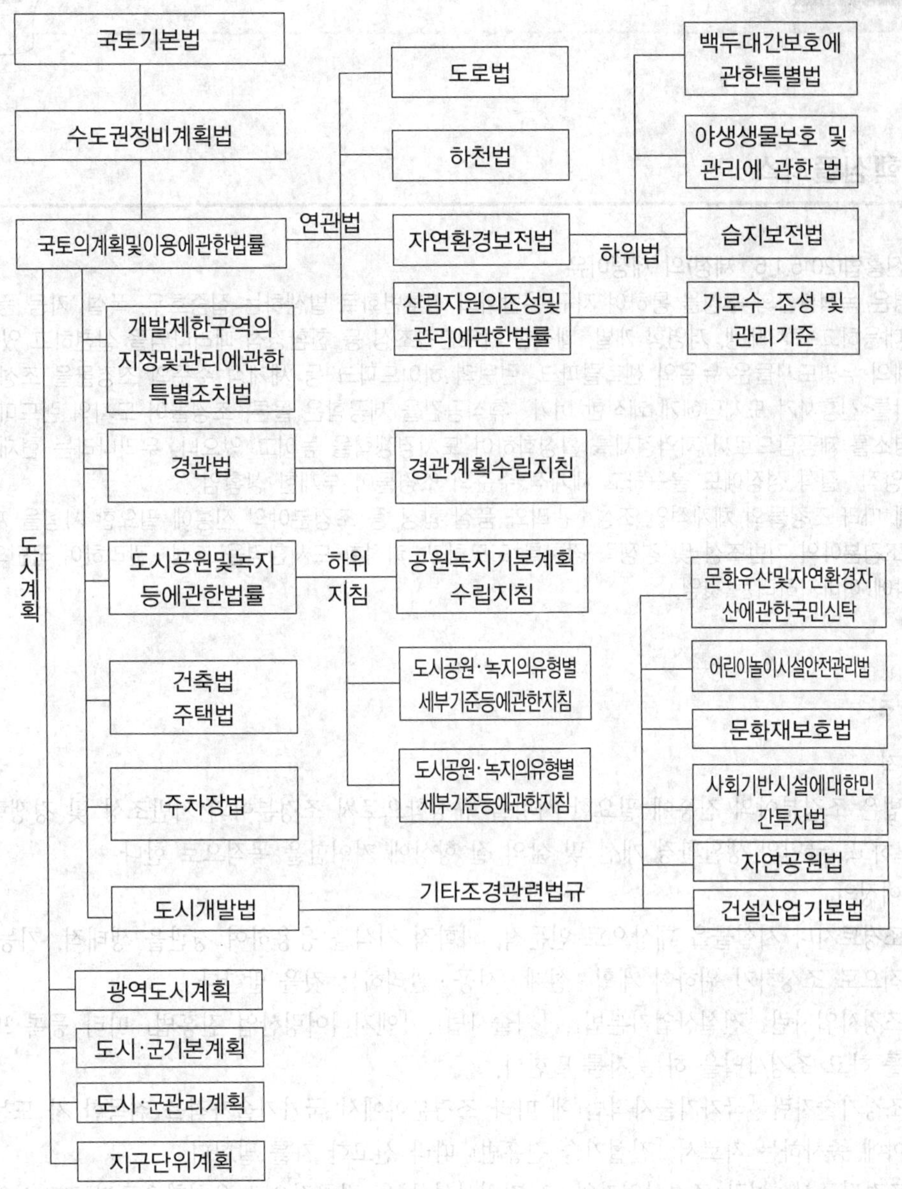
국토기본법
수도권정비계획법
국토의계획및이용에관한법률
연관법
도로법
하천법
자연환경보전법
산림자원의조성및 관리에관한법률
하위법
백두대간보호에 관한특별법
야생생물보호 및 관리에 관한 법
습지보전법
가로수 조성 및 관리기준
개발제한구역의 지정및관리에관한 특별조치법
경관법
경관계획수립지침
도시계획
도시공원및녹지 등에관한법률
하위 지침
공원녹지기본계획 수립지침
도시공원·녹지의유형별 세부기준등에관한지침
도시공원·녹지의유형별 세부기준등에관한지침
건축법 주택법
주차장법
도시개발법
기타조경관련법규
문화유산및자연환경자산에관한국민신탁
어린이놀이시설안전관리법
문화재보호법
사회기반시설에대한민간투자법
자연공원법
건설산업기본법
광역도시계획
도시·군기본계획
도시·군관리계획
지구단위계획

조경진흥법

16.1 핵심플러스

■ 조경진흥법(2015.1.6. 제정)의 제정이유

- 조경은 녹색환경의 조성을 통하여 지구 온난화와 기후변화로 발생하는 집중호우, 폭설, 가뭄 등 자연재해에 대응하고 도시재생, 저영향 개발, 쾌적한 가로환경조성 등 친환경적 패러다임을 실천하고 있는 분야임.
- 세계의 유명도시들은 뉴욕의 센트럴파크, 런던의 하이드파크 등 세계적 수준의 조경물을 조성하고 조경분야를 진흥시켜 도시민에게 쾌적한 여가 · 휴식공간을 제공함은 물론, 조경물이 도시의 랜드마크로서 관광명소를 제공함으로써 지역경제를 활성화하여 도시경쟁력을 높이고 있으나, 우리나라는 현재 조경분야의 양적 · 질적 성장에도 불구하고 세계적 수준의 조경물이 부재한 상황임.
- 이에 따라 조경물의 체계적인 조성 · 관리와 품질 향상 등 조경분야의 진흥에 필요한 사항을 제정함으로써 조경분야의 기반조성 및 경쟁력 강화를 도모하고, 쾌적한 도시환경을 조성 · 관리하여 국민의 삶의 질 향상에 이바지하려는 것임.

1 총 칙

① 목적

이 법은 조경분야의 진흥에 필요한 사항을 규정함으로써 조경분야의 기반조성 및 경쟁력 강화를 도모하고, 국민의 생활환경 개선 및 삶의 질 향상에 기여함을 목적으로 한다.

② 용어정의

㉠ 조경토지나 시설물을 대상으로 인문적, 과학적 지식을 응용하여 경관을 생태적, 기능적, 심미적으로 조성하기 위하여 계획 · 설계 · 시공 · 관리하는 것을 말한다.

㉡ 조경사업자란 「건설산업기본법」, 「기술사법」, 「엔지니어링산업 진흥법」 따라 등록 또는 신고를 하고 조경사업을 하는 자를 말한다.

㉢ 조경기술자란 「국가기술자격법」에 따라 조경분야에서 국가기술자격을 취득한 자 또는 조경분야에 종사하는 자로서 「건설기술 진흥법」 따라 신고한 자를 말한다.

㉣ 조경진흥시설이란 조경사업자와 그 지원시설 등을 집중적으로 유치함으로써 조경사업자의 영업 활동을 지원하기 위하여 지정된 시설물을 말한다.

㉤ 조경진흥단지란 조경사업자와 그 지원시설 등을 집중적으로 유치함으로써 조경분야를 활성화하기 위하여 지정되거나 조성된 지역을 말한다.

㉥ 발주청이란 조경사업을 발주하는 자로서 다음 각 목의 어느 하나에 해당하는 자를 말한다.

- 국가 및 지방자치단체
- 「공공기관의 운영에 관한 법률」에 따른 공공기관

- 「사회기반시설에 대한 민간투자법」에 따른 사업시행자 또는 사업시행자로부터 사업의 시행을 위탁받은 자. 다만, 사업의 시행을 위탁받은 자는 해당 사업시행자가 자본금의 2분의 1 이상을 출자한 자로서 관계 중앙행정기관의 장으로부터 발주청이 되는 것을 승인받은 자로 한정한다.

2 조경분야의 진흥 및 기반 조성

① 기본계획의 수립

㉠ 국토교통부장관은 조경분야의 진흥에 관한 조경진흥기본계획을 5년마다 수립·시행하여야 한다.

㉡ 기본계획에는 다음 각 호의 사항이 포함되어야 한다.

- 조경분야의 현황과 여건 분석에 관한 사항
- 조경분야 진흥을 위한 기본방향에 관한 사항
- 조경분야의 부문별 진흥시책 및 경쟁력 강화에 관한 사항
- 조경분야의 기반 조성에 관한 사항
- 조경분야의 활성화에 관한 사항
- 조경 관련 기술의 발전·연구개발·보급에 관한 사항
- 조경기술자 등 조경분야와 관련된 전문인력(이하 "전문인력"이라 한다) 양성에 관한 사항
- 조경진흥시설 및 조경진흥단지의 지정·조성에 관한 사항
- 조경분야의 진흥을 위한 재원 조달에 관한 사항
- 조경분야의 국제협력 및 해외시장 진출 지원에 관한 사항
- 그 밖에 조경분야의 진흥을 위하여 필요한 사항

② 전문인력의 양성

㉠ 국토교통부장관은 조경분야의 진흥에 필요한 전문인력의 양성과 자질 향상을 위하여 교육훈련을 실시할 수 있다.

㉡ 국토교통부장관은 대통령령으로 정하는 요건 및 절차에 따라 다음 각 호의 어느 하나에 해당하는 기관을 전문인력 양성기관으로 지정할 수 있다.

- 국·공립 연구기관
- 「고등교육법」에 따른 대학 또는 전문대학
- 「특정연구기관 육성법」에 따른 특정연구기관
- 그 밖에 대통령령으로 정하는 기관

3 조경 관련 사업의 활성화

① 조경진흥시설의 지정

㉠ 국토교통부장관은 조경 관련 사업을 활성화하기 위하여 조경사업자가 집중적으로 입주하거나 입주하려는 건축물 등을 조경진흥시설로 지정하고, 자금 및 설비 제공 등의 지원을 위하여 필요한 시책을 마련할 수 있다.

㉡ 조경진흥시설 지정 요건

- 5개 업체 이상의 조경사업자가 입주할 것
- 진흥시설로 인정받으려는 시설에 입주한 조경사업자 중 「중소기업기본법」에 따른 중소기업자가 100분의 30 이상일 것
- 조경사업자가 사용하는 시설 및 그 지원시설이 차지하는 면적이 시설물 총면적의 100분의 50 이상일 것
- 공용회의실 및 공용장비실 등 조경사업에 필요한 공동이용시설을 설치할 것

② 조경진흥단지의 지정

㉠ 국토교통부장관은 조경분야의 진흥을 위하여 필요한 경우에는 조경 관련 사업체의 기반 및 부속시설 등이 집중적으로 위치한 지역을 조경진흥단지로 지정하거나 조성할 수 있다.

㉡ 조경진흥단지의 지정 요건

- 10개 업체 이상의 조경사업자가 밀집하여 상주하고 있을 것
- 다음 각 목의 어느 하나에 해당하는 기관이 해당 지역에 있을 것
  - 조경지원센터
  - 「공공기관의 운영에 관한 법률」 제4조에 따른 공공기관 중 조경 관련 업무를 수행하는 기관
  - 「민법」 제32조에 따른 비영리법인 중 조경과 관련되는 업무를 수행하는 법인
- 교통, 상하수도, 전기, 통신 등의 기반시설이 갖추어져 있을 것

③ 진흥시설 및 진흥단지의 지정 해제

국토교통부장관은 다음 각 호의 어느 하나에 해당하는 경우에는 대통령령으로 정하는 바에 따라 그 지정을 해제할 수 있다.

㉠ 거짓이나 그 밖의 부정한 방법으로 지정을 받은 경우

㉡ 진흥시설이나 진흥단지가 지정 요건을 갖추지 못하게 된 경우

㉢ 진흥시설이나 진흥단지의 지정을 받은 자가 지원된 자금 및 설비 등을 당초 목적 외에 사용한 경우

㉣ 진흥시설의 지정을 받은 자가 지정 조건을 이행하지 아니한 경우

④ 진흥시설 및 진흥단지에 대한 지방자치단체의 지원

지방자치단체는 조경분야의 진흥을 위하여 필요한 경우 진흥시설 및 진흥단지를 조성하려는 자에 대하여 「지방재정법」 출연하거나 출자할 수 있다.

⑤ 조경지원센터의 지정

㉠ 국토교통부장관은 조경분야의 진흥을 위하여 각 호의 어느 하나에 해당하는 기관을 조경지원센터로 지정할 수 있다.

㉡ 지원센터는 다음 각 호의 사업을 한다.
- 조경분야의 진흥을 위한 지방자치단체와의 협조
- 조경 관련 사업체의 발전을 위한 상담 등 지원
- 조경 관련 정책연구 및 정책수립 지원
- 전문인력에 대한 교육
- 조경분야의 육성·발전 및 지원시설 등 기반조성
- 조경사업자의 창업·성장 등 지원
- 조경분야의 동향 분석, 통계작성, 정보유통, 서비스 제공
- 조경기술의 개발·융합·활용·교육
- 조경 관련 국제교류·협력 및 해외시장 진출의 지원

⑥ 해외진출 및 국제교류 지원

정부는 조경분야의 국제협력과 해외진출을 촉진하기 위하여 다음 각 호의 사항을 지원할 수 있다.

㉠ 관련 정보의 제공 및 상담·지도·협조

㉡ 관련 기술 및 인력의 국제교류

㉢ 국제행사 유치 및 참가

㉣ 국제공동연구 개발사업

㉤ 그 밖에 해외진출 및 국제교류 지원을 위하여 대통령령으로 정하는 사항

⑦ 조경박람회 등의 개최 및 지원

국가와 지방자치단체는 조경분야의 진흥을 위하여 조경박람회, 조경전시회 등을 개최하거나 지원할 수 있다.

4 조경공사 품질관리

① 조경공사의 품질 향상

㉠ 발주청은 조경공사의 품질 향상 및 유지관리의 효율성 제고를 위하여 설계의도 구현, 공사의 시행시기, 준공 후 관리 등 필요한 대책을 수립·시행하여야 한다.

㉡ 제1항에 따라 발주청이 조경공사의 품질 향상 등을 위하여 수립·시행하여야 하는 대책의 대상, 규모, 방법 등은 국토교통부령으로 정한다.

② 조경사업의 대가 기준

㉠ 발주청은 조경사업자와 조경사업의 계약을 체결한 때에는 적정한 조경사업의 대가를 지급하여야 한다.

㉡ 국토교통부장관은 조경사업의 대가를 산정하기 위하여 필요한 기준을 정하여 고시하여야 한다. 이 경우 국토교통부장관은 기획재정부장관, 산업통상자원부장관 등 관계 행정기관의 장과 미리 협의하여야 한다.

③ 우수 조경시설물의 지정 및 지원

㉠ 국토교통부장관, 특별시장·광역시장·특별자치시장·도지사 및 특별자치도지사는 조경사업자의 자긍심을 높이고, 품격 높은 조경시설물을 통한 조경분야의 경쟁력 강화를 위하여 우수 조경시설물을 지정할 수 있다.

㉡ 국토교통부장관이 우수 조경시설물을 지정하려는 경우에는 국토교통부령으로 정하는 기준 및 절차에 따른다.

㉢ 시·도지사가 우수 조경시설물을 지정하려는 경우에는 해당 지방자치단체의 조례에서 정하는 절차 및 기준에 따른다.

㉣ 국토교통부장관 및 시·도지사는 지정된 우수 조경시설물의 개·보수에 필요한 비용의 전부 또는 일부를 지원할 수 있다.

④ 포상 및 시상

국토교통부장관은 조경분야 진흥에 기여한 공로가 현저한 개인 및 단체 등을 선정하여 포상할 수 있다.

도시공원 및 녹지 등에 관한 법률

17.1 핵심플러스

■ 도시에서의 공원녹지의 확충·관리·이용 및 도시녹화 등에 필요한 사항을 규정한 법률

■ 공원구분, 유치거리, 규모, 공원시설부지면적

구분			유치거리	규모	공원시설부지면적
국가도시공원			–	300만m² 이상	–
생활권 공원	소공원		제한없음	제한없음	20% 이하
	어린이공원		250m 이하	1,500m² 이상	60% 이하
	근린공원	근린생활권근린공원	500m 이하	10,000m² 이상	40% 이하
		도보권근린공원	1,000m 이하	30,000m² 이상	
		도시지역권근린공원	제한없음	100,000m² 이상	
		광역권근린공원	제한없음	1,000,000m² 이상	
주제 공원	역사공원		제한없음	제한없음	제한없음
	문화공원		제한없음	제한없음	
	수변공원		제한없음	제한없음	40% 이하
	묘지공원		제한없음	100,000m² 이상	20% 이상
	체육공원		제한없음	10,000m² 이상	50% 이하
	도시농업공원		제한없음	10,000m² 이상	40% 이하
	방재공원		제한없음	제한없음	제한없음

■ 녹지의 구분

구분		내용
녹지	완충	·대기오염 · 소음 · 진동 · 악취 등 공해와 사고, 자연재해 방지를 위한 녹지 ·공장, 사업장 주변, 공해차단과 또는 완화(녹지폭 : 원인시설로 부터 최소 10m 이상)
	경관	·도시의 자연적 환경을 보전하고 개선 훼손된 지역 개선하여 도시 경관 향상
	연결	·도시안의 공원, 하천 유기적 연결과 산책공간 역할/ 생태연결통로(연결녹지의 폭 : 최소 10m 이상)

1 총칙

1. 목적

이 법은 도시에서의 공원녹지의 확충·관리·이용 및 도시녹화 등에 필요한 사항을 규정함으로써 쾌적한 도시환경을 조성하여 건전하고 문화적인 도시생활을 확보하고 공공의 복리를 증진시키는 데에 이바지함을 목적으로 한다.

2. 용어정의

① 공원녹지

- 쾌적한 도시환경을 조성하고 시민의 휴식과 정서 함양에 이바지하는 다음 각 목의 공간 또는 시설을 말한다.

> ㉠ 도시공원, 녹지, 유원지, 공공공지 및 저수지
> ㉡ 나무, 잔디, 꽃, 지피식물 등의 식생이 자라는 공간
> ㉢ 그 밖에 국토교통부령으로 정하는 공간 또는 시설
> - 광장·보행자전용도로·하천 등 녹지가 조성된 공간 또는 시설
> - 옥상녹화·벽면녹화 등 특수한 공간에 식생을 조성하는 등의 녹화가 이루어진 공간 또는 시설
> - 그 밖에 쾌적한 도시환경을 조성하고 시민의 휴식과 정서함양에 기여하는 공간 또는 시설로서 그 보전을 위하여 관리할 필요성이 있다고 특별시장·광역시장·시장 또는 군수(광역시의 관할구역 안에 있는 군의 군수를 제외한다.)가 인정하는 녹지가 조성된 공간 또는 시설

② 도시녹화

식생, 물, 토양 등 자연친화적인 환경이 부족한 도시지역(「국토의 계획 및 이용에 관한 법률」 도시지역을 말하며, 같은 조에 따른 관리지역에 지정된 지구단위계획구역을 포함한다.)의 공간(「산림자원의 조성 및 관리에 관한 법률」에 따른 산림은 제외한다)에 식생을 조성하는 것을 말한다.

③ 도시공원

- 도시지역에서 도시자연경관을 보호하고 시민의 건강·휴양 및 정서생활을 향상시키는 데에 이바지하기 위하여 설치 또는 지정된 다음 각 목의 것을 말한다.

㉠ 「국토의 계획 및 이용에 관한 법률」(기반시설 : 광장·공원·녹지 등 공간시설) 에 따른 공원으로서 도시관리계획으로 결정된 공원

㉡ 「국토의 계획 및 이용에 관한 법률」에 따라 도시관리계획으로 결정된 도시자연공원구역은 제외한다.

④ 공원시설

- 도시공원의 효용을 다하기 위하여 설치하는 다음의 시설

> ㉠ 도로 또는 광장
> ㉡ 화단, 분수, 조각 등 조경시설
> ㉢ 휴게소, 긴 의자 등 휴양시설
> ㉣ 그네, 미끄럼틀 등 유희시설
> ㉤ 테니스장, 수영장, 궁도장 등 운동시설

ⓑ 식물원, 동물원, 수족관, 박물관, 야외음악당 등 교양시설
ⓢ 주차장, 매점, 화장실 등 이용자를 위한 편익시설
ⓞ 관리사무소, 출입문, 울타리, 담장 등 공원관리시설
ⓙ 실습장, 체험장, 학습장, 농자재 보관창고 등 도시농업(「도시농업의 육성 및 지원에 관한 법률」 따른 도시농업)을 위한 시설
ⓒ 내진성 저수조, 발전시설, 소화 및 급수시설, 비상용 화장실 등 재난관리시설
ⓚ 그 밖에 도시공원의 효용을 다하기 위한 시설로서 국토교통부령으로 정하는 시설

표. 공원시설의 종류

구 분	세부시설
조경시설	· 공원경관을 아름답게 꾸미기 위한 시설 · 관상용식수대 · 잔디밭 · 산울타리 · 그늘시렁 · 못 및 폭포 그 밖에 이와 유사한 시설
휴양시설	· 야유회장 및 야영장(바비큐시설 및 급수시설을 포함) 그 밖에 이와 유사한 시설로서 자연공간과 어울려 도시민에게 휴식공간을 제공하기 위한 시설 · 경로당, 노인복지관 · 수목원(「수목원 · 정원의 조성 및 진흥에 관한 법률」에 따른 수목원.)
유희시설	· 시소 · 정글짐 · 사다리 · 순환회전차 · 궤도 · 모험놀이장 · 유원시설(「관광진흥법」에 따른 유기시설 또는 유기기구) · 발물놀이터 · 뱃놀이터 및 낚시터 그 밖에 이와 유사한 시설 · 도시민의 여가선용을 위한 놀이시설
운동시설	· 「체육시설의 설치 · 이용에 관한 법률 시행령」에서 정하는 운동종목을 위한 운동시설. 다만, 무도학원 · 무도장 및 자동차경주장은 제외하고, 사격장은 실내사격장에 한하며, 골프장은 6홀 이하의 규모에 한한다. · 자연체험장
교양시설	· 도서관 및 독서실, 온실, 야외극장, 문화예술회관, 미술관, 과학관 · 장애인복지관(국가 또는 지방자치단체가 설치하는 경우에 한정),사회복지관(국가 또는 지방자치단체가 설치하는 경우로 한정) 및 「지역보건법」 에 따른 건강생활지원센터 · 청소년수련시설(생활권 수련시설에 한함), 학생기숙사(「대학설립 · 운영규정」에 따른 지원시설 및 「평생교육법」시행령 한정), · 어린이집 – 「영유아보육법」에 따른 국공립어린이집 – 「혁신도시 조성 및 발전에 관한 특별법」에 따른 이전공공기관이 이전한 지역 내 도시공원에 설치하는 「영유아보육법」에 따른 직장어린이집 – 「산업입지 및 개발에 관한 법률」에 따른 국가산업단지, 일반산업단지 또는 도시첨단산업단지 내 도시공원에 설치하는 「영유아보육법」에 따른 직장어린이집에 한정) · 「유아교육법」에 따른 국립유치원 및 공립유치원 · 천체 또는 기상관측시설, 기념비, 옛무덤, 성터, 옛집, 그 밖의 유적 등을 복원한 것으로서 역사적 · 학술적 가치가 높은 시설 · 공연장(「공연법」에 의한 공연장) 및 전시장 · 어린이 교통안전교육장, 재난 · 재해 안전체험장 및 생태학습원(유아숲체험원 및 산림교육센터를 포함) · 민속놀이마당, 정원

구 분	세부시설
편익시설	· 우체통 · 공중전화실 · 휴게음식점[「자동차관리법 시행규칙」에 따른 이동용 음식판매 용도인 소형 · 경형화물자동차에 따른 이동용 음식판매 용도인 특수작업형 특수자동차를 사용한 휴게음식점을 포함한다] · 일반음식점 · 약국 · 수화물예치소 · 전망대 · 시계탑 · 음수장 · 제과점(음식판매자동차를 사용한 제과점을 포함한다) 및 사진관 그 밖에 이와 유사한 시설로서 공원이용객에게 편리함을 제공하는 시설 · 유스호스텔, 선수 전용 숙소, 운동시설 관련 사무실 · 「유통산업발전법」에 따른 대형마트 및 쇼핑센터, 「지역농산물 이용촉진 등 농산물 직거래 활성화에 관한 법률 시행령」에 따른 농산물 직매장
공원 관리시설	· 창고 · 차고 · 게시판 · 표지 · 조명시설 · 폐쇄회로 텔레비전(CCTV) · 쓰레기처리장 · 쓰레기통 · 수도, 우물, 태양에너지설비(건축물 및 주차장에 설치하는 것으로 한정한다)
도시 농업시설	· 도시농업을 위한 시설 · 도시텃밭, 도시농업용 온실 · 온상 · 퇴비장, 관수 및 급수 시설, 세면장, 농기구 세척장,
그 밖의 시설	· 「장사 등에 관한 법률」에 따른 장사시설 · 특별시 · 광역시 · 특별자치시 · 특별자치도 · 시 또는 군(광역시의 관할 구역에 있는 군은 제외한다)의 조례로 정하는 역사 관련 시설 · 동물놀이터 · 국가보훈관계 법령(「국가보훈 기본법」)에 따른 보훈단체가 입주하는 보훈회관 · 무인동력비행장치(「항공안전법 시행규칙」에 따른 무인동력비행장치로서 연료의 중량을 제외한 자체중량이 12킬로그램 이하인 무인헬리콥터 또는 무인멀티콥터를 말한다) 조종연습장

⑤ 녹지

· 「국토의 계획 및 이용에 관한 법률」에 따른 녹지로서 도시지역에서 자연환경을 보전하거나 개선하고, 공해나 재해를 방지함으로써 도시경관의 향상을 도모하기 위하여 도시관리계획으로 결정된 것을 말한다.

2 공원녹지기본계획

1. 공원녹지기본계획의 수립권자

① 특별시장·광역시장·특별자치시장·특별자치도지사 또는 대통령령으로 정하는 시의 시장은 10년을 단위로 하여 관할구역의 도시지역에 대하여 공원녹지의 확충·관리·이용 방향을 종합적으로 제시하는 기본계획을 수립하여야 한다.

② 공원녹지기본계획 수립권자는 제1항에도 불구하고 다음 각 호의 어느 하나에 해당하는 경우에는 공원녹지기본계획을 수립하지 아니할 수 있다.

㉠ 도시기본계획(「국토의 계획 및 이용에 관한 법률」에 따른 도시기본계획을 말한다. 이하 같다)에 포함되어 있어 별도의 공원녹지기본계획을 수립할 필요가 없다고 인정하는 경우

㉡ 「개발제한구역의 지정 및 관리에 관한 특별조치법」의 훼손지 복구계획에 따라 도시공원을 설치하는 경우

㉢ 10만m^2 이하 규모의 도시공원을 새로 조성하는 경우

★ 2. 공원녹지기본계획의 내용

① 포함 내용

> ㉠ 지역적 특성 및 계획의 방향·목표에 관한 사항
> ㉡ 인구, 산업, 경제, 공간구조, 토지이용 등의 변화에 따른 공원녹지의 여건 변화에 관한 사항
> ㉢ 공원녹지의 종합적 배치에 관한 사항
> ㉣ 공원녹지의 축과 망에 관한 사항
> ㉤ 공원녹지의 수요 및 공급에 관한 사항
> ㉥ 공원녹지의 보전·관리·이용에 관한 사항
> ㉦ 도시녹화에 관한 사항
> ㉧ 그 밖에 공원녹지의 확충·관리·이용에 필요한 사항으로서 대통령령으로 정하는 사항
> · 공원녹지기본계획의 시행에 관한 사항
> · 공원녹지기본계획의 시행을 위한 연차별 투자계획 및 재원조달방안
> − 도시공원 조성을 위한 도시·군계획시설사업(「국토의 계획 및 이용에 관한 법률」의 도시·군계획시설사업의 시행 현황과 사업이 시행되지 않은 부지의 필지별 토지이용현황
> · 그 밖에 특별시장·광역시장·특별자치시장·특별자치도지사 또는 시의 시장(공원녹지기본계획 수립권자)이 현지 여건상 필요하다고 인정하는 사항

② 공원녹지기본계획은 도시기본계획에 부합되어야 하며, 공원녹지기본계획의 내용이 도시기본계획의 내용과 다른 경우에는 도시기본계획의 내용이 우선한다.
③ 공원녹지기본계획의 수립기준 등은 대통령령으로 정하는 바에 따라 국토교통부장관이 정한다.

3. 공원녹지기본계획의 수립기준

국토교통부장관은 다음 각 호의 사항을 종합적으로 고려하여 공원녹지기본계획의 수립기준을 정하여야 한다.

① 공원녹지의 보전·확충·관리·이용을 위한 장기발전방향을 제시하여 도시민들의 쾌적한 삶의 기반이 형성되도록 할 것
② 자연·인문·역사 및 문화환경 등의 지역적 특성과 현지의 사정을 충분히 감안하여 실현가능한 계획의 방향이 설정되도록 할 것
③ 자연자원에 대한 기초조사 결과를 토대로 자연자원의 관리 및 활용의 측면에서 공원녹지의 미래상을 예측할 수 있도록 할 것
④ 체계적·지속적으로 자연환경을 유지·관리하여 여가활동의 장이 형성되고 인간과 자연이 공생할 수 있는 연결망을 구축할 수 있도록 할 것
⑤ 장래 이용자의 특성 등 여건의 변화에 탄력적으로 대응할 수 있도록 할 것
⑥ 광역도시계획, 도시기본계획 등 상위계획의 내용과 부합되어야 하고 도시기본계획의 부문별 계획과 조화되도록 할 것
⑦ 도시·군계획시설 설치에 필요한 재원조달방안 등을 검토하여 장기미집행 도시·군계획시설이 발생하지 않도록 할 것

4. 공원녹지기본계획의 수립을 위한 기초조사

① 공원녹지기본계획 수립권자는 공원녹지기본계획을 수립하거나 변경하려면 미리 인구, 경제, 사회, 문화, 토지이용, 공원녹지, 환경, 기후, 그 밖에 대통령령으로 정하는 사항 중 해당 공원녹지기본계획의 수립 또는 변경에 필요한 사항을 대통령령으로 정하는 바에 따라 조사하거나 측량하여야 한다.

> ㉠ 경관 및 방재
> ㉡ 상위계획 등 관련 계획
> ㉢ 지형·생태자원·지질·토양·수계 및 소규모 생물서식공간 등 자연적 여건
> • 도시공원 조성을 위한 도시·군계획시설사업의 시행 현황 및 사업이 시행되지 않은 부지의 필지별 토지이용현황
> ㉣ 그 밖에 공원녹지기본계획수립권자가 공원녹지기본계획의 수립 또는 변경을 위하여 필요하다고 인정하는 사항

② 공원녹지기본계획 수립권자는 효율적인 조사 또는 측량을 위하여 필요한 경우에는 조사 또는 측량을 전문기관에 의뢰할 수 있다.

5. 공청회 및 지방의회의 의견청취

① 공원녹지기본계획 수립권자는 공원녹지기본계획을 수립하거나 변경하려면 미리 공청회를 열어 주민과 관계 전문가 등으로부터 의견을 들어야 한다.

② 공원녹지기본계획 수립권자는 공원녹지기본계획을 수립하거나 변경하기 전에 도시공원위원회에 자문할 수 있다.

6. 공원녹지기본계획의 수립

① 특별시장·광역시장·특별자치시장 또는 특별자치도지사가 공원녹지기본계획을 수립하려는 경우에는 관계 행정기관의 장과 협의한 후 「국토의 계획 및 이용에 관한 법률」에 따른 지방도시계획위원회의 심의를 거쳐야 한다.

② 시의 시장이 공원녹지기본계획을 수립하거나 변경하려면 대통령령으로 정하는 바에 따라 도지사의 승인을 받아야 한다. 이 경우 도지사는 공원녹지기본계획을 승인하려면 관계 행정기관의 장과 협의한 후 지방도시계획위원회의 심의를 거쳐야 한다.

7. 공원녹지기본계획의 효력 및 정비

① 도시관리계획(「국토의 계획 및 이용에 관한 법률」 중 도시공원 및 녹지에 관한 도시관리계획은 공원녹지기본계획에 부합되어야 한다.

② 공원녹지기본계획 수립권자는 5년마다 관할구역의 공원녹지기본계획에 대하여 그 타당성을 전반적으로 재검토하여 이를 정비하여야 한다.

2 도시녹화 및 도시공원·녹지의 확충

1. 도시녹화계획

① 공원녹지기본계획에 따라 그가 관할하는 도시지역의 일부에 대하여 도시녹화에 관한 계획을 수립하여야 한다.

② 도시녹화계획에는 「산림기본법」에 따라 도시지역의 녹지를 체계적으로 관리하기 위하여 수립된 시책이 반영되어야 한다.

③ 공원녹지기본계획 수립권자는 도시녹화계획을 수립할 때에는 해당 도시공원위원회의 심의를 거쳐야 한다.

④ 도시녹화계획의 수립기준과 그 밖에 필요한 사항은 대통령령으로 정하는 바에 따라 특별시·광역시·특별자치시·특별자치도 또는 시의 조례로 정한다.

> ㉠ 도시·군기본계획 및 공원녹지기본계획을 통하여 수립된 도시녹화와 관련된 계획을 바탕으로 녹지의 보전 및 확충이 특별히 필요한 지역을 설정하고 도시녹화에 관한 정비계획을 수립할 수 있도록 할 것
> ㉡ 도시녹화계획이 도시의 녹지배치계획 및 녹지망형성계획과 상호 연계성을 가질 수 있도록 도시녹화의 대상에 대한 목표량, 목표기간 등 기본방향을 설정·제시하도록 할 것
> ㉢ 도시녹화가 필요한 장소 및 도시녹화가 가능한 장소 등의 입지를 선정하고 법 규정에 의한 녹지활용계약 및 법에 의한 녹화계약을 체결할 수 있는 지역을 조사·선정할 수 있도록 할 것

2. 녹지활용계약

① 특별시장·광역시장·특별자치시장·특별자치도지사·시장 또는 군수는 도시민이 이용할 수 있는 공원녹지를 확충하기 위하여 필요한 경우에는 도시지역의 식생 또는 임상(林床)이 양호한 토지의 소유자와 그 토지를 일반 도시민에게 제공하는 것을 조건으로 해당 토지의 식생 또는 임상의 유지·보존 및 이용에 필요한 지원을 하는 것을 내용으로 하는 계약을 체결할 수 있다.

② 녹지활용계약을 체결한 토지에 대하여 녹지활용계약이 체결된 지역임을 알리는 안내표지를 설치하여야 한다.

③ 녹지활용계약의 체결기준

㉠ 종합적 고려사항

> · $300m^2$ 이상의 면적인 단일토지일 것. 다만, 특별시·광역시·시 또는 군의 조례로 지역 여건에 맞게 $300m^2$ 미만의 면적인 토지 또는 단일토지가 아닌 토지도 녹지활용계약의 대상으로 정함
> · 녹지가 부족한 도시지역(「국토의 계획 및 이용에 관한 법률」에 의한 도시지역을 말하며, 동법에 의한 관리지역에 지정된 지구단위계획구역을 포함) 안에 임상이 양호한 토지 및 녹지의 보존 필요성은 높으나 훼손의 우려가 큰 토지 등 녹지활용계약의 체결 효과가 높은 토지를 중심으로 선정된 토지일 것
> · 사용 또는 수익을 목적으로 하는 권리가 설정되어 있지 아니한 토지일 것

㉡ 녹지활용계약기간은 5년 이상으로 하되, 최초의 계약 당시 토지의 상태에 따라 계약기간을 조정할 수 있도록 할 것

㉢ 녹지활용계약을 체결시 필요한 사항

- 녹지활용계약의 대상이 되는 토지의 구역(주소·소유자·면적 및 지목 등을 포함한다)
- 산책로·광장 등 녹지를 이용하는 일반 도시민의 편리함을 위하여 필요한 시설의 설치 및 정비에 관한 사항
- 녹지의 보전에 필요한 시설의 설치 및 정비에 관한 사항
- 녹지관리의 방법에 관한 사항
- 녹지활용계약의 변경 또는 해지에 관한 사항
- 녹지활용계약에 위반한 경우의 조치 등에 관한 사항
- 녹지활용계약시 재산세의 감면, 시설의 설치·유지 및 관리에 필요한 비용의 일부보조 등 지원 방안에 관한 사항
- 도시계획시설 중 도시공원 및 녹지로 결정된 토지에 녹지활용계약을 10년 이상 지속하는 경우 당해 토지의 매수에 관한 사항
- 그 밖에 특별시장·광역시장·시장 또는 군수가 필요하다고 인정하는 사항

3. 녹화계약

① 특별시장·광역시장·특별자치시장·특별자치도지사·시장 또는 군수는 도시녹화를 위하여 필요한 경우에는 도시지역의 일정 지역의 토지 소유자 또는 거주자와 다음 각 호의 어느 하나에 해당하는 조치를 하는 것을 조건으로 묘목의 제공 등 그 조치에 필요한 지원을 하는 것을 내용으로 하는 계약을 체결할 수 있다.

㉠ 수림대 등의 보호
㉡ 해당 지역의 면적 대비 식생 비율의 증가
㉢ 해당 지역을 대표하는 식생의 증대

② 녹화계약의 체결 등에 필요한 사항은 대통령령으로 정하는 바에 따라 특별시·광역시·특별자치시·특별자치도·시 또는 군의 조례로 정한다.

③ 녹화계약의 체결기준

㉠ 종합적 고려사항

- 녹화계약은 도시지역 안의 일정지역의 토지소유자 또는 거주자의 자발적 의사나 합의를 기초로 특별시장·광역시장·특별자치시장·특별자치도지사·시장 또는 군수가 도시녹화에 필요한 지원을 하는 협정 형식을 취할 것
- 토지소유자 또는 거주자 중 일부가 협정을 위반하는 경우에는 토지소유자 또는 거주자가 자치적으로 해결할 수 있도록 하고, 협정 위반에 대한 토지소유자 또는 거주자의 자치적 해결이 불가능하거나 협정 위반의 상태가 6월을 초과하여 지속되는 경우에는 녹화계약을 해지할 수 있도록 할 것
- 녹화계약구역은 구획 단위로 하는 것을 원칙으로 하고, 녹화계약기간은 5년 이상으로 할 것
- 대상이 되는 도시녹화의 범위는 주위 환경과의 어울림을 고려하되, 인근 주민의 재산권을 침해하여서는 안된다.

㉡ 녹화계약을 체결 시 필요한 사항

- 심어 가꾸는 수목 등의 종류·수(數) 및 장소에 관한 사항
- 심어 가꾸는 수목 등의 관리에 관한 사항
- 도시녹화의 관리기간에 관한 사항
- 녹화계약의 변경 또는 해지에 관한 사항
- 녹화계약에 위반한 경우의 조치 등에 관한 사항
- 묘목 등 도시녹화재료의 제공 및 행정적·재정적 지원 등 도시녹화에 필요한 지원에 관한 사항
- 녹화계약지역의 경계표시 등에 관한 사항
- 묘목 등 도시녹화재료의 소유권 및 권리에 관한 사항

표. 녹지활용계약과 녹화계약 비교

구분	녹지활용계약	녹화계약
개념	식생 또는 임상이 양호한 토지의 소유자와 해당 토지를 일반 도시민에게 제공하는 것을 조건으로 해당 토지의 식생 또는 임상의 유지·보존 및 이용에 필요한 지원을 하는 것을 내용으로 하는 계약	도시녹화를 위해 토지소유자 또는 거주자와 묘목의 제공 등 필요한 지원을 하는 것을 내용으로 하는 계약
대상지 조건	· $300m^2$ 이상의 면적인 단일토지일 것 · 녹지가 부족한 도시지역 안에 임상(林床)이 양호한 토지 및 녹지의 보존 필요성은 높으나 훼손의 우려가 큰 토지 등 녹지활용계약의 체결 효과가 높은 토지를 중심으로 선정된 토지 일 것 · 사용 또는 수익을 목적으로 하는 권리가 설정되어 있지 아니한 토지일 것	· 토지소유자 또는 거주자의 자발적 의사나 합의를 기초로 도시녹화에 필요한 지원을 하는 협정 형식을 취할 것. · 협정 위반의 상태가 6월을 초과하여 지속되는 경우에는 녹화계약을 해지 · 녹화계약구역은 구획 단위로 함
계약기간	5년 이상(토지 상황에 따라 조정 가능)	5년 이상

4. 도시공원 또는 녹지의 확보

① 다음 각 호의 계획으로서 대통령령으로 정하는 규모 이상의 개발을 수반하는 개발계획을 수립하는 자는 국토교통부령으로 정하는 기준에 따라 도시공원 또는 녹지의 확보계획을 개발계획에 포함하여야 한다.

㉠ 「도시개발법」에 따른 개발계획
㉡ 「주택법」에 따른 주택건설사업계획 또는 대지조성사업계획
㉢ 「도시 및 주거환경정비법」에 따른 정비계획
㉣ 산업입지 및 개발에 관한 법률」에 따른 산업단지개발사업의 시행을 위한 개발계획
㉤ 「택지개발촉진법」에 따른 택지개발계획
㉥ 「유통산업발전법」에 따른 공동집배송센터의 사업계획
㉦ 「지역균형개발 및 지방중소기업 육성에 관한 법률」에 따른 지역종합개발계획
㉧ 다른 법률에 따라 ㉠부터 ㉧까지의 개발계획을 수립하거나 그 승인을 받은 것으로 보는 사업 중 주거·상업·공업을 목적으로 단지를 조성하는 사업의 개발계획
㉨ 그 밖의 개발계획으로서 다른 법률에 따라 주거·상업 또는 공업을 목적으로 단지를 조성하는 사업의 개발계획

② 개발계획에 포함되는 도시공원 또는 녹지는 해당 개발사업의 시행자가 자기의 부담으로 조성한다.

③ 도시공원 또는 녹지의 확보계획을 포함하여야 하는 개발계획

㉠ 1만m^2 이상의 도시개발사업
㉡ 1천세대 이상의 주택건설사업
㉢ 10만m^2 이상의 대지조성사업
㉣ 5만m^2 이상의 주택재개발사업·주택재건축사업 및 도시환경정비사업
㉤ 산업단지개발부지 중 주거용도로 계획된 면적이 1만m^2 이상인 사업
㉥ 10만m^2 이상의 택지개발사업
㉦ 공동집배송센터사업 중 주거용도로 계획된 면적이 10만m^2 이상인 사업
㉧ 지역종합개발사업 중 주거용도로 계획된 면적이 10만m^2 이상인 사업
㉨ 다른 법률에 따라 ㉠부터 ㉧까지의 각 개발계획의 규모에 해당되는 사업
㉩ 그 밖의 개발계획으로서 다른 법률에 따라 주거·상업 또는 공업을 목적으로 단지를 조성하는 사업의 개발계획
- 개발사업부지 면적이 5만m^2 이상인 사업
  - 「공공주택 특별법」 공공주택사업의 공공주택지구조성사업일 것
  - 쪽방 거주자를 포함한 주거취약계층(「주거기본법」에 따라 국토교통부장관이 공고한 최저주거 기준에 미달하는 곳에 거주하는 사람)의 주거안정을 목적으로 하는 사업일 것
- 위의 외의 개발계획: 개발사업부지 중 주거용도로 계획된 면적이 1만m^2 이상인 사업

★ 5. 도시공원 또는 녹지의 확보 기준

개발계획 규모별로 개발계획에 포함하여야 하는 도시공원 또는 녹지는 아래 표에서 정하는 기준 이상이어야 한다.

표. 개발계획 규모별 도시공원 또는 녹지의 확보기준

기준 / 개발계획	도시공원 또는 녹지의 확보기준
「도시개발법」에 의한 개발계획	· 1만m^2 이상 30만m^2 미만의 개발계획 : 상주인구 1인당 3m^2 이상 또는 개발 부지면적의 5 퍼센트 이상 중 큰 면적 · 30만m^2 이상 100만m^2 미만의 개발계획 : 상주인구 1인당 6m^2 이상 또는 개발 부지면적의 9퍼센트 이상 중 큰 면적 · 100만m^2 이상 : 상주인구 1인당 9m^2 이상 또는 개발 부지면적의 12퍼센트 이상 중 큰 면적
「주택법」에 의한 주택건설사업계획	1천세대 이상의 주택건설사업계획 : 1세대당 3m^2 이상 또는 개발 부지면적의 5퍼센트 이상 중 큰 면적
「주택법」에 의한 대지조성사업계획	10만m^2 이상의 대지조성사업계획 : 1세대당 3m^2 이상 또는 개발 부지면적의 5퍼센트 이상 중 큰 면적

개발계획 \ 기준	도시공원 또는 녹지의 확보기준
「도시 및 주거 환경 정비법」에 의한 정비계획	5만m^2 이상의 정비계획 : 1세대당 2m^2 이상 또는 개발 부지면적의 5퍼센트 이상 중 큰 면적
「산업입지 및 개발에 관한 법률」에 의한 개발계획	전체계획구역에 대하여는 「기업활동 규제완화에 관한 특별조치법」 제21조의 규정에 의한 공공녹지 확보기준을 적용한다.
「택지개발촉진법」에 의한 택지개발 계획	· 10만m^2 이상 30만m^2 미만의 개발계획 : 상주인구 1인당 6m^2 이상 또는 개발 부지면적의 12퍼센트 이상 중 큰 면적 · 30만m^2 이상 100만m^2 미만의 개발계획 : 상주인구 1인당 7m^2 이상 또는 개발 부지면적의 15퍼센트 이상 중 큰 면적 · 100만m^2 이상 330만m^2 미만의 개발계획 : 상주인구 1인당 9m^2 이상 또는 개발 부지면적의 18퍼센트 이상 중 큰 면적 · 330만m^2 이상의 개발계획 : 상주인구 1인당 12m^2 이상 또는 개발 부지면적의 20퍼센트 이상 중 큰 면적
「유통산업발전법」에 의한 사업계획	· 주거용도로 계획된 지역 : 상주인구 1인당 3m^2 이상 · 전체계획구역에 대하여는 「산업입지 및 개발에 관한 법률」 제5조의 규정에 의하여 작성된 산업입지개발지침에서 정한 공공녹지 확보기준을 적용한다.
「지역균형개발 및 지방중소기업 육성에 관한 법률」에 의한 개발계획	· 주거용도로 계획된 지역 : 상주인구 1인당 3m^2 이상 · 전체계획구역에 대하여는 「산업입지 및 개발에 관한 법률」 제5조의 규정에 의하여 작성된 산업입지개발지침에서 정한 공공녹지 확보기준을 적용한다.
법 제9호에 따른 그 밖의 개발계획	주거용도로 계획된 지역 : 상주인구 1명당 3m^2 이상

★★ 6. 도시공원의 면적기준

하나의 도시지역 안에 있어서의 도시공원의 확보기준은

① 해당도시지역 안에 거주하는 주민 1인당 6m^2 이상으로 하고
② 개발제한구역 및 녹지지역을 제외한 도시지역 안에 있어서의 도시공원의 확보기준은 해당도시지역 안에 거주하는 주민 1인당 3m^2 이상으로 한다.

3 도시공원의 설치 및 관리

★★ 1. 도시공원의 세분 및 규모

① 도시공원은 그 기능 및 주제에 의하여 다음과 같이 세분한다.
② 국가도시공원 : 도시공원 중 국가가 지정하는 공원

구 분	지정요건
도시공원 부지	· 도시공원 부지 면적이 300만m^2 이상일 것 · 지방자치단체(공원관리청이 속한 지방자치단체를 말함)가 해당 도시공원 부지 전체의 소유권을 확보(「지방재정법」에 따른 중기지방재정계획에 5년 이내에 부지 전체의 소유권 확보를 위한 계획이 반영되어 있는 경우를 포함)하였을 것
운영 및 관리	· 공원관리청이 직접 해당 도시공원을 관리할 것 · 해당 도시공원의 관리를 전담하는 조직이 구성되어 있을 것 · 나목의 조직에는 방문객에 대한 안내·교육을 담당하는 1명 이상의 전문인력을 포함하여 8명 이상의 전담인력이 있을 것 · 해당 도시공원의 운영·관리 등에 관한 사항을 해당 지방자치단체의 조례로 정하여 관리하고 있을 것
공원시설	· 도로·광장, 조경시설, 휴양시설, 편익시설, 공원관리시설을 포함하여 해당 도시공원의 기능 유지에 필요한 공원시설이 적절한 규모로 설치되어 있을 것 · 장애인, 노인, 임산부 등 교통약자가 편리하게 이용할 수 있도록 편의시설이 설치되어 있을 것

③ 생활권공원 : 도시생활권의 기반공원 성격으로 설치·관리되는 공원

소공원	소규모 토지를 이용하여 도시민의 휴식 및 정서함양을 도모하기 위하여 설치하는 공원
어린이공원	어린이의 보건 및 정서생활의 향상에 기여함을 목적으로 설치된 공원
근린공원	근린거주자 또는 근린생활권으로 구성된 지역생활권 거주자의 보건·휴양 및 정서생활의 향상에 기여함을 목적으로 설치된 공원

④ 주제공원 : 생활권공원 외에 다양한 목적으로 설치되는 공원

역사공원	도시의 역사적 장소나 시설물, 유적·유물 등을 활용하여 도시민의 휴식·교육을 목적으로 설치하는 공원
문화공원	도시의 각종 문화적 특징을 활용하여 도시민의 휴식·교육을 목적으로 설치하는 공원
수변공원	도시의 하천변·호수변 등 수변공간을 활용하여 도시민의 여가·휴식을 목적으로 설치하는 공원
묘지공원	묘지이용자에게 휴식 등을 제공하기 위하여 일정한 구역 안에 「장사 등에 관한 법률」의 규정에 의한 묘지와 공원시설을 혼합하여 설치하는 공원
체육공원	주로 운동경기나 야외활동 등 체육활동을 통하여 건전한 신체와 정신을 배양함을 목적으로 설치하는 공원
도시농업공원	도시민의 정서순화 및 공동체의식 함양을 위하여 도시농업을 주된 목적으로 설치하는 공원
방재공원	지진 등 재난발생 시 도시민 대피 및 구호 거점으로 활용될 수 있도록 설치하는 공원
그 밖에 특별시·광역시·특별자치시·도·특별자치도 또는 「지방자치법」 에 따른 서울특별시·광역시 및 특별자치시를 제외한 인구 50만 이상 대도시의 조례로 정하는 공원	

2. 공원시설의 설치 및 규모의 기준

① 일반사항

㉠ 도시공원이 지니고 있는 기능이 서로 조화될 수 있도록 해당도시지역 전반에 걸친 환경보전, 휴양·오락, 재해방지·공해완화 등을 종합적으로 검토하여 도시공원이 균형있게 분포되도록 하여야 한다.

㉡ 이용계획상 또는 이미 시가지가 조성되어 새로이 도시공원을 설치하는 것이 어려운 지역에는 그 면적을 기준 이하로 설치할 수 있다.

㉢ 새로이 설치하는 도시공원의 유치권 안에 이미 설치되어 있는 도시공원이 새로이 설치하는 도시공원과 같은 기능을 하거나 같은 기능을 포함한 복합기능을 하는 경우 새로이 설치하는 도시공원의 유치거리 및 규모는 새로이 설치하는 도시공원의 기능에 지장이 없는 범위 안에서 기준 이하로 할 수 있다.

㉣ 도시공원은 공원이용자가 안전하고 원활하게 도시공원에 모였다가 흩어질 수 있도록 원칙적으로 3면 이상이 도로에 접하도록 설치되어야 한다. 다만, 도시공원의 입지상 불가피한 경우로서 이용자가 안전하고 원활하게 도시공원에 모였다가 흩어지는데 지장이 없는 때에는 그러하지 아니하다.

㉤ 도시공원의 경계는 가급적 식별이 명확한 지형·지물을 이용하거나 주변의 토지이용과 확실히 구별할 수 있는 위치로 정하여야 한다.

② 도시공원의 설치 및 규모의 기준

표. 도시공원의 설치 및 규모의 기준

<table>
<tr><th colspan="2">유형</th><th>설치기준</th><th>유치거리</th><th>면적</th></tr>
<tr><td colspan="5">생활권 공원</td></tr>
<tr><td colspan="2">소공원</td><td>제한 없음</td><td>제한없음</td><td>제한없음</td></tr>
<tr><td colspan="2">어린이공원</td><td>제한 없음</td><td>250m</td><td>1500m² 이상</td></tr>
<tr><td rowspan="4">근린공원</td><td>근린생활권 근린공원</td><td>제한 없음</td><td>500m 이하</td><td>10,000m² 이상</td></tr>
<tr><td>도보권 근린공원</td><td>제한 없음</td><td>1,000m 이하</td><td>30,000m² 이상</td></tr>
<tr><td>도시지역권 근린공원(도시지역 안에 거주하는 전체 주민의 종합적인 이용에 제공할 것을 목적으로 하는 근린공원)</td><td>해당도시공원의 기능을 충분히 발휘할 수 있는 장소에 설치</td><td>제한없음</td><td>100,000m² 이상</td></tr>
<tr><td>광역권 근린공원 (하나의 도시지역을 초과하는 광역적인 이용에 제공할 것을 목적으로 하는 근린공원)</td><td>해당도시공원의 기능을 충분히 발휘할 수 있는 장소에 설치</td><td>제한없음</td><td>1,000,000m² 이상</td></tr>
</table>

유형	설치기준	유치거리	면적
	주제공원		
역사공원	제한 없음	제한없음	제한없음
문화공원	제한 없음	제한없음	제한없음
수변공원	하천·호수 등의 수변과 접하고 있어 친수공간을 조성할 수 있는 곳에 설치	제한없음	제한없음
묘지공원	정숙한 장소로 장래 시가화가 예상되지 아니하는 자연녹지지역에 설치	제한없음	100,000m² 이상
체육공원	해당도시공원의 기능을 충분히 발휘할 수 있는 장소에 설치	제한없음	10,000m² 이상
도시농업공원	해당도시공원의 기능을 충분히 발휘할 수 있는 장소에 설치	제한없음	10,000m² 이상
	제한없음	제한없음	제한없음

3. 공원조성계획의 입안

① 입안권자: 해당 도시공원이 위치한 행정구역을 관할하는 특별시장·광역시장·특별자치도지사·시장 또는 군수

② 특별시장·광역시장·특별자치시장·특별자치도지사·시장 또는 군수가 아닌 자(민간공원추진자)는 도시공원의 설치에 관한 도시·군관리계획이 결정된 도시공원에 대하여 자기의 비용과 책임으로 그 공원을 조성하는 내용의 공원조성계획을 입안하여 줄 것을 특별시장·광역시장·특별자치시장·특별자치도지사·시장 또는 군수에게 제안할 수 있다

③ 공원조성계획을 신속히 입안할 필요가 있는 경우에는 공원녹지기본계획의 수립 또는 도시공원의 결정에 관한 도시·군관리계획의 입안과 함께 공원조성계획 수립을 위한 도시·군관리계획을 입안할 수 있다. 이 경우 해당 계획의 수립·승인·결정을 위한 다음 각 호의 심의는 대통령령으로 정하는 바에 따라 시·도도시공원위원회와 「국토의 계획 및 이용에 관한 법률」에 따른 시·도도시계획위원회의 공동 심의로 갈음할 수 있다.

4. 공원조성계획의 수립기준

① 공원녹지기본계획의 내용이 반영되어야 하고 녹지공간배치 등과 연계성이 있어야 하며 해당공원의 기능이 수행되도록 할 것

② 세부적인 공원시설 설치계획에 대하여는 주민의 의견이 최대한 반영되도록 할 것

③ 공원조성계획에 다음 각 목의 사항이 포함되도록 할 것

> ㉠ 개발목표 및 개발방향
> ㉡ 자연·인문·관광환경에 대한 조사 및 분석 자료
> ㉢ 필지별 토지 소유 및 이용현황
> ㉣ 공원조성에 따른 토지의 이용, 동선, 공원시설의 배치, 범죄 예방, 상수도·하수도·쓰레기처리장·주차장 등의 기반시설, 조경 및 식재 등에 대한 부문별 계획
> ㉤ 공원조성에 따른 영향 및 효과

ⓗ 공원조성을 위한 연차별 집행계획 및 재원조달방안
ⓗ 공원시설이 아닌 시설의 설치계획이 있는 경우에는 그 설치계획(도시공원 부지에서의 개발행위 등에 관한 특례의 비공원시설)

5. 공원조성계획의 결정

① 공원조성계획은 도시관리계획으로 결정하여야 한다. 이 경우 「국토의 계획 및 이용에 관한 법률」에 따른 관계 행정기관의 장과의 협의를 생략할 수 있으며, 시·도도시계획위원회의 심의는 시·도도시공원위원회 심의로 갈음한다.

② 공원조성계획을 변경하는 경우에는 제1항을 준용한다. 다만, 공원조성계획의 변경에 관하여 주민의견을 청취하려는 때에는 공보와 해당 특별시·광역시·특별자치도·시 또는 군의 인터넷 홈페이지 등에 공고하고, 14일 이상 일반인이 열람할 수 있도록 하여야 한다.

③ 공원조성계획의 변경내용이 해당 공원의 주제 또는 특색에 변화를 초래하지 아니하고 다음 각 호에 해당하는 경우에는 시·도도시공원위원회의 심의와 주민의견 청취절차를 생략할 수 있다.
  ㉠ 공원시설부지면적의 10퍼센트 미만의 범위에서 변경(공원시설부지 중 변경되는 부분의 면적의 규모가 3만m^2 이하인 경우)
  ㉡ 소규모 공원시설의 설치 등 경미한 변경에 해당하는 행위로서 대통령령으로 정하는 사항
  ㉢ 공원조성계획의 수립기준, 그 밖에 필요한 사항은 국토교통부령으로 정한다.

④ 공원조성계획의 경미한 변경
  ㉠ 휴게소, 긴 의자, 화장실, 울타리, 담장, 게시판, 표지 및 쓰레기통 등 33m^2 이하의 공원시설의 설치
  ㉡ 공원시설의 위치 변경
  ㉢ 그 밖에 특별시·광역시·특별자치도·시 또는 군의 조례로 정하는 사항

6. 도시공원 결정의 실효

① 도시공원의 설치에 관한 도시·군관리계획결정은 그 고시일부터 10년이 되는 날까지 공원조성계획의 고시가 없는 경우에는 「국토의 계획 및 이용에 관한 법률」에도 불구하고 그 10년이 되는 날의 다음 날에 그 효력을 상실한다.

② 공원조성계획을 고시한 도시공원 부지 중 국유지 또는 공유지는 「국토의 계획 및 이용에 관한 법률」에도 불구하고 같은 조에 따른 도시공원 결정의 고시일부터 30년이 되는 날까지 사업이 시행되지 아니하는 경우 그 다음 날에 도시공원 결정의 효력을 상실한다. 다만, 국토교통부장관이 대통령령으로 정하는 바에 따라 도시공원의 기능을 유지할 수 없다고 공고한 국유지 또는 공유지는 「국토의 계획 및 이용에 관한 법률」을 적용한다.

③ 제2항 본문에 따라 도시공원 결정의 효력이 상실될 것으로 예상되는 국유지 또는 공유지의 경우 대통령령으로 정하는 바에 따라 10년 이내의 기간을 정하여 1회에 한정하여 도시공원 결정의 효력을 연장할 수 있다.

④ 시·도지사 또는 대도시 시장은 제1항부터 제3항까지의 규정에 따라 도시공원 결정의 효력이 상실되었을 때에는 대통령령으로 정하는 바에 따라 지체 없이 그 사실을 고시하여야 한다.

7. 공원조성계획의 정비

① 특별시장·광역시장·시장 또는 군수는 공원조성계획이 결정·고시된 후 주변의 토지이용이 현저하게 변화되거나 대통령령이 정하는 요건에 의한 주민 요청이 있는 때에는 공원조성계획의 타당성 여부를 전반적으로 재검토하여 필요한 경우 이를 정비하여야 한다.

② 공원조성계획의 정비를 요청할 수 있는 주민의 요건

소공원 및 어린이공원	공원구역 경계로부터 250m 이내에 거주하는 주민 500명 이상의 요청
소공원 및 어린이공원 외의 공원	공원구역 경계로부터 500m 이내에 거주하는 주민 2천명 이상의 요청

8. 공원시설의 설치 및 관리

① 도시공원은 특별시장·광역시장·특별자치시장·특별자치도지사·시장 또는 군수가 공원조성계획에 따라 설치·관리한다.

② 둘 이상의 행정구역에 걸쳐 있는 도시공원의 관리자 및 그 관리방법은 관계 특별시장·광역시장·특별자치시장·특별자치도지사·시장 또는 군수가 협의하여 정한다.

③ 공원시설 변경 시 미리 공원조성계획을 수립하여야 하는 공원시설

㉠ 골프장(골프연습장을 포함한다)

㉡ 기존 공원시설 보다 규모(건축연면적을 말함)가 큰 공원시설

④ 공원시설의 설치·관리기준

★ ㉠ 필수시설 및 관리시설

- 필수시설 : 도로·광장 및 공원관리시설
- 공원관리시설 : 어린이공원의 경우에는 근린생활권 단위별로 1개의 공원관리시설을 설치하여 이를 통합하여 관리할 수 있다.
- 소공원 및 어린이공원의 경우에는 설치하지 않을 수 있음

★ ㉡ 공원시설 설치기준

소공원	조경시설, 휴양시설 중 긴 의자, 유희시설, 운동시설 중 철봉·평행봉 등 체력단련시설, 교양시설 중 도서관(높이 1층, 면적 33m² 이하), 편익시설 중 음수장·공중전화실에 한정할 것	
어린이공원	조경시설, 휴양시설(경로당 및 노인복지관은 제외), 유희시설, 운동시설, 교양시설 중 도서관(높이 1층, 면적 33m² 이하만 해당), 편익시설 중 화장실·음수장·공중전화실로 하며, 어린이의 이용을 고려할 것. 다만, 휴양시설 중 경로당과 교양시설 중 어린이집으로서 도시공원법시행규칙 전부개정령의 시행일(2005년 12월 30일) 당시 설치 중이었거나 설치가 완료된 경로당 또는 어린이집은 증축(증축되는 면적은 2005년 12월 30일 당시 설치 중이었거나 설치가 완료된 연면적 이하)·재축·개축 및 대수선이 가능함	
근린공원	근린생활권 근린공원·도보권 근린공원	·일상의 옥외 휴양·오락·학습 또는 체험 활동 등에 적합한 조경시설·휴양시설·유희시설·운동시설·교양시설·편익시설·도시농업시설 및 그 밖의 시설(장사시설·역사관련시설·무인동력비행장치는 제외함)로 하며, 원칙적으로 연령과 성별의 구분 없이 이용할 수 있도록 할 것.

근린공원	근린생활권 근린공원·도보권 근린공원	· 휴양시설 중 수목원의 시설로서 「수목원·정원의 조성 및 진흥에 관한 법률」에 따라 도시공원을 관리하는 특별시장·광역시장·특별자치시장·특별자치도지사·시장 또는 군수가 관할 도시공원위원회의 심의를 거쳐 필요하다고 인정하는 경우에 한정
	근린공원 중 도시지역권 근린공원 및 광역권 근린공원	· 주말의 옥외 휴양·오락·학습 또는 체험 활동등에 적합한 조경시설·휴양시설·유희시설·운동시설·교양시설·편익시설·도시농업시설 및 그 밖의 시설(장사시설·역사관련시설·무인동력비행장치는 제외함)등 전체 주민의 종합적인 이용에 제공할 수 있는 공원시설로 하며, 원칙적으로 연령과 성별의 구분없이 이용할 수 있도록 할 것. · 휴양시설 중 수목원의 시설로서 「수목원·정원의 조성 및 진흥에 관한 법률」의 각 목의 시설의 경우에는 공원관리청이 관할 도시공원위원회의 심의를 거쳐 필요하다고 인정하는 경우에 한정
역사공원	역사자원의 보호·관람·안내를 위한 시설로서 조경시설·휴양시설(경로당 및 노인복지관을 제외)·운동시설·교양시설·편익시설 및 역사 관련 시설	
문화공원	문화자원의 보호·관람·이용·안내를 위한 시설로서 조경시설·휴양시설(경로당 및 노인복지관은 제외)·운동시설·교양시설·편익시설 및 동물놀이터	
수변공원	수변공간과 조화를 이룰 수 있는 시설로서 조경시설·휴양시설(경로당 및 노인복지관은 제외)·운동시설·교양시설(온실, 전시장, 생태학습원으로 한정)·편익시설(일반음식점은 제외) 및 도시농업시설로 하며 수변공간의 오염을 초래하지 않는 범위 안에서 설치할 것	
묘지공원	주로 묘지 이용자를 위하여 필요한 조경시설·휴양시설·편익시설과 그 밖의 시설 중 「장사 등에 관한 법률」에 따른 장사시설로 하며 정숙한 분위기를 저해하지 아니하는 범위 안에서 설치할 것	
체육공원	조경시설·휴양시설(경로당 및 노인복지관은 제외)·유희시설·운동시설·교양시설(옛무덤, 성터, 옛집, 그 밖의 유적 등을 복원한 것으로서 역사적·학술적 가치가 높은 시설, 공연장, 전시장, 과학관, 미술관, 박물관 및 문화예술회관으로 한정)·편익시설 및 동물놀이터(특별시·광역시·특별자치시·특별자치도·시 또는 군의 조례로 설치를 허용하는 경우에 한정)로 하되, 원칙적으로 연령과 성별의 구분 없이 이용할 수 있도록 할 것. 이 경우 운동시설에는 체력단련시설을 포함한 3종목 이상의 시설을 필수적으로 설치	
도시농업공원	도시농업공간과 조화를 이룰 수 있는 시설로서 조경시설·휴양시설(경로당 및 노인복지회관은 제외)·운동시설·교양시설·편익시설 및 도시농업시설로 할 것	
시조례 공원	조경시설·휴양시설·교양시설·편익시설 및 그 밖의 시설(장사시설·역사관련시설)로 할 것. 이 경우 무인동력비행장치 조종연습장은 설치 및 관리기준을 준수해야 함.	

· 공원시설이 설치되어 있지 아니한 도시공원의 부지에 대하여는 해당공원시설과 조화를 이룰 수 있도록 나무·잔디 그 밖의 지피식물 등으로 녹화하여야 한다.
· 공원시설 중 신체장애인·노약자 또는 어린이의 이용을 겸하는 시설에 대하여는 그 이용에 지장이 없는 구조로 하거나 장치를 하여야 하며 해당시설로의 접근이 용이하도록 하여야 한다.

⑤ 무인동력비행장치 조종연습장의 설치 및 관리기준

설치기준	· 공원 주변의 다른 시설 또는 자연환경과 조화를 이루는 지역일 것 · 공원 내 다른 시설이용자에 대한 소음피해 및 안전사고를 방지하는데 적합한 최적의 위치를 고려할 것 · 주변에 주택 및 상업시설이 없거나 충분한 거리를 두어 비행소음 등으로 인한 주민 피해가 없도록 할 것 · 설치 이후 주택의 신축 등으로 인한 주민 입주 등 주변 지역의 변화에 따라 소음피해가 발생하거나 예견되는 경우에는 방음시설의 설치 등 적절한 조치를 취할 것 · 조종연습장을 이용하는 차량의 무분별한 주차행위 및 교통난의 방지를 위하여 공원 안 또는 밖에 주차장을 확보할 것 · 비행장소 이탈방지 등 안전확보를 위해 바닥면을 제외한 나머지 면은 무인동력비행장치가 조종연습장 밖으로 나가는 것을 막기 위하여 그물망을 설치하는 등 안전조치를 취할 것. 다만, 조종연습장을 지붕과 벽이 있는 건축물로 지어진 경우는 제외함
관리기준	· 이용시간대별 적정 시설이용자 수를 정하여 운영할 것 · 조종연습장은 취미·여가용 또는 연구용으로만 제공하되, 그 외 조종시연, 상품진열 등 상업목적으로의 사용을 금지할 것 · 안전사고 예방 및 피해발생 방지 등 운영·관리에 필요하다고 인정하는 시설이용자 준수사항을 세부적으로 작성하여 시설이용자가 쉽게 볼 수 있는 2곳 이상의 장소에 게시할 것 · 조종연습장을 이용하는 시설이용자가 있는 시간대에는 안전요원을 배치하여 시설이용자가 다목에 따른 준수사항을 철저히 이행하여 이용하도록 관리·감독할 것

9. 공원시설의 안전기준

① 설치안전기준

㉠ 주변의 토지이용 및 이용자의 특성 등을 고려하여 도시공원부지의 안과 밖에서 도시공원부지를 사용하는 자의 안전성을 확보할 수 있도록 공원시설을 배치할 것

㉡ 유희시설은 한국산업규격(KS) 인증 등 국내외 공인기관의 인증을 획득한 시설이어야 하고, 이용 동선·유희시설의 운동방향 등을 고려하여 행동공간·추락공간 및 여유공간 등이 확보될 수 있도록 배치할 것

② 관리안전기준

㉠ 공원시설 그 자체의 성능 확보뿐만 아니라 안전하고 즐거운 시설이 될 수 있도록 계획·유지관리 및 이용 등 모든 단계에서 안전에 대한 적절한 대책이 마련되도록 할 것

㉡ 유희시설은 시설 특성에 따라 초기점검·일상점검·정기점검 및 정밀점검의 형태로 안전점검을 실시하여 그 결과에 따라 유희시설의 사용제한·보수 등의 응급조치뿐만 아니라 수리·개량·철거·갱신 등의 항구적인 조치가 이루어지도록 할 것

㉢ 유희시설의 이용 사고를 막기 위하여 유희시설의 이용 실태를 근거로 마련된 안전확보 대책, 도시공원을 관리하는 특별시장·광역시장·시장 또는 군수(공원관리청) 등과 공원이용자간의 역할 분담 등의 내용이 포함된 안전교육 또는 이용안내 등을 실시할 것

③ 공원관리청은 도시공원에서의 범죄 예방을 위하여 다음 각 호의 기준에 따라 도시공원을 계획·조성·관리하여야 한다.

㉠ 도시공원의 내·외부에서 이용자의 시야가 최대한 확보되도록 할 것
㉡ 도시공원 이용자들을 출입구·이동로 등 일정한 공간으로 유도 또는 통제하는 시설 등을 배치할 것
㉢ 다양한 계층의 이용자들이 다양한 시간대에 도시공원을 이용할 수 있도록 필요한 시설을 배치할 것
㉣ 도시공원이 공적인 장소임을 도시공원 이용자에게 인식시킬 수 있는 시설 등을 적절히 배치할 것
㉤ 도시공원의 설치·운영 시 안전한 환경을 지속적으로 유지할 수 있도록 적절한 디자인과 자재를 선정·사용할 것

10. 공원시설의 설치면적

① 도시공원 안에 설치할 수 있는 공원시설의 부지면적은 다음의 각 호의 기준에 의한다.

㉠ 하나의 도시공원 안에 설치할 수 있는 공원시설 부지면적의 합계는 해당도시공원의 면적에 대하여 적합할 것

표. 도시공원 안의 공원시설 부지면적

공원구분		공원면적	공원시설부지면적
생활권 공원	소공원	전부해당	20% 이하
	어린이공원	전부해당	60% 이하
	근린공원	$30{,}000m^2$ 미만	40% 이하
		$30{,}000m^2$ 이상~$100{,}000m^2$ 미만	
		$100{,}000m^2$ 이상	
주제 공원	역사공원	전부해당	제한없음
	문화공원	전부해당	제한없음
	수변공원	전부해당	40% 이하
	묘지공원	전부해당	20% 이상
	체육공원	$30{,}000m^2$	50% 이하
		$30{,}000m^2$ 이상~$100{,}000m^2$ 미만	
		$100{,}000m^2$ 이상	
	도시농업공원	전부해당	40%이하
	방재공원	전부해당	제한없음

㉡ 체육공원에 설치되는 운동시설은 공원시설 부지면적의 60퍼센트 이상일 것
㉢ 골프연습장의 부지면적 중 시설물의 설치면적은 도시공원면적의 5퍼센트 미만일 것
㉣ 근린공원의 부지면적을 산정할 때 수목원의 부지면적은 해당 수목원 안에 있는 건축물의 면적만을 합산하여 산정한다.
㉤ 도시농업공원의 부지면적을 산정할 때 도시텃밭의 면적은 제외하여 산정한다.

② 다음 공원시설은 각 호에서 정한 도시공원에만 설치할 수 있다.

㉠ 휴양시설 중 수목원 : 10만m^2 이상의 근린공원

- 유희시설 중 순환회전차 그 밖의 이와 유사한 유희시설(전력에 의하여 작동하는 것)로서 해당시설의 이용에 있어 사용료를 징수하는 시설 : 10만m^2 이상의 도시공원

㉡ 편익시설 중 휴게음식점 : 10만m² 이상의 도시공원. 다만, 10만m² 미만인 도시공원(소공원 및 어린이공원을 제외)의 경우 공원관리청이 도시공원 이용자의 편의를 위하여 필요하다고 인정하는 경우에는 공원시설 안에 설치할 수 있다.

- 편익시설 중 일반음식점 : 10만m² 이상의 도시공원. 다만, 「관광진흥법」에 따른 관광특구 안의 5만m² 이상인 도시공원으로서 공원관리청이 관할 도시공원위원회(도시공원위원회가 설치되지 아니한 경우에는 「국토의 계획 및 관리에 관한 법률」)의 심의를 거쳐 필요하다고 인정하는 경우에는 공원시설 안에 설치할 수 있다.

㉢ 편익시설 중 유스호스텔 : 100만m² 이상의 도시공원(묘지공원을 제외)

㉣ 편익시설: 국제경기대회 개최를 목적으로 경기장이 설치된 100만 m² 이상의 체육공원

- 선수 전용숙소 및 운동시설 관련 사무실
- 「유통산업발전법」에 따른 대형마트 또는 쇼핑센터로서 매장면적(대형마트와 쇼핑센터를 함께 설치하는 경우에는 이를 합산한 면적) 및 부대시설(기계실 및 창고를 포함)의 연면적이 각각 1만6천500m² 이하인 시설

㉤ 운동시설 중 승마장 : 100만m² 이상의 근린공원 및 100만m² 이상의 체육공원

㉥ 운동시설 중 골프장 : 30만m² 이상의 근린공원

㉦ 운동시설 중 골프연습장 : 10만m² 이상의 근린공원 및 10만m² 이상의 체육공원. 다만, 다른 운동시설과 함께 건축물의 내부에 설치하는 골프연습장(실내골프연습장)은 그 면적이 부대시설의 면적을 포함하여 330m² 이하이고 해당건축물 연면적의 2분의 1을 넘지 아니하는 경우에는 해당공원면적이 10만m² 미만인 경우에도 이를 설치할 수 있다.

㉧ 일반경기용으로 전용되는 운동시설 : 30만m² 이상의 체육공원

㉨ 교양시설 중 어린이집·유치원 : 1만m² 이상의 도시공원(묘지공원을 제외). 다만, 「산업입지 및 개발에 관한 법률」에 따른 국가산업단지, 일반산업단지 또는 도시첨단산업단지 내 도시공원에 설치하는 「영유아보육법」에 따른 직장어린이집은 해당 공원관리청이 도시공원위원회의 심의를 거쳐 설치할 필요가 있다고 인정하면 1만m² 미만인 경우에도 설치할 수 있다.

㉩ 교양시설 중 학생기숙사: 다음 각 목의 요건을 모두 갖춘 도시공원

- 「고등교육법」 규정에 따른 학교와 「평생교육법」에 따라 전공대학의 명칭을 사용할 수 있는 학교(대학)의 교지에 있거나 교지에 닿아 있을 것
- 「국토의 계획 및 이용에 관한 법률」에 따라 해당 도시공원에 대한 도시·군계획시설결정이 고시된 날부터 10년이 지날 때까지 해당 도시공원의 설치에 관한 도시·군계획시설사업이 시행되지 아니할 것
- 대학의 설립·경영자(국립대학법인을 포함)가 해당 도시공원의 부지 중 학생기숙사를 건축할 부지의 소유권을 확보하고 있을 것

㉪ 동물놀이터

- 10만 m² 이상의 근린공원
- 문화공원, 체육공원 및 지자체에 따른 공원

㉫ 보훈회관 : 30만m² 이상의 근린공원, 지자체에 따른 공원

③ 도시공원에 설치하는 유스호스텔은 해당도시공원의 기능을 다하게 하기 위하여 특히 필요하다고 인정하는 경우에 한하여 허용한다.

④ 도시공원에 설치하는 매점·휴게음식점·일반음식점 또는 약국의 경우에는 그 매점·휴게음식점·일반음식점 또는 약국의 출입구가 해당도시공원의 바깥 주변과 접하여서는 아니된다.

⑤ 근린공원에 설치하는 도서관·문화회관·청소년수련시설·노인복지회관·보육시설 및 운동시설은 해당공원시설 부지면적의 20퍼센트를 초과할 수 없다.

⑥ 공원시설의 이용에 있어 위해를 초래할 우려가 있는 시설에 대하여는 울타리 그 밖의 위해 방지를 위하여 필요한 시설을 설치하여야 한다.

⑦ 제2항 제4호에 따른 시설은 건축물의 내부 또는 주차장의 지하에 이를 설치하되, 해당 시설의 설치를 위하여 토지의 형질변경이나 증축을 위한 설계변경을 할 수 없다.

⑧ 공원시설로서 설치하는 건축물의 높이는 4층을 초과하여서는 아니된다. 다만, 도시공원 결정 전에 건축된 건축물을 공원시설로 사용하는 경우에는 그러하지 아니하다.

⑨ 운동시설 중 골프연습장의 설치기준은 다음과 같다.

표. 골프연습장의 설치기준

위치 및 경관	· 도시공원을 이용하는 주민들이 쉽게 접근할 수 있고 공원의 다른 시설과 조화를 이룰 수 있는 지역일 것 · 임상이 양호한 지역이나 절토 또는 성토의 높이가 3m 이상 필요한 지역이 아닐 것 · 철로 만든 높은 기둥과 그물망으로 인하여 주변지역 및 도시공원의 미관과 경관을 해치지 아니하도록 할 것
주변지역의 피해방지	· 주변의 주택과 거리를 충분히 유지하여 소음 또는 조명시설로 인한 주변지역의 피해가 발생되지 아니하도록 할 것 · 골프연습장의 이용차량으로 인하여 주변지역의 교통소통에 지장을 주지 아니하도록 주차장을 확보할 것
설치할 수 있는 골프연습장의 수	· 근린공원 및 체육공원에 설치하는 골프연습장은 공원면적이 10만m^2 이상인 경우 1개소로 하되, 10만m^2를 초과하는 100만m^2 마다 1개소를 추가로 설치할 수 있다. · 하나의 공원이 2 이상의 시·군 또는 구의 행정구역에 걸쳐 있는 경우에는 각 시·군 또는 구에 속한 공원의 면적을 기준으로 하여 가목의 규정에 의하여 해당 시·군 또는 구의 행정구역 안에 이를 설치할 수 있다. · 실내골프연습장은 가목 및 나목의 규정에 의한 골프연습장의 수에 산입하지 아니한다.

★10. 저류시설의 설치 및 관리기준

① 저류시설은 빗물을 일시적으로 모아 두었다가 바깥 수위가 낮아진 후에 방류하기 위하여 설치하는 유입시설, 저류지, 방류시설 등 일체의 시설을 말한다.

② 저류시설은 주변지형, 지질 및 수리·수문학적 조건 등을 종합적으로 고려하여 도시공원으로서의 기능과 방재시설로서의 기능을 모두 발휘할 수 있는 장소에 입지하도록 하여야 하며 가급적 자연유하(自然流下)가 가능한 곳에 입지하도록 한다. 이 경우 다음 각 목의 장소에는 설치하여서는 아니 된다.

> ㉠ 붕괴위험지역 및 경사가 심한 지역
> ㉡ 지표면 아래로 빗물이 침투될 경우 지반의 붕괴가 우려되거나 자연환경의 훼손이 심하게 예상되는 지역
> ㉢ 오수의 유입이 우려되는 지역

③ 저류시설은 「국토의 계획 및 이용에 관한 법률」 및 「도시계획시설의 결정·구조 및 설치기준에 관한 규칙」 규정에 의하여 도시계획시설 중 저류시설로 중복 결정하여야 한다.

④ 하나의 도시공원 안에 설치하는 저류시설부지의 면적비율은 해당도시공원 전체면적의 50퍼센트 이하이어야 한다. 다만, 공원관리청이 수변공간조성 및 공원시설과의 겸용 등 불가피하다고 인정하는 경우와 기존의 저수지를 저류시설로 이용하는 경우에는 그러하지 아니하다.

⑤ 하나의 저류시설부지 안에 설치하여야 하는 녹지(공원시설 중 조경시설과 상시저류시설을 포함한다)의 면적은 해당저류시설부지에 대하여 상시저류시설(친수공간을 조성하기 위하여 평상시에는 일정량의 물을 저류하고 강우시에는 저류지에 일시적으로 저류하도록 설계된 시설을 말한다)은 60퍼센트 이상, 일시저류시설(평상시에는 건조상태로 유지하고 강우로 인하여 유입이 있을 때만 일시적으로 저류하도록 설계된 시설을 말한다)은 40퍼센트 이상이 되어야 한다.

⑥ 저류시설은 공원의 풍치 및 미관을 해치지 아니하면서 공원시설과 기능적으로 또는 미관상으로 조화되도록 하고 이용자의 안전 등을 고려하여 저류장소와 저류용량을 정하여야 한다.

⑦ 저류시설부지는 잔디밭·자연학습원·산책로·운동시설 및 광장 등의 기능을 가진 다목적 공간으로 조성하고 침수로 인한 피해가 적고 유지관리가 용이한 시설로 하여야 한다.

⑧ 지상부 등 공원시설물의 유지관리는 공원관리자가 하고, 저류시설의 안전관리 등 시설물의 유지관리는 방재책임자가 담당한다. 이 경우 공원관리청은 관리방법 및 관리책임자의 지정 등 세부관리지침을 수립하여 관리책임 소재를 명확히 하여야 한다.

⑨ 공원이용자의 안전을 확보하기 위하여 호우시 저류지의 수위측정과 이용자의 대피를 알릴 수 있는 사이렌 또는 스피커 등의 감시 및 경보 시스템을 갖추어야 한다.

⑩ 저류시설의 관리를 위하여 필요한 경우에는 관리실을 설치할 수 있다.

⑪ 저류시설 안에는 수위표를 설치하고 우기 중에는 저류시설의 수위를 매시간 관측하여 기록하고 이를 저류시설의 저류한계수심·저류용량 및 허용방류량 등 수문자료로 활용한다.

⑫ 공원관리사무소(저류시설관리실이 있는 경우에는 저류시설관리사무소)에는 다음 각 호의 서류를 비치하여야 한다.

㉠ 설계강우의 재현기간 및 강우강도에 관한 자료

㉡ 집수면적 및 저류시설의 위치도 및 설계도서

㉢ 저류시설의 저류용량, 여수로(餘水路: 물이 일정량이 넘을 때 여분의 물을 빼기 위해 만든 물길) 제원, 수문제원, 비상펌프 토출능력을 기재한 대장 및 관련자료

㉣ 저류시설의 저류한계수심, 허용방류량, 빗물이 저류시설에 의하여 저감된 양에 관한 자료

㉤ 그 밖의 관련 자료

⑬ 저류시설의 관리자는 저류시설의 유지·보수 및 관리에 대한 업무를 수행하여야 한다.

11. 민간공원추진자의 도시공원 및 공원시설의 설치·관리

① 민간공원추진자는 대통령령으로 정하는 바에 따라 「국토의 계획 및 이용에 관한 법률」에 따른 도시계획시설사업 시행자의 지정과 같은 법에 따른 실시계획의 인가를 받아 도시공원 또는 공원시설을 설치·관리할 수 있다.

㉠ 제1항에 따라 도시공원 또는 공원시설을 관리하는 자는 대통령령으로 정하는 바에 따라 공원관리청의 업무를 대행할 수 있다.

ⓛ 제1항에 따라 설치한 도시공원 또는 공원시설에 대하여는 「국토의 계획 및 이용에 관한 법률」에 따라 준용되는 같은 법을 적용하지 아니한다.

② 도시공원 부지에서의 개발행위 등에 관한 특례

㉠ 민간공원추진자가 설치하는 도시공원을 공원관리청에 기부채납(공원면적의 70퍼센트 이상 기부채납하는 경우를 말함)하는 경우로서 다음 각 호의 기준을 모두 충족하는 경우에는 기부채납하고 남은 부지 또는 지하에 공원시설이 아닌 시설(녹지지역 · 주거지역 · 상업지역에서 설치가 허용되는 시설, 비공원시설)을 설치할 수 있다.

- 도시공원 전체 면적이 5만m^2 이상일 것
- 해당 공원의 본질적 기능과 전체적 경관이 훼손되지 아니할 것
- 비공원시설의 종류 및 규모는 해당 지방도시계획위원회의 심의를 거친 건축물 또는 공작물(도시공원 부지의 지하에 설치하는 경우에는 해당 용도지역에서 설치가 가능한 건축물 또는 공작물로 한정)일 것
- 그 밖에 특별시 · 광역시 · 특별자치시 · 특별자치도 · 시 또는 군의 조례로 정하는 기준에 적합할 것

ⓛ 공원관리청은 도시공원의 조성사업과 관련하여 필요한 경우에는 민간공원추진자와 협의하여 기부채납하는 도시공원 부지 면적의 10퍼센트에 해당하는 가액의 범위에서 해당 도시공원 조성사업과 직접적으로 관련되는 진입도로, 육교 등의 시설을 도시공원 외의 지역에 설치하게 할 수 있다.

㉢ 민간공원추진자가 시설을 설치하는 경우에는 공원관리청은 그 설치비용에 해당하는 도시공원 부지 면적을 기부채납하는 도시공원 부지 면적에서 조정하여야 한다.

㉣ 공원관리청은 민간공원추진자에게 도시공원 조성사업과 직접적으로 관련 없는 시설의 설치를 요구하여서는 아니 된다.

㉤ 도시공원 부지의 지하에 비공원시설을 설치하려면 구분지상권(區分地上權)이 설정되어야 한다.

㉥ 민간공원추진자는 도시공원의 조성사업을 협약으로 정하는 바에 따라 특별시장 · 광역시장 · 특별자치시장 · 특별자치도지사 · 시장 또는 군수와 공동으로 시행할 수 있다. 이 경우 도시공원 부지의 매입에 소요되는 비용은 민간공원추진자가 부담하여야 한다.

㉦ 민간공원추진자가 설치하는 도시공원을 공원관리청에 기부채납하는 경우에는 「사회기반시설에 대한 민간투자법」에 따라 부대사업을 시행할 수 있다.

㉧ 「특별시장 · 광역시장 · 특별자치시장 · 특별자치도지사 · 시장 또는 군수는 도시공원의 이용에 지장이 없는 범위에서 그 도시공원 부지의 지하에 다른 도시 · 군계획시설을 함께 결정할 수 있다.

㉨ 민간공원추진자가 도시공원을 설치할 때에는 특별시장 · 광역시장 · 특별자치시장 · 특별자치도지사 · 시장 또는 군수와 다음 각 호 등의 사항에 대하여 협약을 체결하여야 한다.

- 기부채납의 시기
- 공동으로 시행하는 경우 인 · 허가, 토지매수 등 업무분담을 포함한 시행방법
- 비공원시설의 세부 종류 및 규모
- 비공원시설을 설치할 부지의 위치

12. 도시공원의 점용허가

① 도시공원에서 다음 각 호의 어느 하나에 해당하는 행위를 하려는 자는 대통령령으로 정하는 바에 따라 그 도시공원을 관리하는 특별시장·광역시장·특별자치시장·특별자치도지사·시장 또는 군수의 점용허가를 받아야 한다. 다만, 산림의 솎아베기 등 대통령령으로 정하는 경미한 행위의 경우에는 그러하지 아니하다.

> ㉠ 공원시설 외의 시설·건축물 또는 공작물을 설치하는 행위
> ㉡ 토지의 형질변경
> ㉢ 죽목(竹木)을 베거나 심는 행위
> ㉣ 흙과 돌의 채취
> ㉤ 물건을 쌓아놓는 행위

② 점용허가 신청시 제출 서류
사업계획서(위치도 및 평면도를 포함), 공사시행계획서, 원상회복계획서

③ 도시공원의 점용허가를 받지 아니하고 할 수 있는 경미한 행위)

> ㉠ 산림의 경영을 목적으로 솎아베는 행위
> ㉡ 나무를 베는 행위 없이 나무를 심는 행위
> ㉢ 농사를 짓기 위하여 자기 소유의 논·밭을 갈거나 파는 행위
> ㉣ 자기 소유 토지의 이용 용도가 과수원인 경우로서 과수목을 베거나 보충하여 심는 행위

④ 도시공원의 점용허가 대상
㉠ 전봇대·전선·변전소·지중변압기·개폐기·가로등분전반·전기통신설비(군용전기통신설비는 제외)·수소연료공급시설 및 태양에너지설비 등 분산형 전원설비의 설치
㉡ 수도관·하수도관·가스관·송유관·가스정압시설·열수송시설·공동구(공동구의 관리사무소를 포함)·전력구·송전선로 및 지중정착장치(어스앵커)의 설치
㉢ 도로·교량·철도 및 궤도·노외주차장·선착장의 설치
㉣ 농업을 목적으로 하는 용수의 취수시설, 관개용수로(위험방지시설을 설치하는 경우에 한함), 생활용수의 공급을 위하여 고지대에 설치하는 배수시설(자연유하방식으로 공급하는 경우에 한함), 비상급수시설과 그 부대시설의 설치
㉤ 구대·파출소·초소·등대 및 항로표지 등의 표지의 설치
㉥ 방화용 저수조·지하대피시설의 설치
㉦ 군용전기통신설비·축성시설, 그 밖에 국방부장관이 군사작전상 불가피하다고 인정하는 최소한의 시설의 설치
㉧ 농업·임업·축산업·수산업 또는 광업에 종사하는 자가 생산에 직접 공여할 목적으로 자기 소유의 토지에 설치하는 관리용 가설건축물의 설치
㉨ 「건축법 시행령」 자기 소유의 토지에 설치하는 가설건축물의 설치
- 제2종 근린생활시설 중 사무소
- 창고시설

- 동물 및 식물관련시설 중 축사, 작물 재배사, 종묘배양시설, 화초 및 분재 등의 온실
- 동물 및 식물관련시설 중 식물과 관련된 작물 재배사, 종묘배양시설, 화초 및 분재 등의 온실과 비슷한 것(동·식물원은 제외)

ⓞ 공원관리청 또는 공원관리자가 도시공원의 관리 및 운영을 위하여 필요로 하는 가설건축물의 설치

ⓩ 비상재해로 인한 이재민을 수용하기 위한 가설공작물의 설치

ⓒ 공원관리청이 재해의 예방 또는 복구를 위하여 필요하다고 인정하는 공작물의 설치

㉪ 경기·집회·전시회·박람회·공연·영화상영·영화촬영을 위하여 설치하는 단기의 가설건축물 또는 단기의 가설공작물의 설치

㉫ 도시공원 결정 당시 기존 건축물 및 기존 공작물의 증축·개축·재축 또는 대수선

㉬ 토지의 형질변경, 토석의 채취 및 나무를 베거나 심는 행위

㉭ 다음 요건을 모두 갖춘 시설로서 특별시·광역시·특별자치시·특별자치도·시 또는 군의 조례로 정하는 시설의 설치. 이 경우 하나의 도시공원에 5개 이내의 시설로 한정한다.

- 도시공원의 기능에 지장을 주지 아니하고 공원이용객에게 불편을 초래하지 않는 시설
- 도시공원에 설치하는 시설일 것
- 「국토의 계획 및 이용에 관한 법률」에 따른 기반시설일 것
- 개별 시설의 건축연면적이 $200m^2$ 이하인 시설일 것

⑤ 도시공원의 점용허가의 기준

㉠ 점용목적물은 도시공원의 경치 및 미관과 도시공원으로서의 기능을 해치지 않도록 배치할 것

㉡ 지상에 설치하는 점용목적물의 구조는 넘어지거나 무너지는 것 등을 예방할 수 있도록 하여야 하며, 공원시설의 보전과 도시공원의 이용에 지장이 없도록 할 것

㉢ 지하에 설치하는 점용목적물의 구조는 견고하고 오래 견딜 수 있도록 하여야 하며, 공원시설 및 다른 점용목적물의 보전과 도시공원의 이용에 지장이 없도록 할 것

㉣ 토지의 형질변경, 토석의 채취, 나무를 베거나 심는 행위 및 물건을 쌓아두는 행위는 도시공원의 경치 및 미관을 해치지 않도록 해야 하고, 공원시설의 보전과 도시공원의 이용에 지장이 없도록 해야 하며, 그로 인한 위해가 발생하지 않도록 할 것

★13. 도시공원 등에서의 금지행위

① 누구든지 도시공원 또는 녹지에서 다음 각 호의 어느 하나에 해당하는 행위를 하여서는 아니 된다.

㉠ 공원시설을 훼손하는 행위
㉡ 나무를 훼손하거나 이물질을 주입하여 나무를 말라죽게 하는 행위
㉢ 심한 소음 또는 악취가 나게 하는 등 다른 사람에게 혐오감을 주는 행위
㉣ 동반한 애완동물의 배설물(소변의 경우에는 의자 위의 것만 해당한다)을 수거하지 아니하고 방치하는 행위
㉤ 도시농업을 위한 시설을 농산물의 가공·유통·판매 등 도시농업 외의 목적으로 이용하는 행위
㉥ 그 밖에 도시공원 또는 녹지의 관리에 현저한 장애가 되는 행위로서 대통령령으로 정하는 행위

② 누구든지 특별시·광역시·특별자치시·특별자치도·시 또는 군의 조례로 정하는 도시공원에서 다음 각 호의 어느 하나에 해당하는 행위를 하여서는 아니 된다.

> ㉠ 행상 또는 노점에 의한 상행위
> ㉡ 동반한 애완견을 통제할 수 있는 줄을 착용시키지 아니하고 도시공원에 입장하는 행위

14. 국가도시공원의 지정·예산지원 등에 관한 특례

① 국토교통부장관은 국가적 기념사업의 추진, 자연경관 및 역사·문화 유산 등의 보전 등을 위하여 국가적 차원에서 필요한 경우 관계 부처 협의와 국무회의 심의를 거쳐 설치·관리하는 도시공원을 국가도시공원으로 지정할 수 있다.

② 국토교통부장관은 국가도시공원으로 지정할 경우 국가도시공원의 설치·관리에 드는 비용의 일부를 예산의 범위에서 지방자치단체에 지원할 수 있다.

5 도시자연공원구역

1. 지정 및 변경 기준

① 지정에 관한 기준

㉠ 도시지역 안의 식생이 양호한 수림의 훼손을 유발하는 개발을 제한할 필요가 있는 지역 등 도시의 자연환경 및 경관을 보호하고 도시민에게 건전한 여가·휴식공간을 제공할 수 있는 지역을 대상으로 지정할 것

㉡ 「환경정책기본법」에 따른 환경성평가지도, 「자연환경보전법」에 따른 생태·자연도, 녹지자연도, 임상도 및 「국토의 계획 및 이용에 관한 법률」에 따른 토지적성에 대한 평가 결과 등을 고려하여 지정할 것

② 경계설정에 관한 기준

㉠ 보전하여야 할 가치가 있는 일정 규모의 지역 등을 포함하여 설정하되, 지형적인 특성 및 행정구역의 경계를 고려하여 경계를 설정할 것

㉡ 주변의 토지이용현황 및 토지소유현황 등을 종합적으로 고려하여 경계를 설정할 것

㉢ 도시자연공원구역의 경계선에 따른 취락지구, 학교, 종교시설, 농경지 등 기능상 일체가 되는 토지 또는 시설을 관통하지 아니할 것

③ 변경 또는 해제에 관한 기준

㉠ 녹지가 훼손되어 자연환경의 보전 기능이 현저하게 떨어진 지역을 대상으로 해제할 것

㉡ 도시민의 여가·휴식공간으로서의 기능을 상실한 지역을 대상으로 해제할 것

2. 도시자연공원구역에서의 행위 제한

① 도시자연공원구역에서는 건축물의 건축 및 용도변경, 공작물의 설치, 토지의 형질변경, 흙과 돌의 채취, 토지의 분할, 죽목의 벌채, 물건의 적치 또는 「국토의 계획 및 이용에 관한 법률」에 따른 도시계획사업의 시행을 할 수 없다. 다만, 다음 각 호의 어느 하나에 해당하는 행위는 특별시장·광역시장·특별자치시장·특별자치도지사·시장 또는 군수의 허가를 받아 할 수 있다.

㉠ 다음 각 목의 어느 하나에 해당하는 건축물 또는 공작물로서 대통령령으로 정하는 건축물의 건축 또는 공작물의 설치와 이에 따르는 토지의 형질변경

- 도로, 철도 등 공공용 시설
- 임시 건축물 또는 임시 공작물
- 휴양림, 수목원 등 도시민의 여가활용시설
- 등산로, 철봉 등 체력단련시설
- 전기·가스 관련 시설 등 공익시설
- 주택·근린생활시설
- 다음의 어느 하나에 해당하는 시설 중 도시자연공원구역에 입지할 필요성이 큰 시설로서 자연환경을 훼손하지 아니하는 시설
  - 「노인복지법」에 따른 노인복지시설
  - 「영유아보육법」에 따른 어린이집
  - 「장사 등에 관한 법률」에 따른 수목장림(국가, 지방자치단체, 「공공기관의 운영에 관한 법률」에 따른 공공기관, 「장사 등에 관한 법률」에 따른 공공법인 또는 대통령령으로 정하는 종교단체가 건축 또는 설치하는 경우에 한정

㉡ 기존 건축물 또는 공작물의 개축·재축·증축 또는 대수선(大修繕)

㉢ 건축물의 건축을 수반하지 아니하는 토지의 형질변경

㉣ 흙과 돌을 채취하거나 죽목을 베거나 물건을 쌓아놓는 행위로서 대통령령으로 정하는 행위

㉤ 다음에 해당하는 범위의 토지 분할

- 분할된 후 각 필지의 면적이 200m² 이상[지목이 대(垈)인 토지를 주택 또는 근린생활시설을 건축하기 위하여 분할하는 경우에는 330m² 이상]인 경우
- 분할된 후 각 필지의 면적이 200m² 미만인 경우로서 공익사업의 시행 및 인접 토지와의 합병 등을 위하여 대통령령으로 정하는 경우

㉥ 산림의 솎아베기 등 대통령령으로 정하는 경미한 행위는 허가 없이 할 수 있다.

② 허가대상 건축물 또는 공작물의 규모·높이·건폐율·용적률과 허가대상 행위에 대한 허가기준은 대통령령으로 정한다.

3. 건축물의 건축을 수반하지 아니하는 토지의 형질변경

공원으로서의 풍치와 미관을 저해하지 아니하는 범위 안에서의 다음 각 호의 행위를 말한다.

① 농사 및 식목용 임업을 목적으로 한 개간 또는 초지의 조성. 이 경우 개간예정지는 경사도가 21도 이하이어야 하고, 초지조성예정지는 경사도가 36도 이하이어야 한다.

② 농로·임도의 설치를 위한 토지의 형질변경

③ 논을 밭으로 변경하기 위한 토지의 형질변경

④ 농업용 소류지(小溜池)와 농업용수 공급시설의 설치를 위한 토지의 형질변경

⑤ 지정된 취락지구를 정비하기 위한 사업의 시행에 필요한 토지의 형질변경

⑥ 건축물이 철거된 토지 및 그 인접토지를 녹지 등으로 조성하기 위한 토지의 형질변경

⑦ 「공익사업을 위한 토지 등의 취득 및 보상에 관한 법률」에 따른 공익사업의 시행이나 재해로 인하여 인접지보다 지면이 낮아진 논밭의 영농을 위하여 50cm 이상 성토(흙쌓기)하는 행위

⑧ 취락지구 내에서 주택 또는 근린생활시설을 신축하려는 경우로서 진입로를 설치하기 위한 토지의 형질변경

4. 행위허가를 받을 수 있는 토석의 채취

① 경작중인 논·밭의 환토·객토용 토석의 채취
② 벌채면적 500m² 미만 또는 벌채수량 5m³ 미만의 죽목의 벌채
③ 모래·자갈·토석·석재·목재·철재·폴리비닐클로라이드·컨테이너·콘크리트제품·드럼통·병 그 밖 폐기물관리법」 규정에 의한 폐기물이 아닌 물건으로서 물건의 총중량이 50톤 이하이거나 총부피가 $50m^3$ 이하인 물건의 적치

5. 행위허가 없이 할 수 있는 경미한 행위

① 산림의 솎아베기
② 나무를 베는 행위 없이 나무를 심는 행위
③ 자기 소유 토지의 이용 용도가 과수원인 경우로서 과수목을 베거나 보충해서 심는 행위
④ 농업을 하기 위한 행위로서 다음 각 목의 어느 하나에 해당하는 행위
㉠ 농사를 짓기 위해 논·밭을 가는 등 50cm 미만으로 흙을 깎거나 쌓는 행위
㉡ 홍수 등으로 논·밭에 쌓인 흙·모래를 제거하는 행위
㉢ 경작 중인 논·밭의 지력을 높이기 위해 흙을 바꾸는 행위 또는 새 흙을 넣는 행위(영리 목적으로 흙을 채취하는 행위는 제외)
㉣ 연면적 $10m^2$ 이하의 농업용 원두막을 설치하는 행위
⑤ 주택(실제 사람이 거주하고 있는 주택으로 한정)을 관리하는 행위로서 다음 각 목의 어느 하나에 해당하는 행위(「건축법」에 따른 건축행위에 해당하는 경우는 제외)
㉠ 사용 중인 방을 나누거나 합치거나 부엌 또는 목욕탕으로 바꾸는 행위 등 가옥 내부를 개조하거나 수리하는 행위
㉡ 지붕을 개량하거나 기둥과 벽을 수선하는 행위
㉢ 외장을 변경하는 행위 또는 외장을 칠하는 등 외장을 꾸미는 행위
㉣ 내벽 또는 외벽에 창문을 설치하는 행위
㉤ 외벽 기둥에 차양을 달거나 수리하는 행위
㉥ 외장과 담장 사이에 차양을 달아 헛간으로 사용하는 행위
㉦ 높이 2m 미만의 담장·축대(옹벽을 포함)를 설치하는 행위
㉧ 주택부지 내에 우물을 파거나 장독대(광을 함께 설치하는 경우는 제외)를 설치하는 행위
⑥ 주택이 아닌 건축물(도시자연공원구역에 실제 거주하는 주민이 소유한 건축물로 한정)을 관리하는 행위로서 ⑤의 ㉡부터 ㉣목까지의 규정에 따른 행위 중 어느 하나에 해당하는 행위
⑦ 건축물의 용도변경에 해당하지 않는 행위로서 다음 각 목의 어느 하나에 해당하는 행위
㉠ 주택에 거주하는 사람이 자기가 생산한 농산물을 판매하기 위해 주택의 일부를 이용하는 행위
㉡ 건축물의 부속건축물을 다용도시설 또는 농산물건조실(건조를 위한 공작물을 설치하는 경우를 포함)로 사용하는 행위

⑧ 기존 건축물의 대지(적법하게 조성한 대지로 한정) 안에 물건을 쌓아놓는 행위로서 다음 각 목의 어느 하나에 해당하는 행위

㉠ 허가를 받은 행위에 필요한 물건을 쌓아놓는 행위

㉡ 도시자연공원구역에 실제 거주하고 있는 주민이 주거생활 또는 생업유지를 위해 총중량이 50ton 이하이거나 총부피가 $50m^3$ 이하인 물건을 자기 소유의 대지에 쌓아놓는 행위

6. 취락지구에 대한 특례

① 시·도지사는 도시자연공원구역에 주민이 집단적으로 거주하는 취락을 「국토의 계획 및 이용에 관한 법률」에 따른 취락지구로 지정할 수 있다.

② 취락을 구성하는 주택의 수, 단위면적당 주택의 수, 취락지구의 경계 설정기준 등 취락지구의 지정기준과 그 밖에 필요한 사항은 대통령령으로 정한다.

③ 취락지구에서의 건축물의 용도·높이·연면적·건폐율 및 용적률에 관하여는 사항에도 불구하고 따로 대통령령으로 정한다.

7. 취락지구의 지정기준 및 주택수산정

① 지정기준

㉠ 취락을 구성하는 주택의 수가 10호 이상일 것

㉡ 취락지구 1만m^2 당 주택의 수가 10호 이상일 것

㉢ 취락지구의 경계 설정은 다음 각 목을 고려하여 지정할 것

- 도시 · 군관리계획의 경계선, 다른 법령에 의한 지역 · 지구 및 구역의 경계선, 도로 · 하천 · 임야 · 지적경계선 그 밖의 자연적 또는 인공적 지형지물을 이용하여 설정하되, 지목이 대인 경우에는 가능한 한 필지가 분할되지 아니하도록 할 것
- 최외곽 주택으로부터 100m 이내의 지역으로 할 것
- 외곽부에 입지한 임상이 양호한 지역이나 경사도 30퍼센트 이상인 지역은 제외할 것
- 재해예상지역은 제외할 것
- 취락지구로 지정 후 개발시 주변경관을 해칠 우려가 있는 지역은 제외할 것
- 생태적으로 양호한 임상이나 보호하여야 할 자연자원이 있는 지역으로부터 50m 이내의 지역은 제외할 것
- 취락지구의 경계를 정하는 때에는 대규모의 개발이 행하여지지 아니하도록 할 것

② 주택수의 산정기준

㉠ 주택수의 산정기준

- 해당취락 안의 토지로서 규정에 의하여 주택의 신축이 가능한 토지는 필지당 주택 1호로 산정한다.
- 주택을 용도변경한 근린생활시설은 이를 주택으로 산정할 수 있다.

㉡ 취락지구로 지정할 수 있는 면적은 아래 산정기준에 의한 면적의 범위 내로 한다.

- 취락지구로 지정할 수 있는 면적 = 기본면적 + 경계선의 정형화를 위하여 기본 면적의 30퍼센트의 범위 안에서 가산하는 면적
- 기본면적(m^2) = 취락을 구성하는 주택의 수(호) ÷ 호수밀도(호/10,000m^2) + 도시계획시설 부지면적(m^2)

5 녹지의 설치 및 관리

★1. 녹지의 세분

완충녹지	대기오염·소음·진동·악취 그 밖에 이에 준하는 공해와 각종 사고나 자연재해 그 밖에 이에 준하는 재해 등의 방지를 위하여 설치하는 녹지
경관녹지	도시의 자연적 환경을 보전하거나 이를 개선하고 이미 자연이 훼손된 지역을 복원·개선함으로써 도시경관을 향상시키기 위하여 설치하는 녹지
연결녹지	도시 안의 공원·하천·산지 등을 유기적으로 연결하고 도시민에게 산책공간의 역할을 하는 등 여가·휴식을 제공하는 선형(線型)의 녹지

2. 녹지의 설치 및 관리

① 녹지는 특별시장·광역시장·특별자치시장·특별자치도지사·시장 또는 군수가 설치·관리한다.

② 제1항의 규정에 의한 녹지의 설치 및 관리기준은 국토교통부령으로 정한다.

3. 녹지의 설치기준

① 완충녹지

㉠ 주로 공장·사업장 그 밖에 이와 유사한 시설 등에서 발생하는 매연·소음·진동·악취 등의 공해를 차단 또는 완화하고 재해 등의 발생시 피난지대로서 기능을 하는 완충녹지는 해당지역의 풍향과 지형·지물의 여건을 고려

㉡ 전용주거지, 재해발생시 피난지, 보안을 위한 완충녹지

- 전용주거지역이나 교육 및 연구시설 (조용한 환경이어야 하는 시설)
  - 녹지는 교목(나무가 다 자란 때의 나무높이가 4m 이상이 되는 나무를)을 심는 등 해당녹지의 설치원인이 되는 시설을 은폐할 수 있는 형태로 설치
  - 녹화면적률(녹지면적에 대한 식물 등의 가지 및 잎의 수평투영면적의 비율)이 50퍼센트 이상
- 재해발생시의 피난 그 밖에 이와 유사한 경우를 위하여 설치하는 녹지
  - 관목 또는 잔디 그 밖의 지피식물을 심으며, 그 녹화면적률이 70퍼센트 이상

- 원인시설에 대한 보안대책 또는 사람·말 등의 접근억제, 상충되는 토지이용의 조절 그 밖에 이와 유사한 경우를 위하여 설치하는 녹지
  - 나무 또는 잔디 그 밖의 지피식물을 심으며, 그 녹화면적률이 80퍼센트 이상
- 완충녹지의 폭은 원인시설에 접한 부분부터 최소 10m 이상이 되도록 할 것(다만, 다만, 주택 또는 상가와 연접하지 아니한 산업단지(「산업입지 및 개발에 관한 법률」 제2조제8호에 따른 산업단지)의 경우에는 5미터 이상의 범위에서 국토교통부장관이 정하여 고시하는 폭 이상으로 할 수 있음

㉡ 철도·고속도로 그 밖에 이와 유사한 교통시설, 사고발생시의 피난지대로서 기능을 하는 완충녹지

- 차광·명암순응·시선유도·지표제공 등을 감안하여 규정에 의한 식물 등을 심음
- 녹화면적률이 80퍼센트 이상
- 원칙적으로 연속된 대상의 형태로 해당원인시설 등의 양측에 균등하게 설치할 것
- 고속도로 및 도로에 관한 녹지의 규모에 대하여는 「도로법」 접도구역에 관한 사항을, 철도에 관한 녹지의 규모에 대하여는 「철도안전법」에 따른 철도보호지구의 지정에 관한 사항을 각각 참작할 것
- 완충녹지의 폭은 원인시설에 접한 부분부터 최소 10m 이상

② 경관녹지

㉠ 경관녹지의 규모는 원칙적으로 해당녹지의 설치원인이 되는 자연환경의 보전에 필요한 면적 이내로 할 것

㉡ 완충녹지의 폭은 원인시설에 접한 부분부터 최소 10m 이상

- 주로 도시 내의 자연환경의 보전을 목적으로 설치하는 경관녹지의 규모는 원칙적으로 해당녹지의 설치원인이 되는 자연환경의 보전에 필요한 면적 이내로 할 것
- 주로 주민의 일상생활에 있어서의 쾌적성과 안전성의 확보를 목적으로 설치하는 경관녹지의 규모는 원칙적으로 해당녹지의 기능발휘를 위하여 필요한 조경시설의 설치에 필요한 면적 이내로 할 것
- 녹지는 그 기능이 도시공원과 상충되지 아니하도록 할 것

③ 연결녹지

㉠ 연결녹지의 위치와 유형

- 비교적 규모가 큰 숲으로 이어지거나 하천을 따라 조성되는 상징적인 녹지축 혹은 생태통로가 되도록 할 것
- 도시 내 주요 공원 및 녹지는 주거지역·상업지역·학교 그 밖에 공공시설과 연결하는 망이 형성되도록 할 것
- 산책 및 휴식을 위한 소규모 가로공원이 되도록 할 것

㉡ 연결녹지의 폭

- 녹지로서의 기능을 고려하여 최소 10m 이상으로 할 것
- 연결녹지가 하천을 따라 조성되는 구간인 경우 또는 다른 도시·군계획시설이 설치되어 있는 등 녹지의 단절을 피하기 위하여 지형여건상 불가피한 경우에는 녹지의 기능에 지장이 없는 범위에서 도시공원위원회의 심의를 거쳐 10m 미만으로 할 수 있다.
- 녹지율(도시·군계획시설 면적분의 녹지면적을 말한다)은 70퍼센트 이상

④ 녹지의 경계는 가급적 식별이 명확한 지형·지물을 이용하거나 주변의 토지이용에 있어서 확실히 구별되는 위치로 정하여야 한다.

⑤ 녹지의 설치시에는 녹지로 인하여 기존의 도로가 차단되어 통행을 할 수 없는 경우가 발생되지 아니하도록 기존의 도로와 연결되는 이면도로 등을 설치하여야 한다.

⑥ 다음 각 호의 어느 하나에 해당하는 경우로서 녹지의 설치가 필요하지 아니하다고 인정되는 구간에 대하여는 녹지를 설치하지 아니할 수 있다.

㉠ 원인시설이 도로·하천 그 밖에 이와 유사한 다른 시설과 접속되어 있는 경우로서 그 다른 시설이 녹지기능의 용도로 대체될 수 있는 경우

㉡ 「철도법」에 의하여 철도보호지구로 지정된 철도인접지역으로서 이미 시가지가 조성되어 녹지의 설치가 곤란한 지역 중 방음벽 등 안전시설을 설치한 지역의 경우

㉢ 도심을 관통하는 도로인접지역으로서 이미 시가지가 조성되어 녹지의 설치가 곤란한 지역의 경우

㉣ 도심을 관통하는 도로인접지역인 개발제한구역의 경우

건축법 및 조경기준

18.1 핵심플러스

■ 건축법은 조경과 관련된 대지안의 조경과 국토 교통부고시의 조경기준에 관한 내용 이해가 요구된다.

■ 중요내용

대지안의 조경	면적이 200m² 이상인 대지에 건축을 하는 건축주는 용도지역 및 건축물의 규모에 따라 해당 지방자치단체의 조례로 정하는 기준에 따라 대지에 조경조치를 한다.
건축물 옥상조경	조경면적기준의 1/2범위 이내에서 옥상부분의 조경면적의 2/3에 해당하는 면적을 대지안의 조경면적으로 산정한다.
공개공지	연면적의 합계가 5천m² 이상인 문화 및 집회시설, 종교시설, 판매시설, 운수시설, 업무시설 및 숙박시설의 경우 공개공지를 확보해야한다.

1 건축법 (조경관련부분)

① 건축법 대지의 조경

㉠ 면적이 200제곱미터 이상인 대지에 건축을 하는 건축주는 용도지역 및 건축물의 규모에 따라 해당 지방자치단체의 조례로 정하는 기준에 따라 대지에 조경이나 그 밖에 필요한 조치를 하여야 한다.

㉡ 국토교통부장관은 식재기준, 조경 시설물의 종류 및 설치방법, 옥상 조경의 방법 등 조경에 필요한 사항을 정하여 고시할 수 있다

★ ② 조경 등의 조치를 하지 않을 수 있는 경우

- 녹지지역에 건축하는 건축물
- 면적 5천 제곱미터 미만인 대지에 건축하는 공장
- 연면적의 합계가 1천500제곱미터 미만인 공장
- 「산업집적활성화 및 공장설립에 관한 법률」 제2조제7호에 따른 산업단지의 공장
- 대지에 염분이 함유되어 있는 경우 또는 건축물 용도의 특성상 조경 등의 조치를 하기가 곤란하거나 조경 등의 조치를 하는 것이 불합리한 경우로서 건축조례로 정하는 건축물
- 축사
- 가설건축물
- 연면적의 합계가 1천500제곱미터 미만인 물류시설(주거지역 또는 상업지역에 건축하는 것은 제외)로서 국토교통부령으로 정하는 것
- 「국토의 계획 및 이용에 관한 법률」에 따라 지정된 자연환경보전지역·농림지역 또는 관리지역(지구단위계획구역으로 지정된 지역은 제외한다)의 건축물

- 「국토의 계획 및 이용에 관한 법률」에 따라 지정된 자연환경보전지역·농림지역 또는 관리지역(지구단위계획구역으로 지정된 지역은 제외한다)의 건축물
- 다음 각 목의 어느 하나에 해당하는 건축물 중 건축조례로 정하는 건축물
  - 「관광진흥법」에 따른 관광지 또는 관광단지에 설치하는 관광시설
  - 「관광진흥법 시행령」에 따른 전문휴양업의 시설 또는 종합휴양업의 시설
  - 「국토의 계획 및 이용에 관한 법률 시행령」에 따른 관광·휴양형 지구단위계획구역에 설치하는 관광시설
  - 「체육시설의 설치·이용에 관한 법률 시행령」에 따른 골프장

③ 조경 등의 조치에 관한 기준

㉠ 공장 및 물류시설

- 연면적의 합계가 2천 제곱미터 이상인 경우 : 대지면적의 10퍼센트 이상
- 연면적의 합계가 1천500 제곱미터 이상 2천 제곱미터 미만인 경우 : 대지면적의 5퍼센트 이상

㉡ 공항시설

- 대지면적(활주로·유도로·계류장·착륙대 등 항공기의 이륙 및 착륙시설로 쓰는 면적은 제외)의 10퍼센트 이상

㉢ 철도 중 역시설

- 대지면적(선로·승강장 등 철도운행에 이용되는 시설의 면적은 제외)의 10퍼센트 이상

㉣ 그 밖에 면적 200제곱미터 이상 300제곱미터 미만인 대지에 건축하는 건축물

- 대지면적의 10퍼센트 이상

㉤ 건축물의 옥상에 조경이나 그 밖에 조치를 하는 경우

- 옥상부분 조경면적의 3분의 2에 해당하는 면적을 대지의 조경면적으로 산정할 수 있다. 이 경우 조경면적으로 산정하는 면적은 조경면적의 100분의 50을 초과할 수 없다.

④ 공개 공지 등의 확보

㉠ 건축물의 대지에는 공개 공지 또는 공개 공간을 확보하여야 한다.

- 연면적의 합계가 5천 제곱미터 이상인 문화 및 집회시설, 종교시설, 판매시설(「농수산물유통 및 가격안정에 관한 법률」에 따른 농수산물유통시설은 제외한다), 운수시설(여객용 시설만 해당한다), 업무시설 및 숙박시설
- 일반주거지역, 준주거지역, 상업지역, 준공업지역의 환경을 쾌적하게 조성하기 위하여 대통령령으로 정하는 용도와 규모의 건축물은 일반이 사용할 수 있도록 대통령령으로 정하는 기준에 따라 소규모 휴식시설 등의 공개공지(공지 : 공터) 또는 공개 공간을 설치하여야 한다.

㉡ 공개공지등의 면적

- 대지면적의 100분의 10 이하의 범위에서 건축조례로 정한다. 이 경우 조경면적과 매장문화재의 원형보존조치 면적을 공개공지등의 면적으로 할 수 있다.

㉢ 공개공지등을 확보할 때에는 공중(公衆)이 이용할 수 있도록 다음 각 호의 사항을 준수하여야 한다. 이 경우 공개 공지는 필로티의 구조로 설치할 수 있다.

- 공개공지등은 누구나 이용할 수 있는 곳임을 알기 쉽게 국토교통부령으로 정하는 표지판을 1개소 이상 설치할 것

· 공개공지등에는 물건을 쌓아 놓거나 출입을 차단하는 시설을 설치하지 아니할 것
· 환경친화적으로 편리하게 이용할 수 있도록 긴 의자 또는 파고라 등 건축조례로 정하는 시설을 설치할 것

2 조경기준(국토교통부고시)

1. 정의

① "조경"이라 함은 경관을 생태적, 기능적, 심미적으로 조성하기 위하여 식물을 이용한 식생공간을 만들거나 조경시설을 설치하는 것을 말한다.

② "조경면적"이라 함은 이 고시에서 정하고 있는 조경의 조치를 한 부분의 면적을 말한다.

③ "조경시설"이라 함은 조경과 관련된 파고라·벤치·환경조형물·정원석·휴게·여가·수경·관리 및 기타 이와 유사한 것으로 설치되는 시설, 생태연못 및 하천, 동물 이동통로 및 먹이공급시설 등 생물의 서식처 조성과 관련된 생태적 시설을 말한다.

④ "조경시설공간"이라 함은 조경시설을 설치한 이 고시에서 정하고 있는 일정 면적 이상의 공간을 말한다.

⑤ "식재"라 함은 조경면적에 수목(기존수목 및 이식수목을 포함한다)이나 잔디·초화류 등의 식물을 이 기준에서 정하는 바에 따라 배치하여 심는 것을 말한다.

⑥ "벽면녹화"라 함은 건축물이나 구조물의 벽면을 식물을 이용해 전면 혹은 부분적으로 피복 녹화하는 것을 말한다.

⑦ "자연지반"이라 함은 하부에 인공구조물이 없는 자연상태의 지층 그대로인 지반으로서 공기, 물, 생물 등의 자연순환이 가능한 지반을 말한다.

⑧ "인공지반조경"이라 함은 건축물의 옥상(지붕을 포함한다)이나 포장된 주차장, 지하구조물 등과 같이 인위적으로 구축된 건축물이나 구조물 등 식물생육이 부적합한 불투수층의 구조물 위에 자연지반과 유사하게 토양층을 형성하여 그 위에 설치하는 조경을 말한다.

⑨ "옥상조경"이라 함은 인공지반조경 중 지표면에서 높이가 2미터 이상인 곳에 설치한 조경을 말한다. 다만, 발코니에 설치하는 화훼시설은 제외한다.

⑩ "투수성 포장구조"라 함은 투수성 콘크리트 등의 투수성 포장재료를 사용하거나 조립식 포장방식 등을 사용하여 포장면 상단에서 지하의 지반으로 물이 침투될 수 있도록 한 포장구조를 말한다.

2. 대지안의 식재기준

★ ① 조경면적의 산정

㉠ 조경면적은 식재된 부분의 면적과 조경시설공간의 면적을 합한 면적으로 산정한다.
㉡ 식재면적은 당해 지방자치단체의 조례에서 정하는 조경면적의 100분의 50 이상이어야 한다.
㉢ 하나의 식재면적은 한 변의 길이가 1미터 이상으로서 1제곱미터 이상이어야 한다.
㉣ 하나의 조경시설공간의 면적은 10제곱미터 이상이어야 한다.

② 조경면적의 배치

㉠ 대지면적중 조경의무면적의 10퍼센트 이상에 해당하는 면적은 자연지반이어야 하며, 그 표면을 토양이나 식재된 토양 또는 투수성 포장구조로 하여야 한다.

㉡ 대지의 인근에 보행자전용도로·광장·공원 등의 시설이 있는 경우에는 조경면적을 이러한 시설과 연계되도록 배치하여야 한다.

㉢ 너비 20미터 이상의 도로에 접하고 2,000제곱미터 이상인 대지 안에 설치하는 조경은 조경의무면적의 20퍼센트 이상을 가로변에 연접하게 설치하여야 한다. 다만, 도시설계 등 계획적인 개발계획이 수립된 구역은 그에 따르며, 허가권자가 가로변에 연접하여 설치하는 것이 불가능하다고 인정하는 경우에는 그러하지 아니하다.

③ 식재수량 및 규격

㉠ 조경면적 1제곱미터마다 교목 및 관목의 수량

상업지역	교목 0.1주 이상, 관목 1.0주 이상
공업지역	교목 0.3주 이상, 관목 1.0주 이상
주거지역	교목 0.2주 이상, 관목 1.0주 이상
녹지지역	교목 0.2주 이상, 관목 1.0주 이상

㉡ 식재교목의 최소규격

흉고직경	5센티미터 이상
근원직경	6센티미터 이상
수 관 폭	0.8미터 이상
수 고	1.5미터 이상

㉢ 수목의 수량 가중 산정

구분	규격	주당 가중
낙엽교목	수고 4m이상이고, 흉고직경 12cm 또는 근원직경 15cm 이상	수목 1주는 교목 2주
상록교목	수고 4m 이상이고, 수관폭 2m 이상	
낙엽교목	수고 5m 이상이고, 흉고직경 18cm또는 근원직경 20cm 이상	수목 1주는 교목 4주
상록교목	수고 5m이상이고, 수관폭 3m 이상	
낙엽교목	흉고직경 25cm 이상 또는 근원직경 30cm 이상	수목 1주는 교목 8주
상록교목	수관폭 5m 이상	

④ 식재수종

㉠ 상록수 및 지역 특성에 맞는 수종 등의 식재비율

- 상록수 식재비율 : 교목 및 관목 중 규정 수량의 20퍼센트 이상
- 지역에 따른 특성수종 식재비율 : 규정 식재수량 중 교목의 10퍼센트 이상

㉡ 식재 수종은 지역의 향토종을 우선으로 사용하고, 자연조건에 적합한 것을 선택하여야 하며, 특히 대기오염물질이 발생되는 지역에서는 대기오염에 강한 수종을 식재하여야 한다.

㉢ 허가권자가 식재비율에 따라 식재하기 곤란하다고 인정하는 경우에는 식재비율을 적용하지 아니할 수 있다.

㉣ 건축물 구조체 등으로 인해 항상 그늘이 발생하거나 향후 수목의 성장에 따라 일조량이 부족할 것으로 예상되는 지역에는 양수 및 잔디식재를 금하고, 음지에 강한 교목과 그늘에 강한 지피류(맥문동, 수호초 등)를 선정하여 식재한다.

㉤ 메타세콰이어나 느티나무와 같이 뿌리의 생육이 왕성한 수목의 식재로 인해 건물 외벽이나 지하 시설물에 대한 피해가 예상되는 경우는 다음의 조치를 시행한다.

- 외벽과 지하 시설물 주위에 방근 조치를 실시하여 식물 뿌리의 침투를 방지한다.
- 방근 조치가 어려운 경우 뿌리가 강한 수종의 식재를 피하고, 식재한 식물과 건물 외벽 또는 지하 시설물과의 간격을 최소 5m 이상으로 하여 뿌리로 인한 피해를 예방한다.

⑤ 식재수종의 품질

㉠ 수목의 품질

- 상록교목은 줄기가 곧고 잔 가지의 끝이 손상되지 않은 것으로서 가지가 고루 발달한 것이어야 한다.
- 상록관목은 가지와 잎이 치밀하여 수목 상부에 큰 공극이 없으며, 형태가 잘 정돈된 것이어야 한다.
- 낙엽교목은 줄기가 곧고, 근원부에 비해 줄기가 급격히 가늘어지거나 보통 이상으로 길고 연하게 자라지 않는 등 가지가 고루 발달한 것이어야 한다.
- 낙엽관목은 가지와 잎이 충실하게 발달하고 합본되지 않은 것이어야 한다.

㉡ 식재하려는 초화류 및 지피식물의 품질기준

- 초화류는 가급적 주변 경관과 쉽게 조화를 이룰 수 있는 향토 초본류를 채택하여야 하며, 이 때 생육지속기간을 고려하여야 한다.
- 지피식물은 뿌리 발달이 좋고 지표면을 빠르게 피복하는 것으로서, 파종식재의 경우 파종적기의 폭이 넓고 종자발아력이 우수한 것이어야 한다.

3. 조경시설의 설치

① 혐오시설의 차폐

- 쓰레기보관함 등 환경을 저해하는 혐오시설에 대해서는 차폐식재를 하여야 한다.

② 휴게공간의 바닥포장

- 휴게공간에는 그늘식재 또는 차양시설을 설치하여 직사광선을 충분히 차단하여야 하며, 복사열이 적은 재료를 사용하고 투수성 포장구조로 한다.

③ 보행포장

- 보행자용 통행로의 바닥은 물이 지하로 침투될 수 있는 투수성 포장구조이어야 한다.

4. 옥상조경 및 인공지반 조경

① 옥상조경 면적의 산정

㉠ 지표면에서 2미터 이상의 건축물이나 구조물의 옥상에 식재 및 조경시설을 설치한 부분의 면적. 다만, 초화류와 지피식물로만 식재된 면적은 그 식재면적의 2분의 1에 해당하는 면적

㉡ 지표면에서 2미터 이상의 건축물이나 구조물의 벽면을 식물로 피복한 경우, 피복면적의 2분의 1에 해당하는 면적

- 피복면적을 산정하기 곤란한 경우에는 근원경 4센티미터 이상의 수목에 대해서만 식재수목 1주당 0.1제곱미터로 산정
- 벽면녹화면적은 식재의무면적의 100분의 10을 초과하여 산정하지 않는다.

㉢ 건축물이나 구조물의 옥상에 교목이 식재된 경우에는 식재된 교목 수량의 1.5배를 식재한 것으로 산정한다.

② 옥상 및 인공지반의 식재

- 고열, 바람, 건조 및 일시적 과습 등의 열악한 환경에서도 건강하게 자랄 수 있는 식물종을 선정하여야 하므로 관련 전문가의 자문을 구하여 해당 토심에 적합한 식물종을 식재하여야 한다.

③ 구조적인 안전

㉠ 인공지반조경(옥상조경을 포함)을 하는 지반은 수목 ·토양 및 배수시설 등이 건축물의 구조에 지장이 없도록 설치하여야 한다.

㉡ 기존건축물에 옥상조경 또는 인공지반조경을 하는 경우 건축사 또는 건축구조기술사로부터 건축물 또는 구조물이 안전한지 여부를 확인 받아야 한다.

④ 식재토심

- 옥상조경 및 인공지반 조경의 식재 토심은 배수층의 두께를 제외한 다음 기준에 의한 두께로 하여야 한다.

구분	식재토심(배수층제외)	인공토양 사용시
초화류 및 지피식물	15cm 이상	10cm 이상
소관목	30cm 이상	20cm 이상
대관목	45cm 이상	30cm 이상
교목	70cm 이상	60cm 이상

⑤ 관수 및 배수

- 옥상조경 및 인공지반 조경에는 수목의 정상적인 생육을 위하여 건축물이나 구조물의 하부시설에 영향을 주지 아니하도록 관수 및 배수시설을 설치하여야 한다.

⑥ 방수 및 방근

- 옥상 및 인공지반의 조경에는 방수조치를 하여야 하며, 식물의 뿌리가 건축물이나 구조물에 침입하지 않도록 하여야 한다.

⑦ 유지관리

- 옥상조경지역에는 이용자의 안전을 위하여 기준에 적합한 구조물을 설치하여 관리하여야 한다.

㉠ 높이 1.2미터 이상의 난간 등의 안전구조물을 설치하여야 한다.

㉡ 수목은 바람에 넘어지지 않도록 지지대를 설치하여야 한다.

㉢ 안전시설은 정기적으로 점검하고, 유지관리하여야 한다.

㉣ 식재된 수목의 생육을 위하여 필요한 가지치기·비료주기 및 물주기 등의 유지관리를 하여야 한다.

⑧ 옥상조경의 지원

국토교통부장관 또는 지방자치단체의 장은 옥상 · 발코니 · 측벽 등 건축물녹화를 촉진하기 위하여 건물녹화 설계기준 및 권장설계도서를 작성 · 보급할 수 있다.

⑨ 재검토기한

국토교통부장관은 「훈령 · 예규 등의 발령 및 관리에 관한 규정」에 따라 이 고시에 대하여 2021년 7월 1일 기준으로 매3년이 되는 시점(매 3년째의 6월 30일까지를 말한다)마다 그 타당성을 검토하여 개선 등의 조치를 하여야 한다.

chapter 19

기타 조경 관련법

19.1 핵심플러스

■ 부처에 관련한 조경 관련법

국토교통부	국토의 계획 및 이용에 관한 법, 도시공원 및 녹지 등에 관한 법, 경관법
환경부	환경정책기본법, 자연환경보전법, 환경영향평가법
농림축산식품부	도시농업의 육성 및 지원에 관한 법
산림청	산림자원의 조성 및 관리에 관한 법, 수목원 조성 및 진흥에 관한 법, 산림문화·휴양에 관한 법, 도시숲 등의 조성 및 관리에 관한 법률, 가로수 조성 및 관리규정

1 경관법 (국토교통부)

① 목적

- 국토의 체계적 경관관리를 위하여 각종 경관자원의 보전·관리 및 형성에 필요한 사항들을 정함으로써 아름답고 쾌적하며 지역특성을 나타내는 국토환경 및 지역환경의 조성에 기여함

② 용어정의

㉠ 경관이란 자연, 인공요소 및 주민의 생활상 등으로 이루어진 일단의 지역환경적 특징을 나타내는 것을 말한다.

㉡ 건축물이란 「건축법」에 따른 건축물을 말한다.

③ 경관관리의 기본원칙

㉠ 국민이 아름답고 쾌적한 경관을 누릴 수 있도록 할 것

㉡ 지역의 고유한 자연·역사 및 문화를 드러내고 지역주민의 생활 및 경제활동과의 긴밀한 관계 속에서 지역주민의 합의를 통하여 양호한 경관이 유지될 것

㉢ 각 지역의 경관이 고유한 특성과 다양성을 가질 수 있도록 자율적인 경관행정 운영방식을 권장하고, 지역주민이 이에 주체적으로 참여할 수 있도록 할 것

㉣ 개발과 관련된 행위는 경관과 조화 및 균형을 이루도록 할 것

㉤ 우수한 경관을 보전하고 훼손된 경관을 개선·복원함과 동시에 새롭게 형성되는 경관은 개성 있는 요소를 갖도록 유도할 것

㉥ 국민의 재산권을 과도하게 제한하지 아니하도록 하고, 지역 간 형평성을 고려할 것

④ 경관계획의 수립

㉠ 국토교통부장관은 아름답고 쾌적한 국토경관을 형성하고 우수한 경관을 발굴하여 지원·육성하기 위하여 경관정책기본계획을 5년마다 수립·시행하여야 한다.

- 경관정책기본계획의 포함 사항

- 국토경관의 현황 및 여건 변화 전망에 관한 사항
- 경관정책의 기본목표와 바람직한 국토경관의 미래상 정립에 관한 사항
- 국토경관의 종합적·체계적 관리에 관한 사항
- 사회기반시설의 통합적 경관관리에 관한 사항
- 우수한 경관의 보전 및 그 지원에 관한 사항
- 경관 분야의 전문인력 육성에 관한 사항
- 지역주민의 참여에 관한 사항
- 그 밖에 경관에 관한 중요 사항

㉡ 경관계획의 수립권자 및 대상 지역

- 시·도지사
- 인구 10만명을 초과하는 시[「제주특별자치도 설치 및 국제자유도시 조성을 위한 특별법」에 따른 행정시는 제외한다. 이하 같다]의 시장
- 인구 10만명을 초과하는 군(광역시 관할구역에 있는 군은 제외한다.)의 군수
- 인구 10만명 이하인 시·군의 시장·군수, 행정시장, 구청장등 또는 경제자유구역청장은 관할구역에 대하여 경관계획을 수립할 수 있다.

⑤ 경관계획의 유형

㉠ 경관계획의 목표

- 관할지역 전부를 대상으로 경관계획 목표 제시
- 경관 권역, 축, 거점 등 경관관리단위 설정
- 경관보전, 관리, 형성을 한 기본방향 제시

㉡ 조사대상

- 자연경관자원 : 주요 지형, 산림, 하천, 호수, 해변 등
- 산림경관장원 : 주요 식생현황, 보안림, 마을숲, 보전산림 등
- 농산어촌경관자원 : 주요 경작지, 농업시설, 염전, 갯벌, 취락지, 마을공동시설 등
- 시가지 및 도시기반시설 경관자원 : 주요 건물, 교량, 상징가로, 광장, 기념물
- 역사문화경관자원 : 지역 고유의 경관을 나타내는 성곽, 서원, 전통사찰(경내지 포함), 근대 건축물 등의 문화재 등

⑥ 경관사업대상

㉠ 사업자 : 중앙행정기관의 장 또는 시 · 도지사

㉡ 목적 : 지역의 경관을 향상시키고 경관의식을 높이기 위함

㉢ 경관사업의 대상

- 가로환경의 정비 및 개선을 위한 사업
- 지역의 녹화와 관련된 사업
- 야간경관의 형성 및 정비를 위한 사업

· 지역의 역사적 · 문화적 특성을 지닌 경관을 살리는 사업
· 농산어촌의 자연경관 및 생활환경을 개선하는 사업
· 그 밖에 경관의 보전 · 관리 및 형성을 위한 사업으로서 해당 지방자치단체의 조례로 정하는 사업

㉣ 경관사업 승인제도
· 신청자 : 시 · 도지사 또는 시장, 군수
· 목적 : 경관의 질적 향상, 경관의식 제고 위해 경관계획이 수립된 지역 안에서 시행하는 사업
· 사업계획서 내용 : 사업의 목표, 협정 체결자 또는 경관협정운영회의 대표자, 사업내용 및 추진계획, 사업비용, 그 밖에 해당 지방자치단체의 조례로 정하는 사항
· 승인 시 사전 심의 : 경관사업을 승인하기 전에 경관위원회의 심의

⑦ 경관협정

㉠ 경관협정의 체결
· 대상 : 토지소유자, 건축물소유자, 지상권자, 건축물의 소유자 동의를 받은 자
· 목적 : 쾌적한 환경 및 아름다운 경관 형성
· 체결조건 : 일단의 토지 또는 하나의 토지의 소유자가 1인인 경우에도 그 토지의 소유자는 해당 토지의 구역을 경관협정 대상지역으로 하는 경관협정을 정할 수 있다. 이 경우 그 토지소유자 1인을 경관협정 체결자로 본다.
· 효력 : 경관협정의 효력은 경관협정을 체결한 소유자 등에게만 미침

㉡ 경관협정은 포함사항
· 건축물의 의장(意匠) · 색채 및 옥외광고물(「옥외광고물 등의 관리와 옥외광고산업 진흥에 관한 법률」)에 관한 사항
· 공작물[「건축법」에 따라 특별자치도지사 또는 시장 · 군수(광역시 관할구역에 있는 군의 군수를 포함한다.) · 구청장에게 신고하여 축조하는 공작물] 및 건축설비(「건축법」에 따른 건축설비를 말한다)의 위치에 관한 사항
· 건축물 및 공작물 등의 외부 공간에 관한 사항
· 토지의 보전 및 이용에 관한 사항
· 역사 · 문화 경관의 관리 및 조성에 관한 사항
· 그 밖에 대통령령으로 정하는 사항

2 환경정책기본법(환경부)

① 목적

환경보전에 관한 국민의 권리·의무와 국가의 책무를 명확히 하고 환경정책의 기본 사항을 정하여 환경오염과 환경훼손을 예방하고 환경을 적정하고 지속가능하게 관리·보전함으로써 모든 국민이 건강하고 쾌적한 삶을 누릴 수 있도록 함

② 기본이념

㉠ 환경의 질적인 향상과 그 보전을 통한 쾌적한 환경의 조성 및 이를 통한 인간과 환경 간의 조화와 균형의 유지는 국민의 건강과 문화적인 생활의 향유 및 국토의 보전과 항구적인 국가

발전에 반드시 필요한 요소임에 비추어 국가, 지방자치단체, 사업자 및 국민은 환경을 보다 양호한 상태로 유지·조성하도록 노력하고, 환경을 이용하는 모든 행위를 할 때에는 환경보전을 우선적으로 고려하며, 지구환경상의 위해(危害)를 예방하기 위하여 공동으로 노력함으로써 현 세대의 국민이 그 혜택을 널리 누릴 수 있게 함과 동시에 미래의 세대에게 그 혜택이 계승될 수 있도록 하여야 한다.

㉡ 국가와 지방자치단체는 지역 간, 계층 간, 집단 간에 환경 관련 재화와 서비스의 이용에 형평성이 유지되도록 고려한다.

③ 용어정의

구분	내용
자연환경	지하·지표(해양을 포함한다) 및 지상의 모든 생물과 이들을 둘러싸고 있는 비생물적인 것을 포함한 자연의 상태(생태계 및 자연경관을 포함)
생활환경	대기, 물, 토양, 폐기물, 소음·진동, 악취, 일조(日照) 등 사람의 일상생활과 관계되는 환경
환경오염	사업활동 및 그 밖의 사람의 활동에 의하여 발생하는 대기오염, 수질오염, 토양오염, 해양오염, 방사능오염, 소음·진동, 악취, 일조 방해 등으로서 사람의 건강이나 환경에 피해를 주는 상태
환경훼손	야생동식물의 남획(濫獲) 및 그 서식지의 파괴, 생태계질서의 교란, 자연경관의 훼손, 표토(表土)의 유실 등으로 자연환경의 본래적 기능에 중대한 손상을 주는 상태
환경보전	환경오염 및 환경훼손으로부터 환경을 보호하고 오염되거나 훼손된 환경을 개선함과 동시에 쾌적한 환경 상태를 유지·조성하기 위한 행위
환경용량	일정한 지역에서 환경오염 또는 환경훼손에 대하여 환경이 스스로 수용, 정화 및 복원하여 환경의 질을 유지할 수 있는 한계
환경기준	국민의 건강을 보호하고 쾌적한 환경을 조성하기 위하여 국가가 달성하고 유지하는 것이 바람직한 환경상의 조건 또는 질적인 수준

④ 기본적 시책

㉠ 국가환경종합계획의 수립 : 환경부장관은 관계 중앙행정기관의 장과 협의하여 국가 차원의 환경보전을 위한 종합계획을 20년마다 수립

㉡ 국가환경종합계획의 정비 : 환경부장관은 환경적·사회적 여건 변화 등을 고려하여 5년마다 국가환경종합계획의 타당성을 재검토하고 필요한 경우 이를 정비하여야 한다.

⑤ 시·도의 환경계획의 수립

㉠ 시·도지사는 관할 구역의 지역적 특성을 고려하여 해당 시·도의 환경계획을 수립·시행

㉡ 시·도지사는 시·도 환경계획을 수립하거나 변경하려면 그 초안을 마련하여 공청회 등을 열어 주민, 관계 전문가 등의 의견을 수렴

㉢ 물, 대기, 자연생태 등 분야별 환경 현황에 대한 공간환경정보를 관리

㉣ 시·도 환경계획 작성시 포함 내용

- 다음 각 목의 환경에 관한 현황 분석 및 관리·보전 계획
- 생태계 및 생물다양성 등 자연·생태환경
- 대기·수질·토양 및 기후 등 생활·기후환경

3 자연환경보전법 <환경부(자연정책과)>

① 목적

자연환경을 인위적 훼손으로부터 보호하고, 생태계와 자연경관을 보전하는 등 자연환경을 체계적으로 보전·관리함으로써 자연환경의 지속가능한 이용을 도모하고, 국민이 쾌적한 자연환경에서 여유있고 건강한 생활을 할 수 있도록 함을 목적으로 한다.

② 용어정의

자연환경	지하·지표(해양을 제외한다) 및 지상의 모든 생물과 이들을 둘러싸고 있는 비생물적인 것을 포함한 자연의 상태(생태계 및 자연경관을 포함한다)를 말한다.
자연환경보전	자연환경을 체계적으로 보존·보호 또는 복원하고 생물다양성을 높이기 위하여 자연을 조성하고 관리하는 것
자연환경의 지속가능한 이용	현재와 장래의 세대가 동등한 기회를 가지고 자연환경을 이용하거나 혜택을 누릴 수 있도록 하는 것
자연생태	자연의 상태에서 이루어진 지리적 또는 지질적 환경과 그 조건 아래에서 생물이 생활하고 있는 일체의 현상
생태계	식물·동물 및 미생물 군집(群集)들과 무생물 환경이 기능적인 단위로 상호작용하는 역동적인 복합체
소(小)생태계	생물다양성을 높이고 야생동·식물의 서식지간의 이동가능성 등 생태계의 연속성을 높이거나 특정한 생물종의 서식조건을 개선하기 위하여 조성하는 생물서식공간
생물다양성	육상생태계 및 수생생태계(해양생태계를 제외한다)와 이들의 복합생태계를 포함하는 모든 원천에서 발생한 생물체의 다양성을 말하며, 종내(種內)·종간(種間) 및 생태계의 다양성을 포함
생태축	생물다양성을 증진시키고 생태계 기능의 연속성을 위하여 생태적으로 중요한 지역 또는 생태적 기능의 유지가 필요한 지역을 연결하는 생태적서식공간
생태통로	도로·댐·수중보(水中洑)·하구언(河口堰) 등으로 인하여 야생동·식물의 서식지가 단절되거나 훼손 또는 파괴되는 것을 방지하고 야생동·식물의 이동 등 생태계의 연속성 유지를 위하여 설치하는 인공 구조물·식생 등의 생태적 공간
자연경관	자연환경적 측면에서 시각적·심미적인 가치를 가지는 지역·지형 및 이에 부속된 자연요소 또는 사물이 복합적으로 어우러진 자연의 경치
대체자연	기존의 자연환경과 유사한 기능을 수행하거나 보완적 기능을 수행하도록 하기 위하여 조성하는 것
생태·경관보전지역	생물다양성이 풍부하여 생태적으로 중요하거나 자연경관이 수려하여 특별히 보전할 가치가 큰 지역으로서 환경부장관이 지정·고시하는 지역
자연유보지역	사람의 접근이 사실상 불가능하여 생태계의 훼손이 방지되고 있는 지역 중 군사상의 목적으로 이용되는 외에는 특별한 용도로 사용되지 아니하는 무인도로서 대통령령이 정하는 지역과 관할권이 대한민국에 속하는 날부터 2년간의 비무장지대
생태·자연도	산·하천·내륙습지·호소(湖沼)·농지·도시 등에 대하여 자연환경을 생태적 가치, 자연성, 경관적 가치 등에 따라 등급화하여 작성된 지도
자연자산	인간의 생활이나 경제활동에 이용될 수 있는 유형·무형의 가치를 가진 자연상태의 생물과 비생물적인 것의 총체

생물자원	「생물다양성 보전 및 이용에 관한 법률」에 따른 생물자원
생태마을	생태적 기능과 수려한 자연경관을 보유하고 이를 지속가능하게 보전·이용할 수 있는 역량을 가진 마을로서 환경부장관 또는 지방자치단체의 장이 규정에 의하여 지정한 마을
자연환경복원사업	훼손된 자연환경의 구조와 기능을 회복시키는 사업으로서 다음 각 호에 해당하는 사업을 말한다. 다만, 다른 관계 중앙행정기관의 장이 소관 법률에 따라 시행하는 사업은 제외한다. · 생태·경관보전지역에서의 자연생태·자연경관과 생물다양성 보전·관리를 위한 사업 · 도시지역 생태계의 연속성 유지 또는 생태계 기능의 향상을 위한 사업 · 단절된 생태계의 연결 및 야생동물의 이동을 위하여 생태통로 등을 설치하는 사업 · 「습지보전법」의 습지보호지역등(내륙습지로 한정)에서의 훼손된 습지를 복원하는 사업 · 그 밖에 훼손된 자연환경 및 생태계를 복원하기 위한 사업으로서 대통령령으로 정하는 사업

③ 자연환경보전의 기본원칙

㉠ 자연환경은 모든 국민의 자산으로서 공익에 적합하게 보전되고 현재와 장래의 세대를 위하여 지속가능하게 이용되어야 한다.

㉡ 자연환경보전은 국토의 이용과 조화·균형을 이루어야 한다.

㉢ 자연생태와 자연경관은 인간활동과 자연의 기능 및 생태적 순환이 촉진되도록 보전·관리되어야 한다.

㉣ 모든 국민이 자연환경보전에 참여하고 자연환경을 건전하게 이용할 수 있는 기회가 증진되어야 한다.

㉤ 자연환경을 이용하거나 개발하는 때에는 생태적 균형이 파괴되거나 그 가치가 저하되지 아니하도록 하여야 한다. 다만, 자연생태와 자연경관이 파괴·훼손되거나 침해되는 때에는 최대한 복원·복구되도록 노력하여야 한다.

㉥ 자연환경보전에 따르는 부담은 공평하게 분담되어야 하며, 자연환경으로부터 얻어지는 혜택은 지역주민과 이해관계인이 우선하여 누릴 수 있도록 하여야 한다.

㉦ 자연환경보전과 자연환경의 지속가능한 이용을 위한 국제협력은 증진되어야 한다.

㉧ 자연환경을 복원할 때에는 환경 변화에 대한 적응 및 생태계의 연계성을 고려하고, 축적된 과학적 지식과 정보를 적극적으로 활용하여야 하며, 국가·지방자치단체·지역주민·시민단체·전문가 등 모든 이해관계자의 참여와 협력을 바탕으로 하여야 한다.

④ 자연환경보전기본계획의 수립

환경부장관은 전국의 자연환경보전을 위한 자연환경보전기본계획을 10년마다 수립

⑤ 생태·경관보전지역

㉠ 해당하는 지역 (환경부 장관 지정)

· 자연상태가 원시성을 유지하고 있거나 생물다양성이 풍부하여 보전 및 학술적연구가치가 큰 지역

- 지형 또는 지질이 특이하여 학술적 연구 또는 자연경관의 유지를 위하여 보전이 필요한 지역
- 다양한 생태계를 대표할 수 있는 지역 또는 생태계의 표본지역
- 그 밖에 하천·산간계곡 등 자연경관이 수려하여 특별히 보전할 필요가 있는 지역으로서 대통령령으로 정하는 지역

㉡ 생태 · 경관보전지역 구분

생태 · 경관핵심보전구역 (핵심구역)	생태계의 구조와 기능의 훼손방지를 위하여 특별한 보호가 필요하거나 자연경관이 수려하여 특별히 보호하고자 하는 지역
생태 · 경관완충보전구역 (완충구역)	핵심구역의 연접지역으로서 핵심구역의 보호를 위하여 필요한 지역
생태 · 경관전이보전구역 (전이구역)	핵심구역 또는 완충구역에 둘러싸인 취락지역으로서 지속가능한 보전과 이용을 위하여 필요한 지역

⑥ 생태·경관보전지역관리기본계획

㉠ 환경부장관은 생태·경관보전지역에 대하여 관계중앙행정기관의 장 및 관할 시·도지사와 협의하여 다음의 사항이 포함된 생태·경관보전지역관리기본계획을 수립·시행하여야 한다.

- 자연생태·자연경관과 생물다양성의 보전·관리
- 생태·경관보전지역 주민의 삶의 질 향상과 이해관계인의 이익보호
- 자연자산의 관리와 생태계의 보전을 통하여 지역사회의 발전에 이바지하도록 하는 사항
- 그 밖에 생태·경관보전지역관리기본계획의 수립·시행에 필요한 사항으로서 대통령령으로 정하는 사항

㉡ 생태·경관보전지역관리기본계획에 포함되어야 할 사항

- 생태·경관보전지역 안의 생태계 및 자연경관의 변화 관찰에 관한 사항
- 생태·경관보전지역 안의 오수 및 폐수의 처리방안과 법에 따른 오수 및 폐수의 처리를 위한 지원방안에 관한 사항
- 생태·경관보전관리기본계획에 포함된 사업의 시행에 소요되는 비용의 산정 및 재원의 조달방안에 관한 사항
- 환경친화적 영농 및 법에 따른 생태관광의 촉진 등 주민의 소득증대 및 복지증진을 위한 지원방안에 관한 사항

⑦ 생태·경관보전지역에서의 행위제한

㉠ 포함행위

- 핵심구역안에서 야생동·식물을 포획·채취·이식(移植)·훼손하거나 고사(枯死)시키는 행위 또는 포획하거나 고사시키기 위하여 화약류·덫·올무·그물·함정 등을 설치하거나 유독물·농약 등을 살포·주입(注入)하는 행위
- 건축물 그 밖의 공작물의 신축·증축(생태·경관보전지역 지정 당시의 건축연면적의 2배 이상 증축하는 경우에 한정한다) 및 토지의 형질변경
- 하천·호소 등의 구조를 변경하거나 수위 또는 수량에 증감을 가져오는 행위

- 토석의 채취
- 그 밖에 자연환경보전에 유해하다고 인정되는 행위로서 대통령령으로 정하는 행위
  - 수면의 매립·간척, 불을 놓는 행위

㉡ 제㉠항에도 불구하고 완충구역안에서는 다음의 행위를 할 수 있다.

- 「공간정보의 구축 및 관리 등에 관한 법률」에 따른 지목이 대지(생태·경관보전지역 지정 이전의 지목이 대지인 경우에 한정한다)인 토지에서 주거·생계 등을 위한 건축물등으로서 대통령령으로 정하는 건축물등의 설치
- 생태탐방·생태학습 등을 위하여 대통령령으로 정하는 시설의 설치
  - 자연학습장, 생태 또는 산림박물관, 수목원, 식물원, 생태숲, 생태체험장, 생태연구소 등 자연환경의 교육·홍보 또는 연구를 위한 시설
  - 「청소년활동 진흥법」의 규정에 따른 청소년수련원 또는 청소년야영장
- 「산림자원의 조성 및 관리에 관한 법률」에 따른 산림경영계획과 산림보호 및 「산림보호법」에 따른 산림유전자원보호구역 등의 보전·관리를 위하여 시행하는 산림사업
- 하천유량 및 지하수 관측시설, 배수로의 설치 또는 이와 유사한 농·임·수산업에 부수되는 건축물 등의 설치
- 「장사 등에 관한 법률」에 따른 개인묘지의 설치

㉢ 제㉠항에도 불구하고 전이구역안에서는 다음의 행위를 할 수 있다.

- ㉡항 각호의 행위
- 전이구역안에 거주하는 주민의 생활양식의 유지 또는 생활향상 등을 위한 대통령령으로정하는 건축물등의 설치
- 생태·경관보전지역을 방문하는 사람을 위한 대통령령으로 정하는 음식·숙박·판매시설의 설치
- 도로, 상·하수도 시설 등 지역주민 및 탐방객의 생활편의 등을 위하여 대통령령으로 정하는 공공용시설 및 생활편의시설의 설치

㉣ 환경부장관은 취약한 자연생태·자연경관의 보전을 위하여 특히 필요한 경우에는 대통령령으로 정하는 개발사업을 제한하거나 영농행위를 제한할 수 있다.

⑧ 생태·경관보전지역에서의 금지행위

㉠ 「물환경보전법」에 따른 특정수질유해물질, 「폐기물관리법」에 따른 폐기물 또는 「화학물질관리법」에 따른 유독물질을 버리는 행위

㉡ 환경부령으로 정하는 인화물질을 소지하거나 환경부장관이 지정하는 장소 외에서 취사 또는 야영을 하는 행위(핵심구역 및 완충구역에 한정한다)

㉢ 자연환경보전에 관한 안내판 그 밖의 표지물을 오손 또는 훼손하거나 이전하는 행위

㉣ 그 밖에 생태·경관보전지역의 보전을 위하여 금지하여야 할 행위로서 풀·나무의 채취 및 벌채 등 대통령령으로 정하는 행위

⑨ 자연경관영향의 협의 또는 검토대상

㉠ 관계행정기관의 장 및 지방자치단체의 장은 다음 각호의 어느 하나에 해당하는 개발사업등으로서 「환경영향평가법」에 따른 전략환경영향평가 대상계획, 환경영향평가 대상사업 또는 소규모 환경영향평가 대상사업에 해당하는 개발사업등에 대한 인·허가등을 하고자 하는 때에는 해당 개발사업등이 자연경관에 미치는 영향 및 보전방안 등을 전략환경영향평가 협의, 환경영향평가 협의 또는 소규모 환경영향평가 협의 내용에 포함하여 환경부장관 또는 지방환경관서의 장과 협의를 하여야 한다.

㉡ 다음 각목의 어느 하나에 해당하는 지역으로부터 대통령령으로 정하는 거리 이내의 지역에서의 개발사업 등

- 「자연공원법」에 따른 자연공원
- 「습지보전법」에 따라 지정된 습지보호지역
- 생태·경관보전지역

표. 자연경관영향의 협의대상이 되는 거리(일반기준)

구분		경계로부터의 거리
자연공원	최고봉 1200m 이상	2,000m
	최고봉 700m 이상	1,500m
	최고봉 700m 미만 또는 해상형	1,000m
습지보호지역		300m
생태 · 경관보전지역	최고봉 700m 이상	1,000m
	최고봉 700m 이하 또는 해상형	500m

〈비고〉

생태 · 경관보전지역이 습지보호지역과 중복되는 경우에는 습지보호지역의 거리기준을 우선 적용한다.

- 도시지역 및 관리지역(계획관리지역에 한함)의 거리기준

  제1호의 일반기준에 불구하고 법 제1호의 규정에 따른 자연공원, 습지보호지역 및 생태 · 경관보전지역이 「국토의 계획 및 이용에 관한 법률」의 규정에 따른 도시지역 및 관리지역(계획관리지역에 한한다)에 위치한 경우에는 경계로부터의 거리를 300미터로 한다.

⑩ 생물다양성의 보전

㉠ 자연환경조사, 정밀조사와 생태계의 변화관찰

㉡ 생태·자연도의 작성·활용

㉢ 생태계 보전대책 및 국제협력, 생태계의 연구·기술개발

⑪ 자연휴식지의 지정·관리

㉠ 지방자치단체의 장은 다른 법률에 따라 공원·관광단지·자연휴양림 등으로 지정되지 아니한 지역 중에서 생태적·경관적 가치 등이 높고 자연탐방·생태교육 등을 위하여 활용하기에 적합한 장소를 대통령령으로 정하는 바에 따라 자연휴식지로 지정

㉡ 이 경우 사유지에 대하여는 미리 토지소유자 등의 의견을 들어야 함

⑫ 자연자산의 관리

㉠ 자연환경보전·이용시설의 설치·운영

㉡ 자연휴식지의 지정·관리

㉢ 생태마을의 지정

㉣ 생태통로의 설치

⑬ 자연환경복원사업

㉠ 자연환경복원 사업이 필요한 대상지역의 후보목록 작성

기준	환경부장관은 조사 또는 관찰의 결과를 토대로 훼손된 지역의 생태적 가치, 복원 필요성 등의 기준에 따라 그 우선순위를 평가함
조사 또는 관찰 대상지	·자연환경조사 ·정밀·보완조사 및 관찰 ·기후변화 관련 생태계 조사 ·「습지보전법」에 따른 습지조사 ·그 밖에 대통령령으로 정하는 자연환경에 대한 조사

㉡ 자연환경복원사업 추진실적의 보고·평가

- 사업시행자는 자연환경복원사업계획에 따른 자연환경복원사업의 추진실적을 환경부장관에게 정기적으로 보고하여야 한다.
- 환경부장관은 제1항에 따라 보고받은 추진실적을 평가하여 그 결과에 따라 자연환경복원사업에 드는 비용을 차등하여 지원할 수 있다.
- 환경부장관은 제2항에 따른 평가를 효율적으로 시행하는 데 필요한 조사·분석 등을 관계 전문기관에 의뢰할 수 있다.

⑭ 생태계보전부담금

㉠ 목적

환경부장관은 생태적 가치가 낮은 지역으로 개발을 유도하고 자연환경 또는 생태계의 훼손을 최소화할 수 있도록 자연환경 또는 생태계에 미치는 영향이 현저하거나 생물다양성의 감소를 초래하는 사업을 하는 사업자에 대하여 생태계보전부담금을 부과·징수한다.

㉡ 생태계보전부담금의 부과대상이 되는 사업

- 「환경영향평가법」에 따른 전략환경영향평가 대상계획 중 개발면적 3만제곱미터 이상인 개발사업으로서 대통령령으로 정하는 사업
- 「환경영향평가법」에 따른 환경영향평가대상사업
- 「광업법」에 따른 광업중 대통령령으로 정하는 규모 이상의 노천탐사·채굴사업
- 「환경영향평가법」에 따른 소규모 환경영향평가 대상 개발사업으로 개발면적이 3만제곱미터 이상인 사업
- 그 밖에 생태계에 미치는 영향이 현저하거나 자연자산을 이용하는 사업중 대통령령으로 정하는 사업

㉢ 제외사업 : 자연환경보전사업 및 「해양생태계의 보전 및 관리에 관한 법률」에 따른 해양생태계보전부담금의 부과대상이 되는 사업

㉣ 산정

생태계보전부담금은 생태계의 훼손면적에 단위면적당 부과금액과 지역계수를 곱하여 산정·부과한다. 다만, 생태계의 보전·복원 목적의 사업 또는 국방 목적의 사업으로서 대통령령으로 정하는 사업에 대하여는 생태계보전부담금을 감면할 수 있다.

㉤ 생태계보전부담금 및 가산금은 「환경정책기본법」에 따른 환경개선특별회계의 세입으로 한다.

㉥ 생태계보전부담금의 강제징수

환경부장관은 생태계보전부담금을 납부하여야 하는 사람이 납부기한 이내에 이를 납부하지 아니한 경우에는 30일 이상의 기간을 정하여 이를 독촉하여야 한다. 이 경우 체납된 생태계보전부담금에 대하여는 100분의 3에 상당하는 가산금을 부과한다.

㉦ 생태계보전부담금의 용도

- 생태계·생물종의 보전·복원사업-자연환경복원사업
- 생태계 보전을 위한 토지등의 확보
- 생태·경관보전지역 등의 토지등의 매수
- 자연환경보전·이용시설의 설치·운영-도시생태 복원사업
- 생태통로 설치사업
- 생태계보전부담금을 돌려받은 사업의 조사·유지·관리
- 유네스코가 선정한 생물권보전지역의 보전 및 관리
- 그 밖에 자연환경보전 등을 위하여 필요한 사업으로서 대통령령으로 정하는 사업
- 예외 : 「광업법」에 따른 광업으로서 산림 및 산지를 대상으로 하는 사업에서 조성된 생태계보전부담금은 이를 산림 및 산지 훼손지의 생태계복원사업을 위하여 사용하여야 한다.

4 용산공원 조성 특별법 <국토교통부>

① 목적

「대한민국과 미합중국 간의 미합중국군대의 서울지역으로부터의 이전에 관한 협정」 및 「대한민국과 미합중국 간의 연합토지관리계획협정」에 근거하여 대한민국에 반환되는 미합중국군대의 용산부지 등을 활용하여 국가의 책임하에 공원 등을 조성·관리하고 그 주변지역을 체계적으로 정비하기 위하여 필요한 사항을 규정하는 것을 목적으로 한다.

② 기본이념

대한민국에 반환되는 용산부지는 최대한 보전하고 용산공원은 민족성·역사성 및 문화성을 갖춘 국민의 여가휴식 공간 및 자연생태 공간 등으로 조성함으로써 국민이 다양한 혜택을 널리 향유할 수 있게 함

③ 정의

㉠ 용산부지 : 「주한미군기지 이전에 따른 평택시 등의 지원 등에 관한 특별법」에 따른 공여해제반환재산 중 서울특별시 용산구에 있는 다음 각 목으로 구성된 부지

- 본체부지(本體敷地) : 미합중국군대의 본부 및 지원부대 등이 집단적으로 입지한 일단(一團)의 부지로서 대통령령으로 정하는 부지
- 주변산재부지 : 본체부지와 격리되어 그 주변에 흩어져 있는 부지로서 대통령령으로 정하는 부지

㉡ 용산공원 : 용산공원조성지구에 국가가 이 법에 따라 조성하는 공원

㉢ 용산공원시설 : 용산공원의 기능과 효용을 높이기 위하여 설치하는 시설

- 「도시공원 및 녹지 등에 관한 법률」의 시설
- 용산공원조성계획에 포함되어 용산공원조성추진위원회의 심의를 거쳐 국토교통부장관이 정하는 시설

㉣ 용산공원정비구역 : 용산공원과 그 주변지역 등을 계획적이고 체계적으로 조성·관리하기 위하여 지정고시되는 지구와 지역

용산공원조성지구	본체부지에 지정되는 지구(용산공원의 조성에 필요한 경우 본체부지의 인접지역을 포함할 수 있다)
복합시설조성지구	도시의 기능증진과 토지의 효율적 활용을 위하여 상업·업무·주거·문화 등 복합용도로 조성하기 위하여 주변산재부지에 지정되는 지구
공원주변지역	용산공원조성지구, 복합시설조성지구에 접하는 지역으로서 용산공원조성으로 난개발 등 영향을 받을 수 있는 지역 중 계획적인 관리가 필요한 지역

5 도시농업의 육성 및 지원에 관한 법률 <농림축산식품부>

① 목적

- 도시농업의 육성 및 지원에 관한 사항을 마련함으로써 자연친화적인 도시환경을 조성하고, 도시민의 농업에 대한 이해를 높여 도시와 농촌이 함께 발전하는 데 이바지함

② 용어정의

㉠ 도시농업 : 도시지역에 있는 토지, 건축물 또는 다양한 생활공간을 활용하여 농작물을 경작 또는 재배하는 행위로서 대통령령으로 정하는 행위

- 농작물을 경작 또는 재배하는 행위
- 수목 또는 화초를 재배하는 행위
- 「곤충산업의 육성 및 지원에 관한 법률」의 곤충을 사육(양봉포함)하는 행위

㉡ 도시지역 : 「국토의 계획 및 이용에 관한 법률」에 따른 도시지역 및 관리지역 중 대통령령으로 정하는 지역

㉢ 도시농업인 : 도시농업을 직접 하는 사람 또는 도시농업에 관련되는 일을 하는 사람

② 도시농업의 유형

주택활용형 도시농업	주택·공동주택 등 건축물의 내부·외부, 난간, 옥상 등을 활용하거나 주택·공동주택 등 건축물에 인접한 토지를 활용한 도시농업
근린생활권 도시농업	주택·공동주택 주변의 근린생활권에 위치한 토지 등을 활용한 도시농업
도심형 도시농업	도심에 있는 고층 건물의 내부·외부, 옥상 등을 활용하거나 도심에 있는 고층 건물에 인접한 토지를 활용한 도시농업
농장형·공원형 도시농업	공영도시농업농장이나 민영도시농업농장 또는 「도시공원 및 녹지 등에 관한 법률」에 따른 도시공원을 활용한 도시농업
학교교육형 도시농업	학생들의 학습과 체험을 목적으로 학교의 토지나 건축물 등을 활용한 도시농업

6 산림자원의 조성 및 관리에 관한 법률 <산림청>

① 목적

산림자원의 조성과 관리를 통하여 산림의 다양한 기능을 발휘하게 하고 산림의 지속가능한 보전과 이용을 도모함으로써 국토의 보전, 국가경제의 발전 및 국민의 삶의 질 향상에 이바지함

② 용어정의

㉠ 산림

- 집단적으로 자라고 있는 입목·죽과 그 토지
- 집단적으로 자라고 있던 입목·죽이 일시적으로 없어지게 된 토지
- 입목·죽을 집단적으로 키우는 데에 사용하게 된 토지
- 산림의 경영 및 관리를 위하여 설치한 도로[임도(林道)]
- 앞의 토지에 있는 암석지(巖石地)와 소택지(소택지: 늪과 연못으로 둘러싸인 습한 땅)

㉡ 산림자원은 다음의 자원으로서 국가경제와 국민생활에 유용한 것을 말한다.

- 산림에 있거나 산림에서 서식하고 있는 수목, 초본류(草本類), 이끼류, 버섯류 및 곤충류 등의 생물자원
- 산림에 있는 토석(土石)·물 등의 무생물자원
- 산림 휴양 및 경관 자원

㉢ 산림사업

- 산림의 조성·육성·이용·재해예방·복구 등 산림의 기능을 유지·발전 또는 회복시키기 위하여 산림에서 이루어지는 사업
- 도시림·생활림·가로수·수목원의 조성·관리 등 산림의 조성·육성 또는 관리를 위하여 필요한 사업으로서 대통령령으로 정하는 사업

㉣ 임산물(林産物)

- 목재, 수목, 낙엽, 토석 등 산림에서 생산되는 산물(産物), 그 밖의 조경수(造景樹), 분재수(盆栽樹) 등

㉤ 산림용 종자

- 산림 또는 산림자원으로부터 유래된 자원의 씨앗, 증식용 영양체, 종균, 포자 등

㉥ 산림바이오매스에너지

- 임산물 또는 임산물이 혼합된 원료를 사용하여 생산된 에너지

㉦ 산림복원

- 자연적·인위적으로 훼손된 산림의 생태계 및 생물다양성이 원래의 상태에 가깝게 유지·증진될 수 있도록 그 구조와 기능을 회복시키는 것

③ 산림의 구분

- 소유자에 따라 다음과 같이 구분한다.

구분	정의
국유림(國有林)	국가가 소유하는 산림
공유림(公有林)	지방자치단체나 그 밖의 공공단체가 소유하는 산림
사유림(私有林)	제1호와 제2호 외의 산림

7 수목원 · 정원의 조성 및 진흥에 관한 법률 <산림청(산림환경보호과)>

① 목적

수목원 및 정원의 조성·운영 및 육성에 필요한 사항을 규정함으로써 국가적으로 유용한 수목유전자원의 보전 및 자원화를 촉진하고, 정원을 체계적으로 관리하여 국민의 삶의 질 향상과 국민경제의 발전에 이바지함을 목적으로 한다.

② 용어정의

㉠ 수목원은 수목을 중심으로 수목유전자원을 수집·증식·보존·관리 및 전시하고 그 자원화를 위한 학술적·산업적 연구 등을 하는 시설로서 농림축산식품부령으로 정하는 기준에 따라 다음 각 목의 시설을 갖춘 것을 말한다.

- 수목유전자원의 증식 및 재배 시설
- 수목유전자원의 관리시설
- 화목원·자생식물원 등 농림축산식품부령으로 정하는 수목유전자원 전시시설
- 그 밖에 수목원의 관리·운영에 필요한 시설

㉡ 정원

- 물, 토석, 시설물(조형물을 포함) 등을 전시·배치하거나 재배·가꾸기 등을 통하여 지속적인 관리가 이루어지는 공간(「문화재보호법」에 따른 문화재, 「자연공원법」에 따른 자연공원, 「도시공원 및 녹지 등에 관한 법률」에 따른 도시공원 등 대통령령으로 정하는 공간은 제외한다.)을 말한다.
- 정원에서 제외되는 공간
  - 「문화재보호법」에 따른 문화재
  - 「자연공원법」에 따른 자연공원
  - 「도시공원 및 녹지 등에 관한 법률」에 따른 도시공원
  - 「건축법」에 따른 대지에 조경을 한 공간

㉢ 수목유전자원

수목 등 산림식물(자생 · 재배 식물을 포함)과 그 식물의 종자 · 조직 · 세포 · 화분 · 포자 및 이들의 유전자 등으로서 학술적 · 산업적 가치가 있는 유전자원

㉣ 수목원 또는 정원 전문가

수목유전자원 또는 식물에 대한 지식을 체계적으로 전달하고 수목원 또는 정원을 효과적으로 조성 · 관리 및 보전 · 전시하기 위하여 지정된 수목원 또는 정원 전문가 교육기관에서 수목원 또는 정원 전문가 교육과정을 이수한 사람

㉤ 희귀식물

자생식물 중 개체수와 자생지가 감소되고 있어 특별한 보호 · 관리가 필요한 식물로서 농림축산식품부령으로 정하는 식물

㉥ 특산식물

자생식물 중 우리나라에만 분포하고 있는 식물로서 농림축산식품부령으로 정하는 식물

㉦ 정원산업

정원용 식물, 시설물 및 재료를 생산 · 유통하거나 이에 필요한 서비스 등을 제공하는 산업

ⓞ 정원치유

정원의 다양한 기능과 자원을 활용하여 신체적, 정신적 건강을 회복하고 유지 · 증진시키는 활동

③ 수목원 · 정원의 구분

㉠ 수목원 및 정원은 그 조성 및 운영 주체에 따라 구분

㉡ 수목원 구분

구분	조성 및 운영주체
국립수목원	산림청장이 조성·운영하는 수목원
공립수목원	지방자치단체가 조성·운영하는 수목원
사립수목원	법인·단체 또는 개인이 조성·운영하는 수목원
학교수목원	「초·중등교육법」 및 「고등교육법」에 따른 학교 또는 다른 법률에 따라 설립된 교육기관이 교육지원시설로 조성·운영하는 수목원

㉢ 정원 구분

구분	조성 및 운영주체
국가정원	국가가 조성·운영하는 정원
지방정원	지방자치단체가 조성·운영하는 정원
민간정원	법인·단체 또는 개인이 조성·운영하는 정원
공동체정원	국가 또는 지방자치단체와 법인, 마을·공동주택 또는 일정지역 주민들이 결성한 단체 등이 공동으로 조성·운영하는 정원
생활정원	국가, 지방자치단체 또는 「공공기관의 운영에 관한 법률」에 따른 공공기관으로서 대통령령으로 정하는 기관이 조성·운영하는 정원으로서 휴식 또는 재배·가꾸기 장소로 활용할 수 있도록 유휴공간에 조성하는 개방형 정원
주제정원	· 교육정원 : 학생들의 교육 및 놀이를 목적으로 조성하는 정원 · 치유정원 : 정원치유를 목적으로 조성하는 정원 · 실습정원 : 정원 설계, 조성 및 관리 등을 통하여 전문인력 양성을 목적으로 조성하는 정원 · 모델정원 : 정원산업 진흥을 위하여 새롭게 도입되는 정원 관련 기술을 활용하여 조성하는 정원
	그 밖에 지방자치단체의 조례로 정하는 정원

④ 정원이 갖추어야하는 시설의 종류 및 기준

㉠ 국가정원의 지정 및 요건

· 국가는 국토의 균형발전을 도모하고 정원문화 수혜의 지역 간 불균형 해소 및 여가 활성화를 통하여 국민의 삶의 질을 향상시키기 위하여 권역별로 국가정원이 확충될 수 있도록 노력하여야 한다.

· 국가정원을 지정 시 지정대상 정원의 특성 · 면적, 식물 · 시설의 종류 및 운영실적 등 그 지정에 필요한 사항을 조사하여야 한다.

- 지정된 국가정원을 운영하거나, 지방자치단체와 공동체가 지방정원 및 공동체정원을 조성하려는 경우 필요한 예산을 지원할 수 있다.
- 국가정원

구 분	지정 요건 및 시설기준
면적 및 구성	·정원의 총면적은 30만제곱미터 이상일 것. 다만, 역사적·향토적·지리적 특성을 고려하여 국가적 차원에서 특별히 관리할 필요가 있는 경우 등 산림청장이 정하여 고시하는 경우에는 정원의 총면적을 30만제곱미터 미만으로 할 수 있다. ·정원의 총면적 중 원형보전지 및 조성녹지를 포함한 녹지의 면적이 40% 이상일 것 ·서로 다른 주제별로 조성한 정원이 5종 이상일 것
조직 및 인력 등	·정원 관리를 전담하는 조직이 구성되어 있을 것 ·정원 방문객에 대한 안내 및 교육을 담당하는 1명 이상의 전문인력을 포함하여 정원 관리 전담인력이 8명 이상일 것 ·정원 총면적을 기준으로 10만제곱미터당 1명 이상의 정원 전문관리인이 있을 것 ·해당 지방정원의 운영·관리 등에 관한 사항을 조례로 정하여 관리하고 있을 것
체험시설 · 편의시설	·정원의 이용자가 정원을 조성할 수 있는 체험시설을 갖추되, 연간 이용 인원수를 고려하여 충분한 규모로 설치할 것 ·주차장 및 화장실 등 이용자를 위한 편의시설을 갖출 것 ·장애인·노인·임산부 등을 위한 쉼터, 안내판, 음수대, 휠체어·유모차 대여시설 및 매점 등 편의시설을 갖출 것 ·정원의 이용에 관한 정보 제공 및 관리 업무를 수행하는 안내실 및 관리실을 갖출 것
운영실적	·지방정원으로 등록한 날부터 3년 이상의 운영 실적이 있을 것 ·최근 3년 내에 실시한 정원의 품질 및 운영·관리 평가결과가 70점 이상일 것

ⓛ 지방정원의 지정 및 요건

구 분	지정 요건 및 시설기준
면적 및 구성	·정원의 총면적이 10만제곱미터 이상일 것. 다만, 역사적·향토적·지리적으로 특별히 관리할 필요가 있다고 관할 지방자치단체의 장이 인정하는 경우에는 정원의 총면적이 10만제곱미터 미만인 경우에도 지방정원으로 지정할 수 있다. ·정원의 총면적 중 녹지면적이 40퍼센트 이상일 것
조직 및 인력 등	·정원 관리를 전담하는 조직이 구성되어 있을 것 ·정원의 총면적을 기준으로 10만제곱미터당 1명 이상의 정원 전문관리인이 있을 것 ·해당 지방정원의 운영·관리 등에 관한 사항을 조례로 정하여 관리하고 있을 것
편의시설	·정원의 이용자가 정원을 조성할 수 있는 체험시설을 갖추되, 연간 이용 인원수를 고려하여 충분한 규모로 설치할 것 ·주차장 및 화장실 등 이용자를 위한 편의시설을 갖출 것 ·장애인·노인·임산부 등을 위한 쉼터, 안내판, 음수대, 휠체어·유모차 대여시설 및 매점 등 편의시설을 갖출 것 ·정원의 이용에 관한 정보 제공 및 관리 업무를 수행하는 안내실 및 관리실(이동식 시설을 포함한다)을 갖출 것

㉢ 민간정원의 지정 및 요건

구 분	시설 기준
면적 및 구성	정원의 총면적 중 녹지면적이 40퍼센트 이상일 것
조직 및 인력	정원 전문관리인이 있을 것(정원의 총면적이 10만제곱미터 이상인 경우에만 해당)
편의시설	주차장 및 화장실 등 이용자를 위한 편의시설을 갖출 것(일반에 공개하는 민간정원으로 한정한다)

㉣ 공동체정원

구 분	시설 기준
정원	정원을 조성·운영하는 국가 또는 지방자치단체와 법인, 마을·공동주택 또는 일정지역 주민들이 결성한 단체 등(공동체)의 접근이 용이한 장소에 조성될 것 정원의 조성·운영과 관련하여 공동체의 활동을 위한 공간을 갖출 것
정원관리시설 · 편의시설 등	· 관수시설, 도구함 등 정원의 조성·관리에 필요한 시설과 설비를 갖출 것 · 공동체가 이용가능한 주차장 및 화장실 등 편의시설을 갖출 것

㉤ 생활정원

구 분	시설 기준
정원	· 일반 공중이 접근가능한 장소 또는 건축물의 유휴공간에 설치할 것 · 정원의 총면적 중 녹지면적이 60퍼센트 이상일 것 · 정원의 조성에 이용자가 참여할 수 있는 참여형 정원을 갖출 것 · 정원의 식물 중 자생식물의 비중이 20퍼센트 이상일 것
나. 편의시설	· 의자, 탁자 등 이용자 휴게공간을 갖출 것. 이 경우 휴게공간은 정원과 균형적인 배치가 될 수 있도록 해야 한다. · 주차장 및 화장실 등 이용자를 위한 편의시설을 갖출 것

㉥ 주제정원

· 교육정원

구 분	시설 기준
정원	· 교육 및 놀이를 통하여 정원에 대한 지식을 학습하고 정원 조성을 실제로 체험할 수 있도록 교육 및 놀이 프로그램과 연계하여 정원이 구성될 것 · 식물의 계절별 특성이나 성장 주기 등을 고려하여 교육 및 놀이 프로그램의 내용에 적합한 식물을 식재할 것
교육시설 · 안내시설 등	· 교육 및 놀이과정에서 안전이 확보될 수 있도록 시설물을 설치·관리할 것 · 교육 및 놀이 프로그램의 효율적인 운영을 위한 해설판, 식물표찰 등 안내시설이 있을 것 · 주차장 및 화장실 등 이용자를 위한 편의시설을 갖출 것

• 치유정원

구 분	시설 기준
정원	• 정원치유 프로그램과 연계하여 정원이 구성되어 있을 것 • 정원치유 프로그램 및 활동에 부합하는 식물을 선정·배치할 것
정원치유시설 · 편의시설 등	• 정원치유 활동과정에서 필요한 시설은 안전이 확보될 수 있도록 설치할 것 • 시각장애인의 이용 편의를 고려하여 정원 내 주요 지점에 「장애인·노인·임산부 등의 편의증진 보장에 관한 법률 시행령」에 따른 시각장애인 유도 및 안내설비를 설치할 것 • 주차장 및 화장실 등 이용자를 위한 편의시설을 갖출 것

• 실습정원

구 분	시설 기준
정원	정원은 실습에 참여하는 인원수를 고려하여 충분한 규모로 설치할 것 정원설계, 조성 및 관리 등의 실습과정으로 조성될 것
실습시설 · 편의시설 등	실습을 위한 장비·도구를 보관할 수 있는 시설(이동식 시설을 포함한다)이 있을 것 실습에 참여하는 사람의 안전을 위한 안전표지 및 유도시설을 설치할 것 주차장 및 화장실 등 이용자를 위한 편의시설을 갖출 것

• 모델정원

구 분	시설 기준
정원	자동화 기술 등 정원과 관련한 새로운 기술이 활용되어 조성될 것
안내 · 홍보 시설 등	가) 정원에 식재된 식물과 정원 조성에 사용되는 새로운 기술·소재 등에 대한 정보를 제공하는 안내시설 또는 홍보시설을 설치할 것 나) 주차장 및 화장실 등 이용자를 위한 편의시설을 갖출 것

⑤ 정원의 등록 · 운영

㉠ 정원의 등록 : 정원(국가정원은 제외)을 운영하는 자는 다음 각 호의 사항을 시·도지사에게 등록할 수 있다. 다만, 지방정원과 일반에 공개하는 정원은 등록하여야 한다.

• 정원의 명칭
• 정원의 소재지
• 정원 운영자의 성명·주소
• 정원의 시설명세서
• 보유하고 있는 수목유전자원의 목록
• 그 밖에 정원의 관리에 관한 사항으로서 시·도지사가 필요하다고 인정하는 사항

㉡ 정원의 입장료 : 입장료 및 시설사용료의 징수기준과 그 밖에 필요한 사항은 농림축산식품부령으로 정한다. 다만, 지방정원에 대하여는 지방자치단체의 조례로 정한다.

㉢ 운영·관리

- 국가 및 지방자치단체의 장은 정원을 효율적으로 관리하기 위하여 정원 관리 자동화 기술 등 신기술이 정원의 운영·관리에 활용될 수 있도록 노력하여야 한다.
- 정원을 운영하는 자는 정원 이용자의 만족도를 제고하기 위하여 정원 내 식물의 보존·증식 및 시설물의 안전·위생 관리 등 정원을 체계적으로 유지·관리하여야 한다.

㉣ 정원의 품질 및 운영·관리 평가 : 국가는 등록된 정원의 품질 및 운영·관리에 관한 평가를 실시할 수 있다.

⑤ 정원의 진흥

㉠ 진흥사업 추진 : 산림청장은 기본계획 및 시행계획을 효율적으로 실행하기 위하여 정원확충, 정원소재 육성 및 전문인력 양성 등 정원산업 진흥 및 정원문화 활성화에 관한 사업을 추진할 수 있다.

㉡ 내용

- 정원산업에 관한 실태조사 및 통계작성하고 관리
- 정원산업의 연구 및 기술개발 촉진
- 정원산업에 관한 창업촉진
- 정원지원센터의 설치 · 운영
- 국제교류 및 해외시장 진출 활성화, 박람회 등 지원

⑥ 수목원시설의 설치기준

구분	국·공립수목원	사립·학교수목원
증식 및 재배시설	· 관수시설이 설치된 300제곱미터 이상의 묘포장 · 100제곱미터 이상의 증식온실	· 관수시설이 설치된 100제곱미터 이상의 묘포장
관리시설	· 국가식물정보망네트워 구축에 필요한 전산시스템이 설치된 50제곱미터 이상의 관리사 · 종자저장고 및 인큐베이터가 설치된 연구실	· 국가식물정보망네트워 구축에 필요한 전산시스템이 설치된 20제곱미터 이상의 관리사 · 종자저장고 및 인큐베이터가 설치된 연구실
전시시설	· 수목해설판이 설치된 각각 300제곱미터 이상의 교목전시원·관목전시원 및 초본식물전시원 · 자연학습을 위한 생태관찰로 · 100제곱미터 이상의 전시온실	· 수목해설판이 설치된 각각 300제곱미터 이상의 교목전시원·관목전시원 및 초본식물전시원 · 자연학습을 위한 생태관찰로 · 100제곱미터 이상의 전시온실
편익시설	· 주차장·휴게실·화장실·임산물판매장·매점 또는 휴게음식점 등 산림청장이 수목원의 운영에 필요하다고 인정하는 시설	· 주차장·휴게실·화장실·임산물판매장·매점 또는 휴게음식점 등 산림청장이 수목원의 운영에 필요하다고 인정하는 시설

※ 수목원의 조성면적은 수목원이 자연상태하에서 수목유전자원의 증식·보존 등의 기능을 수행할 수 있도록 국·공립수목원의 경우에는 10헥타르 이상, 사립·학교수목원의 경우에는 2헥타르 이상이어야 한다

8 산림문화 · 휴양에 관한 법률

① 목적

산림문화와 산림휴양자원의 보전·이용 및 관리에 관한 사항을 규정하여 국민에게 쾌적하고 안전한 산림문화·휴양서비스를 제공함으로써 국민의 삶의 질 향상에 이바지함

② 용어정의

산림문화·휴양	산림과 인간의 상호작용으로 형성되는 총체적 생활양식과 산림 안에서 이루어지는 심신의 휴식 및 치유 등을 말한다.
자연휴양림	국민의 정서함양·보건휴양 및 산림교육 등을 위하여 조성한 산림(휴양시설과 그 토지를 포함한다)을 말한다.
산림욕장	국민의 건강증진을 위하여 산림 안에서 맑은 공기를 호흡하고 접촉하며 산책 및 체력단련 등을 할 수 있도록 조성한 산림(시설과 그 토지를 포함한다)을 말한다.
치유의 숲	산림치유를 할 수 있도록 조성한 산림(시설과 그 토지를 포함한다)을 말한다.
산림치유	향기, 경관 등 자연의 다양한 요소를 활용하여 인체의 면역력을 높이고 건강을 증진시키는 활동
숲길	등산·트레킹·레저스포츠·탐방 또는 휴양·치유 등의 활동을 위하여 제23조에 따라 산림에 조성한 길(이와 연결된 산림 밖의 길을 포함한다)을 말한다.
산림문화자산	산림 또는 산림과 관련되어 형성된 것으로서 생태적·경관적·정서적으로 보존할 가치가 큰 유형·무형의 자산을 말한다.

③ 자연휴양림

㉠ 지정권자 : 산림청장

㉡ 지정의 타당성평가기준

- 자연휴양림의 지정(면적 확대에 따른 지정구역 변경을 포함)을 위하여 실시하는 타당성평가를 실시해야하며 기준은 다음과 같다.

구분	기준
경관	표고차, 임목 수령, 식물 다양성 및 생육 상태 등이 적정할 것
위치	접근도로 현황 및 인접도시와의 거리 등에 비추어 그 접근성이 용이할 것
면적	· 국가 및 지방자치단체가 조성하는 경우에는 30만제곱미터 이상 · 그 외의 자가 조성하는 경우에는 20만제곱미터 이상의 산림일 것 · 다만, 「도서개발 촉진법」 제2조에 따른 도서지역의 경우에는 10만제곱미터 이상의 산림일 것
수계	계류 길이, 계류 폭, 수질 및 유수기간 등이 적정할 것
휴양요소	역사적·문화적 유산, 산림문화자산 및 특산물 등이 다양할 것
개발여건	개발비용, 토지이용 제한요인 및 재해빈도 등이 적정할 것

㉢ 자연휴양림 안에 설치할 수 있는 시설의 규모
- 설치에 따른 산림의 형질변경 면적(임도·순환로·산책로·숲체험코스 및 등산로의 면적을 제외)은 10만제곱미터 이하가 되도록 할 것
- 건축물이 차지하는 총 바닥면적은 1만제곱미터 이하가 되도록 할 것
- 개별 건축물의 연면적은 900제곱미터 이하로 할 것. 다만, 「식품위생법」에 따른 휴게음식점 또는 일반음식점의 연면적은 200제곱미터 이하로 하여야 한다.
- 건축물의 층수는 3층 이하가 되도록 할 것

㉣ 자연휴양림의 휴식년제
- 산림청장 또는 지방자치단체의 장은 자연휴양림의 보호 및 이용자의 안전 등을 위하여 국유 또는 공유 자연휴양림의 전부 또는 일부 구역에 대하여 일정 기간 동안 일반인의 출입을 제한하거나 금지하는 휴식년제를 실시할 수 있다.

④ 삼림욕장 조성

㉠ 산림청장은 소관 국유림에 산림욕장 또는 치유의 숲(산림욕장등)을 조성할 수 있다.

㉡ 공유림 또는 사유림의 소유자 또는 국유림의 대부등을 받은 자는 소유하고 있거나 대부등을 받은 산림을 산림욕장등으로 조성하려면 농림축산식품부령으로 정하는 바에 따라 산림욕장등에 필요한 시설 및 숲가꾸기 등의 조성계획(산림욕장등조성계획)을 작성하여 시·도지사의 승인을 받아야 한다.

㉢ 치유의 숲을 조성할 수 있는 산림

국가 및 지방자치단체가 조성할 경우	50만제곱미터 이상인 산림
국가 및 지방자치단체 외의 자가 조성할 경우	30만제곱미터 이상인 산림

㉣ 치유의 숲 안에 설치할 수 있는 시설의 규모
- 산림형질변경 면적(임도·순환로·산책로·숲체험코스 및 등산로의 면적은 제외)은 치유의 숲 전체면적의 10퍼센트 이하가 되도록 할 것
- 건축물이 차지하는 총 바닥면적은 치유의 숲 전체면적의 2퍼센트 이하가 되도록 할 것
- 건축물의 층수는 2층 이하가 되도록 할 것

⑤ 숲길의 종류

㉠ 등산로 : 산을 오르면서 심신을 단련하는 활동을 하는 길

㉡ 트레킹길 : 길을 걸으면서 지역의 역사·문화를 체험하고 경관을 즐기며 건강을 증진하는 활동을 하는 길
- 둘레길 : 시점과 종점이 연결되도록 산의 둘레를 따라 조성한 길
- 트레일 : 산줄기나 산자락을 따라 길게 조성하여 시점과 종점이 연결되지 않는 길

㉢ 레저스포츠길 : 산림에서 하는 레저·스포츠 활동을 하는 길

㉣ 탐방로 : 산림생태를 체험·학습 또는 관찰하는 활동을 하는 길

㉤ 휴양·치유숲길 : 산림에서 휴양·치유 등 건강증진이나 여가 활동을 하는 길

9 도시숲 등의 조성 및 관리에 관한 법률

① 목적

이 법은 도시숲 등의 조성·관리에 관한 사항을 정하여 국민의 보건·휴양 증진 및 정서 함양에 기여하고, 미세먼지 저감 및 폭염 완화 등으로 생활환경을 개선하는 등 국민의 삶의 질 향상에 이바지함을 목적으로 한다.

② 정의

㉠ 도시숲

도시에서 국민의 보건·휴양 증진 및 정서 함양과 체험활동 등을 위하여 조성·관리하는 산림 및 수목을 말하며, 「자연공원법」에 따른 공원구역은 제외한다.

㉡ 생활숲

- 마을숲 등 생활권 및 학교와 그 주변지역에서 국민들에게 쾌적한 생활환경과 아름다운 경관의 제공 및 자연학습교육 등을 위하여 조성·관리하는 다음 각 목의 산림 및 수목을 말한다.
- 마을숲 : 산림문화의 보전과 지역주민의 생활환경 개선 등을 위하여 마을 주변에 조성·관리하는 산림 및 수목

㉢ 경관숲 : 우수한 산림의 경관자원 보존과 자연학습교육 등을 위하여 조성·관리하는 산림 및 수목

㉣ 학교숲 : 「초·중등교육법」에 따른 학교와 그 주변지역에서 학습환경 개선과 자연학습교육 등을 위하여 조성·관리하는 산림 및 수목

㉤ 가로수

「도로법」에 따른 도로(고속국도를 제외한다) 등 대통령령으로 정하는 도로의 도로구역 안 또는 그 주변지역에 조성·관리하는 수목

③ 도시숲등 기본계획의 수립

㉠ 산림청장은 도시숲등을 체계적으로 조성·관리하기 위하여 도시숲등 기본계획)을 관계 중앙행정기관의 장과 협의하여 10년마다 수립·시행하여야 한다.

㉡ 기본계획에는 다음 각 호의 사항이 포함되어야 한다.

- 도시숲등의 조성·관리에 관한 기본목표 및 추진방향
- 도시숲등의 현황 및 전망에 관한 사항
- 도시숲등 관리지표의 설정 및 운영에 관한 사항
- 도시숲등의 기술개발·연구에 관한 사항
- 도시숲등의 종합정보망 구축 및 운영에 관한 사항
- 국민참여의 활성화에 관한 사항
- 그 밖에 도시숲등의 조성·관리에 관하여 대통령령으로 정하는 사항

㉢ 도시숲등의 기능 구분

기후보호형 도시숲	폭염·도시열섬 등 기후여건을 개선하고 깨끗한 공기를 순환·유도하는 기능을 가진 도시숲
경관보호형 도시숲	심리적 안정감과 시각적인 풍요로움을 주는 등 자연경관의 감상·보호 기능을 가진 도시숲
재해방지형 도시숲	홍수·산사태 등 자연재해를 방지하거나 소음·매연 등 공해를 완화하여 국민의 안전을 지키는 기능을 가진 도시숲
역사 · 문화형 도시숲등	문화재 또는 사찰·사당 등 종교적 장소와 전통마을 주변에 조성·관리하여 역사를 보존하고 문화를 진흥하는 기능을 가진 도시숲
휴양 · 복지형 도시숲	체험·놀이·학습을 통한 교육과 산림욕·산림치유 등 휴양·치유 등의 기능을 가진 도시숲
미세먼지 저감형 도시숲	미세먼지 발생원으로부터 생활권으로 유입되는 미세먼지 등 오염물질을 차단하거나 흡수·침강 등의 방법으로 저감하는 기능을 가진 도시숲
생태계 보전형 도시숲	생태계를 보전·복원하고 생태계가 서로 연결되도록 하는 등 생태계와 조화를 이루는 기능을 가진 도시숲

④ 가로수의 조성·관리

㉠ 지방자치단체의 장은 아름다운 경관의 조성 및 생활·교통환경 개선 등을 위하여 가로수를 다른 도시숲등과 연계되도록 조성·관리하여야 한다.

㉡ 지방자치단체의 장 외의 자가 가로수의 조성·관리와 관련하여 다음 각 호의 어느 하나에 해당하는 행위를 하려는 경우에는 지방자치단체의 장의 승인을 받아야 한다. 이 경우 승인절차, 승인기간 및 비용부담 등에 관하여는 해당 지방자치단체의 조례로 정한다.

- 가로수의 심고 가꾸기
- 가로수의 옮겨심기
- 가로수의 제거
- 가로수의 가지치기
- 그 밖에 가로수의 조성·관리를 위하여 농림축산식품부령으로 정하는 행위

㉢ 「도로법」에 따른 도로관리청 등 대통령령으로 정하는 자가 도로공사 또는 정비를 하려는 경우에는 그 도로에 가로수를 조성·유지하여야 하며, 도로의 계획 또는 설계 단계에서부터 가로수를 조성할 공간을 확보하여야 한다.

㉣ 가로수의 조성·관리에 따른 수종선정 기준 및 심는 지역 기준과 그 밖에 필요한 사항은 농림축산식품부령으로 정한다.

10 가로수 조성 및 관리규정

① 관련법 : 도시숲 등의 조성 및 관리에 관한 법률

■ 참고 : 가로수 조성 · 관리 계획의 내용

승인	지방자치단체의 장
승인내용	· 가로수 심고 가꾸기 · 가로수 옮겨심기 · 가로수 제거 · 가로수 가지치기 등 · 도로신설시 도로에 가로수 조성(설계단계부터)
조성 · 관리기준 기본방향	· 국민생활환경으로서 녹지 공간 확대 · 보행자와 운전자를 위한 쾌적하고 안전한 이동 공간 제공 · 국토 녹색네트워크 연결축으로서 기능 발휘 유도

② 식재위치

· 도로의 폭, 도로주변의 장애물 등 주변 여건에 따라 보행자와 운전자의 안전과 도로의 구조에 지장이 없는 범위 내에서 다음의 각호에서 정한 위치에 식재한다.

㉠ 보도에 교목을 식재할 경우에는 제설제 등 화학약품으로부터의 약해와 이동차량 등으로부터의 물리적 피해를 최소화하기 위해 보·차도 경계선으로부터 가로수 수간의 중심까지 거리는 최소 1미터 이상 확보한다. 다만, 도로의 여건상 불가피한 경우, 가로수 관리청이 인정하는 범위에서 조정할 수 있다.

㉡ 보도가 없는 도로에 교목을 식재하는 경우에는 갓길 끝으로부터 수평거리 2미터 이상 떨어지도록 식재한다.

· 현지여건상 갓길 끝으로부터 2미터 이상 떨어진 위치에 식재하는 것이 사실상 불가능할 경우에는 가지치기 등을 통해 수고, 지하고, 수관폭 등을 지속적으로 관리하고 도로의 구조보전과 교통안전에 지장이 없도록 관리방안을 수립하여 갓길 끝으로부터 수평거리 1미터 이상, 2미터 미만인 지역에 식재할 수 있다.

㉢ 절토 비탈면은 식재하지 않는 것을 원칙으로 한다. 다만, 녹화, 차폐 등 특별한 목적이 있다고 인정되는 경우에는 절토 비탈면에도 가로수를 식재할 수 있다.

㉣ 보행자전용도로 및 자전거전용도로에는 보행자 및 자전거의 원활한 이동과 안전에 제한이 없는 범위 내에서 가로수를 식재할 수 있다.

㉤ 중앙분리대, 기타 가로수관리청이 특별히 필요하다고 인정하는 위치에 가로수를 식재할 수 있다.

③ 식재 기준

㉠ 교목(키큰나무)

· 식재간격은 8미터를 기준으로 한다. 다만, 도로의 위치와 주위 여건, 식재수종의 수관폭과 생장속도, 가로수로 인한 피해 등을 고려하여 식재간격을 조정할 수 있다.

· 식재유형은 도로선형과 평행한 열식을 원칙으로 하되 도로의 여건, 방음·녹음제공·경관개선 등 특정목적에 따라 군식·혼식할 수 있다.
· 보도의 한쪽을 기준으로 1열심기를 하고 보도의 폭이 넓을 경우 2열 이상 식재할 수 있다.
· 도로의 동일 노선과 도로 양측에는 동일한 수종으로 식재한다. 다만, 도로의 방향이 바뀌거나 도로가 신설·확장되는 경우에는 동일 노선일지라도 다른 수종으로 식재할 수 있다.

㉡ 관목(키작은나무)
· 식재간격은 식재수종의 특성에 따라 경관조성과 교통안전에 지장이 없는 범위 내에서 식재할 수 있다.
· 식재유형은 동일수종으로 군식하고, 하나의 식재군에는 동일 수종으로 식재한다. 다만, 경관적으로 중요한 지역에는 다른 수종으로 혼식할 수 있다.
· 식재공간의 여유가 있는 경우 운전자와 보행자의 안전과 도로구조의 안전에 지장이 없는 범위 내에서 교목과 관목, 초본류를 다층구조로 식재할 수 있다.

④ 식재시기
· 가로수가 정상적인 활착이 가능한 봄철과 가을철에 심는 것을 원칙으로 한다. 다만, 가로수 관리청이 필요하다고 인정하는 경우에는 다른 기간을 정하여 심을 수 있다.

⑤ 도로표지 전방의 가로수 식재 제한지역

구 분	방향 표지	기타 표지
도시지역	40m	40m
기타지역	70m	40m

· 다음의 경우에는 도로표지 전방에 가로수를 식재할 수 있다.
  - 갓길 끝에서 2m 이상 떨어진 위치에 식재할 경우
  - 최대수고 4m 이하의 소교목이나 관목류의 경우
  - 가지치기 등 타 방법을 통하여 가로수가 도로표지를 가리지 않도록 구체적인 가로수 관리방안이 마련된 경우

11 수목장림

① 관련법 : 장사 등에 관한 법률

자연장(自然葬)	화장한 유골의 골분(骨粉)을 수목·화초·잔디 등의 밑이나 주변에 묻어 장사하는 것
자연장지(自然葬地)	자연장으로 장사할 수 있는 구역
수목장림	「산림자원의 조성 및 관리에 관한 법률」에 따른 산림에 조성하는 자연장지

② 자연장의 방법

㉠ 지면으로부터 30센티미터 이상의 깊이에 화장한 유골의 골분(骨粉)을 묻되, 용기를 사용하지 않은 경우에는 흙과 섞어서 묻어야 한다.

㉡ 화장한 유골의 골분, 흙, 용기 외의 유품(遺品) 등을 함께 묻어서는 아니 된다.

㉢ 용기의 재질
- 「자원의 절약과 재활용촉진에 관한 법률」 제2조제11호에 따른 생분해성수지제품
- 전분 등 천연소재로서 생화학적으로 분해가 가능한 것
- 용기의 크기는 가로, 세로, 높이가 각각 30센티미터 이하

③ 사설 수목장림의 설치기준

㉠ 개인 또는 가족수목장림
- 1개소만 조성할 수 있으며, 그 면적은 100제곱미터 미만
- 개인 또는 가족수목장림은 지형·배수·토양 등을 고려하여 붕괴·침수의 우려가 없는 곳에 조성
- 표지는 수목 1그루당 1개만 설치할 수 있으며, 표지의 면적은 150제곱센티미터 이하
- 표지는 수목의 훼손 및 생육에 지장이 없도록 수목에 매다는 방법으로만 설치

㉡ 종중 또는 문중수목장림
- 종중 또는 문중별로 각각 1개소만 조성할 수 있으며, 그 면적은 2천 제곱미터 이하
- 종중 또는 문중수목장림은 지형·배수·토양 등을 고려하여 붕괴·침수의 우려가 없는 곳에 조성
- 표지는 수목 1그루당 1개만 설치할 수 있으며, 표지의 면적은 150제곱센티미터 이하
- 표지는 수목의 훼손 및 생육에 지장이 없도록 수목에 매다는 방법으로만 설치

㉢ 종교단체가 조성하는 수목장림
- 재단법인이 아닌 종교단체가 신도 및 그 가족관계에 있었던 자를 대상으로 조성하려 하는 수목장림은 1개소만 조성할 수 있으며, 그 면적은 3만 제곱미터 이하
- 수목장림은 지형·배수·토양·경사도 등을 고려하여 붕괴·침수의 우려가 없는 곳에 조성
- 급경사지에 유골을 묻어서는 아니 된다. 다만, 기존의 묘지에 수목장림을 조성하는 경우에는 그러하지 아니하다.
- 표지는 수목 1그루당 1개만 설치할 수 있으며, 표지의 면적은 150제곱센티미터 이하
- 표지는 수목의 훼손 및 생육에 지장이 없도록 수목에 매다는 방법으로만 설치
- 수목장림 구역 안에 보행로와 안내표지판을 설치

12 환경영향평가법(환경부)

① 목적

환경에 영향을 미치는 계획 또는 사업을 수립·시행할 때에 해당 계획과 사업이 환경에 미치는 영향을 미리 예측·평가하고 환경보전방안 등을 마련하도록 하여 친환경적이고 지속가능한 발전과 건강하고 쾌적한 국민생활을 도모함을 목적으로 함

■ 참고 : 환경영향평가제도

1969년 미국에서 국가환경정책법으로 환경 평가가 처음으로 제도화된 이후, 주요 선진국에서는 개발 사업에 앞서 반드시 환경 영향평가의 실시를 법률로 규정하고 있다. 우리나라에서는1977년 처음 도입된 이후 환경의 중요성에 대한 인식이 증대되면서 1993년 환경 영향 평가법을 별도로 제정하여 본격적으로 실시하고 시행하고 있다.

② 용어정의

전략환경영향평가	환경에 영향을 미치는 상위계획을 수립할 때에 환경보전계획과의 부합 여부 확인 및 대안의 설정·분석 등을 통하여 환경적 측면에서 해당 계획의 적정성 및 입지의 타당성 등을 검토하여 국토의 지속가능한 발전을 도모하는 것
환경영향평가	환경에 영향을 미치는 실시계획·시행계획 등의 허가·인가·승인·면허 또는 결정 등을 할 때에 해당 사업이 환경에 미치는 영향을 미리 조사·예측·평가하여 해로운 환경영향을 피하거나 제거 또는 감소시킬 수 있는 방안을 마련하는 것
소규모 환경영향평가	환경보전이 필요한 지역이나 난개발(亂開發)이 우려되어 계획적 개발이 필요한 지역에서 개발사업을 시행할 때에 입지의 타당성과 환경에 미치는 영향을 미리 조사·예측·평가하여 환경보전방안을 마련하는 것
환경영향평가사	환경 현황 조사, 환경영향 예측·분석, 환경보전방안의 설정 및 대안 평가 등을 통하여 환경영향평가서 등의 작성 등에 관한 업무를 수행하는 사람으로서 제63조제1항에 따른 자격을 취득한 사람

③ 환경영향평가등의 분야별 세부평가항목

㉠ 전략환경영향평가

· 정책계획

환경보전계획과의 부합성	·국가 환경정책 ·국제환경 동향·협약·규범
계획의 연계성·일관성	·상위 계획 및 관련 계획과의 연계성 ·계획목표와 내용과의 일관성
계획의 적정성·지속성	·공간계획의 적정성 ·수요 공급 규모의 적정성 ·환경용량의 지속성

· 개발기본계획

계획의 적정성	·상위계획 및 관련 계획과의 연계성 ·대안 설정·분석의 적정성
입지의 타당성	·자연환경의 보전 : 생물다양성·서식지 보전, 지형 및 생태축의 보전, 주변 자연경관에 미치는 영향, 수환경의 보전 ·생활환경의 안정성 : 환경기준 부합성, 환경기초시설의 적정성, 자원·에너지 순환의 효율성 ·사회·경제 환경과의 조화성: 환경친화적 토지이용

ⓛ 환경영향평가

대기환경 분야	기상 / 대기질 / 악취 / 온실가스
수환경 분야	수질(지표·지하) / 수리·수문 / 해양환경
토지환경 분야	토지이용 / 토양 / 지형·지질
자연생태환경 분야	동·식물상 / 자연환경자산
생활환경 분야	친환경적 자원 순환 / 소음·진동 / 위락·경관 / 위생·공중보건 / 전파장해 / 일조장해
사회·경제 분야	인구 / 주거 / 산업

ⓒ 소규모 환경영향평가

사업개요 및 지역 환경현황	사업개요, 지역개황, 자연생태환경, 생활환경, 사회·경제환경
환경에 미치는 영향 예측·평가 및 환경보전방안	·자연생태환경(동·식물상 등) ·대기질, 악취 ·수질(지표, 지하), 해양환경 ·토지이용, 토양, 지형·지질 ·친환경적 자원순환, 소음·진동 ·경관 ·전파장해, 일조장해 ·인구, 주거, 산업

ⓔ 사후환경영향평가 : 사업자는 해당 사업을 착공한 후에 그 사업이 주변 환경에 미치는 영향을 조사하고, 그 결과를 환경부장관이나 승인기관의 장에게 통보해야 함

ⓜ 환경영향평가대상사업의 종류 및 범위

	환경영향평가대상사업의 종류 및 범위
도시의 개발사업	·「도시개발법」에 따른 도시개발사업 또는 「민간임대주택에 관한 특별법」에 따른 기업형 임대주택 공급촉진지구 조성사업 중 사업면적이 25만m^2 이상인 사업 ·「도시 및 주거환경정비법」에 따른 정비사업(주거환경개선사업은 제외한다) 중 사업면적이 30만m^2 이상인 사업 ·「국토의 계획 및 이용에 관한 법률」에 따른 도시 · 군계획시설사업 중 다음의 어느 하나에 해당하는 시설에 관한 사업 – 운하 – 유통업무설비로서 사업면적이 20만m^2 이상인 것 – 주차장시설로서 사업면적이 20만m^2 이상인 것 – 시장(市場)으로서 사업면적이 15만제곱미터 이상인 것 ·「주택법」에 따른 주택건설사업 또는 대지조성사업 중 사업면적이 30만m^2 이상인 사업 ·「택지개발촉진법」에 따른 택지개발사업 또는 「공공주택 특별법」에 따른 공공주택지구 조성사업 중 사업면적이 30만m^2 이상인 사업

도시의 개발사업	·「유통산업발전법」에 따른 공동집배송센터 조성사업 중 사업면적이 20만m^2 이상인 사업 ·「여객자동차 운수사업법」에 따른 여객자동차터미널 설치공사 중 사업면적이 20만m^2 이상인 사업 ·「물류시설의 개발 및 운영에 관한 법률」에 따른 물류터미널 개발사업 또는 물류단지개발사업 중 사업면적이 20만m^2 이상인 사업 ·「교육기본법」에 따른 학교의 설치공사 중 사업면적이 30만m^2 이상인 사업 ·「농어촌정비법」에 따른 생활환경정비사업 중 같은 법에 따른 마을정비구역의 조성사업 면적이 20만m^2 이상인 사업 ·「혁신도시 조성 및 발전에 관한 특별법」에 따른 혁신도시개발사업 중 사업면적이 25만m^2 이상인 사업 ·「역세권의 개발 및 이용에 관한 법률」에 따른 역세권개발사업 중 사업면적이 25만m^2 이상인 사업
산업입지 및 산업단지의 조성사업	·「산업입지 및 개발에 관한 법률」에 따른 산업단지개발사업 또는 같은 조 제11호에 따른 산업단지 재생사업 중 사업면적이 15만m^2 이상인 사업 ·「중소기업진흥에 관한 법률」에 따른 단지조성사업 중 사업면적이 15만m^2 이상인 사업 ·「자유무역지역의 지정 및 운영에 관한 법률」에 따른 자유무역지역을 지정하는 경우로서 사업면적이 15만m^2 이상인 사업. 다만, 환경영향평가 협의를 한 산업단지, 공항 및 그 배후지, 유통단지, 화물터미널, 항만 및 그 배후지에 자유무역지역을 지정하는 경우는 제외한다. ·「산업집적활성화 및 공장설립에 관한 법률」에 따른 공장을 설립하는 경우로서 사업면적이 15만m^2 이상인 사업 ·「도시개발법」에 따른 도시개발사업 중 공업용지조성사업의 사업면적이 15만m^2 이상인 사업

13 체육시설의 설치·이용에 관한 법률

① 목적 : 이 법은 체육시설의 설치·이용을 장려하고, 체육시설업을 건전하게 발전시켜 국민의 건강 증진과 여가 선용에 이바지하는 것을 목적으로 한다.

② 정의

㉠ 체육시설 : 체육 활동에 지속적으로 이용되는 시설(정보처리 기술이나 기계장치를 이용한 가상의 운동경기 환경에서 실제 운동경기를 하는 것처럼 체험하는 시설을 포함한다. 다만, 「게임산업진흥에 관한 법률」에 따른 게임물은 제외)과 그 부대시설을 말한다.

㉡ 체육시설업 : 영리를 목적으로 체육시설을 설치·경영하거나 체육시설을 이용한 교습행위를 제공하는 업

㉢ 체육시설업자 : 체육시설업을 등록하거나 신고한 자

㉣ 회원 : 체육시설업의 시설 또는 그 시설을 이용한 교습행위를 일반이용자보다 우선적으로 이용하거나 유리한 조건으로 이용하기로 체육시설업자와 약정한 자

㉤ 일반이용자 : 1년 미만의 일정 기간을 정하여 체육시설의 이용료나 그 시설을 이용한 교습행위의 교습비를 지불하고 이를 이용하기로 체육시설업자와 약정한 자

③ 체육시설 안전관리에 관한 기본계획 등 수립

문화체육관광부장관은 체육시설(공공체육시설 및 등록·신고체육시설에 한정)의 안전한 이용 및 체계적인 관리를 위하여 5년마다 수립·시행

④ 공공체육시설

전문체육시설	국가와 지방자치단체는 국내·외 경기대회의 개최와 선수 훈련 등에 필요한 운동장이나 체육관 등 체육시설
생활체육시설	국가와 지방자치단체는 국민이 거주지와 가까운 곳에서 쉽게 이용할 수 있는 생활체육시설
직장체육시설	직장의 장은 직장인의 체육 활동에 필요한 체육시설을 설치·운영

⑤ 체육시설의 종류

구분	체육시설종류
운동 종목	골프장, 골프연습장, 궁도장, 게이트볼장, 농구장, 당구장, 라켓볼장, 럭비풋볼장, 롤러스케이트장, 배구장, 배드민턴장, 벨로드롬, 볼링장, 봅슬레이장, 빙상장, 사격장, 세팍타크로장, 수상스키장, 수영장, 무도학원, 무도장, 스쿼시장, 스키장, 승마장, 썰매장, 씨름장, 아이스하키장, 야구장, 양궁장, 역도장, 에어로빅장, 요트장, 육상장, 자동차경주장, 조정장, 체력단련장, 체육도장, 체조장, 축구장, 카누장, 탁구장, 테니스장, 펜싱장, 하키장, 핸드볼장, 인공암벽장, 그 밖에 국내 또는 국제적으로 치러지는 운동 종목의 시설로서 문화체육관광부장관이 정하는 것
시설 형태	운동장, 체육관, 종합 체육시설, 가상체험 체육시설

⑥ 체육시설업

㉠ 체육시설업의 구분·종류

등록 체육시설업	골프장업, 스키장업, 자동차 경주장업
신고 체육시설업	요트장업, 조정장업, 카누장업, 빙상장업, 승마장업, 종합 체육시설업, 수영장업, 체육도장업, 골프 연습장업, 체력단련장업, 당구장업, 썰매장업, 무도학원업, 무도장업, 야구장업, 가상체험 체육시설업, 체육교습업, 인공암벽장업

㉡ 시설기준

·공통기준

구분	종류	시설의 유형
필수시설	편의시설	주차장, 화장실, 탈의실, 급수시설
	안전시설	조도기준, 응급실 및 구급약품
	관리시설	매표소, 사무실, 휴게실
임의시설	편의시설	관람석, 대여점, 식당, 매점 등
	운동시설	등록체육시설(시설이용에 지장이 없는 체육시설외 시설)

㉢ 종류별 기준

• 골프장업

구분	시설기준
필수시설 ① 운동시설	• 회원제 골프장업은 3홀 이상, 정규 대중골프장업은 18홀 이상, 일반 대중골프장업은 9홀 이상 18홀 미만, 간이골프장업은 3홀 이상 9홀 미만의 골프코스를 갖추어야 한다. • 각 골프코스 사이에 이용자가 안전사고를 당할 위험이 있는 곳은 20미터 이상의 간격을 두어야 한다. 다만, 지형상 일부분이 20미터 이상의 간격을 두기가 극히 곤란한 경우에는 안전망을 설치할 수 있다. • 각 골프코스에는 티그라운드 · 페어웨이 · 그린 · 러프 · 장애물 · 홀컵 등 경기에 필요한 시설을 갖추어야 한다.
② 관리시설	• 골프코스 주변, 러프지역, 절토지(切土地) 및 성토지(盛土地)의 경사면 등에는 조경을 하여야 한다.

• 스키장업

구분	시설기준
필수시설 ① 운동시설	슬로프는 길이 300미터 이상, 폭 30미터 이상이어야 한다(지형적 여건으로 부득이한 경우는 제외한다). 평균 경사도가 7도 이하인 초보자용 슬로프를 1면 이상 설치하여야 한다. 슬로프 이용에 필요한 리프트를 설치하여야 한다.
② 안전시설	• 슬로프 내 이용자가 안전사고를 당할 위험이 있는 곳에는 안전망과 안전매트를 함께 설치하거나 안전망과 안전매트 중 어느 하나를 설치하여야 한다. 이 경우 안전망은 그 높이가 지면에서 1.8미터 이상, 설면으로부터 1.5미터 이상이어야 하고, 스키장 이용자에게 상해를 일으키지 않도록 설계하도록 하되, 최하부는 지면의 눈과 접촉하여야 하며, 안전매트는 충돌 시 충격을 완화할 수 있는 제품을 사용하되, 그 두께가 50밀리미터 이상이어야 한다. • 구급차와 긴급구조에 사용할 수 있는 설상차(雪上車)를 각각 1대 이상 갖추어야 한다. • 정전 시 이용자의 안전관리에 필요한 전력공급장치를 갖추어야 한다.
③ 관리시설	• 절토지 및 성토지의 경사면에는 조경을 하여야 한다.

• 요트장업

구분	시설기준
필수시설 ① 운동시설	• 3척 이상의 요트를 갖추어야 함 • 요트를 안전하게 보관할 수 있는 계류장 또는 요트보관소를 갖추어야 함
② 안전시설	• 긴급해난구조용 선박 1척 이상 및 요트장을 조망할 수 있는 감시탑을 갖추어야 함 • 요트 내에는 승선인원 수에 적정한 구명대를 갖추어야 함

핵심기출문제

내친김에 문제까지 끝내보자!

1. 국토의 계획 및 이용에 관한법률에 의하여 관리지역을 구분, 지정하여 도시 관리계획으로 결정할 수 없는 지역은?

① 보전 관리지역 ② 경관 관리지역
③ 생산 관리지역 ④ 계획 관리지역

2. 도시의 자연적 환경을 보전하거나 이를 개선함으로써 도시경관을 향상하기 위하여 도시공원법상에서 설치할 수 있도록 규정한 녹지는?

① 완충녹지 ② 경관녹지
③ 자연녹지 ④ 미관녹지

3. 우리나라의 도시공원법에서 어린이 공원의 규모 및 설치 기준에 대한 내용으로 옳은 것은?

① 유치거리 200m 이하, 면적 1,000m^2 이상
② 유치거리 250m 이하, 면적 1,500m^2 이상
③ 유치거리 300m 이하, 면적 2,000m^2 이상
④ 유치거리 350m 이하, 면적 2,000m^2 이상

4. 도시공원계획과 관련한 우리나라의 법체제에 관한 기술로서 잘못된 것은?

① 도시공원과 녹지는 기본적으로 도시공원법과 국토의 계획 및 이용에 관한 법률의 적용을 받는다.
② 공원과 녹지의 조성계획의 입안 변경은 국토의 계획 및 이용에 관한 법률로 결정된다.
③ 공원과 녹지의 설치, 개량, 변경은 도시공원법을 따른다.
④ 공원과 녹지의 유형, 구조, 설치기준은 도시공원법을 따른다.

5. 현행 법제상의 오픈스페이스(open space) 분류체계 중 도시공원에 해당하는 것은?

① 유원지 ② 묘지공원
③ 공공공지 ④ 운동장

정 답 및 해 설

해설 **1**

도시관리지역의 세분
보전관리지역, 생산관리지역, 계획관리지역

해설 **2**

도시공원 및 녹지 등에 관한 법률상 녹지
① 완충녹지-대기오염·소음·진동·악취 그 밖에 이에 준하는 공해와 각종 사고나 자연재해 그 밖에 이에 준하는 재해 등의 방지를 위하여 설치하는 녹지
② 경관녹지-도시의 환경을 보전하거나 개선해 도시경관을 향상하기 위한 녹지
③ 연결녹지-도시 안의 공원·하천·산지 등을 유기적으로 연결하고 도시민에게 산책공간의 역할을 하는 등 여가·휴식을 제공하는 선형(線型)의 녹지

해설 **3**

어린이 공원 규모 및 설치 기준 – 규모 1,500m^2, 유치거리 250m 이하

해설 **4**

도시공원 및 녹지 등에 관한 법률의 내용
① 도시에서의 공원녹지의 확충·관리·이용 및 도시녹화 등에 필요한 사항을 규정하고 있다.
② 공원과 녹지의 유형, 구조, 설치기준

해설 **5**

도시공원 – 소공원, 어린이공원, 근린공원, 역사공원, 수변공원, 문화공원, 묘지공원, 체육공원 등

정답 1. ② 2. ② 3. ② 4. ③ 5. ②

정 답 및 해 설

6. 도시공원 및 녹지의 유형, 구조, 설치기준, 시설기준 등에 관해 적용되는 법률은?

① 국토의 계획 및 이용에 관한 법률
② 도시공원 및 녹지 등에 관한 법
③ 국토기본법
④ 관광진흥법

해설 6

도시공원 및 녹지의 유형, 구조 설치 기준, 시설기준 등에 관한 법은 도시공원 및 녹지 등에 관한 법률의 내용이다.

7. 다음 중 국토의 계획 및 이용에 관한 법률상 개발제한구역의 지정 목적이 아닌 것은?

① 도시의 무질서한 확산 방지
② 도시 주변의 자연환경보전
③ 국가보안상 도시개발의 제한
④ 도시환경의 오염 확산 방지

해설 7

개발제한구역의 목적
① 도시의 무질서한 확산 방지
② 도시 주변의 자연환경보전
③ 도시민 생활환경의 질 개선
④ 국가보안상 도시개발의 제안

8. 용도지역의 세분 중 도시·부도심의 상업기능 및 업무 기능의 확충을 위하여 필요한 상업지역은?(단, 국토의 계획 및 이용에 관한 법률 시행령을 적용)

① 중심상업지역 ② 일반상업지역
③ 근린상업지역 ④ 유통상업지역

해설 8

상업지역의 세분

중심 상업지역	도심·부도심의 상업기능 및 업무기능의 확충을 위하여 필요한 지역
일반 상업지역	일반적인 상업기능 및 업무기능을 담당하게 하기 위하여 필요한 지역
근린 상업지역	근린지역에서의 일용품 및 서비스의 공급을 위하여 필요한 지역
유통 상업지역	도시내 및 지역간 유통기능의 증진을 위하여 필요한 지역

9. 다음 중 관계가 옳지 않은 것은?

① 유원지 – 도시계획시설
② 가로녹지, 가로수 – 도시공원법
③ 완충녹지 – 도시공원법
④ 공동주택의 어린이놀이터 – 주택법규

해설 9

가로녹지, 가로수 – 도시 숲 등의 조성 및 관리에 관한 법률

10. 도시공원 안에 설치할 수 있는 공원시설의 부지면적의 합계는 도시공원 면적에 대한 일정 비율을 초과할 수 없는 데 다음 중 맞게 배열된 것은?

① 근린공원 : 50% 이하
② 도시자연공원 : 10% 이하
③ 묘지공원 : 15% 이하
④ 어린이공원 : 60% 이하

해설 10

바르게 고치면
① 근린공원 – 40% 이하
③ 묘지공원 – 20% 이상

정답 6. ② 7. ④ 8. ① 9. ② 10. ④

11. 도시공원법상 도시공원 안에 설치할 수 있는 공원시설의 부지면적은 당해 면적에 대한 비율로 규정하고 있다. 틀린 것은?

① 어린이공원 : 60% 이하　② 근린공원 : 30% 이하
③ 묘지공원 : 20% 이상　④ 체육공원 : 50% 이하

12. 자연생태·경관보전지역의 관리, 생물다양성의 보전, 자연자산의 관리, 생태계보전협력금 등을 규정한 법규는?

① 자연환경보전법
② 환경정책기본법
③ 자연공원법
④ 국토의 계획 및 이용에 관한 법률

13. 다음은 국토의 계획 및 이용에 관한 법률 시행령에서 용도지역 중 주거지역의 세분사항이다. ( ) 안에 알맞은 것은?

중고층주택을 중심으로 편리한 주거환경을 조성하기 위하여 필요한 지역을 (①)이라고 하고, 공동주택 중심의 양호한 주거환경을 보호하기 위하여 필요한 지역을 (②)이라고 한다.

① ① 제2종전용주거지역, ② 제3종일반주거지역
② ① 제3종전용주거지역, ② 제2종일반주거지역
③ ① 제3종일반주거지역, ② 제2종전용주거지역
④ ① 제2종일반주거지역, ② 제3종전용주거지역

14. 조경면적에 대해 직접적으로 규제하고 있는 법은?

① 건축법
② 도시계획법
③ 환경영향평가법
④ 공원법

15. 현행 건축법상 원칙적으로 식수 등 조경에 필요한 조치를 하여야 할 법정대지 면적은?

① 165m² 이상
② 200m² 이상
③ 255m² 이상
④ 300m² 이상

정 답 및 해 설

해설 **11**

근린공원
공원시설의 설치면적은 40% 이하

해설 **12**

자연환경보전법
① 목적 : 자연환경을 인위적 훼손으로부터 보호하고, 생태계와 자연경관을 보전하는 등 자연환경을 체계적으로 보전·관리함으로써 자연환경의 지속가능한 이용을 도모하고, 국민이 쾌적한 자연환경에서 여유있고 건강한 생활을 할 수 있도록 함을 목적으로 한다.
② 관련내용 : 자연생태·경관보전지역의 관리, 생물다양성의 보전, 자연자산의 관리, 생태계보전협력금 등 규정

해설 **13**

용도지역 중 주거지역의 세분
① 전용주거지역
- 양호한 주거환경을 보호하기 위하여 필요한 지역
- 제1종 전용주거지역, 제2종 전용주거지역

② 일반주거지역
- 편리한 주거환경을 조성하기 위하여 필요한 지역
- 제1종 일반주거지역, 제2종 일반주거지역, 제3종 일반주거지역

③ 준주거지역
- 주거기능을 위주로 이를 지원하는 일부 상업기능 및 업무기능을 보완하기 위하여 필요한 지역

공통해설 **14, 15**

조경면적에 대한 직접적 규제
① 건축법 – 대지의 조경
② 면적이 200제곱미터 이상인 대지에 건축을 하는 건축주는 용도지역 및 건축물의 규모에 따라 해당 지방자치단체의 조례로 정하는 기준에 따라 대지에 조경이나 그 밖에 필요한 조치를 하여야 한다.

정답 11. ② 12. ① 13. ③ 14. ① 15. ②

16. 국토의 계획 및 이용에 관한 법률상 용도지역에 해당하는 녹지지역의 건폐율과 용적률 범위기준으로 맞는 것은?

① 건폐율 : 20퍼센트 이하, 용적율 : 100퍼센트 이하
② 건폐율 : 40퍼센트 이하, 용적율 : 400퍼센트 이하
③ 건폐율 : 30퍼센트 이하, 용적율 : 300퍼센트 이하
④ 건폐율 : 10퍼센트 이하, 용적율 : 100퍼센트 이하

17. 우리나라 주택법에 의한 아파트 단지 내 도로의 폭 기준에 맞지 않는 것은?

① 1,000세대 이상 : 18m 이상
② 500~1,000세대 미만 : 12m 이상
③ 300~500세대 미만 : 10m 이상
④ 100~200세대 미만 : 6m 이상

18. 도시공원 및 녹지 등에 관한 법률에 따른 공원녹지기본계획에 관한 설명으로 틀린 것은?

① 특별시장·광역시장 또는 대통령령이 정하는 시의 시장은 10년을 단위로 하여 관할구역 안의 도시지역에 대하여 공원녹지기본계획을 수립하여야 한다.
② 공원녹지기본계획수립권자는 공원녹지기본계획을 수립 또는 변경하는 때에는 대통령령이 정하는 바에 의하여 국토교통부 장관의 승인을 얻어야 한다.
③ 공원녹지기본계획수립권자는 5년마다 관할구역의 공원녹지기본계획에 대하여 그 타당성 여부를 전반적으로 재검토하여 이를 정비하여야 한다.
④ 공원녹지기본계획수립권자는 공원녹지기본계획을 수립 또는 변경하고자 하는 때에는 계획 확정 후 공청회를 주민 및 관계전문가 등에게 내용을 전달하여야 한다.

19. 토지의 효율적인 이용을 도모하기 위하여 법률로 지정한 지역 중 아닌 것은?

① 주거지역 ② 상업지역
③ 공업지역 ④ 자연풍경지역

정답 및 해설

공통해설 **16**

구분			건폐율	용적율
용도지역	도시지역	주거지역	70% 이하	500% 이하
		상업지역	90% 이하	1,500%이하
		공업지역	70%이하	400% 이하
		녹지지역	20% 이하	100% 이하
	관리지역	보전관리	20% 이하	80% 이하
		생산관리	20% 이하	80% 이하
		계획관리	40% 이하	100% 이하
	농림지역		20% 이하	80%이하
	자연환경보전지역		20% 이하	80% 이하

해설 **17**

바르게 고치면
300~500 미만은 8m 이상

해설 **18**

공원녹지기본계획수립권자는 공원녹지기본계획을 수립 또는 변경하고자 하는 때에는 미리 공청회를 열어 주민 및 관계전문가 등으로부터 의견을 들어야 한다.

공통해설 **19, 20**

용도지역 – 주거지역, 상업지역, 공업지역, 녹지지역

정답 16. ① 17. ③ 18. ④ 19. ④

정 답 및 해 설

20. 도시계획법상 용도지역으로 분류되지 않는 것은?

① 녹지지역 ② 재개발지역
③ 상업지역 ④ 주거지역

21. 도시공원 및 녹지 등에 관한 법률상의 「공원녹지」에 해당하지 않는 것은?

① 저수지 ② 유원지
③ 도시자연공원구역 ④ 공공공지

22. 도시공원법상 공원의 면적기준으로 올바르지 않은 것은?

① 근린생활권의 근린공원 : 10,000m² 이상
② 도보권의 근린공원 : 30,000m² 이상
③ 도시계획구역권의 근린공원 : 100,000m² 이상
④ 광역권 근린공원 : 300,000m² 이상

23. 국토이용 및 계획에 관한법률에 의하여 지정된 지구단위계획의 내용으로 포함되어야 할 사항이 아닌 것은?

① 기반시설의 배치와 규모
② 오픈스페이스의 공간배치에 관한 계획
③ 환경관리계획 또는 경관계획
④ 건축물의 배치, 형태, 색채와 건축선에 관한 계획

24. 하나의 도시지역안에 있어서 도시공원법상 정해진 도시공원 면적의 기본으로 가장 옳은 것은? (단, 개발제한구역, 자연녹지지역, 생산녹지지역 포함)

① 당해 도시지역안에 거주하는 주민 1인당 2m² 당 이상으로 한다.
② 당해 도시지역안에 거주하는 주민 1인당 4m² 당 이상으로 한다.
③ 당해 도시지역안에 거주하는 주민 1인당 6m² 당 이상으로 한다.
④ 당해 도시지역안에 거주하는 주민 1인당 10m² 당 이상으로 한다.

해설 **21**

도시자연공원구역 – 용도구역

해설 **22**

광역권 근린공원
: 1,000,000m² 이상

해설 **23**

지구단위계획의 내용
① 도시·군계획 수립 대상지역의 일부에 대하여 토지 이용을 합리화하고 그 기능을 증진시키며 미관을 개선하고 양호한 환경을 확보하여, 그 지역을 체계적·계획적으로 관리하기 위하여 수립하는 도시·군관리계획이다.
② 기반시설의 배치와 규모, 환경관리계획 또는 경관계획, 시설물의 배치계획·형태·색채와 건축선에 관한 계획

해설 **24**

당해 도시지역안의 주민 1인당 도시공원면적
- 개발제한구역, 자연녹지지역, 생산녹지지역 포함–6m²
- 개발제한구역, 자연녹지지역, 생산녹지지역 제외–3m²

정답 20. ② 21. ③ 22. ④ 23. ② 24. ③

25. 국토의 계획 및 이용에 관한법률에서 시설로서 규정하는 광장의 종류로 합당하지 않는 것은?

① 교통광장
② 일반광장
③ 지하광장
④ 미관광장

26. 다음 자연환경보전법에 대한 내용 중 틀린 것은?

① 자연환경보전에 대한 기본방침의 수립 등에 관한 사항을 정함
② 자연환경보전에 관한 기본이념을 담은 기본원칙 설정
③ 녹지보전지역에 대한 출입제한에 관한 사항을 정함
④ 생물종의 다양성을 보호하기 위하여 특정 야생 동·식물지정 보호

27. 국토의 계획 및 이용에 관한 법률상의 녹지지역 세분에 해당되지 않는 것은?

① 보전녹지지역
② 공원녹지지역
③ 생산녹지지역
④ 자연녹지지역

28. [보기]에서 도시공원 및 녹지 등에 관한 법률상 녹지활용 계약의 대상이 되는 토지의 요건에 해당하는 것을 모두 고른 것은?

> ㉠ 300제곱미터 이상의 면적인 단일토지일 것
> ㉡ 녹지가 부족한 도시 지역안에 임상이 양호한 토지 및 녹지의 보존 필요성은 높으나 훼손의 우려가 큰 토지등 녹지 활용계약의 체결 효과가 높은 토지를 중심으로 선정된 토지일 것
> ㉢ 사용 또는 수익을 목적으로 하는 권리가 설정되어 있지 아니한 토지일 것

① ㉠
② ㉠, ㉡
③ ㉡, ㉢
④ ㉠, ㉡, ㉢

정답 및 해설

해설 25
광장의 종류 – 교통광장, 일반광장, 경관경장, 지하광장, 건축물부설광장

해설 26
자연환경보전법
자연환경을 인위적 훼손으로부터 보호하고, 생태계와 자연경관을 보전하는 등 자연환경을 체계적으로 보전·관리함으로써 자연환경의 지속가능한 이용을 도모하고, 국민이 쾌적한 자연환경에서 여유있고 건강한 생활을 할 수 있도록 함을 목적으로 한다.

해설 27
녹지지역 – 보전녹지지역, 생산녹지지역, 자연녹지지역

해설 28
녹지활용계약
① 도시민이 이용할 수 있는 공원녹지를 확충하기 위함
② 도시지역의 식생 또는 임상(林床)이 양호한 토지의 소유자와 그 토지를 일반 도시민에게 제공하는 것을 조건으로 해당 토지의 식생 또는 임상의 유지·보존 및 이용에 필요한 지원을 하는 것을 내용으로 하는 계약을 체결할 수 있다.

정답 25. ④ 26. ③ 27. ② 28. ④

29. 도시공원 및 녹지 등에 관한 법령상 공원조성계획의 정비를 요청할 수 있는 주민의 요건으로 ( ) 안에 적합한 기준내용은?

> 소공원 및 어린이공원과 그 외의 공원으로 구분되는데 소공원의 경우 공원구역 경계로부터 (A)미터 이내에 거주하는 주민 (B)명 이상

① A : 250, B : 500　② A : 500, B : 500
③ A : 250, B : 250　④ A : 500, B : 250

30. 공원녹지 관련법 체계가 상위법에서 하위법으로의 흐름으로 올바른 것은?

① 국토기본법 → 도시공원법 → 국토의 계획 및 이용에 관한 법률
② 도시공원법 → 국토의 계획 및 이용에 관한 법률 → 국토기본법
③ 국토의 계획 및 이용에 관한 법률 → 국토기본법 → 도시공원법
④ 국토기본법 → 국토의 계획 및 이용에 관한 법률 → 도시공원법

31. 도시공원법의 광역권근린공원이 그 기능을 충분히 발휘할 수 있는 장소의 설치 규모는 얼마인가?

① 1,000m^2 이상　② 10,000m^2 이상
③ 100,000m^2 이상　④ 1,000,000m^2 이상

32. 개발계획 규모별 도시공원 또는 녹지의 확보기준으로 틀린 것은?

① 「도시개발법」에 의한 개발계획(1만제곱미터 이상 30만제곱미터 미만의 개발계획) : 상주인구 1인당 3제곱미터 이상 또는 개발 부지면적의 5퍼센트 이상 중 큰 면적
② 「주택법」에 의한 주택건설사업계획(1천세대 이상의 주택건설사업계획) : 1세대당 3제곱미터 이상 또는 개발부지면적의 5퍼센트 이상 중 큰 면적
③ 「도시 및 주거환경정비법」에 의한 정비계획(5만제곱미터 이상의 정비계획) : 1세대당 2제곱미터 이상 또는 개발 부지면적의 5퍼센트 이상 중 큰 면적
④ 「택지개발촉진법」에 의한 택지개발계획(30만제곱미터 이상 100만제곱미터 미만의 개발계획) : 상주인구 1인당 5제곱미터 이상 또는 개발 부지면적의 12퍼센트 이상 중 큰 면적

해설 29

공원조성계획의 정비를 요청할 수 있는 주민의 요건
① 소공원 및 어린이공원 - 공원구역 경계로부터 250미터 이내에 거주하는 주민 500명 이상의 요청
② 소공원 및 어린이공원 외의 공원 - 공원구역 경계로부터 500미터 이내에 거주하는 주민 2천명 이상의 요청

해설 30

공원녹지 관련법 체계
(상위법 → 하위법)
국토기본법 → 수도권정비계획법 → 국토의 계획 및 이용에 관한 법률 → 도시공원 및 녹지 등에 관한 법률

해설 32

「택지개발촉진법」에 의한 택지개발계획(30만제곱미터 이상 100만제곱미터 미만의 개발계획) : 상주인구 1인당 7제곱미터 이상 또는 개발 부지면적의 15퍼센트 이상 중 큰 면적

정답 29. ① 30. ④ 31. ④ 32. ④

33. 도시공원 및 녹지 등에 관한 법률 및 동법 시행규칙에서 정의한 공원시설이 아닌 것은?

① 매점, 화장실 등의 이용자를 위한 편익시설
② 야외사격장, 골프장(9홀) 등의 운동시설
③ 관리사무소, 울타리 등의 공원관리시설
④ 박물관, 야외음악당 등의 교양시설

해설 **33**

바르게 고치면
사격장은 실내사격장에 한하며, 골프장은 6홀 이하의 규모에 한한다.

34. 개발밀도관리구역 외에 지역으로서 개발로 인하여 도로, 공원, 녹지 등 대통령령으로 정하는 기반시설을 설치하거나 그에 필요한 용지를 확보하게 하기 위하여 지정·고시하는 구역은? (단, 국토의 계획 및 이용에 관한 법률을 적용한다.)

① 기반시설부담구역
② 개발밀도관리구역
③ 지구단위계획구역
④ 용도구역

해설 **34**

기반시설부담구역
개발밀도관리구역 외의 지역으로서 개발로 인하여 도로, 공원, 녹지 등 기반시설의 설치가 필요한 지역을 대상으로 기반시설을 설치하거나 그에 필요한 용지를 확보하게 하기 위하여 「국토의 계획 및 이용에 관한 법률」에 따라 지정 · 고시하는 구역을 말한다

35. 다음 [보기]는 도시공원 및 녹지 등에 관한 법률 시행규칙상의 도시공원 면적에 관한 기준이다. (　) 안에 적합한 것은?

> 하나의 도시지역 안에 있어서의 도시공원의 확보 기준은 해당 도시지역 안에 거주하는 주민 1인당 (㉠) 제곱미터 이상으로 하고, 개발제한구역 및 녹지지역을 제외한 도시지역 안에 있어서의 도시공원의 확보기준은 해당 도시지역 안에 주거하는 주민 1인당 (㉡)제곱미터 이상으로 한다.

① ㉠ 3, ㉡ 6
② ㉠ 4, ㉡ 2
③ ㉠ 6, ㉡ 3
④ ㉠ 2, ㉡ 4

해설 **35**

도시공원의 면적기준
① 해당도시지역 안에 거주하는 주민 1인당 6제곱미터 이상으로 하고
② 개발제한구역 및 녹지지역을 제외한 도시지역 안에 있어서의 도시공원의 확보기준은 해당도시지역 안에 거주하는 주민 1인당 3제곱미터 이상으로 한다.

36. 도시관리계획이 결정 고시되면 시민에게 그 사업내용을 공람시키게 된다. 이때 필요한 도면으로 가장 적당한 것은?

① 조사, 분석도　　② 기본계획도
③ 지형도　　④ 지적도

해설 **36**

도시관리계획이 결정 고시되면 지형도면을 고시한다.

정답 33. ② 34. ① 35. ③ 36. ③

정답 및 해설

37. 다음 도시공원 중 관련 법상 설치할 수 있는 공원시설 부지면적의 비율이 공원 면적에 대하여 가장 높은 곳은?

① 어린이 공원
② 소공원
③ 근린공원(3만제곱미터 미만)
④ 체육공원(3만제곱미터 미만)

38. 국토의 계획 및 이용에 관한 법률 시행령상 도시관리계획 결정이 고시된 경우, 시장 또는 군수가 지적이 표시된 지형도에 도시관리계획 사항을 명시한 도면을 작성하는 기준 축척은? (단, 녹지지역안의 임야, 관리지역, 농림지역 및 자연 환경보전지역의 경우는 고려하지 않음)

① 1/300 내지 1/600
② 1/500 내지 1/1500
③ 1/3000 내지 1/6000
④ 1/10000내지 1/25000

39. 국토의 계획 및 이용에 관한 법률에서 지정하는 용도지구에 해당되지 않는 것은?

① 보존지구　② 미관지구
③ 경관지구　④ 특정용도지구

40. 산 · 하천 · 내륙습지 · 호소(湖沼) · 농지 · 도시 등에 대하여 자연환경을 생태적 가치, 자연성, 경관적 가치 등에 따라 등급화하여 규정에 의해 작성된 지도는?(단, 자연환경보전법을 적용한다.)

① 녹지자연도　② 경관가치도
③ 생태 · 자연도　④ 자연환경도

41. 건축법에는 지역의 환경을 쾌적하게 조성하기 위하여 일정용도 및 규모의 건축물은 휴식시설 등의 공간을 설치하여야 한다고 규정하고 있다. 이렇게 설치되는 공간을 가리키는 것은?

① 공개공지　② 공공공지
③ 보존공지　④ 휴게공지

해설 **37**

공원시설의 부지면적
① 어린이 공원-60% 이하
② 소공원-20% 이하
③ 근린공원(3만제곱미터 미만)-40% 이하
④ 체육공원(3만제곱미터 미만)-50% 이하

해설 **38**

지적이 표시된 지형도에 도시·군관리계획사항을 명시한 도면을 작성할 때에는 축척 1/500 내지 1/ 1500 (녹지지역안의 임야, 관리지역, 농림지역 및 자연환경보전지역은 축척 1/3000 내지 1/6000)로 작성해야한다.

해설 **39**

용도지구지정 : 경관지구, 미관지구, 고도지구, 방화지구, 방재지구, 보존지구, 시설보호지구, 취락지구, 개발진흥지구, 특정용도제한지구, 그 밖에 대통령령으로 정하는 지구

해설 **40**

생태 · 자연도
- 환경부가 전국 산·하천·내륙습지·호소·농지·도시 등에 대하여 생태적 가치, 자연성, 경관적 가치 등을 조사하여 이에 따라 등급화하여 작성한 지도를 말한다.
- 조사한 각종 자연환경정보를 바탕으로 1등급(보전)·2등급(훼손최소화)·3등급(개발) 권역과 별도관리지역(법률상 보호지역)으로 구분하여 전 국토의 생태적 가치를 평가, 등급화하였다.

해설 **41**

공개공지 – 건축법
연면적의 합계가 5천m^2 이상인 문화 및 집회시설, 종교시설, 판매시설, 운수시설, 업무시설 및 숙박시설의 경우 공개공지를 확보해야 한다.

정답　37. ①　38. ②　39. ④　40. ③　41. ①

정 답 및 해 설

42. 도시계획 수립 대상지역의 일부에 대하여 토지이용을 합리화하고 그 기능을 증진시키며 미관을 개선하고 양호한 환경을 확보하며, 그 지역을 체계적·계획적으로 관리하기 위하여 수립하는 도시관리계획을 무엇이라 하는가?

① 광역도시계획
② 도시재정비계획
③ 지구단위계획
④ 상세도시계획

43. 주거지역에 위치한 10,000m²의 대지에 신축 공장을 건폐율 40%의 3층 건물로 건축하였다. 건축법 시행령에 의거한 최소 조경면적은? (단, 해당 지방자치단체의 조례에서 정한 기준은 연면적 합계가 2000m²이상은 대지면적의 10%로 한다.)

① 500m²
② 1,000m²
③ 1,500m²
④ 2,000m²

44. 국토교통부장관, 시·도지사 또는 대도시 시장은 관련법에 따라 도시·군관리계획결정으로 경관지구·고도지구·보호지구·취락지구 및 개발진흥지구 등을 세분하여 지정할수 있다. 다음 중 경관지구의 세분화가 아닌 것은?

① 자연경관지구
② 특화경관지구
③ 생태경관지구
④ 시가지경관지구

45. 국토의 계획 및 이용에 관한 법률 및 시행령에 따라 지구단위계획구역으로 지정할 수 있는 지역이 아닌 것은?

① 주택법에 따른 대지조성사업지구
② 관광진흥법에 따라 지정된 관광특구
③ 택지개발촉진법에 따라 지정된 택지개발지구
④ 국토의 계획 및 이용에 관한 법률에 따라 지정된 도시자연공원

46. 도시공원은 그 기능 및 주제에 의하여 생활권공원과 주제공원으로 세분화된다. 다음 중 성격이 다른 하나는?

① 근린공원
② 수변공원
③ 묘지공원
④ 체육공원

해설 **42**

지구단위계획의 수립내용
① 지역 공동체의 활성화
② 안전하고 지속가능한 생활권의 조성
③ 해당 지역 및 인근 지역의 토지이용을 고려한 토지이용계획과 건축계획의 조화

해설 **43**

연면적은 건물면적×층수
= 4,000×3층
= 12,000m² 이므로
대지면적의 10%를 조경면적으로 정함 따라서,
최소조경면적 = 대지면적×10%
= 10,000m²×10%
= 1,000m²

해설 **44**

경관지구의 세분 – 자연경관지구, 시가지경관지구, 특화경관지구

해설 **45**

지구단위계획구역
·「도시개발법」에 따라 지정된 도시개발구역
·「도시 및 주거환경정비법」에 따라 지정된 정비구역
·「택지개발촉진법」에 따라 지정된 택지개발지구
·「주택법」에 따른 대지조성사업지구
·「산업입지 및 개발에 관한 법률」의 산업단지와 준산업단지
·「관광진흥법」에 따라 지정된 관광단지, 관광특구

해설 **46**

도시공원은 기능 및 주제에 의해 생활권공원과 주제공원으로 구분되며 생활권공원은 소공원, 어린이공원, 근린공원으로 주제공원은 역사공원, 수변공원, 문화공원, 묘지공원, 체육공원, 도시농업공원 등으로 구분된다.

정답 42. ③ 43. ② 44. ③ 45. ④ 46. ①

47. 도시공원 및 녹지 등에 관한 법률상 공원시설 구분과 해당시설이 올바르게 연결된 것은?

① 휴양시설 : 긴의자, 분수
② 편익시설 : 휴게소, 주차장
③ 공원관리시설 : 출입문, 담장
④ 교양시설 : 관리사무소, 노인복지회관

48. 도시공원 및 녹지 등에 관한 법률 시행규칙상 체육공원에 설치할 수 없는 공원시설은?

① 야영장　② 경로당
③ 낚시터　④ 폭포

49. "도시공원 및 녹지 등에 관한 법률 시행규칙"에서 도시공원의 편익시설에 해당하는 것은?

① 그늘시렁　② 전망대
③ 야영장　④ 자연체험장

50. 생태체험사업의 종류 중『자연생태 체험사업』의 범위에 해당하지 않는 것은?

① 생태체험사업을 위한 주민지원
② 공원 내 갯벌, 사구, 연안습지, 섬 등 해양생태계 관찰활동
③ 자연공원특별보호구역 탐방 및 멸종위기 동식물의 보전·복원 현장 탐방
④ 우수 경관지역, 식물군락지, 아고산대, 하천, 계곡, 내륙습지 등 육상생태계 관찰활동

해설 **50**

자연생태 체험사업
- 우수 경관지역, 식물군락지, 아고산대, 하천, 계곡, 내륙습지 등 육상생태계 관찰활동
- 공원 내 갯벌, 사구, 연안습지, 섬 등 해양생태계 관찰활동
- 자연공원특별보호구역 탐방 및 멸종위기 동식물의 보전·복원 현장 탐방

해설 **47**

공원시설
- 휴양시설 : 휴게소, 긴의자 등
- 조경시설 : 화단, 분수, 조각 등
- 공원관리시설 : 관리사무소, 출입문, 울타리, 담장 등
- 편익시설 : 주차장, 매점, 화장실 등
- 교양시설 : 식물원, 동물원, 수족관, 박물관, 야외음악당 등
- 유희시설 : 그네, 미끄럼틀 등
- 운동시설 : 테니스장, 수영장, 궁도장 등

해설 **48**

체육공원에 설치할 수 있는 공원시설 : 조경시설·휴양시설(경로당 및 노인복지회관은 제외한다)·유희시설·운동시설·교양시설(고분·성터·고옥 그 밖의 유적 등을 복원한 것으로서 역사적·학술적 가치가 높은 시설, 공연장, 과학관, 미술관, 박물관 및 문화회관으로 한정한다) 및 편익시설로 하되, 원칙적으로 연령과 성별의 구분 없이 이용할 수 있도록 할 것. 이 경우 운동시설에는 체력단련시설을 포함한 3종목 이상의 시설을 필수적으로 설치하여야 한다.

해설 **49**

도시공원의 편익시설
- 우체통·공중전화실·휴게음식점·일반음식점·약국·수화물예치소·전망대·시계탑·음수장·다과점 및 사진관 그 밖에 이와 유사한 시설로서 공원이 용객에게 편리함을 제공하는 시설
- 유스호스텔
- 선수 전용 숙소, 운동시설 관련 사무실, 「유통산업발전법 시행령」 별표 1에 따른 대형마트 및 쇼핑센터

정답 47. ③ 48. ② 49. ② 50. ①

51. 다음 「자연환경보전법」 상의 정의 중 (　) 안에 알맞은 용어는?

> (　)이라 함은 기존의 자연환경과 유사한 기능을 수행하거나 보완적 기중을 수행하도록 하기 위하여 조성하는 것을 말한다.

① 생물자원　　② 대체자연
③ 자연유보지역　　④ 유사자원

52. 「환경영향평가법」에서 정하는 환경영향평가 항목은 자연생태환경, 대기환경, 수환경, 토지환경, 생활환경, 사회환경 · 경제환경 분야로 구분된다. 이 중 「생활환경 분야」의 평가 세부사항에 해당하는 것은?

① 인구　　② 위락 · 경관
③ 주거　　④ 토양

53. 「도시 · 군계획시설의 결정 · 구조 및 설치기준에 관한 규칙」상 도로의 배치간격 기준이 맞는 것은?(단, 시 · 군의 규모, 지형조건, 토지이용계획, 인구밀도 등을 감안한 것으로 본다.)

① 주간선도로와 주간선도로의 배치간격 : 2,000미터 내외
② 주간선도로와 보조간선도로의 배치간격 : 500미터 내외
③ 보조간선도로와 집산도로의 배치간격 : 1,000미터 내외
④ 국지도로간의 배치간격 : 가구의 짧은변 사이의 배치간격은 250미터 내외

54. 대지면적 5,000m^2, 조경의무면적 750m^2, 식재의무면적 375m^2, 설계조경면적 1,000m^2, 교목식재기준 0.2주/m^2 일 때 녹지지역의 교목식재 수량 기준은?(단, 국토교통부 조경기준을 적용한다.)

① 1,000주 이상　　② 150주 이상
③ 100주 이상　　④ 75주 이상

정답 및 해설

해설 51

- 생물자원 : 생물다양성 보전 및 이용에 관한 법률에 따른 생물자원을 말한다.
- 자연유보지역 : 사람의 접근이 사실상 불가능하여 생태계의 훼손이 방지되고 있는 지역중 군사상의 목적으로 이용되는 외에는 특별한 용도로 사용되지 아니하는 무인도로서 대통령령이 정하는 지역과 관할권이 대한민국에 속하는 날부터 2년간의 비무장지대

해설 52

생활환경 분야의 평가 세부사항
친환경적 자원 순환 / 소음 · 진동 / 위락 · 경관 / 위생 · 공중보건 / 전파장해 / 일조장해

해설 53

도로의 배치간격
① 주간선도로와 주간선도로의 배치간격 : 1천미터 내외
② 주간선도로와 보조간선도로의 배치간격 : 500미터 내외
③ 보조간선도로와 집산도로의 배치간격 : 250미터 내외
④ 국지도로간의 배치간격 : 가구의 짧은변 사이의 배치간격은 90미터 내지 150미터 내외, 가구의 긴변 사이의 배치간격은 25미터 내지 60미터 내외

해설 54

조경의무면적×0.2주/m^2 = 교목식재수량(녹지)이므로
750×0.2 = 150주 이상

정답 51. ② 52. ② 53. ② 54. ②

55. 조경기준에서 수목의 수량은 일정 기준에 의하여 가중하여 산정한다. 그 기준 내용으로 틀린 것은? (단, 국토교통부 조경기준을 적용한다.)

① 상록교목으로서 수관폭 5m 이상인 수목 1주는 교목 8주를 식재한 것으로 산정한다.
② 낙엽교목으로서 흉고직경 15cm 이상인 수목 1주는 8주를 식재한 것으로 산정한다.
③ 낙엽교목으로서 수고 4m 이상이고, 흉고직경 12cm 이상인 수목 1주는 교목 2주를 식재한 것으로 산정한다.
④ 상록교목으로서 수고 5m 이상이고, 수관폭 3m 이상인 수목 1주는 교목 4주를 식재한 것으로 산정한다.

해설 55

수목의 수량 가중 산정
낙엽교목으로서 흉고직경 15cm 이상인 수목 1주는 2주를 식재한 것으로 산정한다.

56. 다음 중 『건축법 시행령』에 따른 「공개공지 등의 확보」에 대한 설명 중 ( ) 안에 해당되는 것은?

공개공지 등에는 연간 ( )일 이내의 기간 동안 건축조례로 정하는 바에 따라 주민들을 위한 문화행사를 열거나 판촉활동을 할 수 있다. 다만, 울타리를 설치하는 등 공중이 해 당 공개공지 등을 이용하는데 지장을 주는 행위를 해서는 아니 된다.

① 25　② 30
③ 45　④ 60

해설 56

공개공지 등에서 연간 60일 이내의 기간 동안 주민들을 위한 문화행사를 열거나 판촉행위를 할 수 있다.

57. 환경영향평가(environmental impact assessment)와 이용후 평가(post occupancy evaluation)의 비교 설명 중 옳지 않은 것은?

① 두 가지 모두 환경설계 평가의 범주에 속한다.
② 환경영향 평가는 개발 전에, 이용 후 평가는 개발 후에 실시한다.
③ 두 가지 모두 미국의 국가환경정책법(NEPA)에 의해 처음 시작되었다.
④ 우리나라의 환경영향평가법은 환경영향평가의 대상 사업을 규정하고 있다.

해설 57

환경영향평가법
- 1969년 미국이 국가환경정책법(NEPA)을 근거로 처음 도입한 이후 많은 국가에서 다양한 형태로 운영되고 있다.
- 우리나라는 1977년 환경보전법 제정으로 법적 근거가 마련됐으며 1981년 환경청이 관련 규정을 고시하면서 환경평가제도가 시행되었다.

정답 55. ② 56. ④ 57. ③

58. 다음 중 「자연환경보전법」에 대한 설명으로 틀린 것은?

① 환경부장관은 전국의 자연환경보전을 위한 자연환경보전기본계획을 10년마다 수립하여야 한다.
② 환경부장관은 관계 중앙행정기관의 장과 협조하여 생태·자연도에서 1등급 권역으로 분류된 지역과 자연상태의 변화를 특별히 파악할 필요가 있다고 인정되는 지역에 대하여 2년마다 자연환경을 조사할 수 있다.
③ 환경부장관은 자연생태·경관을 특별히 보전할 필요가 있는 지역을 생태·경관 보전지역으로 지정할 수 있다.
④ 생태·자연도는 5만분의 1 이상의 지도에 실선으로 표시하여야 한다.

59. 「도시공원 및 녹지 등에 관한 법률」 시행 규칙상 면적 12,000m^2의 도심 공지에 체육공원을 조성하려 한다. 최대 공원시설면적에 설치할 수 있는 운동시설 최소면적은 얼마인가?

① 7,200m^2 ② 6,000m^2
③ 4,300m^2 ④ 3,600m^2

60. 「국토의 계획 및 이용에 관한 법률」 시행령에 따른 '경관지구'의 분류에 해당되지 않는 것은?

① 자연경관지구 ② 특화경관지구
③ 생태경관지구 ④ 시가지경관지구

61. 국토교통부고시 조경기준의 식재수량 및 규격에 관한 설명 중 ( ) 안에 들어갈 수 없는 것은?

식재하여야 할 교목은 흉고직경 ( )센티미터 이상이거나 근원직경 ( )센티미터 이상 또는 수관 폭 ( )이상으로서 수고 ( )미터 이상이어야 한다.

① 0.8 ② 1.0
③ 5.0 ④ 6.0

정답 및 해설

해설 58

생태·자연도는 2만5천분의 1 이상의 지도에 실선으로 표시하여야 한다.

해설 59

「도시공원 및 녹지 등에 관한 법률」 시행 규칙상 체육공원의 운동시설 최소면적

① 도시공원 안의 공원시설 부지면적은 50% 이하일 것
② 체육공원에 설치되는 운동시설은 공원시설 부지면적의 60퍼센트 이상일 것

따라서 12,000×0.5×0.6 =3,600m^2

해설 60

경관지구

- 자연경관지구 : 산지 · 구릉지 등 자연경관을 보호하거나 유지하기 위하여 필요한 지구
- 시가지경관지구 : 지역 내 주거지, 중심지 등 시가지의 경관을 보호 또는 유지하거나 형성하기 위하여 필요한 지구
- 특화경관지구 : 지역 내 주요 수계의 수변 또는 문화적 보존가치가 큰 건축물 주변의 경관 등 특별한 경관을 보호 또는 유지하거나 형성하기 위하여 필요한 지구

해설 61

식재수목의 최소규격

흉고직경	5센티미터 이상
근원직경	6센티미터 이상
수 관 폭	0.8미터 이상
수 고	1.5미터 이상

정답 58. ④ 59. ④ 60. ③ 61. ②

62. 「도시공원 및 녹지 등에 관한 법률 시행규칙」에 의한 "녹지의 설치·관리 기준"으로 틀린 것은?

① 전용주거지역에 인접하여 설치·관리하는 녹지는 그 녹화면적률이 50퍼센트 이상이 되도록 할 것
② 재해발생시의 피난을 위해 설치·관리하는 녹지는 녹화면적률이 50퍼센트 이상이 되도록 할 것
③ 원인시설에 대한 보안대책을 위해 설치·관리하는 녹지는 녹화면적률이 80퍼센트 이상이 되도록 할 것
④ 완충녹지의 폭은 원인시설에 접한 부분부터 최소 10미터 이상이 되도록 할 것

정답 및 해설

해설 62

바르게 고치면
재해발생시의 피난 그 밖에 이와 유사한 경우를 위하여 설치하는 녹지는 관목 또는 잔디 그 밖의 지피식물을 심으며, 그 녹화면적률이 70퍼센트 이상이 되도록 할 것

정답 62. ②

Chapter 03

조경설계

제3편

제도의 기초

1.1 핵심플러스

■ 조경설계시 도면작성에 관한 기초 사항으로 제도용지, 도면작성방법, 선의 용도, 글자쓰기, 재료의 표현, 치수표현, 척도의 표시법에 관한 내용을 숙지해야 한다.

1 제도규격 및 KS분류

① 개요

㉠ 우리나라에서 1966년 KS A 0005로 제도 통칙을 제정하고 1969년에 국제표준규격(ISO)과 일치되게 개정

㉡ 제도를 규격화하면 도면이 정확, 간단하고 제품상호 호환성이 유지되며 품질의 향상, 제품생산의 능률화, 제품원가 절감 등의 경제적 기술적인 여러 가지 이익을 가져옴

㉢ 각국의 산업규격

국가 및 기구	규격기호
영국	BS(British Standard)
독일	DIN(Deutsche Industric Normen)
미국	ANSI(American National Standards Institute)
프랑스	NF(Norme Francaise)
일본	JIS(Japannese Industrial standards)
한국	KS(Korean Industrial Standards)
국제표준화기구	ISO(International Organization for Standardization)

② KS의 분류기호

분류	KS	KS	KS	KS	KS	KS	KS	KS	KS	KS	KS	KS	KS	KS	KS	KS
기호	A	B	C	D	E	F	G	H	K	L	M	P	R	V	W	X
부문	기본	기계	전기	금속	광산	토건	일용품	식료품	섬유	요업	화학	의료	수송기계	조선	항공	정보산업

2 제도용지 규격 및 용도

제도용지는 A열 사이즈를 사용한다. 제도용지의 세로와 가로의 비는 1 : $\sqrt{2}$ 이며 원도의 크기는 긴 쪽을 좌우방향으로 놓고 사용한다.

규 격	Size	주 용 도
A0	841×1,189	실시설계
A1	594×841	실시설계
A2	420×594	기본설계
A3	297×420	각종서류

■ 참고

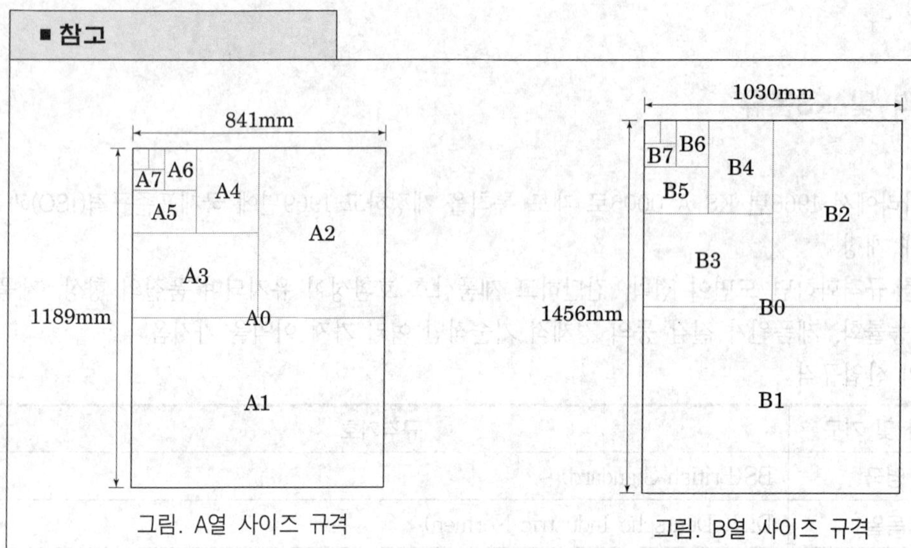

그림. A열 사이즈 규격

그림. B열 사이즈 규격

• B열 사이즈 : 자르는 과정을 몇 번 반복했느냐에 따라 용지에 명칭을 붙임

명칭	치수(mm)
B0	1030 x 1456
B1	728 x 1030
B2	515 x 728
B3	364 x 515
B4	257 x 364
B5	182 x 257
B6	128 x 182
B7	91 x 128
B8	64 x 91
B9	46 x 64
B10	32 x 45

3 제도사항

① 도면은 길이 방향을 좌우 방향으로 놓은 위치를 정 위치로 한다.
② 도면은 왼쪽을 철할 때는 왼쪽은 25mm, 나머지는 10mm 정도의 여백을 줌, 선의 굵기는 설계 내용보다 굵게 친다.
③ 표제란 : 도면의 우측이나 하단부에 위치하며 공사명, 도면명, 축척, 설계도면, 제도일자 기입
④ 방위와 축척을 우측 하단부에 위치한다.
⑤ 치수
㉠ 치수 단위는 원칙적으로 mm를 사용, 단위기호는 별도로 쓰지 않음
㉡ 가는 실선으로 치수보조선에 직각으로 그음
㉢ 치수보조선 : 실선 혹은 세선으로 치수선을 긋기 위해 도형 밖으로 인출한 선
㉣ 치수 기입 위치
- 치수기입은 치수선 중앙 윗부분에 기입하는 것이 원칙이다. (다만, 치수선을 중단하고 선의 중앙에 기입할 수도 있음)
- 치수기입은 치수선에 평행하게 도면의 왼쪽에서 오른쪽으로 아래로부터 위로 읽을 수 있도록 기입한다. 협소한 간격이 연속될 때에는 인출선을 사용하여 치수를 쓰며, 치수선의 양끝 표시는 화살 또는 점으로 표시할 수 있다. 같은 도면에서 2종을 혼용하지 않는다.

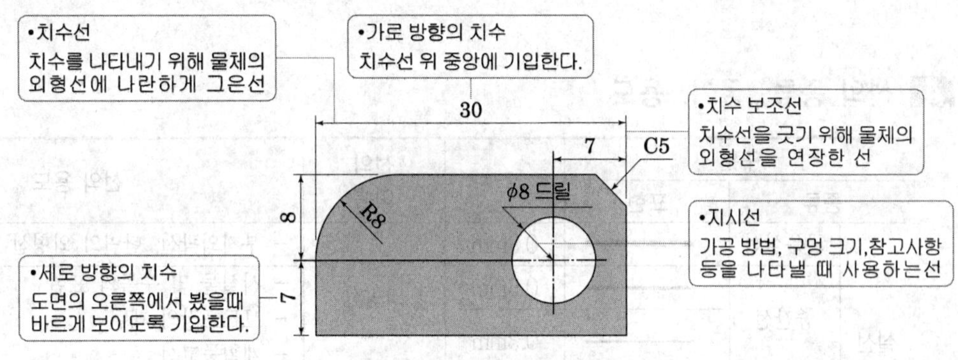

그림. 치수선 표기방법

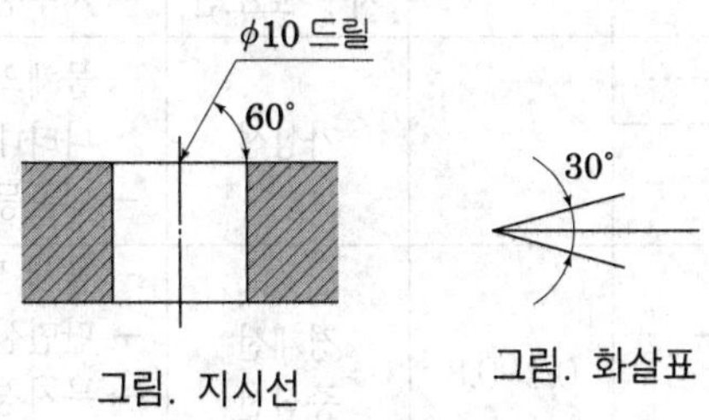

그림. 지시선

그림. 화살표

⑥ 도면의 좌에서 우로, 아래에서 위로 읽을 수 있도록 기입한다.
⑦ 제도 용지 : 트레싱 페이퍼, 트레싱 클로스
⑧ 도면방향 : 북을 위로 하여 작도함이 일반적이다.

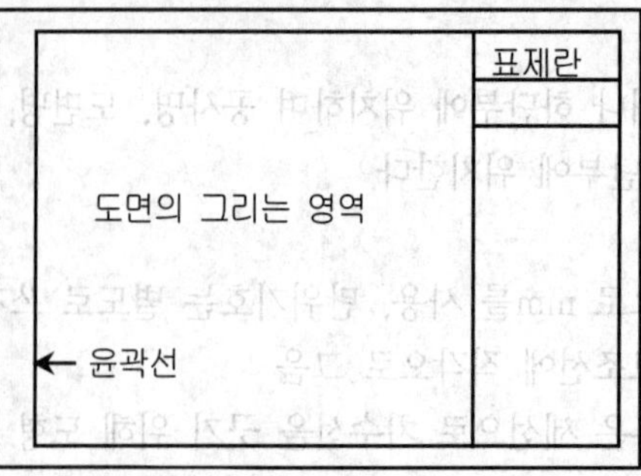

■ 참고 : 제도문자

① 제도에 사용되는 문자는 정확히 읽을 수 있도록 분명하고 균일하게 쓴다.
② 글자체는 고딕체로 하여 수직 또는 15도 경사로 씀을 원칙으로 한다.
③ 도면에서 도형의 크기나 척도의 정도에 따라 문자의 크기를 달리한다.
④ 문자의 크기는 문자의 높이로 하고 문장은 왼편에서 가로쓰기를 원칙으로 한다.

4 선의 종류, 굵기, 용도

구분			굵기	선의 이름	선의 용도
종류		표현			
실선	굵은실선	━━━━	0.8mm		- 부지외곽선, 단면의 외형선
	중간선	━━━━	0.5mm	외형선	- 시설물 및 수목의 표현 - 보도포장의 패턴 - 계획등고선
		────	0.3mm		
	가는 실선	────	0.2mm	치수선	- 치수를 기입하기 위한 선
				치수 보조선	- 치수선을 이끌어내기 위하여 끌어낸 선
허선	점선	··············	0.2~0.8	가상선	- 물체의 보이지 않는 부분의 모양을 나타내는 선 - 기존등고선(현황등고선)
	파선	− − − − −			
	1점쇄선	—·—·		경계선 중심선	- 물체 및 도형의 중심선 - 단면선, 절단선 - 부지경계선
	2점쇄선	—··—·			- 1점쇄선과 구분할 필요가 있을 때

5 선의 용도에 따라 분류한 선

① 선의 종류에 의한 사용 방법

용도에 의한 명칭	선의 종류		선의 용도
외형선	굵은 실선	────	대상물이 보이는 부분의 모양을 표시
치수선	가는 실선	────	치수를 기입하는 데 사용
치수보조선			치수를 기입하기 위하여 도형으로부터 끌어내는 데 사용
지시선			기술, 기호 등을 표시하기 위하여 끌어내는데 사용
회전단면선			도형 내에 그 부분의 끊은 곳을 90도 회전하여 표시
중심선			도형의 중심선을 간략하게 표시
수준면선			수면, 유면 등의 위치를 표시
숨은선	가는 파선 또는 굵은 파선	------	대상물의 보이지 않는 부분의 형상을 표시
중심선	가는 1점쇄선	─·─·─	• 도형의 중심을 표시 • 중심 이용한 중심 궤적을 표시
기준선			위치 결정의 근거가 된다는 것을 명시할 때 사용
피치선			되풀이하는 도형의 피치를 취하는 기준을 표시
특수지정선		━·━·━	특수한 가공을 하는 부분 등 특별히 요구사항을 적용할 수 있는 범위를 표시하는데 사용
가상선	가는 2점쇄선	─··─··─	• 인접 부분을 참고로 표시 • 공구, 지그 등의 위치를 참고로 나타내는 데 사용 • 가동 부분을 이동 중의 특정한 위치 또는 이동한계의 위치로 표시하는 데 사용 • 가공 전 또는 가공 후의 모양을 표시하는 데 사용 • 되풀이되는 것을 나타내는 데 사용 • 도시된 단면의 앞쪽에 있는 부분을 표시
무게중심선			단면의 무게 중심을 연결한 선을 표시하는 데 사용
파단선	불규칙한 파형의 가는 실선 또는 지그재그선	～～～ / ─∧─∧─	대상물의 일부를 파단한 경계선 또는 일부를 떼어낸 경계를 표시
절단선	가는 1점 쇄선으로 끝 부분 및 방향이 변하는 부분을 굵게 한 것	━·─┘ └─·━	단면도를 그리는 경우 그 절단 위치를 대응하는 그림에 표시

용도에 의한 명칭	선의 종류		선의 용도
해칭	가는 실선으로 규칙적으로 줄을 늘어놓은 것	//////////	도형의 한정된 특정 부분을 다른 부분과 구별하는 데 사용
특수한 용도의 선	가는 선	──────	•외형 및 숨은선의 연장을 표시할 때 사용 •평면이란 것을 나타내는 데 사용 •위치를 명시하는 데 사용
	아주 굵은 실선	━━━━━━	얇은 부분의 단선 도시를 명시하는데 사용
가는 선, 굵은 선 및 아주 굵은 선의 굵기 비율은 1:2:4로 한다.			

② 제작도면을 그릴 때 서로 겹치는 경우 우선순위

- 도면에서 2종류 이상의 선이 같은 장소에서 중복될 경우 다음에 순위 따라 우선되는 종류의 선부터 그림
- 문자 · 기호 → 외형선 → 숨은선 → 절단선 → 중심선 → 무게중심선 → 치수보조선

5 재료표시 방법

지반	벽돌일반	석재	인조석
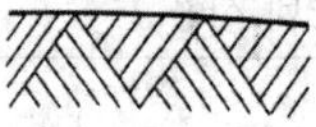		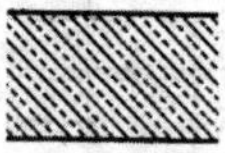	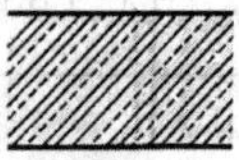
잡석다짐	**콘크리트**	**철근콘크리트**	**목재**
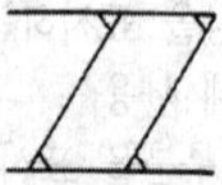	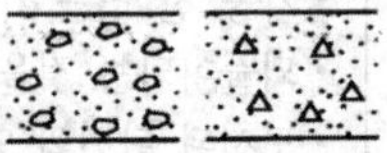		 치장재 구조재

■ 참고 : 설계시 약어

- E.L(Earth Level) : 표고
- G.L (Ground Level) : 지표선, 지반선
- F.L (Finish Level) : 계획고
- THK (Thickness) : 두께
- ST(Steel) : 철재
- 철근 : D 10@ 200 지름 10mm철근은 간격 200mm 로 배근

6 조경도면표시법

① 시설물표현 : 평면적 형태를 단순화시켜 표현한다.

정자		파고라			
벤치			야외탁자	쉘터	

② 수목표현

· 일반적으로 수목평면 표현은 위에서 내려다 본 상태로 나타내며 상록교목, 낙엽교목, 관목, 지피식물 등으로 구분하여 표시한다.

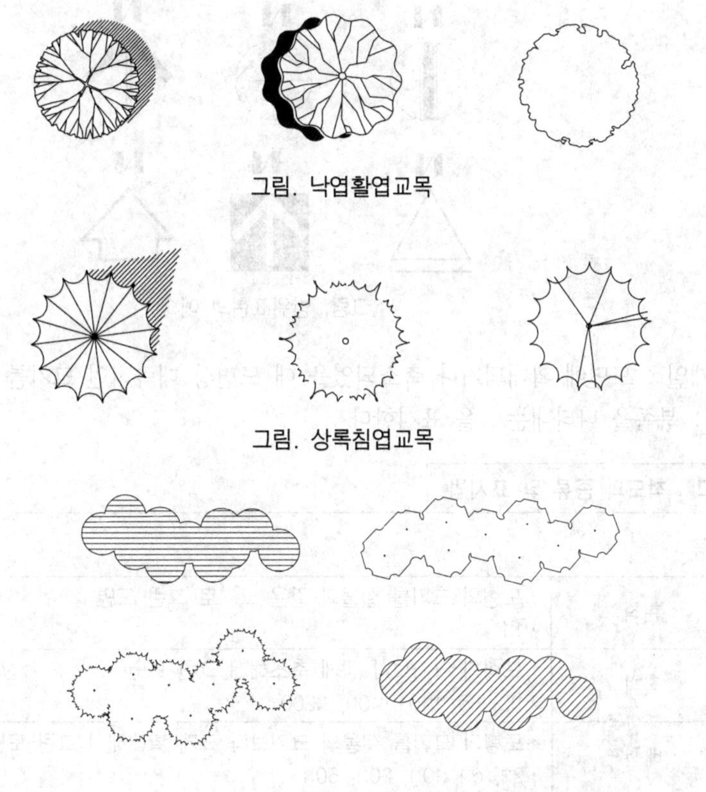

그림. 낙엽활엽교목

그림. 상록침엽교목

그림. 관목

• 인출선 : 그림자체에 기재할 수 없는 경우 인출하여 사용하는 선을 말하고 주로 수목의 규격, 수종명 등을 기입하기 위해 사용한다.

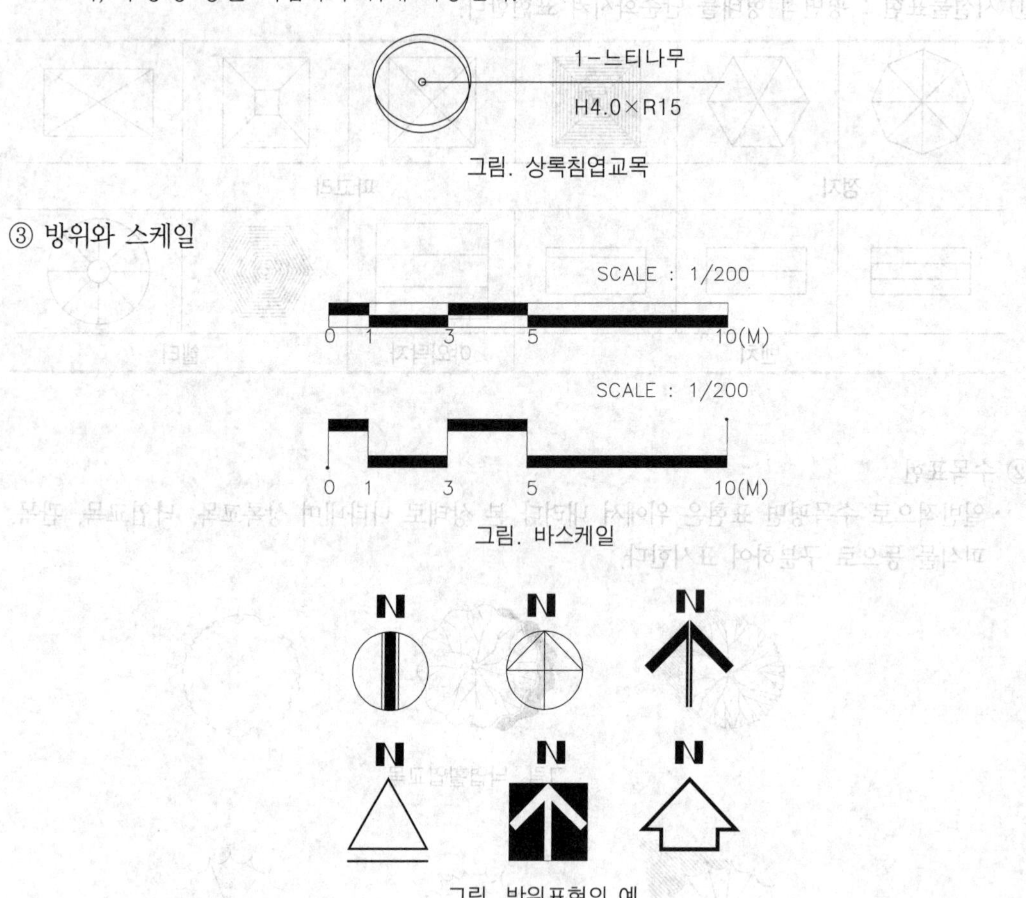

그림. 상록침엽교목

③ 방위와 스케일

그림. 바스케일

그림. 방위표현의 예

㉠ 바스케일 : 도면에 확대되거나 축소되었을 때 도면상 대략적인 크기를 나타내려 표현함
㉡ 방위 : 북쪽을 나타내는 N을 표시한다.

■ 참고 : 척도의 종류 및 표시법

① 종류

현척	• 도형의 크기를 실물과 같은 크기로 그린 도면 • 1:1
축척	• 도형의 크기보다 작게 축소해서 그린 도면 • 1:2, 1:5, 1:10, 1:100, 1:200
배척	• 도형의 크기를 실물의 크기보다 크게 확대해서 그린 도면 • 2:1, 5:1, 10:1, 20:1, 50:1
NS(Non scale)	비례척이 아닌 임의의 척도

② 표시법
• A(도면에서크기) :B(대상물의 실제크기)

핵심기출문제

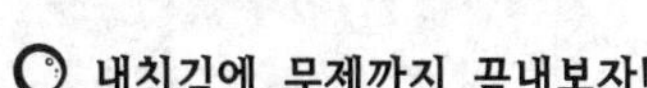

내친김에 문제까지 끝내보자!

1. 선의 용법 중 중심선 및 절단선은 다음 중 어느 것을 사용하는가?

① 실선　　② 점선
③ 1점쇄선　　④ 2점쇄선

2. 선의 용도가 잘못 된 것은?

① 실선 : 물체의 보이는 부분을 나타내는 선
② 파선 : 물체의 보이지 않는 부분을 나타내는 선
③ 파단선 : 물체 및 도형의 중심을 나타내는 선
④ 2점 쇄선 : 이동하는 부분의 이동 후의 위치를 가상하여 나타내는 선

3. 조경설계도면에서 축척(Scale)을 표시할 때 숫자뿐만 아니라 그림으로 표시하는 가장 큰 이유는?

① 도면상의 길이는 실제상의 길이와 차이가 나기 때문에
② 숫자상의 길이가 정확하기 않기 때문에
③ 도면상에서 개략적인 길이를 쉽게 알 수 있기 때문에
④ 축소 또는 확대할 때 이의 정확한 축척을 알기 쉽게 하기 위해서

4. 도면에서 굵은 실선 표시하여야 하는 것은?

① 절단선　　② 해칭선
③ 단면선　　④ 치수선

5. 다음 중 석재를 표현한 것은?

①　　②

③　　④

정답 및 해설

해설 1
중심선, 절단선, 부지경계선 - 1점 쇄선

해설 2
물체나 도형의 중심선 : 1점쇄선

해설 3
도면상의 개략적인 길이를 쉽게 알게 하기 위해 축척과 바스케일을 표시한다.

해설 4
굵은실선 - 단면선

해설 5
② - 벽돌
③ - 철근콘크리트
④ - 잡석

정답 1. ③ 2. ③ 3. ③ 4. ③ 5. ①

6. 다음 중 틀린 것은?

① 철근콘크리트

② 무근콘크리트

③ 석재

④ 벽돌

7. 다음 그림은 어떤 재료를 나타낸 것인가?

① 인조석

② 철재

③ 목재

④ 석재

8. 다음 그림은 연못 바닥 단면 상세도이다. 순서대로 정확히 기입된 것은 다음 중 어느 것인가?

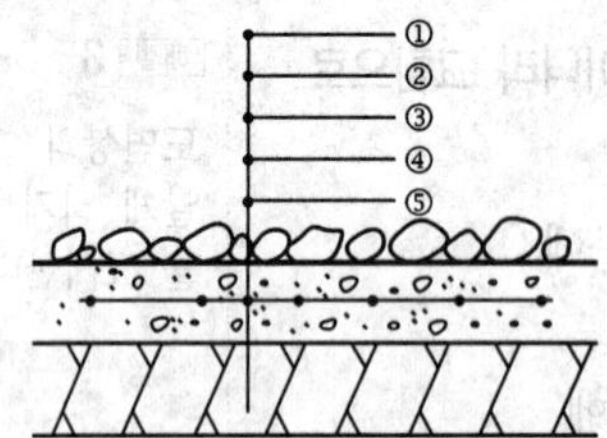

① ① 철근 ② 조약돌깔기 ③ 잡석다짐 ④ 콘크리트 ⑤ 방수몰탈

② ① 잡석다짐 ② 철근 ③ 콘크리트 ④ 방수몰탈 ⑤ 조약돌깔기

③ ① 조약돌깔기 ② 방수몰탈 ③ 콘크리트 ④ 철근 ⑤ 잡석다짐

④ ① 방수몰탈 ② 콘크리트 ③ 조약돌깔기 ④ 철근 ⑤ 잡석다짐

9. 자유곡선자에 관한 설명 중 틀린 것은?

① 작은 곡선을 그릴 때 사용하면 편리하다.

② 여러가지 곡선을 자유롭게 그릴 수 있다.

③ 납이 들어있는 금속 고무재로 되어 있다.

④ 정확한 원호로 나타내기 힘들다.

해설 **6**

④ – 철재

해설 **9**

납이 들어있는 고무재로 자유자재로 곡선을 만들어 그을 수 있다. 단, 정확한 원호를 나타내기 어렵다.

정답 6. ④ 7. ④ 8. ③ 9. ①

10. 도면에 레터링(lettering)을 할 때 주의할 사항 중 틀린 것은?

① 레터링은 왼편부터 가로쓰기를 원칙으로 한다.
② 글자의 선의 굵기와 기울기는 다양해도 괜찮다.
③ 숫자는 가능한 한 아라비아 숫자를 사용한다.
④ 도면에 과다하게 많은 글씨를 쓰지 않는다.

11. 다음의 표현기법에 관한 내용 중 맞는 것은?

① 레터링의 글씨 크기는 도면의 상황에 따라 적당한 크기를 선택하는 것이 좋다.
② 레터링은 영문표기를 정확하게 하기 위한 약속이며, 약속된 방식을 지켜 규범화된 글씨체가 있다.
③ 구조재의 마감표시는 사용되는 재료별로 구분하여 도면효과를 낼 수 있는 다양한 표현을 하는 것이 좋다.
④ 축척 표시에서 바 스케일은 거의 사용하지 않으나, 기본설계 도면에서 도면 구성상 보기 좋게 사용하는 것이 일반적이다.

12. 영문 알파벳 대문자 B.S 혹은 아라비아 숫자 3, 8 등을 레터링(Lettering)할 때 가장 유의하여야 하는 눈의 착각현상은?

① 바탕색과 글자색의 색상의 차이에 따른 착시 현상
② 동일한 수직, 수평선 중에서 수직선이 길게 보이는 착시현상
③ 동일한 크기의 도형을 상하로 두면 윗쪽이 아래 쪽 보다 크게 보이는 착시현상
④ 예각은 크게, 둔각은 적게 보이는 착시현상

13. 개념도의 표현에 있어 공간의 형태를 원형이나 원호로 한다면 이와 연관되는 공간개념은?

① 특정한 방향으로의 방향성을 의도한다.
② 다른 공간과의 유기적 연결성이 쉽게 확보된다.
③ 면적감을 최소화하고자 한다.
④ 내향적 이미지의 성격을 부여하고자 한다.

해설 **10**

도면에 레터링시 주의사항
① 글자의 선의 굵기는 일정해야 하며, 기울기는 수직 또는 오른쪽으로 15°의 경사로 쓴다.
② 왼편부의 가로쓰기를 원칙으로 한다.
③ 도면 상황에 따라 적절한 크기를 선택한다.
④ 가급적 많은 글씨를 쓰지 않는다.
⑤ 숫자는 가능한 아라비아숫자를 사용한다.

해설 **11**

바르게 고치면
② 레터링은 그림을 설명하는 한글, 영문, 숫자 등을 말한다.
③ 구조재의 마감표시는 일관되게 표시한다.
④ 축척과 바 스케일은 도면에 사용하여 도면상의 개략적인 길이를 쉽게 알 수 있도록 한다.

해설 **12**

레터링 시 유의해야하는 착시는 상하반전의 착시로 본래의 글자보다 상부는 더 크게 하부는 더 작게 보이는 현상을 말한다.

해설 **13**

개념도의 공간의 형태를 원형이나 원호로 표현하는 이유는 내향적 이미지의 성격을 부여하기 위함이다.

정답 10. ② 11. ① 12. ③ 13. ④

14. 버블다이어그램(Bubble diagram)에 대한 설명 중 가장 적합하지 않은 것은?

① 3차원적 입체구상을 빠르게 검토할 때 주로 이용된다.
② 설계과정 초기의 기본구상 단계 시 통상 이용된다.
③ 설계대상 부지의 규모나 형상이 크게 고려되지 않는다.
④ 설계가의 생각을 고도로 요약하고 상징적으로 표현할 수 있는 수단이 된다.

해설 **14**

다이어그램은 설계초기 구상단계(2차원적 구상)에 주로 이용된다.

15. 치수선에는 분명한 단말 기호(화살표 또는 사선)를 표시한다. 다음 중 단말기호 표시에 대한 설명으로 옳지 않은 것은?

① 사선은 30도 경사의 짧은 선으로 그린다.
② 한 장의 도면에는 같은 종류의 화살표 기호를 사용한다.
③ 기호의 크기는 도면을 읽기 위해 적당한 크기로 비례하여 그린다.
④ 화살표는 끝이 열린 것, 닫힌 것 및 빈틈없이 칠한 것 중 어느 것을 사용해도 상관없다.

해설 **15**

사선은 치수보조선을 지나 왼쪽 아래에서 오른쪽 위로 향하여 약 45도 교차하는 짧은 선으로 그린다.

16. 치수선이 올바르게 된 것은?

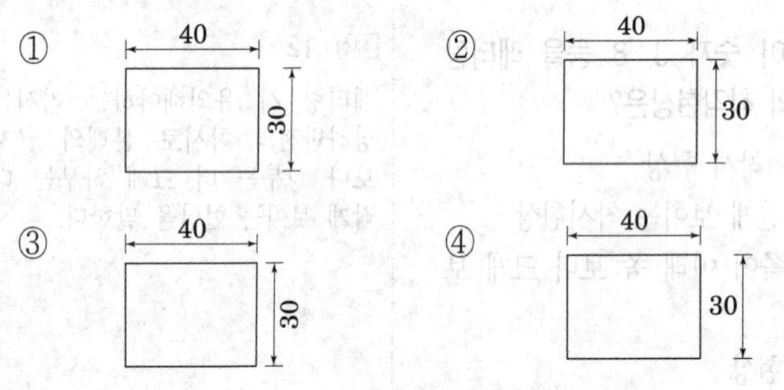

해설 **16**

치수선의 치수기입은 치수선에 위쪽에 하며, 좌에서 우로 아래에서 위방향으로 읽을 수 있도록 한다.

17. 다음 중 선을 옳게 그은 것은?

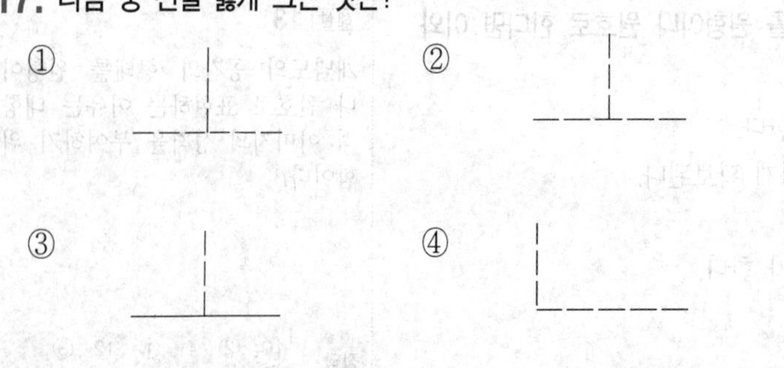

해설 **17**

선과 선이 만나는 부분은 정확하게 만나야하며, 파선은 간격도 일정해야 한다.

정답 14. ① 15. ① 16. ① 17. ②

18. 다음 약어의 설명 중 틀린 것은?

① D 10@ 200은 지름 10mm인 철근을 200mm 간격으로 배근한 것을 말한다.
② THK = 10mm는 재료의 두께가 10mm인 것을 말한다.
③ F.L는 Finish Level의 약자로 계획고를 말한다.
④ 강판은 STS.PL.로 나타낸다.

해설 **18**

강판(Steel plate) : ST.
스테인리스 스틸 플레이트 (Stainless Steel Plate) : STS. PL.

19. 강관의 내경이 30mm, 외경이 33mm, 길이 L인 것의 규격표시가 옳은 것은?(강구조물에서)

① ϕ 30-L
② ϕ 33-L
③ ϕ 33×3-L
④ ϕ 30-33-L

해설 **19**

강관 규격표시는 외경×두께
→ 외경 ϕ33,
두께 33−30 = 3mm
따라서 ϕ33×3−L

20. 다음 선의 종류 중 표현이 다른 것은?

① 치수선 ② 숨은선
③ 해칭선 ④ 인출선

해설 **20**

치수선, 해칭선, 인출선 – 가는선, 숨은선 – 점선

21. 치수선 긋기에 대한 설명 중 가장 옳은 것은?

① 치수선은 그림에 방해가 되지 않게 1~2mm정도 띄어 긋는다.
② 치수선의 굵기는 0.2mm 이하의 가는 실선으로 그려야 한다.
③ 치수 보조선의 끝은 치수선을 넘어도 안되고 미달되어도 안된다.
④ 치수선 양끝에 화살의 벌림각도는 45° 화살로 나타낸다.

해설 **21**

① 치수선
- 굵기는 0.2mm 이하의 가는 실선으로 그린다.
- 외형선으로부터 치수선은 약 10~15 mm 띄어서 긋고 다음 계속될 때에는 같은 간격으로 긋는다.

② 치수보조선
- 가는 실선을 사용하며 치수선의 양 끝에는 화살표를 붙임
- 일반적으로 치수선은 외형선과 평행
- 치수 보조선은 치수선에 수직하게 그림
- 지시선은 수평선에 60도 정도 경사선을 긋고 지시하는 끝에 화살표를 표기함
- 치수선 양 끝에 화살의 벌림 각도는 30도 정도로 나타냄

22. 한 도면내에서 굵은선의 굵기 기준을 0.8mm로 하였다면 레터링 보조선이나 치수선의 적절한 굵기에 해당되는 것은?

① 0.2mm ② 0.3mm
③ 0.4mm ④ 0.5mm

해설 **22**

레터링 보조선, 치수선의 굵기 −0.2mm 이하

정답 18. ④ 19. ③ 20. ② 21. ② 22. ①

23. 다음 구조재 마감 표시 방법 중 보통 벽돌의 도면 표시방법은 어느 것인가?

①

②

③

④

24. 다음 선긋기에 대한 내용 중 맞는 것은?

① 선긋기는 연필을 사용하되 inking으로 마무리해 두어야 한다.
② 선긋기는 원칙적으로 좌에서 우로, 아래에서 위로 긋는 것이 좋다.
③ 교차하는 선은 교차하는 부분이 중복되지 않도록 세심한 주의를 요한다.
④ 제도용 연필은 사용용지와 무관하게 항상 HB 이상의 단단한 심의 연필을 사용한다.

25. 1점쇄선의 용도가 아닌 것은? (단, KS F1501을 기준으로 한다.)

① 중심선　② 절단선
③ 경계선　④ 가상선

26. 다음 중 도면 제작시 가는 실선을 사용해야 하는 경우가 아닌 것은?

① 기준선　② 치수보조선
③ 인출선　④ 해칭선

27. 제도에 사용하는 문자에 대한 설명으로 옳은 것은?

① 제도 통칙에서는 규정하지 않는다.
② 문자의 높이로 크기를 나타낸다.
③ 축척에 따라 반드시 같은 크기로 한다.
④ 일반 치수문자는 9~18mm를 사용한다.

해설 **23**

① 석재, ③ 모래

해설 **24**

선그리기는 원칙적으로 좌에서 우로, 아래에서 위로 긋는 것이 좋으며, 제도용 연필은 사용용지에 따라 사용한다.

해설 **25**

1점 쇄선의 용도 – 중심선, 절단선, 경계선

해설 **26**

가는 실선 – 치수보조선, 인출선, 해칭선

해설 **27**

제도에 사용하는 문자
① 제도에 사용되는 문자는 정확히 읽을 수 있도록 분명하고 균일하게 쓴다.
② 글자체는 고딕체로 하여 수직 또는 15도 경사로 씀을 원칙으로 한다.
③ 도면에서 도형의 크기나 척도의 정도에 따라 문자의 크기를 달리한다.

정답　23. ④　24. ②　25. ④　26. ①　27. ②

28. 제도에서 치수의 기입 방법 설명 중 옳지 않은 것은? (단, KS A0113를 기준으로 한다.)

① 치수를 기입할 여백이 없을 때에는 치수 보조선을 그어 그 위에 기입한다.
② 세로의 치수는 치수선의 왼쪽에 아래로부터 위로 읽을 수 있도록 기입한다.
③ 가로의 치수는 왼쪽에서 오른쪽으로 읽을 수 있도록 치수선의 윗 부분에 기입한다.
④ 치수는 중복을 피하고 계산하지 않고도 알 수 있도록 기입한다.

29. 다음 선의 종류와 용도에 관한 설명 중 틀린 것은?

① 실선을 물체가 보이는 부분을 나타내는 선이다.
② 파선은 물체가 보이지 않는 모양을 표시할 때 쓰이는 선이다.
③ 일점쇄선은 물체의 중심축, 대칭축을 나타내는 선이다.
④ 이점쇄선은 물체의 절단한 위치 및 경계를 표시하는 선이다.

30. KS표준에 의한 A0용지의 크기에 해당하는 것은?

① 594×841mm　　② 841×1189mm
③ 1189×1090mm　　④ 1090×1200mm

31. A0 도면용지의 비례는?

① 루트비　　② 황금비
③ 플라토비　　④ 대수비

32. 다음 중 현의 길이 치수 기입을 옳게 나타낸 것은?

①
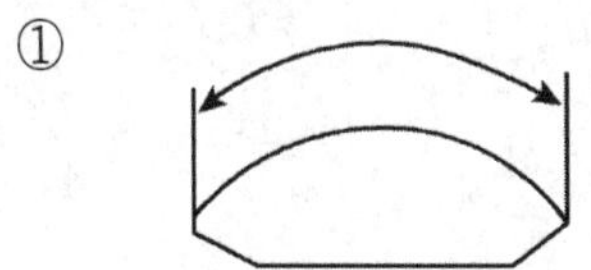

②
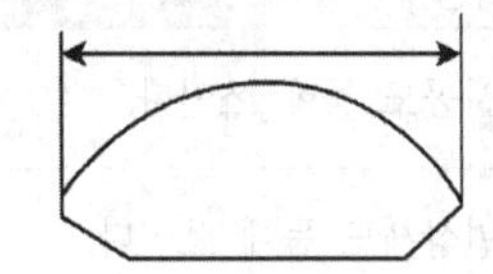

③
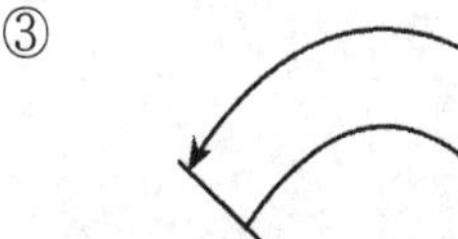

④
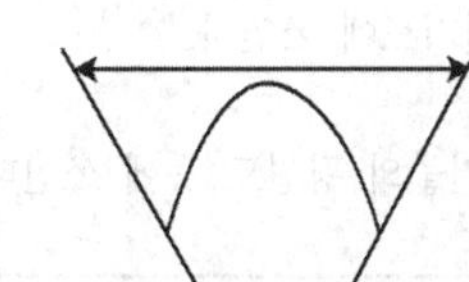

정답 및 해설

해설 **28**

치수를 기입할 여백이 없을 때는 지시선을 표기한다.

해설 **29**

물체의 절단한 위치, 경계의 표시 – 1점 쇄선

공통해설 **30, 31**

A0의 규격을 841×1,189로 세로와 가로의 비가 1: $\sqrt{2}$이다.

해설 **32**

현의 길이를 표시하는 치수선은 현에서 평행인 직선(Horizontal 이용)으로 표시한다.

정답 28. ① 29. ④ 30. ② 31. ① 32. ②

33. 설계도면의 글자 및 치수에 관한 설명으로 틀린 것은?

① 숫자는 아라비아 숫자를 원칙으로 한다.
② 치수는 특별히 명시하지 않는 한, 마무리 치수로 표시한다.
③ 글자체는 수직 또는 15° 경사의 고딕체로 쓰는 것을 원칙으로 한다.
④ 치수는 치수선에 평행하게 도면의 오른쪽에서 왼쪽으로 읽을 수 있도록 기입한다.

해설 33

치수 기입 방법
- 세로의 치수는 치수선의 윗부분에 아래로부터 위로 읽을 수 있도록 기입한다.
- 가로의 치수는 왼쪽에서 오른쪽으로 읽을 수 있도록 치수선의 윗부분에 기입한다.

34. 제도에서 「선」에 관한 설명으로 틀린 것은?

① 한 번 그은 선은 중복해서 긋지 않는다.
② 기본 형태의 선은 되도록 선분에서 교차하여야 한다.
③ 평행선의 최소 간격은 이것을 허용하지 않는 규칙이 다른 국제표준에서 없을 경우 0.7mm 이상이어야 한다.
④ 용도에 따른 선의 굵기는 축척과 도면의 크기에 관계없이 동일하게 한다.

해설 34

용도에 따라 선의 굵기는 다르게 한다.

35. A5 제도용지의 면적은 A2 제도용지와 비교할 때 얼마나 차이가 나는가?

① 1/2 ② 1/4
③ 1/8 ④ 1/16

해설 35

A2 : 420 × 594 mm
A5 : 148 × 210 mm

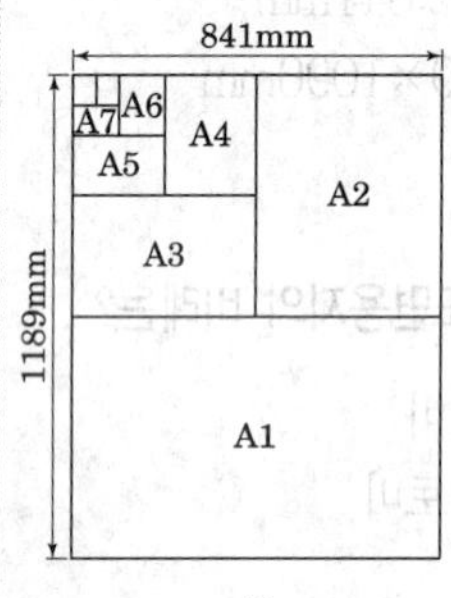

36. 한국산업표준(KS)의 건축제도통칙에 규정된 척도가 아닌 것은?

① 1/5 ② 1/1
③ 1/1,100 ④ 1/6,000

해설 36

척도 종류와 사용구분

척도	사용구분
1/1 1/2 1/5 1/10	부분상세도, 시공도 등에 쓰인다.
1/5 1/10 1/20 1/30	부분상세도, 단면상세도 등에 쓰인다.
1/50 1/100 1/200 1/300	평면도, 입면도 등 일반도와 기초평면도 등 구조도, 설비도에 쓰인다.
1/500 1/600 1/1,000 1/2,000	배치도 또는 대규모 건물의 평면도 등에 쓰인다.

정답 33. ④ 34. ④ 35. ③ 36. ③

정 답 및 해 설

37. 설계시 도면표시 기호와 표시사항이 틀린 것은?

① A : 면적　② R : 길이
③ W : 너비　④ THK : 두께

38. 제도용 필기구에 대한 설명으로 틀린 것은?

① H의 숫자가 커질수록 단단하고 흐리다.
② 조경설계도면 작성에는 일반적으로 B가 많이 사용된다.
③ 홀더는 굵은 선을 그릴 때 사용한다.
④ 비가 오면 연필심이 상대적으로 흐리게 느껴진다.

39. 다음 그림과 같은 재료 단면표시가 나타내는 것은?

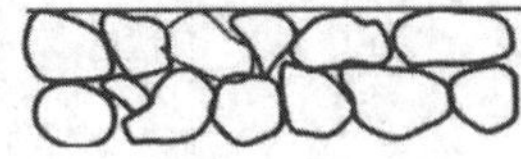

① 일반 흙　② 바위
③ 잡석　④ 호박돌

40. 다음 중 치수선을 표시하는 방법이 틀린 것은?

① 치수의 단위는 원칙적으로 mm이다.
② 치수의 기입은 치수선에 평행하게 기입한다.
③ 협소한 간격이 연속될 때에는 치수선에 겹쳐 치수를 쓸 수 있다.
④ 치수는 특별히 명시하지 않는 한 마무리 치수로 표시한다.

41. 도면에서 2종류 이상의 선이 같은 곳에서 겹치게 될 때 표시하는 선의 우선순위가 옳게 나타난 것은?

① 외형선 – 절단선 – 중심선 – 숨은선
② 중심선 – 외형선 – 절단선 – 치수선
③ 무게중심선 – 절단선 – 외형선 – 숨은선
④ 외형선 – 숨은선 – 절단선 – 중심선

해설 **37**

R : radius, 반지름의 약자이다.

해설 **38**

조경설계도면 작성에는 일반적으로 H심이 사용된다.

해설 **40**

바르게 고치면
협소한 간격이 연속될 때 치수선이 겹치지 않도록 기재한다.

해설 **41**

한 도면에 두 종류 이상의 선이 같은 장소에 겹치게 될 경우의 선의 우선순위
: 외형선 → 숨은선 → 절단선 → 중심선

정답　37. ②　38. ②　39. ④　40. ③　41. ④

42. 다음 중 일반적으로 길이는 재거나 줄이는데 사용하는 축척이 아닌 것은?

① 1/100　　② 1/700
③ 1/200　　④ 1/300

43. 기본적인 수(手)작업 제도상의 주의 사항으로 틀린 것은?

① 축척자는 선을 그릴 때 사용하지 않는다.
② T자를 제도판으로부터 들어낼 때는 머리 부분을 눌러 옮긴다.
③ 제도용 연필은 그리는 방향으로 당기듯이 회전하면서 그려 나간다.
④ 삼각자를 활용해서 수직선을 그릴 때는 위에서 아래로 그려 나간다.

44. 다음 그림에서 각 선의 명칭으로 옳은 것은?

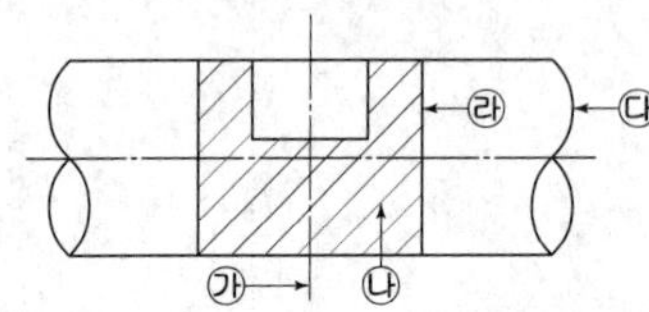

① ㉮ 경계선　　② ㉯ 파단선
③ ㉰ 가상선　　④ ㉱ 외형선

해설 44

척도 종류와 사용구분

용도에 의한 명칭	선의 종류	선의 용도	비고
외형선	굵은 실선	대상물이 보이는 부분의 모양을 표시	㉱
중심선	가는 1점 쇄선	도형의 중심을 표시	㉮
파단선	가는 실선, 지그 재그선	대상물의 일부를 파단한 경계선 또는 일부를 떼어낸 경계를 표시하는 데 사용	㉰
해칭선	가는 실선	도형의 한정된 특정 부분을 다른 부분과 구별하는 데 사용	㉯

정답 및 해설

해설 42

일반적 축척 1/100, 1/200, 1/300, 1/400, 1/500, 1/600

해설 43

바르게 고치면
삼각자를 활용해서 수직선을 그릴 때는 아래에서 위로 그려 나간다.

정답　42. ②　43. ④　44. ④

도면의 종류

2.1 핵심플러스

■ 도면의 종류

평면도	계획의 전반적인 사항을 알기 위한 도면
입면도	수직적 공간 구성을 보여주기 위한 도면
단면도	지상과 지하 부분 설명시 사용
상세도	실제 시공이 가능하도록 표현한 도면/ 재료표현·치수선·시공방법을 표기
투시도	·조감도 (Bird's–eye–view) : 시점위치가 높은 투시도 ·소점에 의한 분류 : 1소점(평행투시도), 2소점(유각·성각투시도), 3소점(경사·사각투시도)
투상도	·공간에 있는 물체의 모양이나 크기를 하나의 평면 위에 가장 정확하게 나타내기 위해 일정한 법칙에 따라 평면상에 정확히 그리는 그림 ·정투상도의 제 3각법과 제1각법의 투상법은 다음과 같다. – 제1각법 : 눈 → 물체 → 투상 – 제3각법 : 눈 → 투상 → 물체

1 평면도

·계획의 전반적인 사항을 알기 위한 도면
·시설물 위치, 수목의 위치, 부지 경계선, 지형 등의 표현
① 시설물 평면도 : 파고라, 벤치, 건축물 등의 옥외시설물의 평면도
② 식재 평면도 : 수목의 종류, 수량, 위치, 규격 등을 표현

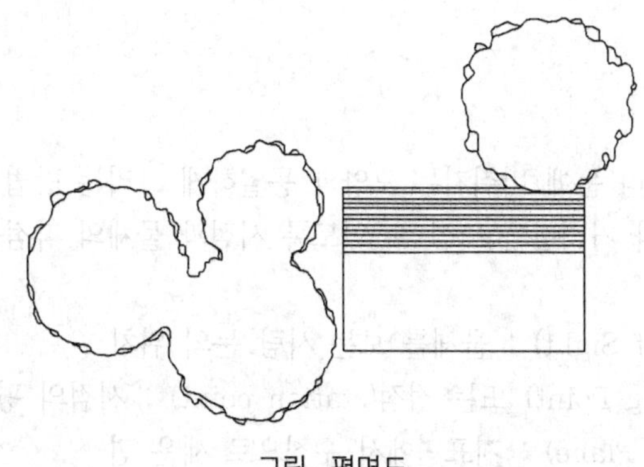

그림. 평면도

2 입면도 · 단면도

① 입면도 : 수직적 공간 구성을 보여주기 위한 도면, 정면도, 배면도, 측면도 등으로 세분된다.

② 단면도 : 지상과 지하 부분 설명시 사용되며, 시설물의 경우 구조물을 수직으로 자른 단면을 보여주는 것

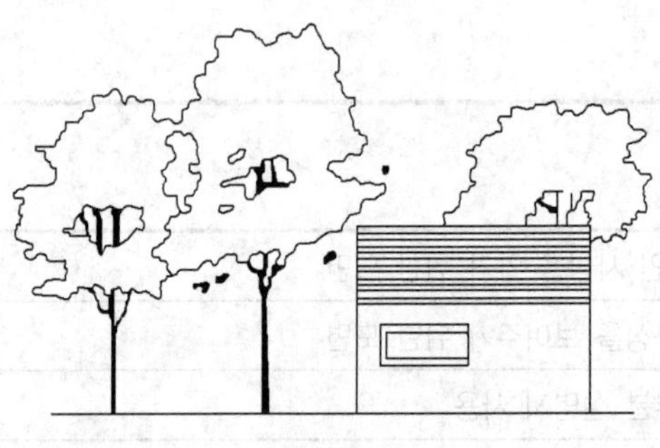

그림. 입면도

3 상세도

① 실제 시공이 가능하도록 표현한 도면으로 재료표현·치수선·시공방법을 반드시 표기하여야 함

② 평면도나 단면도에 비해 확대된 축척을 사용 (1/10 ~ 1/50)

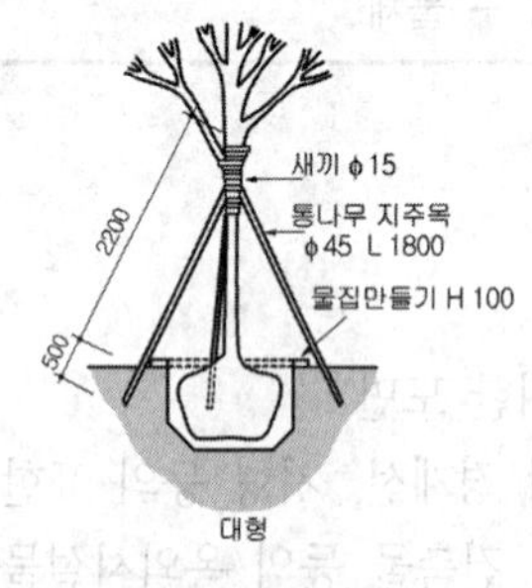

그림. 단면상세도

4 투시도

① 정의

㉠ 물체가 실제로 우리 눈에 비춰지는 모양과 동일하게 그리는 방법

㉡ 대상물을 입체감과 거리감을 느낄 수 있도록 시점과 물체의 각점을 연결하여 그림

② 투시도 용어

- PS (시점, Point of Sight) : 물체를 보는 사람 눈의 위치
- SP (입점, Standing Point) 또는 정점(station point) : 시점의 평면점으로 P. S와 같은 경우
- PP (화면, Picture Plane) : 지표면에서 수직으로 세운 면

- GL (기선, Ground Line) : 화면과 지면이 만나는 선
- HL (수평선, Horizontal Line) : 눈의 높이와 같은 화면상의 수평선, GL에 평행
- VC (시 중심, Visual Center) : 시점의 화면상의 위치
- VL (시선, Visual Line) : 물체와 시점 간의 연결선
- FL (족선, Foot Line) : 지표면에서 물체와 입점 간의 연결선, 즉 시선의 수평투상
- VP (소점, Vanishing Point) : 물체의 각 점이 수평선상에 모이는 점

■ 참고 : 투시도 용어

- MP : 측점(measuring point) – 정육면체의 측면 깊이를 구하기 위한 점
- DVP : 대각소점(diogonal V.P) – 대각선 방향에 생기는 소점
- N : 근접각(nearest angle) – 관찰자에 가장 가까운 모서리각

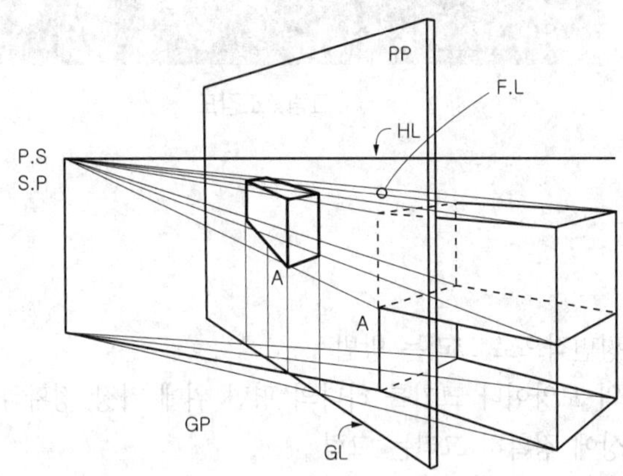

③ 투시도의 종류

㉠ 소점에 의한 분류

- 1소점 투시도 (평행투시도) : 지면에 물체가 평행하게 작도하여 1개의 소점이 생긴다.
- 2소점 투시도 (유각, 성각 투시도) : 일반적으로 사용하는 투시도로 물체의 밑면이 지반면에 평행하며 2개의 소점이 생긴다.
- 3소점 투시도 (경사, 사각투시도)
  - 그래픽 등의 방법에 사용되며 3개의 소점이 생기며 물체가 화면과 지반선에 모두 평행하지 않는다.
  - 물체를 내려보거나 올려보는 듯한 느낌을 가지므로 물체가 과장되어 보여짐
  - 물체의 높이를 지표면으로 연장할수록 투시도의 선은 예각 삼각형을 이루면서 좁아짐
  - 좌우의 소점을 높이게 되면 조감도에 가까워짐
  - 투시 도법 중에서 최대의 입체감을 살릴 수 있으며, 건물, 공장, 조경 등에 많이 사용된다.

㉡ 시점위치에 의한 분류

- 일반투시도
- 조감도(Bird's-eye-view) : 시점위치가 높은 투시도로, 설계대상지를 공중에서 수직으로 본 것을 입체적으로 표현한 그림이다.(새가 하늘을 날며 내려본 느낌의 경관)

그림. 조감도

5 투상도법 ★

① 개요

㉠ 입체적인 형상을 평면적으로 그리는 방법

㉡ 공간에 있는 물체의 모양이나 크기를 하나의 평면 위에 가장 정확하게 나타내기 위해 일정한 법칙에 따라 평면상에 정확히 그리는 그림

② 투상법의 종류

㉠ 분류 : 정투상도와 입체적투상도

㉡ 정투상도는 제 3각법과 제1각법이 있고 입체적 투상도에는 등각도, 사투상도, 투시도가 있다.

③ 정투상도

물체를 표면으로부터 평행한 위치에서 바라보며 투상한 것으로 투상선이 평행하며 투상도의 크기는 실물과 똑같은 크기로 나타낸다.

㉠ 투상도의 명칭

- 투상도는 보는 방향에 따라 6종류로 구분한다.

정면도(front view)	물체 앞에서 바라본 모양을 도면에 나타낸 것으로 그 물체의 기본이 되는 면을 정면도라 한다.
평면도(top view)	물체 위에서 내려다 본 모양을 도면에 표현한 그림
우측면도(right view)	물체의 우측에서 바라본 모양을 도면에 나타낸 그림
좌측면도(left view)	물체의 좌측에서 바라본 모양을 도면에 나타낸 그림
저면도(bottom view)	물체의 아래쪽에서 바라본 모양을 도면에 나타낸 그림
배면도(rear view)	물체의 뒤쪽에서 바라본 보양을 도면에 나타낸 그림

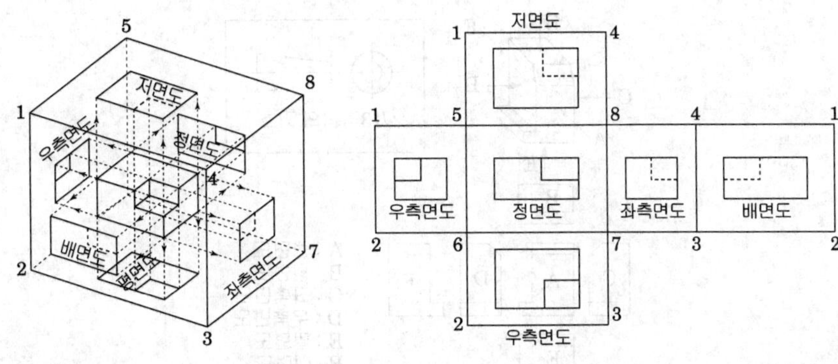

★★ ㉡ 제1각법

· 물체를 1각 안에(투상면 앞쪽)에 놓고 투상한 것을 말한다. 물체의 뒤의 유리판에 투영한다. (보는 위치의 반대편에 상이 맺힘)

투상순서	눈 → 물체 → 투상
투상도의 위치	· 평면도는 정면도의 아래에 위치 · 좌측면도는 정면도의 우측에 위치 · 우측면도는 정면도의 좌측에 위치 · 저면도는 정면도의 위에 위치한다.

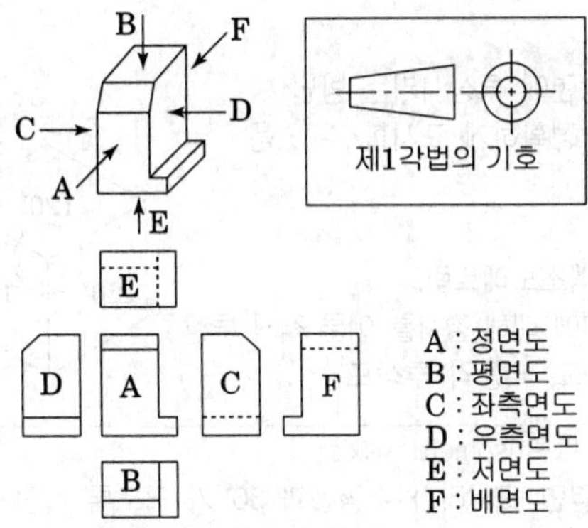

★★ ㉢ 제3각법

· 물체를 3각 안에 놓고 물체를 투상한 것을 말한다. 물체의 앞의 유리판에 투영한다.

투상순서	눈 → 투상 → 물체
투상도의 위치	· 좌측면도는 정면도의 좌측에 위치한다. · 평면도는 정면도의 위에 위치한다. · 우측면도는 정면도의 우측에 위치한다. · 저면도는 정면도의 아래에 위치한다.

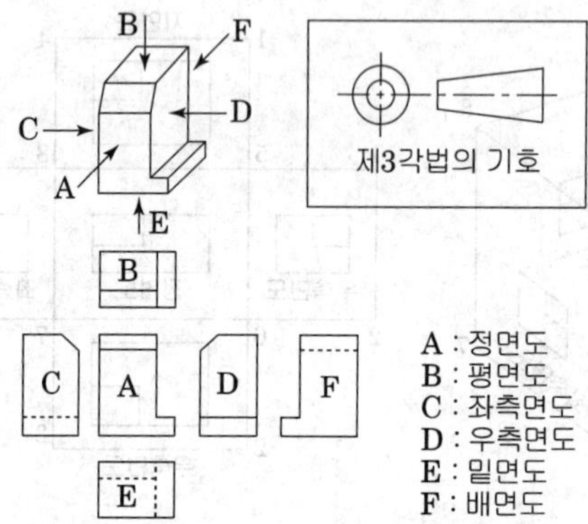

㉣ 제3각법의 장점
- 전개도와 같으므로 도면표현이 합리적이다.
- 비교대조가 용이하므로 치수기입이 합리적이다.
- 경사부분에 있어 보조투영이 가능하다.

④ 제도에서 사용하는 투상법 : 기계제도에서 투상법은 제3각법에 따른 것을 원칙으로 한다.

⑤ 투상법의 명시 : 같은 도면내에서는 원칙적으로 제3각법과 제1각법을 혼용해서는 안되지만 도면을 이해하는데 도움을 줄때는 혼용할 수 있다.

■ 참고 : 정투상도, 등각투상도, 사투상도, 투시투상도

① 정투상도
- 물체를 직교하는 두 투상면에 투상시키는 방법
- 물체를 모양을 정밀하고 정확하게 표시할 수 있음
- 제1각법, 제3각법

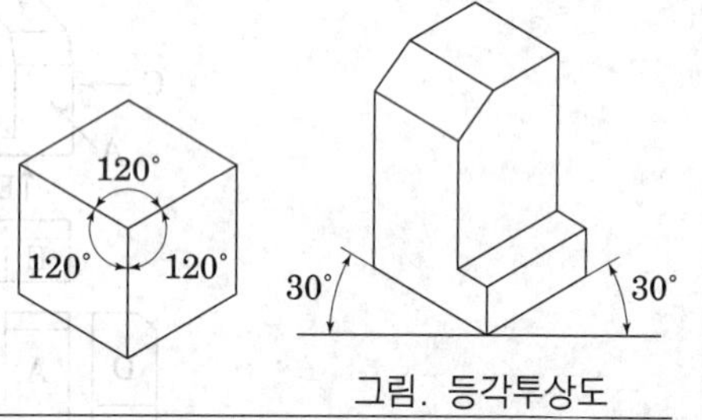

그림. 등각투상도

② 축측투상법(axonometric, 엑소노메트릭)
- 대상물의 좌표면이 투상면에 대해 경사를 이룬 직각 투상
- 등각 투상도, 2등각 투상도, 부등각 투상도

등각투상도	· 아이소메트릭(isometric axis) · 물체의 옆면 모서리가 수평선과 30° 가 되도록 회전시켜서, 세 모서리가 이루는 각이 모두 120° 가 되도록 그린 투상도를 말함
2등각투상도	세 각들 중 두 각은 같고, 나머지 한 각은 다른 경우
부등각투상도	투상면과 이루는 각이 모두 다를 경우

③ 사투상법
- 물체를 투상면에 대하여 한쪽으로 경사지게 투상하여 입체적으로 나타낸 것
- 정면의 도형은 정투상도의 정면도와 같은 형태로 투상되므로 물체의 특징이 잘 나타남
- 물체의 입체를 나타내기 위해 수평선에 대하여 30°, 45°, 60° 의 경사각을 주어 그림

사투상도	투상선이 투사면에 대해 30° 를 가진 사투상도
카발리에도	투상선이 투상면에 대해 45° 를 가진 사투상도
캐비넷도	투상선이 투상면에 대해 63° 26′ 인 경사를 가진 사투상도

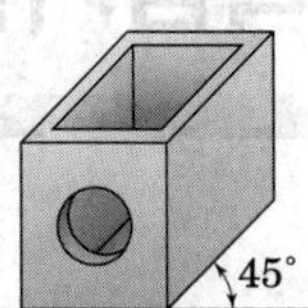

그림. 카발리에도

③ 투시 투상법

- 입체의 정면 혹은 뒷면을 투상면에 위치하고, 시점에서 입체를 바라본 시선이 투상면과 만나는 각각의 점을 연결하여 눈에 비치는 형상과 동일하게 입체를 도시하는 투상법
- 1소점 투시투상법, 2소점 투시투상법, 3소점 투시투상법

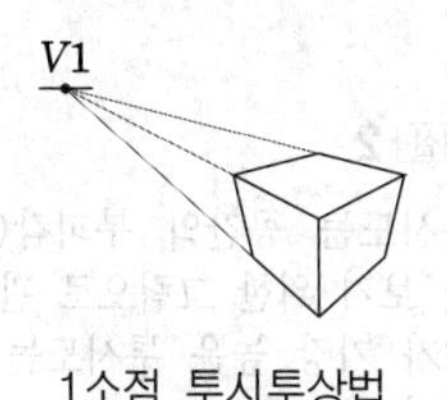

1소점 투시투상법

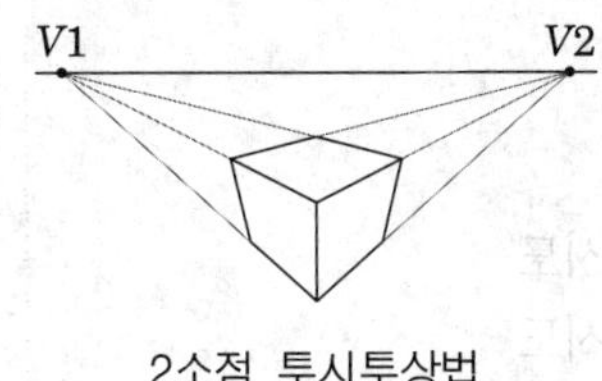

2소점 투시투상법

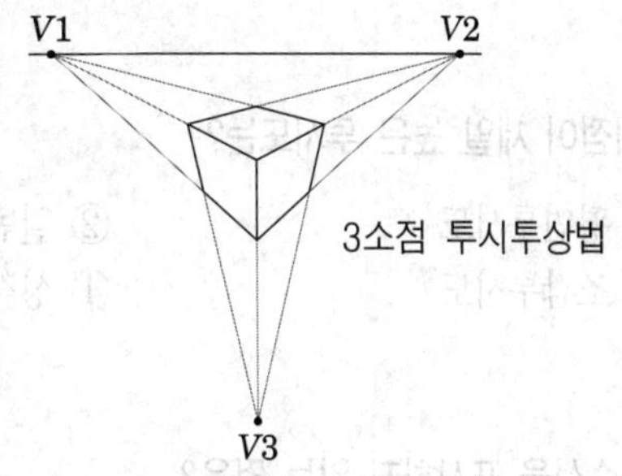

3소점 투시투상법

핵심기출문제

내친김에 문제까지 끝내보자!

1. 단면상세도를 그리는데 알아야 할 사항과 관계가 먼 것은?

① 각 부분의 높이　② 재료의 성질
③ 재료의 치수　④ 마무리 방법

2. 시점이 제일 높은 투시도는?

① 평면투시도　② 일반투시도
③ 조감투시도　④ 성각투시도

3. 치수선을 표시하지 않는 것은?

① 상세도　② 투시도
③ 구조도　④ 배치도

4. 치수선을 반드시 표시해야하는 도면은?

① 상세도　② 투시도
③ 지하구조도　④ 배치도

5. 입면도(elevation)의 설명이 잘못된 것은?

① 어느 한 방향으로부터 수평 투영한 도면이다.
② 어느 한 방향으로부터 수직 투영한 도면이다.
③ 지상부의 생김새나 고저관계를 알아보는데 편리하다.
④ 측면도, 정면도, 배면도 등이 이에 해당한다.

6. 단면도를 바르게 설명한 것은?

① 전체를 어떤 축척으로 표현하여 입체감이 없다.
② 지상부에 있는 것의 고저관계를 아는데 편리하다.
③ 구조의 상세한 점을 표현하고 지하부, 지상부 구조도 알 수 있다.
④ 물체를 수직 투영한 그림이다.

정답 및 해설

해설 1

단면상세도 – 각 부분의 높이, 재료의 치수, 재료 표현, 마무리 방법

해설 2

투시도는 공간의 부피감(입체감)을 보기 위한 그림으로 관찰의 위치가 가장 높은 투시도는 조감도이다.

해설 3

치수선을 표시하지 않는 도면 – 투시도

해설 4

치수선을 반드시 표기해야하는 도면 – 상세도

해설 5

입면도
① 수직적 공간 구성을 보여주기 위한 도면
② 정면도, 배면도, 측면도 등으로 세분
③ 한 방향으로 수평 투영한 도면

해설 6

단면도
① 구조의 상세한 점을 표기
② 시설물의 경우 구조물을 수직으로 자른 지상부, 지하부의 구조를 알 수 있음

정답 1. ②　2. ③　3. ②　4. ①　5. ②　6. ③

7. 정원 설계시 입면도는?

① 지상부분을 옆에서 본 도면이다.
② 구조물의 어느 부분을 수직으로 절단하고 내부나 지하부의 구조를 나타낸 도면이다.
③ 평면도를 일정한 시점에서 본 도면이다.
④ 평면도에서 수목이나 시설물을 입체적으로 그린 도면이다.

8. 다음 중 구조물이나 지하의 매설에 배관시설, 전기배선 연못의 배관시설 등을 이해할 수 있게 하기 위해 그려지는 도면은?

① 평면도 ② 단면도
③ 입면도 ④ 투시도

9. 조경 구조물 표시에 필요한 도면은?

① 투시도 ② 조감도
③ 입면도 ④ 상세도

10. 조경공사 후 필요한 도면은?

① 수목 배치도 ② 투시도
③ 시설물 배치도 ④ 준공도

11. 정투상법에서 물체의 모양, 기능, 특징 등이 가장 잘 나타나는 쪽을 어떤 면도로 잡는 것이 좋은가?

① 정면도 ② 평면도
③ 측면도 ④ 배면도

12. 다음 중 제3각법의 특징으로 틀린 것은?

① 도면과 물체의 관련도를 대조하는데 편리하다.
② 투상도 간의 치수 비교에 편리하다.
③ 투상 순서는 눈 → 물체 → 투상면이다.
④ 보조투상도를 이용하여 물체 모양을 정확히 표현 가능하다.

정답 및 해설

공통해설 **7, 8**

입면도와 단면도의 차이점
① 단면도 : 지하부, 지상부의 구조를 나타낸 도면
② 입면도 : 지상부의 수직적 구성을 나타낸 도면

해설 **9**

조경 구조물 표시에 필요한 도면
① 상세도, 단면상세도
② 지상·지하의 구조를 알 수 있어야 함

해설 **10**

① 조경공사 후 필요한 도면 – 준공도
② 건물의 공사 완료 후 공사 중에 생긴 설계 변경 등을 도면상에서도 수정·정정하여 준공한 건물을 정확하게 표현한 그림

해설 **11**

정투상법에서 물체의 특징을 가장 잘 나타내는 쪽을 정면도로 한다.

해설 **12**

3각법의 투상순서는 눈 → 투상 → 물체이다.

정답 7. ① 8. ② 9. ④ 10. ④ 11. ① 12. ③

13. 다음 조경설계제도에 쓰이는 명칭 중에서 눈의 높이를 나타내는 것은?

① H. L　　② G. L
③ V. P　　④ S. P

14. 조경설계, 제도에서 쓰이는 명칭 중 시점이 한 곳에 나타나는 것은?

① H. L　　② G. L
③ V. P　　④ S. P

15. 주택 정원 설계의 일반적인 축척은?

① 1/50　　② 1/100
③ 1/500　　④ 1/1,000

16. 조경 설계도 중에서 시설물 상세도의 축척은 어느 정도로 하는가?

① 1/10~1/50
② 1/100~1/500
③ 1/1,000~1/2,500
④ 1/5,000~1/10,000

17. 아래 사항 중 일반적인 사항이 아닌 항목은?

① 주택정원의 설계도 축척 : 1/100~1/200
② 조경시설물 상세도 축척 : 1/10~1/50
③ 어린이 공원 설계도 축척 : 1/50~1/100
④ 어린이 놀이터 설계도 축척 : 1/100~1/200

18. 다음 중 삼각 스케일로써 활용하기 어려운 축척은?

① 1/30　　② 1/200
③ 1/7　　④ 1/50,000

정답 및 해설

공통해설 **13, 14**

G. L : 지반선, 기선
V. P : 소실점
S. P : 입점
H. L : 눈높이

공통해설 **15, 16, 17**

일반적인 스케일의 적용
① 상세도 : 1/10~1/50
② 주택정원 : 1/100
③ 어린이 놀이터 : 1/100
④ 일반공원 : 1/200 이상으로 적용

해설 **18**

삼각스케일의 스케일 축척
1/100, 1/200, 1/300, 1/400, 1/500, 1/600

① 1/30 → 1/300축척을 활용
④ 1/50,000 → 1/500축척을 활용

정답	13. ① 14. ④ 15. ② 16. ① 17. ③ 18. ③

19. 다음 평면도에 관한 설명 중 틀린 것은?

① 시공에는 직접 필요하지 않은 도면이다.
② 건물형태, 위치, 면적은 표시한다.
③ 현지측량 도면을 기초로 하여 작성된다.
④ 각종 수목의 배식계획을 표현한다.

해설 19

평면도는 설계도 중 가장 기본이 되는 도면으로 시공에 직접 필요한 도면이다.

20. 시점(eye point)이 가장 높은 투시도는?

① 평행 투시도 ② 조감 투시도
③ 유각 투시도 ④ 입체 투시도

해설 20

시점이 가장 높은 투시도 – 조감투시도, 새가 하늘을 날며 내려본 느낌의 경관

21. 투시도에 관한 다음 설명 중 맞는 것은?

① 투시도를 그릴 때 시점의 높이는 항상 지면의 높이로 설정된다.
② 시점이 대상물에 너무 근접하면 비뚤어지고 너무 멀어지면 입체감이 떨어진다.
③ 투시도란 도법에 맞는 표현이 핵심이므로 세세한 부분까지 정확한 작도법을 준수하여 그려야 한다.
④ 투시도의 종류에는 1점 투시도, 2점 투시도, 3점 투시도가 있으며, 각각 인테리어, 건축, 기계 등 전문 분야별로 특수하게 사용되는 것을 일컫는다.

해설 21

투시도 작성시 유의사항
① 평면과 화면의 각도: 30°, 60°
② 시점의 거리, 즉, S.P는 너무 가깝게 잡지 않는다.
③ 시점의 높이는 1.5~1.6m로 한다.
④ 시선의 각도는 60°를 넘지 않는 것이 좋다.

22. 다음 그림에서 시점(눈높이)은?

① ①
② ②
③ ③
④ ④

해설 22

좌우의 소실점을 연결해 만나는 수평선이 눈높이(H.L)이 된다.

23. 투시도 작성에서 소점이 위치하는 것은?

① 기선 ② 화면선
③ 수평선 ④ 시선

해설 23

투시도 작성에 소점이 위치하는 것이 수평선이 된다.

24. 세부 상세도 작성시 반드시 고려되어야 하는 항목이 아닌 것은?

① 치수 ② 방위
③ 스케일 ④ 단면도

해설 24

세부 상세도 작성시 고려 사항 – 치수표기, 스케일, 단면도

정답	19. ① 20. ② 21. ② 22. ④ 23. ③ 24. ②

정 답 및 해 설

25. (보기)의 입체도에서 화살표 방향으로 투상도로 가장 적합한 것은?

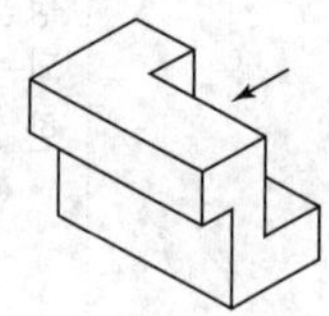

① 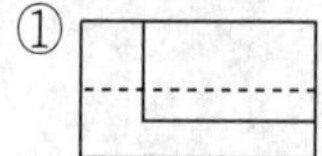
② 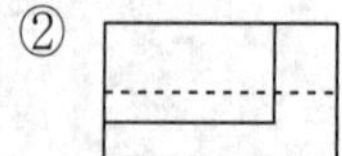
③ 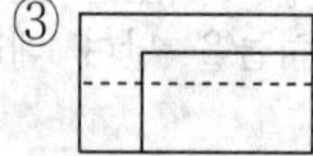
④ 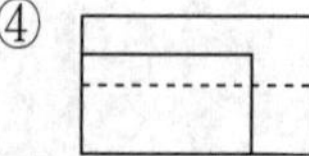

26. 다음 정면도와 우측면도에 알맞은 평면도로 가장 적합한 것은?

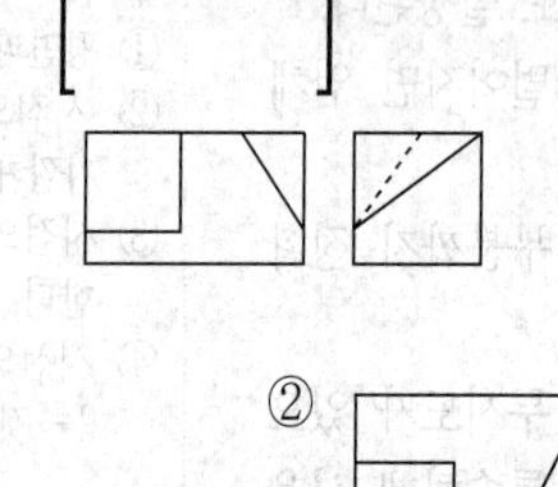

① 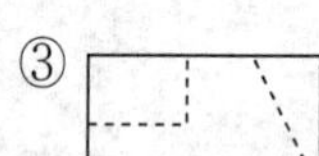
② 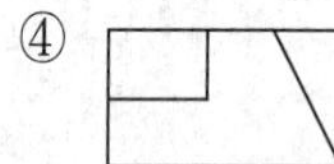

27. 그림과 같이 경사지게 잘린 사각뿔의 전개도로 가장 적합한 형상은?

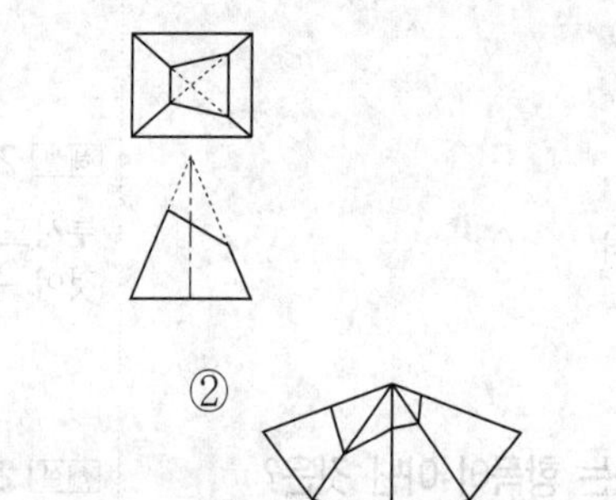

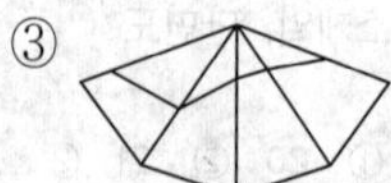
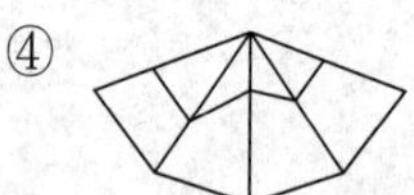

해설 **25**

투상도 방향에서 보이는 부분은 실선으로 보이지 않는 부분은 나타낸다.

해설 **26**

3각법 투상도의 위치
- 좌측면도는 정면도의 좌측에 위치한다.
- 평면도는 정면도의 위에 위치한다.
- 우측면도는 정면도의 우측에 위치한다.
- 저면도는 정면도의 아래에 위치한다.

해설 **27**

전개도는 평면으로 펼쳐진 형상을 그리는 그림이다.

정답 25. ② 26. ② 27. ①

28. 다음 입체도의 정면도(화살표 방향)로 적합한 것은?

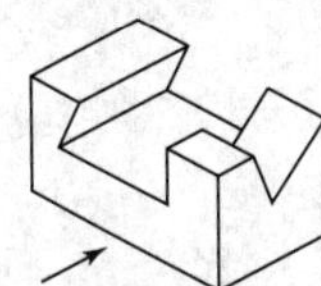

①　②

③　④

29. 아래 보기는 어떤 물체를 3각법으로 투상한 것이다. 보기에 맞는 입체도는?

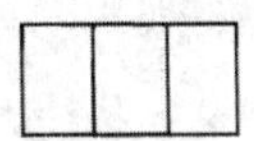

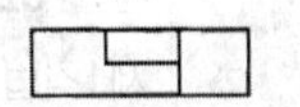

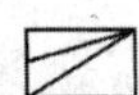

① 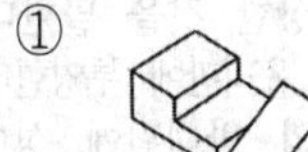

② 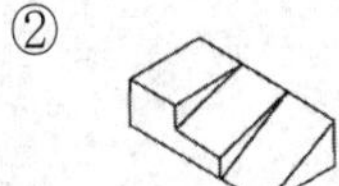

③ 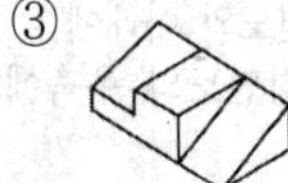

④ 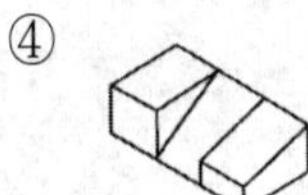

30. 다음 3각법의 좌측면도는?

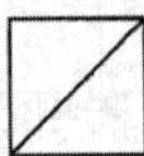

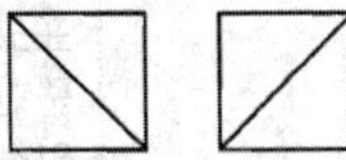

① 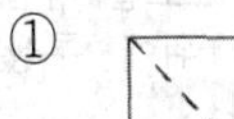

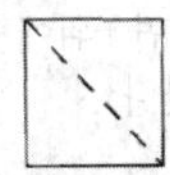

② 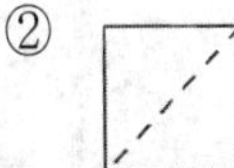

③ 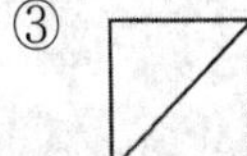

④ 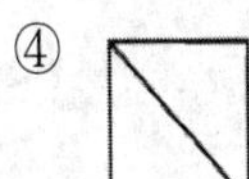

정답　28. ④　29. ②　30. ①

31. 다음 제 3각법의 경우 정면도와 우측면도가 주어졌을 때 평면도로 알맞은 것은?

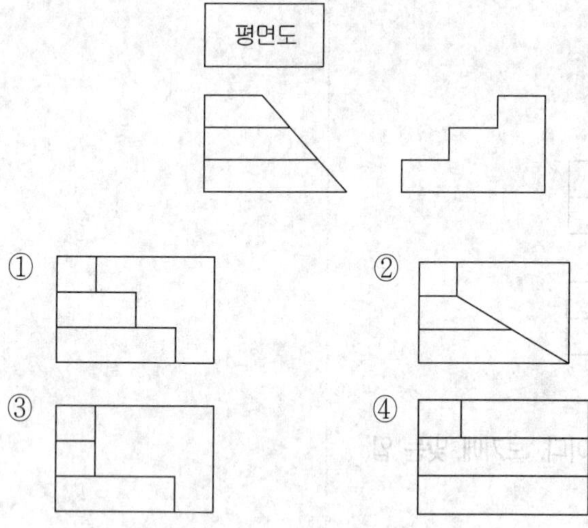

32. 다음 그림과 같이 투상하는 방법은?

	저면도	
우측면도	정면도	좌측면도
	평면도	

① 제1각법　　② 제2각법
③ 제3각법　　④ 제4각법

33. 그림과 같은 투상법을 무엇이라 하는가?

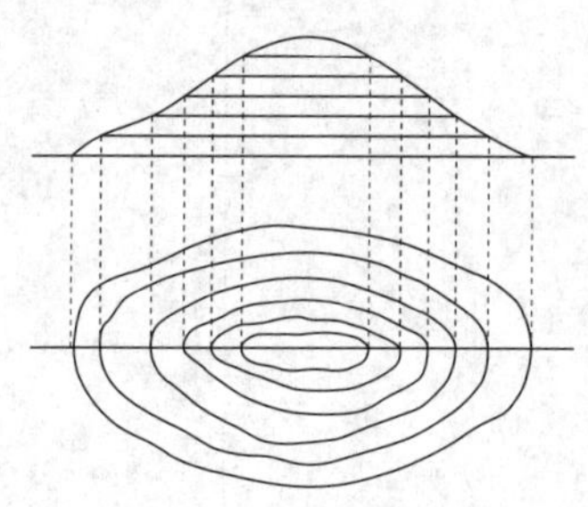

① 사투상법　　② 정투상법
③ 표고 투상법　　④ 축측 투상법

해설 **32**

제1각법

① 물체를 1각 안에(투상면 앞쪽)에 놓고 투상한 것을 말한다. 물체의 뒤의 유리판에 투영한다.(보는 위치의 반대편에 상이 맺힘)
② 투상도의 위치
- 평면도는 정면도의 아래에 위치
- 좌측면도는 정면도의 우측에 위치
- 우측면도는 정면도의 좌측에 위치
- 저면도는 정면도의 위에 위치한다.

해설 **33**

표고투상법

표고 투상 입체를 평면 위에 기준면으로부터 각각의 높이를 기입하여 표시하는 것을 표고라고 한다. 표고 투상은 표고를 기입해서 이것을 기준면 위에 투상한 수직 투상을 말한다.

정답　31. ①　32. ①　33. ③

34. 설계도의 종류에 관한 설명으로 틀린 것은?

① 입면도 : 수직적 공간구성을 보여주기 위한 도면
② 배치도 : 계획의 전반적인 사항을 알기 위한 도면으로 시설물의 위치, 도로체계, 부지경계선 등을 표현
③ 단면도 : 구조물 또는 대상지의 일부구간을 수직으로 잘라 내부 구조 및 공간구성을 표현한 도면
④ 평면도 : 확대된 축척을 사용하여 시공이 가능하도록 재료, 공법, 치수 등을 자세히 기입한 도면

35. 대지의 모양, 고저, 치수, 건축물의 평면형과 치수, 방위, 대지 경계선까지의 거리가 표현되는 도면은?

① 조감도 ② 배치도
③ 단면도 ④ 입면도

36. 그림과 같은 제3각 정투상도의 입체도로 가장 적합한 것은?

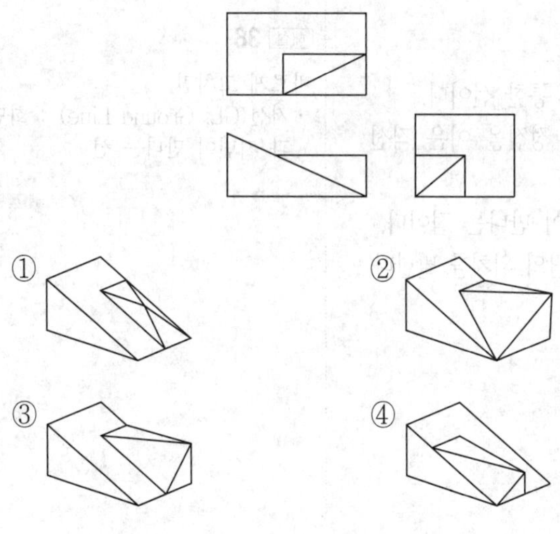

정 답 및 해 설

해설 **34**

평면도
- 계획의 전반적인 사항을 알기 위한 도면
- 시설물 위치, 수목의 위치, 부지 경계선, 지형 등의 표현

해설 **35**

평면배치도
계획의 전반적인 사항을 알기 위한 도면으로 시설물 위치, 수목의 위치, 부지 경계선, 지형 등의 내용이 표현된다.

공통해설 **36, 37**

제 3각법 투상도의 위치
- 좌측면도는 정면도의 좌측에 위치한다.
- 평면도는 정면도의 위에 위치한다.
- 우측면도는 정면도의 우측에 위치한다.
- 저면도는 정면도의 아래에 위치한다.

정답 34. ④ 35. ② 36. ④

37. 다음 그림은 어떤 물체를 제3각법 정투상도로 나타낸 것이다. 입체도로 옳은 것은?

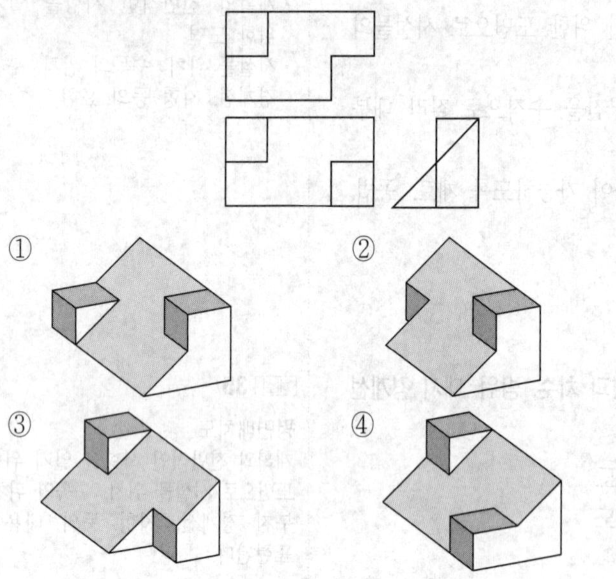

38. 투시도에 사용되는 용어의 설명 중 틀린 것은?

① 기선(GL, Ground line) : 화면상의 눈의 중심을 통한 선이다.
② 족선(FL, Foot line) : 물체의 평면도의 각점과 정점을 이은 직선이다.
③ 소점(VP, Varuishing point) : 선분의 무한원점이 만나는 점이다.
④ 시점(PS, Point of sight) : 기준면 상에 보는 사람의 위치를 말한다.

해설 **38**

바르게 고치면
· 기선(GL, Ground Line) : 화면과 지면이 만나는 선

정답 37. ③ 38. ①

정답 및 해설

39. 다음 그림은 제3각법으로 제도한 것이다. 이 물체의 등각 투상도로 알맞은 것은?

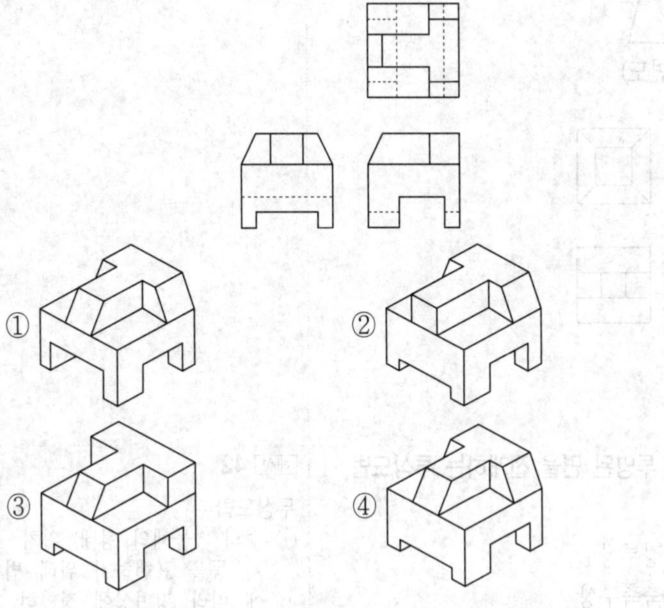

40. 다음 입체도를 제3각법으로 나타낸 3면도 중 옳게 투상한 것은?

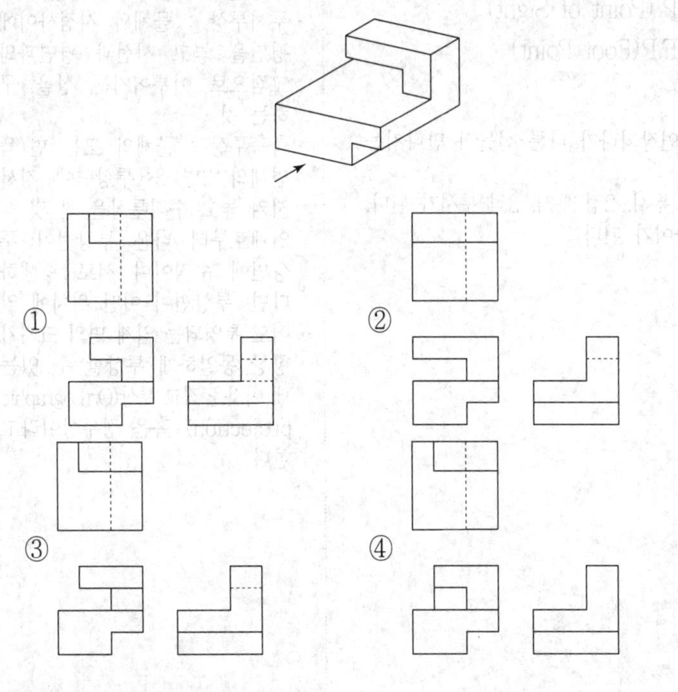

해설 **40**

3각법 투상도의 위치

- 좌측면도는 정면도의 좌측에 위치한다.
- 평면도는 정면도의 위에 위치한다.
- 우측면도는 정면도의 우측에 위치한다.
- 저면도는 정면도의 아래에 위치한다.

정답 39. ④ 40. ①

41. 그림과 같은 도면에서 평면도로 가장 적합한 것은?

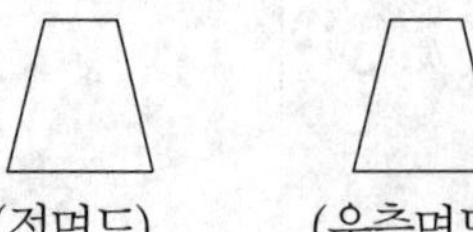

① 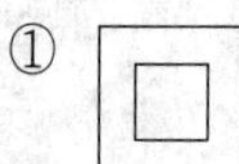
② 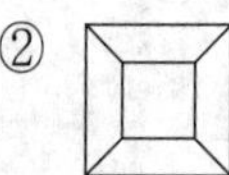
③ 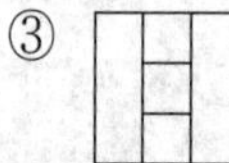
④ 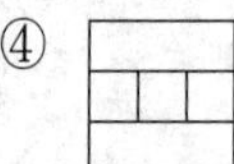

42. 입체의 각 방향의 면에 화면을 두어 투영된 면을 전개하는 투상도법은?

① 사투상 ② 정투상
③ 투시투상 ④ 축측투상

43. 일소점 투시도상에서 사람의 눈높이에 위치하며, 선들이 모이는 점은?

① V.P(Vanishing Point) ② P.(Point of Sight)
③ S.P(Stand Point) ④ F.P(Foot Point)

해설 **43**

- 소실점은 평행선을 그어보면 무한히 연장되다가 다른 선들과 만나지는 점이다.
- 소실점의 개수에 따라 투시도법은 1점 투시, 2점 투시, 3점 투시가 된다.
- 다음 일소점 투시도법에서 VP가 눈높이가 된다.

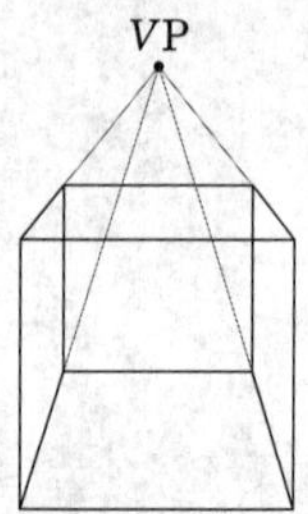

해설 **42**

투상도법

① 정의 : 물체의 형태, 위치, 크기 등을 표현하기 위해 법칙에 따라 평면상에 정확히 그려내기 위한 방법

② 유형

- 사투상 : 투사성이 투사면과 경사할 때의 평행투상
- 정투상 : 물체를 직교하는 두 투상면에 투상시키는 방법
- 투시투상 : 물체와 시점사이에 평면을 놓고 시선과 평면과의 교점으로 이루어지는 상을 구하는 것
- 축측투상 : 물체의 모든 면(육면체의 3면)을 투상면에 경사시켜 놓고 수직투상을 한 것

입체로부터 나온 투상선이 투상면에 수직이며 서로 평행하다면, 투상면이 어떤 위치에 있어도 투영되는 입체 면의 크기가 항상 동일하게 투상할 수 있는데 이것을 직교 투상(Orthographic projection) 혹은 정투상이라고 한다.

정답 41. ② 42. ② 43. ①

경관분석의 기초

3.1 핵심플러스

■ 경관의 우세요소, 우세원칙, 변화요인

경관우세요소	선 / 형태 / 질감 / 색채
우세원칙	대조/ 연속/ 축/ 집중/ 상대성/ 조형
변화요인	운동/ 빛/ 기후/ 계절 / 거리

■ 자연경관의 분석 – 산림경관의 유형 (Litton의 시각회랑분석법)

거시경관(기본적인 유형)	세부경관(보조적인 유형)
· 전경관(파노라믹한 경관) · 지형경관(천연미적 경관) · 위요경관(포위된 경관) · 초점경관	· 관개경관(터널적 경관) · 세부경관 · 일시경관

1 경관의 구성요소

① 기본적요소 : 점, 선, 형태, 질감, 색채, 크기와 위치(크기가 커질수록 높이가 높아질수록 지각강도는 높아짐), 농담(투명한정도)

② 가변요소 : 시간, 계절, 기상조건

2 경관의 우세요소(dominance elements) ★★

경관을 구성하는데 지배적인 요소로 선·형태·질감·색채

① 선

㉠ 직선 : 굳건하고 남성적이며 일정한 방향 제시

㉡ 지그재그선 : 유동적, 활동적, 여러 방향 제시

㉢ 곡선 : 부드럽고 여성적이며 우아한 느낌

② 형 태

㉠ 기하학적 형태 : 주로 직선적이고 규칙적 구성

㉡ 자연적 형태 : 곡선적이고 불규칙적 구성, 자연경관의 바위, 산, 하천, 수목 등과 같은 자연적 형태

③ 질감(texture)

㉠ 재질감 : 촉각과 시각에 느껴지고 보이는 물질의 표면 상태

㉡ 질감 : 물체의 표면이 빛을 받았을 때 생겨나는 밝고 어두움의 배합률에 따라 시각적으로 느껴지는 감각

㉢ 질감의 결정사항

- 지표상태 : 잔디밭, 농경지, 숲, 호수 등 각각 독특한 질감
- 관찰거리 : 멀어질수록 전체의 질감을 고려해야 함
- 거칠다 ⟷ 섬세하다(부드럽다)로 구분

㉣ 질감의 조화

- 동일조화 : 동일한 재료를 사용할 때 나타나는 조화
- 유사조화 : 유사한 재질이나 유사한 시공방법의 사용시 나타나는 조화
- 대비조화 : 각기 소재의 좋은 점을 보다 잘 나타내는 조화로 정원석과 이끼의 조화가 대표적임

④ 색 채

㉠ 질감과 함께 경관의 분위기 조성에 지배적 역할

㉡ 감정을 불러일으키는 직접적인 요소

- 따뜻한 색 : 전진, 정열적, 온화, 친근한 느낌
- 차가운 색 : 후퇴, 지적, 냉정함, 상쾌한 느낌

㉢ 경관에서 색채의 적용

- 생동적인 분위기 : 봄철의 노란 개나리꽃, 가을의 붉은 단풍
- 차분하고 엄숙한 분위기 : 침엽수림이나 깊은 연못의 검푸른 수면

3 경관 우세원칙(dominance principles) ★★

경관의 우세요소를 미학적으로 부각시키며, 주변의 대상과 비교될 수 있는 것으로 대조, 연속, 축, 집중, 상대성, 조형

4 경관의 변화요인(variable factors) ★★

운동, 빛, 기후조건, 계절, 거리, 관찰위치, 규모, 시간

5 자연경관의 분석

① 산림경관의 유형 (Litton의 시각회랑분석법)

㉠ 거시경관(기본적인 유형)

- 전경관(파노라믹한 경관) : 초원·수평선·지평선과 같이 시야가 가리지 않고 멀리 퍼져 보이는 경관

- 지형경관(천연미적 경관) : 지형이 특징을 나타내고 관찰자가 강한 인상을 받은 경관으로 경관의 지표가 된다.
- 위요경관(포위된 경관) : 평탄한 중심공간에 숲이나 산이 둘러싸듯한 경관
- 초점경관 : 시선이 한 초점으로 집중, 계곡, 강물, 도로

㉡ 세부경관(보조적인 유형)

- 관개경관(터널적 경관) : 교목의 수관 아래에 형성되는 경관
- 세부경관 : 관찰자가 가까이 접근하여 나무의 모양, 잎, 열매 등 상세히 보며 감상할 때의 경관
- 일시경관 : 대기권의 상황변화에 따라 경관의 모습이 달라지는 경우의 경관으로 설경, 무지개, 노을

핵심기출문제

내친김에 문제까지 끝내보자!

1. 다음 중 잎의 질감이 약한 것부터 강한 순서대로 나열된 것은?

① 향나무 – 은행나무 – 플라타너스
② 향나무 – 플라타너스 – 은행나무
③ 은행나무 – 플라타너스 – 향나무
④ 플라타너스 – 향나무 – 은행나무

2. 마을 어귀에 있는 정자목과 같이 그 주위의 환경 요소와는 판이한 성격을 띤 부분 경관으로 목표물로서의 기능을 다 할 수 있는 경관은?

① 파노라믹 경관
② 천연미적 경관
③ 세부적 경관
④ 초점적 경관

3. 차분한 색채, 차디찬 질감, 평온한 물은 어떤 곳에 어울리는가?

① 놀이터 ② 유흥가 주변
③ 명상을 할 수 있는 곳 ④ 운동장

4. 가장 엄숙하고 차분한 느낌이 드는 곳은?

① 가을의 붉은 단풍
② 울창한 침엽수와 깊은 연못의 검푸른 색깔
③ 봄철의 개나리 꽃군
④ 장엄한 산세와 고목

5. 경관에 있어서 인간의 시선이 종국의 결정적인 요소 혹은 구체적인 각도로 조망이 제한된 것은?

① 초점 ② 파노라마
③ 폐쇄된 조망 ④ 비스타

정 답 및 해 설

해설 **1**

잎의 질감
- 상록수의 잎 : 고운질감
- 낙엽수의 잎 : 거친질감
- 잎이 커질수록 질감은 거칠어진다.

해설 **2**

지형경관 = 천연미적 경관 : 경관의 지표(목표물)가능

공통해설 **3, 4**

명상의 공간, 정적 휴게공간
- 차분한 색채, 찬 질감, 평온한 물
- 울창한 침엽수, 깊은 연못의 검푸른 색깔

해설 **5**

인간의 시선이 종국의 한 점 혹은 일정한 각도로 조망이 제한되는 것을 비스타라고 한다. 서양의 평면기학식 정원에서 사용되었다.

정답 1. ① 2. ② 3. ③ 4. ② 5. ④

정답 및 해설

6. 경관의 기본 구성 요소가 아닌 것은?

① 건물, 인간, 환경　② 선, 형태, 색채, 질감
③ 선, 색채, 농담　④ 크기, 위치, 척도

7. 경관의 효과에 관한 기술 중 옳지 않는 것은?

① 경관이 장엄하다는 효과는 자연의 거대한 크기 또는 힘의 지각에 의해 나타난다.
② 경관의 효과는 빛과 그늘, 하루 중의 시간과 날씨 등에 따라 일어난다.
③ 신비하다는 효과는 완전한 경관의 감지가 가능할 때 일어난다.
④ 사람은 제각기 경관의 효과에 대한 민감성이 다르다.

8. 다음 경관의 가변요소 중 틀린 것은?

① 운동, 광선, 규모
② 시간, 계절, 거리
③ 광선, 기후조건, 운동
④ 식생, 건물, 농담

9. 경관의 요소를 변화시키는데 가변인자로 될 수 없는 것은?

① 광선, 계절
② 운동(Motion), 거리
③ 축(Axis), 연속(Sequence)
④ 규모, 관찰위치

10. 통경선의 끝 부분으로 세워진 조상은 다음 경관 중 어디에 속하는가?

① 파노라믹 경관　② 세부적 경관
③ 초점적 경관　④ 터널적 경관

11. 산림경관 중 거시적 경관이 아닌 것은?

① 전경관　② 위요 경관
③ 순간적 경관　④ 지형 경관

해설 6

경관의 기본 구성요소
점, 선, 형태, 질감, 색채, 크기와 위치(크기가 커질수록 높이가 높아질수록 지각강도는 높아짐), 농담(투명한정도)

해설 7

신비하다는 효과는 개인마다 민감성은 다르며, 일부의 경관을 감지해도 일어난다.

해설 8, 9

- 경관 변화요인(가변인자)
운동, 빛, 기후조건, 계절, 거리, 관찰위치, 규모, 시간
- 경관 우세원칙
축, 연속, 대조, 상대성, 집중, 조형

해설 10

통경선의 끝 부분에 세워진 조상
– 시선이 한 점으로 모이는 경관이므로 초점경관

해설 11

순간적 경관은 세부적 경관이 해당한다.

정답 6. ① 7. ③ 8. ④ 9. ③ 10. ③ 11. ③

12. 가시경관의 구역 중 중경에 대해 옳게 설명한 것은?

① 집단적 특색을 이루는 질감을 나타낸다.
② 시각거리는 근접 3~5마일이다.
③ 단순한 외형적인 윤곽선만이 나타난다.
④ 개개인의 식생 및 종류, 냄새, 맛, 동작까지 인식할 수 있다.

13. 깍아지듯한 절벽, 높은 산맥, 넓은 바다, 평원 등이 주는 경관의 효과는?

① 황량함 ② 장엄함
③ 신비로움 ④ 명랑함

14. 다음 중 경관구성의 기본요소로서 우세요소(Dominance – elements)가 아닌 것은?

① 형태(Form) ② 색채(Color)
③ 선(Line) ④ 면(Plane)

15. 경관에 인간의 시선이 결정적인 요소, 또는 구체적인 각도로 조망이 제한 것은?

① 초점경관
② 파노라믹한 경관
③ 순간적 경관
④ 천연적 경관

16. 경관의 분류로 틀린 것은?

① 파노라믹한 경관 – 모래, 낙엽이동
② 천연적 경관 – 산속의 큰 암석
③ 순간적 경관 – 안개, 노을
④ 초점적 경관 – 강물, 계곡, 고속도로

17. 전경관(Panoramic Landscape)에 관한 사항 중 틀린 것은?

① 일망무제한 풍경의 조망을 이른다.
② 바다 한 가운데에서 360° 로 조망할 수 있는 종류의 조망이다.
③ 시아의 거리감은 인식될 수 없고 경계의식이 거의 없다.
④ 수직요소가 우세경관요소이다.

정답 및 해설

해설 12
② 시각거리는 근경은 1/4~ 1/2 마일, 원경은 3~5마일
③ 배경
④ 전경

해설 13
깍아지듯한 절벽, 높은 산맥, 넓은 바다, 평원은 자연에 대한 장엄함, 웅장함을 느끼게 하는 경관이다.

해설 14
경관우세요소
형태, 선, 색채, 질감

해설 15
인간의 시선이 종국의 한 점 혹은 일정한 각도로 조망이 제한되는 것을 비스타라고 하며 보기의 경관 중에는 초점경관이 가장 근접한 경관이다.

해설 16
모래, 낙엽이동 – 순간적 경관

해설 17
수직요소가 우세경관요인 경관 – 위요경관

정답 12. ① 13. ② 14. ④ 15. ① 16. ① 17. ④

18. 적은 인위적 변화에도 가장 큰 시각적 변화를 일으키는 것은?

① 급경사지　　② 논밭
③ 산림　　④ 초지

해설 18
인위적 변화는 개발 등에 인해 시각적 변화가 큰 것은 보기 내용 중에 급경사지이다.

19. 시각적 경관요소는 대부분 6가지로 분류된다. 다음 설명은 어느 경관을 말하는 것인가?

주위환경요소와는 달리 특이한 성격을 띤 부분의 경관으로 지형적인 변화, 즉 산속에 높은 절벽과 같은 것

① 파노라믹경관
② 천연미적경관
③ 초점경관
④ 세부경관

해설 19
지형이 특징을 나타내고 관찰자가 강한 인상을 받은 경관 – 천연미적경관, 지형경관

20. 경관의 우세원칙과 거리가 먼 항은?

① 대비(contrast)　　② 축(axis)
③ 시간(time)　　④ 집중(convergence)

해설 20
경관 우세원칙 – 대조, 연속, 축, 집중, 상대성, 조형

21. 경관(京觀)의 기본 유형을 그림으로 나타낸 것이다. 이들 중 파노라믹한 경관의 그림은?

① 
② 
③ 
④ 

해설 21
파노라믹 경관
- 일망무제한 풍경의 조망을 이른다.
- 360°로 조망할 수 있는 종류의 조망이다.

22. 경관의 예술미를 구성하는 요건으로 중요하지 않은 것은?

① 특징적 경관의 구성(Charactistic landscape)
② 주위경관과의 유사성 배제(Deviation)
③ 변화있는 경관(Variety)
④ 정형식에 의한 단순미의 강조(Formal & simplicity)

해설 22
경관의 예술미 구성 요건
- 특징적 경관 구성
- 변화있는 경관
- 단순미의 강조 경관

정답 18. ① 19. ② 20. ③ 21. ① 22. ②

23. 경관 요소가 시각에 대한 상대적 강도에 따라 경관의 표현이 달라지는 것을 우세요소(dominance elements)라 하는데 다음 중 맞는 것은?

① 대비, 연속, 축, 수렴　② 형태, 색채, 선, 질감
③ 리듬, 반복, 대비, 연속　④ 색채, 질감, 형태, 리듬

24. 다음 연결이 잘못된 항은?

① 초점적 경관(focal landscape) – 계곡으로 떨어지는 폭포수
② 순간적 경관(ephemeral landscape) – 호수 위로 피어오르는 물안개
③ 천연미적 경관(natural landscape) – 산속의 큰 암벽
④ 파노라믹한 경관(panoramic landscape) – 나뭇가지 사이로 보이는 광활한 들

25. 외부공간을 구성하는 기본적 요소가 아닌 것은?

① 수평적 요소　② 수직적 요소
③ 선적 요소　④ 천개면적 요소

26. 다음 중 질감(texture)의 설명으로 적합하지 않은 것은?

① 수목의 질감은 잎의 특성과 구성에 있다.
② 옷감의 질감은 실의 특성과 직조 방법에 있다.
③ 거친 질감은 관찰자에게 접근하는 느낌을 주기 때문에 실제거리보다 가깝게 보인다.
④ 질감은 주로 촉각에 의해서 지각되며 자세히 보면 형태의 집합보다는 부분적 느낌의 종합이다.

27. 식물의 질감과 색채를 이용하여 공간감을 느끼게 할 수 있다. 다음 설명 중 틀린 것은?

① 중간 밝기의 녹색은 밝은 녹색과 어두운 녹색 사이의 점진적 요소 역할을 한다.
② 어두운 색채의 잎을 갖는 식물은 관찰자로부터 멀어지는 듯이 보이고, 밝은 색채의 잎을 갖는 식물은 관찰자에게 다가오는 듯이 보인다.
③ 고운 질감의 식물은 멀어져 가는 듯이 보이는 데 비해 거친 질감의 식물은 접근하는 것처럼 느껴진다.
④ 거친 질감은 큰 잎이나 두텁고 무거운 감이 있는 식물에서 나타나며 고운 질감은 많은 수의 작은 잎, 작고 얇은 가지가 있는 식물에서 나타난다.

정답 및 해설

해설 23
경관 우세요소 – 선, 형태, 질감, 색채

해설 24
나뭇가지 사이로 보이는 경관 – 일시경관

해설 25
외부공간 구성요소 – 수평적 요소, 수직적 요소, 천개면적 요소

해설 26
질감은 주로 시각의 특성에 의해서 지각된다.

해설 27
색채과 공간감
붉은색, 노란색, 오랜지색과 같은 따뜻한 색채는 보는 사람에게 더욱 가깝게 보여져 전진하는 느낌으로 주고, 푸른색·자주색·초록색과 같은 찬 색채는 더욱 멀어져 가는 후퇴하는 느낌을 준다.

정답 23. ② 24. ④ 25. ③ 26. ④ 27. ②

경관 분석

4.1 핵심플러스

■ 경관분석의 일반적 조건 : 신뢰성, 타당성, 예민성, 실용성, 비교가능성
■ 경관분석의 종류

생태학적 접근	・생태적 건강성에 초점 / 생태적 질서가 잘 유지되어야 경관의 질이 높음 ・인간생태학, 경관생태학
형식미학적 접근	・경관을 미적대상으로 보고 경관이 지닌 물리적 구성의 미적특성을 규명 ・비례 (황금비례, 모듈러) ・형태심리학(사람이 형태를 어떻게 지각하는지를 연구)
정신물리학적 접근	・사진분석에 의한 방법으로 선호도와 경관미를 평가, 정량적접근
심리학적 접근	・경관의 심리적 느낌 / 인간적척도(휴먼스케일) / 이미지
현상학적 접근	・경관에 대한 총체적인 경험을 대상 ・렐프의 장소성 (존재적내부성/ 소속감 혹은 일체감) ・풍수지리설/ 장소의 무용(시공간적 접근)/ 실존적접근
기호학적 접근	・경관이 조성된 의도 즉, 경관에 부여하고자 했던 의미를 밝히고자 하는 측면
경제학적 접근	・경관자원의 가치를 금전적 가치로 평가

1 경관분석의 개요

경관의 내용	생태학적측면	생태학
	미적측면	형식미학 - 형식미학 / 정신물리학 상징미학 - 심리학 / 기호학
	철학적측면	해석학 / 현상학
	경제적측면	경제학

2 경관분석 방법의 일반적 조건

① 신뢰성	– 동일한 상황에서 동일한 방법으로 반복 분석시 결과의 유사도가 높을수록 신뢰도가 높음 – 분석방법 및 과정이 세밀히 검토
② 타당성	– 분석방법이 분석하고자 하는 경관의 질, 아름다움을 제대로 분석했는가하는 판단 – 타당성을 구체적으로 언급하면 개념의 타당성, 내용의 타당성, 기준의 타당성, 예측의 타당성으로 나누어진다.
③ 예민성	– 분석방법이 대상경관의 평가하고자 하는 속성의 차이를 얼마나 예민하게 구분하는가에 따라 방법을 선택
④ 실용성	– 효율성 : 적은시간에 비용을 들여 보다 신뢰성 높은 결과를 얻음 – 일반성 : 분석방법이 여러 경우에 이용될 수 있는 가능성
⑤ 비교가능성	– 경관분석결과에 대해 자체적 의미와 환경에 관한 의사결정시 다른 측면 비교

3 경관분석방법의 분류

① 「아서」 등의 분류 : 목록작성법, 대중선호 평가방법, 경제적 분석방법

② 「쥬베」 등의 분류 : 전문가적 판단에 의지하는 방법, 정신물리학적 방법, 인지적 방법, 개인적 경험에 의지하는 방법,

③ 「다니엘 & 바이닝」의 분류 : 생태학적 접근, 형식미학적 접근, 정신물리학적 접근, 현상학적 접근

④ 종합적 분류

내용	분석의 지표
생태학적 접근	생태적 건강성
형식미학적 접근	형식미(다양성, 통일성 등)
정신물리학적 접근	선호도, 만족도
심리학적 접근	긍정적 혹은 부정적 느낌
기호학적 접근	사회적, 문화적 의미
현상학적 접근	존재적 의미, 본질
경제학적 접근	금전적 가치

4 생태학적 접근

① 생태학의 연구대상 : 생태학 / 자연형성과정 / 생태적 결정론

② 접근유형

★ ㉠ 인간생태학적 접근

- 인간이 대상으로 환경관계 인간사이의 물리적·생물학적·문화적 관계성 연구
- 경관자체만이 분석대상이 아니며 거주지의 가치·선호가 부합될 때 높은 경관 질을 나타냄

★ ㉡ 경관생태학적 접근

- 경관 : 상호관련된 서로 다른 생태계들의 집단으로 이루어진 이질적인 토지환경
- 3가지 특성
  - 경관의 구조 : 생태계 크기, 형태, 수, 유형과 관련된 에너지, 물질, 종의 분포
  - 경관의 기능 : 공간적 요소간 상호관계로 생태계 에너지물질, 종의 흐름, 움직임
  - 경관의 변화 : 생태계들의 집합체인 구조와 기능이 시간에 따라 변화

㉢ 도시생태학적 접근 : 연구대상을 도시경관에 한정하며 인위적요소도 포함

③ 분석방법

㉠ 맥하그 분석방법 : 생태적 특성을 고려한 최적의 토지용도 결정

㉡ 레오폴드 분석 : 하천경관을 낀 경관을 특이성비로 계산하여 계량화

㉢ 녹지자연도 (DGN)

5 형식미학적 접근

① 형식미학

㉠ 미를 추구하는데 있어 선호되는 크기, 비례, 질감, 공간구성 등을 다룸

㉡ 실험미학에서의 직사각형비례

황금비례	1 : 1.618
르코끄뷰지에 모듈러	인체에서의 황금분할점을 찾음

② 형태심리학

■ 참고 : 형태심리학

사람이 형태를 어떻게 지각하는지를 연구 · 전체는 부분의 합 이상이며 지각을 하나의 '총체적과정'으로 연구

㉠ 도형(figure)과 배경(ground)의 원리제시(루빈(E. Rubin)

돋보이는것	도형(figure)	
그밖의 것	배경(ground)	그림. 루빈의 술잔

· 도형과 배경의 차이점

도형	배경
– 물건(Thing)과 같은 성질로 일정한 형태를 이룸 – 가깝게 느껴짐 – 인상적이며, 지배적이고, 기억이 잘됨	– 물질(substance)과 같은 성질로 형태가 없는 것처럼 보임 – 연속적으로 펼쳐져 있는 것처럼 느껴짐

㉡ 도형조직의 원리 : 형태 혹은 모습을 지닌 독자적 특성을 띤 실체의미(베르타이머(Wertheimer)

근접성 (nearness)	시각요소간의 거리에 따라 시각요소간에 그룹이 결정 ●● ●● ●● ●● a b c d e f g h
유사성 (similarity)	시각요소간의 거리가 동일할 때 유사한 물질적 특성을 지닌 요소는 하나의 그룹을 이룸 ○○○○○○○○○○○○ ●●●●●●●●●●●●
완결성 (폐쇄성)	폐쇄된 형태는 통합되기 쉬움 폐쇄(위요)된 도형을 선호하는 방향으로 그룹이 형성
연결성 (연속성)	같은 방향으로 연결된 요소는 동일한 그룹으로 느껴짐 c g j d h a b e f i k
방향성	일정한 방향을 갖는 부분은 통합되기 쉬움
대칭성	대칭형은 통합되기 쉬움
단순화	가장 단순하고 안정된 도형(good figure)으로 지각 하나의 도형을 구성하는 정보가 적을수록 도형으로서 지각될 가능성이 높다고 볼 수 있는 것을 '최소의 원리(minimum principle)'라 부름

③ 분석방법

시각적훼손가능성(Litton) / 시각적흡수능력 (제이콥스&웨이) / 경관회랑, 경관구역, 경관통제점 / 고속도로 및 송전선의 시각적 영향 / 스카이라인 분석 / 연속적경험

■ **참고**

■ 형식미학과 상징미학

형식미학은 일차적 지각으로 형식(form)은 내용(content) 과 상대되는 개념이다. 즉 시지각만 고려해 물리적 형태 혹은 시각적 구성을 한다. 이에 반해 상징미학은 형식보다는 내용, 즉 형태로 느껴지는 감정이나 느낌, 의미에 관심을 갖는다.

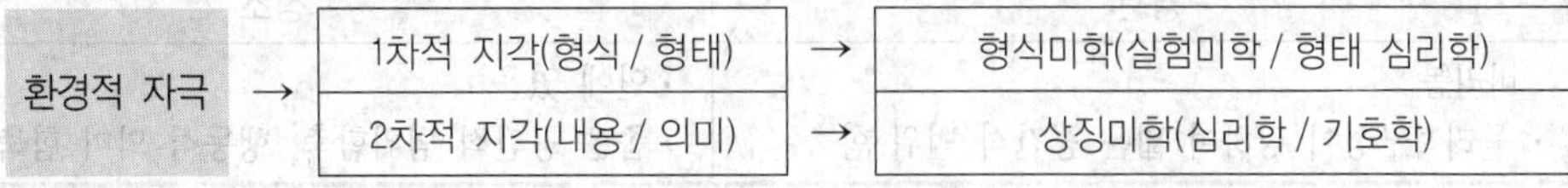

■ 형식미학과 정신물리학 비교

형식미학	정신물리학
· 정성적 · 전문가적 판단	· 정량적 · 일반인을 대상으로 실험

6 정신물리학적 접근

① 특성

㉠ 정신물리학 : 심리적 사건과 물리적 사건과의 관계, 감지와 자극사이 계량적 관계성 연구

㉡ 경관의 물리적요소를 분석하여 선호도와 경관미를 평가

② 모델

㉠ $R= f(s)$ 여기서, s : 경관의 물리적속성(면적, 길이 등)

R : 경관에 대한 인간의 반응

㉡ 예) 쉐이퍼모델, 피터슨모델, 칼스모델

7 심리학적 접근

① 특성

㉠ 경관적 자극에 대한 인간의 행동으로 정신적 반응에 주안점

㉡ 경관에 대한 심리적 느낌으로 선호도 결정

② 분석방법

㉠ 시각적 복잡성 : 시계내의 구성요소가 많고 적음에 따른 선호도

㉡ 인간적척도 : 인간의 크기에 비하여 너무 크거나 작지 않은 규모로 친밀감 편안함을 느낌

㉢ 사회적측면 (근린주구)

㉣ 물리적측면 : 신체척도 / 보행척도 / 감각척도

㉤ 이미지 : Lynch, Steinitz의 연구

8 현상학적 접근

① 특성

㉠ 현상학의 이해 : 물리적현상이 아니라 경험적 현상

㉡ 장소성(sense of place) : 종합적 체험적인 환경설계방법

경관	장소
· 바라봄 · 물리적구성이 강하며 넓은 공간적 범위 함축	· 안에 있음 · 좁은 공간적 범위함축, 행동적 의미 함축

■ **참고 : 현상학적 접근**

- 눈에 보이는 것만을 대상으로 하지 않고 경관에 대한 총체적인 경험을 대상 · 물리적자극과 경관의 역사, 의미 느낌을 대상으로 함
- 장소성의 본질은 외부와 구별되는 내부의 경험에 있다. 동시에 물리적 사물, 행위, 의미 등이 어우러진 독특한 체계를 뜻한다. 장소의 내부에 있다는 것은 그 장소에 소속되어 있고 장소와 일체감을 느끼게 된다.

㉢ 내부성(insideness)과 외부성(outsideness)

- 렐프의 장소성 : 내부성, 장소에의 '소속감' 혹은 '일체감'

간접적내부성	간접경험, 화가나 시인작품
행동적내부성	개인이 실제로 한 장소에 위치, 장소정체성
감정적내부성	장소에 대한 감정이입측면, 행동적 내부성보다 심오하고 풍부한 경험
존재적내부성	경험을 통한 풍부한 의미로 소속감을 가지며 장소와의 깊고 완벽한 일체감

㉣ 장소애착(topophilia)과 장소혐오(topophobia)

- 장소애착 : 개인이 일정장소와의 접촉을 통해 그 장소를 좋아하게 되는 것
- 혐오장소 : 그 장소를 싫어하게 되는 경우

② 접근유형

㉠ 지리학적접근(문화경관의 해석)

㉡ 장소의 무용(舞踊) : 시공간적 접근(시몬(Seamon))

- 물리적환경에 더하여 그 안에 내재하는 인간행동까지 분석함으로써 개인의 경험을 시공간적으로 분석하고자하는 독특한 경관분석개념
- 장소의 무용 : 사람, 시간 장소가 융합되는 개념, 공간의 창조(환경설계가의 작업)
- 신체의 무용 : 특정목적을 수행하기 위한 신체움직임
- 시공간적관습 : 장시간 동안 연결되는 일련의 습관적 행동의 집합

㉢ 실존적접근(노베르그슐츠 (Norberg Schulz))

- 실존철학적 입장에서 경관을 분석하고 경관이 인간의 존재, 거주와 관련된 의미를 파악

· 실존적 입장에서 경관유형구분

낭만적경관	북유럽경관, 인간을 공상적세계로 이끌어준다는 의미의 경관
우주적경관	사막경관, 절대적인 우주적 특성을 경험
고전적경관	그리스경관, 규모에 있어 인간적이고 전체적으로 조화로운 평형을 이룸
복합적경관	낭만적, 우주적, 고전적 경관의 복합적 경관

③ 전통과학적 방법과 현상학적 방법의 비교(시몬의 연구)

전통과학적 방법	현상학적 방법
가설의 설정과 검증	순수하게 상황을 고찰, 본질적 이해를 도모
· 실험적 · 폐쇄적 : 가설, 정의 등을 중시함 · 환원주의적 : 실제상황을 단순화시킴 · 정량적접근 · 인과관계에 관심, 정확성을 강조, 예측지향적 · 신뢰성과 타당성이 요구됨 · 피험자의 특성 및 개성이 연구현상에 영향을 미치지 않도록 함 · 설명을 목표로 함	· 체험적 · 개방적 · 총체적(실제상황을 대상으로 한다) · 정성적접근 · 인과관계, 정확성, 예측가능성에 회의를 가짐 · 체험적 차원에서 타당성이 요구됨 · 피험자의 개성 및 특성이 연구에 중요한 역할을 함 · 이해를 목표로 함

9 기호학적 접근

① 특성 : 기호의 형상은

㉠ 도상(icon) : 지칭하는 사항이 유사하거나 같을 때 예) 용의 그림

㉡ 지표(index) : 기호가 지칭하는 사항의 흔적 또는 지칭하는 사항의 물리적 표본
예) 연기 - 불

㉢ 상징(symbol) : 기호가 지칭하는 사항이 유사성이나 물리적 관련성이 없을 때, 상징관계
예) 비둘기 - 평화상징, 국기 - 국가

② 유형

㉠ 건축과 상징 : 문화와 시대적 상황에 따라서 고유한 상징성, 의미를 지님

㉡ 정원과 상징 : 동양정원
예) 연못 삼신산 - 신선사상

㉢ 기념공원 : 목동 파리공원

■ 참고 : 기호학적 접근

· 경관이 조성된 의도 즉, 경관에 부여하고자 했던 의미를 밝히고자 하는 측면
· 조성된 경관으로부터 실제로 전달받는 의미를 밝히고자 하는 측면

10 경제학적 접근

① 특성

㉠ 환경의 질을 경제학적 측면에서 접근

㉡ 산림의 가치 : 대기정화능력(대기정화비), 홍수방지능력(댐축조비)

㉢ 경관이 주는 이익 : 택지가격의 상승, 관광수입증대, 정신적·신체적 건강의 향상을 화폐로 환산

② 유형 : 손익계산 / 교환게임

핵심기출문제

내친김에 문제까지 끝내보자!

1. 레오폴드(Leopold)의 경관분석 방법에 대한 설명 중 틀린 것은?

① 정신물리학적 접근에 의한 분석방법이다.
② 하천을 낀 계곡을 대상으로 경관가치를 계량화한 방법이다.
③ 특이성 계산과 계곡 및 하천특성을 계산한 방법이다.
④ 여러 개 경관대상지와 상대적 비교를 위한 방법이다.

2. 경관분석에서 정신물리학적 접근의 특성을 올바르게 설명하고 있는 것은?

① 경관의 물리적요소를 의사소통수단으로 보는 접근방법이다.
② 경관의 형태적 구성과 연상적 의미의 관련성에 관한 연구이다.
③ 경관의 상징성에 관한 연구이다.
④ 경관의 물리적 요소와 이에 대한 인간의 반응 사이의 직접적인 함수관계를 연구한다

3. 다음 중 경관분석방법의 일반적 요건에 해당되지 않는 것은?

① 예민성 ② 실용성
③ 선호성 ④ 비교가능성

4. 다음 형태지각에 관한 사항으로서 틀린 것은?

① 우리의 시각(視覺)은 형태를 보다 복잡화해서 보려는 경향이 있다.
② 직각(直角)은 쉽게 지각되며, 직각에서 조금만 변화가 있어도 쉽게 식별된다.
③ 우리의 시각은 움직이지 않는 것보다 움직이는 것에 더 흥미를 갖는다.
④ 지각된 크기는 그 장소와 척도에 다라 실제의 크기와 다를 수 있다.

정답 및 해설

해설 1

레오폴드의 경관분석방법은 생태학적 분석방법이다.

해설 2

정신물리학적 접근 – 일반인을 대상으로 함

- 경관의 물리적 속성(지형, 식생, 물 등)과 인간의 반응(선호도, 만족도, 경관미 등) 반응의 계량적 관계성을 연구
- 경관으로부터의 긍정적 느낌(안도감, 휴식감, 즐거움 등)과 부정적 느낌(긴장감, 두려움, 위험성, 우울함)에 관심을 가짐

해설 3

경관분석 방법의 일반적 요건 : 신뢰성, 타당성, 예민성, 실용성, 비교가능성

해설 4

최소의 원리(minimum principle) – 단순화

- 우리의 시각은 형태를 단순하고 안정된 도형으로 지각한다.
- 구성하는 정보다 적을수록 도형으로 지각될 가능성이 높다.

정답 1. ① 2. ④ 3. ③ 4. ①

5. 조경접근 방법 중 순수 예술의 원리를 조경계획 및 설계에 응용하고자 하는 것은?

① 형식미학적 접근 방법　② 심리학적 접근방법
③ 현상학적 접근방법　④ 경제학적 접근방법

6. 다음의 서술에 가장 부합되는 조경계획의 접근 방법은?

> 경제성에만 치우치기 쉬운 환경계획을 자연과학적 근거에서 인간의 환경적응의 문제를 파악하여 새로운 환경의 창조에 기여한다.

① 생태학적 접근　② 형식미학적 접근
③ 기초학적 접근　④ 현상학적 접근

7. Leopold가 계곡경관의 평가에 사용한 경관가치의 상대적 척도의 계량화 방법은?

① 특이성비　② 연속성비
③ 유사성비　④ 상대성비

8. 형태심리학자인 베르타이머(Wertheimer)의 도형 조직원리에 해당되지 않는 것은?

① 근접성　② 분리성
③ 유사성　④ 대칭성

9. 시몬(Seamon)은 전통과학적 방법과 현상학적 방법을 구분하여 비교하였는데, 다음 중 현상학적 방법에 해당하는 것은?

① 예측지향적이다.
② 환원주의적이다.
③ 이해를 목표로 한다.
④ 가설, 정의 등을 중요시한다.

10. 렐프(Relph)는 장소성을 설명하는 개념으로 내부성과 외부성을 거론한 바 있다. 다음 중 내부성과 관련하여 렐프가 제시한 유형이 아닌 것은?

① 존재적 내부성　② 감정적 내부성
③ 행동적 내부성　④ 직접적 내부성

정 답 및 해 설

해설 **5**
순수 예술원리의 접근 – 형식미학적 접근

해설 **6**
자연과학적 근거 – 생태학적 접근

해설 **7**
레오폴드 분석 – 하천경관을 긴 경관을 특이성비로 계산하여 계량화

해설 **8**
베르타이머의 도형조직의 원리
접근성, 유사성, 완결성(폐쇄성), 연결성, 방향성, 대칭성

해설 **9**
전통과학적방법과 현상학적 방법의 비교

전통 과학적 방법	· 실험적 · 폐쇄적 : 가설, 정의 등을 중심함 · 환원주의적 : 실제 상황을 단순화시킴 · 정량적접근 · 예측지향적 · 설명을 목표로 함
현상학적 방법	· 체험적 · 개방적 : 가설, 정의 등을 배제함 · 총체적 : 실제상활을 대상으로 함 · 정성적접근 · 예측가능성에 대해 회의적 · 이해를 목표로 함

해설 **10**
렐프의 장소성유형
간접적내부성, 행동적내부성, 감정적내부성, 존재적내부성

정답　5. ①　6. ①　7. ①　8. ②　9. ③　10. ④

정 답 및 해 설

11. 여러 개의 경관요소 또는 생태계로 이루어지는 수평적인 관계를 연구하는 경관생태학의 3가지 일반원칙과 가장 관계가 먼 것은

① 구조 ② 기능
③ 변화 ④ 소멸

해설 11

경관생태학의 3가지 일반 원칙-경관의 구조, 기능, 변화

12. 다음 그림은 도형조직의 원리 가운데에서 어느 것에 가장 적당한가?

① 근접성
② 유사성
③ 방향성
④ 완결성

] [ ] [ ] [ ] [

해설 12

완결성(폐쇄성)
- 폐쇄된 형태는 통합되기 쉬움
- 폐쇄(위요)된 도형을 선호하는 방향으로 그룹이 형성

13. 형태 심리학에서 말하는 단순성의 원리(principle of simplicity)에 적합한 사례는?

① 직선보다 곡선이 더 쉽게 지각된다.
② 정사각형보다 불규칙 삼각형이 더 쉽게 지각된다.
③ 직각보다 직각이외의 각이 더 쉽게 지각된다.
④ 기억하기 쉬운 형태가 더 쉽게 지각된다.

해설 13

단순성
- 가장 단순하고 안정된 도형(good figure)으로 지각
- 하나의 도형을 구성하는 정보가 적을수록 도형으로서 지각될 가능성이 높다고 볼 수 있는 것을 '최소의 원리'라 부름

14. 루빈(E. Rubin)이 형태심리학에서 주장하는 도형(圖形, figure)과 배경(背景, ground)의 설명 중 가장 부적당한 것은?

① 도형은 배경보다 더욱 가깝게 느껴진다.
② 도형은 물질 같은 성질을 지니며 배경은 물건 같은 성질을 지닌다.
③ 도형은 배경에 비하여 더욱 지배적이며 잘 기억된다.
④ 도형은 배경에 비하여 더욱 의미있는 형태로 연상된다.

해설 14

도형은 물건과 같은 성질을 지니며 배경은 물질과 같은 성질을 지닌다.

15. 다음 설명에 알맞은 형태의 지각심리는?

- 공동운명의 법칙이라고도 한다.
- 유사한 배열로 구성된 형들이 방향성을 지니고 연속되어 보이는 하나의 그룹으로 지각되는 법칙을 말한다.

① 근접성 ② 연속성
③ 대칭성 ④ 폐쇄성

해설 15

연속성(continuation)의 원리 : 같은 방향으로 진행되는 형태끼리 더 강한 연관이 생긴다.

정답 11. ④ 12. ④ 13. ④ 14. ② 15. ②

16. 다음 중 환경미학에 대한 설명으로 옳은 것은?

① 슈퍼그래픽을 통해 도시를 미화시키는 작업이다.
② 환경심리학과 같은 용어도 환경지각 및 인식을 연구하는 분야이다.
③ 과학문명의 발달 결과로 빚어진 환경 파괴방지를 연구하는 학문이다.
④ 자연에 내재하는 미적 질서를 파악하여 인간 환경 창조에 구현시키고자 하는 학문이다.

해설 16

환경미학
전통적 미학에 바탕을 두면서, 보다 응용적이며 문제 중심적인 접근을 추구하는 미학의 한 분야, 인간 환경 전반에 관한 미적 경험 및 반응 연구하는 학문

17. 동일한 방향으로 움직이는 요소들이 동일한 그룹으로 보이는 원리를 "방향성의 원리(common fate)"라 한다. 이 원리의 기초가 되는 것은?

① 근접성　　② 완결성
③ 연속성　　④ 유사성

공통해설 17, 18

유사성
시각요소간의 거리가 동일할 때 유사한 물질적 특성을 지닌 요소는 하나의 그룹을 이루는 원리를 말한다.

18. 그림과 같이 문자, 숫자, 상징, 등이 비슷한 것들끼리 그룹 지어 보이는 지각 원리는?

① 근접성의 원리
② 유사성의 원리
③ 연속성의 원리
④ 공동운명의 원리

A	B	C
1	2	3
@	%	&

19. 다음 그림을 서로 다른 모양과 크기의 체크무늬로 이루어진 사다리꼴 그림으로 받아들이지 않고 같은 크기의 정방형 체크무늬 타일바닥이 비스듬하게 기울어진 것으로 받아들이려는 경향이 있다. 이를 형태주의 심리학(Gestalt Psychology)에서는 무슨 원리로 설명하는가?

① 단순성의 원리　　② 교차조합의 원리
③ 모호성의 원리　　④ 전경배경의 원리

해설 19

단순성의 원리 – 기억하기 쉬운 형태가 더 쉽게 지각된다는 원리

정답 16. ④ 17. ④ 18. ② 19. ①

chapter

05 도시경관의 분석

5.1 핵심플러스

■ 케빈 린치의 도시경관 분석

- 도시이미지 요소 : 통로(Path), 모서리(Edge), 지역(Districts), 결절점(Nodes), 랜드마크(Landmarks)

■ 서양의 도시광장척도

- D/H = 1 : 2, 1 : 3이 적당하며, 24m가 인간 척도
- 메르텐스의 이론을 바탕 : 높이의 2배 떨어진 곳(앙각 27°)에서 건물전체가 관찰되며, 건물군을 보기위해서는 3배 떨어진 거리(앙각 18°)

1 케빈린치의 도시경관 분석

① 도시의 이미지는 경관의 명료성, 식별성과 관련

② 도시이미지의 형성요소 : 통로(Path), 모서리(Edge), 지역(Districts), 결절점(Nodes), 랜드마크(Landmarks)

2 도시광장의 척도

① 개요

㉠ 가로폭(D)과 건물높이(H)의 비율에 따라 폐쇄감의 정도나 인간척도에 맞는 공간감이 달라짐

㉡ 메르텐스의 이론이 바탕이 됨

- 인간이 전방의 건물을 볼 경우 40° 의 앙각이 되며 높이가 같은 거리에서 건물의 세부나 부분이 보임
- 높이의 2배 떨어진 (앙각 27°) 곳에서 건물전체가 관찰
- 개개의 건물을 포함한 건물군을 보기 위해서는 높이보다 3배 떨어진 거리(앙각 18°)가 필요

② 카밀로 지테(Camillo Sitte)

㉠ 광장의 최소폭은 건물의 높이와 같고 최대높이의 2배를 넘지 않도록 해야 한다고 주장

㉡ 건물의 높이에 비해 간격이 2배 이상 되면 광장에 폐쇄성이 작용하기 어려우므로, 1배 이상 2배 이내일 때 가장 긴장감을 줄 수 있는 관계로 $1 \leq D/H \leq 2$ 가 적당

③ 린치(K. Lynch)

㉠ D/H = 1 : 2, 1 : 3이 적당하며, 24m가 인간 척도

㉡ 건물높이(H)와 거리(D)의 비

D/H비	앙각(°)	인 지 결 과
D/H=1	45	건물이 시야의 상한선인 30 ° 보다 높음, 상당한 폐쇄감을 느낌
D/H=2	27	정상적인 시야의 상한선과 일치하므로 적당한 폐쇄감을 느낌
D/H=3	18	폐쇄감에서 다소 벗어나 주변 대상물에 더 시선을 느낌
D/H=4	12	공간의 폐쇄감은 완전히 소멸되고 특정적인 공간으로서의 장소의 식별이 불가능해짐

3 거리에 따른 지각

① 아시하라의 분류

- 2~30m : 개개의 건물 인식
- 30~100m : 건물이라는 인상
- 100~600m : 건물의 스카이라인 식별
- 600~1200m : 건물군 인식
- 1200m 이상 : 도시경관으로 인식

② 스프라이레겐의 분류

- 1m : 접촉 가능한 거리
- 1~3m : 대화하는 거리
- 3~12m : 얼굴표정식별
- 12~24m : 외부공간에서 인간의 척도를 느낄 수 있는 한계
- 24~135m : 동작구분
- 135~1200m : 사람인식

핵심기출문제

내친김에 문제까지 끝내보자!

1. 서로간의 동작을 구분할 수 있는 최대거리는?

① 225m ② 135m
③ 335m ④ 425m

2. 도시의 이미지에 관한 설명 중 틀린 것은?

① 이미지를 불러일으키기 위해서는 대상물의 물리적 성질이 마음속의 어느 요소와 관련되어 나타난다.
② 도시의 이미지와 관련된 것은 대체로 개인의 이미지인 경우가 많다.
③ 관찰자에 따라 도시에 대한 이미지가 다를 수 있다.
④ 도시의 이미지 구성에 있어서 랜드마크는 중요한 역할을 한다.

3. Kevin Lynch의 5가지 도시 이미지와 관련이 없는 것은?

① District ② Structure
③ Edge ④ Path

4. path의 설명으로 옳지 않는 것은?

① 도로와 철도 ② 방향성과 연속성
③ 기점과 종점 ④ 운하 및 장벽

5. 린치의 도시 이미지 중 관찰자가 통과할 수 없는 선형요소는?

① edge ② district
③ node ④ path

6. Gordon Cullen 의 도시경관 분석방법 중 해당되지 않는 것은?

① 장소 ② 연속적 경관
③ 동일성 ④ 내용

정 답 및 해 설

해설 1
스프라이레겐의 분류

해설 2
도시의 이미지- 개인적 이미지보다는 공통된 이미지

해설 3
린치의 5가지 거시적 도시이미지
① Path(통로, 길)
② District(용도에 따른 지역)
③ Edge(단, 모퉁이)
④ node(결절점)
⑤ landmark(랜드마크)

해설 6
Gordon Cullen의 도시경관 분석 3가지 측면
① 시각적측면 : 도시를 걸을 때 연속적 경관이 나타난다.
② 장소적측면 : 관찰자의 시점에 따라 경관의 변화가 다르게 나타난다.
③ 내용적측면 : 도시 환경의 구성인자(색채, 질감, 규모)가 도시의 독특한 경관을 형성한다.

정답 1. ② 2. ② 3. ② 4. ④ 5. ① 6. ③

7. 건물로 둘러싸인 광장은 광장의 폭은 몇 배 이어야 동일감을 나타내는가?

① 1~1.5배　　② 2~3배
③ 4~5 배　　④ 5~7배

해설 7

건물로 둘러싸인 광장의 폭-건물 높이의 2~3배

8. 산정에 전망대를 설치하는 기법은?

① Preservation　　② accentuation
③ alternation　　④ destruction

해설 8

① – 보존　② – 강조,
③ – 대안　④ – 파괴
산정에 전망대는 강조를 나타낸다.

9. D/H>4일 때, 건물과 관찰자의 상호작용이 없어진다고 주장한 사람은?

① Y.Ashihara　　② K. Lynch
③ Ian Mcharg　　④ H. Martens

해설 9

린치는 D/H를 1,2,3,4 로 구분하였으며 D/H>4 일 때 건물과 관찰자의 상호작용이 없어진다고 하였다.

10. 공간의 폐쇄도는 평면(D)과 입면(H)의 거리비로써 설명된다. 건물 전체를 볼 수 있는 비례는?

① D/H = 1　　② D/H = 2
③ D/H = 3　　④ D/H = 4

해설 10

D/H=2→건물 전체를 볼 수 있음,
D/H=3→건물군을 볼 수 있음

11. 시점과 건물관의 거리를 D, 건물과의 높이를 H라고 할 때 D/H=2인 경우의 앙각은?

① 45˚　　② 33˚
③ 27˚　　④ 180˚

해설 11

D/H비	앙각(˚)
D/H=1	45
D/H=2	27
D/H=3	18
D/H=4	12

12. 건물 높이를 H, 거리를 D라 하고 D/H=3일 때 옳은 것은?

① 정상적인 시야의 상한선과 일치하므로 적당한 폐쇄감을 갖는다.
② 폐쇄감이 다소 벗어나며 공간의 폐쇄감보다는 주대상물에 시선이 끌린다.
③ 공간의 폐쇄감을 완전히 소멸
④ 특징적인 공간으로서 장소의 식별이 불가능

해설 12

①는 D/H=2일 때, ③와 ④는 D/H=4일 때 느끼는 공간감이다.

정답 7. ② 8. ② 9. ② 10. ② 11. ③ 12. ②

정 답 및 해 설

13. 관찰자가 건물을 전체적으로 보려면 건물 높이의 몇 배 정도 떨어져야 좋은가?

① 건물높이의 1.5배　② 건물높이의 2배
③ 건물높이의 3배　④ 건물높이의 4배

해설 13
D/H=2→건물 전체를 볼 수 있음

14. 도시경관의 이미지 요소 중 관찰자가 그 속에 들어 갈 수 있으며 척도에 따라 대광장이나 산책공원을 가리키며 대도시의 경우 중심부 전체를 지칭할 수도 있는 것은?

① 지구　② 결절점
③ 단　④ 랜드마크

해설 14
대광장, 산책공원→도로의 접합점인 결절점(node)

15. 알렉산더 파파셀지오는 도시 경관을 세 측면에서 그 개념을 설명하고 있는데 이 중 해당되지 않는 것은?

① 시각적 구성으로서 도시경관
② 공간적 구성으로서 도시경관
③ 인간행태의 영역으로서의 도시경관
④ 사회적 구성으로서의 도시경관

해설 15
알렉산더 파파셀지오의 도시경관
① 시각적 구성으로서 도시경관
② 공간적 구성으로서 도시경관
③ 인간행태의 영역으로서의 도시경관

16. K.Lynch가 주장하는 경관의 이미지 요소 중에서 관찰자의 이동에 따라 연속적으로 경관이 변해가는 과정을 설명해 줄 수 있는 것은?

① Landmark(지표물)　② Path(통로)
③ Edge(모서리)　④ District(지역)

해설 16
관찰자의 이동에 따라 연속적인 경관의 변화 – Path, 길, 통로

17. 두 줄의 생울타리 사이에서 간격(D)과 높이(H)가 어떠할 때 개방적이고 폐쇄감이 없어지는가?

① $D = H$　② $D < H$
③ $D > H$　④ $D \le H$

해설 17
$D > H$ – 폐쇄감이 소실, 개방감

정답 13. ② 14. ② 15. ④ 16. ② 17. ③

정 답 및 해 설

18. 다음은 광장의 너비와 건물의 높이에 의해 형성되는 느낌이다. 건물이 시야의 상향선인 30° 보다 높이 있으므로 완전 폐쇄감을 느끼게 하는 것은?(단, D : 광장의 너비, H : 건물높이)

① D / H = 1　② D / H = 2
③ D / H = 3　④ D / H = 4

해설 **18**
완전 폐쇄감
D(거리)/H(건물높이)=1

19. 광장을 계획하는데 건물사이가 60m라 할 때 편안한 위요감(최소한의 폐쇄감)을 느낄 수 있는 양쪽 건물 높이는?

① 15m　② 20m
③ 30m　④ 60m

해설 **19**
- 건물높이(H)와 거리(D)의 비가 1 : 3일 때 편안한 위요감을 느낀다.
- 1 : 3 = 건물높이 : 거리이므로
  1 : 3 = 건물높이 : 60m
  ∴ 건물높이는 20m

20. 파노라마(panorama)의 우리말 표현으로 옳은 것은?

① 무아경　② 만화경
③ 요지경　④ 주마등

해설 **20**
파노라마 – 주마등(走馬燈)
예전에 있던 추억과 기억들이 마리 속을 스쳐지나간다는 뜻으로 순간순간이 파노라마처럼 펼쳐질 때 표현

21. Gordon Cullen이 도시경관 분석 시 이용했던 분석개념에 해당되지 않는 것은?

① 장소(Place)
② 내용(Content)
③ 동일성(Identity)
④ 연속적 경관(Serial Vision)

해설 **21**
Gordon Cullen의 도시경관 분석 3가지 측면
① 시각적 측면 : 도시를 걸을 때 연속적 경관이 나타난다.
② 장소적 측면 : 관찰자의 시점에 따라 경관의 변화가 다르게 나타난다.
③ 내용적 측면 : 도시 환경의 구성인자(색채, 질감, 규모)가 도시의 독특한 경관을 형성한다.

정답　18. ①　19. ②　20. ④　21. ③

점과 선

6.1 핵심플러스

■ 점

- 사물을 형성하는데 기본요소이며 심리적으로 주의력을 분산 또는 집중시켜 연관성을 갖게 한다.
- 두 점은 인장력을 가지며 큰 점에서 작은 점으로 시선이 유도

■ 선의 형태와 특징

수직선	구조적 높이와 강한 느낌, 엄숙, 위엄
수평선	편안한 느낌
사선	속도, 변화, 활동적인 느낌
곡선	우아함, 부드러움

1 점

① 사물을 형성하는데 기본요소이며 심리적으로 주의력을 분산 또는 집중시켜 연관성을 갖게 한다.

② 공간에 한 점이 놓일 때 우리의 시각은 이 자극에 주의력이 집중된다.

③ 한 점에 또 한 점이 가해지면 시선은 양쪽으로 분산되며 점과 점은 인장력을 가지게 된다.

④ 2개의 조망점이 있을 때 주의력은 자극이 큰 쪽에서 작은 쪽으로 시선이 유도된다.

⑤ 3개의 점은 하나의 조망점을 이루고 거리와 간격에 따라 분리되어 보이거나 집단을 형성해 보인다.

⑥ 점이 같은 간격으로 연속되면 단조롭고 질서정연하여 통일감과 안정감을 주는 반복미를 나타낸다.

⑦ 점의 크기와 배치에 따라 상승하는 느낌과 하강하는 느낌을 준다. 조망물체의 크기, 배치에 따라 조망효과는 원근을 나타낸다.

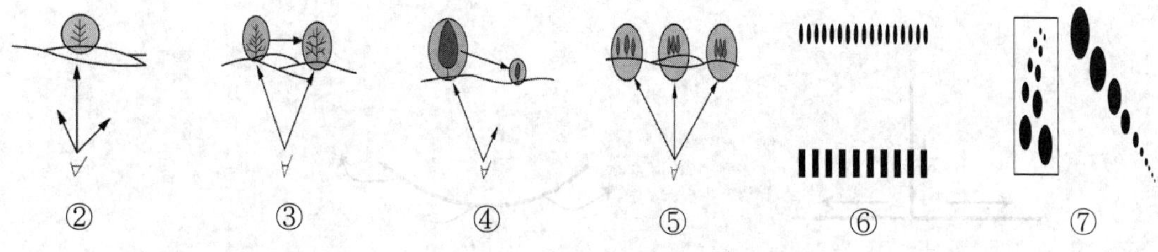

2 선의 형태와 특징

① 수직선 : 구조적 높이와 강한 느낌, 존엄성, 상승력, 엄숙, 위엄, 의지적 느낌

② 수평선 : 평화, 친근, 안락, 평등 등 편안한 느낌

③ 사선 : 속도, 운동, 불안정, 위험, 긴장, 변화 , 활동적인 느낌

④ 곡선 : 우아함, 매력적임, 부드러움, 여성, 섬세한 느낌

㉠ S자곡선 : 우아, 부드러움, 유동적인 느낌

㉡ 기하곡선 : 명료, 확실, 고상한 느낌

㉢ 자유곡선 : 조화가 잘되면 매력적이나 그렇게 않으면 불명확하거나 단정하지 못한 느낌

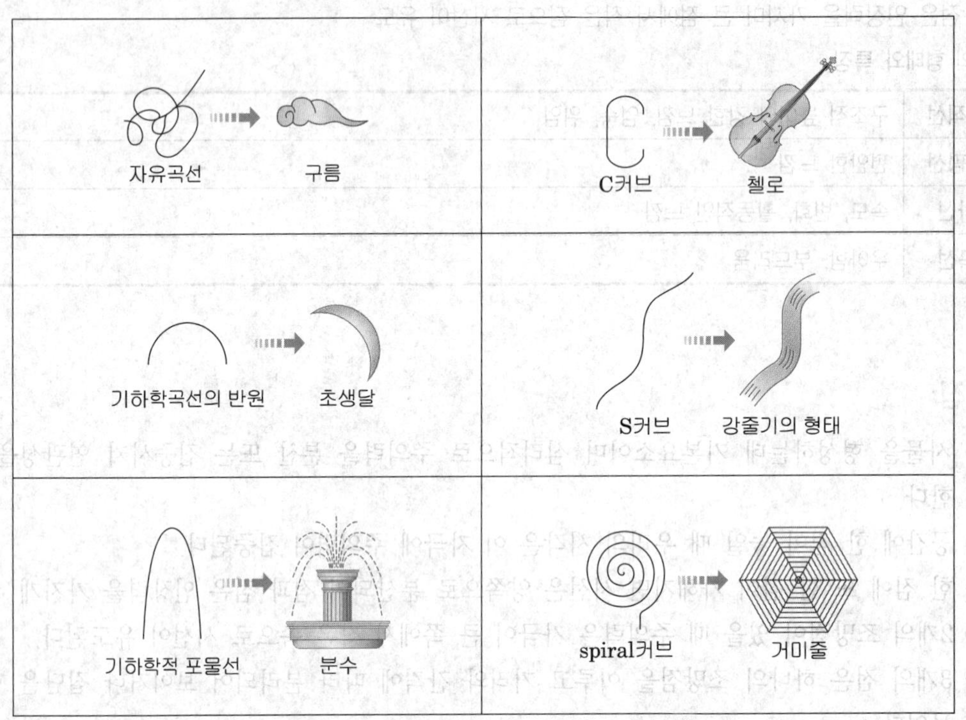

3 스파늉

① 점, 선, 면 등의 요소에 내재하고 있는 창조적인 운동의 일부를 의미하는 힘

② 점, 선, 면 구성요소가 2개 이상 배치되면 상호관련에 의해 발생되는 동세

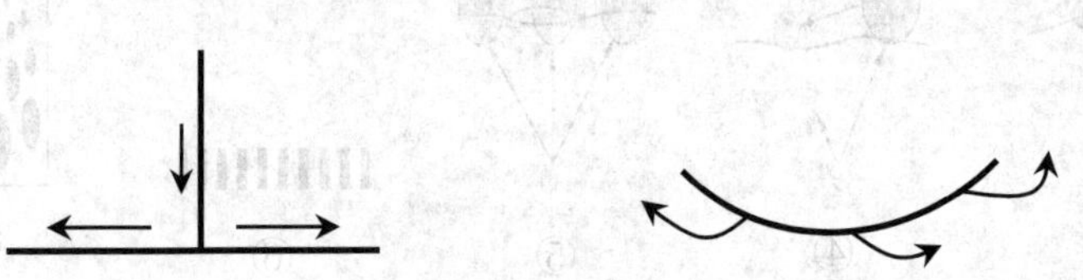

핵심기출문제

내친김에 문제까지 끝내보자!

1. 다음 경관의 기본 요소에 관한 기술 중 틀린 것은?
① 직선은 강력한 힘을 갖는다.
② 수평적 형태는 평화적이고 안정감을 준다.
③ 대지에 직각으로 선 수직선은 정적인 감각을 준다.
④ 지그재그선은 활발하고 활력을 준다.

2. 축의 개념으로 틀린 것은?
① 강렬한 축은 강한 터미널을 느끼게 한다.
② 축은 간혹 단조로움을 느끼게 하며, 강한 방향성을 유도한다.
③ 한 개의 축은 여러 개의 부축으로 갈라진다.
④ 축은 정돈된 미를 나타내므로 강한 직선으로만 표현된다.

3. 와선(Spiral)은 어떤 느낌을 주는가?
① 생명은 약동하고 성장하는 것처럼 보인다.
② 신경질적이고 변덕스럽다.
③ 흥분적이고 산만하다.
④ 부드럽고 소극적이다.

4. 면과 선에 대한 설명 중 틀린 것은?
① 수평선과 수직선의 연결이 이루어졌을 때는 수직선이 그와 똑같은 길이의 수평선보다 길게 보인다.
② 직선 가운데에 중개물이 있으며 없을 때보다 길게 보인다.
③ 정육면체의 한 면을 이루는 4개의 선은 가상적인 윤곽선이다.
④ 입방체에서 생기는 윤곽선은 성격이 다른 2개의 면이 만나야 존재할 수 있다.

정답 및 해설

해설 1
수직선은 상승, 존엄, 엄숙함을 준다.

해설 2
축
① 공간 속의 두 점이 연결되어 이루어진 하나의 선
② 공간과 물체를 배치하는 기준선으로 이용
③ 눈에 보이지 않는 가상의 선이지만 강한 힘을 가지고 있다.
④ 대칭의 형태를 구성할 수도 있고, 그렇지 않을 수도 있다.
⑤ 선의 형태이기 때문에 길이와 방향이 있다.
⑥ 방향성과 집중력을 높이기 위해서 한 쪽 끝에 물체를 설치
⑦ 축은 꺾일 수도 있고 휠 수도 있다.
⑧ 수평축, 수직축

해설 3
와선은 소용돌이 곡선

해설 4
정육면체의 한 면을 이루는 4개의 선은 실제의 윤곽선이다.

정답 1. ③ 2. ④ 3. ① 4. ③

5. 선은 그 성질상 특수한 감정을 나타낸다. 다음 곡선 중 가장 우아하고 유용적인 감각을 나타내는 곡선은?

① S 커브
② L커브
③ 말린 커브곡선
④ 기하곡선

6. 급한 곡선에 대한 느낌은?

① 여성적이며 우아하다.
② 유연하고 율동적이다.
③ 동적이며 화려하다.
④ 신경질적이며 날카롭다.

7. 정원 구성재료 중 점적인 요소가 아닌 것은?

① 벤치
② 병목
③ 분수
④ 해시계

8. 점(點)적인 경관 요소라고 볼 수 없는 것은?

① 외딴집
② 전답(田畓)
③ 정자목(亭子木)
④ 잔디밭의 조각

9. 크고 작은 점이 있을 때 시선의 흐름은?

① 작은 점에서 큰 점으로
② 큰 점에서 작은 점으로
③ 두 점이 같이 느껴진다.
④ 서로 다르게 느껴진다.

10. 점에 대한 설명 중 옳지 않는 것은?

① 점이 공간과 그 위치를 차지하며 우리의 시각은 자연히 그 점에 집중된다.
② 두 개의 점이 있을 때 한 쪽 점이 작은 경우 주의력은 작은 쪽에서 큰 쪽으로 옮겨진다.
③ 광장의 분수나 조각, 독립수 등은 조경공간에서 점적인 역할을 한다.
④ 점이 같은 간격으로 연속적인 위치를 가지면 흔히 선으로 느껴진다.

정답 및 해설

공통해설 5, 6

곡선
① S자곡선-우아, 부드러움, 유동적인 느낌
② 기하곡선-명료, 확실, 고상한 느낌
③ 자유곡선-조화가 잘되면 매력적이나 그렇게 않으면 불명확하거나 단정하지 못한 느낌
④ 급한 곡선-동적, 화려함

해설 7

병목은 선적인 요소이다.

해설 8

잔디밭의 조각 - 점적인 요소

공통해설 9, 10

크고 작은 점의 시선의 흐름-큰 점에서 작은 점으로 시력이 이행된다.

정답 5. ① 6. ③ 7. ② 8. ② 9. ② 10. ②

11. 다음 중 굵은 직선을 통하여 느낄 수 있는 감성(感性)이 아닌 것은?

① 낭만적이다.　　② 힘차다.
③ 둔하다.　　④ 신중하다.

12. 조경설계에서 곡선(曲線)을 알맞게 활용했을 때 나타나는 심리적인 효과는?

① 예민하고 정확한 느낌을 준다.
② 강직하고 명확한 느낌을 준다.
③ 부드럽고 혼돈된 느낌을 준다.
④ 우아하고 유연한 느낌을 준다.

13. 유기적(有機的)인 선(線)이란?

① 손으로 그린 자유로운 선을 말한다.
② 기계로 자른 절단선을 말한다.
③ 자로 그은 선을 말한다.
④ 포물선을 말한다.

14. 스파늉에 관한 설명 중 틀린 것은?

① 점과 선 사이에도 작용한다.
② 서로 긴장성을 가지며 관련을 갖게 한다.
③ 색채와 면 사이에서도 작용한다.
④ 곡선에는 3개 이상의 스파늉이 작용한다.

15. 다음의 자연적 형태주제 중 그 상징성과 의미가 부드러움, 흐름, 신비감, 움직임, 파동, 흥미, 리듬, 이완, 편안함, 비정형성을 나타내는 것은 무엇인가?

① 구불구불한 형태　　② 불규칙 다각형
③ 집합과 분열형　　④ 유기체적 가장자리형

공통해설 **11, 12**

곡선- 우아함, 매력적임, 부드러움, 여성, 섬세한 느낌

해설 **13**

유기적인 선 - 손으로 그린 자유로운 선으로 기계나 자를 사용하지 않는 선을 말한다.

해설 **14**

스파늉은 점, 선, 면에서 발생한다.(색채×)

해설 **15**

구불구불한 형태 - 부드러움, 흐름, 신비감, 움직임 등

정답 11. ① 12. ④ 13. ① 14. ③ 15. ①

chapter 07

색채 이론

7.1 핵심플러스

■ 색의 지각

간상체와 추상체	・간상체 : 망막의 시세포의 일종, 어두운 곳에서 반응, 사물의 움직임에 반응, 흑백으로 인식 → 흑백필름(암순응) ・추상체(원추체) : 색상인식, 밝은 곳에서 반응, 세부 내용 파악 → 칼라필름(명순응
박명시	・주간시와 야간시의 중간상태의 시각
푸르킨예(Purkinie) 현상	・간상체와 추상체 어둡게 되면(새벽녘과 저녁때) 파랑계통의 색(단파장)의 시감도가 높아져서 밝게 보이는 시감각 현상

・색의3속성– 색상(H) / 명도(V) / 채도(C)

・색의표시법 : 멘셀의 표색계 표기→ $\frac{HV}{C}$

・색명법(색의이름) : 기본색명, 일반색명(기본색명에 형용사나 수식어 붙임), 관용색명(비둘기색, 딸기색)

・색의혼색 : 삼원색 / 가법혼색(명도가 높아짐), 중간혼색 , 감법혼색(명도가 낮아짐)

■ 색채조화론

레오다르도 다빈치	・색채조화의 연구의 선구자적 역할 / 반대색의 조화를 최초로 주장, 명암대비법개발
저드	・질서의 원리 / 유사성의 원리 / 친근성의 원리 / 명료성의 원리
셔브릴	・색의 3속성에 바탕을 둔 색채체계 / 색의 조화와 대비의 법칙을 저술
문&스펜서	・색채조화를 과학적으로 설명 / 조화와 부조화 / 미도계산

1 색의 지각

① 스펙트럼

㉠ 태양광선이 프리즘을 통해 분광되는 띠를 스펙트럼이라 하고 무지개와 같은 연속된 색의 띠를 가짐

㉡ 파장이 길면 굴절률도 작고 파장이 짧으면 굴절률이 크다. 파장이 긴 것부터 짧은 것 순서는 빨강–주황–노랑–초록–파랑–남색–보라

㉢ 우리가 볼 수 있는 파장의 범위 780~380nm까지의 범위를 가시광선이라 하고 780nm보다 긴 파장을 적외선, 380nm보다 짧은 것을 자외선이라 한다.

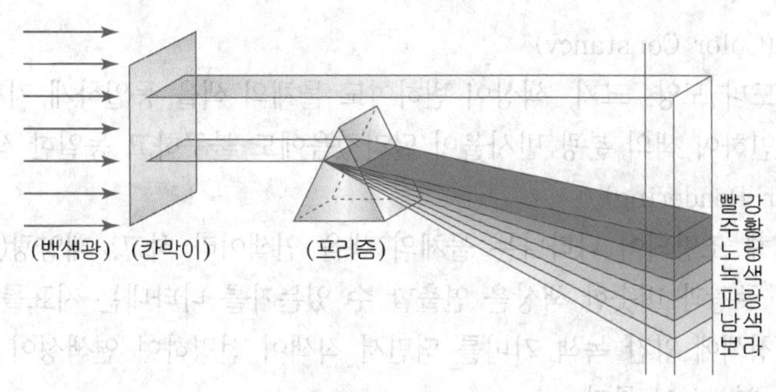

그림. 스펙트럼

■ 참고

■ 빛의 산란
· 태양 빛이 공기 중의 질소, 산소, 먼지 등과 같은 작은 입자들과 부딪칠 때 빛이 사방으로 재방출되는 현상을 말한다. 파란하늘, 붉은 노을 등이 대표적 예이다.

② 색의 지각
㉠ 색이 광원으로부터 나와서 물체에 반사된 뒤 눈에 수용되어 뇌에 이르는 전 과정
㉡ 단순히 빛의 작용과 망막의 자극으로 인해 생겨나는 물리적인 차원에만 국한되지 않으며 심리적, 생리적으로 받아들이는 과정도 모두 포함함
㉢ 색채 지각에 따른 현상으로는 순응과 연색성, 색의 착시현상이 있음

③ 순응(Adaptation)
㉠ 순응 : 감각기관의 자극 정도에 따라 감수성이 변화되는 상태를 순응
㉡ 유형 : 명순응, 암순응, 박명시

명순응	· 추상체가 시야의 밝기에 따라서 감도가 작용하고 있는 상태 · 명소시(주간시) : 빛이 있을 때 추상체만 활동하는 시각 상태
암순응	· 간상체가 시야의 어둠에 순응하는 것 · 암소시(야간시) : 빛이 없을 때 간상체만 활동하는 시각 상태
박명시 (薄明視)	· 주간시와 야간시의 중간상태의 시각 · 명소시(추상체)와 암소시(간상체)가 같이 작용할 때를 말하며 날이 저물기 직전의 약간 어두움이 깔리기 시작 할 무렵에 작용 · 푸르킨예(Purkinie)현상: 어둡게 되면(새벽녘과 저녁때) 즉 명소시에서 암소시 상태로 옮겨질 때 물체색의 밝기가 어떻게 변하는 가를 살펴보면 빨간 계통의 색(장파장)은 어둡게 되고, 파랑계통의 색(단파장)은 반대로 시감도가 높아져서 밝게 보이는 시감각 현상

④ 색순응(Chromatic Adaptation)
㉠ 조명에 의해 물체색이 바뀌어도 자신이 알고 있는 고유의 색으로 보이게 되는데 이러한 현상
㉡ 빛에 따라 눈의 기능을 조절하여 환경에 적응하려는 상태

⑤ 색의 항상성(Color Constancy)

㉠ 광원의 강도나 모양, 크기, 색상이 변하여도 물체의 색을 동일하게 지각하는 현상

㉡ 광원으로 인하여 색의 분광 반사율이 달라졌음에도 불구하고 동일한 색으로 인식하는 것

⑥ 연색성(Color Rendering)

㉠ 광원에 의해 조명되어 나타나는 물체의 색을 연색이라 하고, 태양광(주광)을 기준으로 하여 어느 정도 주광과 비슷한 색상을 연출할 수 있는가를 나타내는 지표를 연색성이라 한다.

㉡ 백열등은 청색에 약간 녹색 기미를 띄면서 적색이 선명하여 연색성이 아주 좋으며, 메탈할라이드 등도 연색성이 좋다.

⑦ 조건등색(Metamerism)

분광 반사율이 다른 두 가지의 색이 어떤 광원 아래서 같은 색으로 보이는 현상

2 색의 지각효과

① 푸르킨예 현상

어둡게 되면(새벽녘과 저녁때) 즉, 명소시에서 암소시 상태로 옮겨질 때 빛의 파장이 긴 적색이나 황색은 희미하게 보이고, 파장이 짧은 녹색이나 청색은 밝게 보이는 현상

② 애브니 효과(Abney Effect)

㉠ 파장이 동일해도 색의 순도(채도)가 변함에 따라 그 색상이 변화하는 것

㉡ 단색광에 백색광을 더해감으로써 이 현상을 발견함

③ 베졸트-브뤼케 현상(Bezold-Bruke Effect)

㉠ 광이 빛의 강도에 따라 색상이 다르게 보이는 현상

㉡ 불변의 색 : 파랑(478nm), 녹색(503nm), 노랑(572nm)은 빛의 세기와 관계없이 일정하게 보이는 특별한 불변 색상

④ 리프만 효과(Liebmann's Effect)

㉠ 그림과 바탕의 색이 서로 달라도 그 둘의 밝기 차이가 크지 않을 때 그림으로 된 문자나 모양이 뚜렷하지 않게 보이는 현상

㉡ 색상의 차이가 커도 명도의 차이가 작으면 색의 차이가 쉽게 인식되지 않아 색이 희미하고 불명확하게 보임

㉢ 가시도가 높은 배색 순위

순위	바탕색	형상의 색
1	흑색	황색
2	황색	흑색
2	흑색	백색

⑤ 베너리 효과(Benery Effect)

흰색 배경 위에서 검정 십자형의 안쪽에 있는 회색 삼각형과 바깥쪽에 있는 회색 삼각형을 비교하면 안쪽에 배치한 회색이 보다 밝게 보이고, 바깥쪽에 배치한 회색은 어둡게 보이는 효과

⑥ 색음 현상(Colored Shadow Phenomenon)

㉠ 어떤 빛을 물체에 비추면 그 물체의 그림자가 빛의 반대 색상(보색)의 색조를 띠어 보이는 현상

㉡ 색을 띈 그림자라는 의미로 괴테가 발견하여 '괴테현상'이라도 함

⑦ 하만 그리드 현상(Hermann Grid Illusion)

㉠ 접하는 두 색을 망막세포가 지각할 때 두 색의 차이가 본래보다 강조된 상태로 지각되는 경우

㉡ 사각형의 블록 사이로 교차되는 지점에 하만도트라고 하는 회색 잔상이 보이며, 채도가 높은 청색에서도 회색 잔상이 보임

⑧ 스티븐스 효과(Stevens Effect)

㉠ 빛이 밝아지면 명도 대비가 더욱 강하게 느껴진다고 하는 시지각적 효과.

㉡ 흑백의 대비에서 가장 명확히 보이는데, 1963년 미국의 색채 학자 스티븐스가 검정과 하양의 명도 대비 효과가 낮은 조도에서 보다 높은 조도에서 훨씬 높아짐을 실험을 통해 증명해 보임

3 색의 3속성

① 색상(Hue) : 3원색의 판이한 차이(적색, 황색, 청색), 유채색에서만 볼 수 있음, 파장에 의한 색채

② 명도(Value) : 색의 밝은 정도를 척도화한 것, 빛의 반사율에 대한 척도

③ 채도(Chroma) : 색의 순수한 정도, 색채의 강약을 나타내는 성질

4 색의 표시법

★★ ① 멘셀의 표색계

㉠ 멘셀의 색상환 : 색의 3속성(색상, 명도, 채도)를 3차원적 입체로 표현, 세로축에 명도, 주위의 원주상에 색상, 중심의 가로축에서 방상으로 늘이는 축을 채도로 구성한 것이다

㉡ 표기법 : HV/C 순서로 기록

예) 5Y8/10 은 "5Y 8의 10"이라고 읽고 색상은 5Y, 명도 8, 채도는 10을 나타냄

㉢ 색상, 명도, 채도

색상 (Hue)	· 색상을 표시하기 위해서 색명의 머릿글자를 기호로 구성 · 빨강(R)·노랑(Y)·초록(G)·파랑(B)·보라(P)의 5색으로 나눈 후 그사이에 주황(YR)·연두(GY)·청록(BG)·남보라(PB)·자주(RP)가 배치되어 10색으로 분할, 10색상의 순서는 R.YR.Y.GY.G.BG.B.PB.P.RP · 10색상을 등간격으로 10등분하여 전체를 100등분시킴, 각 색상의 5번째 색상이 대표색이며 (5R, 5Y..) 색상은 인접한 대표색의 영향을 받음 · 색생환에서 원주의 반대편에 있는 색은 서로 보색관계
명도 (Value)	· 무채색의 흑색을 0으로 하고 백색을 10으로 나눈 것으로 11단계로 무채색의 기본적인 단계로 구성 · 실제로 빛을 흡수, 반사하는 완전한 흑색(0)과 백색(10)은 현실적으로 존재하지 않으므로 검정을 1, 모두 반사하는 흰색을 9.5로 하여 구분 · 명도 번호가 클수록 명도가 높고 작을수록 명도가 낮음. 무채색을 표시하기 위하여 Neutral의 문자를 취해 N1, N2, N3, N4, ... 로 표시
채도 (Chroma)	· 무채축을 0으로 하고 수평방향으로 차례로 번호가 커짐. 번호가 높을수록 채도는 높으며 색상에 따라 채도는 다름 · 색상의 채도가 가장 높은 색을 순색이라 함 · 채도는 색 표기법의 보통 /2,/4,/6, ..., /14등과 같이 2단위로 구성, 저채도 부분의 실용성을 위해 /1과 /3을 추가하여 /1,/2,/3, /4,/6,/8 또는 /3을 빼서/1,/2,/4,/6,/8 등으로 사용

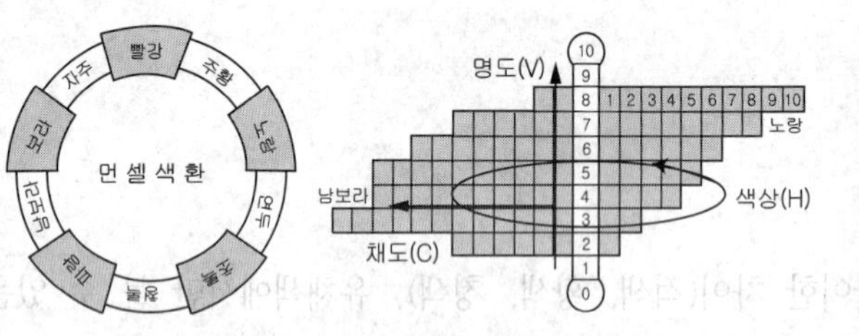

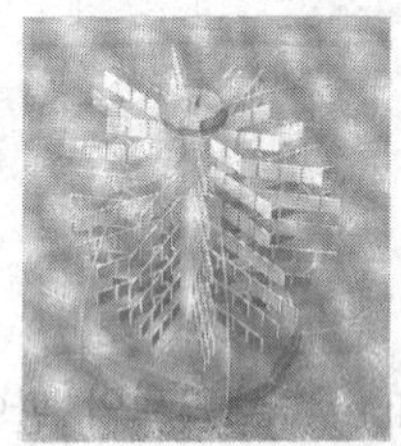

② 오스트발트 표색계

㉠ 특징 : 멘셀의 색의 3속성에 따른 지각적으로 고른 감도를 가진 체계적인 배열이 아니고 색량이 많고 적음에 의하여 만들어진 것으로 혼합하는 색량의 비율에 의하여 만들어진 체계

㉡ 기본이 되는 색채
- 모든 빛을 완전하게 흡수하는 이상적인 흑색(B)
- 모든 빛을 완전하게 반사하는 이상적인 백색(W)
- 완전색(C) (Full color) : 이상적인 순색

㉢ 백색량(W)+흑색량(B)+순색량(C)=100%로 하여 등색상면뿐만 아니라 어떠한 색이라도 혼합량은 일정하며, 무채색의 경우 W+B=100%

㉣ 오스트발트의 색상환
- 황(Yellow), 남(Ulteramarine Blue), 적(Red), 청록(Sea green)의 4색의 중간에 주황(Orange), 청(Turquoise), 자(Purple), 황록(Leaf green)을 배치하여 8색, 최종적으로 이것을 다시 3등분하여 모두 24가지 색상으로 구분

㉤ 오스트발트의 색입체

- 3각형을 회전시켜서 이루어지는 원뿔 2개를 위아래로 맞붙여 놓은 모양으로, 주판알과 같은 복원뿔체
- 색입체 중 포함되어 있는 유채색은 색상기호 백색량, 흑색량의 순으로 표기

예) 2Rne에서 2R은 색상, n은 백색량, e 흑색량을 표시

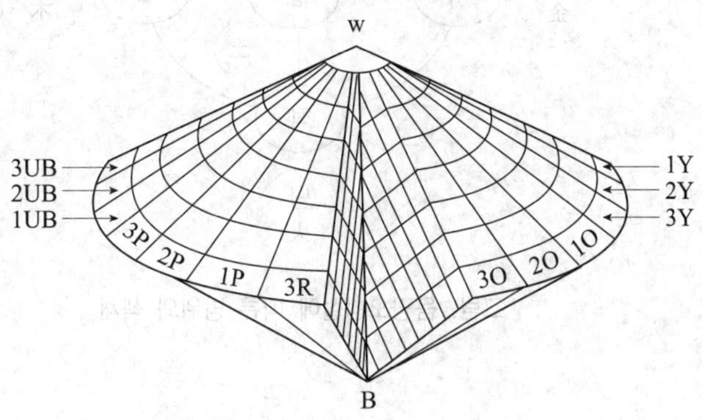

그림 . 오스트발트의 색입체

5 한국인의 색

① 배경사상

㉠ 음과 양의 기운이 생겨나 하늘과 땅이 되고 다시 음양의 두 기운이 목(木)·화(火)·토(土)·금(金)·수(水)의 오행을 생성하였다는 음양오행사상을 기초

㉡ 오행에는 오색이 따르고 방위가 따르는데, 중앙과 사방을 기본으로 삼아 황(黃)은 중앙, 청(青)은 동, 백(白)은 서, 적(赤)은 남, 흑(黑)은 북을 뜻함

★ ② 오방색(양에 해당되는 색)

황(黃)	오행 가운데 토(土)에 해당하며 우주의 중심이라 하여 가장 고귀한 색으로 취급되어 임금의 옷을 만들었다.
청(青)	오행 가운데 목(木)에 해당하며 만물이 생성하는 봄의 색, 귀신을 물리치고 복을 비는 색으로 쓰였다.
백(白)	오행 가운데 금(金)에 해당하며 결백과 진실, 삶, 순결 등을 뜻하기 때문에 우리 민족은 예로부터 흰 옷을 즐겨입었다.
적(赤)	오행 가운데 화(火)에 해당하며 생성과 창조, 정열과 애정, 적극성을 뜻하여 가장 강한 벽사의 빛깔로 쓰였다
흑(黑)	오행 가운데 수(水)에 해당하며 인간의 지혜를 관장한다고 생각

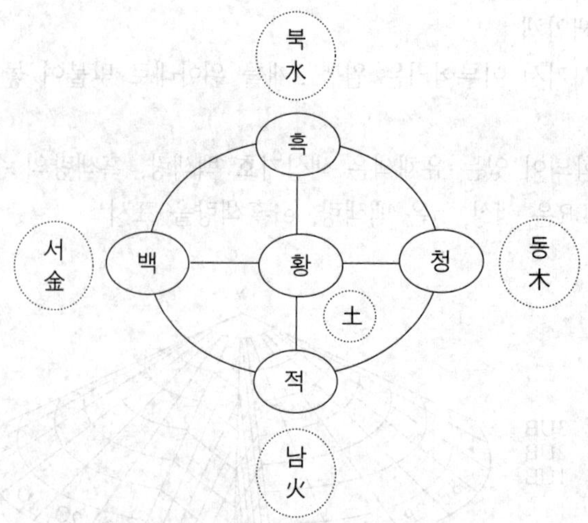

그림. 음양오행설에 따른 방위와 색채

★ ③ 오간색

㉠ 음양오행 사상에서 음(陰)에 해당되는 색으로, 다섯 가지 방위인 동, 서, 남, 북, 중앙 사이에 놓이는 색

㉡ 동방 청색과 중앙 황색의 간색인 녹색(綠色), 동방 청색과 서방 백색의 간색인 벽색(碧色), 남방 적색과 서방 백색의 간색인 홍색(紅色), 북방 흑색과 중앙 황색의 간색인 유황색(硫黃色), 북방 흑색과 남방 적색과의 간색인 자색(紫色)이 있다.

6 색의 지각적 효과

① 색채의 대비

㉠ 동시대비 : 두 색 이상을 동시에 볼 때 일어나는 대비현상으로 색상의 명도가 다를 때 구별되는 현상으로 동시대비에는 색상대비, 명도대비, 채도대비, 보색대비가 있음

- 명도대비 : 명도가 다른 두 색이 서로 영향을 받아 밝은 색은 더 밝게 어두운 색은 더 어둡게 보이는 현상
- 색상대비 : 조합된 색에 의해 시각적으로 두드러지게 나타나는 것, 색상환에서 멀리 떨어진 색끼리 조합할수록 색상대비가 크다.
- 채도대비 : 채도가 높은 색과 낮은 색이 있을 때 높은 색을 더 높게 낮은 색은 더 낮게 보임
- 보색대비 : 서로 보색관계인 두 색을 나란히 놓으면 서로의 영향으로 인하여 각각의 채도가 더 높아 보이는 현상

㉡ 한난대비 : 찬색과 따뜻한 색이 병치될 때 그 인상이 더해지는 현상

㉢ 면적대비 : 명도가 높은 색과 낮은 색이 병렬 될 때 높은 것은 넓게 보이고 낮은 것은 좁게 느껴지는 현상, 면적이 크면 채도, 명도가 증가함

㉣ 계시대비 : 시간적인 차이를 두고, 2개의 색을 순차적으로 볼 때에 생기는 색의 대비현상

ⓜ 연변대비 : 어느 두색이 맞붙어 있을 때 그 경계 언저리는 멀리 떨어져 있는 부분보다 색상대비, 명도대비, 채도대비 현상이 더 강하게 일어나는 현상

■ 참고 : 동화현상
동시대비와는 반대현상이며 옆에 있는 색과 닮은 색으로 변해 보이는 현상

② 잔상(after image)

㉠ 색상에 의하여 망막이 자극을 받게 되면 시세포의 흥분이 중추에 전해져 자극이 끝난 후에도 계속해서 생기는 시감각 현상

㉡ 시적잔상

구분	내용
정의(양성)잔상	– 자극으로 생긴 상의 밝기와 색이 똑같은 느낌으로 계속해서 보이는 현상 예) 영화나 TV영상
부의(음성)잔상	– 자극으로 생긴 상이 밝기나 색상 등이 정반대로 느껴지는 현상 예) 백은 흑으로 흑은 백으로, 자극색상의 보색으로 색상대비
보색(심리)잔상	– 어떤 원색을 보다가 백색면으로 시선을 옮기면 그 원색의 보색이 보이는 현상으로 망막의 피로현상 때문에 생기는 현상

7 색채의 심리

① 온도감 : 색상의 차, 색에서 느껴지는 따뜻함, 차가움

㉠ 따뜻한 색 – 빨강, 주황, 노랑 등의 긴파장

㉡ 차가운 색 – 파랑, 남색 청록 등 짧은 파장

㉢ 중성색 – 자주, 보라, 녹색, 연두 등은 때로는 차갑게 때로는 따뜻하게 느껴지며 중간온도의 느낌을 주는 색을 중성색이라 한다.

㉣ 온도감은 색의 세가지 속성 중 색상에 주로 영향을 받는다.

② 흥분과 침착

㉠ 따뜻한 색 – 고채도의 난색은 심리적으로 흥분감을 유도

㉡ 차가운 색 – 저채도의 경우는 심리적으로 침정되는 느낌을 줌

③ 거리감 및 진출 후퇴 : 진출색과 후퇴색, 팽창색과 수축색

㉠ 따뜻한 색이나 명도가 높은 색은 외부 확산 성격이 있으며 일반적으로 팽창색이 진출색이 됨

㉡ 차가운 색이나 명도가 낮은색은 내부로 위축되는 성격이 있으며 일반적으로 후퇴색은 수축색이 됨

④ 중량감 : 무게감의 원리/ 명도와 중량감과의 관계

㉠ 무게감에 가장 영향을 주는 것은 명도이며 유채색의 경우도 무게감에 영향을 줌

㉡ 파랑이나 빨강이 보라나 주황, 녹색보다 가볍게 느껴짐

㉢ 난색계역은 가벼운 느낌, 한색계열은 무거운 느낌을 주는 경향

⑤ 시인성, 유목성, 식별성

㉠ 시인성 : 대상이 잘 보이는 정도를 말한다. 대부분 대상의 크기와 배경의 색채에 따라서 다르게 보이게 된다. 색의 3속성 중에서 대상물과 배경의 명도 차이가 클수록 멀리서도 잘 보이게 되고 톤의 차이가 크게 날 경우에도 시인성은 높아지게 된다.

㉡ 유목성 : 색이 사람의 시선을 끄는 심리적인 특성을 말한다. 빨강, 주황, 노랑은 녹색이나 파랑보다 눈에 잘 띄는 특성이 있고, 배경에 따라서도 색은 다르게 작용한다.

㉢ 식별성 : 어떤 대상이 다른 것과 서로 구별되는 속성을 말한다. 정보를 효과적으로 전달하는데 이용되며 주로 지도나 포스터 등의 시각자료에서 많이 쓰인다.

8 색명법

① 색명 : 색의 이름

② 색명체계

기본색명	– 한국 ks가 규정한 빨강, 주황, 노랑, 연두, 녹색, 청록색, 파랑색, 남색, 보라, 자주색
일반색명	– 계통색명 – ks 색명은 ISCC-NBS에 기준을 하고 있다. – 기본 색명에 색상·명도·채도를 나타내는 형용사나 수식어를 붙여서 나타낸다. (탁한 빨강, 진한 노랑)
관용색명	– 관용적이고 부르는 방법 – 습관적으로 사용하는 색 하나하나의 고유한 색명으로 동물, 식물, 광물, 지명, 인명, 자연현상 등에서 이름을 따서 붙인 색명(비둘기색, 딸기색 등)

■ **참고** : ISCC-NBS

미국 국제색채협의회 색이름은 세계 공통으로 사용되고 있는 이름의 표준이다.
색을 29가지의 색상으로 분류하고 각 색상의 명도와 채도의 변화는 20가지의 형용사를 사용하여 나타내도록 제정되어있다.

9 색의 혼색

① 삼원색 : 다른 색을 혼합해도 얻을 수 없는 기준이 되는 색

② 가법혼색

- 색광을 혼합하여 새로운 색을 만듬, 색광혼합은 색광을 가할수록 혼합색이 점점 밝아진다.
- 가법혼색 : 빨강(Red), 초록(Green), 파랑(Blue)은 색광의 3원색, 모두 합치면 백색광이 된다.

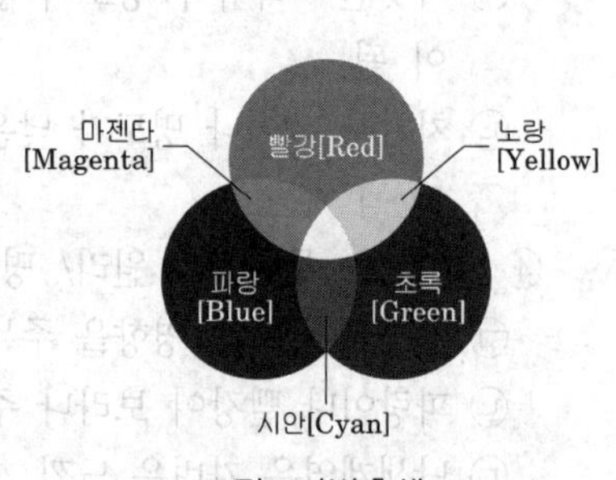

그림. 가법혼색

③ 중간혼색 : 혼색결과가 색의 밝기와 색이 평균치보다 밝아 보이는 혼합으로 종류에는 계시가법혼색, 병치가법혼색이 있다.

④ 감법혼색

- 혼합색이 원래의 색보다 명도(明度)가 낮아지도록 색을 혼합하는 방법
- 감법 혼색 : 마젠타(Magenta), 노랑(Yellow), 시안(Cyan)이 감법혼색의 3원색이며 이 3원색을 모두 합하면 검정에 가까운 색이 된다. 감산혼합, 색료혼색이라고도 한다.

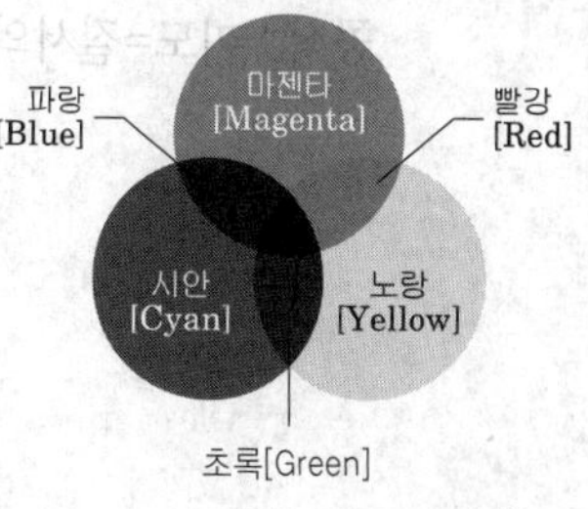

그림. 감법혼색

10 색채조화론

① 레오나르도 다빈치 – 색채조화의 연구를 통해서 이론을 제시, 선구자적인 역할

㉠ 흰색, 노랑, 녹색, 파랑, 빨강, 검정의 6색을 기본으로 삼음

㉡ 반대색의 조화를 최초로 주장, 명암 대비법을 개발

★ ② 저드(D.B. judd)의 색채조화론 – 색공간에서 일정한 법칙에 따라 선택한 색은 조화한다.

㉠ 질서의 원리	규칙적으로 선택된 색은 조화롭다.
㉡ 유사성의 원리	어떤색이라도 공통성이 있으면 조화롭다.
㉢ 친근성의 원리	자연계처럼 사람에게 알려진 색은 조화롭다.
㉣ 명료성의 원리	여러색의 관계가 애매하지 않고 명쾌한 것이면 조화롭다.

★ ③ 셔브뢸(Chevreul, M.E.)의 색채 조화론

㉠ 색의 3속성에 바탕을 둔 색채체계를 만들었으며 조화를 유사 및 대비의 관계에서 규명

㉡ 「색의 조화와 대비의 법칙」을 저술 "색채조화는 유사성의 조화와 대조에서 이루어진다." 라고 주장

㉢ 주요 이론

- 두 색의 대비적인 조화는 두 색의 대립색상에 의해서 얻을 수 있다
- 색의 3원색에서 2색의 배색은 중간색의 배색보다 더 잘 조화된다.
- 서로 맞지 않는 배색은 그 사이에 흰색이나 검정색을 사용하면 조화를 이룰 수 있다고 하였다.

④ 문(P.Moon) & 스펜서(D.E.Spencer)의 색채조화론

㉠ 종래에 감성적으로 다루어졌던 색채조화론의 미흡한 점을 제거하고 과학적(기하학적 공식화함)으로 설명할 수 있도록 한 것이 특징

㉡ 주요이론

- 오메가 공간의 색입체 설정
- 색채조화와 부조화

조화	동일성의 조화, 유사성의 조화, 대조성의 조화
부조화	애매한 관계의 배색, 불쾌한 조합

- 색채조화의 면적 효과
- 미도(美度)계산 : 배색의 좋고 나쁨은 질서의 요소와 복잡함의 요소로 산출
  공식 : 미도=질서의 요소/복잡한 요소로 계산

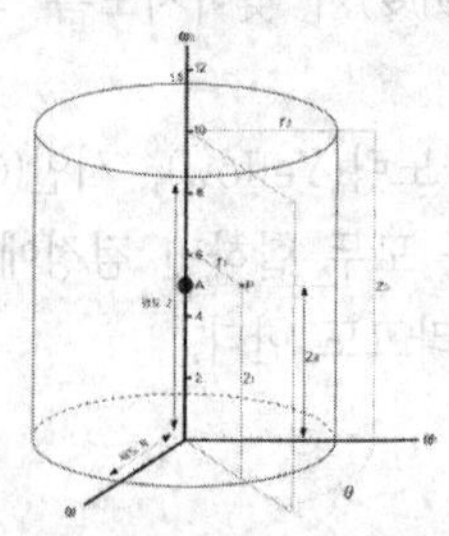

그림. 문과 스펜서의 오메가공간(색공간)

핵심기출문제

내친김에 문제까지 끝내보자!

1. 색채가 주는 감정적인 효과로 옳지 않는 것은?

① 빨강과 주황은 흥분을 일으킨다.
② 명도가 낮은 색은 가볍고 확장되어 보인다.
③ 초록은 감정을 가라앉힌다.
④ 청자색은 우울한 효과를 일으킨다.

2. 색채의 면적 효과로서 하나의 색이 차지하는 면적이 커진다면?

① 채도와 명도가 높아져 보인다.
② 채도만 높아져 보인다.
③ 명도만 높아져 보인다.
④ 변화가 없다.

3. 시각적 명시도가 가장 높은 것은?

① 검정 바탕에 흰색 ② 파란 바탕에 회색
③ 빨강 바탕에 노란색 ④ 녹색 바탕에 빨강색

4. 녹음 속에 쌓인 빨간 지붕이 선명하고 아름답게 보인다. 어떤 대비인가?

① 색상 대비 ② 보색 대비
③ 명도 대비 ④ 채도 대비

5. 공원 표지판의 바탕색이 보라색일 때 색인지도가 가장 좋은 것은?

① 검정색 ② 빨강색
③ 파랑색 ④ 노랑색

6. 초저녁에 청록색 계통은 보이나 황색이나 적색은 거의 보이지 않는 현상은?

① 푸르킨 현상 ② 명암 순응
③ 리브만 효과 ④ 착시 현상

정답 및 해설

해설 **1**
명도가 높은 색이 가볍고 확장되어 보인다.

해설 **2**
색채의 면적대비이다.

해설 **3**
색의 명도대비이다.

공통해설 **4, 5**
보색대비
빨강–녹색, 노랑–보라

해설 **6**
푸르키니에 현상
동틀무렵·저녁무렵에 단파장의 녹색이나 청색이 잘 보이는 현상

정답 1. ② 2. ① 3. ① 4. ② 5. ④ 6. ①

정답 및 해설

7. 다음 빈칸에 들어갈 용어를 순서대로 연결된 것은?

> (A) : 대상의 존재나 형상이 보이기 쉬운 정도
> (B) : 다수의 대상이 존재할 때 어느 색이 보다 쉽게 지각되는지 또는 쉽게 눈에 띄는지의 정도
> (C) : 색의 차이에 의해 대상이 갖는 정보의 차이를 구별하여 전달하는 성질

① A : 식별성, B : 유목성, C : 시인성
② A : 유목성, B : 가독성, C : 식별성
③ A : 정서성, B : 상징성, C : 시인성
④ A : 시인성, B : 유목성, C : 식별성

8. 멘셀 색환의 기본적인 가지 수는?

① 10개 ② 12개
③ 24색 ④ 100개

9. 멘셀 시스템에서 색의 3속성을 표기하는 기호의 순서가 맞는 것은?

H : 색상	V : 명도	C : 채도

① HV/C ② VH/C
③ CV/H ④ HC/V

10. G8/1과 G5/1로 표시되는 색채의 차이는?

① 색상과 채도는 같지만 명암이 다르다.
② 색상과 명암은 같지만 채도가 다르다.
③ 명암과 채도는 같지만 색상은 다르다.
④ 전자는 광선, 후자는 물감의 색채를 말한다.

11. 멘셀 표색계에서 5Y4/6은 일정한 느낌을 줄 수 있는 하나의 색을 나타낸다. 이 표시 중 4의 숫자는 무엇을 가르키는가?

① 색상 ② 명도
③ 채도 ④ 색명

해설 **7**

- 시인성 : 대상이 잘 보이는 정도를 말한다. 대부분 대상의 크기와 배경의 색채에 따라서 다르게 보이게 된다.
- 유목성 : 색이 사람의 시선을 끄는 심리적인 특성을 말한다.
- 식별성 : 어떤 대상이 다른 것과 서로 구별되는 속성을 말한다.

해설 **8**

우리나라 공업규격, 교육용은 멘셀 색환이다.

공통해설 **9, 10**

멘셀의 색의 3속성 표기-HV/C

해설 **11**

멘셀표색계 : 색상·명도 / 채도
5Y : 색상, 4 : 명도, 6 : 채도

정답 7. ④ 8. ① 9. ① 10. ① 11. ②

12. 서로 접근시켜서 놓여진 두개의 색을 동시에 볼 때에 생기는 색 대비에 적용되는 것은?

① 색대비
② 동시대비
③ 계시대비
④ 유도색

13. 음양 오행사상에 따른 다섯가지 색채(오방정색)에 가장 적합하지 않는 것은?

① 청색 ② 적색
③ 녹색 ④ 황색

14. 다음 중 색입체에 관한 설명으로 틀린 것은?

① 색입체의 중심축은 무채색 축이다.
② 오스트발트 표색계의 색입체는 타원과 같은 형태이다.
③ 색의 3속성을 3차원 공간에다 계통적으로 배열한 것이다.
④ 먼셀표색계의 색입체는 나무의 형태를 닮아 color tree라고 한다.

15. 한국의 전통색 중 동쪽, 봄을 의미하는 오정색은?

① 청색 ② 적색
③ 백색 ④ 황색

16. 멘셀 색표계의 내용에 관한 설명 중 잘못된 것은?

① R, Y, G, B, P의 5색과 그 보색인 5색을 추가하여 10색상을 기본으로 만든 것이다.
② 채도 단위는 2단위를 기본으로 하였으나 저채도부분에서는 실용적으로 1과 3을 추가하였다.
③ 무채색의 명도는 숫자 앞에 'N'을 붙인다.
④ 유채색의 명도는 0.5 단위로 배열되어 0.5부터 9.5까지 19단계로 하였다.

정답 및 해설

해설 12

동시대비
두 색 이상을 동시에 볼 때 일어나는 대비현상으로 색상의 명도가 다를 때 구별되는 현상으로 동시대비에는 색상대비, 명도대비, 채도대비, 보색대비가 있음

해설 13

오방색에는 청색, 적색, 황색, 백색, 흑색이 있다.

해설 14

오스트발트의 표색계의 색입체는 주판알과 같은 복원추체이다.

해설 15

한국의 전통색 오방정색이라고도 하며, 황(黃), 청(靑 : 봄), 백(白 : 가을), 적(赤 : 여름), 흑(黑 : 겨울)의 5가지 색을 말한다.

해설 16

유채색의 명도는 흑색1~백색 9.5까지 10단계로 하였다.

정답 12. ② 13. ③ 14. ② 15. ① 16. ④

정 답 및 해 설

17. 색채의 진출, 후퇴와 팽창, 수축에 관한 설명에 가장 거리가 먼 것은?

① 진출색은 황색, 적색 등의 난색계열이다.
② 팽창색은 명도가 어두운 색이다.
③ 수축색은 한색계열이다.
④ 후퇴색은 파랑, 청록 등의 한색계열이다.

해설 17

팽창색 - 진출색, 난색계열, 명도가 높은 색

18. 색에 대한 설명 중 옳지 않는 것은?

① 명도, 채도, 색상을 색의 3속성이라 한다.
② 명도는 검정과 흰색 사이의 11단계로 구분한다.
③ 명도와 채도를 혼합한 것을 색채라 한다.
④ 유채색과 무채색은 색의 3속성을 모두 갖는다.

해설 18

유채색은 색의 3속성을 가지며, 무채색은 명도만 가진다.

19. 명도 순으로 나열한 것은?

① 주황–노랑–빨강–초록
② 주황–초록–남색–검정
③ 흰색–노랑–초록–연두
④ 노랑–남색–초록–연두

해설 19

명도가 높은 순은 밝은색(난색)에서 어두운색(한색)의 배열을 말한다.

20. 식물의 색채효과에 관한 기술 중 가장 적당치 않은 것은?

① 식물의 색채는 다양할수록 그 효과가 크다.
② 상록수의 어두운 색은 침착, 엄숙 또는 침울한 효과를 준다.
③ 어두운 녹색을 밝은 녹색에 잘 대비시키면 이 두가지 색채의 효과가 모두 증대될 수 있다.
④ 밝은 색채를 가라앉은 색채에 조화시킬 경우 밝은 색채의 면적은 적어야 효과가 크다.

해설 20

색의 다양함은 적당한 것이 좋다.

21. 색채와 빛의 성질 중에서 옳지 않은 것은?

① 빨강색 빛은 프리즘에 의하여 가장 작게 굴절한다.
② 어떤 표면에 여러 종류의 색소를 칠할수록 어두워진다.
③ 어떤 표면에 여러 종류의 빛을 비출수록 표면은 밝아진다.
④ 흰색표면은 그 위에 비치는 빛을 거의 모두 흡수하기 때문에 명도가 높다.

해설 21

흰색은 빛을 반사한다.

정답 17. ② 18. ④ 19. ② 20. ① 21. ④

정 답 및 해 설

22. 색에 있어 무채색이 많을수록 흐리고 탁해지며, 또 적을수록 밝아진다. 이에 해당하는 것은?

① 색상 ② 명도
③ 채도 ④ 순색

해설 22
채도 : 색의 순수도, 색의 강약으로 어떤 색의 순색에 흰색과 녹색의 무채색이 포함될수록 채도는 낮아진다.

23. 다음 부조화의 색(Color discord)에 대한 설명 중 적합지 않은 것은?

① 부조화의 색은 조화색에 반대되는 말로서 이 색들의 배합은 시각적으로 혼란스러운 느낌을 준다.
② 부조화의 색들은 서로 기본적인 친화감을 갖고 있지 않기 때문에 배척적이어서 서로 어울리지 않는다.
③ 부조화의 색조는 시각적으로 놀라움, 혹은 자극적이어서 회화나 디자인에 있어서 전혀 유용한 수단이 될 수 없다.
④ 오렌지색과 연두색은 일반적으로 어울려 보이지 않는다.

해설 23
부조화의 색
① 조화색의 반대 개념
② 배척적이며 서로 어울리지 않음, 어느 쪽으로든지 의도가 명료하지 않게 보이는 것
③ 극적 효과를 나타내거나 할 때 회화나 디자인에서 사용됨

24. 색채의 조화와 부조화를 쾌적한 간격(Pleasing Interval)과 불쾌한 간격(displeasing interval)으로 구분 이를 색공간 속에 좌표로서 표시해 놓은 사람은 다음 중 누구인가?

① Moon·Spencer ② Ostwald
③ Munsell ④ Hering

해설 24
문(P.Moon)&스펜서(D.E.Spencer)
① 종래에 감성적으로 다루어졌던 색채조화론의 미흡한 점을 제거하고 과학적(기하학적 공식화함)으로 설명할 수 있도록 한 것이 특징
② 오메가 공간의 색입체 설정

25. 다음 저드가 유형화한 색채조화의 원리 중 [보기]의 설명이 가리키는 것은?

이는 균등하게 구분된 색공간에 기초를 둔 오스트발트나 문, 스펜서의 조화론에 근거한 것으로, 색공간 내부의 규칙적인 선이나 원위에서 선정된 어떠한 색도 조화한다는 원리이다. 이는 색채조화의 가장 기본으로 정착된 원리의 하나이다.

① 질서의 원리
② 명료의 원리
③ 친근성의 원리
④ 유사성의 원리

해설 25
저드(D.B. judd)의 색채조화론
· 질서의 원리 : 규칙적으로 선택된 색은 조화롭다.
· 유사성의 원리 : 어떤색이라도 공통성이 있으면 조화롭다.
· 친근성의 원리 : 자연계처럼 사람에게 알려진 색은 조화롭다.
· 명료성의 원리 : 여러색의 관계가 애매하지 않고 명쾌한 것이면 조화롭다.

정답 22. ③ 23. ③ 24. ① 25. ①

26. 다음 중 먼셀색체계의 색상환을 구성하는 5가지 주요색상은 어느 것인가?

① 빨강, 노랑, 초록, 파랑, 보라
② 주황, 보라, 노랑, 자주, 연두
③ 흰색, 빨강, 검정, 파랑, 노랑
④ 보라, 초록, 파랑, 연두, 흰색

해설 26
멘셀의 5가지 색 – 빨강(R)·노랑(Y)·초록(G)·파랑(B)·보라(P)의 5색

27. 해가 지고 주위가 어둑어둑 해질 무렵 낮에 화사하게 보이던 빨간 꽃은 거무스름해져 어둡게 보이고, 그 대신 연한 파랑이나 초록의 물체들이 밝게 보이는 현상을 무엇이라고 하는가?

① 베졸드 브뤼케 현상　② 하마그리드 현상
③ 애브니 효과 현상　④ 푸르킨예 현상

해설 27
① 베졸드 브뤼케 현상 (Bezold-Brüke effect) : 광이 빛의 강도에 따라 다르게 보이는 현상
② 하만 그리드 현상 (Hermann Grid Illusion) : 수직 및 수평의 하얀 줄로 구분되는 검은 칸의 격자로, 하얀 줄의 교차지점에 실제로는 없는 회색 점들이 보이는 착시

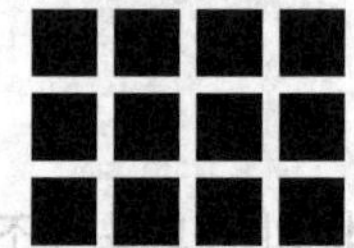

③ 애브니효과(Abney effect) : 파장이 같아도 색의 채도가 변함에 따라 색상이 변화하는 현상

28. 다음 (　)안에 공통적으로 들어갈 용어는?

> 색은 물리적으로 빛에 의해 일어나는 감각이며 일반적으로 빨강, 노랑, 파랑, 보라 등 빛의 파장에 따라 다양하게 색을 지칭하고 있다. (　)(이)란 이들 파장의 차이가 여러 가지인 색채를 말한다. 바꾸어 말하면 색채를 구별하기 위해 필요한 색채의 명칭이 (　)이다.

① 색지각　② 색감각
③ 색상　④ 채도

29. 슈브룰(chevreul)의 색채 조화론에서 2가지 색을 조합해서 좋은 조화를 얻지 못하는 때 그 사이에 어떠한 색들을 삽입하면 배색을 좋게 할 수 있는가?

① 적색, 황색, 등색　② 백색, 청색, 적색
③ 백색, 흑색, 회색　④ 청색, 녹색, 자색

해설 29
서로 맞지 않는 배색은 그 사이에 흰색이나 검정색을 사용하면 조화를 이룰 수 있다라고 하였다.

30. 한국의 전통색채 및 색채의식에 대한 설명 중 틀린 것은?

① 음양오행사상을 기본으로 한다.
② 오정색과 오간색의 구조로 되어있다.
③ 색채의 기능적 실용성 보다는 상징성에 더 큰 의미를 두었다.
④ 계급서열과 관계없이 서민들에게도 모든 색채 사용이 허용되었다.

해설 30
한국의 전통색채 및 색채는 계급서열을 나타내어 색채가 제한적으로 사용된다.

정답 26. ① 27. ④ 28. ③ 29. ③ 30. ④

31. 감법혼색으로 3원색의 2색을 조합하여 혼색한 결과가 틀린 것은?

① 옐로우(Y)+시안(C)=초록(G)
② 시안(C)+마젠타(M)+옐로우(Y)=흰색(W)
③ 마젠타(M)+옐로우(Y)=빨강(R)
④ 시안(C)+마젠타(M)=파랑(B)

32. 색료혼합에서 다음 A부분에 해당되는 혼합결과 색명은?

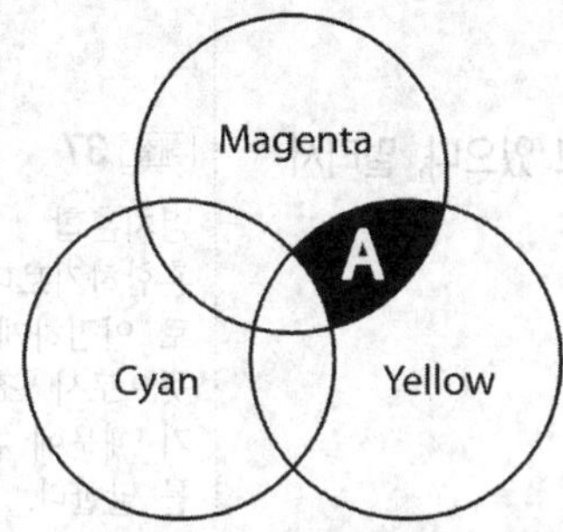

① Blue　② Green
③ Red　④ Black

33. 연극무대에서 주인공을 향해 녹색과 빨간색 조명을 각각 다른 방향에서 비추었다. 주인공에게는 어떤 색의 조명으로 비춰질까?

① Cyan　② Grey
③ Magenta　④ Yellow

34. 한국이나 중국에서 색을 오행(五行)에 비유하여 나타내는 상징으로 사용하였다. 다음 중 색과 오행의 연결이 틀린 것은?

① 빨강 – 불(火)　② 노랑 – 흙(土)
③ 검정 – 물(水)　④ 파랑 – 쇠(金)

35. 오스트발트 색상환에 대한 설명으로 틀린 것은?

① 헤링의 반대색설의 4색을 기본으로 만들었다.
② 노랑과 남색, 빨강과 청록의 그 중간 색상을 배열하여 8색으로 만들었다.
③ 우측 회전순으로 번호를 붙인 24색을 만들었다.
④ 최종적으로 100색상을 사용한다.

해설 **31**

시안(C)+마젠타(M)+옐로우(Y)=검정

해설 **32**

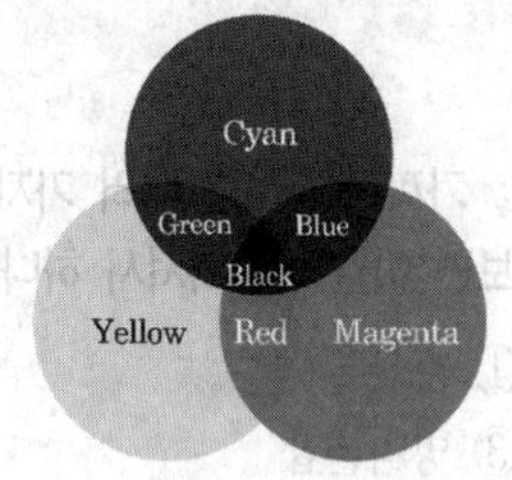

해설 **33**

빛의 혼합(가법혼합)
: 녹색 + 빨강 = 노랑

해설 **34**

오행의 상징
· 빨강 – 불 (火)
· 검정 – 물 (水)
· 노랑 – 흙 (土)
· 흰색 – 쇠 (金)
· 파랑 – 나무 (木)

해설 **35**

오스트발트의 색상환
멘셀의 색의 3속성에 따른 지각적으로 고른 감도를 가진 체계적인 배열이 아니고 색량이 많고 적음에 의하여 만들어진 것으로 혼합하는 색량의 비율에 의하여 만들어진 체계

정답 31. ② 32. ③ 33. ④ 34. ④ 35. ④

정 답 및 해 설

36. 다음 중 시간성과 속도감에 대한 설명으로 틀린 것은?

① 높은 명도의 밝은 색이 느리게 움직이는 것으로 느껴진다.
② 높은 채도의 맑은 색은 속도감이 빠르게, 낮은 채도의 칙칙한 색은 느리게 느껴진다.
③ 장파장 계열은 시간이 길게 느껴지고, 속도감에서는 반대로 빨리 움직이는 것 같이 지각된다.
④ 주황색 선수 복장은 속도감이 높아져 보여 운동경기 시 상대편을 심리적으로 위축시키는 효과가 있다.

해설 36
높은 명도의 밝은색은 빠르게 움직이는 것으로 느껴진다.

37. 가까이서 보면 여러 가지 색들이 좁은 영역을 나누고 있으나, 멀리서 보면 이들이 섞여져서 하나의 색채로 보이는 혼합은?

① 가산혼합 ② 감산혼합
③ 병치혼합 ④ 보색혼합

해설 37
병치혼합
혼합하기보다 각기 다른 색을 서로 인접하게 배치해 놓고 본다는 뜻으로서 조밀하게 병치되어 있기 때문에 혼색되어 보이는 경우를 말한다.

38. 색의 시인성에 대한 설명으로 틀린 것은?

① 명도차가 클수록 시인성이 높다.
② 지하철 차량의 노선도, 스포츠 유니폼 색분류 등에 활용된다.
③ 도로의 이정표, 공원의 안내문, 다양한 사인물 등에 활용된다.
④ 대상의 존재나 모양이 멀리서 보아도 색채나 문자를 정확히 인지하기 쉬운 정도를 말한다.

해설 38
색의 시인성
대상물의 존재 또는 모양이 원거리에서도 식별이 쉬운 성질로 명도 차가 클수록 시인성이 높다.

39. 어두운 곳에서 빛의 파장이 긴 적색이나 황색은 희미하게, 파장이 짧은 청색이나 녹색은 밝게 보이는 현상은?

① 잔상 ② 색순응
③ 밝기의 항상성 ④ 푸르키니에 현상

해설 39
푸르키니에 현상
어둡게 되면(새벽녘과 저녁때) 즉, 명소시에서 암소시 상태로 옮겨질 때 빛의 파장이 긴 적색이나 황색은 희미하게 보이고, 파장이 짧은 녹색이나 청색은 밝게 보이는 현상

40. 밝은 곳에서 어두운 곳으로 들어갔을 때, 처음에는 제대로 보이지 않다가 시간이 지남에 따라 보이기 시작하는 현상은?

① 암순응 ② 연색성
③ 조건등색 ④ 푸르키니에 현상

해설 40
암순응
간상체가 시야의 어둠에 순응으로 빛이 없을 때 간상체만 활동하는 시각 상태를 말함

정답 36. ① 37. ③ 38. ② 39. ④ 40. ①

41. 다음 [보기]의 먼셀 기호 표시에 대한 설명으로 틀린 것은?

[보기]	5R 4/10

① 명도는 4 이다. ② 색상은 5R 이다.
③ 채도는 4/10 이다. ④ '5R 4의 10'이라고 읽는다.

42. 색채계획 단계에 있어 사용 목적과 면적에 따라 적용할 색을 3종류로 분류한 것 중 맞는 것은?

① 주조색, 보강색, 강조색 ② 주조색, 보조색, 강조색
③ 주요색, 보조색, 강한색 ④ 주조색, 보강색, 강한색

43. 색상환에 대한 설명으로 틀린 것은?

① 먼셀표색계는 색의 3속성인 색상, 명도, 채도로 색을 기술하는 방식이다.
② 색상환은 색상에 따라 계통적으로 색을 둥그렇게 배열한 것이다.
③ 색상의 분할은 빨강, 노랑, 초록, 파랑, 보라의 5가지 주요색상에 중간색을 삽입한 10색상을 고리모양으로 배치한다.
④ 오스트발트 표색계에서는 빨강, 노랑, 초록, 파랑, 자주의 다섯 가지를 기본으로 하고 있다.

44. 다음 색입체에서 가장 채도가 높은 빨강의 순색은?

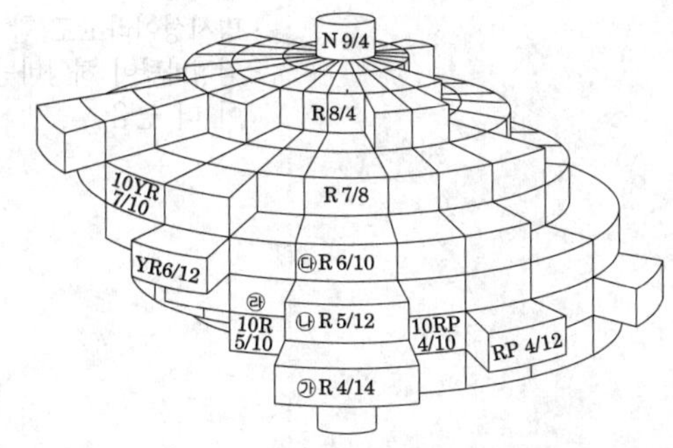

① ㉮ R 4/14 ② ㉯ R 5/12
③ ㉰ R 6/10 ④ ㉱ 10R 5/10

정 답 및 해 설

해설 **41**

5R 4/10
색상·명도/채도의 순으로 색상은 5R, 명도는 4, 채도는 10을 나타낸다.

해설 **42**

주조색, 보조색, 강조색
- 주조색 : 배색의 기본이 되어 가장 넓은 부분에 적용이 되는 색
- 보조색 : 주조색을 보조해주는 색을 의미
- 강조색 : 전체적인 배색디자인의 분위기를 해치지 않는 범위 안에서 포인트를 주어 생동감을 부여하는 색을 의미

해설 **43**

오스트발트의 색상환
- 황(Yellow), 남(Ulteramarine Blue), 적(Red), 청록(Sea green)의 4색의 중간에 주황(Orange), 청(Turquoise), 자(Purple), 황록(Leaf green)을 배치하여 8색, 최종적으로 이것을 다시 3등분하여 모두 24가지 색상으로 구분

해설 **44**

먼셀의 표시법과 채도
① 표시법 : 색상(Hue), 명도(Value), 채도(Chroma)의 3속성을 HV/C 순서로 기록
② 채도(Chroma)
- 채도는 색의 선명도를 말하고 색의 맑고 탁함, 색의 강하고 약함, 순도, 포화도 등으로 다양하게 해석된다.
- 순색일수록 채도가 높아지며, 무채색이나 다른 색들이 섞일수록 채도가 낮아진다.
- 순도가 높을수록 색은 강하게 느껴지는데 먼셀은 무채색으로부터의 거리를 척도의 단위로 사용하여, 무채색을 채도가 없는 0으로 보고 채도가 가장 높은 색을 14로 규정해 2단계씩 나누어 표기하였다.
- 저채도 부분은 많이 사용되기 때문에 1과 3을 추가해서 사용한다. 즉 1,2,3,4,6,8,10,12,14의 단계를 사용하며 유채색 중에서 채도가 가장 높은 색으로는 빨강(14)와 노랑(14)를 들 수 있다.

정답	41. ③ 42. ② 43. ④ 44. ①

정 답 및 해 설

45. 다음 중 연두(GY)의 보색으로 맞는 것은?

① 자주(RP) ② 주황(YR)
③ 보라(P) ④ 파랑(B)

46. 먼셀의 색입체를 수평으로 잘랐을 때 나타나는 특징을 표현한 용어는?

① 등색상면 ② 등면도면
③ 등채도면 ④ 등대비면

47. 흰색 배경의 회색보다 검은색 배경의 회색이 더 밝게 보이는 것은?

① 보색대비 ② 명도대비
③ 색상대비 ④ 채도대비

48. 시인성(color visibility)에 관한 설명이 틀린 것은?

① 색채마다 고유한 시인성이 있다.
② 다른 용어로 명시성(明視性)이라고도 한다.
③ 검정보다 하양의 바탕이 시인성이 더 높다.
④ 위험 등을 알리는 교통표지판이나 안내물 등에는 시인성을 이용하는 것이 좋다.

해설 45

보색(補色, complementary color)
- 색상환 속에서 서로 마주보는 위치에 놓인 색으로 이들을 배색하면 선명한 인상을 주게됨
- 빨강과 청록, 노랑과 남색, 연두와 보라 등의 색

해설 46

등면도면
- 먼셀 수평 단면도
- 무채색을 중심으로 색상 순으로 방사형을 이루어 동일한 명도의 채도, 색상의 차이를 한 눈에 볼 수 있다.

해설 47

명도대비
명도가 다른 두 색이 서로 영향을 받아 밝은 색은 더 밝게 어두운 색은 더 어둡게 보이는 현상

해설 48

시인성
- 대상이 잘 보이는 정도, 대부분 대상의 크기와 배경의 색채에 따라서 다르게 보이게 됨
- 색의 3속성 중에서 대상물과 배경의 명도 차이가 클수록 멀리서도 잘 보이게 되고 톤의 차이가 크게 날 경우에도 시인성은 높아짐
- 명시성이라고도 함
- 검정바탕이 하양바탕보다 시인성이 더 높음

정답 45. ③ 46. ② 47. ② 48. ③

미적구성 원리

8.1 핵심플러스

■ 통일성과 다양성의 관계

- 통일성이 높아지면 다양성이 낮아지며, 다양성이 높아지면 통일성이 낮아지는 경향
- 다양성과 통일성이 상호보완적으로 적절한 수준에서 유지되어야 훌륭한 미적구성이 됨

■ 통일성과 다양성의 구성요소

통일성	· 전체를 구성하는 부분적 요소들이 유기적으로 잘 짜여져 통일된 하나로 보이는 것 · 구성요소 : 조화, 균형과 대칭, 강조, 반복
다양성	· 구성방법에 있어 획일적이지 않고 변화 있는 구성 · 구성요소 : 변화, 리듬, 대비

■ 비례

- 피보나치(Fibonacci)수열/ 황금비례(Golden section, 황금분할, 1 : 1.618)
- 모듈러(modulor) : 르 꼬르뷔지에는 휴먼스케일을 디자인 원리로 사용, 인체기준으로 황금비례를 적용

1 통일성

- 전체를 구성하는 부분적 요소들이 동일성 혹은 유사성을 지니고 있으며 각 요소들이 유기적으로 잘 짜여져 있어 시각적으로 통일된 하나로 보이는 것
- 통일성이 너무 강조되면 보는 사람으로 하여금 지루함을 느끼게 함

① 조 화

㉠ 색채나 형태가 유사한 시각적 요소들이 서로 잘 어울리는 것으로 전체적 질서를 잡아주는 역할을 함

㉡ 구릉지의 곡선과 초가지붕의 곡선 (부분 요소들 간의 동질성)

② 균형과 대칭

㉠ 한쪽에 치우침 없이 양쪽의 크기나 무게가 보는 사람에게 안정감을 주는 구성미

㉡ 대칭균형 : 축을 중심으로 좌우 또는 상하로 균등하게 배치, 정형식 정원

㉢ 비대칭균형 : 모양은 다르나 시각적으로 느껴지는 무게가 비슷하거나 시선을 끄는 정도가 비슷하게 분배되어 균형을 유지하는 것, 자연풍경식 정원에서 전체적으로 균형을 잡는 경우

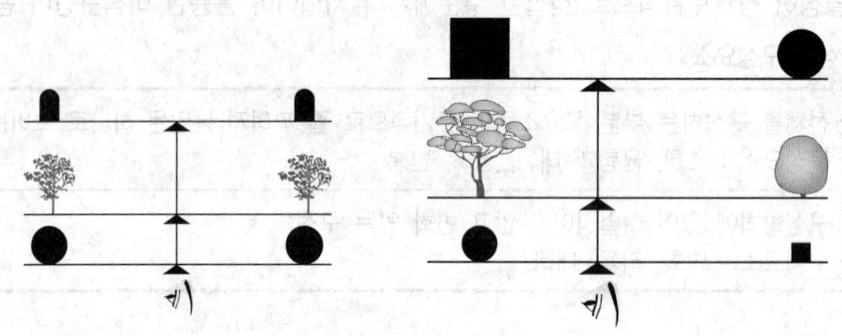

③ 강 조

㉠ 동질의 형태나 색감들 사이에 이와 상반되는 것을 넣어 시각적 산만함을 막고 통일감을 조성하기 위한 수법

㉡ 자연경관의 구조물(절벽과 암자, 호숫가의 정자 등)은 전체경관에 긴장감을 주어 통일성이 높아짐

④ 반복

㉠ 동일한 또는 유사한 요소를 반복시킴으로써 전체적으로 동질성을 부여하여 통일성을 이룸

㉡ 지나친 반복은 단조로움을 초래

2 다양성

- 전체의 구성요소들이 동일하지 않으면서 구성방법에 있어서도 획일적이지 않아서 변화 있는 구성을 이루는 것
- 다양성을 달성하기 위해서는 구성요소의 규칙적인 변화, 리듬, 대비효과 등의 방법이 있음

① 변화

㉠ 구성요소의 길이, 면적 등 물리적 크기 및 비례, 형태, 색채, 질감 등에 규칙적인 변화

㉡ 부분과 전체의 관계를 풍부하게 하여 다양성이 높아짐

② 리듬

㉠ 각 요소들이 강약, 장단의 주기성이나 규칙성을 지니면서 전체적으로 연속적인 운동감을 나타냄

㉡ 리듬과 변화는 관련이 있으며 규칙적인 변화가 주기적으로 반복되면 리듬감이 형성

③ 대 비

㉠ 상이한 질감, 형태, 색채를 서로 대조시킴으로써 변화를 준다.

㉡ 특정 경관 요소를 더욱 부각시키고 단조로움을 없애고자 할 때에 이용하며, 잘못하면 산만하고 어색한 구성이 된다.

㉢ 형태상의 대비(수평면의 호수에 면한 절벽)와 색채상의 대비(녹색의 잔디밭에 군식 된 빨간색의 사루비아 꽃)

■ 참고

■ 점진 · 점이(Gradation)

- 하나의 성질이 조화를 이루면서 일정한 질서를 가지고 증가하거나 감소하는 것
- 일종의 리듬의 형식으로 볼 수 있으며 동적, 급수적 성질을 가짐
- 석탑의 기단과 옥개석(석탑이나 석등의 지붕돌)의 간격변화, 한달 주기의 달의 모양에서 볼 수 있음

■ 점진과 리듬

- 유사성으로 조화적 단계에 의한 일정한 순서를 지니는 자연적 순서의 배열로 일정한 비율로 증가하거나 감소하는 것
- 점진은 안정감과 호감을 준다.

3 비례 ★

- 형태, 색채에 있어 양적으로나 혹은 길이와 폭의 대소에 따라 일정한 크기의 비율로 증가 또는 감소된 상태로 배치될 때
- 한부분과 전체에 대한 척도 사이의 조화

① 피보나치(Fibonacci)수열

㉠ 0,1,1,2,3,5,8,13,21,34.... 이 각 항은 그 전에 있는 2개항의 합한수가 되며 이를 피보나치 급수라고 함

㉡ 이탈리아의 수학자 피보나치가 처음 소개해 피보나치 수열이라고 한다.

㉢ 자연 속의 꽃잎의 수나 해바라기 씨앗의 개수와 일치하고, 앵무조개에서도 찾아볼 수 있다.

② 황금비례(Golden section, 황금분할)

㉠ 고대 그리스인들의 창안으로 정사각형을 수직으로 이등분하여 생기는 한쪽 사각형의 대각선을 반경으로 정사각형의 바깥쪽으로 수평이 되도록 회전시켰을 경우 밑변 총길이에 대한 정사각형의 한 변의 길이와의 비례로 정의

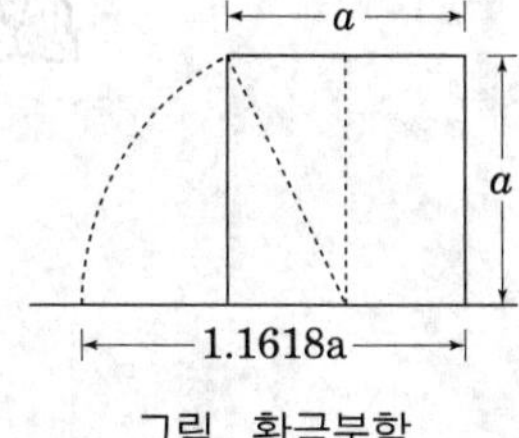

그림. 황금분할

㉡ 1 : 1.618의 비율을 갖는 가장 균형잡힌 비례

★ ③ 모듈러(modulor)

㉠ 르 꼬르뷔지에(Le Corbusier)휴먼스케일을 디자인 원리로 사용함에 있어 단순한 배수보다는 황금비례를 이용함을 주장하고 실천

㉡ 인체의 수직 치수를 기본으로 해서 황금비를 적용, 전개하고 여기서 등차적 배수를 더한 것으로 인체 각 부위의 비례에 바탕을 둔 치수계열

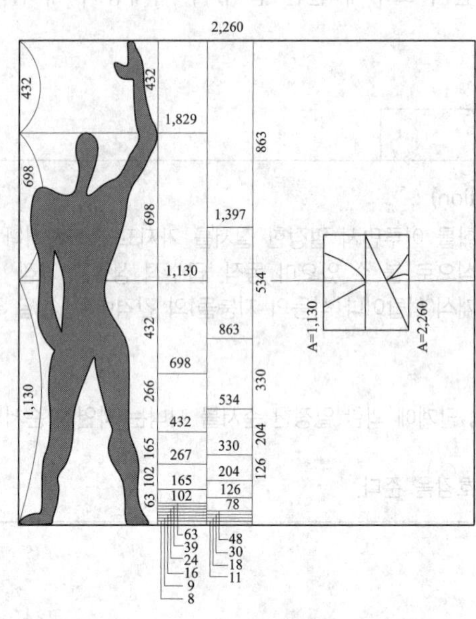

그림. 모듈러

④ 삼재미 (三才美)

㉠ 동양에서 표현되는 미의 형태로 하늘(天), 땅(地), 인(人)이라 하여 이것이 잘 조화될 때 아름다움이 유발

㉡ 수목의 배치나 정원석, 꽃꽂이 등에 널리 이용되고 있다.

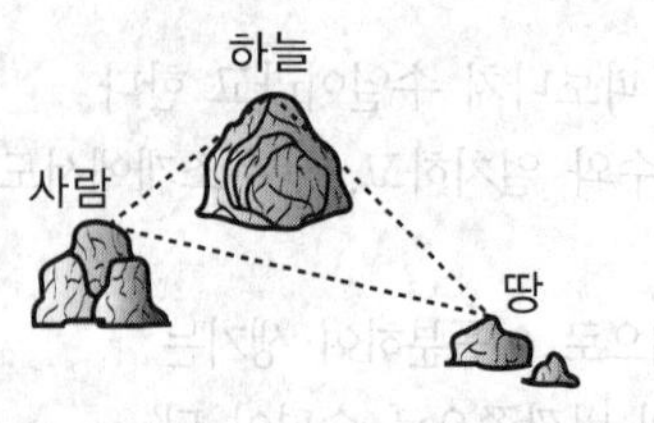

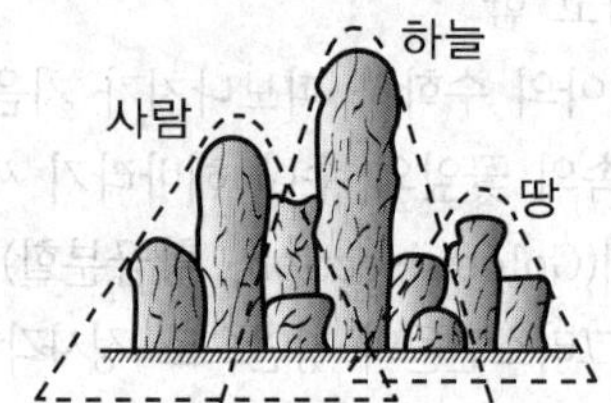

그림. 정원석 배치

4 앙각과 시계

① 정의

㉠ 사람이 서서 눈의 위치를 변경하지 않고 보았을 때 시야의 한계범위

㉡ 앙각 : 종(縱)으로 보이는 각도로 보통은 ∠18° ~∠45° 범위를 볼 수 있으며, 자연스러운 각은 ∠27°

㉢ 시계 : 횡(橫)으로 보이는 범위, 시점으로부터 중심축을 기준으로 ∠30° ~45° 의 범위

② 거리에 따른 재료의 높이 (앙각 경관)

㉠ 좁은 경관 : 조경재료를 낮은 것으로 구성

㉡ 넓은 경관 : 조경재료를 높은 것으로 구성

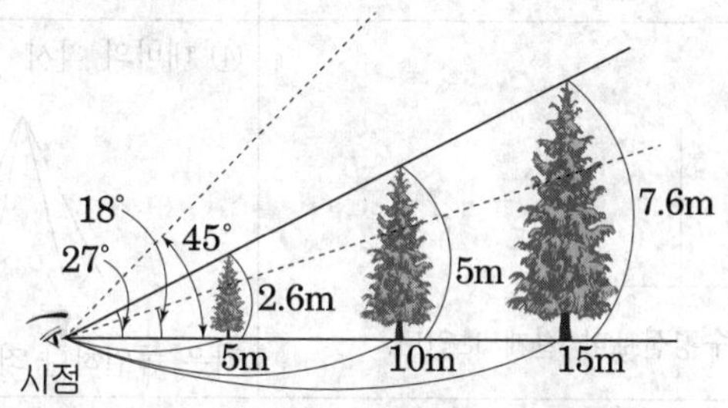

그림. 앙각과 조경재료와의 높이

③ 시계를 이용한 경관구성 방법

㉠ 시계의 범위가 결정되면 평면적 구성범위의 폭이 이루어지게 됨

㉡ 각 시계마다 변화를 주어 다양한 경관 조성

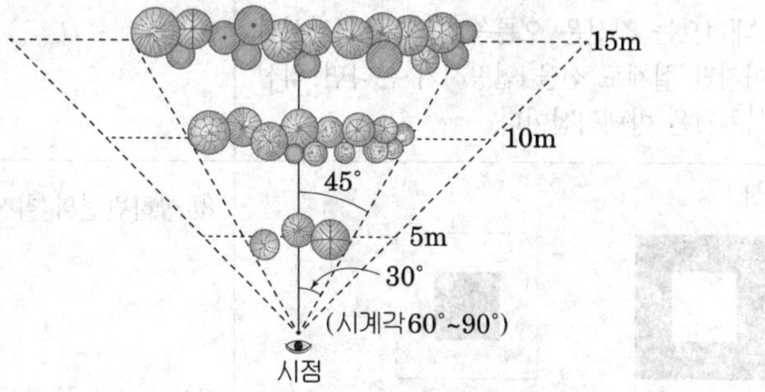

그림. 시각과 식재 구성범위

4 착시(Optical illusion)

- 정의 : 인간이 정상적인 시력을 갖고도 있는 그대로를 보지 못하는 현상, 인간의 눈이 도형이나 색채에 대하여 발생하는 착오를 시각의 착시라 함

① 각도와 방향의 착시 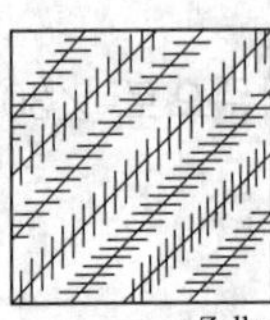 짧은 선의 영향을 받아 각도와 방향이 달라보인다.	② 분할의 착시 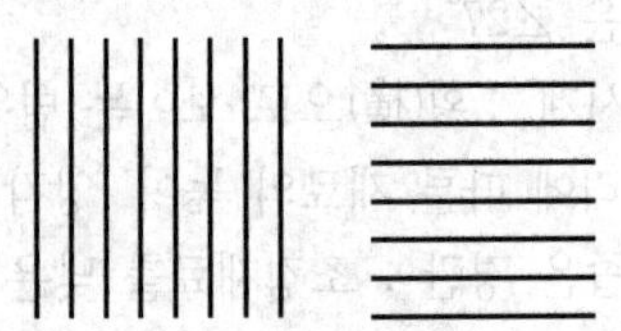 분할된 부분이 실제보다 넓어보이거나 높아보인다.
③ 수직,수평의 착시  같은 길이지만 수직선이 수평선보다 길게 보인다.	④ 대비의 착시 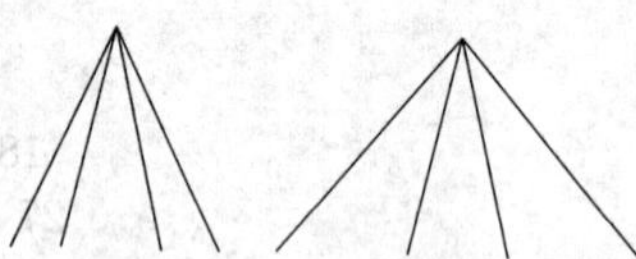 각은 동일하나 좌측이 더 커보인다.
⑤ 포츠겐돌프의 착시 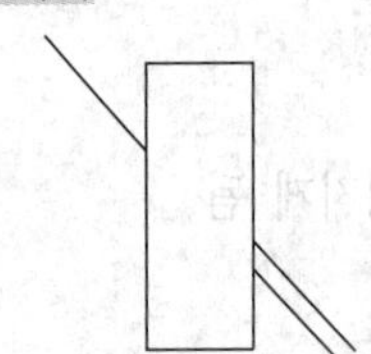 왼쪽 위에서 내려오는 직선은 오른쪽 아래의 윗직선과 연결되어 보이지만 실제로 선을 연장시켜 본다면 직선이 이어져 있는 것은 아랫직선이다.	⑥ 길이의 착시 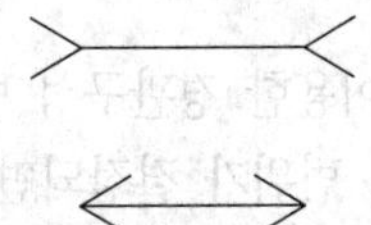 주변의 영향에 따라 길이가 달라보인다.
⑦ 면적의 착시  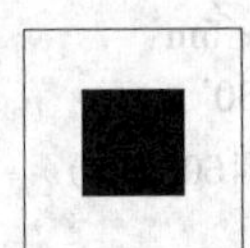 같은 크기의 사각형이지만 검은 바탕의 흰사각형이 더 크게 보인다.	⑧ 상하반전의 착시 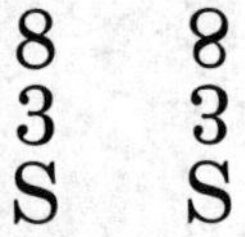 상하반전시 본래의 글자보다 상부는 더 크게 하부는 더 작게 보인다.
⑨ 원근착시 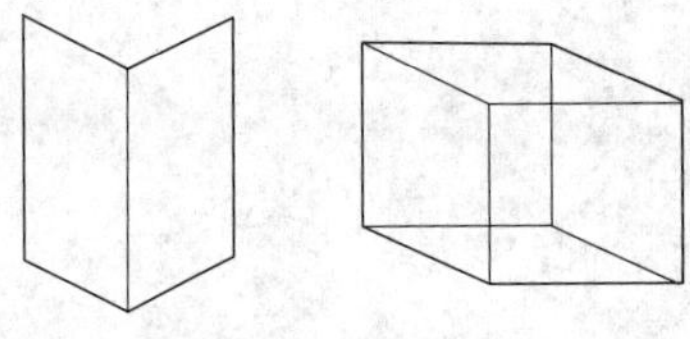 보는동안 원근관계가 반되는 현상	⑩ 만곡의 착시(헤링의 착시) 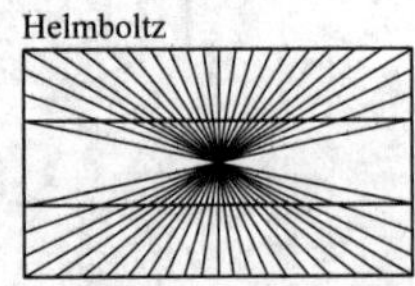 방사선 중심점에 평행한 직선 2개의 중앙에 놓여 직선이 굽어보인다.

핵심기출문제

내친김에 문제까지 끝내보자!

1. 디자인의 원리를 설명한 것 중 틀린 것은?

① 완전한 반복은 하나의 극단적인 상태이다.
② 조화는 완전한 반복과 파조의 중간 상태를 말한다.
③ 대비는 이질적인 요소를 사용함으로써 부조화를 추구함을 뜻한다.
④ 점이는 자연 질서의 가장 보편적이고 기본적인 형태이다.

2. 디자인의 가장 보편적인 원리로서 하나의 조화 있는 패턴 또는 다양한 요소들 사이에 확립된 질서 혹은 규칙을 무엇이라고 하는가?

① 다양성(Variety) ② 통일성(Unity)
③ 강조(Emphasis) ④ 비례(Proportion)

3. 다음 중 디자인의 일반적 조건에 해당하지 않는 것은?

① 실용성 ② 장식성
③ 독창성 ④ 경제성

4. 경관구성에 있어서 축(軸)이란?

① 비례감을 주는 계획선이다.
② 율동감을 주는 계획선이다.
③ 설계시에 꼭 필요한 인위적인 계획선이다.
④ 질서와 통일성을 주는 인위적인 계획선이다.

5. 다음 중 좌우 대칭의 장점이 아닌 것은?

① 개방, 노출 ② 균형, 통일
③ 율동, 안정 ④ 계획의 명료성

정답 및 해설

해설 1
대비 개념 및 특성
① 성질을 달리하는 둘 이상의 요소가 동시에 근접할 때 발생하는 현상
② 크기의 대소, 길이의 장단, 강도의 강약 등
③ 반대, 대립, 다양함 등의 표현수단으로 사용되지만 반대의 개념은 아니다.
④ 상황의 대립으로 인해 다이나믹한 효과를 준다.
⑤ 형태에서뿐만 아니라 의미에서의 대비효과도 있다.

해설 2
통일성
① 전체를 구성하는 부분적 요소들이 동일성 혹은 유사성을 지님
② 각 요소들이 유기적으로 잘 짜여져 있어 시각적으로 통일된 하나로 보이는 것

해설 3
디자인(design)의 조건
① 목적을 조형적으로 실체화하는 것, 디자인이라는 용어는 '지시하다' '표현하다' '성취하다'의 뜻을 가지고 있다.
② 실용성, 조형성, 경제성, 독창성

해설 4
축(軸,axis)
① 공간과 물체를 배치하는 기준선으로 이용
② 눈에 보이지 않는 가상의 선이지만 강한 힘을 가지고 있다.
③ 방향성과 집중력을 높이기 위해서 한 쪽 끝에 물체를 설치
④ 질서와 통일성을 인위적인 계획선이다.

해설 5
② – 벽돌 ③ – 철근콘크리트
④ – 잡석

정답 1. ③ 2. ② 3. ② 4. ④ 5. ①

정 답 및 해 설

6. 르.꼬르뷰지에(Le Corbusier)가 신장 183cm인 인간의 바닥에서 배꼽까지의 높이 113cm를 기본으로 하여 만든 디자인용 인간척도(人間尺度)를 무엇이라고 하는가?

① 모듈러(Le Modual) ② 피보나찌 수열
③ 황금율(黃金律) ④ 이척(裏尺)

7. 미적 형식의 원리란?

① 다양 속의 통일 ② 균형 비례
③ 반복 ④ 조화

8. 운율적인 쾌감을 자아낼 수 있는 미(美)의 조합은?

① 대비, 조화, 대칭 ② 점층, 비례, 반복
③ 반복, 조화, 대비 ④ 조화, 점층, 균형

9. 착시(Optical Illusion)에 관한 사항 중 옳지 않는 것은?

① 착각이란 시각에 있어서 감각적 시각적으로 사실과 다르게 느껴지는 현상이다.
② 보편적인 착각현상을 의식하지 못하면 시각신경에 결함이 있다고 할 수 있다.
③ 예상되는 착각 현상에 고의적인 역현상을 주어 착각교정을 할 수 있다.
④ 동일 길이의 수직선은 수평선보다 짧게 느껴진다.

10. 다음 중 리듬을 느낄 수 없는 것은?

① 솔잎 밤송이 또는 대합의 모양
② 공작의 벌린 날개의 방사선
③ 밤하늘에 솟아오르는 불꽃, 불똥이 그리는 잔상
④ 능선에 서 있는 고목

11. 동적 극적 시각 구성 방법으로 적당한 것은?

① 조화적 구성
② 대비적 구성
③ 규제적 구성
④ 통일에 의한 구성

해설 6

② 파보나찌수열
1 : 2 : 3 : 5 : 8 : 13 : 21…로 황금분할과 유사하다.
③ 황금율 1:1.618로 고대 그리스 때부터 미적 비례의 전형이다.

해설 7

미적형식의 원리 - 다양성과 통일성이 상호보완적으로 적절한 수준에서 유지되어야 훌륭한 미적구성이 된다.

해설 8

운율적인 쾌감-점층, 비례, 반복

해설 9

동일 길이의 수직선은 수평선보다 길게 느껴진다.

해설 10

리듬(Rhythm)
· 조화를 갖춘 반복
· 신체적 운동, 심리적 율동, 생리적 작용, 선, 형태, 색채, 시간, 공간 등에 모두 작용

해설 11

① 동적 · 극적 시각 구성 방법 - 대비적 구성
② 정적시각 구성방법 - 조화 · 통일적 구성

정답 6. ① 7. ① 8. ② 9. ④ 10. ④ 11. ②

12. 자연에 있어서의 변화와 일정한 간격으로 색채, 형태, 질감 등이 변하는 것은?

① 운율 ② 통일
③ 점층 ④ 변화

13. 정수비, 급수비, 황금비와 같은 비율과 도형상의 색채 또는 질감에 있어서의 강약까지 포함하여 비례안정을 찾는 것은?

① 반복 ② 대조
③ 점층 ④ 비대칭균형

14. 다음 중 휴먼 스케일과 가장 관련이 적은 항목은?

① 의자, 책상 ② 보행 공간
③ 기념비 ④ 디딤돌

15. 통경선 수법이 아닌 것은?

① 좌우에 정원이 넓게 전개되는 듯한 착각을 일으키게 한다.
② 부지를 실제 이상으로 넓게 보이게 한다.
③ 정원에 힘이 집중되는 곳이므로 조각물이나 분수 등은 한층 더 아름답게 보이므로 효과적이다.
④ 멀리 바라보이는 자연의 풍경을 경관 구성 재료의 일부로 이용하는 방법이다.

16. 앞집의 정원을 이용하여 한 층 더 넓이와 깊이가 있는 정원을 꾸미려 한다면 이와 같은 수법을 무엇인가?

① 차경
② 통경선
③ 카뮤플라스
④ 눈가림

정 답 및 해 설

해설 **12**

운율(리듬) – 선, 면, 형태, 색채, 질감이 규칙적 주기적으로 반복하면서 연속적인 운동감은 지니는 것

해설 **13**

비대칭균형
① 모양은 다르나 시각적으로 느껴지는 무게가 비슷하거나 시선을 끄는 정도가 비슷하게 분배되어 균형을 유지하는 것
② 자연풍경식 정원에서 전체적으로 균형을 잡는 경우

해설 **14**

휴먼 스케일
① 인간적 척도
② 인간 사용하는 시설 등에 적용

공통해설 **15, 16**

멀리 보이는 자연의 풍경을 경관 구성 재료의 일부로 이용하는 방법–차경

정답 12. ① 13. ④ 14. ③ 15. ④ 16. ①

정 답 및 해 설

17. 조경재료를 배열했을 때 형태나 색채에 있어서 양적으로나 혹은 길이와 폭의 대소에 따라 일정한 크기의 비율로 증가 또는 감소된 상태로 배치될 때 이것의 미적원리를 무엇이라 하는가?

① 비례(Proportion) ② 대비(Contrast)
③ 반복(Repitition) ④ 조화(Harmony)

18. 다음에서 a와 b는 같은 길이이나 a가 길게 보인다. 이러한 현상을 무엇이라고 하는가?

① 분할의 착시(錯視)
② 대비(對比)의 착시
③ 각도 또는 방향의 착시
④ 뮤라 라이야의 도형

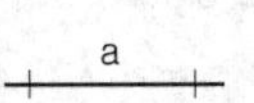

19. 다음 도면의 도시(圖示)에 해당되는 것은?

① 대칭 균형
② 비대칭 균형
③ 비대칭 불균형
④ 대칭 불균형

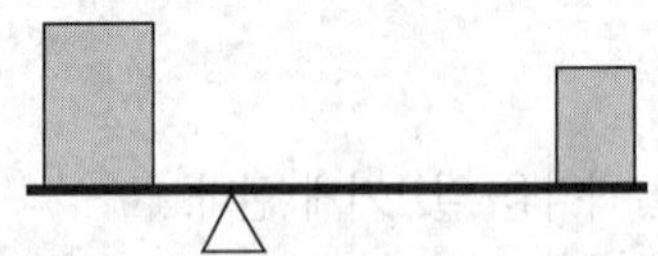

20. 조형작품에서 운동감을 표현하는 방법 중 맞지 않는 것은?

① 방향성을 갖게하는 방법
② 위치와 간격의 변화를 나타내는 방법
③ 공간상에 동일 간격, 형으로 배치하는 방법
④ 음영을 단계적으로 만드는 방법

21. 인간의 연상을 통해 다양성과 대비로서 정서와 환상을 자극하고 감정에 직접적으로 호소하는 방식은?

① 낭만주의 ② 전통주의
③ 고전주의 ④ 비형식주의

해설 **17**

비례
① 형태, 색채에 있어 양적으로나 혹은 길이와 폭의 대소에 따라 일정한 크기의 비율로 증가 또는 감소된 상태로 배치될 때
② 한부분과 전체에 대한 척도 사이의 조화

해설 **18**

대비의 착시 – a와 b는 동일하나 a가 더 커보인다.

해설 **19**

비대칭균형
모양은 다르나 시각적으로 느껴지는 무게가 비슷하거나 시선을 끄는 정도가 비슷하게 분배되어 균형을 유지한다.

해설 **20**

운동감 표현 – 방향성, 변화, 단계적 구성

해설 **21**

① 낭만주의 – 고전의 엄격함과 규칙을 중시하여 표현하는 신고전주의적인 예술의 방법에 반발하여 등장했다. 낭만주의는 개인의 감성과 주관, 지성보다는 감성을 중시하였다.
② 전통주의 – 앞선 세대로부터 전해 내려오는 전통을 존중하여 굳게 지키려고 하는 보수적인 생각. 기독교 역사상, 르네상스 이후 19세기에 접어들면서 계몽주의의 급진적인 경향에 맞서 전통, 특히 로마 가톨릭교회의 전통을 중심으로 하는 종교적 전통에서 진리를 구하려는 입장을 말한다.
③ 고전주의 – 조화·균정·명석함을 추구하는 고대 그리스·로마의 예술사조. 르네상스 시대의 고대 그리스·로마 고전에 대한 심취에서 비롯하였다.

정답 17. ① 18. ② 19. ② 20. ③ 21. ④

22. 미적 원리 중의 하나인 다양성(Diversity)을 달성하기 위하여 필요한 수법은?

① 변화(Change) ② 균형(Balance)
③ 반복(Repetition) ④ 조화(Harmony)

23. 다음 중 점이(漸移, Gradation)현상과 관계없는 것은?

① 일출(日出)에서 일몰(日沒)까지
② 흑(黑)에서 백(白)에 이르는 회색계열
③ 북극성에서 북두칠성에 이르는 별자리
④ 춘, 하, 추, 동의 4계절

24. 단위형(單位刑)에 어떤 규칙적 운동의 변화를 주어서 부분과 전체의 관계를 좀 더 풍부하게 하는 수적변화(數的變化)를 무엇이라고 하는가?

① 리듬(律動, Rhythm)
② 변화(變化, Variety)
③ 비례(比例, Proportion)
④ 대조(對照, Contrast)

25. 아래 그림은 경관 구성 원리 중 그 하나를 표시하려는 의도가 나타나 있다. 무엇을 의미하고 있는가?

① 방향성(方向性)
② 기능성(機能性)
③ 대비(對比)
④ 반복(反復)

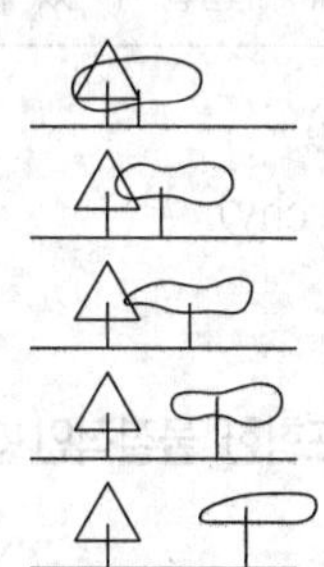

26. 사람은 시각적으로 무질서와 혼돈보다는 질서와 통일성에 대한 지각(知覺)에서 즐거움과 만족감을 느낀다. 도로나 가로망의 미적효과를 나타내기 위한 나무의 배치방법에 수반되어야 할 질서성 또는 통일성에 대한 개념은 다음 중 어떤 것을 의미하는가?

① 도로의 선을 따라 일정한 간격마다 하나씩 심는다.
② 도로 주변의 공간적 특성에 따라 식생밀도를 상대적으로 조절한다.
③ 커다란 간격을 두고 군식(君植)한다.
④ 간격, 수종, 크기 등을 획일화시킨다.

정 답 및 해 설

해설 **22**

다양성의 달성수법은 비례에 있어서의 변화, 운율, 점층, 대비 효과를 이용한다.

해설 **23**

점이(점진, Gradation)
- 하나의 성질이 조화를 이루면서 일정한 질서를 가지고 증가하거나 감소하는 것
- 일종의 리듬의 형식으로 볼 수 있으며 동적, 급수적 성질을 가짐

해설 **24**

비례
① 일정한 크기의 비율로 증가 또는 감소된 상태로 배치 될 때
② 한부분과 전체에 대한 척도 사이의 조화

해설 **25**

수형이 다른 수목이 겹쳐져 있을 때는 아무런 아름다움도 없으나 점점 거리가 멀어지면서 균형잡힌 배치(대비효과)가 되었다가 더 멀어지게 되면 각각의 수목은 높이나 폭 등에 의해 아무런 관계가 없게 되는 것을 나타낸 그림이다.

해설 **26**

질서성과 통일성은 다양성을 포함하는 개념으로 공간적 특성에 따라 상대적으로 조절해야 한다.

정답 22. ① 23. ③ 24. ③ 25. ③ 26. ②

27. 그림과 같이 도형의 한쪽이 튀어나와 보여서 입체로 지각되는 착시 현상은?

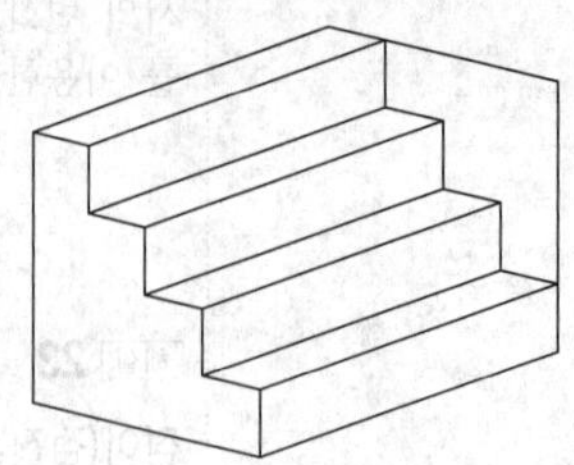

① 대비의 착시　　② 반전 실체의 착시
③ 착시의 분할　　④ 방향의 착시

28. 시각적으로 일어나는 착각현상인 착시가 잘 나타나는 예로 틀린 것은?

① 길이의 착시　　② 면적의 착시
③ 방향의 착시　　④ 형태의 착시

29. 디자인의 원리 중에서 다음을 의미하는 것은?

> 디자인에 있어 형태와 공간을 구성하는 가장 기본적인 수단이며, 공간속의 두 점이 연결되어 이루어진 하나의 선 이며, 형태와 공간은 그것을 중심으로 규칙적으로 또는 불규칙하게 배열될 수 있다.

① 축(Axis)　　② 질서(Order)
③ 기준(Datum)　　④ 위계(Hierarchy)

30. 다음 조형미의 원리 중 조화와 역학적 안정을 포함한 물질적인 여러 단위의 공간적 배치라고 정의할 수 있는 것은?

① 개성(personality)　　② 율동(rhythm)
③ 균형(balance)　　④ 대비(contrast)

31. 미적 구성 원리 중 다양성의 원리와 가장 거리가 먼 것은?

① 조화(harmony)　　② 변화(change)
③ 리듬(rhythm)　　④ 대비(contrast)

정 답 및 해 설

해설 **27**

반전실체의 착시: 도형의 한쪽이 튀어나와 입체로 지각되는 현상

해설 **28**

착시는 길이, 방향, 각도, 면적에서 실제와 다르게 보이는 현상을 말한다.

해설 **29**

축(Axis)
- 공간 속의 두 점이 연결되어 이루어진 하나의 선
- 공간과 물체를 배치하는 기준선으로 이용
- 눈에 보이지 않는 가상의 선이지만 강한 힘을 가지고 있다.
- 대칭의 형태를 구성할 수도 있고, 그렇지 않을 수도 있다.
- 선의 형태이기 때문에 길이와 방향이 있다.
- 축은 꺾일 수도 있고 휠 수도 있다.

해설 **30**

균형
- 조화와 역학적 안정을 포함한 물질적인 여러 단위의 공간적 배치
- 조건과 성격이 다른 대조적인 것들이 안정된 통일감을 유지하게끔 배치
- 조형 표현에서의 지극히 중요한 조건 중의 하나인 균형은 형의 대소(大小), 성질, 명암이나 채도, 재질감 등 온갖 구성 요소가 평형을 유지하여 전체로써 긴장된 조화를 이룰 때 얻어짐

해설 **31**

조화 : 통일성의 미적 구성 원리

정답　27. ②　28. ④　29. ①　30. ③　31. ①

조경설계 일반사항

9.1 핵심플러스

■ 조경설계기준(한국조경학회)을 참고한 내용으로 설계기준에 대한 일반사항과 다양한 유형의 설계에 대한 성격, 입지조건, 주안점 등에 관해 알아둔다.

■ **조경설계유형**

도시 및 단지조경, 도시공원 및 광장, 주제공원, 자연공원생태공원, 녹지, 소생물권, 관광지/휴양지, 체육·위락시설, 문화재 및 사적지, 정원조경, 운수시설정원(공항/항만), 가로조경(공공디자인), 농어촌조경 및 도시농업, 전통공간조경, 비오톱공간설계, 기타 조경시설

1 용어의 정의

① 조경설계 : 건설산업기본법 및 동 시행령 등에서 밝히고 있는 조경관련 분야의 기본계획(master plan)을 바탕으로 사전조사사항, 계획 및 방침, 개략시공방법, 공정계획 및 공사비 등의 기본적인 내용을 설계도서에 표기하는 조경기본설계와 그 기본설계를 구체화하여 실제시공에 필요한 내용을 설계도서에 표기하는 조경실시설계를 통칭

② 조사분석평가 : 역사적·지리적·문화적 조건에 의한 조경계획·설계 및 시공과 관련하여 사업타당성의 판단 또는 사업실행, 결과의 평가 등을 위하여 대상지역의 제반 여건과 상황을 정확히 이해하고자 시행하는 조사분석 및 평가로서 사전의 인문·사회조사분석, 생태·자연환경조사분석, 토양조사분석, 경관조사분석 등을 포함하며 사후유지관리평가에 준용

③ 기본계획설계 : 조사 및 분석을 토대로 대상지의 조경적 목표를 밝히고 프로젝트의 개략적인 골격, 즉 토지이용과 동선체계, 각종 시설 및 녹지의 규모와 위치를 설정하며 이를 구체적으로 부지에 결합시켜 가는 과정

2 조경설계의 기본원칙

① 수목과 지피식물 등의 기존 식생과 기존 지형·문화경관·역사경관 등을 최대한 보전

② 주요 생물 서식처·철새 도래지·수계·야생동물 이동로 등의 기존 생태계를 최대한 보전

③ 배치·재료·공법 등 제반 설계요소를 적용함에 있어 설계지역의 '기후와 에너지절약'을 근거로 함

④ 모든 옥외공간 계획과 설계에서 '장애인을 고려하는 설계'가 되도록 노력

⑤ 모든 옥외공간 계획과 설계에서 유지관리의 노력과 비용을 최소화할 수 있도록 설계

3 조사분석평가 (조경계획의 내용과 연결하여 알아두시기 바랍니다.)

① 인문환경조사분석

㉠ 조사내용

지역성 분석	지리적 위치와 주변지역, 지역관련성, 도시세력권, 주변교통체계, 행정관할, 진입로 등
이용객 조사 및 추정	계획대상지의 인구 또는 이용객을 조사하는 경우 계획대상지뿐만 아니라 계획대상지와 지리적으로 관련되어 있거나 이용권으로 연계된 지역도 대상
토지이용 및 교통	· 현재의 토지이용 및 소유권, 토지이용 관련 법규, 기타 토지이용에 영향을 끼칠 수 있는 요소를 반드시 확인 · 교통량 및 접근로 등의 교통체계를 조사·분석하고 현재의 교통체계뿐만 아니라 장래의 확장 계획도 아울러 조사
시설물 및 문화역사	· 건축물 등 각종 구조물의 구조, 용도와 정주패턴 등을 파악 · 전력, 가스, 상하수도 등 기반시설의 현황 및 계획을 조사 · 유·무형의 역사·문화유물을 조사하여 보존, 복원, 이전 등의 계획을 수립
인간 행태분석	· 주 이용층을 대상으로 행태분석을 실시 · 설문조사 및 전문가 접촉을 통해 이용자의 요구를 파악하여 반영

㉡ 조사방법

물리적 흔적의 관찰	인간의 주변환경 혹은 행위의 결과로 남은 흔적들을 부호 및 시각적 자료를 활용하여 체계적으로 조사
행태 도면화 기법	일정 장소에서 일어나는 행태를 기술, 조사표 이용, 지도, 사진, 비디오 촬영 등을 이용하여 미리 준비한 평면도에 기록
면접조사	일정 장소 이용자들을 대상으로 특정 상황에 대한 태도와 반응을 조사하고 감정의 강도를 기록
설문조사	문지 작성 전에 반드시 사전조사를 한다. 설문항목간에는 내용과 개념이 확실하게 구분되어야 하며, 설문내용에 대한 타당성과 신뢰성을 반드시 검증
문헌조사	통계자료 등을 활용하고자 할 경우 자료가 쓰인 배경이나 상황을 염두에 두고 조사

② 자연환경조사분석

생태환경조사	· 기초 조사항목으로 지질, 토양, 지형, 경관, 수문, 식생, 야생동물, 수질, 대기질 등을 포함
생태계 정밀조사	· 동물상, 식물상, 주요 야생동·식물의 서식 및 분포, 멸종위기 또는 보호 야생동·식물 개체군의 크기, 서식 및 분포, 현존 식생구조 및 분포, 녹지자연도, 생태·자연도, 주요 생물군집구조, 종다양성 등을 포함 · 환경에 미치는 영향평가는 사업시행 전, 사업시행 중, 사업시행 후로 구분하고, 평가항목으로는 동·식물상, 경관, 수질, 대기질, 토양, 지형 등 자연환경과 소음, 진동, 악취 등 생활환경을 포함

생태계 모니터링	・사업구역 안에 희귀생태계 또는 희귀하거나 학술적으로 가치가 있는 생물종이 분포하는 경우 ・조경 대상지 관리에 필요할 경우 등에는 사업시행으로 인한 악영향을 파악하기 위해서 실시 ・모니터링 기간은 최소한 3년 이상으로 하고, 필요시 중기(5~8년) 내지 장기(10년 이상)에 걸쳐 시행

③ 경관조사분석

㉠ 적용범위

・경관의 조사분석 및 평가는 우수한 자연경관, 역사문화경관지역이 개발사업으로 인한 경관의 훼손, 변화가 예상되는 사업에 적용한다.

・조사분석은 경관의 특성을 이해하는 데 초점을 두기보다는 주요 시각자원으로써 주변경관과 조화된 개발사업으로 유도하고, 경관훼손을 저감하는 대안 제시를 포함한다.

㉡ 경관현황조사

・사업대상지역을 중심으로 한 주변의 일정 범위를 포함하며 현장조사, 문헌조사, 자료조사를 병행하여 실시한다.

・시각적 범위는 근경(500m 이내), 중경(1,000m 이내), 원경(2,000m 이상)으로 함을 원칙으로 한다.

・조사항목 : 경관구성요소 및 특성과 문화재, 천연기념물 등 역사문화경관, 조사노선 및 가시경관구역의 조사

㉢ 경관분석

분석요소	・시각요소인 점・선・면적인 요소, 수평・수직적인 요소, 랜드마크・전망・비스타・기울기 등을 분석 ・시각적 특성으로는 형태・선・색채・질감의 우세요소와 대조・집중・연속・축・대비・조형의 우세원칙 및 거리・광선・기후조건・계절・시간의 변화요인 등
가시권 분석	가시권과 비가시권으로 구분하며, 가시권 내에서 주요 이동통로를 선정하여 위치변동에 따른 이동 경관을 분석
조망점 선정	예비조망점은 대상물의 다양한 형태와 주변경관을 파악할 수 있도록 네 방향 이상, 그리고 대상물의 원근에 따른 변화를 알기 위하여 다양한 거리(근경, 중경, 원경)별로 각각 최소 한 개소 이상을 선정하며, 주요 조망점(경관관리점)은 가시권 내에서 대상지역경관을 나타내는 대표성과 보편성에 중점을 두어 선정
경관시뮬레이션	사업시행으로 인한 경관변화의 전・후 비교 분석을 목적으로 이용한다. 경관변화에 대한 객관적인 비교가 가능하도록 객관성과 사실성에 근거하여 표현하여야 한다.

㉣ 경관평가

・정량적 방법으로 하는 것을 원칙으로 하며, 책임자가 정량적 평가가 어렵다고 판단할 경우에는 정성적 방법으로 대신할 수 있다.

- 경관의 물리적 구성요소와 시지각적 반응에 초점을 두고 미적 측면에 대한 반응을 측정하는 심리학적 측정방법을 이용한다.
- 평가자는 평가결과의 객관성을 확보할만한 수의 전문가와 이용자로 구성한다. 단, 전문적이고 기술적인 사항에 대하여는 5년 이상의 경력을 가진 관련분야 전문가 위주의 평가를 시행할 수 있다.

④ 토양조사분석

㉠ 적용

- 조경식물의 건전한 생육을 위하여 토양의 개량이 필요하다고 판단되는 곳으로서 0.5ha 이상의 자연토양을 식재지로 하는 곳
- 1,000m^3 이상의 식재용 토양의 객토를 필요로 하는 곳
- 인공지반에서 식재용 토양의 적합성을 판정하고자 할 때 적용하며, 토양오염에 관한 기준은 「토양환경보전법」의 관련 기준에 의한다.

㉡ 토양조사의 내용 : 예비조사와 본조사로 나누어 실시하며, 토양시료의 채취 및 조제를 포함한다.

예비조사	토양조사지역 답사, 지형 및 경사도 관찰, 토양 침식도 및 토양의 배수상태 관찰, 식물 및 식물뿌리의 분포상태 관찰, 정밀토양도에 의한 토양단면 조사지점 선정작업을 포함
본조사	토양단면 조사용 구덩이 파기, 토양단면의 조사, 분석용 토양시료의 채취 및 조제를 포함

⑤ 이용 후 평가

㉠ 적용범위 : 이용 후 평가 대상으로 선정된 지역의 조경설계에 포함하며, 별도로 정하지 않은 경우의 평가기간은 준공 후 5년간을 표준으로 한다.

㉡ 조사내용

물리적 환경조사	계획안, 설계안에 의해 조성된 공간의 규모, 구성요소, 공간의 특성 등을 포함
이용자조사	계획가, 이용자, 주변의 이용자 등을 포함하며 이용자는 실제 이용자만을 대상으로 할 수 있다. 이용자의 속성, 이용실태를 조사 항목
주변환경	평가대상지 주변환경의 기후, 지형, 식생 및 토양, 토지이용 등을 조사
설계과정	설계참여자의 역할 및 의사결정과 이용자 행태 및 환경에 대한 가치관, 예산, 법령 등을 조사
기타 시공 후의 이용자나 관리자에 의한 공간 변경을 조사한다.	

㉢ 만족도 : 환경과의 조화성, 심미성, 기능성, 이용성, 경관성, 편리성 등 심리적 만족도와 물리적 시설만족도로 구성하여 신뢰성과 타당성을 입증하여 분석하며, 평가결과는 유사 조경공간의 조성 시 적용한다.

4 기본설계

① 도시 및 단지조경

㉠ 주거단지

공동주택단지	·「건축법」 및 「주택건설기준 등에 관한규정」의 기준에 적합하도록 녹지 확보와 수목식재, 놀이시설, 운동시설, 휴게시설, 안내시설, 보행시설 등을 설계 ·주택단지 옥외공간의 여러 구성요소들이 총체적으로는 쾌적한 주거환경을 확보 ·보행동선, 녹지축, 통경선 등이 주변지역과 체계화되도록 설계
단독주택단지	·주변의 자연환경 등 입지여건을 수용하여 환경친화적인 주거환경이 되도록 설계한다. ·단지규모에서 공원, 어린이놀이터, 녹지대, 보행자도로 등의 기반시설이 충실히 반영되도록 설계한다. ·개별 주택지의 정원, 산울타리, 잔디밭, 화단, 채원 등의 녹지공간을 설계에 반영한다.

★ ㉡ 산업단지

- 산업공해의 완화, 생활환경의 개선, 생산활동의 제고 및 방화, 방재, 안전성 등에 적합하도록 설계한다.
- 공장의 차폐 등 부분적 설계보다는 총체적인 공장환경과 경관을 창출하도록 체계화
- 공해의 방지를 위하여 녹지공간의 배치(방화·방풍·방사·방재)와 확충에 유의
- 쾌적한 근무여건의 확보를 위해 휴게공간, 운동공간, 위락공간, 산책공간을 갖추도록 한다.

㉢ 교육연구단지

- 삼림, 하천, 계곡, 호수 등의 자연환경조건 특히 자연경관을 최대한 보전·활용한다.
- 강의나 연구의 조용한 분위기 확보를 위해 소음이나 공기의 오염을 줄일 수 있는 넓은 면적의 녹지를 확보하고 많은 수목을 식재한다.
- 보행통로, 산책로 등은 녹도로 설계하고 의자 등의 휴게시설을 적정거리마다 배치한다.
- 대학캠퍼스는 여름철의 짙은 녹음과 겨울철의 일조확보를 위해 낙엽수 위주로 배식한다.
- 연구소, 연수원 복합단지 등은 수림이 우거진 야산 등의 전원지대를 선정하여 녹지율을 60% 이상 확보한다.

㉣ 생태도시 및 생태마을

생태도시 (ecopolis)	도시를 하나의 유기체로 보고 도시에서 다양한 활동이나 구조를 자연생태계가 가지고 있는 다양성, 자립성, 안정성, 순환성에 가깝도록 계획·설계하는 등의 환경정책을 받아들여 인간과 환경이 공존할 수 있는 도시를 조성
생태마을 (permaculture)	사람들이 자연 속에서 조화를 이루며 살 수 있도록 자연의 순환체계를 존중하고 복원한 농촌 환경 또는 도시 환경 속에서의 지속 가능한 정주지를 조성

② 도시공원 및 광장

㉠ 놀이터

- 독립단위의 놀이터 또는 큰 공원의 한 부분으로 삽입·설치하며, 평탄하거나 완만한 구릉지를 적지로 하되 위험한 급경사지는 정지하여 조성

· 이용자가 자동차도로와 교차하지 않고 접근 가능하여야 하며, 접근로의 기울기는 유모차를 몰 수 있을 정도로 완만하게 함
· 출입구는 공원 내부에 통과동선이 발생하지 않도록 선정하여야 하며 놀이시설물은 어린이의 연령과 놀이그룹의 규모, 예산, 놀이터의 유형 및 위치, 안전성 등을 고려
· 면적의 30% 이상을 공간의 분리 및 주변 식재를 위한 녹지로 확보하고 정규교육과 연계된 자연교육 효과를 기대할 수 있는 수종을 배식한다.

★ ㉡ 어린이공원
· 어린이를 주 이용 대상자로 하되 위치에 따라 근린주민이 함께 이용
· 어린이의 안전을 최우선적으로 고려, 통과동선이 발생되지 않도록 내부동선과 출입구를 선정하고 정적인 공간과 동적인 공간을 균형 있게 배치하며, 지형을 고려한 놀이공간배치로 자연발생적인 놀이를 유발
· 창의력이 충분히 발휘되도록 시설의 다양성을 도모하며 놀이기구 및 기타시설의 수는 공간의 크기를 고려하여 정한다.

㉢ 근린공원
· 「도시공원 및 녹지등에 관한 법률」 근린생활권, 도보권, 도시계획권, 광역권의 근린공원으로 구분
· 각 근린생활권을 중심으로 배치하며 「초등학교+근린공원」, 「근린공원+유아공원, 어린이공원」 등의 조합형태로 설치하는 것도 고려한다.
· 토지이용은 가족단위 혹은 집단의 이용단위와 전 연령층의 다양한 이용특성을 고려하고 기존의 자연조건을 충분히 활용한다.
· 휴게공간은 사용자 1인당 $25m^2$의 면적을 표준으로 하며, 특히 운동장, 구기장과 같은 동적 휴게공간을 적극 배치한다.
· 안전하고 효율적인 동선계획으로 통과교통의 배제와 보행자전용도로와의 연계를 적극 도모하며 사고의 위험성, 교통시설, 주변건축물, 토지이용 등을 고려하여 출입구는 2개소 이상 설치한다.
· 조속한 녹화와 충분한 녹음, 계절감, 교육·정서적인 측면, 도시미적 측면, 유지관리 등을 고려한 수종을 선택하고 공간의 기능과 시설물의 속성을 반영하는 다양한 식재기법을 적용

㉣ 도시자연공원
· 동적 공간과 정적 공간을 공원의 자연특성에 따라 배치한다.
· 공원시설구역은 녹지자연도를 조사하여 선정하며 시설부지는 임간 내의 나지를 활용하여 최대임상을 보호한다.
· 기존 수림의 활용을 극대화하여 산림공간에서의 자연적 체험이 수반될 수 있도록 하며, 식재수종은 가능한 한 자생수종과 향토수종으로 한다.
· 공원면적의 30~50% 정도를 환경보존녹지로 확보

★ ㉤ 묘지공원
· 묘역의 면적비율은 공원의 종류, 토지이용상황, 운영관리의 편의 및 기타 여건에 의해 결정하되 전면적의 1/3 이하로 한다. 전반적으로 엄숙하고 경건한 분위기를 창출하되, 명쾌하고 아름다운 분위기를 갖춤

- 장제장은 관리사무소와 가까운 곳에 진입로와 연결시키되 묘역에서 격리시켜 배치한다.
- 석물작업장을 설치하는 경우는 묘역과 차단된 곳에 배치하며, 방음과 차단을 위한 차폐식재를 도입
- 놀이터와 묘역 사이는 차폐식재로 차단수목을 식재하여 놀이터 주변과 경계를 짓고 아늑한 분위기를 조성
- 원로는 주 진입로, 분산도로 등의 간선도로와 연결보도, 소로 등의 지선도로로 구성하며, 필요한 곳에 자동차가 회전할 수 있는 광장을 설치한다.
- 공원면적의 30~50% 정도를 환경보존녹지로 확보하고, 식재는 목적과 기능에 적합하고 생태적 조건에 맞는 수종을 선정한다.

★ ㉦ 체육공원

- 운동시설지구는 육상경기장 겸 축구장을 중심에 두고 주변에는 운동종목의 성격과 입지조건을 고려하여 배치
- 운동시설은 공원 전면적의 50% 이내의 면적을 차지하도록 하며 주축을 남-북 방향으로 배치
- 공원면적의 5~10%는 다목적 광장으로, 시설 전면적의 50~60%는 각종 경기장으로 배치한다.
- 야구장, 궁도장 및 사격장 등의 위험시설은 정적 휴게공간 등의 다른 공간과 격리하거나 지형, 식재 또는 인공구조물로 차단
- 공원 면적의 30~50%는 환경보존녹지로 확보하며 외주부 식재는 최소 3열 식재 이상으로 하여 방풍·차폐 및 녹음효과를 얻을 수 있어야 한다.
- 운동시설로는 체력단련시설을 포함한 3종 이상의 시설을 배치

㉧ 광장

- 많은 사람이 집합하는 위치로 하되, 다수인이 집산하는 다른 시설과 근접되지 않는 장소에 입지시키고, 정·동적 공간의 배분에 균형을 주어야 함
- 탄력적인 토지이용계획 및 원활한 접근을 위한 출입구의 배치에 유의
- 광장의 규모는 이용자수 및 이용행태를 추정하여 산정
- 교차점 광장, 역전광장, 주요시설광장을 포함하는 교통광장은 각종 차량과 보행자간의 안전성, 원활한 교통의 흐름을 고려한 편의성, 간선도로 및 주요시설 등과 연계성, 연속성의 확보에 주력하여 설계한다.
- 광장의 설계형식에 맞는 식재기법을 도입하여 주위환경과 조화를 이루도록 배식하며 녹음수 및 화목류의 도입을 적극 고려
- 특수광장은 지하광장, 건축광장, 피난광장을 포함한다. 지하광장은 도로와의 연계성을 고려하여 원활한 교통흐름을 확보하도록 하며, 건축광장은 건축물 내부와의 연계성, 피난광장은 피난자의 접근성 확보에 초점을 맞추어 설계한다.

③ 특수공원

㉠ 조각공원

- 전시와 관람공간은 작품을 충분히 관람할 수 있도록 관람속도, 각도, 높이 및 거리를 고려하여 배치하며, 조각작품과 자연과의 이상적인 결합이 되도록 배치

- 작품의 특성을 잘 나타낼 수 있도록 공간을 조성하며, 공원의 규모에 따라 작품의 수나 규모를 결정
- 작품과 자연경관과의 균형을 고려하고 야간조명을 확보.

㉡ 역사공원

- 역사적 공간의 보존을 최우선으로 하여 필요한 최소한의 시설은 한 지역에 모아 배치
- 공원 내의 모든 시설물은 역사적 풍물과 조화를 이루도록 형태, 색채, 규모 등을 제한

㉢ 수변공원(하천공원)

- 침수가능성이 있는 수변공간에는 환경친화적 요소를 도입하고 수면공간은 수면놀이가 가능하도록 고려
- 각종 운동시설 및 휴게시설은 침수가능성이 없는 육상공간에 설치
- 수면공간과 육상공간과의 연계는 수변생태계의 교란을 최소화하도록 고려

④ 생태공원

㉠ 인공화된 도시나 산업화된 공간에 자연 및 환경교육적으로 흥미 있고 재현 또는 창출가능한 생태계, 개체군 서식처 또는 비오톱(또는 소생물권)을 조성

㉡ 자연계의 형성과정의 이해를 토대로 단위생태계 또는 특정 생물종, 개체군의 서식처를 재현, 조성 또는 창조하며, 자연적인 상황에 가장 가까운 환경을 조성

㉢ 수종선정 및 식재설계 : 식물종은 가능한 대상지 주위의 자생식물 종을 선정하되, 대상지역의 기후·미기후 및 기타의 환경조건에 가장 적합한 식물종을 선정

㉣ 연못 및 습지조성, 모래언덕이나 진흙과 같은 지형변화, 낙엽층과 쓰러진 통나무 등의 보존으로 풍부하고 매력적인 자연환경과 다양한 생물상을 제공한다.

㉤ 수변공간을 조성할 때는 경계부 선형이나 기울기, 바닥의 형태 또는 깊이에 변화를 주는 등의 방법으로 다양한 생물서식환경을 조성해 준다.

⑤ 소생물권

㉠ 자연환경보전법에서 규정하는 소생태계의 개념을 포함하는 생물서식공간을 의미한다.

㉡ 해당 지역의 자연환경 상황을 파악하여 '보존', '복원', '창조(창출)'의 기법을 조합하여 계획을 수립

㉢ 인위적으로 조성되는 소생물권(비오톱 ; biotope)에 유형별 재생능력을 고려하여 복원 목표를 정하며, 다음 사항들을 기본적으로 고려

㉣ 생물 서식공간의 조성은 종의 멸종위기를 최소화하거나 평형종 수를 극대화하기 위해 다음 원리를 적용한다.

> - 면적은 클수록 종 보존에 효과적이다. 같은 크기인 경우 큰 단위공간 하나가 여러 개의 작은 공간보다 효과적이다.
> - 거리는 인접한 공간이 가까울수록 효과적이다.
> - 여러 개의 공간이 직선적으로 배열되는 것보다 같은 거리로 모여 있는 것이 효과적이다.
> - 서로 떨어진 공간을 이동통로로 연결하는 것이 효과적이다.
> - 다른 여건이 같다면 길쭉한 형태보다 둥근 형태가 효과적이다.

㉤ 소생물권 복원, 창출을 위한 원칙

- 소생물권의 면적, 섬의 수와 배치(코리도와 징검돌 소생물권), 서식지 윤곽, 종과 소생물권의 연계, 불안정한 서식공간, 경관특성 등을 고려
- 보호, 복원 및 창출 대상 소생물권은 일정한 면적을 유지하여 생물이 절멸할 위험성을 억제
- 각 소생물권에 유전자가 지속적으로 유입될 수 있도록 충분한 수의 소생물권 섬이 공간적으로 밀집된 네트워크를 형성하여 개체수 감소로 인한 종의 소멸을 억제
- 소생물권이 공간적으로 이격되어 분리된 경우 소규모의 징검돌(stepping stone) 소생물권을 형성하여 종의 이동과 개체수 유지에 기여한다. 또한 소생물권을 연결하기 위한 코리도로서 작용할 수 있는 적당한 공간을 설치하거나 확대
- 녹지에서 핵(core)이 차지하는 비율이 최대가 되는 것이 바람직하므로 서식지는 자연상황에 맞는 형상을 하되 가능하면 원형을 유지한다. 단, 하천, 숲가장자리 등 선형의 소생물권은 코리도 형태로 유지
- 외부종의 유입이나 인위적인 영향으로부터 특정 종, 군락, 서식공간 등을 보호하기 위해 토지이용은 생태계의 장기 변화를 엄격하게 보호·감시하기 위한 핵심지구(core area), 핵심지구를 인위적인 영향으로부터 보호하기 위한 완충지구(buffer zone), 핵심지구와 완충지구의 주위에 형성되어 원주민의 거주와 지속가능한 자원개발이 허용될 수 있는 이행대(transition area)로 구분하여 조성·관리

⑥ 관광지/휴양지

㉠ 유원지

- 위치, 이용자, 경제수준, 교육수준 등 수요에 영향을 주는 요소에 대한 충분한 고려를 전제로 하여야 하고 각 계층의 보다 많은 이용자 유치를 위해 전 계층이 이용할 수 있는 시설을 설치한다.
- 토지의 제약을 받기 쉬우므로 토지의 집약적 이용을 고려한 설계가 바람직하다.
- 수상유원지는 안전에 대한 측면을 고려하여 설계한다.

㉡ 온천관광휴양지

- 자연환경에 제약을 받는 시설이므로 환경과의 조화를 우선적으로 배려한다.
- 노천탕 등 자연의 경관적 요소를 직접 이용할 수 있도록 조경적으로 설계하며 단순한 목욕행태와 야외휴식이 가능하도록 옥외시설을 적정 배치한다.

㉢ 수변·해양관광휴양지

- 수변과 접하여 침수가능성이 있는 수변공간은 환경친화적 요소를 도입하고 침수가능성이 없는 육상공간에는 각종 놀이, 휴게 및 운동시설을, 물놀이 기능이 주로 이루어지는 수변공간은 수변놀이가 가능하도록 설계
- 수변공간과 육상공간과의 연계성 확보는 수변생태계의 교란을 최소화하도록 고려

㉣ 육상·산악관광휴양지

- 시설물은 자연지형의 변형을 초래하거나 산악의 생태계에 큰 영향을 주지 않는 범위 내에서 집약적으로 설치하여 기존 환경을 최대한 보전한다.
- 기존 삼림과 조화될 수 있도록 기존 임상을 조사하여 식재설계에 반영한다.

- 다양한 계층의 이용을 고려하여 각 계층별 이용의 특성을 고려한 시설을 배치한다.

ⓜ 농어촌휴양지

- 일반시민이 농촌공간에서 영농작업을 체험하고 즐길 수 있는 공간으로 조성한다.
- 시설은 기존 농촌경관을 훼손하지 않는 범위 내에서 설치하고, 이용자의 휴양과 더불어 농어촌의 소득원이 될 수 있는 시설을 중점적으로 고려한다.

ⓜ 자연휴양림 : 기존 자연환경의 보전을 전제로 산림과 자연환경을 기반으로 하는 산림휴양, 캠핑, 야생지의 경험 등 다양한 체험과 자연환경을 즐길 수 있도록 휴양 및 레크리에이션 시설을 적정 배치

ⓗ 수렵장

- 기존 우수한 산림을 최대한 활용하고 부지의 단계적 개발이 가능하도록 한다.
- 토지이용은 수렵장, 편익공간, 지원공간, 사육공간, 휴양공간으로 구분한다.
- 임간초지 및 영구초지를 조성하고 동계사료급여를 통한 충분한 먹이와 적절한 은신처를 제공할 수 있도록 한다.
- 시설물은 유사기능끼리 인접시키고 먼 것은 격리시켜 배치하며 주변환경과 조화되도록 재료, 외형, 규모를 결정

⑦ 체육·위락시설

㉠ 종합운동장

- 도시 내외의 각 방면으로부터 교통기관을 이용하여 이용자가 30분 이내에 도달할 수 있는 거리에 위치하도록 한 경기시설 그 자체에 대해서는 평탄지가 바람직하지만 환경의 개선과 기능의 다양화를 위해 녹지대의 설치가 요구되므로 오히려 지형에 다소의 변화가 있는 것이 좋다.
- 면적은 최소 10ha 이상을 표준으로 하고, 녹지대는 전체 면적의 30~40% 정도가 필요하다.
- 종합경기장의 구획은 운동경기 시설지구, 체육관 시설지구, 아동유희장, 녹지대의 네 가지 지구로 구획되어야 한다.
- 육상경기장을 중심에 두고 그 주위 또는 서쪽에 나머지 각종 경기시설을 배치한다.

㉡ 빙상장

- 실내에는 직사광선 및 외부의 더운 공기가 들어오지 않게 한다.
- 얼음의 두께는 2.5~4.0cm 정도로 한다.
- 스케이팅 트랙은 천연빙, 인공빙으로 하고 최대 400m, 최소 333.3m 길이의 2중 활주로이며, 커브의 내측은 25m 이상 26m 이내이어야 하고 각 활주로의 폭은 최소 4~5m가 적합

⑧ 문화재 및 사적지

㉠ 사적지

- 자연지형의 변화 및 훼손이 없는 범위 내에서 설계하며, 재료는 사적지 주변의 지역에서 활용되도록 고려
- 역사 문화유적의 시대적 배경에 부합하도록 역사성에 어울리는 소재, 디자인 요소, 마감방법 등을 고려
- 사적의 복원 및 재현은 역사성에 맞게 하되 주변지역도 역사성에 맞게 식재하고 시설물들이 조화롭게 설계

㉡ 전적지
- 자연지형의 변화 및 훼손이 없는 범위 내에서 주변과 조화되게 설계
- 교육적, 교훈적 가치를 고려하며, 전적지의 역사성과 기념성 등을 상징화하는 설계방법을 고려
- 관리자가 별도로 상주되지 않는 점을 고려하여 관리 측면을 설계

㉢ 민속촌
- 민속촌의 입지는 풍수의 개념을 고려하여 정하고, 민속시설물과 공간구성은 우리나라 고건축의 외부공간특성을 반영
- 이용자 또는 관람객을 위한 편익시설은 민속촌의 분위기와 이질감이 느껴지지 않도록 배치, 재료 및 시각적 구성 등에 유의하고 다양한 계층의 이용·활동 특성을 반영
- 수목은 그 지방의 낙엽화목류와 과일나무를 주종으로 하는 향토수종을 사용하며 전통적 식재기법에 어긋나지 않도록 유의

⑨ 정원조경

★㉠ 주택정원
- 전정(public area), 주정(private or living area) 및 측정(service area)으로 기능을 배분하며, 각 세부공간별로 기능에 맞게 설계
- 기초부분에는 관목류나 소교목류를 식재하여 건물 하단부의 거친 면을 가리도록 한다.
- 전면부가 수목으로 건물을 지나치게 가리지 않도록 건물의 크기와 수목의 크기를 대비하여 적정한 수종을 선택하며, 식재지역이 음지인 경우에는 내음성이 강한 식물을 선발

㉡ 공장정원
- 공장정원의 바닥은 나지로 남겨두어서는 안 된다.
- 공해물질에 내성이 강하고 먼지의 흡착력이 강한 활엽수의 식재면적을 전체 수목식재면적(수관부 면적)의 70% 이상으로 정한다.

㉢ 학교원
- 학교의 교과과정에 맞추어 자연학습에 도움이 되는 식물을 배식
- 식재한 식물 중 대표적인 수목 또는 식재군에 식물명, 특성 및 용도 등을 적은 식물표찰을 만들어 세우거나 부착

㉣ 운수시설정원(공항/항만)
- 공항의 활주로 주변에는 잔디를 피복하여 가시권을 확보
- 공항의 바닥은 나지로 남겨두어서는 안된다.

⑩ 기타 조경시설

㉠ 노인복지시설(실버타운) : 노인들의 연령 및 건강과 노인층 특유의 프라이버시를 고려하고, 휠체어 사용자를 충분히 배려

㉡ 동·식물원/수족관
- 자연 지형 및 경관과 조화되게 하고 훼손이 최소화되도록 한다.
- 다양한 계층의 참여와 관람, 휴식, 교육, 오락을 함께 할 수 있도록 효율적인 동선과 관람연출을 배려

- 특정 동·식물을 주제로 특성화하는 방안도 강구한다.

㉢ 수목원/자연학습장

- 자연지형 및 경관과 조화성을 이루고 훼손이 최소화될 수 있도록 하며 식물의 생태적 특성을 고려하여 배치
- 자연지형을 적극적으로 이용하여 다양한 학습체험을 유도하고 관람, 휴식, 교육, 오락을 함께 할 수 있는 효율적 관람 연출에 초점을 맞춘다.

㉣ 전시시설(박람회장, 박물관, 미술관, 과학관 등)

- 다양한 계층이 참여할 수 있도록 고려하고 최대 수요를 예측하여 공간을 조성하되 평상시의 이용 방안을 설계에 반영
- 관람시설, 지원시설, 휴게시설 등으로 구분하고 관람 및 관리동선을 효율적으로 처리
- 이용자의 정체를 고려한 충분한 휴게시설을 배려

chapter 10

조경시설물 설계

10.1 핵심플러스

■ 각 시설에 대한 설계 일반적 기준, 설치시 고려사항, 형태 및 규격에 대해 알아두도록 한다.

■ 조경시설의 유형

구분	내용
휴게시설	· 이용자들의 휴게를 목적으로 설치하는 시설 · 유형: 그늘시렁, 그늘막, 원두막, 의자, 야외탁자, 평상, 정자 등
관리시설	· 설계대상공간의 기능을 원활히 유지하기 위한 관리를 목적으로 설치하는 시설 · 유형: 관리사무소, 공중화장실, 전망대, 상점, 휴지통, 단주(볼라드), 자전거보관대, 안전난간, 공중전화부스, 음수대, 플랜터(식수대), 시계탑
안내시설	· 공원·주택단지·보행공간 등 옥외공간에서 보행자나 방문객에게 주요 시설물이나 주요 목표지점까지의 정보전달을 목적으로 하는 시설물 · 정보를 제공하는 사인(sign)과 정보를 이어주는 환경시설물 등을 포함함
경관조명시설	· 전원이나 도시적 환경의 옥외공간에 설치되는 조명시설 · 환경성·안정성·쾌적성, 그리고 부드러운 분위기를 연출하는 목적과 옥외공간의 경관구성요소로서 연출되는 조명시설
운동시설	「체육시설의 설치·이용에 관한 법률」에 따른 이용자들의 운동 및 체력단련을 목적으로 설치되는 시설
수경시설	· 물을 이용하여 설계대상 공간의 경관을 연출하기 위한 시설 · 물의 흐르는 형태에 따라 폭포·벽천·낙수천(흘러내림), 실개울(흐름), 못(고임), 분수(솟구침) 구분
조경구조물	· 토지에 정착하여 설치된 시설물 · 앉음벽, 장식벽, 울타리, 담장, 야외무대, 스탠드 등의 시설물
포장	보도포장, 자전거도로포장, 차도 및 주차장포장
환경조형시설	· 도시 옥외공간 및 주택단지와 같이 공공이 이용하는 공간에 설치되는 예술작품으로서 주변 환경여건과의 조화를 염두에 두어 설치 · 이용자의 미적 욕구를 수용한 쾌적한 옥외환경을 조성하기 위하여 공공 목적으로 설치되는 미술장식품·순수창작조형물·기능성 환경조형물·모뉴멘트(기념적인 목적을 위해 제작된 일종의 공공 조형물 일반을 총칭)와 같은 것들을 말함
빗물침투 및 배수시설	빗물 등 지표수를 땅속으로 침투시켜 지표면의 유출량을 감소시키고 지하수를 함양하는 시설을 말함

1 휴게시설

① 설계일반사항

㉠ 목표 : 적정한 인간척도·기능성·미관성·안전성·표준성·내구성 및 환경친화성의 달성을 목표로 한다. 이들 설계목표가 서로 대립되거나 모두 충족시킬 수 없는 경우에는 안전성과 기능성을 먼저 충족시키도록 한다.

㉡ 휴게공간 평면구성

- 휴게공간은 시설공간·보행공간·녹지공간으로 나누어 설계하되 설계대상공간 전체의 보행동선체계에 어울리도록 보행동선을 계획한다.
- 휴게공간의 어귀는 보행로에 연결시켜 보행동선에 적합하게 계획하되 차량에 의한 사고방지를 위해 도로변에 면하지 않도록 배치하고 입구는 2개소 이상 배치하되, 1개소 이상에는 12.5% 이하의 경사로(평지 포함)로 설계한다.
- 건축물이나 휴게시설 설치공간과 보행공간 사이에는 완충공간을 설치한다. 특히 휴게시설물 주변에는 1m 정도의 이용공간을 확보한다.
- 놀이터에는 놀이시설을 이용하는 유아가 노는 것을 보호자가 가까이에서 볼 수 있도록 휴게시설을 배치한다.

㉢ 휴게시설 설계 일반기준

- 휴게시설은 각 시설별로 본래의 설치목적에 부합되도록 설계한다. 시설이 복합적인 기능을 갖는 경우 본래의 기능을 먼저 충족시키도록 한다.
- 주요 시설은 현장조립이 가능한 시설의 설치를 원칙으로 하되 시설물 사이에 색상·자재·마감방법 등이 서로 조화를 이루도록 설계한다.
- 시설의 자체하중 및 외력(이용하중·풍하중)을 고려하여 구조적 안전성과 이용의 안전성을 확보한다. 이용의 안전을 위해서 부재접속과 표면마감처리에 유의한다.
- 그늘시렁·그늘막·정자 등 지반의 지내력이 요구되는 시설은 지반의 허용지내력을 고려하여 침하되지 않도록 하며, 연약지반인 경우에는 이 기준 「얕은 기초의 설계」에 따른다.
- 그늘시렁·그늘막·정자 등의 시설에 사용되는 기둥이나 보의 단면형태는 재료특성 및 용도에 따라 달리 적용한다. 목재의 경우 보의 단면은 폭과 높이의 비를 1/1.5~1/2로 하고, 기둥은 좌굴현상을 고려하여 좌굴계수(재료의 허용압축응력×단면적÷압축력)는 2를 적용하며, 세장비(좌굴장/최소단면2차반경)는 150 이하를 적용한다.
- 시설물의 자체하중과 이용자의 하중을 고려하여 품질보증기간 동안 시설의 파괴나 변형이 일어나지 않도록 설계한다.

㉡ 안전기준

- 뾰족한 부분이나 돌출한 부위는 둥글게 마감하거나 뚜껑을 씌우도록 한다.
- 시설물의 모서리는 둥글게 마감한다.
- 시설물 기초의 크기나 결합방법은 넘어지거나 가라앉지 않도록 한다.

㉢ 치수

- 휴게시설의 설계는 인간공학적인 요소를 고려한다.
- 이용자의 직접적인 접촉을 통하여 이용되는 의자와 야외탁자는 공업진흥청의 국민표준체위조사보고서의 내용을 적용하여 적합한 치수를 설정한다.

㉣ 기초 : 휴게시설이 넘어지거나 붕괴되지 않도록 충분한 크기·깊이·체결방법으로 설계한다.

★② 그늘시렁(파고라)

㉠ 설치시 고려사항

- 통경선이 끝나는 부분이나 공원의 휴게공간 및 산책로의 결절점에 설치
- 조망이 좋은 곳을 향해 설치

㉡ 형태 및 규격

- 높이 : 220cm~260cm를 기준, 그늘시설의 면적이 넓거나 조형상 이유로 300cm까지 가능
- 해가림 덮개의 투영밀폐도는 70%를 기준
- 의자는 하지 12~14시 기준, 사람의 앉은 목높이 이상(88~105cm)광선이 비추지 않도록 배치

★③ 의자

㉠ 규격

- 의자의 크기에 따라 1, 2, 3인용으로 체류시간을 고려하여 설계하며 긴 휴식에 이용되는 의자는 앉음판의 높이가 낮고 등받이를 길게 설계
- 등받이 각도는 수평면을 기준으로 96~110° 를 기준으로 휴식시간이 길어질수록 등받이 각도를 크게 한다.
- 앉음판의 높이는 34~46cm, 앉음판의 폭은 38~45cm를 기준
- 팔걸이의 높이는 앉음판으로부터 18~25cm를 기준으로 하고 팔걸이의 폭은 3cm 이상으로 하며 부착각도는 수평면을 기준으로 등받이 쪽으로 10~20° 낮게 설계
- 의자의 길이는 1인당 최소 45cm를 기준으로 하되, 팔걸이 폭은 제외
- 지면으로부터 등받이 끝까지 전체높이는 75~85cm를 기준

㉡ 배치

- 등의자는 긴휴식이 필요한 곳, 평의자는 짧은 휴식이 필요한 곳에 설치하며, 공공 공간에는 고정식, 정원 등 관리가 쉬운 곳은 이동식을 배치한다.
- 산책로나 가로변에는 통행에 지장이 없도록 배치하며, 폭 2.5m 이하의 산책로 변에는 1.5~2m 정도의 포켓공간을 만들어 경계석으로부터 60cm 이상 떨어뜨려 배치
- 휴지통과의 이격거리는 0.9m, 음수전과의 이격거리는 1.5m 이상의 공간을 확보
- 장애인을 위한 의자는 측면에 120×120cm, 전면에 180×180cm 의 휠체어 공간을 확보
- 곡률반경은 앉음판의 오금부위가 15~16cm, 엉덩이부위가 7~8cm, 등받이 상단이 15~16cm 가 되도록 함

④ 야외탁자

㉠ 야외탁자는 의자와 탁자의 기능을 효율적으로 수행할 수 있도록 하며, 이용자의 몸이 들어가기 쉽도록 한다.

㉡ 앉음판의 높이는 34~41cm, 앉음판의 폭은 26~30cm를 기준

㉢ 앉음판과 탁자 아래면과 사이 간격은 25~32cm, 앉음판과 탁자의 평면간격은 15~20cm를 기준

㉣ 탁자의 너비는 64~80cm를 기준

⑤ 평상

㉠ 평상 마루의 형태는 사각형, 원형으로 나누어 설계

㉡ 마루높이는 34~41cm를 기준

⑥ 그늘막(쉘터)

㉠ 이용자들이 비와 햇빛을 피할 수 있도록 설치한 그늘막

㉡ 처마의 높이는 2.5~3.0m

⑦ 원두막

㉠ 배치

- 마당·광장 등의 휴게공간과 건물·보행로·놀이터 등에 이용자들이 비와 햇빛을 피할 수 있도록 배치한다.
- 긴 휴식에 이용되므로 사람의 유동량·보행거리·계절에 따른 이용빈도를 고려하여 배치한다.
- 공원·유원지 등 장·노년층 또는 가족단위의 이용이 예상되는 공간에 배치한다.

㉡ 형태 및 규격

- 지붕은 비·햇빛 또는 바람 등을 피할 수 있는 구조로 하되, 설치되는 환경의 특성 등을 고려하여 서로 조화로운 재질과 형태로 설계한다.
- 기둥은 4개를 원칙으로 하되, 구조적 안전성이 확보될 경우 기둥의 수량과 형태에 변화를 줄 수 있다.
- 마루는 긴 휴식에 적합한 재질과 마감방법으로 설계하며, 난간이 없을 경우 마루의 높이는 34~46cm를 원칙으로 한다.
- 난간이 있는 형태와 난간이 없는 형태로 나누어 적용한다.
- 처마높이는 2.5~3m를 기준으로 한다.

⑧ 정자

㉠ 배치

- 언덕·절벽 위·하천변 등 자연경관이 수려한 장소와 조망성이 뛰어난 장소에 주변경관과의 조화를 고려하여 배치한다.
- 주보행동선에서 조금 벗어나게 배치하여 휴식의 장소를 제공한다.
- 지반의 붕괴나 낙석의 위험이 있는 곳에는 배치를 피한다.

㉡ 형태 및 규격

- 설치장소와 설치목적에 적합한 규모와 구조로서 주변경관과 조화될 수 있도록 설계한다.
- 전통정자는 환경에 어울리는 전통적인 형태 및 규모와 공법으로 설계한다. 다만, 전통형식을 모방한 정자를 설치할 경우에는 공법을 달리 적용할 수 있다.
- 평면형태는 사각형·육각형·팔각형으로 구분한다.

2 관리시설

① 관리사무소

㉠ 배치

- 설계대상공간의 관리목적에 따라 관리중심으로서의 기능을 꾀하기 위하여 이용자에 대한 서비스기능과 조경공간의 관리기능을 보유함
- 부상환자 발생과 같은 긴급 시의 연락과 공원시설의 이용 및 접수에 관한 정보제공기능이 쉽도록 배치함

- 이용자를 위해 편리하고 알기 쉬운 위치나 자동차의 출입이 가능한 곳에 배치
- 관리용 장비보관소와 적치장은 이용자의 눈에 잘 띄지 않도록 관리사무소 뒷면에 배치하고 수목 또는 트렐리스와 같은 시설로 적절히 차폐시킴

㉡ 형태 및 규격

- 설계대상공간의 입구부분 또는 공원의 주도로에 면하여 설치
- 사무소로서의 기능 뿐만 아니라 해당 공간과 조화를 이루는 상징물이 되도록 설계함

② 음수대

㉠ 배치

- 관광지·공원 등에는 설계대상공간의 성격과 이용특성 등을 고려하여 필요한 곳에 음수대를 배치
- 녹지에 접한 포장 부위에 배치

㉡ 구조 및 규격

- 성인·어린이·장애인 등 이용자의 신체특성을 고려하여 적정높이로 설계하되, 하나의 설계대상공간에는 최소한 모든 이용자가 이용 가능하도록 설계
- 겨울철의 동파를 막기 위한 보온용 설비와 퇴수용 설비를 반영
- 배수구는 청소가 쉬운 구조와 형태로 설계

③ 화장실

㉠ 기능 및 배치

- 설계대상공간을 이용하는 이용자가 알기 쉽고 편리한 곳에 배치
- 화장실 건물은 다른 건물과 식별할 수 있도록 하고, 이용자의 눈에 직접 띄지 않도록 수목 또는 트렐리스와 같은 시설로 적절히 차폐시킴
- 오물의 관리용 차량이 접근할 수 있는 곳에 배치
- 화장실은 장애인의 진입이 가능하도록 경사로를 설치하며, 경사로 폭은 휠체어의 통행이 가능한 120cm 이상으로 함

㉡ 형태 및 규격

- 설계대상공간의 특성과 주변 자연환경 및 경관에 어울리는 형태로 설계
- 설계대상공간의 종류·성격·규모·이용자 수를 고려하여 화장실의 규격을 결정
- 자연채광을 받고 위생적이어야 하며, 관리하기 쉽고 방범을 충분히 배려함

④ 휴지통

㉠ 배치

- 설계대상공간의 휴게공간·운동공간·놀이공간·보행공간·산책로와 같은 보행동선의 결절점, 관리사무소·상점과 같이 이용량이 많은 지점의 적정위치에 배치
- 각 단위공간의 의자와 같은 휴게시설에 근접시키되, 보행에 방해 되지 않도록 하고 수거하기 쉽게 배치
- 단위공간마다 1개소 이상 배치

㉡ 구조 및 규격

- 이용하기나 수거하기에 편리한 구조 및 규격으로 설계
- 내구성 있는 재질을 사용하거나 내구성 있는 표면마감방법으로 설계
- 분리수거가 편리한 쓰레기통을 설치

⑤ 볼라드
- 보행인과 차량 교통의 분리 위해 설치
- 배치간격은 차도 경계부에서 1.5m 정도의 간격으로 설치
- 높이 80~100cm, 지름 10~20cm
- 필요에 따라 이동식 볼라드, 형광 볼라드, 보행등 겸용 볼라드
- 볼라드의 색은 식별성을 높이기 위해 바닥 포장 재료와 대비되는 밝은 계통

⑥ 전망시설

㉠ 기능 및 배치
- 전망 및 조망을 위한 시설로 입지 및 유형에 따라 전망데크, 스카이워크(공중보행데크), 관찰대, 전망쉘터 및 정자로 분류하며 각 공간의 기능에 맞게 계획
- 공원, 휴양림, 유원지와 같은 공간이나 주변경관을 조망할 수 있는 주요 조망지점에 배치
- 기존 지형 및 주변 경관과 어울릴 수 있도록 배치

㉡ 형태 및 규격
- 대상공간의 경관특성을 고려하여 전망시설의 소재 및 형태를 결정
- 대상공간의 이용특성 및 공간의 규모를 고려하여 전망시설의 규모를 결정
- 장애인이 접근하기에 불편이 없도록 경사로·승강기와 같은 구조로 설계
- 이용자들의 안전을 고려한 난간의 설치를 설계에 반영

⑦ 플랜터

㉠ 배치 : 설계대상공간의 포장부위에 배식을 하거나 수목의 적정 생육토심 확보, 또는 지형의 높이차 극복을 위하여 녹지를 확보할 필요가 있을 경우에 플랜터를 배치

㉡ 구조 및 규격
- 벽체·배수구 등의 시설을 적정규격으로 설계에 반영
- 배식하는 수목의 규격에 대응하는 최소생육토심을 확보

⑧ 출입문

㉠ 기능 및 배치
- 설계대상공간의 성격·규모·주변의 이용현황 등을 고려하여 주출입구·부출입구·보조출입구 등을 배치
- 긴급 차량의 출입, 접근도로와의 관계(도로의 성격·종류·노폭·보도의 유무·가로수의 유무 등), 그리고 이용자의 흐름 등을 고려하여 배치
- 주출입구에는 입구마당 등의 전이공간을 배치

㉡ 형태 및 규격
- 설계대상공간의 성격·규모·기능, 출입구 주변의 공간형태·경관 등과 조화되는 형태로 설계
- 문주 형태로 설계할 경우 설계대상공간과 출입구의 성격·규모·기능에 따라 크기·재료·마감 방법 등을 결정
- 주출입구는 장애인 등이 접근하기에 불편함이 없도록 최소한의 경사로로 설계(다만, 부득이 할 경우에는 폭의 50% 이내 구간에 계단으로 설치할 수 있음)

㉢ 구조

- 주 출입구는 수평접근이 가능하도록 하며 부득이한 곳은 경사로, 계단의 순으로 설계
- 출입문의 문주는 문의 하중에 의한 전도모멘트에 대한 안전율 이상의 저항 모멘트를 보유하도록 기초의 규모를 결정
- 출입문의 문주는 문의 하중에 의한 모멘트에 대하여 허용응력을 보유한 재료를 사용

⑨ 수목보호덮개

㉠ 설계대상공간의 포장부위에 수목을 배식할 때에는 수목보호덮개를 설치

㉡ 재료는 주철재·콘크리트재·합성수지재 등 상부 하중에 견딜 수 있는 강도의 것을 채용

㉢ 덮개와 받침틀은 주위의 포장재 및 수목지지대와 결속이 쉽고 깨끗하게 처리할 수 있는 구조와 형태로 설계

⑩ 시계탑

㉠ 예술성과 독창성이 있는 형태로 설계

㉡ 밤에도 제 기능을 다할 수 있도록 전력공급시설·태양축전지·조명기구 등을 설계에 반영

㉢ 기성제품의 경우 형태·구조·재료·색상·기능 등은 제조업체의 설계기준에 따름

⑪ 자전거보관시설

㉠ 배치

- 주택단지·공원·관광지·지하철역 등과 같이 자전거의 보관대가 필요한 공간의 입구에 배치
- 주택단지에서는 현관입구나 보안등이 비치는 경비실 주변, 그리고 필로티형 주동에서는 필로티 등에 배치
- 관광지·학교·업무용 건축물 등에는 주요 출입구의 포장부위에 배치
- 기차역·지하철역·버스터미널에는 출입구에서 가까운 광장이나 보도에 배치

㉡ 구조 및 규격

- 자전거를 쉽게 세워 놓을 수 있고, 잠금장치 등 도난방지 시설을 설치하기 쉬운 구조와 내구성 있는 재질로 함
- 비·햇볕·대기오염 등으로부터 자전거를 보호할 수 있도록 지붕 등의 시설을 갖추어야함 건축물의 안에 설치하는 경우나 공원처럼 임시적 이용이 주가 되는 경우에는 지붕이 없는 구조로 설계할 수 있음
- 주택단지 등 설계대상공간의 경관과 어울리는 형태·색깔로 설계

⑫ 안전난간

㉠ 배치

- 주변에 옹벽이나 급경사지 등에 있어 추락이 위험이 있는 놀이터·휴게소·산책로 등에 설치

㉡ 구조와 규격

- 철근콘크리트 또는 강도 및 내구성이 있는 재료로 설계
- 높이는 바닥의 마감면으로 110cm 이상으로 함
- 간살의 간격은 15cm 이하로 함

⑬ 관찰시설

㉠ 기능 및 배치

- 관찰시설 설치는 생태·미관의 교육, 체험 목적으로 설치되나, 서식처보호, 훼손확산 방지를 위한 이용객 동선유도 등 꼭 필요한 장소에 설치
- 야생동물 관찰 시에 관찰자가 보이면 야생 동물은 방해를 받으므로 관찰 대상으로부터 관찰시설이 차폐되도록 함
- 야생동물이 자주 출현하는 곳에 작은 규모의 야생동물 관찰소를 설치하여 근접생물을 관찰할 수 있도록 함
- 고령자나 장애자의 이용도 고려하여 누구나 쉽게 이용하고 안전하게 이용할 수 있도록 배려하고, 추락의 위험이 없도록 안전난간을 설치

㉡ 형태 및 규모

- 물과 접촉하거나 수생식물을 가까이 관찰할 수 있도록 지형 등을 고려한 폭을 유지하되 노약자, 장애인의 진입이 필요한 지역을 제외하고는 경사 데크는 지양함
- 안전을 위한 난간의 높이는 120cm 이상으로 하며, 장애자용 데크는 최소 100cm의 폭을 확보

3 안내시설

① 용어정의

구분	내용
유도표지시설	개별 단위의 시설물이나 목표물의 방향 또는 위치에 관한 정보를 제공하여 시설 또는 방향으로 유도
해설표지시설	개별단위시설의 정보해설의 표지시설물로서 시설에 대한 자세한 정보를 담고 있는 표지시설
종합안내표지시설	공원, 공공주택단지 등의 단지안에서 광역적 정보를 종합적으로 안내
도로표지시설	도로와 관련된 각종 정보를 전달하고 이해를 돕고자 설치하는 시설

② 설계

㉠ CIP(Corporate Identity Program)의 적용

- CIP개념을 도입하여 시설들이 통일성을 가질 수 있도록 함
- 해당 명칭에 고유형태(logotype)가 있는 경우에는 그대로 사용하여 설계
- 교통수단을 대상으로 할 때에는 국제관례로 사용되는 문자나 기호가 도안화된 것을 사용
- 지역적 이미지의 표출을 통한 지역 시설물로서의 정체성과 조형성이 주목받을 수 있도록 환경조형물의 부가기능을 고려

㉡ 안내시설의 배치

- 이용자의 시각에 방해물이 되는 장소를 피하며, 보행동선이나 차량의 움직임을 고려한 배치계획으로 가독성과 시인성을 확보

- 유형별 배치

유도안내표지판	현재의 위치에서 목적대상물까지의 유도를 위해 교통의 결절부나 진입부에 배치
종합안내표지판	이용자가 많이 모이는 장소 등 인지도와 식별성이 높은 지역에 배치
도로표시시설	교통 결절부나 시각적으로 변화가 있는 지점, 특정한 주의나 요구를 해야 하는 시설물이 있거나 행위가 발생하는 장소를 대상으로 배치

- 생태공원의 경우 야생 동·식물의 이동이 빈번한 지역과 생태계 관찰에 장애를 주는 지역에는 안내판 설치를 지양함

㉢ 형태

- 도로의 교통표지판 등 기존 사인과의 혼란을 피하면서 가독성을 높이고, 정보성과 장식성을 수용함
- 시각적으로 명료한 전달을 위한 시인성에 중점을 두고 주변 환경과 차별화함
- 기본형태: 선형(standing), 매달림형(hanging), 붙임형(sticking), 움직임형(movable) 등
- 재료치수를 고려하여 모듈화에 의한 표준화, 규격화로 제작관리에 용이성과 경제적 효용성이 제고되어야 함
- 밤에도 이용되는 유도표지판 등에는 조명시설을 반영, 조명 내장형과 조명기구 부착형을 병행하여 사용
- 인간척도 적용해 위압감을 주지 않고 친밀감을 줄 수 있는 크기여야 함

4 경관조명시설

① 일반사항

㉠ 용어정의

보행등	밤에 이용하는 보행인의 안전과 보안을 위하여 설치하는 조명
정원등	주택단지·공공건물·사적지·명승지·호텔과 같은 공간의 정원에 설치하며, 정원의 아름다움을 밤에 선명하게 보여줌으로써 매력적인 분위기를 연출
수목등	주택단지·공원·광장·녹지와 같은 조경공간 내 수목을 비추어 밤의 매력적인 분위기를 연출하기 위해 설치하는 경관조명
잔디등	주택단지·공원·광장·녹지와 같은 조경공간 내 잔디밭에 설치하여 잔디밭의 밤의 매력적인 분위기를 연출하기 위해 설치하는 경관조명
공원등	도시공원이나 자연공원 이용자에게 야간의 매력적인 분위기 제공과 이용의 안전을 위하여 설치하는 경관조명
수중등	폭포·연못·개울·분수와 같은 수경시설의 환상적인 분위기 연출을 목적으로 물속에 설치하는 경관조명
투광등	수목·건물·장식벽·환경조형물과 같은 주요 점경물의 환상적인 야경분위기 연출을 목적으로 아래 방향에서 비추도록 설치하는 경관조명
벽부등/부착등/문주등	등기구가 환경조형물·원두막·문주·안내시설과 같은 구조물·시설물 속에 묻히거나 옆·위·아래에 부착된 형태로서 별도의 등주가 없는 경관조명
네온조명	별도의 등기구 없이 네온관으로 된 광원으로 환경조형물과 같은 구조물 또는 시설물의 윤곽을 보여주기 위하여 설치하는 경관조명

튜브조명	별도의 등기구 없이 투명한 플라스틱 튜브로 된 광원으로 환경조형물·다리·계단과 같은 구조물·시설물의 윤곽을 보여주기 위해 설치하는 경관조명
광섬유조명	굴절률이 높은 Core와 굴절률이 낮은 Clad의 이중구조로 되어 있는 광섬유의 끝 단면이나 옆면을 이용하여 환경조형물·계단과 같은 시설의 윤곽을 보여주거나 조형물·바닥포장의 몸체나 표면에 무늬·방향표지를 표시하기 위해서 설치하는 경관조명
LED조명	LED(Light Emitting Diode)소자의 발광원리를 이용한 경관조명시설

㉡ 배치

- 경관조명시설은 안전·장식·연출 등의 기능을 구현할 수 있는 위치에 배치
- 계획대상 공간의 기능과 성격, 규모, 보행자 동선, 인접 건축물, 구조물, 시설물의 설치 위치나 높이 및 색상계획, 조형물과 같은 주요 점경물의 배치, 주변의 경관, 이용시간, 이용자의 편익성, 자연조건(지형·지질·토양 등), 시설의 안전성, 설비조건, 유지관리성을 고려
- 야간 이용 시 안전과 방범을 확보하도록 효과적으로 배치
- 등주의 높이를 비롯하여 광원의 위치·높이·배광은 불쾌한 글레어 저감을 위해 이용자에게 눈부심이 없도록 배치
- 기능적으로 이용자의 보행에 지장을 주지 않도록 배치
- 식물에 대한 조명시설은 대상 식물의 생태를 고려하여 광원에 의해 식물의 생장에 악영향을 최소화할 수 있는 위치에 설치

② 설계

㉠ 보행등

- 배치간격은 설치높이의 5배 이하의 거리로 하며, 보행경계에서 50cm정도의 거리에 배치
- 보행인에 불편이 없게 하며, 보행로의 경우 3lx 이상의 밝기를 적용
- 포장면 내부에 설치할 때는 보행의 연속성이 끊어지지 않도록 배치
- 이용자에게 불쾌한 눈부심이 발생하지 않도록 등주의 배치·기구의 배광을 고려하여 적용
- 보행공간만을 비추고자 하면 포장면 속에 배치하거나 등주의 높이를 50~100cm로 설계
- 보행등 1회로는 보행등 10개 이하로 구성, 보행등의 공용접지는 5기 이하로 함

㉡ 정원등

- 정원의 어귀나 구석 등 조명 취약부위 등에 배치하고 광원은 이용자의 눈에 띄지 않는 곳에 배치
- 화단이나 키 작은 식물을 비추고자할 때 아랫방향으로 배광
- 야경의 중심이 되는 대상물의 조명은 주위보다 몇 배 높은 조도기준을 적용하여 중심감을 부여
- 정원의 조명은 밝기를 균일하거나 평탄한 느낌을 주지 않도록 하고, 명암이나 음영에 따라 정원 내부의 깊이를 느끼도록 연출한다.
- 광원이 노출될 때는 휘도를 낮추거나 광원의 위치를 높여 광원에 따른 눈부심을 피한다.
- 광원은 고압수은형광등, LED 등을 적용하며 등주의 높이는 2m 이하로 설계

㉢ 수목등

- 야경에 좋은 분위기를 연출할 필요가 있는 어귀 또는 중심공간에 있는 수목에 배치
- 투광기는 나뭇가지에 직접 배치하거나 수목을 비추도록 나무 주변의 포장·녹지에 배치

- 광원에 의해 식물의 생장에 악영향을 최소화할 수 있는 광원을 선택
- 투광기를 이용, 푸른 잎을 돋보이게 하려면 메탈할라이드, LED를 적용

㉣ 잔디등
- 잔디밭의 경계에 따라 배치
- 잔디등의 높이는 1m 이하로 하며 하향조명방식을 적용, 주두형 기구와 투명형 고압수은등이나 메탈할라이드 등을 적용

㉤ 공원등
- 공원의 진입부, 보행공간, 놀이공간, 광장 등 휴게공간, 운동공간이나 공원관리사무소, 공중화장실 등의 건축물 주변에 배치
- 운동장, 놀이터의 시설면적에(형태가 정방형 또는 원형)따라 350㎡ 미만은 1등용 1기를, 350~700㎡는 2등용 1기를 배치, 다만 시설부지가 선형이거나 시설면적이 700㎡가 넘는 경우는 적정 위치에 추가 배치
- 주두형 등주일 경우 높이는 2.7~4.5m를 표준으로 하고, 공원의 어귀나 화단은 연색성이 좋은 메탈할라이드등, 백열등, 형광등을 적용
- 조도는 중요장소는 5~30lx, 기타장소는 1~10lx, 놀이공간, 운동공간, 광장 등 휴게공간은 6lx 이상을 적용
- 광원은 메탈할라이드, LED 등을 적용

㉥ 수중등
- 조명등에 여러 종류의 색필터를 사용하여 야간의 극적인 분위기를 연출
- 조명등은 규정된 용기 속에 넣어 최대수심을 넘지 않게 함
- 저전압으로 설계하고 이동전선 0.75㎡ 이상 방수전선을 채용하며, 감전 등에 대비하여 광섬유조명방식을 적용하며 전선의 접속점은 만들지 않음

㉦ 투광등
- 투광기로부터 피조체까지의 조사거리에 적합한 배광각을 설정
- 투광기는 밀폐형으로 하여 방수성을 확보하며, 차폐판이나 루버를 부착
- 이용자의 눈에 띄지 않도록 조경석이나 수목으로 차폐시킴
- 광원은 메탈할라이드등을 적용하되 피조체의 크기·조사거리를 고려하여 규격을 정함
- 회로는 1회로(상시등)로 구성하되 10기가 넘을 경우에는 추가 1회로를 구성하고, 점등·소등의 시간대 조절이 가능하도록 회로구성 시 시간조절장치를 고려함
- 투광기는 밀폐형으로 방수성확보, 메탈할라이드 적용

㉧ 벽부등/ 부착등/ 문주등
- 안전을 고려하여 보행의 연속성이 끊어지지 않도록 배치
- 보행공간의 바닥에서 높이 2m 이하에 위치하는 등기구는 구조물에서 돌출되지 않도록 설계
- 이용자에게 불쾌한 눈부심이 발생하지 않도록 배광을 고려

㉨ 네온조명
- 환경조형물과 같은 구조물·시설물의 윤곽이 밤에도 확인될 수 있도록 대상물의 외부에 배치
- 직경 8~15mm의 유리관으로 설계하며, 충진가스로는 네온가스(황적색)와 아르곤·머큐리 혼합가스(밝은 푸른색)를 적용

㉶ 튜브조명
- 계단·데크·환경조형물과 같은 구조물·시설물의 윤곽을 따라 배치
- 튜브재질은 휨·견고성·UV 안전도·내마모성과 같은 물리적 특성과 설치장소의 특성을 고려하여 선정하되 옥외에는 폴리카보네이트를 적용
- 특수철선과 제어기가 부착된 전구를 선형으로 배열
- 설치장소·경제성·용도에 따라 전구의 전압·전구의 유형과 배치간격·변압기의 배치와 방수처리 여부를 결정
- 안전등 같은 안전용 조명이나 고요함·반짝임·평온과 같은 분위기 연출에 적용

㉷ 광섬유조명
- 끝조명의 경우 조형물·벽천·분수의 몸체나 보행로 바닥포장의 문양·글씨·방향표지에 적용
- 옆면 조명을 이용할 경우 산책로에 환상적인 분위기를 연출하는 데 적용
- 광섬유의 한끝에는 조광기를 설치
- 조광기를 수경시설에 적용할 때는 수조에 가까운 녹지에 배치
- 빛의 색상이나 밝기는 광섬유의 옆면이나 끝에 설치하는 재료·규격을 다양하게 적용하여 설계

5 놀이시설

① 일반사항

㉠ 용어정의

- 간벽: 공간을 분할 또는 이용하기 위해 사용된 칸막이 또는 벽
- 미끄럼판 날개벽: 추락방지를 위해 미끄럼판의 양옆에 설치한 간벽
- 개구부: 시설물 일부분이 구조체의 모서리나 면으로 둘러싸인 공간의 입구 또는 출구
- 끼임: 개구부에 진입된 신체 또는 신체 일부가 후퇴하기 힘든 상태
- 돌출부: 평탄면에서 돌출된 위해의 가능성이 있는 구조물의 한 부분
- 압착점 또는 충돌점: 움직임이 있는 시설사이 또는 움직임이 있는 시설과 고정체와의 사이에 신체의 압착, 충돌, 전단의 위해가 발생하는 점
- 최고 접근높이: 정상적 또는 비정상적인 방법으로 어린이가 오를 수 있는 놀이시설의 가장 높은 높이
- 안전거리: 놀이시설 이용에 필요한 시설 주위의 이격거리
- 안전손잡이: 급격한 동작의 전환이 이루어지는 곳이나 정확한 동작이 요구되는 곳에 균형유지와 안정된 동작을 위해 시설의 일정 구간에 설치하는 손잡이용 난간
- 추락방지용 난간: 추락방지를 위해 공중의 무대, 통로 등 답면 주위의 측면에 설치한 난간
- 손잡이용 난간: 몸의 균형과 일정한 동작 또는 자세를 유지하기 위해 손잡이로 사용되는 난간
- 회전시설: 축을 중심으로 회전하게 된 시설
- 주제형 놀이시설: 모험심(모험놀이)·전통(전통놀이)·감성(감성놀이)·조형성(조형놀이)·학습력(학습놀이) 등 독특한 특성을 가진 놀이시설
- 복합놀이시설: 여러 가지의 놀이행태를 수용할 수 있도록 그네·시소 등 단위놀이시설이 조합된 놀이시설

㉡ 조사검토사항
- 놀이시설이 설치되는 공간의 면적·규모, 규제 등의 법적 조건을 검토
- 놀이공간의 지형·배수·식생 등 부지의 자연환경조건을 조사·분석
- 설계공간의 종류·규모·성격을 기준으로 사회·인문환경과 계획조건을 조사·분석
- 이용자의 구성(연령·성별·이용시기)과 유치권 및 장래의 변화 추세를 분석

㉢ 설계고려사항
- 어린이의 상상력·창조성·모험성·협동심을 키우도록 설계
- 놀이시설에서 친근감과 흥미를 느끼게 함
- 안전하면서도 쾌적한 기능을 유지하기 위해 지내력·적재하중·동하중·재료규격·경제성 등의 조건들을 고려
- 장애인의 행동·심리특성을 고려하여 설계
- 지붕이 있는 놀이시설의 경우에 태양광발전시설의 도입을 검토함

㉣ 놀이공간의 구성
- 이용계층을 어린이용(어린이놀이터)과 유아용(유아놀이터)으로 구분
- 놀이터는 놀이공간·휴게공간·보행공간·녹지공간으로 나누어 설계하되 전체의 동선체계에 어울리도록 보행동선을 계획
- 놀이터 어귀는 보행로에 연결해 보행동선에 적합하게 계획하되 차량에 의한 사고방지를 위해 도로변에 면하지 않도록 배치하고, 입구는 2개소 이상 배치하되, 1개소 이상에는 8.3% 이하의 경사로(평지 포함)로 설계
- 옥내 유아시설에서 직접 놀이터에 접근할 수 있는 짧은 보행동선과 출입구를 설계
- 놀이시설 자체의 설치공간과 놀이시설의 이용공간 그리고 각 이용공간 사이의 완충공간을 배려

㉤ 놀이시설의 배치
- 지역여건과 주변환경을 고려하여 놀이터에 따라 단위놀이시설·복합놀이시설 등을 조화되게 구분하여 설치하며, 인접 놀이터와의 기능을 달리하여 장소별 다양성을 부여
- 어린이의 안전성을 먼저 고려하여야 하며, 높이가 급격하게 변화하지 않게 설계
- 놀이공간 안에서 어린이의 놀이와 보행동선이 충돌하지 않도록 주보행동선에는 시설물을 배치하지 않음
- 하나의 놀이공간에서는 동일시설의 중복배치를 피하고, 놀이시설을 다양하게 배치
- 정적인 놀이시설과 동적인 놀이시설을 분리해 배치하고, 모험놀이시설이나 복합놀이시설은 놀이기능이 연계되거나 순환될 수 있도록 배치함
- 어린이의 이용에 편리하고, 햇볕이 잘 드는 곳 등에 배치
- 공동주택단지의 어린이놀이터는 건축물의 외벽 각 부분으로부터 3m 이상 떨어진 곳에 배치하는 등 주택 건설기준 등에 관한 규정에 적합해야 함
- 어린이의 놀이에 위해가 될 요소로부터의 격리와 보호자의 감시가 가능한 공간에 배치
- 미끄럼대 등 높이 2m가 넘는 시설물은 인접한 주택과 정면 배치를 피하고, 활주판·그네 등 시설물의 주 이용 방향과 놀이터의 출입로가 주택의 정면과 서로 마주치지 않도록 배치

- 그네·미끄럼대 등 동적인 놀이시설의 주위로 3.0m 이상, 흔들말·시소 등의 정적인 놀이시설 주위로 2.0m 이상의 이용공간을 확보하며, 시설물의 이용 공간은 서로 겹치지 않도록 함
- 그네·회전무대 등 충돌의 위험이 많은 시설은 놀이동선과 통과동선이 교차하지 않도록 설계
- 통행이 잦은 놀이동선이나 통과동선에는 로프·전선 등의 줄이 비스듬히 설치되지 않도록 함
- 철봉·사다리·오름봉 등의 추락지점과 그네·회전무대 등의 뛰어내리는 착지점에는 다른 시설물을 설치하지 않도록 함
- 하나의 놀이터에 설치하는 시설물 사이에는 색깔·재료·마감방법 등에서 시설물이 서로 조화를 가질 수 있도록 설계
- 놀이시설은 각 기능이 서로 연계되어 순환 이용하도록 계획하고, 나이에 따라 다른 놀이를 수용할 수 있도록 배치
- 유아놀이터
  - 영유아보육법에 따라 보육시설 내부에 배치해야 한다. 그러하지 못하면 보육시설 주변에 옥외놀이터를 배치
  - 공동주택단지에는 유아놀이터의 배치를 고려
  - 유아놀이터에는 유아전용의 놀이시설을 배치
  - 유아의 놀이를 보호자가 가까이 관찰하는데 필요한 원두막·의자 등의 휴게시설을 배치
- 기타시설
  - 놀이공간의 바닥, 특히 추락위험이 있는 그네·사다리 등의 놀이시설 주변 바닥은 충격을 흡수·완화할 수 있는 모래·마사토·고무재료·나무껍질·인조잔디 등 완충 재료를 사용하여 충격을 흡수할 수 있는 깊이(모래일 경우 최소 30.5cm)로 설계
  - 모래밭은 기울기가 없도록 함
  - 이용자의 안전성을 확보하도록 놀이터와 차도나 주차장 사이에는 폭 2m의 녹지공간을 배치하고 울타리 등의 관리시설을 설치
  - 놀이터의 부지단차에 따른 위험의 염려가 있는 곳에 안전난간을 배치
  - 놀이터의 바닥에 물이 고이지 않도록 포장재에 적합한 심토층 배수 및 표면배수 시설을 설계하되, 표면배수로 하며 지하수와 연계되도록 고려
  - 지하구조물(지하주차장·저수조·오수정화조 등) 위에 놀이공간을 조성하는 경우에 맹암거 등 배수처리에 지장이 없도록 조성계획고를 검토하며, 맹암거를 설치할 때에는 최소 60 cm 이상 깊이를 확보하도록 함
  - 맹암거 등 선형의 심토층 배수시설은 평균 5m 간격으로 배치하되, 놀이시설 등 구조물의 기초부와 겹치지 않도록 설계,
  - 맹암거 등 심토층 배수시설의 종점에는 집수정을 설치하며, 집수정은 녹지 또는 포장구간에 배치

ⓢ 형태 및 규격

- 각각의 놀이기능에 맞는 규모와 치수를 갖추어야 함
- 이용하는 어린이의 신체치수에 적합하게 설계
- 끼임이 없게 개구부를 설계

- 뾰족한 부분, 절단부, 돌출부, 구석의 모서리를 둥글게 마감
- 밀폐공간이 없도록 함
- 위험한 오름 수단이 없도록 함
- 매설물의 기초 깊이를 충분히 확보
- 우회통로를 배치
- 연결부의 단차가 없도록 함
- 놀이시설이 넘어지거나 붕괴하지 않도록 충분한 크기·깊이·고정방법 등으로 설계
- 주요 놀이시설을 현장에서 조립하며 색상·자재·마감방법 등에서 서로 조화될 수 있도록 설계
- 안전하면서도 쾌적한 기능을 유지하기 위해 지내력·적재하중·동하중·재료의 규격성·인체공학·경제성·의장 등의 조건들을 고려
- 기성제품을 사용하는 경우 기초부분 상세를 포함하여 안전성을 확인할 수 있도록 설계

② 재료

㉠ 재료 선정 기준

- 내구성·유지관리성·경제성·안전성·쾌적성 등 다양한 평가 항목을 고려하여 종합적으로 판단하여 선정
- 철재·목재·합성수지·콘크리트 등 각 재료의 특성과 요구도 및 기능성을 조화시켜 선정
- 내구성 있는 재료로 적용하거나 내구성 있는 표면마감방법으로 설계

㉡ 재료 품질 기준

- 목재류는 사용 환경에 적합한 방부처리방법을 설계에 반영
- 스테인리스강이 아닌 철재류는 녹막이 등의 표면마감처리를 설계에 반영
- 부재는 중간에 이음이 없도록 하고, 손이 미치는 범위의 볼트와 용접부분은 모두 위험하지 않은 마감방법으로 설계
- 품질경영 및 공산품 안전관리법에 의하여 안전인증을 취득한 제품을 사용

③ 설계

㉠ 미끄럼대

구분	내용
배치	· 되도록 북향 또는 동향으로 배치 · 미끄럼대 이용의 동선에 방해 되지 않도록 다른 시설이 장애물이 되지 않게 적당한 거리를 띄어 배치
미끄럼판	· 높이는 1.2(유아용)~2.2m(어린이용)의 규격을 기준 · 활주판과 지면과의 각도는 30~35° · 1인용 미끄럼판의 폭은 40~45cm
착지판	· 미끄럼판의 높이가 90cm 이상일 경우 감속용 착지판을 설계하며, 착지판의 길이는 50cm 이상으로 하고 물이 고이지 않도록 바깥쪽으로 2~4° 기울기를 준다. · 착지면은 10cm 이하로 설계
안전손잡이	· 양쪽에 손잡이를 반드시 붙여 준다. · 미끄럼판의 높이가 1.2m 이상인 경우에는 높이 15cm의 안전손잡이를 설치

ⓛ 그네

배치	· 놀이터의 중앙이나 출입구를 피해 모서리나 부지의 외곽부분에 설치 · 집단적인 놀이가 활발한 자리 또는 통행량이 많은 곳은 배치하지 않음 · 안장은 햇빛을 마주하지 않도록 북향 또는 동향으로 배치
규격	· 2인용을 기준으로 높이 2.3~2.5m, 길이 3.0~3.5m, 폭 4.5~5.0m · 지지용 수평파이프는 어린이가 오르기 어려운 구조로 설계 · 안장과 모래밭과의 높이는 35~45cm · 유아용일 경우 안장과 모래밭과의 높이는 25cm 이내가 되도록 하고, 그네줄도 150cm 이내로 설계 · 그네와 통과 동선사이에는 그네 보호책 등 보호시설을 설계 · 그네의 회전반경을 고려하여 그네 길이보다 최소 1m 이상 멀리 배치한다. · 보호책의 높이는 60cm를 기준

ⓒ 모래밭

배치	· 모래밭에 흔들놀이시설 등 작은 규모의 놀이시설이나 놀이벽·놀이조각을 배치 · 큰 규모의 놀이시설은 배치하지 않음
형태 및 규격	· 유아들의 소꿉놀이를 위해 모래밭의 크기는 최소 30m²를 확보 · 모래막이의 마감면은 모래면보다 5cm 이상 높게 하고, 폭은 12~20cm를 표준으로 하며, 모래밭 쪽의 모서리는 둥글게 마감 · 바닥은 빗물의 배수를 위하여 맹암거·잡석깔기 등을 적절하게 설계 · 모래깊이는 놀이의 안전을 고려하여 30cm 이상으로 설계

ⓔ 시소

· 2연식의 경우 길이 3.6m, 폭 1.8m 표준
· 지지대와 플레이트의 연결부분에 소음이 발생하지 않도록 베어링 또는 스프링을 설계

ⓜ 회전시설

배치	· 동적 놀이시설로서 놀이터의 중앙부나 통행이 잦은 출입구 주변을 피하여 배치 · 답면의 끝에서 3m 이상의 이용공간을 확보
형태 및 규격	· 회전판의 답면은 원형으로 설계, 원주면 밖으로 돌출되는 부분이 없도록 함 · 회전축의 베어링에 별도의 주입구를 폐쇄식으로 설계, 상부에 기름주입 뚜껑을 둘 경우에는 개폐식으로 설계 · 기초는 회전시설의 하중을 고려하여 전도가 발생하지 않는 깊이로 설계 · 유아용 회전시설에는 회전판의 가장자리에 이용자가 강한 원심력에도 견딜 수 있도록 수직의 안전벽을 설계

ⓑ 사다리 등 기어오르는 기구

- 기구의 기울기는 65~70°, 너비는 40~60cm, 높이는 2.5~4.0m를 기준
- 줄은 맨손으로 잡았을 때 가시나 상처가 발생하지 않는 재료를 사용
- 사다리 등은 꼭대기에 기어오르는 동작뿐 아니라 내리기에도 쉬운 구조
- 원형일 때는 곡률이 일정하도록 설계
- 사다리에서 오두막·망루 등으로의 출입부 또는 다른 시설로의 연결부에는 안정된 동작을 취할 수 있도록 안전손잡이 등을 설치
- 사다리와 연결되는 다른 시설의 디딤판은 사다리보다 높게 하여 오르거나 내려서기 쉽게 함
- 간살은 알기 쉽도록 눈에 잘 띄는 색상으로 설계

ⓢ 놀이벽

- 두께 20~40cm, 평균높이 0.6~1.2m로 높이에 변화를 주되, 기어오르고 내리기 쉬운 기울기로 설계
- 놀이벽 주변은 다른 시설을 배치하지 말고 주변바닥은 모래 등 완충재료로 설계

ⓞ 난간/안전책

- 지상 1.2m 이상의 공중에 설치된 연결통로·망루·계단답판·계단참 등 주위와 급격한 동작전환이 이루어지는 전이부위, 또는 균형유지가 요구되는 곳에 배치
- 높이는 80cm 이상으로 오르기에 어려운 구조 또는 형태, 유아용과 소년용을 함께 설계
- 계단·흔들다리·외다리 등과 같이 몸의 균형유지를 위한 곳에 난간을 설치
- 통행이 빈번하고 부주의한 행동으로 추락의 위험이 있는 곳에는 추락방지용 난간을 설치

ⓙ 계단

- 기울기는 수평면에서 35°, 폭은 최소 50cm 이상
- 디딤판의 깊이는 15cm 이상, 디딤판의 높이는 15~20cm 사이로 균일하게 설치
- 길이 1.2m 이상의 계단 양옆에는 연속된 난간을 설치
- 계단의 디딤판과 디딤판 사이는 막힘 구조로 설계
- 계단은 철재, 목재, 콘크리트, 합성수지 등을 사용하되 디딤판은 미끄럽지 않도록 처리

ⓒ 복합놀이시설

- 놀이공간의 규모가 클 때는 어린이들의 놀이행태에 맞도록 일반적이고 단순한 단위놀이시설의 배치를 피하고, 복합적이고 연속된 놀이가 가능한 복합놀이시설을 배치
- 개별 단위시설의 고유형태를 유지하되, 조형적인 아름다움을 갖추어 상상력·호기심·협동심을 가꾸어 줄 수 있도록 함
- 미끄럼대·계단·흔들다리·기어오름대·줄타기·통로·망루·그네·사다리 등을 기본으로 함
- 각각의 단위 놀이시설은 설계기준을 충족시키며, 각 기능 사이의 상충 위험성을 배려함
- 각 단위시설과 단위시설의 연결부위는 높이차가 없도록 설계

㉪ 주제형놀이시설

종 류	내 용
모험놀이시설	· 어린이 모험심과 극기심 및 협동심을 길러줄 수 있는 시설물 · 외다리, 흔들사다리오르기, 외줄건너기, 타이어 징검다리, 타이어터널, 타잔놀이대, 창작놀이대
전통놀이시설	· 전래놀이를 수용할 수 있는 놀이시설 · 고누, 장대타기, 널뛰기, 줄타기, 돌아잡기, 계곡건너기
감성놀이시설	· 협동심, 지구력 등 감성개발에 도움을 줄 수 있는 놀이시설 · 놀이데크, 조형미끄럼대, 조형낚시판, 낚시놀이 · 흙쌓기, 선큰(sunken)된 지형의 일정면적이상의 부지가 필요
조형놀이시설	미끄럼타기, 사다리오르기 등의 놀이기능과 조형성을 가미한 환경조형물 기능을 가진 시설
학습놀이시설	· 유아의 신체여건에 맞고 흥미와 친근감을 줄 수 있는 시설 · 해시계, 지도찾기, 글씨맞추기
그 밖에 기성제품 놀이시설, 동력놀이시설	

6 운동 및 체력단련시설

① 일반사항

㉠ 용어정의

- 운동시설 : 체육시설의 설치·이용에 관한 법률에 따른 이용자들의 운동 및 체력단련을 목적으로 설치되는 시설
- 생활체육시설
  - 체육시설의 설치·이용에 관한 법률에 따라 국가와 지방자치단체가 국민이 주거지와 가까운 곳에서 건강 및 체력증진을 위하여 쉽게 이용할 수 있도록 설치하는 실내·외 체육시설
  - 육상경기장, 축구장, 테니스장, 배구장, 농구장, 야구장, 핸드볼장, 배드민턴장, 게이트볼장, 롤러스케이트장, 씨름장, 수영장, 체력단련장을 포함
- 체력단련시설 : 윗몸일으키기·허리돌리기 등 이용자의 기초체력 단련을 목적으로 설치
- 주민운동시설 : 주택건설기준 등에 관한 규정에 따라서 공동주택단지 주민의 운동을 위해 설치

㉡ 공간구성

- 운동공간은 운동시설공간·휴게공간·보행공간·녹지공간으로 나누어 설계하되, 설계대상공간 전체의 보행동선체계에 어울리도록 보행동선을 계획
- 운동공간의 어귀를 보행로에 연결해 원활한 보행이 이루어지도록 설계
- 이용자가 다수인 시설은 입구 동선과 주차장과의 관계를 고려하며, 주요 출입구에는 단시간에 관람자를 출입시킬 수 있도록 광장을 설치

㉢ 형태 및 규모
- 운동의 특성과 기온·강우·바람 등 기상요인을 고려하여 설계
- 어린이·노인·장애인의 접근과 이용에 불편이 없는 구조와 형태를 갖춤
- 경기장의 경계선 외곽에는 각 경기의 특성을 고려하여 폭 5m 이상의 여유공간을 확보

㉣ 운동 · 체력단련시설의 배치
- 이용자들의 나이·성별·이용시간대와 선호도 등을 고려하여 도입할 시설의 종류를 결정
- 주택 등이 인접한 공간에는 농구장 등 밤의 이용이 예상되는 시설의 배치를 피함
- 하나의 설계 대상공간에 되도록 서로 다른 운동시설로 배치
- 규모나 이용량을 고려해 일련의 체력단련시설을 코스형 또는 집합형으로 배치
- 코스화된 시설인 경우 선형의 이동로와 구분, 시설별로 별도의 이용공간을 조성

㉤ 기타시설의 배치
- 휴게공간에는 이용자들이 쉴 수 있도록 원두막·의자 등의 휴게시설을 배치
- 지형의 높이차에 따른 위험의 염려가 있는 곳에는 안전난간을 설치
- 운동의 종류에 따라 공이 튀어나가지 않도록 운동장 경계에 울타리를 반영
- 운동공간의 바닥은 물이 고이지 않도록 포장재에 적합한 심토층 배수 및 표면배수 시설을 설계하되 표면배수로 함
- 주변 지형의 배수 유역·포장부위의 크기 등을 고려, 중앙부를 높게 하는 등 표면배수를 위한 기울기를 둠
- 표면배수형 포장면의 둘레에는 도랑 등을 설계하고, 포장구간마다 1개소 이상의 집수정을 배치
- 표면 배수시설은 운동시설공간과 주변의 집수면적을 고려하여 포장면의 기울기·집수정의 크기·관의 크기 등을 달리함
- 잔디밭 등 녹지에 필요시 잔디수로를 설치, 침투형 배수시설을 설치하여 유수기능을 하도록 하며 지하수원을 증진

㉥ 운동 · 체력단련시설의 형태 및 규격
- 시설의 자체하중 및 외력(이용하중·풍하중)을 고려, 구조적 안전성과 이용의 안전성을 확보
- 지반의 지내력이 요구되는 시설은 지반의 허용지내력을 고려하여 침하되지 않도록 함
- 이용의 안전을 위해서 부재접속과 표면마감처리에 유의, 뾰족한 부분이나 돌출한 부위는 둥글게 마감
- 이용자의 직접적인 접촉을 통하여 이용되는 평행봉·철봉 등의 체력단련시설은 국가기술표준원의 한국인 인체조사보고서에서 인체치수를 반영하여 적합한 치수를 설정하며, 치수설정이 곤란한 경우 외국의 시설설계기준을 적용

② 시설별 설계

㉠ 육상경기장

배치	·경기자를 위해 트랙과 필드의 장축은 북-남 혹은 북북서-남남동 방향으로, 관람자를 위해서 메인스탠드를 트랙의 서쪽에 배치 ·필드 내에 각 종목별로 시설을 서로 상충되지 않도록 배치 ·마라톤 등과 같이 장외를 사용하는 경기를 배려해 출입구의 위치, 통로의 기울기 등을 정함 ·육상경기는 바람의 영향을 많이 받기 때문에 풍속, 풍향, 기온 등을 고려하여 위치를 선정하며, 장소에 따라서는 바람막이 시설이나 방풍림 조성을 고려 ·각종 육상경기장의 규격은 한국육상연맹의 규정에 따름
형태 및 규격	·코스의 폭 : 1.25m(표준) ·트랙의 허용 기울기 : 횡단기울기 1/100 이하, 종단기울기 1/1,000 이하
포장과 배수	·흙포장, 합성수지포장, 잔디포장 등 이용과 관리 및 경제성을 고려 ·표면배수는 필드의 중심에서 주변을 향하여 균등한 기울기를 잡고, 필드와 트랙사이에는 배수로를 설계 ·심토층 배수관은 트랙을 횡단하지 않도록 트랙의 양측면을 따라 배치

㉡ 축구장

배치 및 규격	·장축을 남-북으로 배치 ·경기장 : 길이 120~90m, 폭 90~45m ·국제경기 경기장 : 길이 110~100m, 폭 75~64m (길이는 폭보다 길어야함) ·경기장 라인 : 12 cm 이하의 명확한 선으로 긋되, V자형의 홈을 파서 그으면 안 되며, 네 귀퉁이에는 높이 1.5m 이상의 끝이 뾰족하지 않은 깃대에 기를 달아서 꽂음 ·경기장 중앙표시(kick off-mark) : 직경 22cm의 크기, 이를 중심으로 9.15m의 원(center circle)을 그림
포장과 배수	·표면 : 잔디포장 ·잔디가 아닐 경우는 스파이크가 들어갈 수 있을 정도의 경도로 슬라이딩에 의한 찰과상을 방지할 수 있는 포장으로 함

㉢ 테니스장

배치 및 규격	·코트 장축의 방위 : 정남-북을 기준으로 동서 5~15° 편차 내의 범위, 가능하면 코트의 장축 방향과 주 풍향의 방향이 일치하도록 함 ·일광이 좋고 배수가 양호하며, 지하수위가 높지 않은 곳에 위치하며, 코트 주위에 잔디나 식수대를 효과적으로 배치 ·코트 뒤편에 흰색계열의 건물이나 보행자 도로, 차도 등 움직이는 물체가 없도록 함 ·경기장 규격 : 세로 23.77m, 가로 복식 10.97m, 단식 8.23m ·코트의 면은 평활하고 정확한 바운드를 만들 수 있도록 처리
포장과 배수	·표면배수를 위한 기울기 : 0.2~1.0%의 범위 ·빗물을 측구에 모아 배수, 코트의 네 귀퉁이는 같은 높이가 되도록 함 ·심토층 배수관은 라인의 안쪽에는 설치하지 않는 것이 바람직함, 네트포스트의 기초 등에 지장을 주지 않도록 설치

ⓔ 배구장

배치 및 규격	· 코트의 장축 : 남-북으로 설치 · 바람의 영향을 받기 때문에 주풍 방향에 수목 등의 방풍시설을 마련 · 경기장 규격 – 길이 18m, 너비 9m의 직사각형 – 코트면 상부 7m까지는 어떠한 장애물도 있어서는 안 됨, 공식적인 국제경기에서는 코트면 상부 12.5m까지 장애물이 있어서는 안 됨 · 공식적인 국제경기에서의 코트는 목재나 합성표면제가 인정되며, 구획선은 백색으로 코트와 프리존의 색을 달리함 · 모든 경계선의 폭 표시는 5cm, 장사이드라인과 엔드라인은 코트의 치수 안쪽에 그려져야 함 · 프론트죤은 센터라인과 3m 떨어진 지점에 센터라인과 평행하게 그림
포장과 배수	· 매끄럽고 평탄하며 균일한 표면을 가져야 함 · 옥외코트: 배수를 위해 0.5%까지의 기울기 · 흙다짐포장

ⓜ 농구장

배치 및 규격	· 남-북 축을 기준, 가까이 건축물이 있는 경우에는 사이드 라인을 건축물과 직각 혹은 평행하게 배치 · 코트의 주위에는 울타리를 치고 수목을 식재하여 방풍의 역할을 하도록 함 · 코트 바닥은 단단한 직사각형 · 규격은 경계선의 안쪽을 기준으로 길이 28m, 너비 15m, 천장 높이는 7m 이상
포장과 배수	· 코트는 미끄러지지 않는 포장재로 포장

ⓗ 야구장

배치 및 규격

· 방위는 내·외야수가 오후의 태양을 등지고 경기할 수 있도록 홈플레이트를 동쪽과 북서쪽 사이에 배치
· 경기장의 장축방향과 주풍향이 일치하는 것이 바람직함
· 야구장의 규격

종류	다이아몬드 크기	사용면 크기	소요면적	비고
야구장	27.432m	105m × 105m	11,030m²	최소규격
소년야구장	25.000m	83m × 83m	6,889m²	
소프트볼장	18.288m	75m × 75m	5,630m²	

포장과 배수

· 표층은 스파이크가 잘 작용하는 동시에 스파이크에 흙이 붙지 않는 재료를 채택
· 내야는 피처마운드를 중심으로 외부로 낮아지도록 하고, 외야는 주루선으로부터 외주부를 향하여 0.3~0.7%의 기울기로 낮아지도록 함

ⓢ 핸드볼장

배치 및 규격	· 경기장의 규격 : 세로 40m, 가로 20m · 경기장은 최소한 사이드라인으로부터 1m, 엔드라인으로부터 2m의 거리를 두어야 한다. · 골포스트와 크로스바는 전단면이 8×8cm인 동일한 재료, 골포스트와 크로스바가 연결되는 부분은 각 끝에서 28cm 길이로, 다른 부분은 20cm 간격으로 동일한 색을 칠해야 함 · 모든 라인은 둘러싸고 있는 경계지역에 포함하되, 5cm 폭으로 명확히 볼 수 있도록 그려야 되며, 골 내부의 라인은 골포스트와 동일한 8cm 폭으로 함
포장과 배수	· 코트의 면은 평활하고 균일한 표면을 가지고 있어야 하나 옥외코트의 경우에는 배수를 위해 0.5%까지의 기울기를 둠 · 포장은 흙포장으로 함

ⓞ 배드민턴장

배치 및 규격	· 경기장의 규격 : 세로 13.4m, 가로 6.1m · 라인 : 4cm 폭의 백색 또는 황색 선, 서비스라인과 롱 서비스라인은 규정된 서비스코트길이인 3.96m 이내로 그려야 함 · 네트 포스트는 코트표면으로부터 1.55m의 높이로 사이드라인 위에 설치 · 네트는 폭 0.76m, 중심높이 1.524m, 지주대 높이 1.55m
포장과 배수	· 코트의 면은 평활하고 균일한 표면을 가지고 있어야 하나 옥외코트의 경우에는 배수를 위해 0.5%까지의 기울기를 둠 · 포장은 흙포장으로 함

ⓩ 게이트볼장

배치 및 규격	· 세로 20m×가로 25m 또는 세로 15m×가로 20m, 경기라인 밖으로 1m 규제라인 · 라인이란 경계를 표시한 실선의 바깥쪽을 말하며, 경계선의 폭은 특별히 정하지 않으며 경기장과 구분이 뚜렷한 재료(비닐 끈 등)를 사용할 수 있음 · 게이트는 코트 안의 세 곳에 설치하되 높이는 지면에서 20cm로 함
포장과 배수	· 코트의 면은 평활하고 균일한 표면을 가지고 있어야 하나 옥외코트의 경우에는 배수를 위해 0.5%까지의 기울기를 둠 · 포장은 흙포장으로 함

ⓒ 롤러스케이트장

배치 및 규격	· 경기장의 규격별 종류는 125m, 200m, 250m 이상 · 안전을 위해 주로 외측에 높이 1.0m의 스테인리스스틸 난간을 설치
포장과 배수	· 롤러스케이트장의 주로는 강우시의 배수 및 회전으로 인한 원심력을 흡수하기 위하여 안쪽으로 2%의 기울기를 줌 · 포장 : 콘크리트 포장을 하고 기계미장(power trowel) 마감

ⓚ 씨름장

배치 및 규격	· 씨름장의 넓이 : 직경 9m의 원으로 수평, 경기장 주위로 2m 이상의 보조경기장을 둠 · 경기장 높이 : 0.3~0.7m, 보조경기장과 주경기장과의 높이차는 0.1~0.2m 이내 · 매트 경기장의 경우 라인의 폭: 5cm
포장과 배수	· 모래시설을 원칙, 실내경기장은 매트로 할 수 있음

ⓔ 체력단련장

배치 및 규격	· 단지의 외곽녹지 주변 및 공원산책로 주변에 설치하며, 각각의 시설이 체계적으로 배치되어 연계적인 운동이 가능하도록 함, 시설별 안전거리 확보 · 몸의 유연성, 평행성, 적응성의 유지와 순발력 향상 및 근력과 근지구력의 향상을 목표로 하며 철봉, 매달리기, 타이어타기, 팔굽혀펴기, 윗몸일으키기, 평행봉, 발치기, 평균대 등을 설치 · 야외운동기구는 회전으로 인해 전기가 생산될 수 있도록 발전시설과 연계를 고려하여 설계함으로써, 에너지효율을 높일 수 있도록 함
포장과 배수	· 체력단련장의 면은 평활하게 하고, 표면배수를 위해 1%의 기울기 · 흙포장

ⓟ 풋살장

배치 및 규격	· 장축을 남-북으로 배치 · 경기장의 크기 : 길이 40m×폭 20m · 국제경기 : 길이는 38~42m, 폭은 18~22m · 경기장 주위 여유폭은 2.5m이며 모든 라인의 폭은 8cm · 경기장 중앙표시 후 직경 3m의 원(center circle)을 그림
포장과 배수	· 표면 및 배수시설의 기준은 축구장에 준함

ⓗ 족구장과 야외수영장

족구장	· 규격 : 사이드라인 15m, 서브제한구역은 3m, 경기장 폭은 6.5m · 경기장은 장애물이 없는 평면, 각 라인으로부터 5m 이내에는 어떤 장애물도 없어야 하며, 가능한 한 사이드쪽은 6~7m, 엔드라인쪽은 8m 이상을 이격함 · 안테나 높이는 1.5m이며, 안테나 이격거리는 사이드라인에서 21cm(공지름간격)
야외 수영장	· 레인폭은 최소 2m 이상 · 수심은 최대 2.0m를 넘기지 않음 · 출발대 높이 : 수면상 0.5~0.75m / 평면: 0.5×0.5m 이상/ 경사각 10° 이내로 함

7 수경시설

① 일반사항

㉠ 연출계획

분수의 연출은 물을 내뿜는 분수, 물이 흐르는 유수, 물이 떨어지는 낙수, 물을 머금는 평정수, 겨울철 동결수경으로 나누어짐

㉡ 수경용수의 순환 횟수

- 물놀이를 전제(친수시설 : 분수, 시냇물, 폭포, 벽천, 도섭지 등) : 1일 2회
- 물놀이를 전제하지 않는 공간(경관용수 : 분수, 폭포, 벽천) : 1일 1회
- 감상을 전제(자연관찰용수 : 공원지 관찰지) : 2일 1회

㉢ 수경시설용수의 유지목표 수질

물의 사용 조건	기본적 수질항목					관계수질
	pH	BOD (mg/ℓ)	SS (mg/ℓ)	투시도 (m)	대장균군수 (MPN/1,000㎖)	
물놀이를 전제로 한 수변 공간	5.8~8.6	3 이하	5 이하	1.0	1,000 이하	풀, 유영, 친수용수
물놀이를 전제로 하지 않은 수변공간	5.8~8.6	5 이하	15 이하	0.3	–	친수용수 경관용수
감상을 전제로 한 수변 공간	5.8~8.6	5 이하	15 이하	0.3	–	경관용수

㉣ 수질정화 방법

- 물리적처리법 : 폭기, 침전, 여과, 흡착
- 화학적처리법 : 응집, 침전, 산화, 이온투입
- 생물학적처리법 : 미생물, 수생식물(미나리, 부레옥잠, 갈대 등) 이용
- 초고속 응집침전법(U.R.C) : 하천 및 담수호 등 부영양화에 대응 가능한 방법

㉤ 수경시설에 사용되는 정수설비

- 수경시설의 목적(접촉성, 경관성, 생태성)을 고려하여 선정
- 폭기분수, 여과장치(필터류), 여재를 사용한 흡착방법, 살균장치(오존, 은동이온, 자외선), 화학적처리법 등

㉥ 화학적 조류제거 방법

- 염소제거법, 자외선소독·조류제거법, 오존 소독·조류제거법, 동이온 소독·조류제거법
- 수경시설의 장소별 소독법

사용장소	염소	자외선	오존	동이온
생물이 없는 경우				
1. 물놀이를 전제로 한 수변공간	○	△	○	○
2. 물놀이를 전제로 하지 않은 수변공간	○	○	○	○
3. 감상을 전제로 한 수변공간	○	○	○	○
생물이 있는 경우				
1. 물놀이를 전제로 한 수변공간	×	○	△	×
2. 물놀이를 전제로 하지 않은 수변공간	×	○	△	×
3. 감상을 전제로 한 수변공간	×	○	△	×

ⓢ 부영양화의 원인이 되는 인자들은 미생물배양을 통해 제거함
- 생물여과법: 생태연못과 같은 환경친화적인 수경시설에 적용
- 산화접촉법, 유용세균생물막법, 세라믹담체를 이용한 미생물번식법

■ **참고 : 급수계획, 유량설계**

① 급수계획
- 상수·지하수·중수·하천수·저장한 빗물을 현지 여건에 따라 적용
- 사용 용수를 주변 관수용수로 재활용하여 버려지는 물을 최소화함

② 유량설계
- 계류의 유량산출은 개수로의 유량산출에 준하여 매닝의 공식을 적용
- 폭포의 유량산출은 프란시스의 공식, 바진의 공식, 오끼의 공식, 프레지의 공식을 적용
- 관의 마찰손실수두와 관내의 유속계산은 베르누이 정리를 이용하여 산출
- 분수 노즐의 유량은 제조설치 업체의 제원에 따름

② 설계

㉠ 벽천
- 지형의 높이차를 이용하여 물이 중력방향으로 떨어지는 특성을 활용할 수 있는 장소배치, 시각적 초점과 같이 경관효과가 큰 곳에 배치
- 바람의 방향과 같은 미기후와 태양광선, 주 시각방향에 따른 빛의 반사, 산란 및 그림자와 같은 연출효과를 감안하여 배치
- 유지관리가 쉬운 곳에 배치, 설치장소에 따라 동결수경 연출이 가능하므로 검토 반영
- 상부수조의 넓이와 연출높이에 비례하여 하부수조의 크기와 깊이를 산정
- 폭포 전면의 수조너비는 폭포 높이와 같도록 하되, 폭포형태와 연출방법에 따라 폭포 높이의 1/2배, 2/3배로 조절이 가능

㉡ 실개울
- 상부에 자연수가 유입되거나 수원의 공급이 원활한 곳에 도입, 선형의 보행공간이나 녹지대와 조화롭게 어우러질 수 있는 공간에 배치
- 지형의 높이차는 적으나 기울어짐이 있는 곳에 배치, 다른 수경시설과의 연계배치를 고려
- 급한 기울기의 수로는 물거품이 나도록 바닥을 거칠게 처리하며, 물의 속도를 줄이기 위해 낙차공과 작은 연못을 병행
- 약한 기울기의 수로는 수로 폭의 변화·선형의 변화·경계부의 처리로 다양한 경관을 연출
- 평균 물깊이는 3~4cm 정도

㉢ 연못
- 배수시설을 겸하도록 주로 지형이 낮은 곳에 배치
- 주변의 하천이나 계곡의 물·지표면의 빗물과 같은 자연 급수와 지하수·상수·정화된 물(중수)과 같은 인공 급수를 여건에 맞게 반영
- 수리, 수량, 수질의 3가지 요소를 충분히 고려
- 수면의 깊이는 연출계획과 함께 이용의 안전성을 확보

- 못 안에 분수 및 조명시설과 같은 시설물을 배치할 때는 물을 뺀 다음의 미관을 고려
- 못의 측벽부분은 물이 없는 경우를 고려해서 토압에 충분히 견딜 수 있도록 설계
- 수질정화식물을 심어 자체 정화능력을 키우고, 수생식물의 종류에 따라 적절한 수심을 확보하여 여름철 녹조현상을 최소화 함
- 물의 공급과 배수를 위한 유입구와 배수구를 설계하고, 쓰레기거름용 철망을 적용, 겨울철 설비의 동파를 막기 위해 퇴수(물 빠짐)밸브를 반영
- 콘크리트와 같은 인공적인 못의 경우에는 바닥에 배수시설을 설계하고, 수위조절을 위한 월류(over flow)를 반영
- 물고기를 키울 경우에는 겨울철의 동면에 쓰일 물고기집을 고려하고, 수위를 동결심도 이상으로 설계

㉣ 분수

- 시각적 초점과 같이 경관효과가 큰 곳에 배치, 물이 없을 때의 경관을 고려
- 주변 빗물이나 오염수가 유입되지 않는 곳에 배치
- 물이 없을 때의 경관을 고려, 수조의 윗면이 개방된 분수와 윗면이 화강석 판석과 같이 덮여 있는 바닥분수로 나누어짐
- 분수의 경우 수조의 너비는 분수 높이의 2배, 바람의 영향을 크게 받는 지역은 분수 높이의 4배를 기준으로 함
- 바람에 의한 흩어짐을 고려하여 주변에 분출높이의 3배 이상의 공간을 확보
- 바닥분수는 주변 빗물이나 오염수가 유입되지 않도록 바닥분수 가장자리에 트렌치를 도입하거나 바닥분수 외곽으로 경사가 완만하게 낮아지도록 조성

㉤ 도섭지

- 물을 이용하는 못·실개울과 같은 다른 수경시설과 연계하여 설치하며, 관리가 철저히 이루어질 수 있는 부위에 설치
- 물놀이에 따른 안전성을 고려하여야 하며, 물의 깊이는 30cm 이내로 함
- 도섭지의 바닥은 둥근 자갈과 같이 이용에 안전하고 청소가 쉬운 재료·마감방법으로 설계

8 조경구조물

① 용어정의

조경시설물	도시공원 및 녹지 등에 관한 법률의 공원시설 중 상부구조의 비중이 큰 시설물
조경구조물	토지에 정착하여 설치된 시설물로 앉음벽, 장식벽, 울타리, 담장, 야외무대, 스탠드 등의 시설물
담장	부지의 소유경계표시나 외부로부터의 침입 방지를 위해 흙, 벽돌 등으로 둘레를 막아 놓는 구조물
울타리	담장 대신에 생목이나 널 따위로 만든 구조물
앉음벽	앉아서 쉬기 위하여 설치하는 선형의 벽체 구조물

② 설계

㉠ 조경구조물의 기초 최하단부

· 지역의 동결심도 이하에 위치하게 함

㉡ 앉음벽

· 마당·광장 등의 휴게공간과 보행로·놀이터 등에 이용자들이 앉아서 쉴 수 있도록 배치
· 휴게공간이나 보행공간의 가운데에 배치할 경우에는 주보행동선과 평행하게 배치
· 짧은 휴식에 이용되므로 사람의 유동량·보행거리·계절에 따른 이용빈도를 고려하여 배치
· 선형이면서 면적인 특성이 강하므로 주변의 환경과 조화되는 색상으로 설계
· 짧은 휴식에 적합한 재질과 마감방법으로 설계하며, 앉음벽의 높이는 34~46cm를 원칙
· 지형의 높이차 극복을 위한 흙막이구조물을 겸할 경우에는 녹지와 포장부위의 경계부에 배치하며, 녹지보다 5cm 높게 마감하도록 설계함, 녹지의 심토층 배수를 고려

㉢ 장식벽

· 경관적 목적을 위하여 수식이나 장식이 필요한 석축, 옹벽, 담장 등의 수직적 구조물의 표면에 부가·설치
· 기본구조물의 구조적 안정성을 저해하지 않아야하며, 용도와 경관·시각적 기대효과에 따라 표면에 돌붙임, 벽돌치장쌓기, 타일붙이기, 뿜어붙이기, 표면긁기, 쪼아내기, 식생벽(벽면녹화) 등의 공법을 적용하여 수식함

㉣ 울타리 및 담장

· 설계대상공간의 성격과 경계표시·출입통제·침입방지·공간이나 동선분리 등의 기능에 따라 당해 기능을 충족시킬 수 있는 위치에 배치
· 산울타리는 지역의 생육환경조건에 맞는 수종 가운데 수세가 강건하고, 전정에 강하고, 생육력이 강하고, 생장력이 균일하고, 지엽이 치밀하여 울타리의 기능 충족에 적합한 수종으로 설계
· 규격

단순한 경계표시 기능	0.5m 이하의 높이
소극적 출입통제 기능	0.8~1.2m의 높이
적극적 침입방지 기능	1.5~2.1m의 높이
비탈면에서도 평지에서의 기준으로 적용	

· 담장

- 풍하중에 의한 모멘트와 일상적인 횡력에 충분히 견딜 수 있는 재료의 강도와 고정설치 강도를 확보
- 조적식 담장의 구조 : 두께는 19cm 이상 (다만, 높이가 2m 이하인 경우에는 9cm 이상)
- 길이 2m 이내마다 담장의 벽면으로부터 그 부분의 담장 두께 이상 튀어나온 버팀벽을 설치하거나, 길이 4m 이내마다 담장의 벽면으로부터 그 부분의 담장 두께의 1.5배 이상 튀어나온 버팀벽을 설치 (다만, 각 부분의 담장 두께의 1.5배 이상인 경우에는 설치하지 않음)
- 보강블록 담장: 두께는 15cm 이상 (다만, 높이가 2m 이하인 경우에는 9cm 이상으로 가능)
- 담장의 내부에는 가로 또는 세로 각각 80cm 이내의 간격으로 담장의 끝 및 모서리부분에는 세로로 ϕ9mm 이상의 철근을 배치한다.

ⓜ 야외공연장

· 기능 및 배치

- 이용자의 집·분산이 용이한 곳에 배치하며, 공연설비 및 기구 운반을 위해 비상차량 서비스동선에 연결
- 공연시 음압레벨의 영향에 민감한 시설로부터 이격
- 다른 용도의 활동공간이 무대의 배경으로 작용하지 않도록 배치

· 영역설정 및 부지조성

- 객석의 전후영역은 표정이나 세밀한 몸짓을 이상적으로 감상할 수 있는 생리적 한계인 15m 이내로 하는 것을 원칙으로 함
- 평면적으로 무대가 보이는 각도(객석의 좌우영역)는 104~108° 이내로 설정
- 객석의 바닥 기울기는 후열객의 무대방향 시선이 전열객의 머리끝 위로 가도록 결정
- 객석에서의 부각은 15° 이하가 바람직하며 최대 30° 까지 허용

· 객석열과 세로통로의 배열

- 원호배열의 경우 기구상의 배열이 가능한 원호의 반경은 6m 이상으로 함
- 객석의 좌우길이가 길 경우 세로통로를 설치해야 하며, 이때 세로통로는 객석열에 대해 가능한 한 직각방향으로 배열함

· 객석의 배치

- 좌판 좌우간격 : 평의자는 40~45cm 이상, 등의자: 45~50cm 이상
- 좌판 전후간격 : 평의자는 65cm 이상, 8인 이내의 연식 등의자형은 85cm 이상, 12인 이내의 연식 등의자형은 95cm 이상
- 좌판의 연결수량 : 양측에 세로통로가 있을 경우 8개 이하(전후간격이 95cm 이상일 경우는 12개 이하)로 하며, 한쪽에만 세로 통로가 있을 경우에는 4개 이하(전후간격이 95cm 이상일 경우는 6개 이하)
- 세로통로 폭 : 객석이 양측에 있을 경우 80cm 이상 한쪽에만 객석이 있을 경우 60cm 이상 100cm 이하
- 가로 통로의 폭은 관객의 흐름을 정체시키지 않기 위해서 세로 통로보다 넓어야 하며, 객석 15열(전후간격 95cm 이상일 경우에는 20열) 이내마다 유효폭 100cm 이상으로 해야 하고 주층의 선단부분에도 설치
- 좌고는 일반의자 설계기준에 따르며 단의 총 높이가 3m를 초과할 경우 3m마다 가로통로나 그 대용물을 설치

· 구조 및 안전

- 지반 지지력과 바닥 콘크리트의 허용응력은 바닥적재하중 $270kg/m^2$ 이상
- 객석을 흙쌓기지반 위에 조성할 경우에는 적재하중을 감안한 다짐도에 따라 균일하게 다진 사면 위에 설치함

9 조경포장

① 보도용 포장 : 보도, 보차혼용도로, 자전거도, 자전거보행자도, 공원 내 도로 및 광장 등 주로 보행자에게 제공되는 도로 및 광장의 포장

② 간이포장 : 비교적 교통량이 적은 도로의 도로면을 보호·강화하기 위한 도로포장으로 주로 차량의 통행을 위한 아스팔트콘크리트포장과 콘크리트포장을 제외한 기타의 포장

③ 강성포장(rigid pavement) : 시멘트콘크리트포장

④ 연성포장 : 아스팔트콘크리트포장, 투수콘크리트포장 등

⑤ 차도용 포장 : 관리용 차량이나 한정된 일반 차량의 통행에 사용되는 도로로서 최대 적재량 4톤 이하의 차량이 이용하는 도로의 포장

⑥ 인조잔디 : 폴리아마이드, 폴리프로필렌, 기타 섬유로 만든 직물에 일정 길이의 솔기를 단 기성제품

⑦ 고무블록 : 충격흡수보조재에 내구성 표면재를 접착시키거나 균일재료를 이중으로 조밀하게 하고, 표면을 내구적으로 처리하여 충격을 흡수할 수 있도록 성형·제작한 것으로 일반 고무블록과 고무칩이나 우레탄칩을 입힌 블록 등

10 환경조형시설

① 용어의 정의

㉠ 「환경조형시설」은 도시옥외공간 및 주택단지 등 공적 공간에 설치되는 예술작품으로서 주변 환경여건과의 조화 등을 염두에 두어 쾌적한 주거환경 조성 및 이용자의 미적 욕구를 수용하는 등 공공 목적으로 설치되는 시설로서 미술장식품·순수창작조형물·기능성 환경조형물·모뉴멘트 등을 말한다.

㉡ 「미술장식품」은 「문화예술진흥법」에 따라 공동주택단지 등에 설치하는 회화·조각·공예·사진·서예 등의 조형예술물과 벽화·분수대·상징탑 등의 환경조형물로서, 관련 조례에 따라 심의 등의 절차를 필요로 하는 시설을 말한다.

㉢ 「순수창작조형물」은 작가의 순수한 예술적 창작력을 강조한 조형물로서, 독자적인 미적 가치를 형성하기 위하여 공공미술로서의 의미와 작가의 개성에 비중을 둔 조형물이다.

㉣ 「기능성 환경조형물」은 시계탑, 조명기구, 문주 등 본래 시설물이 지니는 기능은 충족시키면서 덧붙여 조형적 가치와 의미가 충분히 발휘되도록 설계한 환경조형물이다.

㉤ 「모뉴멘트」는 역사적 기념물이나 상징조각 등과 같이 기념비적인 조형물의 성격을 가진 조형물을 말한다.

② 환경조형시설의 범위

㉠ 예술성을 강조한 작가의 순수 창작조형물

㉡ 실용성과 기능성을 강조한 평면 또는 입체의 조형구조물

㉢ 보편적인 의미와 상징성을 강조한 모뉴멘트

㉣ 전통조형물, 기념물

㉤ 기타 공공 목적에 충실한 수준 높은 예술성을 통하여 경관 창의성이 높은 작품류

③ 설계원칙

㉠ 인간척도 적용 : 인간척도를 적용하여 위압감이 없고 친근감 있게 함

㉡ 조형성 : 예술작품으로서 조형성이 우선되어야 함

㉢ 기능성 : 놀이기능(조형놀이시설), 어귀의 식별성(공원이나 단지의 문주), 공간의 분리(장식벽) 등의 본래의 기능 발휘에 충실

㉣ 안전성 : 환경조형시설은 대부분 외부공간에 노출되므로 시설물의 구조적 안전성과 이용자의 안전성을 고려

㉤ 주변 여건과의 조화

㉥ 내구성 : 다양한 옥외환경에 견딜 수 있는 내구성을 확보하도록 한다. 다만, 설치 목적에 따라 시한성을 둔 표현일 때에는 그러하지 않다.

㉦ 인간지향적, 환경친화성 : 인간성 회복에 기여하고 환경지향성을 높일 수 있도록 설계

㉧ 전통사상 : 전통적인 환경조형물은 음양오행의 원리를 비롯한 우리의 전통사상을 내포하도록 함

④ 배치기준

㉠ 미술장식품은 「문화예술진흥법」 등 관련 법규에 적합하도록 배치한다.

㉡ 전체적인 보행동선체계를 고려하여 어귀마당·중앙광장·보행전용로 등 보행량이 많은 곳에 배치하도록 하며, 주변의 환경여건을 충분히 고려한다.

㉢ 도시경관의 미적 기능 회복이나 쾌적한 주거공간의 창출이라는 목적이 극대화될 수 있도록 인지도와 식별성이 높은 곳을 선정하여 조형시설의 도입에 따른 이미지 개선효과가 극대화되는 곳에 배치한다.

㉣ 설치 및 유지관리가 쉬운 곳과 이용자의 안전이 보장되며 시설물의 기능 발휘에 효용성이 높은 곳에 배치한다.

㉤ 대지의 특성·주변 환경·역사적 배경을 고려하여 기념성, 상징성, 전망성, 기타 점경물로서의 기능 발휘에 알맞은 곳에 배치한다.

㉥ 시각적 특성과 관람자의 시선을 확보한다. 조형물 전체를 감상하기 위해서는 시설물 높이의 2~3배의 관람 거리를 확보한다.

㉦ 종류별배치

- 미술장식품 : 이용량이 많은 설계대상공간의 어귀나 중심의 광장·휴게공간에 배치한다.
- 문주 등 기능성 조형시설 : 공원·주택단지·학교 등 설계대상공간의 어귀(문주), 어귀·중앙의 광장(시계탑·분수대), 휴게공간·보행공간(경관조명시설) 등 그 기능의 발휘에 적합한 곳에 배치
- 시비 등 기념비 : 설계대상공간의 어귀·중앙의 광장 등 넓은 휴게공간의 포장부위 또는 녹지에 배치/널리 알려진 시인·가수·문화가 등의 인물이나 장소·전설·지명유래 또는 건설공사·행사 등의 기념할 만한 대상과 지리적으로 관련성이 높은 곳에 배치
- 조형벽 등 조형성 구조물 : 설계대상공간의 어귀나 중앙의 광장 등 넓은 휴게공간에 배치/지형의 높이차 극복을 위한 흙막이 구조물을 겸할 경우에는 녹지와 포장부위의 경계부에 배치

12 자연친화형 빗물처리시설

① 일반사항

㉠ 공원 · 보행자전용도로와 같은 설계 대상공간의 빗물 침투와 레인가든 설계에 적용

㉡ 용어정의

빗물침투	빗물과 지표수를 땅속으로 침투시켜 지표면의 유출량을 감소시키고 지하수를 함양하는 것
레인가든	식물이나 토양의 화학적, 생물학적, 물리학적 특성을 활용하여 주위 환경의 수질과 수량 모두를 조절하는 자연지반을 기본으로 하며, 오염된 유출수를 흡수하고 이 물을 토양으로 투수시키기 위해 식재를 활용하는 생물학적 저류지(bio-retention)
빗물체인	빗물을 순환시켜 다양한 용도로 활용하는 연계 시스템을 의미

㉢ 시설물의 구성

빗물침투	잔디 도랑, 자갈 도랑, 침투정
조경암거 배수	· 사구법 : 식재지가 불투수성인 경우에는 폭1~2m, 깊이 0.5~1m의 도랑을 파고 모래를 충진하고 식재지반을 조성하도록 설계, 나무구덩이를 사구로 연결하고 개거 또는 암거를 설계 · 사주법 : 식재지가 불투수층으로 두께가 0.5~1m이고 하층에 투수층이 존재하는 경우에는 하층의 투수층까지 나무구덩이를 관통시키고 모래를 객토하는 공법으로 설계

② 고려사항

㉠ 빗물침투

· 빗물과 지표수의 지하침투를 촉진하기 위하여 잔디도랑, 침투정, 못, 습지와 같이 빗물이 침투할 수 있는 시설의 설치를 먼저 고려

· 토양의 특성, 지하수위와 같은 요소들을 파악하여 투수성이 양호하거나 지하수위가 낮은 곳에 먼저 적용

· 원지형 보존지 · 공원과 같은 시설지의 녹지 · 잔디밭 · 텃밭, 투수계수가 10^{-4}cm/sec 이상 토양으로 투수가 양호한 지역, 계획홍수위보다 계획고가 높은 지역, 빗물침투에 의하여 토양이나 지하수의 오염 우려가 없는 지역과 같은 곳에 빗물침투 시설을 먼저 고려

· 저지대의 침수지역, 배수 불량지역, 급경사지와 같은 붕괴위험지역, 인접 건축물 · 구조물 기초에 악영향을 줄 우려가 있는 지역, 공장 지역 · 폐기물매립지와 같이 토양오염이 예상되는 지역에는 빗물침투 설계를 하지 않음

㉡ 조경 심토층 배수

· 지표면에서 침투수를 집수하는 것과 지표면 아래의 지하수 높이를 낮추어, 녹지의 비탈면과 옹벽과 같은 구조물의 파괴를 방지하는 데 있음

· 지층의 성층상태, 투수성 지하수의 상태를 파악하기 위하여 지질도와 항공사진을 검토

· 계절에 따른 지하수높이의 변동을 고려

· 배수시설의 유량을 결정하기 위한 조사로 투수 계수를 측정하는 경우가 많은데 조사방법의 선정이 나쁘면 판단을 잘못하는 경우도 있으므로 주의를 요함

· 한랭지에서는 동상에 대한 검토로서 기온·토질·땅속 수분에 대하여 조사
· 사질토이거나 지하수 높이가 낮고 배수가 좋은 경우에는 조경 심토층 배수를 설계하지 않음

③ 설계 일반

㉠ 잔디 도랑, 자갈 도랑과 같은 선형 침투시설의 기울기는 빗물침투를 촉진할 수 있도록 0.2% 정도로 완만하게 함

㉡ 녹지의 빗물침투시설과 배수시설은 식재 수목에 토양수분이 적정량 공급되도록 부지조성공사를 포함한 조성계획에서 검토해야 함

㉢ 빗물침투시설의 구조는 빗물의 저장기능과 침투기능이 효과적으로 발휘 될 수 있는 구조이어야 하며, 그 기능을 장기간 유지할 수 있도록 토사, 낙엽, 쓰레기와 같은 물질의 유입에 의한 막힘과 퇴적에 대하여 충분히 대응할 수 있게 설계해야 함

㉣ 빗물침투시설과 배수시설은 지표수나 지하수에 의하여 조경 구조물이나 시설물의 기초지반 지내력이 약해지거나 침식되는 것을 예방하고, 지하수 함양을 통해 물순환체계를 복원하며, 지하수 배제를 통하여 식물의 생육에 적정한 토양 중의 수분을 공급하는 기능을 고려하여 설계함

④ 빗물침투와 저장 설계

㉠ 공원의 녹지·잔디밭·텃밭과 같은 지역은 식재 면을 굴곡 있게 설계하되 100m² 마다 1개소씩 오목하게 설계

㉡ 녹지의 식재 면은 1/20~1/30 정도의 기울기로 설계

㉢ 주변보다 낮은 오목한 곳에 침투통을 설계

㉣ 원지형 보존지역의 비탈면 하부와 완충녹지의 하부에는 잔디 도랑·자갈 도랑과 같은 선형의 침투시설을 설계

㉤ 선형의 침투시설에는 20 m마다 침투통을 설치

㉥ 낮은 곳의 침투정에는 홍수 때를 대비하여 인접한 우수관이나 우수맨홀까지 배수관을 설치

㉦ 넓은 지역의 빗물침투를 촉진하고 지하수위를 낮추기 위해서 낮은 곳에 못 또는 습지와 같은 저류시설을 도입

㉧ 빗물의 재활용을 촉진하기 위하여 빗물 저류조와 같이 빗물을 저류할 수 있는 시설을 설계

㉨ 여러 가지 빗물침투시설을 조합하여 설치하며, 배수시설과 연결하여 설치

⑤ 자연배수체계

㉠ 잔디도랑·자갈도랑·침투통·습지와 같은 빗물침투시설은 지형조건과 토양 특성 그리고 지표의 표면상태를 고려하여 체계화

㉡ 빗물침투시설은 침투기능이 효과적으로 발휘될 수 있도록 시설유형과 설치규모를 설정하고, 토양의 특성·지표 상태·지하수위와 같은 요소를 고려하여 빗물침투체계를 설계

㉢ 자연배수체계는 지표배수체계와 조경심토층 배수체계를 연계시킴

⑥ 빗물침투 및 저류시설

㉠ 점토질이 많은 불투수성 포장, 지하수위가 높은 지역은 대상 지역에서 제외

㉡ 투수성 포장 : 포장 면을 통하여 우수를 직접 땅속으로 스며들게 함, 포장 면이 오염되지 않은 지역을 대상으로 함

㉢ 빗물여과녹지대

- 토양과 식생에 의한 여과, 침투 및 저류와 같은 방법으로 유출량을 조절하고 오염물질을 정화하는 시설
- 도로, 주차장과 같은 오염발생원에 인접한 곳 혹은 도로 비탈면과 하천 둔치 경계부에 설치하여 빗물이 정화되면서 지면으로 서서히 유입되는 시설

㉣ 식생 수로

- 빗물여과녹지대와 유사한 기능을 갖는 녹지형 배수로이나, 빗물여과지는 평탄하거나 완경사로 조성되는 형태임에 반해서, 식생 수로는 일정한 폭과 경사를 형성하면서 선형을 따라서 지표수 유출이 가능한 녹지대
- 선형 녹지대의 가운데로 우수가 모일 수 있도록 경사지게 조성하고, 빗물이 식생 수로의 경사를 따라서 일시에 유출되는 것을 방지하기 위하여 석재, 목재와 같은 자연재료를 사용하여 단을 설치함으로써 물이 노단형으로 저류되어 우수가 서서히 땅속으로 스며들 수 있는 구조로 설계
- 침투를 촉진하는 첫 번째 기능을 하며, 교목, 관목, 초화류를 식재하되 수로에는 가능한 한 목본을 심지 않음
- 차도, 보도, 자전거도로와 같은 선형동선과 접해 있는 띠 녹지, 완충녹지와 같은 선형녹지대를 대상으로 함

㉤ 침투도랑

- 굴착한 도랑에 쇄석자갈 혹은 돌을 채워 유입된 우수를 땅속에 분산하는 시설
- 도로, 주차장, 광장, 운동장과 같은 시설지와 인접한 곳의 녹지대에 도로 및 시설지의 선형과 평행하게 설치

㉥ 잔디 수로

- 굴착한 도랑에 잔디를 덮어 유입된 우수를 땅속으로 분산하는 시설
- 도로, 주차장, 광장, 운동장과 같은 시설지와 인접한 곳의 녹지대에 도로 및 시설지의 선형과 평행하게 설치하되, 포장경계석으로부터 약 0.3~0.5m 간격으로 떨어지게 설치

㉦ 침투통

- 굴착한 구덩이에 쇄석자갈 혹은 돌을 채워 유입된 우수를 땅속으로 분산하는 시설
- 침투통의 규격
  - 30~50×30~50cm^2(W×L) 내외의 정방형, 직사각형, 원형의 형태로 설치가 가능
  - 깊이(H)는 80~120cm 내외로 하되 안식각을 형성할 수 있도록 하며, 우수유입·유출량을 고려하여 규모를 조정하거나 도입 숫자를 가감하여 설치
- 쇄석자갈 측면은 부직포를 설치하여 토사가 유입되는 것을 방지
- 공원, 완충·경관녹지, 녹지 섬과 같은 녹지대를 대상으로 함
- 주변 건물로부터 1.5m 이격하여 설치
- 침투통 바닥을 통한 침투로, 바닥에 입경 3~7cm 크기의 쇄석을 20cm 이상 충전
- 침투통 측면은 입경 3~7cm 크기의 쇄석을 15cm 이상 채움
- 충전쇄석 하부에 15cm 이상의 깊이로 모래를 포설, 침투통 상부는 스틸그레이팅을 설치

- 24시간 이내에 저류된 빗물이 침투될 수 있도록 투수계수를 설정
- 집수정을 대체하여 설치, 막힘 방지를 위하여 타 빗물관리시설 유입 전에 설치

ⓞ 침투맨홀(침투집수정)

- 개방된 맨홀 밑면을 쇄석자갈 혹은 돌로 채워 집수된 우수를 땅속에 분산하는 시설
- 쇄석자갈의 체적은 가로세로높이의 한 변의 길이를 약 0.5~1.0m을 기준으로 하되, 우수 유출·유입량을 고려하여 규모를 선정
- 쇄석자갈 측면은 부직포를 설치하여 토사가 유입되는 것을 방지

ⓩ 침투 측구

- 측구 측면과 밑면 또는 밑면을 쇄석자갈로 채워 집수된 우수를 땅속으로 분산하는 시설
- 밑면에 채워지는 쇄석자갈층의 높이는 약 0.5m 내외를 기본으로 하되, 우수 유출·유입량을 고려하여 높이를 조정
- 쇄석자갈 측면은 부직포를 설치하여 토사가 유입되는 것을 방지할 수 있도록 함

ⓒ 침투 트랜치

- 우수관거 혹은 침투맨홀로부터 우수를 쇄석자갈층 속에 매설된 유공관으로 유입시킨 다음 서서히 땅속으로 침투하는 시설
- 침투트렌치는 관경의 120배 이하로 설치
- 유공관의 내경은 10~30cm 이내로 설치하며, 유공경은 1cm 내외로 설치
- 유공관의 하부 및 측면은 입경 3~7cm 크기의 쇄석을 20cm 이상의 두께로 채움
- 쇄석층 하부는 15cm 이상 깊이로 모래를 포설하며, 유공관 위는 토양으로 25cm 이상 덮음
- 원활한 배수를 위한 종단경사를 1~2% 정도로 함
- 침투트렌치의 유입부는 침투통을 연결하고, 유출부는 빗물처리 체계에 따라서 침투통, 빗물 저류시설, 유출맨홀에 연결
- 쇄석자갈층과 토사의 경계부에는 부직포를 설치하여 토사가 침투 트랜치로 유입되는 것을 방지

ⓚ 침투형 홈통받이

- 침투와 저류가 가능한 시설로, 연계된 빗물관리시설로 빗물이 유출되기 전에 잠시 머무는 시설이다. 옥상 유출수가 1차적으로 유입되는 시설
- 홈통받이
  - 내부 : 3~7cm의 쇄석으로 충전
  - 외부 : 10cm 두께로 쇄석을 채움
  - 규격은 30×30cm^2(W×L) 내외의 정방형, 직사각형, 원형 가능 깊이(H)는 30~50cm 내외
  - 기본적으로 침투형으로 설치, 우수(빗물)관로와 직접 연결되지 않게 설치

ⓣ 빗물통

- 지붕, 옥상에서 유출되는 우수를 선홈통을 통하여 빗물이 유입되는 저류시설
- 빗물통 하부에 수도꼭지를 설치하면 빗물을 사용하기에 편리하며, 모기의 번식을 막기 위하여 빗물통 안에 칸막이 혹은 꽉 닫히는 뚜껑을 설치함

㉮ 빗물 저류조

- 운동장, 녹지대와 같은 곳에 유입된 지표수와 침투수를 집수관을 통해서 저장한 빗물을 모아두었다가 나중에 생활용수로 활용하기 위한 시설
- 유형은 크게 콘크리트 구체형, PC 박스형, 플라스틱형으로 구분
- 빗물이 저류조로 유입 전에 전 처리조 또는 정화 필터를 통한 정화 처리
- 인조잔디, 옥상, 벽면을 통해 유입된 오염원이 없는 빗물은 조경용수(녹지대 관수, 계류, 물놀이 시설 등)로 사용이 가능
- 수목관리를 위하여 제초제, 비료살포를 하여 녹지, 잔디 운동장과 같은 시설지를 통해 유입된 빗물은 관수용, 청소용과 같은 용도로 사용이 가능

㉯ 수영 연못

- 습지의 수질정화 기능을 통해 정화된 빗물을 연못에 유입시키고 저류하여 수영장으로 사용하는 시설
- 빗물이 유입되는 정화구역에는 수질정화기능이 있는 식물을 심고 토양보다는 불활성의 입자가 적은 조약돌이나 자갈로 기반을 조성하여 빗물이 정화될 수 있도록 함
- 수영연못 시스템에는 수돗물을 사용하지 않는 것으로 함
- 수영구역은 초목이 없는 자유롭고 편리하게 수영을 할 수 있는 개방된 지역으로 안전에 유의하여 설계
- 펌프에 의해 물이 순환될 수 있는 구조로 하며, 물에 포함된 세균을 비롯한 유해요소를 제거하기 위해 정화 필터를 설치

⑦ 레인가든

㉠ 빗물취수 및 배수

- 비가 많이 내리는 지역이나 부지 쪽으로 경사가 심한 지역에는 배수로를 설치
- 각 표면과 그 표면에서 배수되는 지점을 한눈에 볼 수 있는 개념도를 작성
- 표면에 떨어지는 빗물의 양을 계산하기 위하여 강우데이터를 구해 표면 지역과 곱하여 용량을 산정

㉡ 토양과 침투성을 측정하기 위하여 강우 직후에 흡수 정도를 측정하거나 시추(trial pits)를 통해 지하수면의 위치와 토양 내 흡수 정도를 산정

㉢ 정원 내에 이미 자라고 있거나 정원 주변에 자랄 수 있는 식생을 계획과정에서 고려하여 설계

㉣ 정원에 설치된 모든 기존의 설비(전기, 가스, 물이나 하수/배수시설)를 지도화하고 빗물처리가 의심스러운 경우 홈통에서 레인가든으로 들어오는 물의 양을 제한함

㉤ 건물에서 1.5m 이격하여 설치하고, 최대 저류 수심은 10~15cm 내외로 설치

㉥ 24시간 이내에 저류된 빗물이 침투될 수 있도록 투수계수 설정

㉦ 땅속에 10cm 깊이로, 3~7cm 입경의 쇄석을 충전하며, 충전쇄석의 막힘현상을 방지하기 위한 투수시트를 설치

㉧ 빗물정원 내에 1cm 이내의 자갈을 포설

㉨ 월류 되는 빗물은 우수(빗물)관로나 빗물관리시설로 유입될 수 있도록 함

㉩ 사면경사는 1 : 2로하며, 빗물정원 주변의 흙탕물이 유입되지 않도록 설치

㉪ 10년 정도의 주기로 빗물정원 내 토양을 치환하는 것을 고려함

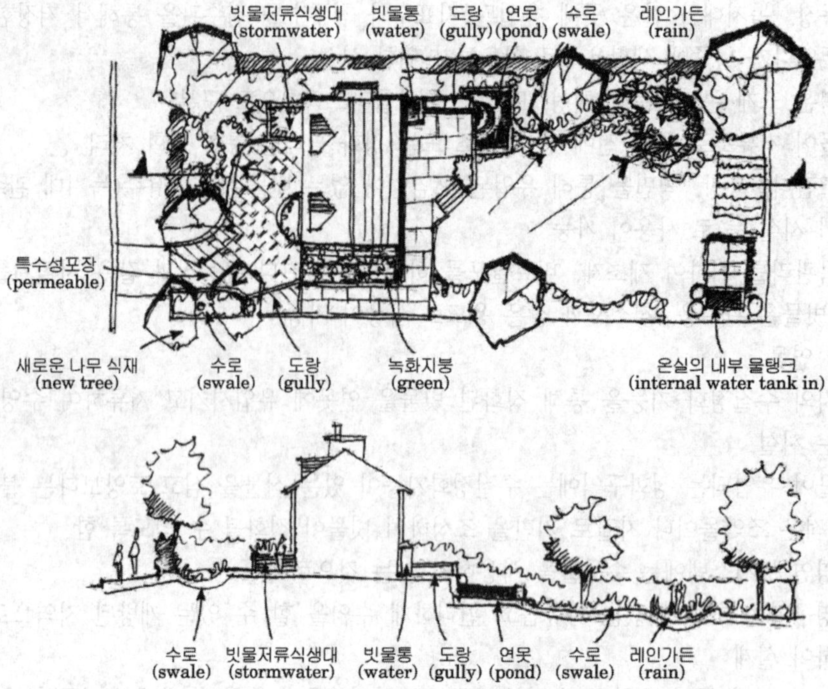

그림. 레인가든 적용사례(조경설계기준인용)

핵심기출문제

내친김에 문제까지 끝내보자!

1. 공원내 보행자 도로를 설계하려 한다. 설계 기준에 부적합 요소는 어느 것인가?

① 원활한 배수처리를 위하여 10% 정도의 경사를 준다.
② 표면처리는 부드러운 재료를 사용하는 것이 좋다.
③ 배수 구조물은 연석에 접한 곳에 설치한다.
④ 연석은 단차를 두어 경계를 분명히 하는 것이 좋다.

2. 조경설계기준에 의한 그네의 설계 기준으로 가장 옳은 것은?

① 2인용을 기준으로 높이 3.0~3.5m를 표준 규격으로 한다.
② 2인용을 기준으로 폭 4.5~5.0m를 표준규격으로 한다.
③ 그네는 남향이나 서향으로 한다.
④ 집단적으로 놀이가 활발한 자리 또는 통행량이 많은 곳에 설치한다.

3. 조경설계에 많이 사용되는 소프트웨어가 아닌 것은?

① Auto-CAD　② LANDCADD
③ SYMAP　④ D-Base

4. 야영장의 입지조건을 설명할 것 중 잘못된 것은?

① 평탄지보다 완경사면이 좋다.
② 하부식생이 있는 수림지가 좋다.
③ 숲에서는 나무의 높이가 높은 곳이 좋다.
④ 재해 발생이 우려되는 곳은 피해야 한다.

5. 독립벽체나 펜스의 환경 조성상의 기능이 아닌 것은?

① 상이한 기능의 통합　② 공간의 한정
③ 시선의 차폐　④ 시각적 요소로서의 기능

정답 및 해설

해설 1

보도용 포장면의 횡단경사는 배수처리가 가능한 방향으로 2%를 표준으로 한다.

해설 2

2인용 기준 그네
① 높이 2.3~2.5m
② 길이 3.0~3.5m
③ 폭 4.5~5.0m
④ 방향 : 북향 또는 동향
⑤ 통행이 많은 곳엔 배치하지 않음

해설 3

① 조경설계 사용되는 소프트웨어 – Auto-CAD, LANDCADD, SYMAP(GIS의 일종)
② D-BASE(데이터베이스) – 공유되어 사용될 목적으로 통합하여 관리되는 데이터의 집합

해설 4

야영(camping)의 사전적 의미는 텐트나 임시로 지은 초막 등에서 일시적인 야외생활을 하는 여가활동으로서 집과 도시를 벗어나 자연 속에 마련한 임시 거처에 머무르면서 사람과 우정을 돈독히 하고 자연을 느끼며 배우는 것으로 임시거처인 텐트 등을 공간을 위해 하부식생이 있는 곳은 적당하지 않다.

해설 5

독립벽체와 펜스는 상이한 기능을 분리

정답 1. ① 2. ② 3. ④ 4. ② 5. ①

6. 각각의 운동시설 계획시 고려할 사항으로 부적합한 것은?

① 농구코트의 장축 방위는 남-북 축을 기준으로 하고, 가까이에 건축물이 있는 경우에는 사이드라인을 건축물과 직각 혹은 평행하게 배치 계획한다.
② 배구장의 코트는 장축을 남-북으로 설치하고, 주풍 방향에 수목 등의 방풍시설을 계획한다.
③ 야구장의 방위는 내·외야수가 오후에 태양을 등지고 경기할 수 있도록 홈 플레이트를 서쪽과 남동쪽 사이에 자리 잡게 계획한다.
④ 테니스 코트 장축의 바위는 정남~북을 기준으로 동서 5~15° 편차 내의 범위로 하며, 가능하면 코트의 장축 방향과 주 풍향의 방향이 일치하도록 계획한다.

7. 다음의 수경시설의 설계에 관한 설명 중 틀린 것은?

① 실개울을 설계할 경우 평균 물깊이는 3~4cm 정도로 하는 것이 좋다.
② 수경시설의 설계에는 정수, 조명, 전기 등의 부대되는 설비의 설계를 포함한다.
③ 분수의 설계시 바람에 흩어짐을 고려하려면 분출 높이의 3배 이상의 공간을 확보하는 것이 좋다.
④ 수경용으로 사용하는 물의 순환 횟수는 수경시설의 용도와는 무관하나 한 달에 한 두 번 정도를 기준으로 고려하여 설계하는 것이 좋다.

8. 운동이나 활동을 위하여 설계에 적용하는 가장 적정 경사의 기준은?

① 2~5%　② 10~14%
③ 15~20%　④ 20~24%

9. 배수시설의 설계시 고려해야 할 내용으로 옳지 않은 것은?

① 녹지의 표면배수 기울기는 고려하지 않아도 된다.
② 배수에는 지표배수와 심토층 배수의 두 방법이 있다.
③ 배수시설의 기울기는 0.5% 이상으로 하는 것이 바람직하다.
④ 개거배수는 지표수의 배수가 주목적이고 암거배수는 심토층배수를 위한 것이다.

정답 및 해설

해설 6

야구장의 방위는 내·외야수가 오후의 태양을 등지고 경기를 할 수 있도록 홈플레이트를 동쪽과 북서쪽 사이에 자리 잡게 한다.

해설 7

수경용수의 순환횟수
① 물놀이 전제(친수시설 : 분수, 시냇물, 도섭지) : 1일2회
② 물놀이 전제하지 않는 공간(경관용수 : 분수, 폭포, 벽천) : 1일1회
③ 감상을 전제(자연관상용수 : 공원지, 관찰지) : 2일1회

해설 8

운동, 활동을 위한 적정경사
-2~5%

해설 9

녹지의 식재면은 1/20~1/30 정도의 기울기로 설계한다.

정답　6. ③　7. ④　8. ①　9. ①

10. 조경설계에서 수경요소(waterscape)의 기능이 아닌 것은?

① 공기 냉각기능
② 동선의 연결기능
③ 소음 완충기능
④ 레크레이션의 수단으로서의 기능

11. 경기장 배치에 관한 설명 중 틀린 것은?

① 축구장 – 장축은 가능한 동서방향으로 주풍향과 직교시킨다.
② 테니스장 – 장축의 방위는 정남북으로부터 동서 5~15° 편차내의 방향이 일치하도록 한다.
③ 배구장 – 장축을 남북방향으로 배치하며 바람의 영향을 받기 때문에 주풍방향에 수목 등의 방풍시설을 마련한다.
④ 야구장 – 방위는 내외야수가 태양을 등지고 경기할 수 있도록 하고, 홈플레이트는 동쪽에서 북서쪽 사이에 자리잡게 한다.

12. 조경시설 중 운동경기장 시설의 방향에 관한 다음의 설명 중 잘못된 것은?

① 계획 프로그램은 항상 대지여건에 우선하여 기본계획에 적용된다.
② 축구장, 배구장 등 운동경기장은 코트의 장축을 남-북으로 설치한다.
③ 게이트볼장은 경기장의 방향을 특별히 고려하지 않아도 된다.
④ 운동시설은 건축법에 따라 경기장의 방향을 설정하여야 한다.

13. 배구 6인제 코트의 적정한 대지 면적은?

① 450~600m² ② 350~400m²
③ 600~700m² ④ 180~250m²

14. 서울지역에서 축구장의 배치 방법 중 가장 옳은 것은?

① 장축을 남북 방향으로 길게 배치한다.
② 장축을 동서 방향으로 길게 배치한다.
③ 장축을 북서–남동 방향으로 길게 배치한다.
④ 장축을 북동–남서 방향으로 길게 배치한다.

해설 10

수경요소의 기능
① 도시 열섬현상 완화(공기 냉각기능)
② 소음 완충기능(물소리로 상쇄시킴)
③ 레크레이션의 수단으로서의 기능

해설 11

축구장 장축이 남북방향으로 주풍향과 직교시킨다.

해설 12

운동시설은 체육시설의 설치·이용에 관한 법률에 따라 설치되는 시설이다.

해설 13

배구 6인제 코트 대지면적
–350~400m²

해설 14

축구장 배치–장축을 남북 방향으로 길게 배치

정답 10. ② 11. ① 12. ④ 13. ② 14. ①

정답 및 해설

15. 태양광선의 영향을 크게 받는 테니스장 장축(長軸)의 방위는 다음 중 어떤 것이 적합한가?

① 정동서(正東西)방향
② 정동서에서 남북 어느 한쪽으로 30° 기울어진 방향
③ 정남북에서 동서 어느 한쪽으로 30° 기울어진 방향
④ 정남북을 기준으로 서쪽으로 5° 기울어진 방향

해설 15
테니스장 장축방향-정남북을 기준으로 서쪽으로 5° 기울어진 방향

16. 유희시설에 있어 목재사용 및 이용처리에 관련된 표준시방으로 틀린 내용은?

① 목재볼트의 구멍은 볼트지름보다 3mm 이상 크지 않아야 한다.
② 나사 및 볼트의 상호간 간격 및 재단부에서의 거리는 특별히 정하지 않는 한 지름의 5배 이상으로 한다.
③ 목재는 이어 사용하지 않으며, 불가피할 경우 길이는 1m 이상이어야 한다.
④ 꺾쇠는 갈고리 끝 쪽에서 갈고리 길이의 1/3이상의 부분을 네모뿔형으로 만든다.

해설 16
나사 또는 볼트 상호간의 연결간격 및 재단부에서의 거리는 설계도면이나 공사시방서에 정한 바가 없으면 지름의 7배 이상으로 한다.

17. 40대의 승용차가 주차할 수 있는 주차장의 주차구획면적으로 옳은 것은? (단, 주차장법 규정 적용)

① $378m^2$ 정도　　② $460m^2$ 정도
③ $500m^2$ 정도　　④ $792m^2$ 정도

해설 17
승용차 1대분 면적
: 2.5m × 5.0m
$2.5 \times 5 \times 40 = 500m^2$

18. 교통량이 많은 곳에 적당하고 주차 및 출입폭이 최소이며 1대당 연장은 가장 긴 주차방식은?

① 평행주차　　② 직각주차
③ 60° 주차　　④ 45° 주차

해설 18
평행주차 : 2.0×6.0m, 일반주차방식 : 2.5×5.0m

19. 다음 중 도로 및 주차장 설치 장소 선정시 고려 요소가 아닌 것은?

① 다양한 천연적 관심거리가 있는 지역
② 지나친 절토나 성토를 요하지 않는 평탄한 곳
③ 토양의 안정도가 높은 곳
④ 노선 선정시 가급적 식생의 제거를 피할 수 있는 곳

해설 19
다양한 천연적 관심거리가 있는 지역은 도로 및 주차장으로 부적당하다.

정답　15. ④　16. ②　17. ③　18. ①　19. ①

20. 휴지통의 배치 계획시 잘못된 사항은?

① 대형보다는 소형을 좁은 간격으로 배치한다.
② 배치하는 수량은 벤치 2~4개마다 한 개씩 배치한다.
③ 노폭이 넓은 경우에는 진행 방향의 좌측에 배치한다.
④ 던지는 범위는 평균 반경 7m 정도가 바람직하다.

21. 등의자의 등받이 각도로 가장 적당한 것은?

① 85° ~ 95°
② 100° ~ 110°
③ 115° ~ 120°
④ 125° ~ 130°

22. 벤치의 인체공학적 특성에 관한 설명 중 틀린 것은?

① 가장 선호도가 높은 벤치의 등받이 각은 수평에서 105° 내외이다.
② 벤치의 등받이 높이는 겨드랑이 높이보다 높아야 한다.
③ 성인용(3인용 평벤치) 벤치의 바닥높이는 지면에서 25~30cm가 적당하다.
④ 성인용(3인용 평벤치) 벤치의 바닥(좌판)폭은 40~60cm정도가 적당하다.

23. 안내 표지시설에 관한 설명 중 틀린 것은?

① 관광지, 청소년시설, 휴양림 등의 설계공간에는 관련 법규에서 정한 내용에 따라 설계한다.
② 공원, 공동주택 등이 설계대상공간에 안내 등 정보 전달을 목적으로 설치하는 시설물을 말한다.
③ CIP개념을 도입할 경우 교통수단을 대상으로 하는 경우라 하더라도 국제관례에 구애됨 없이 창작이 되도록 하여야 한다.
④ 용도와 효용에 따라 유도 표지시설, 해설 표지시설, 종합안내 표지시설 등으로 구분하여 각각의 기능을 최대로 발휘할 수 있도록 설계한다.

정 답 및 해 설

해설 20

일반적으로 휴지통은 진행방향의 우측에 배치하며, 노폭이 넓을 경우 양쪽에 배치한다.

해설 21

등받이 각도는 수평면을 기준으로 96~110°를 기준으로 휴식시간이 길어질수록 등받이 각도를 크게 한다.

해설 22

벤치의 바닥높이는 지면에서 34~46cm, 폭 38~45cm가 적당하다.

해설 23

안내 표지 시설

① 정의
- 공원 주택단지 보행공간 등 옥외공간에서 보행자나 방문객에게 주요시설물이나 목표지점까지의 정보 전달을 목적으로 하는 시설
- 정보를 제공하는 사인(sign)과 정보를 이어주는 환경시설물을 포함

② 종류 : 유도표지시설, 해설표지시설, 종합안내표지시설, 도로표지시설

③ 설계특징
- CIP개념을 도입하여 시설들이 통일성을 가질 수 있게 함
- 교통수단을 대상으로 하는 경우 국제관례로 사용되는 문자나 기호가 도안화된 것을 사용

정답 20. ③ 21. ② 22. ③ 23. ③

정 답 및 해 설

24. 분수의 물리적 특성에 따른 유형별 특성에 대한 설명 중 틀린 것은?

① 바닥포장형 - 열린공간, 활동수용형 공간 조성
② 기계실형 - 다양한 프로그램, 효율적 유지관리
③ 조형물형 - 다양한 디자인, 시각적 landmark
④ 수조형 - 시각적 안정감, 다양한 수반형태

25. 경관조명시설에 관한 다음 설명 중 틀린 것은?

① 경관조명시설이란 전원이나 도시적 환경의 옥외공간에 설치되는 조명시설을 말한다.
② 경관조명시설은 설치장소, 기능, 형태에 따라 보행등, 정원등, 공원등 등의 여러 시설분류가 있다.
③ 공원등은 조도기준에 따라 중요 장소에는 5~30lx, 기타 장소는 1~10lx를 충족시키도록 설계하며 놀이 공간, 운동공간, 광장 등 휴게공간에는 6lx 이상의 밝기를 적용한다.
④ 수중등은 폭포, 연못, 분수 등 수경시설의 환상적인 분위기 연출을 목적으로 물 속에 설치하며 전선에 접속점이 생기면 이중 테이프로 잘 감싸도록 하여야 한다.

26. 표지판 설치시 고려할 사항이다. 이 중 적당치 못한 것은?

① 이용자의 집합과 분산이 이루어지는 곳에 설치한다.
② 표지판의 설치로 인하여 시선에 방해가 되어서는 안된다.
③ 한 장소에 서로 다른 정보를 나타내는 표지판들은 따로따로 설치한다.
④ 청소, 보수 등 유지관리 하기에 용이한 위치를 설치한다.

27. 교통 표지판(交通標識板) 중 경계 혹은 주의 표지판의 형태는?

① 삼각형 ② 사각형
③ 원형 ④ 오각형

28. 계단설계시 축상(R)상 답면(T)의 관계는 2R+T=60cm이다. 50% 경사지에 위의 식을 사용하여 계단을 설치할 때 축상과 답면의 길이는 각각 얼마인가? (단, 계단참은 없는 것으로 한다.)

① 축상 : 30cm, 답면 : 15cm
② 축상 : 15cm, 답면 : 30cm
③ 축상 : 10cm, 답면 : 40cm
④ 축상 : 40cm, 답면 : 10cm

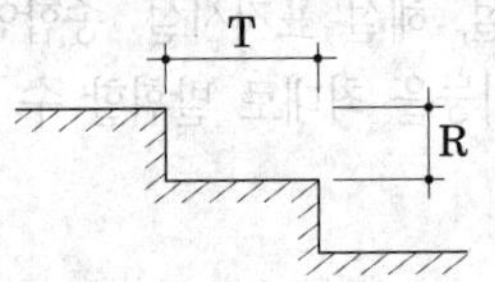

해설 **24**
기계실형-기계실의 출입을 통제하기 위한 잠금장치, 환기구 등을 설치해야 함

해설 **25**
수중등은 물속에 설치하며 전선의 접속점은 만들지 않는다.

해설 **26**
안내표지시설은 관련법에서 요구하는 위치에 배치하며, 그 크기나 문안 등은 설계대상 공간의 특성을 고려하여 체계화시킨다.

해설 **27**
도로표지의 일반적 형태
주의표시 - △,
안내표지 - □,
지시표지·규제표시 - ○

해설 **28**
R(축상,높이)과 T(답변,너비)와의 관계는 2R+T=60~65cm, R=15cm, T=30cm가 일반적이다.

정답 24. ② 25. ④ 26. ③ 27. ① 28. ②

29. 그림은 정원설계도에 나타난 계단 부분의 평면도이다. 계단의 단면 폭이 30cm, 단 높이가 15cm라 하면, B지점의 상대표고가 0.00일 때 A지점의 표고는?

① 1.35m
② 1.50m
③ −1.35m
④ −1.50m

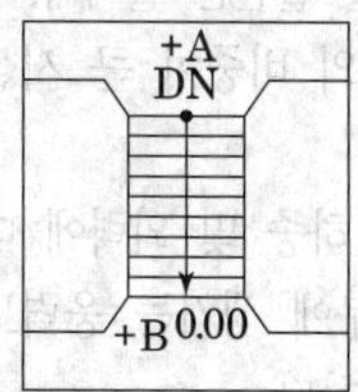

30. 원로(苑路)에 있어 1인이 통행할 수 있는 소규모의 원로 폭은?

① 20~30cm
② 40~50cm
③ 60~70cm
④ 120~150cm

31. 보행자공간의 설계를 하고자 할 때 군집 보행시 보행자 1인당 보행공간의 규모는 대체로 얼마가 이상적인가?

① $0.5m^2$ ② $1m^2$
③ $5m^2$ ④ $10m^2$

32. 휴게시설물의 규격이 가장 적합한 것은?

① 파고라 높이는 220~260cm 정도를 기준으로 한다.
② 평상의 마루높이는 45~50cm 기준으로 한다.
③ 의자의 앉음판의 높이는 50~55cm 정도를 기준으로 한다.
④ 의자와 휴지통과의 이격 거리는 60cm 정도로 한다.

33. 다음 중 조경에서 놀이시설에 관한 사항 중 가장 거리가 먼 것은?

① 놀이터 어귀는 보행로에 연결시키고 입구는 2개소 이상 배치하되, 1개소 이상에는 8.3% 이하의 경사로로 설계한다.
② 그네·미끄럼대 등 동적인 놀이시설은 시설물의 주위로 3.0m 이상의 이용공간을 확보하여야 한다.
③ 흔들말 시설 등의 정적인 놀이시설은 시설물 주위로 2.0m 이상의 이용공간을 확보하여야 한다.
④ 기어오르기 시설의 높이는 1.5~2.0m를 기준으로 하고, 줄은 내구성·안전성 등에 적합하게 설계한다.

정 답 및 해 설

해설 29
0.15m×10단=1.5m

해설 30
1인의 원로 폭-60~70cm

해설 31
보행자 1인당 보행공간의 규모 $-1m^2$

해설 32
② 평상의 마루 높이는 34~41cm를 기준으로 한다.
③ 의자의 앉음판의 높이는 34~46cm를 기준으로 한다.
④ 의자와 휴지통과의 이격 거리는 90cm로 한다.

해설 33
기어오르기 시설의 높이는 2.5~4.0m를 기준으로 한다.

정답 29. ② 30. ③ 31. ② 32. ① 33. ④

34. 다음 조경시설물과 조경구조물에 관한 설명들 중 가장 올바르게 설명한 것은?

① 조경구조물은 공원법의 공원시설 중 하부구조를 일컫는 말이다.
② 조경시설물은 공원법의 공원시설 중 상부구조의 비중이 큰 시설물을 말한다.
③ 구조내력이란 구조부재를 구성하는 각 재료의 하중 및 외력에 대한 안전성을 확보하기 위하여 부재단면의 각부에 생기는 응력도가 초과하지 아니하도록 정한 한계응력도를 말한다.
④ 고정하중이란 구조물의 각 실별·바닥별 용도에 따라 그 속에 수용·적재되는 사람·물품 등의 중량으로 인한 수직하중을 말한다.

해설 34
① 조경구조물은 공원법의 공원시설 중 하부구조의 비중이 큰 시설물을 말한다.
② 구조내력은 구조내력상 주요한 부분인 구조부재와 그 접합부 등이 견딜 수 있는 응력을 말한다.
③ 고정하중이란 구조물의 주요구조부와 이에 부착·고정되어 있는 비내력부분 및 각종 시설·설비 등의 중량으로 인한 수직하중을 말한다.

35. 조경설계기준에 의한 조경포장 설명 중 옳은 것은?

① 보도용 포장이란 보도, 자전거도, 자전거보행자도, 공원 내 도로 및 광장 등 주로 보행자에게 제공되는 도로 및 광장의 포장을 말한다.
② 차도용 포장이란 차량의 최대 적재량에는 제한 없이 관리용 차량이나 모든 일반차량의 통행에 사용되는 도로의 포장을 말한다.
③ 간이포장이란 주로 차량의 통행을 위한 아스팔트콘크리트 포장과 콘크리트 포장을 말한다.
④ 조경시설에서 강성포장(rigid pavement)은 적용되지 않는다.

해설 35
조경포장
· 보도용포장
· 차도용 포장 : 차량의 최대 적재량 4톤 이하의 차량이 이용하는 도로의 포장으로 관리용 차량이나 한정된 일반 차량 통행에 사용되는 도로
· 간이포장 : 차량의 통행을 위한 아스팔트콘크리트포장과 콘크리트포장을 제외한 기타의 포장
· 강성포장 : 시멘트콘크리트포장

36. 다음의 조경 시설물 설계기준에 대한 설명 중 틀린 것은?

① 안전난간의 높이는 마감면으로부터 110cm 이상으로 한다.
② 단주(볼라드)의 배치간격은 3m를 기준으로 하여 차량의 진입을 막을 수 있도록 설계한다.
③ 설계대상공간에 대한 적극적 침입방지기능을 요하는 울타리의 높이는 1.5~2.1m로 설계한다.
④ 쓰레기통은 각 단위공간의 의자 등 휴게시설에 근접시키되 보행에 방해가 되지 않아야 하며 단위공간마다 1개소 이상 배치한다.

해설 36
② 단주(볼라드)의 배치간격은 2m를 기준으로 하여 차량의 진입을 막을 수 있도록 설계한다.

정답 34. ② 35. ① 36. ②

37. 야외공연장 설계시 고려해야 할 사항으로 틀린 것은?

① 객석에서의 부각은 30° 이하가 바람직하며 최대 45°까지 허용한다.
② 객석의 전추영역은 표정이나 세밀한 몸짓을 이상적으로 감상할 수 있는 생리적 한계인 15m 이내로 한다.
③ 평면적으로 무대가 보이는 각도(객석의 좌우영역)는 104 ~ 108° 이내로 설정한다.
④ 이용자의 집·분산이 용이한 곳에 배치하며, 공연설비 및 기구 운반을 위해 비상차량 서비스 동선에 연결한다.

38. 다음 중 조경공간의 휴게시설물의 설명으로 틀린 것은?

① 그늘시렁(퍼걸러)는 조형성이 뛰어난 것을 시각적으로 넓게 조망할 수 있는 곳이나 통경선이 끝나는 곳에 초점요소로서 배치할 수 있다.
② 그늘막(쉘터)는 처마 높이를 2.5 ~ 3m 기둥으로 설계한다.
③ 의자는 휴지통과의 이격거리 0.9m 정도 공간을 확보한다.
④ 앉음벽은 긴 휴식에 적합한 재질과 마감방법으로 설계하며, 앉음벽의 높이는 24 ~35cm를 원칙으로 한다.

39. 조경에서 운동시설의 설계기준에 관한 설명으로 옳은 것은?

① 주택들이 인접한 공간에는 농구장 등 야간에 이용이 예상되는 시설의 배치를 피한다.
② 하나의 설계공간에는 되도록 서로 유사한 운동시설로 배치한다.
③ 육상경기장의 메인스탠드는 트랙의 남쪽에 배치한다.
④ 축구장의 장축은 동–서로 배치한다.

40. 조경설계기준상의 「조경포장」 관련 설명으로 틀린 것은?

① 놀이터 포설용 모래는 입경 1~3mm 정도의 입도를 가진 것으로 하고 먼지 · 점토 · 불순물 또는 이물질이 없어야한다.
② 차도용 포장면의 횡단경사는 아스팔트콘크리트 포장 및 시멘트콘크리트포장의 경우 2~4%를 기준으로 한다.
③ 자전거도로 포장면의 종단경사는 2.5 ~ 3.0%를 기준으로 하되, 최대 5%까지 가능하다.
④ 보도용 포장면의 종단기울기는 1/12이하가 되도록 하되, 휠체어 이용자를 고려하는 경우에는 1/18이하로 한다.

정 답 및 해 설

해설 **37**

객석의 부각은 15° 이하가 바람직하며 최대 30° 까지 허용된다.

해설 **38**

앉음벽의 높이는 34~46cm 이다.

해설 **39**

운동시설의 설치
① 운동시설의 배치
- 이용자들의 나이·성별·이용시간대와 선호도 등을 고려하여 도입할 시설의 종류를 결정한다.
- 주택 등이 인접한 공간에는 농구장 등 밤의 이용이 예상되는 시설의 배치를 피한다.
- 하나의 설계대상공간에는 되도록 서로 다른 운동시설로 배치한다.

② 육상경기장 : 경기자의 태양광선에 의한 눈부심을 최소화하기 위해, 트랙과 필드의 장축은 북–남 혹은 북북서–남남동 방향으로, 관람자를 위해서는 메인스탠드를 트랙의 서쪽에 배치한다.
③ 축구장은 장축을 남–북으로 배치한다.

해설 **40**

차도용 포장시 아스팔트·시멘트콘크리트포장은 1.5~2.0%를 기준으로 한다.

정답 37. ① 38. ④ 39. ① 40. ②

41. 문화재 및 사적지 조경설계에 대한 설명으로 틀린 것은?

① 자연지형의 변화 및 훼손이 없는 범위 내에서 설계하여야 하므로 재료는 사적지 주변지역의 것을 활용하지 않도록 한다.
② 역사 문화유적의 시대적 배경에 부합하도록 역사성에 어울리는 소재, 디자인 요소, 마감방법 등을 고려한다.
③ 사적의 복원 및 재현은 역사성에 맞게 하되 주변지역도 역사성에 맞게 식재하고 시설물들이 조화롭게 설계되어야 한다.
④ 민속촌의 입지는 풍수의 개념을 고려하여 정하고, 민속시설물과 공간구성은 우리나라 고유 건축의 외부공간특성을 반영한다.

42. 조경설계기준 중 체육공원의 기본설계 내용으로 틀린 것은?

① 운동시설로는 체력단련시설을 포함한 3종이상의 시설을 배치한다.
② 공원면적의 5~10%는 다목적 광장으로, 시설전면적의 50~60%는 각종 경기장으로 배치한다.
③ 운동시설은 공원 전면적의 80%이내의 면적을 차지하도록 하며, 주축을 동–서 방향으로 배치한다.
④ 공원면적의 30~50%는 환경보존녹지로 확보하며 외주부 식재는 최소 3열 식재이상으로 하여 방풍 · 차폐 및 녹음효과를 얻을 수 있어야 한다.

43. 조경설계기준상 토양에 대한 평가를 화학적 기준에 따라 상급(pH5.5~6.0,pH6.5~7.0), 하급(pH4.5~5.5, pH7.0~8.0), 불량(pH4.5미만, pH8.0초과)으로 구분하고 있다. 다음 중 바르게 설명한 것은?

① 일반적인 식재지는 중급 이상의 토양평가등급을 적용한다.
② 답압의 피해가 우려되는 곳의 토양은 상급이상의 평가등급을 적용한다.
③ 식물의 생육환경이 열악한 매립지나 인공지반위에 조성되는 식재지반에는 상급 이상의 평가등급을 적용한다.
④ 고품질의 조경용 식물을 식재하는 곳이나 조경용 식물의 건전한 생육을 필요로 하는 곳에서는 상급의 평가등급을 적용한다.

정답 및 해설

해설 **41**

문화재 및 사적지 조경설계
자연지형의 변화 및 훼손이 없는 범위 내에서 설계하며, 재료는 사적지 주변의 지역에서 활용되도록 고려한다.

해설 **42**

운동시설은 공원 전면적의 50% 이내의 면적을 차지하도록 하며 주축을 남–북 방향으로 배치한다.

해설 **43**

토양평가 등급
① 각각의 토양평가 항목에 대한 평가등급은 「상급」, 「중급」, 「하급」, 「불량」의 4등급으로 구분한다.
② 요구되는 토양평가 등급의 적용은 다음의 기준을 적용한다.
- 일반적인 식재지에는 「하급」 이상의 토양평가 등급을 적용한다.
- 식물의 생육환경이 열악한 매립지나 인공지반위에 조성되는 식재기반이나 답압의 피해가 우려되는 곳의 토양은 「중급」 이상의 토양평가 등급을 적용한다.
- 고품질의 조경용 식물을 식재하는 곳이나 조경용 식물의 건전한 생육을 필요로 하는 곳에서는 「상급」의 토양평가 등급을 적용한다.

정답 41. ① 42. ③ 43. ④

44. 조경설계기준상의 하천조경 설계의 기본원칙으로 틀린 것은?

① 설계대상 하천의 경관은 과거 지도 등을 이용하여 그 하천 본래의 경관에 가깝게 복원시킨다.
② 하천조경에서는 무생명 재료의 사용을 줄이고 생명재료를 주재료로 이용해야 한다.
③ 하천조경설계는 각종 동·식물 이동에 지장을 주지 않고 도움이 되도록 해야 한다.
④ 자연하천구간은 시설물 설치 등 인위적인 간섭을 원칙으로 삼는다.

45. 조경설계기준 중 어린이를 위한 놀이공간 배치로 틀린 것은?

① 어린이의 이용에 편리하고, 쾌적성을 확보하기 위하여 건물의 그림자 등 음영지역에 설계한다.
② 이용자의 연령별 놀이특성을 고려하여 어린이 놀이터와 유아놀이터로 구분한다.
③ 설계대상의 성격·규모·이용권·보행동선 등을 고려하여 놀이공간을 균형 있게 배치한다.
④ 놀이공간은 입지에 따라 규모·형상을 달리함으로써 장소별 특성을 갖도록 한다.

46. 다음 중 조경설계기준 상의 「수경시설」과 관련된 설명으로 틀린 것은?

① 「수조」는 물이 담수되는 공간을 말하며, 자연형수조와 인공형수조로 나눈다.
② 폭포 전면의 수조너비는 폭포 높이와 같도록 하되, 폭포형태와 연출방법에 따라 폭포 높이의 1/2배, 2/3배로 할 수 있다.
③ 계류의 유량산출시 장애물이 없는 개수로의 유량산출은 프란시스의 공식, 바진의 공식, 오끼의 공식, 프레지의 공식 등을 적용한다.
④ 분수의 경우 수조의 너비는 분수 높이의 2배, 바람의 영향을 크게 받는 지역은 분수 높이의 4배를 기준으로 한다.

정답 및 해설

해설 44

하천조경 설계의 기본원칙

- 설계대상 하천의 경관은 과거 지도 등을 이용하여 그 하천 본래의 경관에 가깝게 복원함
- 하천조경에서는 무생명 재료의 사용을 줄이고 생명재료를 주재료로 이용함
- 하천조경설계는 각종 동·식물 이동에 지장을 주지 않고 도움이 되도록 함
- 하천조경의 모델이 되는 것은 인간의 영향을 받지 않은 자연하천이며, 따라서 이미 존재하고 있는 자연하천구간은 시설물 설치 등 인위적인 간섭을 지양하고 현상을 보존하는 것을 하천조경의 원칙으로 삼음
- 부유(浮游) 부엽(浮葉) 침수(浸水) 식물이 자라는 수생식물역 및 줄기가 물 밖으로 올라오는 추수(抽水) 식물이 자라는 정수역(挺水域)의 다양한 소생물권(biotope)은 보존하고, 훼손된 구간은 복원시킴

해설 45

놀이공간은 어린이의 이용에 편리하고, 햇볕이 잘 드는 곳 등에 배치한다.

해설 46

계류의 유량산출

- 장애물이 없는 개수로의 유량산출은 매닝의 공식을 적용한다.
- 폭포의 유량산출은 프란시스의 공식, 바진의 공식, 오끼의 공식, 프레지의 공식 등을 적용한다.

정답 44. ④ 45. ① 46. ③

47. 조경설계기준 관련 「앉음벽」과 「야외탁자」의 설계사항으로 틀린 것은?

① 야외탁자의 너비는 30~40cm를 기준으로 한다.
② 야외탁자를 보행로에 배치할 경우에는 보행동선과 충돌이 일어나지 않도록 완충공간을 확보한다.
③ 앉음벽은 짧은 휴식에 적합한 재질과 마감방법으로 설계하며, 높이는 34~46cm를 원칙으로 한다.
④ 앉음벽을 지형의 높이차 극복을 위한 흙막이 구조물을 겸할 경우에는 녹지보다 5cm 높게 마감하도록 설계하며, 녹지의 심토층 배수를 고려한다.

해설 47
야외탁자의 너비는 64~80cm를 기준으로 한다.

48. 다음 중 [보기]가 설명하는 조경설계기준상의 배수 방법은?

[보기]
- 지표수의 배수가 주목적이다.
- U형 측구, 떼수로 등을 설치한다.
- 실재지에서 설치하는 경우에는 식재계획 및 맹암거 배수계통을 고려하여 설계한다.
- 토사의 침전을 줄이기 위해서 배수기울기를 1/300 이상으로 한다.

① 심토층배수 ② 개거배수
③ 암거배수 ④ 사구법

해설 48
개거배수
지표수의 배수가 주목적이지만 지표저류수, 암거로의 배수, 일부의 지하수 및 용수 등도 모아서 배수한다.

49. 조경설계기준상의 운동시설 중 족구장 관련 내용으로 틀린 것은?

① 경기장의 규격은 사이드라인 15m이며, 서브제한구역은 3m, 경기장 폭은 6.5m이다.
② 조명시설의 경우 일정한 조도보다 조금 높게 유지하고, 직접조명 방식을 사용한다.
③ 안테나 높이는 1.5m이며, 안테나 이격거리는 사이드라인에서 21cm(공 지름간격)이다.
④ 경기장은 장애물이 없는 평면으로서 각 라인으로부터 5m 이내에는 어떠한 장애물도 없어야 하며, 가능한 한 사이드 쪽은 6~7m, 엔드라인 쪽은 8m 이상을 이격한다.

해설 49
바르게 고치면
조명시설의 경우 일정한 조도를 유지하고 눈부심이 없도록 간접조명 방식을 사용하며, 전구를 교체하거나 등기구를 청소하기가 용이하도록 시설하고, 공에 맞아도 파손되지 않는 등기구를 사용해야 한다.

정답 47. ① 48. ② 49. ②

50. 그늘시렁(파고라)을 배치하고자 할 때 고려 사항으로 틀린 것은?

① 휴게공간과 건물·보행로·운동장·놀이터 등에 배치하며, 보행 동선과의 마찰을 피한다.
② 여름에는 그늘을 제공하고 겨울에는 햇빛이 잘 들도록 대지의 조건, 방위, 태양의 고도를 고려하여 배치한다.
③ 화장실, 급한 비탈면, 연약지반, 고압철탑이나 전선 밑의 위험지역, 외진 곳 및 불결한 곳을 피하여 배치한다.
④ 비교적 긴 휴식에 이용되므로 휴지통, 공중전화부스, 음수대 등 관리시설과 이격 배치한다.

해설 50

바르게 고치면
파고라는 비교적 긴 휴식에 이용되므로 휴지통·공중전화부스·음수대 등의 관리시설을 배치한다.

51. 조경설계기준상의 휴게공간의 구성(입지·배열, 평면구성)으로 옳지 않은 것은?

① 공동주택단지의 경우 「도시·군계획시설의 결정·구조 및 설치기준에 관한 규칙」에 따라 배치한다.
② 휴게공간과 도로·주차장 기타 인접 시설물과의 사이에는 완충공간을 배치한다.
③ 건축물이나 휴게시설 설치공간과 보행공간 사이에는 완충공간을 설치한다. 특히 휴게시설물 주변에는 1m 정도의 이용공간을 확보한다.
④ 놀이터에는 놀이시설을 이용하는 유아가 노는 것을 보호자가 가까이에서 볼 수 있도록 휴게시설을 배치한다.

해설 51

바르게 고치면
공동주택단지의 경우 「주택건설기준 등에 관한 규정」에 따라 배치한다.

52. 표지판 등 안내시설의 배치 시 고려할 사항으로 옳지 않은 것은?

① 표지안내표지판은 이용자가 가능한 한 적은 장소 등 인지도와 식별성이 낮은 지역에 배치한다.
② 표지판의 설치로 인하여 시선에 방해가 되어서는 아니 된다.
③ CIP(Corporate Identity Program) 개념을 도입하여 시설들이 통일성을 가질 수 있도록 한다.
④ 보행동선이나 차량의 움직임을 고려한 배치 계획으로 가독성과 시인성을 확보한다.

해설 52

바르게 고치면
안내표지판은 이용자가 많이 모이는 장소 등 인지도와 식별성이 높은 지역에 배치한다.

정답 50. ④ 51. ① 52. ①

정 답 및 해 설

53. 자연석 및 조경석을 활용한 설계 내용 중 틀린 것은?

① 하천에 있는 둥근 형태의 돌로서 지름 20cm 내외의 크기를 가지는 자연석을 호박돌이라 한다.
② 조형성이 강조되는 자연석을 사용할 때는 상세도면을 추가로 작성한다.
③ 조경석 놓기는 조경석 높이의 1/3 이하가 지표선 아래로 묻히도록 설계한다.
④ 디딤돌(징검돌) 놓기는 2연석, 3연석, 2·3연석, 3·4연석 놓기를 기본으로 설계한다.

해설 **53**

바르게 고치면
돌을 묻는 깊이는 조경석 높이의 1/3 이상이 지표선 아래로 묻히도록 한다.

정답 53. ③

Chapter 04

조경식재

제4편

식재의 효과 및 식재설계의 기본

1.1 핵심플러스

■ 식재의 이용효과 [로비네트(G.Robinette)의 식물재료의 기능적 이용으로 구분]

건축적 이용 효과	사생활의 보호 / 차단 및 은폐 / 공간분할 / 점진적이해
공학적 이용 효과	토양침식조절 / 음향의 조절 / 대기정화 작용 / 섬광조절 / 반사광선 조절
기상학적 이용효과	태양복사열 조절 / 온도조절 작용 / 강수조절 / 습도 조절 / 바람 조절
미적 이용 효과	조각물로서 이용 / 섬세한 선형미 / 장식적인 수벽 / 조류 및 소동물 유인

■ **식재설계의 물리적 요소** : 형태 / 색채/ 질감 → 통일성과 다양성 있는 경관조성

■ **식재 계획 순서** : 적지분석(부지분석) → 수목기준(식재기능)설정 → 수목선정 → 식재설계

■ **식재설계 및 공사 진행 과정** : 기본계획 → 기본설계 → 실시설계 → 설계도면 작성 → 견적 및 발주 → 시공

1 식재의 의의

조경에 있어 식물을 미적, 기능적, 생태적으로 이용하여 보다 나은 생활환경을 만들어 내기 위한 식물 이용계획

2 식재의 이용 효과 ★★

① 식물의 건축적 이용 효과
- ㉠ 사생활의 보호
- ㉡ 차단 및 은폐
- ㉢ 공간분할
- ㉣ 점진적 이해

② 식물의 공학적 이용 효과
- ㉠ 토양침식조절
- ㉡ 음향의 조절(소음조절)
- ㉢ 대기정화 작용
- ㉣ 섬광조절(자연광, 인조광 조절)
- ㉤ 반사광선 조절
- ㉥ 통행조절

③ 식물의 기상학적 이용 효과
- ㉠ 태양복사열 조절
- ㉡ 온도조절 작용
- ㉢ 강수조절
- ㉣ 습도 조절
- ㉤ 바람 조절

④ 식물의 미적 이용 효과
㉠ 조각물로서 이용
㉡ 섬세한 선형미
㉢ 장식적인 수벽
㉣ 조류 및 소동물 유인
㉤ 구조물의 유화

3 푸르름의 효과

① 물리적 효과 : 재해방지, 방화, 방풍, 대기정화, 기후 완화
② 심리적 효과 : 정신적, 육체적 활력 제공

4 물리적 요소 ★

① 형태 (수형)
- 식재설계시 가장 먼저 고려
- 형태는 잔가지나 굵은가지의 배열, 방향 또는 선에 의해 결정

㉠ 원추형 : 낙우송, 메타세콰이어, 히말라야시다, 가이즈까향나무, 편백, 화백
㉡ 우산형 : 네군도단풍, 단풍나무, 매화나무, 왕벚나무
㉢ 원정형 : 플라타너스, 벽오동, 회화나무
㉣ 평정형(배상형) : 느티나무, 가중나무, 배롱나무
㉤ 반구형(선형) : 반송, 개나리, 팔손이, 병꽃나무
㉥ 하수형 : 수양버들, 능수버들

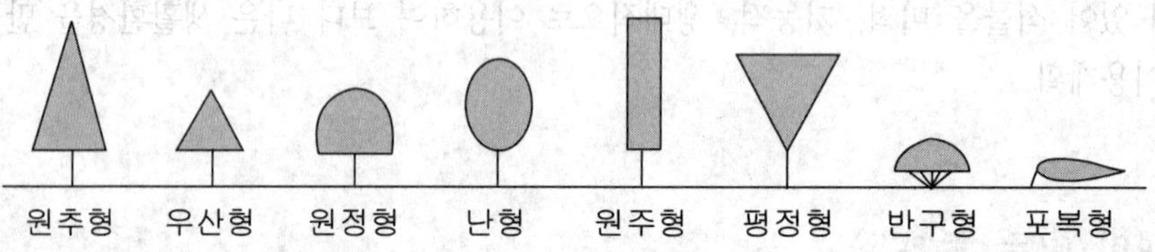

② 질감
㉠ 보거나 느낄 수 있는 식물재료의 표면상태
㉡ 결정요소 : 잎, 꽃의 생김새와 크기 착생밀도와 착생상태
㉢ 수목의 질감
- 거친 질감의 수목 : 벽오동, 태산목, 팔손이, 플라타너스
- 고운 질감의 수목 : 편백, 화백, 잣나무

㉣ 잎에 거치가 있는 수종 : 호랑가시나무, 목서
㉤ 가지에 가시가 있는 수종 : 매자나무, 명자나무, 찔레나무, 탱자나무
㉥ 질감을 이용한 시각적 효과
- 식재는 질감이 거친 곳에서 부드러운 곳으로 자연스럽게 이동되게 한다.
- 고운 → 중간 → 거친 질감의 식재구성 : 공간이 가까워 보인다.
- 거친 → 중간 → 고운 질감의 식재구성 : 공간이 멀어 보인다.

■ **참고 : 수목 질감**

① 큰 잎이나 줄기 또는 눈들을 가진 식물은 일반적으로 거친 질감을 나타낸다.
② 가지나 잎의 수 간격에 따라 질감이 달라지며, 두껍고 촘촘하게 붙은 잎은 고운 질감을 나타내나 듬성듬성한 잎들은 거친 질감을 나타낸다.
③ 상수리나무처럼 가장자리에 결각이 많은 것은 그렇지 않는 것보다 고운 질감을 나타낸다.
④ 식물들을 비교하면 아카시나무는 상수리나무와 비교할 때 더 고운질감이라고 할 수 있으나, 매끄러운 치장벽토나 콘크리트 담벽과 비교할 때는 거친편이다. 느릅나무 잔가지는 상수리나무의 작은 가지와 비교할 때는 레이스 모양의 부드러운 질감을 나타낸다.

③ 색채
㉠ 가장 강력한 호소력을 가지는 요소
㉡ 잎에 얼룩이 있는 수종 : 금사철, 은사철, 식나무
㉢ 수간의 색채가 뚜렷한 수종
- 담갈색 얼룩무늬 : 모과나무, 배롱나무, 노각나무
- 청록색 수피 : 벽오동
- 붉은색 수피 : 소나무, 주목
- 백색수피 : 자작나무
- 청록백색 얼룩무늬 수피 : 플라타너스

5 미적요소

① 통일성
㉠ 동질성을 창출하기 위한 여러 부분들의 조화 있는 조합
㉡ 통일성은 단순, 변화, 균형, 강조, 연속, 비례의 조합으로 달성

통일성 = 단순, 변화, 균형, 강조, 연속, 비례 → 형태, 질감, 색채를 응용

② 통일성을 달성하기 위한 요소
㉠ 단순 : 우아함을 창조, 중요한 요소는 반복
㉡ 변화 : 다양성과 대비를 가져옴
㉢ 균형 : 대칭, 비대칭 균형
- 색채는 경관을 시각적으로 무게를 더해주고 균형에 영향을 줌
- 거친 질감은 시각적으로 무겁게 느껴지고 고운질감은 가볍게 느껴짐

㉣ 강조 : 형태를 이룬 식물재료들 가운데서 일어나는 하나의 시각적 분기점
㉤ 연속
- 한 요소에서 다른 요소에 이르기까지의 계속성과 연결에 의해 특징지어짐
- 연속적인 진행 중에 갑작스런 변화가 오면 한 점이 강조되어 연속은 중단됨

ⓗ 스케일

· 대상물의 절대적인크기 또는 상대적인 크기를 가리키는 척도

· 절대적 스케일은 건물이나 길이 또는 신체의 치수 등과 설계표준과 관련된 대상물의 크기이며 상대적인 스케일은 비례로 생각할 수 있음

6 정원수의 배식

① 정원 구성상 배식이 지니고 있는 의의

㉠ 아름다움으로서의 구성 : 선 식재를 비롯하여 면식재 및 입면적 식재가 포함된다.

㉡ 수(數)의 구성 : 식재군은 보통 기식 (寄植 : 5그루 이상 수목을 하나의 단위로 구성, 3·5·7·9본식재)구성되고 있으며 여러 개의 나무가 군락을 이루고 있다.

㉢ 연계와 대립으로서의 구성 : 두그루의 나무를 서로 접근시켜서 식재하면 관련되어 보이고, 거리를 두고 식재하면 서로 대립하고 있는 듯 보인다.

㉣ 조화와 연계로서의 구성 : 두 가지가 서로 다른 종류나 형태의 정원수 사이에 중립적인 형태를 나무를 심어 연계성을 주거나, 하나의 구성을 이루게 하는 방법

② 수목의 식재 구성 방법

㉠ 요점식재 : 중요한 위치에 수목을 식재하여 그 부분을 더욱 더 강조하는 수법

㉡ 사실적식재 : 자연경관을 그대로 묘사하여 식재하는 수법

㉢ 기교식재 : 수목을 식재함으로써 실제 보다 더 좋은 효과를 볼 수 있는 식재수법으로 목적에 따라 효과를 얻기 위해 사용

예) 통경선의 식재, 차폐식재, 음영의 효과

㉣ 실용식재 : 수목을 기능면에서 실용적 가치를 얻기 위해 식재되는 수법

예) 차폐식재, 방화식재, 방풍식재 등

7 식재설계과정

① 일반과정

㉠ 예비계획단계 : 설계목표의 설정, 부지조사 및 분석, 관련법규검토

㉡ 기본구상 : 식재기본구상, 사용수종선정

㉢ 식재설계 : 식재평면도작성, 시공상세도작성, 시방서작성, 적산 및 계약

㉣ 완공 : 시공, 감독, 유지관리, 시공 후 평가

② 발주기관 식재설계과정

㉠ 상위계획검토 및 기본계획 : 현장조사, 설계기준적용, 관련도서검토

㉡ 기본계획확정 및 기본설계

㉢ 실시설계

㉣ 설계도면작성

㉤ 견적 및 발주

㉥ 시공 및 완성

핵심기출문제

내친김에 문제까지 끝내보자!

1. 식재 계획 순서가 바른 것은?

① 적지분석 – 수목기준설정 – 수목선정 – 식재설계
② 수목기준선정 – 수목선정 – 적지분석 – 식재설계
③ 적지분석 – 수목선정 – 수목기준설정 – 식재설계
④ 식재설계 – 적지분석 – 수목기준설정 – 식재설계

2. 배식 설계 과정에서 수목을 선택할 때 환경과의 관계에서 고려되어야 할 사항은?

① 광선요구도 ② 수형과 크기
③ 색깔(colour) ④ 질감(texture)

3. 식재의 건축적 기능이 아닌 것은?

① 대기의 정화 ② 공간분할
③ 점진적인 이해 ④ 차단 및 은폐

4. 식재의 기능에는 건축적 이용, 공학적 이용, 기상학적 이용, 미적이용 등이 있다. 다음 중 식재 기능에 맞지 않는 것은?

① 사생활 보호 ② 음향조절
③ 점진적인 이해 ④ 정서생활의 함양

5. 식물을 건축적으로 이용했을 때 발생되는 기능과의 관계가 먼 항목은?

① 공간분할 ② 사생활보호
③ 구조물의 유화 ④ 차폐와 은폐

6. 다음 중 식물의 공학적 이용은?

① 공간의 분할 ② 사생활 보호
③ 음향조절 ④ 차폐

정답 및 해설

해설 1
식재 계획 순서
적지분석(부지분석) → 수목기준(식재기능)설정 → 수목선정 → 식재설계

해설 2
수목 선택시 환경과의 고려사항–광선요구도

해설 3
대기의 정화는 공학적 이용 효과이다.

해설 3
① ③ – 건축적 이용
② – 공학적 이용

해설 5
· 공간분할, 사생활보호, 차폐와 은폐, 점진적인 이해 – 건축적 이용
· 구조물의 유화 – 미적 이용

해설 6
①,②,④ – 건축적 이용

정답	1. ①	2. ①	3. ①
	4. ④	5. ③	6. ③

정 답 및 해 설

7. 수목의 기능 중 공학적 기능이 아닌 것은?

① 차폐 및 은폐　　② 음향 조절
③ 대기정화작용　　④ 통행의 조절

해설 7
① 건축적 기능

8. 식생의 기상학적 이용(기능)으로 가장 거리가 먼 것은?

① 대기 정화작용
② 태양 복사열 조절작용
③ 바람의 조절작용
④ 온도 조절작용

해설 8
대기정화작용 – 공학적 이용

9. 푸르름에 대한 물리적인 느낌은?

① 살아있는 듯한 느낌　　② 재해방지
③ 평온하고 안정된 느낌　　④ 자연스러운 느낌

해설 9
푸르름의 물리적 효과 : 재해방지, 방화, 방풍, 대기정화, 기후 완화
①, ②, ④는 푸르름의 심리적 효과

10. 로비네트(G.Robinette)는 식물재료의 기능적 이용을 네가지로 구분하고 있는데 다음 중 로비네트의 구분에 속하지 않는 것은?

① 심미적 이용(aesthetic uses)
② 건축적 이용(architectural uses)
③ 환경적 이용(environmental uses)
④ 기상학적 이용(climatological uses)

해설 10
로비네트의 구분
· 건축적 이용
· 공학적 이용
· 기상학적 이용
· 심미적 이용

11. 다음의 식재기능에 관한 설명 중 옳지 않은 것은?

① 미기후를 개선한다.
② 건물의 직선을 완화시킨다.
③ 소음을 감소시켜 준다.
④ 공간을 시각적으로 개방시킨다.

해설 11
· 미기후 개선, 소음감소 – 공학적 이용
· 건물 직선의 완화 – 미적 이용

12. 식재 설계 시 고려되는 물리적 요소로 볼 수 없는 것은?

① 형태　　② 질감
③ 색채　　④ 조화

해설 12
식재설계의 물리적 요소 : 형태, 색채, 질감

정답	7. ① 8. ① 9. ② 10. ③ 11. ④ 12. ④

정 답 및 해 설

13. 수목형태, 질감, 색채, 수종들의 일정한 반복을 통해 얻어질 수 있는 설계 효과는?

① 변화　　② 단순
③ 강조　　④ 대칭

해설 13
수목의 형태와 색채, 질감의 일정한 반복을 통해 단순미를 얻을 수 있다.

14. 디자인 요소 중 질감에 있어서 시각적 뚜렷감(visual energy)이 가장 낮은 것은?

① 강한 질감
② 중간정도 강한 질감
③ 중간정도 섬세한 질감
④ 섬세한 질감

해설 14
시각적으로 뚜렷감이 낮은 것 → 섬세한 질감, 부드러운 질감

15. 수목의 질감을 좌우하는 요소가 아닌 것은?

① 꽃의 색깔　　② 꽃의 질감
③ 잎의 크기　　④ 착생밀도

공통해설 15, 16
수목의 질감을 좌우하는 결정요소 – 잎, 꽃의 생김새와 크기 착생밀도와 착생상태

16. 잎의 질감을 나타내는 것이 아닌 것은?

① 잎의 형태, 크기 및 표면
② 잎의 잔가지의 작은 줄기에 의한 차폐와 모인 모습
③ 소엽들이 배열되어 식물의 잎 전체를 이루는 방식
④ 식물의 생장속도

17. 수목 식재 시 앞으로부터 뒤로 향해 '고운질감 - 중간질감 - 거친질감'의 식재구성을 하면 어떠한 효과를 나타내는가?

① 더욱 멀리 보인다.
② 더욱 가깝게 보인다.
③ 팽창되는 느낌을 보인다.
④ 혼란스러운 느낌을 보인다.

해설 17
고운 질감(부드러운 질감) → 중간질감 → 거친 질감의 배열–공간이 가깝게 보임

18. 다음 중 질감이 가장 부드러운 수종은?

① 위성류　　② 플라타너스
③ 칠엽수　　④ 오동나무

해설 18
· 위성류 – 낙엽활엽교목, 잎은 부드러운 침형이므로 고운질감
· 플라타너스, 칠엽수, 오동나무 – 거친 질감

정답 13. ② 14. ④ 15. ① 16. ④ 17. ② 18. ①

19. 잎에 거치가 예리한 수종은?

① 호랑가시나무, 은목서
② 백목련, 유카
③ 자목련, 은행나무
④ 전나무, 종비나무

해설 19
호랑가시나무, 은목서 – 잎에 거치가 예리한 수종

20. 수관의 질감(texture)이 거친 느낌을 주고 서양식 건물에 어울리는 나무는?

① 철쭉 ② 팔손이나무
③ 회양목 ④ 꽝꽝나무

해설 20
팔손이나무 – 상록활엽관목, 잎이 손바닥 모양이므로 거친 질감의 수목에 해당된다.

21. 강한 색채를 가지고 있어 배경식재와 대비를 이루어 경관의 중심을 제공하는데 사용 되어질 수 있는 수종은?

① 리기다소나무 ② 잣나무
③ 해송 ④ 홍단풍

해설 21
보기에 제시된 수종 중 ①②③은 상록침엽교목, 홍단풍은 잎에 단풍을 지닌 수종으로 색채의 대비를 이룬다.

22. 배식설계에 있어서 독립수의 생김새를 강조하는 위치에 식재할 수 있는 수목은?

① 일본목련 ② 명자나무
③ 진달래 ④ 라일락

해설 22
- 보기에 제시된 수종 중 독립수로서의 성격을 지닌 수목은 교목인 일본 목련이 가장 적당하다.
- 명자나무, 진달래, 라일락은 낙엽활엽관목에 해당된다.

23. 식재 설계 시 스케일의 활용에 관한 설명이 옳지 않은 것은?

① 스케일이란 상대적인 크기를 나타내는 척도이다.
② 사람은 그 자신의 크기에 대한 대상물의 크기를 관련시키려는 성향을 갖고 있다.
③ 작은 공간에는 가능한 큰 스케일을 써야 공간이 넓어 보인다.
④ 사용수목의 스케일은 대상 부지의 크기에 비례하는 것이 좋다.

해설 23
작은 공간은 정교한 스케일로 써야 공간이 넓어보인다.

24. 다음 중 가장 장엄함을 나타내는 것은?

① 거목의 병목식재
② 값비싼 나무의 혼식
③ 상, 중, 하목의 조화 있는 식재
④ 나무와 돌을 이용해 자연미를 나타내는 식재

해설 24
교목을 일렬로 식재하는 병목식재가 가장 장엄함을 느끼게 한다.

정답	19. ① 20. ② 21. ④ 22. ① 23. ③ 24. ①

정답 및 해설

25. 다음 중 식재의 배식원리에 대한 설명이다. 틀린 것은?

① 통일성은 동질성을 창출하기위한 여러 부분들의 조화 있는 결합을 말한다.
② 설계에서 단순함을 창조하는데 가장 중요한 요소는 균형이다.
③ 변화는 강한 대비를 창출하기 때문에 부족한 듯 하게 사용되어야 한다.
④ 연속하는 식재군 내에 크기의 변화를 줌으로써 강조를 나타낼 수 있다.

해설 25
② 설계에서 단순함을 창조하는데 가장 중요한 요소는 반복이다.

26. 식재설계의 원칙을 설명한 내용이다. 틀린 것은?

① 식물배치는 설계구역내의 다른 시설요소와 조화를 이루어야 한다.
② 자연스러움과 시각적 통일감을 위해 3, 5, 7의 홀수 식재를 해야 한다.
③ 관찰자의 전면을 중심으로 수관의 스카이라인은 아래로 향하게 한다.
④ 시각적 통일감을 위해 식물개체는 개체로서가 아니라 집단적으로 취급해야 한다.

해설 26
식재시 관찰자의 전면을 중심으로 수관의 스카이라인이 불규칙하게 한다.

27. 정원구성에 있어 식재의 의의가 아닌 것은?

① 수(數)로서의 구성
② 아름다움으로서의 구성
③ 조화와 연계로서의 구성
④ 단절과 혼합으로서의 구성

해설 27
정원 구성에 배식이 지니는 의의 4가지 ①, ②, ③와 연결 및 대립으로서의 구성이다.

28. 다음 기교 식재란?

① 정원수 자체의 진가를 발휘할 수 있는 식재법이다.
② 황금 분할점을 찾아서 식재하는 방법이다.
③ 배경식재라고도 한다.
④ 실제보다 더 넓게 보이게 하는 식재수법이다.

해설 28
기교식재는 실제의 크기보다 더 넓게 보이게 하는 식재수법을 말한다.

정답 25. ② 26. ③ 27. ④ 28. ④

29. 질감과 관계되는 이론 중에서 옳지 않은 것은?

① 어린식물들은 잎이 크고, 무성하게 성장하기 때문에 성목보다 거친 질감을 갖는다.
② 질감은 식물을 바라보는 거리에 따라 결정된다.
③ 두껍고 촘촘하게 붙은 잎은 고운 질감을 나타낸다.
④ 부드러운 질감을 가진 식물에 의해서 생긴 그림자는 더욱 짙게 보인다.

30. 조경식물의 일반적인 선정 기준에 속하지 않는 것은?

① 미적, 실용적 가치가 있는 식물
② 식재지역 환경에 적응력이 큰 식물
③ 재질이 좋고 경제성이 높은 것
④ 이식이 용이하고 관리하기 용이한 것

31. 다음 그림은 수풀이 있고 없고에 따라 또는 수풀이 좋고 나쁘고에 따라 비가 온 뒤 물의 흐름의 경향을 보이는 것이다. 이 중 가장 우량한 수풀에 있어서는 물의 흘러내림이 어떠한 양상을 취하게 될 것인가?

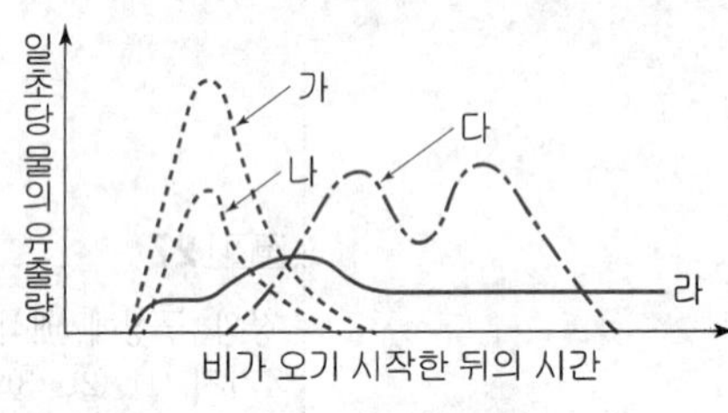

① 가 ② 나
③ 다 ④ 라

32. 30m까지 자랄 수 있는 교목을 4m 높이를 가지는 주택 가까이 식재한다면 어떤 미적원리를 무시한 것이라고 생각하는가?

① 반복
② 균형
③ 초점
④ 비례

해설 **29**

부드러운 질감의 식물은 옅은 그림자가 진다.

해설 **30**

조경식물의 일반적인 선정기준
① 미적 · 실용적 가치가 있는 식물
② 지역 환경에 적응이 잘 된 식물
③ 이식과 관리가 용이하고 병충해에 강한 식물

해설 **31**

숲이 우거진 곳은 비가 많이 오더라도 숲이 물을 머금고 있으므로 비가와도 약간 증가할 뿐 큰 변동은 없다. 따라서 수풀이 우량한 곳은 홍수를 예방할 수 있다.

해설 **32**

주택의 크기에 비해 수목의 크기가 너무 높아 비례에 맞지 않는다.

정답 29. ④ 30. ③ 31. ④ 32. ④

정답 및 해설

33. 배식 설계에 이어서 식물을 시각적 이용(Visual Uses)요소로 이용하고자 할 때 중요하게 고려되어야 할 점을 열거한 것 중 관계가 가장 먼 것은?

① 크기(Size)
② 형태(Form)
③ 질감(Texture)
④ 견고성(Solidity)

34. 수목에서 수관형이 원정(둥근)인 것은?

① 메타세쿼이어 ② 석류나무
③ 플라타너스 ④ 섬잣나무

35. 다음 식재 설계에 관한 설명 중 틀린 것은 어느 것인가?

① 정형수는 정형식 경관에 사용되며 특히 서양식 정원과 잘 어울린다.
② 토피아리와 같이 기하학적인 수형을 가진 수목은 군식해야 잘 어울린다.
③ 생울타리는 도로나 인접 가옥의 주변부에 위치시켜 주변경관의 기능적인 면을 도와주는 역할을 담당하도록 하는 것이 바람직하다.
④ 도심지 공원에서는 식재된 수목의 변화에 의하여 도시민들은 사계절을 느끼므로 화목류를 많이 사용하는 것이 좋다.

36. 조경식재도면의 식물 리스트 작성시 이용하기에 가장 편리한 순서라고 생각되는 곳은?

① 교목 - 관목 - 덩굴식물 - 화초의 순서
② 식물이름의 가, 나, 다 순서
③ 학명의 A, B, C 순서
④ 상록수 - 낙엽수 순서

37. 식재설계 과정으로 올바른 것은?

① 부지분석 → 식재기능선정 → 식물선정 → 설계작업
② 식재기능선정 → 부지분석 → 식물선정 → 설계작업
③ 식물선정 → 부지분석 → 식재기능선정 → 설계작업
④ 부지분석 → 식물선정 → 설계작업 → 식재기능선정

해설 33
식재설계의 물리적 요소 : 형태, 색채, 질감

해설 34
플라타너스 – 원정형, 메타세콰이어 섬잣나무 – 원추형
석류나무 – 우산형

해설 35
토피아리와 같은 기하학적 수형을 가진 수목은 단식해야 한다.

해설 36
식물 범례 작성시 교목 – 관목 – 덩굴 – 초화류 순으로 작성한다.

해설 37
식재설계의 과정
적지분석(부지분석) → 수목기준(식재기능)설정 → 수목선정 → 식재설계

정답 33. ④ 34. ③ 35. ② 36. ① 37. ①

38. 식재설계 및 공사진행 과정으로 알맞게 구성된 것은?

① 기본계획–기본설계–실시설계–설계도면 작성–견적 및 발주–시공
② 견적 및 발주–기본계획–기본설계–실시설계–설계도면 작성–시공
③ 기본계획–기본설계–견적 및 발주–실시설계–설계도면 작성–시공
④ 기본계획–기본설계–실시설계–견적 및 발주–설계도면 작성–시공

39. 설계도서 작성시 시방서 작성에 관한 사항들이다. 식재설계의 특별시방서 내용에 포함될 사항으로 구성된 항목은?

① 건교부 제정의 표준시방서 내용을 일반적으로 작성한다.
② 설계 설명서를 포함하여야 하며, 그 내용은 사업장의 위치, 공사개요 등이다.
③ 도면에 표시할 수 없는 여러 사항을 문서로 나타내는 일종의 설계 행위다.
④ 수목 품질에 관한 사항, 규격 표시방법, 수세, 수형, 자연석 놓기, 쌓기 등 식재와 관련되는 특수내용이 포함될 수 있다.

40. 공간형성의 가장 기본적인 요소인 바닥면(ground plane), 수직면(vertical plane), 관계면(overhead plane)을 식물재료를 이용하며 공간을 한정시키는 방법은?

① 위요(enclosure)
② 틀형성(enframement)
③ 축(axis)
④ 연속성(sequence)

41. 조경수의 특성과 질감을 고려한 배식에서 안쪽으로 깊숙한 느낌을 주는 배식의 설명이 잘못된 것은?

① 수고가 높은 것을 앞쪽, 낮은 것을 뒤쪽에 심는다.
② 잎이 작은 것을 앞쪽, 큰 것은 뒤쪽에 심는다.
③ 잎이 성긴 것을 앞쪽, 밀생된 것을 뒤쪽에 심는다.
④ 수관의 명도가 높은 것을 앞쪽, 낮은 것을 뒤쪽에 심는다.

정답 및 해설

해설 **38**

식재설계 및 공사진행과정
기본계획 – 기본설계–실시설계 – 설계도면 작성 – 견적 및 발주 – 시공

해설 **39**

식재설계시 특별시방서
수목 품질에 관한 사항, 규격 표시방법, 수세 및 수형, 자연석 쌓기 및 놓기, 돌틈 식재 등의 식재와 관련되는 특수내용이 포함된다.

해설 **40**

공간형성–바닥면(수평적 요소), 수직면, 관계면(천개면적 요소)

해설 **41**

안쪽으로 깊숙한 느낌의 배식
① 거리가 멀어보이게 식재한다.
② 앞쪽에 심는 수목은 거친 질감, 수고가 높은 것, 수관의 명도가 높은 것을 식재한다.

정답 38. ① 39. ④ 40. ① 41. ②

42. 조각물을 강조하기 위한 배경식재에 가장 적합한 질감(texture)을 가지고 있는 수종의 조건은?

① 작은 잎이 조밀하게 밀생하는 수종
② 큰 잎이 넓은 간격으로 소생하는 수종
③ 작은 잎이 넓은 간격으로 소생하는 수종
④ 잎의 크기나 간격과는 관계가 없다.

43. 거친 질감을 주는 식재경관을 완화시켜 주기 위한 조치로서 가장 적합한 것은?

① 더 거친 질감을 갖는 수목을 배식한다.
② 산만한 수형을 갖는 수목을 배식한다.
③ 작은 잎 크기를 갖는 수목을 배식한다.
④ 굵고 큰 가지를 갖는 수목을 배식한다.

44. 다음 그림은 어떤 미적원리가 무시된 것인가?

① 반복
② 율동
③ 초점
④ 비례

45. 정원공간의 안쪽을 멀고, 깊게 보이게 하는 방법으로서 적합하지 않은 것은?

① 뒤쪽에 황록색(GY), 앞쪽에 청자색(PB)의 식물을 심는다.
② 뒤쪽에 후퇴색, 앞쪽에 진출색의 식물을 심는다.
③ 뒤쪽에 질감(Texture)이 부드러운 수목을, 앞쪽에 질감이 거친 것을 심는다.
④ 뒤쪽에 키가 작은 나무를, 앞쪽에 키가 큰 나무를 심는다.

46. 두 그루의 수목을 근접 위치에 식재하면, 관련(關聯) 및 대립(對立)으로서의 구성을 보인다. 다음 중 "관련의 구성"에 해당되지 않는 것은?

① 두 그루가 한시야(약 60° 각도)에 들어오게 배식한다.
② 수고보다 수관폭이 큰 경우, 두 그루의 거리를 두 수관폭의 $\frac{1}{2}$씩의 합계보다 좁게 유지한다.
③ 두 그루의 수고 합계보다 식재거리를 좁게 배식한다.
④ 두 그루의 거리가 두 그루의 수관폭 합계보다 좁게 유지한다.

정답 및 해설

해설 42
조각물을 강조하려면 조각물 뒤에 심는 수목은 부드러운 질감(잎이 작고 조밀하게 밀생)을 식재하는 것이 바람직하다.

해설 43
거친 질감을 완화시켜 주기 위해 잎이 작은 부드러운 질감의 수종을 식재한다.

해설 44
건축물과 수목의 비례가 맞지 않는다.

해설 45
공간의 안쪽을 먹고 깊게 보이게 하기 위해서 앞쪽은 질감이 거친 수목이나 진출색(따뜻한 색)의 식물을 심고, 뒤쪽은 질감이 부드러운 수목이나 후퇴색(차가운 색)의 식물을 심는다.

해설 46
관련의 구성
- 두 그루가 한시야(약 60° 각도)에 들어오게 배식한다.
- 수고보다 수관폭이 큰 경우, 두 그루의 거리를 두 수관폭의 $\frac{1}{2}$씩의 합계보다 좁게 유지한다.
- 두 그루의 거리가 두 그루의 수목 높이의 합계보다 좁게 유지되어야 관련되어 보인다.

정답 42. ① 43. ③ 44. ④ 45. ① 46. ④

수목의 구비조건 및 토양환경

2.1 핵심플러스

■ 토양의 구성(수목에 적합한 비율)

· 광물질 45%, 유기질 5%, 수분 25%, 공기 25%(토양의 적정 부식질함량 : 5~20%)

■ 토양수분

· 결합수 → 흡습수 → 모세관수 → 중력수

· 수분포텐셜의 표현 단위 : pF, Bar, kPa

1 조경용 수목의 구비조건 ★★

① 이식이 용이하여 이식 후 활착이 잘 되는 것

② 불량한 환경에 적응력이나 병충해에 대한 저항력이 강한 것

③ 관상가치와 형태미가 뛰어난 것

④ 번식과 재배가 잘 되고 관리에 용이할 것

⑤ 구입이 쉬울 것

2 식재용 토양의 구성 ★

① 광물질 45%, 유기질 5%, 수분 25%, 공기 25%

② 토양의 적정 부식질함량 : 5~20%

③ 토양은 유기질이 풍부하고 투수성과 통기성이 양호하며 토양산도가 중성에 가까워 수목생육에 지장이 없는 양질의 흙으로 필요한 경우 토양시험을 실시함

㉠ 식재기반에 쓰이는 반입토양의 물리적, 화학적 특성에 대한 시험은 사전에 실시함

㉡ 토양조사분석 결과 토질이 수목생육에 부적합한 곳은 부토, 시비 또는 토양개량제를 사용하고 배수 처리하여 수목생육에 적합한 토양상태로 개량을 해야 함

■ 참고 : 토양수분과 토양단면

① 토양 수분
- 결합수 : 토양입자에 화학적으로 결합되어 있는 수분
- 흡습수 : 토양에 있지만 식물에 흡수되지 않는 수분
- 모(세)관수
  - 중력에 의해 하강되지 않고 토양 중에 있게 되는 수분유효수라 함
  - 물에 이용하는 수분으로 토양수분장력의 범위가 pF 2.7~4.2
- 중력수 : 토양 중의 중력에 의해 하강하는 수분

② 토양단면(층위구성)
- 유기물층(O층 : L,F,H층) → 표층(용탈층)(A) → 집적층(B) → 모재층(C) → 모암층(D)
- 표층(용탈층) : 미생물과 식물활동 왕성, 외부환경의 영향을 가장 많이 받음, 기후식생 등의 영향을 받아 가용성 염기류 용탈

3 배수시설

① 지하수의 높이 및 심토층 배수
㉠ 식물 생육토심이 1m 이상인 곳은 지하수의 높이가 지표면으로부터 1m 이상이 되도록 함
㉡ 생육토심 1m 이하인 곳에서는 정체수 방지를 위해 심토층 배수시설을 설치함

② 표면배수
㉠ 지표면의 빗물 정체를 방지하기 위해 지표면의 기울기는 2% 이상
㉡ 지표면 기울기가 10% 이상일 경우에는 지표면의 침식을 방지하기 위한 시설을 함

③ 심토층배수
지하수위가 높은 곳, 배수 불량 지반은 맹암거, 개거를 이용한 심토층배수, 완화배수 및 수목 주위 배수암거 등을 설계내용에 따라 고려함

4 식물의 생육토심 ★

식물의 종류	생존 최소심도(cm)			생육최소심도(cm)		배수층의 두께
	인공토	자연토	혼합토 (인공토 50%기준)	토양등급 중급이상	토양등급 상급이상	
잔디 및 초본류	10	15	13	30	25	10
소관목	20	30	25	45	40	15
대관목	30	45	38	60	50	20
천근성 교목	40	60	50	90	70	30
심근성 교목	60	90	75	150	100	30

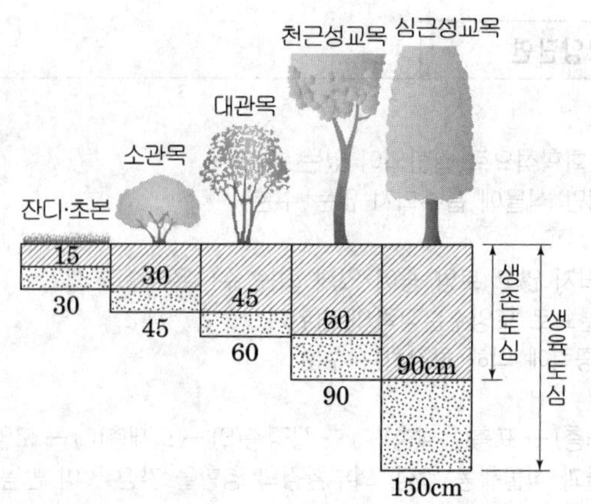

그림. 자연토의 생존토심과 토양등급 중급이상의 생육토심

5 식재용 토양의 물리적·화학적 특성

① 물리적·화학적 평가 항목

토양의 물리적 평가항목	·토성의 분류 : 국제토양학회의 기준 ·평가항목 : 입경조성(토성), 투수성(포화투수계수), 공극률, 유효수분량, 토양경도
토양의 화학적 평가항목	토양산도, 전기전도도, 염기치환용량, 전질소량, 유효태인산 함유량, 치환성 칼륨·칼슘·마그네슘 함유량, 염분농도 및 유기물 함량

㉠ 물리적 특성 평가

평가항목		평가등급			
항목	단위	상급	중급	하급	불량
입도분석(토성)	–	양토(L) 사질양토(SL)	사질식양토(SCL) 미사질양토(SiL)	양질사토(LS) 식양토(CL) 사질식토(SC) 미사질식양토(SiCL) 마사토(Silt)	사토(S) 식토(C) 미사식토(SiC)
투수성	m/s	10^{-3} 이상	10^{-3}~10^{-4}	10^{-4}~10^{-5}	10^{-5} 미만
공극률	m^3/m^3	0.6 이상	0.6~0.5	0.5~0.4	0.4 이하
유효수분량	m^3/m^3	0.12 이상	0.12~0.08	0.08~0.04	0.04 미만
토양경도	mm	21 미만	21~24	24~27	27 이상

주 1) 유효수분량은 체적함수율을 기준으로 한다.
2) 투수성은 포화투수계수를 기준으로 한다.
3) 토양경도는 산중식(山中式)을 기준으로 한다.

㉡ 화학적 특성 평가

평가항목		평가등급			
항목	단위	상급	중급	하급	불량
토양산도(pH)	–	6.0~6.5	5.5~6.0 6.5~7.0	4.5~5.5 7.0~8.0	4.5 미만 8.0 이상
전기전도도(E.C.)	dS/m	0.2 미만	0.2~1.0	1.0~1.5	1.5 이상
염기치환용량(C.E.C.)	cmol/kg	20 이상	20~6	6 미만	
전질소량(T-N)	%	0.12 이상	0.12~0.06	0.06 미만	
유효태인산함유량(Avail. P_2O_5)	mg/kg	200 이상	200~100	100 미만	
치환성 칼륨(K+)	cmol/kg	3.0 이상	3.0~0.6	0.6 미만	
치환성 칼슘(Ca++)	cmol/kg	5.0 이상	5.0~2.5	2.5 미만	
치환성 마그네슘(Mg++)	cmol/kg	3.0 이상	3.0~0.6	0.6 미만	
염분농도	%	0.05 미만	0.05~0.2	0.2~0.5	0.5 이상
유기물 함량(O.M.)	%	5.0 이상	5.0~3.0	3.0 미만	

② 토양 평가 등급
㉠ 각각의 토양평가 항목에 대한 평가등급은 '상급', '중급', '하급', '불량'의 4등급으로 구분
㉡ 일반적인 식재지에는 '하급' 이상의 토양평가 등급을 적용
㉢ 식물의 생육환경이 열악한 매립지나 인공지반 위에 조성되는 식재기반이나 답압의 피해가 우려되는 곳의 토양은 '중급' 이상의 토양평가 등급을 적용
㉣ 고품질의 조경용 식물을 식재하는 곳이나 조경용 식물의 건전한 생육을 필요로 하는 곳에서는 '상급'의 토양평가 등급을 적용

6 부식(腐植, humus)

① 개념
㉠ 토양유기물이 토양미생물에 의하여 분해작용을 받아 변하여 형성된 화학적으로 안정한 고분자량의 물질
㉡ 리그닌 단백복합체 = 유기물(잔재물: 리그닌) + 토양미생물(사체: 단백질)

② 부식의 조성
㉠ 용제에 대한 용해도로 부식성분을 구분
㉡ 부식탄(휴민, humin), 플브산(fulvic acid), 부식산(humic acid, 부식의 주요부분)

휴민	불용성의 부식, 전체부식의 20~30% 차지, 무기성분과 견고하게 결합
풀브산	· 저분자의 부식산과 비부식산 물질의 유기화합물이 함유된 혼합물 · 비부식산 물질(단당류, 아미노산, 탄닌, 폴리우로니드, 페놀글루코사이드, 유기인산염 등) · 무기질 토양의 용탈층(A2층)에서 추출되는 부식의 약 반 정도 차지, · 부식산에 비해 탄소(C)가 적고, 산소가 많음 · Ca2+, Al3+, Ma2+ 등과 결합하여 분해성 염을 생성
부식산	· 산성물질로서 무정형이고 황갈색 내지 흑갈색 · 조성은 탄소가 50~60%, 수소 3~5%, 질소 1.5~6%, 황 1% 내외, 회분 1% 내외, 산소 30~35%로 나타남 · 양이온 치환 용량이 200~600m/100g으로 매우 높으며 1가의 양이온과 결합한 수용성이지만, Ca2+, Mg2+, Fe3+, Al3+과 같은 다가 이온과 결합한 염은 물에 잘 녹지 않음 · 양이온 치환용량은 부식화도가 높을수록 증가

③ 부식의 집적상황에 따른 분류

이탄(泥炭)	저위·고위·중간 이탄
흑니토(黑泥土)	이탄이 다시 분해되어 흑색 상태가 된 것. 이탄의 최상층
조부식 (粗腐植, 모어 mor)	· 삼림(한랭습윤지방의 침엽수림) 아래에 낙엽·낙지(落枝)·밑풀 등이 분해되지 않고 집적된 것 · 무기물 함량이 적고 강한 산성이며, 그 밑의 토양층과 분명히 구별됨
멀(mull)	낙엽과 밑 풀이 퇴적하여 조부식보다 한층 분해가 이루어져 토양이 약간 섞이고 산성에 약함
부식	분해작용을 받아 변하여 형성된 화학적으로 안정한 고분자량의 물질

④ 부식의 기능

㉠ 양이온치환용량(CEC) 증대
㉡ 보수력, 보비력 증대
㉢ 완충능력 증대로 산도 개선에 도움
㉣ 중금속(Al, Cu 등) 유해 작용 감소
㉤ 입단형성 조장(세균, 방사선균 등 번식)해 토양의 물리성이 좋아짐
㉥ 지온상승(검은색)으로 인해 미생물 번식 조장
㉦ 유용한 화학반응 촉진
㉧ 작물의 양분공급(대부분의 양분공급)
㉨ 인산의 유효화를 증가시킴
㉩ 식물의 양분의 가급태(흡수가 가능한 상태)를 촉진
㉪ 생장조정물질 공급
㉫ 음전하 형성(부식물의 -COOH, -OH)
㉬ 암석분해의 촉진 : 유기물 분해과정에서 산을 생성
㉬ 탄산가스 공급 : 광합성작용을 이롭게 함
㉭ 수분흡수량 증대 : 부식 자체무게의 4~6배의 물을 흡수 포화된 대기 중에서 80~90%의 물을 흡수

7 토양 양분

① 양분요구도과 광선요구도는 상반되는 관계를 가짐

★② 비료목 : 근류균을 가진 수종으로 근류균에 의해 공중질소의 고정작용 역할을 하여 토양의 물리적 조건과 미생물적 조건을 개선

㉠ 콩과 식물 : 아까시나무, 자귀나무, 싸리나무, 박태기나무, 등나무, 칡 등

㉡ 자작나무과 : 사방오리, 산오리, 오리나무 등

㉢ 보리수나무과 : 보리수나무, 보리장나무 등

㉣ 소철과 : 소철

■ **참고 : 생물학적 질소고정**(biological nitrogen fixation)

① 생물에 의하여 공기 중의 질소가 복잡한 질소화합물로 변환되는 것

② 공생질소고정에는 콩과식물과 공생하는 근류균(Rhizobium : 리조비움속)콩과식물과 방선균(Frankia : 프랑키아속)인 비콩과식물인 오리나무류, 보리수나무, 소귀나무 등이 있다.

8 토양 반응

① 강우량이 증발량보다 많은 경우 산성을 띠며, 강우로 인한 수용성염기의 용탈, 표토유실

② 내산성 수종 : 가문비나무, 리기다소나무, 싸리나무류, 소나무, 아카시나무, 잣나무, 전나무 등

핵심기출문제

내친김에 문제까지 끝내보자!

1. 남부지방에서 속성 재배한 수목을 중부지방으로 이식하였을 때 하자율이 옳게 나타나는 것 중 맞는 것은?

① 운반거리가 멀기 때문
② 가지치기를 많이 했기 때문
③ 기후 환경 조건이 맞지 않기 때문
④ 관수를 많이 했기 때문

2. 식재설계에 있어서 중요한 것은 토양조건이다. 다음 중 좋은 토양조건이 아닌 것은?

① 좋은 토양구조와 토성을 지닌 혼합물
② 느슨하지 않고 쉽게 부스러지지 않는 토양
③ 유기질과 양분함량이 높고, 물을 저류하거나 배수가 용이한 토양
④ 산소함량이 지속적으로 높음과 동시에 식물생육에 적합한 pH를 지닌 토양

3. 배식 설계시 사람의 힘으로 조절할 수 없는 것은?

① 토양의 심도 ② 토양의 비옥도
③ 일조 ④ 바람

4. 정원수목의 수형에 가장 예민한 영향을 미치는 인자는?

① 수분 ② 영양분
③ 광선 ④ 품종

5. 토양수분을 설명한 것 중 틀린 것은?

① 토양수분이 pF 4.2에 도달되면 고사하며 이를 영구위조점이라 한다.
② 식물의 고사현상을 막기 위하여 초기위조점(pF3.2)에 도달되기 전에 관수하여야 한다.
③ 지하수위의 깊이는 잔디의 경우 60cm 이하라야 한다.
④ 지하수위가 높을수록 식물생육에 좋다.

정답 및 해설

해설 1
남부 수종(따뜻한 지방)을 중부지방으로 이식하면 겨울철 동해로 하자가 발생한다.

해설 2
쉽게 부스러지지 않는 토양, 경도가 높은 토양은 양분과 수분의 흡수가 어려워 식물생육이 불량하다.

공통해설 3, 4
광선(빛)은 수목의 수형에 가장 큰 영향을 주고, 인위적인 힘으로 조절이 어렵다.

해설 5
지하수위가 높다는 것은 토양이 과습하거나 배수가 잘 되지 않는 것으로 일반적인 식물의 뿌리를 썩게 해 생육을 좋지 않게 한다.

정답 1. ③ 2. ② 3. ③ 4. ③ 5. ④

6. 토양수분이 많은 것을 요구하는 나무는?

① 은행나무 ② 단풍나무
③ 낙우송 ④ 피나무

7. 지하수위가 높은 곳에 심을 수 있는 나무는?

① 메타세콰이어
② 소나무
③ 배롱나무
④ 향나무

8. 산성토양에서 고정되므로 가장 부족 되기 쉬운 성분은?

① Fe ② N
③ P ④ K

9. 양호한 산림토양은?

① A층이 깊은 토양이다.
② C층이 깊은 토양이다.
③ B층이 깊은 토양이다.
④ A층은 없고 B, C층만 있는 토양이다.

10. 다음 토양수분 식물에 이용 가능한 수분은?

① 흡습수 ② 모관수
③ 결합수 ④ 화합수

11. 알칼리성반응을 나타내는 토양은 어느 것인가?

① 강우량이 증발량보다 많은 토양
② 증발량이 강우량보다 많은 토양
③ 강우량과 증발량이 비슷한 토양
④ 강우량과 증발량에는 관계가 없다.

해설 **6**

토양 수분 요구가 높은 수종
낙우송, 메타세콰이어, 버드나무, 물푸레나무 등

해설 **7**

지하수위가 높은 곳 = 배수가 잘 되지 않는 곳 → 토양 수분 요구도가 높은 수종, 지하수위가 높은 곳

해설 **8**

산성토양에서는 질소고정균 근류균 등 유용미생물의 활동이 약화되어 질소 부족현상이 일어난다.

해설 **9**

A층은 용탈층으로 식물에 직접적으로 영향을 주는 토양층이다.

해설 **10**

식물이 이용가능한 토양내 수분을 유효수, 즉 모관수라 하면 토양수분 장력의 범위는 pF2.7~4.2이다.

해설 **11**

- 강우량 > 증발량 → 토양은 산성반응
- 강우량 < 증발량 → 토양은 알칼리성 반응

정답 6. ③ 7. ① 8. ② 9. ① 10. ② 11. ②

12. 다음은 토양반응에 대한 설명이다. 틀린 것은?

① 경토인 경우에는 대체로 pH 5.0~6.5정도이다.
② 콩과식물은 pH 6.0 이상이라야 좋은 성장을 할 수 있다.
③ 암석의 풍화작용에 의해 분해되는 과정에 염기류는 토양입자와 결합되어 토양은 점점 알칼리성으로 기울어지게 된다.
④ 우리나라와 같이 연간 강우량이 많은 지역은 산성토양이 많다.

해설 12
암석이 풍화되면 염기류는 토양입자와 결합되어 토양은 점점 산성토양으로 변해간다.

13. 식토에 대해서 틀린 설명은?

① 통기성이 좋다. ② 점토분이 많고 점기가 크다.
③ 건조하면 결고 된다. ④ 보수력은 크고 배수성 불량

해설 13
식토는 점토의 함량이 많아 배수가 불량하고 통기성이 좋지 않다.

14. 연기의 피해가 토양 중에는 어떠한 형태로 나타나는가?

① 토양을 산성화한다.
② 토양의 알칼리성을 촉진시킨다.
③ 연기 중 이산화탄소는 탄소동화작용을 촉진한다.
④ 연기 중 아황산가스는 식물의 질소질 흡수를 돕는다.

해설 14
연기는 토양을 산성화 시킨다.

15. 쇠뜨기, 질경이 바랭이 등의 식물이 자생하고 있을 땐 일반적으로 이 곳은 (   ) 토양이라고 보는 것이 좋다 (   )에 적합한 것은?

① 산성 ② 중성
③ 알카리성 ④ 약산성

해설 15
산성토양의 지표식물 – 바랭이, 방동사니, 쇠뜨기, 질경이, 소나무 등

16. 분리대에 관목류만을 심을 때 적합한 토심은?

① 30~40cm
② 40~50cm
③ 50~60cm
④ 60~90cm

해설 16
관목류 식재 토심 – 소관목은 30~45cm, 대관목은 45~60cm 이므로 보기에서 가장 적합한 것은 50~60cm 이다.

17. 근원직경이 20cm인 수목을 4배 보통분으로 뜬다. 뿌리분의 깊이는?

① 30cm ② 40cm
③ 50cm ④ 60cm

해설 17
보통분은 일반수종으로 뿌리분의 깊이는 근원직경의 3배를 뜬다.

정답
12. ③ 13. ① 14. ①
15. ① 16. ③ 17. ④

정 답 및 해 설

18. 수목 식재시 생존에 필요한 최소 토심과 생육에 필요한 최소 토심에 대한 열거 중 옳지 않은 것은?

① 잔 디 : 15~30cm
② 소관목 : 30~60cm
③ 대관목 : 30~60cm
④ 심근성교목 : 90~150cm

19. 토양의 물리화학적 분석에 따르면 식물의 생육에 적합한 토양을 용적비로 볼 때 광물질 45%, 유기질 5%, 공기 20%, 수분 30%이다. 조경 계획시 우리나라 토양에서 가장 문제되는 항목은 무엇이며 토양 $5m^3$에 포함해야 할 용적은?

① 광물질 즉 무기질이며 $2.05m^3$
② 유기질이며 $0.25m^3$
③ 공기이며 $1.0m^3$
④ 수분이며 $1.5m^3$

20. 토양의 부식함량은 어느 정도가 되어야 적합한가?

① 5~20%
② 15~35%
③ 35~40%
④ 40~45%

21. 식물생육에 적합한 토양의 성분 중 광물질이 차지하는 비율은?

① 5%
② 15%
③ 35%
④ 45%

22. 다음 중 내산성이 가장 강한 수종은?

① 전나무
② 녹나무
③ 느티나무
④ 단풍나무

23. 척박지 토양에 잘 자라는 수종은?

① 소나무, 곰솔
② 삼나무, 주목
③ 느티나무, 떡갈나무
④ 오동나무, 낙우송

해설 **18**

소관목의 토심은 30~45cm
대관목의 토심은 45~60cm
이다.

해설 **19**

우리나라 토양은 산성토양으로 유기물이 부족하며 척박하고 건조하다.

해설 **20**

토양의 적정 부식질함량 :
5~20%

해설 **21**

토질의 이상적 구성비
· 유기질 5%
· 무기질 45%
· 수분 25%
· 공기 25%이다.

해설 **22**

산성에 강한 수목은 보기 수종 중 전나무이며, 녹나무·느티나무·단풍나무는 산성토양에서 생육이 불량하다.

해설 **23**

척박지 토양(=산성토양)에서 잘 자라는 수종은 소나무, 곰솔, 전나무, 가문비나무, 콩과식물류 등에 해당된다.

정답 18. ③ 19. ② 20. ① 21. ④ 22. ① 23. ①

정 답 및 해 설

24. 다음 중 비료목으로 쓰이지 않는 나무는?

① 산 오리나무 ② 자귀나무
③ 벽오동 ④ 싸리나무

25. 근류균을 많이 갖고 있으며 절개지, 척박지인 곳에 식재할 수 있는 수종은?

① 자귀나무, 보리수 ② 느티나무, 만병초
③ 회양목, 물푸레나무 ④ 오동나무, 배롱나무

26. 뿌리 혹 박테리아의 도움을 얻어 공중질소(空中窒素)를 이용하면서 살아가는 수종은?

① 팔손이나무 ② 해송
③ 보리수나무 ④ 미선나무

27. 다음 중 척박한 토양에 잘 견디는 수종으로 짝지은 것은?

① 소나무, 해송
② 삼나무, 낙우송
③ 느티나무, 느릅나무
④ 오동나무, 가시나무

28. 식재지의 토질로서 가장 이상적인 것은?

① 떼알구조로서 토양입자 70%, 수분 15%, 공기 15%
② 떼알구조로서 토양입자 50%, 수분 25%, 공기 25%
③ 홑알구조로서 토양입자 70%, 수분 15%, 공기 15%
④ 홑알구조로서 토양입자 50%, 수분 25%, 공기 25%

29. 수목의 식재토양은 배수성과 통기성이 좋은 단립구조가 이상적이다. 다음 중 토질의 이상적인 구성비는?

① 토양입자 30%, 수분 30%, 공기 40%
② 토양입자 40%, 수분 30%, 공기 30%
③ 토양입자 50%, 수분 20%, 공기 30%
④ 토양입자 50%, 수분 25%, 공기 25%

해설 **24**

산성토양에 토양의 성질을 개량하기 위해 비료목을 시비하는데 적당한 수목으로는 콩과식물(자귀나무, 싸리나무 등), 보리수나무, 사방오리나무가 있다.

해설 **25**

근류균을 가지고 있고 절개지, 척박지에 잘 자라는 수종 → 콩과식물, 보리수나무, 소철 등

해설 **26**

보리수나무-질소고정작용

해설 **27**

척박지 토양(=산성토양)에서 잘 자라는 수종은 소나무, 곰솔(해송), 전나무, 가문비나무, 콩과식물류 등에 해당된다.

공통해설 **28, 29**

토양 적정 구조와 구성비
① 떼알구조
② 구성비
- 토양입자 : 광물질 45%, 유기질 5%
- 수분 25%, 공기 25%

정답	24. ③ 25. ① 26. ③ 27. ① 28. ② 29. ④

30. 교목의 생육환경조성을 위해 일반적으로 지하수위는 지표로부터 어느 정도의 깊이로 유지하는 것이 좋은가?

① 0.5~1m ② 1.5~2.0m
③ 3~4m ④ 5m 이상

31. 식물생육에 필요한 토양의 생존 최소심도로 가장 적당한 것은?

① 잔디 및 초화류 15cm, 소관목 30cm, 대관목 45cm, 천근성교목 60cm, 심근성교목 90cm
② 잔디 및 초화류 30cm, 소관목 45cm, 대관목 60cm, 천근성교목 90cm, 심근성교목 150cm
③ 잔디 및 초화류 30cm, 소관목 60cm, 대관목 90cm, 천근성교목 150cm, 심근성교목 180cm
④ 잔디 및 초화류 15cm, 소관목 45cm, 대관목 60cm, 천근성교목 90cm, 심근성교목 120cm

32. 표층토(表層土)에 많이 함유된 부식층(腐植層)이 하는 작용으로 맞지 않는 것은?

① 유기물의 분해를 촉진시킨다.
② 토양의 물리적 성질을 양호하게 한다.
③ 양분을 흡수, 보유하는 능력을 향상시킨다.
④ 배수력을 높여주어 보수량을 낮게 해준다.

33. 조경설계기준에서 인공지반에 식재된 대관목의 생육에 필요한 식재 최소 토심 기준은?(단, 자연토양을 사용하고, 배수경사는 1.5~2.0%이다.)

① 30cm ② 45cm
③ 70cm ④ 90cm

해설 **30**

교목의 생육최소토심이 1.5m 정도 되므로 지하수위는 1.5~2.0m 정도 유지하는 것이 좋다.

해설 **31**

생존 최소 토심

분류	생존 최소심도(cm)
잔디 및 초본류	15
소관목	30
대관목	45
천근성 교목	60
심근성 교목	90

해설 **32**

부식은 그 무게의 4~6배의 물을 흡수하는 능력이 있다. 이 때문에 토양의 보수량을 현저하게 늘려서 한해를 피하거나 가볍게 할 수가 있다.

해설 **33**

식물의 종류	생존 최소심도(cm)		
	인공토	자연토	혼합토 (인공토 50%기준)
잔디 및 초본류	10	15	13
소관목	20	30	25
대관목	30	45	38
천근성 교목	40	60	50
심근성 교목	60	90	75

정답 30. ② 31. ① 32. ④ 33. ②

정 답 및 해 설

34. 다음 중 부식(腐植)에 대한 설명으로 틀린 것은?

① 수분 흡수력이 증가한다.
② 토양 온도를 상승시킨다.
③ 유효인산의 고정을 증가시킨다.
④ 토양의 안정된 입단구조를 형성한다.

35. 수목식재시 자연토의 생존최소토심과 토양등급 중급 이상의 생육최소토심을 순서대로 열거한 것 중 틀린 것은?

① 심근성 교목 : 90cm, 150cm
② 천근성 교목 : 60cm, 90cm
③ 소관목 : 45cm, 60cm
④ 잔디 · 초화류 : 15cm, 30cm

36. 우리나라의 경토(耕土)와 산림 토양의 일반적인 산도(pH) 범위는?

① 4.5 미만　　② 4.5 ~ 6.5
③ 6.6 ~ 8.0　　④ 8.1 ~ 9.0

해설 **36**

· pH는 토양 중 수소(H+)이온의 수로 수소이온농도를 나타낸다.
· pH 7을 중성 기준으로, 이보다 낮으면 산성이 커지고, pH 7보다 커지면 알칼리 토양으로 볼 수 있다.

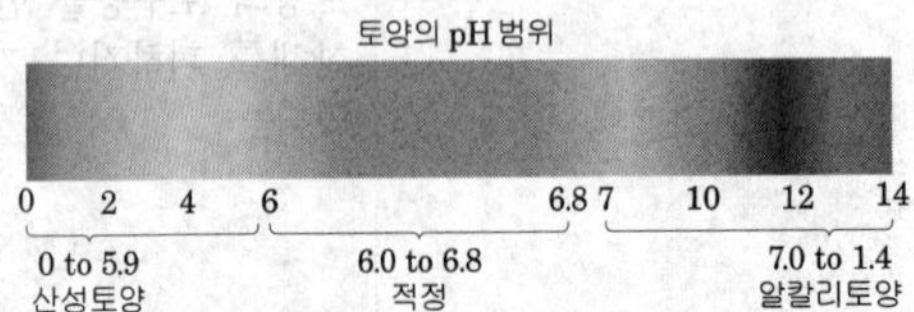

· 우리나라 경토(경작하기 적당한 땅)는 산도의 범위가 4.5 ~ 6.5가 된다.

37. 식물이 생육하는 토양에서 답압에 의한 영향으로 옳은 것은?

① 토양이 입단(粒團)구조가 된다.
② 용적 비중이 낮아진다.
③ 통수성이 낮아진다.
④ 토양 통수가 빠르다.

해설 **34**

부식과 인산
① 부식은 유효인산을 증가시킨다.
③ 식물 성장의 3대 요소인 질소, 인산, 칼리 중에서 인산은 그 중에서도 작물의 흡수율이 가장 낮다. 인산질 비료의 경우 15% 정도밖에 흡수를 못하고 나머지는 토양에서 유실되기도 하며 작물이 흡수할 수 없는 상태로 고정되는 경우도 많다. 부식은 인산이 많을 때는 인산을 흡착하고 있다가 미생물의 활동에 통해 작물의 뿌리로 원활하게 흡수하도록 하는 좋은 기능을 가지고 있다.

해설 **35**

소관목 : 30cm, 45cm

해설 **37**

답압은 밟아서 생기는 압력으로 식물이 생육하는 토양에서는 답압으로 인해 토양의 통기성과 통수성 등이 낮아진다.

정답 34. ③ 35. ③ 36. ② 37. ③

조경양식에 의한 식재

3.1 핵심플러스

■ **식재기법의 범주** : 정형식 식재, 자연풍경식 식재, 자유형식재, 군락식재

■ **정형식 식재의 개념**
- 정형적인 유한성에 의해 구성을 두고 자체의 특징보다 어떻게 배치할 것인가에 중점
- 평면과 선을 중시하고, 땅가름이 엄격 치밀함
- 수목의 사용에 있어서 구속을 받음

■ **자연 풍경식재의 개념**
- 자연의 풍경을 뜰 안에 모방하고 이상화하며, 재료의 배치나 수종의 선택이 자유로움
- 땅가름은 지형에 따르며, 입체면에 중점을 둠

■ **자유식 식재의 개념**
- 인공적이기는 하나 그 선이나 형태가 자유롭고 재료나 구분의 배치도 대칭적인 수법
- 모던아트의 영향, 의의없는 장식을 배제, 기능미를 추구
- 기하학적 디자인이나 축선의 의식적 부정

1 정형식 식재 ★

① 식재수법

㉠ 축선의 설정과 대칭식재

㉡ 비스타를 구성하는 수림(축선을 강조)

㉢ 직선식재 : 열식으로 강한 방향성을 줌으로 시선유도와 집중의 효과

㉣ 무늬식재 : 키 작은 식물재료로 장식무늬의 도형을 구성시키는 수법, 당초무늬(프랑스), 매듭무늬(영국), 토피아리는 액센트용

★② 정형식재의 기본패턴

㉠ 단식 : 중요한 자리에 단독식재

㉡ 대식 : 축의 좌우로 상대적으로 동형, 동수종의 나무를 식재

㉢ 열식 : 동형, 동수종의 나무를 일정한 간격으로 직선상으로 식재

㉣ 교호식재 : 같은 간격으로 서로 어긋나게 식재

㉤ 집단식재 : 군식, 다수의 수목을 규칙적으로 일정지역을 덮어버림, 하나의 덩어리로서의 질량감

㉥ 요점식재 : 가상의 중심선과 부축선이 만나는 곳에 식재 원형에서는 중심점·원주, 사각형에서는 4개의 모서리와 대각선의 교차점, 직선에서는 중점과 황금분할점에 식재

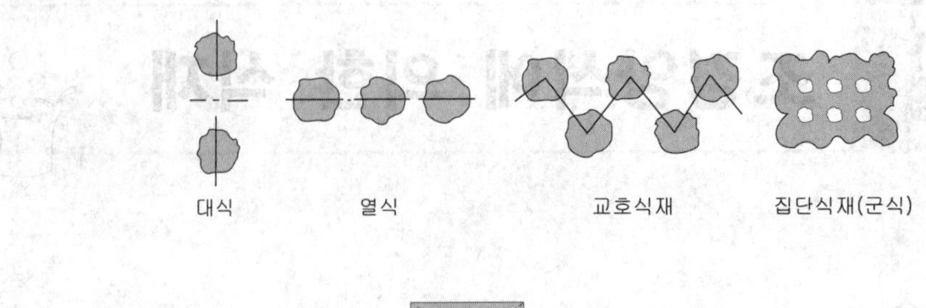

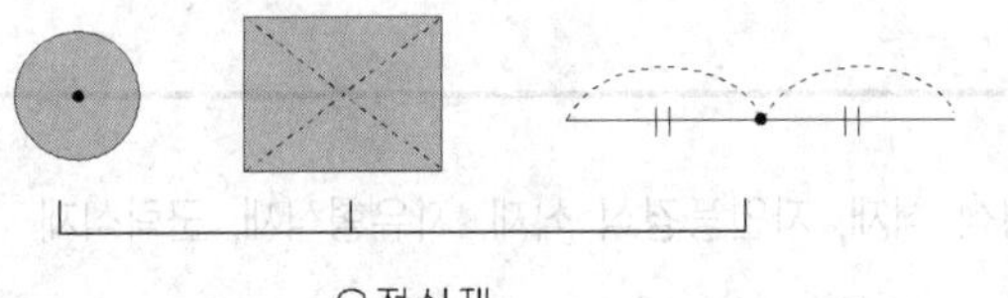

2 자연풍경식 식재 ★

① 식재 수법

㉠ 비대칭적인 균형감과 안정된 심리적 질서감에 기초

㉡ 평면구성보다 입면구성에 중점, 수목의 자연미를 강조

㉢ 사실적 식재(영국의 풍경식 정원) : 윌리엄 로빈슨의 야생원(wild garden), 벌 막스의 암석원(rock garden)

② 자연풍경식의 기본 패턴

㉠ 부등변삼각형 식재 : 크고 작은 세그루의 나무를 서로의 간격 달리하고 또한 한 직선위에 서지 않도록 하는 수법

㉡ 임의 식재(random planting) : 부등변 삼각형 식재를 순차적으로 확대해 가는 수법

㉢ 모아심기 : 3, 5, 7그루 등 홀수의 수목을 기본으로 함

㉣ 군식 : 모아심기가 확대된 형태

㉤ 산재식재 : 한 그루씩 드물게 흩어지도록 식재, 반송이나 철쭉류와 같은 관목에 적용

㉥ 배경식재 : 주경관의 배경을 구성하기 위한 식재

㉦ 주목 : 경관의 중심적 존재가 되어 전체경관을 지배하는 수목 또는 수목군

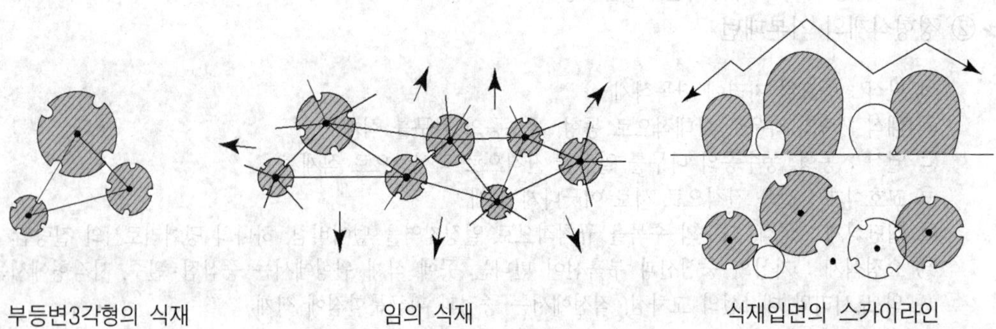

3 자유식 식재 ★

① 수법

㉠ 기능중시

㉡ 단순한 배식

㉢ 적은수의 우량목으로 요점

② 자유식 식재 양식

㉠ 자유로운 형식이므로 특별히 양식이라고 할만한 식재방법은 따로 없으며 설계자의 아이디어 에 의해 새로운 식재형식을 창조

㉡ 식재 사례 : 직선의 형태가 많음, 루버형, 번개형, 아메바형, 절선형

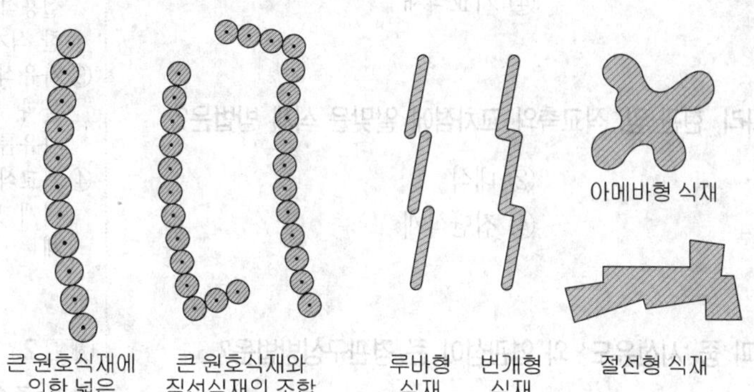

그림. 자유식식재 사례

4 군락 식재

· 산림공원이나 자연공원처럼 면적이 넓은 경우에 잘 보임

· 생태적인 사고방식을 도입한 것

핵심기출문제

내친김에 문제까지 끝내보자!

1. 잡목이 우거진 숲의 생김새나 계곡의 아름다움, 숲속의 오솔길 등 자연의 풍경 가운데 아름답고 인상적인 것을 뜰 안에 묘사하는 식재수법은?

① 사실식재　② 실용식재
③ 자유식재　④ 기교식재

2. 가장 중요한 자리, 현관 앞, 직교축의 교차점에 알맞은 식재 방법은?

① 표본식재　② 대식
③ 교호식재　④ 집단식재

3. 수목의 식재효과 중 '시선유도' 와 연관성이 큰 경관구성방법은?

① 통경선　② 조망
③ 파노라믹경관　④ 틀

4. 보스케 (Bosques)가 존재하면서 두드러지게 강조되는 것은?

① 방사　② 축
③ 비스타(vista)　④ 직교축

5. 세계2차대전 이후 구미 각국에서 시작된 자연식식재에 대응하는 식재 방법인 자유식 식재의 설명으로 맞지 않는 것은?

① 인공적이면서도 선이나 형태가 자유롭다.
② 기능성에 큰 비중을 두지 않았다.
③ 의미없는 장식은 배제되고 직선적인 형태를 갖춘 것이 많다.
④ 풍토적 제약이나 전통적인 형식에 구속되지 않는다.

6. 자유식 식재수법에 해당하는 것은?

① 교호식재　② 사실적식재
③ 루바형식재　④ 랜덤형식재

정 답 및 해 설

해설 **1**

① 사실식재 : 실제의 자연경관을 충실히 묘사한 식재
② 실용식재 : 방화·방풍·녹음 등 실용적으로 수목을 사용하기 위한 식재
③ 자유식재 : 기능을 중시하며 건물과 구조물에 구애받지 않고 자유롭게 식재
④ 기교식재 : 실제보다 더 넓어 보이게 또는 깊이 있게 하는 식재

해설 **2**

가장 중요한 자리, 현관 앞, 직교축의 교차점의 식재 → 단식(식재 수법), 표본식재(경관과 관련한 식재방식, 독립수로 식재)

공통해설 **3, 4**

통경선(Vista)
① 시선유도 역할
② 보스케(총림)으로 축을 조성해 강조된다.

해설 **5**

자유식 식재 – 기능성을 중시(모더니즘 영향)

해설 **6**

자유식식재수법
직선적인 형태가 많으며, 루바형, 번개형, 아메바형, 절선형 등이 있다.

정답	1. ①	2. ①	3. ①
	4. ③	5. ②	6. ③

정답 및 해설

7. 다음은 자유형 식재에 대한 설명이다. 이 중 적합하지 않은 것은?

① 인공적이기는 하나 그 선이나 형태가 자유롭고 비대칭적인 수법이 쓰인다.
② 기능성이 중요시되고 있다.
③ 직선적인 형태를 갖추는 경우가 많아지고 단순명쾌한 형태를 나타낸다.
④ 부등변 삼각형 식재수법을 많이 쓴다.

해설 7
부등변삼각형 식재수법-자연풍경식

8. 암석원(rock garden)용으로 적합한 것은?

① 꽃잔디, 애기냉이꽃, 회양목
② 회양목, 아르메니아, 장미
③ 들국화, 양매발톱, 목단
④ 도라지, 아르메니아, 목련

해설 8
암석원의 적용 식물
① 건조하고 척박한 곳에 잘 자라는 식물
② 꽃잔디, 애기냉이꽃, 회양목, 철쭉 등

9. 정형식 배식에 어울리는 수목의 조건을 설명한 것으로 옳지 않은 것은?

① 균형이 잡히고 개성이 강한 수목
② 가급적 생장 속도가 빠른 수목
③ 사철 푸른 잎을 가진 수목
④ 다듬기 작업에 잘 견디는 수목

해설 9
정형식 배식의 수목 조건
- 균형이 잡히고 개성이 강한 수목
- 상록수
- 전정(다듬기)에 잘 견디는 수목

10. 보스케(bosquet)를 설명하는 것 중 틀린 것은?

① 비스타(vista)를 구성하는 식재이다.
② 축선을 강조하는 식재이다.
③ 대개 단일 수종의 집단식재이다.
④ 모양식재이다.

해설 10
무늬식재(모양식재)
: 키작은 수목을 이용하여 장식하는 식재

11. 정형식 식재에 관한 기술 중 옳지 않는 것은?

① 경관구성이 자유롭다
② 축의 교점에 분수, 연못, 조각, 정형수 등을 놓아 강조한다.
③ 1축 1점이 설정되면 식재는 축 또는 점에 대하여 등거리로 대칭형이 된다.
④ 방사축의 한 점에서 각도로 나오는 경우 같은 무게가 주어진다.

해설 11
정형식 식재는 경관구성이 자유롭지 못하다.

정답	7. ④ 8. ① 9. ② 10. ④ 11. ①

12. 정형식 식재로 적당한 곳은?

① 자연공원 ② 지구공원
③ 유원지 ④ 정부청사앞뜰

해설 12
자연공원, 지구공원, 유원지-자연풍경식

13. 원형에서는 중심점, 사각형에서는 대각선의 교차점이나 4개의 모서리에, 직선에서는 중점이나 황금율에 의한 분할점 등에 심는 식재 방법은?

① 조화 및 연계로서의 식재
② 요점 식재
③ 기교로서의 식재
④ 실용식재

14. 요점식재를 할 때 잘못된 것은?

① 원의 중심이나 원주
② 대각선의 교차점이나 4개의 모서리
③ 직선에서 황금율의 분할점
④ 삼각형의 중심점

공통해설 13, 14
요점식재
① 정형식 식재유형
② 방법-가상의 중심선과 부축선이 만나는 곳에 식재 원형에서는 중심점·원주, 사각형에서는 4개의 모서리와 대각선의 교차점, 직선에서는 중점과 황금분할점에 식재

15. Open space에 알맞은 식재구성은?

① 열식
② 랜덤식재
③ 교호식재
④ 군식을 해서 넓은 식재공간 확보

해설 15
오픈스페이스 식재 – 비건폐지이므로 군식을 통해 넓은 식재 공간 확보

16. 사실(寫實)적 식재의 설명으로 옳지 않은 것은?

① 실존하는 자연경관을 충분히 모사하는 수법이다.
② 영국의 William Robinson이 제창한 야생원이 이에 속한다.
③ 식물생태를 존중하는 군락식재를 행한다.
④ 대표적인 것이 스페인의 중정이다.

해설 16
사실적 식재-영국의 자연풍경식

정답 12. ④ 13. ② 14. ④ 15. ④ 16. ④

17. 집단식재에 관한 설명 중 옳지 않은 것은?

① 부등변 삼각형 식재를 기본형으로 삼아 그 삼각망을 순차적으로 확대해 간다.
② 하나의 덩어리로서 질량감을 나타낼 때 사용한다.
③ 집단적으로 수목을 심어 땅을 완전히 커버하는 수법이다.
④ 군식과 같은 의미로 쓰일 때도 있다.

해설 **17**

집단식재는 정형식의 기본형이다.

18. 독립수나 조각물 뒤에 배경식재로 가장 알맞은 것은?

① 잎이 넓고 치밀한 수종
② 잎이 넓고 간격이 엉성한 수종
③ 잎이 촘촘하고 치밀한 수종
④ 잎이 넓고 간격이 엉성한 수종

해설 **18**

독립수 조각물의 배경식재
조각물을 강조하려면 조각물 뒤에 심는 수목은 부드러운 질감(잎이 작고 조밀하게 밀생)을 식재하는 것이 바람직하다.

19. 부등변삼각형 식재는 다음 중 어디에 어울리는가?

① 정형식 정원 ② 자연식 정원
③ 토피아리정원 ④ 가로수 정원

해설 **19**

부등변삼각형식재 – 자연풍경식, 자연식

20. 다음 중 자연풍경식 식재유형이 아닌 것은?

① 부등변 삼각형 식재 ② 모아심기
③ 대칭식재 ④ 배경식재

해설 **20**

대칭식재 – 정형식

21. 자연풍경식 식재양식에 해당되는 것은?

① 대식(對植)
② 교호식재(交互植載)
③ 집단식재(集團植栽)
④ 무리심기(群植)

해설 **21**

대식, 교호식재, 집단식재 – 정형식

22. 동양적인 수목배식에서 가장 이상적인 형태는?

① 부등변 삼각형 ② 2등변 삼각형
③ 5각형 ④ 사다리꼴형

해설 **22**

동양적 배식 → 자연풍경식, 부등변삼각형식, 랜덤식재, 군식 등

정답 17. ① 18. ③ 19. ② 20. ③ 21. ④ 22. ①

23. 다음 그림과 같은 식재 방법은 면식재 방법 중 무슨 식재라고 하는가?

① 교호식재(交互植栽)
② 준교호식재(準交互植栽)
③ 이열식재(二列植栽)
④ 산점상식재(散點狀植栽)

24. 다음 중 자연스러운 식재는?

① ② ③ ④

25. 다음 중 랜덤식재는?

① ② ③ ④

26. 넓은 면적에서 크고 작은 수목을 불규칙한 간격으로 배치할 때 불규칙한 스카이라인과 자연스러운 수림으로 덮이게 하는 식재는?

① 랜덤식재(random planting)
② 모아심기
③ 군식
④ 산재식재

해설 **23**

교호식재는 같은 간격으로 서로 어긋나게 식재를 말한다.

해설 **24**

자연스러운 식재 → 자연풍경식, 부등변삼각형식재

공통해설 **25, 26**

랜덤식재 - 부등변 삼각형 식재를 순차적으로 확대해 가는 수법으로 불규칙한 스카이라인을 형성한다.

정답 23. ① 24. ③ 25. ③ 26. ①

27. 자연풍경식 식재의 기본 패턴이 아닌 것은?

① 랜덤식재
② 교호식재
③ 배경식재
④ 부등변삼각형식재

28. 부등변삼각형 식재는 다음의 어느 식재유형에 속하는가?

① 정형식 식재
② 자연풍경식 식재
③ 자유식재
④ 군락식재

29. 다음 중 자연풍경식 식재의 설명이 아닌 것은?

① 소재의 배치나 수종의 선택은 정형식에 비해 자유롭다.
② 같은 형상을 가진 수목을 같은 간격으로 직선적으로 식재하는 일은 의식적으로 피한다.
③ 인간의 미의식에 입각한 조형을 중시한다.
④ 식물이 지닌 자연성의 존중과 회화적 구성에 중점을 둔다.

30. 문화재 보호구역을 식재보수 계획하고자 할 때 전통배식 방법으로 가장 적당한 것은?

① 자연풍경식식재 ② 정형식재
③ 대칭식재 ④ 교호식재

31. 자연풍경식 식재 양식에 속하지 않는 것은?

① 배경식재 ② 부등변 삼각형식재
③ 임의식재 ④ 표본식재

32. 배경식재에 관한 설명으로 가장 먼 것은?

① 주경관의 배경을 구성하기 위한 식재
② 시각적으로 두드러지지 말아야 할 것
③ 대상 수목은 암록색, 암회색 등의 수관 및 수피를 가질 것
④ 대상 수목은 시선을 끄는 웅장한 수형을 가질 것

정답 및 해설

해설 **27**

교호식재-정형식 식재 유형

해설 **28**

부등변삼각형식재-자연풍경식 식재

해설 **29**

인간의 미의식에 입각한 조형을 중시한 식재-정형식

해설 **30**

문화재 보호구역 → 전통공간이므로 자연풍경식 식재를 적용한다.

해설 **31**

표본식재(specimen planting)
- 경관식재유형
- 가장 단순한 식재 형식
- 독립수로 식재되어 개체의 미적 가치가 높게 평가될 수 있는 시각적 특성이 뛰어난 수목

해설 **32**

시선을 끄는 웅장한 수형의 수목은 주경관이 된다.

정답 27. ② 28. ② 29. ③ 30. ① 31. ④ 32. ④

조경식물의 생태와 식재

4.1 핵심플러스

■ 식물군락을 성립시키는 환경요인과 내적요인

환경요인(외적요인)	기후요인 / 토양요인 / 생물적요인(벌목, 경작, 방목, 답압)
내적요인	경합(경쟁) / 공존

■ 개체군조절에 미치는 내적요인과 외적요인

내적요인	이입, 이출, 종내경쟁
외적요인	물리적요인(토양, 환경), 종간경쟁, 질병, 포식, 피식 등

■ 개체군의 생태학, 군집생태학

개체군의 생태학	・특정공간을 점유하고 있는 동일종의 단위생물집단을 연구 ・지표종과 allee의 원리(개체군의 속성)
군집생태학	・특정지역 혹은 물리적 서식에 살고 있는 개체군의 집단 ・1차 천이(건생천이, 습생천이), 2차 천이 ・건생천이 : 나지 → 지의류 · 선태류 → 초원 → 관목림 → 양수림 → 음수림 → (혼합림) → 음수림(극상) ・추이대(ecotone)

■ 식물군집 조사법

Braun – Blanquet법	・식생연구 조사체계의 기본적 접근방법 ・야외조사로 종 계층분류, 우점도와 군도의 군락 조사

・측구법(방형구법), Belt transect법(대상법), Line transect법(선차단법)
・우점도 판정 기준(브라운블랑케의 원리) : 피도와 개체수를 조합하여 계급표시

1 식물군락을 성립시키는 환경요인(외적인 요인)과 내적요인

① 환경요인(외적인 요인)

㉠ 기후요인 : 기온, 광선, 수분, 바람

㉡ 토양요인 : 토질, 토양수분, 토양동물, 토양미생물

㉢ 생물적 요인 : 벌목, 경작, 방목, 답압

② 내적요인

㉠ 경합(경쟁) : 자기보존에 필요한 공간과 광선, 수분을 확보하기 위해 개체간 또는 종간에 경쟁이 생겨 그 결과 개체 또는 종이 변천하는 현상

· 종내경쟁 : 소나무 군집에서 서로 햇빛을 많이 보려고 경쟁하는 것
· 종간경쟁 : 소나무와 참나무 군집에서 참나무림으로 천이하려는 종간경쟁

㉡ 공존 : 생존상의 요구조건이 어느 정도 일치하는 식물사이에 있어서는 하나의 기반으로 공동으로 이용하는 형태로 집단생활을 영위

2 생태학(ecology)

① 개체군생태학

특정공간을 점유하고 있는 동일종의 단위생물집단을 연구

㉠ 환경오염에 의한 개체군의 멸종

· 환경의 급격한 변화에 따라 정상적인 성장 · 번식 개체가 급격히 감소 → 멸종 → 의존하는 다른종의 생육환경 악화 → 군집구조단순화 → 군집의 저항성 감소
· 멸종의 원인

자연적 멸종	포식, 질병, 자연재해, 경쟁력 강한 외부종 도입
인위적멸종	수렵, 포획, 관상채취, 열대우림의 개간, 댐 축조에 의한 서식지 파괴

· 지구적멸종 : 공룡
· 지역적멸종 : 호랑이, 곰, 늑대, 여우 등

㉡ 지표종 : 환경의 변화로 인한 현재의 상태를 가르쳐 주는 종, 지표생물에 의한 환경질의 평가

★ ㉢ allee의 원리(개체군의 속성)

최적생장 생존을 위한 집단화는 적절한 크기가 유지되어야 하며 적절한 밀도 유지조건에서 최대 생존율을 가진다는 원리

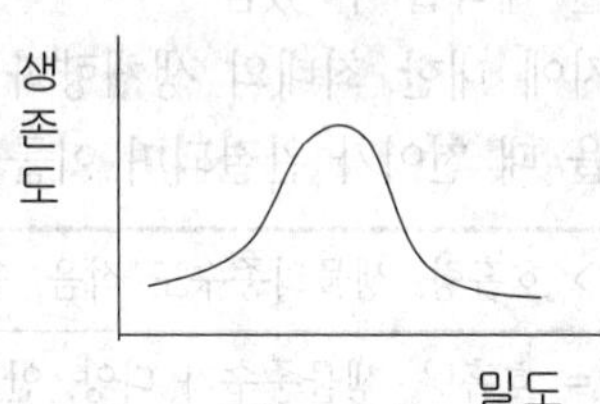

■ **참고** : 개체군의 분포형

구 분	내용
균일형	환경조건이 균일하고 개체간의 경쟁이 치열한 개체군
임의형	환경조건이 균일하지 않고 개체간 경쟁이 치열하지 않은 개체군
괴상형	자연에서 흔히 볼 수 있는 분포양상, 뭉쳐서 생활하면 개체간의 경쟁은 커지지만 얻어지는 이익도 적지 않은 경우 나타나는 분산형태

② 군집생태학

특정지역 혹은 물리적 서식지에 살고 있는 개체군의 집단을 연구

㉠ 군집

정의	· 특정지역 혹은 물리적 서식에 살고 있는 개체군의 집단 · 주요군집과 소군집으로 구분 · 군집은 우점종, 대표적인 생물상, 장소에 따라 소나무군집, 초지군집 등으로 칭함
특성	· 기능적 단위, 물질순환 및 에너지흐름을 가짐 · 구조적 통일성을 가져 유사한 환경에서 반복출현 · 종은 시간적 경과에 따라 기능적으로 유사한 종에 의해 대체 · 수직적 층화발생(세분될수록 다양한 생물상) 예) 삼림생태계 – 교목, 소교목, 관목, 지피층

㉡ 천이

· 관련개념

천이	일정한 땅에 있어서의 식물군집의 시간적 변화과정
극상	생물집단이 생성-발전-안정되는 과정에서 최종적으로 도달하는 안정되고 영속성 있는 단계
선마구 식생	초지에 맨 처음 들어오는 식물
방해극상	천이의 계열 중 극상으로 진행되는 것을 인위적으로 방해하는 것
아극상	극상에 도달하기 전에 어떠한 천이의 진행에 방해가 있으면 중간에 진행이 정체되는 것

· 특성

- 종구성의 변화와 시간에 따른 군집변화과정을 내포한 군집 발전의 규칙적인 과정으로 방향성이 있으며 결과를 예측할 수 있음
- 이용할 수 있는 에너지에 대한 최대의 생체량과 생물 간의 공생적인 기능이 유지되는 안정된 군집에 이르렀을 때 천이가 완결되며 이를 극상(climax)이라 함

초기생성	생산량 > 호흡량, 생물의종수도 적음, 안정성 결여
극상단계	생산량 = 호흡량, 생물종수가 다양, 안정된 단계

㉢ 생태계의 안정성

· 일정 범위내의 환경조건에 반응할 수 있는 생물개체의 능력에 기초함

· 지속성, 복원성, 저항성에 의해서 판단가능

지속성	· 군집이 환경변화를 흡수하여 현상을 장기간 존속할 수 있는 능력 · 산림생태계 > 초지생태계
복원력	· 일시적인 환경교란 뒤 평형상태로 복귀하는 생태계능력 · 빨리 복귀할수록 안정성이 큼
저항성	· 외부교란으로 인한 변화에 저항할 수 있는 능력 · 비축 에너지 사용이 가능하면 저항이 큼 · 가뭄시 산림생태계 > 초지생태계

★ ㉣ 추이대 (ecotone)

- 산림과 주변 개활지, 초지와 산림, 해상과 육상 등과 같이 둘 이상의 이질적인 군집의 경계부로 인접하는 지역으로 그 자체 보다는 좁은 면적을 가지고 있음
- 다양한 식생이 존재하여 많은 야생동물이 먹이와 은폐물을 찾아 모여듬
- 주연부 효과(가장자리 효과, edge effect) : 추이대(이행대, eco- tone)가 형성되면 가장자리 효과라는 것이 나타나는데 이는 경계부근(가장자리)에 다양한 종류의 생물들이 서식하고 종풍부도와 밀도가 높아지는 경향을 말함. 교란요인(빛, 바람, 소음, 진동 등의 물리적 영향)에도 잘 견디는 비특화종들이 가장자리에 많이 자람
- 주변종 : 추이대 본래의 종이나 추이대에서 가장많은 시간을 보내는 종, 가장 많이 출현하는 종

3 천이의 종류

① 천이과정(1차 천이) : 나지→1년생 초본→다년생초본→관목림→양수교목→(양수 · 음수혼합림)→음수교목(극상)

★ ② 천이 종류

㉠ 1차 천이

- 무에서 유가 생성되는 천이과정
- 식물군락이 전혀 없었던 토지에서 시작되는 자연천이, 고산초원, 해안사구
- 건생천이 : 나지→지의류 · 선태류→초원→관목림→양수림→음수림→(혼합림)→음수림(극상)
- 습생천이 : 빈영양화→부영양화(영양염류, 플랑크톤)→수생식물→습원→초원저목림→관목교목림→양수교목림→(혼합림)→음수림(극상)

㉡ 2차 천이

- 1차 천이 중 군락이 인위적으로 파괴된 곳에서의 천이과정
- 기본적인 토양, 양분, 수분 등이 전제되어 극상에 이름
- 1차 천이에 비해 속도가 상당히 빠름

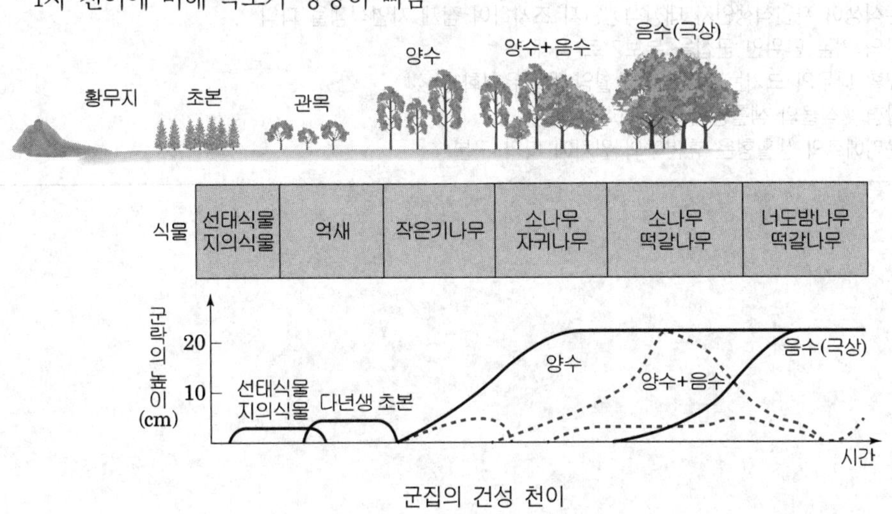

군집의 건성 천이

4 군단, 군집, 군계, 군총

① 군단 (群團)

㉠ 생육 조건이 같은 식물의 집단을 나눈 단위의 하나

㉡ 군집의 상위에 두는 단위로, 공통의 표징을 한 종 내지 수종(數種) 포함하고 조성이 비슷한 군집을 몇 개 통합하여 다룰 때 씀

② 군집 (群集, community)

㉠ 일정한 지역 내에서 생활하고 있는 모든 생물 개체군의 모임으로 군취라고도 함

㉡ 생물군집을 이루는 개체군은 먹이관계 등 서로 긴밀한 연관관계를 가짐(삼림, 초원, 황원, 수계)

③ 군계 (群系, formation)

㉠ 유사한 상관, 같은 기후조건, 환경조건 밑에서 반복하여 볼 수 있는 군락단위

㉡ 대륙의 분포역이 있어 식물군락의 외관(상관)에 의해 구분

④ 군총 (群叢)

㉠ 피도(被度)와 출현횟수로 결정된 1종 또는 2종의 우점종에 따라 식물 군락을 구분

㉡ 기후적으로 안정된 개개의 단위로 보통 해안의 곰솔숲이라든가, 산지의 참나무숲과 같은 식생형

5 식생에 대한 인간의 영향 ★

① 자연식생 : 인간에 의한 영향을 입지 않고 자연 그대로의 상태로 생육하고 있는 식생

② 대상식생 : 인간에 의한 영향으로 대치된 식생, 인간의 생활 영역 속에 현존하는 대부분의 식생

③ 원 식 생 : 인간에 의한 영향을 받기 이전의 자연식생

④ 잠재자연식생 : 변화된 입지 조건하에서 인간에 의한 영향이 제거되었다고 가정할 때 성립이 예상되는 자연식생

■ 참고 : 군락식재 설계방법

① 현존식생이 자연식생인지 대상식생인지 조사하여 잠재 자연식생을 파악
② 군락의 기본 단위인 군집을 본보기로 식재
③ 식재할 나무의 크기는 각기 그 생활양식을 유형화한 것
· 생활형 : 식물의 생활양식을 유형화 한 것
· 라운키에르의 생활형은 휴면아의 위치에 따라 구분

6 식물군집 조사법

1) 조사유형

Braun – Blanquet법	– 식생연구 조사체계의 기본적 접근방법 – 측구법과 혼용하여 사용 – 식물사회상적 군집분류과정에 기초한 접근 – 야외조사로 종 계층분류, 우점도와 군도의 군락 조사
측구법 (방형구법)	– 개체군과 군집의 종조성과 구조를 정량적으로 조사 – 피도, 밀도, 빈도, 중요도 조사
Belt transect법 (대상법)	– 어떤 기준선에 따라서 일정한 폭을 가진 띠모양의 표본구를 조사하는 방법 – 군집경계의 결정에 유리한 방법, 해안 · 경계지의 긴 땅에 적용
Line transect법 (선차단법)	– 선에 접한 종 조사, 초지군락에 적용

■ 참고 : 브라운 블랑케(BraunBlanquet)분류법의 관련용어

- 식물의 군락구분은 군집(群集, association)을 기본단위로 한다.
- 전형(典型, typicum)은 표징종, 식별종을 가리지 않는 부분을 말한다.
- 표징종(標徵種, character species)은 식물군락을 특정 짓는 종군(種群)을 말한다.
- 식별종(識別種, difference species)은 군집 속에서 양적으로 우점하고 있는 종을 말한다.
- 국지적인 우점종을 파시스(facies)라 부른다.

★★ 2) 브라운블랑케 조사법

① 표본구의 최소 면적 결정

㉠ 면적이 넓어짐에 따라 종수변화는 완만함

㉡ 군집별 최소면적 기준표

식물군집	최소면적(m^2)	방형크기(m)
교 목 림	200(150)~500	20~100
관 목 림	50~200	5~20
건생초지	50~100	5~10
습생초지	5~10	2~5
선태 · 지의류	0.1~4	~2

② 군락의 계층 구조 : 교목층 – 아교목층 – 관목층 – 초본층 – 이끼층

③ 군락의 종조성조사

★ ㉠ 우점도 판정 기준(브라운블랑케의 원리) : 피도와 개체수를 조합하여 계급표시

우점도계급	판정기준	군도
5	피도가 조사면적의 3/4~1점유종	4~5
4	1/2~3/4	3~4
3	1/4~1/2	2~4
2	1/20~1/4	1~3
1	개체수는 많으나 피도 5% 이하	1~2
+	개체수가 적고 피도 1% 이하	1
r	우연히 출현하는 개체수가 적은 종	1

㉡ 군도 판정 기준

군도계급	판정기준
5	융단상태와 같이 전면을 덮음(피도 80~100%)
4	작은 군락을 조성/ 큰 반점형태를 나타냄
3	한 종이 몇 군데 생육(피도 30~40%)
2	군상 또는 총상으로 드문드문 생육
1	우연히 존재하거나, 단독으로 서식

군도 5　　군도 4　　군도 3　　군도 2　　군도 1

■ 관련개념(종간의 양적관계를 알기위한 개념)

① 피도(C) : 조사구역내에 존재하는 각 식물종이 차지하는 수관의 투영면적 비율

㉠ 피도 = $\frac{\text{출현한 어떤 종이 차지하는 면적}}{\text{방형구의 면적}} \times 100\%$

㉡ 상대피도(RC) = $\frac{\text{출현한 어떤 종의 피도}}{\text{출현한 모든 종의 피도총합}} \times 100\%$

② 밀도(D) : 단위면적당 개체수

㉠ 밀도 = $\frac{\text{개체수}}{\text{어떤 종의 총조사면적 or 조사된 방형구의 총수}} \times 100\%$

㉡ 상대밀도(RD)= $\frac{\text{출현한 종의 개체수}}{\text{모든종의 총개체수}} \times 100\%$

③ 빈도(F) : 전체 조사구에서 어떤 종의 출현정도

㉠ 빈도 = $\frac{\text{어떤 종이 출현한 방형구수}}{\text{총방형구수}} \times 100\%$

㉡ 상대빈도(RF) $= \dfrac{\text{출현한 어떤 종의 빈도}}{\text{출현한 모든 종의 빈도 총합}} \times 100\%$

④ 수도(A) : 어떤 종이 출현한 조사구에서의 총개체수

$\dfrac{\text{어떤 종의 총 개체수}}{\text{어떤 종이 출현한 쿼드라트수}}$

7 식물군집의 분석방법

① 우점도조사

㉠ 우점종 : 군락을 대표하는 개체군. 밀도, 빈도, 피도가 높은 생물 종으로 우점종에 따라 상관(다른 외관)이 달리보임

㉡ 양적평가법

- DFD 지수 : 상대밀도 + 빈도 + 상대피도
- 상대우점값(IV) : 상대밀도 + 상대빈도 + 상대피도
- 적산우점도(SDR) : 밀도비 + 빈도비 + 피도비

② 군집의 유사성

㉠ 유사도지수(S) : Sorenson지수로 두 군집이 어느 정도 유사한가를 나타냄

㉡ $S = 2C/A + B$

여기서, A : A에 포함된 종수

B : B에 포함된 종수

C : A와 B에 포함된(공통된)수

8 라운키에르 생활형

① 내용 : 식물의 생육은 환경에 적응하여 알맞게 변화하는 생활양식을 보이는데 라운키에르 식물생활형이란 저온, 건조에 견디는 겨울눈(저항눈)의 위치로 식물의 생활을 분류하는 것을 말함

② 분류

지상식물	겨울눈의 위치가 지표 30cm이상 위치, 대부분의 수목이 해당되며 겨울눈이 지표상 노출되어도 얼지 않음, 참나무 · 벚나무 · 철쭉 등
지표식물	겨울눈의 위치가 지표 30cm 이내에 살아 있음, 토끼풀 · 국화 등
반지중식물	겨울눈이 지표에 붙어있음, 민들레
지중식물	겨울눈이 땅속에 있어 생활, 겨울눈을 토양 속에 보관, 튤립 · 백합 등
수생식물	물속이나 물밑에서 생활, 연꽃 · 검정말, 나사말 등
일년생식물	종자가 겨울잠을 자고 이듬해 피어남, 나팔꽃 · 해바라기 등

③

생활형	기호	휴면아의 위치
지상식물	Ph	지상 25cm 이상 목본
대형지상식물(교목)	MM	8m 이상
소형지상식물(소교목)	M	2~8m
관목	N	0.25~2m
지표식물	Ch	0~25cm
반지중식물	H	지표 바로 밑
지중식물	G	지중
1년생식물	Th	씨
다육식물	S	
착생식물(이끼)	E	
수생식물	HH	수면 또는 물로 포화된 토양면 밑

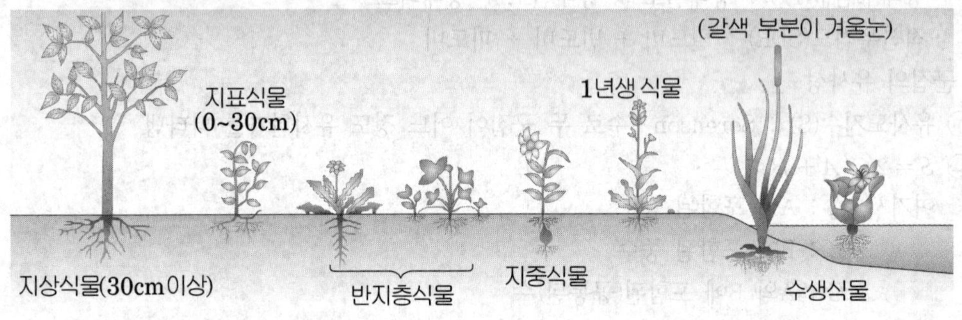

그림 . 라운키에르의 생활형

9 비오톱(Biotope)

① 정의 : Bio(생물)+tope(장소)의 뜻으로 생물서식을 위한 최소 단위 공간을 말함
② 대상 : 개별적 서식처와 생물종으로 희귀종 뿐만 아니라 흔히 볼 수 있는 생물종도 포함
예) 반딧불이 서식처, 잠자리 생물처 등
③ 목적 : 소생물종의 확보와 보존, 생물의 서식처와 산란처 마련
④ 목표 : 대상지역의 서식종 보존, 향후 서식 가능한 목표종, 가이드종 유입, 다양한 환경조성으로 인한 ecotone창출

⑤ 유형

구분	특징
숲	도시림과 도시공원으로 생태계 핵(core)의 역할
습지	지형적으로 낮은 곳에 형성된 하천과 연못, 호수 등으로 구성되어 강과 바다로 연결
잔존지	도시내에 토지의 형질이 크게 파괴되지 않고 조각난 상태(Patch)로 남아있는 논, 밭, 고립목, 과수원 등, 이동을 위한 디딤돌역할(stepping stones)의 역할
통로	가로수나 생울타리와 같이 도로와 같은 구조물에 병행해서 설치되는 것 주변에 형성된 연속된 공간은 동식물의 이동통로(corridor)로서의 역할

⑥ 도시내 비오톱조성 방안

㉠ 점적인 요소 : 건물의 벽면녹화, 옥상녹화, 소규모 생태연못의 조성, 지하주차장 상부녹화

㉡ 면적인 요소 : 대규모 인공호수 및 습지 소정, 자연관찰원 조성, 생태공원조성, 근린공원의 생물서식지화

㉢ 선적인 요소 : 에코브릿지의 조성, 가로수의 생태적 정비, 하천변 생태통로의 조성

■ 참고 : 섬 생물지리학

① 개념
- 육지와 섬의 거리, 면적과의 관계에 관한 이론
- 종의 이입률과 멸종률이 결정됨
- 도시에 고립된 산림 패치는 섬에 비유됨

② 자연 보호구의 설계지침으로 서식처의 크기와 수, 거리와 연결성, 형태와 가장자리 등의 개념이 활용

③ 주요 내용
- 거리가 멀고 작은 섬 : 종수가 최소
- 가깝고 큰 섬 : 종수가 최대
- 종수와 거리, 면적의 관계
- 육지 : 종 공급원, 섬 : 종의 수용처

④ 자연보호구 설계 (〉표시된 곳이 다양한 생물종이 서식한다)
- 면적 : 큰 것 〉 작은 것
- 수 : 큰 면적 하나 〉 작은 면적 여러 개
- 배열 : 등거리(원형)배열 〉 직선배열
- 형태 : 둥근형 〉 긴 형
- 가장자리 : 굴곡이 있는 형 〉 굴곡이 없는 형
- 기간 : 긴 것 〉 짧은 것
- 고립정도 : 인접 〉 고립

10 습지

① 정의 : 육지환경과 수환경이 만나는 전이지대로 영구적으로 또는 일시적으로 습원상태를 유지하는 지역, 법적으로 연안습지(갯벌 등 해안형과 하구형, 석호형), 내륙습지(호수형, 하천형, 소택형습지)로 구분

② 습지의 기능

생태적기능	– 야생생물의 서식처, 곤충 · 어류 · 조류의 산란장 – 생물 종 다양성의 보고, 생태계의 연결고리 – 추이대 역할
수질정화기능	– 습지에 서식하는 동식물에 의한 하 · 폐수 정화
경제적 기능	– 어패류의 산란장, 먹이공급처, 해 · 수산물 양식, 채취
문화적기능	– 지역환경에 따른 특정적 문화, 자연교육, 관광기능
수리적 기능	– 홍수통제, 지하수함양, 농 · 공용수 공급
기후조절기능	– 국지적 대기 온 · 습도 조절

11 생태연못조성

① 생태연못의 공간구분

구 분	개 념	식생구조
전이지역	인간활동이 중심이 되지만 자연보전을 고려하는 지역	식생구조가 단순함
완충지역	인간과 작은 동물이 만나고 접촉하여 다투는 구역	시각적으로 즐거움을 주는 식생구조
핵심지역	작은 동물의 서식과 번식을 우선하는 자연적도 구역으로 자연보전을 위하여 최소한의 학술연구를 제외한 모든 활동이 불허용	종이 풍부하고 구조가 복잡

전이지역 | 완충지역 | 핵심지역 | 완충지역 | 전이지역

★ ② 생태 연못의 조성방법

㉠ 생태연못의 형태는 가급적 부정형이면서 다양한 굴곡이 나타내도록 함

㉡ 방수

- 방수가 필요가 없을 경우에는 점착성이 강한 진흙이나 논흙 등을 이용하여 습지를 조성
- 방수를 실시할 경우 벤토나이트, 방수시트를 이용하며, 피복토층은 진흙이나 논흙을 이용하면 생태적인 측면에서 바람직함

③ 생태 연못의 식물

★★ ㉠ 수생식물

생육기의 일정기간에 식물체의 전체 혹은 일부분이 물에 잠기어 생육하는 식물로 생활형에 따른 수생식물을 분류하면 아래와 같다.

생활형	특 징	적절한 수심		예
정수식물 (추수식물)	뿌리를 토양에 내리고 줄기를 물 위로 내놓아 대기 중에 잎을 펼치는 수생식물	0~30cm	수심 20cm이상	갈대, 부들, 줄, 창포 등
			수심 20cm미만	물옥잠, 택사, 미나리 등
부엽식물	뿌리를 토양에 내리고 잎을 수면에 띄우는 수생식물	약 30~60cm		마름, 수련, 어리연꽃 등
침수식물	뿌리를 토양에 내리고 물속에서 생육하는 수생식물	약 45~190cm		말즘, 검정말, 물수세미 등
부수식물 (부유식물)	물위에 자유롭게 떠서 사는 수생식물			생이가래, 부레옥잠 개구리밥 등

㉡ 습생식물

습한 토양에서 생육하는 식물로서 통기조직이 발달 되어 있지 않아 장기간의 침수에 견딜 수 없는 초본 및 목본식물

예) 갯버들, 물억새, 고마리 등

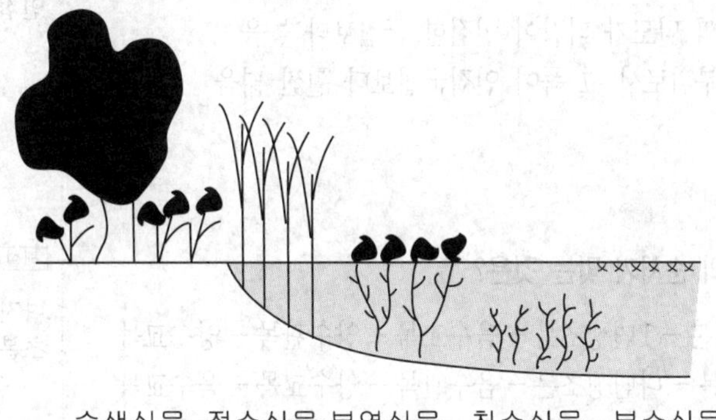

그림. 생태연못 식물의 유형 구분

핵심기출문제

내친김에 문제까지 끝내보자!

1. 다음 중 식생천이(遷移)과정의 순서가 옳은 것은?

① 나지(裸地) → 지의류(地依類) → 선태류(蘚苔類) → 초생지 → 관목지 → 극성상(極盛相)
② 나지 → 초생지 → 지의류 → 선태류 → 관목지 → 극성상
③ 나지 → 선태류 → 지의류 → 초생지 → 관목지 → 극성상
④ 나지 → 초생지 → 선태류 → 지의류 → 관목지 → 극성상

2. 주연효과(edge effect)와 관련이 없는 것은?

① 숲과 초원
② 해양과 육상
③ 종수나 일부 종의 밀도가 다같이 인접한 군집보다 높음
④ 양 군집의 인접부위로서 그 폭이 인접군집보다 훨씬 넓음

3. 천이(succession)의 순서가 맞는 것은?

① 나지 - 다년생초본 - 1년생초본 - 음수교목 - 양수관목 - 양수교목
② 나지 - 1년생초본 - 다년생초본 - 음수관목 - 양수교목 - 음수교목
③ 나지 - 1년생초본 - 다년생초본 - 음수교목 - 양수관목 - 양수교목
④ 나지 - 다년생초본 - 1년생초본 - 양수관목 - 음수교목 - 양수교목

4. 1년생 초본 - 다년생 초본 - 음수림 - 양수림 - 음수림으로 되는 과정을 무엇이라 하는가?

① ecological succession
② ecological vegetation
③ ecological structure
④ ecological pioneer vegetation

정 답 및 해 설

해설 1
나지 → 지의류 → 선태류 → 초원 → 관목림 → 양수림 → 음수림 → (혼합림) → 음수림(극상)

해설 2
주연효과
양 군집의 인접부위로 그 폭이 인접군집보다 훨씬 좁다.

해설 3
나지 → 1년생 초본 → 다년생 초본 → 양수관목 → 양수교목 → 음수교목

해설 4
생태천이
ecological succession

정답 1. ① 2. ④ 3. ② 4. ①

정 답 및 해 설

5. 잠재자연식생에 대해 가장 잘 설명하고 있는 것은?

① 극성상을 나타내는 용어이다.
② 극성상이 되기 전 단계의 식생을 의미한다.
③ 변화해 버린 입지조건 하에서 인간의 영향이 제거되었다고 가정할 때 성립이 예상되는 자연식생이다.
④ 대상식생과 같은 의미이다.

해설 5

잠재자연식생
② 극성상이 되기 전 단계의 식생을 아극상이라고 한다.
④ 대상식생은 인간에 의한 영향으로 대치된 식생, 인간의 생활 영역 속에 현존하는 대부분의 식생이다.

6. 브라운블랑케의 식생조사법을 사용하여 식생조사를 할 경우 교목림은 조사면적을 어떻게 잡으면 적당한가?

① 50~200m^2
② 150~500m^2
③ 250~750m^2
④ 750~1,000m^2

해설 6

브라운블랑케 식생조사법
· 교목림 150~500m^2
· 관목림 50~200m^2

7. 인위적으로 법면을 피복한 후 2차 식생으로 들어오는 식물 중 잘못된 것은?

① 칡　② 돌나물
③ 싸리류　④ 억새

해설 7

돌나물 – 다육식물, 옥상정원 · 인공지반 등의 식생에 사용한다.

8. 군락식재와 관련이 없는 사항은?

① 군락식재에는 생태학적사고방식이 필요하다.
② 식물군락을 형성하는 내적 요인에는 경합과 공존이 있다.
③ 현존식생이 자연식생인지 대상식생인지 알아놓을 필요가 있다.
④ 군락식재에는 정형식 수법이 많이 쓰인다.

해설 8

군락식재
자연풍경식수법을 기본으로 함

9. 소나무림, 곰솔림 등으로 불리는 식생형 분류 단위는?

① 군계　② 군단
③ 군집　④ 군총

해설 9

군총
① 피도(被度)와 출현횟수로 결정된 1종 또는 2종의 우점종에 따라 식물 군락을 구분
② 기후적으로 안정된 개개의 단위로 보통 해안의 곰솔숲이라든가, 산지의 참나무숲과 같은 식생형을 말한다.

10. 우리나라 온대림의 우점종인 수종은?

① 서어나무　② 소나무
③ 상수리나무　④ 붉나무

해설 10

온대림 우점종 수종 – 서어나무

정답	5. ③	6. ②	7. ②
	8. ④	9. ④	10. ①

정답 및 해설

11. 추이대에 대한 설명 중 옳지 않은 것은?

① 생태적 중요성이 높다.
② 둘 이상의 유사한 군집이 모여 있다.
③ 갯벌이 대표적인 추이대이다.
④ 생물의 종 다양성이 높다.

해설 11

추이대
- 두 개 이상 혹은 그 이상의 이질적인 군집에서 보이는 이행부
- 생태적 중요도가 높다.

12. 식물군락을 성립시키는 외적인 환경요인이 아닌 것은?

① 토양요인
② 기후요인
③ 생물적요인
④ 문화적요인

해설 12

외적인 환경요인 – 토양요인, 기후요인, 생물적요인

13. 생태적으로 안정된 식생구조를 가진 조경 배식 예는?

① 조팝나무군락 + 무궁화나무군락 + 소나무군락
② 맥문동 + 조릿대군락 + 조팝나무군락
③ 맥문동 + 개나리군락 + 왕벚나무군락
④ 상수리나무군락 + 갈대군락 + 맥문동군락

해설 13

③ 초본+관목+교목의 구조

14. 군집의 생태와 관련하여 종의 풍부도 경향을 설명한 것이다. 잘못된 것은?

① 종의 풍부도는 서식처의 복잡한 정도에 따라 증가한다.
② 종의 풍부도는 지역의 규모에 따라 증가한다.
③ 한 지역에서 종의 풍부도는 종의 지리적 근원지에 가까울수록 증가한다.
④ 종의 풍부도는 고위도에서 증가한다.

해설 14

종의 풍부도는 저위도(따뜻한 곳)에서 증가한다.

15. 쓰레기 매립지인 서울난지도에 성토를 한 후 초기에 침입하는 수종은 생장률과 번식률이 높은 성질이 나타나는 도태압의 효력이 나타난다. 이에 적당한 수종은?

① 졸참나무　② 버드나무
③ 서어나무　④ 산딸나무

해설 15

생장률과 번식률이 높은 성질이 나타나는 도태압의 효력이 나타나는 수종–버드나무

정답 11. ② 12. ④ 13. ③ 14. ④ 15. ②

16. **변화된 입지조건 하에서 인간에 의한 영향이 제거되었다고 가정할 때, 앞으로 성립이 예상되는 식생을 가르키는 용어는?**

① 자연식생(natural vegetation)
② 원식생(original vegetation)
③ 대상식생(substitute vegetation)
④ 잠재자연식생(potential natural vegetation)

17. **군집의 안정성 및 성숙도를 표현하는 지표로서 중요도, 균재도지수, 우점도 등이 이용되는 것은?**

① 녹지자연도 ② 층화도
③ 산재도 ④ 종다양도

18. **다음 기술 중 부적당하다고 생각되는 것은?**

① 식물군락의 구성종이 변모하여 타수종 군락으로 종구성이 변화해 가는 것을 천이라고 한다.
② 천이가 발생하는 원인은 차광 등 환경변화에 의한 것이 일반적이다.
③ 천이를 반복하면서 식물군락이 안정된 상태일 때에 극상이라고 한다.
④ 천이는 자연의 힘만으로 이루어지며 인위적 작용의 영향을 받지 않는다.

19. **다음 중 수도(數度)를 나타내는 식으로 맞는 것은?**

① 조사한 총면적 / 어떤 종의 총 개체수
② 어떤 종이 출현한 방형구 / 조사한 총 방형구 수
③ 어떤 종의 총 개체수 / 조사한 총면적
④ 어떤 종의 총 개체수 / 어떤 종이 출현한 방형구 수

20. **우점종에 대한 설명으로 올바른 것은?**

① 우점종과 그것이 소속된 영양집단의 생산력과는 관계가 없다.
② 식물 군락을 대표하는 종으로써 종 분류의 기준으로 사용된다.
③ 어떤 특정 공간의 식물사회에서 양적으로 가장 우세한 상태를 보이고 있는 종이다.
④ 식물군락의 우점종은 기후·지형·토양 등의 외적환경에는 큰 영향을 받지 않는다.

해설 **16**

① 자연식생 : 인간에 의한 영향을 입지 않고 자연 그대로의 상태로 생육하고 있는 식생
② 대상식생 : 인간에 의한 영향으로 대치된 식생, 인간의 생활 영역 속에 현존하는 대부분의 식생
③ 원 식 생 : 인간에 의한 영향을 받기 이전의 자연식생
④ 잠재자연식생 : 변화된 입지조건하에서 인간에 의한 영향이 제거되었다고 가정할 때 성립이 예상되는 자연식생

해설 **17**

중요도, 균재도지수, 우점도 등의 이용 – 종다양도

해설 **18**

2차 천이처럼 산불이나 벌목 등 인위적 작용을 영향을 받기도 한다.

해설 **19**

① 평균넓이
② 빈도
③ 밀도

해설 **20**

우점종은 소속된 영양집단 중에서 양적으로 우세하며 따라서, 최대생산력을 가진다.

정답 16. ④ 17. ④ 18. ④ 19. ④ 20. ③

21. 다음의 기술에서 부적당한 것은?

① 식물간의 생존경쟁은 이종간에서 우점종이 지정되면 동종간에 일어난다.
② 자연림내에서는 교목, 중목, 저목, 초본 등의 생활형의 차이로 교모히 성장한다.
③ 일반적으로 열악한 환경조건에 견디는 식물은 식물 상호간에 경쟁도 강하다.
④ 소나무는 건조, 척박한 토지에도 견디나 비옥저습지를 좋아한다.

22. 군식(群植)에 대한 설명으로서 가장 옳지 않은 것은?

① 자연스러운 경관을 형성할 수 있다.
② 설계에 통일성을 줄 수 있다.
③ 대부분의 식물은 군락 상태 하에서 더 잘 자랄 수 있다.
④ 자체 경쟁으로 군락의 전반적인 생장을 저해한다.

23. 우리나라 중부지방의 건성천이에서 최종적으로 이루어지는 극성상은 어느 수종인가?

① 소나무, 단풍나무류　② 산벚나무, 물푸레나무
③ 진달래, 철쭉　④ 참나무류, 서어나무

24. 다음 설명 중 옳지 않은 것은?

① 생태천이에서 성숙단계에 도달할수록 군집의 안정성이 낮아진다.
② 생태천이에서 성숙단계에 도달할수록 전체 유기물의 양이 많아진다.
③ 생태천이에서 성숙단계에 도달할수록 공간적 이질성에 대한 조직화가 충분히 이루어진다.
④ 생태천이에서 성숙단계에 도달할수록 생태적 지위의 특수화가 좁아진다.

25. 다음 비오톱에 관한 설명 중 잘못된 것은?

① 도시(농천) 비오톱 지도는 도시(농촌)경관생태계획의 핵심적 기초자료이다.
② 도시 비오톱은 생물 서식공간을 의미하기도 한다.
③ 도시 비오톱은 도시민에게 중요한 휴양 및 자연체험 공간을 제공해 준다.
④ 벽면 녹화 및 옥상정원등은 소규모 비오톱공간으로 볼 수 없다.

정답 및 해설

해설 21
소나무는 양수교목으로 건조, 척박한 토지에서 생육한다.

해설 22
자체 경쟁으로 군락의 생장을 촉진한다.

해설 23
극성상 수종 – 참나무류, 서어나무

해설 24
천이에서 극상단계에 도달할수록 군집의 안정성은 높아진다.

해설 25
벽면 녹화 및 옥상정원 등은 소규모 비오톱공간에 해당된다.

정답 21. ④ 22. ④ 23. ④ 24. ① 25. ④

26. 경관생태계의 기능적 특징과 가장 거리가 먼 것은?

① 공간의 배열
② 에너지의 흐름
③ 생물종의 이동
④ 물질의 순환

27. 일반적으로 식재설계는 식물의 생리생태학적인 특성을 이용하여 식재하여야 한다. 다음 중 옳은 것은?

① 은방울꽃은 빛이 드는 양지에 식재하여야 한다.
② 벌개미취는 산림의 건조한 지역에 식재한다.
③ 줄은 냇가나 습지에 식재한다.
④ 애기부들은 물이 없는 곳에 식재한다.

28. 도시 생태계의 일반적 특징이 아닌 것은?

① 귀화식물 등 불건전한 특유의 종 출현
② 원예종 위주의 증가로 생물적 다양성 증가
③ 생물적 다양성 저하
④ 생태계 구조의 단순화

29. 특정 군집에서 가장 많이 나타나는 몇몇 종을 가리키는 용어는?

① 핵심종 ② 우점종
③ 희소종 ④ 고유종

30. 개체군 조절에 영향을 미치는 내적요소가 아닌 것은?

① 종내경쟁
② 이입과 이출
③ 생태적이고 행동적인 변화
④ 종간 경쟁

31. 다음 시기 중 Allee 성장형에 대해 적당한 것은?

① 밀도 증가와 함께 성장률이 증가한다.
② 밀도 증가와 함께 성장률이 감소한다.
③ 성장률은 밀도 증가와 무관하다.
④ 성장률은 중간 밀도에서 가장 높다.

정 답 및 해 설

해설 26

경관생태계 기능
공간적인 요소의 상호작용을 말하며, 경관요소 사이에서 일어나는 에너지와 물질의 순환, 생물종 그리고 정보의 흐름을 말한다.

해설 27

① 은방울꽃 : 백합과로 산지 그늘진 응달숲속에 자생, 다년생초본으로 다습하고 비옥한 토양을 좋아한다. 초장은 20~30cm 이다.
② 벌개미취 : 국화과로 산림의 습진 곳에 자생한다. 초장은 50~60cm이다
③ 줄 : 화본과로 냇가나 습지에 자생한다.
④ 애기부들 : 부들과로 연못이나 강가 얕은 물속에 자생하며 1.5~2m 정도의 높이를 가진다.

해설 28

도시 생태계의 일반적 특징
- 귀화식물 등 불건전한 특유의 종 출현
- 생물적 다양성 저하, 생태계 구조의 단순화

해설 29

- 핵심종–생태계에 존재하는 종 가운데 한 종의 존재가 생태계 내 다른 종다양성 유지에 결정적인 역할을 하는 종을 핵심종이라 한다.
- 희소종–야생 상태에서 살아 있는 개체 수가 특히 적은 생물종.
- 고유종–특정 지역에서 저절로 자생하는 종. 특산종을 포함하며, 외래종(外來種)에 대응되는 개념

해설 30

개체군조절에 미치는
- 내적요인 : 이입, 이출, 종내경쟁
- 외적요인 : 물리적요인(토양, 환경), 종간경쟁, 질병, 포식, 피식 등

해설 31

allee의 원리(개체군의 속성)
최적생장 생존을 위한 집단화는 적절한 크기(중간 밀도)가 유지되어야 하며 적절한 밀도 유지조건에서 최대 생존율을 가진다는 원리

정답 26. ① 27. ③ 28. ② 29. ② 30. ④ 31. ④

32. 습지지역에서 수생식물은 생물다양성의 증진과 수질정화 등 다양한 기능을 수행한다. 다음 중 잘못 설명된 것은?

① 습지에서 초본식물 식재지역의 토양의 깊이는 최소한 30cm 이상은 확보되어야 한다.
② 수변부는 육지와 물이 인접하는 경계지대로 생물다양성이 풍부한 추이대(ecotone)이다.
③ 갈대는 규모가 아주 작은 연못이나 작은 계류에 식재하면 좋다.
④ 수생식물의 지나친 성장분포를 제어하기 위해서는 통나무를 촘촘히 박아주어야 한다.

33. 다음 중 습지를 좋아하는 식물로 짝지워진 것은?

① 팥배나무 – 느릅나무 ② 왕버들 – 낙우송
③ 참나무 – 소나무 ④ 팽나무 – 향나무

34. 다음 중 수변구역에서의 식재활용에 대한 설명 중 옳지 않은 것은?

① 폐기물 매립지 등이 인접한 수변구역의 경우, 포플러류, 현사시 등의 식물을 식재하면 오염물질 제거 및 토양 정화 효과가 높다.
② 목본 식생의 경우, 물푸레나무, 굴피나무, 고로쇠나무 등 뿌리의 양이 많고 땅속 깊이 뻗는 수원함양 효과가 높은 수종을 식재하는 것이 바람직하다.
③ 갈대의 경우, 인과 질소의 정화능력이 높아 수변 지역에서 적용 가능성이 매우 높다.
④ 습지의 경우, 발생할 가능성이 있는 수질변화에 적절히 대처할 수 있도록 식물을 식재할 때 여러종을 식재하기 보다는 단일종을 식재하는 것이 간단하여 바람직하다.

35. 아래의 수생식물 중 오수 정화용으로 적합한 것을 모두 선택한 것은?

① 미나리	② 갈대	③ 줄	④ 애기부들
⑤ 수련	⑥ 꽃창포	⑦ 택사	

① ①②③④⑤⑥⑦
② ①②③④⑤⑥
③ ①②④⑤⑦
④ ①②③④⑤

정답 및 해설

해설 32
갈대는 대규모의 식재가 효과적이다.

해설 33
호습성 식물–버드나무류, 낙우송, 메타세콰이어 등

해설 34
수변구역 자생수종으로 권장수종은 버드나무류, 보조수종으로 메타세콰이어, 낙우송 등 뿌리가 천근성인 수종이 적합하며, 보기 내용의 수종과 땅속 깊이 뻗는 수종(심근성)은 적합지 않다.

해설 35
보기의 미나리, 갈대, 줄, 애기부들, 수련, 꽃창포, 택사 등은 모두 오수 정화용 식물이다.

정답 32. ③ 33. ② 34. ② 35. ①

36. 패치 가장자리의 생태적 특성을 설명할 수 있는 지표로 적합하지 않는 것은?

① 가장자리의 수직과 수평구조
② 가장자리의 폭
③ 종 풍부도
④ 색채의 다양성

해설 36

패치(Patch)
식생조각, 점·선·면적 경관요소로 크기와 형상, 경계부(가장자리) 특성에 따라 여러 형태로 나타남

37. 라운키에르의 생활형분류에 속하지 않는 것은?

① 양치식물(M) ② 다육식물(S)
③ 지중식물(G) ④ 수생식물(HH)

해설 37

라운키에르 생활형 분류
지상식물, 관목, 지표식물, 반지중식물, 지중식물, 1년생식물, 다육식물, 착생식물, 수생식물

38. 주연효과(edge effect)와 관련이 없는 것은?

① 숲과 초원
② 해양과 육상
③ 종수나 일부 종의 밀도가 다같이 인접한 군집보다 높음
④ 양 군집의 인접부위로서 그 폭이 인접군집보다 훨씬 넓음

해설 38

추이대(ecotone)는 이질군집의 경계부로 인접군집보다 폭이 좁다.

39. 집단식재기법을 적용하여 배식함으로써 수관의 층화(stratification)를 형성하고자 한다. 상층 수관을 적절하게 형성할 수 있는 수종으로 짝지은 것은?

① 전나무, 주목
② 소나무, 정향나무
③ 둥근측백, 가중나무
④ 백합나무, 협죽도

해설 39

층화식재에서 상층 수관은 교목식재 수종을 말하므로, 보기 수종에서 전나무와 주목이 해당된다.

40. 군집 구조의 발전 과정에 대한 설명 중 틀리는 것은?

① 비생물적 유기물질은 증가한다.
② 개체의 크기는 점점 커지는 경향이 있다.
③ 총 생물량은 증가한다.
④ 종의 다양성은 지속적으로 증가한다.

해설 40

종다양성은 천이의 극상단계에서는 더 이상 증가하지 않는다.

정답 36. ④ 37. ① 38. ④ 39. ① 40. ④

41. 공원 등에 야생조류를 유치하기 위한 식재계획의 원리 중 옳지 않은 것은?

① 유치 조류별로 먹이가 되는 열매수종을 다양하게 배식한다.
② 조류들이 집을 지을 수 있게 덤불성 수종을 주연부에 배식한다.
③ 연못, 습지, 숲, 잔디밭 등 서식환경을 다양하게 설계한다.
④ 주연부 식재는 가능한 짧고 좁게 한다.

해설 41
주연부 식재는 가능한 길게 하여 다양한 주연부 효과 등을 고려한다.

42. 다음 중 생태계 발달 모형에 대한 설명으로 틀린 것은?

① 다양성은 천이와 함께 증가하는 경향이 있다.
② 생물량과 유기물의 현존량은 천이와 함께 증가한다.
③ 천이가 진행될수록 순생산량과 호흡량이 증가한다.
④ 천이가 진행됨에 따라 동·식물의 종구성이 변하다.

해설 42
· 천이초기단계
생산량 > 호흡량
· 천이극상단계
생산량 = 호흡량

43. 군집의 변화 중 천이에 대한 설명으로 올바른 것은?

① 천이를 주도하는 것은 인간이다.
② 천이는 군집에 따른 물리적 환경의 변화와는 관련이 없다.
③ 천이는 대부분 만년 이내 즉 1~5,000년 사이에서 발생된 변화다.
④ 시간의 경과에 따른 군집변화과정으로서 군집발전의 규칙적인 과정을 나타낸다.

해설 43
천이의 특징
① 자연의 힘이 주도적임
② 식생의 변화과정 물리적 환경의 변화와 관련함
③ 천이는 1차 천이는 약 1,000년, 2차 천이는 약 200년 정도 기간이 소요됨
④ 군집의 발전과정은 규칙적임

44. 일반적으로 생물 서식공간으로 생물이 서식할 수 있는 최소한의 면적을 의미하는 용어는?

① 생태통로(ecological corridor)
② 생태적 지위(niche)
③ 서식지의 경계(edge)
④ 비오톱(Biotope)

해설 44
생물이 서식할 수 있는 최소한의 면적-비오톱

45. 다음 중 생태형별 수생식물의 구분이 맞지 않는 것은?

① 침수식물 : 말, 물질경이, 대가래
② 부유식물 : 개구리밥, 연, 부들
③ 부엽식물 : 마름, 자라풀
④ 정수식물 : 달뿌리풀, 보풀, 줄

해설 45
생태별 수생식물 구분
· 침수식물 : 검정말, 붕어마름, 말즘, 나사말, 대가래
· 부수(유)식물 : 부레옥잠, 좀개구리밥, 물개구리밥
· 부엽식물 : 연, 수련, 노랑어리연, 자라풀, 가래, 마름
· 정수식물 : 갈대, 부들, 줄

정답 41. ④ 42. ③ 43. ④ 44. ④ 45. ②

46. 보기와 같은 군락구조 측정값(Curtis J. T.)을 얻었다고 할 때 종합적으로 우점도를 산출해 내는데 활용되는 DFD지수 값은?

빈도 : 20, 밀도 : 40	상대밀도 : 15
상대피도 : 35	상대빈도 : 30

① 55 ② 70
③ 85 ④ 90

47. A조사구는 25종, B조사구는 34종의 식물이 출현하였고 A, B 조사구에 공통으로 출현한 종수가 16종이라고 한다면 군집의 유사성을 나타내는 Sorenson지수 S는?

① 0.27 ② 0.40
③ 0.54 ④ 0.67

48. 개체군의 특성에 관한 설명으로 옳은 것은?

① 단위 생활공간당 개체수를 조밀도라 한다.
② 단위 총공간당 개체수를 생태밀도라 한다.
③ 개체군의 분포는 균일형, 임의형, 괴상형이 있다.
④ 생존형 곡선에 있어 인간은 오목한 형태를 나타낸다.

49. 식생도에 관한 설명으로 옳지 않은 것은?

① 세밀한 식생조사를 위해서 대축척의 식생도를 만든다.
② 식생에 대한 분포를 시각적으로 알 수 있게 한다.
③ 식생도는 분포의 입지 관련 해석의 실마리를 제공해 준다.
④ 대상(代償)식생이란 원래의 자연환경 조건에서 존재하였던 식생을 말한다.

50. 생태적 천이(ecological succession)에 대한 설명으로 틀린 것은?

① 내적공생 정도는 성숙단계에 가까울수록 발달된다.
② 생활 사이클은 성숙단계에 가까울수록 길고 복잡하다.
③ 생물과 환경과의 영양물 교환 속도는 성숙단계에 가까울수록 빨라진다.
④ 영양물질의 보존은 성숙단계에 가까울수록 충분하게 된다.

정답 및 해설

해설 46

DFD 지수=상대밀도+빈도+상대피도=15+20+35= 70

해설 47

Sorenson지수

$S=2\times\left(\frac{C}{A+B}\right)$

$S=2\times\left(\frac{16}{25+34}\right)=0.54$

C=A+B로 조사구에서 조사된 공통종의 수
A : A 종의수
B : B 종의수

해설 48

① 밀도의 구분
- 생태 밀도 : 개체가 실제 생활할 수 있는 면적당 개체수
- 조밀도 : 개체군이 존재하는 전체 면적당 개체수

② 인간의 생존형 곡선출생 수는 적지만 어릴 때 부모의 보호를 받아 어린 개체의 사망률이 낮고 대부분의 개체가 생리적 수명에 근접할 때까지 생존하므로 볼록한 형태를 하고 있다. (예) 사람, 대형포유류

해설 49

대상식생은 자연식생과 대응되는 말로, 인위적인 간섭에 의해 이루어진 식물군락을 말한다.

해설 50

바르게 고치면
생물과 환경과의 영양물 교환 속도는 성숙단계에 느리게 된다.

정답 46. ② 47. ③ 48. ③ 49. ④ 50. ③

51. 군집의 생태에 관련하여 종의 풍부도 경향을 설명한 것으로 틀린 것은?

① 종의 풍부도는 고위도에서 증가한다.
② 종의 풍부도는 지역의 규모에 따라 증가한다.
③ 종의 풍부도는 서식처의 복잡한 정도에 따라 증가한다.
④ 한 지역에서 종의 풍부도는 종의 지리적 근원지에 가까울수록 증가한다.

52. 산림생태계 복원 시 자생종으로 활용할 수 있는 수종으로만 조합된 것은?

① 가죽나무(*Ailanthus altissima*)
자귀나무(*Albizia julibrissin*)
② 감나무(*Diospyros kaki*)
버즘나무(*Platanus orientalis*)
③ 모과나무(*Chaenomeles sinensis*)
메타세콰이아(*Metasequoia glyptostroboides*)
④ 상수리나무(*Quercus acutissima*)
때죽나무(*Styrax japonicus*)

53. 군집의 발전 과정에서 나타나는 여러 현상에 관한 설명으로 틀린 것은?

① 비생물적 유기물질은 증가한다.
② 개체의 크기는 점점 커지는 경향이 있다.
③ 물리적 환경과의 평형상태를 극상이라고 한다.
④ 천이는 군집 변화 과정을 내포한 방향성 없는 변화이다.

54. 라운키에르(Raunkier)에 의한 식물의 생활양식의 유형이 아닌 것은?

① 다육(多肉)식물 ② 초본(草本)식물
③ 반지중(半地中)식물 ④ 일년생(一年生)식물

55. 수생식물의 분류 중 정수성 식물(emergent plants)에 해당하지 않는 것은?

① 갈대 ② 생이가래
③ 부들 ④ 골풀

정 답 및 해 설

해설 51

종 풍부도(species richness)
- 단위면적 내에 서식하는 생물종의 수를 계량화한 것. 군집 내에서 일정면적에 있는 종의 수
- 일정한 표본지역의 종 수를 세어 한 지역의 종 풍부도를 추정할 수 있음
- 종풍부도는 위도가 낮아짐에 따라 증가하므로, 열대지역은 온대지역보다 종이 더 풍부함

해설 52

산림생태계 복원시 자생종으로 활용할 수 있는 수종
- 교목층 : 참나무류(상수리나무, 신갈나무 등), 산벚나무, 당단풍나무, 생강나무, 때죽나무, 쪽동백나무
- 관목층 : 철쭉, 진달래, 덜꿩나무, 국수나무, 병꽃나무, 조록싸리나무

해설 53

바르게 고치면
천이는 군집 변화 과정을 내포한 방향성이 있는 변화이다.

해설 54

라운키에르의 생활양식 유형
- 겨울눈(휴면아)의 위치에 따라 식물을 구분
- 지상식물, 지표식물, 반지중식물, 지중식물, 수생식물, 일년생식물
- 추운지방일수록 지상식물의 비율이 낮고, 지중식물의 비율이 높다.

해설 55

① 정수식물(Emergent plants)
- 몸체는 공기 중에, 줄기일부 뿌리는 물속에 위치함
- 습지의 가장자리(물가)에 위치함
- 갈대, 부들, 골풀, 고마리 등

② 부유식물(Free-floating plants)
- 줄기와 잎이 수면 위, 뿌리가 물속에 드리워져 있는 식물
- 개구리밥, 부레옥잠, 생이가래 등

정답	51. ① 52. ④ 53. ④ 54. ② 55. ②

경관 및 건물과 관련한 식재

5.1 핵심플러스

■ 경관식재형식 : 표본식재, 강조식재, 군집식재, 산울타리식재, 경재식재

■ 건물과 관련된 식재형식 : 기초식재, 초점식재, 모서리식재, 배경식재, 가리기식재

1 경관식재형식

① 표본식재 (specimen planting)

㉠ 가장 단순한 식재 형식

㉡ 독립수로 식재되어 개체의 미적 가치가 높게 평가 될 수 있는 시각적 특성이 뛰어난 수목

㉢ 축선의 종점, 현관, 잔디밭, 중정 등의 관상하여 즐길 수 있는 장소에 식재

② 강조식재 (accent planting)

㉠ 단조로운 식재군 내에서 1주 이상의 수목으로 시각적 변화와 대비에 의한 강조효과를 얻고자 하는 수법

㉡ 관목의 식재군안에서 높이에 변화를 주는 방법이 주로 사용되어짐

③ 군집식재 (grouping planting)

㉠ 개체의 개성이 약한 수목을 3~5주 모아심어 식재 단위를 구성

㉡ 표본식물에 비하여 시각효과가 크며 무리의 높이, 형태, 배열 등의 상관관계에 의하여 시각적 가치 결정

㉢ 수직적인 군집식재에서는 초점요소로서의 효과가 낮고 수평적인 군집식재에서는 동선을 유도하는 효과가 특히 뚜렷하다.

④ 산울타리식재 (hedge)

㉠ 한 종류의 수목을 선형으로 반복하여 식재하는 형식

㉡ 전정형, 자연형(비전정형)의 방법이 있으며 동일한 재료를 반복하여 사용하므로 구조적으로 강한 요소가 된다.

㉢ 키가 높은 (눈높이 이상)산울타리를 배경효과를 가지고, 키가 작은 산울타리는 수평적으로 공간을 강하게 분할한다.

㉣ 수종 선정시 지엽밀도, 전정성, 밀식성 등과 가지가 겨울철의 적설 등에 견딜 수 있는지를 고려한다.

⑤ 경재식재 (border planting)

㉠ 외곽경계부위나 원로를 따라 식재하여 여러 가지 효과를 얻고자 하는 식재형식, 관목류 위주의 식재

㉡ 수목은 서로 중첩되도록 하고 시선이 전면으로부터 갈수록 요면을 형성하여 높아지도록 하여야 시각적 효과가 높아진다.

2 건물과 관련된 식재형식

건축물과 관련된 조경에서 중요한 조경설계의 대상은 건물의 전정공간
전정은 현관부분으로 건물과 주변경관과의 연결성에 맞추어 이루어져야 한다.

① 기초(founding planting)식재의 기법 (일반적인 설계원칙)
  ㉠ 건축물의 인공적인 건축선 완화
  ㉡ 건물의 틀짜기
  ㉢ 개방적인 잔디공간 확보
  ㉣ 현관으로서의 전망 강조

② 초점 식재
  ㉠ 관찰자의 시선을 현관쪽으로 집중시키기 위한 것, 접근로로서 인지가 쉬워야 한다.
  ㉡ 현관을 종점으로 하는 깔대기형 수관이 형성하도록 하는 것이 바람직하다.
  ㉢ 강한 시각적 관심을 유도하는 다른 수목이나 식재기법이 그 주변에서 우선 배제되어야 한다.
  ㉣ 수관선, 수목의 질감, 색채, 형태를 이용하거나 현관부위에서 시각적 정점을 이루도록 화단을 디자인 하거나 조각물, 자연석, 기타의 점경물을 이용한다.

③ 모서리 식재
  ㉠ 건물모서리의 강한 수직선을 완화
  ㉡ 외부에서 바라다 보이는 조망의 틀을 짜고자하는 목적
  ㉢ 단층 또는 2층의 건물이라면 수목의 높이가 건물 높이 정도는 되어야 한다.

④ 배경식재
  ㉠ 자연경관이 우세한 지역에서 건물과 주변경관을 조화시키기 위한 식재
  ㉡ 배경으로 사용되는 수목은 건물보다 높아야하므로 빌딩에서는 무의미하다.
  ㉢ 수목은 대교목으로 그늘 제공, 방풍 또는 차폐의 기능을 동식에 충족하도록 한다.

⑤ 가리기 식재
  건물의 모습이 부분적으로 어색하거나 자체의 구성요소 사이에서도 서로 조화되지 않는 부분들을 적절히 가려줌으로 건물의 전체적인 외관을 향상시킴

기능식재

6.1 핵심플러스

■ 기능식재 : 수목을 수학적, 공학적으로 활용

차폐식재	·차폐이론 $\tan\alpha=\frac{H-e}{D}=\frac{h-e}{d}$ → h(수고) = tan α ×d +e (e : 사람 눈높이, h : 수고, H : 건물 높이, D : 차폐건물과 사람과 거리, d : 수목과 사람와의 거리)
가로막기식재	·목적 : 담장대용품, 경계의 표시, 진입방지, 통풍조절, 방화방풍, 일사조절, 장식적 ·수종 : 지엽이 밀생/ 전정에 강한 수종
녹음식재	·수목의 그림자 길이 L = H × cot α (L : 수목의 그림자길이, H : 수목의 높이, α : 태양고도)
방음 식재	·식재구조 : 너비20~30m/ 중앙부분의 높이 13.5m/ 음원과 수음원까지 거리의 2배가 가장적당/ 가옥까지의 거리 30m/ 시가지의 경우 3~15m 가능
방풍식재	·수목의 높이와 관계를 가지며 감속량은 밀도에 따라 좌우 ·구조 : 식재너비 10~20m, 수림대의 길이는 수고의 12배 이상/ 주풍과 직각
방화식재	·방화용 수목 조건 : WD 지수 / T=W × D (T : 시간, W : 잎의 함수량, D : 잎의 두께) / 상록활엽수가 적당함
방설식재	·식재밀도가 높고 수고가 높으며 지하고가 낮으면 방설의 기능이 높아짐
지피식재	·흙먼지의 양을 감소 / 토양 침식방지/ 강우로 인한 진땅방지 / 미기후의 완화 / 동상방지/ 미적효과

1 차폐식재

외관상 보기 흉한 곳이나 구조물 등을 은폐하거나 외부에서 내부가 보이지 않게 하기 위해 시선이나 시계를 차단하는 식재

① 차폐식재의 크기와 위치

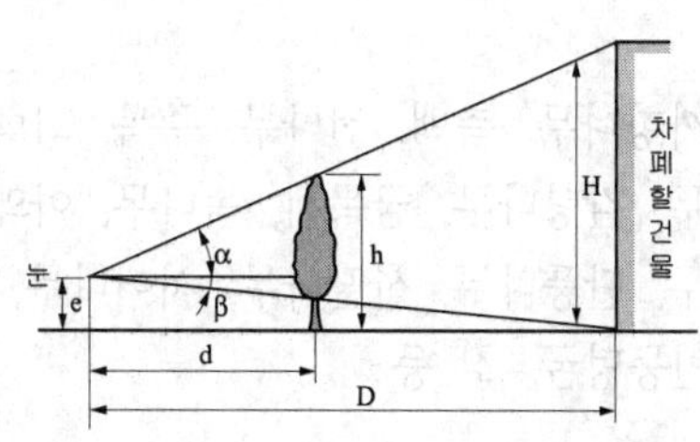

- $\tan\ \alpha = \dfrac{H-e}{D} = \dfrac{h-e}{d}$
  (e : 사람 눈높이, h : 수고, H : 건물 높이,
  D : 차폐건물과 사람과 거리, d : 수목과 사람와의 거리)
- 수목높이(h) = $e + \tan\alpha \times d$
- 차폐식재시 시점이 멀어질수록 수고도 높아져야 한다.
- 눈높이(e) : 서있는 사람(150~160cm) / 승용차에 앉아 있는 경우 (120cm)

② 주행시 측방차폐

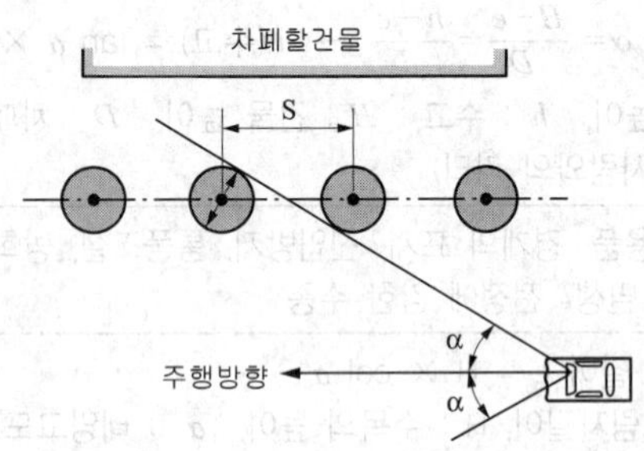

$$S = \frac{2r}{\sin\alpha} = \frac{d}{\sin\alpha}$$

(S : 수목의 간격, r : 수관의 반경,
d : 수관의 직경, α : 진행방향에 대한 좌우시각, 30°)
* 열식수의 간격을 수관폭의 2배 이하로 잡으면 측방의 차단 효과

③ 카뮤플라즈(camouflage)

㉠ 대상물이 눈에 띄지 않도록 하는 방법, 의장(擬裝)수법·미채(迷彩)수법이라고 한다.

㉡ 방법

- 주위의 사물과 형태와 색채 및 질감에 있어서 현저한 차가 생겨나지 않도록 일체화를 도모하는 방법 (균질화)
  예) 경사지 법면의 잔디 녹화
- 대상물을 도색이나 딴 물체도 일부를 가려 외관상 작게 분할함으로써 하나의 형태로 인지하기 어렵도록 함 (분산방식)
  예) 담쟁이 덩굴에 의한 벽면 녹화

④ 차폐식재용 수종

㉠ 상록침엽교목 : 가이즈까향나무, 측백, 전나무, 주목, 화백, 편백 등

㉡ 상록활엽교목 : 가시나무, 감탕나무, 금목서, 녹나무, 아왜나무, 후피향나무 등

㉢ 낙엽활엽교목 : 느티나무, 단풍나무, 산딸나무, 서어나무, 은행나무, 버드나무 등

㉣ 만경류 : 담쟁이덩굴, 인동덩굴, 칡 등

2 가로막기 식재

① 용도 : 담장대용품, 경계의 표시, 눈가림, 진입방지, 통풍조절, 방화방풍, 일사조절, 장식적 목적

② 효과 : 병풍의 기능으로 콘크리트나 판자담보다 월등히 양호, 전통식재수법 중 취병의 수법

③ 산울타리 조성 기준

㉠ 경계선으로부터 산울타리 완성 시 두께의 1/2만큼 안쪽으로 당겨서 식재 90cm 정도 수목을 30cm 간격으로 1열 또는 교호식재

㉡ 표준높이는 120, 150, 180, 210cm의 네 가지, 두께는 30~60cm가 적합, 방풍효과를 겸할 경우 높이를 3~5m가 적당

3 녹음 식재

① 녹음효과

㉠ 잎에 의해 햇빛 차단하여 그늘을 만듬

㉡ 잎 한 장을 투과하는 햇빛량은 전수광량의 10~30% 정도임.

㉢ 수목의 그림자 길이

$L = H \times \cot\ \alpha$

(L : 수목의 그림자길이, H : 수목의 높이, α : 태양고도)

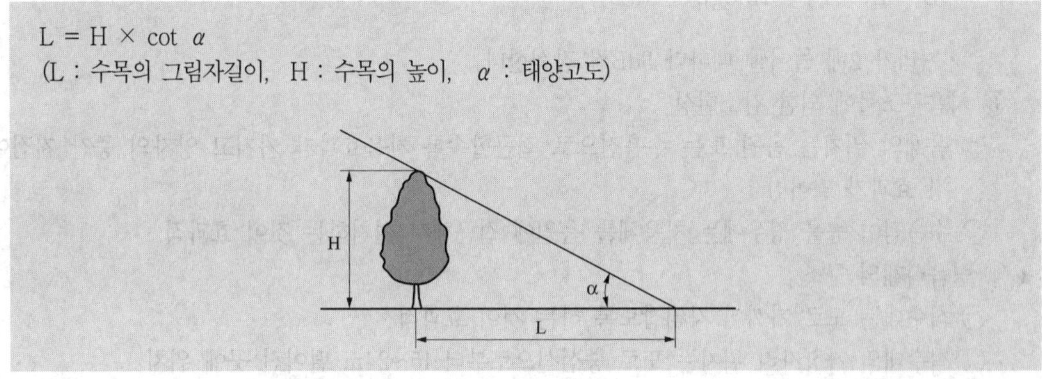

② 녹음수종 : 느티나무, 플라타너스, 가중나무, 은행나무, 칠엽수, 오동나무, 회화나무, 팽나무 등

■ 참고: 녹음용 수종 선정조건

· 수관이 크고 머리가 닿지 않을 정도의 지하고를 지녀야할 것
· 잎이 크고 밀생하며 낙엽교목일 것(겨울의 일조량)
· 병충해와 답압의 피해가 적을 것, 악취 및 가시가 없는 수종

4 방음 식재

① 방음대책

㉠ 식수대를 조성하는 방법
㉡ 음원에서 거리를 충분히 떼어 놓은 것
㉢ 담과 같은 차음체를 설치할 것
㉣ 노면구배를 완만하게 하는 방법
㉤ 노면에 요철을 없애는 방법

② 거리에 의한 소음의 감쇠현상

㉠ 점음원(占音源)일 경우

· $D = L_1 - L_2 = 20\log_{10}\dfrac{d_2}{d_1}(dB)$

(여기서, D : 소음의 차이, L_1, L_2 : 각 지점의 소음도,
d_1, d_2 : 음원으로부터의 거리)

· 거리가 2배 늘어날 때 마다 6dB씩 감쇠한다.

㉡ 선음원(線音源)일 경우

· $D = L_1 - L_2 = 10\log_{10}\dfrac{d_2}{d_1}(dB)$

· 거리가 2배 늘어날 때마다 3dB씩 감쇠한다.

③ 차음구조물에 의한 감소현상

㉠ 음체의 위치는 음원 또는 수음점으로 접근할수록 차음효과가 커지고 양자의 중간 지점이 가장 효과가 떨어짐
㉡ 수음점이 높을 경우에는 차음체를 음원에 접근해서 설치하는 것이 효과적

★ ④ 방음식재의 구조

㉠ 식수대는 도로 가까이 자리잡도록 하는 것이 효과적
㉡ 식수대의 가장자리 위치는 도로 중심선으로부터 15~24m 떨어진 곳에 위치
㉢ 식수대의 너비는 20~30m, 수고는 식수대의 중앙부분에서 13.5m 이상 되도록 식재
㉣ 식수대와 가옥과의 사이는 최소 30m 이상 떨어져야 함
㉤ 시가지의 경우 도로중심선으로부터 3~15m 되는 곳에 위치하고 너비가 3~15m
㉥ 수림대의 앞 뒤 부분에는 상록수를 심고 낙엽수를 중심부분에 식재하는 것이 효과적
㉦ 식수대의 길이는 음원과 수음원 거리의 2배가 적합

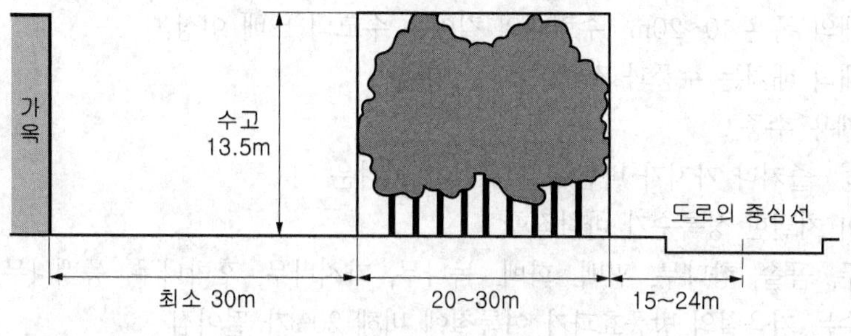

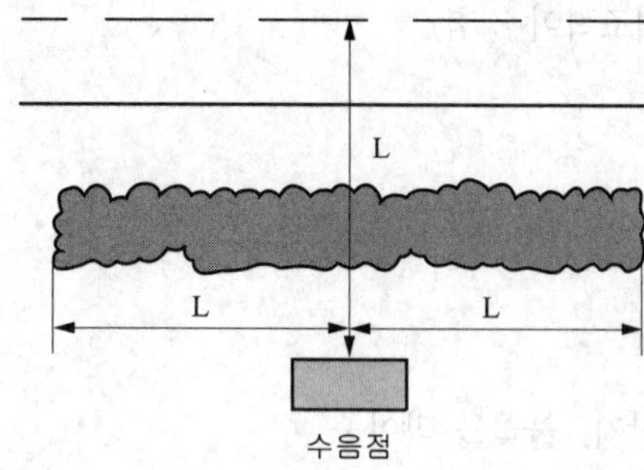

■ 참고 : 방음식수대 조성(조경수 식재관리기술의 내용)

- 소음이 도착하는 주택가보다는 소음이 발생하는 도로쪽에 가까이 식수대를 설치하는 것이 효과적이다.
- 식수대의 폭은 가급적 15m 이상으로 하여 4열 이상 식재하며, 높이 12m이상이 되도록 교목을 식재한다.
- 방음식수대 조성에 적합한 수종

상록교목	낙엽교목
가시나무류, 구실잣밤나무, 녹나무, 먼나무, 아왜나무, 생달나무, 측백나무, 편백, 향나무	가중나무, 느릅나무류, 포플러류, 플라타너스, 피나무, 회화나무

⑤ 방음식재용 수종

㉠ 지하고가 낮고 잎이 수직방향으로 치밀하게 부착하는 상록교목이 적당

㉡ 지하고가 높을 땐 교목과 관목을 혼식, 배기가스에 잘 견디는 수종

5 방풍 식재

★ ① 방풍효과가 미치는 범위

㉠ 바람의 위쪽에 대해서는 수고의 6~10배, 바람 아래쪽에 대해서는 25~30배 거리, 가장 효과가 큰 곳은 바람 아래쪽의 수고 3~5배에 해당되는 지점으로 풍속 65%가 감소

㉡ 수목의 높이와 관계를 가지며 감속량은 밀도에 따라 좌우

② 방풍식재 조성

㉠ 1.5~2m 간격의 정삼각형 식재로 5~7열로 식재

㉡ 식재대의 폭은 10~20m, 수림대의 길이는 수고의 12배 이상
㉢ 수림대의 배치는 주풍과 직각이 되는 방향

③ 방풍식재용 수종
㉠ 심근성, 줄기나 가지가 바람에 제거되기 어려운 것
㉡ 지엽이 치밀한 상록수가 바람직함
소나무, 곰솔, 향나무, 편백, 화백, 녹나무, 가시나무, 후박나무, 동백나무, 감탕나무
㉢ 낙엽수는 겨울철의 방풍효과가 여름철에 비해 20%가 떨어짐
㉣ 방풍용 울타리 : 무궁화, 사철나무, 편백, 화백, 아왜나무, 가시나무
㉤ 해안 방풍림 : 곰솔(내조력이 강함)

6 방화 식재

① 수목의 방화효능
㉠ 복사열차단
㉡ 화염이 흐르는 것을 방지, 불꽃을 막아줌

★② 방화용 수목 조건
㉠ WD 지수, T=W × D (T : 시간, W : 잎의 함수량, D : 잎의 두께)
㉡ 잎이 두껍고 함수량이 많으며 넓은 잎을 가진 치밀한 수관부위의 상록활엽수가 적당
㉢ 수관의 중심이 추녀보다 낮은 위치에 있는 수종

③ 방화용 수목
㉠ 잎에 수지를 함유한 나무는 일단 인화하면 타오름에 주의
부적합한 수종 : 침엽수류, 구실잣밤나무, 모밀잣밤나무, 목서, 비자나무, 태산목
㉡ 적합한 수종 : 가시나무, 아왜나무, 동백나무, 후박나무, 식나무, 사철나무, 다정큼나무, 광나무, 은행나무, 상수리나무, 단풍나무 등
㉢ 내화수 : 지엽이나 줄기가 타도 다시 맹아하여 다음해에 다시 수세가 회복되는 나무

7 방설식재

① 수림이 지닌 눈보라 방지기능 : 식재 밀도가 높을수록, 수고가 높을수록, 지하고가 낮을수록 방설 기능이 높아짐
② 눈보라 방지대의 구조 : 보통은 30m 너비를 가진 수림(최소 20m)

★③ 방설식재용 수종 조건
㉠ 지엽이 밀생할 것
㉡ 심근성으로 바람에 강하고 생장이 왕성할 것
㉢ 조림이 쉬울 것
㉣ 눈으로 가지가 꺾이기 어려운 것

④ 방설용 수목 : 소나무, 스트로브잣나무, 곰솔, 잣나무, 주목, 화백, 편백, 삼나무, 히말라야시더 등

⑤ 방설책

㉠ 방설림이 충분한 기능을 발휘하도록 방설책을 설치

㉡ 방설책 판자의 너비 15~25cm, 두께 18~24mm, 판자간격 10cm

8 지피식재

① 지피식재의 기능과 효과

㉠ 바람에 날리기 쉬운 흙먼지의 양을 감소

㉡ 토양 침식방지

㉢ 강우로 인한 진땅방지

㉣ 미기후의 완화

㉤ 동상방지

㉥ 미적효과

② 지피식물의 조건

㉠ 식물체의 키가 낮을 것 (30cm 이하)

㉡ 상록 다년생 식물일 것

㉢ 생장속도가 빠르고 번식력이 왕성

㉣ 지표를 치밀하게 피복하여 나지를 만들지 않는 수종

㉤ 관리가 쉽고 답압에 강한 수종

㉥ 잎과 꽃이 아름답고 가시가 없으며 즙이 비교적 적은 수종

③ 잔디

㉠ 적지 : 양지 바른 곳, 배수가 양호하며 사질 양토인 곳, 표층토가 30cm가 필요

㉡ 잔디 붙이는 방법

- 전면 붙이기(소요뗏장 100%)
- 이음매 붙이기(이음매 너비일 때 소요되는 뗏장 4cm : 70%, 5cm : 65%, 6cm : 60%)
- 줄붙이기 : 줄 사이를 뗏장 너비 또는 그 이하의 너비로 뗏장을 붙여가는 방법(뗏장 소모량 뗏장 너비로 뗄 경우 소요 뗏장 : 50%, 뗏장 반 너비로 뗄 경우 : 75%)
- 어긋나게 붙이기 : 소요되는 뗏장 50%

■ **참고 : 공간조절, 경관조절, 환경조절에 따른 적용수종**

기능구분	식재유형	수종요구특성
공간조절	경계식재	·지엽이 치밀하고 전정에 강한 수종 ·생장이 빠르며 용이한 유지관리 ·가지가 말라 죽지 않는 상록수
	유도식재	·수관이 커서 캐노피를 이루거나 원추형 ·정돈된 수형 ·치밀한 지엽을 가진 수종
경관조절	지표식재	·꽃, 열매, 단풍 등이 특징적인 수종 ·수형이 단정하고 아름다운 수종 ·상징적 의미가 있는 수종 ·높은 식별성을 가진 수종
	경관식재	·아름다운 꽃, 열매, 단풍 ·수형이 단정하고 아름다운 수종
	차폐식재	·지하고가 낮고 지엽이 치밀한 수종 ·전정에 강하고 유지관리가 용이한 수종 ·아랫가지가 말라죽지 않는 상록수
환경조절	녹음식재	·지하고가 높은 낙엽활엽교목 ·병충해, 기타 유해요소가 없는 수종
	방풍·방설식재	·지엽이 치밀하고 가지나 줄기가 견고한 수종 ·지하고가 낮은 심근성 교목 ·아랫가지가 말라죽지 않는 상록수
	방음식재	·낮은 지하고를 가진 수종 ·잎이 수직방향으로 치밀한 상록교목 ·배기가스 등의 공해에 강한 수종
	방화식재	·잎이 두텁고 함수량이 많은 수종 ·잎이 넓으며 밀생하는 수종 ·맹아력이 강한 수종
	지피식재	·키가 작고 지표를 밀생하게 피복하는 수종 ·번식과 생장이 양호하고 답압에 견디는 수종 ·다년생식물
	임해매립지식재	·내염내조성 ·척박한 토양에도 잘 자라는 수종 ·토양고정력이 있는 수종
	침식지·사면식재	·척박토, 건조에 강한 수종 ·맹아력이 강하고 생장속도가 빠른 수종 ·토양고정력이 있는 수종

핵심기출문제

내친김에 문제까지 끝내보자!

1. 다음 경관조절 식재기능의 항목으로 가장 거리가 먼 것은?

① 지표식재 ② 경관식재
③ 차폐식재 ④ 녹음식재

2. 조경식물로서 기능적 특성이 가장 잘 설명된 것은?

① 지하고(枝下高)가 사람 키보다 낮고 수관이 큰 수종으로 악취나 가시 및 병해충이 없는 나무는 녹음효과가 크다.
② 지하고가 높고 잎이 수직방향으로 치밀하게 부착하는 수종을 열식해야 방음효과가 크다.
③ 가지와 잎이 밀생하고 수분이 많은 다육질 잎을 지닌 수목은 방화수로서 가장 적합하다.
④ 천근성 수종으로 내조성인 침엽수종들은 줄기가 바람에 강하므로 방풍수로 적합하다.

3. 이웃에 낡은 창고 등이 인접해 있을 때 식재를 통해 이룰 수 있는 효과는?

① 섬광조절 ② 공간 만들기
③ 차폐 ④ 시선유도

4. 수목을 차폐의 소재로 사용하기 위한 평가 사항으로 적합하지 않는 것은?

① 바람과 태양의 이동방향
② 차폐대상의 계절적 경관 특성
③ 관찰자의 움직임
④ 차폐가 필요한 방향

5. 가로막기 식재의 기능에 맞지 않는 것은?

① 통풍조절 ② 진입방지
③ 녹음조성 ④ 일사의 조절

정답 및 해설

해설 1
녹음기능 – 그늘제공의 기능식재

해설 2
바르게 고치면
① 녹음용 수종은 지하고가 사람 키보다 높고 수관이 크며 악취나 가시 및 병해충이 없는 나무가 적당하다.
② 방음용 수종은 지하고가 낮고 잎이 수직방향으로 치밀하게 부착하는 수종이 방음효과 크다.
④ 심근성 수종으로 내조성이 침엽수종들은 줄기가 바람에 강하므로 방풍수로 적합하다.

해설 3
낡은 창고 인접 → 시선을 차단해 가려야하므로 차폐식재가 필요하다.

해설 4
차폐의 소재 → 차폐대상의 계절적 경관 특성, 관찰자 위치 및 움직임, 차폐가 필요한 방향

공통해설 5, 6
가로막기 식재의 기능–통풍조절, 진입방지, 방화방풍조절, 일사의 조절, 경계 기능, 눈가림

정답 1. ④ 2. ③ 3. ③ 4. ① 5. ③

정 답 및 해 설

6. 가로막이의 기능이 아닌 것은?

① 사생활보호
② 경계표시
③ 진입방지
④ 공간의 스케일 결정

7. 가로막기 식재에 있어 산울타리로 부지경계 식재를 하고자 한다. 이 경우 산울타리 두께는 몇 cm가 알맞는가?

① 10~20cm ② 20~30cm
③ 30~60cm ④ 60~80cm

해설 7
가로막기 산울타리 두께
– 30 ~ 60cm

8. 생울타리용 수목의 조건에 맞지 않는 것은?

① 생김새가 아름답고 지엽이 밀생한 것
② 번식이 용이하고 열매가 특이한 것
③ 맹아력이 강하여 전정에 잘 견디는 것
④ 생육이 왕성하고 병충해의 피해가 적은 것

해설 8
생울타리용 수목의 조건
① 생김새가 아름답고 지엽이 밀생한 것
② 맹아력이 강하여 전정에 잘 견디는 것
③ 생육이 왕성하고 병충해의 피해가 적은 것

9. 다음 학명 중 생울타리용으로 가장 좋은 나무는?

① Thuja orientalis L.
② Juniperus chinensis L.
③ Taxus cuspidata S. et Z.
④ Euonymus japonica Thunb.

해설 9
① 측백
② 향나무
③ 주목
④ 사철나무

10. 생울타리를 조성하려고 한다. 다음 수종들 중 가지에 예리한 가시가 있는 수종은?

① 유카 ② 명자나무
③ 호랑가시나무 ④ 광나무

해설 10
호랑가시나무는 잎에 거치(가시)가 있다.

11. 방풍을 겸해서 생울타리를 조성할 경우 생울타리의 높이는?

① 100~200cm
② 200~300cm
③ 300~500cm
④ 500~600cm

해설 11
생울타리의 높이
① 표준높이는 120, 150, 180, 210cm의 네 가지
② 두께는 30~60cm가 적합
③ 방풍효과를 겸할 경우 높이를 3~5m가 적당

정답 6. ④ 7. ③ 8. ② 9. ④ 10. ② 11. ③

12. 다음 중 산울타리 수종이 아닌 것은?

① 무궁화
② 산딸나무
④ 측백나무
④ 개나리

해설 **12**

산울타리 수종 – 전정에 강하고 맹아력이 강한 수종이 적합하다.

13. 다음 수종 중 차폐식재용으로 부적당한 것은?

① Picea abies Karst
② Thuja occidentalis L.
③ Eurya japonica Thunb.
④ Ailanthus altissima Swingle

해설 **13**

① 독일가문비
② 서양측백
③ 사스레피나무
④ 가중나무

14. 다음은 카뮤플라쥬 식재 즉, 의장수법을 설명한 것이다. 옳지 않는 것은?

① 인공 조성지에 식수하는 방법
② 큰 평면을 선으로 분할 또는 질감을 바꾸는 방법
③ 노출 암반을 몰탈 공법으로 처리된 면을 녹색으로 도색하는 방법
④ 경사의 법면에 잔디를 입히는 것

해설 **14**

카뮤플라쥬
주위사물의 형태와 질감·색이 차이가 나지 않게 일체화하는 수법

15. 대상물을 눈에 띄지 않도록 하는 방법인 카뮤플라즈는 의장수법 또는 미채수법이라고도 하는데, 이 방법을 이용하는 수법 중 가급적 피해야 하는 것은?

① 인공조성지에 식재하는 수법
② 경사의 법면에 잔디를 입혀 녹화하는 수법
③ 노출암석이나 몰탈공법으로 처리된 면을 녹색으로 도색 처리하는 수법
④ 담쟁이 등의 벽면 녹화 수법

해설 **15**

카뮤플라즈 수법은 가능한 식물을 이용하는 것이 바람직하다.

16. 한 장 잎에 대한 전수광량의 투광량은?

① 10% 미만 ② 10~30%
③ 30~60% ④ 60~90%

해설 **16**

잎 한 장을 투과하는 햇빛량은 전수광량의 10~30% 정도이다.

정답 12. ② 13. ④ 14. ③ 15. ③ 16. ②

17. 우리나라와 같은 여름철에는 녹음수가 필요하다. 잎에 의한 햇빛의 차단효과는 한 장의 잎을 투과하는 햇빛량에 따라 다르다. 일반적으로 전광 선량의 10~30% 정도인데 3장의 잎을 투과하는 햇빛량은 얼마로 산출되는가? (단, 한 장의 잎을 투과하는 광선량은 평균 20%로 한다.)

① 20% ② 0.8%
③ 80% ④ 16%

18. 녹음식재에서 고려해야 할 사항은 그림자의 길이와 계절과 시간에 따라 그림자가 생기는 방향이다. 정원에 2m되는 백목련을 심을 때 그림자의 길이를 계산하시오. (단, 태양고도는 30°)

① 2.45m ② 3.46m
③ 4.27m ④ 5.36m

19. 그늘을 이용하려는 정자목(亭子木)으로 가장 적당한 나무는?

① 목련
② 붉나무
③ 단풍나무
④ 회화나무

20. 방음용 식재의 구조를 설명한 것이다. 옳지 않은 것은?

① 방음식재는 가급적이면 음원 가까이에 설치해야 한다.
② 가급적이면 식수대의 너비는 20~30m, 수고는 13.5m 이상이 좋다.
③ 식수대의 길이는 음원과 수음점을 잇는 선의 좌우로 각각 음원과 수음점의 거리와 거의 비등한 것이 좋다.
④ 식수대와 가옥간의 최소거리는 50m는 되어야 한다.

21. 음원에서 수음점까지의 길이를 ℓ이라 할 때 식수대의 길이는 얼마로 잡는 것이 좋은가?

① 1ℓ
② 2ℓ
③ 3ℓ
④ 4ℓ

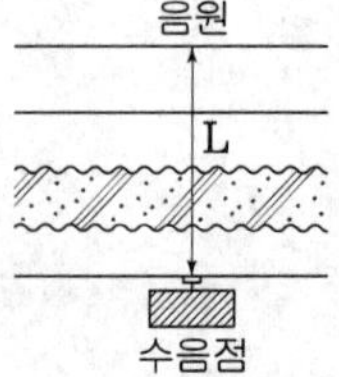

정답 및 해설

해설 17
$0.2 \times 0.2 \times 0.2 \times 100 = 0.8\%$

해설 18
그림자의 길이(L) = 수목의 높이(H) × 태양고도($\cot\alpha$)
$\cot\alpha = \frac{1}{\tan\alpha}$, $\tan 30° = \frac{1}{\sqrt{3}}$
$\cot\alpha = \sqrt{3}$ 이므로
$L = 2 \times \sqrt{3} \doteqdot 3.46\text{m}$

해설 19
정자목-녹음용 수종
- 수관이 크고 머리가 닿지 않을 정도의 지하고를 지녀야할 것
- 잎이 크고 밀생하며 낙엽교목일 것(겨울의 일조량 확보)
- 병충해와 답압의 피해가 적을 것, 악취 및 가시가 없는 수종
- 적합수종 : 느티나무, 플라타너스, 가중나무, 은행나무, 칠엽수, 오동나무, 회화나무, 팽나무 등

해설 20
④ 식수대와 가옥간의 최소거리는 30m이다.

해설 21
식수대의 길이는 음원과 수음원 거리의 2배가 적합하다.

정답 17. ② 18. ② 19. ④ 20. ④ 21. ②

22. 자동차의 소음 등을 방지하기 위한 방법 중 옳지 않는 것은?

① 거리를 떼어놓을 것
② 담을 쌓아 올릴 것
③ 노면의 요철을 만들 것
④ 수림대를 만들 것

23. 방음식재 조건으로 적당하지 않는 것은?

① 지하고가 낮아야 한다.
② 지엽이 수직으로 치밀하게 자라는 상록수종이 적당하다.
③ 가운데는 상록교목, 앞뒤에는 낙엽관목을 식재한다.
④ 도로방음식재 수종으로는 배기가스에 강한 수종을 식재한다.

24. 자동차도로의 소음을 감소시키기 위한 목적으로 행해지는 식재의 적당한 너비는?

① 15~24m
② 13.5m
③ 20~30m
④ 18~24m

25. 방음 식재에 대해서 잘못 설명한 것은?

① 음원과 수음점 중간에 식재한다.
② 지엽이 치밀한 수종이 좋다.
③ 상록수의 밀식이 좋다.
④ 음원에 접근해서 식재한다.

26. 방풍식재에 대한 설명으로 옳지 않은 것은?

① 방풍효과가 미치는 범위는 수목의 높이와 관계를 가진다.
② 감속량은 수림의 밀도에 따라 좌우된다.
③ 수림의 지하고가 높을 때 큰 방풍효과가 기대된다.
④ 바람 아래쪽 수고의 3~5배에 해당되는 지점에서 가장 효과가 크다.

해설 22

③ 노면의 요철을 없애고 구배를 완만하게 조절한다.

해설 23

방음식재시 가운데는 낙엽수를 심고, 앞뒤부분에는 상록수를 심는 것이 효과가 높다.

해설 24

방음식재 적정너비-20~30m

해설 25

방음의 효과는 음원 또는 수음점에 가까울수록 커지고, 수음점이 높을 경우에는 음원에 근접하게 설치하는 것이 효과적이다.

해설 26

방풍식재시 효과는 수목의 높이와 관계를 가진다.

정답 22. ③ 23. ③ 24. ③ 25. ① 26. ③

27. 방풍용 수종으로 적합한 것은 다음 중 어느 것인가?

① 리기다소나무, 잣나무
② 버드나무, 미루나무
③ 플라타나스, 양버들
④ 버드나무, 녹나무

28. 일반적으로 방풍림에 있어서 방풍효과가 미치는 범위는 바람위쪽에 대해서는 수고의 6~10배, 바람 아래쪽에 대해서는 몇 배의 거리에 이르는가?

① 5~10배 ② 15~20배
③ 25~30배 ④ 3~5배

29. 다음 중 가장 효과적인 방풍림의 밀폐도는?

① 10~30% ② 30~50%
③ 50~70% ④ 70~90%

30. 바람에 약한 나무는 어느 것인가?

① 실생으로 번식된 나무
② 심근성인 나무
③ 지하수위가 높은 곳에 자라는 나무
④ 오래도록 한자리에 서 있는 나무

31. 방풍식재에 대한 설명이다. 옳지 않다고 생각되는 것은?

① 방풍식재의 효과로써 바람의 감속량은 수림의 밀도에 따라 달라진다.
② 방풍효과는 풍상(風上)이 수고의 6~10배, 풍하(風下)에 25~30배의 거리에 이른다.
③ 동일한 높이라면 방풍효과는 수림대보다 콘크리트담 같은 것이 효과가 훨씬 크다.
④ 방풍림은 1.5~2배 간격으로 정삼각형의 식재로 하는 것이 가장 좋다.

정답 및 해설

해설 **27**

방풍용 수종
- 심근성, 줄기나 가지가 바람에 제거되기 어려운 것
- 지엽이 치밀한 상록수가 바람 직합
- 적합한 수종: 소나무, 곰솔, 잣나무, 향나무, 편백, 화백, 녹나무, 가시나무, 후박나무, 동백나무, 감탕나무

해설 **28**

방풍효과가 미치는 범위
- 바람의 위쪽에 대해서는 수고의 6~10배, 바람 아래쪽에 대해서는 25~30배 거리, 가장 효과가 큰 곳은 바람 아래쪽의 수고 3~5배에 해당되는 지점으로 풍속 65%가 감소
- 수목의 높이와 관계를 가지며 감속량은 밀도에 따라 좌우

해설 **29**

방풍림의 밀폐도
- 수림 50~70%
- 산울타리 45~55%

해설 **30**

지하수위가 높은 곳 → 배수가 되지 않은 곳, 과습한 곳 → 수목의 뿌리가 천근성을 분포하므로 바람에 약하게 된다.

해설 **31**

방풍효과는 콘크리트 담보다 수림대가 훨씬 크다.

정답 27. ① 28. ③ 29. ③ 30. ③ 31. ③

32. 방화수가 갖추어야 할 조건 중 옳지 않는 것은?

① 수관의 중심이 추녀보다 낮은 위치에 있을 것
② 상록수인 동시에 지엽이 밀생하고 있는 것
③ 잎이 작거나 가느다란 것
④ 잎이 두텁고 많은 수분을 가진 것

33. 다음 중 방화용 수목이 아닌 것은?

① 구실잣밤나무
② 단풍나무
③ 가시나무
④ 팔손이나무

34. 방화용수로 적합한 것은?

① Viburnum awabuki
② Pinus densiflora
③ Albizzia julibrissin
④ Sambucus williamsii var. coreanna

35. 다음 방화식재용 수종으로 알맞지 않은 수목은?

① 잎이 넓고 밀생하며 수관부의 공극이 적은 수목
② 상록수로서 수관의 중심이 추녀보다 낮은 위치에 있게 되는 수목
③ 높은 WD지수를 나타내는 잎을 가진 수목
④ 일정한 지하고를 나타내고 답압에 강하며 악취가 나지 않는 수목

36. 나무의 방화능력은 잎사귀에 불이 당겨지는데 소요되는 시간을 지수로 나타내는데 다음 중 어느 것이 지수인가? (단, W : 함수율, D : 잎의두께, T : 시간)

① W × D
② W × D/T
③ W × T
④ W × D·T

정답 및 해설

공통해설 32, 33, 35, 37

방화수 조건
① WD 지수, T=W×D (T : 시간, W : 잎의 함수량, D : 잎의 두께)
② 잎이 두껍고 함수량이 많으며 넓은 잎을 가진 치밀한 수관부위의 상록활엽수가 적당
③ 수관의 중심이 추녀보다 낮은 위치에 있는 수종
④ 잎에 수지를 함유한 나무로 방화수로 부적합한 수종 : 침엽수류, 구실잣밤나무, 모밀잣밤나무, 목서, 비자나무, 태산목
⑤ 방화수로 적합한 수종 : 가시나무, 아왜나무, 동백나무, 후박나무, 식나무, 사철나무, 다정큼나무, 광나무, 은행나무, 상수리나무, 단풍나무 등

해설 34

① 아왜나무
② 소나무
③ 자귀나무
④ 딱총나무

해설 36

WD지수
잎의 두께와 함수비와의 관계로 인화시간과 관련이 있다.

정답 32. ③ 33. ① 34. ① 35. ④ 36. ①

37. 다음 중 방화수로 적당하게 연결된 것은?

① 후피향나무, 섬잣나무, 단풍나무
② 은행나무, 층층나무, 목련
③ 벽오동, 느티나무, 이태리 포플러
④ 왜금송, 아왜나무, 상수리나무

38. 한국잔디(들잔디)의 학명은?

① Zoysia japonica
② Emerald joysia
③ Zoysia matrella
④ Zoysia tenuifolia

해설 38
① 한국잔디(들잔디)
② 비로드와 금잔디의 교배종
③ 금잔디
④ 비로드잔디

39. 들잔디의 특성 중 틀린 것은?

① 내답압성 ② 내음성
③ 내공해성 ④ 내한성

해설 39
들잔디는 내한성, 내건성, 내병성, 내답압성이 좋으며, 잔디조성시간이 오래걸리고 손상후 회복속도가 느리다.

40. 골프장 그린의 잔디로 가장 좋은 것은?

① 벤트그라스 ② 버뮤다 그라스
③ 훼스큐 그라스 ④ 켄터키 블루그라스

해설 40
골프장 그린에 식재 - 벤트그라스

41. 운동장, 공원에 많이 사용되는 잔디는?

① 들잔디 ② 벤트그라스
③ 고려잔디 ④ 금잔디

해설 41
운동장, 공원 식재 - 들잔디

42. 서양 잔디 버뮤다 그래스에 대한 설명 중 잘못된 것은?

① 학명은 Cynodon dactylon 이다
② 번식은 종자 혹은 다년생 포복형에 의한다.
③ 대표적인 상록성 잔디이다.
④ 난지형 잔디로 고온기에 잘 자란다.

해설 42
버뮤다 그래스 - 난지형 잔디 (낙엽성 잔디)

정답 37. ④ 38. ① 39. ② 40. ① 41. ① 42. ③

43. 나무그늘에 심기 알맞은 지피식물은?

① 헤데라 ② 맥문동
③ 다이콘드라 ④ 부귀초

공통해설 **43, 45**

교목하부 지피식재 → 내음성이 강한 식물 식재
- 맥문동, 헤데라, 길상초, 선태류, 애기나리 등

44. 다음 중 교목의 하부에 지피식재로서 적당하지 않는 것은?

① 맥문동, 헤데라 ② 다이콘드라, 부귀초
③ 길상초, 선태류 ④ 양잔디, 낭아초

해설 **44**

양잔디, 낭아초 – 양지에 적합한 식물

45. 지피류로서 내음성이 강한 것으로 구성되어있는 것은?

① 눈향나무, 원추리 ② 잔디, 플록스
③ 맥문동, 애기나리 ④ 낭아초, 칡

46. 다음 식재의 기능 효과를 나열한 것이다. 여기에 해당하는 식재는?

사진방지, 강우로 인한 진땅방지, 침식방지, 운동 및 휴식효과, 미적효과

① 지피식재 ② 방풍식재
③ 법면식재 ④ 마운딩 식재

해설 **46**

지피식재 효과
- 바람에 날리기 쉬운 흙먼지의 양을 감소
- 토양 침식방지
- 강우로 인한 진땅방지
- 미기후의 완화
- 동상방지
- 미적효과

47. 잔디를 경사면 전체에 피복하여 침식으로부터 보호하려고 한다. 이 공법을 무엇이라 하는가?

① 평떼붙이기(張芝工)
② 줄떼붙이기(芝 工)
③ 식생반공(植生盤工)
④ 식생대공(植生袋工)

해설 **47**

잔디 전체 피복(전면 붙이기) → 평떼붙이기

48. 6톤 트럭의 평떼 적재량을 갖고 이음매 4cm가 되게 이음매 붙이기로 잔디밭을 조성하려고 한다. 잔디밭 조성의 최대가능 면적은? (단, 6톤 트럭의 평떼 적재량은 1,200매이고 잔디규격은 표준규격이다. 이음매를 4cm로 하는 경우 잔디밭 실제면적의 70%에 해당하는 뗏장이 필요하다고 한다.)

① $100m^2$ ② $122m^2$
③ $154m^2$ ④ $192m^2$

해설 **48**

실지면적 = (매수×뗏장한장면적) / 보정계수(이음매를 고려한%)
= (1200×0.3×0.3) / 0.7
= $154.3m^2$

정답	43. ②	44. ④	45. ③
	46. ①	47. ①	48. ③

49. 다음 중 고층건물 주변에 습하고 그늘진 곳에서 잘 자랄 수 없는 지피식물은?

① 대사초
② 맥문동
③ 버뮤다그라스(bermuda grass)
④ 아주가(ajuga)

50. 다음의 지피식물의 종류 중에서 내수면 (수심 0.3~2m)에서 생육이 가능한 식물은?

① 부들, 물옥잠, 매화마름
② 꽃창포, 물억새, 붓꽃
③ 돌나무, 기린초, 바위채송화
④ 산국, 감국, 구절초

51. 방화식재와 관련된 설명 중 틀린 것은?

① 침엽수의 수림이나 열식은 활엽수에 비해 방화효과가 크다.
② 생육기의 은행나무의 방화효과는 대단히 높다.
③ 상목(上木)만 식재하는 것보다는 하목(下木)을 함께 식재하는 것이 효과가 크다.
④ 일정한 너비로 고르게 수목을 식재한 수림대보다는 그 중앙부에 공지(空地)가 있는 것이 바람직하다.

52. 방풍식재(防風植栽)를 하는데 있어서 잘못된 사항은?

① 능선에 방풍대를 설치한다.
② 심근성(深根性)이며, 지엽이 치밀한 것을 택한다.
③ 수목 배치는 주풍(主風)에 직각이 되지 않게 한다.
④ 수림대의 길이는 수고의 12배 이상이 필요하다.

53. 맑은 날 오후 2시의 태양고도가 45° 00인 지대에서 25% 경사를 나타내는 남사면에 수고 10m의 느티나무가 식재되었을 때 이 나무의 그림자 길이는 얼마인가?

① 6m ② 7m
③ 8m ④ 9m

정 답 및 해 설

해설 49
버뮤다그라스 – 양지에 적합한 식물

해설 50
수심 0.3~2m에서는 수생식물의 조합으로 부들, 물옥잠, 매화마름이 적합하다.

해설 51
방화식재용 – 상록활엽수

해설 52
수목의 배치는 주풍과 직각이 되게 한다.

해설 53

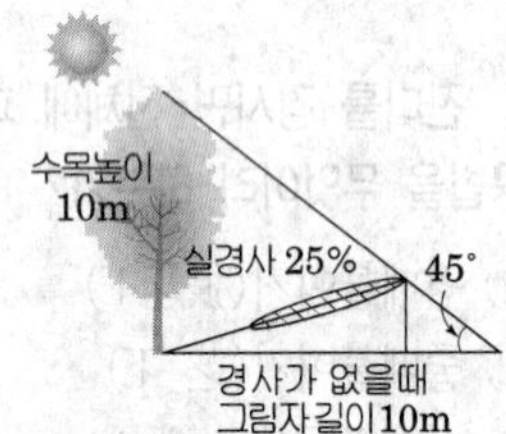

100%는 1:1, 50%는 1:2, 25%는 1:4의 구배를 가지고 있다. 고도가 45°일 때의 그림자의 길이는 10m가 나오며 그림자의 길이 10m에 1:4인 지점을 찾으면 도면의 수평 길이는 8m이고 높이가 2m인 지점을 알 수 있다. 실제의 그림자의 길이는 경사 25%경사를 가져야 하므로 피타고라스 정리를 이용하면
$8^2 \times 2^2 = c^2$
$c = 8.24..$m(근사치의 값적용)

정답	49. ③ 50. ① 51. ① 52. ③ 53. ③

54. A지점의 소음수준은 50dB(A)이다. B지점은 A지점보다 음원으로부터 4배 멀리 떨어져 있다. 다음 식에 의해 B지점의 소음 수준을 구하면 얼마인가? (단, D = $L_1 - L_2$ = 10$\log_{10}\frac{d_2}{d_1}$, D = 소음의 차이 L_1, L_2 : 각 지점의 소음도, d_1, d_2 : 음원으로부터의 거리)

① 40dB(A) ② 44dB(A)
③ 50dB(A) ④ 33dB(A)

55. 방음식재에 대한 기술 중 가장 거리가 먼 것은?

① 보호대상물 쪽으로 접근해서 식재한다.
② 지엽(枝葉)이 치밀한 수목이 좋다.
③ 상록수의 밀식이 좋다.
④ 소음원(騷音沅) 쪽으로 접근해서 식재한다.

56. 가로수로 도로측방을 차폐하고자 한다. 수고가 5m, 수관직경이 3m 되는 칠엽수를 심어 운전자가 위치한 물체를 볼 수 없도록 하려면 식재 간격은 얼마로 하는 것이 좋은가?

① 6m ② 8m
③ 10m ④ 15m

57. 아래 그림을 차폐식재(遮蔽植栽)에 있어서 차폐대상과 차폐를 위해 식재해야 할 나무의 크기와의 관계를 나타낸 것이다. 여기에 있어서 식재해야 할 나무의 크기 h를 구하는 공식은?

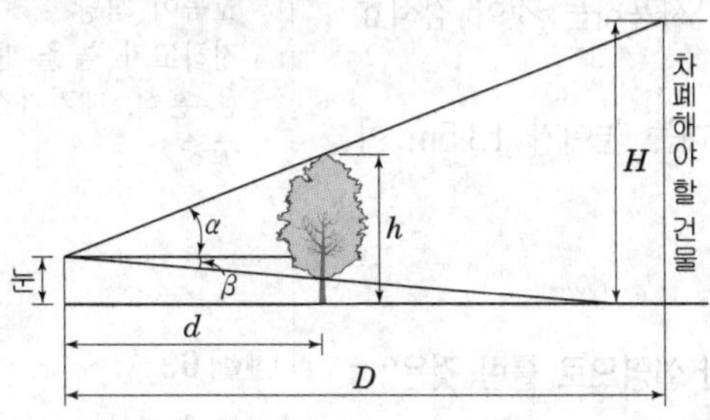

① D tanα+e ② H cotα+e
③ d tanα+e ④ D cotα+e

58. 전방을 주시하며 달리고 있는 차량 운전자로부터 측방에 위치한 쓰레기 매립지를 차폐하여 뚜렷하게 보이지 않게 할 수 있는 열식수(列植樹)의 최대 간격은?

① 수관반경의 3배 ② 수관반경의 2배
③ 수관직경의 3배 ④ 수관직경의 2배

정 답 및 해 설

해설 54

D=50dB−L_2=10log^4
여기서 log^4 ≒0.6
L_2(B지점 소음수준)
=50dB−6dB=44dB

해설 55

방음식재 차음효과는 소음원에 접근해서 식재하는 것이 효과가 좋다.

공통해설 56, 58

측방차폐는 수관폭의 2배 이하로 잡으면 효과가 있다.

해설 57

차폐이론 $\tan\alpha = \frac{H-e}{D} = \frac{h-e}{d}$

→ h(수고) = tan α ×d +e
(e : 사람 눈높이,
h : 수고,
H : 건물 높이,
D : 차폐건물과 사람과 거리,
d : 수목과 사람와의 거리)

정답 54. ② 55. ① 56. ① 57. ③ 58. ④

59. 차폐식재를 하려고 한다. 차폐대상건물의 높이는 10.5m이고, 시점과 차폐대상물과의 수평거리는 20m, 시점과 차폐식재와의 수평거리는 10m, 눈의 높이는 1.5m일 때 차폐수목의 높이는 얼마 이상으로 하면 좋은가?

① 6.0m ② 7.0m
③ 11.5m ④ 19.5m

60. 식재의 기능구분에 있어 공간조절에 해당되는 것은?

① 지피식재 ② 지표식재
③ 유도식재 ④ 녹음식재

61. 다음 중 방화용(防火用) 수종으로 내화력(耐火力)이 가장 강한 것은?

① 아왜나무 ② 삼나무
③ 비자나무 ④ 구실잣밤나무

62. 방음식재의 효과를 높이기 위한 유의사항으로 가장 거리가 먼 것은?

① 소음원에 접근해서 식재하는 것이 효과가 높다.
② 경관을 고려하여 지하고가 높은 교목을 선정하고, 식재대는 10m 이하가 적합하다.
③ 수종은 가급적 지하고가 낮은 상록교목을 사용하는 것이 감쇠효과가 높다.
④ 자동차도로 소음 감쇠용 방음식재의 수림대는 높이가 13.5m 이상이 되도록 한다.

63. 방풍림(防風林, wind shelter) 조성 등에 관한 설명으로 틀린 것은?

① 식물은 공기의 이동을 방해하거나 유도하고, 굴절시키며 여과시키는 기능을 한다.
② 수림의 밀폐도가 90% 이상이 되면 풍하 쪽의 흡인 선풍과 난기류는 줄어든다.
③ 수림대의 길이는 수고의 12배 이상이 필요하다.
④ 주풍과 직각이 되는 방향으로 정삼각형 식재의 수림을 조성한다.

정답 및 해설

해설 **59**

수목의 높이

· $\tan \alpha = \frac{H-e}{D} = \frac{h-e}{d}$

(e : 사람 눈높이,
h : 수고,
H : 건물 높이,
D : 차폐건물과 사람과 거리,
d : 수목과 사람와의 거리)

$\frac{H-e}{D} = \frac{h-e}{d}$ 이므로

$\frac{10.5-1.5}{20} = \frac{h-1.5}{10}$

$\therefore h = 6.0\text{m}$

해설 **60**

공간조절식재 : 경계식재, 유도식재

해설 **61**

아왜나무
· 잎이 크고, 두꺼워서 수분이 많아 내화력이 우수함
· 불이 쉽게 번지지 않기 때문에 산울타리나 정원에 관상용 조경수로 식재

해설 **62**

방음식재용 수종
· 지하고가 낮고 잎이 수직방향으로 치밀하게 부착하는 상록교목이 적당
· 지하고가 높을 땐 교목과 관목을 혼식, 배기가스에 잘 견디는 수종

해설 **63**

바르게 고치면
방풍림의 밀폐도는 수림 50~70%, 산울타리 45~55%이다.

정답 59. ① 60. ③ 61. ① 62. ② 63. ②

64. 지피식물의 이용 목적과 거리가 가장 먼 것은?

① 토양의 침식 방지　　② 공간의 장식적 역할
③ 미기후의 완화, 조절　　④ 정원수 생육 촉진

정 답 및 해 설

해설 64

지피식물 이용 목적
흙먼지의 양을 감소, 토양 침식방지, 강우로 인한 진땅방지, 미기후의 완화, 동상방지, 미적효과

정답 64. ④

고속도로 식재

7.1 핵심플러스

■ 기능에 따른 식재의 종류

기능	식재의 종류
주 행	시선유도식재, 지표식재
사고방지	차광식재, 명암순응식재, 진입방지식재, 완충식재
방 재	비탈면식재, 방풍식재, 방설식재, 비사방지식재
휴 식	녹음식재, 지피식재
경 관	차폐식재, 수경식재, 조화식재
환경보존	방음식재, 임연보호식재

■ 고속도로 중앙분리대 식재방식

· 정형식, 열식법, 랜덤식, 루버식, 무늬식, 군식법, 평식법

1 고속도로 식재 기능과 분류 ★

기능	식재의 종류
주 행	시선유도식재, 지표식재
사고방지	차광식재, 명암순응식재, 진입방지식재, 완충식재
방 재	비탈면식재, 방풍식재, 방설식재, 비사방지식재
휴 식	녹음식재, 지피식재
경 관	차폐식재, 수경식재, 조화식재
환경보존	방음식재, 임연보호식재

★ ① 주행과 관련된 식재

㉠ 시선유도식재

· 주행 중의 운전자가 도로선형변화를 미리 판단할 수 있도록 유도
· 수종은 주변 식생과 뚜렷한 식별이 가능한 수종(향나무, 측백, 광나무, 사철나무 등)
· 곡률반경 (R)=700m 이하의 도로 외측은 관목 또는 교목을 열식

■ 참고 : 시선유도식재의 유형

① 곡선부 바깥쪽의 시선유도 식재 : 전면에는 관목을 뒤쪽에는 교목을 식재한다. 곡선의 안쪽에는 시거를 방해하므로 식재하지 않는다.
② 산형(山形, crest)구간에 대한 식재 : 선형(線形)의 산형을 이루는 곳에서는 정상부에는 낮은 나무를 심고 약간 내려간 곳에는 높은 나무를 심어 놓으면 먼 곳에서도 방향을 인지하기 쉽다.
③ 골짜기(slag)구간의 식재 : 선형이 골짜기를 이루고 있는 부분에서는 골짜기의 가장 낮은 부분을 피해서 식재하는 것이 좋다.

㉡ 지표식재
- 랜드마크(landmark)적인 역할로 운전자에게 현재의 위치를 알리고자 하는 식재수법
- 휴게소, 서비스 지역, 주차 지역, 인터체인지 등을 알려주는 식재
- 현재 바람이 부는 방향이나 세기 인식
- 다른 구간과 구별되도록 식재

★② 사고방지를 위한 식재

㉠ 차광식재
- 대향에서 오는 차량이나 측도로부터의 광선을 차단하기 위한 식재
- 식재거리 (D) $= \dfrac{2r}{\sin\theta}$

  (D : 식재 간격, $2r$: 수관폭, $\sin\theta$: 자동차 조사각 = 12°
- 양차선, 양도로변에 상록수 식재(광나무, 사철나무, 가이즈까향나무)

㉡ 명암순응식재
- 터널주위에서 명암 순응 시간을 단축시키기 위한 식재, 주로 암순응 단축이 목적
- 터널입구로부터 200~300m 구간에 상록교목을 식재
- 식재 방법

  터널입구 부분 : 명 → 암, 점차적으로 수고가 높아지도록 어둡게 함

  터널출구 부분 : 암 → 명, 밝게 식재

㉢ 진입방지 식재 : 위험방지를 위해 금지된 곳으로 사람이나 동물이 진입하거나 횡단하는 행위를 막기 위한식재

㉣ 쿠션식재(완충식재) : 차선 밖으로 이탈한 차량의 충격을 완화하여 사고를 감소하기 위한 식재, 가지에 탄력성이 큰 관목류가 적합 (예 : 무궁화, 찔레)

③ 경관을 위한 식재

㉠ 차폐식재
- 도로주변의 미관상 또는 보행의 안전상으로 운전자의 눈에 보여 아름답지 못한 것을 수목으로 가려서 직접간접으로 경관구성에 도움이 되게 함
- 주변의 묘지, 쓰레기소각장, 실외광고물, 담장, 오버브리지, 옹벽 등을 가리는 것

㉡ 조화식재
- 고속도로의 주행 시 경관상 위화감을 주는 도로구조물에 대해 주변의 경관 및 식생과 조화를 이루도록 식재하는 방법

- 통과지역에서 도로를 바라보는 경관 중에 도로 및 도로시설물이 주변경관과 조화를 이루게 하는 것도 포함함
- 휴게시설의 주변, 터널의 출입구, 오버브리지시설부 등의 시설부에 식재

㉢ 강조식재
- 단조로운 곳을 통과하는 도로는 주행경관도 단조롭기 쉬우므로 이를 피하기 위해 경관에 변화를 줌
- 성토가 연속되는 곳은 비탈면에 교목을 군식하고, 절토지에는 관목의 화목을 식재하여 단조로운 경관에 악센트를 줌

㉣ 조망식재
- 주행경관에 있어 대상경관이 그대로 보이도록 하지 않고 시점을 좁히거나 적당히 은폐하여 수간사이로 보이게 함
- 전방에 있는 산악 등에 대하여는 도로의 양측에 수목을 열식함으로써 비스타를 형성하거나 터널 출구, 오버브리지 등을 이용하여 전방의 경관을 연관시키므로 원근감을 증폭시킴

④ 기타식재

㉠ 비탈면식재
- 목적은 아름다운경관의 조성과 법면의 보호 및 자연지형에의 복귀 등
- 식재 시 관목류는 1:2 경사에 적당하며, 소나무나 단풍나무 등의 교목 및 소교목은 1:3경사 또는 그 보다 완만해야한다.

㉡ 입면보호식재
- 식생지역의 분단되는 경우 남은 식생지역의 기상변화와 배출가스에 대처하기 위해 행해지는 식재수단
- 삼림지역을 절재하여 도로를 부설할 때 임지가 절단되어 원래의 환경에 급격한 변화를 가져옴으로써 임목의 생존에 위협을 받게 됨
- 절개에 의해 임목이 나타날 때는 그 부분을 보호하고 경관을 개선하기 위하여 관목류와 소교목을 섞어 삼림의 전면에 식재함

2 고속도로 중앙분리대 식재방식

① 중앙분리대의 식재 방법

	식재수법
정형식	같은 크기 생김새의 수목을 일정간격으로 식재, 정연한 아름다움(a)
열식법	열식하여 산울타리조성 차광효과가 높고, 기계 다듬기가 가능
랜덤식	여러 가지 크기와 형태의 수목을 동일하지 않은 간격으로 식재(b)
루버식	루버와 같은 생김새로 배열하는 방식, 조사각(12도)과 직각이 되도록 식재, 분리대가 넓어야함(d)
무늬식	기하학적 도안에 따라 관목을 심어 정연하게 다듬는 수법(e)
군식법	무작위로 크고 작은 집단으로 식재(f)
평식법	분리대 전체에 관목보식(g)

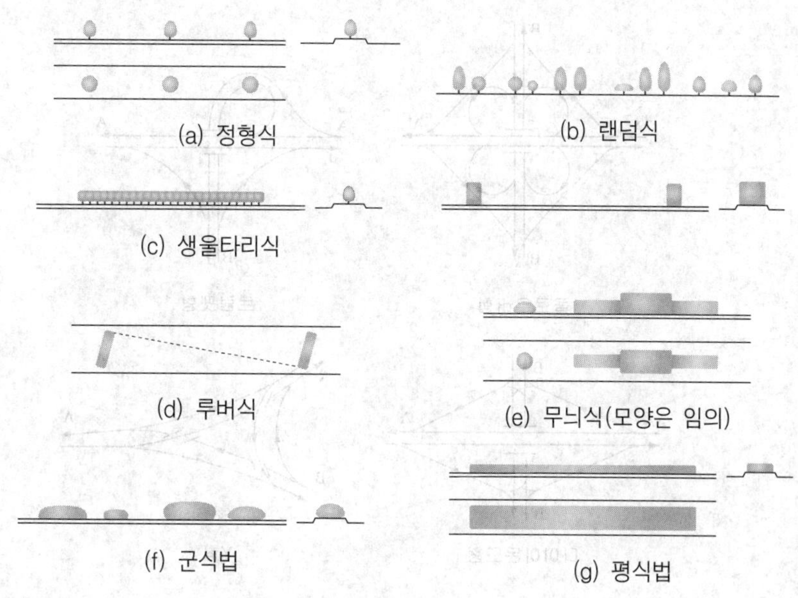

② 중앙 분리대에 적합한 수종

㉠ 배기가스나 건조에 강한 수종

㉡ 맹아력이 강하며, 하지 밑까지 잘 발달한 상록수가 적당

㉢ 교목 : 가이즈까향, 종가시나무, 향나무, 아왜나무

㉣ 관목 : 꽝꽝나무, 다정큼나무, 돈나무, 둥근향나무, 사철나무

3 인터체인지 식재

인터체인지 : 2개 노선이상의 도로를 상호 접속시키는 시설

① 인터체인지의 식재방법

㉠ 출입 교통량이나 지형과의 관계를 고려하여 식재방법 선택

㉡ 교목은 요점에만 식재하며 인터체인지 안의 시야는 가리지 않도록 한다.

㉢ 지표식재 : 각각 특색 있는 수목을 선정하여 배식, 랜드마크적 구실

㉣ 시선유도 식재 : 시계의 범위를 좁힘으로 운전자에게 감속의 필요성을 간접적으로 알릴 수 있는 식재

② 인터체인지의 유형

㉠ 클로우버형 : 교차하는 본선 A–A′, B–B′의 교통량이 비등한 경우에 쓰이며 넓은 면적이 필요하다.

㉡ 트럼펫형 : 본선 A–A′에 대해 출입구 B의 교통량이 적은 경우에 쓰인다.

㉢ 다이아몬드형 : 본선 A–A′에 대해 B–B′의 교통량이 적은 경우에 쓰인다. B–B′의 평면교차가 생겨나지만 소요면적은 가장 적다.

㉣ Y형 : 본선 A–A′, A–B, A′–B상호간의 접근이 일어난다.

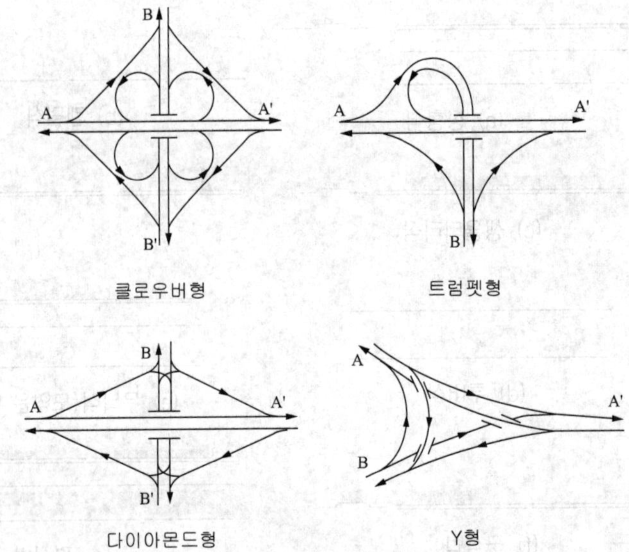

클로우버형　　　　트럼펫형

다이아몬드형　　　　Y형

③ 식재기준 및 식재형식 : 인터체인지(5~10%), 휴게소(7~10%), 주차지역(7~15%), 노변식재(도로 1km당 200주)

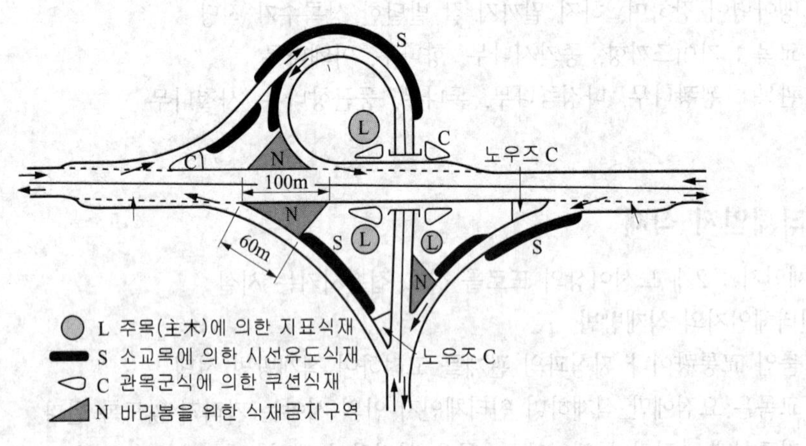

핵심기출문제

내친김에 문제까지 끝내보자!

1. 고속도로에서 명암순응식재는 어디에다 식재하는 것을 가르키는 것인가?

① 급커브
② 가로등이 있는 톨게이트
③ 터널입구
④ 흰 가드레일만 보이는 성토부

2. 고속도로 터널 앞에 수목을 심는 이유는?

① 낙석방지를 위해서 ② 명암순응을 위해서
③ 터널미화를 위해서 ④ 소음방지를 위해서

3. 고속도로에서 명암순응식재를 잘못 설명한 것은?

① 터널주위의 명암을 서서히 바꿀 수 있도록 식재한다.
② 터널입구로부터 100~200m구간에 식재한다.
③ 노견과 중앙분리대에 식재한다.
④ 주로 상록 교목을 식재한다.

4. 주행자에게 위치를 알리고 동시에 경관도 만들고자 하는 식재는?

① 보호식재 ② 지표식재
③ 차광식재 ④ 단독식재

5. 다음은 고속도로의 시선유도식재를 설명한 것이다. 적당하지 않는 것은?

① 운전자의 시선을 유도할 목적으로 하는 식재방법이다.
② 곡률반경이 짧은 곳에서는 식재 밀도를 낮추는 것이 바람직하다.
③ 법면에 사용된 족제비싸리는 시선유도식재에 도움이 된다.
④ 식재장소가 넓을 시는 1열보다는 교목, 관목을 복합적으로 배식하는 것이 좋다.

정답 및 해설

공통해설 **1, 2, 3**

명암순응식재
- 터널주위에서 눈의 명암순응 시간을 단축시키기 위한 식재
- 터널 200~300m 구간에 상록 교목을 식재

해설 **4**

지표식재의 역할
- 랜드마크(landmark)적인 역할
- 운전자에게 현재의 위치를 알리고자 하는 식재수법
- 휴게소, 서비스 지역, 주차 지역, 인터체인지 등을 알려주는 식재

해설 **5**

시선유도식재
곡률반경이 짧은시에는 식재밀도를 높인다.

정답 1. ③ 2. ② 3. ② 4. ② 5. ②

6. 시선유도 식재에 대한 설명이 아닌 것은?

① 곡선부 안쪽에는 시선을 방해를 주므로 식재하지 않는다.
② 산형 구간에는 정상부에 교목을 심고, 약간 내려간 곳에 낮은 관목을 심는다.
③ 골짜기 구간에서는 가장 낮은 부분을 피해 식재하는 것이 좋다.
④ 곡선부 전면에 관목을 배식한다.

7. 다음 그림은 인터체인지이다. 시선유도식재를 해야 할 곳은?

① 1
② 2
③ 3
④ 4

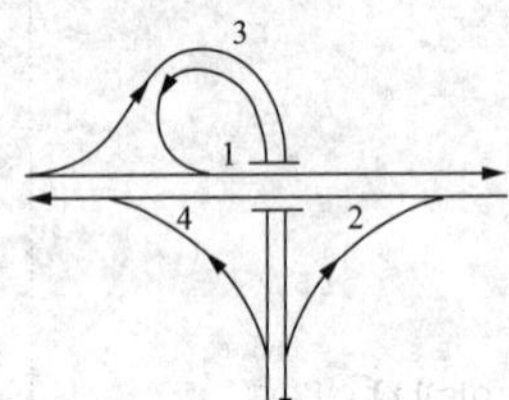

8. 시선유도 식재는 곡률반경 몇 m 이하에서 식재해야 하는가?

① 700m ② 1,200m
③ 1,500m ④ 2,000m

9. 고속도로 식재기능 중 사고방지를 위한 식재의 종류가 아닌 것은?

① 차광식재 ② 시선유도식재
② 명암순응식재 ④ 진입방지식재

10. 고속도로의 '지표식재'의 설명으로 알맞지 않는 것은?

① 운전자에게 현재 위치를 알려준다.
② 휴게소, 주차장, 인터체인지 등을 알려준다.
③ 전방에 대한 도로의 선형을 운전자가 미리 파악할 수 있도록 한다.
④ 현재 바람이 부는 방향과 세기를 알려준다.

정답 및 해설

해설 6

산형구간에는 정상부에 관목을 심고, 내려간 곳을 교목을 심어 먼 곳에서도 정상부 너머의 나무가 보여 시선을 유도하여 준다.

공통해설 7, 8

곡률반경(R)=700m 이하의 도로의 외측에 관목 또는 교목을 열식한다.

해설 9

시선유도식재는 주행기능이다.

해설 10

③ 시선유도식재에 대한 설명

정답	6. ② 7. ③ 8. ① 9. ② 10. ③

정 답 및 해 설

11. 교통량이 많을 때 교통을 원활하게 소통시킬 수 있는 인터체인지로 가장 넓은 면적을 필요로 하는 것은?

① 클로버형　　② 트럼펫형
③ 다이아몬드형　　④ Y형

해설 11
클로우버형 – 교차하는 본선의 교통량이 비등한 경우에 쓰이며 넓은 면적이 필요하다.

12. 고속도로 주변 식재 시 그 주변의 지형과의 관계를 고려할 필요가 없는 식재는?

① 법면　　② 인터체인지
③ 중앙분리대　　④ 휴게소

해설 12
고속도로의 중앙분리대–주변의 지형과의 관계를 고려하지 않아도 된다.

13. 중앙분리대의 식재 방법이 아닌 것은?

① 정형식재　　② 루버식재
③ 랜덤식재　　④ 요점식재

해설 13
중앙분리대 식재 방법 – 정형식, 열식법, 랜덤식, 루버식, 무늬식, 군식법, 평식법

14. 도로의 중앙분리대 식재방법 중 맞지 않는 것은?

① 산울타리의 방향은 루버식으로 배열할 경우 헤드라이트 조사각과 45도가 되도록 한다.
② 지엽이 밀생하고 다듬기작업에 견딜 수 있는 수종이 적당하다.
③ 가능한 상록수를 사용한다.
④ 광나무, 사철나무, 쥐똥나무, 꽝꽝나무 등이 적당하다.

해설 14
중앙분리대 루버식
산울타리 방향을 헤드라이트 조사각 12도와 직각이 되게 한다.

15. 다음 고속도로 조경의 식재에서 잘못된 것을 고르시오. (단 기존수목이 없는 경우)

① 주차장 및 기타 지역의 식재율은 7~15%
② 인터체인지의 식재율은 10~20%
③ 노변 식재는 토공 연장 1km 당 양쪽 노변에 200그루가 표준이다.
④ 서비스 에어리어 식재율은 7~10%

해설 15
인터체인지 식재율 5~10%

정답 11. ① 12. ③ 13. ④ 14. ① 15. ②

정답 및 해설

16. 고속도로 식재의 기능과 분류를 한 것 중 틀린 것은?

① 사고방지 기능 : 차광식재, 명암순응식재
② 경관처리 기능 : 차폐식재, 법면보호식재
③ 휴식 기능 : 녹음식재, 지피식재
④ 환경보전 : 방음식재, 임연(林緣)보호식재

17. 주행 중의 운전자가 도로의 선형 변화를 미리 판단할 수 있도록 수목을 식재하는 수법으로 도로의 곡률반경이 700m 이하가 되는 작은 곡선부에서 반드시 조성해야 하는 식재는?

① 명암순응식재 ② 쿠션식재
③ 시선유도식재 ④ 지표식재

18. 고속도로의 사고방지를 위한 식재가 아닌 것은?

① 차광식재 ② 조화식재
③ 명암순응식재 ④ 진입방지식재

19. 고속도로 중앙분리대의 식재방식 중 랜덤식식재법은?

① ②

③ ④

20. 고속도로변에 식재된 조경수목의 활력이 점차 저하된다고 할 때 그 이유로 예상 할 수 있는 것을 열거한 것 중 옳지 않은 것은?

① 배수불량
② 배기가스에 의한 영향
③ 양분의 결핍
④ 과다한 광합성 작용

해설 **16**

② 경관처리기능 : 차폐식재, 조화식재
재해방지기능 : 법면보호식재, 방재식재

해설 **17**

주행 중의 운전자가 도로선형변화를 미리 판단할 수 있도록 유도하기 위해 시선유도 식재를 한다.

해설 **18**

조화식재–경관기능

해설 **19**

랜덤식재 – 여러 가지 크기와 형태의 수목을 동일하지 않은 간격으로 식재

해설 **20**

고속도로변 수목의 활력 저하의 원인
① 배수불량
② 배기가스의 영향
③ 양분의 결핍

정답 16. ② 17. ③ 18. ② 19. ③ 20. ④

21. 인터체인지의 식재율은 일반적으로 어느 정도가 가장 알맞은가?

① 3%　　② 8%
③ 15%　　④ 30%

22. 다음 중 고속도로변 식재유형 중 사고방지를 위한 식재가 아닌 것은?

① 차광식재　　② 명암순응식재
③ 시선유도식재　　④ 완충식재

23. 중앙분리대 식재방법 만으로 구성된 것은?

① 대칭식, 루버식, 평식식, 지표식
② 무늬식, 루버식, 정형식, 평식식
③ 지표식, 무늬식, 군식식, 열식식
④ 차폐식, 군식식, 정형식, 무늬식

정 답 및 해 설

해설 21
인터체인지 식재율 - 5~10%

해설 22
시선유도식재-주행기능

해설 23
중앙분리대 식재 방법 - 정형식, 열식법, 랜덤식, 루버식, 무늬식, 군식법, 평식법

정답 21. ② 22. ③ 23. ②

가로수 식재

8.1 핵심플러스

■ 가로수의 식재 방법

- 열식으로 수간거리 6~10m (통상은 6m), 차도 곁으로부터 0.65m 이상 떨어진 곳에 식재, 건물로부터 5~7m 떨어지게 식재한다.

■ 가로수식재 수종

- 공해와 병충해에 강한 것, 수간이 곧은 정형수, 생장력이 빠르고 적응력이 강한수종
- 여름철에는 녹음을 주며, 겨울엔 일조량을 채워줄 수 있는 수종, 지방수종이 적합

1 식재 목적

① 도로의 미화
② 미기후조절기능
③ 대기오염정화
④ 섬광 및 교통 소음의 차단 및 감소기능
⑤ 방풍·방설·방화 등의 방제기능
⑥ 차량주행의 안전
⑦ 보행자의 쾌적감 증진

2 가로수의 식재 방법

① 열식(주로 정형식 식재)
② 수간거리 6~10m(통상은 6m)
③ 차도 곁으로부터 0.65m 이상 떨어진 곳에 식재, 건물로부터 5~7m 떨어지게 식재
④ 원칙적으로 도로폭 18m 이상 되는 지역에 조성
⑤ 특별한 거리를 제외하고 구간 내 동일 수종 식재

3 가로수의 일반조건

① 공해와 병충해에 강한 것
② 수형이 정형적이고 수간이 곧은 수종
③ 적응력이 강하고 생장력이 빠른 수종
④ 여름철에는 녹음을 주며, 겨울엔 일조량을 채워줄 수 있는 수종
⑤ 향토성, 지역성, 친밀감이 있는 수종

4 형태조건

① 온대지방은 낙엽활엽수, 난대지방은 상록활엽수가 적합
② 수고 3.5m 이상, 흉고직경 6cm 이상(근원직경 8cm 이상), 지하고 1.8m 이상
③ 특유의 모양을 갖추고, 어느 방향으로나 균형이 잡힌 것
④ 줄기가 곧고 가지가 고루 발달한 것

핵심기출문제

내친김에 문제까지 끝내보자!

1. 가로수 식재방법으로 가장 알맞은 식재 방법은 다음 그림 중 어느 것인가?

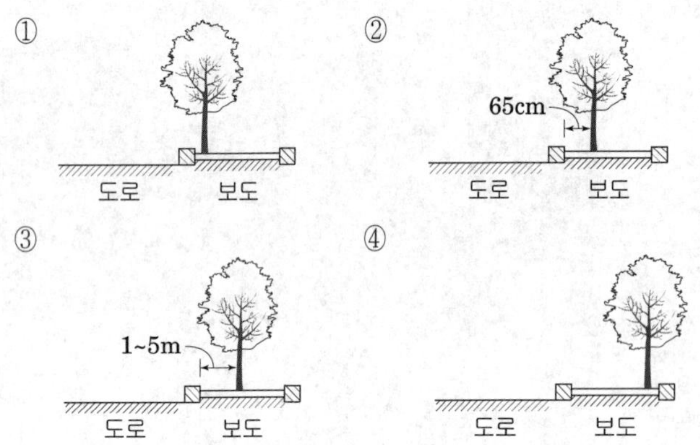

2. 가로수 식재시 고려할 사항이 아닌 것은?

① 지하고 ② 수고
③ 심근성 ④ 흉고직경

3. 가로수 식재에 관한 설명이다 틀린 것은?

① 속성수인 것이 좋다.
② 정형적인 수형을 가진 것이 좋다.
③ 도로의 노견에는 식재하지 않는다.
④ 차량속도의 제한을 목적으로 한다.

4. 가로수 선정조건으로 적당하지 않는 것은?

① 정형적인 수종
② 이식과 전정에 강한 것
③ 생장이 빠른 수종
④ 향기가 있는 수종

정답 및 해설

해설 1

가로수 식재방법
- 열식(정형식)으로 수간거리 6~10m (통상은 6m)
- 차도 곁으로부터 0.65m 이상 떨어진 곳에 식재
- 건물로부터 5~7m 떨어지게 식재

해설 2

가로수 식재시 고려사항 – 수고, 지하고, 심근성(바람에 견딜 것)

해설 3

가로수 식재 목적은 도로의 미화, 미기후조절, 대기오염정화, 차량 주행안전, 보행자의 쾌적감

해설 4

가로수 선정조건 – 정형수, 이식과 전정에 강한 수목, 생장속도가 빠른 수목, 병충해에 강한 수목

정답 1. ② 2. ④ 3. ④ 4. ④

5. 다음의 여러 가지 버드나무류 중에서 가로수로 가장 적당하다고 생각되는 것은?

① 능수버들 ② 수양버들
③ 용버들 ④ 왕버들

6. 가로수로서 능수버들의 단점은 다음 중 어느 것인가?

① 수형(樹形) ② 생장력(生長力)
③ 토지에 적응성 ④ 병해충(病害蟲)

7. 가로수 식재에 있어서 보통 실시되는 간격은?

① 3~5m ② 6~10m
③ 10~15m ④ 15~20m

8. 가로수의 식재기준에 대한 설명으로 틀린 것은?

① 건물로부터 일정간격 떨어져 심는 것이 바람직하다.
② 수종에 따라 다르나 보통 6~10m 간격으로 심는다.
③ 특수효과를 위한 가로수를 제외하고는 일반적으로 한 가로변에 여러 수종을 식재하는 것이 좋다.
④ 차량통행의 안전을 위하여 커브길, 교통신호 등 각종 안내판의 시계를 가리는 장소에서는 식재를 제한 할 수 있다.

정 답 및 해 설

해설 **5**

버드나무 중 수양버들은 생장 속도가 빠르고 공해와 추위가 강해 가로수로 많이 식재한다.

해설 **6**

능수버들 – 병해충에 약함

해설 **7**

가로수 식재간격 – 열식(정형식)으로 수간거리 6~10m (통상은 6m)

해설 **8**

가로수는 일반적으로 동일 수종으로 식재하는 것이 좋다.

정답 5. ② 6. ④ 7. ② 8. ③

공장조경

9.1 핵심플러스

■ 공장식재의 목적
・지역사회와의 융화, 직장환경의 개선, 기업의 이미지 향상과 홍보, 재해로부터의 시설보호

■ 공장식재의 기능
・경관상의 기능 : 주변환경 및 인공시설물과의 조화, 경관조성
・근로상의 기능 : 종업원들의 정서함양과 작업능률 향상
・대기상의 기능 : 대기정화, 방진 및 기상완화 기능
・완충적인 기능 : 화재, 폭발 방지 기능, 방음・방풍기능
・휴게 및 레크레이션기능

■ 식재지반조성방법
・성토법, 객토법, 사주법, 사구법

■ 적합수종
・환경에 적응성이 강한 것, 생장속도가 빠르고 이식이 용이한 것, 대량으로 공급이 가능하고 구입비가 저렴한 것

1 공장조경의 필요성

① 산업공해의 완화 : 폐수, 폐기물, 분진, 소음, 악취, 대기오염물질 등의 처리
② 생활환경의 개선 : 자연환경의 보전, 주거환경의 정비 및 보호
③ 생산활동의 제고 : 효율적인 근로장의 배치, 생산, 운반, 관리 등의 기능을 위한 공간구성
④ 복지시설의 확대 : 휴식, 운동, 산책, 조망, 위락 등의 활동을 위한 시설확보
⑤ 부수효과의 증대 : 방화, 방재

2 공장식재계획의 원칙 ★★

① 공장의 전체경관을 조성하기 위한 종합적인 식재계획을 마련한 후 공장의 차폐 및 엄폐 등의 부분적인 식재계획을 세워야한다.
② 공장의 성격과 입지적 특성에 따라 개성적인 식재계획이 이루어져야 하며 수종의 선정에 있어서 기능식재를 중시해야한다.
③ 식재계획은 자연환경은 물론이고 주변의 지역적, 도시적 여건을 고려한 인문환경을 최대로 존중하고 운영관리적 측면을 배려한다.

④ 녹화용 수목의 경우 이식이 용이하고, 전정에 견딜 수 있으며, 성장속도가 빠르며 병해충이 적으면서 관리가 쉬운 나무를 중심으로 대량공급이 가능한 저렴한 수종을 선택한다.

⑤ 이식시기는 식물생장이 정지하거나 휴면기에서 발아 전까지가 좋다.

3 공장조경 시설물 배치계획

① 시설의 종류

㉠ 토목시설 : 원로(산책로), 연못, 분수, 관수시설, 배수시설

㉡ 건축시설 : 휴게소, 정자, 파고라

㉢ 설비시설: 조명등

㉣ 기타 옥외시설 : 표지, 벤치, 야외탁자, 휴지통 등

★② 배치계획

㉠ 공장의 이미지에 적합한 시설배치체계를 구상한다.

㉡ 생산활동에 적극적으로 기여될 수 있는 시설배치가 구성되도록 한다.

㉢ 각 시설이 공간별 기능에 부합되고 상호간에 조화를 이루도록 한다.

㉣ 동일한 감흥으로 이루어진 공간배분 체계 내에서 시설을 배치한다.

㉤ 시설은 구성과 디자인에서 다양하고 변화감 있게 처리하도록 한다.

4 식재지반 조성 ★

① 성토법 : 타지역에서 반입한 흙을 성토하는 방법

② 객토법

㉠ 지반을 파내고 외부에서 반입한 토양교체

㉡ 전면객토, 대상객토

㉢ 단목객토법 : 수목1그루마다 객토

㉣ 객토량 : 교목, 묘목일 경우 주당 $0.05m^3$, 3m 이상 교목의 경우 주당 $0.2{\sim}0.3m^3$

③ 사주법 : 오니층(더러운 흙)에 샌드파일(sand pile) 공법에 의해 길이 6~7m, 직경 40cm 정도 철 파이프를 오니층 아래에 자리 잡은 다음 원래 지표층까지 넣어 흙을 파낸 후 파이프 속에 모래나 모래가 섞인 산흙 따위로 채운다음 철 파이프를 빼내는 방법

④ 사구법 : 오니층에 가라앉은 가장 낮은 중심부에서 주변부를 통해 배수구를 파놓은 다음 이 배수구 속에 모래흙을 혼합하여 넣고 이곳에 수목을 식재하는 방법

5 공장조경 수종선정기준

★① 일반기준

㉠ 환경에 적응성이 강한 것

㉡ 생장속도가 빠르고 잘 자라는 것

ⓒ 이식이 용이한 것

ⓔ 대량으로 공급이 가능하고 구입비가 저렴한 것

ⓜ 공장의 유형과 재해의 예

공장유형	재해
석유화학지대	아황산가스
제철공업지대	불화수소
시멘트공업지대	분진, 소음
임해공업지대	조해, 염해

★② 세부기준

ⓐ 내륙지방과 임해공장, 매립지와 산지 및 평지, 도시지역과 농촌지역 등의 위치에 따라 수종선정을 구분하여야하고 공장의 규모에 따라 수종선정을 달리한다.

ⓑ 임해공장의 경우 내조성을 가진 수종을 배식해야한다. (상록활엽수가 내조성에 강하고 낙엽활엽수와 침엽수류는 대부분 약하다.)

ⓒ 공장녹화용수는 내연성이 있어야한다. 대체로 침엽수류는 내연성에 약하고 상록활엽수가 강하고 엽육이 두꺼울수록 내연성에 강해지는 경향을 나타낸다. 낙엽수는 대체로 상록활엽수류의 중간정도의 내연성을 나타낸다.

ⓔ 녹지조성 후 유지관리에 손이 적게 드는 것으로 성목된 뒤에도 가급적 천연경신을 도모할 수 있는 것이 좋다.

6 적합한 수종

① 남부지방 : 태산목, 후피향나무, 돈나무, 굴거리나무, 아왜나무, 가시나무, 동백, 호랑가시나무, 돈나무 등

② 중부지방 : 은행나무, 튤립나무, 프라타너스, 무궁화, 잣나무, 향나무, 화백, 스트로브잣나무 등

핵심기출문제

내친김에 문제까지 끝내보자!

1. 자동차 배기가스에 강한 나무는?

① 히말라야시다 ② 금목서
③ 녹나무 ④ 자목련

2. 아황산가스에 견디는 힘이 강한 수종은?

① 가이즈까향나무 ② 소나무
③ 배롱나무 ④ 단풍나무

3. 공해에 비교적 강하다고 생각되는 것은?

① 편백, 비자나무, 향나무, 수양버들
② 목련, 은행나무, 반송, 삼나무
③ 금목서, 무화과, 가중나무, 플라타너스
④ 플라타너스, 은행나무, 자귀나무

4. 분진의 피해에 가장 강한 나무?

① 은행나무 ② 소나무
③ 주목 ④ 수양버들

5. 배기가스에 강하고 생장속도가 빠르며 척박지에 강한 수종은?

① 능수버들 ② 칠엽수
③ 꽃아그배나무 ④ 반송

6. 최근 수목의 피해에 영향을 주는 일반적인 것은?

① 분진 ② HF
③ CO_2 ④ 수은

정 답 및 해 설

공통해설 **1, 2, 3, 4, 5, 11**

각종 공해, 분진, 배기가스 등에 강한 수목을 고르는 문제에 있어서는 보기에 제시된 수종 중 상대적인 부분이 있다는 점에 유의하도록 하자.

해설 **6**

최근 수목에 피해를 주는 요인 – 분진

정답	1. ③	2. ①	3. ①
	4. ①	5. ①	6. ①

7. 고속도로의 중앙분리대 수목이 검게 되는 이유는?

① 디젤 엔진의 배기가스 중 타르성분
② 진딧물이 많아서
③ 그을림병에 걸렸기 때문에
④ 휘발류 엔진의 배기가스 중 아황산가스

8. 공장지역에 식재할 수종으로 적당한 것은?

① 향토수종
② 내염성수종
③ 내음성 수종
④ 불량한 환경에서 잘 자라는 수종

9. 석유화학단지에서 가장 먼저 공해가 발생하여 식재 설계 시 고려해야 하는 것은?

① 조해
② 아황산가스
② 불화수소
④ 분진

10. 제철공업단지에서 식재 설계 시 어떤 공해인자에 강한 수종을 선택해야하는가?

① 아황산가스 ② 불화수소계
③ 분진 ④ 조해

11. 대기정화효과가 가장 높은 수종은?

① 느티나무 ② 은행나무
③ 플라타너스 ④ 단풍나무

12. 수목생육에 가장 나쁜 영향을 주는 것은?

① 탄화수소
② 질소화합물
③ 일산화탄소
④ 아황산가스

정답 및 해설

해설 **7**

고속도의 중앙분리대가 검게 되는 것은 배기가스 성분 중 타르 성분 때문이다.

해설 **8**

공장지역 식재 수종-불량한 환경에서 잘 자라는 수종, 공해에 강한 수종

공통해설 **9, 10**

공장유형과 발생되는 재해

공장유형	재해
석유화학지대	아황산가스
제철공업지대	불화수소
시멘트공업지대	분진, 소음
임해공업지대	조해, 염해

해설 **12**

아황산가스가 기공에 흡수되면 식물세포가 파괴되고, 토양에 흡수되면 산성화되어 토양의 지력이 감퇴된다.

정답 7. ① 8. ④ 9. ② 10. ② 11. ③ 12. ④

정 답 및 해 설

13. 공장주변의 녹지를 조성할 때 전국에 걸쳐 식재가 가능한 수종은?

① 비자나무 ② 가이즈까향나무
③ 후박나무 ④ 전나무

해설 13

전국 공장주변 식재가능 수종 – 가이즈까향나무

14. 임해공업단지에 적합한 수종의 조합은?

① 동백나무, 히말라야시다 ② 백합나무, 단풍나무
③ 잣나무, 일본목련 ④ 해송, 사철나무

해설 14

임해공업단지 수종 – 조해와 염해에 강한 수종 → 해송, 사철나무

15. 다음 수종 중 배기가스에 강한 수목군으로 이루어진 것은?

① 고광나무, 고로쇠나무
② 호랑가시나무, 삼나무
③ 태산목, 돈나무
④ 매실나무, 자목련

해설 15

배기가스가 강한 수목 – 보기 수종 중 태산목, 돈나무의 상록활엽수 조합이 가장 적합하다.

16. 도로 옆의 주거지에 분진 방지, 방음 등의 효과를 목적으로 심는 식재방법은?

① 차폐식재 ② 완충식재
③ 보호식재 ④ 지표식재

해설 16

도로옆 주거지 분진·방음 효과를 목적으로 식재 → 완충식재

17. 조경수목의 연해(煙害) 증상이 아닌 것은?

① 낙엽 ② 반문(斑紋)
③ 천공(穿孔) ④ 표백

해설 17

연해 → 공해의 피해 → 낙엽, 반문, 표백

18. 광화학스모그인 옥시던트는 오존, PAN 등의 혼합물이다. 옥시던트에 의해 식물에 나타나는 피해를 일으키는 것 중 대표적인 것은?

① 앞뒤가 은백색으로 변함
② 엽록소의 파괴
③ 잎선단부의 윤상 반점
④ 앞표면의 각피가 얇아짐

해설 18

오존피해–잎이 은백화 현상

정답 13. ② 14. ④ 15. ③ 16. ② 17. ③ 18. ①

19. 공장을 중심으로 한 주변의 녹지대 조성에 대한 설명이 적당하지 않은 것은?

① 녹지대의 조성 목적은 매연, 유독가스, 분진 등을 인근 주거지역에 파급 낙하하는 것을 막고 여과기능을 기대하는데 있다.
② 배식계획에 있어서는 공장 측으로부터 키가 큰 나무, 중간나무, 키가 작은 나무순으로 배식한다.
③ 배식수종은 상록 활엽수를 양측에, 침엽수를 중앙부에 배식하고 나뭇잎이 서로 접촉할 정도로 심는다.
④ 공장주변의 주거지역에는 광역적인 녹지대를 조성하고 교목성 상록수를 심는 것이 바람직하다.

해설 19
공장주변녹지대식재
- 공장측으로부터 관목, 소교목, 교목 순으로 식재
- 수종은 중앙부엔 침엽수와 활엽수를 적절히 혼식, 양측엔 상록활엽수 식재

20. 다음 설명 중 틀린 것은?

① 침엽수는 아황산가스의 피해를 받으면 잎의 끝에 반문이 생긴다.
② 수분이 부족되면 잎이 쇠약해진다.
③ 활엽수는 아황산가스의 피해로 엽맥간에 윤곽을 갖는 황적색의 반문을 형성한다.
④ 토양 수분의 과잉은 새싹이 트거나 잎이 못 자라거나 한다.

해설 20
토양의 수분 과잉은 수목의 뿌리의 호흡을 저해함으로 뿌리 썩음을 유발한다.

21. 공업단지에 입지한 각 단위공장은 부지면적의 몇 %에 해당되는 토지를 녹지로 조성해야 되나?

① 15%
② 25%
③ 35%
④ 45%

해설 21
단위공장 : 부지면적의 15% 녹지조성
공업단지 : 단지 총면적의 3% 녹지조성

22. 공업단지 식재 설계에 있어서 주택지와 접하는 곳에는 최소 얼마정도 폭원의 수림대를 확보하는 것이 바람직한가?

① 5m
② 10m 이상
③ 20m 이상
④ 30m 이상

해설 22
공업단지 주변 수림대 너비 – 30m 이상

정답 19. ② 20. ④ 21. ① 22. ④

23. 아황산가스의 배출이 심한 공단지역의 조경수로 적합한 것은?

① Juniperus chinensis v.kaizuka
② Abies holophylla
③ Zelkova serrata
④ Acer mono

24. 배기가스와 매연방지를 위한 완충식재의 최소폭은?

① 20~30m ② 40~50m
③ 60~70m ④ 80~90m

25. 공해에 약한 수종은 어느 것인가?

① Pinus densiflora Siebold et Zuccarini
② Punica granatum Linnaeus
③ Gardenia jasminoises for. grandiflora Makino
④ Fatsia japonica Decaisne et Planchon

정 답 및 해 설

해설 **23**

① : 가이즈까향나무
② : 전나무
③ : 느티나무
④ : 고로쇠나무

해설 **24**

완충식재의 폭 – 20~30m

해설 **25**

① : 소나무
② : 석류
③ : 차자나무
④ : 팔손이

정답 23. ① 24. ① 25. ①

옥상녹화 및 입체녹화

10.1 핵심플러스

■ 옥상의 환경조건
- 미기후변화가 심하여 표면의 온도변화가 큼
- 매우 덥거나 춥고, 바람이 강하며, 자연상태와 같은 충분한 토심을 확보할 수 없음

■ 옥상녹화의 주안점

옥상녹화종류	· 저관리경량형 : 토심 20cm 이하, 관리요구최소화, 지피위주, 단위면적당 120kgf/m² 내외 고정하중요구 · 관리중량형 : 토심 20cm 이상, 주로 60~90cm, 단위면적당 300kgf/m² 이상의 고정하중이 요구, 다층구조식재 · 혼합형 : 토심 30cm 내외, 저관리지향, 단위면적당 200kgf/m² 내외 고정하중요구
주안점	· 하중고려, 배수·방수·관수(건조에 유지) · 식재층경량화 : 버뮤큘라이트, 펄라이트, 화산자갈·화산모래, 피트

· 옥상녹화시스템구성요소 : 방수층 → 방근층 → 배수층 → 토양여과층 → 육성토양층 → 식생층

■ 입체녹화유형

흡착등반형녹화	구조물벽면표면에 덩굴식물흡착등반
권만등반형녹화	벽면에 울타리, 격자, 네트 등 설치하고 감아올림

그 밖에 하수형녹화, 기반조성형녹화

1 옥상녹화 및 입체녹화의 기능과 효과

① 도시계획상의 기능과 효과 : 도시경관향상, 녹(綠)이 있는 새로운 공간창출
② 생태적 기능과 효과 : 도시외부공간의 생태적복원, 생물서식공간 조성
③ 물리환경조건 개선 : 공기정화, 열섬화현상완화, 소음저감효과
④ 경제적효과 : 건물의 내구성향상, 우수의 유출 억제로 도시홍수 예방, 냉·난방비 절약효과, 선전·집객·이미지업 효과

2 옥상녹화의 종류

저관리, 경량형	· 토심 20cm 이하, 주로 인공경량토양 사용 · 단위면적당 120kgf/m^2 내외 · 관수, 예초, 시비 등 관리요구를 최소화 · 지피식물 위주로 식재 · 구조적 제약이 있는 곳, 유지관리가 어려운 기존 건축물의 옥상이나 지붕에 주로 활용
관리, 중량형	· 토심 20cm 이상, 주로 60~90cm · 단위면적당 300kgf/m^2 이상의 고정하중이 요구 · 지피식물, 관목, 교목으로 구성된 다층구조식재 · 관수, 시비, 전정 등 관리필요 · 구조적문제가 없는 곳에 적용
혼합형	· 토심 30cm 내외 · 하중 부하는 단위면적당 200kgf/m^2 내외 · 지피식물과 키가 작은 관목위주로 식재 · 저관리 지향 · 관리, 중량형을 단순화시킨 것

3 옥상정원 구조적 조건

① 하중 : 가장 많이 고려할 사항

② 하중에 영향을 미치는 요소 : 식재층의 중량, 수목중량, 시설물의 중량 등

★③ 식재층의 경량화

경량토종류	용도	특성
버뮤 큘라이트	식재토양층에 혼용	·흑운모, 변성암을 고온으로 소성 ·다공질로 보수성, 통기성, 투수성이 좋음 ·염기성 치환용량이 커서 보비력이 크다.
펄라이트	식재토양층에 혼용	·진주암을 고온으로 소성 ·다공질로 보수성, 통기성, 투수성이 좋음 ·염기성 치환용량이 작아 보비성이 없음
화산자갈 화산모래	배수층	·화산분출암 속의 수분과 휘발성 성분이 방출 ·다공질로 통기성, 투수성이 좋음
피트	식재, 토양층에 혼용	·한랭한 습지의 갈대나 이끼가 흙 속에서 탄소화된 것 ·보수성, 통기성, 투수성이 좋음 ·염기성 치환용량이 커서 보비성이 크다. 산도가 높다.

④ 배수

㉠ 배수구 부분의 배수경사는 2% 이상 구배 (최저 1.3% 이상)

㉡ 배수층의 두께는 10~25cm

㉢ 재료의 종류에 따라 골재형, 패널형, 저수형, 매트형으로 구분

㉣ 옥상의 면적과 layout을 고려하여 배수공을 설치
㉤ 식수대 벽체 길이 30m 당 1개소 이상 설치하며, 플랜터, 데크 등 구조물로 인하여 배수가 원활하지 않을 때는 추가 반영

⑤ 그 밖의 사항
㉠ 이용자의 안전을 위해 1.2m 이상 높이의 담장 또는 펜스를 설치
㉡ 바람에 유의하여 수목에 지주대 설치

4 옥상조경용 식물 조건

① 환경 적성 요구도

환경	조건	요구수종
토심	토심부족	천근성수종
하중	경량하중 요구	비속성 수종, 소폭 성장 수종
미기후	바람, 추위, 복사열 심함	내풍성 수종
토양	양분 부족	생존력이 강한 수종
수분	습도 부족	내건성 수종
일광	매우 많음	강양수~음수

② 수목조건
㉠ 건조지, 척박지에 적합한 수종
㉡ 천근성 수종
㉢ 뿌리발달이 좋고 가지가 튼튼한 것
㉣ 생장속도가 느린 것
㉤ 병충해에 강한 것

5 옥상녹화시스템의 구성요소

① 옥상녹화시스템은 건물 또는 구조물의 외피, 식재기반, 식생층으로 구성
② 식재기반은 방수, 방근층, 배수층, 토양여과층, 토양층으로 구성
㉠ 방수층 : 수분이 건물로 전화되는 것을 차단
㉡ 방근층 : 식물뿌리로부터 방수층과 건물을 보호하는 기능
㉢ 배수층 : 식물의 생장과 구조물의 안전과 직결되는 역할을 함
㉣ 토양여과층 : 빗물에 씻겨 내리는 세립토양이 시스템하부로 유출되지 않도록 여과하는 기능을 수행, 부직포 사용
㉤ 육성토양층 : 식물의 지속적 생장을 좌우하는 역할, 경량토양사용을 고려
㉥ 식생층(표토층) : 최상부로 녹화시스템을 피복하는 기능

6 입체녹화

① 용어정의

㉠ 입체녹화 : 건축물을 포함한 옹벽·석축·교량상하부·방음벽·하천 호안·가로녹화시설대 등 다양한 입체면에 대한 녹화

㉡ 입면 : 건축물의 벽면·구조물의 수직면·옹벽·가로녹화시설의 부착면

② 입면 방위에 따른 식물생육 특성

환경압	남향 입면	북향 입면
바람	태풍이나 계절풍에 의한 식물의 박리, 토양이 쉽게 건조됨	
건조	일조 조건이 좋아 쉽게 건조됨	그늘져 쉽게 건조되지 않음
온도	고온이 되어 하루의 온도차도 심함	남향 벽면에 비해 기온이 낮으며, 온도 차도 적음 상해(想害)가 우려됨
일조	길다.	짧다. 조도도 낮음

③ 녹화 유형 : 등반형(흡착등반, 권만등반), 하수형, 기반조성형

흡착등반형 녹화	녹화대상건축물 또는 구조물 벽면의 표면에 흡착형의 덩굴식물을 이용하여 벽면을 흡착등반 시키는 방법
권만등반형 녹화	건축물 또는 구조물의 벽면에 네트나 울타리, 격자 등을 설치하고 덩굴을 감아올리는 방법
하수형(하직형) 녹화	건축물 또는 구조물 벽면의 옥상부 또는 베란다에 식재공간을 만들어 덩굴식물을 심고, 생장에 따라 덩굴을 밑으로 떨어뜨려 벽면 녹화하는 방법
기반조성형 녹화 (컨테이너형 녹화)	·식재기반을 붙이는 형식이며, 다양한 초본류나 목본류를 이용 ·식재기반을 패널, 시트, 플랜터와 같은 보조재로 보호유지하며, 관수와 같은 식재 시스템을 포함하는 방법
에스페리어 (espalier)	입체적인 수목의 가지를 조절하여 구조물 입면에 평면적으로 성장을 유도하는 녹화방법

④ 녹화기반조성과 식재방법

㉠ 녹화기반조성

- 입면 높이가 2m 이상일 경우에는 양질의 토양이 아니라면 충분한 등반이 불가능함
- 증산량과 토양 보수량의 관계에서 살펴보면, 녹화 입면 1㎡당 토양 50L 이상이 필요함

㉡ 식재방법

- 최소 15cm 입면에서 이격시켜 심어 뿌리의 외부 신장을 도모하도록 설계
- 최소 30cm 이상의 유효토심을 확보할 수 있도록 계획하고 가급적 식물생육에 지장을 주지 않도록 넓이를 확보

⑤ 녹화적용식물

㉠ 줄기가 10cm 이상으로 굵어지는 덩굴류는 구조적 안전성을 고려하여 입면녹화 소재로 사용하지 않음

㉡ 적용식물

흡착형식물	· 덩굴손 선단에 형성된 부착반 또는 줄기의 절로부터 발생하는 부착근에 의해 벽면에 부착 · 담쟁이덩굴, 모람, 송악, 마삭줄, 줄사철 등
감기형식물	· 줄기, 잎 등의 변형기관인 덩굴손, 또는 엽병이 변형된 등반기관에 의해 등반 · 등반기관없이 줄기 자체에 나선형의 감는 성질을 이용하여 감아 올라감 · 노박덩굴, 개머루, 으아리, 칡, 인동덩굴, 등나무 등

㉢ 입면녹화 식물의 특성과 이용

기반	피복 양식	식물의 종류	식물의 특성	이용되는 기관	이용할 수 있는 식물	대상구조물
자연 또는 인공	등반	덩굴식물	부착형	기근	송악류, 줄사철, 마삭줄, 능소화, 팻츠헤데라	벽면, 격자형 구조물, 아치, 파고라
				부착반(흡반)	담쟁이덩굴	
			감기형	줄기, 가지	남오미자, 인동덩굴, 멀꿀, 인동덩굴, 마삭줄, 으름덩굴, 노박덩굴, 키위, 쥐다래	
				덩굴손	시계꽃, 비그노니아	
				엽병	으아리	
			기대기형	줄기, 가지	덩굴장미류	
	하수	덩굴식물	부착형	줄기, 가지	송악류, 줄사철, 마삭줄, 능소화, 등수국, 팻츠헤데라, 담쟁이덩굴(일부부착)	
			감기형	줄기, 가지, 덩굴손	남오미자, 인동덩굴, 멀꿀, 시계꽃, 으름덩굴, 노박덩굴, 키위, 쥐다래	
			포복형	줄기, 가지	패랭이꽃류, 빈카류, 로즈마리, 섬향나무류, 사철채송화, 회만초	
	상향 생장	중저목	열식	줄기, 가지	수목(특히 구과식물류), 대나무류, 생울타리용 수목	벽면, 격자형 구조물
인공	붙임	저목, 초본, 덩굴식물	–	–	수목, 초본류, 덩굴식물 포함	

핵심기출문제

내친김에 문제까지 끝내보자!

1. 지피식물로 관수가 불량한 옥상 정원에서 생육할 수 있는 종류는?

① 맥문동 ② 돌나물
③ 참비비추 ④ 면마

2. 옥상정원에서 고려하지 않아도 될 사항은?

① 하중 ② 스카이라인
③ 토양 ④ 배수

3. 인공지반 위에 하중이 큰 대형목을 식재할 때 알맞은 곳은?

① 보 ② 슬래브
③ 도리 ④ 기둥

4. 옥상에 식재 할 경우 가장 고려해야 할 사항은?

① 채광 ② 방풍
③ 차폐 ④ 배수와 관수

5. 피트(Peat)에 대한 설명 중 틀린 것은?

① 경량재이다.
② 보수력이 좋고 투수성도 좋다.
③ 일종의 이탄층이다.
④ 토양의 분리층이다.

6. 다음 용토 중 옥상조경용 인조 용토가 아닌 것은?

① 버뮤큘라이트 ② 펄라이트
③ 피트 ④ 부엽토

정답 및 해설

해설 1

옥상정원 생육 적합한 지피식물 → 건조하고 척박한 지역에 잘 자라는 식물 → 돌나물

해설 2

옥상정원 고려사항 – 하중(가장 중요), 토양, 배수, 관수 등

해설 3

인공지반 식재 시 하중을 고려해 대형목을 식재할 때는 건물의 기둥위치를 고려해 수목 위치를 정한다.

해설 4

옥상조경시 고려사항
① 하중
② 배수·관수·방수·식재층 경량화

해설 5

피트
① 화본과식물 또는 수목질의 유체가 퇴적하여 변화를 받아서 분해, 변질된 것
② 식물이 채 썩지 않고 차곡차곡 쌓인 이탄층(Peat Deposits)
③ 경량재, 보수력과 투수성이 우수

해설 6

① 옥상조경용 인조 용토
- 다공질로 보수성, 통기성, 투수성이 우수해야함
- 버뮤큘라이트, 펄라이트, 피트 등

② 부엽토 (leaf mold)
- 풀과 나무 등의 낙엽 같은 것이 썩어서 이루어진 흙
- 잎썩은 흙. 부식토
- 원예 등에 이용됨

정답 1. ② 2. ② 3. ④ 4. ④ 5. ④ 6. ④

정답 및 해설

7. 우리나라 도시 건물의 대형화 추세에 맞춰 녹지 확보가 어려운 실정을 감안한다면, 대형 미관상 옥상정원 조성이 크게 신장되리라 생각된다. 옥상과 지상녹지의 환경 특성을 비교한 내용과 거리가 먼 것은?

① 온도는 지상에서 낮고 온도변화는 옥상에서 크다.
② 수광 정도는 옥상이 보다 양호할 것이다.
③ 옥상에서는 바람의 영향이 크게 작용하므로 교목은 가급적 식재를 지양한다.
④ 지상녹지에는 주변을 전망하는 시계가 불량하다.

해설 7
온도는 옥상이 낮고 온도변화도 옥상이 크다.

8. 인공지반의 녹지관리 지침이 아닌 것은?

① 정기적이고 지속적인 관수 방법
② 적정 토심 및 토성 유지
③ 수고·수관을 자연 그대로 유지
④ 화단관리 요령을 준수

해설 8
수고와 수관은 전정을 해 유지한다.

9. 옥상조경에서 식재층의 경량화를 위해 사용되는 경량토 가운데 염기성 치환용량이 작고 보비성은 없으나 다공질로 보수성, 통기성, 투수성이 좋은 것은?

① 버뮤큘라이트 ② 펄라이트
③ 피트 ④ 화산회토

해설 9
보비성이 없고, 다공질 보수성·통기성·투수성이 우수 → 펄라이트

10. 옥상조경에 대한 설명과 관계가 적은 것은?

① 식재층의 바닥면은 2% 이상의 구배를 갖도록 한다.
② 배수층의 두께는 10~26cm 정도가 바람직하다.
③ 방수막에 보호층을 설치하는 것은 시설물을 설치할 때 받을 수 있는 충격이나 식물의 뿌리의 침입을 방지하기 위함이다.
④ 시멘트 방수는 구조적으로 하중을 많이 주고 시공이 번거로우며 공사비가 많이 소요되는 결점이 있다.

해설 10
옥상 방수
① 아스팔트방수 : 구조적 하중이 크고, 시공이 번거로우며, 공사비가 많이 소요
② 시멘트 액체 방수 : 시공이 간편하고 비용도 저렴

정답 7. ① 8. ③ 9. ② 10. ④

11. 경량재 토양에 대한 설명으로 틀린 것은?

① Perlite는 진주암을 고온으로 소성한 것이다.
② Vermiculite는 다공질(多孔質)로서 나쁜균이 없다.
③ Peat는 고온의 늪지에서 생성되며, 산도가 낮고 보비성이 작다.
④ Hydroball은 점질토를 고온으로 발포시키면서 구워 돌처럼 만든 것이다.

12. 인공지반조경의 옥상조경 시 배수에 관한 설명이 틀린 것은?

① 옥상 1면에 최소 2개소의 배수공을 설치한다.
② 식재층에서 잉여수분은 빨리 배수시킬 필요가 있다.
③ 옥상면은 배수를 원활하게 하기 위해 0.5%의 구배를 둔다.
④ 인공토양의 경우 식재기반의 조성유형에 적합한 배수성과 통기성을 확보하여야 한다.

13. 인공지반(옥상 등)의 식재 환경에 대한 설명으로 옳지 않은 것은?

① 지하 모관수의 상승작용이 없다.
② 잉여수 때문에 양분 유실 속도가 빠르다.
③ 토양 미생물의 활동이 미약하다.
④ 토양 온도의 변화가 거의 없다.

정 답 및 해 설

해설 **11**

Peats는 고도가 높은 한랭지역에서 생성되며, 산도가 높고 보비성이 크다.

해설 **12**

배수 경사
- 옥상면 배수 : 경사 1% 이상
- 식재층 바닥면 : 경사 2% 이상

해설 **13**

바르게 고치면
인공지반에서 주야간의 토양 온도는 변화를 극심하다.

정답 11. ③ 12. ③ 13. ④

임해매립지 식재

11.1 핵심플러스

- 염분의 한계농도 : 수목 – 0.05%, 채소류 – 0.04%, 잔디 – 0.1%
- 임해단지 식재 시 고려사항 : 토양의 염기도, 해안지대 염분 섞인 바람과 수목관계

1 임해매립지의 환경조건

① 모래나 산흙을 제외한 기타의 재료는 통기성이 불량
② 부패로 인한 가스나 열이 발생하여 지반의 침하현상이 발생

2 임해매립지 위의 식재기반

① 방풍·방사시설 : 바람이나 모래의 피해를 받을 우려가 있는 식재지에는 방풍·방사를 위한 방풍림 또는 방풍망·방사망 등을 설계
② 관수시설
 ㉠ 지하에서 염분이 상승하여 식물의 생장에 피해를 줄 우려가 있거나 토양수분의 부족이 우려되는 식재지에는 관수시설을 도입
 ㉡ 식재지반 하층으로부터의 고농도 염류가 포함된 물의 상승을 예방하기 위한 급수량은 최저 3mm/일을 기준
③ 준설토에 의한 식재지반
 ㉠ 준설토의 입도조정 : 준설토를 제염하여 식재용 토양으로 사용하고자 할 때에는 입경 20㎛ 이하의 입자 함유율 5% 이하, 포화투수계수 10^{-3}cm/sec 이상
 ㉡ 식재지반의 깊이
  - 모세관 현상에 의한 염수 도달층보다 위쪽의 상층부 토양
  - 깊이는 교목식재지 1.5m 이상, 관목식재지 1.0m 이상, 초본류 및 잔디식재지에서는 0.6m 이상을 확보
  - 염수의 모세관 상승고는 시험에 의하여 정하며, 수분의 상승이 정지된 후 48시간 이상 수분 상승이 일어나지 않는 곳의 높이로 하며, 모세관 상승 시험에 사용되는 토양의 밀도는 최대 다짐밀도의 95% 이상이어야 함
④ 전면객토법에 의한 식재지반 : 준설토를 식재지반용토로 사용하기 어려운 곳에 적용, 식재밀도가 높은 곳에서는 준설토 위의 전면적을 객토

⑤ 부분객토에 의한 식재지반 : 식재밀도가 낮은 곳(도로변의 가로수 식재 등)에서는 전면 객토법과 부분객토법의 비용을 비교하여 객토방법을 결정

3 임해매립지의 식생

① 선구식생 : 내염성이 강한 취명아주, 명아주, 실망초, 달맞이꽃 등

② 해안수림대 조성요령

㉠ 해안에 면하는 최전선의 나무 수고는 50cm 정도의 관목으로 하고 내륙부로 옮겨감에 따라 키가 큰나무를 심어 수관선이 포물선이 되게 한다.

㉡ 식재 후 1년 동안 식재의 앞쪽에 바람막이 펜스를 설치한다.

㉢ 단목식재는 지양하고 수관이 닿을 정도의 군식이 바람직하다.

㉣ 토양양분(질소질)이 부족하므로 비료목을 30~40% 혼식하는 것이 바람직하다.

4 임해매립지 주변 수림대

① 목적 : 조풍(潮風)과 한풍(寒風)의 피해를 막기 위해 실시

② 조성방법

상록수와 낙엽수의 비율은 8 : 2로 한다.

(1m²당)

구분		수고(m)	식재(주)
교목	성목	4.0m 이상	0.05
	유목	1.5~2.0	0.15
관목			0.5
합계			0.7

5 수종

① 바닷물이 튀어오르는 곳의 지피식재 : 버뮤다그래스, 잔디

② 바닷물을 막는 전방수림(특A급) : 곰솔(흑송), 눈향나무, 다정큼나무, 섬쥐똥나무, 유카, 가시나무 등

③ 특 A 급에 이어지는 전방수림 (A급) : 사철나무, 유엽도

④ 전방수림에 이어지는 후방수림(B급) : 비교적 내조성이 큰 수종

⑤ 내부수림(C급) : 일반조경수종

핵심기출문제

내친김에 문제까지 끝내보자!

1. 임해 매립지의 식재기반 조성방법이 아닌 것은?

① 성토법 ② 객토법
③ 사주법 ④ 점토법

2. 다음 수종 중 조풍에 약한 것은?

① 리기다소나무 ② 아왜나무
③ 동백나무 ④ 소나무

3. 임해매립지의 염분농도가 0.1%로 조성된 토양에서 생육이 가능한 것은?

① 잔디 ② 초화류
③ 철쭉류 ④ 향나무

4. 염분의 피해한계농도는 잔디의 경우 몇 %인가?

① 0.05% ② 0.1%
③ 0.3% ④ 0.5%

5. 매립지에 결핍되기 쉬운 토양양분은?

① 질소 ② 인산
③ 카리 ④ 칼슘

6. 바람이 심한 해안 가까이 조경공간을 구성하려고 할 때 적당한 수종은?

① 순비기나무, 해송 ② 소나무, 자작나무
③ 현사시나무, 일본잎갈나무 ④ 오리나무, 회양목

7. 내염성(耐鹽性)이 가장 강한 수종은?

① 비자나무 ② 전나무
③ 단풍나무 ④ 목련

정답 및 해설

해설 1

임해매립지 식재 기반조성방법 – 성토법, 객토법, 사주법, 사구법

해설 2

조풍에 약한 수종 – 소나무

해설 3

염분피해농도
· 수목 : 0.05%
· 잔디 : 0.1%

해설 4

염분의 피해한계농도 잔디 – 0.1%

해설 5

매립지에서 부족 되기 쉬운 양분 –질소

해설 6

바람이 심한 해안가 → 조해와 염해의 피해에 강한 수종을 식재해야 한다. → 순비기나무, 곰솔(해송)

해설 7

내염성이 강한 수종 → 비자나무

정답 1. ④ 2. ④ 3. ① 4. ② 5. ① 6. ① 7. ①

8. 다음 중 염분에 강한 나무는?

① 해송, 리기다소나무　　② 목련, 단풍나무
③ 히말라야시다, 가시나무　　④ 삼나무, 소나무

9. 임해매립지에 있어서 직접 바닷바람이 닿는 곳에 식재 할 수 있는 수종은?

① 생강나무　　② 개비자나무
③ 자작나무　　④ 누운향나무

10. 매립지 수목 식재시 가장 중요한 것은?

① 토양산도　　② 배수시설
③ 부식토함량　　④ 투수층

11. 매립지에 식재시 적당한 수목군과 그 배수방법이 옳은 것은?

① 흑송, 자귀나무, 싸리나무 – 암거배수
② 아카시아, 단풍나무, 흑송 – 암거배수
③ 주목, 편백, 목련 – 스프링쿨러 설치
④ 자귀나무, 개나리, 삼나무 – 스프링쿨러 설치

12. 임해매립지 녹화를 위한 수종선정 및 배식 방법에 대한 설명으로 맞는 것은?

① 가능한 한 내륙 지역의 자생수종을 선정한다.
② 식재밀도를 높게 하여 되도록 바람의 피해를 줄인다.
③ 이식이 용이하면 염해에 약한 수종을 선정해도 좋다.
④ 해안선에 바로 붙여 수목을 식재한다.

13. 다음 중에서 내연성, 내조성, 내염성이 가장 강한 수종은?

① 사철나무　　② 목련
③ 낙엽송　　④ 자작나무

정 답 및 해 설

공통해설 **8, 9**

염분에 강한 나무
① 바닷물이 튀어오르는 곳의 지피식재 : 버뮤다그래스, 잔디
② 바닷물을 막는 전방수림 : 곰솔, 눈향나무(누운향나무), 다정큼나무, 섬쥐똥나무, 가시나무 등

해설 **10**

매립지에서는 염분과 오염물질이 강우와 인위적 관수에 의해 제거될 수 있도록 배수시설을 설치한다.

해설 **11**

매립지 → 조해와 염해에 강하고 질소고정 수목의 조합의 수목군이 적합, 암거배수로 배수를 함

해설 **12**

임해매립지의 식재를 방풍림의 기능도 할 수 있도록 하므로, 중간 밀도가 되도록 한다.

해설 **13**

내연성, 내조성, 내염성이 강한 수종 → 사철나무

정답	8. ① 9. ④ 10. ② 11. ① 12. ② 13. ①

14. 임해매립지에 수풀을 조성하고자 한다. 식재 수관선으로 알맞은 포물선형은?

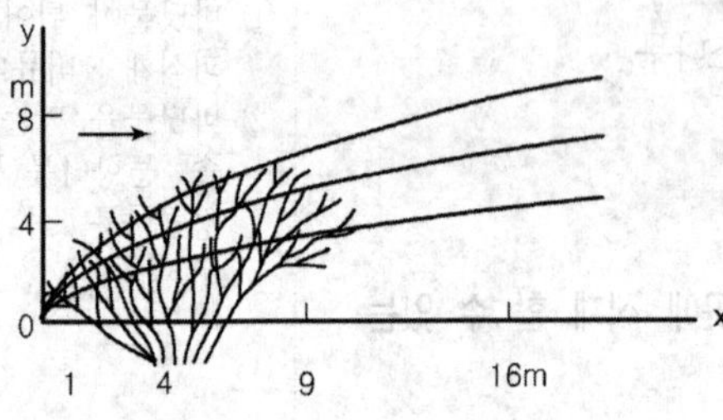

① $y=\sqrt{x}$ ② $y=\frac{3}{2}\sqrt{x}$
③ $y=2\sqrt{x}$ ④ $y=3\sqrt{x}$

해설 14

식재 수관선의 포물선은 조성되는 초기 식생이므로 $y=\sqrt{x}$가 되도록 한다.

15. 임해 매립지 위의 식재기반과 관련된 설명으로 옳지 않은 것은?

① 바람의 피해를 받을 우려가 있는 식재지에는 방풍림 또는 방풍망 등을 설계한다.
② 바람에 날리는 모래로 수목의 생육 장애가 우려되는 지역에는 방사망 설계를 적용한다.
③ 지하에서 염분이 상승하여 수목의 생장에 피해를 줄 우려가 있는 식재지에는 관수시설을 도입한다.
④ 준설토로부터의 염분 확산이 우려되는 곳에서는 준설토보다 작은 입자의 토양을 객토용으로 채택한다.

해설 15

바르게 고치면
준설토로부터의 염분 확산이 우려되는 곳에서는 준설토에 의한 식재기반을 조성한다.

정답 14. ① 15. ④

학교조경, 실내조경식재

12.1 핵심플러스

■ 학교조경 구성

교지구성	교사부지, 체육장용지, 야외실습지, 외곽녹지대
교사부지	· 전정구(학교의 첫인상), 중정구(화목류식재, 휴식공간을 제공) · 측정구(건물과 담장사이 좁은 공간, 휴식공간제공) · 후정구(건물의 북쪽, 상록수로 방풍효과)
야외실습지	· 교재원, 생산원
체육장용지	· 운동공간, 놀이공간, 휴식공간으로 구분 · 독성 없는 교목식재하여 녹음
외곽녹지	· 완충녹지로 녹지폭 10m 이상 확보, 차폐 · 방음 · 방풍 등 식재

■ 실내조경

기능 및 역할	· 상징적, 감각적, 건축적, 공학적기능, 미적기능 · 미적기능 : 시각적요소(적극적요소, 소극적요소), 2차원적요소, 3차원적요소, 장식적요소
환경조건	· 광선, 온도, 수분, 습도, 토양, 용기, 배수
식물도입방법	· 섬기법, 겹치기기법, 캐스케이드기법

1 학교조경식재

① 교지구성

구분	내용
교사부지	· 학교 기능상 가장 중요한 곳으로 접근성, 전망, 향 등을 고려하여 교육목적과 독창성이 가장 잘 구현될 수 있는 곳에 자리잡음 · 교사를 비롯하여 강당, 체육관, 표본 온실, 기상관측장 시설 등 주요시설과 정문, 주차장, 자전거보관대 등 관리시설 배치
체육장용지	· 학생들의 육체적인 건강을 증진시킬 수 있는 운동장의 기능과 놀이와 휴식을 통한 교우활동의 기능이 부여된 곳 · 가장 완만한 평지를 택하되 운동장의 소음과 과격한 운동으로 인해 발생될 수 있는 건물의 유리창 파손이 생기지 않도록 거리를 고려하여 배치 · 주변에는 휴식을 취할 수 있는 벤치, 파고라 설치되며 대교목의 녹음수가 식재되어 그늘을 제공하여 주고 교실과의 사이에 완충녹지대가 설치되게 함

야외실습지	· 학교부지의 구석진 곳에 학생들의 자연학습을 위한 교재원, 관찰원, 식물포지, 동물사육장 등이 배치 · 특히 학교가 위치한 지역의 자생식물이나 새와 짐승을 전시하여 자연관찰학습이 이루어질 수 있게 함
외곽녹지대	· 교정주변에 학교분위기를 순화시키고 외부의 소음과 학교에서 발생되는 소음을 차음시키며 보기기 싫은 전망의 차폐, 강한 바람을 감속시키는 등 기능을 얻기 위해 폭 10m 이상의 완충녹지대를 조성

★ ② 식물재료의 선정

㉠ 교과서에서 취급된 식물을 우선적으로 선정한다.
㉡ 학생들의 기호를 고려하여 선정한다.
㉢ 향토식물을 선정하도록 한다.
㉣ 관상가치가 있는 식물을 선정하도록 한다.
㉤ 학교를 상징하고 학생들에게 수심양성의 지표가 될 교목(校木)과 교화(校花)를 선정하도록 한다.
㉥ 야생동물의 먹이가 풍부한 식물을 선정한다.
㉦ 주변환경에 내성이 강한 식물이 선정한다.
㉧ 생장속도가 빠른 수목이 우선적으로 선정되어야 한다.
㉨ 식물소재의 구득 여부를 확인 후에 선정하여야 한다.

③ 구역에 따른 식재

㉠ 교사부지

구분	식재방법
전정구	· 교사의 전면에 놓이며, 학교의 첫인상을 주는 곳으로 건물의 색채, 질감, 규모와 형태를 고려하여 경합적인 관계가 아니라 조화되게 식재 · 건물 앞 약 10m전방에는 관목과 소교목을 식재하거나 화단이 조성되게 함
중정구	· 건물에 위요된 공간이므로 넓은 공간이 아니고 주로 위에서 내려다 볼 수 있는 곳으로 대교목류보다는 화목류를 식재 · 파고라, 벤치 등이 설치되어 휴식공간을 제공할 수 있게 함
측정구	· 건물과 담장사이의 좁은 공간, 건물과 인접되어 이용도가 높은 곳 · 휴식을 취할 수 있는 녹음수 밑에 벤치설치
후정구	· 건물의 북쪽에 자리 잡게 되는 경우가 많으며 북서풍을 막을 수 있도록 상록수를 밀식하고 방풍효과를 얻게 함

㉡ 야외실습지식재

교재원	·교육적 효과를 높이고자 조성 ·수목원, 약초원, 화초원 등 구분
생산원	·묘포장, 온실, 비닐하우스 등 생산원의 성격을 띰 ·자연과의 접촉기회, 건전한 발육을 도모함

㉢ 체육장용지의 식재
- ·운동공간, 놀이공간, 휴식공간으로 구분됨
- ·주변에는 독성이 없는 교목을 식재하여 녹음을 주도록 함

㉣ 외곽녹지지역
- ·완충녹지로 녹지폭 10m 이상 확보, 상록수와 낙엽수의 비율이 8:2 정도 될 수 있게 함
- ·차폐, 방음, 방풍을 기능 등의 재해로부터 피할 수 있는 녹지

2 실내조경과 식재설계

① 실내조경식물의 기능과 역할

㉠ 상징적기능 : 자연적인 환경의 대용품으로 수목하나하나는 감정을 나타내는 연상의 근거가 되어 심미적으로 지나간 시간, 장소, 감정 등을 불러일으킴

㉡ 감각적기능 : 인간의 감정에 영향

㉢ 건축적기능 : 구획의 명료화, 동선유도, 차폐효과, 사생활보호, 인간척도로서의 역할

㉣ 공학적기능 : 음향조절, 공기의 정화, 섬광과 반사광의 조절

㉤ 미적기능

시각적요소	적극적요소(눈에 잘 띄는 대상), 소극적요소(경관을 꾸미거나 배경으로서 역할, 방향을 유도하는 식물 배치일 때)
2차원적요소	식물의 형태와 선
3차원적요소	식물이 조각적요소로 보일 수 있음
장식적요소	장식적 효과를 발휘

② 실내식물의 환경조건 : 광선, 온도, 수분, 습도, 토양, 용기, 배수

③ 실내공간 특성에 따른 식물도입방법

㉠ 섬(Island)기법
- ·공간이 수평으로 확대되어 산만한 분위기일 때 각 방향으로 흩어지는 시선을 집중시킬 수 있는 초점이 필요
- ·사람의 시선이 제일 먼저가는 부위에 조그마한 정원을 만듦으로써 하나의 섬을 형성하는 방법

㉡ 겹치기(Overlap)기법

- 입구에 몇 개 층이 탁트인 공간이 있는 경우 상층부의 층들이 공중으로 돌출되는 구조가 생김
- 실내의 내부에 입체적인효과를 내기 위해서 발코니, 테라스 등이 만들어 지는데 이 건축물 구조에 식물, 돌, 물 등을 조합하여 입체적인 식재를 하면 관찰하는 장소의 이동에 따라 겹치게 되는 경관도 변화하기 때문에 시각적으로 부드러움, 흥미로움을 줌

㉢ 캐스케이드(Cascade)기법

- 구조가 벽이 높고 천장이 높아서 아늑함을 느끼지 못하고 위화감을 유발
- 벽면에 기복과 파동을 주어 부드럽게 하는데 목적이 있음
- 벽면에 단을 만들어 식물을 식재하거나 폭포를 주제로 하여 주위에 식물을 식재하여 자연관으로 유도함

④ 실내조경환경

㉠ 조도관리

- 최소한의 조도인 1500럭스 이상은 유지
- 인공조명 시 형광등과 백열등을 3:1비율로 혼합하며 조명시간은 하루 12시간이 바람직하지만 최소 8시간 이상으로 유지
- 설치 시 위에서 아래로 비추는 것을 기본으로 하며, 옆방향 아래에서 위로 비추어도 수목에게 도움이 되며 장식효과가 있음
- 조도의 측정은 수목의 잎 표면에서 실시

㉡ 시비와 관수

- 실내 식물은 조도가 낮아 수목의 생장이 느리므로 많은 무기양료를 필요로 하지 않음
- 야외 수목보다 증산작용을 훨씬 적게 하므로 자주 관수할 필요가 없으며 물은 실내보관하여 수온을 20℃ 이상으로 만든 후 관수 실시
- 물의 공급량은 빛의 공급량과 직접적인 관계가 있으며, 종류에 따라 각기 수분요구도가 다르다.
- 공급 방법은 수동식, 점적관수, water loops system(큰 식물에 사용 : 송수관 이용), 자체 급수용기(self-watering container) 등의 방법이 있다.

㉢ 온도조절

- 열대식물과 온대식물이 함께 자랄 수 있는 실내 온도는 23~27℃ 정도가 된다.
- 열대식물은 18℃보다 낮으면 피해를 받고 온대식물은 35℃에서 생장 장애를 나타내므로 가장 바람직한 온도는 22~25℃이다.
- 야간온도는 주간온도보다 5~6℃가량 낮을 때 식물에게 좋다.
- 실내에서 꽃을 피우려면 다년생 식물의 경우 겨울철에 저온에 노출시키는 춘화처리를 해야 한다. 예를 들면 철쭉류, 라일락, 동백나무는 3~5℃정도 30일 가량, 개나리는 더 낮은 온도(영하2℃)에서 30~40일 가량 처리한다.

㉣ 습도

- 식물의 최고 습도는 70~90%이며, 인간의 최적 습도는 50~60%이다. 상대 습도는 30% 이상이면 대부분의 식물은 적응가능함, 잎이 두꺼운 식물이 얇은 식물보다 적응력이 좋음
- 식물주위에 pool이나 분수를 설치하는 것도 습도유지에 좋으며, 키큰 나무 중간정도에 분무시설을 설치함

화단식재

13.1 핵심플러스

■ 화단분류

입체화단	기식화단(모둠화단), 경재화단, 노단화단
평면화단	모전화단(평면화단, 카펫화단), 리본화단, 포석화단
특수화단	침상화단, 수재화단, 암석화단

1 입체화단 ★

① 기식화단(assorted flower bed)

㉠ 사방에서 감상할 수 있도록 정원이나 광장의 중심부에 마련된 화단

㉡ 중심에서 외주부로 갈수록 차례로 키가 작은 초화를 심어 작은 동산을 이루는 것으로 모둠화단이라고도 함

② 경재화단(boarder flower bed)

㉠ 건물의 담장, 울타리 등을 배경으로 그 앞쪽에 장방형으로 길게 만들어진 화단

㉡ 원로에서 앞쪽으로는 키가 작은 화초에서 큰 화초로 식재되어, 한쪽에서만 감상하게 됨

③ 노단화단(terrace flower bed)

2 평면화단 ★

① 모전화단(carpet flower bed) = 카펫화단

㉠ 화문화단이라고도 하며 넓은 잔디밭이나 광장, 원로의 교차점 한가운데 설치되는 것이 보통이며 키작은 초화를 사용하여 꽃무늬를 나타낸다.

㉡ 개화기간이 긴 초화를 선택하고 땅이 보이지 않도록 밀식

② 리본화단(ribbon flower bed) : 공원, 학교, 병원, 광장 등의 넓은 부지의 원로, 보행로 등과 건물, 연못을 따라서 설치된 너비가 좁고 긴 화단

③ 포석화단

3 특수화단

① 침상화단(sunken garden) : 보도에서 1m 정도 낮은 평면에 기하학적 모양의 아름다운 화단을 설계한 것으로 관상가치가 높은 화단

② 수재화단(water garden) : 물을 이용하여 수생식물이나 수중식물을 식재하는 것으로 연, 수련, 물옥잠 등이 식재

③ 암석화단(Rock garden) : 바위를 쌓아올리고 식물을 심을 수 있는 노상을 만들어 여러해살이 식물을 식재(회양목, 애기냉이꽃, 꽃잔디)

4 계절에 따른 식재

① 봄화단
 ㉠ 한해(1년생) : 팬지, 데이지, 프리뮬러, 금잔화
 ㉡ 다년생 : 꽃잔디, 은방울꽃, 붓꽃
 ㉢ 구근 : 튤립, 크로커스, 수선화, 히아신스, 아이리스

② 여름화단
 ㉠ 한해 : 페튜니아, 천일홍, 맨드라미, 매리골드
 ㉡ 다년생 : 붓꽃, 옥잠화, 작약
 ㉢ 구근 : 글라디올러스, 칸나

③ 가을화단
 ㉠ 한해 : 메리골드, 맨드라미, 페튜니아, 코스모스, 샐비어
 ㉡ 다년생 : 국화, 루드베키아
 ㉢ 구근 : 다알리아

④ 겨울화단 : 꽃양배추

핵심기출문제

내친김에 문제까지 끝내보자!

1. 다음 중 평면화단이 아닌 것은?

① 노단화단 ② 리본화단
③ 화문화단 ④ 포석화단

2. 사방으로 전망할 수 있는 장소에 설치하고 중앙에 키가 큰 것을 심고 주위에 점차 낮은 것을 심어 집합미를 나타내는 화단은 어떤 것인가?

① 리본화단 ② 침상화단
③ 경재화단 ④ 기식화단

3. 봄화단에 적합한 꽃모임은?

① 팬지, 튜울립, 히아신스
② 수선화, 주머니꽃, 한련
③ 아네모네, 산정화, 백일초
④ 히아신스, 아이리스, 메리골드

4. 다음 중 여름철 가로의 플라워박스에 적당한 것은?

① 사루비아, 메리골드
② 꽃양배추, 맨드라미
③ 페튜니아. 메리골드
④ 패랭이, 후록스

5. 구근류로 짝지어진 것은?

① 튤립, 코로커스, 샤크커데이지
② 아이리스, 거베라, 히아신스
③ 아이리스, 수선화, 작약
④ 백합, 튤립, 크로커스

정 답 및 해 설

해설 1

노단화단–입체화단

해설 2

기식화단(모둠화단)
① 사방에서 감상이 가능하게 함, 정원이나 광장의 중심부에 식재되는 화단
② 중심에 키 큰 초화를 식재하고 외주부로 갈수록 작은 초화를 식재해 작은 동산이 되게 함

해설 3

봄화단(추식, 가을심기)–팬지, 튤립, 수선화, 히아신스, 크로커스, 꽃잔디 등

해설 4

여름화단(춘식, 봄심기)–페튜니아, 메리골드, 봇꽃

해설 5

구근류
① 땅속에 구형의 저장기관을 형성하는 종류
② 백합, 튤립, 크로커스, 글라디올러스 등

정답 1. ① 2. ④ 3. ① 4. ③ 5. ④

6. 다음 중 파종기가 길고 1년생 춘파 초화만으로 짝지은 것은?

① 색비름, 페튜니아, 콜레우스, 샐비어
② 플록스, 채송화, 시네라리아, 팬지
③ 접시꽃, 물망초, 데이지, 금어초
④ 시계초, 카네이션, 제라늄, 칼랑코에

7. 다음 (　　) 안에 적합한 용어는?

> 화단의 종류로서 (A)는(은) 건물, 담장, 울타리를 배경으로 한 그 앞 쪽에다 장방형으로 길게 만들어진 화단을 말하며 (B)는(은) 작은 면적의 잔디밭 가운데나 원로 주위의 공간에 만들어지는 화단으로서 가운데는 키가 큰 화초를 심고, 가장자리로 갈수록 키가 작은 화초를 심어 입체적으로 바라볼 수 있는 화단을 말한다.

① A : 경재화단, B : 카펫화단
② A : 리본화단, B : 용기화단
③ A : 침상화단, B : 기식화단
④ A : 경재화단, B : 기식화단

8. 구근초화 중 고온다습한 기후에서 잘 자라고 꽃이 계속 피는 것은?

① 달리아　② 튤립
③ 칸나　④ 히아신스

9. 같은 시기에 피는 꽃의 조합이 아닌 것은?

① 튤립, 팬지, 은방울꽃　② 페튜니아, 백합, 한련
③ 수선화, 샐비어, 국화　④ 꽃창포, 금잔디, 함박꽃

10. 5월에서 7월까지 계속해서 꽃이 지지 않도록 구성되어 있는 것은?

① 금어초–작약–꽃양배추　② 석죽–튤립–옥매화
③ 루피너스–은방울꽃–데이지　④ 스위트피–꽃창포–페튜니아

정답 및 해설

해설 6
1년생 춘파 초화 → 한해살이, 여름·가을 화단 구성

해설 7
① 건물, 담장, 울타리를 배경으로 그 앞쪽에 장방형으로 길게 만들어진 화단–경재화단
② 중심에 키 큰 초화를 식재하고 외주부로 갈수록 작은 초화를 식재해 작은 동산이 되게 하는 화단–기식화단

해설 8
여름 초화류 – 글라디올러스, 칸나

해설 9
- 수선화–봄
- 샐비어–여름
- 국화–가을

해설 10
개화시기
① 금어초(7월)–작약(6월)–꽃양배추(12월)
② 석죽(6~8월)–튤립(3월)–옥매화(3월)
③ 루피너스(5~6월)–은방울꽃(5~6월)–데이지(3월)

정답　6. ①　7. ④　8. ③　9. ③　10. ④

조경 수목

14.1 핵심플러스

■ 수목의 형태상 분류, 관상가치상의 분류로 수목의 물리적 특성에 대해 알아두도록 한다.

■ 수목의 광선, 토양, 공해 등에 따른 생리 · 생태적 분류 등에 관한 이해가 요구된다.

1 형태상 분류 ★

① 교목과 관목

㉠ 교목

- 일반적으로 다년생 목질인 곧은 줄기가 있고 줄기와 가지의 구별이 명확하며 중심 줄기의 신장생장이 현저한 수목
- 교목형 30m 이상, 아교목형(8~30m), 소교목형(2~8m)

㉡ 관목 : 교목보다 수고가 낮고 일반적으로 곧은 뿌리가 없으며, 목질이 발달한 여러 개의 줄기를 가짐

② 침엽수와 활엽수

㉠ 침엽수

- 나자식물류이며 대체로 잎이 인상(바늘모양)인 것을 말함
- 낙엽침엽수 : 은행나무, 메타세콰이어

㉡ 활엽수 : 피자식물의 목본류

③ 상록수와 낙엽수

㉠ 상록수 : 항상 푸른 잎을 가지고 있는 수목으로서 낙엽계절에도 모든 잎이 일제히 낙엽이 되지 않음

㉡ 낙엽수 : 낙엽계절에 일제히 모든 잎이 낙엽이 되거나, 잎의 구실을 할 수 없는 고엽이 일부 붙어있는 수목을 말함

■ **참고** : 목본식물의 분류

<table>
<tr><td rowspan="10">목본식물</td><td rowspan="4">나자(겉씨식물)
* 자방이 없어서 종자가 노출됨</td><td colspan="2">소철목(소철)</td></tr>
<tr><td colspan="2">은행목(은행)</td></tr>
<tr><td colspan="2">주목목(주목, 비자나무)</td></tr>
<tr><td colspan="2">구과목(소나무, 낙우송, 향나무)</td></tr>
<tr><td rowspan="6">피자(속씨식물)
* 종자가 자방으로 싸여있음</td><td rowspan="4">쌍자엽식물
(떡잎이2개)</td><td>· 미상화서군 : 밑으로 처지는 꽃차례로 꽃잎이 없고 포로 싸인 단성화
· 버드나무, 호두나무, 참나무류, 포플러 등</td></tr>
<tr><td>· 무판화군 : 꽃잎이 없음
· 느티나무, 느릅나무 등</td></tr>
<tr><td>· 이판화군 : 꽃잎이 서로 떨어져 있음
· 목련, 벚나무, 등나무 등</td></tr>
<tr><td>· 합판화군 : 꽃잎이 서로 붙어있는 통꽃
· 진달래, 개나리 오동나무, 감나무 등</td></tr>
<tr><td rowspan="2">단자엽식물
(떡잎이1개)</td><td>벼과 (죽순대, 맹종죽, 조릿대)</td></tr>
<tr><td>백합과 (청미래 덩굴)</td></tr>
</table>

2 관상가치상의 분류

① 색채

㉠ 줄기나 가지가 뚜렷한 수종

색채	조경수종
백색수피	자작나무, 백송 등
적색수피	소나무(적갈색), 주목(짙은적갈색), 흰말채나무 등
청록색수피	벽오동, 식나무 등
얼룩무늬수피	모과나무, 배롱나무, 노각나무, 플라타너스 등

㉡ 열매에 색채가 뚜렷한 수종

색채	조경수종
적색(붉은색)열매	주목, 산수유, 보리수나무, 산딸나무, 팥배나무, 마가목, 백당나무, 매자나무, 매발톱나무, 식나무, 사철나무, 피라칸사, 호랑가시나무 등
황색(노란색)열매	은행나무, 모과나무, 명자나무, 탱자나무 등
검정색열매	벚나무, 쥐똥나무, 꽝꽝나무, 팔손이나무, 산초나무, 음나무 등
보라색열매	좀작살나무

ⓒ 단풍에 색채가 뚜렷한 수종

색채	조경수종
황색(노란색)단풍	느티나무, 낙우송, 메타세콰이어, 튤립나무, 참나무류, 고로쇠나무, 네군도단풍 등
붉은색(적색)단풍	감나무, 옻나무, 단풍나무류, 화살나무, 붉나무, 담쟁이덩굴, 마가목, 남천, 좀작살나무 등

■ **참고 : 단풍**

- 원인
  가을이 되면 잎으로의 수분과 양분의 공급이 여의치 않게 되어 새로운 엽록소의 생성은 억제되며 단풍이 들게 된다. 식물은 엽록소 외에도 종류에 따라 각각 독특한 색소를 가지고 있는 경우가 많은데, 카로티노이드(carotinoid)와 크산토필(Xanthophyll)이 한 예이다.
- 노란색 단풍 : 카로티노이드와 크산토필 이라는 색소가 원인이다.
- 황금빛 단풍 : 카로티노이드 외에 타닌(tannin)이라는 색소가 원인이며 은행나무, 참나무, 느티나무가 그 예이다.
- 붉은색 단풍 : 원래는 잎에 없었던 색소를 새로 만들며 붉은색단풍의 원인은 안토시아닌(Anthocyanin)계 크리산테민(chrysanthemine)때문이다. 잎에 쌓여 있는 탄수화물의 양이 많을수록 색소의 생성이 촉진되며 단풍나무, 벚나무, 붉나무 등이 그 예이다.

ⓔ 꽃에 색채가 뚜렷한 수종

색채	조경수종
백색꽃	조팝나무, 팥배나무, 산딸나무, 노각나무, 백목련, 탱자나무, 돈나무, 태산목, 치자나무, 호랑가시나무, 팔손이나무 등
적색(붉은색)꽃	박태기나무, 배롱나무, 동백나무 등
황색(노란색)꽃	풍년화, 산수유, 매자나무, 개나리, 백합나무, 황매화, 죽도화 등
자주색(보라색)꽃	박태기나무, 수국, 오동나무, 멀구슬나무, 수수꽃다리, 등나무, 무궁화, 좀작살나무 등
주황색	능소화

* 개화시기에 따른 분류

개화기	조경수종
2월	매화나무(백, 홍), 풍년화(황), 동백나무(적)
3월	매화나무, 생강나무(황), 개나리(황), 산수유(황), 동백나무
4월	호랑가시나무(백), 겹벚나무(담홍), 꽃아그배나무(담홍), 백목련(백), 박태기나무(자), 이팝나무(백), 등나무(자), 으름덩굴(자)
5월	귀룽나무(백), 때죽나무(백), 튤립나무(황), 산딸나무(백), 일본목련(백), 고광나무(백), 병꽃나무(홍), 쥐똥나무(백), 다정큼나무(백), 돈나무(백), 인동덩굴(황)

6월	개쉬땅나무(백), 수국(자), 아왜나무(백), 태산목(백), 치자나무(백)
7월	노각나무(백), 배롱나무(적,백), 자귀나무(담홍), 무궁화(자,백) 유엽도(담홍), 능소화(주황)
8월	배롱나무, 싸리나무(자), 무궁화(자,백), 유엽도(담홍)
9월	배롱나무, 싸리나무
10월	금목서(황), 은목서(백)
11월	팔손이(백)

② 향기

식물부위	조경수종
꽃	매화나무(이른봄), 서향(봄), 수수꽃다리(봄), 장미(5~6월), 마삭줄(5월), 일본목련(6월), 치자나무(6월), 태산목(6월), 함박꽃나무(6월), 인동덩굴(7월), 금·은목서(10월) 등
열매	녹나무, 모과나무 등
잎	녹나무, 측백나무, 생강나무, 월계수 등

3 생리·생태적 분류

① 수세(樹勢)에 따른 분류

㉠ 생장속도

양수는 음수에 비해 유묘기에 생장속도가 왕성하다.
생장속도가 느리다가 빨라지는 수종도 있다. 예) 전나무

느린 수종	주목, 향나무, 눈향나무, 목서, 동백나무, 호랑가시나무, 남천, 회양목, 참나무류, 모과나무, 산딸나무, 마가목 등
빠른 수종	낙우송, 메타세콰이어, 독일가문비, 서양측백, 소나무, 흑송, 일본잎갈나무, 편백, 화백, 가시나무, 사철나무, 팔손이나무, 벽오동, 양버들, 은행나무, 일본목련, 자작나무, 칠엽수, 플라타너스, 회화나무, 단풍나무, 산수유, 무궁화 등

㉡ 맹아력

맹아력이 강한 수종은 전정에 잘 견디므로 토피아리나 산울타리용 수종으로 적합하다.

맹아력이 강한 수종	교목	낙우송, 메타세콰이어, 히말라야시더, 삼나무, 녹나무, 가시나무, 가중나무, 플라타너스, 회화나무
	관목	개나리, 쥐똥나무, 무궁화, 수수꽃다리, 호랑가시나무, 광나무, 꽝꽝나무, 사철나무, 유엽도, 목서

② 이식에 대한 적응성

이식에 의한 피해는 뿌리의 수분흡수와 증산작용이 균형을 잃는 경우 일어난다.

이식이 어려운 수종	독일가문비, 전나무, 주목, 가시나무, 굴거리나무, 태산목, 후박나무, 다정큼나무, 피라칸사, 목련, 느티나무, 자작나무, 칠엽수, 마가목, 호두나무 등
이식이 쉬운 수종	낙우송, 메타세쿼이어, 편백, 화백, 측백, 가이즈까향나무, 은행나무, 플라타너스, 단풍나무류, 쥐똥나무, 박태기나무, 화살나무 등

③ 조경수목과 환경

㉠ 기온과 수목

인위적 식재로 이루어진 수목의 분포상태를 식재분포라고 하며, 식재분포는 자연분포지역보다 범위가 넓다.

한냉지	독일가문비, 측백, 주목, 잣나무, 전나무, 일본잎갈나무, 플라타너스, 네군도단풍, 목련, 마가목, 은행나무, 자작나무, 화살나무, 철쭉류, 쥐똥나무 등
온난지	가시나무, 녹나무, 동백나무, 후박나무, 굴거리나무, 자귀나무 등

㉡ 광선과 수목

- 광포화점 : 빛의 강도가 점차적으로 높아지면 동화작용량도 상승하지만 어느 한계를 넘으면 그 이상 강하게 해도 동화작용량이 상승하지 않는 한계점
- 광보상점 : 광합성을 위한 CO_2의 흡수와 호흡작용에 의한 CO_2의 방출량이 같아지는 점
- 음지식물 : 광포화점이 낮은 식물
  양지식물 : 광포화점이 높은 식물
- 적은 광량에서도 동화작용을 할 때 내음성이 있다고 한다.
- 음수 : 동화효율이 높아 약한 광선 밑에서도 생육할 수 있는 수종
  양수 : 동화효율이 낮아 충분한 광선 하에서만 생육할 수 있는 수종

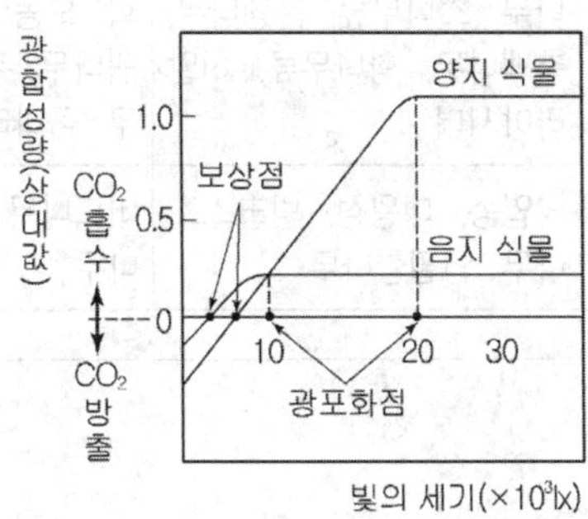

- 음수가 생장할 수 있는 광량
  - 전수광량(하늘에서 내려쬐는 광량)의 50% 내외, 양수는 70% 내외
  - 고사한계의 최소수광량은 음수는 5.0%, 양수는 6.5%

· 수목의 내음성 결정방법

- 직접판단법 : 각종 임관아래 각종 수목을 심고, 그 후의 생장상태를 판단
- 간접판단법 : 수관밀도의 차이, 자연전지의 정도와 고사의 속도, 수고생장속도의 차이에 의해 내음도의 결정 등

내음성수종	주목, 전나무, 독일가문비, 측백, 후박나무, 녹나무, 호랑가시나무, 굴거리나무, 회양목 등
호양성수종	소나무, 메타세콰이어, 일본잎갈나무, 삼나무, 측백나무, 가이즈까향나무, 플라타너스, 단풍나무, 느티나무, 자작나무, 위성류, 층층나무, 배롱나무, 산벚나무, 감나무, 모과나무, 목련, 개나리, 철쭉, 박태기나무, 쥐똥나무 등
중용수	잣나무, 섬잣나무, 스트로브잣나무, 편백, 화백, 칠엽수, 회화나무, 산딸나무, 화살나무 등

■ 참고 : 여러 조경 수종의 내음성 비교

내음성은 그늘에서 견딜 수 있는 수종을 말하며 양수는 광도가 높을 때는 광합성을 효율적으로 해서 음수 보다 빨리 자라지만 낮은 광도에서는 음수보다 광합성이 저조하다.

분류	기준	침엽수	활엽수
극음수	전광의 1~3% 생존가능	개비자나무, 금송, 나한백, 주목	굴거리, 백량금, 사철나무, 식나무, 호랑가시나무, 황칠나무, 회양목
음수	전광의 3~10% 생존가능	가문비나무류, 비자나무, 솔송나무, 전나무류	너도밤나무, 녹나무, 단풍나무류, 서어나무류, 송악, 칠엽수, 함박꽃나무
중성수	전광의 10~30% 생존가능	잣나무류, 편백, 화백	개나리, 노각나무, 느릅나무류, 때죽나무, 동백나무, 마가목, 목련류, 물푸레나무류, 산사나무, 산초나무, 산딸나무, 생강나무, 수국, 은단풍, 참나무류, 채진목, 철쭉류, 탱자나무, 피나무, 회화나무
양수	전광의 30~60% 생존가능	낙우송, 메테세콰이아, 삼나무, 소나무류, 은행나무, 측백나무, 향나무류, 히말라야시더	느티나무, 등나무, 라일락, 모감주나무, 무궁화, 오동나무, 오리나무, 위성류, 이팝나무, 자귀나무, 주엽나무, 쥐똥나무, 층층나무, 튤립나무, 플라타너스, 가중나무, 과수류
극양수	전광의 60%이상에서 생존가능	낙엽송, 대왕성, 방크스소나무, 연필향나무	버드나무, 붉나무, 예덕나무, 자작나무, 포플러나무

ⓒ 토양과 수목

· 토양수분

내건성 수종	소나무, 곰솔, 리기다소나무, 삼나무, 전나무, 비자나무, 서어나무, 가시나무, 귀룽나무, 오리나무류, 느티나무, 오동나무, 이팝나무, 자작나무, 진달래, 철쭉류 등
호습성 수종	낙우송, 삼나무, 오리나무, 버드나무류, 수국 등
내습성 수종	메타세콰이어, 전나무, 구상나무, 자작나무, 귀룽나무, 느티나무, 오리나무, 층층나무 등
내건성과 내습성이 강한 수종	자귀나무, 플라타너스 등

· 토양양분

척박지에 잘견디는 수종	소나무, 곰솔, 향나무, 오리나무, 자작나무, 참나무류, 자귀나무, 싸리류, 등나무 등
비옥지를 좋아하는 수종	삼나무, 주목, 측백, 가시나무류, 느티나무, 오동나무, 칠엽수, 회화나무, 단풍나무, 왕벚나무 등

· 토양 반응

강산성에 견디는 수종	소나무, 잣나무, 전나무, 편백, 가문비나무, 리기다소나무, 사방오리, 버드나무, 싸리나무, 신갈나무, 진달래, 철쭉 등
약산성 - 중성	가시나무, 갈참나무, 녹나무, 느티나무, 일본잎갈나무 등
염기성에 견디는 수종	낙우송, 단풍나무, 생강나무, 서어나무, 회양목 등

· 토심에 따른 수종

심근성	소나무, 전나무, 주목, 곰솔, 가시나무, 굴거리나무, 녹나무, 태산목, 후박나무, 동백나무, 느티나무, 참나무류, 칠엽수, 회화나무, 단풍나무류, 싸리나무, 말발도리 등
천근성	가문비나무, 독일가문비, 일본잎갈나무, 편백, 자작나무, 버드나무 등

· 토성에 따른 수종 (점토의 함량에 따른 토양의 물리적 성질)

사토에 잘 자라는 수종	곰솔, 향나무, 돈나무, 다정큼나무, 위성류, 보리수나무, 자귀나무 등
양토	주목, 히말라야시더, 가시나무, 굴거리나무, 녹나무, 태산목, 감탕나무, 먼나무, 목련, 은행나무, 이팝나무, 칠엽수, 감나무, 단풍나무, 홍단풍, 마가목, 싸리나무 등
식토	소나무, 참나무류, 편백, 가문비나무, 구상나무, 참나무류, 서어나무, 벚나무
일반적으로 사질양토, 양토에서 식물의 생육은 왕성하다.	

㉣ 공해와 수목

- 아황산가스의 피해
  - 정유공장, 석유화학공장 또는 중유를 연료로 하는 화력발전소가 늘어남에 따라 아황산가스의 배출도 늘어남
  - 피해증상 : 직접 식물 체내로 침입하여 피해를 줄 뿐만 아니라 토양에 흡수되어 산성화시키고 뿌리에 피해를 주어 지력을 감퇴시킨다.

아황산가스에 강한 수종	상록침엽수	편백, 화백, 가이즈까향나무, 향나무 등
	상록활엽수	가시나무, 굴거리나무, 녹나무, 태산목, 후박나무, 후피향나무 등
	낙엽활엽수	가중나무, 벽오동, 버드나무류, 칠엽수, 플라타너스 등
아황산가스에 약한 수종	상록침엽수	소나무, 잣나무, 전나무, 삼나무, 히말라야시더, 잎갈나무, 독일가문비 등
	낙엽활엽수	느티나무, 튤립나무, 단풍나무, 수양벚나무, 자작나무 등

- 자동차 배기가스의 피해
  - 일산화탄소(CO), 질소산화물(NOX)가 광화학반응을 일으켜 O_3(오존)또는 옥시탄트를 만들어 피해를 주는데 이를 광화학스모그현상이라 한다.

배기가스에 강한 수종	상록침엽수	비자나무, 편백, 가이즈까향나무, 눈향나무 등
	상록활엽수	굴거리나무, 녹나무, 태산목, 후피향나무, 구실잣밤나무, 감탕나무, 졸가시나무, 유엽도, 다정큼나무, 식나무 등
	낙엽활엽수	미루나무, 양버들, 왕버들, 능수버들, 벽오동, 가중나무, 은행나무, 플라타너스, 무궁화, 쥐똥나무 등
배기가스에 약한 수종	상록침엽수	삼나무, 히말라야시더, 전나무, 소나무, 측백나무, 반송 등
	상록활엽수	금목서, 은목서 등
	낙엽활엽수	고로쇠나무, 목련, 튤립나무, 팽나무 등

- 대기오염에 의한 식물의 피해증상
  - 피해는 우선적으로 잎에서 발생하며 회백색 또는 갈색을 띤 반점이 생겨나고, 덜 여문 상태에서 노화하여 잎이 작아지는 동시에 황화하고 엽면이 우툴두툴해진다.

㉤ 내염성

- 염분의 피해 : 생리적 건조(세포액이 탈수되어 원형질이 분리됨), 염분결정이 기공을 막아 호흡작용을 저해

내염성에 강한수종	리기다소나무, 비자나무, 주목, 곰솔, 측백, 가이즈까향나무, 구실잣밤나무, 굴거리나무, 녹나무, 붉가시나무, 태산목, 후박나무, 감탕나무, 아왜나무, 먼나무, 후피향나무, 동백나무, 호랑가시나무, 팔손이나무, 위성류 등
내염성에 약한수종	독일가문비, 삼나무, 소나무, 히말라야시더, 목련, 단풍나무, 백목련, 자목련, 개나리 등

4 종자의 분류

① 개요

종자는 외부에서 종자를 둘러싸고 보호하는 종피와 종자속에 어린 싹인 배, 싹이 틀 때 영양물질로 이용되는 배유로 구성되어 있으며, 배는 유아, 떡잎, 유근, 배축으로 구분된다.

② 열매 형태에 따른 구분

㉠ 구과, 협과, 삭과, 견과, 시과, 장과류로 구분

㉡ 구과와 협과 삭과는 건조시켜서 종자를 분리하고, 장과는 부숙시켜서 과육과 과피를 제거

③ 종자의 구성성분에 따른 구분

㉠ 종자의 배유, 자엽에 저장되어 있는 영양물질의 구성성분에 따라 분류

㉡ 밤이나 도토리 같은 전분성 종자는 건조가 어려워 장기저장이 곤란하며, 반대로 지방성 종자는 함수율을 5% 이하로 낮출 수 있어 장기저장이 가능하다.

㉢ 지방성 종자(동백나무, 비자나무), 단백질 종자(호두 등), 전분 종자(밤, 도토리 등)

④ 발아에 필요한 양분의 저장 위치에 따른 구분

㉠ 종자의 양분저장은 배유저장, 자엽저장으로 구분되며, 저장장소에 따라서 발아 형태가 달라진다.

㉡ 배유종자 : 배의 외부에 있는 배유에 양분이 저장, 소나무 등 침엽수류 대부분 해당

㉢ 무배유종자 : 영양분이 떡잎에 저장되는 것, 밤이나 도토리 등은 해당

⑤ 발아의 형태에 따른 구분

㉠ 종자 발아시 영양저장기관(종피 일부 영양물질) 이 지상으로 나오는 것과 지중에 남아 있는 것으로 구분

㉡ 지상발아 : 발아 중 영양저장기관이 지상 밖으로 나오는 종자, 소나무 등의 구과 수종

㉢ 지하발아 : 발아 중 자엽이나 양분을 저장하는 기관이 지하에 남고 유아가 지상으로 나오는 것, 밤이나 도토리 등

⑥ 종자의 크기에 따른 구분

㉠ 대립 : l 당 1,000립 이하의 것, 밤이나 호두, 도토리 등

㉡ 중립 : l 당 1,000립~3,000립이 되는 것, 잣나무, 물푸레, 피나무 등

㉢ 소립 : l 당 3,000립~100,000립이 되는 것, 소나무, 전나무, 분비나무 등

㉣ 세립 : l 당 100,000립 이상의 되는 것, 잎갈나무, 자작나무, 서어나무 등

⑦ 종자의 결실과 성숙

㉠ 결실 연령 : 입지, 입목밀도, 피해 유무 등에 따라 달라짐

㉡ 결실주기

- 매년 결실 : 버드나무, 오리나무, 느릅나무, 포플러류 등
- 격년 결실 : 소나무류, 오동나무, 자작나무, 아까시나무 등
- 2~3년 주기 결실 : 참나무류, 들메나무, 느티나무, 삼나무, 편백 등
- 3~4년 주기 결실 : 전나무, 녹나무, 가문비나무 등
- 5년 주기 결실 : 낙엽송

5 종자의 채집

① 채집방법

㉠ 종자는 모수와 종자의 크기, 형태, 산포(비산) 습성에 따라 채집방법을 달리함

㉡ 따 모으기, 주워 모으기, 절지법(가지를 잘라서 채취), 털어 모으기

② 탈종과 정선 방법

㉠ 탈종법

- 양광건조법 : 소나무 등 구과류에 적용, 햇볕에 노출 건조방법으로 건조 정도는 구과의 인편이 벌어져서 그 안의 종자가 60~70% 탈종될 때까지 계속하며 그 후는 옥내로 옮겨 건조한다.
- 반음건조법 : 오리나무류, 포플러류, 화백 등 햇볕에 약한 종자를 통풍이 잘되는 옥내에 얇게 펴서 건조하는 방법
- 인공건조법 : 구과류에 적용, 인공건조기를 이용하여 건조하는 방법, 보통 25℃에서 시작해서 40℃까지 올리도록 하고 50℃ 이상이 되어서는 안 된다.
- 건조봉타법 : 아까시나무, 박태기나무, 오리나무 등에 이용, 막대기로 가볍게 두드려서 씨를 빼는 방법이다.
- 부숙마찰법 : 일단 열매를 부숙한 후에 과실과 모래를 섞어서 마찰하여 과피를 분리하며 향나무, 주목, 노간주나무, 은행나무, 벚나무, 가래나무 등에 적용된다.
- 도정법 : 종피를 정미기에 넣어 깎아내 껍질을 제거하는 방법으로 발아촉진을 겸하며 옻나무에 이용된다

㉡ 정선법

- 풍선법: 가벼운 종피 및 비립종자를 분리할 목적으로 바람에 날려서 종자를 가려내는 방법, 소나무류, 가문비나무류, 낙엽송, 백합나무 등에 효과가 높으나 잣나무, 전나무, 삼나무에는 효과가 낮다.
- 액체선별법 : 물, 식염수, 비눗물, 알코올 등 여러 가지 비중액이 사용된다.

수선법	· 깨끗한 물에 침수시켜 가라앉은 것을 취하는 방법 · 소나무류, 잣나무, 쥐똥나무, 향나무, 주목, 참나무류 등에 대립종자에 적용 · 낙엽송 종자는 24시간 동안 침수해서 가라앉는 것이 충실종자
식염수선법	· 옻나무처럼 비중이 큰 종자의 선별에 이용 · 물 1ℓ에 소금 280g을 넣어 비중 1.18의 액을 만든 후 가라앉는 종자를 선별

- 입선법 : 손으로 알맹이를 선별하는 방법으로 밤나무, 호도나무, 상수리나무, 칠엽수, 목련 등의 대립종자에 적용된다.

6 종자의 활력 및 발아검정

① 종자는 수집하여 저장하기 전과 장기저장인 경우는 저장 중에, 파종하기 전에는 종자가 발아할 수 있는지 검정한다.

② 활력검정방법

㉠ 테트라졸리움(TZ : tetrazolium) 검정 : TZ의 무색채 용액에 살아있는 세포와 죽은 세포를 넣었을 때 세포만이 접촉반응을 일으켜 붉은 색으로 염색되는 기준

㉡ 배 추출 검정 : 발아력 간접측정, 6~8주 정도의 발아 촉진처리를 필요로 하는 휴면성이 깊은 목본류 식물종자에 유용하며, 종자가 너무 작거나 종피가 단단하면 적용이 곤란

㉢ X-ray검정 : X-선 검사기 사용, 검사전처리가 필요 없으며, 가장 단순한 방법

㉣ 절단검사 : 칼로 종자를 절단해 관찰

㉤ 가열검정 : 가열된 철판에 종자를 올리면 충실종자는 폭음을 내고, 불량종자는 녹아 붙는 현상이용, 낙엽송이나 오리나무류 종자에 적용

㉥ 형광시약검정방법 : 난초과 식물종자로 0.1~0.2mm의 작은 종자로 테트라졸리움 염색방법으로 활력검정이 어려울 때 적용

7 종자의 휴면과 발아촉진

① 종자의 휴면 : 성숙한 종자가 발아하기엔 적합한 환경에서도 발아를 못하는 상태를 의미

② 휴면의 형태

㉠ 생리적 휴면 : 배의 생장력이 미약하여 종피를 뚫고 나오지 못하는 경우

㉡ 배휴면 : 배가 완전히 분화되지 않았거나 성장이 끝나지 않은 상태의 종자, 종자가 발아하려면 배의 성장기간(휴면기간)이 필요함

㉢ 종피휴면 : 종피에 불투수층이 형성되어 물을 흡수하지 못하여 발아되지 않음, 콩과 수종의 종자에서 나타남

㉣ 기계적 휴면 : 종피가 단단하여 물리적으로 배가 자라는 것을 억제하여 발생하는 휴면으로 잣나무, 산사나무, 호두나무, 가래나무, 주목 등 해당

㉤ 그밖에 생장억제물질(아브시스산)에 의한 휴면, 생리적휴면+배휴면, 생리적휴면+종피휴면

③ 발아촉진처리

㉠ 물리적처리법 : 종피에 구멍내기, 부수기, 마찰하기 등, 종자세탁, 열탕처리, 건열충격법

㉡ 화학적처리법 : 황산처리법(옻나무, 피나무와 주엽나무 등 콩과수목의 딱딱한 종자 적용), 생장조절물질에 의한 처리법(지베렐린수용액, 시토키닌수용액, 에틸렌이용), 질산칼륨처리법

㉢ 보습저온처리법 : 저온4℃또는 실온15℃ 장기간 저장되었던 종자에 대해 적용, 노천매장법, 보습저온냉장법, 수침처리법

8 노지양묘

① 우리나라는 조경수의 묘목생산은 대부분 노지양묘를 통해 생산하고 있다.

② 묘상만들기 : 경운작업(밭갈기) → 기비주기(밑거름주기) → 정지 · 쇄토작업 → 토양소독 → 묘상만들기

③ 파종

㉠ 파종시기 : 춘파(남부지방 3월 하순, 중부지방 4월 상순), 추파, 채파(종자 채집 후 파종)

㉡ 파종방법

- 산파 : 흩어뿌리기, 세립종자 및 소립종자 파종 시 적용, 침엽수류 종자와 오리나무류, 자작나무류, 회양목 등의 종자 파종에 적합
- 조파 : 줄뿌리기, 묘상에 적당 골을 판 후 골에 따라 종자를 뿌리는 방법, 생장이 빠른 수종에 적용
- 점파 : 점뿌리기, 대립종자파종(밤나무, 참나무류, 호두나무, 가래나무, 칠엽수)에 적용

④ 파종량

㉠ 수종, 종자의 품질, 묘목의 생산기간에 따라 적정량 결정

㉡ $S=\dfrac{P\times F}{E\times Y\times N}$

여기서, S : 파종량(g), P : 파종면적(m^2), F : 묘목(잔존)본수,
E : 종자효율(순량률×발아율), Y : 잔존률(보통 0.3~0.5), N : 종자립수(립/g)

⑤ 파종 후작업 : 복토(흙덮기) → 짚덮기(흙이나 종자가 흩어지는 것을 막음) → 상체(판갈이: 파종상에서 양묘한 묘목을 더 크고 뿌리발달이 좋게 기르기 위해 다른 묘상으로 옮겨 심는 것)

9 무성번식

① 의의 : 식물의 잎, 줄기, 뿌리와 같은 영양기관을 이용하여 새로운 개체를 증식하는 방법으로 영양번식이라고도 함

② 영양계(클론)

㉠ 개체 식물로부터 번식되어서 형질을 같게 하는 것을 영양계, 클론이라고 한다.

㉡ 클론은 접목, 삽목, 취목, 분주와 같이 영양 번식의 수단을 통해 개체 식물이 여러 개로 증가되어 유전적 소질을 서로 같게 하는 식물군을 뜻한다.

㉢ 무성번식의 장점과 단점

구분	내용
장점	· 영양계를 보존 · 동일 품종의 일시적 다량 생산이 가능 · 모수의 유전형질을 정확하게 차대에 이어받을 수 있다. · 종자번식으로 불가능한 식물 번식이 가능하고 초기 생장이 빠르다. · 접목묘는 개화 및 결과기가 빨라진다.
단점	· 종자번식에 비하여 기술이 필요하다. · 좋은 모수를 확보하여야 한다. · 실생묘에 비해 대량생산이 어렵고 포지면적을 많이 차지한다. · 수명이 짧다.

③ 삽목

㉠ 특징

- 나무줄기나 뿌리는 목적에 따라 특성에 맞게 잘라서 자른 부위에 뿌리와 줄기가 새로 형성되어 새로운 완전 개체를 만드는 것
- 모식물의 수가 적고 번식상이 좁아도 대량의 새로운 개체생산 가능, 비교적 값싸고 손쉽게 증식할 수 있다.
- 접목보다 더 유전적인 순수성을 유지, 내병성 개체 또는 특수한 행태적 형질을 골라서 증식한다.

㉡ 시기 : 20℃이상이 유지되는 온실의 경우 연중 실시, 봄철에는 휴면지 이용하고 여름철에는 미숙지 또는 녹지를 이용한다.

㉢ 방법 : 가지삽목, 숙지 또는 휴면지삽(성숙하여 경화된 가지이용), 반숙지삽(6월 하순 쯤 녹지삽보다 더 경화한 가지 사용), 미숙지 또는 녹지삽(이른 봄에 자란 신초가 경화되기 전에 가지를 삽수), 초본경삽(초본성에 잎을 붙여서 삽수를 만듦), 잎꽂이(엽삽), 잎눈꽂이(엽아삽), 뿌리삽(근삽)

④ 접목

㉠ 특징

- 서로 분리되어 있는 식물체를 조직으로 연결하고, 그 곳을 통해 생리적으로 공동체가 될 수 있게 하는 것
- 접목 부위의 윗부분을 접수 또는 접순이라 하고, 아래에 위치하는 부분을 대목이라 하는데 접수와 대목을 접착해서 1개의 식물체를 이룬 것을 접목이라 한다.

㉡ 장점

- 품종의 특성 유지 : 모체의 유전성 계승, 다른 무성번식으로 증식이 되지 않는 과수류나 조경수목은 접목에 의해 번식
- 대목에 선택에 의한 재배 목적 달성, 고접에 의한 품종 변경
- 개화, 결실촉진, 특수한 식물형 창조
- 상면(傷面)의 보상 : 수피가 상처를 입었을 때 교접에 의해 나무의 생명을 구함
- 바이러스 연구

㉢ 원리 : 대목과 접수의 절단면에 수베린(suberin)이라는 보호조직 피막을 형성해 절단면을 보호, 절단면의 양쪽 형성층 세포가 분열을 개시하여 새로운 유조직세포를 만들고, 유조직 세포가 엉켜서 캘루스 조직(callus tissue)를 형성층 연결

㉣ 방법

- 절접법(깎기접) : 가장 많이 이용, 0.5cm 굵기, 상호 형성층 맞춤

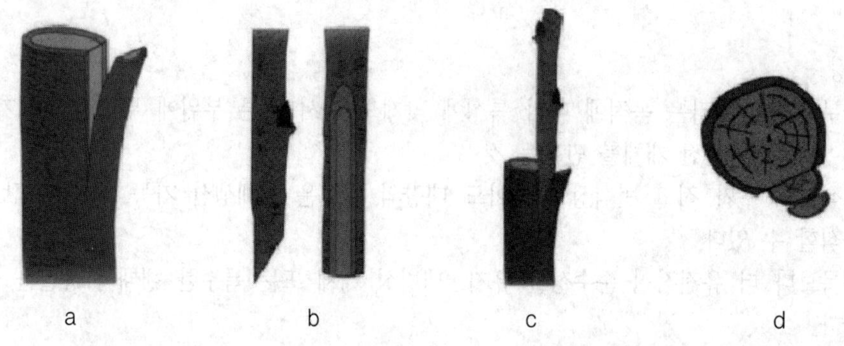

a : 대목의 마련,　b : 접수의 마련,　c : 접목상태 ,　d : 형성층의 바른 접착

그림. 절접순서

· 설접법 : 대목과 접수 굵기 비슷하며, 조직이 유연하고 지름이 0.5~1cm, 뿌리를 대목으로 씀, 자른 면의 길이는 대목 지름의 5배로 유착이 빠르고 접목부위가 강건해짐

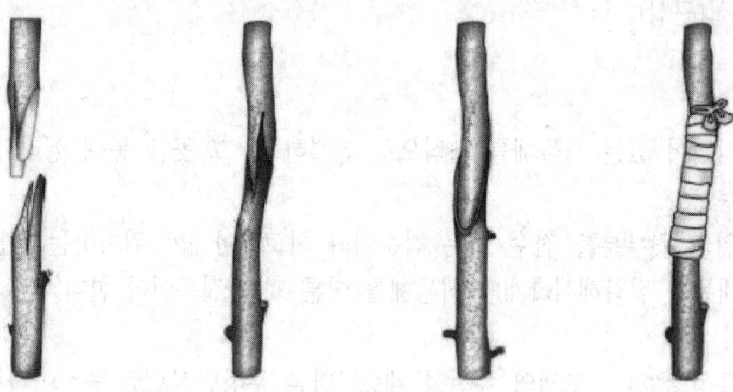

그림. 설접 순서

· 합접법(맞접법) : 대목과 접수에 각도와 길이가 비슷한 삭면을 만들어 접합시켜 묶는다.

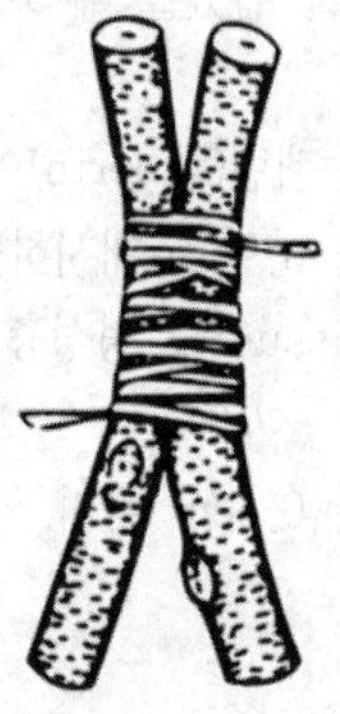

그림. 합접

· 복접법: 원줄기를 자르지 않고 옆면에 붙이는 방법으로 설접하기에는 가지가 굵고, 할접이나 박접을 하기에는 가지가 가늘 때 적용

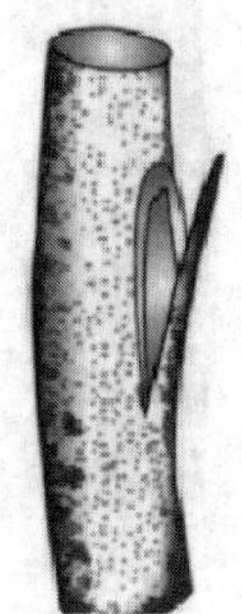

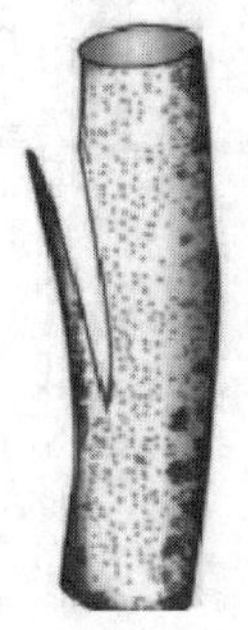
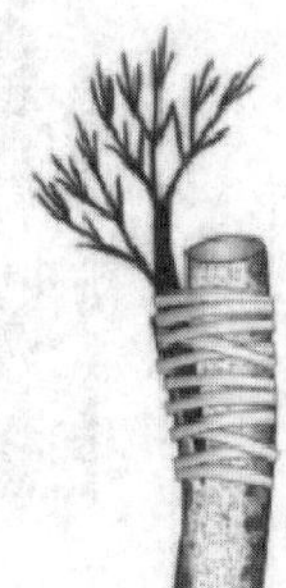

그림. 복접의 순서

· 할접법(쪼개접, 짜개접) : 쇄기모양으로 소나무류나 과수류 고접에 널리 이용하며 대목이 굵을 때 적합

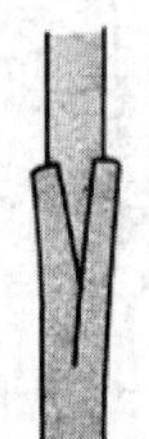
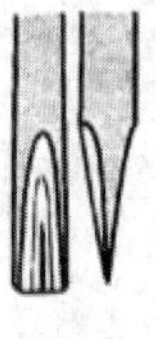
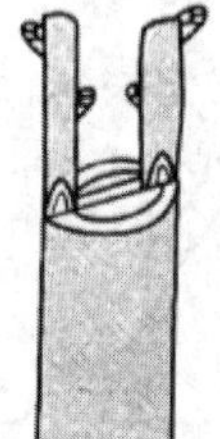
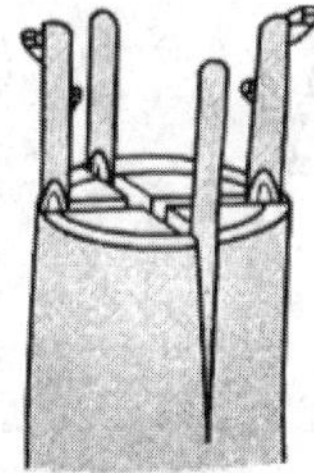
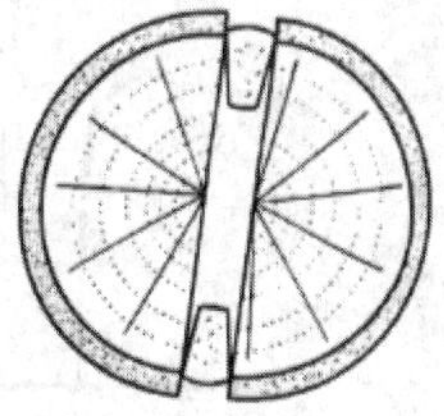

그림. 할접법

· 박접법(껍질법, 박피접) : 대목 껍질 약간 벗기고. 지름이 2.5cm 이상 되고 밤나무와 같이 껍질이 두꺼운 수종에 많이 이용

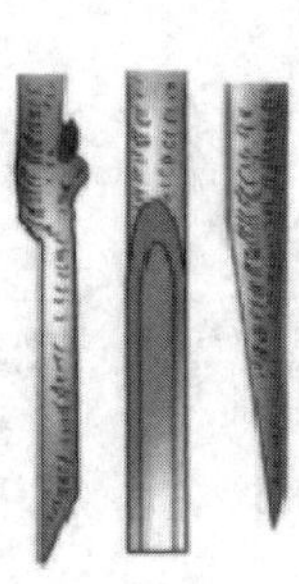
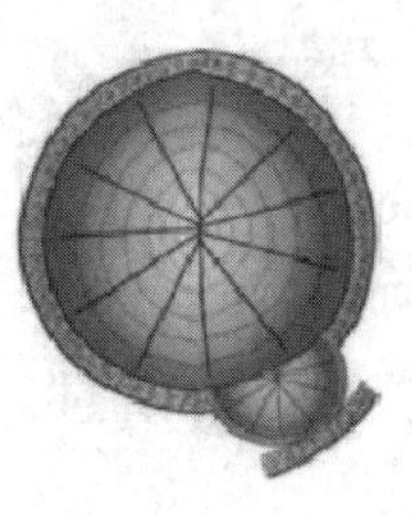

그림. 박접법 순서

· 교접법(다리접) : 나무 줄기 상처 입어서 수분 양분통과가 어려울 때 상처의 상하 부위를 연결시켜 접목시킴, 접수는 같은 나무의 1년생 휴면지로 굵기는 1cm가 알맞다.

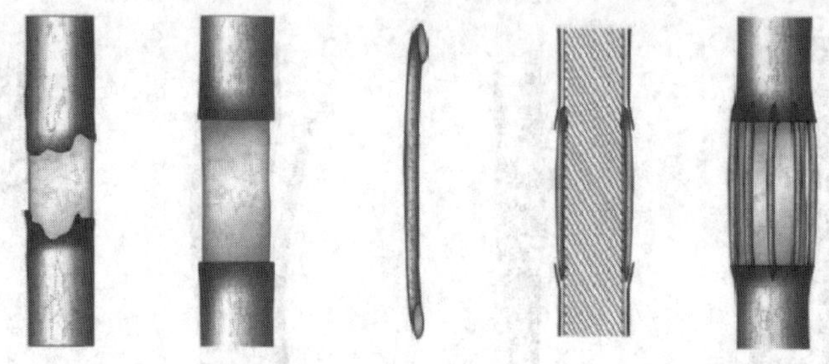

그림. 교접방법

· 기접법(쌍접) : 접목이 어려운 수종, 독립적으로 식물을 목질부를 깎고 접착, 포도나무나 등나무 등의 덩굴식물에 많이 사용

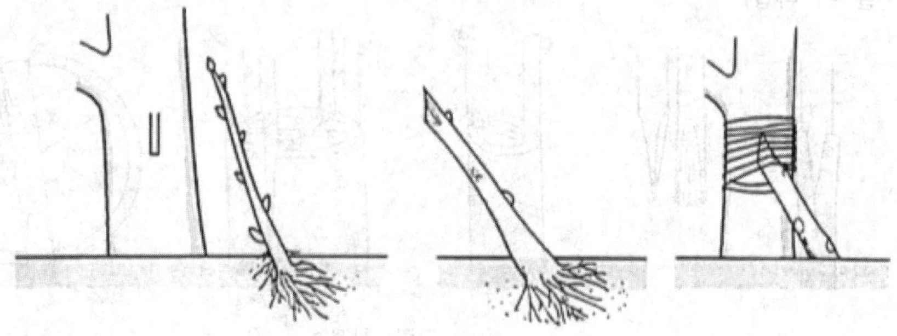

그림. 기접법

· 아접법(눈접법) : 접수 대신에 접눈을 이용하는 방법, 대목의 수피에 T자형 모양으로 칼자국을 내고 접눈을 넣어 T형 아접 또는 순아접이라고 한다.

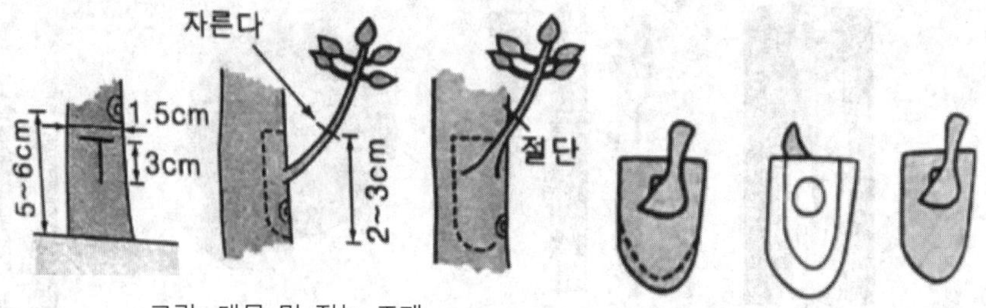

그림. 대목 및 접눈 조제

• 유대접 : 대목을 대립종자의 유경이나 유근을 사용하여 접목, 접목 후에 관계습도는 높게 유지해야 접착율이 높아짐, 정식 후 근두암종병의 발병율이 높은 단점이 있다.

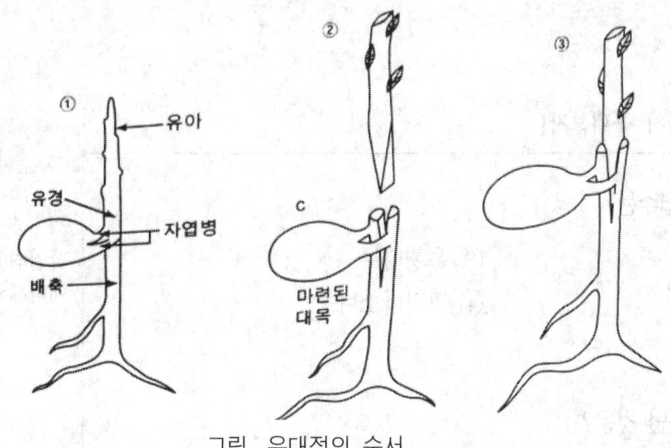

그림. 유대접의 순서

• 안접법 : 할접법을 응용한 방법, 대목과 접수가 거의 같은 굵기를 택하고 대목이나 접수를 말의 안장 모양으로 다음어 접착시키는 방법을 말한다. 접착부가 서로 삽입되어 활착 후 분리될 염려가 적다.

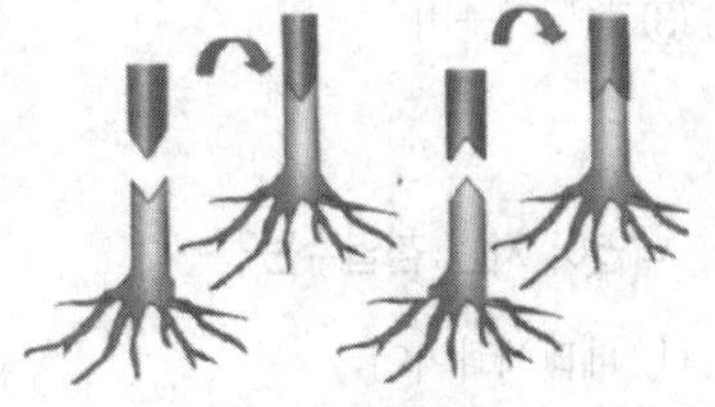
그림. 안접법

⑤ 휘묻이(취목)

㉠ 기존의 모식물에 붙어 있는 가지에서 인위적으로 뿌리를 나게 해서 증식시키는 방법

㉡ 방법 : 흙묻어떼기(성토법), 휘묻이(보통휘묻이법, 끝휘묻이법, 물결묻이법, 망치묻이법, 접목취목법, 공중취목)

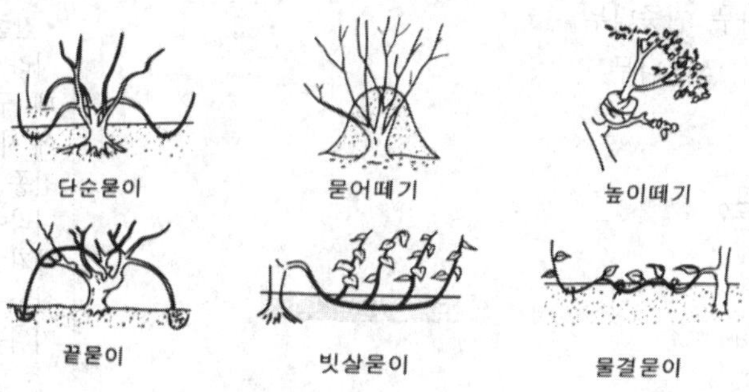

그림. 휘묻이의 방법

⑥ 포기나누기(분주, 분근묘) : 지면의 아래쪽에 위치하는 식물의 근관부를 분리하여 증식시키는 방법, 뿌리에서 여러 가닥의 줄기가 발생하는 수종에 적합하다.

⑦ 조직배양 : 바이러스 무병주의 육성, 묘목의 급속한 대량 증식, 육종을 위한 활용

핵심기출문제

내친김에 문제까지 끝내보자!

1. 다음 중 낙엽침엽수는?

① 히말라야시다 ② 은행나무
③ 편백 ④ 리기다소나무

2. 상록침엽수가 아닌 것은?

① 낙우송 ② 소나무
③ 독일가문비 ④ 편백

3. 낙엽이 지는 침엽수는?

① 메타세콰이어 ② 소나무
③ 구상나무 ④ 전나무

4. 낙엽활엽교목만으로 구성되어있는 것이 아닌 것은?

① 회화나무, 모감주나무, 함박꽃나무
② 일본목련, 다릅나무, 무환자나무
③ 위성류, 멀구슬나무, 참중나무
④ 후박나무, 태산목, 작살나무

5. 우리나라의 잔존중은?

① Abies Koreana
② Pinus banksiana
③ Pinus koraiensis
④ Abies holophylla

6. 한국고유수종에 속하는 것은?

① 미류나무 ② 낙우송
③ 매화나무 ④ 삼나무

정답 및 해설

공통해설 **1, 2, 3**

낙엽침엽수에는 은행나무, 낙우송, 메타세콰이어가 있다.

해설 **4**

후박나무와 태산목은 상록활엽교목이다.

해설 **5**

① 구상나무
② 방크스소나무
③ 잣나무
④ 전나무
• 잔존종(殘存種)
사라지지 않고 남아있는 종을 말하는데, 구상나무는 지구의 기후대 변화에 시기 중 빙하작용이 있을 때 한기잔종중인 수종이다. 구상나무는 우리나라에만 자생하는 특산종으로 기후대가 따뜻해지면서 추운지역인 한라산·무등산·덕유산·지리산 등 산지위쪽에만 분포하게 되었다.

해설 **6**

① 미류나무 – 유럽 아시아 원산
② 낙우송 – 미국 북아메리카 원산
④ 삼나무 – 일본

정답			
	1. ②	2. ①	3. ①
	4. ④	5. ①	6. ③

정 답 및 해 설

7. 목련과 식물 중에서 원산지가 우리나라에서 자생하는 수종은?

① 자목련　② 백목련
③ 일본목련　④ 목련

해설 7
자목련과 백목련은 중국이 원산지, 일본목련은 일본이 원산지이다.

8. 파골러에 이용하는 덩굴성 식물이 아닌 것은?

① 능소화　② 으아리
③ 골담초　④ 송악

해설 8
골담초는 낙엽활엽관목이다.

9. 1년초인 식물은?

① 맥문동　② 비비추
③ 꽃양배추　④ 제라늄

해설 9
꽃양배추는 겨울화단용으로 사용된다.

10. 수명이 가장 짧은 수종은?

① 백합나무　② 은행나무
③ 수양버들　④ 소나무

해설 10
수명이 짧은 수종 – 보기의 수종 중 튤립나무의 수명은 200~300년 정도, 이산화탄소 흡수량이 높고, 환경 적응력이 뛰어나며, 공해에도 강하고 병해충이 없어 가로수로 활용된다.

11. 입면녹화를 하려고 한다. 겨울철에도 푸른 모습이 가능한 덩굴성 식물은?

① 줄사철, 마삭줄
② 담쟁이덩굴, 수국, 바위수국
③ 으름덩굴, 다래, 개다래
④ 으아리, 칡, 노박덩굴

해설 11
줄사철과 마삭줄은 상록성이다.

12. 수관과 엽군에 대한 설명 중 옳지 않은 것은?

① 수목의 가지와 잎이 뭉친 것을 수관이라 한다.
② 잎이 뭉친 것을 엽군이라 한다.
③ 같은 나무 일 때 어릴 때와 노목이 된 뒤에도 수관의 생김이 같다.
④ 수관이나 엽군에 의한 질감은 경관구성상에 많은 영향을 준다.

해설 12
같은 나무일 때 유목에서 성목을 지나 노목이 된 후 수관의 생김새는 차이가 있다.

정답 7. ④　8. ③　9. ③
10. ①　11. ①　12. ③

정 답 및 해 설

13. 다음 중 수형과 수종이 잘못 짝지어진 것은?

① 원추형 – 가이즈까향나무
② 우산형 – 매화나무
③ 선형 – 반송
④ 원정형 – 느티나무

공통해설 **13, 14**

느티나무는 정수리부분이 평평한 평정형(배상형 : 술잔형태)의 수형을 지녔다.
평정형(배상형 : 술잔모양) → 느티나무, 배롱나무

14. 느티나무 수관 기본형으로 적당한 것은?

① 원정형 ② 평정형
③ 하수형 ④ 선형

15. 능수버들, 수양벚나무 등은 가지가 왜 아래로 늘어지는가?

① 측지의 신장생장 만큼 비대생장이 뒤따르지 못하기 때문에
② 가지에 탄력성이 있기 때문에
③ 수목 자체에 지베렐린 성분을 많이 함유하고 있기 때문에
④ 온난대지방수종이기 때문에

해설 **15**

능수버들, 수양벚나무 → 측지의 신장생장만큼 비대생장이 뒤따르지 못하기 때문에 무게로 인하여 아래로 쳐진다.

16. 히말라야시다의 성장형으로 옳은 것은?

① 원주형 ② 원통형
③ 원추형 ④ 원개형

해설 **16**

원추형 : 낙우송, 금송, 메타세쿼이어, 일본잎갈나무, 히말라야시다, 가이즈까향나무, 편백, 향나무, 솔송나무, 잣나무, 전나무, 주목

17. 여러 형태의 건물이 서있는 가로에 부드럽고 친근감을 주는 수목으로 식재하고자 한다. 알맞은 수목은?

① 은행나무, 백합나무, 메타세쿼이어
② 참나무, 느티나무, 회화나무
③ 플라타너스, 층층나무, 미류나무
④ 수양버들, 잎갈나무, 삼나무

해설 **17**

가로에 부드럽고 친근감을 주는 수목 – 여러 수형의 수목 → 은행나무, 백합나무, 메타세쿼이어

18. 정원수목의 수형에 가장 예민한 영향을 미치는 인자는?

① 수분 ② 영양분
③ 광선 ④ 품종

해설 **18**

정원수목의 수형에 영향인자 – 광선

정답 13. ④ 14. ② 15. ① 16. ③ 17. ① 18. ③

정 답 및 해 설

19. 전정없이도 아름답지만 전정을 함으로써 여러 가지형태를 나타낼 수 있는 수종은?

① 매화나무
② 가이즈까향나무
③ 은행나무
④ 느티나무

해설 19
가이즈까향나무-지엽이 치밀하고 전정에 강해 정형식 식재공간에서 사용되고 있으며 차폐식재, 경계식재, 가로수식재로 이용한다.

20. 다음 중 질감이 가장 부드러운 수종은?

① 위성류 ② 플라타너스
③ 칠엽수 ④ 오동나무

해설 20
잎의 크기가 작을수록 질감은 부드러우며, 커질수록 질감은 거칠다.

21. 배식 설계시 시선을 하늘쪽으로 유도하면서 수직적인 요소를 강조하는데 쓰이는 수형은?

① 원추형 ② 포복형
③ 배상형 ④ 하수형

해설 21
원추형-수직적인 요소를 강조하는 수형

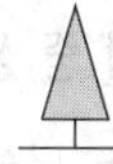

22. 잎의 거치가 예리한 수종은?

① 호랑가시나무, 은목서
② 백목련, 유카
③ 자목련, 은행나무
④ 전나무, 종비나무

해설 22
호랑가시나무, 은목서 - 잎에 거치가 있다.

그림. 호랑가시나무

23. 다음 설명 중 잘못 설명한 내용은?

① 식물의 형태는 자생지의 지형적 특성과 관련이 깊다.
② 식물의 형태는 잔가지나 굵은 가지의 배열, 방향 그리고 선(線)에 의하여 결정된다.
③ 원추형, 피라밋형의 수목은 주위에서 잘 안보이도록 주변 수목과 조화를 시켜 배식해야 한다.
④ 수목의 기본 형태는 고유한 성장 습성에 따라 결정된다.

해설 23
원추형, 피라밋형 수목은 독립수로 사용한다.

정답 19. ② 20. ① 21. ① 22. ① 23. ③

24. 식재수종 선정 시 환경과의 관계에서 고려해야 할 요소가 아닌 것은?

① 식물이 생육하는데 필요한 광선 요구도
② 대기오염에 의한 공해나 염해, 풍해, 설해 등 각종 환경피해에 대한 적응성
③ 수목의 맹아, 신록, 결실, 홍엽, 낙엽 등의 계절적 현상
④ 식물의 천연분포, 식재분포와 관련 되어지는 기온

25. 목련류(magnolia) 중에서 상록성인 것은?

① 함박꽃나무 ② 태산목
③ 일본목련 ④ 자목련

26. 수목의 자연수형을 좌우하는 주요 인자라고 볼 수 없는 것은?

① 수간의 모양 ② 수관의 모양
③ 수엽의 모양 ④ 수지의 모양

27. 다음 조합 중 상목, 중목, 하목을 고루 갖춘 조합은?

① 전나무 – 단풍나무 – 산철쭉
② 전나무 – 칠엽수 – 자귀나무
③ 전나무 – 돈나무 – 꽝꽝나무
④ 전나무 – 소나무 – 회양목

28. 수목의 생태적 특성상 음수(陰樹)인 것은?

① 목련
② 구상나무
③ 은행나무
④ 느티나무

29. 한 곳에서 잎이 3개씩 모여 나고 겨울눈에 송진이 많이 덮히고 줄기에서 움가지가 흔히 돋아나는 것은?

① 스트로브잣나무
② 리기다소나무
③ 잣나무
④ 방크스소나무

정답 및 해설

해설 24
환경과의 관계 – 식물이 요구하는 광선, 대기오염, 천연분포 및 식재분포

해설 25
태산목–목련과 상록활엽교목

해설 26
자연수형을 좌우하는 인자–수간(줄기)의 모양, 수관의 모양, 수지(나뭇가지)의 모양

해설 27
상목, 중목, 하목 → 수목의 층위구조 조합이므로 교목, 소교목, 관목 순 배열을 말한다.

해설 28
음수 – 주목, 구상나무, 측백나무, 후박나무, 녹나무, 호랑가시나무, 굴거리나무, 회양목 등

해설 29
① 2엽속생 – 소나무, 흑송, 금송, 방크스소나무
② 3엽속생 – 백송, 리기다소나무
③ 5엽속생 – 섬잣나무, 잣나무, 스트로브잣나무

정답 24. ③ 25. ② 26. ③ 27. ① 28. ② 29. ②

30. 개화기의 순서가 올바른 것은?

① 팬지 – 튤립 – 명자나무
② 수수꽃다리 – 수국 – 산수유
③ 개나리 – 배롱나무 – 풍년화
④ 생강나무 – 무궁화 – 수국

31. 화아분화를 지배하여 나무체내에 성분에 관계하는 것으로 옳은 것은?

① 인산과 칼륨의 비율
② 칼륨과 질소의 비율
③ 질소와 탄소의 비율
④ 탄소와 인산의 비율

32. 봄철에 개화하는 수종은?

① 배롱나무, 치자나무
② 목련, 무궁화
③ 태산목, 은행나무
④ 자귀나무, 개나리

33. 단풍색이 붉은 것으로만 구성된 것은?

① 때죽나무, 이팝나무 ② 튤립나무, 계수나무
③ 화살나무, 복자기 ④ 주목, 회양목

34. 다음 수목 중 노란꽃이 피는 수종으로 구성된 것은?

① 박태기나무, 쥐똥나무, 개나리
② 개나리, 산수유, 생강나무
③ 아카시아, 작약, 진달래
④ 채진목, 서향, 라일락

35. 화목류는 화아분화기를 알아서 전정해야한다. 다음 화목류 중 화아분화기가 틀린 것은?

① 개나리 : 9~10월 ② 동백 : 6~7월
③ 백목련 : 4월 ④ 수수꽃다리 : 7~8월

정 답 및 해 설

해설 30

② 산수유(3,4월) – 수수꽃다리(4,5월) – 수국(6,7월)
③ 풍년화(2,3월) – 개나리(4월) – 배롱나무(7,8,9월)
④ 생강나무(3월) – 수국(6월) – 무궁화(7월)

해설 31

· Cacbon Nitrogen ratio
: C/N률
C/N률 탄소와 질소의 비율에 따라 나무는 C/N률이 낮으면(질소화합물이 식물체에 많이 축적) 나무는 수고나 가지의 영양생장을 하며, C/N률이 높아지면 체내에 탄수화물의 양이 많아져 화아형성에 관한 생식생장을 하게 된다.

해설 32

개화시기
① 배롱나무(7,8,9월), 치자나무(6,7월)
② 목련(3월), 무궁화(6,7월)
④ 자귀나무(7,8월), 개나리(3월)

해설 33

붉은색단풍 – 감나무, 옻나무, 화살나무, 복자기단풍, 붉나무, 담쟁이덩굴, 마가목, 남천, 좀작살나무 등

해설 34

꽃의 색
① 박태기나무(진분홍색), 쥐똥나무(흰색), 개나리(노란색)
③ 아카시아(흰색)), 작약(붉은색), 진달래(연한분홍색)
④ 채진목(흰색), 서향(자주빛 흰색), 라일락(보라색)

해설 35

백목련의 화아분화기는 5, 6월이다.

정답 30. ① 31. ③ 32. ③ 33. ③ 34. ② 35. ③

36. 개화기가 가장 늦은 것은?

① 오동나무 ② 배롱나무
③ 서향 ④ 으름덩굴

37. 다음 중 잎이 나오기 전에 꽃이 먼저 피는 나무는?

① 매화나무 ② 회화나무
③ 능소화 ④ 배롱나무

38. 다음 교목 중에서 아름다운 흰꽃이 피는 수목은?

① 오동나무, 백합나무
② 산수유, 생강나무
③ 산딸나무, 태산목
④ 자귀나무, 산벚나무

39. 여름철에 개화하는 조경수종은?

① 오동나무, 박태기나무, 왕벚나무
② 진달래, 산수유, 개나리
③ 목련, 백목련, 일본목련
④ 배롱나무, 자귀나무, 무궁화

40. 흰꽃이 가장 늦게 개화하는 수종은?

① 조팝나무 ② 쥐똥나무
③ 치자나무 ④ 철쭉

41. 4월에 잎이 피기 전에 붉은색 꽃은 피워 화색배합에 중요한 수종은?

① 쪽제비싸리 ② 아카시아
③ 박태기나무 ④ 호랑가시나무

정답 및 해설

해설 36
오동나무 : 5, 6월
배롱나무 : 7, 8, 9월
서향 : 3, 4월

해설 37
잎이 나오기 전에 꽃이 피는 수목
② 회화나무 : 7~8월 개화
③ 능소화 : 7~8월 개화
④ 배롱나무 : 7~9월 개화

해설 38
꽃의 색
① 오동나무 – 자줏빛 꽃, 백합나무–노란색 꽃
② 산수유, 생강나무 – 노란색 꽃
③ 산딸나무, 태산목 – 흰색
④ 자귀나무 – 분홍색, 산벚나무 – 흰색

해설 39
개화시기
① 오동나무(늦봄, 5~6월), 박태기나무 · 왕벚나무(봄)
② 진달래, 산수유, 개나리(봄)
③ 목련, 백목련, 일본목련(봄)

해설 40
조팝나무 : 4월
쥐똥나무 : 5, 6월
치자나무 : 6, 7월
철쭉나무 : 4, 5월

해설 41
박태기나무
· 콩과, 낙엽활엽관목
· 3~4월에 붉은색(진분홍색) 꽃 개화

정답	36. ② 37. ① 38. ③ 39. ④ 40. ③ 41. ③

42. 개화기가 순서대로 되어 있는 것은?

① 수수꽃다리 → 수국 → 배롱나무 → 금목서
② 수국 → 배롱나무 → 수수꽃다리 → 금목서
③ 수수꽃다리 → 배롱나무 → 수국 → 금목서
④ 수국 → 수수꽃다리 → 배롱나무 → 금목서

해설 42
수수꽃다리(4~5월) → 수국(6~7월) → 배롱나무(7~9월) → 금목서(10월)

43. 다음 수종 중 꽃의 색깔이 흰색으로 짝지어진 것은?

① 산딸나무, 치자나무, 병아리꽃나무
② 생강나무, 조팝나무, 박태기나무
③ 찔레나무, 해당화, 골담초
④ 호두나무, 산사나무, 살구나무

해설 43
꽃의 색
② 생강나무(노란색), 조팝나무(흰색), 박태기나무(진분홍색)
③ 찔레나무(흰색), 해당화(붉은색), 골담초(노란색)
④ 호두나무(황록색), 산사나무(흰색), 살구나무(연한홍색)

44. 다음 수목 중 잎보다 꽃이 먼저 피는 (先花後葉) 것이 아닌 것은?

① 미선나무, 산수유
② 일본목련, 함박꽃나무
③ 개나리, 진달래
④ 박태기, 생강나무

해설 44
일본목련, 함박꽃나무: 5~6월 흰색 꽃

45. 4월에 잎이 피기 전에 붉은색의 꽃을 피워 화색배합에 중요한 수종은?

① Amorpha fruticosa L.
② Robinia pseudo-acacia L.
③ Cercis chinensis Bungea
④ Ilex cornuta Lindley et PAX.

해설 45
① 쪽제비싸리 : 4~5월, 자주색꽃
② 아카시나무 : 5~6월, 흰꽃
③ 박태기나무 : 4월, 붉은꽃
④ 호랑가시나무 : 4~5월, 황색꽃

46. 꽃과 열매의 관상가치가 모두 높은 수목이 아닌 것은?

① 소귀나무, 능금나무
② 개회나무, 참조팝나무
③ 모감주나무, 산사나무
④ 마가목, 산수유

해설 46
개회나무, 참조팝나무: 열매는 관상가치가 낮다.

정답 42. ① 43. ① 44. ② 45. ③ 46. ②

정 답 및 해 설

47. 계절적인 변화를 보이는 배식을 하고자 한다. 다음 중 봄철부터 꽃나무의 개화순서가 옳게 된 것은?

① 고광나무 → 매화나무 → 무궁화 → 팔손이나무
② 매화나무 → 무궁화 → 고광나무 → 팔손이나무
③ 매화나무 → 고광나무 → 무궁화 → 팔손이나무
④ 팔손이나무 → 무궁화 → 고광나무 → 매화나무

해설 47
매화나무(3월) → 고광나무(4~5월) → 무궁화(8~9월) → 팔손이나무(10~11월)

48. 나무 잎이 먼저 나고 다음에 꽃이 피는 것은?

① 매실나무 ② 왕벚나무
③ 산수유나무 ④ 산딸나무

해설 48
매실나무, 왕벚나무, 산수유나무-3월에 잎이 나오기 전에 개화

49. 다음 중 전정에 잘 견디고 단식 또는 군식용으로 쓰이며 10월경부터 붉은 열매를 맺는 감탕나무과 식물은?

① 아왜나무 ② 돈나무
③ 사철나무 ④ 호랑가시나무

해설 49
호랑가시나무 : 상록활엽관목, 잎에 거치, 전정에 강함, 10월에 붉은색 열매

50. 수피(樹皮)색이 백색(白色)으로 아름다운 나무는?

① Berberis koreana
② Betula platyphylla var. japonica
③ Zelkova serrata
④ Diospyros kaki

해설 50
① 매자나무
② 자작나무
③ 느티나무
④ 감나무

51. 수목의 수피가 백색인 것은?

① Betula platyphlla ② Quercus dentata
③ Cedrus deodara ④ Lagerstroemia indica

해설 51
① 자작나무
② 떡갈나무
③ 히말라야시더
④ 배롱나무

52. 다음 나무들 중 줄기가 적갈색계의 색채를 나타내는 것은?

① 가문비나무, 히말라야시더 ② 편백나무, 배롱나무
③ 소나무, 주목 ④ 벽오동, 죽도화

해설 52
소나무, 주목 : 붉은색 수피가 아름다운 수종

정답 47. ③ 48. ④ 49. ④ 50. ② 51. ① 52. ③

정 답 및 해 설

53. 황색단풍이 드는 수종으로 구성된 것은?

① 고로쇠나무, 갈참나무, 화살나무
② 붉나무, 마가목, 미류나무
③ 백합나무, 칠엽수, 일본잎갈나무
④ 은행나무, 담쟁이덩굴, 옻나무

해설 53

황색단풍 : 백합나무, 칠엽수, 일본잎갈나무, 느티나무, 고로쇠나무, 네군도단풍 등

54. 같은색으로 단풍이 지는 나무끼리 연결된 것으로 옳은 것은?

① 매자나무, 가시나무, 화살나무
② 좀작살나무, 붉나무, 감나무
③ 팥배나무, 산사나무, 후박나무
④ 홍단풍, 동청목, 마가목

해설 54

②는 모두 붉은색으로 단풍이 드는 수종이다.

55. 다음 수목 중 가을철에 단풍의 색깔이 황색인 수목은?

① Diospyros kaki
② Euonymus alatus
③ Sorbus commixta
④ Liriodendron tulipifera

해설 55

① 감나무 – 붉은단풍
② 화살나무 – 붉은단풍
③ 마가목 – 붉은단풍
④ 백합나무 – 황색단풍

56. 다음 중 단풍의 색깔이 붉은 색이 아닌 것은?

① 감나무, 복자기나무
② 붉나무, 마가목
③ 화살나무, 담쟁이덩굴
④ 고로쇠나무, 백합나무

해설 56

고로쇠나무, 백합나무 : 황색단풍

57. 다음 중 붉은 단풍이 드는 나무는?

① 백합나무 ② 화살나무
③ 느릅나무 ④ 칠엽수

해설 57

①, ③, ④ 황색단풍

58. 복엽으로서 생장이 빨라 공원의 속성 조경에 가장 적당한 수종은?

① Acer negundo L.
② Acer ginnala Max.
③ Acer saccharinum L.
④ Acer palmatum Thunb.

해설 58

① 네군도 단풍
② 신나무
③ 은단풍
④ 단풍나무

정답 53. ③ 54. ② 55. ④ 56. ④ 57. ② 58. ①

59. 산딸나무와 층층나무를 구별하는 근거가 될 수 있는 것은?

① 측맥수
② 잎의 마주나기와 어긋나기
③ 나무의 높이
④ 잎의 색깔과 열매의 모양

60. 배나무 적성병의 겨울포자가 기생하기 때문에 배나무과수원 가까이에 심지 말아야할 수목은?

① 히말라야시다
② 오동나무
③ 화백
④ 향나무

61. 향기가 강한 조경용 수목으로 구성된 것은?

① 금목서, 마삭줄, 치자나무
② 모란, 능소화, 철쭉
③ 수국, 태산목, 박태기나무
④ 인동덩굴, 배롱나무, 석류나무

62. 꽃향기가 좋은 수종끼리 짝지어진 것은?

① 태산목, 아카시아
② 등나무, 돈나무
③ 서향, 팔손이나무
④ 금테사철나무, 동백나무

63. 가을에 꽃향기를 풍기는 나무는?

① 매화나무
② 서향
③ 금목서
④ 치자나무

64. 녹음을 가능하게 하고 야조류를 유치시킬 수 있는 수종은?

① 회화나무
② 호두나무
③ 팥배나무
④ 자작나무

정답 및 해설

해설 59

층층나무과에 속하는 수목이며 산딸나무는 원형(난형)의 잎이 마주나며, 층층나무는 잎이 어긋난다.

해설 60

배나무적성병의 중간기주는 향나무이므로 배나무과수원 근처에는 식재하지 않는다.

공통해설 61, 62, 63

꽃에 향기가 강한 수목 – 매화나무(이른봄), 서향(봄), 수수꽃다리(봄), 장미(5~6월), 마삭줄(5월), 일본목련(6월), 치자나무(6월), 태산목(6월), 함박꽃나무(6월), 인동덩굴(7월), 금·은목서(10월) 등

해설 64

팥배나무는 적색열매가 열려 조류유치용을 사용된다.

정답 59. ② 60. ④ 61. ① 62. ① 63. ③ 64. ③

정 답 및 해 설

65. 적색계통의 열매가 열리는 수종은?

① 측백나무, 왕벚나무, 아왜나무, 보리수나무
② 팔손이나무, 쥐똥나무, 대추나무, 보리수나무
③ 음나무, 명자나무, 머루, 사철나무
④ 식나무, 주목, 백당나무, 산사나무

66. 야생동물이 먹이가 될 수 있는 열매가 열리는 식물이 아닌 것은?

① 마가목, 노박덩굴
② 다래나무, 으름덩굴
③ 찔레나무, 쉬나무
④ 이태리포플러, 용버들

67. 붉은색 열매를 맺는 것으로 짝지어진 것은?

① 모과나무, 명자나무, 배나무
② 산수유, 사철나무, 주목
③ 쥐똥나무, 좀작살나무, 뽕나무
④ 은행나무, 탱자나무, 붉나무

68. 지역별로 생육하는 나무를 연결한 것으로 맞지 않는 것은?

① 온대남부 – 가시나무, 동백나무
② 온대중부 – 서어나무, 졸참나무
③ 온대북부 – 소나무, 잣나무
④ 한 대 – 분비나무, 잎갈나무

69. 느티나무는 우리나라 풍경에 잘 어울리며 녹음수, 정자목 그리고 기념수 등으로 쓰인다. 이 수목의 성상으로 표현한 것 중 잘못된 것은?

① 산성토양을 싫어하고 중성토양을 좋아한다.
② 녹음수로서 좋으며 도시공해에 약하다.
③ 저습지와 염분이 있는 곳은 피해야 한다.
④ 유기질이 적은 점질 토양으로 좋아한다.

공통해설 **65, 67**

적색(붉은색)계통 열매
주목, 산수유, 보리수나무, 산딸나무, 산사나무, 팥배나무, 마가목, 백당나무, 매자나무, 매발톱나무, 식나무, 사철나무, 피라칸사, 호랑가시나무 등

해설 **66**

야생동물의 먹이 → 식이식물, 열매가 열리는 수종, 조류유치용

해설 **68**

온대북부 – 잎갈나무

해설 **69**

느티나무는 사질양토에서 잘 자란다.

정답 65. ④ 66. ④ 67. ② 68. ④ 69. ④

70. 병충해에 강한 수종은?

① 백합나무 ② 산벚나무
② 등나무 ④ 무궁화

71. 양수인 것으로 짝지어진 것은?

① 소나무, 메타세콰이어 ② 오엽송, 향나무
③ 비자나무, 아왜나무 ④ 측백나무, 후박나무

72. 생장력이 좋은 나무는?

① 주목, 낙우송 ② 향나무, 편백나무
③ 가이즈까향나무, 눈향나무 ④ 히말라야시다, 메타세콰이어

73. 신록의 색채가 담록색인 것은?

① 가중나무, 참중나무 ② 서어나무, 위성류
③ 칠엽수, 은백양 ④ 산벚나무, 홍단풍

74. 이식하기 쉬우며 생장속도가 빠른 나무는?

① 백목련 ② 솔송
③ 모과나무 ④ 메타세콰이어

75. 이식이 용이한 수종으로 중부 이북지방에 식재 가능한 수종은?

① 먼나무 ② 졸가시나무
③ 주목 ④ 후박나무

76. 낙엽활엽수 중 가장 내한력이 강한 나무는?

① 자작나무 ② 단풍나무
③ 서어나무 ④ 감나무

정답 및 해설

해설 70
백합나무도 병충해에는 강한 편이나 보기 수종 중 선택해야 하므로 무궁화가 답이 된다.

해설 71
양수
소나무, 메타세콰이어, 일본잎갈나무, 삼나무, 측백나무, 가이즈까향나무, 플라타너스, 단풍나무, 느티나무, 자작나무, 위성류, 층층나무, 배롱나무, 산벚나무, 감나무, 모과나무, 목련, 개나리, 철쭉, 박태기나무, 쥐똥나무 등

해설 72
생장력이 빠른 수종
낙우송, 메타세콰이어, 독일가문비, 히말라야시다, 서양측백, 소나무, 흑송, 일본잎갈나무, 편백, 화백, 가시나무, 사철나무, 팔손이나무, 벽오동, 양버들, 은행나무, 일본목련, 자작나무, 칠엽수, 플라타너스, 회화나무, 단풍나무, 산수유, 무궁화 등

해설 73
신록의 색채
① 백색 : 은백양나무, 칠엽수 등
② 적갈색 : 산벚나무, 홍단풍 등 벚나무 계열
③ 담녹색 : 일본잎갈나무, 느티나무, 서어나무, 위성류, 버드나무

해설 74
이식이 용이한 수종
낙우송, 메타세콰이어, 편백, 화백, 측백, 가이즈까향나무, 은행나무, 플라타너스, 단풍나무류, 쥐똥나무, 박태기나무, 화살나무 등

해설 75
보기 수종 중 주목은 이식이 용이하지 않은 편이나, 중부 이북지방에 식재가 가능한 수종은 주목밖에 없으므로 답이 된다.(졸가시나무 · 먼나무 · 후박나무는 남부수종)

해설 76
한랭지에 식재가능한 수종
① 내한력이 강한 나무
② 독일가문비, 측백, 주목, 잣나무, 전나무, 일본잎갈나무, 플라타너스, 네군도단풍, 목련, 마가목, 은행나무, 자작나무, 화살나무, 철쭉류, 쥐똥나무 등

정답 70. ④ 71. ① 72. ④ 73. ② 74. ④ 75. ③ 76. ①

정 답 및 해 설

77. 소나무과속의 수종 중 두 개의 잎이 속생하는 것이 아닌 수종은?

① 반송 ② 소나무
③ 백송 ④ 해송

해설 77
3엽속생 : 리기다소나무, 백송

78. 음수가 필요로 하는 전수광량은 몇%인가?

① 0.5% ② 1.5%
③ 2.5% ④ 50%

해설 78
- 전수광량(하늘에서 내려쬐는 광량)의 50% 내외, 양수는 70% 내외
- 고사한계의 최소수광량은 음수는 5.0%, 양수는 6.5%

79. 근류균을 많이 갖고 있으며 절개지, 척박지인 곳에 식재 할 수 있는 수종은?

① 자귀나무, 보리수나무
② 느티나무, 만병초
③ 회양목, 물푸레나무
④ 오동나무, 배롱나무

해설 79
근류균, 절개지, 척박지 식재 가능한 수종 – 콩과, 보리수나무, 소철 등

80. 음수끼리 짝지어진 것이 아닌 것은?

① 주목, 비자나무
② 음나무, 식나무
③ 굴거리나무, 전나무
④ 물푸레나무, 자작나무

해설 80
음수 – 개비자나무, 금송, 나한백, 주목 등

81. 울릉도 특산이며 절간이 좁아 짜임새가 있는 수종은?

① 섬잣나무 ② 잣나무
② 스트로브잣나무 ④ 소나무

해설 81
섬잣나무
울릉도의 높이 500m 내외에서 자생하고 있으며 내륙 지방에서는 관상수로 많이 심는다.

82. 다음 식물재료 중 소지 (1년생가시)의 색깔이 붉은색을 띄는 것은?

① 흰말채나무 ② 황매화
③ 쥐똥나무 ④ 앵두나무

해설 82
흰말채나무 – 낙엽활엽관목, 수피는 붉은색을 지님

정답 77. ③ 78. ④ 79. ① 80. ④ 81. ① 82. ①

83. 높은 건물과 배치하여 직선적인 측면을 완화하는데 이용되는 속성수는?

① 은행나무 ② 느릅나무
② 회화나무 ④ 메타세콰이어

84. 자웅이주 수종은?

① 플라타너스 ② 측백나무
③ 꽝꽝나무 ④ 동백나무

85. 한라산 한대림의 대표수종은?

① 잎갈나무 ② 가문비나무
③ 구상나무 ④ 신갈나무

86. 생장이 가장 느린 수종은?

① 낙우송 ② 섬잣나무
③ 대왕송 ④ 능수버들

87. 다음 중 공해에 강한 것은?

① 능수버들, 사철나무, 가중나무
② 능수벚나무, 매화나무, 목서
③ 반송, 삼나무 주목
④ 히말라야시더, 좀비나무, 편백

88. 다음 중 공해에 강한 수종끼리 짝지어진 것은?

① 능수버들, 개나리, 가중나무
② 주목, 편백, 삼나무
③ 소나무, 가래나무, 산수유
④ 자작나무, 히말라야시더, 회양목

정답 및 해설

해설 83

원추형의 수형, 속성수 – 메타세콰이어

해설 84

자웅이주
① 암꽃과 수꽃이 각각 다른 그루에 있어서 식물체의 암수가 구별됨
② 꽝꽝나무, 호랑가시나무, 은행나무, 가중나무, 식나무 등

해설 85

① 한라산 한대림 대표수종 – 구상나무
② 구상나무는 우리나라에만 자생하는 특산종으로 기후대가 따뜻해지면서 추운지역인 한라산·무등산·덕유산·지리산 등 산지위쪽에만 분포하게 되었다.

해설 86

생장이 느린 수종
주목, 향나무, 눈향나무, 목서, 동백나무, 호랑가시나무, 남천, 회양목, 참나무류, 모과나무, 산딸나무, 마가목, 섬잣나무 등

공통해설 87, 88

공해에 강한 수종 – 능수버들, 사철나무, 가중나무, 개나리 등

정답	83. ④ 84. ③ 85. ③ 86. ② 87. ① 88. ①

정 답 및 해 설

89. 양수의 외형적 특징이 아닌 것은?

① 유목시 성장이 빠르나 나이가 많아짐에 따라 차차 약해진다.
② 가지는 소생하고 수간은 개방적이며 아랫가지는 일찍 말라 떨어져버린다.
③ 지엽이 밀생하고 가지는 치밀하게 나며 아랫가지는 내부를 향한다.
④ 줄기의 선단부가 햇빛이 있는 쪽으로 자라며 굵은 가지는 남쪽으로 자란다.

해설 **89**
③는 음수의 특징이다.

90. 다음 중 가을에 흰꽃이 피는 상록수로 짝지은 것은?

① 월계수, 동백나무, 아왜나무
② 차나무, 은목서, 팔손이나무
③ 귀룽나무, 층층나무, 노각나무
④ 황매화, 생강나무, 산수유

해설 **90**
상록활엽수이며 가을(9~10월경)에 흰색꽃이 개화하는 수종은 차나무, 은목서, 팔손이나무 등이다.

91. 다음 중 한곳에서 잎이 3개씩 모여 나고, 잎의 길이는 7~14cm정도이며 딱딱하고 비틀리는 것으로 사방조림용으로 많이 사용되는 수종으로 가장 적합한 것은?

① Pinus strobus
② Pinus banksiana
③ Pinus koraiensis
④ Pinus rigida

해설 **91**
① 스트로브잣나무 – 5엽송
② 방크스소나무 – 2엽송
③ 잣나무 – 5엽송
④ 리기다소나무 – 3엽송

92. 다음 중 잎의 형태가 옳지 않게 표시된 것은?

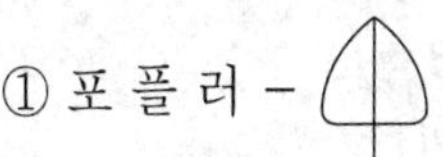
① 포 플 러 –
② 일본목련 –
③ 백합나무 –
④ 나 한 송 –

해설 **92**
백합나무는 장형(손바닥모양)이다.
① 나상피침형
② 타원형
④ 긴타원형

93. 다음 수목의 식재환경 중 음수(陰樹)가 생장할 수 있는 광량(光量)은 전수광량(全受光量)의 몇% 내외인가?

① 5%
② 15%
③ 25%
④ 50%

해설 **93**
· 음수가 생장할 수 있는 광량은 전수광량의 50% 내외이며, 양수는 70% 내외
· 고사한계의 최소수광량은 음수는 5.0%, 양수는 6.5%

정답 89. ③ 90. ② 91. ④ 92. ③ 93. ④

정 답 및 해 설

94. 다음 수종 중 일반적으로 붉은 색으로 단풍드는 나무로만 구성된 것은?

① 칠엽수, 느티나무, 계수나무, 낙우송
② 배롱나무, 양버즘나무, 떡갈나무, 백합나무
③ 붉나무, 화살나무, 마가목, 감나무
④ 고로쇠나무, 벽오동, 피나무, 층층나무

해설 94

붉은색 단풍
감나무, 옻나무, 단풍나무류, 화살나무, 붉나무, 담쟁이덩굴, 마가목, 남천, 좀작살나무 등

95. 다음 수목 중 음수가 아닌 것은?

① 개비자나무　② 전나무
③ 자작나무　④ 굴거리나무

해설 95

자작나무 – 양수, 고산수종

96. 상록 활엽교목류로 짝지어 진 것은?

① 녹나무, 가시나무, 개비자나무
② 녹나무, 가시나무, 소귀나무
③ 화백, 태산목, 후박나무
④ 감탕나무, 녹나무, 개비자나무

해설 96

- 상록활엽교목 → 남부수종
- 개비자나무, 화백 → 상록침엽수

97. 조경수목의 생태적인 특성에 대한 설명이 올바른 것은?

① 녹나무, 동백나무, 가문비나무는 난대성 수목이다.
② 수목의 내한성은 식재 설계시 반드시 고려해야 할 필수요건이다.
③ 일반적으로 조경수목은 사질양토와 사토에서 생육이 왕성하다.
④ 수목은 전 부위의 10%가 수분이므로 임지(林地)에 있어서 건습은 수목의 성장관계를 좌우한다.

해설 97

① 가문비나무 : 고산성 상록침엽교목
③ 사질양토에서 생육이 왕성하며, 사토에서는 불량하다.
④ 수목 전 부위의 90% 정도가 수분이 차지한다.

98. 다음은 봄부터 여름까지 나무의 개화기를 순서대로 바르게 나열한 것은?

① 왕벚나무–수국–자귀나무–이팝나무
② 산수유–모란–수국–일본목련
③ 진달래–산딸나무–무궁화–백목련
④ 개나리–수수꽃다리–모감주나무–배롱나무

해설 98

개화시기
① 왕벚나무(4월)–수국(6~7월)–자귀나무(7~8월)–이팝나무(5월)
② 산수유(3월)–모란(5월)–수국(6~7월)–일본목련(5~6월)
③ 진달래(3월)–산딸나무(5월)–무궁화(7~8월)–백목련(3월)

99. 다음 수목군 중 성목시 백색계통의 수피 색깔을 가진 것만으로 짝지어진 것은?

① 식나무, 벽오동　② 주목, 잣나무
③ 자작나무, 백송　④ 가문비나무, 히말라야시더

해설 99

백색계통 수피 – 자작나무, 백송

정답	94. ③ 95. ③ 96. ② 97. ② 98. ④ 99. ③

정답 및 해설

100. 다음 식물 중 상록활엽만경목(常綠闊葉蔓莖木)에 해당 되는 것은?

① 송악　② 계요등
③ 능소화　④ 노박덩굴

101. 다음 조경수들 중 양수끼리만 짝지어진 것은?

① 낙엽송, 소나무, 자작나무, 오동나무
② 독일가문비나무, 매화나무, 아왜나무, 미선나무
③ 층층나무, 태산목, 구상나무, 꽝꽝나무
④ 쪽동백나무, 개비자나무, 회양목, 팔손이

102. 소나무류 (hard pine)와 잣나무류(soft pine)의 식별에 있어 옳지 않은 것은?

① 잣나무류는 잎이 5개이고, 소나무류는 잎이 2~3개이다.
② 잣나무류의 유관속은 1개이고, 소나무류의 유관속은 2개이다.
③ 잣나무류는 실편(實片)은 끝이 얇고 가시가 없으며, 소나무류의 실편은 끝이 두껍고 가시가 있다.
④ 잣나무류는 침엽이 달렸던 자리가 도드라졌고, 소나무류는 잎이 달렸던 자리가 밋밋하다.

해설 잣나무류와 소나무류의 구분특징

구 분	잎		아린	실편	목재	가지
	수	관속				
잣나무류	3-5	1	곧 떨어짐	끝이 얇고 가시가 없음	연하고 춘·추재의 전환이 전진적임	잎이 달렸던 자리가 밋밋함
소나무류	2-3	2	끝까지 남음	끝이 두껍게 되고 가시가 있음	굳고 춘·추재의 전환이 급함	잎이 달렸던 자리가 도드라짐

103. 다음에 제시된 월별평균기온자료에 의한 온량지수는 얼마인가?

월	1	2	3	4	5	6	7	8	9	10	11	12
평균 온도 ℃	-3.4	-1.1	4.5	11.8	17.4	21.5	24.6	25.4	20.6	14.3	6.6	-0.4

① 81.8℃　② 102.2℃
③ 182.8℃　④ 200.2℃

해설 **100**

- 송악 : 쌍떡잎식물 산형화목 두릅나무과의 상록덩굴식물
- 계요등 : 쌍떡잎식물 꼭두서니목 꼭두서니과의 낙엽 덩굴성 여러해살이풀
- 능소화 : 쌍떡잎식물 통화식물목 능소화과의 낙엽성 덩굴식물
- 노박덩굴 : 쌍떡잎식물 무환자나무목 노박덩굴과의 낙엽활엽 덩굴나무

해설 **103**

온량지수

- 온량지수란 기온이 5℃가 넘는 달의 평균기온에서 5를 빼서 일년 동안 더한 값을 말한다.
- 위 자료에 의한 계산식
6.8+12.4+16.5+19.6+20.4+15.6+9.3+1.6
=102.2℃

정답 100. ① 101. ① 102. ④ 103. ②

104. 다음 수목의 광합성 작용과 관련된 설명 중 옳은 것은?

① 수목의 생존가능조도는 광보상점과 광포화점 사이에 있다.
② 수목의 생존가능조도는 광보상점 이하이다.
③ 수목의 생존가능조도는 광포화점 이상이다.
④ 수목의 생존가능조도는 특정한 기준 없이 지속적으로 상승한다.

105. 가을이 되면 잎이 크산토필(xanthophyll)등을 포함하는 카로티노이드(carotenoid)에 의하여 색깔이 변하는 수종은?

① 화살나무 ② 은행나무
③ 붉나무 ④ 마가목

106. 다음 조경수 중 상록수끼리만 나열된 것은?

① 은행나무, 주목, 낙우송
② 측백나무, 자금우, 가시나무
③ 버드나무, 소귀나무, 가래나무
④ 태산목, 녹나무, 멀구슬나무

107. 감나무, 마가목, 옻나무, 낙우송, 백합나무, 칠엽수 등의 수종에서 나타나는 공통된 특징은?

① 가을철 단풍이 아름다운 수종들이다.
② 추운 지방에 잘 견디는 내한성이 매우 강한 수종들이다.
③ 대기 정화 효과가 뛰어난 수종들이다.
④ 열매가 아름다워 도심지 가로수용으로 적합한 수종들이다.

108. 쌍자엽식물과 단자엽식물의 일반적인 특징을 비교한 것으로 옳지 않은 것은?

	형질	쌍자엽	단자엽
㉠	부름켜	있음	없음
㉡	잎맥	대기 망상맥	대개 평행맥
㉢	뿌리계	1차근과 부정근	부정근
㉣	줄기의 유관속	산재 또는 2~다환배열	환상배열

① ㉠ ② ㉡
③ ㉢ ④ ㉣

정답 및 해설

해설 104

- 광포화점 : 빛의 강도가 점차적으로 높아지면 동화작용량도 상승하지만 어느 한계를 넘으면 그 이상 강하게 해도 동화작용량이 상승하지 않는 한계점
- 광보상점 : 광합성을 위한 CO_2의 흡수와 호흡작용에 의한 CO_2의 방출량이 같아지는 점

해설 105

크산토필 등 포함하는 카로티노이드 → 황색단풍

해설 106

① 은행나무(낙엽침엽교목), 주목(상록침엽교목), 낙우송(낙엽침엽교목)
② 측백나무(상록침엽교목), 자금우(상록활엽관목), 가시나무(상록활엽교목)
③ 버드나무(낙엽활엽교목), 소귀나무(상록활엽교목), 가래나무(낙엽활엽교목)
④ 태산목(상록활엽교목), 녹나무(상록활엽교목), 멀구슬나무(낙엽활엽교목)

해설 107

① 붉은색 단풍 : 감나무, 옻나무, 단풍나무류, 화살나무, 붉나무, 담쟁이덩굴, 마가목, 남천, 좀작살나무 등
② 황색 단풍 : 느티나무, 낙우송, 메타세쿼이어, 튤립나무(백합나무), 참나무류, 고로쇠나무, 네군도단풍, 칠엽수 등

해설 108

- 쌍자엽식물 – 원형의 형성층이 줄기 내부에 있고 관다발이 형성층을 따라 환상배열하고 있다.
- 단자엽식물 – 형성층이 없고 줄기 내부에 관다발이 불규칙 적으로 배치되어 있다.

정답 104. ① 105. ② 106. ② 107. ① 108. ④

109. 수목의 개화결실 촉진기술로 주로 사용하지 않는 것은?

① 접목법
② 환상박피
③ 콜히친 처리
④ 지베렐린 처리

110. 종자의 품질을 알아보기 위해 순정종자의 무게를 측정한 결과 종자시료 100g 중에서 순정종자는 50g 이었다. 또한 임의로 160개의 순정종자만을 골라 발아를 시켜보았더니 80개가 발아하였다. 그렇다면 종자의 효율은?

① 25%　　② 50%
③ 75%　　④ 80%

111. 열매가 열리지 않아 실생 번식이 불가능한 식물은?

① 복자기　　② 안개나무
③ 불두화　　④ 풍년화

112. 다음 중 음수(陰樹)의 특성에 해당하는 것은?

① 햇볕이 닿는 쪽으로 자라는 습성이 있다.
② 유묘시에는 생장속도가 느리지만 자라면서 빨라진다.
③ 가지가 드물게 나고 수관이 개방적이다.
④ 생육상 많은 빛을 필요로 하며 건조에 적응성이 강하다.

113. 다음 설명에 적합한 한국의 수평적 삼림대는?

– 고유상록활엽수림상은 거의 파괴되고 낙엽활엽수, 침엽혼효림, 소나무림화 된 곳이 많다. – 붉가시나무, 감탕나무, 후박나무, 녹나무 등이 향토 수종이다.

① 한대림　　② 온대북부
③ 온대남부　　④ 난대림

정답 및 해설

해설 109

콜히친처리 : 염색체를 분리하는 가장 효율적인 방법

해설 110

- 순량율 $= \frac{50}{100} \times 100 = 50\%$
- 발아율 $= \frac{80}{160} \times 100 = 50\%$
- 종자의 효율
  $= \frac{\text{순량율} \times \text{발아율}}{100}$
  $= \frac{50 \times 50}{100} = 25\%$

해설 111

불두화는 모든 꽃이 무성화이므로 열매가 열리지 않아 실생번식이 불가능하다. 주로 사찰에 식재된다.

해설 112

음수와 양수
- 그늘에서 자라지 못하는 수종을 양수, 그늘에서도 자랄 수 있는 수종을 음수라고 함
- 음수는 어릴 때에만 그늘은 선호하며, 유묘시기를 지나면 햇빛에서 더 잘 자람
- 음수는 유묘시기에 생장속도가 느리며 자라면서 빨라짐

해설 113

붉가시나무, 감탕나무, 후박나무, 녹나무 등은 상록활엽수로 난대림 수종에 해당된다.

정답 109. ③ 110. ① 111. ③ 112. ② 113. ④

114. 다음 중 9~10월에 적색의 원형 육질종의(fleshy aril)로 성숙하는 수종은?

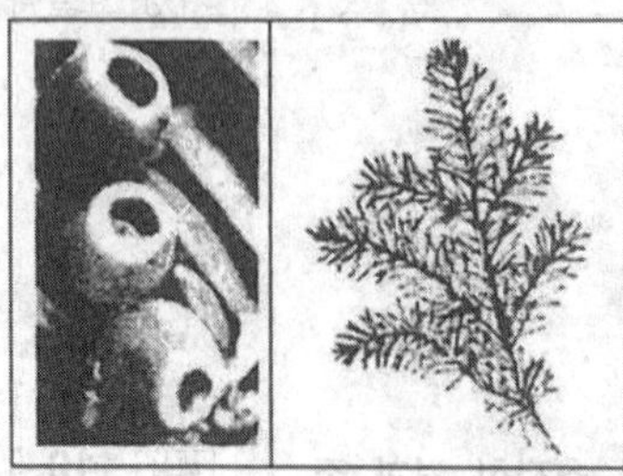

① 주목 ② 후박나무
③ 곰솔 ④ 개잎갈나무

115. 다음과 같은 열매 특징을 가진 수종은?

> 열매는 골돌과로 원통형이며 길이 5~7cm로서 곧거나 구부러지고, 종자는 타원형이며 길이 12~13mm이고, 외피는 적색을 띠며 9~10월에 익는다.

① 불두화(Viburnum for. hydrangeoides)
② 좀작살나무(Callicarpa dichotoma)
③ 산사나무(Crataegus pinnatifida)
④ 목련(Magnolia kobus)

116. 화서(花序; inflorescence) 종류 중 "무한화서(총상화서)"에 해당하는 것은?

① 수수꽃다리(Syringa oblata)
② 때죽나무(Styrax japonicus)
③ 목련(Magnolia kobus)
④ 작살나무(Callicarpa japonica)

117. "소사나무(Carpinus turczaninowii)"의 특징으로 틀린 것은?

① 한국이 원산지이다.
② 낙엽활엽 수목이다.
③ 4~5월에 개화한다.
④ 잎은 마주난다.

해설 115

- 불두화 : 열매는 둥근 모양의 핵과(核果)이며 9월에 붉은색으로 익는다.
- 좀작살나무 : 열매는 핵과로 10월에 둥글고 자주색으로 익는다.
- 산사나무 : 열매는 사과모양을 띠는 이과(梨果)로 둥글고 흰 반점이 있다. 지름 약 1.5cm이고 9~10월에 붉은빛으로 익으며 개당 3~5개의 종자가 함유되어 있다.

해설 116

① 수수꽃다리(Syringa oblata): 원추화서
③ 목련(Magnolia kobus) : 단정화서
④ 작살나무(Callicarpa japonica) : 취산화서

해설 117

자작나무과 낙엽소교목
- 한국 특산종으로 중부 이남의 해안이나 섬 지방에서 주로 자생하며 소서나무라고도 한다.
- 꽃은 5월에 피고 열매는 견과로 달걀모양이며 10월에 익는다.
- 잎은 어긋나고 달걀모양이며 끝이 뾰족하거나 둔하고 밑은 둥글다.

정답 114. ① 115. ④ 116. ② 117. ④

118. 계절의 변화를 가장 확실하게 보여주는 수종은?

① 주목(Taxus cuspidata)
② 동백나무(Camellia japonica)
③ 산벚나무(Prunus sargentii)
④ 태산목(Magnolia grandiflora)

119. 일반적인 조경 수목의 형태 및 분류학적인 특징 연결로 가장 거리가 먼 것은?

① 침엽수 - 풍매화 ② 나자식물 - 구과
③ 쌍자엽식물 - 은화식물 ④ 현화식물 - 종자식물

해설 **119**

은화식물, 현화식물
① 은화식물(隱花植物, cryptogams)
- 꽃이 피지 않고, 포자를 이용하여 번식하는 식물을 통틀어 일컫는 말
- 세균류·조류(藻類)·균류(菌類)·선태식물 및 양치식물이 포함되며, 이 가운데 양치식물을 제외하면 모두 관다발이 없는 하등식물이다.

② 현화식물(顯花植物, flowering plant)
- 꽃이 피는 식물을 총괄하는 분류군
- 겉씨식물과 달리 생식기관으로 꽃을 가지며 밑씨가 씨방안에 들어있는 식물군의 하나로 속씨식물, 피자식물로 나뉜다.

③ 쌍자엽식물(雙子葉植物)
- 피자식물에 속하며 식물계에서 가장 우세한 무리
- 씨앗의 배에서 처음 나오는 떡잎이 두 장인 식물이고, 윤상으로 배열된 개방유관속을 가진다.

120. 다음 설명의 ( ) 안에 알맞은 것은?

삽수를 알맞은 환경 하에 꽂아주면 하부 절단구에 대개는 ( )(이)가 발달한다. ( )(은)는 목화의 정도를 다르게 하는 각종 조직세포가 불규칙하게 배열된 것으로, 주로 유관속형성층과 그 부근에 있는 사부세포에서 발달된다.

① 피층 ② 클론
③ 키메라 ④ 캘러스

정 답 및 해 설

해설 **118**

벚나무는 낙엽활엽교목으로 계절 변화를 볼 수 있다.

해설 **120**

캘러스(callus)
- 식물의 조직화되지 않은 유세포 덩어리
- 캘러스 세포들은 대개 살아 있는 식물의 상처 부위에서 생겨나 상처를 보호함
- 생물학 연구와 생물공학적 연구를 위하여 식물 조직의 일부를 표면 살균하고 조직배양용 배지에 옮겨 배양함으로써 순수한 캘러스를 유도할 수 있음

정답 118. ③ 119. ③ 120. ④

수목 학명

15.1 핵심플러스

- 본 단원은 14단원과 함께 조경식재학에 중심내용으로 수목을 각 과별의 형태적 특성, 생리적 특성에 대한 이해와 암기가 요구된다.
- 수목의 명명법
  학명(genus or generic name) = 속명(대문자)+종명(소문자)+명명자

1 조경수목의 명명법(nomenclature)

① 보통명 : 각국어로 불림
② 학명 : 국제적인 규칙에 의한 명명(命名)

2 보통명(common name)

민족 또는 종족들이 자신들의 언어로 지은 식물이름, 산지에서 온 이름 외양적 특징, 용도 수목의 주요한 외관적 특징, 산지, 습성, 용도 또는 사람의 이름 중에서 유래하는 것이 일반적임

- 산지에서 온 이름 : 갯버들, 산단풍, 풍산가문비, 만주곰솔, 히말라야시다
- 특징에서 온 이름 : 수양버들, 팔손이 나무, 적송, 백송, 흑송, 은백양, 생강나무
- 용도에서 온 이름 : 도장나무, 잣나무, 호두나무, 사탕나무, 코르크 참나무
- 타국에서 온 이름 : 사꾸라, 모미지나무(단풍나무), 플라타너스(버즘나무)

① 장점
  ㉠ 쉽게 배워지고 기억이 용이
  ㉡ 소나무, 느릅나무, 좀 더 정확한 것을 형용사를 첨가
  ㉢ 비전문가에서 충분히 통용되어 학명보다 편리
② 단점
  ㉠ 불확실한 언어의 국민, 한나라의 일부지방에서 사용
  ㉡ 체계 있는 규칙이 없음
  ㉢ 한 식물이 여러 이름으로 불리고 한 이름이 여러 식물을 칭함

3 학명(genus or generic name) ★★

① 속명

㉠ 식물의 일반적 종류를 의미

㉡ Quercus(참나무류), Acer(단풍나무류), Pinus(소나무류)

㉢ 항상 대문자로 시작

② 종명

㉠ 한속의 각각 개체구분을 위한 수식적 용어이며 서술적인 형용사를 씀

㉡ 소문자로 시작

③ 명명자

㉠ 정확도를 높인 완전한 학명, 생략되거나 줄여져서 사용하기도 함 예) Linne

㉡ 변종이나 품종은 종명 다음에 var, for을 씀, 재배 품종은 cultivated variety

④ 학명의 장점

㉠ 전 세계 통일

㉡ 정확함

㉢ 모두 二名式 (binominal system)

㉣ 명명법은 국제 식물명명규칙에 의해 통제

⑤ 학명의 단점

㉠ 발음 및 문자조합이 생소함

㉡ 종(species)의 정확한 묘사가 요구되어 일반인 사용 곤란함

■ 참고 : 국제식물명명규약

국제식물명명규약의 6가지 원칙

① 식물명명규약은 동물명명규약과는 별도로 정한다.

② 명명의 적용은 명명 기준에 따라서 결정한다.

③ 분류군의 명명은 출판의 선취권에 따른다.

④ 각 분류군의 옳은 이름은 단 하나 뿐이다. 성문으로 명시된 경우 이외에는 규약에 따라서 맨 먼저 정한 것으로 한다.

⑤ 학명은 Latin어 또는 Latin어화 한다.

⑥ 식물명명규약은 특별한 제한이 없는 한 소급력이 있다.

※ 학명에서 속명과 종명은 이탤릭체(기울림체)로 표기되어야 하나 본 교재에서는 생략되었습니다.

<table>
<tr><th>과명</th><th>국명</th><th></th><th>학명</th></tr>
<tr><td rowspan="2">은행나무과</td><td rowspan="2">은행나무</td><td>정명</td><td>Ginkgo biloba L.</td></tr>
<tr><td>영명</td><td>Maidenhair Tree</td></tr>
<tr><td rowspan="7">주목과</td><td rowspan="2">주목</td><td>정명</td><td>Taxus cuspidata Siebold & Zucc.</td></tr>
<tr><td>영명</td><td>Japanese Yew</td></tr>
<tr><td>좀주목(눈주목)</td><td>정명</td><td>Taxus cuspidata var. nana</td></tr>
<tr><td rowspan="2">비자나무</td><td>정명</td><td>Torreya nucifera Siebold & Zucc.</td></tr>
<tr><td>영명</td><td>Kaya, Japanese Torreya</td></tr>
<tr><td rowspan="2">개비자나무</td><td>정명</td><td>Cephalotaxus koreana Nakai</td></tr>
<tr><td>영명</td><td>Korean plum yew</td></tr>
<tr><td rowspan="27">소나무과</td><td rowspan="2">전나무</td><td>정명</td><td>Abies holophylla Maxim.</td></tr>
<tr><td>영명</td><td>Needle Fir</td></tr>
<tr><td rowspan="2">구상나무</td><td>정명</td><td>Abies koreana E.H.Wilson</td></tr>
<tr><td>영명</td><td>Korean Fir</td></tr>
<tr><td rowspan="2">개잎갈나무
(히말라야시더)</td><td>정명</td><td>Cedrus deodara(Roxb. ex D.Don) G.Don</td></tr>
<tr><td>영명</td><td>Deodar</td></tr>
<tr><td rowspan="2">일본잎갈나무</td><td>정명</td><td>Larix Kaempferi (Lamb.) Carriere</td></tr>
<tr><td>영명</td><td>Japanese Larch</td></tr>
<tr><td rowspan="2">독일가문비</td><td>정명</td><td>Picea abies (L.) H.Karst.</td></tr>
<tr><td>영명</td><td>Norway Spruce</td></tr>
<tr><td rowspan="2">소나무</td><td>정명</td><td>Pinus densiflora Siebold & Zucc.</td></tr>
<tr><td>영명</td><td>Korean red pine, Japanese red pine</td></tr>
<tr><td>반송</td><td>정명</td><td>Pinus densiflora for multicaulis Uyeki</td></tr>
<tr><td rowspan="2">백송</td><td>정명</td><td>Pinus bungeana Zucc. ex Endl.</td></tr>
<tr><td>영명</td><td>Lace-bark Pine</td></tr>
<tr><td rowspan="2">잣나무</td><td>정명</td><td>Pinus koraiensis Siebold & Zucc.</td></tr>
<tr><td>영명</td><td>Korean Pine, Corean Pine</td></tr>
<tr><td rowspan="2">리기다소나무</td><td>정명</td><td>Pinus rigida Mill.</td></tr>
<tr><td>영명</td><td>Pitch Pine</td></tr>
<tr><td rowspan="2">곰솔</td><td>정명</td><td>Pinus thunbergii Parl.</td></tr>
<tr><td>영명</td><td>Japanese Black Pine</td></tr>
<tr><td rowspan="2">섬잣나무</td><td>정명</td><td>Pinus parviflora Siebold & Zucc.</td></tr>
<tr><td>영명</td><td>Japanese White Pine</td></tr>
<tr><td rowspan="2">스트로브잣나무</td><td>정명</td><td>Pinus strobus L.</td></tr>
<tr><td>영명</td><td>White Pine, Eastern White Pine</td></tr>
<tr><td rowspan="2">솔송나무</td><td>정명</td><td>Tsuga sieboldii Carriere</td></tr>
<tr><td>영명</td><td>Japanese Hemlock, Siebold Hemlock</td></tr>
<tr><td rowspan="8">낙우송과</td><td rowspan="2">삼나무</td><td>정명</td><td>Cryptomeria japonica (L.f.) D.Don</td></tr>
<tr><td>영명</td><td>Japanese Cedar</td></tr>
<tr><td rowspan="2">메타세콰이아</td><td>정명</td><td>Metasequoia glyptostroboides Hu & W.C.Cheng</td></tr>
<tr><td>영명</td><td>Dawn Redwood</td></tr>
<tr><td rowspan="2">낙우송</td><td>정명</td><td>Taxodium distichum (L.) Richard</td></tr>
<tr><td>영명</td><td>Deciduous Cypress, Com-mon Baldcypress, Swamp Cypress</td></tr>
<tr><td rowspan="2">금송</td><td>정명</td><td>Sciodopitys verticillata (Thunb.) Siebold & Zucc.</td></tr>
<tr><td>영명</td><td>Umbrella Pine, Japanese Umbrella Pine</td></tr>
</table>

과명	국명		학명
측백나무과	화백	정명	Chamaecyparis pisifera (Siebold & Zucc.) Endl.
	편백	정명	Chamaecyparis obtusa (Siebold & Zucc.) Endl.
		영명	Hinoki Cypress, Hinoki False Cypress, Japanese False Cypress
	향나무	정명	Juniperus chinensis L.
		영명	Chinese Juniper
	둥근향나무	정명	Juniperus chinensis 'Globosa'
		영명	Chinese juniper
	카이즈카향나무	정명	Juniperus chinensis 'Kaizuka'
		영명	Chinese juniper
	눈향나무	정명	Juniperus chinensis var.sargentii A.Henry
		영명	Sargent Juniper
	연필향나무	정명	Juniperus virginiana L.
		영명	Red Cedar
	서양측백나무	정명	Thuja occidentalis L.
		영명	American Arborvitae, White Cedar
	측백나무	정명	Thuja orientalis L.
		영명	Oriental Arborvitae
버드나무과	은백양	정명	Populus alba L.
	이태리포플러		Populus euramericana Guinir(삭제)
	양버들	정명	Salix nigra var. italica Koehne
	능수버들	정명	Salix pseudolasiogyne H.Lev.
	수양버들	정명	Salix babylonica L.
		영명	Weeping Willow
	버드나무	정명	Salix Koreensis Andersson
		영명	Korean Willow
	왕버들	정명	Salix chaenomeloides Kimura
	용버들	정명	Salix matsudana f. tortuosa Rehder
		영명	Dragon-claw Willow
가래나무과	가래나무	정명	Juglans mandshurica Maxim.
	호두나무	정명	Juglans regia L.
	중국굴피나무	정명	Pterocarya stenoptera C.DC.
		영명	Chinese Wingnut
자작나무과	오리나무	정명	Alnus japonica (Thunb.) Steud.
		이명	Alnus japonica var. arguta (Regel) Callier
		영명	Japanese Alder
	사방오리	정명	Alnus firma Siebold & Zucc.
	자작나무	정명	Betula platyphylla var. japonica (Miq.) H. Hara
		영명	Japanese White Birch
	박달나무	정명	Betula schmidtii Regal
		영명	Schmidt Birch
	소사나무	정명	Carpinus turzaninovii Hance
		영명	Turczaninow Hornbeam
	서어나무	정명	Carpinus laxiflora (Siebold & Zucc.) Blume
		영명	Red-leaved hornbeam

과명	국명		학명
참나무과	밤나무	정명	Castanea crenata Siebold & Zucc.
		영명	Japanese Chestnut,Chestnut Japanese
	너도밤나무	정명	Fagus engleriana Seemen ex Diels
		이명	Fagus multinervis Nakai
		영명	Engler's beech
	상수리나무	정명	Quercus acutissima Carruth.
		영명	Sawtooth Oak, Oriental Chestunt Oak
	갈참나무	정명	Quercus aliena Blume
		영명	Oriental White Oak
	떡갈나무	정명	Quercus dentata Thunb.
		영명	Daimyo Oak
	신갈나무	정명	Quercus mongolica Fisch. ex Ledeb.
		영명	Mongolian Oak
	졸참나무	정명	Quercus serrata Thunb.
		영명	Konara Oak
	굴참나무	정명	Quercus variabilis Blume
		영명	Cork Oak, Oriental Oak
	가시나무	정명	Quercus myrsinaefolia Blume
		영명	Myrsinaleaf Oak
느릅나무과	팽나무	정명	Celtis sinensis Pers.(정명)
		영명	Japanese Hackberry
	시무나무	정명	Hemiptelea davidii (Hance) Planchon
		영명	David Hemiptelea
	느릅나무	정명	Ulmus davidiana var. japonica (Rehder) Nakai
		영명	Japanese Elm
	느티나무	정명	Zelkova serrata (Thunb.) Makino
		영명	Japanese Zelkova, Saw-leaf Zelkova
뽕나무과	닥나무	정명	Broussonetia kazinoki Siebold
		영명	Kazinoki Papermul-berry
	무화과	정명	Ficus carica L.
		영명	Common Fig, Fig Tree
	뽕나무	정명	Morus alba L.
		영명	White Mulberry
계수나무과	계수나무	정명	Cercidiphyllum Japonicum Siebold & Zucc. ex J.J.Hoffm. & J.H.Schult.bis
		영명	Katsura Tree
미나리아재비과	모란	정명	Paeonia suffruticosa Andrews
매자나무과	매발톱나무	정명	Berberis amurensis Rupr. var. amurensis
		영명	Amur Barberry
	매자나무	정명	Berberis koreana Palib.
		영명	Korean Barberry
	남천	정명	Nandina domestica Thunb.

과명	국명		학명
목련과	태산목	정명	Magnolia grandiflora L.
		영명	Bull Bay, Southern Magnolia
	백목련	정명	Magnolia denudata Desr.
		영명	Yulan
	일본목련	정명	Magnolia obovata Thunb.
		영명	Whiteleaf Japanese Magnolia
	목련	정명	Magnolia kobus DC.
		영명	Kobus Magnolia
	함박꽃나무	정명	Magnolia sieboldii K. Koch
		영명	Oyama Magnolia
	자목련	정명	Magnolia liliflora Desr.
		영명	Lily Magnolia
	백합나무 (튤립나무)	정명	Liriodendron tulipifera L.
		영명	Tulip Tree, Tulip Poplar, Whitewood
녹나무과	녹나무	정명	Cinnamomum camphora (L.) J.Presl
		영명	Camphor Tree
	생강나무	정명	Lindera obtusiloba Blume
		영명	Japannese Spice Bush
	후박나무	정명	Machilus thunbergii Siebold & Zucc.
범의귀과	나무수국	정명	Hydrangea paniculata Siebold
		영명	Paniculata hydrangea
	고광나무	정명	Philadelphus schrenckii Rupr.
돈나무과	돈나무	정명	Pittosporum tobira (Thunb.) W.T. Aiton
		영명	Japanese Pittosporum,Austalian Laurel,Mock Orange,House brooming Moc
갈매나무과	대추나무	정명	Zizyphus jujuba var. inermis (Bunge) Rehder
		영명	Common Jujbe
조록나무과	히어리	정명	Corylopsis gotoana var. coreana (Uyeki) T.Yamaz.
		이명	Corylopsis coreana Uyeki
	풍년화	정명	Hamamelis japonica Siebold & Zucc.
버즘나무과	버즘나무	정명	Platanus orientalis L.
		영명	Oriental Plane
	양버즘나무	정명	Platanus occidentalis L.
		영명	Eastern Sycamore Family, Bottonwood, Bottonball,

과명	한국명		학명
장미과	산당화 (명자나무)	정명 이명 영명	Chaenomeles speciosa (Sweet) Nakai Chaenomeles lagenaria Koidzumi Japnese Quince
	모과나무	정명 영명	Chaenomeles sinensis (Thouin) Koehne Chinese Flowering-quince
	산사나무	정명 영명	Crataegus pinnatifida Bunge Large Chinese Hawthorn
	황매화	정명 영명	Kerria japonica (L.) DC. Japanese Kerria
	야광나무	정명	Malus Baccata (L.) Borkh.
	꽃사과나무	정명 영명	Malus floribunda Siebold ex Van Houtte Crabapple Japanese flowering; Crabapple Showy
	사과나무	정명 영명	Malus pumila Mill. Commom Apple
	살구나무	정명	Prunus armeniaca var. ansu Maximowicz
	옥매	정명	Prunus glandulosa f. albiplena Koehne
	매실나무	정명 영명	Prunus mume (Siebold) Siebold & Zucc. Japanese Apricot, Japanese Flowering Apricot
	귀룽나무	정명 영명	Prunus padus L. Bird Cherry, European Bird Cherry, Hagberry
	복사나무	정명 영명	Prunus persica (L.) Batsch Peach
	자두나무	정명 영명	Prunus salicina Lindl. Japanese Plum
	산벚나무	정명 영명	Prunus sargentii Rehder Sargent Cherry, North Japanese Hill Cherry
	왕벚나무	정명 영명	Prunus yedoensis Matsum. Yoshino Cherry
	피라칸다	정명 영명	Pyracantha angustifolia (Franch.) C.K.Schneid. Angustifolius Firethorn
	다정큼나무	정명	Raphiolepis indica var. umbellata (Thunb.) Ohashi
	장미	정명	Rosa hybrida 'Rosekona'
	찔레꽃	정명 영명	Rosa multiflora Thunb. Baby Rose
	해당화	정명 영명	Rosa rugosa Thunb. Turkestan Rose, Japanese Rose
	팥배나무	정명	Sorbus alnifolia (Siebold & Zucc.) K.Koch
	마가목	정명 영명	Sorbus commixta Hedl. Mountoin Ash
	조팝나무	정명	Spiraea prunifolia f. simpliciflora Nakai
	꼬리조팝나무	정명 영명	Spiraea salicifolia L. Willowleaf Spiraea
	쉬땅나무	정명	Sorbaria sorbifolia var. stellipila Maxim.
	국수나무	정명 영명	Stephanandra incisa (Thunb.) Zabel Lace Shrub
	홍가시나무	정명	Photinia glabra

과명	한국명		학명
콩과	자귀나무	정명	Albizia julibrissin Durazz.
		영명	Silk Tree, Mimosa, Mimosa Tree
	골담초	정명	Caragana sinica (Buc'hoz) Rehder
		영명	Chinese Peashub
	박태기나무	정명	Cercis chinensis Bunge
	주엽나무	정명	Gleditsia japonica Miq.
		영명	Korean Honey Locus
	싸리	정명	Lespedeza bicolor Turcz.
		영명	Shurb Lespedeza
	족제비싸리	정명	Amorpha fruticosa L.
		영명	Indigobush Amorpha, Falseindigo, Shrubby Amorpha
	다릅나무	정명	Maackia amurensis Rupr.
		영명	Amur Maackia
	칡	정명	Pueraria lobata (Willd.) Ohwi
		영명	kudzu-vine
	아까시나무	정명	Robinia pseudoacacia L.
		영명	Black Locust, False Acacia, Bristly Locust, Mossy Locust
	회화나무	정명	Sophora japonica L.
	등(나무)	정명	Wisteria floribunda (Willd.) DC.
운향과	유자나무	정명	Citrus junos Siebold ex Tanaka
		영명	Fragrant Citrus
	귤(나무)	정명	Citrus unshiu S.Marcov.
		영명	Unishiu Orange, Satsuma Orange, Mandarin Orange
	쉬나무	정명	Euodia daniellii Hemsl.
		영명	Korean Evodia
	탱자나무	정명	Poncirus trifoliata (L.) Raf.
		영명	Trifoliate Orange, Hardy Orange
소태나무과	가죽나무	정명	Ailanthus altissima (Mill.) Swingle
	가중나무	영명	Tree-of-heaven, Copal Tree, Varnish Tree
	소태나무	정명	Picrasma quassioides (D.Don) Benn
		영명	Indian Quassiawood
회양목과	회양목	정명	Buxus koreana Nakai ex Chung & al.
		영명	Buxus microphylla var. koreana Nakai
	좀회양목	정명	Buxus microphylla siebold & zuccarini
옻나무과	붉나무	정명	Rhus Javanica L.
		이명	Rhus chinensis Miller
칠엽수과	칠엽수	정명	Aesculus turbinata Blume
		영명	Japanese Horse Chestnut

과명	국명		학명
감탕나무과	호랑가시나무	정명	Ilex cornuta Lindl. & Paxton
		영명	Chinese Holly, Horned Holly
	감탕나무	정명	Ilex integra Thunb.
		영명	Machi Tree
	먼나무	정명	Ilex rotunda Thunb.
	낙상홍	정명	Ilex serrata Thunb.
		영명	Japanese Winterberry
	꽝꽝나무	정명	Ilex crenata Thunb.
		영명	Japanese Holly, Box-leaved Holly
노박덩굴과	노박덩굴	정명	Celastrus orbiculatus Thunb.
		영명	Oriental Bittersweet
	화살나무	정명	Euonymus alatus (Thunb.) Siebold
		영명	Wind Spindle Tree
	사철나무	정명	Euonymus Japonicus Thunb.
		영명	Spindle Tree, Japanese Spindle Tree
단풍나무과	중국단풍	정명	Acer buergeriaum Miq.
	신나무	정명	Acer tataricum subsp. ginnala (Maxim.) Wesm.
		이명	Acer ginnala Maxim.
		영명	Amur Maple
	고로쇠나무	정명	Acer pictum subsp. mono (Maxim.) Ohashi
		이명	Acer mono Maximowicz
		영명	Mono Maple
	네군도단풍	정명	Acer negundo L.
	단풍나무	정명	Acer palmatum Thunb.
		영명	Japanese Maple
	홍단풍		Acer palmatum var. sanguineum
	당단풍	정명	Acer pseudosieboldianum (Pax) Kom.
		영명	Manshurian Fullmoon Maple
	은단풍	정명	Acer saccharinum L.
	복자기	정명	Acer triflorum Kom.
		영명	Threeflower Maple
포도과	담쟁이덩굴	정명	Parthenocissus tricuspidata (Siebold & Zucc.) Planchon
		영명	Boston Ivy, Japanese Ivy
아욱과	무궁화	정명	Hibiscus syriacus L.
		영명	Rose-of-sharon, Althaea, Shrub Althaea

과명	한국명		학명
담팔수과	담팔수	정명	Elaeocarpus sylvestris var. ellipticus (Thunb.) H. Hara
팥꽃나무과	서향(나무)	정명	Daphne odora Thunb.
		영명	Winter Daphne
피나무과	피나무	정명	Tilia amurensis Rupr.
		영명	Amur Linden
	염주나무	정명	Tilia megaphylla Nakai
		영명	Magaphylla Linden
벽오동과	벽오동	정명	Firmiana simplex (L.) W.F.Wight
		영명	Chinese Parasol Tree, Chinese Bottle Tree, Japanese Varnish Tree,
다래나무과	다래	정명	Actinidia arguta (Siebold & Zucc.) Planch ex Miq.
		영명	Bower Actinidia, Tara Vine, Yang-Tao
차나무과	차나무	정명	Camellia sinensis L.
	동백나무	정명	Camellia japonica L.
		영명	Common Camellia
	후피향나무	정명	Ternstroemia gymnanthera (Wight & Arn.) Sprague
		이명	Ternstroemia japonica thunberg
		영명	Naked-anther Ternstroemia
	사스레피나무	정명	Eurya japonica thunb.
		영명	Japannese Eurya
	노각나무	정명	Stewartia pseudocamellia Maxim.
		이명	Stewartia koreana Nakai ex Rehder
		영명	Koren Mountain Camellia Koran Silky Camellia
위성류과	위성류	정명	Tamarix chinensis Lour.
		영명	Chinese Tamarisk
보리수나무과	보리수나무	정명	Elaeagnus umbellata thunb.
		영명	Autumn Elaeagnus
부처꽃과	배롱나무	정명	Lagerstroemia indica L.
		영명	Crape Myrtle
석류과	석류	정명	Punica granatum L.
두릅나무과	팔손이	정명	Fatsia japonica (Thunb.) Decne. & Planch.
		영명	Japanese Fatsia, Formosa Rice Tree, Paper Plant, Glossy-leaved Paper Plant
	오갈피나무	정명	Eleutherococcus sessiliflorus. (Rupr. & Maxim.) S.Y.Hu
		이명	Acanthopanax sessiliflorus Seemen
	음나무	정명	Kalopanax septemlobus (Thunb.) Koidz.
		이명	Kalopanax pictus Nakai
		영명	Carstor Aralia, Kalopanax
	송악	정명	Hedera rhombea (Miq.) Siebold & Zucc. ex Bean
		영명	Japanese Ivy

과명	한국명		학명
층층나무과	식나무	정명	Aucuba japonica Thunb.
		영명	Japanese Aucuba, Japanese Laurel
	층층나무	정명	Cornus controversa Hemsl.
		영명	Giant Dogwood
	산수유	정명	Cornus officinalis Siebold & Zuccarini
		영명	Japanese Cornelian Cherry, Japanese Cornel
	산딸나무	정명	Cornus kousa Buerger ex Miquel
		영명	Kousa
	말채나무	정명	Cornus walteri F.T.Wangerin
		영명	Walter Dogwood
	흰말채나무	정명	Cornus alba L.
		영명	Tartariand Dogwood, Tatarian Dogwood
진달래과	영산홍	정명	Rhododendron indicum (L.) Sweet
	철쭉	정명	Rhododendron schlippenbachii Maxim.
		영명	Royal Azalea
	산철쭉	정명	Rhododendron yedoense f. poukhanense (H.Lev.) M.Sugim. ex T.Yamaz.
		영명	Korean Azalea
	진달래	정명	Rhododendron mucronulatum Turcz.
		영명	Korean Rhodo-dendron
	만병초	정명	Rhododendron brachycarpum D.Don ex G.Don
		영명	Fujiyama Rhododendron
자금우과	백량금	정명	Ardisia crenata Sims
		영명	Coralberry, Spiceberry
	자금우	정명	Ardisia japonica (Thunb.) Blume
		영명	Marberry
감나무과	감나무	정명	Diospyros kaki Thunb.
		영명	Kaki,Japanese Persimmon,Keg Fig,Date Plum
때죽나무과	때죽나무	정명	Styrax japonicus Siebold & Zucc.
	쪽동백	정명	Styrax obassia Siebold & Zucc.
		영명	Fragrant Snowbell, Japanese Snowbell

과명	한국명		학명
물푸레나무과	미선나무	정명	Abeliophyllum distichum Nakai
		영명	White Forsythia, Abeliophylum
	개나리	정명	Forsythia koreana (Rehder) Nakai
		영명	Korean Forsythia, Korean Golden-bell
	물푸레나무	정명	Fraxinus rhynchophylla Hance
	이팝나무	정명	Chionanthus retusus Lindl. & Paxton
		이명	(Chionanthus retusa var. coreanus (H.Lev.) Nakai
		영명	Retusa Fringe Tree
	쥐똥나무	정명	Ligustrum obtusifolium Siebold & Zuccarini
		영명	Ibota Privet
	서양수수꽃다리 (라일락)	정명	Syringa vulgaris L.
	수수꽃다리	정명	Syringa oblata var dilatata (Nakai) Rehder.
		이명	Syringa dilatata Nakai
		영명	Dilatata Lilac
	목서	정명	Osmanthus fragrans Lour.
		영명	Fragrant Olive, Sweet Olive, Tea Olive
	광나무	정명	Ligustrum japonicum Thunb.
		영명	Wax-leaf Privet, Japanese Privet
협죽도과	협죽도	정명	Nerium oleander L.
		영명	Common Oleander,Rosebay
	마삭줄	정명	Trachelospermun asiaticum (Siebold & Zucc.) Nakai
		이명	Trachelospermun asiaticum var.intermedium Nakai
		영명	Chinese Jasmine, Climing Bagbane, Chinese Ivy
마편초과	좀작살나무	정명	Callicarpa dichotoma (Lour.) K.Koch
		영명	Purple Beauty-berry
	작살나무	정명	Callicarpa japonica Thunb.
		영명	Japanese Beautyberry
현삼과	오동나무	정명	Paulownia coreana Uyeki
		영명	Korean Paulownia
꿀풀과	백리향	정명	Thymus quinquecostatus Celak.
		영명	Fiveribbed Thyme

과명	한국명		학명
능소화과	능소화	정명	Campsis grandifolia (Thunb.) K.Schum
		영명	Chinese Trumpet Creeper, Chinese Trumpet Flower
	개오동나무	정명	Catalpa ovata G. Don
		영명	Chinese Catawba
꼭두서니과	치자나무	정명	Gardenia jasminoides Ellis
인동과	인동덩굴	정명	Lonicera japonica Thunb.
		영명	Japanese Honeysuckle, Golden-and-silver Flower
	아왜나무	정명	Viburnum odoratissimum var. awabuki (K.Koch) Zabel ex Rumpler
		이명	Viburnum awabuki K.Koch
		영명	Japanese Viburnum
	백당나무	정명	Viburnum opulus var. calvescens (Rehder) H. Hara
		이명	Viburnum sargentii Koehne
	불두화	정명	Viburnum opulus f. hydrangeoides (Nakai) Hara
		이명	Viburnum opulus var. sargenti Nakai
	병꽃나무	정명	Weigela subsessilis (Nakai) L.H. Bailey
		영명	Korean Weigela
무환자나무과	모감주나무	정명	Koelreuteria paniculata Laxman
	무환자나무	정명	Sapindus mukorossi Gaertn.
대극과	굴거리나무	정명	Daphniphyllum macropodum Moq.
		영명	Macropodous Daphniphyl-lum
벼과	조릿대	정명	Sasa borealis (Hack.) Makino
	오죽	정명	Phyllostachys nigra (Lodd.) Munro
	죽순대	정명	Phyllostachys pubescens Mazel ex Lehaie
	왕대	정명	Phyllostachys bambusoides Siebold & Zucc.

과명	한국명	특징
은행나무과	은행나무	· 낙엽침엽교목, 자웅이주로 중국원산 · 이용 : 가로수 · 녹음수 · 독립수
주목과	주목	· 상록침엽교목, 강음수, 원추형수형, 생장속도가 느림
	눈주목	· 상록침엽관목 · 이용 : 피복용
	비자나무	· 음수, 독립수이용
	개비자	· 상록침엽관목, 음수
소나무과	전나무	· 내공해성 극약, 원추형수형
	구상나무	· 한국특산종, 내공해성 극약
	히말라야시더	· 내답압성 · 내공해성 약,
	일본잎갈나무	· 낙엽침엽교목, 내공해성 · 이식력 약, 노란색 단풍
	독일가문비	· 양수, 이식용이
	소나무	· 2엽송, 양수, 내건성 · 내척박성 · 내산성 강, 내공해성 극약
	반송	· 반구형의 수형, 독립수로 이용
	백송	· 3엽송
	잣나무	· 5엽송, 이식용이, 차폐식재이용
	리기다소나무	· 3엽송, 내건성 · 내공해성 강 · 이용 : 사방조림용
	곰솔	· 2엽송, 내공해성 · 내건성 · 이식력 강 · 이용 : 해풍에 강해 해안방풍림으로 이용
	섬잣나무	· 잎과 가지가 절간이 좁고 치밀함
	스트로브잣나무	· 이용 : 생울타리 · 차폐용 · 방풍용으로 이용
낙우송과	메타세콰이아	· 낙엽침엽교목, 호습성, 양수, 생장속도가 빠름 · 이용 : 가로수
	낙우송	· 낙엽침엽교목, 호습성, 양수
	금송	· 상록침엽교목, 2엽송, 내공해성약 · 이용 : 독립수, 강조식재용
측백나무과	화백	· 내공해성, 이식력 강
	편백	· 음수, 이식 용이
	향나무	· 양수, 내공해성 · 내건성 · 전정에 강함 · 이용 : 독립수 · 배나무 · 모과나무 등의 적성병의 중간기주식물
	가이즈까향나무	· 양수, 내건성 · 내공해성 · 이식력 · 전정에 강함
	눈향나무	· 이용 : 피복용, 돌틈식재, 기초식재용
	서양측백나무	· 독립수, 생울타리, 차폐용
	측백나무	· 양수, 내공해성 · 이식력강함
자작나무과	오리나무	· 양수, 내공해성 · 내습성 · 내건성 강 · 이용 : 사방공사용, 비료목
	자작나무	· 극양수, 전정 · 공해에 약함, 백색 수피가 아름다운수종
	서어나무	· 온대극상림 우점종, 음수, 공해에 약함

과명	한국명	특징	
버드나무과	은백양나무	· 양수, 내공해성 · 이식력강함, 천근성 · 이용 : 독립수, 차폐용	
	용버들	· 하수형, 독립수	
	능수버들	· 하수형, 천근성, 호습성, 내공해성강, 이식강 · 이용 : 가로수	
참나무과	상수리나무 갈참나무 떡갈나무 신갈나무 졸참나무 굴참나무	· 낙엽활엽교목, 생태공원식재	
	가시나무	· 상록활엽교목(참나무과 중 상록수)	
느릅나무과	팽나무	· 이용 : 녹음수, 독립수	
	느티나무	· 과목, 내공해성 약함, 황색 단풍 · 이용 : 녹음수, 독립수	
뽕나무과	뽕나무	· 열매(오디)는 조류유치용, 생태공원식재	
계수나무과	계수나무	· 잎이 심장형, 가을에 황색 단풍	
미나리아재비과	모란	· 낙엽활엽관목, 5월에 홍색 꽃	
매자나무과	매발톱나무	· 낙엽활엽관목, 줄기에 가시가 있음	
	매자나무	· 낙엽활엽관목, 노란 꽃 · 적색 단풍, 적색 열매, 줄기에 가시가 있음	
	남천	· 상록활엽관목, 적색 단풍, 적색 열매	
목련과	태산목	· 상록활엽교목(목련과 중 상록수)	
	백목련	· 흰색 꽃이 잎보다 먼저 개화, 전정을 하지 않는 수종, 내답압성약	
	일본목련	· 목련 중 잎이 커 거친질감형성, 내음성	
	목련	· 흰색 꽃이 잎보다 먼저 개화	
	함박꽃나무	· 산목련, 잎이 나온 후 백색 꽃 개화	
	튤립나무	· 목백합나무, 내공해성 강, 노란색단풍	
콩과	자귀나무	· 6~7월 연분홍색꽃 개화	· 건조지 척박지에 강함, · 비료목의 역할
	박태기나무	· 4월에 잎보다 먼저 분홍색 꽃이 개화	
	주엽나무	· 가지는 녹색이고 갈라진 가시가 있음	
	쪽제비싸리	· 피복용	
	칡	· 만경목	
	아까시나무	· 5~6월 백색 꽃 개화, 양수	
	회화나무	· 괴목, 녹음수	
	등나무	· 만경목, 5월 연보라색 꽃 개화	
운향과	탱자나무	· 낙엽활엽관목, 줄기에 가시가 있음	
소태나무과	가중나무	· 내공해성 · 이식에 강함 · 이용 : 가로수, 녹음수	
회양목과	회양목	· 상록활엽관목, 음수, 내공해성 · 이식 · 전정에 강함	
옻나무과	붉나무	· 낙엽활엽관목, 가을에 붉은색단풍	
칠엽수과	칠엽수	· 낙엽활엽교목, 잎이 커 거친질감수종, 녹음수	

과명	한국명	특징
녹나무과	녹나무	· 상록활엽교목
	생강나무	· 이른 봄(3월)에 노란색 꽃 개화, 노란색 단풍
	후박나무	· 상록활엽교목 · 이용 : 방화수, 방풍수
돈나무과	돈나무	· 상록활엽관목, 1과 1속 1종식물
조록나무과	풍년화	· 4월에 잎보다 먼저 노란색 꽃 개화
버즘나무과	양버즘나무	· 플라타너스, 낙엽활엽교목, 내공해성 · 이식력 · 전정 · 내건성에 강함, 흰색과 회색의 얼룩무늬수피가 관상가치 · 이용 : 녹음수, 가로수
장미과	명자나무	· 낙엽활엽관목
	모과나무	· 양수, 내공해성 · 이식력 강, 노란 열매, 얼룩무늬 수피가 관상가치
	황매화	· 낙엽활엽관목, 5월에 노란색 꽃 개화
	왕벚나무	· 내공해성 · 전정에 약함, 수명이 짧음
	피라칸사	· 상록활엽관목, 가을 · 겨울에 적색열매(조류유치용)
	찔레나무	· 내공해성 · 건조지 척박지 강함, 5월에 흰색 꽃, 붉은색 열매(조류유치용) · 이용 : 생태공원
	해당화	· 내공해성 · 이식에 강함, 내염성에 강함
	팥배나무	· 5월 흰색 꽃, 붉은 열매(조류유치용)
	마가목	· 5월 흰색 꽃, 붉은 열매(조류유치용), 붉은 단풍
	조팝나무	· 4~5월 흰색 꽃이 관상가치
감탕나무과	호랑가시나무	· 상록활엽관목, 양수, 내공해성 · 이식력 · 전정에 강함 · 잎에 거치가 특징적임, 적색 열매 · 이용 : 생울타리용, 군식용
	꽝꽝나무	· 경계식재용
노박덩굴과	노박덩굴	· 만경목, 노란색 열매
	화살나무	· 줄기에 코르크층이 발달하여 2~4열로 날개가 있음, 붉은색단풍
	사철나무	· 상록활엽관목, 내공해성 · 이식력 · 맹아력 강함 · 이용 : 생울타리용
단풍나무과	중국단풍	· 붉은색 단풍
	신나무	· 붉은색 단풍
	고로쇠나무	· 내공해성 · 이식에 강함, 황색 단풍
	네군도단풍	· 내공해성 · 이식에 강함, 황색 단풍 · 이용 : 공원 조기녹화용, 가로수, 녹음수
	단풍나무	· 내공해성 · 이식에 강함, 붉은색 단풍
	복자기	· 내음성, 붉은색 단풍

과명	한국명	특징
포도과	담쟁이덩굴	· 만경목, 내공해성 · 내음성 강함, 붉은색단풍, 검정열매 · 이용 : 벽면녹화용
아욱과	무궁화	· 7~9월 개화
벽오동과	벽오동	· 청색수피가 관상가치가 있음 · 이용 : 녹음수, 가로수
차나무과	동백나무	· 상록활엽교목, 내건성 · 내공해성 · 이식력 · 내염성 · 내조성에 강함 · 겨울철 붉은색 개화
	노각나무	· 얼룩무늬수피가 아름다운수종, 6~7월경 백색 꽃개화
위성류과	위성류	· 낙엽활엽교목, 잎이 부드러운 침형으로 부드러운 질감, 천근성 · 호습성
보리수나무과	보리수나무	· 비료목, 내한성 · 내공해성 · 척박지에 강함, 붉은색열매
부처꽃과	배롱나무	· 낙엽활엽교목, 목백일홍이라 불림, 7~9월 붉은색 개화, 얼룩무늬수피가 관상가치가 있음
두릅나무과	팔손이	· 상록활엽관목, 음수, 내공해성 · 내염성 강함, 10~11월 흰색꽃이 개화
	송악	· 만경목, 내음성에 강함
층층나무과	식나무	· 상록활엽관목, 10월에 붉은색열매
	층층나무	· 줄기의 배열이 층을 이루는 독특한 수형
	산수유	· 낙엽활엽교목, 3월에 황색꽃개화, 붉은색열매
	산딸나무	· 5월에 흰색이 개화
	흰말채나무	· 낙엽활엽관목, 붉은색 줄기가 관상가치가 있음
진달래과	산철쭉	· 내공해성 · 이식에 강함
	진달래	· 꽃이 개화한후 잎이 개화함
자금우과	자금우	· 음수, 내공해성 · 이식력이 강함
물푸레나무과	미선나무	· 1속1종의 한국 특산종
	개나리	· 4월에 잎이 나오기 전에 꽃이 개화함 · 내공해성 · 척박지에 강함, 맹아력이 강해 전정에 잘견딤 · 이용 : 생울타리
	이팝나무	· 5~6월에 흰색 꽃이 개화
	쥐똥나무	· 맹아력이강해 전정에 잘 견딤, 5월에 백색꽃개화 · 이용 : 생울타리
	수수꽃다리	· 4~5월에 연한자주색꽃이 개화함, 내공해성 · 척박지에 강함
	목서	· 상록활엽관목, 9~10월 개화하며 꽃에 향기가 좋음, 잎에 거치 있음
협죽도과	협죽도	· 내공해성 · 내염성 · 내조성에 강함
	마삭줄	· 만경류
마편초과	좀작살나무	· 가을에 보라색열매감상(조류유치용)
능소화과	능소화	· 만경목, 내공해성 · 이식력 강함, 7~8월에 주황색꽃이 개화
인동과	인동덩굴	· 만경목, 5~6월흰색꽃개화, 내공해성 · 이식력강함
	아왜나무	· 상록활엽교목, 내염성 · 내조성에 강함 · 이용 : 방화수, 방풍수
	병꽃나무	· 내한성 · 내음성 · 내공해성이 강함

1 잎

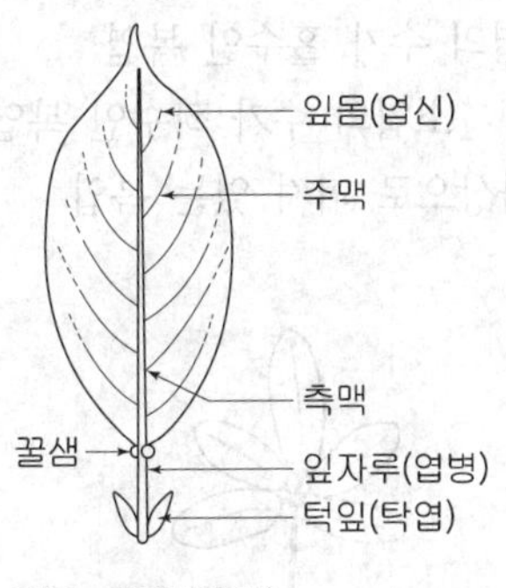

그림. 홑잎(단엽)

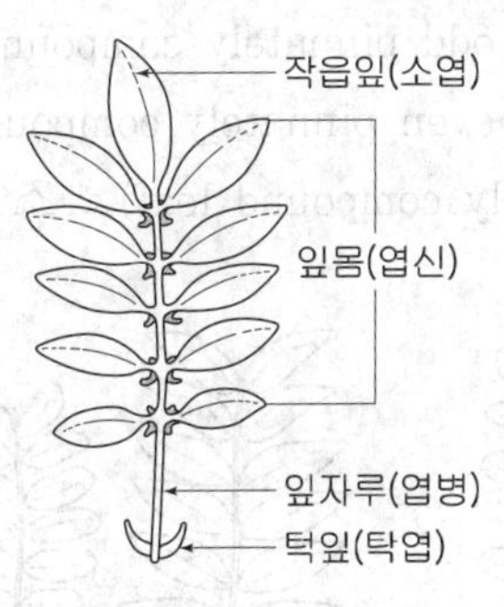

그림. 겹잎(복엽)

★ ① 잎차례

- 대생(對生 : 마주나기 : opposite) : 한마디에 잎이 2개씩 마주 달리는 것
- 호생(互生 : 어긋나기 : alternate) : 한 마디에 잎이 1개씩 달리는 것
- 교호대생(交互對生 : 십자마주나기 : whorled) : 한 마디에 잎이 서로 교대로 마주 달림
- 윤생(輪生 : 돌려나기 : shorled): 한 마디에 잎이 3개 이상 달리는 것
- 속생(束生 : 뭉쳐나기 : fasciculate) : 다수가 다발과 같이 되어 생기는 것

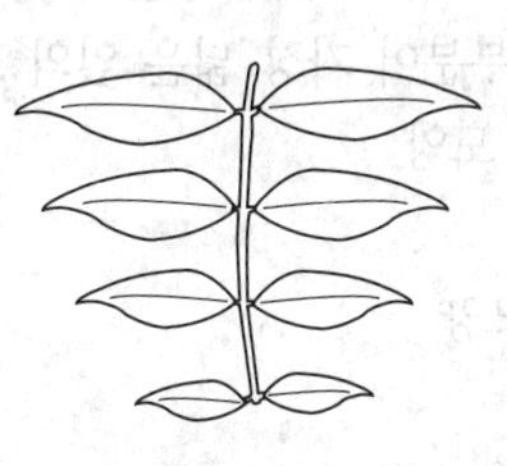
그림. 대생(마주나기)

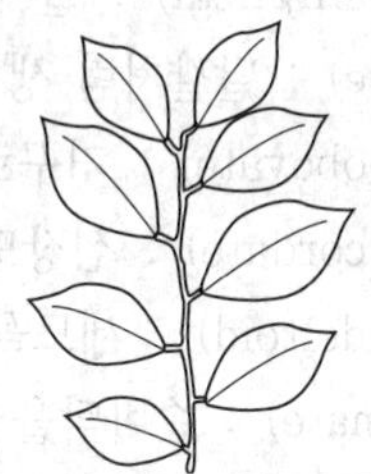
그림. 호생(어긋나기)

그림. 윤생(돌려나기)

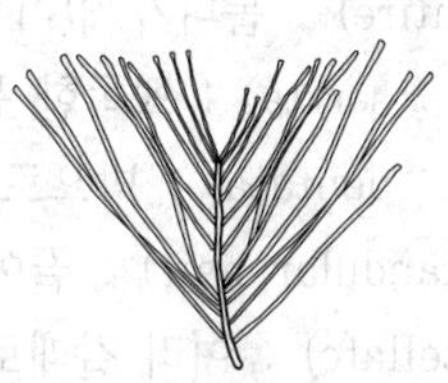
그림. 속생(뭉쳐나기)

★★ ② 잎의 종류

- 우상복엽(羽狀複葉 : pinnately compound leaf) : 소엽이 총엽병 좌우로 달리는 복엽
- 기수우상복엽(奇數羽狀複葉 : odd pinnately compound) : 소엽의 수가 홀수인 복엽
- 우수우상복엽(偶數羽狀複葉 : even pinnately compound leaf) : 소엽의 수가 짝수인 복엽
- 장상복엽(掌狀複葉 : palmately compound leaf) : 소엽이 방사상으로 퍼져 있는 복엽

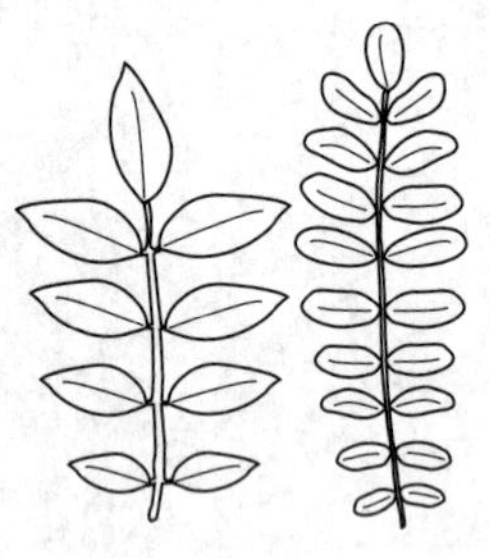

그림. 기수1회 우상복엽

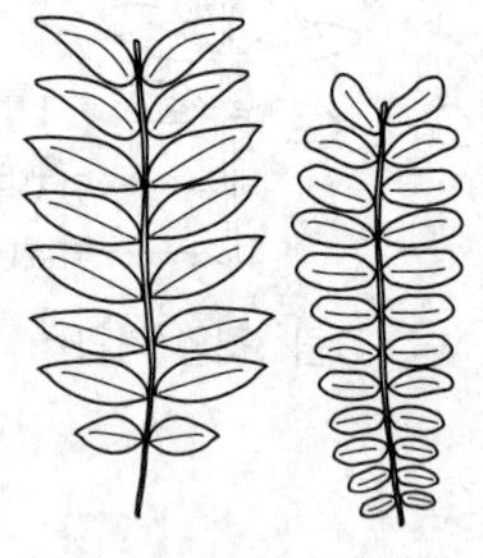

그림. 우수1회 우상복엽

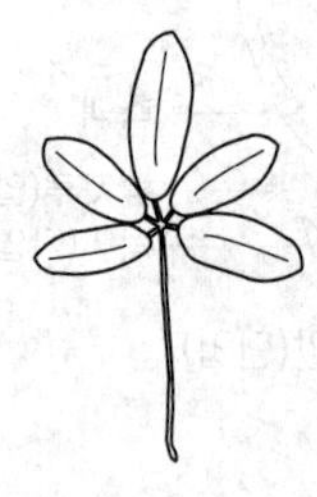

그림. 5출엽(장상복엽)

③ 잎의 모양

- 침형(針形 : acicular) : 가늘고 길며 끝이 뾰족한 모양
- 선형(線型 : linear) : 길이가 너비보다 몇 배 길고, 양쪽 가장자리가 평행하면서 좁은 모양
- 원형(圓形 : orbicular) : 잎의 윤곽이 원형이거나 거의 원형인 모양
- 타원형(橢圓形 : elliptical) : 길이가 너비의 2배가 되고, 양끝이 경사진 모양
- 난형(卵形 : ovate) : 달걀처럼 생겼고, 아랫부분이 가장 넓은 잎의 모양
- 도란형(倒卵形 : obovate) : 거꾸로 선 달걀 모양
- 심장형(心臟形 : cordate) : 심장모양
- 삼각형(三角形 : deltoid) : 세모꼴 비슷한 모양
- 장형(掌形 : palmate) : 손바닥을 편 모양
- 선형(扇形 : 부채꼴 : flabellate) : 부채 모양

④ 잎의 가장자리

- 전연(全緣 : entire) : 톱니가 없이 밋밋한 잎 가장자리
- 둔거치(鈍鋸齒 : serrta) : 뾰족한 톱니 같은 잎 가장자리
- 치아상(齒牙狀 : dentata) : 밖으로 향하여 뾰족하게 뻗은 커다란 톱니같은 것
- 선모(腺毛 : glandular hair) : 끝이 원형의 선으로 된 털
- 성모(聖毛 : stellate) : 여러 갈래로 갈라져 별 모양으로 된 털
- 우모(羽毛 : pulmose) : 깃과 같은 털
- 유모(柔毛 : pubescent) : 부드럽고 짧은 털
- 융모(絨毛 : villous) : 길고 곧은 털
- 평활(平滑 : glabrous) : 잎 표면에 털이 없고 밋밋한 것
- 혁질(革質 : coriaceous) : 질감이 가죽과 같은 두꺼운 것

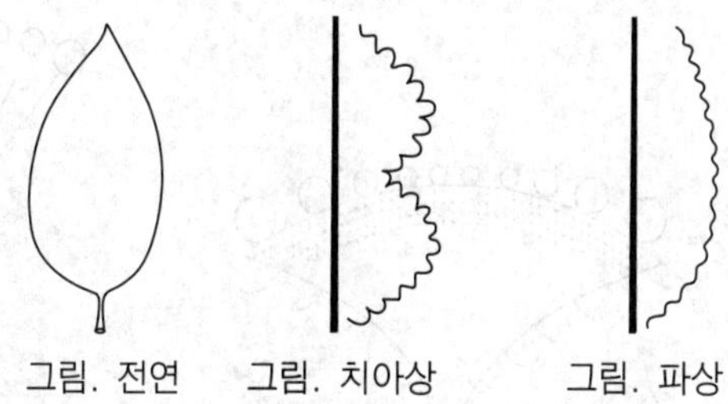
그림. 전연 그림. 치아상 그림. 파상

2 화서(花序 : 꽃차례 : 화축에 달리는 꽃의 배열 : inflorescence) ★★

① 유한화서

- 단정화서(單頂花序 : solitary) : 화축(꽃줄기) 끝에 꽃이 1개씩 달리는 것
- 취산화서(聚繖花序 : cyme) : 꽃대의 끝에 달린 꽃이 먼저 피고 점차 밑으로 피어가며, 꽃대 꼭대기에 꽃이 달린다.

② 무한화서

- 총상화서(總狀花序 : raceme) : 긴 화축에 작은꽃자루가 있는 꽃이 달리는 것
- 산방화서(繖房花序 : corymb) : 화축에 달린 작은꽃자루가 아래쪽으로 갈수록 길어져 끝이 편평하거나 볼록한 모양을 이루는 것
- 수상화서(穗狀花序 : spike) : 작은꽃자루 없는 꽃이 긴 화축에 달리는 것
- 유이화서(葇荑花序 : ament) : 화축이 면하여 밑으로 처지는 화서로서, 꽃잎이 없고 포로 싸인 단성화로 된 것
- 두상화서(頭狀花序 : head) :짧은 화축 끝에 작은꽃자루 없는 꽃이 밀생하여 덩어리 꽃을 이루는 것
- 산형화서(繖形花序 : umbel) : 화축이 짧고, 화축 끝에 거의 같은 길이의 작은꽃자루가 갈라지며, 갈라진 곳에 총포(總苞)가 있는 것
- 원추화서(圓錐花序 : panicle) : 복합형으로 꽃자루(화경)가 계속 가지에 달려 원추형의 형태를 이루는 것

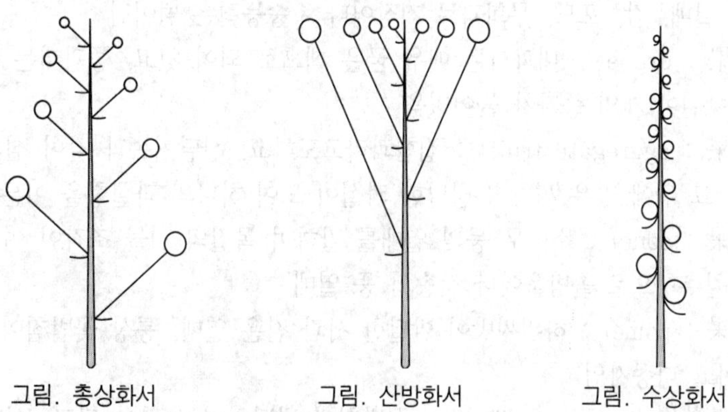
그림. 총상화서 그림. 산방화서 그림. 수상화서

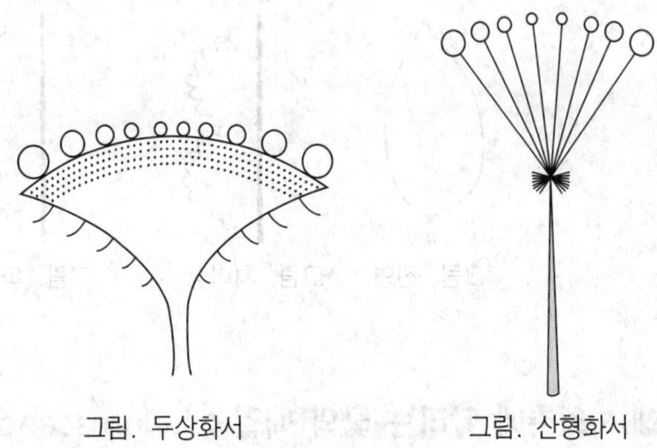
그림. 두상화서　　　그림. 산형화서

3 열매 ★★

① 시과(翅果: samara) : 단풍나무 등과 같이 자방 벽이 늘어나 날개모양으로 발달하여 있는 열매로 바람에 흩어지기 편리하게 된 열매, 봉선을 따라 갈라지거나 날개가 달려있음

② 견과(堅果: nut) : 도토리나 호두같이 과피가 단단한 열매, 밤과 도토리처럼 보통 1개의 씨가 들어있는 열매

③ 골돌(蓇葖: 꼬투리 : follicle) : 하나의 암술이 각기 발달한 열매로 통상 안쪽의 봉합선을 따라 갈라짐

④ 협과(莢果: 꼬투리 : legume) : 두과(豆果)라고도 하며 콩과 식물처럼 꼬투리가 달리는 열매로 2개의 봉합선을 따라 터지며 하나의 심피로 이루어진 씨방이 발달한 열매

⑤ 분리과 (分離果 : loment) : 꼬투리와 비슷하며, 하나의 심피, 씨방에서 유래한 열매나 종자가 들어있는 격간이 익으면 분리하여 여러 동강으로 떨어짐

⑥ 삭과(蒴果 : capsule) : 여러개의 심피에서 만들어진 열매, 통상 심피의 수만큼 여러칸이 나뉘고 각 칸에 여러개의 씨가 들어 있음

⑦ 장과(漿果 : berry) : 액과(液果)라고도 하고, 먹는 부분인 살은 즙이 많고 그 속에 작은 종자가 있는 열매, 감, 포도, 무화과로 저장이나 수송능력은 떨어짐

⑧ 핵과(核果 : druoe) : 내과피는 매우 굳은 핵으로 되어 있고, 중과피는 육질이며, 외과피는 얇고 보통 1실에1개의 종자가 들어있음

⑨ 취과(聚果 : aggregate fruit) : 집합과라고도하고, 산딸기속과 같이 심피 또는 꽃받침이 육질로 되고 그 위에 많은 씨방이 발달한 과실이 모여 하나의 과실형을 이룬 형태

⑩ 구과(毬果 : cone) : 소나무 등의 열매를 말하며 목질의 비늘 조각이 여러 겹으로 포개져서 구형이나 원추형으로 솔방울이나 잣송이 등 열매

⑪ 이과(梨果 : pome) : 하위씨방이 발달한 사과 같은 열매, 통상 꽃받침이 발달하여 육질이 되고 다심피이고 다종자임

⑫ 장미과(薔薇果 : cynarrhodium) : 꽃받침이 발달하여 육질이 되고, 심피는 각각 떨어져서 소견과가 됨

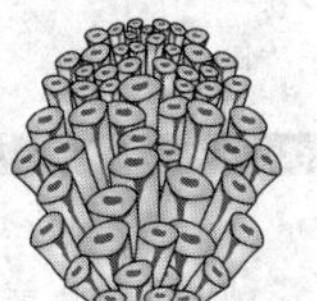
그림. 구과

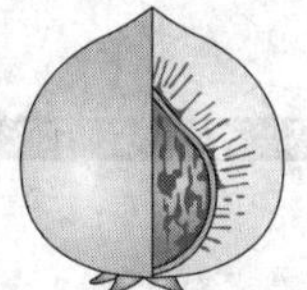
그림. 핵과

그림. 이과

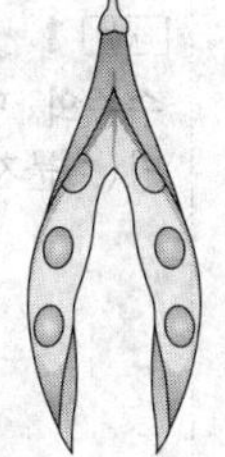
그림. 협과

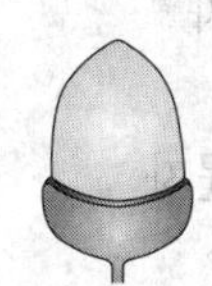
그림. 견과

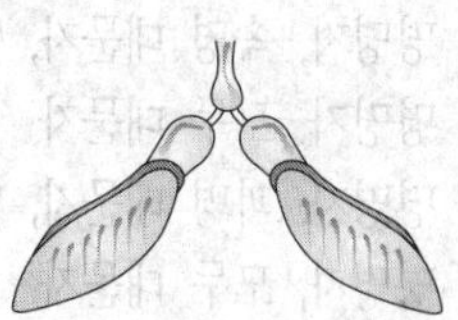
그림. 시과

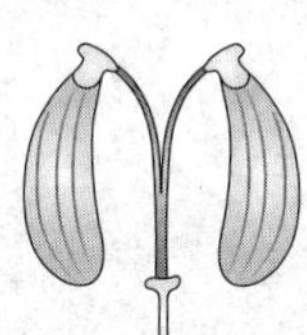
그림. 분리과

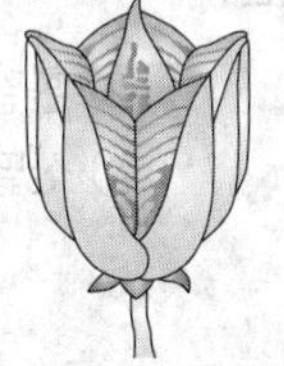

그림. 삭과

핵심기출문제

내친김에 문제까지 끝내보자!

1. 수종의 명명법은?

① 속명 종명 명명자, 속명 대문자, 종명 소문자
② 속명 종명 명명자, 모두 대문자
③ 과명 속명 명명자, 과명 대문자, 나머지 소문자
④ 과명 속명 명명자, 모두 대문자

2. 층층나무과 수종이 아닌 것은?

① 산수유　② 흰말채나무
③ 이팝나무　④ 산딸나무

3. 다음 수종의 속명이 맞지 않는 것은?

① 소나무 – Pinus　② 벚나무 – Prunus
③ 목련 – Magnolia　④ 전나무 – Larix

4. 1속 1종에 속하는 나무는?

① 미선나무　② 소나무
③ 개나리　④ 플라타너스

5. 소속된 과가 다르게 짝지어진 것은?

① 신나무, 복자기　② 해송, 금송
③ 회잎나무, 사철나무　④ 미류나무, 황철나무

6. 벽오동의 학명으로 맞는 것은?

① Cryptomeria japonica
② Quercus acutissima
③ Firmiana simplex
④ Paulownia corena

정답 및 해설

해설 1
수종의 명명법–속명(대문자)+종명(소문자)+명명자

해설 2
이팝나무 – 물푸레나무과

해설 3
· 전나무 – Abies
· 일본잎갈나무 – Larix

해설 4
1속 1종 – 미선나무

해설 5
① 단풍나무과
② 해송–소나무과, 금송–낙우송과
③ 노박덩굴과
④ 버드나무과

해설 6
① 삼나무
② 상수리나무
③ 벽오동
④ 오동나무

정답 1. ① 2. ③ 3. ④ 4. ① 5. ② 6. ③

7. 사철나무학명으로 맞는 것은?

① Picea abies
② Magnolia kobus
③ Cedrus deodara
④ Euonymus japonica

8. 주목의 학명으로 맞는 것은?

① Taxus cuspidata ② Pinus koraiensis
③ Thuja orientalis ④ Picea abies

9. 무궁화 학명은?

① Acer negundo
② Betula platyphylla
③ Cedrus deodara
④ Hibiscus syriacus

10. 목련을 뜻하는 것은?

① Magnolia ② Taxus
③ Buxus ④ Fraxinus

11. 목련의 학명으로 맞는 것은?

① Pinus densiflora ② Cedrus deodora
③ Larix leptolepsis ④ Magnolia kobus

12. 가문비나무 속명은?

① Pinus ② Cedrus
③ Larix ④ Picea

13. 다음 수목 중 학명이 틀린 것은?

① 박태기나무 – Cercis chinensis
② 배롱나무 – Lagerstoemia indica
③ 은단풍 – Acer mono
④ 자귀나무 – Albizzia julibrissin

정 답 및 해 설

해설 7
① 독일가문비
② 목련
③ 히말라야시더
④ 사철나무

해설 8
① 주목
② 잣나무
③ 측백나무
④ 독일가문비

해설 9
① 네군도 단풍
② 자작나무
③ 히말라야시더
④ 무궁화

해설 10
① 목련
② 주목
③ 회양목
④ 물푸레나무

해설 11
① 소나무
② 히말라야시더
③ 낙엽송
④ 목련

해설 12
① 소나무
② 히말라야시더
③ 잎갈나무

해설 13
③ 고로쇠나무
은단풍 : Acer saccharinum L.

정답 7. ④ 8. ① 9. ④ 10. ① 11. ④ 12. ④ 13. ③

14. 단풍나무에 속하지 않는 것은?

① 네군도단풍 ② 고로쇠나무
③ 복자기나무 ④ 오미자

15. 우리나라의 잔존종은?

① Abies Koreana
② Pinus banksiana
③ Pinus koraiensis
④ Abies holophylla

16. 찔레의 학명으로 맞는 것은?

① Rosa multiflora Thunb
② Rosa rugosa Thunb
③ Rosa xanthina Lindl
④ Rosa davurica Pall

17. 일본목련의 학명으로 맞는 것은?

① Magnolia obovata ② Magnolia liliflora
③ Magnolia denudata ④ Magnolia grandiflora

18. 같은 속의 나무로 된 것은?

① 음나무- 단풍나무 ② 칠엽수-복자기
③ 벽오동-노각나무 ④ 산딸나무-산수유

19. 직근성 세근으로 이식이 곤란한 수종은?

① Albizzia julibrissin ② Celtis sinensis
③ Salix babaylonica ④ Hibiscus syriacus

20. 낙엽침엽교목이 아닌 수종은?

① Magnolia kobus ② Ginkgo biloba
③ Taxodium distichum ④ Larix leptolepis

정답 및 해설

해설 14
④ 오미자 – 목련과

해설 15
① 구상나무
② 방크스소나무
③ 잣나무
④ 전나무

해설 16
① 찔레나무
② 해당화
③ 노란해당화
④ 생열귀나무

해설 17
① 일본목련 ② 자목련
③ 백목련 ④ 태산목

해설 18
① 음나무 – 음나무속
단풍나무 – 단풍나무속
② 칠엽수 – 칠엽수속
복자기 – 단풍나무속
③ 벽오동 – 벽오동속
노각나무 – 노각나무속
④ 층층나무속

해설 19
① 자귀나무 ② 팽나무
③ 수양버들 ④ 무궁화

해설 20
① 목련 ② 은행나무
③ 낙우송 ④ 일본잎갈나무
목련은 낙엽활엽교목이다.

정답 14. ④ 15. ① 16. ① 17. ① 18. ④ 19. ① 20. ①

21. Magnolia의 설명 중 틀린 것은?

① 전정을 해줘야 한다.
② 뿌리는 답압을 피하는 것이 좋다.
③ 집단식재는 피하는 것이 좋다.
④ 약산성토양에서 좋다.

해설 **21**
목련계통

22. 다음은 Salix pseudo-lasiogyne Lev. 특성을 설명한 것이다. 틀린 것은?

① 수형은 하수형이다.
② 내공해성이 강하다.
③ 이식이 용이하고 한국이 원산지이다.
④ 심근성이므로 가로수로 적당하다.

해설 **22**
능수버들에 대한 설명
④ 천근성수종

23. 후박나무의 학명은?

① Magnolia kobus Decandolle
② Magnolia obovata Thunb
③ Magnolia grandiflora L.
④ Machilus thunbergii Sieb. et Zucc.

해설 **23**
① 목련
② 일본목련
③ 태산목
④ 후박나무

24. 여름에 꽃이 피는 나무는?

① Lagerstroemia indica L.
② Cercis chinens B.
③ Cornus officinalis S. et Z.
④ Magnolia denudata D.

해설 **24**
① 배롱나무 – 7, 8, 9월 개화
② 박태기나무 – 4월 개화
③ 산수유 – 4월 개화
④ 백목련 – 4월 개화

25. 다음 중 학명이 틀린 것은?

① 배롱나무(Lagerstroemia indica)
② 소나무(Pinus densiflora)
③ 느티나무(Zelkova serrata)
④ 능수버들(Salix babylonica)

해설 **25**
④ 수양버들
능수버들
Salix pseude – lasiogyne

정답 21. ① 22. ④ 23. ④ 24. ① 25. ④

26. 다음 수종 중 속성조경수가 아닌 것은?

① Cinnamomum camphora S.et Z.
② Camellia japonica L.
③ Torreya nucifera S et Z
④ Pterocarya stenoptera Dc.

27. 다음 식물들 중 학명에 품종이 표기되지 않는 것은?

① 반송 ② 불두화
③ 용버들 ④ 화살나무

28. 초여름에 잎을 모두 훑어버리고 식재해도 활착할 수 있는 수목으로 잘못된 것은?

① Magnolia denudata Desrousseaux
② Acer buergerianum Miqule
③ Acer palmatum Thunberg
④ Ulmus parvifolia jacquin

29. 열매가 코발트 색으로 아름다워 chiness beauty berry라고 불리우며, 열매가 새의 먹이로도 좋은 낙엽관목의 수종은?

① Callicarpa dichotoma R.
② Diospyros kaki T.
③ Kalopanax pictus Nak.
④ Lagerstroemia indica L.

30. 계곡부에 자생하는 목련류로서 꽃은 6월경에 밑을 향해 달리고 기초 식재용, 교목류의 전면부 식재용으로 적당한 것은?

① Magnolia quinquepeta D
② Magnolia heptapeta D
③ Magnolia sieboldii K. K
④ Magnolia grandiflora L.

정답 및 해설

해설 **26**
① 녹나무
② 동백나무
③ 비자나무
④ 중국굴피나무

해설 **27**
① 반송 : Pinus densiflora for multicaulis
② 불두화 : Viburnum sargentii for sterile
③ 용버들 : Salix matsudana for tortuosa
④ 화살나무 : Euonymus alatus S.

해설 **28**
① : 백목련
② : 중국단풍
③ : 단풍나무
④ : 참느릅나무

해설 **29**
① : 좀작살나무
② : 감나무
③ : 음나무
④ : 배롱나무

해설 **30**
③ 함박꽃나무(산목련)
④ 태산목

정답 26. ③ 27. ④ 28. ① 29. ① 30. ③

31. 다음 화서(花序, 꽃차례) 중 무한화서에 속하지 않는 것은?

① 취산화서 ② 총상화서
③ 산방화서 ④ 수상화서

32. 기수1회 우상복엽의 잎 특성을 가진 수종이 아닌 것은?

① Fraxinus rhynchophylla
② Robinia pseudoacacia
③ Albizia julibrissin
④ Euodia daniellii

33. 다음 중 장미과의 수종이 아닌 것은?

① Sorbus commixta
② Forsythia ovata
③ Prunus yedoensis
④ Kerria japonica

34. 다음 학명 중 참나무류의 신갈나무에 해당하는 것은?

① Quercus dentata
② Quercus acutissima
③ Quercus mongolica
④ Quercus serrata

35. 다음 중 잎은 기수우상복엽이고 꽃은 원추화서로써 7~8월에 황백색으로 개화하며 녹음 효과도 좋고 도시환경에서의 적응력도 높은 수종은?

① Robinia pseudoacacia
② Sophora japonica
③ Zelkova serrata
④ Celtis sinensis

정 답 및 해 설

해설 **31**

화서

무한화서	· 개화의 순서가 아래에서 위로, 가장자리에서 가운데로 차차 피기 시작하는 꽃차례로 많은 꽃눈이 만들어지면서 꽃차례의 맨꼭대기는 계속 자란다. · 총상화서, 수상화서, 산방화서, 산형화서, 원추화서
유한화서	· 꽃대의 끝에서 꽃이 피기 시작하여 차례로 아래쪽으로 내려오면서 피는 꽃차례이다. · 취산화서

해설 **32**

기수우상복엽(奇數羽狀複葉 : odd pinnately compound) : 소엽의 수가 홀수인 복엽
① 물푸레나무
② 아까시나무
③ 자귀나무-우수 2회 우상복엽
④ 쉬나무

해설 **33**

① 마가목
② 만리화-물푸레나무과
③ 왕벚나무
④ 겹황매

해설 **34**

① 떡갈나무
② 상수리나무
③ 신갈나무
④ 졸참나무

해설 **35**

① 아까시나무
② 회화나무
③ 느티나무
④ 팽나무

정답 31. ① 32. ③ 33. ② 34. ③ 35. ②

36. 소나무과 중에서 가을에 낙엽이 되는 속(genus)은?

① 개잎갈나무(Cedrus)속 ② 소나무(Pinus)속
③ 가문비나무(Picea)속 ④ 잎갈나무(Larix)속

37. 다음 설명은 어느 수종에 관한 것인가?

- 자웅이주로 가지 끝에 원추화서로 달린다.
- 잎은 호생하고 기수 1회 우상복엽이다.
- 낙엽활엽교목으로서 소엽의 기부 거치에 선점이 발달하고 초여름에 꽃이 핀다.
- 잎이나 꽃에서 강한 냄새가 난다.
- 가을에 날개가 달린 열매가 익는다.
- 수피는 회갈색으로 얕게 갈라진다.
- 원산지는 중국 북부이지만 광범위한 기후에 적응한다.

① Ginkgo biloba L.
② Nerium indicum Mill.
③ Pinus bungeana Zucc. ex Endl.
④ Ailanthus altissima (Mill.) Swingle for. altissima

38. 다음 설명하는 수목의 특징에 가장 적합한 종은?

- 유럽에서 들어온 상록교목으로 원산지에서는 50m까지 자란다.
- 소지는 밑으로 처지고 동아는 붉은빛이 돌거나 연한 갈색이고 수지가 없다.
- 열매는 땅을 보고 달린다.
- 자웅동주로서 꽃은 6월에, 열매는 10월에 익으며 잎은 침상 능형이다.

① Picea koraiensis ② Picea abies
③ Picea pungsanensis ④ Picea jezoensis

39. 다음 중 조경수종의 특성을 감안한 이용법으로 옳은 것은?

① Ginkgo biloba – 내공해성 – 가로수용
② Acer palmatum – 내화성 – 생울타리용
③ Abies holophylla – 내건성 – 공장 군식용
④ Lagerstroemia indica – 내한성 – 방설용

해설 **36**
잎갈나무속은 낙엽침엽수에 해당된다.

해설 **37**
① 은행나무 ② 협죽도 ③ 백송
④ 가중나무

해설 **38**
① 종비나무
② 독일가문비
③ 풍산가문비
④ 가문비나무

해설 **39**
① 은행나무
② 단풍나무
③ 전나무
④ 배롱나무

정답 36. ④ 37. ④ 38. ② 39. ①

40. 다음 설명하는 수종은?

> - 속명(屬名)은 Cercidiphyllum이다.
> - 낙엽활엽교목으로 원추형 수형을 보인다.
> - 한자명이 연향수(連香樹)이다.
> - 심장형의 잎과 노란색 또는 주황색으로 물드는 단풍이 아름답다.

① 월계수　② 박태기나무
③ 계수나무　④ 다정큼나무

41. 다음 수목 중 학명이 틀린 것은?

① 박태기나무 : Cercis chinensis Bunge
② 갈참나무 : Quercus aliena Blume
③ 은단풍 : Acer pictum L.
④ 모과나무 : Chaenomeles sinensis Koehne

해설 41
은단풍 : Acer saccharinum L.

42. Camellia japonica L.과 관련된 설명으로 옳지 않은 것은?

① 꽃은 백색이고, 꽃잎은 한 장씩 떨어진다.
② 기부에서 갈라져 관목상으로 되는 것이 많으며 나무껍질은회갈색이고, 평활하며 일년생 가지는 갈색이다.
③ 우리나라에는 난온대 기후대인 남해안과 제주도에 자생한다.
④ 염분의 해를 잘 받지 아니한다.

해설 42
동백나무-상록활엽교목, 꽃은 붉은색 1~4월 개화

43. 다음 참나무속 중 잎 뒷면에 성모(星毛)가 밀생하고, 잎이 대형이며 시원하고, 야성적인 미가 있어 자연풍치림 조성에 적당한 수종은?

① Quercus dentata Thunb. ex Murray
② Quercus variabilis Blume
③ Quercus acutissima Carruth
④ Quercus serrata Thunberg

해설 43
① 떡갈나무
② 굴참나무
③ 상수리나무
④ 졸참나무

44. 다음 중 수목과 열매의 명칭이 틀린 것은?

① Pinus densiflora - 구과
② Quercus dentata - 견과
③ Prunus Persica - 장과
④ Acer Pseudosieboldianum - 시과

해설 44
① 소나무
② 떡갈나무
③ 복숭아나무-핵과(核果)
④ 당단풍

정답 40. ③ 41. ③ 42. ① 43. ① 44. ③

45. 다음의 열매 중 분포영역을 확장하기 위하여 바람 등의 물리적인 힘을 빌려 멀리 뻗어 가기 가장 어려운 것은?

① 시(翅)과류
② 장(漿)과류
③ 협(莢)과류
④ 수(瘦)과류

46. 다음 식물의 열매 모양이 삭과(蒴果, capsule)로 분류되지 않는 것은?

① 무궁화
② 자귀나무
③ 진달래
④ 수수꽃다리

47. 다음 중 총상화서의 흰색꽃이 5월경에 피는 속성 공원수로서 공해(대기오염)에 대해 강한 수종은?

① Prunus padus L. for. padus
② Prunus sargentii Rehder
③ Lindera obtusiloba Bl.
④ Prunus verecunda var. pendula

48. 질소가 식물이 이용할 수 있는 형태로 전환되는 질소고정(nitrogen fixation)을 할 수 있는 수목으로 적합하지 않는 종은?

① Sorbus alnifolia K.Koch
② Pueraria lobata Ohwi
③ Elaeagnus umbellata Thunb.
④ Alnus japonica Steud.

49. 엽연(Leaf margin)이 매끈하고 톱니 같은 것이 없는 전연(entire)수종은?

① 산사나무
② 왕버들
③ 은사시나무
④ 돈나무

정답 및 해설

해설 **45**

장과류 : 과실 겉껍질은 특히 얇고 먹는 부분인 살은 즙이 많으며 그 속에 작은 종자가 들어있는 열매. 감, 포도, 무화과 등을 말함, 저장이나 수송능력은 떨어진다.

해설 **46**

· 삭과(蒴果) : 여러 개의 심피가 과실의 성숙과 함께 건조되며 그 후에 선단부가 열리면서 종자를 산포하는 열매를 말한다. 열과의 하나로 속이 여러 칸으로 나뉘고 각 칸에 많은 씨가 들어있다.
· 자귀나무 – 협과

해설 **47**

① 귀룽나무
② 산벚나무
③ 생강나무
④ 처진개벚나무

해설 **48**

· 질소고정식물 : 콩과식물, 사방오리나무, 보리수나무
① 팥배나무 ② 칡
③ 보리수나무 ④ 오리나무

해설 **49**

엽연(葉緣, margin) : 엽신의 주변을 말한다. 엽면의 발달 방법이나 엽맥의 분포상태 등에 의해 여러가지의 형으로 나누어진다. 전혀 요철이 없이 평활한 엽연을 전연(entire)이라고 한다. 엽연의 발달이 일부가 억제되어 천열(lobed), 중렬(cleft), 심렬(incised), 전렬(dussected, parted) 등의 여러 단계의 갈라짐이 생긴 것도 있다.

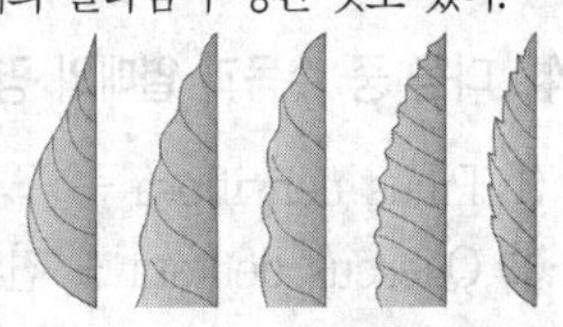

그림. 엽연형태

정답	45. ② 46. ② 47. ① 48. ① 49. ④

50. 다음 중 같은 과(科)에 속하지 않는 수종은?

① 후박나무 ② 다릅나무
③ 월계수 ④ 생강나무

51. 다음 설명에 적합한 수종은?

> 참나무과 중에서 수피가 두꺼운 코르크층이 발달하여 깊게 갈라지며 잎은 도피침형으로 잎 뒷면에 회백색의 가는 털이 있고 가장자리에 가시모양의 돌기를 가진 예리한 톱니가 있는 수종

① Quercus variabilis ② Quercus aliena
③ Quercus dentata ④ Quercus mongolica

52. 녹나무과 식물 중 낙엽성인 식물은 무엇인가?

① 녹나무 ② 후박나무
③ 센달나무 ④ 생강나무

53. 다음 식물 중 잎의 형태가 복엽이 아닌 종은?

① Maackia amurensis
② Sophora japonica
③ Cercis chinensis
④ Robinia pseudoacacia

54. 5장의 작은 잎은 달갈형이며, 끝이 오목하고 가장자리는 밋밋하다. 소시지모양의 열매는 10월에 자갈색으로 익어 흰색 속살을 먹을 수 있는 덩굴성 수종은?

① 으름덩굴 ② 능소화
③ 인동덩굴 ④ 등나무

55. 식물 명명의 기본원칙에 해당되지 않는 것은?

① 분류군의 학명은 선취권에 따른다.
② 학명은 라틴어화하여 표기한다.
③ 식물의 학명은 동물의 학명과 관계가 있다.
④ 분류군의 학명은 표본의 명명기본이 된다.

정 답 및 해 설

해설 **50**

· 후박나무, 월계수, 생강나무 - 녹나무과
· 다릅나무 - 콩과

해설 **51**

① 굴참나무
② 갈참나무
③ 떡갈나무
④ 신갈나무

해설 **53**

① 다릅나무 : 어긋나게 달리는 잎은 기수 1회우상복엽으로 7~11개의 작은잎으로 구성된다.
② 회화나무 : 잎은 어긋나며 기수우상복엽으로 7쌍의 작은잎으로 되어 있으며 달걀모양 또는 거꾸로 된 달걀모양이고 가장자리가 밋밋하다.
③ 박태기나무 : 잎은 길이 5~8cm, 나비 4~8cm로 어긋나고 심장형이며 밑에서 5개의 커다란 잎맥이 발달한다. 잎면에 윤기가 있으며 가장 자리는 밋밋하다.
④ 아까시나무 : 어긋나게 달리는 잎은 기수 1회우상복엽으로 9~19개의 작은잎으로 구성된다.

해설 **54**

그림. 으름덩굴의 열매와 잎

해설 **55**

바르게 고치면
식물명명규약을 동물명명규약과는 별도로 정한다.

정답	50. ② 51. ① 52. ④ 53. ③ 54. ① 55. ③

정 답 및 해 설

56. 다음 중 학명의 장점이 아닌 것은?

① 정확성이 높다.
② 쉽게 배울 수 있고 기억하기 쉽다.
③ 전 세계적으로 동일하게 통용된다.
④ 명명법이 국제 식물 명명규칙에 의하여 통제된다.

해설 56
학명은 발음 및 문자조합이 생소하다.

57. 식물의 주요기관 중 잎은 단엽(單葉)과 복엽(複葉)으로 분류된다. 다음 중 단엽인 수종은?

① 복자기　　② 등나무
③ 쉬나무　　④ 팔손이

해설 57
홑잎은 단엽을 말하고, 겹잎은 복엽을 말한다.

58. 다음 중 잎의 수가 다른 한 종은?

① Pinus koraiensis Siebold & Zucc.
② Pinus bungeana Zucc. ex Endl.
③ Pinus parviflora Siebold & Zucc.
④ Pinus strobus L.

해설 58
① 잣나무 - 5엽송
② 백송 - 3엽송
③ 섬잣나무 - 5엽송
④ 스트로브잣나무 - 5엽송

59. 선화후엽(先花後葉)식물 중 꽃은 황색이고, 열매는 검은색인 식물은?

① Lindera obtusiloba Blume
② Abeliophyllum distichum Nakai
③ Prunus yedoensis Matsum.
④ Rhododendron mucronulatum Turcz.var.mucronulatum

해설 59
① 생강나무
② 미선나무
③ 왕벚나무
④ 진달래

60. 다음 중 물푸레나무, 가중나무, 느릅나무, 계수나무의 공통점은?

① 암수한그루이다.
② 우리나라 자생종이다.
③ 잎은 기수1회우상복엽이다.
④ 종자에는 날개가 달려있다.

해설 60
보기에 제시된 수종 모두 열매는 날개가 달려 있는 시과이다.

61. 장미과(科) 식물이 아닌 것은?

① 홍가시나무　　② 마가목
③ 병꽃나무　　④ 팥배나무

해설 61
병꽃나무 - 인동과 낙엽활엽관목

정답			
	56. ②	57. ④	58. ②
	59. ①	60. ④	61. ③

62. "Betula platyphylla var. japonica"에 대한 설명으로 가장 거리가 먼 것은?

① 도시 가로수로서 적합하다.
② 수피는 백색이며 종이같이 옆으로 벗겨진다.
③ 주야의 기온교차가 심한 기후에 적합하다.
④ 음양성의 생태적 특성은 양수이다.

해설 62

자작나무는 공해에 약하므로 가로수로 적합하지 못하다.

63. 경기도 이북에서 월동하기 가장 어려운 것은?

① Ligustrum obtusifolium
② Chaenomeles speciosa
③ Ilex rotunda
④ Syringa oblata var. dilatata

해설 63

① 쥐똥나무, ② 산당화, ③ 먼나무, ④ 수수꽃다리
먼나무는 상록활엽수이므로 경기도 이북에서 월동이 어렵다.

64. 다음 그림에 해당하는 조경 수목은?

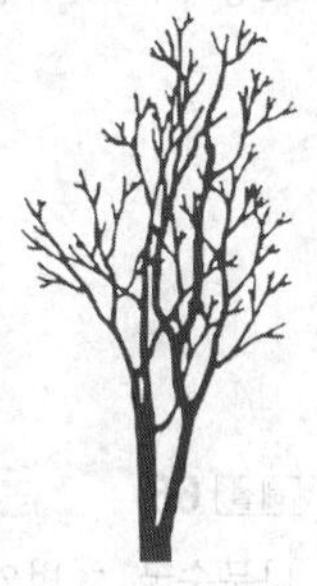

① Cercis chinensis Bunge
② Sophora japonica L.
③ Platanus orientalis L.
④ Magnolia grandiflora L.

해설 64

① 박태기나무
② 회화나무
③ 버즘나무
④ 태산목
줄기와 가지의 구분이 없고, 잎이 떨어져 있으므로 낙엽활엽관목이며, 잎이 심장형인 수목은 보기 수종에서 박태기나무이다.

65. 우리나라 전국의 높은 산, 중부지방 표고 500m 이상의 산림에 자생종은?

① Picea abies ② Cedrus deodara
③ Abies holophylla ④ Thuja occidentalis

해설 65

① 독일가문비 ② 개잎갈나무
③ 전나무 ④ 서양측백나무
우리나라 전국의 높은 산에서 자생하는 나무로 추위에 강하여 전국 어디서나 월동이 가능하다.

정답 62. ① 63. ③ 64. ① 65. ③

66. 다음 중 잎의 형태가 다른 하나는?

① Ailanthus altissima
② Melia azedarach
③ Euodia daniellii
④ Phellodendron amurense

해설 66

① 가중나무 : 잎은 어긋나고 기수1회 우상복엽이며 길이 45~80cm이다. 작은 잎은 13~25개로 길이 7~12cm, 나비 2~5cm이다. 넓은 바소꼴로 위로 올라갈수록 뾰족해지고 털이 난다.
② 멀구슬나무 : 잎은 기수 2~3회 우상복엽으로 가지 끝에 모여서 달린다. 작은잎은 타원형 또는 난형으로 끝이 뾰족하고 가장자리에 결각상의 톱니가 있다.
③ 쉬나무 : 잎줄기에 길이 5~12cm 정도의 잎 7~11장이 마주 달려 홀수로 난 깃털 모양이며, 기수1회우상복엽이다.
④ 황벽나무 : 작은 잎은 5~13개로서 달걀 모양 또는 바소꼴의 달걀 모양이며, 기수1회 우상복엽이다. 잎 뒷면은 흰빛이 돌며 잎맥 밑동에 털이 약간 있다.

67. 조경수목의 성상과 해당 수목의 연결이 틀린 것은?

① 상록활엽관목 – 사철나무
② 상록활엽관목 – 고광나무
③ 낙엽활엽관목 – 노각나무
④ 낙엽활엽관목 – 낙상홍

해설 67

고광나무 – 낙엽활엽관목

68. 다음 중 수종명과 과명이 잘못 연결된 것은?

① 나무수국 : 인동과
② 사철나무 : 노박덩굴과
③ 팔손이 : 두릅나무과
④ 담쟁이덩굴 : 포도과

해설 68

나무수국 : 범의귀과의 낙엽활엽관목

69. 다음 중 개화기가 가장 늦은 수종은?

① 회화나무 ② 차나무
③ 자귀나무 ④ 배롱나무

해설 69

- 회화나무 : 꽃은 8월에 흰색으로 피고 원추꽃차례로 달린다.
- 차나무 : 꽃은 10~11월에 흰색 또는 연분홍색으로 개화한다.
- 자귀나무 : 꽃은 연분홍색으로 6~7월에 피고 작은 가지 끝에 15~20개씩 산형(傘形)으로 달린다.
- 배롱나무 : 꽃은 양성화로 7~9월에 붉은색으로 피고 가지 끝에 원추꽃차례로 달린다.

정답 66. ② 67. ② 68. ① 69. ②

정 답 및 해 설

70. 메타세쿼이아와 낙우송에 대한 설명으로 옳지 않은 것은?

① 원산지는 모두 미국이다.
② 낙우송에는 기근이 발생한다.
③ 성상은 모두 낙엽침엽교목이다.
④ 잎의 배열은 메타세쿼이아는 대생이지만 낙우송은 호생이다.

71. 다음 중 우리나라 특산수종이 아닌 것은?

① 매자나무　　② 구상나무
③ 굴피나무　　④ 개느삼

72. 화서의 종류와 수종의 연결이 잘못된 것은?

① 단정화서 - 모란　　② 취산화서 - 작살나무
③ 총상화서 - 때죽나무　　④ 수상화서 - 덜꿩나무

73. 다음 수목의 학명 중 종명이 의미하는 것으로 옳은 것은?

① 느티나무(*serrata*) : 잎이 두 개로 갈라진다는 뜻
② 은행나무(*biloba*) : 팽이모양이라는 뜻
③ 칠엽수(*turbinata*) : 잎에 톱니가 있다는 뜻
④ 화살나무(*alatus*) : 날개가 있다는 뜻

74. 보통명(common name)은 습성, 특징, 산지, 용도, 전설, 외래어 등에서 유래되어 비롯된다. 다음 중 이름이 나무의 특징을 반영한 것이 아닌 것은?

① 생강나무　　② 주목
③ 물푸레나무　　④ 너도밤나무

75. 생울타리용 수종들의 특성으로 옳은 것은?

① 「*Juniperus chinensis 'Kaizuka'*」는 조해, 염해에 약하고 내한, 내서성이 있으며 건습에도 잘 자라나 이식은 어려운 편이다.
② 「*Ligustrum obtusifolium*」는 염해에 강하며 조해에도 비교적 강하고 토질은 가리지 않으며, 강한 전정에 잘 견딘다.
③ 「*Euonymus japonicus*」는 이식이 쉽고 생장이 어느 수종보다도 빠르나 조해, 염해에는 약하다.
④ 「*Chamaecyparis obtusa*」은 조해, 염해에 강하고 이식도 다른 수종에 비해 잘 되나 삽목에 의한 번식은 어렵다.

해설 **70**

낙우송은 원산지는 미국이며, 메타세콰이아의 원산지는 중국이다.

해설 **71**

굴피나무 낙엽활엽 소교목으로서 제주도와 경기도 이남의 볕이 잘 드는 산기슭이나 바닷가에 흔히 자생한다. 일본과 타이완, 중국 등지에서도 분포한다.

해설 **72**

덜꿩나무
인동과의 낙엽활엽 관목으로 5월에 지름 6~7mm의 흰색 꽃이 가지 끝에 복산형화서(겹우산복차례)를 이루면서 피고, 꽃받침조각은 달걀 모양의 원형이다.

해설 **73**

· 느티나무(serrata) : 잎에 톱니가 있다는 뜻
· 은행나무(biloba) : 잎이 두 개로 갈라진다는 뜻
· 칠엽수(turbinata) : 팽이모양이라는 뜻

해설 **74**

너무밤나무는 전설이 반영되어 이름 지어졌다.

해설 **75**

① 가이즈까향나무 이식이 용이한 편이다.
② 쥐똥나무
③ 사철나무 조해, 염해에 강하다.
④ 편백은 이식도 용이하고 주로 삽목으로 번식한다.

정답 70. ① 71. ③ 72. ④ 73. ④ 74. ④ 75. ②

5일 무료 동영상 강의

조경기사 · 산업기사 필기(상권)

저 자 이 윤 진
발행인 이 종 권

2006年 1月 9日 초 판 발 행
2006年 8月 7日 초 판 2 쇄 발 행
2007年 1月 10日 2차개정1쇄발행
2007年 4月 9日 2차개정2쇄발행
2008年 1月 8日 3차개정1쇄발행
2009年 1月 12日 4차개정1쇄발행
2009年 1月 29日 4차개정2쇄발행
2010年 1月 6日 5차개정1쇄발행
2010年 5月 12日 5차개정2쇄발행
2011年 1月 25日 6차개정1쇄발행
2012年 1月 30日 7차개정1쇄발행
2013年 1月 28日 8차개정1쇄발행
2014年 1月 22日 9차개정1쇄발행
2015年 1月 27日 10차개정1쇄발행
2016年 1月 28日 11차개정1쇄발행
2017年 1月 21日 12차개정1쇄발행
2018年 1月 23日 13차개정1쇄발행
2019年 1月 25日 14차개정1쇄발행
2020年 1月 21日 15차개정1쇄발행
2021年 1月 12日 16차개정1쇄발행
2022年 1月 20日 17차개정1쇄발행
2023年 3月 22日 18차개정1쇄발행
2024年 2月 28日 19차개정1쇄발행

發行處 **(주) 한솔아카데미**

(우)06775 서울시 서초구 마방로10길 25 트윈타워 A동 2002호
TEL : (02)575-6144/5 FAX : (02)529-1130
〈1998. 2. 19 登錄 第16-1608號〉

※ 본 교재의 내용 중에서 오타, 오류 등은 발견되는 대로 한솔아카데미 인터넷 홈페이지를 통해 공지하여 드리며 보다 완벽한 교재를 위해 끊임없이 최선의 노력을 다하겠습니다.

※ 파본은 구입하신 서점에서 교환해 드립니다.

www.inup.co.kr / www.bestbook.co.kr

ISBN 979-11-6654-479-8 14520
ISBN 979-11-6654-478-1 (세트)

PASS

2024 한번에 끝내기

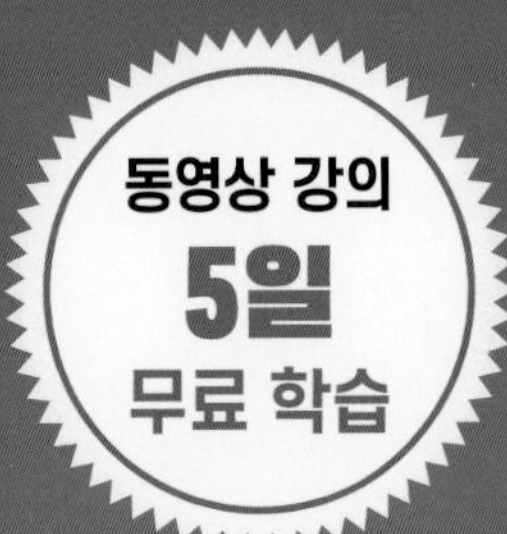

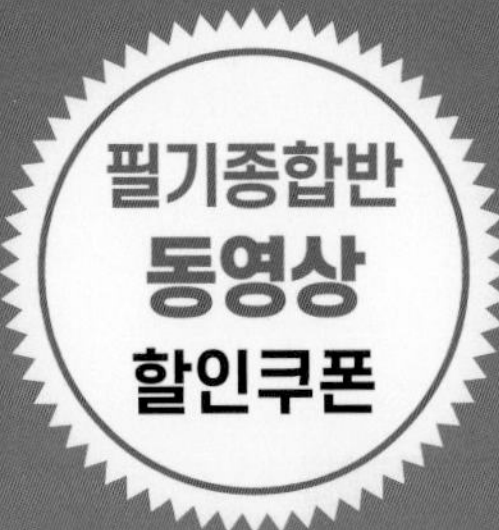

2024

조경기사 산업기사

5일 무료 동영상 강의

이윤진 저

이론편+기출문제+핵심요약집

실제 시험양식에 맞춘 모범답안

핵심요약집 PDF 제공

CBT모의고사 제공

한솔아카데미 HANSOLACADEMY

조경기사·산업기사 필기

본 도서를 구매하신 분께 드리는 혜택

1 조경 필기 종합반 5일 무료학습

- 100% 저자 직강
- 조경 필기 종합반 동영상 강의 5일무료학습

10. 조경시설물 설계

1. 휴게시설

① 설계일반사항

㉠ 휴게시설 설계 일반기준

· 주요 시설은 현장조립이 가능한 시설의 설치를 원칙

· 시설의 자체하중 및 외력(이용하중·풍하중)을 고려하여 구조적 안전성과 이용의 안전성을 확보

· 지반의 지내력이 요구되는 시설은 지반의 허용지내력을 고려 연약지반인 경우에는 이 기준「얕은 기초의 설계」에 따른다.

· 시설에 사용되는 기둥이나 보의 단면형태는 재료특성 및 용도에 달리 적용한다.

2 CBT 실전테스트

- 조경기사 6회 제공
- 조경산업기사 6회 제공

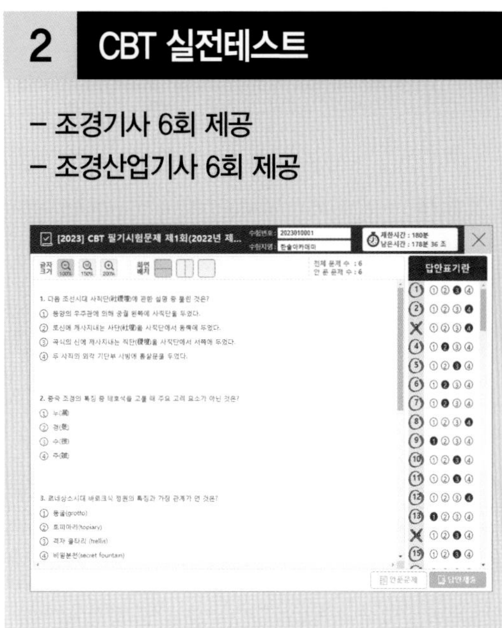

3 동영상 할인혜택

정규 종합반 3만원 할인쿠폰
(신청일로부터120일 동안)

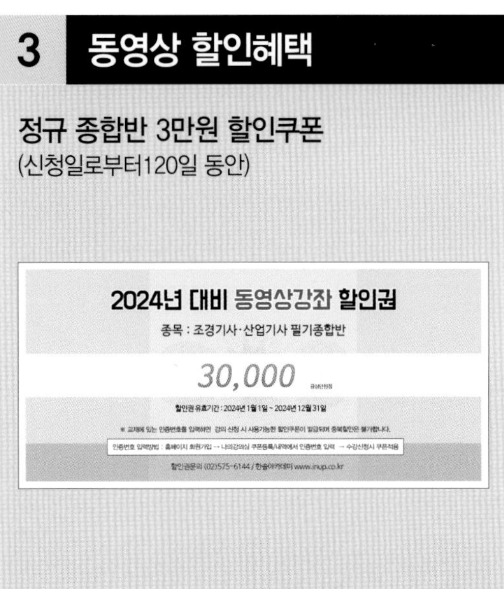

4 핵심요약집 PDF 제공

조경 필기 포켓북(동영상 강좌용)
교재 PDF 제공

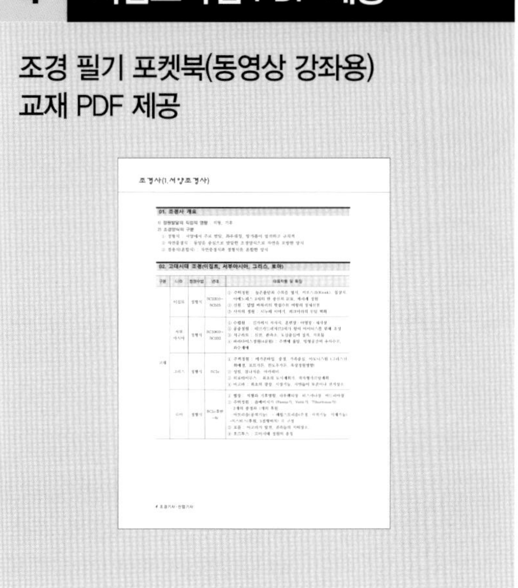

교재 인증번호 등록을 통한 학습관리 시스템

❶ 필기 종합반 동영상 5일 무료 학습 ❷ CBT 실전테스트
❸ 동영상 할인혜택 ❹ 핵심요약집 PDF 제공

무료쿠폰번호 6VFI-8GUT-5IMJ

인터넷 주소창에 **https://www.inup.co.kr** 을 입력하여 한솔아카데미 홈페이지에 접속합니다.

홈페이지 우측 상단에 있는 **회원가입** 또는 아이디로 **로그인**을 한 후, **조경** 사이트로 접속을 합니다.

나의강의실로 접속하여 왼쪽 메뉴에 있는 **[쿠폰/포인트관리]-[쿠폰등록/내역]**을 클릭합니다.

도서에 기입된 **인증번호 12자리** 입력(-표시 제외)이 완료되면 **[나의강의실]**에서 학습가이드 관련 응시가 가능합니다.

■ 모바일 동영상 수강방법 안내

❶ QR코드 이미지를 모바일로 촬영합니다.
❷ 회원가입 및 로그인 후, 쿠폰 인증번호를 입력합니다.
❸ 인증번호 입력이 완료되면 [나의강의실]에서 강의 수강이 가능합니다.

※ QR코드를 찍을 수 있는 앱을 다운받으신 후 진행하시길 바랍니다.

머리말

오늘날 산업화로 사회발전과 풍요로운 생활을 영유하고 있으나, 급속한 산업화와 도시화에 따른 환경의 파괴로 인하여 환경문제에 대한 관심과 그 중요성이 부각되고 있으며, 조경전문인력으로 하여금 생활공간을 아름답게 꾸미고 자연환경을 보호하고자 하는 필요성이 대두되기 시작하였습니다.

조경이란 경관을 조성하는 예술로서, 우리가 이용하는 옥외공간을 이용, 개발, 창조에 있어 보다 기능적·경제적이며 시각적인 환경을 조성함과 동시에 보전하는 생태적인 예술성을 띤 종합과학예술이라 할 수 있습니다. 우리나라의 조경시험 제도는 1974년 조경기사 1급과 조경기사 2급으로 신설되어, 1999년 3월에 조경기사와 조경산업기사로 변경되어 실시되고 있습니다. 조경 대상 업무는 도시계획과 토지이용 등을 고려하여 설계도면을 작성하고, 시공에 관한 공사비 적산과 공사공정계획을 수립하고, 공사업무를 관리하며, 각종 조경시설의 관리계획수립 및 관리업무 등 기술적인 업무 수행하게 됩니다. 장기적으로 생활수준이 향상되고 생활환경과 여가생활을 중시하는 경향이 강하게 나타나면서, 앞으로 조경기술자의 인력수요는 계속 증가할 것입니다.

본 수험서는 조경기사와 산업기사를 대비하는 수험생을 위한 책으로 조경분야의 전문가로서 위치를 굳히는데 도움이 됐으면 합니다. 과목 순서는 조경사, 조경계획, 조경설계, 조경식재, 조경시공구조학, 조경관리학의 순서로 각 과목은 단원별로 내용설명과 기출문제를 구성하였으며, 최근기출문제를 부록으로 수록하여 시험에 대비에 최선을 다하였습니다. 앞으로 부족하고 미흡한 점은 보완하고 다듬어 나갈 것을 약속드리겠습니다.

마지막으로 이 책의 출판을 도와주신 한솔아카데미 한병천사장님과 편집부 여러분께 감사드립니다.

필자 씀

조경기사산업기사 출제기준

자격종목 : 조경기사 필기

(적용기간 : 2021년 1월 1일 ~ 2024년 12월 31일)

시험과목	출제문제수	주요항목	세부항목
조경사	20	1. 조경사 일반	1. 기원과 조경양식의 발달 2. 인간과 환경의 관계 변천사
		2. 조경양식 변천사	1. 동서양 조경양식 변천
		3. 서양의 조경	1. 고대 조경 2. 중세 조경 3. 르네상스 조경 4. 18세기 조경 5. 19세기 조경 6. 현대 조경
		4. 동양의 조경	1. 중국 조경 2. 일본 조경
		5. 한국 조경	1. 선사시대 조경 2. 고대시대 조경 3. 중세 및 근세조경 4. 근대 및 현대조경
조경계획	20	1. 조경일반	1. 조경의 정의 및 조경가의 역할 2. 조경 대상 및 타 분야와의 관계
		2. 조경계획과정	1. 자연환경조사 분석 2. 인문·사회환경조사 분석 3. 행태·환경·심리기능의 조사 분석 4. 분석의 종합 및 평가 5. 기본구상 6. 기본계획
		3. 대상지별 조경 계획	1. 주거공간 2. 레크리에이션 3. 교통시설 4. 공장 및 산업단지 5. 학교 및 캠퍼스 6. 업무빌딩 및 상업시설 7. 특수 환경
		4. 시설물의 조경 계획	1. 급배수시설 2. 휴게시설 3. 유희시설 4. 운동시설 5. 수경시설 6. 관리 및 편익시설 7. 안내표지시설 8. 경관조명시설
		5. 조경계획 관련 법규	1. 도시계획관련규정 2. 자연공원관련규정 3. 도시공원관련규정 4. 영향평가 5. 기타 조경관련 규정

시험과목	출제문제수	주요항목	세부항목
조경설계	20	1. 제도의 기초	1. 선 2. 치수선의 사용 3. 설계기호 및 표현기법 4. 기타 제도사항
		2. 설계과정	1. 기본설계 2. 실시설계 3. 설계설명서
		3. 경관분석	1. 경관분석의 분류 2. 경관의 표현 3. 경관분석방법 및 유형 4. 경관분석의 접근방식 5. 경관평가 수행기법
		4. 조경미학	1. 디자인 요소 2. 색채이론 3. 디자인원리 및 형태 구성 4. 환경미학
		5. 조경시설물의 설계	1. 운동시설 설계 2. 유희시설 설계 3. 휴게시설물 설계 4. 경관조명시설물 설계 5. 수경시설물 설계 6. 포장설계 7. 표지시설의 설계 8. 기타 시설물의 설계
조경식재	20	1. 식재일반	1. 식재의 효과 2. 배식원리 3. 식생과 토양
		2. 식재계획 및 설계	1. 식재환경 2. 기능식재 3. 경관조성식재 4. 특수지역식재 5. 실내식물환경조성 및 설계
		3. 조경식물재료	1. 조경식물의 학명 및 특성 분류 2. 조경식물의 이용상 분류 3. 조경식물의 형태 및 생리·생태적 특성 4. 조경식물의 기능적 특성 5. 조경식물의 내환경성 6. 실내 조경식물재료의 특성

시험과목	출제문제수	주요항목	세부항목
조경식재	20	4. 조경식물의 생태와 식재	1. 조경식물의 생태 2. 조경식물의 식재
		5. 식재공사	1. 이식계획 2. 수목식재 3. 지피류 및 초화류식재 4. 특수환경지의 식재 5. 식재 후 조치
조경시공 구조학	20	1. 시공의 개요	1. 조경시공재료 2. 시방서 3. 공사계약 및 시공방식 4. 공정표
		2. 조경시공일반	1. 공사준비 2. 토양 및 토질 3. 지형 및 시공측량 4. 정지 및 표토복원 5. 가설공사 6. 현장관리
		3. 공종별 공사	1. 조경재료 일반 2. 조경재료의 일반적 성질 3. 조경재료별 특성 4. 공종별 공사
		4. 조경적산	1. 수량산출 2. 표준품셈 3. 일위대가표 작성 4. 공사비 산출
		5. 기본구조역학	1. 구조설계의 개념과 과정 2. 힘과 모멘트 3. 구조물 4. 부재의 선택과 크기결정
조경 관리론	20	1. 운영 관리	1. 운영관리 개요 2. 운영관리 계획
		2. 조경식물관리	1. 조경식물의 유지관리 2. 병·충해관리
		3. 시설물관리	1. 시설물관리 개요 2. 기반시설물 관리 3. 조경시설물 관리
		4. 이용관리계획	1. 이용관리 개요 2. 이용관리 3. 공원이용 및 레크리에이션 시설 이용관리

자격종목 : 조경산업기사 필기

(적용기간 : 2022년 1월 1일 ~ 2024년 12월 31일)

시험과목	출제문제수	주요항목	세부항목
조경계획 및 설계	20	1. 조경사조의 이해	1. 조경일반 2. 서양조경 양식 3. 동양조경 양식
		2. 환경 조사 · 분석	1. 자연생태환경 조사 · 분석 2. 인문사회환경 조사 · 분석 3. 행태 및 기능분석 4. 조경 관련 법
		3. 기본구상	1. 기본개념의 확정 2. 프로그램의 작성 3. 도입시설의 선정 4. 수요측정 5. 대안 선정
		4. 조경기본계획	1. 토지이용계획 수립 2. 동선 계획 3. 기본계획도 작성 4. 공간별 계획 5. 부문별 계획 6. 개략사업비 산정 7. 관리계획 작성 8. 기본계획보고서 작성
		5. 조경기반설계	1. 조경기초설계 2. 부지 정지 설계 3. 도로 설계 4. 주차장 설계 5. 구조물 설계 6. 빗물처리시설 설계 7. 배수시설 설계 8. 관수시설 설계 9. 포장 설계 10. 조경기반설계도면 작성
		6. 조경식재설계	1. 식재개념 구상 2. 기능식재 설계 3. 식재기반 설계 4. 수목식재 설계 5. 지피 · 초화류 식재설계 6. 정원식재 설계 7. 훼손지 녹화 설계 8. 생태복원 식재 설계 9. 조경식재설계도면 작성

시험과목	출제문제수	주요항목	세부항목
조경식재 시공	20	1. 조경식물	1. 조경식물 파악
		2. 기초식재공사	1. 굴취 2. 수목 운반 3. 교목 식재 4. 관목 식재 5. 지피 초화류 식재
		3. 입체조경공사	1. 입체조경기반 조성 2. 벽면녹화 3. 인공지반녹화 4. 텃밭 조성 5. 인공지반조경공간 조성
		4. 잔디식재공사	1. 잔디 시험시공 2. 잔디 기반 조성 3. 잔디 식재
		5. 실내조경공사	1. 실내조경기반 조성 2. 실내녹화기반 조성 3. 실내조경시설 · 점경물 설치 4. 실내식물 식재
조경 시설물 시공	20	1. 조경시설물공사	1. 조경인공재료의 선정 2. 시설물 설치 전 작업 3. 안내시설물 설치 4. 옥외시설물 설치 5. 놀이시설 설치 6. 운동시설 설치 7. 경관조명시설 설치 8. 환경조형물 설치 9. 데크시설 설치 10. 펜스 설치
		2. 조경포장공사	1. 토공 및 도로 조성 2. 조경 포장기반 조성 3. 조경 포장경계 공사 4. 친환경흙포장 공사 5. 탄성포장 공사 6. 조립블록 포장 공사 7. 조경 투수포장 공사 8. 조경 콘크리트포장 공사
		3. 조경적산	1. 설계도서 검토 2. 수량산출서 작성 3. 단가조사서 작성 4. 일위대가표 작성 5. 공종별 내역서 작성 6. 공사비 원가계산서 작성

시험과목	출제문제수	주요항목	세부항목
조경관리	20	1. 이용 및 운영관리	1. 이용관리 2. 운영관리
		2. 조경공사 수목관리	1. 병해충 방제 2. 관배수관리 3. 제초관리 4. 전정관리 5. 수목보호조치 6. 잔디관리 7. 초화류 관리 8. 시설물 보수 관리 9. 기타 조경관리
		3. 수목보호관리	1. 기상, 환경 피해 진단 2. 토양 관리 3. 수목 외과 수술 4. 수목 뿌리 수술 5. 지주목 관리 6. 멀칭 관리 7. 월동 관리 8. 장비 유지 관리 9. 청결 유지 관리
		4. 비배관리	1. 연간 비배관리 계획 수립 2. 수목 생육상태 진단 3. 시비의 단계별 과정 4. 화학비료주기 5. 유기질비료주기 6. 영양제 엽면 시비 7. 영양제 수간 주사
		5. 조경시설물관리	1. 조경시설물 연간관리 계획 수립 2. 급 · 배수 및 포장시설 관리 3. 놀이시설물 관리 4. 편의시설물 관리 5. 운동시설물 관리 6. 경관조명시설물 관리 7. 안내시설물 관리 8. 수경시설물 관리 9. 목재시설물 관리 10. 옹벽 등 구조물관리 11. 생태조경(빗물처리시설, 생태못, 인공습지, 비탈면, 훼손지, 생태숲)관리

Contents

조경(산업)기사 상 권 목차

제1편 조경사(1. 서양조경사)

조경사(2. 동양조경사)

조경계획

Contents

제3편 조경설계

Contents

제4편 조경식재

조경(산업)기사 하 권 목차

제5편 조경시공구조학

Contents

제6편 조경관리론

PART Ⅰ. 조경관리 일반

PART Ⅱ. 조경식물 관리

PART Ⅲ. 조경시설물 유지관리

Contents

제7편 부 록

CBT대비 실전테스트

홈페이지(www.inup.co.kr)에서 온라인TEST 문제를 CBT 모의 TEST로 체험하실 수 있습니다.

- CBT 조경기사 제1회(2022년 제1회 과년도)
- CBT 조경기사 제2회(2022년 제2회 과년도)
- CBT 조경기사 제3회(2022년 제4회 과년도)
- CBT 조경기사 제4회(2023년 제1회 과년도)
- CBT 조경기사 제5회(2023년 제2회 과년도)
- CBT 조경기사 제6회(2023년 제4회 과년도)
- CBT 조경산업기사 제1회(2022년 제1회 과년도)
- CBT 조경산업기사 제2회(2022년 제2회 과년도)
- CBT 조경산업기사 제3회(2022년 제4회 과년도)
- CBT 조경산업기사 제4회(2023년 제1회 과년도)
- CBT 조경산업기사 제5회(2023년 제2회 과년도)
- CBT 조경산업기사 제6회(2023년 제4회 과년도)

Chapter 05

조경시공구조학

제5편

〈참고내용〉 조경재료의 일반적 특성

① 역학적 성질

㉠ 탄성(Elasticity)과 소성(Plasticity)

- 탄성 : 물체에 외력이 작용하였을 때 그 외력을 제거하면 본래의 상태로 되는 물체의 성질
- 소성 : 변형에 그대로 남아 있는 성질

㉡ 강도(Strength)

- 외력에 저항하는 능력
- 응력 : 외력을 받은 재료의 내부에 생기는 저항하는 힘으로 단위면적에 대한 응력을 응력도, 어떤 재료의 최대 응력도를 최대강도라고 한다.
- 외력의 작용상태에 따라

압축강도	부재에 상하나 좌우에서 압축을 가할 때 견디는 강도
인장강도	부재를 양쪽으로 잡아당길 때 견디는 강도
휨강도	수평부재가 휨에 견디는 강도
전단강도	부재의 한쪽이나 양쪽이 고정되었을 때 중립축의 직각방향의 하중에 의해 부재가 파괴되지 않고 견디는 강도
비틀림 강도	재료를 비틀어서 파괴했을 때 파괴에 대한 저항성
정적 강도	재료에 비교적 느린 속도의 하중이 작용할 때 저항성
충격강도	재료에 충격적인 하중이 작용할 때 이에 대한 저항성
피로강로	재료가 정하중에서는 충분한 강도를 가지고 있으나 반복하중, 교번하중을 지속적으로 받으면 하중이 작아도 파괴되는 현상
크리프강도	재료가 정하중에서 시간이 경과할수록 변형이 증가하는 현상으로 저온에서는 볼 수 없고 고온에서 변형이 커지는 현상

㉢ 경도, 강성, 연성과 전성, 인성과 취성

경도(Hardness)	딱딱한 정도
강성(Stiffness)	재료에 외부에서 변형을 가할 때 주어진 변형에 저항하는 정도를 수치화 한 것
연성(Ductility)과 전성(malleability)	· 연성 : 연한성질, 탄성한계이상의 힘을 받아도 파괴되지 않고 가늘고 길게 늘어나는 성질 · 전성 : 재료가 압력이나 타격으로 인해 파괴되지 않고 넓은 판으로 얇게 펴지는 성질
인성(Toughness)과 취성(Brittleness)	· 인성 : 강하면서도 늘어나기도 잘 하는 성질. 강도와 연성을 함께 갖는 재료가 인성이 좋으며 압연강은 인성이 큰 재료 · 취성 : 외력에 잘 부러지거나 파괴되는 성질로 주철 및 유리는 취성이 큰 재료이다.

② 물리적성질

㉠ 밀도

- 물질의 조밀한 정도를 표시하는 지표로서 단위체적당 질량(kg/m³)으로 물질마다 고유한 값을 가진다.
- 밀도는 고체 〉 액체 〉 기체 순이다.

㉡ 비중

- 재료의 중량을 그와 동일한 체적의 4℃ 물의 중량으로 나눈값
- 진비중은 공극과 수분을 포함하지 않는 실질적인 비중을 겉보기 비중은 공극과 수분을 포함한 비중을 말한다.
- 비강도는 강도를 비중으로 나눈값, 목재의 비강도는 철강보다 크다.

> – 공극률(%) = $(1-\frac{\text{겉보기비중}}{\text{진비중}})\times 100$
>
> – 실적률(%) = $(\frac{\text{겉보기비중}}{\text{진비중}})\times 100$
>
> – 공극률(%)+실적률(%)=100%

㉢ 함수율과 흡수율

- 함수율 : 재료 속에 포함되어 수분의 중량을 그 재료의 절대건조시 중량으로 나눈 값으로 함수율에 따라 강도 및 성질이 달라진다.
- 흡수율 : 재료를 일정시간 물속에 넣어 재료의 건조중량에 대한 흡수량의 비율로 중량 백분율로 표시한다.

㉣ 열에 대한 성질

비열	· 중량이 1g인 재료의 온도를 1℃ 높이는 데 필요한 열량 · 단위는 MKS에서는 cal/g·℃,kcal/kg·℃ 이고 SI 단위에서는 J/g·k, kJ/kg·k 이다. (물은 1cal/g·℃)
열전도율	동일재료 내에 온도차가 있을 때 높은 온도의 분자에서 낮은 온도의 분자로 열이 전달되는 현상
열팽창계수	· 온도의 변화에 따라 재료가 팽창 수축하는 비율로 단위는 l/℃이다. · 길이에 대한 비율을 선팽창계수, 용적에 대한 비율은 체팽창계수라 한다. · 체팽창계수는 선팽창의3배이며, 콘크리트의 경우 수축팽창을 완화하기 위해 신축줄눈을 삽입한다.
열용량	· 재료에 열을 저항 할 수 있는 용량, 비열이나 비중이 큰 재료가 많은 열을 축적한다. · 열용량산정은 비열×비중으로 산정하며 예를 들면 콘크리트의 비열 0.23, 비중이 2.65이므로 열용량은 0.23×2.65=0.61 이 된다.
연화점과 용융점	재료에 열을 가하면 연화하거나 용융하여 고체에서 액체로 변화하는데 이 상태에 도달하는 온도를 연화점, 용융점이라 한다.

㉤ 빛에 대한 성질

투과율(%)	광선의 채광재료를 얼마나 투과하느냐의 정도, 입사하는 광속에너지에 대해 투과하는 광속에너지의 비율을 말한다.
반사율(%)	・빛의 반사는 정반사와 난반사로 구분되며 재료의 성질이나 표면상태에 따라 달라진다. ・난반사는 재료의 색깔을 표현하고, 정반사는 재료의 광택을 나타낸다.
흡수율	물체에 입사한 빛은 일부 흡수되는데, 흰색은 빛을 반사하고 검은색은 빛을 흡수한다.

㉥ 음에 대한 성질

・음이 재료에 부딪혔을 때 음은 일부 반사되고 나머지는 재료에 흡수 또는 투과된다.

・음의 세기는 dB(데시벨)의 단위로 인간의 귀로 들을 수 있는 최저음은 0dB, 최고음의 세기는 120dB이다.

・흡음률은 재료가 어떤 주파주의 음에 대한 음의 에너지를 흡수하는 효율을 말한다.

$$흡음률 = 1 - \frac{재료표면에\ 반사하는\ 음의\ 에너지}{재료표면에\ 입사하는\ 음의\ 에너지}$$

・차음도는 재료가 음의 차단 정도로 단위는 dB로 표시한다.

・방음은 흡음과 차음을 동시에 말하며 소리가 새어나가지 않게 하는것을 말한다.

㉦ 내구성

・기대수명동안 구조물이 가져야할 안전성이나 정해진 시간동안 제품이나 시설이 적정한 기능을 유지할 수 있는 능력을 말한다.

・재료의 내구성에 영향을 주는 요인은 기후적요인, 생물학적요인, 구조적요인 등의 다양한 요인에 영향한다.

・내후성(건습, 동해 등 풍화작용에 저항), 내식성(목재의 부패, 철의 녹 등에 저항하는 성질), 내마모성(기계적 반복작용이나 마모작용저항), 내화학약품성, 내생물성(충류, 균류작용에 저항) 등이 있는 재료를 사용해야한다.

③ 화학적 성질

㉠ 물질의 구성상태와 함량을 알려주며 재료의 물리·역학적 성질을 결정하는 동시에 재료의 생산 및 가공 시공과정에 영향을 준다.

㉡ 재료는 산, 알칼리, 염류, 기름 등의 작용을 받으며 예를들면 철강재는 대기 중에 녹슬고 염분이 많은 해안에서는 빨리 부식되게 된다.

㉢ 이런 화학적 성질은 재료의 물성을 결정하고 생산, 가공, 시공, 유지관리 전반에 영향을 준다.

석재

1.1 핵심플러스

■ 석재의 강도순서 : 압축강도 〉 휨강도 〉 인장강도 〉 전단강도

■ 성인(成因)에 따른 분류

화성암	화강암(압축강도강, 경도 · 강도 · 내마모성이 우수, 내화성은 낮음), 섬록암/ 안산암/ 현무암
수성암	응회암/ 사암/ 혈암/ 점판암/ 석회암
변성암	편마암 / 점판암/ 편암/ 대리석

■ 용도에 따른 분류
- 구조용 : 화강암, 안산암
- 포장용 : 화강암, 점판암, 안산암, 현무암
- 외부마감용 : 화강암, 점판암
- 조형물 : 화강암, 대리석

■ 석재의 가공(문화재시공) : 혹두기 → 정다듬 → 도두락다듬 → 잔다듬 → 물광기 → 광내기

1 석재의 특성

① 장점 : 불연성, 압축강도가 큼, 내구성, 내화학성, 내마모성, 종류가 다양하고 외관과 색조가 풍부

② 단점 : 중량이 커 다루기 어렵고 가공이 곤란, 열이 닿으면 화강암은 튀고, 대리석을 분해하여 강도가 약해짐

2 석재의 강도

① 비중이 큰 것이 강도도 크다

② 압축강도가 큼(압축강도 〉 휨강도 〉 인장강도 〉 전단강도)

화강암(1,720) 〉 대리석(1,500) 〉 안산암(1,150) 〉 사암(450) 〉 응회암(180) 〉 부석(30~18)

3 성인(成因)에 따른 분류와 주요 석재 ★

① 화성암

㉠ 지구 내부에서 유래하는 마그마가 고결하여 형성된 암석

㉡ 화강암, 섬록암, 안산암, 현무암 등

- 화강암 : 경도·강도·내마모성이 우수하고 흡수성이 작으며 큰재를 얻을 수 있으나, 내화성이 낮음. 매장량과 가공성이 풍부하고 장식용으로 우수하여 가장 많이 사용
- 안산암 : 내화성·강도·내구성은 크나 큰재를 얻기가 어려움. 장식이나 조각용으로 사용

② 수성암(퇴적암)

㉠ 지구표면의 암석이 풍화작용으로 분해·이동되어 지구 표면에 침적하는 퇴적작용으로 생긴 암석

㉡ 응회암, 사암, 혈암, 점판암, 석회암 등

- 응회암 : 연석으로 내화성이 강하나 흡수성이 커 한랭지에서 풍화되기 쉬운 결점, 비중이 작고 강도가 약하나 채석과 가공이 용이
- 사암 : 흡수성이 약간 커 산화속도가 화강암보다 빠르고 석질이 치밀하지만 강도가 약해 가공이 쉬움
- 점판암 : 점토물질이 퇴적·응고되어 편상절리가 많으며, 박리면이 발달되어 천연슬레이트라 하고 지붕·벽재료·기념비에 적합함

③ 변성암

㉠ 화성암이나 수성암이 지하로부터 변성작용을 받은 암석의 총칭

㉡ 편마암, 점판암, 편암, 대리석, 사문암 등

- 대리석 : 주성분은 탄산석회(방해석)으로 광택이 있고 미려하며 석질이 치밀함, 열과 산 마모에 약해 실내장재로 사용

■ 참고 : 석재의 흡수율

- 흡수율이 높다는 것은 다공성이므로 풍화나 동해에 취약하다.
- 흡수율을 큰 것부터 나열하면 응회암 – 사암 – 안산암 – 화강암 – 대리석의 순이다.

4 석재의 형상 및 치수

① 각석 : 길이를 가지는 것, 너비가 두께의 3배 미만

② 판석 : 너비가 두께의 3배 이상, 두께가 15cm 미만

③ 견치석 : 면이 정사각형에 가깝고 면에 직각으로 잰 길이가 최소변의 1.5배 이상

④ 사고석 : 고건축의 담장 등 옛 궁궐에서 사용, 길이는 최소변의 1.2배 이상

⑤ 깬돌(할석) : 견치돌에 준한 돌로 치수가 불규칙하고 일반적으로 뒷면이 없는 돌로서 접촉면의 폭과 길이는 각각 전면 1변의 평균길이의 1/20과 1/3이 됨

⑥ 사석 : 막깬돌 중에서 유수에 견딜 수 있는 중량을 가진 큰 돌

⑦ 잡석 : 크기가 지름 10~30cm 정도의 것이 크고, 작은 알로 골고루 섞여져 있으며, 형상이 고르지 못한 돌

⑧ 전석 : 1개의 크기가 0.5㎥ 이상이 되는 석괴
⑨ 호박돌 : 호박형의 천연석으로서 가공하지 않은 상태의 지름이 18cm 이상의 크기의 돌
⑩ 조약돌 : 가공하지 않는 천연석으로 지름이 10~20cm 정도의 계란형

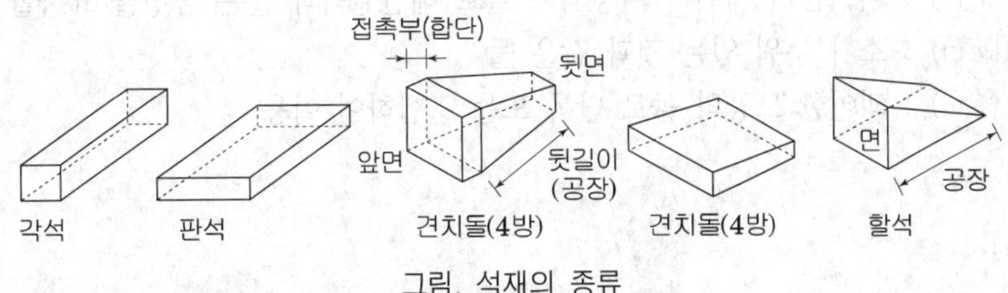

그림. 석재의 종류

■ 참고 : 가공석의 종류

- 마름돌 : 직육면체로 다듬은 돌(30×30×50~60cm)
- 견치돌 : 각을 낸 돌, 찰쌓기와 메쌓기에 사용
- 대리석 : 색 원석을 2~5cm의 두께로 톱 켜기
- 테라조 : 모르타르에 백색시멘트 대리석 부스러기, 안료를 쓴 것으로 표면은 물갈기를 해 만든 인조 대리석판
- 막깬돌 : 토사유출 방지, 토목공사에 주로 쓰임

5 자연석 분류

① 산지에 의한 분류

㉠ 산석 : 산이나 들에서 채집한 돌로 풍우에 의해 마모되고, 돌에 이끼가 끼어있어 관상가치가 있다.

㉡ 수석(하천석) : 강이나 하천에서 유수에 의해 표면이 마모되어 돌의 석질 및 무늬가 뚜렷하다. 계곡부에서 산출되는 돌은 비교적 마모가 덜 되어 표면의 생김새가 다양하고, 바닥에서 산출되는 돌은 마모가 심하여 원형에 가깝다.

㉢ 해석 : 바다에서 채집한 돌로 파도의 작용으로 마모된 돌로, 염분을 완전히 제거한 후 사용하여야 한다.

㉣ 가공조경석 : 깬돌을 가공하여 자연석 형태로 만든 돌로 자연석보다 저렴하여 대규모 조경공사에 이용됨

■ 참고 : 석리, 석목, 절리

- 석리(石理) : 석재표면의 구성조직에 생기는 돌결(무늬)로 결정질과 비결정질로 나뉜다.
- 석목(石目) : 조암광물의 배열과 암석이 쪼개지기 쉬운 벽개면의 관계에 의해 생기는 깨지기 쉬운면
- 절리(節理) : 화성암의 특성 중 하나로 자연적으로 금이 간 상태를 말한다.

★ ② 배치에 의한 분류

㉠ 입석(立石) : 세워서 쓰는 돌로 전후·좌우의 사방에서 관상함

㉡ 횡석(橫石) : 가로로 눕혀서 쓰는 돌로, 입석 등에 의한 불안감을 주는 돌을 받쳐서 안정감을 갖게 함

㉢ 평석(平石) : 위부분이 편평한 돌로 안정감이 필요한 부분에 배치토록 하여 주로 앞부분에 배치함
㉣ 환석(丸石) : 둥근돌을 말하며, 무리로 배석할 때 많이 이용된다.
㉤ 사석(斜石) : 비스듬히 세워서 이용되는 돌로 해안절벽과 같은 풍경을 묘사할 때
㉥ 와석(臥石) : 소가 누워 있는 것과 같은 돌
㉦ 괴석(怪石) : 괴이한 모양의 돌로 단독 또는 조합하여 이용

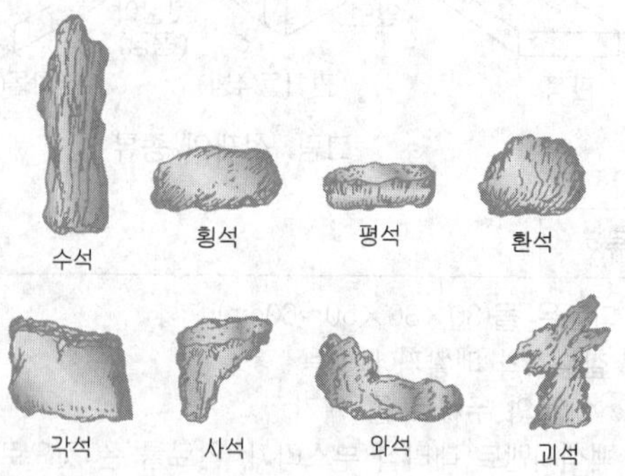

그림. 경관석의 기본형태

6 석재 인력 가공순서(문화재가공) ★

① 혹두기(메다듬) : 원석을 쇠메로 쳐서 요철을 없게 다듬는 것
② 정다듬 : 정으로 쪼아 다듬어 평평하게 다듬는 것
③ 도두락다듬 : 도두락 망치로 면을 다듬는 것
④ 잔다듬 : 정교한 날망치로 면을 다듬는 것
⑤ 물갈기 : 광내기(왁스)

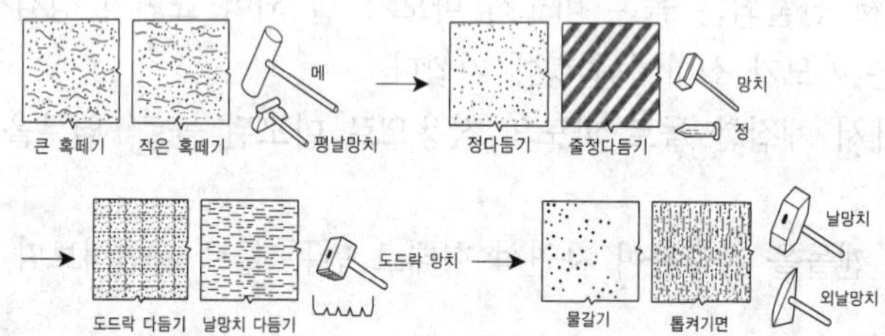

그림. 석재 인력 가공순서

■ **참고 : 석재의 시공방법**

- 조립형상에 따라 단일재 방식, 복합재 방식
- 모르타르 사용여부에 따라 습식공법, 건식공법으로 나뉨

습식공법	건식공법
모르타르를 주입 또는 사춤하여 석재와 결합하는 방법	파스너(fastner), 앵커(anchor) 등으로 구체와 석재를 결합하는 방법

핵심기출문제

내친김에 문제까지 끝내보자!

1. 다음 석재에 관한 기술 중 틀린 것은?

① 점판암은 이판암이 다시 지압으로 동결된 것으로 층상으로 되어 있어 박판 채취가 가능하며 일반적으로 천연슬레이트라 한다.
② 화강암은 석질이 견고하고 대형 석재가 가능하며 내화성이 커서 고열을 받는 곳에 적당하다.
③ 안산암은 성분이 복잡하므로 보통 판상 절리를 나타내어 판석 혹은 비석으로 쓰인다.
④ 대리석은 석회석이 변하여 결절화 된 것이며 치밀한 결정체이고 아름다운 광택을 띤다.

2. 다음 암석 중 동일 용적 당 무게가 가장 많이 나가는 것은?

① 화강암 ② 안산암
③ 사암 ④ 현무암

3. 사괴석은 어디에 많이 이용되는가?

① 고건축담장 ② 연못
③ 계단 ④ 축대

4. 견치돌에 대한 설명 중 b는 a의 최소 몇 배가 되어야 하나?

① 0.5배
② 0.8배
③ 1.0배
④ 1.5배

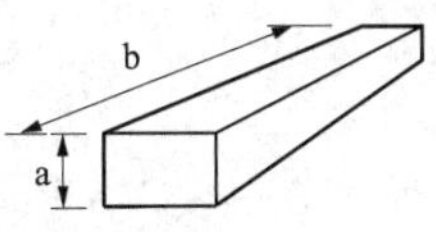

5. 잔다듬하기 전에 하는 작업은?

① 정다듬 ② 도두락다듬
③ 갈기 ④ 혹두기

정답 및 해설

해설 1

화강암 내화성이 작다.

해설 2

① 화강암
: 2,600~2,700kg/m³
② 안산암
: 2,300~2,710kg/m³
③ 사암
: 2,400~2,790kg/m³
④ 현무암
: 2,700~3,200kg/m³

해설 3

사고석 : 고건축의 담장 등 옛 궁궐에서 사용

해설 4

견치석: 면이 정사각형에 가깝고 면에 직각으로 잰 길이가 최소변의 1.5배 이상

해설 5

석재가공순서
혹두기 → 정다듬 → 도두락다듬 → 잔다듬 → 물광기·광내기

정답 1. ② 2. ④ 3. ① 4. ④ 5. ②

6. 석재 중 압축, 휨강도가 가장 큰 것은?

① 화강암　　② 응회암
③ 사문암　　④ 점판암

해설 6

석재 중 압축, 휨강도가 가장 큰 암석 – 화강암

7. 장대석 용도로 부적당한 것은?

① 계단
② 담장기단석
③ 건물의 기단석
④ 경사진 곳 무너짐 쌓기

해설 7

장대석 용도 : 계단, 담장 · 건물의 기단석에 활용

8. 다음 중 흡수성이 가장 큰 암석은?

① 사암　　② 화강암
③ 응회암　　④ 안산암

해설 8

응회암 : 다공질로 내화성과 흡습성은 크다. 무르기가 연하여 채석과 가공이 용이하다.

9. 석재 중 15~25cm 정도의 정방형 돌로서 주로 전통공간의 포장용 재료나 돌담, 한식건물의 벽체 등에 쓰이는 돌을 무엇이라고 하는가?

① 호박돌　　② 간사
③ 장대석　　④ 사고(괴)석

해설 9

사고석 : 고건축의 담장 등 옛 궁궐에서 사용, 길이는 최소변의 1.2배 이상

10. 사고석 담장의 줄눈 중 가장 일반적인 것은?

① 내민줄눈　　② 평줄눈
③ 오목줄눈　　④ 민줄눈

해설 10

전통 담장의 줄눈 – 내민줄눈

11. 석재의 표면을 요철이 없게 거친 면 마무리를 할 수 있는 장비는?

① 평날망치　　② 외날망치
③ 도드락망치　　④ 양날망치

해설 11

혹두기는 메로 쳐서 요철이 없게 다듬는 것으로 이후엔 평날망치가 사용된다.

정답 6. ① 7. ④ 8. ③ 9. ④ 10. ① 11. ①

12. 암석을 구성하는 조암광물의 집합상태에 따라 생기는 눈 모양을 무엇이라고 하는가?

① 석목　　② 석리
③ 층리　　④ 절리

13. 감람석이 변질된 것으로 암녹색 바탕에 아름다운 무늬를 갖고 있으나 풍화성이 있어 실내장식용으로 사용되는 것은?

① 사문암　　② 안산암
③ 응회암　　④ 현무암

14. 돌 공사의 특수 마무리 방법에 해당되지 않는 것은?

① 분사식(sand blasting method)
② 화염분사식(burner finish)
③ chiseled boasted work
④ coloured stone finish

정답 및 해설

해설 12

① 석목(돌눈) : 일정한 방향의 깨지기 쉬운 면(석재의 채석이나 가공시 이용된다)
② 석리 : 암석을 구성하고 있는 조암광물의 집합상태에 따라 생기는 눈 모양
③ 층리 : 변성암, 퇴적암 등에 나타나는 평행상의 절리
④ 절리 : 천연적으로 갈라진 틈

해설 13

사문암
주로 감람석, 섬록암 등 심성암이 변성된 암석이다. 암녹색, 청록색, 황록색을 띠는데, 원암 속에 포함된 철 함유량이 많을수록 암색을 띤다. 외장재보다는 실내장식용으로 많이 활용되며 대리석의 대용으로 이용되기도 한다.

해설 14

chiseled boasted work : 정으로 다듬는 방법

정답 12. ② 13. ① 14. ③

chapter 02 목재

2.1 핵심플러스

■ 목재의 강도와 비중

- 목재의 강도는 비중에 정비례하며 비중이 클수록 강도가 큼
- 섬유포화점이하에서는 함수율이 낮을수록 강도가 크고 이상에서는 강도의 변화는 없음
- 목재강도 : 인장강도 → 휨강도 → 압축강도 → 전단강도

■ 단위 및 재적

- 1재(才)= 1치 × 1치 × 12자 (1치=3cm, 1자=30cm) / 1m³ = 299.475재

■ 통나무(원목)재적 계산

(D =통나무의 말구 지름(m), L= 통나무의 길이(m), L'=1m 미만 끝수를 끊어버린 길이)

길이가 6m 미만인 것	$D^2 \times L \times \frac{1}{10,000}$
길이 6m 이상인 것	$(D+\frac{L'-4}{2})^2 \times L \times \frac{1}{10,000}$

■ 함수율 = $\frac{\text{건조전중량} - \text{건중량(건조후중량)}}{\text{건중량(건조후중량)}} \times 100\%$

■ 목재의 건조

- 내부에 있는 수분이 외부로 이동하여 표면에서 증발하는 것
- 자연건조(대기/침수건조), 인공건조 (훈연/연소/진공/약품/고주파건조)

■ 방부방법

표면탄화법	・목재 표면을 태워 피막을 형성/ 일시적 방부효과
방부제칠법	・유성방부제 (크레오소오트, 유성페인트)/ 수용성방부제(황산동, 염화아연) / 유용성방부제 (유기계방충제, PCP)
방부제처리법	・도포법 / 침지법 / 상압주입법 / 가압주입법 / 생리적 주입법/ 확산법/ 냉온욕법

■ 목재의 사용환경범주 : H1, H2, H3(야외사용목재, 흰개미피해환경), H4(흰개미피해환경), H5로 나누어짐

■ 목재의 접합 : 이음, 맞춤, 쪽매

1 목재의 구성

① 춘재와 추재, 연륜

춘재	봄, 여름에 왕성한 생장으로 인하여 세포벽이 얇고 크기가 큰 형태의 세포가 형성되어, 비교적 재질이 연하고 옅은 색을 가짐
추재	가을, 겨울의 시기에 자란세포로 왕성하지 못한 생장으로 인하여 벽이 두껍고 편평한 소형의 세포가 형성되어, 비교적 재질이 단단하고 치밀하면서 짙은 색을 가짐
연륜(나이테)	수심을 중심으로 동심원의 층이 생김, 생장연수를 나타냄

② 변재와 심재

심재(心材)	목질부중 수심부근에 있는 부분, 수축이 적음, 강도와 내구성이 큼
변재(邊材)	수피 가까이에 있는 부분, 수축이 큼, 강도나 내구성이 심재보다 작음

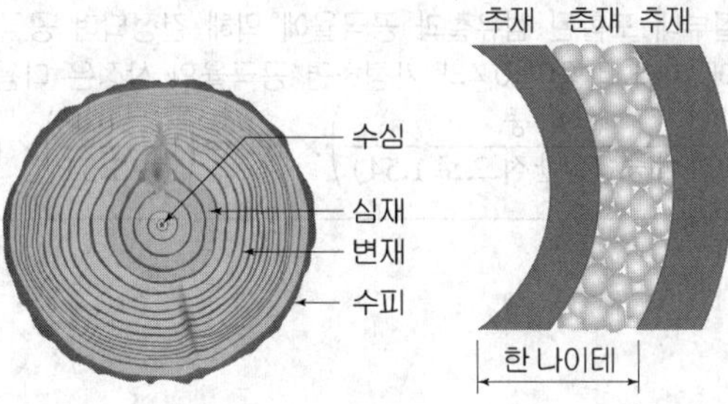

그림. 목재의 구성

③ 분류

침엽수(softwood)	· 연목(軟木)으로 목질이 연하고 탄력이 있음 · 곧고 긴 목재를 얻기 쉬우며, 가공이 용이, 구조재로 사용 · 미송(더글라스), 미국솔송나무, 레드우드 등의 외래산과 소나무 낙엽송 등 국내산 등이 있음
활엽수(hardwood)	· 나뭇결이 곱고 아름다우며 재질이 치밀함, 경목(硬木) · 가구재나 창호제, 기타장식재로 사용 · 참나무, 벚나무, 단풍나무, 호두나무, 물푸레나무, 오리나무 등이 있음

2 목재의 특성

① 장점 : 가벼움, 다루기 쉬움, 열전도율이 낮음, 보온성이 뛰어남

② 단점 : 내연성이 없음, 부패성, 함수량 증감에 따라 팽창과 수축이 생김

3 목재의 강도와 비중 ★

① 목재의 강도는 일반적으로 비중에 정비례하며 비중이 클수록 강도도 크다
② 섬유포화점과 강도
㉠ 섬유포화점이하에서는 함수율이 낮을수록 강도가 크다.
㉡ 섬유포화점이상에서는 강도의 변화는 없다.
㉢ 팽창과 수축도 섬유포화점이상에서는 생기지 않으나 섬유포화점 이하에서는 함수율이 감소함에 따라 수축도 커진다.
③ 인장강도가 압축강도 보다 크다.(압축강도 : 참나무 〉 낙엽송 〉 단풍나무)
④ 목재강도 : 섬유 평행 방향의 인장강도 〉 휨강도 〉 섬유 평행 방향의 압축강도 〉 섬유 직각방향의 압축강도 〉 전단강도

■ 참고

· 목재의 비중은 목질부내 포함된 섬유질과 공극율에 의해 결정되며 공극율은 비중에 따라 계산할 수 있다. 예들어 비중에 따라 비중이 0.4라 가정하면 공극율의 산정은 다음과 같다.

$$\text{공극률(\%)} = \left(1-\frac{\text{비중}}{\text{진비중(일반적으로 }1.54)}\right)\times 100 = \left(1-\frac{0.4}{1.54}\right)\times 100 \fallingdotseq 74\%$$

4 함수율 ★

$$\text{함수율} = \frac{\text{건조전중량} - \text{건중량(건조후중량)}}{\text{건중량(건조후중량)}}\times 100\%$$

① 전건재는 함수율 0%, 기건재 함수율은 12%, 섬유포화점 함수율은 30%

전건재	목재의 함수율이 0%로 완전건조된 상태
기건재	공기 중의 습도와 목재의 습도가 평행상태로 목재 함수율은 12%(일반적 15%)정도임
섬유포화점	· 목재 세포가 최대 한도의 수분을 흡착한 상태로 목재함수율은 30%정도임 · 목재강도의 수축과 팽창의 경계점 · 섬유포화점이상에서는 강도도 일정하고 신축, 팽창도 일정 · 섬유포화점이하에서는 함수율이 감소하면 강도가 증가, 탄성이 감소되어 수축이 커짐

② 구조재는 15%, 가구재는 10% 까지 건조

5 목재의 단위 및 재적

① 1재(才) = 1치 × 1치 × 12자　　(1치=3cm, 1자=30cm)
② 1석 = 1자 × 1자 × 10자

③ $1m^3$ = 299.475재

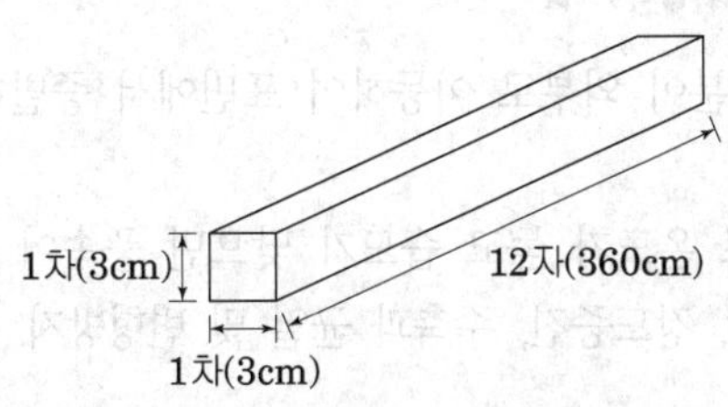

★④ 통나무재적계산방법

㉠ 통나무는 보통 1m 마다 1.5~2.0cm 씩, 즉 길이의 1/60씩 밑둥이 굵어진다고 보며 길이에 따라(6m 미만, 6m 이상) 구분하여 체적으로 계산한다.

㉡ 길이 6m 미만인 것

$$V = D^2 \times L \times \frac{1}{10,000}(m^3)$$

㉢ 길이 6m 이상인 것

$$V = \left(D + \frac{L'-4}{2}\right)^2 \times L \times \frac{1}{10,000}(m^3)$$

여기서, D=통나무의 말구 지름(cm)

L=통나무의 길이

L'=통나무의 길이로서 1m 미만의 끝수를 끊어버린 길이(m)

기출예제

나무의 길이가 5m 이고 말구의 지름이 20cm인 목재의 재적은?

① $0.2m^3$ ② $0.19m^3$

③ $2.0m^3$ ④ $1.9m^3$

답 ①

해설 $D^2 \times L = (0.2)^2 \times 5 = 0.2m^3$ (D=말구지름, L=길이)

⑤ 제재목

- 길이×단면적 = $L \times (T \times W)$
- T=제재목의 두께(cm), W=제재목의 폭(cm), L=제재목의 길이(m)

⑥ 판재

- 쪽널을 펴놓아 $1m^2$ 되는 단위로 취급한다.
- 체적이 필요하면 총면적에 두께를 곱하여 계상한다.

6 목재의 건조(seasoning) ★

① 정의 : 내부에 있는 수분이 외부로 이동하여 표면에서 증발하는 것

② 관련요인

㉠ 온도, 습도, 풍속으로 온도가 높고 습도가 낮으면 풍속이 빠르고 건조가 빠름

㉡ 건조하면 중량의 경감, 강도증진, 수축과 균열 및 변형방지, 부패균류·곤충의 침입이 방지된다.

③ 방법

· 일반적으로 자연건조된 상태에서 인공건조를 하는 것이 바람직하다.

구분	내용
자연건조	·간단하고 비용이 적게 들고 건조시간이 길며 넓은 장소가 요구되며 변색이나 부패 등 손상을 입기 쉬운 결점이 있음 ㉠ 대기건조 : 대기 중에 건조시킴, 지면에서 40~50cm 이격시키고 직사광선과 비를 피하며 공기 유통이 잘 되도록하여 건조, 일정기간 격으로 뒤집어 쌓아 고루 건조되게 함 ㉡ 침수건조 : 대기건조의 보조수단으로 생목을 수중에 3~4주 동안 감가 수액을 용탈시키는 것으로 대기건조기간을 단축가능
인공건조	·단기간에 원하는 함수율까지 건조할 수 있으며, 시설비용이 많이 들고 급속한 건조에 따른 목재의 균열, 휨 등의 부작용이 발생 ·사전에 1~3개월 자연건조된 목재를 사용하고 건조 시 목재를 잘 쌓아 균질하기 건조되게 하며 건조 후 서서히 온도가 내려가도록 하는 것이 좋음 ㉠ 훈연건조 : 연소가마를 건조실 내에 장치하고 나무 부스러기, 톱밥 등을 태워서 나는 연기를 이용하여 건조시킴, 실내 온도조절이 어렵고 화재발생위험의 단점이 있음 ㉡ 전열건조 : 전기를 열원으로 건조함, 온도조절이 용이하고 균질하게 건조 ㉢ 연소가스건조 : 연소탱크를 밖에 두고 연로를 완전 연소해 연소가스를 건조실로 보내 건조 ㉣ 진공건조 : 가열공기의 수증기 압력을 저하하여 건조 ㉤ 약품건조 : 유지, 4염화, 에탄, 벤젠, 아세톤 등 용제 또는 용제증기를 매체로 목재를 높은 온도로 가열하여 급속히 함수율을 내려 건조시킴 ㉥ 고주파건조 : 목재를 유도체로 하여 고주파 전장 내에 놓아 고주파 에너지를 열에너지로 변화시켜 발열현상을 일으켜 건조함, 건조시간이 짧으며 화재의 위험이 적고 건조작업이 간단하고 함수율이 극히 작은 장점이 있으나 전력 소모가 크다.

7 방부방법과 방부제 종류

① 방부방법

구분	내용
표면탄화법	– 목재 표면을 태워 피막을 형성 – 일시적 방부효과 : 태운면에 흡수량 증가
방부제칠법	– 유성방부제 : 크레오소오트, 유성페인트 – 수용성방부제 : 황산동, 염화아연 – 유용성방부제 : 유기계방충제, PCP
방부제처리법	– 도포법 : 표면에 도포, 깊이 5~6mm로 간단 – 침지법 : 방부액 속에 7~10일정도 담금, 침투깊이 10~15mm – 상압주입법 : 방부액을 가압하고 목재를 담근후 다시 상온액 중에 담금

방부제처리법	– 가압주입법 : 압력용기 속에서 7~12기압으로 가압하여 주입, 방부효과우수, 비용이 많이 듬 – 생리적 주입법 : 벌목 전에 뿌리에 약액을 주입 – 확산법 : 약액을 목재 중에 확산 침투시키는 방법, 목재 흡수율이 높은 경우 가능하며 약제는 분자가 작아 확산이 쉬워야한다. 약제의 농도를 높게 해 목재의 표면으로부터 내부로 확산되도록 한다. – 냉온욕법 : 목재를 뜨거운 약액과 차가운 약액에 교대로 옮겨 방부함, 뜨거운 약액→차가운 약액(급냉법), 뜨거운 약액→그대로 방치(방냉법, 급냉법보다 1.5~3배 이상 방부제를 흡수)

그밖에 침지법(물속에 잠기게 함), 일광직사법(햇빛에 장시간 두어 살균력으로 방부효과)

② 방부제 종류

구분	종류	기호
유성	크레오소트류	A
수용성	크롬 · 구리 · 비소 화합물계	CCA
	알킬암모늄 화합물계	AAC
	크롬 · 플루오르구리 · 아연 화합물계	CCFZ
	산화크롬 · 구리 화합물계	ACC
	크롬 · 구리 · 붕소 화합물계	CCB
	붕소화합물계	BB
	구리 · 알킬암모늄 화합물계	ACQ
유화성	지방산금속염계	NCU, NZN
유용성	유기요오드 화합물계	IPBC
	지방산금속염계	NCU, NZN
	유기요오드 · 인 화합물계	IPBCP

■ 참고

- 유용성방부제 : 유성 또는 유용성 방부제에 유화제를 첨가하여 물에 희석하여 사용하는 액상의 방부제
- 수용성방부제 : 물에 녹여 사용하는 방부제, 여러 종류의 화합물을 혼합

8 목재의 사용 환경과 처리방법(산림청고시)

사용환경범주	사용환경조건	처리방법
H1	· 습기에 노출되지 않고 강우로부터 완전히 보호되는 실내환경 · 부후균 생장 가능성이 없는 환경 · 천공해충 피해 가능성이 있는 환경 · 흰개미속이 서식하는 환경	도포법, 분무법

H2	·강우로부터 완전 보호되는 실내 환경 또는 지붕이 있는 실외환경 ·지속적이지는 않지만 가끔 습기에 노출되는 환경 ·천공해충 피해 환경 ·목재 오염(변색)균 피해 환경 ·목재가해균류 및 흰개미 피해예상 환경	도포법, 분무법, 침지법
H3	·토양과 접하지 않지만 강우에 지속적으로 노출되거나 또는 보호되는 환경이지만 자주 습기에 노출되는 환경	침지법, 가압법
H3A	·실외 비접지로서 강우로부터 보호되는 지상부로, 덮혀 있어 보호되는 환경 ·표면이 도료 등으로 코팅되어 보호되는 환경 ·표면배수가 잘되도록 보호된 환경 ·천공 해충, 목재가해균류 및 흰개미 피해 예상 환경	
H3B	·실외 비접지로서 강우로부터 보호되지 않는 지상부로, 도료 등이 코팅되지 않아 강우에 완전 노출된 환경, ·천공 해충 피해 환경, 목재 가해균류 및 흰개미 피해 예상 환경	
H4	·토양 또는 담수와 접하는 환경 ·흰개미 피해 환경	가압법
H4A	·접지에 사용되는 환경으로, 미경작 또는 처녀지 토양의 접지에 사용되는 환경 ·H4B에 비해 상대적으로 부후 조건이 미약한 환경 ·목재가해균류 및 흰개미 피해 예상 환경	
H4B	·접지 또는 담수와 접촉하는 곳에 사용하는 열화가 극심한 환경 ·유기토양개량제를 처리하거나 시비, 관수 등으로 목재가해균류의 서식이 양호한 환경 ·H4A에 비해 상대적으로 극심한 부후가 예측되는 토양 ·민물에 영구적으로 폭로되는 환경 ·천공 해충, 목재오염(변색)균과 연부후균 피해가 상시 예상되는 환경 ·목재가해균류 및 흰개미 피해 예상 환경	
H5	·바닷물에 영구적 또는 자주 잠기는 환경 ·해수면의 윗부분은 천공 해충 ·목재오염(변색)균, 목재 부후균, 연부후균 피해가 발생할 수 있는 환경 ·바닷물에 잠기는 부분은 해양 천공충의 피해가 예상되는 환경	가압법

9 목재의 접합

① 이음 : 두 부재를 잇는 것

㉠ 턱이음 : 두 부재의 연결부에 끌이나 끌자귀, 손자귀 등을 사용하여 서로 반대되는 턱을 만들어 잇는 방법, 반턱이음, 빗턱이음, 엇턱이음이 있음

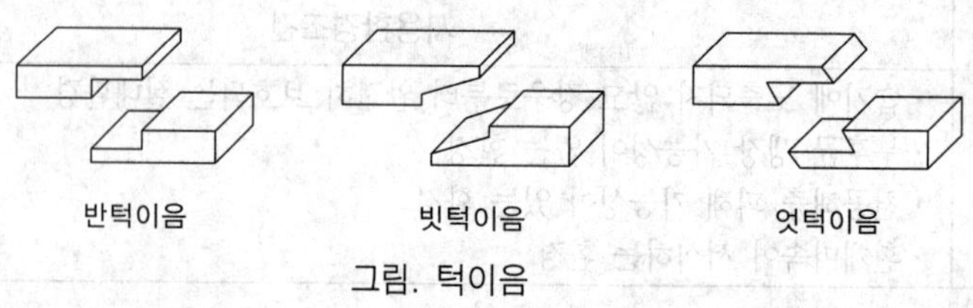

그림. 턱이음

㉡ 장부이음 : 한쪽 부재는 톱 · 끌 · 자귀 등을 이용하여 장부를 만들고 다른 부재는 끌이나 송곳 등을 사용하여 장부가 낄 장부구멍을 파서 서로 밀착되게 결구하는 것

② 짜임(맞춤) : 부재를 직각 또는 일정한 각을 가지고 접합시킨 것

㉠ 끼움맞춤법 : 통끼움, 턱끼움, 장부끼움 등

- 턱끼움 : 턱이음과 유사하여 한 부재에는 홈을 파고, 끼움 부재에는 턱을 깍아 접합하는 기법으로. 턱의 형상에 따라 턱솔, 반턱, 빗턱, 아랫턱, 내림턱열장 등으로 분류

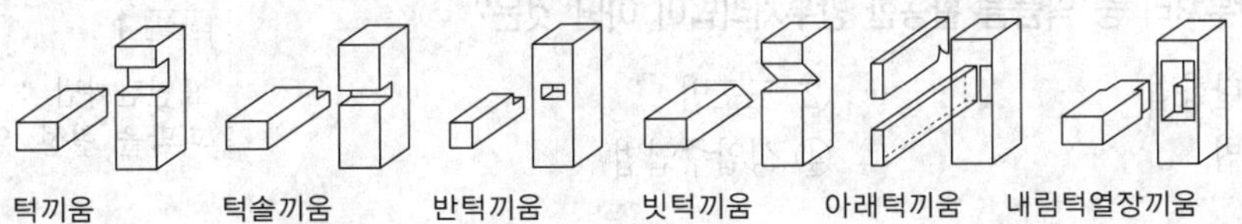

그림. 턱끼움

㉡ 짜임맞춤법 : 턱짜임, 사괘짜임, 연귀짜임으로 분류

- 턱짜임 : 연결되는 두 부재에 모두 턱을 만들어 서로 직각되거나 경사지게 물리게 하는 방법으로 반턱짜임, 十字짜임, 삼분턱 짜임

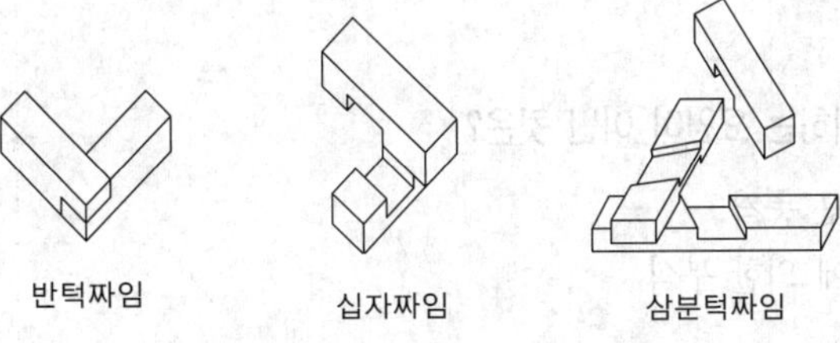

그림. 턱짜임

- 사괘짜임 : 기둥머리에 네 개의 촉을 만들어 도리나 창방, 보머리, 또는 보방향 첨차를 십자형으로 짜임하는 기법으로 모든 건물의 기둥머리 결구에 사용되는 맞춤법

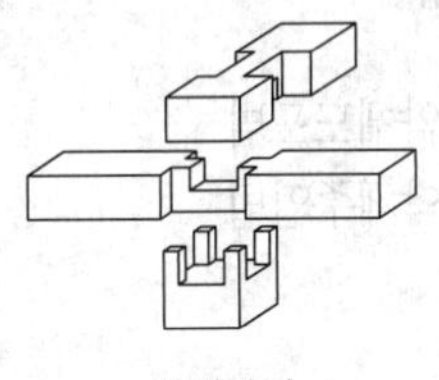

사괘짜임

③ 쪽매 : 맞댄쪽매, 반턱쪽매, 오니쪽매 등으로 분류

- 목재를 섬유방향으로 옆대어 접합한 것

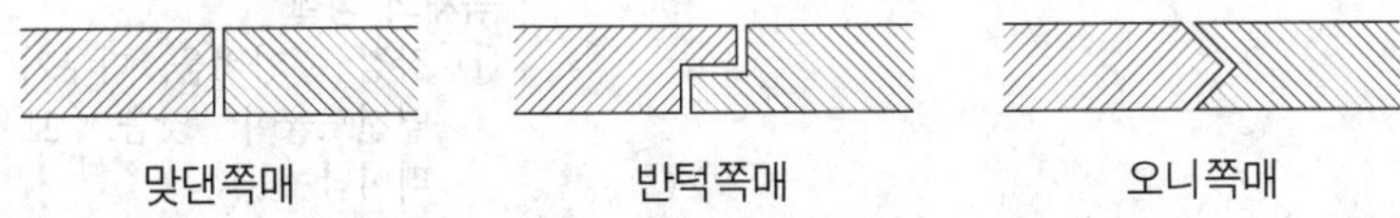

핵심기출문제

내친김에 문제까지 끝내보자!

1. 목재 방부처리 중 약품을 활용한 방부처리법이 아닌 것은?

① 표면탄화법　② 도포법
③ 침지법　④ 상압주입법

2. 조경에서 사용되는 목재의 여러 가지 방부처리법 중 방부효과면에서 가장 효과가 뛰어난 것은?

① 수침법　② 도포법
③ 가압침투법(가압주입법)　④ 침적법(침전법)

3. 목재의 내구성을 저해하는 요인이 아닌 것은?

① 사용으로 인한 마모 충격
② 균 또는 박테리아에 의한 부식
③ 인문 사회적 조건
④ 곤충 또는 해충에 의한 피해

4. 목재를 방부처리하는 방법이 아닌 것은?

① 표면탄화법　② 약제도포법
③ 관입법　④ 약제주입법

5. 목재 방부제는?

① 크레오소트　② 광명단
③ 물유리　④ 황암모니아

6. 목재의 성질 중 틀린 것은?

① 건조 변형이 적다.
② 열전도율이 낮다.
③ 온도에 대한 신축성이 적다.
④ 비중이 작은 반면 압축강도가 크다.

정답 및 해설

해설 1

표면탄화법 : 목재 표면을 태워 피막을 형성, 일시적 방부효과

해설 2

가압주입법 : 압력용기 속에서 7~12기압으로 가압하여 주입, 방부효과 우수, 고비용

해설 3

목재의 내구성 저해요인
- 사용으로 인한 마모
- 균 또는 박테리아에 의한 부식
- 곤충 또는 해충에 의한 부식

해설 4

목재 방부처리 방법 - 표면탄화법, 방부제칠법(약제도포법), 방부제주입법(약제주입법)

해설 5

크레오소트 - 목재 유성방부제

해설 6

목재의 성질
① 장점 : 가벼움, 다루기 쉬움, 열전도율이 낮음, 보온성이 뛰어남
② 단점 : 내연성이 없음, 부패성, 함수량 증감에 따라 팽창과 수축이 생김(건조변형이 크다)

정답 1. ①　2. ③　3. ③　4. ③　5. ①　6. ①

7. 목재 $5m^3$ 는 약 몇 사이(才)인가?

① 약 500 사이(재)
② 약 1,000 사이(재)
③ 약 1,500 사이(재)
④ 약 2,000 사이(재)

8. 길이가 3m, 두께가 15cm, 폭이 10cm 인 각목의 재적은?

① 약 135사이(才)
② 약 13.5사이(才)
③ 약 90사이(才)
④ 약 9사이(才)

9. 목재시설물 제작에 10cm×10cm×6m, 15cm ×10cm×6m 부재가 각각 10개씩 소요되었다. 사용된 목재의 재료비는? (단 목재 $1m^3$는 300재, 목재 1재의 가격은 1,000원)

① 360,000원 ② 450,000원
③ 480,000원 ④ 600,000원

10. 목재 시설물 제작에 미송 각재 30cm×10 cm×6m가 10개 소요되었다. 사용된 목재의 재료비는 얼마인가? (단, 목재 가격은 300,000원/m^3로 계산한다.)

① 360,000원 ② 480,000원
③ 540,000원 ④ 720,000원

11. 어느 목재의 함수율은 25%이다. 건조 전 100g일 때 이 목재의 절대건조중량은 얼마인가?

① 20g ② 40g
③ 60g ④ 80g

12. 목재의 벌목 시 무게가 20kg이고, 절대건조시의 무게가 15kg일 때 이 목재의 함수율(%)은?

① 약 12% ② 약 25%
③ 약 33% ④ 약 75%

해설 7

$1m^3$가 약 300사이(才)이므로
5×300=약 1,500사이

해설 8

$3\times0.15\times0.1=0.045m^3$
$1m^3$가 약 300사이(才)이므로
0.045×300=13.5 사이(才)

해설 9

{(0.1×0.1×6)+(0.15× 0.1×6)}×10×300×1,000
=450,000원

해설 10

1개 재적 :
$0.3\times0.1\times6=0.18m^3$,
0.18×10개×300,000원
=540,000원

해설 11

함수율
$=\dfrac{\text{건조전중량}-\text{건조후중량}}{\text{건조후중량}}\times100\%$,

$25\%=\dfrac{100-x}{x}\times100\%$
따라서 $x=80g$

해설 12

함수율
$=\dfrac{\text{건조전중량}-\text{건조후중량}}{\text{건조후중량}}\times100\%$,
$=\dfrac{20-15}{15}\times100=$약 33%

정답 7. ③ 8. ② 9. ② 10. ③ 11. ④ 12. ③

정답 및 해설

13. 목재 방부제에 관한 설명으로 맞지 않는 것은?

① 유성방부제는 크레오소오트, 황산구리 등이 있다.
② 방부제는 침투성이 있어야 한다.
③ 방부제는 사람과 가축에 해가 없는 것이어야 한다.
④ 크레오소오트는 80℃~90℃로 가열 후 도포한다.

해설 13
유성방부제 - 크레오소트, 유성페인트

14. 목재의 사용 환경이 범주인 해저드클래스(Hazard class)에 대한 설명으로 틀린 것은?

① 땅과 물에 접하는 곳에서 높은 내구성을 요구할 때는 H4이다.
② 모두 10단계로 구성되어있다.
③ H1을 외기에 접하지 않는 실내의 건조한 곳에 해당 된다.
④ 파고라 상부, 야외용 의자 등 야외용 목재시설은 H3에 해당하는 방부처리방법을 사용한다.

해설 14
H1, H2, H3, H3A, H3B, H4, H4A, H4B, H5로 구성되어 있다.

15. 목재를 섬유 방향과 평행으로 옆대어 붙이는 것을 무엇이라 하는가?

① 쪽매　　② 이음
③ 맞춤　　④ 재춤

해설 15
목재의 접합은 재의 길이방향으로 길게 접합하는 이음이 있고, 재와 서로 직각방향으로 접합하는 맞춤과 섬유방향으로 접합하는 쪽매가 있다.

16. 섬유포화점 이하에서 목재의 함수율 감소에 따른 목재의 성질 변화에 대한 설명으로 옳은 것은?

① 강도가 증가하고 인성이 증가한다.
② 강도가 증가하고 인성이 감소한다.
③ 강도가 감소하고 인성이 증가한다.
④ 강도가 감소하고 인성이 감소한다.

해설 16
섬유포화점 이하에서는 함수율이 감소할수록 강도가 증대하며, 인성은 감소한다.

17. 목재의 탄성계수에 관한 설명으로 옳은 것은?

① 강도에 반비례한다.
② 함수율에 비례한다.
③ 모든 목재가 동일하다.
④ 비중이 증가할수록 탄성계수도 증가한다.

해설 17
일반적으로 목재비중이 클수록 강도, 탄성계수와 수축률이 증가한다.

정답 13. ① 14. ② 15. ① 16. ② 17. ④

18. 목재는 같은 재료일지라도 탈습과 흡습에 따라 평형함수율이 달라지며 평형함수율은 탈습에 의한 경우보다 흡습에 의한 경우가 낮다. 이러한 현상을 무엇이라 하는가?

① 기건수축 ② 동적평형
③ 이력현상 ④ 목재의 이방성

19. 조경공사에서 사용되는 목재의 장점에 해당하지 않는 것은?

① 비중에 비하여 강도·탄성·인성이 작고, 열·소리·전기 등의 전도성이 크다.
② 온도에 대한 팽창·수축이 비교적 작으며, 충격·진동의 흡수성이 크다.
③ 외관이 아름답고 가격이 저렴하며, 생산량이 많아 구입이 용이하다.
④ 적당한 경도와 연도로 가공이 쉽고 못질·접착이음 등의 접착성이 좋다.

20. 목재의 섬유포화점(fiber saturation point)에서의 함수율은?

① 약 15% ② 약 30%
③ 약 40% ④ 약 50%

21. 다음 목재 사용에 대한 장 · 단점에 대한 설명 중 옳지 않은 것은?

① 목재는 팽창수축이 크다.
② 목재는 열, 음, 전기 등의 전도율이 작다.
③ 목재는 비중에 비해 압축 인장강도가 높다.
④ 목재는 무게에 비해 섬유질 직각방향에 대한 강도가 크다.

22. 목재보존제의 성능 항목에 해당하지 않는 것은?

① 항온성 ② 철부식성
③ 흡습성 ④ 침투성

정답 및 해설

해설 **18**

목재의 평형함수율과 이력현상
목재를 일정한 외기의 온도와 상대습도 조건에 장기간 방치하면 목재의 함수율이 외기조건과 평형을 이루게 되는데, 이것을 평형함수율이라 한다. 외기 조건에 방치하기 전에 목재함수율이 외기조건에 따른 평형함수율보다 높으면 탈착이 일어나고, 그 반대이면 흡착이 일어나게 된다. 이것을 각각 흡착 평형함수율과 탈착 평형함수율이라 하며 이를 이력현상이라 한다.

해설 **19**

목재는 비중에 비하여 강도가 크다. 열전도율이 적으므로 보온, 방한, 방서성이 뛰어나며 음의 흡수와 차단이 좋다.

해설 **20**

목재 세포가 최대 한도의 수분을 흡착한 상태로 목재함수율은 30% 정도이다.

해설 **21**

목재는 섬유와 직각방향의 압축강도는 낮고, 섬유와 평행방향의 전단강도는 낮다.

해설 **22**

목재보존제의 성능 항목
- 철부식성 : 목재보존제로 처리된 목재로 인하여 철이 부식되는 정도
- 흡습성 : 목재보존제로 처리된 목재가 수분을 흡수하는 성질
- 침투성 : 목재보존제가 목재에 침투하는 성능을 말한다.

정답 18. ③ 19. ① 20. ② 21. ④ 22. ①

chapter 03 시멘트

3.1 핵심플러스

■ 시멘트 특성

- 단위 : 포대/ 1포대 = 40kg / $1m^3$ 무게는 1,500kg
- 강도의 영향인자 : 사용수량 / 분말도 / 풍화 / 양생조건
- 반응과정 : 수화작용 → 응결 → 경화 → 수축

■ 시멘트의 종류

일반시멘트	보통 / 중용열 / 조강 / 저열 / 내황산염
혼합시멘트	고로슬래그시멘트 / 플라이애쉬시멘트 / 포졸란시멘트

* 조강성이 강한 순서

알루미나시멘트(1일에 28일 강도를 발휘) 〉 조강시멘트 〉 포틀랜드시멘트(28일) 〉 고로시멘트 〉 중용열 시멘트

■ 저장창고의 필요면적

$A = 0.4 \times \frac{N}{n}$ (N : 저장하려는 포대수, n : 쌓기단수 (단기저장시 13포, 장기저장시 7포)

1 시멘트의 특성 및 화학성분 ★

① 단위 : 포대, 1포대는 40kg, 시멘트 $1m^3$의 무게는 1,500kg

② 비중 : 3.05~3.15

③ 물과 반응과정 : 수화작용(시멘트와 물의 화학반응) → 응결 → 경화 → 수축

④ 구성성분 : 3대 주성분은 석회원료인 산화칼슘(CaO), 실리카(SiO_2), 산화알루미늄(Al_2O_3)

표. 시멘트의 조성화합물과 그 특성

명칭	분자식	약호	특성				
			수화반응 속도	강도	수화열	수축	화학 저항성
규산3칼슘	$3CaO \cdot SiO_2$	C_3S	빠름	재령 28일 이내의 강도지배	약간 높음	중간	–
규산2칼슘	$2CaO \cdot SiO_2$	C_2S	느림	재령 28일 이후의 강도지배	낮음	중간	–
알루민산 3칼슘	$3CaO \cdot l_2O_3$	C_3A	아주 빠름	재령 1일 이내의 강도지배	아주 높음	크다	작음
알루민산철4칼슘	$4CaO \cdot Al_2O_3 \cdot Fe_2O_3$	C_4AF	비교적 빠름	강도에 거의 관계하지 않음	낮음	작다	–

■ 참고 : 용어설명

① 시멘트
- 교착재(결합재)총칭으로 재료를 붙이는 역할
- 주성분 : 석회(CaO), 실리카(SiO_2), 알루미늄(Al_2O_3), 산화철(Fe_2O_3)

② 응결과 경화
- 응결 : 수화작용에 의하여 굳어지는 상태
- 경화 : 시멘트 구조체가 치밀해지고 강도가 커지는 상태

③ 분말도(finess)
- 시멘트 1g 중의 전립자의 표면적을 cm^2로 표시, 분말도가 클수록 물에 접촉하는 면이 커 응결이 빠르고 발열량이 많아 초기강도가 큼

2 시멘트 강도의 영향인자 ★

① 사용수량 : 사용수량이 많을수록 강도는 저하된다.
② 분말도 : 분말도와 조기강도는 비례한다.
③ 풍화 : 시멘트는 제조직후 강도가 제일 크며 점점 공기 중의 습기를 흡수하여 풍화되면서 강도는 저하된다.
④ 양생조건 : 양생온도는 30도까지는 온도가 높을수록 커지고 재령이 경과함에 따라 커진다.

3 시멘트의 종류 ★★

① 일반시멘트(포틀랜드 시멘트)

1종 : 보통	일반적인 시멘트	일반적인 콘크리트 공사
2종 : 중용열	① 수화열이 작다. ② 건조수축이 작다.	① 매스콘크리트 ② 수밀콘크리트 ③ 차폐용 콘크리트 ④ 서중콘크리트
3종 : 조강	① 보통시멘트 7일 강도를 3일에 발휘 ② 저온에서도 강도를 발휘한다.	① 긴급공사 ② 한중콘크리트 ③ 콘크리트 2차제품
4종 : 저열	① 수화열이 매우 작다. ② 건조수축이 매우 작다.	① 매스콘크리트 ② 수밀콘크리트 ③ 차폐용 콘크리트 ④ 서중콘크리트
5종 : 내황산염	황산염을 포함하는 바닷물, 토양, 지하수에 대한 저항성이 크다.	황산염의 침식작용을 받는 콘크리트

② 혼합시멘트

고로슬래그 시멘트 (KS L 5210) 25~65%혼입	특급	보통시멘트와 같은 성질	보통시멘트와 동일하게 사용
	1급	① 초기강도는 약간 작으나 장기강도는 크다. ② 수화열이 작다. ③ 화학저항성이 크다.	① 매스콘크리트 ② 수중콘크리트 ③ 콘크리트 2차 제품 등
플라이애시 시멘트 (KS L 5211)	A종(5~10%)	보통시멘트와 같은 성질	보통시멘트와 동일하게 사용
	B종(10~20%) C종(20~30%)	① 워커빌리티 극히 양호 ② 장기강도가 크다. ③ 수화열이 작다.	① 매스콘크리트 ② 수중콘크리트 ③ 콘크리트 2차 제품 등
포틀랜드 포졸란 시멘트 (KS L 5401)	A종(5~10%)	보통시멘트와 같은 성질	보통시멘트와 동일하게 사용
	B종(10~20%) C종(20~30%)	① 워커빌리티 양호 ② 장기강도가 크다. ③ 수화열이 작다.	① 매스콘크리트 ② 수중콘크리트 ③ 콘크리트 2차 제품 등

③ 특수시멘트

4 시멘트 저장 ★

① 지표에서 30cm 이상 바닥을 띄우고 방습처리 한다.

② 필요한 출입구, 채광창 외에는 공기의 유통을 막기 위해 개구부를 설치하지 않는다.

③ 3개월 이상 저장한 시멘트 또는 습기를 받았다고 생각되는 시멘트는 재시험실시하고 사용한다.

④ 시멘트의 입하순서로 사용한다.

⑤ 창고 주위에는 배수 도랑을 두고 우수의 침입을 방지한다.

⑥ 반입구와 반출구는 따로 두고 내부 통로를 고려하여 넓이를 정한다.

⑦ 시멘트는 13포대 이상 쌓기를 금지, 장기간 저장할 경우 7포대이상 넘지 않게 한다.

⑧ 저장창고의 필요면적 $A = 0.4 \times \frac{N}{n}$

A : 시멘트 창고 소요 면적

N : 저장하려는 포대수

n : 쌓기단수(단기저장시 13포, 장기저장시 7포)

포대수	1) 경험적 기준(많은 물량을 한번에 저장시 풍화 등 고려해 작업에 지장을 주지 않기 · 포대수(N)600포 미만 : N = 쌓기포대수 · 600포 이상~ 1800포 이하 : N = 600포 · 1800포 초과 : N =1/3만 적용한다. 2) 표준품셈기준 · 포대수(N)600포 미만 전량 저장 · 600포 이상에서는 공기에 따라서 전량의 1/3만 저장
쌓기 단수	단기저장시(3개월 내) : $n \leq 13$ 장기저장시(3개월 이상) : $n \leq 7$

콘크리트

4.1 핵심플러스

■ 콘크리트 재료의 성질
- 압축강도가 인장강도에 비해 10배 강함(철근으로 보강)
- 양생시 주요요소 : 온도와 습도

■ 콘크리트의 시공개요
- 콘크리트의 제조 → 운반 → 부어넣기 → 다짐 → 표면마무리 → 양생

■ 함수상태
- 절건상태 – 공기 중의 건조상태 – 표면건조 내부포화상태 – 습윤상태

■ 관련개념

물/시멘트비(W/C ratio)	콘크리트강도에 관여, $\frac{\text{물 무게}}{\text{시멘트 무게}} \times 100 = \%$
굳지 않은 콘크리트 성질	반죽질기(반죽의 되고 진정도) / 워커빌러티(시공연도) / 성형성 / 피니셔 빌러티(마무리 난이도)
워커빌러티측정	· slump test, flow test, remolding test, 낙하시험, 컨시스턴시 시험 · 워커빌러티가 좋지 않을 때 현상 : 분리, 침하, 블리딩, 레이턴스
혼화재료	· 혼화재 : 고로 슬래그 / 플라이애쉬 / 포졸란 · 혼화제 : AE제 / 감수제 / 응결경화촉진제 / 지연제 / 방수제
콘크리트의 이음	· 시공이음 (계획된 줄눈) / 콜드조인트(철근의 부식과 균열의 원인) · 기능이음 : 신축이음 / 조절이음 / 수축이음

1 콘크리트의 특성

① 장점
- ㉠ 압축강도가 큼
- ㉡ 내화성, 내수성, 내구적

② 단점
- ㉠ 중량이 큼
- ㉡ 인장강도가 작음(철근으로 인장력 보강)
- ㉢ 수축에 의한 균열발생
- ㉣ 보수, 제거 곤란

2 콘크리트의 단위질량

① 시멘트반죽(cement paste) : 시멘트+물
② 모르타르(모르터, mortar) : 시멘트+물+모래, 단위질량은 약 2,150kg/m^3
③ 콘크리트(concreat) : 시멘트+물+모래+자갈
철근콘크리트 약 2,400kg/m^3, 무근콘크리트 약 2,300kg/m^3
④ 아스팔트콘크리트(아스콘) : 아스팔트+쇄석+모래+석분, 약 2,300kg/m^3

3 콘크리트의 재료 ★★

시멘트, 골재, 혼화재료

① 골재

㉠ 콘크리트나 모르타르를 만들 때 모래나 자갈, 부순 모래 등을 섞어서 만드는데, 혼합용으로 쓰이는 입자형의 모든 재료로 콘크리트 부피의 70~80% 차지

㉡ 골재의 품질
- 골재의 표면은 거칠고 둥근 모양이 긴 모양보다 가치가 있음
- 골재의 강도는 시멘트풀이 경화하였을 때 시멘트풀의 최대강도 이상이어야 함
- 골재는 잔 것과 굵은 것이 혼합된 것이 좋음
- 유해량 이상 염분은 포함하지 말아야하며, 운모가 다량 함유된 골재는 콘크리트 강도를 떨어뜨리고 풍화됨
- 마모를 견딜 수 있고 화재를 견딜 수 있어야함

㉢ 골재 입도
- 크고 작은 골재 알갱이가 혼합되어있는 비율로 콘크리트의 유동성, 강도, 경제성과 관계함
- 골재의 크고 작은 알맹이가 혼합되지 않으면 콘크리트의 점성이 적어져 분리되고 경화 후 곰보현상이 일어남

■ 참고

- 굵은 골재의 최대치수 : 최대치수가 클수록 소요품질의 콘크리트를 얻기 위한 골재 단위수량 및 시멘트량이 감소한다. 20mm정도에서 가장 경제적이며 굵은 골재의 최대치수가 지나치게 크면 혼합이 불완전하여 재료 분리현상이 발생할 수 있다.

구조물의 종류	굵은 골재의 최대치수(mm)
일반적 경우	20 또는 25
단면이 큰 경우	40
무근콘크리트	40 (부재 최소치수의 1/4을 초과해서는 안된다.)

㉣ 잔골재, 굵은골재
- 잔골재(모래) : 5mm체에 중량비로 85% 이상 통과하는 골재
- 굵은골재(자갈) : 5mm체에 중량비로 85% 이상 남는 골재

★ ⓜ 골재의 성질

- 비중 : 일반적으로 표면건조포화상태의 비중을 말함, 잔골재는 2.5~2.65, 굵은 골재는 2.55~2.70으로 비중이 클수록 골재의 조직이 치밀하고 흡수량이 낮고 내구성이 크므로 콘크리트 골재로 적당
- 단위 용적중량 : 공극을 포함시킨 단위 용적($1m^3$)에 대한 골재의 중량으로 골재의 비중, 입도, 모양, 함수량 등에 따라 차이가 있음
- 실적률 : 골재의 단위 용적 중의 골재 사이의 빈틈을 제외한 골재의 실질 부분의 비율로 골재의 입도, 입형이 좋고 나쁨을 알 수 있는 지표

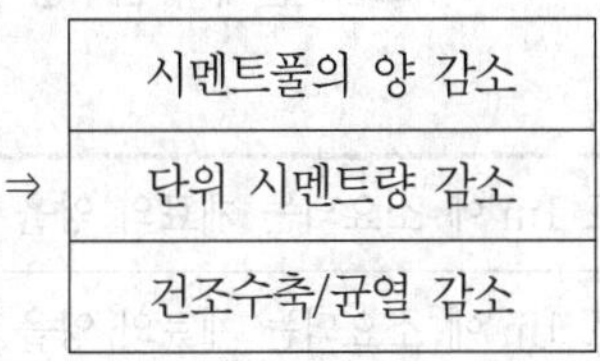

실적률 증가(공극률 감소)	⇒		⇒	
		시멘트풀의 양 감소		경제적
		단위 시멘트량 감소		수화열 감소
		건조수축/균열 감소		강도/수밀성/내구성 등 증가

- 공극율 : 골재의 단위용적 내 공극부의 비율, 골재의 비중을 g, 단위중량을 w라 하면

실적률(d)	$\frac{w}{g}\times100(\%)$
공극률(v)	$(1-\frac{w}{g})\times100(\%)=100-d(\%)$

- 골재의 함수량, 함수율(무게에 관계되는 식)

흡수량	·표면건조·내부포수상태의 골재 중에 포함되는 물의 양 ·절건상태의 골재중량에 대한 흡수량의 백분율 $\text{흡수율}=\frac{\text{표면건조포화상태}-\text{절건상태}}{\text{절건상태}}\times100(\%)$
유효흡수량	·흡수량과 기건상태의 골재 내에 함유된 수량과의 차 $\text{유효흡수율}=\frac{\text{표면건조포화상태}-\text{공기중건조상태}}{\text{공기중건조상태}}\times100(\%)$
함수량	·습윤상태의 골재의 내외에 함유하는 전수량 $\text{함수율}=\frac{\text{습윤상태}-\text{절건상태}}{\text{절건상태}}\times100(\%)$
표면수량	·함수량과 흡수량과의 차 $\text{표면수율}=\frac{\text{습윤상태}-\text{표면건조내부포화상태}}{\text{표면건조내부포화상태}}\times100(\%)$

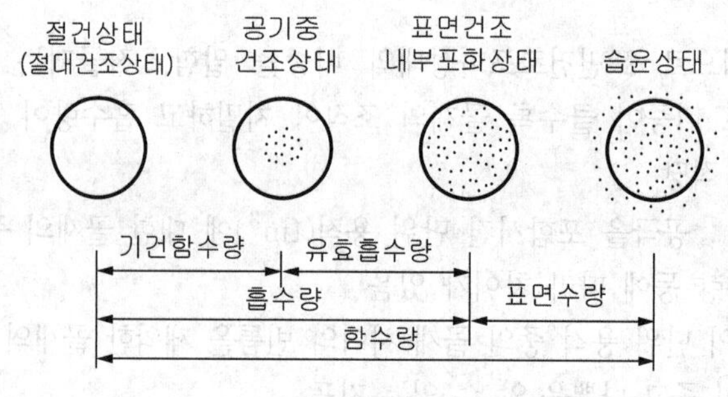

그림. 골재의 함수량

② 배합의 표시법

절대용적배합	콘크리트 $1m^3$에 소요되는 재료의 양을 절대용적(ℓ)으로 표시한 배합
중량배합	콘크리트 $1m^3$에 소요되는 재료의 양을 중량(kg)으로 표시한 배합
표준계량용적배합	콘크리트 $1m^3$에 소요되는 재료의 양을 표준계량 용적으로 표시한 배합, 시멘트는 $1,500kg/m^3$로 한다.
현장계량용적배합	콘크리트 $1m^3$에 소요되는 재료의 양을 시멘트는 포대수, 골재는 현장계량에 의한 용적(m^3)으로 표시한 배합

기출예제 1

용적배합비 1:3:6 콘크리트 $1m^3$를 제작하기 위해서는 모래가 $0.47m^3$가 소요된다. 이 콘크리트 $20m^3$가 필요할 경우 자갈은 몇 m^3가 필요한가?

① $0.94m^3$　② $1.88m^3$
③ $9.4m^3$　④ $18.8m^3$

답 ④

해설 굵은 골재는 잔골재의 2배이므로 $0.94m^3$이므로 $0.94 \times 20 = 18.8m^3$

기출예제 2

$1m^3$당 할증을 포함한 1:3:6 콘크리트의 배합에는 시멘트 220kg, 모래 $0.47m^3$, 자갈 $0.94m^3$가 소요된다. 시멘트 1포대에 3,000원, 모래 $1m^3$는 14,000원, 자갈 $1m^3$는 12,000원이다. 콘크리트 $1m^3$에 소요되는 재료비는 얼마인가?

① 29,000원　② 34,360원
③ 343,600원　④ 677,860원

답 ②

해설 재료비=시멘트① + 모래② + 자갈③

① 시멘트 : 1포대는 40kg이므로 220/40=5.5포　5.5포대×3,000원=16,500원

② 모래 : 0.47×14,000원=6,580원

③ 자갈 : 0.94×12,000원=11,280　① + ② + ③ = 34,360원

③ 철근의 종류

㉠ 원형

㉡ 이형 : 콘크리트와의 결합력을 높이기 위해 표면에 돌기가 있는 철근으로 원형철근보다 부착력이 40~50% 이상 증가된다.

④ 물 : 사람이 먹을 수 있을 정도의 깨끗한 물, 바닷물은 철근을 녹슬게 함

4 관련개념

① 물, 시멘트비(W/C ratio)

㉠ 콘크리트의 강도는 물과 시멘트의 중량비에 따라 결정됨

㉡ $\frac{\text{물무게}}{\text{시멘트무게}} = 40 \sim 70\%$

- 수밀을 요하는 콘크리트 55% 이하
- 정밀도를 지정하지 아니한 보통의 경우 70% 이하
- 물 · 시멘트비의 최대영향인자는 압축강도이고 내구성, 수밀성 등을 지배하는 요인
- 물 · 시멘트비가 낮을수록 높은강도를 나타내며, 수밀성, 내구성에 연관한 최대값 규정도 있음

기출예제

시멘트 단위량 300kg/m³, 단위수량 180kg/m³일 때 W/C ratio는?

① 30%　　② 40%

③ 60%　　④ 80%

답 ③

$\frac{\text{물무게}}{\text{시멘트무게}} = \frac{180}{300} \times 100 = 60\%$ 　 ∴ W/C ratio = 60%

■ 참고 : 콘크리트의 크리프(creep)

① 정의

- 일정한 지속 하중 하에 있는 콘크리트가 하중은 변함이 없는데 시간이 경과함에 따라 변형이 증가하는 현상

② 영향요인(증가요인)

- 작용응력이 클수록, 재령이 빠를수록, W/C ratio가 클수록, 강도가 낮을수록, 시멘트 페이스트가 많을수록, 부재의치수가 작을수록, 온도가 높고 습도가 낮을수록, 다짐이 나쁠수록 크리프가 크다.

★ ② 워커빌러티(workability)의 측정

㉠ 시멘트의 성질, 시멘트량, 사용수량, 잔골재, 굵은골재, 혼화재료, 온도에 의해 영향

㉡ 측정방법 : slump test, flow test, remolding test, 낙하시험, 컨시스턴시 시험

㉢ 슬럼프 시험(slump test) : 콘크리트를 3회에 나누어 각각 25회 다져 채운 다음 5초 후 원통을 가만히 수직으로 올리면 콘크리트는 가라앉는데, 이 주저앉은 정도가 슬럼프 값에(2회 평균, cm로 표시) 따라서 측정하며 묽을수록 슬럼프는 크다.

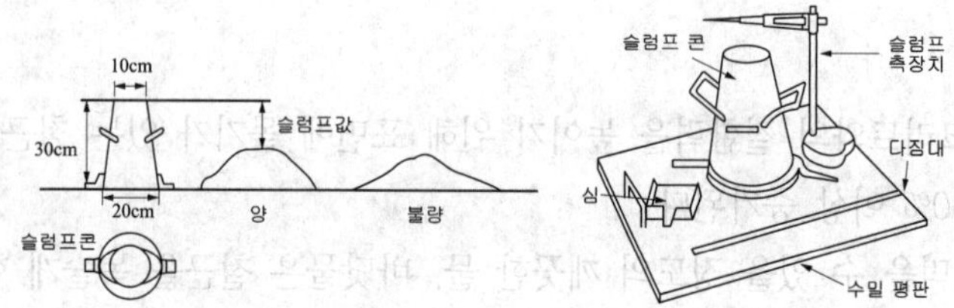

③ 워커빌러티가 좋지 않을 때 현상 : 분리, 침하, 블리딩, 레이턴스

㉠ 분리 : 시공연도가 좋지 않았을 때 재료가 분리

㉡ 침하, 블리딩 : 콘크리트를 친 후 각 재료가 가라앉고 불순물이 섞인 물이 위로 떠오름

㉢ 레이턴스 : 블리딩과 같이 떠오른 미립물이 콘크리트 표면에 엷은 회색으로 침전

5 굳지 않은 콘크리트의 성질 ★★

① 반죽질기(consistency) : 수량의 다소에 따라 반죽이 되고 진 정도를 나타내는 것

② 워커빌러티(workability) : 반죽질기에 따라 비비기, 운반, 치기, 다지기, 마무리 등의 작업난이 정도와 재료 분리에 저항하는 정도, 시공연도

③ 성형성(plasticity) : 거푸집에 쉽게 다져 넣을 수 있고 거푸집을 제거하면 천천히 형상이 변하기는 하지만 허물어지거나 재료가 분리하는 일이 없는 굳지 않는 콘크리트의 성질

④ 피니셔빌러티(finishability) : 굵은 골재의 최대치수, 잔골재율, 잔골재의 입도, 반죽질기 등에 따라 마무리하는 난이의 정도, 워커빌리티와 반드시 일치하지는 않음

■ 참고 : 굳어진 콘크리트 성질

- 중량 : 2,300~2,400kg
- 압축강도(28일) : 100~400kgf/cm²
  - 버림콘크리트 : 140kgf/cm²
  - 무근콘크리트 : 180kgf/cm²
  - 철근콘크리트 : 210kgf/cm²

6 혼화 재료 ★

① 혼화재 : 혼화재료 중 사용량이 비교적 많아 자체 용적이 콘크리트 성분으로 혼화한 것으로 콘크리트의 성질을 개량하기 위한 것

예) 플라이애쉬, 포졸란, 고로슬래그

② 혼화제 : 사용량이 적고 배합계산에서 용적을 무시하는 것

㉠ AE제 : 미세한 기포를 콘크리트 내에 균일 분포토록 함, 동결융해에 대한 저항성증가, 방수성, 화학작용에 대한 저항성이 커짐, 강도가 저하되고 철근 부착이 떨어짐

㉡ 감수제 : 시멘트입자가 분산하여 유동성이 많아지고 골재분리가 적으며 강도, 수밀성, 내구성이 증대해 워커빌러티가 증대

㉢ 응결경화촉진제 : 초기강도 증가, 한중콘크리트에 사용, 염화칼슘 사용

㉣ 지연제 : 수화반응을 지연시켜 응결시간을 늦춤

㉤ 방수제 : 수밀성을 증진할 목적으로 사용

7 콘크리트의 이음(줄눈)

① 시공이음(construction joint)

㉠ 현장사정으로 인하여 콘크리트를 한번에 타설하지 못할 때 생기는 줄눈(계획된줄눈)

㉡ 반면 콜드조인트(cold joint)는 콘크리트를 한번에 타설하지 못해 어느 정도 시간이 지나 양생이 되어 이어부을 때 생기는 줄눈으로 철근의 부식이나 균열의 원인이 됨

② 기능이음(movement joint)

㉠ 신축이음(expantion joint) : 온도변화에 따른 팽창수축 부동침하 진동 등에의해 균열발생이 예상되는 위치에 설치

㉡ 조절이음(control joint) : 균열을 일정하게 생기도록 유도하는 줄눈

㉢ 수축이음(shrinkage joint)=균열유발이음(control joint, dummy joint) : 온도변화에 의한 수축방지

8 부어넣기와 다짐 ★★

① 부어넣기시 주의점

㉠ 재료분리를 일으키지 않을 것

㉡ 콜드 조인트(cold joint)를 만들지 않을 것

㉢ 될 수 있는 한 콘크리트 혼합 후 단기간에 부어넣을 것

② 다짐

㉠ 일반사항

- 공극을 제거하여 밀실하게 충전시킴, 수밀한 콘크리트확보
- 다짐은 봉형진동기(내부진동기), 거푸집진동기(외부진동기), 다짐봉이 사용되고 있으며 봉형인 내부진동기를 사용하는 것을 원칙으로 한다.

㉡ 진동기 사용시 주의사항

- 수직으로 사용한다.
- 철근 및 거푸집에 닿지 않도록 한다.
- 간격은 진동이 중복되지 않게 60cm 이하로 한다.
- 진동시간은 30~40초(콘크리트페이스트가 떠오를 시간)
- 콘크리트에 구멍이 남지 않게 서서히 뺀다.
- 굳기 시작한 콘크리트에는 사용하지 않는다.

9 양생(보양)

① 콘크리트를 친 후 응결과 경화가 완전히 이루어지도록 보호하는 것
② 좋은 양생을 위한 요소
㉠ 적당한 수분 공급 : 살수 또는 침수 → 강도 증진
㉡ 적당한 온도 유지 : 양생온도 15~30℃, 보통은 20℃ 전후가 적당하다.
㉢ 절대 안정상태 유지 : 여름 3~5일, 겨울 5~7일 정도는 엄중히 감시한다.
③ 콘크리트 양생방법
㉠ 습윤 양생
- 콘크리트 노출면을 가마니, 마대 등으로 덮어 자주 물을 뿌려 습윤 상태를 유지하는 것
- 기간은 15℃ 이상이면 최소 5일, 10℃ 이상이면 최소 7일, 5℃ 이상일 경우 최소 9일로 한다.
- 보통 포틀랜드 시멘트 : 최소 5일간 습윤 상태로 보호
- 조강 포틀랜드 시멘트 : 최소 3일간 유지

㉡ 피막양생
- 표면에 반수막이 생기는 피막 보양제 뿌려 수분증발 방지, 넓은 지역, 물주기 곤란한 경우에 이용

㉢ 증기양생
- 단시일 내 소요강도 내기 위해 고온 또는 고압 증기로 양생시키는 방법
- 추운 곳의 시공시에 유리

㉣ 전기양생 : 콘크리트에 저압 교류를 통하게 하여 생기는 열로 양생

10 철근의 가공

① 철근 지름 ϕ25mm 이하는 상온에서, ϕ28mm 이상은 적당한 온도로 가열하여 구부린다.
② 이형철근의 말단부에는 갈고리(Hook)를 만든다.
③ 이형철근은 기둥 또는 굴뚝 외인 부분인 경우 Hook을 생략할 수 있다.
④ 철근의 구부림 각도 및 지름

위치		180°	135°	90°
끝마구리부	철근지름	ϕ16 이상	ϕ13 이상	ϕ13 이하
	용도	주근(기둥, 보)	늑근, 띠근	경미한 바닥근, 띠근
	구부림 반지름	r≥1.5d	r≥1.5d	r≥1.5d
		180° / 10.3d / 4d 이상	135° / 7.8d / 4d 이상	90° / 7.2d / 4d 이상

11 거푸집

콘크리트 구조물에 소요의 형상, 치수를 주기 위하여 사용한다.

① 거푸집 시공상 주의 사항

㉠ 형상과 치수가 정확하고 처짐, 배부름, 뒤틀림 등의 변형이 생기지 않게 할 것

㉡ 외력에 충분히 안전할 것

㉢ 조립이나 제거시 파손·손상되지 않게 할 것

㉣ 소요자재가 절약되고 반복 사용이 가능하게 할 것

㉤ 거푸집 널의 쪽매는 수밀하게 되어 시멘트 풀이 새지 않게 할 것

② 긴결재, 긴장재, 박리재

㉠ 격리재(Separater) : 거푸집 상호간의 간격 유지를 위한 것

㉡ 긴장재(Form tie) : 콘크리트를 부었을 때 거푸집이 벌어지거나 우그러들지 않게 연결 고정하는 것

㉢ 간격재(Spacer) : 철근과 거푸집 간격 유지를 위한 것, 피복두께유지

㉣ 박리재 : 콘크리트와 거푸집의 박리를 용이하게 하는 것으로 석유, 중유, 파라핀, 합성수지 등

③ 거푸집 면적 산출

위치	산출방법
기초	$\theta \geq 30^\circ$ 인 경우엔 경사면 거푸집으로 면적을 산출한다. $\theta < 30^\circ$ 인 경우엔 기초 주위의 수직면(D) 거푸집 면적만 산출한다. θ D
기둥	기둥둘레길이×기둥높이(기둥높이는 바닥판의 내부간의 높이)
벽	(벽면적−개구부면적)×2로 하여 벽면적은 기둥가 보의 면적을 뺀 것이다.
보	(기둥 간 내부길이×바닥판 두께를 뺀 보의 높이)×2 보의 밑 부분은 바닥판에 포함된다.
바닥판	외벽의 두께를 뺀 내벽간 바닥 면적으로 한다.
계단	계단＝ 계단너비×챌면높이×계단수 옥외계단일 경우에는 챌면의 면적만 계상한다.

■ 참고 : 콘크리트 측압에 영향요인

영향요인	측압에 미치는 영향
콘크리트 타설속도	속도가 빠를수록 크다.
컨시스턴시	슬럼프값이 클수록(W/C가 클수록) 크다.
콘크리트의 비중	비중이 클수록 크다.
시멘트량	부배합(시멘트가 많은 배합)일수록 크다.
콘크리트의 온도	온도가 높을수록 작다.
시멘트의 종류	응결시간이 빠를수록 작다
거푸집 표면의 평활도	표면이 평활할수록 크다.
거푸집의 투수성	투수성이 클수록 작다.
거푸집의 수평단면	단면이 클수록 크다.
진동기의 사용	다질수록 크다. → 약 30% 증가
부어넣기 방법	높은 곳에서 부을수록 크다.
거푸집의 강성	강성이 클수록 크다.
철근량	철근량이 많을수록 작다.

12 특수콘트리트의 시공 ★★

① 한중콘크리트

㉠ 정의 : 일평균기온 4℃ 이하의 동결위험 기간 내에 시공하는 콘크리트

㉡ 일반사항

- W/C비 : 60% 이하
- 조강시멘트를 사용
- 극한기에는 재료를 가열해서 사용
- 재료를 가열할 경우, 물 또는 골재를 가열하는 것으로 하며, 시멘트는 어떠한 경우라도 직접 가열할 수 없다
- AE제, AE감수제, 고성능 AE감수제 중 하나는 반드시 사용

② 서중콘크리트

- 정의 : 높은 외부기온으로 콘크리트의 슬럼프 저하나 수분의 급격한 증발 등의 염려가 있을 경우에 시공되는 콘크리트로서, 하루 평균기온이 25℃를 초과하는 경우 서중 콘크리트로 시공

③ 경량콘크리트

- 정의 : 골재의 전부 또는 일부를 인공 경량골재를 써서 만든 콘크리트로서 기건 단위질량이 1,400~2,000kg/m³ 인 콘크리트

④ 유동화콘크리트
- 정의 : 미리 비빈 베이스 콘크리트에 유동화제를 첨가하여 유동성을 증대시킨 콘크리트
- 유동화제 : 배합이나 굳은 후의 콘크리트 품질에 큰 영향을 미치지 않고 미리 혼합된 베이스 콘크리트에 첨가하여 콘크리트의 유동성을 증대시키기 위하여 사용하는 혼화제

⑤ 고내구성콘크리트
- 정의 : 높은 내구성을 요하는 구조물에 시공되는 콘크리트로 내구성에 미치는 영향요인을 감소시킨 콘크리트
- 콘크리트 중 염화이온의 철저한 제거, 동결융해피해의 축소 및 알칼리 골재반응의 제거를 목표로 하며, 단위수량 및 물·시멘트비에 특별한 제한규정을 두고 있음

⑥ 매스콘크리트
- 정의 : 부재 혹은 구조물의 치수가 커서 시멘트의 수화열에 의한 온도 상승 및 강하를 고려하여 설계·시공해야 하는 콘크리트, 구조물의 부재치수는 일반적인 표준으로서 넓이가 넓은 평판구조의 경우 두께 0.8m 이상, 하단이 구속된 벽조의 경우 두께 0.5m 이상으로 한다.
- 다량의 시멘트를 사용하므로 높은 수화열이 발생하기 때문에 수화열에 의한 균열방지를 위한 대책이 요구됨

⑦ 수밀콘크리트
- 정의 : 투수, 투습에 의해 안전성, 내구성, 기능성, 유지관리 및 외관 변화 등의 영향을 받는 구조물인 각종 저장시설, 지하구조물, 수리구조물, 저수조, 수영장, 상하수도시설, 터널 등 높은 수밀성이 필요한 콘크리트
- 곰보, 콜드조인트가 생기지 않도록 하고 이어붓기는 될 수 있는 대로 실시하지 않는 것이 좋으며 다져넣을 때 세밀한 주의를 필요로 한다.
- 연속타설 시간 간격을 외기온도가 25℃를 넘을 경우 1.5시간, 외기온도가 25℃ 이하일 경우 2시간을 넘어서는 안된다.

⑧ 팽창콘크리트
- 정의 : 팽창재 또는 팽창 시멘트의 사용에 의해 팽창성이 부여된 콘크리트

⑨ 섬유보강콘크리트
- 정의 : 보강용 섬유를 혼입하여 주로 인성, 균열 억제, 내충격성 및 내마모성 등을 높인 콘크리트

⑩ 고유동콘크리트
- 정의 : 굳지 않은 상태에서 재료 분리 없이 높은 유동성을 가지면서 다짐작업 없이 자기 충전성이 가능한 콘크리트

⑪ 폴리머콘크리트
- 정의 : 콘크리트강도의 증대, 균열특성의 개선, 대기조건과 각종 열악한 환경조건에 대한 저항성 내구성 증대 등을 위하여 새롭게 고안된 모르타르 및 콘크리트개질재료로 폴리머를 모르타르나 콘크리트 결합체의 일부 전부에 사용하는 콘크리트

⑫ 식생콘크리트
- 식물이 성장할 수 있도록 콘크리트 자체의 연속공극율 확보, 중화처리 등을 통하여 대처하며, 하천제방, 산, 도로 및 댐의 경사면과 수중생물의 서식공간 등에 활용되고 있다.

⑬ 프리팩트 콘크리트(prepacked concrete)

- 거푸집에 골재를 넣고 그 골재 사이 공극에 모르타르를 넣어서 만든 콘크리트
- 자갈이 촘촘하게 차 있어서 시멘트가 적게 들고 치밀하여 곰보현상이 적고 내수성·내구성이 뛰어나며 골재를 먼저 넣으므로 중량콘크리트 시공을 할 수도 있다.

⑭ 프리캐스트 콘크리트(precast concrete)

- 완전 정비된 공장에서 제조된 콘크리트 또는 콘크리트 제품
- 공기의 단축, 공사비의 절감, 품질 관리의 용이, 내구성 증대 등의 장점이 있다.

핵심기출문제

내친김에 문제까지 끝내보자!

1. 골재의 함수상태에 관한 설명으로 옳지 않은 것은?

① 공기 중 건조상태 : 실내에 방치한 경우 골재 입자의 표면과 내부의 일부가 건조한 상태
② 습윤상태 : 골재입자의 내부에 물이 채워져 있고, 표면에도 물이 부착되어 있는 상태
③ 절대건조상태 : 대기 중에서 골재의 표면이 완전히 건조된 상태
④ 표면건조포화상태 : 골재입자의 표면에 물은 없으나 내부의 공극에는 물이 꽉 차 있는 상태

2. 조기강도가 작고 장기강도가 큰 시멘트로 체적 변화가 적고 균열 발생이 적어 댐 공사, 단면이 큰 구조물 공사에 적합한 것은?

① 보통포틀랜드시멘트
② 조강포틀랜드시멘트
③ 백색포틀랜드시멘트
④ 중용열포틀랜드시멘트

3. 다음 [보기]에서 설명하는 시멘트의 종류는?

- 화학저항성이 크고 내산성이 우수하다.
- 건조수축은 작은 편에 속한다.
- 조기강도는 보통시멘트에 비해 작으나 장기강도는 보통시멘트와 같거나 약간 크다.
- 수화열이 보통시멘트보다 적으므로 댐이나 방사선차폐용, 매시브한 콘크리트 등 단면이 큰 콘크리트용으로 적합하다.

① 실리카 시멘트(Silica cement)
② 알루미나 시멘트(Alumina cement)
③ 저열 포틀랜드 시멘트(low – heat portland cement)
④ 중용열 포틀랜드 시멘트(moderate – heat portland cement)

정답 및 해설

해설 1

절대건조상태 : 콘크리트용 골재를 100~110℃로 일정한 무게가 될 때까지 건조해서, 골재에 들어 있는 수분이 전혀 없는 상태

공통해설 2, 3

중용열 시멘트 특징 및 사용

① 거대한 덩어리 모양의 구조물을 만들 때의 수화열(시멘트가 수화 반응할 때 발생하는 열)을 적게 할 목적으로 만들어짐 → 수화열이 낮고 수축량이 적음
② 화합물조성은 석회·알루미나·마그네시아의 양이 적고, 실리카·산화철의 양이 다소 많다.
③ 침식성 용액에 대한 저항이 크며, 내구성이 풍부하여 포장(鋪裝)이나 방사선 차폐용 콘크리트 등에도 사용된다.

정답 1. ③ 2. ④ 3. ④

4. **한중콘크리트에 관한 설명으로 옳지 않은 것은?**

① 한중콘크리트에는 공기연행 콘크리트를 사용하는 것을 원칙으로 한다.
② 하루의 평균기온이 4℃ 이하가 예상되는 기상조건에서는 한중콘크리트로 시공한다.
③ 콘크리트를 비비기 할 때 재료를 가열할 경우, 물 또는 골재를 가열하는 것으로 하며, 시멘트는 어떠한 경우라도 직접 가열할 수 없다.
④ 추위가 심한 경우 또는 부재 두께가 얇은 경우소요의 압축강도가 얻어질 때까지 콘크리트의 양생온도는 0℃ 이상을 유지하여야 한다.

5. **서중콘크리트에 대한 설명으로 옳은 것은?**

① 장기강도의 증진이 크다.
② 워커빌리티가 일정하게 유지된다.
③ 콜드조인트가 쉽게 발생하지 않는다.
④ 동일 슬럼프를 얻기 위한 단위수량이 많아진다.

6. **팽창균열이 없고 화학저항성이 높아 해수·공장폐수·하수 등에 접하는 콘크리트에 적합하고, 수화열이 적어 매스콘크리트에 적합한 시멘트는?**

① 고로시멘트
② 폴리머시멘트
③ 알루미나시멘트
④ 조강포틀랜드시멘트

7. **클링커와 고로슬래그, 석고를 혼합 분쇄하여 제조된 시멘트로 화학물질에 견디는 힘이 강해서 하수도공사나 바다 속의 공사에 주로 사용되는 것은?**

① 조강포틀랜드시멘트 ② 보통포틀랜드시멘트
③ 중용열포틀랜드시멘트 ④ 고로시멘트

8. **콘크리트를 배합할 때 골재의 건조 상태는 어느 것을 전제로 하는가?**

① 절대 건조상태 ② 공기 중 건조상태
③ 표면건조 포화상태 ④ 습윤 상태

정 답 및 해 설

해설 **4**

추위가 심한 경우 또는 부재두께가 얇은 경우에는 10℃ 정도로 하는 것이 바람직하다.

해설 **5**

서중콘크리트(hot weather concrete)
① 기온이 높아서 슬럼프의 저하와 수분의 급격한 증발 등의 위험성이 있는 시기에 시공되는 콘크리트인데 콘크리트 표준시방서에는 하루 평균기온이 25℃ 또는 최고온도가 30℃를 넘으면 서중콘크리트로 시공하도록 되어 있다.
② 물과 시멘트는 되도록 저온의 것을 사용하고 거푸집이나 지반이 건조해서 콘크리트의 유동성을 떨어뜨릴 우려가 있으므로 습윤상태를 충분히 유지해야 한다.
③ 여름에 공사시 수분증발로 인해 컨시스턴시가 나빠지기 때문에 보통의 경우보다 단위수량을 증가시키는데, 이는 수밀성저하와 내구성저하의 원인이 된다.

공통해설 **6, 7**

고로시멘트
① 고로에서 선철을 제조할 때에 생기는 부산물인 슬래그(광재)에 포틀랜드 시멘트와 석고를 혼합 분쇄하여 만든 대표적인 혼합 시멘트
② 시멘트의 경화 과정에서 발생되는 열인 수화열이 낮고, 내구성이 높으며, 화학 저항성이 큰 한편, 투수(透水)가 적음
③ 댐 등의 매스콘크리트 공사, 호안·배수구·터널·지하철 공사에 사용

해설 **8**

콘크리트 배합시 골재의 건조상태를 기준으로 하는 이유는 골재가 물을 흡수하는 것을 방지하고, 골재의 표면에 묻어 있는 표면수의 양 만큼 골재의 양을 증가시켜 콘크리트의 물-시멘트비를 일정하게 하기 위함이다.

정답 4. ④ 5. ④ 6. ①
7. ④ 8. ③

9. 콘크리트의 균열발생 방지법으로 옳지 않은 것은?

① 팽창재를 사용한다.
② 물시멘트비를 작게 한다.
③ 단위시멘트량을 증가시킨다.
④ 타입시 콘크리트의 온도상승을 작게 한다.

10. AE제를 사용하는 콘크리트의 특성에 대한 설명 중 옳지 않은 것은?

① 강도가 증가된다.
② 단위수량이 저감된다.
③ 동결융해에 대한 저항성이 커진다.
④ 워커빌리티가 좋아지고 재료의 분리가 감소된다.

11. 일반 콘크리트의 다지기에 대한 설명으로 옳지 않은 것은?

① 콘크리트는 타설 직후 바로 충분히 다져서 콘크리트가 철근 및 매설물 등의 주위와 거푸집의 구석구석까지 잘 채워져 밀실한 콘크리트가 되도록 한다.
② 재진동을 할 경우에는 콘크리트에 나쁜 영향이 생기지 않도록 초결이 일어난 후에 실시하여야 한다.
③ 내부진동기는 콘크리트로부터 천천히 빼내어 구멍이 남지 않도록 하여야 한다.
④ 진동다지기를 할 때에는 내부진동기를 하층의 콘크리트 속으로 0.1m 정도 찔러 넣어야 한다.

12. 콘크리트 타설시 주의사항으로 옳지 않는 것은?

① 콘크리트의 재료분리를 방지하기 위하여 횡류(橫流), 즉 옆에서 흘려 넣지 않도록 한다.
② 타설시 콘크리트가 매입 철근에 충격을 주지 않도록 주의한다.
③ 운반거리가 가까운 곳에서부터 타설을 시작하여 먼 곳으로 진행해 나간다.
④ 자유낙하높이를 가능한 작게 한다.

정답 및 해설

해설 9

콘크리트 균열발생 방지법
① 팽창재 사용
② 물시멘트를 적게 함
③ 콘크리트의 온도상승을 적게 함
・단위시멘트량을 증가시킴
→ 건조와 수축에 관련됨

해설 10

AE제 사용시 강도는 저하되고 철근과의 부착력은 감소한다.

해설 11

바르게 고치면
굳기 시작한 콘크리트는 진동을 하지 않는다.

해설 12

콘크리트타설시 주의사항
① 운반거리가 먼 곳으로부터 타설 시작한다.
② 타설할 위치와 가까운 곳에서 낙하한다.
③ 자유낙하 높이를 최소화한다.
④ 콘크리트를 수직으로 낙하
⑤ 거푸집, 철근에 콘크리트를 충돌시키지 않는다.
⑥ 분리를 방지하기 위해 횡류를 피한다.
⑦ 충분히 다짐한 후에 다음 층을 타설
⑧ 각 층이 수평이 되도록 타설면을 고른다.

정답 9. ③ 10. ① 11. ② 12. ③

13. 일반적으로 콘크리트의 크리프 변형에 관한 설명으로 옳지 않은 것은?

① 시멘트량이 많을수록 크다.
② 부재의 건조 정도가 높을수록 크다.
③ 재하시의 재령이 짧을수록 크다.
④ 부재의 단면치수가 클수록 크다.

14. 플라이애시(Fly ash)를 사용한 콘크리트의 특징으로 틀린 것은?

① 수밀성이 향상된다.
② 건조수축이 적어진다.
③ 워커빌리티가 개선된다.
④ 조기강도가 증가한다.

15. 레미콘 25-210-12에서 25는 무엇을 의미하는가?

① 압축강도(MPa) ② 굵은 골재 크기(mm)
③ 슬럼프(cm) ④ 인장강도(MPa)

16. 시멘트의 응결경화 촉진제로 사용하는 혼화제는?

① 염화칼슘 ② 포졸란(Pazzolan)
③ 플라이애쉬 ④ 빈졸(Vinsol resin)

17. 골재의 공극률이 30% 일 때 골재의 실적률은?

① 0.3% ② 0.7%
③ 30% ④ 70%

18. 콘크리트 타설시 슬럼프값의 저하를 적게 할 목적으로 사용하는 혼화제는?

① AE제 ② 감수제
③ 포졸란 ④ 응결지연제

정 답 및 해 설

해설 **13**

크리프변형에 영향을 주는 요인(증가요인)
· 재령이 짧을수록
· 응력이 클수록
· 부재의 치수가 작을수록
· 대기중 습도가 낮을수록
· 대기의 온도가 높을수록
· 물시멘트비가 클수록
· 단위 시멘트량이 많을수록
· 다짐이 나쁠수록

해설 **14**

플라이애시를 사용한 콘크리트의 특징
· 워커빌리티 양호
· 장기강도 크다, 수화열이 작다. 수밀성이 향상

해설 **15**

레미콘표시법 : 굵은골재 최대치수 – 강도 – 슬럼프값

해설 **16**

· 포졸란, 플라이애쉬 – 혼화재
· 빈졸 레진 – 아스팔트 유화제

해설 **17**

실적률이란 골재의 단위 용적(m^3) 중의 실적 용적을 백분율(%)로 나타낸 값을 말한다.
100%-30% = 70%

해설 **18**

슬럼프값의 저하된다는 것은 콘크리트 타설시 적게 퍼지며 유동성이 적다는 뜻으로 응결지연제를 사용하면 응결지연으로 슬럼프값이 저하된다.

정답 13. ④ 14. ④ 15. ② 16. ① 17. ④ 18. ④

19. 다음 중 콘크리트의 공기량에 대한 설명으로 틀린 것은?

① 공기량이 많을수록 슬럼프는 증대한다.
② 공기량이 많을수록 강도는 저하한다.
③ AE공기량은 진동을 주면 감소한다.
④ AE공기량은 온도가 높아질수록 증가한다.

20. 매스콘크리트에 대한 설명 중 옳지 않은 것은?

① 온도균열방지 및 제어 방법으로 프리쿨링 및 파이프 쿨링 방법 등이 이용되고 있다.
② 콘크리트의 온도상승을 감소시키기 위해 소요의 품질을 만족시키는 범위 내에서 단위 시멘트양이 적어지도록 배합을 선정하여야 한다.
③ 수축이음을 설치할 경우 계획된 위치에서 균열 발생을 확실히 유도하기 위해서 수축이음의 단면 감소율을 10% 이상으로 하여야 한다.
④ 매스콘크리트로 다루어야 하는 구조물의 부재치수는 일반적으로 표준으로서 넓이가 넓은 평판구조에서는 두께 0.8m 이상으로 한다.

21. 용적배합비 1:2:4 콘크리트 $1m^3$를 제작하기 위해서는 시멘트는 320kg이 소요된다. 이 콘크리트 $10m^3$가 필요할 경우 포대 시멘트는 얼마나 필요한가? (단, 시멘트 1포대는 40kg이다.)

① 8포대
② 16포대
③ 80포대
④ 160포대

22. 철근콘크리트 공사의 기초부 거푸집 산출시 수직면(D)과 연속되는 수직면 상단 경사면의 수평각도(e)가 몇도 이상일 때 경사면 거푸집 면적으로 산출하는가?

① 15°
② 20°
③ 25°
④ 30°

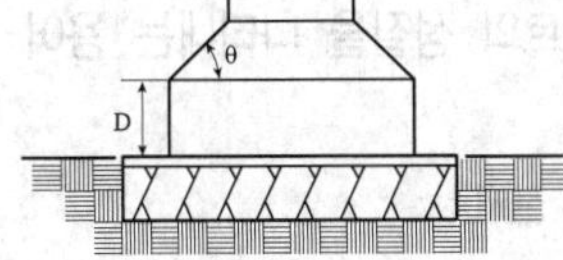

정 답 및 해 설

해설 19
AE공기량은 온도가 높아질수록 공기포가 잘 터지므로 공기량은 감소한다.

해설 20
바르게 고치면
수축이음을 설치할 경우 계획된 위치에서 균열 발생을 확실히 유도하기 위해서 수축이음의 단면 감소율을 35% 이상으로 하여야 한다.

해설 21
$10m^3 \times 320kg/m^3$
$= 3,200kg \div 40kg$
= 80포대

해설 22
- $\theta \geq 30°$ 인 경우엔 경사면 거푸집으로 면적을 산출한다.
- $\theta < 30°$ 인 경우엔 기초 주위의 수직면(D) 거푸집 면적만 산출한다.

정답 19. ④ 20. ③ 21. ③ 22. ④

23. 콘크리트의 반죽질기에 직접적인 영향을 주지 않는 것은?

① 물, 시멘트(W/C) ② 배쳐 플랜트(Batcher plant)
③ 워커빌리티(Workability) ④ 슬럼프 테스트(Slump test)

24. 다음 중 시멘트의 응결이 느린 경우는?

① 시멘트의 분말도가 큰 경우
② 온도가 높고, 습도가 낮을수록
③ C_3A 성분이 많을수록
④ W/C 비가 많을수록

25. 콘크리트용 골재의 필요 성질에 관한 설명 중 적합하지 않은 것은?

① 잔골재는 5mm체에 85% 이상 통과하는 것으로서 모래라고도 한다.
② 보통 골재는 전건 비중이 2.5~2.7 정도의 것으로서, 강모래, 강자갈, 부순모래, 부순자갈 등이 있다.
③ 골재의 입형은 될 수 있는 대로 편평하고 가늘며 길어야 단단한 구조를 가질 수 있다.
④ 골재의 강도는 시멘트 풀이 경화하였을 때 시멘트 풀의 최대강도 이상이어야 한다.

26. 다음 콘크리트 공사에 대한 설명 중 옳은 것은?

① 콘크리트의 배합방법에는 용적배합, 질량배합, 복식배합이 있는데 복식배합을 하는 것이 가장 정확하다.
② 경사면에 콘크리트를 칠 때 밑에서부터 쳐 올라간다.
③ Cold joint는 온도변화, 기초 부등침하 등에서 균열을 방지하기 위하여 설치한다.
④ 일반적인 구조물 공사의 콘크리트 양생 방법은 손쉬운 막 양생법을 이용한다.

27. 콘크리트의 반죽 질기의 정도에 따라 작업의 난이도 및 재료분리에 저항하는 정도를 나타내는 굳지 않은 콘크리트의 성질을 나타내는 용어는?

① consistancy ② workability
③ plasticity ④ finishability

정 답 및 해 설

해설 **23**

배처 플랜드 : 레미콘을 자체 생산하는 시설

해설 **24**

C_3A은 알루민산 3칼슘으로 수화반응 속도가 빨라 응결이 빠르다.

해설 **25**

골재의 입형은 표면이 거칠고 둥근 모양이 좋다.

해설 **26**

① 배합방법에는 현장배합, 질량배합, 복식배합이 있다.
② Cold joint는 콘크리트를 한 번에 타설하지 못해 어느 정도 시간이 지나 양생이 되어 이어부을 때 생기는 줄눈으로 철근의 부식이나 균열의 원인이 되므로 만들지 않는다.
④ 콘크리트 양생 방법으로 쉬운 것은 습윤양생법이다.

해설 **27**

워커빌러티는 아직 굳지 않은 모르타르나 콘크리트의 작업성의 난이도. 목적 공사 또는 부위마다 유동성·비분리성 등이 관련한다. 일반적으로 슬럼프 시험·블리딩 시험 등으로 판정한다.

정답 23. ② 24. ④ 25. ③ 26. ② 27. ②

28. 거푸집과 철근콘크리트의 하중을 지지하고 거푸집의 형상 및 위치를 확보하기 위하여 설치되는 가설공을 무엇이라 하는가?

① 천정보
② 토대
③ 복공(Lining)
④ 동바리

29. 굳지 않은 콘크리트의 성질에 관한 내용으로 옳지 않은 것은?

① 시멘트는 분말도가 높아질수록 점성이 낮아지므로 컨시스턴시도 커진다.
② 사용되는 단위수량이 많을수록 콘크리트의 컨시스턴시는 커진다.
③ 입형이 둥글둥글한 강모래를 사용하는 것이 모가 진 부순 모래의 경우보다 워커빌리티가 좋다.
④ 비빔시간이 너무 길면 수화작용을 촉진시켜 워커빌리티가 나빠진다.

30. 한중콘크리트에 대한 설명으로 옳은 것은?

① 타설할 때의 콘크리트 온도는 구조물의 단면치수, 기상조건 등을 고려하여 5~20℃의 범위에서 정한다.
② 저열시멘트를 사용하는 것을 표준으로 한다.
③ 재료를 가열할 경우, 물 또는 시멘트를 가열하는 것으로 한다.
④ 물-시멘트비가 작아지기 때문에, AE감수제 사용을 가급적 피해야 한다.

31. 콘크리트 다지기에 대한 설명 중 옳지 않은 것은?

① 콘크리트 다지기에는 내부진동기 사용을 원칙으로 한다.
② 진동기는 콘크리트로부터 천천히 빼내어 구멍이 남지 않도록 해야 한다.
③ 콘크리트가 한 쪽에 치우쳐 있을 때는 내부진동기로 평평하게 이동시켜야 한다.
④ 내부진동기는 될 수 있는 대로 연직으로 일정한 간격으로 찔러 넣는다.

정 답 및 해 설

해설 **28**

동바리(support) : 지지대, 받침대

해설 **29**

시멘트는 분말도가 높아질수록 점성이 높아지므로 컨시스턴시도는 낮아진다.

해설 **30**

한중콘크리트
① 정의 : 일평균기온 4℃ 이하의 동결위험 기간 내에 시공하는 콘크리트
② 일반사항
- W/C비 : 60% 이하
- 조강시멘트를 사용
- 극한기에는 재료를 가열해서 사용
- 재료가열온도 : 60℃ 이하(시멘트는 절대 가열안함)
- AE제, AE감수제, 고성능 AE감수제 중 하나는 반드시 사용

해설 **31**

콘크리트다짐
① 일반사항
- 공극을 제거하여 밀실하게 충전시킴, 수밀한 콘크리트확보
- 다짐은 봉형진동기(내부진동기), 거푸집진동기(외부진동기), 다짐봉이 사용되고 있으며 봉형진동기를 사용하는 것을 원칙으로 한다.

② 진동기 사용시 주의사항
- 수직으로 사용한다
- 철근 및 거푸집에 닿지 않도록 한다.
- 간격은 진동이 중복되지 않게 60cm 이하로 한다.
- 진동시간은 30~40초(콘크리트페이스트가 떠오를 시간)
- 콘크리트에 구멍이 남지 않게 서서히 뺀다.
- 굳기 시작한 콘크리트에는 사용하지 않는다.

정답 28. ④ 29. ① 30. ① 31. ③

정답 및 해설

32. AE감수제에 대한 설명 중 적절하지 않은 것은?

① 수밀성이 향상되고 투수성이 감소된다.
② 공기연행작용으로 건조수축이 증가된다.
③ 응결특성을 변화시키는 지연형, 촉진형과 응결특성에 영향이 없는 표준형으로 분류된다.
④ 시멘트 분산작용과 공기연행작용이 합성되어 단위수량을 크게 감소시킨다.

33. 콘크리트 공사시에 장선받이와 멍에 등의 하중을 받아 지반에 전달하는 거푸집 부재를 무엇이라 하는가?

① 거푸집 널재　② 동바리
③ 가새　④ 띠장

34. 수밀 콘크리트의 시공에 대한 설명으로 틀린 것은?

① 소요품질을 갖는 수밀 콘크리트를 얻기 위해서는 적당한 간격으로 시공이음을 두어야 하며, 그 이음부의 수밀성에 대하여 특히 주의하여야 한다.
② 콘크리트는 가능한 연속으로 타설하여 콜드조인트가 발생하지 않도록 하여야 한다.
③ 연속타설 시간 간격을 외기온도가 25℃ 이하일 경우에는 1.5시간을 넘어서는 안 된다.
④ 연직 시공이음에는 지수판 등 물의 통과 흐름을 차단할 수 있는 방수처리재 등의 재료 및 도구를 사용하는 것을 원칙으로 한다.

35. 소정의 품질을 갖는 콘크리트가 얻어지도록 된 배합으로서 시방서 또는 책임기술자가 지시한 배합이며 비빈 콘크리트의 $1m^3$에 대한 재료 사용량으로 나타낸 배합을 무엇이라 하는가?

① 현장배합　② 시방배합
③ 질량배합　④ 복식배합

해설 **32**

AE감수제 : 표준형, 지연형, 촉진형으로 분류되며 10~20%의 감수효과와 6~12%의 시멘트 절감효과가 있다.

해설 **33**

동바리
거푸집 하부에서 하중을 지지하는 구조로 거푸집의 상부에서 오는 콘크리트의 자중과 각종작업하중을 동바리 하부의 지반 쪽으로 하중을 전달함으로써 궁극적으로 하중을 지지하는 구조부재이다.

해설 **34**

수밀콘크리트
- 수밀성이 큰 콘크리트 또는 투수성이 작은 콘크리트로, 혼화재료를 이용하여 수밀성이 높은 성질을 갖는 콘크리트
- 연속타설 시간 간격을 외기온도가 25℃를 넘을 경우 1.5시간, 외기온도가 25℃ 이하일 경우 2시간을 넘어서는 안된다.

해설 **35**

① 현장배합 : 시방배합(표준배합)에 일치하도록 현장에서 재료의 상태와 계량방법에 따라 배합
② 질량배합 : 중량배합, 각 재료를 콘크리트 $1m^3$당의 질량으로 표시
③ 시방배합 : 배합을 설계하기 전에 구조물의 크기, 모양, concrete의 강도, 노출상태 등을 알고 시방서 또는 책임기술자에 의하여 지시된 배합
④ 복식배합 : 골재량을 기준으로 하여 시멘트 양을 정하는 콘크리트 배합 방법의 하나, 잔골재 400, 콘크리트 800을 기준으로 하여 이에 대한 시멘트량, 수량 등을 질량으로 표시

정답 32. ③ 33. ② 34. ③ 35. ②

정 답 및 해 설

36. 다음은 굵은 골재의 비중시험 결과이다. 절대건조 상태의 비중은?

> · 공기중의 절대건조 시료의 무게(g) [A] : 3939.3(g)
> · 공기중의 표면건조 포화상태의 무게(g) [B] : 4000(g)
> · 물 속에서 시료의 무게(g) [C] : 2492(g)

① 2.59 ② 2.61
③ 2.63 ④ 2.65

해설 36

절대건조상태 비중

$$= \frac{\text{절대건조상태무게}}{\text{표면건조포화상태무게} - \text{수중상태무게}}$$

$$= \frac{3939.3}{4000 - 2492} = 2.61$$

37. 다음 시멘트의 혼화재료에 대한 설명 중 틀린 것은?

① 포졸란 – 해수에 대한 화학적 저항성 및 수밀성 등의 성질을 개선하는데 사용한다.
② AE제 – 미세하고 독립된 무수한 공기 기포를 콘크리트 속에 균일하게 분포시키기 위해 사용하는 혼화제이다.
③ 감수제 – 시멘트의 입자를 분산시켜서 콘크리트의 워커빌리티를 개선하는데 필요한 단위수량을 증가시킬 목적으로 사용된다.
④ 방수제 – 콘크리트의 흡수성과 투수성을 감소시켜 수밀성을 증진할 목적으로 사용하는 혼화제이다.

해설 37

감수제
· 콘크리트에 사용되는 단위수량을 감소시키기 위해서 사용하는 경우에 혼화제
· 시멘트입자가 분산하여 유동성이 많아지고 골재분리가 적으며 강도, 수밀성, 내구성이 증대해 워커빌러티가 증대된다.

38. 굳지 않은 콘크리트의 성질인 워커빌리티(Workability)에 대한 설명으로 맞는 것은?

① 워커빌리티가 좋으면 재료분리현상이 일어난다.
② 슬럼프 테스트를 하여 워커빌리티를 판단한다.
③ 골재의 입형이 둥글수록 워커빌리티가 나빠진다.
④ 굵은 골재가 많을수록 워커빌리티가 좋아진다.

해설 38

워커빌리티는 슬럼프 테스트, 플로우 테스트 등으로 판단한다.

39. 한중콘크리트에 관한 설명으로 틀린 것은?

① 하루의 평균기온의 4℃ 이하가 예상되어 콘크리트가 동결할 염려가 있을 때 적용한다.
② 단위수량은 초기동해를 적게 하기 위하여 소요의 워커빌리티를 유지할 수 있는 범위 내에서 되도록 적게 한다.
③ 먼저 가열한 시멘트와 굵은 골재, 다음에 잔골재를 넣어서 믹서 안의 재료 온도가 40℃ 이하가 된 후, 마지막으로 물을 넣는 것이 좋다.
④ 물–결합재비는 원칙적으로 60퍼센트 이하로 하여야 한다.

해설 39

한중 콘크리트 사용시 재료를 가열할 경우, 물 또는 골재를 가열하는 것으로 하며, 시멘트는 어떠한 경우라도 직접 가열할 수 없다.

정답 36. ② 37. ③ 38. ② 39. ③

40. 환경문제 해결을 부응하는 특수 콘크리트 중 제올라이트(zeolite) 등을 콘크리트에 적용하여 습도상승 등을 억제하는 콘크리트는?

① 조습성 콘크리트
② 저소음 콘크리트
③ 자원순환 콘크리트
④ 다공질 식생 콘크리트

41. 시멘트의 수화반응에 의해 생성된 수산화칼슘이 대기 중의 이산화탄소와 반응하여 pH를 저하시키는 현상을 무엇이라고 하는가?

① 염해 ② 중성화
③ 동결융해 ④ 알칼리-골재반응

42. 시멘트의 분말도에 관한 설명으로 틀린 것은?

① 시멘트의 분말이 미세할수록 수화반응이 느리게 진행하여 강도의 발현이 느리다.
② 분말이 과도하게 미세하면 풍화되기 쉽거나 사용 후 균열이 발생하기 쉽다.
③ 시멘트의 분말도 시험으로는 체분석법, 피크노메타법, 브레인법 등이 있다.
④ 분말도는 시멘트의 성능 중 수화반응, 블리딩, 초기강도 등에 크게 영향을 준다.

43. 골재의 함수상태에 따른 중량이 다음과 같을 경우 표면수율은?

· 절대건조상태 : 400g · 표면건조상태 : 440g · 습윤상태 : 550g

① 2% ② 10%
③ 25% ④ 37%

해설 **43**

$$\text{표면수율} = \frac{\text{습윤상태} - \text{표면건조내부포화상태}}{\text{표면건조내부포화상태}} \times 100(\%)$$

$$= \frac{550 - 440}{440} \times 100 = 25\%$$

해설 **40**

조습성 콘크리트
콘크리트에 수분을 흡착할 미세한 공극 등을 만들어 미세한 공기층으로 단열이나 흡음효과도 있으며, 습도가 높으면 수분을 빨아들이고 습도가 낮으면 내뱉어 습도조절을 하는 콘크리트

해설 **41**

콘크리트의 중성화
① 시멘트와 물이 만나 수화작용으로 수산화칼슘이 생기고 대기중 이산화탄소를 흡수하며 탄산칼슘으로 되면서 콘크리트가 알칼리성을 상실해 내구성이 저하되는 현상
② 탄산칼슘으로 변화한 부분의 pH가 8.5~10 정도로 낮아진다.
③ 콘크리트 내부의 pH가 11 이상에서는 산소가 존재해도 녹슬지 않는다.
④ pH 농도가 11보다 낮아지면 철근에 녹이 발생하고 철근의 약 2.5배까지 부피가 팽창된다.

해설 **42**

시멘트의 분말이 미세할수록 수화반응이 빨리 진행되어 강도의 발현이 빠르다.

정답 40. ① 41. ② 42. ① 43. ③

44. 구조물의 종류별 콘크리트 타설시 사용되는 굵은 골재의 최대지수(mm)로 가장 적합한 것은?
(단, 구조물의 종류는 단면이 큰 경우로 제한한다.)

① 20　　② 25
③ 40　　④ 50

해설 **44**

굵은골재의 최대치수(mm)

구조물의 종류	굵은 골재의 최대치수(mm)
일반적 경우	20 또는 25
단면이 큰 경우	40
무근콘크리트	40(부재 최소치수의 1/4을 초과해서는 안된다.)

45. 다음은 콘크리트 구조물의 동해에 의한 피해 현상을 나타낸 것이다. 어느 현상을 설명한 것인가?

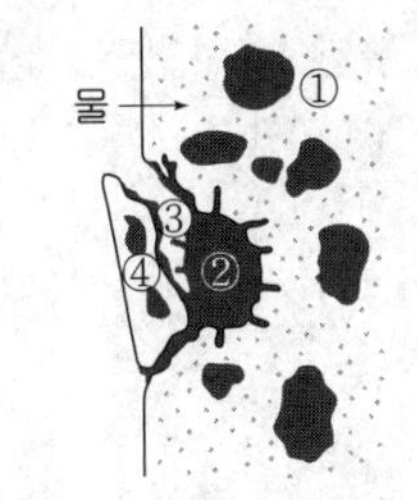

[보기]
① 콘크리트가 흡수
② 흡수율이 큰 쇄석이 흡수, 포화상태가 됨
③ 빙결하여 체적 팽창압력
④ 표면부분 박리

① Pop Out　　② 폭렬 현상
③ Laitance　　④ 알칼리 골재반응

해설 **45**

- Pop Out : 콘크리트 표면이 알칼리 골재반응 혹은 동해현상에 의해서 떨어져 나가는 현상
- 폭렬현상 : 고강도 콘크리트가 화재시, 급격한 온도상승에 따라 부재 표면의 콘크리트가 탈락하거나 박리되는 현상
- Laitance : 아직 굳지 않은 시멘트나 콘크리트 표면에 형성되는 흰빛의 얇은 막
- 알칼리 골재반응 : 콘크리트를 구성하는 골재(모래·자갈)가 물과 시멘트 중의 알칼리물질과 반응하여 골재가 비정상적으로 팽창하는 현상

46. 건설시공(콘크리트, 벽돌, 용접 등) 관련 설명 중 옳지 않은 것은?

① 콘크리트 비비기는 미리 정해둔 비비기 시간의 3배 이상 계속하지 않아야 한다.
② 벽돌쌓기 시에는 붉은 벽돌에 물이 충분히 젖도록 하여 시공하는 것이 좋다.
③ 강우나 강설 시에는 용접작업을 습기가 침투할 수 없는 밀폐된 공간에서 실시한다.
④ 콘크리트를 타설한 후 일평균 10℃ 이상에서 보통 포틀랜드시멘트는 7일간을 습윤 양생 기간으로 정한다.

해설 **46**

우천 또는 바람이 심하게 불거나 기온이 0℃ 이하일 때는 용접을 해서는 안된다.

정답　44. ③　45. ①　46. ③

47. 일반 콘크리트의 슬럼프 시험 결과 중 균등한 슬럼프를 나타내는 가장 좋은 상태는?

① 

② 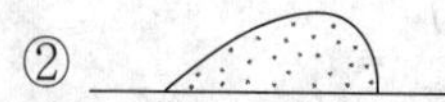

③ 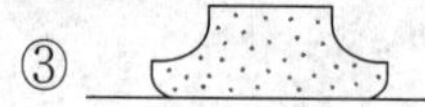

④

48. 콘크리트의 타설 전이나 타설 시의 품질검사 항목이 아닌 것은?

① 비파괴시험　② 슬럼프시험
③ 공기량시험　④ 염분함유량시험

해설 **47**

①②은 점성을 확보하지 못하고 부분적으로 무너져 내림
③은 슬럼프시험이 양호로 골고루 슬럼프하여 충분한 점도가 보임
④ 탬핑해도 그대로 퍼짐

해설 **48**

- 콘크리트 타설 전 시험항목 : 슬럼프시험(반죽질기), 공기량시험, 단위용적질량시험, 염분함유량시험(철근부식영향)
- 콘크리트 비파괴 시험(concrete non-destructive test) : 콘크리트 강도시험

정답　47. ③　48. ①

chapter 05 그 밖의 재료

5.1 핵심플러스

■ 금속재료

① 분류

철강	탄소강	순철, 탄소강, 선철(주철)
	특수강	스텐인리스강
비철금석	구리, 납 등	

② 열처리 및 가공법 : 담금질, 풀림, 불림, 뜨임, 표면경화법, 주조, 난조, 판금, 압연, 절삭, 가단

■ 합성수지

열가소성	열경화성
중합반응	축합반응
재가열가능(2차성형가능)	재가열불가능(2차성형 불가능)
수장재	구조재
무르다	단단하다

1 금속재료

① 철강 : 강은 탄소강과 특수강을 분류

㉠ 탄소강

순철	탄소량 0.03% 이하, 800~1,000℃ 내외에서 가단성(可鍛性)이 크고 연질
탄소강	탄소량 0.03~1.7%, 가단성, 주조성, 담금질 효과
선철, 주철	탄소량 1.7% 이상, 주조성이 좋고 경질이며, 취성이 큼

㉡ 특수강

· 합금강이라고도 하며, 보통의 탄소강에 C이외의 합금원소를 하나 이상 첨가시켜 특수한 성질을 갖게한 강

· 종류

– 탄소강에서 얻을 수 없는 기계적 성질 또는 화학적 성질을 가진 합금강으로 조경시설물에는 스테인리스강, 니켈강이 쓰인다.

스테인리스강	· 탄소강에 10.5% 이상의 크롬 및 니켈, 몰리브덴, 티타늄 등의 금속이 첨가된 것으로 강의 성질을 개선한 제품 · 표면이 아름답고 표면가공이 다종, 다양함 · 내식성이 우수하고 보통강의 최대결점인 부식을 해결 · 내마모성, 강도가 크고 내화내열성이 크다.
니켈강	· 절연성이 풍부하고 내식성이 크고 청백색광택이 있어 색이 변색하는 경우가 없다. · 니켈이 증가함에 따라 인장강도, 복점, 신장률 등의 기계적 성질이 개선되고 인성(靭性, toughness)이 현저하다.

■ 참고 : 관련용어

· 취성(brittleness, 메짐) : 물체가 연성(延性)을 갖지 않고 파괴되는 성질
· 가단성(可鍛性, malleability) : 고체가 압력같이 외부에서 작용하는 힘에 의해 외형이 변하는 성질, 금속을 성형할 때 가단성이 크면 큰 외부의 힘을 받아도 부러지지 않음
· 주조성 (鑄造性) : 쇠붙이가 녹는점이 낮고 유동성이 좋아 녹여서 거푸집에 부어 물건을 만들기에 알맞은 성질로 변형, 성형, 가공이 쉽다는 것을 의미
· 합성수지(plastic, 플라스틱) : 어떤 온도 범위에서는 가소성을 유지하는 물질이란 뜻으로 석탄, 석유, 천연가스 등의 원료를 인공적으로 합성시켜 얻은 물질로 가소성이 풍부하여 플라스틱과 같은 뜻으로 쓰임

② 비철금속

· 알루미늄과 그 합금, 구리와 그 합금, 납

· 강도, 경도, 내식성이 우수

★★ ③ 열처리 및 가공

· 조직을 변경시키는 열처리 및 가공에 의해서 성질을 개선 향상시킴

㉠ 담금질(quenching or hardening) : 금속을 고온(800~900℃)으로 가열 후 보통물이나 기름에 갑자기 냉각시켜 조직 등을 변화 · 경화시킨 것으로 강재를 용접할 때 일종의 담금질 처리한 것과 같아진다.

㉡ 풀림(annealing) : 높은 온도(800~1,000℃)로 가열 후 노(爐)중에서 서서히 냉각하여 강의 조직이 표준화, 균질화 되어 내부응력을 제거시켜 금속을 정상적인 성질로 회복시키는 열처리

㉢ 불림(noramalzing) : 변태점(變態點)이상 가열 후 공기 중에서 냉각시켜 가공시킨 것으로 강조직의 흩어짐을 표준조직으로 풀림처리한 것보다 항복점, 인장강도 등이 일반적으로 높다.

㉣ 뜨임(tempering) : 담금질한 강을 변태점이하에서 가열하여 인성을 증가시키는 열처리로 경도가 감소하고 신장률과 충격값은 증가한다.

㉤ 표면경화법(case harding) : 표면을 경화하여 내마모성을 주고, 내부는 인성을 증가시키는 처리

㉥ 주조(casting) : 용해된 금속을 주형틀 속에다 부어넣어서 응고시킨 후, 각종 형태의 제품을 생산하는 기법

ⓢ 단조(forging) : 외부의 힘으로 재료에 압력을 가해서 원하는 형상과 치수로 성형하면서 재료의 기계적인 성질을 개선하는 가공법

ⓞ 판금(sheet metal working) : 프레스기계로 판을 가공하여 여러 가지 모양의 제품을 만드는 가공법

ⓩ 압연(rolling) : 회전하는 롤러사이에 재료를 통과시켜 판재, 형재, 관재 등으로 성형하는 가공법

ⓒ 절삭(cutting) : 선반, 드릴링머신, 밀링머신 등에서 절삭공구를 이용하여 필요로 하는 형상을 가공하는 방법

ⓚ 가단(malleability) : 연강과 같이 두드려 조작하여 가공하는 방법

④ 철재용접

㉠ 융접(fusion welding) : 접합할 두 금속의 접합부를 용융상태로 만든 다음, 용제를 첨가하여 접합하는 방법

㉡ 압접(pressure welding) : 접합부를 냉간상태나 상온으로 가열한 후 기계적 압력으로 접합시키는 방법

㉢ 납땜(soldering) : 접합할 두 금속을 용융시키지 않고 모재보다 녹는점이 낮은 금속을 접합부에 녹여서 접합하는 방법

용접	융접	아크용접	금속아크용접, 탄소아크용접
		가스용접	산소-아세틸용접, 산소-수소용접, 산소-프로판용접
		특수용접	플라스마용접, 레이저용접
	압접	전기저항용접	겹치기저항용접, 맞대기저항용접
		가스압접	
	납땜	경납접, 연납접	

⑤ 금속제품

철구조용	형강(形鋼, shape steel), 봉강(棒鋼, bar-철근), 판재(版材, steel plate), 선재(線材, steel wire)
보강철물	·볼트와 너트 : 철재와 목재의 연결에 사용 ·듀벨 : 볼트와 같이 사용하여 전단응력이 증가하여 견고하게 됨
바탕철물	와이어메쉬(wire mesh, 용접철망) : 콘크리트 바닥 보강용

■ 참고 : 금속의 부식 방지방법

① 가능한 상이한 금속은 이를 인접, 접촉시켜 사용하지 않는다.
② 균질의 것을 선택하고 사용시 큰 변형을 주지 않도록 주의한다.
③ 큰 변형을 준 것은 가능한 풀림하여 사용한다.
④ 표면은 평활하고 깨끗이 하며 가능한 한 건조 상태로 유지한다.
⑤ 부분적으로 녹이 생기면 즉시 제거한다.
⑥ 도료 또는 금속성이 큰 금속의 기밀 또는 수밀성, 보호피막을 만들거나 방부 보호 피막을 실시한다.

2 합성수지

① 재료의 특징

㉠ 장점

- 강도는 큰데 비해 비중이 작고, 건축물의 경량화에 적합
- 일반적으로 투광성이 양호하여 이용가치가 크며 가공이 용이, 표면이 평활하고 아름다우며, 다른 유기재료보다 내수성, 내구성을 갖춤

㉡ 단점 : 경도 및 내마모성이 약하고, 내화, 내열, 인화성이 없음. 열에 의한 신축이 큼

★② 종류

㉠ 열가소성수지 : 열을 가하면 연화 또는 융용하여 가소성 또는 점성 발생

예) 염화비닐수지, 아크릴, 폴리에틸렌, 폴리스틸렌, 초산비닐, 폴리아민수지, 셀룰로이드

㉡ 열경화성수지 : 3차원적 축합반응에 의해 생성되는 수지류로 열을 가해도 유동성이 없음

예) 요소수지, 멜라민수지, 폴리에스테르수지, 실리콘, 우레탄, 프란수지

3 도장재료

① 칠의 종류와 특징

칠의 종류	도료의 성분	성질 및 특징
유성 paint	· 안료+건성유+건조제+희석제 · 건성유(boiled 油) : 광택과 내구성증가	· 내후성, 내마모성우수, 철제시설물, 금속재 알칼리에 약함(내·외부용)
에나멜 paint	· 안료+유바니쉬+건조제	· 내후성, 내수, 내열, 내약품성수, 외부용은 경도가 크다.

<table>
<tr><td rowspan="2">수용성</td><td>수성 paint</td><td>· 안료+교착제+합성수지
· 교착제 : 아교, 전분, 카세인</td><td>· 내알카리성, 비내수성, 내구성이 떨어진다.</td></tr>
<tr><td>에멀젼 paint</td><td>· 수성페인트+유화제+합성수지</td><td>· 수성페인트의 일종으로 발수성이 있다. 내·외부 도장용으로 이용된다.</td></tr>
<tr><td rowspan="2">Vanish (니스)</td><td>유성 Vanish</td><td>· 유용성수지+건성유+희석제</td><td>· 건조가 더디다. 유성페인트보다 내후성이 적다. 목재·내부용이다.</td></tr>
<tr><td>휘발성 Vanish</td><td>· 수지류+휘발성용제, 에칠알콜을 사용하므로 주정도료, 주정바니쉬라고도 한다.</td><td>· 목재, 내부용, 가구용에 쓰인다.</td></tr>
<tr><td colspan="2">합성수지도료</td><td colspan="2">· 건조시간이 빠르고 도막이 견고하여 내산·내알카리성으로 콘크리트나 회반죽면에 사용이 가능
· 도막은 내인화성이 있고 페인트와 바니쉬보다 방화성이 크고, 투명한 합성수지로 사용하면 극히 선명한 색을 낼 수 있다.</td></tr>
</table>

② 방청도료(녹막이칠)의 종류

광명단칠	보일드유를 유성 paint에 녹인 것, 철재에 사용 자중이 무겁고 붉은색을 띠며 피막이 두꺼움
방청·산화철도료	오일스테인이나 합성수지+산화철, 아연분말을 사용, 내구성 우수
알미늄도료	방청효과, 열반사 효과, 알미늄 분말이 안료
역청질도료	역청질원료+건성유, 수지유첨가, 일시적 방청효과기대
징크로메이트 칠	크롬산 아연+알킬드 수지, 알미늄, 아연철판 녹막이칠
규산염 도료	규산염+아마인유, 내화도료로 사용
연시아나이드 도료	녹막이 효과, 주철제품의 녹막이 칠에 사용
이온 교환 수지	전자제품, 철제면 녹막이 도료
그라파이트 칠	녹막이칠의 정벌칠에 쓰인다.
워시 프라이머	뿜어서 칠하는 것으로 인산을 첨가한 도료이다.

③ 칠 공법의 종류와 요령

① 달굼칠(인두법) : 가열건조 도료에 이용
② 롤러칠
③ 문지름칠
④ 솔칠
⑤ 침지법
⑥ 뿜칠
· 칠의 바름 두께 : 0.3mm 정도

도장요령	·솔질은 위에서 밑으로, 왼편에서 오른편으로, 재의 길이 방향으로 한다. ·칠 횟수(정벌, 재벌)를 구분하기 위해 색을 다르게 칠한다. ·바람이 강하면 칠작업은 중지, 칠막은 얇게 여러 번 도포하여 충분히 건조한다. ·온도 5℃ 이하, 35℃ 이상, 습도가 85% 이상시 작업 중단한다.

핵심기출문제

내친김에 문제까지 끝내보자!

1. 강재의 열처리 방법으로 옳지 않은 것은?

① 불림 ② 단조
③ 담금질 ④ 뜨임질

2. 강의 열처리 및 가공에 대한 설명으로 틀린 것은?

① 높은 온도로 가열 후 노(爐)나 재 속에서 서서히 냉각하는 것은 풀림이다.
② 담금질 조직은 탄소강이 많거나 냉각 속도가 빠를수록 담금질 효과가 크다.
③ 용해된 금속을 주형틀 속에다 부어넣어서 응고시켜 각종 형태의 제품을 만드는 것은 주조이다.
④ 회전하는 룰러 사이에 재료를 통과시켜 판재, 형재, 관재 등으로 성형하는 것은 단조이다.

3. 강(鋼)의 조직을 미세화하고 균질의 조직으로 만들어 강의 내부 변형 및 응력을 제거하기 위하여 변태점 이상의 높은 온도로 가열한 후 대기 중에서 냉각시키는 열처리 방법은?

① 뜨임질(tempering) ② 불림(normalizing)
③ 풀림(annealing) ④ 담금질(quenching)

4. 다음 철재의 가공 및 조립 제작 과정의 내용으로 올바르지 않은 것은?

① 금속내부는 인성을 갖도록 하되 표면이 마찰에 잘 견딜 수 있도록 부분적으로 열처리하는 방법을 표면경화법이라고 한다.
② 리벳은 철재끼리 접합시 사용하며 연성이 큰 리벳용 압연강재를 사용한다.
③ 금속을 가열했다가 갑자기 냉각시켜 조직 등을 변화시키는 처리를 뜨임이라고 한다.
④ 철재의 접합부를 냉간상태나 상온으로 가열한 후 기계적 압력으로 접합하는 것을 압접이라고 한다.

정답 및 해설

해설 1

단조
- 외부의 힘으로 재료에 압력을 가해서 원하는 형상과 치수로 성형
- 재료의 기계적인 성질을 개선하는 가공법

해설 2

④는 압연(Rolling)에 대한 설명이다.

해설 3

불림
- 변태점이상으로 가열 후 공기 중에서 냉각시켜 가공시킨 것
- 강 조직의 흩어짐을 표준조직으로 풀림 처리한 것보다 항복점, 인장강도 등이 높음

해설 4

③는 담금질에 대한 설명이다.

정답 1. ② 2. ④ 3. ② 4. ③

5. 재료의 성질과 관련된 용어의 설명으로 틀린 것은?

① 취성(brittleness) : 재료가 작은 변형에도 파괴가 되는 성질을 말한다.
② 인성(toughness) : 재료가 하중을 받아 파괴될 때까지의 에너지 흡수능력으로 나타낸다.
③ 연성(ductility) : 재료에 인장력을 주어 가늘고 길게 늘어나게 할 수 있는 재료를 연성이 풍부하다고 한다.
④ 강성(rigidity) : 큰 외력에 의해서도 파괴되지 않는 재료를 강성이 큰 재료라고 하며, 강도와 관계가 있으나, 탄성계수와는 관계가 없다.

6. 다음 중 알루미늄의 특성으로 옳지 않은 것은?

① 내화성이 부족하다.
② 알칼리나 해수에 침식되기 쉽다.
③ 순도가 높을수록 내식성이 좋지 않다.
④ 콘크리트에 접하거나 흙 중에 매몰된 경우에 부식되기 쉽다.

7. 다음 성형이 자유로운 합성수지의 종류 중 성격이 다른 것은?

① 아크릴수지 ② 우레탄수지
③ 프란수지 ④ 멜라민수지

8. 합성수지 중 무색 투명판으로 착색이 자유롭고 광선이나 자외선의 투과성이 크며, 유기유리로도 불리우는 것은?

① 멜라민 수지 ② 초산비닐수지
③ 아크릴 수지 ④ 폴리에스테르수지

9. 내열성이 크고 발수성을 나타내어 방수제로 쓰이며 저온에서도 탄성이 있어 gasket, packing 의 원료로 쓰이는 합성수지는?

① 폴리에스테르수지 ② 실리콘수지
③ 페놀수지 ④ 에폭시수지

10. 열경화성 수지가 아닌 것은?

① Phenol 수지 ② Urea 수지
③ Polyester 수지 ④ Acryl 수지

정답 및 해설

해설 5

강성 (剛性, rigidity) : 탄성체에 외부의 힘이 가해졌을 때의 변형은 힘이나 모멘트의 크기 외에 탄성체의 형상, 지지방법, 재료의 탄성계수 등에 따라서 달라진다.

해설 6

알루미늄은 내식성이 높을수록 순도가 높다.

해설 7

아크릴–열가소성수지
②③④는 열경화성수지

해설 8

아크릴수지의 특징
투명도가 높고 내약품성·전기 절연성이 있음

해설 9

실리콘수지의 특징
① −260~−80℃에서 안정하게 사용
② 가소물이나 금속을 성형할 때 이형제(離型劑)로 쓸 수 있을 정도로 피복력이 양호함
③ 대부분의 용제에서 거품을 없애는 작용이 큼
④ 무기물·유기물에 발수성(撥水性 : 물을 튀기는 성질)을 줌
⑤ 생리적으로 무해하므로 화장품이나 약품으로 쓸 수 있음
⑥ 전기절연성이 좋음

해설 10

아크릴수지 – 열가소성 수지

정답 5. ④ 6. ③ 7. ① 8. ③ 9. ② 10. ④

11. 다음 [보기]에서 설명하는 합성수지 접착제는?

> – 수용형, 용제형, 분말형 등이 있다.
> – 목재, 금속, 플라스틱 및 이들 이종재(異種材)간의 접착에 사용되지만 금속의 접착에는 적당하지 않다.
> – 액상인 것은 완전히 굳으면 적동색을 띠므로 경화 정도를 쉽게 판단할 수 있다.

① 페놀수지 접착제
② 카세인 접착제
③ 초산비닐 접착제
④ 폴리에스테르수지 접착제

12. 다음 합성수지 중 열경화수지에 해당하는 것은?

① 프란수지 ② 셀룰로이드
③ 초산비닐수지 ④ 폴리아미드수지

13. 합성수지 중 무색 투명판으로 착색이 자유롭고 광선이나 자외선의 투과성이 크며, 유기유리로도 불리우는 것은?

① 멜라민 수지 ② 초산비닐수지
③ 아크릴 수지 ④ 폴리에스테르수지

14. 다음 중 폴리에스테르수지(polyester resin)에 관한 설명으로 가장 부적합한 것은?

① 전기절연성이 우수하다.
② 내약품성이 우수하다.
③ 욕조, 파이프 등에 사용된다.
④ 불포화 폴리에스테르수지는 열가소성수지이다.

15. 다음 방청도료(녹막이칠)의 종류에 해당하지 않는 것은?

① 광명단 ② 역청질도료
③ 징크로메이트칠 ④ 에멀젼페인트

정 답 및 해 설

해설 **11**

페놀수지 접착제
- 페놀류와 포름알데히드류를 축합 반응시킨 것을 주성분으로 한 접착제
- 일반적으로 접착력이 크고, 내수 · 내열 · 내구성이 뛰어남
- 사용 가능 시간의 온도에 의한 영향이 큼

해설 **12**

셀룰로이드, 초산비닐, 폴리아미드 – 열가소성 수지

해설 **14**

불포화 폴리에스테르수지는 불포화기를 가진 선모양 폴리에스테르와 비닐 단위체(單位體)의 혼성중합에 의하여 얻어지는 열경화성 수지이다.

해설 **15**

- 철재 녹막이칠의 종류
  광명단, 징크로메이트칠, 역청칠, 알루미늄칠, 그라파트칠, 산화철 녹막이칠, 아연 분말칠
- 에멀젼 페인트(수성페인트)
  – 보일유, 기름 바니쉬, 수지 등을 수중에 유화시켜서 만든 액상물을 전색제로 사용한 도료
  – 콘크리트, 시멘트, 몰타르 등의 표면에 도포하는 것을 일컬으며 내부용과 외부용이 있음

정답 11. ① 12. ① 13. ③ 14. ④ 15. ④

16. 철의 부식을 막기 위해 제일 먼저 칠하는 페인트는?

① 에나멜 페인트 ② 카세인
③ 광명단 ④ 바니시

17. 다음 중 목재면에 칠하여 마감하는 종류의 도료가 아닌 것은?

① 에나멜 ② 광명단
③ 오일 스테인 ④ 조합 페인트

18. 에폭시수지 접착제에 대한 설명으로 틀린 것은?

① 급경성이며 내화학성이 크다.
② 접착력이 크고 내수성이 우수하다.
③ 금속, 석재, 도자기 등의 접착에 사용이 가능하다.
④ 내알칼리성이 적어 콘크리트에는 사용이 어렵다.

19. 합성수지 중 건축물의 천장재, 블라인드 등을 만드는 열가소성수지는?

① 요소수지 ② 실리콘수지
③ 알키드수지 ④ 폴리스티렌수지

20. 플라스틱 재료의 일반적인 특징으로 옳지 않은 것은?

① 내수성(耐水性)과 내약품성이다.
② 내마모성이 크며, 접착성도 우수하다.
③ 착색이 용이하고, 투명성도 있다.
④ 내후성(耐候性)이 크며, 전기절연성이 양호하다.

21. 다음 특성을 갖는 열가소성 수지는?

- 강도가 크고 전기절연성 및 내약품성이 양호하다.
- 고온 및 저온에 약하며, 지수판이나 배수관으로 주로 사용된다.
- 경질 비중은 1.4 정도이다.

① 페놀수지 ② 염화비닐수지
③ 아크릴수지 ④ 폴리에스테르수지

정답 및 해설

해설 16
녹막이 페인트
· 철재부에 반드시 칠함
· 연단페인트, 광명단, 방청산화철 페인트 등이 있음

해설 17
철재의 부식을 막기 위해 광명단을 사용한다.

해설 18
에폭시수지
굽힘 강도 등 기계적 성질과 내수성이 좋고 흡수율이 비교적 적으며 내약품성이 우수하다. 금속 및 무기질재료의 접촉성이 우수하다.

해설 19
요소수지, 실리콘수지, 알키드수지 : 열경화성수지

해설 20
플라스틱재료는 내후성(기후에 대한 내구성)이 불량하다.

해설 21
폴리염화 비닐
· PVC라고도 하며, 150~170℃에서 연화되기 때문에 가공하기 쉬운 열가소성 수지
· 내수성, 내화학 약품성이 크고 단단하기 때문에 판, 펌프, 탱크 등으로 활용된다.

정답 16. ③ 17. ② 18. ④ 19. ④ 20. ④ 21. ②

공사일반

6.1 핵심플러스

■ 조경공사의 특징
- 공종의 다양성 : 조경공사는 건축, 토목, 설비 등의 각 공정에 포함
- 공종의 소규모성
- 지방성 : 조경공사의 주요재료인 식물은 지역특성에 따른 환경의 제약이 있음
- 규격과 표준화의 곤란성 : 식물은 자연에서 얻어지는 것이므로 규격화, 표준화가 곤란

■ 입찰방법

일반	일반경쟁입찰(불특정다수에 기회제공)
제한	· 지명경쟁입찰 /제한경쟁입찰/ 제한적 평균가 낙찰제/ 턴키(Turnkey Base) · PQ(Prequalification : 입찰참가자격 사전심사) : 부실공사를 방지하기 위한 수단으로 입찰전에 미리 공사수행능력 등을 심사하여 일정수준이상의 능력을 갖춘 사람에게만 참가자격을 부여하는 제도

■ 공사관리
- 시공관리 3대기능 : 공정관리 / 품질관리 / 원가관리
- 시공계획과정 : 사전조사 → 시공기술계획 → 일정계획 → 가설계획과 조달계획 → 관리계획
- 품질관리경로 : 계획(P) → 실시(D) → 검토(C) → 조치(A)

■ 통합적 품질관리 TQC의 7도구(Tools)
- 히스토그램(막대그래프 형식의 도수분포도), 파레토도, 특성요인도, 체크씨이트, 각종그래프, 산점도, 층별

■ 시방서의 종류 : 표준시방서 / 전문시방서 / 공사시방서

1 공사계약

★① 입찰의 순서

입찰공고→입찰참가신청 및 입찰보증금 접수→입찰서제출→개찰→낙찰→계약체결

★② 도급공사

㉠ 일식도급 : 공사 전체를 하나의 도급자에게 맡겨 공사에 필요한 재료, 노무, 현장 시공 업무 일체를 일괄하여 시행시키는 방법

㉡ 분할도급 : 공사를 세분하여 따로 도급자를 선정하여 도급 계약하는 방식, 공정별 · 공구별 · 직종별 · 공종별로 분할하여 도급계약하는 방식

㉢ 공동도급 : 2개 이상의 회사가 공동 투자하여 기업체를 구성해서 한 회사의 입장에서 공사를 맡아 시행하는 방식

■ 참고 : 공동도급의 장단점

장 점	단 점
·공사이행의 확실성이 보장된다. ·여러 회사 참여로 위험이 분산된다. ·자본력과 신용도가 증대된다. ·공사도급경쟁의 완화수단이 된다. ·기술향상, 경험의 확충 기대된다.	·단일회사 도급보다 경비가 증대된다. ·이해충돌, 책임회피 우려된다. ·경영방식 차이에서 오는 능률저하된다. ·사무관리, 현장관리, 혼란의 우려된다. ·하자책임의 불분명하다.

2 관련용어

① 발주자 : 공사를 의뢰하는 사람(시공주)

② 시공자 : 공사를 입찰받아 공사를 완성하는 사람

③ 감독관 : 발주자가 지정하며 공사진행을 감독하는 사람

④ 설계자 : 발주자와 설계계약을 체결해 설계, 공사내역서, 시방서 작성하는 사람

⑤ 감리자 : 공사가 설계서와 시방서대로 이루어지는지를 확인하는 사람

㉠ 검측감리 : 품질관리 및 검측업무 등 시공적합성 확인

㉡ 시공감리 : 검측감리 외에 품질관리, 안전관리

㉢ 책임감리 : 시공감리 외에 발주청 감독권한 대행

⑥ 현장대리인 : 시공자를 대리해 현장에 상주하는 기술자

3 공사입찰방법의 종류 ★★

① 입찰방법

㉠ 일반경쟁입찰 : 관보, 신문, 게시 등을 통하여 일정한 자격을 가진 불특정다수의 희망자를 경쟁 입찰에 참가하도록 하여 가장 유리한 조건을 제시한 자를 선정하여 계약함으로써 일반 업자에게 균등한 기회를 주고 공사비가 적게 듬

㉡ 지명경쟁입찰 : 자금력과 신용에서 적당하다 인정되는 특정다수의 경쟁 참가자를 지명하여 입찰방법에 의하여 낙찰자를 결정한 후 계약을 체결하는 방법

㉢ 제한경쟁입찰 : 입찰참가의 자격을 실적, 공법, 도급액 등으로 제한, 일반경쟁입찰과 지명경쟁입찰의 단·장점을 보완하고 취한 방법

㉣ 설계시공 일괄입찰(Turnkey Base)

·설계와 시공계약을 단일의 계약주체와 한꺼번에 수행하는 계약방식 즉, 발주자가 제시하는 공사의 기본계획 및 지침에 따라 입찰자가 설계서, 기타도서를 작성하여 입찰서와 함께 제출하는 방식으로 새로운 Plant공사와 특정한 대형시설공사에 적용

· 장 · 단점

장점	- 설계 · 시공이 동일업체이므로 공정관리에 애로가 적음 - 공사비와 공기를 단축가능 - 신기술, 신공법 적용기회 제공 - 공사의 대규모, 전문화경향
단점	- 설계 · 견적기간이 짧아 계획안이 부실할 우려 - 최저가 낙찰제로 설계내용 우수성이 반영되지 못하거나 품질저하우려 - 발주자의 의도가 반영되지 못함, 제출도면이 불필요하게 많으며 설계지침이 자주 변경될 수 있음

ⓜ 대안입찰 : 원안입찰과 함께 입찰자의 의사에 따라 대안설계서에 따른 대안입찰서 제출이 허용되는 입찰방법으로서 설계 · 시공상의 기술능력 개발을 유도하고 설계경쟁을 통한 공사의 품질향상을 도모하기 위한 제도

ⓑ 제한적 평균가 낙찰제 : 부찰제로 불리며 예정가격의 일정가격(85%) 이상으로 입찰한 자의 입찰금액을 평균금액 이하로 가장 근접하게 응찰한 자를 낙찰자로 결정하는 제도, 최저 낙찰제의 과도한 경쟁으로 인한 덤핑입찰을 방지

ⓢ 특명입찰(수의계약) : 공사의 시공에 가장 적합하다고 인정되는 한명의 업자를 선정하여 입찰시킴

기출예제

제한적 평균가 낙찰제(落札制)에 의해 예정가를 기준으로 7명(갑 : 93%, 을 : 92%, 병 : 91%, 정 : 89%, 무 : 88%, 기 : 84%, 경 : 82%)이 입찰하였다. 다음 중 낙찰된 사람은?

① 병　　② 정
③ 무　　④ 경

답 ②

해설 제한적 평균가 낙찰제 : 예정가격의 일정가격이상(85%)으로 입찰한자의 입찰금액을 평균금액 이하로 가장 근접하게 응잘한자를 낙찰시키는 제도

$\frac{93+92+91+89+88}{5}=90.6$ → 평균가격 이하로 가장 근접한 사람이므로 정(89%)이 낙찰됨

■ 참고 : 입찰참가자격 사전심사(PQ : Prequalification)

· 개념 : 부실공사를 방지하기 위한 수단으로 입찰 전에 미리 공사수행능력 등을 심사하여 일정수준 이상의 능력을 갖춘 자에게만 참가자격을 부여하는 제도

4 공사관리

① 시공관리의 3대 기능

공정관리	시공계획에 입각하여 합리적이고 경제적인 공정을 결정
품질관리	설계도서에 규정된 품질에 일치하고 안정되어 있음을 보증
원가관리	공사를 경제적으로 시공하기 위해 재료비, 노무비, 그 밖의 현장경비를 기록, 통합하고 분석하는 회계절차

■ 참고 : 용어정의

- 시공계획 : 설계도면 및 시방서에 의해 양질의 공사목적물을 생산하기 위하여 기간 내에 최소의 비용으로 안전하게 시공할 수 있도록 조건과 방법을 결정하는 계획
- 시공관리 : 시공에 관한 계획 및 관리의 모든 것으로 양질의 품질, 적절한 공사기간, 적절한 비용에 안전하게 시공하는 것
- 품질관리 : 품질관리 수요자의 요구에 맞는 품질의 제품을 경제적으로 만들어내기 위한 모든 수단의 체계이며, 근대적 품질관리는 통계적 수단을 채택하고 있으므로 통계적 품질관리를 의미(발달순서 QC → SQC → TQC)
- 안전관리 :건설공사에 직접 종사하는 기술자들을 재해로부터 인명과 재산, 시설 등을 지키기 위해 합리적인 공사 관리 계획을 세워 안전하게 공사를 시행할 수 있도록 함

② 시공계획

㉠ 5M을 사용해 5R을 확보

5M	Men(노무), Money(자금), Method(시공), Materials(자재), Machine(장비)
5R	Right Quality(품질), Right Quantity(물량), Right Time(공기), Right Cost(원가), Right product(목적물)

㉡ 과정 : 사전조사 → 시공기술계획 → 일정계획 → 가설계획과 조달계획 → 관리계획

★★ ㉢ 시공계획의 검토

사전조사	· 계약서 · 설계도서 · 계약조건의 검토	· 현장조건 · 주변환경 등 현지답사
시공기술계획	· 시공순서와 시공법의 기본방침결정 · 예정공정표작성 · 가설비의 설계와 배치계획	· 공기와 작업량 및 공사비의 검토 · 시공기계 선정과 운용계획 · 품질관리계획
조달계획	· 하도급발주계획 · 기계계획 · 운반계획	· 노무계획 · 재료계획
관리계획	· 현장관리조직의 편성 · 자금 및 수지계획 · 제 계획도표의 작성	· 실행예산서의 작성 · 안전관리계획 · 보고 및 검사용 서류의 정비계획

■ 참고 : 시공계획 결정과정에서 검토할 중심과제

- 발주자가 제시한 계약조건
- 기본공정표
- 기계의 선정
- 현장의 공사조건
- 시공법과 시공순서
- 가설비의 설계와 배치계획

㉣ 시공계획의 기본사항

- 과거의 경험을 고려하여 타당성이 있는 신기술을 채택한다는 전제 아래 시공계획을 세움
- 시공에 적합한 계획을 마련
- 시공기술수준의 검토 등 필요시 전문기관의 기술지도를 받는다.
- 대안을 비교검토해서 가장 적합한 계획을 채택

㉤ 일정계획

- 가능일수≥소요일수= $\frac{\text{공사량}}{\text{1일 평균작업량}}$
- 1일 평균작업량≥ $\frac{\text{공사량}}{\text{공사가능일수}}$
- 공사가능일수 = 공사기간 - 휴일 및 불가능일수기간

■ 참고 : 용어정의

- 불가능 일수 : 기상과 수문자료, 지형, 지질의 자연조건과 공사의 기술적 특성을 고려
- 공사기간=작업일수+준비일수+휴일일수+강우(강설)일수
- 1일 실작업량=표준작업량×가동률×작업시간효율×작업능률

〈관련내용〉

- 표준작업량=표준작업능력×작업시간
- 작업시간효율=실작업시간/노동시간
- 가동률=가동노무자수×전노무자수
- 작업능률=실작업량/표준작업량

③ 공정관리의 내용

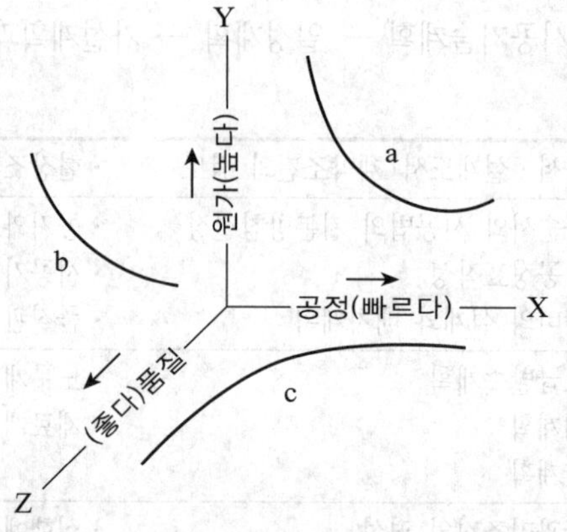

㉠ 공정과 원가와의 관계(a곡선) : 공정이 빨라지면 단위수량당 원가는 낮아지나 밤샘작업의 경우 상대적으로 원가는 높아짐

㉡ 품질과 원가와 관계(b곡선) : 품질을 좋게 하면 원가도 비례하여 높아지는 경향

㉢ 공정과 품질과 관계(c곡선) : 공정을 촉진시키면 품질이 저하하는 경향을 보임

④ 품질관리

㉠ 통계적 품질관리(statistical quality control : SQC)

- 유용하고 경쟁력 있는 성과품을 경제적으로 생산하기 위하여 생산의 모든 단계에 통계적인 수법을 응용
- 건설분야에서는 발주자가 설계서에 요구하는 적합한 품질을 경제적으로 완성하는 수단체계

★ ㉡ 통합적 품질관리(total quality control : TQC)

- 양질의 제품을 보다 경제적인 수준에서 생산할 수 있도록 각 부문의 품질유지와 개선노력을 체계적이면서 종합적으로 조정
- 품질유지, 품질향상, 품질보증 : 히스토그램, 특성요인도, 파레토도, 산점도, 그래프 등

★ · TQC의 7도구(Tools)

구 분	내 용
히스토그램	·품질관리에 사용하는 통계적 수법의 기본요소 ·데이터가 어떤 분포를 하고 있는지 알아보기 위해 작성한 막대그래프 형식의 도수분포도를 말함
파레토도	불량 등의 발생건수를 분류항목별로 나누어 크기 순서대로 나열해 놓은 그림
특성요인도	결과에 원인이 어떻게 관계하고 있는가를 한눈에 알 수 있도록 작성한 그림
체크씨이트	계수치의 데이터가 분류항목의 어디에 집중되어 있는가를 알아보기 쉽게 나타낸 그림이나 표
각종그래프	한눈에 파악되도록 한 각종그래프
산점도	대응되는 두개의 짝으로 된 데이터를 그래프 용지 위에 점으로 나타낸 그림. 두변수간의 상관관계를 알 수 있음
층별	집단을 구성하고 있는 데이터를 특징에 따라 몇 개의 부분집단으로 나누는 것

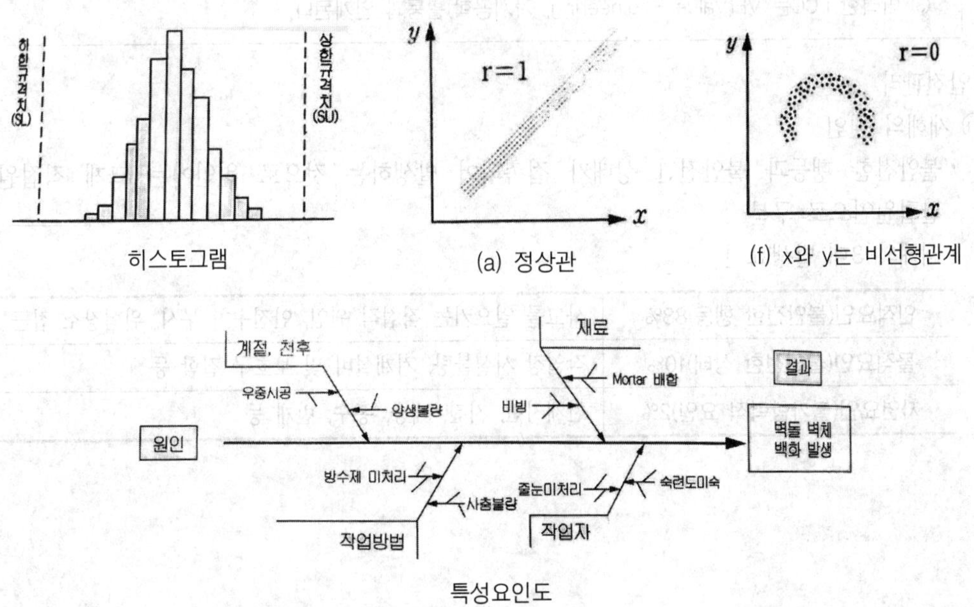

특성요인도

㉢ 품질관리경로

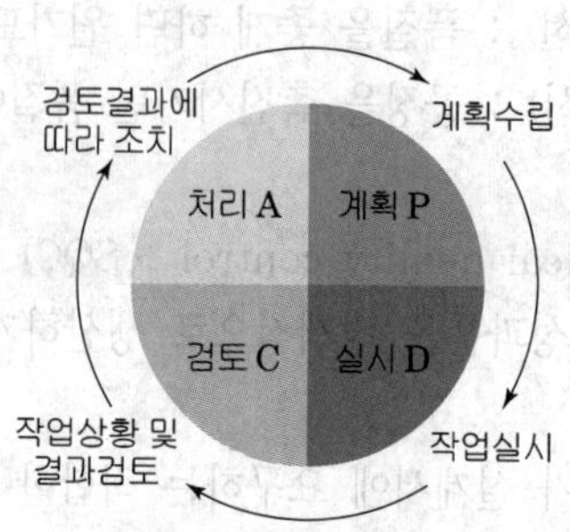

㉣ ISO 인증

- ISO 9000 : 품질경영과 품질보증규격의 선택과 사용에 대한 지침
- ISO 9001 : 설계, 개발, 생산, 설치, 서비스의 품질보증 시스템 인증규격
- ISO 9002 : 생산과 설치 및 서비스에 관한 품질보증시스템인증규격
- ISO 14000 : 품질, 환경 등 기업전반의 환경품질경영시스템

■ 참고 : 생애주기비용(Life Cycle Cost)

① 개요
- 구조물의 초기 투자 단계를 거쳐 유지관리, 철거 단계로 이어지는 일련의 과정을 구조물의 life cycle이라 하며, 여기에 필요한 제비용을 합친 것을 LCC(Life Cycle Cost)라 한다.
- LCC 기법이란 종합적인 관리 차원의 total cost로 경제성을 평가하는 기법이다.

② 목적(효과)
- 설계의 합리적 선택
- 발주자의 비용 절감
- 설계자의 노동력 절감
- 시공자의 시공 편리
- 입주자의 유지 관리비 절감
- 건물의 효과적인 운영 체계 수립

③ 이러한 LCC는 VE(Value Engineering, 가치공학)활동과 연계된다.

⑤ 안전관리

㉠ 재해의 원인

- 불안전한 행동과 불안전한 상태가 접촉되어 발생하는 것으로 원인에는 크게 직접원인과 간접원인으로 구분
- 재해의 3대 발생요인

인적요인(불안전한 행동)88%	사고를 일으키는 직접적 원인, 안전수칙 무시, 위험장소 접근 등
물적요인(불안전한 상태)10%	작업장 시설불량, 기계설비 및 보호구 결함 등
자연요인(불가항력적 요인)2%	천재지변, 지진, 태풍, 홍수, 번개 등

· 재해의 직접 원인

인적 원인	· 심리적 원인 : 미지와 미숙련, 부주의와 태만 · 생리적 원인 : 신체의 결함, 질병과 피로 · 기타 : 노약자, 복장의 불비
물적 원인	· 설비 : 구조, 재료 및 안전설비의 불완전, 협소한 작업장 · 작업 : 정비 · 점검 및 수리의 불량, 기계공구의 불비, 불합리한 지시, 급속한 시공 · 기타 : 예산 부족, 공기상의 불합리 등
자연 원인	추위, 바람, 더위, 비, 눈 등

· 재해의 간접 원인 (안전 보건관리상의 결함)

기술적 원인	· 기계, 기구 설비 등 방호 설비, 경계 설비, 보호구 정비 등의 기술적 결함 · 건물, 기계 장치 설계 불량 · 생산 방법의 부적당구조 · 재료의 부적합점검 · 정비 보존 불량 등
관리적 원인	· 책임감 부족, 부적절한 인사 배치, 작업 기준 불명확, 점검 · 보건 제도의 결함, 근로 의욕 침체 등 · 안전관리조직의 결함 · 작업 준비 불충분 · 작업지시 부적당 · 인원 배치 부적당 · 안전 수칙의 미제정
교육적 원인	· 무지, 경시, 몰이해, 훈련 미숙, 나쁜 습관 등 · 안전 지식 및 경험의 부족 · 안전수칙 준수의 부족 및 오해 · 작업상의 악습 및 잘못된 버릇 · 작업 방법의 교육 불충분 · 유해, 위험한 작업의 교육 불충분 · 안전 지식 부족
정신적 원인	· 태만, 반항, 불만, 초조, 기장, 공포 등(정신 상태 불량으로 일어나는 안전 사고) · 안전 의식의 부족 · 방심 및 공상 · 판단력 부족 또는 그릇된 판단 · 주의력 부족
신체적 원인	· 각종 질병, 스트레스, 피로, 수면부족 등 · 피로 · 근육 운동의 부적합 · 시력 및 청각 기능 이상 · 육체적 능력 초과

㉡ 재해발생의 매커니즘(mechanism)을 물건과 사람과의 접촉현상으로 해서 포착한 가장 간단한 모델이다.

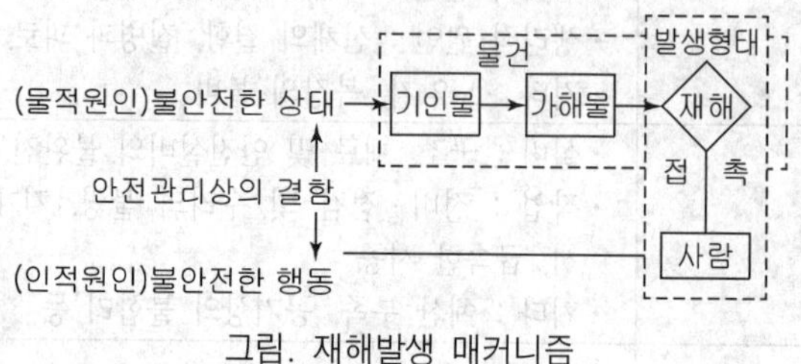

그림. 재해발생 매커니즘

㉢ 재해의 사고형태(발생형태)의 종류

분류항목	세부항목
추락	사람이 건축물, 비계, 기계, 사다리, 계단, 경사면, 나무 등에서 떨어지는 것
전도	사람이 평면상으로 넘어졌을 때를 말함(과속, 미끄러짐 포함)
충돌	사람이 정지물에 부딪힌 경우
낙하, 비래	물건이 주체가 되어 사람이 맞는 경우
붕괴, 도괴	적재물, 비계, 건축물이 무너진 경우
협착	물건에 끼워진 상태, 말려든 상태
감전	전기 접촉이나 방전에 의해 사람이 충격을 받은 경우
폭발	압력의 급격한 발생 또는 개방으로 폭음을 수반한 팽창이 일어난 경우
파열	용기 또는 장치가 물리적인 압력에 의해 파열한 경우
화재	화재로 인한 경우를 말하며 관련 물체는 발화물을 기재
무리한 동작	무거운 물건을 들다 허리를 삐거나 부자연스런 자세 또는 동작의 반동으로 상해를 입는 경우
이상온도	접촉 고온이나 저온에 접촉할 경우
유해물질	접촉 유해물 접촉으로 중독되거나 질식된 경우

㉣ 재해의 상해종류

분류항목	세부항목
골절	뼈가 부러진 상태
동상	저온물 접촉으로 생긴 동상 상해
부종	국부 혈액순환의 이상으로 몸이 퉁퉁 부어오르는 상태
자상	칼날 등 날카로운 물건에 찔린 상태
좌상	타박상, 충돌, 추락 등으로 피부표면보다는 피하조직 또는 근육부를 다친 상태(삔 것 포함)
절상	신체부위가 절단된 상해
중독, 질식	음식, 약물, 가스 등에 의한 중독이나 질식된 상해
찰과상	스치거나 문질러서 벗겨진 상해
창상	창, 칼 등에 베인 상해
화상	화재 또는 고온물 접촉으로 인한 상해
청력장해	청력이 감퇴 또는 난청이 된 상해
시력장해	시력이 감퇴 또는 실명된 상해

■ 참고 : 산업재해 발생시 조치 사항 7단계

제 1단계	① 피해기계의 정지 ② 피해자의 응급조치 ③ 관계자에게 통보 ④ 2차 재해방지 ⑤ 현장보존
제 2단계	재해조사 : 사상자 보고, 잠재 재해요인의 적출
제 3단계	원인강구(사람, 물체, 관리)
제 4단계	대책수립 ① 동종재해의 방지 ② 유사재해의 방지
제 5단계	대책실시 계획
제 6단계	실시
제 7단계	평가

★ ㉤ 산업재해 통계

- 재해율(천인율)이라 함은 근로자수 100(1,000)인당 발생하는 재해자수의 비율을 말함

$$연천인율(천인율) = \frac{재해자수}{상시근로자수} \times 100(1.000)$$

- 도수율(또는 빈도율)은 100만 근로시간당 재해발생 건수를 말함

$$빈도율(FR:Frequency\ Rate\ of\ injury) = \frac{재해건수}{연근로시간수} \times 1,000,000$$

- 연천인율과 도수율의 상관관계 : 연천인율 = RF × 2.4
- 강도율(SR: Severity Rate of Injury)은 근로시간 합계 1,000시간당 재해로 인한 근로손실일수를 말함, 즉 재해로 인한 피해 정도를 나타내는 것으로 근로손실일수를 연근로시간수로 나누어 1,000분비로 산출함

$$강도율 = \frac{총근로손실일수}{연근로시간수} \times 1,000$$

$$총근로손실일수 = 장해등급별\ 근로손실일수 + 비장해등급\ 근로손실일수 \times \frac{300}{365}$$

㉥ 안전대책

고려사항	· 안전 또는 재해에 대한 관리와 문제점 검토는 계획, 설계, 시공 단계에서 고려함 – 계획단계에서는 자연재해의 방지, 시공 중, 준공 후 자연환경의 보전대책을 검토 – 설계단계에서는 건설된 시설이나 구조물 등의 안전성 확보를 검토 – 시공단계에서는 노동재해나 현장 주변의 제3자 재해방지를 검토
안전대책의 적용	· 공사진행과정 뿐만 아니라 준공 후 유지관리 측면에서도 안전대책에 유의해야 함 · 특히 시공과정상 안전을 위해 재해의 원인과 경향을 파악하여 안전대책을 강구 · 안전대책의 적용과 실시내용 – 안전관리기구의 구성 – 노동재해기구의 방지계획 – 안전교육의 실시 – 매일현장점검 – 현장의 정리정돈 – 위험장소의 기술적 안전대책 검토 – 응급시설의 완비 등

ⓢ 재해예방 4원칙(Heinrich의 산업안전 4원칙)
- 손실우연의 법칙: 사고의 결과 손실(상해)유무의 대소는 사고당시 조건에 따라 우연히 발생
- 원인계기의 원칙: 사고는 반드시 원인이 있고 원인의 대부분은 복합적인 연계가 원인
- 예방가능의 원칙: 사고는 예방이 가능, 천재지변을 제외한 모든 재해는 예방가능
- 대책선정의 원칙: 사고예방을 위한 안전대책이 선정되고 적용되어야 한다.

■ 참고 : 무재해 운동

■ 무재해 운동은 근로자가 상해를 입을 소지가 있는 위험요소가 없는 상태를 말하며, 인간존중의 이념을 바탕으로 경영자, 관리감독자, 근로자 등 사업장의 전원이 적극적으로 참여하여 작업현장의 안전과 보건을 선취하여 일체의 산업재해를 근절하며 인간중심의 밝고 활기찬 직장풍토를 조성하는 것

■ 무재해 이념의 3원칙
- 무(Zero)의 원칙 : 근원적으로 산업재해를 없애는 것이며 "0"의 원칙이다.
- 선취의 원칙 : 무재해를 실현하기 위해 일체의 위험요인을 사전에 발견, 파악, 해결하여 재해를 예방하거나 방지하기 위한 원칙
- 참가의 원칙 : 근로자 전원이 참석하여 문제해결 등을 처리하는 원칙

■ 무재해 운동의 추진 3기둥
- 최고 경영자의 엄격한 경영자세 - 사업주
- 안전 관리의 라인화 - 관리감독자
- 직장 자주 활동의 활발화 - 근로자

5 시방서

★ ① 종류

표준시방서	시설물의 안정, 공사시행 적정성 · 품질확보 등을 위하여 시설물별로 정한 표준시공기준
전문시방서	표준시방서를 근거로 하며 특정공사 시공 또는 공사시방서 작성활용, 모든 공종을 대상으로 발주처가 작성
공사시방서	표준 · 전문시방서를 기본으로 함, 개별공사의 특수성, 지역 여건, 공사방법고려, 도급계약서류에 포함되는 계약문서임

② 체계

㉠ 구성체계 : 프로젝트명 - 편 - 장 - 절 - 부분 - 항목 - 단락

㉡ 내용체계 : 보충사항(시공에 대한 보충, 주의사항)/ 시공방법의 정도/ 시공에 필요한 각종설비 / 재료 및 시공에 관한 검사/ 재료의 종류, 품질

★★ ③ 적용순서 : 현장설명서 〉 공사시방서 〉 설계도면 〉 표준시방서, 모호한 경우는 발주자 또는 감독자의 지시에 따름

④ 시방서 관련내용

★ ㉠ 설계변경조건
- 공사시행 중 발주측의 계획 및 방침의 변경으로 일부공사의 추가, 삭제 및 물량의 증감
- 공법, 현장여건의 변동으로 인한 수량이 변경 시

· 골재원, 부토용토량의 토취장위치 및 운반거리가 변경
· 필요시 수목의 보호 및 양생조치비용의 계상
· 물량내역서와 설계도면과의 현격한 차이가 발생할 경우 감독자에게 보고하고 정산처리
· 기타 현장의 제반조건이 설계도서와 현저하게 상이할 때

★ ㉡ 감독자의 공사일시중지지시
· 기후 악조건으로 공사에 손상을 줄 우려가 있다고 인정될 때
· 수급인이 설계서대로 공사를 하지 않거나 또는 감독자의 지시에 응하지 않을 때
· 공사 종사원의 안전을 위하여 필요하다고 인정될 때
· 수급인의 공사시공방법 또는 시공이 미숙하여 조잡한 공사가 우려될 때

■ 참고 : 표준시방서와 설계기준의 코드화

① 건설기준 코드체계 표준화
· 각각 운영되던 기준들을 통폐합하여 기준간 중복 · 상충부분을 정비하고, 개정이 용이하도록 코드화 추진
· 건설기준은 「건설기술진흥법」 및 「건설기술진흥법 시행령」 에 따른 건설공사 설계기준, 건설공사 시공기준 및 표준시방서, 그 밖에 건설공사의 관리에 필요한 사항(전문시방서) 등을 말한다.

② 설계기준코드, 표준시방서 두 분류로 코드 통폐합
· 설계기준 KDS(Korean Design Standard)
· 표준시방서 KCS(Korean Construction Specification)

③ 건설기준 코드체계 표준화
· 공통편, 시설물편, 사업 분야편으로 구분
· 공통 설계기준 (KDS 10 00 00) / 공통공사 (KCS 10 00 00)
· 조경 설계기준 (KDS 34 00 00) / 조경공사 (KCS 34 00 00)

④ 건설기준 코드번호
· KCS 34 40 00 조경공사 일반사항
· KDS 34 40 10 일반식재기반 식재
· KDS 34 40 20 수목이식

⑤ 건설기준코드 개편 효과
· 중복성 최소화, 상충성 해결, 사용자 편의성, 코드추가 확장성, 성능중심지향

6 공정표의 내용

① 가설공사 : 가설울타리, 가설 건물, 규준틀, 비계 등
② 기초공사 : 대지의 장애물 제거, 흙막이 지정(잡석지정, 말뚝박기 등)
③ 주체공사 : 철근 콘크리트공사, 목공사
④ 마무리공사 : 돌공사, 타일, 테라코타, 미장, 도장, 창호, 유리, 장식공사
⑤ 부대시설공사 : 위생, 난방, 환기, 전기, 가스, 급배수공사, 조경공사

핵심기출문제

내친김에 문제까지 끝내보자!

1. 제한적 평균가 낙찰제에 대한 설명으로 옳지 않은 것은?

① 건설업체의 과도한 경쟁으로 인한 덤핑입찰을 방지하고 적정이윤을 보장할 수 있다.
② 낙찰적격자가 1인인 경우에는 무효로 한다.
③ 부찰제로도 불린다.
④ 중·소 건설업체에게 수주기회를 부여한다.

2. 다음 각각의 입찰방법에 대한 설명으로 틀린 것은?

① 일반경쟁입찰은 저렴한 공사비와 공사수주희망자에게 기회를 균등하게 줄 수 있으며 신용, 기술, 경험, 능력을 신뢰할 수 있어 우수한 입찰방법이다.
② 제한경쟁입찰은 계약의 목적, 성질에 따라 입찰참가자의 자격을 제한할 수 있다.
③ 지명경쟁입찰은 자금력과 신용 등에서 적합하다고 인정되는 특정 다수의 경쟁 참가자를 지명하여 입찰에 참여 하도록 한다.
④ 수의계약은 소규모 공사, 특허공법에 의한 공사, 신기술에 의한 공사인 경우 체결할 수 있다.

3. 입찰방식 중 PQ(Pre-qualification)제도에 관한 설명으로 틀린 것은?

① 매 공사 혹은 입찰 때마다 실시한다.
② 입찰 참가 자격을 사전 심사하는 제도를 말한다.
③ PQ제도를 통해 발주자는 각 업체의 능력을 정확히 파악할 수 있다.
④ 능력 있는 시공업체를 평가하기 위해 일정기간마다 주기적으로 시행한다.

4. 다음의 공사입찰 방법 중 가장 공개적이고 공사수주 희망자에게 기회를 균등하게 줄 수 있으며, 경제성이 있는 입찰방법은?

① 수의계약　　② 일반경쟁입찰
③ 제한적 평균가 낙찰제　　④ 설계 · 시공일괄입찰

정 답 및 해 설

해설 1
제한적 평균가 낙찰제는 낙적격자가 1인인 경우도 이를 낙찰자로 결정하고, 2인 이상인 경우 낙찰적격자의 입찰 금액을 평균하여 평균금액 바로 아래에 가까운 금액으로 입찰한 자를 낙찰자로 결정하는 방식이다.

해설 2
일반경쟁입찰은 낙찰자의 신용, 경험, 능력 등을 신뢰할 수 없는 단점이 있다.

해설 3
P.Q(사전입찰심사제도)
발주자가 입찰에 참여하는 건설업체의 재무상태·기술수준·시공실적 등을 종합적으로 사전에 심사하는 것을 말한다. 이는 입찰에 참가한 업체가 해당공사를 낙찰 받을 경우 시공능력이 있는지를 파악하기 위해 활용되고 있다.

해설 4
일반경쟁입찰은 불특정 다수에게 기회를 균등하게 주는 방식으로, 정부나 공공기관의 계약은 공개에 의해 공정성을 확보하고 경쟁에 의해 경제성을 확보해보려는 의도가 있다.

정답 1. ② 2. ① 3. ④ 4. ②

5. 공사방법에 있어서 전문 공사별, 공정별로 도급을 주는 방법은?

① 분할도급 ② 공동도급
③ 일식도급 ④ 직영도급

6. 시공계획 결정과정에서 검토할 중심과제가 아닌 것은?

① 입찰서 ② 기본공정표
③ 현장의 공사조건 ④ 발주자가 제시한 계약조건

7. 공사관리의 핵심은 설계도서를 근거로 적합하게 시공할 수 있는 조건과 방법을 계획하는 측면인 시공계획과 계획대로 시공하기 위한 시공관리로 구분되는데 시공관리에 포함되지 않는 것은?

① 노무관리 ② 품질관리
③ 원가관리 ④ 공정관리

8. 다음 중 시방서에 포함될 수 없는 것은?

① 적용범위에 관한 사항
② 검사 결과의 보고에 관한 사항
③ 시공 완성 후 뒤처리에 관한 사항
④ 재료의 인수시기에 관한 사항

9. 다음 공사계약방식 중 공사수행방식에 따른 분류에 해당하지 않는 것은?

① 턴키계약
② 설계 · 시공일괄계약
③ 설계 · 시공분리계약
④ 실비정산보수가산계약

10. 조경시공 중 안전관리시 기준으로 삼아야 할 안전관련 법규에 해당되지 않는 것은?

① 근로기준법
② 소방기본법
③ 건설산업기본법
④ 엔지니어링산업진흥법

정답 및 해설

해설 **5**

분할도급은 공사내용을 공종, 공정, 공구, 직종별로 세분한 후 각기 도급자를 선정해 분할도급계약을 맺는 방식을 말한다.

해설 **6**

시공계획 결정과정에서 검토할 중심과제
- 발주자가 제시한 계약조건
- 현장의 공사조건
- 기본공정표
- 시공법과 시공순서
- 기계의 선정
- 가설비의 설계와 배치계획

해설 **7**

시공관리 – 품질관리, 원가관리, 공정관리

해설 **8**

시방서 포함 내용
- 보충사항(시공에 대한 보충, 주의사항)
- 시공방법의 정도
- 시공에 필요한 각종설비
- 재료 및 시공에 관한 검사
- 재료의 종류, 품질
- 시공 완성 후 뒤처리에 관한 사항

해설 **9**

실비정산보수가산계약
- 공사계약자 선정 및 계약과 관련한 도급금액 결정방식
- 발주자, 감독자, 시공자 등 3자가 입회하여 공사에 필요한 실비와 보수를 협의하여 도급금액을 결정하고 시공자에게 공사비를 지급하는 방식

해설 **10**

엔지니어링산업진흥법
- 엔지니어링산업의 진흥에 필요한 사항을 정하여 엔지니어링산업의 기반을 조성하고 경쟁력을 강화함
- 관련 산업 간의 균형발전을 도모하고, 창의적인 지식기반사회의 실현과 국민경제의 발전에 이바지함

정답	5. ① 6. ① 7. ① 8. ④ 9. ④ 10. ④

11. 다음은 시공계획에 대한 설명이다. 틀린 것은?

① 시공계획 결정 중 검토해야 할 사항은 기본설계도와 기본공정표, 시공법과 시공순서, 시공용 기계설비의 설정 등이다.
② 시공계획 시에는 싸게, 좋게, 안전하게 주어진 공기내에 소요의 품질을 완성하는 것으로 적정한 이윤의 경제성도 고려되어야 한다.
③ 시공계획 중 기본계획 단계에서는 시공법의 개요, 시공순서, 경제성 등을 검토, 조사하여 시공 공법과 관련하여 기본방침을 결정한다.
④ 시공계획의 내용은 사전조사, 기본계획, 일정계획, 가설계획, 조달계획, 관리계획 등이다.

12. 다음 시공계획의 검토내용 중 시공기술계획에 해당하는 것은?

① 계약서, 설계도서, 계약조건의 검토
② 품질관리계획
③ 하도급 발주계획
④ 현장관리조직의 편성

13. 조경 시공관리에 관한 설명으로 옳은 것은?

① 식재공사는 다른 공사와 분리하여 공정계획을 세우는 것이 효율적이다.
② 시공관리의 목표는 품질 좋은 공사 목적물을 공사기간 내에 값싸고, 안전하게 시공하는 방법을 찾는 것이다.
③ 조경공사의 공정관리는 토목공사와는 달리 횡선식공정표가 네트워크공정표 보다 공종상호간의 연관을 파악하기 쉽다.
④ 조경공사에서 시공계획의 수립은 도급업자에게 위임되어 있어서 발주자와의 협의가 필요 없다.

14. 건설공사의 계약도서에 포함되는 시공기준이 되는 시방으로 개별공사의 특수성, 지역여건, 공사방법 등을 고려하여 설계도면에 표시할 수 없는 내용과 공사수행을 위한 시공방법, 품질관리 등에 관한 시공기준을 기술한 시방서는?

① 표준시방서
② 전문시방서
③ 공사시방서
④ 현장설명서

정답 및 해설

해설 **11**

검토해야 할 사항에 기본설계도은 포함되지 않는다.

해설 **12**

시공기술계획의 내용
· 공사순서와 시공법의 기본방침 결정
· 공기와 작업량 및 공사비 검토
· 예정공정표의 작성
· 시공기계 선정과 운용계획
· 가설비의 설계와 배치계획
· 품질관리계획

해설 **13**

시공관리
· 시공에 관한 계획 및 관리의 모든 것
· 양질의 품질, 적절한 공사기간, 적절한 비용에 안전하게 시공하는 것

공통해설 **14, 15**

공사시방서
· 도급계약서류에 포함되는 계약문서
· 공사의 시공방법, 시공품질, 허용오차 등 기술적 사항을 규정하여 시공을 위한 사전준비, 시공 중 그리고 시공완료 후의 점검을 위한 지침서로서의 역할을 함

정답 11. ① 12. ② 13. ② 14. ③

15. 시방서에 관한 설명 중 틀린 것은?

① 시방서는 건설공사의 입찰, 견적, 공사시공에 꼭 필요한 서류이다.
② 표준시방서는 설계의도를 명확히 표현하기 위한 것으로서 설계도에서 표시할 수 없는 재료와 공법을 기술한다.
③ 특기시방서란 특정한 공사에서 유의해야 하는 시방서를 말한다.
④ 공사시방서란 시설들별 표준시방서를 기본으로 모든 공정을 대상으로 하여 특정한 시공 또는 전문 시방서의 작성에 활용하기 위한 종합적인 시공기준이다.

16. 다음 중 표준시방서의 내용으로 틀린 것은?

① 공사의 마무리, 공법, 규격, 기준 등을 나타낸 것
② 설계도 및 기타서류에 없는 사항을 자세히 명시한 것
③ 공사에 대한 공통적인 협의와 현장관리의 방법을 명시한 것
④ 각 공사마다 제출되며 현장에 알맞은 공법 등 설계자의 특별한 지시를 명시한 것

17. 조경공사의 시공시 일반노무만으로 부족한 공정은?

① 축석공사
② 정지공사
③ 터파기공사
④ 되메우기공사

18. 발주자가 제시하는 공사의 기본계획 및 지침에 따라 설계서, 기타 도서를 작성하여 입찰서와 함께 제출하는 입찰방식은?

① 수의계약
② 제한경쟁입찰
③ 설계시공 일괄입찰
④ 제한적 평균가 낙찰제

19. 다음 중 건설업 개방에 따른 국가경쟁력 강화, 부실공사방지, 건설수주의 대형화, 고급화에 따른 대응방안으로 제시된 입찰제도는?

① PQ제도
② 부대입찰제도
③ 대안입찰제도
④ 수의계약

정답 및 해설

해설 **16**

표준시방서
- 시설물의 안전 및 공사시행의 적정성과 품질확보를 위해 시설물별로 정한 표준적인 시공기준을 말함

해설 **17**

건설공사 표준품셈의 공사에 따른 직종구분
① 축석공사 – 보통인부, 석공
② 정지공사 – 보통인부
③ 터파기공사 – 보통인부
④ 되메우기공사 – 보통인부

해설 **18**

설계시공일괄입찰
- 설계와 시공계약을 단일의 계약주체와 한꺼번에 수행하는 계약방식
- 발주자가 제시하는 공사의 기본계획 및 지침에 따라 입찰자가 설계서, 기타도서를 작성하여 입찰서와 함께 제출하는 방식
- 새로운 Plant공사와 특정한 대형시설공사에 적용

해설 **19**

PQ(Prequalification)제도
- 부실공사를 방지하기 위한 수단
- 입찰전에 미리 공사수행능력 등을 심사하여 일정수준 이상의 능력을 갖춘자에게만 참가자격을 부여하는 제도

정답 15. ④ 16. ④ 17. ① 18. ③ 19. ①

정답 및 해설

20. 조경공사 현장에서 재해발생의 경중, 즉 강도를 나타내는 척도로서 연간 총 근로시간 1000시간당 재해발생에 의해서 잃어버린 근로손실 일수를 말하는 것은?

① 천인율　② 강도율
③ 도수율　④ 빈도율

21. 1년간 연 근로시간이 240,000시간의 조경시설물 제조공장에서 4건의 휴업재해가 발생하여 100일의 휴업일수를 기록했다. 강도율은 얼마인가? (단, 연간 근로일수는 300일이다.)

① 0.34　② 34.0
③ 0.75　④ 0.075

22. 공사발주를 위해 발주자가 작성하는 서류가 아닌 것은?

① 수량산출서　② 내역서
③ 시방서　④ 견적서

23. 공사일시 중지 사유에 해당되지 않는 것은?

① 기후의 악조건
② 공사 종사원의 안정상 필요시
③ 시공자가 감독자의 지시에 응하지 않을 때
④ 발주자의 설계변경 요구시

24. TQC를 위한 7가지 도구 중 다음 설명에 해당하는 것은?

> 모집단에 대한 품질특성을 알기 위하여 모집단의 분포상태, 분포의 중심위치, 분포의 산포 등을 쉽게 파악할 수 있도록 막대그래프 형식으로 작성한 도수 분포도를 말한다.

① 체크시트　② 파레토도
③ 특성요인도　④ 히스토그램

해설 **20**

- 천인율 (또는 재해율) – 근로자수 100(1,000)인당 발생하는 재해자수의 비율을 말함
- 도수율 (또는 빈도율) – 100만 근로시간당 재해발생 건수를 말함

해설 **21**

- 재해강도율 = (총 근로손실일수 / 연 근로시간수)×1,000

$$= \frac{100 \times \frac{300}{365}}{240,000} \times 1,000$$

$= 0.3424 \cdots \rightarrow 0.34$

해설 **22**

발주자가 작성하는 서류 – 수량산출서, 공사내역서, 시방서

해설 **23**

감독자의 공사일시중지지시 사유
- 기후 악조건으로 공사에 손상을 줄 우려가 있다고 인정될 때
- 수급인이 설계서대로 공사를 하지 않거나 또는 감독자의 지시에 응하지 않을 때
- 공사 종사원의 안전을 위하여 필요하다고 인정될 때
- 수급인의 공사시공방법 또는 시공이 미숙하여 조잡한 공사가 우려될 때

해설 **24**

① 체크시트 – 계수치의 데이터가 분류항목의 어디에 집중되어 있는가를 알아보기 쉽게 나타낸 그림이나 표
② 파레토도 – 불량 등의 발생건수를 분류항목별로 나누어 크기 순서대로 나열해 놓은 그림
③ 특성요인도 – 결과에 원인이 어떻게 관계하고 있는가를 한눈에 알 수 있도록 작성한 그림

정답 20. ② 21. ① 22. ④ 23. ④ 24. ④

25. 재해의 발생형태 중 재해자 자신의 움직임 · 동작으로 인하여 기인물에 부딪히거나, 물체가 고정부를 이탈하지 않은 상태로 움직임 등에 의하여 발생한 경우를 무엇이라 하는가?

① 비래 ② 전도
③ 충돌 ④ 협착

해설 **25**

- 비래 : 물건이 주체되어 사람이 맞는 경우
- 전도 : 사람이 평면상의 넘어졌을 때를 말함
- 협착 : 물건에 끼워진 상태, 말려진 상태

26. 작업현장에서의 상해 종류 중 압좌, 충돌, 추락 등으로 인하여 외부의 상처 없이 피하조직 또는 근육부 등 내부조직이나 장기가 손상 받은 상해를 무엇이라 하는가?

① 부종 ② 자상
③ 좌상 ④ 창상

해설 **26**

- 부종 : 국부 혈액순환의 이상으로 몸이 퉁퉁 부어오는 상태
- 자상 : 칼날 등 날카로운 물건에 찔린 상태
- 창상 : 창, 칼 등에 베인 상해

27. 다음과 같은 재해에 대한 원인 분석시 "사고유형"을 올바르게 나열한 것은?

공구와 자재가 바닥에 어지럽게 널려 있는 작업통로를 작업자가 보행 중 공구에 걸려 넘어져 통로바닥에 머리가 부딪쳤다.

① 비래 ② 낙하
③ 전도 ④ 충돌

해설 **27**

- 비례, 낙하 : 물건이 주체가 되어 사람이 맞는 경우
- 충돌 : 사람이 정지물에 부딪힌 경우

28. 다음 중 공정의 상태, 관리의 계획을 수립할 때 특성과 요인관계를 일목요연하게 그린 것은?

① Chracteristics diagram
② Pareto diagram
③ Histogram
④ 관리도

해설 **28**

Chracteristics diagram : 특성요인도란 결과가 특성에 대하여 원인(요인) 어떻게 관계하고 있는가를 쉽게 알 수 있도록 작성한 그림을 말한다.

29. 시공계획 결정과정에서 검토 할 중심과제에 해당하지 않은 것은?

① 발주자가 제시한 계약조건
② 현장의 공사조건
③ 입찰서
④ 기본공정표

해설 **29**

시공계획 결정과정에서 검토할 과제
- 발주자가 제시한 계약조건
- 현장의 공사조건
- 기본공정표
- 시공법과 시공순서
- 기계의 선정
- 가설비의 설계와 배치계획

정답 25. ③ 26. ③ 27. ③ 28. ① 29. ③

정 답 및 해 설

30. 다음 계약 체결 절차의 흐름으로 옳은 것은?

① 공고 → 입찰 → 낙찰 → 계약
② 입찰 → 공고 → 낙찰 → 계약
③ 공고 → 낙찰 → 입찰 → 계약
④ 낙찰 → 공고 → 입찰 → 계약

해설 30
입찰공고 → 입찰참가신청 및 입찰보증금 접수 → 입찰서 제출 → 낙찰 → 계약체결

31. 공사에 있어서 시방서, 도면 등 설계도서 간의 내용에 차이가 있을 때, 적용하는 순서로 맞는 것은?

(A) 설계도면	(B) 공사시방서
(C) 물량내역서	(D) 현장설명서

① (D) → (B) → (A) → (C)
② (A) → (B) → (C) → (D)
③ (B) → (A) → (C) → (D)
④ (C) → (B) → (A) → (D)

해설 31
설계도서간 내용 차이시 적용순서
현장설명서 > 공사시방서 > 설계도면 > 표준시방서, 모호한 경우는 발주자 또는 감독자의 지시에 따름

32. 시공계획의 작성순서를 조합한 것 중 가장 적당한 것은?

㉠ 노무, 기계, 재료 등의 조달, 사용계획을 수립한다.
㉡ 인원배치, 기계선정, 1일 작업량의 결정 및 각 공사의 작업순서 등의 상세한 계획을 수립한다.
㉢ 시공방법의 기본 방침을 결정한다.
㉣ 계약조건과 현장조건을 조사한다.

① ㉣ → ㉢ → ㉡ → ㉠
② ㉢ → ㉣ → ㉡ → ㉠
③ ㉣ → ㉢ → ㉠ → ㉡
④ ㉢ → ㉣ → ㉠ → ㉡

해설 32
시공계획 작성순서
사전조사(계약조건, 현장조건 조사) → 시공방법의 기본방침 결정 → 시공기술계획(시공순서, 시공법, 공기 및 작업량 등 계획) → 조달계획(노무,기계, 재료 사용계획)

정답 30. ① 31. ① 32. ①

33. 생애주기비용(LCC)과 관련된 설명 중 틀린 것은?

① LCC분석방법은 개념적으로 매우 복잡하지만 신뢰도가 높다.
② 총생애주기비용의 관점에서 가장 경제적인 대안을 선택하기 위한 일종의 경제성평가기법이다.
③ 시설물의 초기투자, 운영, 유지관리, 해체 및 폐기에 이르기까지 사업의 전체 비용을 합산하여 분석한다.
④ 건설사업을 비용절감을 위한 방법으로 VE(가치공학) 수행시 경제적 평가는 LCC에 의존한다.

34. 다음 중 조경공사 표준시방서에서 정하는 공사 기간의 연장을 요청할 수 있는 경우에 해당하는 것은?(단, 감독자의 승인을 반드시 받아야 한다.)

① 감독자의 지시에 응하지 않을 때
② 시공자가 설계서대로 시공하지 않을 때
③ 시공자의 인력수급 곤란 등 사정 발생시
④ 부적기 식재, 천재지변 등 공사의 지연이 불가피할 때

35. 다음 중 근로재해의 도수율(度數率)을 가장 잘 설명한 것은?

① 근로자 1000명당 1년간에 발생하는 사상자 수
② 재적근로자 1000명당 년간 근로 재해 수
③ 재적근로자의 근로 시간당의 사상자 수
④ 연 근로시간 합계 100만 시간당의 재해 발생 건수

36. 평균 근로자 수가 50명인 조합놀이대 생산 공장에서 지난 한 해 동안 3명의 재해자가 발생하였다. 이 공장의 강도율이 1.5이었다면 총 근로손실 일수는?
(단, 근로자는 1일 8시간씩 연간 300일 근무)

① 180일　　② 190일
③ 208일　　④ 219일

해설 **36**

강도율=(근로손실일수/총근로시간)×1000

이므로 $\frac{x(\text{근로손실일수})}{50 \times 8 \times 300} \times 1000 = 1.5$

근로손실일수=180일

정 답 및 해 설

해설 **33**

LCC분석은 종합적인 관리 차원의 total cost로 경제성을 평가하는 기법을 말한다.

해설 **34**

부적기식재, 천재지변 등 공사의 지연이 불가피한 경우에는 공사감독자의 승인을 받아 공사기간을 연장한다.

해설 **35**

① 연천인율(number of accident per year in thousands)
- 1년간 평균 근로자수에 대하여 평균 1,000인당 몇 건의 재해가 발생했는가를 나타냄
- (연간재해자수/연평균 근로자수) × 1000

② 도수율(Frequency rate of injury ; FR)
- 연 근로시간 합계 100만 시간당의 재해 발생 건수
- (재해건수/총 근로시간 수) × 1000000

③ 강도율(Severity rate of injury ; SR)
- 연 근로시간 1,000시간당 발생한 근로 손실일수를 나타내는 것으로 산업재해로 인한 근로손실을 나타내는 통계
- (근로손실일수/총근로시간 수)×1000

정답 33. ① 34. ④ 35. ④ 36. ①

정 답 및 해 설

37. 다음 중 시공·관리 분야에서 일반경쟁 입찰을 바르게 설명한 것은?

① 계약의 목적, 성질 등에 필요하다고 인정될 경우 참가자의 자격을 제한할 수 있도록 한 제도
② 관보, 신문, 게시 등을 통하여 일정한 자격을 가진 불특정다수의 희망자를 경쟁에 참가하도록 하여 가장 유리한 조건을 제시한자를 선정하는 방법
③ 예산가격 10억원 미만의 공사 낙찰자 결정 방법으로 예정가격의 85% 이상의 금액으로 입찰한 자를 계약하는 방법
④ 설계서상의 공종 중 대체가 가능한 공종의 방법

38. 시공자를 대신하여 공사의 모든 시공관리, 공사업무 및 안전관리업무를 행사하는 사람은?

① 감독관 ② 작업반장
③ 현장대리인 ④ 공사감리자

해설 **37**

① 제한경쟁입찰
③ 제한적평균가 낙찰제
④ 대안입찰

해설 **38**

① 감독관 : 발주자가 지정한 감독자 및 보조 감독원을 말하며 공사의 관리, 기술관리 등을 감독하는 자
② 작업반장 : 일정한 작업을 하기 위하여 조직된 반의 우두머리
③ 공사감리자 : 공사의 목적물이 설계도서의 내용대로 시공하는지 확인하고, 품질관리·공사관리·안전관리 등을 지도·감독하는 자

정답 37. ② 38. ③

공정표의 종류

7.1 핵심플러스

■ 공정표의 종류

횡선식 공정표	·소규모 간단한 공사, 긴급한 공사 ·간트챠트 : 가로축에 각 작업의 완료시점은 100%로 하여 잡음 ·바챠트 : 가로축에 일수를 잡으므로 소요일수 파악함
네트워크 공정표	·대형공사, 복잡한 중요한 공사 ·PERT(신규사업), CPM(경험 있는 사업) ·RAMPS(ResourseAllocation and MultiProject Scheduling : 동시에 진행하고 있는 복수작업을 다루는 수법, 각 작업간의 시간, 노무, 자금 등의 배분계획에 효과적인 공정표)
사선식 공정표	·전체공정의 진도파악과 시공속도 파악이 용이하다.(보조수단) ·S – curve(기성고 누계곡선) / 진도관리곡선(바나나 곡선)

■ 경제적인 시공

·총공사비 = 직접비 + 간접비로 구성
·표준공기는 직접비와 간접비가 최소가 되는 점
·직접비 : 재료비, 노무비, 가설비, 기계운전비 등
·간접비 : 관리비, 감가상각비 등

1 횡선식공정표(바챠트, 간트챠트)

세로축(종축)에 공사종목별 각 공사명을 배열하고 가로축(횡축)에 날짜를 표기하며, 공사명 별 공사의 소요시간을 횡선의 길이로서 나타낸다.

장점	공정별 공사와 전체의 공정시기 등에 일목요연하다. 공정별 공사의 착수·완료일이 명시되어 판단이 용이하다. 공정표가 단순하여 경험이 적은 사람도 이해가 쉽다.
단점	작업간에 관계가 명확하지 않다. 작업상황이 변동되었을 때 탄력성이 없다.
용도	소규모 간단한 공사, 시급을 요하는 긴급한 공사에 사용된다.

2 기성고 곡선(banana 곡선, S-curve, 사선식 공정표)

작업의 관련성은 나타낼 수 없으나, 공사의 기성고를 표시하는데 편리한 공정표로 세로에 공사량, 총인부 등을 표시하고, 가로에 월, 일수 등을 취하여 일정한 사선절선을 가지고 공사의 진행상태를 나타낸다.

장점	전체공정의 진도파악과 시공속도 파악이 용이하다. banana 곡선에 의하여 관리의 목표가 얻어진다.
단점	공정의 세부사항을 알 수 없다. 보조적인 수단으로만 사용된다.
용도	다른 방법과 병용(보조수단), 공종의 경향분석에 사용

① S-curve(기성고 누계곡선)

공사가 착공 초기에는 진척상황이 완만하고 중간에 급해지며 준공단계에서 다시 완만해지는 양상으로 S자형 곡선이 된다.

★② 진도관리 곡선(바나나 곡선)

공사일정의 예정과 실시상태를 그래프에 대비하여 공정진도를 파악하는 것이다. 진도관리 곡선은 먼저 예정진도 곡선을 그리고 상부허용한계와 하부허용한계를 설정한다.

- A점 : 예정보다 많이 진척이 되어 있으나 허용한계선밖에 있으므로 비경제적인 시공이 되고 있다.
- B점 : 대체적으로 예정대로 진행되고 있으므로 그 속도로 공사를 진행해도 좋다.
- C점 : 하부허용한계를 벗어나 늦어지고 있으므로 공사를 촉진하지 않으면 안된다.
- D점 : 허용한계선상에 있으나 지연되기 쉬우므로 공사를 더욱 촉진시켜야한다.

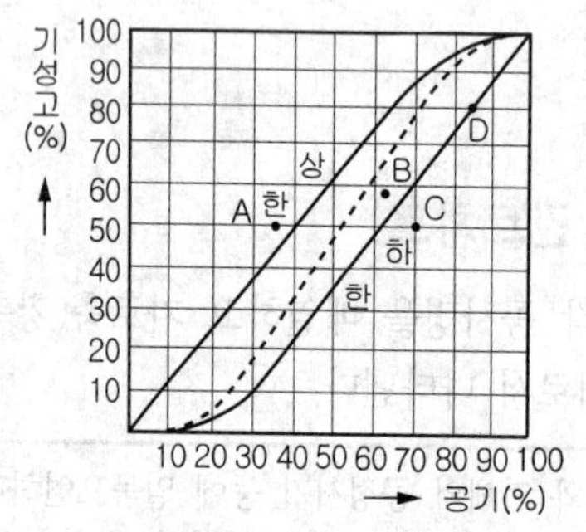

3 네트워크 공정표 ★

각 작업의 상호관계를 네트워크(Net Work)로 표현하는 수법으로 PERT (Program Evaluation and Review Technique)와 CPM(Critical Path Method)의 기법이 대표적이다.

① PERT(Program Evaluation and Review Technique) : 기대되는 소요시간을 추정할 때 정상시간, 비관시간, 낙관시간으로 산정하므로 경험이 없는 신규사업, 비반복사업에 적용한다.

② CPM(Critical Path Method) : 소요시간을 추정할 때는 최장시간을 기준으로 하며, 최소비용(MCX : minimum cost expediting)의 조건으로 최적 공기를 구한다.

구분	PERT	CPM
개발	미 해군특별 기획실에서 개발	Dupont사에서 개발
주목적	공사기간 단축	공사비용 절감
이용	신규산업, 경험이 없는 사업	반복사업, 경험이 있는 사업
작성법	event중심으로 작성	activity를 중심으로 작성
공기추정	· 3점 견적(정상시간, 비관시간, 낙관시간) · $D = \frac{1}{6}(a + 4m + b)$ 여기서, D : 추정시간, a : 낙관시간 m : 정상시간, b : 비관시간	1점 견적(최장시간)
MCX(최소비용)	이론이 없음	CPM의 핵심이론

장점	상호간의 작업관계가 명확하다. 작업의 문제점 예측이 가능하다. 최적비용으로 공기단축이 가능하다.
단점	공정표작성에 숙련을 요한다. 수정변경에 많은 시간이 요구된다.
용도	대형공사, 복잡한 중요한 공사(공기를 엄수해야하는 공사)

4 네트워크 공정표 용어 및 구성

용어	기호	내 용
Event	○	작업의 결합점, 개시점 또는 종료점
Activity	⟶	작업, 프로젝트를 구성하는 작업단위
Dummy	┄┄→	더미, 명목상의 작업(가상작업)으로 작업이나 시간의 소요는 없음
가장 빠른 개시시간	EST	· Eariliest starting time 작업에 착수하는데 가장 빠른 시간 · 전진계산에서는 가장 큰 값을 취한다. · 결합점에서 EST=EFT
가장 빠른 종료시간	EFT	· Eariliest finishing time 작업을 종료할 수 있는 가장 빠른 시간 · EFT=EST+공기
가장 늦은 개시시간	LST	· Latest starting time 작업을 늦게 착수하여도 좋은 시간 · LST=LFT−공기
가장 늦은 종료시간	LFT	· Latest finishing time 작업을 종료하여도 좋은 시간 · 후진계산에서는 가장 작은 값을 취한다. · 접합점에서 LFT=LST
path		네트워크 중 둘 이상의 작업이 이어짐
Critical path	CP	네트워크 상에 전체공기를 규제하는 작업과정(가장 긴 경로) 여유시간은 0일이다.

Total float (전체여유)	TF	· 작업을 EST로 시작하고 LFT로 완료할 때 생기는 여유 · TF = LFT − (EST + 소요일수) = LFT − EFT
Free float (자유여유)	FF	· 작업을 EST로 시작한 다음 후속작업도 EST로 시작하여도 존재하는 여유시간 · FF = 후속작업의 EST − 그 작업의 EFT
Dependent float (종속여유)	DF	· 후속작업의 전체여유에 영향을 미치는 여유시간 · DF = TF − FF

① 용어와 기호

② 구성요소

㉠ Activity(작업, 활동)

· 화살표(Arrow)으로 나타낸다.

· 작업을 나타내며, 작업명을 위에, 소요일수는 아래에 나타낸다.

㉡ Event(결합점, Node라고도 함)

· 작업의 시작과 끝을 나타낼 때 쓰인다.

· 정적인 상태이고, 자원의 소모가 없는 상태이다.

㉢ Dummy(가상적작업)

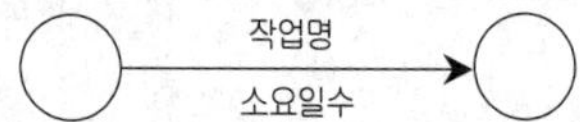

③ 네트워크 공정표상 공사기간 산정(C.P의 계산)

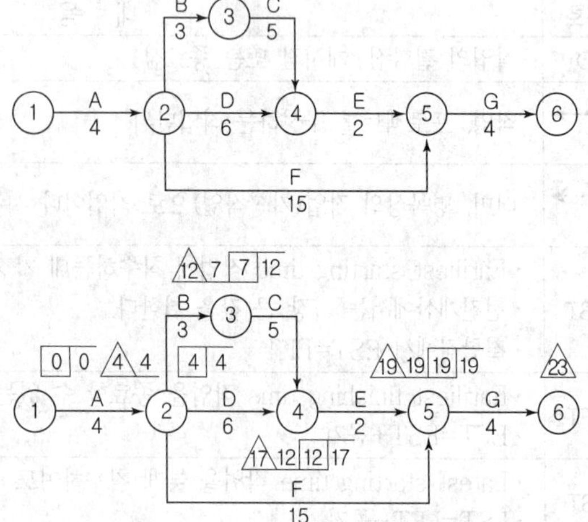

㉠ 작업 A→B→C→E→G : 18일, A→D→E→G : 16일, A→F→G : 23일(C.P)

㉡ 작업 A→F→G는 작업여유일이 모두 0이므로 공사가 하루만 지연되어도 전체 공사기간이 연장되므로 주의가 요구된다.

④ 공기단축
㉠ 계획공정표상 주공정선(CP)를 대상으로 함
㉡ 반드시 주공선을 대상으로 비용기울기(cost slope)가 가장 작은 작업부터 공기단축이 가능한 범위 내에서 단계별로 단축해나감
㉢ 비용기울기가 작은 작업공기를 중심으로 단축시켜야 최소비용추가로 공기단축을 달성함

5 경제적인 시공속도

① 총공사비는 직접비 + 간접비로 구성된다.
② 직접비는 공사 시공량에 비례한다고 가정한다면
㉠ 시공속도가 빠르면 간접비는 절감되고 총 공사비는 저렴하게 된다.
㉡ 직접비는 시공량에 비례된다고 가정했기 때문에 실제로는 단위 시공량에 대한 직접비는 속도를 빨리할수록 증가한다.
㉢ 공사일을 단축하여 생긴 간접비의 절감과 직접비의 증대된 것을 합하면 서로 상쇄되고 이 합계가 최소가 되도록 하는 것이 가장 적절한 시공속도 즉, 경제적 속도가 된다.
③ 최적공기(표준점) : 직접비와 간접비의 합계가 최소가 되는 점
④ 특급점 : 자재, 인력을 아무리 투입하여도 더 이상 공기를 단축할 수 없는 한계점으로 A점에 해당

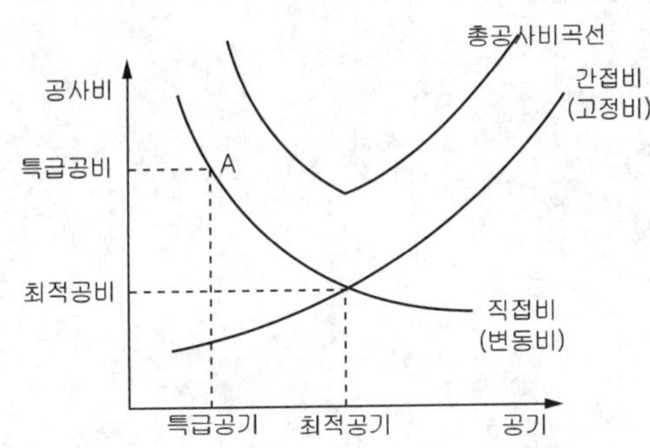

⑤ 비용구배(Cost slope, 1일 비용 증가액)

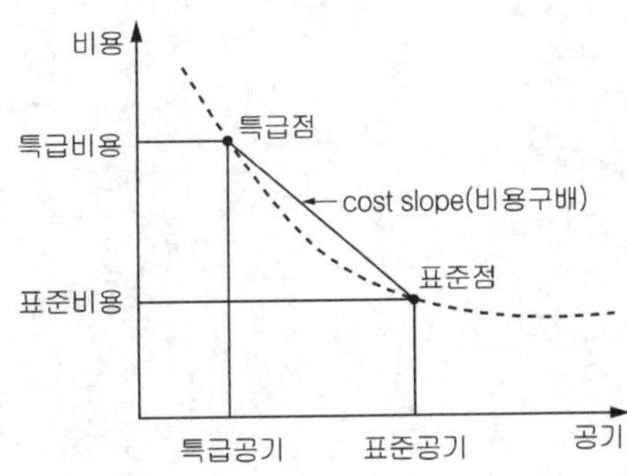

공기를 단축하여야 할 경우 작업을 1일 단축할 때 추가되는 직접비용으로 다음과 같이 구한다.

$$\text{비용구배} = \frac{\text{특급비용} - \text{표준비용}}{\text{표준공기} - \text{특급공기}}$$

■ 참고 : 자원배당(Resource Allocation), 자원의 평준화

① 자원배당항목

인력(manpower, labor), 장비·설비(machine, equipment), 자재(material), 자금(money), 기술방법(method of technique), 공간(space)

② 자원배당시 고려사항과 자원평준화의 목적

자원배당시 고려사항	자원의 평준화의 목적
· 자원변동을 최소화한다.(고정수준유지) · 분배조정을 통하여 능률적으로 활용 · 공사비용의 최소화 공기단축을 유도 · 불평등을 없애고 평준화	· 소요자원의 급격한 변동을 줄일 것 · 일일 동원자원을 최소화 할 것 · 유휴시간을 줄일 것 · 공기 내에 자원을 균등하게 할 것

핵심기출문제

내친김에 문제까지 끝내보자!

1. 다음 공정표 중 공사의 전체적인 진척상황을 파악하는데 가장 유리한 공정표는 무엇인가?

① 횡선식 공정표 ② Network 공정표
③ 곡선식 기성고 공정표 ④ CPM공정표

2. 공정계획에서 건설공사의 작업소요시간 즉, 공정상의 기대시간 D 추정치를 통하여 산출되는데 $D=\frac{1}{6}(a+4m+b)$에서 m이 뜻하는 것은?

① 낙관시간 ② 정상시간
③ 비관시간 ④ 천재지변시간

3. 공정표의 종류 중 작업의 관련성을 나타낼 수는 없으나 공사의 기성고를 표시하는데 편리한 공정표로 각부분공사의 상세를 나타내는 부분공정표에 적합하지만 보조적인 수단으로 사용되는 것은?

① 횡선식공정표 ② 사선식공정표
③ 진도관리곡선 ④ 네트워크공정표

4. 다음 중 네트워크공정표의 특징이 아닌 것은?

① 대형공사에서는 세부를 표현할 수 없다.
② 작성과 수정이 힘들다.
③ 작업간의 관계가 명확하다.
④ 중점관리를 할 수 있다.

5. 공정표 작성 시 네트워크(Net work)수법의 장점에 해당되는 것은?

① 작성 및 검사에 특별한 기능이 요구되지 않는다.
② 다른 공정표에 비하여 익힐 때까지 작성 습득 시간이 짧다.
③ 실제의 공사가 구분되어 이행되지 않으므로 진척 사항에 대한 특별한 연구가 필요하다.
④ 개개의 작업관련이 도시되어 있어 내용이 알기 쉽다.

정 답 및 해 설

공통해설 **1, 3**

곡선식 기성고 공정표
- 전체공정의 진도파악과 시공속도 파악이 용이하다.
- 보조수단으로 활용
- S – curve(기성고 누계곡선), 진도관리곡선(바나나 곡선)

해설 **2**

a : 낙관시간, m : 정상시간, b : 비관시간

해설 **4**

네트워크공정표
대형공사, 복잡한 중요공사에 사용되며 상호간의 작업관계가 명확하고 최적비용으로 공기단축이 가능하다. 단점으로는 공정표작성에 숙련을 요하며 변경과 수정에 많은 시간이 요구된다.

해설 **5**

네트워크 공정표 장점
- 상호간의 작업관계가 명확하다.
- 작업의 문제점 예측이 가능하다.
- 최적비용으로 공기단축이 가능하다.

정답 1. ③ 2. ② 3. ② 4. ① 5. ④

정 답 및 해 설

6. 공정관리기법 중 듀폰사의 Walk와 레민턴랜드사의 Kelly에 의하여 개발, 경험이 많은 반복적인 사업 또는 작업표준이 확립된 사업에서 주로 이용하는 관리기법은?

① 횡선식공정표 ② 기성고 공정곡선
③ PERT ④ CPM

7. 다음 중 CPM기법의 공정표 설명으로 틀린 것은?

① 반복사업 등에 이용
② 공사비 절감이 주목적
③ 불명확한 신공법 프로젝트의 공정관리 기법
④ 시간의 경과와 시행되는 작업을 네트(망)로 표현

8. 네트워크 공정표 작성에 대한 설명으로 옳지 않은 것은?

① 동그라미(◯)는 결합점(Event, node)이라 한다.
② 동일 네트워크에 있어서 동일 번호가 2개 이상 있어서는 안된다.
③ 작업(activity)은 화살표(→)로 표시하고, 화살표의 시작과 끝에는 동그라미(◯)를 표시 한다.
④ 일반적으로 화살표(→)의 윗부분에 소요시간을, 밑부분에 작업명을 표기한다.

9. 다음의 네트워크 공정표에서 주공정선(CP)과 공사기간이 바르게 표기된 것은?

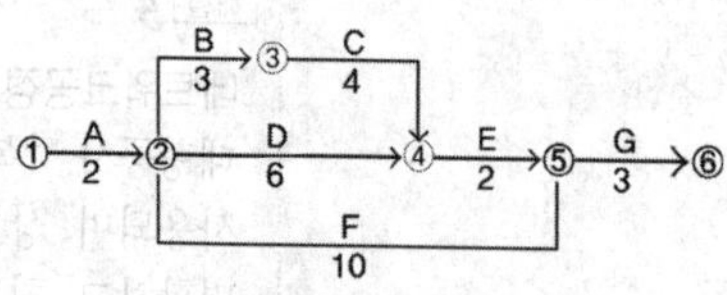

① CP(A→B→C→E→G), 공사기간 15일
② CP(A→B→C→E→G), 공사기간 14일
③ CP(A→D→E→G), 공사기간 14일
④ CP(A→F→G), 공사기간 15일

10. 다음 중 네트워크공정표의 특징이 아닌 것은?

① 대형공사에서는 세부를 표현할 수 없다.
② 작성과 수정이 힘들다.
③ 작업간의 관계가 명확하다.
④ 중점관리를 할 수 있다.

해설 6

CPM 관리기법의 특징
· 공사비용 절감
· 반복사업, 경험이 있는 사업
· activity를 중심으로 작성
· 1점 견적(최장시간)

해설 7

CPM은 반복사업, 경험이 있는 프로젝트의 공정관리 기법이다.

해설 8

일반적으로 화살표(→)의 윗부분에 작업명을, 밑부분에 소요시간을 표기한다.

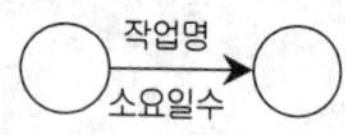

해설 9

CP는 네트워크 상에 전체공기를 규제하는 작업과정(가장 긴 경로)로 A→F→G, 2+10+3 = 15일이 된다.

해설 10

네트워크 공정표는 세부적 상호간의 작업관계가 명확하다.

정답 6. ④ 7. ③ 8. ④ 9. ④ 10. ①

정답 및 해설

11. 기성고 공정곡선에서 A점의 공정현황에 대한 설명으로 틀린 것은?

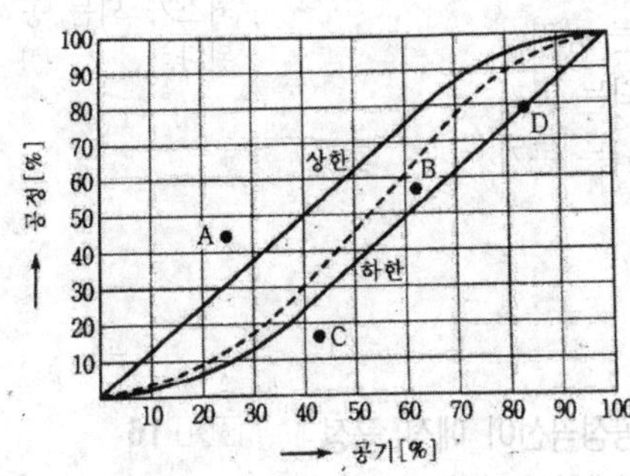

① A : 공사기간 25% 시점이다.
② B : 예정공정보다 실적공정이 훨씬 진척되어 있다.
③ C : 경제적 시공이 되고 있다.
④ D : 공정진척률(기성고)는 43%정도이다.

12. 다음과 같은 네트워크에서 각 작업의 여유시간이 틀린 것은?

① A작업의 여유시간은 없다
② B작업의 여유시간은 3일이다
③ D작업의 여유시간은 3일이다
④ E작업의 여유시간은 없다

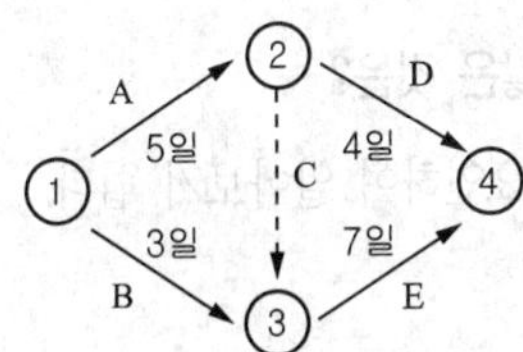

13. 다음 그림과 같은 네트워크에서 각 작업에는 EST, EFT, LST, LFT의 4가지 시각이 있다. 다음 중 틀린 것은?

① A작업의 EST와 LST는 같다
② B작업의 EFT는 3일, LFT는 5일이다.
③ D작업의 EST는 8일 LFT는 12일이다.
④ E작업의 EST는 5일, EFT는 12일이다.

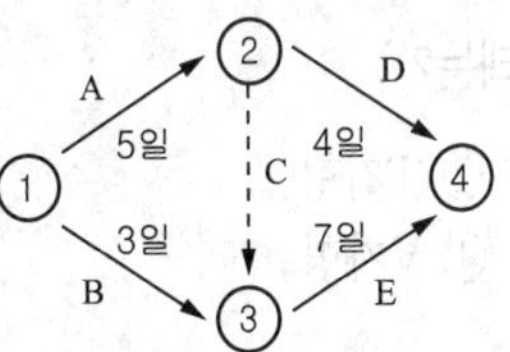

14. 그림의 공기 건설비 곡선에서 어느 점에 해당하는 공기가 최적공기인가?

① A
② B
③ C
④ D

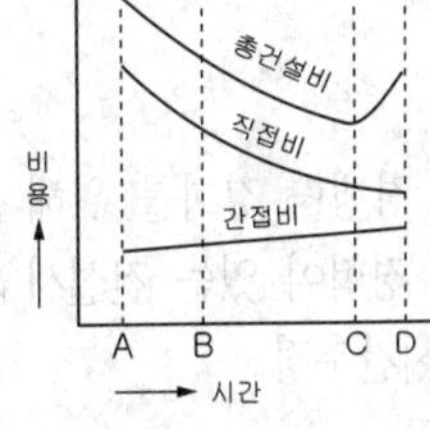

해설 **11**

C는 하부허용한계를 벗어나 늦어지고 있으므로 공사를 촉진하지 않으면 안된다.

해설 **12**

여유시간 산정방법
① CP 경로 찾기 - A → E, 5+7=12일
- A와 E작업에는 여유시간이 0일 된다.

② 나머지 경로에서 여유시간 산정
- B작업의 LFT = 5일, EFT=0+3=3일 → 5−3=2일
- D작업의 LFT = 12일, EFT=5+4=9일 → 12−9=3일

해설 **13**

각 작업의 EST, EFT, LST, LFT는 다음과 같다.
- A작업의 EST: 0일, EFT: 0+5=5일, LST: 5−5=0일, LFT: 5일
- B작업의 EST: 0일, EFT: 0+3=3일, LST: 5−3=2일, LFT: 5일
- D작업의 EST: 5일, EFT: 5+4=9일, LST: 12−4=8일, LFT: 12일
- E작업의 EST: 5일, EFT: 5+7=12일, LST: 12−7=5일, LFT: 12일

해설 **14**

총건설비(직접비+간접비)가 최소가 되는 점이 최적 공기가 되므로 C가 최적공기가 된다.

정답 11. ③ 12. ② 13. ③ 14. ③

15. 최적 공기란?

① 직접비에서 간접비를 뺀 공사비가 최소가 되는 공기
② 간접비에서 직접비를 뺀 공사비가 최소가 되는 공기
③ 직접비와 간접비를 곱한 총공사비가 최소가 되는 공기
④ 직접비와 간접비를 합한 총공사비가 최소가 되는 공기

16. 공정관리 곡선 작성 중 표에서와 같이 실시 공정곡선이 예정 공정곡선에 대해 항상 안정범위 안에 있도록 예정곡선(계획선)의 상하에 그린 허용한계선을 일컫는 명칭은?

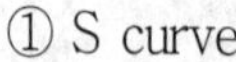
① S curve
② Progressive curve
③ banana curve
④ net curve

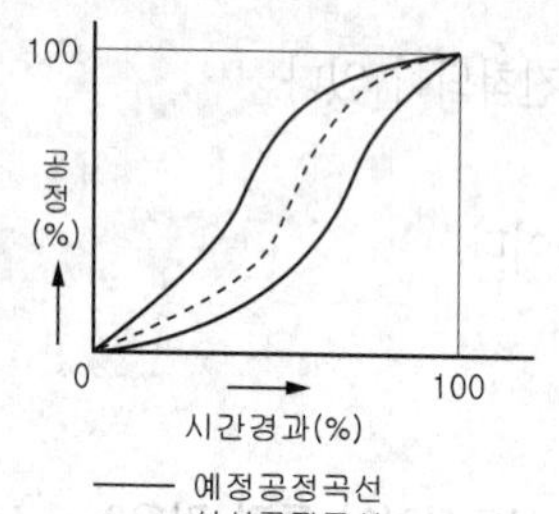

17. 횡선식 공정표의 특징으로 옳지 않은 것은?

① 공정별 전체공사시기 등이 일목요연하여 알아보기 쉽다.
② 단순하여 작성하기가 간편하다.
③ 수정작업이 쉽다.
④ 복잡한 공사에 많이 쓰인다.

18. 기성고 누계곡선의 일반적인 형태는?

① S자형 ② T자형
③ C자형 ④ V자형

19. 네트워크 공정관리기법인 PERT기법에 관한 설명으로 가장 적합한 것은?

① 작업(activity) 중심의 일정계산
② Dupont사에서 플랜트 보전 사업, 경쟁력 강화를 위해 개발
③ 결합점(node) 중심의 반복적이고 경험이 있는 건설사업
④ 3점 추정시간에 의한 소요 작업 시간추정

정답 및 해설

해설 **15**

최적공기는 직접비와 간접의 합이 최소가 되는 공기가 최적 공기가 된다.

해설 **16**

진도관리 곡선(바나나 곡선)
공사일정의 예정과 실시상태를 그래프에 대비하여 공정진도를 파악하는 것이다. 진도관리 곡선은 먼저 예정진도 곡선을 그리고 상부허용한계와 하부허용한계를 설정한다.

해설 **17**

횡선식 공정표 – 소규모 간단한 공사, 시급을 요하는 긴급한 공사에 적용

해설 **18**

S– curve(기성고 누계곡선)
공사가 착공 초기에는 진척상황이 완만하고 중간에 급해지며 준공단계에서 다시 완만해지는 양상으로 S자형 곡선이 된다.

해설 **19**

PERT기법
· 기대되는 소요시간을 추정할 때 정상시간, 비관시간, 낙관시간으로 산정
· event중심으로 작성
· 경험이 없는 신규사업, 비반복 사업에 적용

정답 15. ④ 16. ③ 17. ④ 18. ① 19. ④

20. 횡선식 공정표와 비교한 네트워크 공정표의 장점이 아닌 것은?

① 공사계획 전체의 파악이 용이하다.
② 작업의 상호관계가 명확하다.
③ 공정상의 문제점을 명확히 파악할 수 있다.
④ 공정표 작성이 간편하다.

21. 다음 네트워크 공정표에서 상호관계만을 표현하는 파선 화살표는 무엇이라 하는가?

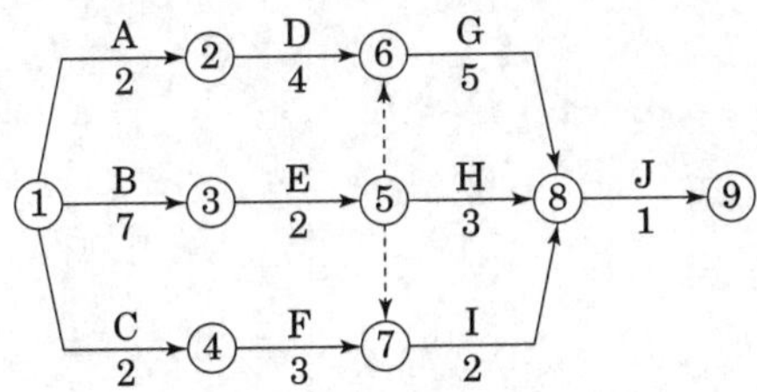

① 작업(activity) ② 더미(dummy)
③ 결합(event) ④ 소요기간(duration)

22. 네트워크 공정표에 관한 설명 중 옳지 않은 것은?

① 작성 및 검사가 용이하다.
② 공사전체의 파악을 용이하게 할 수 있다.
③ 크리티컬 패스(critical path)는 전체공기를 규제하는 작업과정이다.
④ 계획단계에서 공정상의 문제점이 명확하게 되어 작업 전에 적절히 수정할 수 있다.

23. 정상공사기간이 20일이고, 공사비가 100만원인 공사를 특급공사로 할 때, 공사기간이 10일, 공사비가 200만원이 든다고 한다면 이 공사의 1일 공기 단축시 필요한 비용구배로 가장 적당한 것은?

① 10만원/일 ② 20만원/일
③ 25만원/일 ④ 50만원/일

해설 20

네트워크 공정표의 작성은 공정표 작성에 숙련을 요하며, 수정변경에 많은 시간이 요구된다.

해설 21

네트워크공정표의 구성요소
- Event : ○ 작업의 결합점, 개시점 또는 종료점
- Activity : → 작업, 프로젝트를 구성하는 작업단위
- Dummy : ⇢ 더미, 명목상의 작업(가상작업)으로 작업이나 시간의 소요는 없다.

해설 22

네트워크 공정표는 작성에 숙련을 요한다.

해설 23

공기를 단축하여야 할 경우 작업을 1일 단축할 때 추가되는 직접비용으로 다음과 같이 구한다.

$$비용구배 = \frac{특급비용 - 표준비용}{표준공기 - 특급공기}$$

- 정상공기 20일 → 공사비 100만원
- 특급공기 10일 → 공사비 200만원

$$비용구배 = \frac{200-100}{20-10} = 10만원/일$$

정답 20. ④ 21. ② 22. ① 23. ①

24. 다음 네트워크 공정표에서 작업 ② → ④의 총 여유시간(T.F)은? (단, 단위는 일이다.)

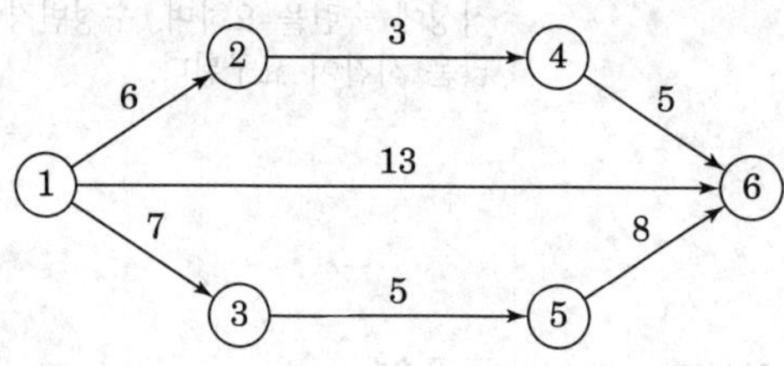

① 0일 ② 3일
③ 5일 ④ 6일

해설 **24**

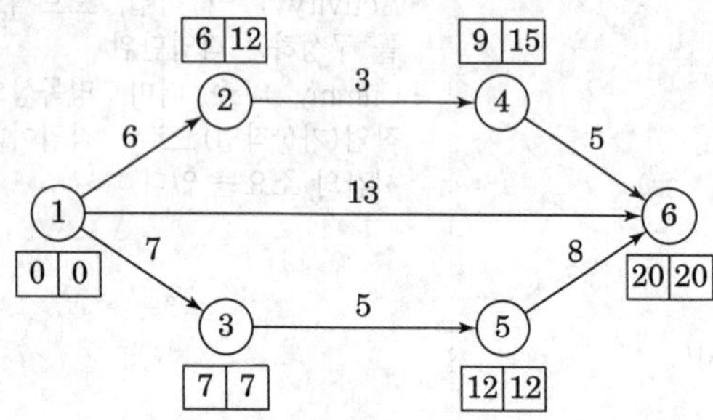

② → ④의 총 여유시간 TF는
- 작업을 EST로 시작하고 LFT로 완료할 때 생기는 여유
- TF = LFT − (EST + 소요일수) = LFT − EFT

6	12	→	9	15

이므로 TF = 15−(6+3) = 6일

25. 공사 기성고(旣成고) 곡선 중 원활하게 진행하고자 할 땐 어느 곡선이 가장 적절한가?

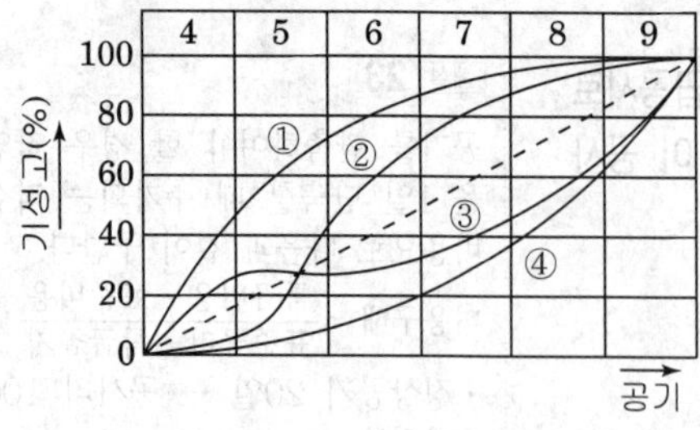

① 1 ② 2
③ 3 ④ 4

해설 **25**

공사가 착공 초기에는 진척상황이 완만하고 중간에 급해지며 준공단계에서 다시 완만해지는 양상으로 S자형 곡선이 된다.

정답 24. ④ 25. ②

26. 네트워크 공정표 작성시 공정계산에 관한 설명으로 옳은 것은?

① 복수의 작업에 선행되는 작업의 LET는 후속작업의 LST 중 최대값으로 한다.

② 복수의 작업에 후속되는 작업의 EST는 선행작업의 EFT 중 최소값으로 한다.

③ 전체여유(TF)는 작업을 EST로 시작하고 LET로 완료할 때 생기는 여유시간이다.

④ 종속여유(DF)는 후속작업의 EST에 영향을 주지 않는 범위 내에서 한 작업이 가질 수 있는 여유시간이다.

정답 및 해설

해설 **26**

바르게 고치면

① 복수의 작업에 선행되는 작업의 LFT는 후속작업의 LST 중 최소값으로 한다.

② 복수의 작업에 후속되는 작업의 EST는 선행작업의 EFT 중 최대값으로 한다.

④ 자유여유(FF)는 후속작업의 EST에 영향을 주지 않는 범위 내에서 한 작업이 가질 수 있는 여유시간이다.

정답 26. ③

chapter 08

측량

8.1 핵심플러스

■ 오차의 종류

- 과대오차 : 측정자 부주의에 의해 발생하는 오차이며 소거한다.
- 정오차 (누차, 누적오차) : 정오차(R) = 측정횟수(n) × 1회 측정시 오차(a)
- 우연오차 (부정오차, 우차, 상차) : 우연오차(R)=$\pm b\sqrt{n}$ b=1회 측정시 오차

■ **각측량법 : 방위각법, 교각법, 편각법**

■ **평판측량**

- 평판측량의 3요소 : 정준(수평 맞추기) / 치심(중심 맞추기) / 표정(정위, 방향 · 방위 맞추기)
- 평판 측량 방법 : 방사법, 전진법, 교회법(전방교회법, 후방교회법, 측방교회법)

■ **수준측량**

- 여러 점의 표고 또는 고저차를 구하거나 목적하는 높이를 설정하는 측량
- 야장기입법 : 고차식, 기고식, 승강식

■ 사진측량

- 항공사진 특수 3점 : 주점 / 연직점 / 등각점
- $M(\text{축척}) = \dfrac{1}{m} = \dfrac{\ell(\text{도상거리})}{L(\text{실제거리}} = \dfrac{f(\text{초점거리})}{H(\text{촬영고도})}$

1 측량의 정의

지면상의 여러 점들의 위치를 결정하고 이를 수치나 도면으로 나타내거나 현지에서 측정하는 것

2 오차의 원인

① 기계적 오차(instrumental error) : 기계의 조작 불완전, 기계의 조정 불완전, 기계의 부분적 수축 팽창, 기계의 성능 및 구조에 기인되어 일어나는 오차이다.

② 개인적 오차(personal error) : 측량자의 시각 및 습성, 조작의 불량, 부주의, 과오, 그 밖에 감각의 불완전 등으로 일어나는 오차이다.

③ 자연 오차(natural error) : 온도, 습도, 기압의 변화, 광선의 굴절, 바람 등의 자연현상으로 인하여 일어나는 오차이다.

3 측량의 신뢰도 - 무게(경중률)

- 측정값의 신뢰 정도를 표시하는 값을 무게 또는 경중률이라 한다.
- 일정한 거리를 측정하는데 갑은 1회, 을은 3회를 측정했다면, 을의 측정값이 3배의 신뢰도가 있으므로 갑과 을의 경중률은 1 : 3이 된다.

① 최확값 : 어떤 관측량에서 가장 높은 확률을 가지는 값으로 반복 측정된 값의 산술평균으로 구함
② 잔차 : 최확값과 관측값의 차이를 말하며 때로는 오차라 부르기도 한다.
③ 참값 : 이론적으로 정확한 값으로 오차가 없는 값으로 존재하지 않으며 아무리 주의 깊게 측정해도 참값은 얻을 수 없고 대신 최확값을 사용한다.

4 오차의 종류

① 과대오차 : 측정자 부주의에 의해 발생하는 오차이며 소거한다.
② 정오차(누차, 누적오차)
㉠ 오차의 발생원인이 확실하고, 측정횟수에 비례하여 일정한 크기와 방향으로 나타나 누차라고도 한다. 정오차는 계산하여 보정한다.
㉡

정오차(R) = 측정횟수(n) × 1회 측정시 오차(a)

③ 우연오차(부정오차, 우차, 상차)
㉠ 오차 발생원인이 불분명하여 주의해도 없앨 수 없는 오차로 부정오차라 하며, 때로는 서로 상쇄되어 없어지기도 하므로 상차라 하고, 우연히 발생한다하여 우차라고도 한다.
㉡ 우연오차는 측정횟수의 제곱근에 비례하며 Gauss의 오차론에 의해 처리한다.

우연오차(R) = $\pm b\sqrt{n}$ $b = 1$회 측정시 오차

기출예제 1

10m를 잴 때 10cm씩 늘어나는 줄자로 450.2m의 실제거리는?

① 450.2m ② 454.7m
③ 459.8m ④ 564.3m

답 ②

해설 기계적 오차로 정오차에 속하며 보정한다.

정오차 = 측정횟수$\left(\frac{\text{측량거리}}{\text{줄자의길이}}\right) \times$ 1회의 오차 $= \left(\frac{450.2}{10}\right) \times 0.1 = 4.502$ m

실제거리는 450.2 + 4.502(정오차) = 454.702m

기출예제 2

200m의 측선을 20m 줄자로 측정하여 1회 측정에서 +5mm의 누적오차와 ± 25mm의 우연오차가 있었다면 정확한 거리는?

① 200.00 ± 0.075m
② 200.05 ± 0.05m
③ 200.00 ± 0.05m
④ 200.05 ± 0.075m

답 ④

해설 누적오차와 우연오차

총 누적오차 = 1회 측정시 오차(a) × 측정횟수(n)

$= 5 \times \frac{200}{20} = 50\text{mm} = 0.05\text{m}$

총 우연오차 = ±1회 측정시오차(b) $\sqrt{n}$ (측정횟수)

$= \pm 25\sqrt{\frac{200}{20}} = 0.079\text{m}$

따라서, 정확한 거리 = 관측거리 + 총 누적 오차 ± 총 우연오차

$= 200 + 0.05\text{m} \pm 0.079\text{m}$

$= 200.05 \pm 0.079\text{m}$ (근사치적용)

5 각측량(수평각 측량법)

① 교각법 : 어느 측선이 그 앞의 측선과 이루는 각
② 편각법 : 각 측선이 그 앞 측선의 연장선과 이루는 각
③ 방위각 : 진북방향과 이루는 각을 시계방향으로 잰 각

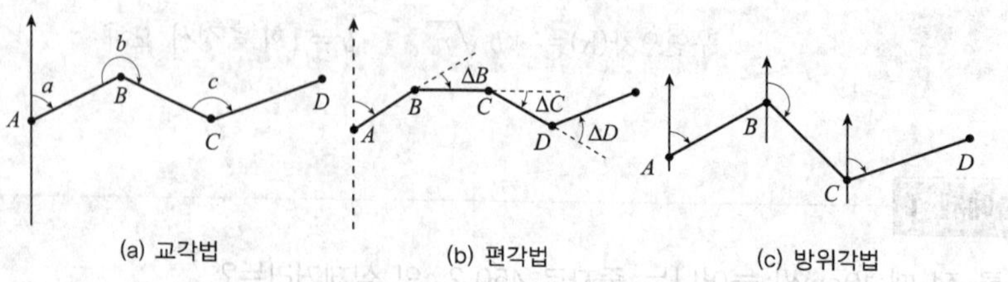

(a) 교각법 (b) 편각법 (c) 방위각법

6 평판측량

① 특징
㉠ 평판측량은 지역이 넓지 않을 때, 복잡한 세부 측량을 할 때, 지형도를 작성할 때 등
㉡ 정밀도는 낮으나 실용적인 면에서 널리 사용됨
② 평판을 삼각의 상부에 고정시켜 세우고 도지를 붙인 후 시준기(엘리데이드)를 사용하여 현장에서 직접 도면을 작도하는 측량방법
③ 평판측량기구 : 평판, 지침기, 구심기, 줄자, 엘리데이드, 다림추

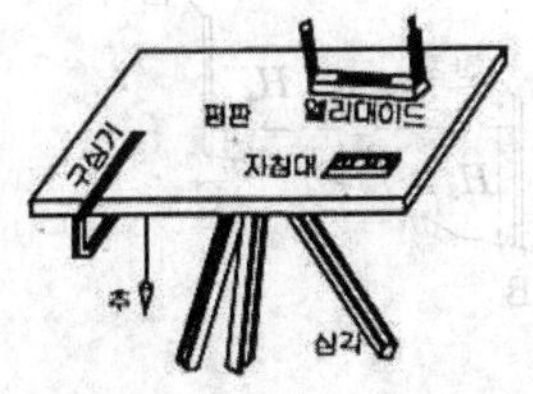

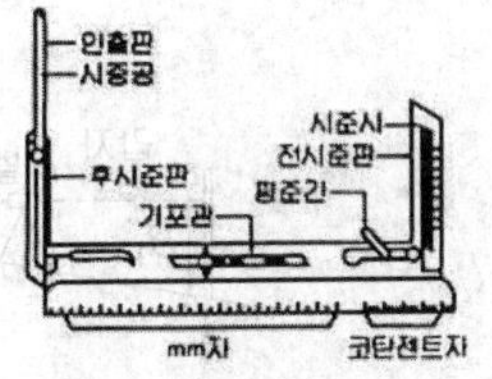

④ 평판측량의 3요소

정준	수평 맞추기, 평판을 수평으로 함
치심(구심)	중심 맞추기, 도상의 점과 지상의 점을 일치시킴
표정(정위)	·방향·방위 맞추기 ·평판측량의 오차 중 가장 큰 영향을 줌

⑤ 평판측량방법

㉠ 방사법 : 측량지역에 장애물이 없는 곳에서 한 번 세워 여러 점들의 쉽게 구할 수 있다.

·방법 : 평판을 세운 후 각점을 시준하여 방향선을 긋고 거리를 측정하여 축척에 따라 각 점들을 나타낸다.

㉡ 전진법(도선법, 절측법) : 측량지역에 장애물이 있어 이 장애물을 비켜서 측점사이의 거리와 방향을 측정하고 평판을 옮겨가면서 측량하는 방법으로 비교적 정밀도가 높다.

㉢ 교회법 : 광대한 지역에서 소축척의 측량을 하는 것이며, 거리를 실측하지 않으므로 작업이 신속하다.

전방교회법	기지점에서 미지점의 위치를 결정하는 방법으로 측량지역이 넓고 장애물이 있어서 목표점까지 거리를 재기가 곤란한 경우 사용한다.
후방교회법	기지의 3점으로부터 미지의 점을 구하는 방법
측방교회법	전방교회법과 후방교회법을 겸한 방법으로 기지의 2점 중 한 점에 접근이 곤란한 경우 기지의 2점을 이용하여 미지의 한 점을 구하는 방법

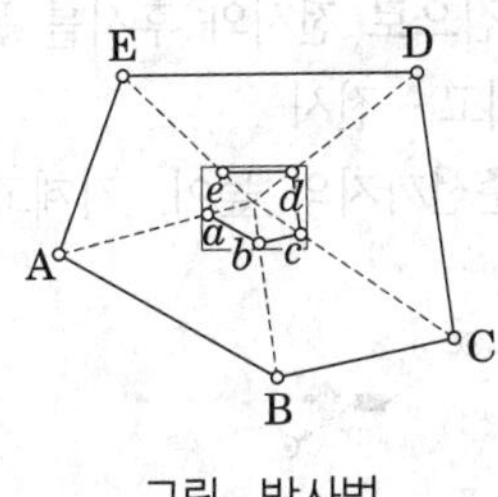

그림. 방사법

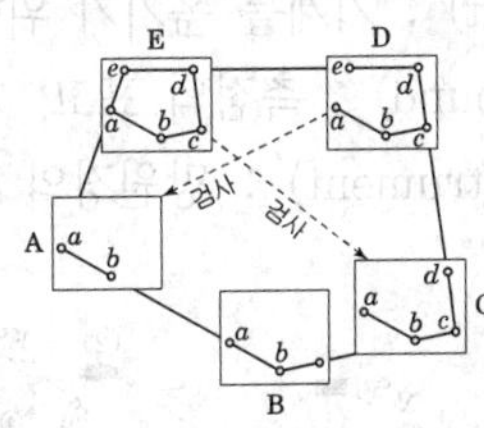

그림. 전진법

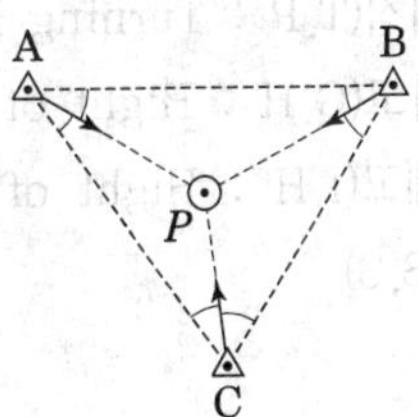

그림. 교회법(교선법)

7 수준측량(leveling)

① 여러 점의 표고 또는 고저차를 구하거나 목적하는 높이를 설정하는 측량이며, 기준점은 평균해수면이다.

② 수준측량에 사용되는 도구는 레벨, 함척, 줄자 등이 사용된다.

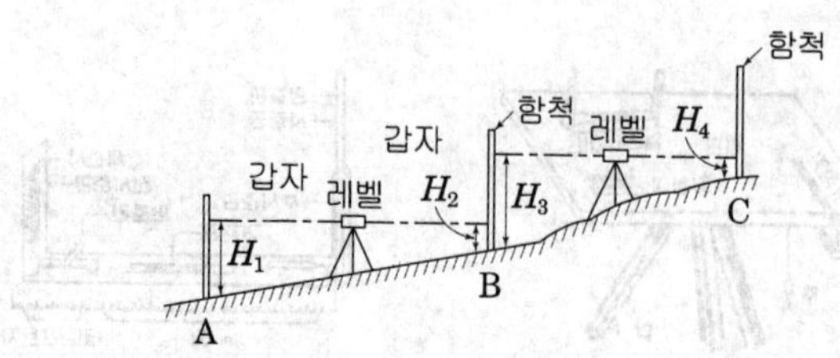

- A점을 기준으로 할 때 B점의 높이 $H_B = H_A + H_1$(후시) $- H_2$(전시)
  C점의 높이 $H_C = H_A + (H_1 + H_3) - (H_2 + H_4)$

③ 수준측량 용어

㉠ 연직선 : 지표면의 어느 점으로부터 지구 중심에 이르는 선

㉡ 수준면(level surface) : 각 점들이 중력방향으로 직각으로 이루어진 곡면으로 지오이드면, 회전타원체면 등으로 가정하지만 소규모 범위의 측량에서는 평면으로 가정해도 무방함

㉢ 수준선(level line) : 지구의 중심을 포함한 평면과 수준면이 교차하는 곡선으로 보통 시준거리의 범위에서는 수평선과 일치함

㉣ 수준점(level mark, B.M) : 기준 수준면에서부터 높이를 정확히 구하여 놓은 점으로 수준측량시 기준이 되는 점이며 우리나라 국도 및 주요도로를 따라 2~4km 마다 수준표석을 설치하여 놓음

㉤ 기준면 : 지반고의 기준이 되는 면으로 이면의 모든 높이는 0이다. 일반적으로 기준면으로 기준면은 평균해수면을 사용하고 나라마다 독립된 기준면을 가짐

㉥ 수준원점 : 기준면(가상의 면)으로부터 정확한 높이를 측정하여 정해놓은 점으로 우리나라는 인천 인하대학교 교정에 있으며 그 높이는 26.6871m 임

㉦ 수평면 : 연직선에 직교하는 곡면으로 시준거리의 범위에서는 수준면과 일치함

★④ 수준측량에 사용되는 용어

㉠ 전시(F.S : Fore sight) : 지반고를 모르는 점(미지점)에 표척을 세웠을 때 읽음값

㉡ 후시(B.S : Back sight) : 지반고를 알고 있는 점에 표척을 세웠을 때 읽음값

㉢ 중간시, 간시(I.P : Intermediate Point) : 그 점의 표고를 구하고자 전시만 취한 점

㉣ 이기점(T.P : Turning Point) : 기계를 옮기기 위한 점으로 전시와 후시를 동시에 취하는 점

㉤ 지반고(G.H : Hight of Ground) : 측점의 표고, 기계고 – 전시

㉥ 기계고(I.H : Hight of Instrument) : 망원경의 시준선까지의 높이, 기계고(IH)=지반고+후시(B.S)

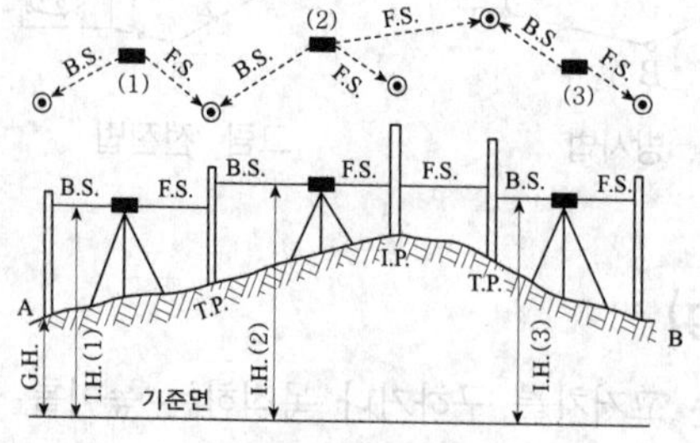

그림. 수준측량용어

기출예제 1

레벨을 이용하여 수준측량을 기계고($I.H$)와 측점의 높이(H_1)를 구하였다. 가장 적당한 것은? (단, 기준점(BM)의 높이 100m, 기준점으로의 후시 1.528m, 측점으로의 전시 1.011m이다.)

① $I.H. = 100.517$, $H_1 = 100$
② $I.H. = 100.517$, $H_1 = 101.528$
③ $I.H. = 100$ $H_1 = 101.528$
④ $I.H. = 101.528$, $H_1 = 100.517$

답 ④

해설 기계고(I·H)= 지반고 + 후시 = 100 + 1.528 = 101.528m
측점의 높이(H_1) = 지반고 + (1.528 − 1.011) = 100 + 0.517 = 100.517m

기출예제 2

다음은 가상지형에 대한 직접수준측량치를 나타낸 그림이다. A와 B 지점의 표고차는? (이때 B.M.은 5m이다.)

① 1.350m
② 6.350m
③ 3.650m
④ 8.650m

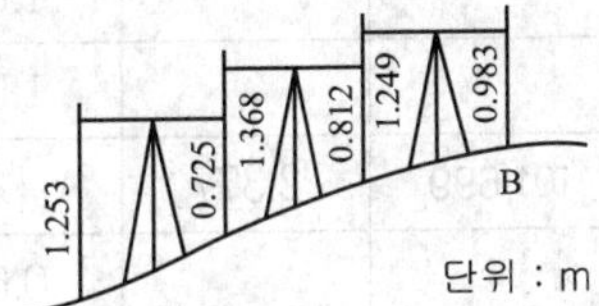

답 ①

해설 표고차 = Σ B·S(후시합) − Σ F·S(전시합)
· 후시합 = 1.253 + 1.368 + 1.249 = 3.87
· 전시합 = 0.725 + 0.812 + 0.983 = 2.52 ∴ 3.87−2.52 = 1.35m

⑤ 야장기입법

㉠ 고저측량의 결과를 표로 나타낸 것을 고저측량야장(수준야장)이라 한다.

㉡ 야장의 기입법

고차식	· 전시, 후시의 2란만으로 고저차를 나타내므로 2란식이라고도 한다. · 2점간의 높이만 구하는 것이 주목적이므로 점검이 용이하지 않다.
기고식	· 기계고를 구하여 각 측점의 지반고를 구하는 방법으로 후시보다 전시가 많을 때 유리하다. · 지반고와 후시를 더해 기계고를 구하고 기계고에서 다른점의 전시를 빼어 그 지반고를 구하는 방식으로 후시보다 전시가 많을 때 유리하다.
승강식	· 전측선의 후시에서 해당 측선의 전시를 뺀 값이 양수일 경우 승(+) 란에 기록하고 음수일 경우 강(−) 란에 기록한다. · 완전한 검산을 할 수 있어 높은 정확도를 필요로 하는 측량에는 적합하지만 중간점이 많을 때는 복잡하며 시간이 많이 소요된다.

㉢ 기고식 야장기입법

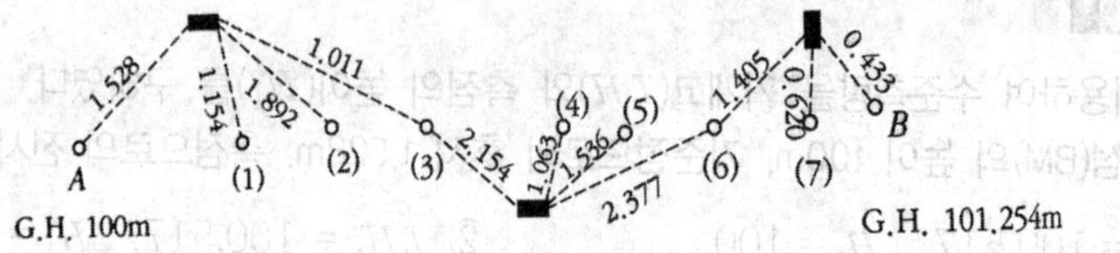

· 지반고(표고) = 기계고 − 전시
· 기계고 = 지반고 + 후시

측점	B.S	I.H	T.P	I.P	G.H	비고
A	1.528	101.528			100.000	B.M 100m
1				1.154	100.374	
2				1.892	99.636	
3	2.154	102.671	1.011		100.517	
4				1.063	101.608	
5				1.536	101.135	
6	1.405	101.699	2.377		100.294	
7				0.620	101.079	
B			0.433		101.266	B.M 101.254
합계	5.087		3.821			
검산			+1.266		+1.266	

■ 참고 : 수준측량의 분류

① 직접수준측량 : 레벨(level)과 표척에 의하여 직접 고저차를 측정하는 방법
② 간접수준측량 : 삼각수준측량(두 점간의 수직각과 수평거리 및 두 점 간의 사거리를 측정), 시거수준측량(등고선측량에서 많이 이용), 기압수준측량(기압계이용), 공중사진수준측량
③ 근사수준측량
④ 교호수준측량 : 하천, 계곡에 레벨을 중앙에 세울 수 없을 때 양쪽 점에서 측정하여 평균값을 직접 구하는 방법
· 교호수준측량의 목적 : 기계오차의 소거(기포관축과 시준선이 나란하지 않기 때문에 생기는 오차)

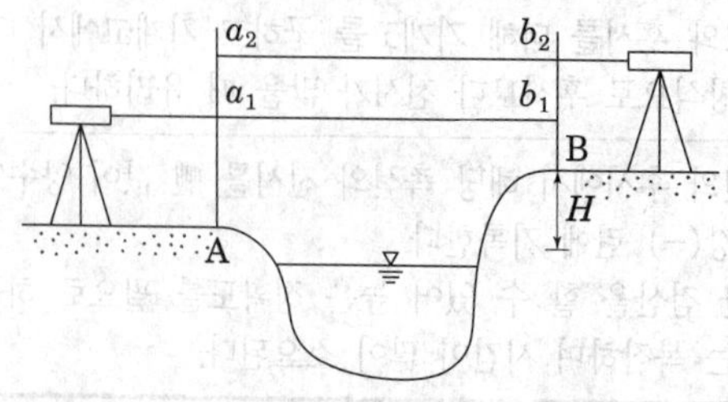

그림. 교호수준측량

· $H = \dfrac{(a_1 - b_1) + (a_2 - b_2)}{2}$

· 교호수준측량에 의한 표고 계산

표척의 읽음값	$a_1 > b_1$ $a_2 > b_2$	$a_1 < b_1$ $a_2 < b_2$
A점	지반이 낮다	지반이 높다
B점	지반이 높다	지반이 낮다
B점의 표고	$H_B = H_A + H$	$H_B = H_A - H$

8 사진측량

① 영상을 이용하여 피사체의 정량적(위치, 형상), 정성적(특성)으로 해석하는 측량

★② 항공사진의 특수 3점 : 주점, 연직점, 등각점

㉠ 주점(principal point, m) : 렌즈의 중심에서 사진면에 내린 수선의 발(m)로 사진의 중심점이 됨

㉡ 연직점(nadir point, n) : 렌즈 중심을 통한 연직축과 사진면과의 교점을(n)말함

㉢ 등각점(isocenter, j) : 사진면과 직교하는 광선과 연직선이 이루는 각을 2등분하는 점

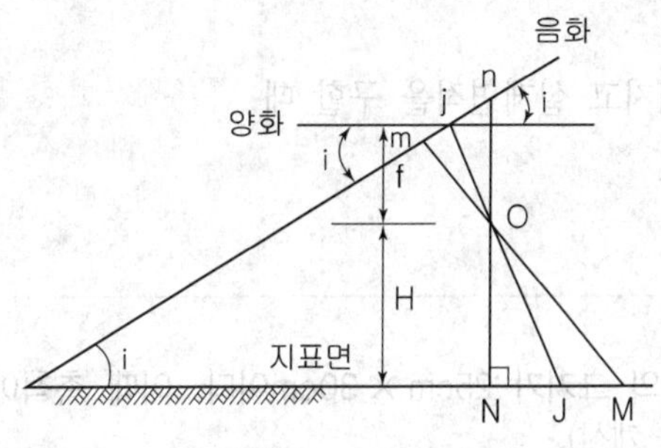

그림. 항공사진의 특수 3점

여기서, m, M : 화면의 주점, 지상의 주점
n, N : 화면연직점, 지상연직점
j, J : 화면등각점, 지상등각점
O : 투영중심
f : 초점거리

★③ 항공사진의 축척

사진축적(M) : $M = \dfrac{1}{m} = \dfrac{\ell}{L} = \dfrac{f}{H}$

(m : 축척의 분모수, L : 지상거리, ℓ : 화면거리,
f : 초점거리, H : 촬영고도)

④ 촬영계획

㉠ 사진 촬영시간 : 태양고도 30도 이상인 오전 10시에서 오후 2시 사이에 1일 약 4시간 실시 1일 촬영 가능

㉡ 항공사진 촬영시 중복도

- 종중복 : 동일 코스 내에서의 중복으로 약 60%를 기준
- 횡중복 : 인접코스간의 중복으로 약 30%를 기준
- 산악지역이나 고층빌딩 밀집된 지역은 사각부를 없애기 위해 중복도를 10~20%증가시킴

기출예제

촬영고도가 2,000m 이고 초점거리가 153mm인 사진기로 촬영한 항공사진 화면에서 3.8mm로 나타난 다리의 실제길이 몇 m인가?

① 20m　　② 30m
③ 40m　　④ 50m

답 ④

9 축척과 거리 및 면적

① 실제거리와 도면상의 거리가 주어지고 축척을 구할 때

$$축척 = \frac{도면상거리}{실제거리}$$

② 도면상의 면적이 주어지고 실제면적을 구할 때

$$(축척)^2 = \frac{도면상면적}{실제면적}$$

기출예제

공중 촬영한 사진 1매의 크기가 25cm × 30cm이다. 이때 축척이 1 : 5,000이면 사진 1매에 들어간 면적은? (ha로 계산)

① 750ha　　② 375ha
③ 250ha　　④ 187ha

답 ④

해설 공중사진촬영의 실제면적을 구하는 방법은

$\frac{도상거리}{실제거리} = \frac{1}{5,000}$ 이므로 실제거리 = 도상거리 × 축척

이 사진을 실제거리는 각각 25cm × 5,000, 30cm × 5,000 이므로

m로 환산한 실제면적은(0.25 × 5,000) × (0.3 × 5,000) = 1,875,000m^2이다.

ha로 계산하므로 1ha=10,000m^2이므로 ∴ 187.5 ha

핵심기출문제

내친김에 문제까지 끝내보자!

1. 평판 설치지점에서 생기는 오차 중 가장 큰 오차는?

① 표정 불안정에 의한 오차
② 구심 불안정에 의한 오차
③ 평판 경사에 의한 오차
④ 제도 부정확에 의한 오차

2. 평판측량에 필요한 기구가 아닌 것은?

① 평판 ② 엘리데이드(alidade)
③ 구심기 ④ 핸드레벨(hand level)

3. 평판을 세우는 세가지 조건을 바르게 나타낸 것은?

① 극좌표, 직각좌표, 시준
② 축척, 방위, 편차
③ 오차, 정도, 구적
④ 정준, 치심, 정위

4. 그림의 다각형에서 트래버스 측량에서 측정하는 편각이란 어느 것인가?

① α
② β
③ γ
④ θ

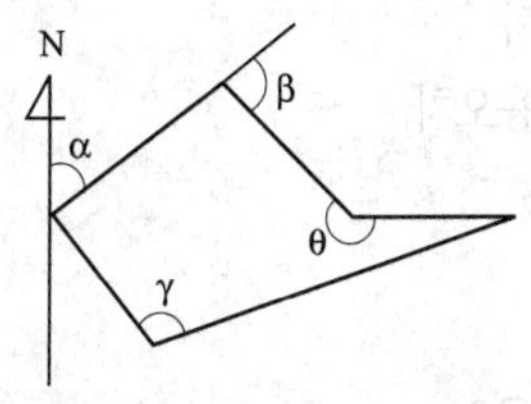

5. 1 : 1,000 지도에서 1cm²는 실제면적이 얼마인가?

① 10m² ② 100m²
③ 1,000m² ④ 10,000m²

정 답 및 해 설

해설 1

표정(정위)는 방향 · 방위 맞추기로 평판측량의 오차 중 가장 큰 영향을 준다.

해설 2

레벨은 고저측량에 사용되는 기구이다.

해설 3

평판을 세우는 3가지 조건 – 정준, 치심(구심), 표정(정위)

해설 4

① $-\alpha$ 방위각 : 진북선에서 시계방향으로 잰 각
② $-\beta$ 편각 : 전측선의 연장선과 그 측선이 이루는 각
③ $-\gamma, \theta$ 교각 : 측선과 측선사이의 각

해설 5

실제거리=도면상거리×축척이므로 0.01m×1000=10m
한변의 길이가 10m 이므로 실제면적은 10×10=100m²

정답 1. ① 2. ④ 3. ④ 4. ② 5. ②

6. 1/300인 도면에 구적기 1/600축척으로 면적을 계산했더니 1,246m^2이었다. 실제면적은 얼마인가?

① 311.5m^2
② 623m^2
③ 2,492m^2
④ 4,984m^2

7. 경사 30°의 지형에 잔디를 식재하고자 한다. 도면상에는 100m^2의 면적이 나왔을 때 실제로 심어야 할 면적은? (단, cos 30° ≒ 0.85)

① 75m^2
② 85m^2
③ 118m^2
④ 170m^2

8. 초점거리 15.24cm인 카메라를 장치한 비행기가 해발고도 4,500m 상공을 비행하면서 평균해발고도 750m인 지역의 항공사진을 촬영했다면 항공사진 축척은?

① 1/250
② 1/4,920
③ 1/24,600
④ 1/29,530

9. 오차 중 그 원인이 불분명하며 주의를 해도 없앨 수 없는 것은?

① 우차 ② 누차
③ 착오 ④ 허용오차

10. 다음 측량 중 레벨을 사용하지 않는 것은?

① 지형측량, 노선측량
② 고저측량, 건축측량
③ 시가지측량, 공사측량
④ 천문측량, 지적측량

정답 및 해설

해설 6

· 실제면적(A) = (도면상거리×축척)^2
도상거리를 a 보면 축척 1/ 600으로 면적 1,246m^2이었으므로 먼저 한 변의 길이를 구하면
$(a \times 600)^2 = 1,246m^2$
a^2 = 1246/360000이 된다.
그러면 실제축적과 한변의 길이를 식에 대입하여 면적을 구한다.
$(a \times 300)^2 = a^2 \times 90000$
= (1246/360000) × 90000
= 311.5m^2

해설 7

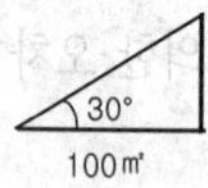

$\cos 30 = \frac{100}{\chi}$

비탈의 실제 면적은
∴ 100÷cos 30°
=100÷0.85
∴ 117.64m^2 약 118m^2

해설 8

$\frac{\text{초점거리}}{\text{촬영고도}} = \frac{1}{m(\text{축척분모})}$ 이므로

$\frac{0.1524}{4500-750(\text{평균해발고도})} = \frac{1}{24,600}$

해설 9

오차의 종류
① 측정자 부주의에 의한 오차 : 과대오차
② 기계의 성능 및 구조에 기인되는 오차 : 정오차(누적오차, 누차)
③ 원인불명의 오차 : 우차

해설 10

· 천문측량 – 지구자전축과 연직선을 기준으로 태양, 별 등을 관측함으로써 시(時) 및 경위도와 방위각 등을 결정하는 측량
· 지적측량 – 토지를 지적공부에 등록하거나 지적공부에 등록된 경계점을 지상에 복원하기 위하여 필지(parcel)의 경계 또는 좌표와 면적을 정하는 측량

정답 6. ① 7. ③ 8. ③ 9. ① 10. ④

11. 흑백 항공 사진상의 수목식생을 판독한 것 중 그 설명이 틀린 것은? (단, 실체경 : stereoscape으로 판독한 것임)

① 향나무, 전나무 등과 같이 잎이 밀생한 침엽수는 수관이 뚜렷한 원형으로 보인다.
② 활엽수류는 목화 송이처럼 보인다.
③ 침엽수의 수관은 활엽수의 수관보다 검게 보인다.
④ 같은 수종이라도 노령목은 어린 나무보다 밝게 보인다.

12. 평판측량의 방법에 대한 설명 중 옳지 않은 것은?

① 방사법은 골목길이 많은 주택지의 세부측량에 적합하다.
② 교회법에서는 미지점까지의 거리관측이 필요하지 않다.
③ 현장에서는 방사법, 전진법, 교회법 중 몇 가지를 병용하여 작업하는 것이 능률적이다.
④ 전진법은 평판을 옮겨 차례로 전진하면서 최종 측점에 도착하거나 출발점으로 다시 돌아오게 된다.

13. 표준길이보다 3mm 늘어난 50m 테이프로 정사각형의 어떤 지역을 측량하였더니, 면적이 250000m²이었다. 이때의 실제면적을 얼마인가?

① 250030m^2 ② 260040m^2
③ 170050m^2 ④ 280040m^2

14. 지상고도 2,000m의 비행기 위에서 화면거리 152.7mm의 사진기로 촬영한 수직 공중 사진상에서 길이 50m의 교량은 몇 mm정도로 촬영되는가?

① 1.2mm ② 2.5mm
③ 3.8mm ④ 4.2mm

15. 수준측량의 야장기입법이 아닌 것은?

① 고차식 ② 기고식
③ 승강식 ④ 종단식

정답 및 해설

해설 11

같은 수종이라도 노령목은 어린 나무보다 어둡게 보인다.

해설 12

방사법은 장애물이 적고 구역 전부가 잘보이는 평지에서 적합하다.

해설 13

① 정오차= 측정횟수 $\left(\rightarrow \frac{\text{측량길이}}{\text{줄자의길이}}\right) \times 1$회의 오차

면적이 250000이므로 한변을 500m로 가정하면

$\frac{500}{50} \rightarrow 10\text{회} \times 3 = 30\text{mm}$ (정오차)

② 실제길이 = 500+0.03 =500.03m

실제면적 = $(500.03)^2 = 250030\text{m}^2$

해설 14

$\frac{1}{m} = \frac{\text{화면상길이}}{\text{실제길이}} = \frac{\text{초점거리}}{\text{촬영고도}}$ 이므로

$\frac{x}{50} = \frac{0.1527}{2000}$

따라서 화면상길이는 3.8mm

정답 11. ④ 12. ① 13. ① 14. ③ 15. ④

16. 다음 중 수준측량에 사용되는 용어의 설명으로 거리가 먼 것은?

① 지표면의 어느 점으로부터 중력방향을 수평선이라 한다.
② 수준면과 지구의 중심을 포함한 평면이 교차하는 것을 수준선이라 한다.
③ 지반면의 높이를 비교할 때 기준이 되는 면을 기준면이라고 한다.
④ 수준 원점으로부터 국도 및 주요 도로변에 2~4km마다 수준 표석을 설치하고 표고를 경정하여 놓은 점을 수준점이라 한다.

17. 수준측량의 관측값으로부터 표고 계산을 한 결과이다. 각 측점의 표고 중 틀리게 계산된 측점은? (단, 측점 No.1의 표고는 10.000m 임)

측점	후시(m)	전시(m)	표고(m)
No.1	1.865		10.000
No.2		0.237	11.628
No.3	2.332	1.075	10.790
No.4		1.562	11.250

① No.1　② No.2
③ No.3　④ No.4

해설 **17**

· 지반고(표고) = 기계고 - 전시
· 기계고는 = 지반고 + 후시

측점	후시 (m)	전시 (m)	기계고 (m)	표고(m)
No.1	1.865		11.865 (→10+1.865)	10.000
No.2		0.237	11.865	11.628 (→11.865-0.237)
No.3	2.332	1.075	13.122 (→10.790+2.332)	10.790 (→11.865-1.075)
No.4		1.562		11.560 (→13.122-1.562)

18. 전시와 후시의 거리를 같게 해도 소거되지 않는 오차는?

① 기차(氣差)에 의한 오차
② 시차(時差)에 의한 오차
③ 구차(球差)에 의한 오차
④ 레벨의 조정 불량에 따른 오차

해설 **16**

① 연직선에 대한 설명

해설 **18**

① 수준측량에서 조정이 불완전한 기계를 사용할 경우 생기는 오차를 없애는 가장 좋은 방법(시준축이 기포관축과 평행하지 않을 때 일어나는 오차) 전시와 후시의 거리를 동일하게 취한다.
② 전시와 후시의 거리를 같게 취함으로서 없어지는 오차
· 시준축 오차 : 레벨조종의 불완전으로 인한 오차
· 구차 : 지구의 곡률
· 기차 : 빛의 굴절

정답 16. ① 17. ④ 18. ②

19. 실제 두 점 사이의 거리 40m가 도상에서 2mm로서 표시될 때 축척은?

① 1:30000 ② 1:25000
③ 1:20000 ④ 1:10000

20. 평판측량에 대한 설명으로 옳지 않는 것은?

① 대단위 지역의 지형도 측량에 많이 사용한다.
② 현장에서 직접 대상물의 위치를 관측하여 축척에 맞게 평면도를 그리는 측량이다.
③ 현장에서 측량이 잘못된 곳을 발견하기 쉽다.
④ 복잡한 지형이나 시가지, 농지 등의 세부 측량에 이용할 수 있다.

21. 부지의 직접 수준측량 시행에 대한 설명으로 맞지 않는 것은?

① 제일 먼저 고저기준점을 선정한 후 영구표식을 매설한다.
② 1/1,200~1/2,400 사이의 적합한 축척을 결정한 후 수준측량을 시행한다.
③ 수준측량의 내용은 부지 조건이나 설계자의 요구에 따라 달라질 수 있다.
④ 일반적으로 부지 외부와 부지 내부의 주요지점과 부지의 전반적인 높이를 대상으로 측량한다.

22. 지형을 측량하였을 때 고저기준점의 표고가 10.24m라 하고 기계고를 1.62m라 한다. 다시 그 지점에서 표고 9.5m인 지점을 시준한다면 표척 시준고는?

① 1.36m ② 1.86m
③ 2.36m ④ 12.36m

23. 다음 중 측량에 관련된 설명 중 틀린 것은?

① 잔차(residual)란 최확값과 관측값의 차를 말한다.
② 일반적으로 반복 관측한 값에 큰 오차가 있을 때는 착오가 있음을 알 수 있다.
③ 최확값이란 어떤 관측량에서 가장 높은 확률을 갖는 값을 말한다.
④ 정오차란 관측값의 신뢰도를 표시하는 값이다.

정답 및 해설

해설 19

$\frac{1}{M} = \frac{도상거리}{실제거리} = \frac{0.002}{40}$

M= 20000 이므로 1:20000

해설 20

평판측량은 지역이 넓지 않을 때, 복잡한 세부 측량을 할 때, 지형도를 작성할 때 등 활용된다.

해설 21

② 1/100~1/1,200사이의 적합한 축척을 결정한 후 수준측량을 시행한다.

해설 22

표척 시준고(h)

10.24 + 1.62 = 9.5 + h

h = 10.24 + 1.62 − 9.5

h = 2.36m

해설 23

오차

① 모든 측량에서 오차는 발생하며 정확하다는 것은 오차가 작다는 것을 말한다.
② 측정값의 신뢰 정도를 표시하는 값을 무게 또는 경중률이라 한다.
③ 최확값(L_0) : 어떤 관측값에서 가장 높은 확률을 가지는 값을 말한다.
④ 잔차(v) : 최확값과 관측값의 차이를 말하며 때로는 오차라고도 부른다.
⑤ 오차의 종류

- 정오차(누차, 누적오차) : 오차가 발생원인이 확실하고, 측정회수에 비례해서 증가한다.
- 우연오차(부정오차, 오차) : 오차의 발생원인이 불분명하고 아무리 주의해도 없앨 수 없는 오차, 측정회수의 제곱근에 비례한다.

정답 19. ③ 20. ① 21. ② 22. ③ 23. ④

24. 그림 A, C 사이에 연속된 담장이 가로막혔을 때의 수준 측량시 C점의 지반고는?(단, A점의 지반고 10m이다.)

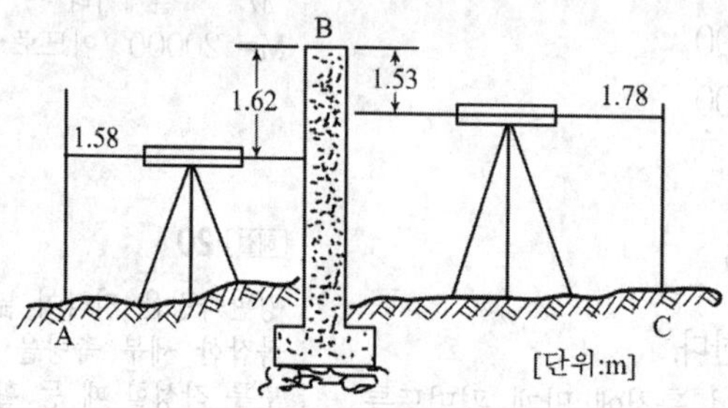

① 9.89m　② 10.62m
③ 11.86m　④ 12.54m

25. 25m에 대하여 6mm 늘어나 있는 줄자로 정사각형의 지역을 측량한 결과 면적이 60000m²이었다면 실제 면적(m²)은? (단, 최종값의 소수점 이하는 버림 한다.)

① 60028　② 60014
③ 59990　④ 59985

26. 1:50000 지형도 산정으로부터 계곡까지의 거리가 25mm이고, 산정의 표고가 530m, 계곡의 표고가 130m이다. 이 사면의 경사도는?

① 32%　② 35%
③ 42%　④ 45%

27. 평판측량의 방사법에 관한 설명으로 옳은 것은?

① 기기를 통한 관측으로 구하고자 하는 미지점의 좌표를 직접 얻을 수 있는 방법으로 지형의 모습을 도해적으로 직접 확인할 수 있는 장점이 있다.
② 기준점을 두 점 이상 취하여 기준점으로부터 미지점을 시준하여 방향선을 교차시켜 도면상에서 미지점의 위치를 결정하는 방법이다.
③ 어느 한 점에서 출발하여 측점의 방향과 거리를 측정하고 다음 측점으로 평판을 옮겨 차례로 측정하는 방법으로 측량 지역이 좁고 긴 경우에 적당하다.
④ 한 지점에 평판을 세우고 방향과 거리를 측정하는 방법으로 시준을 방해하는 방애물이 없고 비교적 좁은 비역에 대축척으로 세부측량을 할 경우 효율적이다.

정답 및 해설

해설 24

기계고 = 지반고 + 후시, 지반고 = 기계고 − 전시

① B점 옹벽높이
10.00(지반고) + 1.58(후시) = 11.58(기계고)
11.58(기계고) + 1.62 = 13.2m

② 다음지점의 기계고
13.2 − 1.53 = 11.67m

③ C점 지반고
11.68(기계고) − 1.78 = 9.89m

해설 25

정오차(R) = 측정횟수(n) × 1회 측정시 오차(a)

① 정사각형 지역이므로 한변의 길이는 $\sqrt{60000}$ = 244.948943m

② 정오차 = $\frac{244.94}{25}$ × 6mm = 58.7856mm = 0.0587856m

③ 실제길이는 = 244.948943 + 0.0587856 = 245.0077

④ 전체면적은
245.0077×245.0077 = 60028.7730 → 60028m²

해설 26

① 지형도상의 거리를 실제거리로 환산

축척 = $\frac{\text{도면상거리}}{\text{실제거리}}$ 이므로

실제거리 = 도면상거리 ×축척
= 25×50000
= 1250000mm
= 1250m

② 경사도 측정(수평단위당 토지의 높고 낮음)

$G = \frac{D}{L} \times 100$ (G : 경사도(%), D : 높이차, L : 두 지점간의 수평거리)

$\frac{(530-130)}{1250} \times 100 = 32\%$

해설 27

평판측량의 방사법은 넓은 지역의 경우 시야에 막힘이 없을 때 사용되며, 시거측량이나 줄자를 이용해 거리를 잰다. 측량하기는 쉬우나 오차를 검사할 방법이 없다.

정답 24. ① 25. ① 26. ① 27. ④

28. 다음 평판측량과 관련된 용어는?

평판상의 점과 지상의 측점을 일치시키는 것

① 정준　　② 표정
③ 치심　　④ 폐합

29. 평판 측량에서 평판을 세울 때 발생하는 오차 중 다른 오차에 비하여 그 영향이 매우 큰 오차는?

① 거리 오차　　② 기울기 오차
③ 방향 맞추기 오차　　④ 중심 맞추기 오차

30. 다음 중 측량의 3대 요소가 아닌 것은?

① 각측량　　② 면적측량
③ 고저측량　　④ 거리측량

31. 축척 1:1500 지도상의 면적을 잘못하여 축척 1:1000으로 측정하였더니 $10000m^2$이 나왔다면 실제의 면적은?

① $15,000m^2$　　② $18,700m^2$
③ $22,500m^2$　　④ $24,300m^2$

정답 및 해설

해설 28

평판의 3요소
- 정준 : 평판이 수평이 되도록 하는 작업
- 구심(치심) : 지상의 측정과 도상의 측점을 일치시키는 작업
- 표정 : 평판을 일정한 방향에 따라 고정시키는 작업

해설 29

평판측량의 3요소
- 정준 : 수평 맞추기
- 치심 : 중심 맞추기
- 표정(정위) : 방향, 방위 맞추기(평판측량의 오차 중 가장 큰 영향을 준다.)

해설 30

측량의 3대 요소 – 거리(거리측량), 각(각측량), 표고(고저측량)

해설 31

1:1500에서 도상거리 1cm는 1.5m, 1:1000에서 도상거리 1cm는 1.0m이므로 비례식을 풀면
$2.25m^2 : 1cm^2$
=실제면적:10000
실제면적= $22,500m^2$

정답 28. ③　29. ③　30. ②　31. ③

토양 및 토질

9.1 핵심플러스

■ 토층분화
- 용탈층과 집적층이 구별되는 토양단면이 발달하는 것으로 이렇게 발달된 층을 층위
- 솔럼층 : 유기물층 + 용탈층 + 집적층

■ 흙의 성질

토양의 견지성	강성(견결성) / 이쇄성(취쇄성) / 가소성(소성)
흙의 다짐	·지반 지지력을 증대시키려 다짐을 실시 ·수화 → 윤활 → 팽창 → 포화단계 ·윤활단계 : 최대건조밀도를 나타내는 최적함수비가 됨

■ 토양의 분류
- 토양입자 조성에 따른 분류 : 삼각도표법
- 통일분류법 : 흙의 입도와 견지성을 근거로 2개의 로마문자 조합(흙의 형 + 흙의 속성)

■ 흙의 각 성분과의 관계 : 공극비와 공극률 / 함수비와 함수율 / 비중 / 포화도

공극비와 공극률	공극비(간극비) = $\frac{\text{공극의 용적}}{\text{순토립자용적}}$
	공극율 (간극률) = $\frac{\text{공극의 용적}}{\text{전체토양용적}}$
함수비와 함수율	함수비 = $\frac{\text{물중량}}{\text{순토립자중량}}$
	함수율 = $\frac{\text{물중량}}{\text{전체흙의 중량}}$
	포화도 = $\frac{\text{물의 용적}}{\text{공극의 용적}}$
비중	겉보기비중 = $\frac{\text{흙의 중량}}{\text{물의 단위중량}}$
	진비중 = $\frac{\text{순토립자중량}}{\text{물의 단위중량}}$

■ 토질시험내용

흙의 분류 및 판별시험	토립자 비중시험, 입도분석시험, 함수비시험, 밀도, Atterberg한계시험
흙의 공학적 성질을 알기 위한 시험	압밀시험, 전단시험, 투수시험, 다짐시험,C.B.R 시험(실내시험
자연지반의 성질을 알기 위한 시험	현장밀도측정시험, 현장투수시험, 평판재하시험, C.B.R 시험(현장시험), cone penetration 시험, vane 전단시험

1 토양의 생성과 토양단면

① 토양생성 : 암석이 붕괴되거나 분해되서 형성됨

② 토양단면(토층단면)

㉠ 유기물층(O층) → 용탈층(A층) → 집적층(B층) → 모재층(C층) → 모암

㉡ 솔럼(solum) : 토양생성인자의 작용을 받은 부위로 유기물층+용탈층+집적층을 말함

㉢ 식물의 생육을 위해 솔럼부위는 근계발달과 영양분을 제공하므로 공사 전에 표토를 모아 표토복원에 활용

2 토양의 조성

① 구조

㉠ 입상(粒狀)

- 토양입자가 입단상 · 쇄립상으로 모양은 둥글며, 직경 1cm 이하 작은 입단인 다공성인 입단을 쇄립이라 한다.
- 입단사이의 공극에 물이 저장되어 식물생육에 적합한 조건이된다.
- 경작지토양, 유기물이 많은 토양에서 발달

㉡ 판상(板狀)

- 토양입자가 얇은층으로 배열되어 수직배수가 안됨
- 충적토와 같은 모재에서 생성

㉢ 주상(柱狀)

- 토양입자가 각주상, 원주상의 형태의 수직배열
- 찰흙함량이 많은 심토, 건조 · 반건조지방의 심토에서 발달

④ 괴상(塊狀)

- 모서리가 각진 형(괴상)과 둥근형(반각괴상), 심토에서 보임

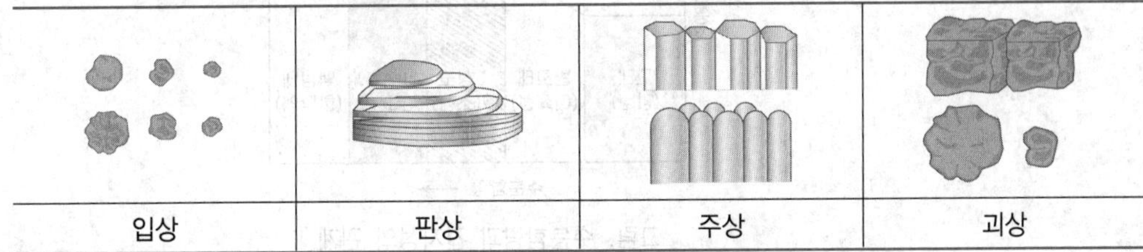

입상	판상	주상	괴상

② 토양의 구성과 공극

㉠ 구성 : 고체상인 무기물(광물) 45%, 유기물5%, 기체상 공기 25%, 액체상 물이 25%의 3상구조

㉡ 공극은 식물 생육과 공학적측면에 영향을 준다.

- 식물 생육에 있어 공기유통, 물의 저장과 통로의 역할, 사질토 〈 양질토, 심토 〈 표토
- 건설공사시 공극이 크면 구조물 기반이 불안정하여 지반침하, 구조물의 전도 및 파괴를 야기시킴

3 흙의 성질

① 토양의 견지성 : 수분함량에 따라 변화하는 토양의 상태 변화를 말한다.

㉠ 강성(견결성) : 토양이 건조하여 딱딱하게 되는 성질, 판상구조를 갖는 점토를 많이 함유할수록 이러한 성질이 강함

㉡ 이쇄성(취쇄성) : 강성과 소성의 중간상태의 성질을 가지는 반고태의 상태

㉢ 가소성(소성)

- 물체에 힘을 가했을 때 파괴되지 않고 모양이 변화되고, 힘이 제거된 후에도 원형으로 돌아가지 않은 성질
- 최소수분은 소성한계(소성하한)로 가소성을 나타낸다.
- 최대수분의 한도는 액성한계(소성상한)을 말한다.
- 소성한계와 액성한계 사이를 소성지수라고 한다.
- 일반적인 흙은 소성지수 안에 있으며 소성지수가 높으면 노상토로 좋지 않고 점토함량이 많거나 유기물이 많은 토양은 지반 기초토양으로 바람직하지 않다.

② 토양의 팽창과 수축

㉠ 팽창 : 물이 들어가 토양입자를 부풀리며 수분을 계속가하면 점착력이 약화되어 입자가 분리되고 체적이 감소한다.

㉡ 수축 : 토양이 말라 용적이 줄어드는 것, 토양구조가 잘 발달된 토양은 물이 감소해도 수축은 매우 작다.

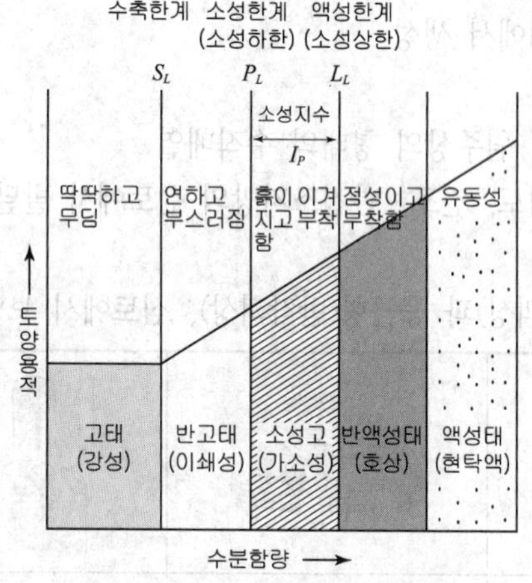

그림. 수분함량과 견지성의 관계

③ 흙의 다짐

㉠ 함수비에 따른 다짐상태의 변화

- 건조한 흙을 함수비를 증가시키면서 다짐시험을 실시
- 흙의 변화는 수화단계, 윤활단계, 팽창단계, 포화단계로 구분

수화단계	- 토양입자가 접촉하지 않고 공극이 존재 - 함수비는 20.7% 이내, 다짐밀도가 낮음
윤활단계	- 수분과 토양입자사이에서 윤활작용을 해 입자간의 접촉이 용이해짐 - 보통 31%에 달하면 최대건조밀도를 나타내는 최적함수비가 됨
팽창단계	- 윤활단계에서 함수비를 증가시키면 수분이 공극 내 남아있는 공기를 압축하면서 흙의 건조밀도가 낮아짐 - 함수비는 44.7%
포화단계	- 수분이 증가하여 토양입자와 치환하여 토양이 포화상태가 되어 유동성을 가지며 건조밀도는 감소함 - 함수비는 55%

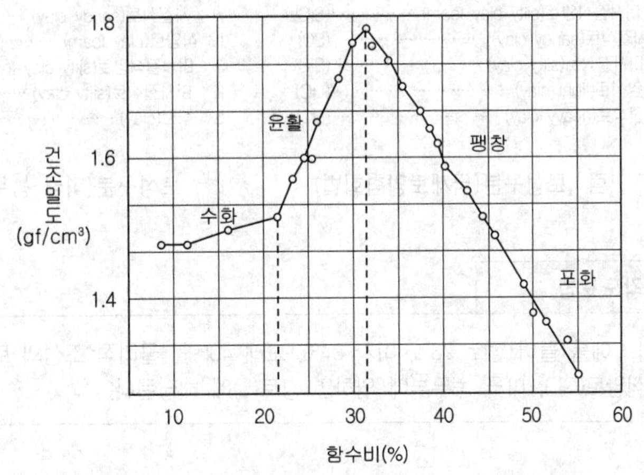

그림. 함수비변화에 따른 다짐상태변화

㉡ 다짐효과

- 다짐에너지가 클수록 최대건조밀도는 커지고 최적함수비는 낮아진다.
- 다질수록 공극이 작아져 투수성은 감소하며, 전단강도와 압축강도는 높아져 안정성이 커진다.

4 토양의 분류

① 토양입자 조성에 따른 분류

㉠ 토성 : 토양입자지름조성에 의한 토양의 분류로 모래, 미사, 점토 등의 함유비율에 의해 결정

㉡ 모래, 미사 및 점토의 백분율을 계산하여 삼각도표법을 이용하여 토성을 결정

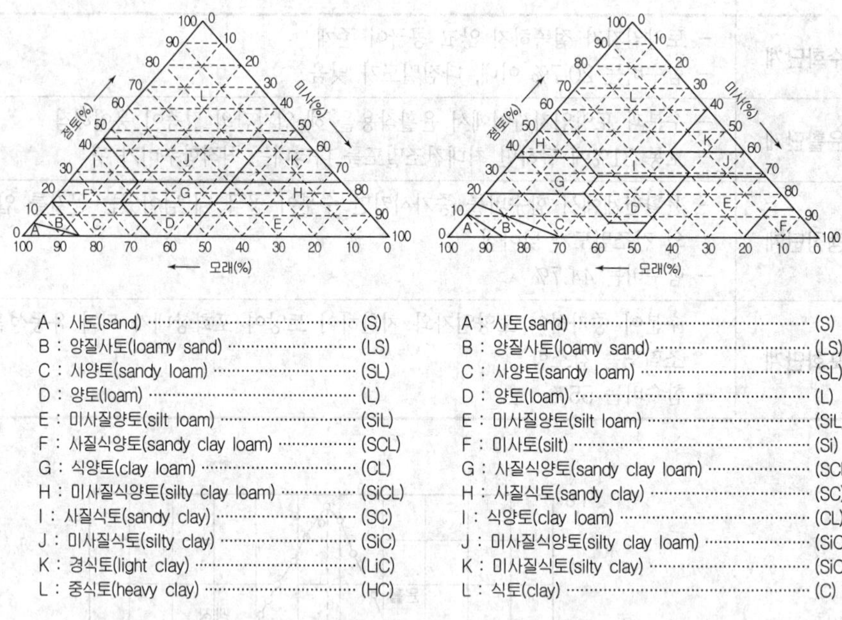

그림. 토성구분(국제토양학회법)　　　　토성구분(미국 농무부법)

■ 참고 : 삼각도표법

- 삼각도표법 : 예를 들어 점토 23%, 미사 34%, 모래 43%인 물리적 조성의 토양의 경우 국제토양학회법으로는 식양토(CL), 미국 농무부에 의하면 양토(L)에 해당된다.

② 통일분류법

㉠ 도로 등 시설의 설치기반 토양에 대한 분류방법

㉡ 흙의 입도와 견지성을 근거로 2개의 로마문자를 조합하여 표시하며, 첫째문자는 흙의 형(型)을 표현하고, 둘째 문자는 흙의 속성을 나타낸다.

■ 참고

- 예를 들어 G W에서 G는 흙의 속성, W는 흙의 형(型) → 입도분포가 좋은 자갈 또 는 자갈과 모래의 혼합토, 세립분이 약간 또는 없는 흙을 말한다.

- 흙의 분류 : 조립토(粗粒土 : 자갈, 모래), 세립토(細粒土 : 실트, 점토), 유기질토(동식물의 유체가 다량 함유)흙을 말한다.

표. 통일분류법에 사용되는 기호

토질의 종류		제1문자	토질의 속성	제2문자	
조립토	자갈(gravel)	G	입도분포가 양호하고 (Well-graded) 세립분이 거의 없음	W	조립토
	모래(sand)	S	입도분포가 불량하고 (Poorly-graded) 세립분이 거의 없음	P	
세립토	실트(silt)	M	세립분을 12% 이상 함유하고 A선의 아래에 위치하며 소성 지수는 4이하임	M	
	점토(clay)	C	세립분을 12% 이상 함유하고 A선의 위에 위치하며 소성지수가 7이상임	C	
	유기질의 실트 및 점토 (organic clay)	O	압축성 낮음(low compressibility) $LL \leq 50$	L	세립토
유기질토	이탄(peat)	Pt	압축성 높음(high compressibility) $LL \geq 50$	H	

5 토질시험의 종류

① 흙의 분류 및 판별시험

종류	목적 및 작용
토립자의 비중시험	흙의 분류를 위해서 필요
입도분석시험 – 체분석 – 비중계법(침전법)	입도분포의 결정
흙의 함수비시험	흙이 보유하고 있는 함수량 측정
밀도 – 원상시료 – 모래병	다짐 정도를 알기위해서 점토질에만 적용 모든 흙에 대해서 적용
Atterberg한계시험(consistency) – 액성한계 – 소성한계 – 수축한계	흙의 분류와 성질의 예비시험

■ 참고 : 흙의 입경분석법

① 토양입자를 크기별로 그 함량을 정밀하게 분석하는 방법
② 체를 이용한 분석법 : 지름이 0.05mm 이상인 모래를 분석하는데 사용
③ 침강측정법: 피펫법과 비중계법
· 입자의 크기가 클수록 빨리 침강하는 원리를 이용하는 방법
· 모래를 제외한 미사와 점토를 분석하는 방법으로 Stokes의 법칙에 따름
· Stokes의 법칙
– 토양 현탁액을 가만히 두면 토양입자들이 중력의 힘에 의해 침강하고 큰 입자일수록 침강속도가 빠른 원리(토양현탁액에서 입자의 하강속도는 입경의 제곱에 비례함)
– 물의 밀도·물의 점성계수·토양입자의 밀도와 관련됨
· 화학적 분산제이용 : 5% sodium hexametaphosphate를 사용하며 피펫법에서는 10mL, 비중계법에서는 100mL를 넣어서 실험함

② 흙의 공학적 성질을 파악하기 위한 시험

종류	목적 및 작용
압밀시험	흙의 압축성의 결정
전단시험 – 직접 전단시험 – 1축 압축시험 – 3축 압축시험	기초, 사면, 옹벽의 안정성 검토 각종 흙에 대해서 적용 점성토에 대해서 적용, 흙의 예민비 결정하는 시험 측압을 받을 때의 전단강도
투수시험 – 정수위투수시험 – 변수위투수시험 – 압밀시험	모래질흙의 투수성에 대해서 적용 투수성이 비교적 적은 흙에 대해서 적용 점토에 대해서 간접방법으로 투수계수를 구함
다짐시험	최대 건조밀도를 위한 최적 함수비의 결정
C.B.R 시험(실내시험)	가소성포장의 단면설계에 쓰임

■ **참고 : 흙의 예민비**

① 흙의 압밀에서 진흙의 자연시료(자연상태대로 또는 자연상태로 채취한 것)는 어느 정도의 강도가 있으나 그 함수율을 변화시키지 않고 이기면 약하게 되는 성질이 있는 바 그 정도를 나타낸 것을 말함

② $\text{예민비} = \dfrac{\text{자연시료의 강도}}{\text{이긴시료(흐트러진 시료)의 강도}}$

③ 예민비에서 강도란 흙의 전단강도 또는 압축강도임.

③ 예민비가 4이상의 것은 일반적으로 예민비가 높다고 함하며, 보통 점토는 4~10, 모래는 1에 해당됨

★ ③ 자연지반의 성질을 알기 위한 시험

종류	목적 및 작용
현장밀도 측정시험	다짐시공의 관리 등에 쓰임
현장투수시험 – 흡상법 – 주수법	기초지반의 투수도를 구함 지하수위가 높은 경우 지하수위가 낮은 경우
표준관입시험(S.P.T)	시료채취와 더불어 상대밀도, 지지력의 측정단면
평판재하시험	구조물 기초의 안전, 지지력과 압축성을 구함
C.B.R시험(현장시험)	노반 또는 기초의 두께 결정, 가소성 포장의 단면설계
cone penetration 시험	콘지수 결정, 지반의 강도 추정
vane 전단시험	점토의 전단강도 측정

6 흙의 각 성분 사이의 관계

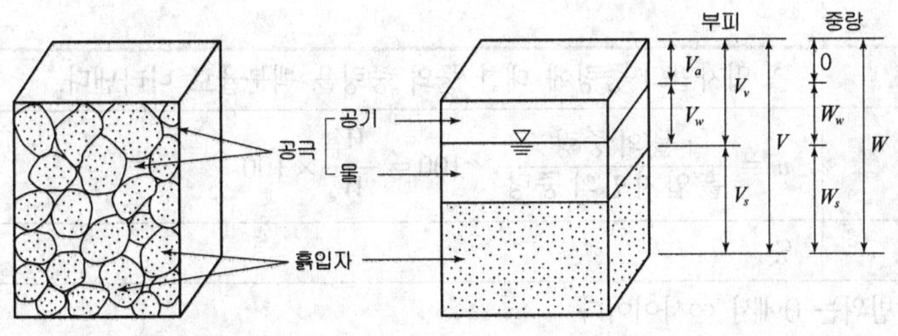

(a) 자연상태의 흙의 요소　　　(b) 삼상으로 나타낸 흙의 성분

그림. 흙의 삼상도

여기서, V : 흙의 전체 체적　V_s : 토립자 부분의 체적　V_v : 공극의 체적
V_w : 함유수분의 체적　V_a : 공기의 체적
W : 흙의 전체 중량　W_s : 토립자 부분의 중량(건조중량)
W_w : 함유수분의 중량

① 흙의 세가지 성분요소

흙의 전체체적(V)	$V = V_s + V_v = V_s + V_w + V_a$ 여기서, V_s : 흙 입자만의 체적 V_v : 간극의 체적 Vw: 간극 속의 물의 체적 Va : 간극 속의 공기의 체적
전체의 중량(W)	공기의 중량은 무시한다고 가정하면 전체의 중량은 다음과 같다 $W = W_s + W_w$ 여기서, W_s : 흙 입자만의 중량 W_w : 물의 중량

② 공극비(간극비, void ratio, e)와 공극률(간극률, Poosity, n)

· 공극비

개요	흙 입자만의 체적에 대한 공극의 체적비를 나타낸다.
공식	$e = \dfrac{\text{공극의 체적}}{\text{흙 입자만의 체적}} = \dfrac{V_v}{V_s}$
단위	무차원

· 공극률

개요	흙 전체의 체적에 대한 공극의 체적을 백분율로 나타낸다.
공식	$n = \dfrac{\text{공극의 체적}}{\text{흙 전체의 체적}} \times 100 = \dfrac{V_v}{V} \times 100$
단위	무차원

③ 함수비(Water content, w)와 함수율(ratio of moisture, w')

· 함수비

개요	흙 입자만의 중량에 대한 물의 중량을 백분율로 나타낸다.
공식	$w = \dfrac{\text{물의 중량}}{\text{흙입자만의 중량}} \times 100 = \dfrac{W_w}{W_s} \times 100$
단위	%

함수율의 범위는 0에서 ∞사이이다.

· 함수율

개요	흙 전체의 중량에 대한 물의 중량을 백분율로 나타낸다.
공식	$w' = \dfrac{\text{물의 중량}}{\text{전체 흙의 중량}} \times 100 = \dfrac{W_w}{W} \times 100$
단위	%

함수율의 범위는 0에서 100% 사이이다.

④ 비중(specific gravity, G_s)

개요	흙 입자 실질부분의 중량과 같은 체적의 15℃ 증류수 중량의 비를 비중이라 한다.
공식	$G_s = \dfrac{\gamma_s}{\gamma_w} = \dfrac{W_s}{V_s} \cdot \dfrac{1}{\gamma_w}$ 여기서, γ_s : 흙 입자만의 단위중량(g/cm³, t/m³) γ_w : 물의 단위중량(g/cm³, t/m³)
단위	무차원

흙입자만의 단위중량(γ_s) $= \dfrac{W_s}{V_s}$ 여기서, V_s : 흙입자만의 체적

물의 단위중량(γ_w)$= \dfrac{W_w}{V_w}$ 여기서, V_w : 물의 부피

⑤ 포화도(degree of saturation, S)

개요	공극 속에 물이 차 있는 정도를 나타낸다.
공식	$S = \dfrac{\text{물의 체적}}{\text{공극의 체적}} = \dfrac{V_w}{V_v} \times 100$
단위	%

포화도의 범위는 0에서 100% 사이이다.

■ 참고 : 토양의 광물학적 특성

① 1차광물(화학성분)

㉠ 원래 암석에 존재했던 성분과 같은 광물(석영, 장성, 운모)

㉡ SiO_2 〉 Al_2O_3 〉 Fe_2O_3 〉 Ca_2O_3 〉 MgO 〉 Na_2O〉 K_2O

· 규산 〉 알루미나 〉 철(산화철) 〉 칼슘(석회) 〉 마그네슘 〉 나트륨 〉 칼리

② 점토광물 (clay mineral]

㉠ 2차광물(점토광물) : 2차광물로 구성, 풍화작용, 토양생성단계를 거치며 가용성 성분들이 녹아나와 점토와 재구성되어 새로운 성분이 되는 광물

㉡ 점토광물의 주요성분 : 규산과 알루미늄

㉢ 결정질 규산염 점토광물 : 규산 4면체와 알루미늄 8면체로 구성

규산 4면체	규소 이온이 그를 둘러싸고 있는 4개의 산소원자와 결합
알루미나 8면체	알루미늄 원자가 6개의 산소원자 또는 수산기(OH-)와 결합

· 카올리나이트(kaoilinite) 군 : 규산 4면체층과 알루미나 8면체층이 1:1로 결합, 수소결합에 의해 수축, 팽창없이 단단하게 결합되어 있음, 비팽창성 점토광물로 도자기, 타일의 원료로 이용 우리 나라 토양의 주된 점토광물

· 일라이트(illite) 군 : 규산 4면체층과 알루미나 8면체층과의 2:1로 결합한 점토광물 (2:1형 광물), 비팽창성 점토광물

· 몬모릴로나이트(montmorillonite) 군 : 2:1형 점토광물, 팽창형 점토 광물 결정단위 사이의 힘이 없어 수축, 팽창이 심하다.

㉣ 비결정질 점토광물 : 규산과 알루미나의 가수산화물로 된 점토광물

· 알로팬(allophane) : 화산회로부터 생선된 토양에 존재하는 점토광물, 부식을 강하게 흡착하며 강한 인산 고정력을 나타낸다.

③ 점토광물의 전하

㉠ 동형치환 : 토양에서 형태상의 변화를 가져오지 않은 채 어떤 형태내부의 이온들이 다른 외부의 이온과 치환되는 현상, 2:1형, 2:2형 광물(chlorite)에서만 일어나고 1:1형 점토광물에서는 일어나지 않는다.

㉡ pH 의존전하 : 토양 입자의 전하 중 pH 변화에 따라서 달라지는 전하. 가변 전하라고도 한다.

㉢ 변두리 전하 : 변두리에서만 생성되기 때문에 붙여진 명칭이다. 점토광물을 분쇄하여 세립화할수록 음전하의 생성량이 많고 양이온 치환량도 증대하는 현상은 변두리 전하의 생성을 증명해주는 것이 예이다.

㉣ 잠시적 전하 : 점토 광물이 주위의 환경이 달라짐에 따라 pH 변동을 가져오는 전하, 일시적 전하라고도 함.

■ 참고 : 토양의 화학적 특성

① 토양 콜로이드의 전하

㉠ 토양의 경우 일반적으로 무기입자의 크기가 $1\mu m$보다 작은 것을 콜로이드라 하며, 점토의 입자 중 아주 작은 입자들은 수분과 이온을 다량 흡착해 물속에서 잘 가라앉지 않으며 증발하면 겔(gel)상태로 굳어지는 것을 콜로이드성질이라 한다.

㉡ 토양의 양이온 치환용량은 음전하의 양에 달려있으며, 양이온 치환용량이 커질수록 토양의 보비력이 높아진다.

㉢ 유기콜로이드의 전하 : 유기콜로이드는 카르복실기, 페놀기, 아민기를 많이 보유하고 있고 표면적이 넓어 음전하량 또는 양전하량을 많이 가지고 있다.

② 토양의 완충작용 : 물에 산이나 혹은 알칼리를 가하면 pH가 크게 변하는데, 외부에서 토양에 산 혹은 염기성 물질을 가할 때 pH의 변화를 억제하는 작용을 말한다.

③ 양이온치환용량(陽-ion 置換用量, cation exchange capacity)

㉠ 정의 : 일정량의 토양이나 교질물이 가지고 있는 치환성 양이온의 총량을 당량으로 표시한 것을 말하는데, 보통 100g이 보유하는 치환성 양이온의 총량을 mg당량(milli equivalent)으로 표시한다. 즉, 양이온치환용량은 토양이나 교질물 100g이 보유하고 있는 음전하의 수와 같으며 염기치환용량(BEC : Base Exchange Capacity)이라고도 한다.

㉡ 단위 : CEC(meq/100g)

㉢ 토양의 양이온 치환능력이 높아질수록 완충력도 올라가며, 양분을 저장 할 수 있는 능력이 높아진다.

④ 염기포화도

㉠ 토양콜로이드에 흡착된 양이온 중 수소와 알루미늄 이온을 제외한 양이온 들(칼슘, 나트륨, 칼륨, 마그네슘 등)은 토양을 알칼리성으로 만드는 경향이 있으므로 교환성염기라고 한다.

㉡ 교환성 양이온의 총량 혹은 양이온교환용량에 대한 교환성염기의 양(교환성 양이온에 의하여 토양의 흡착 부위가 포화된 정도. 총 양이온 교환 용량에 대한 흡착 백분율로 표시)을 염기포화도(鹽基飽和度, degree of base saturation)라 하며 염기포화도는 pH와 정비례의 관계에 있다.

토공사

10.1 핵심플러스

■ 토공사에 관련된 용어와 토공기계에 대해 알아두고, 터파기 · 되메우기 · 잔토처리에 개념과 산정이 가능하도록 한다.

■ 토적계산

- 세장한 모양의 토공량 산출 : 양단면평균법, 중앙단면법, 각주공식
- 점고법(The Spot Elevation Method) : 넓은 지역의 매립, 땅고르기 등에 필요한 토공량 계산
- 등고선법(심프슨 공식) : 등고선을 이용하여 토량 또는 저수지 용량을 계산하는 방법

1 토공의 개요

토공이라 함은 자연 지형에 시설물을 시공하기 위한 기초 지반 형성 작업으로 흙의 굴착, 싣기, 쌓기, 다지기 등 흙을 대상으로 하는 모든 작업을 말함

2 토공의 분류 및 용어

① 절토(깍기, 절취, cutting)

㉠ 흙을 파내는 작업으로 굴착이라고도 함

㉡ 절취 : 시설물 기초 위해 지표면의 흙을 약간(20cm) 걷어내는 일

㉢ 터파기 : 절취 이상의 땅을 파내는 일

㉣ 준설(수중굴착) : 물 밑의 토사, 암반을 굴착하는 수중에서의 굴착

㉤ 작업기계 : 불도우저, 파워셔블, 백호 등

② 성토(쌓기, Banking)

㉠ 도로 제방이나 축제와 같이 흙을 쌓는 것

㉡ 매립(Reclamation) : 저지대에 상당한 면적으로 성토하는 작업, 수중에서의 성토

㉢ 축제(Embankment) : 하천 제방, 도로, 철도 등과 같이 상당히 긴 성토를 말함

㉣ 다짐(전압, rolling) : 성토한 흙을 다짐

㉤ 마운딩(造山, 築山작업) : 조경에서 경관의 변화, 방음, 방풍, 방설을 목적으로 작은 동산을 만드는 것

㉥ 흙쌓기공법

- 수평쌓기 : 수평층으로 흙을 쌓아 올리는 방법
- 전방쌓기 : 앞으로 전진하여 쌓아가는 방법

• 가교쌓기 : 다리 가설하여 흙 운반 궤도차로 떨어뜨림

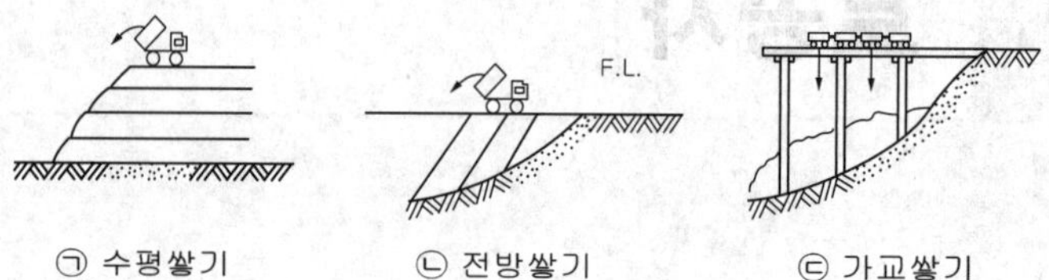

③ 정지 : 부지 내에서의 성토와 절토를 말함
④ 유용토 : 절토한 흙 중에서 성토에 쓰이는 흙을 말함
⑤ 토취장(Borrow-pit) : 필요한 흙을 채취하는 장소를 말함
⑥ 토사장(Spoil-bank) : 절토한 흙이나 공사에 부적합한 흙을 버리는 장소를 말함
⑦ 토공정규(土工定規) : 성토 또는 절토를 할 때의 기준단면형을 말함

기출예제

보통 토사를 2.5m 정도 성토하였다. 여성토의 높이는?

① 5cm ② 15cm
③ 20cm ④ 25cm

답 ④

해설 더돋기(여성고) : 성토시에는 압축 및 침하에 의해 계획 높이보다 줄어들게 하는 것을 방지하고 계획 높이를 유지하고자 실시하는 것
성토공사 시 더돋기는 높이의 10%
2.5 × 0.1 = 0.25m = 25cm

3 토공의 안정

① 흙의 안식각(Angle of repose)

흙을 쌓아올려 그대로 두면 기울기가 급한 비탈면은 시간이 경과함에 따라 점차 무너져서 자연 비탈을 이루게 된다. 이 안정된 자연사면과 수평면과의 각도를 흙의 안식각 또는 자연 경사각이라 한다.

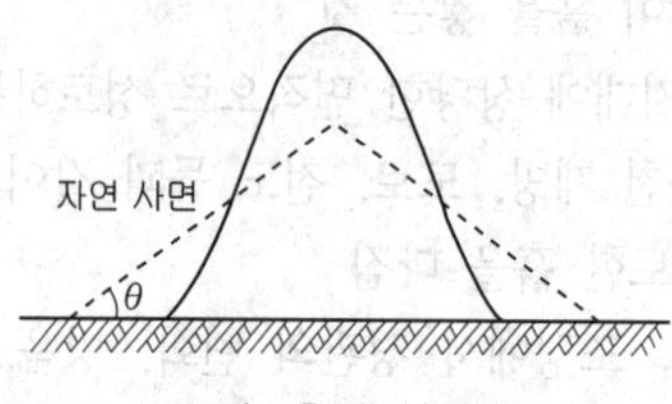

그림. 흙의 안식각

② 비탈구배(slope)

㉠ 흙쌓기나 흙깍기의 비탈경사는 자연경사보다 완만하게, 즉 흙의 안식각 이하로 하면 안정도가 커진다.

㉡ 흙은 함수비가 작을수록 안식각이 커져서 경제적으로 유리한 시공이 된다.

㉢ 비탈경사표현

- 수직높이 1에 대한 수평거리 n, 즉, 1 : n으로 나타내며
- 일반적으로 흙쌓기(성토)는 1 : 1.5, 흙깍기(절토)에서는 1 : 1을 표준으로 함
- 각도나 %로도 나타냄
- 경사도 측정(수평단위당 토지의 높고 낮음)

$G=\frac{D}{L}\times 100$(G : 경사도, D : 높이차, L : 두 지점간의 수평거리)

4 비탈면조성과 보호

① 자연 비탈면 : 물, 중력에 의한 침식 등으로 이루어짐

② 성토비탈면이 더 완만한 경사를 유지해야 한다.

③ 비탈면이 길면 붕괴 우려가 있으므로 단을 만들어 안정도모

④ 비탈어깨와 비탈 밑은 예각을 피하여 라운딩 처리하여 안정성과 주변 자연지형의 곡선과 잘 조화되게 한다.

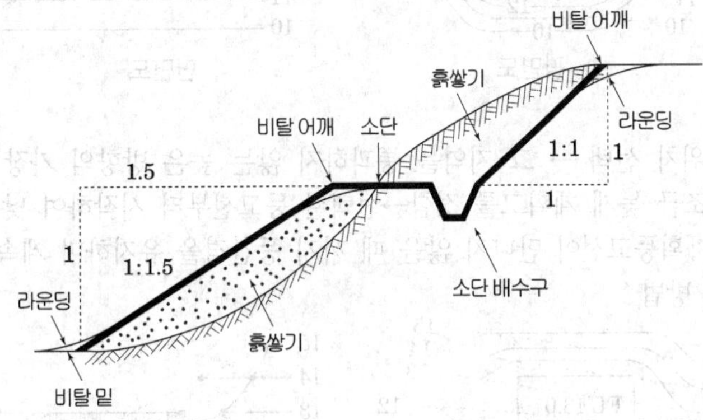

5 절토·성토 방법의 등고선조작

■ 참고

■ 정지

계획 등고선에 따라 절·성토로 부지 정리하는 것으로 경사 고려하여 배수에 유의할 것

	절토	성토
장점	지반이 안정됨	이용면적을 넓힘
단점	남은 토의 처리문제	지반이 안정되지 않고 사태나 침식의 우려

■ **표토** : A층, 흙갈색, 오랜 시간에 걸쳐 형성된 토양이므로 다량의 유기물과 식물 생육에 좋은 토양 구조를 가짐, 따라서 정지 작업시 채취된 표토를 재활용함

① 절토방법

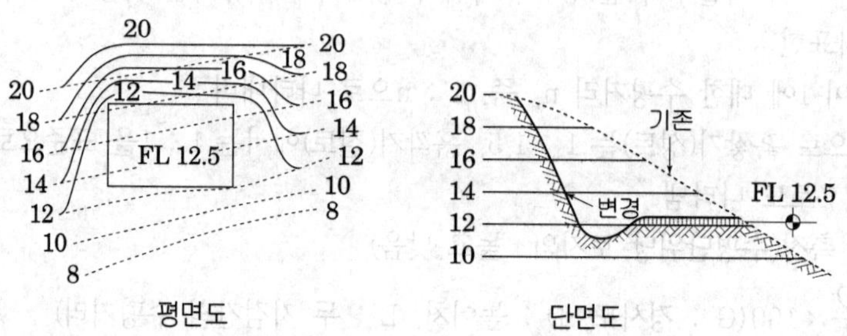

· 조작방법

먼저 조성할 위치 선택 → 평탄지역 밖에서 평탄지역을 지나지 않는 낮은 방향의 가장 높은 등고선을 선택한 후 그 등고선보다 조금 높게 계획고를 정함 → 선택된 등고선보다 높은 등고선부터 시작하여 평탄하게 조성하려는 부지의 뒤를 둘러싸도록 등고선을 조정 → 등고선 간격을 적합하게 유지하여 기존등고선과 계획등고선이 만나지 않을 때까지 계속한다.

② 성토방법

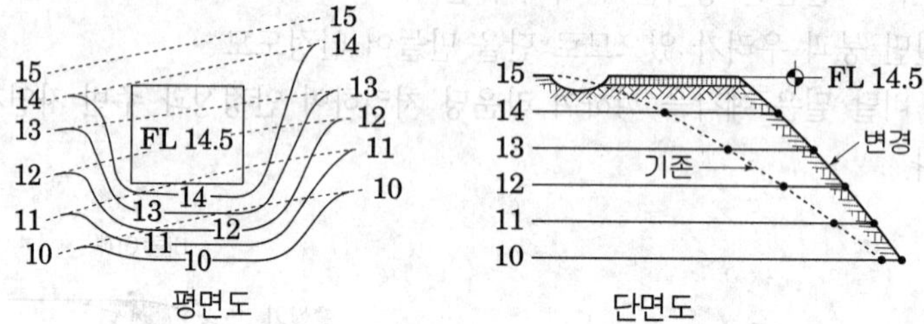

· 조작방법

먼저 조성할 위치 선택 → 그 지역을 통과하지 않는 높은 방향의 가장 낮은 등고선을 선택한 후 그것보다 조금 높게 계획고를 정함→선택된 등고선부터 시작하여 낮은 등고선 방향으로 기존 등고선과 계획등고선이 만나지 않을 때 까지 등간격을 유지하며 계속한다.

③ 성토와 절토의 방법

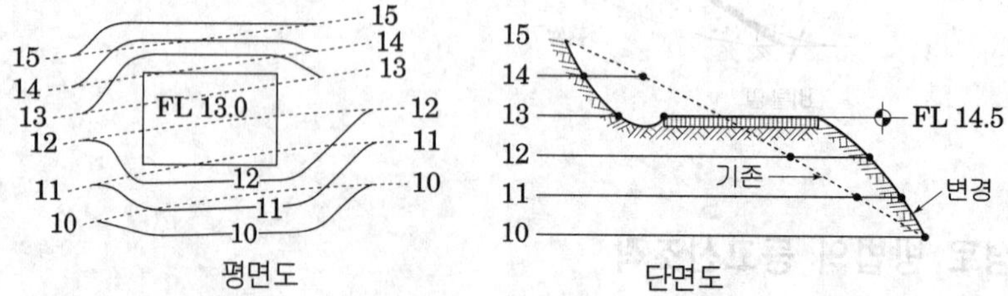

· 조작방법

평탄한 지역을 통과하는 중간 등고선을 택한 후 계획고를 정함 → 정해진 계획고보다 높은 등고선은 위로 평탄지역을 감싸고 낮은 등고선을 아래로 평탄지역을 감싸 계획 등고선이 기존 등고선과 만나지 않을 때까지 등고선을 조정한다.

6 정지 및 표토복원

① 정지작업시 기상과 관련한 고려사항

㉠ 점토나 유기물이 많은 토양이 젖어 있을 때 정지작업을 하지 말 것

㉡ 다짐을 위해서는 완전히 건조한 흙보다는 적정한 수분을 함유하고 있을 때 다짐할 것
㉢ 부지의 배수상태를 파악하고 정지작업으로 새롭게 웅덩이를 만들지 않을 것
㉣ 정지작업과정에서 발생하는 침식을 방지할 것

② 표토의 채취 · 보관 · 복원

㉠ 과정

표층식생제거(보통 10~20cm) → 표토의 채취 → 개략적인 정지 → 임시 침식방지시설의 설치 → 표토의 포설 → 정지마감

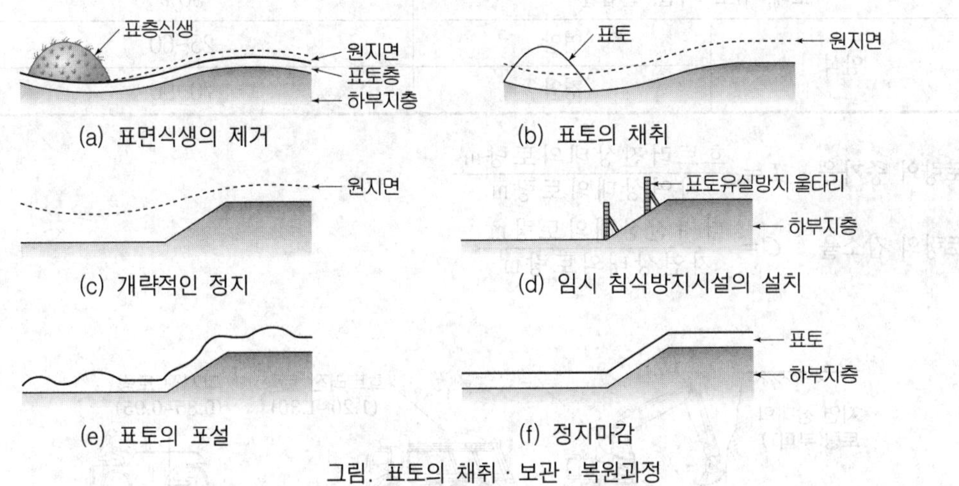

그림. 표토의 채취 · 보관 · 복원과정

㉡ 표토의 채취구역 및 공법

채취구역선정	– 절 · 성토구역으로 보전녹지나 식재 예정지에서는 표토를 채취하지 않음 – 채취작업으로 인하여 다량의 토사유출이 우려되는 급경사지나 계곡은 배제 – 채취작업을 위해 기존수림을 추가로 벌채하지 않는 구역이어야 함 – 지하수위가 높아 습윤한 지역은 배제함
채취공법	– 일반채취법 : 채취 대상지의 토층이 두껍고 평탄하거나 완경사지에 적용 – 계단식 채취법 : 토사유출이 있으며 하층토의 혼입이 많음 – 표층 절취법 : 중력을 이용하여 하향으로 작업하는 가장 좋은 표토채취방법이나 채취 후 장기간 방치하면 토사유출의 우려가 있음

㉢ 운반 및 보관 : 배수가 양호하고 평탄하며 바람의 영향이 적은장소, 가적치 최적두께는 1.5m를 기준(최대 3m를 초과하지 않게 함)

㉣ 표토의 복원

- 하층토와 복원표토의 조화를 위해 20cm이상 기경한 후 표토를 포설
- 잔디초화류 20~30cm, 관목 50cm, 소교목 70cm, 대교목 100cm

7 토량의 변화

① 자연 상태의 흙을 파내면 공극이 증가되어 부피가 증가한다.

토질		부피증가율
모래		보통 15~20%
자갈		5~15%
진흙		20~45%
모래, 점토, 자갈, 혼합물		30%
암석	연암	25~60
	경암	70~90

② 토량의 증가율 $L = \dfrac{\text{흐트러진상태의토량 m}^3}{\text{자연상태의토량 m}^3}$

토량의 감소율 $C = \dfrac{\text{다져진상태의토량 m}^3}{\text{자연상태의토량 m}^3}$

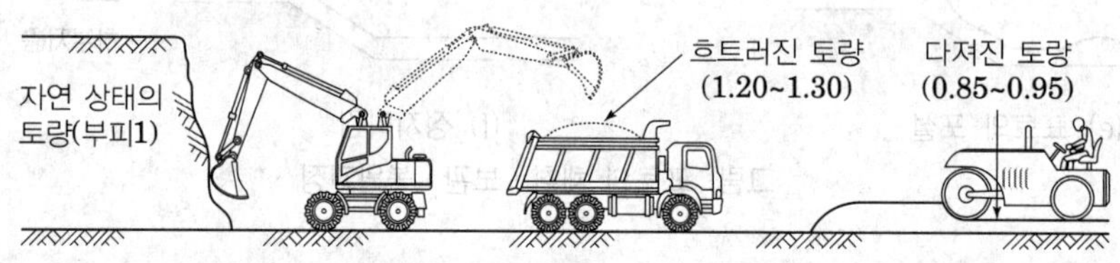

	자연상태의 토량	흐트러진 상태의 토량	다져진 상태의 토량
자연상태의 토량	1	L	C
흐트러진 상태의 토량	1/L	1	C/L
다져진 상태의 토량	1/C	L/C	1

㉢ 토량환산계수 적용시

- 10m^3의 자연상태 토량에 대한 흐트러진 상태의 토량은 $10 \times L(\text{m}^3)$이다.
- 10m^3의 자연상태 토량을 굴착한 후 흐트러진 다음 다짐 후의 토량은 $10 \times C(\text{m}^3)$이다.
- 10m^3의 성토에 필요한 원지반의 토량은 $10 \times \dfrac{1}{C}(\text{m}^3)$이다.

8 토질 및 암의 분류

① 보통토사 : 보통 상태의 실트 및 점토 모래질 흙 및 이들의 혼합물로서 삽이나 괭이를 사용할 정도의 토질(삽작업을 하기 위하여 상체를 약간 구부릴 정도)

② 경질토사 : 견고한 모래질 흙이나 점토로서 괭이나 곡괭이를 사용할 정도의 토질(체중을 이용하여 2-3회 동작을 요할 정도)

③ 고사 점토 및 자갈섞인 토사 : 자갈질흙 또는 견고한 실트, 점토 및 이들의 혼합물로서 곡괭이를 사용하여 파낼 수 있는 단단한 토질

④ 호박돌 섞인 토사 : 호박돌 크기의 돌이 섞이고 굴착에 약간의 화약을 사용해야 할 정도로 단단한 토질

⑤ 풍화암 : 일부는 곡괭이를 사용할 수 있으나 암질(岩質)이 부식되고 균열이 1~10cm정도로서 굴착 또는 절취에는 약간의 화약을 사용해야 할 암질

⑥ 연암 : 혈암, 사암 등으로서 균열이 10~30cm 정도로서 굴착 또는 절취에는 화약을 사용해야 하나 석축용으로는 부적합한 암질

⑦ 보통암 : 풍화상태는 엿볼 수 없으나 굴착 또는 절취에는 화약을 사용해야 하며 균열이 30~50cm 정도의 암질

⑧ 경암 : 화강암, 안산암 등으로서 굴착 또는 절취에 화약을 사용해야 하며 균열상태가 1m 이내로서 석축용으로 쓸 수 있는 암질

⑨ 극경암 : 암질이 아주 밀착된 단단한 암질

9 토공기계

① 공종별 토공기계

공종	토공기계
벌개	불도저
굴착	파워셔블, 백호, 불도져, 리퍼
적재	셔블계 굴착기, 트랙터 셔블
굴착, 적재	셔블계 굴착기, 트랙터 셔블
굴착, 운반	불도져, 스크레이프 도저, 스크레이퍼, 트랙터셔블
운반	불도져, 덤프트럭, 케이블 크레인
다짐	타이어 롤러, 진동 롤러, 래머, 불도저

㉠ 불도저

- 견인력이 커서 굴착, 운반, 집토, 정지, 다짐작업을 할 수 있으며, 유효운반거리는 60m이며, 100m 이상 작업하면 효율이 크게 떨어진다.
- 무한궤도식 : 접지면적이 넓고 견인력이 커서 습지나 연약지반에서 작업이 용이하나 작업속도가 느림
- 타이어식 : 승차감과 기동성이 좋고 다짐효과가 커서 평탄하게 포장된 도로나 장거리작업에 효과적임

㉡ 굴삭기

- 굴착과 싣기를 겸할 수 있는 기계인데, 쇼벨계와 버킷계로 구분

- 버킷계굴삭기는 연약한 토질을 연속적으로 굴착하는 기계로 수로설치, 골재채취, 암거매설을 위한 도랑파기 등에 주로 이용
- 쇼벨계굴삭기는 기계본체는 크레인이고, 부속장치를 교환하면 굴착작업과 크레인 작업을 할 수 있음

드래그라인 (drag line)	연약한 지반이나 수중굴착에 용이하고, 작업반경이 넓어 수로, 하상굴착 또는 골재채취에 이용
크램셸 (calm shell)	주로 구조물의 기초 및 우물통과 같은 좁은장소의 깊은 굴착에 이용, 단단한 지반에는 문제가 있으며 작업속도가 늦다.
파워쇼벨 (power shovel, dipper shovel)	버킷의 굴착면이 밖으로 향하고 있어 기계위치보다 높은 지반의 굴착에 용이하고 작업높이는 3m까지 가능
백호 (back hoe, drag shovel)	파워쇼벨과는 반대로 버킷이 내측을 향하고 있어 기계위치보다 낮은 지반, 비탈면 절취, 옆도랑 파기등에 이용

ⓒ 로더

- 불도저의 속도기능을 보완한 것으로 버킷에 의해 토사를 굴착한 후 이동하여 운반기계 등에 적재하는 기계
- 백호와 함께 이용되며 중량물적하, 운반 및 이동, 원석 또는 토사의 싣기, 흩어진 암석의 정리 등의 작업을 하게 됨

② 거리별 토공기계

작업구분	운반거리	토공기계
절토	평균 20m	불도저
흙운반	60m 미만	불도저
	60~100m	불도저, 로더와 덤프트럭, 굴착기와 덤프트럭
	100m 이상	굴착기+덤프트럭, 로더+덤프트럭, 스크레이퍼

그림. 무한궤도식 불도저

그림. 굴착기

그림. 차륜식 로더

그림. 덤프트럭

10 수량산출

① 터파기

독립기초 터파기	$V=\frac{h}{6}[(2a+a')b+(2a'+a)b']$
줄기초 파기	$V=(\frac{a+b}{2})h\times$ (줄기초길이)

② 되메우기 : 파기 한 장소에 구조물을 설치한 후 파낸 흙을 다시 메우는 작업을 말한다.

㉠ 되메우기 토량=터파기 체적-기초 구조부 체적

㉡ 흙다지기를 할 필요성이 있는 경우

되메우기 토량=(터파기 체적-기초 구조부 체적)÷토량 변화율 C값

③ 잔토처리 : 터파기한 양의 일부 흙을 되메우기 하고 남은 잔여 토량을 버리는 작업을 말한다.

㉠ 일부 흙을 되메우고 잔토 처리 할 때

잔토처리량 = (터파기체적-되메우기체적)×토량변화율 L값

㉡ 흙파기량을 전부 잔토 처리 할 때

잔토처리량 = 터파기 체적×토량 변화율 L값

다음 그림과 같은 단면도의 구조체를 10m 시공할 때 되메우기의 양은?

① $0.4m^3$

② $0.8m^3$

③ $1.3m^3$

④ $1.5m^3$

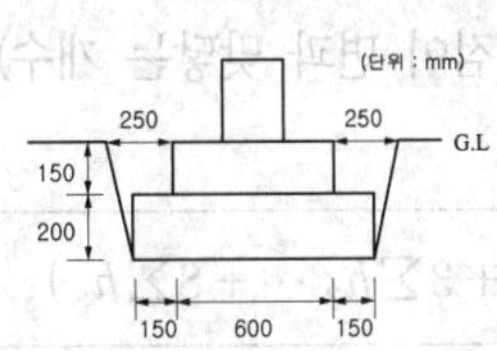

답 ②

해설 되메우기 토량 = ① 터파기 체적 - ② 기초 구조부 체적

① 줄기초 터파기량 $=(\frac{a+b}{2})h\times$ (줄기초길이)

$=(\frac{1.1+0.9}{2})\times0.35\times10=3.5m^3$

② 기초 구조부 체적 = (0.2×0.9×10)+(0.15×0.6×10)= $2.7m^3$

① - ② = 3.5 - 2.7 = $0.8m^3$

11 토적계산

★ ① 세장한 모양의 토적계산

※ 값의 크기 : 양단면평균법 〉 각주공식 〉 중앙단면법

㉠ 양단면 평균법

양단면의 차가 클수록 실제의 체적보다 큰 값을 준다.

$$V(\text{체적}) = \frac{l}{2}(A_1 + A_2)$$

(A_1, A_2 : 양단면적 면적, l : 양단면 거리)

㉡ 중앙단면법

$$V(\text{체적}) = A_m \cdot l$$

(A_m : 중앙단면, l: 양단면간의 거리)

㉢ 각주공식

양단면이 평행하고 측면이 평면일 때 사용

$$V(\text{체적}) = \frac{l}{6}(A_1 + 4A_m + A_2)$$

(A_1, A_2: 양단면적, A_m : 중앙단면, l : 양단면간의 거리)

② 점고법(The Spot Elevation Method)

넓은 지역의 매립, 땅고르기 등에 필요한 토공량 계산

㉠ 구형분할(사각분할)

$$V(\text{체적}) = \frac{A}{4}(\Sigma h_1 + 2\Sigma h_2 + 3\Sigma h_3 + 4\Sigma h_4)$$

A : 수평단면적(사각형 1개 면적)

h_1, h_2, h_3, h_4: 각 점의 수직고(꼭지점이 면과 맞닿는 개수)

㉡ 삼각분할

$$V(\text{체적}) = \frac{A}{3}(\Sigma h_1 + 2\Sigma h_2 + 3\Sigma h_3 \cdots + 8\Sigma h_8)$$

A : 수평단면적(삼각형 1개 면적)

$h_1, h_2, \cdots h_7, h_8$: 각 점의 수직고(꼭지점이 면과 맞닿는 개수)

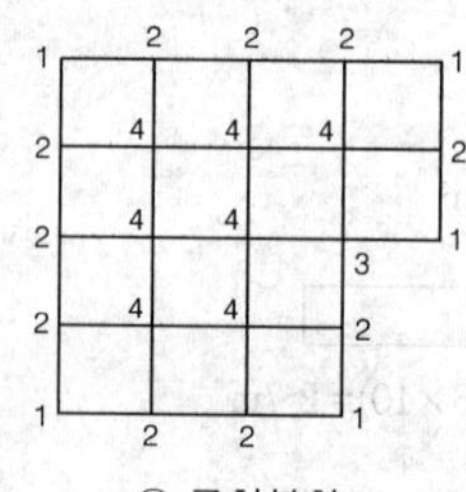

㉠ 구형분할

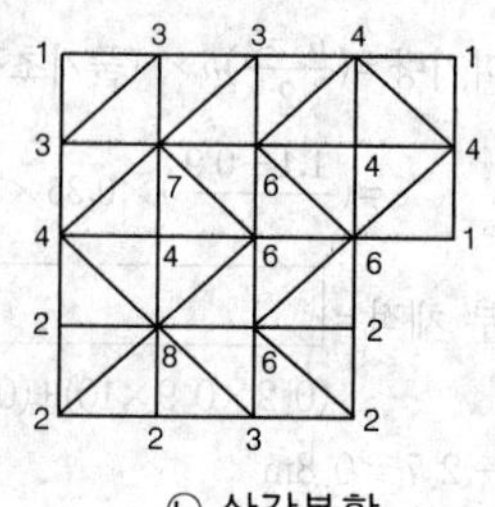

㉡ 삼각분할

③ 등고선법

$$V=\underbrace{\frac{h}{3}\{A_0+A_4+4(A_1+A_3)+2A_2\}}_{\text{등고선법}}+\underbrace{\frac{h}{2}(A_4+A_5)}_{\text{양단면평균법}}+\underbrace{\frac{h'}{3}A_5}_{\text{원뿔공식}}$$

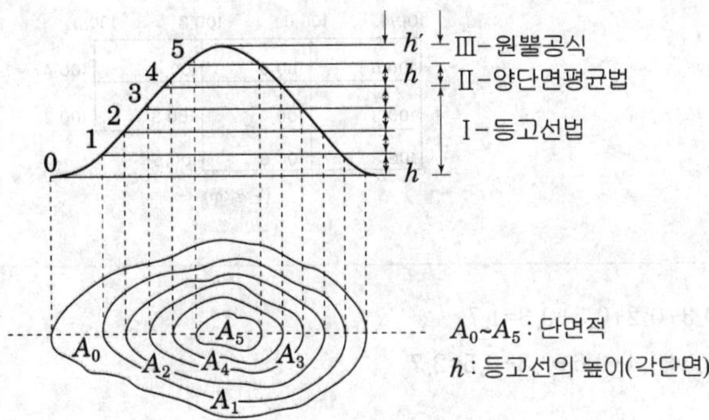

기출예제 1

다음 그림을 보고 각주 공식에 의하여 토량을 구하면 얼마인가?

(단위 : m)

① $265m^3$
② $304m^3$
③ $562m^3$
④ $673m^3$

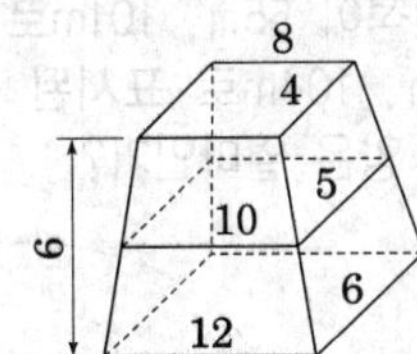

답 ②

해설 각주공식 $V=\frac{l}{6}(A_1+4A_m+A_2)=\frac{6}{6}\{(4\times8)+4(10\times5)+(6\times12)\}=304m^3$

기출예제 2

다음 그림에서 단면 A=250㎡, 단면 B=200㎡, 단면 C=150㎡일 때, 양단면평균법에 의한 그림의 토량은?

① $30,000m^3$
② $40,000m^3$
③ $50,000m^3$
④ $60,000m^3$

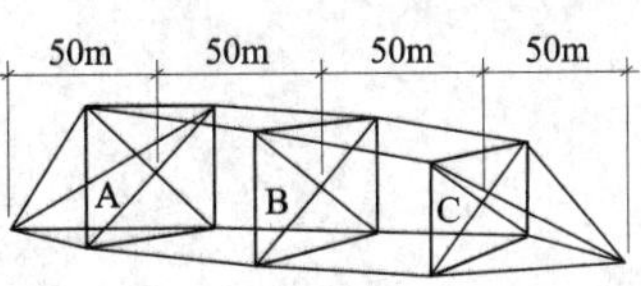

답 ①

해설 $v=\left(\frac{0+250}{2}\times50\right)+\left(\frac{250+200}{2}\times50\right)+\left(\frac{200+150}{2}\times50\right)+\left(\frac{150+0}{2}\times50\right)$

$=30,000m^3$

기출예제 3

다음과 같은 높이를 갖는 지형을 100m 높이로 정지작업을 할 때 절취해야 할 토량은? (단, 하나의 기본 구형은 5m×10m이다.)

① $65m^3$
② $98m^3$
③ $126m^3$
④ $165m^3$

100.4	100.6	100.3	100.3
100.5	100.5	100.4	100.4
100.3	100.4	100.3	100.2
100.3	100.6	100.5	

(단위:m)

답 ④

해설
$\Sigma h_1 = 0.4+0.3+0.2+0.5+0.3=1.7$
$\Sigma h_2 = 0.6+0.3+0.4+0.6+0.3+0.5=2.7$
$\Sigma h_3 = 0.3$
$\Sigma h_4 = 0.5+0.4+0.4=1.3$
토공량$(m^3)=\frac{5\times10}{4}(1.7+2\times2.7+3\times0.3+4\times1.3)=165m^3$

기출예제 4

표고 100m로 표시된 등고선의 면적이 55㎡, 101m로 표시된 곳의 면적이 45㎡, 102m로 된 곳은 35㎡, 103m로 된 곳은 25㎡, 104m로 표시된 곳은 15㎡이다. 표고 100m로 평탄지를 만들기 위해 절토를 할 때 절토의 양은 얼마인가?

① $50m^3$
② $75m^3$
③ $140m^3$
④ $180m^3$

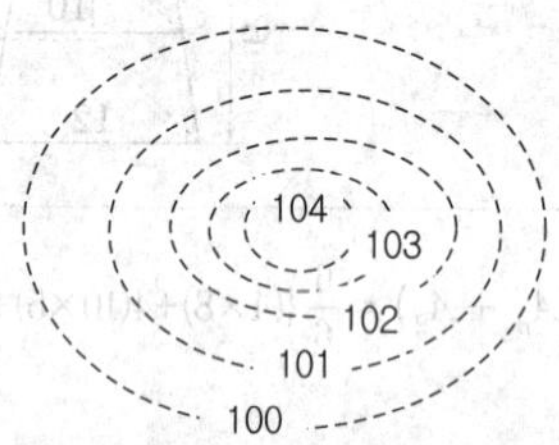

답 ③

등고선법(심프슨공식)에 의해 $\frac{1}{3}\{55+4(45+25)+2\times35+15\}=140m^3$

핵심기출문제

내친김에 문제까지 끝내보자!

1. 다음 중 자연 상태에서 파낸 후 그 부피가 가장 증가하는 것은?

① 점질토 ② 모래
③ 잔자갈 ④ 화강석을 작게 깨뜨린 것

2. 평행하게 마주보는 두 면적이 각각 $5.6m^2$, $3.8m^2$이고 양단면간의 수평거리가 6m일 때 양단면 평균법에 의한 토적량은?

① $10.8m^3$ ② $15.4m^3$
③ $28.2m^3$ ④ $56.4m^3$

3. 각주공식을 이용하여 토량을 구하면?

① $47.0m^3$
② $95m^3$
③ $110m^3$
④ $282m^3$

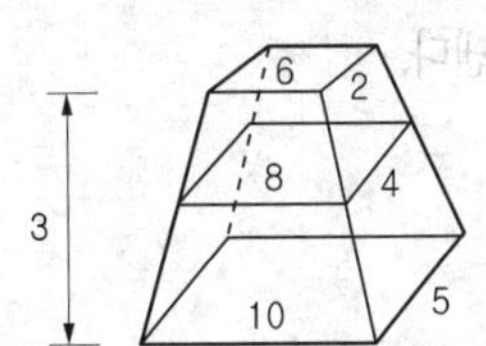

4. 다음의 터파기량은? (단, $V = h/6\{(2a+a')b+(2a'+a)b'\}$)

① $1.58m^3$
② $15.8m^3$
③ $1.56m^3$
④ $15.6m^3$

5. 토목공사에서 성토높이를 H, 여성고를 h라고 했을 때 보통의 토질에 적합한 h의 값은 얼마인가?

① H/2 ② H/5
③ H/10 ④ H/20

정답 및 해설

해설 1

모래는 15%, 보통 흙은 20~30%, 암석은 50~80% 정도 부피가 증가한다.

해설 2

$$\frac{5.6+3.8}{2} \times 6 = 28.2m^3$$

해설 3

$$\frac{(6\times2)+4(8\times4)+(10\times5)}{6} \times 3 = 95\,m^3$$

해설 4

독립기초 터파기 공식에 대입하면
$1.2/6\{(2\times2.0+0.8)1.2+(2\times0.8+2.0)0.6\}$
$=1.584\ m^3$

해설 5

더돋기(여성고)는 성토시에는 압축 및 침하에 의해 계획 높이보다 줄어들게 하는 것을 방지하고 계획 높이를 유지하고자 실시하는 것으로 성토공사 시 더돋기는 높이의 10%로 한다.

정답	1. ④ 2. ③ 3. ② 4. ① 5. ③

6. 굴삭, 운반 및 다짐을 할 수 있는 건설 기계는?

① 불도우저 ② 로우더
③ 리퍼 ④ 스크레이퍼

7. 다음 불도저(bull dozer)의 특성에 대한 설명으로 옳지 않은 것은?

① 작업 범위는 소형 50m에서 대형 100m 정도이다.
② 무한궤도식(無限軌道式)은 연약지반에서도 어느 정도 작업이 용이하다.
③ 토사의 절토, 성토, 정지, 운반 등의 작업에 쓰이는 대표적인 토공기계이다.
④ 절토작업시 오르막경사에서는 능률이 상승되고 내리막 경사에서는 능률이 저하된다.

8. 경사도에 관한 설명중 틀린 것은?

① 100%는 45° 경사이다.
② 1 : 2는 수평거리 1, 수직거리 2를 나타낸다.
③ 25% 경사는 1 : 4이다.
④ 보통 토질의 성토의 경사는 1 : 1.5이다.

9. 토지조성계획 내에 포함되지 않는 것은?

① 토양의 절취량 ② 토양의 성토량
③ 토량유출방지 ④ 토공량 산출

10. 굴착, 적재, 운반, 사토작업 등을 할 수 있는 장비는?

① 앵글도저 ② 그레이더
② 타이어롤러 ④ 스크레이퍼

11. 토사의 절취 후 운반거리가 60m 이하일 때 가장 적합한 건설기계는?

① 불도저 ② 덤프트럭
③ 로더 ④ 백호

정답 및 해설

해설 6

② 로우더 – 적재
③ 리퍼 – 굴착
④ 스크레이퍼 – 굴착, 운반

해설 7

절토작업시 오르막경사에서 능률이 저하되고 내리막 경사에서 능률이 상승된다.

해설 8

1 : 2는 수직높이 1, 수평거리 2를 나타낸다.

해설 9

토지조성계획 – 절·성토량, 토공량 산출

해설 10

굴착, 적재, 운반, 사토작업 – 스크레이퍼

해설 11

흙운반

운반거리	건설기계
60m 미만	불도저
60~100m	불도저, 로더와 덤프트럭, 굴착기와 덤프트럭
100m 이상	굴착기+덤프트럭, 로더+덤프트럭, 스크레이퍼

정답 6. ① 7. ④ 8. ② 9. ③ 10. ④ 11. ①

정 답 및 해 설

12. 토공사용 기계로서 흙을 깎으면서 동시에 기체내에 담아 운반하고 깔기작업을 겸할 수 있으며, 작업거리는 100~1500m 정도의 중장거리용으로 쓰이는 것은?

① 트렌처 ② 그레이더
③ 파워쇼벨 ④ 캐리올 스크레이퍼

13. 토양변화율 L= 1.2, 자연상태의 흙 $3m^3$일 때 흙의 체적은?

① $3.0m^3$ ② $3.2m^3$
③ $3.4m^3$ ④ $3.6m^3$

14. 계획지반고보다 3.0m 낮은 부지 $500m^2$를 점질토로 성토하여 다지려 한다. 성토에 필요한 흙을 얼마만큼 절토하여야 하는지 원지반의 토량으로 산출하면 얼마인가? (단, L=1.25, C=0.8)

① $1,875m^3$ ② $1,400m^3$
③ $1,200m^3$ ④ $1,500m^3$

15. 지하실의 시공기준면을 195m로 절토를 한다면 절토량은 얼마인가?(단, 분할된 사각형은 정사각형이며, 한변의 길이는 5m이다.)

① $357m^3$
② $525m^3$
③ $985m^3$
④ $1,575m^3$

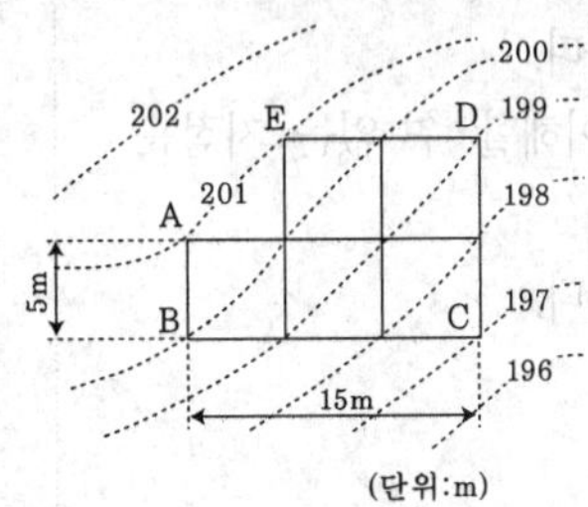

(단위:m)

16. 배수불량한 도로의 관리를 위해 도로 양측으로 총연장 4km에 그림과 같은 측구를 굴착하고 자갈을 채우려 한다. 자갈량은?

① $3,600m^3$
② $1,800m^3$
③ $900m^3$
④ $450m^3$

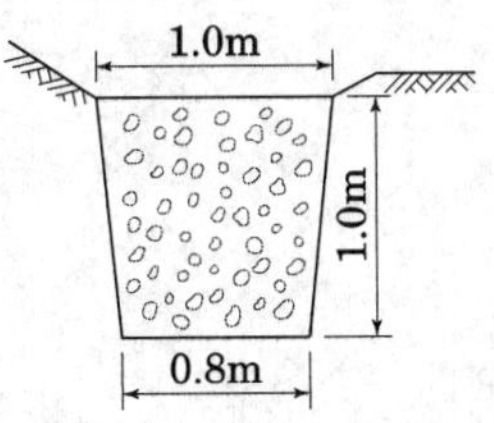

해설 **12**

캐리올 스크레이퍼

흙의 적재, 운반, 정지의 기능을 가지고 있으며, 일반적으로 중장거리 정지공사에 사용된다.

해설 **13**

자연상태의 토량×L(흐트러진값, 토량변화율)
$= 3\times1.2 = 3.6m^3$

해설 **14**

총성토량(m^3) $= 3\times500 = 1,500m^3$

1,500(성토량) = 원지반토량 × 0.8(C)

∴ 원지반토량 = 1,875m

해설 **15**

$V(\text{체적}) = \frac{A}{4}(\Sigma h_1 + 2\Sigma h_2 + 3\Sigma h_3 + 4\Sigma h_4)$

$A = 5m\times5m = 25m^2$

Σh_1 : 6+6+5+2+4=23

Σh_2 : 5+3+3+4=15

Σh_3 : 5

Σh_4 : 4

$V=\frac{25}{4}\{23+2(15)+3(5)+4(4)\} = 525m^3$

해설 **16**

$V=(\frac{1+0.8}{2})\times1.0\times4,000 = 3,600m^3$

정답 12. ④ 13. ④ 14. ① 15. ② 16. ①

17. 도면의 그림은 정지계획도이다. 다음 설명 중 옳은 것은?

① 절토계획도이다.
② 성토계획도이다.
③ 절성토계획도이다.
④ 평탄지 바닥면(FF)은 표고 12~16m이다.

18. 평탄면의 마감높이를 평탄면이 지나지 않는 가장 높은 등고선보다 조금 높게 설치하여 평탄면을 통과하는 등고선보다 낮은 방향으로 그 지역을 둘러싸 돌고 등고선을 조작한다면 다음 평탄면 조성방법 중 어느 것에 해당하는가?

① 절토에 의한 방법
② 성토에 의한 방법
③ 성, 절토에 의한 방법
④ 옹벽에 의한 방법

19. 정지설계도(整地設計圖)의 작성원칙 중 틀린 사항은?

① 관습적으로 파선(破線)은 제안된 등고선을 나타낸다.
② 등고선은 자연스럽게 그리는 것이 바람직하다.
③ 점고저(spot elevation)는 등고선만으로 이해할 수 없는 지점표기에 사용한다.
④ 해당 부지의 소유 경계선을 넘지 않도록 한다.

20. 벤치를 설치하기 위하여 기초부터 터파기량을 계산하니 $1.2m^3$이고, 구조부 체적은 $0.8m^3$였다. 되메우기한 후 흙다지기를 할 때, 토량변화율을 고려한다면 잔토처리량은 얼마인가?(단, 토량변화율 C=1.0, L=1.2이다.)

① $0.40m^3$
② $0.80m^3$
③ $0.84m^3$
④ $0.96m^3$

해설 17
10m는 성토, 14m · 16m는 절토 계획도이다.

해설 18
성토에 의한 방법
먼저 조성할 위치 선택 → 그 지역을 통과하지 않는 높은 방향의 가장 낮은 등고선을 선택한 후 그것보다 조금 높게 계획고를 정함 → 선택된 등고선부터 시작하여 낮은 등고선 방향으로 기존 등고선과 계획등고선이 만나지 않을 때 까지 등간격을 유지하며 계속한다.

해설 19
· 기존등고선-파선
· 계획등고선-실선

해설 20
잔토처리량
=(터파기체적−되메우기체적)×L
$=(1.2-0.4\ /1.0)\times 1.2=0.96m^3$

정답 17. ③ 18. ② 19. ① 20. ④

21. 원지반의 점질토 5000m³를 굴착하여 8m³ 적재덤프트럭으로 성토 현장에 반입하여 다졌다. 소요덤프트럭 대수와 다진 후의 성토량은? (단, C : 0.95, L : 1.30 이고, 트럭 대수는 10대 미만은 버릴 것)

① 덤프트럭 : 594대, 성토량 : $6175m^3$
② 덤프트럭 : 625대, 성토량 : $4048m^3$
③ 덤프트럭 : 813대, 성토량 : $4750m^3$
④ 덤프트럭 : 480대, 성토량 : $4048m^3$

해설 21
· 덤프트럭대수$(5000\times1.30)\div8 = 812.5 \rightarrow 813$대
· 성토량 $= 5000\times0.95 = 4750m^3$

22. 각 등고선으로 둘러싸인 면적이 다음과 같을 때 195m등고선 위의 토량을 평균단면법으로 구한 값은? (단, 등고선의 수치 단위는 m이며, 정상은 평평한 것으로 가정한다.)

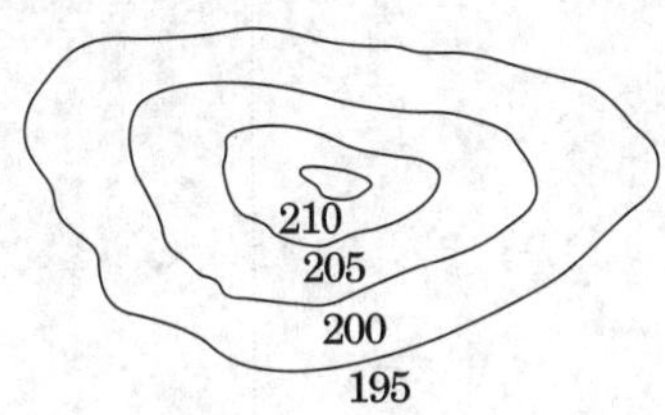

등고선	선내면적	등고선	선내면적
195	$5573.0m^2$	205	$2472.1m^2$
200	$4316.8m^2$	210	$956.4m^2$

① $20000.8m^3$　② $25134.0m^3$
③ $33295.8m^3$　④ $50268.0m^3$

해설 22
$$\frac{5573.0+4316.8}{2}\times5+\frac{4316.8+2472.1}{2}\times5+\frac{2471.2+956.4}{2}\times5 = 50268.0m^3$$

23. 건설공사 표준품셈상의 토질 및 암의 분류 중 『경질토사』에 대한 설명으로 옳은 것은?

① 일부는 곡괭이를 사용할 수 있으나 암질(岩質)이 부식되고 균열이 1~10cm로서 굴착 또는 절취에는 약간의 화약을 사용해야 할 암질
② 자갈질 흙 또는 견고한 실트, 점토 및 이들의 혼합물로서 곡괭이를 사용하여 파낼 수 있는 단단한 토질
③ 견고한 모래질 흙이나 점토로서 괭이나 곡괭이를 사용할 정도의 토질 (체중을 이용하여 2~3회 동작을 요할정도)
④ 보통 상태의 실트 및 점토 모래질 흙 및 이들의 혼합물로서 삽이나 괭이를 사용할 정도의 토질(삽 작업을 하기 위하여 상체를 약가 구부릴 정도)

해설 23
①은 풍화암,
②은 고사 점토 및 자갈섞인 토사,
④은 보통토사에 대한 설명이다.

정답 21. ③ 22. ④ 23. ③

24. 흙의 함수율, 함수비, 공극률, 공극비에 대한 설명으로 틀린 것은?

① 함수율은 공극수 중량과 흙 전체 중량의 백분율이다.
② 공극률은 흙 전체 용적에 대한 공극의 체적 백분율이다.
③ 공극비는 고체부분의 체적에 대한 공극의 체적비이다.
④ 함수비는 토양에 존재하는 수분의 무게를 흙의 체적으로 나눈 백분율이다.

25. 대지를 고르기 위해 사각형으로 분할(40m×40m)하고 각 사각형의 모서리의 높이를 구하였더니 그림과 같다. 평탄하게 정지하였을 때 정지면의 높이로 맞는 것은?(단, 정지작업으로 인한 토량의 변화는 없는 것으로 간주한다.)

	105.6	101.2	102.3
	99.4	100.2	101.5
98.8	98.7	100.0	101.1
98.3	98.8	100.0	101.0

① 102.57m ② 102.07m
③ 101.57m ④ 100.25m

해설 25

① 사각분할로 토공량 산정

$V(체적) = \frac{A}{4}(\Sigma h_1 + 2\Sigma h_2 + 3\Sigma h_3 + 4\Sigma h_4)$

A : 수평단면적(사각형 1개 면적)

h_1, h_2, h_3, h_4 : 각 점의 수직고(꼭지점이 면과 맞닿는 개수)

$\Sigma h_1 = 105.6+102.3+98.8+98.3+101.0 = 506.0$

$\Sigma h_2 = 101.2+99.4+101.5+101.1+98.8+100.0 = 602.0$

$\Sigma h_3 = 98.7$

$\Sigma h_4 = 100.2+100.0 = 200.2$

$토공량(m^3) = \frac{40\times40}{4}(506.0+2\times602.0+3\times98.7+4\times200.2)$

$=1,122,760m^3$

· 정지작업으로 인한 토량의 변화는 없는 것 = 정토, 성토의 반입, 출입이 0인 상태

② 정지면의 높이 = 토공량 ÷ 전체면적

1,122,760 ÷ (40×40×7)

= 100.246 → 100.25m

해설 24

바르게 고치면

함수비는 흙 입자만의 중량에 대한 물의 중량을 백분율로 나타낸다.

정답 24. ④ 25. ④

26. 다음의 도형과 같은 현장토공에서 절토량은 얼마인가?(단, 각점의 숫자는 절토 깊이를 나타내며, 토량 계산은 구형(矩形) 단면법에 의한다. 사각형 하나의 넓이는 5m²이다.)

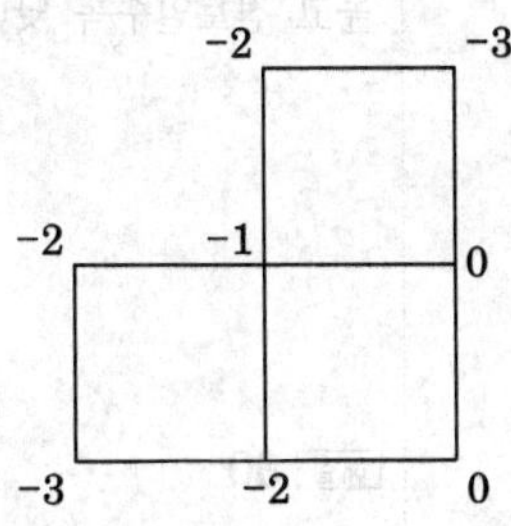

① 11.25m³　　② 17m³
③ 21.25m³　　④ 85m³

해설 26

토공량(V)
$\Sigma h_1=2+3+2+3+0=10$
$\Sigma h_2=2$
$\Sigma h_3=1$
$\Sigma h_4=0$

$V(\text{체적})=\frac{a\times b}{4}(\Sigma h_1+2\Sigma h_2+3\Sigma h_3+4\Sigma h_4)$

$\frac{5}{4}\{10+2\times2+3\times1+0\}=30\text{m}^3$

∴ 절토량 21.25m³

27. 표토모으기 및 활용에 관한 표준시방 사항으로 옳지 않은 것은?

① 채집대상 표토의 토양산도(pH)가 5.6~7.4가 되도록 하여 사용한다.
② 보관을 위한 가적치의 최적두께는 2.5m를 기준으로 하며 최대 5.0m를 초과하지 않는다.
③ 식물생장에 적합한 표토의 구분은 유기물, 무기물, 유해한 물질의 존재여부 및 총량 등으로 결정한다.
④ 하층토와 복원표토와의 조화를 위하여 최소한 깊이 0.2m 이상의 지반을 경운한 후 그 위에 표토를 포설한다.

해설 27

바르게 고치면
보관을 위한 가적치의 최적두께는 1.5m를 기준으로 하며 최대 3.0m를 초과하지 않는다.

28. 토양의 견지성(consistency)에 대한 설명으로 옳지 않은 것은?

① 견지성은 수분함량에 따라 변화하는 토양의 상태변화이다.
② 소성지수란 소성한계와 수축한계의 차이로 소성지수가 높으면 가소성이 커진다.
③ 수축한계란 수분 함량이 감소되더라도 더 이상의 토양용적이 감소하지 않는 시점의 함수비이다.
④ 가소성은 물체에 힘을 가했을 때 파괴되지 않고 모양이 변화되고, 힘이 제거된 후에도 원형으로 돌아가지 않는 성질이다.

해설 28

소성지수
소성한계(최소수분)와 액성한계(최대수분) 사이를 소성지수라고 한다. 소성지수가 높으면 가소성이 커서 노상토로 좋지 않다.

정답　26. ③　27. ②　28. ②

29. 흙의 다짐효과에 대한 설명 중 틀린 것은?

① 흙을 다지면 공극이 작아지고 투수성이 저하된다.
② 다짐건조밀도는 전압횟수에 따라 증가하지만 한계에 도달하면 거의 증가가 없다.
③ 입도배합이 좋은 흙에서는 높을 건조밀도를 얻을 수 있다.
④ 최대건조밀도는 모래질 흙일수록 낮고 점토일수록 높다.

해설 **29**
바르게 고치면
최대건조밀도는 모래질흙일수록 높고 점토일수록 낮다.

30. 흙의 성질에 관한 산출식으로 틀린 것은?

① 간극비 $= \dfrac{\text{간극의 용적}}{\text{토립자의 용적}}$
② 예민비 $= \dfrac{\text{이긴시료의 강도}}{\text{자연시료의 강도}}$
③ 포화도 $= \dfrac{\text{물의 용적}}{\text{간극의 용적}} \times 100(\%)$
④ 함수율 $= \dfrac{\text{젖은 흙의 물의 중량}}{\text{건조한 흙의 중량}} \times 100(\%)$

해설 **30**
흙의 예민비(sensitivity)
· 예민비 $= \dfrac{\text{자연시료의 강도}}{\text{이긴 시료의 강도}}$

31. 토적 계산법에 대한 설명으로 틀린 것은?

① 점고법은 단면법의 일종이다.
② 등고선법은 각주공식을 응용하여 계산한다.
③ 중앙단면법은 양단면평균법보다 토량이 적게 계산된다.
④ 사각형분할법보다 삼각형분할법에서 더 정확한 토량이 계산된다.

해설 **31**
점고법은 등고선법의 일종이다.

32. 다음 도로의 횡단면도에서 AB의 수평거리는?

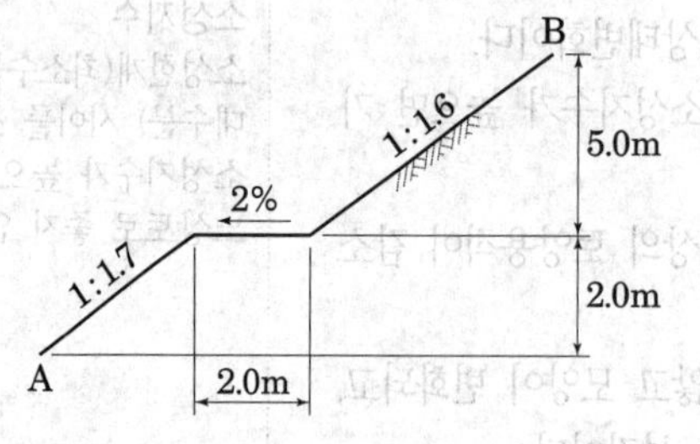

① 8.1m
② 12.3m
③ 13.4m
④ 18.5m

해설 **32**
① 1:1.7 경사의 수평거리
→ 1:1.7 = 2:x x=3.4m
② 1:1.6 경사의 수평거리
→ 1:1.6 = 5:x x=8.0m
③ AB의 수평거리
= 3.4+2.0+8.0=13.4m

정답 29. ④ 30. ② 31. ① 32. ③

33. A, B 두 점의 표고가 각각 318m, 345m 이고, 수평거리가 280m인 등경사일 때 A점에서 330m 등고선이 지나는 점까지의 거리는?

① 80m
② 100.5m
③ 124.4m
④ 145.2m

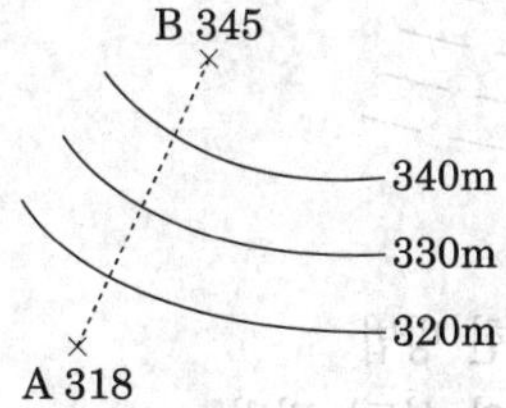

34. 다음 중 땅깎기, 흙쌓기 및 터파기 관련 설명으로 틀린 것은?

① 젖은 땅을 깎아서 유용할 때에는 깎은 흙을 최적함수비가 되도록 조치한다.
② 흙쌓기 재료는 명시된 시공기준에 따라 연속된 층으로 깔아서 다져야 한다.
③ 구조물 기초의 가장자리에서 45° 지지각을 침범해서 터파기해서는 아니 된다.
④ 깎아낸 흙은 유용하지 않을 경우에는 현장에서 제거하거나 담당원이 지정하는 장소에 3.5m를 넘지 않는 높이로 임시 쌓기를 하고, 세굴되지 않도록 보호한다.

35. 그림과 같이 85m에서 부터 5m 간격으로 증가하는 등고선이 삽입된 지형도에서 85m 이상의 체적을 구한다면 약 얼마인가?
(단, 정상의 높이 108m이고, 마지막 1구간은 원추공식으로 구한다.)

등고선의 면적
105m : 30.5m²
100m : 290m²
95m : 545m²
90m : 950m²
85m : 1525.5m²

① 12677m³　　② 12707m³
③ 12894m³　　④ 12516m³

해설 **35**

$$V=\frac{h}{3}\{A_0+A_4+4(A_1+A_3)+2A_2\}+\frac{h'}{3}A_5$$

$$=\frac{5}{3}\{1,525.5+30.5+4(950+290)+2\times 545\}+\frac{3}{3}\times 30.5=12,707\text{m}^3$$

해설 **33**

$$G=\frac{D}{L}\times 100,$$

$$\frac{345-318}{280}\times 100=9.642..\%$$

$$\frac{330-318}{L}\times 100=9.6\%$$

$$L=124.45\text{m}$$

해설 **34**

바르게 고치면
깎아낸 흙은 유용하지 않을 경우에는 현장에서 제거하거나 담당원이 지정하는 장소에 2.5m를 넘지 않는 높이로 임시 쌓기를 하고, 세굴되지 않도록 보호한다.

정답　33. ③　34. ④　35. ②

36. 다음과 같이 평탄지를 조성하는 방법은 어떤 수법에 의한 것인가?

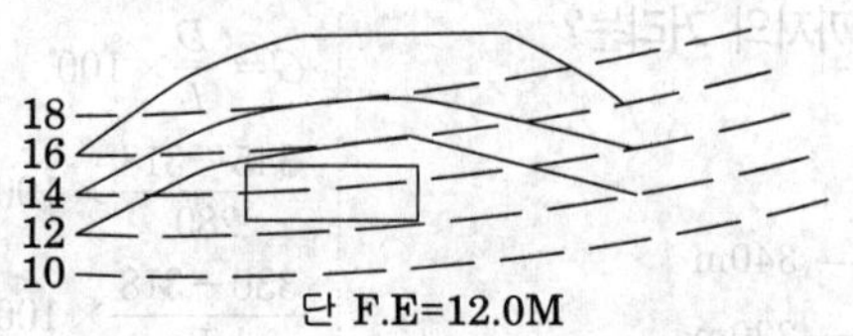

① 성토에 의한 방법　　② 절토에 의한 방법
③ 옹벽에 의한 방법　　④ 혼합(절토와 성토) 방법

해설 36
낮은 등고선이 높은 등고선 방향으로 이동했으므로 절토에 의한 조성방법이다.

37. 관습적으로 정지계획 설계도 작성 시 고려할 사항으로 틀린 것은?

① 제안하는 등고선은 파선으로 표시한다.
② 계단, 광장, 도로 등의 꼭대기와 바닥의 고저를 표기하도록 한다.
③ 폐합된 등고선은 정상을 표시하기 위해 점고저(spot elevation)를 적는다.
④ 등고선의 수직노선 조작은 성토의 경우 높은 방향(위)에서 시작하여 내려온다.

해설 37
정지계획 설계도 작성시 제안하는 등고선은 실선으로 표기한다.

38. 정지설계도 작성 원칙으로 옳지 않은 것은?

① 파선은 기존 등고선을 타나내며, 직선은 제안된 등고선을 나타낸다.
② 매 5번째 등고선은 읽기 편하게 약간 진하게 그려 넣는다.
③ 평탄지는 배수가 불량하므로 각 시설별로 경사도 최소 표준을 알아야 한다.
④ 경사지를 만들 때 등고선의 조작은 절토의 경우에는 위에서부터, 성토의 경우에는 밑에서부터 시작한다.

해설 38
바르게 고치면
경사지를 만들 때 등고선 조작은 절토의 경우 밑에서부터, 성토의 경우 위에서부터 시작한다.

정답 36. ② 37. ① 38. ④

지형도

11.1 핵심플러스

■ **지형의 표시법** : 음영법, 점고법, 등고선법

■ 등고선의 성질과 등고선의 종류와 간격, 축척별 주곡선의 간격에 대해 알아두도록 한다.

1 지형의 표시법

① 음영법(shading)

㉠ 수직음영법 : 빛이 수평으로 비출 때 평행으로 동등한 강도를 가질 것이라는 것을 이용한 방법, 평탄한 것은 엷게, 급경사는 어둡게 나타남

㉡ 사선음영법 : 광원이 왼쪽에 있다고 가정하여 남동으로 그림자의 기복을 나타내는 방법, 급경사는 어두운 그림자, 완경사는 밝은 그림자로 나타냄

㉢ 사상선 : 사상선의 간격, 굵기, 길이 방향으로 지형을 표시하는 방법으로 급경사는 굵고 짧고, 완경사는 가늘고 길게 표현

② 점고법(spot height system) : 지표면과 수면상에 일정한 간격으로 점의 표고와 수심을 숫자로 기입하는 방법

③ 등고선법(contour system) : 지표와 같은 높이의 점을 연결하는 곡선

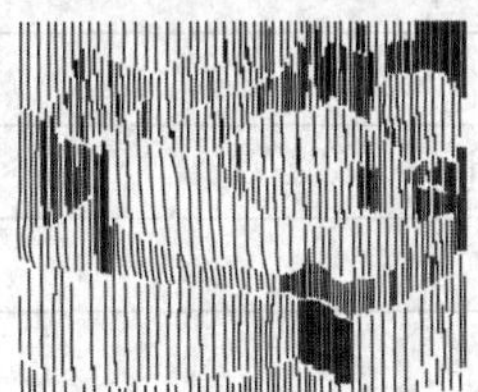

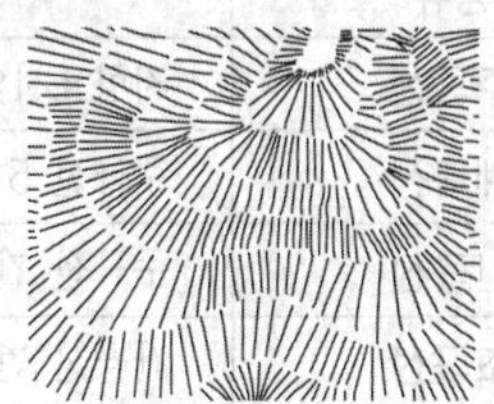

그림. 수직음영법 사선음영법 사상선

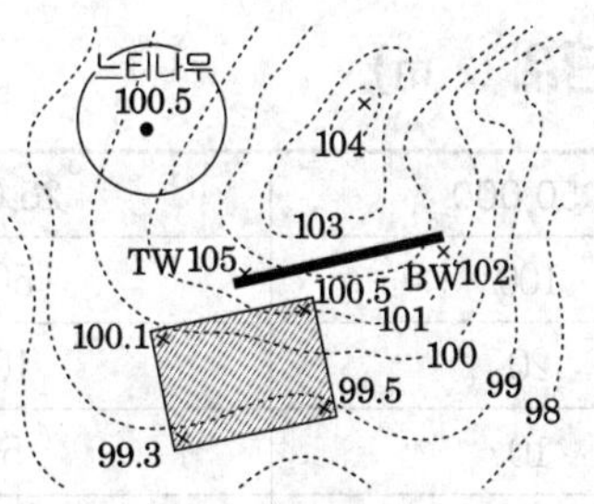

그림. 점고법

2 등고선의 성질 ★

① 등고선 위의 모든 점은 높이가 같다.

② 등고선 도면의 안이나 밖에서 폐합되며, 도중에서 없어지지 않는다.

③ 산정과 오목지에서는 도면 안에서 폐합된다.

④ 높이가 다른 등고선은 절벽과 동굴을 제외하고 교차하거나 합치지 않는다. 절벽과 동굴에서는 2점에서 교차한다.

⑤ 등경사지는 등고선의 간격이 같으며, 등경사평면의 지표에서는 같은 간격의 평행선이 된다.

⑥ 급경사지는 등고선의 간격이 좁고, 완경사지는 등고선의 간격이 넓다.

⑦ 등고선 사이의 최단거리의 방향은 그 지표면의 최대경사의 방향이며, 최대경사의 방향은 등고선의 수직 방향이고, 물의 배수방향이다.

⑧ 철사면의 등고선 형태는 높은쪽 등고선 간격이 낮은쪽 등고선 간격보다 넓다.

⑨ 요사면의 등고선 형태는 낮은쪽 등고선 간격이 높은쪽 등고선 간격보다 넓다.

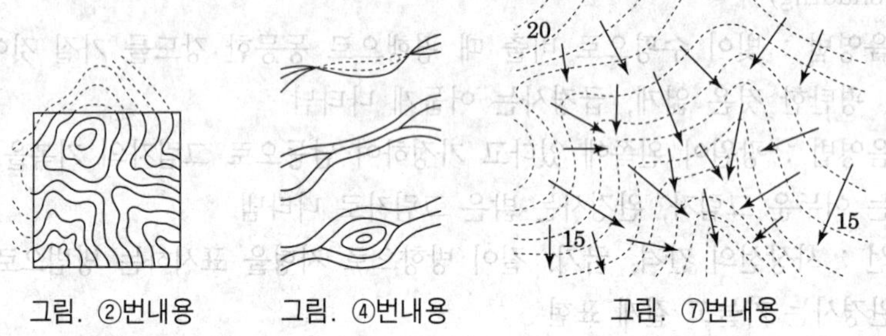

그림. ②번내용　　그림. ④번내용　　그림. ⑦번내용

3 등고선의 종류와 간격 ★★

종류	간격
주곡선	지형표시의 기본선, 가는 실선
계곡선	주곡선 5개마다 굵게 표시한 선, 굵은실선
간곡선	주곡선 간격의 1/2, 세파선으로 표시
조곡선	간곡선 간격의 1/2, 세점선으로 표시

4 등고선의 종류와 축척(단위 : m)

	1:50,000	1:25,000	1:10,000
계곡선	100	50	25
주곡선	20	10	5
간곡선	10	5	2.5
조곡선	5	2.5	1.25

★ cf) 그 밖의 축척별 등고선 간격

	1:500	1:1,000	1:2,500	1:5,000
주곡선	1	1	2	5
계곡선	5	5	10	25

5 사면과 평사면

① 요사면 : 등고선이 고위부에 밀집해 있으며, 저위부에서 간격이 멀어진다.
② 철사면 : 등고선이 저위부에 밀집해 있으며, 고위부에서 간격이 멀어진다.
③ 평사면 : 전체적으로 등간격을 이루는 등고선의 상태

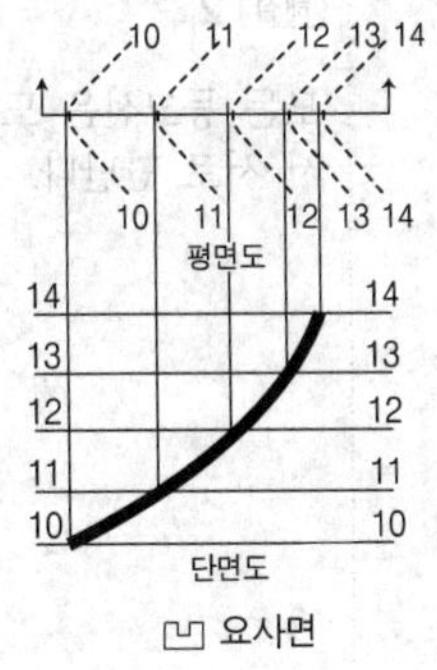

요사면

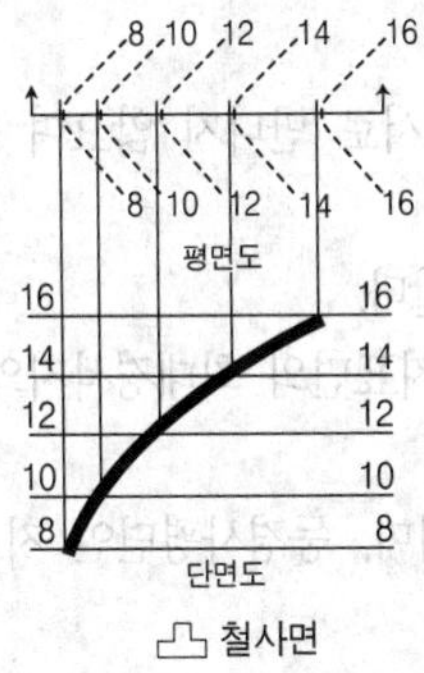

철사면

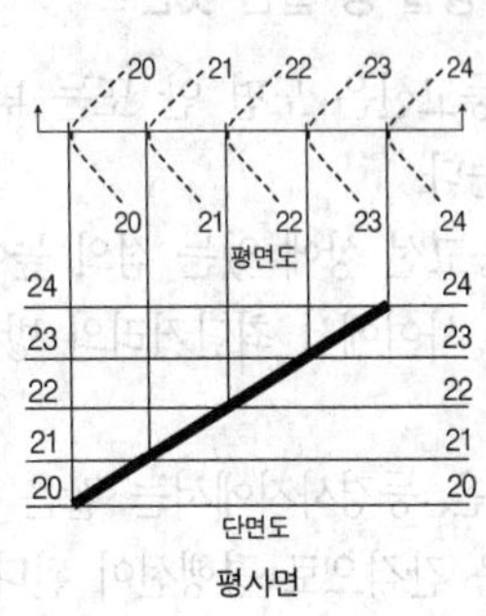

평사면

6 지성선

① 능선 : 지표면의 높은 점들을 연결한 선으로 분수선이라고도 한다.
② 계곡선 : 지표면의 낮은 점들을 연결한 선으로 합수선이라도 한다.
③ 경사변환선 : 능선이나 계곡선상의 경사상태가 변하는 경우의 선을 말한다.
④ 최대경사선(유하선) : 지표의 임의의 한 점에서 그 경사가 최대로 되는 방향을 표시한 선으로 등고선에 직각으로 교차하며 물이 흐르는 선이란 의미에서 유하선이라고도 한다.

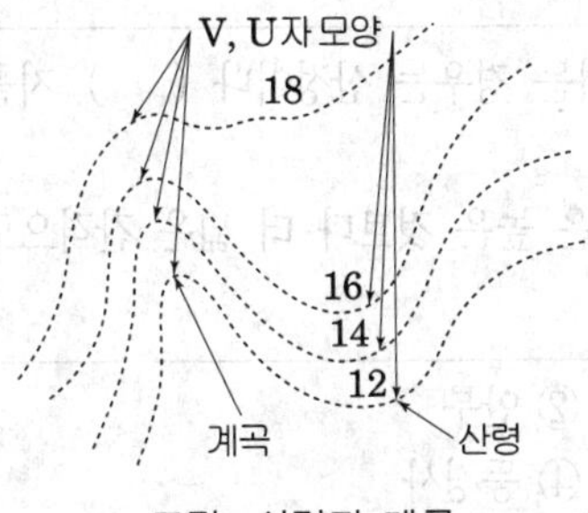

그림. 산령과 계곡

핵심기출문제

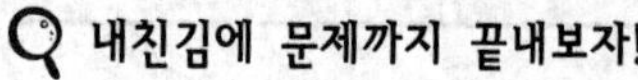

1. 1 : 10,000의 지형도에서 흔히 사용되는 등고선의 간격은?

① 2.5m　　② 5m
③ 10m　　④ 20m

2. 등고선의 성질 중 틀린 것은?

① 모든 등고선은 도면 안 또는 밖에서 서로 만나지 않으며 교차되지 않는다.
② 같은 등고선 상에 있는 점의 높이는 같다.
③ 등고선 사이에서 최단거리의 방향은 지표면의 최대경사지의 방향이다.
④ 등고선은 등경사지에서는 같은 간격이며, 등경사평면인 지표에서는 같은 간격으로 평행선이 된다.

3. 등고선에서 능선은 어떤 형태인가?

① Y형　　② U형
③ V형　　④ W형

4. 다음 설명 중 (　) 안에 들어갈 용어 또는 기호는?

- 등고선이 도면 안에서 폐합하는 경우는 산정이나 (　) 지를 나타낸다.
- (　) 경사에서 낮은 등고선은 높은 것보다 더 넓은 간격으로 증가한다.

① 凸　　② 안부
③ 凹　　④ 등경사

정답 및 해설

해설 1
지형도에 흔히 사용되는 등고선은 주곡선이다.

해설 2
모든 등고선은 도면 안 또는 밖에서 서로 만난다.

해설 3
능선은 지표면의 높은 점들을 연결한 선으로 분수선이라고 하며 U형을 이룬다.

해설 4
요사면은 등고선이 고위부에 밀집해 있으며, 저위부에서 간격이 멀어진다.

정답 1. ② 2. ① 3. ② 4. ③

정 답 및 해 설

5. 등고선에 대한 설명으로 옳지 않은 것은?

① 물의 흐름 방향은 등고선의 수평방향이다.
② 등고선상의 모든 점은 같은 높이이다.
③ 등고선의 최단 거리는 그 지면의 최대 경사의 방향이다.
④ 등고선의 간격이 좁은 곳은 급한 경사이다.

6. 다음의 등고선에서 D-D°의 설명으로 맞는 것은?

① 완경사 능선
② 완경사 계곡
③ 급경사 능선
④ 급경사 계곡

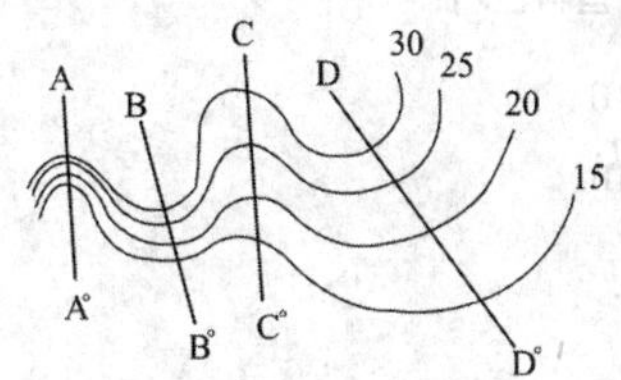

7. 다음 그림에서 AB간의 수평거리는 50m, 경사도는 2%이고, BC간의 수평거리는 100m, 경사도는 1%이다. B점의 높이가 84.24m였을 때 A, B, C점 중 가장 높은 곳의 높이는?

① 84.25m
② 84.34m
③ 85.24m
④ 94.24m

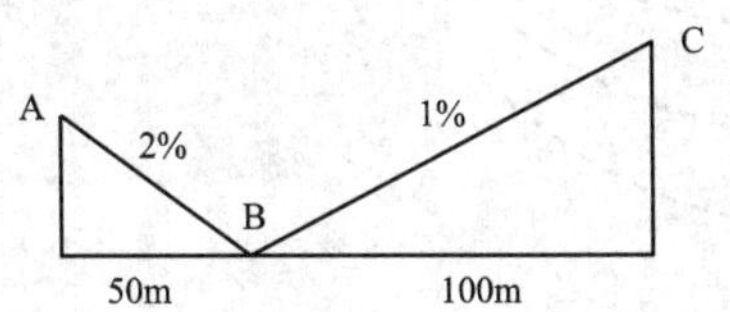

8. 등고선 A(1/300), B(1/500), C(1/1,200), D(1/2,000), E(1/50,000)을 맞게 분류한 것은?

① A, B : 대축척, C, D : 중축척 E : 소축척
② A, B : 소축척, C, D : 중축척 E : 대축척
③ A, B : 소축척, C : 중축척 D, E : 대축척
④ A, B : 대축척, C : 중축척 D, E : 소축척

9. 지형을 표시하는 방법으로 사상선을 사용한 것을 설명한 것 중 틀린 것은?

① 사상선이 짙고 가까우면 그들은 완경사이다.
② 사상선은 연속적인 두 등고선의 최단거리이다.
③ 사상선은 수직거리이다.
④ 사상선은 지형상에서 물이 흐르는 방향이다.

해설 **5**

물의 흐름 방향은 등고선의 수직 방향이다.

해설 **6**

A-A′는 급경사 계곡, B-B′는 급경사 능선, C-C′는 완경사 계곡, D-D′ 완경사 능선

해설 **7**

경사도 = $\frac{\text{수직거리(높이차)}}{\text{수평거리}} \times 100$

• A와B 표고차

: $\frac{x}{50} \times 100 = 2\%$

$x = 1$

• B와 C 표고차

: $\frac{x}{100} \times 100 = 1\%$

$x = 1$

B의 표고 84.24m이고 B와의 높이가 각각 1m이므로
A점은 84.24+1=85.24m,
B점은 84.24+1=85.24m

해설 **8**

소축척과 대축척 (비교대상 축척과 상대적인 의미)

· 소축척의 뜻 : 보다 넓은 지역을 보여주는 지도
· 대축척의 뜻 : 보다 자세한 것을 볼 수 있는 지도

해설 **9**

사상선이 짙고 가까우면 급경사이다.

정답 5. ① 6. ① 7. ③ 8. ① 9. ①

10. 지형도의 등고선에서 높은 곳의 간격이 좁고, 낮은 곳에서 넓은 간격은 무엇을 나타내는가?

① 凹 경사지 ② 凸 경사지
③ 평지 ④ 등경사지

11. 등고선 간격이 2m일 때 최대허용경사가 8%인 도로를 개설할 경우 노선 설정시 인접 등고선간의 수평거리는 얼마인가?

① 20m ② 25m
③ 30m ④ 35m

12. 다음 중 지형도의 설명 중 틀리게 표현한 것은?

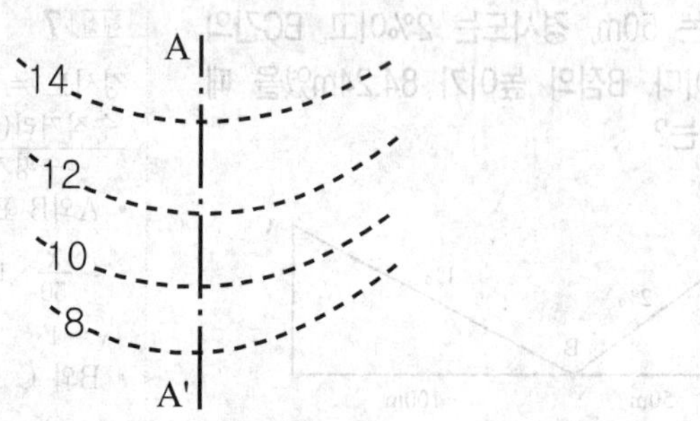

① 도면에 나타난 등고선은 모두 기존등고선(existing contour)이다.
② 사면(斜面)을 나타낸다.
③ 8~10m의 등고선은 12~14m 등고선보다 경사가 급하다.
④ A-A ' 표면수가 모이는 합수선을 나타낸다.

13. 지형도에서 등고선에 관한 설명으로 옳은 것은?

① 계곡선은 지도상태를 명시하고, 표고의 읽음을 쉽게 하기 위해 주곡선 간격의 1/5 거리로 표시한 곡선이다.
② 산배와 계곡이 만나 이들의 등고선이 서로 쌍곡선을 이루는 부분을 고개라고 한다.
③ 등고선은 급경사지에서 간격이 넓고 완경사지에서는 좁다.
④ 조곡선은 주곡선만으로 지형을 완전하게 표시할 수 없을 때 주곡선 간격의 2배로 표시한 곡선이다.

정답 및 해설

해설 **10**

- 요사면 : 등고선이 고위부에 밀집해 있으며, 저위부에서 간격이 멀어진다.
- 철사면 : 등고선이 저위부에 밀집해 있으며, 고위부에서 간격이 멀어진다.
- 평사면 : 전체적으로 등간격을 이루는 등고선의 상태

해설 **11**

- $경사도(\%) = \frac{수직높이}{수평거리} \times 100$

$8\% = \frac{2}{x} \times 100$

$\chi = 25m$

해설 **12**

- 등고선 U자형이므로 A-A'선은 능선(산령선)이다.

해설 **13**

① 주곡선 5개마다 굵게 표시한 곡선은 계곡선
③ 급경사지는 간격이 좁고 완경사지는 간격이 넓다.
④ 조곡선은 간곡선 간격의 1/2마다 표시한 곡선

정답 10. ① 11. ② 12. ④ 13. ②

14. 등고선의 성질에 관한 설명 중 틀리는 것은?

① 경사가 급한 곳보다 경사가 완만한 곳이 간격이 넓다.
② 등경사지의 등고선 간격은 등간격이다.
③ 높이가 다른 등고선은 절대로 교차하지 않는다.
④ 최대 경사의 방향은 등고선에 수직한 방향이다.

15. 1 : 25,000 지형도에서 주곡선의 간격은?

① 5m ② 10m
③ 15m ④ 20m

16. 아래의 축척별 등고선 간격으로 옳지 않은 것은?

	축척	주곡선	계곡선	간곡선	조곡선
①	1:500	1.0m	5.0m	0.5m	0.25m
②	1:1000	1.0m	5.0m	0.5m	0.25m
③	1:2500	5.0m	25.0m	2.5m	1.25m
④	1:5000	5.0m	25.0m	2.5m	1.25m

17. 등고선의 성질에 대한 설명으로 옳지 않는 것은?

① 등고선은 교차하거나 합쳐지지 않는다.
② 등고선은 도면의 안 또는 밖에서 반드시 폐합한다.
③ 경사가 같은 곳에서는 등고선 간의 간격도 같다.
④ 등고선과 최대 경사선은 수직을 이룬다.

18. 다음 등고선의 성질 설명으로 옳지 않은 것은?

① 결코 분리되지 않으나 양편으로 서로 같은 숫자가 기록된 두 등고선을 때때로 볼 수 있다.
② 요(凹)경사에 낮은 등고선은 높은 것 보다 더 좁은 간격으로 증가한다.
③ 산령과 계곡이 만나 이들의 등고선이 서로 쌍곡선을 이루는 것과 같은 부분은 안부 즉, 고개라 한다.
④ 높은 방향으로 산형의 곡선을 이루는 경우는 계곡을 나타내고, 이와 반대인 경우에는 산령을 나타낸다.

정답 및 해설

해설 14

높이가 다른 등고선은 현애와 동굴을 제외하고는 교차하지 않는다.

공통해설 15, 16

1: 2500 지형도

축척	주곡선	계곡선	간곡선	조곡선
1:2500	2.0m	10.0m	1.0m	0.5m

해설 17

높이가 다른 등고선은 절벽과 동굴을 제외하고 교차하거나 합치지 않으며, 절벽과 동굴에서는 2점에서 교차한다.

해설 18

요사면의 등고선 형태는 낮은쪽 등고선 간격이 높은쪽 등고선 간격보다 넓다.

정답 14. ③ 15. ② 16. ③ 17. ① 18. ②

chapter 12

수목 식재공사

12.1 핵심플러스

■ 식재공사순서

· 뿌리돌림(이식 전 6개월~3년 전에 실시) → 굴취 → 운반 → 식재시 식혈파기(뿌리분의 1.5~2.0배) - 수목심기 - 물조림 - 지주세우기 - 전정 - 수피감기 → 유지관리

■ 수목의 규격표시와 품의 적용

· 수고(H), 수관폭(W), 근원직경(R), 흉고직경(B)

· 표시방법 및 식재시 인부품의 적용

교목	H×W : 침엽수 → H 에 의한 인부품을 적용 H×W×R : 조형미중시(소나무) → R 에 의한 인부품을 적용 H×R : 낙엽활엽수 → R에 의한 인부품을 적용 H×B : 플라타너스, 왕벚나무, 은행나무, 백합나무, 메타세쿼이어, 자작나무 등
관목	H× W→ H에 의한 인부품을 적용

■ 굴취시 분의 크기

· 수간 근원직경의 4~6배

· 24+(N−3)×d (여기서, N : 줄기의 근원직경, d : 상수(상록수 : 4, 낙엽수 : 5))

1 수목 규격 표시

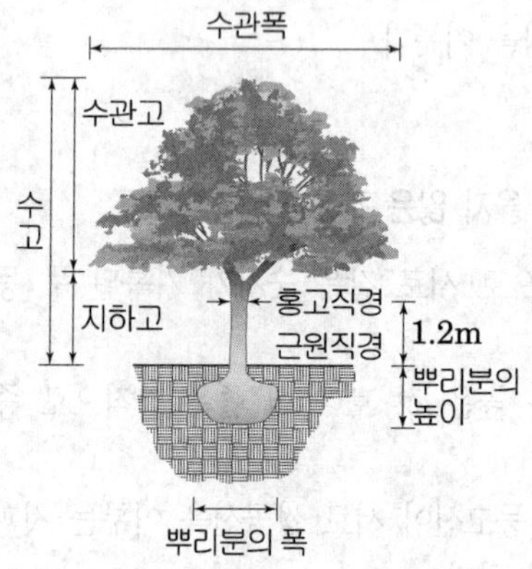

① 측정방법 :

㉠ 수고(H : height, 단위 : m)

· 지표면에서 수관 정상까지의 수직 거리를 말하며, 도장지(웃자람가지)는 제외한다.

ⓛ 수관폭(W : width, 단위 : m)

- 수관 양단의 직선거리를 측정하는 것으로 타원형의 수관을 최소폭과 최대폭을 합하여 평균한 것을 채택한다. 도장지는 제외한다.

ⓒ 근원직경(R : Root, 단위 : cm)

- 지표부위의 수간의 직경을 측정한다.
- 측정부가 원형이 아닌 경우 최대치와 최소치를 합하여 평균값을 채택한다.

ⓡ 흉고직경(B : Breast, 단위 : cm)

- 지표면에서 1.2m 부위의 수간의 직경을 측정한다.
- 쌍간일 경우에는 각간 흉고 직경을 합한 값의 70%가 수목의 최대 흉고 직경치보다 클 때에는 이를 채택하며, 작을 때는 각간의 흉고직경 중 최대치를 채택한다.

ⓜ 지하고(C : Canopy, 단위 : m)

- 수간 최하단부에서 지표의 수간까지의 수직높이를 말한다.
- 가로수나 녹음수는 적당한 지하고를 지녀야 한다.

ⓑ 주립수(S : Stock, 단위 : 지(枝))

- 근원부로부터 줄기가 여러 갈래로 갈라져 나오는 수종은 줄기의 수를 정한다.

ⓢ 잔디(단위 : m^2, 매)

- 가로와 세로의 크기를 일정한 규격을 정하여 표시하며, 평떼일 경우 흙두께를 표시한다.

★② 규격표시

ⓖ 교목

- 기본적으로 수고(H)×흉고직경(B)으로 표시
- 흉고직경 - 근원직경 관계식 → R = 1.2B
- 상록성 침엽수로 가지가 줄기의 아랫부분부터 자라는 수목 → 수고(H) × 수관폭(W) : 전나무, 잣나무, 독일가문비 등
- 흉고부 아래서 갈라지거나 흉고부를 측정할 수 없는 수목 →
  - 수고(H)×수관폭(W)×근원직경(R) : 소나무(수목의 조형미가 중시되는 수종)
  - 수고(H)×근원직경(R) : 목련, 느티나무, 모과나무, 감나무 등
- 곧은줄기가 있는 수목으로 흉고부의 크기를 측정할 수 있는 수목 →
  - 수고(H)×흉고직경(B) : 플라타너스, 왕벚나무, 은행나무, 튤립나무, 메타세쿼이아, 자작나무 등
  - 수고(H)×수관폭(W)×흉고직경(B)

ⓛ 관목성 수목

- 기본적으로 수고(H)×수관폭(W)으로 표시
- 수관이 한쪽길이 방향으로 자라는 수목은 수고(H)×수관폭(W)×수관길이(L)
- 줄기가 적고 도장지가 발달하여 수관폭의 측정이 곤란하고 가지수가 중요한 수목은 수고(H)×수관폭(W)×가지수

ⓒ 묘목

- 수간길이(幹長, H)×근원직경(R, 단위 cm)표시하며 묘령을 적용할 수 있음

㉣ 만경목
- 수고(H)×근원직경(R, 단위 cm) : 등나무 등

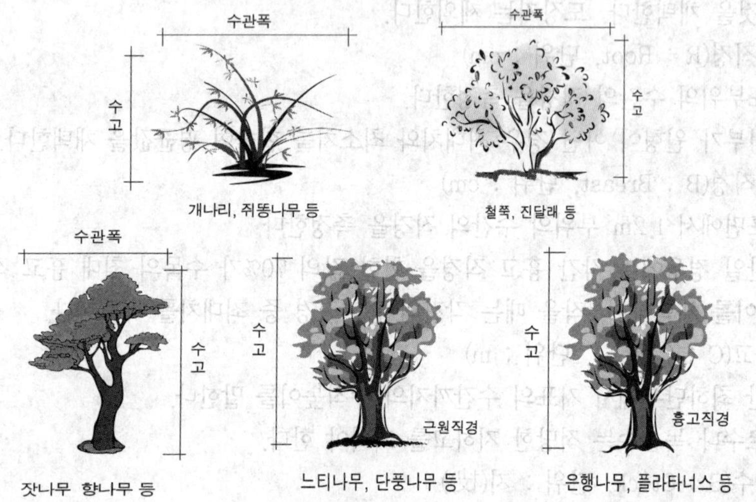

2 수목의 이식시기

① 대나무류 : 죽순이 나오기 전
② 낙엽활엽수
㉠ 가을이식 : 잎이 떨어진 휴면기간, 통상적으로 10~11월
㉡ 봄 이식 : 해토 직후부터 4월 상순, 통상적으로 이른 봄눈이 트기 전에 실시
㉢ 내한성이 약하고 눈이 늦게 움직이는 수종(배롱나무, 백목련, 석류, 능소화 등은 4월 중순이 안정적 임)
③ 상록활엽수 : 5~7월, 장마철(기온이 오르고 공중습도가 높은 시기)
④ 침엽수 : 해토 직후부터 4월 상순, 9월 하순~10월 하순

3 수목 이식 공사 ★★

현재의 위치에서 다른 장소로 옮겨 심는 작업을 이식공사라 한다.
① 뿌리돌림
㉠ 목적
- 이식을 위한 예비조치로 현재의 위치에서 미리 뿌리를 잘라 내거나 환상박피를 함으로써 세근이 많이 발달하도록 유도한다.
- 생리적으로 이식을 싫어하는 수목이나 부적기식재 및 노거수(老巨樹)의 이식에는 반드시 필요하며 전정이 병행되어야 한다.

㉡ 시기

- 이식시기로부터 6개월~3년 전에 실시
- 봄과 가을에 가능, 가을에 실시하는 것이 효과적이다.

㉢ 뿌리돌림의 방법 및 요령

- 근원 직경의 4~6배
- 도복 방지를 위해 네방향으로 자란 굵은 곁뿌리를 하나씩 남겨두며, 15cm 정도 환상박피한다.
- 소나무, 느티나무와 같은 심근성 수종의 곧은 뿌리는 절단하지 않는다.

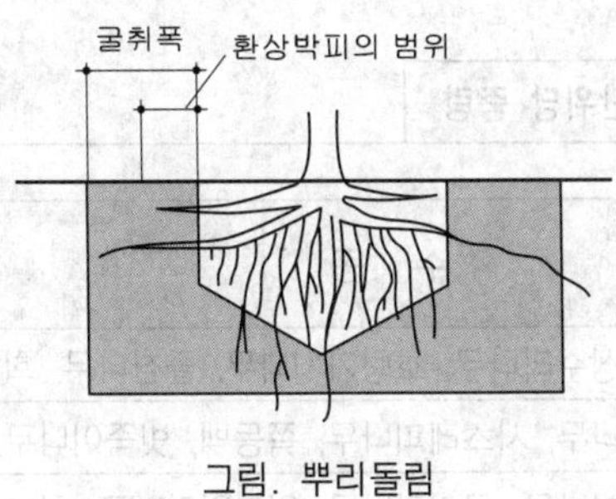

그림. 뿌리돌림

② 굴취(수목을 캐내는 작업)

★★ ㉠ 분의 크기

- 수간 근원직경의 4~6배
- $24+(N-3)\times d$

  N : 줄기의 근원직경, d : 상수(상록수 : 4, 낙엽수 : 5)

★ ㉡ 수목의 뿌리분의 종류(D = 근원직경)

- 보통분(일반수종) : 분의 크기 = 4D, 분의 깊이 = 3D
- 팽이분(조개분, 심근성수종) : 분의 크기 = 4D, 분의 깊이 = 4D
- 접시분(천근성수종) : 분의 크기 = 4D, 분의 깊이 = 2D

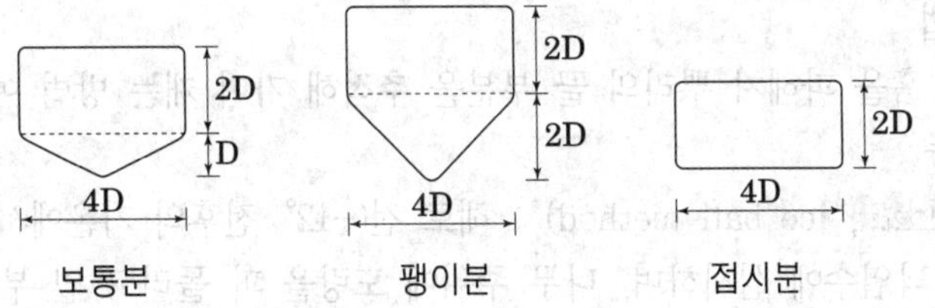

㉢ 수목의 중량 = 지상부중량+지하부중량

- 지상부중량(ton)

$$=k\times\pi\times(\frac{d}{2})^2\times H\times W_o\times(1+P)$$

여기서, k : 수간형상계수 d : 흉고직경

H : 수고 W_o : 수간의 단위체적당중량(kg/m³)

P : 지엽의 다소에 따른 할증율

- 지하부중량(뿌리분의 중량, ton) = V×K

여기서, V : 뿌리분의 체적(m^3)

K : 뿌리분의 단위체적당 중량(kg/m^3)

■ 참고 : 수간(樹幹)의 단위당 중량

수 종	단위당 중량(kg/m^3)
가시나무류, 감탕나무, 상수리나무, 호랑가시나무, 졸참나무, 회양목	1,340 이상
느티나무, 목련, 참느릅나무, 사스레피나무, 쪽동백, 빗죽이나무, 말발도리	1,300~1,340
단풍나무, 은행나무, 산벚나무, 굴거리나무, 일본잎갈나무, 향나무, 곰솔	1,250~1,300
소나무, 편백, 플라타너스, 칠엽수	1,210~1,250
독일가문비나무, 녹나무, 삼나무, 왜금송, 일본목련	1,170~1,210
굴피나무, 화백	1,170 이하

- V = 보통분(일반 수종) : $\pi r^3 + 1/6\pi r^3 \fallingdotseq 3.6r^3$

  조개분(심근성 수종) : $\pi r^3 + 1/3\pi r^3 \fallingdotseq 4r^3$

  접시분(천근성 수종) : πr^3

- K = 뿌리를 포함한 뿌리분 흙의 평균중량은 1m³당 1,300kg

㉣ 특수굴취법

- 추굴법 : 흙을 파헤쳐 뿌리의 끝 부분을 추적해 가며 캐는 방법 예) 등나무, 담쟁이덩굴, 밀감나무 등
- 동토법(凍土法, ice ball method) : 해토 전(−12° 전후의 기온에서 활용, 통상적으로 12월경에 실시) 낙엽수에 실시하며, 나무 주위에 도랑을 파 돌리고 밑 부분을 헤쳐 분 모양으로 만들어 2주 정도 방치하여 동결 시킨 후 이식
- 상취법 : 수목의 뿌리를 사방 주위로부터 파내려가서 뿌리를 절단하고 새끼감기 대신에 상자모양의 테를 이용하여 이식하는 방법

■ **참고**

■ **교목 굴취시 규격에 따른 수목의 적용 및 주의점**

나무높이(H)	·흉고 또는 근원직경을 추정하기 어려운 수종에 적용한다. ·곰솔, 독일가문비나무, 동백나무, 리기다소나무, 섬잣나무, 실편백, 아왜나무, 잣나무, 전나무, 주목, 측백나무, 편백 등
흉고직경(B)	·교목류 수종에 적용한다. ·가중나무, 계수나무, 메타세쿼이아, 벽오동, 수양버들, 벚나무, 은당풍, 은행나무, 자작나무, 칠엽수, 튜립나무(목백합), 프라타너스(버즘나무), 현사시나무(은수원사시) 등
근원직경(R)	·교목류 수종에 적용한다. ·소나무, 감나무, 꽃사과, 노각나무, 느티나무, 낙우송, 대추나무, 마가목, 매화나무, 모감주나무, 모과나무, 목련, 배롱나무, 산딸나무, 산수유, 이팝나무, 자귀나무, 층층나무, 쪽동백, 단풍나무, 회화나무, 후박나무, 등나무, 능소화, 참나무류 등

·본 품은 교목류 수종의 굴취 기준이다.
·분은 근원직경의 4~5배로 한다.
·준비, 구덩이파기, 뿌리절단, 분뜨기, 운반준비 작업을 포함한다.
·현장의 시공조건, 수목의 성상에 따라 기계사용이 불가피한 경우 별도 계상한다.
·분 뜨기, 운반준비를 위한 재료비는 별도 계상한다.
·굴취시 야생일 경우에는 굴취품의 20%까지 가산할 수 있다.
·굴취수목의 운반을 위하여 운반로를 개설하여야 하는 경우에는 그 비용을 별도 계상한다.

■ **참고**

■ **관목 굴취시 규격에 따른 수목의 적용 및 주의점**

(10주당)

구분	단위	수량(나무높이)			
		0.3m 미만	0.3~0.7m 이하	0.8~1.1m 이하	1.2~1.5m 이하
조경공	인	0.07	0.14	0.22	0.34
보통인부	인	0.01	0.03	0.04	0.06

· 본 품은 분 보호재(녹화마대, 녹화끈 등)를 활용하여 분을 보호하지 않은 상태로 굴취되는 작업을 기준한 것이다.
· 나무높이가 1.5m를 초과할 때는 나무높이에 비례하여 할증할 수 있다.
· 나무높이보다 수관폭이 더 클 때는 그 크기를 나무높이로 본다.
· 굴취수목의 운반을 위하여 운반로를 개설하여야 하는 경우에는 그 비용을 별도 계상한다.
· 녹화마대, 녹화끈을 사용하여 분을 보호할 경우 굴취(나무높이)를 적용한다.
· 굴취 시 야생일 경우에는 굴취품의 20%까지 가산할 수 있다.

③ 운반

㉠ 상·하차는 인력에 의하거나, 대형목의 경우 체인블럭이나 백호우, 랙카 또는 크레인을 사용한다.

㉡ 운반 시 보호조치
·뿌리분의 보토를 철저히 한다.
·세근이 절단되지 않도록 충격을 주지 않아야 한다.

- 수목의 줄기는 간편하게 결박한다.
- 이중 적재를 금한다.
- 수목과 접촉하는 부위는 짚, 가마니 등의 완충재를 깔아 사용
- 뿌리분은 차의 앞쪽을 향하고 수관은 뒤쪽을 향하게 적재
- 증발을 최대한 억제한다.
- 수송 도중 바람에 의한 증산을 억제하며, 뿌리분의 수분증발 방지를 위해 물에 적신 거적이나 가마니로 감아준다.

4 수목 식재 공사 ★

① 가식

㉠ 이식하기 전에 굴취 한 수목을 임시로 심어두는 것

㉡ 뿌리의 건조, 지엽의 손상을 방지하기 위해 바람이 없고, 약간 습한 곳에 가식하거나 보호설비를 하여 다음날 식재한다.

② 식재 구덩이(식혈) 파기

㉠ 뿌리분의 크기의 1.5배 이상의 구덩이를 판다

㉡ 불순물을 제거하고, 배수가 불량한 지역은 충분히 굴토하고 자갈 등을 넣어 배수층을 만든다.

③ 심기

㉠ 토양환경 : 식물의 성상에 따라 적당한 생육 토심을 확보

㉡ 대기환경 : 흐리고 바람이 없는 날의 저녁이나 아침에 실시하고 공중 습도가 높을수록 좋다.

㉢ 필요시에는 정지, 전정을 실시한 후 뿌리분을 구덩이에 넣는다.

④ 물조림

㉠ 식재 구덩이에 물을 충분히 넣고, 각목이나 삽으로 흙이 뿌리분에 완전히 밀착되도록 죽쑤기를 한다.

㉡ 물이 완전히 스며든 다음 복토를 하고 흙으로 둥글게 물집을 잡아준다.

⑤ 지주 세우기

㉠ 수목이 안전히 활착할 수 있도록 지주를 설치하여, 경관적으로 아름답게 수목을 정치시켜야 한다.

㉡ 지주의 재료

- 박피 통나무, 각목 또는 고안된 재료(각종 파이프, 와이어로프)로 한다. 목재형 지주는 내구성이 강한 것이나 방부처리(탄화, 도료 약물 주입) 한 것으로 한다.
- 지주목과 수목을 결박하는 부위에는 수간에 고무나 새끼 등의 완충재를 사용하여 수간 손상을 방지한다.
- 교목의 지주목을 세우지 않을 때는 다음의 인부품을 감한다.

인력시공시	기계시공시
인력품의 10%	인력품의 20%

⑥ 전정

㉠ 이식 후 뿌리의 수분 흡수량과 지엽의 수분 증발량의 조절을 위해 실시한다.

㉡ 잎, 밀생지 등을 전정 후 방수처리 한다.

㉢ 발근촉진제(rooton제)와 수분증발억제제(OED green)를 사용한다.

⑦ 수피감기

㉠ 새끼줄, 거적, 가마니, 종이테이프로 싸주어 수분증발 억제한다.

㉡ 병충해의 침입을 방지한다.

㉢ 강한 일사와 한해로부터 피해를 예방한다.

㉣ 수종 : 수피가 얇고 매끈하고 나무(단풍나무, 느티나무, 벚나무 등)에 적용한다.

■ 참고

■ 식재공사 후 보호 조치

· 지주목 세우기, 전정(잎훑기), 증산억제제, 수피감기

■ 증산억제제와 잎훑기

· 증산억제제 : 잎에 얇은막을 일시적으로 만들어 증산을 억제하는 제품(실리콘 현탁액)과 기공을 닫히게 하는 호르몬제(아브시스산)

· 여름철에 이식시 잎을 훑어주면 증산 억제효과가 있는데 특히 잠아가 많은 잎을 훑은 후에 다시 잎이 잘 나오는 수종, 즉 단풍나무, 포플러, 버드나무 등의 경우 손으로 훑어주면 효과가 있다.

■ 참고

■ 교목 식재 규격에 따른 수목의 적용 및 주의점

나무높이(H)	· 흉고 또는 근원직경을 추정하기 어려운 수종에 적용한다. · 곰솔(나무높이 3m 이상은 근원직경에 의한 식재 적용), 독일가문비, 동백나무, 리기다소나무, 실편백, 아왜나무, 잣나무, 전나무, 주목, 측백나무, 편백 등
흉고직경(B)	· 교목류 수종에 적용한다. · 본 품은 교목류인 가중나무, 계수나무, 메타세콰이어, 벽오동나무, 수양버들, 벚나무, 은단풍, 은행나무, 자작나무, 칠엽수, 튤립나무(목백합), 플라타너스, 현사시나무(은수원사시) 등
근원직경(R)	· 교목류 수종에 적용한다. · 소나무, 감나무, 꽃사과, 노각나무, 느티나무, 낙우송, 대추나무, 마가목, 매화나무, 모감주나무, 모과나무, 목련, 배롱나무, 산딸나무, 산수유, 이팝나무, 자귀나무, 층층나무, 쪽동백, 단풍나무, 회화나무, 후박나무, 등나무, 능소화, 참나무류 등

· 재료 소운반, 터파기, 나무세우기, 묻기, 물주기, 지주목세우기, 뒷정리 작업을 포함한다.

· 식재 시 1회 기준의 물주기는 포함되어 있으며, 유지보수에 따라 별도 계상한다.

· 물주기를 위해 살수차 등의 장비가 필요한 경우 기계경비는 별도 계상한다.

· 암반식재, 부적기식재 등 특수식재시는 품을 별도 계상할 수 있다.

· 현장의 시공조건, 수목의 성상에 따라 기계 시공이 불가피한 경우는 별도 계상한다.

· 굴삭기 규격은 0.4㎥를 기준으로 한다.

· 지주목을 세우지 않을 때는 다음의 요율을 감한다.

−인력시공시 인력품의 10%

−기계시공시 인력품의 20%

■ 관목 식재시 주의점
- 근원부에서 분지되어 다년생으로 자라는 관목수종의 식재 기준이다.
- 터파기, 가지치기, 나무세우기, 묻기, 물주기, 손질, 뒷정리 작업을 포함한다.
- 나무높이가 1.5m를 초과할 때는 나무높이에 비례하여 할증할 수 있다.
- 나무높이보다 수관폭이 더 클 때에는 그 수관폭을 나무높이로 본다.
- 식재 시 1회 기준의 물주기는 포함되어 있으며, 유지관리는 유지보수에 따라 별도 계상한다.
- 물주기를 위해 살수차 등의 장비가 필요한 경우 기계경비는 별도 계상한다.
- 암반식재, 부적기식재 등 특수식재는 품을 별도 계상할 수 있다.

5 고사식물의 하자보수와 하자보수 면제

① 고사식물의 하자보수

㉠ 수목은 수관부 가지의 2/3 이상이 마르거나, 지엽(枝葉) 등의 생육상태가 회복하기 어려울 정도로 불량하다고 인정되는 경우에는 고사된 것으로 간주한다. 단, 관리주체 및 입주자 등의 유지관리 소홀로 인하여 수목이 고사되거나 쓰러진 경우 또는 인위적으로 훼손되었다고 입증되는 경우에는 하자가 아닌 것으로 한다.

㉡ 가뭄, 혹서기 등에 기본적인 관수는 수급인 이외 관리주체도 유지관리계획서에 준하여 최소한의 관리를 실시하도록 한다.

㉢ 지피·초화류는 해당 공사의 목적에 부합되는가를 기준으로 공사감독자의 육안검사 결과에 따라 고사여부를 판정한다.

㉣ 하자보수 식재는 하자가 확인된 차기의 식재 적기 만료일 전까지 이행하고 식재종료 후 검수를 받아야 한다. 이때 하자보수 의무의 판단은 고사확인 시점을 기준으로 한다.

㉤ 하자보수 시의 식재수목 규격은 준공도서의 규격에 따른다.

㉥ 하자보수의 대상이 되는 식물은 수목이나 지피류, 숙근류 등의 다년생 초화류로서 식재된 상태로 고사한 경우에 한한다.

② 하자보수의 면제

㉠ 전쟁, 내란, 폭풍 등에 준하는 사태

㉡ 자연재해(태풍, 호우, 지진, 폭설 등)와 이의 여파에 의한 경우

㉢ 화재, 낙뢰, 파열, 폭발 등에 의한 고사

㉣ 준공 후 유지관리비용을 지급하지 않은 상태에서 혹한, 혹서, 가뭄, 염해(염화칼슘) 등에 의한 고사

㉤ 인위적인 원인으로 인한 고사(교통사고, 생활활동에 의한 손상 등)

핵심기출문제

내친김에 문제까지 끝내보자!

1. 나무를 심을 경우 심을 구덩이의 최소한 크기는?

① 뿌리분 지름의 1배 이상 크기
② 뿌리분 지름의 1.5배 이상 크기
③ 뿌리분 지름의 2배 이상 크기
④ 뿌리분 지름의 2.5배 이상 크기

2. 근원직경이 30cm되는 수목의 뿌리분을 뜨고자한다. 근원간주(根元幹周)로부터 뿌리분 가장자리까지의 간격을 얼마로 하는 것이 좋은가? (단, 일반적인 방법에 의하므로 상수 4를 적용할 것)

① 41cm ② 51cm
③ 61cm ④ 71cm

3. 근원 직경이 15cm인 수목을 4배 접시분으로 분뜨기를 한 경우 지상부를 제외한 분의 중량은 얼마인가? (단, 뿌리분의 체적은 접시분인 경우 V= πr^3로 구하고, 뿌리분의 단위 중량은 1.3t/m³고원주율 π= 3.14로 한다)

① 0.11 ton ② 0.21 ton
③ 0.25 ton ④ 0.3 ton

4. 다음 중 식재공사를 위한 일반적인 이행요구조건으로 가장 부적합한 것은?

① 식재공사에 앞서 토목공사가 선행되는 곳은 표토를 미리 채취해서 보관하여야 한다.
② 식재지 토양은 배수성과 통기성이 좋은 단립(單粒)구조이어야 한다.
③ 식물재료의 굴취에서부터 식재까지의 기간은 수목생리상 지장이 없는 범위 내에 실시한다.
④ 공사 착수 전에 설계도서에 따라 정확한 식재위치를 감독자 입회하에 결정한다.

정답 및 해설

해설 1
식재시 구덩이 파기는 뿌리분의 1.5배(최소분)~2.0배 이다.

해설 2
뿌리분 최소크기
$= 24 + (\text{근원직경} - 3) \times \text{상수}$
$= 24 + (30 - 3) \times 4 = 132$
근원간주를 제외한 뿌리분의 크기
: 132−30=102cm
근원간주로부터 뿌리분 가장자리까지 간격 = 102 ÷ 2 = 51cm

해설 3
· 뿌리분의 중량
$= V(\pi r^3) \times$ 뿌리분의 단위중량
· 뿌리분 크기(접시분)
$= 4D = 4 \times 15 = 60\text{cm}$
$r = 0.3\text{m}$
$(\pi \cdot 0.3^3) \times 1.3 = 0.11\text{ton}$

해설 4
바르게 고치면
식재지 토양은 배수성과 통기성이 좋은 입단(粒團) 구조이어야 한다.

정답 1. ② 2. ② 3. ① 4. ②

5. 다음 중 뿌리분과 구덩이의 크기를 알맞게 설명한 것은?

① 근원직경 4배, 구덩이는 분의 1.5배
② 근원직경 4배, 구덩이는 분의 2.5배
③ 근원직경 6배, 구덩이는 분의 2.5배
④ 근원직경 6배, 구덩이는 분의 1.5배

6. 뿌리분의 최소한의 크기를 정하는 식은?

① 뿌리분 직경=24+(근원직경−3)×상수4
② 뿌리분 직경=20+(근원직경−4)×상수5
③ 뿌리분 직경=15+(근원직경−5)×상수4
④ 뿌리분 직경=28+(근원직경−6)×상수5

7. 대형목이나 노거수 및 부적기에 식재한 나무에 사용할 필요가 없는 것은?

① 발근촉진제
② 영양제
③ 증산억제제
④ 제초제

8. 다음 중 적합하지 않는 것은?

① 만경류는 나무길이를 잰다.
② 소철을 잎을 제외한 근원부 부터 가지의 높이를 잰다.
③ 쌍간을 가진 나무는 두 가지의 굵기를 합하여 평균값으로 한다.
④ 화살나무의 높이는 근원직경으로 잰다.

9. 가지의 쌍간의 합은 몇 %를 기준으로 하는가?

① 70% ② 80%
③ 90% ④ 100%

10. 외형상의 구비 조건이 동일한 경우 조경식재 공사용으로 사용할 수목으로 적합한 수목은?

① 부식질이 풍부한 비옥한 토양에서 자라고 있는 수목
② 모래질 땅에서 충분한 수분의 공급을 받으며 자라고 있는 수목
③ 척박한 진흙질의 땅에서 자라고 있는 수목
④ 지하수위가 낮은 미사질 토양에서 자라고 있는 수목

정답 및 해설

공통해설 5, 6

- 뿌리분은 수간 근원직경의 4배, 구덩이 파기는 뿌리분의 1.5배
- 24+(N−3)×d (여기서, N : 줄기의 근원직경, d : 상수(상록수 : 4, 낙엽수 : 5))

해설 7

부적기에 이식한 나무 − 발근촉진제(뿌리발육촉진), 영양제, 증산억제제 사용

해설 8

쌍간일 경우에는 각간 흉고 직경을 합한 값의 70%가 수목의 최대 흉고 직경치보다 클 때에는 이를 채택하며, 작을 때는 각간의 흉고 직경 중 최대치를 채택한다.

해설 9

조경식재용 공사 수목은 부식질이 풍부한 비옥한 토양에서 자라는 수목이 적합하다.

정답 5. ① 6. ① 7. ④ 8. ③ 9. ① 10. ①

11. 식재 공사에서 식재 토심의 최소표준으로 틀린 것은?

① 천근성 교목 - 90cm　　② 대관목 - 60cm
③ 소관목 - 45cm　　④ 잔디 - 35cm

12. 수관폭(樹冠幅)에 대한 설명으로 옳지 않은 것은?

① 타원형 수관폭은 최대층의 수관축을 중심으로 한 최단폭과 최장폭을 평균한 것을 택한다.
② 건설공사표준품셈에 의거하여 식재시 규격표시는 W로 한다.
③ 도장지는 길이 1m 이상의 것만 제외시킨다.
④ 수평으로 생장하는 조형된 수관의 경우에는 수관폭의 최장폭을 수관길이로 사용한다.

13. 관목을 식재할 경우 공사 요령 중 틀린 것은?

① 최소 토심이 15cm 이상이어야 한다.
② 이식 후 흙을 반쯤 채우고 새끼줄을 느슨하게 풀어주며 물을 준다.
③ 필요시 지주목을 설치하여 활착을 돕는다.
④ 객토용 토양은 사질양토가 좋다.

14. 식재 후 관수 방법이 아닌 것은?

① 여름에는 저녁보다 한낮에 관수하는 것이 좋다.
② 식재 후 여름을 넘기면 활착되었다고 보아도 좋다.
③ 식재 후 10일에 한 번 물을 흠뻑 준다.
④ 여름에는 한낮보다 아침이나 저녁에 관수하는 것이 좋다.

15. 부적기(7~8월)이식 수목을 보호하는 방법이 아닌 것은?

① 공기 중의 습도를 높게 하여 잎이 마르는 것을 막는다.
② 증산억제제를 뿌린다.
③ 나무의 줄기를 거적으로 감는다.
④ 나무의 거적을 만들어 물을 채워둔다.

16. 굴취된 수목을 차량으로 운반할 때 유의해야 할 사항 중 옳지 않은 것은?

① 수목의 호흡작용을 위해 시트를 덮지 않아야 한다.
② 진동을 방지하기 위해 차량 바닥에 흙이나 거적을 깐다.
③ 부피를 작게 하기 위해 가지를 죄어 맨다.
④ 소운반시 땅바닥에 끌어대는 일이 없도록 한다.

해설 11

성상별 식재 토심
① 잔디·초본 : 15~30cm
② 소관목 : 30~45cm
③ 대관목 : 45~60cm
④ 천근성 교목 : 60~90cm
⑤ 심근성 교목 : 90~150cm

해설 12

도장지는 길이에서 제외한다.

해설 13

소관목 : 30~45cm, 대관목 : 45~60cm의 토심을 가져야 한다.

해설 14

관수시 한낮에는 관수 효율이 떨어지므로 피하는 것이 좋다. 따라서 아침이나 오후 늦은 시간에 관수하는 것이 효율적이다.

해설 15

이식 수목의 활착을 위해서는 증산작용을 최대한 억제하여야 한다. 이를 위해 증산억제제나 나무수간에 거적을 감아두는 방법이 있다.

해설 16

수목의 증산을 억제하며, 뿌리분의 수분증발 방지를 위해 물에 적신 거적이나 가마니로 감아준다.

정답 11. ④ 12. ③ 13. ① 14. ① 15. ④ 16. ①

17. 우리나라 조경용 수목의 재료 할증은?

① 3% 이하　　② 5%
③ 8%　　④ 10%

18. 식재 공사 시 수목검사과정을 거쳐야 한다. 검사시 인정되는 수목 규격의 허용 범위는?

① ±10%　　② ±20%
③ ±30%　　④ ±40%

19. 수목 식재시 식재 구덩이에 뿌리분을 앉힌 후 흙은 1/3~1/2정도 채우고 물을 충분히 준 다음 통나무 등으로 죽 상태가 되도록 충분히 쑤신다. 이렇게 죽쑤기를 하는 이유 중 적합하지 않는 것은?

① 뿌리분과 흙이 밀착이 되도록 한다.
② 흙이 다져지면 모세관 현상에 의해 지하수분이 뿌리까지 오게 되므로
③ 뿌리분 주위에 배수가 안 되는 층을 조성하여 뿌리분에 좀 더 많은 수분을 지속적으로 공급하기 위하여
④ 뿌리분 주위의 공극을 없애 새로 나오는 뿌리가 마르지 않도록 하기 위하여

20. 근원직경이 15cm인 수목의 뿌리분은 직경은 얼마인가?

① 30cm　　② 60cm
③ 90cm　　④ 120cm

21. 식재 시방서의 식재구덩이에 관한 내용 중 틀리는 것은?

① 지정된 장소가 식재 불가능할 경우 도급업자가 임의로 옮겨 심는다.
② 식재 구덩이를 팔 때에는 표토와 심토는 따로 갈라놓아 표토를 활용 할 수 있도록 조치한다.
③ 묘목 구덩이는 보통 분의 크기에 1.5배 이상 되게 판다.
④ 식물 생육에 지장이 있는 것은 제거하고 양토를 넣고 고른다.

정답 및 해설

해설 **17**

조경수목 · 잔디의 할증 – 10%

해설 **18**

수목검사시 수목 규격의 허용 범위 – ±10%

해설 **19**

식재 후 죽쑤기는 흙과 뿌리와의 밀착도를 높여 잔뿌리가 마르지 않도록 하기 위해서이다.

해설 **20**

근원직경의 4배
=15cm×4=60cm

해설 **21**

식재구덩이의 위치는 설계도서의 식재위치를 원칙으로 하나 감독자와 협의하여 그 위치를 다소 조정할 수 있다.

- 암반, 구조물, 매설물 등과 같은 지장물로 인하여 굴착이 불가능한 경우
- 지하수 용출 등으로 인하여 식재 후 생육이 불가능하다고 판단되는 경우
- 경관에 바람직하다고 판단되는 경우

정답 17. ④ 18. ① 19. ③ 20. ② 21. ①

22. 대교목을 뿌리돌림할 때 다음 내용 중 옳지 않는 것은?

① 가지 솎아주기 ② 곁뿌리 모두절단
③ 새끼로 뿌리분을 감는다. ④ 지주목을 세워 준다.

23. 대교목 이식시 직접적인 이용 장비가 아닌 것은?

① 크레인 ② 체인블록
③ 윈치 ④ 래머

24. 체인블록의 용도로 볼 수 없는 것은?

① 무거운 돌을 지면에 놓을 때 쓰인다.
② 무거운 수목을 싣거나 부릴 때 쓰인다.
③ 무거운 물체를 가까운 거리에 운반한다.
④ 무거운 돌을 높이 쌓는다.

25. 흙입자와 물과의 결합력을 토양수분장력이라 하며 이를 pF로 나타낼 경우 유효수의 범위로 적당한 것은?

① 1.5~2.7 ② 2.7~4.2
③ 4.2~5.7 ④ 1.3~1.8

26. 장마철에 이식할 수 있는 수종은?

① 대나무 ② 상록활엽수
③ 침엽수 ④ 낙엽활엽수

27. 상록활엽수의 이식시기로 부적당한 것은?

① 발아전
② 추계생장휴지기
③ 신엽의 발아기
④ 신엽의 조직이 어느 정도 굳어졌을 때

정 답 및 해 설

해설 **22**

대교목 뿌리돌림 시 도복 방지를 위해 네 방향으로 자란 굵은 곁뿌리를 하나씩 남겨두며, 15cm 정도 환상 박피한다.

해설 **23**

래머 – 자중과 충격에 의해 지반, 말뚝을 박거나 다지는 기계

해설 **24**

체인블록 – 사람의 힘으로 짐을 감아올리는 도르래, 상하운반 이용

해설 **25**

토양수분장력이 2.7~4.2의 범위로 식물이 이용할 수 있는 유효수로 모관수라고도 한다.

공통해설 **26, 27**

상록활엽수 이식 시기
- 5~7월(신엽이 어느 정도 굳어졌을 때)
- 장마철(기온이 오르고 공중습도가 높은 시기)

정답 22. ② 23. ④ 24. ③ 25. ② 26. ② 27. ③

28. 낙엽수의 이식 적기는?

① 장마철 ② 여름에서 낙엽 전까지
③ 낙엽후 이른 봄까지 ④ 한겨울이나 한여름

29. 수목의 이식시기로 가장 좋은 때는?

① 근계(根系)활동의 시작직전
② 근계 활동 시작 후
③ 발아 정지기
④ 새 잎이 나오는 시기

30. 수목을 이식할 때 중요한 것은?

① 뿌리돌림과 관수작업 ② 새끼줄감기
③ 시비를 한다. ④ 전정을 한다.

31. 수목의 흉고직경이란 지표면에서 몇 m 부위 수간의 직경을 말하는가?

① 1.2m ② 0.6m
③ 1m ④ 1.5m

32. 다음 중 근원직경을 재야 하는 수종은?

① 플라타너스, 소나무 ② 아왜나무, 산수유
③ 백목련, 자목련 ④ 화백, 편백

33. 조경수목의 종류와 규격표시방법의 연결이 맞는 것은?

① 수고 × 분얼수 : 회양목, 만경목
② 수고 × 흉고직경 : 은행나무, 메타세콰이아
③ 수고 × 수관폭 : 잣나무, 감나무
④ 수고 × 근원직경 : 화살나무, 가중나무

34. 다음 중 굴취시 흉고직경 기준에 의하여 품셈을 산정하는 수종은?

① 칠엽수 ② 모감주나무
③ 이팝나무 ④ 대추나무

정 답 및 해 설

해설 **28**

낙엽수 이식 시기
- 봄 이식 : 해토 직후부터 4월 상순, 통상적으로 이른 봄눈이 트기 전에 실시
- 가을이식 : 잎이 떨어진 휴면기간, 통상적으로 10~11월
- 내한성이 약하고 눈이 늦게 움직이는 수종(배롱나무, 백목련, 석류, 능소화 등은 4월 중순이 안정적 임)

해설 **29**

수목 이식 시 가장 적합한 시기 – 근계활동의 시작 직전(봄 이식)

해설 **30**

수목 이식 시 원활한 활착을 위한 잔뿌리 발달을 유도하기 위해 뿌리돌림을 실시한다.

해설 **31**

흉고직경(B : Breast, 단위 : cm)은 지표면에서 1.2m 부위의 수간의 직경을 측정한다.

해설 **32**

수목의 규격
- 소나무 – H × W × R
- 플라타너스 – H×B
- 아왜나무 – H×W
- 산수유 – H×R(H×W×R)
- 백목련·자목련–H×R
- 화백·편백 – H×W

해설 **33**

① 회양목 : H×W, 만경목 : H×R
③ 잣나무 : H×W, 감나무 : H×R
④ 화살나무 : H×W, 가중나무 : H×B

해설 **34**

모감주나무, 이팝나무, 대추나무 : 근원직경(R)을 기준으로 품셈 산정

정답 28. ③ 29. ① 30. ① 31.① 32. ③ 33. ② 34. ①

35. **조경수목의 흉고직경 측정방식에 있어 줄기가 둘 이상일 경우 측정 방식으로 옳은 것은?**

① 각 수간의 흉고직경의 합계를 규격으로 채택한다.
② 각 수간의 흉고직경을 합한 값의 평균치를 규격으로 채택한다.
③ 각 수간의 흉고직경을 합의 50%가 그 수목의 최대흉고직경보다 작을 때는 최소 흉고직경을 그 수목의 흉고직경으로 한다.
④ 각 수간의 흉고직경 합의 70%가 그 수목의 최대 흉고직경보다 클 때는 흉고직경 합의 70%를 기준으로 채택한다.

해설 **35**

쌍간일 경우에는 각간 흉고 직경을 합한 값의 70%가 수목의 최대 흉고 직경치보다 클 때에는 이를 채택하며, 작을 때는 각간의 흉고직경 중 최대치를 채택한다.

36. **표준품셈을 적용하여 기계화 시공으로 식재공사를 할 경우 지주목을 세우지 않을 때는 인력품의 몇 %를 감하는가?**

① 3%　　② 5%
③ 10%　　④ 20%

해설 **36**

교목의 지주목을 세우지 않을 때는 다음의 인부품을 감한다.
· 인력시공시: 인력품의 10%
· 기계시공시: 인력품의 20%

37. **흉고(근원) 직경에 의한 식재의 품에 대한 설명이 틀린 것은?**

① 기계시공 시 지주목을 세우지 않을 경우는 인력품의 10%를 감한다.
② 식재 후 1회 기준의 물주기는 포함되어 있으며, 유지관리는 별도 계상한다.
③ 현장의 시공조건, 수목의 성상에 따라 기계시공이 불가피한 경우는 별도 계상한다.
④ 품은 재료 소운반, 터파기, 나무세우기, 묻기, 물주기, 지주목세우기, 뒷정리를 포함한다.

해설 **37**

기계시공 시 지주목을 세우지 않을 경우는 인력품의 20%를 감한다.

38. **관목류 식재공사 품셈적용에 관한 기준으로 옳은 것은?**

① 수목의 수관폭을 기준으로 하여 적용한다.
② 나무높이가 수관폭 보다 클 때에는 나무 높이를 기준으로 한다.
③ 나무높이가 1.5m이상일 때에는 나무높이에 비례하여 할증할 수 있다.
④ 식재품은 나무세우기, 물주기, 지주목세우기, 손질, 뒷정리 등의 공정을 별도 계상한다.

해설 **38**

바르게 고치면
① 수목의 수고를 기준으로 적용한다.
② 나무높이보다 수관폭이 더 클 때에는 그 수관폭을 나무높이로 본다.
④ 본 품은 재료 소운반, 터파기, 나무세우기, 묻기, 물주기, 손질, 뒷정리를 포함한다.

정답 35. ④ 36. ④ 37. ① 38. ③

정 답 및 해 설

39. 수목 굴취공사의 일위대가 작성에 대한 설명으로 틀린 것은?

① 분의 크기는 흉고직경 4~5배를 기준으로 한다.
② 뿌리 절단 부위의 보호를 위한 재료비는 별도 계상한다.
③ 교목류 수종의 굴취 시 분이 없는 경우에는 굴취품의 20%를 감한다.
④ 굴취 시 야생일 경우에는 굴취품의 20%를 가산한다.

해설 39

바르게 고치면
분은 근원직경의 4~5배로 한다.

정답 39. ①

지피 식재공사

13.1 핵심플러스

■ 지피식재
- 식물의 줄기가 넓게 퍼지는 성질을 이용하여 지표를 평면적으로 낮게 덮어주는 식재 방법을 말한다.
- 종류 : 맥문동, 이끼류, 돌나물, 아이비(ivy) 등

■ 들잔디 떼심기 종류 : 평떼붙이기, 줄떼붙이기, 이음메붙이기

1 지피식물의 종류

종류	양지	반음지	난지	한지	건지	습지
잔디	◎	×	◎	○	◎	×
양잔디	◎	△	△	◎	×	○
고사리류	×	◎	○	○	×	◎
속새	○	◎	○	◎	○	◎
석창포	○	◎	◎	○	×	◎
애기붓꽃	○	◎	◎	○	×	◎
맥문동	△	◎	◎	○	×	◎
돌나물	◎	○	○	◎	◎	×
아이비	○	◎	◎	○	○	○

(◎ 최적, ○ 적합, △ 다소부적합. × 부적합)

- 잔디 : 지피성, 내답압성, 재생력 등을 가진 초본을 가르킨다.

	종류
한국잔디	들잔디(Zoysia japonica)
	비로드잔디(Zoysia tenuifolia)
	금잔디(Zoysia matrella)
	갯잔디(Zoysia sinica)
	왕잔디(Zoysia macrostachya)
서양잔디	켄터키블루그래스(Poa pratensis)
	벤트그래스(Agrostis sp.)
	버뮤다그래스(Cynodom dactylon)
	페스큐 그래스(Festuca sp.)
	라이그래스(Lolium sp.)

2 잔디식재

① 떼심기의 종류

㉠ 평떼 붙이기(Sodding, 전면 떼붙이기) : 잔디 식재 전면적에 걸쳐 뗏장을 맞붙이는 방법으로, 단기간에 잔디밭을 조성할 때 시공된다.

㉡ 어긋나게 붙이기 : 뗏장을 20~30cm 간격으로 어긋나게 놓거나 서로 맞물려 어긋나게 배열

㉢ 줄떼붙이기(Vegetative Belt) : 줄 사이를 뗏장 너비 또는 그 이하의 너비로 뗏장을 이어 붙여가는 방법이다. 통상은 5~10cm 넓이의 뗏장을 5cm, 10cm, 20cm, 30cm 간격으로 5cm 정도 깊이의 골을 파고 식재한다.

㉣ 이음메 붙이기 : 뗏장 사이의 줄눈 너비를 4cm, 5cm, 6cm 로 간격으로 배열
※ 소요량 : 4cm(70%), 5cm(65%), 6cm(60%)

㉤ 종자판 붙임 공법(식생 매트 공법) : 종자와 비료를 매트 모양의 종이판에 부착시켜 피복하여 녹화하는 공법. 여름, 겨울철에도 시공이 가능하며 시공 직후부터 보호 효과를 얻을 수 있다.

② 떼심는 방법

㉠ 뗏장의 이음새와 가장자리에 흙을 충분히 채우며, 뗏장 위에 뗏밥 뿌리기

㉡ 뗏장을 붙인 후 110~130kg 무게의 롤러로 전압하고 충분히 관수

㉢ 경사면시공시 뗏장 1매당 2개의 떼꽂이를 박아 고정시키며 경사면의 아래에서 위쪽으로 식재

③ 종자파종

㉠ 사용 잔디 : 난지형, 한지형 잔디 사용

㉡ 발아 온도 : 난지형은 30~35℃, 한지형은 20~25℃

㉢ 파종시기 : 난지형(한국잔디) : 늦봄 ~ 초여름(5~6월)
한지형 : 늦여름 ~ 초가을(8월말~9월)

㉣ 토양조건 : 배수가 양호하고 비옥한 사질양토, 토양산도는 pH가 5.5 이상

④ 배토작업(뗏밥주기=Top dressing)

㉠ 목적 : 노출된 지하줄기의 보호하며, 지표면을 평탄하게 함, 잔디 표층상태를 좋게 함, 부정근, 부정아를 발달시켜 잔디 생육을 원활하게 해줌

㉡ 방법 : 세사 : 밭흙 : 유기물 = 2 : 1 : 1로 5mm채를 통과한 것을 사용

핵심기출문제

내친김에 문제까지 끝내보자!

1. 한국 잔디의 생육적온은?

① 20~25℃ ② 10~15℃
③ 25~35℃ ④ 15~25℃

2. 들잔디의 파종 시기는?

① 3월 중 하순 ② 4월
③ 5월 ④ 9월

3. 지하경의 분리를 막고 잔디를 튼튼하게 하는 방법은?

① 상토조성 ② 분사파종
③ 배토작업 ④ 통기작업

4. 비탈면의 잔디식재 공사에 대한 표준시방서내용으로 틀린 것은?

① 잔디생육에 적합한 토양의 비탈면 기울기가 1:1보다 완만할 때에는 비탈면을 일시에 녹화하기 위해서 흙이 붙어있는 재배된 잔디를 사용하여 붙인다.
② 잔디고정을 떼꽂이를 사용하여 잔디 1매당 2개 이상 견실하게 고정하며, 시공 후에는 모래나 흙으로 잔디 붙임면을 얇게 덮은 후 고루 두들겨 다져준다.
③ 비탈면 줄떼다지기는 잔디폭이 0.1m 이상 되도록 하고, 비탈면에 0.1m 이내 간격으로 수평골을 파서 수평으로 심고 다짐을 철저히 한다.
④ 비탈면 전면(평떼)붙이기는 줄눈을 틈새없이 붙이고 십자줄이 형성되도록 붙이며, 잔디소요면적은 비탈면면적의 10%를 추가 적용한다.

5. 법면 구축시 대상(帶狀)으로 인공 뗏장을 수평방향에 줄모양으로 삽입하는 식생공은?

① 식생자루공 ② 식생반공
③ 식생띠공 ④ 식생혈공

정답 및 해설

공통해설 **1, 2**

한국 잔디
· 생육 적온 – 25(30)~35℃
· 파종 시기 – 5~6월

해설 **3**

배토작업 : 잔디에 유기물을 공급하여 잔디의 생육을 원활하게 함

해설 **4**

바르게 고치면
비탈면 전면(평떼)붙이기는 줄눈을 틈새없이 붙이고 십자줄이 형성되지 않도록 어긋나게 붙이며, 잔디 소요면적은 비탈면면적과 동일하게 적용한다.

해설 **5**

식생띠공
종자, 비료 등을 부착한 띠모양(대상)의 종이류, 합성수지류 등을 수평상으로 일정한 간격마다 삽입하는 공법

정답 1. ③ 2. ③ 3. ③ 4. ④ 5. ③

정답 및 해설

6. 잔디를 줄붙이기 할 때 필요한 뗏장은?

① 피복할 면적의 25%
② 피복할 면적의 25~50%
③ 피복할 면적의 75%
④ 피복할 면적의 50~75%

7. 법면에 잔디를 붙이는 방법이 아닌 것은?

① 플러그 공법 ② 평떼
③ Seed Mat ④ 케이슨 공법

8. 건조하고 척박한 급경사지의 조기 녹화를 위한 잔디식재 공법은?

① 시드 매트 ② 시드 로프
③ 시드 벨트 ④ 하이드로 시딩

9. 잔디의 $1m^2$에 필요한 뗏장수는? (전면붙이기의 경우)

① 10장 ② 11장
③ 15장 ④ 20장

10. 10평 면적을 전면붙이기를 할 경우 피복에 필요한 뗏장의 수는?

① 370장 ② 320장
③ 310장 ④ 420장

해설 6

· 이음메 붙이기의 경우
4cm(70%), 5cm(65%), 6cm(60%)
· 전면붙이기의 경우
100%
· 줄붙이기의 경우
뗏장너비로 붙일 경우 50%
뗏장반너비로 붙일 경우 75%

해설 7

케이슨 공법-건조물의 기초부분을 만들기 위한 공법

해설 8

하이드로 씨딩 (hydroseeding) : 분사파종, 종자를 기계적으로 뿜어 붙여 녹화될 수 있도록 시공하는 파종방법이다.

해설 9

잔디 1장당 30cm×30cm로
$1m^2 \div (0.3 \times 0.3) = 11$장
$1m^2$당 전면붙이기일 경우 필요한 뗏장수는 11장이다.

해설 10

1평=$3.3m^2$, $1m^2$당 11장이 소요되므로
$10 \times 3.3 \times 11 = 363$ 장
∴약 370장

정답 6. ④ 7. ④ 8. ④ 9. ② 10. ①

순환로설계(도로·주차장·보행로)

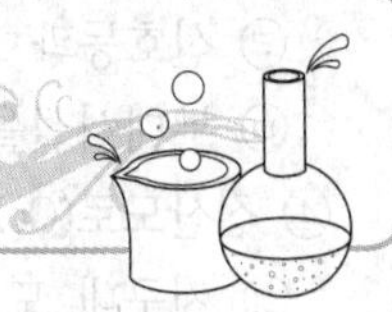

14.1 핵심플러스

■ 도로의 기능별 분류

· 주간선(시군의 골격) → 보조간선(근린생활권의 외곽형성) → 집산도로(근린생활권의 골격형성) → 국지도로(가구를 형성하는 도로) → 특수도로

■ 곡선부설계

곡선의 종류	단곡선(원곡선1)/ 복합곡선(원곡선2)/ 배향곡선(S자형곡선)/ 반향곡선(산지도로)
곡선부설계	· 최소곡선장/ 편경사/ 차도광폭/ 완화구간장(클로소이드곡선) · 클로소이드 곡선 : 곡선장에 반비례하여 곡률반경이 감소하는 성질을 가진 곡선

· 곡선반경(R) $R \geq \dfrac{V^2}{127(i+f)}$

(f : 마찰계수, i : 편구배. R은 마찰계수에 반비례, 속도에 비례)

· 편구배(i) $i = \dfrac{V^2}{127R} - f$

■ 도로의 설계

· 수평노선의 설정 : $L = \dfrac{2\pi RI}{360}$ (L : 수평곡선장의 길이, R : 곡선반경, I : 중심각)

· 수직노선의 설정 : $L = \dfrac{(m-n)V^2}{360}$ (L : 종단곡선의 수평길이, $m-n$: 구배차(%), V : 속도)

1 도로의 기능별 분류

① 지역간도로(Free way)

㉠ 도시와 도시중심을 연결해 주는 고속도로

㉡ 차량만 통행, 제한된 접속로, 입체교차, 주차금지

② 고속도로(Expressway)

㉠ 입체교차로를 갖음, 고속운행기능

㉡ 도시의 광대한 스케일, 구성미를 감지할 수 있는 경관제공

③ 간선도로(Arterials)

㉠ 장거리 이동교통을 대량으로 수송

㉡ 주변의 토지, 건물에서 도시제반 활동이 가능하도록 차량 출입을 허가

㉢ 노상주차가 금지

㉣ 신호등과 교차로에 의해서 교통량을 조절
㉤ 부대시설을 설치하는 데 쓰이며 도시경관설계를 할 수 있는 공간이 제공

④ 집산도로(Collector Streets)
㉠ 지구내 도로로부터 발생하는 교통을 모아서 간선도로 또는 집산 도로변에 위치한 시설물에 교통을 유도시킬 수 있도록 체계화된 도로
㉡ 노상주차가능, 도시부대시설 설치
㉢ 도시설계의 구성요소를 제공

⑤ 지구내도로(Local Streets)
㉠ 지구제반활동이 가능하도록 사람, 차량의 출입이 원활
㉡ 통과교통을 허용하지 않음

⑥ 막다른 도로(Cul-de-sac)
㉠ 끝에서 차량회전이 가능
㉡ 120m 정도의 짧은 도로

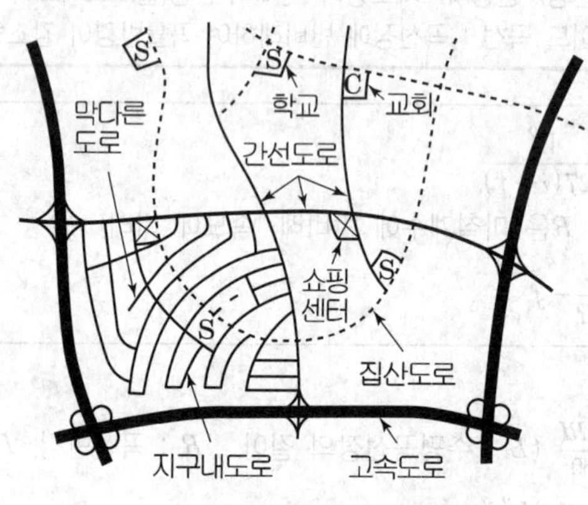

그림. 도로의 기능별 분류

2 속도의 구분 ★

① 지점속도(spot speed) : 어떤 지점을 자동차가 통과할 때의 순간적인 속도로서 도로설계, 교통규제계획의 자료가 된다.
② 주행속도(running speed) : 어떤 구간을 주행한 시간으로 거리를 나누어 구한 속도(정지시간을 포함하지 않음)
③ 구간속도(overall speed) : 어떤 구간을 주행하기 위해 소요된 전체 시간(정지시간포함)과 그 구간거리로 구하는 속도
④ 운전속도(operating speed) : 운전자가 그 도로의 교통량, 주위의 상황 등에 대해서 유지해 나갈 수 있는 속도
⑤ 임계속도(optimum speed) : 교통용량이 최대가 되는 속도
⑥ 설계속도(design speed) : 도로조건만으로 정한 최고속도로서 도로의 기하학적 설계의 기준이 된다.

3 도로 설계의 속도 기준

① 도로의 경제적 효과와 도로의 경관, 지형조건, 교통량에 따른다.
② 도로의 종별, 교통량에 비례하고, 지형의 험악도에 반비례한다는 원칙에 따라서 정하는 것이 합리적이다.
㉠ 산지부의 교통량이 적은 도로 : 설계속도 30km/hr, 최급구배 9%, 차도와 노견을 합하여 총 폭 7m
㉡ 교통량이 많은 고속도로 : 설계속도 120km/hr, 최급구배 3%, 차도와 노견, 중앙분리대를 포함하여 총 폭 25m

4 도로의 구성 요소

① 차도
㉠ 차량 통행에 사용되는 부분, 주행에 필요한 1차선의 폭원은 3.0~ 3.75m기준
㉡ 설계속도가 커짐에 따라 증가하며 설계속도 80km/hr 이상의 경우 3.5m, 60~80km/hr는 3.25m, 60km/hr 미만은 3.0m, 고속도로는 폭 3.6m
② 보도
㉠ 보행자가 안전하게 통행하기 위한 통로
㉡ 보도폭의 산정
· $W = B + 2x$
여기서, W : 도로 총 폭원, B : 차도폭원, x : 편보도폭(한쪽 폭원)
편보도차지 비율은 $\frac{1}{5} \sim \frac{1}{8}$이 적당하며 보통은 $\frac{1}{6}$
③ 노견(Shoulder)
㉠ 노견의 설치 목적
· 차도를 규정된 폭원으로 보정
· 완속차, 사람이나 고장차가 대피할 수 있는 장소
· 자동차의 속도를 내기 위해서 횡방향에 여유를 둠
㉡ 노견의 폭
· 도로의 양쪽에 보통 0.5m, 고속도로에서는 1.0m 이상
· 터널, 교량, 고가도로에서는 그 값을 0.25m까지 축소가능
· 시가지에 보도가 없을 때는 0.75m 이상
④ 중앙분리대(median strip)
㉠ 운전의 안전을 기하고 혼잡을 방지하기 위해서 교통차량의 종류 및 방향별로 분리
㉡ 보통 4차선 이상의 도로나 차도폭원 14m 이상 일 때는 설치
㉢ 노상시설물을 설치할 때는 1m 이상
⑤ 노상 시설대(steet strip)
㉠ 여러 가지 공공시설(도로표지, 가로등, 전주)등을 교통의 장애가 되지 않는 곳에 설치

㉡ 공공 시설 폭은 0.5m면 충분하나, 식수대와 겸용시 1m 정도

⑥ 환경시설대

㉠ 주거지역 등 정숙을 요하는 지역이나 공공시설 또는 생물서식지 등의 환경보전을 위하여 필요한 지역

㉡ 기준폭은 10~20m로 길어깨, 식수대, 측도, 방음벽, 보도 등의 포함

㉢ 소음환경기준에 따라 방음벽설치나 성토된 시설녹지가 설치

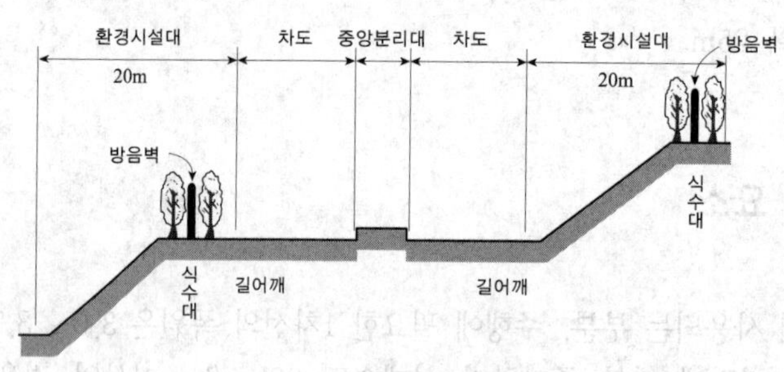

그림. 도로의 횡단면

5 도로설계요소

① 횡단구배

㉠ 도로의 횡단면은 교통상 직선부에서 수평으로 하는 것이 좋으나, 배수를 위해 횡단구배를 준다.

㉡ 구배는 2%가 표준이고, 차도를 향하여 편구배를 준다.

② 종단구배

㉠ 노면의 중심선에서의 경사를 가지고 표시하며, 수평거리와 양단 높이 차의 비로 나타낸다.

㉡ 종단구배의 허용

경제적인 측면과 자동차의 성능을 감안하여 자동차의 소통과 교통안전에 크게 영향을 미치지 않는 범위 내에서 결정

㉢ 최대 종단구배

(단위%)

설계속도(km/hr)	120	100	80	70	60	50	40	30	20
표준구배	3	3	4	4	5	6	7	8	10
부득이한 경우	–	5	6	6	7	9	10	11	13

③ 시거(sight distance) : 자동차가 안전하게 주행하기 위해서 전방을 내다볼 수 있는 거리

④ 선형(線刑, 곡선부) : 평면 선형을 말하며, 평면도상에 나타난 도로중심선의 형상

★ ㉠ 곡선의 종류

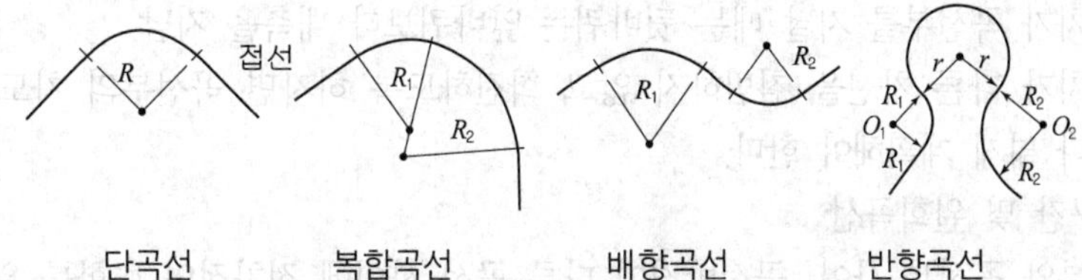

단곡선 복합곡선 배향곡선 반향곡선

단곡선	1개의 원곡선을 중간에 두고 양쪽 끝에 직선으로 연결한 곡선으로 주로 반경에 의해 표시
복합곡선	같은 방향으로 굽은 2개의 원곡선이 접한 것, 지형이 험한 곳, 설계속도가 낮은 곳
배향곡선	반대방향으로 굽은 두 원호가 직접 접속하고 있는 것, S자형곡선
반향곡선	산지도로에서 구배완화를 시킬 때

㉡ 곡선반경목적 : 자동차가 직선부와 같이 안전하게 주행

★ ㉢ 최소곡선장

- 곡선장이 짧을 때 운전자가 핸들조작이 불편하므로 필요
- 곡선반경이 실제보다 작게 보이고, 곡선이 절선(折線)처럼 보이므로 운전상 착각이 발생
- 원심가속도 증가율이 커지므로 적어도 완화구간장의 2배가 필요
- 교각 7° 를 한계로 하여 이보다 클 때 최소 곡선장을 일정하게 하고, 작을 때는 최소 곡선장을 점차 확대

㉣ 편구배(Superelevation)

- 원심력에 대한 보정
- 곡선부에서 미끄러지는 위험을 감소시키고 차량을 오른쪽으로 향해서 유지하도록 유인
- 편구배(i) $i=\frac{V^2}{127R}-f$

기출예제 1

도로설계에 있어서 다음과 같은 사항을 고려하여 최소 곡선반경을 구한 값은? (설계속도 70 km/h, 편구배 6%, 마찰계수 0.15)

① 200m ② 300m
③ 400m ④ 500m

답 ①

해설 $R=\frac{V^2}{127(i+f)}=\frac{70^2}{127(0.06+0.15)}=183.72....$ → (근사치적용)약 200m
(V : 설계속도, i : 편구배, f : 마찰계수)

㉤ 곡선부 차도 광폭

- 자동차가 곡선부를 지날 때는 뒷바퀴는 앞바퀴보다 내측을 지남
- 자동차가 다른 차선을 침범하지 않고 회전하도록 하자면 곡선부의 차도폭을 직선부의 차선 폭보다 넓게 계획해야 한다.

★ ㉥ 완화구간 및 완화곡선

- 직선부와 곡선부 사이, 곡선반경이 다른 곡선 사이에 점차적인 변화를 위해 완화구간설치
- 원심가속도의 변화율을 일정한 값으로 억제하기 위해 설치
- 완화구간에는 완화곡선을 설치하는데, 이에는 클로소이드, 렘니스케이트, 3차 포물선이 쓰이며, 가장 적합한 곡선은 클로소이드 곡선

(클로소이드 곡선 : 곡선장에 반비례하여 곡률반경이 감소하는 성질을 가진 곡선)

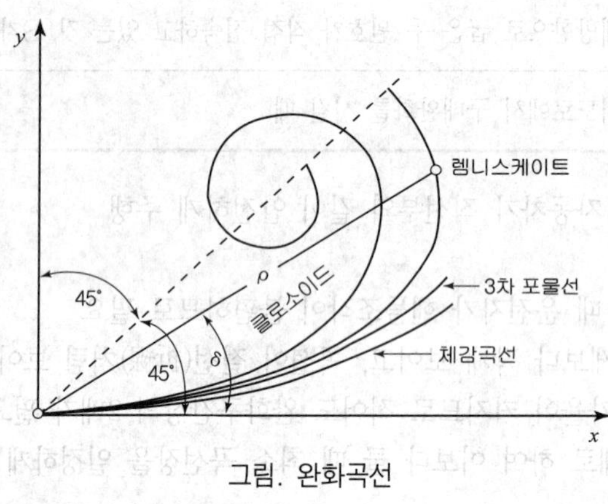

그림. 완화곡선

6 도로의 설계

★① 수평노선의 설정

㉠ 평면상의 도로배치이며, 원곡선의 일부분과 직선구간으로 구성

㉡ 수평노선을 설정하기 위한 최소한의 조절은 최소곡선 반경 혹은 곡선의 각도로 이루어짐

㉢ $L=\frac{2\pi RI}{360}$ (L : 수평곡선장의 길이, R : 곡선반경, I : 중심각)

기출예제 2

차량도로의 곡선부의 곡선반경이 100m이고, 접선장의 교각이 30° 일 때 곡선장은 몇 m인가?

① 8.3m ② 16.6m

③ 45.6m ④ 52.3m

답 ④

해설 $L=\frac{2\pi RI}{360}$ (L : 곡선장의 길이 R: 곡선반경 I : 중심각)

$L=\frac{2\times\pi\times100\times30}{360}=52.3\text{m}$

② 수직노선(종단곡선)의 설정

㉠ 종단구배가 급변하면 차량이 충격을 받으며 노면의 손상을 준다. 이 결점을 완화하기 위해 두 구배를 적당한 곡선으로 원활하게 연결한다.

㉡ 포물곡선이 사용된다.

㉢ $L = \dfrac{(m-n)V^2}{360}$

(L : 종단곡선의 수평길이, m-n : 구배차(%), V : 자동차의 속도)

기출예제 3

다음과 같은 도로에서 자동차 속도 $V = 60\text{km/hr}$인 경우 종단곡선장은?

① 6m
② 6.5m
③ 15m
④ 65m

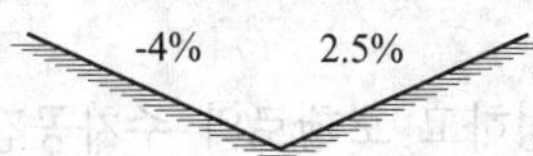

답 ④

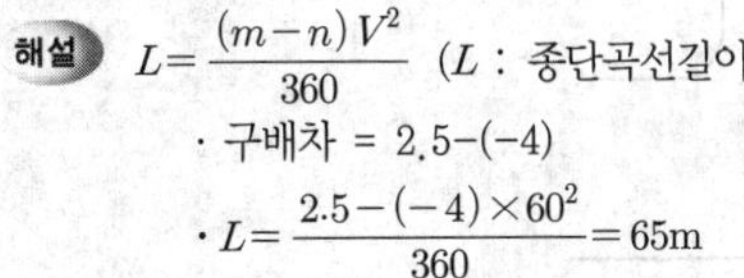

해설 $L = \dfrac{(m-n)V^2}{360}$ (L : 종단곡선길이(m) $m-n$: 구배차 V : 속도(km/hr)

· 구배차 = 2.5-(-4)

· $L = \dfrac{2.5-(-4)\times 60^2}{360} = 65\text{m}$

7 주차장

① 노상주차장설치

㉠ 주요간선도로는 가급적 설치하지 말 것

㉡ 주요간선도로에 완속 차도가 있는 경우, 분리대, 주차대 등이 있는 경우는 설치 가능

㉢ 차도폭원 6m 이상, 보차분리가 된 도로에 설치하는 것이 원칙

㉣ 종단구배가 4% 이상 되는 도로에는 설치 불가능하다.

㉤ 고속도로 · 자동차전용도로 · 고가도로에 설치해서는 안된다.

㉥ 평행주차가 바람직하고 노폭이 넓은 곳은 30도 주차 허용

② 노외주차장설치

㉠ 노상주차만으로 수요를 만족시키지 못할 때 설치

㉡ 출입구는 가로교통의 마찰을 피하며 노외주자장과 연결되는 도로가 2개 이상인 경우 자동차 교통에 미치는 영향이 적은 도로쪽으로 출구와 입구를 설치

㉢ 출입구설치 불가능

· 횡단보도, 육교, 지하횡단보도에서 5m 이내 도로

· 너비 4m 미만의 도로와 종단구배가 10% 초과하는 도로

· 유아원, 유치원, 초등학교, 특수시설 노인복지시설, 장애인 복지시설 및 아동전용전용시설 등의 출입구로부터 20m 이내의 도로

③ 주차장의 설계

㉠ 일반주차장 : 2.3m×5m(1대분), 장애인주자창 : 3.3m×5m

㉡ 주차장의 설계

· 수직(90°)주차 : 같은 면적에 가장 많은 주차대수를 배치
· 60° 주차 : 주차하기 비교적 용이
· 45° 주차 : 겹치는 부분이 너무 넓어 적당한 위치에 주차하기 어려움
· 평행 주차 : 도로의 연석과 나란히 주차하는 방식으로 1대 2m×6m

㉢ 회전부분의 설계

· 교차로에서 주차장 진입부 회전반경 : 최소 3m 이상
· 회전부위에서 반경 1.5m

㉣ 주차장내의 보도

· 폭 1.5m 이상의 보행로 조성하고 보행로와 주차공간사이에 녹지대 조성

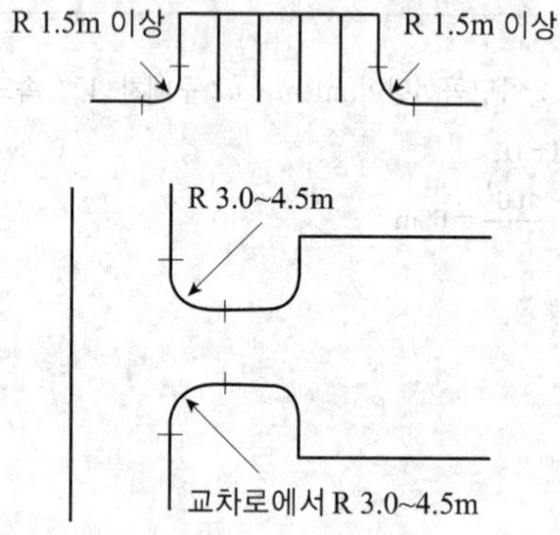

그림. 회전부분의 반경

㉤ 배수 및 기타

· 환경친화적인 투수성 투수블럭이나 투수콘크리트 사용
· 연석의 높이 15cm 이하, 정지완충장치 10cm, 정지완충장치와 연석과 거리 1.0~1.5m

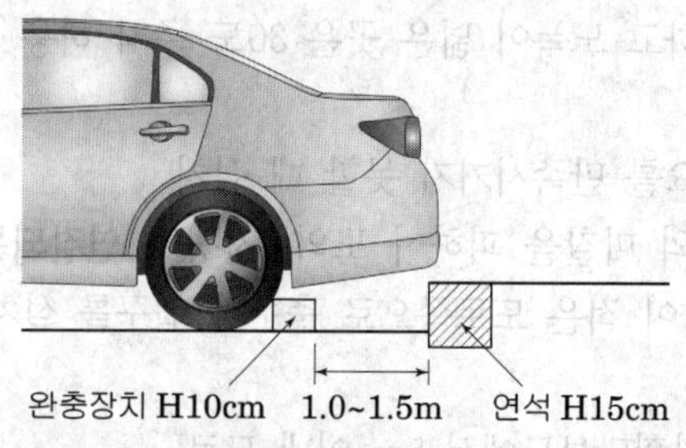

그림. 연석과 정지완충장치

8 보행로의 설계

① 설계기준 : 보행속도 1분에 80m(4.0~5.0km)

② 보도폭의 계산

㉠ 보도 폭원 $W(m) = \dfrac{V \times M}{S}$

여기서, V : 단위시간당 보행자의 수(명/분)

M : 보행자 1인당 공간모듈(m^2)

S : 보행속도 (m/분)

㉡ 복잡한 공공행사 장소의 출구

한줄폭이 대략 55cm, 최대 용량을 33명이라 하면,

$W(m) = \dfrac{0.55P}{33T}$

여기서 W : 출구의 보도폭(m)

P : 출구를 통해 나올 전체인원

T : 출구를 완전히 이탈하는데 소요되는 시간(분)

기출예제 4

단위시간당 보행자의 수가 160명/분, 보행자 1인당 공간모듈이 1.5㎡, 보행속도 80m/분 일 때 적당한 보도폭은?

① 약 2m　　② 약 3m

③ 약 4m　　④ 약 6m

답 ②

해설 보도 폭원 $W(m) = \dfrac{V \times M}{S} = \dfrac{160 \times 1.5}{80} = 3.0m$

기출예제 5

공공행사 장소의 출구 보도 폭원을 계산하려고 한다. 출구를 통해 나올 인원은 2만명이고, 완전히 출구를 이탈하는데 20분의 소요시간이 걸린다. 다음 중 알맞은 것은?(단, 한줄의 폭이 대략 55cm이며, 최대용량을 33명으로 본다.)

① 약 12m　　② 약 17m

③ 약 22m　　④ 약 25m

답 ②

해설 $W = \dfrac{0.55P}{33T} = \dfrac{0.55 \times 20{,}000}{33 \times 20} = 16.66... =$ 약17m

핵심기출문제

내친김에 문제까지 끝내보자!

1. 도로에서 곡선장이 너무 짧으면 다음과 같은 결함이 생긴다. 틀린 것은?

① 운전자가 핸들 조작에 불편을 느낀다.
② 원심 가속도의 증가율이 커진다.
③ 곡선반경이 실제보다 커 보인다.
④ 곡선이 절선같이 보인다.

2. 주차장 설계시 주차장 내부에 자동차 회전을 원활하게 하는 이상적인 우절부는 반경 몇 m인가?

① 1.0m　② 1.5m
③ 3.3m　④ 4.5m

3. 다음은 국립공원을 통과하는 자동차도로의 구조에 관한 사항을 설명한 것이다. 옳은 것은?

① 편구배는 주행시 발생하는 구심력을 보정하기 위해 설정한다.
② 도로의 곡선부에서는 내측을 외측보다 차선폭을 넓힌다.
③ 종단곡선은 원곡선 보다 포물선이 바람직하다.
④ 완화구간은 속도가 다른 두 차량의 안전을 위해 설치한다.

4. 도로의 곡선부에서 자동차가 회전하려면 직선부 차선폭보다 넓게 하여 다른 차선을 침범하지 않도록 하는 것은?

① 차도확폭　② 이정량
③ 완화구간　④ 유도섬

5. 도로의 표식판은 용도에 따라 경계표식(주의표식), 규제표식, 안내표식으로 구분하여 각각 다른 형태로 되어 있다. 연결이 맞는 것은?

① 경계표식－삼각형, 규제표식－원형, 안내표식－사각형
② 경계표식－사각형, 규제표식－삼각형, 안내표식－원형
③ 경계표식－삼각형, 규제표식－사각형, 안내표식－원형
④ 경계표식－사각형, 규제표식－원형, 안내표식－삼각형

정답 및 해설

해설 1

곡선장이 짧을 때 운전자가 핸들 조작이 불편하므로 최소곡선장이 필요하다.

해설 2

주차장 설계시 내부 회전부위에서 반경 – 1.5m

해설 3

바르게 고치면
① 편경사는 주행시 발생하는 원심력을 보정하기 위해 설정한다.
② 자동차가 다른 차선을 침범하지 않고 회전하도록 하자면 곡선부의 차도폭을 직선부의 차선폭보다 넓게 계획해야 한다.
④ 직선부와 곡선부 사이, 곡선반경이 다른 곡선 사이에 점차적인 변화를 위해 완화구간설치

해설 4

곡선부 차도 확폭(광폭)
· 자동차가 곡선부를 지날 때는 뒷바퀴는 앞바퀴보다 내측을 지남
· 자동차가 다른 차선을 침범하지 않고 회전하도록 하자면 곡선부의 차도폭을 직선부의 차선폭보다 넓게 계획해야 한다.

해설 5

도로의 표식판
주의－삼각형, 규제－원형, 안내－사각형

정답 1. ③　2. ②　3. ③　4. ①　5. ①

6. 도로의 단면을 나타낸 그림 중 편구배를 나타낸 것은?

① ② ③ ④

7. 도로의 토공계획에서는, 성토고, 절토고를 계산하며 구배를 결정해 나간다. 이러한 도면을 무엇이라 부르는가?

① 도로 평면도　　② 측점표면도
③ 도로 횡단면도　　④ 노선 종단면도

8. 노상주차장의 설치기준으로 틀린 것은?

① 주요간선도로에는 가급적 설치하지 않는다.
② 차도폭원이 6m 이상이 되고, 보도와 차도의 구별이 있는 도로에서 설치한다.
③ 종단구배가 4% 이상되는 도로에는 설치할 수 없다.
④ 주차방법은 평행주차보다는 30° 주차가 더 바람직하다.

9. 주차장에 있어 차량정지 완충장치의 적정한 높이 및 연석으로부터의 이격거리가 맞게 짝지어진 것은?

① 5cm, 1.0 ~ 1.5m
② 10cm, 1.0 ~ 1.5m
③ 15cm, 1.5 ~ 2.0m
④ 25cm, 1.5 ~ 2.0m

10. 도로조건만으로 정한 최고속도로서 도로의 기하학적 설계에 기준이 되는 속도는?

① 주행속도　　② 구간속도
③ 임계속도　　④ 설계속도

11. 도로의 수평노선 곡선부에서 반경이 30m, 교각(交角)을 15°로 한다면 이 수평노선의 곡선장은 얼마인가?

① 약 1.25m　　② 약 2.50m
③ 약 7.85m　　④ 약 8.50m

해설 **6**

편구배 – 곡선부에 원심력을 보정하기위해 도로의 한쪽을 높인 단면

해설 **7**

도로 토공계획 시 절토고·성토고를 계산해 경사를 결정한 도면 – 노선 종단면도

해설 **8**

노상주차장 주차방법은 평행주차가 바람직하다.

해설 **9**

연석의 높이 15cm 이하, 정지완충장치 10cm, 정지완충장치와 연석과 거리 1.0~1.5m

해설 **10**

① 주행속도(running speed) : 어떤 구간을 주행한 시간으로 거리를 나누어 구한 속도(정지시간을 포함하지 않음)
② 구간속도(overall speed) : 어떤 구간을 주행하기 위해 소요된 전체 시간(정지시간포함)과 그 구간거리로 구하는 속도
③ 임계속도(optimum speed) : 교통용량이 최대가 되는 속도

해설 **11**

$L = \dfrac{2\pi RI}{360}$

(L : 곡선장의 길이, R : 곡선반경, I : 중심각)

$L = \dfrac{2 \times \pi \times 30 \times 15}{360}$

=7.85398…, 약 7.85m

정답	6. ③　7. ④　8. ④ 9. ②　10. ④　11. ③

12. 자동차가 회전할 때 원심력에 저항할 수 있도록 편경사를 주어야 하는데 횡마찰계수가 0.15, 설계속도가 50km/hr, 곡선반경이 50m일 때 편경사는?

① 0.05　　② 0.10
③ 0.14　　④ 0.24

13. 도로 설계시 길어깨(갓길, 路肩)에 대한 설명 중 틀린 것은?

① 도로의 주요 구조부의 보호를 위해 이용한다.
② 도로 표지 및 전주 등 노상시설을 설치한다.
③ 고장차를 대피시키는 장소로 이용된다.
④ 길어깨의 폭은 설계속도와 도로의 구분에 따라 결정된다.

14. 도로의 편경사 설치 목적과 기준에 관한 설명으로 틀린 것은?

① 편경사와 곡선반경은 비례한다.
② 도로의 곡선부에서 차량의 횡활동을 방지하기 우해서 설치한다.
③ 가장 빈도가 많은 속도에 대해서 자중(自重)과 원심력의 합력이 노면에 수직이 되도록 한다.
④ 도로 곡선부에서 원심력에 의하여 한쪽으로 쏠려 승차감이 좋지 않은 것을 보정하여 준다.

15. 보행로의 전방공간 설계시 고려사항으로 보행인 영역기포(territory bubble)와 전방공간이 적합한 것은?

① 공공행사장 보행 : 4m
② 상점가 보행 : 6m
③ 보통 보행 : 8m
④ 쾌적한 환경 보행 : 11m

정답 및 해설

해설 **12**

$$편경사(i) = \frac{v^2}{127R} - f$$

$$\frac{50^2}{127 \times 50} - 0.15 = 0.24$$

(v : 설계속도, f : 횡마찰계수, R : 곡선반경)

해설 **13**

길어깨(노견, 갓길)의 설치 목적
- 차도를 규정된 폭원으로 보정
- 완속차, 사람이나 고장차가 대피할 수 있는 장소
- 자동차의 속도를 내기 위해서 횡방향에 여유를 둠

해설 **14**

편경사는 곡선반경에 반비례하고 속도의 제곱에 비례한다.

해설 **15**

보행로 전방공간 설계
보행자들이 인식하는 개인의 고유한 임계영역은 환경심리에서 언급되는 영역기포와 비슷하다. 공공장소에서는 매우 적은 반면, 자유스럽게 산보할 경우 많은 공간을 필요로 하게 된다.
- 공공행사장 보행 : 2.0m
- 상점가 보행 : 3.0m
- 보통 보행 : 4.5m
- 쾌적한 환경 보행 : 10.5 → 11m

정답 12. ④ 13. ② 14. ① 15. ④

포장공사

15.1 핵심플러스

■ 조경설계기준상의 포장재의 선정기준과 포장면의 기울기에 대해 알아두도록 한다.

■ 연성포장, 강성포장
- 연성포장(fleible pavement, 휨성포장) : 아스팔트 포장을 주로 지칭
- 강성포장 (rigid pavement) : 시멘트콘크리트포장에 해당

■ 생태면적율 = $\frac{\text{자연순환 기능 면적}}{\text{전체 대상지 면적}}$

1 목적

① 보행자가 자전거통행 및 차량통행이 원활한 소통 및 기능 유지를 위해 설치
② 포장면 지지력 증대, 토양유실방지, 평탄성확보, 통행성, 지표면 미적 분위기 조성 등 기능성과 실용성을 높이기 위해 조성

2 포장재의 선정(조경설계기준) ★

① 콘크리트 블록 포장재
　㉠ 콘크리트 조립블록
　　- 보도용 두께 6cm, 차도용 두께 8cm
　　- 차도용 블록의 휨강도는 60kg/cm^2, 보도용 블록의 휨강도는 50kg/ cm^2, 평균흡수율은 7% 이내
　㉡ 투수성 아스팔트 혼합물 : 투수계수는 10^{-2}cm/sec 이상, 공극률은 9~ 12% 기준
② 점토바닥벽돌 : 흡수율 10% 이하, 압축강도 210kg/cm^2, 휨강도 60kg / cm^2
③ 석재 : 압축강도 500kg/cm^2 이상, 흡수율 5% 이내
④ 콘크리트
　㉠ 재령 28일 압축강도 180kg/cm^2, 굵은 골재 최대치수는 40mm 이하
　㉡ 줄눈재 : 판재는 두께 10mm 육송판재, 삼나무판재
⑤ 포장용 고무바닥재
　㉠ 충격흡수보조재 : 합성고무 SBR(스티렌 · 부타디엔계 합성고무)은 두께 0.5~2mm에 길이 3~20mm를 표준으로 하고, 바인더는 고무중량의 12~16%로 하여 입자 전체를 코팅

ⓛ 직시공용 고무바닥재 : 고무입자는 각각이 1mm 미만, 서로 교차했을 때 3mm 미만으로 하고, 바인더는 고무중량의 16~20%로 함

ⓒ 인조잔디 : 인화성이 없는 재료로 제작

ⓔ 고무블록

⑥ 마사토 : 마사토는 화강암이 풍화된 것으로 No.4 체(4.75mm)를 통과하는 입도를 가진 골재가 고루 함유되어 다짐 및 배수가 쉬운 재료로 함

⑦ 놀이터 포설용 모래 : 놀이터 포설용 모래는 입경 1~3mm 정도의 입도를 가진 것으로 하고, 먼지 · 점토 · 불순물 또는 이물질이 없어야 함

⑧ 경계블록

㉠ 콘크리트 경계블록

· 보차도 경계블록과 도로 경계블록으로 나누어 적용

· 경계블록 종류별로 적합한 휨강도와 5% 이내의 흡수율을 가진 제품

ⓛ 화강석 경계블록

: 압축강도는 500kg/cm^2 이상, 흡수율 5% 미만, 겉보기비중은 2.5~2.7g/cm^{3}여야함

3 포장면의 기울기(조경설계기준) ★

① 포장지역 표면은 배수구방향으로 최소 0.5% 이상 기울기

② 보도용 포장면 기울기

종단경사	1/12~1/18(휠체어 이용자)
횡단경사	2%가 표준(최대5%), 광장 3% 이내(시방서기준 0.5~1.0%), 운동장은 0.5~1%

③ 자전거도로 포장면기울기

종단경사	2.5~3.0% (최대 5%)
횡단경사	0.5~2.0 %

④ 차량용 포장면기울기(횡단경사)

아스팔트 · 시멘트 콘크리트포장	1.5~2.0%
간이포장	2~4%
비포장	3~6%

⑤ 녹지면 : 1/20~1/30

4 포장의 구조와 설계

① 일반포장 : 표층 – 중간층 – 기층 – 보조기층 – 차단층 – 동상방지층 및 노상

② 강성포장 : 콘크리트슬래브 – 보조기층 – 동상방지층 및 노상

5 주요 포장공법의 분류

현장시공형	아스팔트 포장	·아스팔트포장 ·투수아스팔트 포장	
	콘크리트포장	·포장용 콘크리트 포장 ·콘크리트블록포장(인터로킹블록)	
	흙다짐포장	·모래포장 ·황토포장	·마사토포장 ·흙시멘트포장
2차 제품형	석재 및 타일포장	·판석포장 ·자연석판석포장	·호박돌포장 ·석재타일포장
	목재포장	나무벽돌포장	
2차 제품형	점토벽돌포장		
	고무바닥재포장		
	합성수지포장		
	컬러세라믹포장		
	기타	·콩자갈포장	·인조석포장
식생 및 시트공법	잔디블록	·잔디식재블록	·인조잔디포장

6 포장종류별 특징

① 콘크리트

㉠ 장점 : 내구성과 내마모성이 좋다.

㉡ 단점 : 파손된 곳의 보수가 어렵고 보행감이 좋지 않다.

㉢ 포장시 주의 사항

- 하중을 받는 곳은 철근, 덜 받는 곳은 와이어 메시 사용한다.
- 부등침하나 온도변화로 수축, 팽창에 의한 파손을 방지하기 위해 줄눈설치

팽창줄눈	선형의 보도구간에서는 9m 이내, 광장 등 넓은 구간에서는 36m² 이내 기준
수축줄눈	선형의 보도구간에서는 3m 이내, 광장 등 넓은 구간에서는 9m² 이내 기준

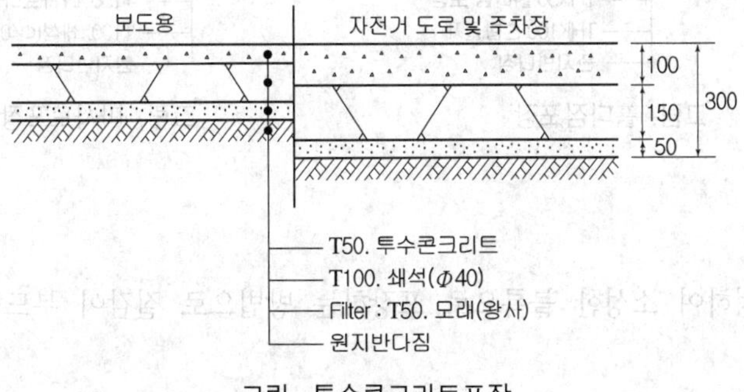

그림. 투수콘크리트포장

② 석재 및 타일포장

㉠ 특징

· 얇은 판석으로 가공하여 포장하는 방법으로 석재의 가공법에 따라 다양한 질감과 포장 패턴의 구성이 가능

· 불투수성 포장재로 포장면의 배수에 유의해야 한다.

㉡ 석재포장

· 포장재가 흔들리지 않도록 하며, 포장시 자연석 상단부가 지표면보다 3~6cm 정도 높게함

· 자연석 디딤돌을 설치할 경우 돌과 돌사이를 8~10cm 정도 이격시킴

㉢ 타일포장

· 원지반 다짐후 콘크리트포장에 준해 지정두께로 콘크리트를 타설 · 양생한 후 모르타르를 지정두께로 발라 바탕면을 만든다.

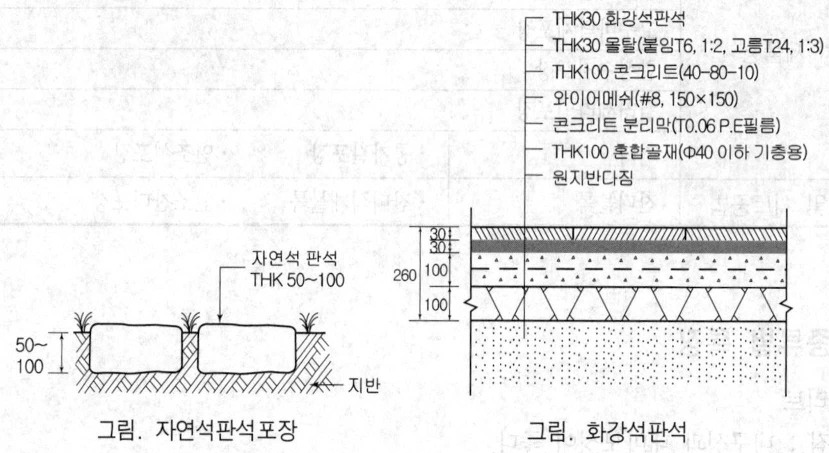

그림. 자연석판석포장　　그림. 화강석판석

③ 흙다짐포장(흙포장)

㉠ 구조물공사와 배수시설공사가 완료되고 뒤채움이 끝난 후에 실시한다.

㉡ 포설은 전압을 고려해 설계두께에 30%를 더한 두께로 고르게 시행한다.

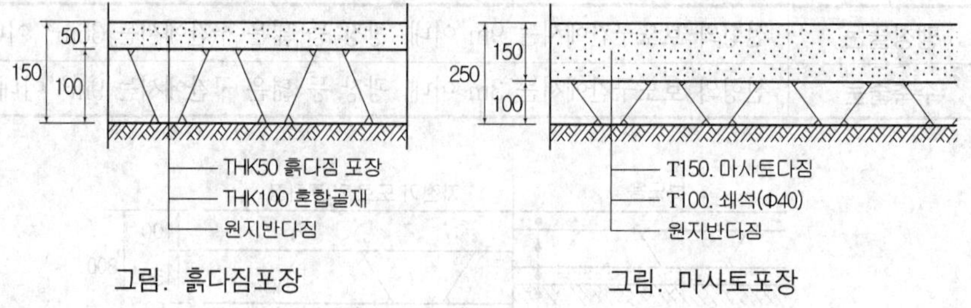

그림. 흙다짐포장　　그림. 마사토포장

④ 점토벽돌

㉠ 특징

· 점토를 성형하여 소성한 블록으로 포장하는 방법으로 질감이 부드럽고 미려한 황토색상의 포장재

㉡ 포장방법

- 침하가 발생하지 않도록 기존 지반을 충분히 다지고 시공 전 최종바닥높이보다 10cm 위에 수평 및 평형을 위한 실눈을 띄운다.
- 설치는 보행 또는 차량의 진행방향을 기준으로 명시된 문양으로 마감부부터 연속적으로 하며 블록과 블록 사이의 간격은 2~5mm를 기준으로 한다.

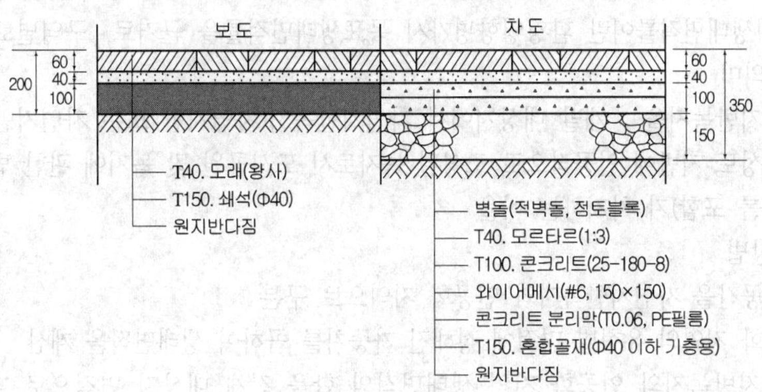

그림. 점토벽돌포장

⑤ 고무바닥재포장

㉠ 장점 : 환경친화적, 탄력성, 안정성, 충격완화효과, 방음방진효과, 내구성, 유지보수가 용이

㉡ 용도 : 보도, 산책로, 조깅코스, 자전거도로, 공원, 운동장 등에 설치

㉢ 시공방법

- 원지반다짐 후 콘크리트를 타설하고 양생한 후 고무바닥타일을 깔고 완전히 접착시켜 마감

⑥ 그밖의 포장

㉠ 합성수지포장 : 기층은 충분히 다지며 이물질을 제거한 후 접착제를 도포함

㉡ 잔디블록포장

㉢ 컬러세라믹(색조)포장 : 천연 또는 인공 유색골재를 사용

㉣ 콩자갈포장

7 생태면적률의 개요

① 도입 배경

- 생활 편의 중심의 개발로 인해 도시 및 자연환경이 지속적으로 악화되고 있어 도시계획 계획지표에서부터 생태적인 고려를 할 필요성 증대

② 도입 목적

- 각종 개발사업 추진 시 생태적 건전성 확보를 위한 지표를 도입하여 쾌적한 생활환경 조성 및 생태계 건전성 제고

③ 용어의 정의

㉠ 생태면적률 : 전체 개발면적 중 생태적 기능 및 자연순환기능이 있는 토양 면적이 차지하는 비율로서 개발공간의 생태적 기능 지표로 활용

- 현재 상태 생태면적률이란 개발을 하기 전 토지피복유형을 기준으로 측정한 생태면적률을 의미
- 목표생태면적률이란 사전환경성검토시 개발 후 목표로 하는 생태면적률을 의미
- 계획생태면적률이란 환경영향평가시 목표생태면적률을 근거로, 구역별로 설정한 생태면적률을 의미

㉡ 자연지반녹지율 : 개발 대상지에서 자연지반녹지(자연지반 또는 자연지반과 연속성을 가지는 절·성토 지반에 인공적으로 조성된 녹지로서 도시공원 및 녹지에 관한 법률에서 정하는 공원 녹지를 포함)가 차지하는 비율

④ 산정 방법

㉠ 개발공간을 자연지반녹지와 인공화 지역으로 구분

㉡ 인공화 지역의 유형별 면적에 정해진 가중치를 곱하여 생태면적을 계산

㉢ 자연지반녹지와 인공화 지역 생태면적의 합을 전체 대상지 면적으로 나누어 생태면적률을 산출

$$\text{생태면적률} = \frac{\text{자연지반녹지 면적} + \Sigma(\text{인공화 지역 공간유형별 면적}\times\text{가중치})}{\text{전체 대상지 면적}} \times 100(\%)$$

④ 공간 유형 구분 및 $1m^2$당 가중치

	공간유형		가중치	설 명	사 례
1	자연지반 녹지	–	1.0	· 자연지반이 손상되지 않은 녹지 · 식물상과 동물상의 발생 잠재력 내재 온전한 토양 및 지하수 함양 기능	· 자연지반에 자생한 녹지 · 자연지반과 연속성을 가지는 절성토 지반에 조성된 녹지
2	수공간	투수기능	1.0	· 자연지반과 연속성을 가지며 지하수 함양 기능을 가지는 수공간	· 하천, 연못, 호수 등 자연상태의 수공간 및 공유수면 · 지하수 함양 기능을 가지는 인공연못
3		차수 (투수불가)	0.7	· 지하수 함양 기능이 없는 수공간	· 자연지반 또는 인공지반 위에 차수 처리된 수공간
4	인공지반 녹지	90cm ≦ 토심	0.7	· 토심이 90cm 이상인 인공지반 상부 녹지	· 지하주차장 등 지하구조물 상부에 조성된 녹지
5		40cm ≦ 토심 < 90cm	0.6	· 토심이 40cm 이상이고 90cm 미만인 인공지반 상부 녹지	
6		10cm ≦ 토심 < 40cm	0.5	· 토심이 10cm 이상이고 40cm 미만인 인공지반 상부 녹지	

공간유형			가중치	설 명	사 례
7	옥상녹화	30cm ≦ 토심	0.7	· 토심이 30cm 이상인 옥상녹화 시스템이 적용된 공간	· 혼합형 옥상녹화시스템 · 중량형 옥상녹화시스템
8		20cm ≦ 토심 < 30cm	0.6	· 토심이 20cm 이상이고 30cm 미만인 옥상녹화시스템이 적용된 공간	
9		10cm ≦ 토심 < 20cm	0.5	· 토심이 10cm 이상이고 20cm 미만인 옥상녹화시스템이 적용된 공간	· 저관리 경량형 옥상녹화 시스템
10	벽면녹화	등반보조재, 벽면부착형, 자력등반형 등	0.4	· 벽면이나 옹벽(담장)의 녹화, 등반형의 경우 최대 10m 높이까지만 산정	· 벽면이나 옹벽녹화 공간 · 녹화벽면시스템을 적용한 공간
11	부분포장	부분포장	0.5	· 자연지반과 연속성을 가지며 공기와 물이 투과되는 포장면, 50% 이상 식재면적	· 잔디블록,식생블록 등 · 녹지 위에 목판 또는 판석으로 표면 일부만 포장한 경우
12	전면 투수포장	투수능력 1등급	0.4	· 투수계수 1mm/sec 이상	· 공기와 물이 투과되는 전면투수 포장면, 식물생장 불가능 · 자연지반위에 시공된 마사토, 자갈, 모래포장, 투수블럭 등
13		투수능력 2등급	0.3	· 투수계수 0.5mm/sec 이상	
14	틈새 투수포장	틈새 10mm 이상 세골재 충진	0.2	· 포장재의 틈새를 통해 공기와 물이 투과되는 포장면	· 틈새를 시공한 바닥 포장 · 사고석 틈새포장 등
15	저류침투시설 연계면	저류침투시설 연계면	0.2	· 지하수 함양을 위한 우수침투시설 또는 저류시설과 연계된 포장면	· 침투, 저류시설과 연계된 옥상면 · 침투, 저류시설과 연계된 도로면
16	포장면	포장면	0.0	· 공기와 물이 투과되지 않는 포장, 식물생장이 없음	· 인터락킹 블록, 콘크리트 아스팔트 포장, · 불투수 기반에 시공된 투수 포장

■ 참고 : 가중치 적용기준

- 자연투수 ↔ 불투수 정도
- 자연지반 → 1.0
- 반투수공간(옥상녹화, 인공지반, 부분포장) → 0.5
- 불투수공간 → 0

핵심기출문제

내친김에 문제까지 끝내보자!

1. 포장(Paving)의 물리적 성질을 기술한 것 중 옳지 않은 것은?

① 포장은 기울기를 고려해야 한다.
② 콘크리트 포장은 빛을 반사한다.
③ 포장은 유수량을 줄어들게 한다.
④ 콘크리트 포장은 온도 변화에 따라 수축, 팽창이 생긴다.

2. Paving에 관한 설명 중 옳은 것은?

① 반드시 모르타르로 마감한다.
② 경화포장 재료와 지피식물을 함께 사용할 수 없다.
③ 넓은 면적을 포장할 때는 이음줄을 준다.
④ 구배를 주어서는 안 된다.

3. 공원 산책로에 쓰이지 않는 재료는?

① 마사토 ② 콘크리트
③ 타일 ④ 아스팔트

4. 보도 포장시 지반지지력이 가장 높은 것은?

① 점질토 ② 사질토
③ 자갈섞인 흙 ④ 잡석

5. 벽돌 포장 시 장점이 아닌 것은?

① 밝은 느낌이 좋다.
② 질감이 좋다.
③ 내마모성이 크다.
④ 여러 가지 패턴의 무늬를 구상할 수 있다.

정답 및 해설

해설 1

포장은 유수량(유출량)이 늘어난다.

해설 2

넓은 면적을 포장시에는 수축과 팽창을 방지하고자 이음줄을 준다.

해설 3

공원 산책로의 포장 – 마사토 포장, 콘크리트 포장, 아스팔트 포장

해설 4

포장시 지반의 지내력을 높이기 위해 잡석(크기가 지름 10~30cm 정도의 것이 크고, 작은 알로 골고루 섞여져 있으며, 형상이 고르지 못한 돌)을 깔아 다짐한다.

해설 5

벽돌포장은 진흙을 소성한 재료로 질감이 부드럽고 시각적으로 우수한 하나 내모마성은 좋지 않다.

정답 1. ③ 2. ③ 3. ③ 4. ④ 5. ③

정답 및 해설

6. 보도블럭을 설치 할 때 적당한 두께는?

① 보도블럭 40mm, 모래 50mm
② 보도블럭 50mm, 모래 40mm
③ 보도블럭 50mm, 모래 60mm
④ 보도블럭 60mm, 모래 50mm

해설 6

블록(보도용)은 6cm, 완충층으로 모래 5cm 설치한다.

7. 보도블록 포장의 일반적인 구조는 기층, 완충층, 표층의 3층으로 되어 있다. 이 중 완충층은 모래, 모르타르 등을 1~2cm 두께로 까는데 다음 중 완충층의 기능이 아닌 것은?

① 보도블록 높이를 같이 하는데 편리하다.
② 요철면을 조절한다.
③ 보도블럭면에 어느 정도 탄성을 준다.
④ 겨울에 동상 현상을 막아준다.

해설 7

보도블록 포장에서 완충층의 기능
- 블록높이를 평탄하게 하게 함
- 보도 블록면에 탄성을 줌

8. 육상경기장 트랙의 포장재료로 이용되는 것으로 자연토에 마그네사이트를 혼합하여 염화마그네슘액으로 잘 이겨 성형한 다음 800℃ 정도 구워 분쇄한 것은?

① 신더 혼합토
② 언트카
③ 전천후형 탄력성 포장재료
④ 실트

해설 8

앙투카(en-tout-cas, 언트카)
- 일종의 인공흙 포장재로 '구운 황토흙'이라고도 한다.
- 포장바닥이 맨땅보다 단단해 마찰력이 좋을뿐더러, 비가 왔을 때 물이 잘 빠지는 장점이 있다.

9. 다음 포장에 관한 사항으로 옳은 것은?

① 단위 구성포장(unit paving)에서 각 조각의 연결은 반드시 몰탈을 사용한다.
② 콘크리트 현장치기로 넓은 면을 포장할 때는 신축방지 줄눈을 설치한다.
③ 배수는 전적으로 표면배수에 의존한다.
④ 주차장 포장에서 경포장재(硬鋪漿材)와 지피식물을 겸용할 수 없다.

해설 9

바르게 고치면
① 단위 구성포장시 모래, 모르타르 등을 사용한다.
③ 배수는 지하배수와 표면배수를 고려한다.
④ 주차장에서는 지피식물(잔디)와 경포장재(콘크리트 블록)와 겸용을 고려한다.

정답 6. ④ 7. ④ 8. ② 9. ②

배수설계

16.1 핵심플러스

■ 강우가 제거되는 4가지 방법 : 표면유출/ 심토층배수/ 증발/ 증산작용(식물의 광합성작용)

■ 배수계통 : 직각식 / 차집식 / 선형식 / 방사식 / 평행식 / 집중식

■ 우수유출량과 관련된 내용

강우강도	단위시간 당 내린 비의 깊이(mm/hr)
계속시간	강우가 계속되는 시간(min)
유출계수	단위시간의 강우량과 유출량의 비
유달시간	유달시간 = 유입시간 + 유하시간
우수유출량	$^*Q=\frac{1}{360}CIA$ (Q : 우수유출량(m^3/sec), C : 유출계수, I : 강우강도(mm/hr), A : 배수면적(ha))

■ 표면배수계통설계

물의 흐름	· 정류와 부정류 · 거리에 따라 등류와 부등류
관수로	· 압력차에 의한 물의 흐름
개수로	· 중력, 고저차의 물의 흐름 · 개수로의 설계 : 유량(m^3/sec)= 유적(m^2)×평균유속(m/sec)

■ 지하우수배수관설계

관내유체흐름	· 층류 : 물분자가 층상으로 정연하게 흐름 · 난류 : 물분자가 교란되어 흩어지는 흐름 · 수두손실 : 흐름의 변화지점에서 물이 난류의 흐름으로 불규칙하게 흐름

■ 심토층배수설계

완화배수	· 평탄한 지역에 높은 지하수위를 가진 곳
차단배수	· 지하수위가 높은 급경사지

1 개요

① 물의 순환권

㉠ 수문현상의 순환과정 : 시간과 장소에 따라 달라짐

㉡ 수문방정식 : 유입량 = 유출량 + 저류량

유입량	강수량, 지표 · 지하 · 기타유입량
유출량	지표 · 지하유출량, 증발량, 증산량 등
저류의 변동량	지하수, 토양수분, 적설량, 저수량 등

② 배수의 역할

㉠ 홍수조절

㉡ 침식방지

㉢ 시설기반의 조성 : 건물이나 운동장 등 시설부지는 건조한 표면을 유지, 신속한 배수가 되어야함

㉣ 동식물 생육환경 조성 : 원활한 배수로 식물생육에 도움, 서식지로서의 연못과 습지도입

2 배수방법

① 명거배수 : 배수구를 지표로 노출시킴

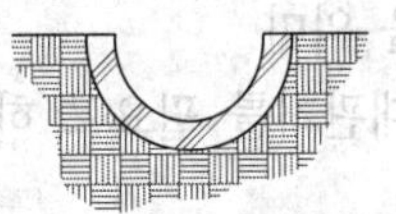
U형

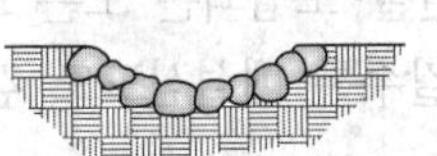
돌붙임배수로

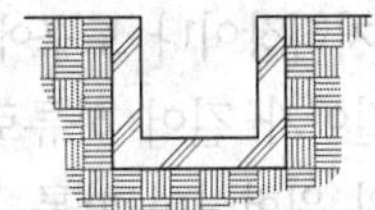
콘크리트측구

그림. 명거배수

② 암거배수 : 배수관을 지하에 매설하여 처리

㉠ 분류식 : 오수(汚水)와 우수(雨水)의 분리계획으로 별개의 하수관거로 이용, 오수관만 깊이 매설하고 오수, 우수를 각각 매설하므로 많은 비용이 소요

㉡ 합류식 : 오수와 우수를 동일 관거에 수용

③ 심토층배수 : 심토층에서 유출되는 물을 유공관이나 자갈층 형성으로 처리

④ 심토전면배수 : 표면배수와 심토층배수를 동시에 시행

3 배수계통 ★

① 직각식(수직식) : 해안지역에서 하수를 강에 직각으로 연결시키는 방법

② 차집식 : 오수와 우수의 분리식, 비올 땐 하천으로 방류하고, 맑은 날엔 오수를 직접 방류하지 않고 차집구로 하류에 위치한 하수처리장까지 유하시킴

③ 선형식 : 지형이 한 방향으로 규칙적인 경사지에 설치함
④ 방사식 : 지역이 광대하여 한 개소로 모으기 곤란할 때 사용되며, 최대연장이 짧으며 소관경이므로 경비절약, 처리장이 많다는 결점
⑤ 평행식 : 지형의 고저차가 있는 경우에 사용
⑥ 집중식 : 사방에서 한 지점을 향해 집중적으로 흐르게 해서 다음 지점으로 압송시킬 경우

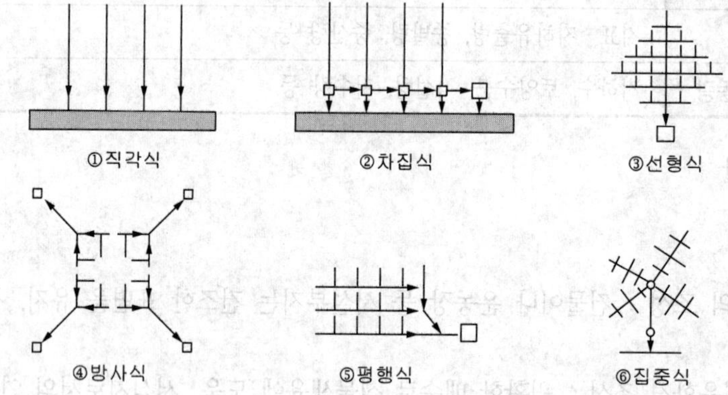

4 간선과 지선

① 토구 : 토출구를 뜻하며, 높은 곳에서 낮은 곳으로 자연스럽게 유도되는 곳에 설치
② 간선
㉠ 하수종말처리장이나 토구에 연결·도입되는 모든 노선을 의미
㉡ 연장이 길이가 길어 하류로 갈수록 매설심도도 깊고 대관거를 필요로 하므로 공사비의 상승과 공사의 위험성이 따름
③ 지선
㉠ 간선을 매설하고 각 건물이나 배수지역으로부터 관거 배수설치와 표면배수를 원활하게 하기 위해 설치
㉡ 지선을 결정하는 방침
- 배수상의 분수령을 중시
- 우회곡절(迂廻曲折)을 피할 것
- 교통이 빈번한 가로나 지하매설물이 많은 가로에는 대관거 매설을 피할 것
- 폭원이 넓은 가로에는 소관거를 2조로 시설하고 그 양측에 설치할 것
- 급한 고개에는 구배가 급한 대관거를 매설하지 말 것

5 강수량

① 강우강도와 계속시간
㉠ 강우강도(rainfall intensity) : 단위 시간 동안 내린 비의 깊이(mm/hr)
㉡ 계속시간(rainfall duration) : 강우가 계속되는 시간(min)

㉢ 강우 강도(I)와 계속시간(T) 관계

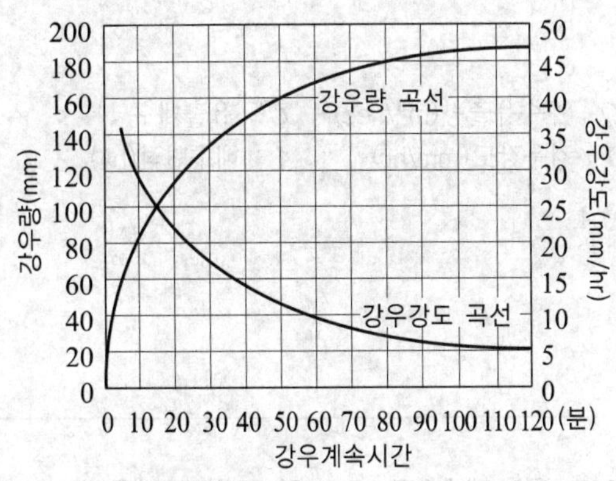

그림. 강우강도 및 강우량 곡선

• 일반적으로 강우강도가 크면 클수록 그 강우가 계속되는 기간은 짧다.

② 유출계수(runoff coefficient)

㉠ 단위 시간의 강우량과 유출량과의 비

㉡ 기후, 지세, 지질, 지표상황, 강우강도, 유속시간, 배수면적 등에 영향

지역	공원	잔디정원	산림	상업	주구	벽돌	아스팔트
유출계수	0.1~0.3	0.05~0.25	0.01~0.2	0.6~0.7	0.3~0.5	0.75~0.85	0.85~0.9

㉢ 유출계수의 조정

• 어떤 부지가 잔디 45%, 숲 10%, 건물 10%, 포장공간 35%으로 구성되었다고 가정할 때 유출계수값이 각각 0.12, 0.30, 0.90, 0.80이라 하면 조정된 유출계수는 다음과 같다.

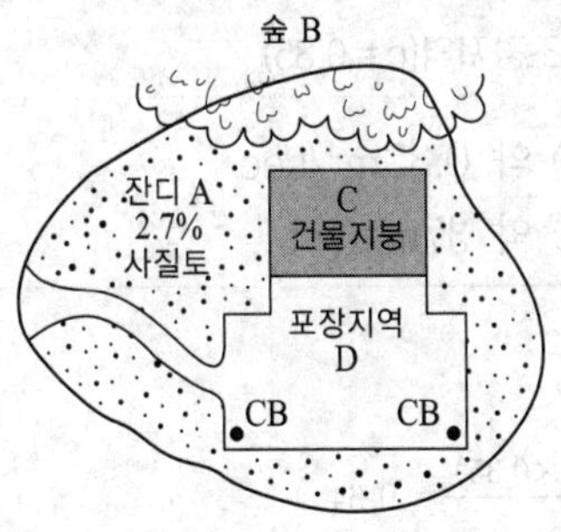

· A지역 : 45%×0.12 = 0.05
· B지역 : 10%×0.30 = 0.03
· C지역 : 10%×0.90 = 0.09
· D지역 : 35%×0.80 = 0.28

평균 유출계수(C) 는
0.05+0.03+0.09+0.28 = 0.45

③ 유달시간

$T = t_1 + t_2$

여기서, T = 유달시간(분), t_1 = 유입시간, t_2 = 유하시간

$T = t_1 + \left(\dfrac{L}{V \times 60}\right)$

④ 우수유출량산정

$$Q=\frac{1}{360}CIA$$

여기서, Q : 우수유출량(m^3/sec) C : 유출계수
I : 강우강도(mm/hr) A : 배수면적(ha)

$$Q=\frac{1}{360}C(\frac{b}{T+a})A$$

기출예제 1

유역면적이 48ha이고 유출계수 $C=0.25$인 공원에 강우강도가 $I=10$mm/hr일 때 공원의 유출량은?

① 0.95m^3/sec ② 0.33m^3/sec
③ 3.3m^3/sec ④ 1.65m^3/sec

답 ②

해설 $Q=\frac{1}{360}\times C\times I\times A$ (C: 유출계수, I: 강우강도(m/hr), A : 면적(ha))

$Q=\frac{1}{360}\times 0.25\times 10\times 48$ = 0.3333...m^3/sec

기출예제 2

약 20,000m^2의 단지에 아래의 조건으로 계획할 때 이 지역에 예상되는 우수 유출량은?

[조건] 강우강도 : 10.5mm/hr
전체 대지의 20%는 건축물(c = 0.90)
30%는 도로 및 주차장(c = 0.95), 50%는 조경지역(c = 0.35)

① 약 0.037m^3/sec ② 약 0.37m^3/sec
③ 약 3.7m^3/sec ④ 약 37m^3/sec

답 ①

해설 ① 평균유출계수(C_m) = $\frac{\Sigma A_i + C_i}{\Sigma A_i}$

$C_m=\frac{(0.2\times 0.9)+(0.3\times 0.95)+(0.5\times 0.35)}{0.2+0.3+0.5}$ = 0.64

② 우수유출량(Q) = $\frac{1}{360}CIA$(C=0.64, I=10.5mm/hr, A=2ha) (1ha=10,000m^2)

Q = $\frac{1}{360}\times 0.64\times 10.5\times 2$= 0.037$m^2$/sec

■ 참고 : 유출을 환경친화적으로 조절하기 위한 시설

- 체수지나 연못을 만들어 저류하는 방법
  - 배수지역내 우수의 흐름을 완화하여 과도한 유출을 방지하기 위해
  - 체수지 설치 : 유출량을 일부 저류하여 우수가 끝난 후 서서히 흐르게 해 하류 관거의 부담을 적게 함, 분지나 골짜기를 이용 가능
  - 저수조 설치 : 건물이 밀집한 지역에서는 주차장이나 공원하부에 저수조 형태로 설치가 가능함
- 배수가 잘되는 토양층에 침투시키는 방법
  - 주차장이나 보도와 같은 포장지역에 투수성의 다공질 포장을 하는 방법
  - 투수성이 높은 자갈이나 골재, 규격화된 블록, 투수콘 등 다공질 재료를 포장해 우수가 토양내 침투를 용이하게 하고, 경관효과를 높임, 식물의 생육환경 개선

6 표면배수계통의 설계

① 물의 흐름

㉠ 정류(定流, steady flow) : 어떤 유체가 흐를 때 모든 단면에 있어서 일정한 단면을 흐르는 유량이 시간에 따라 변하지 않는 흐름

㉡ 부정류(不定流, unsteady flow) : 유적과 유속이 변함에 따라 유량이 시간에 따라 변하는 흐름

㉢ 등류(等流, uniform flow) : 거리에 따라 유속과 유적이 변하지 않는 흐름

㉣ 부등류(不等流, nonuniform flow) : 거리에 따라 유속과 유적이 변하는 흐름

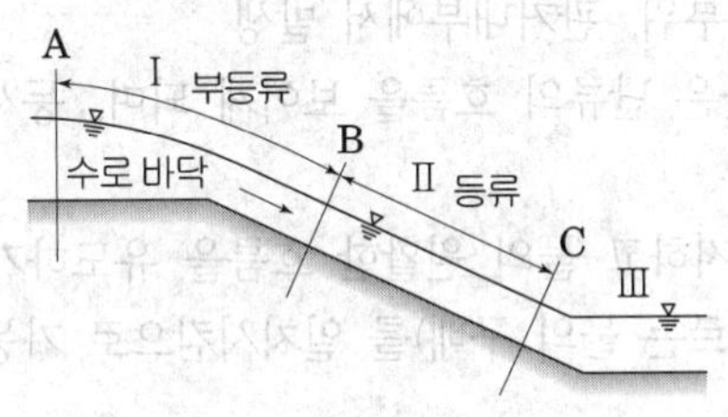

그림. 등류와 부등류

② 배수로의 형태

㉠ 관수로 : 압력차에 의한 물의 흐름

㉡ 개수로(Open channel) : 중력, 고저차에 의한 물의 흐름

- 자연하천, 운하용수 및 배수로 등의 흐름은 반드시 자유수면을 가진다.
- 뚜껑이 없는 수로 지하배수관거, 하수관거 등 물이 일부만 차서 흐르는 모든 수로를 총칭하여 개수로라 한다.

★ ③ 개수로의 설계

㉠ 흐름의 기본식

$$Q = Av$$

$Q =$ 유량(m^3/sec), $A =$ 유적(m^2), $v =$ 평균속도(m/sec)

㉡ 유적, 윤변, 경심
- 유적(A) : 수로 단면적 중 유체가 점유하는 부분
- 윤변(P) : 물이 수로의 벽면과 접촉하는 길이
- 경심(R) : 유적 A를 윤변 P로 나눈 값

㉢ 평균유속공식 : 단위 시간에 유적 내의 어느 점을 통과하는 물입자의 속도를 그 점의 유속이라 한다.

Manning 공식

$$V = \frac{1}{n} R^{\frac{2}{3}} I^{\frac{1}{2}}$$

V = 평균유속(m/sec)　　R = 동수반경(경심)(m)
I = 동수경사　　n = 수로의 조도계수

7 지하우수 배수관의 설계

① 관내의 유체 흐름(물분자의 운동상태에 따라)

㉠ 층류(laminar flow) : 물의 분자가 흩어지지 않고 질서정연하게 흐르는 흐름, 비교적 유속이 느린 실험용수로에서 발생

㉡ 난류(turbulent flow) : 물분자가 서로 얽혀서 불규칙하게 흐르는 흐름, 빠른 유속에서 발생

㉢ 수두손실(head losses)
- 관거 내의 유입구, 맨홀부위, 관거내부에서 발생
- 흐름의 변환지점에서 물은 난류의 흐름을 보이게 되며, 동시에 흐름에너지가 손실되는 것을 말함
- 이런 에너지 손실을 방지하고 물의 원활한 흐름을 유도하기 위해서는 흐름의 변환지점에서 수리표면과 동수구배(흐르는 물의 구배)를 일치시킴으로 가능함

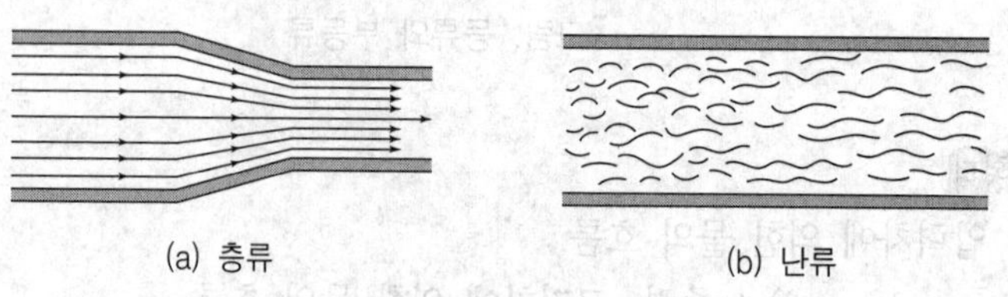
(a) 층류　　(b) 난류

그림. 물의 흐름

② 우수를 지표 유입구에서 집수 시켜 하수 처리장이나 토구(吐口)로 운반하는 밀폐된 관으로 도관, 콘크리트, 철근콘크리트관이 사용된다.

③ 배수관거의 형상

㉠ 수리학상 유리할 것
㉡ 하중에 경제적일 것
㉢ 축조가 용이할 것
㉣ 유지관리상 경제적일 것

④ 배수관의 구배 및 유속의 한계

㉠ 지형에 순응하며 구배를 정한 후 관거의 크기 결정(경사가 급하면 관관경은 작게, 경사가 완만하면 관경은 크게)

㉡ 배수관거의 유속의 범위는 0.8~3.0m/sec, 오수관거는 0.6~3.0m/sec 기울기를 기준으로 하며, 이상적인 유속은 1.0~1.8m/sec로 한다.

8 배수유입구조물

① 낙하유입(Drop Inlet) : 지표에서 집수하여 지하 관거로 직접 연결시키는 것, 트레치드레인, 측구

② 집수지(Catch Basin) : 구조물 바닥의 침전지를 설계, 물을 집수하는 시설로 녹지지역에 설치 가능

③ 우수받이(Street Inlet) : 측구에서 흘러나오는 빗물을 하수본관에 유하시키기 위해 중간에 설치하는 시설, 설치간격은 20m에 1개 비율

9 접근할 수 있는 구조물 : 맨홀

① 맨홀 : 배수구에 접근할 수 있는 구조물로 관내의 검사, 청소를 위한 출입구

② 맨홀의 위치 : 관의 기점, 구배, 내경이 변하는 장소에 설치

③ 맨홀의 설치간격

표. 맨홀의 관경별 최대간격

관거내용	30cm 이하	60cm 이하	100cm 이하	150cm 이하	165cm 이하
최대간격	50m	75m	100m	150m	200m

④ 맨홀의 종류

㉠ 표준맨홀

㉡ 낙하맨홀 : 급한 언덕, 지관과 주관의 낙차가 클 때

㉢ 측면맨홀 : 교통이 빈번한 도로아래에 하수관거가 있으며 그 위에 출입구 설치가 클 경우

㉣ 계단맨홀 : 대관거로서 관저차가 클 경우

㉤ 연통맨홀

10 심토층 배수 설계 ★★

① 배수계획 : 일반적으로 명거를 사용하는 것이 경제적

㉠ 완화배수 : 평탄한 지역에 높은 지하수위를 가진 곳에 적용

㉡ 차단배수 : 지하수가 일반적으로 높은 곳은 급경사지에 채택

ⓒ 지표유입수배수 : 지표면을 통해 흡수된 물을 배수시켜 지표면의 기능을 효율적으로 유지하기 위해 도입, 가장 일반적인 형태

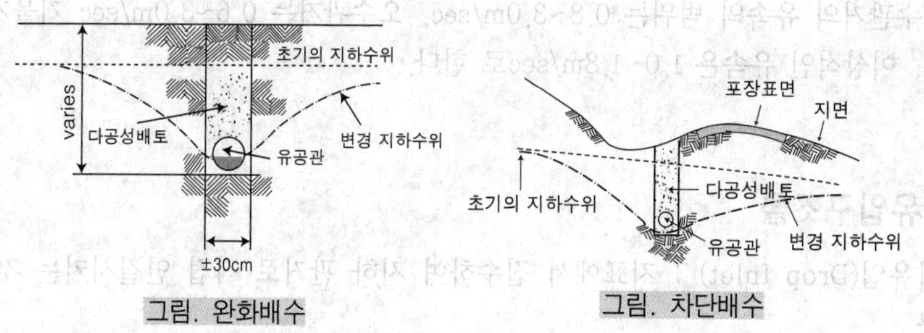

그림. 완화배수

그림. 차단배수

② 설계표준

㉠ 어골형

- 주관을 중앙에 경사지게 설치하고 이 주관에 비스듬히 지관을 설치
- 보통 길이는 최장 30m 이하, 45° 이하의 교각을 가져야 배수효과가 좋음, 지선은 보통 4~5m로 함, 배치의 형태는 주관을 중심으로 지선을 양측에 설치
- 놀이터·골프장·그린·소규모 운동장·광장과 같은 소규모의 평탄한 지역의 배수에 적합하며, 전지역의 배수가 균일하게 이루어지게 됨

㉡ 평행형

- 지선을 주선과 직각방향으로 일정한 간격으로 평행이 되게 배치하는 방법
- 주선과 지선이 직각으로 배치되므로 주선과 지선에 있어 배수관로에 흐르게 되는 물의 흐름 방향이 달라지게 되며 유속이 저하되기도 하므로 세밀한 조정이 필요
- 보통 넓고 평탄한 지역의 균일한 배수를 위하여 사용되지만 간혹 어골형을 지선, 평행형을 간선형태로 하여 운동장과 같은 대규모 지역의 심토층배수를 위해 사용될 수 있음

㉢ 선형

- 주선이나 지선의 구분없이 같은 크기의 배수선이 부채살 모양으로 1개 지점으로 집중되게 설치하고 그곳에서 집수시킨 후 집수된 우수를 배수로를 통하여 배수하는 방법
- 지형적으로 침하된 곳이나 한 지점으로 경사를 이루고 있는 소규모지역에 사용
- 심토층 배수로가 집중되는 집수지점 방향으로 진행하면서 집수면적이 줄어들게 되므로 시설 설치의 효율성이 떨어짐

㉣ 차단형

- 경사면의 내부에 불투수층이 형성되어 지하로 유입된 우수가 원활하게 배출되지 못하거나 사면에서 용출되는 물을 제거하기 위하여 사용
- 보통 도로의 사면에 많이 적용되며, 도로를 따라 수로가 만들어지게 된다.

㉤ 자연형

- 지형의 기복이 심한 소규모 공간에 물이 정체되는 곳이나 평탄면에 배수가 원활하지 못한 곳의 배수를 촉진시키기 위하여 설치
- 부지전체보다는 국부적인 공간의 물을 배수하기 위해 사용되므로 배수관의 배치형태는 부정형이 됨

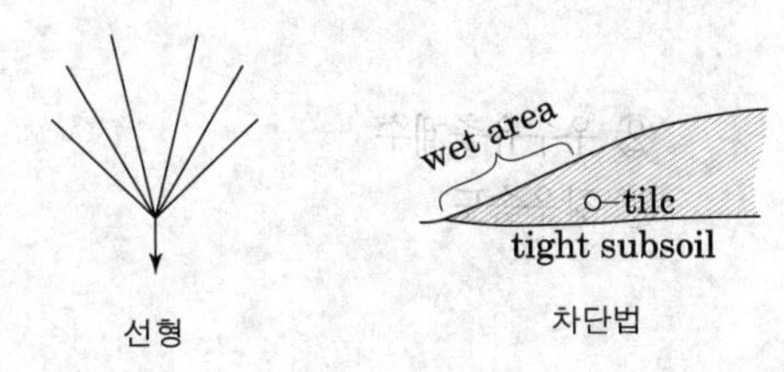

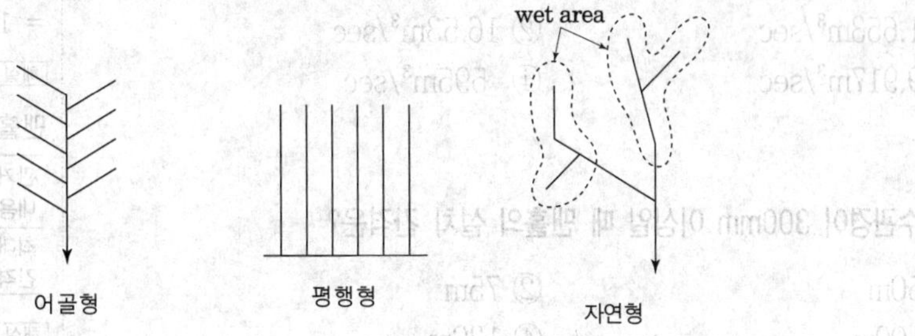

③ 관거의 설계 기준

㉠ 관거의 크기 : 주관 150~200mm, 지관 100mm

㉡ 경사 : 최소유속 0.6m/sec, 1%의 경사유지

㉢ 깊이 : 동결심도 이하

㉣ 유출구 : 유수를 방해하는 오물이나 침전 같은 것을 제거하고 원활한 물 흐름을 위해 관거 주위 3~5cm 정도의 자갈과 모래를 배토함, 명거 유출 때에는 명거의 수면보다 60cm 정도 높게 배출구 설치

핵심기출문제

내친김에 문제까지 끝내보자!

1. $Q=\frac{1}{360}$ C·I· A에서 I는?

① 강우강도 ② 우수유출계수
③ 강우시간 ④ 강우속도

2. 면적 85ha, 유출계수 0.35, 강우강도 20mm/hr 일 때 유출량은?

① $1.653m^3/sec$ ② $16.53m^3/sec$
③ $9.917m^3/sec$ ④ $595m^3/sec$

3. 배수관경이 300mm 이상일 때 맨홀의 설치 간격은?

① 50m ② 75m
③ 100m ④ 130m

4. 유수 단면적이 $100m^2$이고, 평균유속이 5m/sec일 때 유량은 얼마인가?

① $500m^3$ ② $50m^3$
③ $25m^3$ ④ $20m^3$

5. 유출계수는 0.9, 강우강도 40mm/hr, 배수면적 $20,000m^2$일 때 우수유출량 Q값은?

① $0.1m^3/sec$ ② $0.2m^3/sec$
③ $1,000m^3/sec$ ④ $2,000m^3/sec$

6. 폭원 10m의 포장도로에 측구를 양편에 만들되 측구 간의 간격 (중심간의 거리)을 200m로 하고 강우강도가 100mm/hr일 때 편도 측구에 유입하는 1초간의 수량은?

① 약 $0.0139m^3/sec$ ② 약 $0.0278m^3/sec$
③ 약 $0.0556m^3/sec$ ④ 약 $0.1112m^3/sec$

정답 및 해설

해설 1

Q : 유출량(m^3/sec)
C : 유출계수
I : 강우강도(mm/hr)
A : 배수면적(ha)

해설 2

$\frac{1}{360}\times 0.35\times 20\times 85$
$= 1.6527...\ m^3/sec$

해설 3

맨홀의 설치간격

관거 내용	30cm 이하	60cm 이하	100cm 이하	150cm 이하
최대 간격	50m	75m	100m	150m

해설 4

유량(m^3/sec)=유수의 단면적(m^2)×평균유속(m/sec)
∴ $100\times 5=500\ m^3/sec$

해설 5

우수유출량 Q(m^3/sec)
$=\frac{1}{360}\times 0.9\times 40mm/hr\times 2ha$
$=0.2m^3/sec$

해설 6

· 도로는 중앙선을 기점으로 배수를 위한 구배를 둔다.

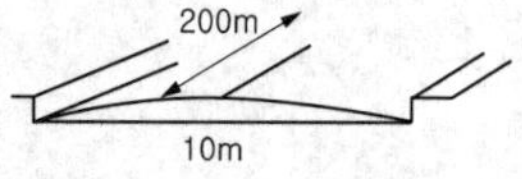

· 편 배수면적은
$5\times 200=1000m^2=0.1ha$
· 유출량=유출계수×강우강도×배수면적
$=\frac{1}{360}\times 1\times 100\times 0.1$
$=0.0278m^3/sec$

정답 1. ① 2. ① 3. ① 4. ① 5. ② 6. ②

7. 집수면적 4.0ha인 공원·광장에서 유출계수는 0.3이었다. 우수의 배수관 입구까지의 유입시간이 8분이라 했을 때 배수관 길이 120m 지점에서의 최대우수유출량은? (단, 관경 30cm, 관내의 유속은 1m/sec, 강우강도 I = $\frac{1,500}{40+t}$ mm/hr)

① $0.1m^3/sec$
② $0.15m^3/sec$
③ $0.2m^3/sec$
④ $0.25m^3/sec$

8. 개수로에 대한 설명 중 옳지 않는 것은?

① 자유수면을 갖는다.
② 개수로는 흐름에 압력의 영향을 받지 않는다.
③ 지하배수 관거는 그 흐름이 개수로의 특성을 갖지 않는다.
④ 개수로는 흐름에 작용하는 중력이 수면방향의 분력에 의하여 자유수면을 가지는 흐름을 말한다.

9. 배수지선망 계통을 효율적으로 결정하는 방법에 대한 설명이다. 틀린 것은?

① 우회곡절은 피한다.
② 교통이 빈번한 가로나 지하매설물이 많은 가로에는 대관거를 매설한다.
③ 급경사의 고개에서는 구배가 급한 대관거를 매설해서는 안 된다.
④ 배수상의 분수령을 중시한다.

10. 배수에 대한 설명 중 옳은 것은?

① 배수관 배수방법에서 분류식 하수처리가 용이하고 매설시 비용이 적게 든다.
② 지하 배수시의 즐치형은 경기장 평탄지역에 적합하다.
③ 배수계통에서 방사식은 좁은 지역에 유리하다.
④ 지선배수시 분수령을 무시해도 좋다.

11. 유공관은 어디에 사용되는가?

① 지하수 배수 ② 표면수 배수
③ 분수 배수 ④ 우수 배수

정 답 및 해 설

해설 **7**

· 유달시간(t)=유입시간(t_1) +유하시간(t_2)
유입시간(t_1)=8분
유하시간
$= \frac{\text{배수관길이}}{V \times 60} = \frac{120m}{1 \times 60}$
= 2분

· 유출량(Q)
$= \frac{1}{360} \times 0.3 \times \frac{1500}{40+10} \times 4$
$= 0.1m^3/sec$

해설 **8**

뚜껑이 없는 수로 지하배수관거, 하수관거 등 물이 일부만 차서 흐르는 모든 수로를 총칭하여 개수로라 한다.

해설 **9**

교통이 빈번한 가로나 지하매설물이 많은 가로에는 대관거 매설을 피할 것

해설 **10**

바르게 고치면
① 배수관 배수방법에서 분류식 하수처리가 용이하고 매설시 비용이 많이 든다.
③ 배수계통에서 방사식은 넓은 지역에 유리하다.
④ 지선배수시 분수령을 고려한다.

해설 **11**

유공관 – 지하수 배수

정답 7. ① 8. ③ 9. ② 10. ② 11. ①

12. 배수관의 설치를 설명한 것 중 옳은 것은?

① 배수관경이 작은 것일수록 경사가 완만하게 설치한다.
② 배수관경이 작은 것일수록 경사가 급하게 설치한다.
③ 배수관경이 큰 것일수록 경사가 급하게 설치한다.
④ 배수관경이 큰 것일수록 높게 설치한다.

해설 12
배수관경이 작은 것은 경사를 급하게 설치, 배수관경이 큰 것은 경사를 완만하게 설치한다.

13. 지하 배수관거의 평균 유속은? (단위는 m/sec)

① 0.9~1.5 ② 0.3~0.8
③ 1.2~1.5 ④ 0.6~2.0

해설 13
지하 배수관거의 평균 유속 : 0.9~1.5m/sec

14. 빗물제거방법 중 배수계획에서 고려해야 할 사항은?

① 증발에 의한 제거
② 증산에 의한 제거
③ 표면유출에 의한 제거
④ 식물체의 호흡작용에 의한 제거

해설 14
강우가 제거되는 4가지 방법
· 표면유출, 심토층배수 → 배수계획에서 고려
· 증발, 식물의 증산작용 · 호흡작용

15. Kutter 공식 또는 Manning 공식으로 구하는 것은?

① 평균유속 ② 동수반경
③ 유역넓이 ④ 평균유량

해설 15
커터공식, 매닝공식 – 평균유속 공식

16. 배수관의 침전물 등의 청소관리를 위한 집수거의 내경이 30cm일 때 집수거의 깊이는?

① 30~60cm ② 60~90cm
③ 90~120cm ④ 120~150cm

해설 16
집수거 내경이 30cm → 집수거 깊이 60~90cm

17. 배수의 필요성을 결정하는 요소라고 할 수 없는 것은?

① 토지이용 ② 지형
③ 배수면적 ④ 토양산도

해설 17
배수의 필요성 결정 요소 : 토지이용, 지형 경사, 배수면적

정답 12. ② 13. ① 14. ③ 15. ① 16. ② 17. ④

18. 배수지역이 광대하여 우수를 한 곳으로 모으기가 곤란할 때 배수지역을 분산시켜 처리하는 배수계통은?

① 방사식(放射式) ② 차집식(遮集式)
③ 선형식(扇形式) ④ 직각식(直角式)

19. 배수량 산출시 공원녹지에 일반적으로 적용되는 우수유출계수는?

① 0.01~0.20 ② 0.10~0.20
③ 0.15~0.20 ④ 0.25~0.50

20. 다음 수문 방정식(유입량=유출량+저류량)에서 유출량 부문에 속하는 항목이 아닌 것은?

① 지표유출량 ② 지하유출량
③ 강수량 ④ 증발량

21. 다음은 강우량도 곡선과 강우량에 관한 설명이다. 옳은 것은?

① 강우량 곡선에서는 강우 계속시간이 증가하면 강우량이 체감한다.
② 강우량도 곡선은 일반적으로 1차식으로 표시된다.
③ 강우강도는 강우 계속시간이 증가하면 증가된다.
④ 강우강도는 mm/hr로 표시된다.

22. 측구 등에서 흘러나오는 하수 본관으로 유하시키기 위해 측구 도중에 설치하는 시설은?

① 집수지 ② 우수받이
③ 맨홀 ④ 유공관

23. 배수계획에서 유출량과 강우량과의 비를 무엇이라고 하는가?

① 유출계수 ② 강우강도
③ 수문통계 ④ 강우계속시간

정 답 및 해 설

해설 18

배수계통
① 방사식 : 지역이 광대하여 한 개소로 모으기 곤란할 때 배수지역을 분산시켜 처리함
② 차집식 : 오수와 우수의 분리식
③ 선형식 : 지형이 한 방향으로 규칙적인 경사지에 설치함
④ 직각식 : 해안지역에서 하수를 강에 직각으로 연결시키는 방법

해설 19

공원 유출계수 : 0.1~0.3

해설 20

강수량 − 유입량

해설 21

바르게 고치면
① 강우량 곡선에서는 강우 계속시간이 증가하면 강우량이 증가한다.
② 강우량도 곡선은 일반적으로 누가우량곡선으로 표현된다.
③ 강우강도는 강우 계속시간이 반비례한다.

해설 22

우수받이(빗물받이) : 측구에서 흘러나오는 빗물을 하수본관에 유하시키기 위해 중간에 설치하는 시설, 설치간격은 20m에 1개 비율로 설치

해설 23

강우강도 $= \frac{\text{유출량}}{\text{강우량}}$

정답			
	18. ①	19. ②	20. ③
	21. ④	22. ②	23. ①

24. 배수구의 평균유속이 0.5m/sec이고, 이 배수구의 횡단면은 가로 2m, 세로 1m 일때 배수 유량은?

① $0.5m^3/sec$　　② $1.0m^3/sec$
③ $1.5m^3/sec$　　④ $2.0m^3/sec$

해설 24
$(2\times1)\times0.5=1.0m^3/sec$

25. 다음 그림에 관한 설명 중 틀린 것은?

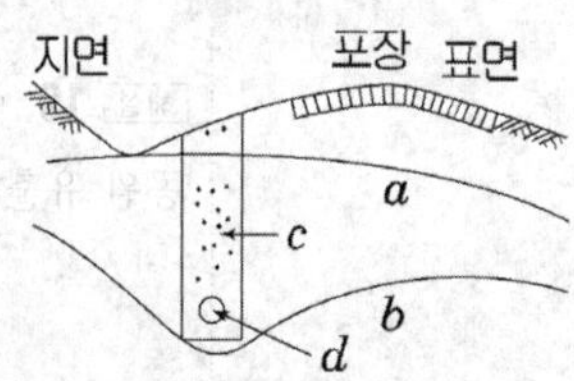

① 차단배수시설이다.
② a는 초기, b는 변경된 지하수위이다.
③ c는 굵은모래나 모래가 섞인 강자갈이 좋다.
④ d는 콘크리트 무공관이다.

해설 25
심토층 배수에 사용되는 관은 유공관이다. 따라서 d는 유공관이다.

26. 다음 중 배수능력이 가장 떨어지며 쉽게 막히기도 하지만 지표면에서 흡수된 물을 배수하기 위한 심토층 배수형태는 다음 중 어느 것인가?

① 오지토관　　② 유공관
③ 맹암거　　④ 명거

해설 26
맹암거
· 배수를 통한 지하수위의 조절을 위해 땅 속에 매설한 수로
· 지하수위의 조절을 위하여 모래, 자갈, 호박돌, 다발로 묶은 나무가지 등을 땅 속에 매설한 일종의 수로이다.

27. 다음 설명하는 배수계통의 종류는?

- 하수처리장이 많아지고 부지경계를 벗어난 곳에 시설을 설치해야 하는 부담이 있다.
- 배수지역이 광대해서 배수를 한 곳으로 모으기 곤란할 때 여러 개로 구분해서 배수계통을 만드는 방식이다.
- 관로의 길이가 짧고 작은 관경을 사용할 수 있기 때문에 공사비를 절감할 수 있다.

① 직각식(直角式)　　② 차집식(遮集式)
③ 선형식(扇形式)　　④ 방사식(放射式)

해설 27
방사식
· 지역이 넓은 곳에 적용
· 최대 연장이 짧아 소관경을 작업해 경비가 절약되나 처리장이 많아지는 단점이 있다.

정답 24. ② 25. ④ 26. ③ 27. ④

28. 배수방법에는 합류식과 분류식이 있다. 다음 중 합류식 배수방법의 장점에 해당하는 것은?

① 시공이 용이하다.
② 수질오염을 방지하는데 유리하다.
③ 전 오수를 하류처리장으로 도달시킬 수 있다.
④ 유속이 일정하고 빨라 침전물이 생기지 않는다.

해설 28
합류식 장점
단일 관거로 오수와 우수를 배제하는 방식이다. 시공에 유리하며, 침수피해의 다발지역이나 우수배제시설이 정비되어 있지 않은 지역에서는 유리한 배제방식이다.

29. 배수계통 중 지형이 한 방향으로 집중되어 경사를 이루거나 하수처리 관계상 하수를 한 방향으로 유도시킬 때 이용되는 것은?

① 차집식(intercepting system)
② 선형식(fan system)
③ 방사식(radial system)
④ 직각식(rectangular system)

해설 29
선형식은 지형이 한 방향으로 규칙적인 경사지에 설치한다.

30. 지형의 기복이 심한 소규모 공간에 물이 정체되는 곳이나 평탄면에 배수가 원활하지 못한 곳의 배수를 촉진시키기 위해 설치되는 심토층 배수방식은?

① 직각식(直角式) ② 차집식(遮集式)
③ 선형식(扇形式) ④ 자연식(自然式)

해설 30
자연식(자연형)은 국부적인 공간의 물을 배수하기 위해 사용된다.

31. 어떤 배수구역의 면적 비율이 주거지 40%, 도로 30%, 녹지 30%라고 가정하고 그 유출계수를 각각 순서대로 0.90, 0.80, 0.10이라고 한다면, 이 구역의 합리적인 평균 유출계수는?

① 0.60 ② 0.63
③ 0.80 ④ 0.83

해설 31
평균유출계수(C_m)$=\dfrac{\Sigma A_i + C_i}{\Sigma A_i}$

$$C_m = \frac{(0.4\times 0.90)+(0.3\times 0.80)+(0.3\times 0.10)}{0.4+0.3+0.3} = 0.63$$

32. 어떤 지역에 20분 동안 15mm의 강우가 있다면 평균 강우강도(mm/h)는?

① 15 ② 20
③ 30 ④ 45

해설 32
평균 강우강도(mm/h) 이므로

$$\frac{15\text{mm}}{\frac{20분}{60분}} = 45\text{mm/h}$$

정답 28. ① 29. ② 30. ④ 31. ② 32. ④

33. 강우유역 면적 28ha이고, 평균 우수유출계수가 $C=0.15$인 도시공원에 강우강도가 $I=15$mm/hr일 때 공원의 우수 유출량(m^3/sec)은?

① 0.175 ② 0.635
③ 1.035 ④ 3.015

34. 강우강도가 100mm/h인 지역에 있는 유출계수 0.95인 포장 된 주차장 900m^2에서 발생하는 초당 유출량은 얼마인가? (단, 소수점 3째자리 이하는 버림한다.)

① 0.237m^3/sec ② 0.423m^3/sec
③ 0.023m^3/sec ④ 0.042m^3/sec

35. 물의 흐름과 관련한 설명 중 등류(等琉)에 해당하는 것은?

① 유속과 유적이 변하지 않는 흐름
② 물 분자가 흩어지지 않고 질서정연하게 흐르는 흐름
③ 한 단면에서 유적과 유속이 시간에 따라 변하는 흐름
④ 일정한 단면을 지나는 유량이 시간에 따라 변하지 않는 흐름

36. 암거 배열방식 중 집수 지거를 향하여 지형의 경사가 완만하고 같은 정도의 습윤상태인 곳에 적합하며 1개의 간선 집수지 또는 집수 지거로 가능한 한 많은 흡수거를 합류하도록 배열하는 방식은?

① 빗식(gridiron system)
② 자연식(natural system)
③ 집단식(grouping system)
④ 차단식(intercepting system)

해설 **33**

$$Q=\frac{1}{360}CIA$$
$$=\frac{1}{360}\times 0.15\times 15\times 28$$
$$=0.157m^3/sec$$

(Q : 우수유출량(m^3/sec),
C : 유출계수,
I : 강우강도(mm/hr),
A : 배수면적(ha))

해설 **34**

$$Q=\frac{1}{360}CIA$$

(Q : 우수유출량(m^3/sec),
C :유출계수,
I : 강우강도(mm/hr),
A : 배수면적(ha))

$$\frac{1}{360}\times 0.95\times 100\times 0.09$$
$$=0.02375 \rightarrow 0.023m^3/sec$$

해설 **35**

②은 층류에 대한 설명
③은 부정류에 대한 설명
④은 정류에 대한 설명

해설 **36**

빗식(gridiron system)
- 격자형조직
- 평행한 지거(支渠)가 지선 또는 간선 배수로에 한쪽 면으로만 들어오게 되어있는 배수조직

정답 33. ① 34. ③ 35. ① 36. ①

chapter 17

옹벽

17.1 핵심플러스

■ 종류

중력식	상단이 좁고 하단이 넓은 형태 / 3m내 · 외옹벽 /자중으로 견딤
켄틸레버식	철근콘크리트사용 / 5m 내외
부축벽식	안정성중시할 때 적용 / 6m 내외

■ 안정조건

· 활동에 대한 안정 : 안전계수 $=\frac{\text{활동에대한저항력}}{\text{활동력(주동토압)}} \geq 1.5$

–활동에 대한 저항력 : 자중+저판위의 흙의 중량

· 전도에 대한 안정 : 안전계수 $=\frac{\text{저항모멘트}}{\text{전도모멘트}} \geq 2.0$

–전도모멘트산정 : 상재하중이 없을 때$=P\times\frac{h}{3}$,

상재하중이 있을 때$=P\times\frac{h+h'}{3}$

–저항모멘트 $w\times\ell_1$

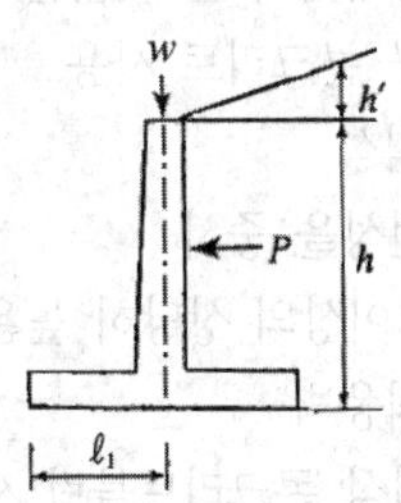

· 지반 지지력(f)에 대한 안정 : 옹벽이 지반을 누르는 힘보다 지지력이 커서 부동침하에 대한 안정성

· 옹벽의 재료가 외력보다 강한 재료로 구성되어야함

■ 토압

종류	정지토압 / 주동토압 / 수동토압
토압계산	· 상재하중이 없는 중력식이나 켄틸레버 옹벽 : P = $0.286\frac{Wh^2}{2}$ · 상재하중이 있는 중력식 옹벽 : P = $0.833\frac{Wh^2}{2}$ · 상재하중이 있는 켄틸레버옹력 : P = $0.833\frac{W(h+h')^2}{2}$

1 정의

토사의 붕괴를 막기 위해 만드는 벽식 구조물을 옹벽이라 한다.

2 옹벽의 종류와 특성 ★

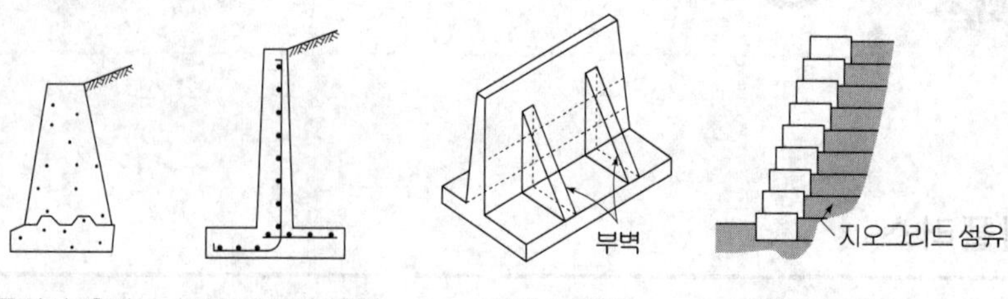

중력식 옹벽　　켄틸레버식 옹벽　　부벽식 옹벽　　조립식 옹벽

① 중력식 옹벽

㉠ 상단이 좁고 하단이 넓은 형태

㉡ 자중으로 토압에 저항하도록 설계됨

㉢ 3m의 내외의 낮은 옹벽, 무근콘크리트로 사용

② 켄틸레버 옹벽

㉠ 5m 내외의 높지 않은 경우에 사용

㉡ 철근 콘크리트 사용

③ 부축벽식

㉠ 안전성을 중시

㉡ 6m 이상의 상당히 높은 흙막이 벽에 쓰임

④ 조립식옹벽

㉠ 조립식 콘크리트블럭 사용

㉡ 다공질로 개별적 블록 구성

3 옹벽의 안정조건 ★★

① 활동에 대한 안정

㉠ 옹벽이 토압에 밀리는 것을 활동이라 한다.

㉡ 활동에 대한 안전계수는 1.5 이상이어야 한다.

㉢ 기초판 하부에 돌기(key)를 만들어 안전율을 증가시킬 수 있다.

㉣ 안전계수 = $\frac{\text{활동에 대한 저항력(마찰력)}}{\text{활동을 일으키는 힘(주동토압)}}$

② 전도에 대한 안정

㉠ 옹벽이 넘어 지는 것을 전도라 한다.

㉡ 전도에 대한 안전율은 2.0 이상이라야 한다.

㉢ 합력이 저판 중앙 3등분점 안에 들면 일반적으로 안정하다.

㉣ 안전계수 = $\frac{\text{저항모멘트}}{\text{전도모멘트}}$

③ 지반 지지력(f)에 대한 안정 : 옹벽이 지반을 누르는 힘보다 지지력이 커서 부동침하에 대한 안정성이 있어야 한다.

④ 옹벽의 재료가 외력보다 강한 재료로 구성되어야 함

기출예제

어느 옹벽에 작용하는 전도 모멘트가 950kg/m이고 활동력이 1,150 kg/m일 때 안정조건은?

① 1,300, 1,500　　② 1,300, 2,400
③ 2,000, 2,400　　④ 2,000, 1,500

답 ③

해설 $\dfrac{\text{저항모멘트}}{\text{전도모멘트}} \geq 2.0 \quad \dfrac{x}{950} \geq 2.0 \quad x \geq 1{,}900$

$\dfrac{\text{활동에 대한 저항력(마찰력)}}{\text{활동을 일으키는 힘(주동토압)}} \geq 1.5 \quad \dfrac{x}{1{,}150} \geq 1.5 \quad x \geq 1{,}725$

4 옹벽에 작용하는 토압

① 토압 : 옹벽과 접촉하고 있는 부분에 토체가 수평방향으로 미는 힘으로 수평토압을 의미한다.

② 종류

㉠ 정지토압 : 변위를 무시할 수 있을 때 사용

㉡ 주동(主動)토압 : 벽체 변위가 외측 변위가 있을 때

㉢ 수동(受動)토압 : 벽체 변위가 내측 변위가 있을 때

③ 배토 : 흙의 휴식각(안식각) 외부에 옹벽과 접하는 토양

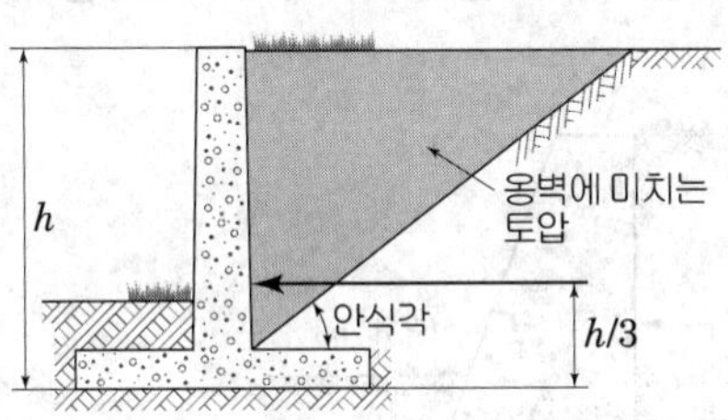

그림. 옹벽에 영향을 주는 토압

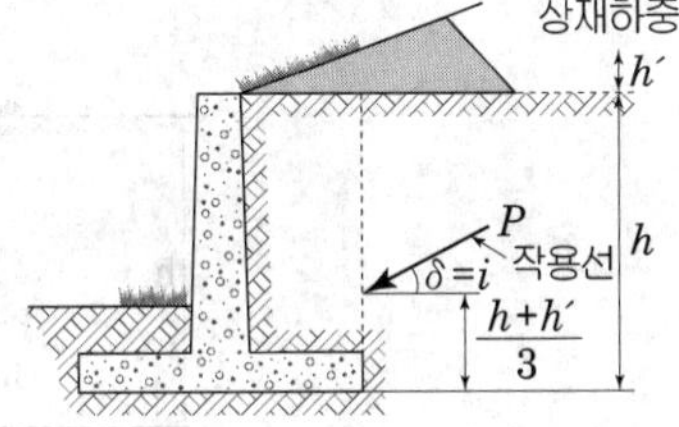

그림 . 상재하중이 작용하는 옹벽

④ 토압(P)의 계산

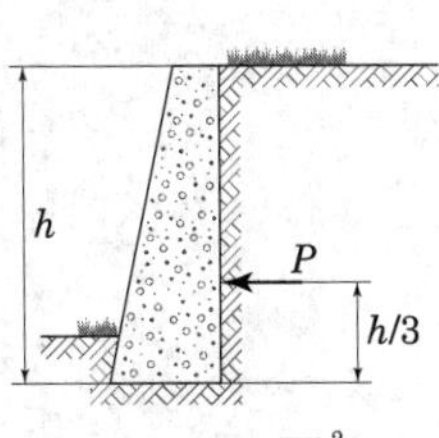

$P_a = 0.286\dfrac{Wh^2}{2}$

그림. 상재하중이 없는 중력식이나 켄틸레버 옹벽

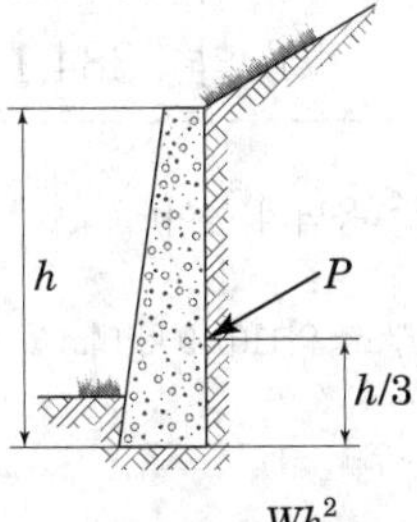

$P_a = 0.833\dfrac{Wh^2}{2}$

그림. 상재하중이 있는 중력식 옹벽

h/3

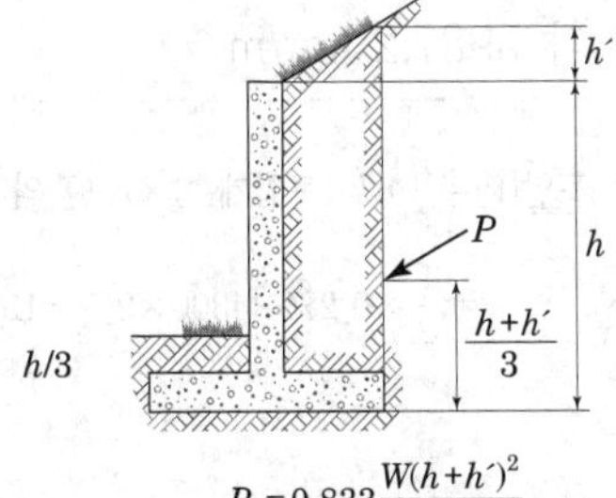

$P_a = 0.833\dfrac{W(h+h')^2}{2}$

그림. 상재하중이 있는 켄틸레버 옹벽

기출예제 1

Rankine의 토압이론에 의하면 그림과 같이 옹벽 뒤 배토의 지표면이 수평일 경우 토압의 작용점은 어디인가?

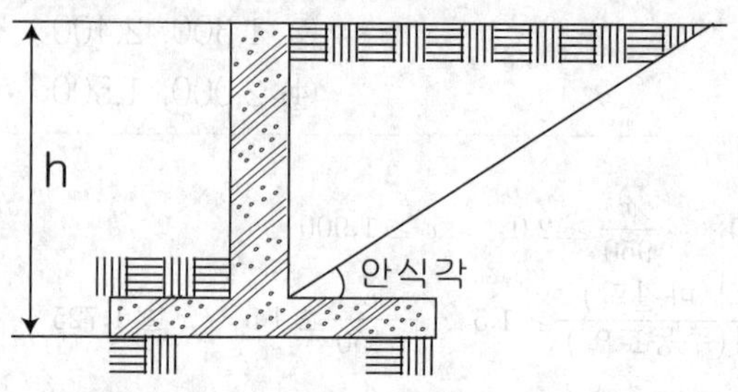

① 옹벽높이의 1/2 지점에 수평으로 작용
② 옹벽높이의 1/2 지점에 안식각과 같은 각으로 작용
③ 옹벽높이의 1/3 지점에 수평으로 작용
④ 옹벽높이의 1/3 지점에 안식각과 같은 각으로 작용

 ③

기출예제 2

그림과 같은 상재하중이 없는 중력식옹벽에 작용하는 토압은? (단, 무근콘크리트 중량 : 2300 kgf/m³, 보통흙의 중량 : 1300kgf/m³, h : 2.5m, 토압계수 : 0.286으로 한다.)

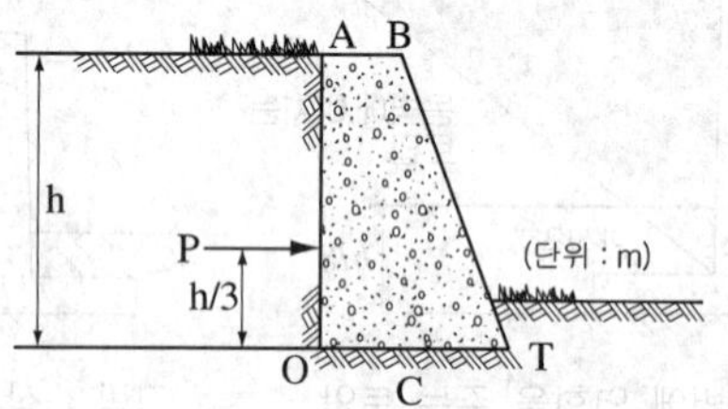

① 약 2055.6 kgf/m ② 약 1161.9 kgf/m
② 약 5987.2 kgf/m ④ 약 3384.1 kgf/m

 ②

해설 토압(P)= $\frac{1}{2} \times k_a$ (토압계수) $\times r_t$ (흙의 중량) $\times h^2$ (옹벽의 높이)

$= \frac{1}{2} \times 0.286 \times 1300 \times 2.5^2 = 1161.875$ kgf/m= 약1161.9 kgf/m

5 콘크리트 및 철근콘크리트 옹벽 시공

① 신축이음 15~20m 마다 설치한다.
② 배수구멍 설치 : 1.5~2.0m²마다 직경 5~10cm의 배수공설치

핵심기출문제

내친김에 문제까지 끝내보자!

1. 6m 이상의 석축조성 방법으로 적당한 것은?

① 중력식 옹벽
② 켄틸레버 옹벽
③ 부벽식 옹벽
④ 고정식 옹벽

2. 일반적으로 상단이 좁고, 하단이 넓은 형태의 옹벽으로 3m 내외의 낮은 옹벽에 많이 쓰이는 것은?

① 중력식옹벽
② 켄틸레버옹벽
③ 부축벽옹벽
④ 석축옹벽

3. 옹벽 설계 시 고려해야 할 안정조건으로 적합하지 않는 것은?

① 활동(sliding)에 대한 저항력이 수평력의 1.5배 이상
② 저항력이 옹벽 뒷면의 토압에 대한 회전력의1.2배 이상
③ 옹벽의 재료가 외력보다 강한 재료로 구성될 것
④ 옹벽이 지반을 누르는 힘보다 지지력이 클 것

4. 콘크리트 옹벽과 저판위의 흙의 중량이 5,000kg일 때 토압이 1,162kg 작용한다면 이 옹벽은 활동에 대해 어떠한가? (단, 콘크리트 면이 진흙에 대한 마찰계수를 0.5로 한다.)

① 위의 조건으로 알 수 없다.
② 활동에 대해 안전하다.
③ 활동에 대해 불안전하다.
④ 활동에는 안전하나 침하될 우려가 있다.

정 답 및 해 설

공통해설 **1, 2**

- 중력식 : 상단이 좁고 하단이 넓은 형태, 3m내 · 외옹벽, 자중으로 견딤
- 켄틸레버식 : 철근콘크리트사용, 5m 내외
- 부축벽식 : 안정성 중시할 때 적용, 6m 내외

해설 **3**

옹벽 뒷면의 토압에 대한 회전력의 2.0배 이상

해설 **4**

① 활동에 대한 안전계수는 1.5 이상이어야 한다.
② 안전계수 $= \frac{5,000 \times 0.5}{1,162} =$ 2.15… 활동에 대한 안전계수 1.5에 해당하므로 활동에 대해 안전하다.

정답 1. ③ 2. ① 3. ② 4. ②

정 답 및 해 설

5. 다음 그림의 옹벽에 관한 사항 중 옳은 것은?

① 무근 콘크리이트 구조이다.
② 4m 이하의 높이에 유리한 구조이다.
③ 하중은 옹벽높이 1/3지점인 1.2m 지점에 수평방향으로 작용한다.
④ 켄틸레버옹벽으로 중력식 옹벽보다 구조상 유리한 단면이다.

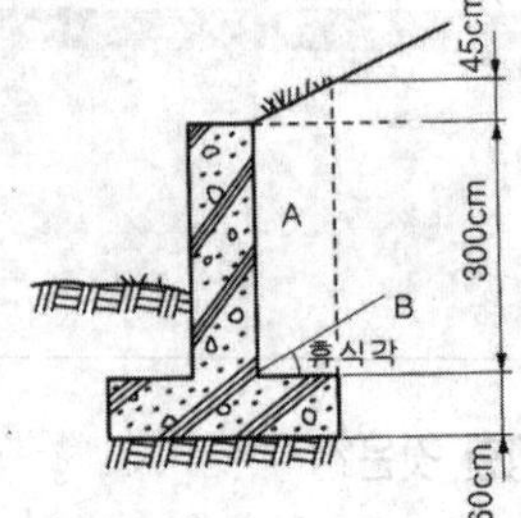

해설 5

그림옹벽은 켄틸레버옹벽
① 철근콘크리트구조
② 5m 내외 높이에 적용
③ 하중은 옹벽높이 $\frac{1}{3}$지점인 1.35지점에서 수평방향으로 작용
$\rightarrow \frac{0.45+3.0+0.6}{3}=1.35\text{m}$

6. 옹벽무게 4,500kg, 토압 1,160kg, 마찰계수 0.3일 때 이 옹벽의 안정성에 대한 옳은 것은?

① 활동에 안정하다.
② 활동에 불안정하다.
③ 활동에는 안정하나 침하될 우려가 있다.
④ 위 조건으로는 알 수 없다.

해설 6

$\frac{\text{옹벽무게} \times \text{마찰계수}}{\text{토압}}$
$=\frac{4500 \times 0.3}{1160}=1.1637...$
활동(sliding)에 대한 저항력이 수평력의 1.5배 이상이어야 하므로 활동에 대해 불안정하다.

7. 옹벽구조설계에서 고려하는 역학적 검토사항 중 어느 것이 필수적인가?

① 모멘트, 미끄러짐, 처짐
② 처짐, 뒤틀림, 휨
③ 지지력, 모멘트, 미끄러짐
④ 재료의 내구성, 시공방법

해설 7

옹벽설계 역학적 검토사항 : 지지력, 모멘트(전도력), 미끄러짐(활동력)

8. 지내력에 관한 설명으로 옳은 것은?

① 직접기초에 대한 지반의 내력을 말한다.
② 지내력과 침하는 무관하다.
③ 자갈은 암반보다 지내력이 크다.
④ 구조물의 하중은 허용지내력을 초과해야 한다.

해설 8

지내력 : 지반이 구조물의 압력을 견디는 정도.

9. 옹벽에 작용하는 토압 중 자연지반에서 수평의 방향으로 작용하는 응력은 어떤 토압을 말하는가?

① 정지토압 ② 주동토압
③ 수동토압 ④ 활동토압

해설 9

주동토압 : 벽체 변위가 외측 변위가 있을 때로 자연지반에서 수평방향으로 작용하는 토압을 말한다.

정답 5. ④ 6. ② 7. ③ 8. ① 9. ②

10. 다음 그림과 같은 1.0B되는 콘크리트 담장에서 힘 P에 대한 저항 모우먼트는?

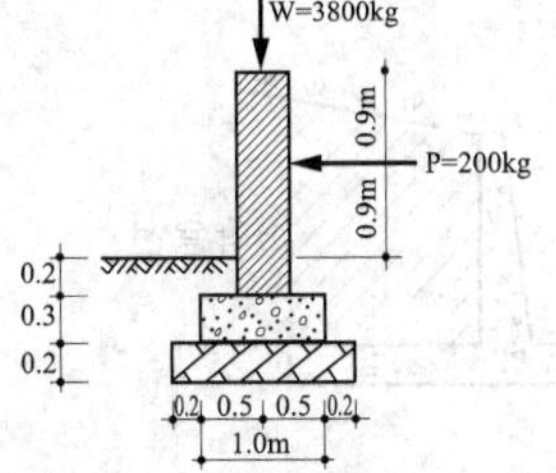

① 280kg · m
② 320kg · m
③ 1,900kg · m
④ 9,100kg · m

11. 옹벽에 뒷채움 흙을 채운 뒤에도 벽체의 변위가 생기지 않는 상태에서 작용하는 토압은?

① 정지토압(靜止土壓) ② 주동토압(主動土壓)
③ 수동토압(受動土壓) ④ 활동토압(活動土壓)

12. 옹벽의 구조적 안정성을 위해 필요한 3가지 기본적인 검토요소에 해당되지 않는 것은?

① 활동(sliding)에 대한 검토
② 우력(couple forces)에 대한 검토
③ 침하(settlement)에 대한 검토
④ 전도(overturning)에 대한 검토

13. 다음 그림을 참고하여 중력식 옹벽의 설계 안정성을 검토하는 방법으로 옳은 것은?

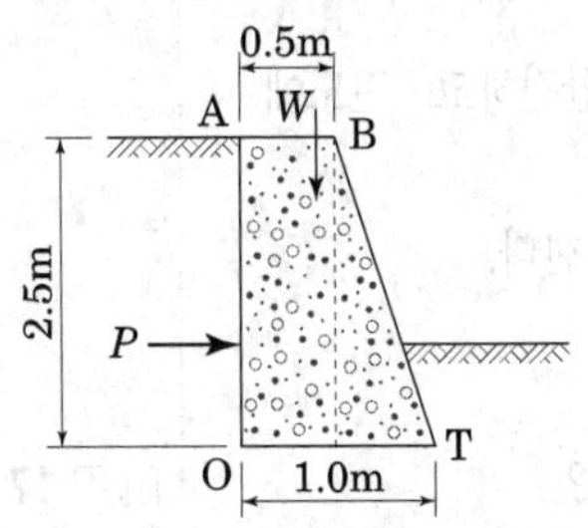

① sliding에 대한 검토로서 안전계수 =(활동력/활동에 대한 저항력)을 계산한다.
② 토압 산출 공식은 $P = 0.286\dfrac{Wh}{3}$ 를 이용한다.
③ 모멘트는 사각형 단면과 삼각형 단면의 합산 후 단위 당 무게와 모멘트 팔을 곱한다.
④ 전도에 대한 안전성 검토에서 전도와 저항 모멘트 비율이 안전율 3보다 커야한다.

정답 및 해설

해설 **10**

저항 모멘트
=W×AB거리
= 3800×0.5=1900kg·m

해설 **11**

정지토압 : 벽체 변위를 무시할 수 있을 때 토압

해설 **12**

옹벽의 안정성을 위한 검토내용 : 활동 · 전도 · 침하에 대한 검토

해설 **13**

① 슬라이딩(활동)에 대한 안전계수(1.5) ≥ 활동에 대한 저항력 / 활동력
② 토압의 산출 공식은
$$P = 0.286\frac{wh^2}{2}$$
④ 전도에 대한 안정성은 전도와 저항 모멘트 비율이 안전율 2.0보다 커야한다.

정답 10. ③ 11. ① 12. ② 13. ③

14. 배토의 지표면이 수평면일 때 옹벽에 영향을 미치는 토압의 작용범위를 올바르게 도해한 것은 어느 것인가?

①
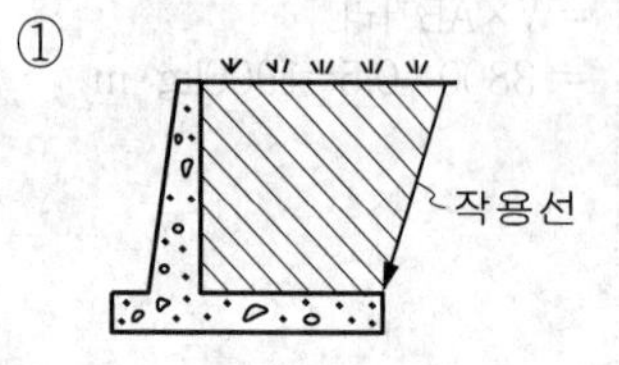

②
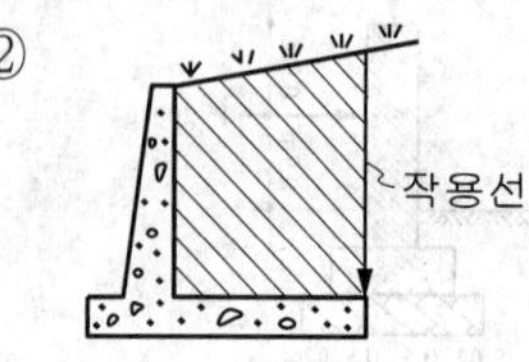

③
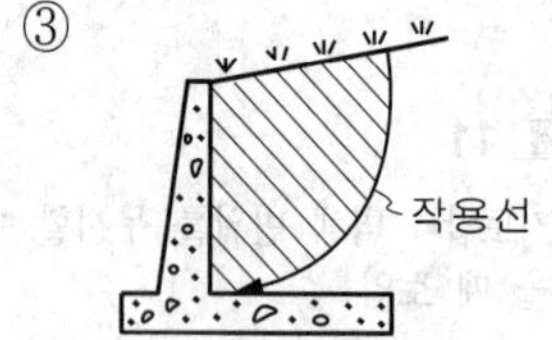

④
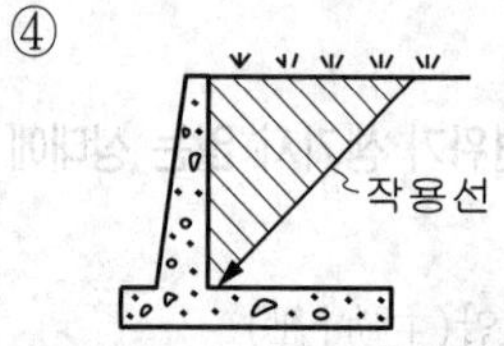

15. 옹벽의 안정에 관한 설명 중 옳은 것은?

① 옹벽의 미끄러짐에 대한 안정은 허용 지내력에 관계한다.
② 옹벽의 전도에 대한 안정은 토압과 자중에 관계한다.
③ 옹벽의 침하에 대한 안정을 허용응력에 관계한다.
④ 옹벽자체의 단면의 안정은 자중에 관계한다.

16. 다음 중 옹벽의 안정조건이 아닌 것은?

① 옹벽이 지반을 누르는 최대 힘보다 지반의 허용지지력이 커서 기초가 부등침하에 대한 안정성이 있어야 한다.
② 활동력이 저항력보다 커야만 옹벽은 활동에 대해 자유로워지며 안전율은 1.0을 적용한다.
③ 저항모멘트가 회전 모멘트보다 커야만 옹벽이 안전하고, 전도에 대한 안전율은 2.0을 적용한다.
④ 옹벽의 재료가 외력보다 강한 재료로 구성되어야 한다.

17. 다음 옹벽 설계조건의 (　) 안에 가장 적합한 것은?

> 활동력이 저항력보다 커지면 옹벽은 활동하게 되고, 반대인 경우에 옹벽은 활동에 대해 안전하다고 볼 수 있다. 일반적으로 활동(sliding)에 대한 안전율은 (　)을/를 적용한다.

① 1.0~1.5　　② 1.5~2.0
③ 2.0~2.5　　④ 2.5~3.0

해설 **14**

안식각 이상 쌓은 흙이 옹벽에 토압으로 작용한다.

해설 **15**

- 침하 – 허용 지내력
- 토압, 자중 – 전도(넘어짐), 미끄러짐(활동력) – 허용응력

해설 **16**

② 저항력이 활동력보다 커야 옹벽은 활동에 대해 자유로워지며 안전율은 1.5를 적용한다.

해설 **17**

활동(sliding)에 대한 안전율
- 옹벽이 토압에 밀리는 것을 활동이라 한다.
- 활동에 대한 안전계수는 1.5 이상이어야 한다.

정답 14. ④　15. ②　16. ②　17. ②

chapter 18 석축

18.1 핵심플러스

■ 돌쌓기방식

- 사용재료에 따라 견치석, 장대석, 성돌, 첩석쌓기 등으로 구분
- 자연석 무너짐 쌓기
- 석재 사용재료에 따라 : 호박돌쌓기 / 성돌쌓기 / 첩석쌓기
- 마름돌쌓기

콘크리트 모르타르 사용유무에 따라	찰쌓기 / 메쌓기
줄눈의 모양에 따라	켜쌓기 / 골쌓기

1 자연석 무너짐 쌓기

① 정의 : 비탈면, 연못의 호안이나 정원 등 흙의 붕괴를 방지하여 경사면을 보호할 뿐만 아니라 주변 경관과 시각적으로도 조화를 이룰 수 있도록 자연석을 설치

② 돌틈식재 : 돌 사이의 빈틈에 회양목이나 철쭉 등의 관목류, 초화류를 식재

③ 기초석의 깊이 : 지표면에서 20~30cm 묻히게 한다.

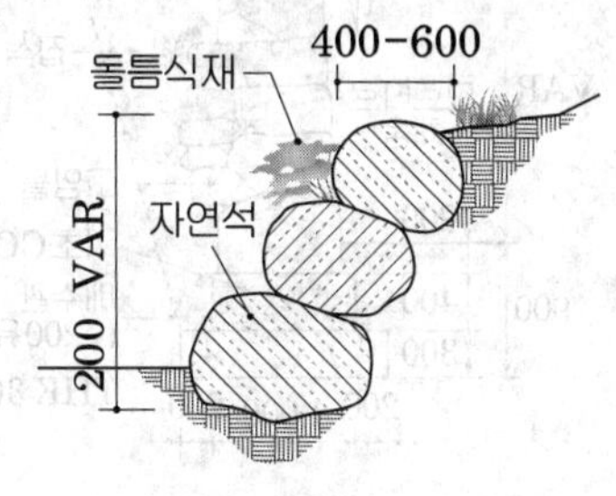

그림. 자연석무너짐쌓기

2 석재의 사용재료에 따른 쌓기

① 호박돌쌓기

㉠ 자연스러운 멋을 내고자할 때 사용

㉡ 호박돌은 안정성이 없으므로 찰쌓기 수법 사용

㉢ 하루에 쌓는 높이는 1.2m 이하

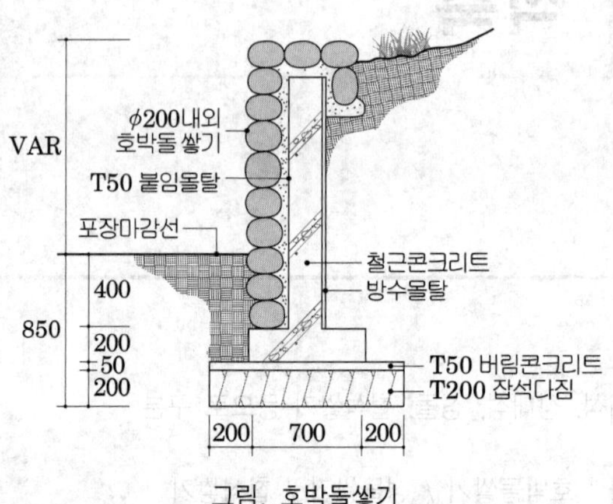

그림. 호박돌쌓기

② 성돌쌓기

㉠ 문화재복원공사에 적용하며 시공비가 고가임

㉡ 기초를 성돌쌓기 폭보다 넓게 지반을 다지고 생석회 잡석다짐을 함

㉢ 일반 성돌보다 넓고 큰 지대석을 넣고 그 위치 5~20cm 퇴물림하여 매단의 성돌을 수평에 가깝게 놓음으로써 성벽의 기울기만큼 층단형식을 취함

③ 첩석쌓기(조경석 면쌓기)

㉠ 가공된 조경석·화강석으로 수직적 형태의 한 면을 가질 수 있도록 축조

㉡ 인공미와 자연미가 조화된 전통적인 돌쌓기

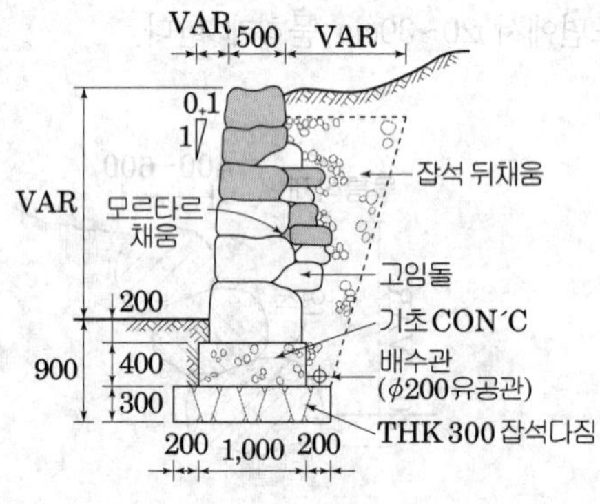

그림. 첩석쌓기

3 마름돌쌓기(일정한 모양으로 다듬어 놓은 돌을 쌓음)

★ ① 콘크리트나 모르타르의 사용 유무에 따라

㉠ 찰쌓기(wet masonry)

- 줄눈에 모르타르를 사용하고, 뒤채움에 콘크리트를 사용하는 방식으로 견고하나 배수가 불량해지면 토압이 증대되어 붕괴 우려가 있음

- 전면기울기는 1 : 0.2 이상을 표준, 하루에 쌓기는 1~1.2m
- 뒷면의 배수를 위해 $2m^2$마다 지름이 약 3~6cm정도의 배수구 설치

㉡ 메쌓기(dry masonry)

- 콘크리트나 모르타르를 사용하지 않고 쌓는 방식으로 배수는 잘되나 견고하지 못해 높이에 제한을 둠
- 전면기울기는 1 : 0.3 이상을 표준, 하루에 쌓기는 2m 이하로 제한
- 가장 저렴한 쌓기로 견치돌과 뒤채움에는 잡석과 자갈을 사용

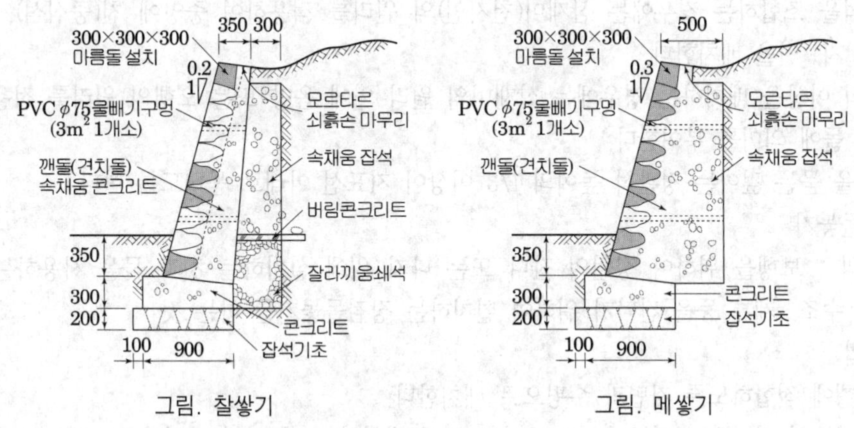

그림. 찰쌓기　　　　그림. 메쌓기

② 줄눈의 모양에 따라

㉠ 켜쌓기

- 돌 한켜한켜의 가로줄눈이 수평이 되도록 각 층을 직선으로 쌓는 방법으로 시각적으로 보기 좋으므로 조경공간에 주로 사용
- 다만, 견고성이 떨어지고 강도상 결함이 있어 통줄눈을 피하고 높이 쌓기에 제약을 받음

㉡ 골쌓기

- 줄눈을 물결모양(파상) 또는 골을 지워가며 쌓는 방법
- 부분파손이 전체에 영향을 미치지 않으므로 하천 공사 등에 주로 쓰임

4 자연석놓기

① 정의 : 일정한 지반, 포장, 잔디 또는 구축물(받침대 등) 위에 경관석을 단독으로 또는 집단으로 배석하는 것을 말하며, 크게 경관석놓기와 디딤돌놓기로 구분한다.

② 경관석놓기

㉠ 정의 : 시선이 집중되는 곳이나 시각적으로 중요한 지점에 감상을 위한 목적으로 단독 또는 집단으로 배석하는 것

㉡ 방법

- 중심석, 보조석 등으로 구분하여 크기, 외형 및 설치 위치 등이 주변 환경과 조화를 이루도록 설치한다.
- 무리지어 설치할 경우 주석과 부석의 2석조가 기본이며, 특별한 경우 이외에는 3석조, 5석조, 7석조 등과 같은 기수로 조합하는 것을 원칙으로 한다.
- 4석조 이상의 조합은 1석조, 2석조, 3석조의 조합을 기준으로 조합한다.
- 무리지어 배치할 경우에는 큰 돌을 중심으로 곁들여지는 작은 돌이 큰 돌과 잘 조화되도록 배치한다.
- 3석을 조합하는 경우에는 삼재미(천지인)의 원리를 적용하여 중앙에 천(중심석), 좌우에 각각 지, 인을 배치한다.
- 5석 이상을 배치하는 경우에는 삼재미의 원리 외에 음양 또는 오행의 원리를 적용하여 각각의 돌에 의미를 부여한다.
- 돌을 묻는 깊이는 경관석 높이의 1/3 이상이 지표선 아래로 묻히도록 한다.

③ 디딤돌놓기

㉠ 정의 : 보행을 위하여 정원의 잔디 또는 나지 위에 설치하는 것과 물을 사용하는 시설, 즉 못, 수조, 계류 등을 건너기 위하여 설치하는 징검돌놓기를 하는 것

㉡ 방법

- 보행에 적합하도록 지면과 수평으로 배치한다.
- 징검돌의 상단은 수면보다 15cm 정도 높게 배치하고 한 면의 길이가 30~60cm 정도로 되게 한다. 요소(시점, 종점, 분기점)에 대형이며 모양이 좋은 것을 선별하여 배치하고 디딤 시작과 마침 돌은 절반 이상 물가에 걸치게 한다.
- 배치 간격은 어린이와 어른의 보폭을 고려하여 결정하되, 일반적으로 40~70cm로 하며 돌과 돌 사이의 간격이 8~10cm 정도가 되도록 배치한다. 정원에서는 배치 간격을 20~30% 줄인다.
- 양발이 각각의 디딤돌을 교대로 디딜 수 있도록 배치하며, 부득이 한발이 한 면에 2회 이상 닿을 경우는 3.5⋯ 등 홀수 회가 닿을 수 있도록 한다.
- 디딤돌은 크기가 30cm 내외인 경우에는 디딤돌의 상면이 지표면보다 3cm 정도 높게 배치하고 50~60cm인 경우에는 지표면보다 6cm 정도 높게 배치한다.
- 디딤돌 및 징검돌의 장축은 진행방향에 직각이 되도록 배치한다.
- 디딤돌은 2연석, 3연석, 2 · 3연석, 3 · 4연석 놓기를 기본으로 한다.

5 자연석의 수량산출

① 자연석 놓기 : 전체 체적을 계산하여 단위 중량을 곱하여 전체 중량(ton)을 산출한다.

② 자연석 쌓기 : 자연석의 체적에 자연석 단위중량을 곱하여 전체 중량으로 수량으로 수량을 산출한다.

기출예제 1

쌓기 평균 뒷길이가 0.5m이고, 공극률이 30%이고 실적율이 70% 일 때 10㎡ 당 자연석의 중량은? (자연석 단위중량 2.65ton/m³)

① 11.08ton ② 20.25ton
③ 9.275ton ④ 12.25ton

답 ③

해설 10m² ×0.5m×0.7(실적율)×2.65ton/m³ = 9.275 ton

기출예제 2

1열 평균폭이 0.6m, 평균 높이를 0.5m이고, 실적율이 70% 일 때 10m당 평균 중량은? (자연석 단위중량 2.65ton/m³)

① 5.565ton ② 55.65ton
③ 9.975ton ④ 99.75ton

답 ㉮

해설 0.6×0.5×10×0.7(실적율)×2.65(단위중량) = 5.565ton

6 계단돌 쌓기(자연석 층계)

① 보행에 적합하도록 비탈면에 일정한 간격과 형식으로 지면과 수평이 되게 한다.
② 노상토의 기울기가 심하여 해당 토양의 안식각 이상으로서 구조적인 문제가 발생할 염려가 있는 경우에는 콘크리트 기초 및 모르타르로 보강한다.
③ 계단의 최고 기울기는 30~35° 정도로 한다.
④ 한 단의 높이는 15~18cm, 단의 폭은 25~30cm 정도로 한다.
⑤ 계단의 폭은 1인용일 경우 90~110cm, 2인용일 경우 130cm 정도로 한다.
⑥ 돌계단의 높이가 2m를 초과할 경우 또는 방향이 급변하는 경우에는 안전을 위해 너비 120cm 이상의 층계참을 설치한다.

조적공사

19.1 핵심플러스

■ **벽돌벽의 종류** : 내력벽, 장막벽(비내력벽), 중공벽

■ **벽돌쌓기 방식** : 영식쌓기(가장 튼튼한 쌓기), 화란식쌓기 등

■ **담장붕괴의 원인**

상부하중에 의한 기초파괴	편심하중 작용시 편심응력은 기초의 중앙부분에 작용해야 기초가 안정
기초침하	지반연약층 / 이질지층 / 연약지반/ 지하수위가 높은 지역
기초전도	저항모멘트가 전도모멘트보다 커야 안정

■ **담장의 측지**

- 측지 : 조적식 담장의 지지와 안정을 위한 기둥
- 측지의 간격 : 바람의 속도압에 따라 기둥사이의 거리(L)와 담장두께(T)의 비로 결정

1 종류와 규격

① 종류 : 보통벽돌, 내화벽돌, 특수벽돌(이형벽돌, 경량벽돌, 포장용벽돌)
② 규격 : 표준형(190×90×57mm), 기존형(210×100×60mm)
③ 품질 : A종, B종, C종으로 구분

2 벽돌벽의 종류

① 내력벽 : 벽체, 바닥, 지붕 등의 상부하중을 받아 기초에 전달하는 벽
② 장막벽 : 비내력벽, 상부하중을 받지 않고 자중만 지지하는 벽으로 공간을 구분 짓는 벽체
③ 중공벽 : 이중벽으로 벽사이에 보온재를 넣어서 시공하는 벽

■ 참고 : 벽돌쌓기 전의 작업 준비

① 규준틀

세로규준틀	·2~3치 각재를 대패질하여 쌓기 형식에 따른 눈금(줄눈)을 먹매기고 각종 세부장치별(창문틀, 앵커 볼트 등) 위치를 표시 ·기초표준수평선에 따라 수직으로 보조목을 써서 세움(5cm각재, 버팀대, 졸대 등이 필요함) ·세우는 곳은 모서리, 구석벽, 긴 벽의 중앙부 양단에 세움
수평규준틀	쌓기 형식 따라 설치함

② 가설형틀 : 특수구조부분에 조적할 경우 목재로 형틀을 미리 짜서 맞춤
③ 벽돌의 선별 및 마름질 : 질이 좋은 벽돌을 선별하고, 특수구분에는 벽돌을 마름질하여 모양을 만들어 (수량별) 쌓는 작업에 지장이 없게 함

3 벽돌쌓는 방법 ★★

★ ① 영식쌓기(영국식)

㉠ 한단은 마구리, 한단은 길이쌓기로 하고 모서리 벽 끝에는 이오토막을 씀

㉡ 통줄눈이 최소화되어 벽돌쌓기 중 가장 튼튼한 방법으로 내력벽체에 쓰임

② 화란식쌓기(네덜란드식)

㉠ 영식쌓기와 같고, 모서리 끝에 칠오토막을 씀

㉡ 모서리 부분이 다소 견고함, 내력벽체에 사용

③ 불식쌓기(프랑스식)

㉠ 매단에 길이쌓기와 모서리 쌓기가 번갈아 나옴

④ 미식쌓기(미국식)

㉠ 5단까지 길이쌓기로 하고 그 위에 한단은 마구리쌓기로 하여 본 벽돌벽에 물려 쌓음

⑤ 길이쌓기

㉠ 0.5B 두께의 간이 벽에 쓰임

⑥ 옆세워쌓기

㉠ 마구리를 세워 쌓는 것

⑦ 마구리 쌓기

㉠ 원형굴뚝 등에 쓰이고 벽두께 1.0B쌓기 이상 쌓기에 쓰임

⑧ 길이세워쌓기

㉠ 길이를 세워 쌓는 것

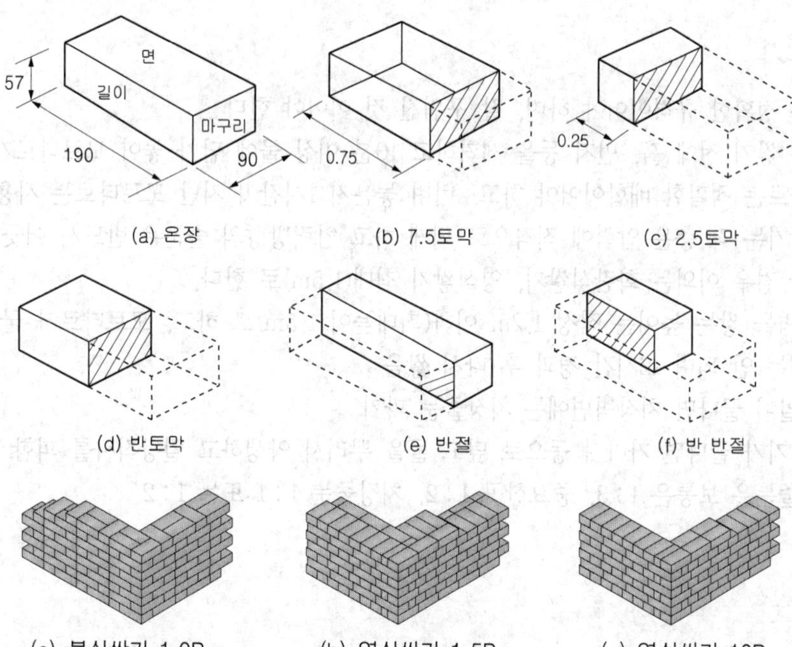

(a) 온장 (b) 7.5토막 (c) 2.5토막

(d) 반토막 (e) 반절 (f) 반 반절

(a) 불식쌓기 1.0B (b) 영식쌓기 1.5B (c) 영식쌓기 10B

4 벽돌의 매수 (m^2당)

	0.5 B	1.0 B	1.5 B	2.0 B
기준형	65	130	195	260
표준형	75	149	224	298

■ 참고

■ 두께 : 길이를 기준으로 표시 예) 0.5B : 반장쌓기, 1.0B : 한 장쌓기

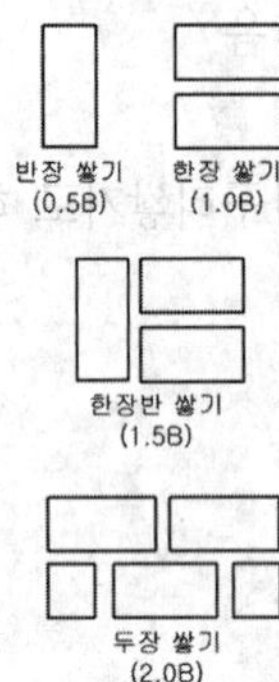

■ 줄눈

- 구조물의 이음부를 말하며, 벽돌쌓기에 있어서는 벽돌사이에 생기는 가로, 세로의 이음부를 말한다. 통줄눈, 막힌 줄눈

5 벽돌쌓기

① 벽돌은 정확한 규격이어야 하며, 잘 구워진 것 이어야 한다.
② 벽돌은 쌓기 전에 흙, 먼지 등을 제거하고 10분 이상 물에 담가 놓아 모르타르가 잘 붙도록 함
③ 모르타르는 정확한 배합이어야 하고, 비벼 놓은지 1시간이 지난 모르타르는 사용하지 않음
④ 벽돌쌓기는 각 층은 압력에 직각으로 되게 하고 압력방향의 줄눈은 반드시 어긋나게 함
⑤ 특별한 경우 이외는 화란식쌓기, 영식쌓기 최대(1.5m)로 한다.
⑥ 하루 벽돌 쌓는 높이는 적정 1.2m 이하(최대높이 1.5m)로 하고, 모르타르가 굳기 전에 압력을 가해서는 안 되며 12시간 경과 후 다시 쌓음
⑦ 벽돌 일이 끝나면 치장벽면에는 치장줄눈 파기
⑧ 벽돌쌓기가 끝나면 가마니 등으로 덮고 물을 뿌려서 양생하고 일광직사를 피함
⑨ 벽돌 줄눈은 보통은 1 : 3, 중요한곳 1 : 2, 치장줄눈 1 : 1 또는 1 : 2

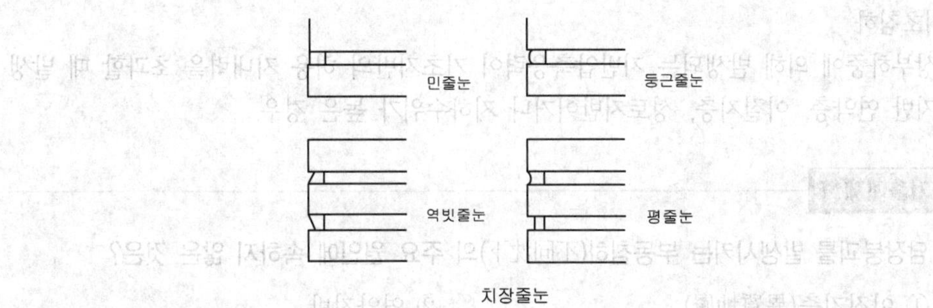

■ 참고

- 벽돌 최대쌓기 1.5m까지 가능하나 1.2m가 가장 적당하다.

6 담장의 구조

① 개요

㉠ 비내력벽으로 구분(구조물 자체의 중량과 수평 풍하중만 작용한다고 가정)

㉡ 붕괴로부터 안정성을 확보하는 것

★② 담장 붕괴의 원인

㉠ 상부하중에 의한 기초 파괴

- 일반적으로 재료의 허용인장응력을 초과하는 편심하중이 기초부에 작용할 때 발생
- 기초에 작용하는 모든 인장력은 기초파괴나 부등침하의 원인이며, 모든 하중의 합이 압축력을 작용하도록 한다.
- 편심하중 : 담장의 기초의 중심에서 편심거리 e만큼 움직였을 때 작용하는 하중
- 편심응력 : 구조물의 합력이 기초의 중앙부분에 작용해야 기초가 안정하는 것을 중앙 삼등분(middle third) 점의 원칙이라 한다.

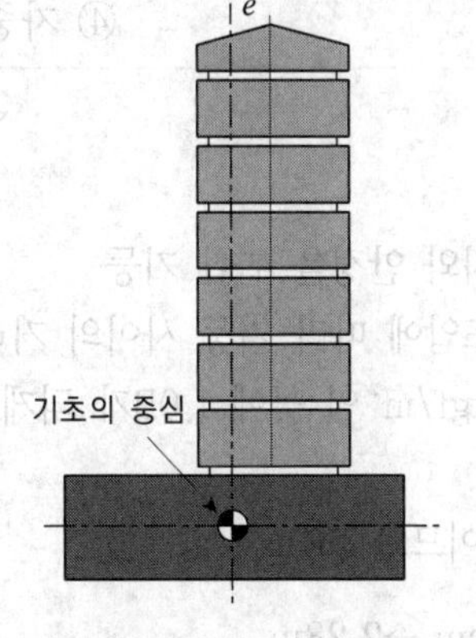

그림. 담장의 입단면

ⓛ 기초침하

- 상부하중에 의해 발생되는 지반압축응력이 기초지반의 허용 지내력을 초과할 때 발생
- 지반 연약층, 이질지층, 성토지반이거나 지하수위가 높은 경우

기출예제 1

담장붕괴를 발생시키는 부동침하(不同沈下)의 주요 원인에 속하지 않은 것은?

① 이질지층(異質地層) ② 연약지반
③ 지하수위 변경 ④ 과하중

답 ④

ⓒ 기초전도

- 바람 등 외력에 의해 작용하는 전도모멘트가 저항모멘트를 초과할 때 발생
- 저항모멘트($Mr = Wl_2$) ≥ 전도모멘트($M_0 = P\ l_1$)

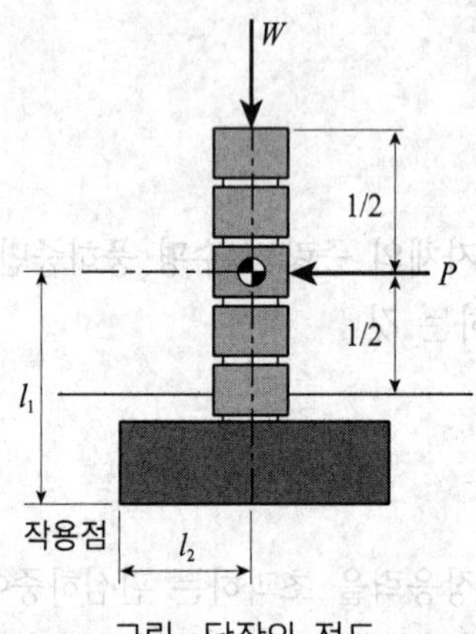

그림. 담장의 전도

기출예제 2

모르타르를 사용한 담장시공에서 전도(轉倒)의 위험성 고려시 가장 중요한 것은?

① 설(雪)하중 ② 풍(風)하중
③ 수직등분포하중 ④ 자중(自重)

답 ②

★ ③ 담장의 측지

㉠ 측지 : 조적식 담장의 지지와 안정을 위한 기둥

ⓛ 측지의 간격 : 바람의 속도압에 따라 기둥 사이의 거리(L)와 담장두께(T)의 비로 결정

예) 바람의 속도압이 196kgf/m²인 곳에 1.0B가 되게 벽돌담을 쌓을 때 $L/T = 12$이다. 측지의 간격은?

해설 T는 담장의 폭(1.0B)이므로 19cm,

$\frac{L}{19} = 12$ L = 228cm → 2.28m

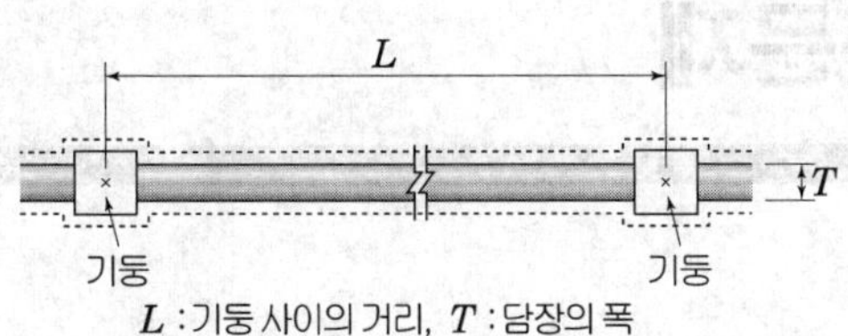

L : 기둥 사이의 거리, T : 담장의 폭

7 백화현상

① 콘크리트, 벽돌, 타일 및 석재 등에 하얀가루가 나타나는 현상으로 외기에 접하는 외벽면에서 발생, 외관의 미를 손상시킨다.

② 시멘트의 가수분해에서 생기는 수산화칼슘($Ca(OH)_2$)이 공기 중에 탄산가스와 반응해서 발생

$$\text{수산화칼슘}Ca(OH)_2 + CO_2 \rightarrow CaCO_3 + H_2O$$

★ ③ 백화를 예방하는 방법

- 백화는 물을 매개로 하므로 우천 시에는 조적을 피하고, 조적 후 양생이 안 된 상태에서는 비닐로 덮어 비를 피한다.
- 가용성 염류가 많은 해사를 사용하지 않는다.
- 모르타르 배합 시 깨끗한 물을 사용한다.
- 흡수율이 적은 벽돌을 사용한다.
- 줄눈용 모르타르에는 방수제를 혼합하거나 전용 줄눈용 모르타르를 사용한다.
- 벽돌은 조적하거나 치장줄눈 바르기를 할 때 벽돌표면에 모르타르가 묻지 않게 하고, 만약 묻었을 경우 경화되기 전에 닦아낸다.

핵심기출문제

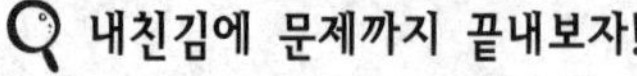

내친김에 문제까지 끝내보자!

1. 벽돌쌓기 내용으로 옳지 않는 것은?

① 벽돌에 충분한 습기가 있도록 사전에 조치한다.
② 모르타르를 배합하여 1시간 내에 사용한다.
③ 균일한 높이로 쌓는다.
④ 하루에 2m 이상 쌓는다.

2. 벽돌에 관한 설명으로 맞는 것은?

① 보통 벽돌 중 표준형은 블록과 사용하기 곤란하다.
② 경량벽돌은 다공질 벽돌이다.
③ 보통 벽돌의 품질은 1등품에서 3등품으로 구분된다.
④ 이형벽돌은 기존형과 표준형으로 구분된다.

3. 다음의 벽돌쌓기 그림 중에서 1장 (1.0B)쌓기는?

① ②

③ ④

4. 세로규준틀이 많이 쓰이는 공사는?

① 조적공사 ② 토공사
③ 방수공사 ④ 미장공사

5. 돌 또는 벽돌쌓기를 할 때 하루의 작업 높이는?

① 1.0m ② 1.2m
③ 2.0m ④ 2.5m

정답 및 해설

해설 1

벽돌쌓는 높이는 하루에 1.2m 이하

해설 2

표준형 벽돌(190×90×57)은 블록과 혼용이 가능하다.

- 보통 벽돌의 품질은 A종, B종, C종으로 구분된다.
- 형태에 따라 기본벽돌과 이형벽돌로 구분된다.

해설 3

① 0.5B ② 1.0B
③ 1.5B ④ 2.0B

해설 4

세로규준틀

- 조적공사시 준비사항
- 2~3치의 각재를 대패질하여 쌓기 형식에 따른 눈금(줄눈)을 먹매기고 각종 세부 장치별(창문틀, 앵커 볼트 등) 위치를 표시

해설 5

조적 공사시 하루 작업 높이
– 1.2m (적정높이)

정답 1. ④ 2. ② 3. ② 4. ① 5. ②

6. 표준형벽돌로 높이 1.34m, 길이 2m의 벽을 1.5B 두께로 쌓으려고 한다. 소요매수는? (단, 줄눈폭 10mm, 할증은 5%)

① 630장　② 600장
③ 570장　④ 550장

7. 기존형 벽돌로 높이 1m, 가로 20m 벽을 한 장벽 두께로 쌓을 때 소요매수는? (줄눈폭 10mm)

① 1,526장　② 2,156장
③ 2,600장　④ 2,416장

8. 0.5B 붉은 벽돌 쌓기 $1m^2$에 소요되는 벽돌량은? (단, 벽돌은 표준형, 줄눈 간격 1cm, 할증률 3%)

① 75매　② 77매
③ 92매　④ 96매

9. 바람의 속도압이 $171kg/m^2$고표준형 벽돌 1.0B로 담장을 설치하려 한다. 길이와 폭의 최대비가 13일 때 측지 간격은?

① 2.28m　② 2.47m
③ 2.52m　④ 2.73m

10. 벽돌벽의 구조상 벽채, 바닥, 지붕 등의 하중을 받아 기초에 전달하는 벽은 다음 중 어느 것에 해당하는가?

① 내력벽　② 장막벽
③ 중공벽　④ 비내력벽

11. 다음은 담(wall)의 구조에 관한 사항이다. 옳은 것은?

① 벽돌담의 기초는 독립기초가 적절하다.
② 담은 구조물의 자중만 작용하는 비내력벽이다.
③ 벽돌담 제일 위켜에는 모자(capping)를 씌워서 수밀성을 높인다.
④ 벽돌담에는 반드시 기둥을 설치해야 한다.

정답 및 해설

해설 6

표준형으로 두께 1.5B 일 때 $1m^2$당 224장 소요되므로 (1.34×2)×224= 600.32장에 할증이 5% 600.32×(1+0.05) =630.336장

해설 7

기존형으로 두께 한 장벽 (1.0B) 일 때 $1m^2$당 130매가 소요되므로(1×20)×130=2,600장

해설 8

표준형 벽돌 0.5B 일 때 $1m^2$당 소요매수는 75매이므로

75×(1+0.03)=77.25매

해설 9

$L/T = 13$

L: 측지간격(두기둥간의거리)
T: 담장폭
표준형 벽돌의 폭 0.19m
$L/0.19 = 13$
$L = 2.47\text{m}$

해설 10

- 내력벽 : 상부하중을 받아 기초에 전달하는 벽
- 장막벽 : 비내력벽, 상부하중을 받지 않고 자중만 지지하는 벽으로 공간을 구분 짓는 벽체
- 중공벽 : 이중벽으로 벽사이에 보온재를 넣어서 시공하는 벽

해설 11

① 벽돌담의 기초는 줄기초가 적절하다.
② 담은 구조물의 자중과 풍하중에 견딜 수 있는 구조이어야 한다.
③ 벽돌담 제일 위켜에는 모자(capping)를 씌워서 수밀성을 높인다.
④ 벽돌담에의 기둥은 바람의 속도압에 따라 결정된다.

정답 6. ①　7. ③　8. ②　9. ②　10. ①　11. ③

12. 다음 중 조적벽(벽돌벽)의 균열 원인은 크게 설계와 시공의 경우로 구분하는데 그 중 시공상의 결함은?

① 기초의 부동 침하
② 건물의 평면, 입면의 불균형 및 벽의 불합리한 배치
③ 벽돌 및 모르타르의 강도 부족
④ 벽돌벽의 길이, 높이에 비해 두께가 부족하거나 벽체강도 부족

13. 바람의 속도압 $195kg/m^2$이고, 벽돌담장의 두께는 21cm(기존형 벽돌 1.0B), 최대비율 L/T=12일 때 기둥 사이의 거리(cm)는 얼마인가?

① 195
② 210
③ 247
④ 252

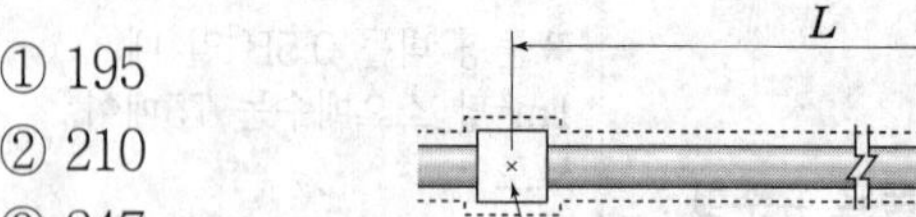

L : 기둥 사이의 거리, T : 담장의 폭

14. 높이 1.6m, 길이 5m, 두께 19cm의 벽돌 담장을 설치하려 한다. 소요되는 벽돌은 몇 매인가? (단, 표준형 벽돌 1.0B쌓기로 하며, 149매/m^2를 적용하고, 할증률 3%를 고려한다.)

① 약 600매
② 약 618매
③ 약 1,192매
④ 약 1,228매

15. 1.5B 두께로 높이 1m, 길이 1m의 벽을 쌓고자 한다. 공사에 필요한 벽돌의 양으로 가장 적합한 것은? (단, 기존형 벽돌이며, 모르타르 이음매는 10mm로 한다.)

① 65매 ② 130매
③ 195매 ④ 260매

16. 흡수율이 높은 벽돌에 대한 내용 중 적합하지 않는 것은 어느 것인가?

① 일반적으로 외벽의 치장용으로 많이 쓴다.
② 백태현상이 일어나기 쉽다.
③ 겨울철에 동파(同派)되기 쉽다.
④ 일반적으로 무게가 가볍다.

해설 12
보기 ①, ②, ④ : 설계상의 결함

해설 13
$\frac{L}{T}=12$이므로 $\frac{L}{21}=12$
$L=252$cm

해설 14
$1.6 \times 5 = 8m^2 \times 149$매/$m^2$
=1,192매×1.03(할증률)
=1,227.76매 → 1,228매

해설 15
기존형의 경우 $1m^2$당 1.5B 쌓기일 때 매수는 195매이므로
∴ (1×1)×195=195매

해설 16
흡수력이 높은 벽돌은 다공질 벽돌로 가볍고, 우천시 물을 흡수하여 겨울엔 동파되기 쉽다.

정답 12. ③ 13. ④ 14. ④ 15. ③ 16. ①

17. 벽돌 및 돌쌓기 시공과 관련한 내용 설명이 적합하지 않은 것은?

① 벽돌과 돌의 이어쌓기 부분은 계단형으로 마감한다.
② 벽돌과 돌의 1일 쌓기 높이는 1.2m를 표준으로 하고, 1.5m 이내로 한다.
③ 벽돌에 부착된 불순물을 제거하고, 쌓기 전에 적정한 물 축이기를 한다.
④ 돌쌓기는 메쌓기를 원칙으로 하며, 신축 줄눈간격은 10m를 표준으로 한다.

18. 벽돌쌓기, 블록쌓기 등 조적공사에 적용되는 규준틀은?

① 세로규준틀 ② 수평규준틀
③ 귀규준틀 ④ 평규준틀

19. 조경공사 중 돌쌓기에 관한 설명으로 틀린 것은?

① 찰쌓기의 높이는 1일 1.2m를 표준으로 한다.
② 메쌓기는 찰쌓기에 비해 토압증대의 우려가 높다.
③ 찰쌓기의 전면 기울기는 높이 1.5m까지 1 : 0.25를 기준으로 한다.
④ 호박돌쌓기는 줄쌓기를 원칙으로 하고 튀어나오거나 들어가지 않도록 면을 맞춘다.

20. 기본벽돌을 1.0B로 1000m2의 담장을 치장 쌓기 할 때 소요되는 노무비는? (단, 벽돌 10000매당 소요되는 치장벽돌공은 2.5인, 보통인부는 2.0인, 치장벽돌공 노임은 100000원, 보통인부 노임은 50000원이다.)

① 5000000원 ② 5215000원
③ 5250000원 ④ 5500000원

21. 모르타르 배합비(시멘트 : 모래)에 관한 설명이 옳지 않은 것은?

① 벽돌 및 블록의 쌓기용 배합은 1 : 3으로 한다.
② 타일공사의 붙임용 배합은 1 : 2로 한다.
③ 타일공사의 고름용 배합은 1 : 1로 한다.
④ 벽돌 및 블록의 줄눈용 배합은 1 : 2로 한다.

정답 및 해설

해설 17
돌쌓기는 특별히 명시하지 않는 한 찰쌓기로 한다.

해설 18
규준틀(batter board, 規準―)
보통 수평규준틀과 귀규준틀이 있고, 특히 벽돌이나 돌 등을 쌓을 때는 세로규준틀을 사용한다.

해설 19
바르게 고치면
찰쌓기는 줄눈에 모르타르를 사용하고, 뒤채움에 콘크리트를 사용하는 방식으로 견고하나 배수가 불량해지면 토압이 증대되어 붕괴 우려가 있다.

해설 20
① 10000매당 소요 노임 : $2.5\times100000+2.0\times50000$ $=350,000$원
② 기본벽돌 1.0B이므로 $1m^2$당 149매가 소요 → $1000m^2$이므로 $1000\times149=149,000$ 장
③ $\dfrac{149,000}{10,000}\times350,000$ $=5,215,000$원

해설 21
타일공사 고름용 모르타르 용적 배합비-1 : 3

정답 17. ④ 18. ① 19. ② 20. ② 21. ③

살수 및 관개시설

20.1 핵심플러스

■ 살수기의 종류

· 분무살수기 / 분무입상살수기 / 회전살수기 / 회전입상살수기 / 특수살수기

■ 살수기설계시 고려사항

· 정사각형 〈 정삼각형배치시 열간거리 0.87 × d

· 같은 구역내 첫 번째 마지막 살수기 압력차 10% 이내

· 살수요구량 : 손실량을 고려하여 70%만 적용

■ 참고 : 밸브(valve) : 물의 흐름조절

① 수동조절밸브

· 물의 공급을 간편하게 조절

· 구체밸브 : 쉽게 수리, 압력과 흐름을 효율적으로 조정

· 게이트밸브 : 가격 저렴, 물에 이물질(모래나 거친가루)이 섞여 있으면 고장이 발생

② 원격밸브

· 폐쇄식밸브 : 전력식으로 작고 복잡한 시설에 적합

· 개방식밸브 : 수압식으로 대규모 시설에 적용

1 살수기(sprinkler) 부품

밸브(valve), 분무정부(sprinkler head), 조절장치(control devices), 관(pipe), 부속품(fitting), 펌프(pump)

2 살수기 종류

① 분무살수기

㉠ 고정된 동체와 분사공만으로 된 가장 간단히 살수기

㉡ 비교적 다른 살수기 보다 저렴하다

㉢ 좁은 잔디지역과 불규칙한 지형에 사용한다.

② 분무입상살수기

㉠ 물이 흐를 때 동체가 입상관에 의해 분무공이 지표면 위로 올라오게 장치된 살수기

㉡ 물이 흐르지 않으면 다시 지표면과 같게 된다.

③ 회전살수기

㉠ 관개지역에 살수하도록 회전하며 한 개 또는 여러 개의 분무공을 가짐

㉡ 넓은 잔디지역에 사용함이 효과적

★④ 회전입상살수기

㉠ 물이 흐르면 동체로부터 분무공이 올라와서 살수

㉡ 대규모의 살수 관개시설에서 가장 많이 이용

㉢ 가장 높은 압력에서 작동되어 살수의 범위가 넓음

⑤ 특수 살수기

㉠ 분류살수기 : 고정분무살수기와 유사, 작은줄기로 물을 계속살포, 바람이 영향이 적고, 낮은 압력하에서 작동

㉡ 거품식 살수기 : 물이 식물의 잎에 접촉되지 않도록 하기 위해서 사용

㉢ 점적식 살수기

- 에미터(emiter)를 사용해 각 수목이나 지정된 지역의 지표 지하에 특수한 구조의 작은 분사구를 통하여 낮은 압력수를 일정비율로 서서히 관개하는 방법
- 지하에 설치되며 에미터 주변에 자갈을 채워서 막히는 현상을 막음
- 시간당 4~8ℓ 가 적당하며 효율은 90%, 비료도 주입할 수 있어 경제적인 관수법

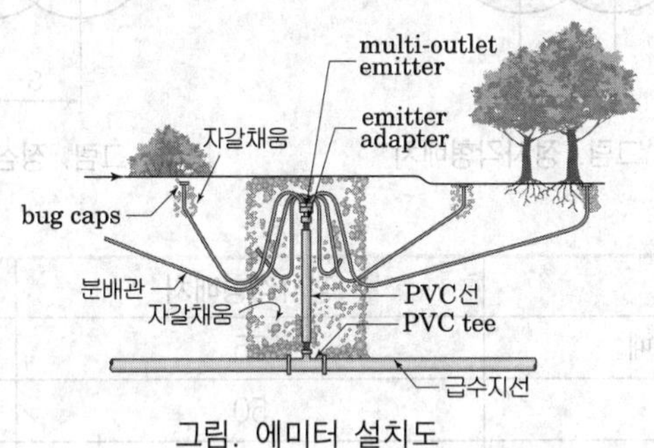

그림. 에미터 설치도

3 살수기 설계 시 고려사항

① 관수량조절

㉠ 토양의 보수력, 살수중의 수분 손실량

㉡ 잔디의 생육에 따른 증산량에 의해 좌우

② 살수기 배치간격

㉠ 정사각형, 정삼각형배치가 기본이며 삼각형 배치가 가장 효율적이다.

㉡ 간격이 동일하면 일관된 강수율을 갖게 한다.

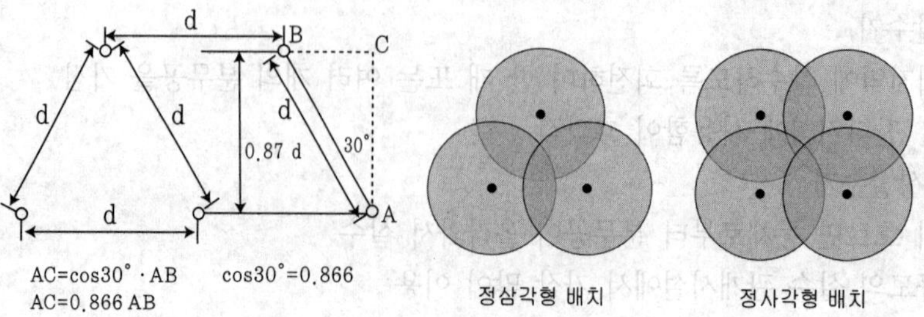

ⓒ 스프링클러 직경 커버율(권장간격)

- 정사각형배치 : 바람에서의 설치간격은 50%

  L(열간거리) = S(살수기간격)

- 정삼각형배치 : 바람에서의 설치간격은 55%

  L(열간거리) = 0.86×S(살수기간격)

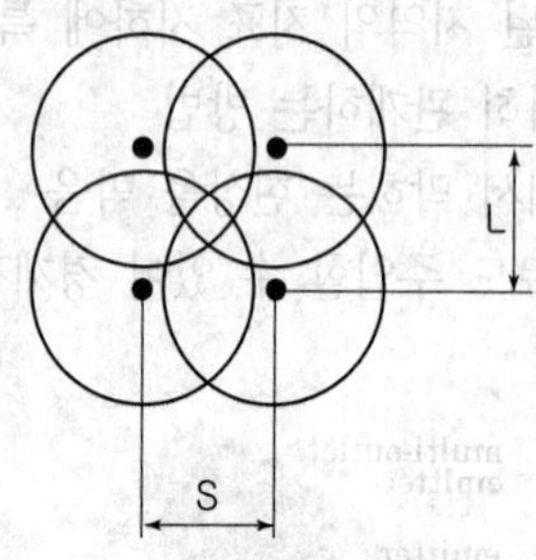

그림. 정사각형배치

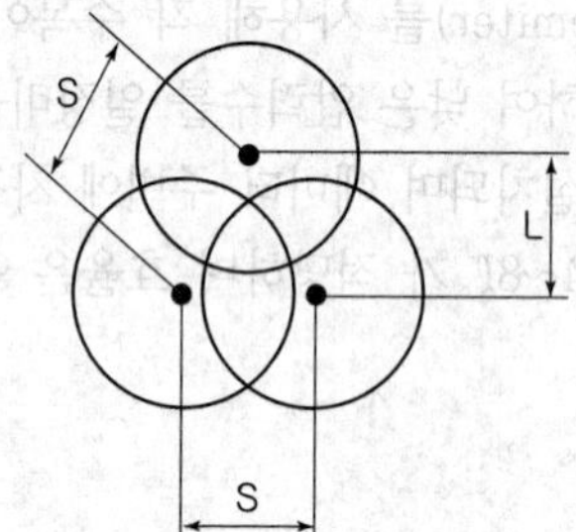

그림. 정삼각형배치

	정사각형배치	정삼각형배치
바람이 없을때	55	60
4m/sec	50	55
8m/sec	45	50

③ 살수기 선정시 주의점

㉠ 같은 구역이나 구간에서는 분무식과 회전식 살수기를 혼용하지 않는다.

㉡ 같은 구역 안에서 첫 번째와 마지막 살수기에 작용하는 압력차는 10% 이내로 제한한다.

㉢ 살수 균등계수는 80~95%가 효과적이다. (100%는 불가능)

㉣ 정삼각형 배치에서 살수기의 열과 열사이는 87% 간격으로 배치한다.

④ 살수요구량의 결정

㉠ 살수효율성(irrigation efficiency)

: 살수되는 물이 전부 식물에 공급되지 않으므로 손실량을 고려하여 반영하며 보통 70% 적용한다.

㉡
$$\text{살수요구량} = \frac{\text{증발산율}(ET) \times \text{식물계수}(P_c) - \text{실효강우량}(E_R)}{\text{살수효율성}(I_E)}$$

■ 참고 : 살수관개 요소

■ 살수요구량 요소
- 증발산율(ET) : 증산, 발산 합친 것/ 기후, 식물의 종류가 주요 요인
- 실효강우량 : 실제 모아질 수 있는 강우량으로 토양, 경사, 지표상황에 따라 달라지므로 강우량의 2/3 정도를 적용한다.
- 손실을 고려한 양으로 70% 적용

■ 인공살수 시설의 관개강도 결정 영향 요인
- 토양의 종류, 지표면의 경사도, 식물의 종류, 지피식물의 피복도, 살수기 작동시간

4 급수원에 따른 급수방법

① 직선 분배방법
 ㉠ 단거리와 일반적인 경우에 사용된다.
 ㉡ 요구 지점이 멀수록 마찰손실이 축적되기 때문에 큰관이 요구된다.

② 환상식 분배방법
 ㉠ 급수원으로부터 관수요구지점까지 2개의 분배선이 제공된다.
 ㉡ 계통을 작동시키는데 요구되는 관의 크기를 감소시키고, 압력손실을 2개의 분배선에 균등하게 한다.

③ 이중급수원 분배방법 : 두 방향에서 관수요구지점까지 연결되나 실제적이지 않다.

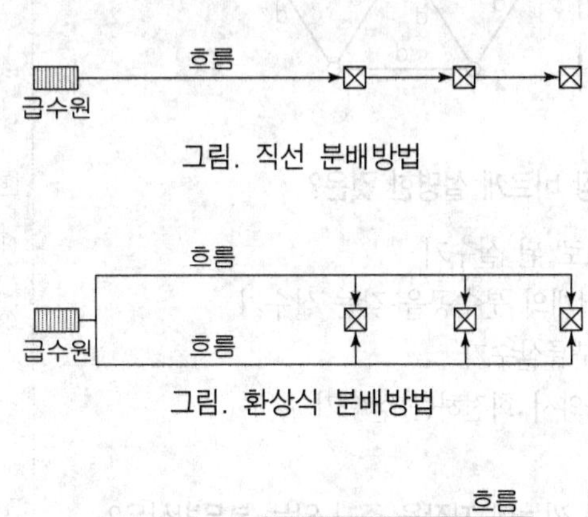

그림. 직선 분배방법

그림. 환상식 분배방법

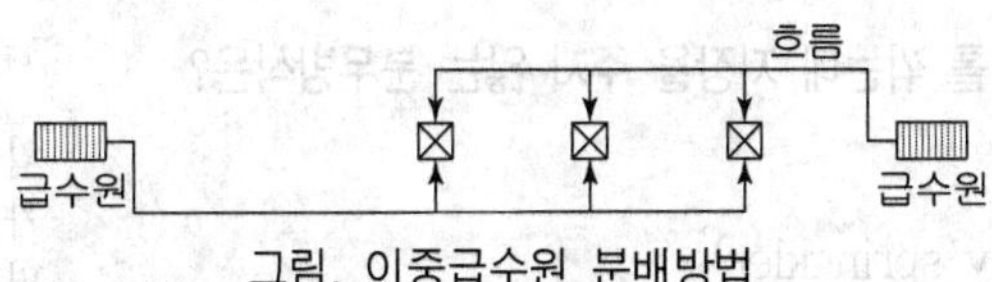

그림. 이중급수원 분배방법

핵심기출문제

내친김에 문제까지 끝내보자!

1. 살수관개 시설의 설계 시 고려사항이 아닌 것은?

① 관수량과 급수원의 흐름과 압력에 의해 살수기 선정
② 살수지관의 압력손실은 주관 압력의 10%이내가 되도록 한다.
③ 정사각형이 정삼각형의 살수기 배치보다 살수 효율이 좋다.
④ 어느 구역에서의 압력 변화는 살수기에서 필요한 압력의 20%보다는 크지 않아야 한다.

2. 살수기를 삼각형으로 배치할 때 살수기의 간격이 4m일 경우 열간 간격은?

① 3.00m　② 3.46m
③ 4.00m　④ 4.60m

3. 살수반경이 4m 되는 살수기를 2.8m 간격으로 배치하였다. 삼각형 배치방법으로 설치한다면 열과 열사이 거리는 얼마가 적당한가?

① 1.6m
② 1.8m
③ 2.2m
④ 2.4m

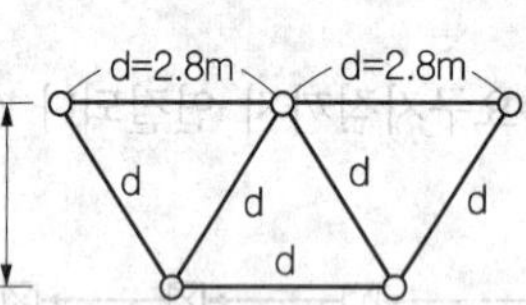

4. 회전 입상 살수기에 대해 가장 바르게 설명한 것은?

① 고정된 동체와 분사공만으로 된 살수기
② 회전하며, 한 개 또는 여러개의 분수공을 갖는 살수기
③ 특수한 경우에 사용되는 분류살수기
④ 동체로부터 분무공이 올라와서 회전하는 살수기

5. 잔디 지역에 설치되며 잔디를 깎는데 지장을 주지 않는 분무방식은?

① 분무기
② 고정식 분무살수기(spray springkler)
③ 입상살수기(pop-up springkler)
④ 낙수기

정답 및 해설

해설 1

정삼각형이 정사각형 배치보다 살수 효율이 좋다.

해설 2

$4 \times \cos 30 = 4 \times 0.86$
$= 3.46\ m$
∴ 정삼각형 살수기의 열과 열 사이는 87% 간격으로 배치

해설 3

정삼각형 배치에서 열과 열 사이는 87%간격으로 배치하므로
$0.87 \times 2.8m = 2.436m$

해설 4

①은 분무살수기
②은 회전살수기
③은 특수살수기

해설 5

입상살수기는 물이 흐를 때 동체가 입상관에 의해 분무공이 지표면 위로 올라오게 장치된 살수기로 잔디를 깎는데 지장을 주지 않는 분무방식이다.

정답 1. ③　2. ②　3. ④　4. ④　5. ③

6. 다음 살수기의 종류 중 가장 높은 압력에서 작동되며 살수범위가 가장 넓은 것은 어느 것인가?

① 분무살수기
② 분무입상살수기
③ 회전살수기
④ 회전입상살수기

해설 **6**

회전입상살수기
· 관개지역에 살수하도록 회전하며 한 개 또는 여러 개의 분무공을 가지고 있음
· 가장 높은 압력에서 작동되어 살수 범위가 가장 넓음

7. 다음 중 살수기(sprinkler)의 부품이 아닌 것은?

① 수압 조절기　　② 살수 지상관
③ sprinker head　　④ 호스

해설 **7**

살수기(sprinkler) 부품 :
밸브(valve),
분무정부(sprinkler head)
조절장치(control devices),
관(pipe), 부속품(fitting),
펌프(pump)

8. 살수기(sprinkler) 설치시 살수기의 열과 열사이의 간격을 기준으로 최대 간격을 살수직경의 어느 정도로 제한하는가?

① 20~25%　　② 40~45%
③ 60~65%　　④ 80~85%

해설 **8**

살수기 설치시 열과 열사이 간격을 기준으로 최대간격을 살수 직경의 60~65%로 제한한다.

9. 동일한 살수지관(撒水支管)에서 각 살수기에 작동하는 압력의 오차범위는 어느 정도에서 고려될 수 있는가?

① 동일 지관이므로 같아야한다.
② 각 살수기 작동압력에 5% 이내로 한다.
③ 각 살수기 작동압력에 10% 이내로 한다.
④ 고려 없이 면적에 따라 한지관에 얼마든지 설치할 수 있다.

해설 **9**

같은 구역 안에서 첫 번째와 마지막 살수기에 작용하는 압력차는 10% 이내로 제한한다.

10. 살수기를 2.8m 간격으로 배치하였다. 삼각형 배치방법으로 설치한다면 열과 열 사이 거리(m)는 얼마가 적당한가?

① 1.6　　② 1.8
③ 2.2　　④ 2.4

해설 **10**

정삼각형 배치에서 열과 열사이는 87%간격으로 배치하므로
2.8m×0.87=2.436m

11. 살수되는 물이 전부 식물체에 공급되지 않으므로 이러한 손실을 고려한 살수효율성(irrigation efficiency)을 반영하여야 하는데, 일반적으로 상수도(上水道)에서 120L가 공급된다고 했을 때 살수관개용으로 적용된 급수량은?

① 약 60L　　② 약 75L
③ 약 90L　　④ 약 120L

해설 **11**

살수되는 물이 전부 식물에 공급되지 않으므로 이러한 손실을 고려한 살수효율성을 반영하여야 하며 보통 70%를 적용하게 된다. 따라서, 120L×0.7=84L≒90L

정답　6. ④　7. ④　8. ③　9. ③　10. ④　11. ③

12. 다음 살수기 설치와 관련된 설명으로 옳지 않은 것은?

① 도시 상수관에 설치시 급수계량기는 급수관보다 한 단계 작은 크기로 보통 설치한다.
② 지하 급수관에서 지표면 살수기까지의 작동 압력도 고려해야 한다.
③ 급수용량은 급수계량기를 통한 양을 최대 안전 흐름으로 본다.
④ 살수기의 물분포 현황은 85~95%의 균등 계수를 갖는 것이 효과적이다.

해설 12

바르게 고치면
살수관개 조직에 요구되는 급수용량은 급수계량기를 통한 급수량의 75%를 최대안전흐름으로 보거나, 급수주관의 정압(靜壓)의 10%보다 작게하여야 하므로 둘 중에서 낮은 것을 급수계량기에 의한 압력 손실로 본다.

정답 12. ④

수경시설

21.1 핵심플러스

■ 수경연출기법 : 평정수 / 유수 / 분수 / 낙수

■ 수질오염 방지시설

수질오염의 물리적 처리방법 순서 : 스크린 → 침사지 → 침전 → 부상 → 여과 → 흡착

물리적처리	스크린 / 침사지/ 침전 / 부상/ 여과/ 흡착
화학적처리	중화 및 ph조정 / 살균 / 화약약품에 의한 응집
생물학적처리	활성슬러지법 / 살수여상법 / 회전원판 접촉법 / 산화지법, 소화법

1 수경연출 기법

구분	종류	공간성격	이미지	물의 운동	음향
평정수(담겨진 물)	호수, 연못, 풀, 샘	정적	평화로움	고임(정지)	작다
유수(흐르는 물)	강, 하천, 수로	동적	생동감, 율동	흐름+고임	중간
분수(분사하는물)	조형분수	동적	화려함	분출+떨어짐+고임	유동적
낙수(떨어지는물)	폭포, 벽천, 캐스캐이드	동적	강한 힘	떨어짐+흐름+고임	크다

2 방수처리

① 수밀 콘크리트 후 방수처리 하는 방법

② 진흙다짐에 의한 방법 - 바닥에 점토를 두껍게 다져 줌

③ 바닥 비닐시트 깔고 점토 : 석회 : 시멘트를 7 : 2 : 1로 혼합 사용

3 공사 지침

① 급수구 위치는 표면 수면보다 높게

② 월류구(overflow)는 수면과 같은 위치에 설치

③ 퇴수구는 연못 바닥의 경사를 따라 배치 - 가장 낮은 곳

④ 순환펌프, 정수실 등은 노출되지 않게 관목 등으로 차폐
⑤ 연못의 식재함(포켓) 설치 - 어류 월동 보호소, 수초 식재

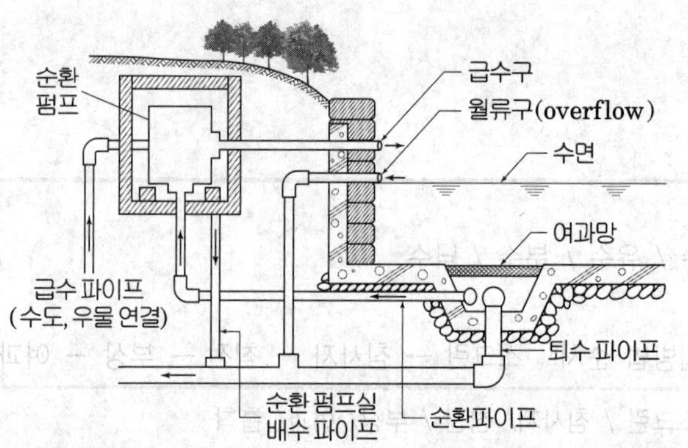

4 분 수

수압에 의해 중력의 반대방향으로 노즐을 통해 물을 뿜어 올림

① 분사형태

㉠ 단주형 분수(single-orifice)
- 한 개의 노즐로 물을 뿜어내는 단순한 형태
- 명확하고 힘찬 물줄기를 만드나, 단위시간에 많은 수량을 요구
- 제트 노즐 : 외관이 장중하고 물소리가 큼

㉡ 분사식 분수(spray)
- 살수식 : 여러 개의 작은 구멍을 가진 노즐을 통해 가늘게 뿜음
- 안개식처럼 뿜는 형태가 있음

㉢ 폭기식 분수(aerated mass)
- 노즐에 한 개의 구멍이 있으나 지름이 커서 물이 교란됨
- 공기와 물이 섞여 시각적 효과가 큼

㉣ 모양 분수(formed)
- 직선형의 가는 노즐을 통해 얇은 수막을 형성하여 분출
- 나팔꽃형, 부채형, 버섯형, 민들레형 등 형태가 있음

★② **분수 높이와 수조의 크기**

㉠ 수조의 크기는 분수높이의 2배 크기
㉡ 바람의 영향이 있는 지역이면 분수높이의 4배 크기
㉢ 월류보로 넘치는 물을 담기 위한 수조의 크기는 월류보 높이만큼을 취함

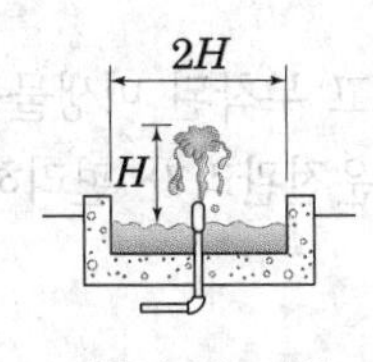

바람이 없는 지역

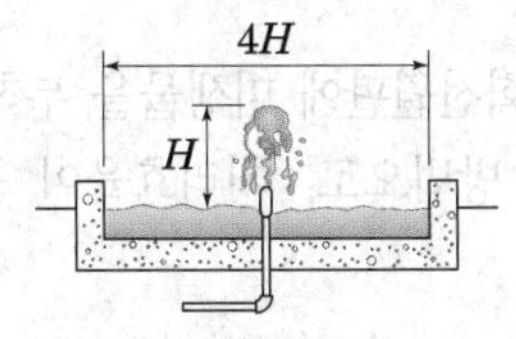

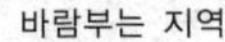

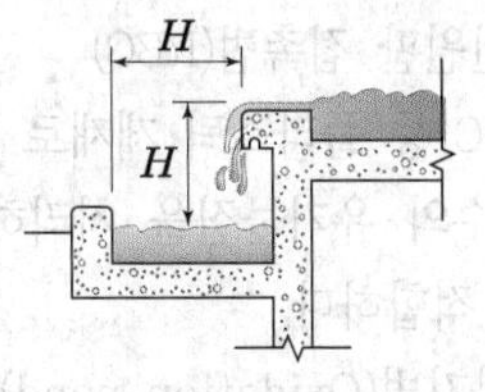

월류보

그림. 분수높이(H)와 수조의 크기

5 벽 천

① 물을 떨어뜨려 모양과 소리를 즐길 수 있도록 하는 것
② 좁은 공간, 경사지나 벽면 이용, 평지에 벽면을 만들어 설치
③ 수조, 순환펌프가 필요

6 수질오염 방지시설

① 물리적 처리방법
㉠ 스크린(screen) : 첫 처리단계로 스크린을 사용하여 여러 가지의 부유물을 제거
㉡ 침사지(grit chamber) : 상부유입수에서 발생되는 자갈, 모래 등을 제거
㉢ 침전(sedimentation) : 부유물을 가라앉혀서 제거
㉣ 부상(Flotation) : 공기부상, 용존공기부상, 진공부상 세 가지가 있으며 폭기의 경우 부상조 내부에 공기를 불어 넣어 부유물이 떠오르면 제거
㉤ 여과(filtration) : 침전으로 제거되지 않은 부유물을 제거, 미여과·압력여과 등이 있음
㉥ 흡착(adsorption) : 흡착제를 사용하여 이물질을 제거하는 공정, 활성탄, 합성 제올라이트, 골탄 등 사용

② 화학적 처리방법
㉠ 중화 및 pH조정 : 중화제를 사용하여 산도를 조절
㉡ 살균 : 오존이나 염소로 균을 죽임
㉢ 화학약품에 의한 응집 : 화학약품을 넣어 응집시켜 침전되면 제거

③ 생물학적 처리방법
㉠ 활성슬러지법(activated sludge process)
- 1차 처리된 폐수의 2차 처리를 위해서, 또는 1차 처리를 거치지 않은 폐수를 호기성으로 완전처리하기 위하여 채택되는 방법이다.

㉡ 살수여상법(trickling filters)
- 1차 침전지의 유출수를 미생물로 구성된 점막으로 덮인 쇄석이나 기타 매개층의 여과재 위에 뿌려서 생물막과 폐수 내의 유기물을 접촉시키는 고정상법에 의한 처리법이다.

㉢ 회전원판 접촉법(RBC)

· PVC 등 플라스틱 제재로 된 회전원판에 미생물을 부착시키고 부착된 미생물을 이용하여 오·폐수의 유기물질을 처리하는 방법으로, 처리효율이 높고 운전관리가 편리하며 소규모 처리에 적합하다.

㉣ 산화지법(Oxidation pond)

· 안정지법 또는 라군(Lagoon)이라고도 하며, 연못과 같은 넓은 면적의 공간에 오·폐수를 유입시켜 세균과 녹조류의 상호작용에 의하여 오·폐수에 포함된 유기물을 제거하는 방법이다.

㉤ 소화법(digestion) : 고농도의 오·폐수처리에 적합한 방법이다.

7 펌프의 종류

■ 참고 : 펌프

· 수원에서 물을 얻고, 살수조직에 작동할 수 있는 수압을 주어 물을 이동시키며, 살수를 위한 에너지를 제공하기 위한 기계이다.

· 일반적으로는 원심펌프, 터빈펌프, 잠함펌프가 있으며 작동원리는 모두 같은데, 모터(moter)나 발동기(engine)는 임펠러(impeller)라고 부르는 판에 날이 붙은 것(날개바퀴)과 연결된 굴대를 움직이게 하며, 임펠러는 물을 유수관으로 흐르게 한다.

① 원심력 펌프

㉠ 임펠러가 물에 회전운동을 일으킬 때 생기는 원심력이 작용으로 물의 압력을 증가시켜 물을 양수하는 펌프임

㉡ 임펠러의 직경과 그 회전수가 정해지면 그 최대승압력이 정해지고, 원심력이 정지하면 물은 낙하되는데 이를 방지하기 위해 흡입과 입구에 후트밸브를 달아두어 물이 낙하는 것을 방지고, 시동이 용이하게 함

㉢ 임펠러가 흡입부에서 토출부까지 그대로 통하고 있으며, 원심력만으로 양수하므로, 유출부의 저항이 증대하면 수량이 감소하고, 저항이 감소하면 수량은 증대됨

★ ② 잠항펌프(수중펌프)

㉠ 모터와 펌프가 단일체로 된 잠함펌프는 수원에 잠입시키고 동력선을 연결시켜 작동함

㉡ 장점은 깊은 연못에 설치될 수 있는 반면 긴 굴대가 필요하지 않음

㉢ 별도의 기계실이 필요하지 않으므로 공간이용의 효율성이 있으나 초기 가설비가 많이 들고 유지비도 원심펌프보다 높음

③ 터빈펌프(turbine pump)

㉠ 긴 굴대에 의하여 연결되었으며 임펠러의 출구에 안내날개가 있어 날개에서 튀어나오는 물질을 가지런히 정류하여 압력을 상승시키는데 유용함

㉡ 깊은 우물에서 물을 양수하기 용이하지만, 곧은 긴굴대가 요구되기 때문에 곤란하기도 함

④ 물높이

㉠ 실양정 (펌프에 의해 실제로 양정되는 물높이) : 배출높이+흡입높이

㉡ 총양정 = 실양정+손실수량

기출예제 1

수원에 잠입시키고 동력선을 연결시켜 작동시킬 수 있으며, 깊은 우물에 설치할 수 있는 반면 곧은 굴대가 필요하지 않는 펌프는?

① 원심펌프　　② 터빈펌프
③ 잠항펌프　　④ 배수펌프

답 ③

기출예제 2

벽천에서 떨어지는 물의 양(Q)이 0.02m³/sec일 때 사용되는 펌프의 양수량은 분당 얼마이어야 하는가?

① 200 L/min　　② 120 L/min
③ 2000 L/min　　④ 1200 L/min

답 ④

해설 ① 분당 양수량이 단위이므로 (L/min)　* $1m^3 = 1000L$

$$\frac{0.02m^3 \times 1{,}000L}{\text{sec}} \times \frac{60\text{sec}}{\text{min}} = 1{,}200L/\text{min}$$

조명시설

22.1 핵심플러스

■ 조명용어 정리
- **광도** : 점광원(點光源)이 내는 빛의 세기 단위로 그 발광체가 발하는 광속의 밀도의 단위
- **조도(조명시설의 밝기)** : 어떤 단위 면에 수직 투하된 광속의 밀도, 단위는 럭스(lux)
- **휘도** : 빛의 반사체 표면의 밝기를 나타내는 양(量)(광도의 밀도), 단위: 스틸브(sb)

■ **수평면의 조도 : 광원의 광도(I) 및 cosθ에 비례하고 거리의 제곱(d)에 반비례**

$$\text{수평면의 조도} = \frac{I(\text{광도})}{d^2(\text{광원에서 알려진 지점과의 거리})} \times \cos\theta(\text{광원에서 알려진 지점과의 각도})$$

■ 조명시설시 주의사항
- 조경시설의 밝기는 광원의 종류, 등주의 높이·간격 위치
- 최저와 최고의 조도 평균차가 30% 이하로 되게 한다.(균일도)
- 조명은 위에서 밑으로 향하는 것이 좋다.

1 조명 용어 ★

① 광속 : 방사속 중에 육안으로 느끼는 부분, 단위는 루멘(lum)
② 광도 : 점광원(點光源)이 내는 빛의 세기 단위로 그 발광체가 발하는 광속의 밀도의 단위
③ 조도(조명시설의 밝기) : 어떤 단위 면에 수직투하된 광속의 밀도(빛의 세기를 나타내는 양), 단위는 럭스(lux)
④ 휘도 : 일정한 넓이를 가진 광원 또는 빛의 반사체 표면의 밝기를 나타내는 양(量)(광도의 밀도), 단위: 스틸브(sb)
⑤ 연색성 : 광원 빛의 분광특성이 물체색의 보임에 미치는 효과

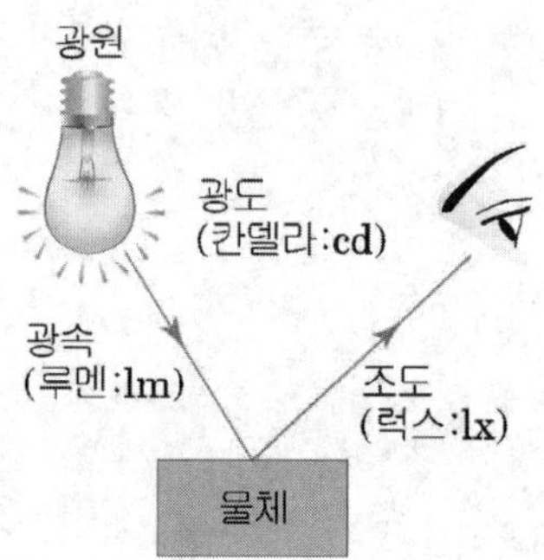

2 수평면의 조도(illumination) ★★

어떤 면 위의 임의의 한 점의 조도는 광원의 광도 및 $\cos\theta$에 비례하고 거리의 제곱에 반비례한다.

$$E_h = \frac{I}{d^2} \cdot \cos\theta$$

E_h : 수평면의 조도(lux)
I : 광도(cd)
θ : 광원과 지면에 알려진 지점과의 각도
d : 광원에서 알려진 지점과의 거리(m)

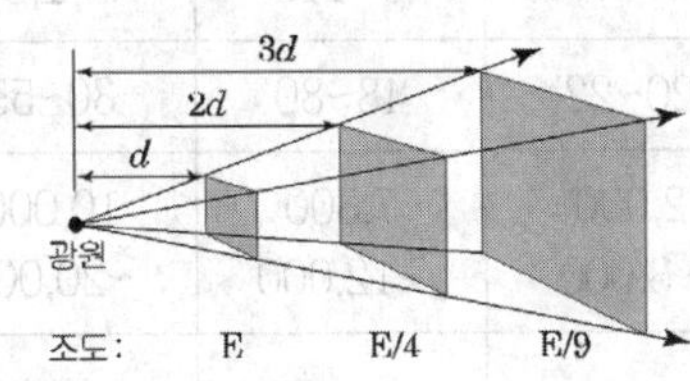

기출예제

그림을 보고 수평면의 조도를 계산하시오.
(단, 광도는 5430cd 일 때 cos45° = 0.707)

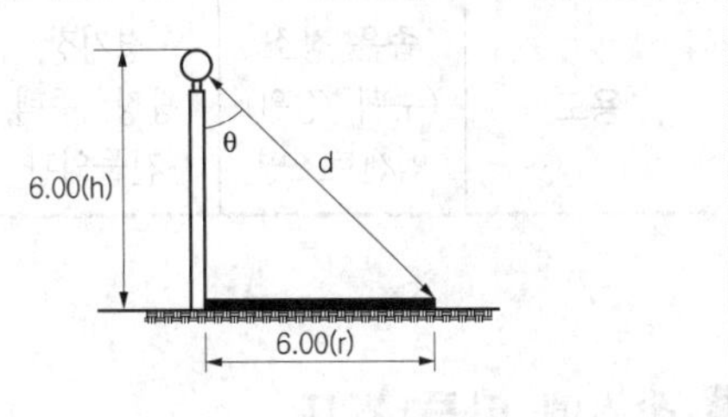

해설 $E_h = \frac{I}{d^2} \cdot \cos\theta$ 에서 $I = 5430,\ d^2 = 6^2 + 6^2 = 72,\ \cos 45 = 0.707$

$$E_h = \frac{5430}{72} \times 0.707 = 53.33\text{lux}$$

3 광원의 종류와 특성

① 백열전구 : 열에 의해 빛을 발하며 연색성은 매우 좋으나 효율이 낮음
② 형광등 : 열손실이 적으며 효율이 좋음
③ 수은등 : 수명이 길고 효율이 높으며, 진동과 충격에 강한 반면 연색성이 낮고, 발광시간은 10분정도로 길다.
④ 할로겐등 : 수은등을 보완하여 만든 것으로 수은등보다 효율이 높아 사용비가 적게 듬, 수명은 수은등보다 짧은 편이고, 발광시간은 15분정도 경과해야 완전히 밝아지고 연색성이 좋음
⑤ 나트륨등
㉠ 고압나트륨등 : 에너지 효율은 좋음, 발광시간은 3분정도, 노란색광원이 특징적이나 물체의 색을 구별하기 어려움

㉡ 저압나트륨등 : 가장 효율이 높아 수명이 다해도 밝기에는 변함이 없음, 안개 속에서 먼 거리까지 투시가능, 발광시간은 10분정도이며, 연색성이 낮음

⑥ 메탈할라이드 : 효율이 높으며 연색성이 우수, 고압나트륨등과 혼광하면 효과적임

⑦ 크세논램프 : 빛이 천연주광에 가까움, 순간점등도 가능, 발광효율이 떨어지고 고비용임

표. 광원의 특성 비교

종류	백열전구	할로겐등	형광등	수은등	나트륨등	메탈할라이드
용량(w)	2~1,000	500~1,500	6~110	40~1,000	20~400	70~1,000
효율(lm/W)	7~22	20~22	48~80	30~55	80~150	70~80
수명(h)	1,000 ~1,500	2,000 ~3,000	7,500 ~12,000	10,000 ~20,000	6,000 ~12,000	6,000 ~12,000
광색	적색	백색	백색	청백색	저압-등황색 고압-황백색	등황색
연색성	우수	우수	양호	낮음	낮음	우수
용도	좁은 장소 (주택, 정원) 액센트조명	경기장, 광장, 주택, 건물외관	정원, 공원, 광장, 가로	정원, 공원, 광장	도로, 공원, 광장, 건물외관	도로, 공원, 광장, 건물외관

4 장소에 따른 조도

① 주차광장의 조도 : 5~100 lux

② 옥외활동을 위한 주택정원 내 조도 : 50~100 lux

③ 주택지 도로 : 1~10 lux

④ 공원에 가로 광장의 표준조도 : 2~20 lux

⑤ 터널 : 50 lux

5 배광곡선

■ 참고 : 배광곡선의 정의

· 광원으로부터 나오는 빛의 분포를 나타내는 곡선으로 수직 배광곡선과 수평 배광곡선이 있으며 일반적으로 배광곡선이라 함은 수직 배광곡선을 말한다.

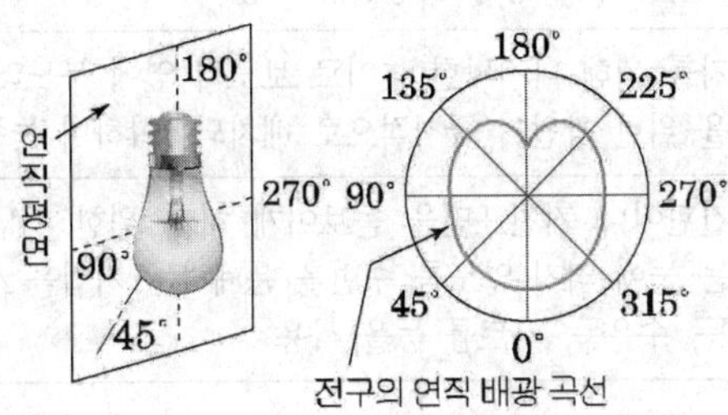

전구의 연직 배광 곡선

① 전방향확산형

㉠ 특징 : 발광부분을 직접 볼 수 있으며, 자체로 경관연출, 동적분위기 연출이 가능

㉡ 적용 : 상점가로와 역전광장 등

② 하 · 횡방향 확산형

㉠ 특징 : 위쪽을 제한하고 아래쪽을 주 방향으로 한 것, 발광부분을 제법 볼 수 있으며 조명효과도 얻을 수 있음

㉡ 적용 : 공원, 광장, 유보도, 보도 등

③ 하방향 주체형

㉠ 특징 : 발광부분 전체를 볼 수 없으며, 빛이 대부분 하방향으로 쏟아짐, 눈에 띄지 않는 도로면을 밝게 해주며, 건물 측면에 빛을 억제하고자 하는 곳에 사용

㉡ 적용 : 상업빌딩, 주택가로, 오피스텔의 건물 주변

④ 하방향 배광형

㉠ 특징 : 횡방향에서 발광부분을 볼 수 없으며, 빛은 전부 아래쪽으로 확산, 벽에 일정한 조명패턴도 연출가능함

㉡ 적용 : 보행로나 보행자의 안전이 요구되는 곳, 벽부의 조명 연출

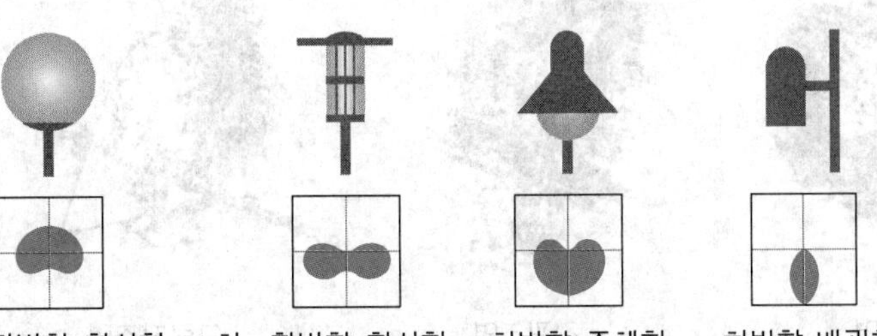

그림. 전방향 확산형　하 · 횡방향 확산형　하방향 주체형　하방향 배광형

6 옥외조명기법 ★

상향조명 ★ (up-lighting)	- 태양광의 투사방향과 반대로 비춰짐, 강조나 극적인 분위기 연출 - 식생이나 건물, 수경시설, 조각 등 특징적인 물체 강조
산포식 조명 (moon lighting)	- 물체를 볼 수 있는 부드러운 달빛과 같은 인상을 줌 - 산포된 빛은 전이공간, 테라스, 작은 정원등 사적인 공간 분위기 연출
투시조명 (비스타조명)	- 시각적인 목표점을 제공하고 점차적으로 반대편으로 유도하기 위하여 전방에 조명원을 설치, 주로 상향 조명방식 적용
보도조명 (path lighting)	- 보행자를 위해 나지막한 높이로 보도의 옆에 부드러운 하향조명을 하는 것 - 조명을 위한 광원이 규칙적으로 배치되어야하며 눈부심이 없도록 한다.
벽조명 (wall lighting)	- 광고간판이나 거친표면을 돋보이게 하기 위한 기법, 부드러운 분위기를 연출하나 낮에는 눈에 띄지 않도록 주변을 은폐하는 기법을 사용 - 백열등, 수은등, 나트륨 등을 사용
강조조명 ★ (각광조명) (accent lighting)	- 경관 연출을 위해 특정한 물체를 집중적으로 조명하는 것으로 주변과 대조를 보임 - 환경조각물 등에 적용되어 매우 두드러진 시각적 효과를 얻음
그림자조명 (shadow lighting)	- 실루엣조명과 대조적인 방식으로 물체의 측면이나 하향으로 빛을 비춤 - 수직적인 배경의 표면에 독특한 그림자를 연출하고 수목의 경우 바람에 의해 잎이나 가지가 흔들리는 형상을 만들어낸다.
실루엣조명 (silhouette lighting)	- 단지 외곽부의 형태를 강조하기 위하여 물체의 뒤에 있는 배경면을 조명하여 물체의 실루엣을 강조, 물체형태의 극적인 분위기 연출 - 물체와 배경이 가까워야 하며, 많은 빛이 투사되면 실루엣 이미지를 잃게 된다.

상향식조명

산포식조명

투시조명

보도조명

벽조명

각광조명

그림자조명

실루엣조명

7 도로조명

① 조명계산공식

$$F=\frac{E\times W\times L\times D}{N\times\mu\times S}$$

② 등주의 배치간격(L)공식

$$L=\frac{N\times F\times\mu\times M\times S}{E\times w}$$

여기서, N : 광원의 열수편측(1), 양측(2)

F : 사용광원 한 개당 광속(lum)

μ : 조명률

S : 이용률

M : 보수율

E : 평균조도(lux)

w : 도로폭(m)

핵심기출문제

내친김에 문제까지 끝내보자!

1. 조경공간의 점경물을 강조하거나 극적인 분위기를 연출할 수 있는 가장 적합한 조명방식은?

① 상향조명(up lighting)
② 하향조명(down lighting)
③ 산포조명(moon lighting)
④ 실루엣 조명(silhoustte lighting)

2. 폭 15m인 차도에 가로등을 설치하는데 있어 엇대향 배치로 하여, 도로면 평면조도를 20룩스 확보하고자 할 경우 가로등의 설치간격으로 가장 적합한 거리는? (단. 가로등 1개의 총 광속은 30,000루멘이며, 엇대향 배치계수는 1, 이용률은 50%, 조명률은 1, 보수율은 0.5를 적용한다.)

① 12.5m ② 25m
③ 40m ④ 60m

3. 옥외조명기법에 대한 설명으로 틀린 것은?

① 하향조명 : 사람의 눈이 익숙한 조명기법으로 상향식 조명보다 덜 인상적이다.
② 그림자조명 : 물체의 측면이나 하향으로 빛을 비추어 배경에 독특한 그림자를 연출한다.
③ 산포조명 : 시각적인 목표점을 제공하고 시선을 점차적으로 반대편을 유도하기 위한 것이다.
④ 실루엣조명 : 물체의 외곽부 형태를 강조하기 위하여 물체의 뒤에 있는 배경면을 조명하는 것이다.

4. 광원에 의해 빛을 받는 장소의 밝기를 뜻하는 조도의 단위는?

① 럭스(lx) ② 암페어(A)
③ 칸델라(cd) ④ 스틸브(sb)

정 답 및 해 설

해설 **1**

상향조명
태양광의 투사방향과 반대로 비춤으로서 강조나 극적인 분위기를 연출한다.

해설 **2**

$$L=\frac{N\times F\times \mu\times M\times S}{E\times w}$$
$$=\frac{1\times 30,000\times 1\times 0.5\times 0.5}{20\times 15}=25\text{m}$$

해설 **3**

바르게 고치면
- 산포조명 : 수목, 담이나 장대에 설치한 일광등에 의하여 빛이 넓은 지역에 부드럽게 펼쳐지게 하며, 물체를 볼 수 있는 부드러운 달빛과 같은 인상을 준다.
- 비스타 조명 : 시각적인 목표점을 제공하고 시선을 점차적으로 반대편을 유도하기 위한 것이다.

해설 **4**

- 암페어(Ampere) : 전류의 단위로 국제단위계의 기본단위이며, 기호로는 A를 씀
- 칸델라(Candela) : 광도(luminous intensity)의 단위로 기호로는 cd로 씀
- 스틸브 : 물체를 일정한 방향에서 보았을 때, 그 물체의 관측방향에 수직인 단위 넓이에 대한 밝기, 기호로는 sb를 씀

정답 1. ① 2. ② 3. ③ 4. ①

조경적산

23.1 핵심플러스

■ 표준품셈에 따른 수량계산기준과 단위 및 소수위 표준, 재료 또는 품의 할증에 관한 부분은 시험출제빈도가 높은 부분으로 알아두도록 한다.

■ 수량의 종류

설계수량	도면상의 수량(정미량)
계획수량	시공현장조건에 따라 시공계획상 소요되는 수량
소요수량	할증수량

■ 공사비 산정 방식

원가계산방식	・현재 통상적 방식 ・각 공종별 재료비, 노무비, 경비산출
거래실례가격 방식	건설시장에서 형성된 거래 가격을 이용해 산정
실적공사비 방식	・유사공사의 공종별 입찰단가에 대한 정보를 축적하고 다음 공사에 활용 ・해당 공종의 원가를 따로 계산할 필요 없이 재료비, 노무비, 경비 구분 없이 단일단가로 공사비 산정

■ 인력공사, 기계시공에 따른 공사량 산정에 대해서도 알아둔다.

1 적산(cost estimating)

공사에 있어 시공계획에 따라 공사에 소요되는 재료 및 품의 수량을 산출하는 과정과 여기에 단가를 넣어 금액을 산정하는 과정을 적산이라고 한다.

재료명	규격	단위	수량	단가	재료비
소나무	H4.0×W1.2×R15	주	5	400,000	2,000,000
은행나무	H4.0×B15	주	4	135,000	540,000

|◀ 적 산 ▶|

2 수량의 종류

① 설계수량 : 실시설계 및 상세설계에 표시된 재료 및 치수에 의하여 산출한다.
② 계획수량 : 설계도에 명시되어 있지 않으나 시공현장 조건에 따라 수립시 소요되는 수량을 말한다.
③ 소요수량 : 설계수량과 계획수량의 산출량에 운반, 저장, 가공 및 시공과정에서 발생되는 손실량을 예측하여 부가한 할증수량을 말한다.

3 품셈의 정의 및 적용

① 품셈 : 1개 단위 공사에 필요한 노무자의 종류 및 그 소요수량과 기계 사용시 그 종류와 소요량을 표시한 것
② 표준품셈
㉠ 공공 건설공사에 있어 품의 표준적인 계산 기준을 제공하기 위해 대표적이고 보편적인 공종, 공법을 기준으로 건설교통부에서 품셈을 제정
㉡ 조경공사의 표준품셈 적용

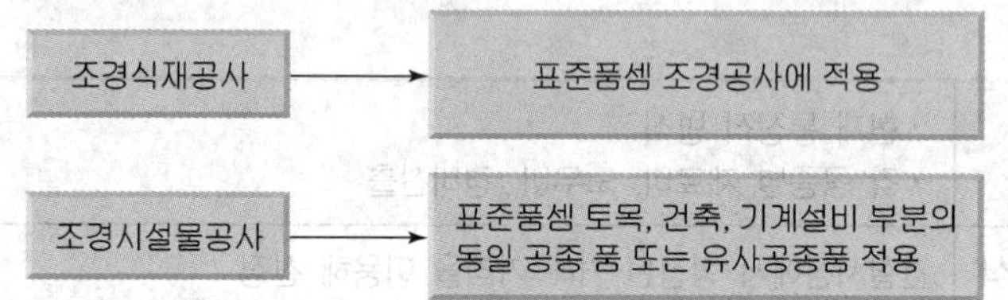

③ 품셈에 명시된 근로 시간기준은 1일 8시간(480분)을 기준으로 하되 준비, 작업지시, 작업장 이동, 작업 후 정리 등의 시간 30분을 공제한 450분을 적용한다.
★ ④ 품의 할증
㉠ 군작전 지구내 : 작업 할증률을 인부품의 20%까지 가산한다.
㉡ 도서 지구, 공항, 산악 지역내 : 작업 할증률을 인부품 50%까지 가산하다.
㉢ 야간작업 : PERT, CPM 공정계획에 의한 공기 산출 결과 정상 작업으로는 불가능하여 야간작업을 할 경우나 공사 성질 상 부득이 야간 작업을 하여야 할 경우 작업 할증률은 인부품의 25%까지 계상한다.
㉣ 10m^2 이하(신축공사기준으로 바닥면적의 합계)의 소단위 건축공사 : 소단위 건축공사에서는 각 공정별 할증이 감안되지 않은 사항에 대해 인부품의 50%까지 가산할 수 있다.

4 일위대가(一位代價)

· 단위공사에 소요되는 기본적인 재료와 표준적인 인력의 소모량

[느티나무(H3.5×R8)주당 일위대가(예시)]

수 종	규 격	단위	수량	금액계	노무비		재료비		경 비	
					단가	금액	단가	금액	단가	금액
느티나무	H3.5×R8	주	1		0	0	100,000	100,000	0	0
조경공		인	0.37		79,000	29,230	0	0	0	0
보통인부		인	0.22		60,000	13,200	0	0	0	0
계				142,430		42,430		100,00	0	0

5 수량계산의 기준 ★★

① 수량은 C.G.S(centimeter-gram-second)단위를 사용한다.

② 수량의 단위 및 소수위는 표준품셈 단위표준에 의한다.

③ 수량의 계산은 지정 소수위 이하 1 위까지 구하고, 끝 수는 4사 5입 한다.

④ 계산에 쓰이는 분도(分度)는 분까지, 원주율, 삼각함수의 유효숫자는 세자리까지로 한다.

⑤ 면적계산은 보통 수학공식에 의하는 외에 삼사법(三斜法)이나 삼사유치법(三斜誘致法) 또는 플래니미터로 한다. 플래니미터 사용시 3회 이상 측정하여 그 중 정확하다고 생각되는 평균값으로 한다.

⑥ 체적계산은 의사공식에 의함을 원칙으로 하나 토사의 체적은 양단면 평균값에 거리를 곱하여 산출하는 것을 원칙으로 한다. 다만 거리평균값으로 고쳐서 산출할 수 있다.

⑦ 다음의 체적과 면적은 구조물의 수량에서 공제하지 않는다. 볼트의 구멍, 모따기, 물구멍, 이음줄눈의 간격, 포장공종의 1개소 당 $0.1m^2$ 이하의 구조물 자리, 철근콘크리트 중의 철근

⑧ 절토량은 자연 상태의 설계도의 양으로 한다.

6 단위 및 소수위 표준

① 자재

종 목	규 격		단위수량		비 고
	단 위	소 수	단 위	소 수	
공사연장 공사폭원 직공인부 공사면적	m	2위	m m 인 m^2	단위한 1위 2위 1위	일위대가표에서는 2위까지 이하는 버림
토적(높이, 나비) 토적(단면적) 토적(체적) 토적(체적합계)	–	–	m m^2 m^3 m^3	2위 1위 2위 단위한	단면적 체적 집계체적
떼, 모래, 자갈	cm mm	단위한 단위한	m^2 m^3	1위 2위	–
벽돌 블록	mm mm	단위한 단위한	개 개	단위한 단위한	–
시멘트 모르타르 콘크리트	–	–	kg m^3 m^3	단위한 2위 2위	일위대가표에서는 2위까지 이하 버림
아스팔트	–	–	kg	단위한	–
목재(판재) 목재(판재) 목재(판재) 합판	길이 m 폭 cm 두께 mm	1위 1위 1위 단위한	m^2 m^3 m^3 장	2위 3위 3위 1위	–
말뚝	길이 m 지름 mm	1위	개	단위한	총량표시는 ton으로 하고 단위는 3위까지 이하 버림
철강재 철근 볼트, 너트	mm mm mm	단위한 단위한 단위한	kg kg 개	3위 단위한 단위한	
도로 도장	–	–	ℓ 또는 kg m^2	2위 1위	–
옹벽	–	–	m^2	1위	–
방수면적	–	–	m^2	1위	–

★★ ② 금액의 단위표준

종 목	단 위	지 위	비 고
설계서의 총계	원	1,000	이하 버림 (단, 만원이하의 공사는 100원 이하 버림)
설계서의 소계	원	1	미만 버림
설계서의 금액	원	1	미만 버림
일위대가표의 총계	원	1	미만 버림
일위대가표의 금액	원	0.1	미만 버림

기출예제

공사설계 내역서 산정시 원단위 이상이 아닌 것은?

① 설계서의 총액 ② 설계서의 소계
③ 일위대가표의 계 ④ 일위대가표의 금액란

답 ④

③ 재료별할증

재 료		할증률(%)	재 료		할증률(%)
목재	각재	5	도료		2
			타일	모자이크	3
	판재	10		도기	3
				자기	3
			강재류	이형철근	3
				원형철근	5
합 판	일반용	3		강판	10
	수장용	5		강관	5
테라코타		3	벽돌	붉은벽돌	3
유리		1		내화벽돌	3
블록		4		시멘트벽돌	5
원석(마름돌용)		30		경계블록	3
조경용수목		10		콘크리트블록	4
잔디 및 초화류		10		호안블록	5

7 재료의 단위 중량

	형상	단위	중량(kg)
암석	화강암	m^3	2,600~2,700
	안산암	m^3	2,300~2,710
	사암	m^3	2,400~2,790
	현무암	m^3	2,700~3,200
자갈	건조	m^3	1,600~1,800
	습기	m^3	1,700~1,800
	포화	m^3	1,800~1,900
모래	건조	m^3	1,500~1,700
	습기	m^3	1,700~1,800
	포화	m^3	1,800~2,000
점토	건조	m^3	1,200~1,700
	습기	m^3	1,700~1,800
	포화	m^3	1,800~1,900
철근콘크리트	–	m^3	2,400
시멘트	–	m^3	1,500

기출예제

아래의 재료를 사용하여 동일한 규모의 시설물을 축조하였을 때, 고정하중(固定荷重)이 가장 큰 구조체는 어떤 것인가?

① 무근 콘크리트 ② 목재
③ 화강석 ④ 철근 콘크리트

답 ③

8 원가계산에 의한 공사비 산출

① 재료비

직접재료비	· 공사목적물의 기본적 형태를 이루는 물품의 비용 · 종류 : 수목, 잔디, 시멘트, 철근, 강관, 골재, 석재 등
간접재료비	· 공사에 보조적으로 소비되는 재료 또는 소모성 물품의 가치 비용 · 종류 : 소모재료비(기계오일, 접착제, 용접가스, 장갑), 소모공구, 기구, 비품비, 가설재료비
작업설 · 부산물	· 목적공사물 시공 중 발생하는 작업 잔재류 중 환금이 가능한 재료 · 종류 : 강재의 할증분, 시멘트 공포대, 공드럼 등
할증산입	· 표준사용량에 손실량(작업할증량)을 가산하여 산정 · 수목 10%, 잔디 10%, 판재 10%, 합판 3%, 붉은벽돌 3% 등
재료비산정	· 표준사용량에 운반, 저장 및 시공 중의 손실량을 현장 조건에 따라 가산하여 산정 · 재료비=직접재료비+간접재료비−작업설 · 부산물

기출예제

시공 중 발생하는 작업설부산물에 대한 설명으로 부적합 한 것은?

① 작업설부산물은 수량산출시 설계 당시에 미리 공제한다.
② 발생량을 금액으로 환산하여 직접재료비에서 감한다.
③ 시멘트 공포대는 발생량의 90%를 공제한다.
④ 강재 작업부산물은 발생량 전량을 공제한다.

답 ④

해설 작업설, 부산물 : 사용고재 등 기타 발생재의 처리는 그 대금을 설계 당시 미리 공제한다.
① 작업설 : 작업 형상이 있으며 경제적인 가치가 있는 것
② 부산물 : 주산물의 제조과정에서 필연적으로 생기는 유기물로서 제 2차적인 생산물 강재 작업부산물은 발생량 70%를 공제한다.

② 노무비

직접노무비	· 정의 : 현장에서 공사 목적물을 완성하기 위해 직접 작업에 참여하는 인부에게 드는 비용 · 산정 : 공종별 물량에 표준품셈에 의한 인력품을 곱하고 노임단가를 곱하여 직접노무비를 산정
간접노무비	· 현장에서 보조로 종사하는 감독자 등에게 드는 비용 · 산정 : 간접노무비=직접노무비×간접노무비율(%)
노무비산정	· 노무비=직접노무비+간접노무비

③ 경비

정 의	순공사비 중 재료비와 노무비를 제외한 비용
내 용	전력비·수도광열비, 운반비, 기계경비, 특허권사용료, 기술료, 연구개발비, 품질관리비, 가설비, 지급임차료, 보험료, 복리후생비, 보관비, 외주가공비, 안전관리비, 소모품비, 세금·공과금, 교통비·통신비, 폐기물처리비, 도서인쇄비, 지급수수료, 환경보전비, 보상비
산재보험료	· 정의 : 근로자의 업무상 재해예방과 근로자 보호에 이바지하는 보험료 · 산정 : 노무비(직접노무비+간접노무비)×요율(%)
산업안전보건관리비 (안전관리비)	· 정의 : 산업재해예방과 쾌적한 작업환경조성하여 근로자의 안전과 보건을 유지·증진을 위한 비용 · 산정 : (재료비+직접노무비+관급자재(지급자재비))×율(%)
환경보전비	· 정의 : 건설공사현장에 설치하는 환경오염방지시설의 설치 및 운영에 소요되는 비용 · 산정 : (재료비+직접노무비+직접경비)×율(%)
기타경비	· (재료비 +노무비)×율(%)

④ 순공사비(공사원가)

순공사비산정	순공사비=재료비+노무비+경비

⑤ 일반관리비

정 의	회사가 사무실을 운영하기 위해 드는 비용, 기업유지를 위한 관리활동 부분 제비용
일반관리비산정	일반관리비=(재료비+노무비+경비)×일반관리비율(5~6%)

⑥ 이윤

정 의	영업의 이익으로 노무비와 경비(기술료와 외주가공비는 제외)와 일반관리비 합계액에 15%를 초과하지 않는 범위에서 산정
이윤산정	이윤=노무비+(경비-기술료-외주가공비)+일반관리비×15% 내외

⑦ 총공사비

총공사비 산정	총공사비=재료비+노무비+경비+일반관리비+이윤

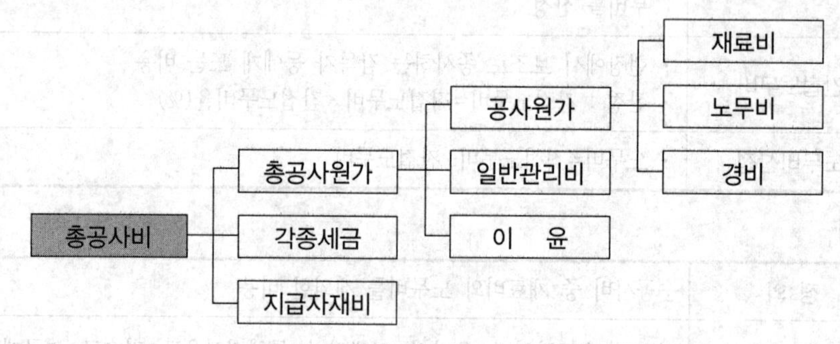

그림. 원가계산에 의한 공사비산정

9 소운반 및 인력운반

① 소운반의 운반거리

㉠ 품에서 포함된 것으로 규정된 소운반거리는 20m 이내의 거리

㉡ 20m 초과분에 대하여 이를 별도계상하며 경사면의 소운반 거리는 직고 1m를 수평거리 6m의 비율로 봄

② 인력운반 기본공식

- 삽으로 적재할 수 없는 자재(시멘트 · 목재 · 철근 · 전주 · 관 · 큰석재 등)의 인력적산은 기본공식을 적용하되 25kg을 1인 비율로 계산하고 t 및 v는 자재 및 현장 여건을 감안하여 계상한다.

③ 기본공식

	기본식 : $Q = N \times q$ $N = \frac{T}{Cm} = \frac{T}{\frac{60 \times 2L}{V} + t}$
1일 운반량	Q : 1일 운반량 (kg/일, m^3/일) N : 1일 운반횟수 q : 1회 운반량 (kg/회, m^3/회) 예) 지게-25kg(보통토사), 목도운반-40kg, 손수레-250kg T : 1일 실 작업시간(450분) Cm : 1회 싸이클(1회 운반소요)시간(분) V : 평균왕복시간(m/hr) L : 운반거리($L \times a$) a : 경사환산계수 t : 적재적하 소요시간(분)

④ 종류별 기준적용

지게운반	• 적재, 운반, 적하는 1인 기준 • 1회 운반량은 보통토사 25kg으로 하고, 삽작업이 가능한 토석재를 기준으로 함 • 고갯길인 경우에는 수직높이 1m는 수평거리 6m의 비율로 계상
손수레운반	• 적재, 운반 및 적하는 2인 기준 • 1회 운반량은 250kg
목도운반	• 2인, 4인, 6인이 1조가 되어 목도채를 이용하여 인력 운반하는 방법 • 목도공 1회 운반량은 40kg

■ **참고 : 지게운반**

구분 / 종류	적재적하시간(t)	평균왕복속도(m/hr)		
		양호	보통	불량
토 사 류	1.5분	3,000	2,500	2,000
석 재 류	2분			

· 절취는 별도 계상한다.
· 양호 : 운반로가 평탄하며 보행이 자유롭고 운반상 장애물이 없는 경우
· 보통 : 운반로가 평탄하지만 다소 운반에 지장이 있는 경우
· 불량 : 보행에 지장이 있는 운반로의 경우, 습지, 모래질, 자갈질, 암반 등 지장이 있는 운반로의 경우
· 석재류라 함은 자갈, 부순돌 및 조약돌 등을 말함

⑤ 목도운반비

기본식	운반비= $\frac{M}{T} \times A \times C_m$ 여기서, M : 소요인원= $\frac{\text{총운반량}}{\text{1인당1회운반량}}$ T : 1일 실 작업시간(450분) A : 목도공의 노임 C_m: 1회 사이클 시간(분)
1회 사이클시간(분)	$C_m = \frac{60 \times 2L}{V} + t$ 여기서, L : 운반거리(km) t : 적재적하 소요시간(분) V : 왕복평균속도(km/hr)

기출예제 1

식재용 객토를 리어카로 운반하려 한다. 운반거리는 150m이며 6%의 경사로이다. 계산상의 운반거리는? (단, 6% 경사시 환산계수(α)는 1.43이다.)

① 151.43m ② 157.43m
③ 156m ④ 214.5m

답 ④

해설 운반거리 × 경사환산계수 = 150 × 1.43 = 214.5m

기출예제 2

운반거리 100m를 리어카로 토사류를 운반하려 한다. 이중 40m는 평지이고, 나머지는 경사로가 10%인 경사지이다. 경사지의 환산계수가 2일 때 총 환산거리는?

① 100m ② 140m
③ 160m ④ 180m

답 ③

해설 총 환산거리 = 40(평지거리)+60(경사로거리)×2(경사환산계수) = 160m

기출예제 3

식재할 표토 20㎥를 80m 지점으로 손수레를 이용하여 운반할 때 하루 운반 횟수로 가장 적당한 것은? (단, 운반로는 보통이고 작업시간은 450분, 적재·적하시간, 왕복속도는 아래와 같다.)

구분 / 종류	적재, 적하 시간	평균왕복속도		
		양호	보통	불량
토사류	4분	3,000m/hr	2,500m/hr	2,000m/hr

① 25.0회 ② 43.6회
③ 57.4회 ④ 62.8회

답 ③

해설 하루 운반 횟수=실작업시간÷1회의 작업시간

① 실작업시간=450분

② 1회 작업시간(Cm)=$\frac{60\times2\times80}{2500}$+4=7.84분

③ 하루 운반횟수=①÷②=57.4회

기출예제 4

흙을 100m 거리로 리어카를 이용하여 운반하려 한다. 운반로가 보통일 때 하루에 운반하는 흙은 몇 m^3나 되는가? (단, 흙 $1m^3$=1,800kg, 하루의 작업시간은 450분, 리어카의 1회 적재량은 250kg이고, 적재적하시간과 평균 왕복속도는 다음 표와 같다.)

구분 / 종류	적재적하시간(t)	평균왕복운반 속도(v)		
		양호	보통	불량
토사류	4분	3,000m/hr	2,500m/hr	2,000m/hr
석재류	5분			

① $4.26m^3$　　② $5.342m^3$

③ $7.102m^3$　　④ $9.678m^3$

답 ③

해설 하루의 작업량=작업횟수①×1회의 작업량②

① 작업횟수=$\frac{450}{8.8}$=51.136....회

* 1회 작업시간(Cm)=$\frac{60\times2\times100}{2,500}$+4=8.8분

② 1회 작업량=$\frac{250}{1,800}$=0.1388..m^3

따라서 51.136× 0.138 =$7.102m^3$

11 기계시공(덤프트럭)

① 덤프트럭

기본식	
$Q=\frac{60\times q\times f\times E}{Cm}$	Q : 1시간당 흐트러진 상태의 작업량(m^3/hr) q : 흐트러진 상태의 덤프트럭 1회 적재량(m^3) f : 토량환산계수 E : 작업효율 Cm : 1회 싸이클 시간

$$q=\frac{T}{r^t}\times L$$

q : 흐트러진 상태의 덤프트럭 1회 적재량(m^3)
T : 덤프트럭의 적재중량(ton)
r^t : 자연상태에서의 토석 단위 중량(습윤밀도)(ton/m^3)
L : 토량환산계수에서의 토량변화율

Cm (덤프트럭의 1회 싸이클 시간(분)) $= t_1+t_2+t_3+t_4+t_5$

t_1 : 적재시간(분)
t_2 : 왕복운반시간(분) $=\frac{\text{운반거리}}{\text{적재시 평균주행속도}}+\frac{\text{운반거리}}{\text{공차시평균주행속도}}$
t_3 : 적하시간(분)
t_4 : 대기시간(분)
t_5 : 적재함 덮개 설치 및 해체시간(분)

② 불도저

<table>
<tr><td>시간당작업량</td><td colspan="2">$Q=\frac{60\times q\times f\times E}{Cm}=\frac{60\times(q^0\times e)\times f\times E}{C_m}$
여기서, Q : 1시간당 흐트러진 상태의 작업량(m^3/hr)
q : 배토판의 용량(m^3/hr)－흐트러진 토량
f : 토량환산계수
E : 작업효율
C_m : 1회 싸이클 시간(분)</td></tr>
<tr><td rowspan="3">토량환산계수</td><td>원지반토량으로 환산</td><td>$f=\frac{1}{L}$</td></tr>
<tr><td>운반토량으로 환산</td><td>$f=1$</td></tr>
<tr><td>다짐토량으로 환산</td><td>$f=\frac{C}{L}$</td></tr>
<tr><td>1회 굴착압토량
(흐트러진토량)</td><td colspan="2">$q=q^{0\times e}$
여기서, q : 배토판의 용량(m^3/hr)
q^0 : 거리를 고려하지 않는 배토판의 용량(m^3)
e : 운반거리 계수</td></tr>
<tr><td>사이클타임</td><td colspan="2">$C_m=\frac{L}{V_1}+\frac{L}{V_2}+t$
여기서, C_m : 1회 싸이클 시간(분) L : 운반거리
V_1 : 전진속도(m/분) V_2 : 후진속도(m/분)</td></tr>
</table>

③ 백호우 로더

구분	내용
백호우	기본식 $Q=\dfrac{3600\times q\times K\times f\times E}{Cm}$
	여기서 Q : 시간당작업량(m^3/hr) q : 버킷용량(m^3) K : 버킷계수 f : 토량환산계수 E : 작업효율 C_m: 사이클 시간
로더	기본식 $Q=\dfrac{3600\times q\times K\times f\times E}{Cm}$ $C_m=ml+t_1+t_2$
	여기서 Q : 시간당작업량(m^3/hr) q : 버킷용량(m^3) K : 버킷계수 f : 토량환산계수 E : 작업효율 C_m: 사이클 시간 m : 계수 (초/m) 무한궤도식 : 2.0, 타이어식 : 1.8 l : 편도 주행거리 (표준8m) t_1 : 버킷에 토량 담는데 소요되는 시간(초), t_2 : 기본시간과 다음기계가 도착될 때 까지 시간 (14초)

■ 참고 : 기계경비

① 정의 : 건설기계를 소유하여 운전하는데 필요한 비용으로 기계손료, 주연료, 잡재료 및 운전원 등의 경비를 말한다.

② 기계경비의 구성

- 직접경비
  - 기계손료 : 감가상각비+정비비+관리비
  - 운전경비 : 운전 노무비+연료 유지비+소모성 부품비
- 간접경비 : 수송비, 조립, 해체비

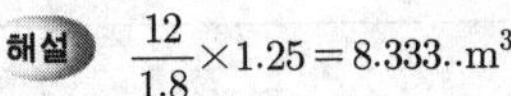

기출예제 1

12ton 덤프트럭에 토량 환산계수 L값이 1.25인 사질 양토를 적재하려 할 때 1회 적재량은 얼마인가? (단, 자연 상태의 사질양토 단위 중량은 1,800kg/m³이다.)

① 약 $6m^3$ ② 약 $8m^3$

③ 약 $10m^3$ ④ 약 $12m^3$

답 ②

해설 $\dfrac{12}{1.8}\times 1.25=8.333..m^3$

기출예제 2

자연상태의 100㎥의 흙을 8ton 트럭 1대로 옮기려고 한다. 몇 회 운반하면 되는가? (단, 토량변화율(L)=1.1 이고 흐트러진 상태의 흙의 단위중량은 1,500kg/㎥이며, $q=\dfrac{T}{r^t}\times L$=이다)

① 약 12회 ② 약 13회

③ 약 17회 ④ 약 21회

답 ④

해설 풀이1) 부피로 환산

① 흐트러진 상태의 토량 = 자연상태의 토량×L=100×1.1=110m³

② 흐트러진 상태의 흙의 단위중량이 1,500kg/m³ 이므로,

$q=\frac{T}{r_t}=\frac{8}{1.5}$ (흐트러진 상태이므로 L을 곱해서는 안된다)

=5.333...m³

③ 덤프트럭대수 : 110÷5.33.... = 20.63..→ 21회

풀이2) 중량으로 환산

① 운반토량중량 = 110m³ × 1.5t/m³ = 165 t

② 덤프트럭대수 165t ÷ 8t =20.625회 → 21회

기출예제 3

덤프트럭의 1회 사이클시간을 다음 조건에 의거하여 구하면 얼마인가? (단, 토량 $1m^3$ 기준, 운반거리 500m, 적재시간 10분/m^3, 적하시간 1.5분, 대기시간 0.15, 적재함 덮개 설치 및 해체시간 3.77분, 적재시 평균주행속도 5km/hr, 공차시 평균주행속도 10km/hr)

① 24.68분 ② 11.42분

③ 11.68분 ④ 24.42분

답 ④

해설 덤프트럭의 사이클시간 (T)의 계산

= 적재시간(T_1)+적하시간(T_2)+대기시간(T_3)

+적재함 덮개설치 및 해체시간(T_4)+왕복시간 (T_5)

$= 10+1.5+0.15+3.77+(\frac{0.5}{5}+\frac{0.5}{10})\times 60 = 24.42$분

기출예제 4

$0.7m^3$ 용량의 유압식 백호우를 이용하여 작업상태가 양호한 자연 상태의 사질토를 굴착 후 선회각도 90° 로 덤프트럭에 적재하려 할 때 시간당 굴착작업량은?(단, 버킷계수 1.1, L은 1.25, 1회 사이클 시간은 16초, 토질별 작업효율은 0.85이다.)

① $1.79m^3$ ② $3.07m^3$

③ $117.81m^3$ ④ $184.08m^3$

답 ③

해설 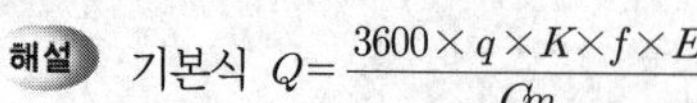

기본식 $Q=\frac{3600\times q\times K\times f\times E}{Cm}$

$=\frac{3600\times 0.7\times 1.1\times \frac{1}{1.25}\times 0.85}{16}=117.81m^3/hr$

핵심기출문제

내친김에 문제까지 끝내보자!

1. 적산할 경우 수량의 환산기준 중에서 틀린 사항은?

① 수량은 C.G.S 단위를 사용한다.
② 수량의 단위 및 소수위는 표준품셈 단위 표준에 의한다.
③ 수량의 계산은 지정 소수위 이하 1위까지 구하고, 끝수는 무시한다.
④ 계산에 쓰이는 분도(分度)는 분까지, 원둘레율(圓周率)의 유효숫자는 3자리로 한다.

2. 수량을 계산할 때 바른 것은?

① 지정 소수위 2위까지, 끝수는 사사오입
② 지정 소수위 1위까지, 끝수는 사사오입
③ 지정 소수위 2위까지, 끝수는 버린다.
④ 지정 소수위 1위까지, 끝수는 버린다.

3. 설계서의 단위 및 소수의 표준 적용이 틀린 것은?

① 길이 – m – 1위
② 면적 – m^2 – 2위
② 인부 – 인 – 2위
④ 체적 – m^3 – 2위

4. 견적을 설명한 것 중 가장 옳은 것은?

① 견적이 잘 되어야 적산이 정확하다.
② 총공사비를 산출하는 행위
③ 도면에 표시하기 어려운 사항을 기입하여 설계상의 의미를 명확하게 한다.
④ 도면, 시방서에 의해 자재, 수량, 시공면적을 산출하는 행위

정 답 및 해 설

해설 1

수량계산 – 지정소수위 이하 1위, 끝수는 사사오입

해설 2

수량의 계산은 지정 소수위 이하 1 위까지 구하고, 끝 수는 4사 5입 한다.

해설 3

면적 – m^2 – 1위

해설 4

견적– 공사비를 산출하는 행위

정답 1. ③ 2. ② 3. ② 4. ②

5. 일위대가표를 작성할 경우 일위대가표 총계의 단위 표준은 어떻게 적용시키는가?

① 0.1위까지는 쓰고 그 이하는 버림
② 1위까지는 쓰고 그 미만은 버림
③ 0.1위까지 쓰고 소수위 2위까지 4사 5입
④ 1위까지 쓰고 소수위 1위까지 4사 5입

6. 품셈의 수량계산 방법 중 옳은 것은 어느 것인가?

① 수량의 단위는 척관법에 의한다.
② 수량계산은 지정단위 미만은 버린다.
③ 토사입적은 양단면적을 평균한 값에 그 단면의 거리를 곱하여 산출하는 것을 원칙으로 한다.
④ 면적계산은 수학공식으로만 계산한다.

7. 조경 설계의 견적시 수량 계산에 관한 사항 중 맞지 않는 것은?

① 면적의 계산 중 구적기(Planimeter)를 사용하는 경우 3회 이상 측정하여 그 중 정확하다고 생각되는 평균값으로 정한다.
② 볼트의 구멍부분은 구조물의 수량계산에서 공제하지 아니한다.
③ 절토량은 자연상태의 설계도의 양으로 한다.
④ 수량은 C. G. S 단위와 척, 관 단위를 병행함을 원칙으로 한다.

8. 다음은 자재(資材)의 단위수량에 대한 설계시 수량계산에 명시되어 있는 설명이다. 틀린 사항은 어느 것인가?

① 토량에 대한 체적단위는 m^3이고, 소수 2자리까지 계산한다.
② 떼의 단위는 m^2이고, 소수 1자리까지 계산한다.
③ 모래와 자갈의 물량은 m^3로 하고, 소수 1자리까지 계산한다.
④ 콘크리트의 물량은 m^3로 하고, 소수 2자리까지 계산한다.

9. 어느 파고라 전체 바닥 면적을 산출하였더니 $100m^2$가 되었다. 파고라 기둥 한 개의 바닥면적은 $0.02m^2$이고, 전체 기둥은 4개이다. 전체바닥을 벽돌로 포장할 경우 표준품셈상 벽돌 포장 면적은?

① $99m^2$
② $99.9m^2$
③ $99.92m^2$
④ $100m^2$

정답 및 해설

해설 5

종목	단위	지위	비고
일위대가표의 총계	원	1	미만 버림
일위대가표의 금액	원	0.1	미만 버림

해설 6

품셈의 수량계산방법
- 수량의 단위는 C.G.S 이다.
- 수량계산은 지정 소수1위까지만 구하고 사사오입한다.
- 면적계산은 수학공식 외에 삼사법, 플래니미터로 한다.

해설 7

수량은 C.G.S(centimeter-gram-second)단위 사용한다.

해설 8

모래와 자갈의 물량은 m^3로 하고, 소수 2자리까지 계산한다.

해설 9

$0.02m^2 \times 4$개 $= 0.08m^2 \rightarrow$ 포장공종의 1개소 당 $0.1m^2$이하의 구조물 자리로 수량을 공제하지 않는다.

정답 5. ② 6. ③ 7. ④ 8. ③ 9. ④

정 답 및 해 설

10. 다음에 열거한 것 중 체적과 면적을 구조물의 수량에서 공제할 수 있는 것은?

> ㉠ 볼트의 구멍
> ㉡ 이음줄눈의 간격
> ㉢ 철근 콘크리트중의 철근
> ㉣ 콘크리트 중에 매설한 ϕ300의 철골재 파이프

① ㉠ ② ㉡
③ ㉢ ④ ㉣

해설 **10**

다음의 체적과 면적은 구조물의 수량에서 공제하지 않는다. 볼트의 구멍, 모따기, 물구멍, 이음줄눈의 간격, 포장공종의 1개소 당 0.1m 이하의 구조물 자리, 철근 콘크리트 중의 철근

11. 쌓기 20t, 놓기 10t 일 때, 조경공 10,000원 일반 인부 5,000원이다. 이 석축공사의 인부 노임은?

	조경공	보통인부	노 임	
쌓기(톤당)	2.5인	2.5인	조경공	10,000원/일
놓기(톤당)	2.0인	2.0인	보통인부	5,000원/일

① 1,050,000원
② 1,250,000원
③ 625,000원
④ 775,000원

해설 **11**

· 석축공사 노임
=쌓기 노임+놓기 노임
=750,000+300,000
=1,050,000원

① 쌓기 노임 :
20ton×(2.5×10,000+2.5×5,000)=750,000원

② 놓기 노임 :
10ton×(2.0×10,000+2.0×5,000)=300,000원

12. 도로면의 옹벽이 미관상 불량하여 자연석 쌓기로 보수하려고 한다. 노무비는? (자연석 120ton, 톤당 조경공 2.5인, 보통인부 2.5인, 조경공은 35,500원, 보통 인부는 21,200원)

① 12,000,000원
② 21,300,000원
③ 17,010,000원
④ 21,720,000원

해설 **12**

· ton 당 노임 :
2.5×35,500+2.5×21,200
=141,750
120ton×141,750
=17,010,000원

13. 향나무 수고 3.5m짜리 5주를 식재하려 한다. 노무비는?(향나무 3.0~4.0m, 조경공0.15인, 보통인부 0.15인, 조경공 노임 10,000원, 보통 인부 노임 6,000원)

① 6,000원 ② 9,000원
③ 12,000원 ④ 15,000원

해설 **13**

5주×(0.15×10,000+0.15×6,000)=12,000원

정답 10. ④ 11. ① 12. ③ 13. ③

14. 원지반의 모래질 흙 3,000m³와 점질토 2,000m³를 굴착하여 6m³ 적재 덤프트럭으로 성토현장에 반입하고 다졌다. 소요덤프트럭 대수와 다진 후의 성토량은? (단, 모래질흙 L=1.25 C=0.88, 점질토 L=1.30 C=0.99)

	덤프트럭대수	성토량
①	770대,	6,350m³
②	656대,	5,430m³
③	833대,	4,530m³
④	1,058대,	4,620m³

15. 흐트러진 토량 100m³를 8톤 트럭 한대로 몇 회에 운반할 수 있는가?(단, L=1.1, 흙의 단위중량 1,500kg/m³)

① 12회　② 15회
③ 18회　④ 21회

16. 작업장에서 수목의 운반 시 소운반비를 계산할 수 없는 경우는?

① 수평운반거리 15m
② 수직고 2m
③ 수직고 3m
④ 수평운반거리 30m

17. 다음 조경재료 중 할증률을 가장 높게 채택하는 것은?

① 포장용 시멘트, 아스팔트　② 마름돌용의 원석, 부정형 돌
③ 목재의 합판, 조경수목, 잔디　④ 페인트 공사의 도료

18. 수목을 식재할 때 3m×4m에 한 본을 심을 때 1ha에 수목 몇 본의 식재가 가능한가?

① 450본　② 835본
③ 622본　④ 855본

19. 800m 도로 가로수를 2열로 심을 때 8m 간격으로 심을 수 있는 수량은?

① 100주　② 99주
③ 101주　④ 202주

해설 **14**

L : 절토, 굴착할 때 변화율
C : 성토할 때 변화율
① 덤프트럭대수
(3,000×1.25+2,000×1.30)÷6
= 1,058.33.... 대
② 성토량
(3000×0.88)+(2000×0.99) = 4,620m³

해설 **15**

$\frac{T}{\text{자연상태토석의단위중량}} \times L(\text{흐트러진값})$
트럭 한대 당
$\frac{8}{1.5} \times 1.1 = 5.866\text{m}^3$
100 ÷ 5.86 = 17.06회

해설 **16**

· 소운반거리 : 수평 운반거리 20m 이내의 거리를 말한다.
수직고 1m = 수평거리 6m로 환산하므로
② 수직고 2m×6=12m
③ 수직고 3m×6=18m

해설 **17**

①는 2%, ②는 30%, ③의 합판은 3%, 조경수목과 잔디는 10%, 도료는 2%

해설 **18**

1ha=10,000m² 이므로
10,000÷12=833.33본

해설 **19**

800m÷8m=100주+1=101주×2열=202주

정답	14. ④	15. ③	16. ④
	17. ②	18. ②	19. ④

20. 일위대가표에 대한 설명 중 틀린 것은?

① 예산서의 일부가 된다.
② 재료, 노무, 경비 등을 나타내는 단위비용 적산의 근거가 되는 표
③ 일위대가표는 단위 공사 당 한 장씩 작성된다.
④ 일위대가표 상에는 할증률이 포함되어 있다.

21. 식재용 객토를 리어카로 운반하려 한다. 운반거리가 150m이고 6%의 경사로이다. 운반거리는? (6% 경사시 환산계수는 1.43)

① 214.5m ② 200.0m
③ 104.8m ④ 95.4m

22. 초화류 파종과 식재품의 적용은 관목류나 잔디 식재품과는 별도로 적용해야 한다. 다음의 초화류 식재품에 대한 설명 중 적합한 내용은 어느 것인가?

① 초화류의 식재는 단위면적(m^2)당 식재 주수를 정하고 100주당 식재품을 적용한다.
② 초화류 파종은 단위면적(m^2)당 종자의 무게(g)를 산정하여 $100m^2$ 당 파종식재품을 산정한다.
③ 초화류 식재는 보통인부를 기준으로 한다.
④ 초화류 파종은 파종공 1인당 $20m^2$를 기준으로 한다.

23. 다음은 인력운반공사에 대한 설명이다. 가장 부적합한 항목은 어느 것인가?

① 1일 운반 실작업시간은 8시간을 기준으로 480분을 적용한다.
② 경사지 운반거리는 별도 보정계수를 적용하며 수직 높이 1m는 수평거리 6m로 환산하여 적용한다.
③ 지게 운반의 1회 운반량은 50kg을 기준으로 산정한다.
④ 손수레 운반은 1회 운반량을 250kg을 기준으로 2인 1조로 계산한다.

24. 시공수량을 A, 품셈을 B, 노무단가를 C라 했을 때 노무비의 올바른 산출법은?

① A÷B÷C ② A×B÷C
③ A÷B×C ④ A×B×C

해설 20

일위대가표
- 공사의 수행시에 m^2당, m^2당, kg당과 같이 일정한 단위당 소요되는 재료, 노무, 경비 등 단위 비용 적산의 근거가 되는 표로 만든 것
- 할증률이 포함되어 있음
- 예산서의 일부가 됨

해설 21

경사로 : 운반거리×경사환산계수 =150×1.43=214.5m

해설 22

① 초화류의 식재는 100주당 필요한 인부를 정하고 있다.
③ 초화류 식재는 조경공과 보통 인부를 기준으로 한다.
④ 초화류 파종은 파종공은 $100m^2$ 당 조경공은 0.07인, 보통인부인 0.04인을 기준으로 한다.

해설 23

1일 실작업시간은 7시간 30분으로 450분을 적용한다.

해설 24

노무비 산정=시공수량 × 표준품셈 × 노무단가

정답 20. ③ 21. ① 22. ② 23. ① 24. ④

정 답 및 해 설

25. 공사원가계산에 대한 방식 중 틀린 것은?

① 간접노무비=직접노무비×간접노무비율
② 순공사원가=재료비+노무비+경비
③ 산재보험료=노무비×산재보험율
④ 이윤=(순공사원가+일반관리비)×일정비율

해설 25
이윤=(순공사원가+일반관리비−재료비)×15%

26. 공사원가의 비용 중 안전 관리비는 어디에 속하는가?

① 간접재료비
② 간접 노무비
③ 경비
④ 일반관리비

해설 26
경비 : 기계경비, 가설비, 운반비, 전력비, 안전관리비 외주가공비, 품질관리비 등

27. 경비가 아닌 것은?

① 안전관리비　② 간접노무비
③ 산재보험료　④ 지급수수료

해설 27
간접노무비 − 노무비

28. 설계변경으로 인해 계약금액을 조정할 때 신규 비목이 추가되었을 경우 단가 계산은 어떻게 하는가?

① 계약 체결당시의 단가×낙찰률
② 설계변경시의 단가×낙찰률
③ 계약체결시의 단가
④ 설계변경시의 단가

해설 28
신규 비목이 추가되었을 때 단가 계산 = 설계변경 당시 기준으로 산정한 단가 × 낙찰률

29. 건설기계 경비 산정에 있어 기계 손료의 항목에 포함되지 않는 것은?

① 소모품비　② 정비비
③ 감가상각비　④ 관리비

해설 29
소모품비는 경비

30. 자연상태의 사질토를 불도저를 이용 절취하여 사토하려할 때 시간당 작업량을 구하기 위한 토량환산계수(f)는 얼마를 적용하여야 하는가? (단, 사질토의 L값 = 1.25, C값 = 0.95이다)

① 1　② 1.25
③ 0.8　④ 1.05

해설 30
자연상태 → 절취하면 토량이 변화가 생기므로
$f = \frac{1}{L} = \frac{1}{1.25} = 0.8$

정답	25. ④	26. ③	27. ②
	28. ②	29. ①	30. ③

31. 계획지반고보다 3.0m 낮은 부지 500m²를점질토로 성토하여 다지려 한다. 성토에 필요한 흙을 얼마만큼 절토하여야 하는지 원지반의 토량으로 산출하면 얼마인가? (단, L=1.25, C=0.8)

① 1,875m³
② 1,400m³
③ 1,200m³
④ 1,500m³

32. 교목 500주가 심겨진 공원에 시비를 하고자 한다. 년 평균 수목 시비율을 20%로 할 때 다음 표를 참조하여 시비를 위한 인건비를 산출하면?

인부의 노임단가

구분	금액(원)
조경공	50,000
보통인부	40,000

교목시비(100주당)

명칭	단위	수량
조경공	인	0.3
보통인부	인	2.8

① 127,000원
② 279,000원
③ 635,000원
④ 12,270,000원

33. 흉고직경 15cm의 벚나무 500주와 23cm의 은행나무 400주를 인력으로 관수하고자 한다. 다음 표의 조건을 참조할 때 4명의 보통인부가 관수를 끝내기위한 소요일수는?

① 5일
② 11일
③ 22일
④ 44일

인력관수 주당

종별	흉고직경(cm)	
	10~20미만	20~30미만
보통인부(인)	0.04	0.06

34. 다음은 수량 산출을 위한 적용방법 및 기준이다. 그 내용이 틀린 것은?

① 수량의 단위 및 소수위는 표준품셈 단위표준에 의한다.
② 이음줄눈의 간격이나 콘크리트 구조물 중 말뚝머리의 체적과 면적은 구조물의 수량에서 공제한다.
③ 절토(切土)량은 자연상태의 설계도의 양으로 한다.
④ 면적계산시 구적기를 사용할 경우에는 3회 이상 측정하여 그 중 정확하다고 생각되는 평균값으로 한다.

정답 및 해설

해설 31

총성토량(m³)=3×500
=1,500m³
1,500(성토량)
=원지반토량 ×0.8(C)
∴ 원지반토량=1,875m³

해설 32

100주당 교목시비이므로
5{(0.3×50,000)+(2.8×40,000)
×0.2=127,000원

해설 33

(0.04×500)+(0.06×400) ÷ 4
= 11일

해설 34

다음에 열거하는 것의 체적과 면적은 구조물의 수량에서 공제하지 아니한다.
- 콘크리트 구조물 중의 말뚝머리
- 볼트의 구멍
- 모따기 또는 물구멍(水孔)
- 이음줄눈의 간격
- 포장공종의 1개소당 0.1m² 이하의 구조물 자리
- 강(鋼)구조물의 리벳 구멍
- 철근 콘크리트 중의 철근
- 조약돌 중의 말뚝 체적 및 책동목(柵胴木)
- 기타 전항에 준하는 것

정답 31. ① 32. ① 33. ② 34. ②

정 답 및 해 설

35. 적산할 경우 수량의 계산 기준으로 옳지 않은 것은?

① 절토(切土)량은 자연상태의 설계도의 양으로 한다.
② 성토 및 사석공의 준공토량은 성토 및 사석공 설계도의 양으로 한다. 그러나 지반침하량은 지반성질에 따라 가산할 수 있다.
③ 면적의 계산을 보통수학공식에 의하는 외에 삼사법(三斜法)이나 플래니미터로 한다.
④ 수량의 계산은 지정 소수위 이하 1위까지 구하고, 끝수는 버림 한다.

해설 35

④ 수량의 계산은 지정 소수위 이하 1위까지 구하고, 끝수는 4사 5입 한다.

36. 공사원가 구성항목에 포함되는 일반관리비의 계상 설명으로 맞는 것은?

① 관급자재에 대한 관리비 계상은 일반관리비 요율에 준하여 계상 한다.
② 가설사무소, 창고, 숙소, 화장실 설치비용을 포함해서 계상한다.
③ 현장사무소의 유지관리를 위하여 사용되는 비용이다.
④ 순공사비 합계액의 6%를 초과하여 계상할 수 없다.

해설 36

일반관리비
- 회사가 사무실을 운영하기 위해 드는 비용, 기업유지를 위한 관리활동 부분 제비용
- 일반관리비 = (재료비 + 노무비 + 경비) × 일반관리비율(5~6%)
- 순공사비 합계액의 6%를 초과하여 계상할 수 없다.

37. 설계서의 단위수량 단위 및 소수위 표준의 적용이 틀린 것은?

① 공사폭원 : m, 1위
② 공사면적 : m^2, 2위
③ 직공인부 : 인, 2위
④ 토적(체적) : m^3, 2위

해설 37

공사면적 : m^2, 1위

38. 다음 품셈의 수량환산기준 중 틀린 것은?

① 수량은 지정 소수의 이하 2위까지 구한다.
② 절토(切土)량은 자연상태의 설계도의 량으로 한다.
③ 소운반은 20m 이내의 수평거리를 운반하는 경우를 말한다.
④ 구적기(planimeter)로 계산할 경우는 3회 이상 측정하여 그 중 정확하다고 생각되는 평균값으로 한다.

해설 38

수량의 계산은 지정 소수위 이하 1 위까지 구하고, 끝 수는 4사 5입 한다.

정답 35. ④ 36. ④ 37. ② 38. ①

39. 기계경비 산정 시 『노무비』의 계산방법으로 옳은 것은?

① 노임 × 수량 × 1일작업시간 × 월급여(상여계수)× 작업일수(휴지계수)
② 노임 × 수량 × 시간당작업량 × 월급여(상여계수)× 작업일수(휴지계수)
③ 노임 × 수량 × 시간당작업량 × 작업효율 × 작업일수(휴지계수)
④ 노임 × 수량 × 1일작업시간 × 작업효율 × 작업일수(휴지계수)

40. 건설기계경비 산정에 있어 기계손료(機械損料)의 항목에 포함되지 않는 것은?

① 관리비(管理費)
② 정비비(整備費)
③ 소모품비(消耗品費)
④ 감가상각비(減價償却費)

41. 기계경비의 계상(計上) 요소가 아닌 것은?

① 기계손료 ② 운전경비
③ 조립, 해체비 ④ 기계구입비

42. 식재공사에서 재료비는 5,000,000원, 직접노무비는 3,000,000원, 경비는 2,000,000원, 간접노무비율은 15% 일 때, 일반관리비는 얼마인가?(단, 일반관리비율은 6%이다.)

① 600,000원 ② 605,000원
③ 620,000원 ④ 627,000원

해설 **39**

기계경비의 건설기계관련 노무비 산정시 운전사의 노임계수인 상여금(상여계수), 휴지계수를 적용해준다.

해설 **40**

기계손료
감가상각비+정비비+관리비

해설 **41**

기계경비의 구성
① 직접경비
・기계손료 : 감가상각비+정비비+관리비
・운전경비 : 운전 노무비+연료유지비+소모성 부품비
② 간접경비 : 수송비, 조립, 해체비

해설 **42**

・일반관리비=(재료비+노무비+경비)×일반관리비율
・노무비=직접노무비+간접노무비
・간접노무비=직접노무비×간접노무비율(%)
– 간접노무비
: 3,000,000×15%=450,000
– 노무비
: 3,000,000+3,450,000
=3,450,000
– 일반관리비
: (5,000,000+3,450,000
+2,000,000) ×6%
=627,000원

정답 39. ① 40. ③ 41. ④ 42. ④

43. 버킷용량 2.0m^{3}인 백호로 15t 덤프 트럭에 토사를 적재하여 운반하고자 한다. 조건이 아래와 같을 때 트럭에 적재하는 데 소요되는 시간은?

- 흙의 단위중량 : 1.5t/m^3
- 토양변화율(L) : 1.4
- 버킷계수(K) : 0.7
- 백호의 사이클 타임(Cm) : 25sec
- 백호의 작업효율(E) : 0.8

① 2.37분 ② 3.33분
③ 4.67분 ④ 5.21분

해설 43

① 덤프트럭의 적재량(q_t)

$q_t = \frac{T}{r^t} \times L = \frac{15}{1.5} \times 1.4 = 14\text{m}^3$

② 적재기계의 사이클 횟수(n)

$n = \frac{q_t}{q \times k} = \frac{14}{2 \times 0.7} = 10$회

③ 적재하는데 걸리는 소요시간(C_{mt})

$C_{mt} = n \times \frac{C_{ms}}{60} \times \frac{1}{E_s}$

$= 10 \times \frac{25}{60} \times \frac{1}{0.8}$

$= 5.208... \rightarrow 5.21$ 분

44. 식재지반 조성에 필요한 자연 상태의 사질양토 10,000m^{3}를 현장에서 10km 떨어진 곳에서 버킷 용량 0.7m^{3}의 유압식 백호우를 이용하여 굴착하고 덤프트럭에 적재하여 운반하고자 한다. 백호우의 시간당 작업량(m^3/h)은?

- C : 0.85
- L : 1.25
- 버킷계수 : 1.1
- 백호우의 작업효율 : 0.85
- 백호우의 1회 사이클 시간 : 21초

① 89.76 ② 112.2
③ 140.25 ④ 165.0

해설 44

$Q = \frac{3600 \times q \times K \times f \times E}{Cm}$

$= \frac{3600 \times 0.7 \times 1.1 \times \frac{1}{1.25} \times 0.85}{21}$

$= 89.76\text{m}^3/\text{h}$

이때 f는 자연상태의 사질양토를 대상으로 함으로, 토량환산계수는 원지반토량으로 환산한다.

45. 적산의 기준 설명으로 틀린 것은?

① 기본벽돌의 크기는 19cm × 9cm × 5.7cm이다.
② 1일 실작업시간은 360분(6시간)으로 한다.
③ 경사면의 소운반 거리는 수직높이 1m를 수평거리 6m의 비율로 한다.
④ 1회 지게 운반량은 보통토사 25kg으로 하고, 삽 작업이 가능한 토석재를 기준으로 한다.

해설 45

바르게 고치면
1일 실작업시간 450분(7시간 30분)으로 한다.

정답 43. ④ 44. ① 45. ②

46. 다음의 인력운반 기본공식에 대한 세부설명으로 적당하지 않은 것은?

$$Q = N \times q \qquad N = \frac{V \times T}{(120 \times L) + (V \times t)}$$

① 1일 운반횟수(N) : 1일간 작업현장 소운반 거리 내에서의 작업 왕복횟수로서 경사로는 운반환산계수를 적용하거나 수직 1m를 수평 6m로 보정한다.

② 1일 실작업시간(T) : 1일 8시간은 기준 작업 시간으로 하고, 여기에서 손실시간 30분을 제한 한 7시간 30분을 실 작업시간으로 적용한다.

③ 적재·적하시간(t) : 삽 작업의 경우 보통토사 1삽의 중량은 10kg을 기준하며, 적재횟수는 1분간 평균 10회를 기준으로 한다.

④ 평균왕복속도(V) : 운반로의 상태별 운반장비의 주행속도로서 운반로의 상태에 따라 양호, 보통, 불량의 3단계로 구분하여 적용한다.

47. 다음 중 표준품셈의 재료별 할증률이 가장 큰 것은?

① 이형철근　　② 붉은벽돌
③ 조경용수목　　④ 마름돌용 원석

48. 공사 원가계산 산정식이 옳지 않은 것은?

① 산업재해 보상보험료 = 노무비 × 산업재해 보상보험료율
② 총공사원가 = 순공사원가 + 일반관리비 + 이윤
③ 이윤 = (순공사원가 + 일반관리비) × 이윤률
④ 순공사원가 = 재료비 + 노무비 + 경비

정답 및 해설

해설 46

바르게 고치면
적재 적해시간(t) : 25kg을 1인의 비율로 계산하고 t 및 V는 자재 및 현장 여건을 감안하여 계상한다.

해설 47

재료별 할증률
· 이형철근 3%
· 붉은벽돌 3%
· 조경용수목 10%
· 마름돌용 원석 30%

해설 48

바르게 고치면
이윤=(노무비+경비+일반관리비)×이윤률

정답 46. ③ 47. ④ 48. ③

생태환경복원공사

24.1 핵심플러스

■ 비탈면 녹화공법

식생녹화공법	잔디떼심기, 묘식재공, 새심기, 차폐수벽공, 소단상객토식수공
종자뿜어붙이기	종사분사파종, 네트+종자분사파종
식생기반재뿜어붙이기	건식공법, 습식공법
기타공법	식생매트공, 식생구멍공, 식생대공, 식생반공, 식생자루공

■ 생태계복원공사

· 관련개념 : 복원, 복구, 개선, 저감, 향상, 창출, 대체

· 유형

자연형하천	자연형호안, 사행하천, 여울 · 웅덩이(못)조성
생태연못	오수정화 못, 수서곤충 못
우수재활용시스템	집수 → 쇄석여과층 → 저류연못 → 침투연못 → 배수 → 2차저류
생태통로	· 야생동 · 식물의 서식지가 단절된 곳을 인공구조물과 자연식생으로 연결한 생태적 공간 · 육교형, 터널형, 파이프형, 수로형암거

1 비탈면 환경복원녹화 개념 및 목적

① 개념

㉠ 강산성 토양, 암반 노출지, 급경사지, 채석장, 폐탄광과 같이 복원 녹화가 어려운 장소 및 공사가 곤란한 시기 등 악조건을 극복

㉡ 조기에 바람직한 식물군락을 복원하는 기술로 자연의 회복력을 기대하고 생태적 천이와 부합되는 식물군락을 조성하여 훼손이전의 환경에 근접한 상태로 복원하는 의미

② 목적

㉠ 안전하게 녹화하여 침식붕괴를 방지

㉡ 자연경관의 조기회복

㉢ 단절된 자연환경과 생태계회복

㉣ 야생동식물의 서식공간 조성

2 비탈면 환경복원녹화의 기본방향

① 자연회복력과 병행
- 자연 스스로의 자연회복력을 지니고 있어 자연의 힘으로 도와주는 방향으로 진행

② 종자에 의한 식물군락 재생
㉠ 종자로 자란식물은 그 장소에서 적합한 생육을 하여 자연에 보다 근접한 상태로 회복
㉡ 수림조성을 기본으로 녹지의 조기재생이 필요하며 종자식생과 더불어 어린묘식재를 병행하여 녹화함

③ 자연과 유사한 군락 식생
- 녹화시 주변식생을 다양하고 풍부한 종을 사용

3 비탈면 녹화설계

① 순서
현장여건조사→녹화복원 목표의 설정→사용식물의 선정, 배합 및 파종량산정→녹화기초공의 검토→녹화공법의 결정→발주자(감독자)협의→설계도작성

② 사용식물의 선정, 배합 및 파종량산정
㉠ 재료선정기준
- 비탈면의 토질과 환경조건에 적응하여 생존할 수 있는 식물
- 주변식생과 생태적·경관적으로 조화될 수 있는 것이어야 함
- 우수한 종자발아율과 폭넓은 생육 적응성을 갖추어야함
- 재래초본류는 내건성이 강하고, 뿌리발달이 좋으며, 지표면을 빠르게 피복하는 것으로서 종자발아력이 우수
- 외래도입초본류는 발아율, 초기생육 등이 우수하고 초장이 짧으며, 국내환경에 적응성이 높은 것이어야 함
- 목본류는 내건성, 내열성, 내척박성, 내한성을 고루 갖춘 것이어야 하며, 종자파종 또는 묘목에 의한 조성이 용이하고, 가급적 빠른 생장률로 조기수림화가 가능한 것이어야 함
- 생태복원용 목본류는 지역 고유의 수종을 사용함을 원칙으로 하고, 종자파종 혹은 묘목식재에 의한 조성이 가능해야 함
- 멀칭재료는 부식이 되는 식물원료로 가공한 섬유류의 네트류, 매트류, 부직포, PVC망 등을 사용
- 멀칭재 선정시 경제성과 보온성, 흡수성, 침식방지효과 등을 고려하고, 종자발아에 도움을 줄 수 있는지를 우선적으로 검토

㉡ 재료품질기준
- 재래초종 종자는 발아율 30% 이상, 순량률 50% 이상
- 외래도입초종은 최소 2년 이내에 채취된 종자로써 발아율 70% 이상, 순량률 95% 이상
- 목본류 종자는 발아율 20% 이상, 순량률 70% 이상

- 혼합하는 침식방지제와 다기능 합성고분자제 등은 동·식물에 무해하고, 식물종자의 발아와 생육에 악영향을 끼쳐서는 안 되며, 토양을 오염시키지 않고 지속성이 높으면서 취급이 용이한 것

㉢ 파종량의 산정

$$W=\frac{A}{B \cdot C \cdot D}\times E\times F\times G$$

여기서, W : 사용식물별 종자파종량(g/m^2)
A : 발생기대본수(본/m^2)
B : 사용종자의 발아율
C : 사용종자의 순도
D : 사용종자의 1g당 단위립수(립수/g)
E : 식생기반재 뿜어붙이기 두께에 따른 공법별 보정계수
F : 비탈입지조건에 따른 공법별 보정계수
G : 시공시기의 보정률

㉣ 파종량의 할증

- 비탈면의 토질과 기울기, 향, 토양산도 등의 입지조건과 시공시기, 식생기반재 뿜어붙이기의 두께 등을 고려하여 결정
- 비탈면의 기울기가 50° 이상이거나 암반일 때의 할증기준은 10~30% 이상, 남서향일 때에도 할증기준은 10% 이상
- 부적기 시공일 때의 할증기준은 초본류 10~30% 이상(7, 8월은 20%, 10, 11월은 30%), 목본류 30~50% 이상(7, 8월은 40%, 9~11월은 50%)

③ 적용식물

㉠ 외래초종 : 톨훼스큐, 퍼레니얼 라이그래스, 켄터키블루그래스, 크리핑벤트그래스 등 서양잔디
㉡ 재래종 : 자귀나무, 가중나무, 붉나무, 오리나무, 억새, 달맞이꽃, 싸리류, 새, 비수리 등
㉢ 야생화 : 구절초, 쑥부쟁이, 금계국, 샤스타데이지, 기생초, 과꽃, 수레국화, 코스모스 등

■ 참고 : 용어해설

- 「비탈면 녹화」란 인위적으로 절·성토된 비탈면과 자연 침식으로 이루어진 비탈면 등을 생태적, 시각적으로 녹화하기 위한 일련의 행위를 통칭함
- 「발생기대본수」 란 단위면적당 파종식물의 발생본수로서 파종 후 1년간 발생된 총 수를 지칭한다. 발아 후 피압되었거나 고사한 것을 모두 포함한 수치이며, 파종량 산정의 기준이 된다.
- 「식생기반재 뿜어 붙이기」 란 종자, 비료, 토양 및 유기질 자재 등을 혼합한 녹화기반재를 침식방지제 및 다양한 기능의 고분자제 등을 혼합한 식생기반재를 비탈에 일정 두께로 붙여 식물생육의 기반을 마련해 주는 공법을 말한다.
- 「토양경도」 란 식물의 착근 및 생육가능성의 판단척도로서 외력에 대한 토양의 저항력을 말한다.

4 비탈면녹화공법의 분류

① 비탈면의 입지 조건별 녹화공법의 선정

<table>
<tr><th colspan="4">비탈면입지조건</th><th colspan="2">녹화공법</th></tr>
<tr><th>지질</th><th>비탈면 기울기</th><th>토양의 비옥도</th><th>토양경도 (mm)</th><th>초본에 의한 녹화 (외래초종+재래초종)</th><th>목본초본의 혼파에 의한 녹화(목본+외래초종+재래초종)</th></tr>
<tr><td rowspan="3">토사</td><td rowspan="2">45° 미만</td><td>높음</td><td>23미만 (점성토)</td><td>· 종자뿜어붙이기
· 떼붙이기
· 식생매트공법</td><td>· 종자뿜어붙이기(흙쌓기에 사용)
· 식생기반재 뿜어붙이기</td></tr>
<tr><td>낮음</td><td>27미만 (사질토)</td><td>· 종자 뿜어붙이기
· 떼붙이기
· 식생매트공법
· 잔디포복경심기
· 식생자루심기(이상 추비필요)
· 식생기반재 뿜어붙이기</td><td>식생기반재 뿜어붙이기 (두께 1~5cm)</td></tr>
<tr><td>45~60°</td><td>–</td><td>23이상 (점성토)
27이상 (사질토)</td><td>· 식생구멍심기(추비필요)
· 식생기반재 뿜어붙이기(두께 3~5cm 이상)</td><td>· 식생혈공
· 식생기반재 뿜어붙이기 (두께 3~5cm)</td></tr>
<tr><td>절리가 많은 연암, 경암</td><td rowspan="2">–</td><td rowspan="2">–</td><td rowspan="2">–</td><td>식생기반재 뿜어붙이기 (두께 3~5cm 이상)</td><td>식생기반재 뿜어붙이기 (두께 3~5cm 이상)</td></tr>
<tr><td>절리가 적은 연암, 경암</td><td colspan="2">식생기반재 뿜어붙이기(두께 5cm 이상)</td></tr>
</table>

② 비탈면 녹화공법

㉠ 식생녹화공법

구분	내용
잔디떼심기 (줄떼, 선떼, 평떼)	·주로 45도 이하의 완경사 성토비탈면에 적용가능 ·모래나 양질의 흙을 포설한 후 잔디떼를 일정간격으로 심고, 모래나 양질의 흙을 복토한 후 달구판으로 다진 다음 20cm 이상의 떼꽂이로 고정
묘식재공	·재배된 일반묘나 포트(pot)에서 재배된 묘를 식재하여 녹화하는 방식 ·급경사, 경구조물이나 특수조건의 수반된 공간, 비탈소단평지부, 비탈하단부
새심기	·다른 녹화공사의 보완수단, 새류로는 새, 솔새, 개솔새, 억새, 기름새 등을 활용
차폐수벽공	·주로 암반 비탈이나 채석장 또는 절개지 비탈 등 훼손지의 비탈 모습을 도로 또는 주택 등지에서 직접 보이지 않도록 하기 위해 비탈의 앞쪽에 나무를 2~3열로 식재하여 수벽을 조성하기 위하여 계획
소단상객토식수공	·암석을 채굴하고 깎아낸 대규모 암반비탈의 소단위에 객토와 시비를 한 후, 녹화용 묘목을 식재하여 수평선상으로 녹화하고자 설계 ·소단상 객토는 깊이 0.3m 이상, 너비 1.0m 이상을 표준

ⓛ 종자뿜어붙이기

종자분사파종	· 종자배합 : 초본류만을 사용하면 근계층이 얇기 때문에 비탈면이 박리(剝離)되기 쉬우므로 필요시 목본류와 혼파한다. · 종자발아에 필요한 온도, 수분이 적당한 범위 내에서 정하되 가능한 한 봄철로 한다. · 비탈 기울기가 급하고 토양조건이 열악한 급경사지에 기계와 기구를 사용해서 종자를 파종하는 공법으로, 한랭도가 적고 토양 조건이 어느 정도 양호한 비탈면에 한하여 적용 · 노동력이 절감되고 대면적을 단기간에 시공할 수 있지만 소면적에는 적합하지 못함, 균열과 절리가 많고, 凹凸이 많은 비탈에서는 틈에 종자가 들어가서 발아하여 녹화하게 되므로 오히려 효과적임
네트+ 종자분사파종	· 비탈 침식방지망을 사용하여 침식방지 및 발아촉진과 활착을 도모 · 시공이 간편하여 단기간에 많은 면적을 녹화하는 데 적합 · 피복재료인 네트(net)나 메시(mesh)는 자체가 썩어서 섬유질 비료 역할을 해줌으로써 식물의 발아 및 생장을 원활하게 할 수 있어야 함 · 필요시 2회에 걸친 종자뿜어붙이기를 계획 · 볏짚거적은 야생초본류와 목본류를 파종하여 유실이 심한 비탈면 지역을 장기적으로 안정되게 보호하면서 녹화를 달성하고자 할 때 사용

ⓒ 식생기반재뿜어붙이기

공법	· 건식 식생기반재 뿜어붙이기 : 식생기반재, 토양개량재, 비료 및 종자 등을 압축공기를 이용하여 분사식으로 뿜어붙이는 공법/ 강력한 침식방지제를 사용하여 두껍게 뿜어붙이기하는 데 적용 · 습식 식생기반재 뿜어붙이기 : 식생기반재, 토양개량재, 비료 및 종자 등을 압력수를 사용하여 분사식으로 뿜어 붙임 · 요철이 심한 암반비탈면에는 식생자루나 식생상 등으로 목본류를 조성하고, 초본식물을 식생기반재 뿜어붙이기로 조성하여 자연스러운 경관을 조성한다. 급경사(1 : 0.5 이상) 암반으로서 균열과 굴곡이 없을 때에는 전면녹화보다는 부분녹화로 암반비탈을 녹화하는 설계를 검토
사용재료	· 암반비탈 등에 굴곡이 없거나 낙석위험이 있을 때에는 식생기반재가 견고하게 부착되도록 철사망(부착망), 앵커핀(고정핀), 고정 와이어로프(또는 철선) 등을 사용 · 철사망은 KS 제품으로서 PVC 코팅이 되어 있는 것 또는 알루미늄 망을 채용
식생기반재의 부착두께	· 경사도, 암의 종류, 현장조건 등을 고려하여 결정 · 식물 생육이 불가능한 건조하고 척박한 지역, 자연식생의 활착이 어려운 풍화암지역, 암절개지가 많고 주로 연암 이상으로 구성된 지역, 경암 및 보통암이지만 균열이 많고 1 : 0.5 이하인 완경사인 경우 식생기반재 뿜어붙이기 두께는 3~10cm에서 정하며 녹화공법별로 따로 정함 · 급경사(1 : 0.3 이내) 경암지역에서는 식생기반재 뿜어붙이기 두께를 7~15cm로 하되 녹화공법별로 따로 정함 · 비탈면 원지반의 토양산도가 pH9.0 이상이거나 pH4.0 이하일 때에는 시공두께를 20%까지 할증

㉣ 기타공법

식생매트 공법	· 각종 재료로 제작된 매트를 이용하여 비탈면의 침식과 토사유출을 방지하고 녹화하기 위한 공종 · 흙쌓기사면과 같이 침식발생이 많이 예상되는 대상지를 빠르게 녹화하고자 할 경우에 적용 · 녹화용 매트는 입체적인 얽힘 구조가 성장한 식물의 뿌리를 확실하게 고정시켜 빗물이나 바람 등에 의한 유실 방지는 물론 식물의 성장을 부드럽게 촉진시키며, 식물의 뿌리 보호, 용이한 작업성, 내구성이 확보될 수 있도록 설계 · 녹화용 매트간에는 사면이 불규칙하고 요철이 많은 경우 3~5cm 정도가 겹치도록 설계
식생구멍심기	· 비탈면에 일정한 간격으로 구멍을 파고, 종자, 비료, 흙을 섞은 종비토를 구멍에 충전하는 공법 · 구멍은 지름 6~10cm, 깊이 15cm, 가로 간격 20~25cm, 세로 간격 25~35cm(표준은 28cm)로 조성하고, $1m^2$당 15~20개(표준은 18개)의 구멍을 배치 · 완효성 고형비료를 구멍에 채워 넣으면 비효가 지속될 수 있어 효과적
식생대심기 공법	· 종자와 비료 등을 부착한 띠모양의 포나 또는 자루로 만든 식생대를 비탈면에 수평상으로, 일정한 간격으로 배치 · 주로 비탈의 토양이 균일한 도로면 흙쌓기 비탈에 적용
식생반심기 공법	· 비료, 흙, 이탄, 안정제 등을 반상으로 성형하여 그 표면에 종자를 붙인 식생반을 비탈면에 파놓은 수평골(구) 속에 대상이나 점상으로 배치하는 공법 · 녹화가 빠르고 종자의 배합이 자유로우며, 종자가 유실되지 않고 토사의 유실 방지력이 크며, 비교적 시공비가 적게 드는 장점 · 붕괴지 비탈과 흙깎기 비탈에 적용한다.
식생자루심기	· 망대에 파종물을 담아 놓으므로 종자와 비료의 유실이 적고, 또한 유연성이 있어서 지반에 밀착하기가 용이 · 종자, 비료, 흙 등을 혼합해서 망대(자루)에 채운 식생자루를 비탈에 판 수평구에 배치

5 생태계복원공사

① 복원과 관련됨 개념들

복원 (Restoration)	· 훼손되기 이전의 원생태계의 구조와 기능을 회복하는 것 · 교란이전의 상태로 정확히 돌아가기 위한 시도로 많은 시간과 비용이 요구됨
복구 (Rehabilitation)	· 원래의 상태로 되돌리기 어려운 경우 자연상태와 유사한 것을 목적으로 하는 것 · 고유한 자연 상태인지는 알 수 없으나 안정되고 지속가능한 생태계로 만드는 것
개선 (Reclamation)	· 경관이 파괴된 지역에서 생물들이 동일한 밀도로 서식할 수 있게 대지의 상태를 향상시키는 것
저감(Mitigation)	· 개발에 대한 파괴를 완화시키거나 경감시키는 것
향상(Enhancement)	· 생태계의 질적인 측면에서 한 두가지 기능을 향상시켜 대안 생태계를 만들어주는 것
창출 (Creation)	· 지속성 높은 생태계를 새롭게 만들어냄 · 생태계가 전혀 없던 곳에서 생태계를 내는 방법으로 옥상 생물서식공간도 대표적인 창출임
대체(Replacement)	· 현재의 상태를 개선하기 위하여 다른 생태로 원래의 생태계를 대체

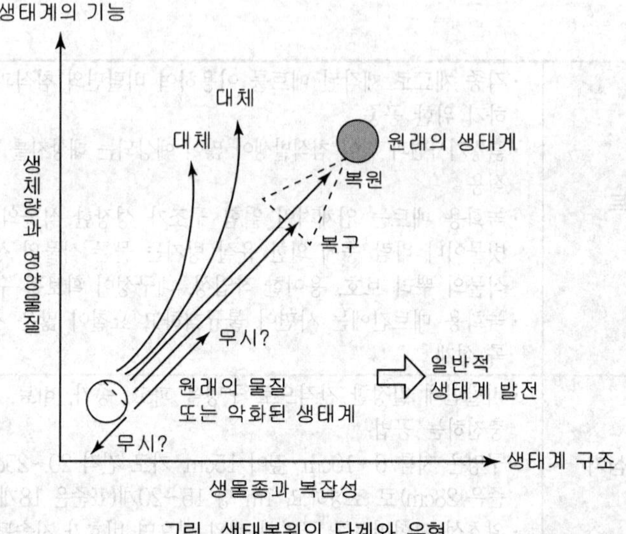

그림. 생태복원의 단계와 유형

6 자연형 하천(생태하천) 및 생태수로(계류)

① 자연수로(사행하천)조성

㉠ 자연상태의 하천은 물의 흐름이 일정하지 않으며 침식과 퇴적현상이 발생되고, 점차 침식부 쪽으로 굴곡이 진행되고 심화되면 굴곡부가 분리되어 우각호가 발생

㉡ 못과 여울 등 다양한 유수환경을 이루고 어류에게는 먹이, 번식, 산란, 은신처로서의 환경을 제공

② 호안

㉠ 자연형 호안에 인공을 가해서 개선시키되 원래 호안의 자연성을 최대한 살린 호안

㉡ 처리기법은 섶나무가지법, 버드나무가지법, 갈대군락호안, 다공질공법 등

③ 여울, 웅덩이(못) 조성

㉠ 역할

- 하천의 자정능력 제고 및 어류의 산란장, 부화서식장을 제공
- 여울과 웅덩이는 폭기작용에 의해 용존산소를 만들고 하천 자정능력이 가능하게 함

㉡ 여울(riffle)

- 유량이 많을 때 확산류에 의해 형성되고 유량이 적을 때는 유속이 빠름
- 수면경사는 급하며 수면이 거친 형태로 형성되고 하상 바닥은 굵은자갈로 이루어짐

㉢ 못(pool)

- 유량이 많을 때 유속이 빠른 집중류에 의해 발생하는 하상세굴로 형성되고 사행흐름 축으로부터 하류에 출현
- 유량이 적을 때 유속이 느리며 바닥은 모래일 경우가 많고 하천횡단면은 비대칭적임

㉣ 사주(point bar)

- 곡류부의 바깥쪽에 나타나는 침식지형인 못과는 반대로 곡류부 안쪽에 형성되는 퇴적지형
- 분산류에 의해 퇴적물이 집적되면서 사주가 형성되고 단면은 비대칭적 형상을 이룸

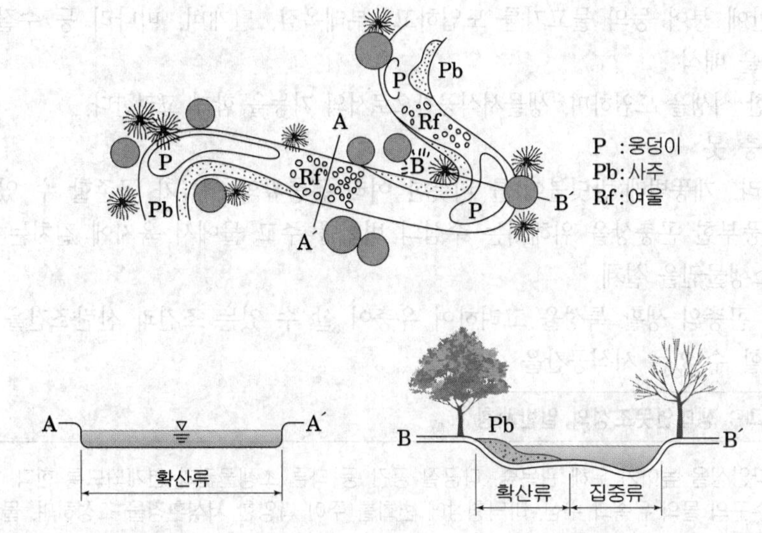

그림. 여울과 못의 특성

④ 보 및 낙차공
　㉠ 하천 횡단경사를 완화하여 흐름을 제어하고 하상세굴방지, 취수를 위해 설치
　㉡ 하천 상하류의 연속성을 단절하여 어류의 이동을 제한하게 되므로 서식환경과 이동성을 확보하는 것이 중요

⑤ 징검다리 놓기 : 최대수위보다 0.2m 이상 되도록 하며 상부는 평탄한 모양으로 하여 징검다리의 역할을 함

7 저수위변동구간

① 댐건설의 결과로 형성된 일종의 전이지대(ecotone)
② 육지특성과 호수특성이 교차하는 생태적으로 중요한 공간이다.

8 생태연못

① 생태연못
　㉠ 못의 내부에 섬을 만들어 식생기반을 조성하고 야생동물을 유인하여 종다양성을 확보
　㉡ 최소 5m 이상 폭을 유지하고 주변 식재를 위해 공간을 확보
　㉢ 호안은 곡선으로 처리하고, 바닥에 적정한 기울기를 두어 다양한 생물서식공간으로 설계
　㉣ 오염되지 않은 물을 수원으로 확보
　㉤ 못에는 다양한 서식환경의 조성을 위한 배식

② 오수정화 못
　㉠ 오수정화시설의 유출부에 설치하여 1차 처리된 방류수(방류수 20ppm)를 수원으로 함

㉡ 못 안에 붕어 등의 물고기를 도입하고, 부레옥잠, 달개비, 미나리 등 수질정화 기능이 있는 식물을 배식

㉢ 다양한 식생을 도입하며, 생물서식공간으로서의 기능을 함께 고려한다.

③ 수서곤충 못

㉠ 잠자리, 개똥벌레(반딧불이)를 비롯한 여러 곤충류와 어류가 공존할 수 있는 소생물권을 조성, 풍부한 곤충상을 위해서는 수심의 변화를 주고 물에서 육지에 걸치는 복잡한 구조를 갖는 소생물권을 설계

㉡ 도입 곤충의 생활 특성을 고려하여 유충이 살 수 있는 조건과 산란조건을 조성하며, 성충을 유인할 수 있는 서식공간을 설계

■ 참고 : 생태연못조성의 일반사항

- 종다양성을 높이기 위해 관목숲, 다공질 공간 등 다른 소생물권과 연계되도록 한다.
- 입수구의 물의 유속과 수심, 바닥형상에 변화를 주어 다양한 서식환경을 조성하며, 물은 순환시키고 물 순환과정에서 자연적으로 정화되도록 한다. 단, 비상용 급수를 위해 상수원과 연결한 급수체계를 확보
- 흙, 섶단, 자연석 등 자연재료를 도입하고 주변에 향토수종을 배식하여 자연스런 경관을 형성한다.
- 조류, 어류, 기타 곤충류 등을 유인하기 위하여 못 안과 못 가에 수생식물을 배식한다.
- 바닥의 물순환을 위하여 바닥물길을 설계한다.

9 우수재활용시스템

① 개념

㉠ 도시개발에 의한 불투수면증가로 집중강우시 홍수유발, 지하수고갈 등의 문제를 효과적으로 대응하고자하는 방법

㉡ 우수의 유출억제 및 침투증대를 통해 도시 물순환체계를 개선하여 생물다양성을 증진시키고 빗물 재활용을 통해 수자원의 효율적인 이용함

② 과정

우수 → 집수정 → 정수 및 저수시설(침전조 → 정화조 → 물탱크) → 시설용수 또는 수경용수 → Over flow → 집수정

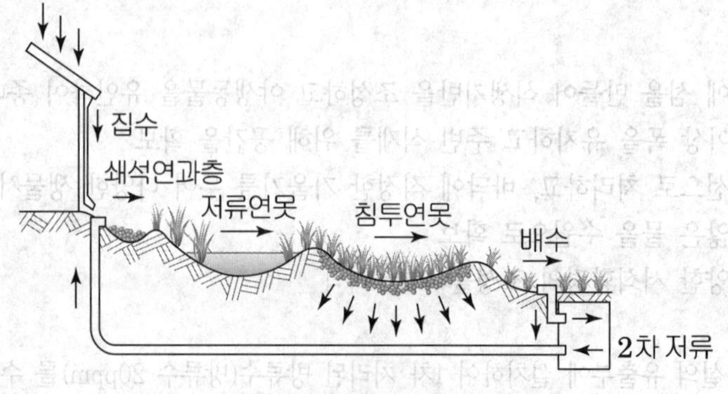

그림. 우수재활용시스템 개념

10 인공지반

① 개념

㉠ 인공지반을 대상으로 식생복원 및 녹화를 해 생물서식처를 제공

㉡ 생물이 이용하는데 징검다리와 같은 기능을 함

② 유형

㉠ 옥상녹화

㉡ 벽면녹화 : 생물이동통로, 시각적 녹피율을 향상시킴

11 생태통로(Eco-corridor)

① 개념 : 도로, 댐, 수중보 등의 건설사업으로 인해 야생동·식물의 서식지가 단절되거나 훼손 또는 파괴되는 것을 방지하기 위해 야생동·식물의 이동을 돕거나 또는 생태계의 단절 완화를 목적으로 설치된 인공구조물과 자연식생 등의 생태적 공간을 의미한다.

② 목표종 선정 : 대상지역 내에서 이동이 단절되거나 동물의 교통사고에 의한 희생이 많은 종을 선정하며, 이 중 야생동식물보호법, 문화재보호법에 의해 보호받는 종을 우선으로 선정함

★③ 규모 및 구조 설정

㉠ 설정된 목표종, 대상지역의 환경 특성 등을 고려하여 설정

㉡ 연결 대상 서식지간 거리는 가능한 짧고, 직선을 유지

㉢ 주요 대상 동물종의 먹이종의 서식이 가능토록 함

㉣ 통로 안에 서식하는 특성을 지닌 종의 경우 이들의 서식이 가능한 크기이어야 함

㉤ 통로의 길이가 길수록 폭은 넓게 함

㉥ 통로 주변부에 동물들이 자연스럽게 접근하도록 식재 등 처리가 가능한 공간이 있어야 함

㉤ 규모 및 구조를 결정할 때에는 장마, 홍수, 토사유출 등에 대한 대비를 고려해야 하며, 외래종의 이입을 회피할 수 있도록 함

㉥ 소음, 빛, 사람 등 외부로부터의 영향을 최소화할 수 있는 규모와 구조를 설정

④ 유형 : 선형 생태통로, 육교형 생태통로, 하부형 생태통로, 박스형암거, 파이프형암거, 수로형암거

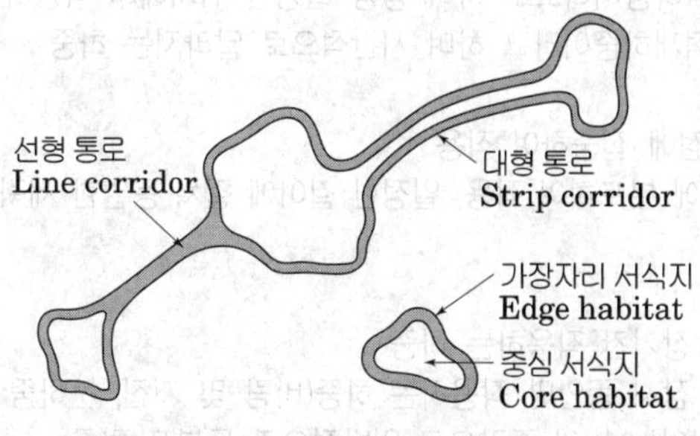

그림. 야생동물 이동통로

힘과 모멘트

25.1 핵심플러스

■ 구조계산순서

구조물 작용 하중산정 → 구조물에 생기는 각 지점의 반력산정 → 구조물에 생기는 외응력 계산 → 구조물에 생기는 내응력 산정 → 내응력과 재료의 허용강도비교

■ 하중종류

· 고정하중과 이동하중 · 집중하중과 분포하중

· 장기하중과 단기하중 · 눈하중, 풍하중

■ 힘과 모멘트

힘	· 힘의 3요소 : 작용점, 크기, 방향 · 단위 ton, kg / 기호 P, W
모멘트	· 어떤 점을 중심으로 한 회전능력 · 힘(t, kg)× 거리(m, cm)= 모멘트(kg · cm or t·m) · 모멘트는 힘의 크기에 비례, 거리에 비례한다.

1 구조계산 순서 ★★

① 하중산정(Load)

중력(자중), 풍하중, 지진하중, 적재하중 등으로 구조물에 작용하는 힘을 말한다.

■ 참고 : 하중의 종류

① 고정하중과 이동하중
- 고정하중 : 정하중, 사하중이라고도 하며 항상 일정한 위치에서 작용하는 하중
- 이동하중 : 활하중, 적재하중이라고 하며 시간적으로 달라지는 하중

② 집중하중과 분포하중
- 집중하중 : 어느 한 점에 집중하여 작용
- 분포하중 : 어떤 범위에 분포하여 작용, 일정한 길이에 걸쳐 동일한 세력으로 분포되어 있을 때 등분포 하중

③ 장기하중과 단기하중
- 장기하중 : 구조물에 장기간 작용하는 하중
- 단기하중 : 구조물에 잠시 동안만 작용하는 하중(바람 및 지진, 눈하중 등)

④ 눈하중 : 구조물에 쌓이는 눈의 중량으로 일반적으로 등분포 하중

⑤ 풍하중

② 반력산정

물체가 힘의 평형을 이루기 위해 생기는 힘으로 수평, 수직, 모멘트반력이 있다.

③ 외응력 산정

외력이 부재에 작용하는 힘으로 휨모멘트, 전단력, 축력 등이 있다.

④ 내응력 산정

구조물 내부에 생기는 외력에 저항하는 힘을 말한다.

⑤ 내응력과 재료의 허용강도의 비교

재료의 허용강도 ≥ 내응력

2 힘(Force) ★

① 정의

정지하고 있는 물체를 운동 시키던가 또는 운동 하고 있는 물체의 방향이나 속도를 바꾸는 원인이 되는 것을 말한다.

② 단위 : 역학에서의 힘은 무게의 단위를 가진다. (ton, kg)

③ 힘의 3요소

㉠ 작용점 : 선분상의 한 점으로 표시한다.

㉡ 크기 : 화살표 길이로 표시한다.

㉢ 방향 : 선분상의 기울기와 화살표로 표시한다.

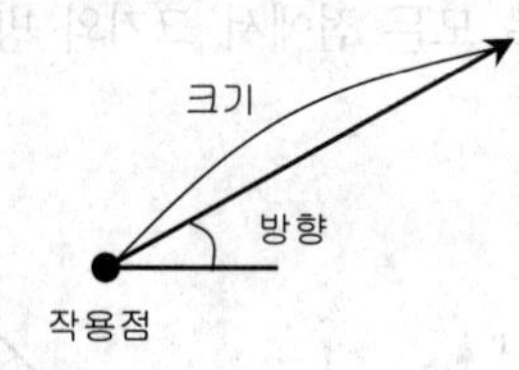

3 모멘트(Moment) ★

① 정의 : 어떤 점을 중심으로 돌려고 하는 힘의 크기 즉, 회전력을 말한다.

② 단위 : M = P (힘)× l (거리) 이므로

kg · cm or t·m

③ 특징

㉠ 모멘트는 힘의 크기에 비례한다.

㉡ 모멘트는 거리에 비례한다.

④ 부호

㉠ 시계방향 (↷) 으로 회전하면 (+)부호

㉡ 반시계 방향(↶)으로 회전하면 (-)부호로 한다.

기출예제

다음 그림과 같은 힘이 작용할 때 O점에 대한 모멘트의 크기는 얼마인가?

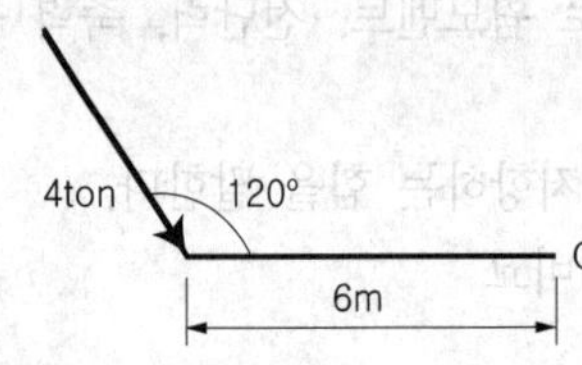

① $-24\sqrt{3}$ t·m
② $-12\sqrt{3}$ t·m
③ $-8\sqrt{3}$ t·m
④ $-4\sqrt{3}$ t·m

답 ②

 모멘트=힘×수직거리=$-4\times(6\times\cos 30)=-12\sqrt{3}$

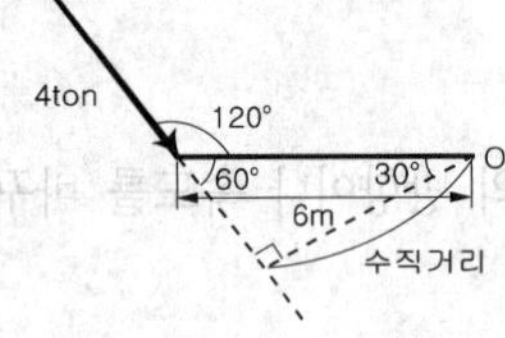

4 우력 모멘트

① 우력 : 크기는 같고 방향이 반대인 한 쌍의 힘.
② 우력모멘트 : 우력에 의한 모멘트를 우력 모멘트라 한다.
③ 특징 : 우력이 이루는 모멘트로 모든 점에서 크기와 방향은 일정하다.
④ 크기 : M= P × l

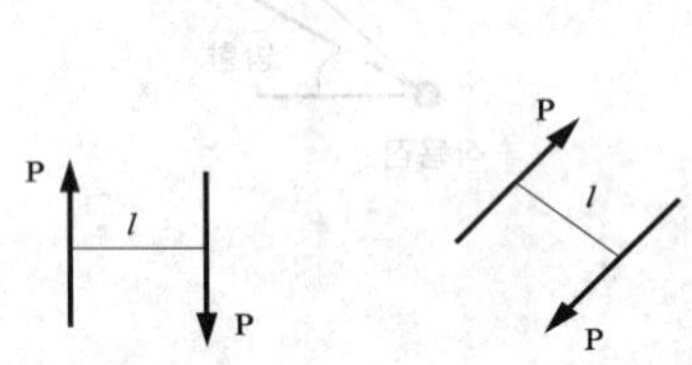

보와 기둥

26.1 핵심플러스

■ 지점의 종류와 반력

지점의 종류	고정지점 / 이동지점 / 회전지점
반력	수직반력 / 수평반력 / 모멘트반력

■ 보의 종류 : 단순보 / 켄틸레버 / 내다지보 / 고정보 / 게르버보 / 연속보

■ 정정보와 부정정보

정정보	· 힘의 평형 방정식으로 풀 수 있는 보 · 단순보, 내다지보, 게르버보, 켄틸레버보
부정정보	· 고정보, 연속보

■ 외응력과 응력(내응력)

· 외응력 : 휨모멘트, 전단력, 축방향력

· 응력 : 외력에 의해 구조물 단면에 생기는 힘 / 단위 : kg/cm²

■ 기둥

· 세장비 $= \dfrac{\text{기둥의 유효길이}(\ell)}{\text{단면의 최소치수}(h)}$

· 좌굴에 강한 순서
일단고정, 타단자유 〈 양단회전 〈 일단고정, 타단회전 〈 양단고정

1 보의 종류 ★

① 단순보(a) : 일단 회전(힌지), 타단 이동(롤러)지점인 보

② 켄틸레버보(b) : 일단 고정, 타단은 자유단인 보

③ 내다지보(c) : 보가 지점 바깥쪽으로 내민 보

④ 고정보(d) : 보의 양단을 세워 놓고 고정한 것으로 반력수는 네 개 이상

⑤ 게르버보(e) : 회전지점을 넣어 단순보와 내다지보의 조합 형태로 만든 보

⑥ 연속보(f) : 한 개의 보를 여러 개의 지점으로 지지하고 있는 보

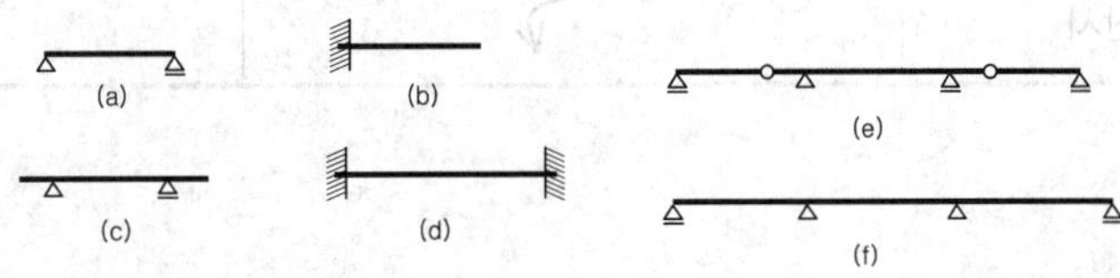

2 지점의 종류 ★

부재와 지반이 연결된 점을 의미하며, 연결 상태에 따라 이동지점, 회전지점, 고정지점으로 구분된다.

① 고정지점(Fixed support) : 상하, 좌우, 회전 모두가 고정된 지점으로 반력은 수직, 수평, 모멘트반력이 생긴다.

② 회전(힌지)지점(Hinge support) : 회전가능하나, 상하좌우로 고정되어 있으므로 반력은 수직, 수평 반력이 작용한다.

③ 이동(롤러)지점(Roller support) : 좌우로 이동할 수 있고 회전도 가능하나 상하는 고정된 지점으로 반력은 수직반력만 작용한다.

지점의 종류	지점상태	표시법	반력수	반력(r)종류
고정지점	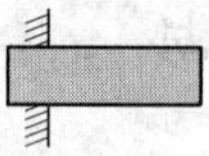	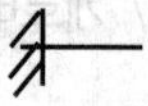	3	수직반력, 수평반력, 모멘트반력
회전지점	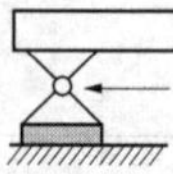 핀	△	2	수직반력, 수평반력
이동지점	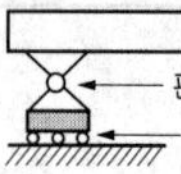 핀, 로울러	△	1	수직반력

3 반력

① 정의 : 구조물이 힘의 평형 상태를 이루기 위해 지점 에서 생기는 힘

② 종류 : 수직반력, 수평반력, 모멘트 반력

③ 반력계산 : 힘의 평형방정식을 이용한다.

㉠ ΣM(모멘트) = 0

㉡ ΣV(수직) = 0

㉢ ΣH(수평)= 0

④ 반력 계산시 부호의 약속

계산	+	−
ΣV 계산시	↑	↓
ΣH 계산시	→	←
ΣM 계산시	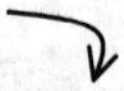 ↻	 ↺

4 외응력 산정

① 휨모멘트 (M) : 부재를 휘게 하는 힘의 크기로 힘×거리로 구하고 부호는 부재의 휨 상태에 의해서 결정

② 전단력 (Q) : 축에 직각으로 작용하는 힘으로 부재를 자르려고 하는 힘

③ 축방향력 (축력) : 축 방향으로 작용하여 압축 또는 인장시키려는 힘

단면력		전단력	휨모멘트	축방향력
부호	+			
	−			
단면력도		⊕ / ⊖ 기선	⊖ / ⊕ 기선	⊕ / ⊖ 기선

④ 단면력 : 하중이 작용함에 따라 보의 단면에 생기는 합력을 단면력이라 하고, 단면적을 구할 때는 그 단면의 한쪽(좌측 또는 우측)만을 생각하여 계산하다.

㉠ 전단력도 (S.F.D)

㉡ 휨모멘트도 (B.M.D)

㉢ 축방향력도 (A.F.D)

⑤ 단순보의 해석

㉠ 단순보에 집중하중 작용시 단면력도

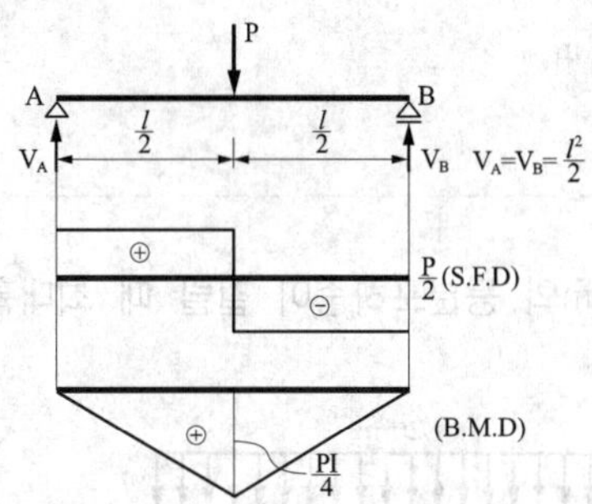

전단력도 : 수평직선으로 변화

휨모멘트도 : 1차 직선 (사선변화)

㉡ 단순보에 등분포하중 작용시 단면력도

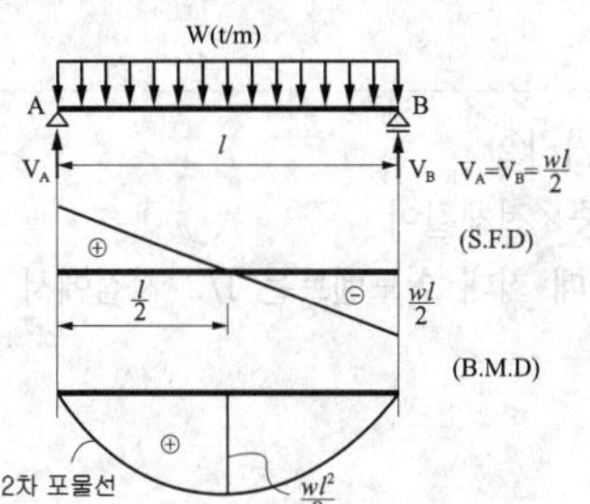

전단력도 : 1차 직선(사선변화)

휨모멘트도 : 2차 포물선 변화

⑥ 켄틸레버보의 해석

㉠ 반력 : 켄틸레버보는 지점이 고정 지점 한 곳이므로 수직(V), 수평(H), 모멘트 반력(M)이 생긴다.

㉡ 전단력

- 전단력은 고정지점 부분에서 최대이다.
- 전단력의 부호는 고정지점이 좌측이면 (+), 우측이면 (-)이다.

㉢ 휨모멘트

- 휨모멘트의 부호는 하향하중일 경우 항상 (-)이다.
- 휨모멘트의 값은 고정지점에서 최대이고 그 값은 모멘트 반력값과 같다.
- 임의 단면에서의 휨모멘트 값은 그 단면에서의 전단력도의 면적과 같다.

기출예제 1

다음 그림에서 A 지점의 굽힘 모멘트의 최대치는?

① −4t · m
② −6t · m
③ −8t · m
④ −12t · m

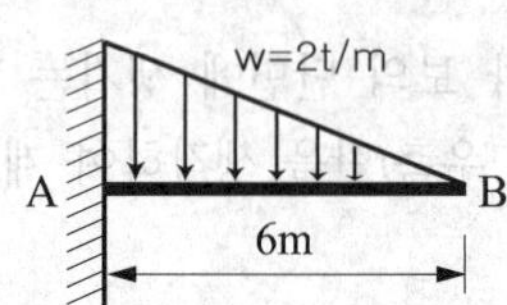

답 ④

해설 A지점의 휨모멘트는 A점의 모멘트 반력과 같고 하중이 하향이므로 부호는 (−)이다.

M_A= 하중(삼각형의 면적) × 삼각형 중심까지의 거리($\frac{1}{3}$ 지점)

$= -(6 \times 2 \times \frac{1}{2}) \times 6 \times \frac{1}{3} = -12\ \text{t} \cdot \text{m}$

기출예제 2

다음 그림과 같은 캔틸레버보 AB에 2tf/m의 등분포하중이 걸릴 때 최대휨모멘트는 얼마인가?

① 50tf · m
② 100tf · m
③ 200tf · m
④ 400tf · m

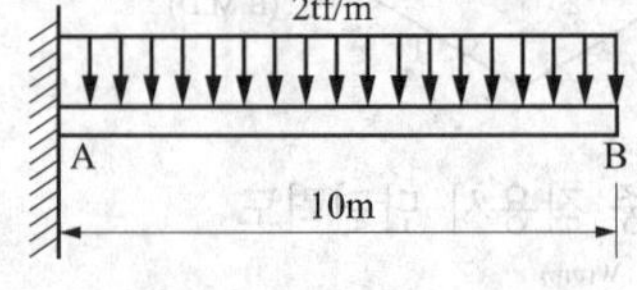

답 ②

해설 등분포하중의 최대휨모멘트=하중①×도심까지의 거리②

① 하중 : 등분포하중에서 하중은 단위길이당 하중×전체길이

② 도심까지의 거리 : 켄틸레버보의 등분포하중일때 최대 휨모멘트는 1/2 지점에서 최대

$\therefore$ M $= 2\text{tf/m} \times 10\text{m} \times \frac{10}{2}\text{m} = 100\text{tf} \cdot \text{m}$

★⑦ 응력(내응력)산정

㉠ 정의 : 외력에 의해 구조물의 단면 내에 생기는 것이지만 직접적으로 구조물의 각 부분에 작용하는 외응력에 따라 단면 내에 유발되는 힘이다.

㉡ 단위 : kg/cm^2

부재의 단면적을 $A(cm^2)$라 하고, 외력을 P(kg)라 할 때

응력도 f는 $f = P/A\ (kg/cm^2)$

㉢ 종류 : 휨 응력, 전단응력, 열응력

★⑧ 단면의 성질

㉠ 단면 1차 모멘트(G)

- 용도 : 단면의 도심을 구할 때 사용한다.
- 식 : G = A (단면적) × y (축에서 도심까지 거리)
- 단위 : cm^3, m^3

㉡ 단면 2차 모멘트(I)

- 용도 : 휨응력을 구할 때 사용한다.
- 식 : 적분해서 구한 값으로 사용
- 기본도형의 단면2차 모멘트

	직사각형	삼각형	원
기본도형	h, b	h, b	x, d
도심축에 대해	$I_{X0}=\dfrac{bh^3}{12}$	$I_{X0}=\dfrac{bh^3}{36}$	$I_{X0}=\dfrac{\pi d^4}{64}$
밑변에 대해	$I_X=\dfrac{bh^3}{3}$	$I_X=\dfrac{bh^3}{12}$	

여기서, b : 폭, h : 높이, d : 지름

5 기둥 ★

① 정의

㉠ 기둥 : 주로 축방향력을 받는 압축부재를 기둥이라 한다.

㉡ 좌굴 : 기둥이 중심축하중을 받는데도 불구하고 기둥의 허용 압축 하중에 도달하기 전에 휘어지는 현상

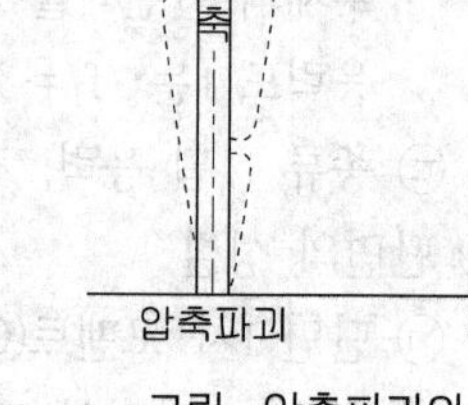

그림. 압축파괴와 좌굴

② 세장비 $= \dfrac{\text{기둥의 유효길이}(\ell)}{\text{단면의 최소치수}(h)}$

㉠ 단면의 최소치수(h) : 원주의 경우 지름, 각주의 경우 폭이 됨

㉡ 예) 기둥의 길이가 1.5m인 15×15cm 정사각형 단면의 경우

세장비 $\lambda = \dfrac{\ell}{h} = \dfrac{150\text{cm}}{15\text{cm}} = 10$

★★ ③ 좌굴에 강한 순서

일단고정, 타단자유(A) < 양단회전(B) < 일단고정, 타단회전(C) < 양단고정(D)

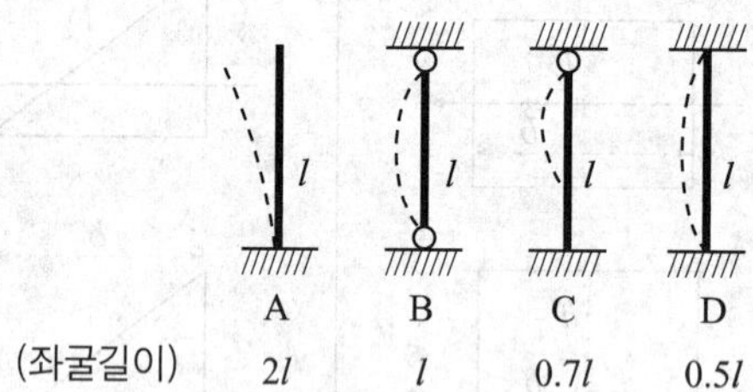

기출예제 1

다음 그림은 기둥의 지지상태를 나타낸 것이다. 기둥의 재질과 단면의 크기가 일정하다고 가정할 때 하중에 가장 강한 순서대로 표기된 것은 어느 것인가?

① A>B>C>D
② D>C>B>A
③ B>C>D>A
④ C>B>D>A

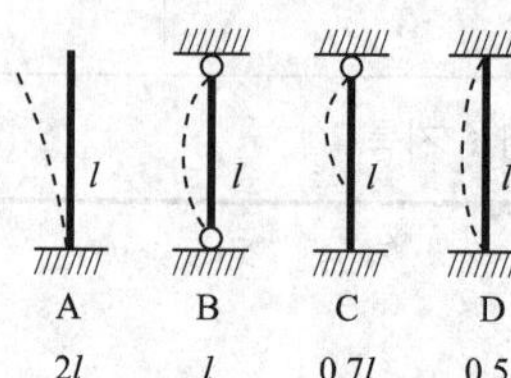

답 ②

기출예제 2

다음은 장주(長柱)를 도해한 것이다. 장주의 강도를 크기 순서대로 옳게 표시한 것은 어느 것인가? (단, 기둥의 재질과 단면 크기는 모두 동일하다.)

① A = B < C
② A > B > C
③ A = C < B
④ A < B < C

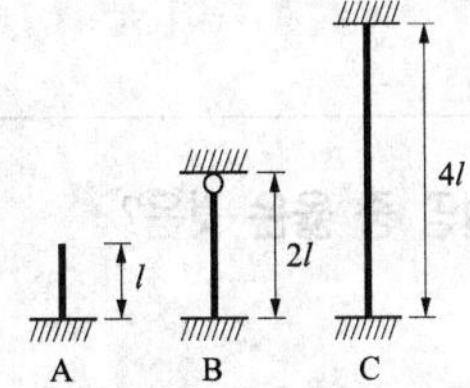

답 ③

해설 장주의 길이가 l 일때

① 1단고정, 타단자유 = 2ℓ
② 양단회전 = ℓ
③ 1단고정 타단회전 = 0.7ℓ (2/3ℓ)
④ 양단고정 = 0.5ℓ

A는 2ℓ 이므로 2×ℓ =2ℓ , B는 0.7ℓ 이므로 0.7×2ℓ =1.4ℓ
C는 0.5ℓ 이므로 0.5×4ℓ =2ℓ
좌굴장의 길이가 길수록 하중이 작용시 강도는 작다.
따라서, A=C 〈 B

핵심기출문제

내친김에 문제까지 끝내보자!

1. 구조계산의 첫 번째 단계에 대한 설명 중 옳은 것은?

① 재료허용강도와 내응력 비교
② 구조물 작용하중 산정
③ 구조물에 생기는 외응력 계산
④ 구조물에 생기는 각 지점의 반력계산

2. 다음 그림에 대한 설명 중 잘못 기술된 것은?

① A점에 하중 P가 작용하고 있다.
② B점을 고정지점이라고 한다.
③ 하중 P가 증가되면 파괴는 A에서 일어난다.
④ 하중 P가 증가되면 파괴는 B에서 일어난다.

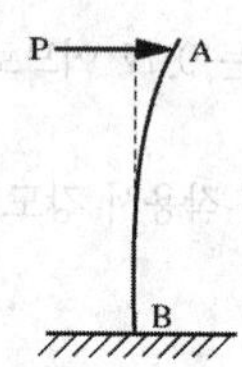

3. 다음 그림과 같은 단순보를 가진 구조물에서 A지점의 반력(反力)은 얼마인가?

① 3t
② 3t·m
③ 7t
④ 7t·m

10t
A B
R_A R_B
3m 7m
10m

4. 다음과 같은 단순보에서 B지점의 반력은?

① 5.0ton
② 5.4ton
③ 6.0ton
④ 6.4ton

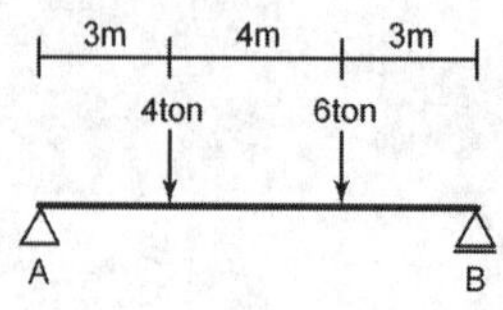

5. 구조물에 하중이 작용하면 부재의 각 지점에는 무엇이 생기는가?

① 우력 ② 합력
③ 전단력 ④ 반력

정 답 및 해 설

해설 **1**

구조계산순서
구조물 작용 하중산정 → 구조물에 생기는 각 지점의 반력산정 → 구조물에 생기는 외응력 계산 → 구조물에 생기는 내응력 산정 → 내응력과 재료의 허용강도비교

해설 **2**

하중 P가 증가되면 파괴는 지점인 B에서 일어난다.

해설 **3**

ΣM_B $R_A \times L - P \times b = 0$
$R_A \times 10 - 10 \times 7 = 0$
$R_A = 7t$
ΣM_A $R_B \times L - P \times a = 0$
$R_B \times 10 - 10 \times 3 = 0$
$R_B = 3t$

해설 **4**

$\Sigma M_A = 0$
$-V_B \times 10 + 6 \times 7 + 4 \times 3 = 0$
$V_B = 5.4$ ton

해설 **5**

구조물에 하중이 작용하면 구조물의 각 지점에는 반력이 생긴다.

정답 1. ② 2. ③ 3. ③ 4. ② 5. ④

6. 구조물에 발생하는 반력의 종류가 아닌 것은?

① 수평반력
② 수직반력
③ 모멘트반력
④ 고정반력

7. 그림에서 반력의 표시가 잘못된 것은?

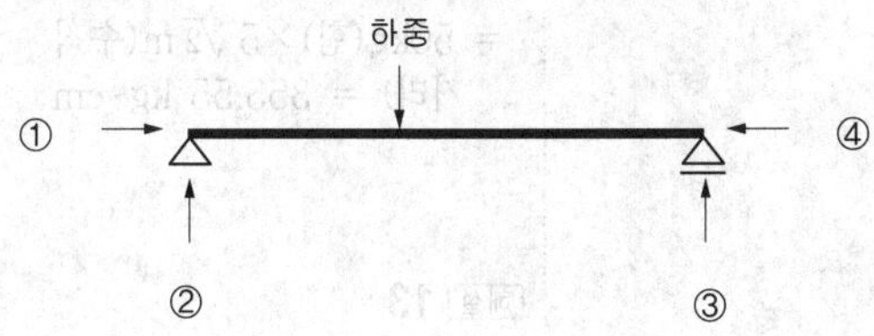

8. 다음 중 모멘트에 대한 설명은?

① 작용점과 방위와 방향
② 구조물에 하중 작용시 지점의 반력
③ 힘의 한 점에 대한 회전 능률
④ 힘의 압축력

9. 모멘트를 나타내는 다음 그림에 관한 설명 중 틀린 것은?

① 모멘트란 회전능률이다.
② 모멘트는 힘 P의 크기에 비례한다.
③ 모멘트는 거리 a 에 반비례한다.
④ 모멘트=힘 ×거리

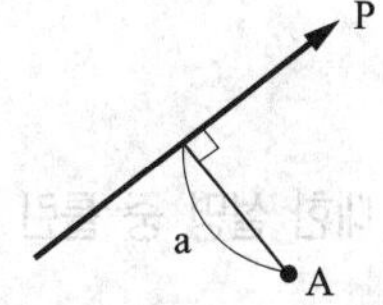

10. 그림과 같이 크기가 같고 방향이 다른 두 힘이 점 A에서의 모멘트의 크기는?

① 5t·m
② 10t·m
③ 15t·m
④ 20t·m

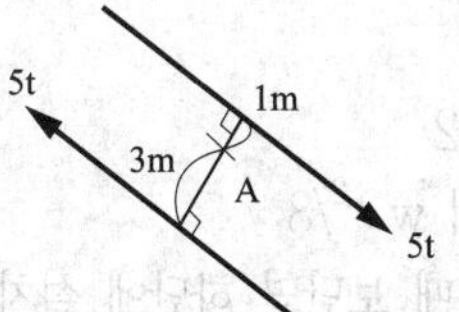

해설 6

구조물에 발생하는 반력의 종류 : 수직반력, 수평반력, 모멘트반력

해설 7

단순보의 이동지점에는 수직반력만 작용한다.

해설 8

모멘트는 어떤 점을 중심으로 돌려고 하는 힘의 크기 즉, 회전력을 말한다.

해설 9

모멘트
① 어떤 점을 중심으로 회전하려 하는 회전 능률
② 힘×수직거리=P×a =모멘트
③ 힘에 비례하고 거리에 비례한다.

해설 10

A 점의 우력모멘트는
(1×5)+(5×3)=20t·m

정답 6. ④ 7. ④ 8. ③ 9. ③ 10. ④

11. 다음은 힘의 모멘트를 나타낸 것이다. 힘의 O점에 대한 모멘트값은 어느 것인가?

① 353.5 kgf·cm
② 250 kgf·cm
③ 500 kgf·cm
④ 707 kgf·cm

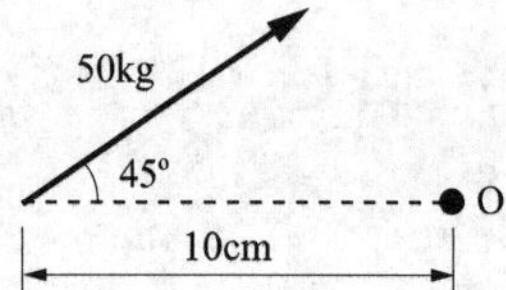

해설 11

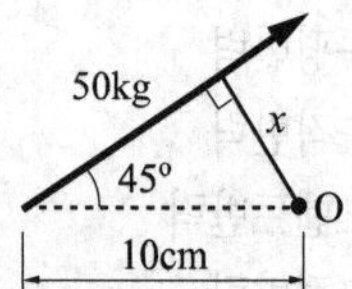

모멘트는 힘×수직거리이므로 O점에서 수직거리를 구한다.

$\sin 45^\circ = \frac{x}{10} = \frac{\sqrt{2}}{2}$

$x = 5\sqrt{2}$

= 50kg(힘)×5 $\sqrt{2}$ m(수직거리) = 353.55 kg·cm

12. 목재교량에 작용하는 힘이 아닌 것은?

① 전단력 ② 휨모멘트
③ 응력 ④ 축력

13. 그림에서의 2차 곡모멘트는 얼마인가?

① 54,000cm^4
② 540,000cm^4
③ 64,000cm^4
④ 640,000cm^4

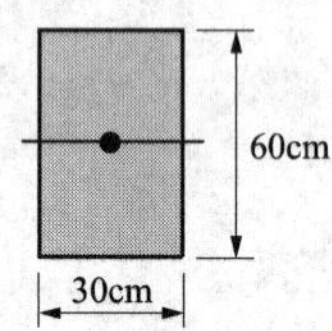

해설 13

$I = \frac{bh^3}{12} = \frac{30 \times 60^3}{12}$

$= 540,000\text{cm}^4$

14. 하중에 관한 설명으로 옳지 않은 것은?

① 하중은 이동 상태에 따라 고정하중과 이동하중으로 분류한다.
② 하중이 작용하는 면적 크기에 의해 집중하중과 분포하중으로 나뉜다.
③ 고정하중은 동하중 또는 활하중으로 나뉜다.
④ 하중이 일정한 면적에 동일한 세력으로 분포된 것은 등분포하중이다.

해설 14

고정하중은 정하중, 사하중으로 나뉜다.

15. 단순보에 등분포하중이 작용할 때 보에 대한 설명 중 틀린 것은?

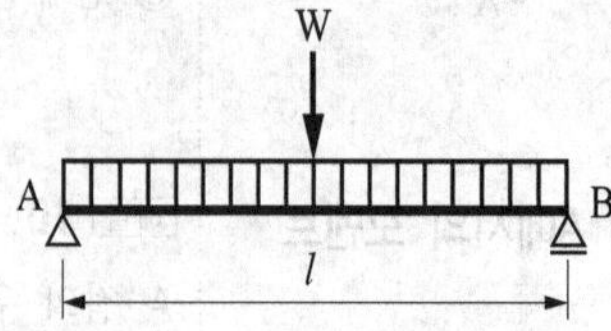

① A점의 반력은 wℓ/2
② 최대전단력은 보의 중앙(ℓ/2)에서 wℓ/2
③ 최대휨모멘트는 보의 중앙(ℓ/2)지점에서 wℓ^2/8
④ 단순보를 철근 콘크리트로 만든다고 할 때 보단면 하단에 설치하는 것이 적합하다.

해설 15

보의 중앙에서 전단력은 0이 된다.

정답	11. ① 12. ③ 13. ② 14. ③ 15. ②

정 답 및 해 설

16. 보에 관한 설명 중 틀린 것은?

① 게르버보란 단순보와 내다지보의 조합이다.
② (그림) 이 그림은 켄틸레버보이다.
③ 고정보는 한 개 보를 세 개 이상의 지점으로 지지한다.
④ 보통으로 사용되는 구조는 단순보이다.

해설 16

연속보 : 한 개의 보를 세 개 이상의 지점으로 지지하는 보

17. 다음의 그림은 등분포 하중을 전면적에 받는 단순보이다. A, B 지점에서의 반력의 크기는?

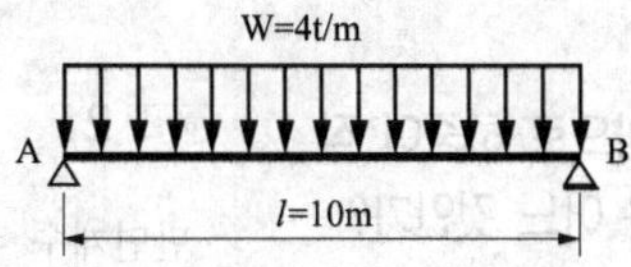

① $R_A = 10\,t$, $R_B = 40\,t$
② $R_A = 40\,t$, $R_B = 40\,t$
③ $R_A = 20\,t$, $R_B = 20\,t$
④ $R_A = 40\,t/m^2$, $R_B = 40\,t/m^2$

해설 17

등분포하중의 반력 : $\frac{wl}{2}$

$\frac{4\times10}{2}=20t$

$\therefore R_A = R_B = 20t$

18. 아래와 같은 단순보에 연속하중이 작용하고 있을 때 반력을 구하는 식은?

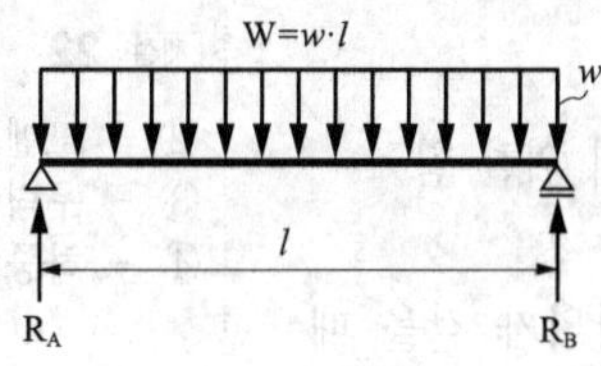

① $R_B = \omega / 2$
② $R_B = W / 2$
③ $R_B = \frac{w \cdot l}{8}$
④ $R_B = w \cdot l$

해설 18

단순보에는 연속하중 작용시 반력 전체 하중=W 이므로

$R_B = \frac{W}{2}$, $R_A = \frac{W}{2}$

19. 점 A에 작용하는 반력은 얼마인가?

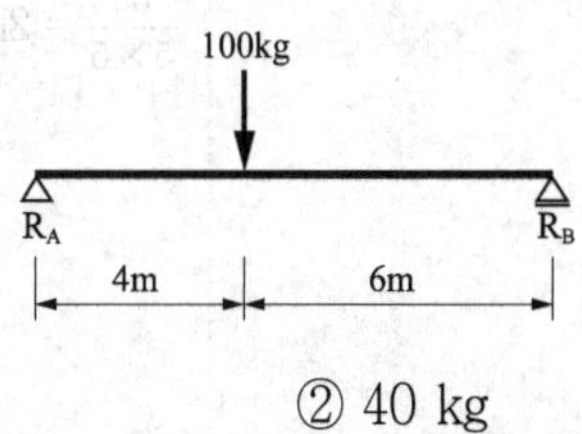

① 20 kg
② 40 kg
③ 60 kg
④ 80 kg

해설 19

ΣM_B $R_A\times L-P\times b=0$

$R_A\times10-100\times6=0$

$R_A=60kg$

ΣM_A $R_B\times L-P\times a=0$

$R_B\times10-100\times4=0$

$R_B=40kg$

정답 16. ③ 17. ③ 18. ② 19. ③

20. 그림과 같이 20t의 힘을 α_1 = 30°, α_2 = 40°의 두 방향으로 분해하여 분력 P_1과 P_2를 계산한 값은? (단 Sin70° = 0.9397, Sin40° = 0.6428이다.)

① P_1 = 17.32t P_2 = 10.00t
② P_1 = 12.86t P_2 = 15.32t
③ P_1 = 13.68t P_2 = 10.64t
④ P_1 = 11.25t P_2 = 14.36t

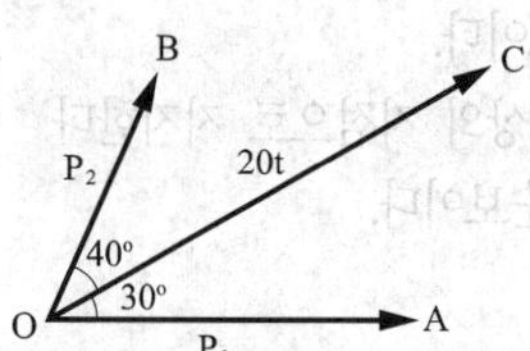

해설 **20**

* sin법칙

$$\frac{20}{\sin70} = \frac{P_1}{\sin140} = \frac{P_2}{\sin150}$$

$$\therefore P_1 = \frac{20 \cdot \sin40}{\sin70} = 13.68t$$

$$P_2 = \frac{20 \cdot \sin30}{\sin70} = 10.64t$$

21. 다음 그림은 보의 단면적을 도해한 것이다. 연직 방향으로 하중이 작용할 때 휨에 대한 강도의 비율 A : B : C로 맞는 것은 어느 것인가? (단, 강도의 비율은 단면계수(Z)로 구한다.)

① 1 : 2 : 3
② 1 : 2 : 4
③ 1 : 2 : 5
④ 1 : 2 : 6

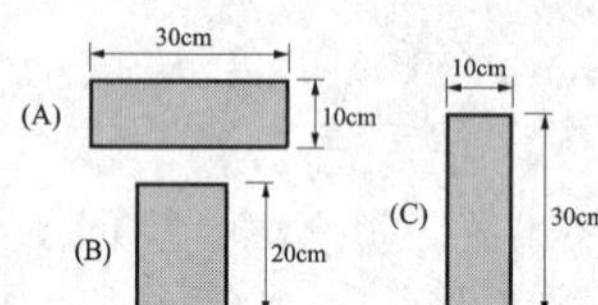

해설 **21**

· 단면계수 = $\frac{bd^2}{6}$

· 단면2차모멘트 = $\frac{bd^3}{12}$

(A) $\frac{30(10)^2}{6}$ =500

(B) $\frac{15(20)^2}{6}$ =1000

(C) $\frac{10(30)^2}{6}$ =1500

A : B : C = 1 : 2 : 3

22. 다음 중 반력(reaction)의 설명으로 옳은 것은?

① 구조물에 외력이 작용할 때 하중과 평형을 유지하기 위한 힘
② 힘의 한점에 대한 회전능률
③ 방향과 작용점만이 서로 다르고 힘의 크기와 방위가 같을 때의 힘
④ P 또는 W로 표시되며 W는 중력에 의한 것일 때 주로 쓰인다.

해설 **22**

② – 모멘트에 대한 설명
③ – 우력에 대한 설명
④ – 하중에 대한 설명

23. 부재의 단면적이 5cm×5cm 되는 기둥에 50kg의 외력이 작용할 때 응력도는?

① 0.5kg/cm² ② 2kg/cm²
③ 10kg/cm² ④ 1.250kg/cm²

해설 **23**

$$\frac{50}{5\times5} = 2\text{kg/cm}^2$$

정답 20. ③ 21. ① 22. ① 23. ②

24. 조경 구조물을 역학적으로 해석하고 설계하는데 가장 우선하여 계산해야 되는 것은 무엇인가?

① 구조물에 작용하는 하중(荷重)
② 재료의 허용강도(許容强度)
③ 구조물의 외응력(外應力)
④ 구조물에 생기는 반력(反力)

25. 파골라의 횡보에는 어떤 외응력을 고려하여 설계해야 하는가?

① 축력과 곡 모멘트 ② 곡 모멘트와 전단력
③ 전단력과 열 모멘트 ④ 축력과 전단력

26. 다음 그림과 같은 힘이 작용할 때 점A에 생기는 모멘트는 얼마인가?

① 24kg · m
② 30kg · m
③ 40kg · m
④ 46kg · m

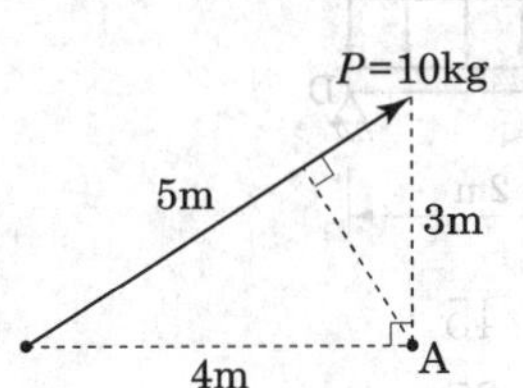

27. 보(beam)에 관한 설명으로 맞는 것은?

① 단순보는 보의 한쪽 끝만이 지지되고 있다.
② 캔틸레버보는 한쪽 끝이 고정지점이고, 다른 한쪽은 자유인 상태이다.
③ 내다지보는 보의 한쪽 끝이 지점에서 바깥쪽으로 내다지된 것만을 말한다.
④ 고정보는 보의 한쪽 끝을 메워 넣어 고정한 것이다.

28. 다음 중 정정구조체(靜定構造體)의 수평부재(水平部材) 중 보의 지지 방법에 관한 그림 중 캔틸레버보(cantilever beam)는 어느 것인가?

① 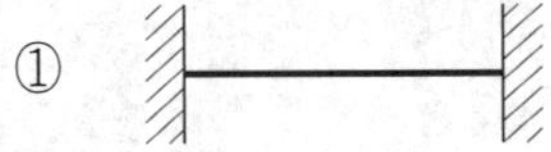 ② 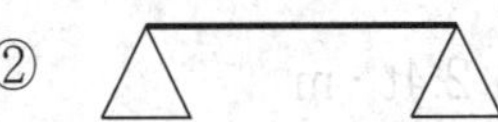

③ 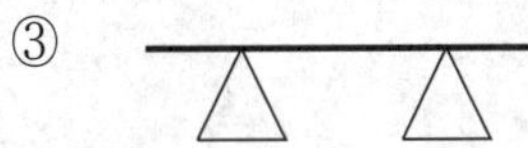 ④ 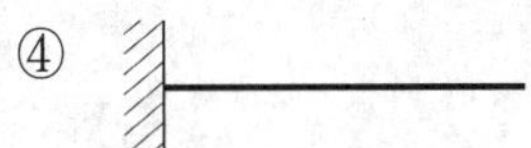

해설 **24**

구조계산순서
구조물 작용 하중산정 → 구조물에 생기는 각 지점의 반력산정 → 구조물에 생기는 외응력 계산 → 구조물에 생기는 내응력 산정 → 내응력과 재료의 허용강도비교

해설 **25**

파고라의 횡보에 작용하는 외응력
– 곡 모멘트(휘어지게 하는 힘), 전단력(수직으로 자르려는 힘)

해설 **26**

$5 : 3 = 10 : F_y$
$F_y = $ 6kg
A에 생기는 모멘트 = 힘×수직거리 = 6×4 = 24kg·m

해설 **27**

보기에 제시된 보를 바르게 고치면
① 단순보 : 일단 회전(힌지), 타단 이동(롤러)지점인 보
③ 내다지보 : 보가 지점 바깥쪽으로 내민 보
④ 고정보 : 보의 양단을 세워 놓고 고정한 보

해설 **28**

켄틸레버보는 일단 고정, 타단은 자유단인 보를 말한다.

정답 24. ① 25. ② 26. ① 27. ② 28. ④

29. 그림과 같은 단순보에서 B점의 수직반력은?

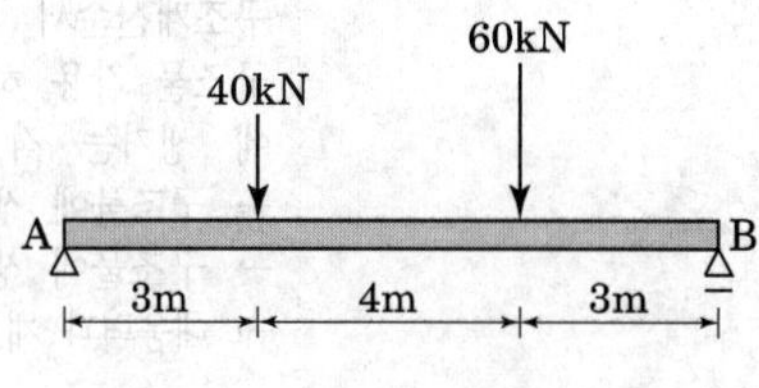

① 50kN ② 54kN
③ 60kN ④ 64kN

30. 그림과 같은 보에서 지점 B에서의 반력의 크기는 몇 kN인가?

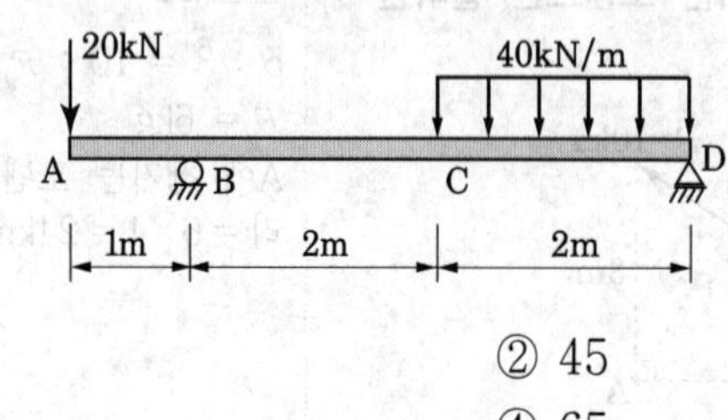

① 35 ② 45
③ 55 ④ 65

31. 그림과 같은 단순보의 C지점에 대한 휨모멘트(Bending Moment)는?

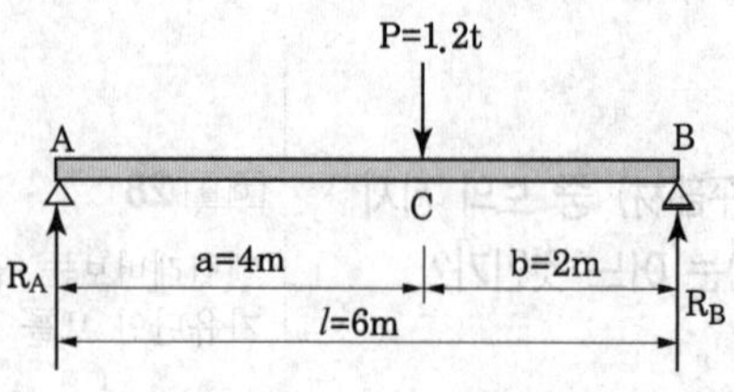

① 3.2t · m ② 2.4t · m
③ 1.6t · m ④ 0.8t · m

정답 및 해설

해설 29

$\Sigma M_A = 0$

$-R_B \times 10 + 3 \times 40 + 7 \times 60 = 0$

$10R_B = 540$

$V_A = 54\text{kN}$

해설 30

$\Sigma M_D = 0$

$V_B \times 4 - 20 \times 5 - 40 \times 2 \times 1 = 0$

$V_B = 45\text{ kN}$

해설 31

$\Sigma M_B = 0$

$6 \times R_A - 1.2 \times 2 = 0$ 이므로

$6R_A = 2.4 \quad R_A = 0.4\text{t}$

$M_C = 4 \times 0.4 = 1.6\text{t} \cdot \text{m}$

정답 29. ② 30. ② 31. ③

32. 다음 보에 걸리는 휨 모멘트(bending moment)에 대한 그림의 해설로 올바른 것은?

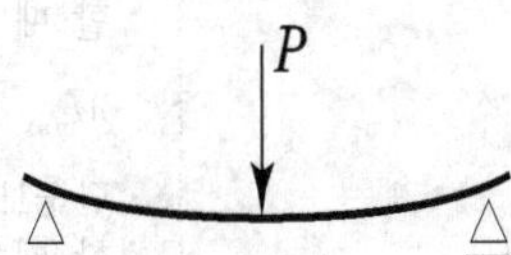

① 보의 상부는 인장력, 하부는 압축력을 받으며, 부(−)의 힘으로 작용한다.
② 보의 상부는 인장력, 하부는 압축력을 받으며, 정(+)의 힘으로 작용한다.
③ 보의 상부는 압축력, 하부는 인장력을 받으며, 정(+)의 힘으로 작용한다.
④ 보의 상부는 압축력, 하부는 인장력을 받으며, 부(−)의 힘으로 작용한다.

33. 단순보 위에 등분포 하중이 작용할 때 다음 중 휨모멘트의 도시가 바르게 된 것은?

①
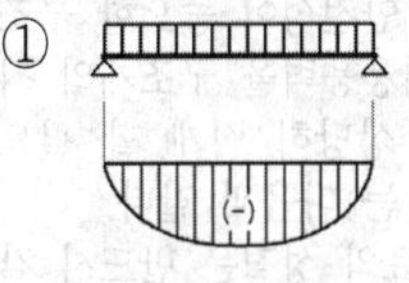

②

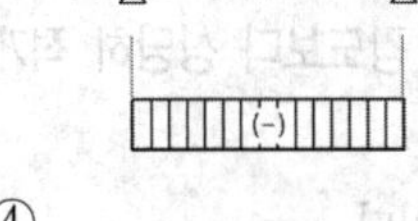

③
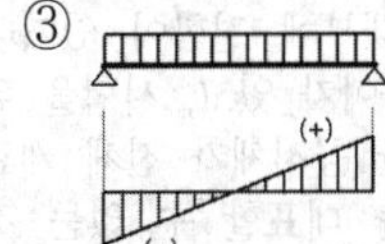

④
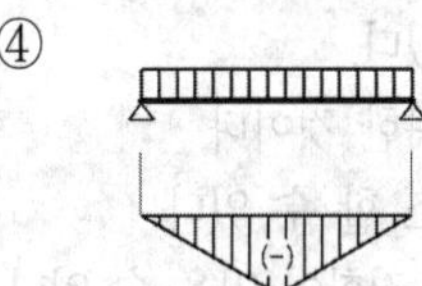

34. 단면 1m×2m인 콘크리트 단면에 100tf의 압축력이 작용할 때 이 단면의 압축 응력은?

① 25ft/m²　　② 50ft/m²
③ 100ft/m²　　④ 200ft/m²

35. 그림과 같은 보에서 지점 B에서의 반력 크기(kN)는?

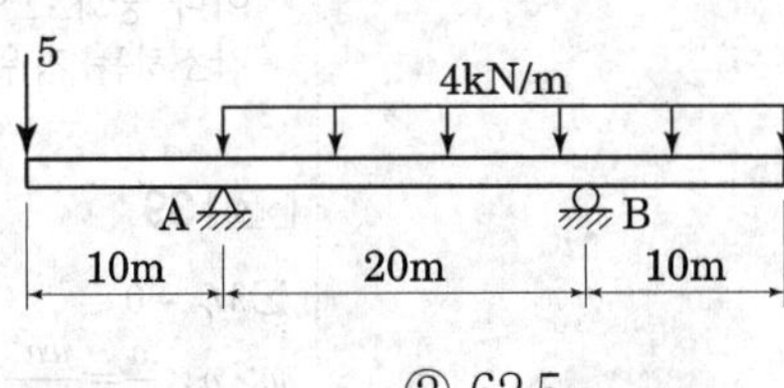

① 37.5　　② 62.5
③ 87.5　　④ 125

정답 및 해설

해설 32

단순보에 집중 하중 P가 작용→ 보의 상부는 압축력, 보의 하부는 인장력 → ( ) 이므로 정(+)힘으로 작용한다.

해설 33

단순보에 등분포 하중 작용시
- 전단력도 : 1차 직선, 사선변화
- 휨모멘트도 : 2차 포물선 변화

해설 34

$$압축응력 = \frac{압축력}{단면적} = \frac{100}{1 \times 2} = 50ft/m^2$$

해설 35

$$\Sigma M_A = 0$$
$$-(5)(10)+(4\times30)(15)-(V_B)(20)=0$$
$$\therefore V_B = +87.5kN(\uparrow)$$

정답 32. ③ 33. ① 34. ② 35. ③

36. 그림과 같이 집중하중 P와 분포하중 w가 작용하는 단순보에서 최대 굽힘 모멘트는 얼마인가?

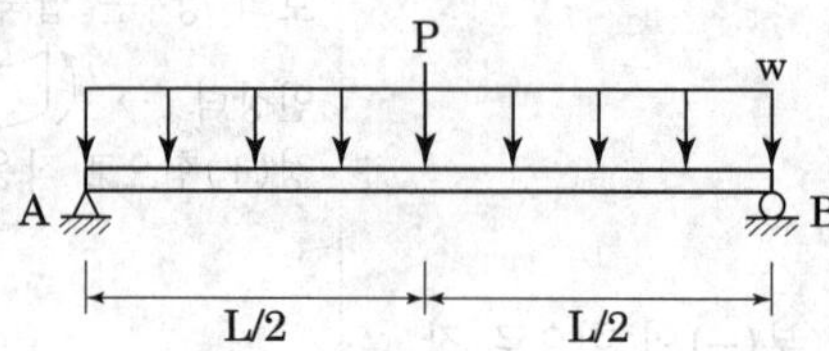

① $PL/2+wL^2/16$　② $PL/4+wL^2/8$
③ $PL/2+wL^2/8$　④ $PL/4+wL^2/16$

37. 4개의 지주를 가진 데크 구조에서 전체 8ton의 하중을 4개의 지주가 균등하게 지탱하고 있을 때, 각 지주 단면의 면적이 400cm²이고, 지주의 압축 허용응력이 $f_c=7\text{kg/cm}^2$이라면 압축력에 대한 안전도는 얼마인가?

① 0.7　② 1.2
③ 1.4　④ 1.6

38. 안전율을 고려하여 허용응력을 구조재의 최고 강도보다 상당히 적게 하는 이유로 틀린 것은?

① 시공상의 문제로 불완전한 점이 발생할 수 있다.
② 구조계산과정에서 발생하는 계산 착오를 고려한 것이다.
③ 재료가 부식하거나 풍화하여 부재단면이 감소 할 수 있다.
④ 구조재료의 성질이 반드시 같지 않으며, 내부 결함이 있을 수 있다.

39. 그림과 같은 외팔보에 등분포하중이 작용한다. 지점 C에서의 굽힘모멘트의 크기는 얼마인가?

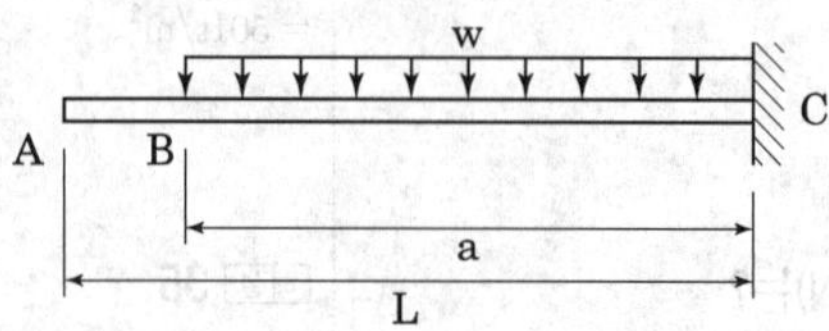

① $wa^2/4$　② $wa^2/2$
③ wa^2　④ $2wa^2$

정답 및 해설

해설 **36**

- 단순보에서 집중하중 P가 작용할 때 최대 휨모멘트
$M_{\max}=\frac{PL}{4}$
- 단순보에서 분포하중 w가 작용할 때 최대 휨모멘트
$M_{\max}=\frac{wL^2}{8}$
- 최대 굽힘 모멘트
$=PL/4+wL^2/8$

해설 **37**

기둥에 작용하는 하중
$f_c=P/A$이므로
$\frac{8000}{400\times4}=5\text{kg/cm}^2$
압축허용능력 7kg/cm²이므로
$7\div5=1.4$

해설 **38**

구조적인 안전성이 중요한 구조물일수록 허용응력을 구조재의 최고 강도보다 상당히 적게 할 필요가 있는 이유는 다음과 같다.

- 구조재료의 성질은 반드시 같지 않으며, 내부에 결함이 있거나 치수에 차이가 있고, 시험을 위한 채취한 공시체가 전체 재료의 강도를 대표할 수 없는 경우가 있다.
- 구조계산의 이론이 불완전하며, 이론과 실제가 일치하지 않을 수 있다.
- 구조재료의 강도는 하중이 정적 또는 동적으로 작용하는가에 따라 큰 차이가 있다.
- 시공상의 문제로 인한 불완전한 점이 발생할 수 있다.
- 장시간의 시간경과나 재료가 반복하중에 의해 피로하거나 부식이나 풍화로 인하여 부재단면이 감소하는 경우가 있다.

해설 **39**

$\Sigma M_C=0$
$w\times a\times\frac{a}{2}=\frac{wa^2}{2}$

정답 36. ② 37. ③ 38. ② 39. ②

40. 구조물에 작용하는 하중의 유형과 그에 대한 설명이 옳지 않은 것은?

① 고정하중 : 구조물과 같이 항상 일정한 위치에서 작용하는 하중이며, 구조체나 벽 등의 체적에 재료의 단위용적 중량을 곱하여 구한다.
② 집중하중 : 하중이 구조물에 얹혀있는 면적이 아주 좁아 한 점으로 생각되는 경우의 하중이다.
③ 눈하중 : 구조물에 쌓이는 눈의 중량을 말하며, 지붕의 경사각이 30˚를 넘는 경우 눈하중을 경감할 수 있다.
④ 풍하중 : 구조물에 재난을 주는 빈도가 높은 하중이며, 특히 내륙지방에서는 20%를 증가시켜 적용한다.

해설 **40**

풍하중
구조물에 재난을 주는 빈도가 많은 하중이며, 서해 및 남해 연안의 태풍의 영향을 크게 받는 지역은 20%증가시켜 적용하고 내륙지방으로 최대 풍속이 작다고 인정되는 지역은 20% 감하여 적용하는 것이 바람직하다.

41. 힘의 평형조건만으로 반력이나 내응력을 구할 수 있는 정정보에 해당하지 않는 것은?

① 캔틸레버보　　② 고정보
③ 게르버보　　④ 단순보

해설 **41**

정정보와 부정정보

정정보	· 힘의 평형 방정식으로 풀 수 있는 보 · 단순보, 내다지보, 게르버보, 켄틸레버보
부정정보	· 고정보, 연속보

42. 단면 90×90mm의 미송목재 단주(短柱)에 3톤의 고정하중이 축방향 압축력으로 작용한다면 압축 응력은?

① 32kgf/cm^2　　② 37kgf/cm^2
③ 42kgf/cm^2　　④ 47kgf/cm^2

해설 **42**

$$\text{압축응력} = \frac{\text{압축력}}{\text{단면적}}$$

$$= \frac{3000\text{kg}}{9\text{cm} \times 9\text{cm}}$$

$= 37.03 \rightarrow$ 약 37kgf/cm^2

정답　40. ④　41. ②　42. ②

Chapter 06

조경관리론

제6편

조경관리의 의의와 운영

1.1 핵심플러스

■ 조경관리의 목표

일상의 이용에서 관리대상의 기능을 충분히 발휘시키며 이용자가 쾌적하고 안전하게 이용하느냐에 있음, 이를 위해 최소의 경비와 인원으로 효율적으로 행하는 것이 이상적임

■ **관리의 구분** : 유지관리 / 이용관리 / 운영관리

· 유지관리의 대상

식물관리	수목, 수림지, 잔디, 초화류, 초지
시설관리	건축물, 공작물, 설비
동물관리	사육동물, 야생동물

· 운영관리 방식 : 직영방식, 도급방식

직영	관리의 주체가 직접 운영 – 긴급대응이 빠름, 책임소재가 명확
도급	관리 전문용역회사나 단체에 위탁 – 대규모관리시설에 적합, 책임소재나 권한이 불명확

· 이용관리 : 이용자관리, 안전관리, 주민참가(파트너십구축 : 내셔널 트러스트)

■ **주민참가3유형(안시타인이론)** : 비참가 / 형식적참가 / 시민권력의 단계

■ **레크레이션 관리**

· 목표설정은 3가지 기준 : 경제적효율성, 균형성, 공공적인 요구

· 레크레이션 관리체계의 3요소 : 이용자(관리), (자연)자원, (서비스)관리

1 조경 관리의 의의

환경의 재창조와 쾌적함의 연출로서 조경관리의 질적 수준의 향상과 유지를 기하고 운영 및 이용에 관해 관리하는 것이다.

2 조경관리의 구분 ★★

① 유지관리 : 조경수목과 시설물을 항상 이용에 용이하게 점검 보수하여 구성요소의 설치목적에 따른 기능이 공공을 위한 서비스 제공을 원활히 하는 것이다.

② 운영관리 : 이용 가능한 구성요소를 더 효과적이고 안전하고 또 더 많은 사람이 이용하기 위한 방법으로 예산, 재무제도, 조직, 재산 등의 관리가 있다.

③ 이용관리 : 이용자의 행태와 선호를 조사, 분석하여 그 시대와 사회에 맞는 적절한 이용프로그램을 개발하여 홍보하며, 또 이용의 기회를 증대시킴, 안전관리, 이용지도, 홍보, 행사프로그램주도 주민참여의 유도 등이 있다.

3 조경관리계획의 입안절차

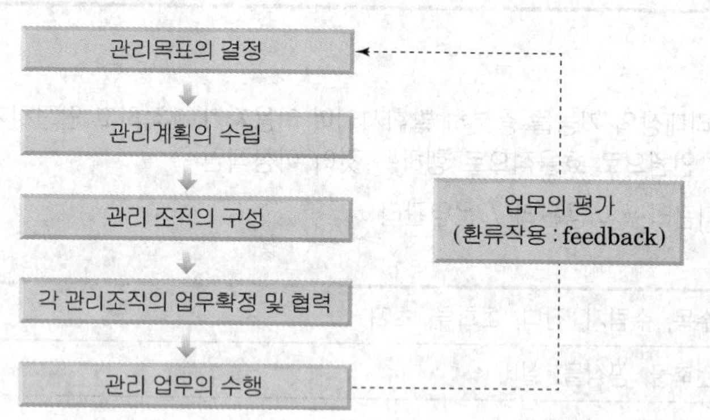

4 조경 관리의 특성

① 관리 대상자원의 변화성 : 건축, 토목은 내구성저하로 유지보수가 목적 ↔ 조경은 자연에 수렴이 목적

② 비생산성 : 농업, 임업은 생산력 극대화 지향 ↔ 조경은 안정된 자연이 목적

③ 조경공간 기능의 다양성과 유동성

㉠ 다양성 : 정원에서 공원, 건축물 주변조경까지 공간의 다양성, 규모와 관리에 대한 차이, 녹지기능에 따른 다양화(경관녹지, 완충녹지 등)

㉡ 유동성 : recreation 측면이 강화되는 추세가 선진국에서 나타남

5 운영관리의 계획

① 이용조사 : 조경공간에서 이용자의 이용 상황(행태, 심리상황)을 정확히 파악하는 것

② 양의 변화 (조성비의 0.8~1.2%의 경비가 소요)

㉠ 내용 : 조경대상물의 노후나 변질, 생물의 경우 생장이나 번식으로 변화, 이용자수와 이용행태에 따라 변화성

㉡ 관리계획

- 부족이 예측되는 시설의 증설(출입구, 매점, 화장실, 음수대, 휴게시설 등)
- 이용에 의한 손상이 생기는 시설물의 보충(잔디, 벤치, 울타리 등의 모든 시설물)
- 내구연한이 된 각종 시설물, 군식지의 행태적 조건에 따른 갱신

③ 질적인 변화

㉠ 내용 : 사회적 환경변화에서 조경공간의 기능적면에서나 대상물의 내적인 변화로 발생, 특히 도시생태계와 생활환경의 쾌적성 같은 내부적 질적 변화를 말함

㉡ 도시환경의 질을 저해하는 원인

- 대기오염
- 지표면의 폐쇄로 인한 토양수분부족과 토양조건악화
- 포장면 건축물의 증가로 태양 복사열 급증과 일조량 감조
- 야간조명으로 인한 일장효과의 장해
- 귀화식물의 증대
- 지형변화

㉢ 관리계획 : 양호한 식생의 확보, 개방된 토양면의 확보

④ 예산

단위연도당 예산(a)=작업전체의 비용(T)×작업률(P)

(3년의 1회일 경우 1/3)

★★ ⑤ 운영 관리의 방식

㉠ 직영방식 : 관리주체가 직접 운영관리

㉡ 도급방식 : 관리 전문 용역회사나 단체에 위탁하는 방식

	직영방식	도급방식
대상업무	· 재빠른 대응이 필요한 업무 · 연속해서 행할 수 없는 업무 · 진척상황이 명확치 않고 검사 하기 어려운 업무 · 금액이 적고 간편한 업무	· 장기에 걸쳐 단순작업을 행하는 업무 · 전문지식, 기능 자격을 요하는 업무 · 규모가 크고 노력, 재료 등을 포함한 업무 · 관리주체가 보유한 설비로는 불가능한 업무 · 직업의 관리원으로는 부족한 업무
장점	· 관리책임이나 책임소재가 명확 · 긴급한 대응이 가능 · 관리실태를 정확히 파악 · 임기응변의 조치가 가능 · 양질의 서비스제공 가능 · 관리효율의 향상을 꾀함	· 규모가 큰 시설의 관리에 적합 · 전문가를 합리적으로 이용함 · 관리의 단순화를 기할 수 있다 · 전문적 지식, 기능, 자격에 의한 양질의 서비스를 기할 수 있음 · 관리비가 저렴, 장기적으로 안정될 수 있음
단점	· 일상적인 일로 업무에서 타성화 되기 쉬움 · 직원의 배치전환이 어려움 · 필요이상의 인건비 지출	· 책임의 소재나 권한의 범위가 불명확함 · 전문업자를 충분하게 활용치 못할 수가 있음

6 이용 관리

① 이용자 관리

대상지의 보존이란 차원에서 이용자의 행위를 규제하고, 적절한 이용이 되도록 지도 감독하는 것과 편리한 이용이란 차원에서 이용자가 필요로 하는 서비스를 제공하는 것

㉠ 이용지도 : 공원 내에서 행위의 금지 및 주의, 이용안내, 상담, 레크레이션 지도 등으로 이용자가 편리하게 이용할 수 있게 배려하는 것

【사례 1】 공원 자원봉사 계획(volunteers in the park : VIP)
미국 메릴랜드 주 공원국에서 시도한 계획으로 각종 레크레이션, 서비스 등에 자원봉사를 활용코자 하는 계획

【사례 2】 놀이 공원(play park)
지역주민과 지원봉사자들이 협력하여 어린이들이 자유롭게 놀 수 있도록 운영

■ 참고 : 이용관리의 세부

■ 이용지도의 구분

목적	내용	대상이 되는 행위 · 시설
공원녹지의 보전	조례 등에 의해 금지되어 있는 행위의 금지 및 주의	식물의 채취, 공원녹지의 손상 · 오손, 출입금지구역, 광고물의 표시, 불의 사용 등
안전 · 쾌적이용	위험행위의 금지 및 주의	놀이기구로부터 뛰어내림, 풀(pool)에서의 위험행위, 아동공원에서 어른들의 골프 · 야구를 하는 행위 등
	특수한 시설 혹은 위험을 수반하는 시설의 올바른 이용방법 지도	모험광장, 물놀이터, 수면이용시설(보트, 풀), 사이클링, 승마장, 롤러스케이트장, 트레이닝 기구, 각종 경기장
유효이용	이용안내	시설의 유무소개, 공원 내의 루트
	레크리에이션활동에 대한 상담 · 지도	식물관찰 · 조류관찰 · 오리엔터링 · 게이트볼 등의 지도, 유치원 · 학교 등의 단체에 대한 활동프로그램의 조언

■ 행사(event)

① 행사개최의 필요성
- 행정홍보의 수단으로서 – 주민의 공감을 얻을 수 있음
- 커뮤니티활동의 일환으로서 – 아동공원, 근린공원 등에서의 행사를 통해서 지역주민이 커뮤니케이션을 도모할 수 있음
- 공원녹지이용의 다양화를 도모하는 수단으로서 – 야외음악회 등 일상체험하지 않는 프로그램의 제공, 스포츠교실 · 원예교실 등 입문교실을 개최해 공원녹지이용의 폭이 넓어짐과 동시에 개인 레크리에이션 활동에도 연결될 수 있음

② 행사개최형태
- 공공적인 목적의 행사 – 교통안전, 도시녹화, 자연보호 등 사회의식 향상
- 체력 · 건강향상 · 오락을 위한 행사 – 운동회, 축제, 쇼 등 누구나 참석
- 문화향상을 위한 행사 – 전람회, 연주회, 연극, 강연회, 심포지엄, 노래자랑대회 등
- 행정주도형보다는 이용자 자신이 행사에 관여하는 형태가 바람직함

③ 행사개최의 방법
- 지역의 특성, 시설의 상태, 공원이용상황 등을 정확히 파악 인식하여 각각의 대상에 적합한 행사의 실시방침을 세워 놓음

· 순서 : 기획 → 제작 → 실시 → 평가
· 주최자가 총괄하는 부문 : 실시계획, 홍보활동, 섭외, 회장설치운영, 연출, 진행, 회계

④ 행사 개최시 유의할 사항
· 시설이 설치목적에 맞을 것
· 관계법령을 준수할 것
· 행사는 가능한 풍부한 내용을 갖도록 할 것
· 계절·일시를 고려하여 행사계획을 세울 것
· 예산에 맞는 내용을 정할 것
· 대안을 만들어 놓을 것
· 통상이용자에 대한 배려

ⓛ 안전관리(사고의 종류)
· 설치하자에 의한 사고 → 시설구조자체의 결함, 시설배치 또는 설치의 미비
· 관리하자에 의한 사고 → 시설의 노후, 위험한 장소에 대한 안전대책 미비, 위험물방치
· 보호자, 이용자 부주의에 의한 사고 → 부주의, 부적정 이용, 보호나 감독 불충분, 자연 재해 등에 의한 사고 방지
· 사고처리 : 사고자 구호 → 사고내용을 관계자에 통보 → 사고상황의 파악 및 기록 → 사고 책임의 명확화

★★ ② 주민 참가

㉠ 주민이 결정과정에 참가하여 주민자신과 관리행정 당국과의 의견을 조성하는 것으로 점차 저항형 요구형에서 토의형, 협력형, 해결형의 주민참가의 형태로 변화함

· 시민과의 대화(요구형 → 토의형)	요구파악, 상호이해
· 행정에 참가(대결형 → 협력형)	실시에의 협력, 실행에 대화
· 정책에 참가(주민참가의 정책형성)	제언과 선택(설문조사), 문제토의(시민의회)
· 기반만들기	의식형성, 시설만들기, 시조직만들기

ⓛ 사례·내셔널 트러스트 (National Trust)
· 역사적 명승지 및 자연적 경승지를 위한 내셔널 트러스트로 영국의 로버드 헌터경 등 3인에 위해 주창되어 파괴되어 가고 있는 자연과 역사적 환경 등을 보존하기 위해 창립, 국민에 의한 국토보존과 관리의 의미가 깊음.
· 풍치보전회
일본 가마꾸라의 역사적 경관을 보존하기 위하여 가마꾸라 풍치보존회 설립

ⓒ 주민참가의 조건
· 규모 및 전문성이 주민의 수탁능력을 넘지 않을 것
· 주민참가에 의해 효과가 기대될 것
· 운영상 주민의 자발적 참가 및 협력을 필요요건으로 할 것
· 주민참가에 있어서 이해의 조정과 공평심을 가질 것

★ ㉣ 주민참가과정

- 안시타인은 주민참가 과정에 대해 [비참가의 단계] → [형식참가 단계] → [시민권력의 단계]로 설명하고 있다.

★★ · 주민참가 단계

자치관리(citizen control)	시민권력의 단계
권한위양(delegated power)	
파트너쉽(partnership)	
유화(placation)	형식참가의 단계
상담(consultation)	
정보제공(informing)	
치료(therapy)	비참가의 단계
조작(manipulation)	

㉤ 주민참가 활동 내용

- 청소, 제초, 병충해방제, 관수, 시비, 화단식재
- 어린이 놀이지도, 놀이기구점검, 시설기구 등의 대출
- 금지행위와 위험행위의 주의
- 공원녹화관련행사, 공원을 이용한 레크레이션 행사의 개최
- 공원관리에 관한 제안, 공원이용에 관한 규칙제정

㉥ 관련제도의 사례

- 소공원관리계약제도(미국)
- 공원애호회(일본)
- 녹화협정(일본)

■ 참고 : 주민참가의 효과

- 연대감, 상호신뢰, 융화감이 생김
- 친구가 생김
- 노인들의 건강관리에 좋음
- 정서교육에 좋음
- 자기 자신들의 공원이라는 관심, 애착심이 생김
- 단체상호간의 친목이 도모됨
- 행정과 주민과의 신뢰감이 생김
- 봉사정신이 길러짐
- 공중도덕심, 공공애호정신이 생김
- 안전하게 이용할 수 있음

7 레크레이션 관리

① 개념

★ ㉠ 생태적측면

- 유지관리
- 이용자들의 이용에 따라 발생

· 부지에 생태적 악영향을 미치는 요인 : 반달리즘(Vandalism), 과밀이용(overuse), 무지(ignorant)
· 관리원칙
  - 자원관리는 사회적가치와 연계되어 있어 이용자의 문제가 유지관리의 문제가 됨
  - 부지의 변형이 가능함
  - 접근성이 레크레이션 이용에 결정적인 영향을 미침
  - 레크레이션 자연은 자연적 경관미를 제공함
  - 레크레이션 자원은 훼손후 원상복구가 불가능함

ⓛ 사회적 측면 : 이용자관리

② 레크레이션 공간의 관리개념

㉠ 도시공원녹지 : 이용자의 레크레이션 경험의 질 유지에 중점

ⓛ 자연공원녹지 : 자원의 보전과 보호를 우선적으로하며, 이용에 따른 영향을 최소화하려는 관리계획

★★ ③ 레크레이션 관리체계의 3가지 기본요소

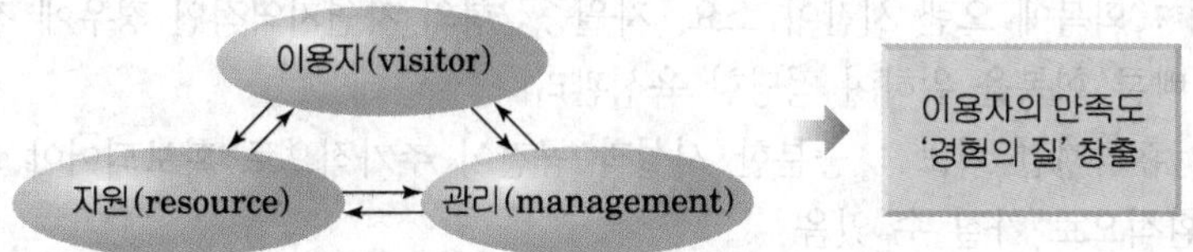

<table>
<tr><td>㉠ 이용자관리</td><td colspan="2">이용자의 질을 극대화하기 위한 사회적 관리, 가장 중요함</td></tr>
<tr><td>ⓛ 자원관리</td><td colspan="2">· monitoring, programing의 2단계 작업구성, 생태계 관리, 레크레이션 활동 및 이용이 발생하는 근거, 이용자의 만족도를 좌우하는 요소
· 자원관리 (2단계의 작업)
– 모니터링(monitoring) : 주요자원에 대해 이루어짐, 자원변화에 영향하는 자료 수집과정으로 이를 위해서는 토양, 물, 공기, 식생 및 동물 등의 조사와 샘플링(sampling)기법 사용
– 프로그래밍(programming) : 부지관리, 식생관리, 경관관리, 생태계관리 및 안전관리</td></tr>
<tr><td rowspan="3">ⓒ 서비스관리</td><td colspan="2">· 이용자를 수용하기 위해 물리적인 공간을 개발하거나 접근로 및 특정의 서비스를 제공하는 것
· 서비스관리체계의 모델</td></tr>
<tr><td>제한인자들</td><td>· 의사결정이 행락객의 관심이나 자원의 잠재력에 근거해 이루어지지 않고 제한인자들로 서비스 유형이 제한을 받게 됨
· 관련인자 : 법규, 관리자의 목표, 전문가적 능력, 이용자 태도</td></tr>
<tr><td>관리프로그램</td><td>· 관련인자 : 임대차관리, 특별서비스, 지역 및 부지계획
· 임대차 관리
– 공공부문에서 이루어져야 할 중요 결정사항으로 어떻게 제공되어야 하는가를 포함</td></tr>
</table>

		– 공공부문에서는 필요한 서비스를 장기적인 임대차로서 민간 부문에 양도해 제공하게 함 · 특별 서비스 – 이용자의 레크리에이션경험의 질을 보다 높게 하고 시설의 이용효율을 증대시켜 설비이용을 강화시키는 관리프로그램 – 예약시스템, 정보서비스, 음식서비스, 특수부대시설 및 판매 · 지역 및 부지계획 – 주어진 자원기반에 있어 가용한 일반적인 레크리에이션 기회와 이에 관련된 서비스들을 결정함 – 부지계획에서 구체적으로 제공될 설비들이 결정됨

★ ④ 레크레이션 관리의 기본전략

㉠ 완전방임형 : 이용자는 이용하고 훼손지는 스스로 회복을 기대, 자연파괴에 따른 더 이상 적용될 수 없는 개념

㉡ 폐쇄 후 자연 회복형 : 회복에 오랜 시간이 소요, 자원중심형의 자연지역적인 경우에 적용

㉢ 폐쇄 후 육성관리 : 빠른 회복을 위하여 적당한 육성관리

㉣ 순환식 개방에 의한 휴식기간 확보 : 충분한 시설과 공간이 추가적으로 확보되어야 회복을 위한 휴식기간을 순환적으로 가질 수 있음

㉤ 계속적 개방, 이용 상태 하에서 육성관리 : 가장 이상적인 관리전략, 최소한의 손상이 발생하는 경우에 한해서 유효한 방법

★ ⑤ 모니터링(monitoring)

㉠ 이용에 따른 물리적 자원에 대한 영향과 관리작업의 효율 등 제반 관리적 상황에 대한 파악을 위해 활용

㉡ 시각적 평가, 사진, 물리적 자원의 변화 측정

㉢ 좋은 모니터링 시스템의 조건 : 합리적인 측정단위의 위치 설정, 저비용, 측정기법의 신뢰성, 영향을 적절하게 측정할 수 있는 지표설정

⑥ 산쓰레기의 관리

㉠ 특징

- 음식찌꺼기, 깡통 등 소각이 어려운 것이 많음
- 폭넓게 산재하여 수집하여 처리가 곤란함
- 이용집중도나 이용행태에 따라 발생량이 크게 좌우됨
- 기동력에 의해 처리가 어려우므로 비능률적인 특징을 가짐

㉡ 관리전략 : 산쓰레기 관리전략은 대상지의 특성, 이용자의 특성 및 자극의 유형 등으로 구분되는데 관리방안은 다음과 같다.

대상지 특성	·공원하부에 소풍·야영 등을 위한 시설을 계획 ·회수지점의 수평적·수직적 다변화에 힘쓴다. ·보다 설득력 있는 계도용 표지판과 회시지점을 명시한 안내판을 설치한다.
이용자의 특성	·행락위주의 이용목적을 전환하도록 도모한다. ·쓰레기의 해악(害惡)에 대한 인식을 높인다. ·홍보, 교육, 자연공원의 쓰레기처리에 관한 법규, 이용자 직접회수에 관한 조례 등을 통해 구체화한다.
장려보상의 선택	·장려보상은 보조수단이어야 한다. ·회수위치가 명시된 수거용 비닐의 배포가 효과적이다. ·유상매입가격을 높이고, 보상을 이용한 사후정화가 가능하다.

⑦ 레크레이션 수용능력의 개념

★ ㉠ 개념

- 수용능력의 개념은 원래는 생태계 관리분야에서 유래
- 초지용량 및 산림용량 등 소위 지속산출(sustained yield)의 개념에서 비롯

·J. V. K Wagar ★	– 수용능력의 인자를 설명한 최초의 연구 – 3가지 요인 : 이용자의 태도, 토양·식생 등의 내성과 회복능력, 가능한 관리의 총량
·Lucas	– 이용만족도에 근거한 사회·심리적 수용력 – 어떤 행락구역이 양과 질에 있어 이용의 만족을 제공할 수 있는 능력 용량
·O′ Riordan	– 환경용량 : 어떤 장소를 이용하는 이용자들의 만족도의 합이 최대가 되는 용량 – Total satisfaction(총만족량)의 개념을 도입
·Rodgers	– 수용능력은 경험적으로 느껴지는 것으로 엄밀히 산정은 불가능함을 언급
·Lime & Stankey	– 이용자의 경험과 물리적 환경의 질 저하 없는 수준에서 개발된 지역에 의해 일정기간 유지될 수 있는 이용의 성격 – 3가지요인 : 관리목적, 이용자의 태도, 자원에 대한 행락의 영향
·Penfold ★	– 본질적인 변화 없이 외부영향을 흡수할 수 있는 능력 – 물리적 수용능력, 생태적 수용능력, 심리적 수용능력으로 구분 – 오늘날의 통설
·Reiner	– 물리적수용력(이용량과 물리적 환경), 행위의 수용력(경험의 질), 생리적수용력(지각)으로 구분

★★ ㉡ 결정인자와 영향요인

★★ · 결정인자

고정적인자 (주로 공간 활동표준)	특정활동에 필요한 참여자 반응(활동특성), 사람수, 공간의 최소면적
가변적인자 (물리적조건, 참여자 상황)	대상지성격, 크기와 형태, 영향에 대한 회복능력, 기술과 시설의 도입으로 인한 수용능력 자체의 확장 가능성

· 영향요인

물리적자원기반의 특성	지질 및 토양, 지형 및 향, 식생, 기후, 물, 동물
관리의 특성	정책, 관리, 설계
이용자의 특성	이용자의 심리, 설비의 유형, 사회적 관습 및 이용패턴

★ ㉢ 수용능력의 관리기법

부지관리	– 부지설계, 조성 및 조경적 측면에 중점을 둠 ⇒ 내구성 있는 바닥재료도입, 관수, 시비, 재식재, 접근성제고, 활동위주의 시설 개발 등
직접적 이용관리	– 이용행태, 개인적 선택권의 제한 및 강한 통제에 중점을 둠 – 정책강화, 구역별이용, 이용강도의 제한, 활동제한 ⇒ 세금의 부과, 구역감시의 강화, 시간에 따른 이용, 순환식 이용, 예약제도입, 이용자별 이용 장소, 이용시간 제한 등
간접적 이용관리	– 이용행태를 조절하되 개인의 선택권을 존중하고 간접적인 조절을 함 – 물리적 시설의 개조, 이용자에 정보를 제공함, 자격요건의 부과 ⇒ 접근로의 증설 및 감소, 이용자들에게 생태학의 기본개념을 교육, 입장료부과, 이용요금의 차등부과 등

표. 식물관리의 작업시기 및 횟수

※ 식물관리의 요약

· 기존의 식생의 보전과 식재계획의 의도를 지속·달성시키는데 있음

· 식물재료는 자연성, 연속성(생장·번식), 주변의 시설과의 조화성, 개체마다는 독특한 개성미의 특성을 갖는다.

수목관리	정지전정, 시비, 병해충방제, 관수, 지주목 설치 교체, 보식
수림지관리	· 장기적 관점의 수림의 육성과 보전 등의 관리 · 수림지의 성격과 기능을 명확히 하고 수림지 형태(수림밀도, 식생, 임상, 천이)를 통한 수림관리방침 · 하예작업(수림갱신, 유지를 위한 하부식생을 베어내는 작업), 가지치기, 제벌(除伐), 간벌(間伐), 병해충방제, 지주목 설치 및 교체(식재후 5~10년 정도), 시비, 보식
잔디관리	잔디깎기, 시비, 배토, 복토, 제초, 병해충방제, 관수, 통기작업(토양고결에 따른 통기)
초화류관리	식재와 관리
식물관리비의 계산	식물관리비 = 식물의 수량×작업률×작업회수×작업단가

구분	작업종류	4월	5월	6월	7월	8월	9월	10월	11월	12월	1월	2월	3월	연간 작업횟수	적요
식재지	전정(상록)													1~2	
	전정(낙엽)													1~2	
	관목다듬기													1~3	
	깍기(생울타리)													3	
	시 비													1~2	
	병충해 방지							…						3~4	살충제 살포
	거적감기													1	동기 병충해 방제
	제초·풀베기													3~4	
	관 수													적 의	식재장소, 토양조건 등에 따라 횟수 결정
	줄기감기													1	햇빛에 타는 것으로부터 보호
	방 한												…	1	난지에는 3월부터 철거
	지주결속 고치기	…	…	…				…	…	…	…	…	…	1	태풍에 대비해서 8월 전후에 작업
잔디밭	잔디깍기													7~8	
	뗏밥주기													1~2	운동공원에는 2회 정도 실시
	시 비													1~3	
	병충해 방지													3	살균제 1회, 살충제 2회
	제 초													3~4	
	관 수													적 의	
화단	식재교체													4~5	
	제 초													4	식재교체기간에 1회 정도
	관수(pot)													70~80	노지는 적당히 행한다.
원로	풀 베 기	…												5~6	
	제 초													3~4	
광장	제초 · 풀베기													4~5	
자연림	잡초베기	…	…											1~2	
	병충해 방지					…								2~3	
	고사목 처리													1	연간 작업
	가지치기														

※ 시설관리의 요약

· 시간경과에 따른 시설의 보수를 통해 내구성을 복원하고 기능회복, 미관향상을 도모

· 관리 대상은 건물, 공작물(토목설비·소공작물 등), 설비로 나눔

건물관리	· 예방보전과 사후보전 · 예방보전 : 사전에 계획적 점검하여 건물의 노후화나 손상을 미연에 방지함/ 점검 (일상 및 정기점검), 청소, 도장, 기구 등의 점검과 교체 · 사후보전 : 임시점검, 보수
공작물관리	· 토목시설과 소공작물 등은 부분적인 보수로 어려울때는 전면적인 교체 내지 개조를 행한다. · 예방보전 : 점검, 청소, 도장, 노면표시, 기구의 손질 및 교체 · 사후보전 : 임시점검, 보수 · 필요에 따라 보충 이설, 부분교체
설비관리	· 설비, 기기 자체의 보전과 적정한 운전 · 급수설비 / 배수설비, 처리시설 / 전기설비

표. 시설물 보수사이클과 내용년수

시설의 종류	구조	내용 년수	계획보수	보수 사이클	정기점검보수	보수의 목표	적요
원로·광장	아스팔트 포장	15년			균열	전면적의 5~10% 균열 함몰이 생길 때(3~5년), 전반적으로 노화가 보일 때(10년)	
	평판 포장	15년			평판고쳐놓기 평판교체	전면적의 10% 이상 이탈이 생길 때(3~5년) 파손장소가 특히 눈에 띄일 때(5년)	
	모래자갈 포장	10년	노면수정 자갈보충	반년~1년 1년	배수정비	배수가 불량할 때 진흙장소(2~3년)	
분수		15년	전기·기계의 조정점검 물교체, 청소낙엽제거 파이프류 도장	1년 반년~1년 3~4년	펌프, 밸브 등 교체 절연성의 점검을 행한다.	수중펌프 내용연수(5~10년)펌프의 마모에 따라서 연못, 계류의 순환펌프에도 적용	
파걸러	철재	20년	도장	3~4년	서까래 보수	서까래의 부식도에 따라서 목제 5~10년 철제 10~15년 갈대발 2~3년	
	목재	10년	도장	3~4년	서까래 보수	상동	
벤치	목재	7년	도장	2~3년	좌판 보수	전체의 10% 이상 파손, 부식이 생길 때(5~7년)	
	플라스틱	7년	도장		좌판 보수 볼트 너트 조이기	전체의 10% 이상 파손, 부식이 생길 때(3~5년), 정기점검시 처리	
	콘크리트	20년	도장	3~4년	파손장소 보수	파손장소가 눈에 띄일 때(5년)	
그네	철재	15년	도장	2~3년	좌판교체 볼트조이기, 기름치기 쇠사슬, 고리마모교체	부식도에 따라서 조속히(3~5년) 정기점검 때 처리 마모도에 따라서 조속히(5~7년)	

미끄럼틀	콘크리트 철재	15년	도장	2~3년	미끄럼판 보수	마모도에 따라서(5~7년)	
모래사장	콘크리트	20년	모래보충 연석도장	1년 2~3년	모래 경운 배수 정비	모래보충시 적당히	
정글짐	철재	15년	도장	2~3년	볼트 너트 조이기	정기점검시 처리	철봉, 등반봉 등 금속제놀이기구에도 적용
시소			도장	2~3년	베어링보수, 좌판보수	삐걱삐걱 소리가 난다(베어링마모)(3~4년) 부식도에 따라서 (특히 손잡이가 떨어지기 쉽다)	
목제놀이기구		10년	도장	2~3년	볼트 너트 조이기 부품 교체	정기점검 때 처리 마모도 부식도에 따라서	도장은 방부제 도포를 포함
야구장		20년	그라운드면 고르기 잔디손질 조명시설 보수점검 정비	1년 1년 1년	Back Net 교체 모래보충 조명등의 교체	파손상황에 따라서(5년) 모래의 소모도에 따라서(1~2년)	
테니스코트	전천후 코트	10년			코트보수 네트교체 바깥울타리보수	균열, 파손상황에 따라서(3~5년) 네트의 파손도에 따라서(2~3년) 파손상황에 따라서(2~3년)	
	클레이 코트	10년		1년	네트교체 바깥울타리보수	네트의 파손도에 따라서(2~3년) 파손상황에 따라서(2~3년)	
화장실	목조	15년	도장	2~3년	문 보수 배관보수 탱크청소	파손상황에 따라서(1년) 파손상황에 따라서(1년) 정기점검시 처리(1년)	도장은 방부제 도포를 포함. 문, 배관류는 임시보수가 많다.
	철근 콘크리트	20년	도장	3~4년	문 보수 배관보수 변기류보수	파손상황에 따라서(1년) 파손상황에 따라서(1년) 파손상황에 따라서(1년)	문, 배관은 임시보수가 많다.
시계탑		15년	분해점검 도장 시간조정	1~3년 2~3년 반년~1년	유리등 파손장소 보수	파손상황에 따라서(1~2년)	임시보수의 경우가 많다.
담장·등	파이프제 울타리	15년	도장	2~3년	파손장소 보수	파손상황에 따라서(1~3년)	
	철사 울타리	15년	도장	3~4년	파손장소 보수	파손상황에 따라서(1~2년)	
	로프 울타리	5년			로프교체 파손장소 보수 기둥교체	파손 부식상황에 따라서(2~3년) 파손 부식상황에 따라서(1~2년) 파손 부식상황에 따라서(3~5년)	
안내판	철재	10년	안내글씨교체	3~4년	파손장소 보수	파손상황에 따라서	
	목재	7년	안내글씨교체	2~3년	파손장소 보수	파손상황에 따라서	
가로등		15년	전주도장 전등청소	3~4년 1~3년	전등교체 부속기구교체 (안정기, 자동점멸기 등)	끊어진 것, 조도가 낮아진 것 절연저하·기능저하 안정기(5~10년) 자동점멸기(5~10년) 전선류(15~20년) 분전반(15~20년)	

핵심기출문제

내친김에 문제까지 끝내보자!

1. 조경관리 예산산출에 있어 A작업의 단위연도당 예산산출이 바르게 된 것은?

① 작업전체의 비용×작업률
② 작업전체의 비용÷작업률
③ 작업률÷작업전체의 비용
④ 1÷(작업률×작업전체의 비용)

2. 어느 도시공원 연간 수목전정비가 1,000,000원이고, 아래와 같은 조건일 경우 단위 작업률은?(단, 수목의 주수 100주, 작업횟수 : 2년마다 1회, 단가 : 100,000)

① 0.2 ② 0.5
③ 2 ④ 5

3. 어느 도시공원의 연간 수목전정비는 얼마인가?(단, 수목주수 100주, 작업률 : 0.5, 작업횟수 : 2년마다 1회, 단가 : 100,000)

① 2,500,000 ② 5,000,000
③ 7,500,000 ④ 10,000,000

4. 공원시설의 파괴 및 훼손과 관련된 용어는?

① 과밀이용(overuse)
② 수용능력(carring capacity)
③ 님비(nimby)현상
④ 반달리즘(vandalism)

5. 위험물 방치에 의한 이용자 사고에 해당하는 것은?

① 설치하자 ② 관리하자
③ 이용자 부주의 ④ 주최자 부주의

정 답 및 해 설

해설 **1**

단위연도당 예산(a)=작업전체의 비용(T)×작업률(P)

해설 **2**

식물 관리비
=식물의 수량×작업률×작업횟수×작업단가
1,000,000=100×작업률×0.5×100,000
∴ 단위작업률

$$=\frac{100\times100{,}000\times0.5}{1{,}000{,}000}=5$$

해설 **3**

식물 관리비
=식물의 수량×작업률×작업횟수×작업단가
100×0.5×0.5×100,000
=2,500,000

해설 **4**

반달리즘 (vandalism)
- 문화유산이나 예술품 등을 파괴하거나 훼손하는 행위
- 넓게는 낙서나 무분별한 개발 등으로 공공시설의 외관이나 자연 경관 등을 훼손하는 행위도 포함

해설 **5**

관리하자에 의한 사고 → 시설의 노후, 위험한 장소에 대한 안전대책 미비, 위험물방치

정답 1. ① 2. ④ 3. ① 4. ④ 5. ②

6. 국민에 의한 국토보전, 관리뿐 아니라 국민자신의 손으로 가치 있는 아름다운 자연과 역사적 건축물을 기증·구입 등의 방법으로 입수하여 보호·관리하고 공개한다는 취지를 갖고 창립된 단체는?

① 커뮤니티 논프로핏 에이전시(Community Nonprofit Agency)
② 내셔널 트러스트 (National Trust)
③ 벌런티어 트러스트 (Volunteer Trust)
④ 반달리즘(Vandalism)

7. 옥외 레크레이션 관리체계의 3가지 기본 요소로만 구성되어 있는 것은?

① 이용자, 관리자, 부지의 설계 ② 관리자, 자연자원기반, 요구도
③ 자원, 관리자, 환경적 조건 ④ 관리, 이용자, 자연자원기반

8. 일반적으로 년간 유지관리계획에 포함시키는 것은?

① 공원지역내의 순찰계획 ② 건물의 갱신계획
③ 수목의 전정, 잔디관리계획 ④ 건물 도색계획

9. 분수의 정기점검 보수사항은?

① 펌프 및 밸브의 교체 ② 전기 및 기계의 조정점검
③ 물교체, 낙엽제거 및 청소 ④ 파이프류의 도장

10. 시설물 보수 사이클과 내용 연수의 연결이 잘못된 것은?

시설물 - 내용연수 - 보수사이클
① 파골라(목재) - 10년 - 3~4년
② 벤치(목재) - 7년 - 5~6년
③ 그네(철재) - 15년 - 2~3년
④ 안내판(철재) - 10년 - 3~4년

11. 레크레이션 수용능력의 고정적 결정인자에 해당하지 않는 것은?

① 특정활동에 대한 필요한 사람의 수
② 특정활동에 대한 참여자의 반응정도
③ 특정활동에 필요한 공간의 최소면적
④ 대상지의 크기와 형태

정 답 및 해 설

해설 6

내셔널 트러스트
역사적 명승지 및 자연적 경승지를 위한 내셔널 트러스트로 영국의 로버드 헌터경 등 3인에 위해 주창되어 파괴되어 가고 있는 자연과 역사적 환경 등을 보존하기 위해 창립, 국민에 의한 국토보존과 관리의 의미가 깊음

해설 7

옥외 레크레이션 관리체계 3가지 – 자연자원기반, 이용자, 관리

해설 8

년간 유지관리 계획 – 수목의 전정, 잔디관리계획, 병충해방제, 지주목 설치 교체

해설 9

분수 계획보수 – 전기·기계의 조정점검 물교체, 청소낙엽제거, 파이프류 도장

해설 10

목재벤치 – 내용연수 : 7년 – 보수사이클 : 2~3년

해설 11

레크레이션 수용능력의 결정인자

고정적인자	가변적인자
특정활동에 필요한 참여자 반응, 사람수, 공간의 최소면적	대상지 성격, 크기와 형태, 영향에 대한 회복능력, 기술과 시설의 도입으로 인한 수용능력 자체의 확장가능성

정답 6. ② 7. ④ 8. ③ 9. ① 10. ② 11. ④

12. 운영관리 계획 중 양의 변화에서 관리가 필요한 것은?

① 주변 환경의 생태적 변화
② 귀화종의 양의 증대
③ 정원의 인공조명으로 인한 일조량의 증가
④ 지표면의 폐쇄로 인한 토양수분 부족과 토양조건 악화

13. 운영관리 계획 중 질적인 변화를 충족하게 하는 관리 계획에 필요한 것은?

① 생태적으로 안정된 식생유지
② 귀화식물의 증대
③ 야간조명으로 인한 일장 효과의 장애
④ 지표면의 폐쇄로 인한 토양조건 악화

14. 운영관리 업무의 수행방식의 하나로 도급방식의 장점이 아닌 것은?

① 규모가 큰 시설의 관리에 있어 효율적이다.
② 관리책임이나 책임소재가 명확하다.
③ 전문가를 합리적으로 이용할 수 있다.
④ 관리비가 싸고 장기적으로 안정될 수 있다.

15. 운영관리업무를 수행하는 방식으로 직영방식의 장점이라고 볼 수 없는 것은?

① 관리책임이나 책임소재가 명확하다.
② 전문적 지식, 기능, 자격에 의한 양질의 서비스를 기할 수 있다.
③ 애착심을 가지고 관리 효율의 향상
④ 관리자의 취지가 확실히 나타낼 수 있다.

16. 조경시설의 보수 공사 시 청부공사를 맡겨야 할 것은?

① 시설물에 대한 일상적 관리
② 기능적 노무가 필요한 공사
③ 시설물의 고정 등 간단한 보수공사
④ 검사나 보수가 어려운 공사

정답 및 해설

해설 12
②,③,④는 도시환경의 질을 저해하는 원인

해설 13
질적 변화관리
· 사회적 환경변화에서 조경공간의 기능적면에서나 대상물의 내적인 변화로 발생
· 도시생태계와 생활환경의 쾌적성 같은 내부적 질적 변화를 말함

해설 14
도급방식의 단점
· 책임의 소재나 권한의 범위가 불명확함
· 전문업자를 충분하게 활용치 못할 수가 있음

해설 15
직영방식의 장점
① 관리책임이나 책임소재가 명확
② 긴급한 대응이 가능
③ 관리실태를 정확히 파악

해설 16
직영방식 대상업무
① 재빠른 대응이 필요한 업무
② 일상적이고 간단한 노무
③ 진척상황이 명확치 않고 검사하기 어려운 업무
④ 금액이 적고 간편한 업무

정답 12. ① 13. ① 14. ② 15. ② 16. ②

정답 및 해설

17. 시설물의 유지관리 공사에 있어서 직영공사를 할 때와 청부 공사를 할 때가 있다. 다음 설명 중 틀린 것은?

① 대규모의 기계 설비를 필요로 할 때는 청부공사로 한다.
② 긴급을 요하는 공사는 청부공사로 한다.
③ 일정 기간 연속해서 시행할 수 없는 공사는 직영공사로 한다.
④ 완성된 형태의 파악이 어려운 공사는 직영공사로 한다.

18. 조경시설물 중 보수 사이클이 가장 짧은 것은?

① 분수의 전기, 기계 등의 조정 점검
② 벤치의 도장
③ 시계탑의 분해점검
④ 분수의 물교체, 청소 낙엽 등의 제거

19. 조경유지관리의 작업계획을 작성할 때 다음 중 연간 작업횟수를 가장 많이 계획하는 작업은?

① 전정
② 제초
③ 병충해방제
④ 관수

20. 조경시설물의 유지관리계획을 작성할 때 기준으로 이용하는 시설물 사용연수가 가장 긴 시설물은?

① 모래자갈포장
② 목재 파고라
③ 플라스틱 벤치
④ 콘크리트 벤치

21. 조경공사 후 시설물을 인계받아 유지관리를 시행하게 되는데 이에 필요한 인계 내용과 가장 거리가 먼 것은?

① 시설목록
② 준공도면
③ 조감도(입면도)
④ 설계 설명서

22. 설치하자에 대한 사고방지 대책이 아닌 것은?

① 구조 및 재질의 안전상 결함은 즉시 철거 혹은 개량
② 설치 및 제작의 문제는 보강조치
③ 설치 후의 이용방법을 관찰하여 대책수립
④ 부식, 마모 등에 대한 안전 기준의 설정

해설 **17**

긴급을 요하는 공사는 직영방식으로 운영함이 바람직하다.

해설 **18**

시설물의 보수사이클
① 분수의 전기, 기계 등의 조정 : 1년
② 벤치 도장 : 2~3년
③ 시계탑의 분해점검 : 1~3년
④ 분수의 물교체, 청소, 낙엽 등의 제거 : 6개월~1년

해설 **19**

수목의 연간 작업횟수
① 전정 : 1~2회
② 제초 : 3~4회
③ 병충해방제 : 3~4회
④ 관수 : 적의(시방서상 5회, 가뭄 시 추가 조치한다)

해설 **20**

조경시설물의 사용 연수
① 모래 자갈 포장 : 10년
② 목재 파고라 : 10년, 목재 벤치 : 7년
③ 플라스틱 벤치 : 7년
④ 콘크리트벤치 : 20년

해설 **21**

조경공사 후 유지관리를 위한 인계 내용 : 시설목록, 준공도면, 설계설명서

해설 **22**

설치하자에 의한 사고 → 시설구조자체의 결함, 시설배치 또는 설치의 미비

정답 17. ② 18. ④ 19. ④ 20. ④ 21. ③ 22. ④

정 답 및 해 설

23. 그네에서 뛰어내리는 곳에 벤치가 배치되어 있어 충돌하는 사고가 발생하였다. 다음 중 어떤 사고의 종류인가?

① 설치 하자에 의한 사고
② 관리하자에 의한 사고
③ 이용자 부주의에 의한 사고
④ 자연재해에 의한 사고

해설 23
설치하자에 의한 사고 → 시설구조자체의 결함, 시설배치 또는 설치의 미비

24. 다음 중 관리의 잘못인 것은?

① 미끄럼틀에서 떨어짐
② 어린이가 방책을 넘어서 화상을 입었을 경우
③ 재를 잘못 묻어 불이나 어린이가 화상을 입었을 경우
④ 그네에서 떨어져 벤치에 부딪쳤을 경우

해설 24
①와 ②는 이용자·보호자 부주의에 의한 사고, ④는 설치하자에 의한 사고

25. 옥외 레크레이션 관리체계 기본요소의 관점과 거리가 먼 것은?

① 이용자관리　　② 건축물 관리
③ 자원관리　　④ 서비스관리

해설 25
옥외 레크레이션의 관리체계 3요소 : 자원, 이용자, 서비스 관리

26. 관리의 시간적 계획에서 다음 중 1년을 주기로 하는 것은?

① 청소, 순찰　　② 순회, 점검
③ 수목관리　　④ 전면적인 도색

27. 자연 레크레이션지역 조경관리의 가장 중요한 현실적 목표라고 인식되는 사항은?

① 자연환경의 보전
② 지속가능한 관리를 통한 이용효과의 증진
③ 하자의 최소화
④ 수목 및 시설물의 지속적 이용촉진

해설 27
레크레이션의 목표는 자원의 보전과 레크레이션 이용 확보가 목적이다.

28. 조경 시설물의 유지관리상 개량 및 개조가 요구되는 사항이 아닌 것은?

① 시설의 노후　　② 주위환경의 변화
③ 사회적 요구의 변화　　④ 관리자의 취향

해설 28
조경 시설물의 유지관리상 개량 및 개조가 요구되는 사항 – 시설의 노후, 주위환경의 변화, 사회적 요구의 변화

정답 23. ① 24. ③ 25. ② 26. ③ 27. ① 28. ④

29. 공원관리비의 예산책정에 있어서 작업 전체비용이 30,000,000원이고 작업률이 3년에 1회일 때 단위연도의 예산은?

① 10,000,000원 ② 30,000,000원
③ 60,000,000원 ④ 90,000,000원

30. 조경공간 및 대상물의 질적변화에 따른 관리계획이 필요한 부문은?

① 군식지의 생태적 조건변화에 따른 갱신
② 양호한 식생의 확보
③ 내구년한이 된 각종시설물
④ 부족이 예측되는 시설의 증설

31. 조경 관리계획을 수립함에 있어서 일반적으로 검토되어야 할 조건들로만 형성된 것은?

① 자연환경 조건, 이용자 빈도, 시설의 형태와 규모
② 사회적 배경, 역사적 자료, 문화적 배경
③ 사업비 규모, 예산의 범위, 사업성 검토
④ 동선의 형태, 주차규모, 시설의 수요

32. 유희시설물의 유지관리 계획의 수립에 필요한 사항으로 적합하지 않는 것은?

① 사회적 배경 및 사회적 요구의 변화
② 시간별 이용자 및 이용 행태별 조사
③ 시설물 이용의 최대한 억제 방법 조사
④ 건물 상태, 강우, 쾌청 일수 조사

33. 조경시설물의 유지관리 작업계획 중 비정기적인 작업이 아닌 것은?

① 하자보수 ② 개량
③ 재해대책 ④ 계획수선

34. 야영장의 고사된 수목에 텐트 줄을 지지하였는데 폭풍으로 고사목이 쓰러져 야영객이 다쳤다면, 다음 중 어떤 유형의 사고에 가장 근접하겠는가?

① 설치하자에 의한 사고 ② 관리하자에 의한 사고
③ 이용자 부주의에 의한 사고 ④ 자연재해에 의한 사고

정답 및 해설

해설 29

$a = T \cdot P$
a : 단위연도당예산
T : 전체작업비용
P : 작업률(회/년) 따라서,
$30,000,000 \times \frac{1}{3} = 10,000,000$

해설 30

질적 변화관리
- 사회적 환경변화에서 조경공간의 기능적면에서나 대상물의 내적인 변화로 발생
- 도시생태계와 생활환경의 쾌적성 같은 내부적 질적 변화를 말함

해설 31

조경 관리계획 수립 – 자연환경 조건, 이용자 빈도, 시설의 형태와 규모

해설 32

유지관리 계획의 수립에 필요한 사항
- 사회적 배경 및 사회적 요구의 변화
- 시간별 이용자 및 이용 행태별 조사
- 건물상태, 강우, 쾌청일수 조사

해설 33

조경시설물 유지관리
- 비정기작업 : 하자보수, 개량, 재해대책
- 정기작업 : 계획수선

해설 34

관리하자에 의한 사고 → 시설의 노후, 위험한 장소에 대한 안전대책 미비, 위험물방치

정답 29. ① 30. ② 31. ① 32. ③ 33. ④ 34. ②

35. 안전사고 방지책에 대한 내용 중 맞지 않는 것은?

① 구조나 재질에 결함이 있으면 철거하거나 개량조치를 한다.
② 공원은 휴양, 휴식시설이므로 안전사고는 이용자 자신의 과실이다.
③ 위험한 장소에는 감시원, 지도원의 배치를 한다.
④ 정기적인 순시 점검과 시설이용 방법을 관찰 지도한다.

36. 레크레이션 시설의 서비스 관리를 위해서는 제한 인자들에 대한 이해가 필요하며 그것들을 극복할 수 있어야만 한다. 다음 중 그 제한인자에 속하지 않는 것은?

① 특별서비스　　② 관련법규
③ 이용자 태도　　④ 관리자의 목표

37. 자연공원지역에서 발생하는 쓰레기의 특성이 아닌 것은?

① 기동력에 의한 처리가 어려우므로 비능률적이다.
② 폭넓게 산재하며, 수집 처리하기 곤란한 지역에 대량 발생한다.
③ 쓰레기통 설치가 어렵고, 처리에 관한 법규가 확실치 않다.
④ 음식찌꺼기, 깡통 등 소각이 어려운 것이 많다.

38. 다음 공원 내에서의 이용자들에 대한 이용지도에 관한 내용으로 옳지 않은 것은?

① 사고성 행위에 대한 주의
② 위험행위의 금지
③ 공원내 레크레이션 활동에 관한 상담 지도
④ 자원봉사자(Volunteer)의 교육

39. 공원의 관리에 근린 주민단체가 참가할 경우 효율적으로 수행할 수 없는 작업의 내용은?

① 잔디깎기　　② 제초
③ 관수　　④ 쓰레기 처리

40. 조경의 이용관리에 있어서 이용지도의 목적이라 보기 어려운 것은?

① 생태적 안전성의 도모　　② 공원녹지의 보전
③ 안전하고 쾌적한 이용　　④ 유효 이용의 유도

정답 및 해설

해설 **35**

안전사고 방지를 위한 이용지도
- 공원 내에서 행위의 금지 및 주의, 이용안내, 상담, 레크리에이션 지도 등
- 이용자가 편리하게 이용할 수 있게 배려가 이루어져야 함

해설 **36**

서비스관리 관련인자
- 제한인자 : 법규, 관리자의 목표, 전문가적 능력, 이용자 태도
- 관리프로그램 인자 : 임대차관리, 특별서비스, 지역 및 부지 계획

해설 **37**

산쓰레기의 특징
- 음식찌꺼기, 깡통 등 소각이 어려운 것이 많음
- 폭넓게 산재하여 수집하여 처리가 곤란함
- 이용집중도나 이용행태에 따라 발생량이 크게 좌우됨
- 기동력에 의해 처리가 어려우므로 비능률적인 특징을 가짐

해설 **38**

이용지도
- 공원 내에서 행위의 금지 및 주의, 이용안내, 상담, 레크리에이션 지도 등

해설 **39**

주민참가 활동 내용
- 청소, 제초, 병충해방제, 관수, 시비, 화단식재
- 어린이 놀이지도, 놀이기구점검, 시설기구 등의 대출

해설 **40**

이용지도의 목적
- 공원녹지의 보전 : 조례 등에 의한 행위의 금지의 주의
- 안전하고 쾌적한 이용 : 위험행위의 금지 및 주의
- 유효이용의 유도 : 이용안내, 레크리에이션활동에 대한 상담·지도

정답 35. ② 36. ① 37. ③ 38. ④ 39. ④ 40. ①

41. 유지관리를 맡은 업체가 시공업체로부터 관리 인계시 받아야 할 시설관계 인계서류에 해당되지 않는 것은?

① 시설 목록　② 확정 측량도
③ 배치 평면도　④ 설계 설명도

해설 41
유지관리 업체가 시공업체로부터 시설관계 인계서류 – 시설 목록, 배치 평면도, 설계 설명도

42. 관리계획 수립시 추적 검토사항의 주된 내용이 아닌 것은?

① 구체적 시민의 요구
② 유지관리 수준의 기준화
③ 관리단계에 있어 지장이 되는 원인의 분석
④ 이용조사에 의한 시민요구의 구체적 행동의 평가

해설 42
관리계획의 추적 검토내용
· 이용조사에 의한 시민요구의 구체적 행동의 평가
· 관리단계의 지장이 되는 원인의 분석
· 구체적인 시민의 요구

43. 원로나 광장을 아스팔트로 포장한 경우 내구연수는 몇 년 인가?

① 5년　② 10년
③ 15년　④ 20년

해설 43
원로·광장 – 아스팔트 포장 – 내구연수 15년

44. 어떤 작업장에서 목재가공용 둥근톱 기계가 작업 중 갑작스런 고장을 일으켰다. 이때 실시하는 안전점검을 무엇이라 하는가?

① 사후점검　② 임시점검
③ 정기점검　④ 특별점검

해설 44
사후보전 : 임시점검, 보수

45. 공원에서 행사를 개최하는 목적으로 적합하지 않은 것은?

① 행정홍보의 수단으로서
② 기업의 신상품 전시 및 판매
③ 커뮤니티 활동의 일환
④ 야외음악회, 스포츠, 강습회 등 시설의 다양한 이용

해설 45
행사개최의 필요성
· 행정홍보의 수단
· 커뮤니티활동의 일환
· 공원녹지이용의 다양화를 도모 : 야외음악회 등 일상 체험하지 않는 프로그램의 제공, 스포츠 교실 등

46. 옥외레크리에이션 「자원관리」에 대한 설명 중 틀린 것은?

① 경관관리는 자원관리에 포함되지 않는다.
② 자원관리는 모니터링과 프로그래밍의 2단계로 구성된다.
③ 안전관리는 잠재된 장해요인을 제거하거나 허용한계 이하로 축소시키는 방법이다.
④ 부지관리는 자연환경의 질을 유지, 회복시키기 위해 개발된 부지를 관리하는 방법이다.

해설 46
프로그램 단계는 부지관리, 식생관리, 경관관리, 생태계관리 및 안전관리 등이 포함된다.

정답 41. ② 42. ② 43. ③ 44. ② 45. ② 46. ①

정 답 및 해 설

47. 자연 중심형 공원에서 일정 분량의 쓰레기를 수거해 올 경우 여러 가지 사은품을 증정하는 것을 보상제도(positive incentive)라고 한다. 보상제도의 도입 시 고려사항으로 가장 부적합한 것은?

① 공원 정상부에 수집소를 집중 설치한다.
② 장려보상은 보조수단이 되어야 한다.
③ 보상제도의 목적과 방법을 명확하게 명시한다.
④ 보상제도는 이용자의 도덕적 수준을 고려해야 한다.

해설 47
공원 하단부에 수집소를 설치한다.

48. 조경관리에 있어 각종 하자·부주의에 대한 대책으로 옳지 않은 것은?

① 사전에 점검을 통하여 위험장소 여부에 대한 판단을 한다.
② 유희시설과 같은 위험유발시설은 안내판, 방송 등을 통해 이용지도를 해야 한다.
③ 각 시설에 대한 안전기준을 세우고 점검 계획을 세운다.
④ 시설물이나 재료의 내구년수는 시방서를 기준으로 하여 연한 경과 후부터 점검한다.

해설 48
시설의 노후·파손에 대해 재료의 내구년수의 파악, 부식 마모에 대한 안전기준을 설정, 시설의 점검 포인트의 파악 등의 점검이 필요하다.

49. 레크리에이션 이용의 특성과 강도를 조절하는 관리기법에 대한 설명으로 옳지 않은 것은?

① 이용자를 유도하는 방법은 부지관리기법에 해당되지 않는다.
② 부지관리기법은 부지설계, 조성 및 조경적 측면에 중점을 두는 방법이다.
③ 간접적 이용제한은 이용행태를 조절하되 개인의 선택권을 존중하는 방법이다.
④ 직접적 이용제한 관리기법은 정책 강화, 구역별 이용, 이용강도 및 활동의 제한 등이 있다.

해설 49
레크리에이션의 이용의 강도와 특성의 조절을 위한 관리기법
- 부지관리, 직접적 이용제한, 간접적 이용제한
- 부지관리 방법 : 부지강화, 이용유도, 시설개발

50. 레크레이션 시설의 서비스 관리를 위해서는 제한 인자들에 대한 이해가 필요하며 그것들을 극복할 수 있어야만 한다. 다음 중 그 제한인자에 속하지 않는 것은?

① 관련법규 ② 특별 서비스
③ 이용자 태도 ④ 관리자의 목표

해설 50
서비스 관리체계 모델에 영향 요인

제한인자	법규, 관리자의 목표, 전문가적 능력, 이용자 태도
프로그램	임차대관리, 특별서비스, 지역계획, 부지계획

정답 47. ① 48. ④ 49. ① 50. ②

정 답 및 해 설

51. 수목의 유지관리와 관련된 설명으로 옳지 않은 것은?

① 전정은 수목의 활착과 녹화량의 증가를 목적으로 수목의 미관, 수목 생리, 생육 등을 고려하면서 가지치기와 수형을 정리하는 작업이다.
② 제초는 식재지 내에서 번성하고 있는 수목들 중 가장 유리한 수종 외에 골라 제거하는 작업이다.
③ 수목시비는 수목의 성장을 촉진하고 쇠약한 수목에 활력을 주기 위하여 퇴비 등 유기질비료와 화학비료를 주는 것이다.
④ 월동작업은 이식수목 및 초화류가 겨울철 환경에 적응할 수 있도록 하기 위하여 월동에 필요한 제반조치를 시행하는 것이다.

해설 51

바르게 고치면
제초는 식재지 내에서 번성하고 있는 잡초류를 제거함을 말한다.

52. 수림지의 하예작업 관리계획 수립시의 검토 사항으로 가장 거리가 먼 것은?

① 계속 연수　　② 연간 횟수
③ 작업시기　　④ 현존량

해설 52

하예작업
사람이 이용하는 구역의 임상의 안전성, 쾌적성의 확보, 원로주변 등의 미관확보, 수림갱신의 도모 등의 목적을 위해 하부식생을 베어내는 작업을 말한다.

53. 재해 · 안전대책의 설명으로 가장 거리가 먼 것은?

① 각종 재해의 복구는 재산 가치가 높은 것부터 복구한다.
② 각종 시설물은 정기적인 점검과 보수를 한다.
③ 위험한 곳은 사고 방지를 위한 시설을 설치한다.
④ 이용자 부주의에 의한 빈번한 사고라도 안내판 설치 등 이용지도가 필요하다.

해설 53

안전대책
- 설치하자에 의한 대책
- 관리하자에 의한 대책 – 계획적 · 체계적으로 순시 · 점검
- 이용자 · 보호자 · 주최자의 부주의에 대한 대책 – 빈번한 사고가 발생하는 곳은 시설의 개량, 안내판에 의한 이용지도가 필요하다.

54. 공원녹지 내에서 행사를 기획할 때 유의해야 할 사항이 아닌 것은?

① 행사 시설이 설치 목적에 맞을 것
② 관계 법령을 준수할 것
③ 대안을 만들어 놓을 것
④ 통상 이용자를 통제할 것

해설 54

행사를 기획할 때 통상 이용자에 대한 배려가 있어야 한다.

55. 공원 내 이용지도는 목적에 따라 3가지(공원녹지의 보전, 안전 · 쾌적이용, 유효이용)로 구분할 수 있다. 다음 중 「공원녹지의 보전」을 위한 이용지도의 대상이 되는 행위 · 시설은?

① 공원녹지의 손상 · 오손
② 공원 내의 루트, 시설의 유무 소개
③ 식물 · 조류관찰 · 오리엔터링 등의 지도
④ 유치원, 학교 등의 단체에 대한 활동 프로그램의 조언

해설 55

②, ③, ④은 유효이용이다.

정답 51. ② 52. ④ 53. ① 54. ④ 55. ①

56. 일반적으로 조경분야의 연간 유지관리 계획에 포함하는 것은?

① 건물의 도색
② 건물의 갱신
③ 공원 지역 내의 순찰
④ 수목의 전정 및 잔디 깎기

57. 다음 중 1년을 1사이클로 하는 작업은?

① 청소 ② 순회점검
③ 전면적 도장 ④ 식물유지관리

58. 우리나라 수경시설물의 하자처리 발생률이 1년 중 가장 높은 기간은?

① 1~2월 ② 3~4월
③ 7~8월 ④ 10~11월

59. 조경의 관리 작업 항목 중 부정기적으로 작업이 이루어지는 것은?

① 점검 ② 청소
③ 수목의 손질 ④ 식물의 보식

60. 조경업무의 성격상 관리계획을 체계적으로 수립하는 데 있어서 제한 요인이라고 볼 수 없는 것은?

① 관리대상의 자연성
② 관리규모의 협소성
③ 이용자의 다양성
④ 규격화의 곤란성

해설 **56**

연간 유지관리 계획 – 수목의 전정 및 잔디 깎기, 병충해 관리, 시비 등

해설 **57**

청소 순회점검, 도장은 예방보전 작업의 관리방법이다.

해설 **58**

수경시설물은 겨울동안 사용하지 않아 3~4월에 사용해 하자처리 발생률이 가장 높다.

해설 **59**

조경의 관리 작업 항목
· 정기작업 – 점검, 청소, 수목의 손질
· 부정기작업 – 식물의 보식

해설 **60**

조경관리계획의 체계적 수립에 있어 제한요인
관리대상의 자연성, 이용자의 다양성, 규격화의 곤란성

정답 56. ④ 57. ④ 58. ② 59. ④ 60. ②

chapter 02 지주목 설치

2.1 핵심플러스

■ 목적 : 식재한 수목이 바람이나 외부충격에 의하여 흔들리지 않게 하여 활착에 도움을 줌

■ 지주목 종류

묘목 및 소교목	단각형 / 이각형
교목성수목	삼발이지주 / 삼각형지주 / 사각형지주
대교목	당김줄형 / 매몰형

1 지주목 설치

★ ① 장점

㉠ 수고생장에 도움

㉡ 지상부의 생육에 있어서 흉고직경생장을 비교적 작게 하는 동시에 상부에 지지된 부분의 생육을 증진시킨다.

㉢ 수간의 굵기가 균일하게 생육할 수 있도록 해준다.

㉣ 지상부 생육에 비교하여 근부의 생육을 적절하게 해준다.

㉤ 바람에 의한 피해를 줄일 수 있다.

㉥ 지지된 수목의 상부에 있어서 단위횡단면 당 내인력이 증대된다.

② 단점

㉠ 지지된 부분의 수피가 벗겨지는 등 상처를 주기 쉽다.

㉡ 목질부의 생육이 원활하지 못하여 바람이 강하게 부는 경우 부러질 가능성이 높음

③ 지주목의 종류

㉠ 단각형 (외대) : 수고 1.2m 이하의 묘목에 실시

㉡ 이각형 (쌍대) : 수고 1.2~2.5m의 수목

㉢ 삼발이(삼각말목지주) : 교목성수목에 사용, 견고한 지지를 필요로 하는 수목이나 근원직경 20cm 이상 수목에 적용, 설치면적을 많이 차지하여 통행에 불편

㉣ 삼각형 : 가로수 등 통행량이 많고 협소한 곳에 설치, 수고 1.2~4.5m의 수목에 적용하되 크기에 따라 선택적으로 사용

㉤ 사각형 : 보행량이 많은 곳에 설치, 금속제

㉥ 당김줄형 : 대형교목에 적합, 경관상 가치가 요구되는 곳, 철선을 사용하여 지지, 주간결박지점의 높이는 수고의 2/3가 되도록 함

㉦ 매몰형 : 지주목의 지상 설치가 어렵거나 통행에 지장이 있을 경우, 경관상 중요한곳
㉧ 피라미드형 : 덩굴식물을 올릴 경우에 사용
㉨ 연결형 : 교목군식시 사용(대나무 및 통나무를 수평으로 사용하여 결속)

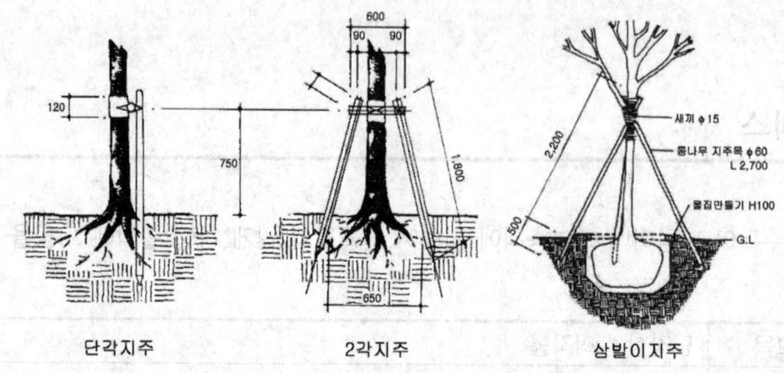

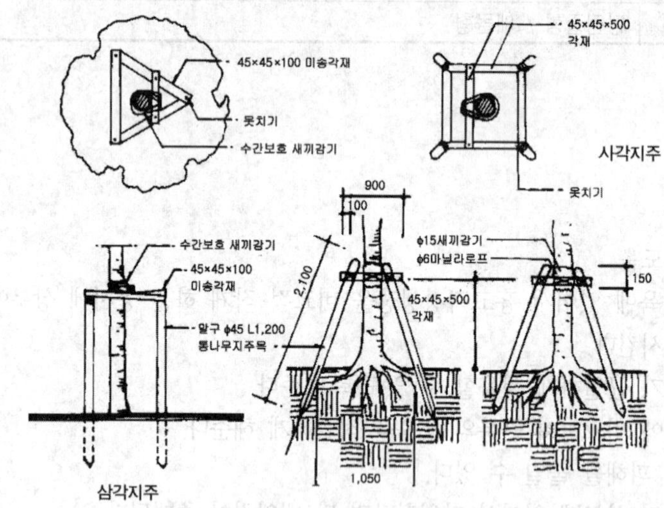

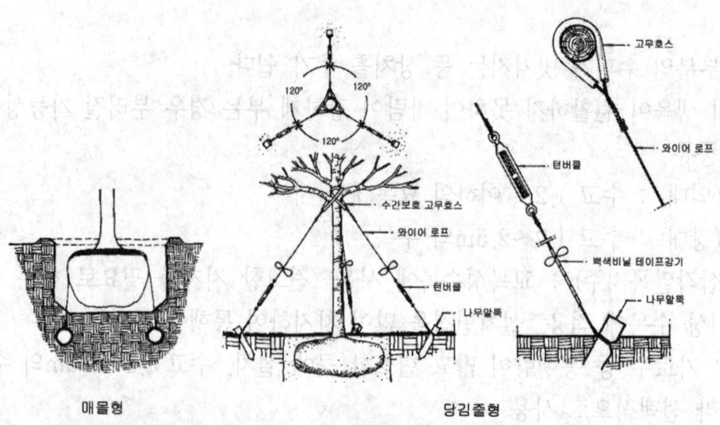

핵심기출문제

내친김에 문제까지 끝내보자!

1. 수목 식재 후 지주목을 설치하려 한다. 경관상 매우 중요한 위치에 적합한 지주 방법은?

① 삼각지주 ② 매몰형지주
③ 당김줄형지주 ④ 버팀형지주

2. 일반적인 지주목의 필요성 중 장점이 아닌 것은?

① 수고생장에 도움이 된다.
② 지상부의 생육에 있어서 흉고직경생장을 비교적 작게 하는 동시에 상부의 지지된 부분의 생육을 증진시킨다.
③ 근부의 생육에 비교하여 지상부의 생육을 적절하게 해준다.
④ 수간의 굵기가 균일하게 생육할 수 있도록 해준다.

3. 지주목 설치에 대한 설명 중 틀린 것은?

① 목재를 지주목으로 사용할 경우 각재로서 나왕, 미송이 가장 좋다.
② 수피가 직접 닿는 부분은 수피가 상하지 않게 보호대를 설치한 후 지주대를 설치한다.
③ 대나무를 지주대로 사용할 경우 2년 이상의 것을 사용하며 끝은 모두 잘라 마디로 막힌 것을 사용한다.
④ 지주목 해체는 목재의 경우 5~6년 경화 후 해체하지만 수목이 완전히 활착될 때 까지는 설치를 유지하도록 한다.

4. 지주의 설치가 용이하고, 견고한 지지를 필요로 하는 장소에 사용하지만, 설치면적을 많이 차지하여 통행에 불편을 주는 단점도 있는 지주의 종류는?

① 단각지주 ② 삼각지주
③ 당김줄형지주 ④ 삼발이지주

정 답 및 해 설

해설 1
경관상 매우 중요한 곳 – 매몰형 지주

해설 2
지상부 생육에 비교하여 근부생육을 적절하게 해준다.

해설 3
목재의 지주목은 미송, 육송이 좋다.

해설 4
삼발이 지주 (삼각말목지주)
- 교목성수목에 사용
- 견고한 지지를 필요로 하는 수목이나 근원직경 20cm 이상 수목에 적용
- 설치면적을 많이 차지하여 통행에 불편

정답 1. ② 2. ③ 3. ① 4. ④

5. 이식수목의 지주설치 내용으로 틀린 것은?

① 매몰형 지주는 경관상 매우 중요한 곳이나 지주목이 통행에 지장을 많이 가져오는 곳에 설치한다.
② 거목이나 경관적 가치가 특히 요구되는 곳, 주간 결박지점의 높이가 수고의 2/3가 되는 곳에 당김줄형을 사용한다.
③ 삼발이(버팀형)는 견고한 지지를 필요로 하는 수목이나 근원직경 40cm 이상의 수목에 적용한다.
④ 수고 1.2m 미만의 수목은 특별히 지주가 필요 할 때 단각형을 설치한다.

6. 다음 중 수목식재시 이용되는 지주재의 설명으로 틀린 것은?

① 노끈, 새끼줄 등의 결속재료는 잘 짜여 진 튼튼한 것으로 결속 후 쉽게 풀리지 않는 것으로 한다.
② 지주재는 통나무나 각재 또는 대나무 등을 사용하며, 특별히 고안된 지주를 사용할 수 있다.
③ 지주용 통나무는 마구리를 가공하고, 절단면과 측면만을 다듬어 사용한다.
④ 지주목용 대나무로 1년생의 것이 사용하기에 가장 좋으며, 강도가 뛰어나고 썩거나 벌레먹음, 갈라짐 등이 없어야 한다.

7. 다음 지주목에 대한 설명 중 틀린 것은?

① 삼각형 지주 등은 수간, 주간 및 기타 통나무와 교착하는 부위에 2곳 이상 결속한다.
② 인공지반에 식재하는 수고 1.2m 이상의 수목은 바람의 피해를 고려하여 지지시설을 하여야 한다.
③ 지주목 목재는 내구성이 강하고 방부처리된 것으로 하며 지주용 통나무는 마구리를 가공하고 절단면과 측면을 다듬어 사용한다.
④ 준공 후 6개월 이내 지주목의 재결속을 실시함을 원칙으로 하되 자연재해에 의한 훼손 시는 즉시 복구하여야 한다.

8. 수목식재 장소가 경관상 매우 중요한 위치일 때 사용하는 방법으로 통나무를 땅에 깊숙이 묻고 와이어로프 등으로 수목이 흔들리지 않도록 하는 수목 지주법은?

① 강관지주 ② 당김줄형지주
③ 매몰형지주 ④ 연계형지주

정답 및 해설

해설 5
삼발이(버팀형)는 견고한 지지를 필요로 하는 큰교목이나 근원직경 20cm 이상의 수목에 적용한다.

해설 6
지주목용 대나무는 3년생것을 사용한다.

해설 7
준공 후 1년이 경과되었을 때 재결속을 실시함을 원칙으로 한다.

해설 8
매몰형 지주 – 지주목의 지상 설치가 어렵거나 통행에 지장이 있을 경우, 경관상 중요한곳 적용

정답 5. ③ 6. ④ 7. ④ 8. ③

멀칭과 관수

3.1 핵심플러스

■ 멀칭
- 낙엽, 바크 등의 부산물로 토양을 피복, 보호해서 식물의 생육을 돕는 역할
- 효과 : 토양수분유지, 수분손실방지, 잡초발생억제, 토양구조개선, 토양온도조절, 병충해발생억제 등

■ 관수시기 판단요령
- 식물을 주의 깊게 관찰
- 토양상태관찰
- 증산흡수율 추정
- 장력계사용
- 전기 저항계 사용
- 엽면온도 측정(수분이 충분하면 엽면의 온도는 대기온도와 비슷하다.)

1 멀 칭(mulching)

① 개념 : 수피, 낙엽, 볏집, 땅콩깍지, 풀 및 제재소에서 나오는 부산물, 분쇄목 등을 사용하여 토양 피복, 보호해서 식물의 생육을 돕는 역할을 함

★② 멀칭의 기대 효과

㉠ 토양수분유지
㉡ 토양침식과 수분손실 방지
㉢ 토양의 비옥도 증진
㉣ 잡초의 발생이 억제
㉤ 토양구조의 개선
㉥ 태양열의 복사와 반사를 감소
㉦ 토양이 굳어짐을 방지
㉧ 염분농도조절
㉨ 토양온도를 조절(겨울철은 필수)
㉩ 병충해 발생을 억제
㉪ 점질토의 경우 갈라짐 방지
㉫ 통행을 위한 지표면 개선효과

2 관 수

① 식물에 의한 수분의 이용

㉠ 식물이 호흡과 토양으로부터 증산되어 유실되는 수분의 비율을 고려해야함

㉡ 유실된 수분의 양은 ET(evapotranspiration)로 단위시간 당 유실된 수분의 양을 mm, inch 로 표시

② 관수의 시기와 요령

㉠ 시기 : 아침이나 오후 늦은 시간에 실시하는 것이 좋다.

㉡ 요령 : 땅이 흠뻑 젖도록 충분히 공급함이 좋다.

③ 관수방법

㉠ 지표관개법(Surface Irrigation)

- 물도랑이나, 웅덩이를 설치해 표면에 흘려보냄, 효율은 20~40%
- 침수식(수간주위에 도랑을 파서 관수), 도랑식(도랑을 통해 관수)

㉡ 살수 관개법(Springkler Irrigation)

- 토양내로 투수속도가 빠르기 때문에 유량을 조절, 효율은 80%
- 비교적 균일하게 관수할 수 있으나, 토양경도가 증가하면 지표면 유실 우려

㉢ 점적식 관개(Drip Irrigation) : 일명 물방울 관개법, 관수 효율은 90%

㉣ 지하관개법(Sub-surface Irrigation) : 유공관을 사용해 관수한다.

핵심기출문제

내친김에 문제까지 끝내보자!

1. 다음 멀칭에 관한 설명으로 옳은 것은?

① 토양 수분의 증발을 촉진시킨다.
② 재료는 반드시 식물이어야 한다.
③ 토양 온도와는 관련이 없다.
④ 파쇄목 사용시 잡초의 발생이 억제된다.

2. 식재한 조경 수목을 보호하기 위하여 나무의 뿌리분 위의 둘레에 짚, 낙엽 등으로 피복하여 얻을 수 있는 효과가 아닌 것은?

① 토양수분 증산억제　② 잡초발생 억제
③ 유기질 비료제공　④ 관수작업의 용이

3. 멀칭의 효과가 아닌 것은?

① 토양수분이 유지된다.
② 잡초의 발생을 억제한다.
③ 토양의 구조가 개선된다.
④ 토양고결을 조장한다.

4. 수목의 뿌리부위의 둘레에 짚, 낙엽 등으로 피복하여 얻을 수 있는 효과가 아닌 것은?

① 토양수분의 증산억제　② 무기질 비료의 제공
③ 잡초발생의 방지　④ 표토의 응고방지

5. 다음 중 수목의 관수 방법이 아닌 것은?

① 침수식 관수법
② 도랑식 관수법
③ 방사상식 관수법
④ 스프링클러식(Springkler) 관수법

정 답 및 해 설

공통해설 **1, 2, 3**

멀칭효과
- 토양수분유지, 토양침식과 수분 손실방지
- 재료는 유기물질, 왕모래나 콩자갈, 검정비닐 등이 사용
- 토양온도조절
- 잡초발생이 억제됨

해설 **4**

짚, 낙엽 등으로 피복시 유기질 비료가 제공된다.

해설 **5**

수목의 관수방법
① 지표 관개법 : 침수식, 도랑식
② 살수 관개법(스프링클러식)
③ 점적식 관개법
④ 지하 관개법

정답　1. ④　2. ④　3. ④　4. ②　5. ③

6. 조경공사의 식재시방서로 작성한 내용 중 옳지 않는 것은?

① 물받이는 수관폭의 1/3 또는 뿌리분 크기보다 약간 크게 하여, 높이 10cm 정도 흙으로 만든다.
② 식재지의 토질은 단립(團粒)구조로 조정토록하며, 토양입자 50%, 수분 25%, 공기 25%의 구성비를 원칙으로 한다.
③ 수목의 운반은 뿌리가 손상되지 않도록 하고, 당일 식재를 원칙으로 한다.
④ 관수는 일출, 일몰시보다는 햇빛이 많이 쪼이는 10~15시 정도에 주는 것을 원칙으로 한다.

7. 다음 관수방법 중 물의 효용도가 가장 높은 관수 방법은?

① 점적관수식 ② 전면관수식
③ 분무관수식 ④ 스프링클러식

8. 조경수목의 관수시 단위시간당 유실된 수분의 양(mm, inch)를 표시하는 것은?

① ET ② PT
③ pH ④ C/N

9. Tensiometer는 무엇을 측정하는 장비인가?

① 토양의 수분장력
② 토양의 경도
③ 토양의 반응
④ 토양의 염기포화도

10. 수목 멀칭(mulching)의 기대 효과가 아닌 것은?

① 토양구조가 개선된다.
② 염분농도를 조절한다.
③ 토양침식과 수분의 손실을 방지한다.
④ 태양열의 복사와 반사를 증가시킨다.

정답 및 해설

해설 6

관수 (표준시방서기준)
① 수관폭의 1/3정도 또는 뿌리분 크기보다 약간 넓게 높이 0.1m정도의 물받이를 흙으로 만들어 물을 줄 때 물이 다른 곳으로 흐르지 않도록 한다.
② 관수는 지표면과 엽면관수로 구분하여 실시하되, 토양의 건조시나 한발시에는 이식목에 계속하여 수분을 유지하여야 하며, 관수는 일출·일몰시를 원칙으로 한다.
③ 잔디관수는 잔디가 물에 젖어 있는 기간이 길면병충해의 발생이 우려되므로 이슬이 건혀 어느 정도 마른상태인 낮에 하여야 한다.
④ 수목의 관수횟수는 연간 5회로서 장기가뭄 시에는 추가 조치한다.
⑤ 잔디의 관수횟수는 일정하게 정할 수 없으나 잔디가 가뭄을 타지 않도록 기상여건을 고려하여 결정한다.

해설 7

점적식 관개 (Drip Irrigation) : 일명 물방울 관개법, 관수 효율은 90%

해설 8

유실된 수분의 양의 표시
ET(evapotranspiration)로 단위시간 당 유실된 수분의 양을 mm, inch 로 표시

해설 9

토양수분장력계 (土壤水分張力計, tensiometer)
토양의 매트릭스포텐셜을 측정하는 기기로 텐시오미터라고도 한다. 토양수분장력계는 다공성 컵과 이것에 연결되어 물로 채워진 관 및 진공계 혹은 수은압력계로 구성되어 있다.

해설 10

바르게 고치면
수목 멀칭시 태양열의 복사와 반사를 감소시킨다.

정답 6. ④ 7. ① 8. ① 9. ① 10. ④

시비

4.1 핵심플러스

■ 시비의 대상 : 묘목, 이식한 수목, 생육이 불량한 수목

■ 시비
- 수목의 성장을 위해 천연 또는 인공양분을 공급
- 종류 : 지효성 유기질비료(기비) / 속효성 무기질비료(추비)
- 양분의 역할(※ 각 양분의 역할과 결핍현상 중요)

다량원소	· C, H, O : 이산화탄소와 물에서 흡수 · N / P / K / Ca / Mg / S
미량원소	Mn / Zn / B / Cu / Fe / Mo / Cl

■ 시비방법
- 표토시비법
- 토양내시비법 : 방사상시비, 윤상시비, 대상시비, 전면시비, 선상시비(생울타리시비)
- 엽면시비법 : 미량원소부족시
- 수간주사 : 미량원소부족시, 노거수에 적용

1 시비의 개념

수목이 보다 충실하게 성장할 수 있도록 천연 또는 인공의 양분을 공급하는 적극적인 방법으로 비교적 어린나무를 대상으로 함

2 토양 · 양분 및 식물생육과의 관계

① 토양의 물리적 성질에 영향을 주는 요인

㉠ 토성 : 토양 입자의 크기를 말하며 이는 토양에 의해 흡수된 양분의 양과 직접적인 관계가 있다.

㉡ 토심 : 수목이 이용할 수 있는 양분과 수분 보유능력을 결정지음

㉢ 토양구조 : 토양입자의 배열상태는 근계의 발달과 양분의 흡수에 큰 영향을 주며 통기성 및 투수성에 영향을 미친다.

② 산성토양에서 작물의 생육이 나쁜 이유

㉠ 수소이온(H+)의 해작용 : 수소이온이 과다하면 직접 뿌리로 침입하여 작물의 뿌리에 해를 준다.

㉡ 알루미늄이온(Al^{+3})과 망간이온(Mn^{+2})의 해작용 : 산성토양은 이온들이 많이 용출되어 작물에 해작용을 일으킴

㉢ 필수원소의 결핍 : 인, 칼슘, 마그네슘, 붕소, 몰리브덴 등의 유효도가 낮아져서 결핍되며, 특히 몰리브덴은 매우 적은 양이 필요한 필수미량원소이지만 산성토양에서는 용해도가 크게 줄어들어 결핍되기 쉬움

㉣ 토양 구조의 악화 : 산성토양에서 석회가 부족하고 토양미생물의 활동이 저해되어 유기물의 분해가 나빠지므로 토양의 입단형성이 저해됨

㉤ 유용미생물의 활동저해 : 질소고정균, 근균류 등의 활동이 악화됨

3 다량원소의 역할과 결핍된 현상 ★★

① 질소(N)

㉠ 역할 : 영양생장을 왕성하게 하고 뿌리와 잎, 줄기 등 수목의 생장에 도움을 준다.

㉡ 결핍현상

- 활엽수 : 황록색으로 변함 현상, 잎 수가 적어지고 두꺼워짐, 조기낙엽
- 침엽수 : 침엽이 짧고 황색을 띰

② 인(P)

㉠ 역할 : 새로운 눈이나 조직, 종자에 많이 함유, 조직을 튼튼히 함, 세포분열 촉진한다.

㉡ 결핍현상

- 생육초기 뿌리의 발육이 저해되고 잎이 암록색으로 됨
- 활엽수 : 정상잎 보다는 그 크기가 작고, 조기 낙엽, 꽃의 수가 적으며 열매의 크기도 작아짐
- 침엽수 : 침엽이 구불어지며 나무의 하부에서 상부로 점차 고사함

③ 칼륨(K)

㉠ 역할 : 생장이 왕성한 부분에 많이 함유, 뿌리나 가지 생육 촉진, 병해, 서리 한발에 대한 저항성 증가

㉡ 결핍현상

- 활엽수 : 잎이 황화현상, 잎 끝이 말림
- 침엽수 : 침엽이 황색 또는 적갈색으로 변하며 끝부분이 괴사함

④ 칼슘(Ca)

㉠ 역할 : 세포막을 강건하게 만들며 잎에 많이 존재, 분열 조직의 생장, 뿌리끝의 발육에 필수적이다.

㉡ 결핍현상

- 활엽수 : 잎의 백화 또는 괴사현상, 어린잎은 다소 작아지고 엽선부분이 뒤틀림 새가지는 잎의 끝부분이 고사, 뿌리는 끝부분이 갑자기 짧아져서 고사
- 침엽수 : 정단부분의 생육정지하며 잎의 끝부분이 고사함

⑤ 마그네슘(Mg)

㉠ 역할 : 광합성에 관여하는 효소의 활성을 높임

㉡ 결핍현상

- 활엽수 : 잎이 얇아지며 부스러지기 쉽고 조기낙엽, 잎가부위에 황백현상, 열매는 작아짐
- 침엽수 : 침엽수는 잎 끝 황색으로 변한다.

⑥ 황(S)

㉠ 결핍현상

- 활엽수 : 잎은 짙은 황록색, 수종에 따라 잎이 작아짐, 질소부족현상과 동일 증상을 보인다.
- 침엽수 : 질소의 부족현상과 동일한 증상을 보인다.

■ 참고 : N, P, K ,Ca 보충설명

① 질소
- 아미노산, 단백질, 엽록소의 주요 구성성분
- 결핍시 성숙잎이 먼저 황화현상을 나타남

② 인
- 핵단백질과 인지질을 구성하는 원소로서 에너지의 공급과 관계가 깊고, 무기 또는 유기의 상태로 발견되며, 또 두 가지 형으로 전류도 잘 됨. 체내의 이동성이 높음
- 산림토양의 경우 산성화로 인하여 유용성 인의 함량이 낮아짐에 유의해야 함

③ 칼륨
- 양이온(K+) 형태로 이용되며 광합성과 호흡에 관여하는 효소의 활성제 역할
- 세포의 삼투압을 높이는데 기여하고 기공의 삼투압을 가감하여 개폐시킴
- 체내에서 이동이 용이하기 때문에 성숙잎에서 결핍증이 먼저 나타남

④ 칼슘
- 세포벽에서 calcium pectate로 중엽층을 구성하는 물질
- 식물체 내에서의 이동이 비교적 잘 안 되어 결핍증은 항상 어린 조직에서 나타남
- 결핍시 분열 조직에 심한 피해를 주며 고등식물에 있어서는 칼슘이 잎 안에 많고 해독작용을 함

4 미량원소 결핍의 현상과 이의 보정

① 붕소(Br)

㉠ 결핍현상

- 활엽수
  - 잎은 대체로 적색을 띰, 특히 어린 잎에서 증상이 먼저 나타남, 잎은 대체로 작고 두꺼워지고, 수종에 따라 뒤틀림도 생김
  - 열매는 쭈그러지며 괴사가 발생
- 침엽수 : 줄기의 끝부분이 J 형태로 굽어지며 정아 및 측아가 고사함

㉡ 시비방법

- 토양의 경우 Borax를 투여함, 사토는 100㎡당 0.2~0.5kg, 점토는 0.5~1.0kg씩을 시비
- 엽면시비시 붕산을 100ℓ 당 0.125~0.250kg씩 희석하여 살포

② 구리(Cu)

㉠ 결핍현상

- 활엽수 : 정상잎보다는 크기가 작아짐, 새가지의 끝부분이 갈색으로 변함
- 침엽수 : 어린 침엽은 끝이 고사하고 조기 낙엽현상

㉡ 시비방법
- 토양시비시 황산동 100㎡당 사토의 경우 0.5-1.5kg, 점토의 경우 1.5~5.0kg씩 을 시비
- 엽면시비시 황산동을 100ℓ 당 0.5-0.8kg을 희석하여 엽면 시비

③ 철(Fe)

㉠ 결핍현상
- 활엽수
  - 어린잎은 황색으로 변하거나 정상적으로 생육하는 잎보다는 작아짐
  - 새가지의 경우 정상적으로 생육하나 크기가 작고, 특히 조기 낙엽 현상의 보임
  - 열매의 색깔은 다소 암색을 띠며, 수종에 따라 조기에 낙과현상의 보이는 경우도 있음
- 침엽수 : 백화현상을 보임

㉡ 시비방법
- 토양시비시 황산철을, 사토의 경우 100㎡ 12kg, 점토의 경우 18kg씩을 시비
- 엽면시비시 황산철을 100ℓ 당 0.5kg씩 희석하여 살포

④ 망간(Mn)

㉠ 결핍현상
- 활엽수
  - 잎이 황색으로 변함, 엽맥에 따라 녹색선이 생김
  - 열매는 정상잎보다 크기가 작음
- 침엽수 : 철분의 부족현상과 함께 나타나므로 구별하기가 비교적 어려움

㉡ 시비방법
- 토양시비시 황산망간을 100㎡당 2-10kg씩 시비
- 엽면시비시 100ℓ 당 0.25~1.0kℓ씩 을 희석하여 살포

⑤ 몰리브덴(Mo)

㉠ 결핍현상
- 활엽수 : 잎에 나타나는 증상은 질소부족현상과 유사함, 잎의 폭이 다소 좁아짐, 꽃은 크기가 작고 적게 맺힘

㉡ 시비방법
- 토양시비시 나트륨 몰리브덴산염과 암모니아 몰리브덴산염을 100㎡당 2~20g씩 지표면에 살포
- 엽면시비시 100ℓ 당 10~100g씩 을 희석하여 엽면 살포

⑥ 아연(Zn)

㉠ 결핍현상
- 활엽수
  - 황색으로 변하며, 정상적인 잎에 비교하여 그 크기가 작고 엽폭이 좁으며 낙엽현상
  - shoot는 가늘어지고 끝 부분이 고사함
  - 열매는 무게가 다소 가볍고 특히 열매의 끝 부분이 뾰족해짐
- 침엽수 : 가지와 잎의 크기가 매우 작아지고, 잎은 황색으로 변함

㉡ 시비방법
- 토양시비시 chelate(킬레이트)를 100㎡ 당 1kg씩 시비
- 엽면시비시 chelate를 100ℓ 당 0.125~0.25kg씩 희석하여 엽면에 살포

5 시비방법 ★

① 표토시비법(surface application)

㉠ 작업은 신속하나 비료유실이 많음

㉡ 토양 내 이동속도가 빠른 질소시비가 적합

② 토양내 시비법(soil incorporation)

㉠ 비교적 용해하기 어려운 비료를 시비하는데 효과적(인, 칼륨, 칼슘)

㉡ 토양수분이 적당히 유지될 때 시비

㉢ 시비용 구덩이의 깊이는 20cm 또는 25~30cm 깊이로 간격은 0.6~1.0m 유지한다. 폭은 20~30cm인 것으로 근원 직경의 3~7배 정도 띄워서 판다.

㉣ 시비 방법

- 방사상시비 : 뿌리가 상하기 쉬운 노목에 실시
- 윤상 시비 : 비교적 어린 나무에 실시
- 대상 시비 : 뿌리가 상하기 쉬운 노목
- 전면 시비
- 선상 시비 : 생울타리 시비법

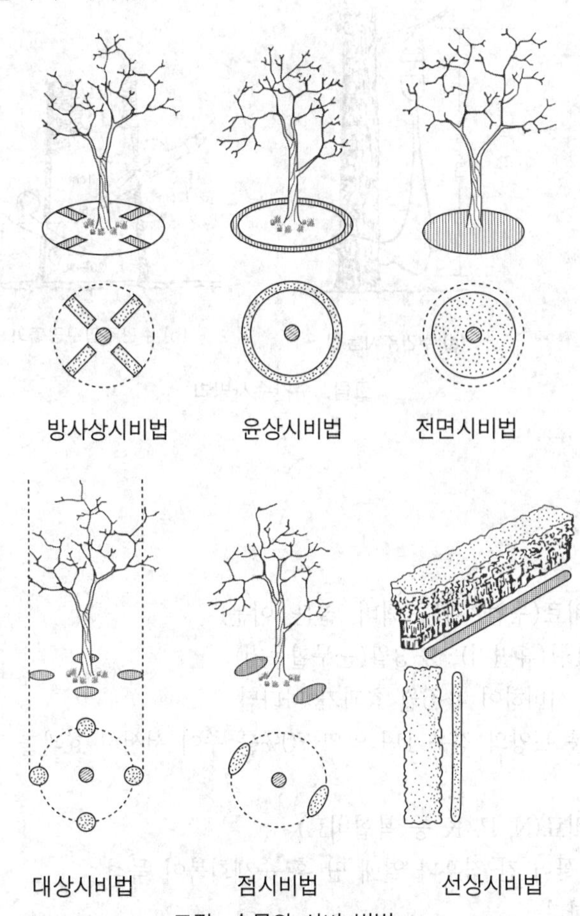

그림. 수목의 시비 방법

③ 엽면시비법(foliage spray)

㉠ 물에 희석하여 직접 엽면에 살포, 미량원소 부족시 효과가 빠름

㉡ 쾌청한 날(광합성이 왕성할 때) 아침이나 저녁에 살포

㉢ 대체적으로 물 100ℓ 당 60~120㎖로 희석

④ 수간주사(trunk inplant and injection)

㉠ 위의 방법으로 시비가 곤란하거나 거목이나 경제성이 높은 수종, 미량원소(철분, 아연) 부족시 효과

㉡ 시기 : 4~9월 증산 작용이 왕성한 맑은 날에 실시

㉢ 방법(중력식 수간주사)

- 주사액이 형성층까지 닿아야함
- 구멍은 통상적으로 수간 밑 2곳에 뚫음
- 5~10cm 떨어진 곳에 반대편에 위치, 수간주입 구멍의 각도는 20~ 30°
- 구멍지름은 5mm, 깊이 3~4cm 조성
- 수간 주입기는 높이 150~180cm에 고정시킴

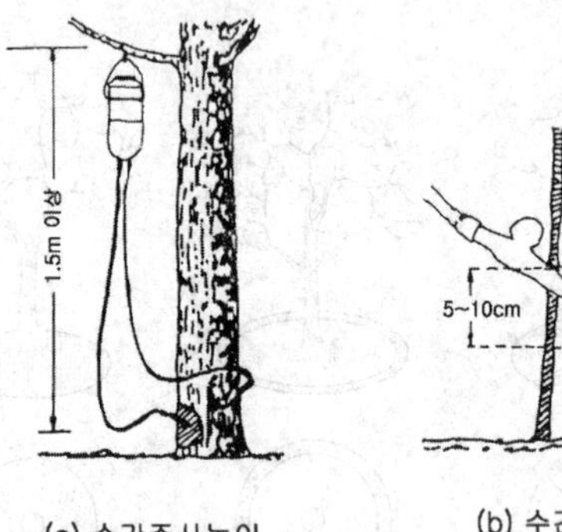

(a) 수간주사높이 (b) 수간주입구멍뚫기

그림. 수간주사방법

6 시비의 종류

① 숙비(기비)

㉠ 지효성 유기질비료(두엄, 계분, 퇴비, 골분, 어분)

㉡ 낙엽 후 10~11월(휴면기), 2~3월(근부활동기)

㉢ 노목, 쇠약목에 시비하여 4~6월 효과가 나타남

㉣ 일반적으로 보통 토양의 경우 1년 양의 70%를 주어 서서히 효과를 기대한다.

② 추비(화비)

㉠ 속효성 무기질비료(N, P, K 등 복합비료)

㉡ 수목 생장기인 꽃이 진 직후나 열매 딴 후 수세회복이 목적

㉢ 소량으로 시비한다.

③ 무기질비료의 종류

질소질 비료	황산암모늄, 요소, 질산암모늄, 석회질소
인산질 비료	과린산석회, 용성인비, 중과인산석회
칼리질 비료	염화칼슘, 황산칼슘, 초목회
석회질 비료	생석회, 소석회, 탄산석회, 황산석회

■ 참고 : 비료의 반응에 따른 분류

비료의 반응은 비료자체의 반응인 화학적반응과 흙에 들어가서의 반응인 생리적 반응이 있다.

■ 화학적반응

화학적산성비료	과인산석회, 중과인산과석 등과 같이 비료를 녹인 물의 반응이 산성을 나타내는 비료
화학적중성비료	요소, 황산암모늄, 질산암모늄, 질산칼슘, 황산칼슘 등과 같이 비료를 녹인 물의 반응이 중성을 나타내는 비료
화학적염기성비료 (알칼리성)	석회질소, 용성인비, 암모니아수, 초목회 와 같이 비료를 녹인 물의 반응이 알칼리성을 나타내는 비료.

■ 생리적반응 : 식물이 필요한 양분만을 빨아들인 다음 다른 성분은 남게 되면 이 성분의 성질에 따라 반응을 나타내는 경우를 말한다.

생리적산성비료	· 황산암모늄, 염화암모늄, 황산칼륨, 염화칼륨
생리적 중성비료	· 질산암모늄, 질산칼륨, 요소 등
생리적 염기성비료	· 질산나트륨, 질산칼슘, 석회질소, 용성인비, 초목회 등

■ 참고 : 토양질소의 변동과정

① 암모니아화 작용
- 토양부식물을 포함한 유기물이 분해되어 식물이 흡수할 수 있는 질소로 변화시키는 첫 현상
- 질산화균에 의해 일어나며, 유기태 질소화합물이 분해되어 암모니아(NH^3) 생성
- 매우 산성화된 토양에서는 Ca과 Mg 등의 영양소 부족이나 Al의 독성으로 인하여 질산화 작용이 저해됨
- 질산화균이 작용할 수 있는 최적 온도범위는 25~30℃이며, 5℃ 이하 또는 40℃ 이상에서는 질산화작용이 크게 저해됨

② 부동화 작용
- 무기태 질소화합물이 유기태로 변화하는 과정
- 토양에 포함되어 있는 NH_4^+, NO_3^-와 같은 무기체 영양분이 유기영양 미생물에 의하여 이용되어져 식물의 질소기아현상 등이 발생
- 토양에 유기물의 양은 많고 질소의 양은 적을 때 발생

③ 질산화 작용
- 비료나 유기물로부터 유리된 NH_4^+가 질산화작용을 통해 질산(NO_3^-)로 산화되는 과정
- 암모니아산화균(또는 아질산균)이나 아질산산화균(질산균)에 의해 이루어짐

④ 탈질작용
- 토양 내에 있는 탈질균에 의하여 질산(NO_3^-) 이 여러 가지 질소산화물을 거쳐 최종적으로 질소가스(N_2)나 아질화질소(N_2O) 까지 전환되는 반응으로 질소가스를 생성해 대기 중으로 방출하는 작용
- 배수가 불량한 토양이나 산소가 부족한 토양조건에서 일어남
- 미생물의 활동에 의하여 질소의 손실을 가져오는 것

핵심기출문제

내친김에 문제까지 끝내보자!

1. 꽃을 크게 하고 색깔을 아름답게 하며 결실을 좋게 하는 거름을 주려고 할 때 적당한 것은?

① 과린산석회　　② 황산암모니아
③ 염화칼륨　　④ 닭똥

2. 다음의 표현은 어느 양분의 결핍현상인가?

> "활엽수의 경우 잎이 황화현상을 보이며, 쭈글쭈글해지거나 위쪽으로 말린다. 침엽수의 경우는 침엽이 황색 또는 적갈색으로 변하며, 끝부분이 괴사(壞死)하게 되며, 묘목의 경우는 수고가 낮아지고 서리의 피해를 받기 쉽다"

① N　　② P
③ K　　④ Ca

3. 비료성분 중 식물체의 웃자람을 막고 체내에 유기산과 화합하여 이것을 중화하고 특히 꽃의 화아 형성을 좋게 하며 부족시 어린잎과 가지가 말라 죽거나 끝이 오므라드는 현상과 관련된 것은?

① 질소(N)　　② 인산(P)
③ 철(Fe)　　④ 석회(Ca)

4. 열매는 정상적인 것보다 작게 달리고, 침엽수의 경우 잎의 끝부분이 황색으로 변하며, 활엽수의 경우 잎이 더욱 얇아지고 부스러지기 쉽다. 어떤 양분의 결핍인가?

① N　　② P
③ K　　④ Mg

5. 활엽수의 경우 질소부족현상과 유사한 현상이 나타나며 잎의 폭이 좁아지고, 꽃의 크기가 작고 적게 맺히는 경우 결핍된 미량원소는?

① 붕소(Br)　　② 철(Fe)
③ 아연(Zn)　　④ 몰리브덴(Mo)

정답 및 해설

해설 1

과린산석회
인산을 주성분으로 하는 화학비료의 일종으로 꽃을 크게 하여 결실이 좋아지게 한다.

해설 2

칼륨
- 생장이 왕성한 부분에 많이 함유되어 있으며, 뿌리나 가지 생육 촉진함
- 병해, 서리 한발에 대한 저항성 증가

해설 3

석회
세포를 튼튼하게 하고 식물체가 웃자라는 것을 막고 체내에 유기산과 화합하여 중화하고 꽃의 화아 형성을 좋게 함

해설 4

마그네슘
- 광합성에 관여하는 효소의 활성을 높임
- 활엽수 : 잎이 얇아지며 부스러지기 쉽고 조기낙엽, 잎가부위에 황백현상, 열매는 작아짐
- 침엽수 : 침엽수는 잎 끝 황색으로 변함

해설 5

몰리브덴
식물의 요구도가 비교적 낮은 원소이며, 질소 고정효소와 질산환원효소의 조효소로서 질소동화에 필수성분임

정답 1. ① 2. ③ 3. ④ 4. ④ 5. ④

6. 조경수목 보호관리를 위한 엽면시비의 설명으로 옳지 않은 것은?

① 엽면살포는 비오는 날 하는 것이 좋다.
② 미량원소 부족시 엽면시비의 효과가 크게 나타난다.
③ 잎이 흡수하는 양분은 극히 소량이므로 주로 미량원소의 빠른 효과를 위하여 엽면 살포한다.
④ 엽면시비는 많은 양의 비료성분을 충분히 공급하지 못하므로 다량원소의 시비에는 적합하지 않다.

해설 6
엽면시비는 쾌청한날 아침이나 저녁에 살포한다.

7. 다음 엽면시비에 관한 설명으로 틀린 것은?

① 주로 물을 비료와 희석하여 살포한다.
② 빠른 효과를 위하여는 고농도로 희석하여 연속처리한다.
③ 미량원소 중 체내 이동이 잘 안되는 Fe, Mn 등의 결핍시에 활용된다.
④ 수용액을 고압분무기로 잎에 직접 뿌려 주는방법으로서 수용성 비료를 사용해야 한다.

해설 7
엽면시비는 묽은 농도로 실시한다.

8. 중력식 수간주입에 대한 설명으로 옳은 것은?

① 비용이 많이 든다.
② 구멍을 뚫을 필요가 없다.
③ 약액의 분산에 문제가 많다.
④ 다량의 약액을 주입할 수 있다.

해설 8
중력식 수간주입은 나무 수간(줄기)에 구멍을 내어 약액을 나무에 매달아 주입하는 방법을 말한다.

9. 기공의 개폐에 관여하는 다량원소는?

① Ca　　② N
③ K　　④ P

해설 9
칼륨은 광합성량 촉진, 기공관련, 세포내 수분공급과 직접 관여한다. 칼슘은 세포막의 구성성분이며 잎에 많이 함유되어 있다.

10. 수목에서 질소(N) 결핍에 관한 설명으로 옳지 않은 것은?

① 조기 낙엽현상을 보인다.
② 복엽의 경우 정상적인 잎보다 수가 적다.
③ 상부에서 하부로 점차 고사한다.
④ 활엽수의 경우 성숙잎은 황록색으로 변한다.

해설 10
질소의 결핍시 묵은 잎부터 증상이 나타나 생장이 불량해진다

11. 다음 중 생리적 반응 시 산성비료인 것은?

① 요소　　② 중과인산석회
③ 염화칼륨　　④ 용성인비

해설 11
생리적산성비료 - 황산암모늄, 염화암모늄, 황산칼륨, 염화칼륨

정답 6. ① 7. ② 8. ④ 9. ③ 10. ③ 11. ③

12. 다음 [보기]에서 설명하는 비료는?

- 주성분은 인산1칼슘과 황산칼슘이다.
- 회백색 또는 담갈색의 분말이다.
- 강산성이고 특유의 냄새가 있다.
- 염기성비료와 배합하면 좋지 않다.

① 용성인비　② 질산칼슘
③ 토머스인비　④ 과린산석회

13. 무기양분의 재이동은 사부(篩部)를 통하여 나온 후 도관(導管)으로 옮겨가 다른 기관으로 운반되는데 이동성이 가장 큰 원소는?

① S　② Ca
③ K　④ P

14. 다음 [보기]에서 설명하는 무기양료로 가장 적합한 것은?

- 체내의 이동이 극히 안된다.
- 결핍시 주목할 부위로는 유엽, 새순, 뿌리 끝이다.
- 결핍시 활엽수의 경우 유엽이 황화 및 괴사하고 잎이 작고 기형화 된다.
- 결핍시 침엽수의 경우 끝이 꼬부라지고 눈이 왜성화, 수관상부의 어린잎에서 가장 심한 증세가 나타난다.

① B　② P
③ K　④ Ca

15. 다음 인산질 비료 중 인산의 함량이 가장 많이 포함되어 있는 것은?

① 과린산석회　② 중과린산석회
③ 인산암모늄　④ 용성인비

16. 과린산석회나 어박(魚粕), 계분 등과 같은 인산질 비료는 식물의 어느 부분의 성장을 주로 돕는가?

① 뿌리의 신장에 도움을 준다.
② 개화 수를 증진시키고 결실을 돕는다.
③ 잎을 무성하게 하며, 생육을 촉진시킨다.
④ 가지나 줄기의 비대를 촉진시킨다.

정답 및 해설

해설 **12**

과린산석회
- 인광석에 황산을 가해서 만들며 주로 물에 잘 녹는 수용성 인산이 들어 있다.
- 속효성이고 효과가 나타나는 기간도 비교적 짧다.
- 흙 속에서 알루미늄 등에 의해 잘 고정되며, 석고가 들어 있는 산성비료이기 때문에 간척지 또는 알칼리 토양에 효과적이다.
- 황산암모늄과 섞어도 괜찮지만 석회, 나뭇재 등과 섞으면 수용성인 인산이 불용성인 인산3석회로 변하여 효과가 떨어진다.

해설 **13**

인산(P)
- 세포 분열을 촉진 식물체의 각 기관들의 수를 증가시키며, 특히 꽃과 열매를 많이 달리게 한다.
- 뿌리의 발육, 녹말 생산, 엽록소의 기능을 높이는데 관여하며, 광합성 작용, 호흡 작용, 생리작용 등 주요한 역할을 한다.
- 생체 내에서는 이동이 쉬워 생장이 왕성한 부위에 집중된다.

해설 **14**

칼슘(Ca)
- 칼슘으로 pH를 조정할 수 있다.
- 식물체내의 유기산을 중화, 단백질 합성에 관여, 뿌리혹 박테리아의 질소 고정을 돕는다.
- 부족시 생장이 왕성한 어린잎의 선단이 희어지고 얼마 후에 갈색으로 고사한다.
- 체내의 이동이 극히 어렵다.

해설 **15**

인산암모늄
- 질소 인산 복합 비료
- 18% 이상의 질소와 20% 이상의 인을 함유하고 있으며 인의 이용성은 인산 제2칼슘과 동일함

해설 **16**

인산질 비료
- 인은 핵산과 인지질의 구성 성분
- 부족하면 꽃이 피는 시기가 늦어지고 열매가 잘 맺히지 않는다.

정답　12. ④　13. ④　14. ④　15. ③　16. ②

17. 다음 중 질소 결핍 현상은?

① 잎이 황록색으로 변색
② 잎의 밑부분이 적색 또는 자색으로 변함
③ 잎이 쪼글쪼글해짐
④ 잎이 백색으로 변함

18. 낙엽 활엽수의 질소(N) 결핍현상을 바르게 설명한 것은?

① 조기 낙엽현상과 열매가 작아진다.
② 황화현상과 함께 잎이 말린다.
③ 잎의 끝이 마르거나 뒤틀린다.
④ 잎이 황록색으로 변하며 잎이 작고 적게 핀다.

19. 양분의 결핍현상으로서 활엽수의 경우, 잎맥, 잎자루 및 잎의 밑부분이 적색 또는 자색으로 변하며 조기에 낙엽현상이 생기고 꽃의 수는 적게 맺히고 열매의 크기가 작아지는 현상을 일으키는 것은?

① 질소(N) ② 인산(P)
③ 칼륨(K) ④ 칼슘(Ca)

20. 시비구멍을 팔 때 수간에서 어느 정도 띄어서 파는 것이 적당한가?

① 근원직경의 3~7배 ② 근원직경의 4~5배
③ 근원직경의 6~8배 ④ 근원직경의 2~5배

21. 밑거름(기비)의 사용법에 대한 설명 중 가장 올바른 것은?

① 수간(樹幹)의 기부(基部)에 사용함
② 꽃눈(花芽)의 분화를 촉진시키기 위해 꽃눈이 생기기 직전에 사용함
③ 지효성(遲效性) 비료를 사용함
④ 수목의 생장기에 사용함

22. 주요 비료의 사용법에 대한 설명으로 틀린 것은?

① 석회질소는 뿌리 가까이 사용하고, 황산암모늄이나 과인산석회와 혼용하면 더욱 효과적이다.
② 황산암모늄은 수용성이며, 산성이므로 연용을 피해야 한다.
③ 요소는 흡수성이 강하며, 배합용으로는 적합하지 않다.
④ 계분은 3요소가 고루 함유되어 있어서 기비로 적합하다.

공통해설 **17, 18**

질소
① 역할
- 세포의 원형질과 핵, 또는 엽록소나 단백질을 구성
- 잎이나 줄기의 생장점을 왕성하게 함
- 질소의 분포는 주로 생장점이나 가지의 끝 부분에 이동하여 존재하므로 질소의 결핍시 묵은 잎부터 증상이 나타나 생장이 불량해진다.

② 결핍
- 활엽수의 경우 잎은 황록색으로 변하며, 잎의 크기는 정상적인 잎보다 다소 크기가 작고 두꺼워짐, 조기에 낙엽현상을 보이고 눈의 크기는 지름이 다소 짧아지고 작으며 적색 또는 적자색을 변함
- 침엽수의 경우는 침엽이 짧고 황색으로 변함

해설 **19**

- 질소(N)결핍 : 식물의 아래 잎에서 황화현상, 잎이 작고 잎수가 감소한다.
- 칼슘(Ca)결핍 : 활엽수는 잎의 백화현상, 뿌리의 끝부분이 짧아져 고사, 침엽수는 꼭대기부분과 잎의 생육이 정지

해설 **20**

시비구멍의 깊이 20cm, 폭20~30cm로 근원직경이 3~7배를 띄어서 판다.

해설 **21**

밑거름(기비) – 지효성 유기질 비료

해설 **22**

석회질소는 알카리성 비료로 황산암모늄 등 산성비료와 섞으면 암모니아가 휘발되어 혼용하면 안된다.

정답 17. ① 18. ④ 19. ② 20. ① 21. ③ 22. ①

정 답 및 해 설

23. 다음 중 시비 방법이 좋지 않은 것은?

① 작은 나무들이 가깝게 식재된 경우 → 전면시비
② 교목이 넓은 간격으로 식재된 경우 → 방사상 시비
③ 경계선의 산울타리 → 윤상시비
④ 뿌리가 많은 관목의 집단 → 천공시비

해설 23
산울타리는 선상시비법

24. 작물 재배시 질소 성분량 11kg이 필요한 경우, 요소(N45%, 흡수율 40%)로 질소질 비료를 충당할 때 실제요소의 필요량(kg)은 약 얼마인가?

① 24.4　　② 36.4
③ 61.1　　④ 71.1

해설 24
질소 성분량이 11kg이 필요하므로 흡수율 40% 를 기준으로 하면 11=비료량×0.4,
비료량 = 27.5kg이다.
질소비료 중 요소는 45%라 했으므로
27.5=요소필요량 × 0.45, 요소필요량 = 61.11kg

25. 용성인비에 대한 설명 중 틀린 것은?

① 황산근(黃酸根)이 없는 비료이다.
② 토양의 산성을 중화시킨다.
③ Mg, Mn 결핍토양에 특히 효과가 있다.
④ 연용(連用)할수록 지력(地力)을 낮추게 됨으로 유의한다.

해설 25
용성인비에는 인산 이외에 Ca, Mg 및 SiO_2도 구용성으로 되어 있어 그 효과도 기대되고 반응이 염기성이기 때문에 산성토양의 중화에도 도움이 된다.

26. 철분 결핍에 의해 수목에 나타나는 전형적인 이상 증상은?

① 황화　　② 반점
③ 썩음　　④ 마름

해설 26
철분 결핍시 어린잎은 황색으로 변하거나 정상적으로 생육하는 잎보다는 작아진다.

27. 다음 원소 중 식물체 내에서 이동이 어려운 영양소는?

① P　　② K
③ Mg　　④ B

해설 27
붕소(B)와 칼슘(Ca), 철(Fe) 등은 식물체 내에서 이동이 어려운 영양소이다.

정답 23. ③ 24. ③ 25. ④ 26. ① 27. ④

28. 다음은 어떤 양분의 결핍시 주로 발생하는 현상인가?

> - 결핍에 대하여 가장 예민하게 반응하는 것은 엽록체이다.
> - 활엽수의 경우 잎이 황색으로 변하고 엽맥을 따라 녹색선이 생긴다.
> - 열매는 정상적인 것보다 그 크기가 작다.
> - 침엽수의 경우 철분의 부족현상과 함께 나타나기 때문에 구별하기가 비교적 어렵다.

① 망간 ② 마그네슘
③ 아연 ④ 칼슘

29. 다음 중 마그네슘(Mg)과 길항관계를 갖는 양분은?

① Cu ② Mn
③ Na ④ Fe

30. 탈질작용(Denitrification)에 관한 설명으로 가장 적합한 것은?

① 무기태질소화합물이 유기태로 변화하는 것을 말한다.
② 유기태질소화합물이 분해되어 암모늄태질소가 생성되는 작용을 말한다.
③ 질산염의 화합물이 혐기적 세균에 의하여 N_2, NO, N_2O를 생성하는 것을 말한다.
④ 유기태질소화합물이 무기태로 변환하는 것으로 자연적인 포장상태에서 미생물의 활동에 의하여 일어난다.

31. 토양 중에서 질산이 환원되어 아질산으로 되고 다시 암모니아로 변화되는 작용은?

① 질산화성작용 ② 질산환원작용
③ 질소고정작용 ④ 유기화작용

해설 31

- 질산화성작용 : 암모니아태 질소는 호기성 무기영양세균인 아질산균과 질산균에 의해 2단계반응($NH_2 \rightarrow NO_2 \rightarrow NO_3$)을 거쳐서 질산으로 변하여 가급태가 되어 식물에 이용된다.
- 질소고정작용 : 단독으로 수행하는 Azotobacter(호기성) Clostridium(혐기성)의 남조류와 공생체제를 유지하는 근류균(Rhizobium)등이 토양에서 질소는 고정하고 콩과식물의 경우는 근류균에 의해 공중질소를 고정한다.
- 유기화작용 : 미생물 또는 식물체에서 무기태 탄소가 유기태로 합성되는 현상. 토양 중 무기태 화학 성분이 생물에 의해 흡수되어 쉽게 이용될 수 없는 상태로 변화하는 과정을 생물학적 유기화 작용이라 한다.

정답 및 해설

해설 28

망간
철과 함께 식물체 내에서 산화환원작용에 관여하는 엽록소 생성에 중요한 원소이다. 일반적으로 식물체에는 100만분의 1~3g 정도(1~3ppm) 함유하고 있으며, 망간이 부족하면 잎맥 사이 엽록소가 퇴화하여 황화현상이 나타난다.

해설 29

마그네슘과 길항관계(비료성분이 서로 공존하는 과정에서 서로간 흡수를 방해 하는 작용)를 갖는 대표적인 양분은 칼슘(Ca)과 망간(Mn) 등이 있다.

해설 30

탈질작용
토양 내에 있는 탈질균에 의하여 질산(NO_3^-) 이 여러 가지 질소산화물을 거쳐 최종적으로 질소가스(N_2)나 아질화질소(N_2O) 까지 전환되는 반응으로 질소가스를 생성해 대기 중으로 방출하는 작용을 말한다.

정답 28. ① 29. ② 30. ③ 31. ②

32. 다음 설명에서 해당하는 원소는?

> - 세포벽에서 calcium pectate로 중엽층을 구성하는 물질로서 세포막의 정상적인 기능에 기여하며, amylase 효소 등의 활성제 역할을 한다.
> - 무기양분의 결핍에 따른 활엽수에서 나타나는 증상은 신엽에서 주로 나타나 생장점의 발육저하로 잎 끝이 꼬이고 잎이 작아진다.

① N ② P
③ K ④ Ca

33. 엽면시비의 설명으로 옳지 않은 것은?

① 뿌리를 통한 흡수보다 빠르다.
② 계면활성제를 섞어 시비하면 흡수가 좋아진다.
③ 처리 농도가 높을수록 흡수가 많아져 생육에 도움이 된다.
④ 특정 시비물질은 화학적 형태의 변화 없이 바로 흡수된다.

34. 시비의 효과를 좌우하는 것으로서 식물자체의 흡수율에 영향을 주는 요인으로 볼 수 없는 것은?

① 비료 시용량 ② 식물의 종류
③ 토질 여건 ④ 수질 여건

35. 농약의 살포방법 중 유제, 수화제, 수용제 등에서 조제한 살포액을 분무기를 사용하여 무기분무(airless spray)에 의하여 안개모양으로 살포하는 방법은?

① 분무법 ② 미스트법
③ 폼스프레이법 ④ 스프링클러법

36. 수간 주사(trunk injection)와 관련한 설명으로 옳지 않은 것은?

① 20~30° 로 비스듬히 세워서 구멍을 뚫는다.
② 시기는 수액이 왕성하게 이동하는 4~9월이 좋다.
③ 솔잎혹파리를 방제하기 위하여 침투성이 좋은 포스파미돈 액체를 우화시기에 주사한다.
④ 줄기의 형성층 밖 사부에 영양제를 공급한다.

정 답 및 해 설

해설 **32**

칼슘(Ca)
- 세포벽에서 calcium pectate로 중엽층을 구성하는 물질
- 식물체 내에서의 이동이 비교적 잘 안 되어 결핍증은 항상 어린 조직에서 나타남

해설 **33**

엽면시비시 처리 농도는 묽은 농도로 실시한다.

해설 **34**

시비 효과를 좌우하는 요인
시비시 비료 사용량, 식물종류, 토질, 시비방법 등

해설 **35**

액제살포법
① 미스트법
- 물의 양을 적게 하여 진한 약액을 지름 50~100μm 정도의 미립자로 살포하는 미스트법이 개발됨
- 분무법에 비하여 살포량이 1/3~1/5로 충분하므로 살포노동력이 절감되는 장점이 있음
- 소량을 살포하는 방법이므로 약액이 작물체에 골고루 묻도록 유의하여 살포해야함

② 폼스프레이법 : 기포제를 이용하므로 고가임
③ 스프링클러법 : 과수원에서 노력절감형 살포법

해설 **36**

바르게 고치면
수간 주사시 줄기의 형성층에 영양제를 공급한다.

정답 32. ④ 33. ③ 34. ④ 35. ① 36. ④

37. 다음 중 식물체내의 질소고정작용에 가장 필요한 원소는?

① Mo ② Si
③ Mn ④ Zn

해설 37

질소고정작용과 몰리브덴
몰리브덴은 미생물의 질소고정, 즉 대기 중의 질소를 원료 상태에서 생존에 유용한 형태로 바꾸는 작업에 필수적인 원소

38. 다음 중 질소(N)를 가장 많이 함유하고 있는 비료는?

① 요소 ② 황산암모늄
③ 질산암모늄 ④ 염화암모늄

해설 38

요소와 황산암모늄(유안)

① 요소(Urea)
- 백색 무취의 작은 알갱이로 되어 있으며, 질소 함량은 46%로 유안(황산암모늄)의 2.2배인 가장 진한 질소 비료
- 중성비료로서 흙속에서 해로운 어떤 성분도 남기지 않으며 질산태 형태로 변형되어 흡수됨
- 토양 또는 물에 잘 녹기 때문에 토양에 직접 뿌리거나 엽면시비를 할 수 있고 비효가 빠르게 나타남

② 황산암모늄(유안)
- 질소함량이 21%이고, 부성분으로 필수성분인 유황을 함유하고 있으며, 암모니아태 질소를 포함하고 있어 저온기에도 쉽게 흡수가 되므로 봄철에 주로 사용함

39. 황(S) 성분이 들어 있는 비료는?

① 과린산석회 ② 중과린산석회
③ 인산암모늄 ④ 용성인비

해설 39

과린산석회
- 인광석에 황산을 가해서 만들며 주로 물에 잘 녹는 수용성 인산이 들어 있음
- 속효성이고 효과가 나타나는 기간도 비교적 짧으며, 흙 속에서 알루미늄 등에 의해 잘 고정됨

40. 이용률이 80인 조건에서 요소(N 46%) 10kg 중 유효질소의 양은?

① 약 2.7kg ② 약 3.7kg
③ 약 4.7kg ④ 약 5.7kg

해설 40

$$10\text{kg} \times \frac{46}{100} \times \frac{80}{100}$$
$= 3.68 \rightarrow$ 약 3.7kg

정답 37. ① 38. ① 39. ① 40. ②

정지 및 전정

5.1 핵심플러스

■ 전정의 목적 : 미관상 목적, 실용상 목적, 생리상 목적

■ 정지, 전정의 요령

대상	밀생지, 교차지, 도장지, 역지, 병지, 고지, 수하지, 평행지, 윤생지, 정면으로 향한 가지, 대생지
요령	· 주지선정 · 정부 우세성을 고려해 상부는 강하게 전정, 하부는 약하게 전정 · 위에서 아래로, 오른쪽에서 왼쪽으로 돌아가면서 전정 · 뿌리 자람의 방향과 가지의 유인을 고려

■ 부정아를 자라게 하는 방법 : 적아, 적심, 유인, 적엽, 가지비틀기, 아상, 단근(뿌리돌림)

1 용어정리

① 정자(trimming) : 나무전체의 모양을 일정한 양식에 따라 다듬는 것

② 정지(training) : 수목의 수형을 영구히 유지, 보존하기위해 줄기나 가지의 성장조절, 수형을 인위적으로 만들어가는 기초정리작업

③ 전제(trailing) : 생장에는 무관한 불필요한 가지나 생육에 방해되는 가지 제거

④ 전정(pruning) : 수목관상, 개화결실, 생육상태 조절 등의 목적에 따라 정지하거나 발육을 위해 가지나 줄기의 일부를 잘라내는 정리 작업

2 전정의 목적 ★

① 미관상 목적

㉠ 수형에 불필요한 가지 제거로 수목의 자연미를 높임

㉡ 인공적인 수형을 만들 경우 조형미를 높임

② 실용상 목적

㉠ 방화수, 방풍수, 차폐수 등을 정지, 전정하여 지엽의 생육을 도움

㉡ 가로수의 하기전정 : 통풍원활, 태풍의 피해방지

③ 생리상의 목적

㉠ 지엽이 밀생한 수목 : 정리하여 통풍·채광이 잘 되게 하여 병충해방지, 풍해와 설해에 대한 저항력을 강화시킴

㉡ 쇠약해진 수목 : 지엽을 부분적으로 잘라 새로운 가지를 재생해 수목에 활력
㉢ 개화결실수목 : 도장지, 허약지 등을 전정하여 생장을 억제하여 개화·결실 촉진
㉣ 이식한 수목 : 지엽을 자르거나 잎을 훑어주어 수분의 균형을 이루어 활착을 좋게 함

3 정지·전정의 분류

① 조형을 위해 : 수목 본연의 특성 및 자연과의 조화미, 개성미, 수형 등을 환경에 적절히 응용하여 예술적 가치와 미적효과를 충분히 발휘시킴
② 생장조정을 위해 : 묘목, 병충해를 입은 가지, 고사지, 손상지를 제거하여 생장을 조정하려는 목적에 사용
③ 생장억제를 위해
㉠ 조경 수목을 일정한 형태로 유지시키고자 할 때(소나무 순자르기, 상록활엽수의 입사귀 따기, 산울타리 다듬기)
㉡ 일정공간에 식재된 수목이 더 이상 자라지 않게 하게 하기 위해(도로변의 가로수, 작은 정원 내의 수목)
④ 세력 갱신을 위해 : 노쇠한 나무나 개화가 불량한 나무의 묵은 가지를 잘라주어 새로운 가지를 나오게 해 수목에 활기를 불어 넣는 것
⑤ 생리조절을 위해 : 이식할 때 가지와 잎을 다듬어 주어 손상된 뿌리의 적당한 수분 공급 균형을 취하기 위해 다듬어 줌
⑥ 개화 결실을 촉진하기 위해
㉠ 과수나 화목류의 개화촉진 : 매화나무나 장미(이른 봄에 전정)
㉡ 결실을 위주 : 감나무
㉢ 개화와 결실 동시에 촉진 : 허약지, 도장지를 제거

4 전정 시기별 분류

① 봄전정(4, 5월)
㉠ 상록활엽수(감탕나무, 녹나무) : 잎이 떨어지고 새잎이 날 때 전정
㉡ 침엽수(소나무, 반송, 섬잣나무) : 순꺾기
㉢ 봄꽃나무(진달래, 철쭉류) : 꽃이 진후 바로 전정
㉣ 여름꽃나무(무궁화, 배롱나무, 장미) : 눈이 움직이기 전에 이른 봄에 전정
② 여름전정(6~8월) : 강전정은 피함(태풍의 피해를 막기 위해 가지솎기)
③ 가을전정(9~11월) : 동해피해를 입기 쉬워 약전정을 실시, 남부지방은 상록활엽수 전정
④ 겨울전정(12~3월) : 수형을 잡기 위한 굵은 가지 강전정을 실시

※ 전정을 하지 않는 수종
· 침엽수 : 독일가문비, 금송, 히말라야시다 등
· 상록활엽수 : 동백나무, 치자나무, 굴거리나무, 녹나무, 태산목, 만병초, 팔손이
· 낙엽활엽수 : 느티나무, 팽나무, 수국, 떡갈나무, 벚나무, 회화나무, 백목련 등

5 정지, 전정시 고려사항

① 주변 환경과의 조화를 이루어야 한다.
② 수목의 생리·특성 파악한다.
③ 각 가지 세력의 균형을 유지하고 전정하여 수목의 미관을 유지시킨다.

6 수목의 생장 습성

① 정부 우세성 : 윗가지는 힘차게 자라고 아랫가지는 약해진다.
② 활엽수가 침엽수에 비해 강전정에 잘 견딤
③ 화아 착생 위치의 분류
㉠ 정아에서 분화하는 수종 : 목련, 철쭉, 후박나무 등
㉡ 측아에서 분화하는 수종 : 벚나무, 매화나무, 복숭아나무, 아카시아, 개나리
④ 화목류의 개화습성
㉠ 신소지(1년생) 개화하는 수종 : 장미, 무궁화, 협죽도, 배롱나무, 싸리, 능소화, 아카시아, 감나무, 등나무, 불두화 등
㉡ 2년생지 개화하는 수종 : 매화나무, 수수꽃다리, 개나리, 박태기나무, 벚나무, 목련, 진달래, 철쭉, 생강나무, 산수유 등
㉢ 3년생지 개화하는 수종 : 사과나무, 배나무, 명자나무 등

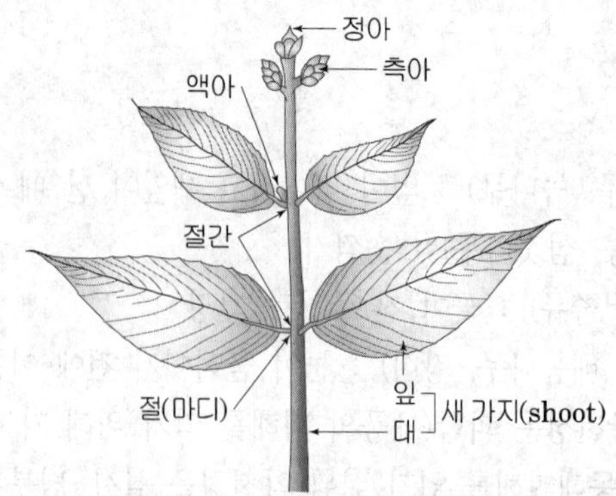

그림. 새가지(Shoot)의 특징

7 정지, 전정의 요령 ★

① 정지, 전정의 대상 : 밀생지(지나치게 자르면 도장지 발생), 교차지, 도장지, 역지, 병지, 고지, 수하지(垂下枝 : 똑바로 아래로 향해서 처진 가지), 평행지, 윤생지, 정면으로 향한 가지, 대생지

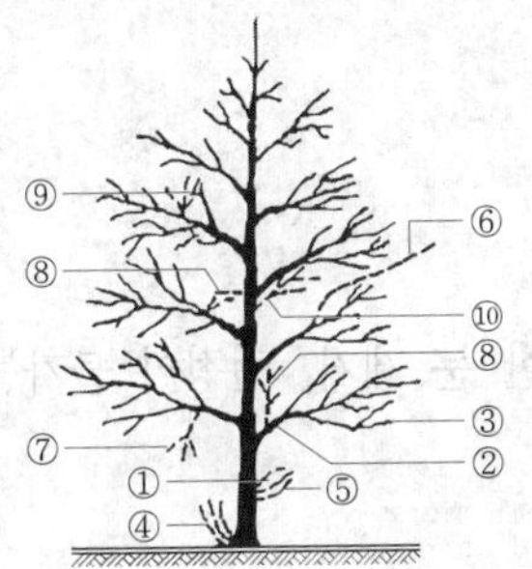

★★ ② 요령

㉠ 주지선정

㉡ 정부 우세성을 고려해 상부는 강하게 전정, 하부는 약하게 전정

㉢ 위에서 아래로, 오른쪽에서 왼쪽으로 돌아가면서 전정

㉣ 굵은 가지는 가능한 수간에 가깝게, 수간과 나란히 자름

㉤ 수관내부는 환하게 솎아내고 외부는 수관선에 지장이 없게 함

㉥ 뿌리 자람의 방향과 가지의 유인을 고려

③ 목적에 따른 전정시기

㉠ 수형위주의 전정 : 3~4월 중순, 10~11월 말

㉡ 개화목적의 전정 : 개화 직후

㉢ 결실목적의 전정 : 수액이 유동하기 전

㉣ 수형을 축소 또는 왜화 : 이른 봄 수액이 유동하기 전

④ 산울타리 전정

㉠ 시기 : 일반수목은 장마철과 가을, 화목류는 꽃진 후, 덩굴식물은 가을

㉡ 횟수 : 생장이 완만한 수종은 연 2회, 맹아력이 강한 수종은 연 3~4회

㉢ 방법 : 식재 후 3년 지난 이후에 전정하며 높은 울타리는 옆에서 위로 전정, 상부는 깊게, 하부는 얕게 전정, 높이가 1.5m 이상일 경우에는 위부분은 좁은 사다리꼴 전정

■ 참고

■ 두목작업(頭木作業)

- 크게 자란 나무를 작게 유지하기 위하여 동일한 위치에서 새로 자란 가지를 1~3년 간격으로 잘라버리는 반복전정으로 같은 위치를 반복해 전정하면 마디가 굵어지는데 이 마디까지는 제거하지 말아야한다.
- 버드나무, 포플러, 플라타너스, 아까시나무 같은 수종의 가로수에 적용할 수 있다.

■ 굵은가지의 전정 요령

- 굵은가지를 톱으로 자를 때는 기부로부터 10~15cm 되는 곳에 아래쪽으로부터 굵기의 1/3 정도를 썰어놓은 후 톱자국을 내놓은 곳보다 약간 바깥쪽을 위로부터 내려 썰어주면 스스로의 무게에 의해 자연스럽게 나가 수피가 벗겨지지 않는다.

8 전지, 전정 후 처리 방법

① 부후균의 침입을 받기 쉽기 때문에 우수프론과 메르크론 1000 배액으로 소독
② 콜탈, 크레오소트, 구리스유, 페인트, 접랍 등 유성도료로 방수 처리하거나 빗물이 닿지 않도록 뚜껑을 덮어줌

9 부정아를 자라게 하는 방법

① 적아(눈지르기) : 눈이 움직이기 전 불필요한 눈 제거, 전정이 불가능한 수목에 이용(모란, 벚나무, 자작나무 등)
② 적심(순자르기)
㉠ 지나치게 자라는 가지신장을 억제하기 위해 신초의 끝부분을 따버림, 순이 굳기 전에 실시
㉡ 소나무류 순지르기(꺾기)
- 나무의 신장을 억제, 노성(老成)된 우아한 수형을 단기간 내에 인위적으로 유도, 잔가지가 형성되어 소나무 특유의 수형 형성
- 방법 : 4~5월경 5~10cm로 자란 새순을 3개 정도 남기고 중심순을 포함하여 손으로 제거

> **■ 참고 : 적아와 적심의 효과**
>
> 그 부분의 생장을 정지시키고 곁눈 발육을 촉진시키므로 새로 자라는 가지의 배치를 고르게 하고 개화를 촉진시킨다.

③ 적엽(잎따기)
㉠ 지나치게 우거진 잎이나 묵은잎 따주기
㉡ 단풍나무나 벚나무류를 이식 부적기에 이식시 수분증발을 막아줌
④ 유인
㉠ 가지의 생장을 정지시켜 도장을 억제, 착화를 좋게 함
㉡ 줄기를 마음대로 유인하여 원하는 수형을 만들어감
⑤ 가지비틀기
㉠ 가지가 너무 뻗어나가는 것 막고, 착화를 좋게 함
㉡ 조경수목으로는 소나무와 분재용으로 사용
⑥ 아상
㉠ 원하는 자리에 새로운 가지를 나오게 하거나 꽃눈 형성시키기 위해 이른 봄에 실시
㉡ 뿌리에서 상승하는 양분이나 수분의 공급이 차단되어 생장을 억제하거나 촉진시킴
⑦ 단근(뿌리돌림)
㉠ 시기 : 이식하기 6개월~3년 전(뿌리돌림 하였다가 이식적기에 이식)
㉡ 목적
- 수목의 지하부(뿌리)와 지상부의 균형유지
- 뿌리의 노화현상 방지
- 아랫가지의 발육 및 꽃눈의 수를 늘림
- 수목의 도장 억제

㉢ 방법

- 근원 직경의 5~6배 되는 곳에 도랑을 파서 근부를 노출케 함
- 뿌리끊기는 90°로 절단해 45° 정도 기울기로 자름
- 4~5개의 굵은 뿌리를 남기고 단근
- 환상박피 : 신뿌리를 가지게 하는 효과
- 생울타리는 줄기에서 60cm 길이에 길이 방향으로 단근한다.

10 정지, 전정의 도구

① 사다리, 톱, 전정가위(조경수목, 분재전정시), 적심가위, 순치기 가위, 적과가위, 적화가위
② 고지가위(갈고리 가위) : 높은 부분의 가지를 자를 때나 열매를 채취할 때 사용한다.

핵심기출문제

내친김에 문제까지 끝내보자!

1. 수목의 수형을 영구히 보존하기 위해 줄기나 가지의 생장을 조절하여 심을 목적으로 실시하는 인위적인 기초 정리 작업은?

① 정자 ② 정지
③ 전지 ④ 전정

2. 수목 전정의 원칙과 거리가 먼 것은?

① 무성하게 자란 가지는 자른다.
② 수목의 주지는 반드시 자른다.
③ 수목이 균형을 잃을 정도의 도장지는 제거한다.
④ 수목의 역지는 제거한다.

3. 생울타리 전정에 대한 사항 중 맞는 것은?

① 1년에 두 번 봄, 가을에 실시한다.
② 덩굴식물은 가을에 전정한다.
③ 꽃피는 화본류는 꽃피는 시기를 감안하여 봄에 꽃이 피기 전에 한다.
④ 전정은 연 3회 한다.

4. 수목은 경관적 생태적 이유로 전정하게 되는데 서로 상반되게 뻗어 있는 경우 이를 어떻게 지칭하는가?

① 도장지 ② 윤생지
③ 교차지 ④ 대생지

5. 정지·전정의 효과 중 틀린 것은?

① 병충해 방제
② 뿌리발달 조절
③ 수형유지
④ 도장지 등을 제거함으로써 수목의 왜화 단축

정답 및 해설

해설 **1**

① 정자(trimming) : 나무전체의 모양을 일정한 양식에 따라 다듬는 것
③ 전제(trailing) : 생장에는 무관한 불필요한 가지나 생육에 방해되는 가지 제거
④ 전정(pruning) : 수목관상, 개화결실, 생육상태 조절 등의 목적에 따라 정지하거나 발육을 위해 가지나 줄기의 일부를 잘라내는 정리 작업

해설 **2**

주지는 잘라내면 안된다.

해설 **3**

생울타리의 전정은 일반수종은 장마철·가을, 화본류는 꽃진 후, 전정은 연 2회 실시한다.

해설 **4**

전정의 대상
① 도장지 : 웃자란 가지
② 윤생지 : 돌려나는 가지, 한군데서 사방으로 자란가지
③ 교차지 : 서로 상반되게 뻗어난 가지
④ 대생지 : 줄기의 같은 높이에서 서로 반대방향으로 마주 자란 가지

해설 **5**

정지·전정의 효과
- 수목의 수형유지
- 생리상 병충해 방제, 뿌리발달 조절 등

정답 1. ② 2. ② 3. ② 4. ③ 5. ④

정 답 및 해 설

6. 전지, 전정의 목적이 아닌 것은?

① 미관 향상　② 기능부여
③ 개화촉진　④ 식재시기 조절

해설 6
전지, 전정의 목적
미관 향상, 실용상 목적, 생리상 목적

7. 정원수의 전정 작업을 설명한 것이다. 미관상의 목적으로 하는 것은?

① 생육을 양호하게 하기 위해 한다.
② 불균형과 불필요한 가지를 제거한다.
③ 생장을 억제 시켜 개화결실을 촉진한다.
④ 태풍에 의한 도복의 피해를 방지한다.

해설 7
전정의 미관상 목적
· 수형에 불필요한 가지 제거로 수목의 자연미를 높임
· 인공적인 수형을 만들 경우 조형미를 높임

8. 향나무처럼 손질이 필요하지 않은 소나무와 오엽송 등의 높은 부분의 가지를 전정하거나 열매를 채취할 때 사용하는 전정가위는?

① 갈고리 전정가위　② 조형 전정가위
③ 대형전정가위　④ 순치기 가위

해설 8
고지가위(갈고리 가위) : 높은 부분의 가지를 자를 때나 열매를 채취할 때 사용

9. 낙엽활엽수의 강 전정 시기 중 가장 피해가 적은 것은?

① 춘계　② 하계
③ 추계　④ 동계

해설 9
낙엽활엽수의 겨울전정 : 수형을 잡기 위한 굵은 가지 강 전정을 실시

10. 맹아력이 강하고 전정에 강한 나무는?

① 개나리, 쥐똥나무
② 왕벚나무, 감나무
③ 리기다소나무, 낙우송
④ 은행나무, 자작나무

해설 10
맹아력이 강하고 전정에 강한 나무 : 개나리, 쥐똥나무 → 생울타리용

11. 소나무의 순자르기를 하는 목적은?

① 생장을 억제하기 위해
② 세력갱신을 위해
③ 생리조정을 위해
④ 개화결실의 촉진을 위해

해설 11
소나무 적심은 지나치게 자라는 가지신장을 억제하기 위해 신초의 끝을 꺾어준다.

정답 6. ④　7. ②　8. ①　9. ④　10. ①　11. ①

12. 소나무 순따기가 가장 적당한 시기는?

① 3월 ② 5월
③ 8월 ④ 11월

13. 크게 자란 나무를 작게 유지하기 위하여 동일한 위치에서 새로 자란 가지를 1~3년 간격으로 모두 잘라 버리는 반복 전정을 무엇이라고 하는가?

① 토피아리 ② 두목작업
③ 생울타리 전정 ③ 적심(摘心)

14. 산울타리 관리사항으로 옳지 않은 것은?

① 가지치기
② 가지솎기
③ 뿌리자르기
④ 낙엽태우기

15. 생울타리 관리시 가지가 무성하여 아랫가지가 말라 죽을 때 뿌리 자름 방법 중 맞는 것은?

① 줄기에서 30cm 길이에 울타리 길이 방향으로 길게 구덩이를 파서 뿌리를 잘라 준다.
② 줄기에서 60cm 길이에 울타리 길이 방향으로 길게 구덩이를 파서 뿌리를 잘라 준다.
③ 줄기에서 90cm 길이에 울타리 길이 방향으로 길게 구덩이를 파서 뿌리를 잘라 준다.
④ 줄기에서 120cm 길이에 울타리 길이 방향으로 길게 구덩이를 파서 뿌리를 잘라 준다.

16. 장미의 전정시기는?

① 눈이 트기 시작할 때
② 눈이 트고 난 후
③ 휴면기
④ 눈이 자랄 때

정 답 및 해 설

해설 **12**

소나무류 순지르기(순따기, 꺾기)
- 목적 : 나무의 신장을 억제, 노성(老成)된 우아한 수형을 단기간 내에 인위적으로 유도
- 방법 : 4~5월경 5~10cm로 자란 새순을 3개 정도 남기고 중심순을 포함하여 손으로 제거

해설 **13**

두목작업
- 크게 자란 나무를 작게 유지하기 위하여 동일한 위치에서 새로 자란 가지를 1~3년 간격으로 모두 잘라버리는 반복 전정작업
- 버드나무, 포플러, 플라타너스, 아까시나무 같은 수종의 가로수에 적용할 수 있다.

해설 **14**

산울타리(생울타리) 관리사항 – 가치치기, 가지솎기, 뿌리자르기

해설 **15**

생울타리의 뿌리자름 방법은 줄기에서 60cm 길이에 길이 방향으로 단근한다.

해설 **16**

장미 전정 – 눈이 트기 시작할 때

정답 12. ② 13. ② 14. ④ 15. ② 16. ①

17. 조경을 목적으로 한 정지 및 전정의 효과라고 할 수 없는 것은?

① 꽃눈 발달과 영양생장의 균형 유도
② 수목의 구조적 안전성 도모
③ 화아분화의 촉진
④ 수목의 규격화촉진

18. 조경수목의 유지관리를 위한 전정방법으로 적절하지 못한 것은?

① 수목의 지엽이 지나치게 무성하면 한계전정으로 가지를 정리한다.
② 철쭉류나 목련류 등의 화목류는 낙화 직후에 춘계전정한다.
③ 이식전에는 단근된 지하부와의 균형을 위해 굵은 가지를 친다.
④ 소나무류는 윤생지의 발생을 위해 가을철에 순꺾기를 한다.

19. 다음 수종은 자연생육에서도 비교적 정형을 유지하는 것이다. 다음 중 전정으로만 정형을 유지할 수 있는 수종은?

① 히말라야시다
② 가이즈까향나무
③ 낙엽송
④ 낙우송

20. 줄기의 같은 높이에서 서로 반대되는 방향으로 마주 자란 가지를 무엇이라 하는가?

① 도장지(徒長枝)
② 윤생지(輪生枝)
③ 평행지(平行枝)
④ 대생지(對生枝)

21. 일반적으로 전정을 하지 않는 수종은?

① 느티나무 ② 섬잣나무
③ 장미 ④ 향나무

22. 원하는 자리에 새로운 가지를 나오게 하거나 꽃눈을 형성시키기 위하여 이른 봄에 실시하는 작업은?

① 단근(斷根) ② 아상(芽傷)
③ 적아(摘芽) ④ 적심(摘芯)

정 답 및 해 설

해설 **17**

정지 · 전정의 효과
· 수목의 수형유지
· 수목의 생리조절 : 병충해 방제, 뿌리발달 조절, 화아분아 조절 등

해설 **18**

소나무의 순꺾기는 4~5월(봄)에 실시한다.

해설 **19**

가이즈까향나무 – 전정으로 정형을 유지할 수 있는 수종

해설 **20**

전정의 대상
① 도장지 : 웃자란 가지
② 윤생지 : 돌려나는 가지, 한군데서 사방으로 자란가지
③ 평행지 : 같은 장소에서 같은 방향으로 평행하게 나 있는 가지
④ 대생지 : 줄기의 같은 높이에서 서로 반대방향으로 마주 자란 가지

해설 **21**

전정을 하지 않는 수종 낙엽활엽수 느티나무, 팽나무, 수국, 떡갈나무, 벚나무, 회화나무, 백목련 등

해설 **22**

부정아를 자라게 하는 방법
① 단근 : 이식이나 노거수 등에 잔뿌리 발달을 유도
② 아상 : 원하는 자리에 새로운 가지를 나오게 하거나 꽃눈 형성시키기 위해 이른봄에 실시
③ 적아 : 눈이 움직이기 전 불필요한 눈 제거, 전정이 불가능한 수목에 이용
④ 적심 : 지나치게 자라는 가지신장을 억제하기 위해 신초의 끝부분을 따버림

정답 17. ④ 18. ④ 19. ② 20. ④ 21. ① 22. ②

23. 전년도의 가지에도 꽃이 피는 라일락의 아름다운 개화상태를 감상하기 위한 가장 적절한 전정 시기는?

① 봄철 꽃이 진 바로 직후
② 지엽이 무성한 여름철
③ 낙엽이 진 직후의 가을철
④ 겨울철 휴면기

24. 매화나무의 경우 꽃이 피고 난 후 강전정을 실시하는 경우가 있다. 이러한 전정의 목적은?

① 수형 조절　② 생장 억제
③ 수분공급 조절　④ 개화결실 촉진

25. 뿌리돌림 작업의 목적으로 가장 적합한 설명이라고 생각되는 것은?

① 수목 위치의 변동　② 수목 규격 결정
③ 세근 발생 촉진　④ 수형의 왜소화

26. 조경수의 정지(整枝)와 전정에 관한 설명이다. 가장 적합한 것은?

① 주지(主枝)는 일반적으로 3~5개가 적합하다.
② 도장지(徒長枝)는 최대한 보호한다.
③ 평행지를 최대한 유도한다.
④ 가지의 유인은 뿌리의 자람 방향을 고려한다.

27. 조경수의 전정 작업을 목적별로 분류한 것에 해당되지 않는 것은?

① 조형을 위한 전정
② 생리조정을 위한 전정
③ 생장을 조정하기 위한 전정
④ 뿌리의 세근 발근촉진을 위한 단근 전정

정답 및 해설

해설 **23**

꽃을 감상하기 위한 수종의 전정 시기 : 꽃이 진 바로 직후

해설 **24**

매화나무의 꽃 진 후의 강전정 목적 : 개화·결실 촉진

해설 **25**

뿌리돌림의 목적
- 수목의 지하부(뿌리)와 지상부의 균형유지
- 뿌리의 노화현상 방지
- 아랫가지의 발육 및 꽃눈의 수를 늘림
- 수목의 도장 억제

해설 **26**

바르게 고치면
① 수목의 주지는 하나로 자라게 한다.
② ③의 도장지와 평행지는 제거한다.

해설 **27**

전정 작업의 목적별 분류
① 조형을 위해
② 생장조정을 위해
③ 생장억제를 위해
④ 세력 갱신을 위해
⑤ 생리조절을 위해
⑥ 개화 결실을 촉진하기 위해

정답　23. ①　24. ④　25. ③　26. ④　27. ④

수목의 병해와 방제

6.1 핵심플러스

■ 병발생의 전반적 과정
- 전염원 → (전반) → 침입 → 간염 → (잠복기간) → 표징 병징 → 병사
- 주인 : 병발생 주된 원인 / 유인 : 병발생의 2차적원인

■ 병원분류
- 전염성 : 바이러스, 파이토플라즈마, 세균, 진균, 선충
- 비전염성 : 부적당한 토양조건, 기상조건, 유해물질, 농기구상처

■ 식물병진단의 종류
- 육안적진단 / 해부학적·현미경적진단 / 물리·화학적진단 / 병원적진단 / 생물학적진단 / 혈청학적·면역학적진단 / 분자·생물학적진단

■ 주요병해

자낭균에 의한 병	흰가루병, 그을음병, 갈색무늬병, 구멍병, 잎떨림병, 빗자루병(벚나무), 탄저병
중간기주에 의한 병	붉은별무늬병(적성병)
토양·종자에 의한 병	모잘록병
파이토플라즈마에 의한 병	대추나무(오동나무)빗자루병, 뽕나무 오갈병

■ 수목에 따른 주요 매개충
- 대추나무(쥐똥나무, 붉나무)빗자루병, 뽕나무 오갈병 – 마름무늬매미충
- 오동나무빗자루병 – 담배장님노린재
- 느릅나무시들음병 – 나무좀
- 소나무재선충병 – 솔수염하늘소
- 참나무시들음병– 광릉긴나무좀

1 병해 용어 ★

① 병원 : 병을 일으키는 원인이 되는 것
② 병원체 : 병원이 생물이거나 바이러스일 때
③ 병원균 : 병원이 세균일 때
④ 주인 : 병 발생의 주된 원인
⑤ 유인 : 병 발생의 2차적 원인
⑥ 기주식물 : 병원체가 이미 침입하여 정착한 병든 식물

⑦ 감수성 : 수목이 병원 걸리기 쉬운 성질
⑧ 병원성 : 병원체가 감수성인 수목에 침입하여 병을 일으킬 수 있는 능력
⑨ 전반 : 병원체가 여러 가지 방법으로 기주식물에 도달하는 것
⑩ 감염 : 병원체가 그 내부에 정착하여 기생관계가 성립되는 과정
⑪ 잠복기간 : 감염에서 병징이 나타나기까지, 발병하기까지의 기간
⑫ 병환 : 병원체가 새로운 기주식물에 감염하여 병을 일으키고 병원체를 형성하는 일련의 연속적인 과정

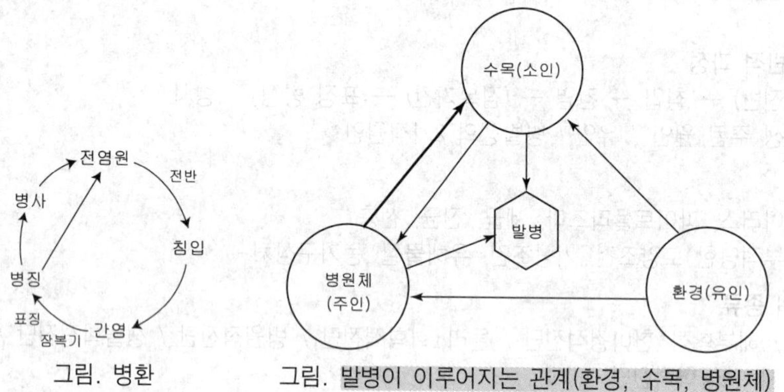

그림. 병환　　그림. 발병이 이루어지는 관계(환경, 수목, 병원체)

2 병징과 표징 ★

① 병징(symptom)
㉠ 병든식물자체의 조직변화
㉡ 비전염성병, 바이러스병, 파이토플라즈마의 병에서 발생
㉢ 색깔의 변화, 천공, 위조, 괴사, 위축, 비대, 기관의 탈락, 빗자루모양, 잎마름, 동고, 분비, 부패

② 표징(sign)
㉠ 병원체가 병든 식물체상의 환부에 나타나 병의 발생을 알림.
㉡ 진균일 때 발생
㉢ 영양기관에 의한 것 번식기관에 의한 것이 있음

3 병원의 분류

① 전염성

병원체	표징	병의 예
바이러스(virus)	없음	모자이크병
파이코플라스마(phytoplasma)	없음	대추나무 빗자루병, 뽕나무 오갈병
세균(bacteria)	거의 없음	뿌리혹병, 불마름병, 세균성 구멍병
진균(fungi)	균사, 균사속, 포자, 버섯 등	엽고병, 녹병, 모잘록병, 벚나무 빗자루병, 흰가루병, 가지마름병, 그을림병 등
선충(nematode)	없음	소나무 시듦병

㉠ 바이러스

- 식물 바이러스는 핵산과 단백질로 구성된 일종의 핵단백질로 세포벽이 없으며 핵산 대부분은 RNA 이고 꽃양배추 모자이크바이러스 등 몇몇은 DNA이다.
- 바이러스 입자는 공, 타원, 막대기, 실모양으로 크게 구분되며 광학현미경으로만 관찰이 가능
- 다른 미생물과 같이 인공배양되지 않고 특정한 산 세포 내에서만 증식할 수 있으며, 생물체 내에 침입하여 병을 일으킬 수 있는 감염성을 가지고 있음
- 바이러스병은 다른 식물병과 달리 약제를 이용한 화학적 직접방제가 어렵기 때문에 재배적이고 경종적인 방법이나 물리적인 방제방법을 많이 사용

★㉡ 파이토플라스마

- 바이러스와 세균의 중간 정도에 위치한 미생물로 크기는 70~900㎛에 이르며 대추나무·오동나무 빗자루병, 뽕나무 오갈병의 병원체로 알려져 있음
- 세포벽은 없어 원형, 타원형 등 일정하지 않은 여러 형태를 가지고 있는 원핵생물로 일종의 원형질막에 둘러싸여 있음
- 감염식물의 체관부에만 존재하므로 매미충류와 기타 식물의 체관부에서 흡즙하는 곤충류에 의해 매개된다.
- 인공배양이 되지 않고 방제가 대단히 어려우나 테트라사이클린(tetracycline)계의 항생물질로 치료가 가능

㉢ 세균

- 가장 원시적인 원핵생물의 하나로 세포벽을 가지고 있으며 이분법으로 증식함, 대부분의 길이는 0.6~3.5μ , 직경은 0.3~1.0μ 정도로 전자광학현미경으로 관찰할 수 있음
- 세균은 진균과는 달리 형태가 단순한 단세포미생물이며, 짧은 막대기 모양은 간균(稈菌), 공모양인 구균(球菌), 나사모양인 나선균(螺旋菌), 사상균(絲狀菌)등이 있으며 세균에 의한 병은 대부분 간균에 의함
- 식물병원세균의 수는 약 180개로 인공배지에서 배양 및 증식이 가능한 임의기생체임

㉣ 진균

- 실모양의 균사체(菌絲體)로 되어 있고 그 가지의 일부분을 균사(菌絲)라 하므로 진균을 사상균 또는 곰팡이라 부름
- 균사는 격막이 있는 것과 없는 것으로 구분되며 대부분의 균사 외부는 세포벽으로 둘러싸여 있고 그 주성분은 키틴(kitin)이다. 세포벽 안쪽에는 원형질막과 핵을 둘러싼 핵막, 핵질이 있고 미토콘드리아, 리보솜, 소포체, 액포, 인지질 등이 있음
- 진균은 고등식물과 같이 잎, 줄기, 뿌리 등이 분화되지 않으며 개체를 유지하는 영양체와 종속을 보존하는 번식체로 구분

영양체	·대부분의 절대기생균은 기주에 침입할 때 부착기를 형성 ·균사의 끝이 특수한 모양의 흡기(吸器)를 세포안에 박고 영양을 섭취
번식체	·영양체가 어느 정도 발육하면 담자체(膽子體)가 생기고 여기에 포자(胞子)가 형성 ·담자체의 생성법이나 포자의 모양은 진균을 분류하는 중요한 기준이 됨

· 포자는 무성포자와 유성포자로 구분되며, 무성적으로 만들어진 포자를 분생포자(分生胞子)라 한다.

무성포자	동시에 수많은 개체를 되풀이(세포분열)하여 형성하므로 식물병이 급격히 만연하는 제2차 전염원으로 중요(분생포자, 유주포자, 후벽포자)
유성포자	수정에 의해 발생하며 주로 진균의 월동, 유전 등 종족의 유지에 중요한 역할을 함(난포자, 자낭포자, 담자포자, 접합포자 등이 있음)

· 진균의 분류

조균류 (藻菌類, Phycomycetes)	· 균사가 없거나 발달이 미약하며 균사에 격막이 없어 다른 진균과 쉽게 구별 · 유주자의 형성유무에 따라 유주자균류(난균류)와 접합균류로 구분
★ 자낭균류 (子嚢菌, Ascomycetes)	· 균사에는 격막이 있고 잘 발달되어 균조직으로서 균핵(菌核), 자좌(子坐)를 형성 · 유성생식에 의한 자낭 속에 8개의 자낭포자가 만들어지며, 자낭균은 분생포자로 이루어지는 무성생식(불완전세대)과 자낭포자로 이루어지는 유성생식(완전세대)으로 이루어짐 · 자낭포자는 월동 후의 제 1차전염원이 되며, 분생포자는 그 후 월동기까지 몇 번에 걸쳐 형성되어 제2차전염원의 역할을 함
★ 담자균류 (擔子菌類, Basidiomycetes)	· 균사에는 격막이 있고 유성포자는 담자기 위에 생기는 담포자이다. · 녹병균에서 담자기를 전균사(前菌絲), 담포자를 소생자(小生子)라 함 · 녹병균은 겨울포자, 소생자 외에 녹병포자, 녹포자, 여름포자를 형성하여 기주교대를 하는 것도 있음
불완전균류 (不完全菌類, Deuteromycetes)	· 균사에는 격막이 있으며 유성세대가 알려져 있지 않아 편의상 무성적인 분생포자세대(불완전세대)만으로 분류함

ⓜ 바이로이드(viroid)

· 기주식물의 세포에 감염해서 증식하고 병을 일으킬 수 있는 가장 작은 병원체
· 외부단백질이 없는 핵산(RNA)만의 형태이며 분자량도 바이러스 RNA의 1/10 이하
· 바이러스와 비슷한 전염특성이 있으며 접목 및 전정시 감염된 대목이나 접수 또는 손, 작업기구 등에 의하여 접촉전염됨

ⓑ 선충(線蟲)

· 식물에 기생하여 전염병을 일으키는 동물성 병원체로 몸의 길이는 0.3~1.0mm, 직경은 15~35μ 정도
· 식물기생선충은 머리부분에 있는 구침(口針)으로 식물의 조직을 뚫고 들어가 즙액을 빨아먹으며 상처난 조직은 병원성 곰팡이나 세균에 의해 2차감염이 되어 부패
· 식물기생선충의 경우는 스스로 1년간 30cm 정도 밖에 이동하지 못하므로 물, 농기구, 묘목 뿌리 등에 의해 전파됨

ⓢ 기생성종자식물

· 다른 식물에 기생하여 생활하는 식물로 모두 쌍떡잎식물에 속함

- 작물 및 수목에 기생하여 피해를 주는 종류로는 겨우살이과 겨우살이(줄기에 기생), 메꽃과의 새삼(줄기에 기생), 열당과의 오리나무더부살이(뿌리에 기생), 열당과의 초종용(바닷가모래땅에 사철쑥에 기생) 등이 있음

② 비전염성

㉠ 부적당한 토양조건 : 토양수분의 과부족, 양분결핍 및 과잉, 토양 중 유해물질, 통기성불량, 토양산도의 부적합

㉡ 부적당한 기상조건 : 지나친 고온 및 저온, 광선부족, 건조와 과습, 바람·폭우·서리 등

㉢ 유해물질에 의한 병 : 대기오염, 토양 오염, 염해, 농약의 해

㉣ 농기구 등에 의한 기계적 상해

4 식물병진단의 종류

① 식물병의 진단 : 병든 식물을 정밀하게 검사하여 비슷한 병과 구별하고 정확한 병명을 결정하는 것을 말함

★② 종류

육안적진단	·병징과 표징에 의하여 육안으로 진단하는 방법으로 가장 보편적으로 사용 ·습실처리에 의한 진단 : 병환부가 마르거나 오래되어 상태가 좋지 않을 때 물에 적신 신문지나 휴지를 넣어 포화습도의 상태를 유지하는 것으로 병원균의 활동이 활발해져 병원균이 식물체의 표면에 노출하는 경우가 많음, 진균병의 진단에 많이 이용
해부학적·현미경적 진단	·현미경을 이용하여 병원체의 유무, 병원균의 종류 및 형태, 병원균의 균사 모양 및 편모의 수와 위치, 항체와 반응시 나타나는 형광현상 등을 조사하여 진단하는 방법
물리·화학적진단	·병든 식물 또는 병환부에 나타나는 물리화학적 변화를 조사하여 진단하는 방법, 감자바이러스병에 감염된 씨감자의 진단에 황산구리법이 이용
병원적진단	·인공접종 등의 방법을 통해 병원체를 파악하는 방법으로 코호의 원칙에 따라 병든 부위에서 미생물의 분리 → 배양 → 인공접종 → 재분리의 과정을 거쳐야 함 ·소나무류의 잎녹병은 중간기주식물에 대하여 접종시험을 하여야만 병원균의 정확한 동정이 가능하며 Fusarium과 같이 병원성이 분류의 기준으로 중시되는 경우에는 감수성이 높은 식물에 인공접종할 필요가 있음
생물학적진단	·지표식물법 : 어떤 병에 대하여 고도로 감수성이거나 특이한 병징을 나타내는 식물을 병의 진단에 이용/ 감자 X 바이러스에는 천일홍/ 뿌리혹선충에는 토마토와 봉선화/ 과수근두암종병에는 밤나무 · 감나무 · 벚나무 · 사과나무/ 바이러스병에는 명아주·독말풀 · 땅꽈리 · 잠두 · 천일홍 · 동부 등이 지표식물로 알려짐 ·즙액접종법 : 여러 종류의 지표식물에 접종하여 특이적인 병징을 관찰함으로써 바이러스의 감염여부를 검정하는 방법, 검정기간이 길고 넓은 공간이 필요한 단점이 있음 ·최아법 : 괴경지표법, 감자의 바이러스병을 진단하기 위한 방법으로 미리 감자의 눈을 발아시켜 발병의 유무를 검정 ·박테리오파지법 : 어떤 세균의 계통에 대하여 특이성이 있는 박테리오파지를 이용하여 그 계통 세균의 존재 유무 및 월동장소 등을 파악하는 방법

혈청학적·면역학적 진단	·병원체에 대한 혈청을 만들어 진단하는 방법으로 만약 항원이 순수하면 그 반응은 특이하므로 다른 비슷한 병원체에는 반응이 일어나지 않는다.(바이러스병 진단에 이용) ·한천겔면역확산법(한천겔 내의 침강반응), 형광항체법(항체와 형광색소를 결합하여 특이적인 형광으로 항원이 있는 곳을 알아냄), 효소결합항체법(항체에 효소를 결합시켜 바이러스와 반응시켰을 때 노란색이 나타나는 정도),직접조직프린트면역분석법, 적혈구응집반응법
분자생물학적 진단	역전사 중합효소 연쇄반응법, PAGE분석법

5 수병(樹病)의 발생

① 병원체의 월동 종류

㉠ 기주의 체내에 잠재 하여 월동 : 잣나무 털녹병, 오동나무 빗자루병, 각종 바이러스

㉡ 병환부 또는 죽은 기주체에서 월동 : 밤나무 줄기마름병균, 오동나무 탄저병, 낙엽송잎 떨림병

㉢ 종자에 붙어서 월동 : 오리나무 갈색무늬병, 묘목의 입고병균

㉣ 토양 중에 월동 : 묘목의 입고병균, 근두암종병균, 자주빛 날개 무늬 병균, 각종 토양서식 병원균

② 전반

㉠ 물에 의한 전반 : 향나무 적성병균, 근두암 종병균, 묘목의 입고병균

㉡ 바람에 의한 전반 : 잣나무 털녹병균, 밤나무 줄기마름병균, 밤나무 흰가루병균

㉢ 곤충, 소동물에 의한 전반 : 오동나무·대추나무 빗자루병, 포플러 모자이크 병균

㉣ 토양에 의한 전반 : 묘목의 입고병균, 근두암 종병균

㉤ 종자에 의한 전반 : 오리나무 갈색무늬병균, 호두나무 갈색부패병균

㉥ 묘목에 의한 전반 : 잣나무 털녹병균, 밤나무 근두암종병균

㉦ 식물체의 영양번식 기관에 의한 전반 : 오동나무·대추나무 빗자루명, 포플러·아카시 모자이크 병균

③ 병원균 침입 경로

㉠ 세균(박테리아) 침입 : 수공 침입, 기공 침입, 상처를 통한 침입

㉡ 진균(곰팡이) 침입

각피 침입	· 각피나 뿌리의 표피를 뚫고 침입 · 녹병균의 소생자, 잿빛곰팡이병균, 잘록병균, 뽕나무자줏빛날개무늬병균
자연 개구부로 침입	· 기공, 피목, 물방울이나 수공을 통한 침입 · 기공 침입 : 소나무 잎떨림병균, 녹포자, 여름포자, 삼나무 붉은마름병균 · 피목 침입 : 포플러 줄기마름병균, 뽕나무 줄기마름병균
상처를 통한 침입	· 상처 난 곳, 주근과 측근 사이의 균열을 통한 침입 · 낙엽송 끝마름병, 밤나무 줄기마름병, 포플러류 줄기마름병균, 모잘록병, 근두암종병균, 목재부패균

■ 참고 : 세균의 침입가능한 통로

① 세균이 식물체내에 침입가능한 통로 : 수공, 기공, 피목, 밀선(꿀샘)
② 세균이 식물체 내에 침입가능한 통로가 아닌 경로 : 각피(角皮)
· 식물각피(plant cuticle) : 식물체의 표피세포에서 분비된 비세포적인 표층

6 중간기주식물 ★

① 기주식물 : 수목 병원균이 균사체로 다른 나무에서 월동, 잠복하여 활동하는 나무
② 중간기주식물 : 균이 생활사를 완성하기 위해 식물 군을 옮겨가면서 생활하는데 2종의 기주식물 중 경제적 가치가 적은 쪽을 말함
③ 녹병균 : 담자균의 곰팡이가 기주를 하면서 생활하는 기주식물을 가진 대표적인 균

★ ㉠ 표. 녹병균의 중간기주식물의 예

병명	기주식물	
	녹병포자·녹포자세대	중간기주 (여름포자·겨울포자세대)
잣나무 털녹병	잣나무	송이풀, 까치밥나무
소나무 혹병	소나무	졸참나무, 신갈나무
배나무 적성병	배나무	향나무(여름포자세대가 없음)
포플러나무 녹병	포플러	낙엽송

㉡ 녹병균의 포자형 : 녹병균은 생활사 중 5종의 포자를 만드는 시기가 있으며, 그에 해당하는 각 시기를 일반적으로 (O·Ⅰ·Ⅱ·Ⅲ·Ⅳ)의 숫자나 부호로 표시한다.

기호	포자과	포자
O	녹병자기(銹柄子器)	녹병포자
Ⅰ	녹포자기(胞子器)	녹포자
Ⅱ	여름포자퇴(夏胞子堆)	여름포자
Ⅲ	겨울포자퇴(冬胞子堆)	겨울포자
Ⅳ	전균사(前菌絲)	소생자

7 식물병의 방제법

① 비배관리 : 질소질 비료를 과용하면 동해(凍害) 또는 상해(霜害)를 받기 쉽다.
② 환경조건의 개선 : 토양전염병은 과습할 때 피해가 크므로 배수, 통풍을 조절 할 것
③ 전염원의 제거 : 간염된 가지나 잎을 소각하거나 땅속에 묻는다.
④ 중간기주의 제거

⑤ 윤작실시 : 연작에 의해 피해가 증가하는 수병(침엽수의 입고병, 오리나무 갈색무늬병, 오동나무의 탄저병)
⑥ 식재 식물의 검사
⑦ 종자나 토양 소독
⑧ 내병성 품종의 이용

8 약제 종류

① 살포시기에 따른 분류
㉠ 보호살균제 : 침입 전에 살포하여 병으로부터 보호하는 약제(동제)
㉡ 직접살균제 : 병환부위에 뿌려 병균을 죽이는 것(유기수은제)
㉢ 치료제 : 병원체가 이미 기주식물의 내부조직에 침입한 후 작용
② 주요성분에 따른 분류
㉠ 동제(보르도액)(보호살균제)
- 석회유액과 황산동액으로 조제 a-b식으로 부름
(a : 황산동, b :생석회)
- 석회유에 황산동액을 혼합(가열되어 약해를 받을 수 있음)
- 사용할 때 마다 조제하여야 효과적이다. (살포약제 유효기간 2주)
- 바람이 없는 약간 흐린 날 식물체 표면에 골고루 살포하며 전착제를 사용해 효과를 높인다.
- 지상부침해병해(삼나무 붉은 마름병, 소나무묘목잎마름병, 활엽수의 각종 반점병·잿빛 곰팡이병, 녹병)에 적용된다.
- 흰가루병, 토양전염성병에는 효과가 거의 없다.

■ 참고 : 동제(보르도액)

- 1858년 프랑스 Millardet에 의해 발견
- 현재까지 광범위하게 사용
- 보호살균효과가 탁월
- 비용이 저렴해 널리 이용됨
- 주성분은 구리
- 1차전염, 1주일 전에 살포

㉡ 유기수은제 : 병원균에 의한 전염성병을 방제할 목적(직접살균제), 독성문제로 사용금지
㉢ 황제
- 무기황제
  - 석회황합제 : 적갈색의 물약, 흰가루병과 녹병방제에 사용
  - 황 : 미분말을 분제 또는 수화제의 형태로 만들어 사용, 분말이 미세할수록 효과가 좋다.
- 유기황제 : 지네브제(다이젠 M-45), 마네브제(다이젠 M-22), 퍼밤제, 지람제(제얼레이트), 티람제(아라산 티오산) 아모방제

㉣ 유기합성살균제 : PCNB제, CPC제, 캡탄제

㉤ 항생물질계

- 파이토플라즈마에 의한 수병 치료에 효과를 보이고 있음
- 테트라사이클린계 : 오동나무·대추나무 빗자루병
- 사이클론헥시마이드 : 잣나무 털녹병

9 조경수목의 주요 병해

① 흰가루병

㉠ 병상 및 환경

- 잎에 흰곰팡이 형성, 광합성을 방해, 미적 가치를 크게 해침
- 자낭균에 의한 병으로 활엽수에 광범위하게 퍼짐(기주선택성을 보임)
- 주야의 온도차가 크고, 기온이 높고 습기가 많으면서 통풍이 불량한 경우에 신초부위에서 발생

㉡ 방제 : 일광 통풍을 좋게함, 석회황합제 살포, 여름엔 수화제(만코지, 지오판, 베노밀) 2주간격으로 살포, 병든가지는 태우거나 땅속에 묻어서 전염원을 없앤다.

② 그을음병(그을림병)

㉠ 병상 및 환경

- 진딧물이나 깍지벌레 등의 흡즙성 해충이 배설한 분비물을 이용해서 병균이 자람
- 잎, 가지, 줄기를 덮어서 광합성을 방해하고 미관을 해침
- 자낭균에 의한 병으로 사철나무, 쥐똥나무, 라일락, 대나무 등에서 관찰

㉡ 방제 : 일광 통풍을 좋게함, 진딧물이나 깍지벌레 등의 흡즙성해충을 방제, 만코지수화제, 지오판 수화제 살포

③ 붉은별 무늬병(적성병)

㉠ 병상 및 환경 : 6~7월에 모과나무, 배나무, 명자꽃의 잎과 열매에 녹포자퇴의 형상이 생김, 병든 잎 조기 낙엽(장미과에 속하는 조경수에 피해)

㉡ 방제 : 만코지수화제, 폴리옥신 수화제 살포, 중간기주제거(과수원 근처 2km 이내에는 향나무 식재할 수 없음)

④ 갈색무늬병(갈반병)

㉠ 병상 및 환경

- 자낭균에 의해 생기며 활엽수에 흔히 발견
- 잎에 작은 갈색 점무늬가 나타나고 점차 커지고 불규칙하거나 둥근병반을 만듬
- 6~7월부터 병징이 나타나서 조기낙엽되어 수세가 약해짐

㉡ 방제 : 병든 잎을 수시로 태우거나 묻어버림, 초기엔 만테브 수화제, 베노밀 수화제를 2주간격으로 살포, 보르도액 살포

⑤ 구멍병(천공성 갈반병)

㉠ 병상 및 환경

- 자낭균에 의한 병으로 벚나무, 살구나무에서 발견되고 5~6월에서 시작하여 장마철 이후에 심해짐
- 작은 점무늬가 생기고 점이 커져 갈색반점이 되고 그 자리에 동심원의 구멍이 생겨 수목의 미관을 해침

㉡ 방제 : 잎을 태우거나 5월과 장마철 후에 보르도액을 3~4회 살포

⑥ 잎떨림병(엽진병)

㉠ 병상 및 환경

- 자낭균에 의해 생기며 침엽수 중 잣나무, 소나무, 해송, 낙엽송에서 발생하며 잎이 떨어짐
- 전년도에 감염되어 땅에 떨어진 병든 잎에서 6~7월에 자낭포자가 비산하여 새로 나온잎에 감염

㉡ 방제 : 봄부터 초여름사이에 떨어진 잎을 태우거나 묻으며, 6~8월에 자낭포자가 비산할 때 2주간격으로 베노밀·만코지수화제를 살포

⑦ 빗자루병

㉠ 병상 및 환경

- 병든잎과 가지가 왜소해지면서 빗자루처럼 가늘게 무수히 갈라짐
- 파이토플라스마에 의한 빗자루병 : 대추나무, 오동나무, 붉나무 등에서 발견되며 마름무늬 매미충의 매개충에 의해 매개전염
- 자낭균에 의한 빗자루병 : 벚나무, 대나무에서 발견

㉡ 방제

- 파이토플라스마의 의한 빗자루병 : 매개충을 메프 수화제나 비피유제로 6~10월 2주 간격으로 살포, 옥시테트라사이클린계 항생제 수간주사, 병든부위 자른 후 소각
- 자낭균에 의한 빗자루병 : 이른 봄에 병지를 잘라 태우거나 꽃이 진후 보르도액이나 만코지수화제를 2~3회 나무전체에 살포함

⑧ 줄기마름병(동고병)

㉠ 병상 및 환경 : 수피에 외상이 생겨 병원균이 침입하여 줄기와 가지가 말라 고사

㉡ 방제 : 전정 후 상처치료제와 방수제 사용

⑨ 모잘록병

㉠ 병상 및 환경

- 토양으로부터 종자, 어린묘에 감염되며 토양이 과습할 때 발생
- 침엽수(소나무, 전나무, 낙엽송, 가문비나무)에 많이 발생

㉡ 방제

- 토양이나 종자 소독, 토양 배수관리 철저, 통기성을 좋게함
- 질소과용을 금지하고 인산질비료를 충분히 사용하고 완전히 썩은 퇴비를 줌

⑩ 탄저병

㉠ 병상 및 환경 : 자낭균에 의한 병으로 거의 모든 과수류, 호두나무, 사철나무, 오동나무 등 조경수에서 큰 피해를 주는 병이며 묘포에서 나타나기도 한다. 잎이나 어린가지, 과실이 검게 변하고 움푹 들어가는 공통적인 병징이 있다.

㉡ 방제 : 묘포장에서 토양소독을 미리 실시하며, 병든 잎과 가지를 제거하는데 태우거나 묻어 버린다. 약제는 6~9월에 베노밀수화제, 지오판수화제는 4~5회 살포한다.

⑪ 떡병

㉠ 환경 및 증상 : 병원균은 담자균류에 의한 병으로 봄비가 잦은 해에 많이 발생한다. 철쭉과 진달래류에서 흔히 나타나며 잎이 흰떡과 같은 모양으로 변해 붙여진 이름이다. 5월부터 잎과 꽃눈이 비대해지면서 처음에는 녹색으로 광택이 있으나 백색가루(담자포자)로 덮힌다. 햇빛을 받는 쪽은 핑크색으로 변한다.

㉡ 방제 : 병든 부분을 제거하여 태우거나 동수화제를 10일 간격으로 3~4회 살포한다.

10 소나무재선충병, 참나무시들음병

① 소나무재선충병

㉠ 공생 관계에 있는 솔수염하늘소(수염치레하늘소)의 몸에 기생하다가, 솔수염하늘소의 성충이 소나무의 잎을 갉아 먹을 때 나무에 침입하는 재선충(Bursaphelenchus xylophilus : 소나무 선충)에 의해 소나무가 말라 죽는 병이다.

㉡ 재선충의 크기는 0.6~1mm이다. 실처럼 생긴 선충으로, 스스로 이동할 수 없어 매개충인 솔수염하늘소에 의해서만 이동이 가능하다.

㉢ 감염 경로

- 솔수염하늘소가 6~9월에 100여 개의 알을 고사목 수피 속에 낳으면, 유충은 수피 밑의 형성층을 먹으며 성장한다. 11월에서 이듬해 5월에 걸쳐 다 자란 유충은 다시 목질부 속에 굴을 뚫고 번데기집을 만든 뒤, 번데기가 된다. 이 번데기는 5~7월에 용화(蛹化) 함
- 이 때 고사목 조직 안에 흩어져 있던 재선충이 번데기집 주위로 모여든 다음, 우화하는 솔수염하늘소의 몸속으로 침입한다.

㉣ 주요증상

- 소나무의 잎이 우산살모양처럼 처지면서 붉게 죽어감
- 감염된 소나무로부터 매개충이 탈출한 흔적인 탈충공 보임

㉤ 방제법

- 매개충의 확산 경로 차단을 위한 항공·지상 약제 살포
- 재선충과 매개충을 동시에 제거하기 위한 고사목 벌채 및 훈증

세계적으로는 1905년 일본에서 처음 보고된 뒤, 전국으로 확산되어 현재 일본의 소나무는 전멸 위기에 놓여 있다. 이후 미국·프랑스·타이완·중국·홍콩 등으로 확산되었고, 한국에서도 1988년 10월 부산 금정산에서 처음 발생해 현재에 이르고 있음

★★ ② 참나무시들음병

㉠ 병원균 : Raffaelea quercus-mongolicae(라펠리아 속의 신종 곰팡이)

★ ㉡ 매개충

- 광릉긴나무좀(Platypus koryoensis)
- 졸참나무·갈참나무·상수리나무·서어나무 등에 서식하며 수세가 약한 나무나 잘라 놓은 나무의 목질부를 가해하고, 심재 속으로 파먹어 들어가기 때문에 목재의 질을 약하게 한다.
- 피해를 입은 부위에서 성충으로 월동한다. 성충은 5~6월에 모갱을 통하여 밖으로 달아나며 새로운 숙주식물의 심재부를 파먹은 후 산란한다. 유충은 분지공을 만들면서 암브로시아균을 먹으며 성장한다.

㉢ 기 주 : 참나무류(주 피해는 신갈나무), 서어나무

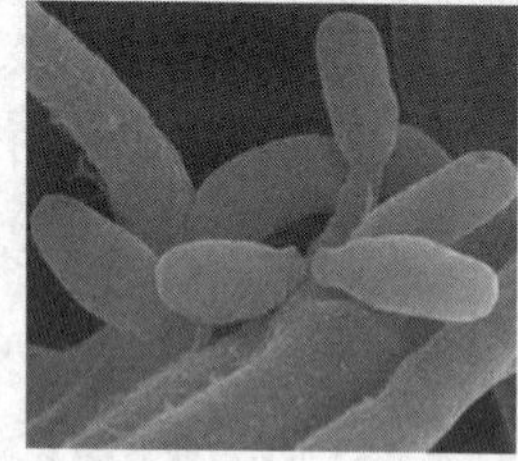
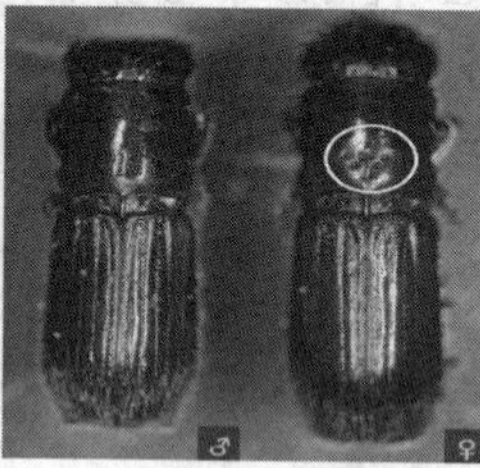

㉣ 피해증상

- 외부증상 : 줄기에 매개충이 침입한 구멍(직경 1mm정도)가 많이 있으며 침입한 구멍부위 및 뿌리와 접한 땅위에는 목분 배출물이 많이 나와 있음
- 내부증상 : 죽은 나무의 피해부를 잘라보면 변재부에 매개충이 침입한 경도를 따라 불규칙한 암갈색의 변색부가 형성되고 변색부는 알코올 냄새가 약간 나는 것이 특징임

㉤ 고사원인

- 병원균이 지닌 매개충이 생입목에 침입하여 변재부에서 곰팡이를 감염시키면 곰팡이가 침입갱도를 따라 퍼짐
- 퍼진 곰팡이가 도관을 막아 수분과 양분의 상승을 차단함으로 시들으면서 죽게 됨

㉥ 방제

- 소구역 모두베기
- 벌채훈증
  - 매개충의 피해를 받은 줄기 가지 부위를 1m길이로 자르고 가급적 $1m^3$으로 쌓은 후, 메탐소듐 액제(25%)를 $1m^3$당 1ℓ 를 골고루 살포하고 비닐로 밀봉하여 훈증처리
- 지상약제 살포
  - 성충 우화 최성기인 6월 중순을 전후하여 페니트로티온 유제 50%를 500배로 희석하여 10일 간격으로 3회 정도를 나무줄기에 흠뻑 뿌려 준다.
- 유인목 설치
  - 피해목 중 매개충의 침입 흔적이 없는 부위를 1m 간격으로 절단, 햇볕이 잘 드는 장소에 우물정자 모양으로, 1m 높이로 4월중에 설치
- 끈끈이트랩 설치
  - 매개충의 우화 최성기인 6월중 설치, 끈끈이 롤 트랩(양면에 접착력이 소재)를 매개충의 침입흔적이 있는 높이까지 감되 가장 효과적인 높이는 1.5m임.(현지여건에 따라 탄력적으로 적용)

핵심기출문제

내친김에 문제까지 끝내보자!

1. 수목병 발생과 관련된 병삼각형(disease triangle)의 구성 주요인이 아닌 것은?

① 시간 ② 기주식물
③ 병원균 ④ 환경

2. 병든 식물의 표면에 병원체의 영양기관이나 번식기관이 나타나 육안으로 식별되는 것을 가리키는 것은?

① 병징 ② 병반
③ 표징 ④ 병폐

3. 조경수 병징(symptom)에 해당하는 것은?

① 잎의 변색 ② 균사체
③ 포자 ④ 버섯

4. 다음 중 자낭균에 의한 수병이 아닌 것은?

① 벚나무의 빗자루병 ② 밤나무의 흰가루병
③ 대나무의 그을림병 ④ 포플러의 잎녹병

5. 느티나무에서 자주 발생하는 병해로 잎에 작은 갈색의 반점이 생겨서 점점 퍼지면서 엽맥 부근에 다각형의 병반이 형성되고, 병반의 중앙부는 회백색이며 병증이 진행되면 잎이 탈락하는 경우가 있는 것은?

① 흰가루병 ② 빗자루병
③ 흰별무늬병 ④ 갈색무늬병

6. 파이토플라스마(phytoplasma)가 수목으로 전반되는 주요한 수단은?

① 바람 ② 물
③ 농기계 ④ 매개충

정답 및 해설

해설 1
수목병 발생의 이루어지는 관계 : 환경, 수목(기주식물), 병원체(병원균)

해설 2
표징(sign)
- 병원체가 병든 식물체상의 환부에 나타나 병의 발생을 알림.
- 진균일 때 발생
- 영양기관에 의한 것 번식기관에 의한 것이 있음
- 병든 식물 자체의 조직변화
- 비전염성병, 바이러스병, 파이토플라즈마의 병에서 발생

해설 3
병징(symptom)
- 비전염성병, 바이러스병, 파이토플라즈마의 병에서 발생
- 색깔의 변화, 천공, 위조, 괴사, 위축, 비대, 기관의 탈락, 빗자루모양, 잎마름 등의 병든식물 자체의 조직변화

해설 4
포플러의 잎녹병 : 중간기주에 의한 수병

해설 5
느티나무의 흰별무늬병(백성병)
- 주로 묘목에서 발생하고 큰 나무에서는 땅가부근의 맹아지에서 발생
- 병으로 인해 조기 낙엽되지는 않으나 심하게 병이 발생한 묘목은 성장이 크게 저하됨
- 방제법 : 병든 낙엽은 모아서 태우며, 잎이 피기 시작할 때부터 9월 중순까지 동수화제(보르도액 등)을 3~4회 살포

해설 6
파이토플라즈마의 전반은 매미충류와 기타 식물의 체관부에서 흡즙하는 곤충류에 의해 매개된다.

정답 1. ① 2. ③ 3. ① 4. ④ 5. ③ 6. ④

정답 및 해설

7. 파이토플라스마(Phytoplasma)에 의한 수목병 중 마름무늬 매미충에 의해 매개되는 병은?

① 뽕나무 오갈병
② 낙엽송 잎떨림병
③ 포플러 모자이크병
④ 벚나무 빗자루병

해설 7
대추나무(쥐똥나무)빗자루병, 뽕나무 오갈병 : 마름무늬 매미충에 의해 매개 전염됨

8. 우리나라 참나무류에 피해를 주고 있는 참나무시들음병에 대한 설명으로 잘못된 것은?

① 참나무류 중에서 신갈나무에 가장 피해가 심하다.
② 피해를 입은 나무는 7월 말경부터 빠르게 시들면서 빨갛게 말라 죽는다.
③ 매개충의 암컷 등에는 포자를 저장할 수 있는 균낭(mycangia)이 존재한다.
④ 병원균은 *Raffaelea sp*이고 이것을 매개하는 매개충은 북방수염하늘소이다.

해설 8
참나무 시들음병은 병원균인 '레펠리아균'의 균낭을 지닌 광릉긴나무좀이 참나무류에 들어가 병원균을 퍼트리면서 수분과 양분의 이동통로를 막아 말라죽게 하는 병이다.

9. 다음 중 소나무 혹병의 중간기주로 적합한 것은?

① 송이풀　② 졸참나무
③ 까치밥나무　④ 향나무

해설 9
소나무 혹병 중간기주 : 졸참나무, 신갈나무

10. 대추나무 빗자루병의 방제에 쓰이는 약제는?

① 옥시테트라사이클린수화제
② 메타미포프미탁제
③ 에토펜프록스·피리다펜티온수화제
④ 다이아지논유제

해설 10
대추나무 빗자루병
· 파이토플라즈마에 의한 병
· 방제 약제 : 테트라사이클린계 항생물질 수간주사

11. 소나무 재선충병에 대한 설명으로 옳지 않은 것은?

① 주요 매개충은 솔수염하늘소이다.
② 소나무재선충의 암컷 체장은 약 0.8~1.2mm이다.
③ 아바멕틴유제와 같은 살충제를 수간에 직접 주입하여 예방한다.
④ 소나무재선충의 생활주기는 온도 20℃에서 6~7일로, 단기간 내에 기하급수적으로 증가한다.

해설 11
소나무 재선충 생활주기
25℃의 조건에서 4~5일 정도 수체 내에 들어간 소나무재선충은 가도관 주변의 유조직 세포를 가해하며 단기간에 밀도가 증가하면서 기주를 고사시킨다.

정답 7. ① 8. ④ 9. ② 10. ① 11. ④

정답 및 해설

12. 배롱나무, 동백나무 등에 발생되는 그을음병의 예방법으로 가장 적합한 것은?

① 진딧물을 구제하고 통풍을 좋게 한다.
② 병든 잎은 제거하고 소각 처리한다.
③ 생리적 현상이므로 염려할 필요가 없다.
④ 향나무류를 주위에 식재하지 않는다.

13. 그을림병을 유발하는 해충으로 짝지어진 것은?

① 응애, 진딧물　　② 하늘소, 진딧물
③ 명나방, 독나방　　④ 깍지벌레, 진딧물

14. 단풍나무 가지 부분에 암갈색의 병반이 생겨 점차 확대되며, 병반은 약간 움푹 들어가며 작은 소립이 많이 형성되고 심하면 고사하는 병은?

① 가지마름병　　② 자줏빛날개무늬병
③ 흰가루병　　④ 줄기마름병

15. 모과나무, 명자꽃, 사과나무류의 장미과 나무 가까이에 향나무를 심지 않는 이유는?

① 모과나무, 사과나무의 흰가루병이 향나무로 옮기기 때문이다.
② 모과나무의 진딧물 벌레가 향나무에 옮기기 때문이다.
③ 향나무는 붉은별무늬병(赤星病)의 중간 기주이기 때문이다.
④ 모과나무, 명자꽃의 향기를 향나무의 향기가 흡수하기 때문이다.

16. 매개충에 의하여 감염됨으로 가지치기나 전정으로 방제 효과를 얻기가 가장 어려운 수목병은?

① 붉나무 빗자루병　　② 소나무 잎떨림병
③ 삼나무 붉은마름병　　④ 낙엽송 잎떨림병

17. 수목병과 매개충이 바르게 짝지어지지 않은 것은?

① 대추나무 빗자루병 – 담배장님노린재
② 오동나무 빗자루병 – 담배장님노린재
③ 쥐똥나무 빗자루병 – 마름무늬매미충
④ 느릅나무 시들음병 – 나무좀

해설 12

그을음병은 진딧물과 깍지벌레의 분비물에서 기생하는 곰팡이로 2차적 병이다.

해설 13

그을림병
- 자낭균에 의한 병
- 진딧물이나 깍지벌레 등의 흡즙성 해충이 배설한 분비물을 이용해서 병균이 자람
- 잎, 가지, 줄기를 덮어서 광합성을 방해하고 미관을 해침

해설 14

가지마름병
- 수목의 가지 끝에 병원미생물이 침범하여 고사시키는 병
- 가지 시들기를 일으키는 병원균은 수간 시들기를 일으키는 병원균과 공통되는 것이 많음

해설 15

장미과(모과나무, 사과나무, 배나무 등)의 적성병(붉은무늬병)의 중간기주 : 향나무

해설 16

붉나무 빗자루병 – 파이토플라스마에 이한 병으로 마름무늬매미충에 의해 매개전염

해설 17

대추나무 빗자루병 – 마름무늬매미충(Hishimonus sellatus)

정답 12. ①　13. ④　14. ①　15. ③　16. ①　17. ①

18. 녹병균(rust)이나 깜부기병(smut)균처럼 후막의 휴면포자인 겨울포자가 발아해서 전균사(promycelium)을 만드는 균이 소속된 분류군은?

① 자낭균류 ② 담자균류
③ 접합균류 ④ 불완전균류

19. 사과의 탄저병 등에 효과가 있는 바카메이트계 살균제는?

① 다조멧(dazomet) 입제
② 에토프로포스(ethoprophos) 입제
③ 포스티아제이트(fosthiazate) 액제
④ 티오파네이트메틸(thiophanate-methyl) 수화제

20. 벚나무 빗자루병에 대한 설명이 아닌 것은?

① 잔가지가 총생한다.
② 전신성 병은 아니다.
③ 증상이 나타난 가지에는 꽃이 피지 않는다.
④ 병원균은 파이토플라스마(phytoplasma)이다.

21. 최근 우리나라 참나무림에 피해를 주고 있으며 시들음병을 매개하는 해충은?

① 오리나무좀
② 미국느릅나무좀
③ 광릉긴나무좀
④ 가문비왕나무좀

22. 병에 걸린 생물체로부터 분리한 미생물이 그병의 원인이라고 인정을 받기 위해서는 4가지 조건을 충족시켜야 한다. 다음 중 코흐의 원칙 조건에 해당하지 않은 것은?

① 특정 미생물은 기주생물로부터 분리되고 배지에서 순수 배양되어야 한다.
② 병든 생물에 병원체로 의심되는 특정 미생물이 존재해야 한다.
③ 순수배양한 미생물을 동일 기주에 접종하였을 때 동일한 병이 발생하여야 한다.
④ 병든 생물체로부터 접종할 때 사용하였던 미생물과 동일한 특성의 미생물은 재분리 배양되어서는 아니된다.

해설 **18**

담자균류
- 균사에는 격막이 있고 격막부에 꺾쇠연결을 가지는 것이 많다.
- 유성포자는 담자포자이며 담자기(擔子器)라고 하는 대형 세포 위에 보통 4개가 형성된다.
- 버섯의 대부분이 여기에 속하며 깜부기병균·녹병균 등 식물병원균도 포함된다.

해설 **19**

① 다조멧 입제 : 살균제, 토양 훈증처리로 흙 속의 각종 병원균을 살균하며 살선충 및 제초효과도 있음
② 에토프로포스 입제 : 토양 해충을 방제하는 살충제, 유기인계통
③ 포스티아제이트 액제 : 토양 선충제거 하는 살충제, 유기인 계통

해설 **20**

벚나무 빗자루병은 자낭균에 의한 병이다.

해설 **21**

참나무 시들음병 매개충 : 광릉긴나무좀

해설 **22**

병든 생물체로부터 접종할 때 사용하였던 미생물과 동일한 특성의 미생물이 재분리 배양되어야 한다.

정답 18. ② 19. ④ 20. ④ 21. ③ 22. ④

23. 코호의 4원칙(koch's postulates)에 합당하지 않는 것은?

① 병든 생물체에 병원체로 의심되는 특정 미생물이 존재해야 한다.
② 미생물이 분리되어 기주식물이나 인공배지에서 순수 배양되어야 한다.
③ 순수배양한 미생물을 동일기주에 접종하였을 때 동일한 병이 발생되어야 한다.
④ 발병한 부위에서 접종한 미생물과 동일한 성질을 가진 미생물이 재분리 배양되어야 한다.

24. 산불 발생 직후에 특히 많이 발생되는 수목병해는?

① 소나무혹병(Pine Gall Rust)
② 리지나뿌리썩음병(Rhizina Root Rot)
③ 잣나무 피목가지마름병(Cieback of Rines)
④ 아밀라리아뿌리썩음병(Armillaria Root Rot)

25. 보르도액의 주성분은?

① 크롬 ② 구리
③ 비소 ④ 붕소

26. 녹병균 중에서 기주교대(寄主交代)는 다음 어느 경우에 이루어지는가?

① 동종 기생성 ② 이종 기생성
③ 수종(數種) 기생성 ④ 이주(異株) 기생성

27. 소나무 잎떨림병균이 월동하는 곳은?

① 주변의 잡초 ② 중간기주의 잎
③ 소나무 뿌리와 줄기 ④ 땅 위에 떨어진 병든 잎

28. 다음 중 자낭균에 의한 수병이 아닌 것은?

① 벚나무의 빗자루병
② 밤나무의 흰가루병
③ 대나무의 그을림병
④ 포플러의 잎녹병

정 답 및 해 설

해설 23
코호의 4원칙
① 미생물은 반드시 환부에 존재해야한다.
② 미생물은 분리되어 배지상에 순수 배양되어야 한다.
③ 순수 배양한 미생물을 접종하여 동일한 병이 발생되어야 한다.
④ 발병한 피해부에 접종에 사용한 미생물과 동일한 성질을 가진 미생물이 재분리 되어야 한다

해설 24
리지나 뿌리썩음병
- 병원균이 소나무류를 비롯한 대부분의 침엽수 뿌리에 침입하여 뿌리는 물론 근원부의 주간까지 부패시켜 입목을 고사시키는 병으로 강원도에서는 1987년도에 강릉시 병산동 적송림에서처음 발견되었다.
- 이 병은 임지내의 모닥불자리나 산불자리에서 많이 발생하기 때문에 매년 늘어나는 여름철 휴양객에 의한 바닷가 송림에서의 취사, 캠프화이어, 쓰레기 소각 등 임내 화입행위가 많아지고 또한 산불이 자주 발생하므로 리지나 뿌리썩음병 피해는 더욱 많아질 것으로 예상된다.

해설 25
보르도액
- 황산구리와 석회의 혼합물, 주성분은 구리
- 보호살균제

해설 26
이종기생균이 그 생활사를 완성하기 위하여 기주를 바꾸는 것을 기주교대라 하며, 두 기주 중에서 경제적 가치가 적은 것을 중간기주라고 한다.

해설 27
소나무 잎떨림병의 월동은 병든 잎에서 자낭포자의 형태로 월동한다.

해설 28
자낭균에 의한 수목병 : 흰가루병, 그을음병, 갈색무늬병, 구멍병, 잎떨림병, 빗자루병(벚나무)

정답 23. ② 24. ② 25. ② 26. ② 27. ④ 28. ④

29. 다음 중 바이러스에 의해 수목에 발생하는 수병은?

① 뽕나무모자이크병　　② 뽕나무오갈병
③ 동백나무시들음병　　④ 단풍나무점무늬병

30. 다음 중 주로 바람에 의해 전반 되는 병균이 아닌 것은?

① 향나무 적성병균　　② 잣나무 털녹병균
③ 밤나무 줄기마름병균　　④ 밤나무 흰가루병균

31. 식물병의 혈청학적 진단법에 속하는 것은?

① 황산구리법　　② 괴경지표법
③ 효소결합항체법　　④ 유출검사법(Ooze test)

32. 지표식물인 천일홍(Gomphrena globosa)에 인공 즙액을 접종한 결과로 진단할 수 있는 병은?

① 벼 흰잎마름병(BLB)　　② 벼 줄무늬잎마름병(RSV)
③ 뽕나무 오갈병(MLO)　　④ 감자 X 바이러스(PVX)

33. 다음 중 소나무 혹병의 중간기주로 적합한 것은?

① 송이풀　　② 졸참나무
③ 까치밥나무　　④ 향나무

34. 따뜻한 지방에서는 포플러 잎녹병균이 중간기주인 일본잎갈나무를 거치지 않고도 직접 전염하여 병을 일으킬 수 있는데 그 이유는?

① 녹포자로 월동하기 때문에
② 동종기생성 병원균이기 때문에
③ 포플러잎에서 여름포자로 월동하기 때문에
④ 포플러잎에서 겨울포자로 월동하기 때문에

35. 오동나무 빗자루병의 전염경로로 가장 적당한 것은?

① 공기전염　　② 종자전염
③ 충매전염　　④ 토양전염

정 답 및 해 설

해설 **29**

바이러스에 의한 수목병 – 모자이크병

해설 **30**

향나무 적성병균 – 물에 의한 전반

해설 **31**

식물병의 진단법

혈청학적 진단 : 이미 알고 있는 병원세균이나 병원바이러스의 항혈청(anti-serum)을 만들고 여기에서 진단하려는 병든식물의 즙액이나 분리된 병원체를 반응시켜서 병원체 조사하는 방법

해설 **32**

지표식물

천일홍(Gomphrena globosa)에 국부감염하여 접종엽에 자색의 괴사반점을 나타내 바이러스병을 진단함

해설 **34**

포플러의 잎녹병균

① 포플러와 중간기주인 일본잎갈나무(낙엽송) 사이를 오가며 생활하는 기주교대하는 성질을 가짐
② 병환 : 병든 낙엽에서 겨울포자 상태로 겨울을 나고, 4~5월에 겨울포자가 발아하여 만들어진 담자포자가 바람에 의해 낙엽송으로 날려가 새로 나온 잎을 감염하여 잎의 뒷면에 직경 1~2mm 되는 오렌지색의 녹포자 덩이를 만든다. 남쪽지방에서는 여름포자상태로 월동하여 중간기주를 거치지 않고 직접 포플러에 감염되기도 한다.

해설 **35**

오동나무 빗자루병은 담배장님노린재에 의해 매개전염된다.

정답	29. ① 30. ① 31. ③ 32. ④ 33. ② 34. ③ 35. ③

36. 파이토플라스마(Phytoplasma)는 다음 중 어느 것에 감수성인가?

① Benlate ② Penicillin
③ Streptomycin ④ Tetracycline

37. 다음 중 표징이 나타나지 않는 병은?

① 잣나무 털녹병
② 대추나무 빗자루병
③ 단풍나무 타르점무늬병
④ 소나무류 피목가지마름병

38. 식물바이러스의 전염방법으로 아직 보고되지 않은 것은?

① 매개충
② 접목
③ 기공
④ 영양번식

39. 식물에 침입한 병원체가 그 내부에 정착하여 기주관계가 성립되었을 때의 단계는 무엇인가?

① 감염
② 발병
③ 병징
④ 표징

40. 뿌리혹선충(Meloidogyne spp.)에 대한 설명으로 틀린 것은?

① 세계적으로 광범위하게 분포하는 대표적인 식물기생선충이다.
② 토양 속에서 유충이나 알 상태로 월동한다.
③ 대부분 침엽수 묘목을 주로 가해한다.
④ 자웅이형이며 감염세포는 거대세포가 된다.

정답 및 해설

해설 36

파이토플라스마는 테트라사이클린 항생물질에 감수성이 있어서 치료가 가능하다.

해설 37

대추나무 빗자루병은 병징에 해당된다.

해설 38

식물바이러스 전염방법
토양, 종자, 접목, 매개충, 영양번식

해설 39

- 발병 : 먼저 병원체가 숙주에 감염함으로서 시작하며, 감염이 곧 발병이 되지 않음
- 감염 : 식물에 침입한 병원체가 그 내부에 정착하여 기주관계가 성립
- 병징(symptom) : 병든식물자체의 조직변화
- 표징(sign) : 병원체가 병든 식물체상의 환부에 나타나 병의 발생을 알림

해설 40

뿌리혹선충
- 기주범위가 매우 넓으며 곰팡이, 박테리아, 바이러스 등과 밀접한 관계를 갖고 있어 식물기생성선충 중 매우 중요한 선충의 하나
- 농작물의 수확량을 크게 감소시키고 품질을 저하시킴, 수목에서도 생장감소가 심하며 나무는 말라 죽게 함
- 가해수종 : 소나무류, 편백, 오동나무, 복숭아나무, 사철나무, 아까시나무류, 단풍나무류, 감탕나무, 동백나무 등

정답 36. ④ 37. ② 38. ③ 39. ① 40. ③

41. 토양 전염을 하지 않는 것은?

① 뿌리혹병 ② 모잘록병
③ 오동나무 탄저병 ④ 자주빛날개무늬병

42. 파이토플라스마(phytoplasma)에 의한 수병(樹病)은?

① 포플러 모자이크병 ② 벚나무 빗자루병
③ 대추나무 빗자루병 ④ 장미 흰가루병

43. 잎과 뿌리가 없는 기생식물로서 다른 식물의 잎과 줄기를 감고 자라며 바이러스를 매개하는 것은?

① 새삼 ② 으름덩굴
③ 겨우살이 ④ 청미래덩굴

해설 **41**

토양 전염병

- 뿌리혹병 : 지상부의 접목부위, 뿌리의 절단부위, 삽목의 하단부 등으로 병원균 침입
- 모잘록병 : 주로 어린 묘목의 뿌리 또는 지제부, 흔히 묘포에서 군상으로 발생
- 자주빛날개무늬병 : 토양 속의 균핵이나 균사속 등이 뿌리조직을 침해하여 발병

해설 **42**

- 포플러 모자이크병 – 바이러스
- 벚나무 빗자루병, 장미 흰가루병 – 진균에 의한 병

해설 **43**

기생성종자식물

- 다른 식물에 기생하여 생활하는 식물로 모두 쌍떡잎식물에 속한다.
- 작물 및 수목에 기생하여 피해를 주는 종류
- 겨우살이과 겨우살이(줄기에 기생), 메꽃과의 새삼(줄기에 기생), 열당과의 오리나무더부살이(뿌리에 기생), 열당과의 초종용(바닷가모래땅에 사철쑥에 기생) 등

정답 41. ③ 42. ③ 43. ①

수목의 충해와 방제

7.1 핵심플러스

■ 가해습성에 따른 조경수의 해충 분류

가해습성	주요해충
흡즙성	응애, 진딧물, 깍지벌레, 방패벌레
식엽성	흰불나방, 풍뎅이류, 잎벌, 집시나방, 회양목명나방
천공성	소나무좀, 하늘소, 박쥐나방
충영형성	솔잎혹파리, 혹진딧물류, 혹응애
종실가해해충	솔알락명나방, 도토리거위벌레

■ 해충별 월동형태

알	매미나방(집시나방), 텐트나방, 어스렝이나방, 박쥐나방, 솔잎노랑잎벌
유충	솔잎혹파리, 솔나방, 밤나무혹벌, 복숭아명나방, 솔수염하늘소, 밤바구미, 도토리거위벌레
번데기	미국흰불나방, 아까시잎혹파리
성충	소나무좀, 버즘나무방패벌레, 오리나무잎벌레, 호두나무잎벌레, 느티나무벼룩바구미

■ 해충의 방제 유형
- 기계적 방제 : 포살법, 경운법, 유살법, 소살법
- 생물학적방제 : 천적이용, 생물농약
- 화학적방제 : 살충제살포
- 자연적방제 : 비배관리
- 매개충제거

1 곤충의 형태

① 구분

㉠ 머리(입틀 : 저작구, 흡수구, 눈, 촉각), 가슴, 배 3부분으로 구성

㉡ 가슴이나 배에는 기문이라는 구멍이 있으며 이 구멍을 통해 기관호흡을 하고 해충방제시 약제가 체내에 침입하여 죽게함

② 변태 : 알에서 부화한 유충이 여러 차례 탈피하여 성충으로 변하는 현상

㉠ 완전변태 : 알→애벌레→번데기→성충

㉡ 불완전변태 : 알→애벌레→성충

변태의 종류		경 과	해당곤충
완전변태		알-유충-번데기-성충	고등곤충류인 나비목, 딱정벌레목, 파리목, 벌목 등
불완전 변태	반변태	알-유충-성충 (유충과 성충의 모양이 다름)	잠자리목, 하루살이목 등
	점변태	알-유충(약충)-성충 (유충과 성충의 모양이 비슷함)	메뚜기목, 총채벌레목, 노린재목 등
	증절 변태	알-약충-성충(탈피를 거듭할수록 복부의 배마디가 증가함)	낫발이목
	무변태	부화 당시부터 성충과 같은 모양	톡토기목
과변태		알-유충-의용-용-성충 (유충과 번데기 사이에 의용의 시기)	딱정벌레목의 가뢰과

㉢ 과변태 : 유충 단계에서 생활 양식에 맞추어 형태가 크게 변화하는 부류

③ 곤충의 한살이

· 부화→유충의 성장→용화→우화→교미→산란

부화	알껍질 속에 새끼가 완전히 발육하여 밖으로 나오는 현상
유충의 성장	부화하여 나온 유충이 몸밖으로부터 영양을 섭취하여 몸은 자라지만 몸을 덮고 있는 표피는 늘어나지 않으므로 묵은 표피를 벗는 현상을 탈피라 함
용화	유충이 먹는 것을 중지하고 유충시대의 껍데기를 벗고 밖으로 나와 번데기가 되는 현상
우화	고치 속의 번데기가 일정한 시기를 경과한 다음 고치속에서 탈출하는 현상

■ 참고

■ 유충의 성장시 영(齡), 영충(齡蟲)

· 영(齡): 부화한 유충이 탈피할 때까지의 기간, 탈피 후 다음 탈피할 때 까지의 기간, 마지막 탈피로 번데기가 될 때까지의 각 기간을 말한다.

· 영충(齡蟲): 각 탈피 기간의 유충을 말하며, 3회 탈피한 유충을 4령충이라 한다. 즉 부화해 1회탈피시 1령충, 1회탈피를 마치면 2령충, 2회탈피를 마친 것을 3령충, 3회 탈피를 마치고 번데기가 될 때 까지를 4령충이라 한다.

■ 알라타체

· 알라타체에서 분비되는 유충호르몬(유약호르몬)으로 유충기에 활발히 분비되는 탈피호르몬과 같이 유충의 발육을 도와주나 최종령충에 이르면 활동이 중지되어 변태가 촉진된다.

· 앞가슴에서는 탈피호르몬(MH)엑디손과 허물벗기호르몬(EH), 탈피 후 표피층의 강화를 위한 경화호르몬(bursicon)이 분비된다.

④ 곤충의 분류

㉠ 분류학상 단위 : 종(species)→속(genus)→과(family)→목(order)→강(class)→문(phylum)

㉡ 분류

· 강도래목, 잠자리목, 흰개미목, 집게벌레목, 메뚜기목, 총채벌레목, 노린재목, 나비목, 딱정벌레목, 벌목

· 주요목

노린재목	– 조경수목에 많은 피해를 주는 종류 – 거품벌레류, 매미충류, 진딧물류, 개각충류, 방패벌레류
나비목	– 나비와 나방으로 불리는 종류로 수목에 극히 많은 주요 해충이 포함됨 – 주머니나방류, 꿀벌레나방류, 먹나방류, 노랑쐐기나방류, 명나방류, 유리나방류, 잎말이나방류, 자나방류, 밤나방류, 어스렝이나방류, 솔나방류
딱정벌레목	– 갑충류라고 불리워지는 종류로 중요해충이 포함되며, 주로 유충에 의한 천공성 식해이나 성충이 잎을 먹는 종류도 있음 – 풍뎅이류, 바구미류, 나무좀류, 비단벌레류, 하늘소류, 잎벌레류
벌목	– 천적류도 포함되어 있지만 잎벌류 등의 중요해충도 포함됨 – 혹벌류, 잎벌류, 송곳벌류, 가위벌류

■ 참고 : 페로몬(pheromone)

① 페로몬 : 동물의 체내에서 만들어져 체외로 방출되어 동종의 다른 개체를 자극, 여러 가지 행동이나 발육분화를 유도하는 물질의 총칭
② 경보페로몬(alarm pheromone): 개미·흰개미·꿀벌 등의 곤충 집에 침입자가 침범하면, 이 곤충들은 동료 집단에게 경보를 전하는데 사용하는 페로몬
③ 집합페로몬(aggregation phermone) : 집단으로 생활하는 동물에서 그 집단의 형성, 유지에 관여하는 페로몬으로 한쪽 또는 양쪽 성 모두가 분비하여 같은 종 내의 다른 개체들을 먹이가 있는 곳이나 교미장소로 유인하는 페로몬, 나무좀이나 바퀴벌레 등이 지님
④ 길잡이페로몬(trail marking pheromone) : 사회성 곤충의 길 표지로 사용하는 페로몬, 개미·꿀벌·흰개미 등이 집에서 나와 먹이를 찾고 난 후 집으로 되돌아갈 때 길에 이정표로 묻히는 분비물로 다른 개체가 그 분비샘을 따라 가면 목적지에 도달할 수 있음
⑤ 성페로몬(sex pheromone) : 동물이 같은 종의 이성을 유인하는 물질, 동종의 이성개체를 유인하여 배우(配偶) 행동을 유도하는 효과를 갖는 페로몬

2 조경수의 주요 해충 개요

★① 분류

강명	목명	분류	가해습성
곤충강	나비목	나방류	식엽성, 천공성
	노린재목	방패벌레류	흡즙성
	딱정벌레목	나무좀류, 하늘소류	천공성
		잎벌레류, 풍뎅이류	식엽성
		바구미류	식엽성, 천공성
	매미목	깍지벌레, 진딧물류	흡즙성
	벌목	잎벌류	식엽성
		혹벌류	충영형성
	파리목	혹파리류	충영형성
거미강	응애목	응애류	흡즙성, 충영형성

★★ ② 가해습성에 따른 조경수의 해충 분류

가해습성	주요해충
흡즙성	응애, 진딧물, 깍지벌레, 방패벌레
식엽성	흰불나방, 풍뎅이류, 잎벌, 집시나방, 회양목명나방
천공성	소나무좀, 하늘소, 박쥐나방
충영형성	솔잎혹파리, 혹진딧물류, 혹응애

3 해충방제의 개념 ★

① 목적 : 경제적으로 문제가 되고 있는 곤충의 세력을 억제할 수 있는 상태를 만들고 그 상태를 오래 유지하는 것

② 생물학적 측면과 경제적인 측면에 기초를 두고 계획 및 수행되어야 하며 실제적으로는 생물학적현상을 중심으로 경제적 합리성 및 기술적 측면에서 검토

③ 방제는 해충밀도의 변동과 밀접한 관계가 있으며 해충의 밀도와 분포면적의 대소는 방제수단의 선택이나 방제할 면적의 크기, 방제횟수를 결정하는 중요한 요인

표. 피해 측면에서의 해충밀도 분류 ★

구분	내용
경제적 피해수준	경제적 피해가 나타나는 최저밀도로 해충에 의한 피해액과 방제비가 같은 수준의 밀도를 말함
경제적피해 허용수준	경제적 피해수준에 도달하는 것을 억제하기 위하여 직접 방제수단을 써야하는 밀도수준으로 경제적 가해수준보다는 낮으며 방제수단을 쓸 수 있는 시간적 여유가 있어야 한다.
일반평형밀도	일반적인 환경조건하에서의 평균밀도를 말함

④ 방제를 목적으로 달성하기 위해서는 일반평형밀도를 그대로 두고 경제적 피해허용수준을 높이는 방법과 반대로 일반평형밀도를 낮추는 방법 등이 있다.

구분	내용
일반평형밀도를 낮추는 방법	환경조건을 해충의 서식과 번식에 불리하도록 만들어주는 것으로 살충제나 천적의 이용 등이 있다.
경제적 피해허용수준을 높이는 방법	해충의 밀도는 그대로 두고 내충성 등 해충에 대한 수목의 감수성을 낮추는 방법 등이 있다.

4 해충의 조사방법 ★

① 해충의 조사 : 야외포장에서 해충의 존재여부를 확인하고 그 종류를 동정하는 동시에 분포범위와 포장 내에서의 밀도를 추정하는 것으로 방제의 기초가 됨

② 방법

공중포충망 (쓸어잡기, 난획법)	멸구류 등의 채집하기 위한 방법, 포충망을 일정횟수 왕복하여 밀도 추정
유아등	단파장의 빛에 이끌리는 습성을 이용한 채집법으로 빠른 시간 내에 가장 효율적인 채집할 수 있는 방법
점착트랙	끈끈이를 바른 표면에 비행하던 곤충이 달라붙는 방법으로 색깔이나 페로몬 등의 냄새가 특정 곤충의 유인력을 증가시키는 것으로 알려짐
황색수반	곤충들은 특정 색채, 형태, 번쩍거리는 빛, 움직이는 모양 등에 자극 받아 유인, 노란색을 칠해놓은 평평한 그릇에 물을 담아놓는 방법
털어잡기	천이나 접시, 판 등을 밑에 놓고 작물을 흔들거나 막대기 등으로 가지를 쳐서 떨어진 곤충을 조사하는 방법
당밀유인법	개미나 벌 등이 꿀에 모이는 습성을 이용한 방법으로 주로 밤에 활동하는 나방류를 채집하는 경우

5 흡즙성해충

① 깍지벌레류

콩 꼬투리 모양의 보호깍지로 싸여 있고 왁스물질을 분비하는 작은 곤충으로 몸길이가 2~8mm

그림. 깍지를 형성한 깍지벌레

㉠ 피해

- 조경수목에 많은 피해를 주며, 주로 가지에 붙어서 즙액을 빨고 잎에서 빨아 가지의 생장이 저해되고 수세가 약해짐
- 깍지벌레의 분비물 때문에 2차적 그을음병을 유발

㉡ 화학적 방제법 : 기계유제 살포, 침투성 농약을 타서 함께 살포, 활력이 왕성한 나무에서는 질소비료를 삼가함

㉢ 생물학적 방제 : 무당벌레류, 풀잠자리

② 응애류

몸길이가 0.5mm 이하로 아주 작은 절지동물

㉠ 피해

- 나무의 즙액을 빨아 먹으며 잎에 황색반점을 만들고 반점이 많아지면 잎 전체가 황갈색으로 변함
- 나무의 생장이 감퇴되고 약해지고 피해가 심하면 고사함

㉡ 화학적 방제법 : 같은 약제의 계속 이용을 피함, 비펜트린수화제, 밀베멕틴유제
㉢ 생물학적 방제법 : 무당벌레, 풀잠자리, 거미 등

③ 진딧물류

㉠ 피해

- 침엽수와 활엽수에 광범위하게 피해를 주며 번식이 빠름
- 즙액을 빨아먹고 감로를 생산해 개미와 벌이 모여들고 2차적으로 그을음병을 초래
- 월동난에서 부화한 유충이 수목의 줄기 및 가지에 기생하며 잎이 마르고 수세약화, 활엽수 및 침엽수 수종에 피해

㉡ 화학적 방제법 : 살충용 비누를 타서 동력분무기로 분사, 메티다티온유제, 이미다클로프리드 액상수화제 개미를 박멸
㉢ 생물학적 방제법 : 풀잠자리, 무당벌레류, 꽃등애류, 기생봉 등

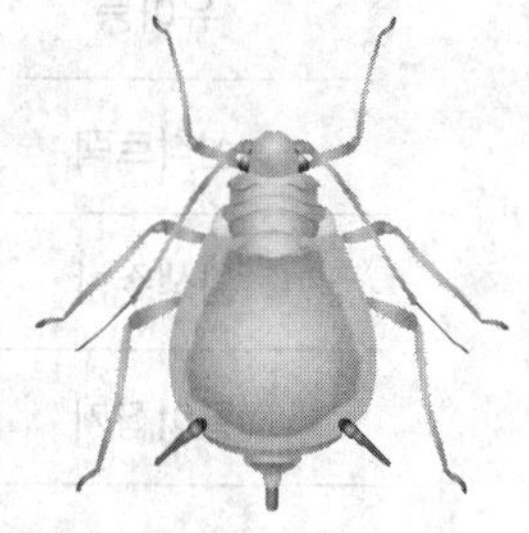
그림. 진딧물

④ 방패벌레

성충의 몸길이가 4mm 이내 되는 작은 곤충으로 위에서 내려다보면 방패모양

㉠ 피해

- 활엽수 잎의 뒷면에서 즙액을 빨아 먹음
- 연 2회에서 5회까지 종에 따라 다르며 버즘나무, 물푸레나무에 연 2회 가해

㉡ 화학적 방제법 : 메프유제, 나크 수화제를 수관에 7~10일 간격으로 2~3회 살포

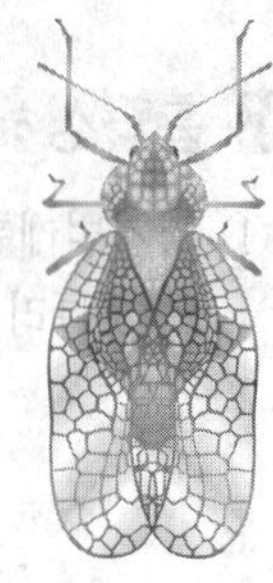
그림. 방패벌레

■ 참고: 버즘나무 방패벌레

- 북미 원산으로 우리나라에는 1995년에 침입하여 버즘나무에 기생한다.
- 약충이 버즘나무류의 잎 뒷면에 모여 흡즙하여 가해하며 피해잎은 황백색으로 변한다. 응애류에 의한 피해와 비슷하나 가해부위에 검은색의 배설물과 탈피각이 붙어 있어 구분된다.
- 년 2~3회 발생하며 성충으로 버즘나무의 수피틈에서 월동한 후, 4월말경부터 수상으로 이동하여 흡즙하여 가해한다.

6 식엽성해충

① 흰불나방

성충의 몸이 흰색이고 야간 불빛에 잘 모여서 얻은 이름, 미국이 원산

㉠ 피해

- 1년에 2회 발생, 1회(5~6월), 2회(7~8월)
- 겨울철에 번데기 상태로 월동, 성충의 수명은 3~4일
- 가로수와 정원수에 피해가 심하며 포플러, 버즘나무 등 160 여종의 활엽수 잎을 먹으며 부족하면 초본류도 먹는다.
- 1화기 유충은 6월 하순까지는 집단생활을 하므로 벌레집을 제거하는 것이 효율적

그림. 흰불나방의 성충

㉡ 화학적 방제법 : 디프유제, 메트수화제, 파프수화제, 주론수화제,

㉢ 생물학적 방제법

- 천적이용 : 긴등기 생파리, 송충알벌, 검정명주 딱정벌레, 나방살이납작맵시벌
- 생물농약 : 비티(Bt)수화제(슈리사이드)를 수관에 살포

② 솔나방

㉠ 피해

- 송충과 애벌레가 솔잎을 갉아 먹으며, 가을에 잠복소 설치
- 애벌레로 월동
- 소나무, 곰솔, 리기다소나무, 잣나무, 낙엽송 등에 피해

㉡ 화학적 방제법 : 에스펜빌러레이트유제, 탐다사이할로트린유제, 디플류벤주론 액상수화제

㉢ 생물학적 방제법 (천적) : 맵시벌, 고치벌

③ 그 밖의 식엽성 해충

㉠ 회양목 명나방

- 회양목에 피해, 연 2회 발생 4월하순부터 잎을 가해 6월에 심한 피해
- 방제 : 세균을 이용한 Bt생물농약

㉡ 매미나방(집시나방)

- 광범위한 활엽수를 가해, 연 1회 발생, 알로 줄기에서 월동, 4월 중순에 유충이 부화하여 바람을 타고 분산
- 방제 : 줄기에 붙어 있는 알 덩어리를 4월 이전 채취하여 소각, Bt세균살포

㉢ 잎벌류

- 몸길이가 14mm보다 작은 벌, 유충시절에 잎을 먹으며 활엽수 가장자리까지 갉아 먹음
- 수화제(나크, 트리므론, 주론), 유제(메프, 디프) 수관살포, 기생봉 등 천적이용

㉣ 텐트나방(천막벌레나방)

- 피해 : 참나무류, 벚나무, 장미, 살구, 포플러 등 활엽수 다수
- 형태적 특징 : 성충의 수컷은 황갈색이고 암컷은 엷은 주황색, 유충은 몸에 긴 털이 나있고 흑색 점이 퍼져 있음
- 유충이 천막을 치고 모여 살면서 낮에는 쉬고 밤에만 가해함/ 보통 1년에 1회 발생하고 알의 형태로 월동하며 4월 중하순에 부화함/ 부화유충은 실을 토하여 천막모양의 집을 만들고 그 속에서 4령까지 모여 살며, 5령부터 분산하여 가해함/ 노숙한 유충은 6월 중순 약 2주간 나뭇가지나 잎에 황색의 고치를 만들고 번데기가 됨/ 6월 하순부터 우화하여 주로 밤에는 가지에 반지모양으로 200~300개의 알을 낳음
- 방제 : 가지에 붙어 월동 중인 알덩어리를 채취하여 소각, 유충초기에 벌레집을 솜불방망이로 태워 죽임, 살충제인 트리클로르폰 수화제, 페니트로티온 수화제, 사이퍼메트린 유제를 1,000배 액으로 희석하여 10일 간격으로 2회 살포

7 천공성해충

① 소나무좀 : 성충의 몸길이가 5mm보다 작은 곤충

㉠ 피해

- 수세가 약한 나무를 집중적 가해(이식조경수에 피해)
- 소나무, 곰솔, 잣나무 등 소나무류에만 기생, 연1회 발생하지만 봄과 여름 두 번에 걸쳐 가해
- 성충으로 월동하며 3월 말~4월초 수목의 수피에 구멍을 내고 들어가 알을 산란

㉡ 방제

- 봄철 수목이식시 수간에 살충제 살포, 성충의 산란을 막거나 훈증으로 죽임
- 페니트로티온유제 유제를 혼합하여 5~7일 간격으로 3~5회 살포

② 바구미 : 성충의 몸길이가 10mm 이내의 곤충

㉠ 피해

- 소나무, 곰솔, 잣나무류, 가문비나무 등 쇠약한 수목 벌채한 원목을 가해
- 연1회 발생, 성충으로 월동 4월에 수피가 얇은 곳에 구멍을 뚫고 알(1~2개)을 산란하고 부화한 유충은 형성층을 가해하여 가지를 고사시킴

㉡ 방제

- 나무의 수세를 튼튼하게 함, 다른 쇠약목이나 벌채 원목으로 유인하여 산란 후 5월 중순에 껍질을 벗겨 소각
- 약제방제는 4월 중순부터 페니트로티온유제를 10간격으로 2~3회 살포

③ 하늘소

㉠ 피해

- 유충이 침엽수와 활엽수의 형성층을 가해하여 수세가 쇠약해져 고사하거나 줄기가 부러짐
- 측백나무 하늘소 : 향나무류, 측백나무, 편백, 삼나무 가해 (연1회 발생, 성충의 발생 및 산란은 3~4월)
- 알락 하늘소 : 단풍나무, 버즘나무, 튤립나무, 벚나무 외에 많은 활엽수 가해

㉡ 방제

- 유충기에 페니트로티온유제를 고농도 살포, 침입공이 발견되면 철사를 넣어 죽임
- 산란기에 수간 밑동을 비닐로 싸거나 석회유를 도포

④ 박쥐나방

- 박쥐처럼 저녁에 활동

㉠ 피해

- 버드나무류, 포플러류, 버즘나무, 단풍나무, 과수 등 활엽수, 침엽수 등 조경수에서 줄기를 가해하여 바람에 쉽게 부러지게 함
- 지표면에서 알로 월동한 후 5월에 부화하여 잡초의 지제부(지하부와 지상부의 경계부위)를 먹다가 수목으로 이동하여 가지와 줄기를 파먹음

㉡ 방제

- 벌레집(눈으로 식별가능)을 제거하고 구멍에 페니트로티온유제 주입
- 조경수 주변에 풀깎기 철저(유충이 먹을 수 있는 풀 제거), 주변에 살충제를 섞은 톱밥멀칭

8 충영형성 해충

① 솔잎혹파리

성충의 몸길이가 2.5mm의 아주 작은 파리

㉠ 피해

- 소나무와 곰솔 등 2엽송 잎의 기부에 혹을 형성
- 유충이 솔잎 기부에 벌레혹(충영)을 형성하고 수액을 빨아 먹으며 잎이 더 이상 자라지 못하고 갈색으로 변하여 조기 낙엽
- 1년에 1회 발생, 유충으로 땅속 또는 혹(충영)속에서 월동

㉡ 화학적 방제

- 포스파미돈 액제, 아세타미프리드액제, 이미다클로프리드 분산성 액제

㉢ 생물학적 방제

- 산솔새가 유충을 잡아먹으므로 산솔새를 보호
- 천적으로는 솔잎혹파리먹좀벌, 혹파리등뿔먹좀벌 등

② 밤나무 혹벌

㉠ 피해

- 유충이 밤나무 눈에 기생하여 충영을 형성 새순이 자라지 못하게 하여 결실에 장애

㉡ 방제

- 성충이 탈출 전에 벌레혹을 제거하여 소각
- 천적 : 꼬리좀벌, 노랑꼬리좀벌, 배잘록왕꼬리좀벌, 상수리좀벌, 큰다리 남색좀벌류 등

9 묘포해충

거세미 나방, 땅강아지, 풍뎅이류, 복숭아명나방

10 종실을 가해하는 해충

① 솔알락명나방(나비목 명나방과)

㉠ 형태적 특징

- 성충의 몸길이는 25mm 내외이고 황갈색~적갈색 띠가 있음
- 유충의 몸길이는 18mm이고 머리는 다갈색, 몸은 황갈색

㉡ 피해

- 잣나무나 소나무류의 구과(毬果)를 가해하여 잣수확 등을 감소시키며 구과 속의 가해부위에 똥을 채워놓고 외부로도 똥을 배출하여 구과 표면에 붙여놓음
- 1년에 1회 발생하고 노숙유충의 형태로 땅속에서 월동하는 것과 알이나 어린유충의 형태로 구과에서 월동하는 것이 있음

㉢ 방제

- 우화기나 산란기인 6~8월에 지효성이며 저독성인 트리플루뮤론수화제나 클로르플루아주론 유제 5%를 2회 정도 수관에 살포함
- 잣 수확기에 잣송에 들어있는 유충을 모아 포살함

② 도토리거위벌레

㉠ 형태적 특징

- 성충의 몸길이는 9~10mm이고 몸색은 암갈색, 날개는 회황색의 털이 밀생해 있고 흑색의 털도 드문드문 나 있음
- 유충의 몸길이는 10mm 정도이며 체색은 유백색

㉡ 피해

- 참나무류의 도토리에 주둥이로 구멍을 뚫고 산란한 후 도토리가 달린 참나무류 가지를 주둥이로 잘라 땅위에 떨어뜨림
- 알에서 부화한 유충이 과육을 식해 함/ 보통 1년에 1~2회 발생하며 노숙유충의 형태로 땅속에서 흙집을 짓고 월동함

㉢ 방제 : 8월초부터 페니트로티온 유제 또는 사이플루트린 유제 1,000배액을 10일 간격으로 3회 살포함

11 해충의 방제

① 법적 규제 : 식물검역을 통해 해충의 국내 반입을 사전에 봉쇄

② 저항성수종선택 : 병충해가 적고 환경내성이 있는 품종선택(주목, 개나리, 튤립나무 등)

③ 종다양성 유지 : 다양한 수종을 선택

④ 환경조절

㉠ 적절한 시비, 배수, 관수로 수목의 활력을 증진

㉡ 적절한 솎아베기(간벌), 가지치기를 통해 해충을 억제

㉢ 낙엽 가지 등 지피물 제거하여 해충의 월동장소나 숨을 장소 없앰

⑤ 생물학적방제 : 생물의 천적을 이용하는 방법

㉠ 해충을 잡아먹는 포식성 곤충, 기생성 곤충을 이용

- 무당벌레, 풀잠자리가 진딧물을 잡아먹음

㉡ 나방류에는 기생하는 병균이용

- 명나명, 흰불나방, 매미나방에 체내에 병을 일으키는 박테리아를 살포하는 비티(Bt)수화제 이름으로 시판

㉢ 해충에 기생하는 곤충을 이용 : 먹좀벌류

⑥ 화학적방제

㉠ 약제살포

㉡ 도포에 의한 방제

㉢ 살충제는 독성이 커서 환경적으로 안전한 약제 개발(비누와 기름)

- 기계유 유제는 깍지벌레 효과, 살충용 비누는 진딧물에 효과

■ 참고 : 피레트린(pyrethrin)

- 천연살충제로 국화과 숙근초인 제충국(除蟲菊)의 유효성분이다.
- 온혈동물에는 독성이 없고 곤충의 신경계통에 작용하여 마비시켜서 살충한다.
- 속효성이고 유효성분의 분해가 빠르고 저장성이 없는 특성을 가진다.

12 병해충 종합관리 ★★

① 병해충 종합관리(IPM)의 의의 : 병해충 방제시 농약 사용을 최대한 줄이고 이용 가능한 방제방법을 적절히 조합하여 병해충의 밀도를 경제적 피해수준 이하로 낮추는 방제체계

② 병해충 종합관리 내용

구분	내용
생물적방제	천적의 대량증식을 통한 해충방제
성페로몬이용	해충의 암컷이 교미를 위해 발산하는 성페로몬을 인공적으로 합성하여 수컷을 유인·박멸하거나 수컷의 교미를 교란시켜 다음 세대의 해충밀도를 억제
수컷 불임화	해충의 수컷을 불임화시켜 포장에 방사한 후 이 수컷과 교미한 암컷이 무정란을 낳게 하여 다음 세대에 해충밀도를 억제
미생물이용	해충에 독성을 내는 박테리아인 Bacillus thuringiensis를 이용
농약대체물질이용	아인산(H_3PO_3)은 식물체 내를 순환하면서 병원균을 직접사멸 시키거나 생장과 생식을 억제시키며 병방어시스템을 자극하여 역병, 노균병 등의 병해를 효과적으로 방제하는 주성분
재배적 방제	재배방법으로 조절
저항성 이용	해충에 대해 저항능력이 큰 품종을 육성 및 재배
물리적방제	온도 및 습도 등을 조절하여 해충방제

핵심기출문제

내친김에 문제까지 끝내보자!

1. 곤충 분류학상 딱정벌레목(目)에 속하지 않는 종은?

① 소나무좀 ② 느티나무벼룩바구미
③ 오리나무잎벌레 ④ 잣나무넓적잎벌

2. 다음 중 알라타체에 대한 설명으로 옳은 것은?

① 노숙세포에 특히 많다.
② 변태조절 호르몬을 분비한다.
③ 앞가슴에 있는 내분비샘이다.
④ 휴면타파의 기능을 한다.

3. 다음 중 불완전변태의 설명으로 옳은 것은?

① 번데기 과정이 없다.
② 딱정벌레목에서 불완전변태를 하는 경우가 있다.
③ 변태를 성공적으로 하지 못한 경우에 해당한다.
④ 풀잠자리는 불완전변태를 한다.

4. 해충의 경제적 피해수준(economic injury level)을 바르게 설명한 것은?

① 일반 환경조건하에서의 평균밀도
② 경제적 피해를 주는 최소의 밀도
③ 경제적 피해를 막기 위하여 방제를 해야 하는 밀도
④ 경제적 피해액이 방제비보다 높은 밀도

5. 실제로 해충을 방제해야 할 때의 기준이 되는 것은?

① 해충의 존재
② 방제력
③ 경제적 피해수준(밀도)
④ 일반평형수준(밀도)

정답 및 해설

해설 **1**

잣나무넓적잎벌 : 벌목 납작잎벌과

해설 **2**

알라타체(allata體)
곤충의 내분비샘의 하나. 뇌의 뒤에 한 쌍이 있으며 알라타체 호르몬을 분비하여 변태를 억제한다.

해설 **3**

불완전변태
- 곤충의 변태 중에서 번데기 시기를 거치지 않는 것으로 하루살이·잠자리·메뚜기·바퀴 등 하등 곤충류에서 많이 볼 수 있다.
- 불완전변태의 유충은 완전변태의 유충과 구별하여 님프라 부른다.
- 반면 완전변태(알→애벌레→번데기→성충)는 풀잠자리 이상의 고등곤충(풀잠자리, 밑드리, 날도래, 나비, 딱정벌레, 부채벌레, 벌, 파리, 벼룩의 각 목)에서볼 수 있다.

공통해설 **4, 5**

경제적 피해수준
경제적 피해가 나타나는 최저밀도로 해충에 의한 피해액과 방제비가 같은 수준의 밀도를 말함

정답 1. ④ 2. ② 3. ① 4. ② 5. ③

정답 및 해설

6. 흡즙성 해충으로 고온 건조시에 주로 발생하여 수목에 피해를 주는 것은?

① 깍지벌레 ② 진딧물
③ 응애류 ④ 솔잎혹파리

해설 6
응애 – 흡즙성 해충, 고온 건조시 발생

7. 흡즙성 해충이 아닌 것은?

① 깍지벌레 ② 응애
③ 진딧물 ④ 오리나무잎벌

해설 7
오리나무잎벌은 식엽성해충이다.

8. 무궁화, 모과나무 등에 많이 피해를 주는 진딧물을 방제하기 위하여 다음 무슨 농약을 살포하여야 하는가?

① 침투성살균제 – 만코지수화제(다이센엠-45)
② 살균제 – 지오판수화제(가지란)
③ 침투성살충제 – 메타유제(메타시스톡스)
④ 제초제 – 글라신액제(근사미)

해설 8
진딧물 → 충해이므로 살충제를 살포 → 메타유제

9. 응애류(mite)의 방제법으로 사용하는 살충제가 아닌 것은?

① 펜프로-테트라디폰 유제(알파인)
② 아크리나스린 액상수화제(총채탄)
③ 벤조메 우제(씨트라존)
④ 비티 수화제(슈리사이드)

해설 9
비티수화제는 나비목해충에 효과

10. 흰불나방, 미류나무 재주나방, 버들재주나방, 텐트나방, 박쥐나방 등의 해충에 가장 많이 피해를 받는 수목은?

① 포플러류 ② 소나무류
③ 오리나무류 ④ 참나무류

해설 10
포플러류 – 식엽성과 천공성 해충의 피해를 많이 받음

11. 양버즘나무(플라타너스)의 잎을 갉아 먹어 피해를 주는 미국흰불나방의 방제 약제가 아닌 것은?

① 델타메트린·디클로르보스유제(장풍)
② 디플루벤주론수화제(디밀린)
③ 비티쿠르스타키수화제(슈리사이드)
④ 카바릴수화제(세빈)

해설 11
델타메트린 : 주홍날개꽃매미의 방제약제

정답 6. ③ 7. ④ 8. ③ 9. ④ 10. ① 11. ①

12. 잎을 먹는 해충이 아닌 것은?

① 흰불나방 ② 솔나방
③ 텐트나방 ④ 솔잎혹파리

13. 솔나방의 월동형태는?

① 나방 ② 애벌레
③ 알 ④ 번데기

14. 천공성 해충이 아닌 것은?

① 소나무좀 ② 박쥐나방
③ 노랑쐐기나방 ④ 미끈이하늘소

15. 다음 중 솔잎혹파리의 방제 방법으로 틀린 것은?

① 먹좀벌을 방사하여 구제한다.
② 10~11월에 피해목을 벌목하여 태워 구제한다.
③ 6월 상순~7월 중순에 다이진(다이아톤) 50% 유제 등을 수간에 주사한다.
④ 성충 우화 최성기에 메프수화제(스미치온) 500배액을 수관에 살포한다.

16. 잣송이를 가해하여 수확을 감소시키는 중요한 해충이며, 구과속의 가해부위에 벌레똥을 채워 놓고 외부로도 똥을 배출하여 구과표면에 붙여 놓으며 신초에도 피해를 주는 해충은?

① 소나무좀 ② 낙엽송잎벌
③ 솔수염하늘소 ④ 솔알락명나방

17. 꼬리좀벌, 노랑꼬리좀벌, 상수리좀벌, 큰다리 남색좀벌류등의 천적인 해충은?

① 밤나무혹벌 ② 소나무좀
③ 솔잎혹파리 ④ 측백하늘소

정답 및 해설

해설 12
솔잎혹파리는 충영형성해충에 속한다.

해설 13
솔나방의 월동 – 애벌레

해설 14
노랑쐐기나방 – 식엽성해충

해설 15
생물학적 방법에는 먹좀벌을 이용하는 방법과 화학적 방제방법으로는 나무에 구멍을 뚫고 그 안에 농약을 넣는 수간주사법, 피해지역에 농약을 뿌리는 지면 약제 살포가 있다.

해설 16
솔알락명나방은 종실가해해충으로 잣나무의 수확을 감소시킨다. 1년에 1회 발생하고 노숙유충의 형태로 땅속에서 월동하는 것과 알이나 어린유충의 형태로 구과에서 월동하는 것이 있다.

해설 17
밤나무혹벌
- 유충이 밤나무 눈에 기생하여 충영을 형성 새순이 자라지 못하게 하여 결실에 장애
- 천적 : 꼬리좀벌, 노랑꼬리좀벌, 배잘록왕꼬리좀벌, 상수리좀벌, 큰다리 남색좀벌류 등

정답 12. ④ 13. ② 14. ③ 15. ② 16. ④ 17. ①

정 답 및 해 설

18. 다음 중 소나무류에 피해를 주는 솔잎혹파리의 천적이 아닌 것은?

① 혹파리등뿔먹좀벌 ② 검정무늬납작맵시벌
③ 혹파리반뿔먹좀벌 ④ 혹파리살이먹좀벌

해설 18
검정무늬납작맵시벌-천막벌레나방(텐트나방)의 천적

19. 다음 중 잎을 주로 섭식하는 식엽성(食葉性)해충이 아닌 것은?

① 호두나무잎벌레 ② 어스렝이나방
③ 밤나무혹벌 ④ 잣나무넓적잎벌

해설 19
밤나무혹벌 : 충영형성해충

20. 조경수목을 가해하는 식엽성 해충에 해당하는 것은?

① 진딧물 ② 솔껍질깍지벌레
③ 잣나무넓적잎벌 ④ 솔잎혹파리

해설 20
진딧물, 솔껍질깍지벌레는 흡즙성 해충, 솔잎혹파리는 충영형성해충에 포함됨

21. 미국흰불나방의 구제 방법에서 그 효과가 가장 적은 것은?

① 알 기간에 알 덩어리가 붙어 있는 잎을 채취하여 소각한다.
② 유충 발생 초기에 약제를 살포한다.
③ 약제는 클로로탈로닐수화제(타코닐)를 1000배로 희석해서 ha당 1000L 정도로 살포한다.
④ 성충의 활동시기에 피해 임지 또는 그 주변에 유아등이나 흡입 포충기를 설치하여 유인 포살한다.

해설 21
① 흰불나방의 화학적 방제법 : 디프유제, 메트수화제, 파프수화제, 주론수화제
② 흰불나방의 생물학적 방제법
- 천적이용 : 긴등기 생파리, 송충알벌, 검정명주 딱정벌레
- 생물농약 : 비티(Bt)수화제(슈리사이드)를 수관에 살포

22. 피레트린(Pyrethrin)성분을 함유하는 천연살충용 식물은?

① 송지 ② 연초
③ 테리스 ④ 제충국

23. 피레트린(Pyrethrin)살충제는 충제의 어느 부분에 작용하여 효과를 내는가?

① 근육독 ② 피부독
③ 신경독 ④ 원형질독

공통해설 22, 23
제충국(Insect flower, 除蟲菊)
제충국은 식물체, 특히 꽃부분에 피레트린이라는 담적황색의 기름과 같은 물질이 있다. 피레트린은 유기용매에 용해되며, 냉혈동물, 특히 곤충에 대하여 독성이 강하여 운동신경을 마비시키고 온혈동물에는 독성이 없으므로 천연 살충용으로 적당하다

정답 18. ② 19. ③ 20. ③ 21. ③ 22. ④ 23. ③

24. 곤충의 순화계에 대한 설명으로 옳지 않은 것은?

① 소화관의 등 쪽에 위치하며 1개의 단순한 관 모양이다.
② 혈액은 혈장과 혈구로 구성되어 있다.
③ 곤충의 등관(dorsal vessel)의 앞쪽의 가느다란 부분이 대동맥(aorta)이라 한다.
④ 곤충은 폐쇄순환계이다.

25. 다음 중 밤나무혹벌의 방제법으로 적당하지 않은 방법은?

① 등화유살법을 사용한다.
② 천적인 기생봉을 이용한다.
③ 내충성 품종을 선택하여 식재한다.
④ 피해 꽃봉오리를 물리적으로 제거하여 소각한다.

26. 잎을 가해하는 식엽성 해충은?

① 밤바구미 ② 박쥐나방
③ 재주나방 ④ 전나무잎응애

27. 다음 중 잠복소(潛伏巢) 사용시 방제가 가장 효과적인 해충은?

① 거위벌레 ② 솔나방
③ 소나무좀 ④ 복숭아 혹진딧물

28. 소나무에 피해를 주는 솔잎혹파리와 관련된 설명으로 틀린 것은?

① 기생성 천적으로는 혹파리반뿔먹좀벌 단일종 뿐이다.
② 연 1회 발생하며, 지피물 밑이나 흙속에서 유충으로 월동한다.
③ 피해를 입은 침엽은 신장이 저해되고, 그 기부는 이상비대를 일으켜 충영을 형성한다.
④ 침투성 약제 수간주사로 방제할 수 있다.

29. 식물의 가해형태에 따른 분류 중 식물의 즙액을 빨아먹는 흡즙성 해충이 아닌 것은?

① 솔껍질깍지벌레 ② 천막벌레나방
③ 버즘나무방패벌레 ④ 느티나무벼룩바구미

정답 및 해설

해설 **24**

- 곤충은 혈관이 없으며 체액으로 이루어져있다. 체액(=혈림프:혈액과 림프의 기능을 가짐)은 영양분을 이동시켜주고 노폐물을 배출시키며 물과 염의 균형을 유지시킨다. 체액은 오랜지색이다.
- 곤충의 순환계는 개방순환계이고 등쪽 전후에 위치하여 앞쪽은 대동맥, 뒤쪽은 심장에 해당된다.
- 곤충의 호흡은 주로 기문으로 이루어진다. 가슴에 각 1쌍, 복부에 8쌍이 기본이다. 사람처럼 산소를 교환한다.

해설 **25**

밤나무혹벌
- 충영형성해충으로 방제법으로는 천적인 기생봉을 이용하거나 내충성 품종 이용, 내충성 품종을 선택하여 식재한다.
- 등화유살법은 곤충의 주광성을 이용하여 유아등에 모이게 하여 죽이는 방법으로 밤나무혹벌방제에는 적합하지 않다.

해설 **26**

- 밤바구미 : 종실가해해충
- 박쥐나방 : 천공성해충
- 전나무잎응애 : 흡즙성해충

해설 **27**

솔나방은 10월에 피해목 수간에 잠복소를 설치하여 3월 이전에 채취 소각하는 것이 효과적이다.

해설 **28**

솔잎혹파리의 천적으로는 솔잎혹파리먹좀벌, 혹파리반뿔먹좀벌, 혹파리등뿔먹좀벌 등이 있다.

해설 **29**

천막벌레나방 : 식엽성 해충

정답	24. ④ 25. ① 26. ③ 27. ② 28. ① 29. ②

정답 및 해설

30. 다음 해충 관련 설명 중 틀린 것은?

① 버즘나무방패벌레 : 성충으로 월동한다.
② 미국흰불나방 : 1년에 1회 발생한다.
③ 잣나무넓적잎벌 : 알 시기의 기생성 천적으로는 알좀벌류가 있다.
④ 느티나무알락진딧물 : 가해 수종은 오리나무, 개암나무, 느릅나무 등이다.

해설 30

바르게 고치면
미국흰불나방은 1년에 2회 발생하며 해에 따라 3회 발생하는 때가 있다.

31. 소나무좀은 유충과 성충이 모두 소나무에 피해를 가하는데, 신성충이 주로 가해하는 곳은?

① 소나무 잎　　② 소나무 뿌리
③ 수간 밑부분　　④ 소나무 새가지

해설 31

소나무좀의 습성
- 유충이 수피 밑을 식해
- 쇠약한 나무, 고사목이나 벌채한 나무에 기생하지만 대발생할 때에는 건전한 나무도 가해하여 고사시킴
- 신성충은 신초 속을 뚫고 들어가 식해하여 고사시킴

32. 해충의 가해 형태별 분류에서 흡즙성 해충에 해당되는 것은?

① 점박이응애　　② 호두나무잎벌레
③ 개나리잎벌　　④ 솔알락명나방

해설 32

② ③ 식엽성해충, ④ 종실가해해충

33. 나무좀, 하늘소, 바구미 등은 쇠약목에 유인되므로 벌목한 통나무 등을 이용하여 이들을 구제하는 기계적 방법은?

① 식이유살법　　② 등화유살법
③ 잠복소유살법　　④ 번식처유살법

해설 33

유살법(誘殺法)
① 정의 : 해충의 특수한 습성 및 주성 등을 이용하거나 또는 유살물질(유인미끼), 유살기구 등에 의하여 유살시키는 방법
② 번식장소(번식처)유살법
- 천공성 해충이 고사목이나 수세가 약한 쇠약목 등을 찾아 그 수피 내부에 즐겨 산란하는 습성이 있는데, 이러한 산란습성을 이용하여 생장불량목이나 간벌목 등을 벌채하여 그 줄기를 작업에 용이한 크기인 2m 이하로 자른 다음 임내에 몇 본씩을 경사지게 세워놓아 유인함
- 유인목에 해충을 유인 후 이들이 유인목에서 탈출하기 전에 박피, 훈증, 태우는 방법으로 소나무좀이나 광릉긴나무좀의 방제에 활용되고 있음

34. 다음 중 소나무재선충병의 감염 증세가 아닌 것은?

① 수지(송진) 유출의 감소
② 침엽에서 증산량의 감소
③ 침엽이 반 정도 자라면서 변색
④ 수체 함수율의 감소 및 목질부 건조

해설 34

소나무재선충병의 주요증상
- 소나무의 잎이 우산살모양처럼 처지면서 붉게 죽어감
- 감염된 소나무로부터 매개충이 탈출한 흔적인 탈충공 보임

정답 30. ②　31. ④　32. ①　33. ④　34. ③

농약관리

8.1 핵심플러스

■ 사용 적기 : 병균과 해충의 생활사에 맞춰 사용
- 살균제 : 해당 병균의 포자가 비산할 때 살포
- 살충제 : 성충의 산란기와 유충이 농약에 민감, 알·노숙유충·번데기는 저항성이 큼

■ 농약제제
- 유효성분(원제)
- 증량제 : 유효성분, 희석약제
- 보조제 : 증량(增量), 유화(乳化), 협력(協力) 등의 역할을 하는 전착제, 증량제, 유화제, 협력제 등

■ 농약제제의 물리적 특성

액체시용제	유화성, 습전성, 표면장력, 접촉각, 수화성, 현수성, 부착성과 고착성, 침투성
고형시용제	분말도, 입도, 용적비중, 응집력, 토분성, 분산성, 비산성, 부착성과 고착성, 안정성, 경도, 수중붕괴성

■ 농약 포장지색 : 살균제 → 분홍색 / 살충제 → 녹색 / 제초제 → 황색 / 비선택형 제초제 → 적색 / 생장 조절제 → 청색

■ 농약의 종류 분류

분류 기준	농약 종류
대상목적 (Functional class)	살충제 (insecticide), 살균제 (fungicide), 제초제 (herbicide), 살비제 (acaricide), 살선충제 (nematocide), 살서제 (rodenticide), 식물생장조절제 (plant growth regulator)
화학성분 (Chemical class)	무기농약 (무기황제, 비소제 등), 천연유기농약 (담배의 니코틴 등), 유기합성농약 (organophosphorous, organochlorine, phenoxy, carbamate, pyrethroid, triazine 등)
제형 (Formulation)	유제 (emulsifiable concentrate), 수화제 (wettable powder), 액제 (soluble concentrate), 수용제 (water soluble powder), 분제 (dustable powder), 입제 (granule), 연무제 (aerosol), 훈연제 (smoking generator)
독성 (Toxicity, WHO)	맹독성 (Ia), 고독성 (Ib), 보통독성 (II), 저독성 (III), 미독성 (U)

1 사용목적에 따라 분류

살균제	· 병을 일으키는 곰팡이와 세균을 구제하기 위한 약 · 직접살균제, 종자소독제, 토양소독제, 과실방부제 등
살충제	· 해충을 구제하기 위한 약 · 소화중독제, 접촉독제, 침투이행성살충제 등
살비제	· 곤충에 대한 살충력은 없으며 응애류에 대해 효력
살선충제	· 토양에서 식물뿌리 기생하는 선충 방제
제초제	· 잡초방제 · 선택성과 비선택성
식물생장조정제	· 생장촉진제 : 발근촉진용 · 생장억제제 : 생장, 맹아, 개화결실 억제

2 주성분에 따른 분류

유기인계	인(P)을 중심, 살충제가 여기 해당
카바메이트계	카바민산의 골격을 가진 농약으로 살충제와 제초제가 해당
유기염소계	염소(Cl)분자가 가진 농약, 잔류성 문제
황계	· 황(S)을 가진 농약, 살균제로 쓰임 · 결합상태에 따라 무기황계(석회황합제,황수화제), 유기황계(마네브, 지네브제)
동계	동(Cu)을 함유한 농약으로 살균제 해당(석회브르도액, 동수화제)
기타농약	페녹시계(2,4-D), 트리아진계, 요소계가 있음

3 제제형태에 따른 분류

① 액체 시용제 : 액체상태로 살포

분류	제제형태	사용형태	특성
유제	용액	유탁액	· 기름에만 녹는 지용성 원제를 유기용매에 녹인 후 계면활성제를 첨가하여 만든 농축농약
액제	용액	수용액	· 수용성 원제를 물에 녹여서 만든 용액, 겨울철 동파위험
수화제	분말	현탁액	· 물에 녹지 않는 원제에 증량제와 계면활성제와 섞어서 만든 분말, 조제시 가루날림에 주의
수용제	분말	수용액	· 수용성 원제에 증량제를 혼합하여 만든 분말로 투명한 용액이 됨

② 고형 시용제 : 고체상태로 살포, 분제(분말가루)와 입제(입제)로 나눔

③ 기타 : 훈증제, 도포제와 캡슐제

■ 참고 : 살충제의 침입경로별 분류

① 소화중독제(식독제) : 해충이 약제를 먹으면 중독을 일으켜 죽이는 약제, 씹어먹는 입을 가진 나비류 유충·딱정벌레류·메뚜기류에 적당
② 접촉제 : 해충의 피부나 기공을 통해 살충제가 침입하며 잔효성에 따라 지속적 접촉제와 비지속적 접촉제로 구분된다.

지속적접촉제	유기염소계 및 일부 유기인계 살충제는 화학으로 안정되어 쉽게 분해되지 않아 환경오염의 원인이 됨
비지속적접촉제	피레스로이드계, 니코틴계 및 일부 유기인계 살충제는 속효성이고 잔류성이 짧아 환경오염의 피해가 적음

③ 화학불임제 : 해충의 생식세포 형성에 장해를 주거나 정자나 난자의 생식력을 잃게 하는 약제
④ 침투성살충제 : 식물의 뿌리와 줄기 및 잎 등에 처리하면 식물 전체에 퍼져 흡즙성 해충에 선택적으로 작용한다.
⑤ 훈증제 : 살충제를 가스 상태로 만들어 해충의 호흡기관을 통해 침입하는 약제, 속효성이며 비선택성이다.

■ 참고 : 특수목적제 농약

① 훈연제(熏煙劑, Fumigant)
㉠ 불로 태워 연기와 가스를 발생시키도록 만든 제형, 농약 원제에 발연제와 방염제 등을 혼합하고 기차 보조제 및 증량제를 첨가하여 만든 것
㉡ 농약 잔류성이 적은 반면 열에 안정된 농약원제를 선택해야하는 단점이 있음
② 훈증제(熏蒸劑, gas)
㉠ 농약원제의 증기압이 매우 높아 유효성분이 쉽게 휘발하도록 하는 제형으로 가스가 대기 중으로 기화하여 방제효과를 나타냄
㉡ 휘발성이 커서 농도가 균일하게 확산되어야 하고 비인화성이며, 침투성이 크고 훈증할 목적물에 이화학적으로 변화를 일으키지 않아야 함
㉢ 인축에 대한 독성이 매우 크므로 사용할 때 주의해야 함
③ 연무제(演霧劑, aerosol)
㉠ 농약 원제를 고압가스에 녹인 다음 압축하여 스프레이통에 충진한 것으로 주로 가정원예용 농약으로 이용
㉡ 압축가스 형태로 충진하여 분무하거나 연무발생기 등을 이용해 열이나 압력을 가해 농약성분을 분출시키는 방법
④ 도포제(塗布劑,paste) : 특정 병이나 상처를 효과적으로 치료하거나 보호하기 위하여 농약을 점성이 큰 액상으로 만들어 식물의 목적하는 부위에 바르도록 만들어진 제형

4 농약제제의 물리적 성질

★① 액체시용제의 물리적 성질

유화성 (乳化性, emulsibility)	· 물에 희석하였을 때 유제입자가 물속에 균일하게 분산되어 유탁액(乳濁液을, emulsion) 형성하는 성질로 물에 유제를 섞었을 때의 유화정도를 나타냄
습전성 (濕展性, wetting property)	· 살포한 약약이 작물이나 해충의 표면을 잘 적시고 잘 퍼지는 성질로 균일하게 적시는 습윤성과 표면에 밀착되어 피복면적을 넓히는 확전성이 있음 · 유제의 경우 계면활성제가 습전제로 작용되며, 일반적으로 유제에 비해 수화제가 습전성이 불량하므로 전착제를 가용하는 경우가 많다.
표면장력(表面張力, surface tension)	· 공기와 접하는 계면의 장력으로 표면장력이 작아야 농약의 살포에 유리함 · 적당량의 계면활성제를 첨가하여 표면장력을 감소시킬 수 있음
접촉각 (接觸角, contact angle)	· 액체의 자유표면이 고체와 이루는 각으로 식물체 등의 표면이 물에 적셔지는 난이도를 나타내는 척도이며 습전성 조사에 필요 · 접촉각이 작으면 물에 적셔지기 쉬우며, 계면활성제를 첨가해 표면장력을 작게하여 접촉각이 작아지게 함
수화성 (水和性, wettability)	· 수화제와 물과의 친화도를 나타내는 성질, 수화제가 물에 혼합되는 성질로 살포액을 조제하는데 중요함
현수성(懸水性, suspensibility)	· 수화제에 물을 가했을 때 고체 미립자가 침전하거나 떠오르지 않고 오랫동안 균일한 분산상태로 유지하는 성질로 이런 성질의 약액을 현탁액(懸濁液)이라 함
부착성(附着性, adhesiveness)과 고착성 (固着性, tenacity)	· 살포 또는 살분된 약제가 식물에 잘 부착되는 성질을 부착성이라 함 · 부착된 약제가 비나 이슬에 씻겨 나가지 않고 식물체에 붙어있는 성질을 고착성이라 함 · 잔효성이 필요한 보호살균제에 특히 중요하고 약제의 처리횟수 및 살포량과도 관련되어 있음
침투성(浸透性, penetrating property	· 살포된 약제가 식물체나 충제에 침투하여 스며드는 성질로 접촉살충제, 직접살충살균제, 침투성살충 등에 중요한 성질 · 침투성이 강한 농약은 약해 및 잔류독성에 주의해야 함

★② 고형시용제의 물리적 성질

분말도 (粉末度)	· 입자의 크기를 표시하는 것으로 분제 및 분의제는 250메시(1인치 평방안의 체눈수)에서 98% 이상 통과하여야 하고, 수화제는 325메시에서 98% 이상 통과하여야 함 · 수화제 입자가 작으면 균일한 분산액이 만들어지나 입자가 크면 목적물에 부착하는 양이 적게 되고 너무 작으면 바람에 의해 날리기 쉬우므로 약제의 손실이 큼
입도 (粒度)	· 제제를 희석하지 않고 사용하는 분제, 미립제, 입제 등의 입경을 나타내는 것으로 균일한 살포를 위해 0.8~1.0mm 정도의 것이 많이 생산되고 있음
용적비중 (假肥重)	· 단위용적당 무게를 나타낸 것으로 제제를 살포할 때의 비산성이나 보존, 포장, 수송할 때의 용적을 좌우함
응집력 (凝集力)	· 분제의 입자가 서로 뭉치거나 물에 희석한 유제나 수화제 입자가 서로 엉켜 붙는 성질로 입격이 작을수록 응집력이 큼

	· 응집력이 강하면 입자가 뭉쳐서 균일한 살포가 어렵고 약효가 떨어지며 약해의 원인이 되며, 응집력이 너무 약하면 비산성은 좋으나 부착력이 떨어지기 쉬움
토분성 (吐粉性)	· 분제의 입자가 살분기의 분출구로 잘 미끄러져 가는 성질 즉, 살포기로부터 분제가 토출되는 성질을 나타내는 것으로 표분살포기의1분간 토출되는 용량으로 나타냄
분산성 (分散性)	· 분제를 살분할 때 분제의 미립자가 공기 중에 균일하게 분산하는 성질로 입자의 크기, 모양, 비중, 수분의 다소에 따라 결정 · 응집력이 클수록 분산성이 나쁘고 살분기의 풍량이 클수록 분산성은 향상
비산성 (飛散性)	· 살분된 입자가 공기의 움직임에 따라 유동되는 성질로 분제입자의 크기, 용적, 비중 상태에 따라 결정 · 비산성이 크면 농약의 대기 중 손실량이 많아지고 대기오염의 원인이 됨
부착성과 고착성	· 분제가 작물이나 해충에 잘 부착되어 오래도록 붙어있는 성질
안정성 (安定性)	· 분제의 주제(主劑)가 증량제 등과 작용하여 공기나 수분 등에 의하여 분해되지 않는 성질
경도(硬度)	· 입제농약의 강도를 나타내는 것
수중붕괴성 (水中崩壞性)	· 입제농약을 토양이나 수면에 처리했을 때 입상이 붕괴되어 유효성분을 쉽게 방출하는 성질 · 수용성이 낮은 농약은 붕괴속도가 빠를수록 주성분의 확산면에서 유리

③ 보조제

전착제 (展着製)	· 주제를 작물이나 병해충에 충분히 전착시키기 위하여 쓰이는 제제로 비누, 카세인석회, 송지전착제 등이 있음
증량제 (增量製)	· 액상으로 살포되는 약제에 사용되는 물질을 희석제, 분말의 형태로 살분되는 약제에 사용되는 물질을 증량제라 함 · 주로 규조토, 탈크(talc)분말, 고령토, 벤토나이트, 산성백토, 석회분말 등 광물질 분말이 사용되며, 설탕과 유안 등 수용성의 재료도 사용되고 있음
용제 (溶製)	· 주제를 녹여서 용액을 만드는 물질로 농약에 대한 용해도가 크고 유효성분을 분해하지 않으며 약해를 일으키지 않아야 함 · 메탄올, 톨루엔, 벤젠, 알코올 등이 사용됨
계면활성제 (界面活性製)	· 분자의 한쪽에 물과 친화력이 큰 친수기(親水基)를 다른 한쪽에는 기름과 친화성이 큰 친유기(親油基)를 가지고 독특한 화학구조의 고분자 물질로 물과 유지(油脂)양쪽에 친화력을 가지고 계면의 성질을 바꾸는 효과가 크다 · 계면활성제 비누의 경우 고급지방산 나트륨(R · COONa)의 구조에서 지방산 알킬기(R^-, $-C_nH_{2n+1}$)는 친유성을 갖고 있는 반면 가르복시산 나트륨기($-COON_a$)는 친수성을 가지고 있음 · 친수성과 친유성의 강도에 따라 결정되며 이를 HLB(hydrophile-lipophile valance)로 표시하며 친유성이 큰 것을 1, 친수성이 가장 큰 것을 40으로 나타내고 일반적으로 HLB이 커질수록 물에 대한 용해도가 증가
협력제 (協力製)	· 단독으로는 살충이나 살균효과가 없지만 다른 약제와 혼용하면 단독 사용보다 효능을 증강시키는 약제를 말함 · 약제의 물리적 성질 개선, 적당한 pH, 주제와 협력제와의 상승작용, 해독효과의 불화성화 등 · 피페노닐 부톡사이드(Pipenornyl butoxide), Sulfoxide, 황산아연

■ 참고 : 계면활성제

· 친수성을 가지는 원자단
-OH, -COOH, -CN, -CONH2, -COONA, -OSO3Na

· 계면활성제는 물과 기름이 계면에서 표면장력을 감소시켜 농약 살포액의 습윤성, 확전성, 부착성, 고착성을 높여 약효를 증진시키는 효과로 나타나므로 농약 제제중 수용제나 액제의 일부를 제외하고는 반드시 계면활성제가 첨가된다.

5 살포액의 희석농도

① 농약의 농도는 용매와 용질을 서로 섞어 그 비율을 나타낸 것으로 액제 또는 수화제 물에 풀어 살포액을 만들 때 몇배액, 몇 %액 등으로 표시함

② 농도의 단위는 보통 %로 표시하며 중량이 100에 대하여 함유된 용질의 양을 뜻함. 살포액은 배액조제법, 농도조제법 등으로 희석하며 일반적으로는 배액조제법이 가장 많이 사용

배액조제법	· 액체제형 농약은 부피/부피를 기준으로 희석 · 고체제형 농약은 무게/부피를 기준으로 희석하여 조제 · 1,000배액을 만들 때 액체농약은 물 1L에 농약 1mL를 가하고 고체농약은 물 1L에 농약 1g을 가한다.
농도조제법	· 액체 또는 고체상태의 제형을 구분하지 않고 무게/무게를 기준으로 희석 · 농도는 %나 ppm을 사용하여 표시하므로 농약제품 중 유효성분의 함량을 정확히 계산하여 조제함

■ 참고

■ 농도환산표 (농약량표기 : 유제, 액제는 mℓ 단위, 수화제는 g 단위로 표기)

· 농도환산표
1L=1,000mℓ =1,000g=1,000cc
1g=1,000mg=1,000,000μg
1g=1mℓ=1cc
1ppm=1mg/1ℓ =1g/1,000,000mg
· %농도=백분율(1/100)
ppm(parts per million) =백만분의 1(mg/ℓ)

★★ ③ 살포제의 희석농도계산

㉠ 소요약량(배액살포) $= \dfrac{\text{총사용량}}{\text{소요희석배수}}$

㉡ 희석할 물의 양=원액의 용량×$\left(\dfrac{\text{원액의 농도}}{\text{희석할농도}} - 1\right)$×원액의 비중

㉢ ha당 소요약량$= \dfrac{ha\text{당사용량}}{\text{사용희석배수}} = \dfrac{\text{사용할농도}(\%) \times \text{살포량}}{\text{원액농도}}$

㉣ 10a당 소요약량(%액 살포) $= \dfrac{\text{사용할농도}(\%) \times 10a\text{당 살포량}}{\text{약액농도}(\%) \times \text{비중}}$

㉤ 소요약량(ppm)살포$= \dfrac{\text{사용할농도}(\text{ppm}) \times \text{피처리물}(\text{kg}) \times 100}{1{,}000{,}000 \times \text{비중} \times \text{원액농도}}$

㉥ 희석할 증량제의 양=원분제의 중량×$\left(\dfrac{\text{원분제의 농도}}{\text{원하는농도}} - 1\right)$

■ 참고

1. 메치온 40% 유제를 1,000배액으로 희석해서 10a당 120L를 살포할 때 소요되는 양은?
   $\dfrac{120}{1{,}000} = 0.12\text{L} = 120\text{cc}$
2. 45%의 EPN 유제(비중1.0) 200cc를 0.3%로 희석하는 데 소요되는 물의 양은?
   $200 \times \left(\dfrac{45}{0.3} - 1\right) \times 1$
   $= 200 \times 149 = 29{,}800\text{cc}$
3. 디프테렉스 용액 50%를 0.05%로 ha당 1,000ℓ 를 살포한다면 소요되는 원액량은?
   $\dfrac{0.05 \times 1{,}000}{50} = 1\ell = 1{,}000\text{cc}$
4. 약제 50%(비중 0.7)를 0.05%로 희석하여 10a당 5말로 살포하려고 할 때 약제의 소요량은? (1말은 18L로 함)
   $\dfrac{0.05 \times 5 \times 18{,}000}{50 \times 0.7} = \dfrac{4{,}500}{35}$
   $= 128.57\text{cc}$
5. 60kg의 쌀에 살충제 malathion 50% 유제(비중1.07)를 5ppm이 되도록 처리하고자 할 때 필요한 살충제량(cc)은?
   $\dfrac{5 \times 60 \times 100}{1{,}000{,}000 \times 1.07 \times 50}$
   $= 0.00056\text{cc}$

6. 12% 다이아지논 분제 1kg을 2% 다이아지논 분제로 만들려면 소요되는 증량제의 양은?

$$1\times\left(\frac{12}{2}-1\right)=5\text{kg}$$

7. 붉은 별무늬병 방제를 위해 살균제 마이틴수화제를 살포하고자 한다. 600배액으로 만들고자 할 때 물 18L에 원액을 얼마 넣어야 하는가?

$$\frac{18,000\text{mL}}{600}=30\text{g}$$

(사용할 양)

6 농약의 독성 표시기호

① 농약의 독성은 발현대상(포유동물, 환경생물), 발현속도(급성, 만성), 독성의 강도(맹독성, 고독성, 보통독성, 고독성), 투여경로 등 다양하게 구분

② 포유동물의 급성독성의 표시 : LD_{50}

표. 농약의 독성표시기호 ★★

기호	의미
LD50(Medium Lethal Dose)	반수치사약량(실험동물의 50%가 죽는 농약의 양)
LC50(Lethal Concentration 50)	반수치사농도(실험동물의 50%가 죽는 농약의 농도)
ED50(Effective Dose 50)	반수영향약량
EC50(Effective Concentration 50)	반수영향농도

7 약제의 저항성

어떤 약제에 저항성이 있는 해충은 그 약제와 동일한 계통의 약제에 대해서도 저항성을 나타내는 경향이 있으며 그 약제 및 해충의 종류에 따라 달라질 수 있음

구분	내용
교차 저항성	어떠한 농약에 대하여 이미 저항성이 발달된 병원균, 해충·잡초가 이전에 한 번도 사용되지 않은 농약에 대해 저항성을 나타내는 것
복합 저항성	작용기작이 서로 다른 2종 이상의 약제에 대해 저항성을 나타내는 것으로 한 개체 안에 두 가지 이상의 저항성 기작이 존재하기 때문에 발생
부상관교차 저항성	어떤 약제에는 저항성을 나타내나 다른 약제에는 오히려 감수성이 증가하는 것

■ 참고 : 해충들이 저항성을 갖는 원인

① 행동적 변화로 해충이 살충제와의 접촉을 회피하여 잘 죽지 않는다.
② 생리적 변화로 해충 표피의 구조변화로 살충제가 해충의 몸속으로 침투되는 비율이 낮아진다.
③ 생화학적 변화로 살충제 무독화대사효소의 양 또는 활성이 증가하고, 대사경로 속도 등의 변화, 체외배설속도 등의 증가에 의한 해독작용이 좋아진다.

8 농약잔류허용기준

① 농약의 1일 섭취허용량

㉠ 농약을 일생동안 매일 섭취하여도 시험동물에 아무런 영향도 주지 않는 농약의 최대 약량(최대무작용량, NOEL(No Observed Effect Level))을 구한 후 그 값에 안전계수(일반적으로 1/100)를 곱한 값으로 정함 → NOEL×안전계수(0.01)

㉡ 농약1일 섭취허용량은 mg(약량)/kg(체중)으로 나타내므로 체중이 70kg인 사람은 하루에 0.05mg×70kg=3.5mg까지 만코지를 섭취하여도 무방하다는 결론에 이름

② 농약의 잔류허용기준 : 농약의 잔류허용기준(MRL : Maximum Residue Limits)은 농약의 최대 잔류허용량을 말하고 국가간 다소 방법상의 차이를 보이나 화란방식(Dutch formula)에 의해 산출하고 있음

$$\text{최대 잔류허용량(ppm)} = \frac{\text{1일 섭취허용량(ADI: mg/kg)} \times \text{국민 평균 체중(kg)}}{\text{해당 농약이 사용되는 식품의 1일섭취량(식품계수, kg)}}$$

9 농약살포시 주의사항

① 얼굴이나 피부노출방지 : 보호안경, 모자, 마스크, 보호크림 사용

② 바람을 등지고 농약을 살포하며 처음부터 작업개시지점을 선정

③ 작업이 끝나면 옷을 갈아입고 몸을 깨끗이 씻는다.

④ 입을 통한 경로 차단(작업 중에 음식을 먹지 않음)

⑤ 농약의 특수보관(농약 잠금장치가 있는 곳에 보관, 사용 후 남은 농약은 약제포장지 그대로 밀봉 후 서늘한 곳에 보관

■ 참고 : 농약혼용방법

① 농약설명서 '주의사항'란 확인 및 혼용가부표를 확인, 적용 대상 작물에만 사용
② 3종 이상 약제를 섞으면, 농약 보조제의 농도가 높아져 약해가 발생할 가능성이 커지므로 가급적 3종 이상 혼합 지양
③ 제4종 복합비료(영양제)와 미량요소가 함유된 비료와 혼용하면, 농약에 함유된 계면활성제 성분이 비료의 흡수를 증가시켜 생리장해가 나타날 가능성이 높아지므로 섞어쓰기를 지양
④ 혼용살포액 제조 시, 한 약제씩 완전히 섞은 후 다른 약을 희석함
⑤ 수화제, 액상수화제, 유제 섞음 : 수화제의 희석액을 먼저 만든 후 액상수화제, 유제를 넣어 살포액을 만듦
⑥ 수화제, 액상수화제끼리 섞음 : 두 약제를 함께 넣거나 희석하는 것은 좋지 않음
⑦ 전착제를 섞어 쓸 경우는 전착제 살포액을 먼저 만든 후 수화제 또는 액상수화제를 넣어 혼합 살포액을 만들며, 전착제와 유제를 섞어 쓰면 순서는 관계없음
⑧ 혼용 살포액 침전물이 생기면 사용 금지
⑨ 농약을 섞어 만든 살포액은 당일 살포
⑩ 표준 희석배수를 반드시 준수하고 살포할 때는 표준량 이상으로 많은 양을 살포하지 않음

10 식물생장 조정제 ★

생장억제제	NAA, MH 등으로 정아 생장을 억제하거나 정아를 죽임
발근촉진제	IBA
개화결실억제제	NAA, MH, 에틸렌계통
주맹아억제제	NAA, MH 로 수간 밑동에서 나오는 맹아 발생을 억제
살목제	2,4-D, 디캄바 등으로 관목과 교목을 죽이는 약제, 나무 밑동을 자른 후 처리

① 옥신(auxin)

㉠ 세포신장에 관여하는 식물의 생장을 촉진하는 호르몬으로 줄기나 뿌리의 선단에서 생성되어 체내로 이동하면서 주로 세포의 신장촉진을 통하여 조직이나 기관의 생장을 조장

㉡ 종류에는 IAA, NAA, 2·4-D, 4-CPA, IBA, BNOA 등이 있으며 IAA(β -인돌초산)는 헤테로 옥신으로 불린다.

㉢ 재배적 이용 : 발근촉진, 접목에서의 활착촉진, 개화촉진, 낙과방지, 과실의 비대와 성축의 촉진, 제초제로의 이용

② 지베렐린(bibberellin)

㉠ 식물체 내에서 생합성 되어 모든 기관에 널리 분포하며 특히 미숙종자에 많이 함유되어 있음

㉡ 극성이 없으며 어느 부분에 공급하더라도 자유로이 이동하여 다면적인 생리작용을 나타냄

㉢ 재배적 이용

발아 촉진	종자의 휴면타파 및 호광성종자의 암발아 유도
화성의 촉진	저온이나 장일을 대체하여 화성을 유도 · 촉진
경엽의 신장촉진	왜성식물 등에서 효과
생장촉진	포도, 딸기, 토마토, 감자
비대 및 숙기촉진	배
단위결과의 유도	포도의 무핵과 형성을 유도
수량증대	채소, 가을씨감자

③ 시토키닌(cytokinin)

㉠ 세포분열을 촉진하며 식물체 내에서 충분히 생성

㉡ 뿌리에서 합성되어 물관을 통해 지상부의 다른 기관으로 전류됨

㉢ 재배적 이용 : 작물의 내한성, 발아촉진, 잎의 생성촉진, 호흡억제, 엽록소와 단백질의 분해억제, 노화방지, 저장 중 신선도 유지, 기공의 개폐촉진 등

④ ABA(abscisic acid)

㉠ 대표적 생장억제물질로 건조, 무기양분의 부족 등 식물체가 스트레스를 받는 상태에서 발생이 증대

㉡ ABA는 IAA와 지베렐린에 의해 일어나는 신장을 저해하는 등 다른 생장촉진호르몬과 상호 및 길항작용

㉢ 재배적 이용 : 잎의 노화, 낙엽촉진, 휴면유도, 발아억제, 화성촉진, 내한성증진

⑤ 에틸렌(ethylene)

㉠ 기체상태로 존재하며 과실의 성숙을 유도 또는 촉진

㉡ 식물체는 마찰이나 압력 등 기계적 자극이나 병해충의 피해를 받으면 에틸렌의 생성이 증가되어 식물체의 길이가 짧아지고 굵어지는 형태적인 변화가 나타남

㉢ 재배적 이용 : 발아촉진, 정아우세현상타파, 꽃눈수가 많아짐, 낙엽촉진, 성숙촉진, 건조효과 등

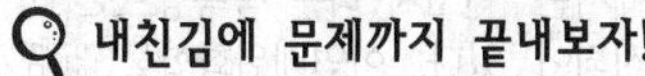

핵심기출문제

내친김에 문제까지 끝내보자!

1. 해충의 생활사 중에서 살충제를 뿌려서 효과가 가장 좋은 시기는?

① 알　② 애벌레
③ 번데기　④ 나방

2. 다음 중 계면활성제의 종류가 아닌 것은?

① 유탁제　② 유화제
③ 습윤제　④ 전착제

3. 농약의 사용목적에 따른 분류에 해당하는 것은?

① 유기인계　② 살응애제
③ 호흡저해제　④ 과립수화제

4. 약제를 식물의 줄기, 잎, 뿌리에 처리하여 식물 전체로 확산시켜서 이 식물을 섭식하는 해충에 살충력을 나타내는 약제의 종류는?

① 훈증제　② 소화중독제
③ 화학불임제　④ 침투성살충제

5. 다음 중 침투이행성의 유기인계 살충제는?

① 프로파자이트수화제(오마이트)
② 포스파미돈액제(다무르)
③ 델타메트린유제(데시스)
④ 클로르피리포스수화제(더스반)

정답 및 해설

해설 1

곤충의 변태과정에서 애벌레 시기가 살충의 효과가 가장 좋다.

해설 2

계면활성제(surfactant)

① 제초제의 제형에 주성분외 보조제(additive)이며 제초효과의 발현 및 증진을 위해 사용
② 유화제(emulsifier), 습윤제(wetting agent), 전착제(sticker) 등이 있는데 이들을 통칭
- 유화제 : 하나의 액체가 다른 액체에 현탁되는 정도를 증진시키는 물질
- 습윤제 : 표면장력을 감소시키는 물질
- 전착제 : 식물체의 경엽에 제초제가 부착되도록 하는 보조제

해설 3

농약의 종류

사용목적	살균제, 살충제, 살비제(살응애제), 제초제, 살선충제, 식물생장조절제
주성분	유기인계, 카바메이트계, 유기염소계, 황계, 동계, 기타 농약
제제형태	액체시용제(유제,액제,수화제,수용제), 고형시용제(분제, 입제), 기타(훈증제, 도포제와 캡슐제

공통해설 4, 5

침투성살충제

- 식물 전체에 퍼져 흡즙성 해충에 선택적으로 작용
- 천적에 대한 피해가 없어 천적 보호의 입장에서도 유리함
- 포스파미돈 액제(유기인계)

정답 1. ② 2. ① 3. ② 4. ④ 5. ②

정답 및 해설

6. 탄저병 예방약제인 Mancozeb는?

① 구리 화합물계 농약 ② 유기 유황계 농약
③ 무기 유황계 농약 ④ 유기 수은제 농약

7. 공원 녹지에서 병해충 발생에 대한 방제계획을 적은 것이다. 다음 중 농약 사용기준에 가장 적합한 것은?

① 미적, 경제적으로 허용하는 한도 이하로 피해를 억제하는 정도에서 사용한다.
② 가능한 한 농약을 사용하여 피해를 일으키는 해충을 전멸 시킨다.
③ 농약을 사용치 않는 대신 천적을 이용하는 정도로만 한다.
④ 동일 농약을 계속 사용하여 병해충을 방제하고 부작용을 없앤다.

8. 다음 중 농약사용 중 일반적인 주의사항으로 가장 거리가 먼 것은?

① 사용하다가 남은 농약은 다른 용기에 옮겨서 보관한다.
② 살포 전·후 살포기를 반드시 씻는다.
③ 병뚜껑을 열 때 신체에 내용물이 묻지 않도록 주의한다.
④ 약을 뿌릴 때에는 마스크, 보안경, 고무장갑 및 방제복 등을 착용하고, 바람을 등지고 뿌려야 한다.

9. 조경에서 사용되는 농약의 독성을 표시하는 단위에서 LD_{50}이란?

① 50% 치사에 필요한 농약의 농도
② 50% 치사에 필요한 농약의 종류
③ 50% 치사에 필요한 시간
④ 50% 치사에 필요한 농약의 량

10. 다음 중 살충제의 해충에 대한 복합 저항성(multiple resistance)을 가장 잘 설명한 것은?

① 어떤 해충개체군 내에 대다수의 개체가 해당 살충제에 대하여 저항력을 가지는 해충계통이 출현되는 현상
② 살충작용이 다른 2종 이상에 대하여 동시에 해충이 저항성을 나타내는 현상
③ 동일 살충제를 해충개체군 방제에 계속 사용하면 저항력이 강한 개체만 만들어지는 현상
④ 어떤 살충제에 대하여 저항성이 발달한 해충이 한번도 사용한 것이 없지만 작용기구가 같은 살충제에 저항성을 나타내는 현상

해설 **6**

Mancozeb
1961년 미국의 Rhom & Haas사(社)에서 다이센M-45라는 상품명으로 개발한 살균제 농약으로 한국에서는 '만코지' 라는 품목명으로 고시되어 있다. 아연배위화합물(亞鉛配位化合物)인 디티오카바메이트계 살균제로서 탄저병약이며 회황색 분말로 일반 농약과 혼용할 수 있다. 쥐에 대한 급성경구독성 LD50(50%의 치사량)이 8,000 mg/kg 이상이며, 피부에 계속하여 접촉되면 피부자극의 원인이 된다. 사과·포도의 탄저병 등의 방제에 사용된다.

해설 **7**

공원과 녹지의 농약 사용기준 – 미적·경제적으로 허용하는 한도 이하로 피해를 억제하는 정도에서 사용

해설 **8**

사용 후 남은 농약은 다른 용기에 옮겨 보관하지 않는다.

해설 **9**

농약의 독성
반수(半數) 치사량 또는 중위(中位) 치사량(Median lethal dose, LD50)으로 표시하며 시험동물의 50 %가 죽는 농약의 양을 말한다.

해설 **10**

복합저항성
작용기작이 서로 다른 2종 이상의 약제에 대해 저항성을 나타내는 것으로 한 개체 안에 두 가지 이상의 저항성 기작이 존재하기 때문에 발생한다.

정답 6. ② 7. ① 8. ① 9. ④ 10. ②

11. 어떤 농약을 500배로 희석하여 10아르(a)당 100리터씩 3헥타아르(ha)에 처리하고자 할 때 필요한 농약의 양은 얼마인가?

① 1.5kg ② 6kg
③ 15kg ④ 30kg

12. 리바이짓드 유제 30%를 250배로 희석해서 10a당 5말을 살포하여 해충을 방제하고자 할 때 리바이짓드 유제 30%의 소요량은 몇 mL인가? (단, 1말은 18L로 한다.)

① 144 ② 244
③ 288 ④ 360

13. 농약의 성분이 20%인 분제 5kg을 5%의 분제로 만들려면 희석용 증량제가 몇 kg 더 필요한가?

① 10kg ② 15kg
③ 20kg ④ 25kg

14. 8000ppm 을 퍼센트 농도로 바꾸면 얼마인가?

① 80% ② 0.8%
③ 0.08% ④ 8%

15. 포스팜 50%, 액제 50cc를 포스팜 농도 0.5%로 희석하려고 할 경우 요구되는 물의 양은?(단, 원액의 비중은 1이다.)

① 6000cc ② 5500cc
③ 4950cc ④ 4500cc

16. 20% 메프(Mep) 유제(비중 1.0) 200cc를 0.05%의 살포액을 만드는데 소요되는 물의 양은?

① 79,900cc ② 79,800cc
③ 79,700cc ④ 79,600cc

정 답 및 해 설

해설 **11**

전제면적 3ha=300a 이므로 10a당 100리터를 사용하면 총소요량은 3000리터

소요약량$=\frac{총소요량}{희석배수}=\frac{3000L}{500}$

∴6kg

해설 **12**

소요약량$=\frac{단위면적당사용량}{소요희석배수}$

$=\frac{18\times5}{250}=0.36L=360mL$

해설 **13**

희석할증량제의 양
= 원분제의중량 × $(\frac{원분제의농도}{원하는농도}-1)$

$= 5\times(\frac{20}{5}-1) = 15kg$

해설 **14**

· 1%=1/100
· ppm = 1/1,000,000
· ppm을 %로 바꾸기 위해서는 10000으로 나눈다.
8000÷10000=0.8%

해설 **15**

희석할 물의양 = 원액의 용량× $(\frac{원액의농도}{희석할농도}-1)$ ×원액의 비중

$= 50cc \times (\frac{50}{0.5}-1)\times 1$

= 4950cc

해설 **16**

① 배액계산=20%÷0.05%=400배 액희석

②소요약량$=\frac{총소요량}{희석배수}$

$200cc=\frac{총소요량}{400배액}$

따라서, 총소요량=80,000cc

③ 물의 양=총소요량−소요약량 =80,000−200=79,800cc

정답	11. ② 12. ④ 13. ② 14. ② 15. ③ 16. ②

17. 수목의 측아(側芽)발달을 억제하여 정아우세를 유지시켜주는 호르몬은?

① 옥신(auxin)
② 지베렐린(gibberellin)
③ 사이토키닌(cytokinin)
④ 아브시스산(abscisic acid)

18. 다음 식물 호르몬 중 스트레스의 감지, 잎, 꽃 열매의 탈리현상, 가을 낙엽 등 식물 노화촉진 효과와 가장 관계가 있는 것은?

① IAA　② Cytokinin
③ Gibberellin　④ Abscisic acid

19. 농약의 안전성평가 기준에 해당되지 않는 것은?

① 열량　② 질적 위해성
③ 잔류허용기준　④ 1일 섭취 허용량

20. 분제(粉劑)의 물리적 성질인 토분성(吐粉性, dustability))에 대한 설명으로 옳은 것은?

① 분제가 입자의 크기와 보조제의 성질에 따라 작물해충 등에 잘 달라붙는 성질을 말한다.
② 살분시 분제의 입자가 풍압에 의하여 목적하는 장소까지 날아가는 성질을 말한다.
③ 살분시 분제의 입자가 살분기의 분출구로 잘 미끄러져 가는 성질을 말한다.
④ 분제농약의 저장 시 주성분의 분해 및 응집 등 물리적 변화가 일어나지 않은 성질을 말한다.

정답 및 해설

해설 17

식물 줄기 생장점의 정아에서 생성된 옥신이 정아의 생장은 촉진하나 아래로 확산하여 측아의 발달은 억제하여 정단 우세 현상이 일어나게 함

해설 18

아브시스산(ABA)는 식물의 생장을 억제하고 환경 스트레스에 대한 식물의 반응에 관여하는 식물호르몬

해설 19

농약의 안전성 평가 기준
① 잔류농약 : 살포된 농약이 자연환경 중에 존재하거나 식물 또는 식품의 원료 자체에 남아 있는 것을 말하고, 작물 잔류성, 토양 잔류성 및 수질오염성 농약으로 분류
② 반수치사약량 : 농약을 경구나 경피 등으로 투여할 경우 독성시험에 사용된 동물의 50%를 치사에 이르게 할 수 있는 화학물질의 양으로 숫자가 작을수록 독성이 강함
③ 농약 1일 섭취허용량(Acceptable Daily Intake; ADI) : 농약을 일생 동안 매일 섭취하여도 시험동물에 아무런 영향을 주지 않는 농약의 최대 약량
④ 농약 잔류허용기준 (Maximum Residue Limits) : 국가 간 차이가 있으나 네덜란드 방식에 의거 1일 섭취 허용량에 국민 평균 체중을 곱한 값에 식품계수(해당 농약이 사용되는 식품의 1일 섭취량)를 나누어 산출

해설 20

토분성
분제의 입자가 살분기의 분출구로 잘 미끄러져 가는 성질로 살포기의 1분간 토출되는 용량으로 나타낸다.

정답 17. ① 18. ④ 19. ① 20. ③

21. 제초제 살포작업 시 일반적인 유의사항으로 옳은 것은?

① 일조량이 적고 바람이 강한 날 실시하는 것이 효과면에서 좋다.
② 제초제나 살균제 처리는 기온이 5℃ 이상 30℃ 이하에서 시행하는 것이 좋다.
③ 제초제에 섞는 물은 산도가 높거나(pH 4~5 이상), 센물(경물)이 좋다.
④ 약제를 섞어야 할 경우 유제 → 전착제 → 액화제 → 가용 성분제 → 수화제 순서로 섞어 조제한다.

22. 농약의 제형 중 액상수화제의 효과가 수화제보다 우수한 이유는?

① 주성분의 분자량이 작기 때문이다.
② 유효성분 농도가 불균일하기 때문이다.
③ 증량제로 알코올을 사용하였기 때문이다.
④ 단위무게당 입자수가 많고 표면적이 넓기 때문이다.

23. 작물보호제(농약)의 사용방법에 관한 주의사항으로 틀린 것은?

① 입제농약은 원칙적으로 물에 희석하여 사용방법 및 사용량에 따라 사용한다.
② 포장지의 표기사항이 이해가 되지 않거나 의문사항이 있을 경우에는 해당회사에 문의한다.
③ 수화제 및 입상수화제 등 희석제농약은 사용약량을 지켜 물에 희석한 후 분무기를 이용하여 작물에 충분히 묻도록 뿌린다.
④ '사용적기 및 방법'란에 경엽처리 등 살포방법이 특별히 명시되지 아니한 것은 반드시 농약 포장지를 확인 후 사용한다.

24. 다음 작물보호제 중 비선택성 제초제에 해당하는 것은?

① 디캄바액제
② 이사-디액제
③ 베노밀수화제
④ 글리포세이트암모늄액제

정답 및 해설

해설 21

농약 살포는 기온이 5℃ 이상 30℃ 이하에서 시행하며 비가오거나 바람이 부는 날은 한낮은 피해서 시행한다.

해설 22

액상수화제

- 물과 유기용매에 난용성인 원제를 액상의 형태로 조제한 것으로 수화제에서 분말의 비산등 단섬을 보완하기 위하여 개발된 제형
- 증량제로 물을 사용하여 습식분쇄기로 입자를 평균 1~3mm크기로 미분쇄시킨 후 액상의 보조제와 혼합, 유효성분을 물에 현탁시킨 제제
- 분진이 발생하지 않아 사용할 때 안전하고, 증량제로 물을 사용하였기 때문에 독성, 환경오염 측면에서도 유리하다.
- 농약입자의 크기가 미세하여 단위무게 당 입자수가 많고 표면적이 상대적으로 넓어 수화제보다 약효가 우수하게 나타난다.

해설 23

바르게 고치면
입제농약은 물에 희석하지 않고 사용방법 및 사용량에 따라 사용한다.

해설 24

- 디캄바액제(반벨), 이사-디액제 : 선택성 제초제
- 베노밀수화제 : 살균제 농약으로 카바메이트계 침투성 살균제
- 글리포세이트암모늄액제, 글리포세이트액제 : 비선택성 제초제

정답 21. ② 22. ④ 23. ① 24. ④

25. 농약 중 분제(粉劑)에 대한 설명으로 옳은 것은?

① 분제에 대한 검사 항목으로는 주성분과 분말도이다.
② 분제는 유제에 비하여 수목에 고착성이 우수하다.
③ 분제의 물리성 중에서 중요한 것은 입자의 크기와 현수성이다.
④ 주제에 Kaoline 등의 점토광물과 계면활성제 및 분산제를 넣어 제제화한 것이다.

26. 가수분해의 우려가 없는 경우에 농약 원제를 물에 녹이고 동결방지제를 가하여 제제화한 제형은?

① 유제(乳劑) ② 액제(液劑)
③ 수화제(水和劑) ④ 수용제(水溶劑)

해설 26

분류	특성
유제	기름에만 녹는 지용성 원제를 유기용매에 녹인 후 계면활성제를 첨가하여 만든 농축농약
액제	수용성 원제를 물에 녹여서 만든 용액, 겨울철 동파위험
수화제	물에 녹지 않는 원제에 증량제와 계면활성제와 섞어서 만든 분말, 조제시 가루날림에 주의
수용제	수용성 원제에 증량제를 혼합하여 만든 분말로 투명한 용액이 됨

27. 우리나라의 농약의 독성 구분 기준이 아닌 것은?

① 고독성 ② 무독성
③ 저독성 ④ 보통독성

28. 농약 살포 방법으로 옳은 것은?

① 심한 태풍이나 비바람이 지나간 직후에 살포하는 것이 흡수 효과가 좋다.
② 살충제와 살균제를 혼합사용하며, 기온이 높을수록 효과가 좋다.
③ 살충제 중 독한 약제는 흐린 날 살포하는 것이 좋다.
④ 전착제를 완전히 용해시킨 뒤 살포액에 넣는 것이 좋다.

29. 농약의 효력을 충분히 발휘하도록 하기 위하여 첨가하는 물질을 일컫는 용어는?

① 기피제 ② 훈증제
③ 유인제 ④ 보조제

정답 및 해설

해설 25

분제
- 주제를 증량제, 물리성 개량제, 분해방지제 등과 균일하게 혼합 분쇄하여 제조
- 유제와 수화제에 비해 고착성이 떨어져 잔효성이 요구되는 병해 방제용으로는 부적합
- 물리적 성질이 약효에 크게 좌우되며 특히, 입자의 크기는 유효 성분의 효과를 발휘하는 기본적인 성질이 됨

해설 27

농약관리법에서 농약은 독성 구준
- 맹독성, 고독성, 보통독성, 저독성으로 구분
- 국내에는 보통독성과 저독성만 사용이 허가됨

해설 28

전착제
농약 살포액을 식물 또는 병해충의 표면에 넓게 퍼지게 하기 위하여 사용하는 보조제의 일종

해설 29

보조제
농약의 효력을 발휘하기 위해 첨가하는 물질로 증량(增量), 유화(乳化), 협력(協力) 등의 역할을 하는 전착제, 증량제, 유화제, 협력제 등이 있다.

정답 25. ① 26. ② 27. ② 28. ④ 29. ④

chapter 09 조경수목의 생육장애

9.1 핵심플러스

■ 저온해와 고온해

저온해	한상	열대 식물이 한랭으로 생활기능이 장애를 받아 죽음에 이름
	동해	상해- 만상(봄)/ 조상(가을)/ 동상(겨울) 피해현상 - 상렬 / cup-schakes / 상해옹이
고온해	일소(피소), 한해	

■ 저온해 피해 지역

오목한 지형, 과습한 토양, 일교차가 심한 날 ⇒ 유목과 지표에서 가까운 수목의 아랫부분에서 피해가 심하다.

■ 대기 오염물질의 피해

- 1970년대에는 석탄사용으로 인해 아황산가스의 피해
- 요즘은 오존과 질소산화물, 미립자(검댕, 먼지, 중금속)의 피해

1 저온의 해 ★

① 한상(寒傷, chilling damage)

열대 식물이 한랭으로 식물체내 결빙은 없으나 생활기능이 장해를 받아 죽음에 이르는 것

② 동해(凍害, freezing damage)

추위로 세포막벽 표면에 결빙현상이 일어나 원형질이 분리되어 식물체가 죽음에 이르는 것

㉠ 발생지역 : 오목한 지형, 남쪽경사면, 유목에 많이 발생, 배수불량, 겨울철 질소과다지역

㉡ 서리의 해 (상해 : 霜害)

- 만상(晩霜, spring forst) : 이른 봄 서리로 인한 수목의 피해
- 조상(早霜, autumn forst) : 나무가 휴면기에 접어들기 전의 서리로 피해를 입는 경우
- 동상(凍霜, winter forst) : 겨울동안 휴면상태에서 생긴 피해

③ 피해 현상

㉠ 상렬(霜裂)

- 수액이 얼어 부피가 증대되어 수간의 외층이 냉각·수축하여 수선방향으로 갈라지는 현상으로 껍질과 수목의 수직적인 분리
- 배수불량 토양에서 피해가 심함

㉡ cup-shakes

· 상렬과 반대되는 현상으로 수간의 외층조직이 태양광선에 의해 온도가 높아져 있다가 갑자기 낮은 온도로 인해 외층조직이 팽창을 일으키는 것

㉢ 상해옹이(forst canker)

· 수간의 남쪽이나 서쪽에서 발생

· 수목의 수간, 가지, 갈라진 지주 등에서 지면 가까이에 있는 수목껍질과 신생조직은 저온에 의해 조직이 여물기 전에 피해는 받는 것

④ 예방법

㉠ 통풍, 배수가 양호한 곳에 식재

㉡ 낙엽이나 피트모스 등으로 멀칭

㉢ 남서쪽 수피가 햇볕에 직접 받지 않도록 하며 수간에 짚싸기 실시

㉣ 상록수 주변은 0℃ 이하가 되기 전에 충분히 관수해 겨울철에 수분부족이 오지 않도록 함

㉤ 회양목, 철쭉 등에 액체 플라스틱 시들음 방지제를 잎에 살포

㉥ 방풍림 또는 방풍벽 설치

2 고온의 장해

① 일소 (日燒 : sun scald))

㉠ 여름철 직사광선으로 잎이 갈색으로 변하거나 수피가 열을 받아 갈라지는 현상

㉡ 껍질이 얇은 수종의 수간은 짚, 수목테이프로 싸거나 흰도포제(석회유)를 발라줌

② 한해 (旱害 : drought injury)

㉠ 여름철에 높은 기온과 가뭄으로 토양에 습도가 부족해 식물내에 수분 결핍되는 현상

㉡ 호습성 수종, 천근성 수종은 주위를 요함

3 대기오염에 의한 수목의 피해

① 대기 오염 물질 분류

형태	종류
질소화합물	질소산화물(NO_X)
광화학화합물	오존(O_3), PAN, PBN
미립자	먼지, 검댕, 중금속(납, 비소)
황화합물	황산화물(SO_X), 황화수소(H_2S)
탄화수소	메탄(CH_4), 아세틸렌(C_2H_2)
할로겐 화합물	불화수소(HF), 브롬화수소

② 피해 증상

㉠ O_3 (오존): 잎의 황백화, 적색화, 어린잎 보다 자란잎에 피해(2차오염물질)

㉡ SO_2 (아황산가스) : 엽록소의 파괴로 황화현상, 심하면 고사

㉢ PAN : 잎의 뒷면이 은회색에서 갈색으로 변함, 어린잎에 피해(2차오염물질)

㉣ CH_2 : 꽃받침이 마르고 꽃이 떨어지며 부정형 잎이 생김

㉤ NH_2 (질소산화물) : 엽맥세포들의 붕괴로 백색 또는 황갈색 괴사, 오존발생량의 증가

㉥ NF(플루오르화 수소) : 제철시 철광석 배출, 엽록소 파괴, 효소작용저해, 광합성 억제, 잎 가장자리의 백화현상

③ 완화대책

㉠ 저항성이 있는 수종 선택(은행나무, 편백, 가이즈까향나무, 플라타너스 등)

㉡ 잎을 주기적으로 물로 세척 : 분진과 같은 미립자제거

㉢ 적절한 관수로 기공이 자주 열리게 하지 않은 것이 좋음

㉣ 생장이 왕성시 생장억제제를 살포하여 생장을 둔화시킴

㉤ 질소비료를 적게 주며 인과 칼륨비료를 사용, 석회질비료 사용

핵심기출문제

내친김에 문제까지 끝내보자!

1. 습한 지역에 겨울철에 생기는 것은?

① 동해 ② 열해
③ 습해 ④ 냉해

2. 다음 동해 발생 사례 중 틀린 것은?

① 오목한 지형에 있는 수목에서 동해가 더 많이 발생한다.
② 건조한 토양보다 과습한 토양에서 더 많이 발생한다.
③ 일차(日差)가 심한 남쪽경사면보다는 북쪽경사면이 더 많이 발생한다.
④ 성목보다는 유목에서 더 많이 발생한다.

3. 다음 중 동해에 관한 설명으로 옳은 것은?

① 남쪽 경사면보다는 북쪽 경사면이 더 많이 발생한다.
② 과습한 토양보다는 건조한 토양에서 더 많이 발생한다.
③ 오목한 지형에 있는 수목에서 동해가 더 많이 발생한다.
④ 흐리고 바람이 많은 날 발생하기 쉽다.

4. 초봄에 식물의 발육이 시작된 후 0℃ 이하로 갑작스럽게 기온이 하강함으로써 식물체에 해를 주게 되는 것은?

① 조상 ② 일소
③ 동상 ④ 만상

5. 조경수에 동해가 발생되기 쉬운 조건은?

① 건조한 토양에서 많이 발생한다.
② 오목한 지형에서 많이 발생한다.
③ 구름이 있고, 바람이 불 때 발생한다.
④ 유령목보다 성목에서 많이 발생한다.

정 답 및 해 설

해설 **1**

동해
추위로 세포막벽 표면에 결빙현상이 일어나 원형질이 분리되어 식물체가 죽음에 이르는 것

해설 **2**

일교차가 심한 남쪽경사면이 동해의 발생이 더 크다.

공통해설 **3, 5**

동해발생지역
오목한 지형, 남쪽경사면, 유목에 많이 발생, 배수불량, 겨울철 질소과다지역

해설 **4**

상해
- 만상 : 이른 봄 서리로 인한 수목의 피해
- 조상 : 나무가 휴면기에 접어들기 전의 서리로 피해를 입는 경우
- 동상 : 겨울동안 휴면상태에서 생긴 피해

정답 1. ① 2. ③ 3. ③ 4. ④ 5. ②

6. 식물의 동해방지를 위한 방법으로 옳지 않는 것은?

① 철쭉류에 액체 플라스틱 시들음 방지제를 잎에 살포한다.
② 근원경 5~6배의 넓이로 수목 주위에 피트모스나 낙엽을 깔아 준다.
③ 전나무 주변 토양은 0℃ 이하로 내려가기 전에 흠뻑 젖도록 충분히 관수한다.
④ 소나무의 경우 계속되는 추위로 토양이 얼었을 때 미지근한 물을 1주일 간격으로 토양을 녹여 준다.

7. 다음 중 조경 수목의 관리상 저온에 대한 피해를 최소화하려는 저온 방지대책과 무관한 것은?

① 낙엽이나 피트모스(peatmoss)등을 피복재료(mulch)로 사용한다.
② 강정지, 강전정을 실시한다.
③ 액체 피막제(wilt-pruf)를 잎에 살포한다.
④ 바람막이를 설치한다.

8. 다음 중 저온에 의한 피해 현상으로만 짝지워진 것은?

① 늦서리(晩霜) - 상해옹이(frost canker)
② 상렬 - 거들링(girding)
③ 이른서리(早霜) - 위연륜(false annual ring)
④ 일소 - 컵쉐이크(cup shake)

9. 줄기 감기 작업을 필요로 하지 않는 것은?

① 노쇠목이나 내한성이 약한 수목
② 가지나 잎의 제거가 많은 이식 수목
③ 수간이 곧고 수피가 두꺼운 수목
④ 수간이 노출되어 일소, 동해의 우려가 있는 수목

10. 나무줄기 하단부에 백색페인트를 발라 놓은 이유는?

① 경계를 표시하기 위해서
② 땅에서 올라오는 해충을 퇴치하기 위해서
③ 줄기로 침입하는 병원균을 방제하기 위해서
④ 나무줄기의 별뎀(일소, 피소)을 줄이기 위해서

정 답 및 해 설

공통해설 **6, 7**

동해 예방법
· 통풍, 배수가 양호한 곳에 식재
· 낙엽이나 피트모스 등으로 멀칭
· 남서쪽 수피가 햇볕에 직접 받지 않도록 하며 수간에 짚싸기 실시
· 상록수 주변은 0℃ 이하가 되기 전에 충분히 관수해 겨울철에 수분부족이 오지 않도록 한다.
· 회양목, 철쭉 등에 액체 플라스틱 시들음 방지제를 잎에 살포
· 방풍림 또는 방풍벽 설치

해설 **8**

동상의 증상
① 상렬
② 상해옹이
③ 컵쉐이크(cup shake)
· 위연륜 : 풍해·동해로 2개 이상 나이테가 생기는 현상
· 거들링 : 환상박피

해설 **9**

줄기감기작업이 필요한 수목
· 수간의 수피가 얇은 수목
· 노쇠목이나 내한성이 약한 수목
· 가지나 잎의 제거가 많은 이식 수목
· 수간이 노출되어 일소, 동해의 우려가 있는 수목

해설 **10**

동해나 피소를 막기 위하여 나무줄기 하단부에 백색페인트를 발라준다.

정답 6. ④ 7. ② 8. ① 9. ③ 10. ④

정 답 및 해 설

11. 벚데기(피소)를 일으키기 쉬운 수종은 수피가 평활하고 코르크층이 발달되지 않는 수종이다. 다음 중 그와 같은 수종이 아닌 것은?

① 오동나무
② 호두나무
③ 가문비나무
④ 소나무

12. 건조한 곳에서 나무를 보호하기 위한 약제는?

① 증산억제제
② 발근촉진제
③ 왜화제
④ 생산촉진제

13. 대기오염 보호에 쓰이는 약제는?

① 증산억제제 ② 생장촉진제
③ 발근 촉진제 ④ 왜화제

14. 대기오염의 피해현상이 아닌 것은?

① 잎의 끝 부분이나 가장자리 엽맥 사이에 회갈색 반점이 생긴다.
② 잎이 빨리 떨어진다.
③ 엽맥에 갈색반점이 생기고 반점에 잔털이 생긴다.
④ 잎이 작아지고 엽면이 우툴두툴 해진다.

15. 수목의 아황산가스(SO_2) 피해에 대한 설명 중 잘못된 것은?

① 기온이 낮은 봄철보다 여름에 더욱 큰 피해를 입는다.
② 아황산가스는 석탄이나 중유 또는 광석 속의 유황이 연소하는 과정에서 발생한다.
③ 공중습도가 높고 토양수분이 많을 때에 피해가 줄어든다.
④ 천연림이 인공림보다 아황산가스에 대한 내성이 강하다.

16. 자외선에 의해 광화학산화반응으로 형성되는 2차 오염물질로서 광화학산물 중에서 가장 독성이 큰 오염물질은?

① SO_2 ② PAN
③ VOC ④ NaCl

해설 **11**

소나무는 코르크층이 두껍게 발달되어 있다.

공통해설 **12, 13**

- 증산억제제 : 증산작용을 억제하기 위한 물질, 이식 후, 대기오염의 피해가 우려될 때
- 발근촉진제 : 식물의 뿌리 내림을 촉진하는 물질
- 왜화제 : 식물의 마디 생장을 억제하여 식물의 키를 낮게 하는 물질

해설 **14**

대기오염의 피해현상

- 잎의 황백화·적색화, 엽록소의 파괴로 황화현상, 잎의 뒷면이 은회색에서 갈색으로 변함, 엽맥 세포들의 붕괴로 백색 또는 황갈색 괴사
- 꽃받침이 마르고 꽃이 떨어짐, 부정형 잎이 생김

해설 **15**

아황산가스의 피해는 공중습도가 높고 토양수분이 많을 때 큰 피해가 발생한다.

해설 **16**

1차 대기오염 물질은 오염원으로부터 직접 배출되는 것으로서 황산화물, 질소산화물, 불화수소가스, 분진 등이 있으며, 2차 대기오염물질은 1차 대기오염물질이 대기 중에서 화학반응에 의하여 새로운 독성을 지니게 되는 것으로서 오존, PAN, 산성비 등이 있다.

정답 11. ④ 12. ① 13. ① 14. ③ 15. ③ 16. ②

17. 최근 공해로 인한 수목의 피해가 급증하고 있다. 대기오염의 피해로서 황산화물(SOx)의 피해가 아닌 것은?

① 소량의 이산화황은 수목생육에 도움이 된다.
② 급성피해는 고농도의 아황산을 단시간 내에 흡수하는 것을 말한다.
③ 만성피해는 낮은 농도의 이산화황이 장기간 흡수되는 것을 말한다.
④ 엽록소의 파괴를 가져와 세포가 붕괴되어 심한 경우 고사한다.

18. 연해(대기오염에 의한 해)에 대한 설명으로 틀린 것은?

① 오래된 잎은 새잎에 비하여 낙엽이 되기 쉽다.
② 피해 입은 수목은 가지 끝이 먼저 피해를 입고, 심하면 수관 하부로 확산된다.
③ 비옥지 일수록 피해가 잘 나타난다.
④ 수종에 따라 차이가 있으나 소나무는 약한 편이다.

19. 다음 중 2차 대기오염물질이 아닌 것은?

① Pan ② O_3
③ PBN ④ H_2S

20. 조경수목의 생육에 중대한 영향을 미치는 오염물질이 아닌 것은?

① 아황산가스(SO_2) ② 불화수소(HF)
③ 옥시탄(오존, PAN) ④ 이산화탄소(CO_2)

21. 수목의 공해피해(公害被害)가 아닌 것은?

① 낙엽 ② 반문(斑紋)
③ 천공(穿孔) ④ 표백(漂白)

정 답 및 해 설

해설 **17**

황산화물의 피해
- 기공을 통해 흡수되어 잎의 엽록소를 파괴하고 세포조직에 손상을 준다.
- 고농도의 급성피해, 저농도의 만성피해가 있다.

해설 **18**

연해의 피해는 척박지일수록 심하다.

공통해설 **19, 20**

대기오염물질
① 1차 대기오염물질
- 연료가 연소시 생성되는 오염물질을 말함
- 아황산가스, 질소산화물, 황화수소(H_2S)

② 2차 대기오염물질
- 1차 오염물질이 공기 중에서 광분해로 생성되는 2차적 오염물질로 산화력이 강한 각종 화합물을 만듦
- Pan, 오존(O_3), PBN

해설 **21**

수목의 공해피해 증상 : 낙엽, 황백화 · 적색화 · 황화현상, 표백(백색변화)

정답 17. ① 18. ③ 19. ④ 20. ④ 21. ③

수목의 관리

10.1 핵심플러스

■ **수목의 공동처리순서**

부패부제거 → 공동 다듬기 → 소독 및 방부처리 → 동공충전(비발포성 또는 발포성수지사용) → 방수처리 → 표면경화처리 → 인공수피처리

■ **뿌리보호 : 나무우물(마른우물/ 건정/ 메쌓기)**

■ **노거수의 관리 내용**

- 상처치료, 뿌리보호, 공동처리, 양분공급(수간주사, 엽면시비), 지주목설치(밑으로 처진 가지를 받쳐줌), 전정실시(불필요한 가지를 제거), 주변에 멀칭실시

1 상처치료

① 상처난 가지의 줄기를 바짝 잘라낸다 (굵은 줄기는 3단계로 자른다)

② 절단면에 방수제를 발라준다.

- 치료제 : 오렌지 셀락, 아스팔렘 페인트, 크레오소오트페인트, 접목용밀랍, 하우스페인트, 라놀린 페인트, 수목용페인트

2 공동처리 순서(수관 외과수술) ★

① 부패한 목질부를 깨끗이 깍아냄

② 공동내부다듬기

③ 버팀대 박기 : 휘어짐을 방지함

④ 소독 및 방부처리 : 더 이상 부패가 발생되지 않게 함

㉠ 살균제 : 에틸알콜이 효율적이며 포르말린, 크레오소트 등 사용

㉡ 살충제 : 스미치온 다이아톤을 혼합하여 처리

㉢ 방부처리 : 수분침투를 막기 위해 처리, 무기화합물(유산동과 중크롬산카리를 섞음)을 도포

⑤ 공동충전

㉠ 동공은 곤충과 빗물이 들어가지 않도록 하며 수간의 지지력을 보강하기 위해 어떤 물질로 채움

㉡ 기존의 사용재료 : 콘크리트, 아스팔트, 목재, 고무밀납 등 사용

㉢ 합성수지

- 비발포성수지 : 부피가 늘어나지 않음, 에폭시 수지, 불포화 폴리에스테르수지, 폴리우레탄 고무(귀중한 문화재일 경우 적격)가 탄력이 있고 수술용으로 적격, 가격이 고가

- 발포성수지 : 부피가 늘어남, 커다란 동공에 채울때 유리, 공동의 구석까지 빈틈없이 채움, 폴리우레탄폼은 경제적이고 작업은 쉬우나 강도가 약함

⑥ 방수처리 : 에폭시수지, 불포화 에스테르
⑦ 표면경화처리 : 부직포로 밀착시키고 목질부에 놋쇠못을 박아고정
⑧ 인공수피처리 : 수피 성형, 접착제로 에폭시 수지나 폴리에스테리 수지 사용하여 코르크가루를 적절한 두께로 붙임(주변에 노출된 형성층의 높이보다 약간 낮게 함)

■ 참고

■ 사이고메터(shigometer) : 수목의 활력도 측청기계

수간의 부패여부를 확인하는 기기로 형성층의 사활 여부는 사이고메터(Shigometer)로 비교적 정확하게 진단할 수 있다. 이 기기로 형성층에 두 개의 전극을 꽂아서 전류흐름으로 판단하는데 형성층이 살아 있으면 수분이 많고 양전기를 띤 이온이 있어 전류를 많이 흘려보내는 원리를 이용한다.

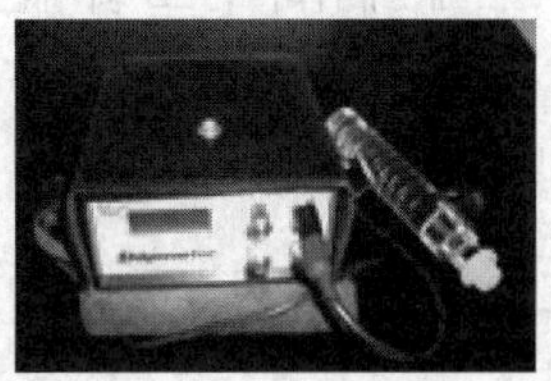
그림. 사이고메터

3 뿌리의 보호 : 나무우물(Tree Well) 만들기

① 성토로 인해 묻히게 된 나무 둘레의 흙을 파올리고 나무 줄기를 중심으로 일정한 넓이로 지면까지 돌담을 쌓아서 원래의 지표를 유지하여 근계의 활동을 원활하게 해주는 것
② 돌담을 쌓을 땐 뿌리의 호흡을 위해 반드시 메담쌓기(Dry Well, 건정, 마른우물)

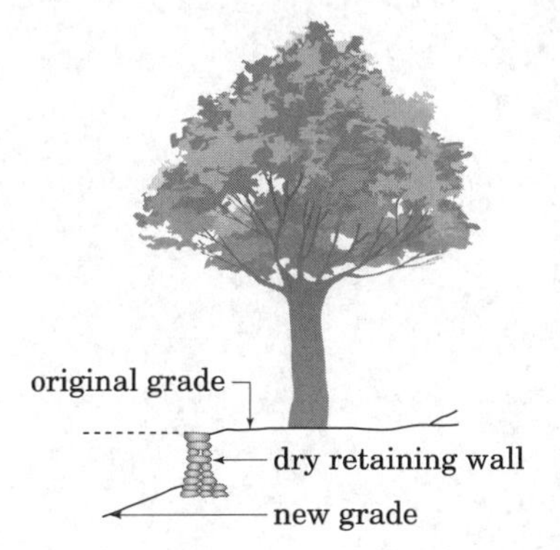

그림. 나무우물(Tree well)

4 교접(僑接, bridge grafting)

① 목적

- 귀중한 정원수, 노거수 등이 기계적인 상해나 쥐와 토끼 등의 설치류동물에 의해서 수피가 벗겨지는 있는데 심하면 근계에 대한 영양공급이 부족하여 죽게 된다.
- 느릅나무나, 벚나무 등은 유합조직이 왕성해 상처가 아물지만 상처가 심하면 교접을 해서 수목을 살릴 필요가 있다.

② 방법

- 나무 줄기에 있는 상처의 위와 아래를 일년생가지로 된 접수를 꽂아 넣는다. 접수는 휴면기간에 채취하며 그 굵기는 0.6~1.2cm 가량되는 것을 사용한다.

(a) 준비된 접수의 모양

(b) 상처난 줄기에 접수를 위아래로 접목한 모양

c) 접목한 부분에 밀랍을 발라서 물의 침투를 막는다.

그림. 교접

핵심기출문제

내친김에 문제까지 끝내보자!

1. 다음 수목들 중 수간 외과수술이 시급하게 요구되는 것은?

① 수간이 부패하여 공동이 생겼을 경우
② 초두부가 말라 시들어 갈 경우
③ 뿌리가 지면으로 노출될 경우
④ 수피에 타는 증상이 나타나는 경우

2. 다음 중 수목의 외과수술시 사용되는 공동(cavity) 충전 재료 중 내후성, 내산화성, 기계적강도, 내마모성, 접착력 등이 우수하고, 효과면에서 다른 재료들 보다 가장 좋은 것은?

① 폴리우레탄폼 ② 우레탄고무
③ 에폭시레진 ④ 고무밀납

3. 노거수목의 관리요령이다. 적절하지 않은 것은?

① 유합조직(callus tissue)의 조기형성을 위해 오렌지셀락, 아스팔템 페인트 등을 도포한다.
② 메담쌓기(dry well)는 성토 지역에 있어서의 뿌리보호 대책이다.
③ 부패된 줄기의 공동(cavity)처리는 충전재료의 선택이 중요하다.
④ 공동충전재료는 접착용수지, 유리섬유 등이 있다.

4. 다음과 같이 교목의 근원부로부터 50cm 성토할 때 이 수목의 보호조치로 가장 적절한 방법은?

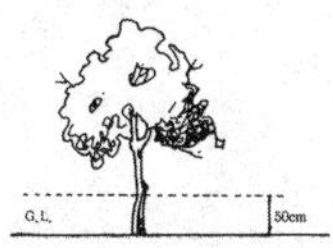

① 주간(主幹)을 중심으로 조금 더 높게 성토하여 배수가 잘 되게 한다.
② 주간을 중심으로 방사상으로 배수로를 설치한다.
③ 주간을 중심으로 환상으로 시비를 한다.
④ 주간을 중심으로 마른 우물(dry- well)을 설치한다.

정 답 및 해 설

해설 1
수간외과수술 – 수간이 부패하여 공동이 생겼을 때

해설 2
효과순서 : 우레탄고무 – 에폭시레진 – 발포성수지 – 폴리에스테르수지

해설 3
공동충전재료
- 비발포성수지 : 에폭시 수지, 불포화 폴리에스테르수지, 폴리우레탄 고무(귀중한 문화재일 경우 적격)가 탄력이 있고 수술용으로 적격, 가격이 고가
- 발포성수지 : 부피가 늘어남, 커다란 동공에 채울 때 유리, 폴리우레탄폼은 경제적이고 작업은 쉬우나 강도가 약함

해설 4
나무우물(마른우물)
성토로 인해 묻히게 된 나무 둘레의 흙을 파올리고 나무 줄기를 중심으로 일정한 넓이로 지면까지 돌담을 쌓아서 원래의 지표를 유지하여 근계의 활동을 원활하게 함

정답 1. ① 2. ② 3. ④ 4. ④

5. **부패된 줄기(주지)의 공동처리 순서는?**

① 살균 및 살충제 사용-오염된 부분 제거-방수 처리-충전제 사용
② 오염된 부분 제거-방수 처리-살균 및 살충제 사용-충전제 사용
③ 방수 처리-살균 및 살충제 사용-오염된 부분 제거-충전제 사용
④ 오염된 부분 제거-살균 및 살충제 사용-방수 처리-충전제 사용

해설 5

공동처리순서
부패부제거 → 공동 다듬기 → 소독 및 방부처리(살균 · 살충제 처리, 방수처리) → 동공충전 → 방수처리 → 표면경화처리 → 인공수피처리

6. **노거수의 뿌리관리에 관한 설명 중 옳지 않은 것은?**

① 기존수목(주변에 성토가 불가피할 때)을 보호하고 산소공급을 원활하게 하기 위하여 나무우물을 만들어 준다.
② 도로개설 공사로 정지작업 후 기존지면의 뿌리가 노출될 경우 돌옹벽을 쌓아서 보호한다.
③ 도로개설시 노거수를 보호하기 위하여 줄기둘레에 가까이 콘크리트 포장을 하도록 한다.
④ 주변에 사람이 모일 것이 예상되면 수목뿌리보호판을 설치하여야 한다.

해설 6

줄기 둘레 가까이 콘크리트 포장시 수목이 생육을 할 수 없게 된다.

7. **큰 수목의 공동(空洞, cavity)을 외과 수술할 때 충전제로서 적당하지 못한 것은?**

① 우레탄고무 ② 밭흙
③ 실리콘 ④ 에폭시수지

해설 7

수목의 공동충전재료 - 합성수지제품, 우레탄고무, 우레탄폼, 실리콘, 에폭시수지 등

정답 5. ④ 6. ③ 7. ②

chapter 11 잔디 관리

11.1 핵심플러스

■ 잔디의 종류

구분	내용
난지형	·한국잔디 : 들잔디, 고려잔디, 비로드잔디, 갯잔디, 금잔디 ·버뮤다그라스, 바하아그라스, 버팔로그라스, 센티피드그라스, 세인트오거스틴그라스
한지형	켄터키블루그라스, 벤트그라스, 파인페스큐, 톨페스큐, 퍼레니얼라이그라스

■ 배토(뗏밥주기 : Top dressing)

구분	내용
목적	노출된 지하줄기의 보호 / 지표면을 평탄하게 함 / 부정근, 부정아 발달촉진
시기	잔디생육이 가장 왕성한 시기에 실시(난지형 늦봄, 한지형은 이른봄·가을)
방법	소량 자주 사용 2~4mm / 세사 : 밭흙 : 유기물 = 2:1:1비율

■ 통기작업

·목적 : 토양의 고결화 방지, 잔디의 갱신, 수분과 양분의 침투양호

구분	내용
지표층통기	·잔디표면위에 있는 이물질 제거/ 레이킹, 브러싱
토층통기	·코오링, 슬라이싱, 스파이킹 ·통기작업의 상처정도: 코오링 〉슬라이싱 〉스파이킹 〉버티컬모잉

■ 잔디의 병충해

구분	구분	내용
한국잔디	고온성병	라지패치, 녹병
	저온성병	후사리움패치
	해충	황금충
한지형잔디	고온성병	·브라운패치(엽부병, 입고병) ·Helminthosporium ·면부병(Pythium blight: 피티움마름병) ·Dollar spot
	저온성병	설부병

■ 제초제

구분	내용
접촉성제초제	부분적살초/ 다년생 잡초 지하부 제거 불가능
이행성제초제	식물체 전체고사(선택성제초제)

■ 잡초

·정의 : 이용자가 원하지 않는 장소에 원하지 않은 식물
·환경요인 : 광, 온도, 수분, 산소 등이며 대부분 광에 의해 발아가 이루어짐
·종류

구분	내용
잎의 형태에 따라	화본과, 방동사니과, 광엽잡초
생장주기에 따라	1년생, 2년생, 다년생
방제	경종적 방제법(생태적·재배적방제)/ 물리적 방제법(기계적방제)/ 예방적 방제법/ 생물적방제/ 종합적방제

1 잔디의 종류 ★★

① 난지형 잔디

㉠ 한국잔디(Korean lawngrass)

- 건조, 고온, 척박지에서 생육하며, 산성토양에 잘 견딤
- 종자번식이 어렵고, 완전 포복경과 지하경에 의해 옆으로 퍼진다.
- 답압에 매우 강함, 잔디 조성시간이 많이 걸림, 손상 후 회복속도 느림
  - 들잔디(Zoysia japonica) : 한국에서 가장 많이 식재되는 잔디, 공원, 경기장, 법면녹화, 묘지 등에 많이 사용
  - 고려잔디(Z. matrella) : 대전이남 지역 자생, 치밀한 잔디밭 조성, 내한성이 약하다.
  - 비로드잔디(Z. tenuifolia) : 정원, 공원, 골프장의 티, 그린, 페이웨이에 사용
  - 갯잔디(Z. sinica): 임해공업단지 등의 해안 조경

㉡ 버뮤다그라스(Bermudagrass : Cynodon dactylon)

- 손상에 의한 회복속도가 빨라 경기장용으로 사용
- 종자번식이 어렵고, 완전 포복경과 지하경에 의해 옆으로 퍼진다.

② 한지형 잔디

㉠ 켄터기블루그라스(Kentucky Bluegrass : Poa pratensis)

- 여름 고온기에 이용 제한, 건조에 약함(자주 관수)
- 잎끝이 보트형으로 왕포아풀로 불리어짐
- 골프장 페어웨이, 경기장, 일반잔디밭에 가장 많이 이용

㉡ 벤트 그라스(Creeping Bentgrass : Agrostis palustris)

- 엽폭이 2~3mm로 매우 가늘어 치밀하고 고움
- 병이 많이 발생해서 철저한 관리가 필요 건조에 약해 자주 관수를 요구
- 골프장 그린용으로 이용

㉢ 파인 페스큐(Fine Fescues : Festuca rubra)

- 그늘에 강해 빌딩 주변이나 녹음수 밑에 이용
- 건조나 척박한 토양에 강함

㉣ 톨 페스큐(Tall Fescues : Festuca arundinacea)

- 엽폭이 5~10mm로 매우 넓어 거친 질감,
- 고온건조에 강하고 병충해에도 강하나 내한성이 비교적 약함
- 토양조건에 잘 적응하여 시설용 잔디로 이용(비행장, 공장, 고속도로변)

㉤ 페레니얼 라이그라스(Perennial Ryegrass : Lolium perenne)

- 번식력이 약함
- 경기장용으로 답압성을 증진시키기 위해 켄터키 블루그래스와 혼파 혹은 추파

■ 참고 : 잔디생장의 종류

주형생장 (bunch-type growth)	· 수직형의 줄기생장만 하는 잔디, 분얼경 생장 · 퍼레니얼 라이 그래스
포복경형 생장 (stoloniferous-type growth)	· 분얼경+포복경 · 크리핑 벤트 그래스
지하경형 생장 (rhizomatous-type growth)	· 분얼경+지하경 · 켄터키블루그래스
한국잔디, 버뮤다그래스는 분얼경, 포복경, 지하경을 모두 가지고 있음	

2 잔디깎기(Mowing)

① 목적 : 이용편리, 잡초방제, 잔디분얼 촉진, 통풍 양호, 병충해 예방

② 시기 : 한국잔디는 6~8월, 서양잔디는 5, 6월과 9, 10월에 실시

③ 깎는 높이 : 한번에 초장의 1/3 이상을 깎지 않도록 한다.

㉠ 골프장

· 그린 : 10mm 이하(5~8mm), 티 : 10~12mm, 페어웨이 : 20~25mm, 러프 : 45~50mm

㉡ 축구경기장 : 10~20mm

㉢ 공원, 주택정원 : 30~40mm

■ 참고 : 잔디파종

· $W = \dfrac{G}{S \cdot P \cdot B}$

(여기서, W : 파종량(g/m²), G : m²당 희망입수(립/m²), S : g당 평균입수(립/g), P : 순도, B : 발아율

· 잔디의 파종량은 m²당 희망립수 23,000~40,000개가 유지되도록 설계한다.

3 잔디깎기 기계의 종류

① 핸드모어 : 50평(150m²) 미만의 잔디밭 관리에 용이

② 그린모어 : 골프장 그린, 테니스 코드용으로 잔디 깎은 면이 섬세하게 유지되어야 하는 부분에 사용

③ 로터리모어 : 50평 이상의 골프장러프, 공원의 수목하부, 다소 거칠어도 되는 부분에 사용

④ 어프로치모어 : 잔디면적이 넓고 품질이 좋아야 하는 지역

⑤ 갱모어 : 골프장, 운동장, 경기장 등 5,000평 이상인 지역에서 사용, 경사지·평탄지에서도 균일하게 깎임

4 제초

① 화학적 제초 방제

㉠ 약제가 잡초에 작용하는 기작에 따른 분류

- 접촉성제초제 : 식물 부위에 닿아 흡수되나 근접한 조직에만 이동되어 부분적으로 살초한다.
- 이행성제초제 : 식물 생리에 영향을 끼쳐 식물체를 고사시키며, 대부분의 선택성 제초제가 이에 속한다.

㉡ 이용전략에 따른 분류

- 발아전처리 제초제 : 일년생 화본과 잡초들은 발아전 처리제 의해 방제(시마진, 데비리놀)
- 경엽처리제 : 다년생 잡초를 포함하여 영양기관 전체를 제거할 때 2, 4-D, MCPP, 반벨 에 의해 처리
- 비선택성 제초제 : 잡초와 작물을 구별하지 못하는 제초제 글리포세이트(근사미), 패러쾃디클로라이드(그라목손), 이소프로필아민(바스타) 에 의해 처리한다.

② 잔디밭에서 가장 문제시 되는 잡초

㉠ 클로바(바랭이, 매듭풀, 강아지풀)

㉡ 클로바 방제법 : 인력제거보다 제초제 사용이 효과적 BTA, CAT, ATA, 반벨-D

㉢ 바랭이류 : 어릴 때는 잔디와 구분이 어렵다. 잔디밭을 잡초화 하는 주요 잡초(가장 빈번히 발생)

5 시비

① N : P : K = 3 : 1 : 2가 적당 (질소성분이 가장 중요)

② 잔디깎는 횟수가 많아지면 시비횟수도 많아짐

6 관수

① 최소량의 관수

㉠ 최소의 양을 관수해주어 항상 잔디잎 및 표토층을 마른 상태로 유지시켜 병충해 발생기회를 줄어주며 뿌리를 깊게 분포시켜 가뭄에 대처하는 능력을 키워주도록 함

㉡ 같은 양의 물이라도 빈도를 줄여주고 심층관수를 함이 바람직함

② 가뭄시 이용제한

가뭄시에는 잔디가 말라서 잎이 부스러지기 쉽고 토양이 딱딱해져 투수율이 떨어져 회복에 장시간이 걸리므로 이용의 제한이 필요함

③ 관수상태

㉠ 관수의 분포가 고르게 되고 있음을 측정하기 위해 캔이나 플라스틱 용기를 잔디밭에 일정 간격으로 놓고 시행해 물량을 균일하게 조절하도록 함

㉡ 지역적으로 투수가 늦어지는 부분은 토양전착제 등을 사용하거나 통기작업을 통해 개선시켜 주는 것이 좋음

④ 관수시간 및 관수량

㉠ 새벽관수 혹은 저녁관수

㉡ 관수 후 잔디가 젖은 시간이 10~12시간 이상이 되면 병충해가 발생하기 충분한 시간이 되므로 관수 후 10시간 이내 잔디가 마를 수 있도록 관수 후 10시간 정도 잔디가 마를 수 있도록 조절

㉢ 1일 8mm정도 소모되고 소모량의 80% 정도 관수

㉣ 시린지(syringe) : 여름 고온시 기후가 건조할 때 잔디표면에 물을 분무해서 온도를 낮추는 방법

7 배토 (Topdressing : 뗏밥주기) ★

① 목적 : 노출된 지하줄기의 보호, 지표면을 평탄하게 함, 잔디 표층상태를 좋게 함, 부정근, 부정아를 발달시켜 잔디 생육을 원활하게 해줌

★② 방 법

㉠ 모래의 함유량 : 25~30% , 0.2~2mm 크기 사용

㉡ 세사 : 밭흙 : 유기물 = 2 : 1 : 1 로 5mm채를 통과한 것을 사용

㉢ 잔디의 생육이 가장 왕성한 시기에 실시(난지형 늦봄(5월, 6월), 한지형은 이른 봄, 가을)

㉣ 소량으로 자주 사용하며 일반적으로 2~4mm 두께로 사용하며, 15일 후 다시 줌, 연간 1~2회

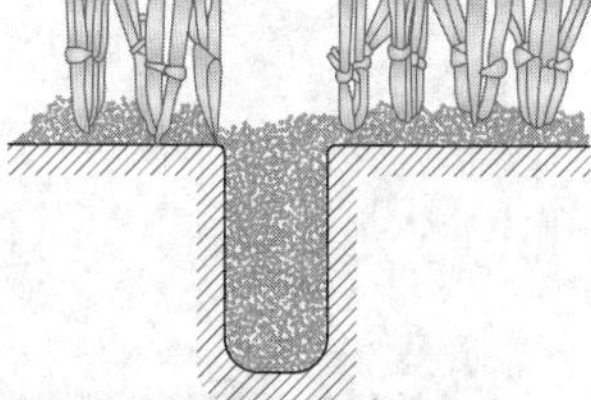

그림. 배토작업

㉤ 골프장의 경우 3~7mm 정도로 사용, 연간 3~5회

㉥ 넓은 면적인 경우 스틸 매트(steel mat)로 쓸어 주어 배토가 잔디 사이로 들어가게 함

8 통기작업 ★★

① 코오링(Core aerification) : 이용으로 단단해진 토양을 지름 0.5~2mm 정도의 원통형 모양을 2~5cm 깊이로 제거함

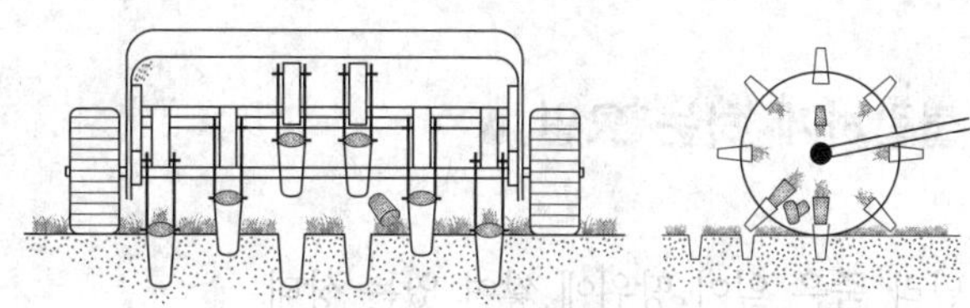

② 슬라이싱(Slicing) : 칼로 토양 절단(코오링 보다 약한 개념)하는 작업으로 잔디의 밀도를 높임, 상처가 작아 피해도 작다.

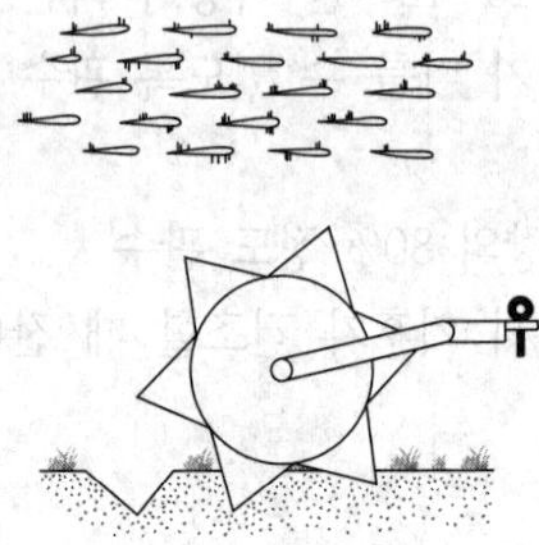

③ 스파이킹(Spiking) : 끝이 뾰족한 못과 같은 장비로 구멍을 내는 것으로 회복에 걸리는 시간이 짧고 스트레스 기간 중에 이용되기도 함

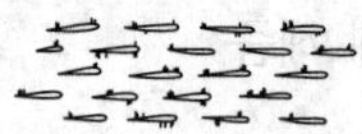

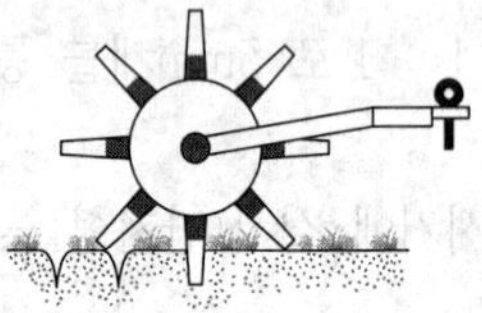

④ 버티컬 모잉(Vertical Mowing) : 슬라이싱과 유사

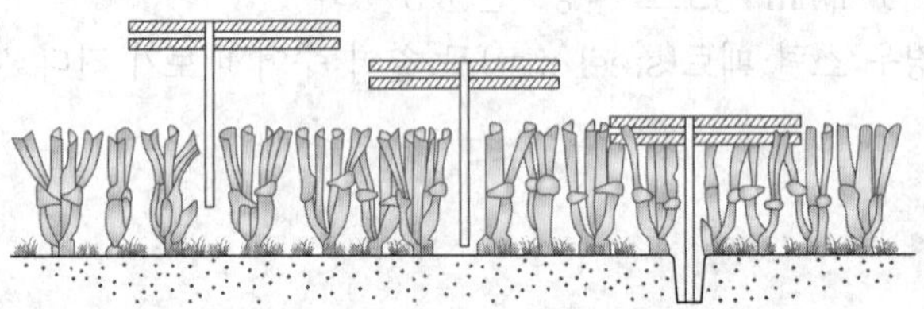

* 롤링(Rolling) : 표면정리 작업

9 잔디의 생육을 불량하게 하는 요인 ★

① 태취(thatch)

㉠ 잘려진 잎이나 말라 죽은 잎이 땅위에 쌓여 있는 상태

㉡ 스폰지 같은 구조를 가지게 되어 물과 거름이 땅에 스며들기 힘들어짐

② 매트 (mat) : 태취밑에 검은 펠트와 같은 모양으로 썩은 잔디의 땅속줄기와 같은 질긴 섬유 물질이 쌓여 있는 상태

10 병해 방제

★① 한국잔디의 병

㉠ 고온성 병

- 라지 패치 : Rhizoctonia solani 계통의 토양전염병으로 병징이 원형 또는 동공형으로 나타나고 그 반경이 수십cm에서 수 m에 달함, 완벽한 치료가 불가능, 여름 장마철 전후로 발병이 예상되고 축적된 태치, 고온다습시 발생
- 녹병 : 여름에서 초가을에 잎에 적갈색 가루가 입혀진 모습, 기온이 떨이지면 없어짐, 질소부족시 많이 발생, 배수불량, 5~6월 · 9~10월에 발생, 다이젠, 석회황합제 사용

㉡ 저온성 병

- 후사리움 패치 : 질소성분 과다 지역

★② 한지형 잔디의 병

㉠ 고온성 병

- 브라운 패치 : 엽부병, 입고병으로도 불리며 여름 고온기에 나타나고 지름이 수 cm에서 수십cm 정도의 원형 및 부정형 황갈색 병반을 이룸, 질소과다와 고온다습(6월~7월, 9월), 태치축적이 문제
- 면부병(Pythium blight) : 배수와 통풍이 큰 영향을 줌, 지상부를 건조하게 유지시키는 것이 좋음, 병에 걸린 잎은 물에 젖은 것처럼 땅에 누우며 미끈미끈한 감촉을 주며 토양에서 특유한 썩는 냄새가 남
- Helminthosporium : 고온 다습시, 장마철에 20~30cm 정도의 둥근반점이 나타나고 확산속도가 빠름
- Dollar spot : 잎과 줄기에 담황색의 반점이(지름 15cm 이하) 무수히 동전처럼 나타나 잎과 줄기가 고사하는 병

㉡ 저온성 병

- 설부병(snow mold)

③ 한국잔디의 피해해충

- 황금충 : 한국 잔디에 가장 많은 피해를 입히는 해충으로 유충이 지하경을 먹음, 메트유제, 아시트수화제, 헵타제 살포

11 잡초방제

① 잡초의 휴면과 발아

㉠ 휴면

내부적휴면	종자가 미숙하거나 내생 억제물질이 존재하는 경우
외부적휴면	종피가 물리적으로 발아를 억제, 발아억제물질을 함유하는 것
강제휴면	종자자체가 발아할 준비는 되어 있으나 환경이 적합하지 않아 발아가 안되는 경우

㉡ 발아

- 영향하는 환경요인
  - 광, 온도, 수분, 산소 등이 포함하며 15~35도 범위 내에서 발아가 진행되나 특히 낮과 밤의 온도가 다른 변온상태가 발아에 유리하게 작용
  - 잡초의 종류 중 2/3는 광발아잡초이며 1/3 이하가 광에 의해 발아가 억제된다.

표. 광조건에 따른 잡초의 분류

광발아잡초	메귀리, 바랭이, 왕바랭이, 강피, 향부자, 참방동사니, 개비름, 쇠비름, 소리쟁이 서양 민들레 등
암발아잡초	냉이, 광대나물, 별꽃 등

★★ ② 형태분류학적 잡초의 종류(잎의 모양에 따라)

㉠ 화본과 (grasses) 잡초

- 특징 : 줄기에는 잘 구분될 수 있는 마디와 마디사이가 있고, 잎은 마디로부터 어긋나기로 나 있으며 잎은 줄기를 둘러싸서 보호하는 잎집이 있고 잎몸은 좁고 기다란 모양으로 잎맥이 평행하게 형성된다.
- 종류 : 피, 돌피, 바랭이, 뚝새풀, 강아지풀, 갈대, 억새 등

㉡ 방동사니과(sedges)잡초 (사초과)

- 특징 : 화본과와 유사점이 있으나 대부분 줄기 횡단면이 삼각형 모양이고 잎혀나 잎귀가 없다는 점으로 구분이 된다. 잎은 좁고 능선이 있으며 끝이 뾰족하다.
- 종류 : 방동사니, 너도방동사니, 올방개, 매자기, 올챙이고랭이 등이 속한다.

㉢ 광엽 잡초(broad leaves)잡초

- 특징 : 화본과잡초나 방동사니과잡초에 속하지 않는 식물로서 말 그대로 잎이 비교적 넓은 잡초이다. 잎은 주로 타원형, 난형, 피침형이며 엽맥이 그물처럼 얽혀 있다. 우리 주변에서 흔히 발생하는 잡초가 이에 해당된다.
- 종류 : 망초, 명아주, 토끼풀, 쑥, 냉이, 비름, 물달개비, 가래, 가막사리, 여뀌 등 많은 잡초

★ ③ 잡초의 방제

㉠ 물리적잡초방제 : 인력제거, 깎기, 경운, 유기물질 멀칭, 왕모래·콩자갈 피복, 검정비닐(원예농업에서 이용)

㉡ 화학적 잡초방제 : 농약사용 (내용은 잔디부분 제초와 동일)

■ 참고 : 잡초방제방법

① 경종적 방제법 : 생태적방제, 재배적방제법이라고 하며, 윤작, 육모 이식재배, 적절한 작목 및 품종선정, 적정재식밀도, 피복작물이용, 병충해방제 작물에 적합한 토양산도유지, 관수 및 배수조절, 제한경운 등으로 생태적으로 작물이 잡초보다 경합력이 우수하도록 재배관리하는 방법이다.
② 물리적 방제법 : 기계적방제법이라고 하며 발생된 잡초나 휴면중인 잡초의 종자 및 영양번식체를 경운, 예취, 피복, 소각 등 열처리, 침수처리 등으로 물리적인 힘을 가하여 억제 사멸시키는 방법이다.
③ 예방적 방제법 : 발생된 잡초는 번식체인 종자나 영양체를 형성하기 때문에 이들의 생성차제를 막는 것이 가장 기본적이고 효과적인 잡초방제의 방법이다.
④ 생물적방제 : 기생성, 식해성, 병원성을 지닌 생물을 이용하여 잡초의 밀도를 적게 하는 수단을 말한다.
⑤ 종합적방제 : 잡초를 완전 박멸시킨다는 개념보다는 경제적 허용범위까지만 방제한다. 예방적, 생태적, 물리적 생물적 방법을 최대한 이용하고 최소한의 화학적 방제를 하는 것을 의미한다.

핵심기출문제

내친김에 문제까지 끝내보자!

1. 난지형 잔디에 속하는 것은?

① 버뮤다그래스 ② 켄터키블루그래스
③ 크리핑벤트그래스 ④ 파인페스큐

2. 다음 중 난지형 잔디로만 나열된 것은?

① Zoysia japonica, Bermuda grass
② Kentucky Blue grass, Bermuda grass
③ Bent grass, Kentucky Blue grass
④ Bent grass, Zoysia japonica

3. 다음 중 하기(夏期)의 더위에 견디는 힘이 가장 좋은 것은?

① Zoysia grass 류
② Bent grass 류
③ Kentucky bluegrass 류
④ Ryegrass 류

4. 다음 잔디 중 지상의 포복경으로 번식하는 잔디는?

① 파인 훼스큐 ② 톨 훼스큐
③ 크리핑 벤트그래스 ④ 페레니얼 라이그래스

5. 서양잔디인 버뮤다 그라스(Bermuda grass)에 관한 설명 중 틀린 것은?

① 학명은 Cynodon dactylon L.이다.
② 번식은 종자의 생산량이 극히 적어 주로 지하경과 포복경에 의하여 한다.
③ 겨울철용 상록성 잔디의 대표적인 것이다.
④ 내건성이 강하며, 시비조건만 맞으면 모래땅에도 잘 자란다.

정답 및 해설

공통해설 **1, 2**

잔디의 종류

난지형 잔디	한국잔디(들잔디, 고려잔디, 비로드잔디, 갯잔디), 버뮤다그래스
한지형 잔디	켄터키블루그래스, 벤트그래스, 파인페스큐, 톨페스큐, 퍼레니얼라이그래스

해설 **3**

조이시아 잔디는 난지형잔디이므로 여름철에 견디는 힘이 가장 좋다.

해설 **4**

포복경형 생장(stoloniferous-type growth) : 분얼경과 포복경 생장, 크리핑벤트그래스

해설 **5**

버뮤다 그라스는 난지형잔디이다.

정답 1. ① 2. ① 3. ① 4. ③ 5. ③

6. 품질이 가장 좋으며 주로 골프장의 그린(green)에 이용되는 한지형 잔디는?

① Kentucky blue grass ② Bent grass
③ Bermuda grass ④ Fescue grass

7. 다음 중 짧은 예취에 견디는 힘(內短刈性)이 가장 강한 잔디는?

① 켄터키블루그라스 ② 레드훼스큐
③ 페러니얼라이그라스 ④ 벤트그라스

8. 들잔디(Zoysia japonica) 파종시 고려할 사항 중 틀린 것은?

① 파종은 3~4월경에 한다.
② 파종 후 롤러로 가볍게 진압한 후 충분히 젖도록 관수한다.
③ 파종기는 20cm 이상 경운하여 롤러로 가볍게 다진 후 파종한다.
④ 씨드벨트(seed belt)로 파종할 때에는 정지된 지면에 종자가 닿도록 벨트를 깔고 충분히 관수 한 다음, 고운 흙을 1mm 내외 배토하고 다시 관수 한 후 폴리에틸렌 필름을 덮어준다.

9. 다음 중 잔디 깎기의 주목적으로 가장 적합한 것은?

① 잡초에 의한 잔디의 일조 장해 및 생장의 억제 작용을 해소한다.
② 노출된 지하 줄기를 보호하고, 부정아와 부정근을 촉진시킨다.
③ 줄기 잎의 치밀도를 높이고, 줄기의 형성을 촉진시킨다.
④ 토양 내 통풍을 도모하고 지하줄기, 뿌리의 호흡을 도와 잔디의 노화를 방지한다.

10. 조경설계기준에서 정한 잔디의 일반적인 관리 중 잔디깎기에 관한 설명으로 틀린 것은?

① 잔디의 깎기 높이와 횟수는 잔디의 종류, 용도, 상태 등을 고려하여 결정한다.
② 한 번에 초장의 약 1/3이상을 깎지 않도록 한다.
③ 초장이 3~4cm에 도달할 경우에 깎으며, 깎는 높이는 1~2cm를 기준으로 한다.
④ 한국 잔디류는 생육이 왕성한 6~8월에 한지형 잔디는 5,6월과 9,10월경에 주로 깎아준다.

정답 및 해설

공통해설 6, 7

골프장의 그린
- 품질이 우수한 잔디
- 깎는 높이 : 10mm 이하(5~8 mm) → 짧은 예취에 견디는 힘이 강한 잔디 → 크리핑 벤트 그래스

해설 8

들잔디 5월~6월 상순에 파종

해설 9

잔디깎기의 주목적 – 잔디분얼 촉진

해설 10

조경설계기준의 잔디깎기
① 잔디의 깎기 높이와 횟수는 잔디의 종류, 용도, 상태 등을 고려하여 결정한다.
② 한 번에 초장의 1/3 이상을 깎지 않도록 한다.
③ 한국잔디류는 생육이 왕성한 6~8월에, 한지형 잔디는 5, 6월과 9, 10월에 주로 깎아 준다.
④ 초장이 3.5~7cm에 도달할 경우에 깎으며, 깎는 높이는 2~5cm 정도를 기준으로 한다.
⑤ 정원용 잔디일 경우 한국잔디류는 연간 5회 이상, 한지형 잔디는 연간 10회 이상 깎기를 표준으로 한다.

정답 6. ② 7. ④ 8. ① 9. ③ 10. ③

정 답 및 해 설

11. 뗏밥주기에 관한 설명으로 부적합한 것은?

① 뗏밥의 양은 잔디깎기의 정도에 따라 조절하는데, 잔디의 생육이 왕성할 때 얇게 1 ~ 2회 준다.
② 잔디의 생육을 돕기 위하여 한지형 잔디는 봄, 가을에 뗏밥을 준다.
③ 잔디의 생육을 돕기 위하여 난지형 잔디는 늦봄에서 초여름에 뗏밥을 준다.
④ 뗏밥의 두께는 1~2cm 정도로 주고, 다시 줄 때에는 30일이 지난 후에 주어야 하며, 봄철에 두껍게 한 번에 주는 경우에는 3 ~ 5cm 정도로 시행한다.

12. 잔디의 갱신을 위하여 뗏밥을 주는 목적을 기술할 것 중 가장 적합한 것은?

① 땅속 줄기를 노출되게 하여 잔디밭 표면을 보기 좋게 한다.
② 뗏밥은 한 번에 많이 넣어 주어야 병해 발생이 적다.
③ 뗏밥은 잔디의 생육을 돕고 잔디밭의 표면을 고르게 해준다.
④ 잔디밭의 뗏밥은 가을철 생육이 계속되는 동안 준다.

13. 난지형(暖地型)잔디에 뗏밥을 주는 시기는 언제가 가장 적합한가?

① 3~4월　　② 6~7월
③ 10~11월　　④ 12~2월

14. 잔디관리에 필요한 작업 중 [보기]의 설명은 무엇인가?

> 표면 정리작업으로 균일하게 표면을 정리하여 부분적으로 습해와 건조의 해를 받지 않게 하는 목적 등 이용에 적합화 상태를 유지시켜 주는 작업이다. 종자파종 후, 경기중 떠오른 토양을 눌러 줄 때, 봄철에 들 뜬 상태의 토양을 눌러 줌에 그 효과가 크다.

① 레이킹(raking)　　② 브럿싱(brushing)
③ 스파이킹(spiking)　　④ 롤링(rolling)

15. 잔디관리 중 통기갱신용 작업에 해당되지 않는 것은?

① 코링(coring)　　② 롤링(rolling)
③ 슬라이싱(slicing)　　④ 스파이킹(spiking)

해설 11

뗏밥의 두께는 보통 1~2mm정도부터 10mm 이상까지의 두께로 한다.

해설 12

잔디 뗏밥 주기의 주목적
- 부정근 · 부정아를 발달시켜 잔디 생육을 원활하게 해줌
- 지표면을 평탄하게 함, 잔디 표층상태를 좋게 함.

해설 13

난지형 잔디 뗏밥 주기
- 늦봄(5월, 6월)

해설 14

롤링 : 표면정리작업

해설 15

통기갱신용 작업 - 코링, 슬라이싱, 스파이킹

정답 11. ④ 12. ③ 13. ② 14. ④ 15. ②

16. 한국의 잔디류에서 잘 발생하며 중부지방에서는 5~6월 경에 17~22℃ 정도의 기온에서 습윤시 잘 발생하며 Zoysia류의 엽맥에 불규칙한 적갈색의 반점이 보이기 시작할 때 발견되는 병은?

① 잔디 탄저병 ② 잎마름병
③ 녹병 ④ 브라운패취

17. 한국 잔디에 주로 발생하여 이른 봄 30~ 50cm 직경의 원형상태로 황화현상이 나타나며, 또한 질소비료 과용지역에서 많이 나타나는 병은?

① 푸사리움 팻치(fusarium patch)
② 브라운 팻치(brown patch)
③ 카사리움 팻치(casarium patch)
④ 레드 팻치(red patch)

18. 다음 중 잔디의 잎과 줄기에 불규칙한 황녹색 또는 황갈색의 점이 마치 동전처럼 무수히 나타나며, 주로 초여름과 초가을에 발병하는 것은?

① 잔디 탄저병(Anthracnose) ② 붉은 녹병(Rust)
③ 브라운 패취(Brown patch) ④ 달라스팟(Dollar spot)

19. 호르몬형의 선택 살초성을 지닌 이행형 제초제로서 잔디밭의 광역 잡초방제용으로 주로 사용되는 것은?

① 이사디(2, 4D)
② 벤타존(bentazon)
③ 푸로닐(propanil)
④ 벤설푸론(bensulfuron)

20. 벤트 그래스로 조성된 골프장 그린에서 적당한 잔디 깎는 높이는?

① 4~6mm ② 10~15mm
③ 15~18mm ④ 20~25mm

21. 잔디밭 통기작업이라 볼 수 없는 것은?

① 레이킹 ② 톱드레싱
③ 코링 ④ 스파이킹

정답 및 해설

해설 **16**

녹병
- 한국잔디의 고온성 병
- 여름에서 초가을에 잎에 적갈색 가루가 입혀진 모습, 기온이 떨이지면 없어짐, 질소부족시 많이 발생, 배수불량시 발생, 5~6월 · 9~10월에 발생
- 다이젠, 석회황합제 사용

해설 **17**

푸사리움 팻치
- 한국잔디의 저온성 병
- 질소성분 과다 지역에 발생

해설 **18**

달라스팟
- 한지형잔디의 고온성 병
- 잎과 줄기에 담황색의 반점이(지름 15cm 이하) 무수히 동전처럼 나타나 잎과 줄기가 고사하는 병

해설 **19**

이사디(2, 4D)
- 선택성 제초제, 이행성 제초제
- 잔디밭의 광역 잡초방제용

해설 **20**

골프장의 그린 깎는 높이 : 10 mm 이하(5~8mm) → 유사 범위 값 적용

해설 **21**

톱드레싱(뗏밥주기) : 부정근 · 부정아를 발달시켜 잔디 생육을 원활하게 해줌

정답 16. ③ 17. ① 18. ④ 19. ① 20. ① 21. ②

22. 잔디밭을 오래 사용하여 토양이 많이 고결되어 통기가 매우 불량하게 되었다. 다음 중 통기를 목적으로 하는 작업과 사용기계가 일치되는 항목은 어느 것인가?

① 코링 – 버티화이어 ② 스파이킹 – 에리파이어
③ 레노베이팅 – 레노베이터 ④ 레이킹 – 버티커터

23. 지피식물의 관리 중 틀린 것은?

① 건조지에 약하기 때문에 물을 자주 준다.
② 음지를 좋아하기 때문에 여름에는 서향으로 식재한다.
③ 겨울동안에는 잘 썩은 퇴비를 준다.
④ 숙근초는 2~3년에 한 번씩 포기나누기 한다.

24. 한국 잔디에 가장 많은 피해를 주는 해충은?

① 황금충 ② 땅강아지
③ 두더지 ④ 개미

25. 잔디깎기(mowing)의 이점이라 보기 어려운 것은?

① 미적·기능적 잔디면이 균밀함을 유지한다.
② 탄수화물의 보유를 줄여주어 병충해를 예방한다.
③ 잎 폭의 감소를 유도한다.
④ 지나친 북더기 잔디(Thatch)의 축적을 방지한다.

26. 잔디관리중 칼로 토양을 베어주는 작업으로 포복경, 지하경을 잘라주는 효과가 있는 것은?

① 스파이킹(spiking)
② 슬라이싱(slicing)
③ 통기작업 (core aerification)
④ 버티컬모잉(vertical mouing)

27. 다음 한국잔디의 병중 가장 문제가 되는 잔디녹병의 방제법이다. 이 중 해당되지 않는 것은?

① 배수를 양호하게 해준다. ② 다이젠을 사용한다.
③ 석회유합제를 사용한다. ④ 헵타제를 사용한다.

해설 22

코링
- 목적 : 이용으로 단단해진 토양을 지름 0.5~2mm 정도의 원통형 모양을 2~5cm 깊이로 제거함(→ 문제에서 통기가 매우 불량하다고 하였으므로 강도가 가장 높은 코링을 실시함)
- 사용기계 : 버티화이어

해설 23

잦은 관수는 뿌리를 썩게 하므로 주의해야 한다.

해설 24

황금충
- 한국 잔디에 가장 많은 피해를 입하는 해충
- 유충이 지하경을 먹음

해설 25

잔디깎기 목적
- 잔디분얼 촉진
- 이용편리
- 잡초방제
- 통풍 양호하게 되어 병충해 예방함

해설 26

슬라이싱(Slicing)
- 칼로 토양 베어줌, 코오링 보다 약한 개념으로 하는 작업
- 잔디의 밀도를 높임, 상처가 작아 피해도 작음

해설 27

헵타제는 황금충이나 야도충의 방제에 사용

정답 22. ① 23. ① 24. ① 25. ② 26. ② 27. ④

28. 다음은 잔디에 나타나는 병이다. 이중 한국잔디에 잘 나타나지 않는 것은?

① 브라운패치(brown patch)　② 녹병
③ 황화현상　④ 후사리움 패치

29. 다음 중 식물 전멸 제초제로 가장 적합한 것은?

① 파라코액제(그라목손)
② 아이비에이액제(옥시베론)
③ 오리자린약상수화제(써프란)
④ 메타유제(메타시스톡스)

30. 잔디의 양호한 생장을 위하여 필요한 토양의 최적공극율(最適孔隙率)은 얼마인가?

① 22%　② 33%
③ 44%　④ 55%

31. 잔디밭의 굼벵이 방제에 쓰이는 약제는?

① 파라치온유제(파라치온)
② 만코지수화제(다이센엠 45)
③ 아시트유제(오트란)
④ 디코폴유제(켈센)

32. 잔디밭의 클로버 제초로 사용하는 것은?

① 티오디카브수화제(신기록)
② 기계유유제(삼공기계유)
③ 에트리디아졸·티오파네이트메틸수화제(가지란)
④ 디캄바액제(반벨)

33. 주요 잡초종 중 식물분류학적으로 분포비율이 높은 과(科)들로만 나열된 것은?

① 화본과, 콩과, 메꽃과
② 국화과, 방동사니과, 가지과
③ 국화과, 화본과, 방동사니과
④ 명아주과, 화본과, 십자화과

정답 및 해설

해설 **28**

브라운패치
서양잔디에 대표적병으로 6월 하순~7월 사이 기온이 20℃ 이상 다습할 때 발생한다.

해설 **29**

식물 전멸 제초제
- 비선택성 제초제로 잡초와 작물을 구별하지 못하는 제초제 사용
- 종류 : 글리포세이트(근사미), 패러쾃디클로라이드(그라목손), 이소프로필아민(바스타)

해설 **30**

잔디의 토양 최적 공극률 : 33%

해설 **31**

② 만코지수화제(다이센엠 45) : 종합살균제
③ 아시트유제(오트란) : 진딧물 방제
④ 디코폴유제(켈센) : 응애 방제

해설 **32**

① 티오디카브수화제(신기록) : 나방·노린재 방제 살충제
② 기계유유제(삼공기계유) : 깍지벌레 방제 살충
③ 에트리디아졸·티오파네이트메틸수화제(가지란) : 살균제
④ 디캄바액제(반벨) : 선택성 제초제(잔디밭에서 클로버를 선택해서 제초)

해설 **33**

잡초종 중 식물분류학적 분포비율이 높은 과 : 국화과, 화본과, 방동사니과

정답	28. ①　29. ①　30. ② 31. ①　32. ④　33. ③

34. 잡초종자의 휴면과 관련된 설명으로 옳지 않은 것은?

① 종피가 단단하여 휴면이 생기는 경우도 있다.
② 종자가 발아하는데 필요한 조건이 주어져도 발아하지 않는 것을 말한다.
③ 발육이 불완전하거나 미숙한 배로 인하여 휴면이 일어날 수 있다.
④ 잡초 종자의 휴면은 잡초 방제에 유리하다.

35. 광조건에 따른 암발아 잡초에 해당하지 않은 것은?

① 냉이 ② 서양민들레
③ 광대나물 ④ 별꽃

36. 잔디밭에 많이 발생하는 잡초가 아닌 것은?

① 토끼풀 ② 올미
③ 질경이 ④ 바랭이

37. 잡초 중에서 가장 많이 분포하며, 잎집과 잎몸의 이음새에는 막이 있고, 털이 밖으로 생장한 모습의 잎혀가 있으며, 잎맥이 평행한 특성을 가지는 것은?

① 화본과 ② 명아주과
③ 사초과 ④ 마디풀과

해설 **37**

- 명아주과 : 한해살이풀로 나물로 식용했으며, 가지가 풀대라서 가볍고, 가을에 지팡이 만들만큼 크게 자란다.
- 사초과 : 방동사니과(sedges), 화본과와 유사점이 있으나 대부분 줄기 횡단면이 삼각형 모양이고 잎혀나 잎귀가 없다는 점으로 구분이 된다. 잎은 좁고 능선이 있으며 끝이 뾰족하다.
- 마디풀과 : 초본성이지만 가끔 관목도 있다. 잎은 거의 어긋나고 턱잎(托葉)은 원줄기를 둘러싸며 잎자루에 붙는다. 꽃은 양성이지만 단성도 있고 포의 겨드랑이에 1개 또는 여러 개가 모여 달려서 전체가 수상
- 총상 또는 원추꽃차례를 이룬다. 화피(花被)는 4~6개로 갈라지고 때로는 꽃이 핀 후 자라는 것도 있다.

해설 **34**

잡초종자의 휴면

① 정의 : 종자 또는 영양기관이 발아하는데 필요한 조건이 적합한데도 불구하고 종자의 내적 외적 조건에 의하여 발아하지 못하는 것
② 종류 : 흡수불능의 종피, 발아에 기계적 저항을 주는 종피, 산소를 통과시키지 않는 종피, 미숙배 및 불완전배, 배의 휴면

해설 **35**

암발아잡초 : 냉이, 광대나물, 별꽃

해설 **36**

올미

- 외떡잎식물 소생식물목 택사과의 여러해살이풀
- 논밭과 연못의 가장자리에서 자란다. 잎은 뿌리에서 모여나고 줄 모양이며 가장자리가 밋밋하고 털이 없으며, 밑에서 가는 땅속줄기가 뻗어서 끝에 덩이줄기가 달린다. 꽃줄기는 높이 10~25cm이고 7~9월에 흰색 꽃이 1~2단으로 돌려난다.

정답 34. ④ 35. ② 36. ② 37. ①

38. 다음 중 2년생 잡초에 대한 설명으로 틀린 것은?

① 지칭개, 망초 등이 속한다.
② 로제트(rosette) 형태로 월동한다.
③ 주로 온대지역에서 볼 수 있는 잡초이다.
④ 월동 이후 화아 분화하여 개화, 결실을 한 후 고사한다.

39. 각종 운동경기장, 골프장의 Green, Tee 및 Fairway 등과 같이 집중적인 재배를 요하는 잔디 초지는 답압의 내구력과 피해로부터 빨리 회복되는 능력 등이 매우 중요하다. 다음 중 잔디 초지류의 내구성에 대한 저항력이 가장 강한 것은?

① Perennial ryegrass ② Creeping bentgrass
③ Kentucky bluegrass ④ Tall fescue

해설 38

2년생 잡초
- 2년 동안에 일생을 마치는 것
- 첫해에 발아·생육하고 월동하며, 월동기간 중 화아분화하여 다음 해 봄에 개화·결실한 후 고사한다.

해설 39

톨 페스큐
- 엽폭이 5~10mm로 매우 넓어 거친 질감
- 고온건조에 강하고 병충해에도 강하나 내한성이 비교적 약함

정답 38. ④ 39. ④

초화류 관리

12.1 핵심플러스

■ **토양관리** : 통기성, 배수성, 보수성, 보비성을 갖출 것

■ **월동관리** : 보온막설치, 가온, 저온순화

1 토양관리

① 토양조건 : 통기성, 배수성, 보수성, 보비성이 양호한 토양

② 토양개량제

- 유기물질 : 토탄류, 짚, 왕겨, 줄기, 목재 부산물, 동식물 노폐물
- 굵은 골재 : 모래와 자갈, 펄라이트, 버뮤큘라이트, 소성점토

③ 토양배합

- 밭토양 : 유기물질 (1/3) : 굵은골재

2 월동관리

① 부지선택 : 지대가 가장 낮고 움푹 들어간 지역

② 식물의 내한성 차이 : 내한성이 강한 식물이나 품종을 이용하거나 내한성을 증진시킴

③ 보온막 설치 : 비닐이나 짚으로 싸주기

④ 가온 : 인공적 난방

3 관수시기

① 자연석을 쌓은 곳은 자주 관수

② 봄·가을 : 오전 9~10시

③ 여름 : 건조상태를 보아 오전·오후 관수

④ 겨울 : 물을 데워서 10~11시 관수

핵심기출문제

내친김에 문제까지 끝내보자!

1. 다음 중 초화류의 월동관리 방법으로서 가장 적합하지 않는 것은?

① 보호막의 설치 ② 가온
③ 저온에서의 순화 ④ 성토

2. 초화류의 재배에 알맞은 토양조건이 아닌 것은?

① 배수성 ② 통기성
③ 보비성 ④ 점토성

3. 다음 중 초화류의 시비 내용으로 거리가 먼 것은?

① 추비에 질소질비료가 많으면 내한성이 강해져서 동해를 받기 어려우므로 질소(N), 인산(P2O5), 칼리(K2O) 성분을 각각 $10g/m^2$의 기준을 지킨다.
② 초장을 고려하여 시비량과 시비횟수를 결정한다.
③ 화단 초화류는 집약적 관리가 요구되므로 가능한 한 유기질비료를 기비로서 연간 1회, 화학비료를 추비로서 연간 2~3회 시비한다.
④ 기비(밑거름)는 이른 봄에 퇴비 등 완효성 유기질 비료와 질소, 인산, 칼리 각각 $6g/m^2$ 를 추가하여 시비한다.

4. 추파종은?

① 채송화 ② 플록스
③ 봉선화 ④ 한련화

5. 다음 중 춘파한해살이 초화류에 해당하지 않는 것은?

① 채송화 ② 메리골드
③ 봉선화 ④ 구절초

정답 및 해설

해설 1

초화류 월동관리 방법 - 보호막 설치, 가온, 저온에서 순화

해설 2

초화류 토양조건 - 통기성, 투수성(배수성), 보비성

해설 3

겨울철에 질소질비료를 다량으로 시비하면 내한성이 약해져 동해를 받기 쉽다.

해설 4

· 추파종 : 8~9월에 파종하여 봄에 개화를 목적
· 춘파종 : 3~5월에 파종하여 여름이나 가을에 개화

해설 5

구절초 - 국화과의 여러해살이풀(다년생)

정답 1. ④ 2. ④ 3. ① 4. ④ 5. ④

포장관리

13.1 핵심플러스

■ 포장의 내용과 보수방법

구분	내용
토사포장	지반치환공법 / 노면치환공법 / 배수처리공법
아스팔트포장	· 균열 / 국부적침하 / 요철 / 연화 / 박리 · 패칭공법 / 표면처리공법 / 덧씌우기공법
시멘트 콘크리트포장	· 시공불량의 원인(물시멘트비 / 양생결함 / 줄눈미사용) · 패칭공법 / 모르타르주입공법 / 덧씌우기공법 / 충천법 / 꺼진곳메우기
블록포장	모래층 4cm / 이음새의 폭 3~5mm / 유지관리가 용이

1 토사포장

① 포장방법
㉠ 바닥을 고른 후 자갈, 깬돌, 모래, 점토의 혼합물(노면자갈)을 30~50cm 깔아 다짐
㉡ 노면자갈이 없을 땐 풍화토 또는 왕사, 광산폐석, 쇄석등을 사용
㉢ 노면자갈의 최대 굵기는 30~50mm 이하가 이상적, 노면 총 두께의 1/3 이하
㉣ 점질토는 5~10% 이하, 모래질은 15~30%, 자갈은 55~75% 정도가 적당

② 점검 및 파손원인
㉠ 지나친 건조 및 심한 바람
㉡ 강우에 의한 배수불량, 흡수로 인한 연약화
㉢ 수분의 동결이나 해동될 때 질퍽거림
㉣ 차량 통행량증가 및 중량화로 노면의 약화 및 지지력 부족

③ 보수 및 시공방법
㉠ 개량
- 지반치환공법 : 동결심도 하부까지 모래질이나 자갈모래로 환토
- 노면치환공법 : 노면자갈을 보충하여 지지력 보완
- 배수처리공법 : 횡단구배 유지, 측구의 배수, 맹암거로 지하수위 낮추기

㉡ 보수방법
- 흙먼지 방지 : 살수, 약제 살포법(염화칼슘, 염화마그네슘, 식염등 0.4 ~ 0.5kg/m^2)
- 노면 요철부처리 : 비온 뒤 모래나 자갈로 채움

- 노면 안정성유지 : 횡단경사 3~5% 유지, 일정한 노면 두께 유지
- 동상 및 진창흙방지
  - 흙을 비동토성 재료(점토, 흙질이 적은 모래, 자갈)
  - 배수시설로 지하수위 저하시키기
- 도로배수 : 도로의 양쪽에 폭 1m, 깊이 1m의 측구를 굴착하여 자갈, 호박돌, 모래 등으로 치환

2 아스팔트포장

① 포장구조 : 노상위에 보조기층(모래, 자갈), 기층, 중간층 및 표층의 순서로 구성

② 파손상태 및 원인

㉠ 균열 : 아스팔트량 부족, 지지력부족, 아스팔트 혼합비가 나쁠 때

㉡ 국부적 침하 : 노상의 지지력부족 및 부동침하, 기초 노체의 시공불량

㉢ 요철 : 노상·기층 등이 연약해 지지력 불량할 때, 아스콘 입도불량

㉣ 연화 : 아스팔트량 과잉, 골재 입도 불량, 텍코트의 과잉 사용시

㉤ 박리 : 아스팔트 및 골재가 떨어져 나가는 현상, 아스팔트 부족시

③ 보수 방법

㉠ 패칭공법

- 균열, 국부침하, 부분 박리에 적용
- 파손부분을 사각형으로 따내어 제거 → 깨끗이 쓸어내고 택코팅 → 롤러, 래머, 콤팩터 등으로 다지기 → 표면에 모래, 석분 살포 → 표면온도가 손을 댈 수 있을 정도일 때 교통 개방

㉡ 표면처리공법 : 차량통행이 적고, 균열 정도 범위가 심각하지 않을 경우 메우거나 덮어 씌워 재생

㉢ 덧씌우기 공법(Overlay) : 기존포장을 재생, 새포장으로 조성

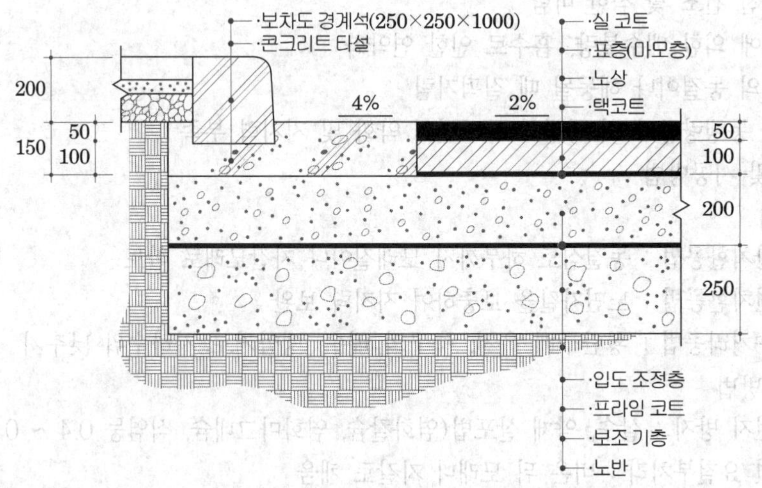

3 시멘트 콘크리트포장

① 포장구조

㉠ 기층위에 표층으로서 시멘트 콘크리트 판을 시공한 포장

㉡ 5~7m 간격으로 줄눈을 설치하여 온도변화, 함수량변화에 의한 파손을 방지

㉢ 종류 : 무근포장. 철근(6mm 철망)포장

② 파손원인

㉠ 콘크리트 슬래브 자체의 결함에 따른 원인

- 슬립바, 타이바를 사용하지 않아 균열발생
- 세로줄눈과 가로줄눈 설계나 시공이 부적합하여 수축에 의한 균열이나 융기현상 발생
- 시공시 물시멘트비, 다짐, 양생 등의 결함에 의해 발생

㉡ 노상 및 보조기층의 결함

- 노상 또는 보조기층의 지지력 부족에 의한 균열 및 침하발생
- 배수시설 불충분으로 노상을 연약화할 경우 발생
- 겨울철에 동결융해로 인하여 지지력이 부족할 경우 발생

㉢ 파손의 형태 : 균열, 융기, 단차, 마모에 의한 바퀴자국, 박리, 침하

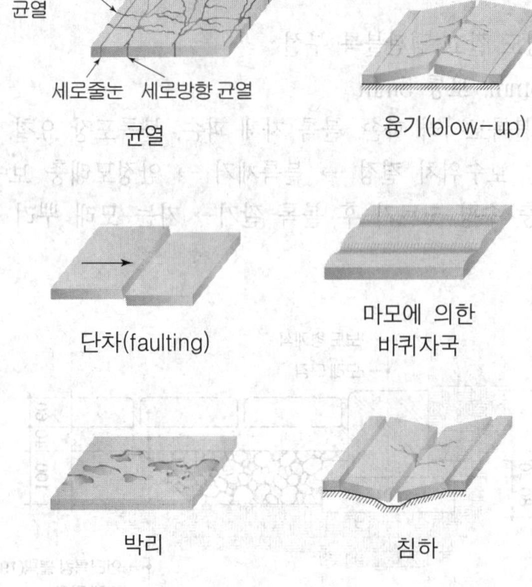

③ 시공방법

㉠ 패칭공법 : 파손이 심하여 보수가 불가능할 때

㉡ 모르타르주입공법 : 포장판과 기층의 공극을 메워 포장판을 들어 올려 기층의 지지력회복

㉢ 덧씌우기공법 : 전면적으로 파손될 염려가 있을 경우

㉣ 충전법 : 청소 → 접착제살포 → 충전재주입 → 건조 모래살포

㉤ 꺼진곳 메우기 : 균열부 청소 → 아스팔트유제 도포 → 아스팔트 모르타르(균열폭 2cm 이하) 또는 아스팔트 혼합물로 메우기

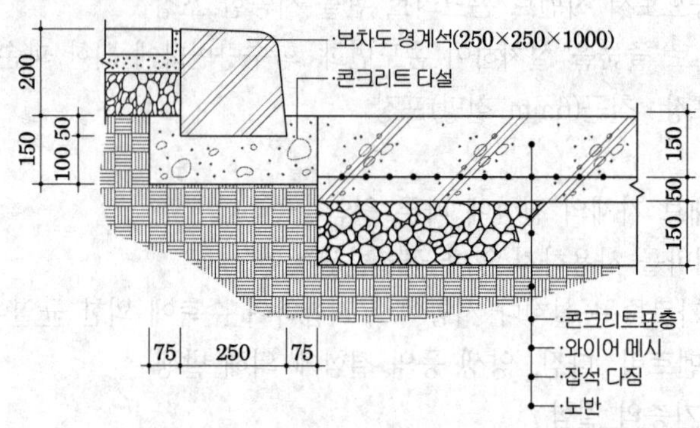

4 블록포장

① 포장유형

㉠ 시멘트 콘크리트 재료 : 콘크리트 평판블록, 벽돌블록, 인터로킹블록

㉡ 석재료 : 화강석 평판블록, 판석블록

② 포장구조

㉠ 모래층만 4cm 정도 깔고 평판블록 부설

㉡ 이음새 폭 : 3~5mm, 보통 5mm

③ 파손형태와 원인 : 블록모서리 파손, 블록 자체 파손, 블록포장 요철, 단차, 만곡

④ 보수 및 시공방법 : 보수위치 결정 → 블록제거 → 안정모래층 보수 → 기계전압(Compacter, rammer) → 모래층 수평 고르기 후 블록 깔기→ 가는 모래 뿌려 이음새가 들어가도록 함 → 다짐

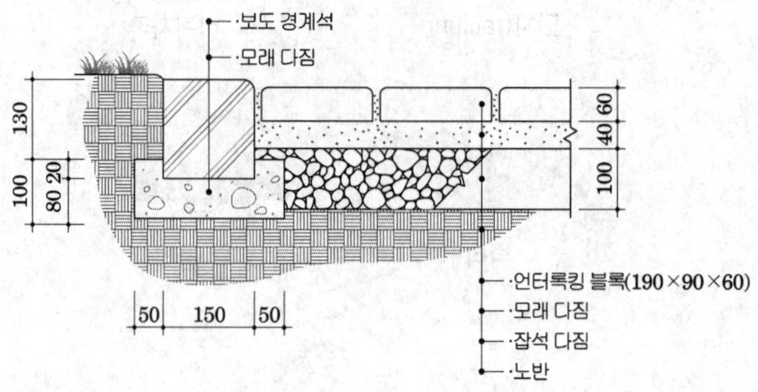

핵심기출문제

내친김에 문제까지 끝내보자!

1. 도로 포장상태의 유지관리를 위해 고려해야 할 사항이 아닌 것은?

① 포장면의 수평면을 확인한다.
② 도로포장에 설치된 배수시설을 점검한다.
③ 지하 매설물의 파손 여부를 확인한다.
④ 도로의 질감 변화를 살핀다.

2. 다음은 콘크리트 포장의 보수에 대한 설명이다. 이 중 적당하지 않는 것은?

① 줄눈이나 균열이 생긴 부분은 더 이상 수축 팽창하지 않도록 시멘트 모르타르로 채워 넣는다.
② 기층 재료를 보강하기 위해서는 포장면에 구멍을 뚫고 시멘트나 아스팔트를 주입해 넣는다.
③ 포장 슬래브가 불균일할 때는 모르타르 주입에 의해 포장면을 들어 올린다.
④ 콘크리트 포장 슬래브의 균열이 많아져서 전면적이 파손될 염려가 있을 경우에는 덧씌우기를 한다.

3. 콘크리트포장 보수방법으로 옳지 않는 것은?

① 충전법
② 덧씌우기
③ 모르타르 주입공법
④ 소딩(sodding)

4. 블록포장의 파손원인이 아닌 것은?

① 블록모서리 파손
② 블록의 침하
③ 안전층의 모래 사용
④ 블록과의 높낮이 차

정답 및 해설

해설 1
도로 포장상태의 유지관리 상 고려사항
- 포장면의 수평면 확인
- 도로포장에 설치된 배수시설 점검
- 지하 매설물의 파손 여부 확인

해설 2
① 줄눈이나 균열이 생긴 부분에 충전재를 주입하는 충전법이다.
②③ 모르타르 주입공법
④ 덧씌우기

해설 3
소딩 (sodding) – 비탈면 보호를 목적으로 잔디를 붙이는 방법

해설 4
블록포장에는 4cm의 모래층을 안전층(완충층)으로 사용한다.

정답 1. ④ 2. ① 3. ④ 4. ③

5. 콘크리트 슬래브면의 균열에 대한 원인으로 설명이 타당하지 않는 것은?

① 설계 시공의 부적합으로 인한 수축에 의한 균열
② 시공 시 물·시멘트비나 다짐, 양생 등의 잘못
③ 배수시설의 불충분으로 물고임
④ 슬립바의 사용

6. 토사포장 보수용 노면자갈의 배합비율로 가장 부적당한 것은?

① 자갈 70%, 모래 25%, 점토 5%
② 자갈 65%, 모래 25%, 점토 10%
③ 자갈 60%, 모래 30%, 점토 10%
④ 자갈 50%, 모래 30%, 점토 20%

7. 시멘트 콘크리트 포장 시 철근망을 삽입할 경우 몇 mm를 많이 쓰는가?

① 3mm　　② 6mm
③ 9mm　　④ 12mm

8. 토사포장의 파손원인이 아닌 것은?

① 배수불량　　② 연약지반
③ 자동차 통행량 증가　　④ 강우부족

9. 아스팔트의 과잉, 골재의 입도불량 등 아스팔트 침입도가 부적합한 역청재료 사용시 도로에서 나타나는 파손현상은?

① 균열　　② 국부적 침하
③ 표면연화　　④ 박리

10. 아스팔트포장의 그림과 같은 부분을 패칭(patching)하려 한다. 필요한 아스팔트 량은? (단,T = 100)

① $0.15m^3$
② $0.30m^3$
③ $0.45m^3$
④ $0.60m^3$

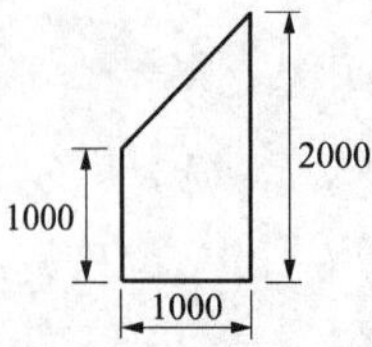

정답 및 해설

해설 5

슬립바·타이바의 사용은 콘크리트의 균열을 예방한다.

해설 6

노면자갈의 배합비율에서 점토는 5~10%

해설 7

콘크리트 포장시 – 철망(와이어 메쉬)는 6mm 사용

해설 8

토사포장의 파손원인
- 수분의 동결이나 해동시 질퍽거림
- 강우로 인한 배수 불량
- 자동차 통행량 증가 및 중량화로 노면의 약화와 지지력 부족

해설 9

- 균열 : 아스팔트량 부족, 지지력부족, 아스팔트 혼합비가 나쁠때
- 국부적 침하 : 노상의 지지력부족 및 부동침하, 기초 노체의 시공불량
- 박리 : 아스팔트 및 골재가 떨어져 나가는 현상, 아스팔트 부족시

해설 10

(사각형면적+삼각형면적)×두께

$\left\{(1\times1)+(\frac{1\times1}{2})\right\}\times0.1$

$=0.15m^3$

정답 5. ④ 6. ④ 7. ② 8. ④ 9. ③ 10. ①

11. 균열된 아스팔트포장의 보수방법이 아닌 것은?

① 패칭공법 ② 표면처리공법
③ 표면연화공법 ④ 오버레이공법

12. 아스팔트포장의 파손원인으로 볼 수 없는 것은?

① 균열 ② 침하
③ 박리 ④ 경화

13. 다음 중 파손된 아스팔트 도로포장 부분 주위를 4각형이 되도록 절단하여 따낸 후 보수를 실하는 부분 보수방법은?

① 표면처리 공법 ② 덧씌우기 공법
③ 패칭 공법 ④ 치환 공법

14. 아스콘 혹은 콘크리트 포장의 균열이 보이고 일부 침하 현상과 부분적으로 박리(剝離)현상이 생겼을 때 이용 되는 공법은?

① 편책공법 ② 패칭(Patching)공법
② 그라우팅공법 ④ P.C 앵커공법

15. 블록포장 산책로의 보수공사에 대한 설명으로 가장 부적합한 것은?

① 노반층이나 모래층은 부설 후 기계전압을 한다.
② 파손되거나 침하된 블록은 모두 걷어 낸 후 폐기처리 한다.
③ 모래층을 수평고르기 할 때 여유 모래양의 두께는 5mm 정도가 좋다.
④ 블록 설치가 끝난 다음에는 가는 모래를 뿌려서 이음새에 들어가도록 빗자루로 쓸어 넣는다.

16. 토사로 포장한 원로의 보수 관리 설명으로 틀린 것은?

① 먼지 발생을 억제하기 위해 물을 뿌리거나 염화칼슘을 살포한다.
② 측구나 암거 등 배수시설을 정비하고 제초를 한다.
③ 요철부는 같은 비율로 배합된 재료로 채우고 다진다.
④ 표면배수를 위하여 노면횡단경사를 8~10% 이상으로 유지한다.

정답 및 해설

해설 11
아스팔트 포장의 보수공법
- 패칭공법
- 표면처리공법
- 덧씌우기공법(오버레이공법)

해설 12
아스팔트포장 파손원인 : 균열, 국부적 침하, 요철, 연화, 박리

공통해설 13, 14
패칭공법
- 파손부분을 사각형으로 따내어 제거 후 보수하는 공법
- 콘크리트 포장, 아스팔트 포장 보수공법

해설 15
바르게 고치면
파손된 블록이나 침하된 지점의 블록은 걷어낸 다음 재사용할 것은 분리한다.

해설 16
바르게 고치면
표면배수를 위하여 노면횡단경사 3~5% 유지 이상으로 유지한다.

정답 11. ③ 12. ④ 13. ③ 14. ② 15. ② 16. ④

17. 다음 중 도로 등의 포장과 관련된 관리방법으로 옳은 것은?

① 흙 포장의 지반 토질이 점토나 이토인 경우 지지력이 약하므로 물을 충분히 부어 다져준다.
② 차량 통행이 적고 포장면의 균열 정도와 범위가 심각하지 않은 아스팔트 포장은 훼손부분을 4각형의 수직으로 절단한 후 프라임 코팅을 한다.
③ 콘크리트 슬래브면이 꺼졌을 때는 모르타르 주입이나 패칭공법으로는 보수가 곤란하므로 두껍게 덧씌우기를 실시한다.
④ 보도블록 포장의 보수공사에는 모래층에 대한 충분한 다짐과 수평고르기가 중요하다.

정답 및 해설

해설 17
바르게 고치면
① 흙 포장의 지반토질이 점토나 이토인 경우 지지력이 약하고 동결융해로 파괴되므로 동결심도 하부까지 모래질이나 자갈모래로 환토한다.
② 아스팔트포장에서 차량통행이 적고 균열정도와 범위가 심각하지 않는 훼손포장을 아스팔트와 골재 또는 아스팔트만으로 균열부분을 메우거나 덮어씌워 재생시킨다.
③ 콘크리트 슬래브면이 꺼졌을 때는 조기발견시 보수가 요망되며, 포장꺼짐 이전 혹은 초기에 발견하면 주입공법으로 파손의 예방이 가능하다. 다만 정도가 심한 곳은 꺼진 곳 메우기 혹은 패칭공법으로 보수한다.

정답 17. ④

배수관리

14.1 핵심플러스

■ 유형 및 보수방법

유형	보수방법
표면배수시설	· 측구 : 막히지 않도록 주의 · 배수관 및 구거 : 정기적 청소·점검이 필요 · 집수구와 맨홀 : 퇴적상태점검 보수
지하배수시설	· 시설 설치 도면을 만들고 유출구의 배수상태를 통해 미루어 판단해 새로운 시설을 설치
비탈면배수	· 비탈면경사를 완화시키거나 소단설치, 유도시설 설치한다.

1 배수의 유형과 대상

① 표면배수 : 지표면에 흐르는 물 또는 인접하는 지역에서 원지내로 유입하려 들어오는 물을 처리

② 지하배수 : 지반내의 배수를 목적으로 지표면 밑의 지하수위를 저하시키거나 지하에 고인 물 또는 지면으로부터 침투하는 물을 배수하는 형태

③ 비탈면 배수 : 비탈면에 일정한 수로를 유도하여 흐르게 하거나 빗물이나 표류수가 비탈면으로 유입되지 않게 하는 것

④ 구조물배수 : 교량, 터널, 고가도로, 지하도 등 구조물에 대한 배수관리

2 배수시설 종류

① 표면배수시설

㉠ 측구

- 다른 배수시설로 물이나 우수를 이동시키는 배수 도랑
- 토사측구 : 잡초가 무성한 지역은 정기적으로 벌초 및 제초 작업을 함
- 콘크리트측구

㉡ 집수구·맨홀 : 정기적인 청소나 점검이 필요

② 지하배수시설(암거배수시설)
㉠ 배수관거
㉡ 유공관 배수시설
㉢ 모래, 자갈 등의 맹암거 배수시설

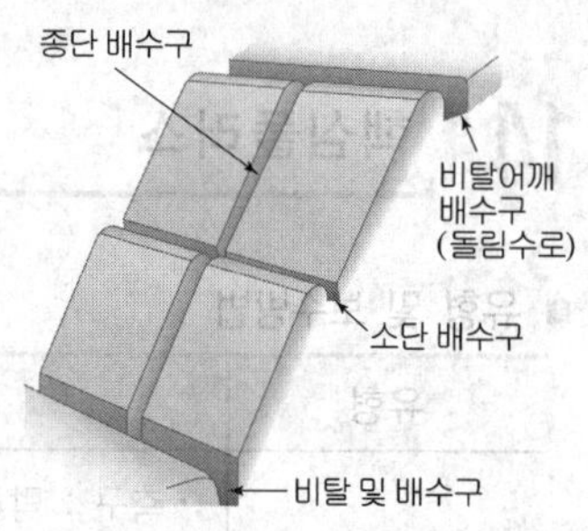

3 비탈면 배수

① 비탈면 어깨배수 : 비탈면 인접지역에서 흘러 들어오는 것을 차단
② 비탈면 종배수 : 비탈면 자체의 배수를 흘러내리게 함
③ 비탈면 횡배수(소단 배수구) : 소단에서 가로로 받아 종배수구에 연결

4 배수시설의 점검

① 부지 배수시설의 배수상황 및 측구, 집수구, 맨홀 등의 토사 퇴적상태
② 노면 및 노견부 배수시설의 상황
③ 배수시설의 내부 및 유수구의 토사, 먼지, 오니, 잡석 등의 퇴적상태
④ 지하 배수시설, 유출구의 물 빠지는 상태
⑤ 비탈면 배수시설의 배수상태 및 주위로부터 유입하는 지표수나 토사유출상황
⑥ 각 배수시설의 파손 및 결함상태

5 보수 및 시공방법 ★

① 표면배수시설
㉠ 측구 : 막히지 않도록 주의
㉡ 집수구·맨홀 : 정기적 청소·점검이 필요
㉢ 배수관 및 구거 : 먼지나 오니 등으로 인하여 단면이 좁아지지 않게 함. 기초가 불량할 때 침하
② 지하배수시설
배수설치 년월, 배치위치 등을 명시한 도면을 만들어 놓고 유출구를 통해 조사한 것으로 미루어 판단하여 새로운 시설 설치
③ 비탈면 배수시설
㉠ 비탈면 구배가 급할 때는 완화시키거나 성토비탈면에 소단을 설치
㉡ 비탈면 밖에 배수구설치, 유도시설 설치

핵심기출문제

내친김에 문제까지 끝내보자!

1. 표면배수시설에 해당하지 않는 것은?

① 측구
② 빗물받이홈
③ 유공관
④ 트랜치

2. 다음 중 지하배수시설 유지관리로 부적합한 것은?

① 지하배수시설 도면은 별도로 만들어 놓는다.
② 지하배수시설 유출구가 항상 점검의 대상이 된다.
③ 재설치시는 기존 위치에 설치하는 것이 항상 경제적이다.
④ 배수 유출구는 항상 그 기능을 다하도록 주의한다.

3. 흙으로 된 배수로 관리지침으로 옳지 않는 것은?

① 토사측구는 잘 메워지므로 준설하여 배수가 잘 되게 한다.
② 유속이 빨라 세굴되거나 단면이 적을 때는 석축이나 콘크리트 측구를 보강한다.
③ 풀이 난 곳은 풀 자체가 측구의 내구성을 증가시키므로 풀을 제거하지 않도록 한다.
④ 단면적이 적을 때는 단면적을 크게 해 준다.

4. 배수시설의 점검 및 보수에 관한 지침 사항으로 가장 적합하지 않는 것은?

① 측구, 집수구, 맨홀 등의 토사 퇴적상태 점검
② 지하 배수시설의 물빠지는 상태 점검
③ 각 배수시설의 파손 및 결함 상태 점검
④ 배수구멍이 파손된 곳은 동절기에 점검 수리

정답 및 해설

해설 1
유공관 – 지하배수시설

해설 2
새로운시설의 설치 : 배수년월, 배치위치 등을 명시한 도면을 만들어 놓고 유출구를 통해 조사한 것으로 미루어 판단하여 새로운 시설을 설치한다.

해설 3
토사측구는 정기적인 제초나 벌초를 실시해야 한다.

해설 4
배수시설의 점검사항
- 부지 배수시설의 배수상황 및 측구, 집수구, 맨홀 등의 토사 퇴적상태
- 노면 및 노견부 배수시설의 상황
- 배수시설의 내부 및 유수구의 토사, 먼지, 오니, 잡석 등의 퇴적상태
- 지하 배수시설, 유출구의 물빠지는 상태
- 비탈면 배수시설의 배수상태 및 주위로부터 유입하는 지표수나 토사유출상황
- 각 배수시설의 파손 및 결함상태

정답 1. ③ 2. ③ 3. ③ 4. ④

5. 배수시설의 점검시 유의해야 할 사항과 가장 관련이 없는 것은?

① 노면 및 갓길 부분의 배수시설 상황
② 지하 배수구시설 유출구의 물 빠짐 상태
③ 주변의 유입수, 토사의 유출 상황
④ 집수구, 맨홀, 노즐 분사구의 상태

6. 배수시설의 관리에 의한 효용이 아닌 것은?

① 강우 및 강설량의 조절
② 해충의 번식원인이 될 수 있는 고여 있는 물을 제거
③ 토양의 포화상태를 감소시켜 지내력 확보
④ 유속 및 유량감소로 토양침식방지

7. 표면 배수시설 중 측구(側溝)에 관한 설명으로 옳지 않은 것은?

① 토사 측구는 단면(斷面) 및 저면(低面)구배를 일정하게 유지한다.
② 토사 측구의 침식이나 퇴적이 현저한 지점은 필요에 따라 콘크리트 측구로 개조하는 것이 필요하다.
③ 콘크리트 측구는 측벽 주위의 토압에 눌려 넘어지거나 파손되는 경우가 많다.
④ 일반적으로 제품(concrete precast)으로 된 측구는 연결 이음새의 결함이 적어 보편적으로 사용된다.

8. 배수시설의 관리 내용이 아닌 것은?

① 배수로는 정기적인 청소로 낙엽 찌꺼기를 제거한다.
② 바닥포장시 일정한 구배(경사도)를 주어 물이 고이지 않도록 한다.
③ 지반침하로 집수구가 솟아오르면 집수구를 낮추어 준다.
④ 비탈면의 U형 배수구는 인접 지표면 보다 항상 높게 설치하여 표면수가 유입되지 않게 주의한다.

정답 및 해설

해설 5

배수시설의 점검사항
- 부지 배수시설의 배수상황 및 측구, 집수구, 맨홀 등의 토사 퇴적상태
- 노면 및 노견부(갓길) 배수시설의 상황
- 배수시설의 내부 및 유수구의 토사, 오니 등의 퇴적상태
- 지하 배수시설, 유출구의 물 빠지는 상태
- 각 배수시설의 파손 및 결함상태

해설 6

배수시설관리의 효용성
- 지반 상태를 좋게 함
- 강우나 눈 녹은 직후에 사용가능하게 함
- 동상에 의한 포장의 파손이나, 수목의 고사 방지, 목재시설의 부식 방지
- 배수불량으로 인해 물이 고임으로써 냄새나 해충의 발생을 방지하는 목적

해설 7

제품으로 된 측구는 연결이음새의 결함이 많이 있기 때문에 주의해야 한다.

해설 8

비탈면의 U형 배수구의 주의점은 부등침하로 구거(溝渠)의 이음새가 떨어져 나가 U형 배수구 밑으로 물이 새어들어 가지 않도록 한다.

정답 5. ④ 6. ① 7. ④ 8. ④

9. **배수시설의 점검사항으로 가장 거리가 먼 것은?**

① 배수시설 주변의 돌쌓기 현황
② 각 배수시설의 파손 및 결함 상태
③ 지하배수시설, 유출구의 물 빠지는 상태
④ 비탈면 배수시설의 배수상태 및 주위로부터 유입하는 지표수나 토사 유출 상황

10. **비탈면 구축 시 대상(帶狀) 인공뗏장을 수평 방향에 줄 모양으로 삽입하는 식생공법(植生工法)을 무엇이라고 하는가?**

① 식생조공(植生條工) ② 식생대공(植生袋工)
③ 식생반공(植生搬工) ④ 식생혈공(植生穴工)

정 답 및 해 설

해설 **9**

배수시설의 점검

- 부지 배수시설의 배수상황 및 측구, 집수구, 맨홀 등의 토사 퇴적상태
- 노면 및 노견부 배수시설의 상황
- 배수시설의 내부 및 유수구의 토사, 먼지, 오니, 잡석 등의 퇴적상태
- 지하 배수시설, 유출구의 물빠지는 상태
- 비탈면 배수시설의 배수상태 및 주위로부터 유입하는 지표수나 토사유출상황
- 각 배수시설의 파손 및 결함상태

해설 **10**

- 식생대공 : 종자와 비료 등을 부착한 띠 모양의 포나 또는 자루로 만든 식생대를 비탈면에 수평상으로 일정한 간격으로 배치, 주로 비탈의 토양이 균일한 도로면 흙쌓기 비탈에 적용
- 식생반공 : 부분녹화공법, 인력에 의한 녹화 방법으로 비료·흙·토양안정제 등의 재료를 반상으로 성형하여 그 표면에 종자를 붙혀 종자판을 비탈면에 파놓은 수평골 속에 대상이나 점상으로 붙이는 공법
- 식생혈공 : 부분녹화공법, 기계시공이 필요한 공법으로 시공방법은 비탈면에 지름 5~8cm, 깊이 10~15cm 의 구멍을 드릴로 파고 고형비료 등을 넣고 토사로 구멍을 메운 후 종자분사파종공법을 시공하거나 구멍에 객토시 종자부착지를 넣고 양생하는 방법으로 시공

정답 9. ① 10. ①

chapter 15

비탈면관리

15.1 핵심플러스

■ 식생공법, 구조물에 의한 공법

식생공법	종자뿜어붙이기공, 식생매트공법, 평떼심기공, 줄떼심기공, 식생띠공, 식생판공, 식생자루공, 식생구멍공
구조물에 의한 공법	모르타르 및 콘크리트 뿜어붙이기공, 콘크리트판 설치공, 콘크리트 격자형 블록, 돌망태공, 낙석방지망공, 낙석방지책공, 편책공법, 돌붙임 및 블록붙임공

■ 비탈면유지관리

- 성토비탈면, 절토비탈면, 자연비탈면의 붕괴 유형과 점검사항(사전파악내용포함)에 대해 알아두도록 한다.
- 비탈면의 유형

성토비탈면	얕은토층붕괴, 깊은성토붕괴, 기반층을 포함한 붕괴
절토비탈면	얕은표층붕괴, 깊은절토붕괴, 깊고 광범위한 붕괴
자연비탈면	땅무너짐, 단무너짐

1 비탈면 보호공법

★① 식생공법

㉠ 종자뿜어붙이기공
- 모르타르건 : 종자, 비료, 토양 등에 물을 첨가 하여 살포
- 수압에 의한 펌프 기계 파종기 : 종자, 비료, 파이버(fiber)등을 물과 혼합

㉡ 식생매트공법
- 종자, 비료 등을 부착하여 만든 매트(mat)로 비탈면 전면을 피복하여 발아·녹화하는 공법
- 주로 성토지용, 여름과 겨울철에도 시공이 가능, 시공 직후 법면 효과를 거둘 수 있음

㉢ 평떼심기공 : 평떼(30×30cm)로 채취하여 비탈면에 붙이고 1장당 2개의 떼꽂이로 고정하는 방법

㉣ 줄떼심기공 : 떼를 수평형으로 심고 다지는 공법

㉤ 식생띠공
- 종자, 비료 등을 부착한 띠모양(대상)의 직물포나 종이류를 수평상으로 일정한 간격마다 삽입하는 공법
- 직물포, 종이, 합성수지 등을 조합한 띠 모양의 재료에 종자와 비료를 부착한 것

ⓑ 식생판공 : 종자와 비료를 흙에 혼합하여 판상으로 비탈면을 판 속에 띠모양이나 점상으로 깔아 붙이는 공법

ⓢ 식생자루공

- 종자와 비료와 흙을 혼합하여 자루망(Net)에 넣고, 비탈면의 수평으로 판 골 속에 넣어 붙이는 공법
- 자루망 속에 쌓여져 있어 유실이 적음

ⓞ 식생구멍공 : 비탈면에 일정한 간격으로 구멍을 파고 종자·비료·흙을 섞은 것을 구멍에 채워 넣는 공법으로 비료의 유실이 적고 효과가 오래도록 지속됨

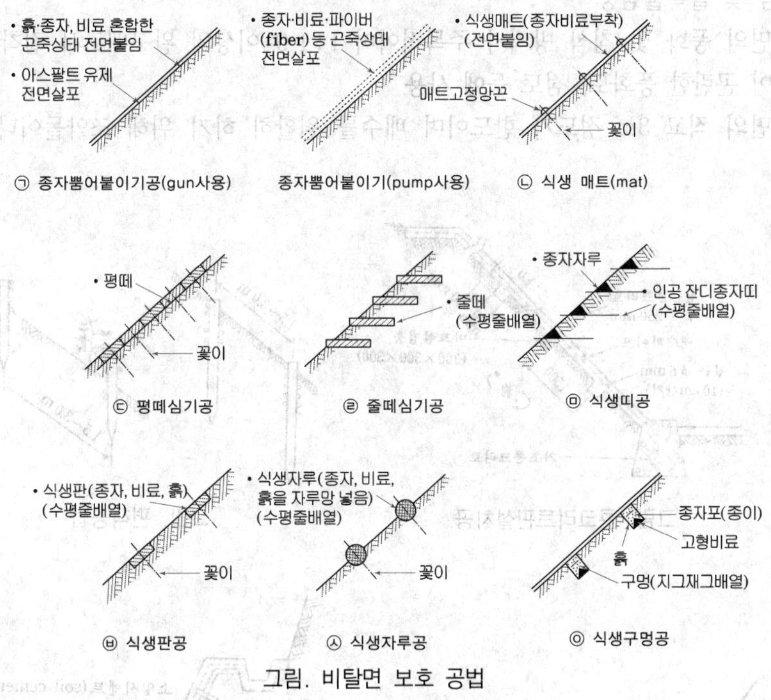

그림. 비탈면 보호 공법

② 구조물에 의한 공법

㉠ 모르타르 및 콘크리트 뿜어붙이기공

- 비탈면에 용수가 없고 붕괴우려가 없는 지역, 낙석이 예상되는 지역이나 식생이 부적당한 곳에 시공
- 뿜어붙이기 두께의 표준은 모르타르가 5~10cm, 콘크리트는 10~20cm 이며 일반적으로 한냉지나 기상이 나쁜 지역은 10cm 이상이 필요

㉡ 콘크리트판 설치공

- 암의 절리가 많은 지역으로 콘크리트 블록 격자공이나 모르타르 뿜어붙이기 공법으로는 약하다고 생각되는 경우
- 일반적으로 1:1.5 정도의 구배에는 무근콘크리트, 1:1.0정도의 구배가 되면 철근콘크리트로 한다. 두께 20cm 이상으로 하며 비탈면이 길고 급경사로 미끄러 내려앉는 우려지역은 최하단에 기초콘크리트를 치고 중간에 미끄럼 멈춤장치를 설치

㉢ 콘크리트 격자형 블록
- 용수가 있는 비탈면, 식생이 적당치 않고 표면이 무너질 우려가 있는 지역
- 1 : 0.8 이하의 완구배 비탈면에 적용

㉣ 돌망태공 : 용수가 있어 토사가 유실될 우려가 있는 곳

㉤ 낙석방지망공, 낙석방지책공 : 비탈면에 낙석우려가 있는 곳

㉥ 편책공법
- 식생이 비탈면에 충분히 활착하여 생육되기까지 토양유실 방지(1.5~3m 간격)
- 나무말뚝의 길이는 80~150cm, 간격은 50~90cm, 편책간격은 1.5~3.0m

㉦ 돌붙임 및 블록붙임공
- 비탈면의 풍화 및 침식 방지가 주목적이며 1:1.0 이상의 완구배로서 접착력이 없는 토양, 식생이 곤란한 풍화토, 점토 등에 사용
- 비탈면의 직고 3m 정도가 한도이며 배수를 원활히 하기 위해 조약돌이나 깬자갈 등으로 채움

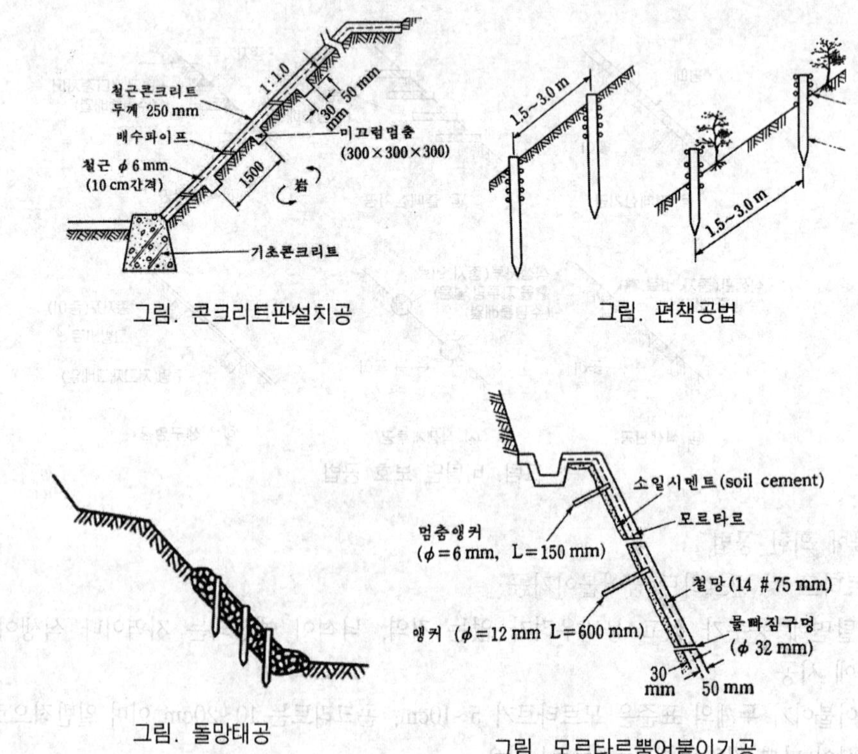

그림. 콘크리트판설치공

그림. 편책공법

그림. 돌망태공

그림. 모르타르뿜어붙이기공

2 비탈면유지관리

① 비탈면의 붕괴

㉠ 인공적비탈면 붕괴와 점검 및 파손형태
- 성토비탈면

유형	점검사항
얕은 토층붕괴 깊은 성토붕괴 기반층을 포함한 붕괴	〈사전파악내용〉 · 성토기간, 구조, 토질/비탈면형상/성토 흙의 상태/주위의 유수상태/기초지반 및 환경상태 〈점검〉 · 식생번식상황, 비탈면의 침식유무 · 비탈면 또는 비탈어깨 부분의 낙엽, 토사토 퇴적상태 · 보호공의 변화상태 유무 · 비탈면 배수공의 변화상태의 유무, 기능상태(중대한 재해 원인이 됨)

· 절토비탈면

유형	점검사항
얕은 표층붕괴 깊은 절토붕괴 깊고 광범위한 붕괴	〈사전파악내용〉 · 비탈면의 형상, 비탈면 내의 용수상태, 비탈어깨부분의 상태, 비탈면의 집수범위, 보호공의 상태 · 토사비탈면 : 토질, 지질의 특수조건, 표층토의 두께 · 암석비탈면 : 풍화정도, 암석 틈새의 상황, 지질의 특수조건 〈점검〉 · 식생번식상황, 비탈면의 침식유무 · 비탈면 낙엽, 티끌 및 토사퇴적상태 · 비탈면 균열, 삐져나오는 것의 유무, 비탈어깨의 균열 유무 · 비탈어깨 배수공, 배수공 변화유무, 기능상태 · 비탈면어깨부분의 집수 및 비탈면의 용수상태 변화

㉡ 자연상태비탈면

땅무너짐	깊고 넓은 범위에 걸쳐 붕괴
단무너짐	얕은 위치에 생기는 붕괴

② 구조물에 의한 비탈면보호공의 유지관리

㉠ 파괴원인 : 비탈면 자체의 노후화(보수), 비탈면 자체의 변형(붕괴위험)

㉡ 유지관리항목

모르타르 및 콘크리트 뿜어붙이기공	균열/ 용수나 침투수의 상황 및 처리/ 삐져나온 것 또는 마모손상
콘크리트 판 설치공	균열, 미끄러져 움직임, 침하
콘크리트 격자형블록	격자내의 연결부가 헐거워지거나 내려앉음/ 격자뒷면의 토사유실/격자 삐져나옴
돌망태공	토사에 의한 돌망태망의 막힘, 철선의 부식
낙석방지망공, 방지책공	방지망공 : 망이 로프의 절단, 낙석 또는 토사의 퇴적, 앵커일부의 헐거움 방지책공 : 방책기둥의 굴곡, 낙석 또는 토사의 퇴적, 기초부의 풍화 및 붕괴
돌붙임공, 블럭붙임공	호박돌이나 잡석의 국부적 빠짐/ 지진·풍화에 의한 돌붙임 전체의 파손/뒤채움토사의 유실, 보호공의 무너져 꺼짐/ 보호공의 삐져나옴과 균열/ 용수의 상황 및 처리

③ 비탈면 식생관리

㉠ 연간 1회 이상 기비와 추비 실시

㉡ 잡초제거와 풀베기 작업(토양침식을 방지하기 위해 10cm 이상 초장유지)

㉢ 관수와 병충해방제를 실시(비탈면 상단이 관리요구도가 높음)

㉣ 보수 및 유지관리

· 공법별

시공법		피복까지의 기간(표준)	식생 안정까지의 관리
서양잔디를 사용하는 공법	종자뿜어붙이기	2~3개월	2~3년간은 연 1회의 추비를 꼭 할것
	기타공법	3~6개월	–
들잔디를 사용공법	줄떼 공법	1년	거의 관리가 필요 없지만 토질이 불량한 경우 퇴비를 시행
	평떼 공법	–	

· 토질별

비탈면 토질		피복완성까지의 관리	식생안정까지의 관리
연약토의 성토 및 절토	사질토	발아불량에 주의, 피복속도가 빠름 피복시기를 호우기 내에 맞추지 못하면 침식방지제 병용	피복을 파손할 위험 및 약간의 나지가 생기면 조기에 추비 시행
	점질토	생장이 느림, 동상기까지 피복되는 것이 바람직	거의 관리가 필요 없음
경질토의 절토		시공 직후의 수분부족, 비료기가 빨리 떨어짐, 살수나 추비를 충분히 함	식생안정시까지 오래걸림, 추비는 수년간 계속 필요함

핵심기출문제

내친김에 문제까지 끝내보자!

1. 다음 중 성토 비탈면의 사전 점검 사항에 해당하지 않는 것은?

① 비탈면의 형상　　② 주위의 유수(流水)상태
③ 암석의 풍화정도　　④ 기초지반 및 환경상태

2. 구조물에 의한 비탈면 유지관리에 대한 설명으로 적합하지 않는 것은?

① 비탈면에 용수가 우려되고 침투가 있는 곳은 배수구멍 없이 시멘트 모르타르 뿜기를 하여 안정시킨다.
② 돌망태는 철선의 부식상태를 점검해야 한다.
③ 낙석방지책은 낙석 또는 토사의 퇴적과 기초부위의 중화 또는 붕괴를 방지한다.
④ 콘크리트 격자공을 실시한 곳은 격자 내의 연결부를 점검하고 격자 뒷면의 토사유실을 점검한다.

3. 절토된 지역 경사면의 점검사항이 아닌 것은?

① 경사면의 어깨면을 점검　　② 경사면의 경사를 점검
③ 경사면의 형태를 점검　　④ 유기물의 함유량을 점검

4. 서양잔디를 사용하여 종자로 뿜어붙이기를 한 후 정상적인 유지관리를 위한 피복관리 표준 시일은?

① 15일~1개월　　② 2개월~3개월
③ 4개월~5개월　　④ 6개월~9개월

5. 식생공에 의한 비탈면 유지관리작업의 점검사항 중 잘못된 것은?

① 연 1회 이상 시비와 추비를 한다.
② 잡초 제거 및 풀베기 작업을 실시하고 초장을 10cm 이하로 깍아주어야 한다.
③ 관수 및 병충해 방제를 위해 수시로 예찰을 실시하고 방제한다.
④ 비탈면 식생은 하단부보다 비탈면 어깨부분의 상태가 나쁘므로 중점관리 한다.

정답 및 해설

해설 1

성토비탈면의 사전 점검사항
- 성토시기, 구조 토질
- 비탈면의 형상
- 성토 흙의 상태
- 주위의 유수상태
- 기초지반 및 환경상태

해설 2

모르타르 및 콘크리트 뿜어붙이기공의 적용지역
- 비탈면에 용수가 없고 붕괴우려가 없는 지역
- 낙석이 예상되는 지역이나 식생이 부적당한 곳에 시공

해설 3

절토 비탈면 점검사항
- 비탈면의 형상
- 비탈면 내의 용수상태
- 비탈어깨부분의 상태
- 비탈면의 집수범위
- 보호공의 상태

해설 4

서양잔디의 종자뿜어붙이기 후 피복관리 기간 : 2~3 개월

해설 5

식생공법 유지관리
- 연1회 이상 시비 및 추비를 실시
- 잡초제거와 풀베기작업 : 초장 10cm 이상 필요하며, 6~10월 시행
- 관수 및 병충해 방제

정답　1. ③　2. ①　3. ④　4. ②　5. ②

6. 다음 중 비탈면 표층부의 붕괴 방지 및 일부 토압을 받을 위험이 있는 장소의 토석 및 암반의 붕락 방지를 위하여 가장 효과적인 비탈면 보호공법은?

① 떼붙임공　　② 식생 자루공
③ 비탈면 앵커공　　④ 모르타르 붙임공

7. 비탈면 보호공법 중에서 식생공이 아닌 것은?

① 편책공　　② 종자뿜어붙이기공
③ 식생구멍공　　④ 줄떼심기공

8. 비탈면 보호시설 공법의 설명으로 옳은 것은?

① 종자뿜어붙이기공은 일종의 식생공이다.
② 평판 블록 붙임공은 비탈면 길이가 길고 구배(경사)가 비교적 급한 곳에 시행된다.
③ 비탈면 돌망태공은 용수(湧水) 및 토사유실 우려가 없는 곳에 시행된다.
④ 콘크리트 격자 블록공은 식생공법을 배제한 구조물에 의한 비탈면 보호공이다.

9. 암절토 비탈면과 같이 환경 조건이 극히 불량한 지역을 녹화하는 공법은?

① 식생 기반재 뿜어 붙이기공　　② 잔디떼심기공
③ 지하경 뿜어 붙이기공　　④ 식생매트공

10. 다음의 비탈면 표면을 보호(우수침식방지, 동상붕괴억제, 녹화, 전면식생조성)하는 식생공법들 중 일반적으로 가장 시공 능률이 높은 것은?

① 직파 공법　　② 식생판 공법
③ 종자 뿜어붙이기 공법　　④ 식생혈 공법

11. 도로, 광장 등의 간단한 포장이나 비탈면의 처리 등 현장에서 흙과 시멘트를 섞어서 간단하게 만든 콘크리트를 무엇이라 하는가?

① 무근콘크리트　　② 버림콘크리트
③ 소일콘크리트　　④ 철근콘크리트

정답 및 해설

해설 6

비탈면 표층부 붕괴방지, 토석과 암반의 붕락 방지를 위한 비탈면 보호공법 – 비탈면 앵커공

해설 7

①는 구조물에 의한 공법

해설 8

바르게 고치면
② 평판 블록 붙임공은 비탈면의 풍화 및 침식 등의 방지를 목적으로 1:1.0 이상의 완구배로 접착성 없는 토양, 식생이 곤란한 풍화토에 시행된다.
③ 비탈면 돌망태공은 용수(湧水) 및 토사유실 우려가 있는 곳에 시행된다.
④ 콘크리트 격자 블록공은 용수가 절토비탈면이나 급한 성토비탈면에 적용되며 격자블록 내에는 양질의 흙을 채우고 식생공(잔디, 사방풀씨)등을 시행한다.

해설 9

식생기반재 뿜어붙이기공법
풍화암과 연암, 경암지역의 비탈면에 능형망 및 NET 와 특수토양을 사용하여 신속하고 효율적으로 녹화할 수 있는 공법이다.

해설 10

종자뿜어붙이기 공법
· 비탈면의 보호, 우수침식방지, 동상붕괴억제
· 전면식생 조성, 녹화 공법

해설 11

소일콘크리트(soil concrete)
· 현장의 흙과 시멘트를 혼합하여 만든 콘크리트
· 도로, 광장 등의 간단한 포장에 쓰임

정답 6. ③ 7. ① 8. ① 9. ① 10. ③ 11. ③

옹벽관리

16.1 핵심플러스

■ 옹벽의 점검
・1년에 1~2회 정기점검을 하고 파손 및 도괴(넘어지거나 무너짐)에 대해서 조기 대책을 세우는 것이 중요함

■ 옹벽에 대한 조사, 정리사항
・옹벽의 위치, 옹벽주위의 환경, 설치 연월일, 설계도면, 설계계산서, 시공자, 관계공사기록지, 유지관리 작업일지

■ **옹벽보수공법** : PC앵커공법, 부벽식 콘크리트옹벽공법, 말뚝에 의한 압성토공법, 그라우팅공법

1 옹벽의 파손 및 원인

① 옹벽의 변화 형태
㉠ 침하 및 부등침하
㉡ 이음새의 어긋남
㉢ 경사, 균열, 이동, 세굴

② 옹벽의 변화상태의 원인
㉠ 지반 침하
㉡ 지반의 이동
㉢ 설계와 시공의 부적당
㉣ 기초의 강도저하
㉤ 지반지지력의 저하
㉥ 하중의 증대 (1년에 1~2회 정도 점검)

2 콘크리트 옹벽이 앞으로 넘어질 경우 보수공법 ★

① P C 앵커공법 : 기존지반의 암질이 좋을 때 PC 앵커로 넘어짐을 방지
② 부벽식 콘크리트 옹벽공법 : 기존 지반이 암반이고, 기초가 침하될 우려가 없을 때 옹벽전면에 부벽식 콘크리트 옹벽을 설치
③ 말뚝에 의한 압성토 공법 : 옹벽이 활동을 일으킬 때 옹벽 전면에 수평으로 암을 따서 압성토 함

④ 그라우팅 공법 : 옹벽을 볼링·굴착 후 채움재를 넣어 옹벽 뒷면의 지하수를 배수 구멍에 유도시키고 토압을 경감시키는 공법

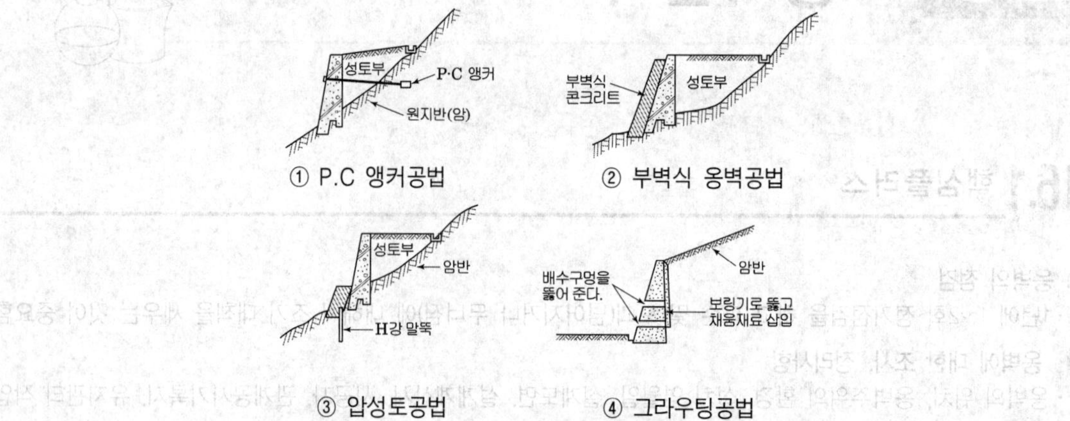

핵심기출문제

내친김에 문제까지 끝내보자!

1. 옹벽점검의 점검 항목이 아닌 것은?

① 옹벽의 균열, 이음새의 상태
② 기초부분의 세굴 상태
③ 옹벽면의 질감
④ 물빠짐 구멍의 배수상황

2. 콘크리트 옹벽에 무너질 염려가 있을때 조치사항 중 적당하지 않는 것은?

① 구조적 보강　　② P.C 앵커공법
③ 부벽식 옹벽설치　　④ 패칭공법 적용

3. 콘크리트 옹벽이 앞으로 무너질 염려가 있을 때 조치로 적당하지 않은 것은?

① 옹벽 뒷면에 지하수 배수구멍을 뚫고 물을 콘크리트 옹벽 바깥으로 유도시켜 토압을 경감시킨다.
② 원지반의 암질이 좋을 때는 P.C앵커로서 원지반과 콘크리트 옹벽을 묶어 놓는다.
③ 기초의 침하우려가 없을 때는 옹벽 앞면에 부벽식 콘크리트 옹벽을 설치한다.
④ 옹벽 기초부분 앞에 도랑을 파서 옹벽의 활동을 유도시켜 무너짐을 막도록 한다.

4. 석축 옹벽에 대한 일반적인 보수공법으로 재시공 할 경우에 해당하지 않는 것은?

① 땅무너짐과 같은 대규모 붕괴에 의해 지형자체가 변경된 경우
② 옹벽의 노후화, 대규모 파손으로 보강이나 보수가 불가능한 경우
③ 보수하여도 안전하지 못하여 새로 설치하는 것이 좋다고 판단되는 경우
④ 뒷면 토압이 옹벽에 비해 커서 석축 전체가 옆으로 넘어지려고 하는 경우

정 답 및 해 설

해설 1

옹벽점검항목
· 경사, 균열, 이동, 세굴
· 침하 및 부등침하
· 이음새의 어긋남
· 배수구멍의 배수상황

해설 2

패칭공법 – 아스팔트, 콘크리트 포장 보수 공법

해설 3

바르게 고치면
옹벽이 활동을 일으킬 때 옹벽 전면에 수평으로 암을 따서 압성토한다.

해설 4

일반적으로 옹벽을 새로 재설치 할 경우
① 땅무너짐과 같은 대규모 붕괴에 의해 지형 자체가 변경된 경우
② 옹벽의 노후화, 대규모 파손으로 보강이나 보수가 불가능할 경우
③ 기초의 보강에 많은 비용이 들고, 보수하여도 안전하지 못하여 새로 설치하는 것이 좋다고 판단되는 경우

정답 1. ③ 2. ④ 3. ④ 4. ④

5. **콘크리트 옹벽이 넘어질 우려가 있을 때 옹벽 배수구멍을 뚫어 옹벽 뒷면의 지하수를 배수구멍에 유도시킴으로써 토압을 경감시키는 공법은?**

① P.C 앵커공법
② 부벽식 콘크리트 공법
③ 말뚝에 의한 압성토 공법
④ 그라우팅 공법

6. **다음 중 사면 붕괴에 가장 큰 영향을 미치는 것은?**

① 자유수 ② 흡착수
③ 모관수 ④ 결합수

정 답 및 해 설

해설 **5**

그라우팅 공법
- 옹벽을 볼링·굴착 후 채움재를 넣어 옹벽 뒷면의 지하수를 배수 구멍에 유도시킴
- 토압을 경감시키는 공법

해설 **6**

사면 붕괴에 영향 – 자유수(중력수)

정답 5. ④ 6. ①

편익 및 유희시설물 유지관리

17.1 핵심플러스

■ 건물의 제비용 백분율
① 준비 · 계획비용 - 3%
② 설계비 - 2%
③ 건설비 - 20%
④ 유지관리비 - 75%

■ 목재, 콘크리트, 석재시설물 유지관리

목재	충류	・가루나무좀, 개나무좀, 빗살수염벌레과, 하늘소 → 건조재 가해 ・흰개미 → 습윤재가해 ・방충제 : 유기염소, 유기인, 붕소, 불소, 크롤나프탈렌
	균류	온도, 습도 번식억제 → 방균제(방부제)
	갈라짐	퍼티로 채움
콘크리트	・균열부보수 : 표면실링 / V자형절단공법 / 고무압식주입공법 ・연약부보수 : 부분적 부식은 시멘트계 재료사용, 모서리 일부 또는 조기강도를 요하는 곳은 합성수지계 재료사용	
석재	파손	접착제(애폭시계, 아크릴계)
	균열	표면실링 / 고무압식주입공법

■ 옥외조명

등주관리	・재료 : 알루미늄, 콘크리트, 철재, 목재 ・동관(銅管)은 부식방지를 위해 3~5년에 1회 정기적 도장
등기구	・아크릴, 폴리카보네이트, 폴리에틸렌 ・1년에 1회 이상 정기적 청소 ・약한 오염시 마른 헝겊, 심한 곳을 물이나 중성세제사용

■ 표지판, 음수대, 놀이시설물

표지판	・재도장은 2~3년에 1회
음수대	・급수관과 배수관, 재료별(철재, 콘크리트, 도기재, 블록재) 로 맞춰 유지관리리함 ・배관관리 : 코킹, 배관관리 ・본체보수방법 : 인조석바르기, 석재타일붙이기, 테라조바르기, 타일붙이기
놀이시설물	・철재, 목재, 콘크리트, 합성수지 등 재료별로 보수공법을 적용 ・해안지역, 대기오염이 심한지역의 경우 철재, 알루미늄재료에 방청처리하거나 스테인리스제품 사용함

1 목재 시설물의 유지관리

① 손상의 종류

손상의 종류	손상의 성질	보수방법의 예
인위적인 힘	고의로 물리적인 힘을 가하거나 사용에 의한 손상으로 발생	파손부분 교체 및 보수
온도와 습도에 의한 파손	건조가 불충분하여 목재에 남아 있는 수액으로 부패	· 파손 부분을 제거한 후 나무 못박기, 퍼티 채움 · 교체
균류에 의한 피해	균의 분비물이 목질을 융해시키고 균은 이를 양분으로 섭취하여 목재가 부패됨 (균은 온도 20~30℃ 정도 함수율은 20% 이상에서 발육이 왕성)	· 유상 방균제, 수용성 방부제 살포 · 부패된 부분을 제거한 후 나무 못박기, 퍼티 등을 채움 · 교체
충류에 의한 피해	습윤한 목재를 충류에 의해 피해를 받기 쉬움	· 유기염소, 유기인 계통의 방충제 살포 · 부패된 부분을 제거한 후 나무 못박기, 퍼티 등을 채움 · 교체

② 충류와 방충제

㉠ 건조재 가해 충류 : 가루나무좀과, 개나무좀과, 빗살수염벌레과, 하늘소과

㉡ 습윤재 가해 충류 : 흰개미류

㉢ 목재 방충제 : 유기염소, 유기인, 붕소, 불소 계통 등

종별	특징
유기염소계통	방충, 개미예방에 유효 표면처리용, 접착제 혼입용
유기인계통	독성이 약하다. 구충용, 독성이 오래 남는 것이 문제
붕소계통	독성이 약하다 확산법, 가압(加壓)용
불소계통	확산법, 가압용
크롤나프탈렌	고농도가 필요하다. 표면 처리용

③ 균류와 방균제

㉠ 온도, 습도 등을 통제하여 번식 억제

㉡ 목재 방균제

· 유상(油狀)방부제 : 타르, 크레오소오트 등

· 유용성(油溶性) 방부제 : 유기수은화합제, 클로르 페놀류

· 수용성(水溶性) 방부제 : C.C.A 등

④ 갈라졌을 경우 : 피복된 페인트 등 제거 → 갈라진 틈을 퍼티로 채움 → 샌드페이퍼로 문지르고 마무리 → 부패방지를 위해 조합페인트, 바니스 포장

⑤ 교체 : 지면과 접한 부위는 정기적으로 방부제를 칠하고 모르타르 바름

2 콘크리트제의 유지관리

① 균열부의 보수

㉠ 표면실링 (sealing)공법

- 0.2mm 이하의 균열부에 적용
- 표면을 청소 후 에어 컴프레셔로 먼지를 제거하고 에폭시계를 폭 5cm, 깊이 3mm정도로 도포

㉡ V자형 절단 공법

- 표면실링보다 효과적인 공법으로 누수가 있는 곳을 V자형으로 절단하고 30~40cm 간격으로 파이프 선단까지 삽입 후 충전재를 주입하며 경화 후 지수재를 주입
- 지수재로는 폴리우레탄폼계 수경성 발포재를 사용

㉢ 고무(gum)압식 주입공법

- 주입구와 주입파이프 중간에 고무튜브를 설치하여 시멘트 반죽(균열폭이 큰 경우)이나 고무유액을 혼입하는 것이 일반적임
- 주입재료는 고무튜브를 직경2배까지 팽창시키고 튜브내 압력이 3kg/ cm^2 유지된 후 주입파이프를 통해 이동시킴
- 주입재는 24시간 양생하며, 완료되면 파이프를 뽑아내고 표면을 마무리함

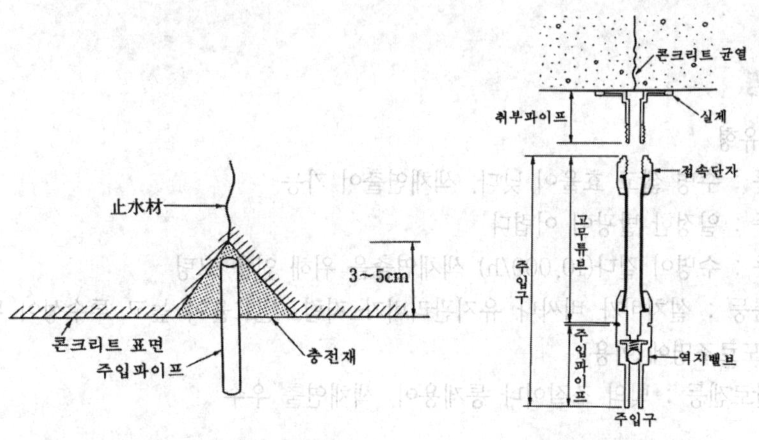

그림. V자형 절단 공법　　　그림. 고무압식주입공법

② 연약부의 보수

㉠ 콘크리트의 부분적 부식에 대하여 시멘트계 재료를 사용하며, 모서리 일부의 보수, 조기강도를 필요로 하는 경우에는 합성수지계 재료를 사용함

- 기존콘크리트는 조골재표면이 노출된 곳까지 모래분사 후 고압수로 청소, 보수부분은 표면에서 수직으로 절단, 내면에서는 원형으로 만들어 줌
- 연결제로는 중력비 1:1의 조강시멘트 혹은 세사 0~2mm의 모르타르를 사용
- 보수모르타르의 혼화제에는 유동화촉진제, AE제 등이 이용되며, 비교적 엷은 보수층이나 양생이 곤란한 경우는 접착제를 혼입함

㉡ 콘크리트 뿜어붙이기 보수
- 바탕처리는 규사를 사용한 모래분사가 효과적임
- 연결제는 필요하지 않으며 뿜어붙이기층은 1회당 2~5cm, 보수는 건식법을 사용하며 호스로 공급

3 철재의 유지관리

① 인위적인 힘에 의한 파손(휘거나, 닳아서 손상, 용접부위의 파열 등) 나무망치로 원상복구, 부분 절단 후 교체

② 온도, 습도에 의한 부식 : 샌드페이퍼로 닦아낸 후 도장

4 석재의 유지관리

① 파손 : 접착부위를 에틸 알콜로 세척 후 접착제(애폭시계, 아크릴계 등)로 접착, 24시간 정도 고무로프로 고정

② 균열 : 표면실링공법, 고무압식 주입공법

5 옥외조명

① 광원의 유형

㉠ 백열등 : 수명 짧고 효율이 낮다. 색채연출이 가능

㉡ 형광등 : 일정한 발광이 어렵다

㉢ 수은등 : 수명이 길다(10,000/h) 색채연출을 위해 인을 코팅

㉣ 나트륨등 : 설치비가 비싸나 유지관리비가 저렴, 열효율이 높고 투수성이 뛰어남, 터널조명이나 도로조명에 이용

㉤ 금속할로겐등 : 빛의 조절이나 통제용이, 색채연출 우수

② 등주의 재료

등주재료	제작	장점	단점
알루미늄	알루미늄 합금 등으로 제조	·부식에 대한 저항 강함 ·유지관리 용이 ·가벼워 설치용이 ·비용 저렴	내구성 약 펜던트 부착이 곤란
콘크리트재	철근 콘크리트와 압축 콘크리트의 원심적 기계 과정에 의해 제조	·유지관리가 용이 ·부식에 강 ·내구성이 강	무거움, 타부속물 부착이 곤란
목재	미송과 육송 등으로 제조	·전원적 성격이 강 ·초기의 유지관리용이	부패를 막기 위해 반드시 방부처리요함
철재	합금, 강철혼합으로 제조	·내구성 강 ·펜던트 부착이 용이	부식을 피하기 위해 방청 처리 요함

6 표지판의 유지관리

① 유형

㉠ 유도표지 : 문자나 기호를 디자인하여 도안화함, 표지판이 위치한 장소의 지명, 다음 대상지 및 주요시설물이 위치한 장소의 방향, 거리 표시

㉡ 안내표지 : 탐방이 주가 되는 대상지에 대한 관광, 이용시설 및 방법에 대해 안내 탐방 대상지의 위치, 소요시간, 방향 등 종합적 기재

㉢ 해설표지 : 문화재나 역사적 유물에 대한 배경, 가치, 중요성을 설명하여 대상물에 대한 지식 강조, 효율적인 관광 유도 및 교육적 효과 강조

㉣ 도로표지 : 도로상의 위치 지정, 여행자의 편의를 위해 설치

② 전반적 유지관리

㉠ 포장도로, 공원 등에서는 월 1회, 비포장도로는 월 2회 청소

㉡ 재도장은 2~3년에 1회

㉢ 강관, 강판의 청소시 보통세제 사용

■ 참고 : 표지판의 보수 및 교체

① 지주나 판이 구부러진 것은 바로잡거나 교체한다.
② 앵커볼트, 너트 등 접합부분이 이완되어 있으면 잘 조이고, 부품이 마모되거나 녹이 심한 경우 부품을 교체한다.
③ 지주의 기초가 약하여 움직이면 기초를 보강한다.
④ 표지판의 글자, 사인, 그림 등이 손상되었거나 외부환경조건에 의해 보이지 않을 경우 보수한다.
- 페인트로 도장된 경우 퇴색되거나 벗겨진 부분은 샌드페이퍼로 제거한 후 원래 같은 색채로 재도장 한다.
- 철판이나 스테인리스판위의 실크스크린을 한 후 손상부위가 크면 전면 재인쇄하고 손상부위가 작으면 손상부위의 제판을 뜬 후 현장에서 재시공한다.
- 철판에 법랑입힘을 한 경우 법랑이 깨어졌을 때는 교체한다.

7 음수대

① 음수대의 재료

㉠ 본체 : 철근콘크리트재, 블록재, 합성수지재, 철재(스테인레스, 파이프, 주철재), 석재, 도기재

㉡ 마감 : 모르타르마감, 인조석연마, 타일붙임, 돌붙임, 콘크리트제 치장 및 면가공, 페인트칠 등

② 손상부분점검

구분		점검항목
계통별	급수관	· 매설장소의 누수 및 함몰 또는 현저한 지반침하 등 이상 유무 · 제수변 내의 퇴수용밸브, 게이트밸브 등 개폐를 행하여 작동상태 확인 · 제수변 내부의 토사유입 유무 · 제수변의 파손유무
	배수관	· 맨홀을 점검하여 오물 및 오수가 괸 곳 · 배수관 내의 오수의 흐름상태 · 배수관내, 매설지표면의 움푹한 곳, 함몰 등의 유무, 드레인의 상태 확인
재료별	철재	· 용접 등의 접합부, 충격에 비틀린 곳, 파손 및 부식된 곳
	콘크리트재	· 금간 곳, 파손된 곳, 침하된 곳
	도기재, 블록재	· 금간 곳, 파손된 곳, 침하된 곳
기타		· 제수변의 먼지 및 오물적재상태, 작동여부, 도장이 벗겨진 곳, 퇴색된 곳, 접합부분 등

③ 유지관리

㉠ 전반적관리

- 배수구가 모래, 낙엽, 오물 등에 의해 막혀 오수 넘치게 되므로 막히지 않게 제거한다. 배수구가 막힌 경우에는 대나무나 봉 등으로 쑤셔보거나 물을 흘리면서 철선으로 찌르기를 반복한다.
- 드레인이 파손되면 오물이 배수구로 들어가 막히게 되므로 항상 완전한 상태를 유지한다.
- 음수대는 장난이나 도난 등에 의해 파손되는 경우가 많으므로 견고하고 도난 우려가 적은 것으로 교체하거나 설치장소를 옮긴다.
- 국립공원, 유원지, 관광지 등 3계절형인 곳에는 겨울철 게이트 밸브를 잠그고 물을 뺀다. 흔히 이용하는 곳에도 빙점이하로 온도가 내려가면 지하부의 배관체계로부터 물을 빼 동파방지에 유의한다.
- 음수대 받침은 물때, 손때, 먼지 등이 묻어 불결해지기 쉬우므로 정기적으로 청소하고 파손시에는 즉시 보수한다.
- 수도꼭지를 계속 틀러놓고 있는 경우 물이 넘치지 않을 정도로 수전(水栓)를 조절하거나 누름버튼으로 개량한다. 제수변은 손상을 입지 않게 자물쇠로 걸거나 견고한 제품으로 교체하거나 외부인의 접촉이 적은 곳으로 옮긴다.

㉡ 보수 및 교체

급수관	· 코킹의 느슨함, 금감, 부식 등이 생기면 누수가 발생한다. · 누수시 게이트밸브를 잠그고 보수하며 수명이 오래된 배수관은 부분 교체보다는 전부 교체하는 것이 바람직하다. · 나사로 접속된 경우 접촉부분이 불충분하여 누수되는 경우 나사부분을 조이고, 산소량에 농담차가 있어 전류가 발생하고 배수관이 부식된 경우는 접속부분을 교체한다. · 소구경의 아연도금강관의 내부에 부식이나 다른관에서 떨어져 나온 녹의 퇴적에 의해 막히거나 적수가 생기는 경우 시험절단조사를 하고 막힌 정도에 따라 국부적 또는 배관전체를 교체하거나 염화비닐관으로 바꾼다.
본체 및 마무리	· 인조석바르기 – 바탕면은 인조석이 잘 부착되도록 면을 거칠게 한 후 물축임을 한다. – 바를때 두께는 6mm 이하로 하여 충분히 누르면서 바른다. – 초벌바름후 충분한 시간 경과 후 재벌 및 정벌바름한다. – 두께는 일정하게, 바름면은 급속한 건조를 피하고 동절기는 보온양생하며, 진동을 피한다. · 석재타일붙이기 – 연결철물과 붙임돌을 고정한다. 붙임돌은 두께가 3cm 이상일 때 석재의 상하, 좌우 맞댐사이에 촉, 꺽쇠 등으로 연결하고 모르타르로 붙이지만 3cm 미만일 경우 모르타르로만 붙여도 가능하다. – 석재뒷면을 돌높이의 1/3~1/4정도의 높이까지 모르타르사춤(1:2배합)을 비벼넣으며 순차적으로 붙여나간다. · 테라조바르기 – 인조석바르기와 유사하나 약간 굵은 종석(대리석, 경질쇄석)을 쓴다. – 백시멘트에 착색재를 넣어 바르고 경화 후 갈기작업을 한다. – 정벌바름 후 경화한 다음 갈기작업한다. (손갈이3일, 기계갈기7일) · 타일붙이기 – 현장붙임, 타일거푸집 선붙임(현장붙임보다 공기단축가능)

8 유희시설

표. 놀이시설의 분류

시설구분			시설의 종류
고정식	동적놀이시설	진동계	그네, 링잡기
		요동계	시소, 흔들놀이시설
		회전계	회전그네, 회전무대
	정적놀이시설	현수운동계	정글짐, 철봉
		활강계	미끄럼틀
		등반계	정글짐, 오름대
		수직계	봉오르기
		수평계	수평대, 수평잡기
	조합놀이시설		조합놀이대, 미로찾기
이동식	구성놀이시설		어린이 상상력, 창조력, 구성력을 통하여 주로 조립하고 제작하는 종류의 놀이

① 전반적인 관리

㉠ 해안의 염분, 대기오염이 현저한 지역에서는 철재, 알루미늄 등의 재료에 강력한 방청처리를 하며, 스테인리스제품을 사용

㉡ 바닥모래는 굵은 모래, 충분히 건조된 것을 사용

㉢ 사용재료에 균열발생 등 파손우려가 있거나 파손된 시설물은 사용하지 못하도록 보호 조치

② 보수 및 교체

㉠ 철재 유희시설

- 도장이 벗겨진 곳은 방청 처리 후 유성페인트 칠을 함
- 앵커볼트, 볼트, 너트의 이완시 조임, 오래된 부품은 교체
- 회전부분에 정기적인 구리스 주입

㉡ 목재

- 정기적으로 도색을 하고, 도장이 벗겨진 곳은 방부처리를 함
- 목재와 기초 콘크리트 부재와의 접합부분에 모르타르 등으로 보수

㉢ 콘크리트

- 3년에 1번 정도 재도장
- 보수면의 도장은 3주 이상 충분히 건조한 후 칠함

㉣ 합성수지

- 성형이 용이하고, 마모되기 쉬우며, 자외선이나 온도에 따라 변하기 쉬움
- 벌어진 금이 생긴 경우 부분 보수 또는 전면 교체

9 건축물의 유지관리

① 구역별 분담방법

㉠ 일정구역내의 건물을 개인에게 분담하는 방법으로 이때 건물의 노후 상태를 감안하여야 하며 작업원 작업명세서가 책임업무한계가 됨

㉡ 장점 : 대상지 특성파악이 용이하여 융통성이 있음, 대규모공원 오락시설단지에 적합

㉢ 단점 : 개인의 각 분야별 능력에는 한계가 있으므로 전문적인 일을 담당 못함

② 분야별 분담방법

㉠ 분야별 기술자가 조를 이루어 넓은 지역을 담당

㉡ 장점 : 작업의 규모와 성격에 따라 필요한 인력 배치

㉢ 단점 : 넓은 지역을 담당하므로 관리 대상에 대한 친숙도가 떨어지고 책임한계가 불분명하고 때로는 인력낭비가 발생하기도 함

핵심기출문제

내친김에 문제까지 끝내보자!

1. 목재의 균류에 의한 파손을 보수하는 방법으로 가장 관계가 먼 것은?

① 유상 방균제 살포
② 유기 염소계통 약제 살포
③ 부패된 부분의 제거 및 퍼티 채움
④ 파손부분의 교체

2. 벤치나 야외탁장 등 석재 부분의 균열폭이 큰 경우에 사용하는 보수방법은?

① 고무압식주입공법
② 표면실링공법
③ V자형 절단공법
④ 패칭공법

3. 조경시설물의 정비, 점검방법으로 틀린 것은?

① 배수구는 정기적으로 점검하여 토사나 낙엽에 의한 유수의 방해를 제거한다.
② 어린이공원에서의 유희시설물 회전부분은 충분한 윤활유 공급을 실시한다.
③ 표지, 안내판 등의 도장상태나 문자는 수시 점검한다.
④ 아스팔트 포장과 같이 내구성이 있는 것은 전면개보수 할 때까지 점검하지 않아도 된다.

4. 콘크리트의 균열 부위가 폭 0.2mm 이하일 경우에 주로 사용되는 것으로 표면을 청소한 후 에폭시계 재료를 폭 5cm, 깊이 3mm 정도로 도포하는 보수공법은?

① 표면실링공법
② V자형절단공법
③ 고무압식주입공법
④ 표면절단공법

정답 및 해설

해설 1

목재 균류에 의한 피해시 보수방법
- 유상 방균제, 수용성 방부제 살포
- 부패된 부분을 제거한 후 나무못박기, 퍼티 등을 채움
- 교체

해설 2

석재의 균열폭이 클 때 보수방법 – 고무압식 주입공법

해설 3

아스팔트나 콘크리트 포장도 정기점검을 실시해야 한다.

해설 4

표면실링 (sealing)공법
- 0.2mm 이하의 균열부에 적용
- 표면을 청소 후 에어 컴프레셔로 먼지를 제거하고 에폭시계를 폭 5cm, 깊이 3mm정도로 도포

정답 1. ② 2. ① 3. ④ 4. ①

5. 시설물 관리를 위한 방법이 아닌 것은?

① 배수시설은 정기적인 점검을 통해 보수한다.
② 콘크리트 포장의 갈라진 부분은 이물질을 완전히 제거한 후 조치한다.
③ 유희시설물의 점검은 용접부분 및 움직임이 많은 부분을 중점적으로 조사한다.
④ 벽돌의 원로포장 파손 시에는 모래를 당초 기본 높이로 깔고 보수한다.

해설 5
보수시 모래의 높이는 기본 높이보다 높게 깔고 보수한다.

6. 목재의 C.C.A 방부처리에 대한 관한 설명 중 옳지 않는 것은?

① 목재의 수분 함수율을 30% 이하로 건조시킨 후 방부 처리한다.
② 1차가공 후 방부 처리한다.
③ 흡수율은 목재 $1m^3$ 당 3kg이 되어야 한다.
④ 침윤도는 변재 부위에 90% 이상 침투되어야 한다.

해설 6
흡수율은 목재 $1m^3$ 당 6kg이 되어야 한다.

7. 시설물 하자의 보수방법이 아닌 것은?

① 벤치의 기초부위가 파괴되었을 때, 기초 콘크리트를 파내어 부수고 난 뒤 다시 철부제에 보조철근을 용접한 후 거푸집을 설치하고 기초 콘크리트를 재타설한다.
② 철제품의 도색이 벗겨진 곳에는 방청처리 후 수성페인트를 칠한다.
③ 철재 유희시설의 회전부분 축부에 기름이 떨어지면 동요나 잡음이 생기므로 정기적으로 구리스를 주입한다.
④ 앵커볼트, 볼트, 너트 등이 이완되었을 경우에는 스패너, 드라이브, 망치 등을 사용하여 조인다.

해설 7
철재부 보수시 방청처리 후 유성페인트를 칠한다.

8. 콘크리트 벤치의 보수방법이 아닌 것은?

① 패칭공법
② 표면씰링공법
③ V 자형절단공법
④ 고무압식 주입공법

해설 8
패칭공법은 콘크리트 포장의 보수방법이다.

9. 콘크리트 휴지통의 점검방법으로 가장 관계가 적은 것은?

① 파손된부분 ② 금이 간 부분
③ 부패된부분 ④ 갈라진 부분

해설 9
콘크리트 휴지통 점검 내용 : 파손된 부분, 금이 간 부분, 갈라진 부분, 침하된 부분

정답 5. ④ 6. ③ 7. ② 8. ① 9. ③

10. 다음은 철재의 용접불량 상태를 나타낸 단면 그림이다. 판면 부족은 어느 것인가?

① 
② 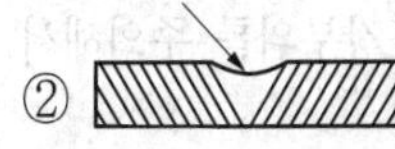
③ 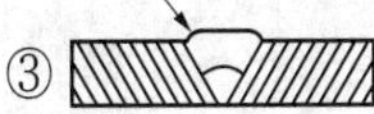
④

11. 해안지대의 철제 조경시설물은 어느 정도의 간격으로 도장해야 하는가?

① 4~5개월 ② 6~12개월
③ 2~3년 ④ 4~5년

12. 벤치를 교체하려고 목재를 도입하기로 했다. 다음의 목재 재료에 대한 설명으로 가장 거리가 먼 것은?

① 감촉이 부드럽다.
② 무게가 있고 안정감이 있다.
③ 수리가 용이하다.
④ 전열도가 낮아 좌판으로 좋다.

13. 목재 유희시설물을 보수하려고 한다. 방충 효과를 알아보기 위해 함수율을 계산하려 할 때 맞는 것은? (목재의 건조 전 중량은 120kg, 건조 후 80kg)

① 20% ② 40%
③ 50% ④ 60%

14. 철의 부식을 막기 위해 제일 먼저 칠하는 페인트는?

① 에나멜페인트 ② 카세인
③ 광명단 ④ 바니쉬

15. 옥외 광고 간판에서의 고려사항이 아닌 것은?

① 환경의 쾌적성을 저해하는 것은 설치 금지
② 상업광고물의 가로부착을 금지
③ 공중취미를 저해하는 것은 금지
④ 운전자와 도로 이용자의 주의력을 산만하게 하는 것은 부착 금지

해설 **10**

모재가 녹고 용착 금속이 채워지지 않아 홈으로 남은 용접을 말한다.

해설 **11**

철재시설물 도장 간격 – 2~3년

해설 **12**

목재 벤치는 가볍고 감촉이 부드럽고, 전열도가 낮아 좌판으로도 좋다.

해설 **13**

목재의 함수율

$$=\left(\frac{\text{건조전중량}-\text{건조중량}}{\text{건조중량}}\right)\times 100(\%)$$

$$\frac{120-80}{80}\times 100=50\%$$

해설 **14**

철의 부식 – 광명단

· 납 또는 산화연을 공기속에서 400℃ 이상으로 가열하여 만든 붉은빛의 가루. 붉은 안료,
· 철의 부식을 막기 위해 칠함

해설 **15**

옥외간판 고려사항

· 환경의 쾌적성 저해하는 요인 설치 금지
· 운전자와 도로, 이용자의 주의력을 산만하게 하는 것은 부착 금지

정답	10. ② 11. ③ 12. ② 13. ③ 14. ③ 15. ②

정답 및 해설

16. 다음은 도로 간판 표지의 점검 및 보수에 관한 사항이다. 옳지 않는 것은?

① 연결부위 및 볼트, 너트의 탈락 유무를 확인한다.
② 지주의 매립 부분 및 볼트, 너트 붙임부분의 도장부위를 주의해서 점검한다.
③ 콘크리트 중에 지주를 매입했을 때 앵커 플레이트 및 앵커 볼트의 붙임여부를 확인한다.
④ 도장부분이 배기가스나 매연 등으로 더러워졌을 경우에는 묽은 염산이나 황산 등으로 닦아내도록 한다.

17. 가로등의 수명 중 가장 긴 것은?

① 수은등 ② 할로겐등
③ 형광등 ④ 백열등

18. 가로 조명등주의 유지관리상 특성으로 알맞은 것은?

① 알루미늄 조명등주는 부식에 강하고 유지가 용이하며, 내구성이 크지만 비용이 많이 든다.
② 콘크리트로 개조된 조명등주는 유지가 용이하고 내구성도 강하지만 부식에는 약하다.
③ 강철조명등주는 합금강철혼합으로 개조되어 내구성이 강하고 팬던트 부착에 강하지만 부식이 용이하여 채색이 요망된다.
④ 나무로 만든 조명등주는 미관상 좋고 초기의 유지도 좋아 별 단점은 생각하지 않아도 된다.

19. 시설물 관리에서 옳지 않는 것은?

① 배수관의 유입, 유출구를 깨끗이 청소한다.
② 정기적인 청소를 실시한다.
③ 포장면의 수평면을 확인한다.
④ 파손된 토사 포장은 오버레이 공법을 적용한다.

20. 석재, 타일 등을 붙여서 보수공사를 할 때에 보강재료를 사용하지 않고 모르타르로만 붙이는 경우 재료의 두께는 일반적으로 어느 정도까지 허용되는가?

① 1cm 미만 ② 3cm 미만
③ 6cm 미만 ④ 9cm 미만

해설 16
도로 간판 표지의 청소시 세제는 보통세제로 닦아낸다.

해설 17
수은등 : 수명이 길다(10,000/h) 색채연출을 위해 인을 코팅

해설 18
· 알루미늄 조명등주는 부식에 강하고 유지관리가 용이하지만 내구성이 약하고 비용이 저렴하다.
· 콘크리트등주는 유지관리가 용이하고 내구성도 강하고 부식에는 강하다.
· 나무등주는 부패를 막기 위해 반드시 방부처리를 요한다.

해설 19
오버레이는 콘크리트나 아스팔트 포장에 적용되는 공법이다.

해설 20
석재, 타일은 모르타르로 고정하며 두께는 3cm 미만으로 한다.

정답 16. ④ 17. ① 18. ③ 19. ④ 20. ②

정 답 및 해 설

21. 건축물 관리에서 예방보전 방법이 아닌 것은?

① 점검 ② 보수
③ 청소 ④ 도장

해설 21

보수 - 사후보전

22. 건축물의 예방 유지관리에 관한 내용이다. 적당하지 않는 것은?

① 기능상 문제점이 예견된 곳을 미리 발견하기 위함이다.
② 불시의 기능정지를 예방하기 위한 것이다.
③ 기계실, 환풍기, 수도꼭지도 예방유지 관리의 점검항목이다.
④ 소규모의 보수작업을 예방하기 위한 것이다.

해설 22

건축물 예방 유지관리의 내용
- 기능상 문제점이 예견된 곳을 미리 발견하기 위함
- 불시의 기능 정지를 예방하기 위함
- 기계실, 환풍기, 수도꼭지도 예방 유지관리의 점검항목임

23. 건축물관리는 예방보전과 사후보전으로 구분되는데 이 중 사후보전에 해당되는 작업은?

① 청소 ② 도장
③ 일상점검과 정기점검 ④ 보수

해설 23

- 예방보전 - 청소, 도장, 일상점검, 정기점검
- 사후보전 - 보수

24. 다음 중 유지관리 측면에서 음수대의 재료로 가장 적합하지 않은 것은?

① 철재 ② 도기재
③ 석재 ④ 목재

해설 24

음수대 본체의 재료
철근콘크리트재, 블록재, 합성수지재, 철재(스테인레스, 파이프, 주철재), 석재, 도기재

25. 음수대의 일반적 유지관리에 대한 설명으로 옳지 않은 것은?

① 유원지, 관광지 등 3계절형인 곳에서는 겨울철에 게이트 밸브를 열고 물을 채워 둔다.
② 배수구가 막힌 경우에는 대나무나 봉 등으로 쑤셔보거나 물을 흘리면서 철선으로 찌르기를 반복한다.
③ 드레인이 파손되면 오물이 배수구로 들어가 막히게 되므로 항상 완전한 상태를 유지한다.
④ 지수전은 조작의 편의상 음수대 가까이에 설치하고 상부 뚜껑은 무분별한 조작을 방지하기 위해 잠금장치를 설치해야 한다.

해설 25

국립공원, 유원지, 관광지 등 3계절형인 곳에는 겨울철 게이트 밸브를 잠그고 물을 뺀다. 흔히 이용하는 곳에도 빙점이하로 온도가 내려가면 지하부의 배관체계로부터 물을 빼 동파방지에 유의한다.

정답 21. ② 22. ④ 23. ④ 24. ④ 25. ①

26. 음수대의 보수방법 중 인조석바르기의 마무리 작업 내용으로 옳지 않은 것은?

① 한 번 바를 때의 두께는 6mm 이하로 하여 충분히 누르면서 바른다.
② 바름면은 바람 또는 직사광선 등에 의한 급속한 건조를 피하고 동절기에는 보온양생 한다.
③ 인조석이 잘 부착되도록 본체의 바탕면을 거칠게 한 후 물축임을 한다.
④ 초벌 바름 후 바름이 마르기 전에 바로 재벌 및 정벌바름을 한다.

27. 표지판의 유지관리를 설명한 것 중 옳은 것은?

① 철판에 법랑 입힘을 한 경우 법랑이 깨어졌을 때는 수시로 현장에서 보수한다.
② 도장이 퇴색된 곳은 재도장을 하되 도장은 2~3년이 1회씩 칠한다.
③ 강판이나 강관의 청소는 강한 크리너를 사용 한다.
④ 표지판의 방향이 뒤틀어지거나 지주가 구부러진 것 등은 정기보수시 보수한다.

28. 다음 유희시설물 중 정글짐, 철봉 등의 현수운동계 놀이 시설은 어느 시설로 분류되는가?

① 동적놀이시설　② 정적놀이시설
③ 조합놀이시설　④ 이동식놀이시설

해설 26

초벌 바름 후 충분한 시간이과한 후 재벌 및 정벌바름을 한다.

해설 27

표지판의 유지관리
- 강판이나 강관의 청소시 강한 크리너는 녹이 슬게되는 원인이 되므로 보통세제를 사용한다.
- 도장이 퇴색된 곳은 재도장한다. 도장은 2~3년에 1회씩 칠한다.
- 소정의 방향을 향해 있지 않는 것은 방향을 바로잡고 넘어졌거나 넘어지려고 하는 것은 바로 잡는다.
- 지주나 판이 구부러진 것은 바로잡든지 교체한다.
- 철판에 법랑입힘을 한 경우 법랑이 깨어졌을 때에는 보수가 곤란하므로 교체한다.

해설 28

정적놀이시설 분류

현수운동계	정글짐, 철봉
활강계	미끄럼틀
등반계	정글짐, 오름대
수직계	봉오르기
수평계	수평대, 수평잡기

정답 26. ④ 27. ② 28. ②

[부록]
과년도출제문제

조경기사

조경산업기사 CBT

CBT대비 실전테스트

홈페이지(www.inup.co.kr)에서 온라인TEST 문제를 CBT 모의 TEST로 체험하실 수 있습니다.

■■■ 조경사

1. 다음의 사찰 배치도는 1탑 1금당식의 전형적인 배치를 보여주고 있다. 연지가 있고 중문, 5층 석탑, 금당, 강당이 차례로 놓여져 있으며 회랑으로 둘러져 있는 사찰의 명칭은?

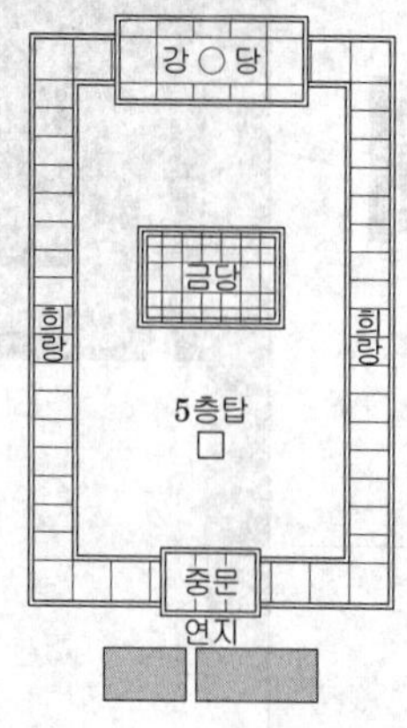

① 미륵사 ② 황룡사
③ 정릉사 ④ 정림사

해설 정림사지(定林寺址)
- 부여위치
- 중문-탑-금당-강당을 남북일직선 축선상에 배치, 1탑 1금당형식의 사찰로 전면에 두 개의 방지(方池)가 있다.

2. 일본 강호(江戶)시대는 여러 정원의 형식들을 종합하여 회유식(回遊式) 정원이 완성된 시기였다. 이 시대의 대표적인 정원은?

① 계리궁(桂離宮), 수학원이궁(修學院離宮)
② 대덕사(大德寺), 후락원(後樂圓)
③ 대선원(大仙院), 영보사(永保寺)
④ 서방사(西芳寺), 서천사(瑞泉寺)

해설
- 대덕사(大德寺): 실정시대, 후락원(後樂圓): 강호시대
- 대선원(大仙院): 실정시대, 영보사(永保寺): 겸창시대
- 서방사(西芳寺): 실정시대, 서천사(瑞泉寺): 실정시대

3. 최저 노단 내 연못들 뒤 감탕나무 총림이 위치하고 서쪽에 물 풍금(Water Organ)이 유명한 로마 근교의 빌라는?

① 빌라 마다마(Villa Madama)
② 빌라 에스테(VIlla d'Este)
③ 빌라 랑테(Villa Lante)
④ 빌라 페트라리아(Villa Petraia)

해설 빌라 에스테
- 리고리오설계, 수경: 올리비에
- 4개노단(끝단에 카지노 위치), 수경처리가 가장 뛰어난 정원

4. 다음 중 창덕궁에 속한 지당(地塘)의 형태가 나머지와 다른 것은?

① 빙옥지 ② 부용지
③ 존덕지 ④ 애련지

해설 창덕궁 지당의 형태
- 빙옥지, 부용지, 애련지: 방지
- 존덕지: 반달모양

5. 중국 청조(淸朝)의 원림 중 3산5원에 해당하지 않는 것은?

① 만수산 소원(小園)
② 옥천산 정명원(靜明園)
③ 만수산 창춘원(暢春園)
④ 만수산 원명원(圓明園)

해설 3산 5원
- 향산 정의원
- 옥천산 정명원
- 만수산 청의원, 창춘원, 원명원

정답 1. ④ 2. ① 3. ② 4. ③ 5. ①

6. 고려시대 궁궐정원을 맡아보던 관서는?

① 내원서 ② 상림원
③ 장원서 ④ 사복시

해설 내원서
고려 충렬왕 때 모든 궁궐의 정원을 맡아보던 관청을 말한다.

7. 중국의 사자림(獅子林)에는 「견산루(見山樓)」의 편액을 볼 수 있는데, 그 이름은 누구의 문장에서 나왔는가?

① 왕희지(王羲之) ② 주돈이(周敦頤)
③ 도연명(陶淵明) ④ 황정견(黃庭堅)

해설 견산루(見山樓)
진(晉)나라 도연명(陶淵明)의 유명한 <采菊東籬下 悠然見南山>(동쪽 담장 밑에서 국화를 따서 멍하니 남산을 바라본다)에서 문장에서 나왔다.

8. 서양의 중세 수도원 정원에 나타난 사항이 아닌 것은?

① 채소원 ② 약초원
③ 과수원 ④ 자수원

해설 자수화단
프랑스 르 노트르의 평면기하학식 정원에서 나타난다.

9. 이집트인은 종교관에 따라 거대한 예배신전이나 장제신전을 건설하고, 그 주위에 신원(神苑)을 설치하였다. 그 중 현존하는 최고(最古)의 것으로 대표적인 조경 유적이 있는 신전은?

① Thutmois 3세의 신전
② Menes 왕의 장제신전
③ Amenophis 3세의 장제신전
④ Hatshepsut 여왕의 장제신전

해설 델엘 바하리의 하셉수트 여왕의 장제신전
- 현존하는 최고(最古)의 정원 유적
- 건축가 센누트가 설계
- 하셉수트 여왕이 Amen신을 모신 곳

10. 정약용이 조성한 다산초당(茶山草堂)에 관한 설명으로 옳은 것은?

① 신선사상을 배경으로 한 전통적인 중도형 방지이다.
② 풍수지리설을 배경으로 한 전통적인 화계수법의 정원이다.
③ 유교사상을 배경으로 한 전통적인 중도형 방지이다.
④ 임천을 배경으로 한 전통적인 화계수법의 정원이다.

해설 정약용의 다산초당 원림 경관요소
정석바위, 약천, 다조, 방지원도(섬안에 석가산), 비폭

11. 질 클레망이 자연, 운동, 건축, 기교의 원리로 개조한 것은?

① 시트로엥 공원
② 라빌레뜨 공원
③ 발비 공원
④ 루소 공원

해설 앙드레 시트로앵 공원
- 조경가 : 질 클레망, 알랭 프로보
- 건축가 : 패트릭 베르제, 장 폴 비규이어
- 위치 및 면적 : 프랑스 파리15구, 13만m^2
- 특징: 프랑스의 자동차 회사 시트로앵이 부지를 파리 외곽으로 이전하면서 계획되었으며, 건축가와 조경가의 공동작업으로 조성된 도시 시민공원이다.

정답 6. ① 7. ③ 8. ④ 9. ④ 10. ① 11. ①

12. 고구려의 안학궁원(安鶴宮苑)에 대한 설명으로 옳은 것은?

① 수구문은 동쪽과 서쪽에 설치되어 있었다.
② 궁의 북서쪽 모서리에 태자궁이 있었다.
③ 정원 터는 서문과 외전 사이와 북문과 침전 사이에 있었다.
④ 가장 큰 규모의 정원 터는 동문과 내전 사이이다.

해설 바르게 고치면
① 수구문은 동남쪽에 설치되어 있다.
② 궁의 북동 모서리에 동궁이 배치되어 있다.
④ 가장 큰 규모의 정원 터는 남쪽과 서문 사이의 정원이다.

13. 정자에 만들어진 방의 형태가 "중심형"에 해당하지 않는 것은?

① 소쇄원 광풍각
② 담양 명옥헌
③ 예천 초간정
④ 화순 임대정

해설 · 광풍각, 임대정, 명옥헌, 세연정: 중심형
· 초간정: 편심형

14. 옴스테드(Frederick Law Olmsted)에 의한 센트럴파크(Central Park)의 설계 특징이 아닌 것은?

① 자연경관의 뷰(view) 및 비스타(visra)
② 정형적인 몰(mall)및 대로
③ 입체적 동선 체계
④ 넓은 커낼(grand canal)

해설 센트럴 파크의 특징
· 입체적 동선체계/ 차음, 차폐를 위한 외주부 식재
· 아름다운 자연경관의 view 및 vista 조성
· 드라이브 코스, 전형적인 몰과 대로, 마차 드라이브 코스, 산책로,
· 넓은 잔디밭, 동적 놀이를 위한 경기장, 보트와 스케이팅을 위한 넓은 호수, 교육을 위한 화단과 수목원

15. 경상북도 봉화군에 있는 권씨가의 청암정 지원(青岩亭 池園)에서 볼 수 있는 못의 형태는?

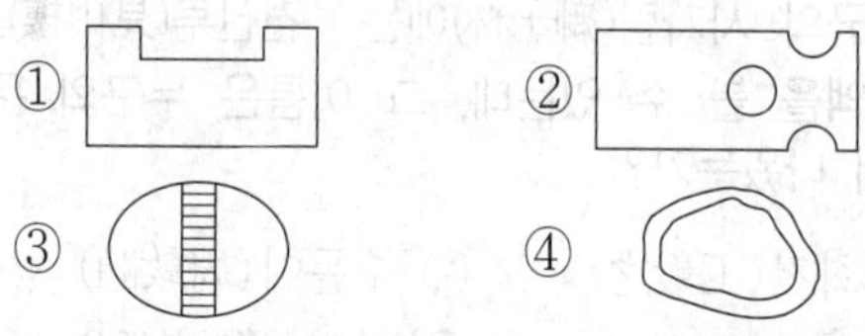

해설 청암정 지원
청암정은 거북이처럼 생긴 바위 위에 세운 정자로 못의 형태도 바위 형태와 유사하게 조영되었다.

16. 다음 서원에 관한 설명 중 옳지 않은 것은?

① 무성서원은 최초의 가사문학 「상춘곡」이 저술된 곳이다.
② 도동서원은 서원철폐령 때 훼철되지 않은 서원 중 하나이다.
③ 도산서원에는 절우사 축조 후 매, 죽, 송, 국이 식재되었다.
④ 병산서원의 광영지(光影地)는 자연석 지안에 방지방도형의 연못이다.

해설 바르게 고치면
병산서원의 광영지는 자연석 지안에 방지원도형의 연못이다.

정답 12. ③ 13. ③ 14. ④ 15. ④ 16. ④

17. 네덜란드 르네상스의 정원과 관련된 설명 중 (　　)안에 적합한 것은?

> 과수원(果樹園), 소채원(蔬菜園), 약초원(藥草園), 화단(花壇)을 가진 정원은 (　　)로 구획 지어진 작은 섬의 형태를 이루고, 서로 다리에 의해서 이어진다.

① 커낼　② 캐스케이드
③ 폭포　④ 창살울타리

해설 네덜란드 운하식 정원
수로를 구성해 배수, 커뮤니케이션, 택지경계의 목적으로 이용하였다.

18. 일본 침전조 정원 양식과 관련된 저서는?

① 해유록　② 송고집
③ 작정기　④ 벽암록

해설 작정기(作庭記)
· 일본 최초의 조원 지침서로 겸창(카마쿠라)시대에 「전재비초」로 불려진것이 강호(에도)시대 「작정기」라 불림
· 침전조 건물에 어울리는 조원법 수록

19. 르네상스 시기 이탈리아의 조경 발달 과정에 대한 설명으로 옳지 않는 것은?

① 16세기 건축가 브라망테(Bramante)가 설계한 벨베데레(Belvedere)원은 이탈리아 빌라를 건축적 노단 양식으로 만든 계기가 된다.
② 16세기에는 메디치가가 가장 번성하여 플로렌스는 후기 르네상스의 중심지가 되었다.
③ 15세기 중서부 터스카니 지방을 중심으로 발달한 초기 르네상스의 빌라들은 원근법, 수학적 단계 등을 중요시하였고, 미켈로지(M. Michelozzi)는 당대의 대표적 조경가이다.
④ 소 필리니(Pliny the Younger)의 빌라에 대한 연구, 비트리비우스의 「De Architecture」 등이 빌라 조경에 영향을 주었다.

해설 바르게 고치면
15세기에는 메디치가가 가장 번성하여 플로렌스는 전기 르네상스의 중심지가 되었다.

20. 다음 중 이탈리아 르네상스 시대의 정원으로서 10개의 노단(Ten Terraces)으로 이루어진 바로크식 정원은?

① Villa Lante　② Isola Bella
③ VillaFarnese　④ Villa Petraia

해설 이솔라 벨라
· 바로크 정원의 대표 작품
· 특징: 큰 섬 위에 만든 정원, 10층의 테라스, 최고노단에 바로크적 특징이 강한 물극장 배치, 과다한 장식과 꽃의 대량 사용

■■■ 조경계획

21. 다음 조경 접근방법 중 이용자들이 공유하는 경험과 체험의 중요성을 강조하는 것은?

① 기호학적 접근　② 미학적 접근
③ 환경심리적 접근　④ 현상학적 접근

해설 현상학적 접근
· 눈에 보이는 것만을 대상으로 하지 않고 경관에 대한 총체적인 경험을 대상
· 물리적자극과 경관의 역사, 의미 느낌을 대상으로 함

22. 다음 중 미기후(microclimate)가 가장 안정된 상태는?

① 지표면의 알베도가 낮고, 전도율이 낮은 경우
② 지표면의 알베도가 낮고, 전도율이 높은 경우
③ 지표면의 알베도가 높고, 전도율이 높은 경우
④ 지표면의 알베도가 높고, 전도율이 낮은 경우

해설 안정된 미기후
알베도가 낮고 전도율이 높으면 미기후가 온화하고 안정된다.

정답 17. ①　18. ③　19. ②　20. ②　21. ④　22. ②

23. 공원관리청이 공원구역 중 일정한 지역을 자연공원특별보호구역으로 지정하여 일정 기간 사람의 출입 또는 차량의 통행을 금지·제한하거나, 일정한 지역을 탐방예약구간으로 지정하여 탐방객 수를 제한할 수 있는 경우에 해당되지 않는 것은?

① 자연생태계와 자연경관 등 자연공원의 보호를 위한 경우
② 인위적인 요인으로 훼손되어 자연회복이 불가능한 경우
③ 자연공원에 들어가는 자의 안전을 위한 경우
④ 자연공원의 체계적인 보전관리를 위하여 필요한 경우

해설 자연공원법의 출입금지
- 자연생태계와 자연경관 등 자연공원의 보호를 위한 경우
- 자연적 또는 인위적인 요인으로 훼손된 자연의 회복을 위한 경우
- 자연공원에 들어가는 자의 안전을 위한 경우
- 자연공원의 체계적인 보전관리를 위하여 필요한 경우
- 그 밖에 공원관리청이 공익을 위하여 필요하다고 인정하는 경우

24. 조경계획에서 환경심리학적 접근방법에 속하지 않는 것은?

① 도시경관의 이미지에 관한 연구
② 공원 이용자의 수를 추정하여 이를 설계에 반영하는 연구
③ 공원에 있어서 이용자의 프라이버시에 관한 연구
④ 주민의 사회문화적 특성을 계획에 반영하는 연구

해설 환경심리학적 접근은 환경과 인간행태의 유형을 조사하기 위함이다. ②는 공간의 수요량산정을 위한 방법이다.

25. 다음 설명에 해당하는 계획은?

> 자연공원을 보전·이용·관리하기 위하여 장기적인 발전방향을 제시하는 종합계획으로서 공원계획과 공원별 보전·관리계획의 지침이 되는 계획

① 공원기본계획
② 공원조성계획
③ 공원녹지기본계획
④ 공원별 보전·관리계획

해설 자연공원법의 계획

구분	내용
공원기본계획	자연공원을 보전·이용·관리하기 위하여 장기적인 발전방향을 제시하는 종합계획으로서 공원계획과 공원별 보전·관리계획의 지침이 되는 계획을 말한다.
공원계획	자연공원을 보전·관리하고 알맞게 이용하도록 하기 위한 용도지구의 결정, 공원시설의 설치, 건축물의 철거·이전, 그 밖의 행위 제한 및 토지 이용 등에 관한 계획을 말한다.
공원별 보전·관리계획	동식물 보호, 훼손지 복원, 탐방객 안전관리 및 환경오염 예방 등 공원계획 외의 자연공원을 보전·관리하기 위한 계획을 말한다.

26. 문화재로서 해당 문화재가 역사적·학술적 가치가 크다고 인정되며, 기타의 조건을 만족할 때 『문화재보호법』에 의해 사적(국가지정문화재)으로 지정될 수 없는 유형은?

① 사당 등의 제사·장례에 관한 유적
② 우물 등의 산업·교통·주거생활에 관한 유적
③ 서원 등의 교육·의료·종교에 관한 유적
④ 「세계문화유산 및 자연유산의 보호에 관한 협약」에 따른 자연유산에 해당하는 곳 중 자연의 미관적으로 현저한 가치를 갖는 것

해설 보기 ④는 국가지정문화재 명승의 지정 기준이다.

정답 23. ② 24. ② 25. ① 26. ④

27. 정밀토양도에서 토양의 명칭을 "Mn C2"라고 명명하였을 경우 '2'가 의미하는 것은?

① 침식정도 ② 경사도
③ 비옥도 ④ 배수정도

해설 Mn C2에서 Mn 은 토양통 및 토성, C는 경사도, 2는 침식정도를 나타낸다.

28. 레드번(Radburn) 택지계획의 개념과 가장 관계 깊은 것은?

① 차도와 보도의 분리
② 개발제한구역(Green Belt) 지정
③ 자동차 전용 도로망을 최초로 도입
④ 고밀도 주거지와 그 사이 넓은 녹지공간의 조화

해설 래드번계획
- 하워드의 전원도시 개념을 적용하여 미국에 전원도시 건설
- 주택단지 둘레에 간선도로가 나있고 주구 내는 쿨데삭(Cul-de-sac)으로 마무리 되어 통과교통을 방지하고 속도를 감소시켜 자동차의 위협으로부터 보호받을 수 있게 하였다.

29. 근린공원 계획 시에는 근린공원의 개념과 성격에 대한 명확한 이해가 선행되어야 한다. 다음 중 근린공원의 개념 정의에 적합하지 않은 것은?

① 일상 생활권 내에 거주하는 시민을 위한 공원
② 연령, 성별 구분 없이 누구나 이용 가능한 공원
③ 주민의 규모, 구성 및 행태를 비교적 정확하게 파악하여 조성될 수 있는 공원
④ 도보접근 내에 있는 여러 계층의 주민들에게 필요한 시설과 환경을 갖춰주는 공원

해설 근린공원의 개념
- 일상 혹은 주말에 옥외 휴양·오락 활동 등에 적합한 조경시설·휴양시설·유희시설·운동시설·교양시설 및 편익시설로 한다.
- 원칙적으로 연령과 성별의 구분 없이 이용할 수 있도록 한다.

30. 다음 사후환경영향조사의 대상사업 중 조사 기간이 다른 것은?

① 도시의 개발사업 부문의 주택건설사업 및 대지조성사업: 사업 착공 시부터 사업 준공 후 3년까지
② 도시의 개발사업 부문의 마을정비구역의 조성사업: 사업 착공 시부터 사업 준공 후 3년까지
③ 항만의 건설사업 부문의 항만재개발사업: 사업 착공 시부터 사업 준공 후 3년까지
④ 공항의 건설사업 부문의 비행장: 사업 착공 시부터 사업 준공 후 5년까지

해설 ① 도시의 개발사업 부문의 주택건설사업 및 대지조성사업: 사업 착공 시부터 사업 준공 후 3년까지
② 도시의 개발사업 부문의 마을정비구역의 조성사업: 사업 착공 시부터 사업 준공 후 3년까지
③ 항만의 건설사업 부문의 항만재개발사업: 사업 착공 시부터 사업 준공 후 3년까지
④ 공항의 건설사업 부문의 비행장: 사업 착공 시부터 사업 준공 후 5년까지

31. 다음 중 조경과 관련한 타분야에 대한 설명으로 가장 부적절한 것은?

① 건축은 주로 환경 속에 실체로 나타난 건물의 계획이나 설계의 관련된 분야이다.
② 토목은 주로 도로, 교량, 지형변화, 댐, 상하수설비 등의 설계와 공법에 관심이 있다.
③ 도시계획은 도시 혹은 어느 대단위지역에 관한 사회적, 물리적 계획에 관련한다.
④ 도시설계는 자연과 도시의 조화를 유도하기 위하여 자연생태계의 이해가 가장 중요하다.

해설 도시설계
도시계획 및 건축의 중간단계로서 도시의 물리적 골격과 형태에 관심을 갖으며, 도시계획과 조경·건축 사이의 교량역할을 한다는 특징이 있다.

정답 27. ① 28. ① 29. ④ 30. ④ 31. ④

32. 제 1종 지구단위계획으로 차 없는 거리(보행자전용도로를 지정, 차량의 출입을 금지)를 조성하고자 하는 경우 『주차장법』 규정에 의한 주차장 설치기준을 얼마까지 완화하여 적용할 수 있는가?

① 100% ② 105%
③ 110% ④ 120%

해설 도시지역내(1종) 지구단위계획구역의 지정목적이 다음에 해당하는 경우에는 주차장법에 따른 주차장 설치기준을 100%까지 완화하여 적용할 수 있다.
- 한옥마을을 보존하고자 하는 경우
- 차없는 거리를 조성하고자 하는 경우(보행자전용도로를 지정하거나 차량의 출입을 금지한 경우 또는 보행상권 조성을 위하여 필요한 경우 등)

33. 근린생활권근린공원의 설명으로 맞는 것은? (단, 도시공원 및 녹지 등에 관한 법률 시행 규칙을 적용한다.)

① 유치거리는 500m 이하
② 1개소의 면적은 1500m^2 이상
③ 공원시설 부지면적은 전체의 60% 이하
④ 하나의 도시지역을 초과하는 광역적인 이용에 제공할 것을 목적으로 하는 근린공원

해설 근린생활권근린공원
- 주로 인근에 거주하는 자의 이용에 제공할 것을 목적으로 하는 근린공원
- 유치거리 500m, 1개소 면적은 10,000m^2
- 공원시설 부지면적은 전체의 40% 이하

34. 옥상정원 계획 시 건물, 주변현황 이용측면을 고려하여야 하는데, 그 설명이 옳지 않은 것은?

① 지반의 구조 및 강도가 흙을 놓고 수목식재 및 야외조각물 설치에 견딜 정도가 되어야 한다.
② 수목의 생육 상 관수를 해야 하므로 구조체가 우수한 방수성능과 배수 계통도 양호해야 한다.
③ 측면에 담장, 차폐식재로 프라이버시를 지키고, 녹음수, 정자, 퍼골라 등을 설치하여 위로부터의 보호 조치가 필요하다.
④ 수종 선정이나 부재 선정에 있어서 미기후의 변화에 대응해야 하며, 교목식재는 40cm 정도의 최소유효토심을 확보해야 한다.

해설 옥상정원에 수목 선정시 토양·바람·기온변화 등을 고려하고 식물생육이 가능한 적정 생육토심을 확보하도록 한다.

35. 시설물 배치계획에 관한 설명으로 옳지 않은 것은?

① 여러 기능이 공존하는 경우, 유사기능의 구조물들을 모아서 집단별로 배치한다.
② 다른 시설물들과 인접할 경우, 구조물들로 형성되는 옥외공간의 구성에 유의해야 한다.
③ 구조물의 평면이 장방형일 때는 긴 변이 등고선에 수직이 되도록 배치한다.
④ 시설물이 랜드마크적 성격을 갖고 있지 않다면, 주변경관과 조화되는 형태, 색채 등을 사용하는 것이 좋다.

해설 구조물 평면이 장방형일 때는 긴 변이 등고선에 평행하도록 배치한다.

정답 32. ① 33. ① 34. ④ 35. ③

36. Mitsch와 Gosselink가 제시한 습지생태계복원을 위한 일반적인 원리와 가장 거리가 먼 것은?

① 습지 주변에 완충지대를 배치하라
② 범람, 가뭄, 폭풍 등으로부터 피해를 받지 않도록 주변에 제방을 계획하라
③ 식물, 동물, 미생물, 토양, 물은 스스로 분포하고 유지될 수 있도록 계획하라
④ 적어도 하나의 주목표와 여러 개의 부수적 목표를 설정하라

해설 습지 생태계 복원시 제방을 없애고 범람원을 복구한다.

37. 체계화된 공원녹지의 기본 목적이 아닌 것은?

① 접근성과 개방성의 증대
② 경제성과 효율성의 증대
③ 포괄성과 연속성의 증대
④ 상징성과 식별성의 증대

해설 체계화된 공원녹지의 기본 목적
- 접근성과 개방성의 증대
- 포괄성과 연속성의 증대
- 상징성과 식별성의 증대

38. 다음 중 공장조경계획 시 고려할 사항으로 가장 거리가 먼 것은?

① 효율적인 공간구성
② 쾌적한 환경 조성
③ 부가적인 효과 창출
④ 신기술 적용

해설 공장조경계획시 고려사항
- 효율적인 공간구성: 시설배치, 동선계획, 환경설비, 건물계획 등
- 적정한 공장입지: 자연환경조건, 인공적 환경조건 고려
- 쾌적한 환경조성: 환경미화, 환경보호, 환경개선
- 부가적인 효과 창출: 기업선전, 간접효과

39. 연결녹지를 설치할 때 고려하여야 할 기준이나 기능이 틀린 것은? (단, 도시공원 및 녹지 등에 관한 법률 시행 규칙을 적용한다.)

① 산책 및 휴식을 위한 소규모 가로(街路)공원이 되도록 할 것
② 비교적 규모가 큰 숲으로 이어지거나 하천을 따라 조성되는 상징적인 녹지축 혹은 생태통로가 되도록 할 것
③ 도시 내 주요 공원 및 녹지는 주거지역·상업지역·학교 그밖에 공공시설과 연결하는 망이 형성되도록 할 것
④ 녹지율(도시·군계획시설 면적분의 녹지면적을 말한다)은 60퍼센트 이하로 할 것

해설 연결녹지의 녹지율(도시·군계획시설 면적분의 녹지면적을 말한다)은 70퍼센트 이상으로 한다.

40. 도시 오픈스페이스의 효용성에 해당하지 않는 것은?

① 도시개발의 조절
② 도시환경의 질 개선
③ 시민생활의 질 개선
④ 개발 유보지의 조절

해설 도시 오픈스페이스의 효용성
도시개발형태의 조절, 도시환경의 질 개선, 시민생활의 질 개선

정답 36. ② 37. ② 38. ④ 39. ④ 40. ④

■■■ 조경설계

41. 다음 중 파노라믹 경관(panoramic landscape)의 설명으로 옳은 것은?

① 수림이나 계곡이 보이는 자연경관
② 원거리의 물체들을 시선이 가로막는 장해물없이 조망할 수 있는 경관
③ 아침 안개 또는 저녁 노을과 같이 기상조건에 따라 단시간 동안만 나타나는 경관
④ 원거리의 물체들이 가까이 접근해 있는 물체의 일부에 가려 액자(額子)에 넣어진 듯 보이는 경관

해설 파노라믹 경관의 특징
· 시야를 제한받지 않고 멀리 트인 경관, 경계의식이 뚜렷하지 않음
· 수평선, 지평선, 높은 곳에 내려다보는 경관
· 조감도적성격과 자연의 웅장함과 존경심

42. 린치(Lynch, 1979)가 제안한 도시구성요소에 속하지 않는 것은?

① 지역(districts)
② 통로(paths)
③ 경관(views)
④ 랜드마크(landmarks)

해설 린치가 제안한 도시구성요소
통로(paths), 모서리(edges), 지역(district), 결절점(node), 랜드마크(landmark)

43. 그림과 같은 등각투상도에서 화살표 방향이 정면일 때 우측면도로 가장 적합한 것은?

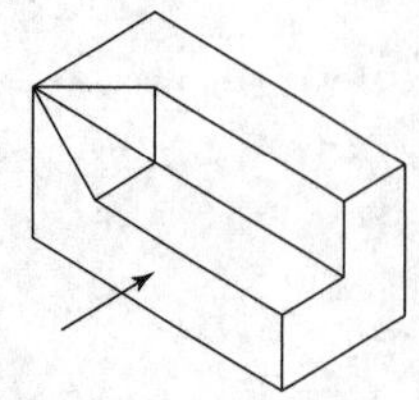

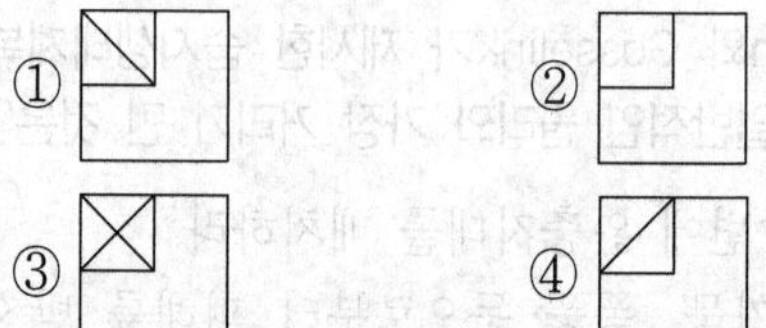

해설 등각투상도
각이 서로 120°를 이루는 3개의 축을 기본으로 하여, 이들 기본 축에 물체의 높이, 너비, 안쪽 길이를 옮겨서 나타내는 방법으로 그린 투상도를 말한다.

44. 오른손잡이 설계자의 일반적인 실선 제도 방법으로 틀린 것은?

① 눈금자, 삼각자 등은 오른쪽에 가깝게 놓는다.
② 선을 그을 때는 심을 자의 아랫변에 꼭 대고 연필을 오른쪽으로 30~40° 뉘어 사용한다.
③ 연필심이 고르게 묻도록 연필을 돌리면서 빠르고 강하게 단번에 긋는다.
④ 사선은 삼각자의 방향에 따라 아래에서 위로 또는 위에서 아래로 긋는다.

해설 눈금자, 삼각자 등은 왼쪽에 가깝게 놓는다.

45. 다음 설명 중 (   )에 알맞은 것은?

> 자전거 이용시설의 구조·시설 기준에 관한 규칙에서 자전거도로의 폭은 하나의 차로를 기준으로 (   )미터 이상으로 한다. (다만, 지역 상황 등에 따라 부득이하다고 인정되는 경우는 고려하지 않는다)

① 0.6　　② 0.9
③ 1.2　　④ 1.5

해설 자전거도로의 폭
하나의 차로를 기준으로 1.5미터 이상으로 한다. 다만, 지역 상황 등에 따라 부득이하다고 인정되는 경우에는 1.2미터 이상으로 할 수 있다.

정답 41. ② 42. ③ 43. ① 44. ① 45. ④

46. 분광반사율의 분포가 서로 다른 두 개의 색자극이 광원의 종류와 관찰자 등의 관찰조건을 일정하게 할 때에만 같은 색으로 보이는 경우는?

① 연색성 ② 발광성
③ 조건등색 ④ 색각이상

해설 조건등색(Metamerism)
분광 반사율이 다른 두 가지의 색이 어떤 광원 아래서 같은 색으로 보이는 현상을 말한다.

47. 설계과정에서 기본구상이 이루어진 다음 구체적인 세부설계에 도달하는데 이 때 현실의 제약 조건 때문에 기본구상과 계획이 또 다시 재검토되고 수정되면서 원래의 구상이 점차로 구체화되는 과정을 무엇이라고 하는가?

① 구상계획
② 실시계획
③ 계획의 평가
④ 설계에서의 환류(Feed-back)

해설 환류과정
계획과정상 문제가 생기거나 시행과정에서 당초의 목표와 어긋날 때는 다시 앞 단계로 환류(feedback)하여 다시 수정·보완하여 결국 목표를 달성한다.

48. 조경설계기준상의 보행등의 배치 및 시설기준으로 옳지 않은 것은?

① 소로·계단·구석진 길·출입구·장식벽에 설치한다.
② 보행등 1회로는 보행등 10개 이하로 구성하고, 보행등의 공용접지는 5기 이하로 한다.
③ 보행인의 이용에 불편함이 없는 밝기를 확보하며, 보행로의 경우 3lx 이상의 밝기를 적용한다.
④ 배치간격은 설치높이의 8배 이하 거리로 하되, 등주의 높이와 연출할 공간의 분위기를 고려한다.

해설 보행등의 배치간격
설치높이의 5배 이하의 거리로 하며, 보행경계에서 50cm정도의 거리에 배치

49. 다음 중 3차원적인(입체적인) 그림이 아닌 것은?

① 입단면도
② 1소점투시도
③ 엑소노메트릭
④ 아이소메트릭

해설 3차원적 그림
· 투시도(1소점, 2소점, 3소점)
· 아이소메트릭은 모서리 각이 120°가 나오게 표현된 것으로 수평선에서 30°가 되게 한다.
· 엑소노메트릭은 모서리 각이 90도가 되도록 하며, 수평선에서 45°, 45° 또는 30°, 60°가 되게 한다.

50. 『주택건설기준 등에 관한 규정』에서 규정하고 있는 "부대시설"에 해당하는 것은?

① 안내표지판 ② 주민공동시설
③ 근린생활시설 ④ 유치원

해설 · 부대시설: 진입도로, 관리사무소, 조경시설, 안내표지판 등의 시설
· 주민공동시설: 복리시설

51. 다음 중 시각적 밸런스(balance)를 결정짓는 요소가 아닌 것은?

① 색채 ② 통일
③ 질감 ④ 형태의 크기

해설 시각적 밸런스의 구성요소
형태, 색채, 질감

정답 46. ③ 47. ④ 48. ④ 49. ① 50. ① 51. ②

52. 조경설계기준상의 수경시설의 설계에 대한 설명으로 옳지 않은 것은?

① 수경시설은 적설, 동결, 바람 등 지역의 기후적 특성을 고려하여 설계한다.
② 물놀이를 전제로 한 수변공간(도섭지 등) 시설의 1일 용수 순환 횟수는 2회를 기준으로 한다.
③ 장애물이 없는 개수로의 유량산출은 프란시스의 공식, 바진의 공식을 적용한다.
④ 분수의 경우 수조의 너비는 분수 높이의 2배, 바람의 영향을 크게 받는 지역은 분수 높이의 4배를 기준으로 한다.

해설 바르게 고치면
계류의 유량산출은 장애물이 없는 개수로의 유량산출에 준하여 매닝의 공식을 적용한다.

53. 밝은 태양 아래 있는 석탄은 어두운 곳에 있는 백지보다 빛을 많이 반사하고 있는데도 불구하고 석탄은 검게, 백지는 희게 보이는 현상은?

① 항상성
② 명암순응
③ 비시감도
④ 시감 반사율

해설 색의 항상성(Color Constancy)
· 광원의 강도나 모양, 크기, 색상이 변하여도 물체의 색을 동일하게 지각하는 현상
· 광원으로 인하여 색의 분광 반사율이 달라졌음에도 불구하고 동일한 색으로 인식하는 것

54. 다음의 노외주차장의 설치에 대한 계획기준 내용 중 ( )안에 알맞은 것은?

> 특별시장·광역시장, 시장·군수 또는 구청장이 설치하는 노외주차장의 주차대수 규모가 ( )대 이상인 경우에는 주차대수의 2퍼센트부터 4퍼센트까지의 범위에서 장애인의 주차수요를 고려하여 지방자치단체의 조례로 정하는 비율 이상의 장애인 전용주차구획을 설치하여야 한다.

① 30　　② 50
③ 100　　④ 200

해설 노외주차장
주차대수 규모가 50대 이상인 경우에는 주차대수의 2%부터 4%까지의 범위에서 장애인의주차수요를 고려하여 지방자치단체의 조례로 정하는 비율 이상의 장애인 전용주차구획을 설치하여야 한다.

55. 색에도 무거워 보이는 색과 가벼워 보이는 색이 있다. 다음 중 가장 무겁게 느껴지는 색은?

① 노랑　　② 주황
③ 초록　　④ 회색

해설 색의 중량감
· 무게감의 원리는 명도와 중량감과의 관계
· 무게감에 가장 영향을 주는 것은 명도이며 유채색의 경우도 무게감에 영향을 준다.

56. 투시도에서 실물 크기를 어림잡을 수 있도록 할 수 있는 방법은?

① 사람을 그려 넣는다.
② 정확한 축척을 표시한다.
③ 집의 높이를 잘 그려 넣는다.
④ 나무를 잘 배열하여 그려 넣는다.

해설 투시도에서 사람이나 자동차, 수목 등을 그려 넣어 실물 크기를 가늠할 수 있도록 한다.

정답 52. ③　53. ①　54. ②　55. ④　56. ①

57. 설계과정을 암상자(black box), 유리상자(glass box), 자유적 조직(self-organizing system)의 세 유형으로 구분한 사람은?

① Jones
② Halprin
③ Broadbent
④ Alexander

해설 존슨(Jones)이 제시하는 설계행위의 세 가지 측면
- 창조적 관점에서 설계자는 창조적 비약을 잉태하는 암상자
- 합리적 관점에서 설계자는 합리적 과정을 수행하는 유리상자
- 제어적 관점에서 설계자는 미지의 영역내에서 지름길을 찾는 능력을 갖춘 자율적 체계

58. 설계에 자주 이용되는 기준적 비례(proportion)가 아닌 것은?

① 황금비
② 정사각형의 비례
③ Fibonacci 수열의 비례
④ 인체 비례 척도(Le Modulor)

해설 설계에는 동적인 비례인 황금비, 피보나치 수열 비례, 인체 비례 척도(모듈러) 등이 이용된다.

59. 조경설계에 활용되는 2개의 삼각자(1조)를 이용하여 그릴 수 없는 각은?

① 15°　② 30°
③ 65°　④ 75°

해설 설계시 직각 삼각자는 30°, 60°와 45°, 45°로 65°도는 2개의 삼각자를 이용해 그릴 수 없는 각이다.

60. 보도용 포장면의 설계와 관련된 설명 중 ㉠ ~ ㉣의 내용이 틀린 것은?

> (1) 종단기울기는 휠체어 이용자를 고려하는 경우에는 (㉠) 이하로 한다.
> (2) 종단기울기가 (㉡)% 이상인 구간의 포장은 미끄럼방지를 위하여 거친 면으로 마감처리 한다.
> (3) 횡단경사는 배수처리가 가능한 방향으로 (㉢) 를 표준으로 한다.
> (4) 투수성 포장인 경우에는 (㉣)경사를 주지 않을 수 있다.

① ㉠ 1/12　② ㉡ 5
③ ㉢ 2%　④ ㉣ 횡단

해설 종단기울기는 휠체어 이용자를 고려하는 경우에는 1/18이하로 한다.

■■■ 조경식재

61. 생물군집의 특성에 미치는 영향이 아닌 것은?

① 비중　② 우점도
③ 종의 다양성　④ 개체군의 밀도

해설 생물군집에 미치는 영향 요인
개체군 밀도, 경합과 공존, 우점도, 종의 다양성

62. 생물종 보호를 위한 자연보호지구 설계의 설명 중 옳지 않은 것은?

① 대형포유동물의 종 보전을 위해서는, 면적이 큰 녹지공간이 작은 것보다 효과적이다.
② 여러 개의 녹지공간이 있을 경우, 원형으로 모여 있는 것보다 직선적으로 배열되는 것이 종의 재정착에 용이하다.
③ 서로 떨어진 녹지공간 사이에 종이 이동할 수 있는 통로를 만들 경우, 종의 이입 증가와 멸종의 방지에 도움을 줄 수 있다.
④ 인접한 녹지공간이 서로 가까울수록 종 보전에 효과가 있다.

정답 57. ① 58. ② 59. ③ 60. ① 61. ① 62. ②

해설 자연보호구 설계 방법
- 면적 : 큰 것 > 작은 것
- 수 : 큰 면적 하나 > 작은 면적 여러 개
- 배열 : 원형(등거리)배열 > 직선배열
- 형태 : 둥근형 > 긴 형
- 가장자리 : 굴곡이 있는 형 > 굴곡이 없는 형

(>표시된 곳이 다양한 생물종이 서식한다.)

63. 식재 설계의 물리적 요소인 질감에 관한 설명이 틀린 것은?

① 거친 텍스처에서 부드러운 텍스처로 점진적인 사용은 흥미로운 식재구성을 할 수 있다.
② 가장자리에 결각이 많은 수종은 그렇지 않는 것보다 거친 질감을 나타낸다.
③ 식재를 보는 사람의 눈은 거친 곳에서 가장 고운 곳으로 이동되도록 해야 한다.
④ 중간지점이나 모퉁이는 제일 부드러운 질감을 갖는 수목을 배치한다.

해설 가장자리에 결각이 많은 수종은 그렇지 않은 수종은 고운 질감을 나타낸다.

64. 다음 특징에 해당되는 수종은?

- 꽃은 5~6월에 백색 계열로 개화한다.
- 생울타리용으로 이용하기 적합하다.
- 열매가 불처럼 붉고, 가지에 가시모양의 단지가 있음

① 녹나무(Cinnamomum camphora)
② 피라칸다(Pyracantha angustifolia)
③ 층층나무(Cornus controversa)
④ 단풍나무(Acer Palmatum)

해설
- 녹나무 : 상록활엽교목, 5월에 개화하며 백색 꽃이지만 황색이 된다. 10월에 열매가 익고 둥글며, 지름 8mm이고 자주빛이 도는 흑색이다.
- 층층나무 : 낙엽활엽교목, 5월에 백색으로 개화, 열매는 핵과로 둥글며 지름은 6~7mm 정도로 9월경에 홍색 또는 흑색이 된다.
- 단풍나무 : 낙엽활엽교목, 꽃은 4~5월에 개화하며 꽃 색은 암홍색이고 열매는 시과로 털이 없고 예각 또는 둔각으로 벌어지며 10월경에 성숙한다.

65. 하천의 공간별 녹화에 관한 설명과 식재하기에 적합한 수종의 연결이 옳지 않은 것은?

① 하천 저수부는 평상시에는 유수의 영향을 받지 않는 고수부와 저수로 사이의 하안 평탄지: 물억새, 꽃창포
② 하천 둔치는 홍수 시 침수되는 공간이므로 토양유실을 방지하는 식물의 식재가 좋음: 갯버들, 찔레꽃
③ 제방 사면부는 홍수 시 물의 흐름을 방해하지 않는 범위 내에서 수목 식재가 가능: 조팝나무, 싸리류
④ 하안부는 물과 직접적으로 맞닿는 부분으로 유속에 영향을 받음: 갈대, 달뿌리풀

해설 저수부는 정수식물지역으로 갈대, 부들, 줄 등 침수에 강하고, 일반적으로 수질정화기능이 있는 식물종이 많이 생육하고 있고, 수중부는 수생식물지역으로 침수식물, 부유식물, 부엽생물종이 생육하고 있다.

66. 실내조경은 실외조경에 비해 많은 제약을 받는데, 다음 중 실내식물의 환경조건의 설명으로 가장 거리가 먼 것은?

① 광선은 제일 중요한 환경요인으로 광도, 광질, 광선의 공급시간 등에 대하여 검토해야 한다.
② 온도는 식물의 생리적 과정에 작용하는데 아열대 원산 식물의 생육최적온도는 20℃ ~ 25℃이다.
③ 물의 공급량은 빛의 공급량과 직접적인 관계가 있는데, 큰 식물에는 자체 급수용기를 사용한다.
④ 식물에 있어서 최적습도는 70~90%이며, 상대습도 30%이상이면 대부분의 식물은 적응할 수 있다.

해설 바르게 고치면
물의 공급량은 빛의 공급량과 직접적인 관계가 있는데, 큰 식물에는 water loops system을 사용한다.

정답 63. ② 64. ② 65. ① 66. ③

67. 다음 설명은 식재설계의 미적 요소 중 어느 것에 해당되는가?

> 연속되거나 형태를 이룬 식물재료들 가운데 일어나는 시각적 분기점으로 질감, 색채, 높이 등을 통하여 그 효과를 높일 수 있다.

① 통일　② 강조
③ 스케일　④ 균형

해설 ·통일성: 동질성을 창출하기 위한 여러 부분들의 조화있는 조합
·스케일: 대상물의 절대적 크기 또는 상대적 크기를 가리키는 척도로 절대적인 스케일은 건물이나 길이 또는 신체의 치수 등과 같이 설계될 표준과 관련할 대상물의 크기를 말한다.
·균형: 균형 대칭균형과 비대칭 균형으로 구분되며, 형태와 색책, 질감에서 균형을 창출할 수 있다.

68. 효과적인 교통통제를 위해 위요 공간의 경우 수목의 어떤 특징을 중요시해야 하는가?

① 폭　② 높이
③ 색채　④ 질감

해설 위요 공간을 조성하기 위해서는 수평적 공간에 수직적요소로 둘러싸는 공간을 조성해야 하므로 수고를 높은 수종을 적용한다.

69. 나자식물과 피자식물의 특징 설명으로 옳지 않은 것은?

① 나자식물은 단일수정을 한다.
② 은행나무는 나자식물에 속한다.
③ 종자가 자방 속에 감추어져 있는 식물을 피자식물이라 한다.
④ 초본류는 나자와 피자식물 모두에 들어있다.

해설 나자식물과 피자식물은 목본에만 해당된다.

70. [보기]는 고속도로식재의 기능과 종류를 연결한 것이다. (　)에 적합한 용어는?

> [보기]
> (　)기능 – 차폐식재, 수경식재, 조화식재

① 휴식　② 사고방지
③ 경관　④ 주행

해설 ·휴식기능 : 녹음식재, 지피식재
·사고방지기능 : 차광식재, 명암순응식재, 진입방지식재, 완충식재
·경관기능 : 차폐식재, 수경식재, 조화식재
·주행기능 : 시선유도식재, 지표식재

71. 다음 설명에 적합한 수종은?

> 열매는 핵과로 둥글고 지름은 5~8mm로 붉은색이며, 10월에 성숙하는데 겨울 동안에 매달려 있다.

① 먼나무(Ilex rotunda)
② 머루(Vitis coignetiae)
③ 멀구슬나무(Melia azedarach)
④ 병아리꽃나무(Rhodotypos scandens)

해설 ·머루나무 : 열매는 장과로 송이를 이루며, 크기는 8mm정도로 9월경에 흑색으로 성숙한다.
·멀구슬나무 : 열매는 핵과로 난상 원형이며, 지름은 약 1.5mm로서 9월경에 황색으로 익는다. 열매는 잘 떨어지지 않아 다음해에 봄까지도 붙었는 경우가 많으며, 구충제로 사용된다.
·병아리꽃나무 : 열매는 견과로, 타원형이고, 길이 8mm로서, 검은색으로 4개씩 달리며, 9월에 성숙한다.

정답 67. ② 68. ② 69. ④ 70. ③ 71. ①

72. 생태 천이의 설명으로 옳은 것은?

① 천이의 순서는 나지 → 1년생초본 → 다년생초본 → 양수관목 → 음수교목 → 양수교목 순이다.
② 시간의 경과에 따른 군집변화 과정으로서 군집발전의 규칙적인 과정을 나타낸다.
③ 천이의 과정을 주도하는 것은 인간이다.
④ 천이는 반드시 1000년 이내에 이루어진다.

해설 천이
- 일정한 땅에 있어서의 식물군집의 시간적 변화 과정
- 과정 : 나지 → 1년생 초본 → 다년생초본 → 관목림 → 양수교목 → (양수 · 음수혼합림) → 음수교목(극상)

73. 다음 중 상록활엽수에 해당되는 식물은?

① 화살나무(Euonymus alatus)
② 회목나무(Euonymus pauciflorus)
③ 사철나무(Euonymus japonicus)
④ 참빗살나무(Euonymus hamiltonianus)

해설
- 화살나무: 노박덩굴과 낙엽활엽관목
- 회목나무: 노박덩굴과 낙엽활엽관목
- 사철나무: 노박덩굴과 상록활엽관목
- 참빗살나무: 노박덩굴과 낙엽활엽소교목

74. 보리수나무(Elaeagnus umbellata)에 대한 설명으로 잘못된 것은?

① 키가 작은 상록활엽수이다.
② 붉은 열매는 식용이 가능하다.
③ 온대 중부 이남의 산지에서 자생한다.
④ 꽃은 5~6월에 피며, 백색에서 연황색으로 변한다.

해설 보리수나무: 보리수나무과 낙엽활엽관목

75. 주요 잔디 초지류의 회복력이 가장 강한 것은?

① Timothy
② Tall fescue
③ Perennial ryegrass
④ Bermudagrass

해설 버뮤다그래스
자생력이 매우 강해 답압에 대한 회복력이 강하고 내한성, 내음성이 약하다.

76. 수목의 색채와 관련된 특징이 틀린 것은?

① 열매가 가을에 붉은색 계열: 마가목
② 단풍이 홍색(紅色) 계열: 때죽나무
③ 꽃이 황색 계열: 매자나무
④ 수피가 회색 계열: 서어나무

해설 때죽나무: 황색 단풍

77. 일반적인 구근화훼류의 분류는 춘식과 추식으로 구분한다. 다음 중 춘식(봄 심기) 구근에 해당하지 않는 것은?

① 칸나 ② 달리아
③ 글라디올러스 ④ 구근 아이리스

해설 아이리스 – 추식(가을) 심기

78. 다음 중 개화 시기가 가장 빠른 수종은?

① 배롱나무(Lagerstroemia indica)
② 무궁화(Hibiscus syriacus)
③ 치자나무(Gardenia jasminoides)
④ 명자나무(Chaenomeles speciosa)

해설
- 배롱나무: 7~9월 원추화서로 개화
- 무궁화: 7~9월 개화
- 치자나무: 6~7월 개화
- 명자나무: 4월 개화

정답 72. ② 73. ③ 74. ① 75. ④ 76. ② 77. ④ 78. ④

79. 척박하고 건조한 토양에 잘 견디는 수종으로만 바르게 짝지어진 것은?

① 칠엽수, 일본목련, 단풍나무
② 자작나무, 물오리나무, 자귀나무
③ 느티나무, 이팝나무, 왕벚나무
④ 메타세쿼이아, 백합나무, 함박꽃나무

해설 콩과식물, 자작나무, 물오리나무, 보리수 나무 등은 건조하고 척박한 토양에 잘 견디는 수종이다.

80. 다음 형태 특징 중 수형이 다른 것은?

① Larix kaempferi
② Celtis sinensis
③ Picea abies
④ Taxodium distichum

해설 ① 일본잎갈나무 – 원추형
② 팽나무 – 평정형
③ 독일가문비 – 원추형
④ 낙우송 – 원추형

■■■ 조경시공구조학

81. 표준품셈에서 수량에 대한 환산의 설명이 틀린 것은?

① 절토량은 자연상태의 설계도의 양으로 한다.
② 수량의 단위 및 소수위는 표준 품셈의 단위 표준에 의한다.
③ 구적기로 면적을 구할 때는 2회 측정하여 평균값으로 한다.
④ 수량의 계산은 지정 소수위 이하 1위까지 구하고 끝수는 4사5입한다.

해설 구적기로 면적을 구할 때는 3회 측정하여 평균값으로 한다.

82. 슬럼프 시험에 대한 설명으로 틀린 것은?

① 슬럼프 콘의 높이는 25cm이다.
② 슬럼프 콘의 지름은 윗쪽이 10cm, 아래쪽이 20cm이다.
③ 시공연도(workability)의 좋고 나쁨을 판단하기 위한 실험이다.
④ 슬럼프 콘 높이에서 무너져 내린 높이까지의 거리를 cm로 표시한다.

해설 슬럼프 콘의 높이는 30cm이다.

83. 그림과 같은 수준측량에서 B점의 표고는? (단, $H_A = 50.0$m)

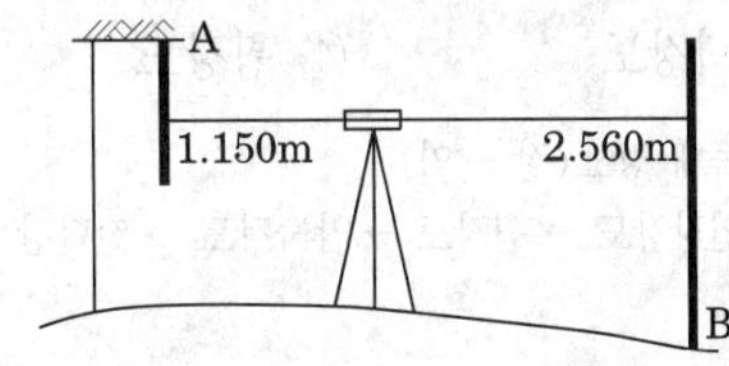

① 42.490m ② 46.290m
③ 48.590m ④ 51.410m

해설 A점을 기준으로 할 때 B점의 높이

$H_B = H_A + H_1(\text{후시}) - H_2(\text{전시})$

$= 50 + (-1.150) - (2.560) = 46.290\text{m}$

84. 지형도 등고선의 종류와 간격의 설명이 옳은 것은?

① 지형도가 1 : 5000일 때 계곡선은 25m이다.
② 지형도의 표시의 기본이 되는 선이 계곡선이다.
③ 간곡선의 평면간격이 클 때 주곡선의 1/2 간격으로 주곡선을 넣는다.
④ 간곡선은 주곡선의 간격이 클 때 실선으로 나타낸다.

해설 ② 지형도의 표시의 기본이 되는 선이 주곡선이다.
③ 간곡선의 평면간격이 클 때 주곡선의 1/2간격으로 조곡선을 넣는다.
④ 간곡선은 주곡선의 간격이 클 때 가는 파선으로 나타낸다

정답 79. ② 80. ② 81. ③ 82. ① 83. ② 84. ①

85. 표면유입시간 계산도표를 이용하여 우수의 유입시간을 계산하고자 한다. 다음 중 계산 시 고려요소로 가장 거리가 먼 것은?

① 토성 ② 경사도
③ 최대흐름거리 ④ 지표면 토지이용

해설 우수 유입시간 계산시 고려요소
경사, 유속, 최대흐름거리, 표면상태, 토지이용

86. 목재를 구조재료로 쓸 경우 다른 재료(강철 등의 재료)보다 가장 떨어지는 강도는?(단, 가력 방향은 섬유에 평행하다.)

① 인장강도 ② 압축강도
③ 전단강도 ④ 휨강도

해설 목재 강도(강 → 약)
인장강도 → 휨강도 → 압축강도 → 전단강도

87. 조경공사를 위한 수량산출시 주요자재(시멘트, 철근 등)를 관급으로 하지 않아도 좋은 경우에 해당되지 않는 것은?

① 공사현장의 사정으로 인하여 관급함이 국가에 불리할 때
② 관급할 자재가 품귀현상으로 조달이 매우 어려울 때
③ 조달청이 사실상 관급할 수 없거나 적기 공급이 어려울 때
④ 소량이거나 긴급사업 등으로 행정에 소요되는 시간과 경비가 과도하게 요구될 때

해설 관급으로 하지 않아도 좋은 경우
- 공사현장의 사정으로 인해 관급으로 함이 국가에 불리할 때
- 조달청이 사실상 관급할 수 없거나 적기 공급이 어려울 때
- 공사 규모가 작거나 긴급사업 등으로 행정에 소요되는 시간과 경비가 과도하게 요구될 때

88. 덤프트럭의 기계경비 산정에 있어 1회 사이클 시간(Cm)에 포함되지 않는 것은?

① 적재시간 ② 왕복시간
③ 정비시간 ④ 적하시간

해설 덤프트럭의 1회 사이클시간(Cm)의 포함시간
적재시간, 왕복운반시간, 적하시간, 대기시간, 적재함 덮개 설치 및 해체시간

89. 다음 그림과 같이 하중점 C점에 P의 하중으로 외력이 작용하였을 때 휨 모멘트의 최대값은 얼마인가?

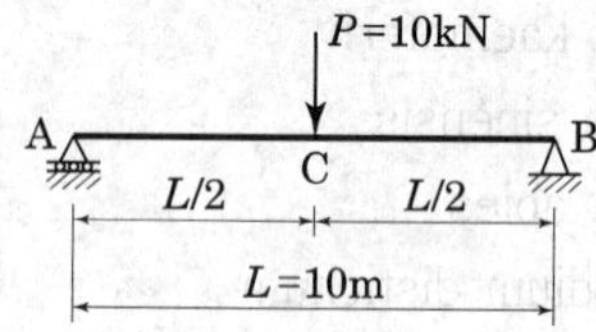

① 100kNm ② 75kNm
③ 50kNm ④ 25kNm

해설 단순보에서 집중하중 P가 작용할 때 최대 휨모멘트
$M_{max} = \frac{PL}{4}$ 이므로 $M_{max} = \frac{10 \times 10}{4} = 25\text{kNm}$

90. 옹벽의 안정에 관한 사항 중 적합하지 않은 것은?

① 옹벽자체 단면의 안정은 허용응력에 관계한다.
② 옹벽의 미끄러짐(滑動)은 토압과 허용지내력에 관련이 깊다.
③ 옹벽의 전도(顚倒)에서 저항모멘트가 회전모멘트보다 커야만 옹벽이 안전하다.
④ 옹벽의 침하(沈下)는 외력의 합력에 의하여 기초지반에 생기는 최대압축응력이 지반의 지지력보다 작으면 기초지반은 안정하다.

해설 바르게 고치면
옹벽 미끄러짐은 옹벽이 토압에 밀리는 활동과 관련이 깊다.

정답 85. ① 86. ③ 87. ② 88. ③ 89. ④ 90. ②

91. 석축 옹벽시공에 대한 설명이 틀린 것은?

① 찰쌓기는 메쌓기보다 비탈면에서 용수가 심하고 뒷면토압이 적을 때 설치한다.
② 신축줄눈은 찰쌓기의 높이가 변하는 곳이나 곡선부의 시점과 종점에 설치한다.
③ 찰쌓기의 1일 쌓기 높이는 1.2m를 표준으로 하며, 이어쌓기 부분은 계단형으로 마감한다.
④ 호박돌쌓기는 줄쌓기를 원칙으로 하고 튀어나오거나 들어가지 않도록 면을 맞추고 양옆의 돌과도 이가 맞도록 하여야 한다.

해설 바르게 고치면
메쌓기는 찰쌓기보다 비탈면에서 용수가 심하고 뒷면토압이 적을 때 설치한다.

92. 굳지 않은 콘크리트의 성질로서 주로 물의 양이 많고 적음에 따른 반죽의 되고 진 정도를 나타내는 용어는?

① 컨시스턴시(Consistency)
② 펌퍼빌리티(Pumpability)
③ 피니셔빌리티(Finishability)
④ 플라스티시티(Plasticity)

해설 · 펌퍼빌리티 : 콘크리트 펌프에 의해 콘크리트를 압송할 때의 운반성을 일컫는다.
· 피니셔빌리티 : 굵은 골재의 최대치수, 잔골재율, 잔골재의 입도, 반죽질기 등에 따라 마무리하는 난이의 정도, 워커빌리티와 반드시 일치하지는 않는다.
· 플라스티시티 : 거푸집에 쉽게 다져 넣을 수 있고 거푸집을 제거하면 천천히 형상이 변하기는 하지만 허물어지거나 재료가 분리하는 일이 없는 굳지 않는 콘크리트의 성질

93. 지상고도 3000m의 비행기 위에서 초점거리 15cm인 촬영기로 촬영한 수직 공중사진에서 50m의 교량의 크기는?

① 2.0mm ② 2.5mm
③ 3.0mm ④ 3.5mm

해설 $M = \frac{1}{m} = \frac{\ell}{L} = \frac{f}{H}$
(m: 축척의 분모수, L: 지상거리, ℓ : 화면거리, f: 초점거리, H: 촬영고도)
$\frac{0.15}{3,000} = \frac{1}{20,000}$ 에서 50m÷20,000＝0.0025m
→ 2.5mm

94. 살수관개(撒水灌漑)를 설계할 때 살수기의 균등계수는 어느 정도가 효과적인가?

① 60~65%
② 75~85%
③ 85~95%
④ 95% 이상

해설 살수 균등계수는 80~95%가 효과적이다.

95. 인공지반의 식재 시 사용되는 토양의 보수성, 투수성 및 통기성을 향상시키기 위한 인공적인 다공질 경량토에 해당되지 않는 것은?

① 표토(topsoil)
② 피트모스(peat moss)
③ 펄라이트(perlite)
④ 버미큘라이트(vermiculite)

해설 인공지반 식재에 사용되는 다공질 경량토
버미큘라이트, 펄라이트, 화산모래, 화산자갈, 피트모스

정답 91. ① 92. ① 93. ② 94. ③ 95. ①

96. 재료의 역학적(力學的) 성질에 대한 설명 중 응력(應力, Stress)에 관한 정의는?

① 구조물에 작용하는 외력(外力)
② 외력에 대하여 견디는 성질
③ 구조물에 작용하는 외력에 대응하려는 내력(內力)의 크기
④ 구조물에 하중이 작용할 때 저항하는 재료의 능력

해설 · 구조물에 작용하는 외력(外力): 하중
· 외력에 대하여 견디는 성질: 강도
· 구조물에 하중이 작용할 때 저항하는 재료의 능력: 반력

97. 콘크리트 타설 후의 재료 분리현상에 대한 설명이 틀린 것은?

① AE제를 사용하면 억제할 수 있다.
② 단위수량이 너무 많은 경우 발생한다.
③ 물시멘트비를 크게 하면 억제할 수 있다.
④ 굵은 골재의 최대치수가 지나치게 클 경우 발생한다.

해설 콘크리트 재료 분리현상
단위수량이 많거나 물시멘트비가 크면 슬럼프값이 커져 재료가 분리되기 쉽다.

98. 배수(排水)의 지선망계통(枝線網系統)을 효율적으로 결정하는 방법이 틀린 것은?

① 우회곡절(迂廻曲折)을 피한다.
② 배수상의 분수령을 중요시 한다.
③ 경사가 급한 고개에는 구배가 급한 대관거를 매설하지 않는다.
④ 교통이 빈번한 가로나 지하 매설물이 많은 가로에는 대관거(大管渠)를 매설한다.

해설 배수 지선을 결정하는 방침
· 배수상의 분수령을 중시
· 우회곡절(迂廻曲折)을 피할 것
· 교통이 빈번한 가로나 지하매설물이 많은 가로에는 대관거 매설을 피할 것
· 폭원이 넓은 가로에는 소관거를 2조로 시설하고 그 양측에 설치할 것
· 급한 고개에는 구배가 급한 대관거를 매설하지 말 것

99. 어떤 부지 내 잔디지역의 면적 0.23ha(유출계수 0.25), 아스팔트포장 지역의 면적 0.15ha(유출계수 0.9)이며, 강우강도는 20mm/hr일 때 합리식을 이용한 총 우수유출량(m^3/sec)은?

① 0.0032 ② 0.0075
③ 0.0107 ④ 0.017

해설 $Q=\frac{1}{360}\times C\times I\times A$

① 잔디지역: $Q=\frac{1}{360}\times 0.25\times 20\times 0.23$
$= 0.0031944..$

② 아스팔트포장지역:
$Q=\frac{1}{360}\times 0.9\times 20\times 0.15=0.0075$

③ ①+②=0.0106944..→0.0107m^3 /sec

100. 트래버스 측량 중 정확도가 가장 높으나 조정이 복잡하고 시간과 비용이 많이 요구되는 삼각망은?

① 개방형 삼각망
② 단열 삼각망
③ 유심 삼각망
④ 사변형 삼각망

해설 삼각망의 종류
· 단열삼각망 : 폭이 좁고 길이가 긴 지역, 노선·하천·터널 측량에 이용, 거리에 비해 관측수가 적음, 측량이 신속하고 경비가 적음
· 유심삼각망 : 넓은 지역에 적합, 농지측량 평탄한 지역에 사용
· 사변형삼각망 : 조정이 복잡하고 시간과 비용이 많이 든다. 조건식의 수가 많아 정밀도가 높음

정답 96. ③ 97. ③ 98. ④ 99. ③ 100. ④

■■■ 조경관리론

101. 공사원가 구성항목에 포함되는 일반관리비의 계상 설명으로 맞는 것은?

① 순공사비 합계액의 6%를 초과하여 계상할 수 없다.
② 현장사무소의 유지관리를 위하여 사용되는 비용이다.
③ 관급자재에 대한 관리비 계상은 일반관리비 요율에 준하여 계상한다.
④ 가설사무소, 창고, 숙소, 화장실 설치비용을 포함해서 계상한다.

해설 일반관리비
- 기업의 유지관리를 위하여 발생하는 비용으로 순공사비의 6%를 초과하여 계상할 수 없다.
- 일반관리비=순공사비×일반관리비 비율(5~6%)

102. 굵은 골재 가운데 질석을 800~1000℃의 고온에서 튀긴 것으로 일반적으로 비료 성분을 가지고 있지 않으며, 경량으로 흡수율이 높아 파종이나 삽목용 토양으로 사용되는 것은?

① 소성점토
② 피트모스(peat moss)
③ 펄라이트(perlite)
④ 버미큘라이트(vermiculite)

해설 경량토의 종류와 특성
- 피트모스: 한랭한 습지의 갈대나 이끼가 흙 속에서 탄소화된 것, 보수성, 통기성, 투수성이 좋음, 염기성 치환용량이 커서 보비성이 크다. 산도가 높다.
- 펄라이트: 진주암을 고온으로 소성, 다공질로 보수성, 통기성, 투수성이 좋음, 염기성 치환용량이 작아 보비성이 없음
- 버미큘라이트: 흑운모, 변성암을 고온으로 소성, 다공질로 보수성, 통기성, 투수성이 좋음, 염기성 치환용량이 커서 보비력이 크다.

103. 안전대책 중 사고처리의 일반적인 순서로서 옳은 것은?

① 사고자의 구호 → 관계자에게 통보 → 사고 상황의 기록 → 사고 책임의 명확화
② 관계자에게 통보 → 사고자의 구호 → 사고 책임의 명확화 → 사고 상황의 기록
③ 사고자의 구호 → 사고 상황의 기록 → 사고 책임의 명확화 → 관계자에게 통보
④ 사고자의 구호 → 사고책임의 명확화 → 사고 상황의 기록 → 관계자에게 통보

해설 안전사고의 사고처리 순서
사고처리 : 사고자 구호 → 사고내용을 관계자에 통보 → 사고상황의 파악 및 기록 → 사고책임의 명확화

104. 일반적인 조건하에서 조경 시설물(철제 그네)의 도장, 도색은 몇 년 주기로 보수하는가?

① 1년
② 3년
③ 5년
④ 10년

해설 철제 그네
내용연수 15년, 도장·도색 주기 2~3년

105. 60kg 잔디 종자에 살충제 이피엔 50% 유제를 8ppm이 되도록 처리하려고 할 때의 소요 약량(mL)은 약 얼마인가? (단, 약제의 비중 : 1.07)

① 0.5
② 0.7
③ 0.9
④ 1.2

해설 소요약량 살포

$$= \frac{\text{사용할농도(ppm)} \times \text{피처리물(kg)} \times 100}{1{,}000{,}000 \times \text{비중} \times \text{원액농도}}$$

$$= \frac{8 \times 60 \times 100}{1{,}000{,}000 \times 1.07 \times 50}$$

$$= 0.000897\text{mg} \rightarrow 0.9\text{mL}$$

정답 101. ① 102. ④ 103. ① 104. ② 105. ③

106. 제초제의 선택성에 관여하는 생물적 요인이 아닌 것은?

① 잎의 각도 ② 제초제 처리량
③ 잎의 표면조직 ④ 생장점의 위치

해설 제초제 선택성에 관여하는 생물적 요인
식물의 형태적·생리적 요인 및 대사 차이에 따라 제초제의 흡수 정도가 다르다.

107. 사다리 이용과 관련한 안전 조치로 적절한 것은?

① 사다리의 상부 3개 발판 이상에서 작업한다.
② 사다리를 기대 세울 때는 가능한 한 나무나 전주 등에 세워 작업한다.
③ 사다리에서 작업할 때 신체의 일부를 사용하여 3점을 사다리에 접촉·유지한다.
④ 기대는 사다리의 설치각도는 수평면에 대하여 80도 이상을 유지하여 넘어짐을 예방한다.

해설 사다리 안전조치
- 사다리에서 이동하거나 작업할 경우에는 3점 접촉(두 다리와 한 손 또는 두 손과 한 다리 등)상태를 유지하여야 한다.
- 계단식 사다리의 상부 3개 발판 이하에서 작업한다.
- 기대는 사다리 하부에 설치하는 수평조절장치는 작업 중 상부의 하중을 충분히 지지할 수 있도록 철재, 목재 등으로 견고하게 설치하여야 한다.
- 기대는 사다리의 설치각도는 와 같이 수평면에 대하여 75 도 이하를 유지하고, 사다리 높이의 1/4 길이의 수평거리를 유지하도록 설치하여야 한다.

108. 병든 식물의 표면에 병원체의 영양기관이나 번식기관이 나타나 육안으로 식별되는 것을 가리키는 것은?

① 병징 ② 병반
③ 표징 ④ 병폐

해설 표징(sign)
- 병원체가 병든 식물체상의 환부에 나타나 병의 발생을 알림.
- 진균일 때 발생
- 영양기관에 의한 것 번식기관에 의한 것이 있음

109. 다음 중 전염성병으로 분류되지 않는 것은?

① 진균에 의한 병
② 바이러스에 의한 병
③ 종자식물에 의한 병
④ 토양 중의 유독물질에 의한 병

해설 전염성병과 비전염성병
- 전염성병: 바이러스, 파이토플라즈마, 세균, 진균, 선충 등에 의한 병
- 비전염성병: 부적당한 토양조건, 부적당한 기상조건, 유해물질에 의한 병, 농기구 등에 의한 기계적 상해, 토양 중의 유독물질에 의한 병

110. 수목의 아황산가스 피해에 대한 설명 중 잘못된 것은?

① 공중습도가 높고, 토양수분이 많을 때에 피해가 줄어든다.
② 기온이 낮은 봄철보다 여름철에 더욱 큰 피해를 입는다.
③ 아황산가스는 석탄이나 중유 또는 광석 속의 유황이 연소하는 과정에서 발생한다.
④ 토양 속으로도 흡수되어 토양의 산성을 높임으로써 뿌리에 피해를 주고 지력을 감퇴시키기도 한다.

해설 대기오염 피해발생에 미치는 요인
- 수목에 질소를 과다 사용하면 대기오염에 약하게 되고, 규산·칼륨·칼슘 등을 많이 시용할 경우 각종 오염물질의 피해가 경감된다.
- 토양수분이 많을수록 기공이 크게 열리므로 피해가 크게 나타난다.
- 대기오염의 피해는 기후가 온난하여 식물의 조직, 세포가 연약한 봄과 여름에 많이 발생하고 생육이 떨어지는 가을과 겨울에는 피해가 작다.

정답 106. ② 107. ③ 108. ③ 109. ④ 110. ①

111. 산성에 대한 저항력이 강하여 산성토양에서도 활동이 강한 미생물은?

① 세균 ② 조류
③ 방선균 ④ 사상균

해설 균류의 생육 pH
- 사상균(fungi): pH 5.0~6.0(실모양의 균사, 포자)
- 근립균(뿌리혹박테리아): pH6.0~7.5
- 세균: pH 6.5~7.5

112. 탄소와 화합한 질소화합물로서 물에 녹아 비교적 빨리 비효를 나타내지만 그 자체로는 유해하며 함유하는 비료로는 석회질소가 대표적인 질소 형태는?

① 요소태 질소
② 질산태 질소
③ 암모니아태 질소
④ 시안아미드태 질소

해설 시안아미드태 질소
- 토양 중에서 변화: 시안아마드태 → 요소태 → 탄산암모늄 → 질산암모늄
- 제초 · 살균 · 살충 · 토양개량 효과
- 해당비료: 석회질소

113. 식물 방제용 농약의 보관방법으로 틀린 것은?

① 농약은 직사광선을 피하고 통풍이 잘 되는 곳에 보관한다.
② 농약은 잠금장치가 있는 전용 보관함에 보관한다.
③ 사용하고 남은 농약은 다른용기에 담아 보관한다.
④ 농약 빈병과 농약 폐기물은 분리해서 처리한다.

해설 사용하고 남은 농약은 약제포장지 그대로 밀봉한 후 바람이 통하는 서늘한 곳에 보관한다. 남은 제초제를 다른 용기에 옮겨 보관하면 제초제 성분이 변할 수 있고, 나중에 무슨 약제인지 몰라 오용 또는 남용할 가능성 있다.

114. 공원 관리업무 수행 시 도급방식 관리에 대한 설명 중 틀린 것은?

① 관리비가 싸다.
② 임기응변적 조처가 가능하다.
③ 관리주체가 보유한 설비로는 불가능한 업무에 적합하다.
④ 전문적 지식, 기능을 가진 전문가를 통한 양질의 서비스를 기할 수 있다.

해설 임기응변적 조처가 가능하다→직영방식의 장점

115. 낙엽수는 낙엽 후부터 다음해 새로운 눈이 싹트기 전, 상록수는 싹트기 시작하는 전후의 시기에 실시하는 전정은?

① 동기전정 ② 기본전정
③ 솎음전정 ④ 하기전정

해설 동기전정
수목이 완전히 휴면하는 동안 실시하는 정정으로 굵은 가지 솎아내기나 베어내기와 같은 수형다듬기를 위한 강전정을 실해도 손상이 적은 시기이다.

116. 참나무류에 발생하는 참나무시들음병의 병균을 매개하는 곤충은?

① 참나무방패벌레 ② 참나무하늘소
③ 광릉긴나무좀 ④ 갈참나무비단벌레

해설 참나무시들음병
- 병원균: Raffaelea quercus-mongolicae(라펠리아 속의 신종 곰팡이)
- 매개충: 광릉긴나무좀(Platypus koryoensis)

정답 111. ④ 112. ④ 113. ③ 114. ② 115. ① 116. ③

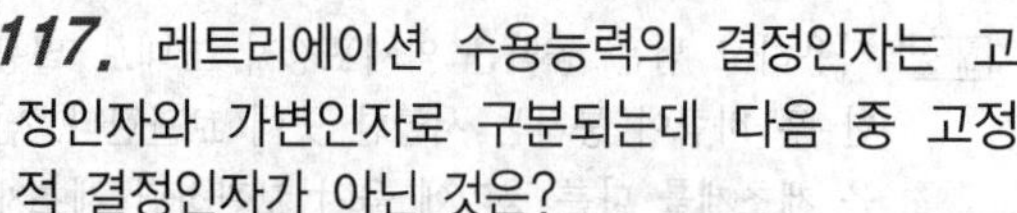

117. 레트리에이션 수용능력의 결정인자는 고정인자와 가변인자로 구분되는데 다음 중 고정적 결정인자가 아닌 것은?

① 특정 활동에 필요한 사람의 수
② 특정 활동에 대한 참여자의 반응정도
③ 특정 활동에 필요한 공간의 최소면적
④ 특정 활동에 의한 이용의 영향에 대한 회복능력

해설

고정적인자	특정활동에 필요한 참여자 반응(활동특성), 사람수, 공간의 최소면적
가변적인자	대상지성격, 크기와 형태, 영향에 대한 회복능력, 기술과 시설의 도입으로 인한 수용능력 자체의 확장 가능성

118. 조경시설물 보관 창고에 전기화재가 발생하였을 때, 사용하는 소화기로 가장 적합한 것은?

① A급 소화기
② B급 소화기
③ C급 소화기
④ D급 소화기

해설 화재의 종류와 소화기
- A급 화재: 일반화재(목재, 종이 섬유 등) → A급 소화기
- B급 화재: 유류·가스화재 등에서 발생하는 화재 → B급 소화기
- C급 화재: 전기기계기구 등 전기화재 → C급 소화기
- D급 화재: 금속화재(Mg 분말, Al 분말 등) → 별도의 소화약제 사용

119. 다음 토양 중 침식(erosion)을 받을 소지가 가장 작은 것은?

① 투수력이 큰 토양
② 팽창성이 큰 토양
③ 가소성이 큰 토양
④ Na-교질이 많은 토양

해설 토양의 침식을 덜 받기 위한 조건
- 토양침투율이 높아야 함
- 입단이나 토괴 등이 강우나 유거의 분산작용에 견디는 능력이 커야 함
- 팽창성 점토광물이 적을수록 좋음
- 토양입자가 크고, 토심이 깊고, 유기물 함량이 많아야 함
- Na-교질이 적은 토양은 토양의 분산이 적고 배수가 용이함

120. 소나무 혹병의 중간 기주에 해당되는 것은?

① 송이풀 ② 졸참나무
③ 까치밥나무 ④ 향나무

해설 소나무 혹병 중간 기주
졸참나무, 신갈나무

정답 117. ④ 118. ③ 119. ① 120. ②

■■■ 조경사

1. 미국 도시계획사에서 격자형 가로망을 벗어나서 자연스러운 가로 계획으로 시카고에 리버사이드 주택단지를 최초로 시도한 사람은?

① 찰스 엘리어트(Charles Eliot)
② 앤드류 다우닝(Andrew J. Downing)
③ 캘버트 보(Calvert Vaux)
④ 프레드릭 로 옴스테드(Frederick L. Olmsted)

해설 옴스테드의 리버사이드단지(River side estate) 계획
- 1869년 시카고 근교에 통근자를 위한 최고 생활조건을 갖춘 단지 계획
- 전원생활과 도시문화를 결합하려는 낭만적 이상주의의 절정

2. 고대 로마 소 플리니의 별장정원으로 전망이 좋은 터에 다양한 종류의 과일나무와 여러 가지 모양으로 다듬어진 회양목 토피아리를 장식한 곳은?

① 아드리아나장(Villa Adriana)
② 라우렌틴장(Villa Laurentiana)
③ 디오메데장(Villa Diomede)
④ 토스카나장(Villa Toscana)

해설 토스카나장
- 고대 로마시대
- 소필리니 소유, 도시풍의 여름용 별장, 토피아리 등장

3. 이탈리아 바로크 양식의 대표적인 작품은?

① 에스테장(Villa d'Este)
② 랑테장(Villa Lante)
③ 이졸라벨라(Isola Bella)
④ 보볼리가든(Boboli garden)

해설 에스테장, 랑테장, 보볼리 가든: 이탈리아의 르네상스식 작품

4. 뉴욕 센트럴 파크의 설명으로 옳지 않은 것은?

① 옴스테드의 단독 설계안을 두어 보우(Vaux)가 시공하였다.
② 장방형의 공원부지 내 도로망은 대부분 자유 곡선에 의하여 처리되고 있다.
③ 4개의 횡단도로는 지하도(地下道)로서 소통하고 있다.
④ 현대 공원으로서의 기본적 요소를 갖춘 최초의 공원이다.

해설 바르게 고치면
옴스테드와 보우가 함께 central park 계획에 참여하였다.

5. 별장생활이 발달하게 됨에 따라 정원에 Topiary가 다양한 형태(글자, 인간이나 동물, 사냥이나 선대(船隊)의 항해 장면 등)로 등장하여 발달된 시기는?

① 고대 로마 ② 고대 그리스
③ 고대 이집트 ④ 고대 메소포타미아

해설 토피아리의 등장
고대 로마시대의 터스카나장에서 처음 등장하였다.

6. 17세기 프랑스의 르노트르 정원구성 특징으로 옳지 않은 것은?

① 비스타를 형성한다.
② 탑과 녹정을 배치한다.
③ 정원은 광대한 면적의 대지 구성요소의 하나로 보고 있다.
④ 대지의 기복에 조화시키되 축에 기초를 둔 2차원적 기하학을 구성한다.

정답 1. ④ 2. ④ 3. ③ 4. ① 5. ① 6. ②

해설 르노트르 정원구성의 특징

- 장엄한 스케일(Grand style) : 정원은 광대한 면적의 대지 구성요소의 하나로 인간의 위엄과 권위를 고양시킴
- 정원이 주가 됨
- 축에 기초를 둔 2차원적 기하학(평면 기하학식) 구성
- 산울타리로 총림과 기타 공간을 명확하게 구분

7. 신라 포석정은 곡수거를 만들어 곡수연을 하였다는데 이것은 중국 진시대의 누구의 영향인가?

① 주돈이의 애연설
② 왕희지의 난정고사
③ 도연명의 귀거래사
④ 중장통의 락지론

해설 왕희지의 난정기(蘭亭)

난정에서 벗을 모아 연석을 베풀은 광경을 문장으로 지었으며, 원정에 곡수수법을 사용하였다는 기록이 남아있다.

8. 다음 중 창덕궁 후원의 기능에 부합되지 않는 것은?

① 왕과 그의 가족을 위한 휴식의 공간이다.
② 학업을 수학(修學)하여 사물의 통찰력을 기른다.
③ 자연 속에 둘러싸여 현실의 속박에서 벗어나 안식을 얻는다.
④ 상징적 선산(仙山)을 조산(造山)하여 축경(縮景)적 조망(眺望)을 한다.

해설 창덕궁 후원의 기능

제왕이 수학·수신하고 소요하던 공간, 왕과 가족의 휴식공간, 사냥·무술 연마장소, 제단을 설치해 제사장 역할, 연회장소로 활용되었다.

9. 이탈리아의 노단식(露壇式) 정원과 프랑스의 평면기하학식 정원이 성립되는데 결정적 역할을 한 시대사조 및 배경은?

① 국민성의 차이
② 지형적 조건의 차이
③ 정원 소유주(所有主)의 권위 정도
④ 천재적(天才的)인 조경가의 역할 유무

해설 이탈리아의 노단식과 프랑스의 평면기하학식 정원

	이탈리아	프랑스
양식	노단건축식정원 (16C)	평면기하학식정원 (17C)
지형	구릉과 산악을 중심으로 정원발달	평탄한 저습지에 정원 발달

10. 하하(ha-ha wall) 수법이란?

① 담장을 관목류의 생울타리로 조성하여 자연과 조화되게 구성하는 수법
② 담장의 형태나 색채를 주변 자연과 조화되게끔 만드는 수법
③ 담장의 높이를 낮게 하여 외부경관을 차경(借景)으로 이용하는 수법
④ 담장 대신 정원 대지의 경계선에 도랑을 파서 외부로부터의 침입을 막도록 한 수법

해설 ha-ha기법

- 브릿지맨이 스토우원에 하하 기법(Ha-Ha) 최초로 도입
- 방법 :담을 설치할 때 능선에 위치함을 피하고 도랑이나 계곡 속에 설치하여 경관을 감상할 때 물리적 경계 없이 전원을 볼 수 있게 하였다.

정답 7. ② 8. ④ 9. ② 10. ④

11. 고려시대에 궁궐과 관가의 정원을 관장하던 관서명은?

① 다방(茶房) ② 상림원(上林園)
③ 장원서(掌苑署) ④ 내원서(內園署)

해설 내원서
고려시대 충렬왕 때 궁궐정원을 맡아보던 관청

12. 백제시대 방장선산(方丈仙山)을 상징하여 꾸며놓은 신선 정원은?

① 임류각(臨流閣)
② 월지(月地)
③ 궁남지(宮南池)
④ 임해전지(臨海殿址)

해설 백제시대 궁남지
궁 남쪽에 못을 파고, 20여리 밖에서 물을 끌어 들였으며, 못 가운데 방장선산(方丈仙山)을 상징하는 섬을 조성하였다.

13. 일본의 비조(아스카, AD 503~709)시대에 백제 사람 노자공이 이룩한 조경에 관한 설명으로 틀린 것은?

① 일본서기의 추고 천왕 20년조의 기록에서 볼 수 있다.
② 남쪽 뜰에 봉래섬과 수루를 만들었다.
③ 수미산은 중국의 불교적 세계관을 배경으로 하고 있다.
④ 지기마려(芝耆磨呂)는 노자공의 다른 이름이다.

해설 바르게 고치면
궁의 남정에 수미산형과 오교를 만들었다고 일본서기에 기록되어 있다.

14. 백제 정림사지(址)에 관한 설명 중 가장 관계가 먼 것은?

① 1탑 1금당식
② 5층 석탑 배치
③ 원내 방지의 도입
④ 구릉지 남사면에 위치

해설 정림사지(定林寺址)
- 백제시대 사찰, 부여위치
- 중문-탑-금당-강당을 남북일직선 축선상에 배치(평지), 1탑(5층석탑) 1금당 형식의 사찰, 남문지 전면에 두 개의 방지(方池)가 위치함

15. 중국 조경사에 있어서 유럽식 정원이 축조되었던 곳은 어느 곳인가?

① 이화원 ② 사자림
③ 유원 ④ 원명원

해설 원명원
청조 때 원명원에 동양 최초 프랑스식 정원을 도입하였다.

16. 중국정원의 조형적 특성에 대한 설명으로 옳지 않은 것은?

① 주택 건물 사이에 중정을 조성했다.
② 사실주의에 의한 풍경식이 나타나고 있다.
③ 주거용으로 쓰이는 건물의 뒤나 좌우 공지에 축조했다.
④ 자연경관을 주 구성용으로 삼고 있기는 하나 경관의 조화보다는 대비에 중점을 두었다.

해설 바르게 고치면
사의주의에 의한 풍경식이 나타나고 있다.

정답 11. ④ 12. ③ 13. ② 14. ④ 15. ④ 16. ②

17. 이집트의 사상은 자연숭배사상과 내세관의 깊은 영향이 반영되어 건축물이 표출되었다. 선(善)의 혼(Ka)을 통해 태양신(Ra)에 접근하려는 기하학적 형태로 인간의 동경과 열망을 대지에 세운 거대한 상징물은?

① 마스터바(mastaba)
② 피라미드(pyramid)
③ 스핑크스(sphinx)
④ 오벨리스크(obelisk)

해설 피라미드
- 자연숭배사상과 내세관의 깊은 영향이 반영됨
- 선(善)의 혼(Ka)을 통해 태양신(Ra)에 접근하려는 탑
- 가장 단순하고 추상적이며 기하학적 형태로 인간의 동경과 희망을 대지에 세운 가장 거대한 상징물

18. 다음의 주택정원 중 정원 내 연못 수(水)경관이 없는 곳은?

① 구례 운조루 ② 괴산 김기응 가옥
③ 강릉 선교장 ④ 달성 박황 가옥

해설
- 구례 운조루: 장방형으로 바깥마당에 위치하며 원형의 중도에는 소나무를 식재
- 강릉 선교장: 남향 주택과 동남쪽으로 활래정(외별당)과 방지방도 자리함
- 달성 박황가옥: 하엽정(별당)앞 방지원도 섬에는 배롱나무가 식재

19. 데르 엘 바하리(Deir-el Bahari)의 신원에서 나타나는 특징이 아닌 것은?

① Punt보랑의 부조
② 인공과 자연의 조화
③ 직교축에 의한 공간구성
④ 주랑 건축 전면에 파진 식재용 돌구멍

해설 데르 엘 바하리의 핫셉수트 영황의 장제신전 열주랑 형태의 3개의 경사로(Terrace)로 계획되었다.

20. 다음 중 고대 로마의 지스터스(Xystus)에 관한 설명으로 옳지 않은 것은?

① 유보(遊步)하는 자리라는 의미를 나타낸다.
② 주택 부지의 끝부분에 높은 담장과 건물에 둘러싸인 공간이다.
③ 내방객과의 상담이나 업무를 위한 기능 공간이다.
④ 세탁물 건조장 또는 채원(菜園)으로도 활용된다.

해설 지스터스
- 제1·2중정과 동일한 축선상에 배치한 로마시대 후원
- 과수원·채소밭으로 구성되거나 정원시설이 갖춰지기도 함
- 정원의 경우 수로를 중심으로 좌우에 원로와 화단이 배치됨

■■■ **조경계획**

21. 기본계획의 설명으로 옳은 것은?

① 토지이용계획: 현재의 토지이용에 따라 계획을 수립한다.
② 교통·동선계획: 주 이용 시기에 발생되는 통행량을 반영한다.
③ 시설물배치계획: 재료나 구조를 구체적으로 명시한다.
④ 식재계획: 보식계획은 실시설계 단계에서 반영한다.

해설 기본계획의 내용
- 토지이용계획 : 바람직한 장래의 이용행태를 따른다.
- 교통·동선계획 : 주 이용기에 발생되는 최대의 통행량을 계획에 반영한다.
- 시설물배치계획 : 시설물의 위치, 향, 면적, 층수, 구조, 재료 형태, 색채, 비용 등에 관한 개요만 나타낸다.
- 식재계획 : 식생에 대한 보호, 관리, 이용 등 배치에 관한 모든 것을 포함한다.

정답 17. ② 18. ② 19. ③ 20. ③ 21. ②

22. 도심 공원 이용객의 이용행태 조사를 위한 '질문의 순서결정'시 고려해야 할 사항이 아닌 것은?

① 질문 항목 간의 관계를 고려하여야 한다.
② 첫 번째 질문은 흥미를 유발할 수 있게 인적사항 질문으로 배치하여야 한다.
③ 응답자가 심각하게 고려하여 응답해야 하는 질문은 위치선정에 주의하여야 한다.
④ 조사 주제와 관련된 기본적인 질문들을 우선적으로 배치하여야 한다.

해설 바르게 고치면
설문의 앞 부분에 조사의 의도를 명확하게 밝힘으로써 의도한 정확한 자료를 얻어내도록 한다.

23. 「도시·군계획시설의 결정·구조 및 설치기준에 관한 규칙」에 의한 광장의 분류에 포함되지 않는 것은?

① 역전광장 ② 중심대광장
③ 경관광장 ④ 옥상광장

해설 「도시·군계획시설의 결정·구조 및 설치기준에 관한 규칙」에 의한 광장의 분류
- 교통광장 : 교차점광장, 역전광장, 주요시설물광장
- 일반광장 : 중심대광장, 근린광장
- 경관광장
- 지하광장
- 건축물 부설광장

24. 자연공원법에 의한 자연공원의 분류에 해당되지 않는 것은?

① 지질공원 ② 도립공원
③ 수변공원 ④ 군립(郡立)공원

해설 자연공원의 분류
국립공원, 도립공원, 군립공원, 지질공원

25. 다음 중 환경영향평가 항목 중 '생활환경분야'에 포함되지 않는 것은?

① 인구
② 위락·경관
③ 위생·공중보건
④ 친환경적 자원 순환

해설 인구 – 사회·경제 분야

26. 지구단위계획 수립 시 '환경관리'를 계획에 포함하는 사업은 무엇인가?

① 신시가지의 개발
② 기존시가지의 정비
③ 기존시가지의 관리
④ 기존시가지의 보존

해설 지구단위계획 수립 시 신시가지의 개발에 포함하는 사업
- 용도지역·용도지구
- 환경관리
- 기반시설
- 교통처리
- 가구 및 획지
- 건축물의 용도·건폐율·용적률·높이 등 건축물의 규모
- 건축물의 배치와 건축선
- 건축물의 형태와 색채
- 경관

27. 「국토의 계획 및 이용에 관한 법률」에 명시된 도시기반시설 중 교통시설에 해당하지 않는 것은?

① 공항 ② 항만
③ 주차장 ④ 광장

해설 도시기반시설 중 교통시설
도로, 철도, 항만, 공항, 주차장, 정류장, 터미널 등

정답 22. ② 23. ④ 24. ③ 25. ① 26. ① 27. ④

28. 자연환경·농지 및 산림의 보호, 보건위생, 보안과 도시의 무질서한 확산을 방지하기 위하여 녹지의 보전이 필요한 녹지지역을 지정할 수 있게 규정한 법은?

① 자연공원법
② 환경영향평가법
③ 국토의 계획 및 이용에 관한 법률
④ 도시공원 및 녹지 등에 관한 법률

해설 국토의 계획 및 이용에 관한 법률
도시·군관리계획결정으로 주거지역·상업지역·공업지역 및 녹지지역으로 세분한다.

29. 공장의 조경계획 시 고려사항으로 적합하지 않은 것은?

① 운영관리적 측면을 배려한다.
② 식재계획은 필요한 곳에 국지적으로 처리한다.
③ 성장속도가 빠르며 병해충이 적으면서 관리가 쉬운 수종을 선택한다.
④ 공장의 성격과 입지적 특성에 따라 개성적인 식재계획이 이루어져야 한다.

해설 바르게 고치면
식재계획은 자연환경은 물론이고 주변의 지역적, 도시적 여건을 고려한 인문환경을 최대로 존중하고 운영관리적 측면을 배려한다.

30. 공원 내에 휴게시설인 벤치(의자)에 대한 계획 기준으로 틀린 것은?

① 앉음판에는 물이 고이지 않도록 계획·설계한다.
② 장시간 휴식을 목적으로 한 벤치는 좌면을 높게 만든다.
③ 의자의 길이는 1인당 최소 45cm를 기준으로 하되, 팔걸이 부분의 폭은 제외한다.
④ 휴지통과의 이격거리는 0.9cm, 음수전과의 이격거리는 1.5m 이상의 공간을 확보한다.

해설 벤치는 체류시간을 고려하여 설계하며, 긴 휴식에 이용되는 의자는 앉음판의 높이가 낮고 등받이를 길게 설계한다.

31. 고속도로 조경계획 시 가능노선 선정의 고려 사항을 도로 이용도와 경제적 측면, 기술적 측면으로 구분할 수 있는데, 다음 중 기술적 측면의 조건에 포함되지 않는 것은?

① 직선도로를 유지하도록 노선을 선정한다.
② 운수속도(運輸速度)가 가장 빠른 노선을 선정한다.
③ 토량 이동(절·성토)이 균형을 이루는 노선으로 선정한다.
④ 오르막 구배가 너무 급하게 되면 우회노선을 선정한다.

해설 기술적 측면
- 가장 완만한 균배를 얻도록 하는 노선
- 구릉 또는 산악지에서는 오르막구배가 너무 급한 것을 피하는 노선
- 되도록 직선인 노선
- 건조하기 쉽고 통풍이 잘 되는 노선
- 지하수 및 그 대책이 고려된 노선
- 절성토의 균형이 이루어지는 노선
- 철도, 도록 등 다른 교통과 교차점이 적은 노선
- 되도록 곡선반경이 큰 노선
- 교량이나 하천과는 직각으로 가설될 수 있는 노선
- 경관파괴가 최저도 발생되는 노선

32. 미기후(Microclimate)에 대한 설명 중 틀린 것은?

① 건축물은 미기후에 영향을 미친다.
② 지형, 수륙(해안, 호반, 하안)의 분포, 식생의 유무와 종류는 미기후의 변화 요소이다.
③ 현지에서 장기간 거주한 주민과 대화를 통해서도 파악이 가능하다.
④ 미기후 요소는 대기요소와 동일하며 서리, 안개, 자외선 등의 양은 제외한다.

정답 28. ③ 29. ② 30. ② 31. ② 32. ④

해설 바르게 고치면
미기후 요소는 대기요소와 동일하며 서리, 안래, 자외선 등의 양은 포함한다.

33. 자연공원법에 관한 설명이 옳은 것은?

① 자연공원법은 20년마다 공원구역을 재조정하도록 되어 있다.
② 공원사업의 시행 및 공원시설의 관리는 별도의 예외 없이 환경청이 한다.
③ 자연공원의 지정기준은 자연생태계, 경관 등을 고려하여 환경부령으로 정한다.
④ 용도지구는 공원자연보존지구, 공원자연환경지구, 공원마을지구, 공원문화유산지구로 구분한다.

해설 바르게 고치면
① 공원관리청은 10년마다 지역주민, 전문가, 그 밖의 이해관계자의 의견을 수렴하여 공원계획의 타당성(공원구역의 타당성을 포함한다)을 검토하고 그 결과를 공원계획의 변경에 반영하여야 한다.
② 공원사업의 시행 및 공원시설의 관리는 특별한 규정이 있는 경우를 제외하고는 공원관리청이 한다.
③ 자연공원의 지정기준은 자연생태계, 경관 등을 고려하여 대통령령으로 정한다.

34. 『도시공원 및 녹지 등에 관한 법률』 시행규칙의 도시공원 유형 중 규모의 제한이 있는 것은?

① 소공원 ② 체육공원
③ 문화공원 ④ 역사공원

해설 체육공원 규모의 제한: 1만제곱미터 이상

35. 조경학의 학문적 정의와 가장 거리가 먼 것은?

① 인공 환경의 미적 특성을 다루는 전문 분야
② 외부공간을 취급하는 계획 및 설계 전문 분야
③ 인공 환경의 구조적 특성을 다루는 전문 분야
④ 토지를 미적·경제적으로 조성하는 데 필요한 기술과 예술이 종합된 실천과학

해설 조경의 일반적 정의
· 외부공간을 취급하는 계획 및 설계전문분야
· 토지를 미적, 경제적으로 조성하는데 필요한 기술과 예술의 종합된 실천과학
· 인공적 환경의 미적특성을 다루는 전문분야·환경을 이해하고 보호하는데 관련된 전문분야

36. 도시 스카이라인 고려 요소가 아닌 것은?

① 하천의 형태 고려
② 구릉지 높이의 고려
③ 조망점과의 관계 고려
④ 고층건물의 클러스터(집합형태) 고려

해설 도시 스카이 라인(sky line)
대도시의 입면 형태는 건물의 배열과 높이를 보여주는데, 건물과 하늘이 만나는 지점을 연결한 선을 스카이 라인이라고 한다.

37. 생태학자인 오덤(Odum)이 제안한 개념 중 개체 혹은 개체군의 생존이나 성장을 멈추도록 하는 요인으로, 인내의 한계를 넘거나 이 한계에 가까운 모든 조건을 지칭하는 용어는?

① 엔트로피(entropy)
② 제한인자(limiting factor)
③ 시각적 투과성(visual transparency)
④ 생태적 결정론(ecological determinism)

해설 제한인자(limiting factor)
생태학자 오덤은 인내의 한계를 넘거나 이 한계에 가까운 모든 조건을 제한조건, 혹은 제한인라고 하였다. 제한 인자는 물리적 인자와 생물학적 인자로 나눌 수 있다고 하였다.

정답 33. ④ 34. ② 35. ③ 36. ① 37. ②

38. 조경계획의 한 과정인 '기본구상'의 설명이 옳지 않은 것은?

① 추상적이며 계량적인 자료가 공간적 형태로 전이되는 중간 과정이다.
② 서술적 또는 다이어그램으로 표현하는 것은 의뢰인의 이해를 돕는데 바람직하지 못하다.
③ 자료의 종합분석을 기초로 하고 프로그램에서 제시된 계획방향에 의거하여 계획안의 개념을 정립하는 과정이다.
④ 자료 분석과정에서 제기된 프로젝트의 주요 문제점을 명확히 부각시키고 이에 대한 해결 방안을 제시하는 과정이다.

해설 기본구상
주요문제점 및 이의 해결바향에 관한 개념은 서술적으로 표현될 수 도 있으나 다이어그램으로 표현되는 것이 의뢰인의 이해를 돕는데 유리하다.

39. 생태적 조경계획에 관한 설명이 옳지 않은 것은?

① Ian McHang에 의해 주장되었다.
② 생태적 결정론이 하나의 이론적 기초가 된다.
③ 생태적 조경계획은 생태전문가에 의해 수행되어야 한다.
④ 어떤 지역의 자연적·사회적 잠재력이 조경계획을 위해 어떤 기회성과 제한성이 있는가를 판정해야 한다.

해설 생태적조경계획은 조경가에 의해 수행된다.

40. 다음 설명의 (   )에 적합한 수치는?

> 환경부장관 또는 승인기관의 장은 관련 조항에 따라 원상복구할 것을 명령하여야 하는 경우에 해당하나, 그 원상복구가 주민의 생활, 국민경제, 그 밖에 공익에 현저한 지장을 초래하며 현실적으로 불가능할 경우에는 원상 복구를 갈음하여 총 공사비의 (   )퍼센트 이하의 범위에서 과징금을 부과할 수 있다.

① 3　② 5
③ 8　④ 15

해설 환경영향평가법 과징금
환경부장관 또는 승인기관의 장은 제40조제4항에 따라 원상복구할 것을 명령하여야 하는 경우에 해당하나, 그 원상복구가 주민의 생활, 국민경제, 그 밖에 공익에 현저한 지장을 초래하여 현실적으로 불가능할 경우에는 원상복구를 갈음하여 총 공사비의 3퍼센트 이하의 범위에서 과징금을 부과할 수 있다.

■■■ 조경설계

41. 기본설계(Preliminary design)에 대한 설명으로 옳지 않은 것은?

① 실시설계의 이전단계이다.
② 소규모 프로젝트에서는 생략될 수 있다.
③ 프로젝트의 토지이용과 동선체계를 정하는 단계이다.
④ 설계개요서와 공사비 계산서 등의 서류를 만든다.

해설 프로젝트의 토지이용과 동선체계를 정하는 단계는 기본계획단계이다.

정답 38. ② 39. ③ 40. ① 41. ③

42. 옥상조경에 대한 설명으로 틀린 것은?

① 건조에 강한 나무를 선택하는 것이 좋다.
② 식물을 식재할 면적은 전체 옥상면적의 1/2정도가 적합하다.
③ 지반의 구조체에 따른 하중의 위치와 구조 골격의 관계를 검토한다.
④ 사용 조합토는 부엽토와 양토 및 모래를 섞고 약간의 유기질 비료를 넣어도 좋다.

해설 식물을 식재할 면적은 옥상조경면적의 1/2정도가 적합하다.

43. 조경설계기준의 각종 관리시설 설계 시 고려해야 할 사항으로 가장 거리가 먼 것은?

① 단주(볼라드)의 배치간격은 1.5m정도로 설계한다.
② 자전거보관시설은 비·햇볕·대기오염으로부터 자전거를 보호할 수 있도록 지붕과 같은 시설을 갖추어야 한다.
③ 공중화장실은 장애인의 진입이 가능하도록 경사로를 설치하며, 경사로 폭은 휠체어의 통행이 가능한 120cm 이상으로 한다.
④ 플랜터(식수대)는 배식하는 수목의 규격에 대응하는 생존 최소 토심을 확보한다.

해설 수목의 규격에 대응하는 최소 생육토심을 확보한다.

44. 벤치의 배치 계획 시 sociopetal 형태로 했다면 인간의 심리적 요소 중 어느 욕구에 해당하는가?

① 사회적 접촉에 대한 욕구
② 안정에 대한 욕구
③ 프라이버시에 대한 욕구
④ 장식에 대한 욕구

해설 소시오페탈(sociopetal)형태
마주보거나 둘러싼 형태의 배치, 이용자 서로간의 대화가 자연스럽게 유지되는 배치이다.

45. 대당 주차 면적이 가장 적게 소요되는 주차 형식은?(단, 형식별 주차 대수는 모두 동일 함)

① 30° 주차　　② 45° 주차
③ 60° 주차　　④ 90° 주차

해설 대당 주차면적이 가장 적게 소요되는 주차형식은 90도 주차이다.

46. 조경설계기준상의 디딤돌(징검돌) 놓기 설계 시 옳지 않은 것은?

① 보행에 적합하도록 지면과 수평으로 배치한다.
② 디딤돌 및 징검돌의 장축은 진행방향에 평행이 되도록 배치한다.
③ 디딤돌은 2연석, 3연석, 2·3연석, 3·4연석 놓기를 기본으로 설계한다.
④ 정원을 제외한 배치 간격은 어린이와 어른의 보폭을 고려하여 결정하되, 일반적으로 40~70cm로 하며 돌과 돌 사이의 간격이 8~10cm 정도가 되도록 배치한다.

해설 바르게 고치면
디딤돌 및 징검돌의 장축은 진행방향에 직각이 되도록 배치한다.

47. 다음 먼셀 색상 기호 중 채도가 가장 높은 것은?

① 5BG　　② 5R
③ 5B　　④ 5P

해설 5BG(청록), 5R(빨강), 5B(파랑), 5P(보라)

정답 42. ② 43. ④ 44. ① 45. ④ 46. ② 47. ②

48. 다음 설명에 적합한 형식미의 원리는?

- 자연경관에서 일정한 간격을 두고 변화되는 형태, 색채, 선, 소리 등
- 다른 조화에 비하면 이해하기 어렵고 질서를 잡기도 간단하지 않으나 생명감과 존재감이 가장 강하게 나타남

① 비례미(proportion)
② 통일미(unity)
③ 운율미(rhythm)
④ 변화미(variety)

해설 운율미
작품에 대해 활기나 약동감을 부여하고 보는 사람의 마음을 끌어 당기거나 초점을 강조하거나 공간을 충실하게 한다.

49. 어린이공원은 어린이라는 특정 연령층을 대상으로 조성되는 목적 공원이다. 설계 시 고려사항으로 가장 거리가 먼 것은?

① 의자, 평상, 파고라 등 휴식시설은 가급적 한 곳으로 모은다.
② 부모, 노인 등 보호자 및 청소년을 위한 공간도 고려해야 한다.
③ 미끄럼대는 가급적 북향으로 하며, 그네는 태양과 맞보지 않도록 한다.
④ 지형은 단순화시키고 안전을 위하여 주변과 격리되도록 구성한다.

해설 바르게 고치면
지형을 고려한 놀이공간배치로 자연발생적인 놀이를 유발시키도록 한다.

50. 아파트 외각 담장은 Altman이 구분한 인간의 영역 중에 어느 영역을 구분하고 있는가?

① 1차영역과 2차영역
② 2차영역과 공적영역
③ 1차영역과 공적영역
④ 해당되는 영역이 없다.

해설 담장이나 2차적 영역과 공적영역의 구분을 명확히 하여 범죄의 발생을 줄인다.

51. 경관을 사진, 슬라이드 등의 방법을 통하여 평가자에게 보여주고 양극으로 표현되는 형용사 목록을 제시하여 경관을 측정하는 방법은?

① 순위조사(rank-ordering)
② 리커트 척도(likert scale)
③ 쌍체 비교법(paired comparison)
④ 어의구별척(semantic differential scale)

해설 경관 측정 방법
- 순위조사 : 여러 경관의 상대적인 비교에 이용됨
- 리커드척도 : 응답자의 태도나 가치를 측정하는 조사로 보통 5점척도가 사용됨
- 쌍체비교법 : 인자들을 두 개씩 쌍으로 비교하여 중요한 인자를 선택, 자극에 대한 심리적 반응의 상대적 크기를 계산
- 어의구별척(semantic differential scale): 경관에 대한 의미의 질 및 강도를 밝히기 위해 형용사의 양극사이를 7단계로 나누고 평가자가 느끼는 정도를 표시

52. 연극무대에서 주인공을 향해 녹색과 빨간색 조명을 각각 다른 방향에서 비추었다. 주인공에게는 어떤 색의 조명으로 비추어질까?

① Cyan ② Gray
③ Magenta ④ Yellow

해설 빛의 혼합
- 빨강+파랑 = 마젠타
- 빨강+녹색 = 노랑
- 파랑+녹색 = 시안
- 빨강+파랑+초록 = 흰색

정답 48. ③ 49. ④ 50. ② 51. ④ 52. ④

53. 그림과 같이 도형의 한쪽이 튀어나와 보여서 입체로 지각되는 착시 현상은?

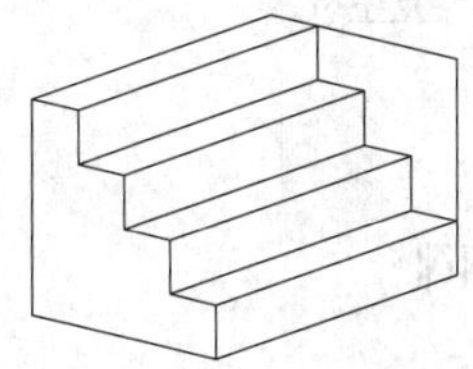

① 대비의 착시　② 반전 실체의 착시
③ 착시의 분할　④ 방향의 착시

해설 반전 실체의 착시
도형의 한쪽이 튀어나와 입체로 지각되는 현상

54. 조경설계기준상의 『생태못 및 인공습지』 설계와 관련된 설명으로 옳지 않은 것은?

① 일반적으로 종다양성을 높이기 위해 관목숲, 다공질 공간과 같은 다른 소생물권과 연계되도록 한다.
② 야생동물 서식처 목적을 위해 최소 폭은 5m 이상 확보하고 주변 식재를 위해 공간을 확보한다.
③ 수질정화 목적의 못은 수질정화 시설의 유출부에 설치하여 2차 처리된 방류수(방류수 10ppm)를 수원으로 한다.
④ 수질정화 목적의 못 안에 붕어와 같은 물고기를 도입하고, 부레옥잠, 달개비, 미나리와 같은 수질정화 기능이 있는 식물을 배식한다.

해설 수질정화 목적의 못
- 수질정화 시설의 유출부에 설치하여 1차 처리된 방류수(방류수 20ppm)를 수원으로 한다.
- 못 안에 붕어 등의 물고기를 도입하고, 부레옥잠, 달개비, 미나리 등 수질정화 기능이 있는 식물을 배식한다.

55. 우리나라의 제도통칙에서는 투상도의 배치는 몇 각법으로 작도함을 원칙으로 하고 있는가?

① 제 1각법　② 제 2각법
③ 제 3각법　④ 제 4각법

해설 제 3각법
KS의 제도 규격은 투상법에 대하여 제3각법을 따르는 것을 원칙으로 한다.

56. 다음의 설명의 (　)안에 적합한 값은?

> 경사가 (　)%를 초과하는 경우는 보행에 어려움이 발생되지 않도록 옥외계단을 설치한다.

① 12　② 14
③ 16　④ 18

해설 계단
경사가 18%를 초과하는 경우는 보행에 어려움이 발생되지 않도록 옥외계단을 설치한다.

57. 조경제도에서 치수기입에 대한 설명으로 옳은 것은?

① 치수의 단위는 cm를 원칙으로 한다.
② 치수보조선은 치수선과 직교하는 것이 원칙이다.
③ 치수선은 주로 조감도, 시설물상세도, 투시도 등 다양한 도면에 사용된다.
④ 일반적인 방법으로 수치 치수를 기입하기에는 치수선이 너무 짧을 경우, 수치를 세로로 기입할 수 있다.

해설 바르게 고치면
- 치수의 단위는 mm를 원칙으로 한다.
- 치수선은 조감도와 투시도에는 사용되지 않는다.
- 치수기입은 치수선에 평행하게 도면의 왼쪽에서 오른쪽으로 아래로부터 위로 읽을 수 있도록 기입한다.

정답 53. ② 54. ③ 55. ③ 56. ④ 57. ②

58. 다음 그림과 같은 도형에서 화살표 방향에서 본 투상을 정면으로 할 경우 우측면도로 올바른 것은?

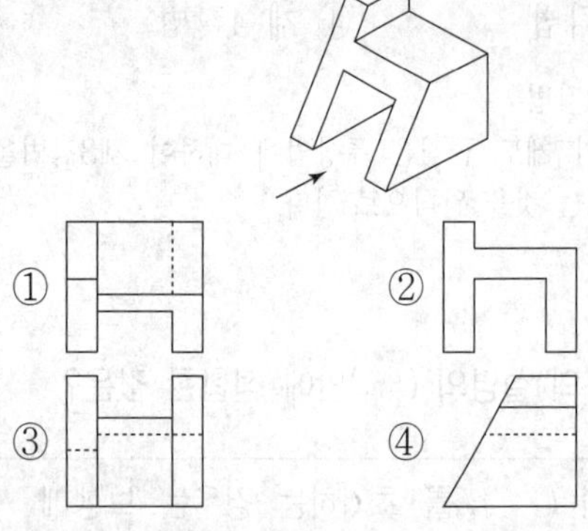

해설 투상하는 면에서 보이는 부분은 실선으로 보이지 않는 부분은 점선으로 표기한다.

59. 표제란에 대한 설명으로 옳은 것은?

① 도면명은 표제란에 기입하지 않는다.
② 도면 제작에 필요한 지침을 기록한다.
③ 범례는 표제란 안에 반드시 기입해야 한다.
④ 도면번호, 작성자명, 작성일자 등에 관한 사항을 기입한다.

해설 표제란
도면의 우측이나 하단부에 위치하며 공사명, 도면명, 축척, 설계도면, 제도일자 기입한다.

60. 한 도면에서 2종류 이상의 선이 같은 장소에 겹치게 될 때 우선순위(큰 것 → … → 작은 것)로 옳은 것은?

A. 숨은선	B. 중심선
C. 외형선	D. 절단선

① C → A → D → B
② C → A → B → D
③ D → A → C → B
④ A → B → C → D

해설 2종류의 선이 같은 장소에 겹칠 때 선의 우선순위
외형선 → 숨은선 → 절단선 → 중심선 → 무게중심선 → 치수보조선

■■■ 조경식재

61. 수목의 전정에 관한 설명으로 옳은 것은?

① 전체적인 수형의 균형에 중점을 두어 수시로 잘라준다.
② 개화습성을 감안한 화아분화가 형성되는데 차질이 없도록 한다.
③ 철쭉류는 1년 내내 언제든지 가능하다.
④ 내한성이 없는 수목이라도 강전정을 하여 신초가 도장하도록 유도하는 것이 좋다.

해설 수목의 전정
- 전체적인 수형에 지장이 없도록 하며, 수목마다의 생육상태를 고려하여 적정한 방법으로 전정한다.
- 철쭉류 등은 꽃눈 분화기와 개화습성을 잘 파악하여 적기에 알맞게 전정한다.
- 내한성이 없는 수목은 가급적 전정을 피하거나 약전정을 실시하며, 겨울철 동해의 피해를 입지 않도록 한다.

62. 다음 설명과 가장 관련이 깊은 용어는?

수분퍼텐셜 -0.033MPa과 -1.5MPa사이의 수분을 말한다. 이 수분량은 모래, 미사 및 점토가 적절하게 혼합된 양토, 미사질양토, 식양토 등에서 많다.

① 흡습수 ② 유효수분
③ 중력수 ④ 포장용수량

해설 유효수분
- 식물이 사용할 수 있는 토양수분 범위
- 포장용수량과 위조점 사이의 수분
- 수분퍼텐셜 -0.033MPa과 -1.5MPa사이의 수분

정답 58. ④ 59. ④ 60. ① 61. ② 62. ②

63. 식재기능별 수종의 요구 특성에 대한 설명이 옳지 않은 것은?

① 방화식재는 잎이 두텁고, 함수량이 많은 수종이어야 한다.
② 지표식재는 수형이 단정하고 아름다운 수종이어야 한다.
③ 방풍·방설식재는 지하고가 높은 천근성 교목이어야 한다.
④ 유도식재는 수관이 커서 캐노피를 이루거나 원추형이어야 한다.

해설 바르게 고치면
방풍·방설식재는 지하고가 낮은 심근성 교목이어야 한다.

64. 산울타리에 적합한 수종으로 가장 거리가 먼 것은?

① 꽝꽝나무(Ilex crenata)
② 돈나무(Pittosporum tobira)
③ 탱자나무(Poncirus trifoliata)
④ 졸참나무(Quercus serrata)

해설 산울타리에 적합한 수종
수종 선정시 지엽밀도, 전정성, 밀식성 등과 가지가 겨울철의 적설 등에 견딜 수 있는지를 고려한다.

65. 척박한 토양에 잘 견디는 수종으로만 이루어진 것은?

① 오동나무(Poulownia tomentosa), 서어나무(Carpinus laxiflora)
② 단풍나무(Acer Palmatum), 자작나무(Betula platyphylla var. japonica)
③ 자귀나무(Albizia julibrissin), 향나무(Juniperus chinensis)
④ 은행나무(Ginkgo biloba), 왕벚나무(Prunus yedoensis)

해설 · 향나무 : 양수이며 내건성과 내공해성이 강하다.
· 자작나무 : 극양수로 산악지대 고산수종으로 건조에 강하고, 내공해성은 약하다.

66. 다음 중 6~7월에 피고, 꽃이 백색으로 피었다가 황색으로 변하는 수종은?

① 나무수국(Hydrangea paniculata)
② 등(Wisteria floribunda)
③ 미선나무(Abeliophllum distichum)
④ 인동덩굴(Lonicera japonica)

해설 · 나무수국 : 꽃은 7~8월에 가지 끝에서 큰 원추화서가 달리고 흰색에서 연한 자주색으로 변한다.
· 등 : 꽃은 총상화서로 가지 끝에서 달리나 액생하는 것도 있다. 5월경에 잎과 함께 연한 자색으로 개화한다.
· 미선나무 : 꽃은 총상화서로 백색 또는 분홍색이며 3~4월에 개화한다.

67. 화살나무(Euonymus alatus Siebold)특징 설명이 틀린 것은?

① 노박덩굴과(科)이다.
② 생장속도가 느리며, 병해충에 약하다.
③ 어린가지에 2~4줄의 코르크질 날개가 있다.
④ 보통 3개의 꽃이 달리며, 5월에 피고 지름 10mm로서 황록색이다.

해설 화살나무
노박덩굴과 낙엽활엽관목으로 생장이 비교적 빠르고 병충해에 강하다.

68. 관목(shrub, 작은 키 나무)의 분류로 가장 거리가 먼 것은?

① 병아리꽃나무(Rhodotypos scandens)
② 금송(Sciadopitys verticillata)
③ 황매화(Kerria japonica)
④ 눈측백(Thuja koraiensis)

해설 금송-상록침엽교목

정답 63. ③ 64. ④ 65. ③ 66. ④ 67. ② 68. ②

69. 식재기능을 공간조절, 경관조절, 환경조절 기능으로 나눌 경우 공간조절 식재 기능은?

① 지표식재 ② 녹음식재
③ 유도식재 ④ 방풍식재

해설 식재기능
- 공간조절 : 경계식재, 유도식재
- 경관조절 : 지표식재, 경관식재, 차폐식재
- 환경조절 : 녹음식재, 방풍·방설식재, 방음식재, 방화식재, 지피식재, 임해매립지식재, 침식지·사면식재

70. 다음 식물의 특성 설명이 옳지 않은 것은?

① 모란은 목본식물이고 작약은 초본식물이다.
② 붓꽃과(科)의 식물에는 창포와 꽃창포가 있다.
③ 얼레지, 처녀치마는 우리나라 전국 각지에 자생하는 숙근성 여러해살이풀이다.
④ 부들은 연못가와 습지에서 자라는 다년초로서 근경은 옆으로 뻗고 수염뿌리가 있다.

해설
- 창포 – 천남성과 여러해살이풀
- 꽃창포 – 붓꽃과 여러해살이풀

71. 일반적인 음수(陰樹)의 설명으로 옳지 않은 것은?

① 음수는 양수보다 광보상점이 낮다.
② 일반적으로 음수는 양수에 비해 어릴 때의 생장이 왕성하다.
③ 음수과 생장할 수 있는 광량은 전수광량의 50% 내외이다.
④ 양수와 음수의 구분은 그늘에서 견딜 수 있는 내음성의 정도를 구분한다.

해설 바르게 고치면
일반적으로 양수는 음수에 비해 유묘기에 생장속도가 왕성하다.

72. 다음 중 속명(屬名)이 Abies 가 아닌 것은?

① 구상나무 ② 분비나무
③ 종비나무 ④ 전나무

해설 종비나무 : Picea koraiensi

73. 다음 설명과 같은 활용성이 높은 번식방법은?

특이하게 붉은색 열매가 많이 달리는 먼나무(Ilex rotunda)를 생산·재배하여, 조기에 붉은색 열매를 관상하려고 한다.

① 파종 ② 접목
③ 분주 ④ 삽목

해설 접목묘는 개화 및 결과기가 빨라진다.

74. 다음에 설명하는 수종은?

– 상록활엽교목이다. – 수형은 원추형이다. – 뿌리는 심근성이다. – 꽃은 백색으로 방향성, 지름 15~20cm, 화피편은 9~12개, 두꺼운 육질로 5~6월에 개화한다.

① 서어나무(Carpinus laxiflora)
② 버즘나무(Platanus orientalis)
③ 버드나무(Salix koreensis)
④ 태산목(Magnolia grandiflora)

해설
- 서어나무 : 낙엽활엽교목, 원정형의 수형, 꽃은 일가화로 잎보다 먼저 피고, 암꽃은 녹색, 수꽃은 붉은빛이 도는 황갈색이다.
- 버즘나무 : 낙엽활엽교목, 원정형의 수형, 꽃은 두상화서로 일가화이며 암꽃은 연한 녹색, 수꽃은 검은 빛이 도는 적색이다.
- 버드나무 : 낙엽활엽교목, 하수형의 수형, 꽃은 이가화이며, 포는 난형이고 털이 있다.

정답 69. ③ 70. ② 71. ② 72. ③ 73. ② 74. ④

75. Allee 성장형으로 본 식물종의 성장률 설명으로 옳은 것은?

① 중간밀도에서 다른 경우보다 더 크다.
② 낮은 밀도에서 다른 경우보다 더 크다.
③ 높은 밀도에서 다른 경우보다 더 크다.
④ 항상 동등하게 성장한다.

해설 allee의 원리(개체군의 속성)
최적생장 생존을 위한 집단화는 적절한 크기(중간 밀도)가 유지되어야 하며 적절한 밀도 유지조건에서 최대 생존율을 가진다는 원리를 말한다.

76. 고속도로 식재의 기능과 종류의 연결이 옳지 않은 것은?

① 휴식 – 녹음식재
② 주행 – 시선유도식재
③ 방재 – 임연보호식재
④ 사고방지 – 완충식재

해설 고속도로 식재 기능과 분류
- 휴식 : 녹음식재, 지피식재
- 주행 : 시선유도식재, 지표식재
- 방재 : 비탈면식재, 방풍식재, 방설식재, 비사방지식재
- 사고방지 : 차광식재, 명암순응식재, 진입방지식재, 완충식재
- 경관 : 차폐식재, 수경식재, 조화식재
- 환경보존 : 방음식재, 임연보호식재

77. 양버들(Populus nigra var. italica Koehne)에 관한 설명으로 틀린 것은?

① 버드나무과(科) 수종이다.
② 수형은 원주형으로 빗자루처럼 좁은 형태이다.
③ 성상은 낙엽활엽교목이고 뿌리는 천근성이다.
④ 우리나라 자생수종으로 가을에 붉은 단풍이 아름답다.

해설 양버들은 원산지는 유럽으로 가을에 황색 단풍이 아름답다.

78. 조경 식물의 일반적인 선정 기준으로 가장 거리가 먼 것은?

① 미적(美的)·실용적 가치가 있는 식물
② 식재지역 환경에 적응성이 큰 식물
③ 야생동물의 먹이가 풍부한 식물
④ 시장이나 묘포(苗圃)에서 입수하기 용이한 식물

해설 조경용 수목의 구비조건
- 이식이 용이하여 이식 후 활착이 잘 되는 것
- 불량한 환경에 적응력이나 병충해에 대한 저항력이 강한 것
- 관상가치와 형태미가 뛰어난 것
- 번식과 재배가 잘 되고 관리에 용이할 것
- 구입이 쉬울 것

79. 토양의 물리적 성질로 옳지 않은 것은?

① 배수 불량지는 양질의 토양으로 객토해야 한다.
② 수목 생육에는 일반적으로 양토나 사양토가 적합하다.
③ 입단(粒團, aggregated)구조의 토양은 딱딱하고 통기성이 불량하여 수목생육에 좋지 않게 된다.
④ 토양입자의 거침에 따라 사토, 사양토, 양토, 식토로 구분되며, 후자로 갈수록 점토의 함량이 많아진다.

해설 입단구조는 흙의 이상적인 구조로 수목생육에 유리하다.

80. 우리나라 수생식물은 정수, 부엽, 침수, 부유의 4가지 유형으로 구분된다. 다음 중 부유식물에 해당되는 것은?

① 창포 ② 수련
③ 나사말 ④ 생이가래

해설 ① 창포 – 정수식물
② 수련 – 부엽식물
③ 나사말 – 침수식물
④ 생이가래 – 부유식물

정답 75. ① 76. ③ 77. ④ 78. ③ 79. ③ 80. ④

■■■ 조경시공구조학

81. 공사현장 관리조직을 구성하는데 가장 부적합한 것은?

① 직책과 권한의 위임을 분명히 한다.
② 공사착수 후에 현장관리 조직을 편성한다.
③ 각 부분의 관계를 고려하여 규칙을 마련한다.
④ 일의 성격을 명확히 해서 분류, 통합한다.

해설 공사착수 전에 현장관리 조직을 편성한다.

82. 콘크리트의 표준배합 설계요소에 포함되지 않는 것은?

① 슬럼프값 결정
② 물-시멘트비 결정
③ 단위수량의 결정
④ 굵은 골재의 최소치수 결정

해설 콘크리트 배합설계
- 콘크리트 각 재료의 비율을 정하는 것
- 설계요소: 슬럼프값, 물-시멘트비, 단위수량, 굵은 골재의 최대 치수

83. 다음 중 수해에 접하는 구조물에 가장 적합한 시멘트는?

① 고로 시멘트
② 보통포틀랜드 시멘트
③ 조강포틀랜드 시멘트
④ 중용열포트랜드 시멘트

84. 그림과 같은 동질(同質), 동단면(同斷面)의 장주(長柱) 압축재로 축방향 하중에 대한 강도의 상호관계로서 옳은 것은?

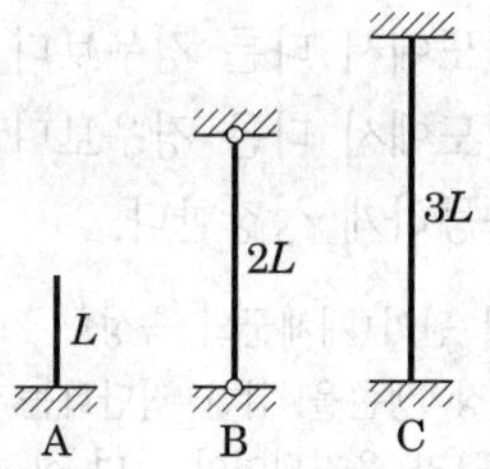

① A > B > C　　② A > B = C
③ A = B = C　　④ A = B < C

해설 ① 장주의 길이가 L 일때
- A : 1단고정, 타단자유 = 2L
- B : 양단회전 = L
- C : 양단고정 = 0.5L

② 각 기둥의 길이를 적용하면 A=2L, B=2L, C=0.5L×3L=1.5L 이므로 강한 순서로 표시하면 A = B < C 가 된다.

85. 대기 중의 탄산가스의 작용으로 콘크리트 내 수산화칼슘이 탄산칼슘으로 변하면서 알칼리성을 상실하는 현상은?

① 레이턴스　　② 크리프
③ 슬럼프　　④ 중성화

해설 콘크리트의 중성화
- 시멘트와 물이 만나 수화작용으로 수산화칼슘이 생기고 대기중 이산화탄소를 흡수하며 탄산칼슘으로 되면서 콘크리트가 알칼리성을 상실해 내구성이 저하되는 현상
- 탄산칼슘으로 변화한 부분의 pH가 8.5~10 정도로 낮아진다.
- 콘크리트 내부의 pH가 11 이상에서는 산소가 존재해도 녹슬지 않는다.

정답 81. ② 82. ④ 83. 전항정답 84. ④ 85. ④

86. 다음 중 돌공사에 대한 설명이 틀린 것은?

① 석재는 인장력에 약하다.
② 대리석은 내구성이 약하고, 내화성이 떨어진다.
③ 구조용 석재는 흡수율 30% 이하의 것을 사용한다.
④ 돌쌓기 공사에 사용되는 긴결재로는 철재를 사용한다.

해설 돌쌓기 공사에 사용되는 긴결재로는 놋쇠 또는 황동선을 사용한다.

87. 다음 중 시방서에 포함될 내용이 아닌 것은?

① 사용재료의 종류와 품질
② 단위공사의 공사량
③ 시공상의 일반적인 주의사항
④ 도면에 기재할 수 없는 공사내용

해설 시방서에 포함될 내용
- 도면에 기재할 수 없는 공사내용
- 시공상의 일반적인 주의사항
- 시공에 필요한 각종설비
- 재료 및 시공에 관한 검사
- 재료의 종류, 품질

88. 구조관련 용어에 대한 설명으로 틀린 것은?

① 모멘트(moment): 어느 한 점에 대한 회전 능률이다.
② 모멘트(moment): 거리에 반비례 한다.
③ 지점(support): 구조물의 전체가 지지 또는 연결된 지점이다.
④ 힌지(hinge): 회전은 가능하지만 어느 방향으로도 이동될 수 없다.

해설 모멘트값은 거리와 힘에 비례한다.

89. 다음 중 다짐작업을 효과적으로 수행할 수 없는 건설기계의 종류는?

① 탬핑롤러 ② 불도저
③ 래머 ④ 스크레이퍼

해설 스크레이퍼: 굴착, 운반 기계

90. 건설공사의 시공 시 작성하는 공정표 중 공사비용절감을 목적으로 개발된 공정표는?

① 바 차트(Bar Chart)
② 칸트 차트(Gantt Chart)
③ CPM(Critical Path Method)
④ PERT(Program Evaluation and Review Technique)

해설 CPM(Critical Path Method)
소요시간를 추정할 때는 최장시간을 기준으로 하며, 최소비용(MCX : minimum cost expediting)의 조건으로 최적 공기를 구한다.

91. 목재의 강도에 관한 설명 중 옳지 않은 것은?

① 벌목의 계절은 목재강도에 영향을 끼친다.
② 일반적으로 응력의 방향이 섬유방향에 평행인 경우 압축강도가 인장강도보다 작다.
③ 목재의 건조는 중량을 경감시키지만 강도에는 영향을 끼치지 않는다.
④ 섬유포화점 이하에서는 함수율 감소에 따라 강도가 증대한다.

해설 목재의 건조
목재의 수축, 강도 및 물리적 성질에 영향을 준다. 섬유포화점이하에서는 함수율에 따라 강도가 증대된다.

정답 86. ④ 87. ② 88. ② 89. ④ 90. ③ 91. ③

92. A점과 B점의 표고는 각각 125m, 150m이고, 수평거리는 200m이다. AB간은 동경사라고 가정할 때, AB선상에 표고가 140m가 되는 점의 A점으로부터 수평거리는?

① 40m ② 80m
③ 120m ④ 160m

해설 $G=\frac{D}{L}\times 100$

① A와B 경사도$=\frac{150-125}{200}\times 100=12.5\%$

② A로부터 140m 되는 점의 수평거리

$12.5\%=\frac{140-125}{L}\times 100,\ \ L=120m$

93. 합판거푸집의 설치 및 해체에 관한 건설표준품셈에서 대상 구조물이 측구, 수로, 우물통 등 비교적 간단한 벽체 구조, 교량 및 건축 슬래브인 경우에는 몇 회 사용하는 것이 가장 합당한가?(단, 유형은 보통으로 한다.)

① 2회 ② 3회
③ 4회 ④ 6회

해설 합판거푸집 설치 및 해체

사용횟수	유형	구조물
1~2회	제물치장	제물치장 콘크리트
2회	매우복잡/소규모	T형보, 난간, 복잡한 구조의 교각, 교대, 수문관의 본체 등 매우 복잡한 구조 소규모 : 조적턱, 창호턱 등 소규모로 산재되어 있는 구조물
3회	복잡	교대, 교각, 파라펫트, 날개벽 등 복잡한 벽체 구조, 건축 라멘구조의 보, 기둥
4회	보통	측구, 수로, 우물통 등 비교적 간단한 벽체 구조, 교량 및 건축 슬래브
6회	간단	수문 또는 관의 기초, 호안 및 보호공의 기초 등 간단한 구조

94. 그림과 같이 사각형분할로 구분되는 지역에서 정지 공사를 위해 각 지점의 계획절토고를 측정하였다. 점고법에 의한 계획지반고에 준거하여 절토할 토공량은?(단, F.L ± 0)

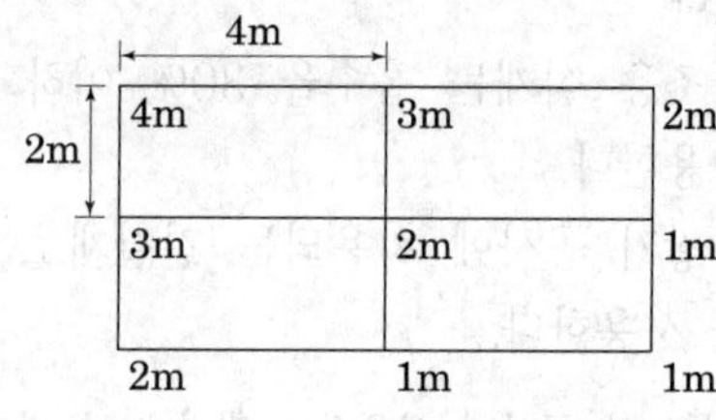

① $38m^3$ ② $40m^3$
③ $66m^3$ ④ $68m^3$

해설 $V(\text{체적})=\frac{A}{4}(\Sigma h_1+2\Sigma h_2+3\Sigma h_3+4\Sigma h_4)$

$\Sigma h_1 = 4+2+2+1 = 9$

$2\Sigma h_2 = 2(3+3+1+1) = 16$

$4\Sigma h_4 = 4(2) = 8$

$\frac{A}{4}(\Sigma h_1+2\Sigma h_2+3\Sigma h_3+4\Sigma h_4)$

$=\frac{2\times 4}{4}(9+16+8)=66m^3$

95. 배수지역 내 우수의 유출을 환경 친화적으로 조절하기 위한 방법이 아닌 것은?

① 투수성 포장을 한다.
② 체수지나 연못을 만든다.
③ 지하 배수관로를 많이 만든다.
④ 주차장이나 공원하부에 저수조를 만든다.

해설 환경 친화적 유출 방법

- 체수지(분지나 골짜기를 이용)나 연못을 만들어 이용
- 건물이 밀집한 지역은 주차장이나 공원하부에 저수조 형태로 설치
- 투수성 재료로 포장해 우수 침투가 용이하게 함

정답 92. ③ 93. ③ 94. ③ 95. ③

96. 0.4m³ 용량의 유압식 백호(Back-Hoe)를 이용하여 작업상태가 양호한 자연상태의 사질토를 굴착 후 덤프트럭에 적재하려 할 때, 시간당 굴착 작업량(m³)은?

[조건]
- 버킷계수: 1.1
- 1회 사이클시간: 19초
- 사질토의 토량변화율: 1.25
- 작업효율(점성토:0.75, 사질토:0.85)

① 50.02 ② 56.69
③ 78.16 ④ 192.79

해설 $Q = \dfrac{3600 \times q \times K \times f \times E}{Cm}$

$$Q = \frac{3600 \times 0.4 \times 1.1 \times \dfrac{1}{1.25} \times 0.85}{19}$$

$= 56.690... \rightarrow 56.69\text{m}^3/\text{hr}$

97. 인공살수(人工撒水) 시설의 설계를 위한 관개강도(灌漑强度) 결정에 영향을 미치는 요인이 아닌 것은?

① 작업시간
② 가압기의 능력
③ 토양의 종류, 경사도
④ 지피식물의 피복도(被覆度)

해설 인공살수 시설의 관개강도 결정 영향 요인
- 토양의 종류
- 지표면 경사도
- 식물의 종류
- 지표면 형태와 규모
- 살수기 작동시간

98. 도로설계의 수직노선 설정 시 종단곡선으로 사용되는 곡선은?

① 클로소이드곡선 ② 렘니스케이트곡선
③ 2차 포물선 ④ 3차 포물선

해설 종단곡선의 설치
- 목적: 도로의 경사 변화에 따른 차량의 급격한 운동을 완화시켜 주행의 안정성과 쾌적성을 확보
- 2차 포물선이 사용

99. 캔틸래버보에 집중하중을 받고 있을 때 작용하는 힘에 대한 설명이 옳은 것은?

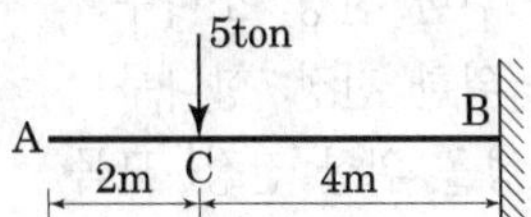

① A~C구간의 전단력이 0이며, B~C구간의 전단력은 −5ton이다.
② B지점의 반력은 수직, 수평반력과 휨모멘트 반력이 작용한다.
③ 휨모멘트의 크기는 10t·m이다.
④ B점의 반력의 크기는 −50ton이다.

해설 캔틸레버보
① 켄틸레버보는 한단이 고정되어 있으므로 반력은 고정단에만 생기고, 하중이 수직방향인 경우 수평반력이 일어나지 않는다. 따라서 B지점의 반력은 수직반력과 휨모멘트 반력이 작용한다.
② B지점의 휨모멘트
- 하향하중일 경우 항상 (−)이다.
- 휨모멘트의 값은 고정지점에서 최대이고, 그 값은 모멘트 반력값과 같다.

$\Sigma M_B = 0 - 4\text{m} \times 5\text{t} + M_B = 0$

$M_B = -20\text{t} \cdot \text{m}$, $R_B = 20\text{t}$

정답 96. ② 97. ② 98. ③ 99. ①

100. 다음 건설재료 중 할증률이 가장 큰 것은?

① 각재 ② 일반용합판
③ 잔디 ④ 경계블록

해설 할증률
① 각재 5% ② 일반용합판 3%
③ 잔디10% ④ 경계블록 3%

■■■ 조경관리론

101. 수목 유지관리 중 정지(training)·전정(pruning)의 목적에 따른 분류가 가장 부적합한 것은?

① 갱신을 위한 전정: 소나무
② 조형을 위한 전정: 향나무
③ 생장조정을 위한 전정: 묘목
④ 개화결실의 촉진을 위한 전정: 매화나무

해설 갱신을 위한 전정
맹아력이 강한 활엽수에 대해 묵을 가지를 잘라주어 새로운 가지가 나오게 함으로써 수목에 활기를 불러 넣어주는 작업으로 팽나무 등에 적용함

102. 조경현장의 근로자가 경련(발작)을 할 때 응급처치 방법으로 옳지 않은 것은?

① 발작이 멈출 때까지 환자를 안전하게 보호해야 한다.
② 환자의 치아 사이로 어떠한 물체도 끼우면 아니 된다.
③ 우선 환자를 붙잡아 2차 상해방지와 경련(발작)이 조기에 진정될 수 있도록 한다.
④ 환자에게 먹을 거나 마실 것을 줘서는 안되지만 환자가 당뇨병 환자라면 환자의 혀 아래 각설탕을 넣는 것은 가능하다.

해설 경련시 환자 주변에 손상을 줄 수 있는 물건은 치워주고, 환자를 억제하거나 억누르려 하지 않는다.

103. 다음 식물의 병·충해 방제 방법이 생태계에 가장 치명적인 해를 주는 것은?

① 기계적 방법에 의한 방제
② 생물적 방법에 의한 방제
③ 재배적 방법에 의한 방제
④ 화학적 방법에 의한 방제

해설 화학적 방제의 특징
- 살충제, 살균제, 제초제 등 농약에 의한 방제법으로 그 효과가 정확하고 빨라서 초기에 피해 방지가 가능하며 구입이 용이하고 방제기구도 잘 발달되어 있어 비교적 적은 노력으로 사용이 가능함
- 생태계에 미치는 피해에는 천적을 비롯한 유용생물에 미치는 영향과 방제 후 해충밀도의 급격한 회복에 의한 피해의 재발 및 저항성해충의 출현, 2차 해충문제 등의 부작용이 우려됨

104. 이식에 적합한 조경수의 상태로 가장 거리가 먼 것은?

① 뿌리가 되도록 무성하게 많이 꼬인 수목
② 겨울철에 동아가 가지마다 뚜렷한 수목
③ 성숙 잎의 색이 짙은 녹색이며, 크고 촘촘히 달린 수목
④ 골격지가 적절한 간격의 4방향으로 균형있게 뻗은 수목

해설 바르게 고치면
근원경 5cm 미만의 나근묘일때는 꼬인 뿌리가 없이 뿌리의 뻗음이 좋을수록 유리하다.

105. 다음 중 미량원소(micro element)로만 구성된 것은?

① Fe, Mg, S, Mo, CI
② Fe, B, Zn, Mo, Mn
③ Fe, Si, Cu, S, CI
④ Fe, Ca, Cu, Mo, B

해설 미량원소
Mn, Zn, B, Cu, Fe, Mo, Cl

정답 100. ③ 101. ① 102. ③ 103. ④ 104. ① 105. ②

106. 공정관리를 위한 횡선식 공정표 중 현장 기사들이 주로 사용하고 있으면서 작업소요일수가 명확하게 표시되어 있는 공정표는?

① 절선공정표
② 열기식 공정표
③ 바 차트(Bar Chart)
④ 네트워크 공정표

해설 바챠트
- 용도 : 소교모 간단한 공사, 시급을 요하는 긴급한 공사
- 가로축에 일수를 잡으므로 소요일수 파악함으로 공정별 공사와 전체의 공정시기 등이 일목요연하다.

107. 시설물에 따른 점검 빈도가 적합하지 않은 것은?

① 많은 비가 내린 후 유입토사에 의해 우수배수관의 막힘, 배수 불량 부분의 점검: 필요시 마다
② 관 내의 지하수, 오수 등 침입의 유무 및 관내의 흐름 상태를 점검: 1회/2년
③ U형 측구, V형 배수로 등의 지반 침하가 현저하거나 역구배 및 파손된 장소의 유무 점검: 1회/6개월
④ 운동장 표층의 파손상태, 물웅덩이, 표층의 안정 상태 점검: 1회/6개월

해설 관 내의 지하수, 오수 등 침입의 유무 및 관내의 흐름 상태를 점검 : 6개월/1년

108. 잡초가 발아하기 전에 지표면에 약제를 살포하여 잡초종자를 발아하지 못하게 하거나 발아 직후 어린식물의 생육을 멈추게 하는 제초제를 무엇이라 하는가?

① 선택성 제초제 ② 토양처리 제초제
③ 경엽처리 제초제 ④ 비선택성 제초제

해설 제초제의 처리방법에 따른 분류

토양처리 제초제	·초기 제초제 ·잡초가 발생하기 전에 토양에 처리하여 발아를 억제하는 제초제
토양 및 경엽처리 제초제	·잡초발생의 억제 및 이미 발생된 잡초를 고사시킴
경엽처리 제초제	·후기 제초제 ·잡초의 생육이 진전된 상태에서 사용

109. 다음 중 토성별 단위 g당 토양의 공극량(%)이 가장 큰 것은?

① 사토 ② 사양토
③ 미사질 양토 ④ 식토

해설 토양 공극량
- 입자의 크기 작을수록 입자의 부피보다 공간의 부피가 상태적으로 많아지므로 공극량도 커지고 함수율도 높아진다.
- 40(사토) < 43(사양토) < 47(양토) < 50(미사질양토) < 55(식양토) < 58(식토)

110. 토양 pH가 높을 때 식물에 의한 흡수가 가장 어려운 성분은?

① Mo ② Fe
③ Ca ④ S

해설 토양의 pH가 높을 때(염기성, 알칼리성토양) 철, 아연, 망간, 구리, 붕소와 같은 미량원소 결핍을 보인다.

정답 106. ③ 107. ② 108. ② 109. ④ 110. ②

111. 작업자가 업무에 기인하여 사망, 부상 또는 질병에 이환되지 않는 "무재해" 이념의 3원칙에 해당하지 않는 것은?

① 무(Zero)의 원칙 ② 선취의 원칙
③ 관리의 원칙 ④ 참가의 원칙

해설 무재해운동 3대원칙
- 무(Zero)의 원칙: 근원적으로 산업재해를 없애는 것이며 "0"의 원칙
- 선취의 원칙: 무재해를 실현하기 위해 일체의 위험요인을 사전에 발견, 파악, 해결하여 재해를 예방하거나 방지하기 위한 원칙
- 참가의 원칙: 근로자 전원이 참석하여 문제해결 등을 처리하는 원칙

112. 골프장 잔디의 관수와 관련된 설명이 옳은 것은?

① 가능한 한 심층관수 하되 자주하지 않는다.
② 기상조건에 관계없이 관개계획을 수립한다.
③ 관수 소모량의 120%를 관수하여 위조를 막는다.
④ 실린지(Syringe) 효과를 위해 잔디와 토양이 모두 충분히 젖도록 살수한다.

해설 잔디 관수
- 심층관수가 바람직하다.
- 기상조건을 고려하려 관개계획을 수립한다.
- 관수 소모량의 80%를 관수하여 위조를 방지한다.
- Syringe는 여름 고온시 기후가 건조할 때 잔디 표면 근처에 소량을 물을 분무해 주어 온도를 낮추는 방법을 말한다.

113. 도시공원녹지(U)와 자연공원(N) 관리특성상 가장 큰 차이점은?

① U는 자원의 보전보다는 이용자의 레크레이션 요구도에 집착한다.
② U는 이용관리적 측면이, N은 시설관리적 측면이 우선된다.
③ U는 안전하고 쾌적한 이용의 극대화를 목표로 하며 N은 상대적으로 자연자원의 보존이 고려되어야 한다.
④ 레크레이션 경험의 창출을 위해 U와 N은 모두 서비스(service) 관리에 주력해야 한다.

해설 도시공원녹지와 자연공원의 관리 개념
- 도시공원녹지 : 이용자의 레크레이션 경험의 질 유지에 중점
- 자연공원녹지 : 자원의 보전과 보호를 우선적으로 하며, 이용에 따른 영향을 최소화하려는 관리계획

114. 운영관리 계획에서 양적(量的)인 변화에 적합하지 않은 것은?

① 간이화장실의 증설량
② 고사목, 밀식지의 수목제거
③ 이용자 증가에 따른 출입구의 임시 개설
④ 잔디블럭으로 포장된 주차공간의 도입

해설 운영관리계획의 양적 변화
- 부족이 예측되는 시설의 증설(출입구, 매점, 화장실, 음수대, 휴게시설 등)
- 이용에 의한 손상이 생기는 시설물의 보충(잔디, 벤치, 울타리 등의 모든 시설물)
- 내구연한이 된 각종 시설물, 군식지의 행태적 조건에 따른 갱신

115. 품질관리(QC)의 목표로 가장 거리가 먼 것은?

① 자기개발 ② 불량률의 감소
③ 고급품의 생산 ④ 생산능률의 향상

해설 품질관리
- 품질관리 수요자의 요구에 맞는 품질의 제품을 경제적으로 만들어내기 위한 모든 수단의 체계
- 생산능률의 향상, 불량률의 감소, 품질유지, 품질향상, 품질보증

정답 111. ③ 112. ① 113. ③ 114. ④ 115. ①

116. 기주 범위가 가장 넓은 다범성 병균은?

① 녹병균
② 잎마름병균
③ 버즘나무 탄저병균
④ 아밀라리아뿌리썩음병균

해설 아밀라리아뿌리썩음병(Armillaria root rot)
- 아밀라리아속의 몇몇 종들이 일으키는 수목 뿌리병을 말하며, 전 세계적으로 한대, 온대, 열대 지방의 자연림과 조림지에서 자라는 침엽수와 활엽수 모두에 가장 큰 피해를 주는 산림병해
- 방제법: 병원체의 자실체는 발견 즉시 제거하고, 병든 뿌리는 뽑아서 태우며, 병든 식물의 주위에 깊은 도랑을 파서 균사가 전파되는 것을 방지함, 발생된 곳에서는 수년간 임목의 식재를 피하며 지속적인 예찰 조사에 의한 초기 발견이 매우 중요하다.

117. 탄질비가 20인 유기물의 탄소 함량이 60%이면 질소 함량은?

① 1.2% ② 3.0%
③ 8.0% ④ 12%

해설 C/N율(탄질률)
- 탄질률이 높은 경우에는 분해에 관여하는 미생물의 활동력이 매우 왕성하고, 질소의 요구량이 커지는데, 암모니아는 거의 생성되지 않아 질소화작용에 의한 질소 축적도 일어나지 않는다.
- 60/N =20 이므로 N=3%

118. 해충의 주화성(走化性)을 이용하는 약제는?

① 유인제 ② 해독제
③ 훈연제 ④ 생물농약

해설 주화성(走化性, chemotaxis)
해충 등이 화학물질의 농도의 차가 자극이 되어 일어나는 주성으로 농도가 높은 쪽을 향하는 것을 양의 주화성(유인제), 낮은 쪽으로 향하는 것을 음의 주화성(기피제)이라고 한다.

119. 조경 수목의 재해방지 대책을 위한 관리 작업에 해당하지 않는 것은?

① 침수 상습 지대는 수목 주위에 배수로를 설치해 준다.
② 태풍에 쓰러진(도복) 수목은 뿌리를 보호한 후 재활용을 위해 가을까지 그대로 둔다.
③ 강설 중이나 직후에는 수관에 쌓인 눈을 즉시 제거해 줌으로서 가지를 보호한다.
④ 태풍, 강풍의 예상시기에는 수목에 지주목이나 철선 등을 묶어 도복을 방지한다.

해설 태풍에 쓰러진 수목은 즉시 제거해준다.

120. 멀칭(Mulching)의 효과에 해당되지 않는 것은?

① 토양수분 유지 ② 토양비옥도 증진
③ 토양구조 개선 ④ 토양 고결화 촉진

해설 멀칭 효과
토양수분유지, 수분손실방지, 잡초발생억제, 토양구조개선, 토양온도조절, 토양 고결화억제, 병충해발생억제 등

정답 116. ④ 117. ② 118. ① 119. ② 120. ④

■■■ 조경사

1. 브라질 리오데자네이로 코파카바나 해변의 프로메나드를 남미의 문양으로 조성한 조경가는?

① 프레데릭 로우 옴스테드(F. L. Olmsted)
② 카일리(Daniel urban Kiley)
③ 벌 막스(Roberto Burle Marx)
④ 바라간(Luis Barragan)

해설 벌 막스
- 브라질 작가
- 남미의 향토식물을 적극적으로 조경수로 활용, 풍부한 색채구성, 지피류와 포장 물의 구성을 통한 패턴의 창작 등 자유로운 구성을 하고 있다.

2. 영국 풍경식 정원 양식의 대표적인 정원인 Stowe Garden과 가장 거리가 먼 사람은?

① Charles Bridgeman
② William Kent
③ Humphry Repton
④ Lancelot Brown

해설 Stowe Garden
브릿지맨 정원 설계 → 켄트와 브라운 공동 수정 → 브라운 개조

3. 다음 중 바로크식의 탄생에 가장 큰 영향력을 미친 수법은?

① Raffaelo의 수법
② Michelangelo의 수법
③ Medici家의 인본주의 수법
④ Bramante의 노단 건축식 수법

해설 바로크양식
- 미켈란젤로에 의해 시작
- 카톨릭 신앙, 절대주의 국가, 과학의 새로운 역할 속에서 잉태된 양식으로 1600~1750년대까지 풍미한 양식이다.
- 조경분야에서 보다 건축 · 조각 등에서 발달하였고 1544년 미켈란젤로가 로마의 Capitol을 시작으로 양식이 시작되어 베르니니에 의해 절정을 이루었다.

4. 삼국시대의 대표적인 궁궐을 올바르게 연결한 것은?

① 고구려 – 국내성
② 백제 – 안학궁
③ 신라 – 한산성
④ 백제 – 월성

해설 바르게 고치면
- 백제 – 한산성
- 신라 – 월성(안학궁)

5. 한국의 거석문화를 설명한 것 가운데 적절하지 못한 것은?

① 선돌은 전국적으로 분포한다.
② 고인돌은 신석기시대 때 발달한 분묘이다.
③ 고인돌의 양식은 북방식과 남방식이 있다.
④ 선돌은 종교적 의미를 가진 원시 기념물이다.

해설 한국의 거석문화
- 청동기시대부터 분묘가 나타나기 시작하였다.
- 학술적으로 돌멘(dolmen)이라 불리는 고인돌은 지석묘라고도 하는데 우리나라 동북부의 일부를 제외한 전역에 거쳐 분포해 있다.
- 원시시대 사람들의 영혼불멸사상과 악령에 대한 공포에서 만들어진 기념물이다.
- 형식

북방식	형체가 크고 보통 4개의 두꺼운 돌판을 세워 돌방을 만들고, 그 위에 넓고 두꺼운 돌을 덮어 완성한 무덤
남방식	무덤이 지하로 들어가고 여러 개의 받침돌이나 돌무지로 덮개돌을 받친 형태로 고인돌이 땅 위로 드러나지 않고 위에 뚜껑돌만 노출되어 있다.

정답 1. ③ 2. ③ 3. ② 4. ① 5. ②

6. 아고라(Agora)의 기능과 가장 거리가 먼 것은?

① 토론　② 시장
③ 선거　④ 전시회

해설 아고라
고대 그리스의 각 도시국가에 만들어진 광장은 시민들이 토론, 선거를 하는 장소, 시장의 기능을 하고 있다.

7. 르네상스 시대의 조경양식에 영향을 미친 예술사조의 순서가 맞게 기술된 것은?

① 매너리즘 → 바로크 → 고전주의
② 바로크 → 고전주의 → 매너리즘
③ 고전주의 → 매너리즘 → 바로크
④ 바로크 → 매너리즘 → 고전주의

해설 시대사조의 변천
고전주의 → 매너리즘 → 바로크양식 → 로코코양식 → 신고전주의 → 낭만주의

8. 세계에서 가장 오래된 조경유적이라고 하는 델엘바하리 신전과 관계없는 것은?

① 핫셉수트여왕
② 태양신 아몬
③ 향목(insence tree)
④ 시누헤 이야기

해설 델엘 바하리의 하셉수트 여왕의 장제신전
- 현존하는 최고(最古)의 정원 유적으로 건축가 센누트가 설계하였다.
- 하셉수트 여왕이 Amen신을 모신 곳으로 여왕의 공적을 PUNT의 보랑벽화에서는 노예들이 외국에서 큰 수목(향목)을 운반하는 모습, 수목을 정성스럽게 뿌리돌림 한 모습들을 볼 수 있다.

9. 문헌상에 기록으로 나타난 고려 예종 때 궁궐에 설치된 화원(花園)에 대한 설명으로 틀린 것은?

① 송나라 상인으로부터 화훼를 구입하였다.
② 궁의 남, 서쪽 2군데 설치하였다.
③ 담장으로 둘러싸인 공간이다.
④ 누각과 연못을 만들어 감상하였다.

해설 고려시대 화원
- 예종 때 궁 남서쪽 2곳에 화원을 설치하였다.
- 화원이란 명칭은 중국의 궁궐 내 건물이나 담으로 둘러싸인 공간을 이용한 꾸민 정원을 말한다.
- 「고려사」에 의하면 내시들이 왕에게 아첨하기 위해 민가의 화초를 거두어 화원에 옮겨 심었으나 부족하여 송나라 상인들에게 사들였다. 비용을 함부로 사용하는 등 물의가 일어나 결국 폐하게 되었다는 기록이 남아있다.

10. 다음 조경가와 작품의 연결이 옳은 것은?

① 조셉팩스톤 – 버컨헤드 공원
② 몽빌남작 – 히드 코트 영지
③ 메이저 로렌스 존스톤 – 레츠광야
④ 윌리엄 챔버 – 테라스 가든

해설 조셉팩스턴
- 젊은시절부터 정원사로 활동했으며, 영국 최고의 원예가이자 생물학자이다.
- 대표적작품으로는 수정궁(Crystal palace,1851년), 비큰히드 파크, 리버풀 Prince's Park 설계하였다.

정답 6. ④　7. ③　8. ④　9. ④　10. ①

11. 고려시대의 조경에 관한 설명으로 옳지 않은 것은?

① 수창궁 북원에는 내시 윤언문이 괴석으로 쌓은 가산과 만수정이 있었다.
② 태평정경원에는 옥돌로 쌓아 올린 환회대와 미성대가 있고, 괴석으로 쌓은 가산이 있었다.
③ 기홍수의 퇴식재 경원에는 방지인 연의지가 있고 척서정과 녹균헌과 같은 건축물이 있었다.
④ 수다사의 하지나 문수원(청평사)의 남지(영지)는 모두 네모 형태이다.

해설 기홍수의 퇴식정의 연의지는 곡지의 형태로 조성해 연꽃을 심어 감상한 장소이다.

12. 강한 축선은 없으나 노단과 캐스케이드 등이 이탈리아 르네상스 시대의 빌라정원에 영향을 준 것은?

① 타지마할 ② 알카자르
③ 알함브라 ④ 헤네랄리페

해설 스페인의 헤나랄리페(제네랄리페) 이궁
- 그라나다 왕들의 피서를 위한 은둔처
- 경사지에 계단식처리와 기하학적인 구조로 노단 건축식의 시초로 이탈리아 15·16세기 르네상스 시대 빌라에 영향을 주었다.

13. 건륭화원(乾隆花園)의 설명으로 맞는 것은?

① 3개의 단으로 이루어진 전통적 계단식 경원 이다.
② 제1단은 석가산을 이용하여 자연의 웅장함을 갖게 하였다.
③ 제2단은 인공 연못을 조성하여 심산유곡을 상징화 하였다.
④ 제3단은 석가산위에 팔각문이 달린 죽향관을 세웠다.

해설 건륭화원(乾隆花園)
- 자금성내 영수궁 내전 서쪽편에 너비 37m 길이 16m에 이르는 기다란 토지에다 계단식 화원을 만들었다.
- 5개의 단으로 이루어진 화원은 꽃을 중심으로 하는 정원이라기 보다는 괴석으로 이루어진 석가산과 여러 건축물로 이루어진 입체공간이며 전체적으로 리듬감을 주고 있다.

제1단	석가산 중심이며 암석 위에 5개의 정자가 세워져 있고 개오동나무, 측백나무등이 자람
제2단	수초당을 중심으로 하는 삼합원(三合院)이 있으며 회랑 안에 꽃나무를 배치
제3단	단 전체에 산석(山石) 배치하여 깊은 산속의 느낌을 갖게 한다. 동쪽에는 용수정, 이선천, 삼우헌이 있으며 서쪽에는 장취루 북에는 췌상루가 세워짐
제4단	췌상루를 지나 올라오면 높이 22m의 2층 건물인 부망각 앞에 둥근 모양의 별과정과 소 비홍교(작은 무지개 다리)가 있는데 정자는 바위 위에 세워져 있으며 괴석으로 둘러쌓여 있다.
제5단	부망각을 지나면 나타나는 마지막 지역으로 석가산 위에 팔각문이 달린 죽향관이 세워져 있으며 그 북쪽에 권근재가 있다.

14. 도시조경과 여가활동을 목적으로 독일의 "루드 비히 레서"가 제안한 것은?

① 폴크스파르크 ② 분구원
③ 도시림 ④ 전원풍경

해설 볼크 파크(Volk Park)
- 루드비히 레서 제창
- 인구 50만 이상의 도시의 백화점식 공원
- 전국민의 공원, 남녀노소가 심신을 단련할 수 있고 휴식을 할 수 있는 녹지

정답 11. ③ 12. ④ 13. ② 14. ①

15. 지형의 고저차를 이용하여 옹벽 겸 화단을 겸하게 한 한국 전통 조경의 대표적 구조물은?

① 취병 ② 화오
③ 화계 ④ 절화

해설 화계
풍수지리설에 영향으로 택지선정시 제약을 받아 구릉과 연계된 부지를 택하였을 때 후원에 화계를 만들고 수목이나 괴석 등으로 조성하였다.

16. 도시미화운동(City Beautiful Movement)이 부진했던 가장 큰 이유는?

① 많은 도심 축과 녹음도로의 설치
② 지나치게 웅장하고 고전적인 건물군 계획
③ 도심지 재개발에 대한 주민의 반발
④ 장식수단에 의존한 획일화된 연출

해설 도시미화운동의 부진했던 원인
- 미에 대한 인식의 오류
- 도시미화운동이 도시개선과 장식의 수단으로 사용된 잘못과 디자인에 있어서의 절충주의적 영향이 강하게 지배하게 되었다.

17. 다음 설명과 일치하는 일본정원의 양식은?

> 불교 선종의 수행 방법 중의 하나인 차를 마시는 법의 영향을 받았으며, 제한된 공간 속에 산골의 정서를 담고자 하여 비석(飛石), 수통(水樋), 마른 소나무 잎, 석등·석탑이 구성요소이다.

① 다정(茶庭) 양식
② 고산수(枯山水) 양식
③ 침전조(寂殿造) 양식
④ 회유식(回遊式) 양식

해설 다정의 구성요소
- 비석(飛石) : 보행로로서의 포장석 배치
- 수통(水樋) : 다실로 들어가기 전에 심신을 정화시키는 장치
- 석등 : 불교에서 어둠을 밝힘

18. 강호(에도)시대 이도헌추리의 "축산정조전 후편"에서 밝힌 정원 형식이 아닌 것은?

① 축산 ② 계간
③ 평정 ④ 노지정

해설 축산정조전 후편
- 상·중·하로 구성
- 정원의 종류를 축산·평정·노지로 분류하고 이것을 다시 진(眞), 행(行) 초(草)로 나눈 후 각각을 상세히 그림으로 풀어 설명하고 있다.

19. 우리나라 최초의 정원에 관한 기록이 실린 서적 명칭은?

① 대동사강 ② 삼국사기
③ 삼국유사 ④ 산림경제

해설 대동사강
- 대동사강(大東史綱) 제1권 단씨조선기(檀氏朝鮮紀)에 기록
- 노을왕이 유(囿)를 조성하여 짐승을 키웠다는 기록이 정원에 관한 최초의 기록

20. 석재 점경물의 명칭과 용도가 틀린 것은?

① 석분(石盆) – 괴석을 받치는 작은 돌그릇
② 석가산(石假山) – 인공석을 쌓아 산을 표현
③ 대석(臺石) – 해시계, 화분 등의 받침돌
④ 석연지(石蓮池) – 넓고 두터운 돌을 큰 수조 처럼 다듬어 작은 연지, 어항으로 사용

해설 석가산
여러개의 경석, 괴석, 평석 등을 쌓아 산의 형태를 축소·재현한 점경물로 주로 자연석인 화강암을 이용한다.

정답 15. ③ 16. ④ 17. ① 18. ② 19. ① 20. ②

■■■ **조경계획**

21. 다음에 해당하는 용도지역의 녹지지역은?

> 도시의 녹지공간의 확보, 도시확산의 방지, 장래 도시용지의 공급 등을 위하여 보전할 필요가 있는 지역으로서 불가피한 경우에 한하여 제한적인 개발이 허용되는 지역

① 공원녹지지역 ② 보전녹지지역
③ 생산녹지지역 ④ 자연녹지지역

해설 용도지역 상 녹지지역 구분

- 자연환경·농지 및 산림의 보호, 보건위생, 보안과 도시의 무질서한 확산을 방지하기 위하여 녹지의 보전이 필요한 지역
- 구분

보전녹지 지역	도시의 자연환경·경관산림 및 녹지공간을 보전할 필요가 있는 지역
생산녹지 지역	주로 농업적 생산을 위하여 개발을 유보할 필요가 있는 지역
자연녹지 지역	도시의 녹지공간의 확보, 도시확산의 방지, 장래 도시용지의 공급 등을 위하여 보전할 필요가 있는 지역으로서 불가피한 경우에 한하여 제한적인 개발이 허용되는 지역

22. 조경계획, 생태계획, 환경계획의 과정에서 생태학적 원리와 생태계의 이론을 응용하고, 생태적 관심을 정책결정에 반영할 수 있는 접근방법이 아닌 것은?

① 환경영향평가
② 토지가격의 분석
③ 생태계 구성 요소 간 상호관계 파악
④ 환경의 기능과 서비스의 화폐가치 환산

해설 생태학적 접근 방법

- 생태적 질서 및 환경의 역사적 형성과정을 파악
- 공간계획으로 인한 주변 환경의 환경영향평가
- 환경을 통해 제공받는 서비스의 화폐가치

23. 뉴먼(Newman)은 주거단지 계획에서 환경심리학적 연구를 응용하여 범죄 발생률을 줄이고자 하였다. 뉴먼이 적용한 가장 중요한 개념은?

① 혼잡성(crowding)
② 프라이버시(privacy)
③ 영역성(territoriality)
④ 개인적 공간(personal space)

해설 뉴먼

- 영역성에 관한 연구
- 아파트 주변의 범죄발생율이 높은 이유를 연구
- 1차적 영역만 존재하고 2차적 및 공적 영역의 구분이 없음이 범죄발생의 원인임을 파악하고 2차적 영역과 공적영역을 환경설계를 통해 범죄의 발생을 줄였다.

24. 다음 중 조경계획 진행시 인문·사회환경 조사 항목이 아닌 것은?

① 식생 ② 교통
③ 토지이용 ④ 역사적 유물

해설
- 자연환경조사 항목 : 토양, 지형, 지질, 식생, 수문, 야생동물, 기후
- 인문·사회환경조사 항목 : 인구, 토지이용조사, 교통조사, 시설물조사, 역사적 유물조사, 인간행태

25. E. Howard 에 의해 창안된 전원도시의 구성 조건이 아닌 것은?

① 도시의 계획인구는 3~5만 정도로 제한
② 주변 도시와 연계한 전기, 철도 등의 기반시설을 유입하여 공유자원으로 활용
③ 도시의 주위에 넓은 농업지대를 포함하여 도시의 물리적 확장을 방지하고 중심지역은 충분한 공지를 보유
④ 도시성장과 번영에 의한 개발이익의 일부는 환수하며 계획의 철저한 보존을 위해 토지를 영구히 공유화

해설 바르게 고치면
상·하수도, 전기, 가스, 철도 등 공공 공급시설은 도시 자체에서 해결하도록 한다.

정답 21. ④ 22. ② 23. ③ 24. ① 25. ②

26. 경부고속도로와 중앙고속도로가 서로 교차하는 고속도로 분기점에 가장 이상적인 형태는?

① 클로버형　　② 트럼펫형
③ 다이아몬드형　　④ 직결 Y형

해설 인터체인지의 유형
- 클로우버형 : 교차하는 본선 A-A′, B-B′의 교통량이 비등한 경우에 쓰이며 넓은 면적이 필요하다.
- 트럼펫형 : 본선 A-A′에 대해 출입구 B의 교통량이 적은 경우에 쓰인다.
- 다이아몬드형 : 본선 A-A′에 대해 B-B′의 교통량이 적은 경우에 쓰인다. B-B′의 평면교차가 생겨나지만 소요면적은 가장 적다.
- Y형 : 본선 A-A′, A-B, A′-B상호간의 접근이 일어난다.

→ 경부고속도로와 중앙고속도로는 교통량이 비등하므로 가장 이상적인 형태는 클로버형이 된다.

27. 「도시공원 및 녹지 등에 관한 법률」 상 녹지를 그 기능에 따라 세분하고 있는데, 그 분류에 해당하지 않는 것은?

① 완충녹지　　② 연결녹지
③ 경관녹지　　④ 보완녹지

해설 「도시공원 및 녹지 등에 관한 법률」 상 녹지

구분	내용
완충녹지	대기오염·소음·진동·악취 그 밖에 이에 준하는 공해와 각종 사고나 자연재해 그 밖에 이에 준하는 재해 등의 방지를 위하여 설치하는 녹지
경관녹지	도시의 자연적 환경을 보전하거나 이를 개선하고 이미 자연이 훼손된 지역을 복원·개선함으로써 도시경관을 향상시키기 위하여 설치하는 녹지
연결녹지	도시 안의 공원·하천·산지 등을 유기적으로 연결하고 도시민에게 산책공간의 역할을 하는 등 여가·휴식을 제공과 생태통로의 기능을 하는 선형(線型)의 녹지

28. 다음 설명에 해당하는 표지판의 종류는?

> - 공원 내 시야가 막히거나 동선이 급변하는 지점에 설치하고 세계적 공용문자를 사용
> - 개별단위의 시설물이나 목표물의 방향 또는 위치에 관한 정보를 제공하여 목적하는 시설 또는 방향으로 안내하는 시설

① 안내표지　　② 해설표지
③ 유도표지　　④ 주의표지

해설 표지판의 종류
- 유도표지시설 : 개별 단위의 시설물이나 목표물의 방향 또는 위치에 관한 정보를 제공하여 시설 또는 방향으로 유도
- 해설표지시설 : 개별단위시설의 정보해설의 표지시설물로서 시설에 대한 자세한 정보를 담고 있는 표지시설
- 안내표지시설 : 공원, 공공주택단지 등에서 정보를 종합적으로 안내하는 표지시설

29. 「도시 및 주거환경정비법」에서 정비사업으로 포함되지 않는 것은?

① 재개발사업
② 재건축사업
③ 주거환경개선사업
④ 공공시설정비사업

해설 「도시 및 주거환경정비법」에서 정비사업
- 정비사업 : 도시기능을 회복하기 위하여 정비구역에서 정비기반시설을 정비하거나 주택 등 건축물을 개량 또는 건설 사업
- 해당 사업 : 주거환경개선사업, 재개발사업, 재건축사업

정답 26. ① 27. ④ 28. ③ 29. ④

30. 환경용량(Environmental Capacity)의 개념을 설명한 것 중 가장 거리가 먼 것은?

① 성장의 한계를 우선적으로 전제한다.
② 재생가능한 자연자원이 지탱할 수 있는 유기체의 최대 규모를 말한다.
③ 비가역적인 손상을 자연시스템에게 가하는 인간 활동의 한계를 의미한다.
④ 다른 조건이 동일하다면 더 넓고 자연자원이 적을수록 더 큰 환경용량을 가진다.

해설 환경용량
- 일정한 지역에서 환경오염 또는 환경훼손에 대하여 환경이 스스로 수용, 정화 및 복원하여 환경의 질을 유지할 수 있는 한계
- 자연이 잠식되지 않으면서 계속 생산해낼 수 있는 서비스의 최대 생산용량

31. 주택의 배치 시 쿨데삭(Cul-de-sac) 도로에 의해 나타나는 특징이 아닌 것은?

① 주택이 마당과 같은 공간을 둘러싸는 형태로 배치된다.
② 주민들 간의 사회적인 친밀성을 높일 수 있다.
③ 통과교통이 출입하지 않으므로 안전하고 조용한 분위기를 만들 수 있다.
④ 보행 동선의 확보가 어렵고, 연속된 녹지를 확보하기 어려운 단점이 있다.

해설 쿨데삭(Cul-de-sac) 도로
- 통과교통이 없어 주거공간의 안전성 확보
- 주민들간의 사회적·행태적 친밀도가 높아짐
- 마당과 같은 공간을 중심으로 둘러싸여짐

32. 「도시공원 및 녹지 등에 관한 법률」 상 도시 공원 안에 설치할 수 있는 공원시설의 부지면적은 당해 도시공원의 면적에 대한 비율로 규정하고 있는데 그 기준이 틀린 것은?

① 어린이공원: 100분의 60이하
② 근린공원: 100분의 30이하
③ 묘지공원: 100분의 20이상
④ 체육공원: 100분의 50이하

해설 근린공원: 100분의 40이하

33. 테니스장 계획·설계의 내용 중 ( ) 안에 적합 한 것은?

테니스장의 코트 장축의 방위는 ( )방향을 기준으로 5~15° 편차 내의 범위로 하며, 가능하면 코트의 장축 방향과 주 풍향의 방향이 일치하도록 계획한다.

① 정동-서　　② 북동-남서
③ 북서-남동　　④ 정남-북

해설 테니스장 배치
- 코트 장축의 방위 : 정남-북을 기준으로 동서 5~15° 편차 내의 범위, 가능하면 코트의 장축 방향과 주 풍향의 방향이 일치하도록 한다.
- 일광이 좋고 배수가 양호하며, 지하수위가 높지 않은 곳에 위치하며, 코트 주위에 잔디나 식수대를 효과적으로 배치한다.
- 코트 뒤편에 흰색계열의 건물이나 보행자 도로, 차도 등 움직이는 물체가 없도록 한다.

34. 생태 네트워크 계획에서 고려할 주요 사항과 가장 거리가 먼 것은?

① 환경학습의 장으로서 녹지 활용
② 경제효과를 기대할 수 있는 녹지 공간 구상
③ 생물의 생식·생육공간이 되는 녹지의 확보
④ 생물의 생식·생육공간이 되는 녹지의 생태적 기능의 향상

정답 30. ④ 31. ④ 32. ② 33. ④ 34. ②

해설 생태네트워크(ecological network) 계획시 고려사항
- 생태네트워크는 기존에 이루어지던 개별적인 서식처들이나 생물종을 중심으로 하지 않고 지역적 맥락에서 모든 서식처와 생물종의 보전을 목적으로 하는 공간상의 계획을 말한다.
- 다종의 다양한 서식지가 적정하게 배치되고 또 그 연속성이 확보된 생태네트 시스템을 확보해 기능성을 확보하고 환경교육 등의 장으로 활용할 수 있도록 한다.

35. 「자연공원법」상 용도지구를 자연보존 요구도의 크기로 구분할 때 공원자연보존지구와 공원마을지구의 중간에 위치하는 지구는?

① 공원특별보호지역
② 공원자연환경지구
③ 공원자연생태지구
④ 공원자연경관지구

해설 자연보존 요구도
공원자연보존지구>공원자연환경지구>공원마을지구

36. 다음 중 옥상조경 계획 시 반드시 고려해야 할 사항이라고 볼 수 없는 것은?

① 미기후의 변화
② 유출토사 퇴적량
③ 지반의 구조 및 강도
④ 구조체의 방수 및 배수

해설 옥상조경 시 고려 사항
- 하중고려, 옥상 바닥의 보호와 방수
- 식재 토양층의 깊이와 식생의 유지 관리
- 적절한 수종의 선택(관목, 지피 식재를 위주)
- 미기후 등을 완화할 수 있도록 함

37. 조경계획의 설명으로 옳지 않은 것은?

① 부지 이용의 경제적 측면을 주로 강조한다.
② 도면중첩법을 활용하여 토지적합성을 판단한다.
③ 계획부지의 적절한 이용을 제시하거나, 계획된 이용에 적합한 부지를 판단한다.
④ 대단위 부지를 체계적으로 연구하며, 자연과학적, 생태학적 측면을 강조하고, 시각적 쾌적성을 고려한다.

해설 조경계획시 경제성에만 치우치기 쉬운 환경계획을 자연과학적 근거에서 인간의 환경 문제를 파악하고 새로운 환경의 창조를 기여하도록 한다.

38. 이용 후 평가(post occupancy evaluation)의 설명으로 옳지 않은 것은?

① 대상지의 시공 전 환경영향 분석에 관한 설명이다.
② 설계프로그램을 위한 과학적 자료를 제공한다.
③ 과거의 경험을 새로운 프로젝트에 반영시키기 위한 방법이다.
④ 주로 이용자의 행태에 적합하게 설계되었는가를 분석한다.

해설 이용후평가
- 이용자들의 행태에 적합한 공간이 반영되고 있는지 불편함은 없는지를 평가해 환경설계의 과학적 기초가 되는데 목표가 있다.
- 개선안을 마련함과 동시에 다음의 유사한 프로젝트에 기초자료로 이용하고자 한다.

39. 「자연공원법」상 "공원자연보존지구"를 지정하는 이유가 되지 못하는 것은?

① 경관이 특히 아름다운 곳
② 생물다양성이 특히 풍부한 곳
③ 특별히 보호할 가치가 높은 야생 동식물이 살고 있는 곳
④ 보존대상 주변에 완충공간으로 보전할 필요가 있는 곳

해설 공원자연보존지구
- 특별히 보호할 필요가 있는 지역
- 생물다양성이 특히 풍부한 곳
- 자연생태계가 원시성을 지니고 있는 곳
- 특별히 보호할 가치가 높은 야생 동식물이 살고 있는 곳
- 경관이 특히 아름다운 곳

정답 35. ② 36. ② 37. ① 38. ① 39. ④

40. 도시계획시설로 분류되지 않는 것은? (단, 도시·군계획시설의 결정·구조 및 설치기준에 관한 규칙을 적용한다.)

① 교통시설
② 방재시설
③ 주거시설
④ 공공·문화체육시설

해설 도시계획시설의 분류
교통시설, 공간시설, 유통·공급시설, 공공·문화체육시설, 방재시설, 보건위생시설, 환경기초시설

■■■ 조경설계

41. 장애인 등의 통행이 가능한 접근로를 설계하고자 할 때 기준으로 틀린 것은? (단, 장애인·노인·임산부 등의 편의증진 보장에 관한 법률 시행규칙을 적용한다.)

① 보행장애물인 가로수는 지면에서 2.1m까지 가지치기를 하여야 한다.
② 접근로의 기울기는 10분의 1이하로 하여야 한다.
③ 휠체어사용자가 통행할 수 있도록 접근로의 유효폭은 1.2m 이상으로 하여야 한다.
④ 접근로와 차도의 경계부분에는 연석·울타리 기타 차도와 분리할 수 있는 공작물을 설치 하여야 한다.

해설 바르게 고치면
접근로의 기울기는 18분의 1이하로 하여야 한다. 다만, 지형상 곤란한 경우에는 12분의 1까지 완화할 수 있다

42. 해가 지고 주위가 어둑어둑 해질 무렵 낮에 화사하게 보이던 빨간 꽃은 거무스름해져 어둡게 보이고, 그 대신 연한 파랑이나 초록의 물체들이 밝게 보이는 현상을 무엇이라고 하는가?

① 푸르킨예 현상
② 하만 그리드 현상
③ 애브니 효과 현상
④ 베졸드 브뤼케 현상

해설 · 하만 그리드 현상(Hermann Grid Illusion) : 수직 및 수평의 하얀 줄로 구분되는 검은 칸의 격자로, 하얀 줄의 교차지점에 실제로는 없는 회색 점들이 보이는 착시
· 베졸드 브뤼케 현상(Bezold–Brüke effect) : 광이 빛의 강도에 따라 다르게 보이는 현상
· 애브니효과(Abney effect) : 파장이 같아도 색의 채도가 변함에 따라 색상이 변화하는 현상

43. 조경설계기준상의 "놀이시설" 설계로 옳지 않은 것은?

① 안전거리는 놀이시설 이용에 필요한 시설 주위의 이격거리를 말한다.
② 안전접근 높이는 어린이가 비정상적인 방법으로만 오를 수 있는 가장 높은 위치를 말한다.
③ 놀이공간 안에서 어린이의 놀이와 보행동선이 충돌하지 않도록 주보행동선에는 시설물을 배치하지 않는다.
④ 그네 등 동적인 놀이시설 주위로 3.0m 이상, 시소 등의 정적인 놀이시설 주위로 2.0m 이상의 이용공간을 확보하며, 시설물의 이용공간은 서로 겹치지 않도록 한다.

해설 최고 접근높이
정상적 또는 비정상적인 방법으로 어린이가 오를 수 있는 놀이시설의 가장 높은 높이

정답 40. ③ 41. ② 42. ① 43. ②

44. 미기후(micro climate)의 설명으로 옳지 않은 것은?

① 도심은 교외보다 기온이 높다.
② 우리나라는 여름에 남풍이 주로 분다.
③ 북사면은 남사면보다 눈이 오래 남는다.
④ 남향건물의 뒷쪽은 그림자 때문에 일조량이 적다.

해설 미기후와 지역기후
- 미기후 : 계획구역내의 국한된 장소에 나타나는 조사로 태양열·공기유통·안개·서리 등에 관한 사항
- 지역기후 : 계획구역에 속한 지역 전반에 관한 조사로 강우량, 풍향, 풍속 등에 관한 사항

45. 심근성 교목의 A~E 중 B에 해당하는 값은?

토심 \ 식물종류	심근성 교목	
생존최소 토심(cm)	인공토	A
	자연토	B
	혼합토(인공토 50%기준)	C
생육최소 토심(cm)	토양등급 중급 이상	D
	토양등급 상급 이상	E

① 45 ② 60
③ 90 ④ 150

해설

토심 \ 식물종류	심근성 교목	
생존최소 토심(cm)	인공토	60
	자연토	90
	혼합토(인공토 50%기준)	75
생육최소 토심(cm)	토양등급 중급이상	150
	토양등급 상급이상	100

46. 조경설계기준 상 게이트볼장의 설계와 관련된 내용 중 거리가 먼 것은?

① 경기라인 밖으로 2m의 규제라인을 긋는다.
② 라인이란 경계를 표시한 실선의 바깥쪽을 말한다.
③ 게이트는 코트 안의 세 곳에 설치하되 높이는 지면에서 20cm로 한다.
④ 코트의 면은 평활하고 균일한 면을 가지고 있어야 하나, 옥외코트는 0.5%까지의 기울기를 둔다.

해설 게이트볼장 규격
세로 20m×가로 25m 또는 세로 15m×가로 20m, 경기라인 밖으로 1m 규제라인을 긋는다.

47. 그림과 같이 3각법으로 정투상한 도면에서 A에 해당하는 수치는?

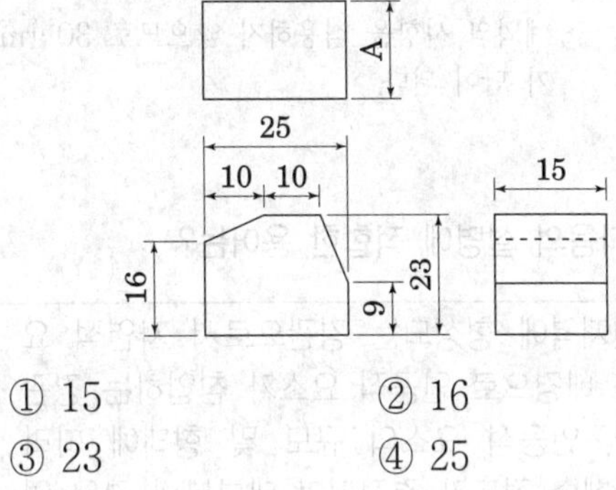

① 15 ② 16
③ 23 ④ 25

해설 3각법
정면도를 중심으로 위에 위치한 도면은 평면도, 우측에 위치한 도면은 우측면도에 해당된다.

정답 44. ② 45. ③ 46. ① 47. ①

48. 「생태숲」이란 자생식물의 현지 내 보전기능을 강화하고, 특산식물의 자원화 촉진과 숲 복원 기법 개발 등 산립생태계에 대한 연구를 위하여 생태적으로 안정된 숲을 말한다. 다음 중 생태숲은 얼마 이상인 산림을 대상으로 지정할 수 있는가? (단, 예외 사항은 적용하지 않는다.)

① 30만 제곱미터
② 50만 제곱미터
③ 80만 제곱미터
④ 100만 제곱미터

해설 생태숲
① 관련법 : 산림보호법
② 지정기준
· 산림생태계가 안정되어 있거나 산림생물의 다양성이 높은 산림으로서 30만m^2 이상
· 「산림문화·휴양에 관한 법률」의 자연휴양림, 「도시숲 등의 조성 및 관리에 관한 법률」 도시숲 등과 잇닿아 있어 교육·탐방·체험 등의 기능을 높일 수 있는 경우에는 20만m^2 이상
→ 예외의 사항을 적용하지 않으므로 30만m^2가 답이 된다.

49. 다음의 설명에 적합한 용어는?

> 자연지역에 형성되는 경관으로서 자연적 요소를 배경으로 인공적 요소가 침입하는 경관이다. 인공적 요소의 규모 및 형태에 따라 경관훼손 정도가 결정되며 대부분의 경우 인공구조물의 침입은 경관의 질을 저하시킨다. 따라서 자연경관 보전 노력이 가장 많이 필요하다.

① 순수한 자연경관 ② 반자연경관
③ 반인공경관 ④ 인공경관

해설 경관유형
· 순수한 자연경관 : 자연지역에 형성되는 경관, 인공적 요소의 침입이 없는 순수한 야생경관
· 반자연경관 : 자연지역에 형성되는 경관으로 자연적 요소를 인공적 요소가 침입하는 경관으로 자연지역의 도로, 교량, 댐 등 대형 토목 구조물 경관 등
· 반인공경관 : 도시지역에 형성되는 경관으로 인공적 요소를 배경으로 자연적 요소가 전경에 위치하는 경관으로 도시내의 위치한 구릉지, 녹지, 하천 등
· 인공경관 : 도시지역에 형성되는 경관으로서 자연 경관요소가 거의 없는 경관 유형으로 시가지 경관(간판, 가로장치물, 상호조화되지 않은 건물)이 해당되면 경관형성 및 관리 방안이 강구되어야 한다.

50. 도면을 제도할 때 2종류 이상의 선이 같은 장소에 겹치게 될 경우 우선 순위로 먼저 그려야 되는 선의 종류는?

① 중심선 ② 치수보조선
③ 절단선 ④ 외형선

해설 2종류 이상의 선이 같은 장소에 겹치게 될 경우 우선 순위
외형선 → 숨은선 → 절단선 → 중심선 → 무게중심선 → 치수보조선

51. 다음 중 치수의 기입, 가공 방법 및 기타의 주의사항 등을 기입하기 위하여 도면의 도형에서 빼내 표시하는 선은?

① 치수선 ② 절단선
③ 가상선 ④ 지시선

해설 · 치수선 : 치수를 기입하기 위한 선(가는 실선)
· 절단선 : 단면도를 그리는 경우 그 절단 위치를 대응하는 도면에 표시하는데 사용(가는 1점 쇄선)
· 가상선 : 기능상·공작상 이해를 돕기 위해 도형을 보조적으로 나타내기 위해 사용(2점쇄선)
· 지시선 : 치수 및 기호를 기입하기 위해 사용(가는 실선)

정답 48. ① 49. ② 50. ④ 51. ④

52. 그림과 같은 정투상도(정면도와 평면도)를 보고 우측면도로 가장 적합한 것은?

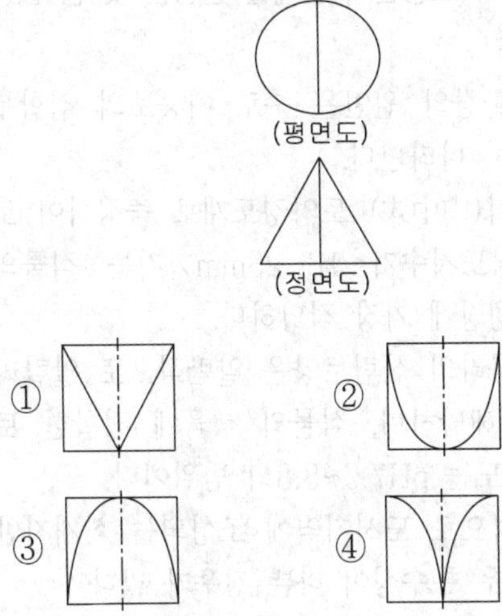

53. 전항에 전전항을 더하여 가는 수열(sequence)로서 황금비를 설명하는 것은?

① 조화수열　② 등비수열
③ 펠의 수열　④ 피보나치수열

해설
- 0, 1, 1, 2, 3, 5, 8, 13, 21, 34.... 이 각 항은 그 전에 있는 2개항의 합한수가 되며 이를 피보나치 급수라고 한다.
- 자연 속의 꽃잎의 수나 해바라기 씨앗의 개수와 일치하고, 앵무조개에서도 찾아볼 수 있다.

54. 주택단지·공공건물·사적지·명승지·호텔 등의 정원에 설치하며, 정원의 아름다움을 밤에 선명하게 보여줌으로써 매력적인 분위기를 연출하는 「정원등」의 세부시설기준으로 틀린 것은?

① 광원이 노출될 때는 휘도를 낮춘다.
② 등주의 높이는 2m 이하로 설계·선정한다.
③ 숲이나 키 큰 식물을 비추고자 할 때에는 아래 방향으로 배광한다.
④ 야경의 중심이 되는 대상물의 조명은 주위보다 몇 배 높은 조도기준을 적용하여 중심감을 부여한다.

해설 바르게 고치면
화단이나 키 작은 식물을 비추고자할 때 아랫방향으로 배광한다.

55. 렐프(Relph)는 장소성을 설명하는 개념으로 내부성과 외부성을 거론한 바 있다. 다음 중 내부성과 관련하여 렐프가 제시한 유형에 해당 하지 않는 것은?

① 직접적 내부성　② 존재적 내부성
③ 감정적 내부성　④ 행동적 내부성

해설 렐프의 장소성
- 내부성, 장소에의 '소속감' 혹은 '일체감'
- 간접적내부성, 행동적내부성, 감정적내부성, 존재적내부성

56. A2(420×594)제도 용지 도면을 묶지 않을 경우 도면에 테두리의 여백은 최소 얼마나 두어야 하는가?

① 5mm　② 10mm
③ 15mm　④ 20mm

해설 제도사항
- 도면은 길이 방향을 좌우 방향으로 놓은 위치를 정 위치로 한다.
- 도면은 10mm 정도의 여백을 줌, 선의 굵기는 설계 내용보다 굵게 친다.

57. 색의 3속성을 나타내는 색입체 표현이 맞는 그림은?

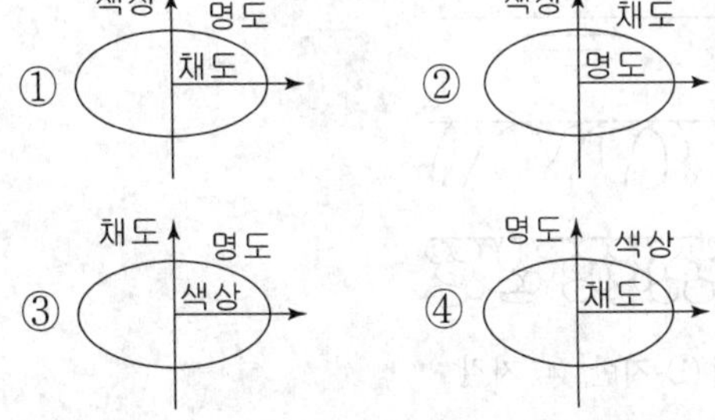

정답 52. ② 53. ④ 54. ③ 55. ① 56. ② 57. ④

해설 멘셀의 표색계
- 색의 3속성(색상, 명도, 채도)를 3차원적 입체로 표현, 세로축에 명도, 주위의 원주상에 색상, 중심의 가로축에서 방상으로 늘이는 축을 채도로 구성한 것이다
- 표기법 : HV/C 순서로 기록.

58. 다양한 구성 요소끼리 하나의 규칙으로 단일화시키는 원리는?

① 대비 ② 통일
③ 연속 ④ 반복

해설 통일성
- 전체를 구성하는 부분적 요소들이 유기적으로 잘 짜여져 통일된 하나로 보이는 것
- 구성요소 : 조화, 균형과 대칭, 강조, 반복

59. 경계석 설치 시 다음 중 그 기능이 가장 약한 것은?

① 차도와 보도 사이
② 차도와 식재지 사이
③ 자연석 디딤돌의 경계부
④ 유동성 포장재의 경계부

해설 경계석은 차도와 다른 공간과의 사이에 설치하거나 유동성 포장재의 경계부에 설치할 때 다른 곳보다는 내구성이 요구된다.

60. 자갈을 나타내는 재료 단면의 표시는?

①
②
③
④

해설 ① 지반, ④ 자갈

■■■ 조경식재

61. 식생과 토양간의 관계를 설명한 것 중 옳지 않은 것은?

① 배수불량의 원인은 주로 이층토의 접합부위에서 나타난다.
② 산중식(山中式) 토양경도계로 측정하여 토양 경도지수가 18~23mm까지는 식물의 근계생장에 가장 적당하다.
③ 우리나라의 산림토양은 일반적으로 알칼리성에 해당하며, 식물의 생육에 적합한 토양 산도는 pH7.6~8.8의 범위이다.
④ 일반적으로 도시지역에 조성되는 식재지반의 경우 투수성이 나쁜 경우가 많다.

해설 바르게 고치면
우리나라의 산림토양은 일반적으로 알칼리성에 해당하며, 식물의 생육에 적합한 토양 산도는 pH5.5~7.0의 범위이다.

62. 일반적인 방풍림에 있어서 방풍효과가 미치는 범위는 바람 아래쪽일 경우 수고(樹高)의 몇 배 거리 정도인가?

① 5~10배
② 15~20배
③ 25~30배
④ 35~40배

해설 방풍효과가 미치는 범위
- 바람의 위쪽에 대해서는 수고의 6~10배, 바람 아래쪽에 대해서는 25~30배 거리, 가장 효과가 큰 곳은 바람 아래쪽의 수고 3~5배에 해당되는 지점으로 풍속 65%가 감소
- 수목의 높이와 관계를 가지며 감속량은 밀도에 따라 좌우됨

정답 58. ② 59. ③ 60. ④ 61. ③ 62. ③

63. 배롱나무(Lagerstroemia indica L.)의 특징으로 옳지 않은 것은?

① 두릅나무과(科)이다.
② 성상은 낙엽활엽교목이다.
③ 줄기는 매끈하고 무늬가 발달하였다.
④ 꽃은 원추화서로 8월 중순에서 9월 중순에 개화한다.

해설 배롱나무 - 부처꽃과

64. 남부 해안지역에 식재할 수 있는 수종으로 가장 거리가 먼 것은?

① 곰솔(Pinus thunbergii)
② 동백나무(Camellia japonica)
③ 산수유(Cornus officinalis)
④ 후박나무(Machilus thunbergii)

해설 남부 해안지역 식재 가능 수종
내염성·내조성을 가진 상록활엽수와 해안 방풍림으로 식재 가능한 곰솔 등이 적합하다.

65. 온대지방 식생분포의 대국(大局)을 결정하는데 가장 큰 영향을 미치는 환경 요인은?

① 기후요인과 최저온도
② 지형요인과 풍향
③ 토지요인과 강우량
④ 생물요인과 최고온도

해설 식생분포에 큰 영향을 미치는 환경요인은 기후와 겨울의 냉온이다. 식물에게는 발아와 생장, 개화 결실하는 적합한 온도 있어 이런 적산온도가 생육에 큰 영향을 준다.

66. 다음 중 낙엽활엽관목에 해당되는 수종은?

① 황매화(Kerria japonica)
② 송악(Hedera rhombea)
③ 모람(Ficus oxyphylla)
④ 남오미자(Kadsura japonica)

해설 송악, 모람, 남오미자 : 상록활엽덩굴

67. 가로수의 목적 및 갖추어야 할 조건으로 옳지 않은 것은?

① 병·해충에 잘 견디고 쾌적감을 줄 것
② 도로의 미화를 위해 상록수일 것
③ 이식과 전지에 강한 수종일 것
④ 지역적, 역사적 특성과 향토성을 풍기고 공해에 잘 견딜 것

해설 가로수 식재 수종
- 공해와 병충해에 강한 것, 수간이 곧은 정형수, 생장력이 빠르고 적응력이 강한수종
- 여름철에는 녹음을 주며, 겨울엔 일조량을 채워줄 수 있는 수종, 지방의 향토성 수종이 적합

68. 아조변이 된 식물, 반입식물을 번식시키는 방법으로 적당하지 못한 것은?

① 삽목 ② 실생
③ 접목 ④ 취목

해설 아조변이
- 생장 중의 가지 및 줄기의 생장점의 유전자에 돌연변이가 일어나 두셋의 형질이 다른 가지나 줄기가 생기는 것을 말한다.
- 변이된 부분을 접붙이기나 꺾꽂이 등으로 영양번식시키면 모주(母株)와는 전혀 형질이 다른 개체를 얻을 수 있다

정답 63. ① 64. ③ 65. ① 66. ① 67. ② 68. ②

69. 그림과 같은 식재설계 시 경관목(景觀木)의 위치로 가장 적합한 것은?

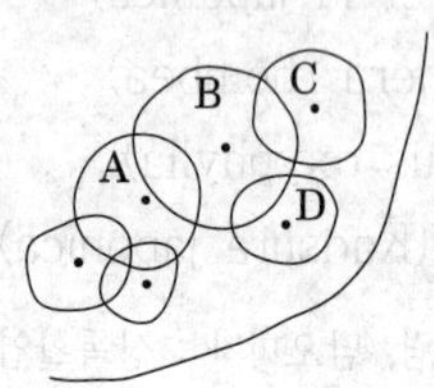

① A ② B
③ C ④ D

해설 경관목
그루수에 관계없이 경관의 중심적 존재가 되어 경관을 지배하는 나무를 말한다.

70. 다음 중 양수들로만 짝지어진 수목은?

① 낙엽송, 소나무, 자작나무
② 태산목, 구상나무, 꽝꽝나무
③ 개비자나무, 회양목, 팔손이
④ 독일가문비나무, 아왜나무, 미선나무

해설 양수
- 동화효율이 낮아 충분한 광선 하에서만 생육할 수 있는 수종
- 소나무, 메타세콰이어, 일본잎갈나무, 삼나무, 측백나무, 가이즈까향나무, 플라타너스, 단풍나무, 느티나무, 자작나무 등에 해당된다.

71. 식생조사 및 분석에서 두 종의 종간관계를 유추하기 위하여 종간결합을 조사하는 과정을 순서에 맞게 나열한 것은?

> A. x^2을 계산한다.
> B. 2×2 분할표를 작성한다.
> C. 양성, 음성 혹은 기회 결합인지 판단한다.
> D. 알맞은 크기의 방형구를 100개 이상 설치하여 두 종의 존재 여부를 기록한다.

① B→A→D→C ② B→D→A→C
③ D→B→A→C ④ D→A→B→C

해설 식물사회네트워크 분석과정
- 생물적·비생물적 요소에 의해 형성되는 식물군락(plant community)을 대상으로 식물의 군락구분과 연관된 연구를 진행
- 종조성관계를 파악해 식물과 식물 간 상호작용에 대한 지식을 식생 회복과 생태계관리에 응용
- 조사과정 : 분석을 위해 총 100개의 조사구에서 출현하는 수종을 조사 → 관계형 데이터로 자료행렬을 작성한 후 모든 종간 쌍에 대한 2×2 분할표를 작성하여 χ^2 검정(Chi-square statistic)을 실시 상관관계분석을 실시하였을 때, 유의한 값이 있는 수종을 찾아낸다.

72. 다음 중 화재의 방지 또는 확산을 막거나 지연시킬 목적으로 식재하는 방화수종으로 가장 부적합한 것은?

① 동백나무(Camellia japonica)
② 굴거리나무(Daphniphyllum macropodum)
③ 사철나무(Euonymus japonicus)
④ 댕강나무(Abelia mosanensis)

해설 방화수종
- 잎이 두껍고 함수량이 많으며 넓은 잎을 가진 치밀한 수관부위의 상록활엽수가 적당
- 댕강나무: 인동과 낙엽활엽관목

73. 다음 중 과(family)가 다른 수종은?

① 금송 ② 측백나무
③ 향나무 ④ 노간주나무

해설
- 금송 : 낙우송과
- 향나무, 측백나무, 노간주나무 : 측백나무과

정답 69. ② 70. ① 71. ③ 72. ④ 73. ①

74. 다음 특징에 해당하는 수종은?

> – 전정을 싫어함
> – 여름에 백색의 꽃이 핌
> – 수피가 벗겨져 적갈색 얼룩무늬의 특색이 있음

① 노각나무(Stewartia pseudocamellia)
② 모과나무(Chaenomeles sinensis)
③ 채진목(Amelanchier asiatica)
④ 느릅나무(Ulmus davidiana var japonica)

해설 노각나무
- 차나무과의 낙엽활엽교목
- 8월에 동백꽃과 비슷한 모양의 하얀 꽃이 장기간 피어있어 관상가치가 크다

75. 다음 중 수도(數度, abundance)를 나타내는 식으로 옳은 것은?

① 조사한 총 면적/어떤 종의 총 개체수
② 어떤 종이 출현한 방형구/조사한 총 방형구 수
③ 어떤 종의 총 개체수/조사한 총 면적
④ 어떤 종의 총 개체수/어떤 종이 출현한 방형구 수

해설 수도
- 어떤 종이 출현한 조사구에서의 총개체수
- $수도 = \dfrac{어떤\ 종의\ 총\ 개체수(방형구)}{어떤\ 종이\ 출현한\ 쿼드라트수(방형구)}$

76. 다음 중 우리나라 특산수종이 아닌 것은?

① 구상나무 ② 미선나무
③ 개느삼 ④ 계수나무

해설 계수나무 : 일본 원산

77. 다음 특징에 해당되는 식물은?

> – 잎이 장상복엽이다.
> – 그늘시렁에 올려 사계절 녹음을 볼 수 있음

① 덩굴장미(Rosa multiflora var. platyphylla)
② 멀꿀(Stauntonia hexaphylla)
③ 등(Wisteria floribunda)
④ 으름덩굴(Akebia quinata)

해설 멀꿀
- 으름덩굴과의 상록 덩굴식물
- 잎은 어긋나며 5~7개의 작은잎으로 된 손바닥모양 겹잎(장상복엽)으로 두껍고 달걀모양 또는 타원형으로 가장자리가 밋밋하다.
- 열매는 장과로 붉은 갈색으로 익으며 과육은 맛이 좋아 식용으로 쓰이고 꽃에 향기가 좋아 관상용으로도 활용

78. 온대성 화목류의 개화에 대한 설명 중 틀린 것은?

① 꽃눈(화아, 花芽)은 보통 개화 전년에 형성된다.
② 대체로 단일이 되면 생장이 중지되었다가 장일이 되면서 생육하며 개화한다.
③ 꽃눈(화아, 花芽)이 저온에 노출되면 정상적으로 생육하지 못한다.
④ 생육과 개화는 auxin이나 gibberellin 물질의 증가 및 활성화와 밀접하다.

해설 꽃눈이 일정기간 저온처리, 춘화처리를 해야 개화한다.

정답 74. ① 75. ④ 76. ④ 77. ② 78. ③

79. 3그루 나무를 배식 단위로 식재할 때 가장 자연스러운 처리 방법은?

① 동일한 선상(線上)에 놓여야 한다.
② 3그루 수목은 수종과 형태가 동일해야 한다.
③ 식재지점을 연결한 형태가 정삼각형이 되어야 한다.
④ 식재지점을 연결했을 때 부등변삼각형이 되어야 한다.

해설 부등변삼각형 식재
- 자연풍경식 식재수법
- 크고 작은 세그루의 나무를 서로의 간격 달리 하고 또한 한 직선위에 서지 않도록 하는 수법

80. 목련(Magnolia kobus)의 특징으로 옳은 것은?

① 중국이 원산임
② 꽃이 밑으로 향함
③ 꽃잎은 6~9장임
④ 꽃보다 잎이 먼저 나옴

해설 목련
- 한국 원산, 목련과 낙엽활엽교목
- 수피는 회백색으로 매끄러운 편이고 겹질눈이 있음
- 잎은 난형 또는 도란형
- 3~4월에 가지 끝에서 잎보다 흰색꽃이 먼저 개화하며 꽃잎은 6~9장

■■■ 조경시공구조학

81. 벽돌 담장 시공의 주의사항으로 틀린 것은?

① 하루 쌓기 높이는 1.2m(18켜 정도)를 표준으로 한다.
② 세로 줄눈은 특별히 정한 바가 없는 한 신속한 시공을 위해 통줄눈이 되도록 한다.
③ 모르타르는 사용할 때 마다 물을 부어 반죽하여 곧 쓰도록 하고, 경화되기 시작한 것은 사용하지 않는다.
④ 줄눈은 가로는 벽돌담장 규준틀에 수평실을 치고, 세로는 다림추로 일직선상에 오도록 한다.

해설 벽돌쌓기는 각 층은 압력에 직각으로 되게 하고 압력방향의 줄눈은 반드시 어긋나게 한다.

82. 다음 그림의 면적을 심프슨(simpson) 제1법칙 을 이용하여 구하면 얼마인가?

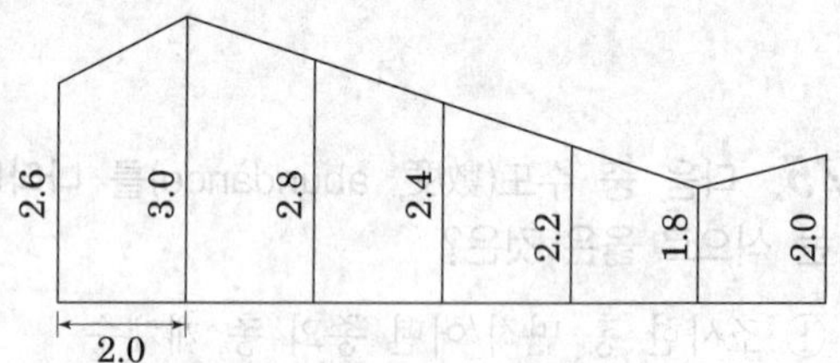

① 28.93m²　　② 29.00m²
③ 29.10m²　　④ 29.17m²

해설 심프슨(Simpson) 제 1법칙
- 경계선을 2차포물선으로 보고 지거의 두 구간을 한조로 하여 면적을 구하는 방법이다.
- 공식: $A = \frac{d}{3}y_0 + 4(y_1 + y_3 + ... + y_{n-1}) + 2(y_2 + y_4 + ... + y_{n-2}) + y_n$

$= \frac{d}{3}(y_0 + 4\Sigma_{y홀수} + 2\Sigma_{y짝수} + y_n)$

(여기서, d: 지거의 간격, y_1, $y_2 \cdots y_n$: 지거의 높이, n은 짝수이고, 홀수인 경우에는 마지막 구간은 사다리꼴 공식으로 계산하여 합한다.)

$= \frac{2}{3}\{2.6 + 4(3.0 + 2.4 + 1.8) + 2(2.8 + 2.2) + 2.0\}$

$= 28.93\text{m}^2$

정답 79. ④ 80. ③ 81. ② 82. ①

83. 평탄면의 마감높이를 평탄면이 지나지 않는 가장 높은 등고선 보다 조금 높게 정하여 평탄면을 통과하는 등고선보다 낮은 방향으로 그 지역을 둘러싸도록 등고선을 조작하는 평탄면 조성 방법은?

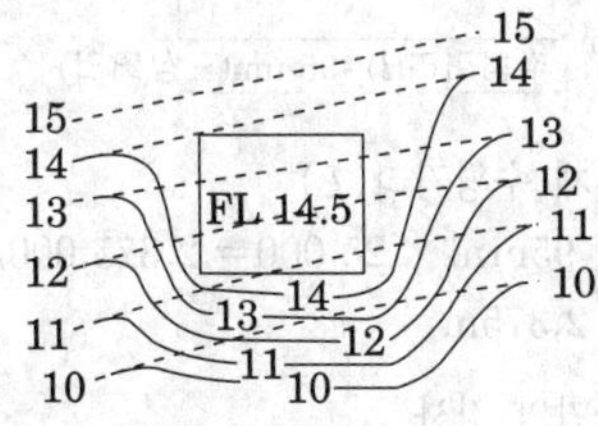

① 절토에 의한 방법
② 성토에 의한 방법
③ 성·절토에 의한 방법
④ 옹벽에 의한 방법

해설 성토에 의한 방법
먼저 조성할 위치 선택 → 그 지역을 통과하지 않는 높은 방향의 가장 낮은 등고선을 선택한 후 그것보다 조금 높게 계획고를 정함 → 선택된 등고선부터 시작하여 낮은 등고선 방향으로 기존 등고선과 계획등고선이 만나지 않을 때 까지 등간격을 유지하며 계속한다.

84. 적산 시 적용하는 품셈의 금액의 단위 표준에 관한 내용으로 잘못 표기된 것은?

① '설계서의 총액'은 1000원 이하는 버린다.
② '설계서의 소계'는 100원 이하는 버린다.
③ '설계서의 금액란'에서는 1원 미만은 버린다.
④ '일위대가표의 금액란'은 0.1원 미만은 버린다.

해설 '설계서의 소계'는 1원 미만은 버린다.

85. 원형지하 배수관의 굵기를 결정하기 위한 평균 유속(流速) 산출 공식은?

V＝평균유속, R＝경심, C＝평균유속계수, I＝수면경사

① $V = CRI$
② $V = \sqrt{CRI}$
③ $V = \dfrac{\sqrt{RI}}{C}$
④ $V = C\sqrt{RI}$

해설 쿠터(kutter) 공식
- 원형배수관거의 유속과 유량 계산
- $V = C\sqrt{RI}$
- $Q = A \cdot C\sqrt{RI}$

86. 공사발주를 위해 발주자가 작성하는 서류가 아닌 것은?

① 수량산출서
② 내역서
③ 시방서
④ 견적서

해설 발주자가 작성하는 서류
설계도면, 공사수량산출서, 공사비내역서, 공사시방서 등

87. 다음 수문 방정식(유입량=유출량+저류량)에서 유출량에 해당하지 않는 것은?

① 강수량
② 증발량
③ 지표유출량
④ 지하유출량

해설 수문방정식
- 유입량=유출량+저류량
- 유입량: 강수량, 지표·지하·기타유입량
- 유출량: 지표유출량, 지하유출량, 증발량, 증산량 등
- 저류의 변동량: 지하수, 토양수분, 적설량, 저수량 등

정답 83. ② 84. ② 85. ④ 86. ④ 87. ①

88. 다음의 ( )안에 적당한 ㉠, ㉡ 의 용어는?

> (㉠)란 콘크리트의 (㉡)와 동등 이상의 강도를 발현하도록 배합을 정할 때 품질의 편차 및 양생온도 등을 고려하여 (㉡)에 할증한 압축강도이다.

① ㉠ 배합강도, ㉡ 설계기준강도
② ㉠ 배합강도, ㉡ 호칭강도
③ ㉠ 호칭강도, ㉡ 배합강도
④ ㉠ 설계기준강도, ㉡ 배합강도

해설 콘크리트의 배합강도
- 설계 기준 강도에 적당한 계수를 곱하여 할증한 압축 강도
- 콘크리트 배합 설계에서 소요의 강도로부터 물시멘트비를 정할 경우에 쓰인다.

89. 힘(force)에 대한 설명이 옳지 않은 것은?

① 힘은 작용점, 방향, 크기로 나타낸다.
② 힘의 크기는 표시된 길이에 반비례한다.
③ 일반적으로 힘의 기호는 P 또는 W로 표시한다.
④ 2개의 힘이 1개 힘으로 대치된 경우 이를 합력이라 한다.

해설 바르게 고치면
힘의 크기는 표시된 길이에 비례한다.

90. 축척 1 : 25,000의 지형도에서 963m의 산 정상으로부터 423m의 산 밑까지 거리가 95mm 이었다면 사면의 경사는?

① $\frac{1}{7.4}$ ② $\frac{1}{6.4}$
③ $\frac{1}{5.4}$ ④ $\frac{1}{4.4}$

해설 축척 1/25,000

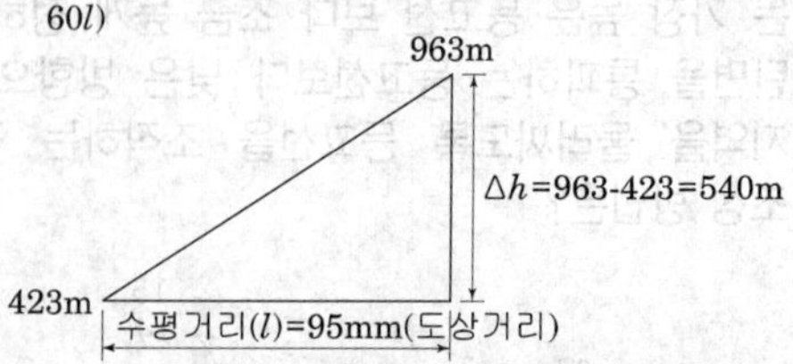

- 실제 수평거리(L)
$= 95\text{mm} \times 25{,}000 = 2{,}375{,}000\text{mm}$
$= 2{,}375\text{m}$
- 사면의 경사
$= \frac{\Delta L}{L} = \frac{540}{2{,}375} = \frac{1}{4.398} \fallingdotseq \frac{1}{4.4}$

91. 석재(石材)의 특징으로 틀린 것은?

① 불연성이고 압축강도가 크다.
② 비중이 작고 가공성이 좋다.
③ 내수성, 내구성, 내화학성이 풍부하다.
④ 조직이 치밀하고 고유의 색조를 갖고 있다.

해설 바르게 고치면
비중이 크고 가공성이 낮다

92. 정지(整地, grading)에 대한 설명으로 틀린 것은?

① 표토는 보존하는 것이 바람직하다.
② 성토와 절토에 균형이 이루어져야 한다.
③ 건설기계에 의해 흙이 과도하게 다져지는 것을 피한다.
④ 실선은 기존 등고선, 파선은 제안된 등고선을 나타낸다.

해설 바르게 고치면
실선은 제안된 등고선, 파선은 기존 등고선을 나타낸다.

정답 88. ① 89. ② 90. ④ 91. ② 92. ④

93. 시방서에 대한 설명 중 옳지 않은 것은?

① 공사 수량 산출서
② 공사시행 관계 내용 기록 서류
③ 재료, 공법을 정확하게 지시하고 도면과 상이하지 않게 기록
④ 시방서의 종류에는 공사시방서, 전문시방서, 표준시방서가 있음

해설 시방서
① 설계도면에 표시하기 어려운 사항을 설명하는 시공 지침으로 발주자의 의도를 수급인에게 전달하기 위한 도급계약서류의 일부
② 주요내용
· 보충사항(시공에 대한 보충 및 주의사항)
· 시공방법의 정도, 완성정도
· 시공에 필요한 각종 설비
· 재료 및 시공에 관한 검사
· 재료의 종류, 품질 및 사용

94. 100ha의 배수면적인 지역에 강우강도 50mm/hr의 비가 내렸을 때 우수유출량(m^3/sec)은?

- 배수면적 토지이용: 잔디(30ha), 숲(50ha), 아스팔트 포장(20ha) - 유출계수: 잔디(0.20), 숲(0.15), 아스팔트 포장(0.90)

① 4.375 ② 5.792
③ 6.474 ④ 7.583

해설 우수유출량
① 평균유출계수$(C_m) = \frac{\Sigma A_i + C_i}{\Sigma A_i}$

$$C_m = \frac{(0.3\times0.2)+(0.5\times0.15)+(0.2\times0.90)}{0.3+0.5+0.2}$$
$=0.315$

② 우수유출량$(Q) = \frac{1}{360}CIA$
$(C=0.0315,\ I=50\text{mm/hr},\ A=100)$

$$Q=\frac{1}{360}\times0.315\times50\times100=4.375\text{m}^2/\text{sec}$$

95. 옹벽이 횡방향의 압력으로 반시계 방향으로 회전하거나 벽체의 외측으로 움직일 때 뒤채움 흙은 팽창할 것이다. 이 팽창이 증가하여 파괴가 일어날 때의 토압을 무엇이라 하는가?

① 주동토압 ② 이동토압
③ 수동토압 ④ 정지토압

해설 주동토압
· 옹벽에 작용하는 토압 중 자연지반에서 수평의 방향으로 작용하는 응력
· 벽체 변위가 외측 변위가 있을 때로 자연지반에서 수평방향으로 작용하는 토압

96. 도로의 단곡선을 설치할 때 곡선의 시점(B.C) 위치를 구하기 위해서 필요한 요소가 아닌 것은?

① 반경(R)
② 접선장(T.L)
③ 곡선장(C.L)
④ 교점(IP)까지의 추가거리

해설 단곡선에서 곡선의 시점(B.C)공식
B.C = I.P − T.L
· I.P: 교점까지의 추가거리
· T.L: 접선장 = $R(\text{반지름})\times\frac{I(\text{교각})}{2}$

97. 부지의 직접 수준측량 시행에 대한 설명으로 맞지 않는 것은?

① 제일 먼저 고저기준점을 선정한 후 영구표식을 매설한다.
② 1/1200~1/2400 사이의 적합한 축척을 결정한 후 수준측량을 시행한다.
③ 수준측량의 내용은 부지 조건이나 설계자의 요구에 따라 달라질 수 있다.
④ 일반적으로 부지 외부와 부지 내부의 주요 지점과 부지의 전반적인 높이를 대상으로 측량한다.

해설 바르게 고치면
1/100~1/1200 사이의 적합한 축척을 결정한 후 수준측량을 시행한다.

정답 93. ① 94. ① 95. ① 96. ③ 97. ②

98. 구조물에 하중이 작용하면, 부재의 각 지점(支点)에는 무엇이 생기는가?

① 우력 ② 합력
③ 전단력 ④ 반력

해설 반력
구조물에 하중이 작용하면 물체가 힘의 평형을 이루기 위해, 부재의 각 지점에 생기는 힘으로 수평반력, 수직반력, 모멘트반력이 있다.

99. 다음의 설명에 해당하는 용어는?

시멘트에 물을 첨가한 후 화학반응이 발생하여 굳어져 가는 상태를 말하며 또한 강도가 증진되는 과정을 의미한다.

① 경화 ② 수화
③ 연화 ④ 풍화

해설 시멘트의 응결 및 경화
- 응결 : 시멘트풀이 수화 작용에 의해 굳어지는 상태, 대개 콘크리트는 1시간 뒤부터 응결이 시작해 10시간 정도면 완료한다. 강도는 양생온도 30℃까지는 높을수록 커지고, 재령이 커짐에 따라 강도가 높아진다.
- 경화 : 응결 후 시멘트 구체가 조직이 치밀해지고 강도가 커지는 상태, 분말도가 높을수록, 알루미나분이 많은 시멘트일수록, 급결성이 되고, 물시멘트비가 작으면 온도가 높을수록 응결이 빨라진다.

100. 원가계산에 의한 공사비 구성 중 "직접경비"에 해당되지 않는 것은?

① 특허권 사용료 ② 가설비
③ 전력비 ④ 폐기물 처리비

해설 직접경비와 간접경비
- 직접경비 : 해당 제품에 직접 부과할 수 있는 비용 (설계비, 기술료, 개발비, 특허사용료, 시험검사비, 외주가공비, 폐기물처리비, 보관비, 설치비, 시운전비 등)
- 간접경비 : 두 종류 이상의 제품생산에 공통적으로 발생하는 비용(복리후생비, 여비교통비, 전력비, 통신비, 운반비, 보험료, 지급수수료, 세금과 공과금, 도시인쇄비, 교육훈련비, 안전관리비 등)

■■■ 조경관리론

101. 상수리좀벌, 중국긴꼬리좀벌, 노랑꼬리좀벌, 큰다리남색좀벌 등이 천적인 해충은?

① 밤나무혹벌 ② 소나무좀
③ 아까시잎혹파리 ④ 측백하늘소

해설 밤나무 혹벌
유충이 밤나무 눈에 기생하여 충영을 형성, 새순이 자라지 못하게 하여 결실에 장애

102. 병원균은 Cronartium ribicola 이며, 북아메리카 대륙에서는 까치밥나무류, 우리나라에서는 주로 송이풀과 기주교대를 하는 이종기생균은?

① 묘목의 입고병균
② 근두암종병균
③ 잣나무 털녹병균
④ 낙엽송 잎떨림병균

해설 잣나무 털녹병
- 중간기주식물(2종기생성)에 의한 병
- 중간기주식물 : 송이풀, 까치밥나무류

103. 탄저병 예방약제인 Mancozeb는 어떤 계통의 약제인가?

① 구리 화합물계 농약
② 유기 유황계 농약
③ 무기 유황계 농약
④ 유기 수은제 농약

해설 만코제브 수화제
- 유기 유황계 작용기작
- 접촉성 살균제로 식물 외부에 뿌려서 내려앉은 포자를 죽임

정답 98. ④ 99. ① 100. ③ 101. ① 102. ③ 103. ②

104. 토양 공기 중에서 토양미생물의 활동이 활발할수록 그 농도가 증가되는 성분은?

① 산소 ② 질소
③ 이산화탄소 ④ 일산화탄소

해설 토양 공기 조성의 특징
- 대기공기에 비해 산소의 농도가 낮고, 이산화탄소의 농도가 높다.
- 이산화탄소가 증가하는 원인은 식물 뿌리와 미생물의 호흡에 따른 산소의 손실이다.

105. 토양의 양이온 치환용량(Cation Exchange Capacity)과 관계가 없는 것은?

① 염기치환용량과 같은 의미이다.
② 점토와 부식 같은 교질물의 종류와 양에 좌우된다.
③ 주요 토양교질물 중 음전하의 생성량이 많은 것일수록 양이온치환용량이 작다.
④ 보통 토양이나 교질물 1kg이 갖고있는 치환성양이온의 총량으로 나타낸다.

해설 토양의 양이온치환용량은 토양교질물 중 음전하의 생성량이 많을수록 증가한다.

106. 분제(粉劑)의 물리적 성질인 토분성(吐粉性, dustability)에 대한 설명으로 옳은 것은?

① 살분 시 분제의 입자가 풍압에 의하여 목적하는 장소까지 날아가는 성질을 말한다.
② 살분 시 분제의 입자가 살분기의 분출구로 잘 미끄러져 가는 성질을 말한다.
③ 분제가 입자의 크기와 보조제의 성질에 따라 작물해충 등에 잘 달라붙는 성질을 말한다.
④ 분제농약의 저장 시 주성분의 분해 및 응집 등 물리적 변화가 일어나지 않은 성질을 말한다.

해설 보기 ①은 비산성, 보기 ③부착성과 고착성, 보기 ④은 안정성에 대한 내용이다.

107. 겨울철 작업현장에서의 동상(Frostbite) 환자에 대한 응급처치 요령으로 옳은 것은?

① 동상부위를 약간 높게 해서 부종을 줄여준다.
② 동상부위를 모닥불 등에 쬐어 동결조직을 신속하게 녹인다.
③ 조직손상을 최소화하기 위해 동상부위를 뜨거운 물에 담근다.
④ 야외에서 적당한 온열장비가 없는 경우, 동결부위를 마찰시켜 열을 발생시킨다.

해설 동상 발생 응급처치
- 젖은 옷을 벗기고 담요로 몸 전체를 감싸준다
- 동상 부위를 38~42℃정도로 따뜻한 물에 20~40분간 담근다.
- 소독된 마른 가제를 발가락과 손가락 사이에 끼워 달라붙지 않게 한다.
- 동상부위를 약간 높게 하여 통증과 부종을 줄여준다.

108. 인산 20%를 함유한 용성인비 25kg의 유효 인산의 함량은 몇 kg 인가?

① 3 ② 5
③ 7 ④ 9

해설 0.2×25=5kg

정답 104. ③ 105. ③ 106. ② 107. ① 108. ②

109. 잔디의 이용 및 관리체계에서 다음 설명에 해 당하는 작업은?

- 토양표면까지 잔디만 주로 잘라주는 작업
- b태치(thatch)를 제거하고 밀도를 높여주는 효과를 기대
- 표토층이 건조할 때 시행함은 필요이상의 상처를 줄 수 있어 작업에 주의가 필요

① Slicing ② Vertical Mowing
③ Topdressing ④ Spiking

해설 · Slicing : 칼로 토양 절단(코오링 보다 약한 개념)하는 작업으로 잔디의 밀도를 높임, 상처가 작아 피해도 작다.
· Topdressing : 노출된 지하줄기의 보호, 지표면을 평탄하게 함, 잔디 표층상태를 좋게 함, 부정근, 부정아를 발달시켜 잔디 생육을 원활하게 해줌
· Spiking : 끝이 뾰족한 못과 같은 장비로 구멍을 내는 것으로 회복에 걸리는 시간이 짧고 스트레스 기간 중에 이용되기도 함

110. 조경 시설물의 유지관리에 대한 설명으로 옳지 않은 것은?

① 시설물의 내구년한까지는 보수점검 관리계획을 수립하지 않는다.
② 기능성과 안전성이 도모되도록 유지관리 해야 한다.
③ 주변환경과 조화를 이루는 가운데 경관성과 기능성이 유지되어야 한다.
④ 시설물의 기능 저하에는 이용빈도나 고의적인 파손 등의 인위적 원인이 많다.

해설 조경 시설물은 점검내용, 보수내용, 시기, 횟수, 내구연한 등을 관리 계획을 수립한다.

111. 직영관리 방식의 단점에 해당되는 것은?

① 업무가 타성화하기 쉽다.
② 긴급한 대응이 불가능하다.
③ 관리 실태를 정확히 파악할 수 없다.
④ 관리책임이나 권한의 범위가 불명확하다.

해설 직영방식의 단점
· 일상적인 일로 업무에서 타성화 되기 쉬움
· 직원의 배치전환이 어려움
· 필요이상의 인건비 지출

112. 토양 중에서 인산질비료의 비효를 증진시키는 방법이 아닌 것은?

① 식물의 뿌리가 많이 분포하는 부분에 시비한다.
② 유기물 시용으로 토양의 인산 고정력을 감소시킨다.
③ 입상보다는 분상을 퇴비와 혼합하여 사용한다.
④ 퇴비와 혼합하거나 국부적 사용으로 토양과의 접촉을 적게 한다.

해설 인산질비료의 비효 증진 방법
· 토양pH를 조절하고 유기물을 시용해 토양의 인산고정력을 감소시킴
· 이동성이 적어 뿌리가 많이 분포한 곳에 시비
· 인산고정력이 큰 토양에서는 구용성 인산질비료(용성인비)시용하고, 분상보다는 입상을 선택
· 시용인산과 토양 접촉면을 적게하도록 퇴비를 혼합하거나 골뿌림을 실시
· 사용시기에 있어 시기가 지나면 용해도가 낮으므로 생육초기에 살포하고, 기비시용시 사용해야 효과가 증진
· 담수는 인산의 용해도를 증가시키므로 토양을 담수처리함
· 저온지역은 일반지역보다 2~3배 증가시켜 시비함

정답 109. ② 110. ① 111. ① 112. ③

113. 옥외 레크리에이션 관리체계의 기본요소가 아닌 것은?

① 예산(Budgets)
② 이용자(Visitor)
③ 관리(Management)
④ 자연자원기반(Natural resource)

해설 옥외 레크리에이션 관리체계 3가지 – 자연자원기반, 이용자, 관리

114. 일반적으로 동일한 금속 재료로 만들어진 시설물의 부식이 가장 늦게 나타나는 지역은?

① 해안별장지대
② 전원주택지
③ 시가지나 공업지대
④ 산악지의 스키장

해설 시설물의 부식
해안의 염분, 대기오염이 현저한 지역에서는 철재, 알루미늄 등의 재료에 강력한 방청처리를 하며, 스테인리스제품을 사용하도록 한다.

115. 공사기간에 따른 공사의 진척 상황을 그래프로 표시할 때 다음 중 가장 양호한 것은?

①
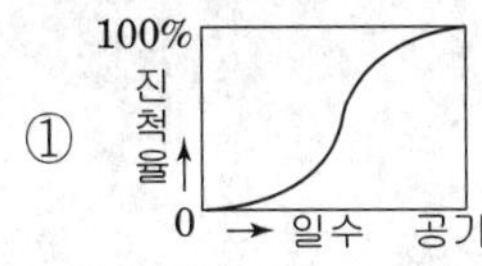

②
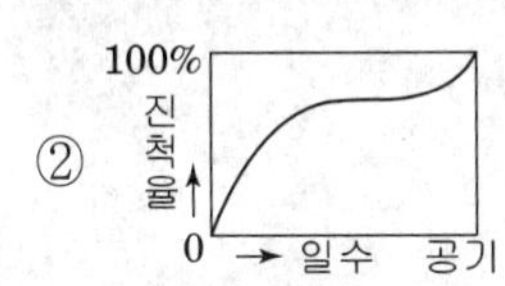

③
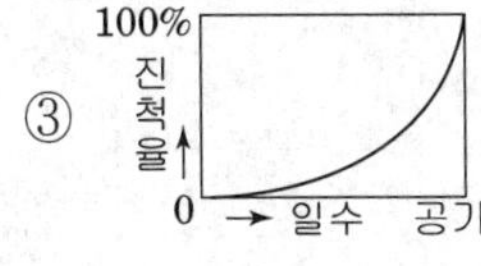

④
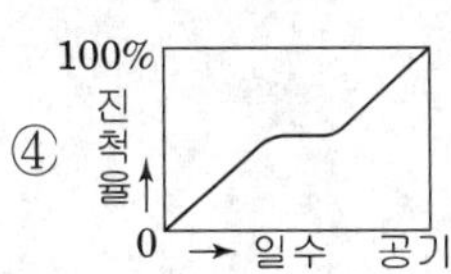

해설 S– curve(기성고 누계곡선)
공사가 착공 초기에는 진척상황이 완만하고 중간에 급해지며 준공단계에서 다시 완만해지는 양상으로 S자형 곡선이 되게 한다.

116. 자연 레크레이션지역 조경관리의 가장 중요한 현실적 목표라고 인식되는 사항은?

① 자연환경의 보전
② 하자(瑕疵)의 최소화
③ 수목 및 시설물의 지속적 이용촉진
④ 지속가능한 관리를 통한 이용효과의 증진

해설 자원의 보전과 보호를 우선적으로 하는 지속가능한 관리를 통해 이용에 따른 영향을 최소화하는 관리 계획을 한다.

117. 다음 중 솔나방에 관한 설명으로 틀린 것은?

① 식엽성 해충으로 1년에 1회 발생한다.
② 주로 소나무, 해송, 리기다소나무 등을 가해한다.
③ 6~7월 사이에 지오판수화제를 살포하여 방제한다.
④ 지표부근의 나무껍질 사이, 돌, 낙엽 밑에서 월동한다.

해설 솔나방 화학적 방제
- 월동한 유충의 가해초기인 4월 중하순이나 어린 유충시기인 9월상순에 클로르푸루아주론유제(5%) 또는 트랄로메트린(1.3%) 2000배액을 수관살포
- 유충 가해기인 4월 중순~6월 중순, 9월 상순~10월 하순에 디플로벤주론 수화제(35%)나 트리플루뮤론 수화제(25%)를 6,000배액으로 살포

→ 지오판수화제: 종자소독 등에 사용되는 살균제

정답 113. ① 114. ② 115. ① 116. ④ 117. ③

118. 일시에 큰 면적을 동시에 관수할 수 있으며, 노동력이 절감되고 비교적 균일한 상태로 관수할 수 있는 방법은?

① 방사식 관수
② 침수식(basin) 관수
③ 도랑식(furrow) 관수법
④ 스프링클러식(sprinkler) 관수

해설 살수 관개법(Springkler Irrigation)
· 토양내로 투수속도가 빠르기 때문에 유량을 조절, 효율은 80%
· 비교적 균일하게 관수

119. 다음 식물의 병 중 병원체가 세균인 것은?

① 버즘나무 탄저병
② 포플러류 줄기마름병
③ 대추나무 빗자루병
④ 벚나무 불마름병

해설 · 버즘나무 탄저병, 포플러류 줄기마름병: 진균
· 대추나무 빗자루병 : 파이토플라즈마

120. 난지형 잔디(금잔디, 들잔디 등)의 뗏밥주기 시기로 가장 적당한 것은?

① 12~1월 ② 2~3월
③ 5~6월 ④ 9~10월

해설 난지형 잔디 뗏밥 주기
– 늦봄(5월, 6월)

정답 118. ④ 119. ④ 120. ③

과년도출제문제

2022. 1회 조경기사

■■■ 조경사

1. 다음 조선시대 사직단(社稷壇)에 관한 설명 중 틀린 것은?

① 동양의 우주관에 의해 궁궐 왼쪽에 사직단을 두었다.
② 토신에 제사지내는 사단(社壇)을 사직단에서 동쪽에 두었다.
③ 곡식의 신에 제사지내는 직단(稷壇)을 사직단에서 서쪽에 두었다.
④ 두 사직의 외각 기단부 사방에 홍살문을 두었다.

해설 사직단(社稷壇)
한양(漢陽)에 도읍을 정한 조선 태조 이성계(李成桂)는 고려의 제도를 따라 경복궁 궁궐 왼쪽에 종묘를 두고 오른쪽에 사직을 두는 좌묘우사(左廟右社)의 원칙을 두었다.

2. 중국 조경의 특징 중 태호석을 고를 때 주요 고려 요소가 아닌 것은?

① 누(漏) ② 경(景)
③ 수(搜) ④ 추(皺)

해설 태호석의 구비조건
- 추(皺) : 주름
- 투(透) : 투명
- 누(漏) : 구멍
- 수(瘦) : 여림

3. 르네상스시대 바로크식 정원의 특징과 가장 관계가 먼 것은?

① 동굴(grotto)
② 토피아리(topiary)
③ 격자 울타리 (trellis)
④ 비밀분천(secret fountain)

해설 바로크 정원의 특징
- 정원의 크기와 식물을 강조하여 대량의 식물을 사용 : 대규모의 토피아리, 미원, 총림 등 조성
- 구조적 상세의 다양성 : 정원동굴(grotto), 비밀분천, 경악분천, 물극장, 물풍금 등이 다양하게 사용
- 조각물을 군집으로 사용, 다양한 색채를 대량으로 사용

4. 인도의 타지마할(Taj-mahal)은 어떤 목적으로 만든 건축물인가?

① 왕궁(王宮) ② 분묘건축(墳墓建築)
③ 서민의 주택(住宅) ④ 귀족의 별장(別莊)

해설 타지마할
샤 자한이 왕비 뭄타즈 마할을 추념하기 위해 만든 분묘건축이다.

5. 다음 중 스페인 알함브라 궁전의「사자의 중정(court of lions)」과 같이 4등분한 수로가 의미하는 바는?

① 동서남북을 의미
② 수로의 편리성을 의미
③ 동일한 모양의 땅 가름을 의미
④ 파라다이스 가든의 네 강을 의미

해설 파라다이스 가든(Pardise garden)
방형의 공간에 수로가 교차하여 사분원(四分園)을 형성하는데 메소포타미아 지방의 정원에 기원하였다.

6. 동사강목(東史綱目)에 "궁성의 남쪽에 못을 파고 20여리 밖에서 물을 끌어 들이고 사방의 언덕에 버드나무를 심고, 못 속에 섬을 만들었다."는 기록이 나타난 시기는?

① 백제의 진사왕 ② 백제의 무왕
③ 신라의 경덕왕 ④ 신라의 문무왕

해설 사비궁성의 궁남지(무왕 35년, 634년)
- 무왕 때에 궁남지 조성
- 삼국사기와 동사강목에 기록
- 궁 남쪽에 못을 파고, 20여리 밖에서 물을 끌어들였으며, 못 가운데 방장선산(方丈仙山)을 상징하는 섬을 조성

정답 1. ① 2. ② 3. ③ 4. ② 5. ④ 6. ②

7. 일본 교토에 위치한 실정(室町, 무로마치) 시대의 전통정원 가운데 은사탄(銀砂灘, 인공모래 펄), 향월대(向月臺) 등의 경물이 있는 곳은?

① 금각사 ② 은각사
③ 대선원 ④ 용안사

해설 은각사(자조사)
- 실정시대 중기의 문화를 이르는 동산문화(東山文化)의 대표적 유구
- 향월대 : 모래를 쌓아 후지산과 같은 형태로 조성
- 은사탄 : 본당 앞의 넓은 바다를 연상시킴

8. 한국정원의 특징 중 가장 대표적인 것은?

① 산수경관의 축경화와 조화미
② 산수경관의 실경화(實景化)와 조화미
③ 산수경관의 모조화와 강한 대비성
④ 산수경관의 축의화(縮意化)와 대칭성

해설 한국정원의 특징
사의주의 자연풍경식으로 산수경관의 실경을 표현하고 자연과 조화되게 조성하였다.

9. 일반적인 조선시대 상류주택의 정원 중 바깥주인의 거처 및 접객공간이며, 조경수식이 가장 화려한 공간은?

① 안마당 ② 별당마당
③ 사랑마당 ④ 사당마당

해설 사랑마당
- 사랑채의 앞마당으로 남자주인의 거처 및 접객공간으로 바깥마당 또는 행랑마당과 연결되어 개방감은 물론 비교적 넓게 잘 꾸며짐
- 뜰에는 화오(낮은 둔덕의 꽃밭, 화단)에 석류, 모란 등을 도입하거나 식물의 품격과 가주의 취향에 따라 매화, 국화, 난초 등이 심어지고, 석연지를 두어 소규모의 수경(水景)을 꾸밈

10. 한국조경에는 석교(石橋), 목교(木橋), 징검다리, 외나무다리 등 다양한 형태가 설치되었는데, 이 중 외나무다리가 설치된 조경 유적은?

① 경주 안압지(雁鴨池)
② 경복궁 향원지(香遠池)
③ 남원 광한루지(廣寒樓池)
④ 전남 담양의 소쇄원(瀟麗園)

해설 양산보의 소쇄원에는 애양단과 제월당 공간을 연결하는 곳에 외나무다리가 설치되어 있다.

11. 다음 중 일본조경의 시초라 할 수 있는 사실과 가장 거리가 먼 것은?

① 일본서기(日本書紀)
② 용안사 석정(龍安寺 石庭)
③ 수미산(須慌山)과 오교(吳橋)
④ 백제인 노자공(路子工)

해설 일본서기
- 구체적 정원기록을 볼 수 있음
- 추고천황 20년(612) 백제로부터 귀화인 노자공(路子工=지기마려, 芝耆摩呂)가 궁의 남정에 수미산형(須彌山形)과 오교(吳橋)를 만들었다고 일본서기에 기록됨

12. 서양조경사를 통시적으로 보아 역사적으로 나타난 정원양식의 발달 순서로 적합한 것은?

① 자연풍경식 → 노단건축식 → 평면기하학식
② 노단건축식 → 평면기하학식 → 자연풍경식
③ 평면기하학식 → 노단건축식 → 자연풍경식
④ 노단건축식 → 자연풍경식 → 평면기하학식

해설 서양조경사 정원양식의 발달 순서
16세기 이탈리아의 노단건축식 → 17세기 프랑스의 평면기하학식 → 18세기의 영국의 자연풍경식

정답 7. ② 8. ② 9. ③ 10. ④ 11. ② 12. ②

13. 프랑스 베르사유궁원에서 사용된 "파르테르(Parterre)"란 명칭으로 가장 적당한 것은?

① 분수 ② 화단
③ 연못 ④ 산책로

해설 파르테르
자수화단으로 프랑스 평면기하학식에서 주로 사용했던 요소이다.

14. 영국에 프랑스식 정원 양식을 도입하는 데 공헌한 사람들 중 관계없는 인물은?

① 르노트르(Andre Le Notre)
② 로즈(John Rose)
③ 페로(Claude Perrault)
④ 포프(Alexander Pope)

해설 포프
- 영국의 자연풍경식에서 정원예술과 관련된 문학작품가
- 토피아리를 비판한 글을 가디언(Gardian)지에 기고

15. T.V.A(Tenessee Valley Authority)에 대한 설명 중 옳지 않은 것은?

① 최초의 광역공원계통
② 미국 최초의 광역지역계획
③ 계획·설계 과정에 조경가들이 대거 참여
④ 수자원개발의 효시이자 지역개발의 효시

해설 T.V.A(Tenessee Valley Authority)
- 미시시피강과 테네스강 유역의 21개 댐건설
- 최초의 광역지역(지방)계획, 수자원개발효시, 설계과정에서 조경가, 토목·건축가 대거 참여

16. 다산초당(茶山草堂) 연못 조성과 관련된 글인 "中起三峯 石假山"에서 삼봉의 의미는?

① 금강산, 지리산과 한라산의 산악신앙에 의한 명산을 상징한다.
② 봉래, 방장과 영주의 신선사상에 의한 삼신산을 상징한다.
③ 돌의 배석기법인 불교에 의한 삼존석불을 상징한다.
④ 천·지·인의 우주근원을 나타낸 삼재사상을 상징한다.

해설 신선사상
중국의 신선설은 산악신앙과도 관련이 있어 신선이 산다는 해중의 봉래, 영주, 방장의 삼신산(三神山, 삼봉)은 사색과 감상의 대상이 될 뿐만 아니라 인간이 추구하는 환상적인 이상향, 즉 동양의 유토피아를 나타낸다.

17. 서양에서 낭만주의 시대 자연풍경식 정원이 제일 먼저 발달한 국가는?

① 프랑스 ② 독일
③ 영국 ④ 이탈리아

해설 영국의 자연풍경식 정원
산업혁명으로 인한 경제성장, 계몽주의 사상, 회화에서 대두된 풍경화, 문학의 낭만주의, 순수한 영국식 정원에 대한 국민들의 심리적 욕구로 인해 영국에서 18세기에 자연풍경식 정원이 가장 먼저 발달하게 되었다.

18. 이탈리아 조경요소는 점, 선, 면적 요소로 나누어 볼 수 있는데, 다음 중 점적 요소에 해당되지 않는 것은?

① 분수 ② 원정(園亭)
③ 조각상 ④ 연못

해설 연못 - 면적인 요소

정답 13. ② 14. ④ 15. ① 16. ② 17. ③ 18. ④

19. 조선시대 궁궐 조경에 곡수거 형태가 남아 있는 곳은?

① 창덕궁 후원 옥류천 공간
② 경복궁 후원 향원정 공간
③ 창경궁 통명전 공간
④ 경복궁 교태전 후원 공간

해설 옥류천역
- 후원의 가장 안쪽에 위치하는 유락 공간 방지안의 청의정(궁궐 안의 유일한 모정)
- C자형 곡수거와 인공폭포가 있어 조화로운 계원을 이룸

20. 다음 중 고려시대(A)와 조선시대(B) 정원을 관장하던 행정부서의 명칭이 옳은 것은?

① A : 식대부, B : 장원서
② A : 내원서, B : 식대부
③ A : 장원서, B : 상림원
④ A : 내원서, B : 장원서

해설 정원관장 행정부서
고려시대 – 내원서, 조선시대(후기) – 장원서

■■■ 조경계획

21. 비교적 큰 규모의 프로젝트(예 : 유원지, 국립공원)를 수행할 때 기본구상의 단계에서 가장 중요한 항목은?

① 토지이용 및 식재
② 토지이용 및 동선
③ 동선 및 하부구조
④ 시설물 배치 및 식재

해설 기본구상
- 계획안에 대한 물리적, 공간적 윤곽이 드러나기 시작하는 단계
- 프로그램에 제시된 문제 해결 위한 계획개념 도출되는 단계로 토지의 이용과 동선계획이 가장 주요한 항목이다.

22. 설문지 작성의 원칙과 거리가 먼 것은?

① 직접적, 간접적 질문을 혼용하여 작성한다.
② 조사목적 이외에도 기타 문항을 삽입하여 응답자를 지루하지 않게 배려한다.
③ 편견 또는 편의가 발생하지 않도록 작성한다.
④ 유도 질문을 회피하고 객관적인 시각에서 문항을 작성한다.

해설 설문지 작성시 조사목적 외에 불필요한 사항은 시간과 비용의 낭비를 가져오고 응답상에 부담을 주어 신뢰도가 떨어질 수 있다.

23. 1875년 영국에서 불결한 도시주거환경을 제거하기 위해 새로이 건설되는 주택의 상하수도 시설과 정원 크기 및 주변 도로의 폭 등 주거 환경기준을 규제하는 목적으로 제정된 법은?

① 건축법(building act)
② 공중위생법(public health act)
③ 단지 조성법(site planning act)
④ 미관지구에 관한 법(law of beautification district)

해설 공중위생법(public health act)
- 대도시의 비참한 위생환경을 시정하기 위하여 영국 의회는 공중위생법(Public Health Act)이 제정하였다.
- 오염원과 주거의 분리, 상하수도의 설치, 각종 쓰레기와 오물 폐기 규제를 시행, 일조와 채광 기준들이 생겨나기 시작하였다.

24. 인간행태 관찰방법 중 시간차 촬영(Time – Lapse Camera)에 이용될 수 있는 가장 적절한 조사 내용은?

① 국립공원의 보행패턴 및 이용 장소 조사
② 대규모 아파트단지의 자동차 통행패턴 조사
③ 광장 이용자의 하루 중 보행통로 및 머무는 장소 조사
④ 초등학교 어린이가 집에서부터 학교에 도달하는 보행통로 조사

정답 19. ① 20. ④ 21. ② 22. ② 23. ② 24. ③

해설 시간차 촬영(Time – Lapse Camera)

- 인간행태 관찰방법
- 주거단지 내 주민이용행태, 어린이 놀이행태, 광장의 공간이용행태 등을 조사하는데 유용하다.

25. 자연공원 체험사업 중 「자연생태 체험사업」의 범위에 해당하지 않는 것은?

① 생태체험사업을 위한 주민지원
② 공원 내 갯벌, 모래 언덕, 연안습지, 섬 등 해양생태계 관찰 활동
③ 자연공원특별보호구역 탐방 및 멸종위기 동식물의 보전·복원 현장 탐방
④ 우수 경관지역, 식물군락지, 아고산대, 하천, 계곡, 내륙습지 등 육상생태계 관찰 활동

해설 자연생태 체험사업

- 우수 경관지역, 식물군락지, 아고산대, 하천, 계곡, 내륙습지 등 육상생태계 관찰활동
- 공원 내 갯벌, 사구, 연안습지, 섬 등 해양생태계 관찰활동
- 자연공원특별보호구역 탐방 및 멸종위기 동식물의 보전·복원 현장 탐방

26. 출입구가 2개 이상일 때 차로의 너비가 가장 큰 주차형식은? (단, 이륜자동차전용 노외주차장 이외의 노외주차장으로 제한)

① 평행주차 ② 직각주차
③ 교차주차 ④ 60° 대향주차

해설 이륜자동차전용 외의 노외주차장

주차형식	차로의 너비(m)	
	출입구가 2개 이상인 경우	출입구가 1개인 경우
평행주차	3.3	5.0
직각주차	6.0	6.0
60도 대향주차	4.5	5.5
45도 대향주차	3.5	5.0
교차주차	3.5	5.0

27. 「자연환경보전법 시행규칙」상 시·도지사 또는 지방 환경관서의 장이 환경부장관에게 보고해야 할 위임업무 보고사항 중 "생태·경관보전지역 등의 토지매수 실적" 보고는 연 몇 회를 기준으로 하는가?

① 수시 ② 1회
③ 2회 ④ 4회

해설 위임 업무 보고사항

업무내용	보고 횟수	보고기일
생태·경관보전지역 안에서의 행위중지·원상회복 또는 대체자연의 조성 등의 명령 실적	수시	사유발생시
생태·경관보전지역 등의 토지매수 실적	연 1회	매년 종료 후 15일 이내
과태료의 부과·징수 실적	연 2회	매반기 종료 후 15일 이내
생태계보전부담금의 부과·징수 실적 및 체납처분 현황	연 2회	매반기 종료 후 15일 이내
생태마을의 지정 및 해제 실적	지정 : 연 1회 해제 : 수시	매년 종료 후 15일 이내 해제 : 사유발생시

28. 주택단지의 밀도 중 주거목적의 주택용지만을 기준으로 한 것을 무엇이라 하는가?

① 총밀도 ② 순밀도
③ 용지밀도 ④ 근린밀도

해설 순밀도(net density)

녹지나 교통용지를 제외한 순수주택건설용지에 대한 인구수로 주거목적의 주택용지만을 기준으로 한다.

정답 25. ① 26. ② 27. ② 28. ②

29. 인근 거주자의 이용을 대상으로 하여 유치거리 500m 이하로 규모가 1만제곱미터 이상의 기준에 해당하는 공원은?

① 체육공원 ② 어린이공원
③ 도보권근린공원 ④ 근린생활권근린공원

해설 유치거리와 규모

구분		유치거리	규모
어린이공원		250m 이하	1,500m² 이상
근린공원	근린생활권 근린공원	500m 이하	10,000m² 이상
	도보권근린 공원	1,000m 이하	30,000m² 이상
	도시지역권 근린공원	제한없음	100,000m² 이상
	광역권근린 공원	제한없음	1,000,000m² 이상
체육공원		제한없음	10,000m² 이상

30. 다음 중 우수유량을 결정하는 데 영향력이 가장 적은 요소는?

① 지표면의 경사방향
② 강우시간 및 강우강도
③ 지표면에 형성된 식생의 종류
④ 지표면을 형성하는 토양의 종류

해설 우수유량 결정 요소
- 지표면의 포장상태, 토양 종류와 식생의 종류 및 상태
- 강우시간과 강우강도

31. 도시공원 안의 공원시설 부지면적 기준이 상이한 곳은? (단, 도시공원 및 녹지 등에 관한 법률 시행 규칙을 적용한다.)

① 근린공원(3만m² 미만)
② 수변공원
③ 도시농업공원
④ 묘지공원

해설 도시공원 안의 공원시설 부지면적 기준
① 근린공원(3만m² 미만) : 40% 이하
② 수변공원 : 40% 이하
③ 도시농업공원 : 40% 이하
④ 묘지공원 : 20% 이상

32. 다음과 같은 행위기준이 적용되는 자연공원의 용도지구는?

> - 공원자연환경지구에서 허용되는 행위
> - 대통령령으로 정하는 규모 이하의 주거용 건축물의 설치 및 생활환경 기반시설의 설치
> - 지구의 자체 기능상 필요한 시설로서 대통령령으로 정하는 시설의 설치
> - 환경오염을 일으키지 아니하는 가내 공업(家內工業)

① 공원마을지구 ② 공원자연환경지구
③ 공원자연보존지구 ④ 공원문화유산지구

해설 용도지구에서 허용되는 행위의 기준(요약)
- 공원자연보존지구
  - 학술연구, 자연보호 또는 문화재의 보존·관리를 위하여 필요하다고 인정되는 최소한의 행위
  - 최소한의 공원시설의 설치 및 공원사업
    해당 지역이 아니면 설치할 수 없다고 인정되는 군사시설·통신시설·항로표지시설·수원(水源)보호시설·산불방지시설 등으로서 대통령령으로 정하는 기준에 따른 최소한의 시설의 설치 등
- 공원자연환경지구
  - 공원자연보존지구에서 허용되는 행위
  - 공원시설의 설치 및 공원사업
  - 농지 또는 초지조성행위 및 그 부대시설의 설치
  - 농업·축산업 등 1차 산업행위 및 국민경제상 필요한 시설의 설치
  - 임도의 설치(산불 진화 등 불가피한 경우로 한정한다), 조림(조림), 육림(육림), 벌채, 생태계 복원 및 사방사업법에 따른 사방사업 등
- 공원문화유산지구
  - 공원자연환경지구에서 허용되는 행위
  - 불교의 의식, 승려의 수행 및 생활과 신도의 교화를 위하여 설치하는 시설 및 그 부대시설의 신축·증축·개축·재축 및 이축 행위
  - 그 밖의 행위로서 사찰의 보전·관리를 위한 행위

정답 29. ④ 30. ① 31. ④ 32. ①

33. 집을 출발하여 목적지에 도착한 후 그 곳에서 2~3개소의 시설을 광범위하게 구경하고 집으로 직접 돌아오는 관광 행위의 유형은?

① 옷핀(pin)형
② 스푼(spoon)형
③ 피스톤(piston)형
④ 템버린(tambourine)형

해설 관광코스를 중심으로 하는 여행형태
- 피스톤형(Piston) : 여행객이 목적지를 왕복하는데 동일한 코스를 이용, 업무 시 이외에 다른 행동을 갖지 않고 직행하는 것
- 스푼형(Spoon) : 목적지까지 왕복은 직행이지만 목적지에서 업무이외에 시간적 여유가 있어 여가를 이용한 관광, 유람 등을 하는 것
- 안전핀형(Pin, 옷핀형) : 자택에서 목적지까지는 직행이지만, 왕복코스가 각각 다른 형태
- 텀블링형(Tumbling, 또는 탬버린형) : 자택에서 여러 목적지를 계속 돌아오면서 안전핀형과 같이 회유를 반복하므로 숙식, 오락 등 관광보기 많음, 노선이 직행이 아니라 원형코스가 됨

34. 공원녹지 체계를 설명한 것 중 가장 거리가 먼 것은?

① 체계를 구성하는 요소는 하나의 큰 공원이다.
② 가로수나 하천을 공원의 연계요소로 이용한다.
③ 다수의 공원을 연계하여 상호간의 관계를 만든다.
④ 공원을 보완하는 점적·면적 요소들로서는 호수, 운동장, 광장 등이 있다.

해설 공원녹지 체계
점적·면적인 공원이나 호수, 광장 등의 요소를 가로수 및 하천 등의 선적 요소로 연계하여 상호간의 관계를 만든다.

35. 수요량 예측이 공간의 규모를 결정짓게 되는데, 반대로 계획의 규모가 수용량의 한계를 결정짓기도 한다. 일반적으로 수요량 산출 공식에 해당하지 않는 것은?

① 시계열 모델 ② 중력 모델
③ 요인분석 모델 ④ 혼합형 모델

해설 수요량 산출 공식(모델)

시계열모델	예측연도가 단기간, 환경조건변화가 적은 경우
중력모델	대단지에 단기예측
요인분석모델	과거의 이용 추세로 추정
외삽법	선례가 없는 경우 비슷한 곳 대신 조사

36. 동질적인 성격을 가진 비교적 큰 규모의 경관을 구분하는 것으로 주로 지형 및 지표 상태에 따라 구분하는 것을 무엇이라고 하는가?

① 경관요소 ② 경관유형
③ 토지형태 ④ 경관단위

해설 경관단위(landscape unit)
- 동질적인 성격을 가진 비교적 큰 규모의 경관으로 지형과 지표 상태에 의해 구분되며 좌우된다.
- 경관 단위로 나누어 시각자원의 개발, 관리, 보존의 방침을 설정하여 계획안 작성에 기초가 되게 한다.

37. 도시조경의 목표로서 가장 거리가 먼 것은?

① 친환경적 도시건설
② 친인간적 도시건설
③ 아름다운 도시건설
④ 교통 편의적 도시건설

해설 도시조경의 목표
친환경적 도시건설, 친인간적 도시건설, 아름다운 도시건설, 걷고 싶은 보행위주의 도시건설

38. 환경심리학에 관한 설명으로 옳지 않은 것은?

① 환경과 인간행위 상호간의 관계성을 연구한다.
② 사회심리학과 공동의 관심분야를 많이 지니고 있다.
③ 이론적이고 기초적인 연구에만 관심을 둔다.
④ 다소 정밀하지 않더라도 문제해결에 도움이 되는 가능한 모든 연구방법을 사용한다.

정답 33. ② 34. ① 35. ④ 36. ④ 37. ④ 38. ③

해설 환경심리학
물리적 환경과 인간 행태의 관계성을 연구하는 분야로 환경계획·설계에 관련되는 문제의 해결, 과학적으로 접근할 수 있는 토대 마련한다.

39. 환경영향평가의 어려움에 관한 설명으로 옳지 않은 것은?

① 쾌적함, 아름다움 등의 추상적 가치에 관한 정량적 분석이 어렵다.
② 건설 후에 평가를 하게 되므로 완화대책을 시행하는데 비용이 많이 든다.
③ 일정 행위로 인해 초래되는 환경적 영향에 대한 과학적 자료가 미흡하다.
④ 환경적 영향을 충분히 분석하기 위하여 어느 정도의 자료가 수집되어야 하는가에 대한 지식이 부족하다.

해설 환경영향평가는 건설 전에 시행하는 사전평가에 해당된다.

40. 세계 최초로 지정된 국립공원과 한국 최초로 지정된 국립공원이 바르게 짝지어진 것은?

① 요세미티(yosemite) – 오대산
② 요세미티(yosemite) – 속리산
③ 옐로우스톤(yellow stone) – 설악산
④ 옐로우스톤(yellow stone) – 지리산

해설 세계최초 국립공원과 한국 최초 국립공원
- 세계최초국립공원 : 옐로스톤(1872)
- 우리나라 최초국립공원 : 지리산(1967)

■■■ 조경설계

41. 균형(Balance)의 원리에 관한 설명으로 옳지 않은 것은?

① 크기가 큰 것은 작은 것보다 시각적 중량감이 크다.
② 거친 질감은 부드러운 질감보다 시각적 중량감이 크다.
③ 불규칙적인 형태는 기하학적인 형태보다 시각적 중량감이 크다.
④ 밝은 색상이 어두운 색상보다 시각적 중량감이 크다.

해설 바르게 고치면
어두운 색상이 밝은 색상보다 시각적 중량감이 크다.

42. 다음 먼셀 기호에 대한 설명이 틀린 것은?

5R 4/10

① 명도는 4이다.
② 색상은 5R 이다.
③ 채도는 4/10이다.
④ 5R 4의 10이라고 읽는다.

해설 5R 4/10
색상·명도/채도의 순으로 색상은 5R, 명도는 4, 채도는 10을 나타낸다.

43. 자전거도로의 설계에서 “종단경사가 있는 자전거도로의 경우 종단경사도에 따라 연속적으로 이어지는 도로의 최대 길이”를 무엇이라 하는가?

① 편경사 ② 정지시거
③ 횡단경사 ④ 제한길이

정답 39. ② 40. ④ 41. ④ 42. ③ 43. ④

해설 자전거도로 설계 시 용어 정의

- 편경사 : 평면곡선부에서 자전거가 원심력에 저항할 수 있도록 하기 위하여 설치한 도로
- 정지시거 : 자전거 운전자가 같은 자전거도로 위에 있는 장애물을 인지하고 안전하게 정지하기 위하여 필요한 거리로서 자전거도로 중심선 위의 1.4미터 높이에서 그 자전거도로의 중심선 위에 있는 높이 0.15미터 물체의 맨 윗부분을 볼 수 있는 거리를 그 자전거도로의 중심선에 따라 측정한 길이
- 횡단경사 : 자전거도로의 진행 방향에 직각으로 설치하는 경사로서 자전거도로의 배수를 원활하게 하기 위하여 설치하는 경사와 평면곡선부에 설치하는 편경사
- 제한길이 : 종단경사가 있는 자전거도로의 경우 종단경사도에 따라 연속적으로 이어지는 도로의 최대 길이

44. 다음 색에 관한 설명 중 옳은 것은?

① 파랑 계통은 한색이고, 진출색·팽창색이다.
② 파랑 계통은 난색이고, 후퇴색·팽창색이다.
③ 빨강 계통은 난색이고, 진출색·팽창색이다.
④ 빨강 계통은 한색이고, 후퇴색·팽창색이다.

해설 파랑 계통은 한색이고 후퇴색이다. 빨강 계통은 난색이고 진출색이고 팽창색이다.

45. 가시광선이 주는 밝기의 감각이 파장에 따라 달라지는 정도를 나타내는 것은?

① 명시도 ② 시감도
③ 암시도 ④ 비시감도

해설 시감도
시감이란 빛의 강도를 느끼는 능력을 말하며, 시감도란 우리가 지각할 수 있는 가시광선이 주는 밝기의 감각이 파장에 따라서 달라지는 정도를 나타내는 것을 말한다.

46. 공공을 위한 공원 조성 시 보행동선 계획·설계에 관한 설명으로 틀린 것은?

① 동선은 가급적 단순하고 명쾌해야 한다.
② 상이한 성격의 동선은 가급적 분리시켜야 한다.
③ 이용도가 높은 동선은 가급적 길게 해야 한다.
④ 동선이 교차할 때에는 가급적 직각으로 교차해야 한다.

해설 바르게 고치면
이용도가 높은 동선은 가급적 짧게 해야 한다.

47. 인간 척도의 측면에서 외부공간에서 리듬감을 주고자 할 때 바닥의 재질 변화나 고저차는 어느 정도 간격으로 하는 것이 가장 효과적인가?

① 10 ~ 15m ② 15 ~ 20m
③ 20 ~ 25m ④ 25 ~ 30m

해설 인간 척도 측면에서 외부공간에 리듬감을 주기 위해 바닥 포장의 재질 변화나 고저차는 20 ~ 25m가 가장 효과적이다.

48. 위요된 공간에서 혼잡하다고 느낄 때, 이를 완화시키기 위한 공간의 구성으로 틀린 것은?

① 천정을 높인다.
② 적절한 칸막이를 만들어 준다.
③ 외부 공간으로 시선을 열어준다.
④ 장방형의 공간을 정방형으로 만든다.

해설 정방형(정사각형)의 공간을 장방형(직사각형)으로 만들면 혼잡을 완화할 수 있다.

정답 44. ③ 45. ② 46. ③ 47. ③ 48. ④

49. 조경구성에 있어서 질감(texture)의 특성에 대한 설명으로 옳지 않은 것은?

① 질감은 물체의 부분의 형과 크기의 결과이다.
② 수목의 질감은 주로 잎의 특성과 크기 및 배치에 달려 있다.
③ 질감은 관찰자의 떨어진 거리가 영향을 미치지 않는다.
④ 질감의 효과는 매끄럽다, 거칠다 등 경험적 촉각에 의하여 감지된다.

해설 바르게 고치면
수목의 질감은 떨어진 거리가 영향을 미친다.

50. 다음 중 "자연적인 형태" 주제에 해당하지 않는 것은?

① 나선형(spiral)
② 유기체적 모서리형(organic edge)
③ 불규칙 다각형(irregular polygon)
④ 집합과 분열형(clustering and fragmentation)

해설 자연적인 형태
유기체적 모서리형, 불규칙 다각형, 집합과 분열형

51. 다음 중 교차점 광장의 결정기준에 해당하지 않는 것은? (단, 도시·군계획시설의 결정·구조 및 설치기준에 관한 규칙을 적용한다.)

① 자동차전용도로의 교차지점인 경우에는 입체 교차방식으로 할 것
② 주민의 사교, 오락, 휴식 및 공동체 활성화 등을 위하여 근린주거구역별로 설치할 것
③ 혼잡한 주요도로의 교차점에서 각종 차량과 보행자를 원활히 소통시키기 위하여 필요한 곳에 설치할 것
④ 주간선도로의 교차지점인 경우에는 접속도로의 기능에 따라 입체교차 방식으로 하거나 교통섬·변속차로 등에 의한 평면교차방식으로 할 것

해설 주민의 사교, 오락, 휴식 및 공동체 활성화 등을 위하여 근린주거구역별로 설치할 것 - 일반광장 중 근린광장

52. 설계 도면의 치수를 나타낸 그림 중 가장 나쁘게 표현한 것은?

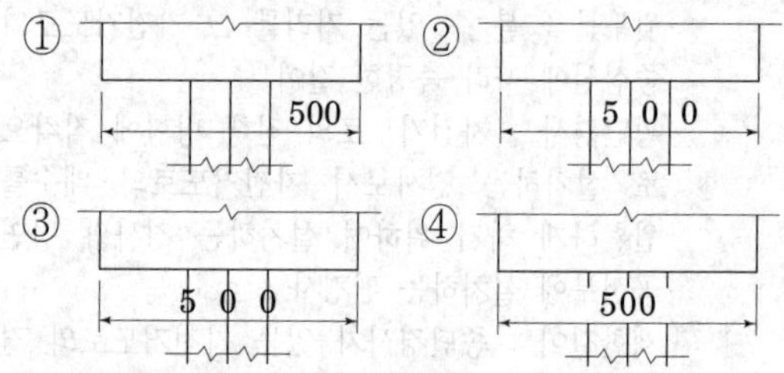

해설 치수 기입 위치
· 치수기입은 치수선 중앙 윗부분에 기입하는 것이 원칙이다. (다만, 치수선을 중단하고 선의 중앙에 기입할 수도 있음)
· 치수기입은 치수선에 평행하게 도면의 왼쪽에서 오른쪽으로 아래로부터 위로 읽을 수 있도록 기입한다. 협소한 간격이 연속될 때에는 인출선을 사용하여 치수를 쓰며, 치수선의 양끝 표시는 화살 또는 점으로 표시할 수 있다. 같은 도면에서 2종을 혼용하지 않는다.

53. 건축물의 피난·방화구조 등의 기준에 관한 규칙상 다음 설명의 ( ) 안에 적합한 수치는?

> 건축물의 바깥쪽으로 나가는 출구를 설치하는 경우 관람실 바닥면적의 합계가 ( )m^2 이상인 집회장 또는 공연장은 주된 출구 외에 보조출구 또는 비상구를 2개소 이상 설치하여야 한다.

① 250　　② 300
③ 500　　④ 600

해설 관람실 등으로부터의 출구의 설치기준
· 건축물의 관람실 또는 집회실로부터 바깥쪽으로의 출구로 쓰이는 문은 안여닫이로 해서는 안된다.
· 문화 및 집회시설 중 공연장의 개별 관람실(바닥면적이 300m^2 이상인 것만 해당한다)의 출구는 다음의 기준에 적합하게 설치해야 한다.

정답 49. ③ 50. ① 51. ② 52. ③ 53. ②

- 관람실별로 2개소 이상 설치할 것
- 각 출구의 유효너비는 1.5m 이상일 것
- 개별 관람실 출구의 유효너비의 합계는 개별 관람실의 바닥면적 100m^2 마다 0.6m의 비율로 산정한 너비 이상으로 할 것.

54. 다음 중 일반적인 조경설계 과정에 포함되는 사항이 아닌 것은?

① 프로그램 개발 ② 조사와 분석
③ 개념적인 설계 ④ 모니터링 설계

해설 조경설계 과정의 포함 사항
프로그램 개발, 개념적인 설계, 조사와 분석

55. 전망대 설치 시 고려사항으로 틀린 것은?

① 전망대의 면적은 1인당 보통 5~7m^{2}가 적당하다.
② 위치는 조망에 유리한 방향을 향하도록 하는 것이 좋다.
③ 보안상 안전하고 이용자가 사용하기 좋은 곳을 고려해야 한다.
④ 전망대 위치는 능선이나 산 정상보다는 진입로 근처가 바람직하다.

해설 바르게 고치면
전망대 위치는 진입로 근처보다 능선이나 산 정상이 바람직하다.

56. 최근의 환경 설계 분야에서는 과학적 설계에 대한 관심이 높아지고 있다. 과학적 설계에 관한 설명으로 틀린 것은?

① 과학적 설계연구 자료에 근거하여 설계한다.
② 이용자의 형태, 선호 및 가치를 최대한 고려한다.
③ 설계자의 창의력은 임의성이 많으므로 과학적 방법으로 완전히 대체하고자 하는 것이다.
④ 설계자의 직관 및 경험에만 의존하지 않고 합리적 접근이 가능한 분야는 과학적 방법을 이용한다.

해설 환경설계분야의 과학적 설계는 설계자의 창의성과 과학적 방법의 합리적 접근을 통해 상호보완하도록 한다.

57. 다음 그림과 같이 투상하는 방법은?

	저면도	
우측면도	정면도	좌측면도
	평면도	

① 제1각법 ② 제2각법
③ 제3각법 ④ 제4각법

해설 제1각법
· 물체를 1각 안에(투상면 앞쪽)에 놓고 투상한 것을 말한다. 물체의 뒤의 유리판에 투영한다.(보는 위치의 반대편에 상이 맺힌다.)
· 투상도의 위치
- 평면도는 정면도의 아래에 위치
- 좌측면도는 정면도의 우측에 위치
- 우측면도는 정면도의 좌측에 위치
- 저면도는 정면도의 위에 위치

58. 설계 시 사용되는 1점 쇄선의 용도가 아닌 것은? (단, 한국산업표준(KS)을 적용한다.)

① 중심선 ② 절단선
③ 경계선 ④ 가상선

해설 가상선은 점선이나 파선으로 표현한다.

59. 어린이 미끄럼틀의 미끄럼대에 있어서 일반적인 미끄럼판의 기울기 각도와 폭이 가장 적합하게 짝지어진 것은? (단, 폭은 1인용 미끄럼판을 기준으로 한다.)

① 각도 : 20~30°, 폭 : 20~30cm
② 각도 : 30~35°, 폭 : 40~50cm
③ 각도 : 20~30°, 폭 : 40~50cm
④ 각도 : 30~40°, 폭 : 20~30cm

정답 54. ④ 55. ④ 56. ③ 57. ① 58. ④ 59. ②

해설 미끄럼판
- 기울기 각도 : 30~35°
- 폭 : 40~50cm

60. 환경색채디자인에서 주의할 점이 아닌 것은?

① 인공 시설물의 색채는 제외시킨다.
② 자연환경과 인공환경의 조화를 고려해야 한다.
③ 대상 지역 전체의 색채 이미지와 부분의 색채이미지가 잘 조화될 수 있도록 계획한다.
④ 외부 환경색채 디자인의 경우 광, 온도, 기후 등 대상지역에 대한 정확한 조사를 바탕으로 색채계획이 이루어져야 한다.

해설 환경색채디자인 시 인공시설물의 색채도 포함한다.

■■■ 조경식재

61. 다음 중 천근성(淺根性)으로 분류되는 수종은?

① 느티나무(*Zelkova serrata*)
② 전나무(*Abies holophylla*)
③ 상수리나무(*Quercus acutissima*)
④ 이태리포푸라(*Populus davidiana*)

해설 느티나무, 전나무, 상수리나무 - 심근성 수종

62. 천이(Succession)의 순서가 옳은 것은?

① 나지 → 1년생 초본 → 다년생초본 → 음수교목림 → 양수관목림 → 양수교목림
② 나지 → 1 년생 초본 → 다년생초본 → 양수교목림 → 양수관목림 → 음수교목림
③ 나지 → 1년생 초본 → 다년생초본 , 양수관목림 → 양수교목림 → 음수교목림
④ 나지 → 다년생 초본 → 1년 생 초본 → 양수관목림 → 양수교목림 → 음수교목림

해설 1차천이(건생천이)
나지 → 1년생 초본 → 다년생초본, 양수관목림 → 양수교목림 → 음수교목림

63. "개체군내에는 최적의 생장과 생존을 보장하는 밀도가 있다. 과소 및 과밀은 제한 요인으로 작용한다."가 설명하고 있는 원리는?

① Gause의 원리
② Allee의 원리
③ 적자생존의 원리
④ 항상성의 원리

해설 allee의 원리(개체군의 속성)
최적생장 생존을 위한 집단화는 적절한 크기가 유지되어야 하며 적절한 밀도 유지조건에서 최대 생존율을 가진다는 원리

64. 포장지역에 식재한 독립 교목은 태양열 및 인적 피해로부터의 보호와 미관을 고려하여 수간에 매년 새끼 등 수간보호재 감기를 실시하여야 한다. 이 경우 지표로부터 약 몇 m 높이까지 감아야 하는가?

① 1.0m
② 1.5m
③ 2.0m
④ 2.6m

해설 수간보호재 감기는 지표로부터 1.5m까지 감는다.

65. 가로수의 식재 방법으로 옳지 않은 것은?

① 식재구덩이의 크기는 너비를 뿌리분 크기의 1.5배 이상으로 한다.
② 분의 지름은 근원경의 2~3배로해서 분뜨기를 한다.
③ 지주 설치 기간은 뿌리 발육이 양호해질 때 까지 약 1~2년간 설치해 둔다.
④ 식재지의 일정용량 중 토양입자 50%, 수분 25%, 공기 25%의 구성비를 표준으로 한다.

해설 분의 지름은 근원경의 4~6배로해서 분뜨기를 한다.

정답 60. ① 61. ④ 62. ③ 63. ② 64. ② 65. ②

66. 추식구근(秋植球根)에 해당하지 않는 것은?

① 아마릴리스(Amaryllis)
② 아네모네(Anemone)
③ 히아신스(hyacinth)
④ 라넌큘러스(Ranunculus)

해설 아마릴리스(Amaryllis) – 춘식구근

67. 다음 설명에 적합한 수종은?

> – 백색수피가 특이하다.
> – 극양수로서 도시공해 및 전지전정에 약하다.
> – 종이처럼 벗겨지며 봄의 신록과 가을 황색 단풍이 아름다워 현대 감각에 알맞은 조경수이다.

① 서어나무(*Carpinus laxiflora*)
② 박달나무(*Betula Schmidt ii*)
③ 개암나무(*Corylus heterophylla*)
④ 자작나무(*Betula platyphylla var. japonica*)

해설 자작나무
- 낙엽활엽교목으로 흰색 수피로 아름다운 수종으로 양수이며 고산수종이다.
- 잎은 어긋나고 3각상 달걀모양이며 가장자리에 불규칙한 톱니가 있다.
- 꽃은 4~5월에 피고 열매는 9월에 성숙하며, 열매이삭는 밑으로 처지고 원통형이며 길이는 4cm 정도이다.

68. 사실적(寫實的) 식재와 가장 관련이 없는 것은?

① 다수의 수목을 규칙적으로 배식
② 실제로 존재하는 자연경관을 묘사
③ 고산식물을 주종으로 하는 암석원(rock garden)
④ 윌리엄 로빈슨이 제창한 야생원(wild garden)

해설 사실적식재
- 자연경관을 그대로 묘사하여 식재하는 수법
- 윌리엄 로빈슨의 야생원(wild garden), 벌 막스의 암석원(rock garden)

69. 개울가, 연못 가장자리 등 습윤지에서 잘 자라는 수종이 아닌 것은?

① 낙우송(*Taxodium distichum*)
② 능수버들(*Salix pseudolasiogame*)
③ 오리나무(*Alnus japonica*)
④ 향나무(*Juniperus chinensis*)

해설 향나무는 건조지 척박지에 잘 자라는 수종이다.

70. 숲의 층위에 해당하지 않는 것은?

① 만경류층　② 초본층
③ 관목층　④ 아교목층

해설 숲의 층위
교목층 – 아교목층 – 관목층 – 초본층 – 지피층

71. 다음 중 자동차 배기가스에 가장 강한 수종은?

① 은행나무(*Ginkgo biloba*)
② 전나무(*Abies holophylla*)
③ 자귀나무(*Albizia julibrissin*)
④ 금목서(*Osmanthus fragrans var. aurantiacus*)

해설 은행나무의 특징
- 분진을 흡착하는 등 공기정화능력과 자동차 배기가스 공해에 강하다.
- 껍질이 두꺼워 방화용 수종으로 활용되며 병충해에 강해 가로수로 활용된다.

정답 66. ① 67. ④ 68. ① 69. ④ 70. ① 71. ①

72. 식재구성에서 색채와 관련된 이론으로서 옳지 않은 것은?

① 경관마다 우세한 것과 종속적인 요소를 결정하여 조성하여야 한다.
② 색의 변화는 연속성을 파괴하지 않도록 점진적인 단계를 두어야 한다.
③ 밝고 선명한 색채는 희미하고 연한 색채에 비하여 고운 질감을 지닌다.
④ 정원에서 휴식과 평화로운 분위기를 주도록 잎의 녹색은 관목의 꽃보다 더욱 중요하게 취급된다.

해설 바르게 고치면
밝고 선명한 색은 희미하고 연한 색채에 비해 거친 질감을 지닌다.

73. 장미과 식물 중 속(Genus) 분류가 다른 것은?

① 산돌배 ② 콩배나무
③ 아그배나무 ④ 위봉배나무

해설 장미과
- 산돌배, 콩배나무, 위봉배나무 : *Pyrus* 속
- 아그배나무 : *Malus* 속

74. 중앙분리대 식재 시 차광효과가 가장 큰 수종으로만 나열된 것은?

① 아왜나무, 돈나무
② 광나무, 소사나무
③ 사철나무, 쉬땅나무
④ 생강나무, 병아리꽃나무

해설 중앙 분리대에 적합한 수종
- 배기가스나 건조에 강한 수종
- 맹아력이 강하며, 하지 밑까지 잘 발달한 상록수가 적당
- 교목 : 가이즈까향, 종가시나무, 향나무, 아왜나무
- 관목 : 꽝꽝나무, 다정큼나무, 돈나무, 둥근향나무, 사철나무

75. 다음 설명에 해당되는 수목은?

- 수형은 원추형
- 내음성과 내조성이 강한 상록침엽수
- 큰 나무는 이식이 곤란하나 전정에 잘 견디며 경계식재나 기초식재에 이용.

① 개잎갈나무(*Cedrus deodara*)
② 자목련(*Magnolia liliiflora*)
③ 주목(*Taxus cuspidata*)
④ 단풍나무(*Acer palmatum*)

해설 주목
- 주목과 상록침엽교목으로 원추형수형
- 강음수, 고산수종

76. 기수1회 우상복엽의 잎 특성을 가진 수종이 아닌 것은?

① 물푸레나무(*Fraxinusrhynchophylla*)
② 아카시나무(*Robiniapseudoacacia*)
③ 자귀나무(*Albiziajulibrissin*)
④ 쉬나무(*Rutaceaedaniellii*)

해설 자귀나무 – 2회우수우상복엽

77. 식물의 화아분화가 가장 잘 될 수 있는 조건은?

① 식물체내의 N 성분이 많을 때
② 식물체내의 K 성분이 많을 때
③ 식물체내의 P 성분이 많을 때
④ 식물체내의 C/N율이 높을 때

해설 C/N율
- 식물체 내의 탄수화물과 질소의 비율
- C/N율에 따라 생육과 개화 결실이 지배된다고도 보는데, C/N율이 높으면 개화를 유도하고 C/N율이 낮으면 영양생장이 계속된다.

정답 72. ③ 73. ③ 74. ① 75. ③ 76. ③ 77. ④

78. 토양을 개설하기 위해 사용되는 부식(humus)의 특성으로 옳지 않은 것은?

① 토양의 용수량을 증대시키고 한발을 경감시킨다.
② 보비력이 강하고 배수력과 보수력이 강하다.
③ 미생물의 활동을 활발하게 하며 유기물의 분해를 촉진시킨다.
④ 토양을 단립(單粒)구조로 만들고, 토양의 물리적 성질을 약화시킨다.

해설 바르게 고치면
토양을 입단으로 만들고 토양의 물리적 성질을 좋게 한다.

79. 흰말채나무(*cornus alba L.*)의 특징으로 틀린 것은?

① 노란색의 열매가 특징적이다.
② 층층나무과(科)로 낙엽활엽관목이다.
③ 수피가 여름에는 녹색이나 가을, 겨울철의 붉은 줄기가 아름답다.
④ 잎은 대생하며 타원형 또는 난상타원형이고, 표면에 작은 털, 뒷면은 흰색의 특징을 갖는다.

해설 흰말채나무의 열매
타원 모양의 핵과로 흰색 또는 파랑빛을 띤 흰색이며 8~9월에 익는다.

80. 팥배나무의 종명에 해당하는 것은?

① *myrsinaefolia* ② *Alnus*
③ *Sorbus* ④ *alnifolia*

해설 팥배나무 학명
Sorbus(속명)+*alnifolia*(종명)

■■■ 조경시공구조학

81. 다음 중 콘크리트의 혼화재료에 속하지 않는 것은?

① 타르 ② AE제
③ 감수제 ④ 염화칼슘

해설 혼화제
콘크리트 배합시 사용량이 적고 배합계산에서 용적을 무시하는 것으로 AE제, 감수제, 응결경화촉진제, 지연제, 방수제 등이 속한다.

82. 그림과 같은 지형을 평탄하게 정지작업을 하였을 때 평균 표고는?

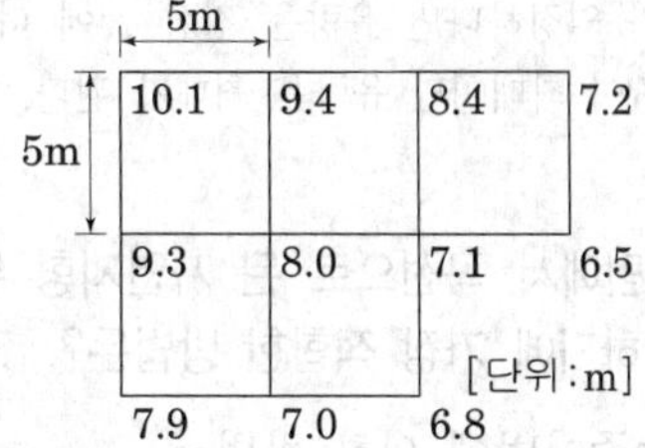

① 7.973m ② 8.000m
③ 8.027m ④ 8.104m

해설 평균표고=토공량÷전체면적
① 토공량

$$V(\text{체적}) = \frac{A}{4}(\Sigma h_1 + 2\Sigma h_2 + 3\Sigma h_3 + 4\Sigma h_4)$$

$\Sigma h_1 = 10.1+7.2+6.5+7.9+6.8=38.5$
$\Sigma h_2 = 9.4+8.4+9.3+7.0=34.1$
$\Sigma h_3 = 7.1$
$\Sigma h_4 = 8.0$

$$V(\text{체적}) = \frac{25}{4}(38.5+2\times34.1+3\times7.1+4\times8.0) = 1{,}000\text{m}^3$$

② $1{,}000 \div (25\times5) = 8\text{m}$

정답 78. ④ 79. ① 80. ④ 81. ① 82. ②

83. 관거의 유속과 유량에 대한 설명이 틀린 것은?

Q : 유량, V : 유속, A : 유수단면적, R : 경심, I : 수면구배, C : 평균유속계수, n : 조도계수

① $V = C\sqrt{RI}$가 성립된다.
② $Q = A \cdot C\sqrt{RI}$가 성립된다.
③ $C = \dfrac{23 + \dfrac{1}{n} + \dfrac{0.00155}{I}}{1 + \left(23 + \dfrac{0.00155}{I}\right) \times \dfrac{n}{\sqrt{R}}}$가 성립된다.
④ $A \cdot C \cdot I$가 일정하면 경심이 최대일 때 유량은 최대가 될 수 없다.

해설 A(유수단면적)·C(평균유속계수)·I(수면경사)가 일정하다면 유량은 경심 R에 따라 변하며, R이 최대이면 유량은 최대가 된다.

84. 도면에서 곡선으로 된 자연지형 부분의 면적을 구하기에 가장 적합한 방법은?

① 모눈종이법에 의한 방법
② 배횡거법에 의한 방법
③ 지거법에 의한 방법
④ 구적기에 의한 방법

해설 구적기(플래니미터planimeter)
불규칙한 경계선을 갖는 도상 면적을 측정하는 데 사용되는 간단한 기계

85. 다음 시공관리에 대한 설명이 틀린 것은?

① 시공관리의 3대목표는 공정관리, 품질관리, 원가관리이다.
② 발주자는 최소의 비용으로 최대의 생산을 올리고자 한다.
③ 품질과 원가와의 관계는 품질을 좋게 하면 원가는 높아지는 경향이 있다.
④ 공사의 품질 및 공기에 대해 계약조건을 만족하면서 능률적이고 경제적 시공을 위한 것이다.

해설 발주자는 공기와 품질을 확보하고, 수급인은 최소비용으로 양질의 목적물을 완성하기 위해 공정관리를 통한 공사를 추진하는 것이 요구된다.

86. 다음 설명에 적합한 도로의 폭원 요소는?

– 다른 용어로 갓길 또는 노견이라 함 – 도로를 보호하고 비상시에 이용하기 위하여 차로에 접속하여 설치하는 도로의 부분 – 도로의 주요 구조부의 보호, 고장차 대피 등에 이용

① 길어깨(shoulder)
② 보도(pedestrian way)
③ 중앙분리대(medians trip)
④ 노상시설대(streets trip)

해설 노견의 설치 목적
· 차도를 규정된 폭원으로 보정
· 완속차, 사람이나 고장차가 대피할 수 있는 장소
· 자동차의 속도를 내기 위해서 횡방향에 여유를 둠
· 노견의 폭은 도로의 양쪽에 보통 0.5m, 고속도로에서는 1.0m 이상으로 둠

87. 네트워크 공정표의 특징으로 가장 거리가 먼 것은?

① 작성 및 검사에 특별한 기능이 요구된다.
② 작업순서와 상호관계의 파악이 용이하다.
③ 계획의 단계에서 만든 여러 데이터의 수집이 가능하다.
④ 변경에 대해 전체적인 영향을 받지 않아 공정표의 수정이 대단히 용이하다.

해설 네크워크 공정표는 공정표작성에 숙련을 요하며, 수정변경에 많은 시간이 요구된다.

정답 83. ④ 84. ④ 85. ② 86. ① 87. ④

88. 시공도면 작성 시 아래와 같은 표시는 일반적으로 무엇을 의미하는가?

① 지반 ② 잡석다짐
③ 석재 ④ 벽돌벽

해설 시공도면의 재료 표시
- 지반
- 석재
- 벽돌벽

89. 비탈면에 잔디를 식재하는 방법이 틀린 것은?

① 비탈면 줄떼다지기는 잔디폭이 0.1m 이상 되도록 한다.
② 잔디고정은 떼꽂이를 사용하여 잔디 1매당 2개 이상 견실하게 고정한다.
③ 비탈면 전면(평떼)붙이기는 줄눈을 일정한 틈을 벌려 십자줄이 되도록 붙인다.
④ 잔디시공 후에는 모래나 흙으로 잔디붙임면을 얇게 덮은 후 고루 두들겨 다져준다.

해설 비탈면 전면(평떼)붙이기
주로 비탈면 경사가 1 : 1 보다 완만한 비탈면에 전면적으로 붙이기하며 줄눈 간격은 어긋나게 배치한다.

90. 콘크리트의 크리프(creep)에 대한 설명으로 틀린 것은?

① 작용응력이 클수록 크리프는 크다.
② 재하재령이 빠를수록 크리프는 크다.
③ 물시멘트비가 작을수록 크리프는 크다.
④ 시멘트페이스트가 많을수록 크리프는 크다.

해설 크리프
- 일정정한 지속 하중 하에 있는 콘크리트가 하중은 변함이 없는데 시간이 경과함에 따라 변형이 증가하는 현상
- 영향요인(증가요인) : 작용응력이 클수록, 재령이 빠를수록, W/C ratio가 클수록, 강도가 낮을수록, 시멘트 페이스트가 많을수록, 부재의 치수가 작을수록, 온도가 높고 습도가 낮을수록, 다짐이 나쁠수록 크리프가 크다

91. 다음 중 점토의 특성으로 옳지 않은 것은?

① 주성분은 규산 50~70%, 알루미나 15~35%, 기타 MgO, K_2O, Ka_2O_3가 포함되어 있다.
② 암석이 풍화된 세립(細粒)으로 습한 상태에서 소성이 크다.
③ 비중은 3.0~3.5 정도이고 알루미나 성분이 많은 점토의 비중은 3.0 내외이다.
④ 양질의 점토일수록 가소성이 좋다.

해설 점토의 비중은 2.5~2.6 정도이다.

92. 비탈면 안정자재에 대한 설명이 틀린 것은?

① 부착망은 체인링크철선과 염화비닐피복철선의 기준에 합당한 제품을 사용해야 한다.
② 낙석방지철망은 부식성이 있고 충격이나 식물뿌리의 변성에 따라 자연 변형되는 강도를 갖춘 것을 채택한다.
③ 격자틀 및 블록제품은 접합구가 일체식으로 연결될 수 있어야 하며, 녹화식물의 생육최소심도 이상의 토심이 확보될 수 있도록 설계한다.
④ 비탈안정녹화공사용 격자틀 등의 합성수지 제품은 내부식성이 있고 변형 및 탈색이 되지 않으며 자연미가 나도록 제작된 것을 채택한다.

해설 낙석방지철망은 부식성 없고 충격이나 자연 변형이 없는 것이 강도를 갖춘 것이 좋다.

정답 88. ② 89. ③ 90. ③ 91. ③ 92. ②

93. 8ton 덤프트럭에 자연상태의 사질양토를 굴착 후 적재하려한다. 덤프트럭의 1회 적재량은? (단, 사질양토 단위중량 : 1700kg/m^3, L=1.25, C=0.85, 소수 2째 자리에서 반올림한다.)

① 5.9m^3　② 4.7m^3
③ 4.0m^3　④ 5.0m^3

해설 $\frac{8}{1.7} \times 1.25 = 5.8823.. \rightarrow 5.9m^3$

94. 다음 설명에 적합한 심토층 배수의 유형은?

> - 식재지역에 부분적으로 지하수위를 낮추기 위한 방법
> - 경사면의 내부에 불투수층이 형성되어 있어 지하로 유입된 우수가 원활하게 배출되지 못하거나 사면에서 용출되는 물을 제거하기 위하여 사용되는 방법
> - 보통 도로의 사면에 많이 적용되며, 도로를 따라 수로가 만들어짐

① 차단법(intercepting system)
② 자연형(natural type)배치
③ 완화 배수(relief drainage)
④ 즐치형(gridiron type)배치

해설 · 자연형(natural type)배치 : 지형의 기복이 심한 소규모 공간에 물이 정체되는 곳이나 평탄면에 배수가 원활하지 못한 곳의 배수를 촉진시키기 위하여 설치
· 완화 배수(relief drainage) : 평탄한 지역에 높은 지하수위를 가진 곳에 적용
· 즐치형(gridiron type)배치 : 지선을 주선과 직각방향으로 일정한 간격으로 평행이 되게 배치하는 방법, 보통 넓고 평탄한 지역의 균일한 배수를 위하여 사용되지만 간혹 어골형을 지선, 평행형을 간선형태로 하여 운동장과 같은 대규모 지역의 심토층배수를 위해 사용될 수 있음

95. 다음 조경재료의 역학적 성질 중 "단단한 정도"를 나타내는 용어는?

① 연성(ductility)　② 인성(toughness)
③ 취성(brittleness)　④ 경도(hardness)

해설 · 연성(ductility) : 연한성질, 탄성한계 이상의 힘을 받아도 파괴되지 않고 가늘고 길게 늘어나는 성질
· 인성(toughness) : 강하면서도 늘어나기도 잘하는 성질
· 취성(brittleness) : 외력에 잘 부러지거나 파괴되는 성질

96. 계획오수량 산정시 고려사항으로 틀린 것은?

① 지하수량은 1인1일 최대 오수량의 10~20%로 한다.
② 계획 1일 평균 오수량은 계획 1일 최대 오수량의 70~80%를 표준으로 한다.
③ 계획 시간 최대 오수량은 계획 1일 최대 오수량의 1시간당 수량의 1.3~1.8배를 표준으로 한다.
④ 합류식에서 우천 시 계획 오수량은 원칙적으로 계획시간 최대오수량의 3배 이하로 한다.

해설 바르게 고치면
합류식에서 우천 시 계획 오수량은 원칙적으로 계획시간 최대오수량의 3배 이상로 한다.

97. P가 그림과 같이 AB부재에 작용할 때 A, B점에 발생하는 반력(R_A, R_B)은 각각 얼마인가?

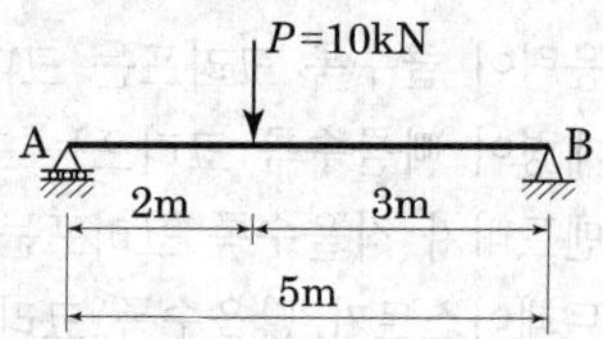

① R_A : 6kN, R_B : 4kN
② R_A : 4kN, R_B : 6kN
③ R_A : 2kN, R_B : 8kN
④ R_A : 8kN, R_B : 2kN

정답 93. ① 94. ① 95. ④ 96. ④ 97. ①

해설 ① ΣM_B R_A×L-P×b=0
R_A×5-10×3=0
R_A=6t
② ΣM_A R_B×L-P×a=0
R_B×5-10×2=0
R_B=4t

98. 노외주차장 또는 노상주차장의 구조·설비 기준이 틀린 것은?

① 노상주차장은 너비 6미터 미만의 도로에 설치하여서는 아니 된다.
② 노외주차장에는 주차구획선의 긴 변과 짧은 변 중 한 변 이상이 차로에 접하여야 한다.
③ 노외주차장의 출구와 입구에서 자동차의 회전을 쉽게 하기 위하여 필요한 경우에는 차로와 도로가 접하는 부분을 곡선형으로 하여야 한다.
④ 노외 및 노상 주차장에서 60° 주차방식이 동일 면적에 토지이용의 효율성이 가장 높다.

해설 노상주차장과 노외주차장의 주차방식
- 노상주차장은 평행주차가 바람직하며, 노폭이 넓은 곳은 30° 주차가 허용된다. 그 이상의 도로 폭을 점유하는 45°와 60°, 직각주차는 가급적 피함
- 노외주차장은 평행주차, 90°, 60°, 45°, 교차주차가 가능하며 동일면적에 토지이용 효율성이 가장 높은 방식은 90° 주차이다.

99. 콘크리트 배합(mix proportion) 중 실제 현장 골재의 표면수·흡수량 및 입도상태를 고려하여 시방배합을 현장상태에 적합하게 보정하는 배합은?

① 현장배합(job mix)
② 용적배합(volume mix)
③ 중량배합(weight mix)
④ 계획배합(specified mix)

해설 콘크리트의 배합
- 용적 배합 : 콘크리트 배합 재료인 시멘트, 잔골재, 굵은골재의 배합을 용적으로 표시한 것
- 중량배합 : 콘크리트 $1m^3$에 소요되는 재료의 양을 중량(kg)으로 표시한 배합
- 계획배합 : 필요한 품질의 콘크리트가 얻어지도록 계획된 배합

100. 건설공사 표준품셈의 수량계산 기준이 틀린 것은?

① 절토(切土)량은 자연상태의 설계도의 양으로 한다.
② 수량의 계산은 지정 소수의 이하 1위까지 구하고, 끝수는 4사5입 한다.
③ 철근 콘크리트의 경우 철근 양 만큼 콘크리트 양을 공제한다.
④ 곱하거나 나눗셈에 있어서는 기재된 순서에 의하여 계산하고, 분수는 약분법을 쓰지 않는다.

해설 바르게 고치면
철근 콘크리트의 경우 철근 양은 공제하지 않는다.

■■■ 조경관리론

101. 유효인산과 결합하여 식물에 대한 인산의 유효도를 떨어뜨리는 원소는?

① K ② Mg
③ Fe ④ Cu

해설 유효인산
식물이 흡수할 수 있는 형태의 인산으로 산성토양이나 알칼리성 토양이 될수록 알루미늄이나 철 등과 결합하여 유효도가 낮아진다.

정답 98. ④ 99. ① 100. ③ 101. ③

102. 농약을 안전하게 사용하도록 용기색으로 농약의 종류를 구분한다. 농약 종류에 따른 지정색의 연결이 틀린 것은?

① 살충제 – 녹색
② 살균제 – 분홍색
③ 생장조정제 – 청색
④ 비선택성 제초제 – 노란색

해설 비선택성 제초제 – 적색

103. 다음 중 유기물의 탄소와 질소 함량을 비교해볼 때 가장 빨리 분해가 될 수 있는 것은?

① 탄소 : 50.7%, 질소 : 2.20%
② 탄소 : 50.0%, 질소 : 0.30%
③ 탄소 : 44.0%, 질소 : 1.50%
④ 탄소 : 50.0%, 질소 : 5.00%

해설 탄질율(C/N율)
- 미생물은 탄소(C)를 에너지원으로 활용, 질소(N)을 영양원으로 활용한다.
- 유기물의 분해작용이 일단 평형이 되면 탄질율(C/N율)은 10 : 1이 된다.

104. 조경수목 유지관리 작업 계획 시 정기적인 작업으로 분류하기 가장 어려운 것은?

① 전정 ② 시비
③ 병해충 방제 ④ 관수

해설 관수는 필요시 실시한다.

105. 천공성 해충인 소나무좀의 월동 충태는?

① 알 ② 유충
③ 번데기 ④ 성충

해설 소나무좀
성충으로 월동하며 3월 말~4월초 수목의 수피에 구멍을 내고 들어가 알을 산란한다.

106. 생태연못의 유지관리 사항으로 옳지 않은 것은?

① 모니터링은 최소 조성 10년 후부터 3개년 주기로 실시한다.
② 모니터링은 가급적 지역주민, NGO, 전문가 등이 함께 참여하도록 한다.
③ 물순환시스템이 지속적으로 유지될 수 있도록 유입구와 유출구를 주기적으로 청소한다.
④ 습지식물이 지나치게 번성하였을 경우에는 부수식물이 차지하는 면적이 수면적의 1/3 이하가 되도록 식물 하단부(뿌리부근)에 차단막을 설치하거나 수시로 제거해 준다.

해설 바르게 고치면
생태연못 모니터링은 조성직후부터 1년, 2년, 3년, 5년, 10년 주기로 한다.

107. 수목의 병해충 구제 방법이 아닌 것은?

① 기계적방법 ② 화학적방법
③ 식생적방법 ④ 생물학적방법

해설 해충의 방제방법
- 기계적 방제 : 포살법, 경운법, 유살법, 소살법
- 생물학적방제 : 천적이용, 생물농약
- 화학적방제 : 살충제살포
- 자연적방제 : 비배관리
- 매개충제거

108. 요소의 성질을 나타낸 설명이 옳은 것은?

① 분자식은 $CO(NH_4)_2$이다.
② 타 질소질 비료에 비해 고온에서 흡습성이 높다.
③ 산(acid)과 함께 가열하면 우레탄이 만들어진다.
④ 알칼리와 함께 가열하면 완전히 분해되어 암모늄염과 이산화탄소가 된다.

정답 102. ④ 103. ④ 104. ④ 105. ④ 106. ① 107. ③ 108. ②

해설 요소비료(urea fertilizer)
- 요소의 화학식은 $CO(NH_2)_2$이며 백색 결정으로 질소함량이 매우 높다.
- 요소는 토양속에서 미생물이 가진 효소 우레아제에 의해 탄산암모늄으로 분해된다.
- 분해속도는 토양온도에 의해 좌우되며 10℃ 이하에서는 늦고, 30℃에서는 2~3일에 대부분이 암모니아가 된다.

109. 수목병과 매개충의 연결이 옳지 않은 것은?

① 느릅나무 시들음병 – 나무좀
② 쥐똥나무 빗자루병 – 마름무늬매미충
③ 오동나무 빗자루병 – 담배장님노린재
④ 대추나무 빗자루병 – 담배장님노린재

해설 바르게 고치면
대추나무 빗자루병 – 마름무늬매미충

110. 식물관리비의 산정식으로 옳은 것은?

① 식물의 수량×작업률×작업횟수×작업단가
② (식물의 수량×작업률)÷(작업횟수×작업단가)
③ (식물의 수량×작업률×작업횟수)÷작업단가
④ 식물의 수량÷(작업률×작업횟수×작업단가)

해설 식물관리비의 계산
식물관리비=식물의 수량×작업률×작업회수×작업단가

111. 목재에 사용되는 방부제의 성능 기준의 항목으로 가장 거리가 먼 것은?

① 휘산성 ② 흡습성
③ 철부식성 ④ 침투성

해설 목재 방부제 성능 기준 항목
- 철부식성 : 목재방부제로 처리된 목재의 철에 대한 부식성
- 흡습성 : 목재방부제로 처리된 목재의 흡습성
- 침투성 : 목재방부제가 목재에 침투하는 성능
- 유화성 : 유화성 목재방부제가 물에 유화 분산하는 성능

112. 토양수를 흡습수, 모세관수, 중력수로 구분하는 기준은?

① 토양중의 수분함량
② 대기로의 수분증발력
③ 토양입자와 수분의 장력
④ 토양수분이 중력에 견디는 힘

해설 토양수의 구분
토양 공극에 존재 하는 물로 토양 수분 장력에 따라 중력수, 유효수분, 흡습수 등으로 구분된다.

113. 콘크리트 포장의 부분 보수를 위한 콘크리트 포설작업이 불가능한 기온은 몇 ℃ 이하인가? (단, 감독자가 승인한 경우 이외에는 진행하여서는 안 된다.)

① 10℃ ② 8℃
③ 6℃ ④ 4℃

해설 콘크리트 포장 시 4℃ 이하이면 콘크리트 포설작업이 불가능하다.

114. 다음 중 공원이용 관리시의 주민참가를 위한 조건으로 볼 수 없는 것은?

① 이해의 조정과 공평성을 가질 것
② 주민참가 결과의 효과가 기대될 것
③ 행정당국의 지침에 수동적으로 참여할 것
④ 규모 및 전문성이 주민의 수탁능력을 넘지 않을 것

해설 주민참가는 운영상 주민의 자발적 참가 및 협력을 필요요건으로 해야 한다.

115. 조경관리 계획 수립 시 작업별 1일당 소요인원을 산출할 경우 기초자료로 활용될 수 있는 내용으로만 구성된 것은?

① 단위작업률, 미래의 예상실적, 작업능률
② 연간작업량, 단위작업률, 과거의 실적
③ 연간작업량, 미래의 예상실적, 작업능률
④ 연간작업량, 단위작업률, 작업능률

정답 109. ④ 110. ① 111. ① 112. ③ 113. ④ 114. ③ 115. ②

해설 관리작업의 적정인원 산출시 기초자료내용
전체공원의 면적비(식재지, 잔디, 화단 등), 연간 작업량, 단위작업률, 유지관리작업의 연간실적

116. 녹지(綠地) 표면에 물이 고여 정체하고 있어 식물생육에 피해를 주고 있을 경우 대처해야 할 관리방법으로 가장 부적합한 것은?

① 암거(暗渠)를 매설한다.
② 지하수위를 높여 준다.
③ 표토를 그레이딩(Grading)한다.
④ 표토의 토성(土性) 및 구조(構造)를 개량한다.

해설 배수가 불량시 지하수위를 낮혀주어야 한다.

117. 수목 병의 주요한 표징 중 영양기관에 의한 것은?

① 포자(胞子)
② 균핵(菌核)
③ 자낭각(子嚢殼)
④ 분생자병(分生子柄)

해설 표징의 종류
- 병원체 영양기관 : 균사체, 균사속, 균사막, 근상균사속, 선상균사, 균핵, 자좌
- 병원체 번식기관 : 포자, 분생자병, 분생자퇴, 분생자좌, 포자퇴, 포자낭, 병자각, 자낭각, 자낭구, 자낭반, 세균점괴, 포자각, 버섯

118. 병원체의 월동방법 중 기주(寄主)의 체 내에 잠재하여 월동하는 것은?

① 잣나무 털녹병균
② 오리나무 갈색무늬병
③ 묘목의 모잘록병(苗立枯病)균
④ 밤나무 뿌리혹병(根頭癌腫病)균

해설
- 오리나무 갈색무늬병: 종자에 붙어서 월동
- 묘목의 모잘록병(苗立枯病)균: 종자나 토양 중에 월동
- 밤나무 뿌리혹병(根頭癌腫病)균: 병든부위에서 월동

119. 다음 중 암발아 잡초에 해당하는 것은?

① 광대나물　② 바랭이
③ 쇠비름　④ 향부자

해설 암발아잡초
냉이, 광대나물, 별꽃 등

120. 교차보호(crossprotection)란 무엇인가?

① 살균제를 이용하여 해충을 방제하는 것
② 살균제와 살충제를 혼용하여 병과 해충을 동시에 방제하는 것
③ 동일한 영농집단 내에서 병방제, 해충방제 등으로 업무를 분담하는 것
④ 약독 계통의 바이러스를 이용하여 강독계통의 바이러스 감염을 예방하는 것

해설 교차보호
어떤 바이러스에 감염된 식물이 통상 동종의 바이러스에 다시 감염되지 않는 현상으로 바이러스의 간섭효과에 의한 것이다. 이 현상을 바이러스동정으로 사용하거나 바이러스 감염을 방제하는데도 사용한다.

정답 116. ② 117. ② 118. ① 119. ① 120. ④

과년도출제문제

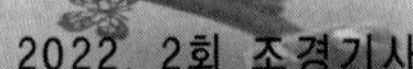

■■■ 조경사

1. 한옥은 주택공간상 사랑채의 분리로 사랑마당 공간이 생겼는데, 이 사랑마당 공간의 분할에 가장 많은 영향을 미친 사상은?

① 불교사상 ② 유교사상
③ 풍수지리설 ④ 도교사상

해설 유교사상의 조경적 양상
- 향교와 서원의 공간배치와 정원의 독특한 양식 창출
- 궁궐배치나 민간주거공간의 배치 : 남녀유별·신분상 위계에 따른 공간의 분할에 영향, 주거공간에서 마당과 채의 구분

2. 조선시대 상류 주택에 조영된 연못 중 방지원도(方池圓島) 형태가 아닌 곳은?

① 논산 명재(舊 윤증) 고택
② 정읍 김명관(舊 김동수) 가옥
③ 구례 운조루 고택
④ 달성 박황 가옥

해설 정읍 김동수가옥
- 배산임수지형의 명당에 위치하며, 풍수적 비보요소를 곳곳에 설치하였다.
- 바깥마당에는 지렁이 몸통 형태의 연못이 조성되었으며, 주변에는 단풍나무와 느티나무 수림대를 이루었다.

3. 서원에서 제사에 쓰일 제물(짐승)들을 세워놓고 품평하기 위해 만든 것은?

① 생단(牲壇) ② 사직단(社稷壇)
③ 관세대(冠洗臺) ④ 정료대(庭僚臺)

해설 서원의 시설
- 성생단(省牲壇) : 제물로 쓸 희생물을 올려놓고 상태를 감정하는 시설
- 관세대 : 제사초기에 제관들이 손을 씻기 위한 그릇을 올려놓는 석물
- 망료위(望燎位) : 제사를 마친 뒤 제문을 쓴 종이를 태우기 위한 돌판
- 정료대 : 서원에 불을 밝히기 위한 시설로 강당 앞에 원형 또는 팔각 돌기둥에 돌받침대

4. 이탈리아 빌라에서 조영자 가족이나 방문객을 위한 거주·휴식의 기능을 하는 곳은?

① 카지노(Casino)
② 카펠라(Cappella)
③ 테라자(Terrazza)
④ 템피에트(Tempietto)

해설 이탈리아 정원 구조물
- 카지노(Casino) : 거주·휴식·오락의 기능을 수행하는 장소
- 템피에토(Tempietto)·카펠라(Cappella) : 템피에토는 조영자 및 가족 등이 예배를 보던 장소로 규모가 크고 장식적이며 주로 정원밖에 위치, 카펠라의 경우 소규모 순박하고 단순하게 조영
- 테라자(Terrazza) : 테라스, 경사면을 절토하거나 성토함으로써 얻어지는 계단상의 평탄지를 옹벽으로 받친 부분

5. 정영방(조선시대 중기)이 경북 영양에 조영한 서석지와 가장 관련이 있는 것은?

① 곡수당과 곡수대 ② 경정과 사우단
③ 제월당과 매대 ④ 정우당과 몽천

해설 정원요소와 관련 정원
- 곡수당과 곡수대 : 윤선도의 보길도 부용동 원림
- 제월당과 매대 : 양산보의 소쇄원
- 정우당과 몽천 : 도산서원

정답 1. ② 2. ② 3. ① 4. ① 5. ②

6. 보길도 윤선도 원림과 가장 관련이 먼 것은?

① 세연정 ② 낭음계
③ 수선루 ④ 동천석실

해설 수선루(睡仙樓)
조선 숙종 때 연안송씨(송진유와 송명유·송철유·송서유) 사형제가 아버지와 아버지의 친구들이 여기에서 바둑도 두고 시도 읊으며 신선같이 늙지 않기를 기원하여 건립하였다.

7. 다음 중 고대 신(神)을 위해 조성한 시설에 해당하지 않는 것은?

① Hanging Garden
② Obelisk
③ Ziggurat
④ Funerary Temple of Hat-shepsut

해설 · Hanging Garden(공중정원) : 메소포타미아 지역의 바빌론에서 네부카드네자르 2세가 왕비 Amiytis를 위해 조성한 정원
· Obelisk(오벨리스크), Ziggurat(지구라트), Funerary Temple of Hat-shepsut(핫셉수트여왕의 장제신전) : 신을 위해 조성한 시설

8. 고려시대 궁원에 관한 기록에서 동지(東池)에 대한 설명으로 옳지 않은 것은?

① 정전(政殿)인 회경전 동쪽에 위치
② 연꽃을 감상하기 위한 정적인 소규모 연못
③ 연못 주변과 언덕에 누각 조성
④ 학, 거위, 산양 등을 길렀던 유원 조성

해설 동지(東池, 귀령각지원)
· 기록에 의하면 궁궐 동쪽 중심 후원의 큰 연못이 있었으며 연못주위에 학, 거위, 산양 등 진금기수(珍禽奇獸)를 사육하고 누각이 물가에 있어 아름다운 경관을 감상
· 왕과 신하의 위락공간으로 주연을 베풀거나, 활쏘는 것을 구경하는 장소의 공적기능의 정원

9. 레프턴이 완성시켜 놓은 영국 풍경식 조경수법은 자연을 어떤 비율로 묘사해 놓았는가?

① 1 : 1 ② 1 : 2
③ 1 : 10 ④ 2 : 1

해설 영국의 풍경식 정원
사실주의 자연풍경식으로 자연을 1 : 1로 묘사하였다.

10. 수도원 정원이 자세히 그려진 평면도가 발견된 중세 수도원은?

① San Lorenzo 수도원
② St. Gall 수도원
③ Canterbury 수도원
④ Santa Maria Grazie 수도원

해설 수도원 정원
중세 전기 이탈리아의 중심으로한 수도원 정원은 성 갈(St. Gall)수도원 평면도에 실용원, 장식원이 나타난다.

11. 중국 평천산장(平泉山莊)에 대한 설명으로 옳은 것은?

① 이덕유가 조성한 정원이다.
② 연못은 태호를 상징하였다.
③ 송나라 때 축조된 정원이다.
④ 소주의 명원으로 유명하다.

해설 평천산장
· 중국 당나라 때 민간정원으로 이덕유가 조성
· 무산 12봉과 동정호의 9파 상징, 신선사상을 표현
· '평천산거 계자손기'라는 유언 : 평천을 팔아넘기는 자는 내 자손이 아니다.

정답 6. ③ 7. ① 8. ② 9. ① 10. ② 11. ①

12. 일본의 작정기(作庭記)에 대한 설명으로 옳지 않은 것은?

① 회유식 정원의 형태와 의장에 관한 것이다.
② 일본에서 정원 축조에 관한 가장 오랜 비전서이다.
③ 이론적인 것에서부터 시공 면까지 상세하게 기록되어 있다.
④ 정원 전체의 땅가름, 연못, 섬, 입석, 작천(作泉) 등 정원에 관한 내용이다.

해설 작정기
침전조계정원의 건축과의 관계, 원지를 만드는 법, 그 외의 지형의 취급방법, 입석의 의장 등이 기록되어 있다.

13. 브라질 조경가 벌 막스(Roberto Burle Marx) 작품의 특징으로 옳은 것은?

① 남미 향토식물의 적극 활용
② 20세기의 바로크 양식
③ 캘리포니아 양식
④ 기하학적 정원

해설 벌 막스
남미의 향토식물을 적극적으로 조경수로 활용, 풍부한 색채구성, 지피류와 포장 물의 구성을 통한 패턴의 창작 등 자유로운 구성을 하고 있다.

14. 일본 도산(모모야마) 시대를 대표하는 정원으로 풍신수길이 등호석이라는 유명한 돌을 운반하여 조성한 정원이 있는 곳은?

① 이조성 ② 삼보원
③ 계리궁 ④ 육의원

해설 풍신수길의 삼보원
하나의 못을 다수의 서원조 건물, 즉 본당인 호마당을 비롯하여 여러 건물(순정관, 표서원, 추초간 등)에서 감상하도록 조성된 정원으로 전체적으로 보면 정원의 경관이 분산되는 구성을 보인다.

15. 소정원 운동(영국)의 설명으로 옳은 것은?

① Charles Barry에 의해 주도되었다.
② Knot기법 등 기하학적 형태를 응용하였다.
③ 귀화식물의 사용을 배제하였다.
④ 풍경식 정원의 비합리성에 대한 지적에서 시작되었다.

해설 소정원 운동
풍경식정원의 비합리성을 지적하고 있어 브롬필드는 1892년 '영국의 정형식 정원'에서 소주택 정원은 건축적이어야 한다고 주장하였다.

16. 조선의 능(陵)은 자연의 지세와 규모에 따라 봉분의 형태가 다른데 가장 관계가 먼 것은?

① 우왕좌비 ② 상왕하비
③ 국조오례의 ④ 향궐망배

해설 향궐망배(向闕望拜)
- 읍성 관련 의식
- 읍성의 객사는 원래 외국의 사신이나 각 지방의 고을에 온 손님들을 맞이하였던 공간이지만, 이외에도 지방의 수령이 객사에 안치된 궐패(闕牌)와 전패(殿牌)에 초하루와 보름, 한 달에 두 번씩, 또한 나라에 큰일이 있을 때 절하는 향궐망배의 의식을 하였다. 이를 통해 임금을 가까이 모시고 선정을 베풀어나가는 중요한 기능도 동시에 하고 있다

17. 고려시대부터 사용된 정원 용어인 화오(花塢)에 대한 설명으로 가장 거리가 먼 것은?

① 화초류나 화목류를 군식 하였다.
② 지형의 변화를 얻기 위해 인공의 구릉지를 만들었다.
③ 오늘날 화단과 같은 역할을 한 정원 수식 공간이다.
④ 사용된 식물 재료에 따라 매오(梅塢), 도오(桃塢), 죽오(竹塢) 등으로 불렸다.

정답 12. ① 13. ① 14. ② 15. ④ 16. ④ 17. ②

해설 화오
- 여러 가지 화목류를 심은 화단으로 자연적인 구릉 지형을 다시 정형화하기 위한 단상의 축조하였다.
- 낮은 둔덕의 꽃밭을 가르킨다. 화단을 구성하는 식물재료에 따라 매오(梅塢), 도오(桃塢), 죽오(竹塢) 등으로 불리었다.

18. 통일신라시대 경주의 도시구획 패턴으로 가장 적합한 것은?

① 직선형 ② 격자형
③ 방사형 ④ 동심원형

해설 경주의 도시구획 패턴
정전법의 도입으로 시가지 가로망을 격자형으로 구획하였다.

19. 영국 비컨헤드 파크(Birkenhead Park)에 대한 설명으로 옳지 않은 것은?

① 역사상 최초로 시민의 힘과 재정으로 조성된 공원이다.
② 수정궁을 설계한 조셉 팩스턴(Joseph Paxton) 이 설계하였다.
③ 그린스워드(Greensward) 안(案)에 의하여 조성된 공원이다.
④ 넓은 초원, 마찻길, 연못, 산책로 등이 조성되었다.

해설 그린스워드(Greensward) 안(案)에 의하여 조성된 공원은 옴스테드와 보우가 설계한 뉴욕의 센트럴파크이다.

20. 다음 중 전북 남원에 있는 광한루원에 대한 설명으로 옳지 않은 것은?

① 황희(黃喜)가 세운 광통루(廣通樓)가 그 전신이다.
② 광한루(廣寒樓)라는 이름은 전라감사 정철(鄭澈)이 지은 것이다.
③ 오작교는 장의국(張義國)이 남원부사로 있을 때 만든 것이다.
④ 광한루 앞의 큰 못에는 3개의 섬이 있고 오작교 서쪽의 작은 못에는 1개의 섬이 있다.

해설 광한루원
- 광통루 개축(황희) → 광한루개칭(정인지) → 광한루 개축과 오작교 축조(장의국) → 호를 만들고 세 개의 섬을 축조(정철)
- 삼신선도(봉래·영주·방장), 오작교, 신선사상을 가장 구체적으로 표현한 정원

■■■ 조경계획

21. 관광지의 수요예측 모형 중 방문자 수를 피설명변수(dependent variable)로 그리고 방문자 수에 영향을 미치는 변수들을 설명변수(independent variables)로 설정하여 방문자 수를 선형적으로 예측하는 통계적 방법을 무엇이라 하는가?

① Gravity Model
② Delphi Technique
③ Regression Analysis
④ Judgement Aided Models

해설 회귀분석regression analysis
수요예측 모형의 하나로 하나의 종속변인에 영향을 주는 변인이 무엇이고 그 변인 중 가장 큰 영향을 미치는 변인이 무엇인지, 또 종속변인을 설명해 줄 수 있는 가장 적합한 모형이 무엇인지를 밝히는 통계적 방법

22. 다음 중 조경계획의 기초자료 분석에서 인문·사회환경 분석 요소에 해당하지 않는 것은?

① 인구 ② 교통
③ 식생 ④ 토지이용

해설 식생 – 물리·생태적 분석요소

정답 18. ② 19. ③ 20. ② 21. ③ 22. ③

23. 다음 중 조경과 타 분야와의 관계에 대한 설명으로 가장 거리가 먼 것은?

① 조경이 건축과의 가장 큰 차이는 외부 공간을 다룬다는 측면이다.
② 물리적 환경을 다룬다는 점에서 건축, 토목, 도시계획 등의 분야와 밀접한 관계가 있다.
③ 조경계획은 도시계획과 건축의 중간 단계로서 도시의 물리적 형태와 골격에 관심을 갖는다.
④ 조경학이 미적인 측면을 강조하면서 계획과 설계의 중점을 둔다는 면에서 토목이나 도시계획과 구분된다.

해설 바르게 고치면
도시계획은 도시계획 및 건축의 중간단계로 도시의 물리적 형태와 골격에 관심을 갖는다.

24. 다음 도시공원 중 관련 법상 설치할 수 있는 공원시설 부지면적의 적용 비율이 가장 큰 곳은?

① 소공원
② 어린이공원
③ 근린공원(3만m^2 미만)
④ 체육공원(3만m^2 미만)

해설 공원시설 부지면적의 적용 비율
- 소공원 – 20% 이하
- 어린이공원 – 60% 이하
- 근린공원(3만m^2 미만) – 40% 이하
- 체육공원(3만m^2 미만) – 50% 이하

25. 다음 중 자연공원의 지정 해제 또는 구역 변경 사유가 아닌 것은?

① 천재지변으로 인해 자연공원으로 사용할 수 없게 된 경우
② 정부출연기관의 기술개발에 중요한 영향을 미치는 연구를 위하여 불가피한 경우
③ 군사목적 또는 공익을 위하여 불가피한 경우로서 대통령령으로 정하는 경우
④ 공원구역의 타당성을 검토한 결과 자연공원의 지정기준에서 현저히 벗어나서 자연공원으로 존치시킬 필요가 없다고 인정되는 경우

해설 자연공원의 지정 해제 사유
- 군작전·군시설 또는 군기밀보호를 위하여 불가피하다고 인정되는 경우
- 하천·간척·개간·항만(어항을 포함)·발전·철도·통신·방송·측후·농업용수 또는 항공에 관한 사업을 위하여 불가피하다고 인정되는 경우
- 국가경제에 중대한 영향을 미치는 자원의 개발을 위하여 불가피하다고 인정되는 경우
- 「국토기본법」의 국토종합계획, 지역계획 및 부문별계획의 결정이나 변경을 위하여 불가피하다고 인정되는 경우
- 공원구역의 경계 또는 그 인접에 집단마을이 형성되어 있거나, 화장장·사격장 등 자연공원으로 사용할 수 없는 시설이 설치되어 있어 공원구역으로 존치시킬 필요가 없게 된 경우

26. 아파트 단지의 경계를 나타내는 담장은 주민들에게 상징적으로 소유 의식을 주는 방법의 하나라 볼 수 있다. 이는 환경심리학의 어떤 연구 결과가 응용된 예인가?

① 혼잡(Crowding)
② 반달리즘(Vandalism)
③ 영역성(Territoriality)
④ 개인적 공간(Personal Space)

해설 옥외공간의 영역성의 사례
- 담장 : 아파트단지의 경계담장은 단지내 프라이버시 및 안전의 역할보다는 상징적인 경계 표시
- 문주 : 영역의 입구 혹은 경계를 표시하는 상징적인 기능

정답 23. ③ 24. ② 25. ② 26. ③

27. 조경계획에서 지속가능한 개발의 개념을 응용하고 있다. 지속가능한 개발의 개념이 아닌 것은?

① 개발과 환경보전은 공존할 수 없다는 사고이며, 생태적 측면을 강조한다.
② 현 세대가 물려받은 생태자본의 양과 같은 양의 생태자본을 다음 세대에게 물려준다.
③ 장기적인 관점에서 개발을 판단하며, 개인간, 그룹간의 자원접근에 있어 형평성을 고려한다.
④ 환경의 기능과 서비스를 화폐가치로 환산하여 환경손실 비용을 개발계획의 비용편익 분석에 반영시킨다.

해설 조경계획의 지속가능한 개발은 개발과 환경보전이 공존하도록 하는 개념을 가지고 있다.

28. 다음 중 야생동물(wild life)의 서식처(분포)와 가장 밀접한 관련이 있는 인자는?

① 지형의 변화
② 식생분포
③ 토양분포
④ 인공구조물 분포

해설 식생과 야생동물
식생의 분포는 야생동물의 서식처 분포에 중요한 인자가 되므로 야생동물분포도의 기초가 된다.

29. 다음 중 조경계획 및 설계의 3대 분석과정에 해당하지 않는 것은?

① 물리·생태적 분석
② 사회·행태적 분석
③ 시각·미학적 분석
④ 환경영향평가적 분석

해설 조경계획 및 설계의 3대 분석과정
- 물리·생태적 분석
- 사회·행태적 분석
- 시각·미학적 분석

30. 국토의 계획 및 이용에 관한 법률상의 지형도면에 대한 설명으로 (　) 안에 적합한 것은?

> 지역·지구 등의 지형도면 작성에 관한 지침에서는 다음을 정하고 있다.
> - 토지이용규제정보시스템(LURIS) 등재 시에는 JPG파일 형식을 원칙으로 한다.
> - 지형도면 등이 2매 이상인 경우에는 축척 (　)의 총괄도를 따로 첨부할 수 있다.

① 5백분의 1 이상 1천5백분의 1 이하
② 2천5백분의 1 이상 1만분의 1 이하
③ 1천5백분의 1 이상 2천5백분의 1 이하
④ 5천분의 1 이상 5만분의 1 이하

해설 지형도면의 작성고시
- 지적이 표시된 지형도에 도시·군관리계획사항을 명시한 도면을 작성할 때에는 축척 1/500 내지 1/1500(녹지지역안의 임야, 관리지역, 농림지역 및 자연환경보전지역은 축척 1/3000 내지 1/6000)로 작성해야한다.
- 도시지역외의 지역에서 도시·군계획시설이 결정되지 아니한 토지에 대하여는 지적이 표시되지 아니한 축척 1/5000(축척 1/5000 이상의 지형도가 간행되어 있지 아니한 경우에는 축척 2만5천분의 1 이상)의 지형도(해면부는 해도·해저지형도 등의 도면으로 지형도에 갈음할 수 있음)에 도시·군관리계획사항을 명시한 도면을 작성할 수 있다.
- 도면이 2매 이상인 경우에는 축척1/5000 내지 1/50000의 총괄도를 따로 첨부할 수 있다.

31. 공원시설의 종류에 해당되지 않는 것은? (단, 도시공원 및 녹지 등에 관한 법률을 적용한다.)

① 편익시설　② 운동시설
③ 교양시설　④ 보호 및 안전시설

해설 공원시설의 종류
도로 및 광장, 조경시설, 휴양시설, 유희시설, 운동시설, 교양시설, 편익시설, 공원관리시설

정답 27. ① 28. ② 29. ④ 30. ④ 31. ④

32. 공원 내에 측구공사를 계획할 때 우선적으로 고려 사항으로 가장 거리가 먼 것은?

① 지형 조건　② 강우 조건
③ 토질 조건　④ 식생 조건

해설 공원 내 측구공사
배수를 위한 공사로 지형, 토질, 강우 등의 사항으로 배수상태를 고려해 계획한다.

33. 특이성 비를 이용한 Leopold의 주된 접근 방법은?

① 현상학적 접근방법
② 경관자원적 접근방법
③ 인간행태적 접근방법
④ 경제학적 접근방법

해설 Leopold의 스코틀랜드 계곡경관의 평가
특이성(uniqueness : 독특한 정도)값의 크기를 계산하여 상대적 경관가치를 계량화하였으며 경관자원적 접근방법에 해당된다.

34. 환경자극에 대한 반응과정의 순서가 올바르게 배열된 것은?

① 자극 → 지각 → 태도 → 인지 → 반응
② 자극 → 인지 → 지각 → 감지 → 반응
③ 자극 → 지각 → 인지 → 태도 → 반응
④ 자극 → 감지 → 지각 → 태도 → 반응

해설 환경자극에 대한 반응과정
자극 → 지각 → 인지 → 태도 → 반응

35. 특정 대상이 지닌 의미를 파악하고자 할 때 여러 단어로 구성된 목록을 통해 자신들이 느끼는 감정의 정도를 측정하는 방법은?

① 직접관찰　② 물리적 흔적관찰
③ 어의구분 척도　④ 리커드 태도 척도

해설 어의구별(구분)척도
- 경관의 측정방법
- 경관에 대한 의미의 질 및 강도를 밝히기 위해 형용사의 양극사이를 7단계로 나누고 평가자가 느끼는 정도를 표시하여 측정하는 방법

36. 자연공원에서 오물처리 문제의 일반적인 특징에 대한 설명으로 옳지 않은 것은?

① 발생하는 쓰레기는 대부분 소각하기 쉬운 것이다.
② 타 지역에서 일시적으로 방문한 사람들에 의해 초래된다.
③ 방문하는 이용자 수에 의해 발생 쓰레기의 양이 좌우 된다.
④ 통제를 하지 않으면 인간의 행위에 따라서 쓰레기의 산재(散在)하는 범위가 광범위하다.

해설 자연공원에 발생하는 쓰레기는 음식찌꺼기, 깡통 등 소각이 어려운 것이 많다.

37. 다음 중 특정연구에 대한 사전 지식이 부족할 때 예비조사(pilot test)에서 사용하기 가장 적합한 질문 유형은?

① 개방형 질문　② 폐쇄형 질문
③ 유도성 질문　④ 가치중립적 질문

해설 개방형 질문
- 연구가설을 위한 예비조사
- 주요변수, 선정 타당성을 뒷받침하기 위한 보조적인 조사
- 자유응답(free response)설문으로 응답자가 특정형식에 구애받지 않고 질문에 자유롭게 대답

38. 다음 중 공원계획 시 입지선정의 주요 기준 요소로서 가장 거리가 먼 것은?

① 생산성　② 접근성
③ 안전성　④ 시설적지성

해설 공원계획 시 입지 선정의 기준요소
접근성, 안정성, 시설적지성

정답 32. ④ 33. ② 34. ③ 35. ③ 36. ① 37. ① 38. ①

39. 공원녹지 관련 법 체계가 상위법에서 하위법 으로의 흐름을 바르게 나타낸 것은?

> A : 국토기본법
> B : 도시공원 및 녹지 등에 관한 법률
> C : 국토의 계획 및 이용에 관한 법률

① A→B→C ② C→A→B
③ B→C→A ④ A→C→B

해설 공원녹지 관련 법 체계가 상위법에서 하위법 흐름
국토기본법→국토의 계획 및 이용에 관한 법률 →도시공원 및 녹지 등에 관한 법률

40. 음부즈만(ombudsman) 제도의 기능과 거리가 먼 것은?

① 갈등해결 기능
② 국가재정확보 기능
③ 국민의 권리구제 기능
④ 사회적 이슈의 제기 및 행정정보 공개 기능

해설 옴부즈만
- 옴부즈맨, 민원조사관은 스웨덴에서 행정기관 등에 대한 민원을 조사하는 사람으로, '왕의 대리인(representative of the king)'이란 뜻을 지니고 있다.
- 행정관료들의 불법행위 또는 부당한 행정처분으로 피해를 입은 시민이 그 구제를 호소할 경우, 일정한 권한의 범위 내에서 조사해 시정을 촉구함으로써 시민의 기본권을 보호하는 구실을 하는 민원조사관을 말한다.

■■■ 인간공학 및 시스템안전공학

41. 다음 중 평면도의 표제란에 포함되지 않는 것은?

① 도면명칭 ② 설계자
③ 시공자 ④ 도면번호

해설 평면도 표제란
- 도면 번호, 도면 명칭, 기업(단체)명, 책임자, 도면 작성 연월일, 척도, 투상법 등을 기입한다.
- 한국 산업 규격(KS A 0106)에서는 표제란을 도면 윤곽선의 오른편 아래 구석의 안쪽에 설치하고, 이것을 도면의 정 위치로 삼도록 하고 있다.

42. 다음 중 단면도와 투시도에 사용되는 일반적인 그래픽 심벌에 해당되는 것은?

① 수직면의 요소
② 빛과 바람의 요소
③ 이동과 소리의 요소
④ 원경(배경)적인 요소

해설 단면도는 지상과 지하 부분 설명하거나 투시도는 대상물을 입체감과 거리감을 느낄 수 있도록 하는 그림으로 수직면의 요소가 주가 된다.

43. 조경설계기준의 각종 포장재에 대한 설명으로 옳지 않은 것은?

① 투수성 아스팔트 혼합물은 공극률 9~12%, 투수계수 10^{-2}cm/sec 이상을 기준으로 한다.
② 포장용 석재는 흡수율 5% 이내, 압축강도 49MPa 이상의 것으로 한다.
③ 콘크리트 블록 포장재의 포설용 모래의 투수계수는 기준 이상으로 No.200체 통과량이 6% 이하이어야 한다.
④ 포장용 콘크리트의 재령 28일 압축강도 15.4MPa 이상, 굵은 골재 최대치수는 30mm 이하로 한다.

해설 바르게 고치면
재령 28일 압축강도 17.64MPa 이상, 굵은 골재 최대치수는 40mm 이하로 한다.

44. 근린공원 내 조명에 의하여 물체의 색을 결정하는 광원의 성질은?

① 기능성 ② 연색성
③ 조명성 ④ 조색성

정답 39. ④ 40. ② 41. ③ 42. ① 43. ④ 44. ②

해설 연색성(Color Rendering)
광원에 의해 조명되어 나타나는 물체의 색을 연색이라 하고, 태양광(주광)을 기준으로 하여 어느 정도 주광과 비슷한 색상을 연출할 수 있는가를 나타내는 지표를 연색성이라 한다.

45. 다음 중 디자인에서 형태의 부분과 부분, 부분과 전체 사이의 크기, 모양 등의 시각적 질서, 균형을 결정하는 데 가장 효과적으로 사용되는 디자인 원리는?

① 강조 ② 비례
③ 리듬 ④ 통일

해설 비례
- 형태, 색채에 있어 양적으로나 혹은 길이와 폭의 대소에 따라 일정한 크기의 비율로 증가 또는 감소된 상태로 배치 될 때
- 한부분과 전체에 대한 척도 사이의 조화

46. 다음 설명의 ( )안에 적합한 수치는? (단, 자전거 이용시설의 구조·시설 기준에 관한 규칙을 적용한다.)

> 자전거도로의 시설한계는 자전거의 원활한 주행을 위하여 폭은 ( )미터 이상으로 하고, 높이는 2.5미터 이상으로 한다. 다만, 지형 상황 등으로 인하여 부득이 하다고 인정되는 경우에는 시설한계 높이를 축소할 수 있다.

① 0.8 ② 1.0
③ 1.5 ④ 2.0

해설 자전거도로의 폭은 1.5m 이상으로 한다.

47. 경관의 시각적 선호를 결정짓는 변수가 아닌 것은?

① 사회적 변수 ② 물리적 변수
③ 개인적 변수 ④ 추상적 변수

해설 경관의 시각적 선호를 결정짓는 변수
물리적 변수, 추상적 변수, 상징적 변수, 개인적 변수

48. Kevin Lynch가 제시한 도시 이미지 형성에 기여하는 물리적 요소 개념에 속하지 않는 것은?

① 통로(paths) ② 모서리(edges)
③ 연결 (links) ④ 결절점 (node)

해설 린치의 도시 이미지기
통로(Path), 모서리(Edge), 지역(Districts), 결절점(Nodes), 랜드마크(Landmarks)

49. 단위놀이시설로서 모래밭의 깊이는 놀이의 안전을 고려하여 얼마 이상으로 설계하는가?

① 10cm ② 15cm
③ 20cm ④ 30cm

해설 모래밭의 깊이는 30cm 이상으로 설계한다.

50. 빛의 반사율(%) 공식으로 맞는 것은?

① $\frac{조도}{거리^2}\times100$
② $\frac{광도}{조명}\times100$
③ $\frac{조도발산도}{조명}\times100$
④ $\frac{광속발산도}{거리^2}\times100$

해설 반사율과 조도 계산 공식
- 반사율(%) = $\frac{광도}{조명의 조도}\times100$
- 조도 = $\frac{광도}{거리^2}\times100$

51. 황금비(golden section, 황금분할)에 대한 설명으로 가장 거리가 먼 것은?

① 1 : 1.618의 비율이다.
② 고대 로마인들이 창안했다
③ 몬드리안의 작품에서 예를 들 수 있다.
④ 건축물과 조각 등에 이용된 기하학적 분할 방식이다.

해설 바르게 고치면
황금비는 고대 그리스인들이 창안했다.

정답 45. ② 46. ③ 47. ① 48. ③ 49. ④ 50. ② 51. ②

52. 다음 설명에 가장 적합한 배수 방법은?

- 지표수의 배수가 주목적이다.
- U형 측구, 떼수로 등을 설치한다.
- 식재지에 설치하는 경우에는 식재계획 및 맹암거 배수계통을 고려하여 설계한다.
- 토사의 침전을 줄이기 위해서 배수기울기를 1/300 이상으로 한다.

① 심토층배수 ② 개거배수
③ 암거배수 ④ 사구법

해설 개거배수(開渠排水)
명거배수라고도 하며, 개거는 지표면에서 뚜껑이 없이 대기중에 노출된 수로를 의미하며, 개거배수는 개거를 사용하여 물을 빼는 배수방식을 말한다.

53. 척도에 대한 설명으로 옳지 않은 것은?

① 현척은 실제 크기를 의미한다.
② 배척은 실제보다 큰 크기를 의미한다.
③ 축척은 실제보다 작은 크기를 의미한다.
④ 그림의 크기가 치수와 비례하지 않으면 NP를 기입한다.

해설 바르게 고치면
그림의 크기가 치수와 비례하지 않으면 NS(Non scale)를 기입한다.

54. 다음 정면도와 우측면도에 알맞은 평면도로 ( ) 안에 가장 적합한 것은?

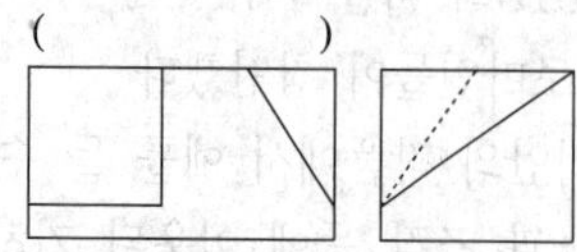

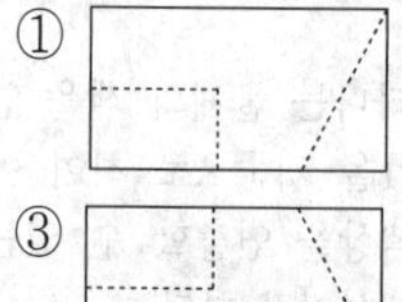
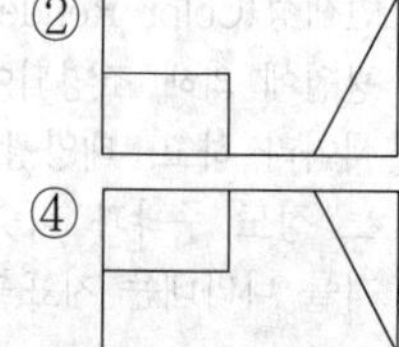

해설 정면도는 앞에서 본 모양을 도면에 나타낸 것으로 그 물체의 주된 면, 기본이 되는 면으로 말한다. 보기의 투상도는 3각법으로 정면도와 우측면도의 실선과 점선을 유추해 평면도를 찾아낸다.

55. 다음 배색에서 명도차가 가장 큰 배색은?

① 빨강 – 파랑 ② 노랑 – 검정
③ 빨강 – 녹색 ④ 노랑 – 주황

해설 리프만 효과(Liebmann's Effect)
- 바탕색과 명도차
- 가시도가 높은 배색 순위

순위	바탕색	형상의 색
1	흑색	황색
2	황색	흑색
2	흑색	백색

56. 다음 설명은 형태심리학(Gestalt psychology)의 지각이론 중 어느 것에 해당하는가?

정원에서는 무리를 지어 있는 꽃이 한 송이의 꽃보다 더 우리의 시선을 끈다.

① 폐쇄(Ceosare)
② 근접성(Proximity)
③ 유사성(Similarity)
④ 지속성(Continuance)

해설 근접성
시각요소간의 거리에 따라 시각요소간에 그룹이 결정하는 것으로 무리를 지어 있는 꽃은 근접성의 원리에 해당된다.

정답 52. ② 53. ④ 54. ② 55. ② 56. ②

57. 조경설계기준에 따른 경기장 배치에 대한 설명으로 옳지 않은 것은?

① 축구장 : 장축은 가능한 동 – 서로 주풍 방향과 직교시킨다.
② 테니스장 : 코트 장축의 방위는 정남 – 북을 기준으로 동서 5~15° 편차 내의 범위로 하며, 가능하면 코트의 장축 방향과 주풍 방향이 일치하도록 한다.
③ 배구장 : 장축을 남 – 북 방향으로 배치하며, 바람의 영향을 받기 때문에 주풍 방향에 수목 등의 방풍시설을 마련한다.
④ 농구장 : 농구코트의 방위는 남 – 북축을 기준으로 하고, 가까이에 건축물이 있는 경우에는 사이드라인을 건축물과 직각 혹은 평행하게 배치한다.

해설 바르게 고치면
축구장의 장축은 남 – 북으로 배치한다.

58. 조경설계의 접근측면 중 가장 거리가 먼 것은?

① 장소의 생태적 측면
② 설계자의 의식적 측면
③ 토지이용의 기능적 측면
④ 이용자의 인간 행태적 측면

해설 조경설계의 접근 측면
이용자의 인간행태적 측면, 토지이용의 기능적 측면, 장소의 생태적 측면

59. 분수 설계에서 주로 고려해야 하는 사항으로 가장 거리가 먼 것은?

① 바닥포장형 분수는 랜드마크성이 강한 곳에 주로 설치한다.
② 동절기 분수 설비의 노출로 인한 미관 저해, 안전 문제를 고려한다.
③ 바람에 의한 흩어짐을 고려하여 주변에 분출 높이의 3배 이상의 공간을 확보한다.
④ 바닥분수는 주변 빗물이나 오염수가 유입되지 않도록 바닥분수 외곽으로 경사가 완만하게 낮아지도록 조성한다.

해설 분수의 설치장소
- 설계대상 공간의 어귀나 중심 광장·주요 조형요소·결절점의 시각적 초점과 같이 경관효과가 큰 곳에 배치한다.
- 주변 빗물이나 오염수가 유입되지 않는 곳에 배치한다.

60. 어떤 색을 보고 난 후 다른 색을 볼 때 먼저 본 색의 영향으로 뒤에 본 색이 다르게 보이는 현상은?

① 계시대비 ② 동시대비
③ 면적대비 ④ 연변대비

해설 색채의 대비
- 계시대비 : 시간적인 차이를 두고, 2개의 색을 순차적으로 볼 때에 생기는 색의 대비현상
- 동시대비 : 두 색 이상을 동시에 볼 때 일어나는 대비현상으로 색상의 명도가 다를 때 구별되는 현상
- 면적대비 : 명도가 높은색과 낮은색이 병렬될 때 높은 것은 넓게 보이고 낮은 것은 좁게 느껴지는 현상
- 연변대비 : 어느 두색이 맞붙어 있을 때 그 경계 언저리는 멀리 떨어져 있는 부분보다 색상대비, 명도대비, 채도대비 현상이 더 강하게 일어나는 현상

■■■ 조경식재

61. 수관(樹冠)의 질감(texture)을 고려할 때 소규모 정원에 가장 어울리지 않는 수종은?

① 영산홍(*Rhodododendron indicum*)
② 벚나무(*Prunus serrulata var. spontanea*)
③ 편백(*Chamaecyparis obtusa*)
④ 칠엽수(*Aesculus turbinata*)

해설 소규모 정원은 질감이 부드러운 수종이 적합하나 칠엽수는 큰 잎을 가진 거친 질감의 수종으로 소규모 정원에는 어울리지 않는다.

정답 57. ① 58. ② 59. ① 60. ① 61. ④

62. 봄철에 노란색 꽃을 볼 수 없는 식물은?

① 산수유(*Cornus officinalis*)
② 개나리(*Forsythia koreana*)
③ 생강나무(*Lindera obtusiloba*)
④ 해당화(*Rosa rugosa*)

해설 해당화
- 장미과의 낙엽관목으로 바닷가 모래땅에서 흔히 자란다.
- 꽃은 5~7월에 피고 가지 끝에 1~3개씩 달리며 홍색이지만 흰색 꽃도 있다.

63. 다음의 그림이 표현하고 있는 식재의 미적 원리는?

① 반복성(repetition) ② 다양성(variety)
③ 강조성(emphasis) ④ 방향성(sequence)

해설 보기의 그림은 형태, 질감, 색채의 일정한 반복미를 볼 수 있다.

64. 다음 설명의 특징에 가장 적합한 잔디는?

- 한지형 잔디로 여름철에는 잘 자라지 못하며 병해가 많이 발생하나 서늘할 때는 그 생육이 왕성한 편이다.
- 일반적으로 답압에 약하지만 재생력이 강하므로 답압의 피해는 그리 크게 발생하지 않는다.
- 아황산가스에 대한 내성이 약하다.
- 불완전 포복형이지만 포복력이 강한 포복경을 지표면으로 강하게 뻗는다.

① 들잔디 ② 라이 그라스
③ 벤트 그라스 ④ 켄터키블루 그라스

해설 벤트 그라스(Creeping Bentgrass)
- 엽폭이 2~3mm로 매우 가늘어 치밀하고 고움
- 병이 많이 발생해서 철저한 관리가 필요 건조에 약해 자주 관수를 요구
- 골프장 그린용으로 이용

65. 다음 특징 설명에 적합한 것은?

- 장미과(科)이다.
- 가을의 단풍이 아름답다.
- 5~6월에 황백색의 꽃이 개화한다.
- 주연부 식재, 경계식재, 지피식재에 적합하다.

① 국수나무(*Stephandra incisa*)
② 때죽나무(*Styrax japonicus*)
③ 팥배나무(*Sorbus alnifolia*)
④ 협죽도(*Nerium indicum*)

해설
- 때죽나무 : 때죽나무과 낙엽활엽교목, 5~6월에 종모양의 흰꽃이 개화한다.
- 팥배나무 : 장미과 낙엽활엽교목, 5월에 흰색 꽃이 개화한다.
- 협죽도 : 협죽도과 상록활엽관목, 7~8월에 홍색·백색·자홍색의 꽃이 개화한다.

66. 소나무 및 전나무 등에서 균사가 뿌리피층의 세포간극에 균사망을 형성하는 균근은?

① 의균근 ② 외생균근
③ 내생균근 ④ 내외생균근

해설 외생균근(外生菌根, ectomycorrhizae)
- 기주식물 : 소나무과, 자작나무과, 참나무과, 밤나무과
- 균근 중 균사가 고등식물 뿌리의 표면, 또는 표면에 가까운 조직 속에 번식하여 균사는 세포간극에 들어가지만 뿌리의 세포 내에까지 침입하지 않음
- 외생균근을 형성하는 곰팡이 균사는 뿌리로부터 양분을 흡수하기 위해 균투(fungal mantle), 균사망(hartig net), 외생균사를 형성
- 균체는 식물체로부터 탄수화물의 공급을 받는 한편 토양 중의 부식질을 분해하여 유기질소화합물을 뿌리가 흡수하여 동화할 수 있는 형태로 식물에 공급함
- 담자균, 자낭균

정답 62. ④ 63. ① 64. ③ 65. ① 66. ②

67. 식재계획 및 설계에 있어서 식물을 시각적 요소로 활용하고자 할 때 중요하게 고려되어야 할 점이 아닌 것은?

① 색채 ② 질감
③ 형태 ④ 향기

해설 식재시 시각적 요소(물리적 요소)
형태, 색채, 질감

68. 수목의 이용상 분류 중 방화용에 대한 내용에 해당되는 것은?

① 방화용 수목은 잎이 얇으면서 치밀한 수종이어야 한다.
② 수목의 방화력은 수관직경과 수관길이에 좌우되며, 지하고율이 클수록 증대된다.
③ 방화용 수목으로는 가시나무류, 녹나무, 아왜나무 등이 포함된다.
④ 방화용 수목은 그늘을 형성하는 낙엽수이다.

해설 방화용 수목
잎이 두껍고 함수량이 많으며 넓은 잎을 가진 치밀한 수관부위의 상록활엽수가 적당하다.

69. 수목의 시비에 대한 설명으로 옳은 것은?

① C/N비율이 20 이상인 완숙비료를 토양에 시비한다.
② 엽면시비의 효과를 높이려면 미량원소와 계면활성제를 함께 사용한다.
③ 토양관주는 완효성 비료를 시비할 때 효과적이다.
④ 일반적으로 유실수 < 활엽수 < 침엽수 < 소나무류 순으로 양분요구도가 높다.

해설 바르게 고치면
- C/N비율이 15 이하인 완숙비료를 토양에 시비한다.
- 토양관주는 비료를 물에 녹여 관을 통하여 압력을 가해 토양에 시비하는 것으로 무기양분 결핍시 효과적이다.
- 양분의 요구도 농작물 > 유실수 > 활엽수 > 침엽수 > 소나무류순으로 양분요구도가 높다.

70. 하목식재(下木植裁)로 차폐(遮蔽)의 기능이 강하고, 척박한 토양에서도 잘 자라기 때문에 토양안정을 위한 사방녹화로 이용되는 속성 수종은?

① 자귀나무(*Albizia julibrissin*)
② 배롱나무(*Lagerstroemia indica*)
③ 족제비싸리(*Amorpha fruticosa*)
④ 수수꽃다리(*Syringa oblata var. dilatata*)

해설 족제비싸리
- 북아메리카 원산, 콩과, 낙엽활엽관목
- 사방공사나 절개지 녹화목적으로 식재되었고 질소고정작용으로 토양을 비옥도를 개선시킨다.

71. 다음 설명의 ( ) 안에 적합한 용어는?

> 생강나무(*Lindera obtusiloba Blume*)의 꽃은 이가화이며, 3월에 잎보다 먼저 피고 황색으로 화경이 없는 ( )화서에 많이 달린다. 소화경은 짧으며 털이 있다. 꽃받침 잎은 깊게 6개로 갈라진다.

① 산형 ② 산방
③ 원추 ④ 총상

해설 산형화서(繖形花序 : umbel)
화축이 짧고, 화축 끝에 거의 같은 길이의 작은 꽃자루가 갈라지며, 갈라지는 곳에 총포가 있는 것

그림. 생강나무의 꽃(산형화서)

정답 67. ④ 68. ③ 69. ② 70. ③ 71. ①

72. 지피식물(地被植物)로 이용하기에 적합한 상록 다년초는?

① 자금우(*Ardisia japonica*)
② 골담초(*Caragana sinica*)
③ 수호초(*Pachysandra terminalis*)
④ 협죽도(*Nerium indicum*)

해설 · 자금우 : 상록활엽소관목
· 골담초 : 낙엽활엽관목
· 수호초 : 상록다년초(그늘에 강)
· 협죽도 : 상록활엽관목

73. 종자 발아능력 검사방법 중 생리적인 면을 다를 수 없는 것은?

① 발아시험　② X선사진법
③ 배추출시험　④ 테트라졸리움시험

해설 종자 발아능력 검사방법
· 배추출시험, 테트라졸리움시험, 발아시험 : 종자활력시험
· X선사진법 : X선 투시에 의해 배와 배유의 모양을 사진으로 관찰하여 충실종자와 손상된 종자를 감별시 활용

74. 다음 중 과(科) 분류가 다른 것은?

① 개맥문동　② 곰취
③ 구절초　④ 털머위

해설 · 개맥문동 : 백합과
· 곰취, 구절초, 털머위 : 국화과

75. 다음 수종의 공통점에 해당되는 것은?

- 물푸레나무(*Fraxinus rhynchophylla*)
- 가죽나무(*Ailanthus altissima*)
- 느릅나무(*Ulmus davidiana var. japonica*)
- 계수나무(*Cercidiphyllum japonicum*)

① 암수한그루이다.
② 우리나라 자생종이다.
③ 잎은 기수1회우상복엽이다.
④ 종자에는 날개가 달려 있다.

해설 물푸레나무, 가죽나무, 느릅나무, 계수나무 열매는 시과로 바람에 날리기 쉬운 구조로 되어 있다.

76. 야생 조류를 보호하기 위한 자연보호지구를 설정할 때 고려할 사항이 아닌 것은?

① 자연보호지구에 대한 목표 설정이 명확해야 한다.
② 생물자원에 대한 목록이 우선적으로 작성되어야 한다.
③ 자연환경의 변화를 지속적으로 모니터링 할 수 있는 장소에 설치되어야 한다.
④ 생태이동 통로 내 여과기능을 높이기 위해서 다양한 수종을 촘촘히 식재 계획한다.

해설 야생 조류를 보호하기 위한 생태통로
도로를 횡단하여 비행하는 조류가 차량에 충돌하지 않을 정도의 고도를 유지하도록 키가 큰 교목을 식재하며 식재 밀도를 높게 유지하는 것이 유리하다.

77. 식재양식을 정형식과 자연풍경식으로 구분할 때 정형식 식재의 기본양식이 아닌 것은?

① 단식　② 열식
③ 집단식재　④ 임의식재

해설 임의 식재(random planting)
부등변 삼각형 식재를 순차적으로 확대해 가는 수법으로 자연풍경식 식재의 기본양식이다.

정답 72. ③　73. ②　74. ①　75. ④　76. ④　77. ④

78. 다음 중 습지를 좋아하는 식물들로만 구성된 것은?

① 팥배나무(*Sorbus alnifolia*), 느릅나무(*Ulmus davidiana var japonica*)
② 왕버들(*Salix chaenomeloides*), 낙우송(*Taxodium distichum*)
③ 상수리나무(*Quercus acutissima*), 소나무(*Pinus densiflora*)
④ 팽나무(*Celtis sinensis*), 향나무(*Juniperus chinensis*)

해설 호습성 식물
왕버들, 낙우송, 삼나무, 물푸레나무, 오리나무, 병꽃나무, 수국 등

79. 다음 설명의 ( ) 안에 가장 적합한 용어는?

> ( )은/는 나타니엘 워드(Dr. Nathaniel Ward)가 유리용기 안에서 양치식물을 재배하는 방법을 소개하면서 시작되었으며, 광선 이외에는 물·비료 등이 거의 차단된 채 생육된다.

① 테라리움(Terrarium)
② 디쉬가든(Dish Garden)
③ 토피아리(Topiary)
④ 트렐리스(Trellis)

해설 테라리움(terrarium)
원예에서, 밀폐된 유리그릇이나 아가리가 작은 유리병 따위의 안에 작은 식물을 재배하는 방법이다.

80. 잎 차례가 대생(對生)인 수종은?

① 박태기나무(*Cercis chinensis*)
② 느티나무(*Zelkova serrata*)
③ 때죽나무(*Styrax japonicus*)
④ 수수꽃다리(*Syringa oblata var. dilatata*)

해설 박태기나무, 느티나무, 때죽나무는 잎차례가 호생이다.

■■■ 조경시공구조학

81. 다음 중 표준시방서의 설명으로 옳지 않은 것은?

① 공사의 마무리, 공법, 규격, 기준 등을 나타낸 것
② 설계도 및 기타서류에 없는 사항을 자세히 명시한 것
③ 공사에 대한 공통적인 협의와 현장관리의 방법을 명시한 것
④ 각 공사마다 제출되며 현장에 알맞은 공법 등 설계자의 특별한 지시를 명시한 것

해설 표준시방서
시설물의 안정, 공사시행 적정성·품질확보 등을 위하여 시설물별로 정한 표준시공기준을 말한다.

82. 암절토 비탈면 등 환경조건이 극히 불량한 지역의 녹화공법으로 가장 적합한 것은?

① 식생매트공
② 잔디떼심기공
③ 일반묘식재공
④ 식생기반재뿜어붙이기공

해설 환경조건이 양호한 비탈면
종자뿜어붙이기공, 식생매트공법, 평떼심기공, 줄떼심기공, 식생띠공, 식생판공, 식생자루공, 식생구멍공

83. 공사수량 산출 시 운반, 저장, 가공 및 시공과정에서 발생되는 손실량을 사전에 예측하여 산정하는 것은?

① 계획수량 ② 법정수량
③ 설계수량 ④ 할증수량

해설 수량의 종류
- 설계수량 : 실시설계 및 상세설계에 표시된 재료 및 치수에 의하여 산출한다.
- 계획수량 : 설계도에 명시되어 있지 않으나 시공현장 조건에 따라 수립시 소요되는 수량을 말한다.

정답 78. ② 79. ① 80. ④ 81. ④ 82. ④ 83. ④

· 할증수량 : 설계수량과 계획수량의 산출량에 운반, 저장, 가공 및 시공과정에서 발생되는 손실량을 예측하여 부가한 수량을 말한다.

84. 다음 중 시멘트 창고 설치 시 유의사항으로 옳지 않은 것은?

① 시멘트를 쌓을 때 최대 20포대까지 한다.
② 시멘트의 사용은 먼저 반입한 것부터 사용하도록 한다.
③ 창고 주변에 배수도랑을 두어 우수의 침투를 방지한다.
④ 바닥은 지면에서 30cm 이상 높게 하여 깔판을 깔고 쌓는다.

해설 시멘트 쌓기 단수
시멘트는 13포대 이상 쌓기를 금지, 장기간 저장할 경우 7포대 이상 넘지 않게 한다.

85. 다음 중 열경화성수지에 속하지 않는 것은?

① 실리콘수지 ② 폴리에틸렌수지
③ 멜라민수지 ④ 요소수지

해설 열경화성수지
· 3차원적 축합반응에 의해 생성되는 수지류로 열을 가해도 유동성이 없음
· 요소수지, 멜라민수지, 폴리에스테르수지, 실리콘, 우레탄, 프란수지

86. 다음 보도의 설계는 어떤 방법으로 정지계획되었는가?

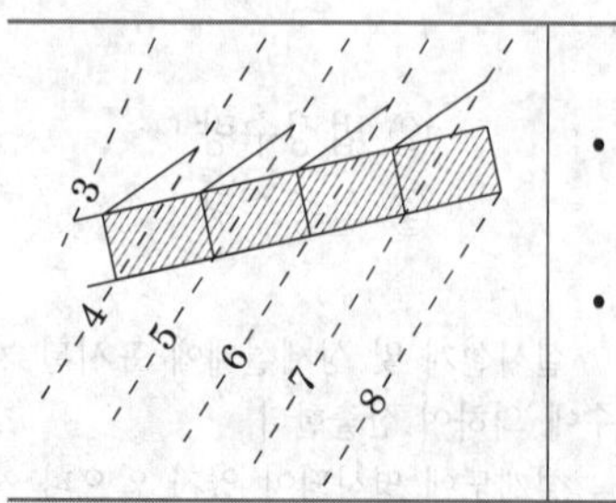

• 점선 : 기존 등고선
• 실선 : 변경 등고선

① 절토에 의한 방법
② 성토에 의한 방법
③ 옹벽에 의한 방법
④ 절토와 성토에 의한 방법

해설 제안된 등고선은 높은 쪽에서 시작해 낮은 방향으로 향하므로 성토에 의한 방법으로 정지계획되었다.

87. B.M 표고가 98.760m일 때, C점의 지반고는? (단, 단위는 m이고, 지형은 참고 사항임)

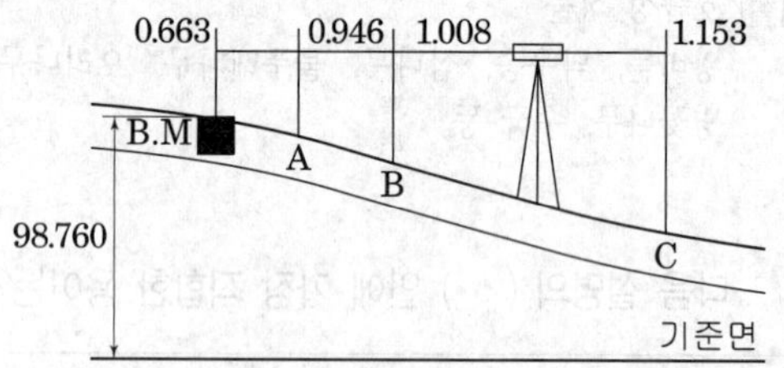

측점	관측값	측점	관측값
B.M.	0.663	B	1.008
A	0.946	C	1.153

① 98.270m ② 98.415m
③ 98.477m ④ 99.768m

해설 ① 기계고=지반고+후시
=98.760+0.663=99.423
② 지반고=기계고 − 전시
=99.423-1.153=98.270m

88. 목재의 실질률을 구하는 공식으로 옳은 것은?

① $\frac{\text{전건비중}}{\text{진비중}} \times 100(\%)$
② $\frac{\text{전건비중}}{\text{가비중}} \times 100(\%)$
③ $\frac{\text{생재비중}}{\text{진비중}} \times 100(\%)$
④ $\frac{\text{생재비중}}{\text{가비중}} \times 100(\%)$

정답 84. ① 85. ② 86. ② 87. ① 88. ①

해설 목재의 실질률
- 실질률 : 입목의 실질 성장량
- 진비중(실비중) : 공극을 포함하지 않는 실제 부분의 비중

89. 재료를 사용하여 동일한 규격의 시설물을 축조하였을 경우, 고정하중(固定荷重)이 가장 큰 구조체는?

① 점토 ② 목재
③ 화강석 ④ 철근콘크리트

해설 재료의 단위 중량
① 점토 : 1,200~1,700kg/m^3(건조상태)
② 목재 : 800kg/m^3(생송재)
③ 화강석 : 2,600~2,700kg/m^3(자연상태)
④ 철근콘크리트 : 2,400kg/m^3

90. 다음 설명에 해당하는 수준측량의 용어는?

> 기준 원점으로부터 표고를 정확하게 측량하여 표시해 둔 점으로 그 지역의 수준측량의 기준이 된다.

① 수평선 ② 기준면
③ 수준선 ④ 수준점

해설 수준측량 용어
- 기준면 : 지반고의 기준이 되는 면으로 이면의 모든 높이는 0이다. 일반적으로 기준면으로 기준면은 평균해수면을 사용하고 나라마다 독립된 기준면을 가짐
- 수준선(level line) : 지구의 중심을 포함한 평면과 수준면이 교차하는 곡선으로 보통 시준거리의 범위에서는 수평선과 일치함
- 수준점(level mark, B.M) : 기준 수준면에서부터 높이를 정확히 구하여 놓은 점으로 수준측량시 기준이 되는 점이며 우리나라 국도 및 주요도로를 따라 2~4km 마다 수준표석을 설치하여 놓음

91. 평판측량의 방법에 대한 설명으로 옳지 않은 것은?

① 방사법은 골목길이 많은 주택지의 세부측량에 적합하다.
② 교회법에서는 미지점까지의 거리관측이 필요하지 않다.
③ 현장에서는 방사법, 전진법, 교회법 중 몇 가지를 병용하여 작업하는 것이 능률적이다.
④ 전진법은 평판을 옮겨 차례로 전진하면서 최종 측점에 도착하거나 출발점으로 다시 돌아오게 된다.

해설 방사법은 장애물이 적고 구역 전부가 잘보이는 평지에서 적합하다.

92. 자연상태의 1,500m^3 모래질흙을 6m^3 적재 덤프트럭으로 운반하여, 성토하여 다지고자 한다. 트럭의 총 소요대수와 다짐 성토량은 각각 얼마인가? (단, 모래질흙의 토양환산계수는 $L=1.2$, $C=0.9$ 이다.)

① 250대, 1350m^3
② 250대, 1350m^3
③ 300대, 1350m^3
④ 300대, 1620m^3

해설 트럭대수, 다짐성토량
① 트럭대수= $\frac{1,500 \times 1.2}{6}$ =300대
② 다짐성토량=1,500×0.9=1,350m^3

93. 다음 중 경비의 세비목에 해당하지 않는 것은?

① 기계경비 ② 보험료
③ 외주가공비 ④ 작업부산물

해설 작업부산물 – 재료비 세비목

정답 89. ③ 90. ④ 91. ① 92. ③ 93. ④

94. 물의 흐름과 관련한 설명 중 등류(等流)에 해당하는 것은?

① 유속과 유적이 변하지 않는 흐름
② 물 분자가 흩어지지 않고 질서정연하게 흐르는 흐름
③ 한 단면에서 유적과 유속이 시간에 따라 변하는 흐름
④ 일정한 단면을 지나는 유량이 시간에 따라 변하지 않는 흐름

해설 물의 흐름
- 유속과 유적이 변하지 않는 흐름 : 등류
- 물 분자가 흩어지지 않고 질서정연하게 흐르는 흐름 : 층류
- 한 단면에서 유적과 유속이 시간에 따라 변하는 흐름 : 부정류
- 일정한 단면을 지나는 유량이 시간에 따라 변하지 않는 흐름 : 정류

95. 목재의 사용 환경 범주인 해저드클래스(Hazard class)에 대한 설명으로 틀린 것은?

① 모두 10단계로 구성되어 있다.
② H1은 외기에 접하지 않는 실내의 건조한 곳에 해당된다.
③ 파고라 상부, 야외용 의자 등 야외용 목재 시설은 H3 에 해당하는 방부처리방법을 사용한다.
④ 토양과 담수에 접하는 곳에서 높은 내구성을 요구할 때는 H4 이다.

해설 H1, H2, H3(H3A, H3B), H4(H4A, H4B), H5로 구성되어 있다.

96. 건설공사의 관리 중 시공계획의 검토 과정에 있어 조달계획에 해당하는 것은?

① 계약서 검토 ② 예정공정표 작성
③ 하도급 발주계획 ④ 실행예산서 작성

해설 ① 계약서 검토 : 사전조사
② 예정공정표 작성 : 시공기술계획
③ 하도급 발주계획 : 조달계획
④ 실행예산서 작성 : 관리계획

97. 암석이 가장 쪼개지기 쉬운 면을 말하며 절리보다 불분명하지만 방향이 대체로 일치되어 있는 것은?

① 석리 ② 입상조직
③ 석목 ④ 선상조직

해설 석리, 석목, 절리
- 석리(石理) : 석재표면의 구성조직에 생기는 돌결(무늬)로 결정질과 비결정질로 나뉜다.
- 석목(石目) : 조암광물의 배열과 암석이 쪼개지기 쉬운 벽개면의 관계에 의해 생기는 깨지기 쉬운면
- 절리(節理) : 화성암의 특성 중 하나로 자연적으로 금이 간 상태를 말한다.

98. 다음 그림과 같은 양단고정보에 하중(P)을 가할 때 횡모멘트 값은? (단, 보의 횡강도 EI는 일정하다.)

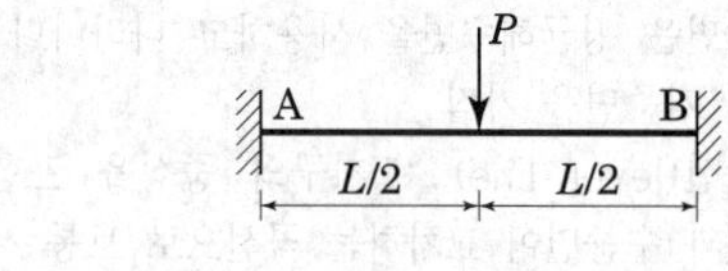

① $-\frac{3Pl}{16}$ ② $-\frac{Pl}{8}$
③ $-\frac{Pl}{12}$ ④ $-\frac{Pl}{4}$

해설 $M_C = -\frac{Pl}{8}$

정답 94. ① 95. ① 96. ③ 97. ③ 98. ②

99. 도로의 수평노선 곡선부에서 반경이 30m, 교각(交角)을 15°로 한다면 이 수평노선의 곡선장은 약 얼마인가? (단, 소수점 둘째 자리까지 구한다.)

① 1.25m　　② 2.50m
③ 7.85m　　④ 8.50m

해설 $L=\frac{2\times\pi\times30\times15}{360}=7.8539\rightarrow7.85\text{m}$

100. 대규모 자동 살수 관개 시설에 많이 사용되는 것은?

① 회전 살수기　　② 분무입상 살수기
③ 분무 살수기　　④ 회전입상 살수기

해설 회전입상살수기
- 물이 흐르면 동체로부터 분무공이 올라와서 살수
- 대규모의 살수 관개시설에서 가장 많이 이용
- 가장 높은 압력에서 작동되어 살수의 범위가 넓음

■■■ 조경관리론

101. 화장실 옥상 슬라브의 보호 콘크리트층에 표면 균열이 발생하여 누수현상이 발생하였다. 원인으로 볼 수 없는 것은?

① 동파현상
② 백화현상
③ 줄눈의 미 시공
④ 시멘트 입자의 재료 분리 현상

해설 백화현상
- 콘크리트, 벽돌, 타일 및 석재 등에 하얀가루가 나타나는 현상으로 외기에 접하는 외벽면에서 발생, 외관의 미를 손상시킨다.
- 시멘트의 가수분해에서 생기는 수산화칼슘이 공기 중에 탄산가스와 반응해서 발생

102. 화목류의 개화 상태를 향상시키기 위한 방법이 아닌 것은?

① 환상박피를 한다.
② 단근조치를 한다.
③ C/N율을 어느 정도 높여준다.
④ 인산과 칼륨질 비료를 줄인다.

해설 화목류 개화상태 향상(개화결실 촉진)
- 환상박피
- 단근조치
- C/N율을 어느 정도 높임
- 질소비료를 줄이고 인산과 칼륨질 비료의 양을 늘인다.

103. 다음 [표]와 같이 배치하는 시험구 배치법을 무엇이라고 하는가?

E	C	A	D	B
B	E	D	A	C
C	A	E	B	D

① 완전난괴법　　② 포트 시험법
③ 사경법　　④ 토경법

해설 완전난괴법
- A, B, C, D, E의 종류가 3반복으로 실험설계해 통계처리하여 수학적으로 유의성을 검정한다.
- 반복을 두는 것은 시험장소가 같은 조건이라도 환경과 토양조건이 어느 정도 차이가 있으므로 이를 줄이기 위한 방법으로 반복을 두는데 반복을 할 수 록 오차는 줄어 정확한 성적을 얻을 수가 있으나, 반복이 많으면 시험이 복잡하므로 보통 반복은 3반복으로 한다.

정답 99. ③　100. ④　101. ②　102. ④　103. ①

104. 다음 어린이놀이시설의 설치검사 관련 내용 중 밑줄 친 내용에 해당하는 것은?

> 관리주체는 관련 조항에 따라 설치검사를 받은 어린이놀이시설에 대하여 대통령령으로 정하는 방법 및 절차에 따라 안전검사기관으로부터 (　　)에 (　　)회 이상 정기검사를 받아야 한다.

① 1개월에 1회　② 6개월에 1회
③ 1년에 1회　④ 2년에 1회

해설 어린이 놀이시설의 설치검사는 안전검사기관으로 2년에 1회 이상 정기검사를 받아야한다.

105. 동일 분자 내에 친수기와 소수기를 갖는 화합물로 제재의 물리화학적 성질을 좌우하는 역할을 하는 것은?

① 용제　② 고착제
③ 계면활성제　④ 고체희석제

해설 계면활성제
분자의 한쪽에 물과 친화력이 큰 친수기(親水基)를 다른 한쪽에는 기름과 친화성이 큰 친유기(親油基)를 가지고 독특한 화학구조의 고분자 물질로 물과 유지(油脂)양쪽에 친화력을 가지고 계면의 성질을 바꾸는 효과가 크다

106. 파라치온 유제 50%를 0.08%로 희석하여 10a당 100L를 살포하려고 할 때 소요약량은 약 몇 mL 인가? (단, 비중은 1.008, 계산결과 소수점은 절사)

① 148mL　② 158mL
③ 168mL　④ 178mL

해설 10a당 소요약량(%액 살포)

$$=\frac{\text{사용할농도}(\%)\times 10a\text{당 살포량}}{\text{약액농도}(\%)\times\text{비중}}$$

$$=\frac{0.08\%\times 100L}{50\%\times 1.008}$$

$=0.0158..L\times 1000=158.73... \rightarrow 158mL$

107. 공원관리에 인근 주거지 내 주민단체가 참가할 경우 효율적으로 수행할 수 없는 작업은?

① 시비　② 제초
③ 관수　④ 피압목 벌채

해설 주민참가 활동 내용
- 청소, 제초, 병충해방제, 관수, 시비, 화단식재
- 어린이 놀이지도, 놀이기구점검, 시설기구 등의 대출
- 금지행위와 위험행위의 주의
- 공원녹화관련행사, 공원을 이용한 레크레이션 행사의 개최
- 공원관리에 관한 제안, 공원이용에 관한 규칙 제정

108. 다음 중 잎을 가해하는 해충(식엽성 해충)의 피해도 결정인자가 아닌 것은?

① 입목(立木)의 굵기　② 입목(立木)의 밀도
③ 수령　④ 초살도

해설 식엽성 해충의 피해도는 입목의 굵기와 밀도, 수령이 결정인자가 된다.

109. 조경시설물의 유지관리에 대한 내용으로 틀린 것은?

① 내구연한까지는 별다른 보수점검을 생략해도 좋다.
② 기능성과 안전성이 확보되도록 유지 관리한다.
③ 주변환경과 조화를 이루며, 경관성과 기능성이 있도록 관리한다.
④ 기능 저하에는 이용빈도나 고의적인 파손 등의 인위적인 원인이 많다.

해설 내구연한이 된 각종 시설물은 보수점검해야 한다.

정답 104. ④　105. ③　106. ②　107. ④　108. ④　109. ①

110. 질소고정에 관여하는 균 중 콩과식물과 공생에 의하여 질소를 고정하는 미생물은?

① 리조비움(Rhizobium)
② 아조토박터(Azotobacter)
③ 베제린크키아(Beijerinckia)
④ 클로스트리디움(Clostridium)

해설 리조비움(Rhizobium)
- 콩과식물의 뿌리혹에서 내부공생체인 박테로이드(bacteroid) 형태로 살아가며 질소고정을 하는 능력이 있다.
- 리조비움은 대기중의 질소를 암모니아로 고정하여 식물에게 글루타민 등의 유기질소형태로 공급 하고, 식물은 리조비움에게 광합성을 통해 만들어진 유기물을 공급하는 형태의 상리공생(mutualism) 관계를 형성한다.

111. 조경관리 중 운영관리 체계화의 부정적 요인으로 작용하는 것이 아닌 것은?

① 직원의 사기
② 규격화의 곤란성
③ 이용주체의 다양화에 따른 예측의 의외성
④ 조경공간의 주요 대상이 자연이라는 특성

해설 조경관리의 체계화에 부정적 요인
- 식물관리에 있어 규격화의 곤란성
- 이용주체의 다양화에 따른 예측의 의외성
- 조경공간의 주요 대상이 자연이라는 특성

112. 중량법(gravimetry)에 의한 토양수분측정 과정에서 젖은 토양시료의 중량이 200g, 110℃ 건조기에서 24시간 건조시킨 토양의 중량이 160g 이면 이 토양의 질량기준 수분함량은?

① 15% ② 20%
③ 25% ④ 80%

해설 중량법

$$= \frac{\text{젖은토양무게} - \text{마른토량무게}}{\text{마른토량무게}} \times 100$$

$$\frac{200-160}{160} \times 100 = 25\%$$

113. 합성 페로몬을 이용한 해충 방제에 있어서 고려해야 할 것은?

① 환경에 대한 오염
② 식물에 대한 약해
③ 저항성 개체의 발현
④ 천적 및 인축에 대한 독성

해설 합성 페로몬 이용한 해충방제
해충의 암컷이 교미를 위해 발산하는 성페로몬을 인공적으로 합성하여 수컷을 유인·박멸하거나 수컷의 교미를 교란시켜 다음 세대의 해충밀도를 억제하는 방제방법으로 합성 페로몬 이용시 저항성 개체의 발현에 대해 유의해야 한다.

114. 어린이 활동공간의 환경안전관리기준에 따른 모래놀이터의 토양검사 항목이 아닌 것은?

① 염소 ② 수은
③ 카드뮴 ④ 6가크롬

해설 어린이 활동공간의 바닥에 사용된 모래 등에 검사항목 : 납, 카드뮴, 6가크롬, 수은 및 비소

115. 토양광물은 여러 가지 무기화합물로 구성되어 있다. 일반적으로 토양을 구성하는 성분 중 제일 많이 존재하는 것은?

① CaO ② SiO_2
③ Fe_2O_3 ④ Al_2O_3

해설 SiO_2(이산화규소, 실리카)
지구상에서 가장 풍부한 원소인 실리콘(규소)과 산소가 결합하여 형성된 물질로, 모래나 여러가지 광물의 주요 성분으로 존재하고 지각을 이루는 화합물 중 가장 많은 비율을 차지한다.

정답 110. ① 111. ① 112. ③ 113. ③ 114. ① 115. ②

116. 다음 중 표징(sign)이 나타나지 않는 병은?

① 잣나무 털녹병
② 대추나무 빗자루병
③ 단풍나무 타르점무늬병
④ 소나무류 피목가지마름병

해설 대추나무 빗자루병 : 병징

117. 수목병의 원인 중 뿌리혹병, 불마름병 등의 원인이 되는 생물적 원인은?

① 세균 ② 선충
③ 곰팡이 ④ 바이러스

해설 병의 원인과 수목병
- 선충 – 시들음병
- 곰팡이 – 엽고병, 녹병, 모잘록병, 벚나무 빗자루병, 흰가루병, 가지마름병, 그을림병 등
- 바이러스 – 모자이크병

118. 참나무류에 치명적인 피해를 주는 참나무 시들음병을 매개하는 곤충은?

① 광릉긴나무좀 ② 솔수염하늘소
③ 참나무재주나방 ④ 도토리거위벌레

해설 참나무시들음병
- 매개충 : 광릉긴나무좀(Platypus koryoensis)
- 병원균 : Raffaelea quercus – mongolicae (라펠리아 속의 신종 곰팡이)
- 졸참나무·갈참나무·상수리나무·서어나무 등에 서식하며 수세가 약한 나무나 잘라 놓은 나무의 목질부를 가해한다.

119. 농약살포 작업 시 안전수칙으로 옳은 것은?

① 농약 희석 작업 시에는 개인보호구를 착용하지 않아도 된다.
② 농약 살포 시 바람을 등지고 살포한다.
③ 농약은 습기가 마른 한낮에 단기간 살포하며, 흡연자는 주기적인 흡연으로 휴식한다.
④ 농약 방제복 세탁 시 중성세제를 넣으면 일반 세탁물과 함께 세탁하여도 영향이 없다.

해설 농약살포시 주의사항
- 얼굴이나 피부노출방지 : 보호안경, 모자, 마스크, 보호크림 사용
- 바람을 등지고 농약을 살포하며 처음부터 작업개시지점을 선정
- 작업이 끝나면 옷을 갈아입고 몸을 깨끗이 씻는다.
- 입을 통한 경로 차단(작업 중에 음식을 먹지 않음)
- 농약의 특수보관(농약 잠금장치가 있는 곳)

120. 레크리에이션 수용능력의 결정인자는 고정인자와 가변인자로 구분된다. 다음 중 고정적 결정인자에 속하는 것은?

① 대상지의 크기와 형태
② 특정 활동에 대한 참여자의 반응 정도
③ 대상지 이용의 영향에 대한 회복능력
④ 기술과 시설의 도입으로 인한 수용능력 자체의 확장 가능성

해설 레크리에이션 수용능력의 고정인자와 가변인자

구분	내용
고정적인자 (주로 공간 활동표준)	특정활동에 필요한 참여자 반응(활동특성), 사람수, 공간의 최소면적
가변적인자 (물리적조건, 참여자 상황)	대상지성격, 크기와 형태, 영향에 대한 회복능력, 기술과 시설의 도입으로 인한 수용능력 자체의 확장 가능성

정답 116. ② 117. ① 118. ① 119. ② 120. ②

과년도출제문제(CBT복원문제)

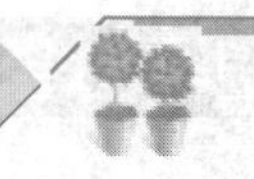

※ 본 기출문제는 수험자의 기억을 바탕으로 하여 복원한 문제이므로 실제 문제와 다를 수 있음을 미리 알려드립니다.

■■■ 조경사

1. 그라나다에 소재한 헤네랄리페(Generalife) 정원에 관한 설명으로 틀린 것은?

① 수로의 중정(court of canal)이 있다.
② 정원 전체가 3개의 노단(Terrace)으로 이루어졌다.
③ 「ㅂ」자형(또는 U자형)의 연못이 조성된 사이프레스의 중정이 있다.
④ 알함브라의 내부지향적 구도와는 반대로 외부지향적인 구도로 언덕 위에 지어졌다.

해설 스페인의 헤네랄리페 정원은 그라나다 왕들의 피서를 위한 은둔처로 경사지에 계단식처리와 기하학적인 구조(노단건축식의 시초)이지만 정원 전체가 3개의 노단으로는 이루어지지 않았다.

2. 르네상스 시대의 조경은 예술 양식과 더불어 발달되어 왔는데 시대순으로 올바른 것은?

① classicism → mannerism → baroque → rokoko
② mannerism → classicism → baroque → rokoko
③ baroque → rokoko → mannerism → classicism
④ mannerism → baroque → rokoko → classicism

해설 예술 양식 발달순서
고전주의 → 매너리즘 → 바로크 → 로코코 → 신고전주의 → 낭만주의

3. 중국 청나라 시대에 조영된 북경의 북서부에 위치한 삼산오원(三山五園) 중 규모가 가장 큰 정원은?

① 명원 ② 정명원
③ 원명원 ④ 이화원

해설 이화원은 곤명호를 둘러싼 290헥타르의 공원 안에 조성된 전각과 탑, 정자, 누각 등의 복합 공간으로 규모가 가장 크다.

4. 영국의 남동쪽 지방에 있으며 버어질(Virgil)의 서사시 에이니드(Aeneid)에 의거하여 자연을 배회하는 영웅의 인생 항로를 테마로 정원동굴(grotto)이 구성된 풍경식정원은?

① 스토우원(Stowe garden)
② 스투어헤드원(Stourhead garden)
③ 트위컨햄원(Twickenham garden)
④ 블렌하임궁원(Blenheim palace garden)

해설 스투어헤드
- 소유 : 헨리 호어, 정원설계 : 브릿지맨, 켄트
- 자연을 배회하는 영웅의 인생항로를 노래한 버질(virgil)의 서사시 에이니드(Aeneid)에 의거하여 구성되어 있다.

5. 중국 진나라 도연명의 안빈낙도하는 원림생활과 관련된 것은?

① 난정서 ② 독락원기
③ 귀거래사 ④ 동파종화

해설 귀거래사(歸去來辭)
중국 동진·송의 시인인 도연명의 대표적 작품으로 405년(진나라 의회1) 그가 41세 때, 최후의 관직의 자리를 버리고 고향인 시골로 돌아오는 심경을 읊은 시로서 세속과의 결별을 진술한 선언문이기도 하다.

정답 1. ② 2. ① 3. ④ 4. ② 5. ③

6. 다음의 정원 중 정원양식상 종교적 성향이 다른 하나는?

① Alhambra의 정원 ② Taj Mahal의 정원
③ Alcazar의 정원 ④ Stowe의 정원

해설 보기 문항의 ①②③은 이슬람정원이며, ④는 영국의 정원이다.

7. 서방사경원(西芳寺景園) 못 속에 같은 크기와 모양의 암석을 배치하여 보물을 실어 나가거나, 싣고 들어오는 선박을 상징하는 것은?

① 쓰꾸바이 ② 야리미즈
③ 비석 ④ 야박석

해설 야박석은 정토정원의 조경기법으로 항구에 배가 정박해 있는 모습을 상징하고 있다.

8. 임원경제지에 의하면 지당(地塘)은 수심양성(修心養性)의 장(場)이 되었음을 기록하고 있다. 다음의 설명 중 기록된 내용이 아닌 것은?

① 물놀이를 할 수 있다.
② 고기를 기르면서 감상할 수 있다.
③ 논밭에 물을 공급할 수 있다.
④ 사람의 마음을 깨끗하게 할 수 있다.

해설 서유구의 임원경제지에 의하면 연못은 고기를 기르면서 감상할 수 있고 논밭에 물을 공급할 수 있으며 사람의 마음을 깨끗하게 할 수 있다고 하였다.

9. 이탈리아 르네상스의 정원에 있어서 건물과 정원의 배치방식에 해당되지 않는 것은?

① 직렬형 ② 병렬형
③ 직렬·병렬 혼합형 ④ 직선형

해설 이탈리아 르네상스 정원의 배치방식
직렬형, 병렬형, 직교형(직렬·병렬혼합형)

10. 원명원을 복원하는데 매우 중요한 자료로 평가되는 견문기를 편지로 쓴 사람은?

① William Chambers
② William Temple
③ Harry Beaumont
④ Jean Denis Attiret

해설 장 드니 아티레(Jean-denis Attiret, 1702~1768)
- 프랑스 선교사로 중국에 갔다가 황제 건륭의 궁정 화가로 활동하였다.
- 중국 원명원에 대한 견문기를 써서 친구에게 보낸 편지가 1752년 런던에서 발간된 바 있으며, 원명원을 복원하는데 매우 중요한 자료가 되었다.

11. 다음 중 사찰에 1탑 3금당식 유형이 나타나지 않는 것은?

① 신라 분황사
② 신라 황룡사지
③ 고구려 청암리 절터(금강사)
④ 백제 익산 미륵사지

해설 백제 익산 미륵사지 – 3탑 3금당식

12. 주렴계의 애련설에 서술된 연꽃의 의미는?

① 은일자(隱逸者)를 상징
② 부귀자(富貴者)를 상징
③ 군자(君子)를 상징
④ 극락의 세계를 상징

해설 주렴계(주돈이)의 애련설 – 연꽃을 군자에 비유

정답 6. ④ 7. ④ 8. ① 9. ④ 10. ④ 11. ④ 12. ③

13. 다음 설명에 적합한 대상은?

- 1661년에 조성되어 르 노트르(Le Notre)의 이름을 알리게 된 정원
- 기하학, 원근법, 광학의 법칙이 적용
- 중심축을 따라 정원으로부터 점차 멀리 수평선을 바라보게 처리

① 보볼리원 ② 벨베데레원
③ 보르 뷔 콩트 ④ 베르사이유 정원

해설 보르 뷔 콩트
- 최초의 평면기하학식 정원(남북 1,200m, 동서 600m)
- 루이14세를 자극해 베르사유 궁원을 설계하는 데 계기가 됨

14. 한국정원에 관한 옛 기록 대동사강에 나오는 고조선 시대 노을왕(魯乙王)과 관련된 내용은?

① 신산(神山) ② 도리(桃李)
③ 누대(樓臺) ④ 유(囿)

해설 노을왕이 유(囿)를 조성하여 짐승을 키웠다는 기록이 대동사강 제1권 단씨조선기에 기록되어 있다.

15. 자연사면을 수평면으로 처리한 것이 아니라 인공적인 성토작업을 통하여 축조한 계단식 후원은?

① 경복궁의 교태전 후원
② 창덕궁의 낙선재 후원
③ 전라남도 담양군의 소쇄원
④ 창덕궁의 연경당 선향재 후원

해설 경복궁 교태전 후원
경회루 방지 축조시 파낸 흙으로 아미산을 조영 → 인공적인 화계

16. 조선 시대 읍성의 공간 구조적 구성 요소들 가운데 제례공간이 아닌 곳은?

① 여단 ② 향청
③ 사직단 ④ 성황사

해설 읍성
- 향청은 지방 향리를 규찰하고, 향풍을 바르게 하는 등 향촌교화 등을 담당하는 곳이다.
- 사직단이란 성황사(城隍祠), 여단(厲壇)과 함께 3사라하여 고을의 평안을 기원하는 곳으로 마을의 풍년과 평화를 지켜주는 지방의 제사시설이다.

17. 일본 다정(茶庭)양식의 전형적 특징이 아닌 것은?

① 심신을 정화하기 위해 준거(蹲踞 : 쓰꾸바이)를 배치하였다.
② 조명과 장식의 목적으로 석등(石燈)을 설치하였다.
③ 연못과 섬을 조성하여 다실(茶室)과 연결하였다.
④ 다실에 이르는 통로인 노지(露地)는 다실과 일체된 공간으로 구성되었다.

해설 다정은 노지형으로 다도를 즐기기 위한 운치 있는 소정원이다. 다도의 마음가짐을 위한 세심석이나 석등 등이 배치되어 있으며 연못과 섬은 조성하지는 않았다.

18. 다음 중 이슬람 정원의 특징이 아닌 것은?

① 정원은 주 건물의 북향이나 동향에 배치하였다.
② 차가운 물과 맑은 샘을 동경하여 분수 등을 설치하였다.
③ 정원의 각 요소마다 유명인들의 조각상을 배치하였다.
④ 연못형태는 규칙적인 4각형, 8각형, 원형이 대부분이다.

정답 13. ③ 14. ④ 15. ① 16. ② 17. ③ 18. ③

해설 이슬람 세계는 우상숭배가 금지되어 있어 동물 형태의 조각물이 만들어지지 못했다. 따라서 일반적으로 정원에 조각물의 배치가 되지 못하였다.

19. 창덕궁 후원에 있는 연못과 정자가 짝지어진 것 중 맞지 않는 것은?

① 부용지 – 부용정 ② 애련지 – 애련정
③ 반도지 – 관람정 ④ 몽답지 – 몽심정

해설 창덕궁의 몽답정은 신선원전 남서쪽에 있는 정자로 조선시대에 이곳에 있던 훈련도감의 북영에 위치하였다.

20. 리젠트 파크의 영향을 받아 왕실 수렵원을 시민의 힘으로 공공공원으로 조성한 곳은?

① 로마의 포름
② 뉴욕 센트럴 파크
③ 영국 버큰헤드 파크
④ 뉴욕 프로스펙트 파크

해설 영국의 버큰헤드 공원은 대중의 사용을 위해 시민의 힘과 재정으로 설계된 공원이다

■■■ **조경계획**

21. 시각적 선호에 관련된 변수에 대한 설명이 틀린 것은?

① 물리적 변수 : 식생, 물, 지형
② 추상적 변수 : 복잡성, 조화성, 새로움
③ 지역적 변수 : 위치, 거리, 규모
④ 개인적 변수 : 개인의 나이, 학력, 성격

해설 시각적 선호에 관련된 변수

물리적 변수	식생·물·지형
추상적 변수	복잡성·조화성·새로움이 시각적 선호를 결정
상징적 변수	일정 환경에 함축된 상징적 의미
개인적 변수	개인의 연령·성별·학력·성격, 가장 어렵고도 중요한 변수

22. 주거지역 주변의 경관에 대한 시각적 선호를 예측하는 것으로서 다음 [보기]의 가설과, 계량적 예측모델의 효시라고 볼 수 있는 것은?

> [보기]
> 기본적인 가설은 경관에 대한 시각적 선호의 정도는 선호에 영향을 미치는 각 인자(독립변수)들의 영향의 합으로서 나타내 진다는 것이다.

① 프라이버시 모델 ② 쉐이퍼 모델
③ 중정 모델 ④ 피터슨 모델

해설 시각적 선호의 예측모델
- 피터슨 모델 : 주거지역 주변의 경관에 대한 시각적 선호를 예측
- 쉐이퍼 모델 : 자연경관지역에서 시각적 선호에 관한 계량적 예측
- 중정 모델 : 캠퍼스 중정에서의 시각적 선호에 관한 예측모델

23. 「수목원 · 정원의 조성 및 진흥에 관한 법률」에서 구분하고 있는 정원의 유형으로 옳지 않은 것은?

① 국가정원 ② 지방정원
③ 민간정원 ④ 마을정원

해설 정원의 유형
국가정원, 지방정원, 민간정원, 공동체정원, 생활정원, 주제정원

정답 19. ④ 20. ③ 21. ③ 22. ④ 23. ④

24. 다음「도로」와 관련된 기준으로 틀린 것은?

① 도로의 차로 수는 교통흐름의 형태, 교통량의 시간별·방향별 분포, 그 밖의 교통 특성 및 지역 여건에 따라 홀수 차로로 할 수 있다.
② 차로의 폭은 차선의 중심선에서 인접한 차선의 중심선까지로 한다.
③ 도시지역의 일반도로 중 주간선도로의 설계속도는 80km/시간 이상으로 하여야 한다.
④ 도로의 계획목표연도는 공용개시 계획연도를 기준으로 10년 이내로 정한다.

해설 바르게 고치면
도로의 계획목표연도는 공용개시 계획연도를 기준으로 20년 이내로 정한다.

25. 국토의 용도 구분 중에서 농림업의 진흥, 자연환경 또는 산림의 보전을 위하여 자연환경보전지역에 준하여 관리할 필요가 있는 지역의 명칭은?

① 도시지역　② 관리지역
③ 농림지역　④ 산림지역

해설 관리지역
도시지역의 인구와 산업을 수용하기 위하여 도시지역에 준하여 체계적으로 관리하거나 농림업의 진흥, 자연환경 또는 산림의 보전을 위하여 농림지역 또는 자연환경보전지역에 준하여 관리할 필요가 있는 지역

26. 계획 및 설계에서 피드백(feed back)과정을 가장 옳게 설명한 것은?

① 피드백은 자료의 분석 후 이들을 종합하는 과정에서 주로 사용되는 기법이다.
② 피드백은 계획수정 과정상 전단계로 되돌아가 작성된 안을 다시 한번 검토해 보는 것을 말한다.
③ 피드백 과정 시에는 조경가만이 참여하며 의뢰인은 참여하지 않는다.
④ 계획에서는 피드백 과정이 필요하나 설계에서는 필요하지 않다.

해설 피드백과정을 환류과정이라고도 하며, 계획 설계안의 수정·보완을 중시한다.

27. 시각적 복잡성과 시각적 선호도의 관계를 가장 올바르게 설명한 것은?

① 시각적 복잡성과 시각적 선호도는 아무 관계가 없다.
② 시각적 복잡성이 증가함에 따라 시각적 선호도도 증가한다.
③ 시각적 복잡성이 증가함에 따라 시각적 선호도가 감소한다.
④ 시각적 복잡성이 적절할 때 가장 높은 시각적 선호도를 나타낸다.

해설 시각적 복잡성과 시각적 선호는 중간정도의 복잡성에 대한 시각적 선호가 가장 높으며 복잡성이 아주 높거나 낮으면 시각적 선호가 낮아진다.

28.「도시공원 및 녹지 등에 관한 법률 시행규칙」상 공원 시설에 해당하지 않는 것은?

① 바비큐시설　② 실외사격장
③ 유스호스텔　④ 음식판매자동차

해설 · 바비큐시설 : 휴양시설
· 음식판매자동차, 유스호스텔 : 편익시설

29.「환경영향평가법」에서 정하는 환경영향평가 항목은 자연생태환경, 대기환경, 수환경, 토지환경, 생활환경, 사회환경·경제환경 분야로 구분된다. 이 중「생활환경 분야」의 평가 세부사항에 해당하는 것은?

① 인구　② 위락·경관
③ 주거　④ 토양

해설 생활환경 분야의 평가 세부사항
친환경적 자원 순환, 소음·진동, 위락·경관, 위생·공중보건, 전파장해, 일조장해

정답 24. ③　25. ②　26. ②　27. ④　28. ②　29. ②

30. 「도시공원 및 녹지 등에 관한 법률 시행규칙」에 의한 "녹지의 설치·관리 기준"으로 틀린 것은?

① 전용주거지역에 인접하여 설치·관리하는 녹지는 그 녹화면적률이 50퍼센트 이상이 되도록 할 것
② 재해발생시의 피난 그 밖에 이와 유사한 경우를 위하여 설치하는 녹지는 녹화면적률이 70퍼센트 이상이 되도록 할 것
③ 원인시설에 대한 보안대책을 위해 설치·관리하는 녹지는 녹화면적률이 50퍼센트 이상이 되도록 할 것
④ 완충녹지의 폭은 원인시설에 접한 부분부터 최소 10미터 이상이 되도록 할 것

해설 바르게 고치면
원인시설에 대한 보안대책을 위해 설치·관리하는 녹지는 녹화면적률이 80퍼센트 이상이 되도록 할 것

31. 「도시공원·녹지의 유형별 세부기준 등에 관한 지침」상 도시농업공원의 설치기준에 대한 설명으로 가장 옳지 않은 것은?

① 도시농업공원은 설치기준·유치거리에 제한을 받지 아니하나, 면적은 1만m^2 이상이어야 한다.
② 도시텃밭은 생태적 성격을 고려하여 공원시설 부지 면적 산정시 포함한다.
③ 도시농업공원은 다수의 이용자가 참여하는 공간이므로 공공재 성격에 맞도록 관리하여야 한다.
④ 도시텃밭의 설치로 인한 도시농업공원의 생태적 기능 약화와 경관적 측면을 고려하여 식재하여야 한다.

해설 바르게 고치면
도시농업공원의 부지면적을 산정할 때 도시텃밭의 면적은 제외하여 산정한다.

32. 조경계획 및 설계의 과정 중 대안(alternatives)작성에 대한 내용으로 가장 옳은 것은?

① 대안 작성 과정에서 전체 공간 이용에 관한 윤곽이 드러난다.
② 기본 개념, 동선, 토지 이용 등은 대안 작성 과정에서 항상 유지된다.
③ 각 대안을 비교하여 적당한 안은 수정없이 최종안으로 결정한다.
④ 가능한 한 사소한 문제까지 고려하여 상이한 안을 대안으로 제시한다.

해설 대안작성
- 개념·동선·토지이용 등 기본적인 측면에서 상이한 안을 만드는 것이 바람직하다.
- 바람직한 몇 개의 안을 만들고 상호 비교를 통해 가장 바람직한 안을 선택한다.

33. 「장애인·노인·임산부 등의 편의증진보장에 관한 법률 시행규칙」에 따라 휠체어 사용자 등의 통행이 가능한 접근로를 설치하려고 할 때, 고려해야 할 세부 기준으로 가장 옳지 않은 것은?

① 접근로의 기울기는 18분의 1 이하로 하되, 지형 상 곤란한 경우에는 12분의 1까지 완화할 수 있다.
② 휠체어 사용자가 통행할 수 있도록 접근로의 유효 폭은 1.2m 이상으로 하여야 한다.
③ 대지 내를 연결하는 주접근로에 단차가 있을 경우 그 높이 차이는 3cm 이하로 하여야 한다.
④ 휠체어 사용자가 다른 휠체어 또는 유모차 등과 교행 할 수 있도록 50m 마다 1.5m ×1.5m 이상의 교행구역을 설치할 수 있다.

해설 대지 내를 연결하는 주접근로에 단차가 있을 경우 그 높이 차이는 2cm 이하로 하여야한다.

정답 30. ③ 31. ② 32. ① 33. ③

34. 다음 중 도면중첩법에 대한 설명으로 맞지 않은 것은?

① 트레싱지와 같은 투명한 종이에 식생, 토양 등 주제도를 작성하여 이들을 중첩시켜 토지 적합성을 판단한다.
② 관련인자를 모두 고려하여 주변경관과 다른 특이성을 도출해 내는 방법이다.
③ 컴퓨터를 사용하는 지리정보체계(GIS) 프로그램을 활용하여 주제도를 중첩시켜 토지적합성을 판단할 수 있다.
④ 부지를 격자(grid)로 나누어 주제도를 작성하여 중첩 시키는 방법과 주제도를 점, 선, 면적으로 표현하여 중첩시키는 방법이 있다.

해설 ②은 레오폴드의 경관가치평가방법이다

35. 경관생태학에서는 토지를 바탕(matrix), 조각(patch), 통로(corridor)의 3가지 경관요소로 구분하여 설명하고 있다. 다음 중 경관바탕이 아닌 것은?

① 두 가지 특징이 한 구역에서 동등할 때 연결성이 높은 부분
② 구역의 경관 역동성을 좌우 하는 공간 부분
③ 전체 토지면적의 반 이상을 덮고 있는 부분
④ 서식처, 도관, 장애, 여과, 공급원, 수용처 등 기능을 갖는 부분

해설 서식처, 도관, 장애, 여과, 공급원, 수용처 등 기능을 갖는 부분 – 통로의 기능

36. 다음 중 자연환경보전법에 의한 자연경관 영향의 협의가 이루어지는 지역에 해당되지 않는 것은? (단, 해당하는 지역으로부터 대통령령이 정하는 거리 이내의 지역에서의 개발사업 등)

① 생태·경관보전지역
② 자연공원법의 규정에 의한 자연공원
③ 습지보전법의 규정에 의하여 지정된 습지보호지역
④ 문화재보호법상의 천연기념물보호지역

해설 자연경관영향의 협의가 이루어지는 지역
· 자연공원법 규정에 의한 자연공원
· 습지보전법 규정에 의하여 지정된 습지보호지역
· 생태·경관보전지역

37. 다음 중 경관분석의 기법에 해당하지 않는 것은?

① 메시(mash)에 의한 방법
② 군락측도 방법
③ 기호화 방법
④ 게슈탈트(gestalt)에 의한 방법

해설 경관분석기법
기호화방법, 심미적요소의 계량화방법, 메시분석방법, 시각회랑에 의한 방법, 사진에 의한 분석방법, 게슈탈트에 의한 방법

38. 조경계획을 위한 부지조사 시 인문환경 조사 항목에 속하는 것은?

① 지질 ② 경관
③ 토양 ④ 토지이용

해설 인문환경조사항목
인구, 토지이용조사, 교통조사, 시설물조사, 역사적유물조사, 인간행태유형 조사

39. 경관의 미적반응을 측정하기 위한 척도의 유형과 그 예를 잘못 연결한 것은?

① 등간척 – 어의구별척도(sementic differential scale)
② 순서척 – 리커트 척도(Likert scale)
③ 비례척 – 부피
④ 명목척 – 운동선수의 등번호

해설 리커드척도 – 등간척

정답 34. ② 35. ④ 36. ④ 37. ② 38. ④ 39. ②

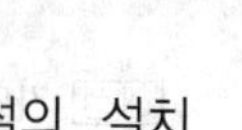

40. 다음 중 도시공원에서 "저류시설의 설치 및 관리기준"에 관한 설명으로 틀린 것은?

① 저류시설은 지표면 아래로 빗물이 침투될 경우 지반의 붕괴가 우려되거나 자연환경의 훼손이 심하게 예상되는 지역에서는 설치하여서는 아니 된다.
② 하나의 도시공원 안에 설치하는 저류시설 부지의 면적비율은 해당 도시공원 전체면적의 40퍼센트 이하이어야 한다.
③ 하나의 저류시설부지 안에 설치하여야 하는 녹지의 면적은 해당저류시설부지에 대하여 상시저류시 설을 60퍼센트 이상, 일시저류시설은 40퍼센트 이상이 되어야 한다.
④ 저류시설은 빗물을 일시적으로 모아 두었다가 바깥 수위가 낮아진 후에 방류하기 위하여 설치하는 유입시설, 저류지, 방류시설 등 일체의 시설을 말한다.

해설 바르게 고치면
하나의 도시공원 안에 설치하는 저류시설부지의 면적비율은 해당 도시공원 전체면적의 50퍼센트 이하이어야 한다.

■■■ 조경설계

41. 경관분석에 있어서 시각적 효과 분석 방법에 대한 설명 중 옳은 것은?

① 틸(Thiel)은 인간 행동의 움직임을 표시하는 모테이션 심볼을 고안하였다.
② 린치(Lynch)는 도시 이미지 형성에 기여하는 물리적 요소로 통로, 모서리, 지역, 결절점 및 랜드마크의 5가지를 제시하였다.
③ 할프린(Halprin)은 개개의 공간 표현보다 부분적 공간의 연결로 형성되는 전체적 공간에 대한 종합적 경험을 더욱 중시하고 있다.
④ 아버나티(Abernathy)는 외부공간을 모호한 공간, 한정된 공간, 닫혀진 공간으로 구분하였다.

해설 바르게 고치면
② 할프린(Halprin)은 인간 행동의 움직임을 표시하는 모테이션 심볼을 고안하였다.
③ 아버나티(Abernathy)은 개개의 공간 표현보다 부분적 공간의 연결로 형성되는 전체적 공간에 대한 종합적 경험을 더욱 중시하고 있다.
④ 틸(Thiel)는 외부공간을 모호한 공간, 한정된 공간, 닫혀진 공간으로 구분하였다.

42. 다음 중 경관구성 상 랜드마크(landmark)적 성격에 해당하지 않는 것은?

① 에펠탑 ② 어린이대공원
③ 남대문 ④ 피라미드

해설 어린이 대공원은 경관구성 상 면적인 성격을 가지고 있다.

43. 시몬스(J.O.Simonds)가 제시하고 있는 공간구성의 4가지 요소 중 제3차 요소에 해당하는 것은?

① 계절 ② 담장
③ 도로 ④ 수목

정답 40. ② 41. ② 42. ② 43. ④

해설 시몬스(J.O.Simonds) 공간구성의 4가지 요소
- 1차 요소 : 바닥면 – 도로
- 2차 요소 : 수직면 – 담장
- 3차 요소 : 천장면 – 수목(캐노피형성)
- 4차 요소 : 시간 공간의 연속적인 변화 – 계절

44. 다음 환경미학과 관련된 설명 중 틀린 것은?

① 주로 예술작품을 연구한다고 볼 수 있다.
② 미학과 환경미학의 관계는 예술가와 환경 설계가의 관계로써 설명될 수 있다.
③ 종합적으로 미적인 지각과 인지 및 반응에 관계되는 이론 및 응용을 종합적으로 연구한다.
④ 환경미학에서도 보다 종합적인 미적경험과 반응에 관심을 두며, 현실적인 환경문제 해결을 지향한다.

해설 환경미학
전통적 미학에 바탕을 두면서, 보다 응용적이며 문제 중심적인 접근을 추구하는 미학의 한 분야, 인간 환경 전반에 관한 미적 경험 및 반응 연구한다.

45. 조경설계기준상의 야외공연장 설계와 관련된 설명으로 옳지 않은 것은?

① 공연시 음압레벨의 영향에 민감한 시설로부터 이격시킨다.
② 객석의 전후영역은 표정이나 세밀한 몸짓을 이상적으로 감상할 수 있는 생리적한계인 15m 이내로 하는 것은 원칙으로 한다.
③ 객석에서의 부각은 30도 이하가 바람직하며 최대 45도까지 허용된다.
④ 좌판 좌우간격은 평의자의 경우 40~45cm 이상으로 하며, 등의자의 경우 45~50cm 이상으로 한다.

해설 바르게 고치면
객석에서의 부각은 15도 이하가 바람직하며 최대 30도까지 허용된다.

46. 색의 3속성에 관한 설명 중 옳은 것은?

① 색상은 색의 밝고 어두운 정도를 나타낸다.
② 명도는 색을 느끼는 강약이며, 맑기이고, 선명도이다.
③ 색상은 물체의 표면에서 반사되는 주파장의 종류에 의해 결정된다.
④ 같은 회색 종이라도 흰 종이 보다 검은 종이 위에 놓았을 때가 더욱 밝아 보이는 것은 채도와 관련된 현상이다.

해설 바르게 고치면
① 명도는 색의 밝고 어두운 정도를 나타낸다.
② 채도는 색을 느끼는 강약이며, 맑기이고, 선명도이다.
④ 같은 회색 종이라도 흰 종이 보다 검은 종이 위에 놓았을 때가 더욱 밝아 보이는 것은 명도와 관련된 현상이다.

47. 일반적으로 조경설계에서 사용되는 축척에 대한 설명으로 틀린 것은?

① 축척이란 실물 크기가 도면상에 나타날 때의 비율이다.
② 축척은 대지의 규모나 도면의 종류에 따라 달라진다.
③ 일반적으로 어린이공원 계획평면도는 세밀한 표현이 가능한 1/500~1/1,000 축척을 사용한다.
④ 일반적으로 상세도에서는 1/10~1/50 축척을 사용한다.

해설 어린이공원 계획평면도는 1/100~1/200 축척을 사용한다.

정답 44. ① 45. ② 46. ③ 47. ③

48. 채도에 관한 설명 중 옳은 것은?

① 흰색을 섞으면 높아지고 검정색을 섞으면 낮아진다.
② 색의 선명도를 나타낸 것으로 무채색을 섞으면 낮아진다.
③ 색의 밝은 정도를 말하는 것이며 유채색끼리 섞으면 높아진다.
④ 그림물감을 칠했을 때 나타나는 효과이며 흰색을 섞으면 높아진다.

해설 채도
- 색의 선명도. 색상의 진하고 엷음을 나타내는 포화도(飽和度)
- 아무것도 섞지 않아 맑고 깨끗하며 원색에 가까운 것을 채도가 높고 무채색을 섞으면 낮아진다.

49. 치수와 치수선의 기입 방법에 대한 설명 중 옳지 않은 것은?

① 치수선은 표시할 치수의 방향에 평행하게 긋는다.
② 치수는 특별히 명시하지 않으면 마무리 치수로 표시한다.
③ 치수선은 될 수 있는 대로 물체를 표시하는 도면의 내부에 긋는다.
④ 치수선에는 분명한 단말 기호(화살표 또는 사선)를 표시한다.

해설 바르게 고치면
치수선은 될 수 있는 대로 물체를 표시하는 도면의 외부에 긋는다.

50. 다음 그림과 같이 투상하는 방법은?

① 제1각법 ② 제2각법
③ 제3각법 ④ 제4각법

해설 정면도를 기준으로 우측에 좌측면도, 좌측에 우측면도가 위치한 투상법은 제1각법이다.

51. 다음 도시경관(Townscape)에 관한 기술 중 적당하지 않은 것은?

① 플로어 스케이프(Floorscape)는 연못 혹은 호수 면과 같이 수평적인 경관을 말한다.
② 사운드 스케이프(Soundscape)는 도시속의 각종 소리의 종류나 크기와 관계가 있다.
③ 카 스케이프(Carscape)는 대규모 주차장의 차 혼잡을 비평한 말이다.
④ 와이어 스케이프(Wirescape)는 공중의 전기 줄과 전화 줄의 보기 싫은 모습을 비난한 말이다.

해설 Floorscape는 바닥분수, 이동식 화분 등의 바닥 경관을 말한다.

52. 등각투상도법(Iso-metrics)에 관한 설명 중 옳지 않은 것은?

① 평행도법의 일종이다.
② 보이는 면이 다 같이 강조된다.
③ 모든 수직선은 수직으로 나타나며 서로 평행하다.
④ 평면의 도형을 그대로 이용하기 때문에 작도가 편리하다.

정답 48. ② 49. ③ 50. ① 51. ① 52. ④

해설 등각투상도법

- 각이 서로 120°를 이루는 3개의 축을 기본으로 하여, 이들 기본 축에 물체의 높이, 너비, 안쪽 길이를 옮겨서 나타내는 방법
- 하나의 그림으로 정육면체의 세 면을 같게 표시할 수 있는 특징이 있으며, 대개 제품의 설명용 도면에 많이 사용한다.

53. 달리는 차안에서 바라보는 가로수가 관찰자의 이동과는 무관하게 변함없이 서 있음을 알게 하는 지각 원리는?

① 위치 항상성 ② 크기 항상성
③ 모양 항상성 ④ 색채 항상성

해설 지각 항상성(perceptual constancy)

- 물체가 망막에 비치는 모습이 바뀌어도 그것을 일정한 것으로 지각하는 현상.
- 원근에 따라 망막에서의 크기가 변해도 언제나 같은 크기로 지각하는 것을 '크기 항상성' 물체의 형체가 변해도 같은 형태로 지각하는 것을 '형태 항상성' 같은 방향으로 지각하는 것을 '방향 항상성'이라고 한다. 또한 자신이 움직이면 망막에 맺히는 상의 위치도 바뀌지만 그 물체가 늘 같은 위치에 정지된 것으로 지각하는 것을 '위치 항상성'이라고 한다.

54. 각종 선(線)의 형태에 대한 표현 설명으로 가장 거리가 먼 것은?

① 직선은 대담, 적극적, 긴장감 등을 준다.
② 곡선은 유연, 온건, 우아한 감을 준다.
③ 대각선은 수동적, 휴식상태의 감을 준다.
④ 지그재그(Zigzag)는 활동적, 대립, 방향제시를 한다.

해설 대각선은 적극적, 동적상태의 감을 준다.

55. 축척이 1/500인 도면에서 길이가 3cm 되는 선은 실제로는 얼마가 되는가?

① 3cm÷500 ② 500÷3cm
③ 500×3cm ④ 1÷(500×3cm)

해설 1/500에서 1은 도면의 크기, 500은 실제 크기이므로 3cm 되는 선의 실제크기를 구하려면 500×3cm가 된다.

56. 산림경관 중 인상적이고 명확한 형태의 경관으로 관찰자나 시행자에게 중요한 안내자가 되는 동시에 경관의 지표(指標)가 되는 경관은?

① 전경관 ② 지형경관
③ 위요경관 ④ 초점경관

해설 지형경관

- 독특한 형태와 큰 규모의 지형지물이 지배적
- 주변 환경의 지표(landmark)
- 자연의 큰 힘에 존경과 감탄을 느낌

57. 다음 중 질감(texture)의 설명으로 적합하지 않은 것은?

① 수목의 질감은 잎의 특성과 구성에 있다.
② 옷감의 질감은 실의 특성과 직조 방법에 있다.
③ 거친 질감은 관찰자에게 접근하는 느낌을 주기 때문에 실제거리보다 가깝게 보인다.
④ 질감은 주로 촉각에 의해서 지각되며 자세히 보면 형태의 집합보다는 부분적 느낌의 종합이다.

해설 질감은 주로 시각의 특성에 의해서 지각된다.

정답 53. ① 54. ③ 55. ③ 56. ② 57. ④

58. 다음 제도의 선 중 위계(hierarchy)가 굵음에서 가는 쪽으로 옳게 나열 된 것은?

① 식생 → 인출선 → 도로
② 단면선 → 구조물 → 주차선
③ 건물외각 → 도로 → 주차선
④ 치수선 → 단면선 → 건물외각

해설 건물외각 : 굵은선, 도로 : 중간선, 주차선 : 가는선

59. 리듬(Rhythm)과 가장 관련이 없는 것은?

① 대칭 ② 반복
③ 방사 ④ 점진

해설 리듬의 원리 – 반복, 점진, 대조, 변이, 방사

60. 다음 경관분석을 위한 기초자료 종합 시 가중치(加重値) 적용 방법 중 가장 객관적이라고 볼 수 있는 것은?

① 회귀분석법(回歸分析法)
② 도면결합법(圖面結合法)
③ 여러 명의 전문가 의견을 평균하는 방법
④ 모든 요소에 동일한 가중치를 적용하는 방법

해설 회귀분석법
- 둘 또는 그 이상의 변수 사이의 관계 특히 변수 사이의 인과관계를 분석하는 추측통계의 한 분야이다. 회귀분석은 특정 변수값의 변화와 다른 변수값의 변화가 가지는 수학적 선형의 함수식을 파악함으로써 상호관계를 추론하게 되는데 추정된 함수식을 회귀식이라고 한다.
- 경관분석시 정량적인 객관적 방법이다.

■■■ **조경식재학**

61. 튜울립나무의 과명은?

① 현삼과 ② 버즘나무과
③ 백합과 ④ 목련과

해설 튜울립나무(백합나무) – 목련과

62. 조경설계기준에서 제시한 표 중 "G와K"에 해당하는 수치는?

식물의 종류	생육 최소 토심(cm)		배수층 두께
	토양등급 중급 이상	토양등급 상급 이상	
잔디, 초화류	A	B	C
소관목	D	E	F
대관목	G	H	I
천근성 교목	J	K	L
심근성 교목	M	N	O

① 45, 60 ② 60, 70
③ 40, 75 ④ 50, 80

해설

식물의 종류	생육 최소 심(cm)		배수층의 두께
	토양등급 중급 이상	토양등급 상급 이상	
잔디, 초화류	30	25	10
소관목	45	40	15
대관목	60	50	20
천근성 교목	90	70	30
심근성 교목	150	100	30

정답 58. ③ 59. ① 60. ① 61. ④ 62. ②

63. 다음 중 조경수의 특성으로 틀리 것은?

① 곰솔(*Pinus thunbergii Parl*) : 잎이 2개씩 속생하며 수피는 흑갈색이다.
② 금송(*Sciadopitys verticillata Siebold& Zucc*) : 3개씩 속생하는 잎이 단지 위에 붙어 윤생하는 것처럼 보인다.
③ 잣나무(*Pinus koraiensis Siebold&Zucc*) : 잎이 5개씩 속생, 수피는 흑갈색이다.
④ 리기다소나무(*Pinus rigida Mill*) : 잎이 3개씩 속생, 수피에 맹아가 발달한다.

해설 금송 – 2엽속생

64. 정형식 식재방법에 대한 설명으로 옳지 않은 것은?

① 잔디밭 중앙에 한 그루 식재
② 테라스 좌우에 같은 모양의 두 그루 식재
③ 미관상 좋지 못한 건물을 가리기 위해 일정하게 좁은 간격으로 식재
④ 하나의 패턴을 이루도록 한 그루씩 드물게 식재

해설 ① 잔디밭 중앙에 한 그루 식재 : 단식
② 테라스 좌우에 같은 모양의 두 그루 식재 : 대식
③ 미관상 좋지 못한 건물을 가리기 위해 일정하게 좁은 간격으로 식재 : 열식(차폐식재)

65. 시기적으로 꽃이 가장 먼저 피는 수목은?

① 풍년화(*Hamamelis japonica*)
② 무궁화(*Hibiscus syriacus*)
③ 모란(*Paeonia suffruticosa*)
④ 나무수국(*Hydrangea paniculata*)

해설 · 풍년화는 노란색의 꽃이 3~4월에 잎보다 먼저 잎겨드랑이에서 여러 개가 피어난다.
· 무궁화 7,8월 개화
· 모란 5월 개화
· 나무수국 7,8월 개화

66. 수종별 특징이 옳지 않은 것은?

① 후박나무(*Machilus thunbergii*)는 낙엽활엽수종이다.
② 백송(*Pinus bungeana*)의 잎은 3엽 속생이다.
③ 병꽃나무(*Weigela subsessilis*)는 경계식 재용으로 많이 쓰인다.
④ 상수리나무(*Quercus acutissima*)의 잎은 거치 끝에는 엽록소가 없어 흰색을 띈다.

해설 바르게 고치면
후박나무(*Machilus thunbergii*)는 상록활엽수종이다.

67. 정원 공간에 안쪽을 멀고, 깊게 보이게 하는 방법으로서 적합하지 않은 것은?

① 뒤쪽에 황록색(GY), 앞쪽에 청자색(PB)의 식물을 심는다.
② 뒤쪽에 후퇴색, 앞쪽에 진출색의 식물을 심는다.
③ 뒤쪽에 질감(Texture)이 부드러운 수목을, 앞쪽에 질감이 거친 것을 심는다.
④ 뒤쪽에 키가 작은 나무를, 앞쪽에 키가 큰 나무를 심는다.

해설 공간의 안쪽을 먹고 깊게 보이게 하기 위해서 앞쪽은 질감이 거친 수목이나 진출색(따뜻한 색)의 식물을 심고, 뒤쪽은 질감이 부드러운 수목이나 후퇴색(차가운 색)의 식물을 심는다.

68. 생태적 천이(ecological succession)에 대한 설명으로 틀린 것은?

① 내적공생 정도는 성숙단계에 가까울수록 발달된다.
② 생활 사이클은 성숙단계에 가까울수록 길고 복잡하다.
③ 생물과 환경과의 영양물 교환 속도는 성숙단계에 가까울수록 빨라진다.
④ 영양물질의 보존은 성숙단계에 가까울수록 충분하게 된다.

정답 63. ② 64. ④ 65. ① 66. ① 67. ① 68. ③

해설 바르게 고치면
생물과 환경과의 영양물 교환 속도는 성숙 단계에 느리게 된다.

69. 배경식재에 관한 설명으로 가장 먼 것은?

① 주경관의 배경을 구성하기 위한 식재
② 시각적으로 두드러지지 말아야 할 것
③ 대상 수목은 암록색, 암회색 등의 수관 및 수피를 가질 것
④ 대상 수목은 시선을 끄는 웅장한 수형을 가질 것

해설 시선을 끄는 웅장한 수형의 수목은 주경관이 된다.

70. 산림생태계 복원 시 자생종으로 활용할 수 있는 수종으로만 조합된 것은?

① 가죽나무(*Ailanthus altissima*), 자귀나무(*Albizia julibrissin*)
② 감나무(*Diospyros kaki*), 버즘나무(*Platanus orientalis*)
③ 무과나무(*Chaenomeles sinensis*), 메타세콰이아(*Metasequoia glyptostroboides*)
④ 상수리나무(*Quercus acutissima*), 때죽나무(*Styrax japonicus*)

해설 중부지방에서 산림생태계 복원시 자생종으로 활용할 수 있는 수종
- 교목층 : 참나무류(상수리나무, 신갈나무 등), 산벚나무, 당단풍나무, 생강나무, 때죽나무, 쪽동백나무
- 관목층 : 철쭉, 진달래, 덜꿩나무, 국수나무, 병꽃나무, 조록싸리나무

71. 모감주나무(*Koelreuteria paniculata Laxmann*)에 대한 설명으로 틀린 것은?

① 잎은 호생이며, 기수1회 우상복엽
② 꽃은 6월경에 백색으로 개화
③ 열매는 삭과로 검은색
④ 낙엽활엽교목으로 수형은 원정형

해설 모감주나무는 꽃은 6~7월 가지 끝에 원추화서로 노란색의 꽃이 핀다.

72. r-선택과 k-선택에 따른 개체군의 생태학적 발달 유형을 바르게 설명한 것은?

① k-선택을 하는 개체군의 수명은 보통 1년 정도로 짧다.
② k-선택을 하는 개체군은 생존기간이 길며 해마다 생식한다.
③ r-선택을 하는 개체군의 사망은 좀 더 방향성이 있고 밀도 의존적이다.
④ 기후가 변하기 쉽고 예견하기 어려우며 불확실할 때에 개체군은 k-선택을 한다.

해설 r-선택과 k-선택 특징
① r-선택종
- 커다란 개체군 크기를 유지하기 위해 짧은 생존기간을 갖는 경향
- 크기가 작으며, 빨리 성숙하고 한번에 많은 수의 자손 생산
- 1년생, 짧은 생활사, 낮은경쟁력, 천이초기종에서 보인다.

② K-선택종
- 낮은 개체군 생장률을 갖는다.
- 생존기간이 길며 해마다 생식을 계속하고 생장기간이 긴 포유류나 조류 같은 동물
- 긴생활사, 다년생, 높은 경쟁력, 천이 후기종

73. *Prunus padus L*에 대한 설명으로 틀린 것은?

① 수피는 흑갈색이다.
② 생육속도가 매우 느리다.
③ 5월에 백색의 꽃이 핀다.
④ 원산지는 한국으로 내공해성이 강하다.

해설 귀룽나무
내한성과 내공해성이 강하고 생육속도가 빠른 속성수이며, 수피는 흑갈색으로 평활하다. 꽃의 크기는 지름 1~1.5cm로서 5월에 백색으로 개화한다.

정답 69. ④ 70. ④ 71. ② 72. ② 73. ②

74. 다음 중 심근성 수종으로만 짝지어진 것은?

① 서양측백, 보리수나무, 미루나무
② 둥근향나무, 수양버들, 쪽동백
③ 주목, 느티나무, 굴거리나무
④ 편백, 칠엽수, 마가목

해설 심근성 수종
주목, 느티나무, 굴거리나무, 소나무, 아왜나무 등

75. 완도 내 해발 100m 이하인 지역에 생태공원을 조성하고자 한다. 다음 중 식재하기에 가장 부적합한 수종은?

① 모람 ② 쪽제비싸리
③ 종가시나무 ④ 갈참나무

해설 쪽제비싸리는 미국원산 낙엽활엽관목으로 완도 지역 생태공원에는 부적합하다.

76. 수목의 지상부 중량을 계산하는 식과 관련한 설명 중 틀린 것은?

$$W = K\pi\left(\frac{d^2}{2}\right)Hw_1(1+p)$$

① K : 수간 형상지수
② d : 근원직경(m)
③ w_1 : 수간의 단위체적당 중량
④ p : 지엽의 다소(多少)에 의한 할증률

해설 d : 흉고직경(cm)

77. 추이대(ecotone)를 가장 적절하게 설명하고 있는 것은?

① 연못생태계 특징 가운데 하나이다.
② 먹이그물(foods web)의 다른 표현으로서 포식자와 먹이의 관계를 설명하는 것이다.
③ 서로 다른 식생유형이 만나는 경계지점으로 야생생물이 많이 서식하는 곳이다.
④ 자연 생태계의 다양성, 연결성, 안정성, 순환성, 자립성 등을 가지고 농업적으로 생산적인 생태계의 의도적인 설계와 유지관리를 말한다.

해설 추이대(推移帶, ecotone)
- 2개의 생물군집이 접하는 부분으로 일반적으로 인접하는 군집 구성종이 서로 섞이거나 경쟁관계에 있어 이행대를 형성한다.
- 육상과 호수가 만나는 습지, 강과 바다가 만나는 하구, 육상과 바다가 만나는 연안지역 등이 대표적인 예로 이러한 지역은 주변의 생태계와는 구분되는 독특한 특징을 가지고 있다. 즉 양쪽 생태계에서 유래한 생물들과 그 지역의 고유한 생물들이 어우러져 매우 다양한 생물종들이 서식한다.

78. 생태계 교란 야생식물에 해당되지 않는 종은?

① 단풍잎돼지풀 ② 서양등골나물
③ 물참새피 ④ 미국자리공

해설 생태계 교란 야생식물
돼지풀, 단풍잎돼지풀, 서양등골나물, 털물참새피, 물참새피, 도깨비가지, 애기수영, 가시박, 서양금혼초, 미국쑥부쟁이, 양미역취, 환삼덩굴

정답 74. ③ 75. ② 76. ② 77. ③ 78. ④

79. 식생도에 관한 설명으로 옳지 않은 것은?

① 세밀한 식생조사를 위해서 대축척의 식생도를 만든다.
② 식생에 대한 분포를 시각적으로 알 수 있게 한다.
③ 대상(代償)식생이란 원래의 자연환경 조건에서 존재하였던 식생을 말한다.
④ 식생도는 분포의 입지 관련 해석의 실마리를 제공해 준다.

해설 대상식생은 자연식생과 대응되는 말로, 인위적인 간섭에 의해 이루어진 식물군락을 말한다.

80. 다음 중 우리나라 특산수종이 아닌 것은?

① 매자나무 ② 구상나무
③ 굴피나무 ④ 개느삼

해설 굴피나무
원산지가 우리나라인 낙엽활엽소교목으로서 제주도와 경기도 이남의 볕이 잘 드는 산기슭이나 바닷가에 흔히 자생한다. 일본과 타이완, 중국 등지에서도 분포한다.

■■■ 조경시공구조

81. 조경공사 현장에서 공정관리를 위해 사용되는 기성고 공정곡선에서 A, B, C, D의 공정현황에 대한 설명으로 틀린 것은?

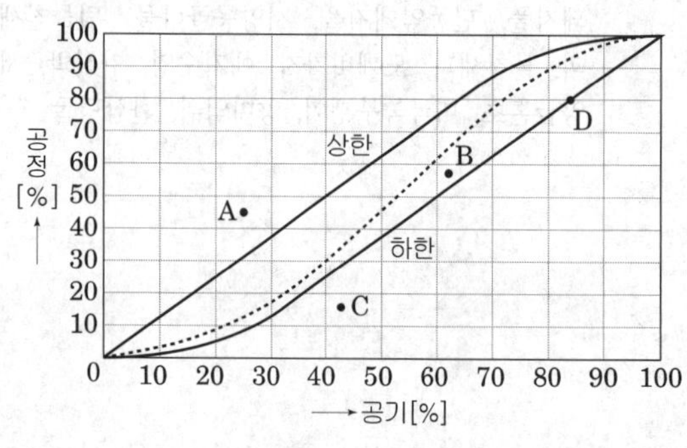

① A : 예정공정보다 실적공정이 훨씬 진척되어 있으나 공정관리의 문제점을 재검토할 필요가 있다.
② B : 예정공정보다 실적공정이 다소 낮으나 허용한계 하한이내이므로 정상적인 범위에 해당한다.
③ C : 허용한계하한에 있으나 큰 위기 상황은 아니므로 예정대로 진행하면 된다.
④ D : 허용한계선상에 있으나 지연되기 쉬우므로 공사를 더욱 촉진시켜야한다.

해설 바르게 고치면
예정공정보다 실적공정이 훨씬 낮아 허용한계하한을 벗어나므로 공정관리의 위기상황이다.

82. 금속의 부식에 대한 대책으로 틀린 것은?

① 큰 변형을 준 것은 가능한 한 풀림하여 사용할 것
② 표면을 깨끗하게 하며, 가능한 건조 상태를 유지할 것
③ 가능한 한 이종 금속은 이를 인접, 접속시켜 사용할 것
④ 균질한 것을 선택하고 사용할 때 큰 변형을 주지 않도록 할 것

해설 금속의 부식 방지 대책
- 가능한 한 다른 금속을 접촉하여 사용하지 않는다.
- 표면을 깨끗하게 하며, 가능한 건조 상태를 유지한다.
- 부분적으로 녹이나 있으면 즉시 제거한다.
- 금속을 균질한 것을 선택하고, 사용 시 큰 변형을 주지 않는 것이 좋다.

정답 79. ③ 80. ③ 81. ③ 82. ③

83. 초화류 식재시 특수화단(화문화단, 리본화단 등)은 얼마까지 가산할 수 있는가?(단, 건설공사표준품셈을 적용한다.)

① 5% ② 10%
③ 15% ④ 20%

해설 초화류 특수화단은 20%까지 가산한다.

84. 다음 살수기 설치와 관련된 설명으로 옳지 않은 것은?

① 도시 상수관에 설치시 급수계량기는 급수관보다 한 단계 작은 크기로 보통 설치한다.
② 지하 급수관에서 지표면 살수기까지의 작동 압력도 고려해야 한다.
③ 급수용량은 급수계량기를 통한 양을 최대안전 흐름으로 본다.
④ 살수기의 물분포 현황은 85~95%의 균등계수를 갖는 것이 효과적이다.

해설 바르게 고치면
살수관개 조직에 요구되는 급수용량은 급수계량기를 통한 급수량의 75%를 최대안전흐름으로 보거나, 급수주관의 정압(靜壓)의 10%보다 작게 하여야 하므로 둘 중에서 낮은 것을 급수계량기에 의한 압력 손실로 본다.

85. 시멘트의 수화반응에 의해 생성된 수산화칼슘이 대기 중의 이산화탄소와 반응하여 pH를 저하시키는 현상을 무엇이라고 하는가?

① 염해 ② 중성화
③ 동결융해 ④ 알칼리-골재반응

해설 콘크리트의 중성화
시멘트와 물이 만나 수화작용으로 수산화칼슘이 생기고 대기중 이산화탄소를 흡수하여 탄산칼슘이 되면서 콘크리트의 알카리성을 상실하는 현상

86. 식재공사에서 재료비는 5,000,000원, 직접노무비는 3,000,000원, 경비는 2,000,000원, 간접노무비율은 15%일 때, 일반관리비는 얼마인가? (단, 일반관리비율은 6%이다.)

① 600,000원 ② 605,000원
③ 620,000원 ④ 627,000원

해설 · 일반관리비=(재료비+노무비+경비) ×일반관리비율
· 노무비 = 직접노무비 + 간접노무비
· 간접노무비=직접노무비×간접노무비율(%)
– 간접노무비:3,000,000×15%=450,000
– 노무비:3,000,000+450,000=3,450,000
– 일반관리비
:(5,000,000+3,450,000+2,000,000)×6%
=627,000원

87. 다음 중 구조물을 역학적으로 해석하고 설계하는 데 있어, 우선적으로 산정해야 하는 것은?

① 구조물에 작용하는 하중 산정
② 구조물에 발생하는 반력 산정
③ 구조물에 작용하는 외응력 산정
④ 구조물 단면에 발생하는 내응력 산정

해설 구조계산순서
구조물에 작용하는 하중 산정 → 반력산정 → 외응력 산정 → 내응력 산정 → 내응력과 재료의 허용강도의 비교

88. 토양의 견지성(consistency)에 대한 설명으로 옳지 않은 것은?

① 견지성은 수분함량에 따라 변화하는 토양의 상태변화이다.
② 소성지수란 소성한계와 수축한계의 차이로 소성지수가 높으면 가소성이 커진다.
③ 수축한계란 수분 함량이 감소되더라도 더 이상의 토양용적이 감소하지 않는 시점의 함수비이다.
④ 가소성은 물체에 힘을 가했을 때 파괴되지 않고 모양이 변화되고, 힘이 제거된 후에도 원형으로 돌아가지 않는 성질이다.

정답 83. ④ 84. ③ 85. ② 86. ④ 87. ① 88. ②

해설 소성한계(최소수분)와 액성한계(최대수분) 사이를 소성지수라고 한다. 소성지수가 높으면 가소성이 커서 노상토로 좋지 않다.

89. 집행되는 조경공사의 설계도면과 시방서 내용에 차이가 발생한 경우 상호보완적인 효력을 지닌다. 이때, 첫 번째로 적용해야 하는 것은?

① 설계도면 ② 현장설명서
③ 공사시방서 ④ 표준시방서

해설 설계도면과 시방서 내용이 다를 경우 적용순서
현장설명서 > 공사시방서 > 설계도면 > 표준시방서, 모호한 경우는 발주자 또는 감독자의 지시에 따름

90. 수고 6.0m, 수관폭 4.0m이며 흉고직경과 근원직경은 각각 15cm, 20cm인 느티나무에 대한 배식평면도상 규격표기로 옳은 것은?

① H6.0 × W4.0 ② H6.0 × B15
③ W4.0 × B15 ④ H6.0 × R20

해설 느티나무는 수고와 근원직경을 규격으로 정한다.

91. 등고선의 종류와 특징에 대한 설명으로 옳은 것은?

① 계곡선은 표고를 읽기 쉽게 하기 위해 주곡선 5개마다 1개씩 가는 파선으로 표시한다.
② 조곡선은 간곡선 간격의 1/3 거리로 간곡선만으로 지형의 상태를 충분히 나타낼 수 없는 불규칙한 지형에 가는 짧은 파선으로 표시한다.
③ 주곡선은 지형을 나타내는 데 기본이 되는 곡선으로 가는 실선으로 표시한다.
④ 간곡선은 산정경사가 고르지 못한 완만한 경사지 등에 주곡선 간격의 1/2 간격에 굵은 실선으로 나타낸다.

해설 바르게 고치면
① 계곡선은 표고를 읽기 쉽게 하기 위해 주곡선 5개마다 1개씩 가는 굵은실선으로 표시한다.
② 조곡선은 간곡선 간격의 1/2 거리로 간곡선만으로 지형의 상태를 충분히 나타낼 수 없는 불규칙한 지형에 가는 점선으로 표시한다.
④ 간곡선은 산정경사가 고르지 못한 완만한 경사지 등에 주곡선 간격의 1/2 간격에 가는 파선으로 나타낸다.

92. 포졸란(pozzolan) 반응의 특징이 아닌 것은?

① 블리딩이 감소한다.
② 작업성이 좋아진다.
③ 초기강도와 장기강도가 증가한다.
④ 발열량이 적어 단면이 큰 대형 구조물에 적합하다.

해설 포졸란(pozzolan)
① 혼화재의 일종으로서 그 자체에는 수경성이 없으나 콘크리트 중의 물에 용해되어있는 수산화칼슘과 상온에서 천천히 화합하여 물에 녹지 않는 화합물을 만들 수 있는 실리카질 물질을 함유하고 있는 미분말 상태의 재료
② 특징
워커빌리티가 향상, 블리딩 감소, 경화작용이 늦어짐에 따라 조기강도가 낮고 장기강도가 증가함, 발열량이 적은 단면이 큰 대형 구조물에 적합

93. 표준길이보다 3mm 늘어난 50m 테이프로 어떤 지역을 측량하였더니, 면적이 250000m^{2}이었다. 이때의 설계면적은 얼마인가?

① 250030m^2 ③ 270050m^2
② 260040m^2 ④ 280040m^2

해설 ① 정오차(누차, 누적오차)
정오차(R)=측정횟수(n)×1회 측정시 오차(a)
② $\frac{500}{50}$×3mm=30mm → 실제길이 500.03
(면적이 250000이므로 한 변의 길이를 500m)
③ 500.03×500.03=250,030m^2

정답 89. ② 90. ④ 91. ③ 92. ③ 93. ①

94. 수목 식재공사에서 지주목을 설치하지 않는 인력시공은 식재품의 몇 %를 감하는가?

① 10% ② 20%
③ 25% ④ 30%

해설 교목의 지주목을 세우지 않을 때는 인부품을 감한다.
- 인력시공시 인력품의 10%
- 기계시공시인력품의 20%

95. 면적을 계산하는 구적기(Planimeter)의 사용방법으로 틀린 것은?

① 구적계의 상수를 미리 계산하는 것이 좋다.
② 상등좌우의 이동이 비슷하게 평면을 잡는 것이 좋다.
③ 이론적으로 많은 회수의 측정을 할수록 계산이 정확해진다.
④ 정방형보다는 세장한 곡선부의 측정에서 정밀도가 높아진다.

해설 구적기
- 2차원 도형의 면적을 재는 측량 도구
- 도형 경계선이 불규칙한 곡선으로 되어 있거나 지도상에서 손쉽게 면적을 구하기 위해 사용하는 기구로 건설공사의 토공량 산정에 많이 활용된다.

96. 정지작업 중에 발생되는 표토의 채취, 보관, 복원에 대한 설명으로 가장 옳은 것은?

① 보전녹지나 식재 예정지에서 표토를 채취한다.
② 채취 대상지의 토층이 두껍고 평탄한 지역에서는 표층 절취법을 이용하여 표토를 채취한다.
③ 표토 가적치의 최적두께는 1.5m를 기준으로 하며, 최대 3.0m를 초과하지 않도록 한다.
④ 가적치된 표토의 원형 보전을 위해 비닐 등으로 덮지 않고 대기 중에 노출시킨다.

해설 바르게 고치면
① 보전녹지나 식재 예정지에서 표토를 채취하지 않는다.
② 채취 대상지의 토층이 두껍고 평탄한 지역에서는 일반절취법을 이용하여 표토를 채취한다.
④ 가적치된 표토의 원형 보전을 위해 비닐 등으로 덮어둔다.

97. 어느 토양 구조의 양단면적이 $A_1 = 100\text{m}^2$, $A_2 = 200\text{m}^2$이고, 중앙단면적은 120m^2이다. 양단면간의 거리 $L = 10\text{m}$ 일 때, 양단면적평균법(Q), 중앙단면적법(W), 각주공식(E)에 의한 토적(m^3) 조합으로 옳은 것은?

① Q : 1200, W : 1300, E : 1400
② Q : 1300, W : 1400, E : 1500
③ Q : 1400, W : 1300, E : 1600
④ Q : 1500, W : 1200, E : 1300

해설 ① 양단면평균법$=\frac{100+200}{2}\times 10 = 1500\text{m}^3$
② 중앙단면법$=120\times 10 = 1200\text{m}^3$
③ 각주공식$=\frac{100+4\times 120+200}{6}\times 10$
$=1300\text{m}^3$

98. 미국농무부 기준의 거친 모래(조사)굵기는?

① 0.05 ~ 0.002mm
② 0.1 ~ 0.05mm
③ 1.0 ~ 0.5mm
④ 2.0 ~ 1.0mm

해설 조사(粗沙 coarse sand)의 굵기
국제토양학회법에서는 직경 0.2~2mm 굵기의 입자, 미국 농무부법에 의한 분류에선 0.5~1mm 사이의 거친 모래

정답 94. ① 95. ④ 96. ③ 97. ④ 98. ③

99. 일반적으로 강은 탄소함유량이 증가함에 따라 비중 열팽창 계수, 열전도율, 비열, 전기저항 등에 영향을 미친다. 다음 설명 중 틀린 것은?

① 압축강도는 거의 같다.
② 굴곡성은 탄소량이 적을수록 작아진다.
③ 탄소량의 증가에 따라 인장강도, 경도는 증가한다.
④ 탄소량의 증가에 따라 신율, 수축율은 감소한다.

해설 탄소량에 따라서 기계적 성질이 현저하게 변화된다. 탄소량의 증가는 인장강도와 경도가 증가하며 강도는 저하된다. 또한 연성이 거의 없어 압연 및 압출이 불가능해진다.

100. 도로의 수평노선에서 곡선반경이 20m 이고, 접선장의 교각이 30° 일 때 곡선장은?

① 1.67m ② 5.24m
③ 10.47m ④ 12.14m

해설 $L=\dfrac{2\pi RI}{360}$

(L : 곡선장의 길이, R : 곡선반경, I : 중심각)

$L=\dfrac{2\times\pi\times20\times30}{360}=10.47\text{m}$

■■■ 조경관리

101. 다음 중 식물체내의 질소고정작용에 가장 필요한 원소는?

① Mo ② Si
③ Mn ④ Zn

해설 질소고정작용과 몰리브텐
몰리브텐은 미생물의 질소고정, 즉 대기중의 질소를 원료 상태에서 생존에 유용한 형태로 바꾸는 작업에 필수적인 원소이다.

102. 토사로 포장한 원로의 보수 관리 설명으로 틀린 것은?

① 먼지 발생을 억제하기 위해 물을 뿌리거나 염화칼슘을 살포한다.
② 측구나 암거 등 배수시설을 정비하고 제초를 한다.
③ 요철부는 같은 비율로 배합된 재료로 채우고 다진다.
④ 표면배수를 위하여 노면횡단경사를 8~10% 이상으로 유지한다.

해설 바르게 고치면
표면배수를 위하여 노면횡단경사 3~5% 유지 이상으로 유지한다.

103. 비료를 물에 희석하여 직접 살포하는 것으로, 주로 미량원소의 부족시 그 효과가 빨리 나타나는 시비 방법은?

① 표토시비법 ② 엽면시비법
③ 토양내 시비법 ④ 수간주사법

해설 엽면시비법은 비료를 물에 희석해 잎의 엽면에 살포하며 미량원소 부족시 효과가 빠르게 나타난다.

104. 분제(粉劑)의 물리적 성질인 토분성(吐粉性, dustability)에 대한 설명으로 옳은 것은?

① 분제가 입자의 크기와 보조제의 성질에 따라 작물해충 등에 잘 달라붙는 성질을 말한다.
② 살분시 분제의 입자가 풍압에 의하여 목적하는 장소까지 날아가는 성질을 말한다.
③ 살분시 분제의 입자가 살분기의 분출구로 잘 미끄러져 가는 성질을 말한다.
④ 분제농약의 저장 시 주성분의 분해 및 응집 등 물리적 변화가 일어나지 않은 성질을 말한다.

정답 99. ② 100. ③ 101. ① 102. ④ 103. ② 104. ③

해설 토분성
분제의 입자가 살분기의 분출구로 잘 미끄러져 가는 성질로 살포기의 1분간 토출되는 용량으로 나타낸다.

105. 소나무에 피해를 주는 솔잎혹파리와 관련된 설명으로 틀린 것은?

① 솔잎혹파리의 기생성천적으로는 솔잎혹파리먹좀벌, 혹파리반뿔먹좀벌, 혹파리등뿔먹좀벌 등이 있다.
② 연 2회 발생하며, 소나무 잎에서 월동한다.
③ 피해를 입은 침엽은 신장이 저해되고, 그 기부는 이상비대를 일으켜 충영을 형성한다.
④ 침투성 약제 수간주사로 방제할 수 있다.

해설 바르게 고치면
연 1회 발생하며, 지피물 밑이나 흙속에서 유충으로 월동한다.

106. 다음 중 잠복소(潛伏巢) 사용시 방제가 가장 효과적인 해충은?

① 거위벌레 ② 솔나방
③ 소나무좀 ④ 복숭아 혹진딧물

해설 솔나방은 10월에 피해목 수간에 잠복소를 설치하여 3월 이전에 채취 소각하는 것이 효과적이다.

107. 자연 중심형 공원에서 일정 분량의 쓰레기를 수거해 올 경우 여러 가지 사은품을 증정하는 것을 보상제도(positive incentive)라고 한다. 보상제도의 도입시 고려사항으로 가장 부적합한 것은?

① 공원 정상부에 수집소를 집중 설치한다.
② 장려보상은 보조수단이 되어야 한다.
③ 보상제도의 목적과 방법을 명확하게 명시한다.
④ 보상제도는 이용자의 도덕적 수준을 고려해야 한다.

해설 공원 하단부에 수집소를 설치한다.

108. 토양의 완충능력(butter action)에 기여도가 가장 큰 것은?

① 부식산 ② 아세트산
③ 탄산 ④ 인산

해설 부식산(humic acid, 腐植酸)
- 부식산은 오래된 피트모스 등에서 추출한 유기물로 토양알갱이나 식물이 흡수, 이용할 수 있는 물질로 분해된 물질을 말한다.
- 부식산을 토양에 투여하는 것은 화학비료를 시비하는 것과 같이 빠른 효과를 보는 유기물을 시비하는 것이라 할 수 있다.

109. 광장이나 녹지의 적절한 유지 관리를 위한 배수시설에 대한 설명으로 옳지 않은 것은?

① 일반적으로 배수시설에는 표면에 노출하는 개거식과 지하에 매설하는 암거식 두 가지로 분류한다.
② 도로와 광장의 배수는 물매를 붙여 측구를 통해 맨홀에 모이게 한다.
③ 콘크리트 측구는 L, V, 사다리꼴형 등을 적절하게 이용하게 한다.
④ 지하수위가 높은 저습지는 배수시설이 필요하지 않다.

해설 지하수위가 높은 저습지는 배수시설을 설치하여 지하수위를 낮춰야 한다.

110. 생물적 요인에 의한 식물병 중 그 발생원인이 다른 것은?

① 느릅나무 얼룩반점병
② 삼나무 붉은마름병
③ 오동나무 탄저병
④ 소나무 잎마름병

해설 삼나무 붉은마름병
적고병(赤枯病)이라고도 하며, 기주식물은 삼나무, 낙우송이다. 한국(남부지방), 아시아, 북미, 남미, 중미, 북유럽에 분포하며, 실생 1~4년생 묘에 피해가 많아 어린 병든 묘목은 말라 죽기도 하며, 10년생 이상에는 거의 피해가 없다.

정답 105. ② 106. ② 107. ① 108. ① 109. ④ 110. ②

111. 병원체가 전반되는 방법과 병원체의 연결이 서로 옳지 않은 것은?

① 바람에 의한 전반 – 잣나무 털녹병균
② 토양에 의한 전반 – 장미 근두암종병균
③ 토양에 의한 전반 – 밤나무 줄기마름병균
④ 종자에 의한 전반 – 오리나무 갈색무늬병균

해설 바르게 고치면
바람에 의한 전반 – 밤나무 줄기마름병균

112. 파괴되어 가고 있는 자연과 역사적 환경 등을 보전하기 위하여 최초 영국의 로버트 헌터경 등 3인에 의해 창립된 단체는?

① Vandalism
② National Trust
③ Volunteer Trust
④ Community Nonprofit Agency

해설 내셔널 트러스트
역사적 명승지 및 자연적 경승지를 위한 내셔널 트러스트로 영국의 로버드 헌터경 등 3인에 위해 주창되어 파괴되어 가고 있는 자연과 역사적 환경등을 보존하기 위해 창립, 국민에 의한 국토보존과 관리의 의미가 깊다.

113. 다음 중 주로 토양전반을 하는 병원체가 아닌 것은?

① Rhizoctonia ② Pythium
③ Colletorichum ④ Fusarium

해설 Colletorichum은 세균성병인 탄저병의 병원균이다.

114. 콘크리트 벤치의 보수방법이 아닌 것은?

① 패칭공법 ② 표면씰링공법
③ V 자형절단공법 ④ 고무압식 주입공법

해설 패칭공법은 콘크리트 포장의 보수방법이다.

115. 수용능력(carrying capacity)에 대한 설명 중 틀린 것은?

① 수용능력개념 중 심미적 요소에 대한 개념은 없다.
② 레크레이션 지역의 관리시 유용한 개념으로 이용되고 있다.
③ 수용능력의 개념은 원래 생태계 관리분야에서 유래되었다.
④ 이용에 따른 환경파괴를 최소화하고, 자원의 내구성을 높이며, 양호한 여가활동의 즐거움을 제공할 수 있는 기회를 증대한다.

해설 LaPage : 심미적 수용능력, 생물적 수용능력의 개념을 설명함

116. 벚나무 빗자루병에 대한 설명이 아닌 것은?

① 잔가지가 총생한다.
② 전신성 병은 아니다.
③ 증상이 나타난 가지에는 꽃이 피지 않는다.
④ 병원균은 파이토플라스마(phytoplasma)이다.

해설 벚나무 빗자루병은 자낭균에 의한 병이다.

117. 진밀도가 2.6, 가밀도가 1.2인 토양의 최대용수량은 얼마인가?

① 30% ② 47%
③ 54% ④ 60%

해설 $\text{최대용수량} = (1 - \frac{\text{가밀도}}{\text{진밀도}}) \times 100$

$(1 - \frac{1.2}{2.6}) \times 100 = 53.846.. \rightarrow 54\%$

118. 다음 중 1년을 1사이클로 하는 작업은?

① 청소 ② 순회점검
③ 전면적 도장 ④ 식물유지관리

해설 청소 순회점검, 도장은 예방보전작업의 관리방법이다.

정답 111. ③ 112. ② 113. ③ 114. ① 115. ① 116. ④ 117. ③ 118. ④

119. 아스팔트 및 골재가 떨어져 나가는 현상으로 아스팔트의 부족과 혼합물의 과열, 혼합불량 등이 주요 원인이 되어 나타나는 아스팔트 포장의 파손 현상은?

① 균열 ② 침하
③ 파상요철 ④ 박리

해설 · 균열 : 아스팔트량 부족, 지지력부족, 아스팔트 혼합비가 나쁠 때
· 국부적 침하 : 노상의 지지력부족 및 부동침하, 기초 노체의 시공불량
· 요철 : 노상·기층 등이 연약해 지지력 불량할 때, 아스콘 입도불량

120. 다음 중 전지·전정 작업을 할 때 일반적으로 잘라야 하는 가지로 적합하지 않은 것은?

① 안으로 향한 가지
② 개화·결실 가지
③ 아래를 향한 가지
④ 줄기의 중간부에 돋아난 가지

해설 전정의 대상
· 안으로 향한 가지 – 내향지
· 아래를 향한 가지 – 수하지
· 줄기의 중간부에 돋아난 가지 – 맹아지

정답 119. ④ 120. ②

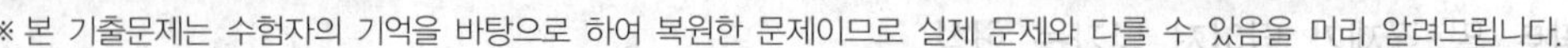

※ 본 기출문제는 수험자의 기억을 바탕으로 하여 복원한 문제이므로 실제 문제와 다를 수 있음을 미리 알려드립니다.

■■■ 조경사

1. 회양목 등으로 매듭 무늬를 만들어 매듭 안쪽의 공지에 여러 가지 색깔의 흙을 채워 넣는 방법과 화훼를 채워 넣는 방법이 나타난 시기는 어느 것인가?

① 고대 이집트 ② 메소포타미아
③ 중세 ④ 르네상스

해설 매듭화단(Knot)
회양목이나 주목으로 매듭무늬를 만들고 색깔흙이나 화훼를 채워 넣는 방법으로 중세 때부터 사용되었다.

2. 16C 후반부터 17C말까지의 이탈리아 르네상스 정원에서 나타나는 특징적 국면이라고 보기 어려운 것은?

① 정원과 주변 자연의 조화
② 기능성보다는 심미성 위주의 정원 구조물
③ 개성적인 형태의 추구
④ 정원부지 선택의 자유

해설 16C 후반부터 17C말까지의 르네상스 정원은 정형식정원으로 정원과 주변 자연의 조화는 자연풍경식 정원이 특징이다.

3. 중국 소주(蘇州)지방의 명원과 관련하여 작정자와 특징이 올바르게 된 것은?

① 창랑정 – 왕헌신 – 방형연못과 구룡지 등의 어우러진 수경관
② 졸정원 – 소순흠 – 좁다란 원로와 축산으로 어우러진 산악경관
③ 사자림 – 중봉화상 – 심원(深遠)감과 대비, 밝은 수경관
④ 유원 – 서태시 – 허와실, 명과 암의 유기적 산수경관

해설
· 창랑정–소순흠–외부경계가 확 트인 반면, 내부는 심하게 굴곡진 폐쇄된 회랑으로 대비
· 졸정원–왕헌신–중국정원의 대표작품으로 남쪽에는 주택들과 북쪽에 원림이 위치하는 구성
· 사자림–중봉화상–좁다란 원로와 축산으로 어우러진 산악경관

4. 18세기 서양 조경사적인 표현상의 흐름을 지배한 영향이 가장 바르게 연결된 것은?

① 고전주의 – 중국의 영향 – 자연주의 운동
② 문예주의 – 미국의 영향 – 자연주의 운동
③ 인문주의 – 미국의 영향 – 자연주의 운동
④ 낭만주의 – 중국의 영향 – 자연주의 운동

해설 18세기 영국 자연풍경식 흐름에 영향 사상
· 철학 : 계몽사상
· 표현상 흐름 : 고전주의, 중국의 영향, 자연주의 운동
· 사회 : 산업혁명, 민주주의

5. 다음에 설명된 내용은 어떤 식물을 의미하는 것인가?

- 연못에 식재되었다.
- 이집트 하(下)대의 상징식물로 여겨졌다.
- 이 식물의 꽃은 즐거움과 승리를 의미하여 신과 사자에게 바쳐졌다.
- 이집트 건축의 주두(柱頭)장식에도 사용되었다.

① 자스민 ② 연
③ 아네모네 ④ 파피루스

해설 파피루스
· 고대 그리스어로는 파피로스(papyros), 라틴어로는 파피루스(papyrus)
· 이집트 특산의 카야츠리그사 과(科)의 식물(학명 Cyperus Papyrus L.), 또는 이것을 재료로 해서 만든 필기재료(일종의 종이)와 이것에 쓴 문서 등을 뜻함

정답 1. ③ 2. ① 3. ④ 4. ① 5. ④

· 파피루스는 현재 수단 령의 나일 강 상류에만 있으나 고대에는 이집트에 무성하여 하이집트 지방의 상징이기도 했다. 그 줄기는 그물, 매트, 상자, 샌들, 경주(輕舟) 등의 재료가 되었으며 한데 묶어서 건축용 기둥으로도 쓰였다. 그 모양을 본딴 석주(파피루스 기둥)도 있다.

6. 중국의 황가원림(皇家園林)에 대한 설명 중 가장 적합하지 않은 것은?

① 그 당시 각 나라의 수도(首都) 및 그 주변에 이궁(離宮)이나 산장(山莊)으로 건립되었다.
② 공간의 구획이 사가원림(私家園林)보다 비정형적이다.
③ 황가원림은 상징적이고 실용적인 목적으로 조성되었다.
④ 많은 황가원림들은 집금식(集錦式)의 방식으로 조성하였다.

해설 황가원림의 구획은 사가원림보다 정형적이다.

7. 바빌론의 공중정원은 다음 중 어느 왕 때 만들어졌는가?

① 아메노피스 3세 ② 핫셉수트
③ 다리우스 1세 ④ 네부카드네자르2세

해설 네부카드네자르2세는 왕비 아미티스를 위해 바빌론에 공중정원을 조성하였다.

8. 이탈리아 르네상스의 정원에 있어서 건물과 정원의 배치방식에 해당되지 않는 것은?

① 직렬형
② 병렬형
③ 직렬·병렬 혼합형
④ 격자형

해설 이탈리아정원의 건물과 정원 배치방식
직렬형, 병렬형, 직렬·병렬 혼합형(직교형)

9. 다음 그림은 일본의 유명한 평정고산수 정원이다. 이와 같은 석조 방식으로 정원을 꾸민 곳은?

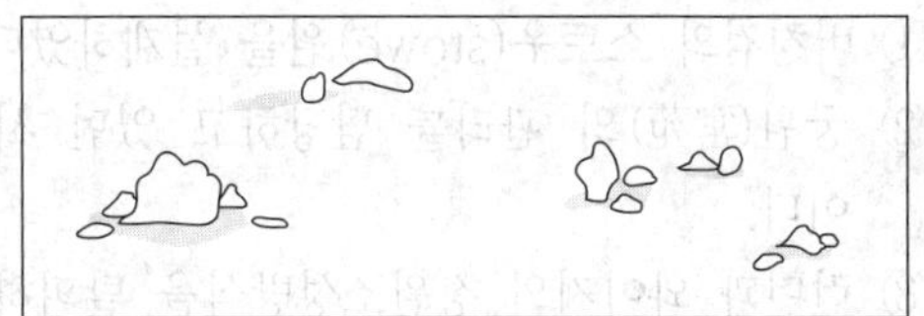

① 용안사 ② 대덕사
③ 은각사 ④ 금각사

해설 용안사 방장정원
주지(住持)의 처소인 방장 앞의 토담에 둘러싸인 250m^2(동서로 25m, 남북으로 10m)의 평지에 하얀 모래를 깔고, 그 위에 크고 작은 15개 경석을 5군(5,2,3,2,3)으로 정원석을 배치하였다.

10. 조선(朝鮮)시대의 정원은 자연과의 비례에서 다음의 어느 것과 가장 가까운가?

① 중국 청조(淸朝)시대
② 일본 헤이안(平安)시대
③ 영국 낭만주의 시대
④ 영국 르네상스 시대

해설 조선시대 정원과 영국 낭만주의(18세기) 정원은 자연풍경식 정원이다.

11. 다음 옥호정 정원의 설명으로 틀린 것은?

① 우리나라 사가(私家) 정원의 대표적인 예이다.
② 김조순이 꾸며 즐기었던 별장이었다.
③ 삼청동 계곡 서편 산복의 일부를 자리 잡고 있었다.
④ 이 정원은 후원이 없는 것이 그 특색이었다.

해설 옥호정은 조선시대 사가정원의 대표정원으로 후원이 조성되어 있다.

정답 6. ② 7. ④ 8. ④ 9. ① 10. ③ 11. ④

12. 브리지맨(Bridgeman)에 대한 설명 중 맞지 않는 것은?

① 버킹검의 스토우(stowe) 원을 설계하였다.
② 궁원(宮苑)의 관리를 담당하고 있던 사람이다.
③ 런던과 와이지의 정원조성방식을 탈피하고자 했다.
④ 부지를 작게 구획 짓는 수법을 구사하였다.

해설 브리지맨은 울타리를 없애고 주위의 전원을 확장시키려는 움직임을 보였다.

13. 대동사강(大東史綱)에 기씨조선 의양왕은 "후원에 정자를 세워 신하들과 잔치를 베풀었다"는 기록이 있다. 이 정자의 이름은?

① 임류각(臨流閣) ② 구선각(求仙閣)
③ 청류각(淸流閣) ④ 청연각(淸燕閣)

해설 대동사강(大東史綱) 제1권 단씨조선기(檀氏朝鮮紀)에 기록
① 노을왕이 유(囿)를 조성하여 짐승을 키웠다는 기록(정원에 관한 최초의 기록)
② 의양왕 원년에 청류각(淸流閣)을 후원에 세워 군신과 더불어 큰잔치를 열었다는 내용(누각이 후원이 존재했음을 추측함)
③ 제세왕 10년 경에 동지(冬至)로부터 수일이 지난 뒤 궁원에 복숭아꽃과 배꽃이 만발했다는 기록(정원수로 복숭아나무와 배나무식재)

14. 조선시대에 선비들이 즐겨 심고 가꾸었던 사절우(四節友)에 해당하는 식물들로 구성된 것은?

① 대나무, 매화나무, 국화, 난초
② 소나무, 대나무, 매화나무, 국화
③ 소나무, 전나무, 향나무, 연꽃
④ 매화나무, 목단, 국화, 연꽃

해설 소나무·매화나무·대나무·국화는 사절우(四節友)라 하여 선비들이 즐겨 심었던 식물이다.

15. 다음 중 중국의 시대별 고서와 작자의 연결이 옳은 것은?

① 낙양명원기 – 당 – 이격비
② 유금릉제원기 – 명 – 왕세정
③ 장물지 – 송 – 문진형
④ 오흥원림기 – 청 – 양현지

해설 ① 낙양명원기 – 송(북송) – 이격비
③ 장물지–명–문진형
④ 오흥원림기–송(남송)–주밀

16. 다음 중 누각과 정자의 차이점에 대한 설명으로 옳지 않은 것은?

① 누각은 공적으로 이용하던 공간이고 정자는 사적으로 이용하던 공간이다.
② 누각은 대부분 방이 있으며 폐쇄적인 반면에 정자는 방이 없으며 개방적이다.
③ 누각은 일반적으로 장방형인데 비해 정자는 다양한 형태로 나타난다.
④ 누각은 주로 지방의 수령들에 의해 조영되는 반면에 정자는 다양한 계층에 의해 조영되었다.

해설 누각은 방이 없으며 개방적이고 정자는 대부분 방이 있다.

17. 다음 창덕궁 내에 있는 정자 중 입지 특성이 다른 하나는?

① 애련정 ② 부용정
③ 농수정 ④ 관람정

해설 ① 애련정, 부용정, 관람정 – 연못과 인접한 정자
② 농수정 – '농수'는 짙은 빛을 수놓다 라는 의미로 녹음에 둘러싸인 풍경을 표현한 이름이다 연경당의 구석 깊숙이 돌계단위에 자리하고 있다.

정답 12. ④ 13. ③ 14. ② 15. ② 16. ② 17. ③

18. 다음 중 별서(別墅)에 대한 설명으로 틀린 것은?

① 별서는 별장형과 별업형 별서가 있으며, 제1의 주택개념이다.
② 기록에 의한 국내 최초의 별서 경영자는 최치원이다.
③ 소쇄원, 명옥헌, 남간정사, 옥호정 등은 별서에 해당한다.
④ 사절유택(四節遊宅)은 신라시대의 별서주택개념이다.

해설 별서란 저택에서 떨어진 인접한 경승지나 전원지에 은둔과 은일, 또는 순수하게 자연을 즐기기 위해 조성한, 별장형과 별업형을 포함하는 제2의 주택이다.

19. 스페인 알함브라 궁원내 '사자의 중정'에 대한 특징을 가장 잘 설명한 것은?

① 수로의 중정　② 도금양의 중정
③ 주랑식 중정　④ 사이프러스 중정

해설 사자의 중정
알함브라 궁원내의 가장 화려한 중정으로 주랑식 중정이며 사자상 분수와 네 개의 수로가 연결되어 있다.

20. 고려시대에 조영된 민간정원과 관련 인물의 연결이 잘못된 것은?

① 김치양 – 행단(杏亶)
② 기홍수 – 퇴식재(退食齋)
③ 이규보 – 이소원(理小園)
④ 최충헌 – 남산리제(男山里第)

해설 김치양의 정원
화려한 원(園)을 조성하였으며 원내에 대(臺)와 지(池)조성하였다.

■■■ **조경계획**

21. 국토의 계획 및 이용에 관한 법률 중 도시계획 기반시설인 광장의 종류로서 규정되어 있지 않는 것은?

① 교통광장　② 일반광장
③ 지하광장　④ 미관광장

해설 광장의 종류

구분	세부	내용
교통광장	교차점 광장	도시내 주요도로의 교차점에 설치하는 광장
	역전 광장	역전에서의 교통혼잡을 방지하고 이용자의 편리를 도모하기 위하여 철도역의 전면에 접속한 광장
	주요시설물 광장	항만 또는 공항 등 일반교통의 혼잡요인이 있는 주요시설에 대한 원활한 교통처리를 위하여 당해 시설에 접속되는 부분에 결정
일반광장	중심대 광장	다수시민의 집회·행사·사교 등을 위하여 필요한 경우 설치하는 광장
	근린광장	시민의 사교·오락·휴식 등을 위하여 필요한 경우에는 주구단위로 설치하는 광장
경관광장		주민의 휴식·오락 및 경관·환경의 보전을 위하여 필요한 경우에 하천, 호수, 사적지, 보존가치가 있는 산림이나 역사적·문화적·향토적 의의가 있는 장소에 설치하는 광장
지하광장		지하도 또는 지하상가와 접속하여 원활한 교통처리를 도모하고 이용자에게 휴식을 제공하기 위하여 필요한 경우에 설치하는 광장
건축물부설광장		건축물의 이용효과를 높이고 광장의 기능을 고려하여 건축물의 내부 또는 주위에 설치하는 광장

정답 18. ① 19. ③ 20. ① 21. ④

22. 환경설계에서 연속적 경험의 중요성에 대한 연구와 관련이 없는 사람은?

① 할프린(Halprin)
② 틸(Thiel)
③ 맥하그(Mcharg)
④ 아버나티(Abernathy)

해설 맥하그
환경설계에 물리생태적 중요성에 관한 연구를 진행

23. 도시공원을 설치함에 있어서 필수적인 공원시설이 아닌 것은?

① 휴양시설
② 교양시설
③ 상업시설
④ 공원관리시설

해설 도시공원시설의 종류
① 도로 또는 광장
② 조경시설(화단, 분수 등)
③ 휴양시설(휴게소, 장의자)
④ 유희시설(그네, 미끄럼틀, 모래사장 등)
⑤ 운동시설(정구장, 수영장등)
⑥ 교양시설(식물원, 동물원, 수족관 등)
⑦ 편익시설(주차장, 매점, 화장실 등)
⑧ 공원관리시설(관리사무소, 출입문, 담장 등)
⑨ 도시농업시설(도시텃밭, 도시농업용 온실·온상·퇴비장 등)
⑩ 그 밖의 시설

24. 주택정원의 기능 분할(zoning)은 크게 전정(前庭), 주정(主庭는), 후정(後庭) 및 작업(作業) 공간으로 나누어 질 수 있다. 다음 중 후정을 설명하고 있는 것은?

① 가족의 휴식과 단란이 이루어지는 곳이며, 가장 특색있게 꾸밀 수 있는 장소이다.
② 장독대, 빨래터, 건조장, 채소밭, 가구집기, 수리 및 보관장소 등이 포함될 수 있다.
③ 바깥의 공적(公的)인 분위기에서 주택이라는 사적(私的)인 분위기로 들어오는 전이 공간이다.
④ 실내 공간의 침실과 같은 휴양공간과 연결되어 조용하고 정숙한 분위기를 갖는 공간이다.

해설 ①은 주정, ② 작업정, ③ 전정에 대한 설명이다.

25. 다음 적지(適地)선정 기법에 관한 설명으로 옳은 것은?

① 제약요소를 중첩시킬 때 여러 가지 요소를 전문가가 주관적으로 판별하여야 한다.
② 일반적으로 주어진 토지이용에 부정적인(negative)지역을 제외한 지역이 적지이다.
③ 단위공간에 비교적 다양한 정보를 중첩시켜 평가한다.
④ 이 방법은 계량화할 수 없는 요소는 포함시킬 수가 없다.

해설 적지선정을 위해 도면 결합법(Overlay method), 점수부과, 지형정보시스템(GIS) 기법으로 평가한다.

정답 22. ③ 23. ③ 24. ④ 25. ③

26. 프리드만(Friedmann)이 제시한 옥외공간 이용 후 평가시 수행하여야 할 분석 사항과 비교적 관련이 없는 것은?

① 사전환경영향평가서
② 이용자 분석
③ 설계관련 행위 분석
④ 주변 환경 분석

해설 프리드만의 옥외공간의 평가시 분석사항 4가지 (이용 후 평가)
① 물리·사회적 평가
② 이용자 분석
③ 설계관련 행위 분석
④ 주변환경분석

27. 도시민의 일상생활에서 필요한 산소(O_2)의 공급원으로서 요구되는 수림지 면적을 산출하여 공원녹지의 수요를 결정하는 방법은?

① 생활권별 배분방법
② 생태학적 방법
③ 기능배분 방법
④ 이용률에 대한 방법

해설 ① 생활권역 분배방식 : 생활권 위계별로 이에 상응하는 공원녹지를 분배하는 방식
② 기능배분방식 : 도시 전체면적을 도시가 담게 될 기능별로 적정비율을 설정하여 분배하는 방식
③ 공원이용율에 의한 방식 : 공원유형별 수요를 가산하여 전체 공원의 면적수요를 산정하는 방식

28. 스키장의 계획시 유의사항으로 적합지 않은 것은?

① 할강코스의 경사도는 15% 정도로 똑같이 균일해야 한다.
② 코스의 경사 방향은 북동향이 제일 좋다.
③ 스키장의 규모는 일정치 않으나 10ha이상 이어야 좋다.
④ 기후는 겨울의 강수량이 많으면서 적설기에 비오는 날이 적은 곳이어야 한다.

해설 스키장의 슬로프는 15°를 기준으로 한다.

29. 경관(景觀)의 이미지에 대한 설명 중 틀린 것은?

① 인지도(認知圖)란 인지된 물리적 환경이 머리 속에 어떠한 형태로 존재하는가를 알아보기 위한 방법론이다.
② Lynch는 인지도를 통하여 도시환경의 인지에서의 주된 5개 요소를 추출하였다.
③ 인공물과 자연물이 환경에 함께 존재하면 인지도에는 자연물이 인공물보다 두드러지게 나타난다.
④ Steinitz는 행태와 행위 사이의 일치성을 타입(type), 밀도(intensity), 영향(significance)으로 분류하였다.

해설 바르게 고치면
인공물과 자연물이 환경에 함께 존재하면 인지도에는 인공물이 자연물보다 두드러지게 나타난다.

정답 26. ① 27. ② 28. ① 29. ③

30. 주차장법상의 노상주차장(路上駐車場)의 설비기준으로 틀린 것은?

① 종단구배가 4%를 초과하는 도로에 설치하여서는 아니한다.
② 특별한 경우를 제외하고는 너비 6m 이상의 도로에 설치한다.
③ 도시 내 주 간선 도로에는 설치할 수 있다.
④ 주차대수규모가 20대 이상인 경우에는 장애인전용주차구획을 1면 이상 설치하여야 한다.

해설 노상주차장은 도시 내 주 간선도로에는 설치하지 않는다.

31. 주택단지설계에 있어 Defensible Space(범죄예방공간)에 대해서 주장한 사람은?

① Oscar Newman ② Garrett Eckbo
③ C.N. Schulz ④ Kevin Lynch

해설 뉴먼
① 영역성에 관한 연구
② 아파트 주변의 범죄발생율이 높은 이유를 연구
③ 1차적 영역만 존재하고 2차적 및 공적 영역의 구분이 없음이 범죄발생의 원인임을 파악하고 2차적 영역과 공적영역의 구분을 명확히 하여 범죄의 발생을 줄임

32. 대지면적 $200m^2$ 이상으로 건축조례가 정하는 기준에 따라 식수 등 조경에 관한 필요 조치를 하여야 하는 경우는?

① 국토의 계획 및 이용에 관한 법률에 의하여 지정된 자연환경보전지역 안의 건축물
② 면적이 $6,000m^2$ 미만인 대지에 건축하는 공장
③ 대지에 염분으로 조경 등의 조치를 하는 것이 불합리한 경우로서 건축조례가 정하는 건축물
④ 자연녹지지역에 건축하는 건축물

해설 면적 5천m^2 미만인 대지에 건축하는 공장은 조경조치를 하지 않아도 된다.

33. 정밀토양도에서 토양의 명칭을 'GK B3'의 경우 B는 무엇을 의미하는가?

① 침식정도 ② 경사도
③ 토성 ④ 비옥도

해설 GK B3에서
· GK : 토성
· B : 경사도(A~F%)
· 3 : 침식의 정도(1~4단계)

34. C.A.Perry의 근린주구(neighbourhood unit) 이론의 설명 중 적절치 않는 것은?

① 기본규모는 1개 초등학교를 유지시킬 수 있는 거주지역이다.
② 근린주구 중심과 각 가정과의 최대 거리는 1.2km이다.
③ 근린주구 내부의 도로는 통과 교통이 배제된다.
④ 간선도로·녹지 등에 의해 다른 지역과 구별하였다.

해설 근린주구 중심과 가정과의 거리는 500m이다.

35. 어느 주택단지의 규모가 $200,000m^2$이고, 주거용 건물의 바닥 면적이 $40,000m^2$, 평균층수가 8층 일 때 이 주택단지의 용적률은?

① 120% ② 140%
③ 160% ④ 250%

해설 $$용적률 = \frac{바닥면적 \times 층수}{대지면적} \times 100 = \frac{40,000 \times 8}{200,000} \times 100 = 160\%$$

정답 30. ③ 31. ① 32. ② 33. ④ 34. ② 35. ③

36. 우리나라의 환경·교통·재해 등에 관한 영향평가법에서 대상사업을 시행하고자 할 때 영향평가에 관한 평가서의 원칙적인 작성자는?

① 평가대상의 사업자
② 환경부장관
③ 지방환경관리청장
④ 국토교통부장관

해설 환경영향평가시 대상사업의 사업자가 평가서를 환경영향평가사에게 의뢰하여 작성한다.

37. 다음 시대별 설계방법론으로 잘못 짝지워진 것은?

① 제1세대 방법론(1960년대) : 체계적 설계과정 중시
② 제2세대 방법론(1970년대) : 이용자 참여설계 중시
③ 제3세대 방법론(1980년대) : 설계안의 예측과 반박
④ 제4세대 방법론(1990년대) : 전문가적 판단 중시

해설 제4세대 방법론 : 순환설계(계획-설계-시공-이용-이용 후 평가)

38. 도시 공원녹지를 체계화함으로써 얻을 수 있는 장점이 아닌 것은?

① 접근성 증대
② 연속성 증대
③ 식별성 증대
④ 폐쇄성 증대

해설 체계화된 공원 녹지의 조성목적
① 접근성과 개방성의 증대
② 포괄성과 연속성의 증대
③ 상징성과 식별성의 증대

39. 도시공원 및 녹지 등에 관한 법률 시행규칙상 도시공원안의 공원시설 부지면적 기준이 틀린 것은?

① 소공원 : 100분의 20 이하
② 수변공간 : 100분의 40 이하
③ 역사공원 : 100분의 40 이하
④ 체육공원(3만제곱미터 미만) : 100분의 50 이하

해설 역사공원은 제한 없음

40. 연간 50만명이 유입되는 3계절형 관광지의 한 시설로 최대 일률이 1/60이 적용된다. 이 시설의 최대일 이용객의 평균 체류시간은 3시간(회전율 : 1/1.9)이고, 시설이용률은 30%이며, 단위 규모는 $2m^2$이다. 이 시설의 규모는?(단, 소수 두 번째 자리 미만은 버린다.)

① $2255.0m^2$
② $2631.5m^2$
③ $3947.5m^2$
④ $5263.0m^2$

해설 $500,000\times\frac{1}{60}\times\frac{1}{1.9}\times0.3\times2=2631.5789$
$\rightarrow 2631.5m^2$

조경설계

41. 할프린(halprin, 1965)에 의해서 수행된 연속적 경관구성에 관한 연구의 내용이라고 볼 수 없는 것은?

① 건물, 수목, 지형 등의 환경적 요소를 부호화하여 기록
② 공간형태보다는 시계에 보이는 사물의 상대적 위치를 기록
③ 장소 중심적인 기록 방법이며, 시각적 요소가 첨가
④ 폐쇄성이 비교적 낮은 교외지역이나 캠퍼스 등에 적용이 용이

해설 할프린의 기록 방법은 행동 중심적이다.

정답 36. ① 37. ④ 38. ④ 39. ③ 40. ② 41. ③

42. 휠체어 사용자가 통행할 수 있는 경사로의 유효 최소 폭은 몇 cm 이상으로 설치하는가?

① 50 ② 70
③ 100 ④ 120

해설 휠체어 사용자 통행을 위한 경사로의 유효 최소 폭은 120cm 이상으로 한다.

43. 다음 도식적으로 표현한 3개의 그림을 설명할 수 있는 경관 구성 원리는?

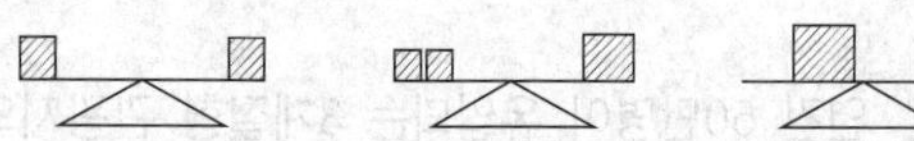

① 반복(repetition)
② 비례(proportion)
③ 균형(balance)
④ 대칭(symmetry)

해설 균형
조형예술의 기본이 되는 조형원리의 하나로, 시각적으로 평형을 이루어 안정감을 주는 상태를 의미한다.

44. 주차장법시행규칙에 따른 주차장의 설계시 이용할 주차단위구획의 기준으로 틀린 것은?

① 평행주차형식의 일반형 : 2.0m 이상 × 6.0m 이상
② 평행주차형식의 보도와 차도의 구분이 없이 주거지역의 도로 : 2.0m 이상 × 5.0m 이상
③ 평행주차형식 외의 경우 확장형 : 2.5m 이상 × 5.1m 이상
④ 평행주차형식 외의 경우 장애인전용 : 2.8m 이상 × 6.0m 이상

해설 주차단위구획의 기준
① 평행주차형식

구분	너비(m)	길이(m)
경형	1.7	4.5
일반형	2.0	6.0
보도와 차도의 구분이 없는 주거지역의 도로	2.0	5.0

② 평행주차 형식 이외의 경우

구분	너비(m)	길이(m)
경형	2.0	3.6
일반형	2.3	5.0
확장형	2.5	5.1
장애인전용	3.3	5.0

45. 명도가 5, 채도가 6인 빨간색의 먼셀 색표기가 옳은 것은?

① R5 5/6 ② 5R 6/5
③ R5 6/5 ④ 5R 5/6

해설 먼셀 색표기
3속성에 의한 먼셀 색 표기법은 색상기호. 명도단계, 채도단계의 순으로 H V/C로 기록한다.

46. 점이(Gradation)현상과 관련성이 가장 적은 것은?

① 인식의 흐르는 연속감을 느낄 수 있다.
② 형태의 교대적인 변화이다.
③ 형태, 크기의 연속적 변화이다.
④ 색상, 명도의 연속적 변화이다.

해설 점이(Gradation)
① 밝은 것은 점차 어둡게, 흐릿한 것은 점차 선명하게, 작은 것은 점차 크게 나타내는 방식
② 특정 조형요소를 하나의 상태에서 반대되는 상태 혹은 특성을 향해 단계적으로 증가–감소, 팽창–수축시킴으로써 점이를 표현할 수 있다.

정답 42. ④ 43. ③ 44. ④ 45. ④ 46. ②

47. 미적 형식원리에 관한 설명으로서 틀린 것은?

① 시대, 민족, 장소, 개인에 따라 미의 법칙에는 변용성이 있다.
② 고대에는 비례의 정확성에서 미의 근원을 찾는 사례가 많았다.
③ 비례, 대칭, 율동 등에는 미의 법칙성이 존재한다.
④ 미의 법칙성은 조형 예술에만 국한한 것이다.

해설 미의 법칙성은 조형 예술과 환경 디자인 전반에 적용된다.

48. 다음 형태지각에 관한 사항으로서 틀린 것은?

① 우리의 시각(視覺)은 형태를 보다 복잡화해서 보려는 경향이 있다.
② 직각(直角)은 쉽게 지각되며, 직각에서 조금만 변화가 있어도 쉽게 식별된다.
③ 우리의 시각은 움직이지 않는 것보다 움직이는 것에 더 흥미를 갖는다.
④ 지각된 크기는 그 장소와 척도에 다라 실제의 크기와 다를 수 있다.

해설 우리의 시각은 형태를 단순화해서 보려는 경향이 있다.

49. 다음의 균형에 대한 설명 중 잘못된 것은?

① 대칭적 균형은 '형식적' 균형이며 균형이 정적인 느낌을 자아낸다.
② 비대칭적 균형 '비형식적' 균형이며 그 변화와 대비는 시각적 흥미를 더해 준다.
③ 작고 복잡한 형은 더 크고 안정된 형에 의해 균형이 이루어진다.
④ 크고 질감을 갖고 있는 형은 작고 질감이 있는 것과 균형을 이룬다.

해설 바르게 고치면
크고 질감을 갖고 있는 형은 작고 질감이 있는 것과 비대칭 균형을 이룬다.

50. 치수기입에 대한 설명 중 틀린 것은?

① 치수의 단위는 mm를 원칙으로 하고 단위기호도 기입한다.
② 치수 기입은 치수선 중앙 상부에 기입하는 것이 원칙이다.
③ 치수는 아라비아 숫자로 나타낸다.
④ 협소한 간격이 연속될 때에는 인출선을 써서 치수를 기입한다.

해설 치수의 단위는 mm를 원칙으로 하며 단위를 기입하지 않는다.

51. 다음 중 경관 단위(Landscape Unit)를 가장 적절하게 설명하고 있는 것은?

① 경관 단위는 지형 및 지표상태에 따라서 구분된다.
② 경관 단위는 토지 이용 구분과 동일하다.
③ 경관 단위는 전망이 좋고 나쁨에 따라서 구분된다.
④ 경관 단위는 경관의 구성요소 중 주로 랜드마크를 중심으로 구분된다.

해설 경관 단위는 지형 및 지표 상태에 따라 구분된다.

52. 정리된 경관, 절약된 색채, 잘 배합된 색채 대비는 쾌적한 인공환경 창출의 한 요소이다. 아파트, 건축물, 그리고 가로 시설물 등 주거환경에 대한 색채의 기능적 대응으로서의 색채계획을 특히 무엇이라고 하는가?

① 색의 혼합(Color mixture)
② 색채 조절(Color conditioning)
③ 색채 대비(Color contrast)
④ 색의 연상(Color association)

해설 색채 조절(Color Conditioning)
색채의 심리적 생리적 물리적인 효과를 응용하여 쾌적하고 능률적인 공간과 가장 좋은 생활환경 등을 만들어 내도록 색채의 기능을 활용하는 것을 말한다.

정답 47. ④ 48. ① 49. ④ 50. ① 51. ① 52. ②

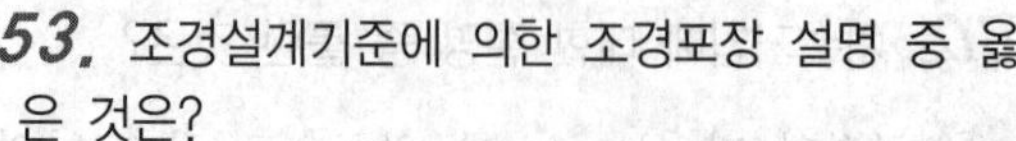

53. 조경설계기준에 의한 조경포장 설명 중 옳은 것은?

① 보도용 포장이란 보도, 자전거도, 자전거보행자도, 공원 내 도로 및 광장 등 주로 보행자에게 제공되는 도로 및 광장의 포장을 말한다.
② 차도용 포장이란 차량의 최대 적재량에는 제한 없이 관리용 차량이나 모든 일반차량의 통행에 사용되는 도로의 포장을 말한다.
③ 간이포장이란 주로 차량의 통행을 위한 아스팔트콘크리트 포장과 콘크리트 포장을 말한다.
④ 조경시설에서 강성포장(rigid pavement)은 적용되지 않는다.

해설 조경포장
① 보도용포장
② 차도용 포장 : 차량의 최대 적재량 4톤 이하의 차량이 이용하는 도로의 포장으로 관리용 차량이나 한정된 일반 차량 통행에 사용되는 도로
③ 간이포장 : 차량의 통행을 위한 아스팔트콘크리트포장과 콘크리트포장을 제외한 기타의 포장
④ 강성포장 : 시멘트콘크리트포장

54. 다음 중 경관분석방법의 일반적 요건에 해당되지 않는 것은?

① 예민성　　② 실용성
③ 선호성　　④ 비교가능성

해설 경관분석의 방법의 일반적 조건
① 신뢰성
② 타당성
③ 예민성
④ 실용성
⑤ 비교가능성

55. 도시경관 구성원리 중 여기, 저기(Here and There)라는 개념이 있다. 아래의 공간구성원칙 중 가장 가까운 것은?

① 연속성(Sequence)
② 반복(Repetition)
③ 조화(Harmony)
④ 통일(Unity)

해설 Sequence(연속체험, 연속경관)
이동하는데 따른 경관의 변화로 이곳과 저곳(Here & There), 이것과 저것(This & That) 관찰자의 이동에 따른 변화는 일련의 상호관련성을 갖는다.

56. 다음 중 특수 투상도가 아닌 것은?

① 등각투상법　　② 부등각투상법
③ 사투상법　　④ 제3각법

해설 특수 투상도
축측투상도(등각투상도, 부등각 투상도), 사투상도, 투시투상도

57. 경관분석에서 정신물리학적 접근의 특성을 올바르게 설명하고 있는 것은?

① 경관의 물리적요소를 의사소통수단으로 보는 접근방법이다.
② 경관의 형태적 구성과 연상적 의미의 관련성에 관한 연구이다.
③ 경관의 상징성에 관한 연구이다.
④ 경관의 물리적 요소와 이에 대한 인간의 반응 사이의 직접적인 함수관계를 연구한다.

해설 정신물리학적 접근
① 정신물리학은 심리적 사건과 물리적 사건과의 관계, 감지와 자극사이 계량적 관계성을 연구한다.
② 경관의 물리적요소를 분석하여 선호도와 경관미를 평가한다.

정답　53. ①　54. ③　55. ①　56. ④　57. ④

58. 경관의 우세요소(優勢要素)들은 다음 8가지 인자(因子)에 의하여 변화되어 이를 변화요인(variable factors)이라한다. 다음 중 경관의 변화 요인으로만 구성된 것은?

① 운동, 광선, 거리, 위치, 규모, 시간, 질감, 색감
② 명암, 규모, 위치, 공간, 색채, 질감, 거리, 축(軸)
③ 운동, 광선, 기후조건, 계절, 거리, 관찰위치, 규모, 시간
④ 광선, 속도, 거리, 사람의 위치, 시간, 규모, 형태, 색감

해설 경관우세요소, 우세원칙, 변화요인

우세요소	형태, 선, 색채, 질감
우세원칙	대조, 연속성, 축, 집중, 상대성, 조형
변화요인	운동, 광선, 기상조건, 계절, 거리, 관찰위치, 규모, 시간

59. 다음 중 공간색의 설명으로 가장 적합한 것은?

① 반사물체의 표면에 보이는 색
② 전구나 불꽃처럼 발광을 통해 보이는 색
③ 유리나 물의 색 등 일정한 부피가 쌓였을 때 보이는 색
④ 맑고 푸른 하늘과 같이 끝없이 들어갈 수 있게 보이는 색

해설 공간색(volume color, 空間色)
유리컵 속의 물처럼 용적 지각을 수반하는 색. 색의 존재감을 내부에서도 느낄 수 있는 한 예로 수영장의 물색을 들 수 있다. 용적색이라고도 한다.

60. 조경설계기준상의 '생태못' 설계와 관련된 설명으로 옳지 않은 것은?

① 일반적으로 종 다양성을 높이기 위해 관목숲, 다공질 공간 등 다른 소생물권과 연계되도록 한다.
② 야생동물 서식처 목적의 생태연못의 최소 폭은 5m 이상 확보하고 주변식재를 위해 공간을 확보한다.
③ 수질정화 목적의 못은 수질정화 시설의 유출부에 설치하여 2차 처리된 방류수(방류수 10ppm)를 수원으로 한다.
④ 수질정화 목적의 못 안에 붕어 등의 물고기를 도입하고, 부레옥잠, 달개비, 미나리 등 수질정화 기능이 있는 식물을 배식한다.

해설 바르게 고치면
수질정화 목적의 못은 수질정화 시설의 유출부에 설치하여 1차 처리된 방류수(방류수 20ppm)를 수원으로 한다.

■■■ 조경식재

61. 다음 중 참나무과(科)가 아닌 것은?

① 가시나무 ② 홍가시나무
③ 밤나무 ④ 구실잣밤나무

해설 홍가시나무 – 장미과 상록활엽소교목

62. r-선택과 k-선택에 따른 개체군의 생태학적 발달 유형을 바르게 설명한 것은?

① k-선택을 하는 개체군의 수명은 보통 1년 이상으로 길다.
② k-선택을 하는 개체군의 종내·종간 경쟁은 변하기 쉽고 느슨하다.
③ r-선택을 하는 개체군의 사망은 좀 더 방향성이 있고 밀도 의존적이다.
④ 기후가 변하기 쉽고 예견하기 어려우며 불확실할 때에 개체군은 k-선택을 한다.

정답 58. ③ 59. ③ 60. ③ 61. ② 62. ①

해설 r-선택과 k-선택 특징
① r-선택종
· 커다란 개체군 크기를 유지하기 위해 짧은 생존기간을 갖는 경향
· 크기가 작으며, 빨리 성숙하고 한번에 많은 수의 자손 생산
· 1년생, 짧은 생활사, 낮은경쟁력, 천이초기종에서 보인다.
② K-선택종
· 낮은 개체군 생장률을 갖는다.
· 생존기간이 길며 해마다 생식을 계속하고 생장기간이 긴 포유류나 조류같은 동물
· 긴생활사, 다년생, 높은 경쟁력, 천이 후기종

63. 다음 중 식재공사를 위한 일반적인 이행요구 조건으로 가장 부적합한 것은?

① 식재공사에 앞서 토목공사가 선행되는 곳은 표토를 미리 채취해서 보관하여야 한다.
② 식재지 토양은 배수성과 통기성이 좋은 단립(單粒)구조이어야 한다.
③ 식물재료의 굴취에서부터 식재까지의 기간은 수목생리상 지장이 없는 범위 내에 실시한다.
④ 공사 착수전에 설계도서에 따라 정확한 식재위치를 감독자 입회하에 결정한다.

해설 바르게 고치면
식재지 토양은 배수성과 통기성이 좋은 입단(粒團)구조이어야 한다.

64. 수목의 지상부 중량을 계산하는 식과 관련한 설명 중 틀린 것은?

$$W = K\pi\left(\frac{d^2}{2}\right)Hw_1(1+p)$$

① K : 수간 형상지수
② d : 근원직경(m)
③ w_1 : 수간의 단위체적당 중량
④ p : 지엽의 다소(多少)에 의한 할증률

해설 d : 흉고직경(cm)

65. 다음 중 조경수의 특성으로 틀리 것은?

① *Pinus thunbergii* Parl : 잎이 2개씩 속생하며 수피는 흑갈색이다.
② *Sciadopitys verticillata* Siebold & Zucc : 3개씩 속생하는 잎이 단지 위에 붙어 윤생하는 것처럼 보인다.
③ *Pinus koraiensis* Siebold & Zucc : 잎이 5개씩 속생, 수피는 흑갈색이다.
④ *Pinus rigida* Mill : 잎이 3개씩 속생, 수피에 맹아가 발달한다.

해설 ① 곰솔
② 금송 – 2엽속생
③ 잣나무
④ 리기다소나무

66. 고속도로 식재의 기능과 분류 중 틀린 것은?

① 사고방지 : 차광식재, 명암순응식재
② 경관처리 : 차폐식재, 법면보호식재
③ 휴　　식 : 녹음식재, 지피식재
④ 환경보전 : 방음식재, 임연(林緣)보호식재

해설 경관 : 차폐식재, 수경식재, 조화식재

67. 잎의 색채 변화와 관련있는 주 색소로서 틀린 것은?

① 황색 – Carotinoid
② 붉은색 – Chrysanthemine
③ 녹색 – Anthocyan
④ 갈색 – Tannin

해설 녹색 – chlorophyll(엽록소)

정답 63. ② 64. ② 65. ② 66. ② 67. ③

68. 백색의 꽃을 볼 수 있는 수종으로 짝지어 진 것은?

① 미선나무, 쥐똥나무
② 매자나무, 박태기나무
③ 자귀나무, 죽도화
④ 명자나무, 모감주나무

해설 ① 미선나무(3~4월 백색), 쥐똥나무(5~6월 백색)
② 매자나무(5월 황색), 박태기나무(3월 진분홍색)
③ 자귀나무(6~7월 분홍색), 죽도화(겹황매화 4~5월 황색)
④ 명자나무(4~5월 붉은색), 모감주나무(7월 황색)

69. 브라운 블랑케(Braun-Blanquet)의 식물 군락구조에서 우점도를 나타내는 항목은?

① 피도 ② 빈도
③ 밀도 ④ 균재도

해설 브라운블랑케의 원리
우점도 판정 기준은 피도와 개체수를 조합하여 계급표를 표시한다.

70. 식재구성에서 색채와 관련된 이론으로서 옳지 않은 것은?

① 정원에서 휴식과 평화로운 분위기를 주도록 잎의 녹색은 관목의 꽃보다 더욱 중요하게 취급된다.
② 정원에서 녹색을 가진 수목은 화려한 식물보다 9 : 1 정도로 월등히 수가 많아야 한다.
③ 밝고 선명한 색채는 희미하고 연한 색채에 비하여 고운질감을 지닌다.
④ 색의 변화는 연속성을 파괴하지 않도록 점진적인 단계를 두어야 한다.

해설 바르게 고치면
밝고 선명한 색채는 희미하고 연한 색채에 비하여 거친질감을 지닌다.

71. 천이 개시 시기의 환경조건에 의하여 천이를 구분할 수 있는데 육상의 암석지, 사지(砂地) 등과 같은 환경조건이 전개되는 천이는?

① 삼차천이 ② 이차천이
③ 건생천이 ④ 습생천이

해설 건생천이
토양층이 없고 식생도 존재하지 않는 상태에서 시작하는 천이(무 → 유)

72. 다음 중 녹음수로서 적합한 수목만을 예시한 것은?

① 동백나무, 느티나무, 노간주나무, 전나무
② 측백나무, 편백, 화백, 주목
③ 느티나무, 다릅나무, 가중나무, 은행나무
④ 향나무, 쥐똥나무, 백목련, 조팝나무

해설 녹음식재는 낙엽활엽교목으로 한다.

73. 가이아의 가설은 생태계의 어떤 측면을 언급한 것인가?

① 자동제어체계 ② 에너지흐름
③ 생화학적순환 ④ 종다양성

해설 가이아가설
생물체가 자연에 순응하지만 않고 '능동적'으로 자신에 적합한 환경을 만들어가는 과정이며 땅, 대기와 생명체는 이렇게 일체를 이루고 있다는 것이 결론이다.

74. 다음 중 소사나무에 해당하는 속명인 것은?

① *Alnus* ② *Carpinus*
③ *Celtis* ④ *Quercus*

해설 ① 오리나무 ② 소사나무
③ 팽나무 ④ 참나무류

정답 68. ① 69. ① 70. ③ 71. ③ 72. ③ 73. ① 74. ②

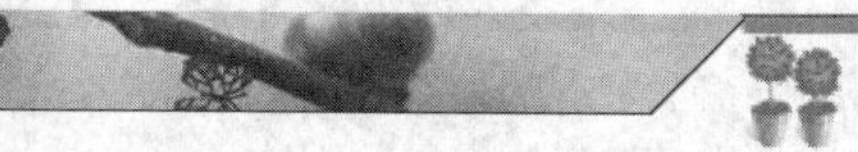

75. 조각물을 강조하기 위한 배경식재에 가장 적합한 질감(texture)을 가지고 있는 수종의 조건은?

① 작은 잎이 조밀하게 밀생하는 수종
② 큰 잎이 넓은 간격으로 소생하는 수종
③ 작은 잎이 넓은 간격으로 소생하는 수종
④ 잎의 크기나 간격과는 관계가 없다.

해설 배경식재
작은 잎이 조밀하게 밀생하고, 질감이 부드러운 수종을 선택한다.

76. A 조사구는 25종, B 조사구는 34종의 식물의 출현하였고 A, B 조사구에 공통으로 출현한 종수가 16종이라고 한다면 군집의 유사성을 나타내는 Sorenson 지수 S는?

① 0.27 ② 0.40
③ 0.54 ④ 0.67

해설 $S=\frac{2C}{A+B}=\frac{2\times16}{25+34}=0.54$
여기서, C : A, B에서 공통으로 출현한 종수,
A : A의 종수, B : B의 종수

77. 다음 [보기]의 설명에 적합한 수종은?

- 소나무과이다.
- 우리나라의 특산종으로 고산수종이다.
- 잎 뒷면에 흰색 기공선과 잎 끝이 凹형으로 오목하게 들어가는 것이 특징이다.
- 수형이 아름답고 구과가 관상가치가 높은 상록침엽교목이다.

① *Taxus Cuspidata*
② *Abies Koreana*
③ *Pinus banksiana*
④ *Pinus koraiensis*

해설 ① 주목 ② 구상나무
③ 방크스소나무 ④ 잣나무

78. 식재설계 및 공사 진행 과정으로 알맞게 구성된 것은?

① 기본계획 → 기본설계 → 실시설계 → 설계도면 작성 → 견적 및 발주 → 시공
② 견적 및 발주 → 기본계획 → 기본설계 → 실시설계 → 설계도면 작성 → 시공
③ 기본계획 → 기본설계 → 견적 및 발주 → 실시설계 → 설계도면 작성 → 시공
④ 기본계획 → 기본설계 → 실시설계 → 견적 및 발주 → 설계도면 작성 → 시공

해설 식재설계 및 공사 진행 과정
기본계획 → 기본설계 → 실시설계 → 설계도면 작성 → 견적 및 발주 → 시공

79. 계절적인 변화를 보이는 배식을 하고자 한다. 다음 중 봄철부터 꽃의 개화순서가 옳게 나열된 것은?

① 산수유 → 고광나무 → 팔손이나무 → 무궁화
② 산수유 → 무궁화 → 고광나무 → 팔손이나무
③ 산수유 → 고광나무 → 무궁화 → 팔손이나무
④ 산수유 → 팔손이나무 → 무궁화 → 고광나무

해설 산수유(3~4월 황색)→ 고광나무(4월~6월 백색) → 무궁화(7~10월 분홍색) → 팔손이나무(10~11월 흰색)

80. 학명은 *Tilia amurensis*로 우리나라에서는 사찰조경에 많이 쓰이며, 중용수로 생장이 빠르고 수형이 아름다워 가로수, 공원수 등으로 적합한 나무는?

① 보리수나무 ② 계수나무
③ 염주나무 ④ 피나무

해설 *Tilia amurensis*
피나무

정답 75. ① 76. ③ 77. ② 78. ① 79. ③ 80. ④

■■■ 조경시공구조학

81. 지형도에서의 등고선에 관한 설명으로 옳은 것은?

① 계곡선은 지모 상태를 명시하고 표고의 읽음을 쉽게 하기 위하여 주곡선 간격의 1/5 거리로 표시한 곡선이다.
② 산령과 계곡이 만나 이들의 등고선이 서로 쌍곡선을 이루는 것과 같은 부분을 고개(saddle)라고 한다.
③ 등고선은 급경사지에서 간격이 넓고 완경사지에서는 좁다.
④ 조곡선은 주곡선만으로 지형을 완전하게 표시할 수 없을 때 주곡선 간격의 2배로 표시한 곡선이다.

해설 바르게 고치면
① 계곡선은 주곡선간격의 5배 거리로 표시한 곡선
③ 등고선의 급경사지는 간격이 좁고 완경사지는 간격이 넓다.
④ 조곡선은 간곡선 간격이 넓어 지형을 완전하게 표시할 수 없을 때 간곡선 간격의 $\frac{1}{2}$배로 표시한 곡선이다.

82. 다음 공정표에서 전체 공사기간은 얼마인가?

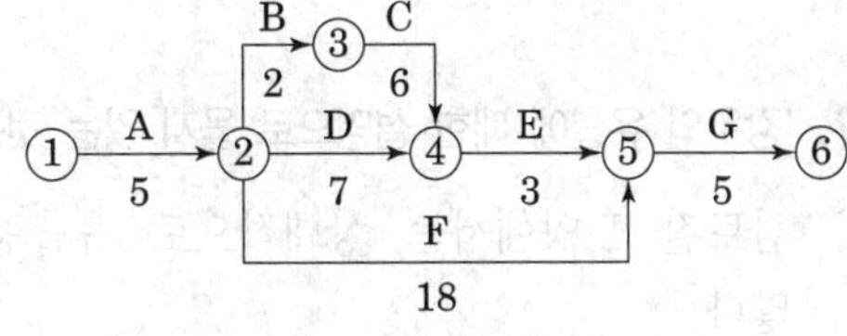

① 20일　② 21일
③ 28일　④ 46일

해설 C.P
A → F → G = 5 + 18 + 5 = 28일

83. 공정관리에 있어서 최장경로(critical path)를 바탕으로 하여 표준시간, 표준비용, 한계시간, 한계비용의 4개와 간접비 또한 고려하여 비용을 최소화하는 경제적인 일정계획을 추구하는 네트워크 수법은?

① CPM　② PERT
③ GANTT　④ RAMPS

해설 CPM
① 반복산업, 경험이 있는 사업
② 공기추정 : 1점견적 → 최장기간을 기준으로 최소비용으로 최적공기 산정
③ 핵심이론 : 최소비용

84. 지형을 측량하였을 때 고저기준점의 표고가 10.24m라 하고 기계고를 1.62m라 한다. 다시 그 지점에서 표고 9.5m인 지점을 시준한다면 표척 시준고는?

① 1.36m　② 1.86m
③ 2.36m　④ 12.36m

해설 표척 시준고(h)
10.24 + 1.62 = 9.5 + h
h = 10.24 + 1.62 − 9.5
h = 2.36m

85. 옹벽의 구조적 안정성을 위해 필요한 3가지 기본적인 검토요소에 해당되지 않는 것은?

① 활동(sliding)에 대한 검토
② 우력(couple forces)에 대한 검토
③ 침하(settlement)에 대한 검토
④ 전도(overturning)에 대한 검토

해설 옹벽 안정조건
① 활동에 대한 안정 : 안전계수 1.5이상
② 전도에 대한 안정 : 안전계수 2.0 이상
③ 지반지지력에 대한 안정
④ 옹벽의 재료가 외력보다 강한재료로 구성되어야 한다.

정답 81. ② 82. ③ 83. ① 84. ③ 85. ②

86. 적산할 경우 적용되는 기준의 설명 중 틀린 것은?

① 공구손료는 직접노무비의 3%까지 계상한다.
② 경사면의 소운반거리는 직고 1m를 수평거리 6m의 비율로 본다.
③ 절토량은 자연상태의 설계도의 양으로 한다.
④ 이음 줄눈의 간격은 구조물의 계산에서 공제한다.

해설 바르게 고치면
이음줄눈의 간격, 볼트의 구멍, 모따기 등은 구조물의 계산에서 공제하지 않는다.

87. 목질부의 종류 중 변재(邊材, sap wood)의 특징 설명으로 틀린 것은?

① 심재보다 비중은 작으나 건조하면 변하지 않는다.
② 심재보다 신축성이 작다.
③ 심재보다 내후성·내구성이 약하다.
④ 고목일수록 변재의 폭이 넓은 편이다.

해설 변재는 심재보다 신축성이 크다.

88. 다음 석재에 관한 설명 중 옳지 않는 것은?

① 점판암은 층상으로 되어 있어 박판 채취가 가능하다.
② 화강암은 석질이 견고하고 대형 석재가 가능하나 내구성이 약하다.
③ 안산암은 성분과 성질이 복잡 다양하나 보통 판상절리를 나타낸다.
④ 대리석은 석회석이 변하여 결정화된 것으로 치밀한 결정체이다.

해설 바르게 고치면
화강암은 석질이 견고하고 대형 석재가 가능하고 내구성이 강하다.

89. 물이 흐르는 도수로의 횡단면을 설명한 것 중 틀린 것은?

① 수로를 흐름의 방향에서 직각으로 끊었을 경우, 그 수로의 단면적을 수로단면이라 한다.
② 수로단면 중 유체(流體)가 점유하는 부분에 의해 만들어진 단면을 유적(流積) 또는 유수단면적이라 한다.
③ 수로의 한 단면에 있어서 물리 수로의 면과 접촉하는 길이를 윤변(潤邊)이라 한다.
④ 수로의 한 단면에서 윤변을 유적으로 나눈 값을 경심(經深)또는 수리평균심이라 한다.

해설 경심은 유적을 윤변으로 나눈 값을 말한다.

90. 다음 중 용어의 설명이 가장 바르게 된 것은?

① 광속 : 광원의 세기를 표시하는 단위
② 광도 : 방사에너지 시간에 대한 비율
③ 조도 : 단위면에 수직으로 투하된 광속밀도
④ 휘도 : 빛의 세기를 표시하는 단위

해설 ① 광속 : 단위 시간에 광도 에너지
② 광도 : 단위거리에 있는 단위면적이 받는 빛 에너지
③ 휘도 : 일정한 넓이를 가진 광원 또는 빛의 반사체 표면의 밝기를 나타내는 양(量)

91. 강우의 유출에 대한 설명으로 옳지 않는 것은?

① 점토질 토양에서는 상대적으로 유출량이 많다.
② 경사가 급할수록 유출량이 많다.
③ 도시지역의 유출계수가 높다.
④ 투수성 포장은 유출계수를 높인다.

해설 유출계수는 단위시간당 강우량과 유출량의 비로 투수성포장은 유출계수가 낮다.

정답 86. ④ 87. ② 88. ② 89. ④ 90. ③ 91. ④

92. 기존형 벽돌로 0.5B의 두께로 길이 5m, 높이 2m의 담을 쌓으려 할 때 필요한(정미량) 벽돌량은?

① 약 415장 ② 약 650장
③ 약 750장 ④ 약 1,299장

해설 벽돌의 정미량
기존형 0.5B 일 때 $1m^2$당 65매가 소요된다.
$5 \times 2 \times 65$매$/m^2 = 650$ 매

93. 시멘트의 품질시험에 관한 설명 중 틀린 것은?

① 혼합시멘트에서 혼화재의 혼입량이 많아질수록 비중이 작아진다.
② 비표면적이 큰 시멘트일수록 분말이 미세하여 일반적으로 강도발현이 빨라지고 수화열의 발생량도 많아진다.
③ 풍화한 시멘트는 수화열이 커진다.
④ 수화열은 시멘트의 화학조성과 비표면적에 좌우된다.

해설 비표면적
① 정의 : 보통 1g 당 무게에 대한 입자의 표면적 즉, 입자의 고운정도를 말한다.
② 비표적이 큰 시멘트일수록 수화열의 발생량이 많아진다.

94. 다음 중 차량의 속도구분에 있어 임계속도(臨界速度)에 해당하는 설명은?

① 특정 지점을 통과할 때의 순간적인 속도이다.
② 일정한 구간의 거리를 주행한 시간으로 나누어 구한 속도이다.
③ 도로조건만을 감안한 최고속도로서 도로의 기하학적 설계의 기준이 된다.
④ 교통 용량이 최대가 되는 속도로서 이론적으로 교통용량을 산정할 때 쓰인다.

해설 ① 특정 지점을 통과할 때의 순간적인 속도이다. : 지점속도
② 일정한 구간의 거리를 주행한 시간으로 나누어 구한 속도이다. : 주행속도
③ 도로조건만을 감안한 최고속도로서 도로의 기하학적 설계의 기준이 된다. : 설계속도

95. 시험재의 전건무게가 1,000g이고, 건조 전에 시험재의 무게가 1,300g일 때 건량기준 함수율은 얼마인가?

① 20% ② 25%
③ 30% ④ 35%

해설 $\frac{1,300-1,000}{1,000} \times 100 = 30\%$

96. 생태복원공사에 사용되는 비점오염 저감시설에 대한 설명으로 옳지 않은 것은?

① 장치형 시설은 도시지역, 도로 등에 사용되며 시설부지가 적은 지역에서 정화시설물을 이용한다.
② 저류지는 농경배수지, 산업단지 등으로서 홍수유량의 조절이 가능한 형태의 저수지이다.
③ 식생여과대는 협소한 침투성 높은 토양지역에 도랑을 판 후 자갈, 모래 등을 채우는 시설이다.
④ 인공습지는 경관적으로도 활용되며 자연습지의 원리를 이용하여 오염된 물을 저류한다.

해설 식생여과대와 식생수로 등은 비점오염 저감시설 중 식생형 시설로 토양의 여과·흡착 및 식물의 흡착 작용으로 비점오염물질을 줄임과 동시에, 동식물 서식공간을 제공하면서 녹지경관으로 기능을 하는 시설이다.

정답 92. ② 93. ③ 94. ④ 95. ③ 96. ③

97. 어떤 단지에 있어 건물 50%, 도로 30%, 녹지 20%의 지역인 경우 우수유출계수가 각각 0.90, 0.80, 0.10인 경우 평균유출계수는?

① 1.0 ② 0.92
③ 0.71 ④ 0.5

해설 평균유출계수
$0.5 \times 0.90 + 0.3 \times 0.80 + 0.2 \times 0.10 = 0.71$

98. 다음 중 조경공사의 특성 설명으로 가장 거리가 먼 것은?

① 전문공사는 조경식재와 조경시설물 설치공사로 구분된다.
② 공사종류는 다양하지만 각 공사별로 규모는 크지 않다.
③ 생명체를 다루는 공사이므로 다른 공사에 우선하여 시공하여야 한다.
④ 현장의 상황에 따라 조정할 경우가 많다.

99. 항공사진의 특수 3점에 해당되지 않는 것은?

① 주점(principle point)
② 연직점(nadir point)
③ 등각점(isocenter)
④ 부점(floating point)

해설 항공사진의 특수 3점
① 주점(principle point) : 렌즈의 중심에서 사진에 내린 수선의 발(m)로 사진의 중심점이 된다.
② 연직점(nadir point) : 렌즈 중심을 통한 연직축과 사진면과의 교점을 말한다.
③ 등각점(isocenter) : 사진면과 직교하는 광선과 연직선이 이루는 각을 2등분하는 점을 말한다.

100. 포졸란 반응의 특징이 아닌 것은?

① 발열량이 적어 단면이 큰 대형 구조물에 적합하다.
② 블리딩이 감소한다.
③ 초기강도와 장기강도가 증가한다.
④ 작업성이 좋아 진다.

해설 포졸란(pozzolan)
로마시대 베수비오화산근처의 포졸리(Pozzuoli)에서 채취되어 이름이 유래한다. 포졸란을 시멘트와 섞어서 사용하면 워커빌러티가 증가하고 수화열이 발생이 낮아지고, 해수에 대한 화학적 저항성 및 수밀성이 높아진다.

■■■ 조경관리론

101. 조경관리에 있어서 안시타인이 설명한 주민참가 과정에 대한 3단계의 발전 과정이 옳은 것은?

① 비참가→형식적 참가→시민권력의 단계
② 형식적 참가→소극적 참가→적극적 참가
③ 시민권력의 단계→비참가→소극적 참가
④ 소극적 참가→적극적 참가→시민권력의 단계

해설 주민참가 과정에 대한 3단계
비참가→형식적 참가→시민권력의 단계

102. 모과나무, 명자꽃, 사과나무류의 장미과 나무 가까이에 향나무를 심지 않는 이유는?

① 모과나무, 사과나무의 흰가루병이 향나무로 옮기기 때문이다.
② 모과나무의 진딧물 벌레가 향나무에 옮기기 때문이다.
③ 향나무는 붉은별무늬병(赤星病)의 중간 기주이기 때문이다.
④ 모과나무, 명자꽃의 향기를 향나무의 향기가 흡수하기 때문이다.

정답 97. ③ 98. ③ 99. ④ 100. ③ 101. ① 102. ③

해설 배나무 붉은무늬병(적성병)
① 중간기주에 의한 병
② 수목 병원균이 균사체로 다른 나무에서 월동, 잠복하여 활동하는 나무으로 배나무의 적성병은 향나무가 중간기주이다.

103. 요소(N 46%, 흡수율 83%)로써 유효질소 40kg을 충당할 경우 필요한 요소량은 약 몇 kg인가?

① 52.4 ② 87.0
③ 48.2 ④ 104.8

해설 40kg(유효질소량) = 필요한 요소량 × 0.46 × 0.83 이므로 필요한 요소량 = 104.766→104.8kg

104. 토양의 Laterite화 작용이 일어날 수 있는 조건은?

① 고온다우 ② 한냉건조
③ 한냉습윤 ④ 고온건조

해설 라테라이트(laterite)
주로 철, 알루미늄 성분으로 구성된 토양으로 붉은 색을 띠어 적색토양 또는 홍토라고도 한다. 라틴어로 '벽돌'이라는 뜻으로 굳으면 단단하여 건축재료로 이용되었다. 주로 건기와 우기가 있는 열대 및 아열대 기후지역에서 풍화작용으로 인해 토양의 유기질이 쓸려 내려가고 비교적 무거운 철 성분인 산화철, 수산화철, 산화알루미늄 등만이 남게 되어 형성된 토양이다.

105. 다음 중 아스팔트 포장의 보수공법으로 가장 부적합한 것은?

① 덧씌우기 공법 ② 패칭 공법
③ 표면처리 공법 ④ 그라우딩 공법

해설 그라우딩공법 - 콘크리트옹벽의 보수공법

106. 레크레이션 수용능력의 고정적 결정인자에 해당하지 않는 것은?

① 특정활동에 대한 필요한 사람의 수
② 특정활동에 대한 참여자의 반응정도
③ 특정활동에 필요한 공간의 최소면적
④ 대상지의 크기와 형태

해설 레크레이션 수용능력의 결정인자
① 고정적인자 : 특정활동에 필요한 참여자반응, 사람수, 공간의 최소면적
② 가변적인자 : 대상지 성격, 크기와 형태, 영향에 대한 회복능력, 기술과 시설의 도입으로 인한 수용능력 자체의 확장 가능성

107. 조경 수목의 정지와 전정의 목적 및 효과가 아닌 것은?

① 나무 수종 고유의 수형과 아름다움을 유지한다.
② 수관 내부로 햇빛과 바람이 골고루 통하게 되어 병해충 발생이 촉진된다.
③ 나무 가지의 생육을 고르게 한다.
④ 나무의 크기를 조절 또는 축소시킬 수 있다.

해설 바르게 고치면
수관 내부로 햇빛과 바람이 골고루 통하게 되어 병해충 발생이 억제된다.

108. 다음 중 곰팡이에 의한 수목병이 아닌 것은?

① 소나무 시들음병
② 잣나무 잎떨림병
③ 낙엽송 가지끝마름병
④ 잣나무 털녹병

해설 소나무시들음병
공생 관계에 있는 솔수염하늘소(수염치레하늘소)의 몸에 기생하다가, 솔수염하늘소의 성충이 소나무의 잎을 갉아 먹을 때 나무에 침입하는 재선충(Bursaphelenchus xylophilu : 소나무선충)에 의해 소나무가 말라 죽는 병이다.

정답 103. ④ 104. ① 105. ④ 106. ④ 107. ② 108. ①

109. 다음 중 미국흰불나방의 천적으로 가장 효과가 좋은 것은?

① 먹좀벌　② 긴등기생파리
③ 무당벌레　④ 풀잠자리

해설 긴등기생파리 천적
긴등기생파리, 송충알벌, 검정명주딱정벌레

110. 운영관리방식 중 도급방식의 단점에 해당되는 것은?

① 인사정체가 되기 쉽다.
② 관리직원의 배치전환의 여지가 적다.
③ 책임의 소재나 권한의 범위가 불명확하게 된다.
④ 인건비가 필요 이상으로 들게 된다.

해설 운영관리 방식 : 직영방식, 도급방식
① 직영방식 : 관리의 주체가 직접 운영 – 긴급대응이 빠름, 책임소재가 명확
② 도급방식 : 관리 전문용역회사나 단체에 위탁 – 대규모관리시설에 적합, 책임소재나 권한이 불명확

111. 천공성 해충이 아닌 것은?

① 소나무좀　② 박쥐나방
③ 노랑쐐기나방　④ 미끈이하늘소

해설 노랑쐐기나방
식엽성해충, 연1회발생 6~8월에 출현, 유충으로 월동

112. 다음 토사포장에 관한 설명으로 틀린 것은?

① 기존의 흙바닥을 평탄하게 고른 후 다짐하거나 지반 위에 자갈에 혼합물을 섞어 30~50cm 깔아 다진다.
② 노면자갈이 없을 때는 풍화토 또는 왕사, 광산 폐석, 쇄석 등을 사용한다.
③ 노면자갈의 최대 굵기는 20~30mm이하가 이상적이며, 노면 총 두께의 1/2 이하이다.
④ 점토질은 10% 이하이고, 모래질은 30% 이하이면 좋다.

해설 노면자갈의 최대 굵기는 30~50mm 이하가 이상적이며, 노면 총 두께의 1/3 이하이다.

113. 다음 수목의 뿌리돌림에 관한 설명 중 옳은 것은?

① 원뿌리는 깊게 뻗어 있어 단근할 필요가 없다.
② 뿌리 내림이 왕성하고 수목생육이 활발한 시기에 실시한다.
③ 뿌리돌림을 할 때 단근량과 전정량은 비례되게 함이 좋다.
④ 낙엽활엽수는 수액이 발동하기 시작한 때부터 신록이 우거지기 적전까지가 뿌리돌림의 제1적기이다.

해설 뿌리돌림
원뿌리는 환상박피를 실시하며, 지온이 낮은 봄과 가을에 실시한다.

정답　109. ②　110. ③　111. ③　112. ③　113. ③

114. 짧은 폐쇄·회복기에도 최대한의 회복효과를 얻을 수 있고, 따라서 이용자에게 불편을 적게 줄 수 있으며, 특히 손상이 심한 부지에 가장 이상적인 레크리에이션 공간의 관리 방안은?

① 완전방임형 관리 전략
② 폐쇄 후 자연회복형
③ 폐쇄 후 육성관리
④ 순환식 개방에 의한 휴식기간 확보

해설 ① 완전방임형 : 이용자는 이용하고 훼손지는 스스로 회복을 기대, 자연파괴에 따른 더 이상 적용될 수 없는 개념
② 폐쇄 후 자연 회복형 : 회복에 오랜 시간이 소요, 자원중심형의 자연지역적인 경우에 적용
③ 폐쇄 후 육성관리 : 빠른 회복을 위하여 적당한 육성관리
④ 계속적 개방, 이용 상태 하에서 육성관리 : 가장 이상적인 관리전략, 최소한의 손상이 발생하는 경우에 한해서 유효한 방법

115. 오동나무나 대추나무의 빗자루병 등 파이토플라즈마(phytoplasma)에 의한 수병의 치료에 가장 좋은 효과를 보이는 항생물질은?

① 테트라사이클린(tetracycline)
② 사이클로헥시마이드(cycloheximide)
③ 다이덴스테인리스(dithanestainless)
④ 파제이트(parzate)

해설 ① 테트라사이클린계 : 오동나무·대추나무 빗자루병
② 사이클로헥시마이드 : 잣나무 털녹병
③ 다이덴스테인리스 : 토양소독제

116. 조경에서 사용되는 농약의 독성을 표시하는 단위에서 LD_{50}이란?

① 50% 치사에 필요한 농약의 농도
② 50% 치사에 필요한 농약의 종류
③ 50% 치사에 필요한 시간
④ 50% 치사에 필요한 농약의 량

해설 농약의 독성
반수(半數) 치사량 또는 중위(中位) 치사량(Median lethal dose, LD50)으로 표시하며 시험동물의 50 %가 죽는 농약의 양을 말한다.

117. 공원녹지 내 행사(Event) 개최의 필요성과 의의가 아닌 것은?

① 지역주민의 커뮤니케이션의 도모
② 공원녹지 이용의 다양화
③ 행정주도형 공원녹지 추구
④ 주민과 공감을 통한 문화적 유대감 증대

해설 공원 녹지 내 행사는 행정홍보의 수단으로서 주민의 공감을 얻을 수 있다.

118. 돌 붙임공, 블록 붙임공에서 유지관리 항목에 포함되지 않는 것은?

① 호박돌이나 잡석의 국부적 빠짐
② 용수의 상황 및 처리
③ 낙석 또는 토사의 퇴적
④ 보호공의 삐져나옴 및 균열

해설 ① 돌붙임공, 블럭붙임공의 유지관리 항목
호박돌이나 잡석의 국부적 빠짐, 지진·풍화에 의한 돌붙임 전체의 파손, 뒤채움토사의 유실, 보호공의 무너져 꺼짐, 보호공의 삐져나옴과 균열, 용수의 상황 및 처리
② 낙석방지망공, 방지책공의 관리 항목
낙석 또는 토사의 퇴적

119. 콘크리트 포장의 파손 특징이 아닌 것은?

① 국부적침하 ② 단차
③ 표면연화 ④ 균열

해설 콘크리트 포장
① 파손원인 : 시공불량, 양생의 결함, 줄눈을 사용하지 않는 경우, 노상 또는 보조기층의 결함
② 파손의 상태 : 균열, 융기, 단차, 마모에 의한 바퀴자국, 박리, 침하

정답 114. ④ 115. ① 116. ④ 117. ③ 118. ③ 119. ③

120. 느티나무에서 자주 발생하는 병해로 잎에 작은 갈색의 반점이 생겨서 점점 퍼지면서 엽맥 부근에 다각형의 병반이 형성되고, 병반의 중앙부는 회백색이며 병증이 진행되면 잎이 탈락하는 경우가 있는 것은?

① 흰가루병 ② 빗자루병
③ 흰별무늬병 ④ 갈색무늬병

해설 흰별무늬병

① 피해특징
장마 이후부터 가을에 걸쳐 발생하는 병으로 주로 어린 나무에서 발생하며, 큰 나무에서는 지면 가까운 잎이나 맹아지에서 발생하는 경우가 많다.

② 병징 및 표징
5~6월부터 잎에 작은 갈색 반점이 다수 나타나며 점차 확대되어 잎맥에 둘러싸인 흑갈색 불규칙한 다각형 병반이 되고, 병반 중앙부는 회백색이 된다. 병반 앞뒷면에는 작은 흑갈색 점(분생포자각)이 나타나며, 다습하면 유백색 분생포자덩이가 솟아오른다.

③ 방제 방법
병든 잎은 모아서 제거하고, 5월 하순~9월 중순에 이미녹타딘트리스알베실레이트 수화제 1,000배액 또는 디페노코나졸 입상수화제 2,000배액을 3~4회 살포한다.

정답 120. ③

과년도출제문제(CBT복원문제)

2023. 2회 조경기사

※ 본 기출문제는 수험자의 기억을 바탕으로 하여 복원한 문제이므로 실제 문제와 다를 수 있음을 미리 알려드립니다.

■■■ 조경사

1. 다산초당(茶山草堂) 연못 조성과 관련된 글인 "中起三峯石假山"에서 삼봉의 의미는?

① 금강산, 지리산과 한라산의 산악신앙에 의한 명산을 상징한다.

② 봉래, 방장과 영주의 신선사상에 의한 삼신산을 상징한다.

③ 돌의 배석기법인 불교에 의한 삼존석불을 상징한다.

④ 천·지·인의 우주근원을 나타낸 삼재사상을 상징한다.

해설 中起三峯石假山(중기삼봉석가산)에서 삼봉은 신선사상에 의한 봉래, 방장, 영주를 상징한다.

2. 무로마찌(室町)시대 무인(武人)들에 의한 동산문화(東山文化)가 만들어졌는데, 다음 설명 중 틀린 것은?

① 선(禪)불교의 직관적 추상성이 전통적인 암시성, 시사성 등과 합류되었다.

② 자연의 아름다움을 작은 것으로 세심하게 다듬어 표현하는 경향이 생기게 되었다.

③ 새 것이나 완전한 것보다는 낡은 것, 어딘가 결여된 것을 좋아하는 취향도 생겨났다.

④ 대표적인 정원으로는 금각사(金閣寺)이다.

해설 자조사(은각사)

① 족리의정이 축조한 동산산장(東山山莊)이 중심이 되어 무가, 귀족, 선승들의 문화가 융합되어 생겨났다.

② 실정시대 중기의 문화를 이르는 동산문화(東山文化)의 대표적 유구이다.

③ 정원은 산록의 평지에 원지와 주요 건물을 배치하고, 산정에 작은 건물들을 배치하는 구성되었다.

3. 창덕궁 후원의 괴석(怪石)은 석분(石盆) 위에 설치되어 있는 것이 특징인데 이들이 설치된 공간은 다음 중 어느 곳인가?

① 모두 못 가에 있다.

② 건물 주위나 단(段)위에 있다.

③ 깊은 숲 속의 임간(林間)에 있다.

④ 시냇가에 있다.

해설 낙선재 후원

① 창경궁 문정전 뒤의 창덕궁과 접한 곳에 위치한다.

② 낙선재 : 헌종13년 건립, 단청을 하지 않은 건물이 특징

③ 후원의 화계

- 화강암 장대석에 의해 4단 화계로 축조된 후원
- 높이 1.5~2m의 꽃담
- 삼신산을 상징하는 소영주(小瀛州) 각자(刻字) 괴석분

4. 프랑스의 베르사이유 궁원에 대한 설명으로 잘못된 것은?

① 원래는 수렵지였으나 루이 14세 때에 정원으로 꾸민 것이다.

② 정원설계는 궁정조경가 니콜라스 푸케(Nicholas Fouquet)가 맡았다.

③ 맨 처음에 완성한 정원부분은 감귤원(Orangerie)이었다.

④ 십자형의 대 커넬(Canal)이 중심축을 이루고 있다.

해설 베르사유궁원의 설계

루이 14세 때 궁전조경가인 앙드레 르 노트르가 설계하였다. 그에 의해 평면기하학식정원이 창안되었다.

정답 1. ② 2. ④ 3. ② 4. ②

5. 경회루와 여기에 딸린 방지는 조선왕궁의 원지(苑地) 가운데 가장 장엄한 규모다. 이러한 경회루를 조영한 사상적 배경과 가장 관계가 먼 것은?

① 천지인사상 ② 음양오행설
③ 주역 ④ 만다라사상

해설 경회루 조영에 사상적 배경
① 고종 때 재건된 경회루는 당시 유가(儒家)의 세계관이 반영되어 건설되었다.
② 내용은 정학순(丁學洵)이 경복궁 중건 후인 1865년에 쓴 경회루전도(慶會樓全圖)에 나타난다.
③ 조영사상
- 천원지방사상 : 1층 내부 기둥을 원기둥[圓柱], 외부 기둥을 사각기둥[方柱]
- 삼재(三才)(천지인(天地人)사상) : 외진-내진-내내진 3겹으로 구성된 2층 평면의 제일 안인 내내진은 세 칸으로 이루어졌다.
- 주역(周易) : 이 세 칸을 둘러싼 여덟 기둥은 천지 만물이 생성되는 기본인 주역(周易)의 팔괘(八卦)를 상징한다.

만다라는 불교적인 세계를 상징하고 또한 그것은 현실의 세계를 이상화하였다.

6. 조경양식의 변천과정을 볼 때 종교의 영향을 받아 형성된 작품이 아닌 것은?

① 회랑식 정원(cloister garden)
② 성곽 정원(castle garden)
③ 지구라트(ziggurat)
④ 아도니스 원(Adonis garden)

해설 성곽 정원 - 봉건 영주제도 영향

7. 바빌론의 공중정원은 다음 중 어느 왕 때 만들어졌는가?

① 아메노피스 3세
② 핫셉수트
③ 다리우스 1세
④ 네부카드네자르 2세

해설 공중정원 (Hanging garden)
① 바빌론시(신바빌로니아수도) 부속
네부카드네자르 2세가 왕비 Amiytis를 위해 조성
② 테라스마다 수목을 식재하며, 유프라테스강에서 관수하였다.

8. 괴석을 모아서 선산을 만들고 멀리서 물을 끌어 비천을 만들었다고 하는 고려시대의 정원은?

① 귀령각 ② 수창궁
③ 청연각 ④ 태평정

해설 태평정
① 민가를 50여채를 헐어 호화롭게 지은 정자와 주위에 명화이목(名花異木)식재, 화려한 장식물 배치하였다.
② 관희대와 미성대를 옥돌로 다듬어 쌓았으며, 기암괴석을 모아 신선대와 먼 곳에서 물을 끌어들여 폭포수(비천)을 조영하였다.

9. 브리지맨(Bridgeman)에 대한 설명 중 맞지 않는 것은?

① 버킹검의 스토우(stowe)원을 설계하였다.
② 궁원(宮苑)의 관리를 담당하고 있던 사람이다.
③ 런던과 와이지의 정원조성방식을 탈피하고자 했다.
④ 부지를 작게 구획 짓는 수법을 구사하였다.

해설 바르게 고치면
브리지맨은 울타리를 없애고 주위의 전원을 확장시키려는 움직임을 보였다.

정답 5. ④ 6. ② 7. ④ 8. ④ 9. ④

10. 다음 유럽 조경사의 각 시대를 주도권의 관점에서 특징적으로 구분한 것 중 부적합한 것은?

① 15세기 – 이탈리아 노단건축식 정원
② 16세기 – 이탈리아 바로크식 정원
③ 17세기 – 프랑스 평면기하학식 정원
④ 18세기 – 독일 구성식 정원

해설 독일의 구성식–19세기

11. 다음 중 구례 운조루 정원의 특징에 관한 설명으로 가장 거리가 먼 것은?

① 운조루는 후정에 있는 누각이다.
② 바깥마당에 장방형의 연못이 있다.
③ 낙안군수 유이주가 조성하였다.
④ 「전라구례오미동가도」에 정원의 모습이 남아 있다.

해설 운조루는 사랑채의 당호이다.

12. 다음 정원의 경영자와 조성 년대가 맞지 않은 것은?

① 소쇄원 : 양산보, 1520~1557년
② 서석지원 : 정영방, 1610~1636년
③ 문수원선원 : 이자현, 1090~1110년
④ 부용동 정원 : 윤선도, 1301~1327년

해설 부용동 정원 : 윤선도, 1637년

13. 다음 [보기]가 설명하는 곳은?

> 중앙축은 중심으로 대칭이며, 현관 앞을 3단계로 구성하여 올라가면서 시계의 변화를 얻을 수 있도록 처리하였다. 정원 국부에는 축을 중심으로 축선상에 원형공지, 용의 분수, cento fountain이 설치되며, 도로는 트렐리스 터널로 형성되었다.

① Villa Lante ② Villa d'Este
③ Villa Farnesiana ④ Villa Medici

해설 에스테장(Villa d'Este)–티볼리에 위치
① 설계 : 리고리오, 수경 : 올리비에
② 리고리오가 에스터 추기경을 추모하여 만듦
③ 규모 : 15,000평, 250명을 동시수용, 4개 노단으로 구성
④ 수경 처리가 가장 뛰어난 정원 : 100개의 분수, 경악분천, 용의 분수, 물풍금(water organ), 직교하는 작은 축으로 수경 설계
⑤ 물의 풍부한 사용과 꽃과 수목을 대량으로 사용

14. 동양에서 시를 짓고 풍류놀이인 곡수연(曲水宴)을 하게 된 직접적인 요인으로 가장 적합한 것은?

① 풍류를 좋아하는 민족성 때문이다.
② 산악지형의 자연스러움과 물의 성질을 이용했기 때문이다.
③ 왕희지의 난정고사에 근원을 두어 그 생활철학을 본받으려 했기 때문이다.
④ 자연적인 물의 흐름으로 음양사상을 적용했기 때문이다.

해설 왕희지의 난정고사
① 난정에서 벗을 모아 연석을 베풀은 광경을 문장으로 지었다.
② 원정에 곡수수법을 사용(유상곡수연)된 기록이다.
③ 왕희지의 생활철학을 본받으려 정원에 도입되었다.

정답 10. ④ 11. ① 12. ④ 13. ② 14. ③

15. 귤준망의 작정기(作庭記)에 대한 설명으로 옳지 않은 것은?

① 침전조 건물에 어울리는 조원법을 기록하였다.
② 정원 전체의 땅가름, 연못, 섬 등 정원에 관한 모든 내용을 기록하였다.
③ 현존하는 일본 최초의 조원 지침서이다.
④ 아스카(비조) 시대 일본 조경의 개념형성에 큰 영향을 미쳤다.

해설 작정기
평안(헤이안)시대의 일본 조경의 개념형성에 큰 영향을 미쳤다.

16. 프레드릭 로 옴스테드(Frederic Law Olmsted)의 설계작품이 아닌 것은?

① 센트럴 파크 ② 프랭클린 파크
③ 레드번(Radburn) ④ 프로스펙트 파크

해설 레드번
라이트와 스타인이 하워드의 전원도시이론을 계승하여 미국 뉴저지에 소규모의 전원도시를 창조하였다.

17. 담양의 소쇄원 초입에 '대봉대(臺鳳待)'라는 초정(草亭)을 짓고 오동나무와 대나무를 심었는데, 이 구성이 의미하는 바에 가장 적합한 설명은?

① 자연의 순응하는 선비관을 표현하도록 조성
② 태평성대를 희구하는 뜻으로 조성
③ 선비 또는 신하의 지조를 담는 뜻으로 조성
④ 친한 친구를 기쁘게 맞이한다는 뜻으로 조성

해설 대봉대
① 양산보는 접근로 지역으로 중앙에 상징적인 대봉대를 두었다.
② 태평성대를 희구하는 뜻으로 대나무, 벽오동 나무를 식재하였다.

18. 연암 박지원의 열하일기(熱河日記)의 배경이 된 중국의 "열하피서산장"에 대한 설명으로 틀린 것은?

① 피서, 정치적 회견, 수렵장의 중계지점으로서의 존재 가치가 높았다.
② 만주 승덕에 있는 황제의 여름별장으로 근처에 큰 강이 있어 여름에도 서늘한 기상 조건을 보인다.
③ 피서산장내의 담박경성전(澹泊敬誠殿)은 황와(黃瓦)와 홍주(紅柱)로 이루어진 궁전식 누각이다.
④ 강희제(康熙帝)는 산장 속의 경관 좋은 36곳을 골라 시를 지어 궁정화가(宮廷畵家) 침유(沈喩)가 그림을 곁들여 간행하였다.

해설 피서산장내의 담박경성전
녹나무로 만들어져 남목전이라고도 부르며, 황제가 업무를 보던 건물로 궁정구의 핵심으로 황제가 신하를 만나고 사신을 접견하며 연회를 베풀던 장소다.

19. 고대로마 포럼(forum)은 주위의 건축군에 따라 유형이 달라지는데, 그 유형에 속하지 않는 것은?

① 황제광장(imperial forum)
② 로마광장(forum romannum)
③ 일반광장(forum civil)
④ 시장광장(forum venalia)

해설 포룸의 유형
어떤 건물에 싸여 있는지에 따라 일반광장, 시장광장, 황제광장으로 구분

정답 15. ④ 16. ③ 17. ② 18. ③ 19. ②

20. 이슬람 정원의 특징이 아닌 것은?

① 주건물의 남향이나 서향에 위치
② 카나드(Canad)에 의해 물 공급
③ 정원의 유형은 경사지 정원과 평지 정원으로 구분
④ 경사지 정원에는 키오스크(Kiosk) 설치

해설 바르게 고치면
이슬람의 정원은 주건물의 북향이나 동향에 위치하였다.

■■■ **조경계획**

21. 다음 중 유치거리와 규모 모두에 제한이 있는 도시공원으로 묶여진 것은?

① 소공원 – 어린이공원– 역사공원
② 소공원 – 도보권근린공원 – 수변공원
③ 어린이공원 – 근린생활권근린공원 – 도보권근린공원
④ 근린생활권근린공원 – 도보권근린공원 – 체육공원

해설 유치거리, 규모에 제한이 있는 도시공원

	유치거리(m)	규모(m²)
어린이공원	250	1,500
근린생활권 근린공원	500	10,000
도보권 근린공원	1,000	30,000

22. 다음 중 도시공원에서 '저류시설의 설치 및 관리기준'에 관한 설명으로 틀린 것은?

① 저류시설은 지표면 아래로 빗물이 침투될 경우 지반의 붕괴가 우려되거나 자연환경의 훼손이 심하게 예상되는 지역에서는 설치하여서는 아니 된다.
② 하나의 도시공원 안에 설치하는 저류시설부지의 면적비율은 해당 도시공원 전체면적의 50퍼센트 이하이어야 한다.
③ 하나의 저류시설부지 안에 설치하여야 하는 녹지의 면적은 해당저류시설부지에 대하여 상시저류시설을 40퍼센트 이상, 일시저류시설은 20퍼센트 이상이 되어야 한다.
④ 저류시설은 빗물을 일시적으로 모아 두었다가 바깥 수위가 낮아진 후에 방류하기 위하여 설치하는 유입시설, 저류지, 방류시설 등 일체의 시설을 말한다.

해설 바르게 고치면
하나의 저류시설부지 안에 설치하여야 하는 녹지의 면적은 해당저류시설부지에 대하여 상시저류시설을 60퍼센트 이상, 일시저류시설은 40퍼센트 이상이 되어야 한다.

23. 주거단지계획시에 칼데삭(cul-de-sac) 도로 이용의 장점을 가장 잘 설명하고 있는 것은?

① 차량의 접근성을 높일 수 있다.
② 차량동선을 가장 짧게 할 수 있다.
③ 단지 내 보행동선을 가장 짧게 할 수 있다.
④ 차량으로 인한 위험이 없는 녹지를 단지내에 확보할 수 있다.

해설 쿨데삭 (Cul-de-sac)
통과교통을 방지하고 속도를 감소시켜 자동차의 위협으로부터 보호받을 수 있게 하여 주거단지 계획시 활용된다.

정답 20. ① 21. ③ 22. ③ 23. ④

24. 생물다양성을 증진시키고 생태계 기능의 연속성을 위하여 생태적으로 중요한 지역 또는 생태적 기능의 유지가 필요한 지역을 연결하는 생태적 서식공간을 무엇이라고 하는가?

① 생태축 ② 생태통로
③ 생태경관보전지역 ④ 자연유보지역

해설 ① 생태통로 : 도로·댐·수중보(水中洑)·하구언(河口堰) 등으로 인하여 야생동·식물의 서식지가 단절되거나 훼손 또는 파괴되는 것을 방지하고 야생동·식물의 이동 등 생태계의 연속성 유지를 위하여 설치하는 인공 구조물·식생 등의 생태적 공간
② 생태·경관보전지역 : 생물다양성이 풍부하여 생태적으로 중요하거나 자연경관이 수려하여 특별히 보전할 가치가 큰 지역으로서 환경부장관이 지정·고시하는 지역
③ 자연유보지역 : 사람의 접근이 사실상 불가능하여 생태계의 훼손이 방지되고 있는 지역 중 군사상의 목적으로 이용되는 외에는 특별한 용도로 사용되지 아니하는 무인도로서 대통령령이 정하는 지역과 관할권이 대한민국에 속하는 날부터 2년간의 비무장지대

25. 유원지를 설치하고 관리하는 상세한 내용을 규정하고 있는 것은?

① 국토기본법
② 자연공원법
③ 도시공원 및 녹지 등에 관한 법률
④ 도시·군계획시설의 결정·구조 및 설치기준에 관한 규칙

해설 「도시·군계획시설의 결정·구조 및 설치기준에 관한 규칙」
① 「국토의 계획 및 이용에 관한 법률」에 의한 도시·군계획시설의 결정·구조 및 설치의 기준과 동법시행령 규정에 의한 기반시설의 세분 및 범위에 관한 사항을 규정함을 목적으로 한다.
② 유원지, 공공공지, 광장 등의 시설의 구조 및 설치는 위 규칙에 준한다.

26. 공원자연보존지구의 완충 공간(緩衝空間)으로 보전할 필요가 있는 지역은?

① 공원자연환경지구 ② 공원마을지구
③ 공원문화유산지구 ④ 공원집단시설지구

해설 자연공원의 용도지구
① 공원자연보존지구 : 다음 각 목의 어느 하나에 해당하는 곳으로서 특별히 보호할 필요가 있는 지역
② 공원자연환경지구 : 공원자연보존지구의 완충공간(緩衝空間)으로 보전할 필요가 있는 지역
③ 공원마을지구 : 마을이 형성된 지역으로서 주민생활을 유지하는 데에 필요한 지역
④ 공원문화유산지구 : 「문화재보호법」에 따른 지정문화재를 보유한 사찰(寺刹)과 「전통사찰의 보존 및 지원에 관한 법률」에 따른 전통사찰의 경내지 중 문화재의 보전에 필요하거나 불사(佛事)에 필요한 시설을 설치하고자 하는 지역

27. 케빈 린치(Kevin Lynch)가 말하는 도시경관의 구성요소 중 '통로(path)'의 성격으로 가장 거리가 먼 것은?

① 연속성과 방향성이 있다.
② 동선의 네트워크(network)이다.
③ 주로 관찰자가 빈번하게 통행하는 지역이다.
④ 한 지역을 타 지역과 분리시키는 경계의 역할을 한다.

해설 ④은 모서리(edge)를 말한다.

28. 다음 중 수요예측 기간이 단기간인 경우와 환경조건의 변화가 적고 현재까지의 추세가 장래에도 계속 된다고 판단되는 경우에 가장 효과적인 수요 예측 방법은?

① 중력 모델 ② 시계열 모델
③ 요인분석 모델 ④ 수용능력 모델

정답 24. ① 25. ④ 26. ① 27. ④ 28. ②

해설 공간 수요예측 방법

① 시계별 모델 : 예측 연도가 단기간인 경우와 환경조건의 변화가 적고, 현재까지 추세가 장래에도 계속된다고 생각되는 경우에 효과적인 방법

② 중력모델 : 대단지에서는 단기적으로 예측하는 데 사용

③ 요인분석모델 : 과거의 이용 추세로 추정하는 것이며, 흔히 사용

④ 외삽법 : 과거의 이용 선례가 없을 때 비슷한 곳을 대신 조사하여 추정

29. 다음 공개 공지의 설명 중 ( )안에 알맞은 숫자는?

> 건축법 시행령에 따라 공개공지 등의 면적은 대지면적의 100분의 ( )이하의 범위에서 건축조례로 정한다. 이 경우 법 제42조에 따른 조경면적과 「매장문화재 보호 및 조사에 관한 법률 시행령」 제14조에 따른 매장문화재의 원형 보존 조치 면적을 공개공지등의 면적으로 할 수 있다.

① 10　　② 15
③ 20　　④ 30

해설 공개공지

① 연면적의 합계가 5천m^2 이상인 문화 및 집회시설, 종교시설, 판매시설, 운수시설, 업무시설 및 숙박시설의 경우 공개공지를 확보해야한다.

② 대지면적의 100분의 10 이하의 범위에서 건축조례로 정한다. 이 경우 조경면적과 매장문화재의 원형보존조치 면적을 공개공지등의 면적으로 할 수 있다.

30. 3계절형인 공원에서 연간이용자수를 150,000명으로 추정할 때 「최대일이용자수」는 얼마인가?

① 2,140명　　② 2,500명
③ 3,000명　　④ 3,500명

해설 ① 최대일이용자수 = 연간이용자수×최대일율

② 3계형일 때 최대일율 적용값 : 1/60
150,000 × 1/60 = 2,500명

31. 다음 중 모테이션 심벌(motation symbols)이라 불리는 인간 행동의 움직임의 표시법을 고안하여 인간의 움직임을 기록하고 동시에 설계할 수 있도록 한 인물은?

① 린치(Lynch)
② 할프린(Halprin)
③ 스타이니츠(Steinitz)
④ 제이콥스와 웨이(Jacobs and Way)

해설 할프린(Halprin)
Move(움직임)과 notation(부호)의 합성어인 motation symbols으로 고안해 설계에 적용하였다.

32. 환경에 영향을 미치는 상위계획을 수립할 때에 환경보전계획과의 부합 여부 확인 및 대안의 설정·분석 등을 통하여 환경적 측면에서 해당 계획의 적정성 및 입지의 타당성 등을 검토하여 국토의 지속가능한 발전을 도모하는 것은?

① 환경영향평가　　② 재해영향평가
③ 전략환경영향평가　　④ 소규모 환경영향평가

해설 ① 환경영향평가

- 관련법 : 환경영향평가법
- 환경에 영향을 미치는 실시계획·시행계획 등의 허가·인가·승인·면허 또는 결정 등 을 할 때에 해당 사업이 환경에 미치는 영향을 미리 조사·예측·평가하여 해로운 환경영향을 피하거나 제거 또는 감소시킬 수 있는 방안을 마련하는 것

② 재해영향평가

- 관련법 : 자연재해대책법
- 자연재해로부터 국토와 국민의 생명 신체 및 재산을 보호하기 위하여 방재조직 및 방재계획 등 재해예방·재해응급대책·재해 복구 등 재해대책을 구정하고 있으며, 재해의 사전예방차원에서 개발사업에 대한 종합적이고 체계적인 평가를 위함

정답 29. ① 30. ② 31. ② 32. ③

③ 소규모 환경영향평가
- 관련법 : 환경영향평가법
- 환경보전이 필요한 지역이나 난개발(亂開發)이 우려되어 계획적 개발이 필요한 지역에서 개발사업을 시행할 때에 입지의 타당성과 환경에 미치는 영향을 미리 조사·예측·평가하여 환경보전방안을 마련하는 것

33. GIS에서 사용되는 벡터모델의 기본요소가 아닌 것은?

① Grid ② Line
③ Point ④ Polygon

해설 벡터모델
① GIS 데이터 구조는 크게 벡터구조와 래스터 구조로 구별된다.
② 벡터 구조는 공간 형상물을 점(point), 선(line), 면(polygon)으로 표현하고자 하는 공간 대상을 각 객체의 기하구조로 표현한다.
③ 래스터 구조는 셀 단위의 격자 형태로 표현한다.

34. 이용자의 시각적 선호에 기초한 「경관미」 평가를 설명한 것 중 틀린 것은?

① 이용자의 지각과 판단과정이 중요하다.
② 이용자와 경관과의 상호관계를 이해할 수 있다.
③ 조경계획 과정에서 이용자의 시각적 선호를 반영할 수 있다.
④ 경관미가 경관자체에 내재되어 있어 경관 특성의 설명으로 경관미를 평가할 수 없다.

해설 레오폴드는 경관미 평가시 특이성의 비로 정량적으로 평가하였다.

35. 다음 중 도시지역 내 녹지지역에서의 허용되는 용적률(A)과 건폐율(B)을 차례로 나열한 것은?(단, 국토의 계획 및 이용에 관한 법률을 적용한다.)

① A : 50% 이하, B : 10% 이하
② A : 50% 이하, B : 20% 이하
③ A : 100% 이하, B : 10% 이하
④ A : 100% 이하, B : 20% 이하

해설

구분			건폐율	용적율
용도지역	도시지역	주거지역	70% 이하	500% 이하
		상업지역	90% 이하	1,500%이하
		공업지역	70%이하	400% 이하
		녹지지역	20% 이하	100% 이하
	관리지역	보전관리	20% 이하	80% 이하
		생산관리	20% 이하	80% 이하
		계획관리	40% 이하	100% 이하
	농림지역		20% 이하	80%이하
	자연환경보전지역		20% 이하	80% 이하

36. 다음 중 조경계획(造景計劃) 과정의 순서가 옳은 것은?

① 목표수립 → 분석 → 대안작성 → 도입활동 및 시설프로그램 → 마스터 플랜
② 목표수립 → 분석 → 도입활동 및 시설프로그램 → 대안작성 → 마스터 플랜
③ 분석 → 목표수립 → 대안작성 → 도입활동 및 시설프로그램 → 마스터 플랜
④ 분석 → 대안작성 → 목표수립 → 도입활동 및 시설프로그램 → 마스터 플랜

해설 조경계획 과정
목표수립 → 조사·분석 → 도입활동 및 시설프로그램 → 대안작성 → 마스터 플랜

정답 33. ① 34. ④ 35. ④ 36. ②

37. 조경진흥법상 5년마다 수립·시행하는 조경진흥기본계획에 포함되지 않는 것은?

① 조경분야의 현황과 여건 분석
② 조경분야의 활성화
③ 조경 관련 기술의 발전·연구개발·보급
④ 정원지원센터의 설치·운영

해설 바르게 고치면
조경지원센터의 설치·운영

38. 「수목원·정원의 조성 및 진흥에 관한 법률」에서 구분하고 있는 정원의 유형으로 옳지 않은 것은?

① 국가정원 ② 지방정원
③ 공동체정원 ④ 마을정원

해설 「수목원·정원의 조성 및 진흥에 관한 법률」에 구분하는 정원의 유형
국가정원, 지방정원, 민간정원, 공동체정원, 생활정원, 주제정원

39. 형식미학(形式美學)에 대한 설명으로 옳은 것은?

① 상징미학과 동일한 개념으로 사용되고 있다.
② 형식(form)은 내용(content)에 상대되는 개념이다.
③ 형태로부터 느껴지는 감정이나 의미에 관심을 갖는다.
④ 환경적 자극으로부터 연상되는 의미를 전달받는 2차적 지각의 영역에 해당한다.

해설 형식미학과 상징미학
① 형식미학 : 일차적 지각으로 형식은 내용과 상대되는 개념이다. 즉 시지각만 고려해 물리적 형태 혹은 시각적 구성을 한다는 것이다.
② 상징미학 : 형식보다는 내용, 즉 형태로 느껴지는 감정이나 느낌, 의미에 관심을 갖는다.

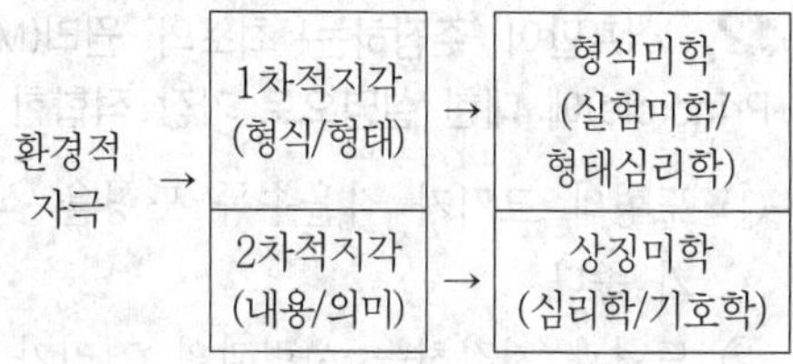

40. 다음 중 레크리에이션 수요(demand)의 종류가 아닌 것은?

① 잠재수요(latent demand)
② 유도수요(induced demand)
③ 계획수요(planned demand)
④ 표출수요(expressed demand

해설 수요의 종류
① 잠재수요(latent demand)
- 사람들에게 본래 내재하는 수요
- 적당한 시설, 접근수단, 정보가 제공되면 참여가 기대

② 유도수요(induced demand)
- 매스미디어나 교육과정에 의해 자극시켜 잠재수요를 개발하는 수요
- 개인기업이나 공공부문에서 이용

③ 표출수요(expressed demand)
- 기존의 레크레이션 기회에 참여 또는 소비하고 있는 이용하는 수요
- 사람들의 기호도가 파악됨

■■■ 조경설계

41. Leopold가 계곡경관의 평가에 사용한 경관가치의 상대적 척도의 계량화 방법은?

① 특이성비 ② 연속성비
③ 유사성비 ④ 상대성비

해설 레오폴드의 경관가치평가
① 하천주변 경관가치를 계량화함
② 하천을 낀 계곡을 경관가치를 평가함, 특이성 의비로 계량화 함

정답 37. ④ 38. ④ 39. ② 40. ③ 41. ①

42. 쉬프만이 주장하는 최소의 원리(Minimum Principle)에 대한 설명으로 가장 적합한 것은?

① 도형의 크기가 작을수록 도형을 식별하기가 좋다.
② 도형과 지각하는 사람과의 거리가 가까울수록 도형을 식별하기가 좋다.
③ 도형과 도형과의 거리가 가까울수록 도형은 서로 닮아보인다.
④ 도형을 구성하는 정보가 적을수록 도형을 식별하기 좋다.

해설 단순화
가장 단순하고 안정된 도형(good figure)으로 지각 하나의 도형을 구성하는 정보가 적을수록 도형으로서 지각될 가능성이 높다고 볼 수 있는 것을 '최소의 원리(minimum principle)'라 부른다.

43. 시각적 선호도(visual preference)의 일반적 측정방법이 아닌 것은?

① 형태측정(behavioral measure)
② 정신생리측정(psychophysiological measure)
③ 구두측정(verbal measure)
④ 표정측정(expressional measure)

해설 시각적선호도 측정방법
① 행태측정 : 이용자의 관찰시간, 이용자의 선택
② 정신 생리적측정 : 심리상태를 생리적 현상으로 나타나는 것을 측정
③ 구두측정 : 감탄사, 말 표현으로 측정

44. 멘셀의 표색계에서 5Y4/6에서 4의 의미는?

① 색상(色相) ② 명도(明度)
③ 채도(彩度) ④ 색명(色名)

해설 멘셀의 표색계
5Y : 색상, 4 : 명도, 6 : 채도

45. 파선의 사용 용도가 옳게 설명된 것은?

① 도형의 중심을 표시하는데 사용
② 대상물에 보이지 않는 부분의 모양을 표시하는데 사용
③ 중심이 이동한 중심궤적을 표시하는데 사용
④ 단면의 무게 중심을 연결하는데 사용

해설 ① 도형의 중심을 표시하는데 사용: 중심선 - 가는 1점 쇄선
② 중심이 이동한 중심궤적을 표시하는데 사용: 중심선 - 가는 1점 쇄선
③ 단면의 무게 중심을 연결하는데 사용: 무게 중심선 - 가는 2점 쇄선

46. 주차장법상의 노상주차장(路上駐車場)의 설비기준으로 틀린 것은?

① 종단구배가 4%를 초과하는 도로에 설치하여서는 아니한다.
② 특별한 경우를 제외하고는 너비 6m 이상의 도로에 설치한다.
③ 도시 내 주 간선 도로에는 설치할 수 있다.
④ 주차대수규모가 20대 이상인 경우에는 장애인전용주차구획을 1면 이상 설치하여야한다.

해설 노상주차장은 도시 내 주 간선도로에는 설치하지 않는다.

47. 다음 중 계단의 조경 설계기준으로 틀린 것은?

① 높이 1m를 초과하는 계단으로서 계단 양측에 벽, 기타 이와 유사한 것이 없는 경우에는 난간을 두고, 계단의 폭이 3m를 초과하면 매 3m 이내마다 난간을 설치한다.
② 계단 폭은 연결도로의 폭과 같거나 그 이상의 폭으로, 단 높이는 18cm 이하, 단 너비는 26cm 이상으로 한다.
③ 높이 2m를 넘는 계단에서는 2m 이내마다 당해 계단의 유효폭 이상의 폭으로 너비 120cm 이상인 참을 둔다.

정답 42. ④ 43. ④ 44. ② 45. ② 46. ③ 47. ④

④ 옥외에 설치하는 계단 수는 최소 3단 이상으로 하며 재료는 콘크리트, 벽돌, 화강석이 일반적이며, 자연석이나 목재로 사용한다.

해설 옥외에 설치하는 계단 수는 최소 2단 이상으로 한다.

48. 도면에서 그림과 같은 수치기입 방법으로 옳지 않은 것은?

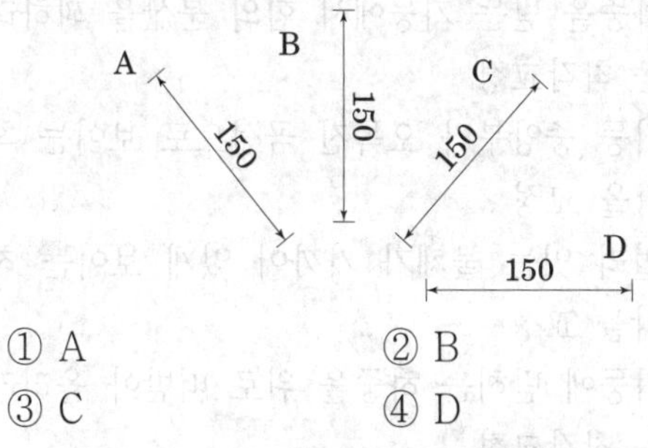

① A　　② B
③ C　　④ D

해설 B는 치수선의 위에 수치를 기입한다.

49. 자연경관에서 일정한 간격을 두고 변화되는 형태, 색채, 선, 소리 등은 다음 중 어떠한 형식미의 원리인가?

① 비례미(proportion)
② 통일미(unity)
③ 운율미(rhythm)
④ 변화미(variety)

해설 운율미 (Rhythm)
자연경관에서 일정한 간격을 두고 변화되는 형태, 색채, 선, 소리 등 다른 조화에 비하면 이해하기 어렵고 질서를 잡기도 간단하지 않으나 생명감과 존재감이 가장 강하게 나타난다.

50. 가법혼합(Additive mixture)의 3색광에 대한 설명으로 틀린 것은?

① 빨강색광과 녹색광을 흰 스크린에 투영하여 혼합하면 밝은 노랑이 된다.
② 가법혼합은 가산혼합, 가법혼색, 색광혼합이라고 한다.
③ 3색광 모두를 혼합하면 암회색(暗灰色)이 된다.
④ 가법혼색의 방법에는 동시가법혼색, 계시가법혼색, 병치가법혼색의 3가지가 있다.

해설 바르게 고치면
3색광 모두를 혼합하면 흰색이 된다.

51. 리듬(Rhythm)과 가장 관련이 없는 것은?

① 대칭　　② 반복
③ 방사　　④ 점진

해설 리듬의 원리
반복, 점진, 대조, 변이, 방사

52. Altman의 영역성 중 서로 성격이 다른 것은?

① 해변　　② 교실
③ 기숙사식당　　④ 교회

해설 ① 교실, 기숙사식당, 교회 : 2차 영역
② 해변 : 공적 영역

53. LCP(Landscape Control Point)의 의미로 가장 적합한 것은?

① 시각 구역을 전망할 수 있는 경관 탐사용 고정 관찰점이다.
② 경관 탐사 시에 초점경관을 이루는 관찰 대상물을 가리킨다.
③ 불량 경관을 개선하기 위한 차폐 시설물의 설치 지점을 말한다.
④ 우수 경관을 선택적으로 조망할 수 있도록 만든 방향 표지판의 지점을 말한다.

정답 48. ② 49. ③ 50. ③ 51. ① 52. ① 53. ①

해설 경관관찰점설정(Landscape control point, LCP) 전경, 중경, 배경을 살필 수 있는 고정적 조망점을 선정한다.

54. 교통표지나 광고물 등에 사용될 색을 선정할 때 우선적으로 고려해야 할 점은?

① 색의 원근감 ② 색의 명시성
③ 색의 수축성 ④ 색의 온도감

해설 색의 명시성
① 두 색을 대비시켰을 때 멀리서 잘 보이는 정도를 말한다.
② 예를 들면 노랑과 검정의 배색은 명시도가 높아 교통 표지판에 많이 쓰인다.

55. 무수히 많은 색 차이를 볼 수 있는 것은 어떤 시세포의 적용에 의한 것인가?

① 간상체 ② 추상체
③ 수평세포 ④ 양극세포

해설 ① 추상체 : 빛을 받아들이고 색을 구별하는 시각 세포(추상체)
② 간상체 : 빛의 밝고 어두움을 구분하는 시세포(암소시)

56. 경관의 우세요소(優勢要素)들은 다음 8가지 인자(因子)에 의하여 변화되어 이를 변화요인(variable factors)이라한다. 다음 중 경관의 변화 요인으로만 구성된 것은?

① 운동, 광선, 거리, 위치, 규모, 시간, 질감, 색감
② 명암, 규모, 위치, 공간, 색채, 질감, 거리, 축(軸)
③ 운동, 광선, 기후조건, 계절, 거리, 관찰위치, 규모, 시간
④ 광선, 속도, 거리, 사람의 위치, 시간, 규모, 형태, 색감

해설 경관우세요소, 우세원칙, 변화요인

우세요소	형태, 선, 색채, 질감
우세원칙	대조, 연속성, 축, 집중, 상대성, 조형
변화요인	운동, 광선, 기상조건, 계절, 거리, 관찰위치, 규모, 시간

57. 엔타시스(entasis)란 무엇인가?

① 하중을 받는 기둥에서 힘의 분산을 꾀하려는 착각교정
② 기둥 중앙부가 오목진 곡선으로 보이는 착각을 교정
③ 멀리 있는 물체가 가까이 있게 보이는 착각을 교정
④ 기둥에 받히는 하중을 위로 떠받아 올리려는 착각교정

해설 엔타시스(entasis)
고전 건축에 사용된 원주(圓柱)의 약간 불룩한 곡선부를 말하는데, 불룩함이 없는 것의 불안정감을 피하기 위한 목적에서 설치되었다.

58. 다음 설명하는 것은 무엇인가?

> 대부분의 예술형태들은 기본적으로 이것과 그 시각적 효과에 관계되어 있다. 벽돌, 유리, 나무, 강철과 콘크리트 등의 대비로 이루어진 오늘날의 건축물은 흔히 시각적 흥미를 주기 위한 방법으로서 이것의 변화에 의존하고 있다. 응용된 표면 장식은 비교적 덜 중요하며 재료 자체의 느낌과 외양이 강조된다.

① 공간의 환영(Illusion of space)
② 패턴(Pattern)
③ 동세(Movement)
④ 질감(Texture)

정답 54. ② 55. ② 56. ③ 57. ② 58. ④

해설 질감(Texture)

사물의 표면에서 느껴지는 딱딱하다, 부드럽다, 까칠까칠하다, 매끄럽다 등 시각적·촉각적 성질로, 기본 조형요소 중 하나이다.

59. 경관을 구성하는 방법 중 눈앞에 보이는 주위의 자연경관을 어떤 구도속에 포함해 그 구도가 한층 큰 효과를 갖도록 교묘히 구성하는 방법은?

① 축경 ② 차경
③ 원경 ④ 청경

해설 차경(借景)

① 자연경관을 빌림
② 기법
원차(먼경관), 인차(가까운경관), 앙차(눈위에 전개되는 경관), 부차(눈아래 전개되는 경관)

60. 설계연구를 위해서는 연구방법의 신뢰도와 타당성이 검증되어야 한다. 타당성(Validity)의 유형에 속하지 않는 것은?

① 개념적 타당성 ② 예측의 타당성
③ 논리의 타당성 ④ 내용적 타당성

해설 타당성

① 분석방법이 분석하고자 하는 경관의 질, 아름다움을 제대로 분석했는가하는 판단
② 타당성을 구체적으로 언급하면 개념의 타당성, 내용의 타당성, 기준의 타당성, 예측의 타당성으로 나누어진다.

■■■ 조경식재

61. 소나무과(科)의 나무로만 짝지어진 것은?

① 구상나무, 금송, 개잎갈나무
② 곰솔, 독일가문비, 주목
③ 반송, 삼나무, 개잎갈나무
④ 일본잎갈나무, 잣나무, 전나무

해설 ① 구상나무(소나무과), 금송(낙우송과), 개잎갈나무(소나무과)
② 곰솔(소나무과), 독일가문비(소나무과), 주목(주목과)
③ 반송(소나무과), 삼나무(측백나무과), 개잎갈나무(소나무과)

62. 일반적인 방풍림을 주풍(主風)에 대하여 수직으로 식재하였을 때, 풍하측(風下側)에 미치는 범위는 수고의 몇 배의 거리까지 이르는가?

① 25 ~ 30배 ② 11 ~ 15배
③ 6 ~ 10배 ④ 1 ~ 5배

63. 다음 (　　) 안에 적합한 용어는?

> *Lindera obtusiloba Blume var. obtusiloba* 의 꽃은 이가화이며, 3월에 잎보다 먼저 피고 황색으로 화경이 없는 (　　)화서에 많이 달린다. 소화경은 짧으며 털이 있다. 꽃받침잎은 깊게 6개로 갈라진다.

① 원추 ② 총상
③ 산형 ④ 산방

해설 *Lindera obtusiloba Blume var. obtusiloba* : 생강나무(산형화서 : 화축을 중심으로 같은 지점에서 소화형이 뻗어나가 꽃이 배열된 화서로 평평하거나 둥근 송이를 형성함)

정답 59. ② 60. ③ 61. ④ 62. ③ 63. ③

64. 다음 중 아황산가스에 약한 수목은?

① *Daphniphyllum macropodum Miq*
② *Torreya nucifera Siebold & Zucc*
③ *Chamaecyparis obtusa Endl.*
④ *Zelkova serrata Makino*

해설 ① 굴거리 나무 ② 비자나무
③ 편백 ④ 느티나무

65. 정형식 식재에 관한 설명 중 옳지 않은 것은?

① 경관구성의 자유롭다.
② 축의 교점에 분수, 연못, 조각, 정형수 등을 놓아 강조한다.
③ 1축, 1점이 설정되면 식재는 축 또는 점에 대하여 등거리로 대칭형이 된다.
④ 방사축의 한 점에서 같은 각도로 나오는 경우는 같은 무게가 주어진다.

해설 바르게 고치면
경관구성이 자유롭지 못하다.

66. 생태적 천이단계에서 성숙단계의 설명으로 틀린 것은?

① $\frac{\text{총생산량}}{\text{군집호흡량}}$은 1에 가깝다.
② 순군집생산량(수확량)이 높다.
③ 먹이연쇄는 잔재연쇄가 우점하고 그물눈 모양이 된다.
④ 생물과 환경 간의 영양물 교환 속도는 느리다.

해설 생태적 천이단계에서 성숙단계일수록 순군집생산량은 낮다.

67. 여러 개의 경관요소 또는 생태계로 이루어지는 수평적인 관계를 연구하는 경관생태학의 3가지 일반원칙과 가장 관계가 먼 것은

① 구조 ② 기능
③ 변화 ④ 소멸

해설 경관생태학의 3가지 일반원칙
① 경관의 구조 : 생태계크기, 형태, 수, 물질, 종의 분포
② 경관의 기능 : 공간적 요소간 상호관계로 생태계 에너지 물질의 흐름과 움직임
③ 경관의 변화 : 생태계들의 집합제인 구조와 기능이 시간에 따라 변화

68. 소나무 군집에서 모든 종의 개체수의 총합은 250개체이고, 그 중 소나무의 개체수는 150개체이다. 소나무의 상대밀도(%)는?

① 16.6 ② 37.5
③ 60 ④ 90

해설 $\text{상대밀도}(\%) = \frac{\text{특정한 종의 개체수}}{\text{모든종의 개체수}} \times 100$

$\frac{150}{250} \times 100 = 60\%$

69. 조경지의 토양을 개선하기 위해서 사용되는 부식(humus)의 특성에 대한 기술 중 잘못된 것은?

① 부식은 미생물의 활동을 활발하게 하며 유기물의 분해를 촉진시킨다.
② 부식은 토양의 용수량을 증대시키고 한발을 경감시킨다.
③ 부식은 보비력이 강하고 배수력과 보수력이 강하다.
④ 부식은 토양의 단립(單粒)구조를 만들고 토양의 물리적 성질을 약화시킨다.

해설 바르게 고치면
부식은 토양을 떼알구조로 만들고 토양의 물리적 성질을 강화시킨다.

정답 64. ④ 65. ① 66. ② 67. ④ 68. ③ 69. ④

70. 다음 특성 중 *Magnolia sieboldii K. Koch* 에 관한 내용으로 거리가 먼 것은?

① 상록활엽교목이다.
② 꽃이 아래쪽을 향해 핀다.
③ 꽃 색은 흰색이다.
④ 산목련이라 불린다.

해설 함박꽃나무는 낙엽활엽교목이다.

71. 전방을 주시하며 달리고 있는 차량 운전자로부터 측방에 위치한 쓰레기 매립지를 차폐하여 뚜렷하게 보이지 않게 할 수 있는 열식수(列植樹)의 최대 간격은?

① 수관반경의 3배　② 수관반경의 2배
③ 수관직경의 3배　④ 수관직경의 2배

해설 측방차폐시 열식수의 간격은 수관직격의 2배 이하로 한다.

72. 식생과 관련된 설명 중 틀린 것은?

① 어떤 군락을 특징할 수 있는 종군을 표징종(character species)이라 한다.
② 인간에 의한 영향을 받지 않는 식생을 대상식생(substitute vegetation한다.)이라 한다.
③ 군집 속에서 아군집을 구분하기 위해 양적으로 우점하고 있는 종을 식별종(differences species)으로 삼는다.
④ 변화해 버린 입지 조건하에서 인간에 의한 영향이 제거되었다고 할 때 성립이 예상되는 자연식생을 현재의 잠재자연식생(potential natural vegetation)이라 한다.

해설 바르게 고치면
인간에 의한 영향을 받지 않은 식생을 자연식생이라고 한다.

73. 다음 수종 중 굴취시 수목규격을 표시할 때 근원직경(R)으로 표기하는 수종은?

① 자작나무　② 튤립나무
③ 메타세콰이어　④ 층층나무

해설 자작나무, 튤립나무, 메타세콰이어는 굴취시 수목규격 표시는 H × B 로 한다.

74. 페퍼(Pfeffer)에 의하면 수목 생육에 대한 최적온도는 어느 정도가 적합한가?

① 10~17℃　② 18~20℃
③ 24~34℃　④ 35~46℃

해설 페퍼(Pfeffer)에 의하면 수목 생육에 대한 최적온도은 24~34℃가 적합하다.

75. 인동과(科)가 아닌 것은 ?

① 댕강나무　② 분꽃나무
③ 병꽃나무　④ 말발도리

해설 말발도리 : 범의귀과

76. 팥배나무의 종명에 해당하는 것은?

① myrsinaefolis　② Alnus
③ Sorbus　④ alnifolia

해설 팥배나무의 학명
Sorbus(속명) alnifolia(종명)

77. 열매가 열리지 않아 실생 번식이 불가능한 식물은?

① 복자기　② 안개나무
③ 불두화　④ 풍년화

해설 불두화는 모든 꽃이 무성화이므로 열매가 열리지 않아 실생번식이 불가능하다. 주로 사찰에 식재된다.

정답 70. ①　71. ④　72. ②　73. ④　74. ③　75. ④　76. ④　77. ③

78. 능수버들과 수양버들에 대한 설명으로 틀린 것은?

① 속명은 Salix이다.
② 수형은 둘 다 밑으로 처지는 능수형이다.
③ 수양버들의 1년생 가지는 적갈색이다.
④ 원산지는 능수버들이 중국, 수양버들이 한국이다.

해설 원산지는 능수버들이 한국, 수양버들은 중국원산으로 알려져 있다.

79. 성숙된 열매의 색이 검정색인 것은?

① *Cornus officinalis*
② *Nandina domestica*
③ *Euonymus alatus*
④ *Ligustrum obtusifolium*

해설 ① 산수유 – 붉은색 열매
② 남천 – 붉은색 열매
③ 화살나무 – 붉은색 열매
④ 쥐똥나무 - 검은색 열매

80. 다음 중 꽃색이 흰색 계열인 수목은?

① 모과나무 ② 팥배나무
③ 죽단화 ④ 오동나무

해설 ① 모과나무 – 꽃은 연한 홍색으로 5월에 개화한다.
② 팥배나무 – 꽃은 흰색으로 5~6월에 개화한다.
③ 죽단화 – 꽃은 노란색으로 4~5월에 개화한다.
④ 오동나무 – 꽃은 자줏빛으로 5~6월에 개화한다.

■■■ 조경시공구조학

81. 다음 시멘트의 혼화재료에 대한 설명 중 틀린 것은?

① 포졸란 – 해수에 대한 화학적 저항성 및 수밀성 등의 성질을 개선하는데 사용한다.
② AE제 – 미세하고 독립된 무수한 공기 기포를 콘크리트 속에 균일하게 분포시키기 위해 사용하는 혼화제이다.
③ 감수제 – 시멘트의 입자를 분산시켜서 콘크리트의 워커빌리티를 개선하는데 필요한 단위수량을 증가시킬 목적으로 사용된다.
④ 방수제 – 콘크리트의 흡수성과 투수성을 감소시켜 수밀성을 증진할 목적으로 사용하는 혼화제이다.

해설 감수제
콘크리트에 사용되는 단위수량을 감소시키기 위해서 사용하는 경우에 혼화제, 시멘트입자가 분산하여 유동성이 많아지고 골재분리가 적으며 강도, 수밀성, 내구성이 증대해 워커빌러티가 증대된다.

82. 암석이 가장 쪼개지기 쉬운 면을 말하며 절리보다 불분명하지만 방향이 대체로 일치되어 있는 것은?

① 석리 ② 입상조직
③ 석목 ④ 선상조직

해설 석재의 조직
① 절리 – 화성암의 특유의 성질, 암석에 외력이 가해져서 생긴 금, 용융상태에 있던 지구 내부의 마그마가 냉각에 따른 수축과 압력 등에 의하여 자연적으로 수평과 수직 두 방향으로 갈라져서 생긴 것을 말한다.
② 석목 – 암석이 가장 쪼개지기 쉬운 면, 절리보다 불분명하고 절리와 비슷한 것으로 방향이 대체로 일치한다.

정답 78. ④ 79. ④ 80. ② 81. ③ 82. ③

83. 원지반의 점질토 5000m^{3}를 굴착하여 8m^3 적재덤프트럭으로 성토현장에 반입하여 다졌다. 소요덤프트럭 대수와 다진 후의 성토량은? (단, C : 0.95, L : 1.30이고, 트럭 대수는 10대 미만은 버릴 것)

① 덤프트럭 : 594대, 성토량 : 6175m^3
② 덤프트럭 : 625대, 성토량 : 4048m^3
③ 덤프트럭 : 813대, 성토량 : 4750m^3
④ 덤프트럭 : 480대, 성토량 : 4048m^3

해설 ① 덤프트럭대수
(5000× 1.30) ÷ 8 = 812.5 → 813대
② 성토량 = 5000×0.95 = 4750m^3

84. 중력식 옹벽의 특징으로 부적합한 것은?

① 구조물이 복잡하다.
② 상단이 좁고 하단이 넓은 형태이다.
③ 3m 이내의 낮은 옹벽이 많이 쓰인다.
④ 자중으로 토압에 저항하도록 설계되었다.

해설 중력식은 무근콘크리트 구조물로 단순하다.

85. 다음 품셈의 수량환산기준 중 틀린 것은?

① 수량은 지정 소수의 이하 2위까지 구한다.
② 절토(切土)량은 자연상태의 설계도의 양으로 한다.
③ 소운반은 20m 이내의 수평거리를 운반하는 경우를 말한다.
④ 구적기(planimeter)로 계산할 경우는 3회 이상 측정하여 그 중 정확하다고 생각되는 평균값으로 한다.

해설 수량의 계산은 지정 소수위 이하 1 위까지 구하고, 끝 수는 4사 5입 한다.

86. 진밀도가 2.6, 가밀도가 1.2인 토양의 최대 용수량은 얼마인가?

① 30% ② 47%
③ 54% ④ 60%

해설 $최대용수량 = \left(1-\frac{가밀도}{진밀도}\right)\times 100$

$\left(1-\frac{1.2}{2.6}\right)\times 100 = 53.846.. \rightarrow 54\%$

87. 시공계획 결정과정에서 검토할 중심과제에 해당하지 않은 것은?

① 발주자가 제시한 계약조건
② 현장의 공사조건
③ 입찰서
④ 기본공정표

해설 시공계획 결정과정에서 검토할 과제
① 발주자가 제시한 계약조건
② 현장의 공사조건
③ 기본공정표
④ 시공법과 시공순서
⑤ 기계의 선정
⑥ 가설비의 설계와 배치계획

88. 다음 등고선의 성질 설명으로 옳지 않은 것은?

① 결코 분리되지 않으나 양편으로 서로 같은 숫자가 기록된 두 등고선을 때때로 볼 수 있다.
② 요(凹)경사에 낮은 등고선은 높은 것 보다 더 좁은 간격으로 증가한다.
③ 산령과 계곡이 만나 이들의 등고선이 서로 쌍곡선을 이루는 것과 같은 부분은 안부 즉, 고개라 한다.
④ 높은 방향으로 산형의 곡선을 이루는 경우는 계곡을 나타내고, 이와 반대인 경우에는 산령을 나타낸다.

해설 요사면의 등고선 형태는 낮은쪽 등고선 간격이 높은쪽 등고선 간격보다 넓다.

정답 83. ③ 84. ① 85. ① 86. ③ 87. ③ 88. ②

89. 도로의 편경사 설치 목적과 기준에 관한 설명으로 틀린 것은?

① 편경사와 곡선반경은 비례한다.
② 도로의 곡선부에서 차량의 횡활동을 방지하기 우해서 설치한다.
③ 가장 빈도가 많은 속도에 대해서 자중(自重)과 원심력의 합력이 노면에 수직이 되도록 한다.
④ 도로 곡선부에서 원심력에 의하여 한쪽으로 쏠려 승차감이 좋지 않은 것을 보정하여 준다.

해설 편경사는 곡선반경에 반비례하고 속도의 제곱에 비례한다.

90. 조경수목의 흉고직경 측정방식에 있어 줄기가 둘 이상일 경우 측정방식으로 옳은 것은?

① 각 수간의 흉고직경의 합계를 규격으로 채택한다.
② 각 수간의 흉고직경을 합한 값의 평균치를 규격으로 채택한다.
③ 각 수간의 흉고직경을 합의 50%가 그 수목의 최대흉고직경보다 작을 때는 최소 흉고직경을 그 수목의 흉고직경으로 한다.
④ 각 수간의 흉고직경 합의 70%가 그 수목의 최대 흉고직경보다 클 때는 흉고직경 합의 70%를 기준으로 채택한다.

해설 쌍간일 경우에는 각간 흉고 직경을 합한 값의 70%가 수목의 최대 흉고 직경치보다 클 때에는 이를 채택하며, 작을 때는 각간의 흉고직경 중 최대치를 채택한다.

91. 비탈면의 소단에 대한 설명으로 틀린 것은?

① 횡단경사는 20~30%정도가 일반적이다.
② 유수거리를 단축시켜 침식을 방지한다.
③ 비탈면의 경사를 완만하게 하여 사면의 안정성을 증가시킨다.
④ 비탈면 표면을 흘러내리는 유수의 수세를 약화시킨다.

해설 횡단경사는 5~10%가 일반적이다.

92. 흙의 함수율, 함수비, 공극률, 공극비에 대한 설명으로 틀린 것은?

① 함수율은 공극수 중량과 흙 전체 중량의 백분율이다.
② 공극률은 흙 전체 용적에 대한 공극의 체적 백분율이다.
③ 공극비는 고체부분의 체적에 대한 공극의 체적비이다.
④ 함수비는 토양에 존재하는 수분의 무게를 흙의 체적으로 나눈 백분율이다.

해설 바르게 고치면
함수비는 흙 입자만의 중량에 대한 물의 중량을 백분율로 나타낸다.

93. 재료가 탄성한계 이상의 힘을 받아도 파괴되지 않고 가늘고 길게 늘어나는 성질을 가리키는 것은?

① 연성(ductility) ② 전성(malleability)
③ 취성(brittleness) ④ 인성(toughness)

해설 ① 연성(ductility) : 연한성질, 탄성한계이상의 힘을 받아도 파괴되지 않고 가늘고 길게 늘어나는 성질
② 전성(malleability) : 재료가 압력이나 타격으로 인해 파괴되지 않고 넓은 판으로 얇게 펴지는 성질

정답 89. ① 90. ④ 91. ① 92. ④ 93. ①

③ 취성(brittleness) : 외력에 잘 부러지거나 파괴되는 성질로 주철 및 유리는 취성이 큰 재료이다.
④ 인성(toughness) : 강하면서도 늘어나기도 잘 하는 성질. 강도와 연성을 함께 갖는 재료가 인성이 좋으며 압연강은 인성이 큰 재료

94. 섬유포화점 이하에서 목재의 함수율 감소에 따른 목재의 성질 변화에 대한 설명으로 옳은 것은?

① 강도가 증가하고 인성이 증가한다.
② 강도가 증가하고 인성이 감소한다.
③ 강도가 감소하고 인성이 증가한다.
④ 강도가 감소하고 인성이 감소한다.

해설 섬유포화점 이하에서는 함수율이 감소할수록 강도가 증대하며, 인성은 감소한다.

95. 도로의 수평노선에서 곡선반경이 20m 이고, 접선장의 교각이 30° 일 때 곡선장은?

① 1.67m ② 5.24m
③ 10.47m ④ 12.14m

해설 $L = \frac{2\pi RI}{360}$

(L : 곡선장의 길이 R : 곡선반경 I : 중심각)

$L = \frac{2\times\pi\times20\times30}{360} = 10.47\text{m}$

96. 토양의 견지성(consistency)에 대한 설명으로 옳지 않은 것은?

① 견지성은 수분함량에 따라 변화하는 토양의 상태변화이다.
② 소성지수란 소성한계와 수축한계의 차이로 소성지수가 높으면 가소성이 커진다.
③ 수축한계란 수분 함량이 감소되더라도 더 이상의 토양용적이 감소하지 않는 시점의 함수비이다.
④ 가소성은 물체에 힘을 가했을 때 파괴되지 않고 모양이 변화되고, 힘이 제거된 후에도 원형으로 돌아가지 않는 성질이다.

해설 소성한계(최소수분)와 액성한계(최대수분) 사이를 소성지수라고 한다. 소성지수가 높으면 가소성이 커서 노상토로 좋지 않다.

97. 다음 중 구조물을 역학적으로 해석하고 설계하는 데 있어, 우선적으로 산정해야 하는 것은?

① 구조물에 작용하는 하중 산정
② 구조물에 발생하는 반력 산정
③ 구조물에 작용하는 외응력 산정
④ 구조물 단면에 발생하는 내응력 산정

해설 구조계산순서
구조물에 작용하는 하중 산정 → 반력산정 → 외응력 산정 → 내응력 산정 → 내응력과 재료의 허용강도의 비교

98. 평판측량의 특징으로 옳지 않은 것은?

① 외업에 많은 시간이 소요된다.
② 고저측량이 쉽게 행해진다.
③ 기계의 조작과 측량 방법이 간단하다.
④ 기후의 영향을 많이 받아 비가 오는 날이나 바람이 강한 날에는 측량이 곤란하다.

해설 평판측량의 부연설명
어떤 지역의 지형형상을 도면에 나타내기 위한 측량으로 도판에 붙여진 종이에 측량 결과를 직접 작도해 가는 측량이다. 기후의 영향을 받기 쉽고 정밀도가 좋지 않지만, 신속하고 측량 누락이 방지된다. 그리고 기구가 간편하여 모든 측량을 소화하는 등의 장점이 있다.

정답 94. ② 95. ③ 96. ② 97. ① 98. ②

99. 다음 지점(Supporting point)을 도해한 것 중 구분, 지점상태, 표시법이 모두 올바르게 연결된 것은?

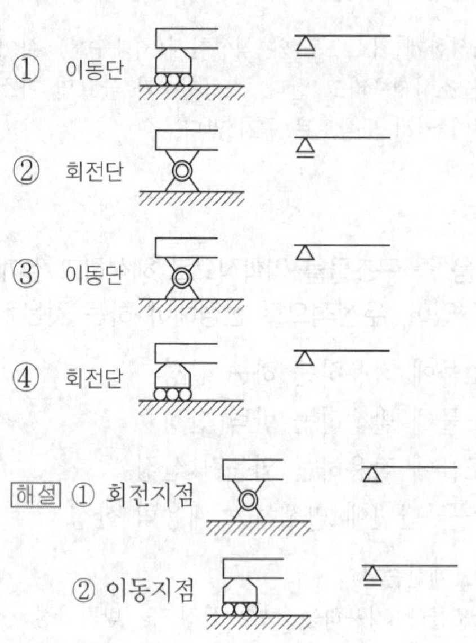

100. 그림과 같이 85m에서부터 5m 간격으로 증가하는 등고선이 삽입된 지형도에서 85m이상의 체적을 구한다면 약 얼마인가?(단, 정상의 높이는 108m이고, 마지막 1구간은 원추공식으로 구한다.

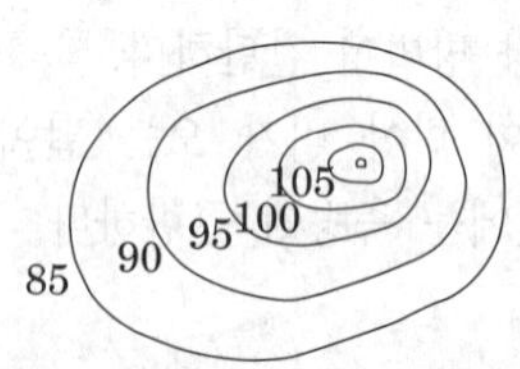

등고선의 면적

105m : $30.5m^2$
100m : $290m^2$
95m : $545m^2$
90m : $950m^2$
85m : $1525.5m^2$

① $12677m^3$　② $12707m^3$
③ $12894m^3$　④ $12516m^3$

해설 $V=\frac{h}{3}\{A_1+A_5+4(A_2+A_4)+2A_3\}+\frac{h'}{3}A_6$

여기서 h : 각 등고선의 높이, $A_1 \sim A_5$

$V=\frac{5}{3}\{1525.5+30.5+4(950+290)+2\times545\}$

$+\frac{3}{3}\times30.5$

$=12707.16667 \rightarrow 12707m^3$

■■■ **조경관리론**

101. 시멘트 콘크리트 포장을 보수를 위한 패칭(Patching)공법의 시공 내용으로 가장 부적합한 것은?

① 포장의 파손부분을 쓸어낸다.
② 깨끗이 쓸어낸 뒤 텍코팅한다.
③ 슬래브 및 노반의 면 고르기를 한다.
④ 필요 기간 동안 충분한 양생작업을 한다.

해설 텍코팅은 아스팔트포장에 대한 관련 내용이다.

102. 다음 중 생리적 반응 시 산성비료인 것은?

① 요소　② 중과인산석회
③ 염화칼륨　④ 용성인비

해설 생리적산성비료(physilolgically acidic fertilizer)

① 비료 자체의 반응이 아니라, 토양중에서 식물 뿌리의 흡수작용 또는 미생물이 작용을 받은 뒤 산성을 나타내는 비료 . 생리적 산성비료는 화학적 반응은 중성이나 식물이 비료성분을 흡수한 후에 산성의 부성분을 남겨 토양이 산성으로 되는 비료이다.

② 황산암모늄 · 염화암모늄 · 황산칼륨 · 염화칼륨 등의 비료성분 중 암모니아 · 칼륨 등은 식물에 흡수되고 황산기(基)와 염소 이온은 토양에 흡착되어 토양을 산성화시킨다.

103. 월동처와 병원체의 연결이 옳지 않은 것은?

① 기주의 체내 – 잣나무 털녹병균
② 병든 잎 – 낙엽송 잎떨림병균
③ 새운 가지 – 소나무류 가지마름병균
④ 토양 중 – 밤나무 줄기마름병균

해설 밤나무 줄기마름병균 – 병환부 또는 죽은 기주체에서 월동한다.

정답 99. ① 100. ② 101. ② 102. ③ 103. ④

104. 옥외 레크리에이션의 관리체계 중 서비스 관리체계에 영향을 주는 외적환경 인자가 아닌 것은?

① 전문가적 능력 ② 이용자 태도
③ 관리자의 목표 ④ 공중 안전

해설 옥외 레크리에이션 관리체계에 영향을 주는 외적환경인자
전문가적 능력, 이용자 태도, 관리자의 목표

105. 다음 중 네트워크공정표의 특징이 아닌 것은?

① 대형공사에서는 세부를 표현할 수 없다.
② 작성과 수정이 힘들다.
③ 작업간의 관계가 명확하다.
④ 중점관리를 할 수 있다.

해설 네트워크공정표
대형공사, 복잡한 중요공사에 사용되며 상호간의 작업관계가 명확하고 최적비용으로 공기단축이 가능하다. 단점으로는 공정표작성에 숙련을 요하며 변경과 수정에 많은 시간이 요구된다.

106. 공원관리비 예산책정에 있어 작업 전체비용이 30,000,000원이고, 작업률이 3년에 1회일 때 단위연도의 예산은?

① 10,000,000원 ② 90,000,000원
③ 30,000,000원 ④ 60,000,000원

해설 단위연도당 예산 = 전체작업비용× 작업률
$=30,000,000 \times \frac{1}{3}$ = 10,000,000원

107. 다음 토양에서 가장 유효도가 떨어지는 성분은?

① P ② Ca
③ N ④ K

해설 산성 토양에서 인산 고정 심한 것은 활성알루미늄 때문에 유효성이 떨어진다.

108. 잔디밭의 뗏밥(肥土)주기와 관련하여 가장 옳은 것은?

① 뗏밥에 타비료 혼합을 금지한다.
② 시기에 있어서 이른 봄 발아 전에 실시한다.
③ 5년마다 1회 정도 실시한다.
④ 두께는 40mm 정도로 한다.

해설 뗏밥주기
① 연간 1~2회 실시
② 소량으로 자주 사용하며, 2~4mm 두께로 사용한다.

109. 제초제의 선택성에 관여하는 생물적 요인이 아닌 것은?

① 생장점의 위치 ② 제초제 처리량
③ 잎의 각도 ④ 잎의 표면조직

해설 제초제 선택성 발휘에 영향하는 요인
① 식물적 요인 : 식물의 발육상태, 영양소의 공급, 식물의 건강상태, 식물의 품종, 농약의 상호작용
② 환경적 요인 : 빛, 온도, 강우량, 습도
③ 생물적 요인
· 식물의 형태적, 생리적 및 대사 차이에 따라 제초제의 흡수차이가 다름
· 형태적 요인 : 잎, 생장점, 초엽 및 중경, 뿌리 및 지하부 영양번식 기관의 차이
· 생리적 요인 : 제초제의 흡수·이행 및 대사에 따른 식물체내에서의 제초제의 불활성화
④ 물리적 요인 : 제초제의 처리 약량, 제형, 처리위치 및 방법

110. 어떤 약제 50%유제를 1,000배액으로 희석하여 ha당 2000L를 살포하려고 할 때, ha당 원액 소요량(cc)은?

① 5000 ② 2,000
③ 500 ④ 200

해설 $ha\text{당 원액 소요량} = \frac{ha\text{당 사용량}}{\text{사용희석배수}}$
$= \frac{2,000L}{1,000\text{배액}}$
$= 2L = 2,000cc$

정답 104. ④ 105. ① 106. ① 107. ① 108. ② 109. ② 110. ②

111. 부지관리에 있어서 이용자에 의해 생태적 악영향을 미치는 주된 원인으로 가장 거리가 먼 것은?

① 반달리즘(Vandalism)
② 요구도(Needs)
③ 무지(Ignorance)
④ 과밀이용(Over-Use)

해설 생태적 악영향을 미치는 주된 원인
① 반달리즘(Vandalism)
② 무지(Ignorance)
③ 과밀이용(Over-Use)

112. 해충에 대한 식물의 저항성 중 특히 해충의 생장이나 생존에 불리하게 작용하는 것은?

① 내성(tolerance)
② 항생성(antibiosis)
③ 항접근성(antigenosis)
④ 비선호성(nonpreference)

해설 해충이 먹었을 때 생리적으로 어떤 영향을 일시적으로나 영구히 일으키는 것으로, 항생성에는 가벼운 것부터 치사에 이르기까지 여러 가지 징후가 있음

113. 호두나무 옆에 다른 식물을 심으면 시들거나 죽는 현상을 무엇이라 하는가?

① 알레그라(allegra)
② 정균작용(fungistasis)
③ 알렐로패씨(allelopathy)
④ 이핵현상(heterokaryosis)

해설 알렐로파시(allelopathy, 타감작용)
① 어떤 생물이 떨어져 살고 있는 동종 또는 이종의 다른 생물체에 영향을 미치는 현상으로 원격작용(遠隔作用)이라고도 한다.
② 잘 익은 사과나 배의 과실에서 나오는 에틸렌이 미숙한 과실의 성숙을 촉진하거나, 또는 여러 가지 식물의 종자의 발아를 억제하거나 낙엽을 촉진시키는 현상 등이 해당한다.

114. 다음 중 식엽성 해충이 아닌 것은?

① 노랑쐐기 나방
② 오리나무잎벌레
③ 솔알락명나방
④ 잣나무넓적잎벌

해설 ③ 잣송이를 가해하는 소나무류 구과(毬果) 해충

115. 다음 일반적인 수목의 가지치기 내용 중 옳지 않은 것은?

① 늘어지거나 가지끼리 교차되어 미관상 좋지 않은 가지는 반드시 가지치기를 해야 한다.
② 가지치기는 낙엽 후부터 이른 봄 새싹이 트기 전에 실시하는 것을 원칙으로 하되, 상록활엽수는 절단면의 동해방지를 위해 겨울철에는 실시하지 않는다.
③ 당년에 나온 가지에 개화하는 수종은 일반적으로 여름에 가지치기를 실시한다.
④ 가지 중간을 자를 때에는 잠아를 유도하기 위한 경우를 제외하고 일반적으로 발아 육성하고자 하는 눈(芽) 위에서 가지치기를 한다.

해설 당년에 나온가지에 개화수종은 일반적으로 꽃이 진후 가지치기를 실시한다.

116. 일반적으로 성목을 이식한 직후 관리에서 가장 우선적으로 실시해야 되는 작업은?

① 시비와 관수
② 관수와 지주목 세우기
③ 병해충 방제 및 시비
④ 새끼감기와 멀칭

해설 성목을 이식 후 수목이 잘 정착할 수 있도록 관수와 지주목 세우기 등 실시한다.

정답 111. ② 112. ② 113. ③ 114. ③ 115. ③ 116. ②

117. 점토광물이 형태상의 변화 없이, 내·외부의 이온이 치환되어 점토광물 표면에 음전하를 갖게 하는 현상을 무엇이라 하는가?

① 동형치환 ② 변두리 전하
③ 잠시적 전하 ④ PH 의존전하

해설 동형치환
점토광물 결정의 기본적 구조는 변경시키지 않으면서 결정의 중심이온이 크기가 비슷한 다른 이온에 의하여 치환되는 현상

118. 콘크리트재 시설물의 균열을 줄이기 위한 대책으로 적당하지 않은 것은?

① 양생방법에 주의한다.
② 수축 이음부를 설치한다.
③ 수화열이 높은 시멘트를 선택한다.
④ 단위 시멘트량을 적게 한다.

해설 바르게 고치면
수화열이 낮은 시멘트를 선택한다.

119. 자연공원지역에서 제반 관리적 상황의 파악을 위한 적정 모니터링시스템이 갖춰야 할 사항에 해당하지 않는 것은?

① 영향을 유효 적절히 측정할 수 있는 지표의 설정
② 신뢰성 있고 민감한 측정의 기법 적용
③ 고비용의 정확한 측정모델의 선정
④ 측정 단위들의 합리적 위치 설정

해설 바르게 고치면
저비용의 정확한 측정모델의 선정

120. 조경수목을 가해하는 식엽성 해충에 해당하는 것은?

① 진딧물
② 솔껍질깍지벌레
③ 잣나무넓적잎벌
④ 솔잎혹파리

해설 진딧물, 솔껍질깍지벌레는 흡즙성해충, 솔잎혹파리는 충영형성해충에 포함된다.

정답 117. ① 118. ③ 119. ③ 120. ③

※ 본 기출문제는 수험자의 기억을 바탕으로 하여 복원한 문제이므로 실제 문제와 다를 수 있음을 미리 알려드립니다.

■■■ 조경사

1. 고대 로마시대의 별장이 아닌 것은?

① 빌라 라우렌티아나(Villa Laurentiana)
② 빌라 토스카나(Villa Toscana)
③ 빌라 하드리아나(Villa Hadrianus)
④ 빌라 감베라이아(Villa Gamberaia)

해설 빌라 감베라이아
17세기 르네상스시대 이탈리아 작품이다.

2. 우리나라 전남 남원의 광한루 지원(池苑)에 가장 많은 영향을 미친 사상은?

① 산악숭배사상 ② 신선사상
③ 도교사상 ④ 유교사상

해설 광한루 지원
삼신선도(봉래·영주·방장), 오작교, 신선사상을 가장 구체적으로 표현한 정원이다.

3. 겸창(鎌倉)시대의 정원에 도입된 잔산잉수(殘山剩數)의 수법이 아닌 것은?

① 굴곡진 연못가를 조성하여 시각차가 큰 감상 위주의 연못 조성
② 입석보다는 기교적인 석조 선택
③ 서재 앞에 자연석의 석조 배치
④ 다듬은 모양의 식재가 정원에 도입

해설 잔산잉수 (殘山剩數)
① 남송화(南宋畵)의 수법으로 풍경의 국부요소를 추출하여 재구성하는 것으로 경관을 상징적, 주관적으로 묘사하여 정원의장의 자유도를 높이고 예술성을 향상을 추구한다.
② 세부적 정원특징
- 연못안, 연못가, 폭포, 축산 등의 의도적인 석조에서 나타난다.
- 굴곡진 연못가를 조성하여 시각차가 큰 감상위주의 연못을 만듦
- 입석(立石)보다는 기교적인 석조를 택함
- 자연수형을 존중한 식재보다는 다듬은 모양의 식재가 도입

4. 중국 송(宋)나라 시대에 악명 높았던 화석강(花石綱)의 설명과 관련이 없는 내용은?

① 수산의 간악(艮嶽)을 건립
② 휘종과 주면
③ 화청궁과 천축석
④ 꽃나무와 태호석을 운반하는 배의 행렬

해설 화석강(花石綱)
중국 정원 조성에 필요한 꽃나무와 기이한 돌을(태호석)을 운반하는 배를 말한다.

5. 회양목 등으로 매듭 무늬를 만들어 매듭 안쪽의 공지에 여러 가지 색깔의 흙을 채워 넣는 방법과 화훼를 채워 넣는 방법이 나타난 시기는 어느 것인가?

① 고대 이집트 ② 메소포타미아
③ 중세 ④ 르네상스

해설 매듭화단(Knot)
① 중세에서 시작, 영국에서 크게 발달, 주목과 회양목 이용
② 종류
- open knot : 문양을 만든 후 사이 공간을 색채흙을 넣거나 그대로 두는 방법
- close knot : 문양을 만든 후 사이공간을 화훼류로 채우는 방법

6. 다음 중 정원의 형태를 자세히 묘사한 그림이 남아있지 않는 정원은?

① 담양 소쇄원 ② 구례 운조루
③ 영양 서석지 ④ 서울 옥호정

해설 ① 담양 소쇄원 – 소쇄원도
② 구례 운조루 – 오미동가도
③ 서울 옥호정 – 옥호정도

정답 1. ④ 2. ② 3. ③ 4. ③ 5. ③ 6. ③

7. 르네상스시대 이탈리아 정원에 관한 설명 중 틀린 것은?

① 지형, 기후적인 조건 등으로 구릉 위에 빌라를 세웠다.
② 필리니(Pliny the Younger)의 빌라에 관한 연구, 고대 로마의 빌라 영향을 받고 메디치가의 후원으로 융성했다.
③ 물이 풍부하여 주로 넓은 수면을 구성하여 반영, 반사의 효과를 도모했다.
④ 강한 축선, 흰대리석과 암록색 식물에 의한 콘트라스트, 조망 등을 중시했다.

해설 ③은 프랑스 정원의 특징이다.

8. 조선시대의 도읍은 풍수지리설의 영향으로 한양으로 정하여 졌다. 당시 한양의 진산이라고 볼 수 있는 것은?

① 북악산 ② 남산
③ 북한산 ④ 관악산

해설 진산
도읍지나 각 고을에서 그곳을 진호(鎭護)하는 주산(主山)으로 정하여 제사하던 산으로 한양의 진산은 북악산이다.

9. 한국의 누각과 정자에서 전통적인 경관처리 기법 중 가장 기본이 되는 개념은?

① 허 ② 취경
③ 읍경 ④ 다경

해설 ① 허(虛 : 비어있음)→ 주된기법
- 누정의 입지조건과 건물구조에 의해 허의 개념이 달성
- 높은 곳에서 조망이 가능하며 방이 없거나 문을 들어올릴 수 있어야함

② 취경 : 먼 곳의 경관을 경관을 한 점에 모아 즐김
③ 읍경 : 자연경관을 누정속으로 끌어들임
④ 다경 : 아름답고 다양한 경관

10. 16세기 이탈리아 르네상스식 별장 정원 가운데 제 1 노단에 정방형의 못이 있고 분수가 있는 중앙의 둥근 섬을 중심으로 하여 십자형의 4개의 다리가 놓여 있는 곳은?

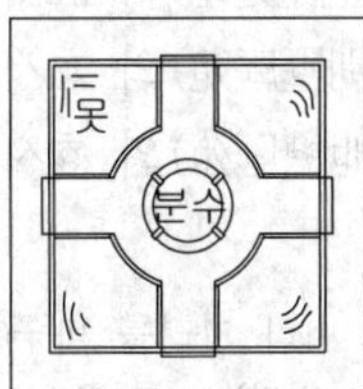

① 페렌체의 보볼리원(Giardino Boboli)
② 란테장(Villa Lante)정원
③ 에스테장(Villa d'Este)정원
④ 파르네제장(Villa Farnese)정원

해설 란테 빌라의 특징
① 카지노와 정원을 완벽하게 결합시킴
② 정원구성의 3대원칙인 총림과 수평적이고 분명한 테라스, 잘 가꾸어진 화단이 조화를 이룸
③ 4개의 노단 구성, 제1 테라스의 정방형의 연못, 제2테라스와 사이에 쌍둥이 카지노가 정원의 클라이막스를 이룸
④ 추기경의 테이블(연회용 테이블), 거인의 분수, 돌고래의 분수
⑤ 정원축과 연못축의 일치된 배열, 수경축이 정원의 중심적 설계요소

11. 인도의 정원에 관한 설명 중 옳지 않은 것은?

① 인도의 정원은 호외실(戶外室)로서의 역할을 할 수 있게 꾸며졌다.
② 회교도들이 남부 스페인에 축조해 놓은 것과 흡사한 생김새를 갖고 있다.
③ 중국이나 일본, 한국과 같이 자연풍경식이다.
④ 물과 녹음이 주요 정원 구성요소이며, 화훼보다 꽃나무류가 주로 쓰였다.

해설 바르게 고치면
인도의 정원은 정형식의 범주에 포함된다.

정답 7. ③ 8. ① 9. ① 10. ② 11. ③

12. 신라시대에 생겨난 사절유택(四節遊宅 : 東野宅, 谷良宅)에 대한 설명 중 옳은 것은?

① 주택정원(住宅庭苑)의 효시이다.
② 서원정원(書院庭苑)의 효시이다.
③ 별서정원(別墅庭苑)의 효시이다.
④ 지당정원(池塘庭苑)의 효시이다.

해설 사절유택
① 계절에 따라 자리를 바꾸어 가며 놀이 즐김(귀족의 별장)
② 봄 : 동야택, 여름 : 곡양택, 가을 : 구지택, 겨울 : 가이택

13. 창덕궁 후원의 관람정과 유사한 형태의 중국 정자(亭子)는?

① 유원의 관운정
② 졸정원의 견산루
③ 사자림의 사자정
④ 창랑정의 간산루

해설 부채꼴 모양의 정자
① 졸정원(중국, 명나라) – 여수동좌헌
② 사자림(중국, 원나라) – 사자정
③ 창덕궁후원(한국, 조선시대) – 관람정

14. 다음 일본의 고산수(枯山水)정원의 성립에 가장 크게 영향을 끼친 사상은?

① 선사상(禪思想)
② 신도사상(神道思想)
③ 신선사상(神仙思想)
④ 정토사상(淨土思想)

해설 일본의 고산수정원은 중국의 참선을 중시하는 선사상에서 유래되었다.

15. 도산서원에 퇴계선생이 단을 만들어 매(梅), 죽(竹), 송(松), 국(菊)을 심고 그 단을 무엇이라 하였는가?

① 정우단(淨友壇)
② 절우사(節友社)
③ 사우단(四友壇)
④ 매선단(梅仙壇)

해설 절우사(節友社)
도시 서원에 이황의 절개와 지조는 나타나는 매, 죽, 송, 국을 심은 정원인 절우사가 있다.

16. 세계적인 문화유산 "종묘"에 대한 설명 가운데 옳지 않은 것은?

① 강한 유교 정신이 표현된 절제된 공간이다.
② 향대청, 공신당, 칠사당 등의 부속건물이 있다.
③ 정전 뒤쪽 화계에는 화목류나 과목류의 나무를 심었다.
④ 제향공간이므로 연못의 섬에는 소나무 대신 향나무를 심었다.

해설 종묘는 주변에 울창한 원림 형성, 신궁(神宮)이므로 화계·정자·괴석·화목은 배치하지 않았다.

17. 중국의 낙양가람기에 전해지는 정원으로 대해와 같은 연못을 파서 뱃놀이를 즐기고, 연못 중앙의 봉래산에는 선인관을 지었다는 곳은?

① 졸정원 ② 이화원
③ 화림원 ④ 원명원

해설 화림원
남북조시대에 남조의 화림원을 계승하였고 북조는 양현지의 낙양가람기에 묘사되어 불교와 도교가 성행하며 정원에 영향을 주었다.

정답 12. ③ 13. ③ 14. ① 15. ② 16. ③ 17. ③

18. 경복궁 자경전의 서쪽 화담의 벽화문양에 표현되지 않은 식물은?

① 매화　　② 소나무
③ 국화　　④ 대나무

해설 자경전 서쪽담
만수(萬壽)의 문자와 꽃무늬는 내벽에 장식되고 외벽에는 거북문, 모란, 매화, 국화, 대나무 등이 장식되어 있다.

19. 서원 옆을 흐르는 계류의 물을 서원 안으로 끌여들여 수(水)경관 요소로 삼은 곳은?

① 심곡서원　　② 도동서원
③ 옥산서원　　④ 병산서원

해설 도동서원
① 위치 : 경상북도 달성군 도동리
② 지형 : 서원의 뒤쪽은 대니산, 앞은 낙동강이 동북쪽에서 흘러내려 서원이 자리잡은 마을을 끼고 서남쪽으로 휘몰아 나감

20. 중세 유럽의 수도원 정원은 흔히 회랑식 중정이라고 불렸는데 다음 중 이와 유사한 정원 형식은?

① 고대로마의 지스터스
② 고대로마의 페리스틸리움
③ 고대로마의 아트리움
④ 고대로마의 포르티크스

해설 고대로마의 페릴스틸리움
제2중정이자 주정으로 주랑식 중정으로 되어 있으며 가족을 위한 사적 공간이다.

■■■ 조경계획

21. 개인적 공간(personal space)에 대한 설명으로 틀린 것은?

① 동물에서도 나타난다.
② 주거지의 범죄율을 낮추기 위하여 Newman은 이 개념을 적용하였다.
③ Hall은 인간을 상대로 하여 4종류의 대인간격으로 구분하였다.
④ 개인의 주변에 형성되어 보이지 않는 경계를 지닌 공간이라 할 수 있다.

해설 주거지의 범죄율을 낮추기 위하여 Newman은 이 개념을 적용한 것은 영역성과 관련된 내용이다.

22. 국립공원, 관광지 등의 계획을 위한 토지이용계획시 가장 보편적인 계획 과정은?

① 종합배분 → 적지분석 → 토지이용분류
② 토지이용분류 → 적지분석 → 종합배분
③ 적지분석 → 토지이용분류 → 종합배분
④ 토지이용분류 → 종합배분 → 적지분석

해설 토지이용계획의 보편적인 과정
토지이용분류 → 적지분석 → 종합배분

23. 연간 50만명이 유입되는 3계절형 관광지의 한 시설로 최대 일률이 1/60이 적용된다. 이 시설의 최대일 이용객의 평균 체류시간은 3시간(회전율 : 1/1.9)이고, 시설이용률은 30%이며, 단위 규모는 $2m^2$이다. 이 시설의 규모는? (단, 소수 두 번째 자리 미만은 버린다.)

① $2255.0m^2$　　② $2631.5m^2$
③ $3947.5m^2$　　④ $5263.0m^2$

해설 $500{,}000 \times \frac{1}{60} \times \frac{1}{1.9} \times 0.3 \times 2 = 2631.5789$
$\rightarrow 2{,}631.5m^2$

정답 18. ② 19. ② 20. ② 21. ② 22. ② 23. ②

24. 도시공원 및 녹지 등에 관한 법률에 규정된 정숙한 장소로 장래 시가화가 예상되지 아니하는 자연녹지지역에 설치하는 묘지공원의 최소 규모 기준은?

① $50000m^2$ ② $100000m^2$
③ $300000m^2$ ④ $1000000m^2$

해설 묘지공원
① 설치기준 : 정숙한 장소, 자연녹지지역에 설치
② 공원면적 : $100,000m^2$ 이상
③ 공원시설의 설치면적은 : 20% 이상

25. 우리나라 자연공원 지정기준에 맞지 않는 것은?

① 자연생태계 ② 자연경관
③ 해안보존 ④ 위치 및 이용편의

해설 우리나라 자연공원 지정기준
자연생태계, 자연경관, 문화경관, 위치 및 이용편의, 지형보존

26. 도시공원 및 녹지 등에 관한 법률에서 도시공원의 점용허가를 받지 않아도 되는 것은?

① 산림의 간벌
② 토석의 채취
③ 물건의 적치
④ 죽목의 벌채·재식

해설 도시공원의 점용허가를 받아야하는 행위
① 공원시설 외의 시설·건축물 또는 공작물을 설치하는 행위
② 토지의 형질변경
③ 죽목의 벌채·재식
④ 토석의 채취
⑤ 물건의 적치
다만, 산림의 간벌 등 대통령령이 정하는 경미한 행위의 경우에는 제외된다.

27. 국토의 계획 및 이용에 관한법률에 의하여 관리지역을 구분, 지정하여 도시 관리계획으로 결정할 수 없는 지역은?

① 보전 관리지역
② 경관 관리지역
③ 생산 관리지역
④ 계획 관리지역

해설 국토의 계획 및 이용에 관한법률에 의하여 관리지역을 구분
보전관리지역, 생산관리지역, 계획관리지역

28. 스타이니츠(Steinitz)는 도시 환경에서의 형태와 행위 사이의 일치성을 세가지 유형으로 분류하였다. 다음 중 거리가 먼 것은?

① 영향의 일치성
② 밀도의 일치성
③ 타입의 일치성
④ 강도의 일치성

해설 스타이니츠의 형태와 행위의 일치성
타입의 일치성, 밀도의 일치성, 영향의 일치성

29. 다음 중 조경계획 및 설계의 3대 분석과정에 해당하지 않는 것은?

① 물리·생태적 분석
② 환경영향평가 분석
③ 사회·행태적 분석
④ 시각·미학적 분석

해설 조경계획 및 설계의 3대 분석과정
물리생태적분석, 사회행태적분석, 시각미학적분석

정답 24. ② 25. ③ 26. ① 27. ② 28. ④ 29. ②

30. 「경관계획수립지침」에서 구분하는 경관자원의 유형 중 〈보기〉에서 설명하고 있는 것으로 옳은 것은?

주요 건물 및 시설물, 상징가로, 광장, 기념물, 주요 주거경관·상업업무경관·공업경관 자원 등

① 시가지경관자원
② 도시기반시설경관자원
③ 역사문화경관자원
④ 산림경관자원

해설 경관자원유형

유형	종류
자연경관 자원	주요 지형, 산림, 하천, 호수, 해변 등
산림경관 자원	주요 식생현황, 보안림, 마을숲 및 보전대상 산림 등
농산어촌 경관자원	주요 경작지, 농업시설, 염전, 갯벌, 포구, 취락지, 마을공동시설 등
시가지 경관자원	주요 건물 및 시설물, 상징가로, 광장, 기념물, 주요 주거경관·상업업무경관·공업경관 자원 등
도시기반 시설경관 자원	도로, 철도 등
역사문화 경관자원	지역고유의 경관을 나타내는 성곽, 서원, 전통사찰(경내지 포함) 등의 문화재와 그 밖의 한옥, 근대건축물, 역사적문화적 기념물 등

31. 「도시숲 등의 조성 및 관리에 관한 법률」 제2조에서 정의하고 있는 생활숲의 유형을 바르게 나열한 것은?

① 마을숲, 경관숲, 학교숲
② 가로숲, 마을숲, 경관숲
③ 경관숲, 학교숲, 가로숲
④ 마을숲, 학교숲, 자투리숲

해설 생활숲
마을숲, 경관숲, 학교숲

32. 「수목원·정원의 조성 및 진흥에 관한 법률」상 내용으로 옳은 것은?

① 정원을 운영하는 자는 입장료 및 시설사용료를 받을 수 없다.
② 정원은 문화재, 자연공원, 도시공원 등 대통령령으로 정하는 공간을 포함한다.
③ 수목원·정원진흥기본계획을 매 10년마다 수립·시행하여야 한다.
④ 수목원은 조성 및 운영 주체에 따라 국립수목원, 공립수목원, 사립수목원, 학교수목원으로 구분한다.

해설 바르게 고치면
① 정원을 운영하는 자는 입장료 및 시설사용료를 받을 수 있다.
② 정원은 문화재, 자연공원, 도시공원 등 대통령령으로 정하는 공간을 제외한다.
③ 수목원·정원진흥기본계획을 매 5년마다 수립·시행하여야 한다.

33. 주거지역에 위치한 10,000m^{2}의 대지에 신축 공장을 건폐율 40%의 3층 건물로 건축하였다. 건축법 시행령에 의거한 최소 조경면적은? (단, 해당 지방자치단체의 조례에서 정한 기준은 연면적 합계가 2000m^2 이상은 대지면적의 10%로 한다.)

① 500m^2　② 1,000m^2
③ 1,500m^2　④ 2,000m^2

해설 연면적은 건물면적×층수 = 4,000×3층 = 12,000m^2 이므로 대지면적의 10%를 조경면적으로 정함
따라서, 최소조경면적 = 대지면적×10%
= 10,000m^2×10%
= 1,000m^2

정답 30. ① 31. ① 32. ④ 33. ②

34. 미적반응(aesthetic response) 과정이 올바른 것은?

① 자극선택 → 자극탐구 → 반응 → 자극해석
② 자극선택 → 자극탐구 → 자극해석 → 반응
③ 자극탐구 → 자극선택 → 반응 → 자극해석
④ 자극탐구 → 자극선택 → 자극해석 → 반응

해설 버라인의 미적반응 과정
자극탐구 → 자극선택 → 자극해석 → 반응

35. 보행자도로와 차도를 동일한 공간에 설치하고 보행자의 안정성을 향상하는 동시에 주거환경을 개선하기 위하여 차량통행을 억제하는 여러 가지 기법을 도입하는 방식은?

① 보차분리방식 ② 보차병행방식
③ 보차공존방식 ④ 보차혼용방식

해설 보차분리체계

보차혼용 방식	• 보행자통행에 대한 보행이 도입되지 않는 방식 • 보행자의 안전이 위협받을 가능성이 큰방식
보차병행 방식	보행자는 도로 측면을 이용하도록 차도 옆에 보도가 설치된 방식
보차분리 방식	보행자전용도로를 일반도로와 평면적으로 입체적 혹은 시간적으로 분리하여 별도의 공간에 설치하는 방식
보차공존 방식	차와 사람을 단순히 분리한다는 개념에서 한걸음 더 나아가 보행자의 안전을 확보하면서 차와 사람을 공존시킴으로써 주택단지의 내부도로를 단순한 교통시설이 아닌 주민생활의 중심장소로 만든다는 개념

36. 도시공원 및 녹지 등에 관한 법률 및 동법 시행규칙에서 정의한 공원시설이 아닌 것은?

① 매점, 화장실 등의 이용자를 위한 편익시설
② 야외사격장, 골프장(9홀) 등의 운동시설
③ 관리사무소, 울타리 등의 공원관리시설
④ 박물관, 야외음악당 등의 교양시설

해설 운동시설(도시공원 및 녹지 등에 관한 법률 시행규칙)
「체육시설의 설치·이용에 관한 법률 시행령」 운동종목을 위한 운동시설. 다만, 무도학원·무도장 및 자동차경주장은 제외하고, 사격장은 실내사격장에 한하며, 골프장은 6홀 이하의 규모에 한한다.

37. 일반적인 설계의 개념 짓기 순서가 옳게 나열된 것은?

① 개념의 형성 → 관념의 인식 → 아이디어 만들기 → 개념적 시나리오 작성
② 아이디어 만들기 → 개념적 시나리오 작성 → 관념의 인식 → 개념의 형성
③ 관념의 인식 → 아이디어 만들기 → 개념의 형성 → 개념적 시나리오 작성
④ 개념적 시나리오 작성 → 아이디어 만들기 → 관념의 인식 → 개념의 형성

해설 설계의 개념 짓기 순서
관념의 인식 → 아이디어 만들기 → 개념의 형성 → 개념적 시나리오 작성

38. 다음 중 식생군락조사를 위한 군락측도 방법 중 정성적 측도에 해당되는 것은?

① 빈도(frequency) ② 밀도(density)
③ 군도(sociability) ④ 우점도(dominance)

해설 군도(sociability)
개개의 식물이 조사구 내에서 어떻게 배분되어 있는가를 조사할 때 사용된다. 피도의 다소(多少)와는 관계없이 개체의 배분상태만이 대상이 된다.

정답 34. ④ 35. ③ 36. ② 37. ③ 38. ③

39. 다음 S.Gold가 구분한 레크리에이션 계획 접근방법 중 맥하그(Ian McHarg)가 주장하는 생태학적 결정론과 가장 관련 깊은 접근방법은?

① 자원접근(Resource approach)
② 행위접근(Activity approach)
③ 행태접근(Behavioral approach)
④ 경제적 접근(Economic approach)

해설 맥하그의 생태적결정론은 레크레이션 계획 접근방법 중 자원접근법과 관련된다.

40. 아파트 주거 단지내 가로망 기본 유형별 특성 중 격자형 가로망의 특징이 아닌 것은?

① 통과교통이 적어져 주거환경의 안전성이 확보된다.
② 토지이용상 효율적이며, 평지에서 정지작업이 용이하다.
③ 경관이 단조로우며, 지형의 변화가 심한 곳에서는 급한 경사가 발생한다.
④ 일조상 불리하며, 접근로에 혼돈이 유발된다.

해설 격자형 도로 계획은 도심지와 고밀도 토지이용에 적합하다. ①은 대로형의 특징이다.

■■■ 조경설계

41. 명도가 5, 채도가 6인 빨간색의 먼셀 색표기가 옳은 것은?

① R5 5/6 ② 5R 6/5
③ R5 6/5 ④ 5R 5/6

해설 먼셀 색표기
색상, 명도/ 채도 순이다.

42. 소점을 가장 많이 사용한 투시도는?

① 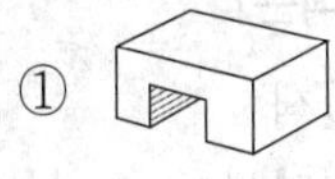 ② 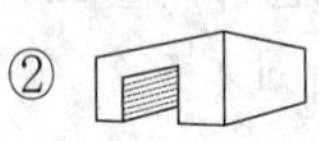

③ 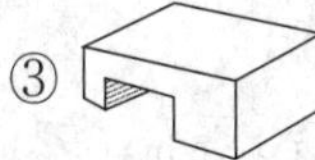 ④ 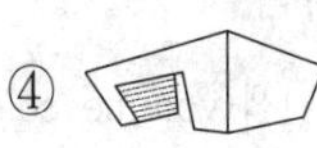

해설 ①②③은 2소점투시도, ④은 3소점 투시도이다.

43. 때로는 따뜻하게, 때로는 차갑게 느껴지는 중성색이 아닌 것은?

① 연두 ② 흰색
③ 보라 ④ 초록

해설 중성색
차가운색 옆에 있으면 차갑게 보이거나, 따뜻한 색 옆에 있으면 따뜻하게 느껴지는 색으로 보라색이나 녹색계통의 색이 해당된다.

44. 식물의 텍스처(texture)에 대한 경관적 특성 및 이용방안에 관한 설명 중 잘못된 것은?

① 거친 질감(coarse texture)은 눈에 잘 띄고 윤곽이 굵으며 진취적이어서 초점 혹은 강조용으로 쓰인다.
② 거친 질감의 식물이 많으면 공간상에서 시각적으로 흡수되는 것 같아 옥외 공간이 실제보다 커 보이는 경향이 있다.
③ 중간 질감(Medium texture)은 거친 질감과 고운질감을 이어주는 전이 요소로서의 역할로 적절하다.
④ 고운 질감(fine texture)의 식물은 단정하고 정교한 정형적 특성을 나타내는데 적합하다.

해설 바르게 고치면
거친질감의 식물은 공간상 초점과 강조역할을 하므로 공간이 실제보다 작아보이는 경향이 있다.

정답 39. ① 40. ① 41. ④ 42. ④ 43. ② 44. ②

45. 유리병 속의 액체나 얼음덩어리처럼 공간의 투명한 부피를 느끼게 하는 색은?

① 물체색 ② 공간색
③ 투과색 ④ 투명면색

해설 공간색(volume color, 空間色)
유리컵 속의 물처럼 용적 지각을 수반하는 색. 색의 존재감을 내부에서도 느낄 수 있는 한 예로 수영장의 물색을 들 수 있다. 용적색이라고도 한다.

46. 야외공연장 설계시 고려해야 할 사항으로 틀린 것은?

① 객석에서의 부각은 30° 이하가 바람직하며 최대 45°까지 허용한다.
② 객석의 전추영역은 표정이나 세밀한 몸짓을 이상적으로 감상할 수 있는 생리적 한계인 15m 이내로 한다.
③ 평면적으로 무대가 보이는 각도(객석의 좌우영역)는 104 ~ 108° 이내로 설정한다.
④ 이용자의 집·분산이 용이한 곳에 배치하며, 공연설비 및 기구 운반을 위해 비상차량 서비스 동선에 연결한다.

해설 객석의 부각은 15° 이하가 바람직하며 최대 30° 까지 허용된다.

47. 다음 저드가 유형화한 색채조화의 원리 중 [보기]의 설명이 가리키는 것은?

> [보기]
> 이는 균등하게 구분된 색공간에 기초를 둔 오스트발트나 문, 스펜서의 조화론에 근거한 것으로, 색공간 내부의 규칙적인 선이나 원위에서 선정된 어떠한 색도 조화한다는 원리이다. 이는 색채조화의 가장 기본으로 정착된 원리의 하나이다.

① 질서의 원리 ② 명료의 원리
③ 친근성의 원리 ④ 유사성의 원리

해설 저드(D.B. judd)의 색채조화론
① 질서의 원리 : 규칙적으로 선택된 색은 조화롭다.
② 유사성의 원리 : 어떤색이라도 공통성이 있으면 조화롭다.
③ 친근성의 원리 : 자연계처럼 사람에게 알려진 색은 조화롭다.
④ 명료성의 원리 : 여러색의 관계가 애매하지 않고 명쾌한 것이면 조화롭다.

48. 다음 중 조경공간의 휴게시설물의 설명으로 틀린 것은?

① 그늘시렁(퍼걸러)는 조형성이 뛰어난 것을 시각적으로 넓게 조망할 수 있는 곳이나 통경선이 끝나는 곳에 초점요소로서 배치할 수 있다.
② 그늘막(셜터)는 처마 높이를 2.5 ~ 3m를 기둥으로 설계한다.
③ 의자는 휴지통과의 이격거리 0.9m 정도 공간을 확보한다.
④ 앉음벽은 긴 휴식에 적합한 재질과 마감방법으로 설계하며, 앉음벽의 높이는 24~ 35cm를 원칙으로 한다.

해설 앉음벽의 높이는 34~46cm이다.

49. 팽이나 레코드판과 같은 회전원판을 일정 면적비의 부채꼴로 나누어 칠해 회전시키면, 표면의 색들은 혼색되어 하나의 새로운 색이 보이게 되며, 이 색은 밝기와 색에 있어서 원래 각 색지각의 평균값으로 나타난다. 이 혼색방법은?

① 색광혼색 ② 감법혼색
③ 중간혼색 ④ 병치가법혼색

해설 ① 가법혼색 : 색광을 혼합하여 새로운 색을 만듬
② 중간혼색 : 혼색결과가 색의 밝기와 색이 평균값으로 보이는 혼합으로 종류에는 계시가법혼색, 병치가법혼색이 있다.
③ 감법혼색 : 색료의 혼합에 의하여 새로운 색을 만듬

정답 45. ② 46. ① 47. ① 48. ④ 49. ③

50. 투상도의 종류 중 X, Y, Z의 기본 축이 120° 씩 화면으로 나누어 표시되는 것은?

① 이등각 투상도 ② 부등각 투상도
③ 유각 투시도 ④ 등각 투상도

해설 등각투상도
① 아이소메트릭(isometric axis)
② 물체의 옆면 모서리가 수평선과 30°가 되도록 회전시켜서, 세 모서리가 이루는 각이 모두 120°가 되도록 그린 투상도를 말한다.

51. 다음 중 환경조형시설의 일반적인 조경설계 기준으로 옳지 않은 것은?

① 「문화예술진흥법」에 따른 미술장식품과 설계대상공간에 대중적 문화예술품으로 설치되는 환경조형시설의 설계에 적용한다.
② 기능성 환경조형물은 시계탑, 조명기구, 문주 등 본래 시설물이 자니는 기능은 충족시키면서 덧붙여 조형적 가치와 의미가 충분히 발휘되도록 설계한 환경조형물이다.
③ 기능성 환경조형시설은 놀이기능(조형놀이시설), 어귀의 식별성(공원이나 단지의 문주), 공간의 분리(장식벽) 등의 본래의 기능 발휘에 충실하여야 한다.
④ 시각적 특성과 관람자의 호기심을 유도하기 위해 조형물 전체를 감상하기 위해서는 시설물 높이의 1~2배의 관람거리를 확보한다.

해설 시각적 특성 관람자의 시선을 확보한다. 조형물 전체를 감상하기 위해서는 시설물 높이의 2~3배의 관람 거리를 확보한다.

52. 다음 중 반지름 치수 기입 방법으로 옳은 것은?

① 반지름 치수는 중심을 반드시 표시하여 기입해야 한다.
② 반지름 치수를 표시할 때에는 치수선의 양쪽에 화살표를 모두 붙인다.
③ 화살표나 치수를 기입할 여유가 없을 경우에는 중심 방향으로 치수선을 연장하여 긋고 화살표를 붙인다.
④ 반지름이 커서 그 중심 위치까지 치수선을 그을 수 없을 때에는, 자유 실선을 원호 쪽에 사용하여 치수를 표기 한다.

해설 반지름의 표시방법
① 반지름의 치수는 반지름의 R을 치수 수치 앞에 치수 숫자와 같은 크기로 기입한다. 다만 반지름을 나타내기 위한 치수선을 원호의 중심까지 긋는 경우에는 이 기호를 생략해도 좋다. (예, R30이나 30 가능)
② 원호의 반지름을 나타내기 위한 치수선은 원호쪽에만 화살표를 붙이고 중심쪽에는 붙이지 않는다.
③ 반지름의 치수를 나타내기 위하여 원호의 중심 위치를 표시할 필요가 있는 경우 +자 또는 검은 둥근점으로 그 위치를 나타낸다. 반지름이 큰 원호의 중심 위치를 나타낼 필요가 있을 경우 그 반지름의 치수선을 꺾어도 좋다. 이 경우 치수선의 화살표가 붙은 부분은 정확히 중심을 향하고 있어야한다.

53. 축척 1/100의 도면을 축척 1/300의 도면으로 만들고자 한다. 축척 1/100에서 크기 A를 갖는 도형은 축척 1/300에서 그 크기가 얼마나 되는가?

① $\frac{1}{6}$A ② 3A
③ $\frac{1}{3}$A ④ $\frac{1}{9}$A

해설 $\left(\frac{1}{100}\right)^2 : A = \left(\frac{1}{300}\right)^2 : x$

$x = \frac{1}{9}A$

정답 50. ④ 51. ④ 52. ③ 53. ④

54. 다음 중 운동시설의 설계기준에 대한 설명 중 틀린 것은? (단, 조경설계기준을 적용한다.)

① 배드민턴 경기장의 규격은 세로 23.77m, 가로는 복식 10.97m, 단식 8.23m이다.
② 게이트볼장에 설치되는 게이트의 개수는 3개이며, 지면에서 20cm 높이로 설치한다.
③ 옥외에 설치된 게이트볼장의 경우 배수를 위해 0.5%까지 기울기를 둔다.
④ 배드민턴장의 라인은 4cm 폭의 백색 또는 황색 선으로 그리고 네트 포스트의 높이는 코트표면으로부터 1.55m로 설치한다.

해설 배드민턴 경기장의 규격은 세로 13.4m, 가로는 6.1m

55. 빛에 대한 설명으로 옳은 것은?

① 가시광선에서 파장이 긴 부분은 푸른색을 띤다.
② 가시광선의 범위는 380nm에서 780nm라고 한다.
③ 분광된 빛을 프리즘에 통과시키면 또 분광이 된다.
④ 자외선은 열적작용을 하므로 열선이라고도 한다.

해설 바르게 고치면
① 가시광선의 파장이 긴 부분은 붉은색을 띤다.
③ 분광된 빛은 다시 프리즘에 통과시켜도 분광되지 않으므로 단색광이라고 한다.
① 적외선은 열적작용을 하므로 열선이라고도 한다.

56. 자전거도로에서 해당 자전거의 설계속도가 30(킬로미터/시)일 경우 확보해야 할 최소 곡선반경(미터)기준은?(단, 자전거 이용시설의 구조·시설 기준에 관한 규칙을 적용한다.)

① 15 ② 20
③ 27 ④ 35

해설 곡선반경

설계속도	곡선반경(m)
30 이상	27
20 이상~30 미만	12
10 이상~20 미만	5

57. 정수비(整數比), 급수비(級數比), 황금비(黃金比)와 같은 비율과 도형상의 색채차라든가 질감에 있어서의 강약까지 포함하여 비례의 안정을 찾는 것을 무엇이라 하는가?

① 점층(漸層)
② 반복(反復)
③ 대조(對照)
④ 비대칭균형(非對稱均衡)

해설 비대칭균형
무게중심의 변화를 통해 비대칭균형을 이룬 경우를 말한다.

58. 시각적으로 일어나는 착각현상인 착시가 잘 나타나는 예로 틀린 것은?

① 길이의 착시 ② 면적의 착시
③ 방향의 착시 ④ 형태의 착시

해설 착시현상
길이의 착시, 면적의 착시, 방향의 착시

59. 자연의 형태에서 찾아볼 수 있는 피보나치 수열(Fibonacci Sequence)에 대한 설명이다. 틀린 것은?

① 레오나르도 피보나치가 1200년경 발견하였다.
② 원형울타리의 길이를 계산하는데 사용될 수 있다.
③ 식물의 잎차례나 해바라기 씨에 의해 만들어지는 나선형에서 찾아볼 수 있다.
④ 수학적으로는 각 수는 그것을 앞서는 2개의 수의 합인 연속의 수를 말한다.

정답 54. ① 55. ② 56. ③ 57. ④ 58. ④ 59. ②

해설 피보나치 수열이란 레오나르도 피보나치(1170~1250)는 이탈리아의 수학자가 수열을 처음 발견했으며, 앞의 두 수의 합이 바로 뒤의 수가 되는 수의 배열을 말한다. 피보나치의 수열은 자연 속의 꽃잎의 수나 잎차례, 해바라기 씨앗의 개수와 일치하고, 앵무조개에서도 찾아볼 수 있다.

60. 장애인 등의 통행이 가능한 접근로를 설계하고자 할 때 기준으로 틀린 것은? (단, 장애인·노인·임산부 등의 편의증진 보장에 관한 법률 시행규칙을 적용한다.)

① 가로수는 지면에서 2.1미터까지 가지치기를 하여야 한다.
② 접근로의 기울기는 10분의 1이하로 하여야 한다.
③ 휠체어사용자가 통행할 수 있도록 접근로의 유효 폭은 1.2미터 이상으로 하여야 한다.
④ 접근로와 차도의 경계부분에는 연석 · 울타리 기타 차도와 분리할 수 있는 공작물을 설치하여야 한다.

해설 접근로의 기울기는 18분의 1이하로 하여야 한다. 다만, 지형상 곤란한 경우에는 12분의 1까지 완화할 수 있다.

■■■ 조경식재

61. 느릅나무과에 속하는 팽나무의 학명은?

① *Zelkova serrata*
② *Ulmus davidiana*
③ *Celtis sinensis*
④ *Aphananthe aspera*

해설 ① 느티나무
② 느릅나무
③ 팽나무
④ 푸조나무

62. 쌍자엽식물과 단자엽식물의 일반적인 특징을 비교한 것으로 옳지 않은 것은?

	형질	쌍자엽	단자엽
㉠	부름켜	있음	없음
㉡	잎맥	대기 망상맥	대개 평행맥
㉢	뿌리계	1차근과 부정근	부정근
㉣	줄기의 유관속	산재 또는 2~다환배열	환상배열

① ㉠　② ㉡
③ ㉢　④ ㉣

해설 · 쌍자엽식물 – 원형의 형성층이 줄기 내부에 있고 관다발이 형성층을 따라 환상배열하고 있다.
· 단자엽식물 – 형성층이 없고 줄기 내부에 관다발이 불규칙적으로 배치되어 있다.

63. 옥상조경에 사용되는 경량재(輕量材)토양의 특성에 대한 설명 중 옳지 않은 것은?

① 화산모래는 다공질로서 통기성, 투수성이 좋다.
② 펄라이트는 염기성치환용량이 커서 보비성이 크다.
③ 버미큘라이트는 흑운모, 변성암을 고온으로 소성한 것으로 보수성, 통기성, 투수성이 좋다.
④ 피트모스는 한랭한 습지의 갈대나 이끼가 흙속에서 탄소화 된 것으로 보수성, 투수성, 통기성이 좋고 산도가 높다.

해설 펄라이트는 염기성 치환용량이 작아 보비성이 없다.

정답 60. ② 61. ③ 62. ④ 63. ②

64. 종자의 품질을 알아보기 위해 순정종자의 무게를 측정한 결과 종자시료 100g 중에서 순정종자는 50g이었다. 또한 임의로 160개의 순정종자만을 골라 발아를 시켜보았더니 80개가 발아하였다. 그렇다면 종자의 효율은?

① 25% ② 50%
③ 75% ④ 80%

해설 ① 순량율 = $\frac{50}{100} \times 100 = 50\%$

② 발아율 = $\frac{80}{160} \times 100 = 50\%$

③ 종자의 효율 = $\frac{\text{순량율} \times \text{발아율}}{100}$

$= \frac{50 \times 50}{100} = 25\%$

65. 다음 각 수종에 대한 설명으로 옳지 않은 것은?

① 회양목 : 상록수이며 전정에 강하여 토피아리로 이용한다.
② 먼나무 : 자웅이주이며 붉은 열매가 열린다.
③ 송악 : 과명은 포도과이며 상록활엽만경목이다.
④ 붓순나무 : 열매는 골돌과, 6~12개의 삭편이 바람개비처럼 배열된다.

해설 송악 : 두릅나무과의 상록활엽만경목

66. 수목의 개화결실 촉진기술로 주로 사용하지 않는 것은?

① 접목법 ② 환상박피
③ 콜히친 처리 ④ 지베렐린 처리

해설 콜히친처리
염색체를 분리하는 가장 효율적인 방법

67. 도시 생태계의 일반적인 특징이 아닌 것은?

① 생태계 구조의 단순화
② 잡식성 동물종의 우점도 증가
③ 귀화식물 등 불건전한 특유의 종 출현
④ 원예종 위주의 증가로 생물종 다양성 증가

해설 도시 생태계는 단순한 생태구조에 의해 생물종 다양성도 감소한다.

68. 가을철 붉은색으로 단풍이 드는 수종이 아닌 것은?

① *Rhus tricocarpa*
② *Prunus sargentii*
③ *Acer pictum subsp. mono*
④ *Diospyros kaki*

해설 ① 개옻나무 : 붉은색단풍
② 산벚나무 : 붉은색단풍
③ 고로쇠나무 : 노란색단풍
④ 감나무 : 붉은색단풍

69. 블라운 블랑케(Braun-Blanquet)의 식생조사법에서 교목림의 조사면적으로 가장 적당한 것은?

① 50~100m^2
② 150~500m^2
③ 500~1000m^2
④ 1000~2000m^2

해설 블라운 블랑케의 식생조사면적

	교 목 림	관 목 림
조사면적(m^2)	200(150) ~500	50~200

정답 64. ① 65. ③ 66. ③ 67. ④ 68. ③ 69. ②

70. 도심지 내 쾌적한 환경을 창출하기 위한 소생물권(Biotope)확보를 위한 방안이 아닌 것은?

① 야생 조류들을 유인할 수 있는 식이식물을 배식한다.
② 도심지 하천의 둔치에는 수목만으로 배식해야 한다.
③ 외래식물보다 자생식물을 많이 이용하여 배식해야한다.
④ 하천이 가진 고유의 역할에 지장이 없는 범위내에서는 다양한 굴곡이나 수심이 있는 공간을 조성하도록 한다.

해설 하천둔치에 갯버들, 물억새 등을 식재해 수생태계를 복원한다.

71. 다음 중 상록활엽수로 분류되는 것은?

① 옻나무(Rhus vermicifluа Stokes)
② 팥배나무(Sorbus alnifoloa K.Koch)
③ 차나무(Camellia sinensis L.)
④ 오미자(Schisandra chinensis Baill)

해설 ① 옻나무 : 낙엽활엽소교목
② 팥배나무 : 낙엽활엽교목
③ 오미자 : 낙엽활엽덩굴

72. 다음 [보기]의 설명에 해당하는 육상식물군집의 생산성 측정법은?

> [보기]
> - 일정 면적 내의 식물을 전부 채취하여 생산량을 측정하는 방법
> - 초본식물의 생산성 측정을 위한 가장 보편적이고 간단한 방법

① 수확법 ② 동화챔버법
③ 상대생장법 ④ 영구방형구법

해설 1차 생산력의 측정으로 방법 중 하나인 수확법은 1년생 식물, 경작작물에 적용된다.

73. 표층토(表層土)에 많이 함유된 부식층(腐植層)이 하는 작용으로 맞지 않는 것은?

① 유기물의 분해를 촉진시킨다.
② 토양의 물리적 성질을 양호하게 한다.
③ 양분을 흡수, 보유하는 능력을 향상시킨다.
④ 배수력을 높여주어 보수량을 낮게 해준다.

해설 부식층
그 무게의 4~6배의 물을 흡수하는 능력이 있다. 이 때문에 토양의 보수량을 현저하게 늘려서 한해를 피하거나 가볍게 할 수가 있다.

74. Odum의 「생태적 천이(ecological succession)」에서 성숙단계에 도달할수록 기대되는 특성으로 옳지 않은 것은?

① 군집의 안정성이 낮아진다.
② 전체 유기물의 양이 많아진다.
③ 생태적 지위의 특수화가 좁아진다.
④ 층위형성과 공간적 이질성에 대한 조직화가 충분히 이루어진다.

해설 생태적 천이가 성숙단계에 도달할수록 군집의 안정성이 높아진다.

75. 다음 중 은행나무에 대한 설명이 틀린 것은?

① 학명은 *Ginkgo biloba* L이다.
② 줄기는 회갈색이고 수피는 갈라진다.
③ 황색 종의로 싸인 핵과상이며 8~10월에 성숙한다.
④ 꽃은 짧은 가지에 달리며 일가화(一家花)로서 3월에 개화하고, 그 다음 잎이 핀다.

해설 은행나무의 꽃은 4월에 잎과 함께 피고 2가화이며 수꽃은 미상꽃차례로 달리고 연한 황록색이며 꽃잎이 없고 2~6개의 수술이 있다.

정답 70. ② 71. ③ 72. ① 73. ④ 74. ① 75. ④

76. 바닷가 마을에 식재하는 수종으로 옳지 않은 것은?

① *Pinus thunbergii Parl.*
② *Euonymus japonica Thunb.*
③ *Koelreuteria paniculata Laxmann*
④ *Betula platyphylla var. japonica Hara*

해설 ① 곰솔
② 사철나무
③ 모감주나무
④ 자작나무

77. 산딸나무에 대한 설명이 아닌 것은?

① 열매는 구형의 취과이다.
② 과명은 층층나무과이다.
③ 학명은 *Cornus alba* 이다.
④ 꽃은 5월에 흰꽃으로 개화한다.

해설 산딸나무의 학명은 *Cornus kousa* 이다.
*Cornus alba*는 흰말채나무이다.

78. 조경수목의 성상과 해당 수목의 연결이 틀린 것은?

① 상록활엽관목-사철나무
② 상록활엽관목-고광나무
③ 낙엽활엽관목-노각나무
④ 낙엽활엽관목-낙상홍

해설 고광나무 - 낙엽활엽관목

79. 조경수목의 대기오염 저항력에 대한 설명 중 옳지 않은 것은?

① 바로 이식한 것은 저항력이 약하다.
② 실생묘는 삽목묘 보다 저항력이 약하다.
③ 같은 수목이라 하더라도 겨울보다는 봄부터 여름의 생장 최성기에 각종 해의 영향을 받기 쉽다.
④ 상록수가 낙엽수에 비해 저항력이 강한 것이 많으나 침엽수 중에는 오염에 약한 것도 있다.

해설 실생묘는 삽목묘 보다 저항력이 강하다.

80. 다음 중 정형식 식재에 해당되는 것은?

① 비대칭적 균형식재
② 교호식재
③ 부등변삼각형식재
④ 배경식재

해설 정형식식재와 자연풍경식 식재 유형
① 정형식 식재유형 : 단식, 대식, 열식, 교호식재, 요점식재
② 자연풍경식 식재유형 : 비대칭적 균형식재, 부등변삼각형식재, 배경식재, 군식

■■■ **조경시공구조학**

81. 평균 뒷길이가 0.6m, 단위중량이 2.65ton/m^3, 공극율이 35%, 실적율이 65%일 때, 자연석을 20m^2 면적에 쌓을 때 자연석 쌓기 중량은?

① 1.03ton ② 11.13ton
③ 20.67ton ④ 34.85ton

해설 $20 \times 0.6 \times 0.65 \times 2.65 = 20.67$ton

정답 76. ④ 77. ③ 78. ② 79. ② 80. ② 81. ③

82. 공정관리 곡선 작성 중 아래 표에서와 같이 실시 공정곡선이 예정 공정 곡선에 대해 항상 안전범위 안에 있도록 예정 곡선(계획선)의 상하에 그린 허용한계선을 일컫는 명칭은?

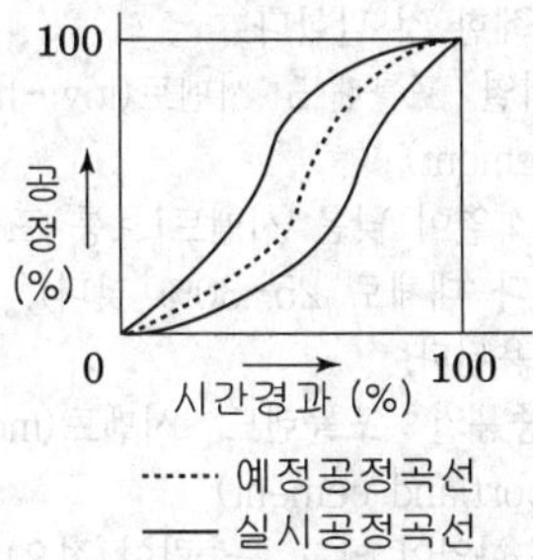

① S – curve ② progressive curve
③ banana curve ④ net curve

해설 banana curve
가로축에 공사 경과, 세로축에 공사의 완성률을 취해 그렸을 때, 적절한 공사의 진도 범위를 바나나형의 곡선으로 나타낸 것을 말한다.

83. 광원의 소비전력이 200[W]이고, 광원으로부터 발생하는 광속이 150[lm]일 경우 광원의 효율[lm/W]은?

① 0.50 ② 0.75
③ 0.90 ④ 1.00

해설 광원의 효율(lm/W) $= \frac{150}{200} = 0.75$

84. 토양의 공극량(孔隙量) 설명 중 틀린 것은?

① 부식물질이 많은 토양은 공극량이 많다.
② 공극이 크면 구조물의 기반으로서 불안정하다.
③ 양질토보다는 사질토가 공극량이 많다.
④ 심토보다는 표토에서 공극량이 많다.

해설 사질토가 양질토보다 공극량이 많다.

85. 목재의 사용환경 구분과 방부제 설명이 맞지 않은 것은?

① H1등급은 건조한 실내조건, 건재 해충에 대한 방충성능과 변색오염균에 대한 방미성능을 필요로 하는 곳에 사용한다.
② H2등급은 비와 눈을 맞지는 않으나 결로의 우려가 있는 환경, 플로어링, 벽체 프레임에 해당한다.
③ H3등급은 야외에서 눈비를 맞는 곳 부후·흰개미 피해의 우려 환경으로 토대용 목재, 야외접합부재 등에 사용한다.
④ H4등급은 토양 및 담수와 접하는 환경으로 BB, IPBC 등 방부제가 있다.

해설 H4등급은 토양 및 담수와 접하는 환경으로 ACQ-2, CCFZ, ACC 등 방부제가 있다.

86. 양단 고정보에서 C점의 휨모멘트는?(단, 보의 휨강도 EI는 일정하다.)

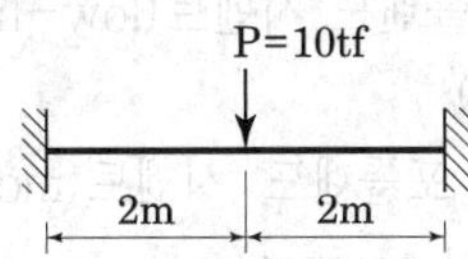

① 3.5tf · m ② 4.0tf · m
③ 4.5tf · m ④ 5.0tf · m

해설 $M_C = \frac{pl}{8} = \frac{10 \times 4}{8} = 5.0 \text{ tf} \cdot \text{m}$

87. 수준측량을 실시한 결과 기준점의 후시(B.S)가 2.213m, 측정으로 부터의 미지점의 전시(F.S)가 1.897m를 얻었다. 이 때 기계고(I.H)와 미지점의 지반고(G.H_1)는?(단, 기준점의 지반고는 50.0m이다.)

① I.H =52.213m, G.H_1 = 50.316m
② I.H = 52.213m, G.H_1 = 51.897m
③ I.H = 51.897m, G.H_1 = 50.316m
④ I.H = 51.897m, G.H_1 = 51.897m

정답 82. ③ 83. ② 84. ③ 85. ③ 86. ④ 87. ①

해설 ① 후시(I.H) = 지반고 + 후시
= 50.0 + 2.213 = 52.213m
② 미지점의 지반고 (GH_1)
= 지반고 + 높이차(후시−전시)
= 50.0 + (2.213 − 1.897) = 50.316m

88. 다음 [보기]에서 설명하는 시멘트의 종류는?

> [보기]
> · 화학저항성이 크고 내산성이 우수하다.
> · 건조수축은 작은 편에 속한다.
> · 조기강도는 보통시멘트에 비해 작으나 장기강도는 보통시멘트와 같거나 약간 크다.
> · 수화열이 보통시멘트보다 적으므로 댐이나 방사선 차폐용, 매시브한 콘크리트 등 단면이 큰 콘크리트용으로 적합하다.

① 실리카 시멘트(Silica cement)
② 알루미나 시멘트(Alumina cement)
③ 저열 포틀랜드 시멘트(low−heat portland cement)
④ 중용열 포틀랜드 시멘트(moderate−heat portland cement)

해설 수화열이 낮고 수축량이 적으며, 내황산염성이 풍부한 포틀랜드시멘트로 침식성 용액에 대한 저항이 크며, 내구성이 풍부하여 포장이나 방사선 차폐용 콘크리트 등에도 사용된다. 화합물조성은 석회·알루미나·마그네시아의 양이 적고, 실리카·산화철의 양이 다소 많다. 거대한 덩어리 모양의 구조물을 만들 때의 수화열(시멘트가 수화반응할 때 발생하는 열)을 적게 할 목적

① 실리카 시멘트 (Silica cement): 포틀랜드시멘트 클링커에 실리카질 혼화재(混和材:화산회·규산백토·실리카질 암석의 하소물 등) 30% 이하를 첨가하여 미분쇄한 혼합시멘트로 화학적 작용에 대한 저항, 수밀성, 장기강도가 뛰어나므로 일반적인 포틀랜드시멘트와는 다른 특정용도에 사용된다. 반면 조기강도가 작고 건조수축이 크므로 초기양생이 중요하다.

② 알루미나 시멘트(Alumina cement)
특수 시멘트로 보통의 포틀랜드 시멘트 와는 제조 방법이 다르다. 석회와 알루 미나광인 보크사이트와 거의 같은 양의 석회석을 혼합해서 전기로 등으로 용융 소성하여 급랭시켜 분쇄한 것 말한다.

③ 저열 포틀랜드 시멘트(low−heat portland cement)
수화열이 낮은 시멘트(보통 포틀랜드 시멘트보다 대체로 25~30% 낮다). 댐 공사 등에 사용된다.

④ 중용열 포틀랜드 시멘트(moderate−heat portland cement)
수화열이 낮고 수축량이 적으며, 내황산염성이 풍부한 포틀랜드시멘트로 침식성 용액에 대한 저항이 크며, 내구성이 풍부하여 포장이나 방사선 차폐용 콘크리트 등에도 사용된다. 화합물조성은 석회·알루미나·마그네시아의 양이 적고, 실리카·산화철의 양이 다소 많다. 거대한 덩어리 모양의 구조물을 만들 때의 수화열(시멘트가 수화반응할 때 발생하는 열)을 적게 할 목적으로 사용된다.

89. 1:50000 지형도 산정으로부터 계곡까지의 거리가 25mm이고, 산정의 표고가 530m, 계곡의 표고가 130m이다. 이 사면의 경사도는?

① 32%　② 35%
③ 42%　④ 45%

해설 ① 지형도상의 거리를 실제거리로 환산

$$축척=\frac{도면상거리}{실제거리}$$ 이므로 실제거리

= 도면상거리 ×축척 = 25×50000
= 1250000mm = 1250m

② 경사도 측정(수평단위당 토지의 높고 낮음)

$$G=\frac{D}{L}\times 100$$

(G : 경사도(%), D : 높이차, L : 두 지점간의 수평거리)

$$\frac{(530-130)}{1250}\times 100 = 32\%$$

정답 88. ④ 89. ①

90. 내응력에 대한 설명으로 틀린 것은?

① 구조재가 외력에 의해 파괴되지 않으려면 외력보다 큰 응력이 발생해야 한다.
② 구조부재의 어떤 단면내에 생기는 내응력의 합은 그 단면부분의 외응력의 크기와 같다.
③ 보와 같은 수평부재에는 휨응력과 압축응력이 발생한다.
④ 기둥과 같은 수직부재에는 축응력, 편심응력, 장주응력이 발생한다.

해설 보와 같은 수평부재는 휨응력과 전단응력이 발생한다.

91. 화강암의 성질에 대한 설명으로 틀린 것은?

① 절리가 커서 큰 재료를 채취할 수 있다.
② 외관이 아름다워 장식재로 사용할 수 있다.
③ 내화성이 크므로 고열을 받는 곳에 적합하다.
④ 조직이 균일하고 내구성 및 강도가 크다.

해설 화강암은 내화성이 낮아 고열을 받는 곳에는 부적당하다.

92. 도로설계 시 곡선반경을 결정하는데 영향을 주는 요소에 대한 설명으로 틀린 것은?

① 차량 속도의 제곱에 비례한다.
② 설계속도가 커지면 곡선반경이 커진다.
③ 횡활동 미끄럼 마찰계수가 크면 곡선반경이 커진다.
④ 곡선부의 편경사 $i(\tan\alpha)$가 클수록 곡선반경이 커진다.

해설 곡선반경(R) $R \geq \dfrac{V^2}{127(i+f)}$

(f : 마찰계수, i : 편구배)

곡선반경은 마찰계수에 반비례하고, 차량속도의 제곱에 비례한다.

93. 일반적인 재료의 추정 단위중량을 비교하여 중량이 가장 작은 것은?

① 호박돌
② 자연 상태의 안산암
③ 건조 상태의 자갈
④ 자연 상태의 자갈 섞인 모래

해설 재료의 단위 중량 m^3

① 호박돌 : 1,800~2,000kg/m^3
② 자연 상태의 안산암 : 2,300~2,710kg/m^3
③ 건조 상태의 자갈 : 1,600~1,800kg/m^3
④ 자연상태의 자갈 섞인 모래 : 1,900~2,100kg/m^3

94. 공사 시행에 필요한 시공재료를 규격화할 때의 효과에 대한 설명으로 틀린 것은?

① 재료의 일반화로 기술향상이 저하된다.
② 대량생산이 가능하며, 가격이 저렴해진다.
③ 산업 합리화를 촉진하는 효과적인 수단이다.
④ 시간과 노력의 손실이 적으므로 경제성이 향상된다.

해설 바르게 고치면

재료의 일반화로 기술향상이 증가된다.

95. 벽돌쌓기, 블록쌓기 등 조적공사에 적용되는 규준틀은?

① 세로규준틀 ② 수평규준틀
③ 귀규준틀 ④ 평규준틀

해설 규준틀(batter board, 規準—)

보통 수평규준틀과 귀규준틀이 있고, 특히 벽돌이나 돌 등을 쌓을 때는 세로규준틀을 사용한다. 건물의 귀퉁이나 그 밖의 요소에 규준틀을 설치하여 공사를 진행해 간다.

정답 90. ③ 91. ③ 92. ④ 93. ③ 94. ① 95. ①

96. 다음 계약 체결 절차의 흐름으로 옳은 것은?

① 공고 → 입찰 → 낙찰→ 계약
② 입찰 → 공고 → 낙찰→ 계약
③ 공고 → 낙찰 → 입찰→ 계약
④ 낙찰 → 공고 → 입찰→ 계약

해설 계약체결절차
입찰 → 공고 → 낙찰 → 계약

97. 등고선의 성질이 옳지 않은 것은?

① 동일한 등고선 상에 있는 모든 점은 같은 높이이다.
② 산정과 요지(오목한 곳)에서는 등고선이 폐합된다.
③ 급경사지는 간격이 좁고, 완경사지는 간격이 넓다.
④ 높은 쪽의 등고선 간격이 넓으면 요사면이다.

해설 바르게 고치면
낮은 쪽의 등고선 간격이 넓으면 요사면이다.

98. 공사 원가계산 산정식이 옳지 않은 것은?

① 산업재해 보상보험료 = 노무비 × 산업재해 보상보험료율
② 총공사원가 = 순공사원가 + 일반관리비 + 이윤
③ 이윤 = (순공사원가 + 일반관리비) × 이윤률
④ 순공사원가 = 재료비 + 노무비 + 경비

해설 바르게 고치면
이윤=(노무비+경비+일반관리비)×이윤률

99. 공정표 작성시 공정계산에 관한 설명으로 옳은 것은?

① 복수의 작업에 선행되는 작업의 LET는 후속작업의 LST 중 최대값으로 한다.
② 복수의 작업에 후속되는 작업의 EST는 선행작업의 EFT 중 최소값으로 한다.
③ 전체여유(TF)는 작업을 EST로 시작하고 LET로 완료할 때 생기는 여유시간이다.
④ 종속여유(DF)는 후속작업의 EST에 영향을 주지 않는 범위 내에서 한 작업이 가질 수 있는 여유시간이다.

해설 바르게 고치면
① 복수의 작업에 선행되는 작업의 LFT는 후속작업의 LST 중 최소값으로 한다.
② 복수의 작업에 후속되는 작업의 EST는 선행작업의 EFT 중 최대값으로 한다.
④ 자유여유(FF)는 후속작업의 EST에 영향을 주지 않는 범위 내에서 한 작업이 가질 수 있는 여유시간이다.

100. 강우강도가 100mm/h인 지역에 있는 유출계수 0.95인 포장 된 주차장 900m^2에서 발생하는 초당 유출량은 얼마인가?
(단, 소수점 3째자리 이하는 버림한다.)

① 0.237m^3/sec ② 0.423m^3/sec
③ 0.023m^3/sec ④ 0.042m^3/sec

해설 $Q = \frac{1}{360} CIA$
(Q : 우수유출량(m^3/sec), C : 유출계수,
I : 강우강도(mm/hr), A : 배수면적(ha))

$\frac{1}{360} \times 0.95 \times 100 \times 0.09$
$= 0.02375 \rightarrow 0.023 m^3/sec$

정답 96. ② 97. ④ 98. ③ 99. ③ 100. ③

■■■ 조경관리론

101. 목재보존제의 성능 항목에 해당하지 않는 것은?

① 항온성 ② 철부식성
③ 흡습성 ④ 침투성

해설 목재보존제의 성능 항목
① 철부식성 : 목재보존제로 처리된 목재로 인하여 철이 부식되는 정도
② 흡습성 : 목재보존제로 처리된 목재가 수분을 흡수하는 성질
③ 침투성: 목재보존제가 목재에 침투하는 성능을 말한다.

102. 다음 작물보호제 중 비선택성 제초제에 해당하는 것은?

① 디캄바액제
② 이사 – 디액제
③ 베노밀수화제
④ 글리포세이트암모늄액제

해설 ① 디캄바액제(반벨), 이사 – 디액제 : 선택성 제초제
② 베노밀수화제 : 살균제 농약으로 카바메이트계 침투성 살균제
③ 글리포세이트암모늄액제, 글리포세이트액제 : 비선택성 제초제

103. 메프로닐 원제 0.4kg으로 2% 분제를 만들려고 할 때 소요되는 증량제의 양은? (단, 원제의 함량은 80% 이다.)

① 1.84kg ② 4.60kg
③ 15.6kg ④ 46.0kg

해설 희석할 증량제의 양

$$= 원분제의\ 중량 \times \left(\frac{원분제의\ 농도}{원하는\ 농도} - 1\right)$$

$$= 0.4 \times \left(\frac{80}{2} - 1\right) = 15.6\text{kg}$$

104. 다음 해충 관련 설명 중 틀린 것은?

① 버즘나무방패벌레 : 성충으로 월동한다.
② 미국흰불나방 : 1년에 1회 발생한다.
③ 잣나무넓적잎벌 : 알 시기의 기생성 천적으로는 알좀벌류가 있다.
④ 느티나무알락진딧물 : 가해 수종은 오리나무, 개암나무, 느릅나무 등이다.

해설 바르게 고치면
미국흰불나방 : 1년에 2회 발생하고 해에 따라 3회 발생하는 때가 있음

105. 농약 중에서 분제의 물리적 성질에 해당하는 것으로만 나열된 것은?

① 현수성, 유화성
② 수화성, 접촉각
③ 용적비중, 비산성
④ 습전성, 표면장력

해설 분제의 물리적 성질
분말도, 입도, 용적비중, 응집력, 토분성, 분산성, 비산성, 부착성과 고착성, 안정성, 경도, 수중붕괴성

106. 솔잎혹파리가 겨울을 나는 형태는?

① 알 ② 성충
③ 유충 ④ 번데기

해설 솔잎혹파리는 1년에 1회 발생하며, 유충으로 땅 속 또는 충영 속에서 월동한다.

정답 101. ① 102. ④ 103. ③ 104. ② 105. ③ 106. ③

107. 재해·안전대책의 설명으로 가장 거리가 먼 것은?

① 각종 재해의 복구는 재산 가치가 높은 것부터 복구한다.
② 각종 시설물은 정기적인 점검과 보수를 한다.
③ 위험한 곳은 사고 방지를 위한 시설을 설치한다.
④ 이용자 부주의에 의한 빈번한 사고라도 안내판 설치 등 이용지도가 필요하다.

해설 안전대책
① 설치하자에 의한 대책
② 관리하자에 의한 대책 – 계획적·체계적으로 순시·점검
③ 이용자·보호자·주최자의 부주의에 대한 대책 – 빈번한 사고가 발생하는 곳은 시설의 개량, 안내판에 의한 이용지도가 필요하다.

108. 공원녹지 내에서 행사를 기획할 때 유의해야 할 사항이 아닌 것은?

① 행사 시설이 설치 목적에 맞을 것
② 관계 법령을 준수할 것
③ 대안을 만들어 놓을 것
④ 통상 이용자를 통제할 것

해설 행사를 기획할 때 통상 이용자에 대한 배려가 있어야 한다.

109. 공원 내 이용지도는 목적에 따라 3가지(공원녹지의 보전, 안전·쾌적이용, 유효이용)로 구분할 수 있다. 다음 중 「공원녹지의 보전」을 위한 이용지도의 대상이 되는 행위·시설은?

① 공원녹지의 손상·오손
② 공원 내의 루트, 시설의 유무 소개
③ 식물·조류관찰·오리엔터링 등의 지도
④ 유치원, 학교 등의 단체에 대한 활동 프로그램의 조언

해설 ②, ③, ④은 유효이용이다.

110. 파이토플라스마(phytoplasma)에 의한 수병(樹病)은?

① 포플러 모자이크병
② 벚나무 빗자루병
③ 대추나무 빗자루병
④ 장미 흰가루병

해설 ① 포플러 모자이크병 – 바이러스
② 벚나무 빗자루병
④ 장미 흰가루병 – 진균에 의한 병

111. 잎과 뿌리가 없는 기생식물로서 다른 식물의 잎과 줄기를 감고 자라며 바이러스를 매개하는 것은?

① 새삼 ② 으름덩굴
③ 겨우살이 ④ 청미래덩굴

해설 기생성종자식물
① 다른 식물에 기생하여 생활하는 식물로 모두 쌍떡잎식물에 속한다.
② 작물 및 수목에 기생하여 피해를 주는 종류
③ 겨우살이과 겨우살이(줄기에 기생), 메꽃과의 새삼(줄기에 기생), 열당과의 오리나무더부살이(뿌리에 기생), 열당과의 초종용(바닷가모래땅에 사철쑥에 기생) 등

112. 조경건설 현장의 근로재해 강도율(强度率)을 나타내는 식은?

① $\frac{\text{근로재해에 의한 사상자수}}{\text{근로총시간수}} \times 1,000$

② $\frac{\text{근로손실일수}}{\text{근로총시간수}} \times 1,000$

③ $\frac{\text{연간근로재해에 의한 사상자수}}{\text{재적 근로자수}} \times 1,000$

④ $\frac{\text{근로손실일수}}{\text{재적근로자수}} \times 1,000$

해설 강도율(SR : Severity Rate of Injury)
근로시간 합계 1,000시간당 재해로 인한 근로손실일수를 말함, 즉 재해로 인한 피해 정도를 나타내는 것으로 근로손실일수를 연간근로시간수로 나누어 1,000분비로 산출한다.

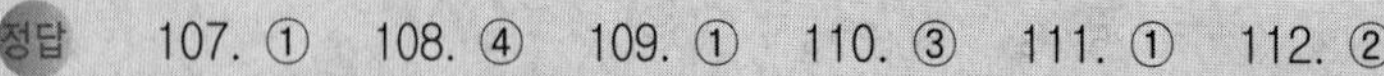
정답 107. ① 108. ④ 109. ① 110. ③ 111. ① 112. ②

113. 해충의 가해 형태별 분류에서 흡즙성 해충에 해당되는 것은?

① 점박이응애
② 호두나무잎벌레
③ 개나리잎벌
④ 솔알락명나방

해설 ② ③ 식엽성해충, ④ 종실가해해충

114. 토양을 100℃로 가열해도 분리되지 않으며, pF 7 이상인 수분은?

① 흡습수　　② 결합수
③ 모세관수　　④ 유리수

해설 결합수
① 수분이 토양구성물질과 화학적으로 결합하고 있는 상태를 말하며 또는 화합수라고 한다.
② 110℃로 가열해도 증발이 되지 않기 때문에 식물에 이용될 수 없고 pF 7이상의 수분이다.

115. 콘크리트 옹벽이 앞으로 넘어질 우려가 있을 때 일반적으로 시행하는 공법이 아닌 것은?

① P · C 앵커 공법
② 압성토 공법
③ 전면 부벽식 옹벽 공법
④ 실링 공법

해설 실링 공법 – 석재·콘크리트 시설물의 균열에 시행하는 공법

116. 토양 전염을 하지 않는 것은?

① 뿌리혹병
② 모잘록병
③ 오동나무 탄저병
④ 자주빛날개무늬병

해설 토양 전염병
① 뿌리혹병 : 지상부의 접목부위, 뿌리의 절단부위, 삽목의 하단부 등으로 병원균 침입
② 모잘록병 : 주로 어린 묘목의 뿌리 또는 지제부, 흔히 묘포에서 군상으로 발생
④ 자주빛날개무늬병 : 토양 속의 균핵이나 균사속 등이 뿌리조직을 침해하여 발병

117. 부식이 토양의 pH 완충력을 증가시킬 수 있는 이유로 가장 적절한 것은?

① carboxyl기를 많이 가지고 있으므로
② 석회를 많이 흡착 보유할 수 있으므로
③ 미생물의 활성을 증가시키므로
④ 질산화 작용을 억제하므로

해설 부식물과 토양의 pH 완충력
부식물은 산성 토양에서는 석회와 같은 알칼리 물질로 작용하고 알칼리 토양에서는 산성 물질로 작용하여 토양을 완충시키는데 이는 카르복실기에 의한 수소 공여 또는 수용이 빨라 pH 완충 능력이 매우 우수하기 때문임

118. 레크레이션 시설의 서비스 관리를 위해서는 제한 인자들에 대한 이해가 필요하며 그것들을 극복할 수 있어야만 한다. 다음 중 그 제한 인자에 속하지 않는 것은?

① 관련법규　　② 특별 서비스
③ 이용자 태도　　④ 관리자의 목표

해설 서비스 관리체계 모델에 영향 요인

제한인자	법규, 관리자의 목표, 전문가적 능력, 이용자 태도
프로그램	임차대관리, 특별서비스, 지역계획, 부지계획

 113. ①　114. ②　115. ④　116. ③　117. ①　118. ②

119. 멀칭(mulching)의 효과가 아닌 것은?

① 토양수분이 유지된다.
② 토양의 비옥도를 증진시킨다.
③ 염분농도를 증진시킨다.
④ 점토질 토양의 경우 갈라짐을 방지한다.

해설 바르게 고치면
③ 멀칭은 지표면의 증발을 억제시켜 적절한 상태의 수분유지가 가능하여 염분의 농도를 희석할 수 있다.

120. 각종 운동경기장, 골프장의 Green, Tee 및 Fairway 등과 같이 집중적인 재배를 요하는 잔디 초지는 답압의 내구력과 피해로부터 빨리 회복되는 능력 등이 매우 중요하다. 다음 중 잔디 초지류의 내구성에 대한 저항력이 가장 강한 것은?

① Perennial ryegrass
② Creeping bentgrass
③ Kentucky bluegrass
④ Tall fescue

해설 톨 페스큐
① 엽폭이 5~10mm로 매우 넓어 거친 질감
② 고온건조에 강하고 병충해에도 강하나 내한성이 비교적 약함

정답 119. ③ 120. ④

과년도출제문제(CBT복원문제)

2021. 1회 조경산업기사

※ 본 기출문제는 수험자의 기억을 바탕으로 하여 복원한 문제이므로 실제 문제와 다를 수 있음을 미리 알려드립니다.

조경계획 및 설계

1. 다음 중 아미산(峨嵋山) 조경 유적은 어느 곳에 있는가?

① 창덕궁 대조전(大造殿) 후원
② 경복궁 교태전(交泰殿) 후원
③ 경주 안압지(雁鴨池)
④ 경복궁 건청궁(乾淸宮) 후원

해설 아미산 조경 유적
- 경복궁 교태전 후원에 있는 왕비의 사적정원
- 인공적으로 아미산을 조영하고 화계를 조성
- 단위에는 꽃나무와 소나무, 팽나무, 느티나무를 심음

2. 우리나라 조경관련 문헌이 바르게 짝지어진 것은?

① 이중환(李重煥) – 임원경제지(林園經濟志)
② 이수광(李晬光) – 촬요신서(撮要新書)
③ 강희안(姜希顔) – 색경(穡經)
④ 홍만선(洪萬選) – 산림경제(山林經濟)

해설 ① 이중환 – 택리지
② 이수광 – 지봉유설
③ 강희안 – 양화소록

3. 고대 그리스의 공공조경이 아닌 것은?

① 아도니스원 ② 짐나지움
③ 아카데미 ④ 성림

해설 고대 그리스의 아도니스원 주택정원의 유형이다.

4. 다음 중 베티가(House of vettii)의 설명으로 맞지 않는 것은?

① 고대 그리스 별장에 속한다.
② 실내공간과 실외공간의 구분이 모호하다.
③ 2개의 중정과 지스터스로 이루어져 있다.
④ 아트리움(Atrium)과 페리스틸움 (Peristylium)을 갖추고 있다.

해설 베티가는 로마의 주택정원이다.

5. 영국 버컨헤드(Birkenhead) 공원의 설계자는?

① Humphry Repton
② Joseph Paxton
③ Joseph Nash
④ Robert Owen

해설 조셉팩스턴
- 젊은시절부터 정원사로 활동했으며, 영국 최고의 원예가이자 생물학자
- 대표적 작품으로는 수정궁(Crystal palace, 1851년), 비큰히드 파크, 리버풀 Prince's Park가 있다.

6. 중국 서호(西湖) 10경의 무대가 되는 곳과 거리가 먼 것은?

① 소주지방 ② 소제(蘇堤)
③ 백제(白堤) ④ 소영주(小瀛洲)

해설 서호는 중국 항주시 시가구역 서쪽에 면한 호수로 3개의 제방으로 분리되어 있다. 소동파가 쌓은 제방인 '소제(苏提)'와 백거이가 쌓은 제방인 '백제(白提)'가 있으며, 서호의 가장 큰 섬인 소영주(小瀛州)가 있다.

정답 1. ② 2. ④ 3. ① 4. ① 5. ② 6. ①

7. 전라남도 담양군 남면에 있는 양산보가 조성한 정원은?

① 선교장 정원 ② 다산초당
③ 소쇄원 ④ 부용동 정원

해설 선교장 – 이내번, 다산초당 – 정약용, 부용동 정원 – 윤선도

8. 중세 스페인 알함브라 궁원의 주정으로 일명 "천인화의 파티오"라 불리는 것은?

① 사자의 파티오
② 연못의 파티오
③ 다라하의 파티오
④ 레하의 파티오

해설 알함브라 궁전의 알베르카(alberca)중정
- 도금양, 천인화의 중정
- 입구의 중정이자 주정(主庭)으로 공적기능
- 종교적 욕지인 연못으로 투영미가 뛰어남
- 연못 양쪽에 도금양(천인화) 열식

9. 레크레이션 계획으로서의 조경계획의 접근방법 중 어느 지역사회의 경제적 기반이나 예산규모가 레크레이션의 총량 · 유형 · 입지를 결정하는 방법은?

① 자원접근방법 ② 활동접근방법
③ 경제접근방법 ④ 행태접근방법

해설 경제접근법
- 지역사회의 경제적 기반이나 예산 규모가 레크레이션의 종류 · 입지를 결정하는 방법
- 토지, 시설, 프로그램 공급은 비용·편익분석(cost-benefit analysis)에 의해 방법 (경제적 인자가 우선)
- 활용 : 민자유치사업

10. 조경계획의 한 과정인 기본구상의 설명 중 잘못된 것은?

① 자료의 종합분석을 기초로 하고 프로그램에서 제시된 계획방향에 의거하여 구체적인 계획안의 개념을 정립하는 과정이다.
② 추상적이며 계량적인 자료가 공간적 형태로 전이되는 중간 과정이다.
③ 자료분석 과정에서 제기된 프로젝트의 주요 문제점을 명확히 부각시키고 이에 대한 해결방안을 제시하는 과정이다.
④ 서술적 또는 다이어그램으로 표현하는 것은 의뢰인의 이해를 돕는데 바람직하지 않다.

해설 기본구상은 계획안의 개념을 다이어그램으로 나타내어 의뢰인의 이해를 돕는다.

11. 범죄발생률이 높은 아파트 단지 내부에서 주민들에게 귀속감을 주고, 공간에 대한 소유감을 배양시키기 위하여 담장을 설치하고, 문주를 만드는 이유는 인간의 행태속성 중 어디에 기인한 것인가?

① 개인적 공간(Personal Space)
② 영역성(Territoriality)
③ 혼잡(Crowding)
④ 시각적 선호(Visual Preference)

해설 공동주택 주변의 영역성
아파트와 주변공간에 1차적 영역만 존재하고 2차적 및 공적 영역의 구분이 없음이 범죄발생의 원인임을 파악하고 2차적 영역과 공적영역의 구분을 명확히하여 범죄의 발생을 줄이기 위함이다.

정답 7. ③ 8. ② 9. ③ 10. ④ 11. ②

12. 제도에 사용되는 글자에 관한 설명 중 옳지 않은 것은?

① 숫자는 아라비아 숫자를 원칙으로 한다.
② 문장은 왼쪽에서부터 가로쓰기를 원칙으로 한다.
③ 글자의 크기는 각 도면의 상황에 맞추어 알아보기 쉬운 크기로 한다.
④ 글자체는 수직 또는 15° 경사의 굴림체로 쓰는 것을 원칙으로 한다.

해설 글자체는 고딕체를 원칙으로 한다.

13. 바닥 포장이 가져야 할 기능적이고 구성적인 요소로서 가장 관계가 먼 것은?

① 지면의 용도지시
② 방향의 지시
③ 통행속도와 리듬의 지시
④ 가로막이의 지시

해설 포장은 공간의 용도에 따라 설정되며 포장패턴에 따라 방향을 지시하거나 속도와 리듬감 등을 부여하기도 한다.

14. 연간이용자수가 3만명, 3계절형(1/60), 시설 개장시간은 10시간, 평균체재시간은 4시간인 시설지의 최대시 이용자수는?

① 125명 ② 200명
③ 300명 ④ 500명

해설 최대시 이용자수
= 연간이용자수×최대일율×회전율
= 30,000×1/60×4/10 = 200명

15. 다음 자연공원에 대한 설명 중 ( )안에 알맞은 용어는?

> 국립공원이란 우리나라의 자연생태계나 자연 및 ( )을 대표할 만한 지역으로서 관련 조항에 따라 지정된 공원을 말한다.

① 역사경관 ② 문화경관
③ 지리경관 ④ 생태경관

해설 국립공원
- 우리나라의 자연생태계나 자연 및 문화경관을 대표할 만한 지역으로서 지정된 공원을 말한다.
- 지정기준은 자연생태계, 자연경관, 문화경관, 지형보존, 위치 및 이용편의이다.

16. 다음 조형미의 원리를 설명한 것 중 옳지 않은 것은?

① 강조 – 동질적 요소들의 소극적 변화를 통하여 조화를 얻는다.
② 균형 – 좌우대칭 혹은 좌우균등한 상태는 안정감을 얻을 수 있는 통일의 조건이다.
③ 대비 – 상반된 조건이 강조되면 강한 인상을 줄 수 있으나 안정감은 잃기 쉽다.
④ 율동 – 반복의 방법에 따라 유동성 있는 표현을 이룬다.

해설 강조 – 동질적 요소들의 적극적 변화를 통하여 조화를 얻는다.

17. 판형재의 치수표시에서 강관의 표시방법으로 옳은 것은?

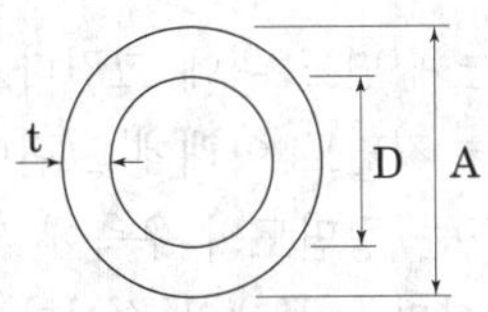

① $\phi A \times t$ ② $\phi D \times t$
③ $D \times t$ ④ $A \times t$

정답 12. ④ 13. ④ 14. ② 15. ② 16. ① 17. ①

해설 강관의 종류 및 치수표시법

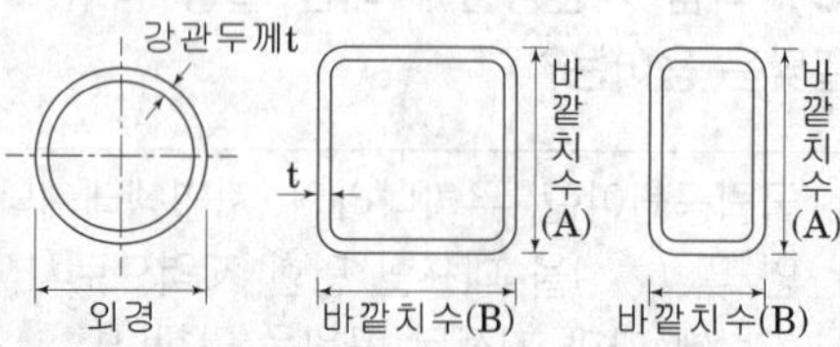

- 원형강관 : ϕ 외경×t
- 각형강관 : A×B×t

18. 도시공원은 그 기능 및 주제에 의하여 생활권 공원과 주제공원으로 세분화된다. 다음 중 성격이 다른 하나는?

① 방재공원 ② 수변공원
③ 묘지공원 ④ 근린공원

해설 도시공원은 기능 및 주제에 의해 생활권공원과 주제공원으로 구분되며 생활권공원은 소공원, 어린이공원, 근린공원으로 주제공원은 역사공원, 수변공원, 문화공원, 묘지공원, 체육공원, 도시농업공원, 방재공원 등으로 구분된다.

19. S.Gold의 레크리에이션의 접근방법 5가지 분류에 해당되지 않는 것은?

① 자원접근방법 ② 활동접근방법
③ 경제접근방법 ④ 토지이용접근방법

해설 레크리에이션의 5가지 분류법
자원접근법, 활동접근법, 경제접근법, 행태접근법, 종합접근법

20. 다음 제 3각법에 대한 설명으로 옳은 것은?

① 정면도는 평면도 위에 그린다.
② 배면도는 지면도 아래에 그린다.
③ 좌측면도는 정면도의 우측에 위치한다.
④ 눈→투상면→물체의 순서가 된다.

해설 3각법
- 투상도의 좌측면도는 정면도의 좌측에 위치한다.
- 평면도는 정면도의 위에 위치한다.
- 우측면도는 정면도의 우측에 위치한다.
- 저면도는 정면도의 아래에 위치한다.
- 투상순서는 눈→투상→물체의 순서가 된다.

■■■ 조경식재

21. 도시 내 생물 서식처 기능을 촉진할 수 있는 녹지공간 특성에 관한 설명으로 틀린 것은?

① 면적 : 소면적 보다는 대면적일수록 좋다.
② 주연부의 길이 : 긴 것보다 짧을수록 좋다.
③ 산재 녹지 : 격리보다는 인접하여 위치할수록 좋다.
④ 녹지 형태 : 막대형보다는 원형일수록 좋다.

해설 주연부의 길이는 긴 것이 가장자리효과가 더 좋다.

22. 가을에 꽃향기를 풍기는 수종은?

① 매실나무(Prunus mume Siebold & Zucc.)
② 서향나무(Daphne odora Thunb.)
③ 금목서(Osmanthus fragrans var. aurantiacus Makino)
④ 치자나무(Gardenia jasminoides Ellis.)

해설 ① 매실나무 : 꽃은 4월에 잎보다 먼저 흰색 또는 홍색으로 개화함
② 서향나무 : 꽃은 3~4월에 피고 백색 또는 홍자색이며 묵은가지 끝에 모여 달리고 향기가 있다.
③ 금목서 : 꽃은 10월에 피고 황백색으로 잎겨드랑이에 모여 달린다.
④ 치자나무: 꽃은 6~7월에 피고 흰색이지만 시간이 지나면 황백색으로 되며 가지 끝에 1개씩 달린다.

정답 18. ④ 19. ④ 20. ④ 21. ② 22. ③

23. 다음 식물의 열매 모양이 삭과(蒴果, capsule)로 분류되지 않는 것은?

① 무궁화 ② 자귀나무
③ 진달래 ④ 수수꽃다리

해설 삭과(蒴果)
- 여러 개의 심피가 과실의 성숙과 함께 건조되며 그 후에 선단부가 열리면서 종자를 산포하는 열매를 말한다. 열과의 하나로 속이 여러 칸으로 나뉘고 각 칸에 많은 씨가 들어있다
- 자귀나무 - 협과

24. 다음 덩굴성 식물의 특성이 옳게 연결된 것은?

① 줄기감기 - 줄사철
② 부착근 - 능소화
③ 갈고리와 같은 가시 - 등나무
④ 덩굴손 - 인동

해설 ① 줄사철 - 부착근
③ 등나무 - 줄기감기
④ 인동 - 줄기감기

25. 다음 중 단풍나무과(科)에 속하는 수종이 아닌 것은?

① 음나무 ② 복장나무
③ 고로쇠나무 ④ 신나무

해설 음나무 - 두릅나무과의 낙엽교목

26. 보행자로부터 5m 떨어진 장소에서 멈춰 서 있는 택시의 경적 소리가 60dB의 크기로 들린다고 가정할 때, 2배 멀어진 거리에서 들리는 경적 소리의 크기(dB)는 약 얼마인가?

① 57 ② 54
③ 51 ④ 48

해설 거리에 의한 소음 감쇠현상
점음원(占音源)인 경우 거리가 2배 늘어날 때마다 6dB씩 감쇠한다.

27. 식물생육에 필요한 환경요소 중 하나인 온도에 관한 설명으로 옳지 않은 것은?

① 식물은 낮은 온도에 어느 정도 노출되어 있느냐에 따라 생존이 결정된다.
② 식물의 개화와 결실에 매우 중요한 역할을 한다.
③ 월적산온도는 월평균온도를 매월 합산한 값이다.
④ 식물은 일반적으로 5℃이상이 되면 정상적인 생리활동을 시작되는데 이보다 높은 온도를 적산온도라 한다.

해설 적산온도
- 식물 생육에 필요한 열량을 나타내기 위한 것으로서 생육 일수의 일평균기온을 적산한 것
- 발아로부터 성숙에 이르기까지의 0℃ 이상의 일평균기온을 합산한 것을 적산온도

28. 식물조직의 일부분을 떼어 무기염류 배지에서 인공적으로 배양하여 새로운 식물체로 증식시키는 번식방법은?

① 취목 ② 분구
③ 조직배양 ④ 삽목

해설 조직배양
다세포 생물의 몸을 구성하는 조직의 일부나 세포를 분리하여 유리 용기 내에서 생존, 생육시키는 것

정답 23. ② 24. ② 25. ① 26. ② 27. ④ 28. ③

29. 각 수종에 대한 특징 설명으로 틀린 것은?

① 전나무 열매는 난상타원형이며, 거꾸로 매달린다.
② 독일가문비 열매는 긴 원주형 갈색이고, 아래로 달린다.
③ 주목은 컵모양의 붉은 종의 안에 종자가 들어있다.
④ 구상나무의 열매는 원주형이고, 갈색, 검은색, 자주색, 녹색이 있다.

해설 바르게 고치면
전나무 열매는 난상타원형이며, 위로 곧게 달린다.

30. 다음 중 능수버들, 은사시나무, 이태리포플라의 공통적인 특징은?

① 종모가 날린다.
② 충매화 수종이다.
③ 암수딴그루이다.
④ 우리나라 자생종이다.

해설 종모
열매를 퍼뜨리기 위해 만드는 저 하얀 솜털과 같은 것으로 흔히 꽃가루로 알고 있지만, 꽃이 져서 열매를 맺고는 종자를 가볍게 하여 멀리 날려 보내기 위해 만들어내는 것이다.

31. 일본목련(Magnolia obovata)과 후박나무에 대한 다음 설명 중 잘못된 것은?

① 일본목련은 목련과(科), 후박나무는 녹나무과(科)이다.
② 일본목련은 낙엽활엽교목이고 후박나무는 상록활엽교목이다.
③ 후박나무는 한국자생종이다.
④ 일본목련의 한자명을 목란(木蘭)이다.

해설 일본목련의 한자명은 '厚朴' (후박)으로 우리나라에 도입될 때 일본의 한자 이름이 그대로 쓰여졌다.

32. 수관폭(樹冠幅)에 대한 설명으로 옳지 않은 것은?

① 타원형 수관폭은 최대층의 수관축을 중심으로 한 최단폭과 최장폭을 평균한 것을 택한다.
② 건설공사표준품셈에 의거하여 식재시 규격 표시는 W로 한다.
③ 도장지는 길이 1m 이상의 것만 제외시킨다.
④ 수평으로 생장하는 조형된 수관의 경우에는 수관폭의 최장폭을 수관길이로 사용한다.

해설 도장지는 길이에서 제외한다.

33. 잣나무 군락지에서는 초본식물의 침입과 종자발아가 어렵기 때문에 2차 천이가 잘 진행되지 못한다. 이러한 현상을 무엇이라고 하는가?

① 극성(polarity)
② 역작용(reaction)
③ 피드백(feedback)작용
④ 타감작용(allelopathy)

해설 타감작용
식물의 공격과 방어로 식물은 어떤 화학물질을 발산하여 다른 식물(때로는 자기 자신)의 생장을 억제하는 작용을 한다. 이 현상을 알렐로파시(Allelopathy)라 하며, 타감작용 혹은 화학적 식물간 상호작용이라고 부른다.

34. 다음 피도(coverage, C)에 대한 설명 중 틀린 것은?

① 단위 면적당 개체수로서, 총 조사면적 중 어떤 종의 개체수를 백분율로 나타낸 것이다.
② 각 식물종이 차지하는 투영면적을 상층, 중층, 하층으로 구분하여 조사한다.
③ 브라운-블랑케(Broun-Blanquet)는 피도를 7단계로 구분하였다.
④ 상대피도를 구하는 공식은 어떤 한 종의 피도를 모든 종의 피도로 나눈 후 100을 곱한 값이다.

해설 피도(C)는 조사구역내의 존재하는 각 식물종이 차지하는 수관의 투영면적비율을 나타낸 것이다.

정답 29. ① 30. ① 31. ④ 32. ③ 33. ④ 34. ①

35. 다음 중 조경수목의 식재시 규격표시 방법이 다른 것은?

① Chaenomeles sinensis
② Chionanthus retusus
③ Prunus yedoensis
④ Zelkova serrata

해설 ① 모과나무 : H×R
② 이팝나무 : H×R
③ 왕벚나무 : H×B
④ 느티나무 : H×R

36. 녹나무과 식물 중 낙엽성인 식물은 무엇인가?

① 녹나무 ② 후박나무
③ 센달나무 ④ 생강나무

해설 생강나무-녹나무과 낙엽활엽관목

37. 다음 중 우리나라에서 내동성이 가장 강한 것은?

① 자작나무 ② 녹나무
③ 비자나무 ④ 감탕나무

해설 자작나무
해발 800m 이상 추운 지역에 분포하는 낙엽활엽교목이다.

38. 식재로 얻을 수 있는 기능 중 기상학적 효과는?

① 태양 복사열 조절
② 대기정화 작용
③ 토양 침식조절
④ 반사조절

해설 ②, ③, ④는 식물의 공학적 이용효과이다.

39. 특정 군집에서 가장 많이 나타나는 몇몇 종을 가리키는 용어는?

① 핵심종 ② 우점종
③ 희소종 ④ 고유종

해설
- 핵심종(keystone species): 일정 지역의 생태계에서 생태 군집을 유지하는 데 결정적인 역할을 하는 종으로, 어느 한 종의 멸종이 다른 모든 종의 종 다양성을 좌우할 만큼 많은 영향을 미치는 종을 말한다. 즉 그 종이 없어지면 해당 지역의 생태계에 커다란 변화가 일어난다. 대표적인 핵심종에는 코끼리·해달·수달·불곰 등이 있다.
- 우점종(dominant species):생물군집에서 그 군집의 성격을 결정하고, 군집을 대표하는 종류를 가리킨다. 이것은 식물군락에서 피도와 개체수를 고려하여 정한다.
- 희소종(rare species): 야생 상태에서 생육 개체수가 특히 적은 생물종
- 고유종(endemic species): 특정 지역에만 분포하는 생물의 종으로, 이 종은 주로 지리적 격리가 원인이 되어 나타나는데, 섬에서만 발견되는 특산종이 그 예가 될 수 있다.

40. 아름다운 흰꽃이 피는 수종은?

① 오동나무, 백합나무
② 산수유, 생강나무
③ 산딸나무, 태산목
④ 자귀나무, 산벚나무

해설 ① 오동나무(5~6월 자주색꽃), 백합나무(5~6월 녹황색꽃
② 산수유 (3월 황색꽃), 생강나무 (3월 황색꽃)
③ 산딸나무(5월 백색꽃), 태산목(5~6월 백색꽃)
④ 자귀나무(6~7월 연분홍색), 산벚나무(4~5월 흰색 또는 연홍색)

정답 35. ③ 36. ④ 37. ① 38. ① 39. ② 40. ③

■■■ 조경시공학

41. 하중에 대한 설명으로 옳지 않은 것은?

① 자동차의 중량과 같이 이동하는 하중을 활하중이라 한다.
② 정치된 구조물 자신의 무게는 고정하중이라 한다.
③ 고정하중을 사하중이라고도 한다.
④ 하중 작용 면적의 대소에 따라 동하중과 정하중으로 나눈다.

해설 하중의 종류
- 하중 작용 면적의 대소에 따라 집중하중과 분포하중
- 이동여부에 따라 고정하중(정하중, 사하중)과 이동하중(활하중, 적재하중)
- 하중 작용시간에 따라 장기하중과 단기하중으로 나뉜다.

42. 옹벽 배근에 소요된 철근 수량을 산출해보니 D10은 80m, D13은 100m이었다. D13(kg/m = 0.995), D10(kg/m = 0.560)의 가격(ton 당)이 320,000원이라면 재료비는 얼마인가?

① 39,808원　② 43,392원
③ 46,176원　④ 49,760원

해설 철근의 재료비 = 철근의 중량 × ton당 가격
D10과 D13철근의 중량 :
$(80 \times 0.560) + (100 \times 0.995)$
$= 144.3\text{kg} = 0.1443\text{ton}$
$0.1443 \times 320{,}000 = 46{,}176$원

43. 공정관리에 관한 설명으로 맞지 않은 것은?

① 횡선식 공정표는 공기에 영향을 미치는 작업을 알기 쉽다.
② CPM은 각 작업들의 연관성을 알기 쉽다.
③ 네트워크 공정표는 대형공사에 적합하다.
④ PERT는 네트워크 공정표의 일종이다.

해설 횡선식공정표는 작업간의 관계가 명확하지 않으며 작업상황이 변동되었을 때 탄력성이 없다.

44. 부지 정지의 목적 중 미적인 기능이 아닌 사항은?

① 운동장 건물 등 시설물을 위한 적절한 경사도를 조절한다.
② 시계(視界)를 조정한다.
③ 구조물과 대지를 조화시킨다.
④ 순환도로를 강조하거나 조절한다.

해설 정지계획의 미적인 기능
- 평탄한 대지에 자연적으로 흥미 있는 관심제공 시계를 유지하고 불량한 시계차단
- 대지의 구조물을 주위의 자연지형이나 경관과 조화
- 지나치게 압도적인 시설 및 공간의 크기나 모양완화
- 균일한 경사와 형태를 도입하여 기하학적 경관연출
- 순환로의 경사를 완화시키고 자연지형과 조화롭게 함
- 자연적 형태의 모방을 통한 축약된 경관 연출

45. 다음의 적산 방법 중 옳지 않은 것은?

① 수량의 계산은 지정 소수위 이하 1위까지 구하고, 끝수는 4사5입한다.
② 모따기의 체적은 구조물의 수량에서 공제한다.
③ 설계서의 총액은 1,000원 이하는 버린다.
④ 잔디의 할증율은 10%이다.

해설 다음의 체적과 면적은 구조물의 수량에서 공제하지 않는다.
⇒ 볼트의 구멍, 모따기, 물구멍, 이음줄눈의 간격, 포장공종의 1개소 당 0.1m^2 이하의 구조물 자리, 철근콘크리트 중의 철근

정답 41. ④　42. ③　43. ①　44. ①　45. ②

46. 조경공사에 있어서 시방서, 설계도면 등 설계서간의 내용이 상이한 경우 적용순서로 옳게 된 것은?

① 현장설명서 – 공사내역서 – 특별시방서 – 설계도
② 공사내역서 – 설계도 –현장설명서 – 특별시방서
③ 설계도 – 물량내역서 – 공사내역서 – 현장설명서
④ 현장설명서 – 공사시방서 – 설계도면 – 물량내역서

해설 설계도서간 내용 차이시 적용순서
현장설명서 → 공사시방서 → 설계도면 → 물량내역서 → 표준시방서, 모호한 경우는 발주자 또는 감독자의 지시에 따름

47. 콘크리트 워커빌리티(Workability)에 영향을 주는 요소가 아닌 것은?

① 콘크리트의 강도
② 골재입도와 잔골재율
③ 시멘트 양
④ 반죽질기(consistency)

해설 워커빌러티
· 굳지 않은 콘크리트의 성질로 시공연도
· 영향 요소: 골재입도와 잔골재율, 물과 시멘트 양

48. 우수 유출량(Q)=$\frac{1}{360}$CIA로 보통 구하게 되는데 이중 강우강도를 나타내는 I는 배수를 시켜야 하는 지역의 성격에 따라 다르게 산정해야 한다. 그러므로 $I=\frac{b}{t+a}$ 식으로 구하게 되는데 이중 t는 무엇을 나타내는가?

① 유달시간(流達時間)
② 거리(距離)
③ 지면경사(地面傾斜)
④ 기후특성(氣候特性)

해설 $I=\frac{b}{t+a}$ 여기서, I : 강우강도, a와 b는 지방상수, t : 유달시간(유입시간 + 유하시간)

49. 다음 조명용어(照明用語)에 대한 단위로서 바르지 못한 것은?

① 광속(光束) : lm(루멘)
② 광도(光度) : cd(촉광)
③ 조도(照度) : lux(룩스)
④ 휘도(輝度) : W(와트)

해설 휘도(輝度) : sb(스틸브)

50. 식물 생육을 위해 토양생성작용을 받은 솔럼(SOLUM)층으로 근계발달과 영양분을 제공할 수 있는 층으로 표토복원에 쓰일 토양층이 아닌 것은?

① 유기물층 ② 용탈층
③ 집적층 ④ 모재층

해설 솔럼층 : 토양생성인자의 작용을 받은 부위로 유기물층+용탈층+집적층을 말한다.

51. 등고선의 성질 설명 중 옳지 않는 것은?

① 凸 경사에서 높은 쪽의 등고선은 낮은 쪽의 등고선 간격보다 더 좁게 되어 있다.
② 동일한 등고선 상에 있는 점은 같은 높이이다.
③ 등고선 사이의 최단거리 방향은 그 지표면의 최대 경사방향을 가르킨다.
④ 등경사지에서 등고선은 같은 간격으로 표시된다.

해설 凸(철사면) 경사에서 높은쪽의 등고선은 낮은쪽의 등고선 간격보다 간격이 넓다.

정답 46. ④ 47. ① 48. ① 49. ④ 50. ④ 51. ①

52. 1/200 축척의 도면에서 놀이터의 모래사장 면적은 cm 자로 재었더니 $9cm^2$ 이었다. 실제면적은?

① $3,600m^2$ ② $360m^2$
③ $36m^2$ ④ $3.6m^2$

해설 1/200에서 1cm는 2m 이므로
$1cm^2 : 4m^2 = 9cm^2 : x$ (실제면적)
실제면적 = $36m^2$

53. 다음 안식각에 대한 설명 중 틀린 것은?

① 수평면과 경사면이 이루는 안정된 각을 안식각이라 한다.
② 일반적인 흙의 안식각은 20°~40°이며, 보통 30° 정도로 한다.
③ 흙의 입자가 작을수록 안식각은 커진다.
④ 비탈경사를 안식각 이하로 하면 안정도가 커진다.

해설 안식각 (安息角, angle of repose)
- 흙을 쌓아올렸을 때 자연 상태에서 그 경사를 유지할 수 있는 최대 경사각
- 보통의 안식각은 30° 정도로 한다.
- 구성 입자의 크기가 클수록, 모가날수록 안식각은 커진다.

54. 다음 그림 중 뿌리돌림평면도로 가장 적합한 것은? (단, 작은 원은 뿌리분 크기이고, 뿌리의 검은 사선을 환상박피한 것이다.)

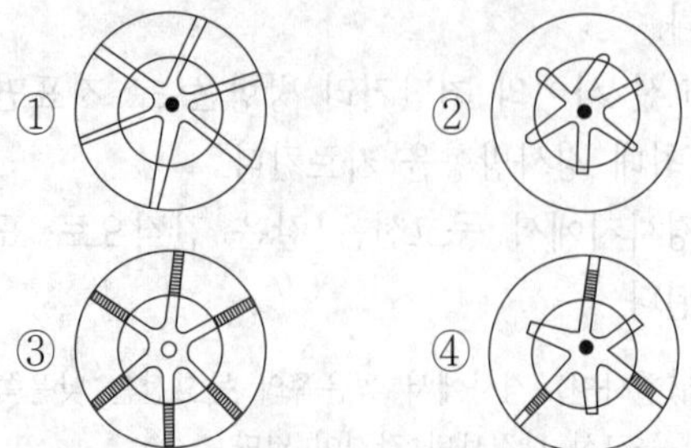

해설 도복을 방지하지 위해 굵은 곁뿌리는 하나씩 남겨두며, 15cm정도 환상박피한다.

55. 다음 힘에 대한 설명 중 틀린 것은?

① 힘의 3요소란 힘의 크기, 방향, 속도를 말한다.
② 1개로 대치된 힘을 여러 개의 힘들에 대한 합력이라 한다.
③ 1개의 힘이 2개 이상의 힘으로 나누어진 것을 분력이라 한다.
④ 힘의 어느 한 점에 대한 회전 능력을 모멘트라 한다.

해설 힘의 3요소 : 작용점, 방향, 크기

56. 벽돌쌓기 공사에 관한 설명 중 틀린 것은?

① 벽돌에 부착된 불순물을 제거하고 쌓기 전에 물 축이기를 한다.
② 착수 전에 벽돌나누기를 하고 세로줄눈은 특별히 정한바가 없는 한 통줄눈이 되지 않도록 쌓는다.
③ 1일 쌓는 높이는 1.5m 이상으로 하고, 다음날 이어서 쌓는 것이 경제적인 시공이다.
④ 줄눈 모르타르 접합면 전체에 고루 배분되도록 하고 줄준 폭은 특별히 정하지 않는 한 10mm로 한다.

해설 1일 쌓는 높이는 보통 1.2m, 최대 1.5m 이하로 한다.

57. 다음 중 인공살수(人工撒水)시설의 설계를 위한 관개강도(灌漑强度)결정에 영향을 미치는 요인이 아닌 것은?

① 가압기의 능력
② 토양의 종류 및 흡수력
③ 지피식물의 피복도(被覆度)
④ 공급수량을 살수하는 작업시간

해설 살수기 설계시 관개강도 결정에 영향을 미치는 요인
- 토양의 흡수력
- 식물의 살수요구량, 공급수량을 살수하는 시간 계획
- 지표면의 경사 또는 피복상태

정답 52. ③ 53. ③ 54. ④ 55. ① 56. ③ 57. ①

58. 내수성과 내열성이 우수하여 유리섬유를 보강하면 500℃ 이상 고열에도 수 시간을 견딜 수 있는 합성수지의 종류는?

① 에폭시수지 ② 실리콘수지
③ 페놀수지 ④ 멜라민수지

해설 실리콘수지
열경화성 합성수지로 내열성, 내한성, 내습성에 강한 특성을 가지고 있다.

59. 다음 [보기]의 내용을 참고하여 공사의 입찰순서로 가장 적합한 것은?

[보기]		
① 입찰통지	② 입찰	③ 낙찰
④ 계약	⑤ 현장설명	⑥ 개찰

① ①→②→③→④→⑤→⑥
② ①→②→⑤→⑥→③→④
③ ①→⑤→②→⑥→③→④
④ ①→⑤→③→②→⑥→④

해설 입찰의 순서
입찰공고(통지) → 현장설명→ 입찰참가신청 및 입찰보증금 접수 → 입찰서제출 → 개찰 → 낙찰 → 계약체결

60. 건설기계경비 산정에 있어 기계손료(器械損料)의 항목에 포함되지 않는 것은?

① 소모품비(消耗品費)
② 감가상각비(減價償却費)
③ 정비비(整備費)
④ 관리비(管理費)

해설 기계경비의 구성

직접경비	기계손료	감가상각비, 정비비, 관리비
	운전경비	운전노무비, 연료비, 소모품비
간접경비	운반비, 조립·해체비, 기타 기계경비	

■■■ 조경관리

61. 다음 중 수목 관리시 수목 생육에 필요한 다량원소가 아닌 것은?

① K ② Ca
③ Fe ④ S

해설 다량원소와 미량원소
· 다량원소: N, P, K, Ca, Mg, S
· 미량원소: Mn, Zn, B, Cu. Fe, Mo, Cl

62. 시비에 대한 설명 중 적당하지 않은 것은?

① 추비(追肥)는 일반적인 수종에서는 눈이 움직일 무렵, 화목(花木)의 경우에는 개화 직후에 준다.
② 비료는 수관선(樹冠線)을 따라 20cm 내외의 홈을 파서 주는 것이 효과적이다.
③ 화목류에는 7~8월경 인산질 비료를 많이 주어야 화아형성을 촉진한다.
④ 지효성의 유기질 비료는 덧거름으로, 황산암모늄과 같은 속효성 비료는 밑거름으로 준다.

해설 · 지효성 유기질비료 → 밑거름(기비)
· 속효성비료 → 덧거름(추비)

63. 일반적으로 조경시설물의 유지관리가 계획을 작성할 때 기준으로 이용하는 시설물의 내용년수가 가장 긴 것은?

① 모래자갈 포장 ② 목재파고라
③ 플라스틱벤치 ④ 콘크리트벤치

해설 시설물의 내용년수
① 모래자갈포장 – 10년
② 목재파고라 – 10년
③ 플라스틱벤치 – 7년
③ 콘크리트벤치 – 20년

정답 58. ② 59. ③ 60. ① 61. ③ 62. ④ 63. ④

64. 낙엽, 볏짚, 콩깍지 등으로 멀칭(Mulching)의 효과로 보기 어려운 것은?

① 토양수분의 투수력 증진
② 토양비옥도 증진
③ 잡초 발생의 억제
④ 토양고결화 촉진

해설 멀칭의 효과
토양고결화 억제, 토양수분의 유지, 토양비옥도 증진, 잡초 발생의 억제

65. 향나무녹병(赤星病)에 관한 설명 중 틀린 것은?

① 배나무, 모과나무, 꽃사과 등에는 발생하지 않는다.
② 4월~5월경 비가 자주 오면 겨울 포자퇴는 노란색의 한천모양으로 불어난다.
③ 향나무 잎이나 가지 사이의 분기점에 갈색의 균체가 형성된다.
④ 녹포자 비산기인 7월 초순경에 만코지수화제를 살포한다.

해설 적성병은 2종 기생성으로 배나무, 모과나무, 꽃사과 등의 장미과 수목에도 발생한다.

66. 옥외 레크리에이션(recreation) 관리체계에서 주 요소 기능의 관점과 거리가 먼 것은?

① 이용자관리(visitor management)
② 서비스관리(service management)
③ 자원관리(resource management)
④ 건축물관리(building maanagement)

해설 옥외 레크리에이션 관리체계의 주요소 기능 관점
이용자관리, 서비스관리, 자원관리

67. 잔디밭의 통기작업(通氣作業)이라 볼 수 없는 것은?

① 레이킹(raking)
② 톱 드레싱(top dressing)
③ 코링(coring)
④ 스파이킹(spiking)

해설 톱 드레싱
잔디 배토작업으로 생육을 원활하게 한다.

68. 다음 중 주요한 전반(傳搬)방법과 병원체의 연결이 바른 것은?

① 바람에 의한 전반 – 묘목의 입고병균
② 물에 의한 전반 – 잣나무 털녹병균
③ 묘목에 의한 전반 – 밤나무 근두암종병균
④ 토양에 의한 전반 – 향나무 적성병균

해설 ① 토양에 의한 전반 – 묘목의 입고병균
② 묘목에 의한 전반 – 잣나무 털녹병균
④ 물에 의한 전반 – 향나무 적성병균

69. 수목병과 매개충이 바르게 짝지어지지 않은 것은?

① 대추나무 빗자루병 – 담배장님노린재
② 오동나무 빗자루병 – 담배장님노린재
③ 쥐똥나무 빗자루병 – 마름무늬매미충
④ 느릅나무 시들음병 – 나무좀

해설 대추나무 빗자루병 – 마름무늬매미충

70. 유효질소 24kg이 필요하여 요소(N : 50%, 흡수율 : 80%)로 충당하려 한다. 이때 요소의 필요량은?

① 30kg ② 40kg
③ 60kg ④ 80kg

해설 유효질소 = 필요량 × N% ×흡수율
$24 = x \times 0.5 \times 0.8$
따라서 x(필요량) = 60kg

정답 64. ④ 65. ① 66. ④ 67. ② 68. ③ 69. ① 70. ③

71. 콘크리트 옹벽이 뒷면의 토압 증대로 인하여 앞으로 넘어지려 하는 경우 적합하지 않는 시공방법은?

① 부벽식 콘크리트 옹벽공법
② 편책공법
③ P.C 앵커공법
④ 그라우팅 공법

해설 옹벽의 보수방법
- P.C 앵커공법: 기존지반이 암질이 좋을 때 PC 앵커로 넘어짐을 방지
- 부벽식 콘크리트 옹벽공법: 기존지반이 암반이고 기초가 침하의 우려가 없을 때 옹벽전면에 부벽식 콘크리트 옹벽을 설치
- 말뚝에 의한 압성토공법: 옹벽이 활동을 일으킬때 옹벽 전면에 수평으로 암을따서 압성토함
- 그라우팅공법: 옹벽을 볼링·굴착 후 채움재를 넣어 옹벽뒷면의 지하수를 배수구멍에 유도시키고 토압을 경감시키는 방법

72. 조경수목을 가해하는 식엽성 해충에 해당하는 것은?

① 진딧물
② 솔껍질깍지벌레
③ 잣나무넓적잎벌
④ 솔잎혹파리

해설 진딧물, 솔껍질깍지벌레는 흡즙성해충, 솔잎혹파리는 충영형성해충에 포함됨

73. 서양잔디에서 많이 발생하는 브라운 팻취(brown patch)현상의 예방을 위한 적절한 조치가 아닌 것은?

① 토양의 pH는 6.0 이상을 유지한다.
② 여름철에 질소질 비료를 다량 시비한다.
③ 통풍과 배수를 좋게 하기 위해 자주 깎아준다.
④ 살균 예방제를 정기적으로 살포한다.

해설 브라운패치 발생원인
과습, 태취의 축적, 질소질비료의 과다시비시 발병된다.

74. 조경공사 현장에서 재해발생의 경중, 즉 강도를 나타내는 척도로서 연간 총 근로시간 1000시간당 재해발생에 의해서 잃어버린 근로손실일수를 말하는 것은?

① 천인율　② 강도율
③ 도수율　④ 빈도율

해설 산업재해 통계
- 천인율(재해율) : 근로자수 100(1,000)인당 발생하는 재해자수의 비율을 말함
- 강도율 : 근로시간 합계 1,000시간당 재해로 인한 근로손실일수를 말함
- 도수율(빈도율) : 100만 근로시간당 재해발생 건수

75. 토양의 Laterite화 작용이 일어날 수 있는 조건은?

① 고온다우　② 한냉건조
③ 한냉습윤　④ 고온건조

해설 라테라이트(laterite)
- 주로 철, 알루미늄 성분으로 구성된 토양으로 붉은 색을 띠어 적색토양 또는 홍토라고도 한다. 라틴어로 '벽돌'이라는 뜻으로 굳으면 단단하여 건축재료로 이용
- 주로 건기와 우기가 있는 열대 및 아열대 기후지역에서 풍화작용으로 인해 토양의 유기질이 쓸려내려가고 비교적 무거운 철 성분인 산화철, 수산화철, 산화알루미늄 등만이 남게 되어 형성된 토양

정답 71. ② 72. ③ 73. ② 74. ② 75. ①

76. 살충제 B 유제 50%를 0.05%(1000배액)로 1ha에 1000L살포 시에 필요한 원액량은?

① 10000mL ② 100mL
③ 1000mL ④ 500mL

해설 ha당 사용량 $= \frac{ha\text{당 사용량}}{\text{사용희석배수}} = \frac{1000L}{1000\text{배액}}$
= 1L = 1000mL

77. 자연공원의 모니터링에 대한 설명 중 틀린 것은?

① 영향에 대한 시각적 평가, 물리적 자원의 변화측정을 통해 이루어진다.
② 측정단위들의 위치설정은 일정간격으로 분산되어야 한다.
③ 영향을 유효 적절히 측정할 수 있는 지표를 설정해야 한다.
④ 측정기법은 신뢰성이 있고 민감해야 한다.

해설 좋은 모니터링 시스템의 조건
· 영향을 유효 적절히 측정할 수 있는 지표를 설정한다.
· 그 측정의 기법이 신뢰성이 있고 민감하여야 한다.
· 비용이 많이 들지 않아야 한다.
· 측정단위들의 위치설정이 합리적이어야 한다.

78. 경관조명에서 광원의 종류와 특성 설명이 틀린 것은?

① 백열등 : 부드러운 분위기 연출이 가능하며, 수명이 짧고 효율이 낮다.
② 수은등 : 저휘도이고 배광제어가 용이하며, 도로조명 및 투광조명에 부적합하다.
③ 할로겐등 : 광장의 투광조명에 적합하다.
④ 메탈할라이드등 : 고휘도이며, 연색성이 뛰어나고 옥외 조명에 적합하다.

해설 수은등 : 수명이 길고 효율이 높으며, 먼거리 조명에 적합하고, 진동과 충격에 강하여 도로조명에 사용된다.

79. 다음 유희시설의 전반적인 유지관리 중 적절하지 않은 것은?

① 해안의 염분, 대기오염이 현저한 지역에서는 강력한 방청처리를 하거나 스테인레스 제품을 사용한다.
② 사용재료에 균열발생 등 파손우려가 있거나 파손된 시설물은 사용하지 못하도록 한다.
③ 바닥모래를 충분히 건조된 것으로서 어린이가 다치지 않도록 최대한 가는 모래를 깐다.
④ 놀이터 내에 물이 고이는 곳이 없도록 모래면을 평탄하게 고른다.

해설 바닥모래를 충분히 건조된 것으로서 바람이 날리지 않도록 입자가 굵은 모래를 깐다.

80. 공사현장에서는 인위적이든 자연적이든 반드시 재해에 대한 관리가 이루어져야 한다. 다음 중 재해예방의 원칙과 관련된 설명이 틀린 것은?

① 재해는 원칙적으로 원인만 제거되면 예방이 가능하다.
② 재해예방을 위한 가능한 대책은 반드시 존재한다.
③ 사고와 손실과의 관계는 필연적이다.
④ 재해발생은 반드시 그 원인이 존재한다.

해설 바르게 고치면
사고로 인한 손실(상해)의 종류 및 정도는 우연적이다.

정답 76. ③ 77. ② 78. ② 79. ③ 80. ③

과년도출제문제(CBT복원문제)

2021. 2회 조경산업기사

※ 본 기출문제는 수험자의 기억을 바탕으로 하여 복원한 문제이므로 실제 문제와 다를 수 있음을 미리 알려드립니다.

■■■ 조경계획 및 설계

1. 이탈리아－르네상스식 정원 가운데에서 바로크식 정원의 특징을 지닌 대표적인 정원이다. 옳지 않은 것은?

① 토스카나장
② 이졸라 벨라장
③ 알도 브란디니장
④ 란셀롯티장

해설 로마시대－토스카나장

2. 다음 일본의 작정기에 대한 설명으로 옳지 않은 것은?

① 정원 전체의 땅가름, 연못, 섬, 입석, 작천 등 정원에 관한 내용이다.
② 이론적인 것에서부터 시공면까지 상세하게 기록되어 있다.
③ 일본에서 정원 축조에 관한 가장 오랜 비전서이다.
④ 회유식 정원의 형태와 의장에 관한 것이다.

해설 작정기
침전식정원의 형태와 의장에 관한 것이 기록되어 있다.

3. 역대 중국정원은 지방에 따라 많은 명원(名園)을 볼 수 있다. 그 중 소주(燒酒)에는 (①) 등이 있고, 북경(北京)에는 (②)등이 있다. 윗글의 (①)과 (②)에 해당하는 것은?

① ① 유원(留園), ② 졸정원(拙政園)
② ① 자금성(紫禁城), ② 원명원 이궁(園明園離宮)
③ ① 졸정원(拙政園), ② 원명원 이궁(園明園離宮)
④ ① 만수산 이궁(萬壽山離宮), ② 사자림(師子林)

해설 지방에 따른 중국정원

북방황실원유	· 규모가 크고 개방적공간 · 봉건황제를 위한 원유 · 원명원이궁, 만수산이궁
강남(소주)일대 원유	· 좁고 폐쇄적 공간에 치밀하게 조영 · 개인소유로 주인에 따라 정원 조영이 다름 · 사자림, 졸정원, 창랑정, 유원

4. 다음 창덕궁 내에 있는 정자들로 이들 가운데에서 입지적(설치장소) 측면에서 성격이 다른 것은?

① 애련정 ② 부용정
③ 농수정 ④ 관람정

해설 농수정
창덕궁 후원 연경당건물의 하나인 선향재 뒤편의 돌계단 위에 위치한 정자

5. 삼국사기 백제본기에 의하면 무왕 35년에 궁 남쪽에 정원을 꾸몄다 하였는데 다음 설명 중 옳은 것은?

① 석가산을 쌓아 방장선산을 상징하였다.
② 솟는 물을 모아 연못을 만들었다.
③ 못에 섬을 만들었다.
④ 서안에 소나무를 무성하게 심었다.

해설 궁남지는 무왕때 조성되었으며 궁 남쪽에 못을 파고 20여리 밖에서 물을 끌어들였으며, 못 가운데 방장선산을 상징하는 섬조성하였다. 호안에는 능수버들을 식재하였다.

정답 1. ① 2. ④ 3. ② 4. ③ 5. ③

6. 다음 중 스토(Stowe)가든을 설계한 사람과 관련 없는 것은?

① 로스햄(Rousham)
② 하하(Ha-ha)수법
③ 취스윅가(Chiswick House)
④ 비큰히드 파크(Birkenhead Park)

해설 · 스토가든설계 – 브릿지맨
· 비큰히드 파크 – 조셉팩스턴이 설계

7. 다음 중 측백나무를 가르키는 옛 이름은?

① 이(李) ② 내(柰)
③ 백(栢) ④ 조(棗)

해설 ① 이(李) – 오얏나무(자두나무)
② 내(柰) – 능금나무
④ 조(棗) – 대추나무

8. 다음 중 우리나라의 서원조경에 대한 설명으로 옳지 않은 것은?

① 기능에 따라 진입공간, 강학공간, 제향공간, 부속공간으로 구성되어 있다.
② 학문연구와 선현제향을 위해 설립된 사설 교육기관이며 향촌자치기구이다.
③ 일반적으로 산수가 수려한 곳에 입지하고 있다.
④ 시각적 정취를 위해서 비구를 만들어 정원 내에 물을 도입하고 있다.

해설 서원의 수경공간
· 주로 연못을 도입하였으며 수심양성을 도모하기 위해 조성, 방지 형태를 취하였다.
· 서원에 지당을 조성함은 실용적인 측면에서는 집수지의 실용적기능과 도의(道義)를 기뻐하고 심성을 기르는 대상물로서의 역할을 하였다.

9. "7가지의 경관의 유형을 기초로 산림경관을 분석하는데 사용한 방법"과 관련된 항목은?

① 시각회랑에 의한 방법
② 메쉬 분석방법
③ 기호화 방법
④ 계량화 방법

해설 시각회랑에 의한 분석 방법
· Litton의 산림경관분석
· 7개경관: 거시경관(파노라믹한경관(전경관), 지형경관(천연미적경관), 위요경관, 초점경관), 세부경관(관개경관, 세부경관, 일시적경관)
· 시각회랑설정, 경관관찰점설정(LCP:전경, 중경, 배경의 조망점선정)

10. 시각적 효과 분석 및 미시적 분석에 관한 연결이 옳지 않은 것은?

① 린치(1979) – 도시의 이미지 분석 연구
② 틸(1961) – 공간형태의 표시법
③ 할프린(1965) – 움직임의 표시법
④ 레오폴드(1969) – 형태와 행위의 일치성 연구

해설 · 스타인니츠 – 형태와 행위의 일치성연구
· 레오폴드 – 하천주변 경관가치의 계량화

11. 경기장 배치에 관한 설명 중 틀린 것은?

① 축구장 – 장축은 가능한 동서방향으로 주풍향과 직교시킨다.
② 테니스장 – 장축의 방위는 정남북으로부터 동서 5~15° 편차내의 방향이 일치하도록 한다.
③ 배구장 – 장축을 남북방향으로 배치하며 바람의 영향을 받기 때문에 주풍방향에 수목 등의 방풍시설을 마련한다.
④ 야구장 – 방위는 내외야수가 태양을 등지고 경기할 수 있도록 하고, 홈플레이트는 동쪽에서 북서쪽 사이에 자리잡게 한다.

해설 축구장 장축이 남북방향으로 주풍향과 직교시킨다.

정답 6. ④ 7. ③ 8. ④ 9. ① 10. ④ 11. ①

12. 외부공간을 구성하는 기본적 요소가 아닌 것은?

① 수평적 요소 ② 수직적 요소
③ 선적 요소 ④ 천개면적 요소

해설 외부공간을 구성하는 기본적 요소
수평적 요소(바닥면), 수직적 요소(벽면), 천개면적 요소(관개면)

13. 다음 중 시각적 선호도에 영향을 끼치는 요소가 아닌 것은?

① 식생, 물, 지형과 같은 물리적 변수
② 연령, 성별 등에 따른 개인적 변수
③ 사람과 관련된 행태적 변수
④ 환경에 함축된 의미로서 상징적 변수

해설 시각적 선호 관련 변수(요소)
- 물리적 변수: 식생·물·지형
- 추상적 변수: 복잡성·조화성·새로움이 시각적 선호를 결정
- 상징적 변수: 일정 환경에 함축된 상징적 의미
- 개인적 변수: 개인의 연령·성별·학력·성격, 가장 어렵고도 중요한 변수

14. 다음 중 주택건설기준 등에 관한 규정에 의한 주민공동시설이 아닌 것은?

① 주민운동시설 ② 청소년 수련시설
③ 주민휴게시설 ④ 주차장

해설 주민공동시설
- 주민공동시설: 해당 공동주택의 거주자가 공동으로 사용하거나 거주자의 생활을 지원하는 시설
- 유형: 경로당, 어린이놀이터, 어린이집, 주민운동시설, 도서실, 주민교육시설, 청소년 수련시설, 주민휴게시설, 독서실, 입주자집회소, 공용취사장, 공용세탁실 등

15. 도시공원 및 녹지 등에 관한 법률 및 동법 시행규칙에서 정의한 공원시설이 아닌 것은?

① 매점, 화장실 등의 이용자를 위한 편익시설
② 야외사격장, 골프장(9홀) 등의 운동시설
③ 관리사무소, 울타리 등의 공원관리시설
④ 박물관, 야외음악당 등의 교양시설

해설 운동시설(도시공원 및 녹지 등에 관한 법률 시행규칙)
무도학원·무도장 및 자동차경주장은 제외하고, 사격장은 실내사격장에 한하며, 골프장은 6홀 이하의 규모에 한한다.

16. 수목원·정원의 조성 및 진흥에 관한 법률상 정원에 포함되지 않는 것은?

① 국가정원 ② 공립정원
③ 민간정원 ④ 공동체정원

해설 수목원·정원의 조성 및 진흥에 관한 법률 상 수목원과 정원
- 수목원: 국립수목원, 공립수목원, 사립수목원, 학교수목원
- 정원: 국가정원, 지방정원, 민간정원, 공동체정원, 주제정원, 생활정원

17. 다음 중 조경계획의 일반적인 과정으로 가장 적합한 것은?

① 기본계획 – 문헌 및 현지조사 – 중간검토 – 종합계획
② 환경조사 – 기본계획 – 개념화 – 시공계획
③ 기본구상 – 개념계획 – 적지선정 – 기본설계
④ 기본조사 – 기본구상 – 기본계획 – 기본설계 – 실시설계

해설 조경계획 과정
목표 → 조사 → 분석 → 기본구상 → 기본계획 → 기본설계 → 실시설계

정답 12. ③ 13. ③ 14. ④ 15. ② 16. ② 17. ④

18. 빛에 대한 설명으로 옳은 것은?

① 가시광선에서 파장이 긴 부분은 푸른색을 띤다.
② 가시광선의 범위는 380nm에서 780nm라고 한다.
③ 분광된 빛을 프리즘에 통과시키면 또 분광이 된다.
④ 자외선은 열적작용을 하므로 열선이라고도 한다.

해설 바르게 고치면
① 가시광선의 파장이 긴 부분은 붉은색을 띤다.
③ 분광된 빛은 다시 프리즘에 통과시켜도 분광되지 않으므로 단색광이라고 한다.
④ 적외선은 열적작용을 하므로 열선이라고도 한다.

19. 정수비(整數比), 급수비(級數比), 황금비(黃金比)와 같은 비율과 도형상의 색채차라든가 질감에 있어서의 강약까지 포함하여 비례의 안정을 찾는 것을 무엇이라 하는가?

① 점층(漸層)
② 반복(反復)
③ 대조(對照)
④ 비대칭균형(非對稱均衡)

해설 비대칭균형
모양은 다르나 시각적으로 느껴지는 무게가 비슷하거나 시선을 끄는 정도가 비슷하게 분배되어 균형을 유지하는 것, 자연풍경식 정원에서 전체적으로 균형을 잡는 경우를 말한다.

20. 하워드의 전원 도시론에 의해서 최초로 만들어진 도시는?

① 레치워드　　② 웰윈
③ 런던　　④ 밀턴킨즈

해설 레치워스(Letchworth)
영국 잉글랜드 하트퍼드셔 주의 도시로 에버니저 하워드 (Ebenezer Howard)가 제창한 전원도시 (Garden City)의 이념에 따라 건설된 최초의 전원 도시이다. (1903년)

■■■ 조경식재

21. 식물생육에 가장 알맞은 토양 구성은 적당한 토양공기와 토양수분이 있어야 뿌리의 호흡과 수분흡수가 적합하다. 다음 중 어느 것이 가장 적합한 토양 구성인가? (단, 구성비율은 무기물 : 유기물 : 토양공기 : 토양수분의 순이다.)

① 5% : 45% : 30% : 20%
② 45% : 5% : 25% : 25%
③ 5% : 35% : 40% : 20%
④ 45% : 5% : 30% : 20%

해설 무기물 : 유기물 : 토양공기 : 토양수분 = 45% : 5% : 25% : 25%

22. 종자의 품질을 나타내는 기준인 순량율이 50%, 실중이 60g, 발아율이 90%라고 할 때, 종자의 효율은?

① 27%　　② 30%
③ 45%　　④ 54%

해설 종자의 효율 계산
① 미리 조사된 순량률과 발아율로 효율을 계산한다.
② 종자의 효율(%)=(순량율×발아율)/100
=(50%×90%)/100=45%

23. 다음 중 초록빛 수피를 가진 수종은?

① 벽오동(Firmiana simplex W.F.Wight)
② 느릅나무(Ulmus davidiana var. japonica Nakai)
③ 오동나무(Paulownia coreana Uyeki)
④ 모과나무(Chaenomeles sinensis Koehne)

해설 ① 벽오동 – 초록빛수피
② 느릅나무 – 회갈색수피
③ 오동나무 – 회갈색수피
④ 모과나무 – 적갈색얼룩무늬수피

정답 18. ② 19. ④ 20. ① 21. ② 22. ③ 23. ①

24. 꽃이나 잎의 형태와 같이 보다 작은 식물학적 차이점을 지닌 것으로 식물의 명명에서 "for." 로 표기하는 것은?

① 품종 ② 재배품종
③ 이명 ④ 변종

해설 학명 중의 약자
① sp. : species, 종(種)
② ssp. : subspecies, 아종
③ var. : variety, 변종

25. 식재로 얻을 수 있는 기능 중 기상학적 효과는?

① 태양 복사열 조절
② 대기정화 작용
③ 토양 침식조절
④ 반사조절

해설 ②, ③, ④는 식물의 공학적 이용효과이다.

26. 다음 중 방풍용 수목의 설명으로 맞는 것은?

① 수목의 지하고율이 작을수록 바람에 대한 저항은 증대된다.
② 천근성으로서 지엽이 치밀하지 않아야 한다.
③ 수목은 잎이 두껍고 함수량이 많은 넓은 잎을 가진 상록수가 적합하다.
④ 후박나무, 사철나무, 동백나무, 삼나무 등은 모두 방풍용 수목으로 적당하다.

해설 방풍식재용 수목
① 심근성, 줄기나 가지가 바람에 제거되기 어려운 것
② 지엽이 치밀한 상록수가 바람직함(소나무, 곰솔, 향나무, 편백, 화백, 녹나무, 가시나무, 후박나무, 동백나무, 감탕나무)

27. 다음 중 능소화과(科)에 속하는 수종은?

① 벽오동
② 꽃개오동
③ 오동나무
④ 참오동나무

해설 · 벽오동 – 벽오동과
· 오동나무, 참오동나무 – 현삼과
· 꽃개오동, 개오동 – 능소화과

28. 다음 중 수목과 열매의 명칭이 틀린 것은?

① 소나무(Pinus densiflora) – 구과
② 떡갈나무(Quercus dentata) – 견과
③ 복숭아나무(Prunus Persica) – 장과
④ 당단풍(Acer Pseudosieboldianum) – 시과

해설 복숭아나무 – 핵과(核果)

29. 천이는 개시 시기의 환경조건에 의하여 천이를 구분할 수 있는데 육상의 암석지, 사지(砂地)등과 같은 무기 환경조건에서 전개되는 천이는?

① 삼차천이
② 이차천이
③ 건생천이
④ 습생천이

해설 건생천이
· 1차 천이
· 무에서 유가 생성되는 천이과정
· 식물군락이 전혀 없었던 토지에서 시작되는 자연천이, 고산초원, 해안사구
· 나지 → 지의류·선태류 → 초원 → 관목림 → 양수림 → 음수림 → (혼합림) → 음수림(극상)

정답 24. ① 25. ① 26. ④ 27. ② 28. ③ 29. ③

30. 다음 [보기]의 ( ) 안에 적합한 용어는?

[보기]
토양수분은 흙 입자 표면에 분자간 응집력에 의해 흡착되는 수분인 (㉠)와 흙 공극의 표면장력에 의해 유지되는 (㉡)로 구분된다.

① ㉠ 결합수, ㉡ 모관수
② ㉠ 결합수, ㉡ 중력수
③ ㉠ 흡습수, ㉡ 모관수
④ ㉠ 흡착수, ㉡ 결합수

해설
- 결합수 → 흡습수 → 모세관수 → 중력수
- 결합수: 토양의 고체 분자를 구성하는 수분, 토양 고체 준자를 구성하는 pF7.0 이상인 물로 식물에는 흡수되지 않으나 화합물의 성질에 영향을 미침
- 흡습수: 공기 중에 수증기를 토양입자에 응축시킨 수분, 토양이 공기 중의 수분을 흡수하여 토양 알갱이의 표면에 응축시킨 pF 4.5~7.0 정도의 수분
- 모관수: 물 분자 사이의 응집력에 의해 유지되는 수분, 작은 공극(모세관)의 모관력에 의하여 유지되는 pF 2.7~4.5정도의 수분으로 표면장력에 의하여 흡수 유지되는 유효수분
- 중력수: 중력에 의해 자유로이 이동되는 수분, 토양 공극을 모두 채우고 자체의 중력에 의해 이동되는 pF 2.5이하 수분

31. 다음 중 이가화(二家花) 또는 자웅이주(雌雄異株)에 해당하지 않는 수종은?

① Chaenomeles speciosa
② Lindera obtusiloba
③ Ginkgo biloba
④ Actinidia arguta

해설 ① 산당화(자웅동주)
② 생강나무
③ 은행나무
④ 다래나무

32. 노박덩굴과에 속하는 수종으로만 짝지어진 것은?

① 참빗살나무, 복자기나무
② 사철나무, 화살나무
③ 긴보리수나무, 팥배나무
④ 때죽나무, 아왜나무

해설 ① 참빗살나무(노박덩굴과), 복자기나무(단풍나무과)
③ 긴보리수나무(보리수나무과), 팥배나무(장미과)
④ 때죽나무(때죽나무과), 아왜나무(인동과)

33. 인공지반 위에 식재를 할 경우 아래층부터 지반구성 순서로 알맞은 것은?

① 지하배수관 → 자갈 → 부직포 → 인공토양
② 자갈 → 부직포 → 지하배수관 → 인공토양
③ 부직포 → 지하배수관 → 자갈 → 인공토양
④ 지하배수관 → 자갈 → 인공토양 → 부직포

해설 인공지반 식재시 지반구성
지하배수관(유공관) → 자갈(다공성배토) → 부직포(토목섬유) → 인공토양

34. 고속도로에서의 식재기능으로서 적합하지 않은 것은?

① 지표식재 ② 시선유도식재
③ 차광식재 ④ 가로수식재

해설 고속도로의 식재기능에 따른 유형

주행기능	시선유도식재, 지표식재
사고방지	차광식재, 명암순응식재, 진입방지식재, 완충식재
방재기능	비탈면식재, 방풍식재, 방설식재, 비사방지식재
휴식	녹음식재, 지피식재
경관	차폐식재, 수경식재, 조화식재
환경보존	방음식재, 임연보호식재

정답 30. ③ 31. ① 32. ② 33. ① 34. ④

35. 다음 중 학명상에 한국이 원산지라는 의미가 담겨있는 수종이 아닌 것은?

① 구상나무 ② 개나리
③ 잣나무 ④ 느티나무

해설 ① *구상나무 Abies koreana E.H. Wilson*
② *개나리 Forsythia koreana*
③ *잣나무 Pinus koraiensis*
④ *느티나무 Zelkova serrata*

36. 다음 수목의 식재환경 중 음수(陰樹)가 생장할 수 있는 광량(光量)은 전수광량(全受光量)의 몇 % 내외인가?

① 5% ② 15%
③ 25% ④ 50%

해설 · 음수가 생장할 수 있는 광량은 전수광량의 50% 내외이며, 양수는 70% 내외
· 고사한계의 최소수광량은 음수는 5.0%, 양수는 6.5%

37. 다음 식물 중 상록활엽만경목(常綠闊葉蔓莖木)에 해당 되는 것은?

① 송악 ② 계요등
③ 능소화 ④ 노박덩굴

해설 · 송악 : 두릅나무과의 상록활엽만경목
· 계요등 : 꼭두서니과의 낙엽 덩굴성 다년초
· 능소화 : 능소화과의 낙엽활엽만경목
· 노박덩굴 : 노박덩굴과의 낙엽활엽만경목

38. 다음 수목 중 학명이 틀린 것은?

① 박태기나무 : *Cercis chinensis* Bunge
② 갈참나무 : *Quercus aliena* Blume
③ 은단풍 : *Acer pictum* L.
④ 모과나무 : *Chaenomeles sinensis* Koehne

해설 은단풍 : *Acer saccharinum* L.

39. 다음의 열매 중 분포영역을 확장하기 위하여 바람 등의 물리적인 힘을 빌려 멀리 뻗어 가기 가장 어려운 것은?

① 시(翅)과류
② 장(漿)과류
③ 협(莢)과류
④ 수(瘦)과류

해설 장과류
과실 겉껍질은 특히 얇고 먹는 부분인 살은 즙이 많으며 그 속에 작은 종자가 들어있는 열매. 감, 포도, 무화과 등을 말함, 저장이나 수송능력은 떨어진다.

40. 소나무과 중에서 가을에 낙엽이 되는 속(genus)은?

① 개잎갈나무 *(Cedrus)*속
② 소나무 *(Pinus)*속
③ 가문비나무 *(Picea)*속
④ 잎갈나무 *(Larix)*속

해설 잎갈나무 *(Larix)*속: 일본잎갈나무

■■■ 조경시공학

41. 축척이 1/50000인 지형도 위에 어떤 사면의 경사를 알기 위해 측정한 계곡선 간의 수평거리가 1.4cm이었을 때 이 사면의 경사도는 약 얼마인가?

① 10.5% ② 14.3%
③ 17.4% ④ 20.2%

해설 1/50000 지형도
① 주곡선은 20m간격, 계곡선은 100m이므로
② 계곡선간의 수평거리 1.4cm×50000 = (실제거리) 700m
③ (100/700)×100 = 14.28.. → 14.3%

정답 35. ④ 36. ④ 37. ① 38. ③ 39. ② 40. ④ 41. ②

42. 네트워크 공정표 중 더미(dummy)에 대한 설명으로 옳은 것은?

① 하나의 선행작업을 나타낸다.
② 가장 중요한 공정을 나타낸다.
③ 선행과 후행의 관계만 나타낸다.
④ 가장 시간이 긴 경로를 나타낸다.

해설 더미
명목상의 작업으로 실제작업을 동반하지 않고 선후관계만 나타낸다.

43. 콘크리트 다짐기계 중 비교적 두께가 얇고 면적이 넓은 도로 포장 등의 다지기에 사용되는 것은?

① 래머(rammer) ② 내부진동기
③ 표면진동기 ④ 거푸집진동기

해설 표면진동기(surface vibrator)
콘크리트 윗면을 진동에 의해 다지는 기계로 콘크리트 포장 등에 쓰인다.

44. 어떤 단지에 있어 건물 50%, 도로 30%, 녹지 20%의 지역인 경우 우수유출계수가 각각 0.90, 0.80, 0.10인 경우 평균유출계수는?

① 1.0 ② 0.92
③ 0.71 ④ 0.5

해설 평균유출계수
$(0.5\times0.90)+(0.3\times0.80)+(0.2\times0.10)=0.71$

45. 다음 중 목재의 전기저항에 가장 적은 영향을 미치는 인자는?

① 수종 ② 섬유주향
③ 온도 ④ 함수율

해설 목재의 전기저항
- 수종이나 밀도의 차이에 의해 거의 영향을 받지 않는다.
- 전기저항성질은 함수율에 따라 변하며 섬유직각방향이 섬유평행 방향보다 2.3~ 2.8배 정도 크며 비중이 큰 것이 저항값이 크다. (심재가 변재보다 크다)

46. 콘크리트의 거푸집 측압에 관한 일반적인 설명으로 틀린 것은?

① 단면이 작은 벽보다 단면이 큰 기둥에서 측압이 크다.
② 철근량이 적을수록, 온도가 높을수록 측압이 크다.
③ 타설속도가 빠르면 측압이 커진다.
④ 응결시간이 빠른 시멘트를 사용할수록 측압이 작다.

해설 콘크리트 측압과 영향 요인
① 측압
- 액상의 생콘크리트를 타설하는 순간 거푸집 측면에 가해지는 압력을 말한다.
- 콘크리트의 측압은 마감공사에 필요한 콘크리트 표면의 정밀도를 좌우하는 요소이다.

② 측압의 영향 요인(측압이 크게 작용하는 요인)
- 슬럼프가 클수록
- 타설속도가 빠를수록
- 기온이 낮을수록
- 거푸집의 수밀성이 높을수록
- 다짐이 많을수록
- 타설 높이가 높을수록

47. 담장시공에서 전도(轉倒)의 위험성 고려시 가장 중요한 것은?

① 설(雪)하중 ② 풍(風)하중
③ 수직등분포하중 ④ 자중(自重)

해설 담장에서 고려할 것은 풍압에 대한 전도모멘트로 바람에 대하여 등분포하중을 받게 된다.

정답 42. ③ 43. ③ 44. ③ 45. ① 46. ② 47. ②

48. 금속의 주요한 특징으로 옳지 않은 것은?

① 열전도율, 전기전도율이 크다.
② 일반적으로 결정구조를 갖고 있다.
③ 일반적으로 소성가공이 가능하다.
④ 순수한 금속일수록 저온에서의 전자이동이 어려워진다.

해설 금속의 특징
- 상온에서 고체상태, 결정체이다.
- 열과 전기의 양도체이고 금속적인 광택이 있음
- 가공이 용이하고, 연성, 전성이 크다.
- 경도가 크고 마모성이 크다

49. PERT와 CPM 공정표의 차이점으로 옳은 것은?

① CPM은 신규 및 경험이 없는 건설공사에 이용되나 PERT는 경험이 있는 공사에 이용된다.
② CPM은 더미(Dummy)를 사용하나 PERT는 사용하지 않는다.
③ CPM은 화살선으로 작업을 표시하나 PERT는 원으로 작업을 표시한다.
④ CPM은 소요시간 추정에서 1점 추정인 반면 PERT는 3점 추정으로 한다.

해설 소요시간 추정
- CPM : 최장시간(1점 추정)
- PERT : 낙관시간, 정상시간, 비관시간 (3점 추정)

50. 축척 1:50,000 우리나라 지형도에서 990m의 산정과 510m의 산중턱 간에 들어가는 계곡선의 수는?

① 4개　② 5개
③ 20개　④ 24개

해설 1:50,000에서 주곡선은 20m간격, 계곡선은 100m 간격이므로 계곡선의 수는 4개

51. 자동차의 주행에 영향을 미치는 도로의 기하구조와 물리적 형상을 결정하는 기준이 되는 속도는?

① 주행속도　② 구간속도
③ 운전속도　④ 설계속도

해설
- 주행속도 : 어떤 구간을 주행한 시간으로 거리를 나누어 구한 속도(정지시간을 포함하지 않음)
- 구간속도 : 어떤 구간을 주행하기 위해 소요된 전체 시간(정지시간포함)과 그 구간거리로 구하는 속도
- 운전속도 : 운전자가 그 도로의 교통량, 주위의 상황 등에 대해서 유지해 나갈 수 있는 속도
- 설계속도 : 도로조건만으로 정한 최고속도로서 도로의 기하학적 설계의 기준이 된다.

52. 다음의 구조계산의 순서 중 옳은 것은?

① 하중산정 → 응력산정 → 반력산정 → 응력과 재료의 허용강도 비교
② 하중산정 → 반력산정 → 응력산정 → 응력과 재료의 허용강도 비교하중
③ 반력산정 → 응력산정 → 응력과 허용강도비교 → 하중산정
④ 반력산정 → 응력산정 → 하중산정 → 응력과 재료의 허용강도 비교

해설 구조계산순서
하중산정 → 반력산정 → 외응력 → 내응력 → 내응력과 재료의 허용강도비교

53. 공사방법에 있어서 전문 공사별, 공정별로 도급을 주는 방법은?

① 분할도급　② 공동도급
③ 일식도급　④ 직영도급

해설
- 분할도급 : 공사를 세분하여 따로 도급자를 선정하여 도급 계약하는 방식, 공정별·공구별·직종별·공종별로 분할하여 도급계약하는 방식

정답 48. ④ 49. ④ 50. ① 51. ④ 52. ② 53. ①

· 일식도급 : 공사 전체를 하나의 도급자에게 맡겨 공사에 필요한 재료, 노무, 현장 시공 업무 일체를 일괄하여 시행시키는 방법
· 공동도급 : 2개 이상의 회사가 공동 투자하여 기업체를 구성해서 한 회사의 입장에서 공사를 맡아 시행하는 방식

54. 조경수목의 종류와 규격표시방법의 연결이 맞는 것은?

① 수고 × 분얼수 : 회양목, 철쭉
② 수고 × 흉고직경 : 은행나무, 플라타너스
③ 수고 × 수관폭 : 잣나무, 단풍나무
④ 수고 × 근원직경 : 아왜나무, 자목련

해설 · 회양목, 철쭉: H×W
· 잣나무: H×W
· 단풍나무, 자목련: H×R
· 아왜나무: H×W

55. 지형의 특성에서 경사지의 높은 곳으로 간격이 좁고 낮은 곳으로 간격이 넓은 등고선은 어떤 경사를 나타내는가?

① 요(凹)경사지　② 철(凸)경사지
③ 평지　④ 등경사지

해설 · 요사면 : 등고선 형태는 낮은쪽 등고선 간격이 높은쪽 등고선 간격보다 넓다.
· 철사면 : 등고선 형태는 높은쪽 등고선 간격이 낮은쪽 등고선 간격보다 넓다.
· 등경사지 : 전체적으로 등간격을 이루는 등고선의 상태를 말한다.

56. 도로에서 곡선부의 길이가 짧거나 교각이 작을 경우 생길 수 있는 현상이 아닌 것은?

① 고속의 경우 사고의 위험성이 증가한다.
② 운전자에게 도로가 끊어진 것처럼 보인다.
③ 운전자에게 곡선의 길이가 실지보다 길게 느껴진다.
④ 운전자의 핸들조작이 빨라져 운전 쾌적도가 저하된다.

해설 운전자에게는 곡선의 길이가 실지보다 짧게 느껴진다.

57. 다음 그림은 지하배수를 위한 유공관 암거 설치에 관한 단면도이다. 각 부분에 위치하는 재료 중 적합하지 않은 것은?

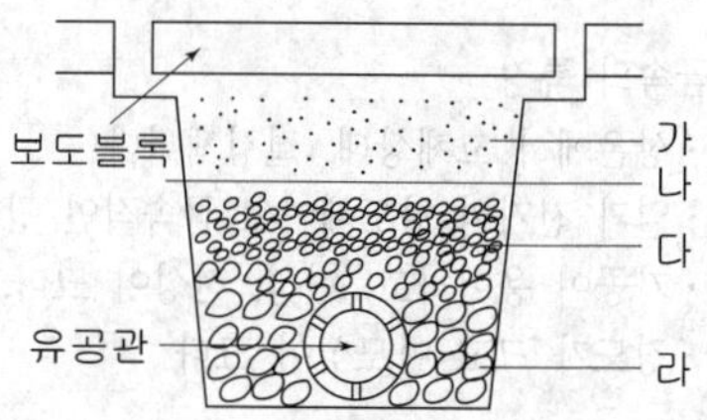

① 가 : 모래　② 나 : 부직포
③ 다 : 잔자갈　④ 라 : 사괴석

해설 라 : 굵은자갈

58. 다음 설명하는 평판측량의 방법은?

> · 세부측량에서 가장 많이 이용되는 방법이다.
> · 평판을 한번에 세워 여러 점들을 측정할 수 있는 장점이 있다.
> · 시준을 방해하는 장애물이 없고 비교적 좁은지역에서 대축척으로 세부측량을 할 경우 효율적이다.

① 전진법　② 방사법
③ 전방교회법　④ 후방교회법

해설 · 전진법(도선법,절측법): 측량지역에 장애물이 있어 이 장애물을 비켜서 측점사이의 거리와 방향을 측정하고 평판을 옮겨가면서 측량하는 방법으로 비교적 정밀도가 높다.
· 방사법: 측량지역에 장애물이 없는 곳에서 한 번 세워 여러 점들의 쉽게 구할 수 있다.
· 전방교회법: 기지점에서 미지점의 위치를 결정하는 방법으로 측량지역이 넓고 장애물이 있어서 목표점까지 거리를 재기가 곤란한 경우 사용한다.
· 후방교회법: 기지의 3점으로부터 미지의 점을 구하는 방법

정답　54. ②　55. ①　56. ③　57. ④　58. ②

59. 감수제의 사용 효과에 대한 설명으로 옳은 것은?

① 응결을 늦추기 위한 목적으로 사용한다.
② 사용량이 비교적 많아서 배합 계산시 고려한다.
③ 시멘트 입자를 분산시켜 단위수량을 감소시킨다.
④ 콘크리트 흡수성과 투수성을 줄일 목적으로 사용한다.

해설 감수제(부연설명)
콘크리트 혼화제의 일종으로 콘크리트의 소정의 워커빌리티를 얻는 데 필요한 단위 수량을 감소시키는 것을 주목적으로 한다.

60. 다음 그림과 같은 도로 횡단면의 면적은 얼마인가?

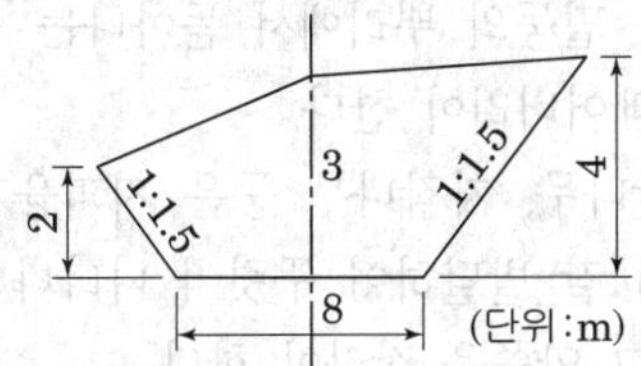

① $27.5m^2$　　② $37.5m^2$
③ $55m^2$　　④ $75m^2$

해설 횡단면적의 면적 = 전체 면적 − 부분 면적
① 밑변의 길이계산
· 1 : 1.5 = 2 : x → x = 3m
· 1 : 1.5 = 4 : x → x = 6m
∴ 3 + 8 + 6 = 17m
② 전체 면적에서 부분 면적을 공제하면

$$17\times4-\left(\frac{3\times2}{2}+\frac{2+1}{2}\times7+\frac{6\times4}{2}+\frac{10\times1}{2}\right)$$
$= 37.5m^2$

■■■ **조경관리**

61. 조경수의 정지(整枝)와 전정에 관한 설명이다. 가장 적합한 것은?

① 주지(主枝)는 일반적으로 3~5개가 적합하다.
② 도장지(徒長枝)는 최대한 보호한다.
③ 평행지를 최대한 유도한다.
④ 가지의 유인은 뿌리의 자람 방향을 고려한다.

해설 바르게 고치면
① 주지는 하나로 자라게 한다.
② 도장지는 제거한다.
③ 평행지는 제거한다.

62. 수용능력(carrying capacity)에 대한 다음 설명 중 가장 거리가 먼 것은?

① 수용능력은 생태계 관리를 위한 초지용량, 산림용량 등의 지속산출(sustained yield)의 개념에서 출발하였다.
② 레크레이션 수용능력은 공간의 물리적, 생물적 환경과 이용자의 행락의 질에 악영향을 주지 않는 범위이 이용수준을 말한다.
③ 수용능력은 경험적으로 느껴지는 것으로 엄밀한 산정은 불가능하기 때문에 어떤 공간에 수용능력의 산출과 계량화는 무의미하다.
④ 이용자 자신에 의해 지각되는 일정 행위에 대한 적정 이용밀도를 생리적 수용능력이라고 말할 수 있다.

해설 특정 행락지의 레크리에이션의 경험적 수용능력을 산정하여 계량화하고 있으며 여러 측면과 수준에 있어서의 행락수용능력이 각 행락지 및 공간 특성별로 산출될 수 있는 것으로 받아들여지고 있다.

정답 59. ③ 60. ② 61. ④ 62. ③

63. 광엽잡초와 화본과 잡초의 분류로 옳은 것은?

① 광엽잡초 – 돌피
② 광엽잡초 – 명아주
③ 화본과잡초 – 여뀌
④ 광엽잡초 – 바랭이

해설 바르게 고치면
① 화본과 잡초 – 돌피
③ 광엽잡초 – 여뀌
④ 화본과 잡초 – 바랭이

64. 다음 중 녹병균의 포자형이 아닌 것은?

① 녹포자 ② 담자포자
③ 여름포자 ④ 후막포자

해설 녹병균의 포자형
녹병정자, 녹포자, 여름포자, 겨울포자, 담자포자형으로 구분된다.

65. 농약을 1000배로 희석해서 200L 살포할 경우 필요한 소요 농약의 액량은?

① 150ml ② 200ml
③ 250ml ④ 300ml

해설 $\text{소요약량(배액살포)} = \frac{\text{총사용량}}{\text{소요희석배수}}$

$= \frac{200}{1000} = 0.2\,\ell = 200\text{ml}$

66. 토양 중 인산성분의 유효도가 가장 높은 pH 범위는?

① 1.5~3.5 ② 3.5~5.5
③ 6.5~7.5 ④ 8.5~9.5

해설 양분의 유효도는 양분이 식물에게 가용성으로 되는 정도로 인산의 유효도는 pH 6~7 사이에서 가장 높다.

67. 옹벽의 파손형태와 원인이 되는 변화상태가 아닌 것은?

① 침하 및 부등침하
② 변색
③ 이동
④ 이음새의 어긋남

해설 옹벽의 변화 형태
침하 및 부등침하, 이음새의 어긋남, 경사, 균열, 이동, 세굴

68. 다음 수목의 수형관리와 관련된 설명 중 옳지 않은 것은?

① 무궁화는 1년생 가지에 꽃이 많이 달리므로 개화 후 낙화 할 무렵에 전지한다.
② 벚나무류는 전지한 곳에서 썩기 쉬우므로 병해충의 피해를 입지 않도록 주의한다.
③ 나무 밑둥의 뿌리에서 돋아나는 곁움은 모두 베어버려야 한다.
④ 박달나무, 자작나무 등은 지피융기선과 지륭이 잘 발달하여 뚜렷이 나타나 가지치기 시 그 안쪽을 잘라야 한다.

해설 박달나무, 자작나무 등은 지피융기선과 지륭이 잘 발달하여 가지치기 시 그 바깥쪽을 잘라 지피융기선과 지륭이 다치지 않도록 해야 한다.

69. 조경관리 업무를 위탁(도급)방식으로 할 때의 장점에 해당하는 것은?

① 긴급한 대응이 가능하다.
② 관리실태가 정확히 파악된다.
③ 임기응변적 조치가 가능하다.
④ 관리비가 싸게 되고 정기적으로 안정할 수 있다.

해설 ①②③은 직영방식의 장점이다.

정답 63. ② 64. ④ 65. ② 66. ③ 67. ② 68. ④ 69. ④

70. 천막벌레나방에 대한 설명으로 옳지 않은 것은?

① 활엽수를 가해한다.
② 1년에 2회 발생하며, 유충으로 월동하여 4월 중·하순에 부화한다.
③ 수컷은 황갈색이고, 암컷은 담등색이다.
④ 유충이 가지의 갈라진 부분에 거미줄로 천막을 치고 모여산다.

해설 천막벌레나방(텐트나방)
- 특징 : 수컷의 날개는 황갈색이고 앞날개의 중앙에 2개의 갈색 선이 있으며 중간은 그 빛깔이 약간 진하다. 암컷은 날개는 담등색이고 앞날개의 중앙부는 적갈색의 넓은 띠가 있다.
- 발생 : 연 1회 발생한다. 4월 중, 하순에 부화한 유충은 실을 토하여 천막 모양의 집을 만들고 낮에는 그 속에서 쉬고 밤에만 나와 식해한다. 5월 중하순경 노숙한 유충은 나뭇가지나 잎에 황색의 고치를 만들고 번데기가 된다. 6월상, 중순에 성충으로 우화하고 주로 밤에 가는 가지에 고리 모양으로 200~300개의 알을 낳는다.
- 잡식성으로 벚나무, 포플러, 상수리나무, 장미, 해당화 등에 가해한다.

71. 솔잎혹파리의 생물적 방제 차원에서 피해지에 방사하는 천적은?

① 솔잎혹파리 먹좀벌
② 상수리좀벌
③ 노랑꼬리좀벌
④ 남색긴꼬리좀벌

해설 솔잎혹파리의 천적
솔잎혹파리먹좀벌, 혹파리등뿔먹좀벌 등

72. 코호의 4원칙(koch's postulates)에 합당하지 않는 것은?

① 병든 생물체에 병원체로 의심되는 특정 미생물이 존재해야한다.
② 미생물이 분리되어 기주식물이나 인공배지에서 순수배양되어야 한다.
③ 순수배양한 미생물을 동일기주에 접종하였을 때 동일한 병이 발생되어야한다.
④ 발병한 부위에서 접종한 미생물과 동일한 성질을 가진 미생물이 재분리 배양되어야한다.

해설 코호의 4원칙
① 미생물은 반드시 환부에 존재해야한다.
② 미생물은 분리되어 배지상에 순수 배양되어야 한다.
③ 순수 배양한 미생물을 접종하여 동일한 병이 발생되어야 한다.
④ 발병한 피해부에 접종에 사용한 미생물과 동일한 성질을 가진 미생물이 재분리 되어야 한다.

73. 잡초종자가 발아되기 전 토양에 살포하면 발아할 때 뿌리에서 흡수되어 잡초를 없앨 수 있는 것은?

① 패러쾃디클로라이드액제
② 염소산염제
③ 시마진수화제
④ 나드분제

해설 이용전략에 따른 발아전처리 제초제
- 일년생 화본과 잡초들은 발아 전 처리제 의해 방제
- 시마진, 데비리놀

74. 잔디관리 중 통기갱신용 작업에 해당되지 않는 것은?

① 코링(coring)　② 롤링(rolling)
③ 슬라이싱(slicing)　④ 스파이킹(spiking)

해설 롤링(Rolling): 잔디의 표면정리 작업

75. 약제를 식물의 줄기, 잎, 뿌리에 처리하여 식물 전체로 확산시켜서 이 식물을 섭식하는 해충에 살충력을 나타내는 약제의 종류는?

① 훈증제　② 소화중독제
③ 화학불임제　④ 침투성살충제

정답 70. ② 71. ① 72. ② 73. ③ 74. ② 75. ④

해설 · 훈증제 : 유효성분을 가스로 해서 해충을 방제하는데 쓰이는 약제
· 소화중독제: 약제를 구기를 통해 섭취하면 살충작용을 하는 약제 (대부분의 유기인계 살충제)
· 화학 불임제 : 해충의 생식기관 발육저해 등 생식 능력이 없도록 하는 약제
· 침투성 살충제 : 잎, 줄기 또는 뿌리의 일부로부터 침투되어 식물 전체에 살충 효과를 줌.

76. 난지형(暖地型)잔디에 뗏밥을 주는 시기는 언제가 가장 적합한가?

① 3~4월 ② 6~7월
③ 10~11월 ④ 12~2월

해설 난지형 잔디 뗏밥
잔디의 생육이 가장 왕성한 시기에 실시하므로 5월이나 6~7월에 적합하다.

77. 건설현장의 재해발생 원인은 관리적 원인, 기술적 원인, 정신적 원인으로 구분한다. 그 중 관리적 원인에 해당하는 것은?

① 정신적인 동요
② 장비조작기준의 부적당
③ 점검 보전의 불충분
④ 안전기준의 부정확

해설 재해발생 원인
· 관리적 원인 : 안전관리조직 결함, 작업 준비 불충분, 작업 지시 부적당, 인원 배치 부적당, 안전 수칙의 미제정
· 기술적 원인 : 기계설비의 결함, 생산 방법의 부적당, 구조 재료의 부적합
· 정신적 원인 : 안전의식의 부족, 방심 및 공상, 판단력 부족 혹은 그릇된 판단, 주의력 부족 등

78. 대추나무 빗자루병에 대한 설명으로 옳지 않은 것은?

① 병원체가 나무 전체에 분포하는 전신성병이다.
② 벚나무는 대추나무 빗자루병의 기주식물이다.
③ 빗자루병에 걸린 나무는 결실이 되지 않는다.
④ 마름무늬매미충(Hishimonus sellatus)에 의해 매개된다.

해설 대추나무 빗자루병은 마름무늬매미충에 의해 매개 전염되고, 파이토플라즈마가 원인이다. 벚나무 빗자루병은 자낭균에 의한 병이다.

79. 비탈면보호공에 대한 설명으로 옳은 것은?

① 종자 뿜어붙이기공, 식생판공, 떼붙임공은 식생공의 공종이다.
② 긴 비탈면 전체가 지하수작용에 의해 움직이는 것을 절토면의 붕괴라고 한다.
③ 비탈면 식생공은 비료가 포함되어 있으므로 추가 시비가 필요없다.
④ 비탈면 식생은 어깨부보다 하단부의 상태가 나쁘므로 중점관리해야 한다.

해설 ② 긴 비탈면 전체가 지하수작용에 의해 움직이는 것을 땅무너짐이라고 한다.

80. 표지판의 유지관리를 설명한 것 중 옳은 것은?

① 철판에 법랑 입힘을 한 경우 법랑이 깨어졌을 때는 수시로 현장에서 보수한다.
② 도장이 퇴색된 곳은 재도장을 하되 도장은 2~3년이 1회씩 칠한다.
③ 강판이나 강관의 청소는 강한 크리너를 사용한다.
④ 표지판의 방향이 뒤틀어지거나 지주가 구부러진 것 등은 정기보수시 보수한다.

해설 표지판의 유지관리
· 강판이나 강관의 청소시 강한 크리너는 녹이 슬게되는 원인이 되므로 보통세제를 사용한다.
· 도장이 퇴색된 곳은 재도장한다. 도장은 2~3년에 1회씩 칠한다.
· 소정의 방향을 향해 있지 않는 것은 방향을 바로잡고 넘어졌거나 넘어지려고 하는 것은 바로잡는다.
· 지주나 판이 구부러진 것은 바로잡든지 교체한다.
· 철판에 법랑 입힘을 한 경우 법랑이 깨어졌을 때에는 보수가 곤란하므로 교체한다.

정답 76. ② 77. ④ 78. ② 79. ① 80. ②

※ 본 기출문제는 수험자의 기억을 바탕으로 하여 복원한 문제이므로 실제 문제와 다를 수 있음을 미리 알려드립니다.

■■■ 조경계획 및 설계

1. 중국 청조(淸朝)의 원림 중 3산5원에 해당하지 않는 것은?

① 만수산 소원(小園)
② 향산 정의원(靜宜園)
③ 옥천산 정명원(靜明園)
④ 원명원(圓明園)

해설 중국 청조의 3산5원
만수산 청의원(이화원), 옥천산 정명원, 향산 정의원, 원명원, 장춘원

2. 브리지맨(Bridgeman)에 대한 설명 중 맞지 않는 것은?

① 버킹검의 스토우(stowe)원을 설계하였다.
② 궁원(宮苑)의 관리를 담당하고 있던 사람이다.
③ 런던과 와이지의 정원조성방식을 탈피하고자 했다.
④ 부지를 작게 구획 짓는 수법을 구사하였다.

해설 브리지맨
영국의 풍경식 조경가로 울타리를 없애고 주위의 전원을 확장시키려는 움직임을 보였다.

3. 고전적 조경서(造景書)의 저자가 잘못된 것은?

① 장물지 – 계성
② 낙양명원기 – 이격비
③ 애련설 – 주돈이
④ 유금릉제원기 – 왕세정

해설 · 원야 – 계성
· 장물지 – 문진향

4. 백제 귀족문화의 속성이 강하게 나타나는 3탑 3금당형의 3원식 가람구조를 보이는 사례는?

① 부여 군수리 절터
② 부여 동남리 절터
③ 익산 미륵사터
④ 부여 정림사터

해설 · 부여 군수리 절터: 1탑 1금당
· 부여 동남리 절터: 탑이 없는 1금당형(금당 중심식)
· 부여 정림사터: 1탑 1금당

5. 고대 로마 시대의 폼페이의 주택정원의 특징에 관한 설명으로 옳지 않은 것은?

① 뜰은 건축물에 의하여 둘러싸여 있다.
② 페리스틸리움의 식재는 주로 오점식재(quincunx)법에 의하여 행하여 졌다.
③ 지스터스(xytus)는 과수원이나 채소밭으로 구성되어 있으나 정원시설이 갖추어지는 일이 있다.
④ 아트리움(atrium)에는 바닥에 식물을 심을 수 있도록 흙이 깔려 있다.

해설 아트리움의 바닥은 돌로 포장되어 있다.

6. 보르 비 꽁트(Vaux-le-Viconte)에 사용된 중요한 조경기법이 아닌 것은?

① 다양한 형태의 소로(allee)
② 가산(假山 : mound)
③ 장식화단
④ 주축선에 의한 비스타(vista) 조성

해설 보르 비 꽁트
· 르노트르의 최초의 평면기하학식 정원
· 주요 조경기법: 자수화단(장식화단), 소로, 비스타가 사용

정답 1. ① 2. ④ 3. ① 4. ③ 5. ④ 6. ②

7. 안압지에 대한 설명으로 거리가 먼 것은?

① 임해전은 자연적인 곡선 형태로 못의 동쪽에 남북축선상에 배치되었다.
② 못 안에 대, 중, 소 3개의 섬이 축조되었다.
③ 출수구는 못의 북안 서쪽에서 발견되었다.
④ 섬과 인공동산에 경석을 배치하였다.

해설 임해전은 직선형태로 서남쪽에 배치되었다.

8. 묘지정원(Cemetery garden)에 관한 설명으로 옳지 않은 것은?

① 고대 이집트 정원 중의 하나
② 시누헤 이야기(tales of sinuhe)
③ 사자(死者)의 정원
④ 장미 이야기

해설 장미이야기는 중세 후기 성관정원을 전하는 이야기이다.

9. M. Laurie는 조경과 관련된 학문 영역을 6가지로 분류하였다. 다음 중 이에 해당하지 않는 것은?

① 설계 방법론 ② 공학적 지식
③ 표현기법 ④ 컴퓨터 그래픽스

해설 조경과 관련된 6가지 학문 영역
자연적 요소, 사회적 요소, 공학적 지식, 설계방법론, 표현기법, 가치관

10. 다음 중 리튼(Litton)d이 제시한 경관의 훼손가능성(landscape's vulnerability)이 높은 지역이 아닌 것은?

① 완경사보다는 급경사 지역
② 산 정상이나 능선 지역
③ 단순림보다는 혼효림 지역
④ 구심적 경관에서 초점이 되는 지역

해설 훼손가능성이 높은 지역
- 스카이라인, 능선 등과 같은 모서리 혹은 경계부분
- 저지대보다는 고지대
- 어두운색보다는 밝은 곳
- 완경사보다는 급경사
- 어두운색보다는 밝은 색의 토양
- 혼효림보다는 단순림이 훼손가능성이 높다.

11. 경관 요소가 시각에 대한 상대적 강도에 따라 경관의 표현이 달라지는 것을 우세요소(dominance elements)라 하는데 다음 중 맞는 것은?

① 대비, 연속, 축, 수렴
② 형태, 색채, 선, 질감
③ 리듬, 반복, 대비, 연속
④ 색채, 질감, 형태, 리듬

해설 경관의 우세요소, 우세원칙, 변화요인
- 경관의 우세요소: 형태, 선, 색채, 질감
- 경관의 우세원칙: 대조, 연속성, 축, 집중, 상대성, 조형
- 경관의 변화요인: 운동, 빛, 기후조건, 계절, 거리, 관찰위치, 규모, 시간

12. 분리효과에 의한 배색에서 분리색으로 주로 사용되는 색은?

① 두색의 중간색 ② 무채색
③ 채도가 강한색 ④ 반대색

해설 분리색(separation color)
① 배색에서 접하게 되는 두 색 사이에 다른 한 색을 분리색으로 삽입하여 색 관계를 변화시킴으로써 배색 효과를 분명하게 하는 배색 방법
② 배색의 관계가 모호하거나 대비가 너무 강한 경우 색과 색 사이에 분리색을 삽입해서 조화를 이루게 한다.
③ 주로 무채색이 사용된다.

정답 7. ① 8. ④ 9. ④ 10. ③ 11. ② 12. ②

13. 다음 중 자연공원법상의 용도지구 분류로 맞는 것은?

① 공원자연보전지구
② 공원자연지구
③ 공원밀집마을지구
④ 공원문화유산지구

해설 자연공원법상 용도지구
공원자연보존지구, 공원자연환경지구, 공원마을지구, 공원문화유산지구

14. 개인적 공간의 거리 및 기능에 대한 설명 중 틀린 것은?

① 친밀한 거리 : 0~45cm의 거리로, 부모와 아기 혹은 연인들과 같은 아주 가까운 사람들 사이의 거리이다.
② 개인적 거리 : 45~120cm의 거리로, 친한 친구 혹은 잘아는 사람들 간의 일상적 대화가 유지되는 거리이다.
③ 사회적 거리 : 120~360cm의 거리로, 주로 업무상의 대화에서 유지되는 거리이다.
④ 공적 거리 : 거리와 상관없는 개념으로, 방송 등을 통한 추상적 거리가 이에 해당한다.

해설 공적거리
360cm 이상으로 연사, 배우 등의 개인과 청중 사이에 유지되는 거리

15. 색의 3속성에 대한 설명 중 옳은 것은?

① 색의 강약, 즉 포화도를 명도라고 한다.
② 감각에 따라 식별되는 색의 종류를 채도라 한다.
③ 두 색 중에서 빛의 반사율이 높은 쪽이 밝은 색이다.
④ 그레이 스케일(Gray scale)은 채도의 기준 척도로 사용된다.

해설 바르게 고치면
① 색의 강약, 즉 포화도를 채도라고 한다.
② 감각에 따라 식별되는 색의 종류를 색상라 한다.
④ 그레이 스케일(Gray scale)은 명도의 기준 척도로 사용된다.

16. 이용자의 태도조사에 이용되는 리커트 척도(Likert scale)는 다음의 어느 척도 유형에 속하는가?

① 비례척(ratio scale)
② 명목척(nominal scale)
③ 등간척(interval scale)
④ 순서척(ordinal scale)

해설 리커드척도와 등간척
- 리커드 척도: 응답자의 태도나 가치를 측정하는 조사로 보통 5점척도가 사용됨
- 등간척(interval scale): 일정특성의 상대적인 비교함, 설계연구에 이용되는 리커드척도 혹은 어의구별척 등이 해당됨

17. 다음 설명의 (　)안에 적합한 수치 기준은?

> – 휠체어사용자가 통행할 수 있도록 접근로의 유효폭은 (A)미터 이상으로 하여야 한다.
> – 휠체어사용자가 다른 휠체어 또는 유모차 등과 교행 할 수 있도록 (B)미터마다 1.5미터×1.5미터 이상의 교행구역을 설치할 수 있다.

① A : 1.5, B : 100
② A : 1.2, B : 50
③ A : 1.2, B : 25
④ A : 1.5, B : 50

해설 장애인 등의 통행이 가능한 접근로의 구조와 규격
- 휠체어사용자가 통행할 수 있도록 접근로의 유효폭은 1.2미터 이상으로 하여야 한다.
- 휠체어사용자가 다른 휠체어 또는 유모차 등과 교행할 수 있도록 50미터마다 1.5미터×1.5미터 이상의 교행구역을 설치할 수 있다.
- 경사진 접근로가 연속될 경우에는 휠체어사용자가 휴식할 수 있도록 30미터마다 1.5미터×1.5미터 이상의 수평면으로 된 참을 설치할 수 있다.
- 기울기: 접근로의 기울기는 18분의 1이하로 하여야 한다. 다만, 지형상 곤란한 경우에는 12분의 1까지 완화할 수 있다

정답 13. ④ 14. ④ 15. ③ 16. ③ 17. ②

18. 직육면체의 직각으로 만나는 3개의 모서리가 모두 120° 를 이루는 투상도는?

① 부등각투상도 ② 사투상도
③ 등각투상도 ④ 정투상도

해설 등각투상도
- 축측투상도라고도 함
- 물체의 옆면 모서리가 수평선과 30° 가 되도록 회전시켜서, 세 모서리가 이루는 각이 모두 120° 가 되도록 그린 투상도

19. 관광, 레크레이션 수요추정에 사용되는 시설 가동율에 대한 설명으로 옳지 않은 것은?

① 관광 수요가 가장 극대점에 도달하는 계절에는 100%를 초과하여 수요추정을 한다.
② 시설의 경영상 수지분기점이 되는 지표이다.
③ 시설의 연중 평균이용율을 고려하여 설정한다.
④ 경영효율은 상한선 보다 하한선 설정이 더 중요하다.

해설 수요의 추정은 가장 극대점에 도달하는 계절에는 60~80%의 수용능력으로 한다.

20. 국토교통부장관, 시·도지사 또는 대도시 시장은 관련법에 따라 도시·군관리계획결정으로 경관지구·미관지구·고도지구·보존지구·시설보호지구·취락지구 및 개발진흥지구를 세분하여 지정할 수 있다. 다음 중 경관지구의 세분화가 아닌 것은?

① 자연경관지구
② 수변경관지구
③ 생태경관지구
④ 시가지경관지구

해설 경관지구
경관을 보호·형성하기 위하여 필요한 지구로서 「국토의 계획 및 이용에 관한 법률」에 따라 도시·군관리계획으로 결정·고시된 지구

- 경관지구의 세분화

구분	내용
자연경관지구	산지·구릉지 등 자연경관의 보호 또는 도시의 자연풍치를 유지하기 위하여 필요한 지구
수변경관지구	지역 내 주요 수계의 수변 자연경관을 보호·유지하기 위하여 필요한 지구
시가지경관지구	주거지역의 양호한 환경조성과 시가지의 도시경관을 보호하기 위하여 필요한 지구

■■■ 조경식재

21. 자작나무과의 낙엽활엽소교목으로 주로 중부 이남의 해안가 산지에 자생하는 수목은?

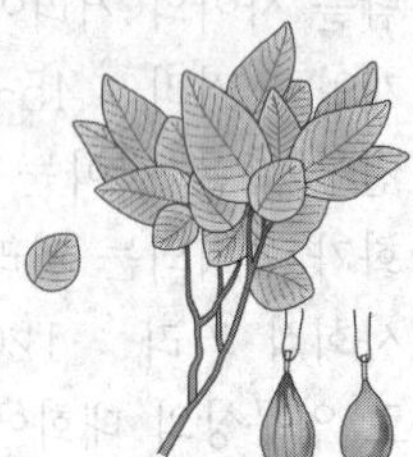

① 박달나무 ② 소사나무
③ 물오리나무 ④ 참개암나무

해설 소사나무
- 자작나무과 낙엽 소교목
- 해안 지방에서 자라며 나무 높이는 10m에 이른다. 줄기는 회갈색이며 잎은 2~3cm정도로 작은 달걀 모양이다.

22. 꽃이나 잎의 형태와 같이 보다 작은 식물학적 차이점을 지닌 것으로 식물의 명명에서 "for."로 표기하는 것은?

① 품종 ② 재배품종
③ 이명 ④ 변종

해설 학명 중의 약자
- sp. : species, 종(種)
- ssp. : subspecies, 아종
- var. : variety, 변종

정답 18. ③ 19. ① 20. ③ 21. ② 22. ①

23. 다음 중 난지형 잔디류에 속하는 것은?

① 버팔로그라스
② 이탈리안라이그라스
③ 톨 훼스큐
④ 크리핑벤트그라스

해설 난지형 잔디
- 한국잔디(들잔디, 금잔디, 비단잔디, 갯잔디, 왕잔디)
- 버팔로그라스, 바하아그라스, 센티피드그라스, 세인트오거스틴그라스

24. 공장을 중심으로 한 주변의 녹지대 조성에 대한 설명 중 적당하지 않는 것은?

① 배식수종은 상록활엽수를 양측에, 침엽수를 중앙부에 배식하고 나뭇잎이 서로 접촉할 정도로 심는다.
② 배식계획에 있어서는 공장 측으로부터 키가 큰나무, 중간나무, 키가 작은 나무 순으로 배식한다.
③ 공장 주변의 주거지역에는 광역적인 녹지대를 조성하고, 교목성 상록수를 심는 것이 바람직하다.
④ 녹지대의 조성 목적은 매연, 유독가스, 분진 등이 인근 주거지역에 파급, 낙하하는 것을 막고, 여과 효과를 기대하는데 있다.

해설 배식계획은 공장측으로부터 키가 작은나무, 중간나무, 키가 큰 나무순으로 배식한다.

25. 수관의 질감(質感)이 제일 거친 수종은?

① 느티나무 ② 수양버들
③ 단풍나무 ④ 양버즘나무

해설 수목의 질감
- 잎, 꽃의 생김새와 크기 착생밀도와 착생상태
- 잎과 꽃의 크기가 클수록 거친 질감 수종

26. *Cercis chinensis* Bunge 에 대한 설명으로 맞는 것은?

① 열매는 협과로 8~9월경에 성숙한다.
② 꽃색은 황색으로 산울타리용으로 적합하다.
③ 낙엽활엽교목으로 음수이다.
④ 원산지는 일본으로 이식이 쉽다.

해설 박태기나무
- 콩과의 낙엽활엽관목, 중국 원산
- 잎은 길이 5~8cm, 나비 4~8cm로 어긋나고 심장형이며 밑에서 5개의 커다란 잎맥이 발달
- 꽃은 이른봄 잎이 피기 전에 피고 7~8개 또는 20~30개씩 한 군데 모여 달린다. 꽃은 홍색을 띤 자주색이고 길이 1cm 내외이다.
- 열매는 협과로서 꼬투리는 길이 7~12cm이고 편평한 줄 모양 타원형으로 8~9월에 익으며 2~5개의 종자가 들어 있다.

27. 다음 중 같은 과(科)에 속하지 않는 수종은?

① 후박나무 ② 다릅나무
③ 월계수 ④ 생강나무

해설
- 후박나무, 월계수, 생강나무 – 녹나무과
- 다릅나무 – 콩과

28. 다음 중 열매의 형태가 다른 수종은?

① 구상나무 ② 분비나무
③ 비자나무 ④ 전나무

해설
- 전나무, 구상나무, 분비나무: 구과(목질의 비늘조각을 가진 방울열매)
- 비자나무: 핵과

정답 23. ① 24. ② 25. ④ 26. ① 27. ② 28. ③

29. 槐(귀신붙은 나무)라고도 하며 토착신앙과 관련이 있는 성수(聖樹)이기도 한 수목은?

① 대나무 ② 오동나무
③ 소나무 ④ 회화나무

해설 회화나무

- 악귀를 물리치는 나무로 알려져 있으며 8월에 흰색의 꽃을 피운다. 한자로는 괴화(槐花)나무로 표기하는데 발음은 중국발음과 유사한 회화로 부르게되었다. 홰나무를 뜻하는 한자인 '槐'(괴)자는 귀신과 나무를 합쳐서 만든 글자이다.
- 조선시대 궁궐의 마당이나 출입구 부근에 많이 심었다. 그리고 서원이나 향교 등 학생들이 공부하는 학당에도 회화나무를 심어 악귀를 물리치는 염원을 했다고 전해진다.

30. 소나무류(hard pine)와 잣나무류(soft pine)의 식별에 있어 옳지 않은 것은?

① 잣나무류는 잎이 5개이고, 소나무류는 잎이 2~3개이다.
② 잣나무류의 유관속은 1개이고, 소나무류의 유관속은 2개이다.
③ 잣나무류는 실편(實片)은 끝이 얇고 가시가 없으며, 소나무류의 실편은 끝이 두껍고 가시가 있다.
④ 잣나무류는 침엽이 달렸던 자리가 도드라졌고, 소나무류는 잎이 달렸던 자리가 밋밋하다.

해설 잣나무류와 소나무류의 구분특징

구 분	잎		아린	실편	목재	가지
	수	관속				
잣나무류	3-5	1	곧 떨어짐	끝이 얇고 가시가 없음	연하고 춘·추재의 전환이 전진적임	잎이 달렸던 자리가 밋밋함
소나무류	2-3	2	끝까지 남음	끝이 두껍게 되고 가시가 있음	굳고 춘·추재의 전환이 급함	잎이 달렸던 자리가 도드라짐

31. 다음 목련과중 원산지가 우리나라인 것은?

① *Magnolia liliflora* Desr.
② *Magnolia denudata* Desr.
③ *Magnolia grandiflora* L.
④ *Magnolia kobus* DC.

해설 ① 자목련: 중국
② 백목련: 중국
③ 태산목: 미국
④ 목련: 한국, 일본

32. 장미과(科)의 벚나무속(屬)에 해당되지 않은 것은?

① 매실나무 ② 모과나무
③ 살구나무 ④ 자두나무

해설 모과나무 : 명자나무속

33. 다음 생육별 구분에 따른 식물 구분이 옳은 것은? (단, 내수성 식물을 습성, 정수, 부엽, 침수식물로 구분한다.)

① 침수식물 – 석창포
② 정(추)수식물 – 부들
③ 습생식물 – 물수세미
④ 부엽식물 – 거머리말

해설 · 석창포 - 정수식물
· 물수세미 - 침수식물
· 거머리말 - 침수식물

34. 다음 중 능수버들에 대한 설명이 아닌 것은?

① 가지가 밑으로 처져 시선을 끌어 내린다.
② 수위가 높은 습지를 좋아하기 때문에 강변, 냇가, 연못가, 호숫가 등에서 흔히 볼 수 있다.
③ 열매는 5월에 익는다.
④ 중국이 원산이며 소지는 적갈색이다.

해설 능수버들
원산지는 한국, 중국이며, 소지는 녹황색이다.

정답 29. ④ 30. ④ 31. ④ 32. ② 33. ② 34. ④

35. 다음 중 정형식재의 기본패턴에 속하는 것은?

① 부등변삼각형식재
② 랜덤식재
③ 교호식재
④ 집단식재

해설 · 정형식 식재기본패턴 : 단식, 대식, 열식, 교호식재, 집단식재, 요점식재
· 자연풍경식 식재기본패턴 : 부등변삼각형식재, 랜덤식재, 군식

36. 굴취할 때 뿌리분의 크기를 결정하는 공식으로 알맞은 것은?(단, N = 근원직경, d = 상수 4~5이다)

① 24+(N−1)d
② 20+(N+2)d
③ 20+(N+3)d
④ 24+(N−3)d

해설 굴취시 뿌리분의 크기= 24+(N−3)d

37. 생태천이에 대한 설명 중 옳지 않은 것은?

① 내적공생 정도는 성숙단계에 가까울수록 발달된다.
② 총체적 항상성의 안정성은 성숙단계에 가까울수록 충분하게 된다.
③ 엔트로피는 성숙단계에 가까울수록 높게 된다.
④ 영양물질의 보존은 성숙단계에 가까울수록 충분하게 된다.

해설 엔트로피(소모에너지)는 성숙단계일수록 낮아진다.

38. 브라운 블랑케(Braun-Blanquet)의 식물 군락구조에서 우점도를 나타내는 항목은?

① 피도　② 빈도
③ 밀도　④ 균재도

해설 브라운 블랑케의 우점도 판정기준은 피도와 개체수를 조합하여 계급을 표시한다.

39. 다음 (　)에 들어갈 적당한 것은?

가을철에 잎이 갈색으로 변하는 상수리나무, 느티나무 등의 경우에는 안토시안계 색소 대신에 다량의 (　)계 물질이 생성되기 때문이다.

① 카로티노이드(carotinoid)
② 타닌(tannin)
③ 크리산테민(chrysanthemine)
④ 크산토필(xanthopyll)

해설 단풍과 색소
· 카로티노이드와 크산토필: 노란색 단풍
· 타닌: 황금빛 단풍(갈색)
· 안토시아닌계 크리산테민: 붉은 색 단풍

40. 이식수목의 지주설치 내용으로 틀린 것은?

① 매몰형 지주는 경관상 매우 중요한 곳이나 지주목이 통행에 지장을 많이 가져오는 곳에 설치한다.
② 거목이나 경관적 가치가 특히 요구되는 곳, 주간 결박지점의 높이가 수고의 2/3가 되는 곳에 당김줄형을 사용한다.
③ 삼발이(버팀형)는 견고한 지지를 필요로 하는 수목이나 근원직경 40cm 이상의 수목에 적용한다.
④ 수고 1.2m 미만의 수목은 특별히 지주가 필요 할 때 단각형을 설치한다.

해설 삼발이(버팀형)는 견고한 지지를 필요로 하는 큰교목이나 근원직경 20cm 이상의 수목에 적용한다.

정답 35. ④ 36. ④ 37. ③ 38. ① 39. ② 40. ③

■■■ 조경시공

41. 지점과 반력에 대한 설명 중 옳지 않는 것은?

① 회전지점에 발생되는 반력은 수평반력과 수직반력이다.
② 구조물의 반력은 수평반력, 수직반력, 모멘트반력의 3가지가 있다.
③ 지점은 부재의 운동상태에 따른 반력의 생성상태에 따라 이동지점, 회전지점, 고정지점으로 나뉜다.
④ 이동지점에는 수직반력과 모멘트반력이 발생한다.

해설 이동지점에는 수직반력이 발생한다.

42. 석재의 일반적 강도에 관한 설명으로 옳지 않은 것은?

① 석재의 강도는 중량에 비례한다.
② 석재의 함수율이 클수록 강도는 저하된다.
③ 석재의 구성입자가 작을수록 압축강도가 크다.
④ 석재강도의 크기는 휨강도>압축강도>인장강도이다.

해설 석재강도의 크기
압축강도>휨강도>인장강도

43. 목재의 탄성계수에 관한 설명 중 맞는 것은?

① 모든 목재가 동일하다
② 강도에 반비례한다.
③ 함수율에 비례한다.
④ 비중이 증가할수록 탄성계수도 증가한다.

해설 목재의 탄성계수
- 목재가 휨에 잘 버티는 정도
- 목재의 종류에 따라 다르다.
- 함수율이 증가하면 탄성계수와 강도는 감소한다.

44. 시공계획서에 포함되어야 할 내용이 아닌 것은?

① 공사개요
② 계약서
③ 공정표
④ 인력동원계획 및 현장조직표

해설 시공계획서에 포함 내용
시공순서와 시공법의 기본방침결정, 예정공정표 작성, 조달계획, 관리계획

45. 조기강도가 작고 장기강도가 큰 시멘트로 체적 변화가 적고 균열 발생이 적어 댐 공사, 단면이 큰 구조물 공사에 적합한 것은?

① 보통포틀랜드시멘트
② 조강포틀랜드시멘트
③ 백색포틀랜드시멘트
④ 중용열포틀랜드시멘트

해설 중용열포틀랜드시멘트의 특징
- 수화열이 적어 건조와 수축이 작다.
- 용도: 매스콘크리트, 수밀콘크리트, 차폐용 콘크리트, 서중콘크리트

46. 1시간에 100mm 강우가 내릴 때 면적 100m×100m 주차장의 우수유출량은 얼마인가? (단, 유출계수는 0.9 이다)

① $9\text{m}^3/\text{sec}$ ② $2.5\text{m}^3/\text{sec}$
③ $0.9\text{m}^3/\text{sec}$ ④ $0.25\text{m}^3/\text{sec}$

해설 $Q = \frac{1}{360} \times C \times I \times A$

$= \frac{1}{360} \times 0.9 \times 100\text{mm/hr} \times 1\text{ha}$

$= 0.25\text{m}^3/\text{sec}$

정답 41. ④ 42. ④ 43. ④ 44. ② 45. ④ 46. ④

47. 다음 중 옹벽의 안정조건이 아닌 것은?

① 옹벽이 지반을 누르는 최대 힘보다 지반의 허용지지력이 커서 기초가 부등침하에 대한 안정성이 있어야 한다.
② 활동력이 저항력보다 커야만 옹벽은 활동에 대해 자유로워지며 안전율은 1.0을 적용한다.
③ 저항모멘트가 회전 모멘트보다 커야만 옹벽이 안전하고, 전도에 대한 안전율은 2.0을 적용한다.
④ 옹벽의 재료가 외력보다 강한 재료로 구성되어야 한다.

해설 저항력이 활동력보다 커야 옹벽은 활동에 대해 자유로워지며 안전율은 1.5를 적용한다.

48. 10m에 대해서 10cm 늘어난 줄자를 사용해서 거리를 측정하였더니 450.2m가 되었다. 실제 길이는 얼마인가?

① 450.2m ② 454.7m
③ 459.2m ④ 464.7m

해설 오차 = 측정횟수($\frac{\text{측량거리}}{\text{줄자의 길이}}$) × 1회 오차

$= (\frac{450.2}{10}) \times 0.1 = 4.502\text{m}$

실제거리는 450.2 + 4.502(정오차) = 454.702m

49. 기성고 공정곡선에서 공정현황에 대한 설명으로 틀린 것은?

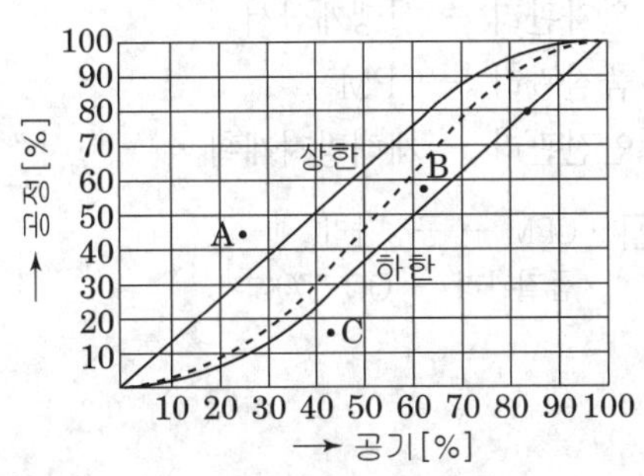

① A : 공사기간 25% 시점이다.
② B : 예정공정보다 실적공정이 훨씬 진척되어 있다.
③ C : 하부허용한계를 벗어나 늦어지고 있으므로 공사를 촉진하지 않으면 안된다.
④ D : 경제적인 시공이 되고 있다.

해설 D는 허용한계선상에 있으나 지연되기 쉬우므로 공사를 더욱 촉진시켜야한다.

50. 수목의 지상부 중량을 계산하는 식의 설명 중 틀린 것은?

$$W = K_\pi \left(\frac{d}{2}\right)^2 HW_1(1+P)$$

① K : 수간 형상 지수
② d : 근원직경(m)
③ W_1 : 주간의 단위체적당 중량
④ P : 지엽의 다과(多寡)에 의한 보합율

해설 d : 흉고직경을 기준으로 한다.

51. 다음 각종시설의 권장 범위 내 경사기준 중 가장 거리가 먼 것은?

① 공공도로 1~8%
② 주차장 1~5%
③ 운동장 0.5~2%
④ 잔디배수로 20%까지

해설 잔디배수로 2~10%

정답 47. ② 48. ② 49. ④ 50. ② 51. ④

52. 다음 성형이 자유로운 합성수지의 종류 중 성격이 다른 것은?

① 프란수지 ② 멜라민수지
③ 아크릴수지 ④ 우레탄수지

해설 · 아크릴–열가소성수지
· 멜라민수지, 아크릴수지, 우레탄수지–열경화성수지

53. 다음 건설재료 중 할증률이 5%가 되는 재료는?

① 목재의 판재 ② 시멘트 벽돌
③ 잔골재·채움채 ④ 모자이크타일

해설 · 목재의 판재 10%
· 시멘트 벽돌 5%
· 잔골재·채움채 10%
· 모자이크 타일 3%

54. 다음 토적 계산 방법들 중 가장 오차가 적은 것은?

① 양단면평균법
② 중앙단면법
③ 각주공식에 의한 방법
④ 점고법에 의한 방법

해설 토량의 체적 계산시 각주공식(3개의 단면)으로 산출하는 것이 가장 정확한 산출결과가 된다.

55. 다음 그림이 나타내는 벽돌 쌓기 방법은

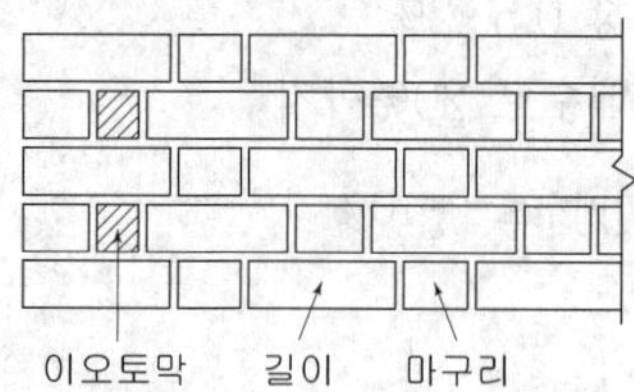

① 미식쌓기 ② 불식쌓기
③ 화란식쌓기 ④ 영식쌓기

해설 불식쌓기(프랑스식)
매단에 길이쌓기와 마구리 쌓기가 번갈아 나옴

56. 다음의 네트워크 공정표에서 주공정선(CP)과 공사기간이 바르게 표기된 것은?

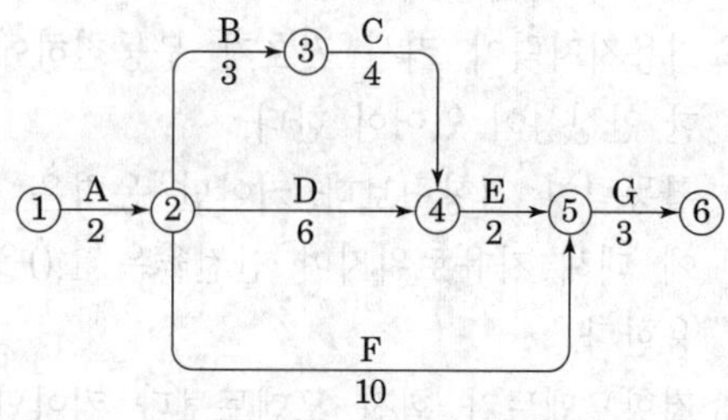

① CP(A→B→C→E→G), 공사기간 15일
② CP(A→B→C→E→G), 공사기간 14일
③ CP(A→D→E→G), 공사기간 14일
④ CP(A→F→G), 공사기간 15일

해설 주공정선(CP)
· 가장 긴 경로(최장시간)
· A→F→G로 2+10+3=15일이 된다.

57. 강재의 열처리 방법으로 옳지 않은 것은?

① 불림 ② 단조
③ 담금질 ④ 뜨임질

해설 단조(forging)
외부의 힘으로 재료에 압력을 가해서 원하는 형상과 치수로 성형하면서 재료의 기계적인 성질을 개선하는 가공법

58. 공정관리, 원가관리, 품질관리, 안전관리를 위한 방법이 틀린 것은?

① 공정관리 – PERT
② 원가관리 – 실행계산서
③ 품질관리 – CPM
④ 안전관리 – 재해방지계획

해설 · CPM → 공정관리
· 품질관리 → QC, TQC

정답 52. ③ 53. ② 54. ③ 55. ② 56. ④ 57. ② 58. ③

59. 교목 식재공사에서 기계시공시 지주목을 설치하지 않을 때 식재 본 품셈의 몇 %를 감하는가?

① 10% ② 20%
③ 25% ④ 30%

해설 교목의 지주목을 세우지 않을 때는 다음의 인부품을 감한다.

인력시공시	기계시공시
인력품의 10%	인력품의 20%

60. 토양의 공극량(孔隙量) 설명 중 틀린 것은?

① 부식물질이 많은 토양은 공극량이 많다.
② 공극이 크면 구조물의 기반으로서 불안정하다.
③ 양질토보다는 사질토가 공극량이 많다.
④ 심토보다는 표토에서 공극량이 많다.

해설 ① 자연토양의 공극량
- 부식이 많은 토양이 공극량이 많다.
- 사질토보다는 양질토가 공극량이 많다.
- 심토보다는 표토에 공극량이 많다.

② 공극량의 영향
공극이 크면 구조물의 기반으로 불안정, 지반침하, 구조물의 전도 및 파괴를 야기시킨다.

■■■ 조경관리

61. 식물병 중 표징을 관찰할 수 없는 경우는?

① 사과나무 탄저병
② 사철나무 그을음병
③ 대추나무 빗자루병
④ 포도나무 잿빛곰팡이병

해설 대추나무 빗자루병은 병징으로 식물자체의 이상변화가 관찰된다.

62. 화목류의 개화상태를 향상시키기 위한 조작이 아닌 것은?

① 환상박피를 한다.
② C/N율을 어느 정도 높여준다.
③ 단근조치를 한다.
④ 인산과 칼륨질 비료를 줄인다.

해설 화아분화촉진방법
- 단근이나 환상박피를 실시한다.
- C/N율 중 C시비를 높여준다.
- P, K 시비를 늘려 개화 결실을 촉진시킨다.

63. 점토광물이 형태상의 변화 없이, 내·외부의 이용이 치환되어 점토광물 표면에 음전하를 갖게 하는 현상을 무엇이라 하는가?

① 동형치환
② pH의존전하
③ 변두리전하
④ 잠시적전하

해설
- 동형치환(Isomorphous substitution) : 점토광물의 표면에 음전하가 각종 양이온의 흡착력을 가지게 되는데, 형태상의 변화를 가져오지 않은 채 어떤 형태 내부의 이온들이 다른 외부의 이온과 치환되는 현상
- pH의존전하 : pH변화에 따른 양이온 또는 음이온의 교환능력이 변하는 교질의 전하
- 변두리전하 : 파괴된 변두리에서 생성되는 전자를 말하며, 분말도가 증가하면 음전하 많아져서 CEC가 증대됨
- 잠시적 전하(일시적 전하) : 동형치환이나 분말도가 증가함에 따라 생기는 영구적 전하는 달리 점토광물이 주위 환경이 달라짐에 따라 변동을 가져오는 전하.

정답 59. ② 60. ③ 61. ③ 62. ④ 63. ①

64. 연간평균근로자수가 400명인 사업장에서 연간 2건의 재해로 인하여 4명의 재해자가 발생하였다. 근로자가 1일 9시간씩 연간 300일을 근무하였을 때 이 사업장의 연천인율은 약 얼마인가?

① 1.85 ② 4.44
③ 5.00 ④ 10.00

해설 연천인율
- 근로자 1,000명당 1년 간에 발생하는 사상자 수를 나타낸 것
- 연천인율 $= \frac{\text{재해자수}}{\text{연평균근로자수}} \times 1,000$

$$= \frac{4}{400} \times 1,000 = 10.00$$

65. 잡초의 유용성에 대한 설명으로 틀린 것은?

① 잡초 중에는 논둑 및 경사지 등에서 지면을 덮어 토양유실을 막아 준다.
② 작물과 같이 자랄 경우 빈 공간을 채워 작물의 도복을 막아준다.
③ 근연 관계에 있는 식물에 대한 유전자은행으로서의 역할을 할 수 있다.
④ 유기물이나 중금속 등으로 오염된 물이나 토양을 정화하는 기능을 가진 종들이 있다.

해설 잡초의 유용성
① 토양에 유기물과 퇴비를 공급
② 야생동물의 먹이와 서식처를 제공
③ 토양유실을 방지
④ 자연경관을 아름답게하고 환경보전에 도움
⑤ 작물개량을 위한 유전자원으로 활용

66. 농약의 주성분에 따른 분류에 해당하는 것은?

① 유기인계 ② 살응애제
③ 식물생장조절제 ④ 과립수화제

해설 농약의 종류

사용목적	살균제, 살충제, 살비제(살응애제), 제초제, 살선충제, 식물생장조절제
주성분	유기인계, 카바메이트계, 유기염소계, 황계, 동계, 기타농약
제제형태	액체시용제(유제, 액제, 수화제, 수용제), 고형시용제(분제, 입제), 기타(훈증제, 도포제와 캡슐제)

67. 레크레이션 공간의 관리에 있어서 가장 이상적인 관리 전략은?

① 폐쇄 후 육성관리
② 폐쇄 후 자연회복형
③ 계속적인 개방·이용상태 하에서 육성관리
④ 순환식 개방에 의한 휴식기간 확보

해설 계속적 개방, 이용 상태 하에서 육성관리
- 가장 이상적인 관리전략
- 최소한의 손상이 발생하는 경우에 한해서 유효한 방법

68. 병원체의 전반 방법 중 곤충 및 소동물에 의한 것은?

① 대추나무 빗자루병
② 밤나무 흰가루병
③ 향나무 녹병
④ 묘목의 입고병

해설
- 대추나무 빗자루병: 곤충, 소동물에 의한 전반
- 밤나무 흰가루병균: 바람에 의한 전반
- 향나무 녹병: 물에의한 전반
- 묘목의 입고병: 토양 또는 물에 의한 전반

정답 64. ④ 65. ② 66. ① 67. ③ 68. ①

69. 한국 잔디에 주로 발생하여 이른 봄 30~50cm 직경의 원형상태로 황화현상이 나타나며, 또한 질소비료 과용지역에서 많이 나타나는 병은?

① 푸사리움 팻치(fusarium patch)
② 브라운 팻치(brown patch)
③ 카사리움 팻치(casarium patch)
④ 레드 팻치(red patch)

해설 푸사리움 팻치
- 한국잔디의 저온성 병
- 질소성분 과다 지역에 발

70. 다음 중 잎을 가해하는 곤충이 아닌 것은?

① 솔노랑잎벌과　② 하늘소과
③ 총채벌레과　④ 굴나방과

해설 하늘소 - 천공성해충

71. 돌 붙임공, 블록 붙임공에서 유지관리 항목에 포함되지 않는 것은?

① 호박돌이나 잡석의 국부적 빠짐
② 용수의 상황 및 처리
③ 낙석 또는 토사의 퇴적
④ 보호공의 삐져나옴 및 균열

해설 돌붙임공, 블록붙임공의 유지관리
- 호박돌이나 잡석의 국부적 빠짐
- 지진, 풍화에 의한 돌붙임 전체의 파손
- 뒤채움 토사의 유실, 보호공의 무너져 꺼짐
- 보호공의 삐져나옴, 균열
- 용수의 상황 및 처리

72. 수목병 발생과 관련된 병삼각형(disease triangle)의 구성 주요인이 아닌 것은?

① 시간　② 기주식물
③ 병원균　④ 환경

해설 병삼각형의 구성요소
발병이 이루어지는 관계로 환경, 수목(기주식물), 병원체 혹은 병원균이 포함된다.

73. 6000ppm을 퍼센트 농도로 바꾸면 얼마인가?

① 60%　② 0.6%
③ 0.06%　④ 6%

해설
- 1%=1/100
- ppm = 1/1,000,000
- ppm을 %로 바꾸기 위해서는 10000으로 나눈다.
  6000÷10000=0.6%

74. 다음 중 토양 내 시비방법이 아닌 것은?

① 수간주사법
② 대상시비법
③ 윤상시비법
④ 선상시비법

해설 토양 내 시비방법
방사상시비법, 윤상시비법, 대상시비법, 전면시비법, 선상시비법

75. 관리예산 책정시 작업률이 1/4이라면 이것이 의미하는 것은?

① 4년에 1회 작업을 한다.
② 분기별로 1회 작업을 한다.
③ 작업시 1/4명이 참가한다.
④ 작업당 소요시간이 1/4이다.

해설 단위연도당 예산
- 단위연도당 예산(a)=작업전체의 비용(T)×작업률(P)
- 예) 3년의 1회일 경우 1/3

정답 69. ① 70. ② 71. ③ 72. ① 73. ② 74. ① 75. ①

76. 레크레이션 수용능력의 결정인자는 고정인자와 가변인자로 구분된다. 다음 중 고정적인 결정인자에 해당되는 것은?

① 대상지의 크기와 형태
② 특정 활동에 대한 참여자의 반응정도
③ 대상지 이용의 영향에 대한 회복능력
④ 기술과 시설의 도입으로 인한 수용능력 자체의 확장 가능성

해설 레크레이션 수용능력인자

고정인자	특정활동에 필요한 참여자 반응, 사람수, 공간의 최소면적
가변인자	대상지성격, 크기와 형태, 영향에 대한 회복능력, 기술과 시설의 도입으로 인한 수용능력 차제의 확장가능성

77. 유주포자를 형성하는 균류는?

① 난균류　② 불완전균류
③ 담자균류　④ 자낭균류

해설 유주포자
- 유주포자낭이나 소낭에서 형성되며, 편모가 있는 운동성포자
- 끈적균, 무사마귀병균, 난균류

78. 벚나무에 피해가 심한 복숭아유리나방의 피해방제를 위한 약제 살포는 어느 시기에 2~3회 수간 살포하여야 하는가?

① 성충우화 최성기인 7~8월
② 부화유충 최성기인 7~8월
③ 성충우화 최성기인 5~6월
④ 부화유충 최성기인 5~6월

해설 복숭아유리나방
- 벚나무, 복숭아나무, 매실나무, 자두나무, 사과나무 등과 같이 벚나무속 Prunus의 나무들에서 발생한다.
- 연 1회 발생, 애벌레가 기주식물의 나무 줄기와 가지에 구멍을 뚫어 형성층 부위에 피해를 준다.
- 약제살포 : 성충 우화시기에 약제를 살포하여 밀도를 낮춘다. 성충우화 최성기인 7~8월에 줄기와 가지에 2~3회 뿌려준다

79. 다음 주민참가의 단계 중 형식적 참가단계에 속하는 것은?

① 자치관리
② 권한이양
③ 파트너 쉽
④ 유화

해설 주민참가단계
- 시민권력의 단계 : 자치관리, 권한이양, 파트너 쉽
- 형식참가의 단계 : 유화, 상담, 정보제공
- 비참가의 단계 : 치료, 조작

80. 다음 중 아스팔트 포장의 보수공법으로 가장 부적합한 것은?

① 덧씌우기 공법
② 패칭 공법
③ 표면처리 공법
④ 그라우딩 공법

해설 그라우딩공법 - 콘크리트옹벽의 보수공법

정답 76. ② 77. ① 78. ① 79. ④ 80. ④

과년도출제문제(CBT복원문제)

2022. 1회 조경산업기사

※ 본 기출문제는 수험자의 기억을 바탕으로 하여 복원한 문제이므로 실제 문제와 다를 수 있음을 미리 알려드립니다.

■■■ 조경계획 및 설계

1. 월지(안압지)에 대한 설명으로 거리가 먼 것은?

① 임해전은 자연적인 곡선 형태로 못의 동쪽에 남북축선상에 배치되었다.
② 못 안에 대, 중, 소 3개의 섬이 축조되었다.
③ 출수구는 못의 북안 서쪽에서 발견되었다.
④ 섬과 인공동산에는 경석을 배치하였다.

해설 임해전은 월지(안압지)의 서남쪽에 배치되었다.

2. 시대적으로 가장 늦게 발생한 정원 양식은?

① 독일의 구성식 정원
② 스페인의 중정식 정원
③ 영국의 사실주의 풍경식 정원
④ 이탈리아의 노단건축식 정원

해설 스페인의 중정식 정원(8~10세기) → 이탈리아의 노단건축식 정원(16세기) → 영국의 사실주의 풍경식(18세기) → 정원독일의 구성식 정원(19세기)

3. 중국 조경양식의 가장 대표적인 디자인 원칙은?

① 방사(放射) ② 선형(線形)
③ 대비(對比) ④ 조화(調和)

해설 중국 조경양식은 경관의 조화보다는 대비에 중점을 두었다. 예를 들면 자연경관 속의 인공적 건물 (기하학적 무늬의 포지, 기암, 동굴), 태호석을 사용한 석가산 수법 등이 예이다.

4. 대표적인 조선시대 전통정원 양식은?

① 정형식 ② 전정식
③ 후원식 ④ 절충식

해설 조선시대 전통정원은 풍수지리설에 영향으로 택지선정으로 크게 제약을 받아 후원식, 화계식이 발달하였다.

5. 석가산에 대한 설명으로 옳지 않은 것은?

① 지형의 변화를 얻기 위한 수법이다.
② 첩석성산은 석가산의 일종이다.
③ 주로 흙이나 돌로 쌓아 만들었다.
④ 고려시대부터 널리 사용되어 온 우리 고유의 정원기법이다.

해설 석가산은 중국의 양식으로 고려시대 우리나라에 전해졌다.

6. 다음 중 양화소록(養花小錄)에 관한 설명으로 옳지 않은 것은?

① 주로 초본식물에 대한 재배법을 다루고 있다.
② 조선 세종 때에 지어진 화훼원예에 관한 저술이다.
③ 괴석(怪石)에 대한 것과 꽃을 분에 심어 가꾸는 법에 대해서도 적고 있다.
④ 고려의 충숙왕이 원나라에 갔다 돌아올 때 각종 진기한 관상식물을 많이 가져 왔다는 기록도 있다.

해설 양화소록은 우리나라에서 가장 오래된 전문 원예서로, 조선 초기의 선비였던 강희안(1418~1465)이 꽃과 나무를 기르면서 작성한 기록이다.

7. 다음 경복궁의 원유와 관련된 설명 중 틀린 것은?

① 교태전 후원의 아미산에는 사괴석으로 된 3단의 화계가 있으며, 그 정상부에는 정자가 배치되어있다.
② 향원(香遠)이란 주렴계의 애련설 구절인 "향원익청"에서 따온 것이다.
③ 자경전 후원에 있는 굴뚝의 벽면에는 소나무, 거북, 사슴, 학, 불로초 등 십장생과 포도, 연꽃, 대나무가 장식되어 있다.
④ 경회루와 방지는 조선시대 왕궁의 원지 가운데 가장 장엄한 규모로서 외국사신의 영접잔치나 궁중의 연회장소로 사용되었다.

정답 1. ① 2. ① 3. ③ 4. ③ 5. ④ 6. ① 7. ①

해설 교태전 후원의 아미산

장대석으로 된 4단(段)의 화계에는 매화, 모란, 앵두, 철쭉 등의 꽃나무가 식재되어 있으며 동산 위에는 뽕나무, 돌배나무, 말채나무, 쉬나무 등이 배치되었다.

8. 조선시대의 별서가 아닌 것은?

① 담양 소쇄원 ② 예천 초간정
③ 보길도 부용동 정원 ④ 춘천 청평사 정원

해설 춘천 청평사(淸平寺)는 고려선원(高麗禪園)으로 계곡, 영지(影池), 소(沼), 반석, 기암괴석, 폭포 등이 어우러져 아름다운 선경을 간직하고 있다.

9. 다음 중 우리나라 최초의 군립공원으로 지정된 곳은?

① 태백산 ② 강천산
③ 한라산 ④ 대둔산

해설 우리나라 최초군립공원으로 1981년에 순천에 강천산이 지정되었다.

10. 다음에서 설명하는 계획은?

> 특별시·광역시·특별자치시·특별자치도·시 또는 군의 관할구역에 대하여 기본적인 공간구조와 장기발전방향을 제시하는 종합계획으로서 도시·군관리계획 수립의 지침이 되는 계획을 말한다.

① 지구단위계획 ② 도시·군관리계획
③ 광역도시계획 ④ 도시·군기본계획

해설 도시·군기본계획

- 관련법 : 국토의 계획 및 이용에 관한 법률
- 국토종합계획·광역도시계획 등 상위계획의 내용을 수용하여 시·군이 지향하여야 할 바람직한 미래상을 제시하고 장기적인 발전방향을 제시하는 정책계획으로서, 시·군의 물적·공간적 측면뿐만 아니라 환경·사회·경제적 측면을 포괄하여 주민 생활환경의 변화를 예측하고 대비하는 종합계획이다.

11. 그림은 어느 재료 단면의 경계를 표시한 것인가?

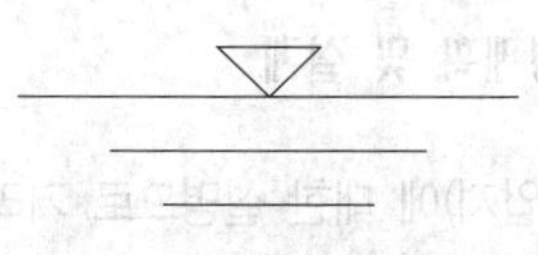

① 흙 ② 물
③ 암반 ④ 잡석

해설 보기의 내용은 물표시이다.

12. 다음 중 조경설계기준상의 휴게시설 설계기준으로 옳지 않은 것은?

① 야외탁자의 너비는 64~80cm를 기준으로 한다.
② 평상 마루의 높이는 34~41cm를 기준으로 한다.
③ 앉음벽은 짧은 휴식에 적합한 재질과 마감방법으로 설계하며, 높이는 34~46cm를 원칙으로 한다.
④ 그늘시렁(파골라)은 태양의 고도 및 방위각을 고려하여 부재의 규격을 결정하며, 해가림 덮개의 투영밀폐도는 50%를 기준으로 한다.

해설 바르게 고치면

태양의 고도 및 방위각을 고려하여 부재의 규격을 결정하며, 해가림 덮개의 투영 밀폐도는 70%를 기준으로 한다.

13. 다음 설명과 관련된 항목은?

> 인간에게 일정지역에의 소속감을 느끼게 함으로서 심리적 안정감을 주며, 외부와의 사회적 작용을 함에 있어 구심적 역할을 하는 것

① 혼잡성 ② 공적 공간
③ 개인적 공간 ④ 영역성

정답 8. ④ 9. ② 10. ④ 11. ② 12. ④ 13. ④

해설 영역성(territoriality)
- 정의 : 집을 중심으로 고정되어 볼 수 있는 일정지역 또는 공간
- 역할 : 귀속감을 느끼게 함으로써 심리적 안정감, 외부와의 사회적 작용을 함에 있어 구심점 역할을 한다.

14. 특별시장·광역시장·시장 또는 군수는 도시녹화를 위하여 필요한 경우에 도시지역 안의 일정지역의 토지소유자 또는 거주자와 녹화계약을 할 수 있다. 녹화계약으로부터 지원 받기 위한 조건에 해당되지 않는 것은? (단, 도시공원 및 녹지 등에 관한 법률을 적용한다.)

① 수림대(樹林帶) 등의 보호
② 해당 지역의 대표하는 생물종의 증대
③ 해당 지역의 면적 대비 식생 비율의 증가
④ 해당 지역을 대표하는 식생의 증대

해설 녹화계약으로부터 지원 받기 위한 조건
- 수림대(樹林帶) 등의 보호
- 해당 지역의 면적 대비 식생 비율의 증가
- 해당 지역을 대표하는 식생의 증대

15. 도시계획시설 중 공공·문화체육시설에 해당하지 않는 것은? (단, 도시·군계획시설의 결정·구조 및 설치기준에 관한 규칙을 적용한다.)

① 도서관　② 공공청사
③ 학교　④ 광장

해설 도시계획시설 중 공공·문화체육시설
학교, 운동장, 도서관, 청소년체육시설 등

16. 축척(scale)에 관한 설명으로 옳지 않은 것은?

① 도면에는 척도를 기입하는 것이 원칙이다.
② 실물과 같은 크기로 그린 배척, 실물보다 확대하여 그린 현척이 있다.
③ 한 도면 안에 사용한 척도는 도면의 표제란에 기입한다.
④ 척도의 표시를 "A : B"로 할 때 B는 "물체의 실제 크기"를 의미한다.

해설 바르게 고치면
실물과 같은 크기로 그린 현척, 실물보다 확대하여 그린 배척이 있다.

17. 조경계획의 한 과정인 기본구상의 설명 중 잘못된 것은?

① 자료의 종합분석을 기초로 하고 프로그램에서 제시된 계획방향에 의거하여 구체적인 계획안의 개념을 정립하는 과정이다.
② 추상적이며 계량적인 자료가 공간적 형태로 전이되는 중간 과정이다.
③ 자료분석 과정에서 제기된 프로젝트의 주요 문제점을 명확히 부각시키고 이에 대한 해결방안을 제시하는 과정이다.
④ 서술적 또는 다이아그램으로 표현하는 것은 의뢰인의 이해를 돕는데 바람직하지 않다.

해설 기본구상
- 계획안에 대한 물리적, 공간적 윤곽이 드러나기 시작
- 프로그램에 제시된 문제 해결 위한 구체적 계획개념 도출
- 버블 다이어그램(diagram)으로 표현됨
- 대안작성(기본적인 측면에서 상이한 안을 만드는 것이 바람직)

18. 최대시의 이용자 수가 2000명, 주차장 이용률이 90%, 차량 1대당 수용인원수는 20명, 1대당 주차면적은 $40m^2$라면 주차장의 면적은?

① $360m^2$　② $1400m^2$
③ $3600m^2$　④ $4000m^2$

해설 주차장면적=최대시용자수×이용률×1/1대당승차인원수×1대당주차면적
$2000 \times 0.9 \times 1/20 \times 40 = 3600m^2$

정답 14. ④　15. ④　16. ②　17. ④　18. ③

19. 정투상법에서 제3각법에 대한 설명으로 옳지 않은 것은?

① 평면도는 정면도의 아래에 그린다.
② 우측면도는 정면도의 우측에 그린다.
③ 제3면각 안에 물체를 놓고 투상하는 방법이다.
④ 각 면에 보이는 물체는 보이는 면과 같은 면에 나타낸다.

해설 바르게 고치면
제3각법에서 평면도는 정면도의 위에 위치한다.

20. 시각적 효과 분석 및 미시적 분석에 관한 연결이 옳지 않은 것은?

① 린치(1979) – 도시의 이미지 분석 연구
② 틸(1961) – 공간형태의 표시법
③ 할프린(1965) – 형태와 행위의 일치성연구
④ 레오폴드(1969) – 하천주변 경관가치의 계량화

해설 할프린 – 움직임의 표시법

■■■ 조경식재

21. 남부지방의 동백나무 이식 적기로 가장 적합한 것은?

① 2월에서 3월
② 5월에서 6월
③ 9월상순에서 중순
④ 4월상순에서 중순

해설 남부지방 동백나무 이식적기
5~7월, 장마철(기온이 오르고 공중습도가 높은 시기)

22. '*Magnolia sieboldii* K.Koch'에 대한 설명으로 가장 거리가 먼 것은?

① 향기가 있다.
② 산목련이라고도 불린다.
③ 낙엽활엽소교목이다.
④ 백색꽃은 3월에 개화한다.

해설 함박꽃나무
- 목련과 낙엽활엽소교목, 일명 산목련으로도 불림
- 꽃은 5~6월에 피고 양성(兩性)으로 잎이 핀 다음 밑을 향하여 달리며 백색이고 향기가 있다.

23. 다음 수종 중 가지에 가시가 있는 것은?

① 당매자나무 ② 호랑가시나무
③ 피나무 ④ 노간주나무

해설 당매자나무
- 매자나무과 낙엽활엽관목
- 4~5월 붉은색, 노란꽃
- 개화과실은 장과로서 길이가 약 1cm 정도이며 타원형 또는 긴타원모양이고 9월에 붉게 익는다.
- 가시는 단순하거나 3개로 갈라지며 길이 0.5~1cm이다.

24. 다음 중 우리나라 난대림 지역에서 분포하는 수종으로만 짝지어진 것은?

① 녹나무, 구실잣밤나무
② 소나무, 자작나무
③ 잣나무, 피나무
④ 팽나무, 서어나무

해설 ① 녹나무, 구실잣밤나무 : 상록활엽교목
② 소나무 : 상록침엽교목, 자작나무 : 낙엽활엽교목
③ 잣나무 : 상록침엽교목, 피나무 : 낙엽활엽교목
④ 팽나무, 서어나무 : 낙엽활엽교목

정답 19. ① 20. ③ 21. ② 22. ④ 23. ① 24. ①

25. 다음 중 능소화과(科)에 속하는 수종은?

① 오동나무 ② 꽃개오동
③ 벽오동 ④ 참오동나무

해설 · 벽오동 – 벽오동과
· 오동나무, 참오동나무 – 현삼과

26. 식생(vegetation)을 분류하는 가장 기본적인 단위는?

① 종 ② 군집
③ 우점도 ④ 천이

해설 군집
일정한 지역 내에서 생활하고 있는 모든 생물 개체군의 모임으로 식생을 분류하는 가장 기본적 단위이다.

27. 다음 자유형 식재에 관한 설명 중 틀린 것은?

① 인공적이기는 하나 그 선이나 형태가 자유롭고 비대칭적인 수법이 쓰인다.
② 기능성이 중요시되고 있다.
③ 직선적인 형태를 갖추는 경우가 많아지고 단순 명쾌한 형태를 나타낸다.
④ 부등변 삼각형 식재수법을 많이 쓴다.

해설 자유형 식재 사례
직선의 형태가 많음, 루버형, 번개형, 아메바형, 절선형

28. 다음 중 일반적으로 접붙이기 시 쓰이고 있는 바탕나무의 종류가 틀린 것은?

① 태산목 – 목련
② 장미 – 찔레
③ 라일락 – 사철나무
④ 백목련 – 일본목련

해설 라일락 – 쥐똥나무

29. 다음 중 수변부(綏邊部) 형태에 따른 평가기준 중 매우 우수에 해당하는 것은?

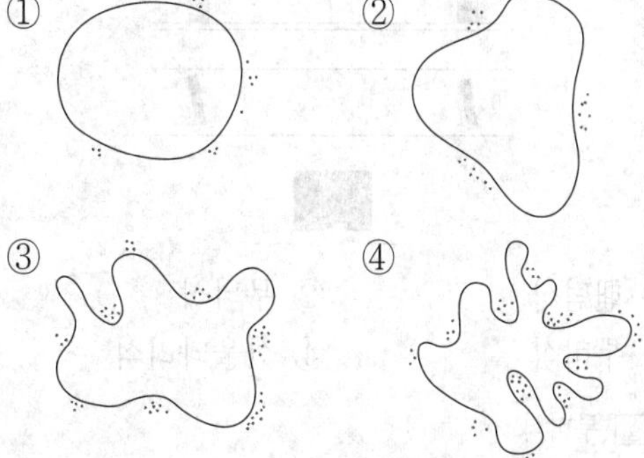

해설 수변부는 가장자리효과를 위해 불규칙한 곡선을 이용하는 것이 좋다.

30. *Pinus densiflora Siebold* & Zucc의 특징에 해당되지 않는 것은?

① 양수이다.
② 내건성이 있다.
③ 심근성 수종이다.
④ 천이 후기에 출현한다.

해설 소나무는 양수, 심근성수종이며, 내건성·내척박성 수종으로 천이 초기에 출현한다.

31. 잎이 황색 또는 갈색으로 물드는 수목이 아닌 것은?

① 화살나무 ② 칠엽수
③ 양버즘나무 ④ 튤립나무

해설 화살나무 – 붉은색 단풍

32. 다음 중 상록성인 식물은?

① 모과나무 ② 채진목
③ 산사나무 ④ 비파나무

해설 · 모과나무, 산사나무, 채진목 – 낙엽활엽교목
· 비파나무 – 상록활엽관목

정답 25. ② 26. ② 27. ④ 28. ③ 29. ④ 30. ④ 31. ① 32. ④

33. 다음 그림(입면, 단면도)과 같은 고속도로 중앙 분리대의 식재 방법으로 가장 적합한 것은?

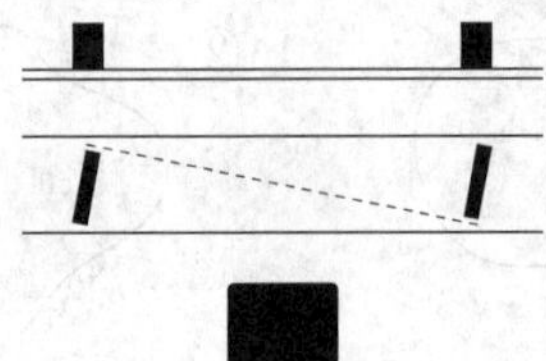

① 랜덤식　　② 무늬식
③ 루버식　　④ 산울타리식

해설 루버식
루버와 같은 생김새로 배열하는 방식, 조사각(12도)과 직각이 되도록 식재, 분리대가 넓어야 한다.

34. 아까시나무와 회화나무에 대한 설명으로 틀린 것은?

① 두 수종 모두 기수우상복엽이다.
② 두 수종 모두 꽃 피는 시기는 5월 초이다.
③ 두 수종 모두 뿌리가 천근성이다.
④ 아까시나무에는 가시가 있으나 회화나무에는 없다.

해설 아까시나무 꽃은 5~6월에 흰색으로 피고, 회화나무는 꽃은 8월에 흰색으로 피고 원추화서로 달린다.

35. 다음 중 열매의 형태가 시과(samara)에 해당되는 수종은?

① 층층나무　　② 참느릅나무
③ 산벚나무　　④ 윤노리나무

해설 시과(翅果, samara, wing)
- 씨방의 벽이 늘어나 날개모양으로 달려 있는 열매로 열매껍질이 얇은 막처럼 툭 튀어 나와 날개 모양이 되면서 바람에 날리기 쉬운 형태로 되어 있다.
- 종류 : 단풍나무, 느릅나무, 물푸레나무
보기의 ① 층층나무 – 핵과, ③ 산벚나무 – 핵과, 윤노리나무 – 이과

36. 다음 중 단풍나무과(科)에 속하는 수종이 아닌 것은?

① 복장나무　　② 신나무
③ 고로쇠나무　　④ 음나무

해설 음나무 – 두릅나무과의 낙엽교목

37. 굴취할 때 뿌리분의 크기를 결정하는 공식으로 알맞은 것은? (단, N = 근원직경, d = 상수 4~50이다)

① 24+(N−1)d
② 20+(N+3)d
③ 20+(N+2)d
④ 24+(N−3)d

해설 뿌리분의 크기=24+(N−3)d

38. 공장을 중심으로 한 주변의 녹지대 조성에 대한 설명 중 적당하지 않는 것은?

① 배식수종은 낙엽활엽수를 양측에, 침엽수를 중앙부에 배식하고 나뭇잎이 서로 접촉할 정도로 심는다.
② 배식계획은 공장측으로부터 키가 작은나무, 중간나무, 키가 큰 나무순으로 배식한다.
③ 공장 주변의 주거지역에는 광역적인 녹지대를 조성하고, 교목성 상록수를 심는 것이 바람직하다.
④ 녹지대의 조성 목적은 매연, 유독가스, 분진 등이 인근 주거지역에 파급, 낙하하는 것을 막고, 여과 효과를 기대하는데 있다.

해설 바르게 고치면
배식수종은 상록활엽수를 양측에, 침엽수를 중앙부에 배식하고 나뭇잎이 서로 접촉할 정도로 심는다.

정답 33. ③ 34. ② 35. ② 36. ④ 37. ④ 38. ①

39. 학명이 이명법(binomials)이라고 불리는 이유는?

① 종명+속명로 구성되기 때문이다.
② 속명+명명자로 구성되기 때문이다.
③ 속명+종명으로 구성되기 때문이다.
④ 보통명+종명으로 구성되기 때문이다.

해설 학명 이명법 : 속명+종명

40. 다음 중 이식을 하면 반드시 수간에 흙바르기 양생을 해야 할 수종은?

① 단풍나무 ② 소나무류
③ 목련류 ④ 은행나무

해설 소나무류는 이식 후 소나무좀의 피해를 막기 위해 수간에 흙바르기 양생을 실시한다.

■■■ 조경시공

41. 다음 설명 중 ( ) 안에 들어갈 용어 또는 기호는?

> -등고선이 도면 안에서 폐합하는 경우는 산정이나 ( ) 지를 나타낸다.
> -( ) 경사에서 낮은 등고선은 높은 것보다 더 넓은 간격으로 증가한다.

① 凸 ② 안부
③ 凹 ④ 등경사

해설 요사면
등고선이 도면 안에서 폐합하는 경우는 산정이나 오목지를 나타낸다. 요사면에서는 경사에서 낮은 등고선은 높은 것보다 더 넓은 간격으로 증가한다.

42. 다음 녹화식물의 종류에서 감기형 식물에 해당하지 않는 것은?

① 으아리 ② 노박덩굴
③ 줄사철나무 ④ 인동

해설 줄사철나무
덩굴성으로 자라는 줄기는 길이 10m 이상으로 공기뿌리가 나와 다른 물체에 달라붙는다.

43. 부지의 조성작업순서가 옳게 나열된 것은?

① 벌개, 제근 → 성토, 고르기 → 굴삭, 운반 → 다지기
② 굴삭, 운반 → 벌개, 제근 → 성토, 고르기 → 다지기
③ 성토, 고르기 → 벌개, 제근 → 굴삭, 운반 → 다지기
④ 벌개, 제근 → 굴삭, 운반 → 성토, 고르기 → 다지기

해설 부지 조성작업순서
벌개, 제근 → 굴삭, 운반 → 성토, 지면고르기 → 다지기

44. 어느 흙의 자연함수비가 그 흙의 액성한계보다 높다면 그 흙은 어떤 상태인가?

① 반고체상태에 있다. ② 고체상태에 있다.
③ 액체상태에 있다. ④ 소성상태에 있다.

해설 액성한계LL(liquid limit)
점성토가 소성 상태에서 유동 상태로 옮길 때의 함수비로 LL 또는 WL로 표시하며 흙의 자연함수비가 액성 한계에 가깝거나 그 이상이면 굴착공사에서 주의할 필요가 있다.

흙탕물
액체상태
액성한계(LL)
소성상태
소성한계(PL)
반고체상태
수축한계(SL)
고체상태
함수비증가
건조한 흙

정답 39. ③ 40. ② 41. ③ 42. ③ 43. ④ 44. ③

45. 지점과 반력에 대한 설명 중 옳지 않는 것은?

① 회전지점에 발생되는 반력은 수평반력과 모멘트반력이다.
② 구조물의 반력은 수평반력, 수직반력, 모멘트반력의 3가지가 있다.
③ 지점은 부재의 운동상태에 따른 반력의 생성상태에 따라 이동지점, 회전지점, 고정지점으로 나뉜다.
④ 이동지점에는 수직반력 발생한다.

해설 회전지점에 발생되는 반력은 수평반력과 수직반력이다.

46. 편경사(cant)에 대한 설명으로 틀린 것은?

① 편경사는 도로 및 철도의 선형설계에 적용된다.
② 편경사는 완화곡선 설치에 사용된다.
③ 편경사는 차량 속도의 제곱에 비례하고 곡선반지름에 반비례한다.
④ 차량의 곡선부 주행시 뒷바퀴가 앞바퀴보다 항상 안쪽으로 지나는 현상을 고려하기 위한 것이다.

해설 ④는 차도광폭(확폭)에 대한 설명이다.

47. 다음 중 배수관거의 시공성을 고려하여 선정시 가장 거리가 먼 것은?

① 축조가 용이한 것
② 수리학상 유리할 것
③ 하중에 대하여 경제적일 것
④ 미관이 좋은 것

해설 배수관거의 형상
- 수리학상 유리할 것
- 하중에 경제적일 것
- 축조가 용이할 것
- 유지관리상 경제적일 것

48. 평판측량에 대한 설명으로 옳지 않는 것은?

① 대단위 지역의 지형도 측량에 많이 사용한다.
② 현장에서 직접 대상물의 위치를 관측하여 축척에 맞게 평면도를 그리는 측량이다.
③ 현장에서 측량이 잘못된 곳을 발견하기 쉽다.
④ 복잡한 지형이나 시가지, 농지 등의 세부측량에 이용할 수 있다.

해설 평판측량은 측량구역이 크지 않을 경우의 세부측량, 특히 지형측량에서 많이 이용되고 있다.

49. 목재의 탄성계수에 관한 설명 중 맞는 것은?

① 모든 목재가 동일하다
② 강도에 반비례한다.
③ 함수율에 비례한다.
④ 비중이 증가할수록 탄성계수도 증가한다.

해설 목재는 비중이 증가할수록 탄성계수(잘 휘는지 값으로 값이 커지면 잘 휘지 않는다.)의 값도 커진다.

50. 지형도에 관한 설명 중 옳은 것은?

① 1/1000 지형도에서 등고선 간격은 10m이다.
② 계곡선이란 주곡선 10개마다 굵은 선으로 표시한 선이다.
③ 경사가 완만하면 등고선 간격이 좁아진다.
④ 최대경사의 방향은 반드시 등고선과 직각으로 교차한다.

해설 바르게 고치면
① 1/1000 지형도에서 등고선 간격은 5m이다.
② 계곡선이란 주곡선 5개마다 굵은 선으로 표시한 선이다.
③ 경사가 완만하면 등고선 간격이 넓어진다.

정답 45. ① 46. ④ 47. ④ 48. ① 49. ④ 50. ④

51. 표준형 벽돌 8000매를 2.5B로 쌓으려 한다. 벽돌쌓기 1000매당 표준품셈표에는 조적공은 1.0인, 보통인부는 0.6인이 설정되어 있다. 단, 벽돌 5000매 이상 10000매 미만일 때는 품을 10%가산한다. 조적공 노임은 50000원, 보통인부 노임은 30,000원 일 때, 총 노무비는 얼마인가?

① 544,000원 ② 598,400원
③ 624,000원 ④ 689,600원

해설 1,000매당 노무비(할증적용)
1.0×1.1×50,000+0.6×1.1×30,000=74,800원
→ 8,000매 이므로 74,800×8=598,400원

52. AE제를 사용하는 콘크리트의 특성에 대한 설명 중 옳지 않은 것은?

① 강도가 증가된다.
② 단위수량이 저감된다.
③ 동결융해에 대한 저항성이 커진다.
④ 워커빌리티가 좋아지고 재료의 분리가 감소된다.

해설 AE제 사용시 강도는 저하되고 철근과의 부착력은 감소한다.

53. 다음 중 건설공사표준품셈의 적산 적용기준으로 옳지 않은 것은?

① 시멘트 벽돌의 할증률은 5%이다.
② 모따기의 체적은 구조물의 수량에서 공제하지 않는다.
③ 설계서의 총액은 원단위 이하는 버린다.
④ 수량의 계산은 지정 소수의 이하 1위까지 구하고, 끝 수는 4사5입 한다.

해설 바르게 고치면
설계서의 총액은 1,000원 이하는 버린다.

54. 등경사선 지형에서 축척이 1:6000, 등고선 간격은 6m, 제한경사를 5%로 할 때, 각 등고선 간의 도상거리는?

① 1.0cm ② 1.5cm
③ 2.0cm ④ 2.5cm

해설 ① $5\% = \frac{6}{\text{수평거리}} \times 100$ 수평거리=120m
② $\text{도상거리} = \frac{\text{실제거리}}{\text{축척}} = \frac{120}{6000}$
$= 0.02\text{m} \rightarrow 2.0\text{cm}$

55. 수목을 높이 기준에 따라 굴취시 야생일 경우에는 굴취품의 최대 몇 %를 가산할 수 있는가?

① 5% ② 7%
③ 10% ④ 20%

해설 굴취시 야생일 경우에는 굴취품의 20%까지 가산할 수 있다.

56. 다음 중 공사비 산정기준이 맞는 것은?

① 산업안전보건관리비 : (재료비 + 노무비) ×비율
② 산재보험료 : 직접노무비 × 비율
③ 환경보전비 : (재료비 + 노무비) × 환경보전비율
④ 일반관리비 : 순공사원가 × 일반관리비율

해설 바르게 고치면
① 산업안전보건관리비 : (재료비 + 직접노무비) ×비율
② 산재보험료 : 노무비 × 비율
③ 환경보전비 : (재료비 + 직접노무비) × 환경보전비율

정답 51. ② 52. ① 53. ③ 54. ③ 55. ④ 56. ④

57. 고온으로 가열하여 소정의 시간동안 유지한 후에 냉수, 온수 또는 기름에 담가 급랭하는 처리로 강도 및 경도, 내마모성의 증진을 목적으로 실시하는 강의 열처리법은?

① 담금질(quenching) ② 불림(normalizing)
③ 뜨임(temrering) ④ 풀림(annealing)

해설 담금질, 뜨임, 불림
- 담금질 : 금속을 고온(800~900℃)으로 가열 후 보통물이나 기름에 갑자기 냉각시켜 조직 등을 변화·경화시킨 것으로 강재를 용접할 때 일종의 담금질 처리한 것과 같아진다.
- 뜨임 : 담금질한 강을 변태점이하에서 가열하여 인성을 증가시키는 열처리로 경도가 감소하고 신장률과 충격값은 증가한다.
- 불림 : 변태점이상 가열 후 공기 중에서 냉각시켜 가공시킨 것으로 강 조직의 흩어짐을 표준조직으로 풀림처리한 것보다 항복점, 인장강도 등이 일반적으로 높다.

58. 네트워크 공정표 중 더미(dummy)에 대한 설명으로 맞는 것은?

① 선행작업을 표시한다.
② 작업일수는 1일이다.
③ 가장 시간이 긴 경로를 나타낸다.
④ 선행과 후속의 관계만을 나타낸다.

해설 더미
명목상의 작업(가상작업)으로 작업이나 시간의 소요는 없다.

59. 최대계획우수유출량(m^3/s)의 산정에서 합리식에 대한 설명 중 틀린 것은?

① 배수유역이 커지면 유출량도 커진다.
② 불투수포장이 작을수록 유출량도 커진다.
③ 유출계수가 커지면 유출량도 커진다.
④ 유달시간 내의 평균강우강도가 큰 지역은 유출량이 커진다.

해설 불투수포장이 작을수록 유출량은 작아진다.

60. 빛의 측정단위가 틀린 것은?

① 광속 : W ② 광도 : cd
③ 조도 : lx ④ 휘도 : sb

해설 광속 : lum(루멘)

■■■ 조경관리

61. 당년지에서 개화하기 때문에 2~3년은 굵은 가지를 전정하여도 개화에 영향이 크지 않는 수종은?

① 배롱나무 ② 벚나무
③ 목련화 ④ 꽃사과

해설 당년지에서 개화하는 수종은 여름꽃 수종을 말한다.

62. 다음 중 수목 관리 시 지주목의 필요성 중 장점이 아닌 것은?

① 수고 생장에 도움을 준다.
② 바람에 의한 피해를 줄일 수 있다.
③ 수간의 굵기가 균일하게 생육할 수 있도록 해준다.
④ 지지된 부분의 수피박피로 잔가지의 발생을 돕는다.

해설 지지된 부분의 수피가 벗겨지는 등 상처를 주기 쉬운 단점이 있다.

63. 참나무 시들음병에 대한 설명으로 틀린 것은?

① 매개충의 암컷등판에는 곰팡이를 넣는 균낭이 있다.
② 피해목은 초가을에 모든 잎이 낙엽된다.
③ 매개충은 광릉긴나무좀이다.
④ 피해목의 변재부는 병원균에 의하여 변색된다.

정답 57. ② 58. ④ 59. ② 60. ① 61. ④ 62. ④ 63. ②

해설 피해증상
- 수세가 약한 졸참나무, 갈참나무 등의 목질부를 가해한다.
- 외부증상은 줄기에 매개충이 침입한 구멍이 많이 있으며 침입한 구멍부위 및 뿌리와 접한 땅위에는 목분 배출물이 많이 나와 있다.

64. 다음 중 수목의 시비와 관련된 설명으로 틀린 것은?

① 시비시에 비료는 가급적 뿌리에 직접 닿을 정도까지 작업하여야 한다.
② 방사형 시비는 1회시에는 수목을 중심으로 2개소에, 2회시에는 1회시비의 중간위치 2개소에 시비후 복토한다.
③ 기비는 늦가을 낙엽후 10월 하순~11월 하순의 땅이 얼기 전까지, 또는 2월하순 ~ 3월 하순의 잎피기 전까지 사용한다.
④ 환상시비는 뿌리가 손상되지 않도록 뿌리분 둘레를 깊이 0.3m, 가로 0.3m, 세로 0.5m 정도로 흙을 파내고 소요량의 퇴비(부숙된 유기질비료)를 넣은 후 복토한다.

해설 바르게 고치면
시비시에 비료는 가급적 뿌리에 직접 닿지 않도록 한다.

65. 수목 병원체가 월동하는 장소가 아닌 것은?

① 낙엽 ② 대기
③ 토양 ④ 뿌리

해설 병원체의 월동 장소
기주의 체내에 잠재하여 월동, 병환부 또는 죽은 기주체에서 월동, 종자에 붙어서 월동, 토양 중에 월동

66. 조경 관리계획의 수립절차 순서로 가장 옳은 것은?

① 관리목표 결정 → 관리계획 수립 → 관리조직 구성
② 관리계획 수립 → 관리목표 결정 → 관리조직 구성
③ 관리조직 구성 → 관리목표 결정 → 관리계획 수립
④ 관리목표 결정 → 관리조직 구성 → 관리계획 수립

해설 조경 관리계획의 수립절차
관리목표 결정 → 관리계획 수립 → 관리조직 구성 → 각 관리조직의 업무확정 및 협력 → 관리 업무의 수행

67. 조경물 자체와 사회적 요구의 질적·양적인 변화는 조성된 조경물의 당초 관리계획에 따라 추적 검토되어야 하는데, 이러한 검토내용에 해당되지 않는 것은?

① 구체적인 시민들의 요구
② 관리조직과 인원에 대한 검토
③ 관리단계에서 지장이 되는 원인의 분석
④ 이용조사에 의한 시민요구의 구체적 행동의 평가

해설 관리계획의 추적 검토내용
- 이용조사에 의한 시민요구의 구체적 행동의 평가
- 관리단계의 지장이 되는 원인의 분석
- 구체적인 시민의 요구

68. 화살표형 네트워크 작성시 기본 규칙으로 옳지 않은 것은?

① 가능한 한 요소작업 상호간의 교차를 피한다.
② 네트워크상 작업을 표시하는 화살선이 회송되어서는 아니된다.
③ 네트워크의 개시와 종료 결합점은 각기 반드시 하나씩 있어야 한다.
④ 네트워크에서 쓰이는 소요시간은 작업에 필요한 최소한의 시간으로 휴일, 우천 등의 휴업을 포함하지 않는다.

정답 64. ① 65. ② 66. ① 67. ② 68. ④

해설 결합점에 들어오는 작업선은 모두 완료된 후 작업 개시를 할 수 있다.

69. 식재지의 멀칭(mulching)을 통하여 기대되는 효과가 아닌 것은?

① 토양 경도를 증가시킨다.
② 여름철 토양온도의 상승을 억제한다.
③ 유익한 토양미생물의 생장을 촉진한다.
④ 토양으로부터 수분증발을 감소시킨다.

해설 멀칭을 통해 토양이 굳어짐(경도)를 방지한다.

70. 관거나 구거의 체수(滯水) 원인으로 가장 관련이 먼 것은?

① 먼지 ② 오니
③ 토사 ④ 블록

해설 배수시설 내부 및 유수구의 토사, 오니, 먼지 등의 퇴적상태를 점검한다.

71. 다음 중 레크레이션 공간의 관리방법이 아닌 것은?

① 완전 방임형 관리전략
② 폐쇄 후 자연 회복형
③ 계절별 순환 관리형
④ 순환식 개방에 의한 휴식 기간확보

해설 레크레이션 관리방법
- 완전방임형
- 폐쇄 후 자연 회복형용
- 폐쇄 후 육성관리
- 순환식 개방에 의한 휴식기간 확보
- 계속적 개방, 이용 상태 하에서 육성관리

72. 분비물에 의해 그을음병을 유발시키는 해충은?

① 솔잎혹파리 ② 소나무좀
③ 소나무가루깍지벌레 ④ 솔수염하늘소

해설 그을음병
- 진딧물이나 깍지벌레 등의 흡즙성 해충이 배설한 분비물을 이용해서 병균이 자란다.
- 잎, 가지, 줄기를 덮어서 광합성을 방해하고 미관을 해친다.

73. 비탈면보호공에 대한 설명으로 옳은 것은?

① 종자 뿜어붙이기공, 식생판공, 떼붙임공은 식생공의 공종이다.
② 긴 비탈면 전체가 지하수작용에 의해 움직이는 것을 절토면의 붕괴라고 한다.
③ 비탈면 식생공은 비료가 포함되어 있으므로 추가 시비가 필요 없다.
④ 비탈면 식생은 어깨부보다 하단부의 상태가 나쁘므로 중점관리해야 한다.

해설 바르게 고치면
② 긴 비탈면 전체가 지하수작용에 의해 움직이는 것을 땅무너짐이라고 한다.
③ 비탈면 식생공은 연간 1회 이상의 기비와 추비를 실시한다.
④ 비탈면 식생은 하단부보다 어깨부의 상태가 나쁘므로 중점관리해야 한다.

74. 다음 중 콘크리트 옹벽이 앞으로 넘어질 우려가 있을 때 옹벽 뒷면의 지하수를 배수 구멍에 유도시키고 토압을 경감시키는 공법은?

① 그라우팅공법 ② P·C 앵커공법
③ 부벽식콘크리트공법 ④ 압성토공법

해설 그라우팅공법
옹벽을 볼링·굴착 후 채움재를 넣어 옹벽 뒷면의 지하수를 배수 구멍에 유도시키고 토압을 경감시키는 공법

정답 69. ① 70. ④ 71. ③ 72. ③ 73. ① 74. ①

75. 파이토플라스마(Phytoplasma)는 다음 중 어느것에 감수성이 있는가?

① Benlate ② Penicillin
③ Tetracycline ④ Streptomycin

해설 파이토플라즈마는 테트라사이클린(tetracycline)계의 항생물질로 치료가 가능하다.

76. 다음 중 정지, 전정의 일반원칙에 해당되지 않는 것은?

① 무성하게 자란 가지는 제거한다.
② 평행지가 되도록 유인한다.
③ 수목의 주지는 하나로 자라게 한다.
④ 지나치게 길게 자란 가지는 제거한다.

해설 평행지는 제거한다.

77. 다음 중 발병초기에 주로 외과적인 처치에 의해 병환부를 도려내고 약제처리를 통해 방제할 수 있는 병으로 가장 적합한 것은?

① 부란병 ② 갈색무늬병
③ 탄저병 ④ 흰가루병

해설 부란병
뽕나무·밤나무에도 많이 발생한다. 증상은 과수나 임목의 줄기·가지 껍질에 갈색의 습진 모양으로 생긴 병반이 부풀어 오른다. 병반부는 나무껍질이 벗겨지기 쉽게 물러지고 알코올 냄새가 난다.

78. 봄에 꽃이 피는 진달래, 철쭉류 등과 같이 꽃을 감상하기 위한 목적으로 하는 수목의 전정시기는?

① 꽃이 진 직후
② 겨울철 휴면기
③ 늦가을 낙엽이 진 직후
④ 이른 봄 싹트기 전

해설 꽃을 감상하는 목적의 수목의 전정시기는 꽃이 진 직후로 한다.

79. 수목병 발생과 관련된 병삼각형(disease triangle)의 구성 주요인이 아닌 것은?

① 시간 ② 기주식물
③ 병원균 ④ 환경

해설 병삼각형 구성요인
기주식물(소인), 병원균(주인), 환경(유인)

80. 난지형(暖地型)잔디에 뗏밥을 주는 시기는 언제가 가장 적합한가?

① 2~3월 ② 5~6월
③ 10~11월 ④ 12~2월

해설 뗏밥주는 시기
잔디의 생육이 가장 왕성한 시기에 실시하며 난지형 늦봄(5월경), 한지형은 이른 봄, 가을에 실시한다.

정답 75. ③ 76. ② 77. ① 78. ① 79. ① 80. ②

과년도출제문제(CBT복원문제)

2022. 2회 조경산업기사

※ 본 기출문제는 수험자의 기억을 바탕으로 하여 복원한 문제이므로 실제 문제와 다를 수 있음을 미리 알려드립니다.

■■■ 조경계획 및 설계

1. 옥상정원의 기원이라고 할 수 있는 것은?

① 짐나지움　　② 아도니스 가든
③ 페리스틸리움　　④ 파라다이소

해설 아도니스 가든
그리스 시대에 주택정원 유형으로 아도니스원이 유행하였는데 그리스신화에 바탕을 두었으며, 후에 포트가든(pot garden), 윈도우가든(window garden), 옥상정원에 영향을 주었다.

2. 당(唐)나라 시기의 정원을 알 수 있는 문헌은?

① 시경　　② 동파종화
③ 춘추좌씨전　　④ 낙양명원기

해설 동파종화
당나라때 백거이(백락천)는 최초의 조원가로 「백목단」이나 「동파종화」와 같은 시에서 당 시대의 정원을 잘 묘사하고 있다.

3. 프랑스 보르 뷔 콩트(Vaux-le-vicomte)는 어느 정원 양식에 속하는가?

① 중정식(中庭式)
② 노단건축식(露壇建築式)
③ 자연풍경식(自然風景式)
④ 평면기하학식(平面幾何學式)

해설
- 중정식 : 스페인
- 노단건축식 : 16세기 이탈리아 정원양식
- 자연풍경식 : 동양의 정원, 18세기 영국 정원

4. 마당 중앙에는 수반형의 둥근 분수대를 세웠고, 사방 주위에는 관목이나 초화류를 식재한 정형식 정원이 있는 곳은?

① 덕수궁 석조전　　② 창덕궁 주합루
③ 경복궁 교태전　　④ 경복궁 향원정

해설 덕수궁 석조전과 침상원
석조전은 우리나라 최초의 서양식 건물이며, 그 앞에는 우리나라 최초의 유럽식 정원인 침상원이 있다.

5. 조성 시기가 가장 빠른 르네상스(Renaissance) 시대의 정원은?

① 메디치장(Villa Medici)
② 토스카나장(Villa Toscana)
③ 아드리아나장(Villa Adriana)
④ 로렌티아나장(Villa Laurentiana)

해설 ① 메디치장 : 르네상스 초기 15세기 빌라
② 토스카나장 : 로마시대 소필리니 소유, 도시풍의 여름용 별장
③ 아드리아나장 : 로마시대 아드리아누스 황제가 티볼리에 건설한 빌라
④ 로렌티아나장 : 로마시대 소필리니 소유의 혼합형 빌라

6. 우리나라 민가정원에서 일반적으로 안뜰에 정심수(庭心樹)를 심지 않았던 이유로 전해오는 것은?

① 자손이 귀해 진다.
② 집안이 빈곤해 진다.
③ 마당에 그늘이 든다.
④ 보기가 싫기 때문이다.

해설 조선시대 주택정원에 정심수(마당 한가운데 심겨지는 수목)는 口(입구 : 마당)에 木(나무 목)은 困(빈곤할 곤)이 된다하여 심지 않았다.

7. 다음 작자와 저서의 연결이 잘못된 것은?

① 계성 : 난정기(蘭亭記)
② 귤준망 : 작정기(作庭記)
③ 백거이 : 동파종화(東坡種花)
④ 이격비 : 낙양명원기(洛陽名園記)

해설 계성의 원야, 왕희지의 난정기

정답 1. ② 2. ② 3. ④ 4. ① 5. ① 6. ② 7. ①

8. 인도 무굴정원의 가장 중요한 정원 요소는?

① 물 ② 높은담
③ 원정(園亭) ④ 화훼(花卉)

해설 인도 무굴정원에서의 물
인도정원에서는 가장 중요한 요소 장식, 관개, 목욕이 목적, 종교적 행사에 이용되었다.

9. 경관의 우세요소(A), 우세원칙(B), 변화요인(C)을 순서대로 짝지은 것 중 틀린 것은?

① A : 형태, B : 집중, C : 규모
② A : 색채, B : 대조, C : 광선(light)
③ A : 선, B : 축, C : 거리
④ A : 질감, B : 방향, C : 연속성

해설 경관의 우세요소, 우세원칙, 변화요인

경관우세요소	선, 형태, 질감, 색채
우세원칙	대조, 연속, 축, 집중, 상대성, 조형
변화요인	운동, 빛, 기후, 계절, 거리

10. 행태 조사 방법 중 물리적 흔적(physical traces)의 관찰 방법으로 부적합한 것은?

① 일정 장소의 의자배치, 낙서, 잔디마모 등의 물리적 흔적을 관찰하는 것이다.
② 연구하고자 하는 인간행태에 영향을 미치지 않는다.
③ 일반적으로 정보를 얻는데 시간이 많이 걸려 비용이 많이 든다.
④ 대부분의 물리적 흔적은 비교적 장시간 변형되지 않으므로 반복적인 관찰이 가능하다.

해설 물리적 흔적 관찰은 저비용으로 중요정보를 빨리 얻을 수 있다.

11. 먼셀표색계에서 색상의 기준이 되는 5가지 색이 아닌 것은?

① 적색(R) ② 녹색(G)
③ 흑색(B) ④ 자색(P)

해설 먼셀표색계의 5가지 색상
적색(R), 노랑(Y), 녹색(G), 청색(B), 자색(P)

12. 다음 [보기]는 도시공원 및 녹지 등에 관한 법률 시행규칙상의 도시공원 면적에 관한 기준이다. ( )안에 적합한 것은?

> [보기]
> 하나의 도시지역 안에 있어서의 도시공원의 확보 기준은 해당도시지역 안에 거주하는 주민 1인당 (㉠) 제곱미터 이상으로 하고, 개발제한구역 및 녹지지역을 제외한 도시지역 안에 있어서의 도시공원의 확보 기준은 해당 도시지역 안에 주거하는 주민 1인당 (㉡)제곱미터 이상으로 한다.

① ㉠ 3, ㉡ 6 ② ㉠ 4, ㉡ 2
③ ㉠ 2, ㉡ 4 ④ ㉠ 6, ㉡ 3

13. 경관의 복잡성(Complexity)과 선호도(Preference)의 일반적인 관계는?

① 정비례의 관계를 이룬다.
② 거꾸로 된 "U"자 형태(역 U자)의 관계를 이룬다.
③ 반비례의 관계를 이룬다.
④ 불규칙적인 관계를 이룬다.

해설 경관은 중간정도 복잡성일 때 선호도가 가장높아 거꾸로 된 "U"자 형태(역 U자)의 관계를 이룬다.

정답 8. ① 9. ④ 10. ③ 11. ③ 12. ④ 13. ②

14. 어느 도시의 인구가 100,000인일 때 전 시민이 이용하는 근린공원의 소요면적을 산출하고자 한다. 근린공원의 이용률 1/50, 공원이용자 1인당 활동면적 50m^2, 유효면적율 50%일 때 소요면적은?

① 5ha ② 10ha
③ 15ha ④ 20ha

해설 $\dfrac{100{,}000\times\dfrac{1}{50}\times 50}{0.5}=200{,}000\text{m}^2=20\text{ha}$

15. Clarence A. Perry의 근린주구(近隣注區)개념과 거리가 먼 것은?

① 초등학교 1개의 학구(學區)를 기준단위로 규모는 반경 400m 정도이며, 초등학교가 근린주구의 중앙에 위치한다.
② 그 단위는 통과교통이 내부를 관통하지 않고 용이하게 우회할 수 있는 충분한 넓이의 간선도로에 의해 구획되어야 한다.
③ 근린쇼핑시설은 도로 결절점이나 인접 근린주구 내의 유사지구 부근에 위치한다.
④ 보행로와 차도 혼용도로를 설치한다.

해설 보행동선과 차량동선을 분리한다.

16. 다음 중 자연공원법상의 용도지구 분류로 틀린 것은?

① 공원자연보존지구
② 공원자연환경지구
③ 공원밀집마을지구
④ 공원문화유산지구

해설 자연공원법상 용도지구
공원자연보존지구, 공원자연환경지구, 공원마을지구, 공원문화유산지구

17. 리튼(Litton)이 제시한 자연경관에서의 경관훼손가능성(visual Vulnerability)에 대한 설명 중 틀린 것은?

① 저지대보다 고지대가 경관 훼손가능성이 높다.
② 어두운 곳보다 밝은 곳이 경관훼손가능성이 높다.
③ 급경사지보다 완경사지가 경관훼손가능성이 높다.
④ 혼효림보다 단순림이 경관훼손가능성이 높다.

해설 완경사지가 급경사지보다 경관훼손가능성이 높다.

18. 치수선에는 분명한 단말 기호(화살표 또는 사선)를 표시한다. 다음 중 단말기호 표시에 대한 설명으로 옳지 않은 것은?

① 사선은 30도 경사의 짧은 선으로 그린다.
② 한 장의 도면에는 같은 종류의 화살표 기호를 사용한다.
③ 기호의 크기는 도면을 읽기 위해 적당한 크기로 비례하여 그린다.
④ 화살표는 끝이 열린 것, 닫힌 것 및 빈틈없이 칠한 것 중 어느 것을 사용해도 상관없다.

해설 사선은 치수보조선을 지나 왼쪽 아래에서 오른쪽 위로 향하여 약 45도 교차하는 짧은 선으로 그린다.

19. 축척이 1/50,000인 지형도의 어떤 사면경사를 알기 위해 측정한 계곡선 간의 도상 수평 최단거리가 1.4cm이었을 때 이 두 점의 사면 경사도는?

① 약 8% ② 약 10%
③ 약 14% ④ 약 20%

정답 14. ④ 15. ④ 16. ③ 17. ③ 18. ① 19. ③

해설 1/50,000지형도

① 계곡선은 100m간격이며, 최단거리 1.4cm는 실제거리는 700m

② 따라서, 경사도 = $\frac{100}{700} \times 100 = 14.28$
→ 약 14%

20. 조경설계기준상 경사로 설계 내용으로 옳은 것은?

① 장애인 등의 통행이 가능한 경사로의 종단기울기는 1/18 이하로 한다.(단, 지형조건이 합당한 경우)
② 연속경사로의 길이 60m 마다 1.2m×3m 이상의 수평면으로 된 참을 설치하여야 한다.
③ 휠체어 사용자가 통행할 수 있는 경사로의 유효폭은 100cm가 적당하다.
④ 바닥 표면은 휠체어가 잘 미끄러질 재료를 채용하고, 울퉁불퉁하게 마감한다.

해설 경사로 구조 및 규격

- 바닥표면은 미끄럽지 않은 재료를 채용하고 평탄한 마감으로 설계한다.
- 장애인 등의 통행이 가능한 경사로의 종단기울기는 1/18 이하로 한다. 다만, 지형조건이 합당하지 않을 경우에는 종단기울기를 1/12까지 완화할 수 있다.
- 휠체어 사용자가 통행할 수 있는 경사로의 유효 폭은 120cm 이상으로 한다.
- 연속 경사로의 길이 30m 마다 1.5m×1.5m 이상의 수평면으로 된 참을 설치할 수 있다.

■■■ 조경식재

21. 다음 나무의 한자어 이름이 잘못된 것은?

① 진달래 – 두견화(杜鵑花)
② 산딸나무 – 사조화(四照花)
③ 자귀나무 – 야합수(夜合樹)
④ 은행나무 – 학자수(學者樹)

해설 • 은행나무 – 행자목(杏子木), 공손수(公孫樹), 압각수(鴨脚樹)
• 회화나무 – 학자수

22. 노박덩굴과에 속하는 수종으로만 짝지어진 것은?

① 참빗살나무, 복자기나무
② 사철나무, 화살나무
③ 긴보리수나무, 팥배나무
④ 때죽나무, 아왜나무

해설 ① 참빗살나무(노박덩굴과), 복자기나무(단풍나무과)
③ 긴보리수나무(보리수나무과), 팥배나무(장미과)
④ 때죽나무(때죽나무과), 아왜나무(인동과)

23. 식재설계의 미적요소에 관계없는 것은?

① 형태 ② 공간
③ 질감 ④ 색채

해설 식재설계의 미적요소
형태, 색채, 질감

24. 다음 중 종풍부도(species richness)에 대한 설명으로 맞는 것은?

① simpson 지수
② shannon – wiener 지수
③ 종의 이질성 척도
④ 일정 면적 내의 종수

정답 20. ① 21. ③ 22. ② 23. ② 24. ④

해설 종풍부도

- 군집 내에서 일정면적에 있는 종의 수. 일정한 표본지역의 종수를 세어 한 지역의 종 풍부도를 추정할 수 있다
- 종풍부도의 측정은 관찰의 기본이며 위도가 낮아짐에 따라 다양도는 증가한다.

25. 고속도로 사고방지 기능의 식재방법에 속하지 않는 것은?

① 명암순응식재 ② 차광식재
③ 지표식재 ④ 완충식재

해설 지표식재 – 주행기능

26. 다음 중 같은 과(科)에 해당되지 않는 것은?

① 개맥문동 ② 곰취
③ 구절초 ④ 털머위

해설 ① 개맥문동 : 백합과 다년초
② 곰취, ③ 구절초, ④ 털머위 : 국화과 다년초

27. 생태적 천이의 순서가 올바르게 연결된 것은?

① 나지 → 1년생초본 → 다년생초본 → 음수교목 → 양수교목 → 초지
② 1년생초본 → 다년생초본 → 관목림기 → 양수교목 → 나지
③ 나지 → 1년생초본 → 다년생초본 → 관목림기 → 양수교목 → 음수교목
④ 나지 → 다년생초본 → 1년생초본 → 관목림기 → 양수교목 → 음수교목

해설 생태적 천이 순서
나지 → 1년생초본 → 다년생초본 → 관목림기 → 양수교목 → 음수교목

28. 다음 중 측백나무(科)에 속하지 않는 것은?

① 측백나무(*Thuja orientalis for.* sedboldii Rehder)
② 비자나무(*Torreya nucifera* Siebold & Zucc)
③ 노간주나무(*Juniperus rigida* Siebold & Zucc)
④ 옥향나무(*Juniperus chinensis var. globosa*)

해설 비자나무 – 주목과

29. 동일한 지표면에서 성격이 다른 두 공간에 프라이버시를 주기 위한 최소한의 수목 높이는?

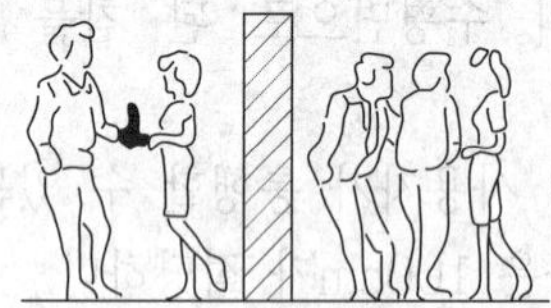

① 120cm ② 150cm
③ 180cm ④ 210cm

해설 성격이 다른 두 공간에 프라이버시를 주기 위해서는 사람 키 이상(180cm)의 수목을 식재한다.

30. 다음 목련류 중 개화시기가 가장 늦은 수종은?

① 백목련 Magnolia denudata Desr
② 목련 Magnolia kobus DC
③ 자목련 Magnolia liliflora Desr
④ 함박꽃나무 Magnolia sieboldii K. Koch

해설 함박꽃나무는 5~6월에 개화한다.

31. 다음 지피식물(地被植物) 가운데 석죽과로 7~8월에 분홍색 꽃이 피며, 척박토의 양지에 생육한다. 생육가능 지역 및 특성은 노출지이고, 이용형태는 평면인 것은?

① 술패랭이 ② 맥문동
③ 꽃잔디 ④ 송악

정답 25. ③ 26. ① 27. ③ 28. ② 29. ③ 30. ④ 31. ①

해설 ① 술패랭이 : 석죽과
② 맥문동 : 백합과
③ 꽃잔디 : 꽃고비과
④ 송악 : 두릅나무과

32. 다음 중 한 나무에서 수꽃과 암꽃이 각각 피는 수종이 아닌 것은?

① 구실잣밤나무(*Castanopsis sieboldii* Hatus)
② 서어나무(*Carpinus laxiflora* Blume)
③ 상수리나무(*Quercus acutissima* Carruth)
④ 생강나무(*Lindera obtusiloba* Blume)

해설 생강나무 – 자웅이주

33. 다음 녹음수가 갖추어야 할 조건 중 부적합한 것은?

① 수관(crown)이 커야 한다.
② 지하고(枝下高)가 낮아야 한다.
③ 여름에는 짙은 그늘을 주고 겨울에는 낙엽지어 햇빛을 가리지 않아야 한다.
④ 나무 주위를 밟아 다져져도 생육에 별 지장이 없는 수종이라야 한다.

해설 녹음수는 수관이 크고 지하고가 높아야한다.

34. 다음 중 능수버들에 대한 설명이 아닌 것은?

① 가지가 밑으로 처져 시선을 끌어 내린다.
② 수위가 높은 습지를 좋아하기 때문에 강변, 냇가, 연못가, 호숫가 등에서 흔히 볼 수 있다.
③ 열매는 5월에 익는다.
④ 중국이 원산이며 소지는 적갈색이다.

해설 원산지는 한국, 중국이며, 소지는 녹황색이다.

35. 비탈면의 안정을 위해 잔디의 떼심기를 할 때 그 내용이 잘못된 것은?

① 잔디생육에 적합한 토양의 비탈면경사가 1 : 1보다 완만할 때에는 비탈면을 일시에 녹화하기 위해서 흙이 붙어 있는 재배된 잔디를 사용하여 붙인다.
② 비탈면 줄떼다지기는 잔디폭이 10cm 이상 되도록 하고, 비탈면에 10cm 이내 간격으로 수평골을 파서 수평으로 심고 다짐을 철저히 한다.
③ 비탈면 전면(평떼)붙이기는 줄눈에 십자줄이 형성되도록 틈새를 만들어 붙이며, 잔디 소요면적은 비탈면면적보다 조금 적게 적용한다.
④ 잔디 1매당 적어도 2개의 떼꽂이로 잔디가 움직이지 않도록 고정한다.

해설 평떼는 줄눈이 어긋나게 되도록 하며 줄눈의 간격은 2cm 이내로 흙으로 채운다.

36. 효율적인 비오톱 배치원칙으로 옳지 않은 것은?

① 비오톱은 가능한 한 넓은 것이 좋다.
② 분할하는 경우에는 분산시키지 않는 것이 좋다.
③ 불연속적인 비오톱은 생태적 통로로 연결시키는 것이 좋다.
④ 비오톱의 형태는 가능한 한 선형이 좋다.

해설 비오톱의 형태는 가능한 둥근형태가 좋다.

37. 녹나무과 식물 중 낙엽성인 식물은 무엇인가?

① 녹나무 ② 후박나무
③ 센달나무 ④ 생강나무

해설 생강나무 – 녹나무과 낙엽활엽관목

정답 32. ④ 33. ② 34. ④ 35. ③ 36. ④ 37. ④

38. 수목배식시 질감을 효과적으로 이용하여 실제 거리보다 멀리 느끼게 하기 위한 가장 적절한 배식 요령은?

① 어떤 수목이든지 일단 심으면 모든 거리가 가깝게 느껴진다.
② 관찰자의 전면에서부터 거친질감, 중간, 고운 질감의 순으로 배식한다.
③ 수목의 색깔이 밝은 것을 중앙에 배치하고, 어두운 것을 가장자리에 배식한다.
④ 화목류를 산발적으로 배식하면 분산효과가 있어 멀리 보인다.

39. 토탄(土炭)이라고도 불리며, 한냉한 곳의 습지에 생육하는 갈대나 이끼가 흙 속에 묻혀 저온으로 인해 썩지 않고 반가량 탄소화된 것을 캐올려 말린 경량토는?

① 피트(peat)
② 클링커(clinker)
③ 펄라이트(pearlite)
④ 버미큘라이트(vermiculite)

40. 식물을 건축적, 미적, 기상학적, 공학적 등으로 이용할 수 있다. 다음 중 건축적 이용으로 나타나는 기능은?

① 기상조절 ② 방풍효과
③ 토양침식의 조절 ④ 사생활 보호

해설 식물의 건축적 이용 효과
사생활의 보호, 차단 및 은폐, 공간분할, 점진적 이해

■■■ 조경시공

41. 팽창균열이 없고 화학저항성이 높아 해수·공장폐수·하수 등에 접하는 콘크리트에 적합하고, 수화열이 적어 매스콘크리트에 적합한 시멘트는?

① 고로시멘트
② 폴리머시멘트
③ 알루미나시멘트
④ 조강포틀랜드시멘트

해설 고로시멘트의 특징
① 초기강도는 약간 작으나 장기강도는 크다.
② 수화열이 작다.
③ 화학저항성이 크다

42. 목재에 관한 설명 중 옳지 않은 것은?

① 기건상태에서 목재의 함수율은 15% 정도이다.
② 열전도도가 낮아 여러 가지 보온 재료로 사용된다.
③ 섬유포화점 이하에서는 함수율이 감소할수록 강도는 증대하며 인성은 감소한다.
④ 섬유포화점 이상의 함수상태에서는 함수율의 증감에 비례하여 신축을 일으킨다.

해설 섬유포화점이상의 함수상태에서는 강도도 일정하고 신축과 팽창도 일정하다.

43. 5,000m^3를 성토하여 주차장을 조성하고자 한다토취장의 토질이 사질토일 때 자연상태의 토량은 어느 정도 굴착해야 하는가? (단, $L=1.20$, $C=0.95$이다.)

① 4,167m^3 ② 4,750m^3
③ 5,263m^3 ④ 6,000m^3

해설 성토량=자연상태토량×C이므로 5,000
=자연상태토량×0.95
∴ 자연상태의 토량=5,263m^3

정답 38. ② 39. ① 40. ④ 41. ① 42. ④ 43. ③

44. 다음 각각의 입찰방법에 대한 설명으로 틀린 것은?

① 일반경쟁입찰은 저렴한 공사비와 공사수주 희망자에게 기회를 균등하게 줄 수 있으며 신용, 기술, 경험, 능력을 신뢰할 수 있어 우수한 입찰방법이다.
② 제한경쟁입찰은 계약의 목적, 성질에 따라 입찰참가자의 자격을 제한할 수 있다.
③ 지명경쟁입찰은 자금력과 신용 등에서 적합하다고 인정되는 특정 다수의 경쟁 참가자를 지명하여 입찰에 참여 하도록 한다.
④ 수의계약은 소규모 공사, 특허공법에 의한 공사, 신기술에 의한 공사인 경우 체결할 수 있다.

해설 일반경쟁입찰
관보, 신문, 게시 등을 통하여 일정한 자격을 가진 불특정다수의 희망자를 경쟁 입찰에 참가하도록 하여 가장 유리한 조건을 제시한 자를 선정하여 계약함으로써 일반업자에게 균등한 기회를 주고 시공비가 적게 든다.

45. 다음 중 CPM기법의 공정표 설명으로 틀린 것은?

① 반복사업 등에 이용
② 공사비 절감이 주목적
③ 불명확한 신공법 프로젝트의 공정관리 기법
④ 시간의 경과와 시행되는 작업을 네트(망)로 표현

해설 CPM은 반복사업, 경험이 있는 프로젝트의 공정관리 기법이다.

46. 다음 목재의 역학적 성질에 가장 영향을 미치지 않는 것은?

① 비중　② 옹이
③ 나이테　④ 함수율

해설 목재의 역학적 성질 영향요인
목재의 강도는 비중, 수분의 함유량, 심재와 변재의 비율, 홈의 정도, 나뭇결의 방향등에 따라 결정된다. 비중이 크고 함수율이 낮고 변재보다는 심재가 많을수록 강도가 크다.

47. 도로에서 곡선부의 길이가 짧거나 교각이 작을 경우 생길 수 있는 현상이 아닌 것은?

① 고속의 경우 사고의 위험성이 증가한다.
② 운전자에게 도로가 끊어진 것처럼 보인다.
③ 운전자에게 곡선의 길이가 실지보다 길게 느껴진다.
④ 운전자의 핸들조작이 빨라져 운전 쾌적도가 저하된다.

해설 바르게 고치면
운전자에게는 곡선의 길이가 실지보다 짧게 느껴진다.

48. 국제토양학회의 토양 입경 구분이 틀린 것은?

① 자갈 : 2.0mm
② 굵은 모래 : 2.0~0.2mm
③ 가는 모래 : 0.2~0.02mm
④ 점토 : 0.02~0.002mm

해설 점토는 0.002mm 이하의 작은 입자의 흙을 말한다.

49. 중력식 옹벽의 특징으로 부적합한 것은?

① 구조물이 복잡하다.
② 상단이 좁고 하단이 넓은 형태이다.
③ 3m 이내의 낮은 옹벽이 많이 쓰인다.
④ 자중으로 토압에 저항하도록 설계되었다.

해설 중력식 옹벽은 구조물이 단순하다.

정답 44. ① 45. ③ 46. ③ 47. ③ 48. ④ 49. ①

50. 노선측량에서 완화곡선이 아닌 것은?

① 3차 포물선
② 머리핀 곡선
③ 클로소이드 곡선
④ 램니스케이트 곡선

해설 완화곡선
클로소이드, 렘니스케이트, 3차 포물선이 쓰이며, 가장 적합한 곡선은 클로소이드 곡선

51. 벽돌쌓기, 블록쌓기 등 조적공사에 적용되는 규준틀은?

① 세로규준틀　② 수평규준틀
③ 귀규준틀　④ 평규준틀

해설 규준틀 (batter board, 規準—)
보통 수평규준틀과 귀규준틀이 있고, 특히 벽돌이나 돌 등을 쌓을 때는 세로규준틀을 사용한다. 건물의 귀퉁이나 그 밖의 요소에 규준틀을 설치하여 공사를 진행해 간다.

52. 다음 지점(Supporting point)을 도해한 것 중 구분, 지점상태, 표시법이 모두 올바르게 연결된 것은?

① 이동단
② 회전단
③ 이동단
④ 회전단

해설 · 이동단, 이동지점:
· 회전단, 회전지점:

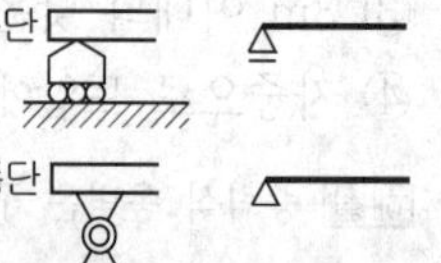

53. 잔디지역의 면적 0.7ha, 유출계수 0.25, 강우강도 25mm/hr 일 때, 우수유출량은 약 몇 m^3/sec 인가?

① 0.0012　② 0.0121
③ 0.4380　④ 4.3750

해설 $Q = \frac{1}{360} \times C \times I \times A$

$= \frac{1}{360} \times 0.25 \times 25 \times 0.7 = 0.0121 m^3/sec$

54. 흙의 성토작업에서 아래 그림과 같은 쌓기 방법은?

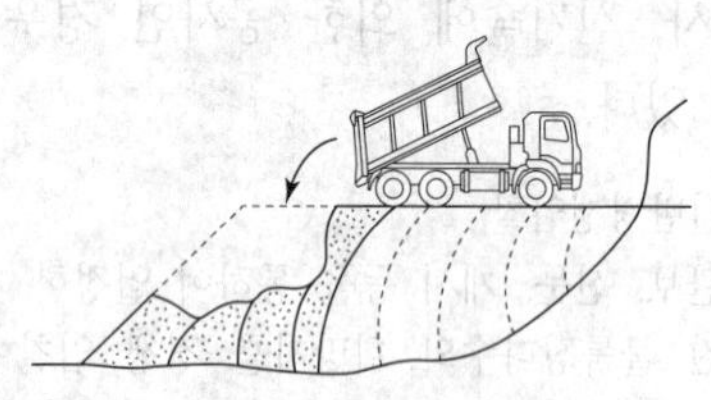

① 물다짐 공법　② 비계층 쌓기
③ 수평층 쌓기　④ 전방층 쌓기

해설 흙쌓기공법
· 수평쌓기 : 수평층으로 흙을 쌓아 올리는 방법
· 전방쌓기 : 앞으로 전진하여 쌓아가는 방법
· 가교쌓기 : 다리 가설하여 흙 운반 궤도차로 떨어뜨림

55. 옹벽 등 구조물의 뒤채움 재료에 대한 조건으로 틀린 것은?

① 다짐이 양호해야 한다.
② 압축성이 좋아야 한다.
③ 투수성이 있어야 한다.
④ 물의 침입에 의한 강도 저하가 적어야 한다.

해설 옹벽 뒤채움 재료의 조건
다짐이 양호하며 투수성이 있고 물의 침입에 의한 강도 저하가 적어야 한다.

정답 50. ② 51. ① 52. ① 53. ② 54. ④ 55. ②

56. 석재의 成因(성인)에 의한 분류 중 대리석은 어디에 해당되는가?

① 화성암 ② 변성암
③ 수성암 ④ 퇴적암

해설 대리석은 변성암에 해당된다.

57. 벽돌쌓기 시공 시 주의사항으로 옳지 않은 것은?

① 벽돌은 쌓기 전에 물을 축여 놓으면 쌓은 후 부스러질 우려가 있으므로 관리에 유의한다.
② 모르타르는 정확히 배합해 쓰고, 1시간이 지난 것은 사용하지 않는다.
③ 줄눈나비는 가로와 세로 10mm를 표준으로 하고, 줄눈에 모르타르가 빈틈없이 채워지도록 한다.
④ 쌓기 도중에 중단할 때에는 층단들여 쌓기로 하고 직각으로 교차되는 벽의 물림은 켜걸름들여 쌓기로 한다.

해설 벽돌은 쌓기 전에 흙, 먼지 등을 제거하고 10분 이상 물에 담가 놓아 모르타르가 잘 붙도록 한다.

58. 건축재료의 일반적인 요구 성능(역학적, 물리적, 내구성능, 화학적 등)을 구분할 때 물리적 성능이 아닌 것은?

① 강도 ② 비중
③ 수축 ④ 반사

해설 강도는 역학적 성능에 포함된다.

59. 공사관리의 핵심은 설계도서를 근거로 적합하게 시공할 수 있는 조건과 방법을 계획하는 측면인 시공계획과 계획대로 시공하기 위한 시공관리로 구분되는데 시공관리에 포함되지 않는 것은?

① 노무관리 ② 품질관리
③ 원가관리 ④ 공정관리

해설 시공관리
원가관리, 품질관리, 공정관리

60. 다음 중 굴취시 흉고직경 기준에 의하여 품셈을 산정하는 수종은?

① 칠엽수 ② 모감주나무
③ 이팝나무 ④ 대추나무

해설
· 칠엽수 : H×B
· 모감주나무, 대추나무, 이팝나무 : H×R

■■■ 조경관리

61. 자연공원의 모니터링에 대한 설명 중 틀린 것은?

① 영향에 대한 시각적 평가, 물리적 자원의 변화측정을 통해 이루어진다.
② 측정단위들의 위치 설정은 등간격으로 분산되어야 한다.
③ 영향을 유효 적절히 측정할 수 있는 지표를 설정해야 한다.
④ 측정기법은 신뢰성이 있고 민감해야 한다.

해설 좋은 모니터링 시스템의 조건
· 영향을 유효 적절히 측정할 수 있는 지표를 설정한다.
· 그 측정의 기법이 신뢰성이 있고 민감하여야함
· 비용이 많이 들지 않아야한다.
· 측정단위들의 위치설정이 합리적이어야 한다.

62. 조경관리에 있어서 안시타인이 설명한 주민참가 과정에 대한 3단계의 발전 과정이 옳은 것은?

① 비참가→형식적 참가→시민권력의 단계
② 형식적 참가→소극적 참가→적극적 참가
③ 시민권력의 단계→비참가→소극적 참가
④ 소극적 참가→적극적 참가→시민권력의 단계

해설 주민참가과정 3단계
비참가→형식적 참가→시민권력의 단계

정답 56. ② 57. ① 58. ① 59. ① 60. ① 61. ② 62. ①

63. 요소(N 46%, 흡수율 83%)로써 유효질소 40kg을 충당할 경우 필요한 요소량은 약 몇 kg 인가?

① 52.4　　② 87.0
③ 48.2　　④ 104.8

해설 40kg(유효질소량)=필요한 요소량×0.46×0.83이므로 필요한 요소량=104.766→104.8kg 요소량

64. 다음 중 아스팔트 포장의 보수공법으로 가장 부적합한 것은?

① 덧씌우기 공법　　② 패칭 공법
③ 표면처리 공법　　④ 그라우팅 공법

해설 그라우팅공법 - 콘크리트옹벽의 보수공법

65. 다음 중 이식 후 줄기에 새끼감기를 해줄 필요가 없는 나무는?

① 지하고가 낮고 가지가 많이 나 있는 나무
② 노대목(老大木)이나 줄기가 상당히 굵은 나무
③ 수피가 밋밋하고 얇은 나무
④ 쇠약 상태에 빠져 있는 나무

해설 새끼감기가 필요한 수종
- 수피가 밋밋한 얇은 나무
- 쇠약해 천공성해충이 침입할 수 있는 수종
- 노거수 등 줄기가 굵은 나무

66. 최근 침입한 외래 해충으로 가로수인 양버즘나무(플라타너스)에 연 3회 대발생하여 잎을 황화시키는 흡즙성 해충은?

① 목화진딧물　　② 소나무재선충
③ 꽃노랑총채벌레　　④ 버즘나무방패벌레

해설 버즘나무방패벌레
- 버즘나무, 닥나무 성충과 약충이 잎 뒷면에서 수액을 빨아 먹어 잎이 탈색되며, 탈피각과 배설물이 잎 뒷면에 남아 있어 응애류의 피해와 구분된다.
- 1년에 3회 발생하며 수피 틈에서 성충으로 월동한다. 월동 성충은 4월 하순부터 잎 뒷면의 잎맥 사이에 산란한다. 약충은 5월 중순부터 나타나고, 6월 중순~9월 하순에는 모든 충태가 혼재해 가해한다.

67. 다음 중 기주교대를 하지 않는 병원균은?

① 소나무 혹병균
② 잣나무 털녹병균
③ 소나무 잎떨림병균
④ 배나무 붉은별무늬병균

해설 소나무 잎떨림병균
자낭균에 의해 생기며 침엽수 중 잣나무, 소나무, 해송, 낙엽송에서 발생하며 잎이 떨어지는 병으로 기주교대 하지 않는다.

68. 보호살균제(保護殺菌濟)의 특성 설명으로 틀린 것은?

① 강력한 포자발아 억제작용을 나타낸다.
② 약효가 일정기간 유지되는 지효성이 있다.
③ 균사체에 대하여 강력한 살균작용을 나타낸다.
④ 살포 후 작물체 표면에서의 부착성과 고착성이 우수하다.

해설 보호살균제
침입전에 살포하여 병으로부터 보호하는 약제(동제)로 약효가 일정기간 유지된다.

69. 바람압력에 의하여 살포하는 방법으로 약제의 손실이 적고, 균일하게 살포하는 방법은?

① 분무법(spray)
② 연무법(fog machine)
③ 침지법(dipping)
④ 미스트법(mist spray)

정답 63. ④　64. ④　65. ①　66. ④　67. ③　68. ③　69. ④

해설 미스트법

액제를 분무기로 살포할 때에는 많은 물을 이용, 저농도로 희석하여 단위면적당 살포량이 많으나, 미스트법은 원심식(遠心式)송풍기(送風機)에 의해 살포하는 방법으로, 동력분무기로 살포할 때에 주는 살포액이 미립화된다.

70. 조경수목 보호관리를 위한 엽면시비의 설명으로 옳지 않은 것은?

① 엽면살포는 비오는 날 하는 것이 좋다.
② 미량원소 부족시 엽면시비의 효과가 크게 나타난다.
③ 잎이 흡수하는 양분은 극히 소량이므로 주로 미량원소의 빠른 효과를 위하여 엽면 살포한다.
④ 엽면시비는 많은 양의 비료성분을 충분히 공급하지 못하므로 다량원소의 시비에는 적합하지 않다.

해설 엽면살포

- 비료·미량원소·농약을 물에 알맞게 타서 식물의 잎에 뿌려 잎으로부터 양분·약액을 흡수하게 방법으로 미량원소 부족시 적용한다.
- 쾌청한 날(광합성이 왕성할 때) 아침이나 저녁에 살포한다.

71. 다음 설명의 (가)와 (나)에 들어갈 용어로 짝지어진 것은?

> 각피감염을 하는 병원균의 대부분은 발아관 끝에 (가)를(을) 만들어 각피에 붙으며, 그 아래쪽에 가느다란 (나)를 내어 각피를 뚫는다.

① 가 : 기공하낭 나 : 침입균사
② 가 : 기공하포 나 : 근상균사
③ 가 : 부착기 나 : 침입균사
④ 가 : 생식기 나 : 근상균사

해설 식물체 표면을 통한 직접 침입

- 균류에서 가장 많이 볼 수 있는 방법으로 표피를 뚫고 침입하는 대부분의 균류는 포자가 발아하여 발아관을 만들고 식물 표피에 부착하기 용이하도록 발아관 말단부에 부착기(附着器)를 형성
- 그 아래쪽에 침입관(侵入管 ; penetration peg)을 형성하여 식물의 각피와 표피를 뚫고 침입한다.

72. 다음 중 토양의 공극률 결정에 가장 중요한 요인은?

① 토성(土性) ② 토양반응
③ 염기포화도 ④ 가비중과 진비중

해설 토양의 공극

- 공극(pore space) : 토양 입자와 입자 사이의 공기나 물로 채워질 수 있는 틈새
- 토양의 공극율(porosity)은 가비중과 진비중으로부터 계산 가능하다.

73. 다음 중 짧은 예취에 견디는 힘이 가장 강한 잔디는?

① 켄터키블루그라스
② 레드훼스큐
③ 페러니얼라이그라스
④ 벤트그라스

해설 크리핑 벤트그라스

한지형 잔디로 고온과 습한 토양조건하에서도 적응력이 강하고 밀도, 균일성, 질감 등 품질의 우수성과 낮은 예취에도 좋은 질감이다.

74. 마그네슘(Mg)과 길항관계를 갖는 양분은?

① Mn ② Cu
③ Na ④ Fe

해설 길항관계

- 한 약제가 다른 약제 수용하여 효과를 나타내는 수용체를 동결시키는 속성으로 서로 효과를 소멸시키는 현상을 말한다.
- 마그네슘(Mg)은 칼슘(Ca), 망간(Mn)과 길항관계이다.

정답 70. ① 71. ③ 72. ④ 73. ④ 74. ①

75. 조경관리비의 단위년도 당 예산 수립은 식에 의하여 산정할 수 있다. 관련식 a=T×P에서 P는 무엇을 의미하는가?(단, a는 단위년도 당 예산, T는 작업 전체의 비용이다.)

① 연간 작업회수 ② 작업률
③ 작업효율 ④ 이용률

해설 예산
단위연도당 예산(a)=작업전체의 비용(T)×작업률(P) (3년의 1회일 경우 1/3)

76. 잔디밭의 뗏밥(肥土)주기와 관련하여 가장 옳은 것은?

① 뗏밥에 타비료 혼합을 금지한다.
② 시기에 있어서 이른 봄 발아 전에 실시한다.
③ 5년마다 1회 정도 실시한다.
④ 두께는 40mm 정도로 한다.

해설 뗏밥주기
- 연간 1~2회 실시
- 소량으로 자주사용하며, 2~4mm두께로 사용한다.

77. 다음 중 아스팔트 포장의 보수공법으로 가장 부적합한 것은?

① 덧씌우기 공법 ② 패칭 공법
③ 표면처리 공법 ④ 그라우팅 공법

해설 그라우팅공법 - 콘크리트옹벽의 보수공법

78. 다음 중 조경공간의 이용관리에 해당되는 것은?

① 식재수목에 대한 관리
② 기반시설물에 대한 관리
③ 관리예산과 조직에 대한 관리
④ 행사에 대한 홍보 및 프로그램 관리

해설 · 식재수목에 대한 관리, 기반시설물에 대한 관리 → 유지관리
· 관리예산과 조직에 대한 관리 – 운영관리

79. 다음 중 수목의 부정아(不定芽)를 유도하기 위한 직접적인 조치로 가장 적합한 것은?

① 객토와 경운 ② 복토와 멀칭
③ 단근과 적심 ④ 관수와 배수처리

해설 부정아를 유도하기 위한 조치
단근(뿌리돌림)과 적심을 실시해 부정아를 유도한다.

80. 옥외 레크레이션 관리체계가 아닌 것은?

① 식생관리(Vegetation management)
② 이용자관리(Vistor management)
③ 자원관리(Resource management)
④ 서비스관리(Service management)

해설 옥외 레크레이션의 관리체계 3요소
자원, 이용자, 서비스 관리

정답 75. ② 76. ② 77. ④ 78. ④ 79. ③ 80. ①

과년도출제문제(CBT복원문제)

2022. 4회 조경산업기사

※ 본 기출문제는 수험자의 기억을 바탕으로 하여 복원한 문제이므로 실제 문제와 다를 수 있음을 미리 알려드립니다.

조경계획 및 설계

1. 알함브라 궁전에 조성된 "파티오"가 아닌 것은?

① 궁전(宮殿)의 파티오
② 천인화(天人花)의 파티오
③ 사자(獅子)의 파티오
④ 다라하(Daraja)의 파티오

해설 알함브라 궁전의 중정(Patio)
· 알베르카(alberca)중정(도금양, 천인화의 중정)
· 사자의 중정
· 다라하 중정(린다라야 중정)
· 레하의 중정(사이프러스 중정)

2. 우리나라 조경관련 문헌과 저자가 바르게 연결된 것은?

① 이중환(李重煥) – 임원경제지(林園經濟志)
② 이수광(李睟光) – 촬요신서(撮要新書)
③ 강희안(姜希顔) – 색경(穡經)
④ 홍만선(洪萬選) – 산림경제(山林經濟)

해설 바르게 고치면
① 이중환(李重煥) – 택리지
② 이수광(李睟光) – 지봉유설
③ 강희안(姜希顔) – 양화소록

3. 일본에서 대표적인 평정고산수 수법의 정원이 있는 곳은?

① 서방사　　② 용안사
③ 금각사　　④ 평등원

해설 용안사
실정시대 때 평정고산수 수법의 정원으로 모래와 15개의 정원석으로 구성된 정원이다.

4. 조선시대 궁궐정원 시설이 아닌 곳은?

① 애련정　　② 향원정
③ 부용정　　④ 만춘정

해설 만춘정은 고려시대 이궁이다.

5. 조선시대 민가정원의 지당형태를 잘못 설명한 것은?

① 지당내 섬에는 수목이나 석가산이 조성되었다.
② 지당의 윤곽선은 직선적으로 처리된다.
③ 지당 가운데는 1~3개의 섬이 조성된다.
④ 지당 내부의 섬을 연결하는 곡교(曲橋)가 조성된다.

해설 조선시대 민가정원의 지당의 내부 섬까지 곡교는 조성하지 않았다.

6. 낙양명원기(洛陽名園記)에 관한 설명으로 옳지 않은 것은?

① 작자는 북송(北宋)의 이격비로 알려져 있다.
② 당나라의 원림에 관한 것도 기술하고 있다.
③ 석가산 조영수법에 대해 자세히 설명되어 있다.
④ 아취(雅趣)를 중히 여기는 사대부의 정원들이 소개되었다.

해설 낙양명원기에서는 낙양지방의 명원 20곳을 소개하고 있다.

7. 고대 로마 폼페이 주택의 제1중정으로써 바닥이 돌로 포장되어 있었던 중정은?

① 아트리움　　② 지스터스
③ 파티오　　④ 페리스틸리움

정답 1. ①　2. ④　3. ②　4. ④　5. ④　6. ③　7. ①

해설 폼페이의 주택정원
아트리움은 제1중정으로 공적장소(손님접대) 기능의 중정으로 다음과 같이 구성되어 있다.
- 컴플루비움(compluvium, 천장(天窓)
- 임플루비움(impluvium, 빗물받이 수반)
- 바닥은 돌포장
- 화분장식

8. 다음 중 건축법의 대지의 조경과 관련한 설명 중 틀린 것은?

① 건축물의 옥상에 조정이나 그밖에 필요한 조치를 하는 경우에는 옥상부분 조경면적의 3분의 2에 해당하는 면적을 조경면적으로 산정할 수 있다.
② 면적이 200제곱미터 이상인 대지에 건축을 하는 건축주는 해당 지방자치단체의 조례로 정하는 기준에 따라 조경이나 그밖에 필요한 조치를 하여야 한다.
③ 옥상조경의 경우 전체 조경면적의 100분의 50을 초과할 수 없다.
④ 조경면적은 공개공지 면적으로 합산할 수 없다.

해설 공개공지는 대지면적의 100분의 10 이하의 범위에서 건축조례로 정한다. 이 경우 조경면적과 매장문화재의 원형보존조치 면적을 공개공지 등의 면적으로 할 수 있다.

9. 도시공원의 종류별 유치거리(A)-면적규모(B)에 대한 기준이 틀린 것은? (단, 도시공원 및 녹지 등에 관한 법률 시행규칙 적용)

공원종류	A	B
① 소공원	제한없음	제한없음
② 어린이공원	250m이하	1,500m^{2}이상
③ 도보권근린공원	500m이하	10,000m^{2}이상
④ 역사공원	제한없음	제한없음

해설 바르게 고치면
- 도보권근린공원 1000m 이하 30,000m^2 이상

10. Litton의 삼림경관의 유형과 그 설명이 틀린 것은?

① 관개경관 : 터널적 경관이라고도 불리며 수관 아래나 임내의 경관
② 파노라믹 경관 : 시선을 가로막는 장애물이 없이 풍경을 조망할 수 있는 경관
③ 위요경관 : 기준면(바닥)을 지면 또는 수평이나 초원으로 하여 주위의 경관요소들이 울타리처럼 자연스럽게 싸고 있는 국소적 경관
④ 세부경관 : 평행선의 연속이나 경관요소들이 직선상으로 연결됨으로써 시선은 어느 점을 따라 유도되는 현상의 경관

해설 세부경관
- 내부지향적, 낭만적 경관
- 사방으로 시야가 제한되고 협소한 공간규모
- 관찰자가 가까이 접근하여 나무의 모양, 잎, 열매 등을 상세히 보며 감상하는 경관

11. 조경계획에서 골드(S. Gold)가 분류한 레크레이션 계획의 접근방법에 해당되지 않는 것은?

① 생태접근법(ecological approach)
② 자원접근방법(resource approach)
③ 활동접근법(activity approach)
④ 행태접근법(behavioral approach)

해설 골드의 레크레이션 계획 접근법
자원접근법, 활동접근법, 행태접근법, 경제접근법, 종합접근법

12. 도시의 "오픈 스페이스"의 기능으로 거리가 먼 것은?

① 재해의 방지 ② 도시 확산의 억제
③ 미기후 조절 ④ 토지이용의 제고

해설 오픈스페이스의 기능
도시개발형태의 조절하여 도시 확산을 억제하고, 화재와 공해 방지 또는 완화·미기후 조절하여 도시환경의 질 개선, 시민생활의 질 개선하는 역할을 한다.

정답 8. ④ 9. ③ 10. ④ 11. ① 12. ④

13. 프로그램이란 설계 시 필요한 요소와 요인들에 대한 목록과 표를 말하는데, 이 프로그램의 구성은 세 가지로 이루어진다. 다음 중 구성요소로 가장 보기 어려운 것은?

① 설계 비용
② 설계 목적과 목표
③ 설계상의 특별한 요구사항
④ 설계에 포함되어야 할 요소들의 목록

해설 프로그램 작성시 고려사항
프로젝트(project) 목적, 설계의 유형에 따른 고유한 제약 및 한계성, 대지 특성과 여건, 법적 요건, 시설물 기능적 요건, 이용자의 사회 · 행태적 특성, 시설물의 구체적 요건 (공간, 수용인원, 위치, 종류 및 관리), 위치 및 상호관련성에 대한 내용으로 구성된다.

14. 도시공원과 관련된 설명으로 틀린 것은? (단, 도시공원 및 녹지 등에 관한 법률을 적용한다.)

① 도시공원의 설치기준, 관리기준 및 안전기준은 국토교통부령으로 정한다.
② 도시공원은 특별시장 · 광역시장 · 시장 또는 군수가 공원조성계획에 의하여 설치 · 관리한다.
③ 도시공원의 설치에 관한 도시 · 군관리계획 결정은 그 고시일부터 10년이 되는 날의 다음 날에 그 효력을 상실한다.
④ 도시공원의 세분 중 생활권공원에는 역사공원, 문화공원, 방재공원, 묘지공원, 체육공원 등이 있다.

해설 바르게 고치면
도시공원의 세분 중 주제공원에는 역사공원, 문화공원, 수변공원, 묘지공원, 체육공원 등이 있다.

15. 지형 및 지질조사에 대한 설명 중 옳지 않은 것은?

① 토양구(soil type) 확인을 위해 이용할 수 있는 도면은 개략토양도이다.
② 간이산림토양도는 잠재생산 능력급수를 5등급으로 나누어 표현한다.
③ 경사분석도의 간격은 목적에 따라 구분하여 사용할 수 있다.
④ 지형도를 통해 분수선, 계곡선, 지세 등을 분석한다.

해설 바르게 고치면
토양구를 확인할 수 있는 도면은 정밀토양도이다.

16. 근린주구이론에 따라 1개의 근린생활권을 구성하려고 한다. 어린이공원은 몇 개소가 적정한가?

① 1개소　　② 2개소
③ 3개소　　④ 4개소

해설 1개의 근린생활권 구성시 4개의 어린이공원, 1개의 근린공원이 적정하다.

17. 조경설계에서 사용되는 "삼각스케일"에 표기되어 있는 축척이 아닌 것은?

① 1/800　　② 1/600
③ 1/300　　④ 1/100

해설 삼각스케일의 축척
1/100, 1/200, 1/300, 1/400, 1/500, 1/600

18. 고대 그리스에서 나타나고 있는 여러 작품(조각, 변화 등) 중 인체를 황금비로 구분하는 기준점의 신체 부위는?

① 배꼽　　② 어깨
③ 가슴　　④ 사타구니

해설 인체의 황금비율
배꼽을 기준으로 한 사람의 상체와 하체, 목을 기준으로 머리와 상체의 비율도 황금비이다.

정답 13. ① 14. ④ 15. ① 16. ④ 17. ① 18. ①

19. 오방색(五方色)에 대한 설명 중 틀린 것은?

① 오방색이란 우리나라의 전통색채에서 사용되어 오던 색이다.
② 오방색은 동, 서, 남, 북, 중앙의 5가지 방위로 이루어져 있다.
③ 각 방위에 따른 색상, 오행, 계절, 방향, 풍수, 맛, 오륜 등이 있다.
④ 기본색은 오정색이라 불렀으며 청(靑), 적(赤), 황(黃), 녹(綠), 백(白) 색이다.

해설 한국의 전통색 오방정색이라고도 하며, 황(黃), 청(靑 : 봄), 백(白 : 가을), 적(赤 : 여름), 흑(黑 : 겨울)의 5가지 색을 말한다.

20. Edward. T. Hall이 구분한 대인 간격거리에 적합하지 않은 것은?

① 0.45m 미만 : 밀집거리
② 0.45m ~ 1.2m 미만 : 개체거리
③ 1.2m ~ 3.6m 미만 : 사회거리
④ 3.6m 이상 : 업무거리

해설 공적 거리 : 12ft 이상(3.6m 이상) : 연사, 배우 등의 개인과 청중 사이에 유지되는 거리

■■■ 조경식재

21. 일반적으로 천근성 수종 이식시 사용되는 뿌리분의 종류와 기준 깊이는? (단, 뿌리분의 지름을 A라고 가정 함)

① 접시분, $\frac{A}{3}$　② 보통분, $\frac{A}{2}$
③ 조개분, $\frac{A}{3}$　④ 접시분, $\frac{A}{2}$

해설 수목의 뿌리분의 종류(D=근원직경)
- 보통분(일반수종) : 분의 크기=4D, 분의 깊이=3D
- 팽이분(심근성수종) : 분의 크기=4D, 분의 깊이=4D
- 접시분(천근성수종) : 분의 크기=4D, 분의 깊이=2D이므로 뿌리분 지름 4D=A이므로, 깊이는 2D=$\frac{A}{2}$

22. 조경수목의 부분별 특성을 살펴보면 뿌리(根),줄기(莖), 잎(葉)의 영양기관과 꽃, 열매, 씨 등의 생식기관으로 구성되어 있다. 겨울의 꽃눈(花芽)이 필봉(筆鋒)같다 하여 경관적 가치가 있는 수목은?

① 때죽나무　② 백목련
③ 수수꽃다리　④ 무궁화

해설 백목련은 낙엽활엽교목은 잎이 나오기 전에 피는 커다란 흰꽃이 개화한다. 겨울에 필봉(筆鋒)처럼 달리는 갈색의 큰 꽃눈도 관상가치가 있어 관상용이나 정원수로 이용한다. 꽃봉오리는 신이(辛夷), 꽃은 玉蘭花(옥란화)라 하며 약용한다.

23. 장미과(科)의 벚나무속(屬)에 해당되지 않은 것은?

① 매실나무　② 살구나무
③ 자두나무　④ 모과나무

해설 모과나무는 장미과 명자나무속 낙엽활엽교목에 속한다.

24. 잎의 질감(texture)이 가장 거친 수종으로만 구성된 것은?

① 칠엽수, 양버즘나무　② 편백, 화백
③ 산철쭉, 삼나무　④ 회양목, 꽝꽝나무

해설 질감이 거친 수종은 잎이나 꽃의 크기가 큰 수종으로 칠엽수와 양버즘은 잎의 크기가 커 거친 질감의 수종에 해당된다.

정답 19. ④　20. ④　21. ④　22. ②　23. ④　24. ①

25. 대칭형이기는 하나 지나치게 면적이 광대한 프랑스식 정원에서는 보스케(Bosquet)가 존재함으로써 두드러지게 강조되는 것은?

① 방사축 ② 측축
③ 통경축 ④ 직교축

해설 단일 수종의 보스케(총림)에 의해 통경축(Vista) 구성하여, 강한 축선이 강조된다.

26. 비탈면(斜面) 식재 수종 선정에 우선적으로 고려할 조건으로 가장 거리가 먼 것은?

① 열매에 향기가 있는 수종
② 척박토에 강한 수종
③ 토양 고정력이 있는 수종
④ 환경 적응성이 우수한 수종

해설 비탈면에 식재 수종 조건
- 비탈면의 토질과 환경조건에 적응하여 생존할 수 있는 식물
- 주변식생과 생태적·경관적으로 조화될 수 있는 식물
- 초기에 정착시킨 식물이 비탈면의 자연식생천이를 방해하지 않고 촉진시킬 수 있어야 함

27. 다음 중 협죽도과(科)의 수종은?

① 좀작살나무 ② 목서
③ 마삭줄 ④ 치자나무

해설
- 좀작살나무 – 마편초과 낙엽활엽관목
- 목서 – 물푸레나무과 상록활엽관목
- 치자나무 – 꼭두서니과 상록활엽관목

28. 다음 중 북아메리카 원산의 수목은?

① 노각나무 ② 쉬나무
③ 정향나무 ④ 아까시나무

해설 ① 노각나무 – 한국
② 쉬나무 – 한국, 중국
③ 정향나무 – 한국

29. 다음 중 봄에 꽃이 피지 않는 수목은?

① 히어리 ② 산수유
③ 진달래 ④ 나무수국

해설 나무수국
- 낙엽활엽관목, 일본 원산지
- 꽃은 7~8월에 가지 끝에 원추꽃차례를 이루며 피는데, 중성화와 양성화가 한 꽃차례에 함께 달린다.

30. 식물조직의 일부분을 떼어 무기염류 배지에서 인공적으로 배양하여 새로운 식물체로 증식시키는 번식방법은?

① 취목 ② 분구
③ 조직배양 ④ 삽목

해설 조직배양
다세포 생물의 몸을 구성하는 조직의 일부나 세포를 분리하여 유리용기내에서 생존, 생육시키는 것

31. 벽면을 식물로 녹화시킴으로써 얻을 수 있는 효과로 가장 거리가 먼 것은?

① 도시경관의 향상
② 방음과 방진효과
③ 도심 열섬현상 완화
④ 여름철 건물 벽면의 복사열 증진효과

해설 벽면녹화 효과
벽면식물이 복사열을 감소시켜 여름철 실내온도 냉각효과로 에너지 절감된다.

32. 다음 중 강조식재가 되지 않는 것은?

① 같은 수관형태의 수목들이 식재되어 있다.
② 단풍나무가 연속적으로 심겨진 가운데 홍단풍이 식재되어 있다.
③ 고운 질감의 식물로 식재되어 있는 가운데 거친 질감의 식물이 있다.
④ 같은 크기의 관목이 식재된 가운데 좀 더 큰 키의 침엽수가 식재되어 있다.

정답 25. ③ 26. ① 27. ③ 28. ④ 29. ④ 30. ③ 31. ④ 32. ①

해설 강조식재

단조로운 식재군 내에서 1주 이상의 수목으로 시각적 변화와 대비에 의한 강조효과를 얻고자 하는 수법을 말한다.

33. 각 수종에 대한 특징 설명으로 틀린 것은?

① 전나무 열매는 난상타원형이며, 거꾸로 매달린다.
② 독일가문비 열매는 긴 원주형 갈색이고, 아래로 달린다.
③ 주목은 컵모양의 붉은 종의 안에 종자가 들어있다.
④ 구상나무의 열매는 원주형이고, 갈색, 검은색, 자주색, 녹색이 있다.

해설 바르게 고치면

전나무 열매는 난상타원형이며, 위로 곧게 달린다.

34. 잎은 어긋나기하며 홀수 깃모양겹잎이고, 열매는 협과, 원추형이고 염주상으로 10월경에 성숙, 8월경 황백색 꽃이 아름답고 꼬투리가 특이하다. 예로부터 정자목으로 이용되어 왔으며, 녹음식재, 완충식재, 가로수로도 이용되는 수종은?

① 가중나무　　② 왕벚나무
③ 참죽나무　　④ 회화나무

35. 조경수목 종자의 품질을 나타내는 기준인 순량율이 50%, 실중이 60g, 발아율이 90%라고 할 때, 종자의 효율은?

① 27%　　② 30%
③ 45%　　④ 54%

해설 종자의 효율$=\dfrac{\text{발아율}\times\text{순량율}}{100}$

$=\dfrac{50\times 90}{100}=45\%$

36. 뿌리돌림 분의 크기를 정할 때 고려해야 할 조건으로 틀린 것은?

① 귀중한 수목은 크게 작업한다.
② 뿌리 발생력이 강한 수종은 작게 작업한다.
③ 심근성 수종은 천근성보다 좁고 깊게 잡는다.
④ 뿌리발생에 불리한 지형과 토양에서는 작게 작업한다.

해설 바르게 고치면

뿌리발생이 불리한 지형과 토양에서는 크게 분의 크기를 작업한다.

37. 다음 중 생태학에서 분류하는 천이에 해당되지 않는 것은?

① 1차 천이　　② 퇴행 천이
③ 2차 천이　　④ 3차 천이

해설 천이

발생시점 또는 수분의 조건에 따라 1차천이·2차천이로 나뉘며, 진행방향에 따라 진행천이(정상천이)와 퇴행천이(편향천이)로 구분한다.

38. 서양 잔디 중 난지형 잔디로 종자 번식이 비교적 잘되어 운동장에 주로 이용하는 것은?

① Bent grass
② Fescue grass
③ Bermuda grass
④ Kentucky bluegrass

해설 버뮤다 그래스 – 난지형 잔디, 종자 파종으로 번식

39. 다음 수목 중 꽃의 색이 다른 하나는?

① 층층나무(*Cornus controversa*)
② 말채나무(*Cornus walteri*)
③ 산수유(*Cornus officinalis*)
④ 산딸나무(*Cornus kousa*)

정답 33. ① 34. ④ 35. ③ 36. ④ 37. ④ 38. ③ 39. ③

해설 ① 층층나무 – 5~6월 흰색
② 말채나무 – 5~6월 흰색
③ 산수유 – 3~4월 황색(노란색)
③ 산딸나무 – 5~6월 흰색

40. 식물이 생육하는 토양에서 답압에 의한 영향으로 옳은 것은?

① 토양이 입단(粒團)구조가 된다.
② 용적 비중이 낮아진다.
③ 통수성이 낮아진다.
④ 토양 통수가 빠르다.

해설 답압은 밟아서 생기는 압력으로 식물이 생육하는 토양에서는 답압으로 인해 토양의 통기성과 통수성 등이 낮아진다.

■■■ 조경시공

41. 배수지역이 광대해서 하수를 한 곳으로 모으기가 곤란할 때, 배수 지역을 여러 개로 구분하여 배수 구역별로 외부로 배관하고 집수된 하수는 각 구역별로 별도로 처리하는 배수 방식은?

① 직각식　② 선형식
③ 집중식　④ 방사식

해설 ① 직각식(수직식) : 해안지역에서 하수를 강에 직각으로 연결시키는 방법
② 선형식 : 지형이 한 방향으로 규칙적인 경사지에 설치함
③ 집중식 : 사방에서 한 지점을 향해 집중적으로 흐르게 해서 다음 지점으로 압송시킬 경우

42. 관습적으로 정지계획 설계도 작성 시 고려할 사항으로 틀린 것은?

① 제안하는 등고선은 파선으로 표시한다.
② 계단, 광장, 도로 등의 꼭대기와 바닥의 고저를 표기하도록 한다.
③ 폐합된 등고선은 정상을 표시하기 위해 점고저(spot elevation)를 적는다.
④ 등고선의 수직노선 조작은 성토의 경우 높은 방향(위)에서 시작하여 내려온다.

해설 정지계획 설계도 작성시 제안하는 등고선은 실선으로 표기한다.

43. 수목식재 장소가 경관상 매우 중요한 위치일 때 사용하는 방법으로 통나무를 땅에 깊숙이 묻고 와이어로프 등으로 수목이 흔들리지 않도록 하는 수목 지주법은?

① 강관지주　② 당김줄형지주
③ 매몰형지주　④ 연계형지주

해설 매몰형 지주
지주목의 지상 설치가 어렵거나 통행에 지장이 있을 경우, 경관상 중요한곳 적용

44. 쇠메로 쳐서 요철이 없게 대충 다듬는 정도의 돌 표면 마무리는 무엇인가?

① 정다듬　② 잔다듬
③ 도두락다듬　④ 혹두기

해설 석재 인력 가공순서(문화재가공)
① 혹두기(메다듬) : 원석을 쇠메로 쳐서 요철을 없게 다듬는 것
② 정다듬 : 정으로 쪼아 다듬어 평평하게 다듬는 것
③ 도두락다듬 : 도두락 망치로 면을 다듬는 것
④ 잔다듬 : 정교한 날망치로 면을 다듬는 것
⑤ 물갈기 : 광내기(왁스)

정답 40. ③ 41. ④ 42. ① 43. ③ 44. ④

45. 다음 평판측량과 관련된 용어는?

평판상의 점과 지상의 측점을 일치시키는 것

① 정준　　② 표정
③ 치심　　④ 폐합

해설 평판의 3요소
- 정준 : 평판이 수평이 되도록 하는 작업
- 구심(치심) : 지상의 측정과 도상의 측점을 일치시키는 작업
- 표정 : 평판을 일정한 방향에 따라 고정시키는 작업

46. 다음 옹벽 설계조건의 (　) 안에 가장 적합한 것은?

활동력이 저항력보다 커지면 옹벽은 활동하게 되고, 반대인 경우에 옹벽은 활동에 대해 안전하다고 볼 수 있다. 일반적으로 활동(sliding)에 대한 안전율은 (　)을/를 적용한다.

① 1.0~1.5　　② 1.5~2.0
③ 2.0~2.5　　④ 2.5~3.0

해설 활동(sliding)에 대한 안전율
- 옹벽이 토압에 밀리는 것을 활동이라 한다.
- 활동에 대한 안전계수는 1.5 이상이어야 한다.

47. 시방서의 작성요령에 대한 설명으로 틀린 것은?

① 재료의 품목을 명확하게 규정한다.
② 표준시방서는 공사시방서를 기본으로 작성한다.
③ 설계도면의 내용이 불충분한 부분은 보충 설명한다.
④ 설계도면과 시방서의 내용이 상이하지 않도록 한다.

해설 공사시방서는 표준시방서와 전문시방서를 기본으로 작성한다.

48. 에폭시수지 도료에 관한 일반사항 중 틀린 것은?

① 열에 강하다.
② 금속고무 등에도 접착이 잘 된다.
③ 여러 가지 충전재와는 혼합사용 할 수 있다.
④ 내수성(耐水性)과 내약품성(耐藥品性)이 나쁘다.

해설 에폭시수지는 성형수축이 작고 내열, 내마모성, 내약품성이 뛰어나다.

49. 토양조사 분석에서 물리적 특성 분석에 해당되지 않는 것은?

① 입도
② 투수성
③ 유효수분
④ 유기물 함량

해설 유기물함량은 토양의 화학적 특성으로 분류된다.

50. 축척 1/300 도면을 구적기(Planimeter)의 축척 1/600로 맞추고 측정 하였더니 1246m^{2}가 되었다면 실제적인 면적은 얼마인가?

① 311.5m^2　　② 623m^2
③ 2492m^2　　④ 4984m^2

해설 1/300 → 1/600로 잘못 측정하였으므로 길이상으로는 2배만큼 확대, 면적은 4배가 확대되었으므로 다시 실제면적을 측정하면 다음과 같다.
1246÷4=311.5m^2 된다.

정답 45. ③　46. ②　47. ②　48. ④　49. ④　50. ①

51. 다음 공정표의 전체 소요 공기(工期)는?

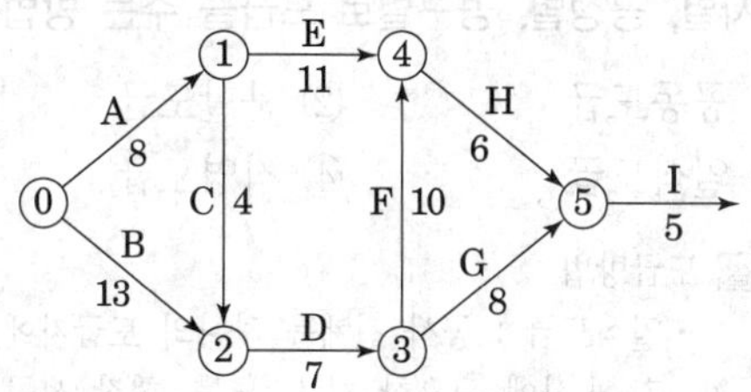

① 30일 ② 40일
③ 41일 ④ 42일

해설 B→D→F→H→I 경로로 13일 + 7일 + 10일 + 6일 + 5일 = 41일이 된다.

52. 조경 재료 중 굳지 않은 콘크리트(레디믹스트 콘크리트)의 품질관리시험 항목으로 옳은 것은?

① 흡수율 ② 휨강도
③ 인장강도 ④ 압축강도

해설 콘크리트는 압축으로만 견딜 수 있는 구조체로 압축강도에 관한 품질관리시험을 한다.

53. 지상에 있는 임의 점의 표고를 숫자로 도상에 나타내는 지형의 표시방법은?

① 점고법 ② 등고선법
③ 채색법 ④ 우모법

해설 점고법(spot height system)은 지표면과 수면상에 일정한 간격으로 점의 표고와 수심을 숫자로 기입하는 방법을 말한다.

54. 목재 유희시설물을 보수할 때 방부, 방충효과를 알아보고자 함수율을 계산하면 얼마인가?

- 목재의 건조 전의 중량 : 120kg
- 건조 후의 중량 : 80kg

① 60% ② 50%
③ 30% ④ 20%

해설 함수율

$$= \frac{\text{건조전중량} - \text{건중량(건조후중량)}}{\text{건중량(건조후중량)}} \times 100$$

$$= \frac{120-80}{80} \times 100 = 50\%$$

55. 콘크리트용 골재로서 요구되는 성질에 대한 설명 중 틀린 것은?

① 골재의 입형은 가능한 한 편평, 세장하지 않을 것
② 골재의 강도는 경화시멘트페이스트의 강도를 초과하지 않을 것
③ 골재는 시멘트페이스트와의 부착이 강한 표면구조를 가져야 할 것
④ 골재의 입도는 조립에서 세립까지 연속적으로 균등히 혼합되어 있을 것

해설 바르게 고치면
골재의 강도는 시멘트풀이 경화하였을 때 시멘트풀의 최대강도 이상이어야 함

56. 다음 중 건설표준품셈의 조경공사의 유지관리를 위한 "일반전정" 관련 설명으로 틀린 것은?

① 본 품은 준비, 소운반, 전정, 뒷정리를 포함한다.
② 전정 후 외부 운반 및 폐기물처리비를 포함한다.
③ 공구손료 및 경장비(전정기 등)의 기계경비는 인력품의 2.5%를 계상한다.
④ 수목의 정상적인 생육장애요인의 제거 및 외관적인 수형을 다듬기 위해 실시하는 전정작업을 기준한 품이다.

정답 51. ③ 52. ④ 53. ① 54. ② 55. ② 56. ②

해설 건설표준품셈의 일반전정

① 본 품은 수목의 정상적인 생육장애요인의 제거 및 외관적인 수형을 다듬기 위해 실시하는 전정 작업을 기준한 품이다.
② 본 품은 준비, 소운반, 전정, 뒷정리를 포함한다.
③ 고소작업차는 트럭탑재형크레인(5ton)을 적용한다.
④ 공구손료 및 경장비(전정기 등)의 기계경비는 인력품의 2.5%를 계상한다.
⑤ 전정 후 외부 운반 및 폐기물처리비는 별도 계상한다.

57. 재료의 성질에 관한 설명으로 틀린 것은?

① 경도는 재료의 단단한 정도를 말한다.
② 강성은 외력을 받아도 잘 변형되지 않는 성질이다.
③ 인성은 외력을 받으면 쉽게 파괴되는 성질이다.
④ 소성은 외력이 제거되어도 원형으로 돌아가지 않는 성질이다.

해설 바르게 고치면

인성 : 강하면서도 늘어나기도 잘 하는 성질. 강도와 연성을 함께 갖는 재료가 인성이 좋으며 압연강은 인성이 큰재료

58. 순공사원가에 해당되지 않는 항목은?

① 안전관리비　② 간접노무비
③ 일반관리비　④ 외주가공비

해설 순공사비=재료비+노무비+경비

- 노무비 : 직접노무비, 간접노무비
- 경비 : 전력비·수도광열비, 운반비, 기계경비, 특허권사용료, 기술료, 연구개발비, 품질관리비, 가설비, 지급임차료, 보험료, 복리후생비, 보관비, 외주가공비, 안전관리비, 소모품비, 세금·공과금, 교통비·통신비, 폐기물처리비, 도서인쇄비, 지급수수료, 환경보전비, 보상비
- 일반관리비 = 순공사원가×일반관리비율 5~6%)

59. 공사실시방식에 따른 계약 방법에 있어 전문공사별, 공정별, 공구별로 도급을 주는 방법은?

① 공동도급　② 분할도급
③ 일식도급　④ 직영도급

해설 도급방법

- 일식도급 : 공사 전체를 하나의 도급자에게 맡겨 공사에 필요한 재료, 노무, 현장 시공 업무 일체를 일괄하여 시행시키는 방법
- 분할도급 : 공사를 세분하여 따로 도급자를 선정하여 도급 계약하는 방식, 공정별·공구별·직종별·공종별로 분할하여 도급계약하는 방식
- 공동도급 : 2개 이상의 회사가 공동 투자하여 기업체를 구성해서 한 회사의 입장에서 공사를 맡아 시행하는 방식

60. 벽돌쌓기에서 각 켜를 쌓는데, 벽 입면으로 보아 매켜에 길이와 마구리가 번갈아 나타나는 것은?

① 프랑스식쌓기　② 미식쌓기
③ 영식쌓기　④ 네덜란드식쌓기

해설
- 미식쌓기(미국식) : 5단까지 길이쌓기로 하고 그 위에 한단은 마구리쌓기로 하여 본 벽돌벽에 물려 쌓음
- 영식쌓기(영국식) : 한단은 마구리, 한단은 길이쌓기로 하고 모서리 벽 끝에는 이오토막을 씀, 벽돌쌓기 중 가장 튼튼한 방법으로 내력벽체에 쓰임
- 화란식쌓기(네덜란드식) : 영식쌓기와 같고, 모서리 끝에 칠오토막을 씀, 내력벽체에 사용

■■■ 조경관리

61. 조경수의 식엽성 해충에 해당되는 것은?

① 잣나무넓적잎벌레　② 솔껍질깍지벌레
③ 아까시잎혹파리　④ 솔알락명나방

해설
- 솔껍질깍지벌레, 아까시잎혹파리 : 흡즙성해충
- 솔알락명나방 : 종실가해해충

정답　57. ③　58. ③　59. ②　60. ①　61. ①

62. 관리유형에 따라 레크리에이션 이용의 강도와 특성의 조절을 위한 관리기법 중 "직접적 이용제한"의 방법은?

① 이용유도
② 시설개발
③ 구역별 이용
④ 이용자에게 정보 제공

해설 직접적 이용제한 방법
세금의 부과, 구역감시의 강화, 시간에 따른 이용, 순환식 이용, 예약제도입, 이용자별 이용 장소, 이용시간 제한 등

63. 농약 저항성 해충의 가능한 저항성기작 특성에 대한 설명으로 틀린 것은?

① 살충제의 피부투과성이 증대된다.
② 체내에서 흡수된 살충제의 해독작용이 증대된다.
③ 약제를 살포한 곳의 기피를 위한 식별능력이 증가된다.
④ 살충제의 침투를 막기 위한 피부 두께가 증가한다.

해설 해충들이 저항성을 갖는 원인
- 행동적 변화로 해충이 살충제와의 접촉을 회피하여 잘 죽지 않는다.
- 생리적 변화로 해충 표피의 구조변화로 살충제가 해충의 몸속으로 침투되는 비율이 낮아진다.
- 생화학적 변화인데 이는 살충제 무독화대사효소의 양 또는 활성이 증가하고, 대사경로 속도 등의 변화, 체외배설속도 등의 증가에 의한 해독작용이 좋아진다.

64. 식물에 피해를 주는 대기오염물질 중 대기에서의 반응에 의하여 생성되는 광화학 산화물은?

① SO_2 ② H_2S
③ PAN ④ NOX

해설 광화학화합물 : 오존, PAN, PBN

65. 다음 해충 방제방법 중 기계적 방제법이 아닌 것은?

① 경운법 ② 차단법
③ 소살법 ④ 방사선이용법

해설 기계적 방제 : 포살법, 경운법, 유살법, 소살법

66. 다음 포장 및 수목(잔디) 등의 설명으로 옳은 것은?

① 마른우물(dry well)은 수목이 성토로 인한 피해를 막기 위해 수목둘레를 두른 고랑이다.
② 매트(mat)는 잘라진 잔디 잎이나 말라죽은 잎이 썩지 않은 채 땅위에 쌓여 있는 상태이다.
③ 태취(thatch)는 매트 밑에 썩은 잔디의 땅속줄기와 같은 질긴 섬유질 물질이 쌓여 있는 상태이다.
④ 아스팔트포장 기층의 펌핑(Pumping)은 균열부로 유수가 들어가 기층이 질컥질컥해져서 슬래브 하중에 의해 큰 공극이 생기는 것이다.

해설
- 매트(mat) : 태취 밑에 검은 펠트와 같은 모양으로 썩은 잔디의 땅속줄기와 같은 질긴 섬유 물질이 쌓여 있는 상태
- 태취(thatch) : 잘려진 잎이나 말라 죽은 잎이 땅위에 쌓여 있는 상태, 스폰지 같은 구조를 가지게 되어 물과 거름이 땅에 스며들기 힘들어짐
- 아스팔트포장 기층의 펌핑 (Pumping)은 균열부로 유수가 들어가 기층이 질컥질컥해져서 슬래브 하중에 의해 큰 공극이 생기는 것이다.

67. 표면 배수시설인 집수구 및 맨홀의 유지관리 사항으로 틀린 것은?

① 정기적인 유지보수를 실시한다.
② 집수구의 높이를 주변보다 낮게 한다.
③ 원활한 배수를 위하여 뚜껑을 설치하지 않는다.
④ 주변의 재포장 시 집수구의 높이도 다시 조절한다.

정답 62. ③ 63. ① 64. ③ 65. ④ 66. ① 67. ③

해설 뚜껑은 분실 또는 파손되었을 경우 위험하므로 보수 전에 표지판 및 울타리를 치고 즉시 신제품으로 교체하던지 보수한다.

68. 다음의 배수시설 중에서 원형의 유지를 위하여 관리에 가장 노력을 필요로 하는 시설은?

① 잔디측구
② 돌붙임측구
③ 블록쌓기측구
④ 콘크리트측구

해설 잔디측구는 정기적으로 벌초 및 제초 작업을 해야 한다.

69. 바이러스 감염에 의한 수목병의 대표적인 병징으로 옳지 않은 것은?

① 위축 ② 그을음
③ 기형(잎말림) ④ 얼룩무늬

해설 그을음은 표징에 해당된다.

70. 교목 500주가 심어진 공원에 시비를 하고자 한다. 연 평균 수목 시비율을 20%로 할 때 다음 표를 참조하여 시비를 위한 당해 연도(1년간) 인건비를 산출하면 얼마인가?

표. 교목시비 (100주당)

명칭	단위	수량
조 경 공	인	0.3
보통인부	인	2.8

표. 건설인부노임단가

명칭	금액
조 경 공	50,000원
보통인부	40,000원

① 127,000원 ② 279,000원
③ 635,000원 ④ 1,270,000원

해설 $\{(0.3\times50{,}000)+(2.8\times40{,}000)\}\times\frac{500주}{100주}\times0.2=127{,}000원$

71. 훈증제 농약의 구비 조건으로 옳지 않은 것은?

① 기름이나 물에 잘 녹아야 한다.
② 휘발성이 커서 확산이 잘 되어야 한다.
③ 비 인화성이어야 하고 침투성이 커야 한다.
④ 훈증 목적물에 이화학적 변화를 일으키지 않아야 한다.

해설 훈증제는 증기압이 매우 높아 유효성분이 쉽게 휘발하도록 하는 제형으로 가스가 대기 중으로 기화하여 방제효과를 나타낸다.

72. 조경운영 관리방식 중 직영방식과 비교한 도급방식의 단점에 해당하는 것은?

① 인사정체가 되기 쉽다.
② 전문가를 합리적으로 이용할 수 있다.
③ 인건비가 필요 이상으로 들게 된다.
④ 책임의 소재나 권한의 범위가 불명확하게 된다.

해설 도급방식의 단점
- 책임의 소재나 권한의 범위가 불명확함
- 전문업자를 충분하게 활용치 못할 수가 있음

73. 다음 주민참가의 단계 중 시민권력 단계에 속하지 않는 것은?

① 자치관리 ② 권한이양
③ 파트너쉽 ④ 유화

해설 유화 : 형식적 참가 단계

정답 68. ① 69. ② 70. ① 71. ① 72. ④ 73. ④

74. 소나무재선충병에 대한 설명으로 옳지 않은 것은?

① 수분 이동 통로를 막아 고사시킨다.
② 소나무먹좀벌이 천적이므로 생태학적 방제에 의존할 수밖에 없다.
③ 감염 후 수 주내에 급속히 말라 죽으며, 치사율이 100%이다.
④ 이동능력이 없이 공생관계인 솔수염하늘소를 통해 전파된다.

해설 방제법
- 매개충의 확산 경로 차단을 위한 항공·지상 약제 살포
- 재선충과 매개충을 동시에 제거하기 위한 고사목 벌채 및 훈증

75. 미끄럼판에 사용되는 F.R.P 제품의 일반적 성질 중 물리적 성질이 아닌 것은?

① 내열성 ② 압축강도
③ 인장강도 ④ 내약품성

해설 섬유강화플라스틱(FRP)
- 폴리에스터 수지에 섬유 등의 강화재로 혼합한 플라스틱
- 플라스틱이 갖는 장점인 가벼우며 녹슬지 않고 가공이 쉬운 특징을 갖고 있으며, 이에 더하여 강도가 증가하여 쉽게 깨지지 않고 열을 가해도 변형되지 않는다.
- 내약품성은 화학적 성질에 해당된다.

76. 다음 중 잔디의 녹병(rust)발생원인과 거리가 먼 것은?

① 지나친 답압, 배수불량
② 고온다습
③ 질소결핍, 영양결핍, 시비불균형
④ 심한 풀 깎기와 객토과다

해설 잔디의 녹병의 원인
지나친 답압, 배수불량, 고온다습, 영양결핍 및 시비불균형 등

77. 다음 중 살충제의 해충에 대한 복합 저항성(multiple resistance)을 가장 잘 설명한 것은?

① 어떤 해충개체군 내에 대다수의 개체가 해당 살충제에 대하여 저항력을 가지는 해충계통이 출현되는 현상
② 살충작용이 다른 2종 이상에 대하여 동시에 해충이 저항성을 나타내는 현상
③ 동일 살충제를 해충개체군 방제에 계속 사용하면 저항력이 강한 개체만 만들어지는 현상
④ 어떤 살충제에 대하여 저항성이 발달한 해충이 한번도 사용한 것이 없지만 작용기구가 같은 살충제에 저항성을 나타내는 현상

78. 다음 그림과 같은 비탈면녹화 공법의 명칭은?

① 편책공 ② 근지공
③ 식생반공 ④ 종자뿜어붙이기

해설 편책공법
① 식생이 비탈면에 충분히 활착하여 생육되기까지 토양유실 방지(1.5~3m 간격)
② 나무말뚝의 길이는 80~150cm, 간격은 50~90cm, 편책간격은 1.5~3.0 정도가 일반적이다.

정답 74. ② 75. ④ 76. ④ 77. ① 78. ①

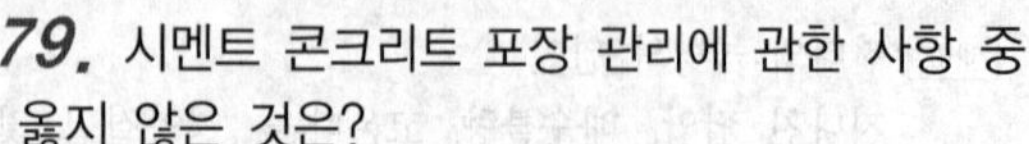

79. 시멘트 콘크리트 포장 관리에 관한 사항 중 옳지 않은 것은?

① 줄눈시공이 부적합하면 수축에 의해 균열이 발생한다.
② 배수시설이 불충분하면 노상이 연약해진다.
③ 포장의 균열이 많은 경우 콘크리트로 덧씌우기 한다.
④ 포장파손이 심한 경우 패칭공법으로 보수한다.

해설 균열이 많은 경우 포장수명을 연장하는 방법으로 아스팔트 혼합물로 도포한다.

80. 솔나방의 생태에 관한 설명으로 옳지 않은 것은?

① 연 1회 발생한다.
② 유충으로 월동한다.
③ 성충의 우화기간은 7월 하순~8월 중순이다.
④ 소나무껍질 틈에 알을 덩어리로 낳는다.

해설 솔나방은 솔잎에 몇개의 무더기로 나누어 낳는다.

정답 79. ③ 80. ④

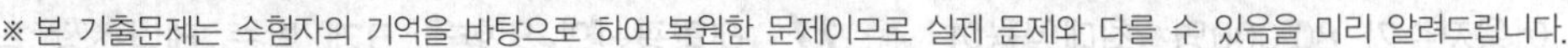

※ 본 기출문제는 수험자의 기억을 바탕으로 하여 복원한 문제이므로 실제 문제와 다를 수 있음을 미리 알려드립니다.

■■■ 조경계획 및 설계

1. 인위적으로 흙을 쌓아서 만든 계단식 후원은?

① 덕수궁의 함녕전 후원
② 경복궁의 교태전 후원
③ 창덕궁 후원에 있는 연경단 선향제의 후원
④ 창덕궁 낙선재의 후원

해설 교태전 후원은 인공산인 아미산과 화계로 이루어져 있다.

2. 다음 중 양화소록(養花小錄)에 관한 설명으로 옳지 않은 것은?

① 주로 초본식물에 대한 재배법을 다루고 있다.
② 조선시대 세종 때에 지어진 화훼원예에 관한 저술이다.
③ 괴석(怪石)에 대한 것과 꽃을 분에 심어 가꾸는 법에 대해서도 적고 있다.
④ 고려의 충숙왕이 원나라에 갔다 돌아올 때 각종 진기한 관상식물을 많이 가져 왔다는 기록도 있다.

해설 양화소록은 우리나라에서 가장 오래된 전문 원예서로, 조선 초기의 선비였던 강희안(1418~1465)이 꽃과 나무를 기르면서 작성한 작은 기록이다.

3. 다음 중 후기 르네상스시대의 조경유적이 아닌 것은?

① 감베라이 莊
② 가르조니 莊
③ 이졸라 벨라
④ 아드리아누스 빌라

해설 아드리아누스 빌라는 로마시대 조경유적이다.

4. 조선시대 사대부 주택정원 형태가 가장 잘 보존되어있는 곳은?

① 소쇄원 ② 선교장
③ 다산초당 ④ 세연정

해설 소쇄원, 다산초당, 세연정(부용동원림)은 별서정원의 사례이다.

5. 중세 초기의 수도원(修道院)안에서 볼 수 있는 전형적인 중정은?

① 페리스틸리움(Peristylium)
② 아트리움(Artium)
③ 클로이스터(Cloister)
④ 지스터스(Xystus)

해설 아트리움, 페리수틸리움, 지스터스는 로마시대 주택정원의 공간구성이다.

6. 묘지정원(Cemetery garden)에 관한 설명으로 옳지 않은 것은?

① 고대 이집트 정원 중의 하나
② 시누헤 이야기(tales of sinuhe)
③ 사자(死者)의 정원
④ 장미 이야기

해설 장미이야기는 중세 후기 성관정원을 전하는 이야기이다.

7. 중국소주에 있는 명나라때의 정원들이다. 오늘날까지 대표적 명원으로 잘 보존되어 있는 것은?

① 소지원 ② 서경경원
③ 졸정원 ④ 서참의원

해설 명나라 때 만들어진 소주지방의 정원으로 유원(留园), 창랑정(沧浪亭), 사자림(狮子林)과 함께 소주의 4대 정원으로서 세계문화유산에 등재되어 있다.

정답 1. ② 2. ① 3. ④ 4. ② 5. ③ 6. ④ 7. ③

8. 년간 총 이용자수가 80,000명, 최대일율이 0.02, 시설개장시간이 8시간, 평균체재 시간이 4시간인 계획대상지의 최대시 이용자 수는?

① 800명　　② 1,600명
③ 3,200명　　④ 400명

해설 최대시이용자수 = 연간이용자수×최대일율×회전율

* 회전율 $= \frac{\text{평균체재시간}}{\text{시설개장시간}} = \frac{4}{8}$

$80{,}000 \times 0.02 \times \frac{4}{8} = 800$명

9. 다음 설명 중 가장 옳지 못한 것은?

① 도보권 근린공원은 도시지역권근린공원보다 휴양오락적인 측면이 강하여 이용면에서 정적(靜的)이다.
② 도시지역권근린공원은 정적(靜的)휴식 기능 및 체육공원의 기능도 겸한다.
③ 체육공원은 동적 휴식 활동을 위하여 운동시설의 면적이 전체면적의 60% 이상 차지한다.
④ 광역권근린공원이라 함은 전 도시민이 다같이 이용하는 대공원으로 휴식, 관상, 운동 등의 목적을 가진다.

해설 바르게 고치면
체육공원의 공원시설 설치면적 : 전체면적의 50% 이하

10. 근린생활권의 근린공원(近隣公園)에서 반드시 구비하지 않아도 되는 것은?

① 운동시설　　② 주차장
③ 유희시설　　④ 편익시설

해설 근린생활권 근린공원이므로 주차장은 구비하지 않아도 된다.

11. 태양광선의 영향을 크게 받는 테니스장 장축(長軸)의 방위는 다음 중 어떤 것이 적합한가?

① 정동서(正東西)방향
② 정동서에서 남북 어느 한쪽으로 30° 기울어진 방향
③ 정남북에서 동서 어느 한쪽으로 30° 기울어진 방향
④ 정남북을 기준으로 서쪽으로 5° 기울어진 방향

해설 테니스장 장축은 정남북을 기준으로 서쪽으로 5° 기울어진 방향이 적당하다.

12. 관광지, 유원지 등의 수용력을 산정할 때 활용하는 공식 중의 하나인 계절형과 최대일률이 올바르게 연결되지 않은 것은?

① Ⅰ 계절형 $= \frac{1}{30}$
② Ⅱ 계절형 $= \frac{1}{40}$
③ Ⅲ 계절형 $= \frac{1}{50}$
④ Ⅳ 계절형 $= \frac{1}{100}$

해설 3계절형의 최대일률 $= \frac{1}{60}$

13. 도시공원 및 녹지 등에 관한 법률에서 녹지의 점용허가를 받아야 하는 행위가 아닌 것은?

① 녹지의 조성에 필요한 시설 외의 시설·건축물 또는 공작물을 설치하는 행위
② 토지의 형질변경
③ 산림의 간벌
④ 물건의 적지

해설 산림의 간벌은 경미한 행위로 점용허가를 받지 않는다.

정답 8. ① 9. ③ 10. ② 11. ④ 12. ③ 13. ③

14. 다음 중 보색관계로 옳은 것은?

① 빨강색 – 청록색 ② 노랑색 – 보라색
③ 녹색 – 주황색 ④ 파랑색 – 연두색

해설 보색
① 색상환에서 반대편의 색
② 노랑색 ↔ 남색, 녹색 ↔ 자주색, 파랑색 ↔ 주황색, 보라색 ↔ 연두색

15. 홀(Hall)은 인간과의 거리에 대하여 4개의 단계를 설정하였다. 친한 친구 혹은 잘 아는 사람들 간의 일상적 대화에서 유지할 수 있는 최적의 거리는?

① 45.47cm 이내
② 45.47~121.92cm
③ 121.92~365.76cm
④ 457.2cm 이상

해설 Hall의 개인적 공간
① 대인 거리에 따른 의사소통의 유형으로 분류
② 거리구분(1ft = 30.48cm)
- 친밀한거리 : 아기를 안아주거나 이성간의 가까운사람들의 거리로 0~1.5ft
- 개인적거리 : 친한사람들의 일상적인 대화시 유지거리로 1.5~4ft
- 사회적거리 : 업무상의 대화에서 유지되는 거리로 4~12ft
- 공적거리 : 연사, 배우 등의 개인과 청중 사이에 유지되는 거리로 12ft

16. 다음 조경설계 표기기호에 대한 표현이 적합하지 않는 것은?

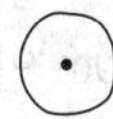   

① 느티나무 ② 향나무
③ 단풍나무 모아심기 ④ 철쭉 모아심기

해설 침엽수류 모아심기

17. 다음 중 우리나라 최초의 국립공원으로 지정된 곳은?

① 태백산 ② 지리산
③ 한라산 ④ 설악산

해설 우리나라 최초국립공원으로 1967년에 지리산이 지정되었다.

18. 도시공원 및 녹지 등에 관한 법규상 도시공원을 주제공원으로만 분류한 것은? (단, 특별시·광역시 또는 도의 조례가 정하는 공원은 제외한다.)

① 소공원, 역사공원, 체육공원
② 수변공원, 근린공원, 체육공원
③ 묘지공원, 수변공원, 문화공원
④ 소공원, 어린이공원, 문화공원

해설 주제공원
역사공원, 수변공원, 문화공원, 체육공원, 묘지공원, 도시농업공원, 방재공원

19. 다음에서 설명하는 계획은?

> 특별시·광역시·특별자치시·특별자치도·시 또는 군의 관할구역에 대하여 기본적인 공간구조와 장기발전방향을 제시하는 종합계획으로서 도시·군관리계획수립의 지침이 되는 계획을 말한다.

① 지구단위계획 ② 도시·군관리계획
③ 광역도시계획 ④ 도시·군기본계획

해설 도시계획의 위계
광역도시계획 – 도시군기본계획 – 도시군관리계획

정답 14. ② 15. ② 16. ④ 17. ④ 19. ④

20. 도시공원 및 녹지 등에 관한 법률에 명시된 도시공원에서의 금지행위가 아닌 것은?

① 공원시설을 훼손하는 행위
② 공원에서 애완동물을 동반하여 입장하는 행위
③ 나무를 훼손하거나 이물질을 주입하는 나무를 말라죽게 하는 행위
④ 심한 소음 또는 악취가 나게 하는 등 다른 사람에 게 혐오감을 주는 행위

해설 도시공원에서의 금지행위
① 공원시설을 훼손하는 행위
② 나무를 훼손하거나 이물질을 주입하여 나무를 말라죽게 하는 행위
③ 심한 소음 또는 악취가 나게 하는 등 다른 사람에게 혐오감을 주는 행위
④ 동반한 애완동물의 배설물(소변의 경우에는 의자 위의 것만 해당한다)을 수거하지 아니하고 방치하는 행위
⑤ 도시농업을 위한 시설을 농산물의 가공·유통·판매 등 도시농업외의 목적으로 이용하는 행위

■■■ 조경식재

21. 다음 설명에 적합한 화단양식은?

공원, 학교, 병원, 광장 등의 넓은 부지의 원로, 보행로, 도로 등과 산울타리, 건물, 연못 등을 따라서 조성되는 나비가 좁고 긴 화단으로 키가 작은 화초인 메리 골드, 팬지, 튤립 등이 주로 식재된다.

① 침상화단 ② 리본화단
③ 카펫화단 ④ 기식화단

해설 ① 침상화단 : 보도에서 1m 정도 낮은 평면에 기하학적 모양의 아름다운 화단을 설계한 것으로 관상가치가 높은 화단
② 리본화단 : 공원, 학교, 병원, 광장 등의 넓은 부지의 원로, 보행로 등과 건물, 연못을 따라서 설치된 너비가 좁고 긴 화단
③ 카펫화단 : 화문화단이라고도 하며 넓은 잔디밭이나 광장, 원로의 교차점 한가운데 설치되는 것이 보통이며 키작은 초화를 사용하여 꽃무늬를 나타낸다.
④ 기식화단 : 사방에서 감상할 수 있도록 정원이나 광장의 중심부에 마련된 화단, 중심에서 외주부로 갈수록 차례로 키가 작은 초화를 심어 작은 동산을 이루는 것으로 모둠화단이라고도 함

22. 일반적으로 수목의 감각적 특성으로 볼 때 열매의 색깔 분류가 옳은 것은?

① 적색 – 주목, 산수유
② 황색 – 쥐똥나무, 산사나무
③ 흑색 – 산딸나무, 호랑가시나무
④ 황색 – 은행나무, 팥배나무

해설 ② 쥐똥나무(흑색), 산사나무(적색)
③ 산딸나무(적색), 호랑가시나무(적색)
④ 은행나무(황색), 팥배나무(적색)

23. 브라운 블랑케의 식생조사 방법 설명으로 옳은 것은?

① 주로 동물 집단과 식물 집단의 생활 상태를 조사 한다.
② 각 식물종의 조합과 입지조건이 다른, 군란이 가장 잘 발달된 지역을 선택하다.
③ 상재도는 식물전체의 피복율과 층별 식피율의 백분율, 7단계로 판정한다.
④ 조사구역의 면적은 관목림은 50~200m^{2}이다.

해설 브라운 블랑케 식생조사방법
① 식생연구 조사체계의 기본적 접근방법
② 식물사회상적 군집분류과정에 기초한 접근
③ 야외조사로 종 계층분류, 우점도와 군도의 군락 조사
④ 교목림 200(150)~500m^2, 관목림 50~200m^2

정답 20. ② 21. ② 22. ① 23. ④

24. 다음 중 오동나무의 속명에 해당되는 것은?

① *Firmiana* ② *Paulownia*
③ *Campsis* ④ *Fraxinus*

해설 ① 벽오동속
② 오동나무속
③ 능소화속
④ 물푸레나무속

25. 질소가 식물이 이용할 수 있는 형태로 전환되는 질소고정(nitorgen fixation)을 할 수 있는 종은?

① *Zelkova serrata*
② *Salix koreensis*
③ *Quercus mongolica*
④ *Alnus japonica*

해설 ① 느티나무, ② 버드나무
③ 신갈나무, ④ 오리나무 - 비료목

26. 다음 식재양식 중 정형식 식재 방법인 것은?

① 임의식재(random planting)
② 모아심기
③ 부등변삼각형식재
④ 교호식재

해설 교호식재 - 정형식식재

27. 수목의 식재시 물조임 작업을 하는 이유로 가장 적합한 것은?

① 공기를 배출하는 효과
② 공기를 넣는 효과
③ 물의 공급량을 적게 하는 효과
④ 양분을 공급하는 효과

해설 수목식재시 물조임 작업
흙과 뿌리와 밀착력을 높이기 위해 공기를 배출하기 위해 실시한다.

28. 다음 *Magnolia kobus* 수종의 생리적 특성으로 틀린 것은?

① 전정을 해주면 좋다.
② 약산성토양에서 잘 자란다.
③ 집단식재를 피한다.
④ 뿌리가 약해 강한 답압을 피한다.

해설 목련의 생리적 특성에 대한 설명으로 전정을 하면 좋지 않다.

29. 맹아력이 강해 생울타리용으로 가장 적합한 것은?

① 개나리, 쥐똥나무
② 전나무, 품명자나무
③ 메타세콰이어, 아카시나무
④ 가문비나무, 동백나무

해설 생울타리용식재
① 전정에 강한 식물로 지엽이 밀생하고 맹아력이 강한 식물이 적합하다.
② 개나무, 쥐똥나무, 사철나무 등

30. 식물의 기상학적 이용이 아닌 것은?

① 태양복사열 조절
② 바람의 조절
③ 공간분할
④ 온도조절

해설 공간분할은 식물의 건축적 이용이다.

31. 다음 중 음수로만 짝지어진 것은?

① 자금우, 굴거리나무
② 주목, 소나무
③ 측백나무, 식나무
④ 향나무, 사철나무

해설 소나무, 측백나무, 향나무는 양수에 해당된다.

정답 24. ② 25. ④ 26. ④ 27. ① 28. ① 29. ① 30. ③ 31. ①

32. 다음 중 질감(Texture)이 가장 거친 수종은?

① 칠엽수, 플라타너스
② 편백, 화백
③ 산철쭉, 삼나무
④ 회양목, 아벨리아

해설 넓은잎을 가진 낙엽활엽수는 거친질감의 수종이다.

33. 다음의 식재 중 강조식재가 되지 않는 것은?

① 같은 크기의 관목이 식재된 가운데 좀 더 큰키의 침엽수가 식재되어 있다.
② 청단풍이 연속적으로 심겨진 가운데 홍단풍이 식재되어 있다.
③ 고운질감의 식물로 식재되어 있는 가운데 거친질감의 식물이 있다.
④ 같은 수관형태의 수목들이 식재되어 있다.

해설 같은 수관형태의 수목들이 식재되어 있는 식재는 반복식재이다.

34. 수식 $A = 24 + (N - 3) \times d$는 무엇을 산출하기 위한 공식인가? (단, N : 근원직경, d : 상수로 일반적으로 4)

① 식재 구덩이의 크기
② 뿌리분 직경
③ 뿌리분의 중량
④ 흉고직경 산출식

해설 $A = 24 + (N - 3) \times d$는 굴취시 뿌리분의 직경을 구하는 공식이다.

35. 조경식물의 명명법 설명으로 올바른 것은?

① 속명은 항상 소문자로 시작한다.
② 학명은 우리나라에서만 사용된다.
③ 속명과 종명은 이탤릭체로 표기한다.
④ 보통명과 구분되지 않는다.

해설 ① 속명은 항상 대문자로 시작한다.
② 학명은 전세계 공통으로 사용된다.
④ 보통명과 구분된다.

36. 다음 장미류의 학명 중 찔레나무 학명은?

① *Rosa rugosa*
② *Rosa hybrida*
③ *Rosa xanthina*
④ *Rosa multiflora*

해설 ① 해당화, ② 장미, ③ 노란해당화

37. 근린공원 내에 그림과 같은 관목류를 식재하고자 한다. 몇 주를 식재해야 하는가? (단, 식재지역 : 250m², 수종 : 겹철쭉, 규격 : H0.6×W0.4)

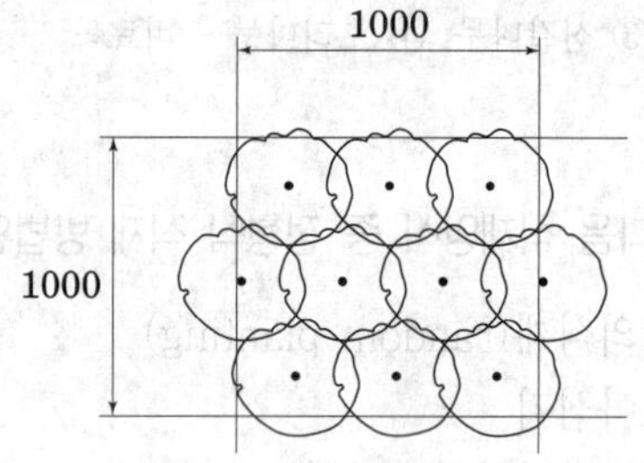

10주/M²당 식재(wo.4)

① 2,250주　② 2,500주
③ 5,250주　④ 5,500주

해설 면적×단위면적당 주수=250m²×10주/m²
=2,500주

38. 상록활엽관목으로 우리나라에서 1과(科), 1속(屬), 1종(種)에 해당되는 수목은?

① *Pittosporum tobira A.*
② *Viburnum awabuki K.*
③ *Ternstroemia japonica T.*
④ *Camellia japonica L.*

정답 32. ① 33. ④ 34. ② 35. ③ 36. ④ 37. ② 38. ①

해설 ① 돈나무
② 아왜나무
③ 후피향나무
④ 동백나무

39. 낙엽수의 이식 적기 설명을 틀린 것은?

① 겨울에 추위가 심한 지방은 땅이 녹은 직후
② 새로운 뿌리가 움직이기 시작한 뒤 새순이 움 틀 때까지
③ 가을에 낙엽이 지고 다음해 봄에 새로운 뿌리가 움직이기 시작할 때까지
④ 새순이 자라나는 5~6월

해설 낙엽활엽수 이식적기
① 가을이식 : 잎이 떨어진 휴면기간, 통상적으로 10~11월
② 봄 이식 : 해토 직후부터 4월 상순, 통상적으로 이른 봄눈이 트기 전에 실시
③ 내한성이 약하고 눈이 늦게 움직이는 수종(배롱나무, 백목련, 석류, 능소화 등은 4월 중순이 안정적 임)

40. 다음 수목의 식재환경 중 음수(陰樹)가 생장할 수 있는 광량(光量)은 전수광량(全受光量)의 몇 % 내외인가?

① 5%　②15%
③ 25%　④ 50%

해설 수목의 고사한계 최소수광량은 양수가 전수광량의 5.0%, 음수가 6.5%이다.

■■■ **조경시공학**

41. 다음 지형도에서 $\overline{AB}$의 경사에 대한 설명으로 가장 적합한 것은?

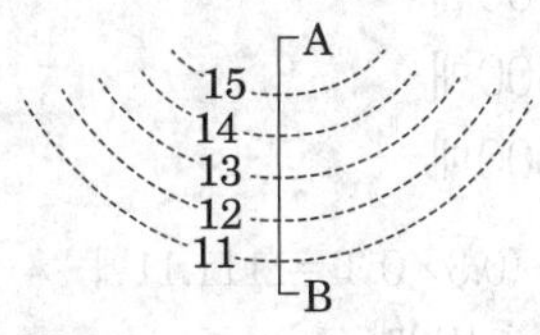

① 요사면(凹斜面)
② 철사면(凸斜面)
③ 평사면(平斜面)
④ 현애(顯崖)

해설 등고선 간격이 일정하므로 평사면에 해당된다.

42. 살수기를 2.8m 간격으로 배치하였다. 삼각형 배치방법으로 설치한다면 열과 열 사이 거리(m)는 얼마가 적당한가?

① 1.6　② 1.8
③ 2.2　④ 2.4

해설 정삼각형 배치에서 열과 열사이는 87%간격으로 배치하므로 2.8m×0.87 = 2.436m

43. 바람의 속도압 195kg/m^{2}이고, 벽돌담장의 두께는 21cm(기존형 벽돌 1.0B), 최대비율 L/T =12일 때 기둥 사이의 거리(cm)는 얼마인가?

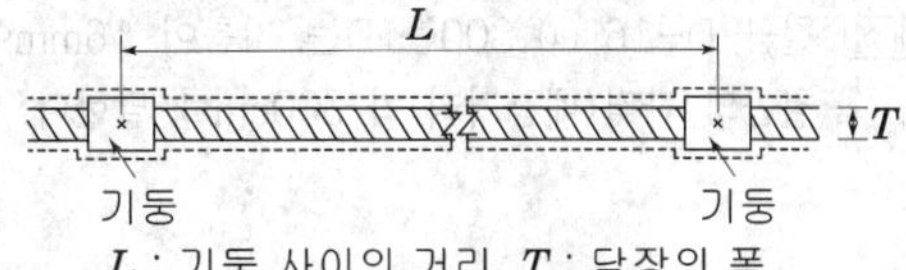

L : 기둥 사이의 거리, T : 담장의 폭

① 195　② 210
③ 247　④ 252

해설 $\frac{L}{T} = 12$이므로 $\frac{L}{21} = 12$ $L = 252\text{cm}$

정답 39. ④ 40. ④ 41. ③ 42. ④ 43. ④

44. 30cm×30cm×3cm뗏장을 100m^{2}에 전면 붙이기 하였을 때 뗏장 몇 매가 필요한가?

① 약 900매
② 약 1,100매
③ 약 1,500매
④ 약 2,000매

해설 100÷(0.3×0.3)=1111.11매
∴ 약 1,100매

45. 다음 중 기술한 설명이 잘못된 것은?

① 우력 모멘트의 크기는 하나의 힘과 두 힘 사이의 거리의 곱으로 나타낸다.
② 구조물에 하중이 작용하면 하중 작용점에 반력이 생긴다.
③ 정지한 구조물은 하중과 반력에 의해 힘의 평형을 이루고 있다.
④ 외력이 반력보다 크게 되면 구조물은 이동이나 회전 또는 파괴가 일어나게 된다.

해설 구조물에 하중이 작용하면 지점에 반력이 생긴다.

46. 단면 상세도 상에서 철근 D-16 ⓐ 300 이라고 적혀있을 때 ⓐ는 무엇을 나타내는가?

① 철근의 간격　② 철근의 길이
③ 철근의 이음길이　④ 철근의 개수

해설 철근 D-16 ⓐ 300는 D는 지름이 16mm이고 철근의 간격(배근거리)가 300cm를 말한다.

47. 중장비 스크레이퍼(scraper)의 설명으로 옳은 것은?

① 굴삭(掘削)만 가능하다.
② 싣기만 가능하다.
③ 싣기, 운반 작업만 가능하다.
④ 굴삭, 싣기, 운반, 정지 작업까지 가능하다.

해설 중장비 스크레이퍼는 땅을 고르는 장비로 굴삭, 싣기, 운반, 정지 작업까지 가능하다.

48. Kutter공식 또는 manning공식을 활용하여 구할 수 있는 것은?

① 평균유속(平均流速)
② 도수관경(導水管經)
③ 도수관장(導水管長)
④ 평균유량(平均流量)

해설 manning공식
단면의 평균 유속을 구하는 공식으로 R : 경심 I : 동수 구배 n : 조도 계수 v : 평균 유속을 활용하여 구한다.

49. 리어카로 토사를 운반하려 한다. 총 운반거리는 50m인데 이 중 30m가 10%의 경사로 이다. 총 운반 수평거리(m)는 얼마로 계산하여야 하는가? (단, 10% 경사인 경우 거리 변환계수 $\alpha=2$이다.)

① 60　② 80
③ 100　④ 120

해설 총 운반거리
=20m(수평거리)+30m×2(경사변환계수)
=80m

50. 다음 중 $\frac{1}{360}CIA$의 공식을 활용해서 계산할 수 있는 것은?

① 토압(土壓)　② 옹벽의 안정
③ 유속(流速)　④ 우수유출량

해설 $Q=\frac{1}{360}CIA$
(Q : 우수유출량(m^3/sec), C : 유출계수, I : 강우강도(mm/hr), A : 배수면적(ha))

정답 44. ② 45. ② 46. ① 47. ④ 48. ① 49. ② 50. ④

51. 콘크리트(Concreate)에 대한 설명으로 틀린 것은?

① 일반적으로 콘크리트(Concreat)의 동결온도는 약 −10℃부터 완전 동결된다.
② 콘크리트(Concreat)의 강도는 비벼 넣은 뒤에 양생(養生)방법에 따라 차이가 있다.
③ 일반적으로 경화 초기에는 충분한 습기가 주어져야 한다.
④ 콘크리트(Concreat)가 경화하는 것은 시멘트(Cement)에 물을 더함으로써 수화작용이 일어나기 때문이다.

해설 콘크리트 동결온도는 보통 0℃부터 동결되며 −2℃부터 완전동결된다.

52. 다음 중 경비에 속하지 않는 것은?

① 운반비 ② 안전관리비
③ 연구개발비 ④ 소모재료비

해설 소모재료비(기계오일, 접착제, 용접 가스 장갑 등)는 간접재료비에 속한다.

53. 다음 공사 발주 방법에 대한 설명 중 옳지 않는 것은?

① 일반경쟁입찰은 저렴한 공사비와 모든 공사수주 희망자에게 균등한 기회를 제공한다.
② 일반경쟁입찰은 낙찰자의 신용, 기술, 경험, 능력을 신뢰할 수 있는 장점이 있다.
③ 제한경쟁입찰은 일반경쟁입찰과 지명경쟁입찰의 단점을 보완할 수 있다.
④ 지명경쟁입찰은 도급회사의 자본금, 보유기재, 자재 및 기술능력 등을 감안해서 적격한 3~5개 정도의 시공업자를 선정하여 입찰한다.

해설 바르게 고치면
일반경쟁입찰은 낙찰자의 신용, 기술, 경험, 능력을 신뢰할 수 없는 단점이 있다.

54. 다음 중 고저측량에서 사용되는 용어 중 잘못 설명된 것은?

① 후시(B.S) : 표고를 이미 알고 있는 점으로, 즉 기기점에 세운 표척의 읽음값이다.
② 지반고(G.H) : 측점의 표고이다.
③ 전시(F.S) : 표고를 구하려는 점, 즉 미지점에 세운 표척을 읽음값이다.
④ 기계고(I.H) : 단순히 그 점의 표고만을 구하고자 표척을 세워 전시를 취하는 점이다.

해설 기계고(I.H)
① 정의 : 기계를 수평으로 설치했을 때 기준면으로부터 망원경의 시준선까지의 높이
② 기계고 = 지반고 + 후시

55. 다음 중 공사용 재료의 할증율이 가장 큰 것은?

① 수장용합판 ② 시멘트벽돌
③ 잔디 ④ 기와

해설 ① 5%
② 5%
③ 10%
④ 5%

56. 조경 시공관리의 3대 관리 기능이 아닌 것은?

① 공정관리
② 설계도서관리
③ 품질관리
④ 원가관리

해설 품질관리의 3대 기능
공정관리, 품질관리, 원가관리

정답 51. ① 52. ④ 53. ② 54. ④ 55. ③ 56. ②

57. 다음 그림 중 뿌리돌림평면도로 가장 적합한 것은? (단, 작은 원은 뿌리분 크기이고, 뿌리의 검은 사선을 환상박피한 것이다.)

① 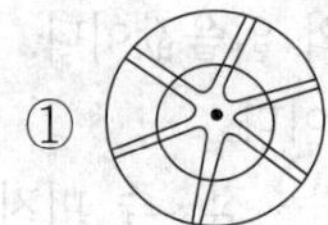 ② 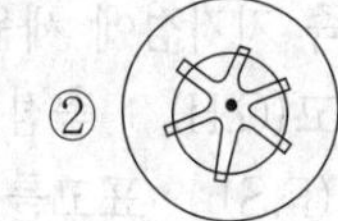

③ 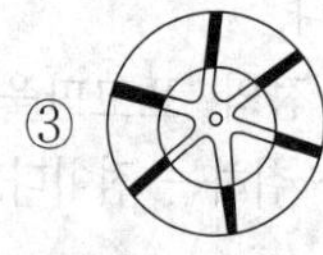 ④ 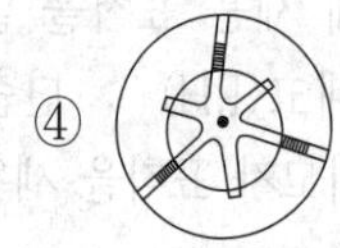

해설 도복을 방지하기 위해 굵은 곁뿌리는 중간에 하나씩 남겨두며, 15cm정도 환상박피한다.

58. 공사설계내역서 산정시 1원단위 이상이 아닌 것은?

① 설계서의 소계
② 설계서의 금액란
③ 일위대가표의 계금
④ 일위대가표의 금액란

해설 일위대가표의 금액은 0.1 미만 버림이다.

59. 운동장, 광장 등 넓은 지역의 매립, 땅 고르기 등에 필요한 토공량을 계산하는데 적합한 토적 계산 방법은?

① 중앙단면법
② 등고선법
③ 점고법(사각형분할)
④ 원추체적법

해설 토적계산
① 세장한 모양의 토공량 산출 : 양단면평균법, 중앙단면법, 각주공식
② 점고법(The Spot Elevation Method) : 넓은 지역의 매립, 땅고르기 등에 필요한 토공량 계산
③ 등고선법(심프슨 공식) : 등고선을 이용하여 토량 또는 저수지 용량을 계산하는 방법

60. 축척 1/500 도상에서 어느 구역의 면적을 구하여 $35.5cm^2$를 얻었다. 이 구역의 실제면적은 몇 m^2인가?

① 88.7 ② 704.2
③ 887.5 ④ 7042.2

해설 도상면적×(축척)^2=35.5×25=887.5m^2

■■■ 조경관리

61. 레크리에이션 관리체계의 기본요소에 해당하지 않는 것은?

① 이용자 ② 만족도
③ 자원 ④ 관리

해설 레크리에이션 관리체계의 기본요소
이용자, 자원, 관리

62. 소나무 혹병의 중간기주식물은?

① 졸참나무, 신갈나무
② 송이풀, 까치밥나무
③ 황벽나무
④ 향나무

해설 소나무혹병
① 발병수종 : 소나무, 해송, 졸참나무, 신갈나무 등
② 증상 및 월동 : 소나무의 줄기에 발병하면 조그마한 혹이 생겨 해마다 비대해져서 지름이 수십 cm에 달하고, 참나무류의 잎에 기생하면서 포자를 만들어 월동한 후 이듬해 봄에 소생자를 형성해 소나무에 침입한다.

63. 살충제 50% 유제 100cc를 0.05%로 희석하고자 할 때 요구되는 물의 양은? (단, 비중은 1로 가정한다.)

① 110L ② 90L
③ 99L ④ 99.9L

정답 57. ④ 58. ④ 59. ③ 60. ③ 61. ② 62. ① 63. ④

해설 살충제 50cc, 물의 양 L_1=50cc

$$\frac{50}{50+L_2}=\frac{0.05}{100}=\frac{0.05}{100} \quad L_2=99{,}950cc$$

$$\Delta L = L_2 - L_1$$
$$= 99{,}950 - 50 = 99{,}9000cc = 99.9L$$

64. 다음 중 시비 방법이 좋지 않은 것은?

① 작은 나무들이 가깝게 식재된 경우 → 전면 시비
② 교목이 넓은 간격으로 식재된 경우 → 방사상시비
③ 경계선의 산울타리 → 윤상시비
④ 뿌리가 많은 관목의 집단 → 천공시비

해설 산울타리 - 선상시비법

65. 콘크리트나 모르타르에 미관을 위한 재도장은 얼마의 기간을 두고 하는 것이 적당한가?

① 1년 ② 3년
③ 5년 ④ 8년

해설 콘크리트나 모르타르에 미관을 위한 재도장은 3년마다 실시한다.

66. 다음 [보기]에 인터로킹 블록 침하에 따른 보수 작업 순서 중 (   )에 적합한 것은?

> 위치선정 → 블록제거 → 기반층보수 → 기반층전압 → 블록깔기 → (   ) → 블럭 이음새 모래삽입 → 검사

① 기반다지기 ② 콤팩팅작업
③ 노반층제거 ④ 모래고르기

해설 블록포장시 블록깔기 후 지반을 다지기 위해 콤팩팅 작업을 실시한다.

67. 다음 [보기]의 설명에 해당되는 시민참여의 형태는?

> 시민참여를 안시타인의 이론에 따라 크게 3유형으로 구분했을 때 실질적인 주민참여 단계인 시민권력의 단계에 해당 정부, 일반시민, 시민단체, 학생, 기업, 기타 이해 당사자(stakeholder)가 고루 참여

① 시민자치(citizen control)
② 파트너쉽(partership)
③ 상담자문(consultation)
④ 조작(manipulation)

해설 시민권력형태
자치관리, 권양위양, 파트너쉽이 대표적이다.

68. 배수구의 평균유속이 0.5m/sec이고, 이 배수구의 횡단면은 가로2m, 세로 1m 일 때 배수유량은?

① 0.5m^3/sec ② 1.0m^3/sec
③ 1.5m^3/sec ④ 2.0m^3/sec

해설 유량(m^3/sec) = 유적(m^2) × 평균유속(m/sec)
= (2×1) × 0.5 = 1.0m^3/sec

69. 한국잔디에서 고온기에 라이족토니아 솔라니 푸사리움 병원균이 발생되어 문제되는 병으로 치료가 힘든 병은?

① 라지 패취병 ② 엽고병
③ 옐로우 패취병 ④ 설부병

해설 한국잔디의 병
① 고온성병 : 차지패취, 녹병
② 저온성병 : 후사리움패치
③ 해충 : 황금충

정답 64. ③ 65. ② 66. ② 67. ② 68. ② 69. ①

70. 다음 정원이나 밭에 잘 발생되는 잡초들 중 1년생 잡초는?

① 마디풀 ② 개보리뺑이
③ 망초 ④ 광대나물

해설 ① 마디풀 : 마디풀과(1년생)
② 개보리뺑이 : 국화과(2년생)
③ 망초 : 국화과(2년생)
④ 광대나물 : 꿀풀과(2년생)

71. 솔잎혹파리의 년 발생 회수와 우화 최성기로 옳은 것은?

① 년 1회, 4월 ② 년 2회, 5월
③ 년 1회, 6월 ④ 년 2회, 7월

해설 솔잎혹파리는 년 1회, 6월에 발생한다.

72. 토사 포장면의 개량 공법이 아닌 것은?

① 지반치환 공법 ② 노면치환 공법
③ 배수처리 공법 ④ 살수처리 공법

해설 토사포장면 개량공법
지반치환공법, 노면치환공법, 배수처리공법

73. 질소(N) 성분의 결핍현상 설명으로 부적합한 것은?

① 활엽수의 경우 황록색으로 변색된다.
② 침엽수의 경우 잎이 짧고 황색을 띤다.
③ 눈(shoot)의 크기는 지름이 다소 짧아지고 작아진다.
④ 조기에 낙엽이 되거나 잎이 부서지기 쉽다.

해설 ① 질소 : 영양생장을 왕성하게 하고 뿌리와 잎, 줄기 등 수목의 생장에 도움을 준다.
② 결핍현상
• 활엽수 : 황록색으로 변함 현상, 잎 수가 적어지고 두꺼워짐, 조기낙엽
• 침엽수 : 침엽이 짧고 황색을 띰

74. 해충을 가해습성에 따라 분류시 천공성 해충에 해당되지 않는 것은?

① 소나무좀 ② 바구미
③ 방패벌레 ④ 박쥐나방

해설 방패벌레 : 흡즙성해충

75. 영국의 로버트 헌터 등에 의하여 제창되어 파괴되어가고 있는 자연과 역사적 환경 등을 보전하기 위한 것은?

① 내셔널 트러스트
② 메트로 폴리탄 파크 시스템
③ 커뮤니티 논프로핏 에이전시
④ 비지터 매니지먼트

해설 내셔널 트러스트(National Trust)
역사적 명승지 및 자연적 경승지를 위한 내셔널 트러스트로 영국의 로버드 헌터경 등 3인에 위해 주창되어 파괴되어 가고 있는 자연과 역사적 환경 등을 보존하기 위해 창립, 국민에 의한 국토보존과 관리의 의미가 깊음

76. 충해에 걸려 있는 나무는 수세기 쇠약한 나무에 수세를 회복하기 위하여 수간주입을 하는 시기로 가장 효과적인 시기는? (단, 맑게 갠 날에 실시한다.)

① 2월 초순 ~ 3월 하순
② 3월 하순 ~ 4월 초순
③ 5월 초순 ~ 8월 하순
④ 9월 하순 ~ 10월 하순

해설 ① 다른 시비 방법으로 곤란하거나 거목이나 경제성이 높은 수종, 미량원소(철분, 아연) 부족시 효과
② 시기 : 4~9월 증산 작용이 왕성한 맑은 날에 실시
③ 방법(중력식 수간주사)
• 주사액이 형성층까지 닿아야함
• 구멍은 통상적으로 수간 밑 2곳에 뚫음

정답 70. ① 71. ③ 72. ④ 73. ④ 74. ③ 75. ① 76. ③

77. 성토 비탈면의 점검을 위해 우선적으로 사전에 파악해 두어야 할 사항은?

① 비탈면의 집수 범위
② 비탈 어깨부분의 상태
③ 비탈면 내의 용수 상태
④ 주위의 유수 상태

해설 성토비탈면 점검시 사전파악내용
성토기간, 구조, 토질, 비탈면형상, 성토 흙의 상태, 주위의 유수상태, 기초지반 및 환경상태

78. 겨울철 수간이 동결하는 과정에서 발생하는 상열(frost crack) 현상에 대한 설명으로 맞는 것은?

① 수목의 횡축(수평)방향으로 갈라진다.
② 주로 그 해에 자란 어린가지에서 발생된다.
③ 수목의 남서쪽 방향이 더 심하다.
④ 활엽수보다는 침엽수에서 더 자주 관찰된다.

해설 상렬은 수액이 얼어 부피가 증대되어 수간의 외층이 냉각·수축하여 갈라지는 현상으로 껍질과 수목의 수직적인 분리를 말한다.

79. 다음 중 응애류(mite)에 관한 설명 중 틀린 것은?

① 잎의 즙액을 빨아 먹는다.
② 침엽수에도 피해를 준다.
③ 천적으로 바구미, 사슴벌레 등이 있다.
④ 피해를 받으면 잎이 황갈색으로 변하며, 수세가 약해진다.

해설 응애의 천적은 무당벌레, 거미, 풀잠자리 등이 있다.

80. 흉고직경 15cm의 벚나무 500주와 23cm의 은행나무 400주를 인력으로 관수하고자 한다. 다음 표의 조건을 참조할 때 4명의 보통인부가 관수를 끝내기 위한 소요일수는?

인력관수 주당

종별	흉고직경(cm)	
	10~20 미만	20~30 미만
보통인부(인)	0.04	0.06

① 5일 ② 11일
③ 22일 ④ 44일

해설 (0.04 × 500) + (0.06 × 400) ÷ 4 = 11일

정답 77. ④ 78. ③ 79. ③ 80. ②

※ 본 기출문제는 수험자의 기억을 바탕으로 하여 복원한 문제이므로 실제 문제와 다를 수 있음을 미리 알려드립니다.

■■■ 조경계획 및 설계

1. 삼국사기 백제본기에 의하면 무왕 35년에 궁 남쪽에 정원을 꾸몄다 하였는데 다음 설명 중 옳은 것은?

① 석가산을 쌓아 방장선산을 상징하였다.
② 솟는 물을 모아 연못을 만들었다.
③ 못에 섬을 만들었다.
④ 서안에 소나무를 무성하게 심었다.

해설 궁남지는 무왕때 조성되었으며 궁 남쪽에 못을 파고 20여리 밖에서 물을 끌어들였으며, 못 가운데 방장선산을 상징하는 섬조성하였다. 호안에는 능수버들을 식재하였다.

2. 잔산잉수(殘山剩數)의 설명으로 부적당한 것은?

① 야생초화를 자연풍으로 이식하는 것을 말한다.
② 자연 중의 작은 경치를 몇 부분씩 포함하여 전체로서 하나의 통일된 구도로 마무리 하였다.
③ 중국 남송의 산수화에서 사용되었던 용어이다.
④ 연못안, 연못가의 의도적인 석조를 중심으로 하는 국부의장에서 볼 수 있다.

해설 잔산잉수
중국 남송화 수법으로 자연풍경의 요소만 선정해 재구성한 것으로 경관을 상징적으로 묘사하고 있다.

3. 자연의 형체나 색채를 떠나서 형체를 기하학적으로 단순화하여 선과 면의 구성으로 순수한 구성 질서에 의한 아름다운 화면을 창조하였고, 현대 디자인에 영향을 준 20세기 화파는?

① 인상파 ② 야수파
③ 입체파 ④ 추상파

해설 ① 인상파(Impressionism art)
· 자연을 하나의 색채현상으로 보고, 빛과 함께 시시각각으로 움직이는 색채의 미묘한 변화 속에서 자연을 묘사하는 데 있다.
· 화가가 사물 볼 때 느껴지는 감정과 인상으로 그림을 그린다.
② 야수파(fauvisme)
· 새로운 실험정신을 발휘한 작가의 색채를 통해 표현적 감정적 힘을 표현하고 과거의 전통을 깨는데 있다.
· 넓은 추상적 색면을 중요시하여 묘사적 기능에서 조형적 자유를 추구했다.
③ 입체파(cubism)
· 대상을 분해하고 재구성하여 여러 각도에서 본 모양을 한 화면에 표현하는 등 화면에서 시간성을 초월하여 새로운 질서를 표현하였다.
④ 추상파
· 현실적인 대상의 구체적인 재현보다는 선, 형, 색채 등의 순수한 조형 요소만을 사용하여 자신의 느낌을 표현하였다

4. "형태는 기능을 따른다.(form follows function)"는 말은 건축의 기능적인 필연성이 형태에 그대로 표현되어야 한다는 기능 중심적인 사고였는데, 이러한 주장을 한 사람은?

① 라이트(Frank Loyd Wright)
② 루이스 설리반(Louis Sullivan)
③ 르 꼬르뷰지에(Le Corbusier)
④ 오토 와그너(Otto Wagner)

해설 루이스 설리반(Louis Sullivan)
미국의 건축가로 모더니즘의 슬로건인 "형태는 기능을 따른다.(form follows function)"라는 말을 하였다.

정답 1. ③ 2. ① 3. ④ 4. ②

5. 우리나라 최초의 서양식으로 꾸며진 정원이라고 볼 수 있는 것은?

① 덕수궁 석조전 정원
② 보라매 공원
③ 창덕궁 후원
④ 파고다 공원

해설 덕수궁 석조전정원(침상원)
프랑스의 평면기하학식 형태로 조성되었다.

6. 17세기 중엽 프랑스의 조경이 이탈리아의 모방에서 벗어나 독창적인 평면기하학식 정원으로 만들어지는데 기여한 조경가는?

① 르 노트르　② 옴스테드
③ 메이어　④ 브리지맨

해설 르 노트르
프랑스의 평면기하학식을 창안한 궁전 조경가로 보르비콩트, 베르사유 궁원 등을 조영하였다.

7. 조경설계 제도에 쓰이는 명칭 중에서 눈의 높이를 나타내는 것은?

① H. L　② G. L
③ V. P　④ S. P

해설 ① H.L(Horizontal Line) : 수평선
② G.L(Ground Line) : 지반선
③ V.P(Vanishing point) : 무한 소점
④ S.P(Stand point) : 입점

8. 제 3각법으로 정투상 된 보기와 같은 정면도와 평면도에 맞는 우측면도로 가장 적합한 것은?

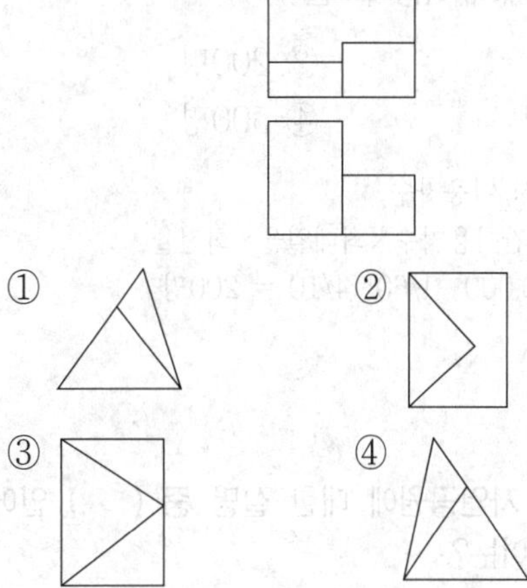

9. 생태적 수용능력(收容能力)이란 무엇을 의미하는가?

① 자연환경내에서의 생물의 포용 능력
② 생태계의 천이 과정
③ 자연생태계에 있어서의 먹이 연쇄의 균형
④ 생태계의 균형을 깨뜨리지 않는 범위내에서의 이용자의 양(量)

해설 생태적 수용능력
생태계의 균형을 깨뜨리지 않는 범위내에서의 이용자의 양(量)

10. 시각적 효과 분석 및 미시적 분석에 관한 연결이 옳지 않은 것은?

① 린치(1979) - 도시의 이미지 분석 연구
② 틸(1961) - 공간형태의 표시법
③ 할프린(1965) - 움직임의 표시법
④ 레오폴드(1969) - 형태와 행위의 일치성 연구

해설 ① 스타인니츠 - 형태와 행위의 일치성연구
② 레오폴드 - 하천주변 경관가치의 계량화

정답 05. ① 06. ① 07. ① 08. ④ 09. ④ 10. ④

11. 연간이용자수가 3만명, 3계절형(1/60), 시설 개장시간은 10시간, 평균체재시간은 4시간인 시설지의 최대시 이용자수는?

① 125명 ② 200명
③ 300명 ④ 500명

해설 최대시 이용자수
= 연간이용자수×최대일율×회전율
= 30,000×1/60×4/10 = 200명

12. 다음 자연공원에 대한 설명 중 ( ) 안에 알맞은 용어는?

> 국립공원이란 우리나라의 자연생태계나 자연 및 ( )을 대표할 만한 지역으로서 관련 조항에 따라 지정된 공원을 말한다.

① 역사경관 ② 문화경관
③ 지리경관 ④ 생태경관

해설 자연공원의 지정조건
자연생태계, 자연경관, 문화경관, 지형보존, 위치 및 이용의 편의

13. 다음 중 입면도를 가장 잘 표현한 그림은?

①  ② 

③ 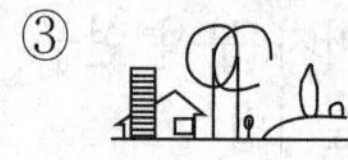 ④ 

해설 입면도
수직적 공간을 보여주기 위한 도면

14. 다음 중 근린생활권근린공원(주로 인근에 거주하는 자의 이용에 제공할 것을 목적으로 하는 근린공원)의 유치거리 및 규모 기준으로 맞는 것은? (단, 도시공원 및 녹지 등에 관한 법률 시행규칙상의 기준을 따른다.)

① 유치거리 : 1km 이하, 규모 : 제한 없음
② 유치거리 : 250m 이하, 규모 : 30,000m^2 이상
③ 유치거리 : 500m 이하, 규모 : 10,000m^2 이상
④ 유치거리 : 1km 이하, 규모 : 1,500m^2 이상

해설

유형		유치거리	면적
근린공원	근린생활권 근린공원	500m	10,000m^2 이상
	도보권 근린공원	1km	30,000m^2 이상
	도시계획 구역권 근린공원	제한없음	100,000m^2 이상
	광역권 근린공원	제한없음	1,000,000m^2 이상

15. 다음 ( )안에 공통적으로 들어갈 용어는?

> 색은 물리적으로 빛에 의해 일어나는 감각이며 일반적으로 빨강, 노랑, 파랑, 보라 등 빛의 파장에 따라 다양하게 색을 지칭하고 있다. ( )(이)란 이들 파장의 차이가 여러 가지인 색채를 말한다. 바꾸어 말하면 색채를 구별하기 위해 필요한 색채의 명칭이 ( )이다.

① 색지각 ② 색감각
③ 색상 ④ 채도

해설 색상(色相, hue)
① 색의 3속성의 하나
② 빨강, 노랑, 초록, 파랑, 보라와 같이 색 지각 또는 색 감각의 성질을 갖는 색의 속성. 연속적으로 색을 배열하여 척도화한 수치나 기호로 색이름을 말한다.

정답 11. ② 12. ② 13. ③ 14. ③ 15. ③

16. 대지 면적이 400m², 건폐율이 50% 인 곳에 건폐율 전체를 1층 바닥면적으로 지어진 4층 건물이 위치하고 있다. 연상면적(m²)은 얼마인가?

① 400 ② 800
③ 1600 ④ 3200

해설 연면적=층수×1층바닥면적

$$건폐율 = \frac{1층\ 바닥면적}{대지면적} \times 100$$

1층 바닥 면적 = 200m²
∴연상면적 = 4×200 = 800m²

17. 조경계획과 설계의 작업순서를 배열한 것 중 옳은 것은?

① 계획목표수립 → 예비조사 → 분석 → 기본구상의 책정 → 기본계획 → 설계도 작성 → 시공
② 계획목표수립 → 예비조사 → 기본구상의 책정 → 분석 → 기본계획 → 설계도 작성 → 시공
③ 계획목표수립 → 분석 → 기본구상의 책정 → 예비조사 → 기본계획 → 설계도 작성 → 시공
④ 계획목표수립 → 분석 → 기본구상의 책정 → 기본계획 → 예비조사 → 기본구상의 책정 → 설계도 작성 → 시공

해설 조경계획과 설계의 작업순서
계획목표수립 → 예비조사 → 분석 → 기본구상의 책정 → 기본계획 → 설계도 작성 → 시공

18. 일반적으로 조형미의 표현에서 리듬(rhythm)이 갖는 효과라고 볼 수 없는 것은?

① 역동감을 준다.
② 기분이나 속도감을 표현한다.
③ 초점을 강조하거나 공간을 충실하게 한다.
④ 반복에 의한 리듬으로 강한 대비를 얻을 수 있다.

해설 반복에 의한 리듬으로 다양성을 얻는다.

19. 토지이용계획은 토지의 가장 적절하고 효율적인 이용이라고 정의하고, 조경계획은 바로 이 최적이용을 달성하는 방법론이라고 말한 사람은?

① B. Hackett ② S. Gold
③ D. Lovejoy ④ M. Laurie

해설 토지이용계획으로서의 조경계획
① D. Lovejoy : 토지의 가장 적절하고 효율적인 이용을 위한 계획이며, 최고 이용을 달성하는 방법론
② B. Hackett : 경관의 생리적 요소에 대한 기술적 지식과 경관의 형상에 대한 미적인 이해를 바탕으로 토지의 이용을 결합시켜 새로운 차원의 경관을 발전시킴

20. 경사로(ramp) 및 계단의 배치와 구조에 대한 설명 중 잘못된 것은?

① 휠체어 사용자가 통행할 수 있는 경사로의 유효폭은 120cm 이상으로 한다.
② 높이 3m가 넘는 계단에는 3m 이내 마다 당해 계단의 유효폭 이하의 폭으로 너비 120cm 이하인 참을 둔다.
③ 장애인 등의 통행이 가능한 경사로의 종단기울기는 1/18 이하로 한다. 다만, 지형조건이 합당하지 않을 경우에는 종단기울기를 1/12까지 완화할 수 있다.
④ 평지가 아닌 곳에 설치하므로 경사로와 옥외계단의 바닥은 미끄럽지 않은 재료를 사용해야 한다.

해설 높이 2m가 넘는 계단에는 2m 이내 마다 당해 계단의 유효폭 이하의 폭으로 너비 120cm 이하인 참을 둔다.

정답 16. ② 17. ① 18. ④ 19. ③ 20. ②

■■■ 조경식재

21. 다음 중 그늘을 이용하려는 정자목(亭子木) 또는 학자수(學者樹)로 가장 적당한 수종은?

① *Magnolia kobus*
② *Rhus javanica*
③ *Acer palmatum*
④ *Sophora japonica*

해설 ① 목련
② 붉나무
③ 단풍나무
④ 회화나무

22. 다음에서 식물의 질감(texture)과 관련된 내용에 해당되지 않는 것은?

① 잎의 형태, 크기 및 표면
② 잎이 잔가지와 작은 줄기에 붙는 형태와 모인 모습
③ 소엽(小葉)들이 배열되어 식물의 잎 전체를 이루는 방식
④ 식물의 생장속도

23. 다음 중 녹나무과에 해당하지 않는 수종은?

① 후박나무 ② 월계수
③ 무화과나무 ④ 생강나무

해설 무화과나무
뽕나무과의 낙엽관목

24. 상록활엽교목이 아닌 것은?

① 태산목 ② 협죽도
③ 후박나무 ④ 가시나무

해설 협죽도
협죽도과의 상록활엽관목

25. 다음 중 일반적으로 한냉지에 적합하지 못한 것은?

① *Machilus thunbergii*
② *Picea abies*
③ *Taxus cuspidata*
④ *Betula platyphylla*

해설 후박나무는 상록활엽교목으로 한랭지에 부적합하다.
① 후박나무 ② 독일가문비
③ 주목 ④ 자작나무

26. 일반적인 방풍림으로 방풍식재를 한 경우 가장 방풍효과가 큰 곳은 바람 아래쪽의 수고의 몇 배 떨어진 곳인가? (단, 풍속의 65% 정도의 감쇠효과가 있다.)

① 1~2배 ② 3~5배
③ 9~10배 ④ 10~20배

해설 방풍림의 방풍효과
① 바람의 위쪽에 대해서는 수고의 6~10배, 바람 아래쪽에 대해서는 25~30배 거리, 가장 효과가 큰 곳은 바람 아래쪽의 수고 3~5배에 해당되는 지점으로 풍속 65%가 감소
② 수목의 높이와 관계를 가지며 감속량은 밀도에 따라 좌우

27. 다음 식물재료 중 가을에 줄기의 색깔이 붉은 색인 것은?

① 흰말채나무 ② 황매화
③ 쥐똥나무 ④ 앵도나무

해설 흰말채나무
층층나무과의 낙엽활엽 관목. 홍서목(紅瑞木)이라고도 한다. 수피는 붉은색을 띤다.

정답 21. ④ 22. ④ 23. ③ 24. ② 25. ① 26. ② 27. ①

28. 다음 생강나무와 산수유에 대한 설명 중 틀린 것은?

① 생강나무는 녹나무과, 산수유는 층층나무과이다.
② 둘 다 잎의 배열은 대생이다.
③ 둘 다 이른 봄에 노란색 꽃이 핀다.
④ 생강나무는 낙엽활엽관목이고, 산수유는 낙엽활엽교목이다

해설 생강나무의 잎의 배열은 호생, 산수유는 대생한다.

분류	생강나무	산수유
과	녹나무과	층층나무과
성상	낙엽활엽관목	낙엽활엽교목
꽃	꽃은 암수딴그루이고 3월에 잎보다 먼저 피며 노란 색의 작은 꽃들이 여러 개 뭉쳐 꽃대 없이 산형꽃차례로 핀다.	황색으로 3, 4월에 잎보다 먼저 핀다.
잎	잎은 어긋나고 달걀 모양 또는 달걀 모양의 원형이며 길이가 5~15cm이고 윗부분이 3~5개로 얕게 갈라지며 3개의 맥이 있고 가장자리가 밋밋하다.	잎은 마디마다 2장이 마주 자리하고 있으며 계란 꼴 또는 타원 꼴로 끝이 길게 뻗어 나가면서 뾰족해진다
열매	열매는 장과이고 둥글며 지름이 7~8mm이고 9월에 검은 색으로 익는다.	열매는 긴 타원형으로 8월에 붉은색으로 익는다.
수피	나무 껍질은 회색을 띤 갈색이며 매끄럽다.	담갈색인 나무껍질은 때때로 일부분씩 들떠서 떨어진다.

29. 다음 중 열매의 형태가 다른 수종은?

① 구상나무　　② 분비나무
③ 비자나무　　④ 전나무

해설 비자나무는 견과, 전나무 · 구상나무 · 분비나무는 소나무과로 열매는 구과에 해당된다.

30. 다음 수종 중 가지에 가시가 있는 것은?

① 당매자나무　　② 호랑가시나무
③ 피나무　　④ 노간주나무

해설 당매자나무
① 매자나무과 낙엽활엽관목
② 높이가 2m에 달하며 가지에 털이 없고 자갈색이고 가시는 단순하거나 3개로 갈라지며 길이는 0.5~1cm이다.

31. 다음 식물의 열매 모양이 삭과(蒴果, capsule)로 분류되지 않는 것은?

① 무궁화　　② 자귀나무
③ 진달래　　④ 수수꽃다리

해설 ① 삭과(蒴果) : 여러 개의 심피가 과실의 성숙과 함께 건조되며 그 후에 선단부가 열리면서 종자를 산포하는 열매를 말한다. 열과의 하나로 속이 여러 칸으로 나뉘고 각 칸에 많은 씨가 들어있다.
② 자귀나무 - 협과

32. 돈나무의 학명은 무엇인가?

① *Pittosporum tobira* (Thunb.) W.T.Aiton
② *Chaenomeles speciosa* (Sweet) Nakai
③ *Lespedeza maximowiczii* C.K.Schneid.
④ *Rhus javanica* L.

해설 ① 돈나무
② 산당화
③ 조록싸리
④ 붉나무

정답 28. ② 29. ③ 30. ① 31. ② 32. ①

33. 조경식물의 이용 분류적 특성 설명 중 틀린 것은?

① 방풍용수는 심근성으로 지엽이 치밀한 가지와 줄기를 지닌 수종이 좋다.
② 방진용수는 수관층이 넓거나 지면을 빽빽이 덮을 수 있는 수종이 좋다.
③ 방조용수는 강한 바람에 견디며 척박한 토양환경을 극복할 수 있는 수종이 좋다.
④ 방화용수는 비교적 잎이 선형으로 치밀하며 함수량이 많은 침엽수종이 좋다.

해설 방화용수는 함수량이 많은 상록활엽수가 좋다.

34. 다음 중 콩과에 속하지 않은 종은?

① *Pueraria lobata* Ohwi
② *Wisteria floribunda* DC. for. floribunda
③ *Sophora japonica* L.
④ *Rhus javanica* L.

해설 ① 칡
② 등
③ 회화나무
④ 붉나무 – 옻나무과

35. 다음 중 같은 과(科)에 속하지 않는 수종은?

① 후박나무 ② 다릅나무
③ 월계수 ④ 생강나무

해설 ① 후박나무, 월계수, 생강나무 - 녹나무과
② 다릅나무 - 콩과

36. 다음 중 *Quercus* 속명이 아닌 식물은 무엇인가?

① 신갈나무 ② 가시나무
③ 밤나무 ④ 상수리나무

해설 밤나무 학명은 *Castanea crenata* S.et Z.

37. 선화후엽(先花後葉)식물 중 꽃은 황색이고, 열매는 검은색인 식물은?

① *Lindera obtusiloba* Blume
② *Abeliophyllum distichum* Nakai
③ *Prunus yedoensis* Matsum.
④ *Rhododendron mucronulatum* Turcz. var.mucronulatum

해설 ① 생강나무 : 3월에 잎보다 먼저 피며 노란 색의 작은 꽃들이 여러 개 뭉쳐 꽃대 없이 산형. 열매는 장과이고 둥글며 지름이 7~8mm이고 9월에 검은 색으로 익는다.
② 미선나무
③ 왕벚나무
④ 진달래

38. 곡선반경이 극히 작은 종단철형(從斷凸形)의 노선이나 평면선형(平面線形)에서 한쪽으로 회전하는 곡선구간 등에 교통안전을 위하여 일반적으로 열식(列植)으로 식재하는 도로 기능 식재는?

① 명암순응식재 ② 시선유도식재
③ 지표식재 ④ 차폐식재

해설 시선유도식재
① 주행 중의 운전자가 도로선형변화를 미리 판단할 수 있도록 유도한다.
② 수종은 주변 식생과 뚜렷한 식별이 가능한 수종(향나무, 측백, 광나무, 사철나무 등)
③ 곡률반경 (R)=700m 이하의 도로 외측은 관목 또는 교목을 열식한다.

39. 다음 수목의 식재환경 중 음수(陰樹)가 생장할 수 있는 광량(光量)은 전수광량(全受光量)의 몇 % 내외인가?

① 5% ② 15%
③ 25% ④ 50%

해설 ① 음수가 생장할 수 있는 광량은 전수광량의 50%내외이며, 양수는 70%내외이다.
② 고사한계의 최소수광량은 음수는 5.0%, 양수는 6.5%이다.

정답 33. ④ 34. ④ 35. ② 36. ③ 37. ① 38. ② 39. ④

40. 다음 중 열매의 형태가 시과(samara)에 해당되는 수종은?

① 층층나무 ② 참느릅나무
③ 산벚나무 ④ 윤노리나무

해설 ① 층층나무, 산벚나무 - 핵과
② 윤노리나무 -이과

■■■ 조경시공학

41. 다음 재료 중 재료 할증율이 가장 작은 것은?

① 원석(마름돌용) ② 원형철근
③ 블록 ④ 조경용수목

해설 ① 원석(마름돌용) 30%
② 원형철근 5%
③ 블록 4%
④ 조경용수목 10%

42. 다음 그림의 벽돌쌓기는 벽돌의 마구리 쪽이 전면으로 오도록 놓으면서 쌓는 방법으로 몇 장(B) 쌓기인가?

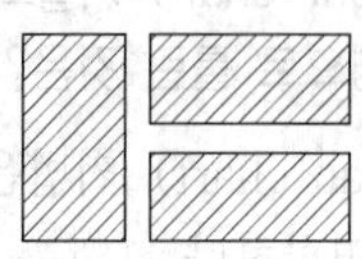

① 1.0 ② 1.5
③ 2.0 ④ 3.0

해설 벽돌의 두께
① 길이를 기준으로 표시
② 0.5B : 반장쌓기, 1.0B : 한 장쌓기

43. 다음 중 목재의 전기저항에 가장 적은 영향을 미치는 인자는?

① 수종 ② 섬유주향
③ 온도 ④ 함수율

해설 목재의 전기저항
① 수종이나 밀도의 차이에 의해 거의 영향을 받지 않는다.
② 전기저항성질은 함수율에 따라 변하며 섬유직각방향이 섬유평행 방향보다 2.3~2.8배 정도 크며 비중이 큰 것이 저항값이 크다. (심재가 변재보다 크다)

44. 콘크리트의 거푸집 측압에 관한 일반적인 설명으로 틀린 것은?

① 단면이 작은 벽보다 단면이 큰 기둥에서 측압이 크다.
② 철근량이 적을수록, 온도가 높을수록 측압이 크다.
③ 타설속도가 빠르면 측압이 커진다.
④ 응결시간이 빠른 시멘트를 사용할수록 측압이 작다.

해설 ① 측압
- 액상의 생콘크리트를 타설하는 순간 거푸집 측면에 가해지는 압력을 말한다.
- 콘크리트의 측압은 마감공사에 필요한 콘크리트 표면의 정밀도를 좌우하는 요소이다.

② 측압의 영향 요인(측압이 크게 작용하는 요인)
- 슬럼프가 클수록
- 타설속도가 빠를수록
- 기온이 낮을수록
- 거푸집의 수밀성이 높을수록
- 다짐이 많을수록
- 타설 높이가 높을수록

정답 40. ② 41. ③ 42. ② 43. ① 44. ②

45. 지상 고도 2,000m의 비행기 위에서 화면거리 152.7mm의 사진기로 촬영한 수직 공중 사진상에서 길이 50m의 교량은 몇 mm 정도로 촬영되는가?

① 1.2mm　　② 2.5mm
③ 3.8mm　　④ 4.2mm

해설 $\frac{1}{M} = \frac{초점거리}{촬영고도} = \frac{도상거리}{실제거리}$

$\frac{0.1527}{2000} = \frac{x}{50}$　　$x = 3.8\text{mm}$

46. 다음 중 석재의 일반적 강도에 관한 설명으로 옳지 않은 것은?

① 구성입자가 작을수록 압축강도가 크다.
② 강도는 중량에 비례한다.
③ 함수율이 클수록 강도는 저하된다.
④ 강도의 크기는 휨강도 > 인장강도 > 압축강도이다.

해설 석재 강도의 크기는 압축강도 > 휨강도 > 인장강도의 순이다.

47. 다음 시멘트 중 수경률이 가장 큰 시멘트는?

① 중용열 포틀랜드 시멘트
② 보통 포틀랜드 시멘트
③ 조강 포틀랜드 시멘트
④ 백색 포틀랜드 시멘트

해설 수경률(水硬率, hydraulic modulus)
① 포틀랜드시멘트의 적정한 화학성분의 비율, 시멘트속의 염기성분과 산성분의 비율
② 수경률이 높을수록 : 수화반응속도 향상, 수화열 증가하므로 단기 강도가 높아진다. 수화열이 큰 시멘트는 조강 포틀랜드 시멘트가 가장 크다.

48. 비탈면의 경사가 1 : 1.5일 때, 수평거리가 3m 이면 수직거리(m)는 얼마인가?

① 1.5　　② 2.0
③ 3.0　　④ 4.5

해설 1 : 1.5=수직거리 : 3, 수직거리=2.0

49. 밑면(A_2)의 면적이 40m², 윗면(A1)의 면적이 35m², 윗면과 밑면의 거리가(l)가 10m일 때 양단면평균법으로 계산한 육면체의 체적(m³)은?

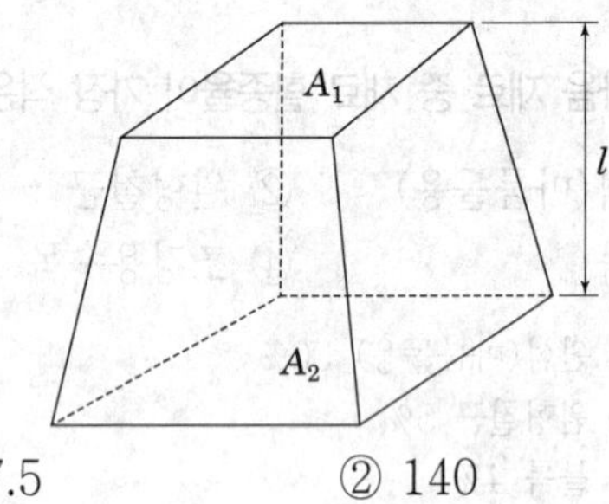

① 37.5　　② 140
③ 375　　④ 1400

해설 $\frac{40+35}{2} \times 10 = 375\text{m}^3$

50. 바 차트(bar chart) 기법과 PERT/CPM 기법의 특징 설명으로 틀린 것은?

① 바 차트(bar chart) 기법은 작업의 선·후 관계가 불명확하다.
② 바 차트(bar chart) 기법은 일정의 변화에 손쉽게 대처하기 곤란하다.
③ PERT/CPM 기법은 문제점의 사전 예측이 곤란하다.
④ PERT/CPM 기법은 바 차트(bar chart) 기법 보다 작성이 힘들다.

해설 바르게 고치면
PERT/CPM 기법은 문제점의 사전 예측이 곤란하다.

정답 45. ③　46. ④　47. ③　48. ②　49. ③　50. ③

51. 건설기계경비 산정에 있어 기계손료(器械損料)의 항목에 포함되지 않는 것은?

① 소모품비(消耗品費)
② 감가상각비(減價償却費)
③ 정비비(整備費)
④ 관리비(管理費)

해설 기계경비의 구성

직접경비	기계손료	감가상각비, 정비비, 관리비
	운전경비	운전노무비, 연료비, 소모품비
간접경비	운반비, 조립·해체비, 기타 기계경비	

52. 다음 [보기]의 내용을 참고하여 공사의 입찰순서로 가장 적합한 것은?

[보기]
① 입찰통지 ② 입찰 ③ 낙찰
④ 계약 ⑤ 현장설명 ⑥ 개찰

① ①→②→③→④→⑤→⑥
② ①→②→⑤→⑥→③→④
③ ①→⑤→②→⑥→③→④
④ ①→⑤→③→②→⑥→④

해설 공사의 입찰순서
입찰통지 → 현장설명 → 입찰 → 개찰 → 낙찰 → 계약

53. 목재의 건조방법은 크게 자연건조법과 인공건조법으로 나눌 수 있다. 다음 중 목재의 건조방법이 나머지 셋과 다른 것은?

① 훈연법 ② 자비법
③ 증기법 ④ 수침법

해설 ① 건조전의 처리법(수액제거방법)

수침법	2주 이상 흐르는 물에 담그는 방법
자비법	열탕에 삶는 방법
증기법	원통 속에서 수증기로 찌는 방법

② 인공건조 방법 : 증기법, 훈연법, 진공법, 열기법

54. 한중콘크리트에 대한 설명 중 옳지 않은 것은?

① 단위수량은 초기동해를 적게 하기 위하여 소요의 워커빌리티를 유지할 수 있는 범위 내에서 되도록 적게 정하여야 한다.
② 재료를 가열하는 경우 물을 가열하는 것을 원칙으로 한다.
③ 골재가 동결되어 있거나 골재에 빙설이 혼입되어 있는 골재는 사용할 수 없다.
④ 한중콘크리트에는 공기연행 콘크리트를 사용하는 것이 원칙이다.

해설 한중콘크리트의 시공방법
기온이 0~4℃에서의 간단한 주의와 보온으로 시공하고, −3 ~0℃에서는 물 또는 물과 골재를 가열한 필요가 있는 동시에 어느 정도의 보온이 필요하다. −3℃ 이하에서는 물과 골재를 가열하여 콘크리트의 온도를 높일 뿐만 아니라 필요에 따라 적절한 보온, 급열에 의하여 친 콘크리트를 적절한 온도로 유지하는 등의 방법이 필요하다.

55. 1:25,000 축척의 지형도에서 주곡선을 이용하여 구릉지를 구적기로 면적 측정하여 $A_0=120\text{m}^2$, $A_1=450\text{m}^2$, $A_2=1{,}270\text{m}^2$, $A_3=2{,}430\text{m}^2$, $A_4=5{,}670\text{m}^2$을 얻었을 때 등고선법(각주공식)에 의한 체적은?

① $56{,}166.67\text{m}^2$ ② $66{,}166.67\text{m}^2$
③ $76{,}166.67\text{m}^2$ ④ $86{,}166.67\text{m}^2$

정답 51. ① 52. ③ 53. ④ 54. ② 55. ②

해설 1 : 25,000에서는 주곡선은 10m간격

$\frac{h}{3}\{A_0+4(A_1+A_3)+2(A_2)+A_4\}$

여기서, h : 등고선 높이, $A_0 \sim A_4$: 단면적

$\frac{10}{3}\{120+4(450+2430)+2(1270)+5670\}$

$=66166.666... \rightarrow 66166.67\text{m}^2$

56. 다음 콘크리트와 관련된 설명이 옳지 않은 것은?

① 비비기로부터 타설이 끝날 때까지의 시간은 원칙적으로 외기온도가 25℃ 이상일 때는 1.5시간을 넘어서는 안된다.

② 콘크리트 다지기에는 내부진동기의 사용을 원칙으로 하나, 얇은 벽 등 내부진동기의 사용이 곤란한 장소에서는 거푸집 진동기를 사용해도 좋다.

③ 거푸집의 높이가 높을 경우, 재료 분리를 막고 상부의 철근 또는 거푸집에 콘크리트가 부착하여 경화하는 것을 방지하기 위해 투입구와 타설면과의 높이는 1.5m 이하를 원칙으로 한다.

④ 비비기 시간은 시험에 의해 정하는 것을 원칙으로 하며, 미리 정해둔 비비기 시간의 2배 이상 지속해야 한다.

해설 바르게 고치면
비비기는 미리 정해 둔 비비기 시간의 3배 이상 계속해서는 안 된다

57. 목재의 사용 환경 범주인 해저드클래스(Hazard Class)에 대한 설명으로 틀린 것은?

① 담수와 접하는 곳 등 특수한 환경에서 고도의 내구성을 요구할 때는 H4에 해당한다.

② H1은 외기에 접하지 않은 실내의 건조한 곳에 해당된다.

③ 파고라 상부 등 야외용 목재시설은 H3에 해당하는 방부처리방법을 사용한다.

④ H4에서는 결로의 우려가 있는 조건에 적용하는 목재로 침지법을 사용한다.

해설 ④ H4에서는 토양 또는 담수와 접하는 환경, 흰개미 피해환경으로 가압법을 사용한다.

58. 다음 중 플라이애쉬를 콘크리트에 사용함으로써 얻을 수 있는 장점에 해당되지 않는 것은?

① 워커빌리티가 개선된다.

② 건조수축이 적어진다.

③ 수화열이 낮아진다.

④ 초기강도가 높아진다.

해설 플라이애쉬를 혼입함으로써 얻어지는 장점
① 유동성을 개선
② 장기강도를 개선
③ 수화열을 감소시킴
④ 알칼리 골재반응을 억제
⑤ 황산염에 대한 저항성이 큼
⑥ 콘크리트의 수밀성을 향상시킴

59. 보(Beam)에 관한 설명으로 틀린 것은?

① 게르버보란 단순보와 내민보를 조합한 것이다.

② (그림) 의 그림은 켄틸레버보를 나타낸다.

③ 고정보는 1개의 보를 3개 이상의 지점으로 지지하고 있는 것이다.

④ 단순보는 1개의 보가 양단으로 지지되어 그 1단은 회전 지점으로 타단은 하중지점으로 지지하고 있는 것이다.

정답 56. ④ 57. ④ 58. ④ 59. ③

해설 바르게 고치면
연속보는 1개의 보를 3개 이상의 지점으로 지지하고 있는 것이다.

60. 일위대가표의 계금이 1234.56원이 산출되었다. 표준품셈상 금액의 단위표준을 따르면 얼마로 하여야 하는가?

① 1,234원 ② 1,235원
③ 1,234.5원 ④ 1,234.6원

해설 일위대가표의 계금은 원미만 버림

■■■ 조경관리

61. 관리업무의 운영방식 중 직영방식에 알맞은 업무는?

① 진척상황이 명확하지 않고 검사하기 어려운 업무
② 장기에 걸쳐서 단순작업을 행하는 업무
③ 전문적 지식, 기능, 자격을 요하는 업무
④ 규모가 크고, 노력, 재료 등이 소요되는 업무

해설 진척상황이 명확하지 않고 검사하기 어려운 업무는 도급방식으로 처리하기 곤란하다.

62. 수병의 표징(sign)에 해당하지 않는 것은?

① 포자 ② 균핵
③ 분생포자 ④ 괴사

해설 병든식물의 외관적이상
① 표징(sign)
· 병원체가 병든 식물체상의 환부에 나타나 병의 발생을 알림
· 주로 진균일 때 발생하며 포자, 균핵
② 병징(symptom)
· 병든 식물자체의 조직변화
· 색의변화, 천공, 괴사, 빗자루모양변화

63. 다음 용어의 설명 중 바르지 못한 것은?

① 정자(整姿)란 나무 전체의 모양을 일정한 양식에 따라 다듬는 것이다.
② 정지(整枝)란 수형을 영구히 유지하기 위하여 줄기나 가지의 생장을 조절하여 심은 목적에 알맞은 수형을 영구히 유지하기 위하여 줄기나 가지의 생장을 조절하여 심은 목적에 알맞은 수형을 인위적으로 만들어 가는 기초정리작업이다.
③ 전정(剪定)은 관상, 개화결실, 생육조절 등을 목적으로 한다.
④ 전제(剪除)란 정자(整姿)와 정지(整枝)를 합한 개념이다.

해설 전제(剪除)는 생장에는 무관한 불필요한 가지나 생육에 방해되는 가지를 제거하는 것을 말한다.

64. 잔디밭 통기작업을 하기에 가장 부적합한 것은?

① 롤링(rolling)
② 스파이킹(spiking)
③ 슬라이싱(slicing)
④ 코어 에어리피케이션(core aerification)

해설 롤링(Rolling) : 표면정리 작업

65. 세포벽이 없는 원핵생물로 인공배지에 배양이 되지 않으며 곤충에 매개되는 특성이 있고 세균과 바이러스의 중간 형태로 알려진 식물병원 미생물은?

① 원생동물 ② 파이토플라스마
③ 아메바 ④ 프라이온

정답 60. ① 61. ① 62. ④ 63. ④ 64. ① 65. ②

해설 파이토플라스마

① 바이러스와 세균의 중간 정도에 위치한 미생물로 크기는 70~900㎛에 이르며 대추나무·오동나무 빗자루병, 뽕나무 오갈병의 병원체로 알려져 있다.

② 세포벽은 없어 원형, 타원형 등 일정하지 않은 여러 형태를 가지고 있는 원핵생물로 일종의 원형질막에 둘러싸여 있다.

③ 감염식물의 체관부에만 존재하므로 매미충류와 기타 식물의 체관부에서 흡즙하는 곤충류에 의해 매개된다.

④ 인공배양이 되지 않고 방제가 대단히 어려우나 테트라사이클린(tetracycline)계의 항생물질로 치료가 가능하다.

66. 종합적 방제법(integrated control)에 대한 설명으로 틀린 것은?

① 제초제 약해와 환경 오염을 줄일 수 있다.
② 여러 가지 다른 방제법을 상호협력적으로 적용하는 방식이다.
③ 잡초군락의 크기는 감소하고 작물의 생산력이 증대되는 효과가 있다.
④ 화학적 방제를 배제하고 생태적 방제와 예방적 방제를 주로 사용한다.

해설 종합적 방제법

① 정의
몇 종류의 방제법을 상호협력적인 조건하에서 연계성 있게 수행해 가는 방법으로, 화학적 방제에만 의존하지 않고 예방적, 경종·물리·기계적 및 생물적 방제법 등에서 하나 또는 둘 이상을 더불어 이용하면서 체계적으로 병해충을 방제한다는 이론이다.

② 종합적 방제법의 대두 배경
- 한가지 방법으로만 반복수행하면 특정방제수단에 저항성인 집단으로 분화할 우려가 있음.
- 약제사용 증가로 토양에 대한 잔류독성 및 약해 문제 대두되었음.
- 환경 문제의 대두로 환경친화형 병해충방제의 필요성이 생김

67. 수목의 병해에 대한 설명 중 옳지 않은 것은?

① 자낭균에 의한 빗자루병은 벚나무류는 걸리지 않는다.
② 그을음병은 진딧물이나 깍지벌레의 배설물에 곰팡이가 기생하여 생긴다.
③ 포플러 잎 녹병은 5~6월에 여름포자가 발생하여 8월 말까지 계속 반복 전염된다.
④ 잣나무털녹병은 병든 가지나 줄기 수피는 노란색 또는 갈색으로 변하면서 부푼다.

해설 자낭균에 의한 빗자루병은 벚나무류에서 발생한다.

68. 수목 시비법 중 쥐똥나무 생울타리에 적합한 시비방법은?

① 선상시비법　② 윤상시비법
③ 대상시비법　④ 전면시비법

해설 생울타리시비법 : 선상시비법

69. 멀칭(mulching)을 통하여 기대할 수 있는 효과에 해당되지 않는 것은?

① 토양침식과 수분의 손실을 방지한다.
② 염분농도와 토양온도를 조절한다.
③ 토양의 비옥도를 증진시키고 잡초의 발생이 억제된다.
④ 토양의 통기성을 높이고 토양이 굳어지게 된다.

해설 멀칭시 토양구조가 개선된다.

70. 소나무류 새순 지르기(치기)는 주로 어떤 전정의 방법에 해당하는가?

① 노쇠한 것을 갱신시키기 위한 전정
② 생장을 조장시키기 위한 전정
③ 생장을 억제시키기 위한 전정
④ 생리 조절을 위한 전정

정답 66. ④　67. ①　68. ①　69. ④　70. ③

해설 소나무류 순지르기(꺾기)
나무의 신장을 억제, 노성(老成)된 우아한 수형을 단기간 내에 인위적으로 유도, 잔가지가 형성되어 소나무 특유의 수형 형성

71. 리바이짓드 유제 30%를 500배로 희석해서 10a 당 8말을 살포하여 해충을 방제하고자 할 때 리바이짓드 유제 30%의 소요량은 몇 mL인가? (단, 1말은 18ℓ로 한다.)

① 288　　② 244
③ 188　　④ 144

해설 $소요약량 = \frac{총소요량}{희석배수}$

총소요량 = 8말×18ℓ = 144ℓ = 144,000mL

$소요약량 = \frac{144,000}{500}$
= 288mL

72. 약량을 1/3~1/5로 줄여서 살포하여도 충분한 약효를 얻을 수 있고 동시에 약해를 피할 수 있으므로 용수가 부족한 곳에 가장 적당한 살포방법은?

① 분무법　　② 미스트법
③ 산분법　　④ 분의법

해설 ① 분무법 : 물에 희석해서 분무기로 살포하는 방법으로 가장 많이 사용한다.
② 미스트법 : 미스트기로 살포하면 30~60μm의 미립자로 살포하므로 약제를 고농도로 미량(微量) 살포할 수 있어서 분무법에 비해 살포량을 1/3~1/5로 줄일 수 있다.
③ 산분법 : 분제 농약을 살포하는 방법으로 분무법에 비하여 작업이 간편하고 노력이 적게 들며, 희석용수가 필요하지 않고 단위시간당 약제살포면적이 넓다
④ 분의법 : 종자를 소독하기 위하여 사용하는 방법으로 희석액에 종자를 담가 표면이나 내부에 감염된 병해충을 사멸시키는 방법이다.

73. 간척지 다년생 우점잡초는?

① 새섬매자기　　② 올챙이고랭이
③ 물달개비　　④ 뚝새풀

해설 새섬매자기
① 사초과의 다년생잡초로서 일반적으로 매자기와 새섬매자기로 크게 구분된다. 이 중 새섬매자기로서 주로 습지, 간척지 등에서 발생하는 잡초로서 내염성이 강한 식물이나 내륙의 염농도가 낮은 지역에서도 잘 자란다.
② 철새의 주요 먹이 자원으로서 철새의 서식 및 유인에 매우 중요한 역할을 담당한다.

74. 다음 곤충 가운데 식엽성(植葉性) 해충이 아닌 것은?

① 미국흰불나방　　② 오리나무잎벌레
③ 천막벌레나방　　④ 밤나무혹벌

해설 밤나무혹벌 - 충영형성해충

75. 뗏밥주기에 관한 설명으로 부적합한 것은?

① 잔디의 생육을 돕기 위하여 한지형 잔디는 봄, 가을에 뗏밥을 준다.
② 잔디의 생육을 돕기 위하여 난지형 잔디는 늦봄에서 초여름에 뗏밥을 준다.
③ 뗏밥의 양은 잔디깎기의 정도에 따라 조절하는데, 잔디의 생육이 왕성할 때 얇게 1~2회 준다.
④ 뗏밥의 두께는 2~4cm정도로 주고, 다시 줄 때에는 14일이 지난 후에 주어야 하며, 봄철에 두껍게 한 번에 주는 경우에는 2~5cm 정도로 시행한다.

해설 뗏밥의 두께는 2~4mm정도로 얇게 준다.

정답 71. ① 72. ② 73. ① 74. ④ 75. ④

76. 가을에 첫 번째 오는 서리에 의해서 나타나는 피해로 따뜻한 가을 날씨가 지속되어 수목이 계속 생장하면서 아직 내한성을 가지고 있지 않을 때, 별안간 첫서리가 오면 피해를 받는 것을 가리키는 것은?

① 냉해(冷害) ② 상열(想裂)
③ 조상(早想) ④ 만상(晩想)

해설 상해
① 만상(봄)
② 조상(가을)
③ 동상(겨울)

77. 다음 중 수목 관리시 수목 생육에 필요한 다량원소가 아닌 것은?

① K ② Ca
③ Fe ④ S

해설 Fe : 미량원소

78. 소나무 혹병의 중간 기주 식물은?

① 졸참나무, 신갈나무
② 송이풀, 까치밥나무
③ 황벽나무
④ 향나무

해설 소나무 혹병의 중간 기주 식물
졸참나무, 신갈나무 등의 참나무류

79. 일반적으로 조경시설물의 유지관리가 계획을 작성할 때 기준으로 이용하는 시설물의 내용년수가 가장 긴 것은?

① 모래자갈 포장 ② 목재파고라
③ 플라스틱벤치 ④ 콘크리트벤치

해설 시설물의 내용년수
① 모래자갈포장 - 10년
② 목재파고라 10년
③ 플라스틱벤치-7년
④ 콘크리트벤치-20년

80. 이병식물의 전신 또는 일부가 시드는 경우를 말하며, 또한 한여름 우박이나 찬 소낙비가 근계 부근의 토양을 냉각시키면 식물의 잎에서 발생하는 저온의 피해를 가리키는 것은?

① 위조(wilting) ② 황화(chlorosis)
③ 오반(blotch) ④ 지고(die-back)

해설 ① 황화 : 엽록체형성이 안되어 황백해짐
② 오반 : 병반이 불규칙하게 퍼지며 더러워짐
③ 지고 : 가지끝이나 가지가 마름

정답 76. ③ 77. ③ 78. ① 79. ④ 80. ①

※ 본 기출문제는 수험자의 기억을 바탕으로 하여 복원한 문제이므로 실제 문제와 다를 수 있음을 미리 알려드립니다.

■■■ 조경계획 및 설계

1. 원지에 3개의 방도(方島)가 있는 곳은?

① 경회루 원지　② 광한루 원지
③ 운조루 원지　④ 임대정의 원지

해설 경회루원지 : 방지 3방도

2. 창덕궁 후원과 관련 없는 것은?

① 부용정　② 향원정
③ 옥류천　④ 취한정

해설 향원정 - 경복궁

3. 명나라 시대 이후 유명한 민간정원이 많이 남아있는 지역은?

① 북경　② 남경
③ 소주　④ 항주

해설 소주지방에는 졸정원, 사자림, 유원, 창랑정 등 유명한 민간정원이 남아있다.

4. 일본의 아스카(飛鳥)시대에 궁 남쪽에 백제 사람에 의하여 만들어졌다고 하는 한 정원에 관한 설명으로 옳지 않은 것은?

① 귀화인(歸化人)인 노자공(路子工)에 의하여 만들어졌다.
② 만든 연대는 서기 612년경이다.
③ 네모난 형태의 못과 섬을 만들었다고 기록되어 있다.
④ 이 기록은 일본서기(日本書紀)에서 볼 수 있다.

해설 일본서기에 수미산과 오교를 만들었다는 기록이 남았다.

5. 센트럴파크의 설계안인 그린스워드(Greensward)안의 특징이 아닌 것은?

① 입체적 동선체계
② 격자형 가로망
③ 잔디밭이 넓고 평탄한 평지
④ 교육적 효과를 위한 화단과 수목원

해설 그린스워드안의 특징
① 입체적 동선체계/ 차음, 차폐를 위한 외주부 식재
② 아름다운 자연경관의 view 및 vista 조성
③ 드라이브 코스, 전형적인 몰과 대로, 마차 드라이브 코스, 산책로,
④ 넓은 잔디밭, 동적 놀이를 위한 경기장, 보트와 스케이팅을 위한 넓은 호수, 교육을 위한 화단과 수목원

6. 18세기 하하(ha-ha)수법의 창안자로 알려진 사람은?

① 브리지맨(C. Bridgeman)
② 켄트(W. Kent)
③ 브라운(L. Brown)
④ 챔버(W. Chamber)

해설 브리지맨은 스토우원에 하하기법을 최초로 도입하였다.

7. 도산서원에 퇴계선생이 지당을 파고 연꽃을 심었던 유적은?

① 정우당　② 절우사
③ 몽천　④ 세연지

해설 정우당(淨友塘)
도산서당 동남쪽에 방지로 꽃 중의 군자라는 연꽃이 심어져 있으며 주위에 향나무와 느티나무 1주씩이 식재되어 있다.

정답 1. ① 2. ② 3. ③ 4. ③ 5. ② 6. ① 7. ①

8. 계획대상 지구의 현황을 분석하기 위한 다음 자료 중 인문환경 자료에 속하는 것이 아닌 것은?

① 인구, 산업, 경제권
② 지형, 지질, 기후
③ 거리, 교통수단
④ 문화, 역사적 경관

해설 지형, 지질, 기후는 자연환경조사의 분석 내용이다.

9. 색의 온도감에 관한 설명으로 틀린 것은?

① 유채색의 경우 중성색은 온도감이 느껴지지 않는다.
② 장파장보다 단파장 쪽의 색이 차게 느껴진다.
③ 일반적으로 명도보다 색상에 의한 효과가 크다.
④ 무채색의 경우 명도가 높으면 따뜻하게 느껴진다.

해설 색의 온도감은 색상에 의해 크게 영향을 받는다.

10. 환경영향평가에 대한 설명으로 옳은 것은?

① 주로 개발에 따른 사회적 영향에 초점을 맞춘다.
② 환경 설계 평가 중 사후평가라 할 수 있다.
③ 환경영향평가는 영국에서 최초로 시작되었다.
④ 환경영향평가법상 환경영향 평가의 세부항목으로는 6개 분야 21개 항목으로 구성되어 있다.

해설 환경영향평가

① 목적 : 환경영향평가 대상사업의 사업계획을 수립·시행할 때 미리 그 사업이 환경에 미칠 영향을 평가·검토하여 친환경적이고 지속가능한 개발이 되도록 함으로써 쾌적하고 안전한 국민생활을 도모함을 목적으로 한다.
② 사전평가로 미국에서 최초로 시작
③ 평가세부항목

대기환경	기상, 대기질, 악취, 온실가스
수환경	수질(지표·지하), 수리·수문, 해양환경
토지환경	토지이용, 토양, 지형·지질
자연생태환경	동·식물상, 자연환경자산
생활환경	친환경적자원순환, 소음·진동, 위락·경관, 위생·공중보건, 전파장해, 일조장해
사회·경제	인구, 주거, 산업

11. 다음은 조경계획 수립과정을 순서별로 나열한 것인데 올바른 것은?

① 기본전제 → 자료수집(조사) → 분석 → 종합 → 기본구상 → 대안 → 기본계획
② 기본전제 → 분석 → 자료수집(조사) → 기본구상 → 종합 → 대안 → 기본계획
③ 자료수집(조사) → 종합 → 분석 → 기본구상 → 기본전제 → 대안 → 기본계획
④ 자료수집(조사) → 분석 → 종합 → 기본전제 → 기본구상 → 대안 → 기본계획

12. 광장에 대한 설명으로 옳지 않은 것은?

① 광장은 휴식과 대화의 자리가 된다.
② 광장은 주변에 있는 건물이나 각종 시설물이 큰 영향을 준다.
③ 광장의 성격은 자연 지향적이고 레크레이션 지향형이다.
④ 광장의 입지조건은 상업, 문화, 행정 등의 기능을 지닌 공간과 관련성이 있는 자리가 좋다.

해설 광장의 성격은 도시 지향적이다.

정답 8. ② 9. ④ 10. ④ 11. ① 12. ③

13. 조경을 계획과 설계의 개념으로 구분한 것 중 설계(design)의 개념에 가장 가까운 접근방법은?

① 매우 체계적이며 일반론적임
② 논리적이고 객관성 있게 접근
③ 어떤 지침서나 분석결과를 서술형식으로 표현
④ 주관적·직관적이며, 창의성과 예술성을 크게 강조

해설 보기의 ①②③은 계획의 개념이다.

14. 다음 중 주차장법상 주차장의 종류에 해당하지 않는 것은?

① 노변주차장 ② 노상주차장
③ 노외주차장 ④ 부설주차장

해설 주차장법상 주차장은 노상주차장, 노외주차장, 부설주차장이 있다.

15. 다음 중 조경설계기준상의 계단돌 쌓기(자연석층계)의 설명이 틀린 것은?

① 계단의 최고 기울기는 40~45° 정도로 한다.
② 한 단의 높이는 15~18cm, 단의 폭은 25~30cm 정도로 한다.
③ 보행에 적합하도록 비탈면에 일정한 간격과 형식으로 지면과 수평이 되게 한다.
④ 돌계단의 높이가 2m를 초과할 경우 또는 방향이 급변하는 경우에는 안전을 위해 너비 120cm 이상의 계단참을 설치한다.

해설 바르게 고치면
계단의 최고 기울기는 30~35° 정도로 한다.

16. 체육공원의 계획 및 설계 시 고려해야 할 사항으로 옳지 않은 것은?

① 휴게센터는 출입구에서 먼 곳에 배치시킨다.
② 공원면적의 5~10%는 다목적 광장, 시설전면적의 50~60%는 각종 경기장으로 배치한다.
③ 야구장, 궁도장 및 사격장 등의 위험시설은 정적 휴게공간 등의 다른 공간과 격리하거나 지형, 식재 또는 인공구조물로 차단한다.
④ 운동시설은 공원 전 면적의 50% 이내의 면적을 차지하도록 하며, 주축을 남-북 방향으로 배치한다.

해설 체육공원계획 운동시설지구는 육상경기장 겸 축구장을 중심에 두고 주변에는 운동종목의 성격과 입지조건을 고려하여 배치한다.

17. 레크레이션 계획을 '여가 시간에 행하는 사람들의 레크레이션 활동을 그에 적합한 공간 및 시설에 관련시키는 계획'이라고 정의하였으며, 이를 토대로 레크레이션의 접근 방법을 자원접근방법, 활동접근법, 경제접근법, 형태접근방법, 종합접근방법 등 5가지로 분류한 사람은?

① 케빈 린치(Kevin Lynch)
② 이안 맥하그(Ian McHarg)
③ 가렛 에크보(Garrett Eckbo)
④ 세이머 골드(Seymour Gold)

해설 세이머 골드의 레크레이션 계획의 접근법
자원접근방법, 활동접근법, 경제접근법, 형태접근방법, 종합접근방법

정답 13. ④ 14. ① 15. ① 16. ① 17. ④

18. 우리나라 농촌마을에 남아 있는 마을숲의 기능 중 가장 많이 나타나는 기능은?

① 비보기능　② 쉼터기능
③ 풍치기능　④ 제사기능

해설 마을숲 많이 나타나는 기능 - 마을 내에 기가 허한 곳을 보완하는 비보숲

19. 다음 도시공원 종류들 가운데 공원시설 부지면적 비율 기준이 '100분의 50 이하'에 해당하는 것은?

① 근린공원　② 체육공원
③ 어린이공원　④ 묘지공원

해설 ① 근린공원 - 40% 이하
② 체육공원 - 50% 이하
③ 어린이공원 - 60% 이하
④ 묘지공원 - 20% 이상

20. 다음 설명의 정책 방향이 포함된 계획은?

> · 관할구역에 대하여 기본적인 공간구조와 장기발전방향을 제시하는 종합계획
> · 지역적 특성 및 계획의 방향·목표에 관한 사항
> · 토지의 이용 및 개발에 관한 사항
> · 환경의 보전 및 관리에 관한 사항
> · 공원·녹지에 관한 사항
> · 경관에 관한 사항

① 광역도시계획　② 도시·군기본계획
③ 도시·군관리계획　④ 지구단위계획

해설 도시·군기본계획의 내용
① 지역적 특성 및 계획의 방향·목표에 관한 사항
② 공간구조, 생활권의 설정 및 인구의 배분에 관한 사항
③ 토지의 이용 및 개발에 관한 사항
④ 토지의 용도별 수요 및 공급에 관한 사항
⑤ 환경의 보전 및 관리에 관한 사항
⑥ 기반시설에 관한 사항
⑦ 공원·녹지에 관한 사항
⑧ 경관에 관한 사항 : 기후변화 대응 및 에너지 절약에 관한 사항, 방재 및 안전에 관한 사항

■■■ 조경식재

21. 버드나무과(科) 수종에 대한 설명으로 옳지 않은 것은?

① 이른 봄에 푸른 잎이 난다.
② 봄철 하얀 솜털은 암그루에서만 날리는 종모(씨털)이다.
③ 왕버들은 능수버들에 비해서 가지가 아래로 처지지 않는다.
④ 수양버들의 학명은 *Salix pseudolasiogyne*, 능수버들의 학명은 *Salix babylonica*이다.

해설 바르게 고치면
능수버들의 학명은 *Salix pseudolasiogyne*,
수양버들의 학명은 *Salix babylonica*이다.

22. 다음 설명의 (　　) 안에 들어갈 용어로 알맞은 것은?

> (　　)은/는 꽃이나 잎의 형태와 같이 보다 작은 식물학적 차이점을 지닌다. (　　)의 표기는 'for.'를 사용한다.

① 보통명　② 변종
③ 품종　④ 이명

해설 학명 표기시 변종은 var을 품종은 for을 사용한다.

정답 18. ①　19. ②　20. ②　21. ④　22. ③

23. 다음 중 회색 또는 암갈색 나무껍질이 세로로 갈라지면서 떨어져 얼룩무늬를 형성하는 수종은?

① 소나무(*Pinus densiflora*)
② 벽오동(*Firmiana simplex*)
③ 자작나무(*Betula platyphylla*)
④ 양버즘나무(*Platanus occidentalis*)

해설 ① 소나무 - 붉은색 수피
② 벽오동 - 푸른색 수피
③ 자작나무 - 흰색수피

24. 자유식재의 개념으로 옳지 않은 것은?

① 제2차 세계대전 이후 구미 각국에서 시작되었다.
② 풍토적인 제약이나 전통적인 형식에 구속되지 않는다.
③ 기능성에 큰 비중을 두어 단순 명쾌하다.
④ 전체적인 형태는 자연풍경식인 경우가 많다.

해설 자유식식재는 인공적이기는 하나 그 선이나 형태가 자유롭고 재료나 구분의 배치도 대칭적인 수법인 경우가 많다.

25. 수고가 1.2m 이하인 수목에 지주를 할 필요가 있을 때 이용하기 적합한 지주의 설치형태는?

① 단각형(單脚形) ② 이각형(二脚形)
③ 삼각형(三脚形) ④ 사각형(四脚形)

해설 지주의 설치
① 단각형 (외대) : 수고 1.2m 이하의 묘목에 실시
② 이각형 (쌍대) : 수고 1.2~2.5m의 수목
③ 삼각형 : 가로수 등 통행량이 많고 협소한 곳에 설치, 수고 1.2~4.5m의 수목에 적용하되 크기에 따라 선택적으로 사용
④ 사각형 : 보행량이 많은 곳에 설치, 금속제

26. 일반적인 양수(陽樹)의 특징에 대한 설명으로 틀린 것은?

① 유묘 시에는 생장이 빠르나 나이가 많아짐에 따라 차차 느려진다.
② 지엽이 밀생하고 가지의 배열이 조밀하며 아래 가지가 내부로 향한다.
③ 가지는 소생하고 수관이 개방적이며, 아래 가지는 일찍 말라 떨어져 버린다.
④ 줄기의 선단부와 굵은 가지가 남쪽 또는 햇빛이 있는 쪽으로 자라는 습성이 있다.

해설 ②은 음수의 특징이다.

27. 토양 단면에서 바로 위에 있는 층보다 부식이 적어 갈색 또는 황갈색을 띠며, 가용성 염기류가 많고 비교적 견밀한 특징을 구비한 토양층은?

① 모재층 ② 용탈층
③ 집적층 ④ 유기물층

해설 집적층은 부식함량이 높은 용탈층(표층) 아래층으로 이동성이 큰 Fe, Al로 황갈색을 띄며, 가염성 염기류가 많고 견밀한 특징을 가지고 있다.

28. 우리나라에서 자생하는 참나무류는 성상에 따라 크게 2가지로 구분할 수 있다. 다음 중 성상이 다른 수종은?

① 붉가시나무(*Quercus acuta*)
② 떡갈나무(*Quercus dentata*)
③ 졸참나무(*Quercus serrata*)
④ 갈참나무(*Quercus aliena*)

해설 ① 붉가시나무 - 상록활엽교목
② 떡갈나무, 졸참나무, 갈참나무 - 낙엽활엽교목

정답 23. ④ 24. ④ 25. ① 26. ② 27. ③ 28. ①

29. 소나무 및 전나무 등에서 균사가 뿌리피층의 세포간극에 균사망을 형성하는 균근은?

① 외균근 ② 외생균근
③ 내생균근 ④ 내외생균근

해설 외생균근(ectotrophic mycorrhiza, 外生菌根) 부연설명
① 균근(菌根) 중 균사가 고등식물의 뿌리의 표면, 또는 표면에 가까운 조직 속에 번식하여 균사는 세포간극에 들어가지만 뿌리의 세포 내에까지 침입하지 않는 것으로, 균체는 식물체로부터 탄수화물의 공급을 받는 한편 토양 중의 부식질을 분해하여 유기질소 화합물을 뿌리가 흡수하여 동화할 수 있는 형태로 식물에 공급한다.
② 자작나무과·너도밤나무과·소나무과 등의 수목 뿌리에 송이과의 균이 붙어서 생기는 경우가 많다.

30. *Prunus padus* L에 대한 설명으로 틀린 것은?

① 수피는 흑갈색이다.
② 생육속도가 매우 느리다.
③ 5월에 백색의 꽃이 핀다.
④ 원산지는 한국으로 내공해성이 강하다.

해설 Prunus padus – 귀룽나무
내한성과 내공해성이 강하고 생육속도가 빠른 속성수이며, 수피는 흑갈색으로 평활하다.꽃의 크기는 지름 1~1.5cm로서 5월에 백색으로 개화한다.

31. 다음 중 조경수의 특성으로 틀리 것은?

① *Pinus thunbergii* Parl : 잎이 2개씩 속생하며 수피는 흑갈색이다.
② *Sciadopitys verticillata* Siebold & Zucc : 3개씩 속생하는 잎이 단지 위에 붙어 윤생하는 것처럼 보인다.
③ *Pinus koraiensis* Siebold & Zucc : 잎이 5개씩 속생, 수피는 흑갈색이다.
④ *Pinus rigida* Mill : 잎이 3개씩 속생, 수피에 맹아가 발달한다.

해설 ① 곰솔
② 금송 – 2엽속생
③ 잣나무
④ 리기다소나무

32. 다음 각 수종에 대한 설명으로 옳지 않은 것은?

① 회양목 : 상록수이며 전정에 강하여 토피아리로 이용한다.
② 먼나무 : 자웅이주이며 붉은 열매가 열린다.
③ 송악 : 과명은 포도과이며 상록활엽만경목이다.
④ 붓순나무 : 열매는 골돌과, 6~12개의 삭편이 바람개비처럼 배열된다.

해설 송악 : 두릅나무과의 상록활엽만경목

33. 우리나라에서 사용되는 녹음수에 대한 설명으로 가장 부적합한 것은?

① 녹음용 수목은 수관폭이 넓을수록 좋다.
② 풍부한 녹음을 위해서는 낙엽활엽수보다 상록활엽수가 좋다.
③ 휴식 및 이용공간의 녹음수는 답압에 잘 견디는 수종이 좋다.
④ 녹음용 수목은 주로 그늘을 이용하기 때문에 지하고를 일정한 높이로 유지할 수 있는 교목이 적합하다.

해설 녹음용 수종 선정조건
① 수관이 크고 머리가 닿지 않을 정도의 지하고를 지녀야할 것
② 잎이 크고 밀생하며 낙엽교목일 것(겨울의 일조량)·병충해와 답압의 피해가 적을 것
③ 악취 및 가시가 없는 수종

정답 29. ② 30. ② 31. ② 32. ③ 33. ②

34. 옥상조경에 사용되는 경량재(輕量材)토양의 특성에 대한 설명 중 옳지 않는 것은?

① 화산모래는 다공질로서 통기성, 투수성이 좋다.
② 펄라이트는 염기성치환용량이 커서 보비성이 크다.
③ 버미큘라이트는 흑운모, 변성암을 고온으로 소성한 것으로 보수성, 통기성, 투수성이 좋다.
④ 피트모스는 한랭한 습지의 갈대나 이끼가 흙속에서 탄소화 된 것으로 보수성, 투수성, 통기성이 좋고 산도가 높다.

해설 펄라이트는 염기성 치환용량이 작아 보비성이 없다.

35. *Betula platyphylla var. japonica*의 설명으로 틀린 것은?

① 극양수이고, 도시공해에 약하다.
② 수관이 치밀하여 녹음이 좋기 때문에 녹음수로 적당하다.
③ 잎은 낙엽성으로 삼각상 난형이고, 치아상의 거치가 있다.
④ 아름다운 흰 수피를 지녀 조경공간에 대비효과를 줄 수 있다.

해설 자작나무의 수관은 치밀하지 못하다.

36. 파골라(그늘시렁)에 올리는 등나무, 능소화 등의 만경류의 규격 표시로 가장 적합한 것은?

① 수고(m)×수관폭(m)
② 수고(m)×흉고직경(cm)
③ 수고(m)×근원직경(cm)
④ 수고(m)×수관폭(m)×가지수

해설 만경류 규격표시
수고(m)×근원직경(cm)

37. 한지형 잔디가 아닌 것은?

① Zoysiagrass
② Tall fescue
③ Perennial ryegrass
④ Kentucky bluegrass

해설 Zoysiagrass는 한국잔디로 난지형 잔디에 속한다.

38. 다음 중 우리나라 특산수종이 아닌 것은?

① 매자나무 ② 구상나무
③ 굴피나무 ④ 개느삼

해설 굴피나무
원산지가 우리나라인 낙엽활엽 소교목으로서 제주도와 경기도 이남의 볕이 잘 드는 산기슭이나 바닷가에 흔히 자생한다. 일본과 타이완, 중국 등지에서도 분포한다.

39. 다음 중 다층식생구조로 가장 안정적인 구성은?(단, 교목–관목–지피의 순서 위치를 따른다.)

① 조팝나무 군락 – 조릿대 군락 – 맥문동 군락
② 상수리나무 군락 – 억새 군락 – 대나무 군락
③ 굴참나무 군락 – 무궁화 군락 – 조팝나무 군락
④ 느티나무 군락 – 개나리 군락 – 맥문동 군락

해설 ① 조팝나무군락, 조릿대군락(관목군락) – 맥문동군락(지피군락)
② 상수리나무군락(교목) – 억새군락, 대나무군락
③ 굴참나무군락(교목) – 무궁화군락, 조팝나무군락(관목군락)

정답 34. ② 35. ② 36. ③ 37. ① 38. ③ 39. ④

40. 조경수목의 성상과 해당 수목의 연결이 틀린 것은?

① 상록활엽관목-사철나무
② 상록활엽관목-고관나무
③ 낙엽활엽관목-노각나무
④ 낙엽활엽관목-낙상홍

해설 고광나무 - 낙엽활엽관목

■■■ 조경시공학

41. 등고선의 성질에 대한 설명으로 옳지 않은 것은?

① 동일 등고선상의 모든 점은 같은 높이이다.
② 등고선의 간격은 급경사지에서는 좁고 완경사지에서는 넓다.
③ 등고선 간의 최단거리 방향은 그 지표면의 최소경사 방향이다.
④ 등고선은 등경사지에서 등간격이며 등경사 평면인 지표에서는 등간격의 평행선을 이룬다.

해설 등고선 사이의 최단거리의 방향은 그 지표면의 최대경사의 방향이며, 최대경사의 방향은 등고선의 수직 방향이고, 물의 배수방향이다.

42. 자연 상태의 토량이 사질토는 1500m^3, 점질토는 2000m^{3}로 이루어져 있다. 이를 모두 굴착하여 다른 공사현장으로 이동 후 성토·다짐했다면 토량은 얼마인가?(단, 사질토의 $L=1.2$, $C=0.9$, 점질토의 $L=1.3$, $C=0.9$이다.)

① 3150m^3 ② 3600m^3
③ 3950m^3 ④ 4400m^3

해설 ① 자연상태 사질토와 점질토 → 성토·다짐실시 한 후 토량 (C값적용)
② 1500×0.9 + 2000 × 0.9 = 3,150m^3

43. 다음 그림과 같은 보에서 D점에서의 반력은?

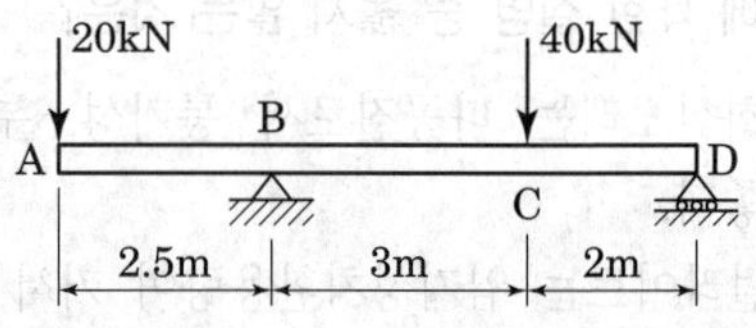

① 7kN ② 14kN
③ 21kN ④ 28kN

해설 $\Sigma M_B = 0$

$-V_D \times 5 - 2.5 \times 20 + 40 \times 3 = 0$

$-5V_D = 70$

$V_D = 14\text{kN}$

44. 다음 중 잔디깎기에 지장을 주지 않고 잔디밭에 사용하기 편리한 살수기(sprinkler head)는 어느 것인가?

① 분무 살수기(spray head)
② 분무입상 살수기(pop-up spray head)
③ 회전 살수기(rotary head)
④ 특수 살수기(specialty head)

해설 입상살수기
물이 흐를 때 동체가 입상관에 의해 분무공이 지표면 위로 올라오게 장치된 살수기로 잔디를 깎는데 지장을 주지 않는 입상방식이다.

45. 수목 굴취공사의 일위대가 작성에 대한 설명으로 틀린 것은?

① 분의 크기는 흉고직경 4~5배를 기준으로 한다.
② 뿌리 절단 부위의 보호를 위한 재료비는 별도 계상한다.
③ 교목류 수종의 굴취 시 분이 없는 경우에는 굴취품의 20%를 감한다.
④ 굴취 시 야생일 경우에는 굴취품의 20%를 가산한다.

해설 바르게 고치면
분은 근원직경의 4~5배로 한다.

정답 40. ② 41. ③ 42. ① 43. ② 44. ② 45. ①

46. 다음 중 플라이 애쉬를 콘크리트에 사용하여 얻을 수 있는 장점에 해당되지 않는 것은?

① 워커빌리티가 개선된다.
② 건조 수축이 적어진다.
③ 수화열이 낮아진다.
④ 초기강도가 높아진다.

해설 플라이애쉬의 특징
① 워커빌리티 극히 양호
② 장기강도가 크다.
③ 수화열이 작다.
④ 적용 : 매스콘크리트, 수중콘크리트, 콘크리트 2차 제품 등

47. 금속의 부식방지에 관한 대책으로 옳지 않은 것은?

① 부분적으로 녹이 나면 즉시 제거할 것
② 아연 또는 주석용액에 담가서 도금할 것
③ 이종(異種) 금속을 인접 또는 접촉시킬 것
④ 표면을 평활하게 하고 가능한 한 건조상태로 유지할 것

해설 바르게 고치면
가능한 상이한 금속은 이를 인접, 접촉시켜 사용하지 않을 것

48. 공사에 있어서 시방서, 도면 등 설계도서 간의 내용에 차이가 있을 때, 적용하는 순서로 맞는 것은?

(A) 설계도면	(B) 공사시방서
(C) 물량내역서	(D) 현장설명서

① (D) → (B) → (A) →(C)
② (A) → (B) → (C) → (D)
③ (B) → (A) → (C) → (D)
④ (C) → (B) → (A) → (D)

해설 공사에 있어서 시방서, 도면 등 설계도서 간의 내용에 차이가 있을 때, 적용하는 순서
현장설명서→공사시방서→설계도면→물량내역서

49. 붉은 벽돌을 사용하여 두께 1.5B, 벽 면적 $40m^2$를 쌓을 때 소요되는 기본벽돌의 소요량은?(단, 할증률을 고려한다.)

① 9408 ② 9229장
③ 8960장 ④ 8850장

해설 기본벽돌: 190×90×57mm, 1.5B일 때 224매/m^2, 할증율 3%
40 × 224 ×1.03 = 9,228.8장

50. 공정표에서 Critical Path의 설명으로 틀린 것은?

① 공정표상의 주 공정선이다.
② Critical Path 중 한 작업구간이 늦어지면 그만큼 공사기간이 늘어난다.
③ Critical Path 상의 각 소요일수의 합은 각 경로 중 작업일수가 가장 작은 값이 된다.
④ Critical Path 상의 작업을 중심으로 공정관리를 진행하면 효과적이다

해설 바르게 고치면
Critical Path 상의 각 소요일수의 합은 각 경로 중 작업일수가 가장 큰 값이 된다.

51. 등산로를 복원 정비하려고 할 때, 종단기울기 및 횡단기울기에 대한 기준으로 틀린 것은?

① 종단 7% 이하 기울기 : 흙바닥 정비
② 종단 7~15% 기울기 : 노면침식이 적은 포장재료
③ 종단 15% 이상 기울기 : 콘크리트
④ 노면배수를 위하여 횡단 기울기는 2~4% 설치

해설 바르게 고치면
종단 15%이상 기울기 : 목재계단

정답 46. ④ 47. ③ 48. ① 49. ② 50. ③ 51. ③

52. 벽돌쌓기에 관한 일반적인 설명으로 옳지 않은 것은?

① 균일한 높이로 쌓아 올라간다.
② 모르타르는 배합하여 1시간 이내에 사용한다.
③ 벽돌에 충분한 습기가 있도록 사전에 조치한다.
④ 하루에 쌓는 표준 높이는 2.0m까지이다.

해설 하루 벽돌 쌓는 높이는 적정 1.2m 이하(최대높이 1.5m)로 한다.

53. 시멘트의 분말도에 대한 설명으로 옳지 않은 것은?

① 분말도가 가는 것일수록 수화작용이 빠르다.
② 분말도가 가는 것일수록 조기강도는 떨어진다.
③ 분말도가 가는 것일수록 워커빌리티가 좋다.
④ 분말도가 지나치게 가는 것일수록 건조수축 균열이 발생하기 쉽다.

해설 시멘트 분말도가 가는 것일수록 수화작용이 빠르므로 조기강도가 커진다.

54. 옹벽의 구조설계시 역학적 필수 검토 사항으로만 조합된 것은?

① 모멘트, 미끄러짐, 처짐
② 처짐, 뒤틀림, 휨
③ 지지력, 모멘트, 미끄러짐
④ 재료의 내구성, 시공방법, 시공기한

해설 옹벽의 역학적 검토사항
지지력, 모멘트(전도력), 미끄러짐(활동)

55. 중용열 포틀랜드시멘트의 일반적인 특징 중 옳지 않은 것은?

① 초기강도가 크다. ② 건조수축이 적다.
③ 수화발열량이 적다. ④ 내구성이 우수하다.

해설 중용열 시멘트는 장기강도가 크다.

56. 순공사원가(순공사비) 항목에 해당되지 않는 것은?

① 경비 ② 재료비
③ 노무비 ④ 일반관리비

해설 순공사원가 항목 : 재료비, 노무비, 경비

57. 철근과 콘크리트의 부착력 성질로 옳지 않은 것은?

① 콘크리트 압축강도가 클수록 철근의 부착력은 커진다.
② 콘크리트 철근과 부착력으로 철근의 좌굴을 방지한다.
③ 콘크리트의 부착력은 철근의 주장과 길이에 반비례하여 커진다.
④ 철근의 단면 모양과 표면의 녹 상태에 따라 부착력이 달라진다.

해설 바르게 고치면
콘크리트의 부착력은 철근의 주장과 길이에 비례하여 커진다.

58. 어떤 지역에 20분 동안 15mm의 강우가 있다면 평균 강우강도(mm/h)는?

① 15 ② 20
③ 30 ④ 45

해설 평균 강우강도(mm/h)이므로

$$\frac{15\text{ mm}}{\frac{20분}{60분}} = 45\text{mm/h}$$

정답 52. ④ 53. ② 54. ③ 55. ① 56. ④ 57. ③ 58. ④

59. 레미콘 25-210-12에서 25는 무엇을 의미하는가?

① 압축강도(MPa)
② 굵은 골재 크기(mm)
③ 슬럼프(cm)
④ 인장강도(MPa)

해설 레미콘표 시법
굵은 골재 최대치수 - 강도 - 슬럼프값

60. 다음 중 재료의 물리적 성질에 대한 설명이 옳지 않은 것은?

① 비중(比重)이란 동일한 체적을 10℃물을 중량으로 나눈 값이다.
② 함수율(含水率)이란 재료 속에 포함된 수분의 중량을 건조 시 중량으로 나눈 값이다.
③ 연화점(軟化點)이란 재료에 열을 가했을 때 액체로 변하는 상태에 달하는 온도이다.
④ 반사율(反射率)이란 재료에의 입사 광속에너지에 대한 반사백분율로서 %로 표시한다.

해설 바르게 고치면
재료의 중량을 그와 동일한 체적의 4℃ 물의 중량으로 나눈 값이다.

■■■ 조경관리

61. 질소(N) 성분의 결핍현상 설명으로 부적합한 것은?

① 활엽수의 경우 황록색으로 변색된다.
② 침엽수의 경우 잎이 짧고 황색을 띤다.
③ 눈(shoot)의 크기는 지름이 다소 짧아지고 작아진다.
④ 조기에 낙엽이 되거나 잎이 부서지기 쉽다.

해설 질소 결핍현상
활엽수의 경우 황록색으로 변색되고, 침엽수의 경우 잎이 짧고 황색을 띤다. 눈(shoot)의 크기는 지름이 다소 짧아지고 작아진다.

62. 공원에서 사고가 발생하였을 때 사고처리 절차로 옳은 것은?

① 사고발생 통보 → 관계자 통보 → 사고자 응급처치 → 병원호송 → 사고 상황 파악
② 사고발생 통보 → 사고 상황 파악 → 사고자 응급처치 → 병원호송 → 관계자 통보
③ 사고발생 통보 → 사고 상황 파악 → 관계자 통보 → 사고자 응급처치 → 병원호송
④ 사고발생 통보 → 사고자 응급처치 → 병원호송 → 관계자 통보 → 사고 상황 파악

해설 사고처리 절차
(사고발생 통보) → 사고자 구호(응급처치 → 병원호송) → 사고내용을 관계자에 통보 → 사고 상황의 파악 및 기록 → 사고책임의 명확화

63. 코흐의 원칙(Koch's postulates)에 대한 설명으로 옳은 것은?

① 병원체를 보존할 때 적용되는 원칙
② 병원체를 배양할 때 적용되는 원칙
③ 병원체를 확인할 때 적용되는 원칙
④ 병원체를 접종할 때 적용되는 원칙

해설 코호의 4원칙
① 미생물은 반드시 환부에 존재해야한다.
② 미생물은 분리되어 배지상에 순수 배양되어야 한다.
③ 순수 배양한 미생물을 접종하여 동일한 병이 발생되어야 한다.
④ 발병한 피해부에 접종에 사용한 미생물과 동일한 성질을 가진 미생물이 재분리 되어야 한다.

64. 아스팔트 및 골재가 떨어져 나가는 현상으로 아스팔트의 부족과 혼합물의 과열, 혼합불량 등이 주요 원인이 되어 나타나는 아스팔트 포장의 파손 현상은?

① 균열 ② 침하
③ 파상요철 ④ 박리

정답 59. ② 60. ① 61. ④ 62. ④ 63. ③ 64. ④

해설 ① 균열 : 아스팔트량 부족, 지지력부족, 아스팔트 혼합비가 나쁠때
② 국부적 침하 : 노상의 지지력부족 및 부동침하, 기초 노체의 시공불량
③ 요철 : 노상·기층 등이 연약해 지지력 불량할 때, 아스콘 입도불량

65. 다음 중 소나무재선충병의 감염 증세가 아닌 것은?

① 수지(송진) 유출의 감소
② 침엽에서 증산량의 감소
③ 침엽이 반 정도 자라면서 변색
④ 수체 함수율의 감소 및 목질부 건조

해설 소나무재선충병의 주요증상
① 소나무의 잎이 우산살모양처럼 처지면서 붉게 죽어감
② 감염된 소나무로부터 매개충이 탈출한 흔적인 탈충공 보임

66. 다음은 도로 간판 표지의 점검 및 보수에 관한 사항이다. 이중 적합하지 않은 것은?

① 연결부위 및 볼트, 너트의 탈락 유무를 확인한다.
② 지주의 매립부분 및 볼트, 너트 붙임 부분의 도장 부위를 주의해서 점검한다.
③ 콘크리트 중에 지주를 매입했을 때 앵커플레이트 및 앵커볼트 붙임 여부를 확인한다.
④ 도장부분이 배기가스나 매연 등으로 더러워졌을 경우는 묽은 염산이나 황산으로 닦아내도록 한다.

해설 ④ 도장부분이 배기가스나 매연 등으로 더러워졌을 경우는 보통세제로 닦아내도록 한다.

67. 다음 중 맨홀 배치가 필요 없는 경우는?

① 관거의 기점
② 단차가 발생하는 곳
③ 관로의 경사가 완만할 때
④ 관거의 유지관리가 필요한 곳

해설 맨홀의 위치
관의 기점, 경사, 내경이 변하는 장소에 설치

68. 주로 상처가 나지 않도록 주의함으로써 병을 예방할 수 있는 것은?

① 근두암종병　② 녹병
③ 흰가루병　④ 털녹병

해설 근두암종병
주로 식물의 뿌리에 혹이 발생하는 세균성 식물병으로 병원균(Agrobacterium tumefaciens)인 뿌리혹박테리아는 병든 조직 속에서 월동하나, 토양 속에서도 오랫동안 살 수 있으며, 대부분 상처를 통해 침입한다.

69. 운영관리계획은 양의 변화와 질의 변화로 분류한다. 다음 중 질(質)의 변화에 해당하는 것은?

① 양호한 식생의 확보
② 내구년한이 된 시설물
③ 부족이 예측되는 시설의 증설
④ 이용에 의한 손상이 생기는 시설의 보충

해설 질의 변화에 대한 관리계획
양호한 식생의 확보, 개방된 토양면의 확보

70. 광엽잡초와 화본과잡초의 분류로 옳은 것은?

① 광엽잡초-돌피
② 광엽잡초-명아주
③ 화본과잡초-여뀌
④ 광엽잡초-바랭이

정답 65. ③ 66. ④ 67. ③ 68. ① 69. ① 70. ②

해설 바르게 고치면
① 화본과잡초-돌피
③ 광엽잡초-여뀌
④ 화본과잡초-바랭이

71. 다음 중 밤바구미의 생활환과 관련된 설명으로 옳지 않은 것은?

① 이듬해 7월 중순부터 땅속에서 번데기가 된지 약 2주 후에 우화한다.
② 산란기간은 8월 하순~10월 중순까지이나 최성기는 9월 중하순이다.
③ 연 2회 발생하고, 수피하(樹皮下)에 산란한다.
④ 날개에는 크고 작은 담갈색 무늬가 있으며 중앙에 회황색의 횡대가 있다.

해설 밤바구미
한국, 일본, 중국, 인도 등지에 분포하며 연 1회 발생하나 한 세대를 거치는 데 2년이 걸리는 개체도 있다.

72. 농약을 1000배로 희석해서 200L 살포할 경우 필요한 소요 농약의 액량은?

① 150ml ② 200ml
③ 250ml ④ 300ml

해설 소요약량(배액살포)

$$=\frac{\text{총사용량}}{\text{소요희석배수}}$$

$$=\frac{200}{1000}=0.2\ell=200\text{ml}$$

73. 다음 중 음수대의 설치 및 유지관리에 대한 설명으로 옳지 않은 것은?

① 동파방지를 위한 보온시설 및 퇴수시설을 설치하여야 한다.
② 인입관은 해당 지역의 동결심도를 고려하여 적정 깊이 이상으로 매설해야 한다.
③ 급·배수시설은 조경공사표준시방서의 해당 항목을 따르며, 음수대에 별도의 제수밸브를 설치한다.
④ 배수구는 구조적인 안전이 최우선 고려사항이므로 일체형으로 설치하며, 별도의 관리시설을 설치하지 않고 전체 교체한다.

해설 바르게 고치면
배수구는 청소가 용이한 구조와 형태로 제작해야 한다.

74. 침투성 살균제에 대한 설명으로 옳은 것은?

① 곰팡이의 세포벽을 잘 침투하는 살균제
② 식물체 전체로 이행하여 살균효과를 보이는 살균제
③ 곰팡이의 핵까지 침투하여 직접적으로 억제 하는 살균제
④ 토양침투력이 우수하여 뿌리병 방제에 효과적인 살균제

해설 침투성 살균제는 살포한 약제가 식물의 잎·줄기 또는 뿌리의 일부로부터 침투되어 식물 전체에 이행케 하여 살균효과를 나타내는 약제를 말한다.

정답 71. ③ 72. ② 73. ④ 74. ②

75. 다음 중 비료의 영양성분이 10-6-4로 표시된 것에 대한 설명이 옳은 것은?

① 6은 질소(N)의 비율을 나타낸 것이다.
② 10은 인산(P_2O_5)의 첨가 비율을 나타낸 것이다.
③ 4는 가리(K_2O)의 비율을 나타낸 것이다.
④ 10-6-4로 표시된 비료와 5-3-2로 표시된 비료의 영양분의 양은 같다.

해설 10-6-4은 질소-인산-칼리의 비율을 나타낸 것이다.

76. 소나무에 피해를 주는 해충이 아닌 것은?

① 솔나방 ② 응애류
③ 솔잎혹파리 ④ 솔잎혹파리먹좀벌

해설 솔잎혹파리먹좀벌은 솔잎혹파리의 천적이다.

77. 다음 중 수목의 시비와 관련된 설명으로 틀린 것은?

① 시비시에 비료는 가급적 뿌리에 직접 닿을 정도까지 작업하여야 한다.
② 방사형 시비는 1회시에는 수목을 중심으로 2개소에, 2회시에는 1회시비의 중간위치 2개소에 시비후 복토한다.
③ 기비는 늦가을 낙엽후 10월 하순~11월 하순의 땅이 얼기 전까지, 또는 2월하순 ~ 3월 하순의 잎피기 전까지 사용한다.
④ 환상시비는 뿌리가 손상되지 않도록 뿌리분 둘레를 깊이 0.3m, 가로 0.3m, 세로 0.5m 정도로 흙을 파내고 소요량의 퇴비(부숙된 유기질비료)를 넣은 후 복토한다.

해설 바르게 고치면
시비시에 비료는 가급적 뿌리에 직접 닿지 않도록 한다.

78. 농약 사용시 취급의 주의를 위하여 서로 다른 색깔로 병 뚜껑이나 라벨을 만들어서 쉽게 알아 볼 수 있게 구분하고 있는데, 다음 중 연결이 적합한 것은?

① 녹색 : 제초제
② 노란색 : 보조제
③ 흰색 : 생장조절제
④ 분홍색 : 살균제

해설 살균제 : 분홍색, 살충제 : 초록(녹)색, 제초제 : 노란(황)색, 생장조절제 : 파란(청)색, 기타농약 : 백(흰)색

79. 당년지에서 개화하기 때문에 2~3년은 굵은 가지를 전정하여도 개화에 영향이 크지 않는 수종은?

① 배롱나무 ② 벚나무
② 목련화 ④ 꽃사과

해설 당년지에서 개화하는 수종은 여름꽃 수종을 말한다.

80. 분비물에 의해 그을음병을 유발시키는 해충은?

① 솔잎혹파리
② 소나무좀
③ 솔수염하늘소
④ 소나무가루깍지벌레

해설 그을음병
① 진딧물이나 깍지벌레 등의 흡즙성 해충이 배설한 분비물을 이용해서 병균이 자란다.
② 잎, 가지, 줄기를 덮어서 광합성을 방해하고 미관을 해친다.
③ 자낭균에 의한 병으로 사철나무, 쥐똥나무, 라일락, 대나무 등에서 관찰된다.

정답 75. ③ 76. ④ 77. ① 78. ④ 79. ① 80. ④

5일 무료 동영상 강의

조경기사 · 산업기사 필기(하권)

定價 49,000원

저 자 이 윤 진

발행인 이 종 권

2006年 1月 9日 초 판 발 행
2006年 8月 7日 초 판 2 쇄 발 행
2007年 1月 10日 2차개정1쇄발행
2007年 4月 9日 2차개정2쇄발행
2008年 1月 8日 3차개정1쇄발행
2009年 1月 12日 4차개정1쇄발행
2009年 1月 29日 4차개정2쇄발행
2010年 1月 6日 5차개정1쇄발행
2010年 5月 12日 5차개정2쇄발행
2011年 1月 25日 6차개정1쇄발행
2012年 1月 30日 7차개정1쇄발행
2013年 1月 28日 8차개정1쇄발행
2014年 1月 22日 9차개정1쇄발행
2015年 1月 27日 10차개정1쇄발행
2016年 1月 28日 11차개정1쇄발행
2017年 1月 21日 12차개정1쇄발행
2018年 1月 23日 13차개정1쇄발행
2019年 1月 25日 14차개정1쇄발행
2020年 1月 21日 15차개정1쇄발행
2021年 1月 12日 16차개정1쇄발행
2022年 1月 20日 17차개정1쇄발행
2023年 3月 22日 18차개정1쇄발행
2024年 2月 28日 19차개정1쇄발행

發行處 **(주) 한솔아카데미**

(우)06775 서울시 서초구 마방로10길 25 트윈타워 A동 2002호
TEL : (02)575-6144/5 FAX : (02)529-1130
〈1998. 2. 19 登錄 第16-1608號〉

※ 본 교재의 내용 중에서 오타, 오류 등은 발견되는 대로 한솔아카데미 인터넷 홈페이지를 통해 공지하여 드리며 보다 완벽한 교재를 위해 끊임없이 최선의 노력을 다하겠습니다.

※ 파본은 구입하신 서점에서 교환해 드립니다.

www.inup.co.kr / www.bestbook.co.kr

ISBN 979-11-6654-480-4 14520
ISBN 979-11-6654-478-1 (세트)

www.bestbook.co.kr 

콘크리트기사 · 산업기사 4주완성(필기)
정용욱, 고길용, 전지현, 김지우 공저
976쪽 | 37,000원

콘크리트기사 14개년 과년도(필기)
정용욱, 고길용, 김지우 공저
644쪽 | 28,000원

콘크리트기사 · 산업기사 3주완성(실기)
정용욱, 김태형, 이승철 공저
748쪽 | 30,000원

건설재료시험기사 4주완성(필기)
박광진, 이상도, 김지우, 전지현 공저
742쪽 | 37,000원

건설재료시험기사 14개년 과년도(필기)
고길용, 정용욱, 홍성협, 전지현 공저
692쪽 | 30,000원

건설재료시험기사 3주완성(실기)
고길용, 홍성협, 전지현, 김지우 공저
728쪽 | 29,000원

콘크리트기능사 3주완성(필기+실기)
정용욱, 고길용, 전지현 공저
524쪽 | 24,000원

지적기능사(필기+실기) 3주완성
염창열, 정병노 공저
640쪽 | 29,000원

측량기능사 3주완성
염창열, 정병노 공저
562쪽 | 27,000원

전산응용토목제도기능사 필기 3주완성
김지우, 최진호, 전지현 공저
438쪽 | 26,000원

건설안전기사 4주완성 필기
지준석, 조태연 공저
1,388쪽 | 36,000원

산업안전기사 4주완성 필기
지준석, 조태연 공저
1,560쪽 | 36,000원

공조냉동기계기사 필기
조성안, 이승원, 강희중 공저
1,358쪽 | 39,000원

공조냉동기계산업기사 필기
조성안, 이승원, 강희중 공저
1,269쪽 | 34,000원

공조냉동기계기사 실기
조성안, 강희중 공저
950쪽 | 37,000원

조경기사 · 산업기사 필기
이윤진 저
1,836쪽 | 49,000원

조경기사 · 산업기사 실기
이윤진 저
1,050쪽 | 45,000원

조경기능사 필기
이윤진 저
682쪽 | 29,000원

조경기능사 실기
이윤진 저
350쪽 | 28,000원

조경기능사 필기
한상엽 저
712쪽 | 28,000원

Hansol Academy

조경기능사 실기
한상엽 저
738쪽 | 29,000원

산림기사 · 산업기사 1권
이윤진 저
888쪽 | 27,000원

산림기사 · 산업기사 2권
이윤진 저
974쪽 | 27,000원

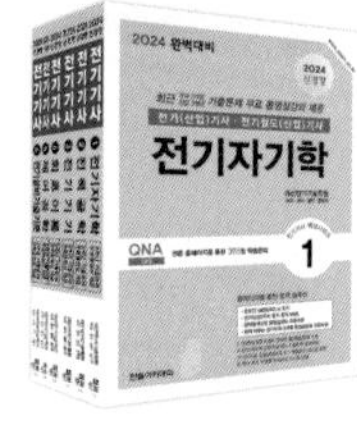

전기기사시리즈(전6권)
대산전기수험연구회
2,240쪽 | 113,000원

전기기사 5주완성
전기기사수험연구회
1,680쪽 | 42,000원

전기산업기사 5주완성
전기산업기사수험연구회
1,556쪽 | 42,000원

전기공사기사 5주완성
전기공사기사수험연구회
1,608쪽 | 41,000원

전기공사산업기사 5주완성
전기공사산업기사수험연구회
1,606쪽 | 41,000원

전기(산업)기사 실기
대산전기수험연구회
766쪽 | 42,000원

전기기사 실기 15개년 과년도문제해설
대산전기수험연구회
808쪽 | 37,000원

전기기사시리즈(전6권)
김대호 저
3,230쪽 | 119,000원

전기기사 실기 기본서
김대호 저
964쪽 | 36,000원

전기기사 실기 기출문제
김대호 저
1,336쪽 | 39,000원

전기산업기사 실기 기본서
김대호 저
920쪽 | 36,000원

전기산업기사 실기 기출문제
김대호 저
1,076 | 38,000원

전기기사 실기 마인드 맵
김대호 저
232쪽 | 16,000원

CBT 전기기사 블랙박스
이승원, 김승철, 윤종식 공저
1,168쪽 | 42,000원

전기(산업)기사 실기 모의고사 100선
김대호 저
296쪽 | 24,000원

전기기능사 필기
이승원, 김승철 공저
624쪽 | 25,000원

소방설비기사 기계분야 필기
김흥준, 윤중오 공저
1,212쪽 | 44,000원

소방설비기사 전기분야 필기
김흥준, 신면순 공저
1,151쪽 | 44,000원

공무원 건축계획
이병억 저
800쪽 | 37,000원

7 · 9급 토목직 응용역학
정경동 저
1,192쪽 | 42,000원

응용역학개론 기출문제
정경동 저
686쪽 | 40,000원

측량학(9급 기술직/ 서울시 · 지방직)
정병노, 염창열, 정경동 공저
722쪽 | 27,000원

응용역학(9급 기술직/ 서울시 · 지방직)
이국형 저
628쪽 | 23,000원

스마트 9급 물리 (서울시 · 지방직)
신용찬 저
422쪽 | 23,000원

7급 공무원 스마트 물리학개론
신용찬 저
996쪽 | 45,000원

1종 운전면허
도로교통공단 저
110쪽 | 13,000원

2종 운전면허
도로교통공단 저
110쪽 | 13,000원

1 · 2종 운전면허
도로교통공단 저
110쪽 | 13,000원

지게차 운전기능사
건설기계수험연구회 편
216쪽 | 15,000원

굴삭기 운전기능사
건설기계수험연구회 편
224쪽 | 15,000원

지게차 운전기능사 3주완성
건설기계수험연구회 편
338쪽 | 12,000원

굴삭기 운전기능사 3주완성
건설기계수험연구회 편
356쪽 | 12,000원

초경량 비행장치 무인멀티콥터
권희춘, 김병구 공저
258쪽 | 22,000원

시각디자인 산업기사 4주완성
김영애, 서정술, 이원범 공저
1,102쪽 | 36,000원

시각디자인 기사 · 산업기사 실기
김영애, 이원범 공저
508쪽 | 35,000원

토목 BIM 설계활용서
김영휘, 박형순, 송윤상, 신현준, 안서현, 박진훈, 노기태 공저
388쪽 | 30,000원

BIM 구조편
(주)알피종합건축사사무소
(주)동양구조안전기술 공저
536쪽 | 32,000원

Hansol Academy

BIM 기본편
(주)알피종합건축사사무소
402쪽 | 32,000원

BIM 기본편 2탄
(주)알피종합건축사사무소
380쪽 | 28,000원

BIM 건축계획설계 Revit 실무지침서
BIMFACTORY
607쪽 | 35,000원

전통가옥에서 BIM을 보며
김요한, 함남혁, 유기찬 공저
548쪽 | 32,000원

BIM 주택설계편
(주)알피종합건축사사무소
박기백, 서창석, 함남혁, 유기찬 공저
514쪽 | 32,000원

BIM 활용편 2탄
(주)알피종합건축사사무소
380쪽 | 30,000원

BIM 건축전기설비설계
모델링스토어, 함남혁
572쪽 | 32,000원

BIM 토목편
송현혜, 김동욱, 임성순, 유자영, 심창수 공저
278쪽 | 25,000원

디지털모델링 방법론
이나래, 박기백, 함남혁, 유기찬 공저
380쪽 | 28,000원

건축디자인을 위한 BIM 실무 지침서
(주)알피종합건축사사무소
박기백, 오정우, 함남혁, 유기찬 공저
516쪽 | 30,000원

BIM 전문가 건축 2급자격(필기+실기)
모델링스토어
760쪽 | 35,000원

BIM 전문가 토목 2급 실무활용서
채재현, 김영휘, 박준오, 소광영, 김소희, 이기수, 조수연
614쪽 | 35,000원

BE Architect
유기찬, 김재준, 차성민, 신수진, 홍유찬 공저
282쪽 | 20,000원

BE Architect 라이노&그래스호퍼
유기찬, 김재준, 조준상, 오주연 공저
288쪽 | 22,000원

BE Architect AUTO CAD
유기찬, 김재준 공저
400쪽 | 25,000원

건축관계법규(전3권)
최한석, 김수영 공저
3,544쪽 | 110,000원

건축법령집
최한석, 김수영 공저
1,490쪽 | 60,000원

건축법해설
김수영, 이종석, 김동화, 김용환, 조영호, 오호영 공저
918쪽 | 32,000원

건축설비관계법규
김수영, 이종석, 박호준, 조영호, 오호영 공저
790쪽 | 34,000원

건축계획
이순희, 오호영 공저
422쪽 | 23,000원

www.bestbook.co.kr

건축시공학
이찬식, 김선국, 김예상, 고성석, 손보식, 유정호, 김태완 공저
776쪽 | 30,000원

현장실무를 위한 토목시공학
남기천,김상환,유광호,강보순, 김종민,최준성 공저
1,212쪽 | 45,000원

알기쉬운 토목시공
남기천, 유광호, 류명찬, 윤영철, 최준성, 고준영, 김연덕 공저
818쪽 | 28,000원

Auto CAD 오토캐드
김수영, 정기범 공저
364쪽 | 25,000원

친환경 업무매뉴얼
정보현, 장동원 공저
352쪽 | 30,000원

건축시공기술사 기출문제
배용환, 서갑성 공저
1,146쪽 | 69,000원

합격의 정석 건축시공기술사
조민수 저
904쪽 | 67,000원

건축전기설비기술사 (상권)
서학범 저
784쪽 | 65,000원

건축전기설비기술사 (하권)
서학범 저
748쪽 | 65,000원

마법기본서 PE 건축시공기술사
백종엽 저
730쪽 | 62,000원

스크린 PE 건축시공기술사
백종엽 저
376쪽 | 32,000원

용어설명1000 PE 건축시공기술사(상)
백종엽 저
1,072쪽 | 70,000원

용어설명1000 PE 건축시공기술사(하)
백종엽 저
988쪽 | 70,000원

합격의 정석 토목시공기술사
김무섭, 조민수 공저
804쪽 | 60,000원

건설안전기술사
이태엽 저
600쪽 | 52,000원

소방기술사 上
윤정득, 박견용 공저
656쪽 | 55,000원

소방기술사 下
윤정득, 박견용 공저
730쪽 | 55,000원

소방시설관리사 1차 (상,하)
김흥준 저
1,630쪽 | 63,000원

건축에너지관계법해설
조영호 저
614쪽 | 27,000원

ENERGYPULS
이광호 저
236쪽 | 25,000원